Heinz Hopf

Collected Papers - Gesammelte Abhandlungen

Editor

Beno Eckmann

Reprint of the 2001 Edition

Springer

Author
Heinz Hopf (19 November 1894 – 3 June 1971)
Department of Mathematics
ETH Zürich
Zürich
Switzerland

Editor
Beno Eckmann (Bern, 1917 – Zürich, 2008)
Department of Mathematics
ETH Zürich
Zürich
Switzerland

ISSN 2194-9875
ISBN 978-3-642-38368-7 (Softcover)
978-3-540-57138-4 (Hardcover)
DOI 10.1007/978-3-642-40036-0
Springer Heidelberg New York Dordrecht London

Library of Congress Control Number: 2012954381

Mathematics Subject Classification (2000): 18, 22, 53, 55

Printed on acid-free paper

Springer is part of Springer Science+Business Media (www.springer.com)

Springer Collected Works in Mathematics

For further volumes:
http://www.springer.com/series/11104

Heinz Hopf

Editor's Preface

1. Introduction

Hopf Algebras, Hopf Fibration of Spheres, Hopf-Rinow Complete Riemannian Manifolds, Hopf Theorem on the Ends of Groups – can one imagine modern mathematics without all this? Many other concepts and methods, fundamental in various mathematical disciplines, go also back directly or indirectly to the work of Heinz Hopf: Homological algebra, singularities of vector fields and characteristic classes, group-like spaces, global differential geometry, and the whole algebraisation of topology with its influence on group theory, analysis, and algebraic geometry.

28 years have passed since Hopf died, over 70 years since he wrote his first articles. The original publications are often difficult to find, and have been partly forgotten. The "Selecta Heinz Hopf" appeared in 1964 and have been out of print for a long time; they contain a rather small part of his work. Only as a whole can his publications, made available here, provide a true picture of his research personality and the penetrating force of his ideas. It is fascinating to go thus to the sources: the reader will look at these Collected Papers with admiration and growing amazement.

It is indeed astonishing to realise that this oeuvre of a whole scientific life consists of only about 70 writings, Comptes Rendus Notes and survey articles included, and of course the book "Topology I" written jointly with Paul Alexandroff. Astonishing also the transparent and clear style, the concreteness of the problems, and how abstract and far-reaching the methods Hopf invented to master them – abstract, but without unnecessary generalities. Astonishing too to see that through this whole oeuvre there is one major line of thought with each part contributing to the developments mentioned above.

2. Summary

In the sense of a very condensed survey that major line is as follows. At the beginning there is global differential geometry, namely the relation between Curvatura Integra and Euler characteristic of a closed Riemannian manifold. This leads to the mapping degree due to Brouwer, to singularities of vector fields, and to fix-point theorems. At the same time there is the algebraisation of the topological concepts as suggested by Emmy Noether and her circle; it immensely clarified and simplified the arguments (Euler-Poincaré formula, Lefschetz fix-point theorem), and also led to the algebra of mappings between manifolds, not only of the same but also of different dimensions (Umkehrhomomorphismus, i.e. in modern terminology the Poincaré dual of the cohomology-homomorphism). Similar ideas lead to the surprising fact that there are essential maps of the 3-sphere to the 2-sphere, and between other spheres (Hopf invariant). On the other hand, the path is open to the topological investigation of Lie groups and of group-like spaces, to the discovery of Hopf algebras: The multiplication map yields in the cohomology algebra a comultiplication, and from that combination Hopf gets remarkable structure results. The Pontrjagin multiplication in Lie group homology suggests the spanning of surfaces by two loops, and leads to the relation beween fundamental group and second homology group of spaces. This is the beginning of homological algebra: Hopf comes into the realm of the Hurewicz homotopy theory and finds algebraic descriptions for the influence of the fundamental group on the homology of aspherical spaces, in particular the decisive concept of a free resolution of a module over a group algebra. He also finds the relation between groups and ends of spaces in a similar context. He then returns to global differential geometry, this time concerned with complex and almost-complex manifolds.

3. The Appendices to These Collected Papers

The original papers are followed by several appendices. The first is the obituary written by Peter Hilton. As most of the papers are in German, it seems appropriate to include this English obituary which contains short descriptions of most of Hopf's publications. The second consists of personal recollections of Paul Alexandroff. They bear witness to a deep friendship and provide an impression of the personality of Heinz Hopf. The third is an article Beno Eckmann wrote for the "Neue Zürcher Zeitung" (reprinted in "L'Enseignement Mathématique") immediately after Hopf died. The fourth consists of the many remarks Heinz Hopf himself wrote concerning the articles which were included in the Selecta 1964. They are referred to in this volume by *) and **) added to the original papers.

For the benefit of the reader not familiar with German, two of the most important articles of Hopf have been translated into English by Charles Thomas; they are reprinted after the respective German texts.

We thank Springer Verlag most sincerely for having made this project possible. We hope that these collected papers will contribute to the memory of an extraordinary mathematician and lovable human being.[1]

Zürich, March 1997 *Beno Eckmann*

---

[1] [Added in proof]. A beautiful survey of the life of Heinz Hopf and of his scientific achievements, by Günther Frei and Urs Stammbach, has appeared in 1999 in *History of Topology* (Elsevier Science B.V.).

Vorwort des Herausgebers

1. Einleitung

Hopf-Algebren, Hopfsche Sphärenfaserungen, Hopfsche Invariante – kann man sich die heutige Mathematik ohne diese Begriffe vorstellen? Und viele weitere Begriffe, Methoden und Erkenntnisse, grundlegend in verschiedensten mathematischen Disziplinen, gehen direkt oder indirekt auf das Werk von Heinz Hopf zurück: Homologische Algebra, Singularitäten von Vektorfeldern und Charakteristische Klassen, Homotopietheorie, Gruppenähnliche Räume, Globale Differentialgeometrie, und überhaupt die ganze Algebraisierung der Topologie mit ihren Ausstrahlungen auf Gruppentheorie, komplexe Analysis, und Algebraische Geometrie.

Über 28 Jahre sind seit dem Tode von Heinz Hopf vergangen, über 70 seit dem Entstehen seiner ersten Arbeiten. Manche sind vergessen, manche schwer auffindbar. Die Selecta Heinz Hopf, 1964 erschienen und längst vergriffen, enthalten nur eine kleine Auswahl der Arbeiten. Nur in ihrer Gesamtheit könnten die Originalabhandlungen, die hier wieder zugänglich gemacht werden, ein echtes Bild seiner Forscher-Persönlichkeit und der Durchdringungskraft seiner Ideen vermitteln. Es ist faszinierend, diesen Quellen nachzugehen; der Leser wird sie mit Bewunderung und mit wachsendem Erstaunen zur Hand nehmen.

Es ist in der Tat erstaunlich festzustellen, daß ein solches Lebenswerk aus nur ungefähr 70 Abhandlungen besteht, Übersichtsartikel und Comptes Rendus-Ankündigungen inbegriffen; dazu kommt das mit Paul Alexandroff verfaßte Buch "Topologie I". Erstaunlich auch der klare und verständliche Stil, der heute noch lebendig wirkt und in großen Teilen "modern" anmutet. Erstaunlich ferner, wie konkret die Probleme sind und wie abstrakt und tiefliegend die Methoden, die Hopf zu ihrer Bezwingung erfand – stets unter der Vermeidung unnötiger Verallgemeinerung. Und erstaunlich schließlich, wie sich durch dieses ganze Werk eine klare Linie hindurchzieht, wobei fast jedes einzelne Glied der Kette zu einer der großen Entwicklungen geführt hat, die wir zu Beginn andeuteten.

2. Summarische Übersicht

Die große Linie sei im Sinne einer summarischen Übersicht kurz beschrieben. An ihrem Anfang steht Differentialgeometrie im Grossen, nämlich die Beziehung zwischen der Curvatura integra und der Euler-Charakteristik einer geschlossenen Riemannschen Mannigfaltigkeit. Dies führt zum Brouwerschen Abbildungsgrad, zu Singularitäten von Vektorfeldern und Fixpunktsätzen. Hand in Hand damit geht die durch Emmy Noether und ihren Kreis nahegelegte Algebraisierung (Euler-Poincaré-Formel und Lefschetzscher Fixpunktsatz), sowie die algebraische Untersuchung der Abbildungen von Mannigfaltigkeiten, nicht nur derselben, sondern auch verschiedener Dimension (Umkehrhomomorphismus, d. h. – in heutiger Terminologie – die zum Cohomologie-Homomorphismus Poincaré-duale Abbildung). Ähnliche Ideen führen zum überraschenden Nachweis wesentlicher Abbildungen der 3-Sphäre auf die 2-Sphäre, und anderer Sphären auf niedriger-dimensionale (Hopf-Invariante, Hopfsche Faserungen). Andererseits ist der Weg geebnet zur topologischen Untersuchung der kompakten Lie-Gruppen und ihrer Verallgemeinerungen (H-Räume), deren algebraischer Teil die Entdeckung der Hopf-Algebren ist. In heutiger Terminologie: die Multiplikation induziert in der Cohomologie-Algebra eine Comultiplikation, und diese Kombination führt im vorliegenden einfachen Fall zu überraschenden Struktursätzen. Aber auch in der Homologie einer Lie-Gruppe existiert ein Produkt (Pontrjagin). Dieses suggeriert etwas völlig anderes, das Aufspannen von Flächen durch zwei Schleifen: so entsteht der Zusammenhang zwischen Fundamentalgruppe und zweiter Homologiegruppen. Damit kommt Hopf in den Bereich der Hurewiczschen Homotopietheorie; er findet algebraische Beschreibungen für den Einfluß der Fundamentalgruppe eines asphärischen Raumes auf alle Homologiegruppen. So wird er zum Wegbereiter der Homologischen Algebra und entdeckt den grundlegenden Begriff der freien Auflösung eines Moduls über dem Gruppenring (einer beliebigen Gruppe) und ihrer Eindeutigkeit im Sinne algebraischer Homotopie. Hierher gehört auch die Untersuchung der "Enden" eines Raumes, auf dem eine Gruppe operiert. Schließlich kehrt Hopf zur globalen Differentialgeometrie von Mannigfaltigkeiten zurück, jetzt zu komplexen und fastkomplexen und deren topologischen Eigenschaften.

3. Anhänge zu diesen Gesammelten Abhandlungen

Die einzelnen Arbeiten zu kommentieren und auf ihre spätere Fortführung durch Generationen hindurch einzugehen, halten wir für ebenso unmöglich wie überflüssig. Auch wird der Leser selbst feststellen, wie schwerfällig die damalige "kombinatorisch-topologische" Technik war und wie elegant Hopf damit umging.

Um jedoch dem der deutschen Sprache nicht sehr geläufigen Leser den Zugang zu den Arbeiten zu erleichtern, haben wir als Anhang Nr. 1 den englischen Nachruf abgedruckt, der 1971 von Peter Hilton verfaßt wurde und der die meisten Artikel kurz beschreibt. Als weiterer Anhang (Nr. 2) wurden die persönlichen Erinnerungen von Paul Alexandroff an Heinz Hopf aufgenommen; sie sind Zeugnis einer tiefen Freundschaft und geben Einblick in die Persönlichkeit von Hopf. Ein dritter Anhang ist ebenfalls der besonderen Persönlichkeit und ihrer Ausstrahlung gewidmet; es ist der Nachruf, welcher in der "Neuen Zürcher Zeitung" erschien und dann im "Enseignement Mathématique" abgedruckt wurde. Der Anhang Nr. 4 enthält die vielen Zusatz-Bemerkungen, die Hopf selbst anläßlich der Herausgabe der "Selecta Heinz Hopf" 1964 seinen wichtigsten Arbeiten beifügte; in diesen Gesammelten Abhandlungen wird in den Originalarbeiten durch *) und **) darauf hingewiesen.

Wir danken dem Springer-Verlag für die Realisierung dieses Projektes und hoffen, daß mit diesen gesammelten Abhandlungen das Bild nicht nur eines außergewöhnlichen Mathematikers, sondern auch eines besonders liebenswerten Menschen lebendig bleiben wird.[1]

Zürich, im März 1997 *Beno Eckmann*

[1] [Zusatz bei der Korrektur]. Eine sehr schöne Übersicht über das Leben von Heinz Hopf und sein wissenschaftliches Werk, von Günther Frei und Urs Stammbach, ist 1999 in *History of Topology* (Elsevier Science B.V.) erschienen.

Table of Contents

1.

Zum Clifford–Kleinschen Raumproblem

Math. Ann. **95** (1925), 313–339

Anschließend an Cliffords Entdeckung einer Fläche konstant verschwindenden Krümmungsmaßes im elliptischen Raum stellte Klein die Aufgabe, „alle Zusammenhangsarten anzugeben, welche bei geschlossenen Mannigfaltigkeiten irgendwelchen konstanten Krümmungsmaßes überhaupt auftreten können“ [1]). Killing [2]) behandelte dieses von ihm so genannte „Clifford-Kleinsche Raumproblem“ — übrigens ohne Beschränkung auf „geschlossene“ Mannigfaltigkeiten — für den allgemeinen Fall von n Dimensionen und zeigte, daß die Bestimmung aller „Clifford-Kleinschen Raumformen“ auf die Ermittelung von diskontinuierlichen fixpunktfreien Bewegungsgruppen der euklidischen, hyperbolischen und sphärischen Geometrieen zurückzuführen ist. Diese Gruppen sind isomorph mit den von Poincaré bei seinen Untersuchungen über Analysis Situs [3]) für beliebige Mannigfaltigkeiten eingeführten „Fundamentalgruppen“ der in Frage kommenden Raumformen. Der Begriff der Fundamentalgruppe und insbesondere der damit aufs engste verknüpfte der „Überlagerungsfläche“, sowie deren wichtige Eigenschaften sind, im Hinblick auf ihre Rolle in der Funktionentheorie, für zwei Dimensionen in Weyls Buch „Die Idee der Riemannschen Fläche“ [4]) streng und rein topologisch dargestellt und begründet. Sie lassen sich, wovon in der vorliegenden Arbeit fortgesetzt Gebrauch gemacht wird, ohne weiteres ungeändert auf den Fall von mehr Dimensionen übertragen. Gerade bei der Behandlung des Clifford-Klein-

[1]) Klein, Zur Nicht-Euklidischen Geometrie, Math. Annalen **37** (1890).
[2]) Killing, Grundlagen der Geometrie **1** (1893).
[3]) Poincaré, Analysis Situs, Journ. de l'Ecole Pol. (2) **1** (1895).
[4]) 2. Aufl., Leipzig u. Berlin 1923.

schen Raumproblems für n Dimensionen treten die „Überlagerungsräume“, insbesondere der „universelle Überlagerungsraum“, besonders klar und einfach in Erscheinung; ihre konsequente Benutzung leistet gute Dienste bei der topologischen Untersuchung der Clifford-Kleinschen Raumformen und damit zusammenhängender Fragen der Analysis Situs.

In § 1 dieser Arbeit werden Killings die Clifford-Kleinschen Raumformen betreffende Ergebnisse unter wesentlicher Benutzung der genannten topologischen Begriffe neu dargestellt; außerdem werden einige notwendige Unterscheidungen bei der Definition der „Raumformen“ behandelt, und es wird auf eine bei der Aufzählung der zweidimensionalen euklidischen Raumformen in der Literatur vorhandene, — übrigens geringfügige — Unvollständigkeit hingewiesen. Nächst den zweidimensionalen Raumformen sind, dank bekannter Untersuchungen Kleins[5]), am leichtesten die von drei Dimensionen und positiver Krümmung zu behandeln; diese sind auch aus dem Grunde besonders von Interesse, daß sie geschlossene dreidimensionale Mannigfaltigkeiten mit *endlichen* Fundamentalgruppen sind und daß die Antwort auf die interessante Frage nach *allen* endlichen Gruppen, zu denen es dreidimensionale geschlossene Mannigfaltigkeiten gibt, völlig unbekannt ist. Die im § 2 durchgeführte Diskussion der dreidimensionalen sphärischen Raumformen liefert außer den Zyklen unendlich viele verschiedene, nicht zyklische Gruppen — im Gegensatz zu einer falschen Behauptung in der Enzyklopädie[6]).

In den beiden nun folgenden Paragraphen handelt es sich darum, aus der Tatsache, daß eine Mannigfaltigkeit eine Clifford-Kleinsche Maßbestimmung gestattet, also aus einer differentialgeometrisch definierten Eigenschaft, Schlüsse auf ihr topologisches Verhalten im Großen zu ziehen. So wird in § 3 bewiesen, daß für $n \geqq 3$ jede Clifford-Kleinsche Mannigfaltigkeit durch jede der $(n-1)$-dimensionalen Kugel homöomorphe Mannigfaltigkeit in mindestens zwei Gebiete zerlegt wird, jede sphärische Clifford-Kleinsche Mannigfaltigkeit ungerader Dimensionenzahl sogar durch jede $(n-1)$-dimensionale zweiseitige geschlossene Mannigfaltigkeit. Im § 4 wird gezeigt, daß gewisse Bedingungen, die in beliebigen Mannigfaltigkeiten zwar notwendig, aber im allgemeinen nicht hinreichend dafür sind, daß eine Abbildung sich stetig in die Identität bzw. in eine Abbildung auf einen einzigen Punkt überführen lasse, in Clifford-Kleinschen euklidischen und hyperbolischen Mannigfaltigkeiten dafür auch hinreichend sind. Die Methode dieser beiden Paragraphen beruht, außer auf der Betrachtung

---

[5]) Klein, wie in Fußn. [1]); ferner: Autogr. Vorles. über Nicht-Euklid. Geom. 2 (1893), und Über binäre Formen ... Math. Annalen 9 (1875).

[6]) III A B 1 (Enriques, Prinzipien der Geom.), S. 112ff.

der geodätischen Linien im § 4, im wesentlichen auf der ausgiebigen Benutzung der universellen Überlagerungsräume. So gestattet diese z. B., in Verbindung mit Brouwerschen [6a]) Sätzen, die Behandlung des „Zerlegungssatzes“ im § 3 ohne die Beschränkung auf den Standpunkt der kombinatorischen“ Topologie durchzuführen [6b]).

§ 1.

Das Clifford-Kleinsche Raumproblem.

Dieses Problem beschäftigt sich mit der Untersuchung derjenigen unberandeten zusammenhängenden n-dimensionalen Mannigfaltigkeiten, die eine durch ein positiv definites Bogenelementquadrat definierte Maßbestimmung mit konstanter Riemannscher Krümmung zulassen, und der so festgelegten Geometrieen. Diese sind [7]) dadurch charakterisiert, daß sich die Umgebung jedes Punktes längentreu auf die Umgebung eines Punktes einer euklidischen, hyperbolischen oder sphärischen Geometrie abbilden läßt.

Nun kann man von einer mit einer Geometrie konstanter Krümmung versehenen Mannigfaltigkeit zu neuen (offenen) Mannigfaltigkeiten mit Geometrieen derselben Krümmung einfach dadurch gelangen, daß man aus der ursprünglichen Mannigfaltigkeit eine abgeschlossene, nicht zerlegende Punktmenge entfernt, ohne die Maßbestimmung zu verändern; so kann man z. B. die kartesische Ebene zum Träger einer Maßbestimmung konstanter positiver Krümmung machen, indem man die Geometrie einer Kugel aus einem ihrer Punkte, den man als nicht zugehörig betrachtet, auf die Ebene projiziert. Die auf diese triviale Weise gewonnenen nichts Neues liefernden Geometrieen schalten wir durch folgende Forderung aus:

„Von jedem Punkt läßt sich auf jeder durch ihn gehenden Geraden, d. h. geodätischen Linie, in jeder der beiden Richtungen derselben jede positive Strecke a abtragen“ (womit nicht verlangt wird, daß verschiedene a zu verschiedenen Punkten führen).

Eine diese Forderung erfüllende Geometrie konstanter Krümmung heiße eine „Clifford-Kleinsche Raumform“, die sie tragende Mannigfaltigkeit eine „Clifford-Kleinsche Mannigfaltigkeit“.

Diese Bezeichnung deckt sich nicht mit der bei Killing [2]) gebrauchten; dort wird, an Stelle der unseren, die unsere Forderung enthaltende Forderung der freien Beweglichkeit eines „starren Körpers“ gestellt, die sich so formulieren läßt:

6a) S. u. Fußn. [20]), [25]), [26]).

6b) Bzgl. dieser Beschränkung s. Fußn. [21]).

7) Riemann-Weyl, Über die Hypothesen, welche der Geometrie zugrunde liegen (Berlin 1919), S. 14, 17 und Anm. S. 37f.

„Es gibt eine positive Konstante r derart, daß um jeden Punkt eine n-dimensionale Kugel (in der Sprache der betreffenden Maßbestimmung) vom Radius r existiert, die sich auf eine Kugel eines euklidischen bzw. hyperbolischen oder sphärischen Raumes längentreu abbilden läßt", und die Geometrieen mit dieser Eigenschaft werden Clifford-Kleinsche Raumformen genannt. Wir wollen für sie die Bezeichnungen „Killingsche" Raumformen und Mannigfaltigkeiten gebrauchen. Daß unter den Clifford-Kleinschen Raumformen, wie bereits erwähnt, die Killingschen enthalten sind, ergibt sich so: Wäre in einer Killingschen Raumform a_0 die untere Grenze der auf einer durch einen Punkt P gehenden Geraden g nicht nach beiden Seiten abtragbaren Strecken a, so wäre $a_0 \geqq r$, und es ließen sich um die auf g von P um $a_0 - \frac{r}{2}$ entfernten Punkte die Kugeln mit r schlagen und auf einen euklidischen bzw. hyperbolischen oder sphärischen Raum längentreu abbilden, mithin alle Strecken $a_0 + b$ mit $b < \frac{r}{2}$ von P aus beiderseitig auf g abtragen — im Widerspruch zur Definition von a_0; also ist in der Tat jede Killingsche Raumform eine Clifford-Kleinsche in unserem Sinne.

Gibt es Clifford-Kleinsche, nicht-Killingsche Raumformen? Solche mit *geschlossener* Mannigfaltigkeit offenbar nicht: denn in einer solchen gäbe es eine Punktfolge P_i $(i = 1, 2, \ldots)$, für die die oberen Grenzen r_i der Radien der um P_i möglichen Kugeln gegen 0 konvergierten; die P_i hätten aber andererseits einen Häufungspunkt P', um den eine Kugel mit dem Radius $r' > 0$ existierte, so daß um jeden hinreichend nahe bei P' gelegenen Punkt gewiß eine solche mit einem Radius $\frac{r'}{2}$ existieren müßte.

Zur Ermittelung Clifford-Kleinscher, nicht-Killingscher Raumformen mit *offener* Mannigfaltigkeit ist folgender Satz nützlich:

Eine offene Clifford-Kleinsche Raumform mit endlichem Volumen ist nicht von der Killingschen Art.

Beweis: $P_1, P_2, \ldots$ seien eine Punktfolge ohne Häufungspunkt in einer offenen Killingschen Raumform; dann liegen im Innern jeder Kugel K_i um P_i mit der oben definierten Strecke r nur endlich viele P_j. Streicht man aus der Folge alle die in oder auf einer K_i mit $i < j$ gelegenen P_j, so bleibt eine *unendliche* Teilfolge $P_{i'}$ übrig von der Art, daß die Länge jeder Kurve, welche zwei $P_{i'}$ verbindet, größer als r ist. Je zwei der Kugeln $K'_{i'}$ mit $\frac{r}{2}$ um Punkte $P_{i'}$ sind daher punktfremd, und die Summe dieser Kugeln, also erst recht die ganze Raumform, hat unendliches Volumen.

Ein einfaches Beispiel für eine zweidimensionale offene Clifford-Kleinsche Raumform mit endlichem Volumen, die also nach unserem Satze nicht von der Killingschen Art ist, wird unten angegeben werden.

Wie findet man alle n-dimensionalen Clifford-Kleinschen Raumformen?

Der universelle Überlagerungsraum[8]) $\overline{M}$ einer Clifford-Kleinschen Mannigfaltigkeit M ist ebenfalls eine solche, denn die Geometrie von M läßt sich auf $\overline{M}$ übertragen. Jede Decktransformation[8]) von $\overline{M}$ ist eine Kongruenztransformation im Sinne der betreffenden Geometrie, die Fundamentalgruppe von M läßt sich also als diskontinuierliche Gruppe fixpunktfreier Bewegungen von $\overline{M}$ darstellen, wobei die Bilder $\overline{P}_i$ eines Punktes P von M niemals einen Häufungspunkt haben. Insbesondere liefert jede derartige Gruppe in der euklidischen, hyperbolischen oder sphärischen Geometrie eine Clifford-Kleinsche Raumform. Es gilt nun der Satz[9]), *daß hiermit die Gesamtheit aller Clifford-Kleinschen Raumformen erschöpft ist.* Um dies zu beweisen, ist zu zeigen, daß der euklidische bzw. hyperbolische oder sphärische n-dimensionale Raum ein unverzweigter, unbegrenzter Überlagerungsraum von M ist, und daß die durch die Überlagerung definierte Geometrie des Überlagerungsraumes $\overline{M}$ gerade seine gewöhnliche euklidische bzw. hyperbolische oder sphärische ist.

Zum Beweise benutzen wir hauptsächlich folgende zwei Tatsachen:

1. In der euklidischen und hyperbolischen Geometrie erfüllen die Geraden eines Bündels den ganzen Raum, abgesehen von dem Bündelzentrum, einfach; in der sphärischen Geometrie gilt dasselbe mit Ausnahme des zu dem Bündelzentrum diametralen Punktes, der selbst allen Strahlen des Bündels angehört.

2. Sind in einem euklidischen, hyperbolischen oder sphärischen Raum zwei Gebiete G, G' längentreu aufeinander abgebildet, so gibt es eine und nur eine Bewegung des ganzen Raumes, die diese Abbildung herbeiführt.

Nun verfahren wir folgendermaßen[10]):

P sei ein beliebiger Punkt von M, M' die aus den Punkten der von P ausgehenden geodätischen Strahlen gebildete Teilmenge von M. $\overline{P}$ sei ein Punkt des euklidischen, hyperbolischen oder sphärischen Raumes R, auf den sich M im kleinen längentreu abbilden läßt; im sphärischen Fall außerdem $\overline{P}'$ der Diametralpunkt von $\overline{P}$. Eine Umgebung U von P bilden wir längentreu auf eine Umgebung $\overline{U}$ von $\overline{P}$ ab. Hierdurch werden die Bündel von P und $\overline{P}$ Strahl für Strahl eineindeutig aufeinander bezogen. Jedem Punkt $\overline{Q}$ von R im euklidischen und hyperbolischen, von

[8]) Wie schon in der Einleitung bemerkt, haben Begriffe wie „Überlagerungsraum", „Decktransformation" usw. stets die bei Weyl, l. c. für $n = 2$ streng definierten Bedeutungen.

[9]) Im wesentlichen bei Killing, l. c. S. 320.

[10]) Eine ganz ähnliche Methode wird bei Behandlung einer ähnlichen Frage verwendet von Weyl, Über die Gleichverteilung der Zahlen (mod 1), Anhang (Math. Annalen 77 (1916)).

$R' = R - \overline{P}'$ im sphärischen Fall ordnen wir denjenigen Punkt Q von M' zu, der auf dem $\overline{PQ}$ entsprechenden Strahl des Bündels P den Abstand $\overline{PQ}$ von P hat.

Diese Abbildung t von R bzw. R' auf M' bzw. einen Teil von M' ist in der Umgebung jedes Punktes $\bar{A}$ von R bzw. R' längentreu (also a fortiori topologisch); denn da dies für jeden Punkt einer Umgebung von $\bar{A}$ erfüllt ist, falls es für $\bar{A}$ selbst gilt, bilden die Punkte, für die es nicht richtig ist, eine abgeschlossene Menge. Daher brauchen wir die Richtigkeit unserer Behauptung nur für solche Punkte $\bar{A} \neq \overline{P}$ zu beweisen, bei denen jeder Punkt der Strecke $\overline{AP}$ die Behauptung erfüllt. $\bar{A}$ sei ein solcher Punkt; um $A = t(\bar{A})$ gibt es eine Kugel K, die sich auf eine beliebige Kugel mit demselben Radius r aus R längentreu abbilden läßt. Und zwar können wir diese Abbildung s^{-1} (infolge der oben genannten Eigenschaft 2.) auf eine und nur eine Weise so bestimmen, daß sie in einer Umgebung V des im Abstand $\frac{r}{2}$ von A auf AP gelegenen Punktes B mit t^{-1} identisch ist. Dann sind aber (wieder infolge der Eigenschaft 2.) s und t im Innern des ganzen Kegels, der $\overline{V}$ von $\overline{P}$ aus projiziert, soweit dieser K angehört, identisch, und da $\bar{A}$ im Innern dieses Kegels liegt, ist die behauptete Längentreue von t bewiesen.

Im Fall des euklidischen oder hyperbolischen R ist ganz M' das Bild von R bei t. Im Falle des sphärischen R haben wir t noch zu ergänzen: Sind $\overline{P}_1(\varepsilon)$, $\overline{P}_2(\varepsilon)$ zwei Punkte auf zwei Strahlen des Bündels $\overline{P}$, haben sie von $\overline{P}$ den Abstand $\pi - \varepsilon$ (wobei π die Entfernung $\overline{PP}'$ ist), und konvergiert $\varepsilon \to 0$, so gibt es $\overline{P}_1$ mit $\overline{P}_2$ verbindende Kurven $\bar{k}(\varepsilon)$ in $R - \overline{P}'$, deren Länge mit $\varepsilon \to 0$ geht; das gleiche gilt wegen der eben bewiesenen Längentreue von t auch für die P_1 und P_2 in M' verbindenden Kurven $k(\varepsilon)$, woraus folgt, daß P_1 und P_2 mit $\varepsilon \to 0$ demselben Grenzpunkt P' zustreben; d. h. trägt man auf allen Strahlen des Bündels P dieselbe Strecke π ab, so gelangt man zu ein und demselben Punkt P'. Die durch $P' = t(\overline{P}')$ ergänzte Abbildung t muß aus Stetigkeitsgründen auch in $\overline{P}'$ noch längentreu sein.

Damit haben wir in jedem Fall, auch im sphärischen, R so auf M' abgebildet, daß R der universelle Überlagerungsraum von M' ist und daß dabei die gewöhnliche Geometrie von R die von M' überlagert. Insbesondere erkennt man daraus, daß M' nur innere Punkte enthält. Es ist aber sogar $M' = M$; denn einen Randpunkt Q von M' könnte man mit einem hinreichend benachbarten Punkte C von M' durch eine geodätische Strecke verbinden, und auf ihr gäbe es einen, von C aus gesehen, ersten Randpunkt Q_1; dieser gehört nicht zu M'. Dem geodätischen Strahl CQ_1 entspricht, wenn $C = t(\overline{C})$ ist, ein Strahl in R; der im Abstand CQ_1

von $\bar{C}$ auf ihm liegende Punkt $\bar{Q}_1'$ hat bei t das zu M' gehörige Bild Q_1', das wegen der Stetigkeit von t mit dem nicht zu M' gehörigen Punkt Q_1 identisch sein müßte. Aus diesem Widerspruch folgt, daß M' keinen Randpunkt besitzt, also mit M identisch ist, und hieraus ergibt sich die zu beweisende Tatsache.

Die Bestimmung der Clifford-Kleinschen Raumformen läuft also auf die Bestimmung der Bewegungsgruppen mit den oben genannten Eigenschaften hinaus. Im einfachsten Fall, dem der zweidimensionalen euklidischen Raumformen, ergeben sich leicht, außer der durch die Identität charakterisierten Ebene selbst, folgende vier Typen von Gruppen bzw. Mannigfaltigkeiten:

1. $x' = x + n$, $y' = y$ — Zylinder (zweiseitig);
2. $x' = x + n$, $y' = y + mb \quad (b \neq 0)$ — Ring (zweiseitig);
3. $x' = x + n$, $y' = (-1)^n y$ — randloses Möbiussches Band (einseitig);
4. $x' = x + n$, $y' = (-1)^n y + mb \quad (b \neq 0)$ — einseitige Ringfläche.

m und n durchlaufen dabei alle ganzen Zahlen.

Es sei hier darauf aufmerksam gemacht, daß die durch die „Paddelbewegung"[11]) definierte Geometrie des Möbiusschen Bandes in den Aufzählungen der hierher gehörigen Raumformen sowohl bei Klein[1]) als in der *Enzyklopädie*[6]) fehlt. — Wir werden uns unten noch ausführlicher mit den dreidimensionalen sphärischen Raumformen befassen. Der Fall von zwei Dimensionen und negativer Krümmung, der wegen des bekannten Zusammenhanges mit der Funktionentheorie besonders von Interesse ist, ist sehr eingehend von Gieseking[12]) behandelt worden; dort wird z. B. auch gezeigt, daß nicht nur alle zweiseitigen, sondern auch alle einseitigen geschlossenen Flächen Clifford-Kleinsche Mannigfaltigkeiten sind. Hier sei nur eine zweidimensionale, offene, hyperbolische Raumform erwähnt, die das oben angekündigte Beispiel einer nicht-Killingschen Raumform darstellt, und übrigens aus der Funktionentheorie wohl bekannt ist:

Die Modulfunktion, d. h. diejenige analytische Funktion, die ein dem Einheitskreis einbeschriebenes, ihn mit jeder Seite orthogonal schneidendes

---

[11]) Weyl, wie in Fußn. [4]), S. 26.

[12]) Gieseking, Analytische Untersuchungen über topologische Gruppen, Diss., Münster 1912.

Kreisbogendreieck schlicht auf die Halbebene abbildet, gestattet eine diskontinuierliche Gruppe fixpunktfreier, den Einheitskreis auf sich abbildender, linearer Transformationen in sich. Diese Gruppe läßt sich als hyperbolische Bewegungsgruppe auffassen, definiert also eine Clifford-Kleinsche Raumform, von der man ein Modell erhält, wenn man in dem aus dem abzubildenden Dreieck ABC durch Spiegelung an AC entstandenen Viereck $ABCD$ entsprechende Punkte von AB und AD bzw. CB und CD miteinander identifiziert. Das Volumen der Raumform ist daher gleich dem hyperbolischen Inhalt von $ABCD$, also endlich, denn dieser ist, da die Winkel des Vierecks sämtlich 0 sind, nach dem Satz von Gauß-Bonnet[13]) gleich $-\frac{2\pi}{k}$, wobei k das Krümmungsmaß bezeichnet. — Die Mannigfaltigkeit dieser Raumform ist homöomorph der dreimal punktierten Kugel.

§ 2.

Über die sphärischen Raumformen, insbesondere in drei Dimensionen.

Die Frage nach den n-dimensionalen sphärischen Raumformen ist nach § 1 identisch mit der Frage nach den sphärischen Bewegungsgruppen, in denen jede einzelne Bewegung fixpunktfrei ist und bei denen sich die Bilder keines Punktes häufen, also — unter Berücksichtigung der Geschlossenheit der n-dimensionalen Kugel — nach den *endlichen* Gruppen homogener orthogonaler fixpunktfreier, d. h. außer dem Nullpunkt keinen Punkt fest lassender Substitutionen in $n+1$ Veränderlichen. Dabei ist die Kugel durch die Gleichung $\sum_{\lambda=0}^{n} x_\lambda^2 = 1$ gegeben.

Die Matrix A einer Substitution der genannten Art hat wegen der Orthogonalität keine von ± 1 verschiedene, also wegen der Fixpunktfreiheit keine von -1 verschiedene reelle charakteristische Wurzel; ihre Determinante $|A|$ hat daher dasselbe Vorzeichen wie $|A - \lambda E|$ für große positive λ, wobei E die Identität bezeichnet; mithin ist $|A| = (-1)^{n+1}$. Dies bedeutet, daß die Indikatrix, wenn n gerade ist, bei jeder, wenn n ungerade ist, bei keiner der zugelassenen Bewegungen A umgekehrt wird. Ferner ergibt sich, daß die Fundamentalgruppe einer sphärischen Raumform gerader Dimensionenzahl außer der Identität höchstens eine einzige Substitution A enthält und diese eine Involution ist. Die einzige fixpunktfreie Involution bei *beliebigem* n ist $P = -E$; denn aus der Identität $(E+A)(E-A) = E - A^2$ und der Involutionsbedingung $A^2 = E$ folgt $(E+A)(E-A) = 0$ und hieraus, da die Determinante $|E - A| \neq 0$ ist, $E + A = 0$. Die aus E und P bestehende Gruppe definiert den elliptischen Raum. Daher gilt der Satz:

---

[13]) S. z. B. Blaschke, Vorlesungen über Diff.-Geom. **1** (1921), S. 108f.

Die sphärischen und die elliptischen Räume sind die einzigen sphärischen Raumformen gerader Dimensionenzahl[14]. Alle sphärischen Raumformen ungerader Dimensionenzahl sind zweiseitig[14].

Im folgenden können wir n als ungerade annehmen. Es sind zwei Fälle zu unterscheiden:

1. Die Ordnung g der Fundamentalgruppe $\mathfrak{G}$ sei *gerade*; dann enthält nach einem Satz von Cauchy[15] $\mathfrak{G}$ eine Involution, also P. Sind $\bar{\alpha}_1, \ldots, \bar{\alpha}_g$ die einen Punkt α der Raumform Γ überlagernden Punkte, so ist daher dieses Punktsystem mit dem der Punkte $P(\bar{\alpha}_1), \ldots, P(\bar{\alpha}_g)$ identisch, d. h. der projektive Raum Π ist Überlagerungsraum von Γ. Ist G eine Transformation von $\mathfrak{G}$ und $G(\bar{\alpha}_\lambda) = \bar{\alpha}_\mu$, so ist, da P mit jeder Substitution vertauschbar ist, $G(P(\bar{\alpha}_\lambda)) = P(\bar{\alpha}_\mu)$, mithin entspricht der Bewegung G eine bestimmte Bewegung G' in Π; die G' bilden eine Gruppe $\mathfrak{G}'$ von Decktransformationen in Π; sie ist, wenn $\mathfrak{P}$ die aus E und P gebildete invariante Untergruppe von $\mathfrak{G}$ bezeichnet, mit der Faktorgruppe $\frac{\mathfrak{G}}{\mathfrak{P}}$ isomorph (Π ist „regulärer“ Überlagerungsraum von Γ). Da Γ demnach durch eine Gruppe elliptischer Bewegungen in Π definiert ist, bezeichnen wir Γ als „elliptische Raumform“. Ist andererseits eine Gruppe $\mathfrak{G}'$ in Π, also eine elliptische Raumform Γ, gegeben, so ist Γ zugleich sphärische Raumform, und die Fundamentalgruppe $\mathfrak{G}$ von Γ erhält man folgendermaßen: $\mathfrak{G}'$ besteht aus $\frac{g}{2}$ orthogonalen Substitutionen $A_1, A_2, \ldots$, bei deren Zusammensetzung A_ν und $-A_\nu$ als nicht verschieden betrachtet werden; die aus den g Substitutionen $\pm A_1, \pm A_2, \ldots$ gebildete Gruppe ist $\mathfrak{G}$.

2. Die Ordnung g von $\mathfrak{G}$ sei *ungerade*; dann enthält $\mathfrak{G}$ keine Substitution gerader Ordnung[15], also gehört P nicht zu $\mathfrak{G}$; die Raumform ist nicht elliptisch. Für keine Bewegung G von $\mathfrak{G}$ und für keinen Punkt x der Kugel ist $G(x) = P(x)$, da dann wegen der Vertauschbarkeit von P und G $G^g(x) = x = P^g(x) = P(x)$ wäre. Mithin ist auch PG fixpunktfrei und die Gruppe $\mathfrak{G}_1 = \mathfrak{G} + P \cdot \mathfrak{G}$ definiert eine elliptische Raumform Γ_1, die von Γ zweifach überlagert wird. Da wegen der Vertauschbarkeit von P mit jeder Substitution G $\mathfrak{G}$ die Faktorgruppe $\frac{\mathfrak{G}_1}{\mathfrak{P}}$ ist, ist $\mathfrak{G}$ der Gruppe $\mathfrak{G}'$ der Γ_1 definierenden elliptischen Bewegungen von Π isomorph. Ist umgekehrt $\mathfrak{G}'$ eine Gruppe fixpunktfreier elliptischer Bewegungen ungerader Ordnung und Γ_1 die durch $\mathfrak{G}'$ erzeugte Raumform, so definieren die Elemente ungerader Ordnung der Gruppe $\mathfrak{G}_1$ der Γ_1 erzeugenden sphärischen Bewegungen eine sphärische, aber nicht elliptische Raumform Γ.

---

[14]) S. Enzyklopädie wie Fußn. [6]).

[15]) Speiser, Theorie der Gruppen von endlicher Ordnung (1923), S. 41; S. 6.

Man braucht mithin nur alle elliptischen Raumformen zu finden, um alle sphärischen zu kennen.

In metrischer Hinsicht unterscheiden sich die „nicht-elliptischen“ Raumformen von den elliptischen dadurch, daß es in ihnen zu jedem Punkt p einen von p verschiedenen „Gegenpunkt“ p' gibt, d. h. einen Punkt, in dem sich alle von p ausgehenden Strahlen schneiden, während in einer elliptischen Raumform kein Punkt einen Gegenpunkt besitzt.

Daß es für jedes ungerade n Raumformen beider Arten gibt, folgt aus dem Satz:

Zu jeder positiven ganzen Zahl g gibt es eine n-dimensionale sphärische Raumform, deren Fundamentalgruppe der g-gliedrige Zyklus $\mathfrak{G}$ ist[14]). Denn die sphärischen Bewegungen

$$\begin{aligned} x'_{2\nu} &= \cos\alpha\cdot x_{2\nu} + \sin\alpha\cdot x_{2\nu+1} \\ x'_{2\nu+1} &= -\sin\alpha\cdot x_{2\nu} + \cos\alpha\cdot x_{2\nu+1} \end{aligned} \qquad \left[\nu = 0, 1, \ldots, \frac{n-1}{2}\right]$$

sind für jedes $\alpha \neq k\cdot 2\pi$ fixpunktfrei und bilden für $\alpha = \frac{k}{g}\cdot 2\pi$, $[k = 0, 1, \ldots]$ einen g-gliedrigen Zyklus.

Wir wenden uns zur eingehenderen Behandlung des Falles $n = 3$ und können uns, wie oben gezeigt, auf elliptische Bewegungen beschränken, und zwar auf eigentliche, d. h. die Indikatrix erhaltende. Dabei brauchen wir im wesentlichen nur über Resultate zu berichten, die durch Kleins[5]) Untersuchungen bekannt sind und aus denen sich die für unsere Fragestellung wichtigen Tatsachen ohne weiteres ergeben:

Die Gruppe $\mathfrak{B}$ aller dieser Bewegungen ist das direkte Produkt der Gruppen $\mathfrak{S}_1$ und $\mathfrak{S}_2$ von Cliffordschen Schiebungen „1. bzw. 2. Art“; jede der Gruppen $\mathfrak{S}_1$, $\mathfrak{S}_2$ ist isomorph der Gruppe aller eigentlichen Drehungen einer zweidimensionalen Kugel. Ist T keine Schiebung, sondern $T = S_1 S_2$, wobei S_1 und S_2 verschieden von der Identität E, $S_1 < \mathfrak{S}_1$, $S_2 < \mathfrak{S}_2$ sind, so haben die beiden durch S_1 und S_2 bestimmten Parallelenkongruenzen genau zwei Geraden gemeinsam, die die Achsen der Schraubung T, d. h. die beiden einzigen bei T in sich übergehenden Geraden sind. Sind α_1 und α_2 die Verschiebungsstrecken von S_1 und S_2, so ist T fixpunktfrei, falls $\alpha_1 \neq \alpha_2$, $\alpha_1 \neq \pi - \alpha_2$ ist; ist dagegen $\alpha_1 = \alpha_2$ oder $\alpha_1 = \pi - \alpha_2$, so bleibt eine der Achsen punktweise fest, T ist eine Drehung um diese Achse.

Die endlichen Untergruppen von $\mathfrak{B}$ teilen wir ein in die reinen Schiebungsgruppen und diejenigen, die mindestens eine Schraubung $S_1 S_2$ mit $S_1 \neq E$ und $S_2 \neq E$ enthalten.

Jede endliche Schiebungsgruppe ist endliche Untergruppe von $\mathfrak{S}_1$ oder von $\mathfrak{S}_2$, also einer endlichen Drehungsgruppe der zweidimensionalen Kugel,

d. h. einer Polyedergruppe isomorph, und umgekehrt gibt es zu jeder Polyedergruppe eine isomorphe Schiebungsgruppe; wegen der Fixpunktfreiheit jeder Schiebung gibt es daher zu allen Polyedergruppen elliptische Raumformen. Die einzigen Polyedergruppen ungerader Ordnung sind Zyklen. Wir haben daher bis jetzt als Fundamentalgruppen sphärischer Raumformen gefunden:

1. Die Gruppen elliptischer Raumformen, die aus mit Polyedergruppen isomorphen, orthogonalen Substitutionsgruppen durch den oben geschilderten Verdoppelungsprozeß entstehen; und zwar gibt es zu jeder Polyedergruppe mindestens eine solche Gruppe.

2. Die Gruppen nicht-elliptischer sphärischer Raumformen, die Zyklen ungerader Ordnung sind. —

Jetzt betrachten wir Bewegungsgruppen $\mathfrak{G}$, die Schraubungen enthalten. Die hierdurch definierten Raumformen unterscheiden sich von den durch Schiebungen entstandenen dadurch, daß es in ihnen geodätische Linien mit Doppelpunkt gibt; denn ist G eine in $\mathfrak{G}$ enthaltene Schraubung, p ein auf keiner der Schraubungsachsen liegender Punkt des elliptischen Raumes, so entspricht der p mit $G(p)$ verbindenden Geraden $\mathfrak{g}$ in der Raumform eine geodätische Linie mit einem Doppelpunkt in dem Bild von p, da $\mathfrak{g}$ von $G(\mathfrak{g})$ in $G(p)$ geschnitten wird; ist dagegen G eine Schiebung, so geht eine Gerade entweder in sich selbst oder in eine sie nicht schneidende Gerade über, woraus folgt, daß jede geodätische Linie einer durch eine reine Schiebungsgruppe definierten Raumform einfach geschlossen ist.

$\mathfrak{G}$ enthalte also mindestens eine Schraubung[16]):

Sind G_1, G_2 die die Bewegung G von $\mathfrak{G}$ erzeugenden Schiebungen, so schreiben wir $G = (G_1, G_2)$, und es ist $GG' = (G_1 G_1', G_2 G_2')$. Die Vereinigungsmengen aller in dieser Weise die Bewegungen G von $\mathfrak{G}$ bildenden G_1 bzw. G_2 sind Gruppen $\mathfrak{G}_1$ und $\mathfrak{G}_2$; $\mathfrak{G}$ ist Untergruppe des direkten Produkts $\mathfrak{G}_1 \cdot \mathfrak{G}_2$. Zu einem G_2 aus $\mathfrak{G}_2$ gibt es im allgemeinen mehrere G_1, so daß $(G_1, G_2) < \mathfrak{G}$ ist. Die so zu $G_2 = E$ gehörigen G_1 bilden eine invariante Untergruppe $\mathfrak{G}_1'$ von $\mathfrak{G}_1$, die mit der invarianten Untergruppe $(\mathfrak{G}_1', E)$ von $\mathfrak{G}$ isomorph ist; analog ist die invariante Untergruppe $\mathfrak{G}_2'$ von $\mathfrak{G}_2$ erklärt. Das direkte Produkt $\mathfrak{C}$ der Gruppen $(\mathfrak{G}_1', E)$ und $(E, \mathfrak{G}_2')$ ist invariante Untergruppe von $\mathfrak{G}$, und $\mathfrak{G}$ läßt sich daher in Nebengruppen zerlegen:

$$\mathfrak{G} = \mathfrak{C} + F_1 \mathfrak{C} + \dots + F_{f-1} \mathfrak{C};$$

---

[16]) Vgl. außer den Arbeiten Kleins auch Goursat, Sur les substitutions orthogonales ..., Ann. de l'Éc. Norm. (3) 6 (1889).

ist hierbei $F_\nu = (G_1^{(\nu)}, G_2^{(\nu)})$, so ist die Nebengruppe $F_\nu \mathfrak{C}$ der von den Komplexen $G_1^{(\nu)} \mathfrak{G}_1'$ und $G_2^{(\nu)} \mathfrak{G}_2'$ erzeugte Komplex $(G_1^{(\nu)} \mathfrak{G}_1', G_2^{(\nu)} \mathfrak{G}_2')$. $G_1^{(\nu)} \mathfrak{G}_1'$ und $G_2^{(\nu)} \mathfrak{G}_2'$ sind Nebengruppen der invarianten Untergruppen $\mathfrak{G}_1'$ bzw. $\mathfrak{G}_2'$ in $\mathfrak{G}_1$ bzw. $\mathfrak{G}_2$, und die durch $F_\nu \mathfrak{C} \cdot F_\mu \mathfrak{C} = F_\varrho \mathfrak{C}$ definierten Kompositionen $G_i^{(\nu)} \mathfrak{G}_i' \cdot G_i^{(\mu)} \mathfrak{G}_i' = G_i^{(\varrho)} \mathfrak{G}_i'$ sind identisch mit den Kompositionen in den Faktorgruppen $\frac{\mathfrak{G}_i}{\mathfrak{G}_i'}$, $[i = 1, 2]$. Mithin sind die Faktorgruppen $\frac{\mathfrak{G}_1}{\mathfrak{G}_1'}$ und $\frac{\mathfrak{G}_2}{\mathfrak{G}_2'}$ der Faktorgruppe $\mathfrak{F} = \frac{\mathfrak{G}}{\mathfrak{C}}$ isomorph, und wir sehen, daß $\mathfrak{G}$ folgendermaßen gebildet ist:

$\mathfrak{G}_1$ und $\mathfrak{G}_2$ sind endliche Schiebungsgruppen erster und zweiter Art mit invarianten Untergruppen $\mathfrak{G}_1'$, $\mathfrak{G}_2'$ und einander isomorphen Faktorgruppen $\frac{\mathfrak{G}_1}{\mathfrak{G}_1'}$ und $\frac{\mathfrak{G}_2}{\mathfrak{G}_2'}$; $\mathfrak{G}$ ist die Gesamtheit aller derjenigen Bewegungen (G_1, G_2), für die G_1 und G_2 bei den Zerlegungen von $\mathfrak{G}_1$ und $\mathfrak{G}_2$ mod $\mathfrak{G}_1'$ bzw. $\mathfrak{G}_2'$ solchen Nebengruppen angehören, die einander vermöge des Isomorphismus der Faktorgruppen entsprechen. Sind $g_1, g_2, g_1', g_2', g, f$ die Ordnungen von $\mathfrak{G}_1, \mathfrak{G}_2, \mathfrak{G}_1', \mathfrak{G}_2', \mathfrak{G}, \mathfrak{F} = \frac{\mathfrak{G}}{\mathfrak{C}} = \frac{\mathfrak{G}_i}{\mathfrak{G}_i'}$, so ist $f = \frac{g_1}{g_1'} = \frac{g_2}{g_2'}$, $g = g_1 g_2' = g_2 g_1'$. —

Sind $\mathfrak{G}_1$ und $\mathfrak{G}_2$ Zyklen, so sind auch $\mathfrak{G}_1'$, $\mathfrak{G}_2'$, $\mathfrak{F}$ Zyklen. Werden die Elemente von $\mathfrak{G}_1$ mit A^α $(\alpha = 1, \ldots, g_1)$ von $\mathfrak{G}_2$ mit B^β $(\beta = 1, \ldots, g_2)$ bezeichnet, so ist

$$\mathfrak{G}_1' = \{A^f, A^{2f}, \ldots, A^{g_1' f} = E\}, \qquad \mathfrak{G}_2' = \{B^f, B^{2f}, \ldots, B^{g_2' f} = E\},$$

und die zu einem Element F von $\mathfrak{F}$ gehörige Nebengruppe bei der Zerlegung von $\mathfrak{G}_1$ mod $\mathfrak{G}_1'$ ist der Komplex aller Elemente $A^{kf+\varrho}$, wobei k alle ganzen Zahlen durchläuft und ϱ eine feste Zahl ist; ist F ein $\mathfrak{F}$ ererzeugendes Element, d. h. ein Element der Ordnung f, so ist der größte gemeinsame Teiler $(\varrho, f) = 1$. Setzt man k gleich dem Produkt aller Primfaktoren von g_1, die nicht in $\varrho \cdot f$ aufgehen, wobei dieses Produkt, falls keine solchen Primzahlen existieren, als 1 definiert ist, so ist $(kf + \varrho, g_1) = 1$. $A^* = A^{kf+\varrho}$ hat daher die Ordnung g_1 und ist mithin ein $\mathfrak{G}_1$ erzeugendes Element. Analog findet sich in der entsprechenden Nebengruppe bei der Zerlegung von $\mathfrak{G}_2$ mod $\mathfrak{G}_2'$ ein $\mathfrak{G}_2$ erzeugendes Element B^*, und es ist $(A^*, B^*) < \mathfrak{G}$; wir schreiben von vornherein $A^* = A$, $B^* = B$ und werden aus der Fixpunktfreiheit folgern, daß $\mathfrak{G}$ der Zyklus von (A, B) ist: es ist $(g_1', g_2') = 1$; denn zu einem von 1 verschiedenen gemeinsamen Teiler t von g_1' und g_2' gäbe es in $\mathfrak{G}_1'$ und $\mathfrak{G}_2'$ Elemente der Ordnung t, d. h. Schiebungen um die Strecken $\frac{s_1}{t}\pi$ bzw. $\frac{s_2}{t}\pi$ mit $(s_1, t) = (s_2, t) = 1$; Potenzen dieser Schiebungen hätten beide als Schiebungsstrecken $\frac{1}{t}\pi$ und ihre Zusammensetzung lieferte eine nicht fixpunktfreie Bewegung aus $\mathfrak{C}$. — Wir können also α und β so bestimmen, daß $\alpha g_1' + \beta g_2' = 1$ ist; dann ist

$$\beta g_2 \equiv f (\operatorname{mod} g_1), \qquad \alpha g_1 \equiv f (\operatorname{mod} g_2),$$

also

$$A^{\beta g_2} = A^f, \qquad B^{\alpha g_1} = B^f.$$

Sind nun k, l, ϱ beliebig gegeben, so ist daher

$$(A^{kf+\varrho}, B^{lf+\varrho}) = (A, B)^{k\beta g_2 + l\alpha g_1 + \varrho},$$

d. h. $(A^{kf+\varrho}, B^{lf+\varrho})$ ist in dem Zyklus von (A, B) enthalten; da aber $\mathfrak{G}$ die Gesamtheit aller so gebildeten Elemente ist, ist bewiesen, daß $\mathfrak{G}$ mit dem Zyklus von (A, B) identisch ist.

Ist also $\mathfrak{G}$ kein Zyklus, so ist mindestens eine der Gruppen $\mathfrak{G}_1, \mathfrak{G}_2$ kein Zyklus, hat also als Polyedergruppe gerade Ordnung, und dann hat auch $\mathfrak{G}$ gerade Ordnung. Mithin sind auch hier Zyklen die einzigen Gruppen ungerader Ordnung, und wir können unter Benutzung des oben für Schiebungsgruppen gefundenen Resultates die Tatsache aussprechen:

Außer den Zyklen ungerader Ordnung gibt es keine Fundamentalgruppen von dreidimensionalen sphärischen, nicht-elliptischen Raumformen. —

Wir haben nun noch die Fälle zu betrachten, in denen mindestens eine der Gruppen $\mathfrak{G}_1, \mathfrak{G}_2$ eine nicht-zyklische Polyedergruppe ist, und aus allen so gebildeten Gruppen $\mathfrak{G}$ die auszuscheiden, welche Fixpunkte besitzen. Da das Suchen nach Fixpunkten der Gruppen $\mathfrak{G}$ ohne prinzipielles Interesse ist, begnüge ich mich mit der Angabe, daß man dabei auf folgende zwei Klassen von Gruppen geführt wird, deren Fixpunktfreiheit wir zeigen werden:

I. $\mathfrak{G}_1$ ist nicht-zyklische Polyedergruppe, $\mathfrak{G}_1' = \mathfrak{G}_1$; $\mathfrak{G}_2$ ist Zyklus, $\mathfrak{G}_2' = \mathfrak{G}_2$; $(g_1, g_2) = 1$; $\mathfrak{G}$ ist das direkte Produkt $\mathfrak{G}_1 \cdot \mathfrak{G}_2$; $\mathfrak{F}$ ist daher die Identität.

II. $\mathfrak{G}_1$ ist die Tetraedergruppe, $\mathfrak{G}_1'$ die Diedergruppe D_2 („Vierergruppe“); $\mathfrak{G}_1 = \mathfrak{G}_1' + K\mathfrak{G}_1' + K^2\mathfrak{G}_1'$; $g_1 = 12$, $g_1' = 4$; $\mathfrak{G}_2$ ist Zyklus der Ordnung $g_2 = 18k + 9$, $\mathfrak{G}_2'$ Zyklus der Ordnung $g_2' = 6k + 3$;

$$\mathfrak{G}_2 = \{A, A^2, \ldots, A^{18k+9} = E\} = \mathfrak{G}_2' + A\mathfrak{G}_2' + A^2\mathfrak{G}_2',$$
$$\mathfrak{G}_2' = \{A^3, A^6, \ldots, A^{18k+9} = E\};$$

$\mathfrak{F}$ ist also ein dreigliedriger Zyklus.

Da die Bewegung (G_1, G_2) nur dann einen Fixpunkt hat, wenn die Schiebungsstrecken von G_1 und G_2 gleich sind, ist (G_1, G_2) gewiß fixpunktfrei, wenn G_1 und G_2 verschiedene Ordnungen haben. Daraus folgt die Fixpunktfreiheit für jede Substitution einer Gruppe der Art I oder II:

denn im Fall I sind die Ordnungen von G_1 und G_2 als Teiler der teilerfremden Zahlen g_1 und g_2 voneinander verschieden; im Fall II besitzt $\mathfrak{G}_1$ nur Elemente der Ordnungen 2, 3, von diesen Ordnungszahlen tritt in $\mathfrak{G}_2$ nur 3 auf, und zwar sind die Elemente dritter Ordnung von $\mathfrak{G}_2$ in $\mathfrak{G}_2'$, aber nicht in $A\mathfrak{G}_2'$ und $A^2\mathfrak{G}_2'$, während die den Elementen G_2 von $\mathfrak{G}_2'$ entsprechenden Elemente G_1 von $\mathfrak{G}_1'$ alle die Ordnung 2 haben. — Unser Ergebnis ist:

Außer denjenigen dreidimensionalen elliptischen Raumformen, deren Gruppen reine Schiebungsgruppen sind und auf die oben beschriebene Weise aus je einer beliebigen Polyedergruppe gebildet werden, sowie denen mit zyklischen Schraubungsgruppen gibt es noch unendlich viele andere Raumformen mit komplizierteren untereinander nicht isomorphen Gruppen, unter deren Decktransformationen sich Schraubungen befinden. —

Im Widerspruch zu dieser Tatsache findet sich an der einschlägigen Stelle in der Enzyklopädie[17]) die falsche Angabe, daß die einzigen sphärischen Raumformen solche mit zyklischen Schiebungsgruppen seien. Auf die Existenz der Raumformen mit beliebigen polyedrischen Schiebungsgruppen weist Woods[18]) hin, ohne jedoch die Frage nach Raumformen, deren Gruppen Schraubungen enthalten, nachzuprüfen. Auch als Fundamentalgruppen dreidimensionaler Mannigfaltigkeiten schlechthin, ohne Hinblick auf das Clifford-Kleinsche Problem, sind fast alle der oben aufgestellten endlichen Gruppen bisher nicht beachtet worden. Dehn[19]) nennt ausdrücklich als einzige bekannte endliche Fundamentalgruppen dreidimensionaler Mannigfaltigkeiten die Zyklen und die erweiterte Ikosaedergruppe; dazu kommt noch die von Poincaré als Beispiel behandelte erweiterte Vierergruppe (von Poincaré als „Hyperkubische Gruppe" bezeichnet[3])). Diese Gruppen sind unter den oben aufgestellten enthalten; die Antwort auf die Frage, ob mit den Gruppen der sphärischen Raumformen die endlichen Fundamentalgruppen dreidimensionaler Mannigfaltigkeiten erschöpft sind, scheint nicht bekannt zu sein. —

§ 3.

Über den Jordanschen Satz in den Clifford-Kleinschen Mannigfaltigkeiten.

Während es sich bei den beiden ersten der drei Teile, in die Brouwer[20]) den Jordanschen Satz für den n-dimensionalen Raum R_n zerlegt, trotz der beim Beweise benutzten Voraussetzung, daß R_n der *kartesische* Raum

[17]) l. c. S. 116; der dort formulierte Satz ist offenbar aus dem genannten Buch Killings, S. 340ff., übernommen.

[18]) Woods, Forms of Non-Euclidean Space, The Boston Colloquium 1905.

[19]) Dehn, Über die Topologie des dreidimensionalen Raumes, Math. Ann. **69** (1910), S. 165.

[20]) Brouwer, Beweis des Jord. Satzes für den n-dimens. Raum, Math. Ann. **71** (1912).

sei, um „*innere*“, d. h. von der Natur der eine vorgelegte Jordansche Mannigfaltigkeit J enthaltenden Mannigfaltigkeit R_n unabhängige Eigenschaften von J zu handeln scheint, [da kein R_n bekannt ist, in dem diese Sätze nicht gelten][21]), macht der dritte, die Existenz *mindestens* zweier durch J in R_n bestimmter Gebiete behauptende Teil, den wir kurz als „Zerlegungssatz“ bezeichnen wollen, in hohem Grade eine Aussage über R_n. Denn, abgesehen von der elementaren Tatsache, daß es Flächen R_2 gibt, die nicht von jeder geschlossenen Kurve zerlegt werden, kann man jede $(n-1)$-dimensionale Mannigfaltigkeit J in eine n-dimensionale Mannigfaltigkeit R_n einbetten, die von J nicht zerlegt wird, nämlich in das von J und einem Kreis gebildete Produkt[22]). Andererseits untersucht man die Gültigkeit des Zerlegungssatzes und verwandter Sätze als Eigenschoft von R_n allein, ohne Rücksicht auf die topologische Struktur einer speziell betrachteten J, in der kombinatorischen Topologie z. B. bei Aufstellung der Bettischen Zahlen[21]). Wir werden in diesem Paragraphen zeigen, wie man aus der gleichzeitigen Kenntnis gewisser Eigenschaften spezieller R_n und spezieller J die Gültigkeit des Zerlegungssatzes schließen kann. Insbesondere werden wir folgendes Ergebnis erhalten:

Jede n-dimensionale Clifford-Kleinsche Mannigfaltigkeit $(n > 2)$ *wird durch jede in ihr liegende, der* $(n-1)$*-dimensionalen Kugel homöomorphe Mannigfaltigkeit zerlegt.*

Dies ist, da der universelle Überlagerungsraum einer n-dimensionalen Clifford-Kleinschen Mannigfaltigkeit entweder die n-dimensionale Kugel S_n oder der aus S_n durch Fortlassen eines Punktes entstehende kartesische Raum ist, eine Folgerung aus folgendem Satze:

Wird die n-dimensionale Mannigfaltigkeit R_n *durch die in ihr liegende, geschlossene, einfach zusammenhängende Mannigfaltigkeit J nicht zerlegt, und ist der universelle Überlagerungsraum von* R_n *einem (echten oder unechten) Teil* $\bar{R}$ *der n-dimensionalen Kugel* S_n *homöomorph, so besteht die Menge* $S_n - \bar{R}$ *entweder aus unendlich vielen oder aus genau zwei Punkten*[23]).

Beweis: R_n und J mögen die Voraussetzungen des Satzes erfüllen und $S_n - \bar{R}$ bestehe aus höchstens endlich vielen Punkten; $\bar{J}$ sei die

[21]) H. Kneser hat vom Standpunkt der kombinatorischen Topologie aus, d. h. unter der Annahme, daß J aus Seiten der R_n bildenden Simplexe zusammengesetzt ist, 1. gezeigt, daß R_n durch J stets in höchstens zwei Gebiete zerlegt wird, und 2. notwendige und hinreichende Bedingungen für R_n aufgestellt, damit R_n von jeder J zerlegt wird. („Ein topologischer Zerlegungssatz“, Koninkl. Akad. van Wetenschapen te Amsterdam, Sept. 1924.)

[22]) Steinitz, Beiträge zur Analysis Situs, Sitzungsber. der Berl. Math. Ges. 7 (1908).

[23]) Für $n=2$ ist dieser Satz inhaltslos, da es keine einfach zusammenhängende geschlossene eindimensionale Mannigfaltigkeit gibt.

Menge der die Punkte von J überlagernden Punkte von $\overline{R}$, $\overline{p}_0$ einer der über dem Punkt p von J liegenden Punkte von $\overline{J}$. Jedem in p beginnenden, auf J verlaufenden Kurvenbogen k entspricht ein eindeutig bestimmter von $\overline{p}_0$ ausgehender Bogen $\overline{k}$, und da die Abbildung von R auf $\overline{R}$ in der Umgebung jedes Punktes eineindeutig ist, erfüllen alle diese $\overline{k}$ eine Mannigfaltigkeit $\overline{J}_0$, die J unverzweigt überlagert, also wegen des einfachen Zusammenhanges von J mit J homöomorph ist. Mit Hilfe des Satzes von Heine-Borel kann man ein endliches System $U^1 \ldots U^k$ von Umgebungen von Punkten $p^1 \ldots p^k$ von J so auswählen, daß die Vereinigungsmenge U der U^k ganz J im Innern enthält, und daß in jedem U^k die Abbildung auf die Umgebung $\overline{U}_0^k$ des Punktes $\overline{p}_0^k$ von $\overline{J}_0$, und mithin auch die Abbildung von U auf eine Umgebungsmenge $\overline{U}_0$ von $\overline{J}_0$ topologisch ist. $\overline{U}_0$ enthält außer $\overline{J}_0$ keinen Punkt von $\overline{J}$. $\overline{J}$ läßt sich in eine endliche oder unendliche Reihe von Mannigfaltigkeiten $\overline{J} = \overline{J}_0 + \overline{J}_1 + \ldots$ zerlegen, die analog wie $\overline{J}_0$ gebildet und alle mit J homöomorph sind. Konvergiert eine zu $\overline{J}$ gehörige Punktfolge $\overline{q}_1, \overline{q}_2, \ldots$ gegen den Punkt q, so gehört dieser entweder zu $S_n - \overline{R}$ oder zu einer $\overline{J}_i$; in letzterem Fall gehört, wie aus der Betrachtung von $\overline{U}_i$ folgt, die ganze Folge von einem gewissen Index an zu $\overline{J}_i$. So ist insbesondere kein Punkt von $\overline{J}_i$ Häufungspunkt von $\overline{J} - \overline{J}_i$, je zwei der $\overline{J}_i$ sind punktfremd.

Da aus der Gültigkeit des Jordanschen Satzes im kartesischen Raum unmittelbar seine Gültigkeit in $\overline{R}$ folgt, zerlegt jede $\overline{J}_i$ $\overline{R}$ in zwei Gebiete G_i und H_i, deren gemeinsame Grenze sie ist. Wegen des Homöomorphismus von $\overline{J}_i$ mit J gibt es keine $\overline{J}_i$ in sich überführende Decktransformation; daher können wir die Bezeichnungen so wählen, daß t_i die $\overline{J}_0$ in $\overline{J}_i$ überführende Decktransformation, $G_i = t_i(G_0)$, $H_i = t_j(H_0)$ ist; ferner seien G_i' und H_i' die G_i bzw. H_i enthaltenden Gebiete, in die S_n durch $\overline{J}_i$ zerlegt wird. — Aus der Punktfremdheit von $\overline{J}_i$ und $\overline{J}_j$ sowie der Verbindbarkeit zweier willkürlicher Punkte von $\overline{J}_j$ durch eine auf $\overline{J}_j$ verlaufende Kurve folgt, daß $\overline{J}_j$ nicht gleichzeitig Punkte in G_i und H_i besitzen kann, daß also entweder $\overline{J}_j < G_i$ oder $\overline{J}_j < H_i$ ist. Ist z. B. $\overline{J}_j < G_i$, so liegen, da jeder Punkt von $\overline{J}_j$ Randpunkt von G_j und H_j ist, sowohl Punkte von G_j als von H_j in G_i; dann können nicht auch zugleich Punkte von G_j und H_j in H_i liegen, da sich zwei solche Punkte durch eine in H_i verlaufende, also $\overline{J}_j$ nicht treffende Kurve verbinden ließen. Mithin ist entweder $G_j < G_i$ oder $H_j < G_i$, und wir sehen: eins der Gebiete G_j, H_j ist in einem der Gebiete G_i, H_i enthalten.

Nehmen wir nun an, daß G_0 mit jedem G_i punktfremd sei; dann sind je zwei G_i, G_j punktfremd, da andernfalls $G_0 = t_i^{-1}(G_i)$ mit $t_i^{-1}(G_j) = t_i^{-1}\, t_j(G_0) = G_k$ einen Punkt gemeinsam hätte. Die Menge $G = \sum_i G_i$ geht bei jeder

Transformation t_i in sich über und ist daher die vollständige Überlagerungsmenge eines Gebietes G von R_n; dasselbe gilt für den Durchschnitt $\overline{H} = \overline{R} - \overline{G} - \overline{J}$ aller H_i, der das Gebiet $H = R_n - G - J$ überlagert. Daß G nicht leer ist, folgt aus seiner Definition; auch $\overline{H}$, und mithin ebenso H, ist nicht leer: denn $\overline{U}_0$ gehört in bezug auf jedes $\overline{J}_i$ (mit $i \neq 0$) ganz zu einem der Gebiete G_i, H_i, und zwar zu H_i, da in $\overline{U}_0$ Punkte von G_0 liegen; mithin sind die in $\overline{U}_0$ liegenden Punkte von H_0 Punkte von $\overline{H}$. Da nun aber $\overline{G}$ und $\overline{H}$ durch $\overline{J} = \sum_i \overline{J}_i$ voneinander getrennt werden, gilt dasselbe für G, H, J, — entgegen unserer Voraussetzung. Es hat also G_0 mit mindestens einem G_i und ebenso H_0 mit mindestens einem H_j einen Punkt gemeinsam $(i, j \neq 0)$.

Jetzt nehmen wir an, daß für kein von Null verschiedenes i $G_i < G_0$ sei; dann ist auch für kein von Null verschiedenes j: $H_j < H_0$, da hieraus $G_0 < G_j$, $t_j^{-1}(G_0) = G_k < t_j^{-1}(G_j) = G_0$ folgen würde. Nach dem oben Bewiesenen können wir annehmen, daß H_0 und H_1 einen gemeinsamen Punkt besitzen, daß also nicht $H_1 < G_0$ ist. Da aber (s. o.) eine der vier Relationen $G_1 < G_0$, $G_1 < H_0$, $H_1 < G_0$, $H_1 < H_0$ bestehen muß, bleibt nur $G_1 < H_0$ übrig. Analog folgt $H_j < G_0$ aus der Annahme, daß G_0 und G_j einen Punkt gemeinsam haben; wie oben gezeigt, gibt es solche j, und zwar ist dann $j \neq 1$, da aus $G_1 < H_0$ die Beziehung $H_1 > G_0$, also die Punktfremdheit von G_1 und G_0 folgt. Wir können daher $H_2 < G_0$, $G_1 < H_0$ setzen, und hieraus folgt die unmögliche Relation $H_3 = t_1(H_2) < t_1(G_0) = G_1 < H_0$. Unsere Annahme, daß G_0 kein G_i enthalte, war also falsch, und wir können von nun an $G_1 < G_0$ und $H_{-1} < H_0$ voraussetzen (wobei $t_1^{-1} = t_{-1}$ ist).

In G_0' liegt *mindestens* ein Punkt von $S_n - \overline{R}$; denn aus $G_1 < G_0$ folgt $t_1^{i+1}(G_0) < t_1^i(G_0)$ für $i = 0, 1, \ldots$; ist a_0 ein Punkt von $\overline{J}_0$, so ist $t_1^i(a_0) < t_1^{i-1}(G_0)$, aber nicht $t_1^i(a_0) < t_1^{i+1}(G_0)$, es sind daher alle $t_1^i(a_0)$ voneinander verschieden, und sie haben in der abgeschlossenen und beschränkten Menge $G_0' + \overline{J}_0$ einen Häufungspunkt a, der, wie früher gezeigt, nicht zu $\overline{R}$ gehört. Zugleich hat sich ergeben, daß t_1 von unendlicher Ordnung ist.

In G_0' liegt *höchstens* ein Punkt von $S_n - \overline{R}$; setzt man nämlich $t_1^m = t_{\lambda m}$, so muß ein Punkt des Durchschnitts von G_0' und $S_n - \overline{R}$, d. h. ein Punkt von $G_0' - G_0$, allen G_{λ_i}' angehören; denn wäre g ein nicht zu G_0 gehöriger Punkt von $G_0' - G_{\lambda i}'$, so wäre g Häufungspunkt von $G_0 + \overline{J}_0 - G_{\lambda i}$, diese Menge wäre in S_n nicht abgeschlossen, und dasselbe gälte von den mit ihr homöomorphen Mengen $G_{\lambda_k} + \overline{J}_{\lambda_k} - G_{\lambda_{k+i}}$; diese Mengen hätten zu $G_{\lambda_k}' - G_{\lambda_{h+i}}'$ gehörige Häufungspunkte g_k, von denen wegen $G_{\lambda_{k+i}}' < G_{\lambda_k}'$ unendlich viele voneinander verschieden wären, — im

Widerspruch zu der Voraussetzung, daß $G_0' - G_0$ nur endlich viele Punkte enthält. — Mithin ist $G_0' - G_0$ im Durchschnitt Γ' aller G_{λ_i}' enthalten, und wir werden aus der Annahme, daß Γ' mindestens zwei Punkte a und b enthalte, einen Widerspruch herleiten. Zunächst bemerken wir, daß Γ' abgeschlossen ist; denn gehörte der Häufungspunkt γ von Γ' nicht zu G_{λ_i}', so läge er auf $\bar{J}_{\lambda_i}$, also in $H_{\lambda_{i+k}}'$, was wegen $\Gamma' < G_{\lambda_{i+k}}'$ unmöglich ist. Nun würde aus der Existenz von a und b die Existenz einer Schar von a mit b verbindenden Kurvenbögen β_i folgen, derart, daß $\beta_i < G_{\lambda_i}'$ wäre; die Schnittpunkte der β_i mit einer a von b trennenden Jordanschen Mannigfaltigkeit η hätten einen Häufungspunkt c auf η, der, da Γ' abgeschlossen ist, ebenfalls zu Γ' gehörte, und aus der Willkür bei der Wahl von η folgte, daß Γ' aus unendlich vielen Punkten bestände. Da nun, wenn Γ den Durchschnitt aller G_{λ_i} bezeichnet, $\Gamma' - \Gamma = G_0' - G_0$ und diese Menge endlich ist, enthielte Γ unendlich viele Punkte und besäße einen zu $\bar{R}$ gehörigen Randpunkt d. Dann gehörte d wegen der Abgeschlossenheit von Γ' selbst zu Γ und läge auf keiner $\bar{J}_{\lambda_i}$. Es gäbe eine Umgebung D von d, die frei von Punkten von $\sum_{i=0}^{\infty} \bar{J}_{\lambda_i}$ wäre, die also in bezug auf jedes $\bar{J}_{\lambda_i}$ ganz in einem der Gebiete G_{λ_i}, H_{λ_i} läge; aus $d < \Gamma < G_{\lambda_i}$ folgte daher $D < G_{\lambda_i}$ für alle i, also $D < \Gamma$, entgegen der Definition von d.

Damit ist aus der früher bewiesenen Tatsache $G_1 < G_0$ gefolgert, daß $G_0' - G_0$ genau aus einem Punkt besteht; aus $H_{-1} < H_0$ folgt dasselbe für $H_0' - H_0$, womit die Behauptung, daß $S_n - \bar{R}$ genau zwei Punkte enthält, bewiesen ist.

Daß die Voraussetzung des einfachen Zusammenhangs von J für die Gültigkeit unseres Satzes notwendig ist, zeigt folgendes Beispiel: R_n ist das Produkt[22]) aus n Kreisen, J ein Produkt aus $(n-1)$ Kreisen, $\bar{R}$ das Produkt aus n Geraden, also ein kartesischer Raum, $S_n - \bar{R}$ besteht aus einem Punkt; R_n wird von J nicht zerlegt. — Daß andererseits unter den Voraussetzungen unseres Satzes $S_n - \bar{R}$ wirklich aus genau zwei Punkten bestehen kann, lehrt das Beispiel: R_n ist das Produkt aus S_{n-1} und Kreis, J eine zu einem Punkt des Faktorkreises gehörige S_{n-1}, $\bar{R}$ das Produkt aus S_{n-1} und Gerade, also der einmal punktierte euklidische oder zweimal punktierte sphärische Raum.

Mittels der bei dem eben geführten Beweis angewandten Methode gelangt man bei speziellen Klassen von R_n zu schärferen Resultaten, nämlich zum Beweis des Zerlegungssatzes für *alle zweiseitigen*, bzw. überhaupt für *alle* J. Es besteht nämlich zunächst der Satz:

Hat die zweiseitige n-dimensionale Mannigfaltigkeit R_n die n-dimensionale Kugel S_n zum universellen Überlagerungsraum, so wird R_n von jeder zweiseitigen Jordanschen Mannigfaltigkeit J zerlegt[24]).

Beweis: Wir nehmen an, daß R_n durch J nicht zerlegt wird und schließen in Analogie zu den vorhin angestellten Überlegungen: Die Menge $\bar{J}$ der J überlagernden Punkte läßt sich in endlich viele, unter einander homöomorphe Mannigfaltigkeiten $\bar{J} = \bar{J}_0 + \bar{J}_1 + \ldots + \bar{J}_k$ zerlegen; jede $\bar{J}_i$ ist geschlossene unverzweigte Überlagerungsmannigfaltigkeit von J, also zweiseitig; je zwei $\bar{J}_i$ sind punktfremd. Jede $\bar{J}_i$ zerlegt $\bar{R} = S_n$ in zwei Gebiete G_i, H_i, deren gemeinsame Grenze sie ist.

Es gibt keine Decktransformation t, die G_i in H_i überführt, da wegen der Zweiseitigkeit von R_n und von J bei jeder $\bar{J}_i$ in sich überführenden Decktransformation sowohl die Indikatrix von S_n wie die von $\bar{J}_i$ erhalten bleibt und bei einer solchen topologischen Abbildung von S_n auf sich jedes der durch $\bar{J}_i$ bestimmten Gebiete in sich übergeht, wie am Schluß dieses Paragraphen in einem Hilfssatz gezeigt werden wird. Man kann daher die Bezeichnungen so wählen, daß die G_i die Bilder von G_0, die H_i die Bilder von H_0 sind.

Nun schließt man wie früher weiter: Es ist entweder $\bar{J}_j < G_i$ oder $\bar{J}_j < H_i$; eins der Gebiete G_j, H_j ist in einem der Gebiete G_i, H_i enthalten. — Die Annahme, daß G_0 mit jedem G_i punktfremd sei, führt zu der der Voraussetzung widersprechenden Folgerung, daß R_n durch J in zwei Gebiete G und H zerlegt würde; folglich haben z. B. H_0 und H_1 einen Punkt gemeinsam. — Mit Hilfe dieser Tatsache zeigt man, daß G_0 ein G_i enthalten muß. — Aus $G_i < G_0$ folgt, daß jede G_0 in G_i überführende Decktransformation unendliche Ordnung hat, — im Widerspruch zu der aus der Geschlossenheit von S_n folgenden Endlichkeit der Fundamentalgruppe. — Damit ist die Behauptung bewiesen.

Jetzt nehmen wir weiter an, daß R_n die bisherigen Voraussetzungen erfüllt und daß in ihr die einseitige Jordansche Mannigfaltigkeit J liegt. Da es in S_n keine einseitigen Jordanschen Mannigfaltigkeiten gibt[25]), sind die $\bar{J}_i$ zweiseitig. Es gibt daher eine Decktransformation t, die $\bar{J}_i$ unter Umkehrung ihrer Indikatrix auf sich abbildet. Dann ist die Ordnung von t und mithin auch die Ordnung der Fundamentalgruppe gerade. Damit ist bewiesen:

---

[24]) Bei Beschränkung auf den Standpunkt der kombinatorischen Topologie sind dieser und der nächste Satz Folgerungen aus den Relationen zwischen Fundamentalgruppe einerseits, Bettischen und Torsionszahlen andererseits (Tietze, Die topologischen Invarianten ... Wiener Monatshefte **19** (1908), S. 77ff.) in Verbindung mit den oben zitierten Ergebnissen von H. Kneser.

[25]) Brouwer, Über Jordansche Mannigf., Math. Ann. **71** (1912).

Tritt zu den Voraussetzungen des zuletzt bewiesenen Satzes noch die, daß die Ordnung der Fundamentalgruppe ungerade ist, so wird R_n von *jeder* Jordanschen Mannigfaltigkeit J zerlegt.

Für die Clifford-Kleinschen Mannigfaltigkeiten gilt daher nach § 2:

Jede sphärische Mannigfaltigkeit ungerader Dimensionenzahl wird von jeder in ihr liegenden zweiseitigen, jede sphärische, nicht-elliptisehe Mannigfaltigkeit ungerader Dîmensionenzahl sogar von jeder in ihr liegenden Jordanschen Mannigfaltigkeit zerlegt.

Zur Vervollständigung der Beweise der letzten Sätze ist noch der Beweis des folgenden *Hilfssatzes* nachzutragen:

Geht bei der topologischen Abbildung t der n-dimensionalen Kugel S_n die Jordansche Mannigfaltigkeit F in sich über, und bleibt sowohl die Indikatrix von S_n, als auch die von F ungeändert, so wird jedes der beiden durch F bestimmten Gebiete in sich übergeführt.

Den Beweis führen wir auf Grund der Brouwerschen Theorie der „Ordnung eines Punktes in bezug auf eine Mannigfaltigkeit"[25]) in mehreren Schritten:

1. E_1 sei ein n-dimensionaler, orientierter, euklidischer Raum, K eine in ihm liegende $(n-1)$-dimensionale Kugel. Unter der „natürlichen" Orientierung von K verstehen wir diejenige, bei der ein in ihrem Sinne positives, an K tangentiales $(n-1)$-dimensionales Achsenkreuz zusammen mit der inneren Normalen als n-ter Achse ein im Sinne der Orientierung von E_1 positives, n-dimensionales Achsenkreuz darstellt. Die „Ordnung" $o_1(a, F)$ eines Punktes a in bezug auf eine orientierte Jordansche Mannigfaltigkeit F ist der Grad[26]) der durch Zentralprojektion von a aus vermittelten Abbildung von F auf eine natürlich orientierte Kugel um a. Sie hat denselben Wert für je zwei Punkte desselben durch F bestimmten Gebietes, und zwar ± 1 für das innere, 0 für das äußere, d. h. das mit dem unendlich Fernen verbindbare Gebiet. — Ist E_2 ein zweiter n-dimensionaler Raum, für den die analogen Festsetzungen getroffen sind, und wird E_1 durch die topologische Abbildung t so auf E_2 bezogen, daß dabei den positiven Indikatrizen von E_1 und F die positiven Indikatrizen von E_2 bzw. $t(F)$ entsprechen, so ist

$$o_1(a, F) = o_2(t(a), t(F)). \text{ }^{25})$$

2. Ist a ein Punkt von S_n, so läßt sich $(S_n - a)$ als orientierter euklidischer Raum E_a auffassen, indem man das Koordinatensystem des im Gegenpunkt a' von a an S_n tangentialen n-dimensionalen Raumes stereographisch auf $(S_n - a)$ projiziert und die Orientierung von S_n beibehält;

---

[26]) Über Abbildung von Mannigf., Math. Ann. 71 (1912).

a spielt in E_a die Rolle des unendlich fernen Punktes. Die a und a' verbindenden Großkreise sind sowohl in E_a wie in $E_{a'}$ gerade Linien; die zu a und a' gehörige $(n-1)$-dimensionale Äquatorkugel ist in E_a und in $E_{a'}$ eine Kugel mit a' bzw. a als Mittelpunkt; die natürlichen Orientierungen dieser Kugel sind einander entgegengesetzt. Daraus folgt, wenn wir die „Ordnungen" in E_a und $E_{a'}$ mit o_a bzw. $o_{a'}$ bezeichnen, für jede Jordansche Mannigfaltigkeit F:

$$o_a(a', F) = -o_{a'}(a, F).$$

3. t sei eine topologische Transformation von S_n, die F in sich überführt. Dann geht, da S_n durch F in nicht mehr als zwei Gebiete zerlegt wird, bei der Abbildung t^2 jedes dieser Gebiete in sich über. Mithin ist für beliebige Punkte a und b:

$$o_b(a, F) = o_b(t^2(a), F).$$

4. t und F sollen die Voraussetzungen unseres Satzes erfüllen. s sei eine topologische Transformation von S_n, die a festhält und $b = t(a)$ in den Gegenpunkt a' von a überführt; (man wähle als s etwa eine Translation in E_a). Dann erfüllt die zu t ähnliche Transformation $t_1 = s t s^{-1}$ die Voraussetzungen unseres Satzes in bezug auf $F_1 = s(F)$, und es ist überdies $t_1(a) = a'$; da es genügt, unseren Satz für t_1 statt für t zu beweisen, können wir annehmen, es sei von vornherein $b = t(a) = a'$. Dann ist, wenn wir $t(b) = c$ setzen,

nach 1.: $\quad o_a(b, F) = o_b(c, F)$,
nach 2.: $\quad o_a(b, F) = -o_b(a, F)$,
nach 3.: $\quad o_b(a, F) = o_b(c, F)$,
also: $\quad o_b(a, F) = 0$,

d. h. a gehört dem durch F in E_b bestimmten „Außengebiet" an, also demselben Gebiet, wie der „unendliche ferne" Punkt $b = t(a)$ von E_b, w. z. b. w.

§ 4.

Abbildungseigenschaften Clifford-Kleinscher Mannigfaltigkeiten[26a]).

Zu einer beliebigen Mannigfaltigkeit M gehöre der universelle Überlagerungsraum $\overline{M}$ und die Gruppe $\mathfrak{T}$ von Decktransformationen $t_1, t_2, \ldots$ Einer Abbildung f von M auf sich entsprechen durch folgende Beziehung Abbildungen von $\overline{M}$ auf sich:

[26a]) Zusatz bei der Korrektur. Ein Teil des Inhalts dieses Paragraphen ist, wie ich nachträglich bemerkt habe, in etwas anderer Form unter der in diesem Fall unwesentlichen Beschränkung auf die Dimensionenzahl 2 bereits in der Abhandlung „Aufzählung der Abbildungsklassen endlichfach zusammenhängender Flächen" von Brouwer, Math. Ann. 81, enthalten.

P sei ein beliebiger Punkt von M, $\bar{P}$ und $\bar{P}_1$ seien zwei willkürliche der über P und $P_1 = f(P)$ liegenden Punkte von $\bar{M}$. Ist $\bar{Q}$ ein Punkt von $\bar{M}$, so ziehe man einen Kurvenbogen $\bar{k}$ von $\bar{P}$ nach $\bar{Q}$; $\bar{k}$ liegt über einem in P beginnenden und in dem unter $\bar{Q}$ gelegenen Punkt Q endenden Kurvenbogen k; $f(k) = k_1$ führt von $f(P)$ nach $f(Q)$, und unter den Bildern von k_1 in $\bar{M}$ ist genau eins, $\bar{k}_1$, das in $\bar{P}_1$ beginnt. Der zweite Endpunkt $\bar{Q}_1$ von $\bar{k}_1$ ist unabhängig von der Wahl von $\bar{k}$; denn ist $\bar{k}'$ ein zweiter, von $\bar{P}$ nach $\bar{Q}$ laufender Bogen, so läßt sich die geschlossene Kurve $\bar{k} + \bar{k}'$ bei Festhaltung von $\bar{Q}$ stetig auf diesen Punkt zusammenziehen. Dasselbe gilt daher für $k + k'$ und Q, sowie für $k_1 + k_1'$ und Q_1; daher ist $\bar{Q}_1 = \bar{Q}_1'$. Die Abbildung $\bar{Q}_1 = \bar{f}(\bar{Q})$ ist mithin eindeutig und stetig, und es liegt stets $\bar{f}(\bar{Q})$ über $f(Q)$, wenn $\bar{Q}$ über Q liegt.

$\bar{f}$ hängt ab von der Wahl der Punkte $\bar{P}$ und $\bar{P}_1$; wählt man an deren Stelle zwei andere über P und P_1 liegende Punkte $t_m(\bar{P})$ und $t_n(\bar{P}_1)$, so wird dadurch eine dieselben Eigenschaften wie $\bar{f}_1 = \bar{f}$ besitzende Abbildung $\bar{f}_2$ definiert; es besteht die Relation

$$\bar{f}_2 t_m(\bar{P}) = t_n \bar{f}_1(\bar{P}),$$

und aus der Definition von $\bar{f}_1$ und $\bar{f}_2$ ergibt sich, daß sie auch für die von $\bar{P}$ verschiedenen Punkte gilt, daß also identisch $\bar{f}_2 = t_n \bar{f}_1 t_m^{-1}$ ist. Alle so gebildeten, f überlagernden Abbildungen $\bar{f}_k$ bilden eine Klasse $\bar{F}$, die mit $\mathfrak{T}$ vertauschbar ist, d. h. für die die symbolische Gleichung $\bar{F}\mathfrak{T} = \mathfrak{T}\bar{F}$ gilt.

Es kann nun vorkommen, daß eine Abbildung $\bar{f}$ aus $\bar{F}$ mit jeder Decktransformation t_n vertauschbar ist; in diesem Falle nennen wir f eine „vertauschbare Abbildung“ von M. Wir zeigen nun:

Gehört f zur Klasse der Identität, d. h. läßt sich f durch eine eindeutige und stetige Deformation in die Identität überführen, so ist f vertauschbar.

Beweis: $\bar{P}$ sei ein willkürlicher, den festen Punkt P überlagernder Punkt. Bei dem f erzeugenden Deformationsvorgang beschreibt P eine nach $f(P)$ laufende Kurve h. h besitzt eine bestimmte in $\bar{P}$ beginnende Überlagerungskurve $\bar{h}$; ihren über $f(P)$ liegenden Endpunkt nennen wir $\bar{P}_1$ und bestimmen nun mittels $\bar{P}$ und $\bar{P}_1$ die Abbildung $\bar{f}$. — Ist $\bar{k}_n$ eine von $\bar{P}$ nach $t_n(\bar{P})$ laufende Kurve, so entspricht dem Deformationsvorgang, der k_n in $f(k_n)$ überführt, eindeutig eine stetige Deformation, die $\bar{k}_n$ in eine $f(k_n)$ überlagernde, in $\bar{f}(\bar{P})$ beginnende, in einem Punkt $t_m \bar{f}(\bar{P})$ endigende Kurve $\bar{k}_n'$ überführt; wegen der Stetigkeit dieses Übergangs, während dessen die Endpunkte der Kurve stets im Sinne der Decktransformationen kongruente Punkte sind, muß aber $t_m = t_n$ sein. $\bar{k}_n'$ hat also den Endpunkt $t_n \bar{f}(\bar{P})$. Andererseits ist auch $\bar{f}(\bar{k}_n)$, ebenso wie $\bar{k}_n'$, eine in $\bar{f}(\bar{P})$ beginnende Überlagerungskurve von $f(k_n)$, also, da es nur eine derartige Kurve gibt, $\bar{k}_n' = f(\bar{k}_n)$ und $t_n \bar{f}(\bar{P}) = \bar{f} t_n(\bar{P})$. Dies gilt wieder auch für die von $\bar{P}$ verschiedenen Punkte, d. h. es ist identisch $t_n \bar{f} = \bar{f} t_n$.

Für den Fall, daß die Fundamentalgruppe kommutativ ist, läßt sich der eben bewiesene Satz wesentlich verschärfen. Nennen wir nämlich f eine „homotope" Abbildung von M, wenn f jeder geschlossenen Kurve eine ihr homotope[27]) zuordnet (was natürlich stets der Fall ist, wenn f zur Klasse der Identität gehört), und nennen wir ferner f eine „allgemein vertauschbare" Abbildung, falls *alle* Abbildungen $\bar{f}$ aus $\bar{F}$ mit allen t_n vertauschbar sind, so gilt der Satz:

Ist die Fundamentalgruppe $\mathfrak{T}$ von M kommutativ und f eine homotope Abbildung von M auf sich, so ist f allgemein vertauschbar.

Beweis: Es genügt zu zeigen, daß f vertauschbar ist; denn aus $\bar{f} t_n = t_n \bar{f}$ folgt $t_l \bar{f} t_n t_m = t_l t_n \bar{f} t_m$, $(t_l \bar{f} t_m) t_n = t_n (t_l \bar{f} t_m)$, also $\bar{f}_k t_n = t_n \bar{f}_k$ für alle $\bar{f}_k$.

Sei also, bei kommutativer Gruppe $\mathfrak{T}$, f homotop; wir zeigen, daß für beliebiges n $\bar{f} t_n = t_n \bar{f}$ ist:

Der wegen der Homotopie von f existierenden Deformation der geschlossenen Kurve k, welche von der $\bar{P}$ mit $t_n(\bar{P})$ verbindenden Kurve $\bar{k}$ überlagert wird, in $f(k)$, entspricht eine Deformation von $\bar{k}$ in eine Überlagerungskurve von $f(k)$, also in eine Kurve $t_m \bar{f}(\bar{k})$ mit den Endpunkten $t_m \bar{f}(\bar{P})$ und $t_m \bar{f} t_n(\bar{P})$; andererseits ist während der Deformation der Kurvenendpunkt stets das durch t_n gelieferte Bild des Anfangspunktes, es ist daher: $t_m \bar{f} t_n(\bar{P}) = t_n t_m \bar{f}(\bar{P})$, dies gilt wieder unabhängig von $\bar{P}$, es ist also:

$$t_m \bar{f} t_n = t_n t_m \bar{f},$$
$$t_m \bar{f} t_n = t_m t_n \bar{f},$$
$$\bar{f} t_n = t_n \bar{f}, \qquad \text{w. z. b. w.}$$

Wir untersuchen nun die Umkehrbarkeit des ersten der beiden Sätze: Gehört jede vertauschbare Abbildung zur Klasse der Identität? Daß dies nicht immer der Fall ist, zeigt die jedem Punkt seinen diametralen Punkt zuordnende Abbildung der Kugel; sie ist gewiß vertauschbar, da $\mathfrak{T}$ nur aus der identischen Transformation besteht, gehört aber nicht zur Klasse der Identität, da sie den Grad -1 hat[25]). Es erhebt sich nun aber die Frage, ob die beiden Bedingungen, daß f vertauschbar sei und den Grad $+1$ habe, die beide notwendig für stetige Erzeugbarkeit von f aus der Identität sind, zusammen hierfür auch hinreichend sind. Wir zeigen an einem Beispiel, daß auch dies nicht der Fall ist:

M sei das Produkt[22]) zweier Kugeln, d. h. die 4-dimensionale Mannigfaltigkeit aller Punktepaare (P_1, P_2) einer Kugel K, wobei $(P_1, P_2) \neq (P_2, P_1)$

[27]) Zwei Kurven heißen homotop, wenn sie auf M durch eine eindeutige und stetige Deformation ineinander übergeführt werden können.

ist; sie ist einfach zusammenhängend, da man jede geschlossene Kurve k auf einen Punkt zusammenziehen kann, indem man dies für jede der beiden, k auf K entsprechenden Kurven tut. Daher besteht $\mathfrak{T}$ nur aus der Identität, und jede Abbildung f von M auf sich ist vertauschbar. Ist f durch

$$f[(P_1, P_2)] = \big(f_1[(P_1, P_2)],\quad f_2[(P_1, P_2)]\big)$$

gegeben, so ist, bei festem P_1^0, eine Abbildung von K auf sich $P_2' = f_2(P_1^0, P_2)$ definiert, die zur Klasse der Identität gehört, falls dies für f der Fall ist. Bezeichnet nun P^* den Diametralpunkt von P, so muß von den drei Abbildungen

$$f[(P_1, P_2)] = (P_2, P_1),$$
$$g[(P_1, P_2)] = (P_1, P_2^*),$$
$$h[(P_1, P_2)] = fg[(P_1, P_2)] = (P_2^*, P_1),$$

die alle topologisch sind, also den Grad ± 1 haben, mindestens eine vom Grad $+1$ sein, da sich bei Zusammensetzung von Abbildungen die Grade multiplizieren[25]). Trotzdem läßt sich keine der drei Abbildungen in die Identität überführen, da die Abbildungen

$$f_2[(P_1^0, P_2)] = P_1^0,$$
$$g_2[(P_1^0, P_2)] = P_2^*,$$
$$h_2[(P_1^0, P_2)] = P_1^0$$

die Grade $0, -1, 0$ besitzen, also keine von ihnen sich stetig in die Identität überführen läßt.

Die Clifford-Kleinschen euklidischen und hyperbolischen Mannigfaltigkeiten können ein solches Verhalten nicht zeigen; vielmehr gilt der Satz:

Jede vertauschbare Abbildung einer Clifford-Kleinschen euklidischen oder hyperbolischen Mannigfaltigkeit auf sich gehört zur Klasse der Identität.

Beweis: f sei die Abbildung, $\bar{f}$ eine von den überlagernden Abbildungen und mit allen t_n vertauchbar. Da die Strecken $t_n(\bar{P}) \rightarrow t_n \bar{f}(\bar{P})$ alle über derselben geodätischen Strecke von M liegen, können wir dasselbe auch für die mit diesen identischen Strecken $t_n(\bar{P}) \rightarrow \bar{f} t_n(\bar{P})$ aussprechen und sagen: Alle Punkte $\bar{Q}_n$, die die Strecken $t_n(\bar{P}) \rightarrow \bar{f} t_n(\bar{P})$ in einem festen Verhältnis teilen, liegen, unabhängig von n, über demselben Punkt von M. — Nun läßt sich $\bar{f}$ stetig aus der Identität erzeugen, indem man alle Punkte $\bar{P}$, gleichzeitig beginnend, gleichförmig und geradlinig von $\bar{P}$ nach $\bar{f}(\bar{P})$ laufen läßt. Aus dem eben Gesagten ergibt sich, daß diesem Vorgang eine eindeutige und stetige Deformatiou in M entspricht, womit die Behauptung bewiesen ist.

Man erkennt überdies, daß es zu *jedem* mit allen t_n vertauschbaren $\bar{f}$ eine derartige Deformation gibt, daß also unter Umständen mehrere f erzeugende Deformationsvorgänge existieren können. Dies tritt z. B. im Falle einer kommutativen Fundamentalgruppe ein; in diesem Fall besteht folgende, sich aus den bisherigen Sätzen unmittelbar ergebende Tatsache:

Ist f eine homotope Abbildung der, eine kommutative Fundamentalgruppe besitzenden, euklidischen oder hyperbolischen Mannigfaltigkeit M, so ist f stetig aus der Identität zu erzeugen; und zwar läßt sich für einen beliebigen Punkt P als Bahnkurve eine der von P nach $f(P)$ führenden geodätischen Linien willkürlich vorschreiben. —

Wir haben bisher stets nur unberandete Mannigfaltigkeiten betrachtet; die beiden Sätze über Clifford-Kleinsche Mannigfaltigkeiten sind aber auch richtig, wenn M berandet ist, vorausgesetzt, daß $\overline{M}$ *konvex* ist; die Beweise bleiben wörtlich dieselben. Wir wollen als Beispiel hierfür eine Anwendung auf den Fall des ebenen Kreisringes machen:

Ein solcher, d. h. ein von zwei konzentrischen Kreisen begrenzter Bereich der Ebene, läßt sich topologisch abbilden auf einen von zwei Parallelkreisen begrenzten Teil eines geraden Kreiszylinders, also einer Clifford-Kleinschen euklidischen Mannigfaltigkeit. $\overline{M}$ ist ein Parallelstreifen der euklidischen Ebene, also konvex. $\mathfrak{T}$ ist kommutativ, nämlich der unendliche Zyklus; seiner Basis entspricht ein gerichteter Randkreis r von M. Jede Abbildung, die r in eine homotope Kurve überführt, ist daher homotop und mithin auf unendlich viele Weisen aus der Identität stetig zu erzeugen.

Dies gilt insbesondere für topologische, die Indikatrix erhaltende Abbildungen von M auf sich, die die Randkreise nicht vertauschen; denn bei ihnen geht jeder dieser Kreise, auch der Richtung nach, in sich über. Hat f die Eigenschaft, die Randkreise „mit entgegengesetzten Drehungen"[28]) auf sich abzubilden, so läßt sich für einen Randpunkt die Bahnkurve so wählen, daß der sich ergebende Deformationsvorgang die Randkreise in entgegengesetzten Richtungen deformiert.

Diese Tatsachen sind von Interesse für die Formulierung des „letzten geometrischen Theorems von Poincaré"[28]), dessen Voraussetzungen in der Literatur nicht ganz einheitlich angegeben werden; aus unseren Betrachtungen folgt, daß, wenn man den z. B. bei Kerékjártó[28]) wiedergegebenen Voraussetzungen Poincarés noch die der Erhaltung der Indikatrix hinzufügt, die bei Bieberbach[28]) formulierten erfüllt sind. Für das in Frage stehende Theorem ist aber der Fall einer Umkehrung der Indikatrix ohne Interesse (da jede die Indikatrix umkehrende, jeden Rand in sich überführende,

[28]) Von Kerékjártó, Vorlesungen über Topologie I (1923), VI. Abschn., § 3. — Poincaré, Sur un théorème de géométrie, Rend. di Palermo **33** (1913). — Bieberbach, Theorie der Differentialgleichungen (1923), S. 139 und die dort zitierten Arbeiten von Birkhoff.

topologische Abbildung des Ringes auf sich sogar auf jeden Rand zwei Fixpunkte besitzt); mithin sind die in dem zweiten der zitierten Bücher gemachten Voraussetzungen praktisch nicht enger als die in dem ersten Buch genannten. Umgekehrt folgen diese offenbar aus jenen. —

Handelte es sich bei den bisher betrachteten Abbildungen um solche, deren Klasse die der Identität ist, so betrachten wir jetzt noch gewisse Abbildungen auf Clifford-Kleinsche Mannigfaltigkeiten, die zur „Nullklasse" gehören; darunter verstehen wir Abbildungen, die sich stetig in Abbildungen auf einen einzigen Punkt abändern lassen. — Es gilt der Satz:

Eine Abbildung f einer geschlossenen einfach zusammenhängenden k-dimensionalen ($k \lesseqgtr n$) Mannigfaltigkeit K auf eine n-dimensionale euklidische oder hyperbolische Clifford-Kleinsche Mannigfaltigkeit M gehört stets zur Nullklasse.

Beweis: Wir definieren folgendermaßen eine Abbildung $\bar{f}$ von K auf den universellen Überlagerungsraum $\bar{M}$ von M: dem willkürlichen festen Punkt P von K ordnen wir einen der $f(P)$ überlagernden Punkte $\bar{P}_1 = \bar{f}(P)$ zu. Ist Q ein beliebiger Punkt von K, so ziehen wir einen stetigen Kurvenbogen s von P nach Q und definieren als $\bar{Q}_1 = \bar{f}(Q)$ den freien Endpunkt desjenigen über $f(s)$ liegenden Bogens in $\bar{M}$, der in $\bar{P}_1$ beginnt. $\bar{Q}_1$ ist von der Wahl von s unabhängig; denn ist t eine zweite P mit Q verbindende Kurve, $\bar{Q}_2$ der durch ihre Vermittlung gelieferte Bildpunkt von Q, so läßt sich die geschlossene Kurve $s + t$ infolge des einfachen Zusammenhanges von K unter Festhaltung von Q stetig auf diesen Punkt zusammenziehen, dasselbe gilt von der Kurve $f(s + t)$ und dem Punkt $f(Q)$, woraus die Identität von $\bar{Q}_1$ mit $\bar{Q}_2$ folgt. — Mithin ist $\bar{f}$ eine *eindeutige* und stetige Abbildung. Sie läßt sich stetig in eine Abbildung auf einen einzigen Punkt $\bar{A}$ überführen, indem man alle Punkte $\bar{f}(Q)$ geradlinig und gleichförmig in der Zeit l nach $\bar{A}$ laufen läßt. Diesem Abänderungsprozeß in $\bar{M}$ entspricht eindeutig ein solcher in M, womit die Behauptung, f gehöre zur Nullklasse, bewiesen ist. —

Ist $k = n$, so folgt, daß f den Grad[26]) 0 hat. Jedoch ist diese Tatsache nur ein Spezialfall des folgenden allgemeineren Satzes, der nicht nur für die bisher betrachteten Clifford-Kleinschen Mannigfaltigkeiten gilt:

Jede Abbildung f einer n-dimensionalen geschlossenen einfach zusammenhängenden Mannigfaltigkeit K auf eine n-dimensionale Mannigfaltigkeit M, welche einen *offenen* universellen Überlagerungsraum $\bar{M}$ besitzt, hat den Grad 0.

Beweis: Die wie oben konstruierte eindeutige und stetige Abbildung $\bar{f}$ von K auf $\bar{M}$ hat, da $\bar{M}$ offen ist, den Grad 0. Sind nun f_1

eine simpliziale Approximation von f, $\bar{f}_1$ die zu f_1 gehörige simpliziale Approximation von $\bar{f}$, A ein auf keinem Rand eines Bildsimplex liegender Punkt von M, $\bar{A}_1, \bar{A}_2, \ldots, \bar{A}_r$ diejenigen der über A liegenden Punkte von $\bar{M}$, die bei der Abbildung $\bar{f}_1$ Bildpunkte sind, so ist für jeden dieser Punkte $\bar{A}_\varrho$ die Differenz $p_\varrho - p'_\varrho$ der Anzahlen der ihn positiv bzw. negativ bedeckenden Bildsimplexe gleich 0. Mithin ist auch $\sum_{\varrho=1}^{r} p_\varrho - \sum_{\varrho=1}^{r} p'_\varrho = 0$. Da wir M als zweiseitig voraussetzen dürfen[26]) und daher $p = \sum_{\varrho=1}^{r} p_\varrho$, $p' = \sum_{\varrho=1}^{r} p'_\varrho$ die entsprechenden Anzahlen für den Punkt A bei der Abbildung f_1 sind, ist damit gezeigt, daß auch f den Grad 0 hat. —

Während, wie oben bewiesen, f unter den Voraussetzungen des letzten Satzes, falls M eine euklidische oder hyperbolische Mannigfaltigkeit ist, zur Nullklasse gehört, ist dies bei anderen M mit offenem Überlagerungsraum nicht stets der Fall, wie folgendes Beispiel zeigt: K sei das Produkt zweier zweidimensionaler Kugeln, M das Produkt aus Kugel und Torus; $\bar{M}$ ist das Produkt aus Kugel und Ebene, also offen; K ist einfach zusammenhängend. Die Punkte von K bezeichnen wir, wie früher, mit (P_1, P_2), die von M mit (p_1, p_2). Dabei sind P_1, P_2, p_1 variable Punkte einer Kugel $\mathfrak{K}$, p_2 variabler Punkt eines Torus. Ist nun f eine zur Nullklasse gehörige Abbildung, $f[(P_1, P_2)] = (p_1, p_2)$ mit $p_1 = f_1[(P_1, P_2)]$, $p_2 = f_2[(P_1, P_2)]$, so ist, wenn P_2^0 ein fester Punkt von $\mathfrak{K}$ ist, $p_1 = \varphi(P_1) = f_1[(P_1, P_2^0)]$ eine Abbildung von $\mathfrak{K}$ auf sich, die ebenfalls zur Nullklasse gehört, also den Grad 0 hat. Definieren wir daher z. B. f durch $f_1[(P_1, P_2)] = P_1$, $f_2 = [(P_1, P_2)] = p_2^0$, wobei p_2^0 ein fester Punkt des Torus ist, so gehört f nicht zur Nullklasse, da $\varphi(P_1) = P_1$ vom Grade 1 ist. —

Die Sätze dieses Paragraphen beziehen sich auf *euklidische* und *hyperbolische* Mannigfaltigkeiten; die analogen Untersuchungen für den *sphärischen* Fall würden insbesondere auf die Spezialfragen führen, ob eine Abbildung einer n-dimensionalen Kugel auf sich selbst stets zur Klasse der Identität bzw. zur Nullklasse gehört, falls der Grad 1 oder 0 ist. Die diese beiden Probleme enthaltende allgemeinere Frage, ob alle Abbildungen gleichen Grades der n-dimensionalen Kugel auf sich eine einzige Klasse bilden, ist für $n = 2$ von Brouwer[29]) bejaht worden; für $n > 2$ ist sie, soviel mir bekannt ist, noch unbeantwortet[30]). —

[29]) Brouwer, Sur la notion de „classe" de transformations d'une multiplicité, Proceed. of the 5th Internat. Congress of Mathemat. Cambridge 2 (1912), S. 9f.

[30]) Zusatz bei der Korrektur. In einer zu veröffentlichenden Arbeit des Verfassers über „Abbildungsklassen n-dimensionaler Mannigfaltigkeiten" wird diese Frage für alle n bejaht.

(Eingegangen am 7. 3. 1925.)

2.

Über die Curvatura integra geschlossener Hyperflächen

Math. Ann. **95** (1925), 340–367

Einleitung.

Aus der Integralformel von Gauß-Bonnet in der gewöhnlichen Differentialgeometrie folgt bekanntlich der Satz von der topologischen Invarianz der Curvatura integra einer geschlossenen Fläche[1]); er läßt sich folgendermaßen aussprechen: „Ist auf einer geschlossenen Fläche durch ein Bogenelement ds eine überall reguläre Maßbestimmung definiert und ist K das in bekannter Weise aus den Koeffizienten von ds^2 berechnete Gaußsche Krümmungsmaß, so ist das über die ganze Fläche erstreckte Integral von K gleich dem Produkt aus dem Oberflächeninhalt 4π der Einheitskugel und einer ganzzahligen topologischen Invariante der Fläche.“ Es ist also, damit dieser Satz gelte, nicht nötig, sich auf Flächen zu beschränken, die im dreidimensionalen euklidischen Raum liegen und die ihnen dadurch aufgezwungene Metrik tragen. In den nachstehenden Untersuchungen der Curvatura integra mehrdimensionaler Mannigfaltigkeiten jedoch nehmen wir die eben gekennzeichnete Einschränkung vor: wir betrachten n-dimensionale, in den $(n+1)$-dimensionalen euklidischen Raum eingebettete geschlossene Hyperflächen (die übrigens Selbstdurchdringungen aufweisen dürfen), und fragen nach den Werten der Curvatura integra, welche durch Hyperflächen, die „Modelle“ ein und derselben Mannigfaltigkeit sind, geliefert werden. Aus der Gaußschen Definition des Krümmungsmaßes vermittels der Normalenabbildung geht ohne weiteres hervor, daß die Curvatura integra einer Hyperfläche m gleich dem Produkt aus dem Oberflächeninhalt der n-dimensionalen Einheitskugel und dem „Grade“ der durch die Normalen von m vermittelten Abbildung der durch das Modell m repräsentierten Mannigfaltigkeit auf die „Richtungskugel“ des $(n+1)$-dimensionalen Raumes ist. Dieser Abbildungsgrad, den wir in

[1]) S. z. B. Blaschke, Vorles. über Diff.-Geom. **1** (Berlin 1921), § 64.

Abänderung der Bezeichnung selbst die Curvatura integra von m nennen wollen, bildet daher den Mittelpunkt der Untersuchung [2]).

Infolgedessen schließt sich diese eng an die fundamentalen, die Theorie des Abbildungsgrades begründenden Arbeiten Brouwers an; es sind dies die Abhandlung „Über Abbildung von Mannigfaltigkeiten" [3]), sowie Teile der Abhandlung „Über Jordansche Mannigfaltigkeiten" [3]). Ihre Begriffsbildungen, Beweismethoden und Terminologie werden im folgenden — besonders in den §§ 1, 2 — so häufig benutzt, daß nicht jedesmal im Text auf sie verwiesen werden konnte und ihre Kenntnis als bekannt vorausgesetzt werden muß.

Der Inhalt der Arbeit ist kurz zusammengefaßt folgender: Im § 1 wird der im wesentlichen von Poincaré [4]) eingeführte Begriff des „Index" einer Singularität eines stetigen Vektorfeldes, der bei Brouwers Untersuchungen über Fixpunkte eine wichtige Rolle spielt, so erweitert, daß man einen Punkt eines n-dimensionalen Gebietes, der bei zwei verschiedenen Abbildungen in denselben Bildpunkt übergeht, während in seiner Umgebung eine solche Übereinstimmung sonst nicht eintritt, mit einem „Index der Übereinstimmung" versieht; über diesen werden einige für spätere Zwecke nützliche Feststellungen gemacht, insbesondere wird seine Invarianz gegenüber topologischen Transformationen, also seine Unabhängigkeit vom Koordinatensystem bewiesen. Im § 2 werden zwei Abbildungen einer n-dimensionalen Mannigfaltigkeit μ auf die n-dimensionale Kugel betrachtet; es wird gezeigt, daß die Summe der Übereinstimmungsindizes — vorausgesetzt, daß die Abbildungen nur endlich viele Übereinstimmungspunkte haben — unabhängig von den topologischen Eigenschaften von μ für gerades n gleich der Summe, für ungerades n gleich der Differenz der beiden Abbildungsgrade ist; dies ist eine Verallgemeinerung des Satzes von Poincaré-Bohl [5]), der u. a. besagt, daß die beiden Abbildungsgrade sich um den Faktor $(-1)^{n+1}$ unterscheiden, falls kein

[2]) Kronecker weist in seiner Abhandlung: „Über Systeme von Funktionen mehrerer Variablen" (Monatsber. d. Kgl. Preuß. Akad. d. Wiss. zu Berlin 1869, 2. Abhdl.) darauf hin, daß die Curvatura integra der Fläche $F(x, y, z) = 0$ mit der mit 4π multiplizierten „Charakteristik" des Funktionensystems $F, \frac{\partial F}{\partial x}, \frac{\partial F}{\partial y}, \frac{\partial F}{\partial z}$ übereinstimmt; diese ist identisch mit dem Grad der im Text betrachteten Abbildung. Man vergleiche hierzu Hadamard, Note sur quelques applications de l'indice de Kronecker, abgedruckt in Tannery, Introduction à la théorie des fonctions II, 2ième éd. (1910), sowie Dyck, Beiträge zur Analysis Situs I, Math. Annalen **32** (1888).

[3]) Math. Annalen **71** (1912).

[4]) Poincaré, Sur les courbes définies par les équations différentielles (3ième partie), Chap. 13 (Journ. de Math. (4) **1** (1885), (4) **2** (1886)).

[5]) Hadamard, l. c. S. 476 ff.

Übereinstimmungspunkt auftritt. Die Tatsache, daß man nach dem genannten Satz aus der Indexsumme und dem einen Grad den andern Grad bestimmen kann, wird in § 3 zur Untersuchung der Curvatura integra benutzt. Dort werden zwei Hyperflächen, die Modelle von μ sind, betrachtet; einer Klassifikation folgend, die in anderem Zusammenhang Antoine [6]) in die Topologie eingeführt hat, unterscheiden wir, ob die durch μ zwischen ihren beiden Modellen vermittelte Abbildung sich auf (die Modelle enthaltende) Elemente oder nur auf (die Modelle enthaltende) Umgebungen erweitern läßt, oder ob über eine derartige Erweiterungsmöglichkeit nichts bekannt ist. Es zeigt sich, daß für *gerades* n die Curvatura integra eine topologische Invariante von μ ist, d. h. daß sie bei den Abbildungen aller drei Klassen ungeändert bleibt. Für *ungerades* n dagegen bleibt die Curvatura integra zwar noch ungeändert bei den Abbildungen der ersten Klasse (wenigstens unter gewissen Differenzierbarkeitsvoraussetzungen), jedoch bereits nicht mehr bei denen der zweiten Klasse; hier gibt es sogar Jordansche, d. h. durchdringungsfreie, homöomorphe Hyperflächen mit (nicht nur dem Vorzeichen nach) verschiedenen Werten der Curvatura integra. Offen bleiben hier die Fragen, ob man (für ungerades $n \geqq 3$) willkürliche Zahlen als Curvatura integra eines, nicht notwendig Jordanschen, Modells einer vorgelegten Mannigfaltigkeit vorschreiben kann und ob ein Jordansches Modell der n-dimensionalen Kugel stets die Curvatura integra ± 1 hat; die letzte Frage wird in dieser Arbeit nur unter der vereinfachenden Voraussetzung bejaht, daß das Modell die Begrenzung eines Elements ist, einer Voraussetzung, von der nicht bekannt ist, ob sie nicht eine Einschränkung bedeutet.

Dagegen wird in einer anderen Richtung noch ein Ergebnis erzielt: Im Verlauf der Untersuchungen des § 3 ergibt sich, daß die Indexsumme der Singularitäten eines an eine Hyperfläche tangentialen Vektorfeldes eine *gerade* Zahl sein muß, nämlich bei *ungeradem* n Null, bei *geradem* n die doppelte Curvatura integra der Hyperfläche. Aus dieser Tatsache wird im § 4 eine notwendige Bedingung dafür hergeleitet, daß eine n-dimensionale Mannigfaltigkeit eine Hyperfläche im $(n+1)$-dimensionalen euklidischen Raum als Modell besitzt; auf Grund dieser Bedingung ergibt sich im § 5, daß die Gesamtheit der komplexen Punkte des $2k$-dimensionalen projektiven Raumes, die eine $4k$-dimensionale, einfach zusammenhängende geschlossene Mannigfaltigkeit ist, sich im $(4k+1)$-dimensionalen euklidischen Raum nicht durch eine Hyperfläche, auch nicht unter Zulassung von Selbstdurchdringungen, repräsentieren läßt.

---

[6]) Antoine, Sur l'homéomorphie de deux figures et de leurs voisinages, Journ. de Math. (8) **4** (1921).

§ 1.

Der Index eines Übereinstimmungspunktes zweier Abbildungen.

In der Umgebung des einem n-dimensionalen Gebiete Γ angehörigen Punktes Ω sei ein rechtwinkliges kartesisches Koordinatensystem $\xi_1, \ldots, \xi_n$ eingeführt. Bezüglich der Indikatrix machen wir folgende Festsetzungen, die für alle Betrachtungen dieser Arbeit gelten, sofern nicht ausdrücklich einmal etwas anderes bestimmt wird: die positive Indikatrix ist durch die Reihenfolge $(0, \ldots, 0)$; $(1, 0, \ldots, 0)$; $(0, 1, 0, \ldots, 0)$; $\ldots$; $(0, 0, \ldots, 1)$ der Ecken des durch diese bestimmten Simplexes S definiert; dadurch ist gleichzeitig die positive Indikatrix des Randes von S festgelegt. Als die „natürliche" Orientierung einer Jordanschen Mannigfaltigkeit μ bezeichnen wir diejenige, bei der das Innengebiet die Ordnung $+1$ hat, wobei wir die Ordnung eines Punktes A durch Projektion von μ von A aus auf ein A umgebendes, zu S seitenparalleles und entsprechend orientiertes Simplex $\varkappa$ bestimmen. Ist m ein orientiertes $(n-1)$-dimensionales Flächenstück, das in jedem Punkt Π einen sich mit Π stetig ändernden ebenen $(n-1)$-dimensionalen Tangentialraum ϑ_Π besitzt, so ist die positive Indikatrix von ϑ_Π so zu wählen, daß die durch senkrechte Projektion vollzogene topologische Abbildung eines hinreichend kleinen, Π enthaltenden Gebietes von m auf ϑ_Π die positive Indikatrix von m in diejenige von ϑ_Π überführt. Einen von Π ausgehenden, nicht an m tangentialen Strahl nennen wir nach der „positiven" Seite von m gerichtet, wenn die durch die natürliche Orientierung eines n-dimensionalen Simplexes, das von einem Punkt des Strahls und einem $(n-1)$-dimensionalen Simplex von ϑ_Π gebildet wird, definierte positive Randindikatrix die positive Indikatrix von ϑ_Π ist. Danach haben die inneren Normalen einer natürlich orientierten $(n-1)$-dimensionalen Kugel positive Richtung. Die Orientierung von ϑ_Π ist daher die gleiche, ob man ϑ_Π als Tangentialraum von m oder von einer Kugel auffaßt, deren Mittelpunkt auf der positiven Normalen von m liegt.

Γ sei zwei Abbildungen [7]) H_1 und H_2 auf Punktmengen des Gebiets G unterworfen, das Koordinaten $x_1, \ldots, x_n$ und ebenfalls Orientierung in der geschilderten Weise besitzt; Ω sei ein isolierter Übereinstimmungspunkt von H_1 und H_2, d. h. es sei $H_1(\Omega) = H_2(\Omega) = O$, aber $H_1(\Pi) \neq H_2(\Pi)$ für $\Pi \neq \Omega$.

Jedem von Ω verschiedenen Punkt Π von Γ ordnen wir den von $H_1(\Pi)$ nach $H_2(\Pi)$ weisenden Vektor $v(\Pi)$, sowie den zu $v(\Pi)$ gehörigen

7) Unter einer „Abbildung" wird stets eine eindeutige und stetige Abbildung verstanden.

Punkt der „Richtungskugel R“ von G zu, d. h. den Punkt einer festen natürlich orientierten, „R repräsentierenden“ Kugel K, in dem diese von dem im Mittelpunkt angebrachten, zu $v(\Pi)$ parallelen Strahl geschnitten wird. Den, von der Wahl der die Richtungskugel repräsentierenden Kugel offenbar unabhängigen, Grad der so definierten Abbildung einer in Γ liegenden, Ω im Innern enthaltenden, natürlich orientierten, Jordanschen Mannigfaltigkeit μ auf R nennen wir den „Grad $a_{12}(\mu)$ von μ“. Er ist von der Wahl von μ unabhängig; denn ist $\varkappa$ eine Kugel um Ω, Π_1 der Schnittpunkt von $\varkappa$ mit dem Strahl $\Omega\Pi_0$, wobei $\Pi_0 = \Pi$ ein Punkt von μ ist, Π_t der Punkt der Strecke $\Pi_0\Pi_1$, der diese im Verhältnis $t:(1-t)$ teilt, und betrachtet man die durch die Vektoren $v(\Pi_t)$ vermittelten Abbildungen α_t von μ auf R, während t von 0 bis 1 wächst, so geht die Abbildung vom Grade $a_{12}(\mu)$ stetig, also unter Erhaltung des Grades, in die Abbildung α_1 über; diese setzt sich aber zusammen aus der durch Projektion von Ω aus vermittelten Abbildung von μ auf $\varkappa$, die nach Definition der „Ordnung“ und unserer Orientierungsvorschrift den Grad $+1$ hat, und der Abbildung vom Grade $a_{12}(\varkappa)$ der Kugel $\varkappa$ auf R; da sich bei Zusammensetzung zweier Abbildungen die Grade multiplizieren, folgt hieraus $a_{12}(\mu) = a_{12}(\varkappa)$, womit die Unabhängigkeit des Grades a_{12} von der Wahl von μ bewiesen ist.

Wir nennen a_{12} den „Index der Übereinstimmung“ von H_1 und H_2 in Ω. — Vertauscht man H_1 und H_2, so gehen die Vektoren v in ihre entgegengesetzten über, mithin ist $a_{21} = (-1)^n a_{12}$. — Ändert man die Orientierung von Γ oder die von G, so ändert a_{12} sein Vorzeichen, da dann μ bzw. R eine Abbildung vom Grade -1 erleidet; ändert man beide Indikatrizen, so bleibt daher a_{12} ungeändert.

Den von Ω verschiedenen Punkten Π sei eine stetige Schar einfacher, abgeschlossener, stetig differenzierbarer, $H_1(\Pi)$ mit $H_2(\Pi)$ verbindender Kurvenstücke $s(\Pi)$ zugeordnet, deren Tangentialvektoren $w(\Pi)$ in $H_1(\Pi)$ sich mit Π stetig ändern. Genau so wie die Vektoren v definieren auch die Vektoren w einen „Index“ von Ω. Dieser ist gleich a_{12}; denn bezeichnet $H(\Pi, t)$ den Punkt, der $s(\Pi)$ im Verhältnis $(1-t):t$ teilt, und $v(\Pi, t)$ den von $H_1(\Pi) = H(\Pi, 1)$ nach $H(\Pi, t)$ zeigenden Vektor, so geht, wenn t stetig von 0 nach 1 läuft, das Vektorfeld der $v(\Pi) = v(\Pi, 0)$ stetig in das der $w(\Pi) = v(\Pi, 1)$ über. — Zur Bestimmung von a_{12} können also statt der Richtungen der von $H_1(\Pi)$ nach $H_2(\Pi)$ gezogenen Strecken auch die Anfangsrichtungen von Kurven s benutzt werden.

Wird Γ einer topologischen Abbildung φ auf ein orientiertes Gebiet Γ' unterworfen, so sind in diesem zwei Abbildungen $H_1'(\Pi') = H_1\varphi^{-1}(\Pi')$, $H_2'(\Pi') = H_2\varphi^{-1}(\Pi')$ definiert, die in $\Omega' = \varphi(\Omega)$ eine isolierte Übereinstimmungsstelle haben. Die natürliche Orientierung einer Jordanschen

Mannigfaltigkeit μ geht bei φ in die natürliche oder die dieser entgegengesetzte Orientierung von $\mu' = \varphi(\mu)$ über, je nachdem φ die Indikatrix erhält oder nicht. Aus der Definition des Index folgt daher unmittelbar:

Der Index einer isolierten Übereinstimmungsstelle zweier Abbildungen H_1, H_2 bleibt bei einer topologischen Abbildung φ des Definitionsbereichs von H_1 und H_2 unverändert oder erhält den Faktor -1, je nachdem φ die Indikatrix erhält oder umkehrt.

Der analoge Satz gilt für topologische Abbildungen von G:

Der Übereinstimmungsindex ist — höchstens, wie oben, vom Vorzeichen abgesehen — invariant gegenüber topologischen Abbildungen des Bildbereiches.

Beweis: f sei die topologische Abbildung einer Umgebung G von O auf die Umgebung G' des Punktes $O' = f(O)$, k eine im Definitionsbereich von f liegende Kugel um O, μ sei so klein, daß $H_1(\mu)$ und $H_2(\mu)$ im Inneren von k liegen, $H(\Pi)$ sei der Schnittpunkt von k mit dem Strahl $H_1(\Pi)\,H_2(\Pi)$. Die den Übereinstimmungsindex bestimmenden Vektoren $H_1(\Pi) \to H(\Pi)$ führen wir stetig in die Vektoren $O \to H(\Pi)$ über, indem wir ihre Anfangspunkte geradlinig und gleichförmig in der Zeit 1 von $H_1(\Pi)$ nach O laufen lassen. Wählen wir nun als Richtungskugel R eine Kugel um O, so ist der zu untersuchende Index der Grad derjenigen Abbildung von μ auf R, die durch Projektion von $H(\mu)$ aus O vermittelt wird, also gleich der „Ordnung von O in bezug auf $H(\mu)$“.

Die den zu untersuchenden Übereinstimmungsindex von fH_1 und fH_2 definierenden, von $fH_1(\Pi)$ nach $fH_2(\Pi)$ zeigenden Vektoren führen wir stetig in die von O' nach $fH(\Pi)$ zeigenden Vektoren über, indem wir 1. ihre Endpunkte auf den durch f gelieferten Bildern der Strecken $H_2(\Pi)\,H(\Pi)$ gleichförmig (im Sinne der Geometrie von G) nach $fH(\Pi)$, 2. ihre Anfangspunkte auf den Bildern der Strecken $H_1(\Pi)\,O$ gleichförmig nach O laufen lassen. Wählen wir als Richtungskugel R' eine Kugel um O', so erkennen wir, daß der fragliche Index gleich der „Ordnung von $f(O)$ in bezug auf $fH(\mu)$“ ist.

Die Behauptung der Invarianz des Übereinstimmungsindex ist damit zurückgeführt auf die der *Invarianz der Ordnung von O in bezug auf $H(\mu)$ gegenüber der topologischen Abbildung f.* Die Richtigkeit dieser Behauptung zeigen wir, indem wir sie für eine Folge $H(\mu)$ gleichmäßig approximierender simplizialer Abbildungen $H^{(\nu)}(\mu)$ und eine Folge f gleichmäßig approximierender simplizialer Abbildungen f_λ beweisen; dabei ist bei der Konstruktion der Grundsimplexe für f_λ sowie der Bildsimplexe für f_λ und $H^{(\nu)}$ die euklidische Metrik von G bzw. G' zugrunde zu legen.

Ist $K = H^{(\nu)}$ eine der Approximationen von H, so besteht die Bildmenge $K(\mu)$ aus einer endlichen Anzahl $(n-1)$-dimensionaler Simplexe. Wir legen durch einen nicht zu $K(\mu)$ gehörigen Punkt A einen Strahl, der keine $(n-2)$-dimensionale Seite eines dieser Simplexe trifft; sind p und p' die Anzahlen derjenigen Teilsimplexe der K zugrunde liegenden Zerlegung von μ, deren Bildsimplexe von dem Strahl im positiven bzw. negativen Sinn durchsetzt werden, so ist $p-p'$ die Ordnung von A in bezug auf $K(\mu)$. $q-q'$ sei die entsprechende Zahl für einen von A ins Unendliche gehenden Streckenzug, der keine $(n-2)$-dimensionale Seite eines Bildsimplex trifft, und von dem kein Eckpunkt auf $K(\mu)$ liegt; wir behaupten, daß $q-q'=p-p'$ ist. — Dies ist bewiesen, wenn gezeigt ist, daß die entsprechende Zahl für jedes geschlossene orientierte Polygon gleich 0 ist. Ist W ein solches Polygon, so können wir die Lage seiner Eckpunkte von vornherein als so modifiziert annehmen, daß die Verlängerungen keiner Seite eine $(n-2)$-dimensionale Seite von $K(\mu)$ treffen. Wir fügen in jeder Ecke von W die beiden Strahlen an, die die Verlängerungen der dort zusammenstoßenden Seiten bilden, und versehen sie mit den durch die betreffenden Seiten bestimmten Richtungssinnen. Die zu untersuchende Differenz vermehrt sich bei Hinzufügung des einen Strahls um die Ordnung des Eckpunkts, während sie sich bei Hinzufügung des anderen Strahls um diese Ordnungszahl vermindert; sie bleibt im ganzen daher ungeändert. Das System der nunmehr vorliegenden Strecken und Strahlen zerfällt in eine endliche Anzahl gerichteter Geraden; für jede Gerade ist die Differenz der Anzahlen der positiven und negativen Durchsetzungen 0, was man erkennt, wenn man die Gerade als aus zwei Strahlen zusammengesetzt betrachtet. Mithin ist die zu untersuchende Zahl in der Tat gleich 0; damit ist gezeigt, daß die durch einen beliebigen von A ins Unendliche führenden Streckenzug bestimmte Differenz $q-q'$ der Ordnung von A gleich ist[8]). Daraus folgt weiter, daß diese Differenz für einen von A nach B führenden Streckenzug gleich der Ordnung von A vermindert um die Ordnung von B ist.

Wir nehmen nun K als fest vorliegend an und zeigen, daß, wenn f_λ eine hinreichend gute Approximation von f ist, die Ordnung von O in bezug auf $K(\mu)$ sich bei der Abbildung f_λ höchstens um das Vorzeichen ändert; da diese Änderung bei einer Spiegelung eintritt, können wir aus Bequemlichkeitsgründen annehmen, daß f die Indikatrix erhält, und haben dann zu beweisen, daß auch das Vorzeichen der Ordnung ungeändert bleibt. — Zunächst sei eine simpliziale Approximation f_λ' von f gegeben; wir haben sie in geeigneter Weise zu einer Abbildung f_λ der gewünschten Art zu verfeinern. Die f_λ' zugrunde liegende simpliziale Zerlegung von G

[8]) Vgl. Brouwer, Über Jordansche Mannigfaltigkeiten, S. 323, sowie Hadamard l. c.

erfülle folgende Voraussetzungen: O ist Eckpunkt eines Grundsimplex, so daß also $f'_\lambda(O) = f(O) = O'$ ist. t sei ein keine $(n-2)$-dimensionale Seite von $K(\mu)$ treffender, von O ausgehender Strahl. Jeder Schnittpunkt von t mit $K(\mu)$ sei innerer Punkt eines Grundsimplex. Sind $P_1, P_2, \ldots, P_r$ die Punkte von μ, für die $K(P_\varrho)$ auf t liegt, so können wir $K(P_{\varrho_1}) \neq K(P_{\varrho_2})$ für $\varrho_1 \neq \varrho_2$ annehmen, da sich dies durch eine beliebig kleine Modifikation von K erreichen läßt. s_ϱ seien die die P_ϱ enthaltenden Grundsimplexe von μ, S_ϱ die die $K(P_\varrho)$ enthaltenden Grundsimplexe in G, die so gewählt seien, daß die Punkte $K(P_\varrho)$ in ihrem Innern liegen. Die S_ϱ seien so klein, daß in jedem S_ϱ außer Punkten von $K(s_\varrho)$ kein Punkt von $K(\mu)$ liegt. $K(s_\varrho)$ zerlegt S_ϱ in zwei Teile S_ϱ^1, S_ϱ^2; A_ϱ^1, A_ϱ^2 seien zwei im Innern von S_ϱ^1 bzw. S_ϱ^2 liegende Punkte von t, und die Richtung $A_\varrho^1 \to A_\varrho^2$ sei die von O herkommende. — Wir verdichten nun die vorliegende simpliziale Zerlegung von G zu einer Zerlegung ζ_λ mit folgenden Eigenschaften: 1. Die $K(P_\varrho)$ liegen im Innern von Grundsimplexen. Die zu ζ_λ gehörige simpliziale Abbildung f_λ approximiere f so gut, daß 2., wenn t_ϱ die Strecke $A_\varrho^1\, A_\varrho^2$, w_ϱ den Umfang von S_ϱ, μ_ϱ den Teil von μ, für den $K(\mu_\varrho)$ in S_ϱ liegt, bezeichnet, $f_\lambda(t_\varrho)$ mit $f_\lambda(w_\varrho)$ und mit $f_\lambda(\mu - \mu_\varrho)$, $f_\lambda(t - \sum_\varrho t_\varrho)$ mit $f_\lambda(\mu - \sum_\varrho \mu_\varrho)$ punktfremd sind, und daß 3., wenn u_ϱ der Umfang von S_ϱ^1 ist, die Ordnungen von $f_\lambda(A_\varrho^1)$ und $f_\lambda(A_\varrho^2)$ in bezug auf $f_\lambda(u_\varrho)$ den Ordnungen von $f(A_\varrho^1)$ bzw. $f(A_\varrho^2)$ in bezug auf $f(u_\varrho)$ gleich sind.

Sind diese Bedingungen erfüllt, so sind die einzigen Schnittpunkte des Streckenzuges $f_\lambda(t)$ mit $f_\lambda K(\mu)$ die Schnittpunkte der $f_\lambda(t_\varrho)$ mit den $f^\lambda K(\mu_\varrho)$, und für jedes ϱ ist die Differenz der Anzahlen der positiven und der negativen Schnittpunkte gleich der Ordnung von $f(A_\varrho^1)$ in bezug auf $f(u_\varrho)$ vermindert um die Ordnung von $f(A_\varrho^2)$ in bezug auf $f(u_\varrho)$. Dabei ist die Indikatrix von u_ϱ durch die von μ_ϱ festgelegt.

Nun ist die Ordnung von A_ϱ^2 in bezug auf u_ϱ gleich 0, die von A_ϱ^1 in bezug auf u_ϱ gleich ± 1, je nachdem die Kreuzung in $K(P_\varrho)$ positiv oder negativ ist. Mithin ist unser Satz auf einen einfachen Spezialfall zurückgeführt, nämlich auf die Behauptung, daß die Ordnung eines Punktes in bezug auf die *Jordansche Mannigfaltigkeit* u_ϱ sich bei der topologischen Abbildung f nicht ändert, sondern für die inneren Punkte ± 1, für die äußeren 0 bleibt. Die Richtigkeit dieser Behauptung aber folgt aus bekannten Sätzen von Brouwer[9]).

Damit ist die topologische Invarianz der Ordnung eines Punktes in bezug auf $H(\mu)$ — allenfalls abgesehen vom Vorzeichen —, und zugleich dasselbe für den Übereinstimmungsindex zweier Abbildungen bewiesen.

---

[9]) Brouwer, Über Jordansche Mannigfaltigkeiten, §§ 4, 5.

Diese Tatsache läßt sich auch so aussprechen, daß diese Zahlen, bei richtiger Berücksichtigung des Vorzeichens, unabhängig vom Koordinatensystem sind.

Eine Anwendung der bisherigen Ergebnisse, die für uns später von Nutzen sein wird, ist die folgende: Sind H_1, H_2 Abbildungen von Γ auf das einer Kugel angehörige Gebiet G, dann ist es zur Ermittlung des Übereinstimmungsindex gleichgültig, ob wir als $H_1(\Pi)$ mit $H_2(\Pi)$ verbindende Kurven $s(\Pi)$, durch deren Anfangsrichtungen der Übereinstimmungsindex zu bestimmen ist (s. o.), die Großkreisbögen oder die Kreisbögen durch einen beliebigen festen Punkt A der Kugel verwenden, sowie, ob wir das kartesische Koordinatensystem in G, das wir zur Bestimmung des Index brauchen, durch stereographische oder irgendeine andere Projektion eines ebenen Raumes auf G übertragen, sofern nur die Indikatrix erhalten bleibt.

Zu noch wichtigeren Anwendungen führt folgende Betrachtung:

Ist Γ mit G identisch und H_1 die identische Abbildung, so ist Ω isolierter *Fixpunkt* von H_2, $a = a_{12}$ sein „Index“; das im vorstehenden Gesagte bleibt gültig, man hat aber zu beachten, daß, wenn $\Gamma = G$ einer topologischen Abbildung mit Umkehrung der Indikatrix unterworfen wird, diese Umkehrung sowohl in Γ wie in G vorgenommen wird, a_{12} sein Vorzeichen also *nicht* ändert; der betreffende Satz heißt daher:

Der Index eines Fixpunktes ist eine topologische Invariante.

Ist in Γ ein stetiges Vektorfeld $v(\Pi)$ mit einer isolierten Singularität in Ω gegeben, so verstehen wir unter dem „Index“ a dieser Singularität den Grad der Abbildung einer Ω umschließenden Kugel $\varkappa$ auf die Richtungskugel, die durch die auf $\varkappa$ angebrachten Vektoren des Feldes vermittelt wird. Er ist gleich dem Index des Fixpunktes Ω derjenigen Abbildung H_2, die jeden Punkt Π in Richtung seines Vektors $v(\Pi)$ um eine Strecke $\varepsilon(\Pi)$ verschiebt, wobei $\varepsilon(\Pi)$ eine in Ω verschwindende, im übrigen positive, stetige Funktion ist. Wird Γ einer differenzierbaren Abbildung f mit nicht verschwindender Funktionaldeterminante unterworfen, so geht das Vektorfeld in ein neues Vektorfeld $v' = fv$, H_2 in die Abbildung fH_2 über. Den Index des Fixpunktes $f(\Omega)$ bei der Abbildung fH_2 bestimmen wir durch die Anfangsrichtungen $fv(\Pi)$ der von $f(\Pi)$ nach $fH_2(\Pi)$ führenden Kurven $s(\Pi)$, die die Bilder der Strecken $\overline{\Pi H_2(\Pi)}$ sind. Er ist einerseits gleich a, andererseits gleich dem Index der Singularität $f(\Omega)$ des Vektorfeldes fv. Damit ist gezeigt:

Der Index einer Singularität eines stetigen Vektorfeldes ändert sich nicht bei einer Abbildung mit nicht verschwindender Funktionaldeterminante[10]).

Die für uns wichtigste Anwendung dieser Sätze ist folgende:

Unter einem „Modell“ einer n-dimensionalen geschlossenen Mannigfaltigkeit μ verstehen wir eine im $(n+1)$-dimensionalen euklidischen Raum gelegene Punktmenge m, auf die μ eindeutig und stetig so abgebildet ist, daß diese Abbildung F im Kleinen auch eindeutig umkehrbar ist, d. h. daß es um jeden Punkt P von μ eine Umgebung U_P gibt, die auf ihre Bildmenge $F(U_P)$ topologisch bezogen ist. — Wir betrachten Modelle, die „Hyperflächen“ sind; das bedeutet, daß zu jedem Punkt P von μ ein, sich mit P stetig ändernder, n-dimensionaler ebener Tangentialraum ϑ_P an $F(U_P)$ existiert. Dann gibt es zu jedem P eine Umgebung U_P^*, deren durch senkrechte Projektion von $F(U_P^*)$ vermittelte Abbildung $SF(U_P^*)$ auf ϑ_P topologisch ist.

Auf m sei ein stetiges Feld tangentialer Vektoren mit endlich vielen Singularitäten gegeben; d. h. mit endlich vielen Ausnahmen $P_1, P_2, \ldots, P_r$ gibt es zu jedem Punkt P von μ einen an $F(U_P)$ tangentialen, in $F(P)$ angebrachten Vektor $v(P)$, der sich mit P stetig ändert. Jeder der Punkte $F(P_\varrho)$ $(\varrho = 1, \ldots, r)$ besitzt einen bestimmten Index a_ϱ, zu dessen Bestimmung man etwa das Koordinatensystem von ϑ_P auf $F(U_P^*)$ projizieren kann. $(r \geqq 0.)$

Wir definieren in μ eine stetige Funktion $\varepsilon(P)$, die in den Punkten P_ϱ verschwindet und im übrigen positiv ist. Jedem Punkt P ordnen wir denjenigen Punkt P_t' des durch $v(P)$ bestimmten tangentialen Strahles zu, der von $F(P)$ den Abstand $t \cdot \varepsilon(P)$ hat, wobei t ein Parameter ist. Es gibt eine Zahl $t_0 > 0$, so daß für alle P und für $0 < t \leqq t_0$ der Punkt P_t' in $SF(U_P^*)$ liegt; er sei bei der Abbildung SF das Bild des Punktes P_t. Die Abbildung $P_t = h(P, t)$ ist in ganz μ und für alle t $(0 \leqq t \leqq t_0)$ eindeutig und stetig und besitzt die r festen, d. h. von t unabhängigen, Fixpunkte P_ϱ mit den Indizes a_ϱ.

Liegt nun ein zweites Modell $m' = F'(\mu)$ vor, das ebenfalls eine Hyperfläche ist, also stetige, ebene Tangentialräume ϑ_P' besitzt, so wählen wir t so klein, daß keine der Sehnen $F'(P)\,F'(P_t)$ in $F'(P)$ auf $F'(U_P')$ senkrecht steht, und projizieren diese Sehnen in Richtung der Normalen in $F'(P)$ auf die Tangentialräume ϑ_P'. So wird ein nur in den Punkten $F'(P_\varrho)$ singuläres, stetiges tangentiales Vektorfeld auf m' erzeugt, und die Indizes der Singularitäten sind wieder gleich den Indizes a_ϱ der Fixpunkte der in μ definierten Transformation h. — Damit ist gezeigt:

---

[10]) Diese Tatsache ist auch ohne unseren Satz von der Invarianz des Index eines Fixpunktes leicht zu beweisen.

Gibt es auf m ein stetiges tangentiales Vektorfeld mit r Singularitäten, deren Indizes $a_1, \ldots, a_r$ *sind, so gibt es auf jedem anderen Modell m' derselben Mannigfaltigkeit* μ *ein stetiges tangentiales Vektorfeld mit der gleichen Anzahl Singularitäten und den gleichen Indizes.* ($r \geqq 0$.) [11])

Von besonderem Interesse werden für uns später folgendermaßen definierte Übereinstimmungsstellen zweier Abbildungen auf die Kugel sein: Γ sei ein n-dimensionales im euklidischen $(n+1)$-dimensionalen Raum gelegenes, stetig differenzierbares, orientiertes Flächenstück. In den Punkten von Γ seien zwei derartige stetige Verteilungen $\mathfrak{C}_1$ und $\mathfrak{C}_2$ $(n+1)$-dimensionaler Vektoren gegeben, daß alle Vektoren $\mathfrak{C}_1$ in bezug auf Γ negative Richtung haben und daß für einen und nur einen Punkt Ω von Γ die Vektoren $\mathfrak{C}_1(\Omega)$ und $\mathfrak{C}_2(\Omega)$ zusammenfallen. Die durch $\mathfrak{C}_1$ und $\mathfrak{C}_2$ vermittelten Abbildungen H_1 und H_2 von Γ auf die Richtungskugel R stimmen also in Ω, und nur dort, überein; der zugehörige Index sei a_{12}.

In jedem von Ω verschiedenen Punkt Π von Γ bestimmen die Vektoren $\mathfrak{C}_1(\Pi)$, dessen entgegengesetzter Vektor $\bar{\mathfrak{C}}_1(\Pi)$ und $\mathfrak{C}_2(\Pi)$ eine Halbebene, die, da $\mathfrak{C}_1(\Pi)$ nicht tangential ist, den ebenen Tangentialraum ϑ_Π in einem Vektor $v_{12}(\Pi)$ schneidet. Das Feld der v_{12}, das wir *das von* $\mathfrak{C}_1$, $\mathfrak{C}_2$ *erzeugte tangentiale Feld* nennen, hat in Ω eine Singularität, von der wir zeigen, daß ihr Index a_{12} ist:

R sei repräsentiert durch eine ϑ_Ω in Ω berührende Kugel, deren Mittelpunkt A auf der positiven Normalen von Γ liegt, also in dem Teil des Raumes, dem $\mathfrak{C}_1(\Omega)$ nicht angehört. Wir nehmen mit ihrer zwischen ϑ_Ω und dem zu diesem parallelen Raum durch A gelegenen Hälfte die Zentralprojektion Z von A aus auf ϑ_Ω vor; dabei geht (s. o.) die positive Indikatrix von R in die positive Indikatrix von ϑ_Ω über, und wir erhalten zwei Abbildungen $ZH_1 = H_1'$, $ZH_2 = H_2'$ von Γ auf ϑ_Ω, deren Übereinstimmung in Ω ebenfalls den Index a_{12} hat. Der von $H_1'(\Pi)$ nach $H_2'(\Pi)$ weisende Vektor ist dem Vektor $w(\Pi)$ parallel, in dem ϑ_Ω von der in Π konstruierten, $\mathfrak{C}_1(\Pi)$, $\bar{\mathfrak{C}}_1(\Pi)$, $\mathfrak{C}_2(\Pi)$, $v_{12}(\Pi)$ enthaltenden Halbebene geschnitten wird; die $w(\Pi)$, die wir demnach zur Bestimmung von a_{12} benutzen können, führen wir in einer Umgebung von Ω stetig in Vektoren $w'(\Pi)$ über: wir führen die $\mathfrak{C}_1(\Pi)$ unter Festhaltung ihrer Anfangspunkte durch die von den Richtungen $\mathfrak{C}_1(\Pi)$ und $\mathfrak{C}_1(\Omega)$ ausgespannten spitzen Winkel hindurch in zu $\mathfrak{C}_1(\Omega)$ parallele Vektoren über, was in der Nähe von Ω ohne Durchschreitung von ϑ_Π geschieht. Während dieses Vorganges beobachten wir die Änderung, die der Vektor $v(\Pi, t)$ erleidet,

[11]) Falls die durch μ vermittelte Beziehung zwischen m und m' geeignete Differenzierbarkeitsvoraussetzungen erfüllt, ist der Beweis unseres Satzes offenbar wesentlich einfacher zu führen als im Text.

in dem ϑ_Ω von der Halbebene $\mathfrak{C}_1(\Pi, t)$, $\bar{\mathfrak{C}}_1(\Pi, t)$, $v_{12}(\Pi)$ geschnitten wird, wobei $\mathfrak{C}_1(\Pi, t)$ der bewegte Vektor ist: die $v(\Pi, t)$ werden stetig aus den $w(\Pi)$ in diejenigen Vektoren $w'(\Pi)$ transformiert, die aus den $v_{12}(\Pi)$ durch Parallelprojektion in Richtung von $\mathfrak{C}_1(\Omega)$ auf ϑ_Ω entstehen. Der Grad der durch die w' vermittelten Abbildung einer Ω in ϑ_Ω umgebenden $(n-1)$-dimensionalen Mannigfaltigkeit auf die Richtungskugel r von ϑ_Ω ist daher einerseits gleich a_{12}, andererseits gleich dem Index von Ω bezüglich des Feldes der v_{12}, womit die Behauptung bewiesen ist. Man kann demnach die Bestimmung von a_{12} durch diejenige des Index von Ω in bezug auf das Feld der v_{12} ersetzen.

Unterwerfen wir die $(n+1)$-dimensionale Umgebung von Ω einer eindeutigen, stetig differenzierbaren Abbildung φ mit nicht verschwindender Funktionaldeterminante, so gehen die $\mathfrak{C}_1(\Pi)$, $\mathfrak{C}_2(\Pi)$, $v_{12}(\Pi)$ in Vektorfelder $\mathfrak{C}_1'$, $\mathfrak{C}_2'$, v_{12}' über; die Orientierung des Bildes Γ' von Γ wählen wir zunächst so, daß auch die $\mathfrak{C}_1'$ negativ gerichtet sind. Die $\mathfrak{C}_1'$ und $\mathfrak{C}_2'$ haben in Ω' eine isolierte Übereinstimmungsstelle, deren Index a_{12}' dem Index von Ω' bezüglich des an Γ' tangentialen Vektorfeldes $v_{12}' = \varphi(v_{12})$ gleich ist, das offenbar mit dem von $\mathfrak{C}_1'$ und $\mathfrak{C}_2'$ erzeugten tangentialen Feld identisch ist, (da die lineare Abhängigkeit der Vektoren $\mathfrak{C}_1$, $\mathfrak{C}_2$, v_{12} in jedem Punkte bei der Abbildung erhalten bleibt). Da sich nun der Index von Ω bezüglich v_{12} bei der Abbildung, wie oben bewiesen, nicht ändert, gilt dasselbe für den Index a_{12} der Übereinstimmung von $\mathfrak{C}_1$ und $\mathfrak{C}_2$ in Ω. — Verfügen wir entgegen der eben getroffenen Festsetzung über die positive Indikatrix von Γ' so, daß die Abbildung von Γ auf Γ' den Grad $+1$ hat, so ist zu unterscheiden, ob die Funktionaldeterminante D von φ positiv oder negativ ist, d. h. ob φ die Indikatrix erhält oder umkehrt: im ersten Fall geht die negative Seite von Γ in die negative Seite von Γ' über, es ist also $a_{12}' = a_{12}$; im zweiten Fall jedoch sind die $\mathfrak{C}_1'$ und $\mathfrak{C}_2'$ positiv gerichtet, und der Übereinstimmungsindex $(-1)^{n+1} a_{12}'$ der durch die negativ gerichteten, zu $\mathfrak{C}_1'$, $\mathfrak{C}_2'$ diametralen Vektorverteilungen $\bar{\mathfrak{C}}_1'$, $\bar{\mathfrak{C}}_2'$ vermittelten Abbildungen ist gleich dem Index von Ω' in bezug auf das von $\bar{\mathfrak{C}}_1'$ und $\bar{\mathfrak{C}}_2'$ erzeugte tangentiale Vektorfeld, das zu dem der v_{12}' diametral ist, also gleich $(-1)^n a_{12}$, da Ω' in bezug auf die v_{12}' den Index a_{12} hat; aus $(-1)^{n+1} a_{12}' = (-1)^n a_{12}$ folgt $a_{12}' = -a_{12}$, und man sieht, daß $a_{12}' = \pm a_{12}$ ist, je nachdem $D \gtrless 0$ ist.

§ 2.

Die Übereinstimmungszahl zweier Abbildungen einer geschlossenen zweiseitigen Mannigfaltigkeit auf die Kugel.

Die geschlossene, zweiseitige, orientierte, n-dimensionale Mannigfaltigkeit μ sei durch die Abbildungen f_1 und f_2 auf die durch die Gleichung $\sum_{\nu=1}^{n+1} x_\nu^2 = 1$ gegebene n-dimensionale Kugel $\mathfrak{K}$ abgebildet. f_1 und f_2 sollen nur in endlich vielen Punkten $P_\varkappa$ $(\varkappa = 1, \ldots, k)$ von μ übereinstimmen; die Summe der Indizes dieser Übereinstimmungen $\sum_{\varkappa=1}^{k} a_{12}^{(\varkappa)} = I_{12} = (-1)^n I_{21}$ heiße die „Übereinstimmungszahl" von f_1 und f_2.

Wir konstruieren zwei, im wesentlichen simpliziale, Approximationsabbildungen von f_1, f_2 mit denselben Übereinstimmungspunkten bzw. -indizes $P_\varkappa, a_{12}^{(\varkappa)}$:

ζ sei eine simpliziale Zerlegung von μ, bei der die $P_\varkappa$ innere Punkte von Simplexen $S_\varkappa$ sind, und die so dicht ist, daß die Bilder $f_1(S_\varkappa)$ und $f_2(S_\varkappa)$ sich in solche Kugeln $\mathfrak{H}_\varkappa$ $[\varkappa = 1, \ldots, k]$ einschließen lassen, deren sphärische Radien kleiner sind als $\frac{\pi}{2}$, so daß man in jeder von ihnen zwei Punkte eindeutig durch Großkreisbögen verbinden kann, und deren Vereinigungsmenge noch ein Gebiet $\mathfrak{N}$ von $\mathfrak{K}$ frei läßt. Bezeichnet nun μ' den Teil von μ, der durch Fortlassen der Innengebiete der $S_\varkappa$ aus μ entsteht und ist m das Minimum der sphärischen Abstände $\overline{f_1(P) f_2(P)}$ für alle Punkte P von μ', so stellen wir eine Unterteilung ζ' von ζ her, die so dicht ist, daß für jede der beiden zugehörigen simplizialen Approximationen δ_1, δ_2 von f_1, f_2 der sphärische Abstand $\overline{\delta_i(P) f_i(P)} < \frac{m}{2}$ in ganz μ ist und daß die Bilder $\delta_1(S_\varkappa)$ und $\delta_2(S_\varkappa)$ auch noch ganz im Innern der $\mathfrak{H}_\varkappa$ liegen. Dabei sind zur Herstellung der simplizialen Approximationen als Koordinaten in $\mathfrak{K}$ die natürlichen Koordinaten zu wählen, d. h. als Schwerpunkt von $n+1$ in den Ecken $x_1^i, x_2^i, \ldots, x_{n+1}^i$ $[i = 1, \ldots, n+1]$ eines sphärischen Simplex $\mathfrak{S}$ angebrachten Massen m^i ist der Punkt von $\mathfrak{S}$ zu betrachten, dessen Koordinaten ξ_ν sich verhalten wie die $n+1$ Zahlen $\sum_{i=1}^{n+1} x_\nu^i m^i$; bei Zugrundelegung dieser Koordinaten werden die simplizialen Abbildungen von μ in ganz μ stetig definiert[12]). δ_1 und δ_2 haben wegen

[12]) Bei Brouwer, Über Abbildung von Mannigfaltigkeiten, § 1, werden die simplizialen Abbildungen von μ zunächst nur für diejenigen Grundsimplexe von μ definiert, deren Eckpunktbilder demselben Element von $\mathfrak{K}$ angehören; jedoch scheint mir in § 3 der Brouwerschen Arbeit den simplizialen Abbildungen auf die Kugel die im obigen Text benutzte Modifikation der Definition zugrunde gelegt zu sein.

der Beziehungen $\overline{\delta_i f_i} < \frac{m}{2}$ $[i = 1, 2]$, $\overline{f_1 f_2} \geqq m$ in μ', also insbesondere auf den Rändern der $S_\varkappa$ keinen Übereinstimmungspunkt; im Innern der $S_\varkappa$ jedoch kann es unendlich viele Übereinstimmungspunkte geben. Um diese zu beseitigen, ersetzen wir δ_2 durch eine Abbildung δ_2': In μ' sei $\delta_2' = \delta_2$; in jedem $S_\varkappa$ betrachten wir das Bündel der von $P_\varkappa$ ausgehenden Strahlen und die stetige, nur in $P_\varkappa$ verschwindende, im übrigen positive Funktion α, die in jedem Randpunkt $P_{R_\varkappa}$ von $S_\varkappa$ gleich der Entfernung $\overline{\delta_1(P_{R_\varkappa})\,\delta_2(P_{R_\varkappa})}$ ist und auf dem Strahl $P_{R_\varkappa} P_\varkappa$ proportional der Entfernung von $P_\varkappa$ abnimmt. Dem Punkt P des Strahles $P_{R_\varkappa} P_\varkappa$ ordnen wir nun denjenigen Punkt $\delta_2'(P)$ von $\mathfrak{K}$ zu, der von $\delta_1(P)$ die sphärische Entfernung α hat und für den bei stereographischer Projektion von dem Gegenpunkt $p_\varkappa$ des Punktes $\delta_1(P_\varkappa)$ aus der Vektor $\delta_1(P) \rightarrow \delta_2'(P)$ dem Vektor $\delta_1(P_{R_\varkappa}) \rightarrow \delta_2(P_{R_\varkappa})$ parallel ist. Dann ist δ_2' in ganz μ stetig und in μ' mit δ_2 identisch, also simplizial. Die Bilder $\delta_2'(S_\varkappa)$ liegen ebenfalls ganz in den Kugeln $\mathfrak{H}_\varkappa$; δ_2' stimmt mit δ_1 nur in den $P_\varkappa$ überein. Der Index dieser Übereinstimmung in $P_\varkappa$ ist $a_{12}^{(\varkappa)}$; denn er läßt sich unter Zugrundelegung des durch stereographische Projektion von $p_\varkappa$ aus gelieferten euklidischen Koordinatensystems mittels der Anfangsrichtungen der zu den Randpunkten $P_{R_\varkappa}$ gehörigen Großkreisbögen $\delta_1(P_{R_\varkappa})\delta_2(P_{R_\varkappa})$ bestimmen. Die Gesamtheit dieser Bögen kann man innerhalb $\mathfrak{H}_\varkappa$ durch gleichförmige Bewegung ihrer Anfangs- und Endpunkte stetig in die Gesamtheit der Großkreisbögen $f_1(P_{R_\varkappa})\,f_2(P_{R_\varkappa})$ überführen, und bei diesem Übergang entartet wegen der Ungleichungen $\overline{\delta_i f_i} < \frac{1}{2}\overline{f_1 f_2}$ $[i = 1, 2]$ niemals ein Bogen in einen Punkt; folglich liefern die Anfangsrichtungen der Bögen $\delta_1(P_{R_\varkappa})\delta_2(P_{R_\varkappa})$ und die der Bögen $f_1(P_{R_\varkappa})f_2(P_{R_\varkappa})$ Abbildungen gleichen Grades auf die Richtungskugel des Koordinatensystems; d. h. der Übereinstimmungsindex von δ_1 und δ_2' in $P_\varkappa$ ist $a_{12}^{(\varkappa)}$.

δ_2 und δ_2' haben gleichen Grad, da das Gebiet $\mathfrak{N}$ bei beiden Abbildungen von denselben Punkten von μ bedeckt wird. Sind also g_1, g_2 die Grade von f_1, f_2, so sind dies auch die Grade der simplizialen Approximationen δ_1 und δ_2, und mithin auch die von δ_1 und δ_2'.

Wir wählen einen Punkt O von $\mathfrak{N}$, der nicht auf dem Rande eines Bildsimplex von δ_1 oder δ_2 liegt; da $\mathfrak{N}$ bei beiden Abbildungen nur von Punkten von μ' überdeckt wird und dort $\delta_2' \equiv \delta_2$ ist, sind für alle Punkte von μ, die bei einer der Abbildungen δ_1 und δ_2' in die Punkte der Umgebung von O übergehen, diese beiden Abbildungen simplizial.

Jetzt ordnen wir den Punkten P von μ diejenigen Vektoren zu, die tangential sind an die von O über $\delta_1(P)$ nach $\delta_2'(P)$ führenden Kreisbögen[12a]). Diese Zuordnung ist in folgenden, und nur diesen, Punkten P^* unbestimmt:

1. in den Punkten $P_\varkappa$;
2. in den Punkten $A_1, \ldots, A_r$, für die $\delta_1(A_\varrho) = O$ ist;
3. in den Punkten $B_1, \ldots, B_s$, für die $\delta_2'(B_\sigma) = \delta_2(B_\sigma) = O$ ist.

Jeder dieser Punkte P^* liegt im Innern eines Grundsimplex $S^*(P^*)$ der Zerlegung ζ'. Ist S^{**} ein nur einen dieser singulären Punkte enthaltendes Teilsimplex von S^*[13]), so wird der Umfang von S^{**} durch die seinen Punkten zugeordneten Vektoren, unter Vermittlung stereographischer Projektion, auf die Richtungskugel des in $\delta_1(P^*)$ an $\mathfrak{R}$ tangentialen ebenen Raumes abgebildet. Der Grad dieser Abbildung heiße der „Index" $I(P^*)$. Wir bestimmen $\sum\limits_{P^*} I(P^*)$:

1. es ist $I(P_\varkappa) = a_{12}^{(\varkappa)}$, also $\sum\limits_{P^* = P_\varkappa} I(P^*) = I_{12}$;

2. der Index der Singularität $\delta_1(A_\varrho) = O$ des Vektorfeldes, das von den den Punkten von $S^{**}(A_\varrho)$ zugeordneten, in den Punkten von $\delta_1(S^{**}(A_\varrho))$ angebrachten Vektoren gebildet wird, ist $+1$;[14]) mithin ist $I(A_\varrho) = \pm 1$, je nachdem $\delta_1(S^{**}(A_\varrho))$ positives oder negatives Bildsimplex von $S^{**}(A_\varrho)$ ist. Da aber der Grad g_1 von f_1 die Anzahl der O positiv überdeckenden, vermindert um die Anzahl der O negativ überdeckenden Bildsimplexe ist, ist $\sum\limits_{P^* = A_\varrho} I(P^*) = g_1$;

3. der Index der Singularität $\delta_1(B_\sigma)$ des Vektorfeldes, das von den den Punkten von $S^{**}(B_\sigma)$ zugeordneten, in den Punkten von $\delta_1(S^{**}(B_\sigma))$ angebrachten Vektoren gebildet wird, ist ∓ 1, je nachdem die Simplexe $\delta_1(S^{**}(B_\sigma))$ und $\delta_2(S^{**}(B_\sigma))$ gleiches oder ungleiches Vorzeichen haben[14]); daher ist $I(B_\sigma) = \mp 1$, je nachdem $\delta_2(S^{**}(B_\sigma))$ positives oder negatives Bildsimplex ist. Daraus folgt $\sum\limits_{P^* = B_\sigma} I(P^*) = -g_2$.

Es ist also $\sum\limits_{P^*} I(P^*) = I_{12} + g_1 - g_2$.

Wir bestimmen nun $\sum\limits_{P^*} I(P^*)$ noch auf eine zweite Weise:

Wir wählen auf $\mathfrak{R}$ einen beliebigen, keinem Rand eines Bildsimplex von δ_1 angehörigen, aber von mindestens einem solchen überdeckten, Punkt Q. Er werde bei δ_1 von p bzw. p' positiven bzw. negativen Bild-

[12a]) Der Rest dieses Paragraphen ist lediglich eine Modifikation von Betrachtungen Brouwers in der Abhandlung „Über Abbildung von Mannigfaltigkeiten".

[13]) Es könnten zunächst ein A und ein B demselben S^* angehören.

[14]) Brouwer, Über Abbildung von Mannigfaltigkeiten, § 3.

simplexen $T_1, \ldots, T_p; T_1', \ldots, T_{p'}'$ überdeckt; es ist $p - p' = g_1$. Als vermittelnde Abbildungen zwecks Einführung euklidischer Koordinatensysteme zur Bestimmung der Indizes der P^* benutzen wir für diejenigen Grundsimplexe, deren Bilder die T und T' sind, die stereographische Projektion von dem Gegenpunkt $\overline{Q}$ von Q aus, für alle anderen Grundsimplexe die stereographische Projektion von Q aus. Es wird also mit dem Rand jedes T_i bzw. T_j' je eine Abbildung L_i bzw. L_j' auf die Richtungskugel des Tangentialraumes ϑ_Q und je eine Abbildung $\overline{L}_i$ bzw. $\overline{L}_j'$ auf die Richtungskugel von $\vartheta_{\overline{Q}}$ vorgenommen; sind die Grade dieser Abbildungen

$$c_i, c_j'; \qquad \bar{c}_i, \bar{c}_j'; \qquad [i = 1, \ldots, p; \quad j = 1, \ldots, p'],$$

dann ist

$$c_\nu + \bar{c}_\nu = c_\nu' + \bar{c}_\nu' = 1 + (-1)^n. \text{ [14]}$$

Nun ist aber $\sum_{P^*} I(P^*)$ gleich der Summe der Abbildungsgrade aller Umfänge von Grundsimplexen von μ auf die entsprechenden Richtungskugeln, und bei dieser Summation heben sich die beiden Beiträge jeder $(n-1)$-dimensionalen Seite auf, sofern sie nicht der Seite eines T oder T' entspricht, also auf zwei verschiedene Richtungskugeln abgebildet wird. Mithin ist

$$\underline{\sum_{P^*} I(P^*)} = \sum_i c_i - \sum_j c_j' + \sum_i \bar{c}_i - \sum_j \bar{c}_j'$$

$$= \sum_{i=1}^{p} (c_i + \bar{c}_i) - \sum_{j=1}^{p'} (c_j' + \bar{c}_j') = (p - p')(1 + (-1)^n) = \underline{g_1 + g_1(-1)^n}.$$

Früher fanden wir $\sum_{P^*} I(P^*) = I_{12} + g_1 - g_2$, mithin ist

$$\underline{I_{12} = (-1)^n \cdot g_1 + g_2}. \text{ [15]}$$

§ 3.

Über die Curvatura integra n-dimensionaler Modelle.

Es sei eine Hyperfläche m gegeben, die [vgl. § 1] ein Modell einer n-dimensionalen, geschlossenen, zweiseitigen, orientierten Mannigfaltigkeit μ ist. Die positive Indikatrix von m wählen wir so, daß die Abbildungen F der U_P den Grad $+1$ haben, und bestimmen nach der früher gegebenen

[15]) Im Fall $n = 2$ läßt sich die Formel $I_{12} = g_1 + g_2$ funktionentheoretisch bestätigen: Ist $F(z, w)$ eine ganze rationale irreduzible Funktion in z und w von den Graden g_1 bzw. g_2, μ die Riemannsche Fläche des durch $F(z, w) = 0$ definierten analytischen Gebildes, so hat die Gleichung $F(z, z) = 0$ unter gehöriger Berücksichtigung des unendlich fernen Punktes genau $g_1 + g_2$ Wurzeln, vorausgesetzt, daß nicht $F \equiv k(z - w)$, also $F(z, z) \equiv 0$ ist.

Vorschrift die positive Normalenrichtung. — Ist F in ganz μ eineindeutig, so nennen wir m ein „einfaches" oder „Jordansches" Modell; die positive Normalenrichtung ist nicht notwendig nach innen gerichtet, sondern von der Orientierung von μ abhängig. —

Unter $C(m)$, der *„Curvatura integra"* von m, verstehen wir den Grad der durch die zu den Punkten P von μ gehörigen negativen Normalen von m vermittelten Abbildung von μ auf die Richtungskugel R. Ändert man die Orientierung von μ, so sind die Normalen durch ihre diametralen Vektoren zu ersetzen, man hat also, um die neue Curvatura integra $C'(m)$ zu erhalten, 1. μ auf sich mit dem Grad -1, 2. μ auf R mit dem Grad C, 3. R auf sich mit dem Grad $(-1)^{n+1}$ abzubilden; dies ergibt: $C' = -1 \cdot C \cdot (-1)^{n+1} = (-1)^n C$. $C(m)$ ist also von der Orientierung von μ bei geradem n unabhängig, bei ungeradem n in bezug auf sein Vorzeichen abhängig. — Statt der Normalen lassen sich nach dem Satz von Poincaré-Bohl [s. Einleitung] zur Bestimmung von C auch beliebige andere nach der negativen Seite der $F(U_P)$ gerichtete, mit P stetig variierende Vektoren verwenden. Wir verwenden bis auf weiteres eine, wie im vorigen Paragraphen in ganz μ erklärte, simpliziale modifizierte Approximation γ_1 der Normalenabbildung.

Nun untersuchen wir, wie sich $C(m)$ bei gewissen Arten des Überganges von m zu anderen Modellen von μ verhält:

Es sei zunächst ein m im Innern enthaltendes Element E einer stetig differenzierbaren Abbildung φ mit nicht verschwindender Funktionaldeterminante unterworfen:

$$x'_\nu = \varphi_\nu(x_1, \ldots, x_{n+1}), \qquad [\nu = 1, 2; \ldots, n+1],$$

$$D(x_1, \ldots, x_{n+1}) = \frac{\partial(\varphi_1, \ldots, \varphi_{n+1})}{\partial(x_1, \ldots, x_{n+1})} \neq 0.$$

m geht dabei in das Modell $m' = \varphi(m)$ über. Nach unserer Festsetzung ist die Orientierung von m' so zu wählen, daß φ dic positive Indikatrix von m in die positive Intikatrix von m' überführt; dann gehen die γ_1 vermittelnden, auf m in negativer Richtung angebrachten Vektoren $\mathfrak{C}_1$ in negativ bzw. positiv gerichtete Vektoren $\mathfrak{C}_1'$ auf m' über, je nachdem φ die Indikatrix von E nicht ändert oder ändert, d. h. je nachdem $D > 0$ oder $D < 0$ ist; der Grad der durch die $\mathfrak{C}_1'$ vermittelten Abbildung γ_1' von μ auf R ist daher entsprechend $(\pm 1)^{n+1} C'$, wobei $C' = C(m')$ ist. Nun wählen wir einen Punkt A von R und bringen in allen Punkten von m die A entsprechenden parallelen Vektoren $\mathfrak{C}_2$ an, die μ durch die Abbildung $\gamma_2(P) = A$ vom Grade 0 auf R beziehen. $\mathfrak{C}_1$ und $\mathfrak{C}_2$ stimmen (höchstens) in endlich vielen Punkten überein, und es ist (nach § 2) $I_{12} = (-1)^n C$. Die $\mathfrak{C}_2$ gehen durch φ in

Vektoren $\mathfrak{C}_2'$ über, welche eine Abbildung γ_2' von μ auf R vom Grade c_2' vermitteln, und die Übereinstimmungszahl von γ_1' und γ_2' ist

$$I_{12}' = (-1)^n (\pm 1)^{n+1} C' + c_2'.$$

Nach § 1 (letzter Absatz) ist aber $I_{12} = \pm I_{12}'$, also

$$(\pm 1)^n C' = C \mp c_2' (-1)^n.$$

Nun geht die Gesamtheit der in *allen* Punkten von E angebrachten, parallelen, A entsprechenden Vektoren in eine in ganz $E' = \varphi(E)$ eindeutige und stetige Vektorverteilung Δ' über, der die $\mathfrak{C}_2'$ angehören; m' läßt sich, da E' ein Element ist, innerhalb E' durch eine eindeutige und stetige Deformation auf einen Punkt Q zusammenziehen; dabei geht die Abbildung γ_2', wenn man in jedem Moment des Deformationsvorganges dem Punkt P von μ denjenigen Punkt von R zuordnet, der zu dem in dem momentanen Bildpunkt von P angebrachten Vektor Δ' gehört, in eine Abbildung über, die allen Punkten von μ denselben Punkt $\Delta'(Q)$ zuordnet; mithin ist $c_2' = 0$, $C' = (\pm 1)^n C$, und wir haben den Satz erhalten:

Bei einer in einem m enthaltenden Element stetig differenzierbaren Abbildung mit nichtverschwindender Funktionaldeterminante D ändert sich $C(m)$ allenfalls um den Faktor -1; und zwar tritt diese Änderung dann und nur dann ein, wenn $D < 0$ und n ungerade ist.

Es liegt nun die Frage nahe, ob man die Differenzierbarkeitsvoraussetzung nicht fallen lassen kann. Daß dies wenigstens in einem besonders einfachen Fall möglich ist, lehrt der Satz:

Die Begrenzung m eines Elements hat die Curvatura integra $(\pm 1)^n$.

Beweis: Hat m die „natürliche" Orientierung, so ist der Grad der durch die inneren Normalen N von m auf R vermittelten Abbildung: $(-1)^{n+1} C$. Dieses Feld der N projiziert m stetig auf eine benachbarte Paralellfläche m_1 von m, und läßt sich durch Zusammenziehen von m_1 auf einen inneren Punkt in eine Verteilung nach diesem Punkt weisender Vektoren deformieren, die den Index $(-1)^{n+1}$ hat. Mithin ist $C = 1$ und bei beliebiger Orientierung von m: $C = (\pm 1)^n$. (Bezüglich des Vorzeichens vgl. man den ersten Absatz dieses Paragraphen.)

Wir erweitern jetzt die Klasse der betrachteten Abbildungen: φ braucht nicht mehr in ganz E definiert zu sein, sondern nur noch in einer Umgebung von m, d. h. in der Vereinigungsmenge von Umgebungen aller Punkte von m. Im übrigen bleiben alle Annahmen und Bezeichnungen ungeändert. Es gilt auch jetzt:

$$(\pm 1)^n C' = C \mp c_2' (-1)^n.$$

Wir betrachten neben den zu A gehörigen Vektoren $\mathfrak{C}_2$ noch die zu ihnen diametralen Vektoren $\overline{\mathfrak{C}}_2$. Diese gehen in Vektoren $\overline{\mathfrak{C}}_2'$ über, welche eine Abbildung $\bar{\gamma}_2'$ vom Grade $\bar{c}_2'$ vermitteln, und es ist

$$(\pm 1)^n C' = C \mp \bar{c}_2'(-1)^n,$$

also $\bar{c}_2' = c_2'$. Da die Vektoren $\mathfrak{C}_2'$ und $\overline{\mathfrak{C}}_2'$ zueinander diametral sind, ist aber $\bar{c}_2' = (-1)^{n+1} c_2'$; für gerades n ist also auch jetzt $c_2' = 0$, mithin $C' = C$.

Wir werden zeigen, daß für *ungerades* n $c_2' \neq 0$ sein kann:

Mit einem nicht auf m liegenden Punkt Q als Zentrum nehmen wir eine Transformation durch reziproke Radien vor; diese Abbildung φ erfüllt unsere Voraussetzung; denn in allen von Q verschiedenen Punkten ist φ stetig differenzierbar mit negativer Funktionaldeterminante. φ führt m in ein Modell m', den unendlich fernen Punkt in den Punkt Q über; die Ordnung von Q in bezug auf m' sei q (darunter ist, wie früher, der Grad der durch Projektion des Modells m' von Q auf eine Kugel k um Q vermittelten Abbildung von μ auf k zu verstehen; es ist übrigens leicht zu sehen, daß sie gleich der Ordnung von Q in bezug auf m ist). Die Gesamtheit aller dem Punkt A von R entsprechenden Vektoren des Definitionsbereiches von φ geht bei φ in ein Vektorfeld Δ' mit der einzigen Singularität Q über; ihr Index ist $+2$. Denn φ läßt sich so herstellen: Man projiziere zunächst den ganzen Raum stereographisch auf eine ihn in Q berührende $(n+1)$-dimensionale im $(n+2)$-dimensionalen Raum liegende Kugel K_{n+1}; dabei gehen die zu A gehörigen Vektoren in ein eindeutiges stetiges, nur im Gegenpunkt Q^* von Q singuläres Vektorfeld über, in dem Q^* daher[14]) den Index $+2$ hat. Dann projiziere man K_{n+1} stereographisch von Q aus auf den Berührungsraum in Q^* und darauf diesen senkrecht auf den urprünglichen Raum zurück. Dabei geht Q^* in Q unter Erhaltung des Index über.

Um c_2' zu bestimmen, lassen wir die Punkte von m' gleichförmig in der Zeit 1 auf den von Q ausgehenden Strahlen bis auf eine Kugel k um Q laufen und beobachten dabei die in jedem Augenblick in den laufenden Punkten angebrachten Vektoren von Δ': anfangs sind es die Vektoren $\mathfrak{C}_2'$, am Ende die auf k sitzenden Vektoren; die durch letztere vermittelte Abbildung von μ auf R setzt sich zusammen aus der Projektion von m' aus Q auf k, die den Grad q hat, und der Abbildung von k auf R vom Grade 2, mithin ist $c_2' = 2q$, also

$$C + C' = 2q.$$

Sind insbesondere m und m' einfach, und ist Q im Innern von m gelegen, so liegt Q auch im Innern von m', da Q und der unendlich ferne Punkt durch m voneinander getrennt werden, es ist daher $q = \pm 1$, $C + C' = \pm 2$, und man erkennt:

Besitzt bei ungeradem n das einfache Modell m eine gegenüber Abbildungen der betrachteten Art dem absoluten Betrage nach invariante Curvatura integra, so ist diese gleich ± 1.

Jetzt zeigen wir, daß es für jedes ungerade $n \geqq 3$ einfache Modelle m mit $C(m) = 0 \neq \pm 1$, gibt. Wir betrachten die einparametrige Bewegungsgruppe $x' = f(x; \alpha)$ des $(n+1)$-dimensionalen Raumes, die durch die Gleichungen gegeben ist:

$$\begin{aligned} x'_{2\nu-1} &= f_{2\nu-1}(x_1, \ldots, x_{n+1}; \alpha) = \cos\alpha \cdot x_{2\nu-1} + \sin\alpha \cdot x_{2\nu} \\ x'_{2\nu} &= f_{2\nu}(x_1, \ldots, x_{n+1}; \alpha) = -\sin\alpha \cdot x_{2\nu-1} + \cos\alpha \cdot x_{2\nu} \end{aligned}$$
$$\left[\nu = 1, \ldots, \frac{n+1}{2}\right].$$

Die Bahnkurve jedes Punktes ist ein Kreis; zwei solche Kreise sind punktfremd; denn wegen $f(f(x; \alpha); \beta) = f(x; \alpha + \beta)$ folgt aus $f(x; \alpha) = f(y; \beta)$ für *jedes* γ: $f(x; \alpha + \gamma) = f(y; \beta + \gamma)$, d. h. daß die Bahnkreise von x und y zusammenfallen. Der einzige Fixpunkt der Bewegungen ist der Nullpunkt; in jedem andern Punkt ist der Vektor der Bewegungsrichtung ausgezeichnet.

Die $(n-1)$-dimensionale Kugel K_0: $\sum_{\nu=1}^{n} (x_\nu - 2)^2 = 1$, $x_{n+1} = 0$ enthält den Nullpunkt nicht. Sie wird ferner von keinem Bahnkreis in zwei Punkten geschnitten; denn wäre für zwei Punkte x und y der Kugel $y = f(x; \alpha)$ mit $\alpha \neq 0$, so folgt aus

$$\begin{aligned} y_n &= \cos\alpha \cdot x_n + \sin\alpha \cdot x_{n+1} \\ y_{n+1} &= -\sin\alpha \cdot x_n + \cos\alpha \cdot x_{n+1} \\ x_{n+1} &= y_{n+1} = 0 \end{aligned}$$

entweder $x_n = 0$, was mit der Gleichung der Kugel nicht verträglich ist, oder $\alpha = \pi$ und $y_\nu = -x_\nu$ für $\nu = 1, 2, \ldots, n+1$; aus

$$\sum_{\nu=1}^{n} (x_\nu - 2)^2 = 1 \quad \text{und} \quad \sum_{\nu=1}^{n} (-x_\nu - 2)^2 = 1$$

würde aber durch Addition $8n + 2\Sigma x_\nu^2 = 2$, $\Sigma x_\nu^2 = 1 - 4n < 0$ folgen.

Ebenso verhält sich jede Kugel K_α, in die K_0 durch eine unserer Bewegungen übergeführt wird. Daher hat die von K_0 beschriebene Fläche r, d. h. die Gesamtheit aller Punkte $f(x; \alpha)$, für die $f(x, 0)$ auf K_0 liegt, die Eigenschaft, daß nur dann $f(x; \alpha) = f(y; \beta)$ ist, wenn $x = y$, $\alpha = \beta$

ist. r ist daher ein einfaches Modell der von einem Kreis und einer $(n-1)$-dimensionalen Kugel gebildeten Produktmannigfaltigkeit [16]).

Zur Bestimmung von $C(r)$ können wir nach dem Satz von Poincaré-Bohl die an r tangentialen Richtungsvektoren der Bewegung verwenden; die von ihnen geleistete Abbildung auf R hat den Grad 0, da sich r ohne Überschreitung des im Äußeren liegenden, singulären Nullpunkts, also innerhalb des Feldes der Bewegungsvektoren stetig auf einen Punkt zusammenziehen läßt. Mithin ist $C(r) = 0$, und aus $C + C' = \pm 2$ folgt daher $C' = C(r') = \pm 2$.

Die Produktmannigfaltigkeit μ, deren einfaches Modell r ist, liefert ein auch in anderer Richtung interessantes Beispiel; sie zeigt, daß es unendlich viele, allerdings nicht einfache, Modelle einer Mannigfaltigkeit mit lauter verschiedenen Werten für C geben kann. Da nämlich der Kreis für jede positive ganze Zahl q q-facher unverzweigter Überlagerungsraum von sich selbst ist, gilt dasselbe für jede Produktmannigfaltigkeit, die den Kreis als Faktor enthält. Man kann sich daher r als von einem Modell r_q von μ q-fach überlagert vorstellen; dann hat Q die Ordnung $\pm q$ in bezug auf $\varphi(r_q)$, es ist also $C(\varphi(r_q)) = \pm 2q$, da $C(r_q) = 0$ ist.

Zu einfachen Modellen m mit $C(m) = \pm 1$, also insbesondere zu der n-dimensionalen Kugel liefert die Transformation durch reziproke Radien kein homöomorphes einfaches Modell m' mit $C(m') \neq C(m)$. Es ist mir auch nicht bekannt, ob es ein einfaches Modell m der n-dimensionalen Kugel mit $C(m) \neq \pm 1$ gibt.

Als Hilfsmittel zur Untersuchung des Verhaltens von $C(m)$ bei Abbildungen, über die weniger als bisher vorausgesetzt wird, dient folgende Betrachtung:

Wir bringen an m ein beliebiges Feld V tangentialer Vektoren mit höchstens endlich vielen singulären Stellen an; d. h. wir ordnen jedem Punkt P von μ mit endlich vielen Ausnahmen einen sich mit P stetig ändernden Tangentenvektor in $F(P)$ an m zu (z. B. können wir für V das von den Vektorfeldern $\mathfrak{C}_1$ und $\mathfrak{C}_2$ erzeugte tangentiale Feld wählen (s. § 1)). Die Summe der Indizes der Singularitäten von V sei s. Wir definieren in μ eine stetige Funktion $w(P)$, die in den singulären Punkten $P_\varkappa$ gleich 0, im übrigen stets positiv und < 1 ist, und ordnen jedem nicht singulären Punkt P den Vektor $H(P)$ zu, der in dem von $V(P)$ und der negativen Normalen $N(P)$ ausgespannten Quadranten liegt und

[16]) S. z. B. Steinitz, Beiträge zur Analysis Situs (Sitz.-Ber. d. Berl. Math. Ges. 7 1908).

mit $N(P)$ den Winkel $w \cdot \frac{\pi}{2}$ bildet; für die $P_\varkappa$ setzen wir $H(P_\varkappa) = N(P_\varkappa)$. Dann sind die H in ganz μ stetig und stimmen mit den N in den $P_\varkappa$ überein. Nach § 1 ist die Übereinstimmungszahl der durch N und H von μ auf R gelieferten Abbildungen $I_{12} = s$. Andererseits haben nach dem Satz von Poincaré-Bohl beide Abbildungen denselben Grad $C = C(m)$, es ist daher nach dem Ergebnis des § 2:

$$s = I_{12} = C + (-1)^n C,$$

also für gerades n:

$$s = 2C.$$

Da nun nach § 1 auf jedem beliebigen Modell m' von μ ein Vektorfeld mit derselben Indexsumme s existiert, folgt jetzt der Satz:

Die Curvatura integra der Modelle einer geschlossenen, zweiseitigen Mannigfaltigkeit μ von gerader Dimensionenzahl ist eine Invariante von μ.

§ 4.

Curvatura integra und Indexsumme; Bedingungen für die Darstellbarkeit einer n-dimensionalen Mannigfaltigkeit im $(n+1)$-dimensionalen Raum.

Die zwischen der Indexsumme s der Singularitäten eines an m tangentialen Vektorfeldes und der Curvatura integra $C(m)$ gültige Beziehung

$$s = C \cdot (1 + (-1)^n)$$

führt zu einigen Folgerungen, die sich zwar nicht unmittelbar auf die Curvatura integra beziehen, aber doch noch betrachtet werden sollen. Zunächst ist aus ihr der Satz zu entnehmen:

Die Indexsumme der Singularitäten eines an ein Modell von μ tangentialen Vektorfeldes ist eine topologische Invariante von μ, d. h. unabhängig von der Wahl des Modells, sowie der des Vektorfeldes; und zwar ist diese Invariante für ungerades n stets 0.

Dieser Satz wird bei Hadamard[17]) ausgesprochen, sogar mit der Erweiterung, daß die betrachteten Modelle in Räumen beliebiger Dimensionenzahl liegen dürfen; jedoch wird in dem betreffenden Kapitel, das nur referierenden Charakter besitzt, kein Beweis angegeben, und auch in der sonstigen Literatur ist mir keiner bekannt. Bemerkenswert ist, daß in den Fällen, in denen s berechnet ist, nämlich für $n = 2$[4]), für ungerades n, für die n-dimensionalen Kugeln[14]) und für die im nächsten Paragraphen betrachteten Mannigfaltigkeiten s gleich der Charakteristik der Mannigfaltig-

[17]) l. c. S. 474f.

keit ist, d. h. $= \sum_{k=0}^{n}(-1)^k \alpha_k$, wenn α_k die Anzahl der bei einer simplizialen Zerlegung vorkommenden k-dimensionalen Simplexe bezeichnet*).

Wir können zu dem Satz von der Invarianz der Indexsumme nun eine verschärfende Aussage machen; wir wissen nämlich:

Die Indexsumme der Modelle von μ ist eine gerade Zahl.

Dabei ist, wie stets, vorausgesetzt, daß μ zweiseitig ist und die Modelle im $(n+1)$-dimensionalen euklidischen Raum liegen. Dies liefert eine Möglichkeit, die Frage zu beantworten, ob jede n-dimensionale Mannigfaltigkeit μ ein solches Modell besitzt: Gestattet nämlich μ eine stetige Deformation $P' = f(P; t)$, $0 \leqq t \leqq 1$, $f(P, 0) = P$, die für $t > 0$ außer endlich vielen festen, d. h. von t unabhängigen, Fixpunkten keinen Fixpunkt besitzt, und ist σ die Summe der Indizes dieser Fixpunkte, so muß, falls μ ein Modell besitzt, σ gerade sein; denn analog dem in § 1 eingeschlagenen Verfahren läßt sich auf dem Modell ein tangentiales Vektorfeld mit der Indexsumme $s = \sigma$ konstruieren. Betrachten wir eine besonders einfache Art von Fixpunkten: wir nennen einen isolierten Fixpunkt ein „Zentrum", wenn er in einem abgeschlossenen, im übrigen fixpunktfreien, Element liegt, das in sich selbst übergeht. Ein Zentrum hat stets den Index $(-1)^n$, da man die von den Punkten P der Berandung des Elements nach den Punkten $f(P)$ zielenden Vektoren unter Festhaltung ihrer Anfangspunkte stetig in solche abändern kann, die nach einem festen Punkt des Inneren zeigen. Wir können daher den Satz aussprechen, daß eine Mannigfaltigkeit keine Hyperfläche als Modell besitzt, wenn sie eine Deformation zuläßt, deren Fixpunkte Zentren und in ungerader Anzahl vorhanden sind. Auf Grund dieser Tatsache läßt sich beweisen:

Die Gesamtheit Z_{2k} der komplexen Punkte des $2k$-dimensionalen projektiven Raumes ist eine $4k$-dimensionale geschlossene zweiseitige Mannigfaltigkeit, die keine Hyperfläche als Modell im $(4k+1)$-dimensionalen euklidischen Raum besitzt.

Der Beweis ist nach dem Vorstehenden erbracht, sobald gezeigt ist, daß Z_r eine geschlossene zweiseitige Mannigfaltigkeit ist und eine Deformation der geschilderten Art mit $(r+1)$ Zentren gestattet. Dies wird im nächsten Paragraphen bewiesen, in dem außerdem noch die Charakteristik von Z_r berechnet wird; sie ist ebenfalls $(r+1)$, was im Hinblick

---

*) Zusatz bei der Korrektur: Ein Beweis des bei Hadamard ausgesprochenen Satzes mit dem Zusatz, daß die als Indexsumme auftretende Invariante die Charakteristik ist, wird vom Verfasser in diesen Annalen veröffentlicht werden.

auf die oben erwähnte, auch in anderen Fällen vorhandene Übereinstimmung zwischen Charakteristik und Indexsumme von Interesse ist.

§ 5.

Die komplexen projektiven Räume.

Z_r bezeichne die Gesamtheit der komplexen Punkte des r-dimensionalen projektiven Raumes, d. h. die Gesamtheit aller Verhältnisse $z_0 : z_1 : \ldots : z_r$, in denen die z_ϱ komplexe, nicht sämtlich verschwindende Zahlen sind. Z_r ist $2r$-dimensional und im Fall $r = 1$ bekanntlich der Kugel homöomorph.

Z_r ist eine geschlossene Mannigfaltigkeit mit der *Charakteristik* $r + 1$.

Beweis: Wir zerlegen Z_r in $r+1$ Teile E_ϱ: E_ϱ ist die Gesamtheit derjenigen Punkte von Z_r, für die $|z_\varrho| \geqq |z_\sigma|$ $(\sigma = 0, \ldots, r)$ ist. Da in E_ϱ $z_\varrho \neq 0$ ist, können wir die Koordinaten aller Punkte von E_ϱ so normieren, daß stets $z_\varrho = 1$ ist. Setzen wir dann $z_\sigma = x_\sigma + i y_\sigma$, so ist E_ϱ topologisch auf den durch die Ungleichungen $x_\sigma^2 + y_\sigma^2 \leqq 1$ mit $0 \leqq \sigma (\neq \varrho) \leqq r$ definierten Teil E'_ϱ eines $2r$-dimensionalen euklidischen Raumes abgebildet. E'_ϱ können wir durch r Kreisscheiben K_σ^ϱ $(0 \leqq \sigma (\neq \varrho) \leqq r)$ vom Radius 1 darstellen, indem wir jede Gruppe von r Punkten A_σ^ϱ, von der der Punkt A_σ^ϱ der Scheibe K_σ^ϱ angehört, als Punkt von E'_ϱ bezeichnen. Daraus, daß wir, ohne die topologische Struktur von E_ϱ zu ändern, statt der Kreisscheiben K_σ^ϱ auch durch Ungleichungen $|x_\sigma| \leqq 1$, $|y_\sigma| \leqq 1$ definierte Quadratscheiben, also statt E'_ϱ einen $2r$-dimensionalen Würfel verwenden können, geht hervor, daß E_ϱ ein *Element* ist. — Ein Punkt von Z_r gehört dann und nur dann zugleich E_{ϱ_1} und E_{ϱ_2} an, wenn in ihm $|z_{\varrho_1}| = |z_{\varrho_2}| \geqq |z_\varrho|$ ist, d. h. wenn der Punkt $A_{\varrho_2}^{\varrho_1}$ der ihn in der besprochenen Darstellung von E'_{ϱ_1} repräsentierenden Punktgruppe $A_\sigma^{\varrho_1}$ auf dem Rande von $K_{\varrho_2}^{\varrho_1}$ liegt; daraus ist ersichtlich, daß, wenn $\varrho_1, \ldots, \varrho_s$ s der Zahlen $0, \ldots, r$ sind, der Durchschnitt $E_{\varrho_1, \ldots, \varrho_s}$ der Elemente $E_{\varrho_1}, \ldots, E_{\varrho_s}$ der aus $s - 1$ Kreisen und $r - s + 1$ abgeschlossenen Kreisscheiben gebildeten Produktmannigfaltigkeit homöomorph ist, also die Dimension $s - 1 + 2(r - s + 1) = 2r - s + 1$ hat.

Wir nehmen mit Z_r eine Zerlegung in Elemente vor, die zeigt, daß Z_r eine „Mannigfaltigkeit" entsprechend Brouwers[3]) Definition ist, und ferner die Eigenschaft hat, daß für jedes s jede der Mannigfaltigkeiten $E_{\varrho_1 \ldots \varrho_s}$ ganz aus $(2r - s + 1)$-dimensionalen Elementseiten der Zerlegung besteht. Wie man eine solche Zerlegung herstellen kann, demonstrieren wir an dem Fall $r = 2$ [18]): Der Durchschnitt E_{012} der drei Elemente E_0, E_1, E_2 ist

[18]) Die hierbei angewandte Methode läßt sich ohne weiteres auf beliebiges r übertragen; jedoch wird dann der Wortlaut der Darstellung so kompliziert, daß mir die Behandlung des Spezialfalles $r = 2$ die Verhältnisse deutlicher zu machen scheint als die Betrachtung des allgemeinen Falles.

einer aus zwei Kreisen gebildeten Produktmannigfaltigkeit, also einer Torusfläche, homöomorph; wir können E_{012} durch

$$z_0 = 1, \quad z_1 = e^{i\varphi_1}, \quad z_2 = e^{i\varphi_2}; \quad 0 \leqq (\varphi_1, \varphi_2) \leqq 2\pi;$$

oder durch

$$z_0 = e^{i\varphi_0}, \quad z_1 = 1, \quad z_2 = e^{i\varphi_2}; \quad 0 \leqq (\varphi_2, \varphi_0) \leqq 2\pi;$$

oder durch

$$z_0 = e^{i\varphi_0}, \quad z_1 = e^{i\varphi_1}, \quad z_2 = 1; \quad 0 \leqq (\varphi_0, \varphi_1) \leqq 2\pi$$

definieren. E_{012} zerlegt den der dreidimensionalen Kugel homöomorphen Umfang von E_0 in die durch

$$z_0 = 1, \quad z_1 = e^{i\varphi_1}, \quad z_2 = r_2 e^{i\varphi_2}; \quad 0 \leqq (\varphi_1, \varphi_2) \leqq 2\pi; \quad 0 \leqq r_2 \leqq 1;$$
$$z_0 = 1, \quad z_1 = r_1 e^{i\varphi_1}, \quad z_2 = e^{i\varphi_2}; \quad 0 \leqq (\varphi_1, \varphi_2) \leqq 2\pi; \quad 0 \leqq r_1 \leqq 1$$

bestimmten Mannigfaltigkeiten E_{01} und E_{02}, deren jede dem Produkt aus Kreis und Kreisscheibe, also einem gewöhnlichen Torusraum homöomorph ist; analog werden die Umfänge von E_1 und E_2 durch E_{012} in die Torusräume E_{12} und E_{10} bzw. E_{20} und E_{21} zerlegt. Wir zerlegen nun zunächst E_{012} in ein unsere Forderungen erfüllendes System zweidimensionaler Elemente, indem wir z. B. die zwölf geschlossenen Kurven

$$\left.\begin{array}{lll} z_0 = 1, & z_1 = e^{i\frac{k\pi}{2}}, & z_2 = e^{i\varphi_2}; \\ z_0 = e^{i\varphi_0}, & z_1 = 1, & z_2 = e^{i\frac{k\pi}{2}}; \\ z_0 = e^{i\frac{k\pi}{2}}, & z_1 = e^{i\varphi_1}, & z_2 = 1 \end{array}\right\} \quad 0 \leqq (\varphi_1, \varphi_2, \varphi_3) \leqq 2\pi; \quad k = 0, 1, 2, 3$$

ziehen, die auf E_{012} ein Netz von 32 krummlinigen Dreiecken bilden. Jetzt zerlegen wir E_{01} durch die 4 zweidimensionalen Elementarmannigfaltigkeiten F^a $(a = 1, 2, 3, 4)$:

$$z_0 = 1, \quad z_1 = e^{i\frac{k\pi}{2}}, \quad z_2 = r_2 e^{i\varphi_2}; \quad 0 \leqq \varphi_2 \leqq 2\pi; \quad 0 \leqq r_2 \leqq 1; \quad k = 0, 1, 2, 3$$

in 4 dreidimensionale Elemente E_{01}^b $(b = 1, 2, 3, 4)$; der Umfang jedes E_{01}^b wird gebildet von 2 der F^a, sowie einem Viertel von E_{012}, und dieses Viertel setzt sich aus Elementen der vorgenommenen Einteilung von E_{012} zusammen, da seine beiden Ränder selbst Netzkurven sind. In jeder der beiden das betrachtete E_{01}^b begrenzenden F^a ziehen wir die 4 durch

$$z_2 = r_2 e^{i\frac{k\pi}{2}}; \quad 0 \leqq r_2 \leqq 1; \quad k = 0, 1, 2, 3$$

definierten Kurven; sie gehen von demselben Punkt von F^a aus und enden in den 4 auf dem Rand von F^a liegenden Eckpunkten der Einteilung von E_{012}. Auf diese Weise ist der Umfang von E_{01}^b einer Zerlegung der gewünschten Art unterzogen, die in dem E_{012} angehörigen Teil mit der dort bereits vorhandenen Zerlegung übereinstimmt. Diese Zerlegung des Umfanges von E_{01}^b erweitern wir zu einer Zerlegung des Elementes E_{01}^b selbst, indem wir von einem inneren Punkt aus diejenigen Kurven nach den Seiten- und Eckpunkten der Umfangszerlegung ziehen, die bei der topologischen Abbildung von E_{01}^b auf das Innere einer zweidimensionalen Kugel den Geraden entsprechen. Indem wir so mit allen vier E_{01}^b verfahren, teilen wir ganz E_{01} in der geforderten Art in Elemente ein, und dasselbe machen wir mit E_{12} und E_{02}. Erweitern wir die nunmehr vorliegende Zerlegung der Umfänge von E_0, E_1, E_2 in der geschilderten Weise auf E_0, E_1, E_2 selbst, so erhalten wir eine Zerlegung von Z_2, die allen gestellten Anforderungen genügt.

Die Eigenschaft der so mit Z_r vorgenommenen Zerlegung, daß jede Mannigfaltigkeit $E_{\varrho_1,\ldots,\varrho_s}$ ganz aus Elementseiten besteht, läßt sich auch so ausdrücken: Entweder gehört kein innerer Punkt einer vorgelegten Elementseite oder es gehört die ganze Elementseite zu E_ϱ. Dies berechtigt uns, die Gesamtheit aller die Zerlegung hervorrufenden Elemente beliebiger Dimensionenzahl (d. h. Ecken, ν-dimensionalen Seiten, $2r$-dimensionalen Elemente) in $r+1$ Komplexe K_s $(s=1,\ldots,r+1)$ einzuteilen, die dadurch bestimmt sind, daß K_s diejenigen Elemente e_s enthält, welche genau s der E_ϱ angehören. K_s habe die Charakteristik $k(K_s)=\beta_s$, d. h. es sei $\beta_s=\sum_{\nu=0}^{2r}(-1)^\nu\alpha_\nu^{(s)}$, wobei die Anzahl der K_s angehörigen ν-dimensionalen Elemente mit $\alpha_\nu^{(s)}$ bezeichnet ist. Wir bestimmen β_m zunächst für $m\geqq 2$: $E_{\varrho_1,\ldots,\varrho_s}$ hat als Produktmannigfaltigkeit mit einem Kreis als Faktor die Charakteristik $k(E_{\varrho_1,\ldots,\varrho_s})=0$, da die Charakteristik eines Produktes gleich dem Produkt der Charakteristiken der Faktoren ist[16]), und der Kreis die Charakteristik 0 hat[19]). Es ist also $S_s=0$, wenn man $S_s=\Sigma\, k(E_{\varrho_1,\ldots,\varrho_s})$ setzt, wobei die Summe über alle die E zu erstrecken ist, die s Indizes haben; ein K_m angehöriges Element, das in $E_{\lambda_1,\ldots,\lambda_m}$ liegt, kommt in allen den $E_{\varrho_1,\ldots,\varrho_s}$ vor, deren Indizes unter den $\lambda_1,\ldots,\lambda_m$ enthalten sind, es wird bei der Bildung von S_s daher genau $\binom{m}{s}$ mal gezählt. Mithin bestehen die Relationen

$$S_s=\sum_{m=1}^{r+1}\binom{m}{s}\beta_m=0 \qquad [s=2,\ldots,r+1],$$

[19]) Für ein Produkt mit einem Kreis als Faktor ergibt sich das Verschwinden der Charakteristik auch ohne den im Text benutzten Steinitzschen Satz daraus, daß eine solche Mannigfaltigkeit zweifacher unverzweigter Überlagerungsraum von sich selbst ist; denn dann folgt: $k(\mu)=2k(\mu)$, $k(\mu)=0$.

die sich, da $\binom{m}{s} = 0$ für $m < s$ ist, in der Form schreiben lassen:

$$\sum_{m=s}^{r+1} \binom{m}{s} \beta_m = 0 \qquad [s = 2, \ldots, r+1].$$

Die Determinante dieses Gleichungssystems ist 1, da in der Hauptdiagonale lauter Einsen, unter ihr lauter Nullen stehen; mithin ist $\beta_m = 0$ für $m \geqq 2$. Für $s = 1$ lautet die entsprechende Gleichung

$$S_1 = \sum_{\varrho=0}^{r} k(E_\varrho) = \sum_{m=1}^{r+1} m\beta_m = \beta_1,$$

und da E_ϱ als Element die Charakteristik 1 hat, ist $\beta_1 = r + 1$. — Die Charakteristik von Z_r ist daher

$$\underline{k(Z_r)} = \sum_{s=1}^{r+1} k(K_s) = \sum_{s=1}^{r+1} \beta_s = \underline{r+1}, \qquad \text{w. z. b. w.}^{20)}$$

Z_r ist *einfach zusammenhängend*; denn für $r = 1$ ist dies bekannt, und wir brauchen daher nur den einfachen Zusammenhang von Z_r nachzuweisen, wenn wir ihn von Z_{r-1} schon kennen: ist eine geschlossene Kurve $z_0(t), \ldots, z_r(t)$ gegeben, so können wir ohne Beschränkung der Allgemeinheit annehmen, daß der Punkt $0, 0, \ldots, 0, 1$ nicht auf ihr liegt; die Punkte $z_0(t), \ldots, z_{r-1}(t), \lambda z_r(t)$ bilden daher für jedes λ, auch für $\lambda = 0$, eine geschlossene Kurve. Läuft λ von 1 bis 0, so wird die gegebene Kurve K_1 stetig in die Kurve K_0: $z_0(t), \ldots, z_{r-1}(t), 0$ transformiert; diese gehört dem durch die Gleichung $z_r = 0$ definierten Gebilde an, das homöomorph mit Z_{r-1} ist. Da Z_{r-1} als einfach zusammenhängend angenommen wird, läßt sich K_0 in dem Gebilde $z_r = 0$ stetig auf einen Punkt zusammenziehen, womit die Deformation von K_1 auf einen Punkt vollendet ist.

Aus dem einfachen Zusammenhang geht hervor, daß Z_r *zweiseitig* ist.

Z_r läßt eine eindeutige und stetige, die Identität enthaltende Deformation

$$P' = f(P; t); \qquad 0 \leqq t \leqq 1; \qquad f(P, 0) = P$$

---

[20]) Herr H. Künneth teilte mir brieflich mit, daß er die Bettischen Zahlen von Z_2 bestimmt und $P_1 = P_3 = 1$, $P_2 = 2$ gefunden hat; hieraus folgt für die Charakteristik $k(Z_2)$ nach der Formel $k = \sum_{i=0}^{n} P_i(-1)^i + \frac{1}{2}(1 + (-1)^n)$ (s. Tietze, Die topologischen Invarianten ..., Wiener Monatshefte **19** (1908), S. 48) unter Berücksichtigung von $P_0 = P_n = 1$ (Tietze, l. c., S. 35, Fußn. 5) in Übereinstimmung mit unserem Ergebnis: $k(Z_2) = 3$.

zu, welche $r+1$ von t unabhängige *Zentren*, im übrigen für $t>0$ aber keinen Fixpunkt besitzt.

Denn bei der Deformation

$$z'_\varrho(z_0, \ldots, z_r; t) = e^{\frac{\varrho t}{r+1}\cdot 2\pi i}\cdot z_\varrho \quad [\varrho = 0, \ldots, r],\ [0 < t \leqq 1]$$

bleiben die $r+1$ durch

$$1, 0, \ldots, 0; \quad 0, 1, 0, \ldots, 0; \quad \ldots; \quad 0, 0, \ldots, 0, 1$$

definierten Punkte fest; sie sind Zentren, da jedes E_ϱ in sich deformiert wird und genau einen dieser Punkte im Innern enthält. Andere Fixpunkte treten aber nicht auf; denn für einen solchen gäbe es zwei Indizes $\varrho_1 > \varrho_2$ mit

$$z_{\varrho_1} \neq 0,\ z_{\varrho_2} \neq 0,\ z'_{\varrho_1} : z'_{\varrho_2} = z_{\varrho_1} : z_{\varrho_2}, \quad \text{also} \quad e^{\frac{\varrho_1 t}{r+1} 2\pi i} = e^{\frac{\varrho_2 t}{r+1}\cdot 2\pi i},$$

$$\frac{(\varrho_1 - \varrho_2)\,t}{r+1}\cdot 2\pi = 2k\pi \geqq 2\pi, \quad (\varrho_1 - \varrho_2)\,t \geqq r+1,$$

während doch $0 < \varrho_1 - \varrho_2 \leqq r,\ 0 < t \leqq 1$, also $(\varrho_1 - \varrho_2)\,t \leqq r$ ist.

(Eingegangen am 7. 3. 1925.)

3.

Abbildungen geschlossener Mannigfaltigkeiten auf Kugeln in n-Dimensionen

Jahresbericht der DMV **34** (1925), 130–133

2. H. Hopf, Berlin: „Abbildung geschlossener Mannigfaltigkeiten auf Kugeln in n Dimensionen"

Die Gegenstände dieses Vortrages schließen sich an Brouwers Untersuchungen der Abbildung von Mannigfaltigkeiten[1]) an. Bei diesen handelt es sich um eindeutige und stetige Abbildungen einer n-dimensionalen geschlossenen, orientierten Mannigfaltigkeit M^n auf eine andere n-dimensionale Mannigfaltigkeit $\overline{M}^n$. Im Folgenden steht der Spezialfall im Vordergrund, daß $\overline{M}^n$ eine Kugel S^n ist. Diese Spezialisierung gestattet, gewisse Sätze auszusprechen, die im allgemeinen Fall nicht gelten, und ist wichtig für Anwendungen, in denen S^n die „Richtungskugel" des $(n+1)$-dimensionalen euklidischen Raumes ist.

G und G' seien 2 mit euklidischen Koordinatensystemen versehene n-dimensionale Gebiete, f_1, f_2 2 eindeutige stetige Abbildungen von G auf Punktmengen von G'; der Punkt A von G sei ein *„isolierter Übereinstimmungspunkt"* von f_1 und f_2, d. h. die in seiner Umgebung einzige Lösung der Gleichung $f_1(P) = f_2(P)$. Als zugehöriger *„Übereinstimmungsindex"* wird der Grad derjenigen Abbildung einer A umgebenden $(n-1)$ dimensionalen Kugel k auf die Richtungskugel von G' bezeichnet, die durch die zu den Punkten P von k gehörigen, von $f_1(P)$ nach $f_2(P)$ weisenden Vektoren vermittelt wird. Unter Zugrundelegung dieser Verallgemeinerung der Begriffe des „Fixpunktes" und seines „Index" wird durch Modifikation der von Brouwer beim Beweis seines Fixpunktsatzes für die n-dimensionalen Kugeln angestellten Betrachtungen[1]) folgende Verallgemeinerung dieses Satzes bewiesen:

---

1) Brouwer, Über Abbildung von Mannigfaltigkeiten, Math. Ann. 71.

(1) Wird die zweiseitige, geschlossene, n-dimensionale Mannigfaltigkeit M^n 2 Abbildungen f_1, f_2 von den Graden γ_1, γ_2 auf die n-dimensionale Kugel S^n unterworfen, so ist, vorausgesetzt, daß f_1 und f_2 höchstens endlich viele Übereinstimmungspunkte besitzen, die Summe der zugehörigen Indizes gleich $(-1)^n\gamma_1 + \gamma_2$.

Dieser Satz spielt eine wesentliche Rolle bei den im Folgenden skizzierten Untersuchungen.

Die erste von diesen beschäftigt sich mit der Frage, wann zwei Abbildungen einer M^n auf eine andere $\overline{M}^n$ zur selben „Klasse" gehören, d. h. wann sie sich durch stetige Abänderung ineinander überführen lassen. Notwendig hierfür ist[1]) die Gleichheit der beiden Gradzahlen, und diese ist, wie Brouwer gezeigt hat[2]), auch hinreichend, falls $n = 2$ und $\overline{M}^n$ die Kugel ist. Dieses Brouwersche Resultat wird, ohne daß es benutzt wird, durch Schluß von $n-1$ auf n Dimensionen und unter Verwendung von (1) zu folgendem Satz verallgemeinert:

(2) Haben zwei Abbildungen von M^n auf die Kugel S^n gleichen Grad, so gehören sie zu derselben Klasse.

Ein Spezialfall von (2) enthält die

(3) Lösbarkeit der *„Randwertaufgabe"*: auf dem Rande U^{n-1} des dem n-dimensionalen euklidischen Raum angehörigen Elements E^n ist eine stetige n dimensionale Vektorverteilung V gegeben, die eine Abbildung des Grades 0 von U^{n-1} auf die Richtungskugel vermittelt; man soll V zu einer in ganz E^n stetigen Vektorverteilung ergänzen.

(3) findet eine Anwendung bei der Behandlung der nächsten Problemstellung.

Bei dieser handelt es sich um die Ausdehnung des Satzes von Poincaré, daß die Summe der Indizes der Singularitäten eines an eine geschlossene Fläche tangentialen, in höchstens endlich vielen Punkten unstetigen Vektorfeldes eine topologische Invariante der Fläche ist[3]), auf beliebige M^n. Für die Kugeln S^n ist der entsprechende Satz von Brouwer bewiesen[1]), für alle M^n wird er von Hadamard[4]) ohne nähere Beweisangabe ausgesprochen. Unter der Annahme, daß M^n derart mit Koordinaten versehen ist, daß man von „Vektoren in M^n" — die, falls M^n in einen Raum höherer Dimensionenzahl regulär eingebettet ist, Tangentialvektoren sind — reden kann, wird unter Benutzung von (1) gezeigt:

(4) Die Summe der Indizes der Singularitäten jedes in M^n überall bis auf höchstens endlich viele Ausnahmepunkte stetigen Vektorfeldes ist gleich der Eulerschen Charakteristik von M^n.

Beim Beweis wird ein Schluß von $n-1$ auf n Dimensionen gemacht; dabei ist das $(n-1)$-dimensionale Gebilde, auf das man im Verlauf der

---

2) Brouwer, Over één-éénduidige continue transformaties . . ., Amst. Akad. Versl. 21, (1913).

3) Poincaré, Sur les courbes définies par les équations différentielles, 3. partie, chap. 13, Journ. de Math. (4) I (1885).

4) Hadamard, Note sur quelques applications de l'indice de Kronecker, abgedruckt in Tannery, Introduction à la théorie des fonctions II, 2. éd. (1910).

Untersuchung von M^n zurückzugehen hat, aber keine „Mannigfaltigkeit" mehr, sondern ein „Komplex". Dieser Umstand macht, da man in Komplexen nicht von Stetigkeit einer Vektorverteilung im gewöhnlichen Sinne reden kann, die Einführung eines neuen Begriffs notwendig, des Begriffs des „*komplexstetigen* Vektorfeldes". — Satz (4) läßt sich so wenden, daß in ihm, ohne daß über Koordinatensysteme in M^n eine Annahme gemacht wird, der *Fixpunktsatz* enthalten ist:

(5) Jede „hinreichend kleine" Transformation einer M^n mit von 0 verschiedener Eulerscher Charakteristik in sich besitzt mindestens einen Fixpunkt.

Auf Grund der Lösbarkeit der Randwertaufgabe (3) läßt sich (5) umkehren in:

(6) Jede M^n, deren Charakteristik 0 ist, also insbesondere jede geschlossene unberandete Mannigfaltigkeit ungerader Dimensionenzahl, gestattet „beliebig kleine" fixpunktfreie Transformationen in sich.

Ein analoger Satz gilt über die Anbringung von singularitätenfreien Vektorfeldern. — Die Sätze (4), (5), (6) behalten im wesentlichen ihre Gültigkeit, auch wenn M^n eine *berandete* Mannigfaltigkeit ist; so hat man bei Satz (4) nur zu beachten, daß die Randvektoren ins Innere von M^n gerichtet sein müssen, und ferner ist dann bei ungeradem n die Indexsumme entgegengesetzt gleich der Charakteristik.

Aus dem so modifizierten Satz (4) folgt nun leicht folgende Tatsache: Die Jordansche Hyperfläche M^n begrenze im $(n+1)$-dimensionalen euklidischen Raum R^{n+1} eine M^{n+1}; in M^{n+1} sei eine Vektorverteilung V gegeben, die auf M^n keine, in M^{n+1} höchstens endlich viele Unstetigkeitsstellen besitzt und auf M^n überall ins Äußere von M^{n+1} gerichtet ist. Dann ist die Charakteristik von M^{n+1} gleich der Summe der Indizes der Singularitäten von V, und diese Summe ist gleich dem Grade der durch V vermittelten Abbildung von M^n auf die Richtungskugel. Dieser Abbildungsgrad aber ist bei Zugrundelegung der Gaußchen Definition des Krümmungsmaßes vermittels der Normalenabbildung bis auf einen konstanten Faktor, der gleich der Oberfläche der n-dimensionalen Einheitskugel ist und den wir vernachlässigen wollen, die „*Curvatura integra*" von M^n. Es gilt also der Satz:

(7) Die Curvatura integra einer n-dimensionalen Jordanschen Hyperfläche im R^{n+1}, die eine M^{n+1} begrenzt, ist gleich der Charakteristik von M^{n+1}.

Nun entspricht es aber nicht dem Wesen der Curvatura integra, wenn man sich bei ihrer Untersuchung auf *Jordansche* Hyperflächen beschränkt, vielmehr sind alle die geschlossenen Hyperflächen zu betrachten, auf denen man in üblicher Weise Differentialgeometrie treiben kann. Wir definieren daher: eine Punktmenge m des R^{n+1} heißt ein „*Modell*" von M^n, wenn M^n eindeutig und stetig so auf m bezogen ist, daß diese Abbildung in der Umgebung jedes Punktes eineindeutig ist. Wir betrachten nun Modelle m von M^n, die Hyperflächen sind, d. h. bei denen es zu jedem Punkt P von M^n einen sich mit P stetig ändernden ebenen Tangentialraum an m gibt, und fragen, ob der für $n = 2$ gültige Satz, daß die Curvatura integra aller Modelle von M^n eine topologische Invariante von M^n ist[5]), auch für höhere n gilt. Mit Hilfe von (7) beweist man leicht:

(8) Für *ungerades* n ist die Curvatura integra der Modelle von M^n *keine* Invariante von M^n, für ungerades $n \geqq 3$ nicht einmal bei Beschränkung auf Jordansche Modelle.

Dagegen zeigt man unter wesentlicher Benutzung von (1):

(9) Ist n *gerade*, so ist die Curvatura integra der Modelle von M^n eine Invariante von M^n,

und mit Hilfe von (4) folgt:

(9a) Diese Invariante ist die halbe Charakteristik von M^n.

Aus (9a) läßt sich nun noch eine Folgerung ziehen: Da die Curvatura integra als Abbildungsgrad eine ganze Zahl ist, muß jede zweiseitige M^n, die eine Hyperfläche im R^{n+1} als Modell besitzt, eine *gerade* Charakteristik haben. Auf Grund dieser Tatsache wird bewiesen:

(10) Es gibt M^n, die keine Hyperfläche im R^{n+1} als Modell besitzen, auch nicht unter Zulassung von Selbstdurchdringungen; ein Beispiel einer solchen M^n ist die komplexe projektive Ebene.

Diese 4-dimensionale Mannigfaltigkeit ist geschlossen, einfach zusammenhängend, also zweiseitig, und hat die Charakteristik $+3$, was man am einfachsten mit Hilfe von Satz (4) erkennt. —

Ausführliche Darstellung erscheint in den Math. Ann. in 3 Abhandlungen: „Über die Curvatura integra geschlossener Hyperflächen" [(1), (8), (9), (10)]; „Abbildungsklassen n-dimensionaler Mannigfaltigkeiten" [(2), (3)]; „Vektorfelder in n-dimensionalen Mannigfaltigkeiten" [(4), (5), (6), (7), (9a)].

5) Siehe z. B. Blaschke, Vorles. über Diff.-Geom. I (1921), § 64.
1) Ann. di matem. pura ed appl. 3 (1899), S. 27 und 95.
2) Math. Zeitschr. 4 (1919), S. 306.
3) Math. Ann. 81 (1920), S 64. Dissertation des Verfassers. Bonn 1922. Die oben mitgeteilten Resultate sind noch allgemeiner als die vom Verfasser in der Dissertation erreichten.

4.

Die Curvatura integra Clifford–Kleinscher Raumformen

Nachr. Ges. der Wissenschaften zu Göttingen, Math.-phys. Klasse (1925), 131–141

Vorgelegt durch R. Courant in der Sitzung vom 18. Dezember 1925.

Eine Maßbestimmung ist durch die Angabe ihres Linienelements nicht eindeutig definiert. Zwei Geometrien, die sich „im Kleinen" längentreu aufeinander abbilden lassen, können sich in ihrem *Gesamtverlauf* durchaus voneinander unterscheiden; insbesondere brauchen die sie tragenden *Mannigfaltigkeiten* vom Standpunkte der Topologie aus nicht äquivalent zu sein. Jedoch ist es andererseits im allgemeinen nicht möglich, in einer willkürlich topologisch gegebenen Mannigfaltigkeit eine singularitätenfreie Maßbestimmung mit vorgeschriebenem Linienelement einzuführen; es werden vielmehr gewisse Bedingungen erfüllt sein müssen, die den *Zusammenhang zwischen der Differentialgeometrie und der Topologie eines Gebildes* regeln.

Die einfachsten Fälle, an denen man derartige Beziehungen studieren kann, sind die *Clifford-Kleinschen Raumformen* [1]), also diejenigen Geometrien, deren Maßbestimmungen in der Umgebung jedes Punktes euklidisch, elliptisch oder hyperbolisch sind. Klein hat bemerkt, daß — im Gegensatz zu höheren Dimensionenzahlen — *jede* zweidimensionale unberandete Fläche geeignet ist, eine derartige Geometrie zu tragen; wenn man sich auf *geschlossene* Flächen beschränkt, so besteht nun der oben gekennzeichnete Zusammenhang zwischen Topologie und Metrik darin, *daß das Krümmungsmaß der Geometrie dasselbe Vorzeichen besitzt wie die Eulersche Charakteristik der Fläche*, daß also die Raumform euklidisch, elliptisch oder hyperbolisch ist, je nachdem die Charakteristik gleich 0, positiv oder negativ ist. Dabei verstehen wir, wie üblich, unter

1) Literaturangaben und Einzelheiten findet man z. B. in meiner Arbeit „Zum Clifford-Kleinschen Raumproblem" (Math. Ann. 95). Dort werden auch zu der oben genannten Problemstellung einige Beiträge geliefert.

der Eulerschen Charakteristik einer geschlossenen n-dimensionalen Mannigfaltigkeit die Zahl $\sum_{\nu=0}^{n} (-1)^{\nu} . \alpha^{(\nu)}$, wenn die $\alpha^{(\nu)}$ die Anzahlen der bei einer beliebigen simplizialen Zerlegung der Mannigfaltigkeit auftretenden ν-dimensionalen Simplexe bezeichnen.

Im Folgenden wird nun ein ähnlicher Zusammenhang zwischen der Krümmung und der Charakteristik von geschlossenen Clifford-Kleinschen Raumformen höherer Dimensionenzahlen festgestellt werden. Da eine geschlossene n-dimensionale Mannigfaltigkeit ungerader Dimensionenzahl stets die Charakteristik 0 hat[1]), kann es sich dabei nur um gerade n handeln. Die behauptete Beziehung lautet:

Satz I: *Die Charakteristik einer geschlossenen Clifford-Kleinschen Raumform gerader Dimensionenzahl n ist bei euklidischer oder elliptischer Maßbestimmung gleich 0 bezw. positiv; im hyperbolischen Falle ist sie negativ oder positiv, je nachdem $n = 4m + 2$ oder $n = 4m$ ist.*

Für die elliptischen Raumformen ist diese Aussage bekannt; denn bei jedem geraden n sind die einzigen möglichen Fälle der sphärische sowie der elliptische Raum selbst[2]); deren Charakteristiken sind $+2$ und $+1$.

Zum *Beweise* von Satz I benutzen wir ein Hilfsmittel, das auch bei allgemeineren als den Clifford-Kleinschen Geometrien geeignet ist, zur Beantwortung der anfangs aufgeworfenen Frage nach dem Zusammenhange differentialgeometrischer und topologischer Eigenschaften eines Gebildes beizutragen; es besteht in der Bestimmung der *Curvatura integra*, d. h. des über die ganze Mannigfaltigkeit erstreckten Integrals des Krümmungsmaßes.

Für $n = 2$ ist die Curvatura integra einer Fläche erschöpfend untersucht worden[3]): Ist auf einer unberandeten Fläche vom Geschlecht p irgendeine *singularitätenfreie Maßbestimmung* definiert, so ist

$$\iint K d\omega = (1-p) . 4\pi; \tag{1}$$

dabei bezeichnet K das — mit dem Ort veränderliche — Gaußsche Krümmungsmaß, $d\omega$ das Flächenelement, und das Integral ist über

1) S. z. B. Tietze, Die topologischen Invarianten mehrdimensionaler Mannigfaltigkeiten (Monatshefte für Math. und Phys. XIX. Wien 1908), Seite 48.

2) Killing, Über die Clifford-Kleinschen Raumformen, § 4 (Math. Ann. 39); s. auch die auf S. 131, Anm. 1 genannte Arbeit.

3) S. z. B. Blaschke, Vorlesungen über Differential-Geometrie I, §§ 63, 64.

die ganze Fläche zu erstrecken. Es ist ersichtlich, daß in diesem Satz eine Aussage über die erwähnten Zusammenhänge enthalten ist. Im Hinblick auf später vorkommende Analogien ist es gut, an seinen Beweis zu erinnern; er beruht auf der „Integralformel von Gauß-Bonnet"

$$\iint K\,d\omega + \int \frac{ds}{\varrho} = 2\pi, \tag{2}$$

in der das Doppelintegral über ein einfach zusammenhängendes Flächenstück, das Kurvenintegral über dessen Randkurve zu erstrecken ist, deren Bogenelement und geodätische Krümmung mit ds bezw. $\frac{1}{\varrho}$ bezeichnet sind. Besteht der Rand aus einem von m Bögen b_i gebildeten Polygon und sind $2\pi\beta_i$ $[i = 1, 2, \ldots, m]$ dessen Außenwinkel, so folgt aus der Definition von ϱ, daß (2) die Gestalt annimmt:

$$\frac{1}{2\pi}\iint K\,d\omega + \frac{1}{2\pi}\sum_i \int_{b_i} \frac{ds}{\varrho} + \sum_i \beta_i = 1. \tag{2a}$$

Sind $\gamma_i . 2\pi$ die Innenwinkel, ist also $\beta_i = \frac{1}{2} - \gamma_i$, so folgt aus (2a):

$$\frac{1}{2\pi}\iint K\,d\omega + \frac{1}{2\pi}\sum_i \int_{b_i} \frac{ds}{\varrho} = \sum_i \gamma_i - \frac{m}{2} + 1. \tag{2b}$$

Zerlegt man nun die ganze Fläche in derartige Polygone, so liefert die Addition der zugehörigen Gleichungen (2b) die Formel (1), wenn man berücksichtigt, daß die Charakteristik der Fläche den Wert $2 - 2p$ hat.

Für höhere Dimensionenzahlen ist weder eine Verallgemeinerung der Formel von Gauß-Bonnet bekannt, noch ist die Curvatura integra einer Mannigfaltigkeit in einer annähernd so erschöpfenden Weise behandelt worden. Lediglich für den Spezialfall, daß die betrachtete n-dimensionale Mannigfaltigkeit M^n *in den* $(n+1)$*-dimensionalen euklidischen Raum eingebettet und mit der ihr dadurch auferlegten Maßbestimmung behaftet* ist, konnte ich — auf ganz andern Wege, nämlich nicht mit differentialgeometrischen, sondern mit rein topologischen Hilfsmitteln — die Frage nach der Curvatura integra beantworten[1]); es zeigte sich, daß diese, falls n *gerade* ist, gleich der mit dem Oberflächeninhalt der n-dimensionalen Einheitskugel multiplizierten *halben Charakteristik* von M^n

1) Über die Curvatura integra geschlossener Hyperflächen (Math. Ann. 95) und: Vektorfelder in n-dimensionalen Mannigfaltigkeiten (erscheint in den Math. Ann.).

ist — ganz wie im Falle $n = 2$; dagegen ist sie bei ungeradem n *keine* topologische Invariante von M^n. Bei dieser Untersuchung ist der Integrand K das „Gauß-Kroneckersche Krümmungsmaß", das durch die sphärische Abbildung vermittels der Normalen nach der von Gauß für $n = 2$ angegebenen Methode zu bestimmen ist. Sind $R_1, R_2, \ldots, R_n$ die „Hauptkrümmungsradien", so ist[1])

$$K = \frac{1}{R_1 \cdot R_2 \cdot \ldots \cdot R_n}. \tag{3}$$

Im Folgenden werden wir nun bei der Bestimmung der Curvatura integra Clifford-Kleinscher Raumformen ein ganz analoges Resultat erhalten. Den Integranden K wählen wir im Anschluß an (3): auf einer n-dimensionalen Kugel ist

$$K = \frac{1}{R^n}, \tag{3a}$$

und wir definieren ihn ebenso für jede euklidische oder nichteuklidische Maßbestimmung mit dem konstanten Krümmungsradius R. Führen wir dann das „Riemannsche Krümmungsmaß" $k = \frac{1}{R^2}$ ein, das positiv, null oder negativ ist, je nachdem eine elliptische, euklidische oder hyperbolische Geometrie vorliegt, so haben wir

$$K = k^{\frac{n}{2}} \tag{3b}$$

zu integrieren, um die „Curvatura integra" zu erhalten. Dann gilt

Satz II: *Die Curvatura integra einer geschlossenen Clifford-Kleinschen Raumform gerader Dimensionenzahl n ist gleich der mit dem Oberflächeninhalt c_n der n-dimensionalen Einheitskugel multiplizierten Hälfte ihrer Charakteristik.*

Dieser Satz, der für $n = 2$ in der Formel (1) enthalten ist und für höhere n in Parallele zu dem erwähnten Ergebnis über Hyperflächen steht, enthält — unter Berücksichtigung des Vorzeichens von k — den Satz I. Wir haben also den Satz II zu beweisen.

Der Beweis knüpft an die Formel von Gauß-Bonnet an. Denn obwohl, wie schon erwähnt, eine Verallgemeinerung dieser Formel auf mehrdimensionale Räume nicht bekannt ist, ist eine solche Ausdehnung gerade für den hier in Frage kommenden Spezialfall *konstanter Krümmung* möglich. In diesem Falle ist — für $k > 0$ —

---

1) Kronecker, Über Systeme von Funktionen mehrer Variabeln (Mon.-Ber. d. Kgl. Pr. Akad. d. Wissensch. zu Berlin 1869), 2. Abhandlung (Sitzung vom 5. August), Seite 695.

die Formel (2b) der Ausdruck des elementargeometrischen Satzes vom *„Exzeß“ eines sphärischen Dreiecks*, der besagt, daß in einem solchen Dreieck der mit dem Quadrat des Kugelradius multiplizierte Überschuß der Winkelsumme über π gleich dem Dreiecksinhalt ist. Dieser Satz nun läßt sich, wie Poincaré gezeigt hat[1]), samt dem für ihn üblichen elementaren Beweis[2]) bei geeigneter Definition der „Winkelsumme“ auf den Fall von n Dimensionen übertragen, wenn n eine gerade Zahl ist; für ungerade n gilt ein anderer Satz, den wir des Vergleichs wegen nebst seinen Konsequenzen nebenher betrachten.

Fassen wir, um mit Poincaré die verallgemeinerte Winkelsumme zu definieren, ein Simplex T^n in einem n-dimensionalen Raum mit konstanter Krümmung ins Auge, das von ebenen Räumen dieser Geometrie begrenzt wird: legt man um einen inneren Punkt eines ν-dimensionalen Randsimplexes T_i^ν $[0 \leqq \nu \leqq n-1]$ eine $(n-1)$-dimensionale Kugel $\varkappa$, die so klein ist, daß sie außer Punkten der T_i^ν enthaltenden Randsimplex keinen Randpunkt von T^n enthält, so liegt ein Teil $\varkappa^*$ von $\varkappa$ im Innern von T^n; das Verhältnis der Oberflächeninhalte von $\varkappa^*$ und $\varkappa$ ist unabhängig von dem Radius von $\varkappa$ sowie von der Wahl des Mittelpunktes auf T_i^ν; es dient als Maß für den „$(n-\nu)$-fachen Winkel“, der von den $n-\nu$ sich in T_i^ν schneidenden $(n-1)$-dimensionalen Randsimplexen $T_1^{n-1}, \ldots, T_{n-\nu}^{n-1}$ gebildet wird und T_i^ν als „Scheitel“ besitzt. Wir nennen es $\gamma_i^{(\nu)}$ und bilden $\sum_i \gamma_i^{(\nu)} = w^{(\nu)}$, wobei die Summe über alle ν-dimensionalen Randsimplexe zu erstrecken ist. Dann definieren wir außerdem $w^{(n)} = 1$ und nennen

$$W = \sum_{\nu=0}^{n} (-1)^\nu . w^{(\nu)}$$

die „verallgemeinerte Winkelsumme“ von T^n. Dabei ist stets $\gamma_i^{(n-1)} = \frac{1}{2}$ und $w^{(n-1)} = \frac{n+1}{2}$; für $n=2$ ist also insbesondere $W = \sum_i \gamma_i^{(0)} - \frac{1}{2}$, wobei $\gamma_i^{(0)} . 2\pi$ die im gewöhnlichen Sinne gemessene Größe des Winkels an der Ecke T_i^0 ist.

Ist nun V das Volumen eines Teilsimplexes T^n der n-dimen-

1) Poincaré, Sur la généralisation d'un théorème élémentaire de Géométrie (Comptes Rendus 1905. I). Die dort bewiesenen Formeln sind allgemeiner, als wir sie hier brauchen. Unsere Bezeichnungen weichen übrigens unwesentlich von denen Poincarés ab.

2) S. z. B. Hessenberg, Ebene und sphärische Trigonometrie (Göschen 1914) § 31.

sionalen Einheitskugel S^n, c_n der Oberflächeninhalt von S^n, W die Winkelsumme von T^n, so beweist Poincaré [1]) durch eine Einteilung von S^n, ganz entsprechend derjenigen, die man beim Beweise des Satzes vom Exzeß eines sphärischen Dreiecks vornimmt [2]), die Relationen

$$(4) \qquad 2V = W.c_n \quad \text{für gerades } n,$$

$$(5) \qquad 0 = W \quad \text{für ungerades } n.$$

Ist der Radius der n-dimensionalen Kugel nicht 1, sondern R, so bleibt (5) unverändert bestehen; aus (4) folgt die etwas allgemeinere Formel

$$\frac{1}{R^n}\cdot 2V = W.c_n,$$

die wir auf Grund von (3a) und (3b) auch schreiben können:

$$(4\text{a}) \qquad \frac{2}{c_n}\cdot k^{\frac{n}{2}}\cdot V = \frac{2}{c_n}\cdot K\cdot V = W.$$

Wir haben nun zu zeigen, daß die für positives $k = \frac{1}{R^2}$ bewiesenen Identitäten (4a) und (5) auch für $k \leqq 0$ bestehen [3]). Dies folgt aus der eindeutigen analytischen Abhängigkeit der Größen V und W von k: die Geometrie mit der konstanten Krümmung k sei jetzt als projektive Maßbestimmung im projektiven Raum P^n mit den Koordinaten $x_1 : x_2 : \ldots : x_{n+1}$ gegeben; als Fundamentalgebilde, von dessen Wahl die Festlegung der Krümmung ja unabhängig ist, wird man aus bekannten Realitätsgründen eine nullteilige, in eine Ebene ausgeartete oder ovale Fläche auszeichnen, je nachdem $k > 0$, $k = 0$ oder $k < 0$ ist, und zwar ist es zweckmäßig, es durch die Gleichung

$$F_k \equiv k(x_1^2 + x_2^2 + \cdots + x_n^2) + x_{n+1}^2 = 0$$

zu definieren. Für alle Punkte mit $x_{n+1} \neq 0$ hat bei Einführung inhomogener Koordinaten $\xi_\nu = \frac{x_\nu}{x_{n+1}}$ das Linienelement bekanntlich die Gestalt

$$ds^2 = \frac{\sum_{\nu=1}^{n} d\xi_\nu^2}{1 + k.\sum_{\nu=1}^{n}\xi_\nu^2} - k\left(\frac{\sum_{\nu=1}^{n}\xi_\nu d\xi_\nu}{1 + k.\sum_{\nu=1}^{n}\xi_\nu^2}\right)^2,$$

1) S. Anm. 1 auf voriger Seite. 2) S. Anm. 2 auf voriger Seite.
3) Für $k = 0$ sind sie von Poincaré durch Grenzübergang bewiesen.

seine Koeffizienten sind also jedenfalls eindeutige analytische Funktionen von k.

T^n sei ein festes Simplex im P^n; es ist in jeder unserer zu den verschiedenen k gehörigen Geometrien von ebenen Räumen begrenzt. Wir nehmen an, daß es mit der Ebene $x_{n+1} = 0$ keinen Punkt gemeinsam hat. Dann sind die zu T^n gehörigen Größen V, $\gamma_i^{(\nu)}$ und mithin auch W für alle k durch Integrale mit festen Integrationsgebieten gegeben, deren Integranden, und die daher auch selbst reelle analytische Funktionen der Koeffizienten von ds^2, also von k sind; ist

$$V = \varphi(k), \qquad W = \psi(k),$$

so folgen, da (4a) und (5) für alle reellen $k > 0$ gelten, die analytischen Identitäten

$$(6) \qquad \frac{2}{c_n} \cdot k^{\frac{n}{2}} \cdot \varphi(k) = \psi(k) \quad \text{für gerades } n,$$

$$(7) \qquad 0 = \psi(k) \quad \text{für ungerades } n.$$

Nun sind aber $\varphi(k)$ und $\psi(k)$ keine *eindeutigen* analytischen Funktionen von k; $\varphi(k)$ ist das über das Innere von T^n erstreckte Integral der Quadratwurzel aus der Determinante der quadratischen Form ds^2, und die einzelnen Glieder von $\psi(k)$ sind nach ihrer Definition ähnlich gebildet. Unter dem Volumen V und den Winkeln $\gamma_i^{(\nu)}$ verstehen wir immer die positiven Werte der Integrale; haben wir dies festgesetzt, so können wir zunächst nicht wissen, ob aus (6) und (7) für $k \leqq 0$ nicht z. B. an Stelle von (4a) die Relation

$$-\frac{2}{c_n} \cdot k^{\frac{n}{2}} \cdot V = W$$

folgt [1]). Um zu erkennen, daß derartiges nicht eintreten kann, sondern daß die Gleichungen (4a) und (5) immer richtig sind, betrachten wir unsere speziell gewählte Fundamentalfläche.

Für $k < 0$ ist sie eine „ovale Fläche"; ihr Inneres, das allein der Schauplatz der zugehörigen hyperbolischen Geometrie ist, ist durch $F_k > 0$ gekennzeichnet. Ist $k_1 > k_0$, so liegt daher die Fläche F_{k_0} im Innern der Fläche F_{k_1}; für $k = 0$ fällt das Gebilde mit der unendlich fernen Ebene $x_{n+1} = 0$ zusammen, für $k > 0$

1) Zunächst liegt sogar die Vermutung nicht ganz fern, daß dies für alle durch 4 teilbaren n so sei; dann hätte nämlich für alle geraden n W dasselbe Vorzeichen wie k. Tatsächlich haben diese Größen aber entgegengesetzte Vorzeichen, wenn n durch 4 teilbar und $k < 0$ ist.

besitzt es keinen reellen Punkt. Daraus folgt: haben wir T^n für ein bestimmtes $k_0 \leqq 0$ zu untersuchen und lassen wir k von positiven Werten her bis k_0 abnehmen, so liegt T^n, da wir es von vornherein als im Innern von F_{k_0} gelegen annehmen müssen, während dieses ganzen Vorganges stets *im Innern* der jeweiligen Fundamentalfläche, soweit diese überhaupt reelle Punkte besitzt; niemals gibt es daher einen zu T^n gehörigen Punkt, von dem man eine reelle Tangente an die Fläche legen könnte, der also einem „unendlich fernen" oder einem reellen „isotropen" Gebilde angehörte. Nun kann aber ein ν-dimensionales Flächenelement $[1 \leqq \nu \leqq n]$ nur dann einen verschwindenden oder unendlichen Inhalt haben, wenn seine Punkte unendlich fern oder auf isotropen Elementen liegen; mithin sind alle Integranden der Integrale, die die Größen $\gamma_i^{(\nu)}$ und V liefern, für alle $k \geqq k_0$ endlich und von 0 verschieden; keiner von ihnen kann daher, während k bis k_0 sinkt, sein Vorzeichen wechseln. Damit ist bewiesen: die Identitäten (4a) und (5) gelten auch für $k \leqq 0$ in der Weise, daß, wie die geometrische Deutung es verlangt, für die Winkel- und Volumengrößen stets die positiven Vorzeichen zu wählen sind.

Der Inhalt von (4a) und (5) läßt sich folgendermaßen aussprechen:

Satz III: *Ist n gerade, so ist die verallgemeinerte Winkelsumme W eines n-dimensionalen Simplexes in der euklidischen Geometrie stets $= 0$, in der elliptischen Geometrie > 0, und in der hyperbolischen Geometrie < 0 oder > 0, je nachdem $n = 4m+2$ oder $n = 4m$ ist; der Unterschied von 0 ist stets proportional dem Volumen des Simplex; der Proportionalitätsfaktor ist $\frac{2}{c_n}\cdot\frac{1}{R^n}$.*

Ist n ungerade, so ist W in jeder der drei Geometrien stets gleich 0.

Diese Verallgemeinerungen der sogenannten „Legendreschen Sätze" der ebenen Geometrien sind von Dehn[1]) als Vermutung ausgesprochen und für $n \leqq 4$ auf anderm Wege bewiesen worden.

Um jetzt Satz II zu beweisen, zerlegen wir die n-dimensionale Clifford-Kleinsche Raumform M^n in Simplexe $T_1^n, \ldots, T_{\alpha^{(n)}}^n$ und addieren die zugehörigen Winkelsummen W_λ $[\lambda = 1, 2, \ldots, \alpha^{(n)}]$: es ist

$$\sum_\lambda W_\lambda = \sum_\lambda \sum_{\nu=0}^{n} (-1)^\nu w_\lambda^{(\nu)} = \sum_{\nu=0}^{n} (-1)^\nu \cdot \sum_\lambda w_\lambda^{(\nu)}.$$

1) Dehn, Die Eulersche Formel im Zusammenhang mit dem Inhalt in der Nicht-Euklidischen Geometrie (Math. Ann. 61).

Ist $\nu \leqq n-1$, so ist $\sum_\lambda w_\lambda^{(\nu)}$ die Summe *aller* $(n-\nu)$-fachen Winkel aller Teilsimplexe T_λ^n; diejenigen dieser Winkel, die ein bestimmtes, bei der Einteilung von M^n auftretendes, ν-dimensionales Simplex T^ν als Scheitel haben, ergänzen sich zu 1. Ist daher $\alpha^{(\nu)}$ die Anzahl aller T^ν, so ist $\sum_\lambda w_\lambda^{(\nu)} = \alpha^{(\nu)}$; diese Gleichung gilt außerdem nach unserer Festsetzung $w^{(n)} = 1$ auch für $\nu = n$. Mithin ist

$$\sum_\lambda W_\lambda = \sum_{\nu=0}^{n} (-1)^\nu . \alpha^{(\nu)}$$

die *Charakteristik* von M^n. Für ungerades n folgt hieraus nach (5) die bekannte Tatsache, daß diese den Wert 0 hat[1]); für gerades n aber ergibt sich aus (4a), wenn V das Volumen von M^n bezeichnet:

$$\frac{2}{c_n} \cdot K \cdot V = \sum_{\nu=0}^{n} (-1)^\nu \alpha^{(\nu)}. \tag{8}$$

Damit sind die Sätze II und I bewiesen.

Die Poincarésche Formel (4a), aus der sich der Beweis ergab, ist die Verallgemeinerung von (2b), falls wir hier den Spezialfall in Betracht ziehen, daß die Bögen b_i *geodätischen* Linien angehören, (2b) also wegen $\frac{1}{\varrho} = 0$ zu ersetzen ist durch:

$$\frac{1}{2\pi} \int\int K \, d\omega = w - \frac{m}{2} + 1, \tag{2b*}$$

wobei wir mit $2\pi \cdot w = \sum_i \gamma . 2\pi$ die Winkelsumme des Polygons im gewöhnlichen Sinne bezeichnen.

Wir wollen die Analogie zwischen dieser Formel und

$$\frac{2}{c_n} \cdot K \cdot V = W \tag{4a}$$

noch etwas weiter verfolgen. Es sei also n gerade, Q^n sei eine „polyedrische", d. h. aus n-dimensionalen Simplexen zusammengesetzte Teilmannigfaltigkeit des Raumes mit der konstanten Krümmung K, m sei die Anzahl ihrer $(n-1)$-dimensionalen Randsimplexe. Die Winkel $\gamma_i^{(\nu)}$ und die Größen $w^{(\nu)}$ lassen sich für $0 \leqq \nu \leqq n-1$ genau wie bei einem Simplex definieren. Als „ver-

1) S. Anm. 1 auf S. 132.

allgemeinerte *eigentliche* Winkelsumme" führen wir

$$w = \sum_{\nu=0}^{n-2} (-1)^\nu \,.\, w^{(\nu)}$$

ein; für ein Simplex ist also $W = w - \frac{n-1}{2}$. Da der Rand von Q^n aus endlich vielen geschlossenen, unberandeten Mannigfaltigkeiten der ungeraden Dimensionenzahl $n-1$ besteht, ist seine Charakteristik $\chi_R = 0$; wenn χ und χ_J die Charakteristiken von Q^n bezw. des Innengebiets von Q^n sind, ist stets $\chi = \chi_J + \chi_R$, also $\chi = \chi_J$. Durch Addition der für die Teilsimplexe von Q^n gültigen Gleichungen (4a) folgt daher mittels einer Betrachtung, wie sie bei Ableitung der Gleichung (8) angegeben wurde, für Q^n:

$$\frac{2}{c_n} \cdot K \cdot V = w - w^{(n-1)} + \chi_J,$$

$$\frac{2}{c_n} \cdot K \cdot V = w - \frac{m}{2} + \chi \tag{9}$$

in völliger Analogie mit (2b*).

Um nun auch ein Analogon zu der Formel (2a) zu erhalten, die die Gestalt

$$\frac{1}{2\pi} \iint K \, d\omega + v = 1 \tag{2a*}$$

annimmt, wenn wir nur den Fall betrachten, daß die Bögen b_i geodätisch sind, und wenn wir die Summe der Außenwinkel β_i des Polygons v nennen, haben wir die „Außenwinkel" $\beta_i^{(\nu)} = \frac{1}{2} - \gamma_i^{(\nu)}$ von Q^n einzuführen; sie sind ein *Maß dafür, wie stark die Berandung von Q^n an dem betreffenden Randsimplex $T_i^{(\nu)}$ von einem ebenen Raum abweicht.* Setzen wir dann

$$v^{(\nu)} = \sum_i \beta_i^{(\nu)}, \qquad v = \sum_{\nu=0}^{n-2} (-1)^\nu v^{(\nu)},$$

so ist, wenn jetzt $\alpha^{(\nu)}$ die Anzahl der ν-dimensionalen Teilsimplexe des *Randes* von Q^n ist,

$$w^{(\nu)} = \tfrac{1}{2}\alpha^{(\nu)} - v^{(\nu)}$$

$$w = \sum_{\nu=0}^{n-2} (-1)^\nu \,.\, (\tfrac{1}{2}\alpha^{(\nu)} - v^{(\nu)})$$

$$w - \frac{m}{2} = \frac{1}{2} \sum_{\nu=0}^{n-1} (-1)^\nu \alpha^{(\nu)} - \sum_{\nu=0}^{n-2} (-1)^\nu v^{(\nu)}$$

$$w - \frac{m}{2} = \frac{1}{2} \chi_R - v = -v.$$

Aus (9) folgt daher:

$$\frac{2}{c_n} K \cdot V + v = \chi \tag{10}$$

in Übereinstimmung mit (2a*). (10) stellt die *Verallgemeinerung der Formel von Gauß-Bonnet für den Fall einer polyedrischen Mannigfaltigkeit in einem Raum konstanter Krümmung und gerader Dimensionenzahl* dar; an Stelle des Integrals der geodätischen Krümmung tritt dabei die verallgemeinerte Summe der „Außenwinkel", auf deren geometrischen Sinn oben hingewiesen wurde.

Durch entsprechende Überlegungen erhält man aus (5) für *ungerades* n die Identitäten

$$w = \chi - \frac{m}{2} \tag{11}$$

$$v = 0. \tag{12}$$

Mithin ist in einem n-dimensionalen *euklidischen* Raum

$$v = 0 \tag{12}$$

oder

$$v = \chi, \tag{10a}$$

je nachdem n ungerade oder gerade ist.

5.

Abbildungsklassen n-dimensionaler Mannigfaltigkeiten

Math. Ann. **96** (1926), 209–224

Brouwer hat die Umkehrbarkeit seines Satzes, daß zwei zu derselben „Klasse" gehörige, d. h. stetig ineinander überführbare Abbildungen einer n-dimensionalen, geschlossenen, zweiseitigen Mannigfaltigkeit μ auf eine n-dimensionale Mannigfaltigkeit μ' denselben „Grad" besitzen[1]), für den Fall $n = 2$ untersucht und dieses Problem durch Angabe der notwendigen und hinreichenden Bedingungen erledigt, die zwei Abbildungen außer der Übereinstimmung ihrer Gradzahlen erfüllen müssen, um zu derselben Klasse zu gehören[2])[3]). Während einige der dabei angewandten Methoden und gewonnenen Ergebnisse nicht an die Dimensionenzahl 2 gebunden sind[4]), läßt sich, soviel ich sehe, der Beweis gerade des wichtigsten der hierher gehörigen Brouwerschen Sätze nicht ohne weiteres auf den Fall mehrdimensionaler Mannigfaltigkeiten übertragen. Dieser Satz lautet: „Ist $n = 2$, und μ' die *Kugel*, so gehören zwei Abbildungen gleichen Grades zur gleichen Klasse" [2]).

Das Hauptziel der vorliegenden Arbeit ist der Beweis des entsprechenden Satzes für *alle n*. Er wird — ohne Benutzung des Brouwerschen Resultats — durch Schluß von $n - 1$ auf n geführt. Die Übereinstimmung der Grade der betrachteten Abbildungen f_1 und f_2 greift in die im übrigen ganz elementare (§§ 1, 2) Untersuchung dadurch ein (§ 3), daß, wie eine durch Verallgemeinerung Brouwerscher Betrachtungen früher von mir bewiesene

---

[1]) Über Abbildung von Mannigfaltigkeiten, Math. Ann. 71.

[2]) Sur la notion de „classe" ..., Proc. of the V. intern. Congr. of Math., Cambridge 1912. — Over één-éénduidige continue transformaties ..., Amst. Akad. Versl. 21, (1913).

[3]) Aufzählung der Abbildungsklassen endlichfach zusammenhängender Flächen, Math. Ann. 81.

[4]) S. z. B. § 4 meiner Arbeit: Zum Clifford-Kleinschen Raumproblem, Math. Ann. 95.

Formel[5]) lehrt, die Anzahl der Punkte von μ, von denen f_1 und f_2 zueinander diametrale, also der Überführung ineinander am stärksten widerstrebende Bildpunkte liefern, bei richtiger Berücksichtigung von gewissen Vielfachheiten 0 ist. Für spezielle μ, z. B. für die n-dimensionalen Kugeln, kann man die Benutzung der erwähnten Formel, sowie einige etwas umständliche vorbereitende Überlegungen (§ 2) durch einfachere Betrachtungen ersetzen (§ 6).

Anwendung findet unser Satz bei Behandlung gewisser „Randwertaufgaben". Einer seiner Spezialfälle besagt nämlich, daß sich eine Abbildung des Grades 0 einer n-dimensionalen Kugel auf eine andere stetig in eine Abbildung auf einen einzigen Punkt verwandeln läßt. Diese Tatsache ist mit der Lösbarkeit der einfachsten der erwähnten Aufgaben identisch, die sich folgendermaßen aussprechen läßt: „Für $\sum_{\nu=1}^{n+1} x_\nu^2 = 1$ ist ein System von $n+1$ stetigen, nirgends gleichzeitig verschwindenden Funktionen $F_1, \ldots, F_{n+1}$ von $x_1, \ldots, x_{n+1}$ gegeben, dessen Kroneckersche Charakteristik[6]) den Wert 0 hat; man soll für $\sum_{\nu=1}^{n+1} x_\nu^2 \leqq 1$ ein System stetiger, nirgends gleichzeitig verschwindender Funktionen $f_1, \ldots, f_{n+1}$ von $x_1, \ldots, x_{n+1}$ mit den Randwerten $F_1, \ldots, F_{n+1}$ definieren." (Daß das Verschwinden der Charakteristik für die Existenz der $f_1, \ldots, f_{n+1}$ notwendig ist, ist bekannt[6]).) Einige derartige Randwertaufgaben werden behandelt; dabei wird die geometrische Terminologie der anderen Abschnitte beibehalten, die das Funktionensystem als Vektor, die Charakteristik als Abbildungsgrad deutet (§ 5).

Nachdem gezeigt ist, daß es *höchstens eine* Klasse von Abbildungen gegebenen Grades der gegebenen Mannigfaltigkeit μ auf die n-dimensionale Kugel gibt, liegt die Frage nahe, ob eine solche Klasse stets *existiert*. Daß diese Frage, wie gezeigt wird (§ 4), zu bejahen ist, ist nicht selbstverständlich; denn es hat z. B. jede Abbildung einer Fläche vom Geschlecht 0 auf eine Fläche höheren Geschlechts den Grad 0[3])[4]).

§ 1.

Stetige Abänderung von Vektorfeldern.

$r(P)$ bezeichne die Entfernung des Punktes P im n-dimensionalen euklidischen Raum vom Nullpunkt O des Koordinatensystems. Durch

---

[5]) Über die Curvatura integra geschlossener Hyperflächen (§ 2), Math. Ann. **95**.

[6]) Kronecker, Über Systeme von Funktionen mehrer Variabeln, Mon.-Ber. d. Kgl. Pr. Akad. d. Wiss. zu Berlin 1869. – Hadamard, Note sur quelques applications de l'indice de Kronecker in Tannery, Introduction à la théorie des fonctions II, 2. éd. 1910.

$r(P) \leqq R$ ist eine n-dimensionale Vollkugel K, durch $r(P) = R$ ihr Rand, die $(n-1)$-dimensionale Kugel S^{n-1}, charakterisiert. In K sei ein stetiges Feld $\mathfrak{V}$ auf dem Rand nirgends verschwindender n-dimensionaler Vektoren $\mathfrak{v}(P)$ definiert. Wir betrachten stetige, die Randvektoren festlassende Abänderungen von $\mathfrak{V}$, d. h. in P und einem Parameter t für $0 \leqq t \leqq t_1$ stetige[7]) Vektorfunktionen $\mathfrak{v}(P, t)$, die die Gleichungen

$$\mathfrak{v}(P, 0) = \mathfrak{v}(P) \quad \text{für} \quad r(P) \leqq R$$

$$\mathfrak{v}(P, t) = \mathfrak{v}(P) \quad \text{für} \quad r(P) = R, \quad 0 \leqq t \leqq t_1$$

befriedigen.

Hilfssatz I. *Man kann $\mathfrak{V}$ stetig unter Festhaltung der Randvektoren in ein Vektorfeld abändern, das genau einen verschwindenden Vektor enthält.*

Beweis. Wegen des Nichtverschwindens am Rande und der Stetigkeit der $\mathfrak{v}$ gibt es zwei Zahlen r_1, r_2, so daß $0 < r_1 < r_2 < R$ und für $r(P) \geqq r_1$ stets $|\mathfrak{v}(P)| > 0$ ist. Wir definieren die stetige Funktion

$$\varphi(r) = 1 \quad \text{für} \quad 0 \leqq r \leqq r_1$$

$$\varphi(r) = \frac{r_2 - r}{r_2 - r_1} \quad \text{für} \quad r_1 \leqq r \leqq r_2$$

$$\varphi(r) = 0 \quad \text{für} \quad r_2 \leqq r \leqq R$$

und führen zunächst mit $0 \leqq t \leqq 1$ folgende, die Randvektoren festhaltende stetige Abänderung aus:

$$\mathfrak{v}(P, t) = [1 - t \cdot \varphi(r(P))] \cdot \mathfrak{v}(P).$$

In ihrem Ergebnis, dem Feld der Vektoren $\mathfrak{v}(P, 1)$ verschwinden alle Vektoren für $r(P) \leqq r_1$, während für $r(P) > r_1$ alle Vektoren von 0 verschieden und den ursprünglichen Vektoren $\mathfrak{v}(P)$ gleichgerichtet, für $r(P) \geqq r_2$ alle Vektoren unverändert geblieben sind.

Bezeichnet Pr_1 den auf dem Strahl OP in der Entfernung r_1 von O liegenden Punkt, $\mathfrak{V}'$ das Vektorfeld, das aus $\mathfrak{V}$ entsteht, wenn man für $r(P) < r_1$ die Vektoren $\mathfrak{v}(P)$ durch die Vektoren $\mathfrak{v}'(P) = \mathfrak{v}(Pr_1)$ ersetzt, so ist $\mathfrak{V}'$ in O und nur dort unstetig. Das Feld $\mathfrak{V}''$ der Vektoren $\mathfrak{v}''(P) = r(P) \cdot \mathfrak{v}'(P)$ ist überall stetig, für $P \neq O$ von 0 verschieden, für $r \geqq r_1$ mit $\mathfrak{V}$ gleichgerichtet und auf dem Rand von K mit $\mathfrak{V}$ identisch.

Nun setzen wir die begonnene Abänderung für $1 \leqq t \leqq 2$ folgendermaßen fort:

$$\mathfrak{v}(P, t) = \mathfrak{v}(P, 1) + (t-1) \cdot \varphi(r) \cdot \mathfrak{v}''(P).$$

[7]) Unter Stetigkeit einer Transformationsfunktion $f(P, t)$ ist hier und im Folgenden stets gleichmäßige Stetigkeit in den $n+1$ Variablen $x_1, \ldots, x_n, t$ zu verstehen.

Dabei bleiben wieder die Vektoren mit $r \geqq r_2$ fest, so daß in dem Ergebnis

$$\mathfrak{v}(P, 2) = \mathfrak{v}(P, 1) + \varphi(r) \cdot \mathfrak{v}''(P)$$

gewiß $\mathfrak{v}(P, 2) \neq 0$ für $r \geqq r_2$ ist; für $0 < r < r_2$ aber ist der Vektor $\varphi(r) \cdot \mathfrak{v}''(P) \neq 0$ und der Vektor $\mathfrak{v}(P, 1)$ entweder mit ihm gleichgerichtet oder 0, also $\mathfrak{v}(P, 2) \neq 0$; es ist nur $\mathfrak{v}(O, 2) = 0$. Damit ist der Satz bewiesen.

Fragen wir nun, unter welchen Bedingungen sich durch eine Abänderung der betrachteten Art *sämtliche* Nullstellen des gegebenen Vektorfeldes beseitigen lassen. Nehmen wir an, dies sei möglich; mit P_R bezeichnen wir die Randpunkte von K, mit P_r den Punkt, der auf OP_R im Abstand r von O liegt, mit $\overline{\mathfrak{V}}$ das Feld der Randvektoren $\mathfrak{v}(P_R)$, mit $\mathfrak{V}^*$ das nullstellenfreie, transformierte Feld der Vektoren $\mathfrak{v}^*(P)$, dessen Randfeld ebenfalls $\overline{\mathfrak{V}}$ ist. Dann kann man $\overline{\mathfrak{V}}$ durch den Abänderungsprozeß

$$\mathfrak{v}(P_R, t) = \mathfrak{v}^*(P_t), \qquad [R \geqq t \geqq 0]$$

stetig in das konstante Feld $\mathfrak{v}^*(O)$ überführen, ohne daß dabei jemals ein Vektor verschwindet; dies läßt sich auch so ausdrücken: Die durch die Vektoren von $\overline{\mathfrak{V}}$ vermittelte Abbildung des Randes S^{n-1} von K auf die Richtungskugel des n-dimensionalen Raumes läßt sich stetig zu einer Abbildung auf einen einzigen Punkt abändern.

Von der hiermit festgestellten Tatsache gilt folgende Umkehrung:

Hilfssatz II. *Läßt sich das Randfeld $\overline{\mathfrak{V}}$ stetig in ein Feld paralleler Vektoren überführen, ohne daß dabei einmal ein Vektor verschwindet, so kann man $\mathfrak{V}$ unter Festhaltung von $\overline{\mathfrak{V}}$ stetig in ein nirgends verschwindendes Vektorfeld abändern.*

Beweis. Es gelten die Bezeichnungen des Beweises zu Hilfssatz I. Das Feld $\overline{\mathfrak{V}}_1$ der $\mathfrak{v}(P_{r_1})$ läßt sich ebenfalls stetig in ein paralleles Feld überführen, ohne daß dabei einmal ein Vektor verschwindet, da es durch

$$\mathfrak{v}(P_{r_1}, t) = \mathfrak{v}(P_t), \qquad [r_1 \leqq t \leqq R]$$

in $\overline{\mathfrak{V}}$ übergeführt wird; mithin läßt es sich auch stetig in ein Feld *gleicher* Vektoren transformieren. Es gibt also eine nirgends in ihrem Definitionsgebiet verschwindende stetige Vektorfunktion

$$\mathfrak{w}(P_{r_1}, t) \quad \text{für} \quad r_1 \geqq t \geqq 0,$$

mit

$$\mathfrak{w}(P_{r_1}, r_1) = \mathfrak{v}(P_{r_1}), \qquad \mathfrak{w}(P_{r_1}, 0) = \mathfrak{w}_0,$$

wobei $\mathfrak{w}_0$ ein konstanter Vektor ist. Das durch

$$\mathfrak{v}'''(P) = \mathfrak{w}(P_{r_1}, r(P)) \quad \text{für} \quad r(P) \leqq r_1$$
$$\mathfrak{v}'''(P) = \mathfrak{v}(P) \quad \text{für} \quad r(P) \geqq r_1$$

definierte Feld $\mathfrak{V}'''$ hat die beim Beweis des Hilfssatzes I genannten Eigenschaften von $\mathfrak{V}''$ mit dem Unterschied, daß es auch in O nicht verschwindet. Ersetzt man daher in diesem Beweis $\mathfrak{V}''$ durch $\mathfrak{V}'''$, so erhält man einen Beweis von Hilfssatz II.

§ 2.

Konzentration der Übereinstimmungspunkte zweier Abbildungen.

Die n-dimensionale, geschlossene, unberandete, zweiseitige Mannigfaltigkeit μ sei den eindeutigen und stetigen Abbildungen f_1 und f_2 auf die n-dimensionale Kugel S^n unterworfen. Unter einem Übereinstimmungspunkt von f_1 und f_2 verstehen wir einen Punkt P von μ, dessen durch f_1 und f_2 gelieferte Bilder $P_1 = f_1(P)$, $P_2 = f_2(P)$ zusammenfallen. – Es gilt der

Satz I. *Ist $n > 1$, so lassen sich f_1 und f_2 stetig in Abbildungen f_1^* und f_2^* abändern, die einen einzigen Übereinstimmungspunkt besitzen* [8]).

Beweis. f_1' sei eine in ganz μ erklärte simpliziale Abbildung [9]), die f_1 so gut approximiert, daß man f_1 stetig durch gleichförmige Bewegung der Bildpunkte auf Großkreisbögen in sie überführen kann, für die also der sphärische Abstand $f_1(P)f_1'(P)$ kleiner als π ist. Q sei ein Punkt von S^n, der nicht auf dem Rande eines Bildsimplex liegt, $A_1, \ldots, A_l$ seien die Punkte von μ, deren Bild er bei der Abbildung f_1' ist. Wir dürfen annehmen, daß $f_2(A_\lambda) \neq Q$ $(\lambda = 1, \ldots, l)$ ist, da wir dies, falls nötig, durch eine stetige Abänderung von f_2 erreichen können. f_2' sei eine f_2 so gut approximierende in ganz μ erklärte simpliziale Abbildung, daß man f_2 stetig in sie überführen kann, und daß auch $f_2'(A_\lambda) \neq Q$ $(\lambda = 1, \ldots, l)$ ist; f_2' sei ferner so gewählt, daß Q nicht auf dem Rande eines Bildsimplex liegt. $B_1, \ldots, B_m$ seien die Punkte, für die $f_2'(B_\nu) = Q$ $(\nu = 1, \ldots, m)$ ist. $\mathfrak{K}^{n-1}$ sei eine $(n-1)$-dimensionale Kugel der sphärischen Maßbestimmung von S^n mit dem Mittelpunkt Q und so klein, daß 1. sie ganz im Innern aller den Punkt Q bei den Abbildungen f_1' und f_2' bedeckenden Bildsimplexe liegt, und daß 2. die die Punkte $A_1, \ldots, A_l$ bzw. $B_1, \ldots, B_m$ umgebenden Mannigfaltigkeiten $\mathfrak{A}_1, \ldots, \mathfrak{A}_l$, $\mathfrak{B}_1, \ldots, \mathfrak{B}_m$, deren Bild $\mathfrak{K}^{n-1}$ bei f_1' bzw. f_2' ist, untereinander punktfremd sind.

---

[8]) Für $n = 1$ gilt der Satz nicht; denn zwei Abbildungen der Grade g_1, g_2 einer Kreislinie auf eine andere haben stets mindestens $|g_1 - g_2|$ voneinander verschiedene Übereinstimmungspunkte.

[9]) In der in Fußnote [1]) zitierten Abhandlung definiert Brouwer die simplizialen Approximationen f' der Abbildung f der Mannigfaltigkeit μ auf die Mannigfaltigkeit μ' nur in Teilen von μ; ist μ' jedoch die n-dimensionale Kugel, so läßt sich f' in ganz μ stetig definieren; s. § 2 meiner unter [5]) zitierten Arbeit.

$a_1, \ldots, a_l$, $b_1, \ldots, b_m$ seien die von $\mathfrak{A}_1, \ldots, \mathfrak{A}_l$, $\mathfrak{B}_1, \ldots, \mathfrak{B}_m$ begrenzten abgeschlossenen Umgebungen von $A_1, \ldots, B_m$ in μ. Wir ändern nun f_2' stetig so in eine Abbildung f_2'' ab, daß f_1' und f_2'' Übereinstimmungspunkte höchstens im Innern der $a_1, \ldots, a_l$, $b_1, \ldots, b_m$ haben, und daß die durch f_1' und f_2'' gelieferten Bilder dieser $l + m$ Elemente noch ein Gebiet von S^n unbedeckt lassen. Zu diesem Zweck nehmen wir mit S^n die stereographische Projektion s von Q aus auf den zu Q diametralen Tangentialraum T_Q vor. sf_1' und sf_2' bilden den abgeschlossenen Teil $\mu' = \mu - \left\{\sum_{\lambda=1}^{l}(a_\lambda - \mathfrak{A}_\lambda) + \sum_{\nu=1}^{m}(b_\nu - \mathfrak{B}_\nu)\right\}$ derart auf das Innengebiet der Kugel $s(\mathfrak{K}^{n-1}) = \overline{\mathfrak{K}}$ und auf diese selbst ab, daß $sf_1'(\mathfrak{A}_\lambda) = sf_2'(\mathfrak{B}_\nu) = \overline{\mathfrak{K}}$ ist, während die Punkte von $sf_2'(\mathfrak{A}_\lambda)$, $sf_1'(\mathfrak{B}_\nu)$, sowie alle Punkte $sf_1'(P)$, $sf_2'(P)$, deren P auf keinem $\mathfrak{A}_\lambda$ oder $\mathfrak{B}_\nu$ liegen, dem Innern von $\overline{\mathfrak{K}}$ angehören. Daher ist das Maximum e der Entfernungen $sf_1'(P)\,sf_2'(P)$ für alle P von μ' kleiner als der Durchmesser d von $\overline{\mathfrak{K}}$. c bezeichne den Minimalabstand der Menge $\sum_{\lambda=1}^{l} sf_2'(a_\lambda) + \sum_{\nu=1}^{m} sf_1'(b_\nu)$ von $\overline{\mathfrak{K}}$, h sei eine Zahl, die die Ungleichungen $e < h < d$, $h > d - c$ erfüllt. Ist nun t eine Translation in T_Q um die Strecke h, so hat die Abbildung $f_2'' = s^{-1} t s f_2'$ von μ auf S^n die obengenannten Eigenschaften: f_1' und f_2'' haben in μ' keinen Übereinstimmungspunkt; denn aus $f_1'(P) = f_2''(P) = s^{-1} t s f_2'(P)$ folgt $sf_1'(P) = tsf_2'(P)$, also muß der Abstand der Punkte $sf_1(P)$ und $sf_2'(P)$ gleich $h > e$ sein, was für einen Punkt P aus μ' unmöglich ist. Da ferner wegen $h < d$ die Innengebiete von $\overline{\mathfrak{K}}$ und $t(\overline{\mathfrak{K}})$ ein gemeinsames Gebiet γ' enthalten und dieses frei von Punkten der Mengen $sf_1'(a_\lambda)$ und $tsf_2'(b_\nu)$ sowie wegen $h > d - c$ frei von Punkten der Mengen $sf_1'(b_\nu)$ und $tsf_2'(a_\lambda)$ ist, ist das Gebiet $\gamma = s^{-1}(\gamma')$ in S^n frei von Punkten der Mengen $f_1'(a_\lambda)$, $f_2''(b_\nu)$, $f_1'(b_\nu)$, $f_2''(a_\lambda)$. Schließlich hat f_2'' auch die Eigenschaft, sich stetig aus f_2' erzeugen zu lassen, da dem die Translation t herbeiführenden Bewegungsvorgang in T_Q vermöge s^{-1} ein in ganz S^n stetiger Deformationsprozeß entspricht.

Jetzt schließen wir die a_λ und b_ν in ein einziges Element E ein, dessen Bilder $f_1'(E)$ und $f_2''(E)$ zusammen auch noch ein Stück von S^n unbedeckt lassen: wir ziehen $l + m - 1$ einfache Streckenzüge $\sigma_1, \ldots, \sigma_{l+m-1}$ in μ derart, daß, wenn wir $b_\nu = a_{l+\nu}$, $\mathfrak{B}_\nu = \mathfrak{A}_{l+\nu}$ $[\nu = 1, \ldots, m]$ setzen, σ_i seinen Anfangspunkt mit $\mathfrak{A}_i$, seinen Endpunkt mit $\mathfrak{A}_{i+1}$, im übrigen aber keinen Punkt mit einem a_i oder einem von ihm selbst verschiedenen σ_j gemeinsam hat; zur Definition der „Strecke" ist dabei etwa die f_1' bestimmende simpliziale Zerlegung von μ zugrunde zu legen. Sind $u_1, \ldots, u_{l+m-1}$ hinreichend kleine abgeschlossene Umgebungen der $\sigma_1, \ldots, \sigma_{l+m-1}$, so bilden die Vereinigungsmengen der a_i und u_i ein Element E. Die von f_1' und f_2'' gelieferten Bilder der σ_i sind stückweise analytische Kurven in S^n, da f_1', f_2', $s^{-1}tsf_2'$ stückweise analytische Abbildungen sind, und lassen mithin, da $n > 1$ ist, ein Teilgebiet γ_1 von $\gamma = s^{-1}(\gamma')$ frei[10]); dasselbe gilt daher, wenn wir nur die u_i hinreichend klein wählen, für E und ein Teilgebiet γ_2 von γ_1.

[Die Konstruktion des Elements E durch Bildung der $u_1, \ldots$ stößt auf keinerlei Schwierigkeit, weil die $\mathfrak{A}_i$ durch die affinen Abbildungen f_1' und f_2' in die Kugel $\mathfrak{K}^{n-1}$ übergehen, also analytische, konvexe Hyperflächen sind.]

Ist nun R ein Punkt von γ_2, p die stereographische Projektion der Kugel S^n von R aus auf den zu R diametralen ebenen Tangentialraum T_R, so sind pf_1' und pf_2'' in ganz E stetige Abbildungen, die auf dem Rand von E keinen Übereinstimmungspunkt haben. Wir ordnen jedem Punkt P von E denjenigen Vektor $\mathfrak{v}(P)$ von T_R zu, dessen Anfangspunkt $pf_1'(P)$, dessen Endpunkt $pf_2''(P)$ ist. Dieses Vektorfeld können wir nach Hilfssatz I mittels einer Funktion $\mathfrak{v}(P, t)$ $(0 \leqq t \leqq 1)$ stetig so abändern, daß $\mathfrak{v}(P, 0) = \mathfrak{v}(P)$ für *alle* P, $\mathfrak{v}(P, t) = \mathfrak{v}(P)$ für alle P *des Randes* von E ist, und daß von den Vektoren $\mathfrak{v}(P, 1)$ nur einer, $\mathfrak{v}(P_0, 1)$, verschwindet. Bezeichnen wir nun den Endpunkt des im Punkt $pf_1'(P)$ angetragenen Vektors $\mathfrak{v}(P, t)$ mit $pf_2''(P, t)$, und setzen wir $f_2''(P, t) = f_2''(P)$ für alle nicht zu E gehörigen P, so wird, während t von 0 bis 1 läuft, $f_2''(P) = f_2''(P, 0)$ stetig in die Abbildung $f'''(P) = f''(P, 1)$ übergeführt, die mit f_1' nur den einzigen Übereinstimmungspunkt P_0 hat. —

Damit ist Satz I bewiesen. Die Frage liegt nahe, wann sich auch der letzte Übereinstimmungspunkt beseitigen läßt. Eine hierfür notwendige Bedingung ist bekannt: lassen sich f_1 und f_2 stetig so abändern, daß sie keinen einzigen Übereinstimmungspunkt mehr haben, so läßt sich f_2 weiter durch Bewegung der Punkte $f_2(P)$ auf den von $f_1(P)$ nach $f_2(P)$ laufenden Großkreisen in die zu f_1 diametrale Abbildung überführen, und die beiden Abbildungsgrade unterscheiden sich daher um den Faktor $(-1)^{n+1}$ [11]). Im folgenden Paragraphen wird gezeigt werden, daß diese Tatsache umkehrbar die genannte notwendige Bedingung also auch hinreichend ist.

§ 3.

Stetige Überführung zweier Abbildungen gleichen Grades ineinander.

Die am Ende des vorigen Paragraphen erwähnte Umkehrung eines bekannten Satzes lautet folgendermaßen:

---

[10]) Dies ist die einzige Stelle im Beweis von Satz I, an der die Voraussetzung $n > 1$ benutzt wird.

[11]) „Satz von Poincaré-Bohl"; s. Hadamard, a. a. O. S. 467 f.

Satz IIa. *Sind f_1, f_2 zwei Abbildungen der n-dimensionalen, geschlossenen, unberandeten, zweiseitigen Mannigfaltigkeit μ auf die n-dimensionale Kugel S^n, sind g_1, g_2 die Abbildungsgrade von f_1 und f_2, und ist $g_2 = (-1)^{n+1} g_1$, so lassen sich f_1 und f_2 stetig in zwei Abbildungen f_1^*, f_2^* überführen, die keinen Übereinstimmungspunkt besitzen.*

Dieser Satz ist äquivalent mit dem folgenden:

Satz IIb. *Sind F_1, F_2 zwei Abbildungen gleichen Grades von μ auf S^n, so lassen sie sich stetig ineinander überführen.*

Um die Äquivalenz der beiden Sätze zu erkennen, nehme man zunächst Satz IIa als richtig an und betrachte zwei Abbildungen F_1, F_2, die die Voraussetzungen von IIb erfüllen. Bezeichnet $\overline{F}_2$ die zu F_2 diametrale Abbildung von μ auf S^n, so erfüllen $f_1 = F_1$, $f_2 = \overline{F}_2$ die Voraussetzungen von IIa, lassen sich also in zwei übereinstimmungsfreie und nach dem am Schluß des vorigen Paragraphen erwähnten bekannten Verfahren sogar in zwei zueinander diametrale Abbildungen $f_1^*, f_2^* = \overline{f}_1^*$ stetig überführen. Bei diesem Prozeß werden $F_1 = f_1$ und $F_2 = \overline{f}_2$ beide in f_1^* übergeführt, so daß also die Behauptung IIb erfüllt ist. Wird andererseits IIb als bewiesen angenommen, und erfüllen f_1, f_2 die Voraussetzungen von IIa, so kann man $F_1 = f_1$, $F_2 = \overline{f}_2$ ineinander, d. h. f_1 und f_2 in zwei zueinander diametrale, also gewiß übereinstimmungsfreie Abbildungen überführen.

Den Beweis des Satzes IIa, b führen wir durch vollständige Induktion: er sei für die Dimensionenzahl $n-1$ bewiesen, und f_1, f_2 seien zwei Abbildungen der n-dimensionalen Mannigfaltigkeit μ mit den in IIa vorausgesetzten Eigenschaften. Gemäß Satz I führen wir sie stetig in zwei Abbildungen f_1^*, f_2^* mit einem einzigen Übereinstimmungspunkt P_0 über. Ist J_{12} der „Index der Übereinstimmung" [5]) von f_1^*, f_2^* in P_0, so folgt aus der Formel [5]) $J_{12} = (-1)^n g_1 + g_2$, da $g_2 = (-1)^{n+1} g_1$ ist, $\boldsymbol{J_{12} = 0}$. Das bedeutet: vollzieht man von einem nicht mit $Q = f_1^*(P_0) = f_2^*(P_0)$ identischen Punkt R von S^n aus die stereographische Projektion p auf den zu R diametralen Tangentialraum T_R und ordnet jedem Punkt P des P_0 enthaltenden Elements E, das so klein sei, daß R weder von $f_1^*(E)$, noch von $f_2^*(E)$ bedeckt wird, denjenigen Vektor $\mathfrak{v}(P)$ von T_R zu, dessen Anfangspunkt $p f_1^*(P)$, dessen Endpunkt $p f_2^*(P)$ ist, so hat die durch die $\mathfrak{v}(P)$ vermittelte Abbildung des Randes $\mathfrak{E}$ von E auf die Richtungskugel S^{n-1} von T_R den Grad 0. Diese Abbildung läßt sich, da Satz IIb für die Dimensionenzahl $n-1$ als richtig betrachtet wird, stetig überführen, in eine Abbildung von $\mathfrak{E}$ auf einen einzigen Punkt der Richtungskugel. Dann läßt sich nach Hilfssatz II das Feld der $\mathfrak{v}(P)$ unter Festhaltung der Randvektoren stetig in ein nirgends verschwindendes Feld abändern.

Dieser Änderung lassen wir, ebenso wie im Beweis des Satzes I, eine stetige Änderung von f_2^* entsprechen, die f_2^* in allen Punkten von μ auf $\mathfrak{E}$ und außerhalb E ungeändert läßt. Ihr Ergebnis ist eine Abbildung f_2^{**}, die mit f_1^* in keinem Punkt übereinstimmt. Satz II gilt also auch für die Dimensionenzahl n.

Wir haben ihn nur noch für $n = 1$ zu beweisen. In diesem Fall sind μ und S^1 durch Kreise repräsentiert; α seien die Winkelkoordinaten von μ, β die von S^1, f eine Abbildung des Grades g von μ auf S^1, und es sei $f(0) = 0$; dann ist

$$f(\alpha + 2\pi \cdot m) = f(\alpha) + 2\pi m g,$$

und mittels der Funktion

$$f(\alpha, t) = (1 - t) \cdot f(\alpha) + t \cdot g\alpha,$$

die für jedes t μ eindeutig und stetig auf S^1 abbildet, wird f, während t von 0 bis 1 wächst, stetig in die „Normalform"

$$f^*(\alpha) = f(\alpha, 1) = g\alpha$$

transformiert. — Damit ist Satz IIa, b vollständig bewiesen.

§ 4.

Die Klassen der Abbildungen einer n-dimensionalen, geschlossenen, zweiseitigen Mannigfaltigkeit auf die n-dimensionale Kugel.

Nachdem so gezeigt ist, daß es bei gegebener Mannigfaltigkeit μ und gegebener Gradzahl g *höchstens* eine Klasse von Abbildungeu des Grades g von μ auf S^n gibt, ist zu untersuchen, ob diese Klasse auch wirklich stets existiert. Wir dürfen dabei, wie aus dem letzten Absatz des vorigen Paragraphen hervorgeht, den Fall $n = 1$ beiseite lassen.

Sei zunächst $\mu \equiv S^n$ und durch die Gleichung $\sum_{\nu=1}^{n+1} x_\nu^2 = 1$ im $(n+1)$-dimensionalen euklidischen Raum definiert. Führen wir in dem ebenen n-dimensionalen Raum $x_{n+1} = 0$ „Zylinderkoordinaten" $r, \varphi, x_3, \ldots, x_n$ durch die Beziehungen $x_1 = r\cos\varphi$, $x_2 = r\sin\varphi$ ein, so wird dieser Raum, wenn die ganze Zahl $g > 0$ ist, durch $r' = r$, $\varphi = g \cdot \varphi$, $x'_\nu = x_\nu$ $[\nu = 3, \ldots, n]$ derart auf sich abgebildet, daß jedes hinreichend kleine Gebiet, in dem $r > 0$ ist, von genau g punktfremden Gebieten positiv, von keinem Gebiet negativ überdeckt wird. Vermöge stereographischer Projektion vom Punkt $x_{n+1} = 1$, $x_\nu = 0$ $[\nu = 1, \ldots, n]$ aus entspricht dieser Abbildung eine Abbildung des Grades g von S^n auf sich. Da ferner durch $x'_\nu = x_\nu$ $[\nu = 1, \ldots, n]$, $x'_{n+1} = -x_{n+1}$ eine Abbildung des Grades -1 von S^n auf sich definiert und die Existenz von Abbildungen des Grades 0 trivial ist, gibt es Abbildungen von S^n auf sich mit jeder beliebigen Gradzahl.

Um nun dasselbe für die Abbildungen einer beliebigen Mannigfaltigkeit μ auf S^n nachzuweisen, genügt, da bei Zusammensetzung zweier Abbildungen sich die Gradzahlen multiplizieren, die Herstellung einer Abbildung des Grades ± 1 von μ auf S^n. Wir konstruieren eine solche folgendermaßen: $P_1, \ldots, P_k$ seien die Eckpunkte einer simplizialen Zerlegung von μ, $P_1', \ldots, P_k'$ irgendwelche k Punkte des $(n+1)$-dimensionalen Raumes, von denen niemals $n+2$ einem n-dimensionalen ebenen Raum angehören; jedes Simplex mit Ecken $P_{m_1}, P_{m_2}, \ldots, P_{m_{n+1}}$ der Zerlegung von μ bilden wir simplizial[1]) auf das entsprechende Simplex $P_{m_1}', P_{m_2}', \ldots, P_{m_{n+1}}'$ ab; auf diese Weise wird μ einer eindeutigen und stetigen Abbildung $P' = s(P)$ auf eine aus endlich vielen Simplexen des gewöhnlichen Raumes bestehende Punktmenge μ' unterzogen, und diese Abbildung ist im Innern der Simplexe eindeutig umkehrbar. Nun betrachten wir eine gerichtete Gerade des Raumes, die μ', aber keine der $(n-1)$-dimensionalen Schnitte zweier Simplexe von μ' trifft, und auf ihr einen Punkt B, der hinter dem ersten Schnittpunkt A, aber vor jedem weiteren Schnittpunkte mit μ' liegt, Wir projizieren μ' von B aus auf eine Kugel S^n um B; bezeichnen wir diese Projektion mit p, so wird μ durch die Abbildung $ps(P)$ auf S^n bezogen. Dabei wird eine Umgebung des Schnittpunktes des Strahls BA mit S^n einfach überdeckt, mithin hat die Abbildung ps den Grad ± 1. — Damit ist bewiesen:

Satz III. *Ist μ eine n-dimensionale, geschlossene, zweiseitige Mannigfaltigkeit und g eine beliebige ganze Zahl, so gibt es eine und nur eine Klasse von Abbildungen des Grades g von μ auf die n-dimensionale Kugel S^n $(n \geqq 1)$.*

§ 5.

Randwertaufgaben für Vektorverteilungen.

1. Ist im Innern und auf dem Rande des n-dimensionalen Elementes E^n im n-dimensionalen euklidischen Raum ein nirgends verschwindendes Vektorfeld $\mathfrak{V}$ gegeben, so hat die durch die Randvektoren von $\mathfrak{V}$ vermittelte Abbildung des Randes $\mathfrak{E}^{n-1}$ von E^n auf die Richtungskugel notwendig den Grad 0[6]). Aus Satz II ergibt sich die Umkehrung dieser Tatsache, d. h. die Lösbarkeit folgender „Randwertaufgabe“:

Auf dem Rande $\mathfrak{E}^{n-1}$ des n-dimensionalen Elementes E^n im n-dimensionalen euklidischen Raum ist eine nirgends verschwindende stetige Vektorverteilung $\overline{\mathfrak{V}}$ gegeben, die eine Abbildung des Grades 0 von $\mathfrak{E}^{n-1}$ auf die Richtungskugel vermittelt; man soll ein in ganz E^n stetiges und nirgends verschwindendes Vektorfeld $\mathfrak{V}$ mit den Randwerten $\overline{\mathfrak{V}}$ konstruieren.

Diese Aufgabe ist in der Tat stets lösbar: wir dürfen ohne Beschränkung der Allgemeinheit annehmen, daß E^n eine Vollkugel vom Radius 1 ist, da ein Element ja deren eineindeutiges stetiges Bild ist. Nach Satz II kann man $\overline{\mathfrak{V}}$ stetig in ein Feld paralleler, also auch in ein Feld gleicher Vektoren abändern, ohne daß während dieses Vorganges jemals ein Vektor verschwindet. Es gibt mithin eine für alle Punkte P von $\mathfrak{E}^{n-1}$ und $1 \geqq t \geqq 0$ erklärte stetige Funktion $\mathfrak{v}(P, t)$ mit

$$\mathfrak{v}(P, 1) = \bar{\mathfrak{v}}(P), \quad \mathfrak{v}(P, 0) = \mathfrak{v}_0,$$

wobei $\bar{\mathfrak{v}}(P)$ die Vektoren von $\overline{\mathfrak{V}}$, $\mathfrak{v}_0$ einen festen Vektor bezeichnet. Jetzt wird die Aufgabe durch $\mathfrak{v}(P_t) = \mathfrak{v}(P, t)$ gelöst, wenn P_t der auf dem zu P gehörenden Radiusvektor im Abstand t vom Mittelpunkt gelegene Punkt ist.

Bevor wir eine Verallgemeinerung der eben behandelten Aufgabe lösen, betrachten wir noch einige ähnliche, einfachere Aufgaben, zu deren Lösung keiner der im Vorstehenden bewiesenen Sätze benutzt wird.

2. Es sei $k < n$. Auf dem Rande $\mathfrak{E}^{k-1}$ des im n-dimensionalen euklidischen Raum liegenden k-dimensionalen Elementes E^k ist eine stetige, nirgends verschwindende, im übrigen ganz beliebige Vektorverteilung $\overline{\mathfrak{V}}$ gegeben. Man soll eine in ganz E^k stetige, nirgends verschwindende Vektorverteilung $\mathfrak{V}$ mit den Randwerten $\overline{\mathfrak{V}}$ konstruieren.

Die bei Behandlung der ersten Aufgabe benutzte Methode lehrt, daß es zur Lösung der jetzt gestellten Aufgabe genügt, die durch $\overline{\mathfrak{V}}$ vermittelte Abbildung f von $\mathfrak{E}^{k-1}$ auf die Richtungskugel S^{n-1} stetig in eine Abbildung auf einen einzigen Punkt überzuführen. Dies ist aber stets möglich; denn erstens kann man f stetig in eine f approximierende simpliziale Abbildung f' überführen, indem man die Punkte $f(P)$ gleichförmig auf den Großkreisbögen nach $f'(P)$ laufen läßt, falls nur der sphärische Abstand $f(P) f'(P) < \pi$ ist, und zweitens kann man, da die Abbildung f' stückweise analytisch ist und die Menge $f'(\mathfrak{E}^{k-1})$ daher wegen $k < n$ ein Gebiet von S^{n-1} frei läßt, die Punkte $f'(P)$ auf den Großkreisbögen, die von einem von $f'(\mathfrak{E}^{k-1})$ nicht bedeckten Punkt A ausgehen, gleichförmig in den Gegenpunkt $\bar{A}$ von A überführen.

3. W^n sei ein n-dimensionaler Quader, d. h. eine durch $|x_\nu| \leqq c_\nu$, $c_\nu > 0$ $(\nu = 1, \ldots, n)$ im n-dimensionalen euklidischen Raum definierte Punktmenge. $\mathfrak{R}_1$ sei ein „vollständiger“ Teil des Randes $\mathfrak{R}$ von W^n, d. h. ein solcher Teil von $\mathfrak{R}$, daß, wenn ein innerer Punkt eines k-dimensionalen Randquaders W^k von W^n zu $\mathfrak{R}_1$ gehört, W^k ganz zu $\mathfrak{R}_1$ gehört $(0 \leqq k \leqq n-1)$. $\mathfrak{R}_1$ sei aber nicht der ganze Rand von W^n, es gebe also ein W^{n-1}, dessen innere Punkte nicht zu $\mathfrak{R}_1$ gehören. ($\mathfrak{R}_1$ braucht nicht zusammenhängend zu sein.) Auf $\mathfrak{R}_1$ ist eine stetige, nirgends verschwindende

Vektorverteilung $\overline{\mathfrak{V}}$ gegeben. Man soll in W^n eine stetige, nirgends verschwindende Vektorverteilung $\mathfrak{V}$ definieren, die in $\mathfrak{R}_1$ mit $\overline{\mathfrak{V}}$ übereinstimmt.

W_1^{n-1} sei ein nicht zu $\mathfrak{R}_1$ gehöriger $(n-1)$-dimensionaler Quader von $\mathfrak{R}$. Durch Anbringung willkürlicher Vektoren in etwa noch unbesetzten Ecken W^0 und durch sukzessive Lösung von Aufgaben des Typus 2 für die $W^1, W^2, \ldots$ läßt sich in allen Punkten von $\mathfrak{R}$, die nicht innere Punkte von W_1^{n-1} sind, eine stetige, nirgends verschwindende Vektorverteilung $\overline{\mathfrak{V}}'$ definieren, die in $\mathfrak{R}_1$ mit $\overline{\mathfrak{V}}$ übereinstimmt. Sei nun W_1^{n-1} etwa die durch $x_n = c_n$ definierte Seite von W^n. Dann wählen wir einen Punkt A mit den Koordinaten $x_\nu = 0$ $(\nu = 1, \ldots, n-1)$, $x_n = a > c_n$; jeder Punkt P von W^n wird von A aus in einen und nur einen Punkt $\overline{P}$ des mit Randvektoren $\bar{\mathfrak{v}}$ bereits versehenen Teils des Randes von W^n projiziert. Durch die Bestimmung $\mathfrak{v}(P) = \bar{\mathfrak{v}}(\overline{P})$ wird unsere Aufgabe gelöst.

(Die analoge Aufgabe für ein Simplex statt für einen Quader ist analog lösbar.)

4. Nunmehr können wir eine Verallgemeinerung der Aufgabe 1 lösen: Auf dem Rande $\mathfrak{E}^{n-1}$ des n-dimensionalen Elements E^n im n-dimensionalen euklidischen Raum sei ein stetiges, nirgends verschwindendes Vektorfeld $\overline{\mathfrak{V}}$ gegeben, das eine Abbildung des Grades a von $\mathfrak{E}^{n-1}$ auf die Richtungskugel vermittelt; ferner seien im Innern von E^n k Punkte $P_1, P_2, \ldots, P_k$ $(k \geqq 0)$ gegeben und derart mit ganzen Zahlen $a_1, a_2, \ldots, a_k$ versehen, daß $\sum_{\varkappa=1}^{k} a_\varkappa = a$ ist. Man soll ein in ganz E^n stetiges Vektorfeld $\mathfrak{V}$ mit den Randwerten $\overline{\mathfrak{V}}$ konstruieren, das in den Punkten $P_1, P_2, \ldots, P_k$ von den Ordnungen $a_1, a_2, \ldots, a_k$, sonst aber nirgends, verschwindet. Dabei ist die Ordnung einer Nullstelle eines Vektorfeldes gleich dem Index der Singularität des zugehörigen Richtungsfeldes, d. h. gleich dem Grade der durch das Feld vermittelten Abbildung einer die Nullstelle umgebenden Kugel auf die Richtungskugel. $(n \geqq 1.)$

Wir denken uns E^n durch den „Würfel" $0 \leqq x_\nu \leqq 1$ $(\nu = 1, 2, \ldots, n)$ repräsentiert und zerlegen diesen durch $(n-1)$-dimensionale ebene, seinen Seiten parallele Räume derart in rechteckige Quader, daß kein $P_\varkappa$ auf dem Rand eines Quaders liegt, daß kein Quader $\overline{W}_\varkappa$, der einen der $P_\varkappa$ enthält, noch einen zweiten dieser Punkte $P_\varkappa$ enthält, daß kein derartiger $\overline{W}_\varkappa$ an den Rand von E^n stößt, und daß kein Quader der Zerlegung mit mehr als einem $\overline{W}_\varkappa$ einen Punkt gemeinsam hat.

Auf dem Rande jedes $\overline{W}_\varkappa$ bringen wir nun, was, da $n-1 \geqq 1$ ist, nach § 4 möglich ist, eine stetige, nirgends verschwindende Vektorverteilung $\mathfrak{V}_\varkappa$ an, die ihn mit dem Grade $a_\varkappa$ auf die Richtungskugel abbildet; ist P ein Punkt des Innern von $\overline{W}_\varkappa$, P' der Schnittpunkt des Strahles $P_\varkappa P$ mit dem Rande von $\overline{W}_\varkappa$, so ordnen wir dem Punkt P denjenigen Vektor $\mathfrak{v}(P)$

zu, der parallel zu $\bar{\mathfrak{v}}(P')$ ist und dessen Länge sich zu der von $\bar{\mathfrak{v}}(P')$ verhält wie die Strecke $P_\varkappa P$ zu der Strecke $P_\varkappa P'$. Nachdem so die $\overline{W}_\varkappa$ in vorschriftsmäßiger Weise mit Vektoren versehen sind, haben wir in dem Rest von E^n ein nullstellenfreies Vektorfeld mit den richtigen Randwerten zu konstruieren.

Zu diesem Zweck bringen wir die Teilquader von E^n in eine bestimmte Reihenfolge. Die Zerlegung von E^n werde dadurch bewirkt, daß man jede der Strecken $0 \leqq x_\nu \leqq 1$ $(\nu = 1, \ldots, n)$ in m_ν Strecken $\overset{\nu}{s}_1, \overset{\nu}{s}_2, \ldots, \overset{\nu}{s}_{m_\nu}$ zerlegt; dann sind die Quader eineindeutig bestimmt durch n Indizes $\alpha_1, \alpha_2, \ldots, \alpha_n$, die besagen, daß der betreffende Quader zu den Strecken $\overset{1}{s}_{\alpha_1}, \overset{2}{s}_{\alpha_2}, \ldots, \overset{n}{s}_{\alpha_n}$ gehört. Wir ordnen nun die Quader lexikographisch, d. h.: es sei $(\alpha_1, \alpha_2, \ldots, \alpha_n) < (\beta_1, \beta_2, \ldots, \beta_n)$, wenn es ein $j \geqq 1$ gibt, so daß $\alpha_j < \beta_j$, aber $\alpha_i = \beta_i$ für $i < j$ ist. Bei dieser Ordnung gibt es zu jedem Quader $(\alpha_1, \alpha_2, \ldots, \alpha_n)$ außer zu dem letzten $(m_1, m_2, \ldots, m_n)$ mindestens einen, $(\alpha_1', \alpha_2', \ldots, \alpha_n')$, der die Bedingungen erfüllt: a) $(\alpha_1', \alpha_2', \ldots, \alpha_n') > (\alpha_1, \alpha_2, \ldots, \alpha_n)$; b) $(\alpha_1', \alpha_2', \ldots, \alpha_n')$ hat mit $(\alpha_1, \alpha_2, \ldots, \alpha_n)$ eine $(n-1)$-dimensionale Seite gemeinsam; c) $(\alpha_1', \alpha_2', \ldots, \alpha_n')$ ist keiner der $\overline{W}_\varkappa$. — In der Tat existiert ein solcher $(\alpha_1', \alpha_2', \ldots, \alpha_n')$; ist nämlich für kein ν $\alpha_\nu = m_\nu$, so erfüllen die Quader $(\alpha_1 + 1, \alpha_2, \ldots, \alpha_n)$ und $(\alpha_1, \alpha_2 + 1, \ldots, \alpha_n)$ beide die Bedingungen a) und b), und mindestens einer von ihnen außerdem c), da die Teilung so fein gewählt war, daß kein Quader an zwei verschiedene $\overline{W}_\varkappa$ stößt; ist andererseits für ein ν $\alpha_\nu = m_\nu$, so gibt es wegen $(\alpha_1, \alpha_2, \ldots, \alpha_n) \neq (m_1, m_2, \ldots, m_n)$ einen Index μ, für den $\alpha_\mu < m_\mu$ ist, und der Quader $(\alpha_1', \alpha_2', \ldots, \alpha_n') = (\alpha_1, \ldots, \alpha_{\mu-1}, \alpha_\mu + 1, \alpha_{\mu+1}, \ldots, \alpha_n)$ erfüllt außer a) und b) auch c), da kein $\overline{W}_\varkappa$ an den Rand stößt und dieses $(\alpha_1', \alpha_2', \ldots, \alpha_n')$ den Index m_ν enthält, also ein Randquader ist.

Sind nun die r ersten der so geordneten Quader derart stetig mit außer in den $P_\varkappa$ nicht verschwindenden Vektoren versehen, daß diese auf dem Rande von E^n und in den $\overline{W}_\varkappa$ mit den dort bereits angebrachten Vektoren übereinstimmen, und ist der nächste, noch nicht mit Vektoren versehene Quader noch nicht der letzte in unserer Ordnung, so können wir auch in ihm in vorschriftsmäßiger Weise Vektoren definieren, die sich stetig an die bereits vorhandenen anschließen; denn infolge der Eigenschaften a), b), c) besitzt er eine noch nicht mit Vektoren belegte $(n-1)$-dimensionale Seite. Die Bestimmung der Vektoren in ihm führt also auf Aufgabe 3, welche wir lösen können. So sind schließlich in allen Quadern, außer in dem letzten, W^*, sowie auf dem Rande $\mathfrak{R}^*$ von W^* die Vektoren definiert. Wie groß ist nun der Grad der durch die auf $\mathfrak{R}^*$ angebrachten Vektoren vermittelten Abbildung von $\mathfrak{R}^*$ auf die Richtungskugel? Um ihn zu bestimmen, addieren wir die Grade der Abbildungen auf die Richtungskugel der Ränder aller Teilquader: Jeder $\overline{W}_\varkappa$ liefert den Beitrag $a_\varkappa$, W^* den Beitrag x, jeder andere Quader den Beitrag 0, da in ihm die Vektoren nirgends verschwinden; die Summe ist also $x + \sum_{\varkappa=1}^{k} a_\varkappa = x + a$; andererseits ist diese Summe gleich dem Grade der Abbildung des Randes der Summe aller Quader, also des Randes von E^n; dieser Grad ist a, d. h. es ist $x = 0$. Mithin läßt sich die Vektorverteilung wegen der Lösbarkeit der Aufgabe 1 auch in W^* nullstellenfrei fortsetzen, und damit ist Aufgabe 4 gelöst.

Zusatz. Bei der Definition der Felder $\overline{\mathfrak{V}}_\varkappa$ in den $\overline{W}_\varkappa$ können wir in weitgehendem Maße willkürlich verfahren, wir haben nur den in $P_\varkappa$ vorgeschriebenen Index zu berücksichtigen. So können wir z. B. ohne weiteres erreichen, daß in $\overline{W}_\varkappa$ die Vektorkomponenten analytische Funktionen der Koordinaten sind. Diese Bemerkung kann mitunter nützlich sein, da es oft angenehm ist, Vektorfelder betrachten zu können, die sich in der Umgebung ihrer Singularitäten möglichst unkompliziert verhalten [12]).

5. Wir verallgemeinern Aufgabe 4 weiter:

M^n sei eine n-dimensionale ($n \geqq 2$), von r $(n-1)$-dimensionalen geschlossenen Mannigfaltigkeiten $M_1^{n-1}, \ldots, M_r^{n-1}$ berandete Teilmannigfaltigkeit des n-dimensionalen euklidischen Raumes, $P_1, \ldots, P_k$ seien Punkte im Innern von M^n, $a_1, \ldots, a_k$ ganze Zahlen. Auf den M_ϱ^{n-1} sind stetige, nirgends verschwindende Vektorverteilungen $\overline{\mathfrak{V}}_\varrho$ definiert; $b_1, \ldots, b_r$ seien die Grade der durch sie vermittelten Abbildungen auf die Richtungskugel, wobei die Indikatrizen der M_ϱ^{n-1} als „Randindikatrizen" von M^n bestimmt sind, und es sei $\sum_{\varkappa=1}^{k} a_\varkappa = \sum_{\varrho=1}^{r} b_\varrho$. Man soll in M^n eine stetige Vektorverteilung $\mathfrak{V}$ mit den Randwerten $\overline{\mathfrak{V}}_\varrho$ konstruieren, die in den $P_\varkappa$, und nur dort, verschwindet, und zwar von den Ordnungen $a_\varkappa$.

Man nehme eine simpliziale Zerlegung von M^n in Simplexe T_λ^n vor, definiere in den nicht auf den M_ϱ^{n-1} liegenden Eckpunkten dieser Zerlegungen willkürliche Vektoren und versehe durch sukzessives Lösen von Aufgaben des Typus 2 alle $(n-1)$-dimensionalen Seiten der Simplexe stetig mit nicht verschwindenden Vektoren, die auf dem M_ϱ^{n-1} mit denen der $\overline{\mathfrak{V}}_\varrho$ übereinstimmen. Dann wähle man im Innern jedes Simplexes T_λ^n einen Punkt C_λ und definiere in T_λ^n ein in C_λ und nur dort verschwindendes Vektorfeld nach dem in Aufgabe 4 bei der Behandlung der Quader $\overline{W}_\varkappa$ angewandten Verfahren. Nun konstruiere man ein ganz im Innern von M^n liegendes, die endlich vielen Punkte C_λ und $P_\varkappa$ im Innern enthaltendes

[12]) Siehe z. B. § 4 der nachstehenden Arbeit: Vektorfelder in n-dimensionalen Mannigfaltigkeiten.

Element E^n (etwa als Umgebungsmenge eines alle $P_\varkappa$ und C_λ verbindenden Streckenzuges; vgl. § 2). c sei der Grad der durch die bisher angebrachten Vektoren vermittelten Abbildung des Randes $\mathfrak{E}^{n-1}$ von E^n auf die Richtungskugel, falls man die Indikatrix von $\mathfrak{E}^{n-1}$ als Randindikatrix von E^n bestimmt; er sei also $-c$, falls man diese Indikatrix als Randindikatrix der Mannigfaltigkeit M_1^n bestimmt, welche aus M^n durch Fortlassen des Innern von E^n entsteht; dann ist, da das Vektorfeld in M_1^n keine Nullstelle hat, $\sum_{\varrho=1}^{r} b_\varrho - c = 0$, $c = \sum_{\varrho=1}^{r} b_\varrho = \sum_{\varkappa=1}^{k} a_\varkappa$. Daher kann man Aufgabe 4 für E^n so lösen, daß man die bisher im Innern von E^n angebrachten Vektoren durch solche mit den vorgeschriebenen Nullstellen und den bereits vorhandenen Randvektoren ersetzt, womit Aufgabe 5 gelöst ist.

§ 6.

Vereinfachter Beweis des Satzes aus § 3 für gewisse Spezialfälle.

Mit Hilfe der bei Behandlung der Randwertaufgaben im vorigen Paragraphen angewandten Methoden kann man den in den §§ 1 und 2 vorbereiteten, in § 3 zu Ende geführten Beweis des Satzes, daß zwei Abbildungen der n-dimensionalen geschlossenen Mannigfaltigkeit μ auf die Kugel S^n sich stetig ineinander überführen lassen, wenn ihre Grade übereinstimmen, durch Zurückführung auf einen leichter zu beweisenden Spezialfall elementarer gestalten, falls man die Gesamtheit der betrachteten Mannigfaltigkeiten μ einschränkt. Die Einschränkung, der μ unterworfen werden muß, besteht darin, daß sich μ durch eine Jordansche, überall stetig differenzierbare Hyperfläche im $(n+1)$-dimensionalen euklidischen Raum repräsentieren läßt, — eine Einschränkung, durch die, wie ich früher gezeigt habe[13]), gewisse Mannigfaltigkeiten von der Betrachtung ausgeschlossen werden.

Die Vereinfachung des Beweises besteht, wie man sehen wird, darin, daß 1. die in § 2 vorgenommene Konzentration der Übereinstimmungspunkte zweier Abbildungen, und 2. die Verwendung der Formel $J_{12} = (-1)^n g_1 + g_2$ in § 3 fortfällt. Da fast alle Schritte des vereinfachten Beweises im Vorstehenden schon vorgekommen sind, sei eine kurze Darstellung unter Berufung auf früher ausführlich behandelte Schlüsse gestattet:

μ lasse sich in der oben genannten Weise durch die Hyperfläche μ_1 repräsentieren. Es soll zunächst gezeigt werden, daß der Beweis geführt ist, falls man Aufgabe 1 (§ 5) lösen kann. μ_2 sei eine Parallelfläche von μ_1, die durch Abtragen einer hinreichend kleinen Strecke a auf den inneren Normalen von μ_1 entsteht, M^{n+1} die von μ_1 und μ_2 begrenzte

[13]) §§ 4, 5 der unter [5]) zitierten Arbeit.

Mannigfaltigkeit. Sind f_1, f_2 zwei Abbildungen des Grades g von μ auf S^n, so bringe man auf μ_1, μ_2 die stetigen, nirgends verschwindenden, die Abbildungen f_1, f_2 von μ_1, μ_2 auf die Richtungskugel vermittelnden Vektorfelder $\overline{\mathfrak{V}}_1$, $\overline{\mathfrak{V}}_2$ an. Die Grade dieser Abbildungen sind, wenn man μ_1 und μ_2 als Berandungen von M^{n+1} orientiert, g und $-g$. Wenn Aufgabe 1 lösbar ist, läßt sich daher, wie die Behandlung von Aufgabe 5 (übrigens ohne Behandlung von 4) zeigt, in M^{n+1} ein stetiges, nirgends verschwindendes Vektorfeld $\mathfrak{V}$ mit den Randfeldern $\overline{\mathfrak{V}}_1$, $\overline{\mathfrak{V}}_2$ definieren. Bezeichnet nun P_t den im Abstand t von dem Punkt P von μ_1 auf der inneren Normalen dieses Punktes liegenden Punkt, und $\mathfrak{v}(P_t)$ den zugehörigen Vektor von $\mathfrak{V}$, so wird durch $\mathfrak{v}(P, t) = \mathfrak{v}(P_t)$, während t von 0 bis a läuft, $\overline{\mathfrak{V}}_1$ in $\overline{\mathfrak{V}}_2$, also f_1 in f_2 stetig übergeführt.

Damit ist der Beweis von Satz II für die jetzt betrachteten μ zurückgeführt auf die Lösbarkeit von Aufgabe 1, also auf denjenigen seiner Spezialfälle, in dem die abgebildete Mannigfaltigkeit selbst die Kugel, der den beiden Abbildungen gemeinsame Grad 0 ist. Beweisen wir Satz II nun für Abbildungen des Grades 0 *beliebiger* Mannigfaltigkeiten, so haben wir ihn für eine Gesamtheit von Sonderfällen bewiesen, in denen der am Anfang dieses Paragraphen genannte, auf Beschränkung auf gewisse μ beruhende, enthalten ist.

f sei also eine Abbildung des Grades 0 der Mannigfaltigkeit μ auf die Kugel S^n. Wir zeigen, daß man f stetig in eine Abbildung auf einen einzigen Punkt A überführen kann, indem wir diese Behauptung für die Dimensionenzahl $n-1$ als bewiesen annehmen: Wir führen f stetig in eine simpliziale Approximation f' über; bei ihr seien $C_1, \ldots, C_m$ die Punkte von μ, deren Bild der Diametralpunkt $\bar{A}$ von A ist. Wir umgeben nun die $C_1, \ldots, C_m$ mit einem Element E, dessen Bild $f'(E)$ einen Punkt R von S^n nicht bedeckt, vollziehen die stereographische Projektion p von R aus auf T_R (vgl. §§ 2, 3) und ordnen jedem Punkt P von E den Vektor mit dem Anfangspunkt $p(\bar{A})$, mit dem Endpunkt $pf'(P)$ zu. Aus der Definition des Abbildungsgrades — ohne Benutzung der früher an der analogen Stelle benutzten Formel $J_{12} = (-1)^n g_1 + g_2$ — folgt, daß die durch diese Vektoren vermittelte Abbildung des Randes von E auf die Richtungskugel von T_R den Grad 0 hat; auf Grund von Hilfssatz II kann man daher (vgl. § 3), da der zu beweisende Satz für $n-1$ gelten soll, f' stetig in eine Abbildung f'' abändern, bei der $\bar{A}$ nicht Bildpunkt ist, und f'' läßt sich nun (s. § 2, letzter Absatz) stetig in die Abbildung auf den zu $\bar{A}$ diametralen Punkt A überführen.

(Eingegangen am 11. 8. 1925.)

6.

Vektorfelder in n-dimensionalen Mannigfaltigkeiten

Math. Ann. **96** (1926), 225–250

Poincaré hat bewiesen, daß es im allgemeinen nicht möglich ist, in jedem Punkt einer stetig differenzierbaren, geschlossenen, unberandeten Fläche vom Geschlecht p einen Tangentialvektor derart anzubringen, daß das so entstehende Vektorfeld überall stetig ist; er hat gezeigt, daß die Summe der „Indizes" der dabei auftretenden Singularitäten den Wert $2 - 2p$ hat, woraus folgt, daß für $p \neq 1$ immer Unstetigkeitsstellen vorhanden sein müssen[1]). Brouwer hat diesen Satz auf die n-dimensionalen Kugeln ausgedehnt: auch hier ist die Summe der Indizes der Singularitäten unabhängig von der speziellen Wahl des Vektorfeldes; sie ist 2 für die Kugeln gerader, 0 für die Kugeln ungerader Dimensionenzahl[2]). Diese Tatsachen lassen sich auch aus einem ungefähr gleichzeitig mit der betreffenden Brouwerschen Arbeit von Hadamard ohne Beweis veröffentlichten allgemeineren Satze folgern, welcher besagt, daß für *jede* im $(n + k)$-dimensionalen $(k \geqq 1)$ euklidischen Raum liegende n-dimensionale, geschlossene, unberandete Mannigfaltigkeit die Summe der Indizes der Singularitäten eines tangentialen Vektorfeldes eine *topologische Invariante* der Mannigfaltigkeit sei, so daß z. B. zur Bestimmung der von Brouwer für die Kugeln angegebenen Zahlen die Betrachtung *spezieller* Vektorfelder genügt[3]). (Wie mir Herr Brouwer mitteilt, sind übrigens die

[1]) Sur les courbes définies par les équations différentielles, 3. partie, chap. 13, Journ. de Math. (4) **1** (1885).

[2]) Über Abbildung von Mannigfaltigkeiten, Math. Ann. **71** (datiert vom Juli 1910).

[3]) Note sur quelques applications de l'indice de Kronecker in Tannery, Introduction à la théorie des fonctions d'une variable II, 2. éd. (1910), Nr. 42. — Es wird dort auf Arbeiten von Poincaré, Dyck, Brouwer verwiesen; in den in Frage kommenden Abhandlungen dieser drei Autoren behandeln Poincaré und Brouwer die im Text genannten speziellen Fälle, während Dyck zwar verwandte Sätze, aber nicht den bei Hadamard formulierten Satz beweist.

Brouwersche und die Hadamardsche Arbeit teilweise unter Gedankenaustausch zwischen den beiden Verfassern entstanden.)

Gelegentlich der Untersuchung der Curvatura integra geschlossener Hyperflächen gelangte ich zu einem Beweis des von Hadamard ausgesprochenen Satzes für den Fall, daß $k=1$ ist[4]); da jedoch, wie sich gleichzeitig herausstellte, nicht jede n-dimensionale geschlossene Mannigfaltigkeit regulär in den $(n+1)$-dimensionalen euklidischen Raum eingebettet werden kann, so handelte es sich dabei nur um einen Spezialfall der fraglichen Behauptung.

In der vorliegenden Arbeit wird sie nun vollständig bewiesen. Der Satz wird dabei in zwei Richtungen verschärft: die eine, unwesentliche, Verschärfung besteht darin, daß man sich von der Einbettung der Mannigfaltigkeit in einen Raum höherer Dimensionenzahl überhaupt frei macht, was bei geeigneter Definition der Vektorfelder, insbesondere bei der Deutung des Vektorfeldes als einer „kleinen Transformation", leicht geschieht; zweitens aber wird die als Summe der Indizes auftretende topologische Invariante wirklich angegeben: sie ist gleich der *Eulerschen Charakteristik* der Mannigfaltigkeit, was nach ihrer in speziellen Fällen bereits vorliegenden Bestimmung zu erwarten war. Singularitätenfreie Vektorfelder sind in einer Mannigfaltigkeit mithin nur möglich, wenn die Charakteristik 0 ist. Die Frage liegt nahe, ob umgekehrt, im Falle verschwindender Charakteristik, also z. B. im Fall einer geschlossenen unberandeten Mannigfaltigkeit ungerader Dimensionenzahl[5]), sich immer ein singularitätenfreies Vektorfeld konstruieren läßt. Diese Frage wird bejaht, indem die gewünschte Konstruktion auf die Lösung gewisser „Randwertaufgaben für Vektorverteilungen" zurückgeführt wird, die ich in anderem Zusammenhang behandelt habe[6]). Eine der Folgerungen aus diesen Tatsachen ist der Satz: „Eine Mannigfaltigkeit gestattet dann und nur dann beliebig kleine fixpunktfreie Transformationen in sich, wenn ihre Charakteristik den Wert 0 hat." Insbesondere läßt also jede unberandete geschlossene Mannigfaltigkeit ungerader Dimensionenzahl derartige Transformationen zu, während dies bei Mannigfaltigkeiten gerader Dimensionenzahl im allgemeinen nicht der Fall ist.

Ein verhältnismäßig breiter Raum (§§ 1, 2) mußte für die Diskussion von — größtenteils bekannten — Begriffen und Tatsachen verwendet werden, welche Komplexe, Mannigfaltigkeiten und deren Darstellung

---

[4]) Über die Curvatura integra geschlossener Hyperflächen, Math. Ann. **95** (1925).

[5]) S. z. B. H. Tietze, Über die topologischen Invarianten mehrdimensionaler Mannigfaltigkeiten, Wiener Monatshefte für Math. u. Phys. **19** (1908), § 8.

[6]) Abbildungsklassen n-dimensionaler Mannigfaltigkeiten, Math. Ann. **96**.

betreffen. Der Zusammenhang zwischen der Indexsumme der Singularitäten eines Vektorfeldes und der Eulerschen Charakteristik wird im wesentlichen in § 3 behandelt; dies geschieht durch Schluß von $n-1$ auf n Dimensionen; dabei ist das $(n-1)$-dimensionale Gebilde, auf das man im Verlauf des für n-dimensionale *Mannigfaltigkeiten* zu führenden Beweises zurückzugehen hat, keine Mannigfaltigkeit mehr, sondern ein „*Komplex*", der Randkomplex der Mannigfaltigkeit. Dieser Umstand macht es notwendig, da man in Komplexen nicht ohne weiteres von Stetigkeit einer Vektorverteilung reden kann, einen neuen Begriff einzuführen, den des „*komplexstetigen* Vektorfeldes". In § 4 wird eine den Beweis des § 3 vervollständigende Hilfskonstruktion nachgetragen, und in § 5 wird dem Satz seine endgültige Formulierung gegeben; er wird in der oben erwähnten Weise als Fixpunktsatz für kleine Transformationen aufgefaßt und auf Grund der Lösbarkeit der „Randwertaufgaben" in der ebenfalls schon angedeuteten Weise umgekehrt; ferner wird gezeigt, daß die Zahlen, die als die „Totalkrümmungen" geschlossener Hyperflächen[4]) auftreten, in vielen Fällen als Eulersche Charakteristiken gedeutet werden können.

§ 1.

Komplexe und ihre Darstellungen.

1. Im n-dimensionalen gewöhnlichen Raum seien β^n Simplexe $T^n_{\nu^n}$ $[\nu^n=1,\ldots,\beta^n]$ gegeben; ihre k-dimensionalen $[0\leqq k<n]$ Randsimplexe seien mit $T^k_{\nu^k}$ $[\nu^k=1,\ldots,\beta^k]$ bezeichnet. Die $T^n_{\nu^n}$ bilden eine „Komplexdarstellung" $\mathfrak{D}^n$, wenn zwischen den Punkten gewisser $T^n_{\nu^n}$, die, „miteinander verbunden" genannt werden, Zuordnungen folgender Art bestehen:

T^n_1, T^n_2 seien miteinander verbunden; dann gibt es zwei zu T^n_1, T^n_2 gehörige Simplexe T^k_1, T^k_2 $[0\leqq k\leqq n]$, deren Punkte eineindeutig und stetig so aufeinander bezogen sind, daß jedem T^p_1 $[0\leqq p\leqq k]$ von T^k_1 ein T^p_2 von T^k_2 entspricht, während zwei nicht zu T^k_1, T^k_2 gehörige Punkte A_1, A_2 von T^n_1, T^n_2 nicht einander zugeordnet sind. Diese Zuordnung ist transitiv, d. h.: sind einerseits A_1, A_2, andererseits A_2, A_3 einander zugeordnete Punkte von T^n_1, T^n_2 bzw. T^n_2, T^n_3, so sind auch A_1, A_3 einander zugeordnet.

Infolge der Transitivität können wir für jedes p $[0\leqq p\leqq n]$ die β^p Simplexe $T^p_{\nu^p}$ derart in α^p Gruppen $g^p_{\lambda^p}$ $[\lambda^p=1,\ldots,\alpha^p;\ 1\leqq\alpha^p\leqq\beta^p]$ einteilen, daß die einer g^p angehörigen T^p einander zugeordnet sind, und analog lassen sich die Punkte A in Gruppen a zusammenfassen. Wir nennen die Gruppen a die „Punkte", die Gruppen $g^p_{\lambda^p}$ die „Simplexe" des „durch $\mathfrak{D}^n$ dargestellen Komplexes C^n", und sagen, daß zwei zu derselben Gruppe gehörige Punkte bzw. Simplexe von $\mathfrak{D}^n$ „identisch in C^n" sind.

2. Ist in zwei Komplexdarstellungen $\mathfrak{D}_1^n$, $\mathfrak{D}_2^n$ für jedes k: $\beta_1^k = \beta_2^k$, und unterscheiden sie sich nicht hinsichtlich der Gruppierungen $g_{\lambda k}^k$ ihrer Simplexe, sondern nur hinsichtlich der Punktzuordnungen innerhalb der Simplexe $T_{\nu k}^k$, so nennen wir sie „isomorph"; zwei durch isomorphe $\mathfrak{D}_1^n$, $\mathfrak{D}_2^n$ dargestellte Komplexe C_1^n, C_2^n lassen sich eineindeutig und stetig so aufeinander abbilden, daß k-dimensionale Simplexe einander so entsprechen, wie es durch den Isomorphismus vorgeschrieben ist[7]), und wir betrachten sie als nicht voneinander verschieden.

Zu jeder Darstellung $\mathfrak{D}^n$ gibt es eine ihr isomorphe „affine" Darstellung $\mathfrak{A}^n$, d. h. eine solche, in der die Abbildungen von je zwei einander zugeordneten Simplexen aufeinander affin sind; um eine solche Darstellung zu erhalten, hat man nur mit je zwei Simplexen $T_{\nu k}^k$ diejenige affine Abbildung aufeinander vorzunehmen, die durch die vermöge $\mathfrak{D}^n$ vorgeschriebene Zuordnung ihrer Ecken eindeutig bestimmt ist.

Eine Darstellung $\mathfrak{D}^n$ heißt „reduziert", wenn in ihr $\alpha^n = \beta^n$ ist, d. h. wenn Zuordnungen nur für Randpunkte, nicht für innere Punkte der $T_{\nu n}^n$ vorgenommen sind. Man kann jede Darstellung durch Fortlassung gewisser $T_{\nu n}^n$ „reduzieren", und wir betrachten den durch die reduzierte Darstellung repräsentierten Komplex als nicht verschieden von dem ursprünglichen. Im allgemeinen haben wir im folgenden reduzierte affine Komplexdarstellungen im Auge.

3. Die $(n-1)$-dimensionalen Randsimplexe $T_{\nu\, n-1}^{n-1}$ von $\mathfrak{D}^n$ bilden bei Aufrechterhaltung der durch $\mathfrak{D}^n$ vorgeschriebenen Zuordnungen eine $(n-1)$-dimensionale Komplexdarstellung $\mathfrak{D}^{n-1}$. Ist $\mathfrak{D}^n$ affin, so ist auch $\mathfrak{D}^{n-1}$ affin, jedoch ist $\mathfrak{D}^{n-1}$ im allgemeinen auch bei reduziertem $\mathfrak{D}^n$ nicht reduziert. Den durch $\mathfrak{D}^{n-1}$ dargestellten Komplex C^{n-1} nennen wir den „Randkomplex" von C^n.

4. Zerlegt man jedes $T_{\nu n}^n$ von $\mathfrak{D}^n$ derart in endlich viele Teilsimplexe, daß die so entstandenen Zerlegungen verschiedener $T_{\nu k}^k$ $[1 \leq k \leq n]$, sofern diese einander zugeordnet sind, miteinander „identisch in C^n" sind, so entsteht damit „durch Unterteilung" von $\mathfrak{D}^n$ bzw. C^n eine Darstellung $\mathfrak{D}_1^n$ eines Komplexes C_1^n. C^n und C_1^n haben bekanntlich dieselbe „Eulersche Charakteristik"; diese ist in der obigen Bezeichnung für C^n definiert als $\sum_{k=0}^{n}(-1)^k \alpha^k$. Durch die mit den $T_{\nu n}^n$ vorgenommene Zerlegung entsteht gleichzeitig durch Unterteilung von $\mathfrak{D}^{n-1}$ bzw. C^{n-1} eine Darstellung $\mathfrak{D}_1^{n-1}$ des Randkomplexes C_1^{n-1} von C_1^n.

[7]) H. Kneser, Die Topologie der Mannigfaltigkeiten (Anhang), Jahresbericht d. Deutsch. Math. Ver. **34**, 1.—4. Heft (1925). — Es werden dort zwar nur Mannigfaltigkeiten betrachtet, doch bleibt die Argumentation unverändert für Komplexe gültig.

$\mathfrak{A}^n$ sei eine affine Darstellung. Dann ist jede durch Unterteilung entstandene Darstellung $\mathfrak{A}_1^n$ auch affin. Man kann mit einer vorgelegten affinen Darstellung $\mathfrak{A}^n$ folgendermaßen eine beliebig dichte Unterteilung vornehmen: m sei eine beliebig große ganze Zahl; man teile jede Kante $T_{\nu 1}^1$ in m gleiche Teile und lege durch jeden Teilpunkt A die parallelen ebenen Räume zu denjenigen T^{n-1}, die demselben T^n angehören wie A, ohne A zu enthalten. Auf diese Weise wird jedes T^k in endlich viele beliebig kleine konvexe Polyeder P^k zerlegt, und diese Zerlegungen sind in einander zugeordneten T^k „identisch in C^n". Die P^k zerlegt man nun weiter in Simplexe, und zwar wieder unter Beachtung der vorhandenen Zuordnungen, so daß eine Unterteilung von C^n entsteht[8]. — Dabei ist für eine spätere Anwendung folgende Bemerkung wichtig: Bezeichnen wir zwei Polyeder als nach „Gestalt und Lage" nicht voneinander verschieden, wenn sie durch Dehnung und Translation — also in einem $(x_1, \ldots, x_n)$-Koordinatensystem durch eine Transformation $x'_\nu = c\,x_\nu + a_\nu$ $[\nu = 1, \ldots, n]$ — ineinander übergeführt werden können, so kommen für die P^n, unabhängig von der Zahl m, nach Gestalt und Lage nur *endlich* viele Polyeder in Betracht. In der Tat: führen wir z. B. in T_1^n, dessen Seiten $T_1^{n-1}, \ldots, T_{n+1}^{n-1}$ seien, derart ein affines Koordinatensystem ein, daß die der Seite T_{n+1}^{n-1} gegenüberliegende Ecke der Nullpunkt, die von ihm ausgehenden Kanten die Achsen, die übrigen n Ecken die Einheitspunkte auf den Achsen sind, so ist ein zu T_1^n gehöriges P^n ein Teil eines „Parallelepipedons" Π, dessen Kanten den Einheitsstrecken des Koordinatensystems parallel und proportional — nämlich von der Länge $\frac{1}{m}$ — sind, also eines nach Gestalt und Lage von m unabhängigen Gebildes; und zwar ist P^n eines der Stücke von Π, die man erhält, wenn man durch jede Ecke von Π den zu T_{n+1}^{n-1} parallelen ebenen Raum legt, die also ebenfalls nach Gestalt und Lage von vornherein bestimmt sind. Nun läßt sich auch die Zerlegung dieser P^n in Simplexe nach Gestalt und Lage von vornherein vorschreiben[9]. — Diese Überlegung gilt für jedes einzelne $T_{\nu n}^n$; damit ist gezeigt, daß man durch eine beliebig dichte Unterteilung (d. h. eine Unterteilung mit beliebig großem m) von $\mathfrak{A}^n$ eine Darstellung $\mathfrak{A}_1^n$ herstellen kann, deren Simplexe von vornherein in bezug auf Gestalt und Lage auf endlich viele vorgegebene, allein durch $\mathfrak{A}^n$ bestimmte mögliche Fälle beschränkt sind.

5. Es sei T_1^n ein Simplex von $\mathfrak{D}^n$, T_1^{n-k} $[k \geqq 1]$ ein Randsimplex von T_1^n. T_1^{n-k} gehört k Simplexen $T_\varkappa^{n-1}$ $[\varkappa = 1, \ldots, k]$ an; der T_1^{n-k}

---

[8]) Hadamard, a. a. O. Nr. 10, Fußnote 2).

[9]) Man verbinde den Schwerpunkt jedes P^k $[2 \leqq k \leqq n]$ mit jeder Ecke von P^k und mit dem Schwerpunkt jedes P^l $[2 \leqq l < k]$, das dem Rand von P^k angehört.

enthaltende ebene $(n-k)$-dimensionale Raum E^{n-k} ist der Durchschnitt der k $(n-1)$-dimensionalen ebenen Räume $E_\varkappa^{n-1}$, welche die $T_\varkappa^{n-1}$ enthalten. Jeder $E_\varkappa^{n-1}$ zerlegt den n-dimensionalen Raum in zwei Teile; denjenigen, der T_1^n enthält, nennen wir die „positive Seite" von $E_\varkappa^{n-1}$. Den Durchschnitt der positiven Seiten der $E_\varkappa^{n-1}$ $[\varkappa = 1, \ldots, k]$ nennen wir das „Innere" des durch die $E_\varkappa^{n-1}$ gebildeten „k-fachen Winkels W_k^n", dessen Scheitel E^{n-k} ist; das Innere mit Einschluß des Randes ist der „abgeschlossene Winkelraum" W_k^n. (Unter einem W_1^n ist demnach die durch einen E^{n-1} bestimmte positive Hälfte des Raumes zu verstehen.) Jeder W_k^n wird begrenzt durch k abgeschlossene Winkelräume W_{k-1}^{n-1}, die der durch $\mathfrak{D}^n$ definierten Darstellung $\mathfrak{D}^{n-1}$ des Randkomplexes C^{n-1} angehören.

6. $\mathfrak{A}^n$ sei eine affine reduzierte Darstellung von C^n, $\mathfrak{A}^{n-1}$ die zugehörige affine (nicht reduzierte) Darstellung des Randkomplexes C^{n-1}, $\mathfrak{A}_1^{n-1}$ eine reduzierte affine Darstellung von C^{n-1} in einem ebenen Raum F^{n-1}. E_1^{n-1} sei der das Randsimplex T_1^{n-1} von $\mathfrak{A}^n$ enthaltende ebene Raum, P_1 ein Punkt von T_1^{n-1}, $\mathfrak{w}_1$ ein in P_1 angebrachter, in E_1^{n-1} liegender Halbstrahl. Sind $T_2^{n-1} \ldots T_r^{n-1}$ die mit T_1^{n-1} in C^n identischen Randsimplexe von $\mathfrak{A}^n$, $P_2, \ldots, P_r$ die Punkte in ihnen, die mit P_1 identisch sind, so sind vermöge der affinen Zuordnung zwischen den die T_ϱ^{n-1} $[\varrho = 1, \ldots, r]$ enthaltenden E_ϱ^{n-1} Halbstrahlen $\mathfrak{w}_2, \ldots, \mathfrak{w}_r$ definiert, die in den P_ϱ beginnen und in den E_ϱ^{n-1} liegen. Diesen r in $\mathfrak{A}^{n-1}$ definierten Strahlen entspricht in $\mathfrak{A}_1^{n-1}$ vermöge der affinen und transitiven Zuordnung genau ein Strahl $\mathfrak{w}^*$ von F^{n-1}, der in dem P_1 entsprechenden Punkt p des Simplexes t^{n-1} von $\mathfrak{A}_1^{n-1}$ angebracht ist, welches das Bild der T_ϱ^{n-1} ist. Gehören P_1 und $\mathfrak{w}_1$ gleichzeitig mehreren $(n-1)$-dimensionalen Randsimplexen T^{n-1} von $\mathfrak{A}^n$ an, so entsprechen dem Halbstrahl $\mathfrak{w}_1$ und den mit ihm in C^n identischen Halbstrahlen $\mathfrak{w}_2, \ldots, \mathfrak{w}_m$ $[m \geq r]$ von $\mathfrak{A}^n$ mehrere Halbstrahlen von F^{n-1}, welche dann jedoch alle in *Randräumen* von $\mathfrak{A}_1^{n-1}$ liegen und vermöge der affinen und transitiven Beziehung zwischen den Randräumen von $\mathfrak{A}_1^{n-1}$ aufeinander abgebildet sind.

7. Es sei $k \geq 1$, T^{n-k} ein Randsimplex von $\mathfrak{A}^n$, P ein Punkt von T^{n-k}, E^{n-k} der T^{n-k} enthaltende ebene Raum, W_k^n der zu E^{n-k} als Scheitel gehörige k-fache Winkel, $\mathfrak{u}$ ein in P angebrachter, ins Innere von W_k^n gerichteter Halbstrahl, $\bar{\mathfrak{u}}$ der zu $\mathfrak{u}$ diametrale Halbstrahl, e^2 eine von $\mathfrak{u}$ und $\bar{\mathfrak{u}}$ ausgespannte 2-dimensionale Halbebene. e^2 schneidet jeden der k Randräume $E_\varkappa^{n-1}$ $[\varkappa = 1, \ldots, k]$, die E^{n-k} enthalten, in einem Halbstrahl $\mathfrak{w}_\varkappa$. Sind $T_\varkappa^{n-1}$ die den $E_\varkappa^{n-1}$ angehörigen Randsimplexe, so entspricht jedem $T_\varkappa^{n-1}$ ein Simplex $t_\varkappa^{n-1}$ von $\mathfrak{A}_1^{n-1}$, an jedem von diesen gibt es ein $t_\varkappa^{n-k}$, welches das Bild von T^{n-k} ist, zu jedem $t_\varkappa^{n-k}$ gehört

ein Winkel $(w_{k-1}^{n-1})_\varkappa$ von $\mathfrak{A}_1^{n-1}$; in jedem $t_\varkappa^{n-k}$ gibt es einen Bildpunkt $p_\varkappa$ von P, und jedem $\mathfrak{w}_\varkappa$ entspricht ein in $p_\varkappa$ angebrachter Strahl $\mathfrak{w}_\varkappa^*$ von F^{n-1}. Wir betrachten die Richtungen dieser $\mathfrak{w}_\varkappa^*$ genauer; es sind zwei Fälle zu unterscheiden:

I. (Hauptfall): e^2 habe mit je 2 der $E_\varkappa^{n-1}$ nur den Punkt P gemeinsam; dann gehört jeder der Strahlen $\mathfrak{w}_\varkappa$ nur einem $T_\varkappa^{n-1}$ an; kein $\mathfrak{w}_\varkappa^*$ ist daher in einem $(n-2)$-dimensionalen Randraum von $\mathfrak{A}_1^{n-1}$ gelegen. Dreht man $\mathfrak{u}$ in e^2 bis in die Lage $\bar{\mathfrak{u}}$, so sei $\mathfrak{w}_1$ der *erste* Schnitt mit einem $E_\varkappa^{n-1}$; dann ist $\mathfrak{w}_1$ der *einzige* $\mathfrak{w}_\varkappa$, der dem Rande von W_k^n angehört, da alle andern $\mathfrak{w}_\varkappa$ ins *Äußere* von W_k^n zeigen. Daher zeigt $\mathfrak{w}_1^*$ ins *Innere* von $(w_{k-1}^{n-1})_1$, während alle anderen $\mathfrak{w}_\varkappa^*$ ins *Äußere* ihrer $(w_{k-1}^{n-1})_\varkappa$ gerichtet sind.

II. (Grenzfall): e^2 habe mit mehreren der $E_\varkappa^{n-1}$ gleichzeitig außer P noch einen Punkt, also einen Halbstrahl gemeinsam; dann sind nicht alle $\mathfrak{w}_\varkappa$ voneinander verschieden. Die k Halbstrahlen $w_\varkappa$ lassen sich in i Gruppen $(i < k)$ derart zusammenfassen, daß die Strahlen einer Gruppe in einen Strahl $\mathfrak{w}_j'$ $[j = 1, \ldots, i]$ zusammenfallen. Für die $\mathfrak{w}_j'$ bleiben die in Fall I für die $\mathfrak{w}_i$ festgestellten Tatsachen richtig. Ist $\mathfrak{w}_1'$ der *erste* Schnitt des gedrehten Strahls u mit einem $E_\varkappa^{n-1}$ und ist $\mathfrak{w}_1'$ nur mit einem einzigen $\mathfrak{w}_\varkappa$ identisch, so bleibt das Resultat der Überlegung von Fall I unverändert bestehen, daß von den $\mathfrak{w}_\varkappa^*$ $[\varkappa = 1, \ldots, k]$ genau einer, nämlich $\mathfrak{w}_1^*$, ins *Innere* seines $(w_{k-1}^{n-1})_1$ zeigt, alle anderen $\mathfrak{w}_\varkappa^*$ ins *Äußere* ihrer (w_{k-1}^{n-1}) gerichtet sind. Ist dagegen $\mathfrak{w}_1'$ mit mehreren $\mathfrak{w}_\varkappa$ identisch, so ist diese Tatsache dahin zu modifizieren, daß gewisse $\mathfrak{w}_\varkappa^*$, etwa $\mathfrak{w}_1^*, \ldots, \mathfrak{w}_m^*$ (nämlich diejenigen, die $\mathfrak{w}_1'$ entsprechen), den *Rändern* ihrer $(w_{k-1}^{n-1})_\varkappa$ angehören, und zwar so, daß sie vermöge der in $\mathfrak{A}_1^{n-1}$ definierten affinen transitiven Zuordnungen aufeinander abgebildet sind, während alle anderen $\mathfrak{w}_\varkappa^*$ $[\varkappa = m+1, \ldots, k]$ ins *Äußere* ihrer $(w_{k-1}^{n-1})_\varkappa$ weisen.

Bevor wir die hiermit festgestellten Tatsachen verwerten, haben wir noch spezielle Komplexe zu betrachten.

§ 2.

Mannigfaltigkeiten und ihre Darstellungen.

1. Ein Eckpunkt $T_{\nu 0}^0$ einer reduzierten Darstellung von C^n heißt ein „regulärer Eckpunkt“, wenn die $T_{\nu k}^k$ $[k = 1, \ldots, n]$, die ihn sowie die mit ihm in C^n identischen Punkte enthalten, einander zugeordnet sind wie zusammenfallende Simplexe und Randsimplexe der Simplexe eines gewissen Simplexsterns des n-dimensionalen kartesischen Raums. Dabei verstehen wir unter einem Simplexstern ein aus endlich vielen Simplexen derart zusammengesetztes Element S^n, daß alle Simplexe einen Eckpunkt

A gemeinsam haben, während alle andern Eckpunkte auf einer Kugel um A liegen[10]); $T_{\nu 0}^0$ heißt „innerer" oder „Randeckpunkt", je nachdem A im Innern oder auf dem Rande von S^n liegt.

Ein Komplex, der nur reguläre Eckpunkte — innere oder Randpunkte — besitzt und außerdem „zusammenhängend" ist, d. h. in dem man von jedem T_1^n zu jedem andern T_2^n durch eine Kette von T^n gelangen kann, in welcher jedes T^n mit dem folgenden verbunden ist, heißt eine (geschlossene) „Mannigfaltigkeit" M^n. Hat M^n nur innere Eckpunkte, so heißt sie „unberandet"[11]); hat M^n auch Randeckpunkte, so bilden alle „Randpunkte" eine endliche Anzahl geschlossener unberandeter $(n-1)$-dimensionaler Mannigfaltigkeiten[12]); dabei heißt ein Punkt ein Randpunkt von M^n, wenn er einem solchen Randsimplex angehört, dem bei jeder Zuordnung zu den Simplexen eines Simplexsterns S^n ein aus Randpunkten von S^n gebildetes Simplex entspricht.

Ein Komplex, dessen Darstellung $\mathfrak{D}_1^n$ durch Unterteilung einer Darstellung $\mathfrak{D}^n$ einer Mannigfaltigkeit M^n entsteht, ist, wie aus der Definition folgt, selbst eine Mannigfaltigkeit. Diese gilt für uns als nicht verschieden von M^n.

2. Wir betrachten die *gleichzeitige* Abbildung mehrerer in M^n miteinander verbundener Simplexe einer Darstellung auf Teile eines Elements im kartesischen Raum: Seien zunächst $T_{\nu n}^n$ die Simplexe einer affinen Darstellung $\mathfrak{A}^n$ von M^n, T_0^0 eine Ecke, S_0^n der zugehörige Simplexstern; dann läßt sich die zwischen den k-dimensionalen Simplexen Z_ϱ^k $(0 \leq k \leq n)$ von S_0^n einerseits und den Simplexen $T_{\nu k}^k$ andererseits bestehende *Zuordnung*, soweit diese definiert ist, zu einer *Abbildung* verschärfen, indem man zwischen jedem Simplex Z_ϱ^k von S_0^n und dem ihm zugeordneten $T_{\nu k}^k$ die durch die Zuordnung der Ecken von Z_ϱ^k zu denen von $T_{\nu k}^k$ eindeutig definierte affine Abbildung ausführt; auf diese Weise wird S_0^n auf denjenigen Teil Σ_0^n von M^n eineindeutig und stetig abgebildet, der in $\mathfrak{A}^n$ durch alle den Eckpunkt T_0^0 oder einen mit ihm in M^n identischen Eckpunkt T_i^0 enthaltende Simplexe T_i^n dargestellt wird.

3. Der so auf ein Stück des kartesischen Raums abgebildete Teil Σ_0^n von M^n umfaßt alle Simplexe, welche in M^n die Umgebung eines *Punktes*, nämlich des durch T_0^0 repräsentierten, bilden; wir suchen nun eine analoge

---

10) Diese Definition des Simplexsterns weicht unwesentlich ab von der von Brouwer in der unter 2) zitierten Arbeit gegebenen.

11) Dann hat M^n offenbar überhaupt nur „innere" Punkte im gewöhnlichen Sinne; vgl. dazu den unter 7) zitierten Bericht von H. Kneser.

12) Hadamard, a. a. O. Nr. 16.

Abbildung der ganzen Umgebung eines *Simplexes* einer Darstellung von M^n; wir definieren:

Eine affine Darstellung $\mathfrak{A}_1^n$ von M^n heißt eine „Umgebungsdarstellung", wenn sich zu jedem ihrer Simplexe T_0^n ein Element E_0^n des gewöhnlichen Raumes mit folgender Eigenschaft angeben läßt: Ist Ω_0^n die „Simplexumgebung von T_0^n", d. h. der durch die mit T_0^n verbundenen Simplexe T_i^n $[i=1,\ldots,m]$ in $\mathfrak{A}_1^n$ dargestellte Teil von M^n, so läßt sich E_0^n in $m+1$ Simplexe $z_{0,i}^n$ $[i=0,1,\ldots,m]$ zerlegen und eineindeutig und stetig so auf Ω_0^n abbilden, daß dabei $z_{0,i}^n$ auf T_i^n $[i=0,1,\ldots,m]$ affin bezogen ist[13]).

Wir zeigen, daß man von jeder M^n eine Umgebungsdarstellung herstellen kann: $\mathfrak{A}^n$ sei die oben besprochene affine Darstellung, in bezug auf die man die für ein einzelnes ν^0 geschilderte Abbildung der $S_{\nu^0}^n$ und $\Sigma_{\nu^0}^n$ $[\nu^0=1,\ldots,\beta^0]$ vorgenommen hat. Wir stellen durch Unterteilung eine Darstellung $\mathfrak{A}_1^n$ von M^n her, indem wir jede eindimensionale Kante $T_{\nu^1}^1$ in $n+1$ gleiche Teile teilen, durch die Teilpunkte die zu den Seiten $T_{\nu^{n-1}}^{n-1}$ parallelen ebenen $(n-1)$-dimensionalen Räume legen und die so entstehenden konvexen Polyeder in Simplexe zerlegen. Ist t_0^n ein Simplex der Darstellung $\mathfrak{A}_1^n$ und etwa T_0^n das Simplex von $\mathfrak{A}^n$, dem t_0^n angehört, so gibt es eine $(n-1)$-dimensionale Seite von T_0^n, mit der t_0^n keinen Punkt gemeinsam hat; in der Tat, führen wir (wie in § 1, 4) ein affines Koordinatensystem $\xi_1,\ldots,\xi_n$ in T_0^n ein, dessen Nullpunkt die Ecke von T_0^n ist, in welcher sich die Seiten $T_1^{n-1},\ldots,T_n^{n-1}$ schneiden, dessen Achsen die vom Nullpunkt ausgehenden Kanten, dessen Einheitspunkte auf den Achsen die übrigen Ecken von T_0^n sind, so genügen die Koordinaten jedes Punktes eines Simplexes der Darstellung $\mathfrak{A}_1^n$, welches mit jeder der Seiten $T_1^{n-1},\ldots,T_n^{n-1}$ einen Punkt gemein hat, den Ungleichungen

$$\xi_i \leqq \frac{1}{n+1} \quad [i=1,\ldots,n]; \qquad \sum_{i=1}^{n} \xi_i < 1;$$

dieses Simplex besitzt daher auf der letzten durch die Gleichung $\sum_{i=1}^{n} \xi_i = 1$ definierten Seite T_{n+1}^{n-1} von T_0^n keinen Punkt. — Also gibt es zu t_0^n eine Seite von T_0^n, z. B. T_0^{n-1}, mit der t_0^n keinen Punkt gemeinsam hat. Ist nun T_0^0 der T_0^{n-1} gegenüberliegende Eckpunkt von T_0^n, S_0^n der zu T_0^0 gehörige Simplexstern, so ist die oben besprochene eineindeutige stetige und stückweise affine Beziehung zwischen S_0^n und den Simplexen von $\mathfrak{A}^n$, die einen mit T_0^0 in M^n identischen Eckpunkt enthalten, in t_0^n sowie in *jedem*

---

[13]) Allgemein bezeichnet also z_{ν_1,ν_2}^n in dem die Simplexumgebung von $T_{\nu_1}^n$ darstellenden Element $E_{\nu_1}^n$ dasjenige Teilsimplex, welches das Bild von $T_{\nu_2}^n$ ist.

mit t_0^n verbundenen Simplex von $\mathfrak{A}_1^n$, also in der „Simplexumgebung" Ω_0^n von t_0^n erklärt, d. h.: $\mathfrak{A}_1^n$ ist eine Umgebungsdarstellung.

Wir können nun zur Darstellung von M^n an Stelle der $t_{\mu^n}^n$ direkt die oben definierten Simplexe z_{μ^n,μ^n}^n benutzen, und erhalten so, wenn wir, um zu unserer früheren Bezeichnungsweise zurückzukehren, von vornherein $z_{\mu^n,\mu^n}^n = T_{\mu^n}^n$ setzen, eine Umgebungsdarstellung, die folgendermaßen aussieht: An jedes Simplex $T_{\mu^n}^n$ [14]) sind an denjenigen Randsimplexen, die keine Randpunkte von M^n repräsentieren, Simplexe $z_{\mu^n,i}^n$ $[i = 1, \ldots, m_{\mu^n}]$ [13]) angebracht, die zusammen mit $T_{\mu^n}^n$ ein Element $E_{\mu^n}^n$, das eineindeutige Bild der Simplexumgebung $\Omega_{\mu^n}^n$ von $T_{\mu^n}^n$ in M^n, bilden; dabei sind je zwei Simplexe $z_{\mu_1^n,\mu^n}^n$, $z_{\mu_2^n,\mu^n}^n$, die zu zwei verschiedenen Elementen $E_{\mu_1^n}^n$, $E_{\mu_2^n}^n$ gehören und denen dasselbe durch $T_{\mu^n}^n = z_{\mu^n,\mu^n}^n$ repräsentierte Stück von M^n entspricht, durch Vermittelung von M^n affin aufeinander abgebildet.

4. Diese „ausgezeichnete Umgebungsdarstellung" von M^n, die wir wieder mit $\mathfrak{A}^n$ bezeichnen wollen, ist geeignet zur Untersuchung gewisser *Transformationen* von M^n:

Eine eindeutige stetige Abbildung von M^n auf sich oder einen Teil von sich heiße in bezug auf $\mathfrak{A}^n$ eine „Umgebungstransformation" von M^n, wenn jeder durch einen Punkt eines $T_{\mu^n}^n$ repräsentierte Punkt von M^n in einen Punkt der Simplexumgebung $\Omega_{\mu^n}^n$ von $T_{\mu^n}^n$ übergeht.

Z. B. sind die Transformationen f_i einer in ganz M^n gleichmäßig gegen die Identität konvergierenden Transformationsfolge $f_1, f_2, \ldots$ in bezug auf jede beliebige ausgezeichnete Umgebungsdarstellung $\mathfrak{A}^n$ von einem gewissen, von $\mathfrak{A}^n$ abhängigen Index an Umgebungstransformationen; dies drücken wir gelegentlich so aus, daß wir sagen, eine „beliebig kleine Transformation" von M^n ist eine Umgebungstransformation in bezug auf jede ausgezeichnete Normaldarstellung.

Ist f in bezug auf $\mathfrak{A}^n$ eine Umgebungstransformation, so ist durch sie in eindeutiger Weise eine eindeutige und stetige Abbildung f_{μ^n} jedes Simplexes $T_{\mu^n}^n$ auf eine dem Element $E_{\mu^n}^n$ angehörige Punktmenge definiert. Wir nehmen an, daß f höchstens endlich viele Fixpunkte hat und daß diese nur *inneren* Punkten der $T_{\mu^n}^n$ entsprechen. Bringen wir nun in jedem Punkt P von $T_{\mu^n}^n$ den nach dem Punkt $f_{\mu^n}(P)$ weisenden Vektor $\mathfrak{v}(P)$ an, so ist dieses Vektorfeld $\mathfrak{V}$ in einem gewissen Sinne, von den Fix-

[14]) μ^n bezeichnet also jetzt, ebenso wie im § 1 ν^n, einen von 1 bis α^n laufenden Index.

punkten abgesehen[15]), in ganz M^n eindeutig und stetig. Es hat, unter Benutzung der Bezeichnungen des § 1, u. a. folgende Eigenschaften:

A. In jedem einzelnen $T^n_{\mu^n}$ $[\mu^n = 1, \ldots, \beta^n]$ ist $\mathfrak{V}$ eindeutig und stetig, abgesehen höchstens von endlich vielen im Innern gelegenen Punkten.

B. P_0 sei ein Randpunkt von T^n_0 und gehöre einem Randsimplex T^{n-k}_0 $[1 \leqq k \leqq n]$ an; T^{n-k}_ϱ $[\varrho = 1, \ldots, r]$ seien die mit T^{n-k}_0 identischen Randsimplexe anderer $T^n_{\mu^n}$, P_ϱ die mit P_0 identischen Punkte der T^{n-k}_ϱ, $(W^n_k)_\varrho$ $[\varrho = 0, 1, \ldots, r]$ die k-fachen Winkel, deren Scheitel die T^{n-k}_ϱ sind. Dann tritt stets einer von folgenden beiden Fällen ein:

I. (Hauptfall): Von den $r+1$ Vektoren $\mathfrak{v}(P_\varrho)$ weist *genau einer ins Innere* seines $(W^n_k)_\varrho$, während *alle anderen ins Äußere* ihrer $(W^n_k)_\varrho$ gerichtet sind.

II. (Grenzfall): *Einige* der $\mathfrak{v}(P_\varrho)$ gehören den *Rändern* ihrer $(W^n_k)_\varrho$ an und sind vermöge der zwischen den Randräumen bestehenden affinen und transitiven Zuordnungen aufeinander abgebildet, während *die übrigen* $\mathfrak{v}(P_\varrho)$ *ins Äußere* ihrer $(W^n_k)_\varrho$ zeigen.

Wie man erkennt, tritt Fall II dann und nur dann ein, wenn P_0 und $f_0(P_0)$ demselben Randsimplex angehören.

§ 3.

Komplexstetige Vektorfelder.

Bei der am Schluß des vorigen Paragraphen gewählten Formulierung der Eigenschaften A und B des Vektorfeldes $\mathfrak{V}$ ist kein Gebrauch von der Tatsache gemacht, daß wir eine *Umgebungsdarstellung* einer *Mannigfaltigkeit* vor uns haben. Liegt eine reduzierte *affine* Darstellung $\mathfrak{A}^n$ eines beliebigen *Komplexes* C^n vor, so wird keine der eben ausgesprochenen Eigenschaften sinnlos, wenn wir M^n durch C^n ersetzen. Wir dürfen daher definieren:

Eine Zuordnung $\mathfrak{V}$ von Vektoren $\mathfrak{v}(P)$ zu den Punkten P der reduzierten affinen Darstellung $\mathfrak{A}^n$ des Komplexes C^n heißt ein „in C^n (in bezug auf $\mathfrak{A}^n$) *komplexstetiges* Vektorfeld“, wenn sie den Forderungen A und B genügt. [Siehe den „Zusatz“ am Schluß dieser Arbeit.]

1. Von den Eigenschaften komplexstetiger Vektorfelder, die uns im Folgenden beschäftigen werden, sei zunächst festgestellt: Ist $\mathfrak{A}^n_1$ eine durch Unterteilung von $\mathfrak{A}^n$ entstandene Komplexdarstellung, so ist $\mathfrak{V}$ auch komplexstetig in bezug auf $\mathfrak{A}^n_1$, vorausgesetzt, daß kein singulärer Punkt

[15]) Von nun an kommt es uns, wenn nicht ausdrücklich etwas anderes bemerkt wird, stets nur auf die Stetigkeit der Richtungen, nicht der Längen der Vektoren an; Nullstellen des Vektorfeldes gelten daher als Singularitäten.

von $\mathfrak{V}$ auf einem Randsimplex der Darstellung $\mathfrak{A}_1^n$ liegt. Von der Richtigkeit dieser Behauptung überzeugt man sich durch die Feststellung, daß $\mathfrak{V}$ die Eigenschaft B nicht nur, wie vorausgesetzt, auf den Rändern der Darstellung $\mathfrak{A}_1^n$, sondern auch auf den bei der Unterteilung neu entstandenen Rändern hat, in denen $\mathfrak{V}$ stetig im gewöhnlichen Sinne ist.

2. Eine zweite wichtige Eigenschaft der komplexstetigen Vektorfelder betrifft die „Projektion des komplexstetigen Vektorfeldes $\mathfrak{V}$ auf den Randkomplex". Darunter ist Folgendes zu verstehen: C^n, $\mathfrak{A}^n$, $\mathfrak{V}$ haben dieselben Bedeutungen wie bisher, $\mathfrak{A}^{n-1}$ sei die durch $\mathfrak{A}^n$ definierte nicht reduzierte Darstellung des Randkomplexes C^{n-1}, $\mathfrak{A}_1^{n-1}$ sei eine reduzierte affine Darstellung von C^{n-1}, $T_{\nu^k}^k$ $[k=0,\ldots,n;\ \nu^k=1,\ldots,\beta^k;\ \beta^n=\alpha^n]$ seien die Simplexe von $\mathfrak{A}^n$, $t_{\lambda^k}^k\,[k=0,\ldots,n-1;\ \lambda^k=1,\ldots,\gamma^k;\ \gamma^{n-1}=\alpha^{n-1}]$ die Simplexe von $\mathfrak{A}_1^{n-1}$. Auf dem Rande jedes $T_{\nu^n}^n$ sei ein Feld $\mathfrak{U}_{\nu^n}$ von Vektoren $\mathfrak{u}(P)$ mit folgenden Eigenschaften gegeben:

a) $\mathfrak{u}(P)$ ist ins Innere von $T_{\nu^n}^n$ gerichtet;

b) liegt P auf einem T^{n-2}, so fallen die Richtungen $\mathfrak{u}(P)$ und $\mathfrak{v}(P)$ *nicht* zusammen;

c) es gibt höchstens endlich viele Punkte P, in denen die Richtungen von $\mathfrak{u}(P)$ und $\mathfrak{v}(P)$ zusammenfallen.

Wir lassen es dabei im Augenblick dahingestellt, ob solche Vektorfelder $\mathfrak{U}_{\nu^n}$ stets existieren.

Auf jedem T^{n-1} von $T_{\nu^n}^n$ fassen wir nun nur die Punkte P ins Auge, in denen $\mathfrak{v}(P)$ entweder nach der positiven Seite des T^{n-1} enthaltenden ebenen Raumes E^{n-1} gerichtet ist oder in E^{n-1} liegt — in denen $\mathfrak{v}(P)$ also dem betreffenden „abgeschlossenen Winkelraum W_1^n" angehört —, und projizieren diese $\mathfrak{v}(P)$ von $\mathfrak{u}(P)$ aus auf E^{n-1}, d. h. wir stellen denjenigen Vektor $\mathfrak{w}(P)$ her, in dem E^{n-1} von der durch $\mathfrak{u}(P)$, $\mathfrak{v}(P)$ und dem zu $\mathfrak{u}(P)$ diametralen Vektor $\bar{\mathfrak{u}}(P)$ ausgespannten Halbebene $e^2(P)$ geschnitten wird; dabei ist die Reihenfolge der genannten Vektoren in e^2 stets die folgende: $\mathfrak{u}, \mathfrak{v}, \mathfrak{w}, \bar{\mathfrak{u}}$. Diese Konstruktion wird nur in denjenigen, höchstens in endlicher Anzahl vorhandenen, der betrachteten Punkte P unmöglich, in denen $\mathfrak{u}(P)$ und $\mathfrak{v}(P)$ zusammenfallen. Dem Vektor $\mathfrak{w}(P)$ entspricht nun entweder (s. § 1, 6) genau ein Vektor $\mathfrak{w}^*$ in $\mathfrak{A}_1^{n-1}$, oder es entsprechen ihm mehrere in Randräumen von $\mathfrak{A}_1^{n-1}$ liegende Vektoren $\mathfrak{w}^*$, die affin aufeinander abgebildet sind. Die Gesamtheit $\mathfrak{W}^*$ der so in $\mathfrak{A}_1^{n-1}$ erzeugten Vektoren $\mathfrak{w}^*$ nennen wir eine „Projektion des Feldes $\mathfrak{V}$" und behaupten, daß sie ein in C^{n-1} *komplexstetiges* Vektorfeld darstellt. In der Tat: daß $\mathfrak{W}^*$ die Eigenschaft A der für die komplexstetigen Vektorfelder charakteristischen Eigenschaften A und B besitzt, folgt aus der geschilderten Konstruktion von $\mathfrak{W}^*$ sowie der Tatsache, daß die Forderung B von $\mathfrak{V}$ insbesondere für $k = 1$ erfüllt wird; und daß $\mathfrak{W}^*$ die Eigenschaft B für jedes $k^* \leq n - 1$ besitzt, ergibt sich daraus, daß $\mathfrak{V}$ diese Eigenschaft für $k = k^* + 1$ besitzt, sowie aus dem in § 1, 7 diskutierten Verhalten der projizierten Vektoren, wonach insbesondere $\mathfrak{w}^*$ dann und nur dann seinem abgeschlossenen Winkelraum w_{k-1}^{n-1} angehört, wenn $\mathfrak{w}$ der *erste* Schnitt des in e^2 gedrehten Vektors $\mathfrak{u}$ mit einem Randraum E^{n-1} von W_k^n ist, wenn also $\mathfrak{v}$ dem abgeschlossenen Winkelraum W_k^n angehört.

3. Wir bringen nun die Indizes der Singularitäten von $\mathfrak{V}$ in Beziehung zu den Indizes der Singularitäten von $\mathfrak{W}^*$. s_{ν^n} sei die Summe der Indizes derjenigen Singularitäten von $\mathfrak{V}$, die in $T_{\nu^n}^n$ liegen, und $s^n = \sum_{\nu^n = 1}^{\alpha^n} s_{\nu^n}$ sei also die Indexsumme aller Singularitäten von $\mathfrak{V}$; ferner sei s^{n-1} die Indexsumme aller Singularitäten von $\mathfrak{W}^*$, a_{ν^n} die Summe der Übereinstimmungsindizes[4]) der beiden Abbildungen des Randes von $T_{\nu^n}^n$ auf die Richtungskugel, die von $\mathfrak{U}_{\nu^n}$ und dem zu $\mathfrak{V}$ gehörigen Randfeld $\mathfrak{V}_{\nu^n}$ (in dieser Reihenfolge!) vermittelt werden, und $a = \sum_{\nu^n = 1}^{\alpha^n} a_{\nu^n}$ die Summe aller dieser Übereinstimmungsindizes. Nun läßt sich die Zahl a auf zweierlei Weise bestimmen: Dort und nur dort, wo $\mathfrak{U}_{\nu^n}$ und $\mathfrak{V}_{\nu^n}$ Übereinstimmungsstellen haben, entsteht eine Singularität von $\mathfrak{W}^*$. Der Index einer solchen Übereinstimmung ist gleich dem Index der Singularität des Feldes der projizierten Vektoren $\mathfrak{w}$, also auch gleich dem Index der Singularität von $\mathfrak{W}^*$, vorausgesetzt, daß man den $(n-1)$-dimensionalen Randraum E^{n-1}, dem der betrachtete Punkt angehört, so orientiert, daß ein positiv orientiertes Achsensystem von E^{n-1} zusammen mit einem Vektor von $\mathfrak{U}_{\nu^n}$ als *letzter* Achse ein *negatives* Achsensystem des n-dimensionalen Raumes bildet[16]); in unserem Fall ist aber die Indikatrix von E^{n-1} als Randindikatrix von $T_{\nu^n}^n$ bestimmt, d. h. ein auf die geschilderte Weise gebildetes n-faches Achsensystem ist *positiv* orientiert[2]). Folglich ist der Übereinstimmungsindex von $\mathfrak{U}_{\nu^n}$ und $\mathfrak{V}_{\nu^n}$ entgegengesetzt gleich dem Index der Singularität von $\mathfrak{W}^*$ in dem entsprechenden Punkt, und es ist daher

$$(1) \qquad\qquad a = - s^{n-1}.$$

Andererseits ist $a = \sum_{\nu^n = 1}^{\alpha^n} a_{\nu^n}$ auf folgende zweite Weise zu bestimmen: a_{ν^n} ist die Summe der Übereinstimmungsindizes der durch $\mathfrak{U}_{\nu^n}$ und $\mathfrak{V}_{\nu^n}$

---

[16]) Beweis s. § 1 der unter [4]) zitierten Arbeit.

vermittelten Abbildungen des Randes von $T_{\nu n}^n$ auf die Richtungskugel. Die durch $\mathfrak{U}_{\nu n}$ vermittelte Abbildung hat den Grad $(-1)^n$, da alle Vektoren $u(P)$ ins Innere von $T_{\nu n}^n$ gerichtet sind, sich also stetig unter Festhaltung ihrer Anfangspunkte in Vektoren überführen lassen, die nach einem festen inneren Punkt zeigen. Die durch $\mathfrak{V}_{\nu n}$ vermittelte Abbildung hat den Grad $s_{\nu n}$. Daher gilt die Gleichung [4])

$$(2) \qquad a_{\nu n} = (-1)^{n-1} \cdot (-1)^n + s_{\nu n} = -1 + s_{\nu n},$$

und hieraus folgt durch Summation als zweiter Wert für a

$$(3) \qquad a = \sum_{\nu n = 1}^{\alpha^n} a_{\nu n} = -\alpha^n + s^n.$$

Vergleich der beiden Werte von a liefert:

$$(4) \qquad s^n = \alpha^n - s^{n-1}.$$

4. Wir beginnen nun den Beweis des folgenden Satzes:

Satz I. *Die Indexsumme der Singularitäten eines in C^n komplexstetigen Vektorfeldes ist gleich der mit $(-1)^n$ multiplizierten Eulerschen Charakteristik von C^n.*

Wir führen den Beweis durch Schluß von $n-1$ auf n.

Es sei zunächst $n=1$, $C^n = C^1$ also ein System von α^1 Strecken, deren Ecken in α^0 Gruppen zusammengefaßt sind; die einer Gruppe angehörigen Ecken sind identisch in C^1 und repräsentieren einen Punkt dieses Komplexes. (Wir können uns diese Identifizierungen etwa im dreidimensionalen Raum durch Zusammenheften ausgeführt denken.) Das komplexstetige Vektorfeld besteht aus Vektoren, die in den Geraden, denen die Strecken angehören, liegen, und besitzt Singularitäten im Innern der Strecken mit der Indexsumme s^1. Es weist in jedem der α^0 Punkte des Komplexes, welche durch die β^0 Eckpunkte der Strecken repräsentiert werden, genau einen ins Innere seiner Strecke gerichteten Vektor auf. Ist also $-a$ [17]) die Anzahl aller ins Innere ihrer Strecken gerichteten Eckvektoren, so ist

$$(1^*) \qquad a = -\alpha^0.$$

Wir bestimmen a auf eine zweite Weise, indem wir jede der Strecken $T_{\nu 1}^1$ einzeln betrachten: Eine singuläre Stelle des 1-dimensionalen Vektorfeldes $\mathfrak{V}$ ist — in sinngemäßer Anwendung der für n Dimensionen getroffenen Definitionen — mit dem Index $+1$ zu versehen, falls in ihrer Umgebung

---

[17]) Bezeichnungen und Vorzeichen sind im Hinblick auf die Übereinstimmung mit dem n-dimensionalen Fall gewählt.

alle Vektoren von ihr fort, mit dem Index -1, falls in ihrer Umgebung alle Vektoren nach ihr hinweisen, mit dem Index 0, falls in ihrer Umgebung alle Vektoren gleichgerichtet sind (und die Singularität daher hebbar ist). Singularitäten mit anderen Indizes treten für $n=1$ nicht auf. s_{ν^1} sei die Summe der Indizes aller Singularitäten von $\mathfrak{V}$ auf $T^1_{\nu^1}$, $-a_{\nu^1}$ die Anzahl der ins Innere von $T^1_{\nu^1}$ weisenden Eckvektoren; dann ist $s_{\nu^1}=-1$, 0 oder $+1$, je nachdem $-a_{\nu^1}=2$, 1 oder 0 ist; jedenfalls ist also

$$(2^*) \qquad a_{\nu^1} = -1 + s_{\nu^1}.$$

Summierung liefert

$$(3^*) \qquad a = -\alpha^1 + s^1,$$

und hieraus folgt durch Vergleich mit (1*)

$$(4^*) \qquad s^1 = \alpha^1 - \alpha^0 = -(\alpha^0 - \alpha^1).$$

Dies ist für $n=1$ die in unserem Satz behauptete Beziehung. Wir nehmen ihn nun für $n-1$ als bewiesen an. Ist dann C^n ein Komplex und $\mathfrak{V}$ ein derartiges komplexstetiges Vektorfeld in ihm, daß man Vektorfelder $\mathfrak{U}_{\nu^n}$ mit den oben unter 2. genannten Eigenschaften a), b), c) konstruieren kann, so folgt, da $\mathfrak{W}^*$ komplexstetig ist und der Satz für den Randkomplex C^{n-1} richtig, da also

$$s^{n-1} = (-1)^{n-1} \cdot \sum_{k=0}^{n-1} (-1)^k \alpha^k$$

sein soll, aus (4) die behauptete Beziehung

$$(5) \qquad s^n = \alpha^n - (-1)^{n-1} \sum_{k=0}^{n-1} (-1)^k \alpha^k = (-1)^n \sum_{k=0}^{n} (-1)^k \alpha^k.$$

Jedoch wissen wir nicht, ob man die Felder $\mathfrak{U}_{\nu^n}$ stets konstruieren kann. Da aber ein durch Unterteilung von C^n entstandener Komplex dieselbe Eulersche Charakteristik hat wie C^n, so ist Satz I vollständig bewiesen, sobald, was im nächsten Paragraphen geschehen wird, die Richtigkeit des folgenden Hilfssatzes gezeigt ist:

Ist $\mathfrak{A}^n$ eine reduzierte affine Darstellung des Komplexes C^n und $\mathfrak{V}$ darin ein komplexstetiges Vektorfeld, so kann man durch Unterteilung von $\mathfrak{A}^n$ eine Darstellung $\mathfrak{B}^n$ und in $\mathfrak{B}^n$ ein komplexstetiges Vektorfeld $\mathfrak{P}$, dessen Singularitäten mit denen von $\mathfrak{V}$ in bezug auf Lage und Index identisch sind, derart herstellen, daß sich in jedem n-dimensionalen Simplex $t^n_{\lambda^n}$ von $\mathfrak{B}^n$ ein Vektorfeld $\mathfrak{U}_{\lambda^n}$ konstruieren läßt, welches in bezug auf $\mathfrak{P}$ die Eigenschaften a), b), c) besitzt.

§ 4.

Vervollständigung des Beweises zu dem Satz über die Indexsumme der Singularitäten eines komplexstetigen Vektorfeldes.

Um $\mathfrak{B}^n$ und $\mathfrak{P}$ in der gewünschten Weise zu erhalten, beseitigen wir zunächst die im Innern der Simplexe $T^n_{\nu n}$ von $\mathfrak{A}^n$ angebrachten Vektoren von $\mathfrak{B}$ und ersetzen sie durch ein neues Vektorfeld $\mathfrak{P}$, das dieselben Randfelder $\mathfrak{B}_{\nu n}$ und dieselben Singularitäten mit denselben Indizes besitzt wie $\mathfrak{B}$, das aber in gewissen Umgebungen $Q(P_\varrho)$ der singulären Punkte P_ϱ — diese selbst natürlich ausgenommen — *analytisch* ist; daß es derartige $\mathfrak{P}$ gibt, ist an anderer Stelle[18]) gezeigt worden. $\mathfrak{P}$ ist komplexstetig in $\mathfrak{A}^n$, da es mit dem komplexstetigen Feld $\mathfrak{B}$ die Randfelder gemeinsam hat; $\mathfrak{P}$ ist daher (nach § 3, 1) auch komplexstetig in jeder durch Unterteilung von $\mathfrak{A}^n$ entstandenen Komplexdarstellung $\mathfrak{B}^n$, sofern nur keiner der singulären Punkte auf einem Randsimplex von $\mathfrak{B}^n$ liegt. Ist nun γ eine beliebige positive Zahl, so stellen wir durch Unterteilung von $\mathfrak{A}^n$ eine Darstellung $\mathfrak{B}^n(\gamma)$ her, die außer der eben genannten Berücksichtigung der singulären Stellen noch folgende Bedingungen erfüllt:

$\mathfrak{B}^n(\gamma)$ ist eine so feine Zerlegung, daß 1. jedes einen singulären Punkt P_ϱ enthaltende Simplex t^n von $\mathfrak{B}^n(\gamma)$ ganz in der analytischen Umgebung $Q(P_\varrho)$ liegt, und daß 2. die Schwankung der Vektorrichtungen von $\mathfrak{P}$ in jedem t^n, das nicht ganz in einem $Q(P_\varrho)$ liegt, kleiner ist als γ; Bedingung 2 läßt sich, wenn 1 bereits erfüllt ist, durch weitere Unterteilung infolge der gleichmäßigen Stetigkeit von $\mathfrak{P}$ außerhalb der $Q(P_\varrho)$ stets erfüllen. 3. soll $\mathfrak{B}^n(\gamma)$ die Eigenschaft haben, daß jedes der Simplexe t^n mit einem von endlich vielen, von vornherein durch $\mathfrak{A}^n$ bestimmten Simplexen $\tau^n_1, \ldots, \tau^n_r$ in Gestalt und Lage übereinstimmt (§ 1, 4); daß die Erfüllung von 3 mit einer beliebigen Verfeinerung der Unterteilung verträglich ist, wurde in § 1, 4 gezeigt.

Wir beweisen nun, daß man bei hinreichend kleinem γ Vektorfelder $\mathfrak{U}_{\lambda^n}$ in der gewünschten Weise an den Rändern der $t^n_{\lambda^n}$ anbringen kann. Um derartige γ zu bestimmen, fassen wir zunächst ein Simplex τ^n_ϱ ins Auge: E^{n-1}_ν $[\nu = 1, \ldots, n+1]$ seien die τ^n_ϱ begrenzenden ebenen Räume, deren positive Seiten wie in § 1, 5 definiert seien. Unter einem „negativen Richtungsstern σ_ϱ von τ^n_ϱ“ verstehen wir ein System von $n+1$ in einem festen Punkt O des Raumes angebrachten Einheitsvektoren $\mathfrak{a}_\nu$, die so gerichtet sind, daß $\mathfrak{a}_\nu$ $[\nu = 1, \ldots, n+1]$ nicht nach der positiven Seite von E^{n-1}_ν zeigt, also entweder nach der negativen Seite von E^{n-1}_ν weist oder parallel mit E^{n-1}_ν ist. Die σ_ϱ bilden eine $(n-1)\cdot(n+1)$-dimensionale

[18]) § 5, Aufgabe 4, Zusatz, der unter [6]) zitierten Arbeit.

abgeschlossene Menge S_ϱ. Unter den $\frac{1}{2}n\cdot(n+1)$ Winkeln zwischen je zwei der Richtungen eines σ_ϱ gibt es einen größten, $m(\sigma_\varrho)$; dabei sind Winkelgrößen so zu messen, daß sie stets zwischen 0 und π einschließlich liegen. $m(\sigma_\varrho)$ ist stets positiv; denn wäre $m(\sigma_\varrho)=0$, so würde das bedeuten, daß alle Vektoren $\mathfrak{a}_\nu$ eines σ_ϱ in einen einzigen Vektor $\mathfrak{a}$ zusammenfielen und daß daher dieser Vektor $\mathfrak{a}$ für kein E_ν^{n-1} nach der positiven Seite gerichtet wäre; dies ist aber unmöglich, da eine zu $\mathfrak{a}$ parallele, durch einen inneren Punkt von τ_ϱ^n gehende orientierte Gerade nach der positiven Seite desjenigen E_ν^{n-1} gerichtet ist, durch den sie in τ_ϱ^n eintritt. Es ist also immer $m(\sigma_\varrho)>0$; da andererseits $m(\sigma_\varrho)$ als eine in der abgeschlossenen Menge S_ϱ stetige Funktion an einer Stelle ihre untere Grenze γ_ϱ erreicht, ist auch $\gamma_\varrho>0$.

Wir definieren nun γ als die kleinste der r Zahlen $\gamma_1,\ldots,\gamma_r$ und haben zu beweisen, daß man unter Zugrundelegung der Unterteilung $\mathfrak{B}^n(\gamma)$ sowohl (Fall α) in jedem Simplex t^n, auf dessen Rand[19]) die Schwankung von $\mathfrak{P}$ kleiner als γ ist, als auch (Fall β) in jedem Simplex t^n, auf dessen Rande $\mathfrak{P}$ analytisch ist, ein Vektorfeld $\mathfrak{U}$ mit den Eigenschaften a), b), c) (s. § 3) konstruieren kann.

Wir beginnen mit Fall α: t_0^n habe also die Eigenschaft, daß der Winkel zwischen je zwei Vektoren, die dem auf seinem Rande befindlichen Teil $\mathfrak{P}_0$ von $\mathfrak{P}$ angehören, kleiner als γ ist; dann gibt es, so behaupten wir, unter seinen Randräumen $F_1^{n-1},\ldots,F_{n+1}^{n-1}$ mindestens einen, nach dessen positiver Seite *alle* Vektoren von $\mathfrak{P}_0$ gerichtet sind. Andernfalls ließe sich nämlich aus Vektoren von $\mathfrak{P}_0$ ein negativer Richtungsstern σ von t_0^n bilden, und dieser wäre zugleich ein negativer Richtungsstern desjenigen τ_ϱ^n, mit dem t_0^n in Gestalt und Lage übereinstimmt; es wäre dann $m(\sigma)\geqq\gamma_\varrho\geqq\gamma$, entgegen der Tatsache, daß die Schwankung von $\mathfrak{P}_0$ kleiner ist als γ. — Es seien also alle Vektoren von $\mathfrak{P}_0$ etwa nach der positiven Seite von F_1^{n-1} gerichtet. A sei ein innerer Punkt des zu F_1^{n-1} gehörigen Randsimplexes t_1^{n-1} von t_0^n, g ein ins Innere von t_0^n gerichteter, von A ausgehender Halbstrahl; $t_2^{n-1},\ldots,t_{n+1}^{n-1}$ seien die übrigen $(n-1)$-dimensionalen Randsimplexe von t_0^n, $\overline{\mathfrak{P}}_0$ sei der zu ihnen gehörige Teil von $\mathfrak{P}_0$, M die (eventuell leere) Menge der Punkte von g, in denen g von den durch die Vektoren von $\overline{\mathfrak{P}}_0$ bestimmten Halbstrahlen geschnitten wird. A gehört nicht zu M, da andernfalls der A enthaltende Halbstrahl von $\overline{\mathfrak{P}}_0$ nicht nach der positiven Seite von F_1^{n-1} gerichtet wäre. M ist aber abgeschlossen; es gibt daher auf g im Innern von t_0^n Punkte, die nicht zu M gehören; B sei ein solcher Punkt. Wir definieren nun das auf dem Rand von t_0^n zu konstruierende Feld $\mathfrak{U}_0$ zu-

---

19) Es genügt, $\mathfrak{P}$ auf den Rändern der t^n zu betrachten.

nächst auf den $t_2^{n-1}, \ldots, t_{n+1}^{n-1}$ durch die Bestimmung, daß diese Vektoren alle durch B hindurchgehen; dann erfüllt es dort gewiß die Bedingungen a), b), c), denn es ist überall ins Innere von t_0^n gerichtet und hat mit $\mathfrak{P}_0$ überhaupt keinen Übereinstimmungspunkt. Wir haben $\mathfrak{U}_0$ nun noch in den inneren Punkten des Simplexes t_1^{n-1} zu konstruieren, auf dessen Rand es bereits festgelegt ist. Berücksichtigen wir, daß $\mathfrak{U}_0$ auf diesem Rande und daß $\mathfrak{P}_0$ auf ganz t_1^{n-1} nach der positiven Seite von F_1^{n-1} weist, so können wir $\mathfrak{U}_0$ in den inneren Punkten von t_1^{n-1} folgendermaßen vorschriftsmäßig bestimmen: Ist P ein von A verschiedener innerer Punkt von t_1^{n-1}, so sei $\overline{P}$ der Schnittpunkt des Strahles AP mit dem Rande von t_1^{n-1}, $\mathfrak{p}(P)$, $\mathfrak{p}(\overline{P})$, $\mathfrak{u}(\overline{P})$ seien die in P bzw. $\overline{P}$ angebrachten Vektoren von $\mathfrak{P}_0$ bzw. $\mathfrak{U}_0$, $\mathfrak{q}(\overline{P})$ die Projektion des Vektors $\mathfrak{p}(\overline{P})$ vom Vektor $\mathfrak{u}(\overline{P})$ aus auf E_1^{n-1} (d. h., wie früher, der Schnitt von E_1^{n-1} mit der durch $\mathfrak{u}(\overline{P})$, $\mathfrak{p}(\overline{P})$ und den zu $\mathfrak{u}(\overline{P})$ diametralen Vektor $\bar{\mathfrak{u}}(\overline{P})$ ausgespannten Halbebene), $\mathfrak{q}(P)$ der in P angebrachte, zu $\mathfrak{q}(\overline{P})$ parallele Vektor. Der zu definierende Vektor $\mathfrak{u}(P)$ soll nun derjenige Vektor des von $\mathfrak{p}(P)$ und $\mathfrak{q}(P)$ ausgespannten 2-dimensionalen, zwischen 0 und π liegenden Winkels sein, der diesen Winkel so teilt, daß das Winkelverhältnis $\sphericalangle\{\mathfrak{p}(P)\,\mathfrak{u}(P)\} : \sphericalangle\{\mathfrak{u}(P)\,\mathfrak{q}(P)\}$ gleich ist dem Produkt aus dem Winkelverhältnis $\sphericalangle\{\mathfrak{p}(\overline{P})\,\mathfrak{u}(\overline{P})\} : \sphericalangle\{\mathfrak{u}(\overline{P})\,\mathfrak{q}(\overline{P})\}$ und dem Streckenverhältnis $AP : A\overline{P}$; in A selbst soll $\mathfrak{u}(A) = \mathfrak{p}(A)$ sein. Das nunmehr auf dem ganzen Rand von t_0^n definierte Feld $\mathfrak{U}_0$ genügt allen Anforderungen: es ist stetig, überall nach innen gerichtet und hat mit $\mathfrak{P}_0$ einen einzigen Übereinstimmungspunkt A.

Damit ist Fall α erledigt, und wir wenden uns dem Fall β zu, wir setzen also voraus, daß $\mathfrak{P}_0$ auf dem Rande von t_0^n analytisch ist. K^n sei eine ganz im Innern von t_0^n gelegene Vollkugel. Dann gibt es einen positiven Winkel δ derart, daß jeder Winkel, dessen Scheitel und einer Schenkel dem Rand von t_0^n angehören, während der andere Schenkel einen Punkt von K^n enthält, größer als δ ist. Wir teilen die Randsimplexe $t_1^{n-1}, \ldots, t_{n+1}^{n-1}$ in so kleine Teilsimplexe s_ϱ^{n-1}, daß die Schwankung von $\mathfrak{P}_0$ in jedem einzelnen s_ϱ^{n-1} kleiner als δ ist; wenn dann *ein* zu einem Punkt von s_ϱ^{n-1} gehöriger Vektor von $\mathfrak{P}_0$ nach einem Punkt von K^n weist, so weisen *alle* $\mathfrak{P}_0$-Vektoren von s_ϱ^{n-1} ins *Innere* von t_0^n. — Die Halbstrahlen, die durch die in den $(n-2)$-dimensionalen Randsimplexen s_σ^{n-2} der s_ϱ^{n-1} angebrachten Vektoren von $\mathfrak{P}_0$ festgelegt sind, bilden eine endliche Anzahl *analytischer, $(n-1)$-dimensionaler* Hyperflächenstücke; es gibt daher in K^n gewiß Punkte, die auf keiner dieser Hyperflächen liegen; C sei ein solcher Punkt. Definieren wir dann $\mathfrak{U}_0$ zunächst in den s_σ^{n-2} durch die Bestimmung, daß die Vektoren $\mathfrak{u}(P)$ nach C weisen, so sind dort keine Übereinstimmungspunkte mit $\mathfrak{P}_0$ vorhanden. Dieselbe Festsetzung treffen wir für diejenigen s_ϱ^{n-1}, in denen kein zu $\mathfrak{P}_0$ gehöriger Strahl nach einem Punkt von K^n weist; auch dort treten dann keine Übereinstimmungspunkte von $\mathfrak{U}_0$ und $\mathfrak{P}_0$ auf. In den übrigen s_ϱ^{n-1} weisen alle Vektoren $\mathfrak{p}(P)$ ins Innere von t_0^n, und dasselbe gilt für die auf ihren Rändern schon angebrachten Vektoren von $\mathfrak{U}_0$. Wir können daher in jedem einzelnen von ihnen durch das Verfahren, mit dem wir im Fall α das Simplex t_1^{n-1} behandelt haben, nach innen gerichtete Vektoren $\mathfrak{u}(P)$ konstruieren, die sich an die am Rande von s_ϱ^{n-1} bereits vorhandenen Vektoren von $\mathfrak{U}_0$ stetig anschließen und im Innern von s_ϱ^{n-1} in genau einem Punkt mit dem Feld $\mathfrak{P}_0$ übereinstimmen.

Damit ist auch Fall β erledigt, die Gültigkeit des am Ende des vorigen Paragraphen formulierten Hilfssatzes ist gezeigt und Satz I vollständig bewiesen.

§ 5.

Fixpunkte kleiner Transformationen und Singularitäten stetiger Vektorfelder in geschlossenen Mannigfaltigkeiten.

Wir machen nun Anwendungen von Satz I und beschränken uns dabei ausschließlich auf den Fall, daß $C^n = M^n$ eine geschlossene (berandete oder unberandete) Mannigfaltigkeit ist.

Jedem Punkt P von M^n sei eine ihn enthaltende Umgebung $U(P)$ zugeordnet, die so klein ist, daß sie bei Zugrundelegung einer bestimmten „ausgezeichneten Umgebungsdarstellung“ $\mathfrak{A}^n$ von M^n — in der Bezeichnung von § 2 — ganz in jedem der Elemente $E^n_{\mu^n}$ dargestellt wird, die die Bilder der Simplexumgebungen der P enthaltenden Simplexe sind; für hinreichend kleine Umgebungen $U(P)$ ist diese Bedingung gewiß erfüllt. f sei nun eine eindeutige und stetige Abbildung von M^n auf eine zu M^n gehörige Punktmenge und so „klein“, daß mit P das Bild $f(P)$ der Umgebung $U(P)$ angehört; ferner besitze f, falls M^n berandet ist, auf dem Rande keinen Fixpunkt. Dann ist f in bezug auf $\mathfrak{A}^n$ eine „Umgebungstransformation“ und erzeugt ein komplexstetiges Vektorfeld, dessen Singularitäten, von denen wir, da sie innere Punkte von M^n sind, voraussetzen dürfen, daß sie nur im Innern der $T^n_{\mu^n}$ auftreten [20]), nach Lage und Index mit den Fixpunkten von f identisch sind. Aus Satz I folgt dann

[20]) Zu jeder Darstellung $\mathfrak{A}^n$ von M^n läßt sich eine mit ihr im Sinn der kombinatorischen Topologie homöomorphe Darstellung, d. h. eine solche, die durch Zerlegung und Zusammensetzung von Simplexen entsteht, angeben, in der endlich viele vorgeschriebene innere Punkte von M^n durch *innere* Punkte der n-dimensionalen Simplexe repräsentiert werden.

Satz II. *Die Summe der Indizes der Fixpunkte einer hinreichend kleinen Transformation der geschlossenen Mannigfaltigkeit* M^n *in sich ist, vorausgesetzt, daß höchstens endlich viele Fixpunkte auftreten, gleich der mit* $(-1)^n$ *multiplizierten Eulerschen Charakteristik von* M^n.

Hieraus ergibt sich:

Satz IIa. *Jede hinreichend kleine Transformation einer Mannigfaltigkeit mit von 0 verschiedener Eulerscher Charakteristik in sich besitzt mindestens einen Fixpunkt.*

Wir stellen nun die Frage, ob es denn in jeder M^n beliebig kleine Transformationen mit höchstens endlich vielen Fixpunkten gibt. Daß diese Frage zu bejahen ist, erkennt man — immer unter Benutzung der Bezeichnungsweise von § 2 — folgendermaßen: $T_1^n, \ldots, T_{\alpha^n}^n$ seien die Simplexe von $\mathfrak{A}^n$, $E_1^n, \ldots, E_{\alpha^n}^n$ die die Simplexumgebungen der $T_{\mu^n}^n$ darstellenden Elemente. Auf dem Rande von T_1^n definiere man ein stetiges Feld von auch der Länge nach bestimmten, nicht verschwindenden Vektoren, deren Endpunkte E_1^n angehören; ihnen entsprechen vermöge der affinen Abbildungen, die zwischen den Teilen der verschiedenen $E_{\mu^n}^n$ bestehen, Vektoren auf gewissen Randsimplexen gewisser der $T_2^n, \ldots, T_{\alpha^n}^n$. Diese Vektoren bringen wir in den Punkten, zu denen sie gehören, an, so daß jetzt ein Teil der Randsimplexe von $T_2^n, \ldots, T_{\alpha^n}^n$ mit Vektoren besetzt ist. Wir bringen nun auf dem *ganzen* Rand von T_2^n ein Feld von Vektoren an, deren Endpunkte in E_2^n liegen und unter denen die auf gewissen Randsimplexen von T_2^n eventuell bereits angebrachten enthalten sind; daß diese Anbringung von Vektoren stets möglich ist, wurde in der Arbeit „Abbildungsklassen n-dimensionaler Mannigfaltigkeiten"[6]) (§ 5; 2, 3) gezeigt. So fahren wir für $\nu = 3, 4, \ldots, \alpha^n$ fort, bis die Ränder aller $T_{\mu^n}^n$ vollständig mit Vektoren besetzt sind. Darauf wählen wir im Innern jedes $T_{\mu^n}^n$ einen Punkt P_{μ^n} und ordnen jedem von ihm verschiedenen Punkt P von $T_{\mu^n}^n$ denjenigen Vektor PP' zu, der parallel ist zu dem Vektor desjenigen Randpunktes $\overline{P}$ von $T_{\mu^n}^n$, in den P von P_{μ^n} aus projiziert wird, und dessen Länge sich zu der des genannten Randvektors verhält wie die Strecke $P_{\mu^n}P$ zu der Strecke $P_{\mu^n}\overline{P}$; dem Punkte P_{μ^n} selbst ordnen wir den verschwindenden Vektor zu. Auf diese Weise ist ein Vektorfeld mit den Singularitäten P_{μ^n} definiert. Durch die Vorschrift, daß jeder Punkt in denjenigen Punkt des in ihm angebrachten Vektors PP' übergehen soll, der die Strecke PP' in dem Verhältnis $t : 1-t$ teilt, ist für jedes t zwischen 0 und 1 eine Umgebungstransformation f_t definiert. Die Schar der f_t konvergiert gleichmäßig gegen die Identität, wenn t sich der 0 nähert; jede dieser Abbildungen hat die Punkte P_{μ^n}, und nur diese, zu Fixpunkten.

Es gibt also beliebig kleine Transformationen von M^n mit endlich vielen Fixpunkten. Wir ziehen hieraus eine Folgerung: Ist M_1^n eine zu M^n homöomorphe, d. h. eineindeutig und stetig auf M^n abbildbare Mannigfaltigkeit, so läßt sich in M^n eine Transformation mit endlich vielen Fixpunkten konstruieren, die jeden Punkt so wenig von seinem Ausgangspunkt entfernt, daß diese Abbildung nicht nur in bezug auf eine Darstellung $\mathfrak{A}^n$ von M^n, sondern auch in bezug auf eine Darstellung $\mathfrak{A}_1^n$ von M_1^n eine Umgebungstransformation ist. Da nun der Index eines Fixpunktes eine topologische Invariante der betreffenden Transformation ist[4]), so ergibt sich hieraus auf Grund von Satz II der folgende bekannte

Satz III. *Homöomorphe Mannigfaltigkeiten haben dieselbe Eulersche Charakteristik.*

Dieser Satz ist einer der klassischen und einfachsten Sätze der *kombinatorischen* Topologie[5]), in der man zwei Mannigfaltigkeiten als homoömorph betrachtet, wenn ihre Darstellungen miteinander isomorphe (s. § 1) Unterteilungen besitzen. Der eben geführte Beweis gilt für die Topologie im weiteren Sinne, in der man zwei Mannigfaltigkeiten bereits dann als homöomorph bezeichnet, wenn sie sich eineindeutig und stetig aufeinander abbilden lassen. Auch unter diesem allgemeineren Gesichtspunkt ist Satz III bereits von Alexander[21]) bewiesen worden.

Wir verfolgen nun die oben angeschnittene Frage nach der Existenz beliebig kleiner Transformationen mit endlich vielen Fixpunkten weiter: Ist es möglich, eine beliebig kleine Transformation anzugeben, welche an den vorgeschriebenen inneren Stellen $Q_1, \ldots, Q_m$ $(m \geqq 0)$ Fixpunkte mit den vorgeschriebenen Indizes $q_1, \ldots, q_m$ besitzt, falls nur deren Summe gleich der mit $(-1)^n$ multiplizierten Charakteristik c von M^n ist? Dies ist in der Tat stets möglich[22]). Denn die Punkte $P_1, \ldots, P_{\alpha^n}, Q_1, \ldots, Q_m$ lassen sich in ein zu M^n gehöriges Element F einschließen[23]), und in diesem läßt sich weiter ein die genannten Punkte im Innern enthaltendes Element F_1 angeben. Wir wählen nun — in der obigen Bezeichnung — t so klein, daß das durch f_t gelieferte Bild von F_1 ganz in F liegt. F' sei ein dem gewöhnlichen Raum angehöriges topologischen Bild von F, F_1' in ihm das Bild von F_1, $P_1', \ldots, P_{\alpha^n}', Q_1', \ldots, Q_m'$ seien die Bilder der $P_1, \ldots, P_{\alpha^n}, Q_1, \ldots, Q_m$. Der Abbildung f_t entspricht eine Abbildung f_t'

[21]) J. W. Alexander II, A proof of the invariance of certain constants of Analysis Situs, Transact. of the Am. Math. Soc. **16** (1915). — Dort wird die Invarianz der Bettischen Zahlen für die Topologie im weiteren Sinne bewiesen. Da die Eulersche Charakteristik durch die Bettischen Zahlen ausdrückbar ist (s. z. B. Tietze a. a. O.), ist damit Satz III bewiesen; vgl. auch H. Kneser a. a. O., Fußnote 2 auf S. 12.

[22]) Wir setzen $n \geqq 2$ voraus.

[23]) s. § 2 der in Fußnote [6]) genannten Arbeit.

von F_1' auf einen Teil von F'; ihre Fixpunkte sind $P_1', \ldots, P'_{\alpha_n}$, die zugehörigen Indizes sind wegen ihrer topologischen Invarianz dieselben wie die entsprechenden Indizes bei der Abbildung f_t; die von den Randpunkten von F_1' nach deren Bildpunkten bei der Abbildung f_t' gezogenen Vektoren definieren daher eine Abbildung des Randes von F_1' auf die Richtungskugel, deren Grad $(-1)^n \cdot c$ ist. Auf Grund der Lösbarkeit[22]) einer „Randwertaufgabe für Vektorverteilungen" (s. die oben [6]) zitierte Arbeit über Abbildungsklassen, § 5, 4) können wir, da auch $\sum_{\mu=1}^{m} q_\mu = (-1)^n c$ ist, diese Randvektoren derart zu einem in ganz F_1' definierten stetigen Vektorfeld ergänzen, daß dessen Vektoren in den Q_μ' $(\mu = 1, \ldots, m)$, und nur dort, verschwinden, und daß die Singularitäten des Richtungsfeldes in diesen Punkten die Indizes q_μ besitzen. Die Vektoren dieses Feldes können wir überdies alle so klein wählen, daß ihre Endpunkte sämtlich im Innern von F' liegen. Durch die Vorschrift, daß jeder Punkt von F_1' in den Endpunkt des in ihm angebrachten Vektors übergehen soll, wird F_1' derart auf einen Teil von F' abgebildet, daß diese Abbildung g' auf dem Rande mit f_t' übereinstimmt und in den Q_μ' Fixpunkte mit den Indizes q_μ hat, im übrigen aber fixpunktfrei ist. Der Abbildung g' entspricht in F_1 eine analoge Abbildung g; ersetzen wir nun f_t im Innern von F_1 durch g, während wir im Äußern und auf dem Rande von F_1 f_t unverändert lassen, so haben wir eine Abbildung mit den gewünschten Eigenschaften konstruiert. Damit ist bewiesen:

Satz IV. *Sind $Q_1, \ldots, Q_m$ $(m \geqq 0)$ beliebige innere Punkte der Mannigfaltigkeit M^n, $q_1, \ldots, q_m$ beliebige ganze Zahlen, deren Summe gleich der mit $(-1)^n$ multiplizierten Charakteristik von M^n ist, so gibt es beliebig kleine Transformationen von M^n in sich, die in den Q_μ $(\mu = 1, \ldots m)$ Fixpunkte mit den Indizes q_μ besitzen, im übrigen aber fixpunktfrei sind*[22]).

Ein Spezialfall dieses Satzes ist:

Satz IVa. *Jede Mannigfaltigkeit, deren Charakteristik* 0 *ist, gestattet beliebig kleine fixpunktfreie Transformationen in sich.*

Da für jede *unberandete* geschlossene Mannigfaltigkeit ungerader Dimensionenzahl die Charakteristik 0 ist, so gilt insbesondere

Satz IVb. *Jede geschlossene unberandete Mannigfaltigkeit ungerader Dimensionenzahl gestattet beliebig kleine fixpunktfreie Transformationen in sich.*

Wir betrachten nun Vektorfelder, die stetig im gewöhnlichen Sinne sind: In einer Umgebung $U(P)$ jedes Punktes P von M^n sei eine Menge kartesischer Koordinatensysteme derart ausgezeichnet, daß die Koordinaten von je 2 (zu demselben Punkt oder zu verschiedenen

Punkten gehörigen) Koordinatensystemen in jedem ihnen gemeinsamen Stück durch stetig differenzierbare Transformationen auseinander hervorgehen; Randmannigfaltigkeiten von M^n sollen in diesen Koordinatensystemen stetig differenzierbar sein. Dann ist klar, was unter Stetigkeit eines Vektorfeldes [15]) zu verstehen ist. Um die Untersuchung der Indizes eines solchen Vektorfeldes direkt auf die Betrachtung unserer komplexstetigen Felder zurückführen zu können, müßten wir eine Darstellung von M^n besitzen, in der die Ränder jedes einzelnen Simplexes $T^n_{\mu^n}$ auch in bezug auf eins der in M^n ausgezeichneten Koordinatensysteme ebenen Räumen angehörten. Die Existenz einer solchen Darstellung ist nicht selbstverständlich. Wir beschränken uns, um die hiermit angedeutete Schwierigkeit zu vermeiden, auf den Spezialfall, daß M^n eine Riemannsche Mannigfaltigkeit ist; d. h. in jedem Punkt ist in bezug auf jedes ausgezeichnete Koordinatensystem eine stetig von dem Punkt abhängige symmetrische Matrix (g_{ik}) $(i, k = 1, \ldots, n)$ gegeben, deren zugehörige quadratische Form $\sum\limits_{i,k=1}^{n} g_{ik}\,dx_i\,dx_k = ds^2$ positiv definit ist und ihren Wert beim Übergang von einem ausgezeichneten Koordinatensystem zu einem anderen nicht ändert. In jeder derartigen Riemannschen Mannigfaltigkeit entspricht nun jedem hinreichend kleinen Vektor eine Verschiebung des Punktes, in dem er angebracht ist, und jeder hinreichend kleinen Verschiebung ein Vektor in dem betreffenden Punkt. Mithin folgt aus den Sätzen II und IV

Satz V. *Die Summe der Indizes eines Vektorfeldes in einer Riemannschen Mannigfaltigkeit ist gleich der mit* $(-1)^n$ *multiplizierten Charakteristik; man kann stets* [22]) *ein Vektorfeld mit vorgeschriebenen Singularitäten und Indizes konstruieren, sofern deren Summe gleich der genannten Zahl ist; es existiert dann und nur dann ein singularitätenfreies Vektorfeld, wenn die Charakteristik* 0 *ist; insbesondere läßt sich in jeder unberandeten geschlossenen Mannigfaltigkeit ungerader Dimensionenzahl ein solches anbringen.*

Unter den hiermit behandelten Riemannschen Mannigfaltigkeiten sind z. B. diejenigen enthalten, die in den $(n+k)$-dimensionalen euklidischen Raum $(k \geqq 0)$ in stetig differenzierbarer Weise eingebettet sind; im Fall $k = 0$ also die von endlich vielen stetig differenzierbaren $(n-1)$-dimensionalen geschlossenen unberandeten Hyperflächen begrenzten Teilmannigfaltigkeiten des Raumes; ferner die Clifford-Kleinschen Mannigfaltigkeiten, sowie viele andere, in denen sich eine Riemannsche Metrik definieren läßt; als Beispiel seien etwa noch die komplexen projektiven Räume Z_k genannt, d. h. die Gesamtheiten aller Verhältnisse $z_0 : \ldots : z_k$ von komplexen, nicht sämtlich verschwindenden Zahlen; in ihnen läßt sich eine Maßbestimmung mit dem Bogenelement

$$ds^2 = \frac{1}{\left(\sum\limits_{i=0}^{k} z_i \bar{z}_i\right)^2} \cdot \begin{vmatrix} \sum\limits_{i=0}^{k} z_i \cdot \bar{z}_i & \sum\limits_{i=0}^{k} z_i \cdot d\bar{z}_i \\ \sum\limits_{i=0}^{k} dz_i \cdot \bar{z}_i & \sum\limits_{i=0}^{k} dz_i \cdot d\bar{z}_i \end{vmatrix}$$

definieren[24]).

Wir verweilen noch einen Augenblick bei dem Fall der von geschlossenen Hyperflächen begrenzten Teilmannigfaltigkeit des n-dimensionalen Raumes; M^n sei durch die geschlossene unberandete Hyperfläche M^{n-1} begrenzt. Die Vektoren eines Feldes der betrachteten Art gehören alle M^n an, sind also auf M^{n-1} überall entweder ins Innere von M^n gerichtet oder tangential an M^{n-1}. Die durch diese Vektoren gelieferte Abbildung von M^{n-1} auf die Richtungskugel hat den Grad $(-1)^n \cdot c$, wenn wieder c die Charakteristik von M^n ist; die zu dieser Abbildung diametrale Abbildung, die durch ein Feld nirgends ins Innere von M^n gerichteter Vektoren vermittelt wird, hat daher den Grad $(-1)^n \cdot (-1)^n \cdot c = c$. Dieser Grad ist die „Curvatura integra" von M^n[4]). Damit ist bewiesen:

Satz VI. *Die Curvatura integra einer im n-dimensionalen Raum liegenden, stetig differenzierbaren, eine n-dimensionale Mannigfaltigkeit begrenzenden, Jordanschen Hyperfläche ist gleich der Charakteristik der begrenzten Mannigfaltigkeit.*

Diesen Satz habe ich früher nur für den Spezialfall bewiesen, daß die begrenzte Mannigfaltigkeit ein *Element* ist. Ferner ergab sich an der genannten Stelle: Die $2k$-dimensionale geschlossene, nicht notwendig Jordansche, stetig differenzierbare Hyperfläche m des $(2k+1)$-dimensionalen euklidischen Raums sei ein „Modell" der zweiseitigen, geschlossenen, unberandeten Mannigfaltigkeit M^{2k}; dann ist ihre Curvatura integra $C(m)$ eine topologische Invariante von M^{2k}, und die Indexsumme der Singularitäten jedes an m tangentialen Vektorfeldes ist, vorausgesetzt, daß nur endlich viele Singularitäten vorhanden sind, gleich $2C(m)$. Hieraus folgt nunmehr:

Satz VII. *Die Curvatura integra einer geschlossenen, nicht notwendig Jordanschen, stetig differenzierbaren Hyperfläche des $(2k+1)$-dimensionalen Raumes, die ein Modell der zweiseitigen, geschlossenen, unberandeten Mannigfaltigkeit M^{2k} ist, ist gleich der halben Charakteristik von M^{2k}.*

---

[24]) In § 5 der unter [4]) zitierten Arbeit habe ich auf einfache Weise eine beliebig kleine Transformation bzw. ein Vektorfeld in Z_k mit der Indexsumme $k+1$ angegeben und außerdem in etwas umständlicher Weise gezeigt, daß die Charakteristik den Wert $k+1$ hat; diese Bestimmung der Charakteristik ist nunmehr auf Grund von Satz V überflüssig.

Daraus ergibt sich weiter (vgl. die mehrfach zitierte frühere Arbeit), da die Curvatura integra stets eine ganze Zahl ist:

Satz VIII. *Eine geschlossene, unberandete, zweiseitige Mannigfaltigkeit M^n mit ungerader Charakteristik besitzt im $(n+1)$-dimensionalen euklidischen Raum keine stetig differenzierbare Hyperfläche als Modell, auch nicht bei Zulassung von Selbstdurchdringungen.*

Das einfachste Beispiel für eine solche M^n ist die als „komplexe projektive Ebene" definierte vierdimensionale Mannigfaltigkeit Z_2 (s. Fußnote 24).

Ein Analogon zu Satz VIII ist die Tatsache, daß eine $2k$-dimensionale geschlossene Mannigfaltigkeit M^{2k}, die die vollständige Berandung einer geschlossenen M^{2k+1} bildet, stets eine *gerade* Charakteristik hat, nämlich die doppelte Charakteristik von M^{2k+1}[25]). Eine M^{2k} mit ungerader Charakteristik, also z. B. Z_2, kann daher *durchdringungsfrei* überhaupt in keinen einfach zusammenhängenden, nicht notwendig mit dem gewöhnlichen Raum homöomorphen, geschlossenen $(2k+1)$-dimensionalen Raum R^{2k+1} eingebettet sein — wenigstens nicht im Sinne der kombinatorischen Topologie, d. h. so, daß sie durch einen Teil des Randkomplexes einer Darstellung von R^{2k+1} repräsentiert wird —, da sie dann die Begrenzung jedes der beiden Teile bilden würde, in die sie R^{2k+1} zerlegen müßte[26]).

---

[25]) Dies folgt daraus, daß die unberandete $(2k+1)$-dimensionale Mannigfaltigkeit, welche durch Identifizierung entsprechender Randpunkte zweier Exemplare von M^{2k+1} entsteht, die Charakteristik 0 besitzt; vgl. Dyck, Beiträge zur Analysis Situs II, Math. Ann. **37** (1890).

[26]) H. Kneser, Ein topologischer Zerlegungssatz, Koninkl. Akad. v. Wetenschapen te Amsterdam Proc. **27**, Sept. 1924.

(Eingegangen am 11. 8. 1925.)

Zusatz.

Ich bin darauf aufmerksam gemacht worden, daß der Begriff der „komplexstetigen Vektorfelder", auf dessen Verwendung die Ergebnisse der obigen Arbeit im wesentlichen beruhen, nicht klar genug definiert worden ist und zu Mißverständnissen Anlaß gegeben hat. Ich formuliere daher diese Definition noch einmal ausführlicher als früher:

$\mathfrak{A}^n$ sei eine reduzierte affine Darstellung des Komplexes C^n. Eine Zuordnung $\mathfrak{B}$ von Vektoren $\mathfrak{v}(P)$ zu den Punkten P von $\mathfrak{A}$ heißt ein in C^n

(in bezug auf $\mathfrak{A}^n$) „komplexstetiges Vektorfeld", wenn folgende Bedingungen erfüllt sind:

A. Im Inneren *und auf dem Rande* jedes einzelnen $T^n_{\mu^n}$ $[\mu^n = 1, \ldots, \beta^n]$ ist $\mathfrak{V}$ eindeutig und stetig, abgesehen höchstens von endlich vielen im Inneren gelegenen Punkten.

B. P_0 sei ein Randpunkt von $T^n_{\mu^n_0}$, T^{n-k}_0 $[1 \leqq k \leqq n]$ sei *irgendein* Randsimplex — *nicht notwendig dasjenige niedrigster Dimensionenzahl* —, dem P_0 angehört. T^{n-k}_ϱ $[\varrho = 1, \ldots, r]$ seien die mit T^{n-k}_0 in C^n als identisch zu betrachtenden Randsimplexe anderer $T^n_{\mu^n}$, P_ϱ die P_0 entsprechenden Punkte der T^{n-k}_ϱ, $(W^n_k)_\varrho$ $[\varrho = 0, 1, \ldots, r]$ die k-fachen Winkel, deren Scheitel diejenigen ebenen Räume E^{n-k}_ϱ sind, zu welchen die T^{n-k}_ϱ gehören.

Dann tritt stets einer von folgenden beiden Fällen ein:

I. (Hauptfall.) Von den $r+1$ Vektoren $\mathfrak{v}(P_\varrho)$ weist genau einer ins Innere seines $(W^n_k)_\varrho$, während alle anderen ins Äußere ihrer $(W^n_k)_\varrho$ gerichtet sind.

II. (Grenzfall.) Einer der Vektoren $\mathfrak{v}(P_\varrho)$, etwa $\mathfrak{v}(P_0)$, gehört dem Rande seines $(W^n_k)_0$ an; dann kann es unter den Vektoren $\mathfrak{v}^*$, welche vermög der zwischen den Randräumen bestehenden affinen und transitiven Zuordnungen dem Vektor $\mathfrak{v}(P_0)$ entsprechen, einen oder mehrere geben, die ebenfalls zu $\mathfrak{V}$ gehören; *es brauchen aber nicht* — im Gegensatz zu dem am Schluß des § 2 herangezogenen Spezialfall des im gewöhnlichen Sinn stetigen Vektorfeldes in einer Mannigfaltigkeit — *alle diese* $\mathfrak{v}^*$ *zu* $\mathfrak{V}$ *zu gehören.* Alle übrigen Vektoren $\mathfrak{v}(P_\varrho)$, welche nicht Vektoren $\mathfrak{v}^*$ sind, zeigen ins Äußere ihrer $(W^n_k)_\varrho$.

(Eingegangen am 26. 5. 1926.)

7.

(gemeinsam mit A. Brauer und R. Brauer)

Über die Irreduzibilität einiger spezieller Klassen von Polynomen

Jahresbericht der DMV 35 (1926), 99–112

Im Wintersemester 1921/22 stellte Herr Prof. I. Schur in seinen Übungen zur Algebra die beiden folgenden Aufgaben, die er bereits vorher als Aufgaben veröffentlicht hatte[1]): Sind $a_1, a_2, \ldots, a_n$ voneinander verschiedene ganze rationale Zahlen, so zeige man, daß die Polynome

$$(x - a_1)^2 (x - a_2)^2 \cdots (x - a_n)^2 + 1$$

und

$$(x - a_1)^4 (x - a_2)^4 \cdots (x - a_n)^4 + 1$$

im Gebiet der rationalen Zahlen irreduzibel sind. Eine Lösung dieser Aufgaben ist bisher nicht veröffentlicht worden.[2])

---

1) I. Schur, Archiv der Mathematik und Physik, 3. Reihe, Bd. 15, S. 259, Aufgabe 275. 1909.

2) Ein Teil der Resultate dieser Arbeit erscheint gleichzeitig in der Form von Aufgaben in G. Pólya und G. Szegö, Aufgaben und Lehrsätze aus der Analysis II. (Zusatz bei der Korrektur: Dieses Buch ist inzwischen erschienen, Berlin Springer 1925; s. S. 137, 347—350.)

Die erste dieser Aufgaben läßt sich mit wenigen Worten erledigen; für die zweite sollen im folgenden zwei verschiedene Lösungen, die seinerzeit von den Verfassern in den Übungen eingereicht wurden, gegeben werden. Mit denselben Methoden werden hier auch etwas allgemeinere Fragen erledigt. Es sei, wie im folgenden stets, $P(x)$ ein Polynom mit lauter verschiedenen ganzen rationalen Nullstellen:

$$P(x) = (x - a_1)(x - a_2) \cdots (x - a_n),$$

$G(z)$ ein im Körper P der rationalen Zahlen irreduzibles Polynom. Ist dann, für gewisse spezielle $G(z)$, $G(P(x))$ irreduzibel? Die Fälle $G(z) = z \pm 1$ sind bereits erledigt.[1])

In § 1 werden nach der Methode des letzten der Verfasser unter Benutzung einfacher Sätze über algebraische Zahlen Polynome $G(z)$ vom 4. oder 6. Grade behandelt, welche in einem imaginär quadratischen Körper zerfallen, also z. B. $z^4 + 1$. Es ergibt sich, daß für jedes dieser $G(z)$ das Polynom $G(P(x))$ irreduzibel ist, abgesehen höchstens von endlich vielen, wesentlich verschiedenen, angebbaren $P(x)$, für die sich dann in jedem Fall die Irreduzibilität nach bekannten Methoden nachprüfen läßt. Hierbei werden $P(x)$, die durch eine ganzzahlige Substitution $x = x' + b$ aus einander hervorgehen, als nicht wesentlich verschieden bezeichnet. In § 2 wird nach der Methode der beiden ersten der Verfasser auf ganz anderem Wege ohne Benutzung der Theorie der algebraischen Zahlen gezeigt, daß $G(P(x))$ für $G(z) = z^4 + 1$ irreduzibel ist. Mit derselben Methode werden eine Reihe weiterer Polynome 4. Grades untersucht. Die gesonderte Betrachtung von Ausnahmepolynomen $P(x)$ fällt bei dieser Methode von vornherein fort. Im Anschluß hieran wird eine dritte, auf der Lagrangeschen Interpolationsformel beruhende Beweismethode kurz geschildert, mit der sich ebenfalls $G(z) = z^4 + 1$ und allgemeinere Polynome 4. Grades behandeln lassen. Ein Vorteil der beiden ersten Methoden besteht darin, daß durch ihre Kombination sich die Irreduzibilität von $G(P(x))$ für $G(z) = z^8 + 1$ beweisen läßt; dies geschieht im § 3.

§ 1.

I. $G(z) = c_0 z^k + c_1 z^{k-1} + \cdots + c_k$ sei in dem algebraischen Zahlkörper $\mathsf{P}(\vartheta)$, dem die Koeffizienten $c_\varkappa$ angehören, irreduzibel, während $G(P(x))$ in $\mathsf{P}(\vartheta)$ reduzibel sei:

$$G(P(x)) = A(x)B(x). \tag{1}$$

---

1) I. Schur, Archiv der Mathematik und Physik, 3. Reihe, Bd. 13, S. 367, Aufgabe 226. 1908. — W. Flügel, ebenda, Bd. 15, S. 271—272, Lösung zu Aufgabe 226. 1909. — J. Westlund, On the Irreducibility of Certain Polynomials, The American Mathematical Monthly, Bd. 16, S. 66—67. 1909.

Ist $A(a_1) = A(a_2) = \cdots = A(a_n) = \alpha$ und mithin, da $G(P(a_\nu)) = c_k$ ist, $B(a_1) = B(a_2) = \cdots = B(a_n) = \beta$, so heiße (1) eine „Zerlegung 1. Art", andernfalls eine „Zerlegung 2. Art". $A(x)$ und $B(x)$ lassen sich, wie jedes Polynom, eindeutig in die Gestalt

$$(2)\qquad \begin{cases} A(x) = A_0(x)P^l(x) + A_1(x)P^{l-1}(x) + \cdots + A_l(x) \\ B(x) = B_0(x)P^m(x) + B_1(x)P^{m-1}(x) + \cdots + B_m(x) \end{cases}$$

bringen, worin $A_\lambda(x)$ und $B_\mu(x)$ Polynome mit kleineren Graden als n sind. Die $A_\lambda(x)$ können nicht sämtlich konstant sein; denn sonst wären, wie Koeffizientenvergleichung zeigt, auch die $B_\mu(x)$ konstant, im Widerspruch zu der Irreduzibilität von $G(z)$.

II.[1]) Ist $n = 2$, also $P(x) = x(x-a)$, so sind die nicht konstanten $A_\lambda(x)$ linear, (2) läßt sich in

$$(3)\qquad A(x) = K(P(x)) + xL(P(x))$$

umordnen, worin K und L Polynome sind. Ein Polynom in x ist nur dann, und wie aus (3) ersichtlich, stets dann ein Polynom in $x(x-a)$, wenn es bei Ersetzen von x durch $-x+a$ in sich übergeht. Aus (1) und $A(x)A(-x+a) = C(P(x))$, $B(x)B(-x+a) = D(P(x))$ folgt $G^2(z) = C(z)D(z)$, also wegen der Irreduzibilität von $G(z)$:

$$G(z) = \gamma\, C(z) \quad [\gamma \text{ konstant}],$$

$$(4\text{a})\qquad G(x(x-a)) = \gamma\cdot[K(x(x-a)) + xL(x(x-a))] \cdot [K(x(x-a)) - (x-a)L(x(x-a))],$$

$$(4)\qquad G(z) = \gamma\cdot[K^2(z) - zL^2(z) + aK(z)L(z)] = \gamma\cdot\left[K_1^2(z) - \left(z + \frac{a^2}{4}\right)L^2(z)\right],$$

wenn man $K(z) + \frac{a}{2}L(z) = K_1(z)$ setzt. (4) ist notwendig und hinreichend für das Eintreten der Zerlegung (1) mit $P(x) = x(x-a)$, wie aus (4a) ersichtlich ist. Die Zerlegung (4a) ist dann und nur dann 1. Art, wenn $L(0) = 0$, also $L(z) = zL_1(z)$ ist.

Ist speziell $k \leqq 4$, so ist $L_1(z)$ konstant $= \lambda \neq 0$,

$$G(z) = \gamma\left[K_1^2(z) - \lambda^2 z^3 - \lambda^2\frac{a^2}{4}z^2\right].$$

Hiernach lassen sich die für die Zerlegung notwendigen und hinreichenden Koeffizientenbedingungen ausrechnen: Setzt man nämlich $K_1(z) = \alpha_0 z^2 + \alpha_1 z + \alpha_2$, so ergibt sich:

---

1) Abschnitt II, sowie Abschnitt III vom Zeichen * an sind für die Untersuchung der Fälle $G(z) = z^4 + 1$ und $G(z) = z^8 + 1$ nicht notwendig.

$$(5)\quad \begin{cases} \alpha_0 = \sqrt{\frac{c_0}{\gamma}}, \quad \alpha_2 = \sqrt{\frac{c_4}{\gamma}} \neq 0, \quad \alpha_1 = \frac{c_3}{2\gamma\alpha_2}, \\ \gamma\alpha_0\alpha_2 = \sqrt{c_0 c_4} = \Gamma_1, \quad \gamma\alpha_2\lambda = \sqrt{\Gamma_1 c_3 - c_4 c_1} = \Gamma_2 \neq 0, \\ a = \frac{1}{\Gamma_2}\sqrt{8c_4\Gamma_1 + c_3^2 - 4c_2c_4} = \Gamma_3 \neq 0, \end{cases}$$

mithin ist notwendig

$$(5\,\text{a})\qquad \Gamma_1 < \mathsf{P}(\vartheta); \qquad 0 \neq \Gamma_2 < \mathsf{P}(\vartheta); \qquad \Gamma_3 \neq 0, \text{ ganz rational;}$$

diese Bedingungen sind auch hinreichend, denn wenn sie erfüllt sind, so liefern z. B. $\gamma = c_4$, und die sich dann aus (5) ergebenden Werte für $\alpha_0, \alpha_1, \alpha_2, \lambda, a,$ die gewünschte Darstellung von $G(z)$. Es zeigt sich insbesondere, daß es bei festem $G(z)$ mit $k \leqq 4$ höchstens eine positive Zahl a gibt, für die $G(x(x \mp a))$ zerfällt.

III. Wir betrachten jetzt die Zerlegungen 1. Art für beliebiges n und kleines k. $A_l(x)$ und $B_m(x)$ sind, da $a_\mu \neq a_\nu$ für $\mu \neq \nu$ ist, die Konstanten α und β; da weder alle $A_\lambda(x)$, noch alle $B_\mu(x)$ konstant sind, $l + m \leqq k$ ist, und hier das Gleichheitszeichen nur gilt, wenn $A_0(x)$ und $B_0(x)$ konstant sind, muß $k \geqq 3$ sein*[1]); und zwar hat im Fall $k = 3$ die Gleichung (1) die Gestalt

$$(6)\qquad G(P(x)) = [A_0(x)P(x) + \alpha]\cdot[B_0(x)P(x) + \beta].$$

Ist $k = 4$ und $B(x)$ von demselben Grad wie $A(x)$, so ist die Zerlegung:

$$(6\,\text{a})\qquad G(P(x)) = [\alpha_0 P^2(x) + A_1(x)P(x) + \alpha]$$
$$[\beta_0 P^2(x) + B_1(x)P(x) + \beta],$$

die für $\alpha_0 = \beta_0 = 0$ den Fall (6) enthält, so daß dieser nicht besonders zu behandeln ist. Sind nun $C(x)$ und $D(x)$ die durch die Gleichung

$$(7)\qquad A_1(x)B_1(x) = C(x)P(x) + D(x)$$

bestimmten Polynome von niedrigerem Grade als n, so liefert Ausmultiplizieren und Vergleichen der Koeffizienten der Potenzen von $P(x)$ in (6a) die Relationen

$$\alpha B_1(x) + \beta A_1(x) = c_3, \qquad D(x) + \alpha_0\beta + \beta_0\alpha = c_2,$$
$$C(x) + \alpha_0 B_1(x) + \beta_0 A_1(x) = c_1,$$

welche zeigen: $B_1(x)$ ist ein linearer Ausdruck in $A_1(x)$, also vom gleichen Grade m wie $A_1(x)$; $D(x)$ ist konstant; dasselbe gilt von $C(x)$, da dies andernfalls als linearer Ausdruck in $A_1(x)$ den Grad m hätte, woraus wegen (7) die infolge $m < n$ unmögliche Gleichung $2m = m + n$ folgen würde. Mithin ist $A_1(x)$ vom Grade $\frac{n}{2}$, und die n Zahlen $A_1(a_\nu)$

1) S. Anm. S. 101.

erfüllen nach (7) eine quadratische Gleichung mit konstanten Koeffizienten, es stehen ihnen daher nur zwei Werte u, v zur Verfügung, die mit Rücksicht auf den Grad von $A_1(x)$ von je $\frac{n}{2}$ der a_ν angenommen werden; demnach ist bei passender Numerierung der a_ν

$$A_1(x) = c\prod_{\nu=1}^{\frac{n}{2}}(x - a_\nu) + u = c\prod_{\nu=\frac{n}{2}+1}^{n}(x - a_\nu) + v,$$

$$\prod_{\nu=1}^{\frac{n}{2}}(x - a_\nu) - \prod_{\nu=\frac{n}{2}+1}^{n}(x - a_\nu) = a. \tag{8}$$

Setzt man $\prod_{\nu=\frac{n}{2}+1}^{n}(x - a_\nu) = y$, so ist $P(x) = y(y - a)$, $A_1(x)$ und $B_1(x)$ sind linear in y, so daß (6a) von der Form ist: $G(y(y - a)) = \Phi(y) \cdot \Psi(y)$, womit unsere Frage auf den in II. behandelten Fall zurückgeführt ist: die Bedingungen (5a) müssen erfüllt sein; sind sie andererseits erfüllt, so existiert eine Zerlegung für alle die und nur die $P(x)$, die Gleichung (8) befriedigen. (8) ist stets zu befriedigen, wie das Beispiel $n = 2$, $a_1 = 0$, $a_2 = a$, oder auch (jedoch nur für $a \neq \pm 1$) das Beispiel $n = 4$, $a_1 = 1$, $a_2 = a$, $a_3 = 0$, $a_4 = a + 1$ zeigen. Es gibt jedoch nur endlich viele Lösungen von (8); denn durch Setzen von $x = a_1$ folgt $|a_1 - a_\nu| \leqq |a|$ für $\nu > \frac{n}{2}$, also speziell $|a_1 - a_n| \leqq |a|$; analog $|a_n - a_\nu| \leqq a$ für $\nu \leqq \frac{n}{2}$, mithin

$|a_1 - a_\nu| \leqq |a_1 - a_n| + |a_n - a_\nu| \leqq 2|a|$; d. h. $|a_1 - a_\nu| \leqq 2|a|$ für alle ν. Daher gibt es bei gegebenem $G(z)$ nur endlich viele wesentlich verschiedene $P(x)$, die unsere Zerlegung 1. Art bewirken.

IV. Wir wenden uns zu den Zerlegungen 2. Art; die Grade von $G(z)$ und $P(x)$ sind hier gleichgültig, wir setzen aber voraus, daß die c_k ganz sind und $\mathsf{P}(\vartheta)$ ein Körper mit nur endlich vielen Einheiten ist, d. h. entweder P oder ein imaginär quadratischer Körper.

Dann gibt es höchstens endlich viele $P(x)$, für die eine Zerlegung 2. Art von $G(P(x))$ eintritt; und zwar sind diese $P(x)$ in einer allein durch c_k und c_0, sowie den Körper $\mathsf{P}(\vartheta)$ bestimmten endlichen Menge von Polynomen enthalten.

Beweis: $\omega_1, \omega_2, \ldots, \omega_{kn}$ seien die Wurzeln von $G(P(x)) = 0$; dann ist

$$A(x) = \alpha_0 \cdot \prod_{\mu=1}^{m}(x - \omega_\mu), \qquad B(x) = \beta_0 \cdot \prod_{\mu=m+1}^{kn}(x - \omega_\mu),$$

$$\alpha_0\beta_0 = c_0, \qquad \alpha_0 < \mathsf{P}(\vartheta), \qquad \beta_0 < \mathsf{P}(\vartheta),$$

also
$$c_0 G(P(x)) = \beta_0 A(x) \cdot \alpha_0 B(x)$$
$$= c_0 \prod_{\mu=1}^{m} (x - \omega_\mu) \cdot c_0 \prod_{\mu=m+1}^{kn} (x - \omega_\mu).$$

Nach einem bekannten Satze besitzen nun
$$A^*(x) = c_0 \cdot \prod_{\mu=1}^{m} (x - \omega_\mu) \quad \text{und} \quad B^*(x) = c_0 \cdot \prod_{\mu=m+1}^{kn} (x - \omega_\mu)$$
ganzzahlige Koeffizienten. Aus $A^*(a_\nu) B^*(a_\nu) = c_k c_0$ folgt daher, daß $A^*(a_\nu)$ ein ganzzahliger Teiler von $c_k c_0$ ist. Ist $A^*(a_1) = A^*(a_2) = \cdots$
$$= A^*(a_s) = t_1 \neq t_\nu = A^*(a_\nu), \text{ so ist } A^*(x) = \Phi(x) \cdot \prod_{\sigma=1}^{s} (x - a_\sigma) + t_1,$$
$$t_\nu - t_1 = \Phi(a_\nu) \cdot \prod_{\sigma=1}^{s} (a_\nu - a_\sigma); \tag{9}$$
also ist, da auch $\Phi(x)$ ganzzahlig ist, $\prod_{\sigma=1}^{s} (a_\nu - a_\sigma)$ Teiler von $t_\nu - t_1$. Hieraus ergibt sich, da in den hier vorliegenden Körpern jede Zahl nur endlich viele Teiler hat, daß für $A^*(a_\nu) \neq A^*(a_\sigma)$ stets $|a_\nu - a_\sigma|$ kleiner als eine von den Indices unabhängige Zahl a ist; daraus folgt, ebenso wie am Schluß von III., daß $|a_\nu - a_\sigma| \leqq 2a$ für beliebige ν und σ ist, womit unsere Behauptung bewiesen ist.

Zusatz: Hat $\mathsf{P}(\vartheta)$ die Klassenzahl 1, so kann man $A(x)$ und $B(x)$ von vornherein ganzzahlig annehmen; man braucht dann $A^*(x)$ und $B^*(x)$ nicht einzuführen und hat an Stelle der Teiler von $c_k \cdot c_0$ nur diejenigen von c_k zu betrachten. Ist nun ferner $c_k = 1$, so sind die t_ν Einheiten des Körpers, also außer ± 1 höchstens noch $\pm i$ oder $\pm \varrho, \pm \varrho^2$. Die einzigen ganzen rationalen Zahlen, die in der Differenz zweier dieser Einheiten aufgehen, sind ± 1, ± 2. Unter Berücksichtigung von (9) erkennt man jetzt, daß jedes für Zerlegbarkeit 2. Art von $G(P(x))$ in Frage kommende $P(x)$ im wesentlichen eins der folgenden sechs ist:

$$\alpha)\ x(x-1); \quad \beta)\ x(x-2); \quad \gamma)\ x(x-1)(x+1); \quad \delta)\ x(x-1)(x+2);$$
$$\varepsilon)\ x(x+1)(x-2); \quad \zeta)\ x(x-1)(x-2)(x-3).$$

Daß es zu jedem dieser sechs Polynome wirklich ein unsere Forderungen erfüllendes reduzibles Polynom $G(P(x))$ gibt, zeigen folgende Beispiele:

zu α: $G(z) = -c^2 z^2 + 4z + 1 \quad [c < \mathsf{P}(\vartheta)]$;

zu β und ζ: $G(z) = -c^2 z^2 + z + 1 \quad [c < \mathsf{P}(\vartheta)]$;

zu γ: $G(z) = -8z^2 + 1$; $G(z) = -z^2 - iz + 1 \quad [\mathsf{P}(\vartheta) = \mathsf{P}(i)]$;

zu δ: $G(z) = -z^2 + z + 1$; zu ε: $G(z) = -z^2 - z + 1$.

V. Die bisherigen Ergebnisse lassen sich so zusammenfassen: Ist $\mathsf{P}(\vartheta) = \mathsf{P}$ oder ein imaginär quadratischer Körper, $G(z)$ ein in $\mathsf{P}(\vartheta)$ irreduzibles Polynom mit ganzen Koeffizienten aus diesem Körper, und hat $G(z)$ den Grad $k = 1, 2$ oder 3, so gibt es höchstens endlich viele wesentlich verschiedene $P(x)$, für die $G(P(x))$ in $\mathsf{P}(\vartheta)$ zerfällt, und diese $P(x)$ sind nach den geschilderten Methoden zu bestimmen; dasselbe gilt auch noch für $k = 4$, wenn wir uns auf Zerlegungen in Faktoren gleichen Grades beschränken.

Dieser Satz läßt sich nun ausdehnen auf den Fall, daß $\mathsf{P}(\vartheta) = \mathsf{P}$ und $G(z)$ ein in einem imaginär quadratischen Körper $\mathsf{P}(\eta)$ reduzibles Polynom 4. oder 6. Grades ist.

Läßt sich nämlich in der in $\mathsf{P}(\eta)$ möglichen Zerlegung $G(z) = G_1(z)\,\overline{G_1(z)}$ der Faktor $G_1(z)$ nicht ganzzahlig wählen, so gibt es doch — wie früher in IV. — eine ganzzahlige Zerlegung $c_0\,G(z) = G_1'(z)\,\overline{G_1'(z)}$ in $\mathsf{P}(\eta)$; gestattet nun $G(P(x))$ in P eine Zerlegung (1), so muß [wegen der eindeutigen Zerlegbarkeit von $G(P(x))$ in irreduzible Faktoren des Körpers $\mathsf{P}(\eta)$] $G_1(P(x))$ bezw. $G_1'(P(x))$ reduzibel in $\mathsf{P}(\eta)$ sein, und umgekehrt. Damit ist die Frage der Reduzibilität von $G(P(x))$ in P, da $G_1(z)$ und $G_1'(z)$ den Grad 2 oder 3 haben, auf die oben erledigten Fälle zurückgeführt.

Hiermit sind z. B. das 7., 8., 9., 12., 14., 18. Kreisteilungspolynom, sowie die Polynome $cz^4 + 1$, $cz^6 + 1$ mit $c > 0$ behandelt.

§ 2.

VI. $G(z) = c_0 z^4 + c_1 z^3 + c_2 z^2 + c_3 z + 1$ sei ein in P irreduzibles positiv definites Polynom mit ganzen rationalen Koeffizienten; man setze $P(x) = P_0(x)$. Soll $G(P_0(x))$ in P reduzibel sein, so kann man, da es ganzzahlig und positiv definit ist, annehmen, daß beide Faktoren ganzzahlig sind und an allen Stellen a_ν den Wert $+1$ haben. Die Zerlegung hat also die Form

$$(10) \qquad G(P_0(x)) = \{1 - P_0(x)P_{-1}(x)\}\,\{1 - P_0(x)P_1(x)\},$$

wo $P_{-1}(x)$, $P_1(x)$ ganzzahlige Polynome sind.

Satz: Ist $G(z) = z^4 + 1$, so ist $G(P_0(x))$ in P irreduzibel.

Beweis: Wäre $P_0^4(x) + 1$ reduzibel, so wäre nach (10)

$$(11) \qquad P_0^4(x) + 1 = \{1 - P_0(x)P_{-1}(x)\}\,\{1 - P_0(x)P_1(x)\}.$$

Hierbei haben $P_{-1}(x)$ und $P_1(x)$ den höchsten Koeffizienten -1. Aus (11) folgt

$$P_0^4(x) = -\{P_{-1}(x) + P_1(x)\}\,P_0(x) + P_{-1}(x)\,P_0^2(x)\,P_1(x).$$

Daher ist $P_{-1}(x) + P_1(x)$ durch $P_0(x)$ teilbar, also

(12) $$P_{-1}(x) + P_1(x) = -P_0(x) S_0(x),$$

wo $S_0(x)$ ein ganzzahliges Polynom bedeutet. Folglich ist

(13) $$P_0^2(x) = S_0(x) + P_{-1}(x) P_1(x).$$

Sind nun die Grade n_{-1} und n_1 von $P_{-1}(x)$ und $P_1(x)$ gleich, so folgt aus (11): $n_1 = n_{-1} = n$. Durch Vergleichen der höchsten Glieder in (12) folgt: $S_0(x) = 2$. Aus (12) folgt ferner: $P_{-1}(a_\nu) = -P_1(a_\nu)$, also nach (13) $P_1^2(a_\nu) = 2$. Da $P_1(a_\nu)$ ganz und rational ist, ist dies unmöglich.

Es sei also $n_{-1} > n_1$; es ist

$$1 \equiv P_1(x) P_0(x) \{\mathrm{mod}\,(1 - P_1(x) P_0(x))\},$$ also

$$1 \equiv P_1^4(x) P_0^4(x) \{\mathrm{mod}\,(1 - P_1(x) P_0(x))\},$$

$$1 + P_1^4(x) \equiv P_1^4(x)[1 + P_0^4(x)] \equiv 0 \{\mathrm{mod}\,(1 - P_1(x) P_0(x))\}$$ nach (11),

$$1 + P_1^4(x) = \{1 - P_1(x) P_0(x)\} K(x).$$

Dann ist $K(x) \equiv 1 \pmod{P_1(x)}$, also $K(x)$ von der Form $1 - P_1(x) P_2(x)$, wo $P_2(x)$, wie im folgenden allgemein $P_\lambda(x)$ und $S_\lambda(x)$, ganzzahlige Polynome sind. Also ist

(14) $$1 + P_1^4(x) = \{1 - P_1(x) P_0(x)\}\{1 - P_1(x) P_2(x)\}.$$

Bei der Ableitung von (14) aus (11) sind die Eigenschaften der Wurzeln von $P_0(x)$ nicht benützt worden. Daher erhält man analog zu (14), (12), (13) durch Fortsetzung des Verfahrens:

(15) $$P_\lambda^4(x) + 1 = \{1 - P_\lambda(x) P_{\lambda-1}(x)\}\{1 - P_\lambda(x) P_{\lambda+1}(x)\} \quad (\lambda = 0, 1, 2, \ldots)$$

(16) $$P_{\lambda-1}(x) + P_{\lambda+1}(x) = -P_\lambda(x) S_\lambda(x)$$

(17) $$P_\lambda^2(x) = S_\lambda(x) + P_{\lambda-1}(x) P_{\lambda+1}(x);$$

durch Elimination von $P_{\lambda-1}(x)$, bzw. $P_{\lambda+1}(x)$ aus (16) und (17) folgt

$$\frac{P_\lambda^2(x) + P_{\lambda+1}^2(x)}{1 - P_\lambda(x) P_{\lambda+1}(x)} = S_\lambda(x) = \frac{P_\lambda^2(x) + P_{\lambda-1}^2(x)}{1 - P_\lambda(x) P_{\lambda-1}(x)} = S_{\lambda-1}(x).$$

Folglich ist $S_\lambda(x) = S_{\lambda-1}(x) = \cdots = S_0(x)$. Die Grade n_λ von $P_\lambda(x)$ nehmen immer um denselben Betrag ab, denn aus (15) folgt, wegen $n_{-1} > n_1$,

$$2n_\lambda = n_{\lambda-1} + n_{\lambda+1}, \quad n_{\lambda-1} - n_\lambda = n_\lambda - n_{\lambda+1}, \quad n_\lambda > n_{\lambda+1}.$$

Daher muß es in der Reihe der Polynome $P_0(x)$, $P_1(x)$, ... ein erstes identisch verschwindendes $P_{r+1}(x)$ geben, da man wegen (15) auf eine von 0 verschiedene Konstante nicht geführt werden kann. Man setze $P_r(x) = y$. Nun folgt für $\lambda = r$ aus (17): $y^2(x) = S_0(x)$, also aus (16):

(18) $$P_{r-1}(x) = -y^3, \quad P_{r-2}(x) = -P_{r-1}(x) y^2 - P_r(x) = y^5 - y, \ \ldots$$

Aus (16) folgt induktiv, daß alle $P_\lambda(x)$ Polynome in y werden: $P_\lambda(x) = Q_\lambda(y)$; in jedem $Q_\lambda(y)$ sind alle Exponenten (mod 4) kongruent. Mit α ist daher auch $i\alpha$ Wurzel von $Q_\lambda(y) = 0$. Außer $Q_r(y)$ und $Q_{r-1}(y)$ haben wegen (18) alle $Q_\lambda(y)$ von 0 verschiedene, also auch nicht reelle Wurzeln; dasselbe gilt für die $P_\lambda(x)$, da $y(x)$ rationale Koeffizienten hat. Ferner hat $Q_{r-1}(y)$, also auch $P_{r-1}(x)$ mehrfache Wurzeln. Daher muß $P_0(x) = P_r(x)$ sein, $P_1(x)$ identisch gleich 0; folglich ist $P_0^4(x) + 1$ irreduzibel.

Zusatz: Eine ganze rationale Zahl der Form $\alpha^4 + 1$ ist nur dann durch eine Zahl β, $(\beta \neq 1, \beta \neq \alpha^4 + 1)$, die kongruent 1 (mod α) ist, teilbar, wenn α in einer der Formen $y^3, y^5 - y, y^7 - 2y^3, \ldots$ darstellbar ist.

VII. Die in VI. am Spezialfall $z^4 + 1$ erläuterte Methode läßt sich auf allgemeinere Polynome 4. Grades anwenden.

Satz: Ist $G(z) = z^4 + cz^3 + dz^2 + cz + 1$ ein irreduzibles, positiv definites, ganzzahliges, reziprokes Polynom, so ist $G(P_0(x))$ irreduzibel, außer wenn $G(z)$ die 12. Kreisteilungsgleichung und $P_0(x)$ im wesentlichen $x(x-1)(x+1)$ ist.

Beweis: Analog wie in VI. erhält man im Fall der Irreduzibilität eine Reihe ganzzahliger Polynome $P_{-1}(x), P_0(x), P_1(x), \ldots$, die den folgenden Bedingungen genügen:

$$G(P_\lambda(x)) = \{1 - P_\lambda(x)P_{\lambda-1}(x)\}\{1 - P_\lambda(x)P_{\lambda+1}(x)\} \quad (\lambda = 0, 1, 2, \ldots)$$

$$P_{\lambda-1}(x) + P_{\lambda+1}(x) = -P_\lambda(x)S(x) - c \tag{19}$$

$$P_\lambda^2(x) + cP_\lambda(x) + d = S(x) + P_{\lambda-1}(x)P_{\lambda+1}(x), \tag{20}$$

wo $S(x)$ ein von λ unabhängiges ganzzahliges Polynom bedeutet. Haben $P_{-1}(x)$ und $P_1(x)$ gleichen Grad, so wird analog wie in VI.

$$P_1(a_\nu) = -\frac{c}{2} \pm \frac{1}{2}\sqrt{c^2 - 4d + 8};$$

also muß $c^2 - 4d + 8 = k^2$ (k ganz und rational) sein; dann wird aber $G(z)$ reduzibel:

$$G(z) = \{z^2 + \tfrac{1}{2}(c+k)z + 1\}\{z^2 + \tfrac{1}{2}(c-k)z + 1\}. \tag{21}$$

Hat aber $P_1(x)$ etwa kleineren Grad als $P_{-1}(x)$, so muß es wieder ein erstes identisch verschwindendes Polynom $P_{r+1}(x)$ geben. Man setze $P_r(x) = y$. Dann werden wegen (19) und (20) $S(x) = T(y) = y^2 + cy + d$ und $P_\lambda(x) = Q_\lambda(y)$ ganzzahlige Polynome in y; mit $P_0(x)$ hat $Q_0(y)$ lauter verschiedene ganzzahlige Nullstellen $b_1, b_2, \ldots, b_m$ da $y = y(x)$ ganzzahlig ist. Für $y = b_\mu$ $(\mu = 1, 2, \ldots, m)$ wird, wenn man $Q_1(b_\mu) = b_\mu^*$ setzt, $Q_1^2(b_\mu) + cQ_1(b_\mu) + d = T(b_\mu) = b_\mu^2 + cb_\mu + d$ (aus (20) für $\lambda = 1$), also

$$T(b_\mu^*) = b_\mu^{*2} + cb_\mu^* + d = T(b_\mu) = b_\mu^2 + cb_\mu + d. \tag{22}$$

Entweder ist also $b_\mu^* = b_\mu$ oder $b_\mu^* = -c - b_\mu$. Nun ist $Q_0(b_\mu) = Q_{r+1}(b_\mu^*) = 0$, $Q_1(b_\mu) = b_\mu^* = Q_r(b_\mu^*)$, da $Q_r(y) = y$ ist. Aus $Q_\lambda(b_\mu) = Q_{r-\lambda+1}(b_\mu^*)$ und $Q_{\lambda+1}(b_\mu) = Q_{r-\lambda}(b_\mu^*)$ folgt wegen (19) und (22)

$$\begin{aligned} Q_{\lambda+2}(b_\mu) &= -c - Q_{\lambda+1}(b_\mu) \cdot T(b_\mu) - Q_\lambda(b_\mu) \\ &= -c - Q_{r-\lambda}(b_\mu^*) T(b_\mu^*) - Q_{r-\lambda+1}(b_\mu^*) = Q_{r-\lambda-1}(b_\mu^*). \\ &\qquad (\lambda = 0, 1, 2, \ldots, r-1) \end{aligned}$$

Für alle λ gilt daher $Q_\lambda(b_\mu) = Q_{r-\lambda+1}(b_\mu^*)$. Für $\lambda = r$ ergibt sich hieraus:

$$b_\mu = Q_r(b_\mu) = Q_1(b_\mu^*). \tag{23}$$

Diejenigen b_μ, für die $b_\mu^* = b_\mu$ ist, genügen der Gleichung

$$Q_1(y) = y, \tag{24}$$

diejenigen, für die $b_\mu^* = -c - b_\mu$ ist, der Gleichung

$$Q_1(y) = -c - y. \tag{25}$$

Ist nun $r > 1$, so sind (24) und (25) vom Grade $m - 2$, da $T(y)$ vom Grade 2 ist und daher wegen (19) $Q_1(y)$ einen um 2 kleineren Grad als $Q_0(y)$ hat. Also genügen mindestens zwei der m Zahlen b_μ, etwa b_1 und b_2, der Gleichung (24) und mindestens zwei der Gleichung (25), etwa b_3 und b_4. Da $b_3 \neq b_4$ ist, kann man z. B. $b_3 \neq -\frac{c}{2}$, also $b_3 \neq b_3^*$ annehmen. Nun ist nach (23)

$$\frac{Q_1(b_3) - Q_1(b_1)}{b_3 - b_1} = \frac{b_3^* - b_1}{b_3 - b_1} \quad \text{und} \quad \frac{Q_1(b_3^*) - Q_1(b_1)}{b_3^* - b_1} = \frac{b_3 - b_1}{b_3^* - b_1}.$$

Diese Ausdrücke sind ganze Zahlen, da $Q_1(y)$ ganzzahlig ist; also ist $b_3^* - b_1 = \pm(b_3 - b_1)$. Das Zeichen $+$ ist unbrauchbar, da $b_3^* \neq b_3$ war; folglich erhält man $2b_1 = b_3^* + b_3$ und analog $2b_2 = b_3^* + b_3$; also $b_1 = b_2$. Das ist unmöglich. Also ist $r = 1$, $Q_1(y) = y$,

$$Q_0(y) = -y(y^2 + cy + d) - c = -(y^3 + cy^2 + dy + c) \text{ nach (19).}$$

Folglich ist $m = 3$; daher folgt aus $b_1 + b_2 + b_3 = -c = b_1 b_2 b_3$ bei passender Numerierung $b_1 = 1$, $b_2 = 2$, $b_3 = 3$ oder $b_1 = -1$, $b_2 = -2$, $b_3 = -3$ oder $b_1 = -b_2 > 0$, $b_3 = 0$. In den beiden ersten Fällen wird $G(z) = z^4 \pm 6z^3 + 11z^2 \pm 6z + 1$ nach (21) reduzibel, im letzten $G(z) = z^4 - b_1^2 z^2 + 1$ nur für $b_1^2 = 1$ positiv definit. Also wird

$$G(z) = z^4 - z^2 + 1; \; b_1 = 1, \; b_2 = -1, \; b_3 = 0;$$

$Q_0(y) = -y(y-1)(y+1) = P_0(x) = (x - a_1)(x - a_2) \cdots (x - a_n)$; $y(x)$ ist also ein Polynom mit lauter verschiedenen ganzzahligen Wurzeln $a_\varkappa, a_\lambda, \ldots$ und dem höchsten Koeffizienten -1. Hätte $y(x)$ größeren Grad als 1, so wäre nach der Einleitung $y(x) + 1 = -\{(x - a_\varkappa)(x - a_\lambda) \cdots - 1\}$ irreduzibel, könnte also keinen Teiler $x - a_\nu$ haben. Daher ist $y(x)$ von der Form $-x + \alpha$ mit ganzzahligem α, also $P_0(x) = (x - \alpha)(x - \alpha - 1)(x - \alpha + 1)$. Für ein solches

$P_0(x)$ und $G(z) = z^4 - z^2 + 1$ wird aber $G(P_0(x))$ in der Tat reduzibel. Man kann $\alpha = 0$ annehmen; $P_0(x) = x^3 - x$;

$$(x^3 - x)^4 - (x^3 - x)^2 + 1 = (1 - x^2 + x^4)(1 + 2x^4 - 3x^6 + x^8).$$

Bemerkung: Analog kann man auch unter Verwendung von IV. indefinite reziproke Polynome 4. Grades $G(z)$ behandeln.

VIII. Satz: Ist $G(z) = cz^4 + 1$ (c ganz und positiv) irreduzibel, so ist $G(P_0(x))$ irreduzibel.

Beweis: Die Rekursionsformeln werden hier:

$$\left.\begin{aligned} &cP_\lambda^4(x) + 1 = \{1 - P_\lambda(x)P_{\lambda-1}(x)\}\{1 - P_\lambda(x)P_{\lambda+1}(x)\} \\ &P_{\lambda-1}(x) + P_{\lambda+1}(x) = -P_\lambda(x)S(x) \\ &cP_\lambda^2(x) = S(x) + P_{\lambda-1}(x)P_{\lambda+1}(x) \end{aligned}\right\}\text{für gerades } \lambda,$$

$$\left.\begin{aligned} &\frac{1}{c}P_\lambda^4(x) + 1 = \{1 - P_\lambda(x)P_{\lambda-1}(x)\}\{1 - P_\lambda(x)P_{\lambda+1}(x)\} \\ &P_{\lambda-1}(x) + P_{\lambda+1}(x) = -P_\lambda(x)\frac{1}{c}S(x) \\ &\frac{1}{c}P_\lambda^2(x) = \frac{1}{c}S(x) + P_{\lambda-1}(x)P_{\lambda+1}(x) \end{aligned}\right\}\text{für ungerades } \lambda.$$

$P_{-1}(x)$ und $P_1(x)$ werden ganzzahlig; ihre höchsten Koeffizienten seien c_{-1} und c_1; die übrigen $P_\lambda(x)$ brauchen nicht ganzzahlig zu sein. Trotzdem schließt man im Falle $n_{-1} > n_1$ wie in VI.

Für $n_{-1} = n_1$ folgt aus den Rekursionsformeln wegen $c_{-1} \cdot c_1 = c > 0$

$$S(x) = -(c_{-1} + c_1),$$

$$\{P_{-1}(x) - P_1(x)\}^2 = P_0^2(x)(c_{-1} - c_1)^2 - 4(c_{-1} + c_1)$$

$$\{P_{-1}(x) - P_1(x) + P_0(x)(c_{-1} - c_1)\}\{P_{-1}(x) - P_1(x) - P_0(x)(c_{-1} - c_1)\} = -4(c_{-1} + c_1).$$

Aus $c_{-1} \cdot c_1 > 0$ folgt $c_{-1} + c_1 \neq 0$; die beiden Faktoren der linken Seite müssen Konstanten sein. Der höchste Koeffizient im ersten Faktor ist also $2c_{-1} - 2c_1 = 0$. Also ist $c_{-1} = c_1$, $\{P_{-1}(x) - P_1(x)\}^2 = -8c_1$, $2c_1 = -k^2$, $c_1 = -2l^2$, $c = 4l^4$. Umgekehrt ist

$$4l^4z^4 + 1 = (2l^2z^2 + 2lz + 1)(2l^2z^2 - 2lz + 1) \text{ reduzibel.}$$

Bemerkung: Für spezielle c ergibt sich die Irreduzibilität von $cP_0^4(x) + 1$ aus allgemeineren Sätzen. Insbesondere folgt aus einer von Herrn Perron[1]) herrührenden Verallgemeinerung des Königsbergerschen Irreduzibilitätskriteriums, daß $cP_0^4(x) + 1$ höchstens reduzibel sein kann, wenn $(\alpha_1, \alpha_2, \ldots \alpha_\varrho, 4n) > 1$ ist, wo $p_1^{\alpha_1} \cdot p_2^{\alpha_2} \ldots p_\varrho^{\alpha_\varrho}$ die Primzahlzerlegung von c ($c \neq \pm 1$) bedeutet.

IX. Nach derselben Kettenmethode lassen sich auch noch andere Polynome $G(z)$ vom 4. Grade behandeln. Es soll jedoch nicht darauf

1) O. Perron, Über eine Anwendung der Idealtheorie usw., Math. Annalen, Bd. 60, S. 452—453, 1905.

eingegangen werden, da sich dieselben Resultate noch auf andere Weise ergeben, die im folgenden kurz erläutert werden sollen.[1])

Hilfssatz: Ist $P(x) = (x - a_1)(x - a_2)\cdots(x - a_n)$ wieder ein Polynom n-ten Grades, mit lauter verschiedenen ganzzahligen Wurzeln, $R(x)$ ein Polynom vom Grad $k < n$ mit reellen Koeffizienten und dem höchsten Koeffizienten $r_0 \geqq 1$, so kann $1 + P(x)R(x)$ nur dann positiv definit sein, wenn $n = 2$, 3 oder 4 ist und die a_ν aufeinander folgende ganze Zahlen sind.

Beweis: Es sei

$$a_1 > a_2 > \cdots > a_n; \qquad b_\nu = \frac{a_\nu + a_{\nu+1}}{2}. \qquad (\nu = 1, 2, \ldots, n-1)$$

Soll $1 + P(x)R(x)$ positiv definit sein, so folgt $1 + P(b_\nu)R(b_\nu) > 0$,

$$(26) \qquad R(b_\nu) > -\frac{1}{|P(b_\nu)|} \quad \text{oder} \quad R(b_\nu) < \frac{1}{|P(b_\nu)|},$$

je nachdem $P(b_\nu) > 0$ oder < 0 ist.

Der Grad $n + k$ von $1 + P(x)R(x)$ muß gerade sein, also $k \leqq n - 2$. Man interpoliere $R(x)$ an den Stellen $b_1, b_2, \ldots b_{k+1}$ nach der Lagrangeschen Interpolationsformel. Für den höchsten Koeffizienten r_0 von $R(x)$ findet man

$$r_0 = \frac{R(b_1)}{(b_1 - b_2)(b_1 - b_3)\cdots(b_1 - b_{k+1})} + \frac{R(b_2)}{(b_2 - b_1)(b_2 - b_3)\cdots(b_2 - b_{k+1})} + \\ + \frac{R(b_{k+1})}{(b_{k+1} - b_1)(b_{k+1} - b_2)\cdots(b_{k+1} - b_k)}$$

$$r_0 = \frac{R(b_1)}{|b_1 - b_2||b_1 - b_3|\cdots|b_1 - b_{k+1}|} - \frac{R(b_2)}{|b_2 - b_1||b_2 - b_3|\cdots|b_2 - b_{k+1}|} + \cdots \\ + (-1)^k \frac{R(b_{k+1})}{|b_{k+1} - b_1||b_{k+1} - b_2|\cdots|b_{k+1} - b_k|}.$$

Nun ist, wie eine einfache Abschätzung zeigt:

$$|P(b_\nu)| \geqq \gamma_n = \begin{cases} \dfrac{(1 \cdot 3 \cdot \ldots \cdot (n-1))^2}{2^n} & (n \text{ gerade}) \\[2ex] \dfrac{(1 \cdot 3 \cdot \ldots \cdot (n-2))^2 \cdot n}{2^n} & (n \text{ ungerade}); \end{cases}$$

also nach (26) $R(b_\nu) > -\frac{1}{\gamma_n}$, wenn $P(b_\nu) > 0$ ist; $R(b_\nu) < \frac{1}{\gamma_n}$, wenn $P(b_\nu) < 0$ ist. Es ist $P(b_1) < 0$, $P(b_2) > 0, \ldots$, also:

$$r_0 \leqq \frac{1}{\gamma_n}\left\{\frac{1}{|b_1 - b_2|\cdots|b_1 - b_{k+1}|} + \frac{1}{|b_2 - b_1|\cdots|b_2 - b_{k+1}|} + \cdots \right. \\ \left. + \frac{1}{|b_{k+1} - b_1|\cdots|b_{k+1} - b_k|}\right\}.$$

1) Vgl. hierzu auch G. Pólya, Verschiedene Bemerkungen zur Zahlentheorie, dieser Jahresbericht Bd. 28, S. 31 ff., 1919. — H. Ille, Einige Bemerkungen zu einem von G. Pólya herrührenden Irreduzibilitätskriterium, erscheint demnächst ebenda.

Da $b_1 \geqq b_2 + 1$, $b_2 \geqq b_3 + 1, \ldots$ ist, folgt:

$$r_0 \leqq \frac{1}{\gamma_n}\left(\frac{1}{k!} + \frac{1}{1!(k-1)!} + \frac{1}{2!(k-2)!} + \cdots + \frac{1}{k!}\right)$$

$$= \frac{1}{\gamma_n \cdot k!}\left\{\binom{k}{0} + \binom{k}{1} + \binom{k}{2} + \cdots + \binom{k}{k}\right\} = \frac{1}{\gamma_n \cdot k!} 2^k;$$

und da $r_0 \geqq 1$ war, folgt:

$$k!(1 \cdot 3 \cdot \ldots \cdot (n-1))^2 \leqq 2^{k+n} \quad \text{für gerades } n$$

$$k!(1 \cdot 3 \cdot \ldots \cdot (n-2))^2 \cdot n \leqq 2^{k+n} \quad \text{für ungerades } n.$$

Das ist nur für $n \leqq 5$ möglich. In den Fällen $n = 2, 3, 4, 5$ muß man nach derselben Methode die Abschätzung etwas schärfer durchführen. Man findet dann, daß es Polynome $P_0(x)$ nur in den im Hilfssatz genannten Fällen für $P_0(x)$ gibt.

Satz: Ist $G(z) = c_0 z^4 + c_1 z^3 + c_2 z^2 + c_3 z + 1$ ein irreduzibles ganzzahliges positiv definites Polynom, so gibt es nur endlich viele wesentlich verschiedene Polynome $P_0(x)$, für die $G(P_0(x))$ reduzibel wird. $G(P_0(x))$ zerfällt dann und nur dann in Faktoren ungleichen Grades, wenn $P_0(x)$ im wesentlichen $x(x-1)(x+1)$ ist und $G(z)$ eins der folgenden sieben Polynome ist:

$$z^4 - z^2 + 1, \quad z^4 + 2z^2 + 3z + 1, \quad z^4 + 2z^2 - 3z + 1, \quad 8z^4 - 4z^2 + 1,$$

$$8z^4 + 3z^3 - z^2 - 3z + 1, \quad 8z^4 - 3z^3 - z^2 + 3z + 1, \quad 27z^4 - 9z^2 + 1.$$

Beweis: Der Fall, daß $G(P_0(x))$ in zwei Faktoren gleichen Grades zerfällt, ist in III. behandelt. Zerfällt es aber in Faktoren ungleichen Grades, so kann man die Zerlegung in der Form annehmen

$$G(P_0(x)) = (1 - P_0(x) P_1(x))(1 - P_0(x) P_{-1}(x)),$$

wo $1 - P_0(x) P_1(x)$ positiv definit ist, $-P_1(x)$ ganzzahlig mit einem höchsten Koeffizienten $\geqq 1$ und von kleinerem Grade als $P_0(x)$ ist. Aus dem Hilfssatz folgt, daß $P_0(x)$ im wesentlichen $x(x-1)$, $x(x-1)(x+1)$, oder $x(x-1)(x-2)(x-3)$ sein muß. Ist nun α eine Wurzel von $1 - P_0(x) P_1(x)$, so wird $P_0(\alpha)$ Wurzel der irreduziblen Gleichung 4. Grades $G(z) = 0$, also muß der Grad von $\mathsf{P}(\alpha)$ durch 4 teilbar sein und daher auch der Grad jedes irreduziblen Faktors von $G(P_0(x))$. Soll $n = 2$ sein, so müssen beide Faktoren von $G(P_0(x))$ 4. Grad, also gleichen Grad haben. Soll $n = 4$ sein und die Zerlegung in Faktoren ungleichen Grades erfolgen, so muß ein Faktor 4., der andere 12. Grad haben. Dann muß $P_1(x)$ eine Konstante sein. Das ist aber nach I. wegen der Irreduzibilität von $G(z)$ unmöglich. Daher muß $P_0(x)$ im wesentlichen $x(x-1)(x+1)$ sein. Nach einer ähnlichen Methode wie beim Beweis des Hilfssatzes kann man dann alle in Betracht kommenden Polynome $P_1(x)$ aufstellen und dann etwa analog wie in VI. $P_{-1}(x)$ und damit $G(P_0(x))$ bestimmen. Man wird auf die sieben angeführten Polynome geführt.

§ 3.

X. Durch Kombination der den wesentlichen Inhalt der beiden vorhergehenden Paragraphen bildenden Methoden läßt sich der folgende Satz beweisen.

Satz: $P_0^8(x) + 1$ ist irreduzibel.

Beweis: Nach V. genügt es, die Irreduzibilität von $iP_0^4(x) + 1$ in $\mathsf{P}(i)$ zu beweisen. Gemäß IV. (Zusatz) kommen für Zerlegungen zweiter Art nur die dort angeführten sechs Polynome $P_0(x)$ in Betracht; für sie ergibt sich die Irreduzibilität von $iP_0^4(x) + 1$ nach bekannten Methoden. Es bleiben also nur noch die Zerlegungen erster Art zu untersuchen. Dann sei: $iP_0^4(x) + 1 = (1 - P_0(x)P_{-1}(x))(1 - P_0(x)P_1(x))$.

Man ersetze in VIII. c durch i. Dann bleibt die dort durchgeführte Schlußweise für Zerlegungen in Faktoren ungleichen Grades fast völlig erhalten. Der einzige Unterschied besteht darin, daß $y(x)$ und $Q_\lambda(y)$ (vgl. VI.) nicht mehr reelle Koeffizienten zu haben brauchen. Da aber wieder mit α auch $-\alpha$ und $i\alpha$ Wurzeln von $Q_\lambda(y) = 0$ sind, müßten wegen $P_0(x) = Q_0(y(x))$ die Gleichungen $y(x) - \alpha = 0$, $y(x) + \alpha = 0$, $y(x) - i\alpha = 0$ gleichzeitig lauter ganze rationale Wurzeln haben. Dies ist für $\alpha \neq 0$ unmöglich, da eine Gleichung nur dann lauter reelle Wurzeln haben kann, wenn ihre Koeffizienten auf einer Geraden liegen. Den Fall $\alpha = 0$ kann man wie in VI. außer Acht lassen. Zerlegungen in Faktoren gleichen Grades können analog wie in VI. nicht auftreten, da $1 + i$ und $-1 - i$ in $\mathsf{P}(i)$ keine Quadrate sind.

(Eingegangen am 28. 4. 24.)

8.

Über Mindestzahlen von Fixpunkten

Math. Zeitschr. **26** (1927), 762–774

§ 1.

Das klassische Hilfsmittel beim Beweise von Fixpunktsätzen besteht in der Betrachtung von Vektorfeldern und der Ermittlung der Indexsumme ihrer Singularitäten[1]). Es läßt sich kurz so beschreiben: den Punkten p der Mannigfaltigkeit M, die der eindeutigen und stetigen Abbildung φ auf sich unterworfen wird, ordnet man die Vektoren $\mathfrak{v}(p)$ zu, welche, im Sinne einer in M definierten Maßbestimmung, von p nach $\varphi(p)$ zeigen. Dieses Vektorfeld $\mathfrak{V}$ wird in den Fixpunkten von φ — sowie unter Umständen in gewissen durch die Maßbestimmung ausgezeichneten Punkten[2]) — singulär. Die Indexsumme der Singularitäten von $\mathfrak{V}$ aber ist bestimmt allein durch den topologischen Bau von M und, falls M berandet ist, durch das Verhalten von $\mathfrak{V}$ am Rande, das durch die gegebenen Eigenschaften von φ hinreichend bekannt sein muß.

Ist die so bestimmte Indexsumme der Fixpunkte von Null verschieden, so ist gewiß wenigstens ein Fixpunkt vorhanden; die *Anzahl* der Fixpunkte liefert sie aber nur im „algebraischen" Sinne, d. h. als Summe von „Vielfachheiten", welche überdies auch negative Werte besitzen können. Es ist sogar *prinzipiell unmöglich*, auf dem beschriebenen Wege zur Kenntnis der wirklichen Anzahl oder wenigstens einer von 1 verschiedenen Mindestzahl der Fixpunkte zu gelangen; denn $\mathfrak{V}$ läßt sich, selbst wenn die Vektoren an dem etwa vorhandenen Rande von M vorgeschrieben sind, immer noch mit einer *willkürlichen Anzahl* beliebig gelegener Singu-

[1]) Vgl. die Darstellung von Feigl, Fixpunktsätze für spezielle n-dimensionale Mannigfaltigkeiten, Math. Annalen (erscheint demnächst), und die dort zitierten Arbeiten von Alexander und Brouwer; ferner Birkhoff, On dynamical systems ..., Trans. Amer. Math. Soc. **18** (1917).

[2]) Z. B. bei Brouwers Beweis der Fixpunktsätze für die n-dimensionalen Kugeln; s. Feigl, l. c., §§ 4, 5.

laritäten — also z. B. mit einer einzigen Singularität — konstruieren; es müssen nur die Indizes so gewählt sein, daß sie die notwendige Summe besitzen[3]).

Für die Bestimmung einer von 1 verschiedenen Mindestzahl muß also ein wesentlich neuer Gesichtspunkt hinzukommen. Ein solcher wurde von J. Nielsen in dem Begriff der „*Fixpunktklasse*" gefunden und mit Erfolg zur Erreichung des erstrebten Zieles benutzt[4]); und zwar geschah dies bei der Untersuchung der Abbildungen geschlossener Flächen vom Geschlecht $p \geqq 2$, die sich besonders gruppentheoretisch schwierig und interessant gestaltet. Im folgenden werden mit Hilfe des genannten Begriffes die Fragen nach den Mindestzahlen von Fixpunkten in einigen anderen Fällen beantwortet, die viel einfacher sind als die eben erwähnten, — zumal sie gruppentheoretisch keinerlei Schwierigkeit bieten, — deren Behandlung aber vielleicht gerade darum geeignet ist, der Einführung in die „Methode der Fixpunktklassen" zu dienen.

Die Mannigfaltigkeiten, deren Abbildungen hier untersucht werden, sind:

1. der n-dimensionale Ringraum, d. h. das Produkt[5]) eines Kreises mit einem $(n-1)$-dimensionalen Element, für $n = 2$ also der ebene Kreisring, für $n = 3$ das (abgeschlossene) Innere eines Schlauches;
2. der n-dimensionale Torus, d. h. das Produkt von n Kreisen;
3. der n-dimensionale projektive Raum.

Bezüglich des zu 2 gehörigen Satzes und Beweises möchte ich vorweg folgendes bemerken:

Die Mindestzahlen der Fixpunkte für die eineindeutigen Transformationen des 2-dimensionalen Torus wurden in einer 1921 erschienenen Abhandlung von J. Nielsen ohne Heranziehung von „Fixpunktklassen" ermittelt[6]); daß sich die Ergebnisse und Methoden dieser Arbeit auf alle eindeutigen Transformationen des Torus übertragen lassen, wurde gleichzeitig von Brouwer gezeigt[7]). Herr Nielsen machte mich, als ich ihm vor kurzem meinen im folgenden wiedergegebenen Beweis mitteilte, darauf aufmerksam, daß sich dieser im wesentlichen mit einem 1924 von ihm veröffentlichten zweiten

[3]) H. Hopf, Vektorfelder in n-dimensionalen Mannigfaltigkeiten, Math. Ann. **96** (1926).

[4]) J. Nielsen, Über topologische Abbildungen geschlossener Flächen, Abhandl. aus dem Math. Seminar d. Hamburgischen Universität **3** (1924); Zur Topologie der geschlossenen Flächen, Kongresberetningen Kopenhagen 1926.

[5]) Vgl. Steinitz, Beiträge zur Analysis Situs, Sitzungsber. d. Berliner Math. Ges. **7** (1908).

[6]) J. Nielsen, Über die Minimalzahl der Fixpunkte bei Abbildungstypen der Ringflächen, Math. Annalen **82** (1921).

[7]) Brouwer, Über die Minimalzahl der Fixpunkte bei den Klassen von eindeutigen stetigen Transformationen der Ringflächen. Math. Annalen **82** (1921).

Beweis[8]) deckt, und stellte mir gleichzeitig die Abschrift eines 1924 an Herrn J. W. Alexander gerichteten Briefes zur Verfügung, in dem die Übereinstimmung mit meiner Darstellung fast wörtlich ist; an beiden Stellen wird auch die Verallgemeinerungsfähigkeit auf den Fall von n Dimensionen betont. Zugleich forderte mich Herr Nielsen aber auf, trotzdem diesen zweiten Beweis noch einmal zu veröffentlichen, da er wesentlich einfacher und dem Problem besser angepaßt ist als der erste, und da die 1924 in dänischer Sprache publizierte Note wohl ziemlich unbekannt geblieben ist. Ich komme dieser freundlichen Aufforderung mit bestem Dank und gern nach.

§ 2.

W^n sei der n-dimensionale Ringraum, also das Produkt eines Kreises K mit einem Element E^{n-1}. Ist $\mathfrak{C}$ ein Repräsentant von K, d. h. eine Kurve von W^n, die einem festen Punkt des E^{n-1} entspricht, und ist $\mathfrak{C}$ mit einem positiven Umlaufssinn versehen, so läßt sich jeder orientierte geschlossene Weg in W^n eindeutig durch eine Potenz $\mathfrak{C}^c$ ($c \gtreqless 0$, ganzzahlig) darstellen; d. h. er ist der c-mal durchlaufenen Kurve $\mathfrak{C}$ homotop. In diesem Sinne sei, wenn φ die zu untersuchende Abbildung von W^n auf sich ist, $\varphi(\mathfrak{C}) \sim \mathfrak{C}^a$. a ist unabhängig von der speziellen Wahl der Kurve $\mathfrak{C}$ und möge der „Charakter" von φ heißen.

Satz I. *Hat die Abbildung φ des Ringraumes W^n auf sich den Charakter a, so gibt es wenigstens $|a-1|$ voneinander verschiedene Fixpunkte*[9]).

Beweis. Der im euklidischen x_1-x_2-...-x_n-Raum durch

$$x_2^2 + x_3^2 + \dots + x_n^2 \leqq 1$$

definierte „Vollzylinder" Z^n kann als (universeller) Überlagerungsraum von W^n aufgefaßt werden. Denn betrachtet man je zwei seiner Punkte als identisch, die durch eine Translation

$$x_1' = x_1 + k \qquad (k \text{ ganz})$$
$$x_\nu' = x_\nu \qquad (\nu = 2, 3, \dots, n)$$

auseinander hervorgehen, so wird die durch diese Identifizierung definierte Mannigfaltigkeit eineindeutig und stetig auf W^n abgebildet, indem man $x_2, x_3, \dots, x_n$ als Koordinaten in E^{n-1}, $2\pi \cdot x_1$ als — im Sinne der positiven Orientierung von $\mathfrak{C}$ wachsende — Winkelkoordinate von K auffaßt.

[8]) J. Nielsen, Ringfladen og Planen, Matematisk Tidsskrift 1924.

[9]) Der Spezialfall, in dem $n = 2$, $a = -1$ ist, φ eineindeutig ist und die Randkreise vertauscht, ist als Folgerung aus dem Brouwerschen Translationssatz von v. Kerékjártó (Über Transformationen des ebenen Kreisringes, Math. Annalen **80** (1919)) bewiesen worden.

Wir bezeichnen die Punkte von W^n mit ξ, die von Z^n mit x und verstehen unter $x + k$ den Punkt, der aus x durch die oben angegebene „Decktransformation" hervorgeht; wir schreiben ferner:

$$x \equiv x + k \pmod 1.$$

Mit x „überlagern" alle Punkte $x + k$ ($k = \ldots -1, 0, 1, \ldots$) einen Punkt ξ von W^n.

Der gegebenen Abbildung φ von W^n entsprechen gewisse Abbildungen f_i von Z^n: $\bar{\xi}$ sei ein fester Punkt von W^n, $\bar{x}$ einer seiner Überlagerungspunkte in Z^n, $\bar{x}_i'$ ($i = \ldots -1, 0, 1, \ldots$) seien die Punkte, die $\varphi(\bar{\xi})$ überlagern; ihre Indizes seien so gewählt, daß $\bar{x}_i' = \bar{x}_0' + i$ ist. Dann definieren wir zunächst

$$f_i(\bar{x}) = \bar{x}_i';$$

indem wir ferner die Bedingungen

1. liegt x über ξ, so liegt $f_i(x)$ über $\varphi(\xi)$,
2. $f_i(x)$ ist in Z^n stetig,

erfüllen, wird $f_i(x)$ zunächst im Kleinen und, unter Berücksichtigung des einfachen Zusammenhangs von Z^n, nach dem „Monodromiesatz" auch in ganz Z^n eindeutig und stetig erklärt.

Dabei ist

$$f_i(x) \equiv f_0(x) \pmod 1,$$

also, da

$$f_i(\bar{x}) = f_0(\bar{x}) + i$$

ist und f_i, f_0 stetig sind, allgemein

$$f_i(x) = f_0(x) + i. \tag{1}$$

Ferner folgt aus der Definition des „Charakters" a der Abbildung φ:

$$f_i(x+1) = f_i(x) + a,$$

also durch Iteration und Umkehrung

$$f_i(x+k) = f_i(x) + ka \qquad (k = \ldots -1, 0, 1, \ldots). \tag{2}$$

Wir dürfen nun im Hinblick auf die zu beweisende Behauptung voraussetzen, daß

$$a - 1 \neq 0 \tag{3}$$

ist, und werden zunächst die Gesamtheit der Fixpunkte von φ in *„Klassen"* einteilen, ohne uns darum zu kümmern, ob diese nicht sämtlich oder zum Teil leer sind.

Sei also η ein Fixpunkt von φ, y einer seiner Überlagerungspunkte. Dann ist

$$f_0(y) \equiv y \pmod 1,$$

d. h. es existiert eine ganze Zahl $r_0(y)$, so daß

(4) $$f_0(y) = y + r_0(y)$$

ist. Entsprechend gilt für einen anderen Überlagerungspunkt $y + k$ von η

(4') $$f_0(y+k) = y + k + r_0(y+k),$$

also nach (2) und (4):

$$y + k + r_0(y+k) = y + r_0(y) + ka$$
$$r_0(y+k) = r_0(y) + k\cdot(a-1);$$

mod $(a-1)$ sind mithin die Zahlen $r_0(y)$ für die Überlagerungspunkte y von η allein durch η bestimmt, und wir können dem Punkt η die betreffende Restklasse $r_0(\eta) \bmod (a-1)$ zuordnen.

Wenn $r_0(\eta) \not\equiv 0 \bmod (a-1)$ ist, so ist keiner der Punkte $y + k$ Fixpunkt von f_0. Dann gibt η aber bei anderen der Abbildungen f_i Veranlassung zum Auftreten eines Fixpunktes. Denn nach (1) ist z. B.

$$f_{-r_0(y)}(y) = f_0(y) - r_0(y),$$

also nach (4)

$$f_{-r_0(y)}(y) = y.$$

Induziert andrerseits η einen Fixpunkt von f_i, d. h. ist

$$f_i(y+k) = y + k,$$

so folgt aus (1)

$$f_0(y+k) = y + k - i$$

und aus (4')

(5) $$i \equiv -r_0(\eta) \quad (\bmod (a-1)).$$

Fassen wir also die Abbildungen f_i nach den Restklassen mod $(a-1)$, denen ihre Indizes i angehören, in $|a-1|$ Klassen $F_1, F_2, \ldots, F_{|a-1|}$ zusammen, so gibt η für genau eine dieser Klassen — und zwar, wie leicht zu sehen, in dieser für jede Abbildung — Veranlassung zum Auftreten eines Fixpunktes. Die Fixpunkte von φ werden durch diese Zuordnung zu den Klassen $F_1, F_2, \ldots, F_{|a-1|}$ selbst in $|a-1|$ „Fixpunktklassen" eingeteilt[9a]).

Umgekehrt bleibt aber jeder Punkt von W^n, der von einem Fixpunkt einer Abbildung f_i überlagert wird, bei φ fest. Der Beweis von Satz I ist daher geführt, sobald gezeigt ist, *daß jede Abbildung f_i einen Fixpunkt besitzt, daß also keine der Fixpunktklassen leer ist.*

[9a]) Der Sinn der Klasseneinteilung ist der, daß zwei Abbildungen f_i, f_j dann und nur dann einer Klasse angehören, wenn sie durch eine Decktransformation $t_k(x) = x' = x + k$ ineinander transformierbar sind: $f_j = t_k^{-1} f_i t_k$.

Neben f_i betrachten wir die durch

$$x_1^* = a\,x_1$$
$$x_\nu^* = 0 \qquad (\nu = 2, 3, \ldots, n)$$

definierte Abbildung f^* von Z^n. Sie genügt, wie f_i, der Funktionalgleichung

$$(2^*) \qquad f^*(x + k) = f^*(x) + k\,a.$$

Für die zugehörigen Verschiebungsvektoren $\mathfrak{v}^*(x)$, die in den Punkten x beginnen, in den Punkten x^* enden, also die Komponenten $(a-1)x_1$, $-x_2, \ldots, -x_n$ haben, gilt daher

$$(6^*) \qquad \mathfrak{v}^*(x + k) = \mathfrak{v}^*(x) + k(a-1)\mathfrak{e}_1,$$

wobei $\mathfrak{e}_1$ den Einheitsvektor der x_1-Richtung bezeichnet. Analog folgt aus (2) für den Verschiebungsvektor $\mathfrak{v}_i(x)$ von f_i

$$(6) \qquad \mathfrak{v}_i(x + k) = \mathfrak{v}_i(x) + k(a-1)\mathfrak{e}_1,$$

die Differenz $\mathfrak{v}^* - \mathfrak{v}_i$ ist daher periodisch:

$$(7) \qquad \mathfrak{v}^*(x + k) - \mathfrak{v}_i(x + k) = \mathfrak{v}^*(x) - \mathfrak{v}_i(x),$$

ihr Wertvorrat wird bereits für $0 \leqq x_1 \leqq 1$ erschöpft, und die Länge der Vektoren $\mathfrak{v}^* - \mathfrak{v}_i$ ist mithin beschränkt:

$$(8) \qquad |\mathfrak{v}^*(x) - \mathfrak{v}_i(x)| \leqq C.$$

Die Länge des Vektors $\mathfrak{v}^*$ dagegen strebt mit $|x_1|$ gegen unendlich:

$$(9) \qquad |\mathfrak{v}^*(x)| = [(a-1)^2 x_1^2 + x_2^2 + \ldots + x_n^2]^{\frac{1}{2}} \geqq |a-1| \cdot |x_1|.$$

Folglich gibt es eine Zahl $p > 0$, so daß

$$(10) \qquad |\mathfrak{v}^*(x)| > |\mathfrak{v}^*(x) - \mathfrak{v}_i(x)|$$

für $x_1 = \pm p$ ist.

Wir untersuchen nun die Felder der $\mathfrak{v}_i$ und $\mathfrak{v}^*$ auf dem Rande S^{n-1} des durch $-p \leqq x_1 \leqq p$ aus Z^n ausgeschnittenen Elements E^n. $\mathfrak{v}^*$ verschwindet auf S^{n-1} nirgends, und auch von $\mathfrak{v}_i$ setzen wir dies voraus, da andernfalls dort ein Fixpunkt von f_i vorhanden, unsere Behauptung also richtig ist. Daher vermittelt jedes der beiden Felder eine eindeutige und stetige Abbildung von S^{n-1} auf die Richtungskugel des Raumes. Wir behaupten, daß die beiden zugehörigen Abbildungsgrade γ^* und γ_i einander gleich sind. Hierfür ist nach einem bekannten Satz[10]) hinreichend, daß $\mathfrak{v}^*$ und $\mathfrak{v}_i$ auf S^{n-1} nirgends zueinander diametral gerichtet sind. Dies ist aber in der Tat nirgends der Fall: für die beiden Stücke mit $x_1 = \pm p$ folgt es aus (10), und für den übrigen Teil von S^{n-1}, der dem Rand von

[10]) Satz von Poincaré-Bohl; s. Fußnote [18]) der unter [1]) zitierten Arbeit von Feigl.

Z^n angehört, folgt es daraus, daß auf diesem Rande sowohl alle $\mathfrak{v}^*$ wie alle $\mathfrak{v}_i$ ins Innere des konvexen Bereiches Z^n weisen. Die so bewiesene Gleichheit

$$\gamma_i = \gamma^*$$

gestattet nun die Bestimmung von γ_i, da γ^* leicht zu ermitteln ist: die einzige Singularität von $\mathfrak{v}^*$ ist der Koordinatenanfangspunkt O; sein Index[1]) ist ± 1, da die Komponenten v_ν^* der $v^*(x)$ homogene lineare Funktionen der Koordinaten von x sind:

$$\begin{aligned} v_1^* &= (a-1)\,x_1 \\ v_2^* &= \qquad\quad -x_2 \\ &\;\vdots \\ v_n^* &= \qquad\quad -x_n, \end{aligned} \tag{11}$$

und die Determinante wegen (3) nicht verschwindet[11]); da O im Innern von E^n liegt, ist γ^* gleich diesem Index. Da mithin auch

$$\gamma_i = \pm 1$$

ist, besitzt $\mathfrak{v}_i(x)$ in E^n eine Nullstelle, f_i einen Fixpunkt, w. z. b. w.

Zusatz: Daß die Mindestzahlen $|a-1|$ wirklich angenommen werden, zeigen für $a \neq 1$ die von f^*, für $a = 1$ die von

$$x_1^* = x_1 + \frac{1}{2}, \qquad x_\nu^* = 0 \qquad\qquad (\nu = 2, 3, \ldots, n)$$

überlagerten Abbildungen von W^n.

§ 3. [12])

Der n-dimensionale Torus T^n ist das Produkt von n Kreisen $K_1, K_2, \ldots, K_n$. $\mathfrak{C}_1$ sei ein Repräsentant von K_1, d. h. eine Kurve von T^n, die je einem festen Punkt von $K_2, K_3, \ldots, K_n$ entspricht; $\mathfrak{C}_2, \ldots, \mathfrak{C}_n$ seien analog definiert. Alle $\mathfrak{C}_\nu$ seien mit positiven Umlaufsinnen versehen. Jeder orientierte geschlossene Weg in T^n läßt sich eindeutig als Potenzprodukt $\mathfrak{C}_1^{c_1}\,\mathfrak{C}_2^{c_2} \ldots \mathfrak{C}_n^{c_n}$ darstellen, d. h. er ist der Kurve homotop, die bei c_1-maliger Durchlaufung von $\mathfrak{C}_1$, darauf folgender c_2-maliger Durchlaufung von $\mathfrak{C}_2$ usw. beschrieben wird.

---

[11]) Die auf einer $(n-1)$-dimensionalen Kugel um den Nullpunkt angebrachten Vektoren eines solchen linearen Vektorfeldes mit nicht verschwindender Determinante vermitteln eine *eineindeutige* Abbildung der Kugel auf die Richtungskugel, daher ist der Index ± 1.

[12]) Inhalt und Methode dieses Paragraphen laufen denen des § 2 parallel; daher ist die Darstellung zwecks Vermeidung von Wiederholungen knapp gehalten. Man vergleiche immer die entsprechenden Stellen im § 2.

Für die Abbildung φ von T^n auf sich sei

$$\varphi(\mathfrak{C}_\lambda) \sim \mathfrak{C}_1^{a_{\lambda 1}} \mathfrak{C}_2^{a_{\lambda 2}} \dots \mathfrak{C}_n^{a_{\lambda n}} \qquad (\lambda = 1, 2, \dots, n).$$

Die Matrix

$$A = (a_{\lambda\mu})$$

heiße der „Charakter" von φ. E bezeichne die n-reihige Einheitsmatrix, Δ die Determinante der Matrix

$$D = A - E.$$

Satz II. *Hat die Abbildung φ des n-dimensionalen Torus T^n auf sich den Charakter A, so gibt es wenigstens $|\Delta| = \big||A - E|\big|$ voneinander verschiedene Fixpunkte.*

Beweis. Der euklidische x_1-x_2-...-x_n-Raum R^n ist als universeller Überlagerungsraum von T^n aufzufassen; die zugehörigen Decktransformationen sind

$$x'_\nu = x_\nu + k_\nu \quad (k_\nu \text{ ganz }^{13)}); \; \nu = 1, 2, \dots, n);$$

$2\pi \cdot x_1$, $2\pi \cdot x_2$, ..., $2\pi \cdot x_n$ sind als Winkelkoordinaten auf $K_1, K_2, \dots, K_n$ im Sinne der positiven Durchlaufung von $\mathfrak{C}_1, \mathfrak{C}_2, \dots, \mathfrak{C}_n$ anzusehen.

Einen Punkt mit den Koordinaten $x_1, x_2, \dots, x_n$ bezeichnen wir vektoriell durch $x = [x_1, x_2, \dots, x_n]$ und schreiben dann:

$$[x_1 + y_1, x_2 + y_2, \dots, x_n + y_n] = x + y$$
$$x + k \equiv x \quad (\operatorname{mod} E)^{13)}.$$

Die Vektoren k mit ganzzahligen Komponenten k_ν sind die „*Elemente*" eines „Moduls", den wir $\mathfrak{E}$ nennen.

Zusammen mit x überlagern alle Punkte $x + k$ denselben Punkt ξ von T^n.

φ induziert in R^n Abbildungen $f_{i_1 i_2 \dots i_n}$; dabei ist — analog wie in § 2 — $f_{i_1 i_2 \dots i_n}$ folgendermaßen festgelegt: Man betrachtet einen Überlagerungspunkt $\bar{x}$ des festen Punktes ξ von T^n, versieht die Überlagerungspunkte $\bar{x}'$ von $\varphi(\xi)$ so mit Indizes, daß

$$\bar{x}'_{i_1 i_2 \dots i_n} = \bar{x}'_{0 0 \dots 0} + [i_1, i_2, \dots, i_n]$$

ist, und setzt fest, es sei

$$f_{i_1 i_2 \dots i_n}(\bar{x}) = \bar{x}'_{i_1 i_2 \dots i_n}.$$

Dann ist

$$(1) \qquad f_{i_1 i_2 \dots i_n}(x) = f_{0 0 \dots 0}(x) + [i_1, i_2, \dots, i_n],$$

und für jede der Abbildungen gilt die Funktionalgleichung

$$(2) \quad f_{i_1 i_2 \dots i_n}(x + k) = f_{i_1 i_2 \dots i_n}(x) + \Big[\sum_\lambda k_\lambda a_{\lambda 1}, \sum_\lambda k_\lambda a_{\lambda 2}, \dots, \sum_\lambda k_\lambda a_{\lambda n}\Big],$$

[13]) k_ν bedeutet im folgenden stets eine ganze Zahl.

denn, wenn x_λ um k_λ wächst, nimmt die ν-te Koordinate des Bildpunktes um $k_\lambda a_{\lambda\nu}$ zu.

Mit Rücksicht auf die in Satz II ausgesprochene Behauptung dürfen wir

(3) $$\Delta = |A - E| \neq 0$$

annehmen. Die Klassifikation der Fixpunkte von φ geschieht auf folgende Weise:

Ist y ein Überlagerungspunkt des Fixpunktes η von φ, so ist

$$f_{00\ldots 0}(y) \equiv y \pmod{E},$$

d. h. es existiert ein Element von $\mathfrak{E}$ (s. o.)

$$r_0(y) = [r_0^1(y), r_0^2(y), \ldots, r_0^{(n)}(y)],$$

derart, daß

(4) $$f_{00\ldots 0}(y) = y + r_0(y)$$

ist. Für einen anderen Überlagerungspunkt $y + k$ gilt entsprechend

(4') $$f_{00\ldots 0}(y + k) = y + k + r_0(y + k),$$

also nach (2), (4), (4')

$$y + r_0(y) + \left[\sum_\lambda k_\lambda a_{\lambda 1}, \sum_\lambda k_\lambda a_{\lambda 2}, \ldots, \sum_\lambda k_\lambda a_{\lambda n}\right] = y + k + r_0(y + k)$$

$$r_0(y + k) = r_0(y) + \left[\sum_\lambda k_\lambda a_{\lambda 1} - k_1, \sum_\lambda k_\lambda a_{\lambda 2} - k_2, \ldots, \sum_\lambda k_\lambda a_{\lambda n} - k_n\right].$$

Setzen wir $k'_\nu = \sum_\lambda k_\lambda a_{\lambda\nu} - k_\nu$, so geht das Element $[k'_1, \ldots, k'_n]$ aus dem Element $[k_1, \ldots, k_n]$ durch diejenige lineare Substitution hervor, die zu der Matrix D' gehört, welche durch Spiegelung an der Hauptdiagonale aus D entsteht:

$$k' = D'(k).$$

Es ist also, in bekannter Schreibweise,

$$r_0(y + k) \equiv r_0(y) \pmod{D'}.$$

D. h.: alle zu den Überlagerungspunkten $y + k$ von η gehörigen „Elemente" $r_0(y + k)$ gehören einer bestimmten unter den „Restklassen" an, in welche der Modul $\mathfrak{E}$ aller Elemente durch D' — oder genauer: durch den Teilmodul $\mathfrak{D}$ aller in der Form $D'(k)$ darstellbaren Elemente — zerfällt wird. Diese Restklasse $r_0(\eta)$ ordnen wir η zu. Die Anzahl aller derartigen Restklassen ist nach einem Satz von Dedekind [14]) endlich und zwar gleich $|\Delta|$.

Genau wie in § 2 folgt nun: Induziert η einen Fixpunkt von $f_{i_1 i_2 \ldots i_n}$, d. h. ist

$$f_{i_1 i_2 \ldots i_n}(y + k) \equiv y + k,$$

[14]) Dirichlet-Dedekind, Vorlesungen über Zahlentheorie, 4. Aufl., XI. Supplement.

so folgt aus (1)

$$f_{0\,0\ldots 0}(y+k) = y + k - [i_1, i_2, \ldots, i_n]$$

und aus (4′)

(5) $$[i_1, i_2, \ldots, i_n] \equiv -r_0(\eta) \quad (\operatorname{mod} D').$$

Wenn wir also die Abbildungen $f_{i_1 i_2 \ldots i_n}$ nach den Restklassen $\operatorname{mod} D'$, denen ihre Indexelemente $[i_1, i_2, \ldots, i_n]$ im Modul $\mathfrak{E}$ aller Elemente angehören, in $|\Delta|$ Klassen zusammenordnen, so gibt η in nur einer von ihnen — (und zwar in ihr für alle Abbildungen) — Veranlassung zum Auftreten eines Fixpunktes. Die Fixpunkte von φ werden so in $|\Delta|$ „Klassen" eingeteilt.

Andererseits überlagert jeder Fixpunkt einer Abbildung $f_{i_1 i_2 \ldots i_n}$ einen Fixpunkt von φ; zum Beweis von Satz II genügt es daher zu zeigen, daß jede Abbildung $f_{i_1 i_2 \ldots i_n}$ einen Fixpunkt besitzt.

Neben $f = f_{i_1 i_2 \ldots i_n}$ betrachten wir die Abbildung f^* von R^n, die durch

$$x_\nu^* = \sum_\lambda a_{\lambda\nu} x_\lambda \qquad (\nu = 1, 2, \ldots, n)$$

gegeben ist; auch sie erfüllt, wie f, die Funktionalgleichung

(2*) $$f^*(x+k) = f^*(x) + \left[\sum_\lambda k_\lambda a_{\lambda 1}, \sum_\lambda k_\lambda a_{\lambda 2}, \ldots, \sum_\lambda k_\lambda a_{\lambda n}\right].$$

Ihre Verschiebungsvektoren $\mathfrak{v}^*(x)$ haben die Komponenten

(11) $$v_\nu^*(x) = \sum_\lambda a_{\lambda\nu} x_\lambda - x_\nu$$

und verschwinden außer im Nullpunkt wegen (3*) nirgends. Für sie gilt

(6*) $$\mathfrak{v}^*(x+k) = \mathfrak{v}^*(x) + \sum_\nu \left(\sum_\lambda k_\lambda a_{\lambda\nu} - k_\nu\right) \mathfrak{e}_\nu,$$

wobei $\mathfrak{e}_\nu$ der Einheitsvektor der x_ν-Richtung ist. Dieselbe Gleichung gilt auch, auf Grund von (2), für den Verschiebungsvektor $\mathfrak{v}(x)$ von f:

(6) $$\mathfrak{v}(x+k) = \mathfrak{v}(x) + \sum_\nu \left(\sum_\lambda k_\lambda a_{\lambda\nu} - k_\nu\right) \mathfrak{e}_\nu;$$

die Differenz $\mathfrak{v}^* - \mathfrak{v}$ ist daher in R^n n-fach periodisch:

(7) $$\mathfrak{v}^*(x+k) - \mathfrak{v}(x+k) = \mathfrak{v}^*(x) - \mathfrak{v}(x),$$

ihr Wertevorrat wird für $0 \leqq x_\nu \leqq 1$ $(\nu = 1, 2, \ldots, n)$ erschöpft, mithin ist die Länge der Vektoren $\mathfrak{v}^* - \mathfrak{v}$ beschränkt:

(8) $$|\mathfrak{v}^*(x) - \mathfrak{v}(x)| < C.$$

Dagegen strebt $|\mathfrak{v}^*(x)|$ mit wachsendem $r = \sqrt{x_1^2 + x_2^2 + \ldots + x_n^2}$ gegen unendlich, denn es ist

(9) $$|\mathfrak{v}^*(x)| \geqq r \cdot M,$$

wobei M das Minimum von $|\mathfrak{v}^*|$ auf der Einheitskugel bezeichnet, welches infolge (3) und (11) von 0 verschieden ist. Es gibt daher eine Zahl $p > 0$, so daß

$$(10) \qquad |\mathfrak{v}^*(x)| > |\mathfrak{v}^*(x) - \mathfrak{v}(x)|$$

für $r = p$ ist. Auf der Kugel S^{n-1} vom Radius p um den Nullpunkt sind wegen (10) die Vektoren $\mathfrak{v}^*$ und $\mathfrak{v}$ niemals diametral gerichtet. Hieraus ergibt sich, da nach (11) die Komponenten von $\mathfrak{v}^*$ lineare Funktionen der x_ν mit der Determinante $\Delta \neq 0$ sind, wörtlich wie am Schluß von § 2, daß ihre durch die Vektoren $\mathfrak{v}$ vermittelte Abbildung von S^{n-1} auf die Richtungskugel den Grad ± 1 hat, daß also f im Innern von S^{n-1} einen Fixpunkt besitzt.

Damit ist Satz II bewiesen. Die in ihm enthaltene, nur die Existenz mindestens eines Fixpunktes betreffende Aussage, läßt sich folgendermaßen formulieren:

Geht bei φ — außer den Kurven, die sich auf Punkte zusammenziehen lassen — keine Kurve in eine ihr homotope Kurve über, so existiert ein Fixpunkt.

Denn bei einer fixpunktfreien Abbildung ist $|A - E| = 0$, das Gleichungssystem

$$m_\lambda = \sum_{\nu=1}^{n} a_{\nu\lambda} m_\nu \qquad (\lambda = 1, 2, \ldots, n)$$

besitzt daher ein (ganzzahliges) Lösungssystem $(m_1, \ldots, m_n) \neq (0, 0, \ldots, 0)$, und jede Kurve des Typus $\mathfrak{C}^* \sim \prod_{\lambda=1}^{n} \mathfrak{C}_\lambda^{m_\lambda}$ ist ihrem Bilde homotop.

Zusatz: In dem zuletzt genannten Fall überlagert $x_\nu^* = \sum_\lambda a_{\lambda\nu} x_\nu$ in Verbindung mit einer Translation des R^n in Richtung derjenigen Parallelenschar, die den Kurven $\mathfrak{C}^*$ entspricht, eine fixpunktfreie Abbildung von T^n; ist $\Delta \neq 0$, so haben die von f^* überlagerten Abbildungen die Mindestzahl $|\Delta|$ von Fixpunkten.

§ 4.

Der n-dimensionale projektive Raum P^n wird von der Kugel S^n zweifach überlagert. Eine Abbildung φ von P^n induziert daher — vgl. §§ 2, 3 — auf S^n zwei Abbildungen f_1, f_2. Bezeichnet d die Transformation von S^n, die jeden Punkt in seinen Diametralpunkt überführt, so ist $f_2 = d f_1$.

Die Gesamtheit aller Abbildungen φ von P^n auf sich kann man in zwei Arten einteilen: die Abbildungen erster Art, bei denen die geschlossenen Kurven, die nicht homotop Null sind, — die sich also in projektive Geraden deformieren lassen — in ebensolche Kurven übergehen, und die Abbildungen zweiter Art, bei denen die Bilder dieser Kurven sich auf Punkte zusammenziehen lassen.

Sind $x_1, x_2 = d(x_1)$; $x_1', x_2' = d(x_2')$ die Überlagerungspunkte von ξ bzw. von $\xi' = \varphi(\xi)$, und ist $f_1(x_1) = x_1'$, so ist bei einer Abbildung erster Art: $f_1(x_2) = x_2'$; denn wenn x_1 stetig nach $x_2 = d(x_1)$ läuft, durchläuft der überlagerte Punkt ξ eine geschlossene Kurve $\mathfrak{C}$, die nicht homotop Null ist; $\xi' = \varphi(\xi)$ durchläuft eine ebensolche Kurve, und der Überlagerungspunkt $f_1(x_1) = x_1'$ gelangt daher in seinem Diametralpunkt $d(x_1') = x_2'$. Da $f_2(x_1) = d f_1(x_1) = d(x_1') = x_2'$ ist, so folgt analog $f_2(x_2) = x_1'$. Es ist also, falls φ von der ersten Art ist:

$$x_1' = f_1(x_1),\ x_2' = f_1(x_2);\quad x_2' = f_2(x_1),\ x_1' = f_2(x_2). \tag{1}$$

Für eine Abbildung zweiter Art folgt dagegen durch die entsprechende Überlegung:

$$x_1' = f_1(x_1) = f_1(x_2);\quad x_2' = f_2(x_1) = f_2(x_2). \tag{2}$$

φ sei nun von der *ersten Art*, η sei ein Fixpunkt, $y_1, y_2 = d(y_1)$ seien seine Überlagerungspunkte. Da entweder $f_1(y_1) = y_1$ oder $f_1(y_1) = y_2$ ist, folgt aus (1), daß entweder *beide Punkte* bei f_1 oder *beide Punkte* bei f_2 fest bleiben. Man kann daher die Fixpunkte in zwei Klassen F_1, F_2 einteilen, je nachdem sie Fixpunkte von f_1 oder von f_2 hervorrufen.

Es sei jetzt zunächst n *ungerade*; dann ist P^n orientierbar und der „Grad" a von φ ist definiert; er ist zugleich der Grad von f_1 und f_2[15]. Ist $a \neq 1$, so haben daher[16] f_1 und f_2 je wenigstens einen Fixpunkt, keine der Klassen F_1, F_2 ist leer, und es ist bewiesen:

Satz III. *Ist n ungerade, φ eine Abbildung erster Art von P^n auf sich und ihr Grad $a \neq 1$, so sind wenigstens zwei Fixpunkte vorhanden.*

Ist φ von der zweiten Art, so muß a *gerade* sein; denn f_1 läßt sich erzeugen durch Aufeinanderfolge 1. der Überlagerungsabbildung $x_i \to \xi$

---

[15]) Dies läßt sich, gleichgültig, ob φ von der ersten oder zweiten Art ist, so beweisen: bei einer simplizialen Approximation φ' werde der Punkt ξ' von den Simplexen $\overset{+}{\tau}{}^1, \overset{+}{\tau}{}^2, \ldots, \overset{+}{\tau}{}^p$; $\overset{-}{\tau}{}^1, \overset{-}{\tau}{}^2, \ldots, \overset{-}{\tau}{}^{p'}$ positiv bzw. negativ bedeckt, so daß also $p - p' = a$ ist. Ihre Überlagerungssimplexe $\overset{+}{\tau}{}_1^1, \overset{+}{\tau}{}_2^1, \overset{+}{\tau}{}_1^2, \overset{+}{\tau}{}_2^2, \ldots, \overset{+}{\tau}{}_2^p, \overset{-}{\tau}{}_1^1, \ldots, \overset{-}{\tau}{}_1^{p'}, \overset{-}{\tau}{}_2^{p'}$, und nur sie, bedecken bei der zu φ' gehörigen Approximation f_1' von f_1 zusammen die beiden über ξ' liegenden Punkte x_1', x_2' positiv bzw. negativ, so daß $p_1 + p_2 - p_1' - p_2 = 2a$ ist, wenn p_1, p_1', p_2, p_2' die Bedeckungszahlen von x_1' bzw. x_2' sind. Aus $p_1 - p_1' = p_2 - p_2'$ folgt daher $p_1 - p_1' = a$; d. h. a ist der Grad von f_1.

[16]) Brouwer, Über Abbildung von Mannigfaltigkeiten, Math. Annalen **71** (1911); vgl. Feigl wie unter [1]), wo auch Fixpunktsätze für P^n bewiesen sind.

($i = 1, 2$) von S^n auf P^n, die den Grad 2 hat, 2. aus der, wie aus (2) ersichtlich, *eindeutigen* Abbildung von P^n auf S^n, die dem Punkt ξ den Punkt $f_1(x_1) = f_1(x_2)$ zuordnet. Mithin ist, da sich die Grade multiplizieren, a gerade; daher folgt aus Satz III:

Satz IIIa. *Ist n ungerade und φ eine Abbildung ungeraden, aber von 1 verschiedenen Grades von P^n auf sich, so hat φ wenigstens zwei Fixpunkte.*

Insbesondere hat also eine eineindeutige, die Orientierung umkehrende Transformation von P^n zwei Fixpunkte; denn bei ihr ist $a = -1$. In dem Spezialfall einer Kollineation äußert sich diese Tatsache darin, daß eine Matrix von negativer Determinante bei gerader Variablenzahl stets zwei voneinander verschiedene reelle charakteristische Wurzeln besitzt.

Bei *geradem* n haben wir zu berücksichtigen, daß P^n nicht orientierbar, der Grad von φ also nicht definiert ist; die Grade von f_1 und f_2 unterscheiden sich um den Faktor -1, da dies der Grad von d ist. Wir nennen den, in bezug auf das Vorzeichen unbestimmten, Grad von f_1 und f_2 den Grad von φ. Da eine fixpunktfreie Transformation von S^n bei geradem n den Grad -1 hat[16]), tritt an Stelle von Satz III jetzt

Satz IV. *Ist n gerade, φ eine Abbildung erster Art von P^n auf sich und der Grad $a \neq \pm 1$, so hat φ wenigstens zwei Fixpunkte.*

Ist n gerade und φ von der *zweiten Art*, so ist $a = 0$; denn nach (2) ist $f_1 = f_1 d$, nach dem Multiplikationssatz für die Grade ist also $a = -a$. Daher folgt aus IV:

Satz IVa[17]). *Ist n gerade und φ eine Abbildung von P^n auf sich, deren absolut genommener Grad $|a| > 1$ ist, so besitzt φ wenigstens zwei Fixpunkte.*

Zusatz: Auch zu den Sätzen dieses Paragraphen lassen sich leicht Abbildungen angeben, die die Mindestzahl 2 von Fixpunkten wirklich besitzen.

---

[17]) Auf diesen Satz wies mich Herr Brouwer in einem Gespräch hin, als ich ihm Satz IIIa mitteilte.

(Zusatz bei der Korrektur.) Vgl. die inzwischen erschienene Note von Brouwer: On transformations of projective spaces, Koninkl. Akad. v. Wetenschappen te Amsterdam, Proceedings **29** (1926).

(Eingegangen am 28. Oktober 1926.)

9.

A New Proof of the Lefschetz Formula on Invariant Points

Proc. Nat. Acad. of Sciences USA **14** (1928), 149–153

1. The sum of the indices of the fixed points of a given transformation, which, since Brouwer's[1] first proofs of fixed point theorems, was the subject of many special investigations, has been completely determined for arbitrary transformations of arbitrary manifolds by Lefschetz.[2] His theory includes the fixed point formula as a special case of more general theorems on coincidences and multiply valued transformations, and he also makes the remark that it is possible to apply the same methods to certain transformations of an arbitrary complex.[3]

In the following there will be sketched a new proof of the fixed point formula. This proof holds for all complexes, under the assumption that the transformation is one-valued; the question whether it holds also for multiply-valued transformations will not be treated here. A paper with all details will be published in the *Mathematische Zeitschrift.*

2. The Lefschetz formula. – Let f be a one-valued continuous transformation of an n-complex C^n into itself and $\gamma_1^i, \gamma_2^i, \ldots, \gamma_j^i$ a fundamental set of i-cycles on C^n. Then there exists a system of homologies

$$f(\gamma_j^i) \sim \sum_{k=1}^{p^i} a_{jk}^i \gamma_k^i + \nu^i \quad (j = 1,2,\ldots, p^i), \tag{1}$$

where ν^i is a zero-divisor. One sees without difficulty[4] that the trace $\sum_{j=1}^{p^i} a_{jj}^i$ of this substitution does not depend on the choice of the set γ_j^i, but is a constant of f, to be called $S^i f$. Thus to the given transformation f there belong $n + 1$ constants $S^0 f, S^1 f, \ldots, S^n f$. Now the fixed points formula proved by Lefschetz for the case where C^n is a manifold[5] says that, if $\xi_1, \xi_2, \ldots, \xi_m$ are the invariant points of f and $j_1, j_2, \ldots, j_m$ their indices, then

$$\sum_{g=1}^{m} j_g = (-1)^n . \sum_{i=0}^{n} (-1)^i S^i f. \tag{2}$$

3. *A generalization of the Euler-Poincaré formula.*—In order to prove (2) we first consider an "elementary transformation"[6] φ of C^n into itself, which transforms the vertices of a subdivision C_1^n of C^n into the vertices of C^n. By φ each i-simplex T_j^i of C_1^n is transformed into an i-simplex $\varphi(T_j^i)$ of C^n, which may also degenerate to less than i dimensions. However, because each i-simplex of C^n is decomposed into i-simplices of C_1^n, we have a system of equations

$$\varphi(T_j^i) = \sum_{k=1}^{a^i} c_{jk}^i T_k^i \quad (j = 1, 2, \ldots, a^i), \tag{3}$$

where a^i is the number of i-simplices of C_1^n and where the c_{jk}^i are equal to ± 1 or to 0.

We say that between the traces of these square matrices $\| c_{jk}^i \|$ and the constants $S^i\varphi$ there holds the following relation:

$$\sum_{i=0}^{n} (-1)^i \sum_{j=1}^{ai} c_{jj}^i = \sum_{i=0}^{n} (-1)^i S^i\varphi. \tag{4}$$

When φ is the identity, then the matrix $\| c_{jk}^i \|$ in (3) as well as the matrix $\| a_{jk}^i \|$ in (1) is the matrix unity. Therefore, in this case (4) is reduced to the Euler-Poincaré formula[7]

$$\sum_{i=0}^{n} (-1)^i a^i = \sum_{i=0}^{n} (-1)^i p^i. \tag{4*}$$

(4) can be proved by induction. It is obviously correct for $n = 0$. Assume it proved for any $(n-1)$-complex. Then it holds for the elementary transformation φ^1 of the complex C^{n-1}, formed by the $(n-1)$-simplices of C^n, where φ^1 is identical with φ on C^{n-1}. So we have

$$\sum_{i=0}^{n-1} (-1)^i \sum_{j=1}^{ai} c_{jj}^i = \sum_{i=0}^{n-1} (-1)^i S^i\varphi^1. \tag{4_{n-1}}$$

But we have also

$$S^i\varphi^1 = S^i\varphi \quad (i = 0, 1, \ldots, n-2) \tag{5a}$$

$$S^{n-1}\varphi^1 = S^{n-1}\varphi - S^n\varphi + \sum_{j=1}^{an} c_{jj}^n, \tag{5b}$$

of which (5*a*) are self-evident, while (5*b*) may be proved without great trouble. Replacing $S^i\varphi^1$ in (4_{n-1}) by the aid of (5*a*), (5*b*) formula (4) follows.

4. *The fixed point formula for transformations without fixed points.*—Let now f be any one-valued continuous transformation of C^n into itself, which possesses no fixed point, and φ an elementary transformation of C^n which approximates f sufficiently closely.[8] Then

$$S^i \varphi = S^i f \quad (i = 0, 1, \ldots, n) \tag{6}$$

$$c^i_{jj} = 0 \quad (i = 0, 1, \ldots, n; \ j = 1, 2, \ldots, a^i); \tag{7}$$

from these equations together with (4) there follows

$$\sum_{i=0}^{n} (-1)^i S^i f = 0. \tag{8}$$

This is the Lefschetz formula for an f without fixed points.

5. *A modification of a transformation in the neighborhood of its fixed points.*—If f has invariant points, then we shall confine ourselves to the case where the number of these points is finite and where each has an Euclidean neighborhood, so that we may assume that it is lying in the interior of an n-simplex of C^n. Let ξ be an invariant point, T^n an n-simplex containing ξ, and t^n another simplex containing ξ which is so small that its image $f(t^n)$ is also in the interior of T^n. Then take an $(n-1)$-sphere H^{n-1} in T^n and let to any point x of the bounding sphere r^{n-1} of t^n correspond the intersection point x' of H^{n-1} with the ray through the center of H^{n-1}, which is parallel to the vector $\overrightarrow{xf(x)}$. The Brouwer "degree"[1] of this representation of the sphere r^{n-1} on the sphere H^{n-1} is, by definition, the "index" j of ξ.

Let us call ξ a "normal" invariant point, if there exists a t^n, which has no point in common with the image $f(r^{n-1})$ of its boundary. Then it follows easily from fundamental properties of the degree, that j is the degree of the representation $f(t^n)$ in each point of the interior of t^n, i.e., that j for each such point is the algebraic number of coverings under a simplicial approximation of $f(t^n)$.

It may readily be shown that by slightly modifying f, ξ is turned into a normal fixed point. The modification leaves invariant the number of fixed points, their positions and indices, as well as the numbers $S^i f$. Therefore, we may properly assume henceforth that all fixed points are normal.

6. Reduction of a transformation with invariant points to a transformation without invariant points. – By the following construction which replaces each invariant point by an n-cycle, transformed into itself, we reduce the proof of (2) to formula (8), proved above.

Let $\xi_1, \xi_2, \ldots, \xi_m$ be the fixed points, t^n_g $(g = 1, 1, \ldots, m)$ the simplex, containing x_g and having the property described in No. 5, which defines the "normality" of ξ_g, further r^{n-1}_g the boundary of t^n_g. Then for each g we add to the complex C^n a new n-cell $\overline{t^n_g}$, which has the same boundary r^{n-1}_g, but, except the points of r^{n-1}_g, has no other point in common with C^n. Thus C^n has been enlarged to an n-complex $\overline{C^n}$, on which a fundamental set of n-cycles consists of a fundamental set on C^n together with m new n-spheres $\pi^n_g = t^n_g + \overline{t^n_g}$. The fundamental sets of the other dimensionalities have not been changed.

Let G be the one-one transformation of $\overline{C^n}$, which is the identity in all points not belonging to a π_g^n and which on each sphere π_g^n is the reflection with respect to the equatorial $(n-1)$-sphere r_g^{n-1}. Let further $\bar{f}$ be the one-valued and continuous transformation of $\overline{C^n}$ into itself defined in the following way:

$$\bar{f}(x) = Gf(x), \text{ if } x \subset C^n$$

$$\bar{f}(x) = fG(x), \text{ if } x \not\subset C^n$$

$\bar{f}$ has no invariant point, hence (8) gives here:

$$\sum_{i=0}^{n} (-1)^i S^i\bar{f} = 0. \qquad (\overline{8})$$

Now, from the defining property of the "normal" fixed points together with the fact that G has the degree -1 in each point of π_g^n, there follows that the share of π_g^n in the trace $S^n\bar{f}$ is equal to $-j_g$, where j_g is the index of ξ_g. The share of any i-cycle of C^n in S^if is unchanged when we replace f by $\bar{f}$. Therefore, we have

$$S^i\,\bar{f} = S^if \quad (i = 0, 1, \ldots, n-1) \qquad (9)$$

$$S^n\bar{f} = S^nf - \sum_{g=1}^{m} j_g. \qquad (10)$$

From $(\overline{8})$, (9), (10) follows the formula

$$\sum_{g=1}^{m} j_g = (-1)^n \sum_{i=0}^{n} (-1)^i S^if. \qquad (2)$$

[1] L. E. J. Brouwer, *Mathem. Ann.*, **71** (1911), pp. 97–115.

[2] S. Lefschetz (*a*) *Trans. Am. Math. Soc.*, **28** (1926), pp. 1–49; (*b*) **29** (1927), pp. 429–462.

[3] S. Lefschetz, *Proc. Nat. Acad. Sci.*, **13** (1927), pp. 621–622.

[4] See Lefschetz (*a*), No. 71.

[5] Lefschetz (*a*), formula 71.1; (*b*) formulas (10.5), (36.2). The reason for the fact that these formulas differ from our formula (2) by the factor $(-1)^n$ is an inessential difference in the definition of the "index."

[6] J. W. Alexander, *Trans. Amer. Math. Soc.*, **28** (1926), pp. 305–306.

[7] See, for instance, Alexander, l. c., p. 316, formula 10.6.

[8] Alexander, l. c., pp. 306–307.

10.

On Some Properties of One-Valued Transformations of Manifolds

Proc. Nat. Acad. of Sciences USA **14** (1928), 206–214

1. *Some Constants of a Transformation.*—Given any set of ν-cycles in an n-complex μ^n, its maximum number of independent cycles with respect to homologies shall be called the "rank" of the set; it is not greater than the νth Betti number π_ν of μ^n. Consider another n-complex M^n transformed into μ^n by a one-valued continuous transformation f and the set of all $f(c_i^\nu)$, where the c_i^ν are the ν-cycles of M^n; then the rank r_ν of this set is a constant of f ($\nu = 0, 1, \ldots, n$).

If $c_1^\nu, c_2^\nu, \ldots, c_{p_\nu}^\nu$, where p_ν is the νth Betti number of M^n, form a fundamental set in M^n and $\gamma_1^\nu, \gamma_2^\nu, \ldots, \gamma_{\pi_\nu}^\nu$ a fundamental set in μ^n, then the transformations of the ν-cycles define a system of homologies[1]

$$f(c_j^\nu) \approx \sum_{k=1}^{\pi_\nu} \alpha_{jk}^\nu \gamma_k^\nu \quad (j = 1, 2, \ldots, p_\nu) \tag{1}$$

and r_ν is the rank of the matrix

$$A_\nu = \| \alpha_{jk}^\nu \| .$$

When the c_j^ν and γ_k^ν are replaced by other fundamental sets, A_ν is transformed by square matrices whose determinants are equal to ± 1. Therefore, also the invariant factors of the matrices A_ν are constants of f.

If $p_\nu = \pi_\nu$, for instance in the important case where μ^n is identical with M^n, the A_ν are square matrices and their determinants

$$a_\nu = \left| A_\nu \right| = \left| \alpha^\nu_{jk} \right| \quad (j, k = 1, 2, \ldots, p_\nu)$$

(whose absolute values are the products of the invariant factors), are also constants of f, to be considered.

In this paper we shall deal with geometrical properties of f which are expressible in terms of the constants r_ν and a_ν. We shall assume that M^n and μ^n are *closed connected manifolds*. Therefore,

$$p_0 = p_n = \pi_0 = \pi_n = 1, \quad A_0 = \left\| 1 \right\|, \quad A_n = \left\| a_n \right\|,$$

where the constant $a_n = a$ is the Brouwer *degree*[2] of f.

2. *A Formula of Contragredience.*—Let

$$L_\nu = \left\| (c^\nu_i . c^{n-\nu}_j) \right\|, \quad \Lambda_\nu = \left\| (\gamma^\nu_i . \gamma^{n-\nu}_j) \right\|$$

be the intersection matrices of the fundamental sets c^ν_i, $c^{n-\nu}_j$ in M^n and γ^ν_i, $\gamma^{n-\nu}_j$ in μ^n respectively. Their determinants are ± 1,[3] hence the inverses L_ν^{-1}, Λ_ν^{-1} are defined. We shall denote by E_m the matrix unity of order m, and as usual by B' the transverse of a matrix B. We shall prove below (Nos. 6, 7) the following *relation of contragredience*

$$(L^{-1}_{n-\nu} A_{n-\nu} \Lambda_{n-\nu})' A_\nu = aE_{\pi_\nu}, \tag{2}$$

from which all our results will follow at once.

3. *Properties of the Constants r_ν.*—Let first be $a \neq 0$. Then aE_{π_ν} is of rank π_ν; therefore, the rank of no matrix on the left hand of (2) can be $<\pi_\nu$ so that

THEOREM I. *If the degree of $f \neq 0$ then $r_\nu = \pi_\nu$ $(\nu = 0, 1, \ldots, n)$.*

A_ν has p_ν rows; hence

THEOREM I*a*. *If, for a certain ν, $p_\nu < \pi_\nu$, then the degree of f must be zero.*

A special case of I*a* is

THEOREM I*b*. *It is not possible to transform the n-sphere into a manifold of which at least one Betti number $\pi_\nu (\nu = 1, 2, \ldots, n-1)$ is > 0, with a degree different from zero.*

Let us now consider the case $a = 0$. Since the determinants of $L^{-1}_{n-\nu}$ and $\Lambda^{-1}_{n-\nu}$ are $\neq 0$, the matrix $(L^{-1}_{n-\nu} A_{n-\nu} \Lambda_{n-\nu})' = B = \left\| b_{ij} \right\|$ has the rank $r_{n-\nu}$. Hence the system

$$\sum_{j=1}^{p_\nu} b_{ij} x_j = 0 \quad (i = 1, 2, \ldots, \pi_\nu)$$

has $p_\nu - r_{n-\nu}$ linearly independent solutions $x_{1m}, x_{2m}, \ldots, x_{p_\nu m}$ ($m = 1, 2, \ldots, p_\nu - r_{n-\nu}$). Since $a = 0$, according to (2) the elements α^ν_{jk} of A_ν satisfy the equations

$$\sum_{j=1}^{p_\nu} b_{ij}\alpha^\nu_{jk} = 0 \quad (k = 1, 2, \ldots, \pi_\nu).$$

Hence, among the columns $\alpha^\nu_{1k}, \alpha^\nu_{2k}, \ldots, \alpha^\nu_{p_\nu k}$ of A_ν there are at most $p_\nu - r_{n-\nu}$ linearly independent; therefore,

THEOREM II. *If f is of degree 0 then $r_\nu + r_{n-\nu} \leqq p_\nu$ ($\nu = 0, 1, \ldots, n$).*

From now on we shall always assume that M^n *and* μ^n *are identical*, although our results will also hold when merely $p_\nu = \pi_\nu$, even if $M^n \neq \mu^n$.

The sets of all ν-cycles of M^n and of all $(n - \nu)$-cycles have the common rank p_ν, so that the sum of their ranks is $2p_\nu = 2\pi_\nu$. Therefore, theorems I and II may now be interpreted in the following manner: *If the transformation f of M^n into itself is of degree $\neq 0$ then there exist no c^ν nor $c^{n-\nu}$ not ≈ 0 with an f-transform ≈ 0. On the other hand, when f is of degree zero then for each ν there exist ν or $(n - \nu)$-cycles not ≈ 0, but whose f-transforms are ≈ 0. The sum of the ranks of these "degenerating" ν- and $(n - \nu)$-cycles is at least half the sum of the ranks of all ν- and $(n - \nu)$-cycles.*

4. *A Relation between the Constants a_ν; an Application.*—The determinants of the matrices L and Λ are always ± 1; under the assumption $M^n = \mu^n$ we have even $|L^{-1}_{n-\nu}| = |\Lambda_{n-\nu}| = \pm 1$, because $L_{n-\nu} = \Lambda_{n-\nu}$. Therefore, by computing the determinants in (2) we find:

THEOREM III. *The constants a_ν and the degree a of a transformation of M^n into itself are related by the equations*

$$a_\nu . a_{n-\nu} = a^{p_\nu} \quad (\nu = 0, 1, \ldots, n).$$

We give an example of an application of this theorem: let M^n be the complex projective plane P. It is a 4-dimensional closed orientable manifold with the Betti numbers

$$p_0 = p_4 = 1, \quad p_1 = p_3 = 0, \quad p_2 = 1.$$

Therefore, III gives $a_2^2 = a$, so that we have

THEOREM IVa. *The degree of any transformation of the complex projective plane into itself is a perfect square.*

An example of a transformation with the degree b^2 with arbitrary b is given by $z'_i = z_i^b$ ($i = 1, 2, 3$), where $z_1 : z_2 : z_3$ represents a point of P and $z'_1 : z'_2 : z'_3$ its image.

Furthermore, according to the formula of Lefschetz[4] the algebraic number of fixed points under a transformation of P is $1 + a_2 + a_4$; but now we see that this number is equal to $1 + a_2 + a_2^2 \neq 0$ whatever the integer a_2. Therefore, in analogy with a well-known property of the real projective plane,

THEOREM IV*b*. *Every transformation of the complex projective plane has at least one fixed point.*

5. *The Behavior of the Kronecker-Indices under a Transformation.*—In the case $M^n = \mu^n$ (2) may be written

$$(L_{n-\nu}^{-1} A_{n-\nu} L_{n-\nu})' A_\nu = aE_{p_\nu} \qquad (2')$$

or, since $L_{n-\nu} = (-1)^{\nu(n+1)} L'_\nu$ and $(BC)' = C'B'$,

$$L_\nu A'_{n-\nu} L_\nu^{-1} A_\nu = aE_{p_\nu}. \qquad (2'')$$

When $a \neq 0$ then also $|A_\nu| \neq 0$ (Th. I). Hence A_ν^{-1} exists and from (2″) follows $L_\nu A'_{n-\nu} L_\nu^{-1} = aE_{p_\nu} A_\nu^{-1}$. Furthermore, since E_{p_ν} and A_ν are commutative, $L_\nu A'_{n-\nu} L_\nu^{-1} = A_\nu^{-1}.aE_{p_\nu}$,

$$A_\nu L_\nu A'_{n-\nu} = aL_\nu. \qquad (3)$$

Consider now the transformations of fundamental sets c_i^ν, $c_j^{n-\nu}$ given by (1):

$$f(c_i^\nu) = \bar{c}_i^\nu \approx \sum_{k=1}^{p_\nu} \alpha_{ik}^\nu c_k^\nu$$
$$f(c_j^{n-\nu}) = \bar{c}_j^{n-\nu} \approx \sum_{l=1}^{p_\nu} \alpha_{jl}^{n-\nu} c_l^{n-\nu} \qquad (1')$$

and the intersection matrix of the transformed cycles $\bar{L}_\nu = \| (\bar{c}_i^\nu . \bar{c}_j^{n-\nu}) \|$. We have from (1′)

$$(\bar{c}_i^\nu . \bar{c}_j^{n-\nu}) = \sum_{k,l} \alpha_{ik}^\nu (c_k^\nu . c_l^{n-\nu}) \alpha_{jl}^{n-\nu},$$

hence,

$$\bar{L}_\nu = A_\nu L_\nu A'_{n-\nu}$$

and in view of (3) the equation

$$\bar{L}_\nu = aL_\nu, \qquad (5)$$

from which follows $(\bar{c}_i^\nu . \bar{c}_j^{n-\nu}) = a(c_i^\nu . c_j^{n-\nu})$ and generally

$$(\bar{c}^\nu . \bar{c}^{n-\nu}) = a(c^\nu . c^{n-\nu}) \qquad (5')$$

for arbitrary cycles c^ν, $c^{n-\nu}$. Therefore, we have proved

THEOREM V. *When M undergoes a one-valued transformation of degree* $\neq$ 0, *all Kronecker-indices of cycle-pairs are multiplied by the degree.*

As a corollary of this theorem we have the fact that *the property of a pair of cycles* c^ν, $c^{n-\nu}$ *to intersect or not to intersect one another in the algebraic sense is not only invariant under homeomorphisms of* M^n *but under all transformations of* M^n *into itself, which have a degree* $\neq$ 0.

We may point out that the assumption $a \neq 0$ which we have used in deriving (3) and, therefore, in proving V is necessary; for a simple transformation of a surface of genus 2 shows that the statements of theorem V and of its corollary are not correct in the case $a = 0$.

6. *The Method of the Product Manifold*, introduced by Lefschetz, will be used in proving the contragredience formula (2). It may be described as follows:[5]

If x and ξ are points of M^n and μ^n, respectively, and $X = x \times \xi$ the point of the product $M^n \times \mu^n$ which represents the pair x, ξ, then we write

$$x = P(X), \quad \xi = \Pi(X) \quad [X = x \times \xi] \tag{6}$$

and call P and Π the "projections" on M^n and μ^n. We consider an n-cycle Γ^n in $M^n \times \mu^n$ which generally is singular and say that x and ξ are corresponding with respect to Γ^n if there exists an X on Γ^n, so that (6) hold. If we interpret ξ as the image of x then this correspondence defines a "transformation" T of M^n into μ^n, which may be symbolically expressed by

$$T(x) = \Pi P^{-1}(x) \tag{7a}$$

and similarly a transformation T^{-1} of μ^n into M^n, the "inverse" of T:

$$T^{-1}(\xi) = P\Pi^{-1}(\xi). \tag{7b}$$

T and T^{-1} are both, in general, multiply valued.

The following construction gives the image $T(c^\nu)$ of a ν-cycle c^ν of M^n: the "cylinder" $c^\nu \times \mu^n$ erected on c^ν in $M^n \times \mu^n$ intersects Γ^n in a ν-cycle $\Gamma^n . c^\nu \times \mu^n$ and the projection of this cycle on μ^n is the image of c^ν:

$$T(c^\nu) = \Pi(\Gamma^n . c^\nu \times \mu^n). \tag{8q}$$

Similarly, we determine

$$T^{-1}(\gamma^\nu) = P(\Gamma^n . M^n \times \gamma^\nu) \tag{8b}$$

for each cycle γ^ν of μ^n.

Concerning fundamental sets of cycles in $M^n \times \mu^n$ we have the theorem[6] that, if $c_i^\lambda, \gamma_j^\lambda$ ($\lambda = 0, 1, \ldots, n;\ i = 1, 2, \ldots, p_\lambda;\ j = 1, 2, \ldots, \pi_\lambda$), are fundamental sets in M^n and μ^n, the set of all products $c_i^\lambda \times \gamma_j^{\nu-\lambda}$ ($\lambda = 0, 1, \ldots, \nu$) forms a fundamental set of ν-cycles in $M^n \times \mu^n$. The projection of $\Delta^\nu = c_i^\lambda \times \gamma_j^{\nu-\lambda}$ on M^n

$$P(\Delta^\nu) = P(c_i^\lambda \times \gamma_j^{\nu-\lambda}) = c_i^\lambda$$

is, considered as ν-cycle in M^n, ≈ 0, if $\lambda < \nu$; likewise is

$$\Pi(\Delta^\nu) = \Pi(c_i^\lambda \times \gamma_j^{\nu-\lambda}) = \gamma_j^{\nu-\lambda}$$

≈ 0 on μ^n, if $\lambda > 0$. Thus, if we have any ν-cycle

$$\Gamma^\nu \approx \sum_{\lambda=0}^{\nu} \sum_{i,j} \eta_{ij}^{\lambda} . c_i^{\lambda} \times \gamma_j^{\nu-\lambda} \quad (i = 1, 2, \ldots, p_\lambda;\ j = 1, 2, \ldots, \pi_\lambda) \quad (9)$$

then

$$P(\Gamma^\nu) \approx \sum_{i=1}^{p_\nu} \eta_{i1}^{\nu} c_i^{\nu} \quad [\text{on } M^n] \quad (9a)$$

$$\Pi(\Gamma^\nu) \approx \sum_{j=1}^{\pi_\nu} \eta_{ij}^{0} \gamma_j^{\nu} \quad [\text{on } \mu^n]. \quad (9b)$$

Now let the cycle Γ^n which defines the transformation T be

$$\Gamma^n \approx \sum_{\lambda=0}^{n} \sum_{i,j} \epsilon_{ij}^{\lambda} . c_i^{\lambda} \times \gamma_j^{n-\lambda}. \quad (10)$$

In calculating $T(c_k^\nu)$ and $T^{-1}(\gamma_k^\nu)$ by (10), (8*a*), (8*b*) we shall make use of[7]

$$(c^p \times \gamma^r . c^q \times \gamma^s) \approx (-1)^{(n-p)(n-s)} (c^p . c^q) \times (\gamma^r . \gamma^s) \ [\text{on } M^n \times \mu^n]. \quad (11)$$

From (10), (11) and $(\gamma^{n-\lambda} . \mu^n) = \gamma^{n-\lambda}$ we find

$$\Gamma^n . c_k^\nu \times \mu^n \approx \sum_{\lambda=0}^{n} \sum_{i,j} \epsilon_{ij}^{\lambda} (c_i^{\lambda} \times \gamma_j^{n-\lambda} . c_k^{\gamma} \times \mu^n)$$

$$\approx \sum_{\lambda=0}^{n} \sum_{i,j} \epsilon_{ij}^{\lambda} (c_i^{\lambda} . c_k^{\nu}) \times \gamma_j^{n-\lambda}.$$

In view of $(c_i^\lambda . c_k^\nu) = 0$, if $\lambda + \nu < n$, and of (9*b*), for $\Pi(\Gamma^n . c_k^\nu \times \mu^n)$ the only terms that are essential are those in which $(\gamma_j^{n-\lambda} . \mu^n)$ is ν-dimensional, i.e. $\lambda = n - \nu$; hence,

$$T(c_k^\nu) = \Pi(\Gamma^n . c_k^\nu \times \mu^n) \approx \sum_{i,j} \epsilon_{ij}^{n-\nu} . (c_i^{n-\nu} . c_k^\nu) . \gamma_j^\nu. \quad (12a)$$

Therefore, if

$$T(c_k^\nu) \approx \sum_{j=1}^{\pi_\nu} \alpha_{kj}^{\nu} \gamma_j^{\nu}, \quad (13a)$$

then we get from (12*a*)

$$\alpha_{kj}^{\nu} = \sum_{i=1}^{p_\nu} \epsilon_{ij}^{n-\nu} (c_i^{n-\nu} . c_k^{\nu})$$

or in terms of matrices, with $\epsilon_{n-\nu} = \|\epsilon_{ij}^{n-\nu}\|$, $A_\nu = \|\alpha_{kj}^{\nu}\|$

$$A_\nu = L'_{n-\nu}\, \epsilon_{n-\nu} = (-1)^{\nu(n+1)} L_\nu \epsilon_{n-\nu}. \text{[8]} \quad (14a)$$

Similarly, let be for T^{-1}

$$T^{-1}(\gamma_k^\nu) \approx \sum_{i=1}^{p_\nu} \beta_{ki}^{\nu} c_i^{\nu}. \quad (13b)$$

Then by means of (10), (11) and in view of $(c^\lambda . M^n) = c^\lambda$:

$$\Gamma^n . M^n \times \gamma_k^\nu \approx \sum_{\lambda=0}^{n} \sum_{ij} \epsilon_{ij}^\lambda . c_i^\lambda \times \gamma_j^{n-\lambda} . M^n \times \gamma_k^\nu$$

$$\approx \sum_{\lambda=0}^{n} \sum_{ij} \epsilon_{ij}^\lambda (-1)^{(n-\lambda)(n-\nu)} c_i^\lambda \times (\gamma_j^{n-\lambda} . \gamma_k^\nu).$$

According to $(\gamma^{n-\lambda} . \gamma^\nu) = 0$ for $\lambda > \nu$ and to (9*a*) we are only interested in those terms on the right hand where c_i^λ is of dimensionality ν, i.e., $\lambda = \nu$; hence,

$$T^{-1}(\gamma_k^\nu) = P\,(\Gamma^n . M^n \times \gamma_k^\nu) \approx \sum_{i,j} \epsilon_{ij}^\nu (-1)^{n-\nu} (\gamma_j^{n-\nu} . \gamma_k^\nu) c_i^\nu \quad (12b)$$

and thus from (13*b*)

$$\beta_{ki}^\nu = (-1)^{n-\nu} \sum_{j=1}^{\pi_\nu} \epsilon_{ij}^\nu (\gamma_j^{n-\nu} . \gamma_k^\nu),$$

i.e., if $B_\nu = \| \beta_{ki}^\nu \|$

$$B_\nu = (-1)^{n-\nu} \Lambda'_{n-\nu} \epsilon'_\nu. \quad (14b)$$

Now one sees that between the matrices A and B which define the cycle transformations under T and T^{-1} there must hold a certain relation: On replacing ν by $n - \nu$ in (14*a*) we find $\epsilon_\nu = L_\nu'^{-1} A_{n-\nu}$, and since $L_{n-\nu} = (-1)^{\nu(n-1)} L'_\nu$,

$$\epsilon'_\nu = (-1)^{\nu(n+1)} A'_{n-\nu} L'^{-1}_{n-\nu}.$$

Therefore, from (14*b*)

$$B_\nu = (-1)^{n(\nu+1)} \Lambda'_{n-\nu} A'_{n-\nu} L'^{-1}_{n-\nu} = (-1)^{n(\nu+1)} (L^{-1}_{n-\nu} A_{n-\nu} \Lambda_{n-\nu})'. \quad (15)$$

Let now a cycle γ_k^ν of μ^n be transformed into $c^\nu = T^{-1}(\gamma_k^\nu)$ and then back into $T(c^\nu) = TT^{-1}(\gamma_k^\nu) = \bar{\gamma}_k^\nu$. We have

$$TT^{-1}(\gamma_k^\nu) = \bar{\gamma}_k^\nu \approx \sum_{j=1}^{\pi_\nu} u_{kj}^\nu \gamma_j^\nu$$

with a square matrix $U_\nu = \| u_{kj}^\nu \|$. Then the homologies

$$T^{-1}(\gamma_k^\nu) = c^\nu \approx \sum_{i=1}^{p_\nu} \beta_{ki}^\nu c_i^\nu$$

$$T(c^\nu) = \bar{\gamma}_k^\nu \approx \sum_i \beta_{ki}^\nu T(c_i^\nu) = \sum_{i,j} \beta_{ki}^\nu \alpha_{ij}^\nu \gamma_j^\nu$$

show that

$$B_\nu A_\nu = U_\nu.$$

Hence the matrices U_ν belonging to the transformation TT^{-1} of μ^n into itself are according to (15) expressible by the matrices A in the following manner:

$$U_\nu = (-1)^{n(\nu+1)}.(L_{n-\nu}^{-1}A_{n-\nu}\Lambda_{n-\nu})'A_\nu. \qquad (16)$$

7. *Proof of the Contragredience Formula (2)*.—Up to this point we did not separate one-valued and multiply-valued transformations T. The introduction of TT^{-1} marks the place where they naturally part. If we go from γ^ν to $T^{-1}(\gamma^\nu) = c^\nu$ and from c^ν back to $T(c^\nu) = TT^{-1}(\gamma^\nu) = \bar{\gamma}^\nu$, then in the general case we do not return to γ^ν. For, although the cylinder $c^\nu \times \mu^n$ has in common with Γ^n the cycle $\Gamma^n.M^n \times \gamma^\nu$, of which the projection on μ^n is γ^ν, this cycle is not the whole intersection $\Gamma^n.c^\nu \times \mu^n$ and, therefore, the projection $\Pi(\Gamma^n.c^\nu \times \mu^n)$ is different from γ^ν. When, on the contrary, T is *one-valued*, then for each point x of M^n the product $x \times \mu^n$ has only the point $X = x \times T(x)$ in common with Γ^n; therefore, for each cycle Δ^ν of Γ^n the cylinder $P(\Delta^\nu) \times \mu^n$ intersects Γ^n only in the points of Δ^ν; hence,

$$\Gamma^n.P(\Delta^\nu) \times \mu^n = \Delta^\nu. \qquad (17)$$

If we take $\Delta^\nu = \Gamma^n.M^n \times \gamma^\nu$, then from (8*b*) and (17) follows

$$\Gamma^n.T^{-1}(\gamma^\nu) \times \mu^n = \Gamma^n.M^n \times \gamma^\nu \qquad (18)$$

and from (8*a*)

$$TT^{-1}(\gamma^\nu) = \Pi(\Gamma^n.M^n \times \gamma^\nu) \qquad (19)$$

for each cycle γ^ν of μ^n. The right hand of this equation may be determined by the method which has yielded (12*a*); from (10), (11) and $(c^\lambda.\, M^n) = c^\lambda$ follows

$$\Gamma^n.M^n \times \gamma^\nu \approx \sum_{\lambda=0}^{n}\sum_{ij} \epsilon_{ij}^{\lambda}(-1)^{(n-\lambda)(n-\nu)}c_i^\lambda \times (\gamma_j^{\lambda-\lambda}.\gamma^\nu).$$

For the projection Π we may omit all terms $(\gamma_j^{n-\mu}.\gamma^\nu)$ with dimensionality $\neq \nu$, i.e., with $\lambda \neq 0$; hence,

$$\Pi(\Gamma^n.M^n \times \gamma^\nu) \approx \sum_{i,j} \epsilon_{ij}^{0}(-1)^{n(n-\nu)}\gamma^\nu.$$

But because $p_0 = \pi_0 = 1$, the matrix $\left\| \underset{ij}{\epsilon_0} \right\|$ has only one element ϵ_0; from (14*a*) follows $\epsilon_0 = a_n$, where a_n is the only element of the matrix A_n and this element is by definition (cf. Nr. 1), the *degree* a of T. Hence,

$$\Pi(\Gamma^n.M^n \times \gamma^\nu) \approx (-1)^{n(\nu+1)}a\gamma^\nu \qquad (20a)$$

and from (19)

$$TT^{-1}(\gamma^\nu) \approx (-1)^{n(\nu+1)}a\gamma^\nu. \qquad (20b)$$

Therefore, the matrix U_ν defined in Nr. 6 has been determined under the assumption that T is one-valued:

$$U_\nu = (-1)^{n(\nu+1)} a E_{\pi_\nu} \tag{21}$$

where E_{π_ν} is the matrix unity. From (21) and (16) formula (2) follows immediately.

[1] Cf. S. Lefschetz, (*a*) *Trans. Am. Math. Soc.*, **28,** pp. 1–49; (*b*) *Trans. Am. Math. Soc.*, **29,** pp. 429–462; particularly p. 32 of (*a*). The sign "$\approx$" introduced in (*a*) means "$\sim$" mod. zero-divisors. The fundamental sets of this paper are all with respect to the operation $\approx$.

[2] L. E. J. Brouwer, Mathem. Annalen, **71**, pp. 92–115.

[3] O. Veblen, Trans. Am. Math. Soc., **25**, pp. 540–550.

[4] (a), formula 71.1; (b), formula 10.5.

[5] A great deal of Nr. 6 is only a summarizing report on facts which are included in the papers of Lefschetz, quoted above.

[6] Lefschetz, (*a*) No. 52.

[7] Lefschetz, (*a*) No. 55. The proof of this formula, not explicitly given there, can be obtained easily by the same considerations as for the formulas of (*a*) Nos. 53, 54.

[8] Lefschetz, (*b*) 9.2.

11.

Zur Topologie der Abbildungen von Mannigfaltigkeiten. Erster Teil. Neue Darstellung der Theorie des Abbildungsgrades für topologische Mannigfaltigkeiten

Math. Ann. **100** (1928), 579–608

Diese Arbeit bildet den ersten und einleitenden Teil einer größeren Abhandlung, in der die eindeutigen und stetigen Abbildungen einer n-dimensionalen Mannigfaltigkeit auf eine zweite n-dimensionale Mannigfaltigkeit näher untersucht werden.* Im Vordergrund steht dabei der von Brouwer eingeführte Begriff der „*Abbildungsklasse*", d. h. der Menge aller Abbildungen, die sich aus einer gegebenen Abbildung durch stetige Modifikation herstellen lassen. In der vorliegenden Arbeit wird die von Brouwer bewiesene Tatsache, daß alle Abbildungen einer Klasse denselben „*Grad*" besitzen, als Grundlage für den Aufbau der Theorie des Abbildungsgrades in einer erweiterten Gestalt benutzt[1]).

Dieser Aufbau wird in zwei Schritten durchgeführt. Der erste besteht in der Begründung der Lehre von dem Grade der Abbildungen eines n-dimensionalen *Elements* auf Punktmengen eines n-dimensionalen euklidischen Raumes (§ 1). Diese Dinge werden jedoch nicht ab ovo dargestellt, vielmehr wird die Theorie des Grades für die $(n-1)$-dimensionalen Kugeln

[1]) Es werden fortgesetzt Begriffe und Sätze aus den folgenden Arbeiten von Brouwer benutzt:

a) Über Abbildung von Mannigfaltigkeiten, Math. Annalen **71** (1911).

b) Über Jordansche Mannigfaltigkeiten, Math. Annalen **71** (1911).

c) Beweis der Invarianz der Dimensionenzahl, Math. Annalen **70** (1911); (hier wird zwar nicht der Name, aber der Begriff des Abbildungsgrades zuerst eingeführt, und zwar für Abbildungen eines n-dimensionalen Elements, nicht einer geschlossenen Mannigfaltigkeit).

als bekannt vorausgesetzt, und mit ihrer Hilfe werden durch Vermittlung des Begriffs der „Ordnung“[2]) die Beweise der in Brouwerschen Arbeiten enthaltenen Sätze über das n-dimensionale Element erbracht. Es wäre übrigens leicht, diese Beweisführung zu einem Induktionsschluß von $n-1$ auf n Dimensionen zu vervollständigen[3]); jedoch wird hierauf in dieser Arbeit kein Wert gelegt.

Neu dürften in diesem ersten Paragraphen zwei Tatsachen sein: erstens wird für die eineindeutigen Abbildungen, die die Orientierung erhalten, und diejenigen, die die Orientierung umkehren, ein Unterscheidungsmerkmal angegeben, das frei von Vorzeichenbetrachtungen ist und nur auf Stetigkeitsbegriffen beruht. Zweitens wird der Grad durch eine Minimaleigenschaft charakterisiert: Sein absoluter Betrag in einem Punkte ξ des Bildraumes ist die Minimalzahl der eineindeutigen Bedeckungen einer Umgebung von ξ, welche sich erreichen läßt, wenn man die gegebene Abbildung im Innern, jedoch nicht am Rande, des abgebildeten Elements stetig abändert. Die Übertragung dieses Satzes auf die Abbildungen beliebiger Mannigfaltigkeiten wird einen wesentlichen Punkt des zweiten Teils[4]) dieser Abhandlung bilden.

Der zweite Schritt beim Aufbau der Theorie des Grades ist der folgende: In jeder Klasse von Abbildungen einer n-dimensionalen Mannigfaltigkeit auf eine andere gibt es derart reguläre Abbildungen, daß für sie die Definition des Grades bei Kenntnis der im § 1 hergeleiteten Sätze keinerlei Schwierigkeit macht. Es wird nun gezeigt, daß diese regulären Abbildungen innerhalb der Klasse eine „überall dichte“ und in gewissem Sinne „zusammenhängende“ Menge bilden. Aus der zweiten Eigenschaft folgt leicht, daß sie alle den gleichen Grad besitzen und daß dieser somit eine Invariante der ganzen Klasse ist, womit das angestrebte Ziel im wesentlichen erreicht ist. Es sei noch bemerkt, daß die Eigenschaft, innerhalb der Klasse überall dicht zu liegen, insbesondere auch der Menge derjenigen Abbildungen zukommt, die in einem festen Punkt der Bildmannigfaltigkeit „glatt“ sind, d. h. bei denen die Bildmenge eine Umgebung des betrachteten Punktes endlich oft eineindeutig bedeckt.

Die genannten „regulären“ Abbildungen — im Text werden sie in „halbglatte“, „fastglatte“, „glatte“ abgestuft —, die man durch stetige Abänderung der gegebenen Abänderung erhält, leisten also etwa dasselbe, wie die von Brouwer herangezogenen simplizialen Approximationen.

---

[2]) Siehe [1]) b), sowie Hadamard, Note sur quelques applications de l'indice de Kronecker (Tannery, Introduction à la théorie des fonctions II, 2. éd., 1911).

[3]) Vgl. die unter [2]) zitierte Darstellung von Hadamard.

[4]) „Klasseninvarianten von Abbildungen“.

Diese, sowie überhaupt simpliziale Zerlegungen, werden in der neuen Darstellung völlig vermieden; infolgedessen kann man auf die Voraussetzung der „Triangulierbarkeit" der betrachteten Mannigfaltigkeiten verzichten: diese brauchen nur als „topologische" Mannigfaltigkeiten erklärt zu sein, d. h. als zusammenhängende topologische Räume, die abzählbare vollständige Systeme von n-dimensionalen euklidischen Umgebungen besitzen, während ihre Zerlegbarkeit in Simplexe offen gelassen werden kann. Ob dies eine tatsächliche Erweiterung des Bereichs der triangulierbaren Mannigfaltigkeiten bedeutet, ist allerdings nicht bekannt und zum mindesten fraglich.

Daß sich der Abbildungsgrad für „topologische" Mannigfaltigkeiten definieren läßt, ist bereits von W. Wilson[5]) — mit prinzipiell anderen Methoden, als den hier benutzten — gezeigt worden; erst die Kenntnis dieser Untersuchungen und Ergebnisse veranlaßte mich zur Verschärfung und Verallgemeinerung meiner Methoden zwecks neuer Herleitung des Wilsonschen Resultats.

In einer Richtung wird übrigens über die Sätze von Brouwer und Wilson hinausgegangen: der Grad wird auch für offene Mannigfaltigkeiten definiert; dies ist ohne große Komplikationen zu erreichen; man hat sich nur auf gewisse Teilgebiete der Bildmannigfaltigkeit zu beschränken, in deren jedem der Grad konstant ist.

§ 1.

Vorbemerkungen über Abbildungen eines n-dimensionalen Elements auf Punktmengen des n-dimensionalen euklidischen Raumes[6]).

Im n-dimensionalen euklidischen $(x^1, x^2, \ldots, x^n)$-Raum R^n bezeichne p_0 den Koordinatenanfangspunkt, p_ν den Einheitspunkt auf der x^ν-Achse, T_0^n das durch die Punkte p_ν $(\nu = 0, 1, \ldots, n)$ bestimmte Simplex. Eine Reihenfolge $p_{i_0} p_{i_1} \ldots p_{i_n}$ der Ecken nennen wir eine positive oder eine negative Orientierung von T_0^n, je nachdem $[i_0 i_1 \ldots i_n]$ eine gerade oder eine ungerade Permutation von $[0\,1 \ldots n]$ ist oder, was dasselbe bedeutet, je nachdem die durch $p_{i_\nu} = A(p_\nu)$ $(\nu = 0, 1, \ldots, n)$ eindeutig festgelegte affine Transformation $A(R^n)$ eine positive oder negative Determinante besitzt. Entsprechend legt eine Eckenreihenfolge $q_0 q_1 \ldots q_n$ eines beliebigen Simplexes T^n die positive oder negative Orientierung von T^n je nach dem Vorzeichen der Determinante derjenigen affinen

---

5) W. Wilson, Representation of a simplicial manifold on a locally simplicial manifold; Proceedings Amsterdam **29** (1926), S. 1129ff. — Representation of Manifolds; Math. Annalen **100** (1928), S. 552.

6) Der Inhalt dieses Paragraphen ist zum Teil nur eine Zusammenstellung und für das folgende zweckmäßige Formulierung bekannter Tatsachen.

Transformationen B fest, die durch $q_\nu = B(p_\nu)$ $(\nu = 0, 1, \ldots, n)$ bestimmt ist. Als positive bzw. negative Randorientierung eines $(n-1)$-dimensionalen Randsimplexes T^{n-1} von T^n bezeichnen wir diejenigen Reihenfolgen seiner Ecken, die zusammen mit der nicht zu T^{n-1} gehörigen Ecke von T^n als letztem Punkt die positive bzw. negative Orientierung von T^n definieren. Ist S^{n-1} eine im R^n gelegene $(n-1)$-dimensionale Kugel, t^{n-1} ein sphärisches Simplex von S^{n-1}, d. h. ein System von n Punkten $q_1, q_2, \ldots, q_n$ auf S^{n-1}, die mit dem Kugelmittelpunkt nicht in einer $(n-1)$-dimensionalen Ebene liegen, so sei die positive Orientierung von t^{n-1} identisch mit der positiven Randorientierung des durch $q_1, q_2, \ldots, q_n$ aufgespannten ebenen Simplexes T^{n-1}, wenn man es als Randsimplex des von ihm und dem Kugelmittelpunkt aufgespannten T^n ansieht.

Auf diese Weise werden vermöge der Orientierung des R^n die in diesem liegenden $(n-1)$-dimensionalen Kugeln zu orientierten Mannigfaltigkeiten.

Sei nun P^n ein zweiter euklidischer n-dimensionaler Raum mit einem $(\xi^1, \xi^2, \ldots, \xi^n)$-Koordinatensystem und seien in ihm die analogen Orientierungsfestsetzungen wie in R^n getroffen. Sind dann S^{n-1} und Σ^{n-1} Kugeln in R^n bzw. P^n, und ist S^{n-1} eindeutig und stetig auf Σ^{n-1} abgebildet, so besitzt diese Abbildung φ einen auch bezüglich des Vorzeichens wohlbestimmten Grad $\gamma(\varphi)$; ist insbesondere φ durch $\xi^\nu = x^\nu$ $(\nu = 1, 2, \ldots, n)$ gegeben, so ist $\gamma(\varphi) = +1$.

Ist f eine Abbildung der Kugel S^{n-1} auf eine Punktmenge $f(S^{n-1})$ von P^n, ξ ein nicht zu $f(S^{n-1})$ gehöriger Punkt von P^n, Σ^{n-1} eine ξ im Inneren enthaltende Kugel, π die — in allen von ξ verschiedenen Punkten in P^n definierte — Zentralprojektion vom Punkt ξ aus auf Σ^{n-1}, so ist der Grad $\gamma(\pi f)$ der Abbildung $\pi f(S^{n-1})$ unabhängig von der speziellen Wahl von Σ^{n-1}.

Wir schreiben:

$$\gamma(\pi f) = u_\xi(f(S^{n-1}))$$

und nennen diese Zahl die „*Ordnung* des Punktes ξ in bezug auf das Kugelbild $f(S^{n-1})$“. Da der Grad bei stetiger Änderung der Abbildung konstant bleibt, gilt

Satz I. *Ändert man S^{n-1}, f, ξ stetig ab, d. h. definiert man für $0 \leqq t \leqq 1$ stetige Scharen S_t^{n-1}, f_t, ξ_t von Kugeln bzw. Abbildungen und Punkten, so bleibt die Ordnung $u_{\xi_t}(f_t(S_t^{n-1}))$ ungeändert, falls niemals ξ_t auf $f_t(S_t^{n-1})$ liegt.*

Es sei jetzt f nicht nur auf S^{n-1}, sondern in der ganzen von S^{n-1} begrenzten Vollkugel V^n definiert. Dann gilt

Satz II. *Ist* $\xi \not\subset f(V^n)$, *so ist* $u_\xi(f(S^{n-1})) = 0$. [7])

Denn hat S^{n-1} den Radius r und bezeichnet S_t^{n-1} die Kugel vom Radius t um den Mittelpunkt m von S^{n-1}, S_0^{n-1} also den Punkt m selbst, so ist $\xi \not\subset f(S_t^{n-1})$ für $0 \leqq t \leqq r$, da $f(S_t^{n-1}) \subset f(V^n)$ ist; nach Satz I ist daher $u_\xi(f(S^{n-1})) = u_\xi(f(S_t^{n-1}))$; für hinreichend kleine t ist diese Zahl aber gewiß 0, da die Bildmenge $\pi f(S_t^{n-1})$ auf Σ^{n-1} nur eine Umgebung des Punktes $\pi f(m)$ bedeckt.

Satz II läßt sich verschärfen zu

Satz IIa. *Ist* $\xi \not\subset f(S^{n-1})$, $u_\xi(f(S^{n-1})) \neq 0$, *so gibt es eine* ξ *enthaltende Vollkugel* ω^n, *die ganz zu* $f(V^n)$ *gehört.*

Denn nimmt man ω^n so klein an, daß man jeden ihrer Punkte α unter Vermeidung von $f(S^{n-1})$ in ξ überführen kann, so ist nach Satz I: $u_\alpha(f(S^{n-1})) \neq 0$, also nach Satz II: $\alpha \subset f(V^n)$.

Hieraus folgt weiter:

Satz IIb. *Ist* $f(V^n) \subset R^n$ *(also* $\mathsf{P}^n \equiv R^n$*), und ist für jeden Punkt* x *von* V^n *die Entfernung* $\varrho(x, f(x))$ *kleiner als der Radius* r *von* S^{n-1}, *so gibt es eine den Mittelpunkt* m *enthaltende Vollkugel* v^n, *die ganz zu* $f(V^n)$ *gehört* [8]).

Denn die Abbildung $f(V^n)$ läßt sich aus der identischen, d. h. jeden Punkt sich selbst zuordnenden, Abbildung durch stetige Abänderung erzeugen, indem man jeden Punkt x geradlinig mit der Geschwindigkeit 1 nach $f(x)$ laufen läßt; dabei wird wegen $\varrho(x, f(x)) < r$ der Mittelpunkt m niemals von dem Bild eines Randpunktes bedeckt, nach Satz I ist also $u_m(f(S^{n-1})) = u_m(S^{n-1}) = 1$. Hieraus ergibt sich auf Grund von Satz IIa die Richtigkeit der Behauptung IIb.

Wir betrachten jetzt neben R^n und P^n noch einen dritten Raum $\mathfrak{R}^n$, der auch in der anfangs geschilderten Weise orientiert ist; dann gilt

Satz III. v^n *und* Ω^n *seien Vollkugeln in* R^n *bzw.* P^n *mit den Rändern* s^{n-1} *bzw.* Σ^{n-1}, f *sei eine eindeutige Abbildung von* v^n, Φ *eine eineindeutige Abbildung von* Ω^n, *und es sei* $f(v^n) \subset \Omega^n$, $\Phi(\Omega^n) \subset \mathfrak{R}^n$; *ferner sei* x *ein Punkt von* v^n, *dessen Bild* $f(x) = \xi$ *weder zu* $f(s^{n-1})$ *noch zu* Σ^{n-1} *gehöre; ist weiter* $\Phi(\xi) = \mathfrak{x}$, *so gilt die Gleichung*

$$u_\xi(f(s^{n-1})) \cdot u_{\mathfrak{x}}(\Phi(\Sigma^{n-1})) = u_{\mathfrak{x}}(\Phi f(s^{n-1})).$$

(Die Zahlen $u_{\mathfrak{x}}(\Phi(\Sigma^{n-1}))$ und $u_{\mathfrak{x}}(\Phi f(s^{n-1}))$ sind definiert, da infolge der Voraussetzungen über ξ und der Eineindeutigkeit von Φ weder $\mathfrak{x} \subset \Phi(\Sigma^{n-1})$ noch $\mathfrak{x} \subset \Phi f(s^{n-1})$ ist.)

---

[7]) Das Zeichen $\not\subset$ bedeutet: „nicht enthalten in".

[8]) Vgl. [1]) c), S. 164, Hilfssatz.

Beweis. π bezeichne, wie früher, die Zentralprojektion von ξ aus auf Σ^{n-1}, analog $\mathfrak{p}$ die Zentralprojektion von $\mathfrak{x}$ aus auf eine Kugel $\mathfrak{S}^{n-1}$ um $\mathfrak{x}$; π ist in allen von ξ verschiedenen Punkten von P^n, $\mathfrak{p}$ in allen von $\mathfrak{x}$ verschiedenen Punkten von $\mathfrak{R}^n$ definiert; πf ist also eine Abbildung von s^{n-1} auf Σ^{n-1}, $\mathfrak{p}\,\Phi$ eine Abbildung von Σ^{n-1} auf $\mathfrak{S}^{n-1}$, $\mathfrak{p}\,\Phi\pi f$ die resultierende Abbildung von s^{n-1} auf $\mathfrak{S}^{n-1}$; die Gradzahlen bezeichnen wir wieder mit γ. Dann ist

$$u_\xi(f(s^{n-1})) = \gamma(\pi f),$$
$$u_{\mathfrak{x}}(\Phi(\Sigma^{n-1})) = \gamma(\mathfrak{p}\,\Phi),$$

also nach der „Produktregel"[9])

$$u_\xi(f(s^{n-1}))\cdot u_{\mathfrak{x}}(\Phi(\Sigma^{n-1})) = \gamma(\mathfrak{p}\,\Phi\pi f).$$

Es sei nun weiter für jeden von ξ verschiedenen Punkt α von Ω^n derjenige Punkt, der die von α nach $\pi(\alpha)$ gezogene Strecke im Verhältnis $(1-t):t$ teilt, mit $\pi_t(\alpha)$ bezeichnet, so daß also $\pi_0(\alpha)=\pi(\alpha)$, $\pi_1(\alpha)=\alpha$ ist. Dann ist für $0\leqq t\leqq 1$ niemals $\xi \subset \pi_t f(s^{n-1})$, also wegen der Eineindeutigkeit von Φ auch niemals $\mathfrak{x}\subset \Phi\pi_t f(s^{n-1})$, die Abbildung $\mathfrak{p}\,\Phi\pi_t f(s^{n-1})$ ist daher für $0\leqq t\leqq 1$ definiert und hängt stetig von t ab. Mithin ist

$$\gamma(\mathfrak{p}\,\Phi\pi f) = \gamma(\mathfrak{p}\,\Phi\pi_1 f) = \gamma(\mathfrak{p}\cdot\Phi f).$$

Andrerseits ist

$$u_{\mathfrak{x}}(\Phi f(s^{n-1})) = \gamma(\mathfrak{p}\cdot\Phi f);$$

damit ist Satz III bewiesen.

Nunmehr sind wir in der Lage, den folgenden wichtigen Satz herzuleiten:

Satz IV. *Ist die Abbildung $F(V^n)$ eineindeutig* $[F(V^n)\subset \mathsf{P}^n]$, *so ist entweder für alle nicht auf S^{n-1} gelegenen Punkte a von V^n*

$$u_{F(a)}(F(S^{n-1})) = +1,$$

oder es ist für alle diese Punkte

$$u_{F(a)}(F(S^{n-1})) = -1.$$

Beweis. Die Bildmenge $F(V^n)=M\subset \mathsf{P}^n$ enthält einen inneren Punkt[10]); denn andernfalls würde die durch eine beliebige simpliziale Approximation φ_1 der eindeutigen Abbildung F^{-1} gelieferte Bildmenge $\varphi_1(M)=\varphi_1 F(V^n)\subset R^n$ keinen inneren Punkt besitzen; dies stände aber in Widerspruch zu Satz IIb, da man φ_1 so wählen kann, daß $\varrho(F^{-1}(\xi),\varphi_1(\xi))<r$ für jeden Punkt $\xi\subset M$, also $\varrho(x,\varphi_1 F(x))<r$ für jeden Punkt $x\subset V^n$ ist.

---

[9]) Brouwer, [1]) c), S. 326.

[10]) Vgl. [1]) c), Satz 1.

In $F(V^n)$ ist also eine Vollkugel Ω^n enthalten; ihr Rand sei Σ^{n-1}. Ist Ω_1^n eine kleinere konzentrische Vollkugel, so ist analog in $F^{-1}(\Omega_1^n)$ eine Vollkugel v^n enthalten. Ist x der Mittelpunkt, s^{n-1} der Rand von v^n, so ist $F(x) \not\subset F(s^{n-1})$ wegen der Eineindeutigkeit von F, $F(x) \not\subset \Sigma^{n-1}$ wegen $F(x) \subset \Omega_1^n$. Daher sind, wenn wir $F(x) = \xi$, $\mathfrak{R}^n \equiv R^n$ setzen, die Voraussetzungen von Satz III erfüllt; es ist also

$$u_\xi(F(s^{n-1})) \cdot u_x(F^{-1}(\Sigma^{n-1})) = u_x(s^{n-1}) = 1,$$

mithin $u_\xi(F(s^{n-1})) = \pm 1$. Nun kann man s^{n-1} stetig in S^{n-1} überführen, ohne x zu überschreiten; diesem Vorgang entspricht vermöge der eineindeutigen Abbildung F eine Überführung von $F(s^{n-1})$ in $F(S^{n-1})$ unter Vermeidung des Punktes ξ. Nach Satz I ist daher auch $u_\xi(F(S^{n-1})) = \pm 1$.

Da man ferner einen beliebigen Punkt a des Inneren von V^n unter Vermeidung von S^{n-1} in den Punkt x hineinbewegen kann, so folgt ebenso, daß auch $u_{F(a)}(F(S^{n-1})) = u_{F(x)}(F(S^{n-1})) = \pm 1$ ist, womit Satz IV bewiesen ist.

Aus diesem Satz folgt unter Berücksichtigung von Satz IIa unmittelbar der Satz von der *„Gebietsinvarianz“* [11]).

E^n sei ein „Element“, d. h. das eineindeutige stetige Bild einer Vollkugel V^n in R^n; infolge der Gebietsinvarianz ist der Rand von E^n mit dem Bild des Randes von V^n identisch.

E^n sei nun der eineindeutigen Abbildung F unterworfen $[F(E^n) \subset \mathsf{P}^n]$. Sind v_1^n, v_2^n zwei in E^n gelegene Vollkugeln mit den Rändern s_1^{n-1}, s_2^{n-1}, x_1, x_2 Punkte im Innern von v_1^n bzw. v_2^n, so kann man v_1^n in v_2^n innerhalb E^n stetig und eineindeutig überführen; nach Satz I ist daher $u_{F(x_1)}(F(s_1^{n-1})) = u_{F(x_2)}(F(s_2^{n-1}))$, und diese Zahl ist nach Satz IV entweder $+1$ oder -1; sie hängt nicht von der Wahl der Vollkugeln v_i^n und der Punkte x_i^n ab, sondern ist eine Invariante von F; sie heiße der *„Grad“* von F, und werde mit $\gamma(F)$ bezeichnet. Je nach dem Vorzeichen von $\gamma(F)$ sagen wir, daß die Bilder der inneren Punkte von E^n „positiv“ oder „negativ“ bedeckt werden.

Aus Satz III folgt die *„Produktregel“*: $\gamma(F) \cdot \gamma(\Phi) = \gamma(\Phi F)$, wenn Φ eine in $F(E^n)$ definierte eineindeutige Abbildung ist.

Wir wollen nun ein rein topologisches, d. h. von der Verwendung von Koordinatensystemen — wie sie bei der Definition der „Ordnung“ benutzt werden — unabhängiges, Merkmal dafür angeben, wann F den Grad $+1$, wann den Grad -1 hat. Zu diesem Zweck definieren wir: unter einer

---

[11]) Dies ist im wesentlichen der zweite Brouwersche Beweis. (Zur Invarianz des n-dimensionalen Gebietes, Math. Annalen 72 (1912)).

„*Indikatrix*“ verstehen wir den Rand irgendeines Elementes e^n zusammen mit einem inneren Punkt von e^n, dem „Zentrum“ der Indikatrix; eine eindeutige — nicht notwendig eineindeutige — und stetige Abänderung einer Indikatrix in R^n nennen wir eine „*Indikatrixdeformation*“, falls bei ihr das Bild des Zentrums niemals im Bilde des Randes enthalten ist.

Wir stellen das gesuchte Kriterium nun zunächst für einen Spezialfall her, indem wir den Satz beweisen:

Satz V. *Die eineindeutige Abbildung F des im R^n gelegenen Elements E^n auf eine Punktmenge desselben Raumes R^n hat dann und nur dann den Grad $+1$, wenn sich eine in E^n liegende Indikatrix i durch eine Indikatrixdeformation in ihr Bild $F(i)$ überführen läßt.*

Beweis. Ein Teilelement e^n von E^n läßt sich als das eineindeutige Bild $e^n = G(v^n)$ einer Vollkugel v^n des R^n auffassen, deren Rand s^{n-1} heiße. Ist nun i eine Indikatrix, die von $G(s^{n-1})$ und dem Bild $G(x)$ eines inneren Punktes x von v^n gebildet wird, und läßt sich i in $F(i)$ vermöge einer Indikatrixdeformation F_t $(0 \leqq t \leqq 1)$ überführen, so ist $u_{F_t G(x)}(F_t G(s^{n-1}))$ unabhängig von t, es ist also $u_{FG(x)}(FG(s^{n-1})) = u_{G(x)}(G(s^{n-1}))$, d. h. $\gamma(FG) = \gamma(G)$; aus der Produktregel folgt daher $\gamma(F) = +1$.

Sei andrerseits $\gamma(F) = +1$. Man verschiebe zunächst i so, daß ihr Zentrum in den Mittelpunkt m von v^n fällt; dann halte man das Zentrum fest und lasse die Randpunkte auf den von m ausgehenden Radien auf die Kugel s^{n-1} laufen. Dieser ganze Abänderungsvorgang ist eine Indikatrixdeformation und heiße h_t $(0 \leqq t \leqq 1)$; dabei ist $\gamma(G(v^n)) = u_{G(m)}(G(s^{n-1})) = u_{h_1 G(m)}(h_1\, G(s^{n-1})) = u_m(h_1\, G(s^{n-1}))$, wenn man $h_1 G$ als Abbildung von s^{n-1} auf sich auffaßt. Analog definiere man eine Indikatrixdeformation h_t $(3 \geqq t \geqq 2)$ von $i' = F(i)$ so, daß $h_3(i') = i'$ ist und das durch h_2 vermittelte Bild des Zentrums in m, das des Randes auf s^{n-1} liegt; dabei ist, analog dem obigen, $\gamma(FG(v^n)) = \gamma(h_2 FG(s^{n-1}))$, $h_2 FG$ als Abbildung von s^{n-1} auf sich aufgefaßt. Infolge der Voraussetzung $\gamma(F) = +1$ ist nun $\gamma(G) = \gamma(FG)$, also $\gamma(h_1 G) = \gamma(h_2 FG)$. Daher gehören $h_1 G(s^{n-1})$ und $h_2 FG(s^{n-1})$ zu derselben „Klasse“, d. h. das Bild $h_1 G(s^{n-1})$ läßt sich auf s^{n-1} stetig in das Bild $h_2 FG(s^{n-1})$ überführen[12]; dieser Prozeß ist, unter Festhaltung des Zentrums m, eine Indikatrixdeformation von $h_1(i)$ in $h_2(i')$ und heiße h_t $(1 \leqq t \leqq 2)$. h_t stellt also für $0 \leqq t \leqq 3$ eine Indikatrixdeformation von i in i' dar.

Will man nun den allgemeinen Fall $\mathsf{P}^n \neq R^n$ behandeln, so bemerkt man, daß ohne irgendein Koordinatensystem und ohne jegliche willkür-

---

[12]) H. Hopf, Abbildungsklassen n-dimensionaler Mannigfaltigkeiten, Math. Annalen **96** (1926).

liche Festsetzung das Vorzeichen von $\gamma(F)$ offenbar unbestimmt ist. Man muß die „Orientierungen" der beiden Räume dadurch in Verbindung miteinander bringen, daß man einer ausgezeichneten eineindeutigen Abbildung $H(e^n)$ eines bestimmten Elements $e^n \subset R^n$ auf ein Element $H(e^n) = \varepsilon^n \subset \mathsf{P}^n$ den Grad $+1$ beilegt; dadurch werden die beiden Räume „relativ orientiert". Im Fall $R^n \equiv \mathsf{P}^n$ muß die „Eichabbildung" H die Identität sein; bei den am Anfang des Paragraphen gemachten Festsetzungen ist sie die Abbildung $\xi_\nu = x_\nu$ $(\nu = 1, 2, \ldots, n)$; demnach sind R^n und P^n relativ orientiert, falls jeder der beiden Räume orientiert ist.

Wir setzen nun stets R^n und P^n als relativ orientiert voraus; dann ergibt sich das gewünschte Kriterium für den Wert von $\gamma(F(E^n))$ durch Anwendung der Produktregel: man bilde das Bildelement $F(E^n)$ durch eine eineindeutige Abbildung Δ auf ε^n oder einen Teil von ε^n ab und betrachte außerdem die Abbildung $D(E^n) = H^{-1} \Delta F(E^n)$; dann ist $\gamma(D) = \gamma(\Delta) \cdot \gamma(F)$. Da $\gamma(D)$ und $\gamma(\Delta)$ nach Satz V zu bestimmen sind, ist somit $\gamma(F)$ eineindeutig und topologisch invariant festgelegt. Somit können wir sagen:

Satz Va. *Sind R^n und P^n relativ orientiert, so kann man unter den eineindeutigen Abbildungen von Gebieten des R^n auf Gebiete des P^n eine topologisch invariante Unterscheidung machen zwischen solchen, die „positive" und solchen, die „negative" Bedeckungen liefern.*

Wir betrachten nun beliebige eindeutige, nicht notwendig eindeutig umkehrbare Abbildungen f des Elements E^n mit $f(E^n) \subset \mathsf{P}^n$; s^* sei der Rand von E^n. Zwei Abbildungen $f_1(E^n)$ und $f_2(E^n)$ sollen als zur selben „*Klasse*" gehörig gelten, wenn sie am Rande übereinstimmen, wenn also $f_1(x) = f_2(x)$ für jeden Punkt $x \subset s^*$ ist. Zwei Abbildungen f_1, f_2 derselben Klasse lassen sich innerhalb der Klasse, d. h. ohne Änderung auf s^*, stetig ineinander überführen; man braucht etwa nur alle Punkte $f_2(x)$ geradlinig und gleichförmig in einem festen Zeitintervall in die entsprechenden Punkte $f_1(x)$ laufen zu lassen.

Eine Abbildung $f(E^n)$ heiße im Punkt $\xi \subset \mathsf{P}^n$ „*glatt*", wenn es im Innern von E^n endlich viel Gebiete $G_\varkappa$ $(\varkappa = 1, \ldots, k)$ gibt, so daß f in jedem von ihnen eineindeutig und daß $\xi \not\subset f(E^n - \sum_{\varkappa=1}^{k} G_\varkappa)$ ist; die Definition habe auch für $k = 0$ Sinn; d. h. f heiße in jedem nicht zu $f(E^n)$ gehörigen Punkt glatt.

Satz VIa. *f^* sei eine Abbildung des Randes s^* von E^n, ξ ein nicht zu $f^*(s^*)$ gehöriger Punkt von P^n. Dann gibt es in der durch f^* bestimmten Klasse $\mathfrak{F}$ Abbildungen, die in ξ glatt sind.*

Beweis. V^n sei eine Vollkugel des R^n mit dem Rand S^{n-1} und durch eine eineindeutige Abbildung $G(V^n) = E^n$ auf E^n bezogen; dann ist $G(S^{n-1}) = s^*$, also $\xi \notin f^* G(S^{n-1})$. Es sei $u_\xi(f^* G(S^{n-1})) = c$, p und q seien zwei nicht negative ganze Zahlen mit $p - q = c$; $v_1^n, v_2^n, \ldots, v_p^n, v_{p+1}^n, \ldots, v_{p+q}^n$ seien zueinander fremde Vollkugeln im Innern von V^n mit den Rändern $s_1^{n-1}, s_2^{n-1}, \ldots, s_{p+q}^{n-1}$. Man bilde die v_i^n $(i = 1, 2, \ldots, p+q)$ durch eineindeutige Abbildungen F_i — (z. B. Ähnlichkeitsabbildungen) — so auf Umgebungen von ξ ab, daß $\gamma(F_i) = +1$ für $i \leqq p$, $\gamma(F_i) = -1$ für $i > p$ ist. Jedem Punkt x von $S^{n-1}, s_1^{n-1}, s_2^{n-1}, \ldots, s_{p+q}^{n-1}$ ordne man denjenigen Vektor $\mathfrak{v}(x)$ zu, der in ξ beginnt und in $f^* G(x)$ bzw. $F_i(x)$ endet. Diese Vektorfelder besitzen keine Nullstelle. Ordnet man dann dem Punkt x den Schnittpunkt von $\mathfrak{v}(x)$ mit einer Kugel Σ^{n-1} um ξ zu, so entstehen Abbildungen $\Phi, \varphi_1, \varphi_2, \ldots, \varphi_{p+q}$ von $S^{n-1}, s_1^{n-1}, \ldots, s_{p+q}^{n-1}$ auf Σ^{n-1}; dabei ist $\gamma(\Phi) = c$, $\gamma(\varphi_i) = +1$ $(i \leqq p)$, $\gamma(\varphi_i) = -1$ $(i > p)$, also, da $c = p - q$ ist, $\sum_{i=1}^{p+q} \gamma(\varphi_i) = \gamma(\Phi)$. Infolge dieser Gleichheit ist die „Randwertaufgabe" lösbar, welche verlangt, in dem durch Herausnahme der Innengebiete der v_i^n aus V^n entstandenen Körper $\overline{V}^n$ eine stetige Zuordnung nirgends verschwindender Vektoren zu definieren, die die bereits vorhandenen Randwerte besitzt[13]). Durch eine derartige Vektorverteilung ist eine Abbildung $F(\overline{V}^n)$ bestimmt, die ξ nicht bedeckt: ist $\mathfrak{v}(x)$ der dem Punkt x zugeordnete Vektor, so sei $F(x)$ der Endpunkt des in ξ angetragenen Vektors $\mathfrak{v}(x)$. F schließt sich stetig an $f^* G$ und die F_i an. Der so in V^n definierten Abbildung entspricht vermöge G eine zur Klasse $\mathfrak{F}$ gehörige Abbildung von E^n, die in ξ glatt ist.

Satz VI b. *Ist f eine in ξ glatte Abbildung der Klasse $\mathfrak{F}$, und bezeichnen p und q die Anzahlen der durch f gelieferten positiven bzw. negativen Bedeckungen des Punktes ξ, so ist die Differenz $p - q$ eine Konstante von $\mathfrak{F}$ und ξ, d. h. lediglich von der Lage des Punktes ξ und von der Randabbildung f^*, aber nicht von der speziellen Wahl von f abhängig.*

Beweis. Da es eineindeutige Abbildungen der Vollkugel V^n auf sich vom Grade -1 gibt, z. B. Spiegelungen, gibt es nach der Produktregel unter den eineindeutigen Beziehungen zwischen V^n und E^n gewiß solche des Grades $+1$. G sei eine solche: $E^n = G(V^n)$. $F(V^n) = fG(V^n)$ ist in ξ glatt und liefert, da $\gamma(G) = +1$ ist, ebenso wie $f(E^n)$, p positive, q negative Bedeckungen von ξ. F erzeugt in der beim Beweis von Satz VI a geschilderten Weise ein Vektorfeld in V^n, das nur in den $p + q$

[13]) Siehe [12]), § 5. (Die Lösbarkeit der Randwertaufgabe für $\overline{V}^n$ ist einer Aussage über Abbildungen einer S^{n-1} äquivalent.)

Originalpunkten von ξ Nullstellen besitzt. Ist x_i eine solche Nullstelle und s_i^{n-1} eine x_i, aber keine weitere Nullstelle einschließenden Kugel, so heißt $u_\xi(F(s_i^{n-1}))$ in der üblichen Bezeichnung der „Index" der Nullstelle, und die Summe aller Indizes ist gleich dem Grade der durch die Vektoren vermittelten Abbildung des Randes S^{n-1} auf eine „Richtungskugel" von P^n, also gleich $u_\xi(F(S^{n-1}))$[14]. Da andrerseits nach Satz IV $u_\xi(F(s_i^{n-1})) = +1$ oder -1 ist, je nachdem x_i zu einer positiven oder negativen Bedeckung von ξ gehört, ist die Summe der Indizes gleich $p-q$; also ist $p-q = u_\xi(F(S^{n-1}))$; da diese Zahl nur von ξ und der Randabbildung $f^*(s^*)$ abhängt, ist Satz VIb bewiesen.

Die auf Grund der Sätze VIa, VIb eindeutig und topologisch invariant der Klasse $\mathfrak{F}$ und dem Punkt ξ zugeordnete Zahl $p-q$ nennen wir den „*Grad der zu $\mathfrak{F}$ gehörigen Abbildungen $f(E^n)$ im Punkte ξ*" und bezeichnen sie durch $\gamma_\xi(f(E^n))$. Der früher für eineindeutige Abbildungen F definierte „Grad" $\gamma(F)$ ist demnach zu präzisieren als „Grad $\gamma_{F(x)}(\mathfrak{F}(E^n))$ in den Bildern der inneren Punkte x von E^n".

$\gamma_\xi(f(E^n))$ bleibt nicht nur ungeändert, solange f der Klasse $\mathfrak{F}$ angehört, sondern aus Satz I und der Rolle, die die Zahl $u_\xi(F(S^{n-1}))$ beim Beweis von Satz VIb spielt, folgt der allgemeinere

Satz VIIa. *Der Grad $\gamma_\xi(f(E^n))$ bleibt bei stetiger Abänderung von f konstant, wenn nur bei ihr niemals ξ zu der jeweiligen Bildmenge des Randes s^* gehört,*

und ebenso ergibt sich

Satz VIIb. *Für zwei Punkte ξ_1, ξ_2, die man ineinander überführen kann, ohne das Bild des Randes zu treffen, ist der Grad derselbe; insbesondere ist er also in einer Umgebung von ξ, die das Bild des Randes ausschließt, konstant.*

Aus den Sätzen VIa und VIb folgt die „Summenregel".

Satz VIII. *Läßt sich die Menge M derjenigen Punkte von E^n, die durch f auf den Punkt ξ abgebildet werden, in endlich viele, zueinander fremde Teilelemente $e_1^n, e_2^n, \ldots, e_k^n$ von E^n einschließen, so ist*

$$\gamma_\xi(f(E^n)) = \sum_\varkappa \gamma_\xi(f(e_\varkappa^n)).$$

Der Beweis ergibt sich, indem man f in den $e_\varkappa^n$ glättet und dann die positiven und negativen Bedeckungen von ξ abzählt.

Aus der Willkür, mit der man p und q im Beweise von Satz VIa wählen kann, und aus $p+q \geqq p-q = \gamma_\xi(f(E^n))$ ist ersichtlich:

[14]) Bezüglich dieser Addition der Indizes siehe z. B. Feigl, Fixpunktsätze für spezielle n-dimensionale Mannigfaltigkeiten, § 2; Math. Annalen **98** (1927).

Satz IX. *Der Grad $\gamma_\xi(f(E^n))$ läßt sich seinem Betrage nach als die Mindestzahl der eineindeutigen Bedeckungen einer Umgebung von ξ charakterisieren, die durch — in ξ glatte — Abbildungen der Klasse $\mathfrak{F}$ erreicht wird. Wenn die Mindestzahl von Bedeckungen vorliegt, so sind diese sämtlich gleichsinnig, und zwar positiv oder negativ je nach dem Vorzeichen von $\gamma_\xi(f)$. p und q unterliegen nur den Beschränkungen:*

$$p \geqq 0, \quad q \geqq 0, \quad p - q = \gamma_\xi(f).$$

Hierbei darf $\gamma_\xi(f) = 0$ sein; d. h.

Satz IXa. *Ist $\gamma_\xi(f) = 0$, so gibt es in der Klasse $\mathfrak{F}$ Abbildungen, für die ξ nicht zur Bildmenge von E^n gehört.*

Es sei besonders darauf hingewiesen, daß es sich bei Satz IX um eineindeutige Bedeckungen einer Umgebung von ξ, nicht um solche des Punktes ξ allein handelt. Bezüglich der letzteren gilt im Gegenteil

Satz X. *Unter den Abbildungen der Klasse $\mathfrak{F}$ gibt es solche, die einen und nur einen Punkt auf ξ abbilden.*

Um eine solche Abbildung herzustellen, betrachten wir, wie beim Beweise von Satz VIa, die Vollkugel V^n, die durch G eineindeutig auf E^n bezogen ist. Wir bilden einen inneren Punkt x von V^n auf ξ, und wenn x^* Randpunkt von V^n ist, die Strecke xx^* proportional auf die Strecke von ξ nach $f^* G(x^*)$ ab. Diese in V^n erklärte Abbildung übertragen wir mittels G auf E^n.

Der Gegenstand unserer weiteren Untersuchung wird — nach Erledigung einiger Hilfssätze — die Beantwortung der Frage sein, ob es bei Abbildungen beliebiger n-dimensionaler *Mannigfaltigkeiten* eine, als „Grad" zu bezeichnende Zahl gibt, die durch Eigenschaften gekennzeichnet ist, wie sie in den Sätzen VIa, VIb, VIIa, VIIb, VIII ausgesprochen sind. Diese Frage wird bejaht werden.

Im zweiten Teil dieser Abhandlung[4]) werden wir feststellen, ob bzw. mit welchen Abänderungen sich die Sätze IX, IXa, X auf diesen „Grad" übertragen lassen.

§ 2.

Hilfssätze über die Erweiterung der Definitionsbereiche von Abbildungen.

In diesem Paragraphen bedeutet stets k^l einen l-dimensionalen Kubus, der z. B. in einem euklidischen $(x^1, x^2, \ldots, x^l)$-Raum durch $0 \leqq x^\lambda \leqq 1$ $(\lambda = 1, 2, \ldots, l)$ definiert sei, und $\mathfrak{R}k^l$ den Rand von k^l; ferner ist ξ ein fester Punkt in dem mit einem rechtwinkligen $(\xi^1, \xi^2, \ldots, \xi^n)$-Koordinatensystem versehenen Raum P^n. Mit f und F werden stets eindeutige und stetige Abbildungen von Kuben k^l oder von Teilen solcher Kuben auf Punktmengen des P^n bezeichnet.

Hilfssatz I. Es sei $l < n$; auf $\Re k^l$ sei eine Abbildung f so definiert, daß $\xi \not\subset f(\Re k^l)$ ist.

Dann gibt es eine auf $\Re k^l$ mit f identische Abbildung F von k^l, so daß $\xi \not\subset F(k^l)$ ist.

Beweis[15]. k_1^l sei der zu k^l konzentrische seitenparallele Kubus mit der halben Seitenlänge, x_0 der Mittelpunkt der beiden Kuben. Ist $x \subset \Re k^l$, so bezeichne $p(x)$ den Punkt auf $\Re k_1^l$, in den x von x_0 aus projiziert wird.

Man konstruiere eine so feine simpliziale Approximationsabbildung $f_1(\Re k^l)$ von $f(\Re k^l)$, daß für jeden Punkt $x \subset \Re k^l$ der Fehler $\varrho(f(x), f_1(x))$ kleiner als die Entfernung $\varrho(\xi, f(\Re k^l))$ ist; dann liegt ξ auf keiner der Strecken $\overline{f(x) f_1(x)}$. Wir definieren jetzt: 1) $F(x) = f(x)$, $F(p(x)) = f_1(x)$ für $x \subset \Re k^l$. 2) F ist auf jeder Strecke $\overline{x\, p(x)}$ linear. Damit ist F in $k^l - k_1^l + \Re k_1^l$ in der gewünschten Weise erklärt.

Die Bildmenge $F(\Re k_1^l) = f_1(\Re k^l)$ besteht aus einer endlichen Anzahl $(l-1)$-dimensionalen Simplexe; der von ihr und dem Punkt ξ aufgespannte Kegel ist daher l-dimensional, und, da $l < n$ ist, gibt es Geraden durch ξ, die diesem Kegel nicht angehören und mithin keinen Punkt von $F(\Re k_1^l)$ enthalten. α sei eine solche Gerade, μ ein von ξ verschiedener Punkt auf α; ist $y \subset \Re k_1^l$, so liegt also ξ nicht auf der Geraden $\overline{\mu F(y)}$. Wir erklären daher $F(k_1^l)$ in der geforderten Weise, wenn wir festsetzen: 1) $F(x_0) = \mu$; 2) ist $y \subset \Re k_1^l$, so ist F auf der Strecke $\overline{\mu F(y)}$ linear.

Zusatz. Sind statt des einen Punktes ξ endlich viele nicht in $f(\Re k^l)$ enthaltene Punkte $\xi_1, \xi_2, \ldots, \xi_r$ gegeben, so läßt sich F so konstruieren, daß $\xi_\varrho \not\subset F(k^l)$ $(\varrho = 1, 2, \ldots, r)$ ist. Man hat im Beweis von Hilfssatz I nämlich nur die Gerade α so zu wählen, daß sie auf keinem der r von den ξ_ϱ und der simplizialen Menge $f_1(\Re k^l)$ aufgespannten Kegel liegt.

Hilfssatz II. Es sei jetzt $l = n$; auf $\Re k^n$ sei f so definiert, daß $\xi \not\subset f(\Re k^n)$ ist. x_0 sei ein willkürlicher Punkt im Innern von k^n.

Dann läßt sich $F(k^n)$ so definieren, daß $F(\Re k^n) = f(\Re k^n)$, $F(x_0) = \xi$, $F(x) \neq \xi$ für $x \neq x_0$ ist[16].

---

[15]) Dieser Beweis ist eine Spezialisierung des, mir aus einer unveröffentlichten Bemerkung von Brouwer bekannten, Beweises der Tatsache, daß im R^n eine p-dimensionale und eine q-dimensionale Mannigfaltigkeit nicht „verschlungen" sein können, wenn $p + q < n - 1$ ist.

[16]) Enthalten in Satz X, § 1.

Beweis. Man definiere F als lineare Abbildung aller x_0 mit den Punkten von $\Re(k^n)$ verbindenden Strecken.

Hilfssatz III. Es sei $l = n+1$; k^{n+1} sei durch $0 \leqq x^\nu \leqq 1$ im R^{n+1} gegeben. $f(\Re k^{n+1})$ sei so definiert, daß es auf $\Re(k^{n+1})$ höchstens endlich viele ξ-Stellen gibt, d. h. Punkte x, für die $f(x) = \xi$ ist.

Dann läßt sich $F(k^{n+1})$ so definieren, daß $F(\Re k^{n+1}) = f(\Re k^{n+1})$ ist und daß es auf jeder n-dimensionalen Ebene $x^\nu =$ konst. $(\nu = 1, 2, \ldots, n+1)$ höchstens endlich viele ξ-Stellen gibt.

Beweis. x_0 sei ein innerer Punkt von k^{n+1}, der mit keiner der ξ-Stellen auf $\Re(k^{n+1})$ in einer zu einer Koordinatenebene parallelen n-dimensionalen Ebene liegt. Man setze $F(x_0) = \xi$ und definiere F als lineare Abbildung der Strecken, die x_0 mit den Punkten von $\Re k^{n+1}$ verbinden. Dann besteht die Menge der ξ-Stellen von $F k^{n+1}$ aus den Verbindungsstrecken von x_0 mit den ξ-Stellen auf $\Re k^{n+1}$. Da auf keiner dieser Strecken eine x^ν-Koordinate konstant ist, besitzt F die gewünschte Eigenschaft.

Hilfssatz IIa. Q sei eine abgeschlossene Teilmenge von k^n, q die Menge der gemeinsamen Grenzpunkte von Q und $k^n - Q$. In Q sei f so definiert, daß $\xi \not\subset f(q)$ ist.

Dann gibt es eine in Q mit f identische Abbildung $F(k^n)$, die in $k^n - Q$ höchstens endlich viele ξ-Stellen besitzt.

Beweis. Die Koordinaten $\xi^1, \xi^2, \ldots, \xi^n$ der durch f vermittelten Bildpunkte sind stetige Funktionen in Q. Nach einem bekannten Satz[17]) läßt sich der Definitionsbereich dieser Funktionen auf ganz k^n erweitern; dadurch wird eine in Q mit f identische Abbildung $F^*(k^n)$ erklärt.

Die Menge N der in der abgeschlossenen Menge $k^n - Q + q$ gelegenen ξ-Stellen von F^* ist abgeschlossen und zu q punktfremd; sie besitzt also eine positive Entfernung a von q. Wir zerlegen k^n in seitenparallele, kongruente Teilkuben, deren Durchmesser kleiner als a sind. Ist dann L die Menge derjenigen Teilkuben, die Punkte von N enthalten, so ist $L \subset k^n - Q$.

In $k^n - L$, also insbesondere in Q, sowie in den gemeinsamen Grenzpunkten von $k^n - L$ und L setzen wir $F = F^*$; dann ist dort $F(x) \neq \xi$ für $x \not\subset Q$.

---

[17]) Bewiesen von Bohr, Brouwer, Hahn, Hausdorff, Lebesgue, Riesz, Tietze, Urysohn, de la Vallée Poussin; genauere Literaturangabe bei Urysohn, Über die Mächtigkeit der zusammenhängenden Mengen, Math. Annalen **94** (1926), S. 293, und von Kerékjártó, Vorlesungen über Topologie (Berlin 1923), S. 75.

Wir haben F noch in L so zu erklären, daß nur endlich viele ξ-Stellen auftreten. Mit k_i^l $(i = 1, 2, \ldots, r_l;\ 0 \leqq l \leqq n-1)$ bezeichnen wir die im Innern von L gelegenen l-dimensionalen Randkuben der Teilkuben k_i^n $(i = 1, 2, \ldots, r_n)$ von L. Wir erklären nun F zunächst auf allen k_i^0 (d. h. in den Eckpunkten) willkürlich mit der einzigen Einschränkung $\xi \neq F(k_i^0)$; sodann erklären wir F auf Grund von Hilfssatz I für alle k_i^1, darauf für alle k_i^2, usw. bis F auf allen k_i^{n-1}, also auf den Rändern aller k_i^n, ξ-stellenfrei definiert ist. Schließlich bestimmen wir auf Grund von Hilfssatz II F in den k_i^n so, daß in jedem genau eine ξ-Stelle x_i liegt.

Zusatz 1. Da sich die Punkte x_i in den k_i^n willkürlich wählen lassen, kann man eine vorgeschriebene, in $k^n - Q$ nirgends dichte Menge frei von ξ-Stellen halten.

Zusatz 2. Liegt die Menge $f(Q)$ ganz in einer ξ enthaltenden Vollkugel Ω^n, so läßt sich F so bestimmen, daß auch $F(k^n) \subset \Omega^n$ ist. Denn man braucht, um das zu erreichen, nur jeden etwa außerhalb Ω^n gelegenen Punkt $F(x)$ durch denjenigen Punkt des Randes von Ω^n zu ersetzen, in welchen $F(x)$ von ξ aus projiziert wird.

Hilfssatz IIIa. k^{n+1} sei durch $0 \leqq x^\nu \leqq 1$ im R^{n+1} gegeben; Q sei eine abgeschlossene Teilmenge von k^{n+1}, q die Menge der gemeinsamen Grenzpunkte von Q und $k^{n+1} - Q$, $\mathfrak{R}\, k^{n+1}$ der Rand von k^{n+1} (der auch Punkte von Q enthalten darf). In $Q + \mathfrak{R}\, k^{n+1}$ sei die Abbildung f definiert; sie habe in q keine, in dem nicht zu Q gehörigen Teil von $\mathfrak{R}\, k^{n+1}$ höchstens endlich viele ξ-Stellen.

Dann gibt es eine in $Q + \mathfrak{R}\, k^{n+1}$ mit f identische Abbildung $F(k^{n+1})$, die in jeder Ebene $x^\nu = \text{konst.}$ $(\nu = 1, 2, \ldots, n+1)$ höchstens endlich viele nicht zu Q gehörige ξ-Stellen besitzt.

Der Beweis ist dem von Satz IIa völlig analog: F^* und L haben dieselbe Bedeutung wie früher. Man setzt $F = F^*$ im Äußern von L, auf der gemeinsamen Grenze von L und $k^{n+1} - L$, sowie auf $\mathfrak{R}\, k^{n+1}$. Man hat F noch im Innern von L zu erklären. Dies geschieht ebenso wie früher; nur hat man jetzt auch noch $(n+1)$-dimensionale Teilkuben zu behandeln, und man tut dies mit Hilfe von Hilfssatz III.

Zusatz. Der zu Hilfssatz IIa bezüglich $F(k^n)$ gemachte „Zusatz 2“ gilt auch jetzt bezüglich $F(k^{n+1})$.

Hilfssatz IIIb. k^{n+1}, Q, q haben dieselbe Bedeutung wie in Hilfssatz IIIa. $f(Q)$ habe aber jetzt in q endlich viele ξ-Stellen $x_1, x_2, \ldots, x_a$.

Dann gibt es eine in Q mit f identische Abbildung $F(k^{n+1})$ mit folgender Eigenschaft: die Menge der nicht zu Q gehörigen, in irgendeiner Ebene $x^\nu = \text{konst.}$ liegenden ξ-Stellen besitzt höchstens endlich viele Häufungspunkte.

Beweis. Man nehme mit k^{n+1} eine solche Unterteilung in Teilkuben $k_1^{n+1}, k_2^{n+1}, \ldots, k_l^{n+1}$ vor, daß jeder von diesen höchstens einen der Punkte x_a enthält und daß kein Punkt x_a auf der gemeinsamen Grenze zweier k_β^{n+1} liegt. Nun definiere man F zunächst mittels Hilfssatz IIa auf den n-dimensionalen Randkuben k_γ^n der k_β^{n+1} so, daß auf jedem k_γ^n höchstens endlich viele ξ-Stellen entstehen. Darauf erkläre man auf Grund von Hilfssatz IIIa F in denjenigen k_β^{n+1}, welche keinen Punkt x_a enthalten derart, daß auf jeder Ebene $x^\nu =$ konst. höchstens endlich viele neue ξ-Stellen hinzukommen. Schließlich betrachte man die Kuben $k_1^{n+1}, k_2^{n+1}, \ldots, k_a^{n+1}$, in welchen die Punkte $x_1, x_2, \ldots, x_a$ liegen, einzeln:

In k_α^{n+1} konstruiere man eine Folge seitenparalleler, gegen x_α konvergierender Kuben $k_\alpha^{n+1} = k_{\alpha,0}^{n+1} \supset k_{\alpha,1}^{n+1} \supset k_{\alpha,2}^{n+1} \supset \ldots$; g_i sei der von $k_{\alpha,i-1}^{n+1}$ und $k_{\alpha,i}^{n+1}$ begrenzte abgeschlossene Bereich, φ_i sei das Maximum der Entfernung $\varrho(\xi, f(x))$ für $x \subset q \cdot g_i$. Dann definieren wir F zunächst in g_1, indem wir genau wie oben vorgehen: wir zerlegen g_1 in Teilwürfel und erklären F zunächst auf deren Rändern, darauf in ihrem Innern, so daß auf jeder Ebene $x_\nu =$ konst. nur endlich viele ξ-Stellen auftreten. Dabei sorgen wir dafür, daß $\varrho(\xi, F(x)) < \varphi_2$ für $x \subset \Re k_{\alpha,1}^{n+1}$ und $\varrho(\xi, F(x)) < \varphi_1$ für $x \subset g_1$ wird; mit Rücksicht auf die zu Satz IIa und IIIa gemachten Zusätze können wir dies erreichen. So definieren wir der Reihe nach F in $g_2, g_3, \ldots$ derart, daß immer $\varrho(\xi, f(x)) < \varphi_i$ für $x \subset g_i$ ist. Dann folgt aus $\lim_{x \to x_\alpha} \varrho(\xi, F(x)) = 0$ und $F(x_\alpha) = \xi$, daß F auch in x_α stetig ist. Da die Abbildung F überdies in keiner Ebene einen von den x_α verschiedenen Häufungspunkt nicht in Q gelegener ξ-Stellen besitzt, erfüllt sie alle Forderungen.

Aus Hilfssatz IIa und IIIb ergeben sich unmittelbar die folgenden Sätze:

Hilfssatz IIa*. Q_0 sei eine abgeschlossene Teilmenge von k_0^{n-1}, q_0 die Menge der gemeinsamen Grenzpunkte von Q_0 und $k^{n-1} - M_0$. In Q_0 sei für $0 \leqq t \leqq 1$ eine von t stetig abhängende Schar von Abbildungen f_t erklärt, die *während des ganzen Intervalls* $0 \leqq t \leqq 1$ in q_0 keine, in Q_0 höchstens endlich viele ξ-Stellen besitzt. f_0 und f_1 seien überdies in dem ganzen k_0^{n-1} definiert und zwar ξ-stellenfrei.

Dann gibt es eine in Q_0 mit f_t identische Schar von Abbildungen $F_t(k_0^{n-1})[F_0 \equiv f_0, F_1 \equiv f_1]$, für die *während des ganzen Intervalls* $0 \leqq t \leqq 1$ nur endlich viele ξ-Stellen auftreten.

Hilfssatz IIIb*. Q_0 sei eine abgeschlossene Teilmenge von k_0^n, q_0 die Menge der gemeinsamen Grenzpunkte von Q_0 und $k_0^n - Q_0$. In $Q_0 + \Re k_0^n$ sei für $0 \leqq t \leqq 1$ eine von t stetig abhängende Schar von

Abbildungen f_t mit folgenden Eigenschaften gegeben: 1) *während des ganzen Intervalls* $0 \leqq t \leqq 1$ treten in $q_0 + \Re k_0^n$ nur endlich viele ξ-Stellen auf; 2) *für jeden einzelnen Wert von* t hat die Menge der ξ-Stellen in Q_0 höchstens endlich viele Häufungspunkte. f_0 und f_1 seien überdies in dem ganzen k_0^n definiert, und zwar mit höchstens endlich vielen ξ-Stellen.

Dann gibt es eine in $Q_0 + \Re k_0^n$ mit f_t identische, derartige Schar von Abbildungen $F_t(k_0^n)$ $[F_0 \equiv f_0, F_1 \equiv f_1]$, daß *für jede einzelne Abbildung* $F_t(k_0^n)$ die Menge der ξ-Stellen höchstens endlich viele Häufungspunkte besitzt.

Die Beweise von IIa* und IIIb* sind in IIa und IIIb enthalten: man deute in diesen Sätzen die x^n- bzw. x^{n+1}-Achse als t-Achse, den durch $t = 0$ bestimmten Randkubus von k^n bzw. k^{n+1} als k_0^{n-1} bzw. k_0^n; Q besteht dann aus denjenigen Punkten von k^n bzw. k^{n+1}, deren senkrechte Projektionen auf k_0^{n-1} bzw. k_0^n zu Q_0 gehören, und im Fall des Satzes IIa außerdem aus den beiden durch $t = 0$ und $t = 1$ ausgezeichneten $(n-1)$-dimensionalen Randkubus. [In Hilfssatz IIIb sind die Randkuben bereits in der Formulierung des Satzes berücksichtigt.]

Zusatz 1. Aus IIa Zusatz 1 folgt, daß man in IIa* eine in k_0^{n-1} nirgends dichte Menge frei von ξ-Stellen halten kann.

Zusatz 2. Die in „Zusatz 2" zu IIa gemachte Bemerkung gilt analog auch für IIa* und IIIb*.

§ 3.

Topologische Mannigfaltigkeiten.

Unter einer n-dimensionalen *„topologischen Mannigfaltigkeit"*, oder kurz *Mannigfaltigkeit* M^n, verstehen wir einen zusammenhängenden topologischen Raum, in dem es ein abzählbares vollständiges System von Umgebungen — im Sinne von Hausdorff — gibt, von welchen eine jede sich eineindeutig und stetig auf das Innere einer n-dimensionalen Vollkugel oder, was dasselbe ist, auf den ganzen euklidischen R^n abbilden läßt. Statt von „kompakten" und „nichtkompakten" sprechen wir von „geschlossenen" und „offenen" Mannigfaltigkeiten. Aus der Definition folgt, daß jeder zusammenhängende offene Teil einer M^n, also z. B. jedes Gebiet im R^n, selbst eine offene, n-dimensionale Mannigfaltigkeit ist.

Eine Punktmenge von M^n, die das eineindeutige und stetige Bild einer abgeschlossenen, n-dimensionalen Vollkugel V^n ist, heißt ein *„Element"* E^n von M^n; nach dem Satz von der Gebietsvarianz entsprechen die im Sinne des Umgebungsbegriffs von M^n definierten „inneren Punkte" und „Randpunkte" von E^n den inneren bzw. den Randpunkten von V^n. Ist x ein Punkt von M^n, so gibt es auf Grund der euklidischen Struktur einer Umgebung von x Elemente, die x im Innern enthalten. Aus den bekannten Überdeckungssätzen, auf die Innengebiete dieser Elemente angewandt, folgt: *Jeder (echte oder unechte) Teil m von M^n läßt sich derart mit einer abzählbaren Menge von Elementen $E_1^n, E_2^n, \ldots$ bedecken, daß jeder Punkt von m im Innern mindestens eines E_i^n enthalten ist; ist m kompakt, so leistet bereits eine endliche Menge von Elementen eine derartige Überdeckung.*

Wir wollen nun im Fall einer geschlossenen M^n ein endliches, im Fall einer offenen M^n ein abzählbar endliches System $E_1^n, E_2^n, \ldots$ von Elementen, das M^n derart überdeckt, eine „Basis" nennen. Die Elemente einer Basis denken wir uns durch euklidische Vollkugeln $V_1^n, V_2^n, \ldots$ dargestellt. Zwischen Teilen verschiedener V_i^n sind vermöge der Koinzidenz der entsprechenden Punkte in M^n eineindeutige und stetige Abbildungen definiert.

$V_1^n, V_2^n, \ldots$ sei eine Darstellung einer Basis von M^n. $x_0', x_1, x_1', x_2, x_2', \ldots, x_{k-1}, x_{k-1}', x_k$, seien innere Punkte der V_i^n, derart, daß x_{i-1}' mit x_i stets in derselben V_i^n liegt, während x_i und x_i' entweder identisch oder wenigstens Repräsentanten desselben Punktes in M^n sind. Der Gesamtheit der Strecken $x_{i-1}' x_i$ $(i = 1, 2, \ldots, k)$ entspricht in M^n ein „Weg" zwischen den durch x_0' und x_k dargestellten Punkten a und b von M^n. Man kann je zwei Punkte von M^n durch einen derartigen Weg verbinden; ist nämlich v die Menge der mit a verbindbaren Punkte, so ist v einerseits offen, da, wenn b mit a verbindbar und c ein Punkt einer euklidischen Umgebung von b ist, c mit b, also auch mit a verbunden werden kann; andererseits ist v abgeschlossen, da ein Häufungspunkt c von mit a verbindbaren Punkten b_i in einer seiner Umgebungen mit gewissen b_i, also auch mit a verbunden werden kann. Mithin ist $v = M^n$, da M^n nach Definition zusammenhängend ist.

Eine Mannigfaltigkeit M^n ist „im kleinen kompakt" und es gilt das „2. Abzählbarkeitsaxiom"; sie ist daher „metrisierbar"[18]), d. h. je zwei Punkten x, y läßt sich eine nicht-negative „Entfernung" $\varrho(xy) = \varrho(yx)$ zuordnen, die die Bedingung $\varrho(xy) + \varrho(yz) \geqq \varrho(xz)$ erfüllt, die nur dann verschwindet, wenn $x = y$ ist, und für die dann und nur dann $\lim\limits_{i \to \infty} \varrho(x_i x) = 0$ ist, wenn die Punktfolge x_i gegen x konvergiert; die letzte Bedingung besagt, daß der durch die Metrik neu eingeführte Umgebungsbegriff dem ursprünglichen äquivalent ist.

Ein Element E^n von M^n (das kein Element unserer Basis zu sein braucht) heißt „*orientiert*", sobald in einer bestimmten, E^n repräsentierenden Vollkugel V^n eine positive Orientierung (s. § 1, Anfang) aus-

[18]) Alexandroff, Über die Metrisation der im Kleinen kompakten topologischen Räume, Math. Annalen 92 (1924).

gezeichnet ist. Ist e^n ein in E^n enthaltenes Element, v^n eine e^n repräsentierende Vollkugel, so wird, sobald E^n orientiert ist, in e^n eine Orientierung durch die Forderung „induziert", daß die durch die Koinzidenz in M^n vermittelte Abbildung von v^n auf einen Teil von V^n den Grad $+1$ habe (vgl. § 1). Umgekehrt induziert eine Orientierung von e^n eine solche von E^n.

Wir nennen nun die Mannigfaltigkeit M^n orientiert, wenn alle ihre Elemente so orientiert sind, daß die Orientierungen je zweier Elemente, von denen das eine das andere enthält, sich gegenseitig induzieren.

Wenn M^n *„orientierbar"* ist, d. h. wenn M^n sich auf wenigstens eine Weise orientieren läßt, so gibt es genau zwei verschiedene Orientierungen. Daß es wenigstens zwei Orientierungen gibt, sobald es eine gibt, ist trivial, da man nur die Orientierungen aller Elemente umzukehren braucht, um (im Hinblick auf die Produktregel des § 1) eine neue Orientierung zu erhalten. Hat man andererseits in einem einzigen Elemente E^n eine der beiden möglichen Orientierungen ausgezeichnet, so wird dadurch zunächst in jedem in E^n enthaltenen Element e^n eine Orientierung induziert; diese überträgt sich wieder durch Induktion auf jedes e^n enthaltende Element E_1^n. Somit läßt sich, sobald E^n orientiert ist, jedes E_1^n, das mit E^n ein Gebiet gemeinsam hat, auf höchstens eine Weise vorschriftsmäßig orientieren. Da man nun je zwei Punkte durch einen „Weg" (s. o.) verbinden kann, lassen sich je zwei Elemente durch eine Kette von Elementen verbinden, in der jedes Element in das folgende übergreift. Mithin ist in *jedem* Element höchstens eine Orientierung möglich, wenn *ein* Element E^n orientiert ist.

Ist M^n orientierbar, so lassen sich insbesondere die Elemente $E_1^n, E_2^n, \ldots$ einer Basis so orientieren, daß jede zwischen Teilen der repräsentierenden V_i^n durch Vermittlung von M^n auftretende eineindeutige Abbildung den Grad $+1$ hat; denn ist z. B. e^n ein im Durchschnitt von E_1^n und E_2^n enthaltenes Element und sind V_1^n, V_2^n, v^n repräsentierende, orientierte Vollkugeln dieser Elemente, so haben die beiden Abbildungen von v^n auf V_1^n bzw. V_2^n den Grad $+1$, also ist dies nach der Produktregel auch der Grad der durch e^n vermittelten Abbildung zwischen einem Teil von V_1^n und einem Teil von V_2^n. Umgekehrt genügt es für die Orientierung von M^n bereits, daß die Elemente E_i^n einer bestimmten Basis derart orientiert seien, daß alle zwischen Teilen der repräsentierenden V_i^n vorkommenden Abbildungen den Grad $+1$ haben. Denn wenn wir mit ε^n diejenigen Elemente bezeichnen, die in mindestens einem E_i^n enthalten sind, so wird die Orientierung in jedem Element ε^n auf Grund der Produktregel *eindeutig* induziert; greifen $\varepsilon_1^n, \varepsilon_2^n$ übereinander, so induzieren sie in einem sie enthaltenden E_i^n *dieselbe* Orientierung, nämlich diejenige eines in ihrem Durchschnitt enthaltenen ε_3^n; sind $\varepsilon_1^n, \varepsilon_2^n$ zwei beliebige in einem E_i^n enthaltene ε^n, so kann man sie durch eine Kette von ε^n verbinden, in der jedes Element in das folgende hinübergreift; mithin induzieren alle diese ε_i^n, insbesondere ε_1^n und ε_2^n dieselbe Orientierung in E_i^n. Ein beliebiges Element läßt sich also *eindeutig* vermittels Induktion durch die ε^n orientieren. Somit ist gezeigt, daß die Orientierbarkeit von M^n sich unter Zugrundelegung der Darstellung $V_1^n, V_2^n, \ldots$ einer Basis folgendermaßen charakterisieren läßt: M^n ist dann und nur dann orientierbar, wenn sich jede V_i^n im elementaren Sinn derart orientieren läßt, daß alle durch M^n vermittelten Abbildungen zwischen Teilen der verschiedenen V_i^n den Grad $+1$ haben. Dieser Satz liefert eine Möglichkeit, für eine vorgelegte M^n die Frage nach der Orientierbarkeit zu untersuchen; ferner ist aus ihm leicht ersichtlich, daß die hier gegebene Definition der Orientierbarkeit im Falle triangulierbarer Mannigfaltigkeiten mit der Brouwerschen Definition [1]a) übereinstimmt.

§ 4.

Abbildungen und Abbildungsklassen von Mannigfaltigkeiten.

Wir betrachten eindeutige und stetige Abbildungen einer M^n auf eine zweite n-dimensionale Mannigfaltigkeit μ^n, und zwar insbesondere solche Eigenschaften der Abbildungen, die bei deren stetigen Änderungen erhalten bleiben. Dabei verstehen wir unter einer für $0 \leqq t \leqq 1$ definierten stetigen Abänderung a_t einer Abbildung a_0 eine Schar von Abbildungen mit folgenden zwei Eigenschaften: 1) Für jeden Punkt $x \subset M^n$ hängt $a_t(x)$ stetig von t ab; 2) diese Stetigkeit ist gleichmäßig in ganz M^n; d. h. zu jedem $\delta > 0$ läßt sich ein $\tau > 0$ so angeben, daß aus $|t' - t| < \tau$ *für alle Punkte* $x \subset M^n$ die Beziehung $\varrho(a_{t'}(x), a_t(x)) < \delta$ folgt, wobei ϱ die Entfernungsfunktion einer in μ^n fest eingeführten Metrik ist (vgl. § 3).

Wir werden die Abbildungen zunächst in den Umgebungen einzelner Punkte von μ^n untersuchen und beschränken uns dabei auf solche Punkte, in denen die Abbildungen „*kompakt*" sind. Hierunter verstehen wir folgendes: *a heißt kompakt in dem Punkte* ξ, *wenn es eine Umgebung von* ξ *gibt, deren durch a auf sie abgebildete Originalmenge in* M^n *kompakt ist.* Für eine geschlossene M^n bedeutet dies keine Einschränkung.

(Die im § 1 behandelten Abbildungen eines Elements sind, als Abbildungen des offenen Innengebiets aufgefaßt, nicht kompakt in den Bildpunkten des Randes, die wir ja auch von der Betrachtung ausschlossen.)

Unter einer „*Abbildungsklasse*" $\mathfrak{K}$ verstehen wir eine Menge von Abbildungen mit folgenden Eigenschaften: 1) Je zwei Abbildungen aus $\mathfrak{K}$ lassen sich (in dem oben präzisierten Sinn) stetig ineinander überführen; 2) die Abbildungen aus $\mathfrak{K}$ sind sämtlich in den gleichen Punkten von μ^n kompakt bzw. nicht kompakt. 3) Es gibt keine Menge $\overline{\mathfrak{K}}$, die $\mathfrak{K}$ als echten

Teil enthält und auch 1) und 2) erfüllt. — μ^n wird also durch die Punkte, in denen $\mathfrak{K}$ nicht kompakt ist, in eine (endliche oder abzählbar unendliche) Anzahl von Gebieten zerlegt.

(Diese Definition der „*Klasse*", angewandt auf den im § 1 behandelten Spezialfall, ist etwas allgemeiner als die dort aufgestellte.)

$\mathfrak{K}$ sei nunmehr eine bestimmte Klasse, ξ ein fester Punkt, in dem $\mathfrak{K}$ kompakt ist. Wir stufen innerhalb $\mathfrak{K}$ die Abbildungen nach der Regularität ihres Verhaltens im Punkte ξ ab:

1. Eine Abbildung $h \subset \mathfrak{K}$ heißt „*halbglatt*" in ξ, wenn die Originalmenge von ξ sich in die Innengebiete von endlich vielen, zueinander fremden Elementen einschließen läßt, deren Bilder einer euklidischen Umgebung von ξ angehören.

2. Eine Abbildung $f \subset \mathfrak{K}$ heißt „*fastglatt*" in ξ, wenn die Originalmenge von ξ endlich ist.

3. Eine Abbildung $g \subset \mathfrak{K}$ heißt „*glatt*" in ξ, wenn es l zueinander fremde Gebiete ($l \geqq 0$) von M^n gibt, so daß g in jedem von ihnen eineindeutig ist und daß ξ nicht zu dem Bild der Komplementärmenge dieser Gebiete gehört (vgl. die Definition der „glatten" Abbildungen in § 1).

Bezeichnen wir die Mengen der in ξ halbglatten, fastglatten und glatten Abbildungen mit $\mathfrak{H}_\xi$, $\mathfrak{F}_\xi$ bzw. $\mathfrak{G}_\xi$, so ist $\mathfrak{G}_\xi \subset \mathfrak{F}_\xi \subset \mathfrak{H}_\xi \subset \mathfrak{K}$. Das Ziel dieses Paragraphen ist eine genauere Kenntnis der Verteilung von $\mathfrak{G}_\xi$, $\mathfrak{F}_\xi$ und $\mathfrak{H}_\xi$ innerhalb $\mathfrak{K}$.

Zunächst zeigen wir, daß $\mathfrak{F}_\xi$ *überall dicht* in $\mathfrak{K}$ ist, d. h. wir beweisen

Satz I. *Ist a eine Abbildung aus $\mathfrak{K}$ und δ irgendeine positive Zahl, so gibt es eine Abbildung $f \subset \mathfrak{F}_\xi$ derart, daß $\varrho(a(x), f(x)) < \delta$ für alle Punkte $x \subset M^n$ ist.*

Beweis. Φ_ξ sei eine mit einem euklidischen Koordinatensystem versehene so kleine Umgebung von ξ, daß die Entfernung je zweier ihrer Punkte kleiner als δ ist. φ_ξ sei eine in Φ_ξ enthaltene Umgebung von ξ, deren Originalmenge u, die durch a auf φ_ξ abgebildet wird, in M^n kompakt ist. u läßt sich daher in endlich viele Elemente $E_1^n, E_2^n, \ldots, E_a^n$ derart einschließen, daß jeder ihrer Punkte im Inneren von wenigstens einem E_α^n liegt, und zwar kann man die Elemente so klein wählen, daß $a(E_\alpha^n) \subset \Phi_\xi$ ist.

Wir setzen nun $f \equiv a$ in der Menge $M^n - \sum_{\alpha=1}^{a} E_\alpha^n$ und auf dem Rande dieser Menge. Dieser Rand ist zugleich der Rand von $\sum E_\alpha^n$. Wenn wir f nun noch im Innern von $\sum E_\alpha^n$ so erklären, daß $f(\sum E_\alpha^n) \subset \Phi_\xi$ ist, und daß nur endlich vielen Punkten das Bild ξ zugeordnet wird, so hat die so definierte Abbildung $f(M^n)$ alle geforderten Eigenschaften: sie ist fastglatt in ξ, da die Gleichung $f(x) = \xi$ in $\sum E_\alpha^n$ endlich viele, in $M^n - \sum E_\alpha^n$ keine Lösungen hat; sie gehört zu $\mathfrak{K}$, da man a in f dadurch stetig übergehen lassen kann, daß man $a(x)$ festhält, falls x nicht innerer Punkt von $\sum E_\alpha^n$ ist, und für $x \subset \sum E_\alpha^n$ den Punkt $a(x)$ im Zeitintervall 1 gleichförmig und geradlinig im Sinne der euklidischen Geometrie von Φ_ξ in den Punkt $f(x)$ laufen läßt, was infolge der Kompaktheit von $\sum E_\alpha^n$ eine gleichmäßige stetige Änderung ist; es ist $\varrho(f(x), a(x)) < \delta$ für $x \subset \sum E_\alpha^n$, da $f(x) \subset \Phi_\xi$, $a(x) \subset \Phi_\xi$ ist, und $\varrho(f(x), a(x)) = 0$ für alle anderen Punkte.

Wir haben also nur die Abbildung f des Randes $\mathfrak{R}$ von $\sum E_\alpha^n$ auf eine ξ nicht enthaltende Menge des euklidischen Raumes Φ_ξ zu einer Abbildung $f(\sum E_\alpha^n)$ zu erweitern, die höchstens endlich viele ξ-Stellen besitzt. Dies tun wir mittels wiederholter Anwendung des Hilfssatzes IIa aus § 2. Nach diesem Hilfssatz können wir f zunächst gewiß in E_1^n so erklären, daß auf dem Rand von E_1^n, der ja in E_1^n nirgends dicht ist, keine ξ-Stelle liegt. Wir definieren nun f durch Schluß von i auf $i+1$. Sei f in $\sum_{\alpha=1}^{i} E_\alpha^n$ so erklärt, daß der Rand dieser Menge frei von ξ-Stellen ist; betrachten wir nun E_{i+1}^n: in $E_{i+1}^n \cdot \left(\sum_{\alpha=1}^{i} E_\alpha^n + \mathfrak{R}\right) = Q$ ist f schon erklärt; die gemeinsame Grenze q dieser Menge mit ihrer Komplementärmenge in E_{i+1}^n gehört teils zu dem Rand von $\sum_{\alpha=1}^{i} E_\alpha^n$, teils zu $\mathfrak{R}$, ist also jedenfalls frei von ξ-Stellen; f läßt sich daher auf E_{i+1}^n ausdehnen, und zwar so, daß keinem Randpunkt von E_{i+1}^n ξ als Bild zugeordnet wird. Somit ist f jetzt auch in $\sum_{\alpha=1}^{i+1} E_\alpha^n$ erklärt und hat auf dem Rande dieser Menge keine ξ-Stelle. Mithin ist f überall in der gewünschten Weise zu definieren, und Satz I ist bewiesen.

Aus dem Beweis ist ersichtlich, daß man Satz I folgendermaßen verschärfen kann:

Satz Ia. *Die in Satz I genannte Abbildung f läßt sich sogar so bestimmen, daß sie außerhalb eines beliebig vorgeschriebenen, die Originalmenge von ξ enthaltenden, offenen Teils von M^n mit a identisch ist.*

Ist $f \subset \mathfrak{F}_\xi$, so lassen sich die Originalpunkte $x_1, x_2, \ldots, x_a$ von ξ in zueinander fremde Elemente $E_1^n, E_2^n, \ldots, E_a^n$ einschließen, deren Bilder in einer beliebig kleinen euklidischen Umgebung Φ_ξ von ξ enthalten sind. Nach § 1, Satz VIa, kann man um f in jedem Element E_α^n, ohne daß die Bildpunkte Φ_ξ verlassen, so abändern, daß die Abbildung in ξ glatt wird; also ist auch $\mathfrak{G}_\xi$ *überall dicht* in $\mathfrak{K}$, d. h. es gilt

Satz II. *Jede Abbildung $a \subset \mathfrak{K}$ läßt sich durch eine beliebig kleine stetige Abänderung in ξ „glätten", d. h. in eine Abbildung $g \subset \mathfrak{G}_\xi$ überführen.*

Da nach Satz Ia diese Abänderung die Punkte einer beliebigen, zu der Originalmenge von ξ fremden, abgeschlossenen Punktmenge fest läßt, kann man derartige Abänderungen nacheinander für mehrere Punkte $\xi_1, \xi_2, \ldots, \xi_b$ vornehmen; es gilt also

Satz IIa. *Ist $\mathfrak{K}$ in den Punkten $\xi_1, \xi_2, \ldots, \xi_b$ kompakt, so läßt sich die Abbildung $a \subset \mathfrak{K}$ durch eine beliebig kleine stetige Abänderung in den Punkten $\xi_1, \xi_2, \ldots, \xi_b$ glätten.*

Wir werden jetzt zeigen, daß die — nach den vorstehenden Sätzen a fortiori in $\mathfrak{K}$ überall dichte — Menge $\mathfrak{H}_\xi$ *zusammenhängend* ist; wir werden nämlich folgenden Satz beweisen:

Satz III. *Sind h_0, h_1 Abbildungen aus $\mathfrak{H}_\xi$, so läßt sich der, infolge der Zugehörigkeit von h_0 und h_1 zu $\mathfrak{K}$ mögliche, stetige Überführungsprozeß a_t $(0 \leqq t \leqq 1;\ a_0 = h_0,\ a_1 = h_1)$ durch einen solchen ersetzen, in dem die die Überführung bewirkenden Abbildungen h_t $(0 \leqq t \leqq 1)$ sämtlich zu $\mathfrak{H}_\xi$ gehören.*

Beweis. Satz III läßt sich auf den Spezialfall III* zurückführen, in dem die folgenden beiden zusätzlichen Voraussetzungen erfüllt sind: 1) h_0^* und h_1^* sind nicht nur *halb-*, sondern sogar *fast-glatt*[19]); 2) es gibt eine h_0^* in h_1^* stetig überführende Abbildungsschar $a_t \subset \mathfrak{K}$ $(t' \leqq t \leqq t'';\ h_0^* = a_{t'},\ h_1^* = a_{t''})$, in der $\varrho(h_0^*(x), a_t(x)) < \Delta$ für alle $x \subset M^n$ und $t' \leqq t \leqq t''$ ist, wobei Δ eine nur von $\mathfrak{K}$ und ξ, aber nicht von h_0^* und h_1^* abhängende Konstante ist.

Wenn nämlich III* richtig ist, so läßt sich der allgemeine Fall III folgendermaßen auf ihn zurückführen:

h_0 werde in h_1 durch die Schar $a_t \subset \mathfrak{K}$ $(0 \leqq t \leqq 1;\ h_0 = a_0,\ h_1 = a_1)$ übergeführt. c sei eine so große natürliche Zahl, daß $\varrho(a_{t_1}(x), a_{t_2}(x)) < \frac{1}{2}\Delta$ für $|t_1 - t_2| \leqq \frac{1}{c}$, $x \subset M^n$ ist. $f_{\frac{i}{c}}$ $(i = 0, 1, \ldots, c)$ sei irgendeine fastglatte Abbildung, die sich so wenig von $a_{\frac{i}{c}}$ unterscheidet, daß für alle Punkte x $\varrho(f_{\frac{i}{c}}(x), a_{\frac{i}{c}}(x)) < \frac{1}{4}\Delta$ ist; die Existenz von $f_{\frac{i}{c}}$ ist durch Satz I gesichert. Dann ist $\varrho(f_{\frac{i}{c}}(x), f_{\frac{i+1}{c}}(x)) < \Delta$ $(i = 0, 1, \ldots, c-1)$; nach III* läßt sich daher $f_{\frac{i}{c}}$ in $f_{\frac{i+1}{c}}$ und mithin f_0 in f_1 durch eine Schar halbglatter Abbildungen überführen, und wir brauchen uns nur noch davon zu überzeugen, daß sich h_0 und h_1 mittels halbglatter Abbildungen in f_0 bzw. f_1 deformieren lassen. Nun dürfen wir aber auf Grund von Satz Ia

[19]) h_i^* spielt hier die Rolle von h_i in III.

annehmen, daß h_0 von f_0 nur in einer beliebigen Nähe der Originalmenge von ξ verschieden ist. Diese Menge ist infolge der Halbglattheit von h_0 in endlich vielen, zueinander fremden Elementen enthalten; die Abänderung von h_0 in f_0 geht ganz im Innern dieser Elemente vor sich und ist beliebig klein; sie zerstört daher die Eigenschaft der Halbglattheit in keinem Augenblick. Ebenso verhält es sich mit h_1 und f_1.

Es genügt also in der Tat, den Spezialfall III* zu beweisen, und wir tun dies, unter Beibehaltung der Bezeichnungen von Satz III, indem wir die Konstante Δ folgendermaßen bestimmen: φ_ξ ist eine euklidische Umgebung von ξ, in deren sämtlichen Punkten $\mathfrak{K}$ kompakt ist; dann sei

(1) $$0 < \Delta < \frac{1}{3}\varrho(\xi, \mu^n - \varphi_\xi).$$

Es sei nun A die (abgeschlossene) Menge derjenigen Punkte von M^n, für die

(2) $$\varrho(\xi, h_0(x)) \leqq \Delta$$

ist; da mithin nach (1) $h_0(A) \subset \varphi_\xi$ ist, ist A kompakt und läßt sich daher ins Innere von endlich vielen Elementen E^n_β $(\beta = 1, 2, \ldots, b)$ einschließen. Diese seien so klein, daß für zwei Punkte x_β, x'_β desselben Elements E^n_β stets

(3) $$\varrho(h_0(x_\beta), h_0(x'_\beta)) < \Delta$$

ist; ferner lassen sie sich so wählen, daß keine der endlich vielen ξ-Stellen der fastglatten Abbildungen h_0 und h_1 auf dem Rande eines von ihnen liegt, daß also, wenn $\mathfrak{R} E^n_\beta$ den Rand von E_β bezeichnet,

(4) $$\xi \not\subset h_i(\mathfrak{R} E^n_\beta) \qquad (i = 0, 1;\ \beta = 1, 2, \ldots, b)$$

ist. — Da nach Voraussetzung

(5) $$\varrho(h_0(x), a_t(x)) < \Delta \qquad (0 \leqq t \leqq 1;\ x \subset M^n$$

ist, so folgt, wenn wir den oben benutzten Punkt x'_β als im Durchschnitt von E^n_β und A gelegen annehmen, aus (2), (3), (5)

$$\varrho(\xi, a_t(x_\beta)) < 3\Delta,$$

also aus (1)

(6) $$a_t(E^n_\beta) \subset \varphi_\xi \qquad (0 \leqq t \leqq 1;\ \beta = 1, 2, \ldots, b).$$

Sei $B = \sum_{\beta=1}^{b} E^n_\beta$, $\mathfrak{R} B$ der Rand von B. Ist dann $y \subset M^n - B + \mathfrak{R} B$, so ist $y \not\subset A$, also nach (2)

$$\varrho(\xi, h_0(y)) > \Delta;$$

hieraus und aus (5) ergibt sich

(7) $$a_t(y) \neq \xi \qquad (0 \leqq t \leqq 1;\ y \subset M^n - B + \mathfrak{R} B).$$

Wir definieren die gesuchte Abbildungsschar h_t nun zunächst in $M^n - B + \mathfrak{R} B$ durch die Festsetzung $h_t = a_t$. ξ-Stellen treten hier infolge (7) nicht auf. Insbesondere sind die Abbildungen h_t also auf $\Re(B)$ definiert, und zwar infolge (6) so, daß

$$h_0(B) \subset \varphi_\xi, \quad h_1(B) \subset \varphi_\xi, \quad h_t(\Re B) \subset \varphi_\xi \qquad (0 \leqq t \leqq 1)$$

ist; da φ_ξ ein euklidisches Koordinatensystem besitzt, ermöglicht dies die Anwendung der Hilfssätze aus § 2 auf die Elemente $E_1^n, E_2^n, \ldots, E_b^n$.

Diese seien durch Kuben k_β^n $(\beta = 1, 2, \ldots, b)$ repräsentiert; k_i^{n-1} seien deren Randkuben $(i = 1, 2, \ldots, 2nb)$. $q_{i,j}$ sei die gemeinsame Grenze des Durchschnitts $k_i^{n-1} \cdot k_j^{n-1}$ — („Durchschnitt" im Sinne der Koinzidenz in M^n) — und der in k_i^{n-1} komplementären Menge $k_i^{n-1} - k_i^{n-1} \cdot k_j^{n-1}$; $q_i = \sum_{j \neq i} q_{i,j}$ ist nirgends dicht in k_i^{n-1} und $q = \sum_i q_i$ nirgends dicht in $\sum_i k_i^{n-1}$.

Wir erklären die Schar h_t nun zuerst in k_1^{n-1} so, daß sie $h_0(k_1^{n-1})$ in $h_1(k_1^{n-1})$ überführt, daß $h_t(k_1^{n-1} \cdot \Re B) = a_t(k_1^{n-1} \cdot \Re B)$ ist, daß im ganzen nur endlich oft endlich viele ξ-Stellen auftreten und daß q frei von ξ-Stellen bleibt; das alles kann man auf Grund von Satz IIa*, dessen Voraussetzungen infolge (4) und (7) erfüllt sind, und des „Zusatzes 1" zu Satz IIa* erreichen. Sei jetzt die Schar h_t in $\sum_{j=1}^{i} k_j^{n-1}$ so definiert, daß sie die gewünschte Überführung leistet, daß im ganzen nur endlich viele ξ-Stellen auftreten und daß q frei von ξ-Stellen bleibt. Dann sind für k_{i+1}^{n-1} alle Voraussetzungen des Satzes IIa* erfüllt; insbesondere ist die Grenze des Teils von k_{i+1}^{n-1}, in der h_t für $0 < t < 1$ schon festgelegt ist, frei von ξ-Stellen, weil er zu q gehört; man kann also die h_t auch in $\sum_{j=1}^{i+1} k_j$ so definieren, daß es im ganzen nur endlich viele ξ-Stellen gibt und daß diese nicht auf q liegen.

Somit ist eine derartige Definition von h_t in $\sum_{\beta=1}^{b} \Re k_\beta^n$ möglich, und wir haben nun die Innengebiete der k_β^n zu behandeln. Auf Grund von IIIb* tun wir dies der Reihe nach für $k_1^n, k_2^n, \ldots, k_b^n$. Immer läßt sich die Schar $h_t(k_\beta^n)$ so erklären, daß für jedes einzelne t höchstens endlich viele Häufungspunkte von ξ-Stellen vorhanden sind; denn immer sind die Voraussetzungen von IIIb* erfüllt, da die gemeinsame Grenze von $k_\beta^n \cdot \sum_{\lambda=1}^{\beta-1} k_\lambda^n = Q$ und $k_\beta^n - k_\beta^n \cdot \sum_{\lambda=1}^{\beta-1} k_\lambda^n$ zu $\sum_{\beta=1}^{b} \Re k_\beta^n$ gehört, da also dort im ganzen Intervall $0 \leqq t \leqq 1$ nur endlich viele ξ-Stellen auftreten, und da $h_0(k_\beta^n)$ und $h_1(k_\beta^n)$ auch nur endlich viele ξ-Stellen besitzen.

Mithin hat jede Abbildung h_t der Schar, die nunmehr für $0 \leqq t \leqq 1$ in ganz M^n erklärt ist, die Eigenschaft, daß die Menge der ξ-Stellen höchstens endlich viele Häufungspunkte $x_1, x_2, \ldots, x_a$ hat. Eine solche

Abbildung ist aber gewiß halbglatt; denn die Punkte x_α $(\alpha = 1, 2, \ldots, a)$ lassen sich in zueinander fremde Elemente e_α^n einschließen, die auf ihren Rändern keine ξ-Stellen enthalten und die so klein sind, daß die Bilder $h_t(e_\alpha^n) \subset \varphi_\xi$ sind. Außerhalb der e_α^n liegen nur endlich viele, isolierte ξ-Stellen; jede von ihnen läßt sich in analoger Weise in ein kleines Element einschließen. h_t besitzt also die Eigenschaft der „Halbglattheit"; damit ist Satz III bewiesen.

§ 5.

Der Abbildungsgrad.

M^n sei orientiert; im übrigen bleibt der Sinn aller Bezeichnungen aus dem vorigen Paragraphen ungeändert.

Ist h eine in ξ halbglatte Abbildung, so lassen sich die Originalpunkte von ξ in zueinander fremde Elemente $e_1^n, e_2^n, \ldots, e_a^n$ einschließen, deren Bilder $h(e_\alpha^n)$ $(\alpha = 1, 2, \ldots, a)$ in einer Umgebung φ_ξ von ξ liegen, die mit einem euklidischen Koordinatensystem versehen ist. In diesem zeichnen wir willkürlich eine Orientierung als die positive aus. Dann besitzt jede der Abbildungen $h(e_\alpha^n)$ nach § 1 einen wohlbestimmten Grad $\gamma_\xi(h(e_\alpha^n))$; wir behaupten, daß die Summe $\sum_{\alpha=1}^{a} \gamma_\xi(h(e_\alpha^n))$ unabhängig von der Wahl der Elemente e_α^n, d. h. daß

$$(1) \qquad \sum_{\alpha=1}^{a} \gamma_\xi(h(e_\alpha^n)) = \sum_{\beta=1}^{b} \gamma_\xi(h(E_\beta^n))$$

ist, falls $E_1^n, E_2^n, \ldots, E_b^n$ ebenfalls zueinander fremde Elemente sind, die die Originalpunkte von ξ im Innern enthalten und deren Bilder $h(E_\beta^n)$ in einer euklidischen Umgebung Φ_ξ von ξ liegen; dabei sei in Φ_ξ die positive Orientierung durch φ_ξ induziert (siehe § 3).

Die Behauptung ist gewiß in dem Spezialfall richtig, in dem h nicht nur halb-, sondern sogar fastglatt ist; denn dann lassen sich die Originalpunkte $x_1, x_2, \ldots, x_d$ von ξ einzeln in kleine, zueinander fremde Elemente ε_δ^n $(\delta = 1, 2, \ldots, d)$ einschließen, die ganz in je einem e_α^n und einem E_β^n enthalten sind, und deren Bilder $h(\varepsilon_\delta^n)$ in dem Durchschnitt von φ_ξ und Φ_ξ liegen, und nach § 1, Satz VIII, ist

$$\sum_{\alpha=1}^{a} \gamma_\xi(h(e_\alpha^n)) = \sum_{\delta=1}^{d} \gamma_\xi(h(\varepsilon_\delta^n)) = \sum_{\beta=1}^{b} \gamma_\xi(h(E_\beta^n)),$$

wobei es wegen der topologischen Invarianz des Grades und unserer Festsetzung der Orientierung gleichgültig ist, welches der Koordinatensysteme von φ_ξ oder Φ_ξ wir bei der Bestimmung von $\gamma_\xi(h(\varepsilon_\delta^n))$ im Auge haben.

Die Richtigkeit von (1) für eine beliebige halbglatte Abbildung h ergibt sich aus diesem Spezialfall nun dadurch, daß man — auf Grund von § 4, Satz Ia — h durch eine kleine Abänderung, welche die Ränder aller e_α^n und E_β^n sowie alle Punkte von $M^n - (\sum e_\alpha^n + \sum E_\beta^n)$ festhält, in eine fastglatte Abbildung überführt; hierbei bleibt nach § 1 für jedes einzelne Element e_α^n und E_β^n der Grad konstant.

$\sum_{\alpha=1}^{a} \gamma_\xi(h(e_\alpha^n))$ ist also unabhängig von der Wahl der e_α^n und mithin eine Funktion $\gamma_\xi(h)$ von h. Wir nennen sie den *Grad* von h.

Sind nun h_0 und h_1 zwei halbglatte Abbildungen aus $\mathfrak{K}$, so ist

$$\gamma_\xi(h_0) = \gamma_\xi(h_1). \tag{2}$$

Beweis. Nach § 4, Satz III, gibt es für $0 \leqq t \leqq 1$ eine stetige Schar halbglatter Abbildungen h_t. Aus der Definition von $\gamma_\xi(h_t)$ und aus § 1, Satz VIIa, folgt, daß sich jeder Wert t^* in ein t-Intervall einschließen läßt, innerhalb dessen $\gamma_\xi(h_t)$ konstant ist. Mithin ist sowohl die Menge derjenigen t, für die $\gamma_\xi(h_t) = \gamma_\xi(h_0)$ ist, als ihre Komplementärmenge offen. Folglich ist letztere Menge leer, d. h. es ist $\gamma_\xi(h_t) = \gamma_\xi(h_0)$ für $0 \leqq t \leqq 1$, also gilt insbesondere Gleichung (2) und mithin

Satz I. *Die Grade aller halbglatten Abbildungen aus $\mathfrak{K}$ sind einander gleich. Ihr Wert ist eine Invariante von $\mathfrak{K}$ und ξ. Wir nennen ihn den Grad $\gamma_\xi(\mathfrak{K})$ der Klasse $\mathfrak{K}$ im Punkte ξ.*

Nach § 4, Satz II, gibt es in $\mathfrak{K}$ Abbildungen, die im Punkt ξ glatt sind; für sie folgt aus § 1:

Satz Ia. *Ist g eine in ξ glatte Abbildung aus $\mathfrak{K}$, und bezeichnen p und q die Anzahlen der durch g gelieferten positiven bzw. negativen Bedeckungen einer Umgebung des Punktes ξ, so ist $p - q = \gamma_\xi(\mathfrak{K})$.*

Daher ist z. B., falls eine Umgebung von ξ bei einer Abbildung aus $\mathfrak{K}$ eineindeutig bedeckt wird, $\gamma_\xi(\mathfrak{K}) = \pm 1$, und, falls ξ gar nicht bedeckt wird, $\gamma_\xi(\mathfrak{K}) = 0$.

Aus den Sätzen des § 1 ist ersichtlich, daß $\gamma_\xi(\mathfrak{K})$ eine topologische Invariante ist, sobald die Elemente von M^n einerseits, eine Umgebung von ξ andererseits „relativ orientiert" sind; dies ist, da wir M^n als orientiert voraussetzen, der Fall, wenn auch μ^n orientiert ist. Ist aber μ^n nicht orientiert, so ist das Vorzeichen von $\gamma_\xi(\mathfrak{K})$ von der Orientierung der Umgebung von ξ abhängig. Der absolute Betrag von $\gamma_\xi(\mathfrak{K})$ ist in jedem Fall eindeutig bestimmt.

Aus $|\gamma_\xi(\mathfrak{K})| = |p - q|$ und aus der Bedeutung der Zahlen p und q ist ersichtlich, daß der absolute Betrag der Grades in allen Punkten einer Umgebung von ξ denselben Wert hat. Er bleibt daher überhaupt konstant, wenn ξ in einem Gebiet Γ variabel ist, in dessen Punkten $\mathfrak{K}$ kompakt, der Grad also erklärt ist. Ist dieses Gebiet, das sich ja als offene Mannigfaltigkeit auffassen läßt (siehe § 3), orientierbar, so ist nach Festsetzung einer positiven Orientierung von Γ auch das Vorzeichen des Grades in Γ eindeutig festgelegt. Ist andrerseits $\mathfrak{K}$ in einem Gebiet Γ, über dessen Orientierbarkeit wir nichts voraussetzen, überall kompakt, und ist $|\gamma_\xi(\mathfrak{K})| \neq 0$ für $\xi \subset \Gamma$, so läßt sich jedes Element von Γ so orientieren, daß in ihm $\gamma_\xi(\mathfrak{K}) > 0$ ist; sind E^n und ε^n Elemente von Γ und ist $\varepsilon^n \subset \mathsf{E}^n$, so haben die so in ε^n und E^n festgelegten Orientierungen die Eigenschaft, sich gegenseitig zu „induzieren" (siehe § 3), da eine positive Bedeckung eines Teiles von ε^n auch als positiv zu gelten hat, wenn man ε^n als Teil von E^n auffaßt. Durch unsere Festsetzung $\gamma_\xi(\mathfrak{K}) > 0$ ist also Γ orientiert worden. — Es liegt mithin für orientierte M^n folgender Sachverhalt vor:

Satz II. *Die (offene) Menge derjenigen Punkte von μ^n, in denen $\mathfrak{K}$ kompakt ist, wird durch die übrigen Punkte in eine (endliche oder abzählbar unendliche) Anzahl von (zusammenhängenden) Gebieten $\Gamma_1, \Gamma_2, \ldots$ zerlegt. In jedem dieser Gebiete Γ_i ist der Betrag des Grades konstant: $|\gamma_{\Gamma_i}(\mathfrak{K})| = |\gamma_\xi(\mathfrak{K})|$ $(\xi \subset \Gamma_i)$; ist Γ_i orientierbar und ist eine Orientierung als positiv ausgezeichnet, — was insbesondere der Fall ist, wenn nicht nur M^n, sondern auch μ^n orientiert ist, — so ist auch das Vorzeichen des Grades $\gamma_{\Gamma_i}(\mathfrak{K})$ bestimmt.*

Satz IIa. *Ist Γ_i nicht orientierbar, so ist $\gamma_{\Gamma_i}(\mathfrak{K}) = 0$.*

Satz IIb. *Es sei $\mathfrak{K}$ überall in μ^n kompakt, (also z. B. M^n geschlossen); ist μ^n orientiert, so ist der Grad konstant: $\gamma_\xi(\mathfrak{K}) = \gamma(\mathfrak{K})$ $(\xi \subset \mu^n)$; ist μ^n nicht orientierbar, so ist $\gamma_\xi(\mathfrak{K}) = 0$ $(\xi \subset \mu^n)$.*

Satz IIc. *Ist M^n geschlossen, μ^n offen, so ist $\gamma(\mathfrak{K}) = 0$;*
denn dann ist die kompakte Bildmenge $k(M^n)$ $(k \subset \mathfrak{K})$ ein echter Teil von μ^n, und es gibt Punkte ξ, die nicht zu $k(M^n)$ gehören, in denen also $\gamma_\xi(k) = 0$ ist.

Satz III. *Es sei μ^n einer Abbildung φ auf eine dritte Mannigfaltigkeit $\mathfrak{M}^n$ unterworfen; $\mathfrak{x}$ sei ein Punkt von $\mathfrak{M}^n$, in dem φ kompakt ist. In der Originalmenge Ξ von $\mathfrak{x}$ sei $\mathfrak{K}$ kompakt und $\gamma_\xi(\mathfrak{K})$ sei konstant für $\xi \subset \Xi$. Dann gilt die „Produktregel"*

$$\gamma_{\mathfrak{x}}(\varphi k) = \gamma_\Xi(k) \cdot \gamma_{\mathfrak{x}}(\varphi) \qquad (k \subset \mathfrak{K}).$$

Zum Beweise „glätte" (siehe § 4) man φ im Punkte $\mathfrak{x}$; bei der so entstandenen, in $\mathfrak{x}$ glatten Abbildung φ^* seien $\xi_1, \xi_2, \ldots, \xi_a, \xi_{a+1}, \ldots, \xi_{a+b}$ die Originalpunkte von $\mathfrak{x}$, und zwar werde die Umgebung von $\mathfrak{x}$ durch Umgebungen von $\xi_1, \xi_2, \ldots, \xi_a$ positiv, durch Umgebungen von $\xi_{a+1}, \ldots, \xi_{a+b}$ negativ bedeckt. Ferner sei k eine in den Punkten $\xi_1, \xi_2, \ldots, \xi_{a+b}$ glatte Abbildung aus $\mathfrak{K}$ (§ 4, Satz IIa); bei ihr seien p_i, q_i die positiven bzw.

negativen Bedeckungen von ξ_i $(i = 1, 2, \ldots, a+b)$. Bei der in $\mathfrak{x}$ glatten Abbildung $\varphi^* k(M^n)$ ist dann die Anzahl der positiven Bedeckungen von $\mathfrak{x}$: $\pi = \sum_{\alpha=1}^{a} p_\alpha + \sum_{\beta=1}^{b} q_{a+\beta}$, die der negativen Bedeckungen: $\varkappa = \sum_{\alpha=1}^{a} q_\alpha + \sum_{\beta=1}^{b} p_{a+\beta}$, folglich ist

$$\begin{aligned}\gamma_{\mathfrak{x}}(\varphi^* k) = \pi - \varkappa &= \sum_{\alpha=1}^{a} (p_\alpha - q_\alpha) - \sum_{\beta=1}^{b} (p_{a+\beta} - q_{a+\beta}) \\ &= \sum_{\alpha=1}^{a} \gamma_{\xi_\alpha}(\mathfrak{K}) - \sum_{\beta=1}^{b} \gamma_{\xi_{a+\beta}}(\mathfrak{K}) = (a-b)\cdot \gamma_{\Xi}(\mathfrak{K}) \\ &= \gamma_{\mathfrak{x}}(\varphi)\cdot \gamma_{\Xi}(\mathfrak{K}).\end{aligned}$$

Der Begriff der „Klasse" $\mathfrak{K}$ wurde am Anfang des vorigen Paragraphen durch drei Eigenschaften definiert, von denen die zweite in der Identität der Mengen der Punkte bestand, in denen die Abbildungen kompakt sind. Mitunter ist es zweckmäßig, diese Eigenschaft 2) durch die schwächere zu ersetzen, *daß die Abbildungen der betrachteten Menge sämtlich in ξ kompakt sind.*

Eine solche Menge $\mathfrak{K}_\xi$ heiße eine „*Abbildungsklasse in bezug auf* ξ." Es gilt

Satz IV. *Alle Abbildungen aus $\mathfrak{K}_\xi$ haben in ξ den gleichen Grad,* oder mit anderen Worten:

Bei stetiger Abänderung einer im Punkte ξ kompakten Abbildung F bleibt der Grad in ξ konstant, wenn nur die Abbildung immer kompakt in ξ bleibt.

Beweis. Hängt die Abbildungsschar F_t für $0 \leqq t \leqq 1$ in dem am Anfang von § 4 präzisierten Sinne stetig von t ab und sind alle Abbildungen F_t in ξ kompakt, so sind sie in sämtlichen Punkten einer Umgebung φ_ξ von ξ kompakt.

Denn andernfalls gäbe es eine gegen einen Wert t^* konvergierende Folge t_i und eine derartige Folge gegen ξ konvergierender Punkte ξ_i $(i = 1, 2, \ldots)$, daß F_{t_i} in ξ_i nicht kompakt wäre. Ist aber Φ_ξ eine Umgebung von ξ, in der F_{t^*} kompakt ist, und ε^n ein Element von Φ_ξ, das ξ im Innern enthält, so kann man eine Zahl $\tau > 0$ so angeben, daß aus $|t - t^*| < \tau$, $F_{t^*}(y) \not\subset \Phi_\xi$ stets $F_t(y) \not\subset \varepsilon^n$ folgt. Die Originalmenge von ε^n bei F_t ist also in der Originalmenge von Φ_ξ bei F_{t^*} enthalten, mithin kompakt. Im Widerspruch hierzu müßte $\xi_i \subset \varepsilon^n$ für hinreichend großes i sein.

Alle F_t sind also in einer Umgebung φ_ξ kompakt. H_0 und H_1 seien Abbildungen, die in ξ halbglatt sind, mit F_0 bzw. F_1 zu denselben Klassen gehören, und sich von F_0 bzw. F_1 nur in so kleinen Umgebungen der Originalmengen des Punktes ξ unterscheiden, daß die Originalmengen von

φ_ξ ungeändert, also kompakt bleiben. Dann bleibt der Beweis von § 4, Satz III, gültig als Beweis der Tatsache, daß man H_0 in H_1 durch eine Schar von halbglatten Abbildungen H_t überführen kann, die sämtlich in φ_ξ kompakt sind. Hieraus folgt, genau wie beim Beweise von § 5, Satz I, daß $\gamma_\xi(H_0) = \gamma_\xi(H_1)$, also $\gamma_\xi(F_0) = \gamma_\xi(F_1)$ ist.

Wird M^n nicht mehr, wie bisher, als orientiert vorausgesetzt, so sind die am Anfang dieses Paragraphen betrachteten Elemente e_α^n und E_β^n nicht orientiert. Jedoch sind die in (1) auftretenden Grade γ_ξ ihrem absoluten Betrage nach, die Summen in (1) also modulo 2 bestimmt. Die an (1) anschließenden Betrachtungen behalten ihre Gültigkeit für die betreffende Restklasse modulo 2; wir bezeichnen diese als die „*Parität*"[20]) der Abbildung. Es ergibt sich ohne weiteres

Satz IV. *Ist M^n nicht orientiert, so bleiben, wenn man „Grad" durch „Parität" ersetzt, die Sätze dieses Paragraphen mit folgenden Abänderungen bestehen: In Satz Ia tritt an Stelle von $p - q$ die modulo 2 reduzierte Anzahl der glatten Bedeckungen. Satz IIa und die Teile der Sätze II und IIb, in denen von der Orientierbarkeit von Γ_i oder μ^n die Rede ist, verlieren ihren Sinn.*

---

[20]) Brouwer, Aufzählung der Abbildungsklassen endlichfach zusammenhängender Flächen, Math. Annalen 82 (1921), S. 283, Fußnote.

12.

Eine Verallgemeinerung der Euler–Poincaréschen Formel

Nachr. Ges. der Wissenschaften zu Göttingen, Math.-phys. Klasse (1928), 127–136

Zwischen den Bettischen Zahlen p^i und den Anzahlen a^i der i-dimensionalen Simplexe eines aus Simplexen aufgebauten n-dimensionalen Komplexes besteht die als „Euler-Poincarésche Formel" bekannte Gleichung

$$(1) \qquad \sum_{i=0}^{n} (-1)^i p^i = \sum_{i=0}^{n} (-1)^i a^i.$$

Aus einer Verallgemeinerung von (1) entspringt, wie ich gezeigt habe[1]), die Formel für die algebraische Anzahl der Fixpunkte einer beliebigen eindeutigen Abbildung eines beliebigen Komplexes auf sich, die von einer anderen Seite her für einen Bereich von Abbildungen, der sich mit dem eben genannten teilweise deckt, zuerst von Lefschetz gefunden wurde[2]). Meinen ursprünglichen Beweis[3]) dieser Verallgemeinerung der Euler-Poincaréschen Formel konnte ich im Verlauf einer im Sommer 1928 in Göttingen von mir gehaltenen Vorlesung durch Heranziehung gruppentheoretischer Begriffe unter dem Einfluß von Fräulein E. Noether wesentlich durchsichtiger und einfacher gestalten. Der so abgeänderte Beweis wird im folgenden mitgeteilt.*)

Im § 1 werden gruppentheoretische, im § 2 kombinatorisch-topologische Tatsachen zusammengestellt, im § 3 wird der Beweis geführt.

---

1) a) A new proof of the Lefschetz formula on invariant points, Proc. Nat. Acad. of Sciences U. S. A. 14, Nr. 2 (1928). b) Über die algebraische Anzahl von Fixpunkten, erscheint demnächst in der Mathematischen Zeitschrift.

2) Der Beweis von Lefchetz gilt für eine alle eindeutigen stetigen Abbildungen umfassende Klasse *mehrdeutiger* Abbildungen beliebiger *Mannigfaltigkeiten*, also spezieller Komplexe, auf sich. — Literaturangaben in den unter 1) genannten Arbeiten.

3) § 3 der unter 1) genannten Arbeit b).

§ 1.

Wir stellen zunächst die notwendigen Sätze zusammen und sprechen dann von den Beweisen.

1) $\mathfrak{G}$ sei eine von endlich vielen ihrer Elemente erzeugte ABELsche Gruppe; die gruppenbildende Operation wird mit $+$ bezeichnet. Dann ist $\mathfrak{G}$ direkte Summe von endlich vielen zyklischen Gruppen. Die Anzahl der dabei auftretenden unendlichen Zyklen ist die Höchstzahl der von einander linear unabhängigen Elemente in $\mathfrak{G}$ und heißt der Rang von $\mathfrak{G}$. Treten keine endlichen Zyklen auf, so heißt $\mathfrak{G}$ eine freie Gruppe; $\mathfrak{G}$ ist demnach frei, wenn sie kein Element endlicher Ordnung enthält.

2) Jede Untergruppe von $\mathfrak{G}$ ist ebenfalls eine von endlich vielen ihrer Elemente erzeugte ABELsche Gruppe.

3) $\mathfrak{G}$ zerfällt modulo jeder Untergruppe $\mathfrak{U}$ in Restklassen, die selbst wieder eine ABELsche, von endlich vielen ihrer Elemente erzeugte Gruppe bilden; diese Restklassengruppe bezeichnen wir mit $\frac{\mathfrak{G}}{\mathfrak{U}}$.

4) Unter einem Homomorphismus der Gruppe $\mathfrak{G}$ in die Gruppe $\mathfrak{H}$ verstehen wir eine eindeutige Abbildung f von $\mathfrak{G}$ auf einen echten oder unechten Teil von $\mathfrak{H}$, bei der stets $f(x+y) = f(x)+f(y)$ ist. Sind dabei alle Elemente von $\mathfrak{H}$ Bilder und ist die Abbildung eindeutig umkehrbar, so heißt f ein Isomorphismus zwischen $\mathfrak{G}$ und $\mathfrak{H}$. Ist f ein Homomorphismus, $\mathfrak{U}$ Untergruppe von $\mathfrak{G}$, $\mathfrak{V}$ Untergruppe von $\mathfrak{H}$, und $f(\mathfrak{U}) \subset \mathfrak{V}$, so ist das Bild jeder Restklasse von $\mathfrak{G}$ modulo $\mathfrak{U}$ in einer Restklasse von $\mathfrak{H}$ modulo $\mathfrak{V}$ enthalten, und diese Abbildung von $\frac{\mathfrak{G}}{\mathfrak{U}}$ auf $\frac{\mathfrak{H}}{\mathfrak{V}}$ oder einen Teil von $\frac{\mathfrak{H}}{\mathfrak{V}}$ ist selbst ein Homomorphismus. Die Elemente x, für die $f(x) = 0$ ist, bilden eine Untergruppe $\mathfrak{U}$ von $\mathfrak{G}$; der nach dem eben Gesagten bestehende Homomorphismus von $\frac{\mathfrak{G}}{\mathfrak{U}}$ in $\mathfrak{H} = \frac{\mathfrak{H}}{0}$ ist ein Isomorphismus zwischen $\frac{\mathfrak{G}}{\mathfrak{U}}$ und der Untergruppe der Bildelemente in $\mathfrak{H}$.

5) $\mathfrak{G}$ sei die freie Gruppe vom Rang n und einem Homomorphismus f in sich unterworfen. Dann gibt es eine, als „Spur“ von f bezeichnete, Zahl S mit folgender Eigenschaft: sind $x_1, x_2, \ldots, x_n$ irgendwelche freie Erzeugende von $\mathfrak{G}$, d. h. die Erzeugenden von n unendlichen Zyklen, als deren direkte Summe sich $\mathfrak{G}$ darstellen läßt, und ist $f(x_i) = \sum_{j=1}^{n} a_{ij} x_j$, so ist $S = \sum_{i=1}^{n} a_{ii}$.

6) $\mathfrak{G}$, n, f, S haben dieselben Bedeutungen wie eben; es sei ferner $\mathfrak{U}$ eine Untergruppe von $\mathfrak{G}$, die ebenfalls den Rang n habe

und ebenfalls durch f in sich transformiert werde: $f(\mathfrak{U}) \subset \mathfrak{U}$. Da $\mathfrak{U}$ als Untergruppe der freien Gruppe $\mathfrak{G}$, die kein Element endlicher Ordnung enthält, selbst kein Element endlicher Ordnung enthält, ist sie nach 1) frei. Es existiert also nach 5) die Spur S' des Homomorphismus f von $\mathfrak{U}$ in sich. Dann ist $S' = S$.

7) $\mathfrak{G}$, n, f, S haben wieder dieselben Bedeutungen. $\mathfrak{B}$ sei eine Untergruppe beliebigen Ranges von $\mathfrak{G}$, deren Restklassengruppe $\frac{\mathfrak{G}}{\mathfrak{B}}$, die nach 3) eine ABELsche Gruppe mit endlich vielen Erzeugenden ist, auch frei sei, und $\mathfrak{B}$ werde durch f in sich transformiert. Dann erleidet nach 4) $\frac{\mathfrak{G}}{\mathfrak{B}}$ einen Homomorphismus in sich, der nach 5) eine Spur $S\frac{\mathfrak{G}}{\mathfrak{B}}$ besitzt. Außerdem besitzt der Homomorphismus von $\mathfrak{B}$ in sich eine Spur $S\mathfrak{B}$, (da $\mathfrak{B}$ ebenso wie $\mathfrak{U}$ in 6) frei ist,) es treten also drei Spuren auf: $S\mathfrak{G} = S$, $S\mathfrak{B}$, $S\frac{\mathfrak{G}}{\mathfrak{B}}$. Für sie gilt: $S\mathfrak{G} = S\mathfrak{B} + S\frac{\mathfrak{G}}{\mathfrak{B}}$.

Die Beweise von 1), 2), 3), 4), 5) dürfen als bekannt vorausgesetzt werden.

Beweis von 6): $x_1, x_2, \ldots, x_n$ seien freie Erzeugende von $\mathfrak{G}$, $y_1, y_2, \ldots, y_n$ freie Erzeugende von $\mathfrak{U}$. Die y_i sind wegen $\mathfrak{U} \subset \mathfrak{G}$ lineare Verbindungen der x_i: $y = U(x)$ mit einer quadratischen Matrix U, die den Rang n hat, da andernfalls der Rang der von den y_i erzeugten Gruppe $\mathfrak{U}$ kleiner als n wäre. Die x_i bezw. die y_i erleiden durch f lineare Substitutionen mit Matrizen A bezw. B:

$$f(x) = A(x), \quad f(y) = B(y).$$

Es ist also einerseits

$$f(y) = B(y) = BU(x),$$

andererseits, da f ein Homomorphismus ist,

$$f(U(x)) = U(f(x)),$$

also

$$f(y) = f(U(x)) = U(f(x)) = UA(x),$$

mithin

$$BU(x) = UA(x).$$

Da aber die x_i als freie Erzeugende von $\mathfrak{G}$ voneinander unabhängig sind, ist diese Gleichung eine Identität, d. h. es ist im Sinne der Matrizenrechnung:

$$BU = UA.$$

Ist nun E die n-reihige Einheitsmatrix, λ ein Parameter, so ist

$$(B-\lambda E)U = BU-\lambda U = UA-\lambda U = U(A-\lambda E),$$

und für die Determinanten gilt mit Rücksicht auf $|U| \neq 0$

$$|B-\lambda E| = |A-\lambda E|.$$

Diese somit identischen Polynome in λ haben als Koeffizienten von $(-1)^{n-1}\lambda^{n-1}$ die Spuren S' bezw. S. Damit ist die Behauptung bewiesen.

Beweis von 7): $y_1, y_2, \ldots, y_s$ seien freie Erzeugende von $\mathfrak{B}$; dann ist

$$(2) \qquad f(y_i) = \sum_{j=1}^{s} a_{ij} y_i, \quad \sum_{i=1}^{s} a_{ii} = S\mathfrak{B}.$$

$z_1, z_2, \ldots, z_t$ seien Elemente aus Restklassen modulo $\mathfrak{B}$, die ein System freier Erzeugender der Restklassengruppe $\frac{\mathfrak{G}}{\mathfrak{B}}$ bilden; dann ist

$$(3) \qquad f(z_i) \equiv \sum_{j=1}^{t} b_{ij} z_j \pmod{\mathfrak{B}}, \quad \sum_{i=1}^{t} b_{ii} = S\frac{\mathfrak{G}}{\mathfrak{B}}.$$

Die y_i und z_i bilden zusammen ein System freier Erzeugender von $\mathfrak{G}$. Denn ist x irgend ein Element von $\mathfrak{G}$, so ist die Restklasse, in der x ist, eine lineare Verbindung der Restklassen, in denen die z_i sind, es ist also

$$x \equiv \sum_{i=1}^{t} p_i z_i \pmod{\mathfrak{B}},$$

d. h. $x - \sum_{i=1}^{t} p_i z_i \subset \mathfrak{B}$,

$$(4) \qquad x = \sum_{i=1}^{s} q_i y_i + \sum_{i=1}^{t} p_i z_i.$$

Die y_i und z_i erzeugen also $\mathfrak{G}$; um zu sehen, daß sie freie Erzeugende sind, haben wir uns noch davon zu überzeugen, daß sich x nur auf eine Weise in der Form (4) darstellen läßt, oder, was dasselbe ist, daß in (4) aus $x = 0$ stets das Verschwinden aller q_i und p_i folgt. $x = 0$ bedeutet aber: $\sum_{i=1}^{t} p_i z_i \equiv 0 \pmod{\mathfrak{B}}$, also, da die z_i freie Erzeugende der Restklassengruppe repräsentieren, $p_i = 0$; dann ist $\sum_{i=1}^{s} q_i y_i = 0$, also, da die y_i freie Erzeugende von $\mathfrak{B}$ sind, auch $q_i = 0$.

Mithin sind die y_i und z_i freie Erzeugende von $\mathfrak{G}$. Die Substitution, die sie bei f erleiden und die die Spur $S\mathfrak{G}$ hat, ist gegeben durch (2) und das in Gleichungsform geschriebene System (3):

$$f(z_i) = \sum_{j=1}^{s} c_{ij} y_j + \sum_{j=1}^{t} b_{ij} z_j. \tag{3a}$$

Die Matrix des aus (2) und (3a) zusammengesetzten Systems hat aber die Spur

$$\sum_{i=1}^{s} a_{ii} + \sum_{i=1}^{t} b_{ii} = S\mathfrak{B} + S\frac{\mathfrak{G}}{\mathfrak{B}};$$

damit ist die Behauptung bewiesen.

Bemerkung: Ist eine der Gruppen $\frac{\mathfrak{G}}{\mathfrak{B}}$ und $\mathfrak{B}$ die Identität, so bleibt der Satz trivialerweise richtig, wenn man für diese Gruppe die Spur $= 0$ setzt.

§ 2.

1) C^n sei ein n-dimensionaler Komplex, T_j^i ($i = 0, 1, \ldots, n$; $j = 1, 2, \ldots, a^i$) seien seine i-dimensionalen Simplexe. Diese seien willkürlich orientiert, d. h. für jedes T_j^i sei eine Reihenfolge seiner $i+1$ Ecken samt ihren geraden Permutationen als „positiv", die anderen Eckenreihenfolgen seien als „negativ" bezeichnet; in dem Fall $i = 0$, in dem es nur eine Ecke gibt, sei die einzige „Reihenfolge" dieser Ecke die positive. Wir ordnen nun jedem T_j^i zwei Symbole $+T_j^i$ und $-T_j^i$ zu und sagen: $+T_j^i$ gehört zum Rande von $+T_k^{i+1}$ oder $-T_k^{i+1}$ (geschrieben: $+T_j^i \subset + T_k^{i+1}$ oder $+T_j^i \subset - T_k^{i+1}$), wenn T_j^i Randsimplex von T_k^{i+1} ist, und zwar $+T_j^i \subset + T_k^{i+1}$ oder $+T_j^i \subset - T_k^{i+1}$, jenachdem eine positive Eckenreihenfolge von T_j^i mit der nicht zu T_j^i gehörigen Ecke von T_k^{i+1} davorgesetzt eine positive oder negative Eckenreihenfolge von T_k^{i+1} ist; dann definieren wir: aus $+T_j^i \subset \pm T_k^{i+1}$ folgt $-T_j^i \subset \mp T_k^{i+1}$; für $i > 0$ bedeutet dies: $-T_j^i \subset + T_k^{i+1}$ oder $-T_j^i \subset - T_k^{i+1}$, jenachdem eine negative Reihenfolge von T_j^i mit der nicht zu T_j^i gehörigen Ecke von T_k^{i+1} davorgesetzt eine positive oder negative Reihenfolge von T_k^{i+1} ist.

2) Für jedes i nennen wir die Linearformen in den T_j^i mit beliebigen ganzzahligen Koeffizienten „die in C^n liegenden i-dimensionalen Komplexe". Als Rand $\varrho(+T_j^i)$ von $+T_j^i$ bezeichnen wir denjenigen $(i-1)$-dimensionalen Komplex, der die formale Summe der $+T_h^{i-1}$ und $-T_h^{i-1}$ ist, die nach 1) zum Rand von $+T_j^i$ gehören. Für einen beliebigen i-dimensionalen Komplex $L^i = \sum_j c_j T_j^i$

definieren wir als Rand:

(5) $$\varrho(L^i) = \varrho\left(\sum_j c_j T_j^i\right) = \sum_j c_j \varrho(T_j^i).$$

Diese nur für $i > 0$ sinnvolle Definition vervollständigen wir durch

(5a) $$\varrho(L^0) = 0,$$

da ein T^0 keinen Rand besitzt. Aus (5) und (5a) folgt

(6) $$\varrho(L_1^i + L_2^i) = \varrho(L_1^i) + \varrho(L_2^i).$$

3) Ist $\varrho(L^i) = 0$, so heißt L^i ein Zyklus. Es folgt aus (6): die Summe von Zyklen ist ein Zyklus; ist ein Vielfaches eines Komplexes ein Zyklus, so ist der Komplex selbst ein Zyklus.

4) Da, wie man leicht verifiziert, der Rand eines Simplex ein Zyklus ist, ist nach (5) und 3) jeder Rand ein Zyklus. Ferner ist nach (6) die Summe von Rändern selbst Rand. n-dimensionale Ränder gibt es nicht.

5) Ein Komplex, von dem ein Vielfaches ein Rand ist, heiße ein „Randteiler". Aus 3) und 4) ergibt sich, daß jeder Randteiler ein Zyklus ist, aus (6) folgt leicht, daß die Summe von Randteilern selbst Randteiler ist. n-dimensionale Randteiler gibt es nicht.

6) Diese Tatsachen lassen sich folgendermaßen zusammenfassen: die Komplexe L^i, die Zyklen Z^i, die Randteiler $\overline{R}^i$, die Ränder R^i bilden bezüglich der Addition ABELsche Gruppen $\mathfrak{L}^i$, $\mathfrak{Z}^i$, $\overline{\mathfrak{R}}^i$, $\mathfrak{R}^i$, die so ineinander enthalten sind:

(7) $$\mathfrak{L}^i \supset \mathfrak{Z}^i \supset \overline{\mathfrak{R}}^i \supset \mathfrak{R}^i;$$

dabei ist insbesondere

(7a) $$\mathfrak{L}^0 = \mathfrak{Z}^0,$$

(7b) $$\overline{\mathfrak{R}}^n = \mathfrak{R}^n = 0.$$

$\mathfrak{L}^i$ wird von den Elementen $+T_j^i$ erzeugt; mithin besitzen nach § 1, 1) auch $\mathfrak{Z}^i$, $\overline{\mathfrak{R}}^i$, $\mathfrak{R}^i$ endliche Erzeugendensysteme und endliche Ränge.

Da ein Vielfaches jedes Elementes von $\overline{\mathfrak{R}}^i$ in $\mathfrak{R}^i$ enthalten ist, kann $\overline{\mathfrak{R}}^i$ nicht höheren Rang haben als $\mathfrak{R}^i$, und da $\mathfrak{R}^i \subset \overline{\mathfrak{R}}^i$ ist, kann $\overline{\mathfrak{R}}^i$ nicht kleineren Rang haben als $\mathfrak{R}^i$; mithin haben $\overline{\mathfrak{R}}^i$ und $\mathfrak{R}^i$ gleichen Rang.

Da $\mathfrak{L}^i$ freie Gruppe ist, enthalten die genannten Untergruppen keine Elemente endlicher Ordnung, sind also nach § 1, 1) selbst frei.

7) Die Restklassengruppe $\frac{\mathfrak{Z}^i}{\mathfrak{R}^i}$ ist eine freie Gruppe; denn andernfalls würde sie ein Element endlicher Ordnung enthalten, es wäre also für einen gewissen Zyklus Z^i und ein $a > 1$

$$a Z^i \equiv 0, \quad Z^i \not\equiv 0 \quad (\text{mod. } \overline{\mathfrak{R}}^i),$$

d. h. es wäre $a Z^i$ Randteiler, ohne daß Z^i es ist, was der Definition der Randteiler widerspricht. Diese somit freie Gruppe

$$\frac{\mathfrak{Z}^i}{\mathfrak{R}^i} = \mathfrak{B}^i \tag{8}$$

nennen wir die „i-te BETTIsche Gruppe", ihren Rang p^i die „i-te BETTIsche Zahl" von C^n.

8) Die Berandungsrelation ϱ bildet die Elemente von $\mathfrak{L}^i$ auf die Elemente von $\mathfrak{R}^{i-1}$ so ab, daß jedes Element von $\mathfrak{R}^{i-1}$ Bild ist, daß diejenigen L^i, für die $\varrho(L^i) = 0$ ist, $\mathfrak{Z}^i$ bilden, und daß die Abbildung (infolge (6)) ein Homomorphismus ist. Dann vermittelt nach § 1, 4) ϱ einen Isomorphismus zwischen der Restklassengruppe $\frac{\mathfrak{L}^i}{\mathfrak{Z}^i}$ und $\mathfrak{R}^{i-1}$. Diese zunächst nur für $i > 0$ sinnvolle Tatsache bleibt mit Rücksicht auf (7a), wonach $\frac{\mathfrak{L}^0}{\mathfrak{Z}^0}$ nur aus der Identität besteht, auch für $i = 0$ gültig, wenn wir als „Gruppe der (-1)-dimensionalen Ränder" die nur aus der Null bestehende Gruppe einführen:

$$\mathfrak{R}^{-1} = 0. \tag{9}$$

§ 3.

Unter einer simplizialen Abbildung von C^n auf einen zweiten n-dimensionalen Komplex K^n verstehen wir eine eindeutige Abbildung der Menge der Eckpunkte von C^n auf einen echten oder unechten Teil der Menge der Eckpunkte von K^n, bei der die Bilder der Ecken jedes Simplex von C^n Ecken eines Simplex (beliebiger Dimension) von K^n sind. Eine simpliziale Abbildung läßt sich durch baryzentrische Abbildungen auf die inneren Punkte der Simplexe von C^n eindeutig und stetig erweitern; jedoch spielt diese Möglichkeit hier keine Rolle.

Sind bei einer solchen simplizialen Abbildung f die Bilder der Ecken des Simplex T^i_j von C^n nicht sämtlich voneinander verschieden, ist also die Dimension des Bildsimplex $< i$, so sagen wir:

$$f(+T^i_j) = f(-T^i_i) = 0.$$

Ist dagegen das Bild von T_j^i ein i-dimensionales Simplex U^i von von K^n, so sagen wir

$$f(+T_j^i) = +U^i \quad \text{oder} \quad f(+T_j^i) = -U^i,$$

jenachdem einer positiven Eckenreihenfolge von T_j^i vermöge f eine positive oder negative Eckenreihenfolge von U^i entspricht. Dann definieren wir für jeden in C^n liegenden Komplex $L^i = \sum_j c_j T_j^i$:

$$(10) \qquad f(L^i) = f\Bigl(\sum_j c_j T_j^i\Bigr) = \sum_j c_j f(+T_j^i);$$

daraus folgt

$$(11) \qquad f(L_1^i) + f(L_2^i) = f(L_1^i + L_2^i);$$

die Gruppe der i-dimensionalen Komplexe in C^n wird also homomorph in die Gruppe der i-dimensionalen Komplexe in K^n abgebildet.

Bezeichnet ϱ in beiden Komplexen C^n und K^n die Berandungsrelation, so ist

$$(12) \qquad f\varrho(L^i) = \varrho f(L^i).$$

Um dies zu beweisen, genügt es mit Rücksicht auf (6) und (11), den Spezialfall zu betrachten, in dem L^i ein Simplex $+T^i$ ist. Sind dann die Eckpunktbilder von T^i sämtlich voneinander verschieden, so folgt die Behauptung $f\varrho(+T^i) = \varrho f(+T^i)$ unmittelbar aus den Definitionen. Es bleibt zu zeigen, daß, falls die Eckpunktbilder nicht sämtlich voneinander verschieden sind, falls also $f(+T^i) = 0$ ist, $f\varrho(+T^i) = \varrho(0) = 0$ ist; ($\varrho(0) = 0$ ergibt sich aus (6)). Wenn höchstens $i-1$ Eckpunktbilder voneinander verschieden sind, so ist auch das Bild jedes $(i-1)$-dimensionalen Randsimplex von T^i gleich 0 zu setzen, die Behauptung ist also auch dann richtig. Somit bleibt allein der Fall übrig, in dem die $i+1$ Ecken $e_1, e_2, \ldots, e_{i+1}$ von T^i auf genau i Eckpunkte in K^n abgebildet werden, die dort ein Simplex U^{i-1} bilden. Sei etwa $f(e_1) = f(e_2)$, seien aber die Bilder der anderen Ecken hiervon und voneinander verschieden. Dann sind die Bilder aller derjenigen Randsimplexe von T^i, die sowohl e_1 wie e_2 enthalten, $= 0$, und wir haben nur die Simplexe T_1^{i-1} und T_2^{i-1} zu betrachten, die durch Weglassung von e_1 bezw. e_2 aus T^i entstehen. Die Reihenfolgen $e_2, e_3, \ldots, e_{i+1}$ und $e_1, e_3, \ldots, e_{i+1}$ mögen aT_1^{i-1} bezw. bT_2^{i-1} entsprechen, wobei a und b $+1$ oder -1 sind; dann ist $f(aT_1^{i-1})$

$= f(bT_2^{i-1})$. Die Eckenreihenfolgen von T^i, die aus den angegebenen Reihenfolgen von aT_1^{i-1} und bT_2^{i-1} durch Voraussetzen der jeweils fehlenden Ecke von T^i entstehen, sind $e_1, e_2, e_3, \ldots, e_{i+1}$ und $e_2, e_1, e_3, \ldots, e_{i+1}$, also ungerade Permutationen voneinander; daher ist entweder $\varrho(+T^i) = aT_1^{i-1} - bT_2^{i-1} + \cdots$ oder $\varrho(+T^i) = -aT_1^{i-1} + bT_2^{i-1} + \cdots$, mithin $f\varrho(+T^i) = \pm(f(aT_1^{i-1}) - f(bT_2^{i-1})) = 0$. Damit ist (12) bewiesen.

Aus (12) folgt unmittelbar, daß die Gruppen der Zyklen, Randteiler und Ränder von C^n durch f in die entsprechenden Gruppen von K^n transformiert werden, und diese Abbildungen sind auf Grund von (11) Homomorphismen.

Es sei nun C^n eine simpliziale Unterteilung von K^n, jedes Simplex von K^n also Summe von geeignet orientierten[4]) Simplexen von C^n, mithin jeder in K^n liegende Komplex zugleich ein in C^n liegender Komplex. Die zu C^n gehörigen Gruppen $\mathfrak{L}^i, \mathfrak{Z}^i, \overline{\mathfrak{R}}^i, \mathfrak{R}^i$ werden durch f homomorph in sich transformiert. Da sie freie Gruppen sind (§ 2, 6), gehören zu diesen Homomorphismen Spuren (§ 1, 5) $S\mathfrak{L}^i$, $S\mathfrak{Z}^i$, $S\overline{\mathfrak{R}}^i$, $S\mathfrak{R}^i$. Da $\mathfrak{R}^i$ Untergruppe von $\overline{\mathfrak{R}}^i$ ist und denselben Rang hat wie $\overline{\mathfrak{R}}^i$ (§ 2, 6), ist nach § 1, 6

$$S\mathfrak{R}^i = S\overline{\mathfrak{R}}^i. \tag{13}$$

Nach § 1, 4 wird auch die Restklassengruppe $\mathfrak{B}^i$ (§ 2, 7) homomorph in sich abgebildet, und da auch sie frei ist (§ 2, 7), existiert die Spur $S\mathfrak{B}^i$ und erfüllt nach (8) und § 1, 7 die Gleichung

$$S\mathfrak{Z}^i = S\overline{\mathfrak{R}}^i + S\mathfrak{B}^i \tag{14}$$

und wegen (13):

$$S\mathfrak{Z}^i = S\mathfrak{B}^i + S\mathfrak{R}^i. \tag{15}$$

Auch $\dfrac{\mathfrak{L}^i}{\mathfrak{Z}^i}$ wird nach § 1, 4 homomorph in sich abgebildet, und da sie nach § 2, 8 mit der freien Gruppe $\mathfrak{R}^{i-1}$ isomorph ist, existiert auch die Spur $S\dfrac{\mathfrak{L}^i}{\mathfrak{Z}^i}$. Der eben genannte durch ϱ vermittelte Iso-

4) Die Simplexe von C^n müssen so orientiert sein, daß der Rand eines als Komplex in C^n aufgefaßten Simplexes von K^n eine Unterteilung des im Sinne von K^n definierten Randes dieses Simplexes ist.

morphismus läßt wegen (12) die Homomorphismen einander entsprechen, die $\frac{\mathfrak{L}^i}{\mathfrak{Z}^i}$ und $\mathfrak{R}^{i-1}$ in sich erleiden. Folglich ist

$$(16) \qquad S\frac{\mathfrak{L}^i}{\mathfrak{Z}^i} = S\mathfrak{R}^{i-1}$$

und nach § 1, 7

$$(17) \qquad S\mathfrak{L}^i = S\mathfrak{Z}^i + S\mathfrak{R}^{i-1}.$$

Ersetzt man hierin $S\mathfrak{Z}^i$ aus (15), so ergibt sich nach Multiplikation mit $(-1)^i$

$$(18) \qquad (-1)^i S\mathfrak{L}^i = (-1)^i S\mathfrak{B}^i + (-1)^i S\mathfrak{R}^i - (-1)^{i-1} S\mathfrak{R}^{i-1}.$$

Summiert man nun von $i = 0$ bis $i = n$, so heben sich auf der rechten Seite die Spuren der Rändergruppen fort bis auf $S\mathfrak{R}^n$ und $S\mathfrak{R}^{-1}$; diese beiden sind aber wegen (7b) und (9) auf Grund der am Schluß von § 2 gemachten Bemerkung gleich 0. Es ergibt sich also

$$(19) \qquad \sum_{i=0}^{n} (-1)^i S\mathfrak{B}^i = \sum_{i=0}^{n} (-1)^i S\mathfrak{L}^i.$$

Dies ist die zu beweisende Formel. Sie ist eine Verallgemeinerung von (1); denn wenn C^n mit K^n identisch und f die Identität ist, sind in (19) die Spuren durch die Ränge zu ersetzen.

Zum Schluß sei der Zusammenhang von (19) mit Fixpunktsätzen wenigstens noch angedeutet: Wenn f die Eigenschaft hat, daß die linke Seite von (19) nicht verschwindet, so muß auch wenigstens eine der rechts stehenden Spuren $S\mathfrak{L}^i \neq 0$ sein. Für die Substitution

$$(20) \qquad f(T_j^i) = \sum_k c_{jk} T_k^i,$$

die die freien Erzeugenden T_j^i von $\mathfrak{L}^i$ in sich erleiden, bedeutet dies, daß für wenigstens ein j $c_{jj} \neq 0$ ist. Dann ist T_j^i ein „Fixsimplex", d. h. es wird von seinem Bilde $f(T_j^i)$ bedeckt, denn es tritt in der durch (20) gegebenen Zerlegung von $f(T_j^i)$ in Simplexe mit einem von 0 verschiedenen Koeffizienten auf. Durch Approximation einer beliebigen eindeutigen und stetigen Abbildung f von C^n auf sich mittels simplizialer Abbildungen ergibt sich dann, daß $\sum_{i=0}^{n} (-1)^i S\mathfrak{B}^i$ für das Auftreten und die Anzahl der Fix*punkte* von f ausschlaggebend ist [5]).

5) S. die unter 1) genannten Arbeiten, besonders b). **)

13.

Über die algebraische Anzahl von Fixpunkten[1])

Math. Zeitschr. **29** (1929), 493–524

Als „algebraische" Anzahl der Fixpunkte einer stetigen Abbildung darf die Summe der Indizes der Fixpunkte bezeichnet werden, da der „Index" die natürliche und zweckmäßige geometrische Verallgemeinerung der algebraischen „Vielfachheit" ist[2]). Seit Brouwers Beweisen der Fixpunktsätze für die n-dimensionalen Kugeln und Elemente[3]) ist diese Indexsumme der Gegenstand einer Reihe spezieller Untersuchungen gewesen; der Nachweis, daß sie von Null verschieden ist, sichert in jedem einzelnen Fall die Existenz wenigstens eines Fixpunktes[4]).

Ihre durch Lefschetz erfolgte Bestimmung für beliebige Abbildungen beliebiger Mannigfaltigkeiten[5]) bedeutet einen der wichtigsten Fortschritte

---

[1]) Eine Voranzeige dieser Arbeit ist unter dem Titel: *A new proof of the Lefschetz formula on invariant points* in den *Proceedings of the Nat. Acad. of Sciences U.S.A.* **14**, *Nr.* 2 (1928) erschienen. Bezüglich der Unterschiede zwischen den Beweisen in dieser Note und der vorliegenden Arbeit s. unten, Fußnote [27]).

[2]) Der Begriff des „Index" ist im Anschluß an Kronecker im wesentlichen von Poincaré definiert worden [Sur les courbes définies par les équations différentielles, 3. partie, chap. 13; 4. partie, chap. 18; Journ. de Math. (4) **1** (1885); (4) **2** (1886)]. Seine topologische Definition — s. § 7 der vorliegenden Arbeit — ist in der unter [3]) genannten Arbeit von Brouwer enthalten.

[3]) Brouwer, Über Abbildung von Mannigfaltigkeiten, Math. Ann. **71** (1911).

[4]) Die Bestimmung von Fixpunktzahlen in schärferem als dem „algebraischen" Sinne ist neuerdings von J. Nielsen erfolgreich in Angriff genommen worden [Untersuchungen zur Topologie der geschlossenen zweiseitigen Flächen, Acta mathematica **50** (1927)]. Es wird dort (S. 354—358) u. a. gezeigt, daß auch, wenn die Indexsumme 0 ist, „topologisch notwendige" Fixpunkte vorhanden sein können.

[5]) Lefschetz, Intersections and transformations of complexes and manifolds, Transact. Amer. Math. Soc. 28 (1926); Manifolds with a boundary and their transformations, Transact. Amer. Math. Soc. **29** (1927).

in der Topologie der stetigen Abbildungen. Die von Lefschetz entdeckte Formel drückt die fragliche Zahl durch Größen aus, welche mit der vorgelegten Abbildung in einfacher Weise verknüpft sind [6]) und bei jedem einzelnen Problem leicht zu ermitteln sein dürften. Dabei tritt die Fixpunktformel als spezieller Satz im Rahmen einer allgemeineren Theorie auf, die sich auf mehrdeutige Abbildungen bezieht und nach Inhalt wie Methode sowohl vom rein topologischen Standpunkt als im Hinblick auf ihre Anwendung auf algebraische Funktionen [7]) von großem Interesse ist.

Im folgenden wird ein von dem ursprünglichen gänzlich verschiedener Beweis der Lefschetzschen Formel mitgeteilt. Er stellt, unter Benutzung nur der einfachsten Tatsachen aus der kombinatorischen Topologie, gewisse elementare Eigenschaften *simplizialer* Abbildungen in den Vordergrund [8]); aus ihnen folgt dann durch eine Approximation der Lefschetzsche Satz, dessen elementarer Ausdruck sie sind.

Der Beweis hat einen engeren Gültigkeitsbereich als der Lefschetzsche, insofern er sich nur auf *eindeutige* Abbildungen bezieht; andererseits ist er allgemeiner, da er nicht nur für Mannigfaltigkeiten, sondern für beliebige *Komplexe* [9]) gilt.

Zusatz bei der Korrektur: Während der Drucklegung gelang es mir, besonders infolge einer Anregung von Fräulein E. Noether, den Beweis des in dieser Arbeit zentralen Satzes I (§ 3) wesentlich zu vereinfachen. Der vereinfachte Beweis erscheint unter dem Titel „Eine Verallgemeinerung der Euler-Poincaréschen Formel“ in einer besonderen Note [9a]), bei deren Kenntnis sich die Lektüre der ersten drei Paragraphen der vorliegenden Arbeit erübrigt.

---

[6]) Siehe unten, § 2.

[7]) Lefschetz, Intersections ... (s. [5])), No. 72, sowie: Correspondences between algebraic curves, Annals of Math. **28** (1927).

[8]) Satz II (§ 4) und die Sätze des § 5; wegen des elementaren Charakters dieser Sätze vgl. man Fußnote [28]).

[9]) Eine Bemerkung über die Möglichkeit, seine Resultate auf gewisse Abbildungen von Komplexen auszudehnen, macht Lefschetz in der Note: The residual set of a complex on a manifold and related questions, Proceed. of the Nat. Acad. of Sciences U.S.A. **13**, Nr. 8 (1927), § 13. — Fixpunkte bei kleinen Deformationen beliebiger Komplexe sind als Singularitäten von Vektorfeldern in meiner Abhandlung „Vektorfelder in n-dimensionalen Mannigfaltigkeiten“, Math. Annalen **96** (1926), behandelt worden. Ich benutze aber die Gelegenheit, um zu betonen, daß der Inhalt dieser Abhandlung, abgesehen von den auf S. 246—249 dargestellten Sätzen IV—VIII, in wesentlich einfacherer Form in der vorliegenden Arbeit enthalten ist.

[9a]) Nachrichten der Gesellschaft der Wissenschaften zu Göttingen. Math.-Phys. Klasse. 1928.

§ 1.

Einige bekannte Tatsachen aus der kombinatorischen Topologie.

Bezüglich der in diesem Paragraphen benutzten Definitionen und Beweise wird auf die Darstellungen von Alexander[10]) und Veblen[11]) verwiesen.

a) Die Begriffe „n-Komplex“, „i-Kettte“, „geschlossene i-Kette“, „Homologie“ und die Zeichen „$\rightarrow$“, „$\sim$“ seien wie bei Alexander[12]) erklärt. Eine „geschlossene i-Kette“ nennen wir einen „i-Zyklus“.

Obere Indizes deuten stets die Dimensionszahl an, griechische Buchstaben bezeichnen, wenn nichts besonders festgesetzt wird, Zyklen, große lateinische Buchstaben Komplexe, kleine lateinische Buchstaben ganze Zahlen.

b) Vorgelegt ist ein C^n. Seine Bettischen oder Zusammenhangszahlen[13]) seien $p^0, p^1, \ldots, p^n$; dabei ist p^0 die Anzahl der Komponenten von C^n. Unter einer „i-ten Bettischen Basis“ von C^n verstehen wir ein System von p^i im Sinne der Homologien unabhängigen i-Zyklen $\gamma_1^i, \gamma_2^i, \ldots, \gamma_{p^i}^i$, die Teilkomplexe[14]) von C^n sind; dann gibt es zu jedem i-Zyklus γ^i in C^n ein System von p^i+1 Zahlen $u, u_1, \ldots, u_{p^i}$, so daß

$$u\gamma^i \sim \sum_{j=1}^{p^i} u_j \gamma_j^i$$

ist; diese Zahlen sind bis auf einen gemeinsamen Faktor eindeutig bestimmt.

c) Ist $\nu^i \not\sim 0$, aber $t\nu^i \sim 0$ für eine gewisse Zahl $t > 1$, so heiße ν^i ein „Nullteiler“. Unter den i-ten Bettischen Basen gibt es gewisse, z. B. $\Gamma_1^i, \Gamma_2^i, \ldots, \Gamma_{p^i}^i$, die durch folgende Eigenschaft ausgezeichnet sind[15]): Für jeden γ^i besteht eine Relation

$$\gamma^i \sim \sum_{j=1}^{p^i} u_j \Gamma_j^i + \nu^i,$$

wobei ν^i ein Nullteiler ist; es gibt also eine Zahl t, die nicht von γ^i abhängt, so daß eine Relation

$$t\gamma^i \sim \sum_{j=1}^{p^i} t u_j \Gamma_j^i$$

[10]) Alexander, Combinatorial analysis situs, Transact. Amer. Math. Soc. 28 (1926); im folgenden als „A.“ zitiert.

[11]) Veblen, The Cambridge Colloquium 1916, II; Analysis situs (1922).

[12]) A. §§ 2, 8, 9.

[13]) A. § 10.

[14]) Ein Teilkomplex von C^n ist ein aus, i. a. mehrfach vorkommenden, Simplexen von C^n gebildeter Komplex.

[15]) Veblen, l. c., S. 117–118.

besteht. Eine solche Basis möge eine „ganze" Basis, t möge ein „Multiplikator" der Basis heißen. Die Zahlen u_j sind eindeutig bestimmt.

d) Für $i = n$ haben Homologien eine besonders einfache Bedeutung: $\gamma^n \sim 0$ ist dasselbe wie $\gamma^n = 0$, d. h. in der Darstellung von γ^n als Linearform der n-dimensionalen Simplexe von C^n sind alle Koeffizienten Null[16]). Nullteiler gibt es daher nicht, und jede ganze Basis hat den Multiplikator 1.

e) Alle diese, zunächst unter der Annahme, daß die auftretenden Zyklen Teilkomplexe des C^n sind[14]), ausgesprochenen Tatsachen haben allgemeinere Gültigkeit: erstens dürfen die Zyklen aus Simplexen einer beliebigen Unterteilung von C^n aufgebaut sein; zweitens: da durch derartige Zyklen jedes in C^n liegende eindeutige und stetige Bild $f(\Gamma^i)$ irgendeines Zyklus Γ^i beliebig gut approximiert werden kann, und da je zwei hinreichend benachbarte[17]) Zyklen homolog sind, lassen sich die Homologiebegriffe und -gesetze durch Approximation auf „singuläre" Zyklen $f(\Gamma^i)$ übertragen. Insbesondere läßt sich jeder singuläre Zyklus in derselben Weise durch dieselben Basen darstellen wie ein gewöhnlicher Zyklus[18]).

f) Die Bettischen Zahlen sind topologische Invarianten von C^n, also unabhängig von der zugrunde gelegten Simplexzerlegung von C^n; d. h.: ist C_1^n mit C^n homöomorph, so haben diese beiden Komplexe die gleichen Bettischen Zahlen[19]). Fällt C_1^n in einer durch den Homöomorphismus gegebenen Weise mit C^n zusammen[20]), so sind die aus Simplexen des C_1^n gebildeten Glieder δ_j^i $(j = 1, 2, \ldots, p^i)$ einer Basis von C_1^n singuläre Zyklen von C^n. Ist dann γ_j^i $(j = 1, 2, \ldots, p^i)$ eine ganze Basis von C^n, so bestehen Relationen

$$t\delta_j^i \sim \sum_{k=1}^{p^i} v_{jk}\, t\gamma_k^i \qquad (j = 1, 2, \ldots, p^i),$$

deren Determinante $|v_{jk}| \neq 0$ ist, da andernfalls zwischen den δ_j^i eine Homologie bestünde.

g) Schließlich sei noch an einen Satz aus der linearen Algebra erinnert: (a_{jk}), (b_{jk}), (v_{jk}) seien quadratische, p-reihige Matrizen, es sei die

---

16) Denn sonst müßte es einen $(n+1)$-dimensionalen, von γ^n berandeten Teilkomplex von C^n geben.

17) „Nachbarschaft" zweier Zyklen Γ_1^i, Γ_2^i ist hier so zu verstehen: Γ_1^i, Γ_2^i sind als simpliziale, aus Simplexen von Unterteilungen von C^n bestehende Bilder $f_1(\Gamma_i)$, $f_2(\Gamma_i)$ des Zykels Γ_i gegeben, und das Maß der Nachbarschaft ist das Maximum der Entfernungen $\varrho(f_1(x), f_2(x))$ für die Punkte x von Γ_i.

18) Veblen, l. c., S. 118–120.

19) A. § 15.

20) D. h.: sind C^n, C_1^n verschiedene Triangulierungen desselben als Raum aufgefaßten Komplexes.

Determinante $|v_{jk}| \neq 0$, und es bestehe die Gleichung

$$(a_{jk})(v_{kl}) = (v_{jk})(b_{kl}),$$

d. h.

$$\sum_k a_{jk} \cdot v_{kl} = \sum_k v_{jk} \cdot b_{kl}.$$

Dann haben (a_{jk}) und (b_{jk}) die gleichen Spuren:

$$\sum_j a_{jj} = \sum_j b_{jj}.$$

Ist nämlich (u_{jk}) die — wegen $|v_{jk}| \neq 0$ existierende — zu v_{jk} inverse Matrix, für die also

$$\sum_j u_{ij} v_{jk} = \sum_j v_{kj} u_{ji} = \delta_i^k$$

$$[\delta_i^k = 0 \text{ für } i \neq k, \ \delta_i^i = 1]$$

ist, so folgt

$$\sum_{k,j} a_{jk} \cdot v_{kl} \cdot u_{ij} = \sum_{k,j} u_{ij} \cdot v_{jk} \cdot b_{kl} = \sum_k \delta_i^k b_{kl} = b_{il},$$

$$\sum_i b_{ii} = \sum_{i,j,k} a_{jk} \cdot v_{ki} \cdot u_{ij} = \sum_{i,j,k} a_{ik} \cdot v_{kj} \cdot u_{ji} = \sum_{i,k} a_{ik} \delta_i^k = \sum_i a_{ii}.$$

§ 2.

Die Lefschetzsche Formel.

C^n sei einer eindeutigen und stetigen Abbildung f auf sich oder einen Teil von sich unterworfen. Ein System von p^i i-Zyklen $\delta_1^i, \delta_2^i, \ldots, \delta_{p^i}^i$ heiße eine „f-Basis“, wenn es 1. eine Bettische Basis in C^n oder in einem mit C^n zusammenfallenden homöomorphen Komplex[20]) C_1^n bildet, und wenn 2. für die — im allgemeinen singulären — Bildzyklen $f(\delta_j^i)$ Relationen

$$f(\delta_j^i) \sim \sum_{k=1}^{p^i} a_{jk} \delta_k^i \tag{1}$$

bestehen.

f-Basen existieren stets; denn ist $\gamma_1^i, \gamma_2^i, \ldots, \gamma_{p^i}^i$ eine ganze Basis mit dem Multiplikator t, so ist

$$f(t\gamma_j^i) = t f(\gamma_j^i) \sim \sum_k b_{jk} \cdot t\gamma_k^i; \tag{2}$$

die $t\gamma_j^i$ bilden also eine f-Basis. Insbesondere ist daher jede ganze n-dimensionale Basis eine f-Basis. Jedes Vielfache einer f-Basis ist eine f-Basis.

Zwischen den δ_j^i und den γ_j^i bestehen Relationen (vgl. § 1, f)

$$t\delta_j^i \sim \sum_k v_{jk} t\gamma_k^i, \quad |v_{jk}| \neq 0; \tag{3}$$

nun folgt einerseits aus (1) und (3)

(4) $$f(t\delta_j^i) \sim \sum_{k,l} a_{jk} v_{kl} t\gamma_l^i,$$

anderseits ergibt Anwendung von f auf beide Seiten von (3) unter Berücksichtigung von (2)

(5) $$f(t\delta_j^i) \sim \sum_{k,l} v_{jk} b_{kl} t\gamma_l^i.$$

Vergleich von (4) und (5) liefert

$$\sum_k a_{jk} v_{kl} = \sum_k v_{jk} b_{kl},$$

und hieraus folgt nach § 1, g

$$\sum_j a_{jj} = \sum_j b_{jj}.$$

Die Spur der Matrix (a_{jk}) ist mithin von der Wahl der f-Basis unabhängig; wir bezeichnen sie durch $S^i f$.

Es gehören also zu der Abbildung f $n+1$ ganzzahlige Konstanten $S^0 f, S^1 f, \ldots, S^n f$. Aus den Definitionen ergibt sich insbesondere, daß $S^0 f$ die Anzahl der in sich übergehenden Komponenten von C^n, und daß im Fall eines geschlossenen C^n $S^n f$ der Brouwersche „Abbildungsgrad"[3]) von f ist.

Nun habe f höchstens endlich viele Fixpunkte $\xi_1, \xi_2, \ldots, \xi_m$, und jeder von ihnen liege im Innern eines n-dimensionalen Simplexes; dann lassen sich in bekannter Weise die „Indizes" (s. § 7) $j_1, j_2, \ldots, j_m$ der Fixpunkte definieren.

Der von Lefschetz für den Fall, daß C^n eine Mannigfaltigkeit ist, bewiesene und im folgenden für einen beliebigen C^n zu beweisende Satz lautet[21]):

$$\sum_{q=1}^{m} j_q = (-1)^n \cdot \sum_{i=0}^{n} (-1)^i \cdot S^i f.$$

§ 3.

Eine Verallgemeinerung der Euler-Poincaréschen Formel.

Unter einer „simplizialen Abbildung" oder „elementaren Transformation" von C^n in sich verstehen wir das folgende[22]):

C_1^n sei ein durch Unterteilung der Simplexe von C^n entstandener und also mit C^n homöomorpher Komplex. Jedem Eckpunkt T^0 von C_1^n wird

[21]) Siehe z. B. Lefschetz, Intersections ... (vgl. [5])), Nr. 71. Das Fehlen des Faktors $(-1)^n$ in der Formel 71.1 rührt von einer unwesentlichen Abweichung in der Definition des Index her.

[22]) A. § 5.

ein Eckpunkt $\varphi(T^0)$ von C^n zugeordnet; diese Zuordnung habe die Eigenschaft, daß, falls $T_0^0, T_1^0, \ldots, T_n^0$ die Ecken eines Simplexes von C_1^n bilden, die Punkte $\varphi(T_0^0), \varphi(T_1^0), \ldots, \varphi(T_n^0)$ Ecken — nicht notwendigerweise alle Ecken — eines Simplexes von C^n sind. *Diese, in den Eckpunkten von C_1^n definierte Abbildung φ nennen wir eine simpliziale Abbildung von C^n auf sich* und sagen, daß ihr die Unterteilung C_1^n zugrunde gelegt ist. Auch eine simpliziale Abbildung eines durch Unterteilung von C^n entstandenen Komplexes K^n auf sich, der eine Zerlegung K_1^n von K^n zugrunde gelegt ist, werden wir kurz als simpliziale Abbildung von C^n auf sich bezeichnen.

φ kann zu einer in allen Punkten von C_1^n erklärten eindeutigen und stetigen Abbildung durch die Festsetzung erweitert werden, daß φ in jedem Simplex $T_0^0\, T_1^0 \ldots T_n^0$ von C_1^n eine baryzentrische, also insbesondere, falls die Punkte $\varphi(T_j^0)$ $(j = 0, 1, \ldots, n)$ sämtlich voneinander verschieden sind, das Bildsimplex also n-dimensional ist, eine affine Abbildung ist. Alle wesentlichen Eigenschaften von φ jedoch sind bereits durch die Eckenzuordnung gegeben, und der Inhalt dieses Paragraphen gehört daher durchaus der kombinatorischen Topologie an[22]).

$T_1^k, T_2^k, \ldots, T_{a^k}^k$ seien die k-dimensionalen Simplexe von C_1^n. Das Bild $\varphi(T_i^k)$ ist ein höchstens k-dimensionales Simplex von C^n, das in Simplexe von C_1^n zerlegt ist, und daher in der Form

$$\varphi(T_i^k) = \sum_{j=1}^{a^k} c_{ij}^k\, T_j^k \tag{1}$$

darstellbar; dabei sind für jedes T_i^k die c_{ij}^k entweder alle 0 — dies tritt ein, wenn $\varphi(T_i^k)$ zu einem Simplex von weniger als k Dimensionen entartet ist — oder teils 0 und teils $+1$, oder teils 0 und teils -1. Für den Fall $k = 0$ setzen wir fest, daß die Zahlen c_{ij}^0 nicht -1 sein sollen.

Zu φ gehören also $n+1$ quadratische Matrizen (c_{ij}^k) $(k = 0, 1, \ldots, n+1;$ $i, j = 1, 2, \ldots, a^k)$. Besondere Beachtung verdienen die in den Hauptdiagonalen stehenden Zahlen c_{ii}^k: ist $c_{ii}^k = 0$, so ist T_i^k nicht in $\varphi(T_i^k)$ enthalten, T_i^k und $\varphi(T_i^k)$ haben also keinen inneren Punkt gemeinsam. Ist dagegen $c_{ii}^k = \pm 1$, so ist T_i^k ein Teilsimplex des Simplexes $\varphi(T_i^k)$ von C^n. In diesem Fall wird also T_i^k von seinem affinen Bild $\varphi(T_i^k)$ bedeckt, und zwar in positivem oder negativem Sinne, je nachdem $c_{ii}^k = +1$ oder $= -1$ ist.

Das Ziel dieses Paragraphen ist die Feststellung des folgenden Zusammenhanges zwischen den Spuren dieser Matrizen und den Konstanten $S^k\varphi$:

Satz I.

$$\sum_{k=0}^{n} (-1)^k \cdot \sum_{i=1}^{a^k} c_{ii}^k = \sum_{k=0}^{n} (-1)^k S^k \varphi. \tag{2}$$

Bemerkung. Satz I geht in die Euler-Poincarésche Formel [23])

$$(2\text{a})\qquad \sum_{k=0}^{n}(-1)^k a^k = \sum_{k=0}^{n}(-1)^k p^k$$

über, wenn $C_1^n = C^n$ und φ die Identität ist; denn dann ist $c_{ii}^k = 1$ und in der Bezeichnung des § 2 $b_{ll} = 1$, also $S^k\varphi = p^k$.

Der Beweis von Satz I beruht auf folgendem

Hilfssatz. Sind C^{n-1} und C_1^{n-1} die aus den $(n-1)$-dimensionalen Simplexen von C^n bzw. C_1^n gebildeten Komplexe, und ist φ' die unter Zugrundelegung der Unterteilung C_1^{n-1} von C^{n-1} durch φ definierte simpliziale Abbildung von C^{n-1} auf sich, so ist

$$(3)\qquad S^{n-1}\varphi' = S^{n-1}\varphi - S^n\varphi + \sum_{i=1}^{a^n} c_{ii}^n.$$

Beweis des Hilfssatzes. a) Sind r^k $(k = 0, 1, \ldots, n-1)$ die Bettischen Zahlen von C^{n-1}, so ist $r^k = p^k$ für $k = 0, 1, \ldots, n-2$, da alle Berandungsrelationen der Komplexe von höchstens $n-1$ Dimensionen in C^n bereits auf C^{n-1} gelten. Die Euler-Poincarésche Formel für C_1^{n-1} lautet daher

$$\sum_{k=0}^{n-1}(-1)^k a^k = \sum_{k=0}^{n-2}(-1)^k p^k + (-1)^{n-1} r^{n-1}.$$

Subtrahiert man sie von der analogen Formel (2a) für C_1^n, so erhält man

$$(3\text{a})\qquad \begin{gathered}(-1)^n a^n = (-1)^{n-1} p^{n-1} + (-1)^n p^n - (-1)^{n-1} r^{n-1}.\\ r^{n-1} = p^{n-1} - p^n + a^n.\end{gathered}$$

Wir setzen

$$q = a^n + p^{n-1} = p^n + r^{n-1}.$$

Es seien nun

$$(4\text{a})\qquad \Gamma_1^{n-1}, \Gamma_2^{n-1}, \ldots, \Gamma_{a^n}^{n-1}$$

die Randsphären der Simplexe T_i^n;

$$(4\text{b})\qquad \Gamma_{a^n+1}^{n-1}, \Gamma_{a^n+2}^{n-1}, \ldots, \Gamma_q^{n-1}$$

die Glieder einer $(n-1)$-ten Bettischen Basis in C_1^n;

$$(5\text{a})\qquad \Delta_1^n, \Delta_2^n, \ldots, \Delta_{p^n}^n$$

die Glieder einer n-ten Bettischen Basis in C_1^n;

$$(5\text{b})\qquad \Delta_{p^n+1}^{n-1}, \Delta_{p^n+2}^{n-1}, \ldots, \Delta_q^{n-1}$$

die Glieder einer $(n-1)$-ten Bettischen Basis in C_1^{n-1}.

---

[23]) A. § 10, Formel 10. 6.

Dabei sei (4b) φ-Basis und ein Vielfaches einer „ganzen" Basis, (5a) eine ganze Basis. (5b) sei so gewählt, daß

(6) $$\Delta_i^{n-1} \sim \sum_{j=a^n+1}^{q} v_{ij} \Gamma_j^{n-1} \qquad (i = p^n + 1, \ldots, q) \quad [\text{in } C_1^n]$$

sei; dies läßt sich (vgl. § 1, c), da (4b) Vielfaches einer ganzen Basis ist, durch Multiplikation einer beliebigen (5b)-Basis mit einer Konstanten stets erreichen; bei dieser Multiplikation bleibt die Eigenschaft von (5b), φ-Basis zu sein, erhalten.

b) Ist

(7) $$\Delta_i^n = \sum_{j=1}^{a^n} v_{ij} T_j^n \qquad (i = 1, 2, \ldots, p^n),$$

so besagt die Geschlossenheit von Δ_i^n, daß

(8) $$\sum_{j=1}^{a^n} v_{ij} \Gamma_j^{n-1} = 0 \qquad (i = 1, 2, \ldots, p^n)$$

ist. Setzen wir weiter

(9) $$v_{ij} = 0 \qquad (i = 1, 2, \ldots, p^n;\ j = a^n + 1, \ldots, q)$$

und

(10a) $$L_i(x_1, x_2, \ldots, x_q) = \sum_{j=1}^{q} v_{ij} x_j \qquad (i = 1, 2, \ldots, p^n),$$

worin die x_j unabhängige Veränderliche sind, so wird aus (7) und (8):

(7') $$L_i(T_1^n, T_2^n, \ldots, T_{a^n}^n, x_{a^n+1}, \ldots, x_q) = \Delta_i^n$$

(8') $$L_i(\Gamma_1^n, \Gamma_2^n, \ldots, \Gamma_{a^n}^n, x_{a^n+1}, \ldots, x_q) = 0$$

$$(i = 1, 2, \ldots, p^n)$$

mit willkürlichen $x_{a^n+1}, \ldots, x_q$.

c) (6) sagt aus, daß in C_1^n Komplexe

$$K_i^n = \sum_{j=1}^{a^n} v_{ij} T_j^n \qquad (i = p^n + 1, p^n + 2, \ldots, q)$$

existieren, die durch

$$\Delta_i^{n-1} - \sum_{j=a^n+1}^{q} v_{ij} \Gamma_j^{n-1}$$

berandet werden, daß also

$$\Delta_i^{n-1} - \sum_{j=a^n+1}^{q} v_{ij} \Gamma_j^{n-1} = \sum_{j=1}^{a^n} v_{ij} \Gamma_j^{n-1} \qquad (i = p^n + 1, \ldots, q)$$

ist. Führen wir die Bezeichnung

(10b) $$L_i(x_1, x_2, \ldots, x_q) = \sum_{j=1}^{q} v_{ij} x_j \qquad (i = p^n + 1, \ldots, q)$$

ein, so ist demnach

(11) $$L_i(\Gamma_1^{n-1}, \Gamma_2^{n-1}, \ldots, \Gamma_q^{n-1}) = \Delta_i^{n-1} \qquad (i = p^n + 1, \ldots, q).$$

d) Nach (8) ist insbesondere

(8″) $$L_i(\Gamma_1^{n-1}, \Gamma_2^{n-1}, \ldots, \Gamma_q^{n-1}) = 0 \qquad (i = 1, 2, \ldots, p^n).$$

Wir wollen zeigen, daß dies im wesentlichen die einzigen zwischen den Γ_j^{n-1} bestehenden Relationen sind, d. h. wir behaupten: Ist $\sum_{j=1}^{q} b_j \Gamma_j^{n-1} = 0$, so ist $\sum_{j=1}^{q} b_j x_j$ eine lineare Verbindung der $L_i(x_1, x_2, \ldots, x_q)$ $(i = 1, 2, \ldots, p^n)$.

In der Tat: Aus

$$\sum_{j=1}^{q} b_j \Gamma_j^{n-1} = 0$$

und

$$\Gamma_j^{n-1} \sim 0 \qquad (j = 1, 2, \ldots, a^n) \qquad [\text{in } C_1^n]$$

folgt

$$\sum_{j=a^n+1}^{q} b_j \Gamma_j^{n-1} \sim 0,$$

also, da (4b) eine Basis in C_1^n ist,

(12) $$b_j = 0 \qquad (j = a^n + 1, \ldots, q),$$

$$\sum_{j=1}^{a^n} b_j \Gamma_j^{n-1} = 0,$$

d. h. $\Delta^n = \sum_{j=1}^{a^n} b_j T_j^n$ ist ein Zyklus, also, da (5a) eine ganze Basis ist, eine lineare Verbindung der Δ_i^n $(i = 1, 2, \ldots, p^n)$[24]). Die Zahlenreihe $b_1, b_2, \ldots, b_{a^n+1}$ ist mithin eine lineare Verbindung der Zahlenreihen $v_{i1}, v_{i2}, \ldots, v_{ia^n}$ $(i = 1, 2, \ldots, p^n)$. Zusammen mit (12) und (9) bedeutet dies, daß $\sum_{j=1}^{q} b_j x_j$ eine lineare Verbindung der Formen $L_1, L_2, \ldots, L_{p^n}$ ist.

e) Die q Linearformen (10a), (10b) sind linear unabhängig. Denn aus $\sum_{i=1}^{q} c_i L_i(x_1, \ldots, x_q) = 0$ folgt, wenn man x_j durch Γ_j^{n-1} ersetzt, auf Grund von d): $c_i = 0$ $(i = p^n + 1, \ldots, q)$; aus $\sum_{i=1}^{p^n} c_i L_i(x_1, \ldots, x_q) = 0$ folgt weiter, wenn man x_j für $j = 1, 2, \ldots, p^n$ durch T_j^n ersetzt, auf Grund von (7′): $\sum_{i=1}^{p^n} c_i \Delta_i^n = 0$, also, da (5a) eine Basis ist[24]): $c_i = 0$ $(i = 1, 2, \ldots, p^n)$. Mithin sind die L_i linear unabhängig, d. h. es ist die Determinante

(13) $$|v_{ij}| \neq 0.$$

---

[24]) Nach § 1, d bedeuten hier Gleichungen und Homologien dasselbe.

f) Wie werden die Γ_j^{n-1} durch φ' transformiert?

Wenn wir $c_{ij}^n = c_{ij}$ $(i, j \leqq a^n)$ setzen, so folgt aus (1) und der Definition von (4a)

$$\varphi'(\Gamma_i^{n-1}) = \sum_{j=1}^{a^n} c_{ij}\,\Gamma_j^{n-1} \qquad (i = 1, 2, \ldots, a^n).$$

Da (4b) eine φ-Basis ist, bestehen Homologien

$$\varphi(\Gamma_i^{n-1}) \sim \sum_{j=a^n+1}^{q} c_{ij}\,\Gamma_j^{n-1} \qquad (i = a^n+1, \ldots, q) \quad [\text{in } C_1^n],$$

also ist — man vergleiche die Herleitung von (11) aus (6) in c) —

$$\varphi(\Gamma_i^{n-1}) = \sum_{j=1}^{q} c_{ij}\,\Gamma_i^{n-1} \qquad (i = a^n+1, \ldots, q),$$

wobei $\sum\limits_{i=a^n+1}^{q} c_{ii} = S^{n-1}\varphi$ ist. Setzt man noch

(14) $$c_{ij} = 0 \qquad (i = 1, 2, \ldots, a^n;\ j = a^n+1, \ldots, q),$$

so erleiden bei Ausführung von φ oder φ' die Γ_j^{n-1} die folgende Transformation in sich:

(15) $$\varphi'(\Gamma_i^{n-1}) = \sum_{j=1}^{q} c_{ij}\,\Gamma_j^{n-1} \qquad (i = 1, 2, \ldots, q);$$

die Spur der Transformationsmatrix ist

(16) $$\sum_{i=1}^{q} c_{ii} = \sum_{i=1}^{a^n} c_{ii}^n + S^{n-1}\varphi.$$

g) Wie transformieren sich die L_i, wenn die x_j die Substitution

(17) $$\bar{x}_j = \sum_{k=1}^{q} c_{jk}\,x_k \qquad (\ell = 1, 2, \ldots, q)$$

erleiden, d. h. was läßt sich über

(18) $$L_i(\bar{x}_1, \bar{x}_2, \ldots, \bar{x}_q) = \sum_{j,k=1}^{q} v_{ij}\,c_{jk}\,x_k$$

aussagen?

Mit Rücksicht auf (9) und (14) ist für $i \leqq p^n$

$$L_i(\bar{x}_1, \bar{x}_2, \ldots, \bar{x}_q) = \sum_{j,k=1}^{a^n} v_{ij}\,c_{jk}\,x_k,$$

also nach (1) und (7)

$$L_i(\bar{T}_1^n, \bar{T}_2^n, \ldots, \bar{T}_{a^n}, \bar{x}_{a^n+1}, \ldots \bar{x}_q) = \sum_{j,k=1}^{a^n} v_{ij}\,c_{jk}^n\,\Gamma_k^n$$
$$= \sum_{j=1}^{a^n} v_{ij}\cdot\varphi(T_j^n) = \varphi\Big(\sum_{j=1}^{a^n} v_{ij}\,T_j^n\Big) = \varphi(\Delta_i^n).$$

Da die Δ_i^n eine φ-Basis sind, ist[24])

(19a) $$\varphi(\Delta_i^n) = \sum_{j=1}^{p^n} b_{ij}\,\Delta_j^n \qquad (i = 1, 2, \ldots, p^n),$$

wobei

(20a) $$\sum_{i=1}^{p^n} b_{ii} = S^n\,\varphi$$

ist. Es folgt mit Hilfe von (7)

$$L_i(\overline{T}_1^n, \overline{T}_2^n, \ldots, \overline{T}_{a^n}^n, \overline{x}_{a^n+1}, \ldots, \overline{x}_q) = \sum_{j=1}^{p^n} b_{ij}\,\Delta_j^n = \sum_{j=1}^{p^n}\sum_{k=1}^{a^n} b_{ij}\,v_{jk}\,T_k^n,$$

und mit Hilfe von (9) und (10a)

$$L_i(\overline{T}_1^n, \ldots, \overline{T}_{a^n}, \overline{x}_{a^n+1}, \ldots, \overline{x}_q) = \sum_{j=1}^{p^n} b_{ij}\,L_j(T_1^n, \ldots, T_{a^n}^n, x_{a^n+1}, \ldots, x_q).$$

Da aber zwischen den T_k^n keine Relation besteht, ist dies eine Identität, d. h. es ist, wenn wir noch

$$b_{ij} = 0 \qquad (i \leqq p^n;\ j > p^n)$$

setzen:

(21a) $$L_i(\overline{x}_1, \overline{x}_2, \ldots, \overline{x}_q) = \sum_{j=1}^{q} b_{ij}\,L_j(x_1, x_2, \ldots, x_q) \qquad (i = 1, 2, \ldots, p^n).$$

Nun sei $i > p^n$; dann ist mit Rücksicht auf (18), (15) und (11)

$$L_i(\overline{\Gamma}_1^{n-1}, \overline{\Gamma}_2^{n-1}, \ldots, \Gamma_q^{n-1}) = \sum_{j,k=1}^{q} v_{ij}\,c_{jk}\,\Gamma_k^{n-1} = \sum_{j=1}^{q} v_{ij}\,\varphi'(\Gamma_i^{n-1})$$
$$= \varphi'\Big(\sum_{j=1}^{q} v_{ij}\,\Gamma_j^{n-1}\Big) = \varphi'(\Delta_i^{n-1}).$$

Da die Δ_i^{n-1} eine φ'-Basis in C_1^{n-1} sind, ist[24])

(19b) $$\varphi'(\Delta_1^{n-1}) = \sum_{j=p^n+1}^{q} b_{ij}\,\Delta_j^{n-1},$$

wobei

(20b) $$\sum_{i=p^n+1}^{q} b_{ii} = S^{n-1}\,\varphi'$$

ist. Es folgt mit Hilfe von (11)

$$L_i(\overline{\Gamma}_1^{n-1}, \overline{\Gamma}_2^{n-1}, \ldots, \overline{\Gamma}_q^{n-1}) - \sum_{j=p^n+1}^{q} b_{ij}\,L_j(\Gamma_1^{n-1}, \Gamma_2^{n-1}, \ldots, \Gamma_q^{n-1}) = 0.$$

Nach d) ist die linke Seite, wenn man Γ_j^{n-1} durch x_j ersetzt, eine lineare Verbindung von $L_1, L_2, \ldots, L_{p^n}$; d. h. es ist

(21b) $$L_i(\overline{x}_1, \overline{x}_2, \ldots, \overline{x}_q) = \sum_{j=1}^{q} b_{ij}\,L_j(x_1, x_2, \ldots, x_q) \qquad (i = p^n + 1, \ldots, q).$$

(21a) und (21b) sind die gesuchten Transformationen; dabei ist wegen (20a) und (20b) die Spur der Transformationsmatrix

$$(22)\qquad \sum_{i=1}^{q} b_{ii} = S^n \varphi + S^{n-1} \varphi'.$$

h) Einsetzen von (18), (10a), (10b) in (21a), (21b) liefert

$$\sum_{j,k} v_{ij} c_{jk} x_k = \sum_{j,k} b_{ij} v_{jk} x_k,$$

also

$$\sum_j v_{ij} c_{jk} = \sum_j b_{ij} v_{jk}.$$

Mit Rücksicht auf (13) folgt daher nach § 1, g, $\sum_{i=1}^{q} c_{ii} = \sum_{i=1}^{q} b_{ii}$, also nach (16) und (22)

$$\sum_{i=1}^{a^n} c_{ii}^n + S^{n-1} \varphi = S^n \varphi + S^{n-1} \varphi'.$$

Damit ist der durch (3) ausgedrückte Hilfssatz bewiesen.

Beweis des Satzes I: (2) ist für $n = 0$ richtig; denn in diesem Fall besteht C^n aus endlich vielen Punkten, und sowohl die linke Seite $\sum c_{ii}^0$ als die rechte Seite $S^0 \varphi$ ist nach Definition gleich der Anzahl der bei φ festbleibenden unter diesen Punkten.

(2) sei für die Dimensionszahl $n-1$ bewiesen. Dann ist insbesondere für die Abbildung φ'

$$(23)\qquad \sum_{k=0}^{n-1} (-1)^k \sum_{i=1}^{a^k} c_{ii}^k = \sum_{k=0}^{n-1} (-1)^n S^k \varphi'.$$

Es ist

$$(24)\qquad S^k \varphi' = S^k \varphi \qquad (k = 0, 1, \ldots, n-2),$$

da für Homologien zwischen höchstens $(n-2)$-dimensionalen Komplexen die Unterscheidung zwischen C^n und C^{n-1} keine Rolle spielt.

Setzt man auf der rechten Seite von (23) für die $S^k \varphi'$ die durch (24) und (3) gegebenen Werte ein, so geht (23) in (2) über. Damit ist Satz I bewiesen.

Korollar: Ist $c_{ii}^k = 0$ für $k = 0, 1, \ldots, n-1$; $i = 1, 2, \ldots, a^k$, so ist

$$(25)\qquad \sum_{i=1}^{a^n} c_{ii}^k = (-1)^n \cdot \sum_{k=0}^{n} (-1)^k S^k \varphi.$$

Die Ähnlichkeit dieser Formel mit der zu beweisenden Fixpunktformel (§ 2) läßt den Weg erkennen, auf dem die letztere erreicht werden wird: Sätze IVa, b, c (§ 5) — Satz V (§ 6) — Satz VIIa (§ 8). Der zunächst folgende § 4 ist für das Erreichen des Zieles logisch nicht notwendig; trotzdem dürfte es von Interesse sein, die in ihm enthaltenen Sätze II und III möglichst schnell, also schon an dieser Stelle, zu beweisen.

§ 4.

Ein Existenzsatz für Fixpunkte und sein kombinatorischer Ausdruck.

Es gelten die Definitionen und Bezeichnungen des vorigen Paragraphen, φ sei also eine simpliziale Abbildung von C^n auf sich, der die Unterteilung C_1 zugrunde liegt.

Satz II (*Kombinatorischer Ausdruck des Existenzsatzes*): *Ist*

$$\sum_{k=0}^{n}(-1)^k S^k \varphi \neq 0, \tag{1}$$

so gibt es wenigstens einen Eckpunkt T_j^0 *von* C_1^n*, der demselben Simplex von* C^n *angehört wie sein Bild* $\varphi(T_j^0)$*, der also durch* φ *höchstens um das Maximum der Durchmesser der Simplexe von* C^n *verschoben wird.*

Beweis: Aus (1) und Satz I folgt, daß wenigstens eine der Zahlen $c_{ii}^k \neq 0$ ist, daß also wenigstens ein Simplex T_i^k in seinem Bild $\varphi(T_i^k)$ enthalten ist. Da $\varphi(T_i^k)$ ein Simplex von C^n ist, haben die Ecken von T_i^k die behauptete Eigenschaft.

Beispiel: C^n sei ein zusammenhängender Komplex, in dem es für $i > 0$ keine Basen gibt, also z. B. einem Simplex homöomorph; dann gilt für jede simpliziale Abbildung von C^n auf sich die Aussage von Satz II, da stets

$$S^0 \varphi = 1, \qquad S^k \varphi = 0 \quad (k = 1, 2, \ldots, n)$$

$$\sum_{k=0}^{n}(-1)^k S^k \varphi = 1$$

ist[25]).

Satz III (Existenzsatz): *Ist f eine eindeutige und stetige Abbildung von* C^n *auf sich und ist*

$$\sum_{k=0}^{n}(-1)^k S^k f \neq 0, \tag{2}$$

so besitzt f wenigstens einen Fixpunkt.

Beweis. Ist $\bar{C}^n$ eine hinreichend feine Unterteilung von C^n, $\bar{C}_1^n$ eine hinreichend feine Unterteilung von $\bar{C}^n$, so läßt sich eine simpliziale, den Ecken von $\bar{C}_1^n$ Ecken von $\bar{C}^n$ zuordnende Abbildung $\bar{\varphi}$ von $\bar{C}^n$ auf sich angeben, die f beliebig gut approximiert[26]). Bezeichnet $\varrho(x, y)$ die

---

[25]) Der hierin enthaltene kombinatorische Ausdruck des Fixpunktsatzes für das Simplex sowie die Aufgabe, ihn elementar, also ohne Stetigkeitsbetrachtungen und insbesondere ohne Benutzung des Fixpunktsatzes selbst, zu beweisen, wurde schon vor längerer Zeit von Herrn Alexandroff formuliert.

[26]) A. § 6. — Zum ersten Male sind simpliziale Approximationen von Abbildungen von Brouwer, l. c., benutzt worden.

zu einer bestimmten Metrik von C^n gehörige Entfernungsfunktion, ε eine beliebige positive Zahl, $\bar{d}$ das Maximum der Durchmesser der Simplexe von $\bar{C}^n$, so kann man $\bar{d}$ so klein und die durch $\bar{\varphi}$ gelieferte Approximation so gut wählen, daß

$$\bar{d} < \frac{\varepsilon}{2}, \tag{3}$$

$$\varrho(\bar{\varphi}(x), f(x)) < \frac{\varepsilon}{2} \quad [x \subset C^n], \tag{4}$$

$$S^k \bar{\varphi} = S^k f \quad (k = 0, 1, \ldots, n) \tag{5}$$

ist; dabei gilt (5) infolge der in § 1, e und Fußnote [17]) gemachten Bemerkung über benachbarte Zyklen. Aus Satz II und (5) folgt die Existenz eines Punktes x_ε für den

$$\varrho(x_\varepsilon, \bar{\varphi}(x_\varepsilon)) < \bar{d},$$

für den also nach (3)

$$\varrho(x_\varepsilon, \bar{\varphi}(x_\varepsilon)) < \frac{\varepsilon}{2}$$

und nach (4)

$$\varrho(x_\varepsilon, f(x_\varepsilon)) < \varepsilon$$

ist. Da ε willkürlich ist, hat daher $\varrho(x, f(x))$ die untere Grenze 0; wegen der Kompaktheit von C^n wird diese in einem Punkt x_0 erreicht, und dieser ist Fixpunkt.

§ 5.[27])

Die Fixpunktformel für simpliziale Abbildungen.

Jede eindeutige und stetige Abbildung f eines k-dimensionalen Simplexes auf sich besitzt nach Satz III einen Fixpunkt, da — vgl. die Behandlung des „Beispieles" zu Satz II — für eine solche Abbildung

$$\sum_{j=0}^{k} (-1)^j S^j f = 1$$

ist. Insbesondere gilt also

Hilfssatz A: Jede affine Abbildung ψ eines Simplexes T auf sich besitzt wenigstens einen Fixpunkt.

Hilfssatz A läßt sich verschärfen zu

Hilfssatz B: Besitzt ψ keinen Fixpunkt auf dem Rande von T, so gibt es in T *genau* einen Fixpunkt.

---

[27]) In der in Fußnote [1]) genannten Note wird der allgemeine Fixpunktsatz (VIIa dieser Arbeit) mit Hilfe eines Kunstgriffs unmittelbar auf den Satz III des vorigen Paragraphen zurückgeführt, ohne daß auf den Inhalt unserer §§ 5, 6 eingegangen wird. Der in der vorliegenden Arbeit eingeschlagene Weg ist zwar länger, aber natürlicher — vgl. den am Schluß des § 3 angedeuteten Gedankengang — und führt überdies auch zu Satz VII b.

Beweis: Gäbe es in T zwei Fixpunkte x, y, so würde deren Verbindungsgerade affin in sich transformiert, und es blieben daher wegen der Existenz zweier Fixpunkte alle ihre Punkte, insbesondere ihre Schnittpunkte mit dem Rande von T, fest[28]).

Hilfssatz C: Ist das Simplex T^k in dem durch die affine Abbildung φ gelieferten Bild $U = \varphi(T^k)$ enthalten und liegt auf dem Rande von T^k kein Fixpunkt, so gibt es in T^k genau einen Fixpunkt.

Beweis: Aus $T^k \subset U$ folgt, daß U nicht entartet, sondern k-dimensional ist, daß also eine zu φ inverse affine Abbildung $\psi = \varphi^{-1}$ existiert. φ und ψ haben dieselben Fixpunkte. Da ψ den Rand von U auf den Rand von T^k abbildet und dort nach Voraussetzung kein Fixpunkt liegt, liegt auch auf dem Rande von U kein Fixpunkt. Mithin folgt C aus B.

Definition *des „Index" eines Fixpunktes bei speziellen affinen Abbildungen*: Erfüllen φ und T^k die Voraussetzungen des Hilfssatzes C, so legen wir dem auf Grund dieses Hilfssatzes existierenden Fixpunkt den „Index" $+1$ oder -1 bei, je nachdem T^k von $U^k = \varphi(T^k)$ positiv oder negativ bedeckt wird, d. h. je nachdem die Determinante von φ positiv oder negativ ist.

Definition *der „Regularität" eines Fixpunktes und einer Abbildung*: Ein Fixpunkt der eindeutigen und stetigen Abbildung f von C^n auf sich heiße „regulär" (in bezug auf eine bestimmte Zerlegung von C^n in Simplexe), wenn er im Inneren eines n-dimensionalen Simplexes von C^n liegt und wenn es in einer gewissen Umgebung von ihm keinen weiteren Fixpunkt gibt. Die Abbildung f heiße „regulär", wenn sie keine anderen als reguläre Fixpunkte besitzt.

Satz IVa. *Die simpliziale Abbildung φ ist dann und nur dann regulär, wenn $c_{ii}^k = 0$ für $k = 0, 1, \ldots, n-1$; $i = 1, 2, \ldots, a^k$ ist.*

Beweis: Ist $c_{ii}^k \neq 0 \, (k < n)$, so ist $T_i^k \subset \varphi(T_i^k)$, und aus Hilfssatz A, angewandt auf φ^{-1} — vgl. den Beweis von Hilfssatz C —, folgt die Existenz eines Fixpunktes ξ in $\varphi(T_i^k)$. Da $\varphi(T_i^k)$ ein k-dimensionales Simplex von C^n ist, ist φ nicht regulär.

Sei andererseits $c_{ii}^k = 0$ für $k = 0, 1, \ldots, n-1$ und $i = 1, 2, \ldots, a^k$; sei ferner ξ ein Fixpunkt und T_i^k unter den Simplexen von C_1^n, denen ξ angehört, eines niedrigster Dimensionenzahl. Dann ist ξ innerer Punkt

[28]) Die Hilfssätze A und B treten hier als Folgerungen aus Satz III auf, der wesentlich auf Stetigkeitsbegriffen beruht; sie lassen sich aber auch elementar, d. h. ohne jegliche Stetigkeitsbetrachtung, beweisen. Ein solcher Beweis wird im „Anhang I" angegeben werden; er dürfte aus methodischen Gründen erwünscht sein, da seine Möglichkeit den elementaren Charakter der im folgenden aufzustellenden Sätze IVa, b, c, die sich aus den beiden Hilfssätzen und Satz I ergeben werden, klarstellt.

von T_i^k, also haben die Simplexe T_i^k von C_1^n und $\varphi(T_i^k)$ von C^n einen inneren Punkt gemein, es ist mithin $T_i^k \subset \varphi(T_i^k)$, $c_{ii}^k \neq 0$, $k = n$. Die Fixpunkte von f liegen also im Inneren der T_i^n, und hieraus folgt nach Hilfssatz C, daß jedes T_i^n höchstens einen Fixpunkt enthält.

Damit ist IVa bewiesen. Aus dem Beweis ergibt sich weiter auf Grund der Definition des „Index"

Satz IVb: *Die Fixpunkte* $\xi_1, \xi_2, \ldots, \xi_m$ *einer regulären simplizialen Abbildung* φ *liegen stets in voneinander verschiedenen Simplexen* $T_{i_1}^n, T_{i_2}^n, \ldots, T_{i_m}^n$. *Ihre Indizes sind definiert; sind diese* $j_1, j_2, \ldots, j_m$, *so ist* $c_{i_q i_q}^n = j_q$ $(q = 1, 2, \ldots, m)$, *dagegen ist* $c_{ii}^n = 0$, *wenn* T_i^n *keinen Fixpunkt enthält.*

Aus IVa und IVb folgt nach Satz I (vgl. insbesondere § 3, (25),)

Satz IVc (*Fixpunktformel für reguläre simpliziale Abbildungen*):

$$\sum_{q=1}^{m} j_q = (-1)^n \sum_{k=0}^{n} (-1)^k S^k \varphi .$$

§ 6.

Ein Approximationssatz.

Das Ziel dieses Paragraphen ist der Nachweis, daß sich jede Abbildung eines Komplexes auf sich durch *reguläre* simpliziale Abbildungen beliebig gut approximieren läßt. Wir schicken einige elementare Hilfsbetrachtungen voraus.

a) Es sei K^n ein Komplex und K^k der Komplex seiner k-dimensionalen Simplexe $(k = 0, 1, \ldots, n-1)$. Unterteilungen $\overline{K}^k$ der K^k heißen „baryzentrische" Zerlegungen, wenn sie folgende Eigenschaften haben[29]):

Es ist $\overline{K}^0 = K^0$; $\overline{K}^{k-1}$ sei definiert; dann wählen wir in jedem k-dimensionalen Simplex U_j^k von K^k einen inneren Punkt y_j und zerlegen U_j^k in Teilsimplexe, indem wir y_j mit den auf dem Rande von U_j^k liegenden Simplexen von $\overline{K}^{k-1}$ verbinden. Diese Zerlegungen der U_j^k bilden $\overline{K}^k$. Die so entstehenden Komplexe $\overline{K}^0, \overline{K}^1, \ldots, \overline{K}^n$ mögen „(zusammengehörige) baryzentrische Zerlegungen" der $K^0, K^1, \ldots, K^n$ heißen.

Die der Reihe nach für $k = 1, 2, \ldots, n$ ausgeführte Konstruktion der $\overline{K}^k$ zeigt unmittelbar die Gültigkeit von

Hilfssatz A: Der Durchschnitt des Simplexes $\overline{U}^k$ von $\overline{K}^k$ mit K^i $(i \leqq k)$ ist ein Simplex $\overline{U}^i$, das Randsimplex von $\overline{U}^k$ und Simplex von $\overline{K}^i$ ist.

Wir betrachten nun einen durch Unterteilung von $\overline{K}^n$ entstandenen Komplex K_1^n und bezeichnen durch T_j^k $(k = 0, 1, \ldots, n)$ stets dessen Simplexe.

---

[29]) Vgl. die „regulären" Unterteilungen bei Veblen, l. c., S. 85 ff.

Ist ein solches T^k Teil des Simplexes $\overline{U}^n$ von $\overline{K}^n$, so ist der Durchschnitt $T^k \cdot K^i$ in dem Durchschnitt $\overline{U}^n \cdot K^i$ enthalten, und dieser ist nach Hilfssatz A ein Randsimplex $\overline{U}^i$ von $\overline{U}^n$. Mithin ist $T^k \cdot K^i = T^k \cdot \overline{U}^i$, und hieraus ergibt sich

Hilfssatz B: Der Durchschnitt $T^k \cdot K^i$ ist entweder leer oder ein h-dimensionales Randsimplex von $T^k (0 \leqq h \leqq i, k)$.

b) Mit IT^k sei im folgenden das Innengebiet von T^k bezeichnet.

Das Simplex T^i gehöre den Simplexen T_j^k an $(0 \leqq i \leqq k \leqq n;$ $j = 1, \ldots, m^k)$. Wir nennen $\sum_{j,k} IT_j^k = \mathfrak{S}(T^i)$ den zu T^i gehörigen „Stern". $\sum_{j,k} T_j^k = \sum_{j=1}^{m^n} T_j^n = \overline{\mathfrak{S}(T^i)}$ ist seine abgeschlossene Hülle. Seine „Randsimplexe" sind diejenigen T^l, die zu einem T_j^k gehören, ohne T^i zu enthalten.

Hilfssatz C: Ist $T^i \subset K^i$, so ist $K^i \cdot \mathfrak{S}(T^i) = IT^i$.

Beweis: Es ist $\mathfrak{S}(T^i) = \sum_{j,k} IT_j^k$, $K^i \cdot \mathfrak{S}(T^i) = \sum_{j,k} K^i \cdot IT_j^k \subset \sum_{j,k} K^i \cdot T_j^k$. Nach Hilfssatz B besteht $K^i \cdot T_j^k$ aus einem (höchstens i-dimensionalen) Simplex; da $T^i \subset K^i \cdot T_j^k$ ist, ist daher $K^i \cdot T_j^k = T^i$, $\sum K^i \cdot T_j^k = T^i$, $K^i \cdot \mathfrak{S}(T^i) \subset T^i$. Hieraus und aus $IT^i \subset K^i \cdot \mathfrak{S}(T^i)$ folgt, da $\mathfrak{S}(T^i)$ keinen Randpunkt von T^i enthält, $K^i \cdot \mathfrak{S}(T^i) = IT^i$.

Hilfssatz D: Ist $T^i \subset K^i$, $j < i$, so ist $K^j \cdot \mathfrak{S}(T^i) = 0$.

Beweis: $K^j \subset K^i$, $K^j \cdot \mathfrak{S}(T^i) \subset K^i \cdot \mathfrak{S}(T^i) = IT^i$,
$K^j \cdot \mathfrak{S}(T^i) \subset K^j \cdot IT^i = 0$.

Hilfssatz E: Ist $T_1^i \subset K^i$, $T_2^i \subset K^i$, $T_1^i \neq T_2^i$, so ist $\mathfrak{S}(T_1^i) \cdot \mathfrak{S}(T_2^i) = 0$.

Beweis: Zu jedem Punkte x gibt es genau ein T_x^k, so daß $x \subset IT_x^k$ ist. Wäre nun $x \subset \mathfrak{S}(T_1^i)$ und $x \subset \mathfrak{S}(T_2^i)$, so wäre $IT_x^k \subset \mathfrak{S}(T_1^i)$ und $IT_x^k \subset \mathfrak{S}(T_2^i)$, also $T_1^i \subset T_x^k$ und $T_2^i \subset T_x^k$, $i \leqq k$, $T_1^i + T_2^i \subset K^i \cdot T_x^k$, entgegen Hilfssatz B.

c) Unter einer „kanonischen" Zerlegung von $\mathfrak{S}(T^i)$ soll folgendes verstanden werden: T_j^k $(j = 1, 2, \ldots, m^k;\ k = i+1, i+2, \ldots, n)$ seien die T^i enthaltenden Simplexe. Im Inneren von T^i wählen wir einen Punkt z^* und verbinden ihn mit den Randsimplexen von T^i; dadurch wird T^i in einen Komplex D^i zerlegt. Dann wählen wir in jedem T_j^{i+1} $(j = 1, 2, \ldots, m^{i+1})$ einen inneren Punkt z_j^{i+1} und verbinden ihn mit den Randsimplexen von T_j^{i+1} und mit den Simplexen von D^i; dadurch wird $\Sigma_j T_j^{i+1}$ in einen Komplex D^{i+1} zerlegt. Durch Einführung neuer Ecken z_j^k $(k = i+2, \ldots, n)$ gelangen wir so fortfahrend zu einer Unterteilung D^n von $\sum_{j=1}^{m^n} T_j^n = \overline{\mathfrak{S}(T^i)}$. Mit den Randsimplexen von $\mathfrak{S}(T^i)$ ist keine Unterteilung vorgenommen worden. D^n ist daher eine Unterteilung von $\mathfrak{S}(T^i)$ — sie heiße „kanonisch" —, die zusammen mit $K_1^n - \mathfrak{S}(T^i)$ einen Komplex K_2^n bildet, der eine Unterteilung von K_1^n ist.

Bei der Konstruktion von D^n ist z^* mit den Punkten z_j^k und mit den Eckpunkten von T^i, jedoch mit keinem anderen auf dem Rande von $\mathfrak{S}(T^i)$ liegenden Eckpunkt verbunden worden. Keiner der letztgenannten Punkte gehört daher zusammen mit z^* zu einem Simplex von D^n. Daraus ergibt sich die Einteilung der n-dimensionalen Simplexe von D^n in zwei Arten: diejenigen „erster Art", deren Eckpunkte z^*, gewisse z_j^k und gewisse Ecken von T^i sind, und diejenigen „zweiter Art", denen z^* nicht angehört. Ihre Ecken sind teils z_j^k, teils Ecken eines Randsimplexes eines T_j^n $(j = 1, 2, \ldots, m^n)$.

d) K_1^n sei wie bisher durch eine Unterteilung einer baryzentrischen Zerlegung von K^n entstanden; mit U^k seien weiter die Simplexe von K^n, mit T^k die von K_1^n bezeichnet.

Hilfssatz F: Ist ψ eine simpliziale Abbildung von K^n auf sich, der die Zerlegung K_1^n zugrunde gelegt ist, d. h. die den Ecken von K_1^n Ecken von K^n zuordnet, und ist d das Maximum der Durchmesser der Simplexe von K^n, so gibt es eine *reguläre* simpliziale Abbildung φ von K^n auf sich, die von ψ um höchstens $2nd$ abweicht [d. h. $\varrho(\varphi(x), \psi(x)) \leqq 2nd$ für alle $x \subset K^n$].

Beweis: Die zu ψ gehörigen Matrizen (c_{jk}^i) seien wie am Anfang von § 3 definiert. Wir betrachten für $i = 0, 1, \ldots, n-1$ diejenigen Simplexe T_j^i, für die $c_{jj}^i \neq 0$, d. h. $T_j^i \subset \varphi(T_j^i)$ ist; ihre Anzahlen seien s^i. Wir werden dadurch, daß wir ψ durch geeignete andere simpliziale Abbildungen ersetzen, diese Zahlen s^i vermindern.

Sei etwa, für ein gewisses $i < n$, $c_{11}^i \neq 0$; dann folgt zunächst aus $T_1^i \subset \psi(T_1^i) = U_1^i \subset K^i$, daß T_1^i zu K^i gehört; ferner folgt aus der Eigenschaft der simplizialen Abbildung ψ, den Ecken eines T^n stets Ecken eines U^n zuzuordnen, daß ein T_1^i enthaltendes T_j^n stets in ein U_1^i enthaltendes U_j^n übergeht, daß also $\psi(\mathfrak{S}(T_1^i)) \subset \mathfrak{S}(U_1^i)$ ist.

Es werde nun eine kanonische Zerlegung von $\mathfrak{S}(T_1^i)$ vorgenommen und die dadurch gegebene Unterteilung K_2^n von K_1^n betrachtet. Diese legen wir einer simplizialen Abbildung ψ' von K^n auf sich zugrunde: 1. es sei $\psi'(x) = \psi(x)$ für alle Eckpunkte von K_2^n, die von z^* und den neu eingeführten z_j^k verschieden sind; 2. für den im Inneren von T_1^i gewählten Punkt z^* (s.o.) sei $\psi'(z^*)$ ein nicht zu U_1^i gehöriger Eckpunkt ζ eines U_1^i enthaltenden U^n von K_1^n [30]); 3. für jeden der von z^* verschiedenen Eckpunkte z_j^k von K_2^n, die nicht Ecken von K_1^n

[30]) Hier wird die Voraussetzung $i < n$ benutzt.

sind, — die also bei der Konstruktion von D^n im Inneren der T_1^i enthaltenden T_j^k gewählt wurden, — sei $\psi'(z_j^k)$ ein Eckpunkt von U_1^i.

Wir haben uns davon zu überzeugen, daß zu dieser Eckpunktzuordnung ψ' eine simpliziale Abbildung ψ' gehört, daß also, wenn $x_1, x_2, \ldots, x_{n+1}$ Ecken eines Simplexes von K_2^n sind, $\psi'(x_1), \psi'(x_2), \ldots, \psi'(x_{n+1})$ Ecken eines Simplexes von K_1^n sind.

Dies gilt zunächst gewiß für diejenigen Simplexe von K_2^n, die fremd zu $\mathfrak{S}(T_1^i)$, also Simplexe von K_1^n sind; denn in ihren Ecken ist $\psi' = \psi$. Es gilt ferner für jedes Simplex erster Art (s. o.) von D^n; denn $\psi'(z^*)$ ist Eckpunkt eines U_1^i enthaltenden U^n, alle $\psi'(z_j^k)$ sind Ecken von U_1^i, und auch die Bilder aller Ecken von T_1^i sind wegen $\psi'(T_1^i) = U_1^i$ Ecken von U_1^i. Die Behauptung gilt schließlich auch für ein Simplex zweiter Art von D^n, da diejenigen seiner Ecken, die keine z_j^k sind, ein Randsimplex T^k von $\mathfrak{S}(T_1^i)$ bilden, dessen Bildsimplex $\psi(T^k) \subset \mathfrak{S}(U_1^i)$ und für dessen Ecken $\psi = \psi'$ ist.

ψ' ist also eine simpliziale Abbildung von K_1^n auf sich, der die Unterteilung K_2^n zugrunde gelegt ist. Sind $t_1^i, t_2^i, \ldots, t_{i+1}^i$ die Simplexe, in die T_1^i durch die Unterteilung K_2^n zerlegt worden ist, so ist, da z^* Eckpunkt von t_j^i ist und $\psi'(z^*)$ nicht auf U_1^i liegt, $\psi'(t_j^i) \neq U_1^i$, also $t_j^i \not\subset \psi'(t_j^i)$; dagegen war $T_1^i \subset \psi(T_1^i) = U_1^i$. Außerhalb $\mathfrak{S}(T_1^i)$ ist beim Übergang von ψ zu ψ' nichts geändert worden; der Durchschnitt $\mathfrak{S}(T_1^i) \cdot K^i$ ist nach Hilfssatz C das Innere IT_1^i von T_1^i; also sind die Abbildungen aller von T_1^i verschiedenen T^i ungeändert geblieben. Somit ist die Zahl s^i derjenigen T^i, die in ihren Bildern enthalten sind, beim Übergang von ψ zu ψ' um 1 vermindert worden. Ferner ist nach Hilfssatz D für $j < i$ $\mathfrak{S}(T_1^i)$ fremd zu K^j, also ist an den Abbildungen der T^j und an den Zahlen s^j $(j < i)$ nichts geändert worden.

Die Unterteilung K_2^n, zu der wir bei der Konstruktion von ψ' geführt wurden, ist als Unterteilung von K_1^n ebenso wie K_1^n eine Unterteilung der baryzentrischen Zerlegung $\bar{K}^n$ von K^n; sie besitzt also alle oben benutzten, in den Hilfssätzen B bis E ausgedrückten Eigenschaften von K_1^n. Dieser Umstand ermöglicht es, weiter von ψ' zu einer Abbildung ψ'' überzugehen und s^i abermals zu vermindern, ohne die s^j für $j < i$ zu verändern.

Somit ergibt sich die Möglichkeit, durch wiederholte Unterteilung von K_1^n und wiederholten Übergang zu anderen simplizialen Abbildungen der Reihe nach $s^0, s^1, \ldots, s^{n-1}$ zum Verschwinden zu bringen. Bei der endgültigen Abbildung φ sind alle Zahlen c_{jj}^i für $i = 0, 1, \ldots, n-1$ gleich 0, φ ist also nach Satz IVa *regulär*.

Wie stark weicht φ von ψ ab?

Da, in der oben benutzten Terminologie, $\psi(\overline{\mathfrak{S}(T_1^i)}) \subset \overline{\mathfrak{S}(U_1^i)}$ und, nach Konstruktion, auch $\psi'(\overline{\mathfrak{S}(T_1^i)}) \subset \overline{\mathfrak{S}(U_1^i)}$, und da der Durchmesser von $\overline{\mathfrak{S}(U_1^i)}$ höchstens $2d$ ist, ist die Entfernung $\varrho(\psi'(x), \psi(x)) \leqq 2d$ für $x \subset \mathfrak{S}(T_1^i)$; außerhalb $\mathfrak{S}(T_1^i)$ ist $\psi' = \psi$. Es werden also beim Übergang von ψ zu ψ' nur die Bilder der Punkte von $\mathfrak{S}(T_1^i)$ verschoben, und zwar höchstens um $2d$. Infolge des Hilfssatzes E wird aber bei sukzessiver Ausführung der einzelnen, die Zahl s^i vermindernden, Übergänge zu anderen simplizialen Abbildungen das Bild jedes Punktes von K^n *höchstens einmal* verschoben. Da also bei der Beseitigung jeder einzelnen der n Zahlen $s^i (i = 0, 1, \ldots, n-1)$ das Bild jedes Punktes x um höchstens $2d$ verschoben wird, ist $\varrho(\varphi(x), \psi(x)) \leqq 2nd$.

Damit ist der Hilfssatz F bewiesen.

d) Satz V: *Jede Abbildung f von C^n auf sich kann durch reguläre simpliziale Abbildungen beliebig gut approximiert werden.*

Beweis: Es sei $\varepsilon > 0$; es ist eine reguläre simpliziale Abbildung von C^n auf sich so anzugeben, daß $\varrho(\varphi(x), f(x)) < \varepsilon$ ist.

$C^n = C_0^n, C_1^n, \ldots, C_i^n, \ldots$ sei eine Folge sukzessiver Unterteilungen von C^n derart, daß 1. $C_{i+1}^n (i = 0, 1, \ldots)$ eine Unterteilung einer baryzentrischen Zerlegung von C_i^n und somit eine Unterteilung einer baryzentrischen Zerlegung jedes $C_j^n (j \leqq i)$ ist, und daß 2. die Maxima d_0, $d_1, \ldots, d_i, \ldots$ der Simplexdurchmesser von $C_0^n, C_1^n, \ldots, C_i^n, \ldots$ gegen 0 konvergieren[31]).

Infolge der Bedingung $\lim d_i = 0$ kann man für hinreichend großes i und hinreichend großes $k \geqq i$ durch eine simpliziale Abbildung ψ von C_i^n auf sich, der die Unterteilung C_k^n zugrunde gelegt ist, f beliebig gut approximieren[26]).

Wir wählen i, k und ψ so, daß 1. $\varrho(f(x), \psi(x)) < \frac{\varepsilon}{2}$, 2. $2nd_i \leqq \frac{\varepsilon}{2}$ ist. Aus Hilfssatz F, angewandt auf $C_i^n = K^n$, und $C_k^n = K_1^n$, folgt die Existenz einer regulären simplizialen Abbildung φ von C_i^n auf sich, für die $\varrho(\varphi(x), \psi(x)) \leqq 2nd \leqq \frac{\varepsilon}{2}$, also $\varrho(\varphi(x), f(x)) < \varepsilon$ ist.

φ ist regulär in bezug auf C_i^n, d. h. es liegt kein Fixpunkt auf einem j-dimensionalen Simplex $(j < n)$ von C_i^n. Da C_i^n eine Unterteilung von C^n ist, ist φ daher erst recht regulär in bezug auf C^n.

Damit ist der Satz V bewiesen.

---

[31]) Forderung 2) ist, wie eine elementare Überlegung lehrt, von selbst erfüllt, wenn C_{i+1}^n diejenige baryzentrische Unterteilung von C_i^n ist, bei der die in C_i^n zu wählenden Punkte y_j (s. Abschn. a)) die Schwerpunkte im gewöhnlichen Sinne sind.

§ 7.

Der Index eines Fixpunktes [32]).

ξ sei ein Punkt eines n-dimensionalen euklidischen Gebietes R^n, V eine Umgebung von ξ, die zu R^n gehört, f eine in V definierte eindeutige und stetige Abbildung mit $f(V) \subset R^n$, ξ der einzige Fixpunkt von f in V. In jedem Punkt $x \subset V$ bringen wir den Vektor $\mathfrak{v}(x) = \overrightarrow{x f(x)}$ an; ξ ist eine isolierte Nullstelle der $\mathfrak{v}(x)$ und (im allgemeinen) eine isolierte Singularität des Feldes der Richtungen der $\mathfrak{v}(x)$. Den „Index" von ξ bestimmen wir in der üblichen Weise: T^n sei ein ξ im Inneren enthaltendes Simplex, das samt $f(T^n)$ zu R^n gehört, und S^{n-1} seine Randsphäre; U^n sei ebenfalls ein Simplex von R^n, s^{n-1} sein Rand und η ein innerer Punkt von U^n. S^{n-1} und s^{n-1} sind als Ränder der zugleich mit R^n orientierten Simplexe T^n und U^n in bekannter Weise zu orientieren. Jedem Punkt x von S^{n-1} ordnen wir den Punkt x' von s^{n-1} zu, in dem s^{n-1} von dem zu $\mathfrak{v}(x)$ parallelen Strahl durch η geschnitten wird. Der Grad dieser Abbildung $x' = r(x)$ ist, wie man leicht zeigt[32]), unabhängig von der Wahl der T^n, U^n, η; er heißt der „Index" des Fixpunktes ξ[33]).

Im § 5 wurde der Index für Fixpunkte spezieller affiner Abbildungen bereits definiert. Wir haben uns jetzt davon zu überzeugen, daß diese spezielle Definition von der soeben gegebenen allgemeinen umfaßt wird.

Es sei also — im Anschluß an § 5 — φ affin, $T^n \subset U^n = \varphi(T^n)$, ξ der einzige Fixpunkt in T^n und im Innern von T^n gelegen. T^n und U^n verwenden wir zugleich in den Rollen der gleichnamigen Simplexe aus der soeben formulierten Definition des Index. Dann sind $\varphi(S^{n-1})$ und $r(S^{n-1})$ zwei Abbildungen von S^{n-1} auf s^{n-1}; verschiebt man die durch die Vektoren $\mathfrak{v}(x)$ bestimmten Halbstrahlen parallel zu sich, indem man ihre Anfangspunkte x gleichförmig, geradlinig und stetig in den Punkt η überführt, so bewegen sich, da die Strecken $x\eta$ ganz in U^n verlaufen, die Schnittpunkte der Halbstrahlen mit s^{n-1} stetig auf s^{n-1}, und $\varphi(S^{n-1})$ geht stetig in $r(S^{n-1})$ über. Der Grad von $r(S^{n-1})$, d. h. der Index — nach der allgemeinen Definition — von ξ, ist daher gleich dem Grad von $\varphi(S^{n-1})$, also gleich $+1$ oder -1, je nachdem

---

[32]) Man vgl. Feigl, Fixpunktsätze für spezielle n-dimensionale Mannigfaltigkeiten. Math. Annalen 98 (1927), § 2.

[33]) In diese Definition des Index geht die zugrunde gelegte euklidische Geometrie von R^n mit ihren Begriffen von Geradlinigkeit und Parallelität ein. Es läßt sich jedoch zeigen, daß der Wert des Index von der speziellen Geometrie in R^n unabhängig ist. Ein Beweis dieser Invarianz, die übrigens für das Folgende unwesentlich ist, ist im „Anhang II" dargestellt, wo auch Literaturangaben gemacht werden.

T^n von $\varphi(T^n)$ im positiven oder im negativen Sinne bedeckt wird, d. h. gleich dem Index im Sinne des § 5.

f, T^n, S^{n-1}, U^n, s^{n-1}, ξ, η haben dieselbe Bedeutung wie früher, j sei der Index von ξ. Ferner sei $f_1, f_2, \ldots, f_k, \ldots$ eine in T^n gleichmäßig gegen f konvergierende Folge von Abbildungen, von denen jede höchstens endlich viele Fixpunkte in T^n hat; v_k sei die Indexsumme der Fixpunkte von f_k $(k=1,2,\ldots)$.

Hilfssatz. Für hinreichend großes k ist $v_k = j$.

Beweis. Da f auf S^{n-1} keinen Fixpunkt besitzt, gibt es eine Zahl $m > 0$ so, daß $\varrho(f(x), x) > m$ für $x \subset S^{n-1}$ und eine Zahl K so, daß $\varrho(f(x), f_k(x)) < m$ für $k > K$, $x \subset T^n$, ist. Es ist also gewiß $f_k(x) \neq x$ für $x \subset S^{n-1}$. Da ferner auf S^{n-1} für diese k

$$\varrho(f(x), f_k(x)) < \varrho(f(x), x) < \varrho(f(x), x) + \varrho(x, f_k(x))$$

ist, haben die Vektoren $\mathfrak{v}_k(x) = \overrightarrow{x f_k(x)}$ und $\mathfrak{v}(x) = \overrightarrow{x f(x)}$ in keinem Punkt x_0 von S^{n-1} zueinander diametrale Richtungen, da in diesem Falle

$$\varrho(f(x_0), f_k(x_0)) = \varrho(f(x_0), x_0) + \varrho(x_0, f_k(x_0))$$

wäre. Mithin haben nach einem bekannten Satz von Poincaré und Bohl[34]) die Grade der beiden durch parallele Verpflanzung der Vektoren $\mathfrak{v}(x)$ und und $\mathfrak{v}_k(x)$ in den Punkt η definierten Abbildungen $r(S^{n-1})$ und $r_k(S^{n-1})$ von S^{n-1} auf s^{n-1} den gleichen Wert; nach Definition ist dieser j für $r(S^{n-1})$. Andererseits ist der Grad von $r_k(S^{n-1})$ infolge der Additivität der Indizes[35]) gleich v_k. Folglich ist $v_k = j$.

Wir betrachten nun wieder reguläre Abbildungen des Komplexes C^n auf sich. Für jeden Fixpunkt einer solchen Abbildung ist der Index erklärt.

Satz VI. *$f, f_1, f_2, \ldots, f_k, \ldots$ seien reguläre Abbildungen von C^n auf sich, $v, v_1, v_2, \ldots, v_k, \ldots$ die Indexsummen ihrer Fixpunkte. Die Folge $f_1, f_2, \ldots$ konvergiere gleichmäßig gegen f; dann ist für hinreichend großes k $v_k = v$.*

Beweis. Man schließe die Fixpunkte von f in Simplexe T_q^n ein und wähle k zunächst so groß, daß $\varrho(f_k(x), f(x))$ in C^n kleiner ist als das Minimum von $\varrho(x, f(x))$ außerhalb der T_q^n, daß also außerhalb der T_q^n auch kein Fixpunkt eines f_k liegt. Dann folgt Satz VI unmittelbar durch Anwendung des soeben bewiesenen Hilfssatzes auf die einzelnen T_q^n.

---

[34]) Siehe z. B. Feigl, l. c., Fußnote [18]).

[35]) Feigl, l. c., § 2 (14).

§ 8.

Der allgemeine Fixpunktsatz.

$f, f_1, f_2, \ldots, f_k, \ldots$ seien beliebige Abbildungen von C^n auf sich, und die Folge der f_k konvergiere gleichmäßig gegen f. Wir betrachten die im § 2 definierten Konstanten $S^i f$ und $S^i_k f$.

Ist γ^i ein Zyklus, so sind für hinreichend großes k die (singulären) Bildzyklen $f(\gamma^i)$ und $f_k(\gamma^i)$ so eng benachbart, daß sie zueinander homolog sind[36]). Für ein hinreichend großes k ist daher

$$(1) \qquad S^i f = S^i f_k.$$

Satz VIIa. *Die Indexsumme* $v = \sum_q j_q$ *der Fixpunkte* ξ_q $(q = 1, 2, \ldots, m)$ *der regulären Abbildung* f *von* C^n *auf sich ist*

$$v = (-1)^n \sum_{i=0}^{n} (-1)^i S^i f.$$

Beweis. Nach Satz V kann man f durch reguläre simpliziale Abbildungen $f_1, f_2, \ldots$ beliebig gut approximieren. Ist v_k die Indexsumme der Fixpunkte von f_k, so ist nach Satz IVc

$$(2) \qquad v_k = (-1)^n \sum_{i=0}^{n} (-1)^i S^i f_k \qquad (k = 1, 2, \ldots).$$

Für hinreichend großes k ist nach Satz VI

$$(3) \qquad v_k = v$$

und nach (1)

$$S^i f = S^i f_k.$$

Aus (1), (2) und (3) folgt die Behauptung.

Satz VIIb. *Jede Abbildung* f *von* C^n *auf sich kann durch reguläre Abbildungen beliebig gut approximiert werden. Ist* $f_1, f_2, \ldots$ *irgendeine Folge regulärer, gleichmäßig gegen* f *konvergierender Abbildungen und* v_k *die Indexsumme der Fixpunkte von* f_k, *so ist für hinreichend großes* k

$$v_k = (-1)^n \sum_i (-1)^i S^i f.$$

Beweis. Die Möglichkeit der Approximation ist der Inhalt von Satz V. Nach Satz VIIa ist

$$v_k = (-1) \sum_i (-1)^i S^i f_k,$$

---

36) Siehe § 1, e und Fußnote 17).

und für hinreichend großes k ist nach (1)

$$(-1)^n \sum_i (-1)^i S^i f = (-1)^n \sum_i (-1)^i S^i f_k,$$

also gilt Satz VII b.

Anhang I.

Elementarer Beweis der Existenz eines Fixpunktes bei einer affinen Abbildung eines Simplexes auf sich[37]).

$x_1, x_2, \ldots, x_{n+1}$ seien die Ecken eines n-dimensionalen Simplexes T des n-dimensionalen euklidischen Raumes, x_i^ν $(\nu = 1, 2, \ldots, n)$ die Koordinaten von x_i $(i = 1, 2, \ldots, n+1)$. Zu jedem Punkt x des Raumes gehören eindeutig „Schwerpunktkoordinaten" in bezug auf T, d. h. Zahlen μ^i $(i = 1, 2, \ldots, n+1)$, die die Gleichungen

$$(1) \qquad \sum_i \mu^i = 1,$$

$$(2) \qquad \mu^i x_i^\nu = x^\nu \qquad (\nu = 1, 2, \ldots, n)\ ^{38})$$

erfüllen, wobei x^ν die kartesischen Koordinaten von x sind; umgekehrt bestimmt jedes System von Zahlen μ^i, das (1) erfüllt, vermöge (2) einen Punkt x. Die Punkte $x \subset T$ sind durch

$$(3) \qquad \mu^i \geqq 0 \qquad (i = 1, \ldots, n+1)$$

charakterisiert; Gültigkeit des Gleichheitszeichens in einer dieser Relationen bedeutet, daß x Randpunkt von T ist.

Die Schwerpunktkoordinaten sind bekanntlich invariant gegenüber affinen Abbildungen, d. h. wenn bei einer solchen x_i in $\bar{x}_i$, x in $\bar{x}$ übergehen, so ist

$$(4) \qquad \mu^i \bar{x}_i^\nu = \bar{x}^\nu. \qquad (\nu = 1, \ldots, n).$$

$\bar{x}_i$ habe die Schwerpunktkoordinaten m_i^j:

$$(5) \qquad \bar{x}_i^\nu = m_i^j x_j^\nu.$$

Die Bedingung dafür, daß x *Fixpunkt*, daß also $\bar{x}^\nu = x^\nu$ sei, ist dann auf Grund von (4), (5), (2)

$$\mu^i m_i^j x_j^\nu = \mu^j x_j^\nu$$

oder

$$(6) \qquad \mu^i (\delta_i^j - m_i^j) x_j^\nu = 0 \qquad (\nu = 1, 2, \ldots, n),$$

---

[37]) Siehe Fußnote [28]).

[38]) Es ist im folgenden stets über den doppelt vorkommenden Index, also in (2) über i, zu summieren.

wobei $\delta_i^j = 1$ oder $= 0$ ist, je nachdem $i = j$ oder $i \neq j$ ist. Außerdem ist wegen

(1a) $$\sum_j m_i^j = \sum_j \delta_i^j = 1$$

auch

(6') $$\sum_j \mu^i (\delta_i^j - m_i^j) \cdot 1 = 0,$$

und die Determinante des aus (6) und (6') bestehenden Systems von Gleichungen für die Unbekannten $\mu^i(\delta_i^j - m_i^j)$ verschwindet nicht, da die x_j die Ecken von T sind. Daher ist (6) gleichbedeutend mit

(7) $$\mu^i(\delta_i^j - m_i^j) = 0 \qquad (j = 1, \ldots, n+1).$$

Die Schwerpunktkoordinaten der Fixpunkte sind also die Lösungen μ^i der Gleichungen (1) und (7).

Nun bilde die betrachtete Abbildung das Simplex T auf sich ab; dann ist nach (3)

(8) $$m_i^j \geqq 0 \qquad (i, j = 1, 2, \ldots, n+1).$$

Wir behaupten, daß es wenigstens einen Fixpunkt in T gibt, d. h. daß die Gleichungen (1), (7) eine Lösung besitzen, die (3) erfüllt.

Dem Beweise schicken wir einige Hilfsbetrachtungen voraus.

Eine m-reihige quadratische Matrix (u_i^j) heiße eine „U^m-Matrix“, wenn

(9) $$\sum_{j=1}^{m} u_i^j \geqq 0 \qquad (i = 1, 2, \ldots, m),$$

(10) $$u_i^j \leqq 0 \quad \text{für } j \neq i$$

ist. Dabei sei i der Spalten-, j der Zeilenindex, d. h. die Glieder der j-ten Zeile seien $u_1^j, u_2^j, \ldots, u_m^j$, usw. U^m-Matrizen haben folgende Eigenschaften:

a) Jeder r-reihige Hauptminor H^r einer U^m-Matrix ist eine U^r-Matrix.

Beweis. H^r ist dadurch gegeben, daß i und j nur die Indizes $h_1, h_2, \ldots, h_r$ durchlaufen. Die Gültigkeit von (10) ist selbstverständlich. Ferner ist

$$\sum_{\varrho=1}^{r} u_i^{h_\varrho} = \sum_{j=1}^{m} u_i^j - \sum_{j \neq h_\varrho} u_i^j \qquad (i = h_1, \ldots, h_r).$$

Hier ist die erste Summe auf der rechten Seite $\geqq 0$ nach (9); für jedes Glied u_i^j der zweiten Summe ist $i \neq j$, also $u_i^j \leqq 0$ nach (10); mithin ist $\sum_{\varrho=1}^{r} u_i^{h_\varrho} \geqq 0$, für H^r gilt auch (9), H^r ist also eine U^r-Matrix.

b) Die Determinante einer U^m-Matrix ist $\geqq 0$.

Beweis. Da das einzige Element einer U^1-Matrix nach (9) nicht negativ ist, ist die Behauptung für $m = 1$ richtig. Sie sei für $m-1$ bewiesen.

Sie ist gewiß richtig für solche U^m-Matrizen, für die in sämtlichen m Relationen (9) das Gleichheitszeichen gilt; denn dann ist die Determinante 0. Die Behanptung sei nun außer für alle U^{m-1}-Matrizen auch für alle diejenigen U^m-Matrizen bewiesen, für die in $k-1$ der Relationen (9) das Zeichen $>$ gilt; wir haben sie für eine U^m-Matrix zu beweisen, für die in (9) genau k-mal das Zeichen $>$ steht.

Sei in einer solchen Matrix M etwa $\sum_{j=1}^{m} u_1^j = s > 0$. Bezeichnet D die Determinante von M, $\overline{D}$ die Determinante der Matrix $\overline{M}$, die aus M dadurch entsteht, daß man das Glied u_1^1 durch $-\sum_{j=2}^{m} u_1^j$ ersetzt, D_1 die Determinante des zu u_1^1 komplementären Hauptminors M_1, so ist, da

$$u_1^1 = s + \left(-\sum_{j=2}^{m} u_1^j\right)$$

ist,

$$D = s D_1 + \overline{D}. \tag{11}$$

Nun ist M_1 nach a) eine U^{m-1}-Matrix, es ist also $D_1 \geqq 0$ zufolge unserer Annahme; in $\overline{M}$ ist die Summe der Glieder der ersten Spalte 0, das erste Element dieser Spalte ist $-\sum_{j=2}^{m} u_1^j \geqq 0$ nach (10), die übrigen Spalten sind identisch mit den entsprechenden in M; $\overline{M}$ ist daher eine U^m-Matrix, für die in $k-1$ Relationen (9) das Zeichen $>$ steht, so daß wir $\overline{D} \geqq 0$ als bewiesen annehmen. Da außerdem $s > 0$ ist, folgt aus (11) $D \geqq 0$.

c) Ist H^r ein r-reihiger Hauptminor einer U^m-Matrix, und ist seine Determinante $D^r = 0$, so verschwinden die Determinanten aller r-reihigen quadratischen Matrizen, die denselben Spalten angehören wie H^r.

Beweis. Die Behauptung ist für $r = 1$ richtig; denn H^1 besteht aus einem Element u_i^i, und es ist $u_i^i = D^1 = 0$, also nach (9) $\sum_{j(\neq i)} u_i^j \geqq 0$ und mithin nach (10) $u_i^j = 0$ für $j = 1, \ldots, m$. Die Behauptung sei für $r-1$ bewiesen. H^r sei etwa durch $i, j \leqq r$ gegeben.

Sind nun für $i \leqq r$, $j > r$ sämtliche $u_i^j = 0$, so ist der Satz gewiß richtig; es sei daher etwa $u_1^{j_0} \neq 0$ für ein $j_0 > r$. Da dann $u_1^{j_0} < 0$ ist, so folgt aus (9) und (10)

$$s^r = \sum_{j=1}^{r} u_1^j \geqq - \sum_{j=r+1}^{m} u_1^j \geqq - u_1^{j_0} > 0\,.$$

Sind nun d, d_1, $\bar{d}$ ebenso für H^r definiert wie in b) D, D_1, $\bar{D}$ für M, so ist

$$d = s^r d_1 + \bar{d} = 0\,,$$

also, da $s^r > 0$ und nach b) $d_1 \geqq 0$, $\bar{d} \geqq 0$ ist, $d_1 = 0$. d_1 ist die Determinante des zu u_1^1 komplementären Hauptminors H^{r-1} von H^r; nach Annahme verschwinden daher alle $(r-1)$-reihigen Determinanten, die aus der zweiten bis r-ten Spalte gebildet sind. Mithin verschwinden auch alle r-reihigen Determinanten der r ersten Spalten.

d) Wir betrachten die durch $i \leqq r+1$, $j \leqq r$ bestimmte Untermatrix M^r einer U^m-Matrix M. M_k sei diejenige quadratische r-reihige Matrix, die aus M^r durch Tilgung der $(r+1-k)$-ten Spalte entsteht $(k = 0, 1, \ldots, r)$, D_k die Determinante von M_k. Dann ist $(-1)^k D_k \geqq 0$.

Beweis. M_0 ist ein Hauptminor, also folgt $D_0 \geqq 0$ aus a) und b). Es sei $k \geqq 1$. Man setze die $(r+1-k)$-te Zeile an die letzte Stelle; die neue Matrix heiße M_k'. In M_k' addiere man alle Zeilen zur letzten; die neue Matrix heiße M_k''. In M_k'' multipliziere man die letzte Zeile mit -1; die neue Matrix heiße M_k'''. Da M_k' aus M_k durch $k-1$ Vertauschungen von Zeilen entsteht, hat M_k''' die Determinante $(-1)^k D_k$, und nach b) ist unsere Behauptung bewiesen, wenn wir gezeigt haben, daß M_k''' eine U^r-Matrix ist.

Das letzte Glied derjenigen Spalte von M_k''', die in M_k den Index i hat, ist $-\sum_{j=1}^{r} u_i^j$, die übrigen Glieder sind u_i^j $(j \neq r+1-k,\ j \leqq r)$, die Summe aller Glieder ist daher $-u_i^{r+1-k}$; da nach Definition von M_k $i \neq r+1-k$ ist, ist nach (10) $-u_i^{r+1-k} \geqq 0$, M_k''' hat also die Eigenschaft (9).

Die ersten $r-1$ Zeilen von M_k''' bilden diejenige Matrix M^*, die aus M^r durch Streichung der $(r+1-k)$-ten Zeile und der $(r+1-k)$-ten Spalte entsteht. Ein Element, das in M^r gleichen Zeilen- und Spaltenindex hat, hat diese Eigenschaft daher auch in M^*; mithin hat ein Element, dessen Zeilen- und Spaltenindizes in M^* voneinander verschieden sind, auch in M^r voneinander verschiedene Indizes und ist daher nach (10) nicht positiv. In den ersten $r-1$ Zeilen von M_k''' ist (10) also erfüllt. Die Glieder der letzten Zeile sind $v_i = -\sum_{j=1}^{r} u_i^j = -\sum_{j=1}^{m} u_i^j + \sum_{j=r+1}^{m} u_i^j$; für die ersten $r-1$ dieser Glieder ist $i \leqq r$, also nach (10) $u_i^j \leqq 0$ für

$j=r+1,\ldots,m$, mithin $\sum_{j=r+1}^{m} u_i^j \leqq 0$; da nach (9) auch $-\sum_{j=1}^{m} u_i^j \leqq 0$ ist, folgt $v_i \leqq 0$. Folglich hat M_k''' die Eigenschaft (10) und ist daher eine U^r-Matrix.

e) Der Rang der U^m-Matrix M sei $r<m$. Dann besitzt das Gleichungssystem

$$\mu^i u_i^j = 0 \qquad (j=1,\ldots,m), \tag{7*}$$

$$\sum_{i=1}^{m} \mu^i = 1 \tag{1*}$$

ein Lösungssystem $\mu^1, \mu^2, \ldots, \mu^m$ mit

$$\mu^i \geqq 0 \qquad (i=1,\ldots,m). \tag{3*}$$

Beweis. Nach c) gibt es einen Hauptminor H^r mit von 0 verschiedener Determinante; durch gleichzeitige Umnumerierung der Zeilen und Spalten läßt sich erreichen, daß H^r durch $i, j \leqq r$ definiert ist. Die Determinante des Gleichungssystems für die Unbekannten λ^i $(i=1,\ldots,r+1)$

$$\sum_{i=1}^{r+1} \lambda^i = 1 \tag{1**}$$

$$\lambda^i u_i^j = 0 \quad (i=1,\ldots,r+1;\ j=1,\ldots,r) \tag{7**}$$

ist, in der Bezeichnungsweise von d)

$$\Delta = (-1)^r \sum_{k=0}^{r} (-1)^k D_k;$$

da $D_0 > 0$ als Determinante von H^r und $(-1)^k D_k \geqq 0$ nach d) ist, ist $(-1)^r \Delta > 0$. Die Lösung des Systems (1**), (7**) ist nach elementaren Regeln

$$\lambda^i = \frac{(-1)^{i-1} D_{r-i+1}}{\Delta} = \frac{(-1)^{r-i+1} D_{r-i+1}}{(-1)^r \Delta}.$$

Der Nenner des zweiten Bruches ist, wie wir eben sahen, positiv, der Zähler ist $\geqq 0$ nach d); also ist

$$\lambda^i \geqq 0 \qquad (i=1,\ldots,r+1). \tag{3**}$$

Setzen wir nun

$$\mu^i = \lambda^i \qquad (i=1,\ldots,r+1), \tag{12a}$$

$$\mu^i = 0 \qquad (i=r+2,\ldots,m), \tag{12b}$$

so sind (1*) und (3*) erfüllt; ferner ist

$$\mu^i u_i^j = 0 \qquad (i=1,\ldots,m;\ j=1,\ldots,r),$$

und die analogen Gleichungen gelten infolge der linearen Abhängigkeit der letzten $m-r$ Zeilen der Matrix (u^j) von den ersten r Zeilen auch für $j=r+1, \ldots, m$. Mithin erfüllen die μ^i auch (7*), womit die Behauptung bewiesen ist.

Zusatz. Besitzt das System (1*), (7*), (3*) mehr als eine Lösung, so ist $r \leqq m-2$, und (12b) zeigt, daß es dann eine Lösung mit $\mu^m = 0$ gibt.

Wir kehren zu der Frage der Existenz des Fixpunktes, d. h. der Lösbarkeit des Systems (1), (7), (3) zurück. Die Matrix $(u_i^j) = (\delta_i^j - m_i^j)$ ist infolge (8) und der aus (1a) folgenden Relationen

$$(13) \qquad \sum_j u_i^j = \sum_j (\delta_i^j - m_i^j) = 0 \qquad (i = 1, 2, \ldots, n+1)$$

eine U^{n+1}-Matrix; ihr Rang ist infolge (13) $< n+1$. Nach e) ist daher das System (1), (7), (3) lösbar.

Mithin existiert stets ein Fixpunkt in T. Aus dem Zusatz zu e) folgt überdies, daß es *genau* einen Fixpunkt in T gibt, falls auf dem Rand von T kein Fixpunkt liegt[39]).

Anhang II.

Beweis der topologischen Invarianz des Indexes eines Fixpunktes[40]).

a) Wir knüpfen an den ersten Absatz des § 7 an. Ist $x \subset T^n$, so bezeichne $\varphi(x)$ den Endpunkt des in η angebrachten Vektors $\mathfrak{v}(x) = \overrightarrow{x f(x)}$. Nach Definition ist der Index von ξ die „Ordnung" von η in bezug auf das Bild $\varphi(S^{n-1})$;[41]) diese ist — infolge einfacher Eigenschaften des Abbildungsgrades[41]) — gleich dem Grade $\gamma_\eta(\varphi(T^n))$ der Abbildung $\varphi(T^n)$ im Punkte η. Ist E^n ein in T^n enthaltenes, ξ im Innern enthaltendes Element, d. h. topologisches Bild eines n-dimensionalen Simplexes, so ist

$$\gamma_\eta(\varphi(T^n)) = \gamma_\eta(\varphi(E^n));$$

---

[39]) Damit sind die Hilfssätze A und B (§ 5) elementar bewiesen.

[40]) Siehe Fußnote [33]). — Andere Beweise dieser Invarianz sind in den folgenden Arbeiten enthalten: H. Hopf, Über die Curvatura integra geschlossener Hyperflächen, Math. Annalen **95** (1925), § 1. Lefschetz, Intersections ... (s. Fußnote [5])); Fixpunkte werden dort als Schnittpunkte gedeutet, und die Invarianz des Fixpunktindexes ist daher in der in Teil I, § 6, bewiesenen Invarianz des „Kroneckerschen" (Schnitt-) Indexes enthalten. Ferner für $n=2$ J. Nielsen, l. c. (s. Fußnote [4])), § 36.

[41]) Die hier benutzten, im wesentlichen in Arbeiten von Brouwer enthaltenen Eigenschaften des Abbildungsgrades und der Ordnung sind im § 1 der Arbeit des Verfassers: Zur Topologie der Abbildungen von Mannigfaltigkeiten, I. Teil (Math. Annalen **100** (1928), S. 579–608), zusammenfassend dargestellt.

denn nur ξ wird durch φ auf η abgebildet, η wird von $\varphi(T^n - E^n)$ also nicht bedeckt. Der Index von ξ ist mithin gleich $\gamma_\eta(\varphi(E^n))$ für ein beliebiges, ξ enthaltendes Element E^n.

b) Wir betrachten zunächst eine spezielle Klasse von Fixpunkten: ξ heiße „normal", wenn es ein ξ enthaltendes Element E^n gibt, das zu dem Bild $f(R^{n-1})$ seines Randes R^{n-1} fremd ist. Wir wählen $\eta = \xi$ und behaupten, daß

$$\gamma_\xi(\varphi(E^n)) = \gamma_\xi(f(E^n))$$

ist. In der Tat: E^n läßt sich durch eine eineindeutige Abbildung H so auf eine Vollkugel V^n vom Radius 1 beziehen, daß $H(\xi) = \omega$ der Mittelpunkt von V^n ist. Ist $x \subset R^{n-1}$, so sei x_t der Punkt in E^n, für den $H(x_t)$ im Abstand t von ω auf dem Radius $\omega H(x)$ liegt; es ist also $x_0 = \xi$, $x_1 = x$. Ist nun für $x \subset R^{n-1}$, $0 \leqq t \leqq 1$, $\mathfrak{v}_t(x)$ der Vektor $\overrightarrow{x_t f(x)}$, so ist $\mathfrak{v}_t(x) \neq 0$, da $x_t \subset E^n$, aber nach Voraussetzung $f(x) \not\subset E^n$ ist. Bezeichnet $f_t(x)$ den Endpunkt des in ξ angebrachten Vektors $\mathfrak{v}_t(x)$, so ist daher $\xi \neq f_t(x)$. Wir haben also für $0 \leqq t \leqq 1$ eine stetige Schar von Abbildungen $f_t(R^{n-1})$ mit $\xi \not\subset f_t(R^{n-1})$; dabei ist $f_0(R^{n-1}) = f(R^{n-1})$, $f_1(R^{n-1}) = \varphi(R^{n-1})$. Da sich mithin die durch f und φ vermittelten Abbildungen des Randes R^{n-1} von E^n stetig ohne Überschreitung von ξ ineinander überführen lassen, haben $f(E^n)$ und $\varphi(E^n)$ in ξ den gleichen Grad[41]), w. z. b. w.

Somit ist $\gamma_\xi(f(E^n))$ der Index von ξ; aus der topologischen Invarianz, d. h. Unabhängigkeit vom Koordinatensystem, des Abbildungsgrades[41]) folgt daher die topologische Invarianz des Indexes eines normalen Fixpunktes.

c) ξ sei nun nicht mehr normal, aber normalisierbar; d. h. es existiere eine stetige Schar von Abbildungen $f^t(T^n)$, $0 \leqq t \leqq 1$, so daß f^1 normal und $f^0 = f$ sei und daß für jedes t ξ der einzige Fixpunkt von f^t sei. Das unter Zugrundelegung irgendeines Koordinatensystems konstruierte Vektorfeld $\mathfrak{v}(x)$ erleidet beim Übergang von f zu f^1 durch die Schar f^t hindurch eine stetige Abänderung, bei der ξ immer die einzige Nullstelle bleibt; der Index von ξ ändert sich daher nicht, und er ist somit für f, gemessen in einem beliebigen Koordinatensystem, derselbe wie für die Abbildung f^1, bei der ξ normal ist; für diese aber ist nach b) der Index in allen Koordinatensystemen der gleiche. Mithin ist der Index jedes normalisierbaren Fixpunktes topologisch invariant.

d) Zum Invarianzbeweis für einen beliebigen Fixpunkt genügt es nunmehr zu zeigen, daß sich jeder Fixpunkt normalisieren läßt. Dies geschieht z. B. folgendermaßen:

Für jeden Punkt $x \subset T^n$ sei r_x das Verhältnis der Strecke ξx zu dem zwischen ξ und dem Rande S^{n-1} von T^n gelegenen Stück des Strahls ξx; es ist also $r_\xi = 0$, $r_x > 0$ für $x \neq \xi$, $r_x = 1$ für $x \subset S^{n-1}$. d sei der Durchmesser von T. Ist dann x^t der Punkt, der auf dem Strahl $\overrightarrow{x f(x)}$ jenseits $f(x)$ in der Entfernung $t r_x d$ von $f(x)$ liegt, so wird $f = f^0$ durch $f^t(x) = x^t$, $0 \leqq t \leqq 1$, normalisiert. Denn ξ bleibt immer der einzige Fixpunkt, und es ist $f^1(S^{n-1})$ fremd zu T^n, da der Vektor $\overrightarrow{x f^1(x)}$ für $x \subset S^{n-1}$ länger als d ist.

Princeton N. J., 4. April 1928.

(Eingegangen am 18. April 1928.)

14.

Zur Topologie der Abbildungen von Mannigfaltigkeiten. Zweiter Teil. Klasseninvarianten von Abbildungen

Math. Ann. **102** (1929), 562–623

Brouwer hat in seiner grundlegenden Arbeit „Über Abbildung von Mannigfaltigkeiten" [2]) den Abbildungsgrad durch den Beweis des folgenden Satzes eingeführt: „*Wenn eine zweiseitige, geschlossene, gemessene n-dimensionale Mannigfaltigkeit* μ *auf eine gemessene n-dimensionale Mannigfaltigkeit* μ' *eindeutig und stetig abgebildet wird, so existiert eine bei stetiger Modifizierung der Abbildung sich nicht ändernde endliche ganze Zahl c mit der Eigenschaft, daß die Bildmenge von* μ *jedes Teilgebiet von* μ' *im ganzen c Male positiv überdeckt. Ist* μ' *einseitig oder offen, so ist c stets gleich Null.*" Dabei ist, wie aus dem Beweis des Satzes hervorgeht, der „*Abbildungsgrad*" c im „algebraischen" Sinne als Anzahl der positiven Bedeckungen aufzufassen, d. h. er ist die Anzahl der positiven Bedeckungen vermindert um die Anzahl der negativen Bedeckungen. Der Grad ändert sich, wie der Satz besagt, nicht, wenn die gegebene Abbildung f stetig modifiziert wird, er ist also eine Invariante der durch f bestimmten „Abbildungsklasse"; die ohne Berücksichtigung von Vorzeichen bestimmte Anzahl der glatten, d. h. eineindeutigen, Bedeckungen eines Gebietes durch die Bildmenge dagegen ist weder auf μ' noch in der Klasse konstant; über sie kann man von vornherein nur aussagen, daß sie niemals kleiner als $|c|$ sein kann. So entsteht folgende Frage: „*Gibt es in der durch f bestimmten Abbildungsklasse eine Ab-*

---

[1]) Erster Teil: Neue Darstellung der Theorie des Abbildungsgrades für topologische Mannigfaltigkeiten, Math. Annalen **100** (1928). Im folgenden als „Teil I" zitiert.

[2]) Brouwer, Über Abbildung von Mannigfaltigkeiten, Math. Annalen **71** (1911).

bildung f', *bei der die Bildmenge ein Gebiet von* μ' *nicht nur „algebraisch", sondern auch „geometrisch", d. h. in bezug auf eine Abzählung, die auf Vorzeichen keine Rücksicht nimmt,* $|c|$*-mal bedeckt?* Die Beantwortung dieser Frage, auf deren Bedeutung ich durch Herrn Alexandroff hingewiesen worden bin, bildet das eigentliche Ziel dieser Arbeit.

Die Frage ist zu bejahen, wenn μ und μ' orientierbar sind. Dies wird unten für den Fall $n \neq 2$ bewiesen, während der Fall $n = 2$, der sich unserer Beweismethode entzieht, in demselben Sinne von H. Kneser erledigt worden ist[3]). Wenn also beide Mannigfaltigkeiten orientierbar sind, so läßt sich der Grad seinem Betrage nach charakterisieren als *die innerhalb der vorgelegten Abbildungsklasse mögliche Mindestzahl glatter Bedeckungen eines Gebietes von* μ' *durch die Bildmenge,* — eine Tatsache, die die von Brouwer in einer späteren Arbeit[4]) bewiesene topologische Invarianz des Grades in Evidenz setzt.

Diese Übereinstimmung des Grades mit der soeben genannten Mindestzahl besteht aber offenbar nicht, wenn μ' nicht orientierbar ist; denn dann ist ja nach dem am Anfang zitierten Brouwerschen Satz immer $c = 0$, während die fragliche Mindestzahl z. B. bei der Abbildung einer Kugel auf eine projektive Ebene, bei der das Bild der ersteren als unverzweigte zweiblättrige Überlagerungsfläche über letzterer liegt, wie man leicht erkennt, 2 ist. Hier ist also die Aufgabe zu lösen, diese Mindestzahl, die ihrer Definition nach eine Klasseninvariante ist, mittels Eigenschaften der vorgelegten Abbildung f zu bestimmen, und dieselbe Aufgabe tritt auf, wenn auch μ nicht orientierbar, der Grad also gar nicht definiert ist. Man wird versuchen, für diese Fälle eine dem Grade ähnliche Zahl zu erklären, von der sich nachträglich zeigen läßt, daß sie für die in der Klasse möglichen Bedeckungszahlen die Minimaleigenschaft hat, die nach dem oben Gesagten im Fall orientierbarer Mannigfaltigkeiten dem Grade zukommt. Dies wird unten durchgeführt; die Klasseninvariante, die die Rolle des Grades übernimmt, wird als „Absolutgrad" bezeichnet und ist im Falle geschlossener orientierbarer Mannigfaltigkeiten mit dem absoluten Betrag des Grades identisch; für ihre Definition ist unter anderem eine feinere Einteilung der Abbildungen nicht orientierbarer Mannigfaltigkeiten in „orientierbare" und „nicht orientierbare" Abbildungen notwendig, die das Verhalten der Bilder derjenigen geschlossenen Wege berücksichtigt, bei deren Durchlaufung sich die Orientierung umkehrt, und die in ähnlicher Weise gelegentlich ebenfalls schon von Brouwer vorgenommen worden ist[5]). Der Beweis der Übereinstimmung des

[3]) H. Kneser, Glättung von Flächenabbildungen, Math. Annalen **100** (1928).

[4]) Brouwer, Über Jordansche Mannigfaltigkeiten, § 6, Math. Annalen **71** (1911).

[5]) Brouwer, Aufzählung der Abbildungsklassen endlichfach zusammenhängender Flächen, Math. Annalen **82** (1921); besonders S. 284.

Absolutgrades mit der oben besprochenen minimalen Bedeckungszahl versagt auch hier für den Fall $n = 2$; aber auch diese Lücke ist von H. Kneser ausgefüllt worden[6]).

Nun ist aber der Bereich der Gebilde, für deren Abbildungen der Grad definiert ist, durch die *geschlossenen*, orientierbaren oder nicht orientierbaren, Mannigfaltigkeiten keineswegs erschöpft, und gerade bei manchen Anwendungen spielen die Abbildungen von *berandeten* oder von den aus diesen durch Weglassung des Randes entstehenden *offenen* Mannigfaltigkeiten eine wesentliche Rolle; es braucht wohl nur daran erinnert zu werden, daß Brouwers Beweis der Invarianz der Dimensionenzahl[7]) auf der Betrachtung des — dort allerdings noch nicht mit diesem Namen versehenen — „Grades“ der Abbildung eines n-dimensionalen Würfels beruht. Die Theorie des Grades für die Abbildungen offener Mannigfaltigkeiten, auf die sich, wie schon angedeutet, die Betrachtung berandeter Mannigfaltigkeiten stets zurückführen läßt, ist im ersten Teil der vorliegenden Arbeit ausführlich dargestellt worden; der Grad ist hier nicht mehr auf μ', sondern nur in gewissen Gebieten konstant; ferner hat man die Gesamtheit der zulässigen „stetigen Modifizierungen“ der Abbildungen einzuschränken, und zwar ungefähr in dem Sinne, daß man, wenn eine berandete Mannigfaltigkeit abgebildet wird, die Abbildung am Rande nicht ändern darf. Für diesen weiteren Bereich von Abbildungen ergibt sich nun ebenso wie bei geschlossenen Mannigfaltigkeiten die Frage nach der durch zulässige stetige Abänderungen erreichbaren Mindestzahl glatter Bedeckungen eines Gebietes, und der oben genannte Weg zur Antwort auf diese Frage ist auch hier gangbar: die Definition des „Absolutgrades“ gilt von vornherein für die Abbildungen beliebiger, geschlossener oder offener, Mannigfaltigkeiten, und auch der Nachweis seines Übereinstimmens mit der in Frage stehenden Mindestzahl hat für $n \neq 2$ diesen allgemeinen Gültigkeitsbereich. Jedoch zeigt es sich jetzt, daß die Dimensionszahl $n = 2$ nicht nur unserer Beweismethode unzugänglich ist, sondern daß sie wirklich in bezug auf unsere Fragestellung eine Ausnahmerolle spielt: *es gibt Abbildungen offener Flächen, für welche die durch zulässige Abänderungen erreichbare Mindestzahl der glatten Bedeckungen eines Gebietes größer ist als der Absolutgrad* — im Gegensatz zu allen anderen Dimensionszahlen, wo die beiden Zahlen stets einander gleich sind. Für die Abbildungen offener Flächen bleibt unser Problem also ungelöst, und seine nähere Untersuchung scheint auf gruppentheoretische Fragen zu führen[8]).

---

[6]) H. Kneser, Die kleinste Bedeckungszahl innerhalb einer Klasse von Flächenabbildungen; erscheint in den Math. Annalen.

[7]) Brouwer, Beweis der Invarianz der Dimensionenzahl, Math. Annalen **70** (1911).

[8]) Vgl. Fußnote [30]).

Die bisher besprochene Mindestzahl läßt sich auch folgendermaßen schildern: Man faßt einen festen Punkt ξ von μ' und solche Abbildungen f aus der vorgelegten Klasse ins Auge, bei denen die Gleichung $f(x) = \xi$ nur „einfache" Lösungen x besitzt; dabei heißt ein Punkt x auf μ eine einfache Lösung, wenn es eine Umgebung von x gibt, in der die Gleichung $f(y) = \eta$ für jeden hinreichend nahe an ξ gelegenen Punkt η genau eine Lösung y hat; geometrisch gesprochen: es werden nur glatte Bedeckungen der Umgebung von ξ zugelassen. Gefragt wird nach einer Abbildung f, bei der die Anzahl dieser einfachen Lösungen möglichst klein ist. Bei dieser Formulierung drängt sich von selbst die Frage nach einer Abbildung der vorgelegten Klasse auf, für die die Anzahl der Lösungen von $f(x) = \xi$ schlechthin, ohne Rücksicht auf Einfachheit, möglichst klein ist, also nach einer Abbildung, die *die innerhalb der Klasse erreichbare Mindestzahl der Originalpunkte des Punktes* ξ liefert. Diese Mindestzahl ist ebenso wie die oben besprochene nach Definition eine Invariante der Abbildungsklasse und des Punktes ξ; für den Fall geschlossener Mannigfaltigkeiten μ ist sie wieder, wie man leicht sieht, von ξ unabhängig. Ihre Untersuchung ist in dieser Arbeit ein wichtiger Schritt auf dem Wege zu dem Absolutgrad und der mit diesem verknüpften Mindestzahl der glatten Bedeckungen.

Die somit gestellte Aufgabe, die in der Klasse mögliche Mindestzahl der Originale von ξ zu bestimmen, ist ihrem Wesen nach nahe verwandt mit der von J. Nielsen in Angriff genommenen Frage nach der innerhalb einer Klasse von Abbildungen von μ auf sich erreichbaren Mindestzahl von Fixpunkten[9]), also von Lösungen der Gleichung $f(x) = x$; und der Begriff, der bei uns im wesentlichen zum Ziele führt, ist einem Nielsenschen Grundbegriff nachgebildet: analog der durch Nielsen vorgenommenen Einteilung der Fixpunktmenge in „Fixpunktklassen" zerlegen wir die Originalmenge von ξ in „Schichten" und unterscheiden „wesentliche" und „unwesentliche" Schichten. Die Anzahl der wesentlichen Schichten ist eine Invariante der Klasse (und hängt, falls μ offen ist, von dem Punkte ξ ab); sie ist eine untere Schranke für die jetzt zu untersuchende Mindestzahl; es bleibt die Frage zu beantworten, ob sie gleich dieser Mindestzahl ist. Die Antwort fällt analog der Antwort auf die früher gestellte Frage nach der ersten von uns betrachteten Mindestzahl aus: *sie lautet „ja", falls $n \neq 2$ ist; dagegen gibt es Abbildungsklassen von Flächen — und hier sogar von geschlossenen Flächen —, für die die Mindestzahl der Originale eines Punktes größer als die wesentliche Schichten-*

[9]) J. Nielsen, Untersuchungen zur Topologie der geschlossenen zweiseitigen Flächen I, II. Acta mathematica **50**, **53** (1927, 1929). Man vergleiche besonders die Charakterisierung der Fixpunktklassen in I auf S. 289 unten.

zahl ist, und die Frage, wie die Mindestzahl allgemein zu bestimmen ist, bleibt offen.

Die Bestimmung der Anzahl der wesentlichen Schichten führt, wie es bei der Analogie mit den Nielsenschen Begriffen zu erwarten ist, auf die Betrachtung der Beziehung zwischen den Fundamentalgruppen der beiden Mannigfaltigkeiten, die durch die Abbildung vermittelt wird. *Ist μ geschlossen und der Grad (bzw. Absolutgrad) von* 0 *verschieden, so ist die Anzahl durch den genannten Gruppenhomomorphismus vollständig bestimmt: das Bild der Fundamentalgruppe von μ ist eine Untergruppe der Fundamentalgruppe von μ' mit endlichem Index; dieser Index ist die Zahl der wesentlichen Schichten und ein Teiler des Grades (bzw. Absolutgrades).*

Dies sind, in kurzen Zügen, die Probleme und Ergebnisse dieser Arbeit. Man sieht, daß die am wenigsten geklärten Punkte in unserem Problemkreis diejenigen sind, die sich auf Flächenabbildungen beziehen. Hier wird in zwei Richtungen weiterzuarbeiten sein: einerseits muß man die Abbildungsklassen der Flächen selbst, insbesondere der geschlossenen Flächen, noch genauer untersuchen, als es bisher geschehen ist, um z. B. die Mindestzahl der Originale eines Bildpunktes mittels Eigenschaften des durch die Abbildung bewirkten Gruppenhomomorphismus zu bestimmen (ein erstrebenswertes Ziel ist hier natürlich die Aufzählung aller Abbildungsklassen durch Angabe aller möglichen Homomorphismen von Flächengruppen[10])); andererseits wird man zu versuchen haben, den Fall $n = 2$ durch Modifizierung oder Verallgemeinerung der Fragestellung von seiner Ausnahmestellung zu befreien und in eine allgemeinere Theorie einzuordnen. In beiden Richtungen werden in zwei der Arbeit angefügten Anhängen kleine Vorstöße unternommen.

Inhaltsverzeichnis.

---

[10]) Daß die Aufzählung der Gruppenhomomorphismen im allgemeinen (nämlich dann, wenn μ' nicht die Kugel oder die projektive Ebene ist) mit der Aufzählung der Abbildungsklassen identisch ist, geht aus der unter [5]) genannten Arbeit von Brouwer (S. 286) hervor. Die unter [6]) genannte Arbeit von Kneser enthält wichtige Beiträge zur Durchführung dieser Aufzählung.

§ 1.

Vorbemerkungen über Fundamentalgruppe und Überlagerungsmannigfaltigkeiten [11]).

Unter einem „Weg" in der Mannigfaltigkeit M verstehen wir das eindeutige und stetige Bild einer Strecke, unter seinem Anfangs- und Endpunkt die Bilder des Anfangs- und Endpunkts der Strecke. Es ist klar, was unter dem zu einem Weg w inversen Weg w^{-1} sowie unter der Zusammensetzung $w_1 w_2$ zweier Wege zu verstehen ist. Ein Weg w heißt geschlossen, wenn Anfangs- und Endpunkt zusammenfallen; ein geschlossener Weg läßt sich also als eindeutiges und stetiges Bild einer Kreisperipherie auffassen. Er ist dann und nur dann (auf einen Punkt) „zusammenziehbar", wenn sich diese Abbildung zu einer Abbildung der ganzen Kreisscheibe ergänzen läßt. Zwei geschlossene Wege w_1, w_2 mit gemeinsamem Anfangs- und Endpunkt heißen „äquivalent", wenn der Weg $w_1 w_2^{-1}$ zusammenziehbar ist; wir schreiben dann $w_1 \equiv w_2$. Aus $w_1 \equiv w_2$, $w_1 \equiv w_3$ folgt leicht $w_2 \equiv w_3$; die geschlossenen Wege mit gemeinsamem Anfangs- und Endpunkt x lassen sich also in Klassen zusammenfassen. Zwei geschlossene Wege durch x sind dann und nur dann unter Festhaltung ihres gemeinsamen Anfangs- und Endpunkts ineinander deformierbar, wenn sie zu einer Klasse gehören. Die Klassen bilden bezüglich der erwähnten Zusammensetzung eine Gruppe $\mathfrak{F}_x$. Ist y ein von x verschiedener Punkt, so ist die entsprechend definierte Gruppe $\mathfrak{F}_y$ mit $\mathfrak{F}_x$ isomorph; der Isomorphismus ist, wenn g_x ein geschlossener Weg durch x, v ein fester Weg von x nach y ist, dadurch gegeben, daß man dem Element g_x von $\mathfrak{F}_x$ das Element

[11]) Dieser Paragraph, insbesondere sein erster Absatz, ist nur eine Zusammenstellung von Tatsachen, die ziemlich allgemein bekannt sein dürften. — Literatur: Poincaré, Analysis Situs, §§ 12, 13, Journ. École Polytechn. (2) **1** (1895). — Kerékjártó, Vorlesungen über Topologie (Berlin 1923), V. Abschn., § 2. — J. Nielsen, wie unter [9]). — Reidemeister, Fundamentalgruppe und Überlagerungsräume, Nachr. Ges. d. Wiss. Göttingen, Math.-phys. Klasse, 1928. — Schreier, Die Verwandtschaft stetiger Gruppen im großen, § 1, Abhandl. Math. Sem. d. Hamburgischen Universität **5** (1927). — Weyl, Die Idee der Riemannschen Fläche (Leipzig-Berlin 1913), § 9.

$g_y = v^{-1} g_x v$ von $\mathfrak{F}_y$ zuordnet. Die Willkür von v hat zur Folge, daß dieser Isomorphismus nur bis auf innere Automorphismen bestimmt ist: wenn man nämlich v durch $\bar{v}$ ersetzt und $\bar{v}^{-1} v = h$ setzt, so wird dem Element g_x nicht $g_y = v^{-1} g_x v$, sondern $\bar{g}_y = \bar{v}^{-1} g_x \bar{v} = h v^{-1} g_x v h^{-1} = h g_y h^{-1}$ zugeordnet. Die abstrakte Gruppe $\mathfrak{F}$, von der $\mathfrak{F}_x, \mathfrak{F}_y, \ldots$ Realisationen sind, heißt die „Fundamentalgruppe" von M.

Zu jeder Untergruppe $\mathfrak{U}$ von $\mathfrak{F}$ wird folgendermaßen die „zu $\mathfrak{U}$ gehörige Überlagerungsmannigfaltigkeit von M" konstruiert:

x sei ein fester Punkt in M, $\mathfrak{U}_x$ eine der Untergruppen von $\mathfrak{F}_x$, die $\mathfrak{U}$ entsprechen (die also alle die Form $h \mathfrak{U}_x h^{-1}$ haben). Wir betrachten zunächst die Wege mit dem Anfangspunkt x und einem festen Endpunkt y und nennen zwei solche Wege w_1, w_2 „äquivalent mod $\mathfrak{U}_x$", geschrieben: $w_1 \equiv w_2 \pmod{\mathfrak{U}_x}$, wenn $w_1 w_2^{-1} \subset \mathfrak{U}_x$ ist. Ist

$$w_1 \equiv w_2 \pmod{\mathfrak{U}_x}, \qquad w_1 \equiv w_3 \pmod{\mathfrak{U}_x},$$

so ist also

$$w_1 w_2^{-1} \subset \mathfrak{U}_x, \qquad w_2 w_1^{-1} \subset \mathfrak{U}_x, \qquad w_1 w_3^{-1} \subset \mathfrak{U}_x,$$

mithin

$$w_2 w_1^{-1} w_1 w_3^{-1} \equiv w_2 w_3^{-1} \subset \mathfrak{U}_x, \text{ [12]}$$

d. h.

$$w_2 \equiv w_3 \pmod{\mathfrak{U}_x}.$$

Die von x nach y laufenden Wege lassen sich also in „Äquivalenzklassen mod $\mathfrak{U}_x$" einteilen.

Ist w_0 ein fester Weg von x nach y und sind w_1, w_2 irgend zwei Wege von x nach y, so ist, wenn wir die geschlossenen Wege $w_1 w_0^{-1}$, $w_2 w_0^{-1}$ mit g_1, g_2 bezeichnen, $w_1 w_2^{-1} \equiv g_1 g_2^{-1}$; w_1, w_2 gehören also dann und nur dann zur selben Klasse mod $\mathfrak{U}_x$, wenn $g_1 g_2^{-1} = u \subset \mathfrak{U}_x$, $g_1 \equiv u g_2$ ist, d. h. wenn g_1 und g_2 derselben Restklasse („Nebengruppe") mod $\mathfrak{U}_x$ angehören. Den Äquivalenzklassen der Wege von x nach y sind also — durch Vermittlung des willkürlich ausgezeichneten Weges w_0 — eineindeutig Restklassen von $\mathfrak{F}_x$ mod $\mathfrak{U}_x$ zugeordnet. Dabei kommt jede dieser Restklassen vor; denn ist g irgendein Weg aus $\mathfrak{F}_x$, so entspricht bei der Zuordnung der Äquivalenzklasse von $w = g w_0$ die Restklasse, der g angehört. Somit sehen wir: Dem System der Äquivalenzklassen der Wege von x nach y entspricht — nach Auszeichnung von w_0 — eineindeutig das System der Restklassen, in das $\mathfrak{F}_x$ mod $\mathfrak{U}_x$, oder, was dasselbe ist, in das $\mathfrak{F}$ mod $\mathfrak{U}$ zerfällt; insbesondere ist die — endliche oder unendliche —

[12]) Man ziehe $w_1^{-1} w_1$ unter Festhaltung des Endpunktes von w_1 auf diesen zusammen.

Anzahl der Äquivalenzklassen gleich der Anzahl j der Restklassen, die, wie üblich, der „Index" von $\mathfrak{U}$ in $\mathfrak{F}$ heißen möge[13]).

Wir lassen nun, immer unter Festhaltung von x, den Punkt y die Mannigfaltigkeit M durchlaufen und bekommen so eine Menge $\mathfrak{M}$ von Äquivalenzklassen, die so auf M abgebildet ist, daß jeder Punkt y Bild von j Klassen ist. Wir machen $\mathfrak{M}$ durch geeignete Definition eines Umgebungsbegriffs zu einer Mannigfaltigkeit:

Um jeden Punkt y zeichnen wir eine feste euklidische Umgebung U_y aus. Sind $w_1(y) = w_1$, $w_2(y) = w_2$ zwei zu einer Klasse W gehörige Wege von x nach y und sind v_1, v_2 zwei innerhalb U_y von y nach einem Punkt y' von U_y verlaufende Wege, so ist $v_1 v_2^{-1}$ zusammenziehbar, also ist auch $w_1 v_1 v_2^{-1} w_1^{-1}$ zusammenziehbar; es ist also $w_1 v_1 v_2^{-1} w_1^{-1} \subset \mathfrak{U}_x$, $w_1 w_2^{-1} \subset \mathfrak{U}_x$, mithin, wenn wir $w_1(y)\, v_1 = w_1'(y') = w_1'$, $w_2(y)\, v_2 = w_2'(y') = w_2'$ setzen,

$$w_1' w_2'^{-1} = w_1 v_1 v_2^{-1} w_1^{-1} w_1 w_2^{-1} \subset \mathfrak{U}_x, \quad \text{d. h.} \quad w_1' \equiv w_2' \pmod{\mathfrak{U}_x}.$$

Die somit durch die Klasse W der $w_i(y)$ bestimmte Klasse W' der $w_i'(y')$ nennen wir die zu W „benachbarte" Klasse der Wege von x nach y'. Ersetzt man die Wege $w_i(y)$ durch einen zu einer anderen Klasse $\overline{W}$ gehörigen Weg $\overline{w}(y)$, so geht die zu $\overline{W}$ benachbarte Klasse $\overline{W}'$ der nach y' führenden Wege aus der Klasse W' durch linksseitige Multiplikation mit $\overline{w} w^{-1}$ hervor, wobei $w \subset W$ ist; da $\overline{w} w^{-1}$ nicht zu $\mathfrak{U}_x$ gehört, ist $\overline{W}'$ von W' verschieden. Zu voneinander verschiedenen nach y führenden Wegeklassen sind also voneinander verschiedene noch y' führende Wegeklassen benachbart.

Wir setzen nun fest, daß eine Menge von Klassen $W'(y')$ eine Umgebung der Klasse $W(y)$ heißt, wenn erstens die Punkte y' eine in U_y enthaltene euklidische Umgebung von y bilden, und wenn zweitens die $W'(y')$ zu $W(y)$ benachbart sind. Man überzeugt sich leicht von folgenden Tatsachen: Die Umgebungsdefinition erfüllt die Hausdorffschen Axiome, $\mathfrak{M}$ ist also zu einem topologischen Raum gemacht worden; die (durch die Endpunkte der Wege bestimmte) Abbildung von $\mathfrak{M}$ auf M ist stetig; zu jedem der in M ausgezeichneten Gebiete U_y gibt es in $\mathfrak{M}$ genau j Gebiete $U_y^1, U_y^2, \ldots$, die auf U_y abgebildet sind; diese Beziehung zwischen U_y^i und U_y ist eineindeutig und beiderseits stetig. Da somit die in $\mathfrak{M}$ definierten Umgebungen topologische Bilder euklidischer Gebiete sind, ist $\mathfrak{M}$ eine Mannigfaltigkeit.

---

[13]) Der Index ist unabhängig davon, ob man rechtsseitige oder linksseitige Restklassen betrachtet; denn bei dem Automorphismus von $\mathfrak{F}$, der entsteht, wenn man jedes Element durch sein Inverses ersetzt, werden die beiden Systeme der rechts- und linksseitigen Restklassen eineindeutig aufeinander abgebildet.

Wir waren ausgegangen von einer Untergruppe $\mathfrak{U}$ von $\mathfrak{F}$ und hatten der weiteren Betrachtung eine der Untergruppen von $\mathfrak{F}_x$ zugrunde gelegt, die bei dem zwischen $\mathfrak{F}$ und $\mathfrak{F}_x$ bestehenden Isomorphismus $\mathfrak{U}$ entsprechen; wir hätten statt dieser Untergruppe $\mathfrak{U}_x$ auch eine zu $\mathfrak{U}_x$ ähnliche Untergruppe $\overline{\mathfrak{U}}_x = h\,\mathfrak{U}_x h^{-1}$ zugrunde legen können. Dann wären wir statt zu $\mathfrak{M}$ zu einer anderen Mannigfaltigkeit $\overline{\mathfrak{M}}$ gelangt. Jedoch läßt sich $\overline{\mathfrak{M}}$ mit $\mathfrak{M}$ ohne Abänderung der zwischen $\overline{\mathfrak{M}}$ und M bzw. zwischen $\mathfrak{M}$ und M bestehenden Beziehung dadurch identifizieren, daß man den Punkt von $\mathfrak{M}$, zu dem die Wege $w_1, w_2, \ldots$ gehören, als identisch mit dem Punkt von $\overline{\mathfrak{M}}$ betrachtet, zu dem die Wege $h w_1, h w_2, \ldots$ gehören. Dies ist möglich, denn $w_1 \equiv w_2 \pmod{\mathfrak{U}_x}$ ist gleichbedeutend mit $h w_1 \equiv h w_2 \pmod{\overline{\mathfrak{U}}_x}$. Faßt man also $\mathfrak{M}$, $\overline{\mathfrak{M}}$ als Realisationen einer abstrakten Mannigfaltigkeit auf, so ist diese sowie ihre Abbildung auf M unabhängig davon, welche der $\mathfrak{U}$ entsprechenden Untergruppen von $\mathfrak{F}_x$ wir zugrunde gelegt haben.

Hätten wir schließlich statt des Punktes x einen Punkt z von M zugrunde gelegt, so wären wir statt zu $\mathfrak{M} = \mathfrak{M}_x$ zu einer Mannigfaltigkeit $\mathfrak{M}_z$ gelangt. Aber $\mathfrak{M}_x$ und $\mathfrak{M}_z$ lassen sich ohne Störung ihrer Beziehungen zu M dadurch identifizieren, daß man den Punkt von $\mathfrak{M}_x$, zu dem die Wege $w_1, w_2, \ldots$ gehören, als identisch betrachtet mit dem Punkt von $\mathfrak{M}_z$, zu dem die Wege $v w_1, v w_2, \ldots$ gehören, wobei v ein fester Weg von z nach x ist; dies ist möglich, denn $w_1 \equiv w_2 \pmod{\mathfrak{U}_x}$ ist gleichbedeutend mit $v w_1 \equiv v w_2 \pmod{v\,\mathfrak{U}_x v^{-1}}$, und $\mathfrak{U}_z = v\,\mathfrak{U}_x v^{-1}$ ist eine Untergruppe von $\mathfrak{F}_z$, die $\mathfrak{U}$ entspricht. $\mathfrak{M}_x$ und $\mathfrak{M}_z$ können also wieder als Realisationen einer abstrakten Mannigfaltigkeit aufgefaßt werden, die samt ihrer Abbildung auf M von der Wahl der Punkte x oder z nicht abhängt.

Das Ergebnis ist: *Zu jeder Untergruppe $\mathfrak{U}$ der Fundamentalgruppe $\mathfrak{F}$ gehört eine wohlbestimmte abstrakte Mannigfaltigkeit $M_{\mathfrak{U}}$, die durch eine eindeutige und stetige Abbildung φ so auf M bezogen ist, daß auf jedes hinreichend kleine — nämlich in einem U_y enthaltene — Gebiet von M genau j Gebiete von $M_{\mathfrak{U}}$ topologisch abgebildet sind; dabei ist j der Index von $\mathfrak{U}$ in $\mathfrak{F}$. $M_{\mathfrak{U}}$ heißt die zu $\mathfrak{U}$ gehörige „Überlagerungsmannigfaltigkeit" von M, j die Anzahl der „Schichten" von $M_{\mathfrak{U}}$ über M.*

Wir betrachten nun noch die durch φ vermittelte Beziehung zwischen den Wegen auf $M_{\mathfrak{U}}$ und den Wegen auf M. Sei x ein Punkt in M, $\mathfrak{U}_x$ eine der $\mathfrak{U}$ entsprechenden Untergruppen von $\mathfrak{F}_x$, $\bar{x}$ der Punkt in $M_{\mathfrak{U}}$, der durch die von x nach x führenden Wege, welche zu $\mathfrak{U}_x$ gehören, also z. B. durch den nur aus dem Punkt x bestehenden Weg, definiert ist. Läuft in M ein Punkt x_t in stetiger Abhängigkeit von t in $x = x_0$ beginnend und ist w_t der bis zum Wert t durchlaufene Weg, $\bar{x}_t$ der durch w_t in $M_{\mathfrak{U}}$ bestimmte Punkt, so bilden diese Punkte, da φ in jedem hinreichend kleinen Gebiet von M eindeutig und stetig umkehrbar ist, einen

Weg $\bar{w}$ in $M_{\mathfrak{U}}$, und dessen Anfangspunkt ist $\bar{x}$, da dieser Punkt, wie eben bemerkt, infolge seiner Definition dem Weg w_0 entspricht. Hat man also in $M_{\mathfrak{U}}$ einen in $\bar{x}$ beginnenden Weg $\bar{w}$, so entspricht seinem Bild $w = \varphi(\bar{w})$ gerade der Endpunkt von $\bar{w}$.

Ist $\bar{w}$ geschlossen, so ist wegen der Eindeutigkeit von φ auch $w = \varphi(\bar{w})$ geschlossen; nach dem eben Gesagten entspricht dem Weg w der Endpunkt $\bar{x}$ von $\bar{w}$; folglich gehört w ebenso wie w_0 zu $\mathfrak{U}_x$, da, wie wir früher sahen, Wegen, die zu verschiedenen Restklassen mod $\mathfrak{U}_x$ gehören, verschiedene Punkte in $M_{\mathfrak{U}}$ entsprechen. Ist andererseits w ein zu $\mathfrak{U}_x$ gehöriger geschlossener Weg, so ist der seinen Teilbögen w_t entsprechende Weg in $M_{\mathfrak{U}}$ geschlossen, da $\bar{x}$ ja gerade durch die von x nach x führenden, zu $\mathfrak{U}_x$ gehörigen Wege definiert ist. Somit bildet φ die geschlossenen Wege durch $\bar{x}$ auf alle die und nur die geschlossenen Wege durch x ab, die zu $\mathfrak{U}_x$ gehören.

Ist der geschlossene Weg $\bar{w}$ in $M_{\mathfrak{U}}$ zusammenziehbar, so ist er das Randbild bei einer Abbildung $f(K)$ einer Kreisscheibe K; dann ist $w = \varphi(\bar{w})$ das Randbild bei der Abbildung $\varphi f(K)$ von K, also auch zusammenziehbar. Ferner erhält φ infolge ihrer Eindeutigkeit und Stetigkeit die Zusammensetzung geschlossener Wege, d. h. es ist $\varphi(\bar{w}_1 \bar{w}_2) = \varphi(\bar{w}_1)\,\varphi(\bar{w}_2)$; insbesondere ist also mit $\bar{w}_1 \bar{w}_2^{-1}$ auch $\varphi(\bar{w}_1)\,\varphi(\bar{w}_2)^{-1}$ zusammenziehbar, d. h. äquivalente Wege in $M_{\mathfrak{U}}$ werden auf äquivalente Wege in M abgebildet. Mithin bildet φ die Fundamentalgruppe $\bar{\mathfrak{U}}$ von $M_{\mathfrak{U}}$ homomorph auf $\mathfrak{U}_x$ ab.

Dieser Homomorphismus ist eineindeutig, also ein Isomorphismus. Um das zu beweisen, muß gezeigt werden, daß verschiedene Klassen von $\bar{\mathfrak{U}}$ auf verschiedene Klassen von $\mathfrak{U}_x$ abgebildet werden. Hierzu genügt der Nachweis der folgenden Behauptung: Ist $\varphi(\bar{w})$ zusammenziehbar, so ist auch $\bar{w}$ zusammenziehbar.

Sei also $w = \varphi(\bar{w})$ das Bild der Peripherie p bei der Abbildung $f(K)$ einer Kreisscheibe K und sei dabei $\mathfrak{x}$ der Punkt auf p, der durch f in den Anfangs- und Endpunkt x von w abgebildet wird. Ist $\mathfrak{w}_1$ ein Weg in K von $\mathfrak{x}$ nach einem Punkt $\mathfrak{y}$ in K, so entspricht dem in M verlaufenden Weg $f(\mathfrak{w}_1)$ ein bestimmter Punkt $\bar{y}$ in $M_{\mathfrak{U}}$; ist $\mathfrak{w}_2$ ein zweiter Weg in K von $\mathfrak{x}$ nach $\mathfrak{y}$, so ist $\mathfrak{w}_1 \mathfrak{w}_2^{-1}$ in K zusammenziehbar, also $f(\mathfrak{w}_1 \mathfrak{w}_2^{-1}) = f(\mathfrak{w}_1)\,f(\mathfrak{w}_2)^{-1}$ in M zusammenziehbar, also gewiß $f(\mathfrak{w}_1)\,f(\mathfrak{w}_2)^{-1} \subset \mathfrak{U}_x$; dann entspricht aber den Wegen $f(\mathfrak{w}_1)$ und $f(\mathfrak{w}_2)$ derselbe Punkt $\bar{y}$ in $M_{\mathfrak{U}}$. Die durch die Wege $\mathfrak{w}$ und $f(\mathfrak{w})$ vermittelte Abbildung F von K auf $M_{\mathfrak{U}}$ ist also eindeutig und infolge der Stetigkeit von f und der stetigen Umkehrbarkeit im Kleinen von φ stetig. Die Randabbildung $F(p)$ liefert $\bar{w}$; denn die auf p verlaufenden Bögen werden durch f auf die Teilbögen w_t von w abgebildet, und diesen entspricht, wie wir oben sahen, der Weg $\bar{w}$. — Damit ist die Behauptung und somit der folgende Satz bewiesen:

$\mathfrak{U}$ *ist die Fundamentalgruppe von* $M_{\mathfrak{U}}$.

Betrachten wir neben $\mathfrak{U}$ eine zu $\mathfrak{U}$ ähnliche Untergruppe von $\mathfrak{F}$: $\mathfrak{U}' = h\mathfrak{U}h^{-1}$, wobei h ein Element von $\mathfrak{F}$ ist. Sind wieder w_1, w_2 von x nach y führende Wege, die mod $\mathfrak{U}$ äquivalent sind, so sind hw_1, hw_2 mod $\mathfrak{U}'$ äquivalent und umgekehrt, denn $w_1 w_2^{-1} \subset \mathfrak{U}$ ist gleichbedeutend mit $(hw_1)(hw_2)^{-1} = hw_1 w_2^{-1} h^{-1} \subset \mathfrak{U}'$. Wenn man dem durch $w_1, w_2, \ldots$ definierten Punkt $\bar{y}$ von $M_{\mathfrak{U}}$ den durch $hw_1, hw_2, \ldots$ definierten Punkt $\bar{y}'$ von $M_{\mathfrak{U}'}$ zuordnet, so wird daher $M_{\mathfrak{U}}$ eineindeutig auf $M_{\mathfrak{U}'}$ abgebildet, und zwar so, daß $\varphi(\bar{y}) = \varphi'(\bar{y}')$ ist, wobei φ' ebenso für $M_{\mathfrak{U}'}$ definiert ist wie φ für $M_{\mathfrak{U}}$. Mithin ist wegen der Stetigkeit von φ und der eindeutigen und stetigen Umkehrbarkeit von φ' im Kleinen die eineindeutige Beziehung zwischen $M_{\mathfrak{U}}$ und $M_{\mathfrak{U}'}$ auch stetig. Damit ist bewiesen:

Zu ähnlichen Untergruppen von $\mathfrak{F}$ gehört — bis auf Homöomorphismen — dieselbe Überlagerungsmannigfaltigkeit.

§ 2.

Definition von Klasseninvarianten und deren Haupteigenschaften.

1. Der Gruppenhomomorphismus der Abbildung. M und μ seien Mannigfaltigkeiten, $\mathfrak{F}$ und Φ ihre Fundamentalgruppen, f sei eine eindeutige und stetige Abbildung von M auf μ, x sei ein Punkt von M, $\xi = f(x)$ sein Bild. Die geschlossenen Wege durch x werden durch f auf geschlossene Wege — nicht notwendigerweise auf alle geschlossenen Wege — durch ξ abgebildet, jeder zusammenziehbare Weg wird auf einen zusammenziehbaren Weg, die Zusammensetzung zweier Wege wird auf die Zusammensetzung der Bilder der beiden Wege abgebildet. Daraus folgt, daß f die Gruppe $\mathfrak{F}_x$ der geschlossenen Wege durch x homomorph in die Gruppe Φ_ξ der geschlossenen Wege durch ξ abbildet. Bei Auszeichnung von x vermittelt also f einen Homomorphismus von $\mathfrak{F}$ in Φ [14]).

Ist y ein von x verschiedener Punkt in M, $\eta = f(y)$ sein Bild, so bildet f ebenso die Gruppe $\mathfrak{F}_y$ homomorph in die Gruppe Φ_η ab. Nun sind, wenn $\mathfrak{F}_x$ und Φ_ξ in bestimmter Weise als Realisationen der Fundamentalgruppen $\mathfrak{F}$ bzw. Φ aufgefaßt werden, $\mathfrak{F}_y$ und Φ_η dadurch noch nicht in eindeutiger Weise als Realisationen der Fundamentalgruppen bestimmt, vielmehr sind (vgl. § 1, 1. Absatz) willkürliche Wege v und w von x nach y bzw. von ξ nach η

[14]) Bei einem Homomorphismus von $\mathfrak{F}$ „in“ Φ braucht nicht jedes Element von Φ Bild eines Elementes von $\mathfrak{F}$ zu sein; bei einem Homomorphismus von $\mathfrak{F}$ „auf“ Φ soll dies immer der Fall sein (diese Ausdrucksweise kenne ich durch Herrn van der Waerden).

einzuführen, die zwischen $\mathfrak{F}_x$ und $\mathfrak{F}_y$ bzw. zwischen Φ_ξ und Φ_η vermitteln: dem Element g von $\mathfrak{F}_x$ wird das Element $v^{-1}gv$ von $\mathfrak{F}_y$, dem Element γ von Φ_ξ wird das Element $w^{-1}\gamma w$ von Φ_η zugeordnet. Ist der Homomorphismus von $\mathfrak{F}_x$ in Φ_ξ durch Gleichungen $f(g) = \gamma$ (wobei g die Gruppe $\mathfrak{F}_x$ durchläuft) gegeben, so ist der Homomorphismus von $\mathfrak{F}_y$ in Φ_η nicht durch $f(v^{-1}gv) = w^{-1}\gamma w$, sondern durch $f(v^{-1}gv) = f(v)^{-1}f(g)f(v)$ $= (f(v)^{-1}w)w^{-1}\gamma w(f(v)^{-1}w)^{-1}$ gegeben; dabei ist $f(v)^{-1}w$ ein Element von Φ_η. Der durch f zwischen $\mathfrak{F}$ und Φ vermittelte Homomorphismus ist also — bei Auszeichnung verschiedener Punkte $x, y, \ldots$ — nur bis auf innere Automorphismen von Φ bestimmt.

f werde nun stetig abgeändert, d. h. es existiere eine von t stetig abhängende, für $0 \leqq t \leqq 1$ erklärte Schar von Abbildungen f_t mit $f_0 = f$. Es sei g ein geschlossener Weg durch x, $f_t(g) = \gamma_t$, w_τ der Weg, den das Bild von x durchläuft, während t von τ bis 1 wächst. $\gamma_1^{-1} w_\tau^{-1} \gamma_\tau w_\tau$ ist ein geschlossener Weg durch $\xi_1 = f_1(x)$; läßt man τ von 0 bis 1 wachsen, so geht der Weg $\gamma_1^{-1} w_0^{-1} \gamma_0 w_0$ stetig in den Weg $\gamma_1^{-1}\gamma_1$ über; dieser ist zusammenziehbar; also ist es auch $\gamma_1^{-1} w_0^{-1} \gamma_0 w_0$; mithin ist $\gamma_1 \equiv w_0^{-1}\gamma_0 w_0$, $f_1(g) \equiv w_0^{-1} f_0(g) w_0$. Dies gilt — bei festem Weg w_0 — für alle Elemente g von $\mathfrak{F}_x$. Der — immer nur bis auf innere Automorphismen von Φ bestimmte — Homomorphismus von $\mathfrak{F}$ in Φ ändert sich also bei dem stetigen Übergang von f_0 zu f_1 nicht.

Somit werden wir, in dem Bestreben, Eigenschaften von f zu untersuchen, die bei stetiger Abänderung von f invariant sind, unser Augenmerk auf Eigenschaften eines Homomorphismus von $\mathfrak{F}$ in Φ richten, die sich bei inneren Automorphismen von Φ nicht ändern. Nun bilden diejenigen Elemente von Φ, die bei einem Homomorphismus H von $\mathfrak{F}$ in Φ Bildelemente sind, eine Untergruppe $H(\mathfrak{F}) = \mathfrak{U}$ von Φ. Wird Φ einem inneren Automorphismus unterworfen, so ist $\mathfrak{U}$ durch eine ähnliche Untergruppe $\mathfrak{U}' = h\mathfrak{U}h^{-1}$ zu ersetzen. In unserem Falle ist, wenn wir $\mathfrak{F}$ und Φ durch $\mathfrak{F}_x$ bzw. Φ_ξ realisieren, $\mathfrak{U}$ die Gruppe derjenigen Klassen geschlossener Wege durch ξ, welche Bilder geschlossener Wege durch x enthalten. Unter den Eigenschaften, die zugleich mit $\mathfrak{U}$ den mit $\mathfrak{U}$ ähnlichen Untergruppen zukommen, die also invariant gegenüber stetiger Abänderung von f sind, betrachten wir im folgenden den Index von $\mathfrak{U}$ in Φ und die zu $\mathfrak{U}$ gehörige Überlagerungsmannigfaltigkeit von μ:

Definition I. Unter der zu der Abbildung f von M auf μ gehörigen „Bildgruppe" verstehen wir die — bis auf innere Automorphismen von Φ bestimmte — Untergruppe $\mathfrak{U}$ von Φ, die durch die Bilder der geschlossenen Wege in M definiert wird.

Definition II. Unter dem „Index" j von f verstehen wir den Index der Bildgruppe in Φ.

Definition III. Unter der zu f gehörigen „Überlagerungsmannigfaltigkeit" verstehen wir die zu der Bildgruppe gehörige Überlagerungsmannigfaltigkeit μ^* von μ.

Die drei so definierten Begriffe sind, wie oben gezeigt wurde, invariant gegenüber stetiger Abänderung von f.

2. Die Zerlegung der Abbildung. z ist im folgenden stets ein fester Punkt in M, $\zeta = f(z)$ sein Bild. Φ_ζ ist die Gruppe der Klassen geschlossener Wege durch ζ, $\mathfrak{U}_\zeta$ die $\mathfrak{U}$ entsprechende Untergruppe von Φ_ζ, also die Gruppe derjenigen Wegeklassen durch ζ, die Bilder geschlossener Wege durch z enthalten. μ^* denken wir uns durch von ζ ausgehende Wege realisiert, d. h. zwei solche Wege v_1, v_2 stellen dann und nur dann denselben Punkt von μ^* dar, wenn sie mod $\mathfrak{U}_\zeta$ äquivalent sind, wenn also $v_1 v_2^{-1}$ dem Bild eines geschlossenen Weges durch z äquivalent ist.

Sind w_1, w_2 zwei beliebige Wege von z nach x, so sind $f(w_1)$, $f(w_2)$ von ζ nach $\xi = f(x)$ führende Wege, und es ist $f(w_1) f(w_2)^{-1} = f(w_1 w_2^{-1})$, also sind, da $w_1 w_2^{-1}$ ein geschlossener Weg durch z ist, $f(w_1)$ und $f(w_2)$ mod $\mathfrak{U}_\zeta$ äquivalent und stellen denselben Punkt ξ^* von μ^* dar. Diesen ordnen wir dem Punkt x zu und nennen ihn $f^*(x)$. Bezeichnet wieder φ die durch die Überlagerung bewirkte Abbildung von μ^* auf μ, so ist $\varphi(\xi^*) = \varphi f^*(x) = \xi$. Aus der im Kleinen eindeutigen und stetigen Umkehrbarkeit von φ folgt die Stetigkeit von f^*.

Damit haben wir f in zwei nacheinander auszuführende eindeutige und stetige Abbildungen zerlegt: zuerst wird M durch f^* auf μ^*, dann μ^* durch φ auf μ abgebildet; es ist $f(M) = \varphi f^*(M)$. Dabei ist φ die im § 1 ausführlich besprochene Abbildung der j-schichtigen Überlagerungsmannigfaltigkeit μ^* von μ auf μ, und j ist der Index von f. f^* hat den Index 1; denn ist γ^* ein geschlossener Weg durch denjenigen Punkt ζ^* von μ^*, der den von ζ nach ζ führenden, zu $\mathfrak{U}_\zeta$ gehörigen Wegen entspricht, so gehört $\gamma = \varphi(\gamma^*)$ zu $\mathfrak{U}_\zeta$ (da andernfalls der in ζ^* beginnende Weg γ^* in einem anderen Punkte enden müßte), es gibt also einen geschlossenen Weg g durch z, so daß $\gamma f(g)^{-1}$ zusammenziehbar ist; nun ist $\gamma f(g)^{-1} = \varphi(\gamma^* f^*(g)^{-1})$, und daraus folgt (vgl. § 1), daß $\gamma^* f^*(g)^{-1}$ auf μ^* zusammenziehbar, daß also γ^* dem Bild eines geschlossenen Weges äquivalent ist. Bei dem durch f^* bewirkten Homomorphismus von $\mathfrak{F}$ in die Fundamentalgruppe $\mathfrak{U}$ von μ^* ist also jedes Element von $\mathfrak{U}$ Bild, d. h. der Index ist 1.

Wird f stetig abgeändert, d. h. liegt eine von t stetig abhängende Schar f_t von Abbildungen mit $f = f_0$ vor, so ändert sich auch $f_t(z) = \zeta_t$ stetig mit t, und μ^* ist für verschiedene Werte von t durch von verschiedenen Punkten ζ_t ausgehende Wege zu realisieren; die homöomorphe

Beziehung zwischen diesen verschiedenen Realisationen μ_t^* ist (siehe § 1) noch abhängig von der Wahl willkürlicher Wege zwischen den verschiedenen Punkten ζ_t. Wir beseitigen diese Unbestimmtheit durch die Festsetzung: v_τ sei die während des Intervalls $0 \leqq t \leqq \tau$ von ζ_t durchlaufene Bahn; der durch den von ζ_τ ausgehenden Weg u dargestellte Punkt von μ_τ^* wird identifiziert mit dem Punkt von μ_0^*, der durch den Weg $v_\tau u$ dargestellt wird. Hierdurch wird (siehe § 1) die unter Zugrundelegung der Gruppe $\mathfrak{U}_\tau$ der geschlossenen Bildwege $f_\tau(g)$ konstruierte Überlagerungsmannigfaltigkeit μ_τ^* mit derjenigen zu ζ_0 gehörigen Überlagerungsmannigfaltigkeit identifiziert, deren Konstruktion die Gruppe $v_\tau \mathfrak{U}_\tau v_\tau^{-1}$ zugrunde gelegt ist; diese Untergruppe ist aber mit der Gruppe $\mathfrak{U}_0 = \mathfrak{U}_\zeta$ der Bilder $f_0(g)$ identisch, was man erkennt, wenn t stetig von τ nach 0 läuft; die zugehörige Überlagerungsmannigfaltigkeit ist also μ_0^*. Fassen wir auf Grund dieser Beziehung zwischen μ_t^* und μ_0^* die zu f_t gehörige Abbildung f_t^* als Abbildung auf $\mu_0^* = \mu^*$ auf, so ist das Bild eines Punktes x von M folgendermaßen zu bestimmen: man nimmt einen festen Weg w von z nach x und ordnet x als Bild denjenigen Punkt von $\mu_0^* = \mu^*$ zu, der zu dem in ζ beginnenden Weg $v_t f_t(w)$ gehört. Dieser Bildpunkt $f_t^*(x)$ ändert sich offenbar stetig mit t, einer stetigen Änderung von f entspricht also eine stetige Änderung von f^*.

Es liegt also folgender Sachverhalt vor:

Satz I. *f läßt sich in zwei Abbildungen f^* und φ zerlegen, $f(M) = \varphi f^*(M)$; dabei ist f^* eine Abbildung vom Index 1 auf die zu f gehörige Überlagerungsmannigfaltigkeit μ^* und ändert sich bei stetiger Änderung von f stetig; φ ist die durch die Überlagerung gegebene Abbildung von μ^* auf μ und bleibt bei stetiger Änderung von f fest.*

3. Die Einteilung der Originalmenge eines Bildpunktes in Schichten. ξ sei ein Punkt in μ, X seine Originalmenge in M, d. h. die Menge derjenigen Punkte x, für die $f(x) = \xi$ ist. Ist u ein Weg zwischen zwei Punkten x_1, x_2 von X, so ist $f(u)$ ein geschlossener Weg in μ. Es kann eintreten, daß dieser zusammenziehbar ist; dies sei der Fall, und es sei ferner v ein Weg von x_2 nach dem ebenfalls zu X gehörigen Punkt x_3: dessen Bild $f(v)$ auch zusammenziehbar ist. Dann ist das Bild $f(uv) = f(u) f(v)$ des von x_1 nach x_3 laufenden Weges uv ebenfalls zusammenziehbar. Diese Tatsache ermöglicht es, die Menge X in zueinander fremde Teilmengen X_1, $X_2, \ldots$ durch die Bestimmung einzuteilen, daß zwei Punkte von X dann und nur dann derselben Teilmenge X_i angehören, wenn sie sich durch einen Weg verbinden lassen, dessen Bild zusammenziehbar ist; diese Teilmengen X_i bezeichnen wir als „Schichten", d. h. wir definieren:

Definition IV. Eine Teilmenge der Originalmenge X von ξ heißt „Schicht", wenn sich je zwei ihrer Punkte durch einen Weg verbinden lassen, dessen Bild, als geschlossener Weg in μ aufgefaßt, zusammenziehbar ist, und wenn sie nicht in einer größeren Teilmenge von X enthalten ist, die dieselbe Eigenschaft hat.

Ist x ein Häufungspunkt von X, so gehört er wegen der, aus der Stetigkeit von f folgenden, Abgeschlossenheit von X zu X und somit zu einer bestimmten Schicht, etwa zu X_1. Ist U eine so kleine Umgebung von x, daß ihr Bild in einem ξ enthaltenden euklidischen Element E enthalten ist, und sind x_1, x_2 irgend zwei Punkte von X in U, so ist das Bild eines Weges u, der x_1 mit x_2 innerhalb U verbindet, ein geschlossener Weg in E, also zusammenziehbar; mithin gehören x_1, x_2 zu einer Schicht, und zwar, da $x_1 = x$ sein kann, zu X_1. Ein Häufungspunkt von X ist also stets Häufungspunkt einer und nur einer Schicht und gehört dieser an. Hierin ist erstens enthalten, daß jede Schicht abgeschlossen ist; bezeichnen wir ein System von Mengen $A_1, A_2, \ldots$ in M als „isoliert", wenn es um jeden Punkt von M eine Umgebung gibt, welche Punkte höchstens einer der Mengen A_i enthält, so haben wir zweitens gezeigt, daß die Schichten $X_1, X_2, \ldots$ ein isoliertes System bilden; es gilt also:

Satz II. *Die zu einem Punkt ξ gehörigen Schichten bilden ein isoliertes System abgeschlossener Mengen.*

Besteht ein isoliertes System $A_1, A_2, \ldots$ aus unendlich vielen, nicht leeren Mengen A_i, so kann eine unendliche Punktmenge $a_1, a_2, \ldots$, die aus Punkten $a_i \subset A_i$ gebildet ist, wegen der Eigenschaft der Isoliertheit keinen Häufungspunkt in M haben, die Vereinigungsmenge der A_i ist also nicht kompakt. Damit ist gezeigt:

Satz IIa. *Wenn die Originalmenge X von ξ kompakt ist — insbesondere also, wenn die Abbildung f im Punkte ξ kompakt ist*[15]), — *so besteht X nur aus endlich vielen Schichten.*

4. Der Zusammenhang zwischen der Zerlegung von f und der Schichteneinteilung. Neben der Einteilung von X in Schichten läßt sich X auf Grund der in Nr. 2 besprochenen Zerlegung von f in f^* und φ dadurch in zueinander fremde Teile zerspalten, daß man Punkte von X dann und nur dann zum selben Teil rechnet, wenn sie durch f^* auf denselben Punkt von μ^* abgebildet werden. Diese beiden Einteilungen von X sind aber miteinander identisch, d. h. es gilt

Satz III. *Zwei Punkte x_1, x_2 von X gehören dann und nur dann zu derselben Schicht, wenn $f^*(x_1) = f^*(x_2)$ ist.*

Beweis. x_1 und x_2 mögen zu derselben Schicht gehören. Dann gibt es einen Weg u von x_1 nach x_2 derart, daß der durch $\xi = f(x_1) = f(x_2)$

[15]) Definition der „Kompaktheit von f in ξ": Teil I, § 4, S. 598.

laufende geschlossene Weg $f(u)$ zusammenziehbar ist. w_1 sei ein beliebiger Weg von z (siehe Nr. 2) nach x_1, w_2 der durch $w_2 = w_1 u$ definierte Weg von z nach x_2. Dann ist $f(w_1)f(w_2)^{-1} = f(w_1)f(w_1 u)^{-1} = f(w_1)f(u)^{-1} f(w_1)^{-1}$; dabei läuft $f(w_1)$ von $\zeta = f(z)$ nach ξ, $f(u)^{-1}$ von ξ nach ξ zurück, $f(w_1)^{-1}$ von ξ nach ζ. $f(u)^{-1}$ läßt sich unter Festhaltung von ξ auf ξ zusammenziehen; dadurch geht $f(w_1)f(w_2)^{-1}$ in den Weg $f(w_1)f(w_1)^{-1}$ über, der selbst zusammenziehbar ist; mithin ist $f(w_1)f(w_2)^{-1}$ zusammenziehbar, $f(w_1)$ und $f(w_2)$ sind also gewiß äquivalent mod $\mathfrak{U}_\zeta$, d. h. es ist $f^*(x_1) = f^*(x_2)$.

Es sei andererseits $f^*(x_1) = f^*(x_2)$. Dann ist, wenn w_1, w_2 Wege von z nach x_1, x_2 sind, $f(w_1)f(w_2)^{-1} \subset \mathfrak{U}_\zeta$, es gibt also einen geschlossenen Weg g durch z, so daß $f(w_1)f(w_2)^{-1} \equiv f(g)$ ist; das bedeutet, daß $f(w_1)f(w_2)^{-1}f(g)^{-1}$ zusammenziehbar ist; setzen wir $w_2^{-1} g^{-1} = u$, so ist u ein Weg von x_2 nach z, und $f(w_1)f(u)$ ist zusammenziehbar. Nun folgt aber stets, wenn a und b zwei Wege sind, derart, daß der Anfangspunkt des einen mit dem Endpunkt des anderen zusammenfällt, aus der Zusammenziehbarkeit von ab die Zusammenziehbarkeit von ba. Daher ist auch $f(u)f(w_1) = f(uw_1)$ zusammenziehbar, und da uw_1 ein Weg von x_2 nach x_1 ist, ist gezeigt, daß x_1 und x_2 zu derselben Schicht gehören.

Damit ist der Satz III bewiesen.

Da bei der Abbildung φ der Punkt ξ genau j Originalpunkte auf μ^* hat, folgt aus den Sätzen I und III

Satz IIIa. *Die Anzahl der zu einem Punkt ξ gehörigen Schichten ist höchstens gleich dem Index j von f*[16].

5. Orientierbarkeit einer Abbildung. Sind x, y Punkte in M, E_x, E_y Elemente, die diese Punkte enthalten, und ist u ein Weg von x nach y, so läßt sich eine in E_x willkürlich ausgezeichnete Orientierung folgendermaßen längs u auf E_y übertragen: Durch Einfügung von Punkten $x_1, x_2, \ldots, x_{k-1}$ teilt man u in Teilwege $u_1 = x x_1, \ldots, u_i = x_{i-1} x_i, \ldots, u_k = x_{k-1} y$ ein, die so klein sind, daß sich jeder Bogen u_i in ein Element E_i einschließen läßt, wobei $E_1 = E_x$, $E_k = E_y$ ist; man überträgt nacheinander für $i = 1, 2, \ldots, k-1$ die Orientierung von E_i vermöge der Koinzidenz in einer Umgebung von x_i auf E_{i+1} und gelangt somit zu einer bestimmten Orientierung von E_y. Diese Orientierung hängt weder von der Wahl der

---

[16]) Bis hierher ist von den Räumen M und μ nicht benutzt worden, daß sie Mannigfaltigkeiten, sondern nur, daß sie zusammenhängende, im Kleinen zusammenhängende, im Kleinen kompakte topologische Räume sind, in denen sich jeder hinreichend kleine geschlossene Weg zusammenziehen läßt. — Von nun an aber ist es wesentlich, daß M und μ Mannigfaltigkeiten von der gleichen Dimensionszahl n sind.

Punkte x_i noch von der Wahl der Elemente E_i, also — nach Auszeichnung der Orientierung in E_x — nur von dem Wege u ab; denn man erkennt mühelos, daß sie sich erstens nicht ändert, wenn man unter Festhaltung der x_i die E_i $(i = 2, 3, \ldots, k-1)$ durch andere Elemente E_i' ersetzt, daß sie sich zweitens nicht ändert, wenn man die durch die x_i bewirkte Zerlegung von u in die Bögen u_i durch Einfügung neuer Teilpunkte verfeinert, und daß sie schließlich von der Wahl der x_i unabhängig ist, da man zu zwei verschiedenen Unterteilungen von u stets eine beiden gemeinsame feinere Unterteilung angeben kann.

Diese Übertragung der Orientierung von E_x auf E_y längs u behält ihren Sinn, wenn x mit y zusammenfällt, wenn also u geschlossen ist. Es sind dann zwei Fälle möglich: die vermöge der Koinzidenz in x von E_y auf E_x übertragene Orientierung ist entweder mit der ursprünglichen Orientierung identisch oder sie ist ihr entgegengesetzt. Je nachdem ob der erste oder der zweite Fall eintritt sagen wir, daß der geschlossene Weg u die Orientierung erhält oder umkehrt. Man sieht übrigens leicht, daß diese Unterscheidung nicht von der Wahl des Punktes x auf u, sondern nur von dem Weg u abhängt.

Ist u' ein zu u hinreichend benachbarter[17]) geschlossener Weg, so ergibt sich aus der Definition mittels der Elemente E_i wieder ohne weiteres, daß u' die Orientierung erhält oder umkehrt, je nachdem u sie erhält oder umkehrt. Da ferner jeder ganz in einem Element verlaufende geschlossene Weg die Orientierung erhält und sich jeder zusammenziehbare Weg in das Innere eines Elementes hinein stetig zusammenziehen läßt, folgt hieraus, daß jeder zusammenziehbare Weg die Orientierung erhält. Weiter ergibt sich aus der Definition, daß die Zusammensetzung uv zweier geschlossener Wege u und v durch x die Orientierung erhält, wenn beide Wege sie erhalten oder beide sie umkehren, daß dagegen uv die Orientierung umkehrt, wenn von den beiden Wegen einer sie erhält, der andere sie umkehrt. Aus alledem folgt, daß die Eigenschaft, die Orientierung zu erhalten oder sie umzukehren, nicht nur einzelnen geschlossenen Wegen durch x, sondern den ganzen Wegeklassen zukommt, daß die Klassen, die die Orientierung erhalten, eine Untergruppe $\mathfrak{G}$ der Fundamentalgruppe bilden, daß, wenn i ein bestimmter die Orientierung umkehrender Weg durch x ist, es zu jedem die Orientierung umkehrenden Weg i' durch x einen die Orientierung erhaltenden Weg g so gibt, daß $i' = ig$ ist, daß also $\mathfrak{G}$ genau zwei Restklassen in $\mathfrak{F}$ hat und man mithin $\mathfrak{F}$ in $\mathfrak{F} = \mathfrak{G} + i\,\mathfrak{G}$ zerlegen kann, vorausgesetzt, daß überhaupt ein i existiert.

[17]) Dabei sind u und u' als Bilder einer festen Kreislinie k aufzufassen und die Entfernung zwischen u und u' ist das Maximum der Entfernungen der beiden Bilder eines k durchlaufenden Punktes.

Aus der Definition der Orientierbarkeit einer Mannigfaltigkeit[18]) folgt, daß kein i existiert, wenn M orientierbar ist. Ist dagegen M nicht orientierbar, so gibt es Wege i; denn andernfalls wäre die Fortsetzung der Orientierung von E_x nach einem beliebigen anderen Element E_y vom Wege unabhängig (da, wenn u, v zwei Wege von x nach y sind, der Weg $u v^{-1}$ die Orientierung erhielte), also in eindeutiger Weise möglich, M wäre also orientierbar.

Wir teilen nun die Abbildungen von M auf μ nach dem Verhalten der Bilder der die Orientierung umkehrenden geschlossenen Wege in zwei Kategorien ein:

Definition V. f heißt „nicht orientierbar", wenn es einen die Orientierung umkehrenden geschlossenen Weg in M gibt, dessen Bild in μ zusammenziehbar ist; andernfalls heißt f orientierbar.

Ist M orientierbar, so ist jede Abbildung f orientierbar.

Ist M nicht orientierbar, f orientierbar und ist g ein die Orientierung erhaltender, i ein die Orientierung umkehrender geschlossener Weg durch x, so können die durch $\xi = f(x)$ laufenden geschlossenen Wege $f(g)$, $f(i)$ nicht untereinander äquivalent sein, da sonst $f(g) f(i)^{-1} = f(g i^{-1})$ zusammenziehbar wäre, was der Orientierbarkeit von f widerspräche, da $g i^{-1}$ ein geschlossener Weg ist, der die Orientierung umkehrt. Also ist ein geschlossener Weg in μ, sofern er überhaupt dem Bilde eines geschlossenen Weges von M äquivalent ist, entweder nur Bildern von Wegen, die die Orientierung erhalten, oder nur den Bildern von Wegen, die die Orientierung umkehren, äquivalent.

Ist f nicht orientierbar, i ein die Orientierung umkehrender Weg, für den $f(i)$ zusammenziehbar ist, z irgendein Punkt in M, w ein Weg von z nach einem Punkt x von i, so kehrt der durch z gehende geschlossene Weg $i' = w i w^{-1}$ die Orientierung um und sein Bild ist ebenfalls zusammenziehbar; derartige geschlossene Wege gibt es also durch jeden Punkt von M. Ist g irgendein die Orientierung erhaltender oder umkehrender, geschlossener Weg durch z, so kehrt $i' g$ die Orientierung um bzw. erhält sie; die Bilder $f(g)$ und $f(i' g)$ sind äquivalent, da $f(i')$ zusammenziehbar ist. Also ist ein geschlossener Weg in μ, sofern er überhaupt dem Bilde eines geschlossenen Weges von M äquivalent ist, sowohl dem Bild eines die Orientierung erhaltenden, als dem Bild eines die Orientierung umkehrenden Weges äquivalent.

Ist f orientierbar, X_i eine Schicht, x_1 ein Punkt von X_i, in dessen Umgebung eine Orientierung ausgezeichnet ist, so ist, wenn man für die Fortsetzung dieser Orientierung nach anderen Punkten von X_i nur solche

[18]) Teil I, § 3.

Wege zuläßt, deren Bilder in μ zusammenziehbar sind, die so fortgesetzte Orientierung in der Umgebung jedes Punktes von X_i eindeutig bestimmt; denn ist x_2 ein zweiter Punkt von X_i und sind u, v zwei Wege von x_1 nach x_2, deren Bilder zusammenziehbar sind, so ist auch das Bild von $u v^{-1}$ zusammenziehbar, also erhält wegen der Orientierbarkeit von f der Weg $u v^{-1}$ die Orientierung, mithin liefert die Fortsetzung der Orientierung der Umgebung von x_1 längs u dieselbe Orientierung der Umgebung von x_2 wie die Fortsetzung längs v; zu jeder der beiden Orientierungen der Umgebung von x_1 gehört also eine bestimmte Orientierung einer Umgebung der ganzen Schicht X_i, und wir dürfen festsetzen:

Definition VI. Bei einer orientierbaren Abbildung f verstehen wir unter einer Orientierung der Umgebung einer Schicht X_i solche Orientierungen von euklidischen Umgebungen der Punkte von X_i, die aus einer Orientierung der Umgebung eines Punktes von X_i durch Fortsetzung längs Wegen hervorgehen, deren Bilder zusammenziehbar sind.

Ist M orientierbar, so ist eine solche Orientierung natürlich die durch eine der Orientierungen von ganz M bewirkte.

6. Die Beiträge der Schichten. f sei im Punkte ξ von μ kompakt. G sei eine offene, die Originalmenge X von ξ enthaltende Menge in M und zerfalle in die Komponenten $G_1, G_2, \ldots$; dabei sind die G_i zueinander fremde Gebiete, d. h. zusammenhängende offene Mengen in M, also Teilmannigfaltigkeiten von M; und zwar sind sie sämtlich, wenn nicht $G = M$ und M geschlossen ist, offene Mannigfaltigkeiten.

Nur in endlich vielen G_i können Punkte von X enthalten sein; denn würde jedes Gebiet einer unendlichen Folge $G_1, G_2, \ldots$ von Komponenten je einen Punkt $x_1, x_2, \ldots$ von X enthalten, so hätte die Folge der x_i wegen der Kompaktheit von X einen Häufungspunkt x_0, dieser gehörte einer Komponente G_0 an und mit dieser hätten fast alle der Gebiete $G_1, G_2, \ldots$ Punkte — nämlich Punkte von X — gemeinsam, im Widerspruch zu ihrer Eigenschaft, voneinander verschiedene Komponenten zu sein.

Die endlich vielen Mannigfaltigkeiten G_i, die Punkte von X enthalten, mögen die „wesentlichen" Komponenten von G heißen.

Ist G_i eine wesentliche Komponente, so ist die Abbildung $f(G_i)$ in ξ kompakt (für eine unwesentliche Komponente ist dies trivial). Ist nämlich die positive Zahl δ erstens kleiner als der Abstand des Punktes ξ von dem Bilde des Randes von G_i und zweitens so klein, daß die ganze Originalmenge der δ-Umgebung von ξ in M kompakt ist — infolge der Kompaktheit von $f(M)$ in ξ ist diese Bedingung erfüllbar —, so hat der zu G_i gehörende Teil dieser Originalmenge keinen Häufungspunkt auf dem Rande von G_i, ist also in G_i kompakt.

Wir nehmen als G nun die ε-Umgebung von X, wobei ε eine die folgenden zwei Bedingungen erfüllende positive Zahl ist: erstens ist die Bildmenge $f(G)$ in einem ξ enthaltenden euklidischen Element enthalten; zweitens ist 2ε kleiner als der kleinste Abstand zwischen irgend zwei von den nach Satz IIa in endlicher Anzahl vorhandenen Schichten, in die X zerfällt. Dann enthält infolge der zweiten Bedingung keine der Mannigfaltigkeiten G_i Punkte zweier verschiedener Schichten. Jede der wesentlichen Komponenten G_i enthält also Punkte genau einer Schicht; und zwar seien diejenigen wesentlichen Komponenten von G, die Punkte von X_i enthalten, jetzt mit $G_{i1}, G_{i2}, \ldots$ bezeichnet.

Ist f orientierbar, so ist jede Mannigfaltigkeit G_{ij} orientierbar; denn ist g ein geschlossener Weg in G_{ij}, so ist infolge der ersten ε auferlegten Bedingung $f(g)$ in einem euklidischen Element enthalten, also zusammenziehbar, mithin erhält wegen der Orientierbarkeit von f der Weg g die Orientierung. Die Orientierung von G_{i1} bewirkt auf Grund von Definition VI eine bestimmte Orientierung von $G_{i2}, G_{i3}, \ldots$.

Die Abbildung jeder der so orientierten Mannigfaltigkeiten G_{ij} (i fest, $j = 1, 2, \ldots$) hat, da sie, wie oben gezeigt wurde, in ξ kompakt ist, in ξ einen bestimmten Grad[19]), wenn man noch eine bestimmte Orientierung der Umgebung von ξ ausgezeichnet hat. Ändert man diese Orientierung oder die Orientierung von G_{i1} und damit die Orientierung von $G_{i2}, G_{i3}, \ldots$, so ändert die Summe der Grade der Abbildungen von $G_{i1}, G_{i2}, \ldots$ ihr Vorzeichen, ihr absoluter Betrag bleibt derselbe. Dieser bleibt ferner ungeändert, wenn man ε verkleinert, da dann von den G_{ij} nur Punkte fortfallen, deren Bilder ξ nicht bedecken, die also auf den Wert des Grades keinen Einfluß haben. Der absolute Betrag der Summe der Grade hängt also nur von der Schicht X_i selbst ab und werde als der „Beitrag" von X_i bezeichnet.

Ist f nicht orientierbar, so wird sowohl die Orientierbarkeit der Mannigfaltigkeiten G_{ij} in Frage gestellt, als auch die Übertragung der Orientierung von G_{i1} auf $G_{i2}, G_{i3}, \ldots$ unmöglich. Die Grade sind daher nicht definiert, die Betrachtung behält aber ihren Sinn, wenn wir die Grade durch die Paritäten[19]) ersetzen und sagen, daß die Schicht den „Beitrag" 0 oder 1 liefere, je nachdem die Summe der Paritäten der Abbildungen von $G_{i1}, G_{i2}, \ldots$ in ξ gerade oder ungerade ist.

Wir fassen die Definition der „Beiträge" noch einmal zusammen und fügen einige weitere Definitionen hinzu:

Definition VIIa. Ist f in ξ kompakt, so verstehen wir unter dem Beitrag einer zu ξ gehörigen Schicht X_i die folgende Zahl: wenn f orientier-

---

[19]) Teil I, § 5.

bar ist, den absoluten Wert des Grades der Abbildung einer hinreichend kleinen, gemäß Definition VI orientierten Umgebung von X_i im Punkte ξ; wenn f nicht orientierbar ist, die Zahl 0 oder 1, je nachdem die Parität der Abbildung einer hinreichend kleinen Umgebung von X_i im Punkte ξ gerade oder ungerade ist.

Definition VIIb. Eine Schicht heißt „wesentlich" oder „unwesentlich", je nachdem ihr Beitrag von 0 verschieden oder gleich 0 ist; die — nach Satz IIa a fortiori endliche — Anzahl der zu ξ gehörigen wesentlichen Schichten heißt die „wesentliche Schichtenzahl" von f in ξ und wird im folgenden mit s_ξ bezeichnet.

Definition VIIc. Die Summe der (wesentlichen) Schichtenbeiträge eines Punktes ξ heißt der „Absolutgrad" von f in ξ und wird im folgenden mit a_ξ bezeichnet.

Ist M orientierbar und sind $\gamma_1, \gamma_2, \ldots$ die auf Grund einer Orientierung von M bestimmten Grade der Umgebungen der einzelnen Schichten $X_1, X_2, \ldots$ in ξ, so ist der Grad gleich $\sum \gamma_i$, der Absolutgrad gleich $\sum |\gamma_i|$; folglich ist in diesem Fall, d. h. immer dann, wenn der Grad überhaupt definiert ist, der Absolutgrad mindestens so groß wie der absolute Betrag des Grades; insbesondere ist der Grad 0, wenn der Absolutgrad 0 ist. Ebenso folgt im Fall einer nicht orientierbaren Mannigfaltigkeit M, daß die Parität von f gerade ist, falls der Absolutgrad 0 ist.

Wir nehmen die durch Satz I gegebene Zerlegung von f vor; $\xi_1^*, \xi_2^*, \ldots$ seien die Punkte von μ^*, die durch φ auf ξ abgebildet werden. Nach Satz III gehört zu jeder Schicht X_i ein Punkt $\xi_i = f^*(X_i)$. X_i bildet auch bezüglich f^* eine einzige Schicht, da jeder durch φ auf einen zusammenziehbaren Weg von μ abgebildete Weg von μ^* selbst zusammenziehbar ist (siehe § 1). Der von X_i bezüglich f^* gelieferte Beitrag ist, da φ in der Umgebung von ξ_i^* eineindeutig und $f = \varphi f^*$ ist, gleich dem von X_i bezüglich f gelieferten Beitrag a_i; dabei hat man zu berücksichtigen, daß f^* orientierbar oder nicht orientierbar ist, je nachdem f es ist oder nicht ist, wieder infolge des Entsprechens der zusammenziehbaren Wege auf μ und μ^*.

G sei nun wieder eine ε-Umgebung von X und ε wieder so klein, daß verschiedene Schichten zu verschiedenen Komponenten von G gehören, und überdies so klein, daß Komponenten, die Punkte verschiedener Schichten X_i enthalten, durch f^* in die zueinander fremden Umgebungen U_i^* der $\xi_i^* = f^*(X_i)$ hinein abgebildet werden, die einer festen Umgebung U von ξ entsprechen. V sei eine in U enthaltene Umgebung von ξ, $V_1^*, V_2^*, \ldots$ seien die entsprechenden Umgebungen der $\xi_1^*, \xi_2^*, \ldots$; V sei so klein, daß $f(M - G)$ außerhalb V, daß also die Originalmenge von V in G liegt; diese Originalmenge besteht aus den zueinander fremden Originalmengen der V_i^* bezüglich f^*, und die Originalmenge einer einzelnen V_i^* gehört wegen $V_i^* \subset U_i^*$ solchen Komponenten von G an, die Punkte von X_i enthalten; hat ein Punkt ξ_j^* keinen Originalpunkt bei f^*, so ist auch die Originalmenge seiner Umgebung V_j^* leer.

Nun sei V ferner so klein, daß f in allen Punkten von V kompakt ist; dann ist f^* in allen Punkten von V_i^* kompakt, und da das durch f^* gelieferte Bild von $M - G$, also auch das des Randes von G fremd zu V_i^* ist, ist auch die Abbildung $f^*(G)$ und somit erst recht die Abbildung f^* jeder einzelnen Komponente von G in allen Punkten von V_i^* kompakt. Jede dieser Abbildungen hat also in V_i^* konstanten Grad bzw. konstante Parität. Ist η ein Punkt von V, η_i^* der entsprechende Punkt in V_i^*, a_i der Beitrag von X_i, so ist also a_i die Grad- bzw. Paritätensumme der Abbildung der Komponenten von G nicht nur in ξ_i^*, sondern auch in η_i^*. Da es außerhalb G keine Originalpunkte von η_i^* gibt, ist a_i die Grad- bzw. Paritätensumme bei der Abbildung der Komponenten einer Umgebung der ganzen Originalmenge Y_i von η_i^*. Ist $a_i \neq 0$, X_i also wesentlich, so ist Y_i nicht leer, sondern eine wesentliche Schicht von η mit dem Beitrag a_i. Ist $a_i = 0$, X_i also unwesentlich, so ist Y_i entweder leer oder unwesentlich.

Somit ist die Reihe $a_1, a_2, \ldots, a_s$ der Beiträge der wesentlichen Schichten in der Umgebung V von ξ konstant, und da es um jeden Punkt eines Gebietes, in dem f kompakt ist, eine solche Umgebung gibt, folgt:

Satz IVa. *Die Reihe der Beiträge der (wesentlichen) Schichten, also insbesondere auch die wesentliche Schichtenzahl s_ξ und der Absolutgrad a_ξ, sind konstant in jedem Gebiet, in dem f kompakt ist.*

Ändert man f gleichmäßig stetig so ab, daß die Abbildung immer kompakt in ξ bleibt, so bleibt bei hinreichender Kleinheit der Änderung die Originalmenge X in G enthalten; der Änderung entspricht (siehe Satz I) eine stetige Änderung von f^*; f^* bleibt in den ξ_i^* kompakt, die Originalmenge jedes Punktes ξ_i^* bleibt in den Komponenten von G enthalten, in denen sie ursprünglich war, und die Änderung der Abbildung jeder Komponente ist gleichmäßig stetig. Die Grade bzw. Paritäten der Abbildungen dieser Komponenten ändern sich daher in ξ_i^* nicht[19]). Daraus folgt:

Satz IVb. *Die Reihe der Beiträge der (wesentlichen) Schichten, also insbesondere auch die wesentliche Schichtenzahl und der Absolutgrad, im Punkte ξ sind Invarianten der „Abbildungsklasse in bezug auf ξ"*[20]).

---

[20]) Teil I, § 4.

§ 3.

Überall kompakte Abbildungen.

Aus den im vorigen Paragraphen behandelten Tatsachen leiten wir in diesem Paragraphen Folgerungen für den Spezialfall her, in dem f in allen Punkten von μ kompakt ist; dieser Fall umfaßt insbesondere alle Abbildungen geschlossener Mannigfaltigkeiten M.

Satz V. *Bei einer überall kompakten Abbildung sind alle Schichtenbeiträge untereinander gleich; d. h. entweder gibt es nur unwesentliche Schichten, oder es gibt nur wesentliche Schichten und die Schichtenbeiträge in jedem Punkt sind untereinander und mit den Schichtenbeiträgen in den anderen Punkten gleich.*

Beweis. X_i, Y_k seien Schichten in den Punkten ξ, η von μ mit den Beiträgen a_i bzw. b_k; dabei darf auch $\xi = \eta$ sein. Dann sind (siehe § 2, 5.) a_i, b_k auch die Beiträge der Schichten X_i bzw. Y_k in den Punkten $\xi_i^* = f^*(X_i)$ bzw. $\eta_k^* = f^*(Y_k)$ bei der Abbildung f^*. Aus der Kompaktheit von f in allen Punkten von μ folgt die Kompaktheit von f^* in allen Punkten von μ^*; aus Satz IVa, angewandt auf f^*, ergibt sich daher $a_i = b_k$.

Satz VI. *Sind M und μ orientierbar und ist f überall kompakt, so ist der Absolutgrad gleich dem absoluten Betrag des Grades.*

Beweis. Aus der Orientierbarkeit von μ folgt die Orientierbarkeit von μ^*, da die Orientierung euklidischer Elemente von μ durch die in ihnen eindeutige Umkehrung der Abbildung φ in eindeutiger Weise auf ein vollständiges, aus euklidischen Elementen bestehendes Umgebungssystem in μ^* übertragen wird. Sind M und μ orientiert, so ist also auch μ^* orientiert, und die Abbildung f^* hat einen bestimmten Grad γ, der wegen der Kompaktheit von f^* in ganz μ^* konstant ist. Sein absoluter Betrag ist der laut Satz V konstante Schichtenbeitrag bei f^*. Infolge des oben definierten Zusammenhanges zwischen den Orientierungen von μ und μ^* hat die Abbildung φ in jedem Gebiet von μ^*, in dem sie eineindeutig ist, den Grad $+1$. Nach der Produktregel für die Grade[19]) hat daher die Abbildung $f = \varphi f^*$ der Umgebung einer Schicht X_i im Punkt ξ ebenfalls den Grad γ. Gehören zu ξ t Schichten, so ist $t\gamma$ der Grad von f, $t|\gamma|$ der Absolutgrad.

Bemerkung. Ist M orientierbar, μ nicht orientierbar, so ist der Grad auch noch definiert und stets gleich 0[19]). Der Absolutgrad kann aber von 0 verschieden sein. So hat er z. B. bei der durch die Überlagerung gegebenen Abbildung der eine projektive Ebene zweischichtig überlagernden Kugel auf die projektive Ebene den Wert 2.

Satz VII. *Hat eine überall kompakte Abbildung einen von 0 verschiedenen Absolutgrad, so ist der Index der Abbildung endlich.*

Beweis. Ist der Index j der überall kompakten Abbildung f unendlich, so hat (siehe § 1) die Überlagerungsmannigfaltigkeit μ^* unendlich viele Schichten, d. h. so gibt es auf ihr zu jedem Punkt ξ von μ unendlieh viele Punkte $\xi_1^*, \xi_2^*, \ldots$ mit $\varphi(\xi_i^*) = \xi$; da andererseits nach Satz IIa die Originalmenge X von ξ in nur endlich viele Schichten zerfällt und nach Satz III jede von diesen durch f^* auf einen der Punkte $\xi_1^*, \xi_2^*, \ldots$, nach Satz I aber kein nicht zu X gehöriger Punkt durch f^* auf einen Punkt ξ_i^* abgebildet wird, gibt es Punkte ξ_i^* — und sogar unendlich viele —, die bei der Abbildung f^* nicht Bildpunkte sind. Wäre nun in einem der Punkte $\xi_1^*, \xi_2^*, \ldots$ der Schichtenbeitrag von 0 verschieden, so wäre er nach Satz V in allen Punkten von μ^* von 0 verschieden, es wären also alle ξ_i^* Bildpunkte; mithin ist der Schichtenbeitrag von f^*, der zugleich der Schichtenbeitrag von f ist, gleich 0, und folglich ist auch der Absolutgrad 0.

Satz VIIa. *Der Index einer überall kompakten Abbildung ist ein Teiler des Absolutgrades; der laut Satz* V *konstante Schichtenbeitrag hat, wenn der Absolutgrad* a *und der Index* j *ist, den Wert* $\frac{a}{j}$ (*dabei wird* $\frac{0}{\infty} = 0$ *gesetzt*); *ist* $a \neq 0$, *so ist* j *gleich der* (*wesentlichen*) *Schichtenzahl* s.

Beweis. Wir dürfen $a \neq 0$ annehmen. Zu jedem der Punkte $\xi_1^*, \ldots, \xi_j^*$, für die $\varphi(\xi_i^*) = \xi$ ist, gehört derselbe Schichtenbeitrag $a_i = a_1$; es ist $a = \sum_{i=1}^{j} a_i = j\,a_1$, also $a_1 = \frac{a}{j}$. Daraus folgt weiter $a_1 \neq 0$, also sind alle j Schichten wesentlich, und es ist $j = s$.

Folgerung. Für die Abbildbarkeit einer geschlossenen Mannigfaltigkeit M auf die Mannigfaltigkeit μ mit einem vorgeschriebenen, von 0 verschiedenen, Absolutgrad a ist notwendig, daß sich $\mathfrak{F}$ homomorph so in Φ abbilden läßt, daß der Index der Bildgruppe endlich und ein Teiler von a ist. Z. B. muß, wenn $\mathfrak{F}$ eine endliche Gruppe ist, auch Φ eine endliche Gruppe sein.

Satz VIII. *Hat eine überall kompakte Abbildung den Absolutgrad* $a = 1$, *so ist jeder geschlossene Weg auf* μ *dem Bild eines geschlossenen Weges auf* M *äquivalent.*

Beweis. Nach Satz VIIa hat die Abbildung den Index $j = 1$, folglich ist die Bildgruppe $\mathfrak{U}$ mit der Fundamentalgruppe Φ von μ identisch.

Satz IX. *Bei einer überall kompakten Abbildung mit von* 0 *verschiedenem Absolutgrad ist die Anzahl der Komponenten* (*d. h. zueinander fremden zusammenhängenden abgeschlossenen Mengen*), *in die die Originalmenge* X *eines beliebigen Punktes* ξ *von* μ *zerfällt, mindestens gleich dem Index* j *von* f.

Beweis. Jede der wesentlichen Schichten, in die X zerfällt, enthält wenigstens eine Komponente. Die Anzahl der wesentlichen Schichten ist nach Satz VIIa gleich j.

Satz X. *Gibt es bei einer überall kompakten Abbildung mit von* 0 *verschiedenem Absolutgrad einen Punkt auf* μ, *dessen Originalmenge zusammenhängend ist, so ist jeder geschlossene Weg auf* μ *dem Bilde eines geschlossenen Weges auf* M *äquivalent.*

Beweis. Die Abbildung hat nach Satz IX den Index 1; folglich ist $\mathfrak{U}$ mit Φ identisch.

§ 4.

Die Anzahl der Originalpunkte und der glatten Bedeckungen eines Bildpunktes.

f sei wieder eine beliebige Abbildung von M auf μ und im Punkte ξ von μ kompakt; mit $\mathfrak{K}_\xi$ bezeichnen wir die „Abbildungsklasse in bezug auf ξ“, zu der f gehört, d. h. die Gesamtheit aller Abbildungen, die sich durch gleichmäßig stetige Abänderung unter Wahrung der Kompaktheit im Punkte ξ aus f herstellen lassen[20]). In $\mathfrak{K}_\xi$ gibt es Abbildungen, bei denen die Originalmenge von ξ aus endlich vielen Punkten besteht; deren Anzahl ist mindestens gleich der wesentlichen Schichtenzahl s_ξ, die innerhalb $\mathfrak{K}_\xi$ invariant ist (Satz IVb). Bezeichnen wir die innerhalb $\mathfrak{K}_\xi$ erreichbare Mindestzahl von Originalpunkten des Punktes ξ mit σ_ξ, so ist also $\sigma_\xi \geqq s_\xi$.

Statt nur nach der kleinsten Zahl von Originalpunkten von ξ kann man allgemeiner fragen, welche endlichen Zahlen als Anzahlen der Originalpunkte von ξ bei einer zu $\mathfrak{K}_\xi$ gehörigen Abbildung auftreten können; diese Frage wird durch die Antwort auf die Frage nach der Größe von σ_ξ mitbeantwortet: jede endliche Zahl, die nicht kleiner als σ_ξ ist, tritt auf. Denn wenn $\bar{f}$ eine Abbildung aus $\mathfrak{K}_\xi$ mit σ_ξ Originalpunkten von ξ ist, so läßt sich folgendermaßen eine zu $\mathfrak{K}_\xi$ gehörige Abbildung $\bar{f}_1$ mit $\sigma_\xi + k$ $(k > 0)$ Originalpunkten von ξ konstruieren: y sei ein Punkt von M mit $\bar{f}(y) = \eta \neq \xi$, E ein ξ und η enthaltendes Element von μ (bezüglich der Existenz von E siehe den unten ausgesprochenen Hilfssatz Ia), e ein y enthaltendes Element von M mit $\bar{f}(e) \subset E$ und $\xi \neq \bar{f}(e)$; dann kann man $\bar{f}$ im Innern von e so abändern, daß ξ dort genau k Originalpunkte bekommt[21]), und die so abgeänderte Abbildung $\bar{f}_1$ läßt sich, da das Innere von E als euklidischer R^n aufzufassen ist, ohne Änderung am Rande von e, also in stetigem Anschluß an $\bar{f}$, durch gleichförmige Bewegungen in E aus $\bar{f}$ herstellen; die

[21]) Folgt aus Teil I, § 1, Satz X, durch Anwendung auf k zueinander fremde Teilelemente von e.

Originalmenge einer Umgebung von ξ gehört dabei in jedem Augenblick zu e, ist also kompakt, mithin gehört $\bar{f}_1$ zu $\mathfrak{K}_\xi$.

σ_ξ hängt von ξ ab; jedoch gilt ebenso wie für die im § 2 behandelten Klasseninvarianten (siehe Satz IV)

Satz XIa. *σ_ξ ist konstant, wenn ξ ein Gebiet durchläuft, in dem f kompakt ist.*

Dieser Satz ist in dem folgenden allgemeineren Satz enthalten:

Satz XI. *ξ und η seien Punkte eines Gebietes G von μ, in dem f kompakt ist; dann tritt jede Punktmenge X von M, die als Originalmenge von ξ bei einer Abbildung f_1 aus $\mathfrak{K}_\xi$ auftritt, auch als Originalmenge von η bei einer Abbildung f_2 aus $\mathfrak{K}_\eta$ auf.*

Beim Beweis werden wir, wie oben bereits einmal, den folgenden Hilfssatz verwenden, den wir zusammen mit anderen Hilfssätzen im nächsten Paragraphen beweisen werden:

Hilfssatz Ia. Zu zwei Punkten einer Mannigfaltigkeit gibt es stets ein sie im Inneren enthaltendes Element der Mannigfaltigkeit.

Beweis von Satz XI. E sei ein ξ und η im Inneren enthaltendes Element von G. D_t sei eine topologische Deformation von μ in sich, die außerhalb und auf dem Rande von E die Identität ist und, während t von 0 bis 1 läuft, ξ in η überführt; dabei ist D_0 auch im Inneren von E die Identität. Alle Abbildungen $D_t f(M)$ sind in G kompakt; also gehört insbesondere $D_1 f(M)$ zu $\mathfrak{K}_\eta$. f_τ $(0 \leqq \tau \leqq 1)$ sei die in ξ kompakte Abbildungsschar, die $f = f_0$ in f_1 überführt. Die Abbildungsschar $D_1 f_\tau(M)$ ist in η kompakt, da die Originalmenge einer Umgebung von η bei $D_1 f_\tau$ mit der Originalmenge einer Umgebung von ξ bei f_τ identisch ist; folglich ist $D_1 f_1 = f_2 \subset \mathfrak{K}_\eta$. Die Originalmenge von η bei f_2 ist mit der Originalmenge von ξ bei f_1 identisch, sie ist also die Menge X.

Es liegt nahe, der Zahl σ_ξ eine in ähnlicher Weise definierte Zahl $\bar{\sigma}_\xi$ an die Seite zu stellen: $\bar{\sigma}_\xi$ sei die durch eine Abbildung aus $\mathfrak{K}_\xi$ erreichbare Mindestzahl der *Komponenten* (d. h. untereinander fremden, zusammenhängenden abgeschlossenen Teilmengen) der Originalmenge von ξ. Auch diese Zahl ist mindestens gleich der wesentlichen Schichtenzahl s_ξ; ferner folgt aus den Definitionen unmittelbar $\bar{\sigma}_\xi \leqq \sigma_\xi$. Die neue Definition liefert aber keine neue Zahl; es ist vielmehr stets $\bar{\sigma}_\xi = \sigma_\xi$. Diese Tatsache ist in dem folgenden Satz enthalten:

Satz XII. *Besteht bei der Abbildung f die Originalmenge X von ξ aus genau k Komponenten, so läßt sich f durch eine stetige Abänderung, die sich auf eine beliebig kleine Umgebung von X beschränkt, in eine zu $\mathfrak{K}_\xi$ gehörige Abbildung f_1 überführen, bei der die Originalmenge von ξ aus genau k Punkten besteht.*

Beweis. Wir beweisen den Satz zunächst für den Spezialfall $k = 1$; X sei also zusammenhängend. ε sei eine so kleine positive Zahl, daß das durch f gelieferte Bild der ε-Umgebung von X in einer euklidischen Umgebung U von ξ enthalten ist. Diese ε-Umgebung von X kann in mehrere Komponenten zerfallen; aber da X zusammenhängend ist, enthält nur eine Komponente Punkte von X; diese Komponente heiße M'. Durch eine beliebig kleine Abänderung in einer beliebig kleinen Umgebung von X kann man unter Wahrung der Kompaktheit in ξ die Abbildung f der Mannigfaltigkeit M' so abändern, daß ξ bei dem Ergebnis f' nur endlich viele Originalpunkte hat[22]). Ist deren Anzahl größer als eins, so läßt sie sich folgendermaßen vermindern: man schließe zwei Originalpunkte in ein Element E von M' ein (s. Hilfssatz Ia). f' bewirkt eine Abbildung des Elements E in das als euklidischen R^n aufzufassende Gebiet U. Daher[23]) kann man f', ohne außerhalb und auf dem Rande von E etwas zu ändern, im Inneren von E so abändern, daß ξ dort nur noch einen einzigen Originalpunkt hat; dabei bleibt die Originalmenge einer Umgebung von ξ immer kompakt. Mithin kann man die Originalmenge von ξ innerhalb von $\mathfrak{K}_\xi$ schließlich bis auf einen einzigen Punkt vermindern. Damit ist der Spezialfall $k = 1$ erledigt.

Ist $k > 1$, so seien K_i $(i = 1, \ldots, k)$ die Komponenten von X. Man wähle ein so kleines positives δ, daß die δ-Umgebungen der verschiedenen K_i zueinander fremd sind. Unter den Komponenten der δ-Umgebung von K_i ist, da K_i zusammenhängend ist, nur eine, die Punkte von K_i enthält. Sie ist eine Mannigfaltigkeit M_i. Bei der Abbildung $f(M_i)$ ist die Originalmenge von ξ zusammenhängend. Auf Grund des bereits bewiesenen Spezialfalles läßt sich f daher innerhalb von $\mathfrak{K}_\xi$ so abändern, daß jede Komponente K_i durch einen einzigen Originalpunkt von ξ ersetzt wird und daß weitere Originalpunkte nicht hinzutreten.

Bei der Definition von σ_ξ waren wir von der Tatsache ausgegangen, daß es in $\mathfrak{K}_\xi$ „fastglatte" Abbildungen[22]) gibt, d. h. solche, bei denen die Originalmenge von ξ endlich ist. Nun gibt es in $\mathfrak{K}_\xi$ sogar Abbildungen, die „glatt" sind, d. h. die eine endliche Anzahl von Gebieten eineindeutig auf eine Umgebung von ξ abbilden, während die Komplementärmenge dieser Gebiete keinen Originalpunkt von ξ enthält[24]). Diese Tatsache führt zu der folgenden Definition: α_ξ sei die Mindestzahl von glatten (d. h. eineindeutigen) Bedeckungen einer Umgebung von ξ, die durch eine Abbildung aus $\mathfrak{K}_\xi$ geliefert wird. α_ξ ist mindestens so groß wie der Absolut-

---

22) Teil I, § 4, Satz Ia.

23) Teil I, § 1, Satz X.

24) Teil I, § 4, Satz II.

grad a_ξ im Punkte ξ; denn bei einer in ξ glatten Abbildung gehören zu einer Schicht, deren Beitrag a_i ist, wenigstens a_i Originalpunkte von ξ, da die eineindeutige Abbildung der Umgebung eines solchen Punktes den Grad ± 1 bzw. ungerade Parität hat. Es ist also immer $\alpha_\xi \geqq a_\xi$.

Analog wie am Anfang des Paragraphen bei der Betrachtung von σ_ξ kann man statt nach der Mindestzahl nach jeder innerhalb $\mathfrak{K}_\xi$ überhaupt möglichen Anzahl glatter Bedeckungen von ξ fragen. Auch jetzt ist die Antwort auf diese Frage gegeben, wenn man α_ξ kennt: jede endliche Zahl, die nicht kleiner als α_ξ und die mit α_ξ kongruent modulo 2 ist, kann als Zahl glatter Bedeckungen von ξ auftreten. Denn wie früher kann man, wenn eine in ξ glatte Abbildung vorliegt, diese in einem Element e von M, dessen Bild ξ nicht enthält, stetig so abändern, daß das Bild von e ξ bedeckt; dabei kann man die abgeänderte Abbildung als glatt in ξ annehmen und, da die Abbildung von e in ξ den Grad 0 hat, als Anzahl der Bedeckungen der Umgebung von ξ durch das Bild von e jede gerade Zahl willkürlich vorschreiben[25]).

Ferner gilt in Analogie zu Satz XIa

Satz XIb. *α_ξ ist konstant, wenn ξ ein Gebiet durchläuft, in dem f kompakt ist.*

Beweis. ξ und η seien Punkte des Gebietes G, in dem f kompakt ist; f_1 sei eine Abbildung aus $\mathfrak{K}_\xi$, die in ξ glatt ist, und zwar werde bei ihr eine Umgebung von ξ k-mal glatt bedeckt. Dann liefert die im Beweise von Satz XI benutzte Konstruktion eine Abbildung f_2 aus $\mathfrak{K}_\eta$, bei der eine Umgebung von η k-mal glatt bedeckt wird. Jede Zahl k, die als Zahl der Bedeckungen einer Umgebung von ξ bei einer in ξ glatten Abbildung aus $\mathfrak{K}_\xi$ auftritt, tritt also auch als Zahl der Bedeckungen einer Umgebung von η bei einer in η glatten Abbildung aus $\mathfrak{K}_\eta$ auf, und umgekehrt. Daraus folgt die Behauptung.

Die Klasseninvarianten σ_ξ und α_ξ sind durch die Abbildung f und den Punkt ξ eindeutig bestimmt; jedoch ist aus ihrer Definition nicht ersichtlich, wie sie sich ermitteln lassen, wenn f und ξ gegeben sind (hierin besteht ein prinzipieller Gegensatz zwischen σ_ξ und α_ξ einerseits und den im § 2 behandelten Klasseninvarianten andererseits). σ_ξ und α_ξ sind durch ihre Definitionen ja nicht als Eigenschaften von f, sondern als Eigenschaften der durch f und ξ bestimmten Abbildungsmenge $\mathfrak{K}_\xi$ charakterisiert. Es entsteht daher die Aufgabe, σ_ξ und α_ξ durch Größen auszudrücken, die bereits bei vollständiger Kenntnis der Abbildung f selbst bekannt sind.

Diese Aufgabe bildet den weiteren Inhalt dieser Arbeit. Sie wird zwar für die meisten Fälle, jedoch nicht in voller Allgemeinheit gelöst

---

[25]) Teil I, § 1, Satz IX.

werden; ist die Dimensionszahl von M und μ $n \neq 2$, so wird sie dadurch gelöst, daß gezeigt wird: in den uns schon bekannten Beziehungen $\sigma_\xi \geqq s_\xi$, $\alpha_\xi \geqq a_\xi$ stehen immer die Gleichheitszeichen; dagegen gelten die Gleichungen $\sigma_\xi = s_\xi$, $\alpha_\xi = a_\xi$ nachweislich nicht bei gewissen Flächenabbildungen, und in diesen Fällen bleibt die oben formulierte Aufgabe ungelöst.

Nach Voranschickung einiger Hilfssätze im § 5 wird im § 6 der Fall $n \neq 2$ in dem genannten Sinne erledigt werden; im § 7 wird gezeigt werden, daß der Fall $n = 2$ sich nicht nur unserer Beweismethode entzieht, sondern daß in ihm die für die anderen Dimensionszahlen gültigen Sätze tatsächlich falsch sind.

§ 5.

Hilfssätze.

1. Sind w_1, w_2 zwei Wege mit dem gemeinsamen Anfangspunkt x und dem gemeinsamen Endpunkt y in der Mannigfaltigkeit M, so nennen wir sie, in Verallgemeinerung der im § 1 für geschlossene Wege getroffenen Festsetzungen, „äquivalent", wenn man den einen unter Festhaltung von Anfangs- und Endpunkt in den anderen deformieren kann; es ist leicht zu sehen, daß dies gleichbedeutend mit der Zusammenziehbarkeit des geschlossenen Weges $w_1 w_2^{-1}$ ist. Die Wege von x nach y werden so in Äquivalenzklassen eingeteilt.

Ist t ein Teilbogen des Weges w, ist also $w = s\,t\,u$, wobei s der Teilbogen von w von dem Anfangspunkt von w bis zu dem Anfangspunkt von t, u der Teilbogen von dem Endpunkt von t bis zu dem Endpunkt von w ist, und ist t mit t' äquivalent, so wird durch die Deformation von t in t' zugleich w in $w' = s\,t'\,u$ deformiert. Ersetzt man also einen Teilbogen eines Weges durch einen äquivalenten Bogen, so bleibt die Äquivalenzklasse des ganzen Bogens ungeändert.

Ist E ein x und y enthaltendes Element, so sind zwei Wege w_1 und w_2, die x mit y innerhalb E verbinden, stets miteinander äquivalent, da man die Überführung von w_1 in w_2 mit Hilfe der euklidischen Geometrie von E geradlinig und gleichförmig durchführen kann. Zu jedem x und y enthaltenden Element E gehört also eine wohlbestimmte Äquivalenzklasse von Wegen zwischen x und y. Es fragt sich, ob man umgekehrt bei gegebenen Punkten x und y zu jeder Äquivalenzklasse ein solches Element E angeben kann. Man sieht leicht, daß diese Frage nicht in voller Allgemeinheit zu bejahen ist: denn ist $n = 1$, M ein Kreis und w ein Weg von x nach y, der den Kreis mehrere Male umläuft, so daß die Änderung des Winkelarguments auf w größer als 2π ist, so ist sie auch auf jedem zu w äquivalenten Weg $> 2\pi$; ein solcher Weg läßt sich aber nicht in ein

Intervall einschließen. Jedoch spielt der Fall $n=1$ eine Ausnahmerolle; denn es gilt:

Hilfssatz I. Ist $n>1$, M eine n-dimensionale Mannigfaltigkeit und w ein Weg zwischen den voneinander verschiedenen Punkten x und y in M, so gibt es in M ein x und y enthaltendes Element E mit der Eigenschaft, daß die x mit y innerhalb E verbindenden Wege mit w äquivalent sind.

Bemerkung. Hierin ist der im vorigem Paragraphen ausgesprochene und benutzte „Hilfssatz Ia" für $n>1$ enthalten; da dieser aber für den Fall $n=1$, in dem M entweder eine Gerade oder ein Kreis ist, sofort zu verifizieren ist, darf er nach Beweis des Hilfssatzes I als bewiesen angesehen werden.

Beweis. e sei ein x enthaltendes, y nicht enthaltendes Element. w hat Punkte mit dem Rande r von e gemeinsam, und unter diesen gibt es einen bei der Durchlaufung von w in der Richtung xy ersten Punkt z; falls der Bogen xz von w nicht doppelpunktfrei ist, ersetzen wir ihn durch einen in e von x nach z laufenden doppelpunktfreien Bogen. Hierdurch wird, da die beiden Bögen xz in e verlaufen, also, wie früher bemerkt, äquivalent sind, die Äquivalenzklasse des ganzen Weges w, wie ebenfalls früher bemerkt, nicht geändert. Falls w in seinem weiteren Verlauf wieder in e eintritt, falls es also auf dem Bogen zy einen im Inneren von e liegenden Punkt z gibt, so gehört dieser einem Teilbogen von w an, dessen Endpunkte z_1, z_2 auf dem Rande r von e liegen; da r eine $(n-1)$-dimensionale Sphäre und $n-1>0$ ist, lassen sich z_1 und z_2 auf r durch einen Bogen verbinden, der wieder mit dem zwischen z_1 und z_2 verlaufenden Teil von w äquivalent ist, durch den wir den letzteren also ersetzen dürfen, ohne die Klasse von w zu ändern. Indem wir dies für jeden in e eintretenden Bogen tun, erreichen wir, daß der ganze Weg zunächst doppelpunktfrei von x bis in den Randpunkt z von e läuft und danach nie mehr ins Innere von e eintritt, so daß insbesondere der Anfangspunkt x nicht noch ein zweites Mal von dem Wege erreicht wird. Wir dürfen also annehmen, daß w von vornherein diesen Verlauf hat. (Diese Annahme ist, wie man leicht sieht, unzulässig, wenn M ein Kreis ist.)

Der Bogen zy läßt sich in so kleine Teilbögen einteilen, daß es zu jedem von ihnen ein ihn im Inneren enthaltendes, x nicht enthaltendes Element gibt. Setzen wir $e=E_1$ und bezeichnen wir die soeben eingeführten Elemente nach der Reihenfolge der in ihnen enthaltenden Teilbögen mit $E_2, \ldots, E_k$, so haben wir folgendes erreicht: w ist in k aneinanderschließende Bögen $w_1, \ldots, w_k$ eingeteilt und diese sind ins Innere von Elementen $E_1, \ldots, E_k$ derart eingeschlossen, daß der Anfangspunkt x von w außer dem Element E_1 keinem weiteren E_i angehört. Eine solche Bedeckung von w mit Elementen möge eine „zulässige Bedeckung von der Ordnung k" heißen.

Unser Satz wird bewiesen sein, wenn wir gezeigt haben, daß es, falls $k > 1$ ist, einen zu w äquivalenten Weg gibt, der eine zulässige Bedeckung von der Ordnung $k-1$ gestattet. Denn dann gelangt man nach $k-1$ Schritten zu einem Weg, der die Behauptung erfüllt.

Die Möglichkeit der Verminderung der Ordnung k einer zulässigen Bedeckung durch Übergang zu einem äquivalenten Weg sei bereits für den Fall $k = 2$ bewiesen; dann ergibt sie sich für beliebiges k dadurch, daß man für den Teil $w_1 w_2$ von w und seine aus E_1 und E_2 bestehende zulässige Bedeckung von der Ordnung 2 die Verminderung der Ordnung vornimmt: man ersetzt $w_1 w_2$ durch einen äquivalenten Weg w_1', der eine Bedeckung der Ordnung 1 gestattet, sich also in ein Element E_1' einschließen läßt. Dann ist der Weg w', der aus w bei der Ersetzung von $w_1 w_2$ durch w_1' entsteht, mit w äquivalent, und die Elemente $E_1', E_3, \ldots, E_k$ bilden eine zulässige Bedeckung von w', deren Ordnung $k-1$ ist. Es genügt also, die Möglichkeit der Verminderung der Ordnung für den Fall $k = 2$ zu beweisen.

w sei also in zwei Bögen $xq = w_1$, $qy = w_2$ geteilt, w_1 sei im Innern des Elements E_1, w_2 im Innern des Elements E_2, x sei nicht in E_2 enthalten. Da der Bogen w_1 vom Äußeren ins Innere von E_2 läuft, besitzt er Punkte auf dem Rande R von E_2; p sei der im Sinne der Durchlaufung von w_1 letzte derartige Punkt. Der Bogen pq verläuft also in dem Durchschnitt $E_1 \cdot E_2$. Nun sei T eine topologische Abbildung von $E_1 + E_2$ mit den folgenden Eigenschaften: Außerhalb und auf dem Rande von E_2 ist sie die Identität; E_2 wird durch T auf sich abgebildet, und zwar so, daß $T(q) = y$ ist. T kann durch eine eindeutige stetige Deformation hergestellt werden, indem man in E_2 jeden Punkt geradlinig und gleichförmig im Sinne einer in E_2 gültigen euklidischen Geometrie in der Zeit 1 in seinen Bildpunkt laufen läßt und außerhalb und auf dem Rande von E_2 alle Punkte festhält. Da x außerhalb von E_2 und p auf dem Rande von E_2 liegt, werden diese beiden Punkte dabei festgehalten, und der Bogen xp von w ist daher mit seinem Bild $T(xp)$ äquivalent. Ferner ist der Bogen py von w mit dem Bild $T(pq)$ des Bogens pq äquivalent, da beide Wege die Punkte p und y in E_2 miteinander verbinden. Folglich ist auch der Weg $w = xp + py$ mit dem Weg $w' = T(xp) + T(pq) = T(xq) = T(w_1)$ äquivalent. Da aber w_1 im Inneren des Elements E_1 liegt, liegt $w' = T(w_1)$ im Inneren des Elements $E' = T(E_1)$. w' und E' erfüllen also die Behauptung, und der Hilfssatz I ist damit bewiesen.

(Bemerkung. Da man innerhalb eines Elementes zwei Punkte immer durch einen doppelpunktfreien Weg verbinden kann, folgt aus dem Hilfssatz, daß man zu jedem Weg w einen äquivalenten, doppelpunktfreien

Weg w' mit denselben Anfangs- und Endpunkten finden kann. Die Konstruktion eines solchen w' ist, wie man leicht sieht, bereits durch eine beliebig kleine Abänderung von w möglich, wenn $n > 2$ ist; dies ist jedoch, wie man an einfachen Beispielen sieht, im Fall $n = 2$ im allgemeinen nicht möglich, vielmehr muß man in diesem Fall Konstruktionen von der Art vornehmen, wie sie im Beweis des Hilfssatzes verwendet wurden.)

2. Ist F eine abgeschlossene Teilmenge eines k-dimensionalen Elements E^k, und ist in F eine Abbildung f auf die n-dimensionale Mannigfaltigkeit μ definiert, so läßt sich diese im allgemeinen — im Gegensatz zu dem Spezialfall, in dem μ der euklidische Raum ist[26]) — nicht auf das ganze Element E^k erweitern. Denn ist z. B. F eine Kreislinie, so ist in der Erweiterbarkeit auf E^k die Erweiterbarkeit auf eine von F begrenzte Kreisscheibe enthalten, und dies bedeutet (siehe § 1), daß der geschlossene Weg $f(F)$ in μ zusammenziehbar ist, was nicht der Fall zu sein braucht. Jedoch ist stets wenigstens eine Erweiterung von f „im Kleinen" möglich; es gilt nämlich

Hilfssatz IIa. Ist in der abgeschlossenen Teilmenge F des k-dimensionalen euklidischen Elements E^k eine Abbildung f auf die Mannigfaltigkeit μ definiert, so läßt sich f auf eine gewisse Umgebung von F erweitern. Dabei wird unter einer Umgebung von F eine F enthaltende, relativ zu E^k offene Teilmenge von E^k verstanden.

Beweis. In μ wird eine bestimmte Metrik mit einer Entfernungsfunktion ϱ zugrunde gelegt. Φ sei eine kompakte Menge in μ. Dann läßt sich jeder positiven Zahl b eine positive (von Φ abhängige) Zahl $\delta(b)$ mit folgender Eigenschaft zuordnen: Jede Punktmenge, die wenigstens einen Punkt von Φ enthält und deren Durchmesser $< \delta(b)$ ist, läßt sich in ein Element mit einem Durchmesser $< b$ einschließen. Gäbe es nämlich zu einem positiven b keine derartige Zahl $\delta(b)$, so gäbe es zu jedem positiven δ_i eine einen Punkt p_i von Φ enthaltende Menge m_i mit einem Durchmesser $< \delta_i$, die sich nicht in ein Element mit einem Durchmesser $< b$ einschließen ließe. Ist aber $\delta_1, \delta_2, \ldots$ eine gegen 0 konvergierende Folge, so hat die zugehörige Punktfolge $p_1, p_2, \ldots$ wegen der Kompaktheit von Φ einen Häufungspunkt p; e sei ein p im Inneren enthaltendes Element mit einem Durchmesser $< b$; ε sei eine so kleine positive Zahl, daß die ganze ε-Umgebung von p im Inneren von e liegt. Ist dann i so groß, daß sowohl $\delta_i < \frac{1}{2}\varepsilon$ als $\varrho(p, p_i) < \frac{1}{2}\varepsilon$ ist, so liegt die ganze Menge m_i im

[26]) Diese Möglichkeit der Erweiterung einer Abbildung folgt unmittelbar aus der Möglichkeit, den Definitionsbereich einer stetigen Funktion zu erweitern. Man vgl. Teil I, Fußnote [17]), und die entsprechende Stelle im Text.

Inneren von e, im Gegensatz zu der Annahme, daß sich m_i in kein Element mit einem Durchmesser $< b$ einschließen lasse.

Eine Funktion $\delta(b)$ existiert also. Aus ihrer Definition ergibt sich, daß immer $\delta(b) \leqq b$ ist. Der Existenzbeweis bleibt gültig für $b = +\infty$; der Sinn der Zahl $\delta^* = \delta(\infty)$ ist der, daß jede Menge, die einen Punkt Φ enthält und deren Durchmesser $< \delta^*$ ist, in ein Element eingeschlossen werden kann.

Wir setzen nun, wenn Φ die Bildmenge $f(F)$ und, wie oben eingeführt, k die Dimension von E^k ist:

$$d_k = \delta^*, \qquad d_\varkappa = \delta\left(\frac{1}{3} d_{\varkappa+1}\right) \qquad (\varkappa = k-1, k-2, \ldots, 1, 0).$$

E^k denken wir uns als Simplex mit einer euklidischen Metrik. Infolge der gleichmäßigen Stetigkeit der Abbildung f läßt sich eine Zahl $c > 0$ so bestimmen, daß für zwei Punkte x_1, x_2 von F, deren Entfernung $< c$ ist, stets $\varrho(f(x_1), f(x_2)) < d_0$ ist.

E^k zerlegen wir in Teilsimplexe, deren Durchmesser $< \frac{1}{3} c$ sind; $E_1^k, E_2^k, \ldots$ seien diejenigen von ihnen, die im Inneren oder auf dem Rande wenigstens je einen Punkt von F enthalten. Die Menge der (relativ zu E^k) inneren Punkte der Vereinigungsmenge $F_k = \sum\limits_i E_i^k$ bildet eine Umgebung von F. Unsere Aufgabe ist daher gelöst, sobald wir $f(F)$ zu einer Abbildung $f(F_k)$ ergänzt haben.

Mit $E_i^\varkappa$ $(\varkappa = 0, 1, \ldots, k-1;\ i = 1, 2, \ldots)$ bezeichnen wir die $\varkappa$-dimensionalen Randsimplexe der E_i^k, mit $F_\varkappa$ die Vereinigungsmenge von F und $\sum\limits_i E_i^\varkappa$ (worin bei festem $\varkappa$ über alle dabei vorkommenden i zu summieren ist). Wir werden f der Reihe nach für $F_0, F_1, \ldots, F_{k-1}, F_k$ erklären.

Ist E_i^0 ein Eckpunkt, der nicht zu F gehört, in dem also f nicht von vornherein definiert ist, so wählen wir willkürlich einen Punkt x von F, der einem E_i^k angehört, an welchem E_i^0 Ecke ist, und setzen: $f(E_i^0) = f(x)$; damit haben wir $f(F_0)$ erklärt. Sind dann y_1, y_2 zwei Punkte von F_0, die einem E_i^k angehören, so gibt es jedenfalls zwei Punkte x_1, x_2 von F (die nicht von den y_1, y_2 verschieden zu sein brauchen), deren Abstand voneinander $< c$ ist, derart, daß $f(y_1) = f(x_1)$, $f(y_2) = f(x_2)$ ist; folglich ist $\varrho(f(y_1), f(y_2)) < d_0$. Aus $y_1 \subset F_0 \cdot E_i^k$, $y_2 \subset F_0 \cdot E_i^k$ (für irgendein i, das aber in beiden Relationen dasselbe ist) folgt also immer $\varrho(f(y_1), f(y_2)) < d_0$.

Es sei nun bereits $f(F_\varkappa)$ so erklärt, daß aus $y_1 \subset F_\varkappa \cdot E_i^k$, $y_2 \subset F_\varkappa \cdot E_i^k$ immer $\varrho(f(y_1), f(y_2)) < d_\varkappa$ folgt. Dann hat, wenn wir ein bestimmtes $E_i^{\varkappa+1}$ betrachten, die Bildmenge $f(F_\varkappa \cdot E_i^{\varkappa+1})$ einen Durchmesser $< d_\varkappa$, sie läßt sich also infolge der Definition von $d_\varkappa$ und der Definition der δ-Funktion in ein Element e einschließen, dessen Durchmesser $< \frac{1}{3} d_{\varkappa+1}$ ist. Unter Zugrundelegung einer euklidischen Metrik in e läßt sich die Abbildung $f(F_\varkappa \cdot E_i^{\varkappa+1})$ zu einer Abbildung $f(E_i^{\varkappa+1})$ auf eine Teilmenge von e stetig erweitern[26]). Die so in den verschiedenen $E_i^{\varkappa+1}$ erklärten Abbildungen schließen stetig aneinander, da f in allen Simplexen $E_i^\varkappa$ ja schon bei dem vorigen Schritt erklärt worden war; somit ist eine stetige Abbildung $f(F_{\varkappa+1})$ erklärt. Wenn wir noch gezeigt haben, daß dabei aus $y_1 \subset F_{\varkappa+1} \cdot E_i^k$, $y_2 \subset F_{\varkappa+1} \cdot E_i^k$ immer $\varrho(f(y_1), f(y_2)) < d_{\varkappa+1}$ folgt, so ergibt sich durch Induktion die Möglichkeit der Erklärung von $f(F_k)$, womit die Behauptung bewiesen sein wird.

Es ist also noch zu zeigen, daß bei der soeben erklärten Abbildung $f(F_{\varkappa+1})$ aus $y_1 \subset F_{\varkappa+1} \cdot E_i^k$, $y_2 \subset F_{\varkappa+1} \cdot E_i^k$ immer $\varrho(f(y_1), f(y_2)) < d_{\varkappa+1}$ folgt. Ist y ein Punkt von $F_{\varkappa+1} \cdot E_i^k$, der in keinem $E_i^{\varkappa+1}$ liegt, so gehört y zu F, also auch zu $F_\varkappa$; ein beliebiger Eckpunkt z von E_i^k gehört auch zu $F_\varkappa$; mithin ist $y \subset F_\varkappa \cdot E_i^k$, $z \subset F_\varkappa \cdot E_i^k$, folglich $\varrho(f(y), f(z)) < d_\varkappa$, und da stets $\delta(b) \leqq b$ ist, auch $\varrho(f(y), f(z)) < \frac{1}{3} d_{\varkappa+1}$. Ist y ein Punkt von $F_{\varkappa+1} \cdot E_i^k$, der in einem $E_i^{\varkappa+1}$ liegt, so ist, da die Bildmenge $f(E_i^{\varkappa+1})$ in dem Element e enthalten ist, dessen Durchmesser $< \frac{1}{3} d_{\varkappa+1}$ ist, $\varrho(f(y), f(z)) < \frac{1}{3} d_{\varkappa+1}$ für jeden Eckpunkt z von $E_i^{\varkappa+1}$. In jedem Fall gibt es zu dem Punkt y aus $F_{\varkappa+1} \cdot E_i^k$ einen Eckpunkt z von E_i^k mit $\varrho(f(y), f(z)) < \frac{1}{3} d_{\varkappa+1}$. Zu zwei derartigen Punkten y_1, y_2 gibt es demnach zwei derartige Eckpunkte z_1, z_2 von E_i^k. Da z_1 und z_2 zu $F_\varkappa \cdot E_i^k$ gehören, ist $\varrho(f(z_1), f(z_2)) < d_\varkappa \leqq \frac{1}{3} d_{\varkappa+1}$. Da somit jede der drei Entfernungen $\varrho(f(y_1), f(z_1))$, $\varrho(f(z_1), f(z_2))$, $\varrho(f(z_2), f(y_2))$ kleiner als $\frac{1}{3} d_{\varkappa+1}$ ist, ist $\varrho(f(y_1), f(y_2)) < d_{\varkappa+1}$, w. z. b. w.

Damit ist der Hilfssatz IIa bewiesen.

Hilfssatz IIb. E^k, F, μ haben dieselben Bedeutungen wie im Hilfssatz IIa; in F sei aber nicht nur eine Abbildung f, sondern eine für $0 \leqq t \leqq 1$ stetig von dem Parameter t abhängende Schar von Abbildungen f_t auf μ gegeben. Dann läßt sich die ganze Abbildungsschar stetig auf eine Umgebung von F erweitern.

Beweis. Im euklidischen R^{k+1} sei ein rechtwinkliges x^1-x^2-...-x^{k+1}-Koordinatensystem eingeführt. E^k sei durch ein Simplex in dem durch die Gleichung $x^{k+1} = 0$ ausgezeichneten R^k gegeben. Ist $x \subset R^k$, so bezeichne x_t den Punkt, dessen senkrechte Projektion auf R^k der Punkt x und dessen x^{k+1}-Koordinate die Zahl t ist. $\bar{F}$ sei die Menge der Punkte x_t im R^{k+1}, für die $x \subset F$, $0 \leqq t \leqq 1$ ist, $\bar{E}^{k+1}$ der Quader im R^{k+1}, der von den Punkten x_t mit $x \subset E^k$, $0 \leqq t \leqq 1$ gebildet wird. Durch $f(x_t) = f_t(x)$ für $x_t \subset \bar{F}$ ist eine Abbildung $f(\bar{F})$ definiert; sie läßt sich nach Hilfssatz IIa zu einer Abbildung einer Umgebung $\bar{U}$ von $\bar{F}$ in $\bar{E}^{k+1}$ ergänzen. Es gibt eine Umgebung U von F in E^k derart, daß aus $x \subset U$, $0 \leqq t \leqq 1$ folgt: $x_t \subset \overline{U}$. In U wird durch $f_t(x) = f(x_t)$ die gewünschte Erweiterung von $f_t(F)$ geleistet.

Hilfssatz IIc. F sei eine abgeschlossene Teilmenge von E^k. In E^k sei eine Abbildung f_0 auf μ, in F eine an f_0 anschließende stetige Abbildungsschar f_t für $0 \leqq t \leqq 1$ definiert, die in den zum Rande R von E^k gehörigen Punkten von F für alle t-Werte mit f_0 übereinstimmt. Dann läßt sich in E^k eine an f_0 anschließende stetige Abbildungsschar für $0 \leqq t \leqq 1$ erklären, die in F mit der Schar f_t und auf R für alle t-Werte mit f_0 übereinstimmt.

Beweis. Es sei $f_t(R) = f_0(R)$, $F_1 = F + R$. Nach IIb läßt sich die Schar $f_t(F_1)$ auf eine Umgebung U von F_1 erweitern. ε sei so klein, daß die ε-Umgebung von F_1 in U liegt. Ist y ein Punkt von E^k, so bezeichne $r(y)$ die Entfernung des Punktes y von der Menge F_1. Die folgendermaßen erklärte Abbildungsschar $g_t(E^k)$ hat die gewünschten Eigenschaften:

Ist $r(y) \geqq \varepsilon$, so ist $g_t(y) = f_0(y)$ für $0 \leqq t \leqq 1$;

ist $r(y) \leqq \varepsilon$, so ist $g_t(y) = f_t(y)$ für $0 \leqq t \leqq 1 - \frac{r(y)}{\varepsilon}$

und $g_t(y) = f_{1-\frac{r(y)}{\varepsilon}}(y)$ für $1 - \frac{r(y)}{\varepsilon} \leqq t \leqq 1$.

3. In der euklidischen Ebene ist jede Kreislinie zusammenziehbar; entfernt man aber den Mittelpunkt eines Kreises aus der Ebene, so entsteht eine einem Zylinder homöomorphe Fläche, auf der derselbe Kreis nicht mehr zusammenziehbar ist. Jedoch kann die Zusammenziehbarkeit eines geschlossenen Weges in einer Mannigfaltigkeit durch Herausnehmen eines Punktes aus dieser nur dann zerstört werden, wenn die Dimensionszahl der Mannigfaltigkeit 2 ist; es gilt nämlich:

Hilfssatz III. Ist $n > 2$, w ein in der n-dimensionalen Mannigfaltigkeit μ zusammenziehbarer Weg, ξ ein nicht auf w liegender Punkt von μ, μ' die durch Herausnahme von ξ aus μ entstehende Mannigfaltigkeit, so ist w auch in μ' zusammenziehbar.

Beweis. Die Zusammenziehbarkeit von w in μ bedeutet, daß w das Bild des Randes R bei einer Abbildung g einer Kreisscheibe, oder, was dasselbe bedeutet, einer Dreieckscheibe T auf μ ist. Falls das Bild $g(T)$ den Punkt ξ nicht enthält, ist $g(T) \subset \mu'$, w also in M' zusammenziehbar; falls $\xi \subset g(T)$ ist, besteht unsere Aufgabe darin, eine auf R mit g übereinstimmende Abbildung h von T auf μ zu konstruieren, so daß ξ nicht in der Bildmenge $h(T)$ enthalten ist.

Es sei also $\xi \subset g(T)$; X sei die Originalmenge von ξ in T. e sei ein ξ im Inneren enthaltendes Element; ε sei eine so kleine positive Zahl, daß die ε-Umgebung von ξ in e enthalten ist. Infolge der gleichmäßigen Stetigkeit der Abbildung $g(T)$ gibt es eine positive Zahl δ von der Eigenschaft, daß das Bild jeder Punktmenge von T, deren Durchmesser $< \delta$ ist, einen Durchmesser hat, der $< \varepsilon$ ist. Wir nehmen mit T eine Unterteilung in Dreiecke $t_1, t_2, \ldots$ vor, deren Durchmesser $< \delta$ und kleiner als der Abstand zwischen R und X sind; dann liegt das Bild jedes einen Punkt von X enthaltenden Dreiecks t_i im Inneren von e, und die Vereinigungsmenge Q derjenigen t_i, die wenigstens je einen Punkt von X im Inneren oder auf dem Rande enthalten, ist fremd zu dem Rande R. Wir tilgen nun die Abbildung g im Inneren von Q; auf R bleibt sie also bestehen. Außerhalb und auf dem Rande von Q setzen wir $h = g$. Jedem im Inneren von Q liegenden Eckpunkt eines t_i ordnen wir als Bild bei der Abbildung h einen beliebigen, von ξ verschiedenen, inneren Punkt von e zu. Darauf erweitern wir auf jeder Seite eines t_i, deren innere Punkte im Inneren von Q liegen, die in ihren Ecken schon erklärte Abbildung zu einer solchen Abbildung h der ganzen Seite in das Innere von e, daß ξ nicht zu der dabei entstehenden Bildmenge gehört; dies ist möglich, da $n > 1$ ist[27]). Schließlich erweitern wir in jedem zu Q gehörigen t_i die auf seinen Seiten schon erklärte Abbildung zu einer solchen Abbildung h des ganzen t_i in das Innere von e, daß ξ nicht in der Bildmenge $h(t_i)$ enthalten ist; dies ist möglich, da $n > 2$ ist[27]). Damit ist $h(T)$ in der gewünschten Weise konstruiert.

Bemerkung. Man sieht übrigens leicht, daß der Hilfssatz III trivialerweise auch für $n = 1$ gilt, da in diesem Falle jeder zusammenziehbare geschlossene Weg in sich selbst zusammenziehbar ist, so daß die Zusammenziehbarkeit durch Herausnahme eines nicht auf ihm gelegenen Punktes aus M nicht gestört wird.

Durch mehrmalige Anwendung des Hilfssatzes III wird dieser erweitert zu:

Hilfssatz IIIa. Die Aussage des Hilfssatzes III behält ihre Gültigkeit, wenn man an Stelle des Punktes ξ eine Menge von endlich vielen Punkten $\xi_1, \xi_2, \ldots, \xi_m$ und an Stelle von μ' die durch Herausnahme dieser Punkte aus μ entstandene Mannigfaltigkeit betrachtet.

§ 6.

Die Bestimmung der im § 4 definierten Mindestzahlen für $n \neq 2$.

Wir beginnen mit dem Beweis des am Schluß des § 4 angekündigten Satzes, daß die in der Klasse $\mathfrak{K}_\xi$ erreichbare Mindestzahl von Original-

[27]) Teil I, § 2, Hilfssatz I.

punkten des Punktes ξ gleich der wesentlichen Schichtenzahl in ξ ist, falls die Dimensionenzahl nicht 2 ist, für einen Spezialfall:

Satz XIIIa. *Es sei $n \neq 2$. Das n-dimensionale Element E sei auf die n-dimensionale Mannigfaltigkeit μ so abgebildet, daß die Originalmenge des Punktes ξ von μ aus zwei im Inneren von E gelegenen Punkten besteht, deren Verbindungswege in E zusammenziehbare Bilder in μ haben. Dann läßt sich die Abbildung durch eine stetige Abänderung, die nur die Bilder innerer Punkte von E verrückt, in eine Abbildung überführen, bei der ξ einen einzigen Originalpunkt hat.*

Beweis. Ist $n = 1$, so wird durch die nach Voraussetzung mögliche Zusammenziehung des Bildes der Verbindungsstrecke der Originalpunkte x_1, x_2 von ξ auf den Punkt ξ die Abbildung $f(E)$ ohne Änderung in den beiden Randpunkten von E stetig in eine Abbildung $f_1(E)$ übergeführt, bei der die Strecke $x_1 x_2$ die Originalmenge von ξ ist. f_1 läßt sich (siehe Satz XII) ohne Änderung in den Endpunkten von E weiter stetig in eine Abbildung überführen, bei der ξ einen einzigen Originalpunkt hat.

Es sei $n > 2$. e_1, e_2 seien ξ enthaltende Elemente, und e_2 liege im Inneren von e_1. E denken wir uns als Simplex, v sei die Verbindungsstrecke der Originalpunkte x_1, x_2 von ξ. Wir werden zuerst zeigen, daß man die Abbildung f unter Festhaltung des Randbildes so abändern kann, daß $x_1 + x_2$ die Originalmenge von ξ bleibt und daß das Bild von v ganz im Inneren von e_1 liegt.

Das letztere sei also noch nicht der Fall. Dann gibt es bei Durchlaufung von v in der Richtung $x_1 x_2$ einen ersten Punkt p und einen letzten Punkt q mit Bildern auf dem Rande r von e_2; wir bezeichnen die Strecken $x_1 p$, pq, $q x_2$ der Reihe nach mit v_1, v_2, v_3; ferner sei w ein Weg von $f(p)$ nach $f(q)$ auf r (w existiert, da $n > 2$ ist). Der geschlossene Weg $f(v_1)^{-1} f(v_3)^{-1} w^{-1}$ ist zusammenziehbar, weil er in dem Element e_1 liegt, der geschlossene Weg $f(v_2) f(v_3) f(v_1)$ ist zusammenziehbar, weil der Weg $f(v_1) f(v_2) f(v_3) = f(v)$ nach Voraussetzung zusammenziehbar ist; folglich ist auch $f(v_2) w^{-1} = f(v_2) f(v_3) f(v_1) f(v_1)^{-1} f(v_3)^{-1} w^{-1}$ zusammenziehbar. Da ξ auf v_2 keinen Originalpunkt hat und da w auf r verläuft, liegt ξ nicht auf dem Wege $f(v_2) w^{-1}$; dieser ist daher nach Hilfssatz III nicht nur in μ, sondern auch in der durch Herausnahme von ξ aus μ entstehenden Mannigfaltigkeit μ' zusammenziehbar. w ist also mit $f(v_2)$ in μ' äquivalent (siehe § 5, Anfang), und man kann $f(v_2)$ unter Festhaltung seiner Endpunkte $f(p), f(q)$ innerhalb μ' in w deformieren. Da die Strecke v_2 keinen Doppelpunkt hat, entspricht dieser Deformation eine stetige Schar eindeutiger Abbildungen $f_t(v_2)$ von v_2 in die Mannigfaltigkeit μ' mit $0 \leqq t \leqq 1$, $f_0(v_2) = f(v_2)$, $f_1(v_2) = w$.

Es sei nun E' ein im Inneren von E gelegenes Element mit folgenden Eigenschaften: p und q liegen auf dem Rande, die übrigen Punkte von v_2 liegen im Inneren, die von p und q verschiedenen Punkte von v_1 und v_3 liegen im Äußeren von E'. Auf E', $v_2 = F$ und μ' wenden wir den Hilfssatz IIc an; dann gelangen wir zu einer für $0 \leqq t \leqq 1$ stetigen Abbildungsschar $f_t(E')$ mit $f_0 = f$, mit $f_t = f$ am Rande von E' und mit $f_1(v_2) = w$. Fassen wir die f_t als Abbildungen von E' auf die Mannigfaltigkeit μ auf und setzen wir dann $f_t = f$ in $E - E'$ für $0 \leqq t \leqq 1$, so haben wir eine stetige Abbildungsschar $f_t(E)$ mit $f_0 = f$, mit $f_t = f$ am Rande von E, mit $f_1(v) = f(v_1) w f(v_3)$ und mit der Eigenschaft, daß $x_1 + x_2$ für alle t-Werte die Originalmenge von ξ ist. Da $f_1(v) \subset e_1$ ist, erhält man, während t von 0 bis 1 läuft, eine solche Abänderung von f, wie sie oben (2. Absatz des Beweises) als vorläufiges Ziel hingestellt wurde.

Damit sind wir aber auch im wesentlichen am Ende des Beweises; denn ist ε eine so kleine positive Zahl, daß das durch f_1 gelieferte Bild der ε-Umgebung von v in e_1 liegt, so kann man, da die abgeschlossene Hülle der ε-Umgebung der Strecke v ein Element E'' ist, in E'' f_1 weiter so abändern, daß am Rande von E'' nichts geändert wird und daß ξ schließlich nur noch einen einzigen Originalpunkt hat [22]).

Damit ist der Vorbereitungssatz XIII a bewiesen, und wir haben jetzt die Gleichung $\sigma_\xi = s_\xi$, die ja das Ziel unserer gegenwärtigen Überlegungen ist, für $n \neq 2$ in voller Allgemeinheit zu beweisen. Hierzu haben wir, wenn die Abbildung f im Punkt ξ kompakt und wenn dort die wesentliche Schichtenzahl s_ξ ist, eine zu der „Klasse $\mathfrak{K}_\xi$ in bezug auf ξ“, die durch f bestimmt ist, gehörige Abbildung f_1 anzugeben, bei der ξ genau s_ξ Originalpunkte besitzt. Wir werden etwas mehr beweisen; wir werden nämlich den Bereich der zulässigen Abänderungen von f dadurch noch einschränken, daß wir die „Klasse in bezug auf ξ“ [20]) durch die „Klasse $\mathfrak{K}$“ [20]), zu der f gehört, ersetzen. In den Beweisen der folgenden Sätze dieses Paragraphen wird die Zugehörigkeit zu $\mathfrak{K}$ stets dadurch sichergestellt sein, daß alle vorkommenden Abänderungen von f sich immer nur auf kompakte Teile von M beziehen und außerhalb dieser Teile nichts ändern.

Satz XIII b. *Es sei $n \neq 2$, M und μ seien n-dimensionale Mannigfaltigkeiten, f sei eine Abbildung von M auf μ, die im Punkte ξ kompakt ist; dann gibt es in der durch f bestimmten Klasse $\mathfrak{K}$ eine Abbildung f_1, bei der die Originalmenge X von ξ keine unwesentliche Schicht enthält und bei der jede wesentliche Schicht von X aus nur einem Punkt besteht.*

Beweis. Es sei zunächst $n > 2$. Da sich jede Abbildung durch eine kleine Abänderung „fastglatt“ in einem gegebenen Punkt machen läßt [22]), dürfen wir annehmen, daß die Originalmenge X von ξ nur aus endlich vielen Punkten besteht. x_1, x_2 seien Punkte einer Schicht von X; dann gibt es einen Weg u von x_1 nach x_2, dessen Bild $f(u)$ zusammenziehbar ist; nach Hilfssatz I gibt es ein x_1 und x_2 im Inneren enthaltendes Element, so daß jeder Weg v, der x_1 mit x_2 in dem Element verbindet, äquivalent mit u, daß daher sein Bild auch zusammenziehbar ist. Falls dieses Element außer x_1 und x_2 noch andere Punkte von X enthält, ersetzen wir es durch ein x_1 und x_2 enthaltendes Teilelement E, welches die anderen Punkte von X in seinem Äußeren läßt. Indem wir auf E den Satz XIIIa anwenden, ersetzen wir x_1 und x_2 durch einen einzigen Originalpunkt von ξ; wir vermindern also die Anzahl der Originalpunkte. Dies wiederholen wir so lange, bis jede Schicht nur noch einen einzigen Punkt enthält.

Wir haben nun noch diejenigen von diesen Punkten, die unwesentliche Schichten darstellen, zu beseitigen. Ist x ein solcher unwesentlicher Punkt, und ist f orientierbar, so hat die Abbildung eines kleinen, x enthaltenden Elementes im Punkt ξ den Grad 0, und man kann die Abbildung in diesem Element, ohne sie auf seinem Rande zu ändern, in eine Abbildung überführen, bei der ξ nicht mehr zu der Bildmenge gehört[28]). So werden, wenn f orientierbar ist, alle unwesentlichen Schichten beseitigt. Ist f nicht orientierbar, so hat die Abbildung eines kleinen, x enthaltenden Elementes e im Punkte ξ einen geraden Grad $2c$. Wir ersetzen f im Inneren von e mittels stetiger Abänderung, die am Rande von e wieder nichts ändert, durch eine solche Abbildung, daß ξ zwei Originalpunkte x_1, x_2 erhält und daß die Abbildungen von Umgebungen U_1 bzw. U_2 dieser beiden Punkte in ξ je den Grad c haben, wobei die Orientierungen von U_1 und U_2 durch eine Orientierung von e induziert sind[29]). Nun sei i ein geschlossener, die Orientierung umkehrender Weg durch x_2, dessen Bild zusammenziehbar ist; ist u ein x_1 mit x_2 innerhalb e verbindender Weg, so liefert die Fortsetzung einer bestimmten Orientierung von U_1 längs ui die entgegengesetzte Orientierung in U_2 wie die Fortsetzung längs u. Da das Bild von u in der Umgebung von ξ verläuft, ist es zusammenziehbar, und mithin ist auch das Bild von ui zusammenziehbar. Wir schließen jetzt, was nach Hilfssatz I möglich ist, x_1 und x_2 in ein solches Element E ein, daß jeder x_1

[28]) Teil I, § 1, Satz IXa.

[29]) Deutet man die in einer Umgebung von ξ mit ξ als Nullpunkt eingeführten euklidischen Koordinaten der Bildpunkte als die Komponenten von Vektoren, die den Punkten von e zugeordnet sind, so ist die hier zu lösende Aufgabe identisch mit der Aufgabe, ein in e gegebenes Vektorfeld, das am Rande den Index $2c$ hat, durch eine Abänderung im Inneren von e durch ein anderes Vektorfeld, das dort genau zwei Nullstellen mit den Indexen c hat, zu ersetzen; diese „Randwertaufgabe" ist lösbar; siehe H. Hopf, Abbildungsklassen n-dimensionaler Mannigfaltigkeiten, § 5, Nr. 4, Math. Annalen **96** (1926).

mit x_2 in E verbindende Weg v äquivalent mit ui ist; dann ist auch das Bild von v zusammenziehbar. Da die Fortsetzung der Orientierung von U_1 nach U_2 längs v dasselbe Ergebnis hat wie die Fortsetzung längs dem Weg ui, also das entgegengesetzte Ergebnis wie die Fortsetzung längs u, hat die Abbildung einer der Umgebungen U_1, U_2, wenn man sie als Teile des Elementes E orientiert, in ξ den Grad $+c$, die der anderen den Grad $-c$; die Abbildung von E hat also in ξ den Grad 0. Da wir wieder annehmen dürfen, daß E außer x_1 und x_2 keinen Originalpunkt von ξ enthält, können wir nach Satz XIIIa durch eine Änderung im Inneren von E die Abbildung in eine solche überführen, die in E nur einen Originalpunkt x_0 von ξ besitzt. Der Grad in ξ ändert sich bei der Abänderung nicht; mithin hat die Abbildung einer Umgebung U_0 von x_0 den Grad 0, und man kann daher den Originalpunkt x_0 von ξ mittels einer weiteren Abänderung der Abbildung in U_0 beseitigen[28]). — Damit ist unser Satz für $n > 2$ bewiesen.

Ist $n = 1$, so unterscheiden wir zwei Fälle, je nachdem M ein Kreis oder eine Gerade ist. Im ersten Fall läßt sich, falls μ eine Gerade ist, die Bildmenge auf einen beliebigen Punkt von μ zusammenziehen, die Originalmenge eines gegebenen Punktes ξ läßt sich also überhaupt beseitigen; falls M und μ Kreise sind, läßt sich die Abbildung f, wenn ihr Grad $c \neq 0$ ist, in eine monotone c-malige Umlaufung von μ deformieren; bei einer solchen besteht jede der c wesentlichen Schichten für jeden Punkt ξ aus genau einem Punkt; ist $c = 0$, so läßt sich die Bildmenge wieder auf einen Punkt zusammenziehen, und die Originalmengen aller anderen Punkte sind leer.

Ist M eine Gerade, so ändern wir wie im Fall $n > 2$ f zunächst so ab, daß ξ nur endlich viele Originalpunkte hat. Sind x_1, x_2 Punkte einer Schicht, so ist, da auf der Geraden je zwei Verbindungswege zwischen zwei Punkten einander äquivalent sind, das Bild der Strecke $x_1 x_2$ zusammenziehbar. Wir ändern f stetig ab, indem wir es auf den Punkt ξ zusammenziehen. Haben wir dies getan, so können wir wieder wie im Beweis des vorigen Satzes die Abbildung im Inneren eines x_1 und x_2 im Inneren enthaltenden Intervalles, ohne sie in dessen Endpunkten zu ändern, stetig in eine Abbildung überführen, bei der ξ in diesem Intervall nur noch einen Originalpunkt enthält (siehe Satz XII). Auf diese Weise erreichen wir, wie im Fall $n > 2$, daß jede Schicht der Originalmenge von ξ nur einen Punkt enthält, und dieser läßt sich, wie bei einer orientierbaren Abbildung im Fall $n > 2$, beseitigen, falls die durch ihn repräsentierte Schicht unwesentlich ist.

Damit ist der Satz XIIIb bewiesen; er läßt sich noch verschärfen zu

Satz XIIIc. *Es sei $n \neq 2$, M und μ seien n-dimensionale Mannigfaltigkeiten, die Abbildung f von M auf μ sei in den Punkten $\xi^1, \xi^2, \ldots, \xi^m$ kompakt; dann läßt sich f innerhalb der Klasse $\mathfrak{K}$ stetig in eine Abbil-*

dung f_1 überführen, bei der keine der Originalmengen X^k der Punkte ξ^k $(k = 1, 2, \ldots, m)$ eine unwesentliche Schicht enthält und bei der jede wesentliche Schicht einer Menge X^k nur aus einem einzigen Punkt besteht.

Beweis. Es sei $n > 2$. Wir dürfen annehmen, daß jede der Mengen X^k von vornherein nur aus endlich vielen Punkten besteht[22]). Entfernt man einige der Punkte ξ^k aus μ und die entsprechenden Mengen X^k aus M, so bleiben Mannigfaltigkeiten μ' und M' übrig, wobei letztere auf erstere so abgebildet ist, daß diese Abbildung in den übriggebliebenen Punkten ξ^k kompakt ist; für deren Originalmengen hat sich überdies auf Grund des Hilfssatzes III die Schichtenzerlegung nicht geändert.

M_1, μ_1 seien die Mannigfaltigkeiten, die durch Herausnahme aller ξ^k und X^k mit Ausnahme von ξ^1 und X^1 entstehen. Wenden wir dann den Satz XIII b zunächst auf M_1, μ_1 und ξ^1 an, so wird die Behauptung unseres Satzes erfüllt, ohne daß an den Originalmengen der Punkte $\xi^2, \xi^3, \ldots, \xi^m$ etwas geändert würde. Darauf wenden wir den Satz XIII b auf M_2, μ_2 und ξ^2 an, wobei M_2 und μ_2 die Mannigfaltigkeiten sind, die durch Entfernung der (jetzt vorliegenden) Originalmengen von $\xi^1, \xi^3, \ldots, \xi^m$ aus M und der Punkte $\xi^1, \xi^3, \ldots, \xi^m$ aus μ entstehen; dabei wird an keiner der Mengen $X^1, X^3, \ldots, X^m$ etwas geändert, insbesondere wird das für ξ^1 bereits erzielte Ergebnis nicht wieder zerstört, und die Behauptung unseres Satzes wird also für ξ^1 und ξ^2 erfüllt. So fortfahrend erfüllen wir sie schließlich für alle ξ^k.

Ist $n = 1$ und M ein Kreis, so erfüllt, wie im Beweis des vorigen Satzes, diejenige durch stetige Abänderung von f entstandene Abbildung f_1, die M auf einen einzigen Punkt abbildet, oder die eine monotone mehrmalige Durchlaufung des Bildkreises μ darstellt, die Behauptung. Ist M eine Gerade, so führt die im Beweis des vorigen Satzes für den Punkt ξ angegebene Konstruktion zum Ziel, wenn man sie nacheinander für $\xi^1, \xi^2, \ldots$ durchführt; denn wendet man sie auf ξ^k an, so besteht ihr erster Schritt in der Zusammenziehung des Bildes einer Strecke auf den Punkt ξ^k, wobei die Originalmenge keines von ξ^k verschiedenen Punktes vermehrt wird, und ihr zweiter (und letzter) Schritt — das Ersetzen dieser Strecke durch einen einzigen Originalpunkt von ξ^k — ändert die Abbildung nur in einer beliebig kleinen Umgebung von ξ^k. Unsere Behauptung gilt also auch für $n = 1$.

Wir weisen noch auf eine Folgerung aus den Sätzen XIII c und VII a hin:

Satz XIII d. *Ist $n \neq 2$, f eine überall kompakte Abbildung von M auf μ mit einem von 0 verschiedenen Absolutgrad und mit dem Index j, so gibt es in der Klasse von f eine Abbildung, bei der jeder von endlich* *vielen, in μ willkürlich gegebenen Punkten $\xi^1, \xi^2, \ldots, \xi^m$ genau j Originalpunkte hat.*

Wenn im Satz XIIIb der Absolutgrad in ξ $a_\xi = 0$, wenn also auch die wesentliche Schichtenzahl $s_\xi = 0$ ist, so besagt der Satz, daß es eine Abbildung f_1 in $\mathfrak{K}$ gibt, bei der ξ keinen Originalpunkt hat, also nicht zu der Bildmenge gehört. Diese Tatsache verallgemeinern wir, indem wir damit die zweite am Schluß des § 4 ausgesprochene Behauptung, nämlich: „$\alpha_\xi = a_\xi$ für $n \neq 2$“, beweisen, zu folgendem Satz:

Satz XIV. *Ist $n \neq 2$, ist die Abbildung f von M auf μ in den Punkten ξ^k kompakt und hat sie dort die Absolutgrade a^k $(k = 1, 2, \ldots, m)$, so gibt es in der durch f bestimmten Klasse $\mathfrak{K}$ eine Abbildung f^*, die in den Punkten ξ^k glatt ist und bei der je eine Umgebung dieser Punkte a^1-, a^2-, ..., a^m-mal glatt bedeckt wird.*

Beweis. Auf Grund von Satz XIIIc dürfen wir annehmen, daß es in jedem der Punkte ξ^k nur wesentliche Schichten gibt und daß jede von diesen aus einem einzigen Punkt besteht. Die Originalmenge X^k von ξ^k bestehe also aus den Punkten $x_1^k, x_2^k, \ldots$, deren jeder eine Schicht darstellt, und a_i^k sei der Beitrag der durch x_i^k dargestellten Schicht. e_i^k sei ein so kleines, x_i^k enthaltendes Element, daß das Bild $f(e_i^k)$ in einer euklidischen Umgebung V^k von ξ^k liegt.

Ist f orientierbar, so ist a_i^k der Betrag des Grades in ξ^k bei der Abbildung $f(e_i^k)$. Man kann daher durch Änderung im Inneren von e_i^k und V^k zu einer Abbildung f' übergehen, die sich am Rande von e_i^k stetig an f anschließt und bei der das Bild $f'(e_i^k)$ eine Umgebung von ξ^k a_i^k-mal glatt bedeckt[25]). Führt man dies für jeden Punkt x_i^k einzeln durch, so gelangt man, da $\sum_i a_i^k = a^k$ ist, zu einer Abbildung f^*, die die Behauptung erfüllt.

Ist f nicht orientierbar, so ist $a_i^k = 1$ und der Grad in ξ^k bei der Abbildung $f(e_i^k)$ ist ungerade. Wir dürfen aber sogar annehmen, daß er 1 ist. Denn ist er zunächst $2c + 1$, so können wir durch eine Abänderung in e_i^k erreichen, daß ξ^k dort zwei Originalpunkte y, z hat und daß die Abbildung einer Umgebung von y in ξ^k den Grad 1, die Abbildung einer Umgebung von z in ξ^k den Grad $2c$ hat[29a]). Dann können wir nach dem Verfahren, mit dem wir im Beweis des Satzes XIIIb die unwesentlichen Schichten im Fall einer nicht orientierbaren Abbildung beseitigt haben, den Punkt z aus der Originalmenge von ξ^k entfernen, so daß man zu den Sätzen XIIIb und XIIIc den Zusatz machen kann: Im Fall einer nicht orientierbaren Abbildung kann die Abbildung f_1 so gewählt werden, daß die Abbildungen der Umgebungen der die einzelnen Schichten repräsentie-

[29a]) Dies geschieht analog wie in Fußnote [29]) angegeben.

renden Punkte in ξ bzw. in allen Punkten $\xi^1, \xi^2, \ldots, \xi^m$ sämtlich den Grad 1 haben.

$f(e_i^k)$ habe also in ξ^k den Grad 1. Dann kann man durch Änderung im Inneren von e_i^k und V^k zu einer Abbildung f' übergehen, die sich am Rande von e_i^k stetig an f anschließt und für die die Teilabbildung $f(e_i^k)$ in der Umgebung von ξ^k eineindeutig ist[25]). Durchführung dieses Verfahrens für jeden einzelnen Punkt x_i^k liefert schließlich eine Abbildung f^*, die die Behauptung erfüllt.

Es liegt nun die Frage nahe, wie weit sich die a^k-maligen glatten Bedeckungen, die wir in kleinen Umgebungen der Punkte ξ^k erzielt haben, ausdehnen lassen. Der folgende Satz gibt eine Antwort.

Satz XIVa. *Ist $n \neq 2$, sind G^k $(k = 1, 2, \ldots)$ Gebiete von μ, in deren jedem f kompakt ist, und K^k Teilmengen der G^k, die in diesen kompakt sind, so gibt es in der Klasse von f eine Abbildung f^*, bei der in jeder Menge K^k eine dort überall dichte, offene Teilmenge genau a^k-mal glatt von der Bildmenge bedeckt wird, wobei a^k der Absolutgrad von f in G^k ist.*

Beweis. Ist T ein n-dimensionales Simplex, t ein n-dimensionales Teilsimplex von T, so verstehen wir unter dem „Aufblasen von t auf T" eine eindeutige Deformation von T in sich, bei der alle Randpunkte von T festbleiben, alle Punkte des Zwischengebietes $T - t$ und des Randes von t auf den Rand von T wandern und bei deren Endergebnis t eineindeutig auf T abgebildet ist. Eine solche Deformation läßt sich, wenn T und t gegeben sind, stets in elementarer Weise angeben.

E sei ein Teilelement von G^k, ξ ein innerer Punkt von E, und f sei bereits in seiner Klasse so abgeändert, daß eine in E gelegene Umgebung von ξ a^k-mal glatt bedeckt wird. e sei ein Teilelement dieser Umgebung, das bei einer topologischen Abbilduug von E auf ein Simplex T einem Teilsimplex t von T entspricht. Dann entspricht dem Aufblasen von t auf T eine Deformation D_τ $(0 \leqq \tau \leqq 1)$ von μ, die wir das „Aufblasen von e auf E" nennen; da f in E kompakt und D_τ außerhalb E die Identität ist, sind die Abbildungen $f_\tau = D_\tau f$ überall dort kompakt, wo f kompakt ist, gehören also zu der Klasse von f. Bei dem Endergebnis f_1 wird das ganze Innere von E genau a^k-mal glatt bedeckt.

Sei jetzt E' ein zweites Teilelement von G^k, das mit E innere Punkte gemeinsam habe; die Menge dieser Punkte wird bei f_1 a^k-mal glatt bedeckt. In ihr läßt sich durch Abbildung von E' auf ein Simplex T ein Element e' finden, das man auf E' aufblasen kann; tun wir dies, so wird bei dem Endergebnis f_2 der durch diese Deformation bewirkten Abänderung von f_1, die wieder innerhalb der Klasse von f vor sich geht, das ganze Innere von E', sowie der nicht auf dem Rande von E' gelegene Teil des Inneren von E a^k-mal glatt bedeckt. Da der Rand von E' in E nirgends dicht ist, wird somit eine offene, in $E+E'$ überall dichte Menge a^k-mal glatt bedeckt.

Ist nun E'' ein drittes Element von G^k, das mit $E+E'$ innere Punkte gemeinsam hat, so läßt sich die a^k-malige glatte Bedeckung ebenso auf eine offene, in $E+E'+E''$ überall dichte Menge erweitern, nämlich auf die Menge derjenigen inneren Punkte von $E+E'+E''$, die nicht auf dem Rande eines dieser Elemente liegen. Dasselbe Ergebnis läßt sich durch wiederholtes Aufblasen geeigneter kleiner Elemente für eine beliebige endliche Anzahl von Elementen $E, E', \ldots, E^{(m)}$ erzielen, von denen jedes mit wenigstens einem vorhergehenden innere Punkte gemeinsam hat. Hieraus folgt, da sich jede Komponente jeder der gegebenen Mengen K^k ins Innere eines derartigen Systems von Elementen einschließen läßt, die Richtigkeit unserer Behauptung.

Betrachten wir noch den Spezialfall, daß M geschlossen ist: in ihm ist f überall in μ kompakt, μ kann also die Rolle eines G^k aus dem eben bewiesenen Satz übernehmen. Ist auch μ geschlossen, so kann μ überdies die Rolle des zugehörigen K^k übernehmen. Ist μ offen, so wird nur ein echter Teil von μ durch die Bildmenge bedeckt und es ist $a=0$; man kann die Bildmenge mit endlich vielen Elementen $E, E', \ldots, E^{(m)}$ so bedecken, daß E auch Punkte enthält, die nicht zu der Bildmenge gehören, und daß jedes weitere der Elemente mit wenigstens einem vorhergehenden innere Punkte gemeinsam hat. Dann liefert der beim Beweise des vorigen Satzes benutzte Prozeß des sukzessiven Aufblasens, wenn man mit einem 0-mal bedeckten Teilelement e von E beginnt, eine Abbildung f^*, bei der die Bildmenge ganz auf den Rändern der $E, E', \ldots, E^{(m)}$ liegt. Es gilt also:

Satz XIVb. *Ist $n \neq 2$, M geschlossen und f eine Abbildung von M auf μ vom Absolutgrad a, so gibt es in der Klasse von f eine Abbildung f^*, bei der eine offene, in μ überall dichte Menge genau a-mal glatt bedeckt wird. Ist insbesondere $a=0$, so ist bei f^* die Bildmenge nirgends dicht in μ.*

Die vorstehenden Sätze sind unter der Voraussetzung $n \neq 2$ bewiesen. Jedoch gilt, wie H. Kneser gezeigt hat[3]) [6]), der dem Satz XIVb entsprechende Satz auch, wenn M und μ geschlossene *Flächen* sind. Ferner macht der soeben durchgeführte, auf offene μ bezügliche Teil des Beweises von XIVb keinen Gebrauch von der Voraussetzung $n \neq 2$ (da ja in ihm die a-malige, d. h. 0-malige, glatte Bedeckung eines Teiles von E von selbst vorhanden ist und nicht erst auf Grund früherer Sätze hergestellt zu werden braucht); die Annahme der Geschlossenheit von μ ist für die Gültigkeit des Kneserschen Satzes also unnötig. Mithin gilt

Satz XIVc. *Die Voraussetzung $n \neq 2$ ist im Satz* XIVb *unnötig.*

§ 7.
Die Sonderstellung der Flächenabbildungen.

Wir werden jetzt die am Schluß des § 4 ausgesprochene Behauptung beweisen, daß die Gleichungen $\sigma_\xi = s_\xi$, $\alpha_\xi = a_\xi$, deren Richtigkeit für $n \neq 2$ wir soeben erkannt haben, nicht bei allen Flächenabbildungen gelten. Wir beginnen mit einer Hilfsbetrachtung:

P sei eine euklidische x-y-Ebene; die Punkte der x-Achse bezeichnen wir kurz durch ihre x-Koordinate. U, V seien die Kreise mit dem Radius 1 um die Punkte -1, $+1$. P sei orientiert, und wir verstehen unter U, V die Kreise in ihren positiven, unter U^{-1}, V^{-1} die Kreise in ihren negativen Durchlaufungsrichtungen. E sei eine in einer zweiten orientierten Ebene M gelegene Kreisscheibe, C der Randkreis von E in positiver Durchlaufungsrichtung. Wir teilen C in vier in positiver Richtung aufeinander folgende Bögen b_1, b_2, b_3, b_4 und definieren folgende Abbildung g von C auf P: die Endpunkte der Bögen $b_1, \ldots, b_4$ werden auf den Punkt 0, die Bögen selbst werden der Reihe nach proportional auf die Kreise U, V, U^{-1}, V^{-1} abgebildet; das Bild ist ein von 0 nach 0 zurückführender geschlossener Weg $C' = U V U^{-1} V^{-1}$. Jeder im Inneren von U liegende Punkt hat in bezug auf C' die Ordnung 0, da er von U einmal positiv, von U^{-1} einmal negativ, von V und V^{-1} gar nicht umlaufen wird; ebenso hat jeder im Inneren von V liegende Punkt in bezug auf C' die Ordnung 0, und dasselbe gilt für die außerhalb von U und V gelegenen Punkte von P. Jede Abbildung $g(E)$, zu der die Randabbildung $g(C) = C'$ gehört, hat also in allen (nicht auf C' gelegenen) Punkten den Grad 0. Es gibt daher sowohl Abbildungen g, bei denen -1, als solche, bei denen $+1$ nicht zu der Bildmenge gehört[28]). Wir behaupten aber: *Bei jeder Abbildung $g(E)$ mit $g(C) = C'$ gehört wenigstens einer der Punkte $-1, +1$ zur Bildmenge und zwar besteht die Originalmenge des Punktepaares $-1, +1$ sogar stets aus wenigstens zwei Punkten.*

Beweis[30]). Wir dürfen annehmen, daß einer der beiden Punkte keinen Originalpunkt hat, und infolge der Symmetrie ist es keine Einschränkung,

---

[30]) Ein zweiter Beweis läßt sich folgendermaßen führen: Hat einer der Punkte nur einen Originalpunkt, so läßt sich dieser auf Grund von Teil I, § 1, Satz IXa durch eine kleine Abänderung, die dem anderen der beiden Punkte keinen neuen Originalpunkt schafft, beseitigen, da der Grad in den beiden Punkten 0 ist. Man hat also nur zu zeigen, daß es nicht eintreten kann, daß beide Punkte keinen Originalpunkt haben. Dies würde aber, da dann eine Abbildung der von C berandeten Kreisscheibe in die in $+1$ und -1 punktierte Ebene vorläge, bedeuten, daß der Weg $U V U^{-1} V^{-1}$ in dieser zweimal punktierten Ebene zusammenziehbar wäre; das ist jedoch nicht der Fall, da deren Fundamentalgruppe bekanntlich die von U und V erzeugte freie Gruppe ist.

anzunehmen, daß -1 dieser Punkt sei. Dann ist zu zeigen, daß $+1$ wenigstens zwei Originalpunkte besitzt. g ist zugleich eine Abbildung von E auf die Zylinderfläche P', die durch Herausnahme von -1 aus P entsteht; fassen wir die Abbildung so auf, so bezeichnen wir sie mit g'. Die Behauptung wird bewiesen sein, wenn wir gezeigt haben, daß es bei g' in $+1$ zwei wesentliche Schichten gibt. (Bei g gibt es in jedem Punkt höchstens eine Schicht, da in P jeder geschlossene Weg zusammenziehbar ist.)

Da in E jeder geschlossene Weg zusammenziehbar ist, sind auch die durch g' gelieferten Bilder der geschlossenen Wege sämtlich zusammenziehbar, die Bildgruppe $\mathfrak{U}$ (siehe § 2, Definition I) besteht nur aus der Identität, und die zu g' gehörige Überlagerungsmannigfaltigkeit (Definition III) P^* von P' ist daher die „universelle" Überlagerungsfläche, d. h. diejenige, die man erhält, wenn man in P' zwei von einem fest zugrunde gelegten Punkt ξ nach einem Punkt η laufende Wege w_1, w_2 dann und nur dann als denselben Punkt der Überlagerungsfläche auffaßt, wenn der geschlossene Weg $w_1 w_2^{-1}$ in P' zusammenziehbar ist. Nun ist die Zusammenziehbarkeit eines geschlossenen Weges v in P' gleichbedeutend damit, daß in P der Punkt -1 in bezug auf v die Ordnung 0 hat, daß sich also, wenn man in P ein Polarkoordinatensystem r, ψ mit -1 als Pol einführt, ψ auf v als eindeutige Funktion erklären läßt. Folglich liefern, wenn man in ξ einen Wert von ψ festgelegt hat, w_1 und w_2 dann und nur dann denselben Punkt von P^*, wenn die stetige Fortsetzung von ψ längs w_1 denselben Wert in η liefert wie die Fortsetzung längs w_2. Daraus folgt, daß man P^* darstellen kann als die durch $r > 0$ bestimmte Hälfte einer Ebene, in der r und ψ rechtwinklige kartesische Koordinaten sind. Die durch die Überlagerung gegebene Abbildung φ von P^* auf P' (siehe § 1) sowie die Abbildung g^* von E auf P^* (siehe Satz I) wird unmittelbar durch die Werte von r und ψ vermittelt.

Auf Grund des Satzes III und der Definitionen VII a, b haben wir zu zeigen, daß es unter den Punkten von P^*, die durch φ auf den Punkt $+1$ von P abgebildet werden, zwei gibt, in denen die Abbildung $g^*(E)$ von 0 verschiedene Grade oder, was dasselbe ist, die in bezug auf das Bild $C^* = g^*(C)$ von 0 verschiedene Ordnungen haben. Wählt man in dem r-ψ-Polarkoordinatensystem die Richtung der positiven x-Achse als $\psi = 0$, so sind die durch φ auf $+1$ abgebildeten Punkte diejenigen mit $r = 2$, $\psi = 2\pi m$, wobei m ganz ist. g^* sei überdies so normiert, daß ψ in dem (durch g' auf den Punkt 0 abgebildeten) Anfangspunkt des Bogens b_1 von C' den Wert 0 hat. Dann kann der Verlauf von $C^* = g^*(C)$ $= g^*(b_1 b_2 b_3 b_4) = g^*(b_1) g^*(b_2) g^*(b_3) g^*(b_4)$ angegeben werden: $g^*(b_1)$ ist die Strecke von $r = 1$, $\psi = 0$ nach $r = 1$, $\psi = 2\pi$; $g^*(b_2)$ ist eine von dem letztgenannten Punkt in ihn zurücklaufende einfach geschlossene Kurve, die im Inneren des Streifens $2\pi - \frac{\pi}{2} < \psi < 2\pi + \frac{\pi}{2}$ liegt, symmetrisch zu der Geraden $\psi = 2\pi$ ist und mit ihr die Punkte $r = 1$, $r = 3$, und nur diese, gemeinsam hat; $g^*(b_3)$ ist die Strecke von $r = 1$, $\psi = 2\pi$ nach $r = 1$, $\psi = 0$; $g^*(b_4)$ ist die einfach geschlossene Kurve, die aus $g^*(b_2)^{-1}$ durch Translation längs der Strecke $g^*(b_3)$ entsteht. Dieser Verlauf von C^* zeigt, daß es unter den Punkten $r = 2$, $\psi = 2m\pi$ genau zwei gibt, die in bezug auf C^* von 0 verschiedene Ordnungen haben, nämlich die im Inneren der geschlossenen Kurven $g^*(b_2)$ bzw. $g^*(b_4)$ gelegenen Punkte mit $m = 1$ und $m = 0$; sie haben die Ordnungen $+1$ bzw. -1.

Dies bedeutet, daß es bei der Abbildung g' im Punkte $+1$ zwei wesentliche Schichten gibt; deren Beiträge sind je 1. Damit ist die Behauptung bewiesen.

Wenn wir statt der betrachteten Randabbildungen $g(C) = C'$ eine andere Randabbildung $g_1(C) = C_1'$ zugrunde legen, in die sich $g(C)$ stetig so überführen läßt, daß dabei in keinem Augenblick einer der Punkte -1, $+1$ auf dem Bilde von C liegt, so hat bei jeder Abbildung $g_1(E)$ mit der Randabbildung $g_1(C)$ das Punktepaar -1, $+1$ wieder wenigstens zwei Originalpunkte; denn in dem oben gegebenen Beweis ist nur der Weg $C^* = g^*(C)$ durch $C_1^* = g_1^*(C)$ zu ersetzen, wobei C_1^* aus C^* durch eine stetige Abänderung hervorgeht, während welcher niemals einer der Punkte $r = 2$, $\psi = 2m\pi$ auf der sich ändernden Kurve liegt, so daß die Ordnungen dieser Punkte in bezug auf die Kurve ungeändert bleiben, also für C_1^* dieselben sind wie für C^*.

Wir erweitern jetzt die anfangs betrachtete Abbildung $g(E)$ auf die ganze Ebene M, in der E liegt, durch die Festsetzung: das nicht im Inneren von E liegende, unendliche Stück jedes Strahles durch den Mittelpunkt von E wird auf den Punkt von C' abgebildet, der das Bild des auf dem Strahl liegenden Punktes von C ist. Da die Originalmenge jedes nicht auf C' liegenden Punktes von P ungeändert bleibt, bleibt der Grad überall 0. $g(M)$ ändern wir gleichmäßig stetig so ab, daß sie immer kompakt in jedem der Punkte -1, $+1$ bleibt. Ist $g_1(M)$ eine sich bei dieser Abänderung ergebende Abbildung, so hat, wie man leicht sieht, eine hinreichend große, E enthaltende, zu E konzentrische Kreisscheibe E_1 in M die Eigenschaft, daß das Bild des Randes C_1 von E_1 in keinem Augenblick des Überganges von g in g_1 einen der Punkte -1, $+1$ enthält. Folglich gibt es, da wir die im vorigen Absatz gemachte Bemerkung auf E_1 und C_1 statt auf E und C anwenden können, bei der Abbildung g_1 wenigstens zwei Originalpunkte von -1 und $+1$ in E_1.

Somit hat die Abbildung g der Ebene M auf die Ebene P die folgende Eigenschaft: sie hat überall, wo sie kompakt ist, den Grad 0; sie ist in -1 und $+1$ kompakt; bei jeder Abbildung, die aus g durch eine solche gleichmäßig stetige Änderung hervorgeht, daß in jedem Augenblick die jeweilige Abbildung in den Punkten -1, $+1$ kompakt ist, haben diese beiden Punkte zusammen wenigstens zwei Originalpunkte.

Dies ist das Ergebnis unserer Hilfsbetrachtung; mit seiner Hilfe konstruieren wir jetzt ein Beispiel einer Abbildung f einer Fläche M auf eine Fläche μ, so daß in einem Punkte ξ von μ, in dem f kompakt ist, $\sigma_\xi > s_\xi$ und $\alpha_\xi > a_\xi$ ist:

M sei die oben betrachtete gleichnamige Ebene. μ sei ein Zylinder; die universelle Überlagerungsfläche von μ werde durch die Ebene P derart dargestellt, daß zwei Punkte x, y und x', y' dann und nur dann zu demselben Punkt von μ gehören, wenn $x' = x + 2k$ (k ganz), $y' = y$ ist. ξ sei der Punkt von μ, der zu den Punkten $x = 2k + 1$, $y = 0$ von P gehört. Die durch die Überlagerung gegebene Abbildung von P auf μ bezeichnen wir mit Φ. Die Abbildung f von M auf μ sei durch $f(M) = \Phi g(M)$ definiert, wobei g dieselbe Bedeutung wie früher hat. Da jeder geschlossene Weg in M zusammenziehbar ist, so folgt — wie an einer ähnlichen Stelle während der obigen Hilfsbetrachtung —, daß die zu f gehörige Überlagerungsmannigfaltigkeit μ^* die universelle Überlagerungsfläche von μ ist. Wenn wir diese in der angegebenen Weise mit P identifizieren, so ist in unserer früheren Bezeichnungsweise $f^* = g$. Da g in allen Punkten $x = 2k + 1$, $y = 0$ kompakt ist und in jedem von ihnen den Grad 0 hat, ist f in ξ kompakt und besitzt dort keine wesentliche Schicht. Es ist also $s_\xi = a_\xi = 0$.

Die durch f bestimmte Klasse $\mathfrak{K}_\xi$ in bezug auf ξ ist die Gesamtheit aller Abbildungen, die man erhält, wenn man f gleichmäßig stetig so abändert, daß die Abbildungen immer kompakt in ξ bleiben. Einer solchen Änderung entspricht eine gleichmäßig stetige Änderung von $f^* = g$ (siehe Satz II), bei der die Abbildungen immer kompakt in allen Punkten $x = 2k + 1$, $y = 0$, also insbesondere in den Punkten -1 und $+1$, bleiben. Nach dem Ergebnis der Hilfsbetrachtung behält das Punktepaar -1, $+1$ dabei immer wenigstens zwei Originalpunkte, und diese sind Originalpunkte von ξ bei der abgeänderten Abbildung f. Folglich ist $\sigma_\xi \geqq 2$, und, da immer $\alpha_\xi \geqq \sigma_\xi$ ist, auch $\alpha_\xi \geqq 2$, also $\sigma_\xi > s_\xi$, $\alpha_\xi > a_\xi$, w. z. b. w. (Es ist übrigens leicht, durch Angabe einer speziellen Abbildung g zu zeigen, daß $\alpha_\xi = \sigma_\xi = 2$ ist.) Also ist bewiesen:

Satz XV. *Ist $n = 2$, so gibt es — im Gegensatz zu den von 2 verschiedenen Dimensionszahlen — Abbildungen, für die die im § 4 definierten Mindestzahlen σ_ξ und α_ξ größer sind als die Invarianten s_ξ bzw. a_ξ.*

Am Schluß des vorigen Paragraphen sahen wir, daß die Ausnahmestellung der Dimensionszahl 2 bezüglich der Zahlen α und a in Fortfall kommt, falls M geschlossen ist. Es entsteht die Frage, ob dies bezüglich der Zahlen σ und s ebenso ist, d. h. ob die für die anderen Dimensionszahlen richtige Gleichung $\sigma = s$ im Fall $n = 2$ wenigstens für alle Abbildungen von geschlossenen Flächen gilt. Diese Frage ist zu verneinen. Wir werden nämlich zeigen:

Satz XVa. *Zu jedem $j > 4$ gibt es eine Klasse von Abbildungen der geschlossenen orientierbaren Fläche vom Geschlecht 2 auf die geschlossene orientierbare Fläche vom Geschlecht 1 mit $\sigma > j = s$.*

Beweis. Sind μ, μ^* zwei geschlossene orientierbare Flächen vom Geschlecht 1, so läßt sich μ^* durch eine Abbildung φ so auf μ abbilden, daß μ^* eine j-blätterige unverzweigte Überlagerungsfläche von μ wird. f^* sei folgende Abbildung der geschlossenen orientierbaren Fläche M vom Geschlecht 2 auf μ^*: durch eine geeignete einfach geschlossene Kurve C wird M in zwei Hälften zerlegt, deren jede eine einmal berandete Fläche vom Geschlecht 1 ist; jede der beiden Hälften wird so auf μ^* abgebildet, daß die Randkurve in einen einzigen Punkt ζ von μ^* übergeht und daß die Abbildung im übrigen auf jeder der Hälften eineindeutig vom Grade $+1$ ist; dann hat f^* den Grad $+2$ und, da die Originalmenge von ζ das Kontinuum C ist, nach Satz IX (§ 3) den Index 1, und nach Satz X ist jeder geschlossene Weg auf μ^* dem Bilde eines geschlossenen Weges auf M äquivalent. Hieraus folgt für die Abbildung $f = \varphi f^*$ von M auf μ, daß μ^* die zu ihr gehörige Überlagerungsmannigfaltigkeit (Definition III, § 2), die Zerlegung in f^* und φ die durch Satz I gekennzeichnete Zerlegung und mithin j der Index von f ist. Wenn es nun in der Klasse von f eine Abbildung f_1 gibt, bei der ein Punkt ξ von μ nur j Originalpunkte hat, so hat bei der f_1 entsprechenden Abbildung f_1^* von M auf μ^* jeder der j Punkte von μ^*, die durch φ auf ξ abgebildet werden, nur einen Originalpunkt. Daher ist die Behauptung bewiesen, sobald gezeigt ist, daß es bei jeder Abbildung von M auf μ^* vom Grade 2 höchstens 4 Punkte auf μ^* gibt, die nur je einen Originalpunkt haben; somit ist der Satz XVa zurückgeführt auf

Satz XVI. *Bei jeder Abbildung der geschlossenen orientierbaren Fläche F_p vom Geschlecht p auf die geschlossene orientierbare Fläche F_q vom Geschlecht q, deren Grad einen Betrag > 1 hat, ist die Anzahl der Punkte auf F_q, die nur je einen Originalpunkt haben, höchstens $2p + 2 - 2q$.*

Der Beweis wird nicht wie die übrigen in dieser Arbeit angestellten Betrachtungen mit dem auf der stetigen Deformierbarkeit beruhenden Begriff der „Äquivalenz" geschlossener Wege, sondern mit dem Begriff der „Homologie" arbeiten[31]), und wir schicken einen in dieser Richtung liegenden einfachen Hilfssatz voraus.

Hilfssatz. Die offene Fläche F_q', die aus der geschlossenen orientierbaren Fläche F_q vom Geschlecht q durch Herausnahme von s (>0) Punkten $y_1, y_2, \ldots, y_s$ entsteht, besitzt eine Homologiebasis von $2q+s-1$ Elementen (d. h. es gibt auf F_q' $2q+s-1$ geschlossene Kurven derart, daß jede geschlossene Kurve auf F_q' einer eindeutig bestimmten linearen Verbindung von ihnen homolog ist).

Beweis des Hilfssatzes. $A_1, A_2, \ldots, A_{2q}$ seien geschlossene Kurven auf F_q', die eine Homologiebasis von F_q bilden; $B_1, B_2, \ldots, B_s$ seien kleine Kreise um die Punkte $y_1, y_2, \ldots, y_s$. Ist C irgendeine geschlossene Kurve auf F_q', so ist C auf F_q einer linearen Verbindung der A_i homolog:

$$C \sim \sum_{i=1}^{2q} a_i A_i \quad (\text{auf } F_q), \tag{1}$$

d. h. es gibt einen auf F_q liegenden Flächenkomplex K mit dem Rand $C - \sum a_i A_i$. Schneidet man aus F_q so kleine Löcher $L_1, L_2, \ldots, L_s$ um $y_1, y_2, \ldots, y_s$ aus, daß kein Randpunkt von K in einem solchen Loch liegt, so entsteht aus K ein Komplex K', der F_q' angehört und dessen Rand außer aus dem Rande von K aus einer linearen Verbindung der Ränder der Löcher besteht; da diese Ränder auf F_q' den Kreisen B_j homolog sind, ist also der Rand von K auf F_q' einer linearen Verbindung der B_j homolog, mithin ist

$$C \sim \sum_{i=1}^{2q} a_i A_i + \sum_{j=1}^{s} b_j B_j \quad (\text{auf } F_q'). \tag{2}$$

Die A_i und B_j zusammen erzeugen also die Gruppe der Homologieklassen von F_q'. Sie sind aber nicht voneinander unabhängig; denn die Summe der B_j bildet den Rand des Teiles von F_q', der aus F_q durch Herausnahme der durch die B_j begrenzten, die Punkte y_j enthaltenden kleinen Kreisscheiben entsteht; d. h. es ist

$$\sum_{j=1}^{s} B_j \sim 0 \quad (\text{auf } F_q'). \tag{3}$$

Dies ist aber die einzige zwischen den A_i und B_j auf F_q' bestehende Relation; denn wenn

$$\sum_{i=1}^{2q} u_i A_i + \sum_{j=1}^{s} v_j B_j \sim 0 \quad (\text{auf } F_q') \tag{4}$$

irgendeine Relation ist, so folgt, da (4) erst recht auf F_q gilt, aus

$$B_j \sim 0 \quad (\text{auf } F_q), \tag{5}$$

[31]) Zur Orientierung über die mit der „Homologie" zusammenhängenden Begriffe und Sätze vgl. man: J. W. Alexander, Combinatorial Analysis Situs. Transact. Am. Math. Soc. 28 (1926).

daß

$$\sum_{i=1}^{2q} u_i A_i \sim 0 \quad (\text{auf } F_q),$$

also

(6) $$u_i = 0 \qquad (i = 1, 2, \ldots, 2q),$$

mithin nach (4)

(7) $$\sum_{j=1}^{s} v_j B_j \sim 0 \quad (\text{auf } F_q')$$

ist. Elimination von B_s aus (3) und Einsetzen in (7) liefert

(8) $$\sum_{j=1}^{s-1} (v_j - v_s) B_j \sim 0 \quad (\text{auf } F_q').$$

Dies bedeutet die Existenz eines zweidimensionalen Teilkomplexes K_1 von F_q', der von $\sum (v_j - v_s) B_j$ berandet wird; fügt man zu ihm für $i = 1, 2, \ldots, s-1$ das $(v_s - v_j)$-mal genommene Innengebiet von B_j (d. h. das von B_j begrenzte, y_j enthaltende Gebiet) hinzu, so entsteht ein *geschlossener* Komplex K_2, der in einem *echten* Teil der geschlossenen Fläche F_q liegt, da er den Punkt y_s nicht enthält. Ein solcher Komplex ist aber identisch 0; und da die $(v_s - v_j)$-mal genommene Umgebung von y_j ein Stück von K_1 ist, muß daher $v_s = v_j$ für alle j sein. Hieraus und aus (6) folgt, daß (4) die Gestalt

$$v_s \cdot \sum_{j=1}^{s} B_j \sim 0$$

hat, also eine Folge von (3) ist.

Man kann also jede geschlossene Kurve auf F_q' in der Gestalt (2) darstellen, und zwischen den A_i und B_j besteht nur die Relation (3). Damit ist der Hilfssatz bewiesen; denn man kann als Basis zum Beispiel die Kurven $A_1, A_2, \ldots, A_{2q}, B_1, \ldots, B_{s-1}$ wählen.

Beweis von Satz XVI. F_p sei durch f auf F_q mit dem Grade c abgebildet, und es sei $|c| > 1$. $y_1, y_2, \ldots, y_r$ seien Punkte auf F_q, die nur je einen Originalpunkt haben; ob es noch mehr solche Punkte gibt, ist dabei gleichgültig. Die ihnen entsprechenden Originalpunkte seien $x_1, x_2, \ldots, x_r$. Die offenen Flächen, die durch Herausnahme der Punkte $x_1, x_2, \ldots, x_{r-1}$ bzw. $y_1, y_2, \ldots, y_{r-1}$ aus F_p bzw. F_q entstehen, seien mit F_p', F_q' bezeichnet. Dann ist $f(F_p')$ eine überall kompakte Abbildung von F_p' auf F_q', bei der der Punkt y_r nur einen einzigen Originalpunkt hat, bei der daher nach Satz X (§ 3) jeder geschlossene Weg auf F_q' dem Bild eines geschlossenen Weges auf F_p' äquivalent, also a fortiori homolog ist.

Nach dem Hilfssatz gibt es auf F_q' eine Basis $C_1, C_2, \ldots, C_{2q+r-2}$. $Z_1, Z_2, \ldots, Z_{2q+r-2}$ seien geschlossene Wege auf F_p' deren Bilder den

Wegen C_i homolog sind:

(9) $$f(Z_i) \sim C_i \quad (\text{auf } F'_q;\ i = 1, 2, \ldots, 2q + r - 2).$$

Wir behaupten, daß die Z_i unabhängig voneinander bezüglich Homologien nicht nur auf F'_p, sondern sogar auf F_p sind.

Ist

(10) $$\sum a_i Z_i \sim 0 \quad (\text{auf } F_p),$$

so können wir, da es auf F_p keine „Nullteiler" gibt, d. h. da auf F_p ein Vielfaches einer geschlossenen Kurve nur dann ~ 0 ist, wenn die einfache Kurve ~ 0 ist, die linke Seite von (10) durch den größten gemeinsamen Teiler der a_i dividieren. Wir dürfen also von vornherein annehmen, daß die a_i entweder zueinander teilerfremd oder sämtlich 0 sind. (10) besagt, daß es auf F_p einen zweidimensionalen Komplex K gibt, der von $\sum a_i Z_i$ berandet wird. Schneiden wir um die Punkte $x_1, x_2, \ldots, x_{r-1}$ herum so kleine Elemente $L_1, L_2, \ldots, L_{r-1}$ aus F_p aus, daß kein Randpunkt von K (also kein Punkt einer Kurve Z_i) in einem L_j und daß jedes Bild $f(L_j)$ in einer euklidischen Umgebung von y_j liegt, so entsteht aus K ein Komplex K', der außer von dem Rande von K noch von einer linearen Verbindung der Ränder $Y_1, Y_2, \ldots, Y_{r-1}$ der L_j berandet wird; da K' in F'_p liegt, ist daher

(11) $$\sum a_i Z_i + \sum b_j Y_j \sim 0 \quad (\text{auf } F'_p).$$

Die Abbildung $f(L_j)$ hat, da x_j der einzige Originalpunkt von y_j ist, im Punkt y_j den Grad c; die Ordnung von y_j in bezug auf die Bildkurve $f(Y_j)$, d. h. die Anzahl der Umläufe von $f(Y_j)$ um y_j, ist daher c. Wenn also $\overline{Y}_j$ einen, den Punkt y_j einmal umlaufenden kleinen Kreis auf F_q bezeichnet, so ist

(12) $$f(Y_j) \sim c\,\overline{Y}_j \quad (\text{auf } F'_q).$$

Aus (11), (9), (12) folgt

(13) $$\sum a_i C_i + c \sum b_j \overline{Y}_j \sim 0 \quad (\text{auf } F'_q).$$

$\sum a_i C_i$ ist also auf F'_q einer c-mal genommenen geschlossenen Kurve homolog; da sich jede geschlossene Kurve eindeutig als Verbindung der C_i darstellen läßt, folgt daraus, daß alle a_i durch c teilbar sind. Da $|c| > 1$ ist, sind sie daher nicht teilerfremd, also, wie wir oben sahen, sämtlich 0. Dies bedeutet im Hinblick auf ihre Definition (10), daß die Z_i $(i = 1, 2, \ldots, 2q + r - 2)$ auf F_p voneinander unabhängig sind. Ihre Anzahl kann also höchstens $2p$ sein, d. h. es ist

$$2p \geqq 2q + r - 2, \qquad r \leqq 2p + 2 - 2q.$$

Damit sind der Satz XVI und der oben auf diesen zurückgeführte Satz XVa bewiesen.

Anhang I.

Über die Punktmenge, in der eine Abbildung eineindeutig ist.

Die soeben durchgeführte Abschätzung der Anzahl derjenigen Punkte bei einer Flächenabbildung, die nur je einen einzigen Originalpunkt haben, läßt sich — wenigstens unter gewissen Einschränkungen — auf Abbildungen n-dimensionaler Mannigfaltigkeiten übertragen. An Stelle der *Anzahl* der Punkte, die ja die 0-dimensionale Bettische Zahl des Komplexes dieser Punkte ist, tritt dabei die $(n-2)$-*dimensionale Bettische Zahl*[31]), und diese Betrachtung weist daher vielleicht einen Weg, auf dem man den Fall $n=2$ von seiner Ausnahmestellung, die in dieser Arbeit eine so große Rolle spielt, befreien und ihn in eine allgemeine Theorie einordnen kann: man wird versuchen müssen, nicht nur die Komponentenzahlen der Originalmengen einzelner Punkte oder der glatten Originalmengen einzelner Gebiete, sondern auch die höheren Zusammenhangszahlen dieser Mengen zu untersuchen.

Die erwähnten Einschränkungen — die übrigens kaum wesentlich sein dürften — bestehen darin, daß wir nur solche Mannigfaltigkeiten und Abbildungen betrachten, die den Methoden der kombinatorischen Topologie ohne weiteres zugänglich sind. Wir werden uns also auf *triangulierbare* geschlossene Mannigfaltigkeiten beschränken, während den bisherigen Untersuchungen die (wenigstens begrifflich) weitere Gesamtheit der „topologischen" Mannigfaltigkeiten zugrunde lag, und wir werden von den Abbildungen voraussetzen, daß sie „*simplizial*" sind, d. h. daß sie den Eckpunkten eines Simplexes von M immer Eckpunkte eines (evtl. niedriger-dimensionalen) Simplexes von μ zuordnen und daß sie im Inneren der Simplexe von M die durch die Eckpunktzuordnung eindeutig bestimmten baryzentrischen Abbildungen sind.

Der Grad c einer simplizialen Abbildung von M auf μ ist die Anzahl der auf ein festes n-dimensionales Simplex von μ im positiven Sinne abgebildeten n-dimensionalen Simplexe von M vermindert um die Anzahl der auf dasselbe Simplex im negativen Sinne abgebildeten n-dimensionalen Simplexe von M. Die Punkte von μ, die nur je einen Originalpunkt haben, bilden einen Komplex $\overline{X}$, der, wenn $|c|>1$ ist, höchstens $(n-2)$-dimensional ist; denn würde er ein $(n-1)$-dimensionales Simplex τ^{n-1} enthalten, so kämen als Originalsimplexe für die beiden an τ^{n-1} anstoßenden n-dimensionalen Simplexe nur die beiden an das Originalsimplex t^{n-1} von τ^{n-1} anstoßenden Simplexe in Betracht, während doch jedes n-dimensionale Simplex von μ wenigstens $|c|$ Originalsimplexe besitzt. Die $(n-2)$-dimensionale, also die höchste nicht trivialerweise verschwindende, Bettische Zahl von $\overline{X}$, und damit auch von dem mit $\overline{X}$ homöomorphen Originalkomplex X von $\overline{X}$ ist, wie wir zeigen werden, durch die Bettischen Zahlen von M und μ nach oben beschränkt.

Wir bezeichnen die i-te Bettische Zahl eines Komplexes K stets mit $p^i(K)$.

Satz XVII. *M sei auf μ simplizial mit dem Grade c abgebildet; $|c|$ sei >1 und, falls M 1-dimensionale Torsionskoeffizienten besitzt, zu diesen teilerfremd; X und $\overline{X}$ seien die Komplexe in M bzw. μ, auf denen die Abbildung eineindeutig ist. Ist dann X' ein echter Teilkomplex von X, so ist*

$$p^{n-2}(X') \leqq p^1(M) - p^1(\mu) + p^2(\mu).$$

Bevor wir den Satz beweisen, werden wir einige Folgerungen ziehen. Zunächst ergibt sich, da nur dann $c \neq 0$ sein kann, wenn $p^2(M) \geqq p^2(\mu)$ ist[32]), unmittelbar eine Beschränkung von $p^{n-2}(X')$ mittels der Invarianten von M allein:

Satz XVIIa. *Unter den Voraussetzungen von Satz* XVII *ist*

$$p^{n-2}(X') \leqq p^1(M) + p^2(M).$$

Hierin ist z. B. die Tatsache enthalten, daß, falls bei einer Abbildung der 3-dimensionalen Sphäre mit $|c|>1$ der Komplex X ein einfach geschlossenes Polygon enthält, er mit diesem identisch ist, da die erste Bettische Zahl eines einfach geschlossenen Polygons 1, die eines *echten* Teils von X nach XVIIa aber 0 ist. Dasselbe gilt für die Abbildungen des 3-dimensionalen projektiven Raumes, vorausgesetzt, daß nicht nur $|c|<1$, sondern auch c ungerade ist, da der projektive Raum den 1-dimensionalen Torsionskoeffizienten 2 besitzt. Daß hierbei die Voraussetzung der Ungeradheit von c für die Gültigkeit von XVII und XVIIa wirklich notwendig ist, zeigt folgendes Beispiel: Der euklidische x_1-x_2-x_3-Raum sei der Abbildung auf sich unterworfen, die, wenn man statt x_1, x_2 Polarkoordinaten r, φ einführt, durch

$$r' = r, \quad \varphi' = 2\varphi, \quad x_3' = x_3$$

gegeben ist und die offenbar den Grad 2 hat; die Transformation von x_1, x_2, x_3 ist

$$x_1' = \frac{x_1^2 - x_2^2}{\sqrt{x_1^2 + x_2^2}}, \qquad x = \frac{2x_1 x_2}{\sqrt{x_1^2 + x_2^2}}, \qquad x_3' = x_3,$$

und sie läßt sich durch $x_4' = x_4$ zu einer Abbildung des projektiven $(x_1 : x_2 : x_3 : x_4)$-Raumes auf sich erweitern. Bei dieser hat sowohl jeder Punkt mit $x_1 = x_2 = 0$ als jeder Punkt mit $x_3 = x_4 = 0$ nur einen Original-

[32]) H. Hopf, On some properties of one-valued transformations of manifolds, Satz Ia. Proc. of the Nat. Acad. of Sciences U. S. A. **14** (1928). — Eine ausführliche Darstellung erscheint demnächst unter dem Titel „Zur Algebra der Abbildungen von Mannigfaltigkeiten" im Journ. f. d. reine u. angew. Math.

punkt, X enthält also *zwei* geschlossene projektive Geraden (und ist übrigens mit diesen identisch) — im Gegensatz zu den Behauptungen der beiden Sätze[33]).

Auch die $(n-2)$-te Bettische Zahl von X selbst läßt sich abschätzen: X' entstehe durch Entfernung eines $(n-2)$-dimensionalen Simplex T aus X (den Fall, daß X weniger als $(n-2)$-dimensional ist, brauchen wir nicht zu berücksichtigen, da dann $p^{n-2}(X)=0$ ist). Beim Übergang von X' zu X, d. h. beim Einsetzen von T in X' sind zwei Fälle möglich: entweder entsteht kein neuer $(n-2)$-dimensionaler Zyklus; dann ist $p^{n-2}(X)=p^{n-2}(X')$; oder es entsteht wenigstens ein neuer Zyklus Z; er enthalte T a-fach genommen; ist dann Z' ein zweiter Zyklus in X, der T enthält, und zwar b-mal genommen, so ist $aZ'-bZ$ ein Zyklus in X', d. h. Z und Z' sind in X' voneinander linear abhängig, und der Rang der Gruppe der $(n-2)$-dimensionalen Zyklen hat sich somit beim Übergang von X' zu X nur um 1 vermehrt, in diesem Falle ist also $p^{n-2}(X)=p^{n-2}(X')+1$. In jedem Fall ist $p^{n-2}(X)\leqq p^{n-2}(X')+1$. Mithin folgt aus XVII und XVIIa:

Satz XVIIb. *Unter den Voraussetzungen von* XVII *ist*

$$p^{n-2}(X)\leqq 1+p^1(M)-p^1(\mu)+p^2(\mu)\leqq 1+p^1(M)+p^2(M).$$

Für $n=2$ ist die erste dieser Ungleichungen der Satz XVI, da dann $p^2(\mu)=p^2(F_q)=1$ und $p^0(X)$ die Anzahl der Punkte ist, aus denen X besteht.

Der Beweis von Satz XVII läuft dem Beweis des Satzes XVI ganz parallel. Wir haben zunächst eine Tatsache festzustellen, die dem dem Beweis von XVI vorangeschickten Hilfssatz entspricht. Sie beruht auf einer von Pontrjagin entdeckten Verallgemeinerung des Alexanderschen Dualitätssatzes, die folgendermaßen lautet[34]): *Ist K ein in μ liegender Komplex, so werden die in K gelegenen i-dimensionalen Zyklen, die ~ 0 in μ sind, in Klassen bezüglich Homologien in K eingeteilt; der Rang der Gruppe dieser Klassen heiße $r^i(K)$; analog seien für die Komplementär-*

---

[33]) Um den Gegensatz zu dem Wortlaut dieser Sätze vollständig zu machen, hat man die im Text angegebene Abbildung noch durch eine simpliziale Abbildung mit denselben Eigenschaften zu ersetzen, was aber infolge des analytischen Charakters der Abbildung keine Schwierigkeit macht.

[34]) Pontrjagin, Zum Alexanderschen Dualitätssatz, Zweite Mitteilung, Satz Ia. Nachr. d. Ges. d. Wiss. zu Göttingen, Math.-Phys. Klasse (1927). Dort ist der Satz für „Homologien mod 2" bewiesen; der Beweis für gewöhnliche Homologien ist mir aus einer Note von Pontrjagin bekannt, die demnächst veröffentlicht werden dürfte. — In engem Zusammenhang damit stehen die folgenden Arbeiten: van Kampen, Eine Verallgemeinerung des Alexanderschen Dualitätssatzes. Koninkl. Akad. van Wetenschappen te Amsterdam Proc. **31** (1928), und: Die kombinatorische Topologie und die Dualitätssätze, Diss. Leiden 1929. — Lefschetz, Closed point sets on a manifold. Annals of Math. **29** (1928), sowie die dort zitierten Noten in den Proc. Nat. Acad. (1927).

menge von K die Zahlen $r^i(\mu - K)$ erklärt. Dann ist

$$r^i(\mu - K) = r^{n-1-i}(K),$$

also insbesondere

(1) $$r^1(\mu - K) = r^{n-2}(K).$$

Nun bestehen einfache Zusammenhänge zwischen diesen Zahlen r und den Bettischen Zahlen von K, $\mu - K$ und μ. Bezeichnet $P^i(K)$ die Gruppe der Klassen, in die *alle* i-dimensionalen Zyklen in K bezüglich Homologien *in* K zerfallen, deren Rang also $p^i(K)$ ist, $R^i(K)$ die oben betrachtete Untergruppe vom Range $r^i(K)$, so ist der Rang $p^i(K) - r^i(K)$ der Faktorgruppe $\frac{P^i(K)}{R^i(K)}$ höchstens gleich $p^i(\mu)$; denn von je $1 + p^i(\mu)$ Elementen der Faktorgruppe gibt es eine lineare Verbindung, die ~ 0 in μ, die also in $R^i(K)$ enthalten ist, je $1 + p^i(\mu)$ Elemente der Faktorgruppe sind also voneinander linear abhängig. Es ist mithin in der Tat

(2) $$p^i(K) - r^i(K) \leqq p^i(\mu),$$

also insbesondere

(2′) $$r^{n-2}(K) \geqq p^{n-2}(K) - p^{n-2}(\mu).$$

Analog ist

(3) $$p^i(\mu - K) - r^i(\mu - K) \leqq p^i(\mu),$$

also insbesondere

(3′) $$p^1(\mu - K) \leqq r^1(\mu - K) + p^1(\mu).$$

Es sei jetzt K höchstens $(n-2)$-dimensional. Dann steht in (3′) immer das Gleichheitszeichen; denn da es zu jedem 1-dimensionalen Zyklus in μ einen beliebig benachbarten, also homologen, gibt, der fremd zu K ist, also in $\mu - K$ liegt, gibt es in $\mu - K$ $p^1(\mu)$ Zyklen, die nicht homolog 0 in μ und die untereinander unabhängig bezüglich Homologien in μ, also erst recht bezüglich Homologien in $\mu - K$ sind; die ihnen entsprechenden Elemente der Faktorgruppe $\frac{P^1(\mu - K)}{R^1(\mu - K)}$ sind voneinander unabhängig, weil ja sonst eine lineare Verbindung von ihnen zu $R^1(\mu - K)$ gehörte, also ~ 0 in μ wäre. Folglich ist der Rang der Faktorgruppe nicht nur wie im allgemeinen Fall $\leqq p^1(\mu)$, sondern $= p^1(\mu)$, d. h. es ist in der Tat

(3″) $$p^1(\mu - K) = r^1(\mu - K) + p^1(\mu).$$

Ersetzt man hierin $r^1(\mu - K)$ aus (1), so folgt aus (2′):

(4) $$p^1(\mu - K) \geqq p^{n-2}(K) - p^{n-2}(\mu) + p^1(\mu),$$

wofür man infolge des Poincaréschen Dualitätsgesetzes für die Bettischen Zahlen einer Mannigfaltigkeit auch schreiben kann:

(4′) $$p^1(\mu - K) \geqq p^{n-2}(K) - p^2(\mu) + p^1(\mu).$$

Diese Ungleichung, die unter der Voraussetzung gilt, daß K höchstens $(n-2)$-dimensional ist, wird beim Beweise des Satzes XVII dieselbe Rolle spielen, wie der „Hilfssatz" beim Beweis von Satz XVI.

Wir betrachten nun eine Abbildung f, die die Voraussetzungen von Satz XVII erfüllt; X' sei ein echter Teilkomplex des in dem Satz genannten Komplexes X, $\overline{X}'$ das Bild von X'. Wir wählen in $\mu-\overline{X}'$ eine 1-dimensionale Homologiebasis; sie besteht aus $p^1(\mu-\overline{X}')$ geschlossenen Kurven $C_1, C_2, \ldots$ und, falls 1-dimensionale Torsionskoeffizienten $\tau_1, \tau_2, \ldots$ vorhanden sind, noch aus weiteren geschlossenen Kurven $D_1, D_2, \ldots$ derart, daß jeder in $\mu-\overline{X}'$ gelegene 1-dimensionale Zyklus C eine und nur eine Homologie

$$C \sim \sum a_i C_i + \sum b_j D_j, \qquad 0 \leqq b_j < \tau_j, \qquad (\text{in } \mu-\overline{X}')$$

erfüllt. Aus der Einzigkeit dieser Homologie folgt insbesondere, daß nur dann $C \sim cC'$ in $\mu-\overline{X}'$ sein kann, wenn alle a_i durch c teilbar sind.

$M-X'$ wird durch f so auf $\mu-\overline{X}'$ abgebildet, daß diese Abbildung überall kompakt ist. Dabei hat jeder Punkt von $\overline{X}-\overline{X}'$ nur einen Originalpunkt. Folglich ist nach Satz X jeder geschlossene Weg in $\mu-\overline{X}'$ dem Bilde eines geschlossenen Weges aus $M-X'$ in $\mu-\overline{X}'$ äquivalent, also erst recht homolog. $Z_1, Z_2, \ldots$ seien geschlossene Wege in $M-X'$, so daß

$$(5) \qquad f(Z_i) \sim C_i \qquad (\text{in } \mu-\overline{X}';\ i=1,2,\ldots,p^1(\mu-\overline{X}'))$$

ist. Wir behaupten, daß diese Z_i unabhängig bezüglich Homologien nicht nur in $M-X'$, sondern sogar in M sind.

Dem Beweise schicken wir die Bemerkung voran, daß aus

$$(6) \qquad cZ \sim 0 \quad (\text{in } M)$$

stets

$$(7) \qquad Z \sim 0 \quad (\text{in } M)$$

folgt, wobei Z irgendein 1-dimensionaler Zyklus ist. Bilden nämlich die Zyklen $A_1, A_2, \ldots, A_{p^1(M)}, B_1, B_2, \ldots, B_{q^1(M)}$, wobei $p^1(M)$ die 1-dimensionale Bettische Zahl, $q^1(M)$ die Anzahl der 1-dimensionalen Torsionskoeffizienten $t_1, t_2, \ldots$ von M ist, eine Basis in M, und ist

$$Z \sim \sum u_i A_i + \sum v_j B_j, \qquad 0 \leqq v_j < t_j \qquad (\text{in } M),$$

so ist nach (6)

$$\sum c u_i A_i - \sum c v_j B_j \sim 0 \qquad (\text{in } M),$$

also sind einerseits alle $u_i = 0$, andererseits sind alle cv_j durch die entsprechenden t_j teilbar, was wegen der vorausgesetzten Teilerfremdheit von c und t_j nur möglich ist, wenn auch alle $v_j = 0$ sind, wenn also in der Tat (7) gilt.

Wenn nun

(8) $$\sum a_i Z_i \sim 0 \quad (\text{in } M)$$

ist, so können wir, falls alle a_i durch c teilbar sind, nach der eben gemachten Bemerkung die linke Seite von (8) durch c dividieren, und diese Division, falls nicht alle $a_i = 0$ sind, so oft wiederholen, bis die Koeffizienten in (8) nicht mehr c als gemeinsamen Teiler haben. Wir dürfen daher annehmen, daß von vornherein die a_i entweder sämtlich gleich 0 sind oder nicht den gemeinsamen Teiler c haben.

(8) bedeutet, daß ein 2-dimensionaler Komplex K in M existiert, der von $\sum a_i Z_i$ berandet wird. Ohne Beschränkung der Allgemeinheit läßt sich annehmen, daß sich K und X in „allgemeiner Lage" zueinander befinden, daß sie sich also in endlich vielen Punkten schneiden (da X als $(n-2)$-dimensional vorausgesetzt werden darf, weil sonst unsere Behauptung XVII von selbst erfüllt ist). Es seien also $x_1, x_2, \ldots, x_r$ die Schnittpunkte von X und K; dabei dürfen wir infolge der „allgemeinen Lage" noch annehmen, daß jeder Punkt x_j innerer Punkt eines $(n-2)$-dimensionalen Simplexes T_j^{n-2} von X und eines Dreiecks von K ist. Um x_j herum schneiden wir ein kleines Loch L_j aus K aus; der dadurch entstehende Komplex K' liegt ganz in $M - X$, also erst recht in $M - X'$, und wird außer von dem Rande von K noch von einer linearen Verbindung der Ränder der L_j berandet; nun ist der Rand von L_j in $M - X'$ homolog dem geschlossenen Polygon Y_j, welches von den zu T_j^{n-2} fremden Kanten derjenigen n-dimensionalen Simplexe $T_1^n, T_2^n, \ldots, T_s^n$ gebildet wird, auf denen T_j^{n-2} liegt. Es ist also

(9) $$\sum a_i Z_i + \sum b_j Y_j \sim 0 \quad (\text{in } M - X').$$

Da T_j^{n-2} zu X gehört, ist $f(T_j^{n-2}) = \overline{T}_j^{n-2}$ ein ebenfalls $(n-2)$-dimensionales Simplex und besitzt außer T_j^{n-2} kein weiteres Originalsimplex; mithin besitzen auch diejenigen n-dimensionalen Simplexe von μ, auf denen $\overline{T}_j^{n-2}$ liegt, als Originalsimplexe nur die $T_1^n, T_2^n, \ldots, T_s^n$, und daher hat die Abbildung des „Sternes" $\sum\limits_{i=1}^{s} T_i^n$ von T_j^{n-2} auf den „Stern" von $\overline{T}_j^{n-2}$ den Grad c; dabei wird jede nicht an $\overline{T}_j^{n-2}$ anstoßende Kante des Sternes von $\overline{T}_j^{n-2}$ von zu Y_j gehörigen Kanten im algebraischen Sinne c-mal bedeckt, und andererseits wird jede zu Y_j gehörige Kante auf eine nicht an $\overline{T}_j^{n-2}$ anstoßende (evtl. in einen Punkt ausgeartete) Kante des Sternes von $\overline{T}_j^{n-2}$ abgebildet. $f(Y_j)$ ist also das c-mal genommene, aus den genannten Kanten des Sternes von $\overline{T}_j^{n-2}$ gebildete geschlossene Polygon η_j:

(10) $$f(Y_j) \sim c\,\eta_j \quad (\text{in } \mu - \overline{X}').$$

Aus (9), (5), (10) folgt

(11) $$\sum a_i C_i \sim c\,C' \quad (\text{in } \mu - \overline{X}'),$$

wobei $-\sum b_j \eta_j = C'$ gesetzt ist. Daraus folgt weiter, wie wir oben sahen, daß alle a_i durch c_i teilbar sind, und dies bedeutet, wie wir ebenfalls schon sahen, daß alle $a_i = 0$, daß also die Z_i unabhängig in M sind. Ihre Anzahl ist daher höchstens $p^1(M)$, d. h. es ist

$$(12) \qquad p^1(M) \geqq p^1(\mu - \overline{X}^1),$$

also auf Grund von (4′)

$$(13) \qquad p^1(M) \geqq p^{n-2}(\overline{X}') - p^2(\mu) + p^1(\mu),$$

womit, da $p^i(\overline{X}') = p^i(X')$ ist, die Behauptung des Satzes XVII bewiesen ist.

Anhang II.

Über die Windungspunkte einer Flächenabbildung.

Hat man, wie es im Satz XVI und im Anhang I geschehen ist, bei einer Abbildung, deren Grad einen Betrag > 1 besitzt, diejenigen Punkte der Bildmannigfaltigkeit betrachtet, die nur je einen Originalpunkt haben, so liegt folgende Verallgemeinerung der Fragestellung nahe. Wir definieren: *Bei einer Abbildung mit einem Grade c, dessen Betrag > 1 ist, heißt ein Punkt der Bildmannigfaltigkeit ein „Windungspunkt", wenn er weniger als $|c|$ Originalpunkte besitzt; ist deren Anzahl b, so heißt $|c| - b$ die „Ordnung" des Windungspunktes.*

Für die Anzahlen der Windungspunkte der verschiedenen Ordnungen, die bei Flächenabbildungen auftreten, existiert eine Schranke, die eine Verallgemeinerung und Verschärfung des Satzes XVI liefert:

Satz XVIII. *Bei jeder Abbildung einer geschlossenen orientierbaren Fläche auf eine andere geschlossene orientierbare Fläche gibt es höchstens endlich viele Windungspunkte. Ist w_r die Anzahl der Windungspunkte der Ordnung r, so ist*

$$\sum_{r=1}^{|c|-1} r\, w_r \leqq (2p-2) - |c|(2q-2),$$

wobei p das Geschlecht der Originalfläche, q das Geschlecht der Bildfläche, c der Grad ist.

Der Beweis besteht in einer einfachen Anwendung des folgenden Satzes von H. Kneser[6]): *Ist die geschlossene orientierbare Fläche vom Geschlecht P auf die geschlossene orientierbare Fläche vom Geschlecht $Q \neq 0$ mit dem Grade $c \neq 0$ abgebildet, so ist*

$$(P-1) - |c|(Q-1) \geqq 0.$$

Um unsere Behauptung auf diesen Satz zurückzuführen, nehmen wir mit der gegebenen Abbildung f der Fläche F_p vom Geschlecht p auf die

Fläche F_q vom Geschlecht q eine unwesentliche Abänderung in der Nähe von Windungspunkten vor. Es seien für $r = 1, 2, \ldots, |c| - 1$ wenigstens je v_r Windungspunkte der Ordnung r vorhanden: $\xi_1^r, \xi_2^r, \ldots, \xi_{v_r}^r$, wobei es gleichgültig ist, ob dies alle Windungspunkte sind. Um jeden Punkt ξ_i^r bestimmen wir ein Element ω_i^r, so daß diese Elemente zueinander fremd sind. $x_{i,1}^r, x_{i,2}^r, \ldots, x_{i,|c|-r}^r$ seien die Originalpunkte von ξ_i^r. Um jeden von ihnen bestimmen wir ebenfalls ein Element $e_{i,j}^r$, so daß diese Elemente untereinander fremd sind, und daß $f(e_{i,j}^r) \subset \omega_i^r$ ist. In ω_i^r führen wir ein Polarkoordinatensystem ϱ, ψ mit ξ_i^r als Pol ein und ebenso in $e_{i,j}^r$ ein Polarkoordinatensystem R, φ mit $x_{i,j}^r$ als Pol. Wir betrachten nun für ein festes $e_{i,j}^r$ die Abbildung f; sie sei durch

$$\varrho = f_1(R, \varphi), \qquad \psi = f_2(R, \varphi)$$

gegeben, und sie habe in ξ_i^r den Grad a. Wir ersetzen sie durch die folgende Abbildung $\bar{f}$:

$$\begin{aligned} &\bar{f}_1(R,\varphi) = f_1(R,\varphi), \quad \bar{f}_2(R,\varphi) = f_2(R,\varphi) \quad \text{für } R \geqq 2;\\ &\left.\begin{aligned} \bar{f}_1(R,\varphi) &= (R-1) f_1(R,\varphi) + (2-R)\\ \bar{f}_2(R,\varphi) &= (R-1) f_2(R,\varphi) + (2-R)\, a\varphi \end{aligned}\right\} \text{für } 2 \geqq R \geqq 1;\\ &\bar{f}_1(R,\varphi) = R, \quad \bar{f}_2(R,\varphi) = a\varphi \quad \text{für } 1 \geqq R. \end{aligned}$$

Diese Gleichungen stellen in der Tat eine eindeutige Abbildung dar; um dies zu erkennen, hat man sich nur davon zu überzeugen, daß $\bar{f}_2(R, \varphi + 2\pi) - \bar{f}_2(R, \varphi)$ stets ein ganzes Vielfaches von 2π ist; für $R \geqq 2$ und $R \leqq 1$ ist das selbstverständlich, und für $2 > R > 1$ folgt es aus der Tatsache, daß $f_2(R, \varphi + 2\pi) - f_2(R, \varphi) = a \cdot 2\pi$ ist, weil die Abbildung $f(e_{i,j}^r)$ im Punkte ξ_i^r den Grad a hat, ξ_i^r also von dem Bilde jedes Kreises $R =$ konst. a-mal umlaufen wird.

Diese Abänderung von f nehmen wir in jedem $e_{i,j}^r$ vor und nennen die sich ergebende Abbildung $\bar{f}$; sie hat denselben Grad c wie f, da die Bedeckungen der außerhalb der ω_i^r gelegenen Punkte ungeändert geblieben sind. $\bar{f}$ hat die Eigenschaft, daß die Originalmengen der durch $\varrho < 1$ bestimmten offenen Teilmengen der ω_i^r die durch $R < 1$ bestimmten offenen Teile der $e_{i,1}^r, e_{i,2}^r, \ldots, e_{i,|c|-r}^r$ sind. Entfernen wir die genannten offenen Mengen aus den beiden Flächen, so wird aus der Originalfläche F_p eine Fläche F_p' vom Geschlecht p mit $\sum_{r=1}^{|c|-1}(|c| - r)v_r$ Rändern und aus der Bildfläche F_q eine Fläche F_q' vom Geschlecht q mit $\sum_{r=1}^{|c|-1} v_r$ Rändern, und F_p' ist durch $\bar{f}$ auf F_q' so abgebildet, daß die Randkurven in die Randkurven übergehen. Wir stellen nun von jeder der Flächen F_p', F_q' ein zweites Exemplar F_p'' bzw. F_q'' her, und bilden F_p'' auf F_q'' ebenfalls durch $\bar{f}$

ab. Fügen wir dann F_p' und F_q' längs entsprechender Ränder und ebenso F_q' und F_q'' längs entsprechender Ränder zusammen, so entstehen zwei geschlossene, orientierbare Flächen F_P, F_Q, so daß F_P auf F_Q durch $\bar{f}$ eindeutig mit dem Grade c abgebildet ist. Dabei sind die Geschlechter dieser Flächen

$$P = 2p - 1 + \sum_r (|c| - r) v_r, \qquad Q = 2q - 1 + \sum_r v_r.$$

Ist $Q = 0$, so ist $q = 0$, $\sum_r v_r = 1$, also $\sum_r r v_r \leqq |c| - 1 < 2p - 2 + 2|c|$; ist $Q \geqq 1$, so ist nach dem oben genannten Kneserschen Satz

$$2p - 2 + |c| \sum_r v_r - \sum_r r v_r - 2q|c| + 2|c| - |c| \sum_r v_r \geqq 0,$$

d. h. es ist in jedem Fall

$$\sum_r r \cdot v_r \leqq (2p - 2) - |c|(2q - 2),$$

womit die Behauptung bewiesen ist.

Bemerkungen zu Satz XVIII. 1. Wenn die Bildmenge $f(F_p)$ als Riemannsche Fläche über F_q liegt, d. h. wenn die Umgebung jedes Punktes von F_q, der nicht Windungspunkt ist, genau c-mal glatt im positiven Sinne bedeckt wird, so gilt bekanntlich die „Hurwitzsche Formel“ [35])

$$\sum_r r w_r = (2p - 2) - c(2q - 2).$$

Unser Satz sagt also, daß die „Windungszahl“ $\sum_r r w_r$ einer solchen Abbildung den Höchstwert hat, der bei den vorliegenden p, q, c überhaupt möglich ist.

2. $w_{|c|-1}$ ist die Anzahl der Punkte auf F_q, die nur je einen Originalpunkt haben. Aus unserem Satz folgt

$$w_{|c|-1} \leqq \frac{2p - 2q|c|}{|c| - 1} + 2.$$

Satz XVI besagte:

$$w_{|c|-1} \leqq 2p + 2 - 2q.$$

Wenn nicht $|c| = 2$ und $q = 0$ ist, so ist die neue Schranke besser als die frühere. Ist $|c| = 2$, $q = 0$, so liefern beide Sätze

$$w_1 \leqq 2p + 2.$$

Diese Schranke läßt sich nicht verbessern; denn die Riemannsche Fläche der algebraischen Funktion

$$f(z) = \sqrt{z(z-1)(z-2)\ldots(z-2p)}$$

[35]) Kerékjártó, Vorlesungen über Topologie (Berlin 1923), S. 160.

hat das Geschlecht p, zwei Blätter und $2p+2$ Windungspunkte der Ordnung 1, nämlich $0, 1, 2, \ldots, 2p, \infty$.

3. Nach Satz XVa gibt es Abbildungen geschlossener Flächen mit $\sigma > j$; dabei ist in den dort angegebenen Beispielen $j > 4$. Es bleibt aber noch die Frage offen, ob es auch Abbildungen geschlossener Flächen mit $\sigma > j = 1$ gibt, — eine Frage, deren Beantwortung der Beweismethode des Satzes XVa, nämlich der Zurückführung auf Satz XVI, nicht zugänglich ist. Jetzt können wir diese Frage bejahen; es gilt nämlich

Satz XVb. *Es gibt eine Klasse von Abbildungen der geschlossenen orientierbaren Fläche F_2 (vom Geschlecht 2) auf die geschlossene orientierbare Fläche F_1 (vom Geschlecht 1) mit $\sigma > j = 1$.*

Beweis. $\sigma > 1$ ist gleichbedeutend mit $w_{|c|-1} = 0$ für alle Abbildungen der Klasse. Nach der soeben bewiesenen Formel (mit $p = 2$, $q = 1$)

$$w_{|c|-1} \leqq \frac{4 - 2|c|}{|c| - 1} + 2$$

genügt daher die Angabe einer Abbildung f von F_2 auf F_1 mit $c = 4$ und $j = 1$. Eine solche Abbildung kann folgendermaßen hergestellt werden: Man zerlegt F_2 durch eine geeignete einfach geschlossene Kurve C in zwei Hälften F_2' und F_2'', von denen jede eine einmal berandete Fläche vom Geschlecht 1 ist. F_2' wird so auf F_1 abgebildet, daß der Rand in einen Punkt ξ übergeht und die Abbildung im übrigen eineindeutig ist; F_2'' wird so abgebildet, daß der Rand in denselben Punkt ξ übergeht und die Bildmenge $f(F_2'')$ im übrigen als 3-blätterige unverzweigte Überlagerungsfläche über F_1 liegt. $f(F_2)$ ist eine eindeutige Abbildung vom Grade 4. Sie hat den Index $j = 1$; denn jeder (nicht durch ξ gehende) geschlossene Weg auf F_1 ist Bild eines geschlossenen Weges auf F_2'.

(Eingegangen am 22. 6. 1929.)

15.

Über die Verteilung quadratischer Reste

Math. Zeitschr. **32** (1930), 222–231

Ist p eine Primzahl, $f(x)$ ein ganzzahliges Polynom, so gibt die über ein vollständiges Restsystem modulo p erstreckte Summe

$$\sum_x \left(\frac{f(x)}{p}\right)$$

der Legendreschen Symbole[1]) den Unterschied zwischen der Anzahl derjenigen Restklassen, für welche $f(x)$ quadratischer Rest, und der Anzahl derjenigen Restklassen an, für welche $f(x)$ quadratischer Nichtrest ist. Ist das Polynom linear, so durchläuft es mit x ein vollständiges Restsystem, es ist also

(1) $$\sum \left(\frac{x+b}{p}\right) = 0.$$

Auch die quadratischen Polynome $f(x)$ beherrscht man vollständig: E. Jacobsthal[2]) hat gezeigt, daß

(2a) $$\sum \left(\frac{x^2+bx+c}{p}\right) = -1 \quad \text{für } b^2-4c \not\equiv 0 \bmod p,$$

(2b) $$\sum \left(\frac{x^2+bx+c}{p}\right) = p-1 \quad \text{für } b^2-4c \equiv 0 \bmod p$$

---

[1]) Es ist $\left(\frac{a}{p}\right) = +1$, wenn a quadratischer Rest, $\left(\frac{a}{p}\right) = -1$, wenn a quadratischer Nichtrest, $\left(\frac{a}{p}\right) = 0$, wenn $a \equiv 0 \bmod p$ ist.

[2]) E. Jacobsthal: 1. Anwendungen einer Formel aus der Theorie der quadratischen Reste, Dissertation Berlin 1906; 2. Über die Darstellung der Primzahlen der Form $4n+1$ als Summe zweier Quadrate, Journal für die reine und angewandte Mathematik (Crelle) **132** (1907), S. 238–245; im folgenden zitiert als J. 1 und J. 2. – Man vgl. auch: von Schrutka, Ein Beweis für die Zerlegbarkeit der Primzahlen von der Form $6n+1$ in ein einfaches und ein dreifaches Quadrat, Journal für die reine und angewandte Mathematik (Crelle) **140** (1911), S. 252–265. Man beachte aber, daß die auf S. 260 definierten Sequenzenzahlen $RRRR, \ldots$ anders definiert sind als unsere Zahlen R_4, N_4 und daß daher die auf S. 263 angegebenen Formeln sich mit den Sätzen unseres § 2 nicht berühren.

ist[3]). Für kubische $f(x)$ hat Jacobsthal ebenfalls einige Ergebnisse erhalten, von denen die folgenden genannt seien: es ist[4])

$$\left|\sum\left(\frac{x(x^2+a)}{p}\right)\right| < 2\sqrt{p}, \tag{3}$$

und es besteht die Identität[5])

$$\sum\left(\frac{x(x^2+e_1x+e_2)}{p}\right) = \sum\left(\frac{(x+e_1)(x^2-4e_2)}{p}\right). \tag{4}$$

Die Kenntnis der Werte derartiger Summen ist ausschlaggebend für die Beantwortung der folgenden Frage: „Wieviel Systeme von n unmittelbar aufeinanderfolgenden quadratischen Resten und wieviel Systeme von n unmittelbar aufeinanderfolgenden Nichtresten gibt es in der Zahlenreihe $1, 2, \ldots, p-1$?" Die fraglichen Anzahlen sind nämlich, wenn wir sie mit R_n und N_n bezeichnen, offenbar[6])

$$R_n = \frac{1}{2^n}\sum_{x=1}^{p-n}\left(1+\left(\frac{x}{p}\right)\right)\cdot\left(1+\left(\frac{x+1}{p}\right)\right)\cdot\ldots\cdot\left(1+\left(\frac{x+n-1}{p}\right)\right), \tag{5a}$$

$$N_n = \frac{1}{2^n}\sum_{x=1}^{p-n}\left(1-\left(\frac{x}{p}\right)\right)\cdot\left(1-\left(\frac{x+1}{p}\right)\right)\cdot\ldots\cdot\left(1-\left(\frac{x+n-1}{p}\right)\right), \tag{5b}$$

und Ausmultiplizieren der rechten Seiten liefert

$$R_n = \frac{1}{2^n}(p-n) + \frac{1}{2^n}\sum_{k=1}^{n}\sum_{\nu}\sum_{x=1}^{p-n}\left(\frac{f_{k\nu}(x)}{p}\right), \tag{6a}$$

$$N_n = \frac{1}{2^n}(p-n) + \frac{1}{2^n}\sum_{k=1}^{n}(-1)^k\sum_{\nu}\sum_{x=1}^{p-n}\left(\frac{f_{k\nu}(x)}{p}\right); \tag{6b}$$

dabei sind die $f_{k\nu}$ die $\binom{n}{k}$ Polynome $(x+a_1)(x+a_2)\ldots(x+a_k)$ mit voneinander verschiedenen a_i aus der Reihe $0, 1, \ldots, n-1$. $\sum_{x=1}^{p-n}\left(\frac{f_{k\nu}(x)}{p}\right)$ unterscheidet sich von der über ein volles Restsystem x erstreckten Summe $\sum_{x}\left(\frac{f_{k\nu}(x)}{p}\right)$ höchstens um n, und die Größenordnungen von R_n und N_n sind daher durch Summen der oben betrachteten Art vollständig bestimmt.

Auf diesem Wege hat Jacobsthal die Anzahlen R_2, N_2, R_3, N_3 er-

[3]) J. 1, S. 6–11; J. 2, S. 238–239.
[4]) J. 1, S. 12–13; J. 2, S. 239–240.
[5]) J. 1, S. 11; J. 2, S. 239.
[6]) J. 1, S. 27 und 32; J. 2, S. 241.

mittelt[7]); dabei ergab sich auf Grund von (1), (2a), (3)

$$R_n, N_n = \frac{1}{2^n} p + o(p) \qquad (n < 4),$$

also die Tatsache, daß diese Anzahlen sich für große p nur unwesentlich von den bei regelloser Verteilung der Restcharaktere zu erwartenden Zahlen $\frac{1}{2^n} p$ unterscheiden[8]).

Für $n = 4$ bewies Jacobsthal[9]), und vor ihm von Sterneck[10]),

$$R_4 + N_4 > 0 \quad \text{für} \quad p > 17.$$

Dörge[11]) verschärfte dies neuerdings zu

$$R_4 + N_4 > \frac{p}{22} - \text{konst.}, \tag{7}$$

und A. Brauer[12]) zeigte, daß für *jedes* n von einem gewissen p an

$$R_n > 0, \qquad N_n > 0$$

ist.

Im § 1 dieser Note werden einige Abschätzungen für die Summen $\sum \left(\frac{f(x)}{p}\right)$ angegeben, in denen die $f(x)$ Polynome dritten oder vierten Grades sind, die in, modulo p voneinander verschiedene, Linearfaktoren zerfallen. Auf Grund dieser Abschätzungen ergeben sich im § 2 Schranken für R_4 und N_4 von der Form

$$\frac{p}{2^4}(1 - c) < R_4, N_4 < \frac{p}{2^4}(1 + c) \qquad (c = \text{konst.} < 1),$$

die auch eine Verbesserung von (7) enthalten.

§ 1.

Hilfssatz[13]).

$$\sum_{d=1}^{p} \left(\sum_x \left(\frac{x(x+1)(x+d)}{p} \right) \right)^2 = p^2 - 2p - 1.$$

---

[7]) J. 1, S. 25–32.

[8]) Vgl. J. 1, S. 30.

[9]) J. 1, S. 32–39.

[10]) von Sterneck, Moskauer Mathematische Sammlung **20** (1898), S. 267–284.

[11]) Dörge, Zur Verteilung der quadratischen Reste, Jahresbericht der Deutschen Mathematiker-Vereinigung **38** (1929), S. 41–49.

[12]) A. Brauer, Über Sequenzen von Potenzresten, Sitzungsberichte d. Preuß. Akad. d. Wissensch., Math.-Phys. Klasse, 1928, S. 9–16.

[13]) Ganz ähnliche Betrachtungen findet man J. 1, S. 13, und bei von Schrutka, a. a. O., S. 257.

Beweis.

$$S=\sum_d\Bigl(\sum_x\Bigl(\frac{x(x+1)(x+d)}{p}\Bigr)\Bigr)^2=\sum_d\sum_{x,y}\Bigl(\frac{x(x+1)(x+d)\,y(y+1)(y+d)}{p}\Bigr)$$

$$=\sum_{x,y}\Bigl(\frac{x(x+1)\,y(y+1)}{p}\Bigr)\sum_d\Bigl(\frac{(d+x)(d+y)}{p}\Bigr).$$

Nach (2a) und (2b) ist

$$\sum_d\Bigl(\frac{(d+x)(d+y)}{p}\Bigr)=-1 \quad \text{für } x\not\equiv y \bmod p,$$

$$\sum_d\Bigl(\frac{(d+x)(d+y)}{p}\Bigr)=p-1 \quad \text{für } x\equiv y \bmod p,$$

also

$$S=-\sum_{\substack{x,y\\x\not\equiv y}}\Bigl(\frac{x(x+1)\,y(y+1)}{p}\Bigr)+(p-1)\sum_x\Bigl(\frac{x^2(x+1)^2}{p}\Bigr)$$

$$=-\sum_x\sum_y\Bigl(\frac{x(x+1)\,y(y+1)}{p}\Bigr)+p\sum_x\Bigl(\frac{x^2(x+1)^2}{p}\Bigr)$$

$$=-\Bigl(\sum_x\Bigl(\frac{x(x+1)}{p}\Bigr)\Bigr)^2+p\sum_x\Bigl(\frac{x(x+1)}{p}\Bigr)^2.$$

Nach (2a) ist

$$\sum_x\Bigl(\frac{x(x+1)}{p}\Bigr)=-1;$$

da $\left(\frac{x(x+1)}{p}\right)$ für $x\equiv 0$ und $x\equiv -1$ verschwindet, für alle anderen Restklassen aber $=\pm 1$ ist, ist

$$\sum_x\Bigl(\frac{x(x+1)}{p}\Bigr)^2=p-2.$$

Es folgt

$$S=-1+p(p-2)=p^2-2p-1.$$

Satz Ia. *Sind a_1, a_2, a_3, a_4 voneinander verschiedene Zahlen*[14]), *so ist*

$$\Bigl|\sum_x\Bigl(\frac{(x+a_1)(x+a_2)(x+a_3)(x+a_4)}{p}\Bigr)\Bigr|<\frac{p}{\sqrt{6}}$$

für fast alle Primzahlen p, d. h. für alle Primzahlen bis auf endlich viele, durch die a_i bestimmte, Ausnahmen.

Satz Ib. *Sind b_1, b_2, b_3 voneinander verschiedene Zahlen*[14]), *so ist*

[14]) Sind wenigstens zwei der Zahlen gleich, so sind die Summen nach (1), (2a) oder (2b) zu bestimmen.

$$\left|\sum_x \left(\frac{(x+b_1)(x+b_2)(x+b_3)}{p}\right)\right| < \frac{p}{\sqrt{6}}$$

für fast alle Primzahlen p, d. h. für alle Primzahlen bis auf endlich viele, durch die b_i bestimmte, Ausnahmen.

Beweis der Sätze Ia und Ib. Wir schließen von vornherein die endlich vielen p aus, für die die a_i bzw. b_i nicht untereinander inkongruent sind. Die linken Seiten der beiden behaupteten Ungleichheiten seien mit $\varphi_p(a_1, a_2, a_3, a_4)$ und $\psi_p(b_1, b_2, b_3)$ bezeichnet. Ersetzt man in φ_p x durch $x - a_1$, so ergibt sich

$$\varphi_p(a_1, a_2, a_3, a_4) = \varphi_p(0, a_2 - a_1, a_3 - a_1, a_4 - a_1).$$

Multipliziert man in

$$\varphi_p(0, a_2 - a_1, a_3 - a_1, a_4 - a_1) = \left|\sum_{x=1}^{p-1} \left(\frac{x(x+a_2-a_1)(x+a_3-a_1)(x+a_4-a_1)}{p}\right)\right|$$

jeden Summanden mit $\left(\frac{\bar{x}^4}{p}\right) = 1$, wobei $\bar{x}$ die modulo p zu x reziproke Zahl bedeutet, und ersetzt dann wieder $\bar{x}$ durch x, so folgt

$$\varphi_p(0, a_2 - a_1, a_3 - a_1, a_4 - a_1)$$
$$= \left|\sum_x \left(\frac{(x(a_2 - a_1) + 1)(x(a_3 - a_1) + 1)(x(a_4 - a_1) + 1)}{p}\right)\right|,$$

und wenn man hierin jeden Summanden mit $\left(\frac{\frac{1}{a_2 - a_1} \cdot \frac{1}{a_3 - a_1} \cdot \frac{1}{a_4 - a_1}}{p}\right)$ multipliziert,

$$(8) \qquad \varphi_p(a_1, a_2, a_3, a_4) = \psi_p\left(\frac{1}{a_2 - a_1}, \frac{1}{a_3 - a_1}, \frac{1}{a_4 - a_1}\right).$$

Auf Grund dieser Identität sind die Behauptungen Ia und Ib miteinander gleichbedeutend.

Ersetzt man in $\psi_p(b_1, b_2, b_3)$ x durch $x - b_1$, so ergibt sich

$$\psi_p(b_1, b_2, b_3) = \psi_p(0, b_2 - b_1, b_3 - b_1).$$

Multipliziert man in $\left|\sum \left(\frac{x(x+b_2-b_1)(x+b_3-b_1)}{p}\right)\right|$ jeden Summanden mit $\left(\frac{\left(\frac{1}{b_2 - b_1}\right)^3}{p}\right)$ und ersetzt x durch $x(b_2 - b_1)$, so folgt $\psi_p(b_1, b_2, b_3)$ $= \psi_p\left(0, 1, \frac{b_3 - b_1}{b_2 - b_1}\right)$, also, wenn wir

$$\psi_p(0, 1, c) = \chi_p(c)$$

setzen,

$$(9) \qquad \psi_p(b_1, b_2, b_3) = \chi_p\left(\frac{b_3 - b_1}{b_2 - b_1}\right).$$

Setzt man hier die Werte aus (8) ein, so erhält man

(10) $$\varphi_p(a_1, a_2, a_3, a_4) = \chi_p(d(a_1, a_2, a_3, a_4)),$$

worin

$$d(a_1, a_2, a_3, a_4) = \frac{a_3 - a_1}{a_4 - a_1} \cdot \frac{a_4 - a_2}{a_3 - a_2}$$

das *Doppelverhältnis* der vier Zahlen a_i ist.

Das Doppelverhältnis hängt von der Reihenfolge seiner Argumente ab, und zwar nimmt es, wenn d sein Wert bei einer Reihenfolge ist, bei Veränderung der Reihenfolge die folgenden sechs Werte an:

(11) $$d_1 = d, \quad d_2 = \frac{1}{d}, \quad d_3 = 1 - d, \quad d_4 = \frac{d-1}{d}, \quad d_5 = \frac{d}{d-1}, \quad d_6 = \frac{1}{1-d}.$$

Bei gegebenen a_1, a_2, a_3, a_4 sind dies sechs wohlbestimmte rationale Zahlen, die wir uns (ohne eine Reduktion modulo p) ausgerechnet denken. Die sechs Zahlen brauchen nicht voneinander verschieden zu sein; eine Gleichheit zwischen zwei von ihnen besteht, wie man leicht nachrechnet, dann und nur dann, wenn unter ihnen entweder der Wert 0 oder der Wert -1 oder eine Wurzel der Gleichung $d^2 - d + 1 = 0$ vorkommt; der letztgenannte Fall tritt wegen der Rationalität der d_i nicht ein; der erste Fall würde bedeuten, daß nicht alle a_i voneinander verschieden sind, kommt also im Hinblick auf die Voraussetzungen der Sätze Ia und Ib nicht in Betracht; in dem zweiten Fall ist

$$\chi_p(-1) = \left| \sum \left(\frac{x(x+1)(x-1)}{p} \right) \right| = \left| \sum \left(\frac{x(x^2-1)}{p} \right) \right|,$$

also nach (3)

$$\chi_p(-1) < 2\sqrt{p} < \frac{p}{\sqrt{6}} \quad \text{für} \quad p > 23;$$

nach (9) und (10) sind mithin in ihm unsere Behauptungen erfüllt, und wir brauchen ihn nicht weiter zu betrachten.

Wir dürfen also annehmen, daß die sechs Zahlen (11) voneinander verschieden sind. Dann gibt es — bei gegebenen a_i bzw. b_i — höchstens endlich viele Primzahlen p, für die die sechs Werte (11) nicht sämtlich untereinander *inkongruent* sind; diese p sind die in den Sätzen Ia und Ib erwähnten Ausnahmen.

Für jedes andere p nimmt $d(a_1, a_2, a_3, a_4)$ bei Vertauschung der a_i sechs untereinander inkongruente Werte $d_1, \ldots, d_6$ an. Nach (10) nimmt aber, da φ_p symmetrisch in den a_i ist, die Funktion χ_p für die sechs Werte $d_1, \ldots, d_6$ des Arguments d denselben Wert an. Mithin ist

$$6\chi_p(d_1)^2 = \sum_{i=1}^{6} \chi_p(d_i)^2 < \sum_d \chi_p(d)^2,$$

wobei in der letzten Summe d ein vollständiges Restsystem modulo p durchläuft; diese Summe ist nach dem Hilfssatz $< p^2$, womit auf Grund von (9) und (10) die Sätze I a und I b bewiesen sind[15]).

Satz II a. *Für die Primzahlen p, für die wenigstens eines der sechs Doppelverhältnisse, die man aus den Zahlen a_1, a_2, a_3, a_4 bilden kann, quadratischer Rest ist, kann die Aussage des Satzes* I a *verschärft werden zu*

$$\left|\sum\left(\frac{(x+a_1)(x+a_2)(x+a_3)(x+a_4)}{p}\right)\right| < \frac{p}{\sqrt{12}}.$$

Satz II b. *Für die Primzahlen p, für die wenigstens einer der sechs Werte, den der Differenzenquotient $\frac{b_3-b_1}{b_2-b_1}$ bei Vertauschung seiner Argumente annimmt, quadratischer Rest ist, kann die Aussage von Satz* I b *verschärft werden zu*

$$\left|\sum\left(\frac{(x+b_1)(x+b_2)(x+b_3)}{p}\right)\right| < \frac{p}{\sqrt{12}}.$$

Beweis. Für jede Zahl w und jede Primzahl p ist

$$\chi_p(w^2) = \left|\sum\left(\frac{x(x+1)(x+w^2)}{p}\right)\right| = \left|\sum\left(\frac{x(x^2+(w^2+1)x+w^2)}{p}\right)\right|$$

und nach (4)

$$\chi_p(w^2) = \left|\sum\left(\frac{(x+w^2+1)(x^2-4w^2)}{p}\right)\right| = \left|\sum\left(\frac{(x-2w)(x+2w)(x+w^2+1)}{p}\right)\right|.$$

Ersetzt man hier x durch $4wx+2w$ (wobei wir $w \not\equiv 0 \bmod p$ voraussetzen), so ergibt sich

$$\chi_p(w^2) = \left|\sum\left(\frac{4wx(4wx+4w)(4wx+(w+1)^2)}{p}\right)\right|,$$

---

[15]) Aus dem Beweis geht hervor, daß die in den Sätzen angegebenen Ungleichungen gelten, falls die sechs Werte (11) untereinander *inkongruent* mod p sind; diese Werte sind inkongruent, falls keiner von ihnen $\equiv 0$, $\equiv -1$ oder eine Lösung der Kongruenz $d^2-d+1 \equiv 0$ ist. Der erste Fall bedeutet, daß nicht alle a_i bzw. b_i untereinander inkongruent sind, was auch von vornherein bei der Bildung des Doppelverhältnisses auszuschließen war; im zweiten Fall gelten die behaupteten Ungleichungen für $p > 23$, da dann, wie im Beweis bemerkt, $\chi_p(-1) < \frac{p}{\sqrt{6}}$ ist; im dritten — übrigens nur für $p = 6m+1$ möglichen — Fall endlich ist

$$\chi_p(d) = \varphi_p(0,1,-d,d^2) = \left|\sum\left(\frac{x(x^3+1)}{p}\right)\right|,$$

und diese Summe ist nach Formel (7), S. 257 der unter [2]) zitierten Arbeit von v. Schrutka $< \sqrt{6p}$, also $< \frac{p}{\sqrt{6}}$ für $p \geqq 37$. Folglich gelten die Ungleichungen aus I a und I b für alle $p \geqq 37$ unter der Voraussetzung der Inkongruenz der a_i bzw. b_i. Für diese p gelten sie a fortiori nach (1) und (2a) auch, wenn nicht alle a_i oder b_i untereinander inkongruent sind, wobei allein der Fall auszunehmen ist, daß in I a der Zähler des Summanden ein vollständiges Quadrat mod p ist.

und wenn man mit $\left(\frac{\left(\frac{1}{4w}\right)^3}{p}\right)$ multipliziert,

$$\chi_p(w^2) = \chi_p\left(\frac{(w+1)^2}{4w}\right). \tag{12}$$

Mithin hat χ_p für die zwölf Zahlen, die nach (11) mit w^2 und mit $\frac{(w+1)^2}{4w}$ gleichberechtigt sind, denselben Wert. Falls diese zwölf Zahlen untereinander inkongruent sind, folgt analog wie im Beweis des vorigen Satzes

$$\chi_p(w^2) < \frac{p}{\sqrt{12}}. \tag{13}$$

Hinreichende Bedingungen für die Inkongruenz der zwölf Zahlen und mithin für die Gültigkeit von (13) ergeben sich folgendermaßen: Bezeichnen wir die zwölf formalen Ausdrücke, die gemäß (11) aus w^2 und aus $\frac{(w+1)^2}{4w}$ hervorgehen, mit $f_1(w), f_2(w), \ldots, f_{12}(w)$, so folgt aus einer Kongruenz

$$f_i(w) \equiv f_j(w) \tag{14}$$

eine Kongruenz

$$F_{ij}(w^2) \equiv 0, \tag{15}$$

die aus (14) dadurch entsteht, daß man, falls in (14) ungerade Potenzen von w vorkommen, vermöge (14) w durch gerade Potenzen von w ausdrückt und dann quadriert; die Gültigkeit von (15) ist also notwendig für die Gültigkeit von (14), und wir sehen somit: *wenn w^2 keine der Kongruenzen* (15) *erfüllt, gilt* (13). Dabei sind die F_{ij} rationale Ausdrücke in w^2, die unabhängig von p zu bilden sind.

Sind nun a_1, a_2, a_3, a_4 bzw. b_1, b_2, b_3 gegeben, so berechnen wir unter Zugrundelegung einer bestimmten Reihenfolge dieser Zahlen das Doppelverhältnis bzw. den Differenzenquotienten d und betrachten nur solche Primzahlen p, für die d quadratischer Rest ist, für die also die Kongruenz

$$w^2 \equiv d \mod p$$

eine Lösung $w = w_p$ hat.

Wenn d keine der *Gleichungen* $F_{ij}(d) = 0$ erfüllt, so gilt eine *Kongruenz* $F_{ij}(d) \equiv F_{ij}(w_p^2) \equiv 0 \mod p$ nur für endlich viele p, mithin gilt dann (13) für fast alle p, und unsere Behauptungen sind für diese Zahlen a_i bzw. b_i bewiesen.

Es bleiben noch die Lösungen der Gleichungen $F_{ij}(d) = 0$ zu untersuchen, und zwar sind nur rationale Lösungen zu betrachten. Man überzeugt sich leicht davon[16]), daß dies wieder, wie im Beweis des vorigen Satzes, nur die Zahlen 0, -1 und die mit diesen nach (11) gleichberechtigten Zahlen sind; 0 kommt aber wieder wegen der Verschiedenheit der a_i bzw. b_i nicht in Betracht, und für -1 gilt sogar, wie wir oben sahen, $\chi_p(-1) < 2\sqrt{p}$. Damit sind IIa und IIb vollständig bewiesen.

Beispiel zu Satz IIa. Das Doppelverhältnis der Zahlen 0, 3, 2, 1 ist 4, also für $p > 2$ stets quadratischer Rest; folglich ist

$$\left|\sum\left(\frac{x(x+1)(x+2)(x+3)}{p}\right)\right| < \frac{p}{\sqrt{12}} \tag{16}$$

für fast alle p. Die Ausnahmen sind neben $p=2$ diejenigen p, für die nicht alle zwölf nach (11) mit 4 und mit $\frac{(2+1)^2}{4\cdot 2} = \frac{9}{8}$ gleichberechtigten Zahlen untereinander inkongruent sind. Diese zwölf Zahlen sind: 4, $\frac{1}{4}$, -3, $\frac{4}{3}$, $\frac{3}{4}$, $-\frac{1}{3}$; $\frac{9}{8}$, $\frac{8}{9}$, $-\frac{1}{8}$, $\frac{1}{9}$, 9, -8. Als Ausnahmeprimzahlen findet man hieraus: $p = 2, 3, 5, 7, 11, 13, 23$.

Satz IIc. *In* Ia *und* Ib *gelten für fast alle Primzahlen der Form* $p = 4m+1$ *die schärferen Ungleichheiten*

$$\left|\sum\left(\frac{(x+a_1)(x+a_2)(x+a_3)(x+a_4)}{p}\right)\right| < \frac{p}{\sqrt{12}},$$

$$\left|\sum\left(\frac{(x+b_1)(x+b_2)(x+b_3)}{p}\right)\right| < \frac{p}{\sqrt{12}}.$$

Beweis. Da -1 quadratischer Rest mod p und daher für jedes d das Produkt $d\cdot(1-d)\cdot\frac{d}{d-1} = -d^2$ Rest ist, ist von den drei Zahlen d, $1-d$, $\frac{d}{d-1}$ wenigstens eine Rest. Unter den nach (11) mit d gleichberechtigten Zahlen befindet sich also immer ein quadratischer Rest; somit folgt IIc aus IIa und IIb.

§ 2.

Satz IIIa. *Für jede Primzahl* p *ist*

$$\frac{p}{8}\left(1-\frac{1}{\sqrt{12}}\right) - C < R_4 + N_4 < \frac{p}{8}\left(1+\frac{1}{\sqrt{12}}\right) + C \qquad (C \textit{ konstant}).$$

---

[16]) Man hat 16 Gleichungen zu betrachten. Bezeichnet man nämlich die lineare Operation, die w^2 bzw. $\frac{(w+1)^2}{4w}$ in $f_i(w)$ überführt, mit g, so ist (14) entweder gleichbedeutend mit $w^2 \equiv g^{-1} f_j(w) \equiv f_k(w)$ oder mit $\frac{(w+1)^2}{4w} \equiv g^{-1} f_j(w) \equiv f_k(w)$; wenn man die f_i so numeriert, daß $f_1 = w^2$ ist, $f_2, \ldots, f_6$ die hieraus gemäß (11) entstehenden Ausdrücke sind und $f_7 = \frac{(w+1)^2}{4w}$ ist, braucht man nur die Funktionen F_{ij} mit $1 = i < j$ und die mit $7 = i < j$ zu betrachten.

Beweis. Addition von (6a) und (6b) für $n = 4$ liefert

$$R_4 + N_4 = \frac{p}{8} - \frac{1}{2} + \frac{1}{8}\sum_{\nu}\left(\sum_{x=1}^{p-4}\left(\frac{f_{2\nu}(x)}{p}\right)\right) + \frac{1}{8}\sum_{x}\left(\frac{x(x+1)(x+2)(x+3)}{p}\right).$$

Jede der sechs hierin vorkommenden Summen $\sum\limits_{x=1}^{p-4}\left(\frac{f_{2\nu}(x)}{p}\right) = \sum\limits_{x=1}^{p-4}\left(\frac{(x+a_1)(x+a_2)}{p}\right)$ hat mit Rücksicht auf (2a) höchstens den Betrag 5; für die letzte Summe gilt (16). Daraus folgt die Behauptung; die Primzahlen p, die bezüglich (16) Ausnahmen sind, sind durch Wahl einer hinreichend großen Konstanten C zu berücksichtigen.

Satz IIIb. *Für* $p = 4m + 3$ *ist*

$$\frac{p}{16}\left(1 - \frac{1}{\sqrt{12}}\right) - C < R_4 < \frac{p}{16}\left(1 + \frac{1}{\sqrt{12}}\right) + C,$$

$$\frac{p}{16}\left(1 - \frac{1}{\sqrt{12}}\right) - C < N_4 < \frac{p}{16}\left(1 + \frac{1}{\sqrt{12}}\right) + C.$$

Beweis. Da -1 Nichtrest ist, haben die Zahlen z und $p - z$ stets entgegengesetzten Restcharakter; folglich ist $R_4 = N_4$, und die Behauptung folgt aus IIIa.

Satz IV. *Für* $p = 4m + 1$ *ist*

$$\frac{p}{16}\left(1 - \frac{3}{\sqrt{12}}\right) + o(p) < R_4 < \frac{p}{16}\left(1 + \frac{3}{\sqrt{12}}\right) + o(p),$$

$$\frac{p}{16}\left(1 - \frac{3}{\sqrt{12}}\right) + o(p) < N_4 < \frac{p}{16}\left(1 + \frac{3}{\sqrt{12}}\right) + o(p).$$

Beweis. Die Summen $\sum\left(\frac{f_{1\nu}(x)}{p}\right)$ und $\sum\left(\frac{f_{2\nu}(x)}{p}\right)$, die in (6a) und (6b) auftreten, sind nach (1) und (2a) $o(p)$. Von den vier Summen $\sum\left(\frac{f_{3\nu}(x)}{p}\right)$ sind zwei ebenfalls $o(p)$: $\sum\left(\frac{x(x+1)(x+2)}{p}\right)$ wird durch die Substitution $x + 1 = y$, $\sum\left(\frac{(x+1)(x+2)(x+3)}{p}\right)$ durch die Substitution $x + 2 = y$ in die Summe $\sum\left(\frac{(y-1)y(y+1)}{p}\right) = \sum\left(\frac{y(y^2-1)}{p}\right)$ transformiert, die nach (3) $o(p)$ ist. Für die beiden übrigen Summen $\sum\left(\frac{f_{3\nu}(x)}{p}\right)$ und für die einzige Summe $\sum\left(\frac{f_{4\nu}(x)}{p}\right)$ gilt Satz IIc. Daraus folgt die Behauptung.

(Eingegangen am 18. Juli 1929.)

16.

Zur Algebra der Abbildungen von Mannigfaltigkeiten

J. reine angew. Math. **163** (1930), 71–88

Die Versuche der kombinatorischen Topologie, die Zusammenhangsverhältnisse der n-dimensionalen Komplexe und Mannigfaltigkeiten zu beschreiben, führen zu algebraischen Betrachtungen, nämlich zur Betrachtung von *Gruppen*, die mit dem geometrischen Gebilde topologisch invariant verknüpft sind: es sind dies die Fundamentalgruppe und die Gruppen der i-dimensionalen Homologieklassen ($i = 0, 1, \ldots, n$). Handelt es sich um (geschlossene und orientierbare) *Mannigfaltigkeiten*, so läßt sich diesen von Poincaré eingeführten Begriffen dadurch etwas wesentlich Neues hinzufügen, daß man die Homologiegruppen der verschiedenen Dimensionszahlen zu einem *Ring* verschmilzt: man hat — wie unten ausführlicher auseinandergesetzt werden wird — den *Schnitt* zweier Zyklen (geschlossener Komplexe) in der Mannigfaltigkeit als *Produkt* zu deuten, was auf Grund neuerer Untersuchungen von Alexander und Lefschetz auf keine Schwierigkeit stößt. Diese Gruppen und Ringe bilden nach dem gegenwärtigen Stand unserer Kenntnisse im wesentlichen das algebraische Gerüst der Mannigfaltigkeiten, das deren Zusammenhangsverhältnisse schildert, freilich ohne sie zu erschöpfen.

Eine eindeutige und stetige (nicht notwendigerweise eindeutig umkehrbare) Abbildung f einer n-dimensionalen Mannigfaltigkeit M auf eine n-dimensionale Mannigfaltigkeit μ bewirkt eine eindeutige Abbildung des Ringes und der Fundamentalgruppe der ersteren auf Ring und Fundamentalgruppe der letzteren. Die Gesamtheit der Eigenschaften dieser Gruppen- und Ringbeziehungen möge als *Algebra* der Abbildungen von Mannigfaltigkeiten bezeichnet werden; von *Topologie* der Abbildungen wird man sprechen, wenn man nicht die Gruppen- und Ringelemente, sondern die Punkte der beiden Mannigfaltigkeiten und die durch f zwischen ihnen vermittelten Beziehungen betrachtet. Es ist von besonderem Interesse, den Zusammenhängen zwischen Algebra und Topologie einer Abbildung nachzugehen; ein Beispiel eines solchen Zusammenhanges ist der Lefschetzsche Fixpunktsatz [1]), der die Fixpunktzahl einer Abbildung von M auf sich — also eine topologische Eigenschaft — mit den Spuren der Substitutionen, denen die Homologiegruppen unterworfen werden, — also mit algebraischen Eigenschaften — in Verbindung bringt; ein anderes einfacheres Beispiel liefert die Betrachtung des Abbildungsgrades c von f: er läßt sich einerseits algebraisch durch die Homologie $f(M) \sim c\mu$ definieren und kann andererseits (wenigstens seinem absoluten Betrage nach) topologisch als die Mindestzahl der eineindeutigen Bedeckungen eines Gebietes von μ charakterisiert werden, die sich durch stetige Abänderung von f erreichen läßt [2]), woraus insbesondere die wesentliche topologische Verschiedenheit der Abbildungen mit $c \neq 0$ von denen mit $c = 0$ erhellt: die ersteren sind dadurch *gekennzeichnet*, daß man

---

[1]) *S. Lefschetz*, (a) Intersections and transformations of complexes and manifolds; (b) Manifolds with a boundary and their transformations; Trans. Am. Math. Soc. **XXVIII** (1926), **XXIX** (1927).

[2]) *H. Hopf*, Zur Topologie der Abbildungen von Mannigfaltigkeiten, Zweiter Teil, Math. Annalen **102** (1929); *H. Kneser*, Glättung von Flächenabbildungen, Math. Annalen **100** (1928).

Schnittinvarianten, und gleichzeitig die Bettischen und Torsionszahlen, auch folgendermaßen zusammenfassend beschreiben: Wir betrachten nicht mehr wie bisher Zyklen und Homologieklassen einzelner fester Dimensionszahlen, sondern auch Zyklen gemischter Dimension und entsprechende Homologieklassen; wir betrachten also jetzt die Gruppe *aller* Homologieklassen, d. h. die direkte Summe der Gruppen der Homologieklassen der einzelnen Dimensionszahlen i für $i = 0, 1, \ldots, n$. In dieser additiven Gruppe ist auf Grund des distributiven Gesetzes und der Gleichungen (1) für je zwei Elemente ein „Produkt", nämlich die Schnittklasse, definiert, und diese Multiplikation genügt dem assoziativen und zusammen mit der Addition dem distributiven Gesetz. *Die Homologieklassen bilden nunmehr ein System hyperkomplexer Zahlen oder einen Ring mit einer endlichen Basis.* Die Aussage der topologischen Invarianz der Alexanderschen Schnittinvarianten sowie der Bettischen und Torsionszahlen läßt sich in den Satz zusammenfassen: *Die Ringe homöomorpher Mannigfaltigkeiten sind einander dimensionstreu-isomorph.* Dabei ist klar, was unter der Dimensionstreue des Isomorphismus zu verstehen ist: jedem Ringelement reiner, d. h. ungemischter, Dimension muß bei dem Isomorphismus ein Element ebenfalls reiner, und zwar derselben, Dimension entsprechen.

Für manche Zwecke ist es bequem und ausreichend, die Betrachtungen durch eine Modifikation des Homologiebegriffes zu vereinfachen: ein Zyklus z soll „divisionshomolog" 0, oder kurz: „d.-homolog" 0, geschrieben: $z \approx 0$, heißen, wenn es eine von 0 verschiedene Zahl a gibt, so daß $az \sim 0$ ist. Rechnet man mit D.-Homologien statt mit gewöhnlichen Homologien, so bedeutet das, daß man alle „Nullteiler", — d. h. die im Fall der Existenz von Torsionskoeffizienten vorhandenen Klassen H mit $H \not\sim 0$, $aH \sim 0$, $a \neq 0$ —, gleich 0 setzt; der Name „divisions-homolog" ist dadurch gerechtfertigt, daß aus $aH \approx 0$ stets $H \approx 0$ folgt. Die D.-Homologieklassen bilden ebenfalls bezüglich Addition und Schnittbildung einen Ring; man erhält ihn aus dem früheren durch Nullsetzen aller Nullteiler, d. h. der neue Ring ist der Restklassenring des aus den Nullteilern bestehenden Ideals in dem alten Ring.

Wir werden uns im folgenden ausschließlich mit dem Ring der D.-Homologieklassen beschäftigen und ihn kurz „den Ring von M" nennen. Er soll mit $\mathfrak{R}(M)$, sein Rang, also die Summe aller Bettischen Zahlen, soll mit $P(M)$, die einzelnen Bettischen Zahlen sollen mit $p^i(M)$ bezeichnet werden $(i = 0, 1, \ldots, n)$.

$\mathfrak{R}(M)$ besitzt eine Eins, nämlich M selbst; denn es ist, wie aus der Definition des Schnittes unmittelbar hervorgeht,

$$M \cdot z = z \cdot M = z \tag{2}$$

für jeden Zyklus z.

Wichtig sind die Dualitätseigenschaften von $\mathfrak{R}(M)$: Nach dem Poincaréschen Dualitätssatz [8]) ist

$$p^i(M) = p^{n-i}(M) \qquad (i = 0, 1, \ldots, n).$$

Insbesondere ist $p^0(M) = p^n(M) = 1$; für $i = 0$ und $i = n$ gibt es überdies keine Nullteiler; also ist jeder 0-dimensionale Zyklus einem mit einer Vielfachheit versehenen Punkt homolog, und erst recht d.-homolog. In den Relationen (1) fällt daher für $i + j = n$, $k = 0$ der Index u fort, und die Koeffizienten a_{rs} bilden nach dem Dualitätssatz eine quadratische Matrix. Ihre Betrachtung liefert im Gegensatz zu den anderen Dimensionszahlen keine Alexanderschen Invarianten von M. Nach einem Satz von Veblen [9]) hat

[8]) Beweise finden sich z. B. in dem Buch von Veblen und in der Arbeit von van Kampen (s. Fußn. 4).

[9]) *O. Veblen*, The intersection numbers, Trans. Am. Math. Soc. **XXV** (1923); s. auch die Arbeit von van Kampen.

nämlich ihre Determinante stets den Wert ± 1, und daraus folgt, daß bei geeigneter Basenwahl die Schnittrelationen die Gestalt bekommen:

$$H_r^{n-j} \cdot H_s^j \sim 0 \quad \text{für } r \neq s; \quad H_r^{n-j} \cdot H_r^j \sim H^0,$$

wobei H^0 die durch einen positiv signierten, einfach gezählten Punkt bestimmte 0-dimensionale Homologieklasse ist. Diese Basis $H_1^{n-j}, H_2^{n-j}, \ldots, H_{p^j}^{n-j}$ heißt die zu der Basis $H_1^j, H_2^j, \ldots, H_{p^j}^j$ „duale" Basis; aus dem Veblenschen Satz folgt leicht, daß es zu jeder j-dimensionalen Basis eine und nur eine duale $(n-j)$-dimensionale Basis gibt.

§ 2. Algebraische Abbildungsinvarianten.

Im folgenden sind stets M und μ zwei n-dimensionale, orientierte, geschlossene Mannigfaltigkeiten, und M ist einer eindeutigen und stetigen Abbildung f auf μ unterworfen.

Aus den am Anfang des § 1 genannten Tatsachen folgt unmittelbar, daß die f-Bilder homologer Zyklen in M homologe Zyklen in μ sind und daß das Bild der Summe oder Differenz zweier Zyklen die Summe bzw. Differenz der Bilder der beiden Zyklen ist. Daraus ergibt sich, daß f eine eindeutige Abbildung des Ringes $\mathfrak{R}(M)$ in den Ring $\mathfrak{R}(\mu)$ bewirkt und daß diese Abbildung ein additiver Homomorphismus ist, d. h. daß für jedes Paar von Elementen H_1, H_2 aus $\mathfrak{R}(M)$ die Gleichung $f(H_1 + H_2) \approx f(H_1) + f(H_2)$ gilt.

Da wir Eigenschaften dieser Ringabbildung untersuchen wollen, werden wir zwei Abbildungen f, g von M auf μ als nur unwesentlich voneinander verschieden betrachten, wenn sie dieselbe Ringabbildung bewirken, wenn also $f(z) \approx g(z)$ für jeden Zyklus z aus M ist. Die Gesamtheit aller Abbildungen von M auf μ, die zu f in dieser Beziehung stehen, möge der durch f bestimmte „Abbildungskreis" heißen. Die Sätze, die wir beweisen werden, beziehen sich also auf Eigenschaften, die allen Abbildungen des ganzen Kreises gemein sind und daher als „Kreisinvarianten" von Abbildungen bezeichnet werden können. Da sich die Homologieklasse eines Zykels bei stetiger Abänderung des Zykels nicht ändert, gehören zwei Abbildungen, die sich durch stetige Modifikation auseinander herstellen lassen, die also derselben „Abbildungsklasse" angehören, erst recht demselben Kreis an; ein solcher zerfällt also im allgemeinen in ein System von Abbildungsklassen, und die Kreisinvarianten, die in der in der Einleitung gebrauchten Ausdrucksweise zu den „algebraischen" Invarianten der Abbildung gehören, sind a fortiori „Klasseninvarianten".

Es ist leicht, numerische Kreisinvarianten anzugeben. Da die Ringabbildung ein additiver Homomorphismus ist, wird sie für jede Dimensionszahl i durch eine lineare Substitution einer i-dimensionalen D.-Homologiebasis $z_1^i, z_2^i, \ldots, z_{p^i}^i$ von M in eine i-dimensionale D.-Homologiebasis $\zeta_1^i, \zeta_2^i, \ldots, \zeta_{\pi^i}^i$ von μ dargestellt; dabei ist $p^i(M) = p^i$, $p^i(\mu) = \pi^i$ gesetzt. Wechsel der Basen geschieht durch unimodulare Substitutionen; die gegenüber unimodularen Substitutionen der Variabelnreihen invarianten Größen einer linearen Substitution sind daher Kreisinvarianten der Abbildungen. Es sind dies der Rang und die Elementarteiler der Substitution. Der geometrische Sinn des Ranges ist klar: diejenigen i-dimensionalen Homologieklassen von μ, die Bilder von Homologieklassen von M sind, bilden eine Untergruppe aller i-dimensionalen Homologieklassen von μ, und der Rang der Substitution ist der Rang dieser Untergruppe. Er heiße der „i-te Rang von f" und werde mit p_f^i bezeichnet; $\sum_i p_f^i = P_f$ heiße der „Gesamtrang von f"; die Elementarteiler mögen die „i-dimensionalen Elementarteiler von f" heißen und mit $c_1^i, c_2^i, \ldots$ bezeichnet werden.

Für $i = 0$ liefern diese Begriffe nichts; denn das Bild eines einfach gezählten Punktes von M ist stets ein einfach zu zählender Punkt von μ; es ist also immer $p_f^0 = 1$, und es gibt immer einen und nur einen 0-dimensionalen Elementarteiler $c^0 = 1$. Die Substitution der n-dimensionalen Zyklen wird, da die Mannigfaltigkeiten M bzw. μ hier Basen sind, durch

$$(3) \qquad f(M) \approx c\mu$$

dargestellt; hierin ist $c = c^n$ der *Grad* der Abbildung[10]). Es wird sich zeigen, daß der Grad vor den anderen Elementarteilern wesentlich ausgezeichnet ist.

Diese Invarianten beziehen sich nur auf additive Eigenschaften der Ringabbildungen und haben mit der Produktbildung in den Ringen, also mit den Eigenschaften, die M und μ als Mannigfaltigkeiten vor anderen Komplexen auszeichnen, nichts zu tun. Zweckmäßige Definitionen von Invarianten, die sich auf multiplikative Eigenschaften der Ringe beziehen, liegen viel weniger nahe, und das dürfte seinen Grund in dem Umstand haben, daß die Ringabbildung zwar, wie wir sahen, ein additiver, aber im allgemeinen kein multiplikativer Homomorphismus ist, d. h. daß im allgemeinen *nicht* die D.-Homologie $f(z_1 \cdot z_2) \approx f(z_1) \cdot f(z_2)$ gilt; denn ist z. B. $z_1 = M$ und z_2 ein Punkt, so ist $f(z_1 \cdot z_2) = f(z_2) \approx \zeta$, wobei ζ ein Punkt in μ ist, aber $f(z_1) \approx c\mu$, also $f(z_1) \cdot f(z_2) \approx c\mu \cdot \zeta \approx c\zeta$; hiernach könnte man vielleicht vermuten, daß immer $f(z_1) \cdot f(z_2) \approx cf(z_1 \cdot z_2)$ sei; daß jedoch dies nicht zutrifft, zeigt das Beispiel einer Abbildung einer Torusfläche auf eine Kugel; bei ihr sind die Bilder zweier geschlossener Kurven, deren Schnitt ein einfacher Punkt ist, homolog 0, also ist auch ihr Schnitt ≈ 0; hier ist also $f(z_1 \cdot z_2) \not\approx 0$, $f(z_1) \cdot f(z_2) \approx 0$, wenn z_1, z_2 die eben genannten Kurven sind. Es ist leicht, an weiteren Flächenabbildungen zu zeigen, daß die Bilder der Schnitte geschlossener Kurven sich sehr verschiedenartig zu dem Schnitte der Bilder der Kurven verhalten können.

Es ist also wünschenswert, Gesetze aufzufinden, die einen Ersatz für den fehlenden multiplikativen Homomorphismus schaffen; es besteht ferner die Aufgabe, festzustellen, ob die oben auf Grund des additiven Homomorphismus definierten numerischen Invarianten voneinander unabhängig sind oder ob Bindungen zwischen ihnen bestehen. Die Sätze, die im folgenden bewiesen werden, sind Beiträge zur Beantwortung dieser Fragen. Das erstrebenswerte Ziel ist, algebraische Abbildungseigenschaften anzugeben, die bei beliebigen Mannigfaltigkeiten M und μ notwendige und hinreichende Bedingungen dafür sind, daß eine vorgegebene Abbildung von $\Re(M)$ auf $\Re(\mu)$ durch eine Abbildung f von M auf μ bewirkt wird. Dieses Ziel wird nicht erreicht, denn alle allgemeinen Sätze, die hier bewiesen werden, haben nur den Charakter notwendiger Bedingungen.

§ 3. Der Umkehrungshomomorphismus einer Abbildung.

Alle unsere Sätze folgen im wesentlichen aus der Tatsache, daß eine gewisse Ringabbildung existiert, die eine Art „Umkehrung" der durch f bewirkten Ringabbildung ist:

Satz I: *Es gibt eine eindeutige Abbildung φ des Ringes $\Re(\mu)$ in den Ring $\Re(M)$ mit den folgenden beiden Eigenschaften:*

1) *φ ist ein Ringhomomorphismus (d. h. additiver und multiplikativer Homomorphismus)*[11]);

2) *für jedes Element z von $\Re(M)$ und jedes Element ζ von $\Re(\mu)$ gilt*

$$(4) \qquad f(\varphi(\zeta) \cdot z) \approx \zeta \cdot f(z).$$ [11a])

[10]) *L. E. J. Brouwer*, Über Abbildung von Mannigfaltigkeiten, Math. Annalen **71** (1911).

[11]) Dabei braucht nicht jedes Element von $\Re(M)$ Bild eines Elements von $\Re(\mu)$ zu sein.

[11a]) Der Satz ist trivial, wenn man Summe und Produkt nicht im algebraischen Sinne, sondern als Vereinigung und Durchschnitt von Punktmengen in M bezw. μ auffaßt und $\varphi(\zeta)$ als die Menge derjenigen Punkte von M erklärt, die durch f auf Punkte von ζ abgebildet werden.

Dem Beweise, der die Konstruktion von φ enthält, schicken wir einige Folgerungen aus dem Satze voran, die von der Art dieser Konstruktion nicht abhängen und die wir später hauptsächlich benutzen werden:

Satz Ia: *φ ist durch die in Satz I genannten Eigenschaften eindeutig bestimmt. Sind nämlich $z_1^i, z_2^i, \ldots, z_{pi}^i$ bzw. $\zeta_1^i, \zeta_2^i, \ldots, \zeta_{\pi i}^i$ i-dimensionale Basen in $\Re(M)$ bzw. $\Re(\mu)$, $z_1^{n-i}, z_2^{n-i}, \ldots, z_{pi}^{n-i}$ bzw. $\zeta_1^{n-i}, \zeta_2^{n-i}, \ldots, \zeta_{\pi i}^{n-i}$ ihre dualen Basen (s. § 1, Schluß), und ist*

$$f(z_r^i) \approx \sum_s a_{rs}^i \zeta_s^i,$$

so ist

$$\varphi(\zeta_s^{n-i}) \approx \sum_r a_{rs}^i z_r^{n-i}.$$ [11b)]

Beweis: Es sei

$$\varphi(\zeta_\sigma^{n-i}) \approx \sum_\varrho \alpha_{\sigma\varrho}^{n-i} z_\varrho^{n-i};$$

dann folgt

$$\varphi(\zeta_\sigma^{n-i}) \cdot z_r^i \approx \sum_\varrho \alpha_{\sigma\varrho}^{n-i} z_\varrho^{n-i} \cdot z_r^i \approx \alpha_{\sigma r}^{n-i} z^0,$$

worin z^0 die durch einen einfachen Punkt bestimmte Homologieklasse von $\Re(M)$ ist, und, wenn ζ^0 die analoge Bedeutung in $\Re(\mu)$ hat,

$$f(\varphi(\zeta_\sigma^{n-i}) \cdot z_r^i) \approx \alpha_{\sigma r}^{n-i} \zeta^0.$$

Andererseits ist

$$\zeta_\sigma^{n-i} \cdot f(z_r^i) \approx \sum_s a_{rs}^i \zeta_\sigma^{n-i} \cdot \zeta_s^i \approx a_{r\sigma}^i \zeta^0,$$

also nach (4)

$$\alpha_{\sigma r}^{n-i} = a_{r\sigma}^i.$$

Satz Ib: *Für jedes Element ζ von $\Re(\mu)$ ist*

$$f(\varphi(\zeta)) \approx c\,\zeta, \tag{5}$$

wobei c der Grad von f ist.

Der **Beweis** ergibt sich unmittelbar aus (2), (3) und (4), wenn man in (4) $z = M$ setzt.

Satz Ic: *Wenn f eineindeutig ist, so ist φ die durch f^{-1} bewirkte Ringabbildung.*

Beweis: Wegen der Eineindeutigkeit ist die Ringabbildung f^{-1} ein Ringisomorphismus; denn diese Tatsache ist mit der topologischen Invarianz des Ringes (§ 1) gleichbedeutend. Ebenso folgt aus der Eineindeutigkeit von f

$$f(f^{-1}(\zeta) \cdot z) \approx ff^{-1}(\zeta) \cdot f(z) \approx \zeta \cdot f(z).$$

Die Ringabbildung f^{-1} hat also die in Satz I von φ ausgesagten Eigenschaften und ist daher nach Satz I a mit φ identisch.

Beweis von Satz I: Wir betrachten die Produktmannigfaltigkeit $M \times \mu$ und setzen die einfachsten Eigenschaften der Produktmannigfaltigkeiten als bekannt voraus [12)]; die Bezeichnungen sind dieselben wie bei Lefschetz; nur soll die Bildung des Schnittes in $M \times \mu$ zur besseren Unterscheidung von den Schnittbildungen in M und μ nicht durch einen Punkt, sondern durch einen kleinen Kreis angedeutet werden. Wir nennen zunächst einige einfache Tatsachen, die wir brauchen werden:

11b) Als additiver Homomorphismus ist φ hierdurch vollständig bestimmt. Die multiplikativ-homomorphe Eigenschaft ist für den Satz I a ohne Bedeutung.

12) S. z. B. Teil II der in Fußn. 1 genannten Arbeit (a) von Lefschetz; wir brauchen aber nur die einfachsten Tatsachen und z. B. nicht die Bildung der Homologiebasen in dem Produktkomplex.

1) In $M \times \mu$ ist durch die Orientierungen von M und μ eine Orientierung ausgezeichnet. Sind $t, \bar{t}$ bzw. $\tau, \bar{\tau}$ Zellenpaare aus „dualen" Zelleinteilungen von M bzw. μ, so ist die Gleichung

$$(t \times \tau) \circ (\bar{t} \times \bar{\tau}) = \pm (t \cdot \bar{t} \times \tau \cdot \bar{\tau})$$

bis auf das Vorzeichen selbstverständlich; die Orientierungsfestsetzungen liefern, wenn t a-dimensional, $\bar{\tau}$ $\bar{\alpha}$-dimensional ist,

$$(t \times \tau) \circ (\bar{t} \times \bar{\tau}) = (-1)^{(n-a)(n-\bar{\alpha})} (t \cdot \bar{t} \times \tau \cdot \bar{\tau}) \text{ [12a]},$$

also insbesondere, wenn $t = t^n$ n-dimensional ist,

$$(t^n \times \tau) \circ (\bar{t} \times \bar{\tau}) = t^n \cdot \bar{t} \times \tau \cdot \bar{\tau}.$$

Hieraus folgt durch Summation über alle n-dimensionalen Zellen t^n von M

$$(M \times \tau) \circ (\bar{t} \times \bar{\tau}) = \bar{t} \times \tau \cdot \bar{\tau},$$

und wenn π ein i-dimensionaler polyedraler Zyklus in μ ist, durch Summation über dessen i-dimensionalen Zellen τ

$$(M \times \pi) \circ (\bar{t} \times \bar{\tau}) = \bar{t} \times \pi \cdot \bar{\tau}. \tag{6}$$

Sind ζ_1, ζ_2 zwei beliebige Zyklen in μ, so liefern polyedrale Approximationen und nochmalige Summierungen

$$(M \times \zeta_1) \circ (M \times \zeta_2) \approx M \times \zeta_1 \cdot \zeta_2. \tag{7 a}$$

Ferner ist

$$(M \times \zeta_1) + (M \times \zeta_2) \approx M \times (\zeta_1 + \zeta_2). \tag{7 b}$$

2) Jeder Punkt von $M \times \mu$ ist in eindeutiger Weise durch $x \times \xi$ zu bezeichnen, wobei x, ξ Punkte von M bzw. μ sind. Ordnet man dem Punkt $x \times \xi$ den Punkt ξ zu, so ist das eine eindeutige und stetige Abbildung von $M \times \mu$ auf μ, die wir mit F bezeichnen. Sind wieder t, τ Zellen von M bzw. μ, so ist

$$F(t \times \tau) = \tau. \tag{8}$$

3) Sind $t_1^i, t_2^i, \ldots$ bzw. $\tau_1^j, \tau_2^j, \ldots$ $(i, j = 0, 1, \ldots, n)$ die Zellen von Zerlegungen von M und μ, so gibt es eine Zelleneinteilung von $M \times \mu$, deren Zellen die Produkte $t_r^i \times \tau_s^j$ sind. Folglich ist jeder Zyklus in $M \times \mu$ einer linearen Verbindung der $t_r^i \times \tau_s^j$ d.-homolog.

4) Wir brauchen noch folgende Bemerkung, die sich nicht nur auf Produktmannigfaltigkeiten bezieht: $\overline{M}$ sei eine in einer Mannigfaltigkeit N gelegene Mannigfaltigkeit, Z_1 ein Zyklus in N, Z_2 ein Zyklus in $\overline{M}$. Die Schnittbildung in $\overline{M}$ bezeichnen wir durch einen Punkt, die in N durch einen Kreis. Dann ist klar, daß die Schnitte $(Z_1 \circ \overline{M}) \cdot Z_2$ und $Z_1 \circ Z_2$ sich höchstens um das Vorzeichen unterscheiden; es gilt aber der Satz [13]), daß auch die Vorzeichen übereinstimmen, daß also

$$(Z_1 \circ \overline{M}) \cdot Z_2 = Z_1 \circ Z_2 \tag{9}$$

ist. Wenden wir dies an auf $N = M \times \mu$, $Z_1 = M \times \zeta_1$, $Z_2 = (M \times \zeta_2) \circ \overline{M}$, wobei ζ_1, ζ_2 Zyklen in μ, Z_1, Z_2 also Zyklen in $M \times \mu$ sind, so ergibt sich unter Verwendung des assoziativen Gesetzes

$$((M \times \zeta_1) \circ \overline{M}) \cdot ((M \times \zeta_2) \circ \overline{M}) = (M \times \zeta_1) \circ (M \times \zeta_2) \circ \overline{M},$$

[12a]) Lefschetz (a), S. 35, Nr. 55; die dort unterdrückte Vorzeichenbetrachtung läßt sich auf Grund von (a), Nr. 53, leicht durchführen.

[13]) Lefschetz (b), Nr. 1.

also nach (7a)

$$((M \times \zeta_1) \circ \overline{M}) \cdot ((M \times \zeta_2) \circ \overline{M}) \approx (M \times \zeta_1 \cdot \zeta_2) \circ \overline{M}. \tag{10}$$

Wir gehen zum Beweis von Satz I über. Die Punkte $x \times f(x)$ bilden, wenn x alle Punkte von M durchläuft, ein eineindeutiges Bild $\overline{M}$ von M. Wir fassen f als Abbildung von $\overline{M}$ auf μ auf; dann ist

$$f(x) = F(x \times f(x)).$$

Wir setzen nun für jeden Zyklus ζ aus μ

$$\varphi(\zeta) \approx (M \times \zeta) \circ \overline{M}.$$

Aus dieser Konstruktion ist die Tatsache ersichtlich, daß φ die Rolle einer „Umkehrung" von f spielt. Wir haben zu zeigen, daß φ ein Ringhomomorphismus ist und (4) erfüllt.

Aus (7b) folgt durch rechtsseitiges Schneiden mit $\overline{M}$, daß φ ein additiver, aus (10), daß φ ein multiplikativer Homomorphismus ist.

Nach (9) ist, wenn $\bar{z}$ ein Zyklus in $\overline{M}$ ist,

$$\varphi(\zeta) \cdot \bar{z} = ((M \times \zeta) \circ \overline{M}) \cdot \bar{z} = (M \times \zeta) \circ \bar{z};$$

die Behauptung (4) läßt sich daher schreiben:

$$F((M \times \zeta) \circ \bar{z}) \approx \zeta \cdot F(\bar{z}). \tag{4'}$$

Ist z' ein Zyklus in $M \times \mu$, so daß

$$z' \approx \bar{z} \quad \text{in} \quad M \times \mu$$

ist, so folgt, da Zyklen, die in $M \times \mu$ d.-homolog sind, durch F auf Zyklen abgebildet werden, die in μ d.-homolog sind, die Behauptung (4′) aus

$$F((M \times \zeta) \circ z') = \zeta \cdot F(z'), \tag{4''}$$

wo wir auch ζ als aus Zellen einer Zerlegung von μ bestehend annehmen; (4″) ist also für einen geeigneten z' zu beweisen.

$t_1^i, t_2^i, \ldots,$ und $\tau_1^j, \tau_2^j, \ldots$ $(i, j = 0, 1, \ldots, n)$ seien die Zellen von Zerlegungen von M und μ. Wir können z' so wählen, daß

$$z' = \sum_{r,s} u_{rs}(t_r \times \tau_s) \tag{11}$$

ist; dann folgt aus (8) durch Summierung über r und s

$$F(z') = \sum_{r,s} u_{rs}\, \tau_s. \tag{12}$$

Nach (6) und (11) ist

$$(M \times \zeta) \circ z' = \sum_{r,s} u_{rs}\, (t_r \times \zeta \cdot \tau_s); \tag{11'}$$

ζ darf man als zu den τ_s in allgemeiner Lage befindlich annehmen; dann ist $\zeta \cdot \tau_s$ eine Zelle; aus (11′) und (8) folgt durch Summierung

$$F((M \times \zeta) \circ z') = \sum_{r,s} u_{rs}\, \zeta \cdot \tau_s = \zeta \cdot \sum_{r,s} u_{rs}\, \tau_s,$$

also nach (12) die Behauptung (4″).

§ 4. Sätze über algebraische Eigenschaften einer Abbildung.

Die Sätze dieses Paragraphen sind rein algebraische Folgerungen aus der Tatsache, daß es eine ringhomomorphe Abbildung φ der Ringes $\mathfrak{R}(\mu)$ in den Ring $\mathfrak{R}(M)$ gibt, die die Eigenschaften I a und I b besitzt. Weitere Eigenschaften von φ werden nicht herangezogen, Gleichung (4) wird also nicht voll ausgenutzt. c ist immer der Grad von f, und es gelten überhaupt die im § 2 eingeführten Bezeichnungen. Es bedeute ferner $\mathfrak{N}_f$ die additive Untergruppe von $\mathfrak{R}(M)$, die aus denjenigen Elementen besteht, deren f-Bilder ≈ 0 sind.

Satz II: *Ist $c \neq 0$, so hat f folgende Eigenschaften:*

1) *jeder c-fache Zyklus $c\zeta$ aus μ ist dem Bild eines Zyklus aus M d.-homolog;*

2) *die (additive) Gruppe derjenigen Elemente von $\mathfrak{R}(M)$, deren Bilder c-fache Elemente* [14]) *von $\mathfrak{R}(\mu)$ sind, — die also alle c-fachen Elemente von $\mathfrak{R}(M)$ als Untergruppe enthält —, ist die direkte Summe der Gruppe $\mathfrak{N}_f$ und eines mit $\mathfrak{R}(\mu)$ dimensionstreu-isomorphen Ringes $\mathfrak{R}_f$;*

3) *der eben genannte Isomorphismus wird durch Ausübung der Abbildung $\frac{1}{c} f$ auf die Elemente von $\mathfrak{R}_f$ vermittelt; für je zwei Elemente z_1, z_2 von $\mathfrak{R}_f$ gilt also*

$$\frac{1}{c} f(z_1) \cdot \frac{1}{c} f(z_2) \approx \frac{1}{c} f(z_1 \cdot z_2)$$

oder, was dasselbe ist,

$$f(z_1) \cdot f(z_2) \approx c f(z_1 \cdot z_2). \tag{13}$$

Beweis: 1) Nach I b ist $c\zeta \approx f(\varphi(\zeta))$.

2) Der Homomorphismus φ ist eineindeutig; denn aus

$$\varphi(\zeta_1) \approx \varphi(\zeta_2)$$

folgt nach I b

$$c\zeta_1 \approx c\zeta_2,$$

also

$$\zeta_1 \approx \zeta_2.$$

Die Gesamtheit aller Elemente $\varphi(\zeta)$ ist also ein zu $\mathfrak{R}(\mu)$ dimensionstreu-isomorpher Unterring $\mathfrak{R}_f$ von $\mathfrak{R}(M)$. Ist

$$f(z) \approx c\zeta, \tag{14}$$

so ist nach I b

$$f(z - \varphi(\zeta)) \approx 0,$$

also

$$z \approx y + \varphi(\zeta),$$

wobei

$$y < \mathfrak{N}_f$$

ist. Mithin ist jedes z, das (14) erfüllt, Summe eines Elements aus $\mathfrak{N}_f$ und eines Elements aus $\mathfrak{R}_f$. Diese Summendarstellung ist eindeutig bestimmt; denn aus

$$y_1 + \varphi(\zeta_1) \approx y_2 + \varphi(\zeta_2)$$

mit $y_1, y_2 < \mathfrak{N}_f$ folgt

$$y_2 - y_1 \approx \varphi(\zeta_1 - \zeta_2),$$

also nach I b

$$0 \approx c(\zeta_1 - \zeta_2)$$

und daher

$$\zeta_1 \approx \zeta_2$$

---

14) Ein Element A heißt c-fach, wenn es ein Element B gibt, so daß $A \approx cB$ ist.

sowie

$$y_1 \approx y_2.$$

Diese eindeutige Darstellbarkeit jedes Elements z, das (14) erfüllt, als Summe besagt, daß die Gesamtheit dieser Elemente die direkte Summe von $\mathfrak{N}_f$ und $\mathfrak{R}_f$ ist.

3. Sind z, ζ einander entsprechende Elemente von $\mathfrak{R}_f$ bzw. $\mathfrak{R}(\mu)$, so ist $z \approx \varphi(\zeta)$, also nach Ib: $f(z) \approx c\zeta$, $\zeta \approx \frac{1}{c} f(z)$.

Satz IIa: *Ist* $c \neq 0$, *so ist*

$$p_f^i = p^i(\mu) \qquad (i = 0, 1, \ldots, n)$$

und mithin

$$P_f = P(\mu).$$

(Die Bezeichnungen sind in den §§ 1, 2 erklärt.)

Beweis: Die Gruppe der c-fachen, i-dimensionalen Elemente von $\mathfrak{R}(\mu)$ hat den Rang $p^i(\mu)$; nach Satz II, 1 sind alle diese Elemente Bilder. Folglich ist $p_f^i \geqq p^i(\mu)$, und da nach Definition von p_f^i immer $p_f^i \leqq p^i(\mu)$ ist, gilt die Behauptung.

Satz IIb: *Ist* $c = \pm 1$, *so ist* $\mathfrak{R}(M)$ *die direkte Summe der Gruppe* $\mathfrak{N}_f$ *und des mit* $\mathfrak{R}(\mu)$ *dimensionstreu-isomorphen Ringes* $\mathfrak{R}_f$.

Der **Beweis** ist in II, 2 enthalten.

Satz IIc: *Ist für jedes* i $p^i(M) = p^i(\mu)$, — *ist also z. B.* $M = \mu$, — *und* $c \neq 0$, *so ist für je zwei Zyklen* z_1, z_2

$$f(z_1) \cdot f(z_2) \approx c f(z_1 \cdot z_2).$$

Beweis: Da die i-dimensionalen Elemente z, die (14) erfüllen, stets den Rang $p^i(M)$ und die i-dimensionalen Elemente von $\mathfrak{R}_f$ nach II, 2 stets den Rang $p^i(\mu)$ haben, haben die i-dimensionalen Elemente von $\mathfrak{N}_f$ nach II, 2 stets den Rang $p^i(M) - p^i(\mu)$, in unserem Fall also den Rang 0, d. h. $\mathfrak{N}_f$ besteht nur aus dem Nullelement. Da nach II, 2 stets $cz < \mathfrak{N}_f + \mathfrak{R}_f$ ist, ist also unter unseren Voraussetzungen $cz < \mathfrak{R}_f$ für jedes Element z. Folglich ist nach II, 3 für zwei beliebige Elemente z_1, z_2

$$c^2 f(z_1) \cdot f(z_2) \approx c^3 f(z_1 \cdot z_2),$$

woraus die Behauptung folgt.

Aus diesem Satz und aus II, 1 folgt unmittelbar:

Satz IId: *Ist unter den Voraussetzungen von* II c *noch* $c = 1$, *so ist die Ringabbildung* f *ein dimensionstreuer Isomorphismus zwischen* $\mathfrak{R}(M)$ *und* $\mathfrak{R}(\mu)$. *Also bewirkt* f, *wenn sie* M *auf sich mit* $c = 1$ *abbildet, einen dimensionstreuen Automorphismus von* $\mathfrak{R}(M)$.

In Satz II, 2 ist enthalten

Satz III: *Eine notwendige Bedingung für die Abbildbarkeit mit von* 0 *verschiedenem Grade von* M *auf* μ *ist die Existenz eines zu* $\mathfrak{R}(\mu)$ *dimensionstreu-isomorphen Unterrings von* $\mathfrak{R}(M)$.

Dieser Satz enthält den schwächeren

Satz IIIa: *Notwendige Bedingungen für die eben genannte Abbildbarkeit sind die Ungleichungen*

$$p^i(M) \geqq p^i(\mu) \qquad (i = 1, 2, \ldots, n-1).$$

Hieraus ergibt sich die folgende Verallgemeinerung des Satzes von der topologischen Invarianz der Bettischen Zahlen:

Satz IIIb: *Zwei Mannigfaltigkeiten, von denen man jede auf die andere mit einem von 0 verschiedenen Grade abbilden kann, haben für jede Dimension gleiche Bettische Zahlen.*

Ebenso ergibt sich aus II d eine Verallgemeinerung des Satzes von der topologischen Invarianz des Ringes einer Mannigfaltigkeit:

Satz IIIc: *Haben M und μ in jeder Dimension gleiche Bettische Zahlen, und kann man M auf μ mit dem Grade 1 abbilden, so sind die beiden Ringe dimensionstreu-isomorph.*

Nach Satz II a gibt es $p^i(\mu)$ i-dimensionale Elementarteiler (s. § 2) von f; sie seien — in ihrer natürlichen Reihenfolge — $c_1^i, c_2^i, \ldots, c_{p^i(\mu)}^i$. Unter den Voraussetzungen von Satz II c besteht zwischen den i-dimensionalen und den $(n-i)$-dimensionalen Elementarteilern eine gewisse Dualität:

Satz IV: *Haben M und μ in jeder Dimension gleiche Bettische Zahlen p^i, — ist also z. B. $M = \mu$, — und ist $c \neq 0$, so ist*

$$c_r^i \cdot c_{p^i-r+1}^{n-i} = |c| \qquad (i = 0, 1, \ldots, n;\ r = 1, 2, \ldots, p^i).$$

Beweis: Man kann i-dimensionale Basen $z_1^i, z_2^i, \ldots, z_{p^i}^i$ und $\zeta_1^i, \zeta_2^i, \ldots, \zeta_{p^i}^i$ in M und μ so wählen, daß

$$f(z_r^i) \approx c_r^i \zeta_r^i \qquad (r = 1, 2, \ldots, p^i)$$

ist. Ihre dualen Basen seien $z_1^{n-i}, z_2^{n-i}, \ldots, z_{p^i}^{n-i}$ bzw. $\zeta_1^{n-i}, \zeta_2^{n-i}, \ldots, \zeta_{p^i}^{n-i}$; dann ist nach I a

$$(15) \qquad \varphi(\zeta_r^{n-i}) \approx c_r^i z_r^{n-i} \qquad (r = 1, 2, \ldots, p^i).$$

Es sei

$$(16) \qquad f(z_r^{n-i}) \approx \sum_s a_{rs} \zeta_s^{n-i} \qquad (r = 1, 2, \ldots, p^i);$$

wendet man f auf (15) an, so ergibt sich nach I b und (16)

$$c\, \zeta_r^{n-i} \approx c_r^i \sum_s a_{rs} \zeta_s^{n-i},$$

also ist $a_{rs} = 0$ für $r \neq s$ und $c = c_r^i a_{rr}$, d. h. (16) hat die Gestalt

$$(16') \qquad f(z_r^{n-i}) \approx \frac{c}{c_r^i} \zeta_r^{n-i} \qquad (r = 1, 2, \ldots, p^i).$$

Da c_r^i Teiler von c_{r+1}^i ist, ist $\frac{c}{c_{r+1}^i}$ Teiler von $\frac{c}{c_r^i}$. Schreibt man die Gleichungen (16′) in der umgekehrten Reihenfolge auf als bisher, also zuerst die Gleichung mit $r = p^i$, zuletzt die mit $r = 1$, so hat man die $(n-i)$-dimensionale f-Substitution durch Einführung neuer Basen auf eine Diagonalform gebracht, in der jedes Element durch das vorhergehende teilbar ist; dann sind aber die Elemente der Substitutionsmatrix bis auf das Vorzeichen die Elementarteiler der Substitution. Es ist also

$$c_{p^i-r+1}^{n-i} = \left| \frac{c}{c_r^i} \right|, \quad c_r^i \cdot c_{p^i-r+1}^{n-i} = |c|.$$

Der folgende Satz ist ein Gegenstück zu dem Satz II a:

Satz V: *Ist $c = 0$, so ist*

$$p_f^i + p_f^{n-i} \leqq p^i(M) = \frac{p^i(M) + p^{n-i}(M)}{2} \qquad (i = 0, 1, \ldots, n)$$

und mithin

$$P_f \leqq \frac{1}{2} P(M).$$

Beweis: $\mathfrak{N}_f^i$ sei die (additive) Gruppe derjenigen i-dimensionalen Elemente von $\mathfrak{R}(M)$, deren Bilder ≈ 0 sind. Ist $\mathfrak{B}^i$ die Gruppe aller i-dimensionalen Elemente von $\mathfrak{R}(M)$, so wird die Gruppe der Restklassen (Faktorgruppe) von $\mathfrak{N}_f^i$ in $\mathfrak{B}^i$ isomorph auf die Gruppe der i-dimensionalen Bilder in $\mathfrak{R}(\mu)$ abgebildet. Folglich hat die Restklassengruppe den Rang p_f^i, und da der Rang einer Untergruppe stets gleich dem Rang der ganzen Gruppe, vermindert um den Rang der Restklassengruppe ist, hat $\mathfrak{N}_f^i$ den Rang $p^i(M) - p_f^i$. Andererseits sind infolge I b und $c = 0$ alle Elemente $\varphi(\zeta^i)$ in $\mathfrak{N}_f^i$ enthalten, der Rang von $\mathfrak{N}^i$ ist also mindestens gleich dem Rang der i-dimensionalen φ-Substitution; der letztgenannte Rang ist nach I a gleich dem Rang der $(n - i)$-dimensionalen f-Substitution, also gleich p_f^{n-i}. Folglich ist $p^i(M) - p_f^i \geqq p_f^{n-i}$, w. z. b. w.

Für den Fall $M = \mu$ und seine mehrfach herangezogene Verallgemeinerung seien die Sätze II a und V noch einmal gegenübergestellt:

Satz Va: *Haben M und μ in jeder Dimension gleiche Bettische Zahlen, ist also z. B. $M = \mu$, so ist entweder*

$$c \neq 0, \qquad p_f^i = p^i(M) \qquad (i = 0, 1, \ldots, n), \quad P_f = P(M)$$

oder

$$c = 0, \; p_f^i + p_f^{n-i} \leqq p^i(M) = \frac{p^i(M) + p^{n-i}(M)}{2} \quad (i = 0, 1, \ldots, n), \quad P_f \leqq \frac{1}{2} P(M).$$

§ 5. Beispiel: die komplexen projektiven Räume.

In diesem Paragraphen sind obere Indizes immer Exponenten, nicht Dimensionszahlen.

K_n sei die Gesamtheit der komplexen Punkte des n-dimensionalen projektiven Raumes, d. h. aller Verhältnisse komplexer Zahlen $z_0 : z_1 : \cdots : z_n$ unter Ausschluß des Verhältnisses $0 : 0 : \cdots : 0$. Man zeigt leicht, daß K_n eine $2n$-dimensionale geschlossene orientierbare Mannigfaltigkeit ist; die Orientierbarkeit folgt z. B. daraus, daß K_n aus dem $2n$-dimensionalen euklidischen Raum R_{2n} durch Hinzufügung eines K_{n-1} entsteht und eine Orientierung des R_{2n} durch Hinzufügung eines $(2n - 2)$-dimensionalen Gebildes nicht zerstört wird.

Durch das Gleichungssystem

$$z_{m+1} = z_{m+2} = \cdots = z_n = 0$$

wird in K_n ein K_m ausgezeichnet, den wir kurz mit K_m bezeichnen. Wir behaupten, daß K_m eine vollständige $2m$-dimensionale Homologiebasis bildet (d. h. daß $K_m \not\sim 0$ und daß jeder $2m$-dimensionale Zyklus einem Vielfachen von K_m homolog ist), und daß es Homologiebasen ungerader Dimension nicht gibt (d. h. daß jeder Zyklus ungerader Dimension ~ 0 ist).

Für $n = 0$, also für einen Punkt K_0, ist die Behauptung richtig; wir nehmen sie für K_{n-1} als bewiesen an. Ist dann Z ein höchstens $(2n - 1)$-dimensionaler Zyklus in K_n, so dürfen wir annehmen, daß der Punkt $0 : \cdots : 0 : 1$ nicht auf Z liegt. Dann ist, wenn $z_0 : \cdots : z_{n-1} : z_n$ irgendein Punkt von Z ist, $z_0 : \cdots : z_{n-1} : tz_n$ für jeden Wert von t ein Punkt in K_n. Wir deformieren Z, indem wir den eben eingeführten Parameter t von 1 bis 0 laufen lassen, in einen zu Z homologen, in K_{n-1} gelegenen Zyklus $\bar{Z}$. Hat Z ungerade Dimension, so ist nach Annahme $\bar{Z} \sim 0$ in K_{n-1}, also $Z \sim \bar{Z} \sim 0$ in K_n. Hat Z die Dimension $2m$, so ist nach Annahme $\bar{Z} \sim aK_m$ in K_{n-1}, also $Z \sim \bar{Z} \sim aK_m$ in K_n; wir haben noch zu zeigen daß $K_m \not\sim 0$ in K_n ist. Wäre $K_m \sim 0$ in K_n, so gäbe es einen von K_m berandeten

$(2m+1)$-dimensionalen Komplex Y in K_n, von dem wir wieder annehmen dürften, daß der Punkt $0:\cdots:0:1$ nicht auf ihm liegt. Wir könnten ihn durch das schon oben angewandte Verfahren in einen Komplex $\overline{Y}$ in K_{n-1} deformieren; dabei würde an dem Rand K_m von Y nichts geändert, K_m würde also $\overline{Y}$ in K_{n-1} beranden, im Widerspruch zu der über K_{n-1} gemachten Annahme. Damit ist die Behauptung bewiesen; die Bettischen Zahlen von K_n sind also 1 für die geraden, 0 für die ungeraden Dimensionszahlen. Torsionskoeffizienten sind nicht vorhanden, Homologien und D.-Homologien sind daher miteinander identisch.

K_{n-1} hatten wir durch die Gleichung $z_n = 0$ definiert; ist $\overline{K}_{n-1}$ das durch $z_{n-1} = 0$ definierte Gebilde, so ist K_{n-2} der Schnitt[15]) von K_{n-1} und $\overline{K}_{n-1}$; ferner sind K_{n-1} und $\overline{K}_{n-1}$ einander homolog, da sie sich eineindeutig ineinander deformieren lassen; dabei haben wir die Vorzeichen vernachlässigt. Jedenfalls ist

$$K_{n-2} \sim \pm K_{n-1}^2.$$

Allgemein ist, da jeder durch eine Gleichung $z_i = 0$ definierte Zyklus bis auf das Vorzeichen zu K_{n-1} homolog und K_m der Schnitt von $n-m$ dieser Zyklen ist,

$$K_m \sim \pm K_{n-1}^{n-m}.$$

Die Potenzen von $X = K_{n-1}$ bilden also eine Basis des Homologieringes von K_n; dabei sind aber von der $(n+1)$-ten Potenz an alle Potenzen gleich 0 zu setzen, da die entsprechenden Schnitte nicht mehr existieren. *Der Ring von K_n ist isomorph dem Ring der ganzzahligen Polynome einer Variabeln X, die die Gleichung $X^{n+1} = 0$ erfüllt.*

Wir betrachten nun eine Abbildung f von K_n auf eine mit K_n homöomorphe Mannigfaltigkeit $\varkappa_n$, die auch mit K_n identisch sein darf. Die den K_m analogen Basiselemente in $\varkappa_n$ bezeichnen wir mit $\varkappa_m$, und setzen $\varkappa_{n-1} = \xi$, so daß also bei geeigneter Orientierung der K_m und $\varkappa_m$

$$(17) \qquad K_m \sim X^{n-m}, \quad \varkappa_m \sim \xi^{n-m} \qquad (m = 0, 1, \ldots, n)$$

wird, wobei $K_0 \sim X^n$, $\varkappa_0 \sim \xi^n$ Punkte sind. Es sei

$$(18) \qquad f(K_m) \sim u_m \varkappa_m;$$

dann ist nach Satz I a, da K_{n-m} zu $\pm K_m$, $\varkappa_{n-m}$ zu $\pm \varkappa_m$ dual ist,

$$(19) \qquad \varphi(\varkappa_{n-m}) \sim u_m K_{n-m},$$

also nach (17) insbesondere

$$\varphi(\xi) \sim u_1 X.$$

Hieraus folgt, da φ ein multiplikativer Homomorphismus ist,

$$\varphi(\xi^l) \sim u_1^l X^l, \text{ [16])}$$

also nach (17), wenn wir $u_1 = u$ setzen,

$$\varphi(\varkappa_{n-m}) \sim u^m K_{n-m}$$

und nach I a

$$(20) \qquad f(K_m) \sim u^m \varkappa_m, \quad \text{d. h.} \quad u_m = u^m \qquad (m = 0, 1, \ldots, n). \text{ [16])}$$

Die Gleichungen (20) sind notwendige Bedingungen für f; die Gleichung mit $m = n$ besagt, daß der Grad von f eine n-te Potenz sein muß. Es bleibt noch die Frage zu be-

[15]) Man hat hier und im folgenden streng genommen noch zu zeigen, daß die sich schneidenden Zyklen als Polyeder aufgefaßt werden können, die sich zueinander in allgemeiner Lage befinden; dieser Nachweis stößt auf keine Schwierigkeit. — Hierzu vergl. man: *B. L. van der Waerden*, Topologische Begründung des Kalküls der abzählenden Geometrie, Math. Annalen **102** (1929), wo im „Anhang II" speziell K_n betrachtet wird.

[16]) Hier ist immer $u^0 = 1$ zu setzen, auch dann, wenn $u = 0$ ist.

antworten, ob es zu jedem u eine Abbildung f gibt. Diese Frage ist (für $n \geqq 1$) zu bejahen. Denn ist $\varkappa_n$ die Gesamtheit der Verhältnisse $\zeta_0 : \zeta_1 : \cdots : \zeta_n$, so liefert für $u \geqq 0$ die Abbildung

(21 a) $$\zeta_i = z_i^u \qquad (i = 0, 1, \ldots, n),$$

für $u \leqq 0$ die Abbildung

(21 b) $$\zeta_i = \bar{z}_i^u \qquad (i = 0, 1, \ldots, n),$$

wobei $\bar{z}_i$ die zu z_i konjugiert komplexe Zahl ist, je ein Beispiel der gewünschten Art. Denn in jedem Fall wird der — mit einer Kugelfläche homöomorphe — Zyklus K_1, der durch $z_2 = \cdots = z_n = 0$ definiert ist, auf die entsprechende Fläche in $\varkappa_n$ mit dem Grade u abgebildet, und dies bedeutet $f(K_1) \sim u\varkappa_1$.

Wir fassen zusammen:

Satz VI: *Die Kreise der Abbildungen des komplexen projektiven Raumes K_n auf einen gleichdimensionalen komplexen projektiven Raum lassen sich vollständig aufzählen: sie werden durch die Abbildungen repräsentiert, die durch die Gleichungen* (21 a), (21 b) *gegeben sind. Als Abbildungsgrade treten nur n-te Potenzen auf.*

Auf Grund der Kenntnis dieser Abbildungskreise können wir einen Fixpunktsatz aussprechen, der bekannte Eigenschaften der reellen projektiven Räume ins Komplexe überträgt:

Satz VII: *Ist n gerade, so hat jede Abbildung von K_n auf sich einen Fixpunkt. Ist n ungerade, so ist der einzige Kreis, der fixpunktfreie Abbildungen enthält, der vom Grade* -1, *in dem also $f(K_m) \sim (-1)^m K_m$ $(m = 0, 1, \ldots, n)$ ist. Eine fixpunktfreie Abbildung ist z. B.*

$$\zeta_{2i} = \bar{z}_{2i+1}, \quad \zeta_{2i+1} = -\bar{z}_{2i}, \qquad \left(i = 0, 1, \ldots, \frac{n-1}{2}\right).$$

Beweis: Nach der Lefschetzschen Fixpunktformel[1]) und nach (20) hat die Summe der Indizes der Fixpunkte den Wert $\sum_{m=0}^{n} u^m$; diese Zahl ist dann und nur dann gleich 0, wenn n ungerade und $u = -1$ ist. – Daß die in dem Satz angegebene Abbildung fixpunktfrei ist, ist daraus ersichtlich, daß für einen Fixpunkt $\zeta_{2i} : \zeta_{2i+1} = z_{2i} : z_{2i+1}$, also $|z_{2i}|^2 + |z_{2i+1}|^2 = 0$ für $i = 0, 1, \ldots, \frac{n-1}{2}$, also $z_j = 0$ für alle j sein müßte, was unmöglich ist.

§ 6. Der Index und weitere algebraische Eigenschaften einer Abbildung.

In diesem Paragraphen wird die durch f zwischen den Fundamentalgruppen von M und μ hergestellte Beziehung in unsere Untersuchungen einbezogen; ein Teil der sich dabei ergebenden Sätze — nämlich die Sätze VIII a, X a, X b — läßt sich aber ebenso wie die oben im § 4 bewiesenen Sätze so aussprechen, daß nur von Homologiebegriffen die Rede ist.

Es sei zunächst kurz über einige Tatsachen berichtet, die an anderer Stelle [17]) ausführlich dargestellt worden sind.

Zwei durch einen Punkt gehende geschlossene Wege heißen „äquivalent", wenn man sie unter Festhaltung des Punktes ineinander deformieren kann; die zu einem Punkt gehörigen Äquivalenzklassen repräsentieren die Fundamentalgruppe der Mannigfaltigkeit.

[17]) In der in Fußn. 2 genannten Arbeit des Verfassers, §§ 1—3. Die im obigen Text formulierten Sätze (A), (B), (C) sind die Sätze I, VII, VII a der zitierten Arbeit.

Denjenigen unter den zu einem Punkt $\xi = f(x)$ gehörigen Äquivalenzklassen, die Bilder geschlossener Wege durch den Punkt x von M enthalten, entspricht eine Untergruppe $\mathfrak{U}$ der Fundamentalgruppe Φ von μ; $\mathfrak{U}$ ist bis auf innere Automorphismen von Φ eindeutig bestimmt und von x unabhängig; der Index j von $\mathfrak{U}$ in Φ heißt der „Index von f". Die Überlagerungsmannigfaltigkeit μ^* von μ, die man erhält, wenn man unter den Wegen durch ξ nur diejenigen als geschlossen betrachtet, die zu $\mathfrak{U}$ gehören, hat j Blätter; die durch die Überlagerung gegebene Abbildung von μ^* auf μ heiße ψ[18]). Man beweist leicht:

(A) *Es gibt eine Abbildung f^* von M auf μ^*, die den Index $j^* = 1$ hat, so daß für jeden Punkt y von M $f(y) = \psi f^*(y)$ ist.*

Wenn $j = \infty$ ist, so ist μ^* offen und f^* hat den Grad 0; dann hat nach (A) auch f den Grad 0, also gilt:

(B) *Ist $c \neq 0$, so ist j endlich.*

Ferner folgt nach der Produktregel für die Grade, nach der diese bei Zusammensetzung von Abbildungen sich multiplizieren:

(C) *Ist $c \neq 0$, so ist j ein Teiler von c, und zwar ist $c = c^* j$, wenn c^* der Grad von f^* ist.*

Dies sind die Tatsachen, die wir brauchen werden. (B) ist ein Analogon zu Satz II a; denn die in diesem ausgesagte Gleichung $p_f^i = p^i(\mu)$ bedeutet, daß die Gruppe derjenigen i-dimensionalen Homologieklassen, die Bilder i-dimensionaler Homologieklassen von M sind, eine Untergruppe mit endlichem Index in der Gruppe aller i-dimensionalen Homologieklassen von μ bilden. Dieser Index ist das Produkt der i-dimensionalen Elementarteiler von f.

Der Zusammenhang zwischen dem Index j und den früher behandelten Begriffen wird durch den folgenden Satz vermittelt:

Satz VIII: *Ist j endlich — also z. B. $c \neq 0$ —, so ist $p_j^1 = p^1(\mu)$ und das Produkt der 1-dimensionalen Elementarteiler ein Teiler von j.*

Beweis: Die Zusammensetzung zweier Wege, also die gruppenbildende Operation der Fundamentalgruppe, wird im folgenden ebenso wie die Zusammensetzung bei Homologien als Addition bezeichnet. Wir fassen die Äquivalenzklassen der geschlossenen Wege durch den Punkt $\xi = f(x)$ dadurch in „A-Klassen" zusammen, daß wir bestimmen: zwei Äquivalenzklassen $\mathfrak{A}_1$, $\mathfrak{A}_2$ gehören dann und nur dann zu derselben A-Klasse, wenn die Äquivalenzklasse $\mathfrak{A}_1 - \mathfrak{A}_2$ das Bild eines geschlossenen Weges durch x enthält. Nach Definition von j ist j die Anzahl der A-Klassen. Faßt man die Äquivalenzklassen nicht als Gruppenelemente, sondern als Mengen der in ihnen enthaltenen Wege auf, so liegt eine Einteilung aller geschlossenen Wege durch ξ in j A-Klassen durch die Bestimmung vor, daß zwei Wege C_1, C_2 dann und nur dann zu derselben A-Klasse gehören, wenn $C_1 - C_2$ dem Bilde eines geschlossenen Weges durch x äquivalent ist. Bezeichnet man die Gruppe der geschlossenen Wege, die den eben genannten Bildern äquivalent sind, mit $\mathfrak{A}$, die Gruppe aller geschlossenen Wege durch ξ mit $\mathfrak{C}$, so ist dies die Restklassenzerlegung von $\mathfrak{C}$ modulo $\mathfrak{A}$.[18a])

Stellt man die eben für Äquivalenzklassen durchgeführte Überlegung für D.-Homologieklassen an, so kommt man zu einer Einteilung aller geschlossenen Wege durch ξ in „B-Klassen" durch die Bestimmung, daß zwei Wege C_1, C_2 dann und nur dann zu derselben B-Klasse gehören, wenn $C_1 - C_2$ dem Bilde eines geschlossenen Weges durch x d.-homolog ist; diese Einteilung ist die Restklassenzerlegung von $\mathfrak{C}$ modulo der Gruppe $\mathfrak{B}$ derjenigen geschlossenen Wege durch ξ, die Bildern geschlossener Wege durch x d.-homolog

[18a]) Statt "Wege" sollte es korrekter "Äquivalenzklassen von Wegen" heißen. – Nach der weiter oben benutzten Bezeichnung ist $\mathfrak{A} = \Phi$ und $\mathfrak{C} = \mathfrak{A}$.

sind. Da jede 1-dimensionale D.-Homologieklasse von μ geschlossene Wege durch ξ enthält, ist — ebenso wie oben die Anzahl der A-Klassen j war — die Anzahl der B-Klassen gleich dem Index der Untergruppe derjenigen D.-Homologieklassen, die Bilder sind, in der Gruppe aller D.-Homologieklassen, also entweder unendlich oder gleich dem Produkt der Elementarteiler.

$\mathfrak{A}$ ist Untergruppe von $\mathfrak{B}$; daher kommt der Beweis von Satz VIII nunmehr auf den Beweis des folgenden gruppentheoretischen Tatbestandes hinaus: „$\mathfrak{B}$ sei Untergruppe von $\mathfrak{C}$, $\mathfrak{A}$ Untergruppe von $\mathfrak{B}$; die Indizes von $\mathfrak{A}$ und $\mathfrak{B}$ in $\mathfrak{C}$ seien a bzw. b, a sei endlich; dann ist auch b endlich und Teiler von a".

Gehören C_1, C_2 zu einer Restklasse modulo $\mathfrak{A}$, so ist $C_1 - C_2 < \mathfrak{A} < \mathfrak{B}$, also gehören sie auch zu einer Restklasse modulo $\mathfrak{B}$; somit lassen sich die Restklassen $\mathfrak{A}_1, \mathfrak{A}_2, \ldots, \mathfrak{A}_a$, in die $\mathfrak{C}$ mod. $\mathfrak{A}$ zerfällt, durch Zusammenfassung zu den Restklassen $\mathfrak{B}_1, \mathfrak{B}_2, \ldots, \mathfrak{B}_b$ vereinigen, in die $\mathfrak{C}$ mod. $\mathfrak{B}$ zerfällt; folglich ist b endlich, (also $p_j^1 = p^1(\mu)$). $\mathfrak{B}_i$ bestehe aus r_i der Restklassen $\mathfrak{A}_k$. Es ist zu zeigen, daß $r_1 = r_2 = \cdots = r_b$ ist; denn daraus ergibt sich $a = r_1 b$.

$\mathfrak{B}_1$ bestehe aus den Klassen $\mathfrak{A}_1, \mathfrak{A}_2, \ldots, \mathfrak{A}_{r_1}$; $C_1, C_2, \ldots, C_{r_1}$ seien Elemente aus diesen Klassen; C' sei ein Element aus $\mathfrak{B}_2$, und es sei $C' = C_1 + \bar{C}$. Dann gehören die Elemente $C^{(k)} = C_k + \bar{C}$ $(k = 1, 2, \ldots, r_1)$ zu verschiedenen Klassen $\mathfrak{A}_k$, da $C^{(k_1)} - C^{(k_2)} = C_{k_1} + \bar{C} - \bar{C} - C_{k_2} = C_{k_1} - C_{k_2} \not< \mathfrak{A}$ ist; sie gehören aber alle zu derselben Klasse $\mathfrak{B}_2$, da die eben aufgeschriebene Differenz $< \mathfrak{B}$ ist; folglich ist $r_2 \geqq r_1$, und da sich ebenso $r_1 \geqq r_2$ ergibt, $r_1 = r_2$ und allgemein $r_1 = r_i$, womit alles bewiesen ist.

Aus (C) und Satz VIII folgt:

Satz VIIIa: *Das Produkt der 1-dimensionalen Elementarteiler ist ein Teiler des Grades.*

Aus den Sätzen IV, V a und VIII folgt:

Satz VIIIb: *Haben M und μ gleiche Bettische Zahlen, — ist also z. B. $M = \mu$ —, und ist $j = 1$, so gibt es in M bzw. μ 1- und $(n-1)$-dimensionale Basen z_r^1, z_r^{n-1} bzw. ζ_r^1, ζ_r^{n-1} $(r = 1, 2, \ldots, p^1)$, für die die durch f bewirkten Substitutionen die Gestalt haben:*

(22 a) $$f(z_r^1) \approx \zeta_r^1$$

(22 b) $$f(z_r^{n-1}) \approx c\zeta_r^{n-1}.$$

Satz IX: *Es gebe in M n $(n-1)$-dimensional Zyklen, deren (0-dimensionaler) Schnitt homolog einem einfachen Punkt ist; dann ist bei jeder Abbildung von M auf eine Mannigfaltigkeit μ mit denselben Bettischen Zahlen – also z.B. auf M selbst –, bei der $c \neq 0$ ist, $|c| = j$.*

Beweis: Die in (A) genannte Mannigfaltigkeit μ^* hat dieselben Bettischen Zahlen wie M und μ; denn einerseits ist, da f^* (s. (C)) einen von 0 verschiedenen Grad hat, nach IIIa $p^i(M) \geqq p^i(\mu^*)$; andererseits ist, da auch ψ einen von 0 verschiedenen Grad hat, nach III a $p^i(\mu^*) \geqq p^i(\mu) = p^i(M)$.

Folglich ist, da der Index von f^* $j^* = 1$ ist, nach VIIIb, Gl. (22b), das f^*-Bild jedes $(n-1)$-dimensionalen Zyklus ein c^*-facher Zyklus in μ^*, wobei c^* der Grad von f^* ist. Mithin gehört, in der Terminologie von Satz II, 2, jeder $(n-1)$-dimensionale Zyklus von M zu $\mathfrak{N}_{f^*} + \mathfrak{R}_{f^*}$; da aber der i-dimensionale Rang von $\mathfrak{N}_{f^*}$ infolge des Isomorphismus von $\mathfrak{R}_{f^*}$ und $\mathfrak{R}(\mu^*)$ stets gleich $p^i(M) - p^i(\mu^*)$ ist, ist er in unserem Fall 0, $\mathfrak{N}_{f^*}$ besteht also nur aus dem Nullelement, und jeder $(n-1)$-dimensionale Zyklus gehört daher zu $\mathfrak{R}_{f^*}$. Da $\mathfrak{R}_{f^*}$ ein Ring ist, gehört auch jeder Schnitt $(n-1)$-dimensionaler Zyklen zu $\mathfrak{R}_{f^*}$ und hat daher nach Satz II, 2 einen c^*-fachen Zyklus in μ^* als Bild.

Nach Voraussetzung gibt es in M n $(n-1)$-dimensional Zyklen mit

$$z_1^{n-1} \cdot z_2^{n-1} \cdot \ldots \cdot z_n^{n-1} \approx z^0,$$

wobei z^0 einen einfach gezählten Punkt bezeichnet. Nach dem eben Bewiesenen ist $f^*(z^0)$ ein c^*-facher Zyklus, also ist, da $f^*(z^0)$ ein einfacher Punkt ist, $c^* = \pm 1$. Dann ist nach (C) $|c| = j$.

Dann ist nach (C) $|c| = j$.

Unter der „Charakteristik" einer Mannigfaltigkeit versteht man die alternierende Summe der Bettischen Zahlen:

$$\chi(M) = \sum_{i=0}^{n} (-1)^i p^i(M).$$

Die „Euler-Poincarésche Formel" [19]) besagt, daß, wenn bei einer Zelleneinteilung von M a^i i-dimensionale Zellen auftreten,

$$\chi(M) = \sum_{i=0}^{n} (-1)^i a^i$$

ist.

Satz X: *Ist $\chi(M) \neq 0$, hat μ dieselben Bettischen Zahlen wie M und ist $c \neq 0$, so ist $j = 1$.*

Beweis: Wie im Beweis von Satz IX folgt, daß μ^* dieselben Bettischen Zahlen hat wie M und μ; folglich ist $\chi(\mu^*) = \chi(\mu)$. Andererseits bewirkt eine Zelleneinteilung von μ, bei der a^i die Anzahl der i-dimensionalen Zellen ist, eine Zelleneinteilung der j-blättrigen Überlagerungsmannigfaltigkeit μ^* von μ mit $j \cdot a^i$ Zellen für jedes i; daher ist mit Rücksicht auf die Euler-Poincarésche Formel $\chi(\mu^*) = j \cdot \chi(\mu)$. Folglich ist, da $\chi(\mu) = \chi(M) \neq 0$ ist, $j = 1$.

Aus den Sätzen X und VIII b folgt:

Satz Xa: *Unter den Voraussetzungen von Satz X gibt es 1- und $(n-1)$-dimensionale Basen z_r^1, z_r^{n-1} bzw. ζ_r^1, ζ_r^{n-1} in M bzw. μ, für die die durch f bewirkten Substitutionen die Gestalt* (22 a), (22 b) *haben.*

Aus den Sätzen IX und X folgt:

Satz Xb: *Die Charakteristik von M sei von 0 verschieden und es gebe in M n $(n-1)$-dimensionale Zyklen, deren Schnitt homolog einem einfachen Punkt ist; μ habe dieselben Bettischen Zahlen wie M, es sei also z. B. $M = \mu$; dann kommen die Grade für Abbildungen von M auf μ nur die Zahlen 0 und ± 1 in Frage.**)

Da die geschlossene orientierbare Fläche vom Geschlecht p eine von 0 verschiedene Charakteristik hat, wenn $p \neq 1$ ist, und da es auf ihr zwei geschlossene Wege mit einem einfachen Schnittpunkt gibt, wenn $p \neq 0$ ist, besagt dieser letzte Satz, daß die geschlossene orientierbare Fläche vom Geschlecht $p > 1$ nur Abbildungen mit den Graden $0, +1, -1$ auf sich zuläßt. Diese Tatsache ist in dem allgemeineren Satz enthalten, daß, wenn $p > 0$ ist, der Grad einer Abbildung der geschlossenen orientierbaren Fläche vom Geschlecht p auf die vom Geschlecht q stets die Ungleichung $|c| \cdot (q-1) \leq p-1$ erfüllt; diesen Satz, der von H. Kneser auf geometrisch-topologischem Wege bewiesen wurde [20]), mit den in dieser Arbeit verwendeten „algebraischen" Methoden zu beweisen, habe ich vergeblich versucht.

---

[19]) S. z. B. Gl. (10.6) der in Fußnote 4 genannten Arbeit von Alexander.

[20]) *H. Kneser*, Die kleinste Bedeckungszahl innerhalb einer Klasse von Flächenabbildungen, § 7,

*) Unsere obigen Sätze IX und Xb unterscheiden sich von den gleichnamigen Sätzen in der Originalarbeit dadurch, daß dort anstelle unserer obigen Voraussetzung, die Schnittzahl von gewissen n Zyklen sei $= 1$, nur die schwächere Voraussetzung gemacht wird, diese Schnittzahl sei $\neq 0$. Der ursprüngliche Beweis des Satzes IX enthielt aber einen Fehler, der in dem obigen Text vermieden wird. Unter der früheren schwächeren Voraussetzung bleiben der alte Beweis und damit die alten Sätze IX und Xb gültig, wenn man sich auf Abbildungen mit $\mu = M$ beschränkt und im Satz IX überdies $j = 1$ voraussetzt.

17.

Über wesentliche und unwesentliche Abbildungen von Komplexen

Recueil math. de Moscou **37** (1930), 53–62

Alle im folgenden vorkommenden Komplexe C, K, S usw. haben die gleiche Dimension n.

Definition I: Eine Abbildung eines Komplexes C auf einen Komplex K heisst «*topologisch unwesentlich*», wenn man sie stetig so abändern kann, dass die Bildmenge ein höchstens $(n-1)$-dimensionaler Teilkomplex von K wird.

Da man jede auf der Sphäre S nicht überall dichte Menge auf S in einen Punkt zusammenziehen kann, bedeutet im Fall $K=S$ die topologische Unwesentlichkeit einer Abbildung, dass man die Bildmenge auf einen Punkt zusammenziehen kann.

Deine Frage war: «Welche Komplexe C haben die Eigenschaft, dass alle ihre Abbildungen auf S topologisch unwesentlich sind?» Die Antwort ist:

Satz I: *Dann und nur dann sind alle Abbildungen von C auf S topologisch unwesentlich, wenn C modulo keiner Zahl m $(m>1)$ einen n-dimensionalen Zyklus enthält* (oder, anders ausgedrückt: «. . ., *wenn für jedes m die n-te Bettische Zahl mod.m von C gleich 0 ist*»; oder noch anders: «. . ., *wenn die orientierte n-te Bettische Zahl 0 und keine $(n-1)$-dimensionale Torsion vorhanden ist*»).

Dass es topologisch wesentliche Abbildungen von C auf S gibt, falls ein n-dimensionaler Zyklus Z mod.m vorhanden ist, ist klar: Z enthalte das n-dimensionale Simplex T mit dem Koeffizienten a, $a \not\equiv 0$ mod.m; f bilde das Innere von T eineindeutig auf $S-q$, wobei q ein beliebiger Punkt von S ist, alle übrigen Punkte von C auf q ab. Dann ist $f(Z) \equiv aS$ mod.m; bei stetiger Aenderung von f bleibt das Bild von Z immer $\sim aS$ mod.m, also $\equiv aS$ mod. m, folglich bedeckt das Bild immer die ganze S. (Für n-dimensionale Zyklen sind Gleichungen bezw. Kongruenzen gleichbedeutend mit Homologien).

Zu zeigen ist also, dass f immer topologisch unwesentlich ist, falls in C kein n-dimensionaler Zyklus nach irgend einem Modul m vorhanden ist. Diese Behauptung ist in einem allgemeineren Satz (Satz II) enthalten. Um diesen bequem aussprechen zu können, definiere ich:

Definition II: Eine Abbildung von C auf K heisst «algebraisch wesentlich», wenn es für wenigstens ein m in C einen n-dimensionalen Zyklus mod. m gibt, dessen Bild $\not\equiv 0$ mod.m in K ist; andernfalls heisst die Abbildung «algebraisch unwesentlich».

Satz II: *Eine Abbildung von C auf die Sphäre S ist dann und nur dann topologisch unwesentlich, wenn sie algebraisch unwesentlich ist.*

In diesem Satz darf man nicht S durch einen beliebigen anderen K ersetzen. Denn z. B. die zweiblättrige unverzweigte Überlagerungsabbildung der zweidimensionalen Kugel C auf die projektive Ebene K ist zwar algebraisch, aber nicht topologisch, unwesentlich; (hier treten noch «Homotopie»-Bedingungen hinzu.) Trotzdem wird in dem Beweis von Satz II, den ich nachher angebe, nicht von vornherein benutzt, dass der Bildkomplex K die Sphäre S ist; vielmehr kommt man zunächst zu einer Aussage über Abbildungen von C auf einen beliebigen K, nämlich zu

Satz IIIa: *f sei eine algebraisch unwesentliche Abbildung von C auf K; q sei ein gewöhnlicher (d. h. im Inneren eines n-dimensionalen Simplexes gelegener) Punkt von K. Dann lässt sich f stetig so abändern, dass die Abbildung jedes einzelnen n-dimensionalen Simplexes von C (einer vorgegebenen Simplexzerlegung von C) im Punkte q den Grad 0 hat.*

Dieser Satz ist in einem schärferen (Satz III) enthalten, den man zwar für den Beweis von Satz II nicht braucht, den ich aber doch samt Beweis angeben will; denn erstens scheint er die allgemeinste in Richtung unserer Problemstellung liegende Aussage zu enthalten, die man bei beliebigem K machen kann, und zweitens ist sein Beweis fast nicht umständlicher als der von Satz IIIa. Um ihn bequem formulieren zu können, definiere ich:

Definition III: Eine Abbildung eines n-dimensionalen Simplexes T auf (oder «in») den Komplex K heisst eine «*Nullabbildung*», wenn das Bild des Randes von T nirgends dicht in K liegt, und die Abbildung in jedem gewöhnlichen (s. o.), nicht auf dem Bild des Randes von T liegenden Punkt von K den Grad 0 hat. (Im Fall einer unter Zugrundelegung einer Unterteilung von T erklärten simplizialen Abbildung von T heisst das einfach, dass das Bild von T im algebraischen Sinne «gleich» 0 ist.)

Satz III: *Eine Abbildung von C auf K lässt sich dann und nur dann stetig in eine solche überführen, bei der die Abbildung jedes einzelnen n-dimensionalen Simplexes von C (einer vorgegebenen Zerlegung von C) eine Nullabbildung ist, wenn sie algebraisch unwesentlich ist.*

Für die Beweise der genannten Sätze ist ausschlaggebend eine Charakterisierung der algebraisch unwesentlichen Abbildungen, die die Brücke von der «algebraischen» zu der «topologischen» Seite bildet: die Berandungsrelationen der n-dimensionalen Simplexe T_i^n in C seien

$$T_i^n \to \sum_j u_{ij} T_j^{n-1};$$

die Matrix der u_{ij} bezeichnen wir mit U. f sei eine simpliziale Abbildung von C auf K; zu ihr gehört ein Gleichungssystem

$$f(T_i^n) = \sum_k v_{ik} D_k^n,$$

wobei die D_k^n die n-dimensionalen Simplexe von K sind; die Matrix der v_{ik} heisse V. Dann gilt

Satz IV: *Die simpliziale Abbildung f von C auf K ist dann und nur dann algebraisch unwesentlich, wenn es eine Matrix X gibt, die eine Lösung der Matrizengleichung $UX = V$ ist, wobei U und V die soeben erklärten Bedeutungen haben.*

Ich werde jetzt zunächst einen algebraischen Hilfssatz und dann die angeführten Sätze in der Reihenfolge IV, IIIa, III, II beweisen.

Hilfssatz: *Die Matrix u_{ij} und eine Zahlenreihe v_i seien gegeben* ($i = 1, 2, \ldots, a$; $j = 1, 2, \ldots, b$). *Dann und nur dann sind die v_i lineare Verbindungen der u_{ij}, d. h. dann und nur dann gibt es Zahlen x_j, die die Gleichungen*

$$\sum_j u_{ij} x_j = v_i \quad (i = 1, 2, \ldots, a) \tag{1}$$

erfüllen, wenn zwischen den u_{ij} und den v_i folgende Beziehung besteht: sobald für ein m ($m > 1$) und eine Zahlenreihe y_i das Kongruenzensystem

$$\sum_i y_i u_{ij} \equiv 0 \text{ mod.} m \quad (j = 1, 2, \ldots, b) \tag{2}$$

gilt, gilt auch die Kongruenz

$$\sum_i y_i v_i \equiv 0 \text{ mod.} m. \tag{3}$$

(Unter «Zahlen» sind natürlich immer ganze Zahlen zu verstehen.)

Beweis: 1) Es gebe Lösungen x_j von (1). Wenn man dann Zahlen m und y_i hat, für die (2) gilt, so ist $\sum_i y_i v_i = \sum_{ij} y_i u_{ij} x_j \equiv 0$ mod. m.

2) Das System (1) besitze keine Lösung; es ist zu zeigen, dass es Zahlen m und y_i gibt, für die zwar (2), aber nicht (3) gilt.

Wir beweisen zunächst die folgende gruppentheoretische Tatsache: wenn G eine Abelsche Gruppe von endlich vielen Erzeugenden und g ein Element von G, aber nicht das Nullelement — (wir fassen die Gruppenoperation als Addition auf) — ist, so gibt es eine Zahl m ($m > 1$) und einen Homomorphismus von G in die (additive) zyklische Gruppe R_m der m Restklassen modulo m, bei der g nicht auf das Nullelement von R_m abgebildet wird.

In der Tat: bekanntlich gibt es in G ein Erzeugendensystem $E_1, E_2, \ldots, E_r, E_{r+1}, \ldots, E_{r+s}$ derart, dass zwischen diesen Erzeugenden folgende, und nur diese, Relationen bestehen: $e_\sigma E_{r+\sigma} = 0$ ($\sigma = 1, \ldots, s$), wobei die e_σ ganze Zahlen sind. Tritt bei der Darstellung von g als Verbindung der E eine der «freien» Erzeugenden $E_1, \ldots, E_r$, etwa E_1, mit einem von 0 verschiedenen Koeffizienten c auf, so kann man irgend eine Zahl, die $> |c|$ ist, gleich m setzen, und folgenden Homomorphismus von G in R_m konstruieren, der die gewünschte Eigenschaft hat: E_1 wird auf diejenige Restklasse mod. m abgebildet, die die Zahl 1 enthält, alle anderen E_ρ ($\rho = 2, \ldots, r+s$) werden auf das Nullelement von R_m abgebildet. — Tritt in der Darstellung von g keine der freien Erzeugenden $E_1, \ldots, E_r$ auf, so tritt, da g nicht das Nullelement ist, eine der Erzeugenden endlicher Ordnung, etwa E_{r+1}, mit einem Faktor c auf, der nicht durch die Ordnung e_1 von E_{r+1} teilbar st; in diesem Fall wähle man $m = e_1$ und konstruiere den gesuchten Homomorphismus dadurch, das man E_{r+1} auf die Restklasse, die 1 enthält, alle anderen E_ρ auf das Nullelement von R_m abbildet.

Es sei jetzt F die (additive) Gruppe aller Linearformen von a Parametern $T_1, \ldots, T_a$ mit ganzen Koeffizienten; F' sei die Untergruppe von F, die von den b Elementen $u_j = \sum_i u_{ij} T_i$ erzeugt wird, also die Gesamtheit aller Linearformen der Gestalt $\sum_j x_j u_j = \sum_{ij} x_j u_{ij} T_i$ mit ganzen x_j; infolge unserer Voraussetzung (Unlösbarkeit von (1)) gehört das Element $v = \sum_i v_i T_i$ **n i c h t** zu E'. Es gehört also, wenn man die Gruppe G der Restklassen betrachtet, in die F nach F' zerfällt, zu einem Element g von G, welches nicht das Nullelement von G ist. Wie oben festgestellt wurde, gibt es ein m und einen Homomorphismus von G in R_m, bei dem g nicht auf das Nullelement von R_m abgebildet wird; ferner stellt die Restklassenzerlegung von F nach F' einen Homomorphismus von F in G dar, bei dem den Elementen von F' das Nullelement von G und dem Element v das Element g entspricht. Die Zusammensetzung beider Homomorphismen ist ein Homomorphismus H von F in R_m, bei dem allen Elementen von F', also insbesondere den u_j, aber nicht dem Element v, das Nullelement von R_m entspricht: $H(u_j) = 0$, $H(v) \neq 0$. Sind $y_1, \ldots, y_a$ Zahlen aus den Restklassen $H(T_1), \ldots, H(T_a)$ von R_m, so gehört für beliebige Zahlen $w_1, \ldots, w_a$, wenn wir $\sum_i w_i T_i = w$ setzen, die Zahl $\sum_i w_i y_i$ in die Restklasse $H(w)$. Insbesondere gelten daher, die Kongruenzen (2), aber nicht die Kongruenz (3).

B e w e i s v o n S a t z IV: Die Lösbarkeit der Matrizengleichung $UX = V$ ist gleichbedeutend mit der Lösbarkeit der Gleichungen $\sum_j u_{ij} x_{jk} = v_{ik}$; diese ist nach dem Hilfssatz gleichbedeutend mit der Tatsache, das aus einem Kongruenzensystem

$$\sum_i y_i u_{ij} \equiv 0 \quad \text{mod.} m \qquad (2')$$

immer das Kongruenzensystem

$$\sum_i y_i v_{ik} \equiv 0 \quad \text{mod.} m \qquad (3')$$

folgt. Dieselbe Tatsache ist aber auch charakteristisch dafür, dass f algebraisch unwesentlich ist: denn für den Komplex $Z = \sum_i y_i T_i^n$ bedeutet (2'), dass er ein Zyklus (modulo m), und (3'), das sein Bild $\equiv 0$ modulo m ist.

B e w e i s v o n S a t z IIIa: Da sich jede Abbildung in eine simpliziale Approximation stetig überführen läst, dürfen wir von vornherein f als simplizial annehmen; die dabei zugrundegelegte Simplizialzerlegung ist die vorgegebene oder eine Unterteilung von dieser. q sei innerer Punkt etwa des Simplexes D_1^n; dann hat, in der Bezeichnungsweise von Satz IV, das Bild des Simplexes T_i^n im Punkte q den Grad, v_{i1}; wir setzen der Kürze halber $v_{i1} = v_i$. Wir müssen diese Grade der Bilder der einzelnen T_i^n im Punkte q durch stetige Änderung von f so abändern, dass sie schliesslich alle 0 werden. Nun ändert sich aber bekanntlich der Grad von $f(T_i^n)$ in q (bei Modifikation von f) nicht, solange q nicht von dem Bilde des Randes von T_i^n überstrichen wird. Unser Abänderungsprozess wird daher darin bestehen müssen, das man die Bilder der Ränder der T_i^n, d. h. die Bilder der T_j^{n-1}, in geeigneter Weise «über q hinwegzieht». Diese Operation des Hinwegziehens des Bildes von T_j^{n-1} über q wird nun zunächst geschildert.

Bei dieser Operation spielt der Fall $n = 1$ eine gewisse Ausnahmerolle. Wir werden daher zur Vermeidung einer Fallunterscheidung hier $n > 1$ voraussetzen und den Fall $n = 1$ erst beim Beweis von Satz III, der ja IIIa enthält, erledigen. (Die Schwierigkeit für $n = 1$ ist übrigens nur äusserlich.)

p sei ein innerer Punkt von T_j^{n-1}; ein p im Inneren enthaltendes, inneres Teilsimplex t^{n-1} von T_j^{n-1} zusammen mit je einem inneren Punkt aus jedem

T_i^n, auf dem unser T_j^{n-1} liegt, spannen einen n-dimensionalen Komplex aus, den wir einen «*Stern* um p» nennen und mit $s(p)$ bezeichnen. Unter dem Inneren von $s(p)$ verstehen wir die Punkte, die nicht auf den von t^{n-1} verschiedenen $(n-1)$-dimensionalen Seiten von $s(p)$ liegen; die letzteren nennen wir den Rand von $s(p)$. Wir werden f im Inneren solcher Sterne abändern.

$s(p)$ sei so klein, dass sich alle Punkte von $f(s(p))$ mit dem Punkte $f(p)$ eindeutig durch Strecken (im Sinne der Geometrie in K) verbinden lassen und dass q auf keiner von diesen liegt; $s_1(p)$ sei ein innerer Teilstern von $s(p)$; $f(s_1(p))$ ziehen wir längs der genannten Strecken auf den Punkt $f(p)$ zusammen, und diese Abänderung setzen wir stetig bis auf den Rand von $s(p)$ fort, ohne auf diesem Rande etwas zu ändern. Wir können also—zwecks Vermeidung von zu vielen Indizes—annehmen, dass $f(s(p))$ von vornherein ein einziger Punkt war. Diesen Punkt verbinden wir durch einen zu q fremden Streckenzug w mit einem von q verschiedenen inneren Punkt r von D_1^n. Wir nehmen wieder einen inneren Teilstern $s_1(p)$ von $s(p)$; wir verschieben das (punktförmige) Bild von $s_1(p)$ längs w bis in den Punkt r und setzen diese Abänderung in elementarer Weise so bis auf den Rand von $s(p)$ fort, dass letzterer auf den alten Bildpunkt abgebildet bleibt, und die Bilder der Punkte zwischen den Rändern der beiden Sterne den Weg w ausfüllen. Wir können also—wieder zur Vermeidung von neuen Indizes—annehmen, dass das Bild von $s(p)$ ein von q verschiedener Punkt r in D_1^n ist.

Bis hierher handelte es sich nur um unwesentliche Vorbereitungen des eigentlichen Abänderungsprozesses, und die Grade v_i haben sich bisher nicht geändert. Wir kommen jetzt zu dem wesentlichen Schritt, dem «Hinüberziehen» von $f(t^{n-1})$ über q; dabei werden wir zwischen «positivem» und «negativem» Hinüberziehen unterscheiden.

d^n sei ein inneres Teilsimplex von D_1^n, welches q im Inneren enthält und r als Ecke hat; das r gegenüberliegende $(n-1)$-dimensionale Randsimplex von d^n heisse d^{n-1}. Als positive Orientierung von d^n wählen wir die durch die positive Orientierung von D^n induzierte, als positive Orientierung von d^{n-1} die durch die Orientierung von d^n bewirkte Randorientierung, so dass also d^{n-1} in der Berandungsrelation von d^n mit positivem Vorzeichen auftritt: $d^n \rightarrow + d^{n-1} + \cdots$. (Da $n-1 > 0$ ist, können wir über die Orientierung von d^{n-1} verfügen.) Wir nehmen wieder einen inneren Teilstern $\bar{s}(p)$ von $s(p)$; seine auf T_j^{n-1} liegende Seite ist $\bar{t}^{n-1}$; seine n-dimensionale Simplexe sind $\bar{t}_i^n$; die $\bar{t}^{n-1}$ gegenüberliegende Ecke von $\bar{t}_i^n$ ist e_i. Wir bilden die $\bar{t}_i^n$ folgendermassen affin auf d^n ab: das Bild jedes e_i bleibt r; $\bar{t}^{n-1}$ wird affin und p o s i t i v auf d^{n-1} abgebildet, wobei als Orientierung von $\bar{t}^{n-1}$ die durch die Orientierung von T_j^{n-1} bewirkte genommen wird (wegen $n-1 > 0$ können wir über den Sinn der Abbildung von $\bar{t}^{n-1}$ auf d^{n-1} verfügen). Diese Abbildung von $\bar{s}(p)$ setzen wir folgendermassen in ganz $s(p)$ fort: das Bild des Randes von $s(p)$ bleibt der Punkt r; um die Abbildung zwischen den Rändern der beiden Sterne zu erklären, haben wir sie auf dem zwischen den Rändern liegenden Stück jedes Strahles durch p zu erklären; das Bild des auf dem Rande von $s(p)$ liegenden Endes z eines solchen Stückes ist r; das Bild des anderen Endes $\bar{z}$ ist ein Randpunkt von d^n, der nicht innerer Punkt von d^{n-1} ist, da ja nur die inneren Punkte von $\bar{t}^{n-1}$, aber keine Randpunkte von $\bar{s}(p)$ auf die inneren Punkte von d^{n-1} abgebildet worden sind; folglich liegt, da r der d^{n-1} gegenüberliegende Eckpunkt von d^n ist, die ganze durch die Bilder von z und $\bar{z}$ bestimmte

Strecke auf dem Rande von d^n. Wenn wir also festsetzen, — und dies tun wir, — dass die Abbildung des Stückes $\bar{z}\bar{z}$ linear sein soll, so haben wir die Abbildung in $s(p)$ so abgeändert, dass auf dem Rande alles beim alten geblieben ist, und dass sich die neuen Bedeckungen des Punktes q vollständig übersehen lassen: es sind die durch die affinen Abbildungen der $\bar{t}_i^n$ auf d^n bewirkten, und nur diese. Die neue Abbildung lässt sich mit Hilfe der euklidischen Geometrie von D_1^n durch gleichförmige Bewegung der Bildpunkte aus der alten Abbildung stetig herstellen, (und dabei geschieht die entscheidende Überschreitung von q durch $f(\bar{t}^{n-1})$).

Wie haben sich nun die Grade der einzelnen T_i^n in q durch die neu hinzugekommenen Bedeckungen von q geändert? Für ein T_i^n, zu dessen Rand T_j^{n-1} nicht gehört, hat sich nichts geändert; da in diesem Fall $u_{ij} = 0$ ist, dürfen wir sagen, dass für ein solches i der Grad v_i um u_{ij} zugenommen hat. Liegt T_j^{n-1} auf T_i^n, so hat sich v_i im Punkte q gewiss geändert, denn es ist ja eine neue Bedeckung von q durch das Teilsimplex $\bar{t}_i^n$ von T_i^n konstruiert worden, die eine Änderung des Grades um $+1$ oder -1 bewirkt; dieses Vorzeichen ist zu untersuchen. Es sei also bei der neuen Abbildung

$$f(\bar{t}_i^n) = x d^n; \tag{4}$$

wie gross ist x? (Als Orientierung von $\bar{t}_i^n$ nehmen wir natürlich wieder die durch T_i^n bewirkte). Aus der Berandungsrelation für die T:

$$T_i^n \to \sum_j u_{ij} T_j^{n-1}$$

folgt für die t:

$$\bar{t}_i^n \to u_{ij} \bar{t}^{n-1} + \cdots;$$

geht man in (4) zu den Rändern über — (das Bild des Randes ist stets gleich dem Rande des Bildes) — und berücksichtigt unsere oben getroffenen Festsetzungen $d^n \to + d^{n-1} + \cdots$, und $f(\bar{t}^{n-1}) = + d^{n-1}$, so ergibt sich

$$+ u_{ij} d^{n-1} + \cdots = + x d^{n-1} + \cdots, \tag{4'}$$

also $x = u_{ij}$. Mithin sehen wir: *der Grad des Bildes von T_i^n im Punkte q hat für alle i durch das Hinüberziehen von $f(T_j^{n-1})$ über q um u_{ij} zugenommen.*

Die geschilderte Art des Hinüberziehens soll «positiv» heissen wegen unserer willkürlichen Festsetzung, dass $\bar{t}^{n-1}$ positiv auf d^{n-1} abgebildet wurde, dass also $f(\bar{t}^{n-1}) = + d^{n-1}$ war; konstruieren wir die Abbildung so, das $f(\bar{t}^{n-1}) = - d^{n-1}$ ist, so heisst die Operation «negativ». In diesem Fall folgt aus (4) nicht (4'), sondern

$$- u_{ij} d^{n-1} + \cdots = + x d^{n-1} + \cdots, \tag{4''}$$

also $x = - u_{ij}$; *in diesem Fall erniedrigt sich also der Grad für jedes i um u_{ij}.*

Wir haben bisher nur das Bild einer Umgebung e i n e s Punktes p von T_j^{n-1} über q hinweggezogen. Wir können (da $n - 1 > 0$ ist), dasselbe für die (zueinander fremden) Umgebungen mehrerer Punkte $p_1, p_2, \ldots$ von T_j^{n-1} tun; wir können daher, wenn x eine beliebige positive oder negative Zahl ist, die Grade der Bilder der

${}_iT^n$ in q durch Hinüberziehen der Umgebungen von $p_1, p_2, \ldots, p_{|x_j|}$ über q um $x_j u_{ij}$ vermindern. Schliesslich brauchen wir uns nicht auf das eine, bisher betrachtete T_j^{n-1} zu beschränken, sondern können die geschilderten Prozesse für alle T_j^{n-1} $(j=1,\ldots,b)$ nacheinander ausführen. *So können wir erreichen, dass, wenn* x_j $(j=1, 2,\ldots, b)$ *beliebig gegebene Zahlen sind, die Grade der Bilder der* T_i^n *im Punkte* q *sich von* v_i *in* $v_i - \sum_j x_j u_{ij}$ *verändern.*

Nun setzen wir ja voraus, dass f algebraisch unwesentlich ist; daher gibt es nach Satz IV Zahlen x_{j1}, die die Gleichungen

$$\sum_j u_{ij} x_{j1} = v_{i1} = v_i$$

erfüllen. Folglich können wir, indem wir $x_j = x_{j1}$ setzen, erreichen, dass der Grad des Bildes jedes einzelnen T_i^n im Punkte q 0 wird.

Beweis von Satz III: f sei algebraisch unwesentlich; ausserdem sei vorläufig wieder $n>1$. Im Inneren jedes Simplexes D_k^n nehmen wir einen Punkt q_k und ein q_k im Inneren enthaltendes Simplex d_k^n, von dem wir eine Ecke r_k und die gegenüberliegende Seite d_k^{n-1} nennen. Ferner bestimmen wir, was auf Grund von Satz IV möglich ist, zu jedem k Zahlen x_{jk} so, dass $\sum_j u_{ij} x_{jk} = v_{ik}$ für alle i und k ist. Dann können wir f, wie im Beweis von Satz IIIa für $k=1$, der Reihe nach für $k=1, 2,\ldots$ so abändern, dass der Grad des Bildes jedes T_i^n in jedem d_k^n den Wert 0 bekommt. Dabei hat man nur zu beachten, dass man bei der Behandlung eines k nicht wieder verderben darf, was man für ein früheres k schon erreicht hatte. Sieht man sich den im Beweis des Satzes IIIa beschriebenen Prozess an, so bemerkt man, dass eine solche Gefahr bei demjenigen Schritte, aber nur bei diesem, besteht, bei dem man den Punkten des Weges w neue Bilder zuordnet; denn ein solcher Weg könnte durch ein bereits behandeltes d_k^n hindurchlaufen. Da aber $n>1$ ist, kann man die Wege w so wählen, dass sie die d_k^n umgehen. Man kann also in der Tat erreichen, dass die Grade aller T_i^n in allen d_k^n 0 sind. Und nun kann man noch dadurch, dass man jedes d_k^n durch eine Deformation, die $D_k^n - d_k^n$ auf den Rand von D_k^n verschiebt und diesen Rand selbst festlässt, d_k^n auf D_k^n «aufblasen» (vgl. meine Arbeit Math. Annalen 102, S. 604) und dadurch bewirken, dass der Grad jedes T_i^n nicht nur in jedem d_k^n, sondern sogar in jedem D_k^n 0 ist, und dass die Bilder der Ränder der T_i^n sämtlich auf den Rändern der D_k^n liegen. Dann ist aber die Abbildung für jedes einzelne T_i^n eine Nullabbildung.

Sei jetzt $n=1$, also C ein Streckenkomplex und f algebraisch unwesentlich. Ist P die 1-dimensionale Bettische Zahl von C, so kann man, wie man leicht sieht, P Strecken $T_1, T_2, \ldots, T_P$ und P unabhängige Zyklen $Z_1, Z_2, \ldots, Z_P$ in C so finden, das T_i in Z_i, aber in keinem anderen dieser Zyklen enthalten ist. Durch Entfernung der T_i aus C entsteht ein «Baum» C', d. h. ein zusammenhängender Streckenkomplex, der keinen Zyklus enthält. C' lässt sich, wie man auch leicht sieht, in sich auf einen Punkt zusammenziehen. Vermöge f entspricht diesem Zusammenziehen ein Zusammenziehen des Bildes $f(C')$ auf einen Punkt q von K. Diese Abänderung von $f(C')$ lässt sich zu einer Abänderung von $f(C)$ erweitern, bei deren Ergebnis das Bild $f(Z_i - T_i) = q$ für jedes i ist; da ferner wegen der algebraischen

Unwesentlichkeit der Abbildung $f(Z_i)=0$ ist, ist auch $f(T_i)=0$. f ist also in diesen, und erst recht in allen übrigen, auf q abgebildeten, Strecken eine Nullabbildung.

Damit ist für jedes n bewiesen, dass man gleichzeitig in allen T_i^n zu einer Nullabbildung kommen kann, wenn f algebraisch unwesentlich ist. Die Umkehrung ist trivial: kann man erreichen, dass f in jedem T_i^n eine Nullabbildung ist, so ist das Bild jeder linearen Verbindung der T_i^n gleich 0, also ist insbesondere das Bild jedes n-dimensionalen Zyklus mod. m homolog 0 mod. m, d. h. es liegt eine algebraisch unwesentliche Abbildung vor.

Beweis von Satz II: Dass eine algebraisch wesentliche Abbildung auch topologisch wesentlich ist, ist klar; denn das Bild eines Zyklus mod. m, das $\not\equiv 0$ mod. m auf S ist, hört auch bei stetiger Abänderung der Abbildung niemals auf, die ganze S zu bedecken.

f sei algebraisch unwesentlich. Sei zunächst $n=1$; dann betrachten wir die Abbildung f, bis zu der wir im Beweis des vorigen Satzes gelangt waren: das Bild $f(C-\sum_{i=1}^{P} T_i)$ ist ein Punkt q von S, $f(T_i)$ ist eine Nullabbildung für $i=1, 2, \ldots, P$; die Bilder der Endpunkte von T_i fallen in q zusammen, der Grad von $f(T_i)$ ist 0 auf dem ganzen Kreise S. Dann lässt sich jedes einzelne Bild $f(T_i)$ unter Festhaltung der Bilder der Endpunkte auf q zusammenziehen.

Es sei also schliesslich f algebraisch unwesentlich und $n>1$. Nach Satz IIIa dürfen wir annehmen, dass $f(T_i^n)$ für alle i im Punkte q den Grad 0 hat. Wir dürfen ferner annehmen, dass f im Punkte q «glatt» ist (vgl. meine Arbeit Math. Annalen 100, S. 599 ff.); (die Glättung lässt sich einerseits auf Grund der Sätze aus der genannten Arbeit herstellen, andererseits ist, wie man leicht feststellt, die Abbildung, bis zu der man im Beweis von Satz IIIa gelangte, sogar von selbst glatt in q). Wir betrachten ein festes i; wenn es in T_i^n überhaupt Originalpunkte von q gibt, gibt es dort wenigstens einen, dessen Umgebung positiv, und einen, dessen Umgebung negativ glatt auf eine Umgebung von q abgebildet wird; x und y seien ein solches Paar. Wir verbinden x mit y innerhalb T_i^n durch einen einfachen Streckenzug w, der keinen weiteren Originalpunkt von q enthält; da $n>1$ ist, dürfen wir annehmen, dass $f(w)$ ein Gebiet von S freilässt, sich also in ein Element E von S einschliessen lässt. Dann gibt es im Inneren von T_i^n ein Element t^n, das w, aber ausser x und y keinen weiteren Originalpunkt von q enthält und dessen Bild auch noch im Inneren von E liegt. $f(t^n)$ hat in q den Grad 0; folglich lässt sich (s. meine Arbeit, Math. Annalen 100, § 1, Satz IXa, S. 590) f im Inneren von t^n so abändern, dass q dort keinen Originalpunkt mehr besitzt. Ausserhalb und auf dem Rande von t^n ist dabei nichts geändert worden. So lässt sich die Anzahl der Originalpunkte von q vermindern, bis q schliesslich ganz von der Bedeckung durch die Bildmenge $f(C)$ befreit ist. Diese bedeckt somit nur noch einen echten Teil der Kugel S und lässt sich daher auf einen Punkt von S zusammenziehen.

Berlin, den 12. Januar 1930.

(Redaktion. 24/II—1930).

Nachträglicher Zusatz (29. VI. 1930).

Im Folgenden wird noch ein «Satz II*» aufgestellt, der eine Modifikation von Satz II und diesem ganz analog zu beweisen ist. Er ist für die Behandlung dimensionstheoretischer Probleme von Wert — (s. die unten genannten Noten von Alexandroff und Pontrjagin), — im Zusammenhang mit denen Herr Alexandroff mir die Frage stellte, die durch den Satz I des obigen Briefes beantwortet worden ist.

Ist B ein in C liegender Komplex, so sagen wir mit Lefschetz (Annals of Math. 29 (1928), p. 232 ff.), — dass der in C liegende Komplex Z ein «Zyklus mod. m, rel. B» ist, wenn sein mod. m gebildeter Rand zu B gehört. Ist C durch f auf K abgebildet und ist Z n-dimensional, so hat $f(Z)$ in jedem gewöhnlichen Punkt q von K, der nicht zu der Bildmenge $f(B)$ gehört, einen «Grad mod. m»; dieser ist offenbar konstant in der «Abbildungsklasse rel. B», d. h. er ändert sich nicht bei denjenigen stetigen Abänderungen von $f(C)$, die das Bild keines Punktes von B, also insbesondere keines Punktes des mod. m gebildeten Randes von Z, verrücken. f heisse ferner im Punkte q «topologisch wesentlich rel. B», wenn q bei allen Abbildungen der durch f bestimmten Klasse rel. B zur Bildmenge gehört. f ist gewiss topologisch wesentlich rel. B in q, wenn es für irgend ein m einen Zyklus rel. B mod. m gibt, dessen Bild in q einen mod. m von 0 verschiedenen Grad hat. Die Frage ist, ob hiervon die Umkehrung gilt. Für den wichtigen Spezialfall, dass K der euklidische Raum R^n ist, wird diese Frage bejaht durch

Satz II*: *B sei ein Teilkomplex von C, C sei durch f in den R^n hinein abgebildet, q sei ein nicht auf $f(B)$ gelegener Punkt des R^n. f ist dann und nur dann in q topologisch wesentlich rel. B, wenn es ein m und in C einen Zyklus Z mod. m, rel. B gibt, dessen Bild im Punkte q einen mod. m von 0 verschiedenen Grad hat.*

Beweis: Es ist nur zu zeigen, dass, wenn es keinen derartigen Zyklus Z gibt, q durch Abänderung von f innerhalb der Klasse rel. B von der Bedeckung durch die Bildmenge befreit werden kann. — Es seien

$$T_i^n \to \sum u_{ij} T_j^{n-1} \tag{5}$$

die Berandungsrelationen in C «rel. B», d. h. die Relationen, die aus den gewöhnlichen Berandungsrelationen durch Weglassung aller zu B gehörigen T^n und T^{n-1} entstehen, und es sei ferner die (als simplizial vorausgesetzte) Abbildung f durch

$$f(T_i^n) = \sum v_{ik} D_k^n$$

gegeben. Der betrachtete Punkt q liege im Inneren des Simplexes D_1^n. Dann bedeutet (ebenso wie oben beim Beweis von Satz IV) die Nichtexistenz eines Z der geschilderten Art, dass aus jedem Kongruenzensystem

$$\sum y_i u_{ij} \equiv 0 \quad \text{mod. } m \tag{2*}$$

immer das Kongruenzensystem

$$\sum y_i v_{i1} \equiv 0 \quad \text{mod. } m$$

folgt, dass also nach dem «Hilfssatz» das Gleichungssystem

$$\sum u_{ij} x_i = v_{i1} = v_i \tag{1*}$$

lösbar ist. Nun führt man unter Verwendung dieser Zahlen x_i nach der im Beweis von Satz IIIa angegebenen Methode f stetig in eine Abbildung über, bei der jedes einzelne T_i^n in q den Grad 0 hat; bei dieser Abänderung wird f nur in solchen Simplexen geändert, die in (5) vorkommen, die also nicht zu B gehören; (von Bildern von zu B gehörigen T wird q nach Voraussetzung nicht bedeckt). Schliesslich befreit man, wie im Beweis von Satz II, q von der Bedeckung durch das Bild jedes einzelnen T_i^n.

Folgerung I: Wenn es zu keinem m einen Zyklus mod. m, rel. B in C gibt, so lässt sich für jeden nicht auf $f(B)$ gelegenen Punkt q des R^n eine Abbildung $g(C)$ angeben, die auf B mit f übereinstimmt und deren Bildmenge $g(C)$ den Punkt q nicht bedeckt.

Folgerung II: Wenn C simplizial so auf einen n-dimensionalen Würfel abgebildet ist, dass es unmöglich ist, einen inneren Punkt des Würfels durch eine stetige Abänderung von f, welche aber die Bilder aller Originalpunkte des Würfelrandes festhält, von der Bedeckung zu befreien, so gibt es in C zu einem gewissen m einen Relativzyklus (nämlich rel. zu dem Originalkomplex B des Würfelrandes), dessen Bild im Inneren des Würfels einen mod. m von 0 verschiedenen Grad hat. (Dass der Grad im ganzen Würfelinneren konstant ist, ist von vornherein klar, da das Bild $f(B)$ nicht in das Innere eintritt).

Die Folgerung I enthält als Spezialfall das «Lemma» in Nr. 4 der Note «Sur une hypothèse fondamentale de la théorie de la dimension» von Herrn Pontrjagin (Comptes rendus, 190, t. 1105, p. 1930). Die Folgerung II wird von Herrn Alexandroff in der Note «Analyse géométrique de la dimension des ensembles fermés» (Comptes rendus, t. 190, p. 1930) benutzt.

О существенных и несущественных отображениях комплексов.

Г. Гопф (Берлин).

Резюме.

Отображение n-мерного комплекса C^n на n-мерный комплекс K^n называется топологически несущественным, если это отображение можно непрерывно видоизменить таким образом, чтобы образ комплекса C^n сделался нигде не плотным подкомплексом комплекса K^n.

Отображение называется алгебраически несущественным, если, каково бы ни было натуральное число $m > 1$, всякий n-мерный цикл по модулю m комплекса C^n отображается в цикл, гомологичный нулю в K^n.

Основным результатом работы является следующая теорема:

Отображение комплекса C^n на n-мерную сферу S^n тогда и только тогда топологически существенно, когда оно алгебраически существенно.

Доказательство опирается на следующее предложение:

Пусть f есть алгебраически несущественное отображение C^n на K^n и q есть точка, лежащая внутри n-мерного симплекса комплекса K^n; отображение f можно непрерывно видоизменить таким образом, чтобы степень отображения каждого n-мерного симплекса из C^n была в точке q равна нулю.

(Ред. 24/II—1930 г.)

18.

Über die Abbildungen der dreidimensionalen Sphäre auf die Kugelfläche

Math. Ann. **104** (1931), 637–665

Einleitung.

Unter einer „Abbildung“ eines Komplexes (oder auch einer beliebigen Menge) A „auf“ einen Komplex B verstehen wir stets eine eindeutige und stetige, nicht notwendig eineindeutige, Abbildung von A, bei der die Menge der Bildpunkte zu B gehört. Zwei Abbildungen von A auf B nennen wir zu derselben „Klasse“ gehörig, wenn man sie stetig ineinander überführen kann, d. h. wenn es eine sie enthaltende stetige Schar von Abbildungen von A auf B gibt, und wir bezeichnen eine Abbildung als „topologisch wesentlich“, wenn bei jeder Abbildung der durch sie bestimmten Klasse die Bildmenge aus allen Punkten von B besteht, d. h. wenn es unmöglich ist, durch stetige Abänderung der Abbildung einen Punkt von B von der Bedeckung durch die Bildmenge zu befreien.

Das Hauptziel und -ergebnis dieser Arbeit ist der Beweis von

Satz I. *Die Abbildungen der 3-dimensionalen Sphäre S^3 auf die 2-dimensionale Sphäre S^2 bilden unendlich viele Klassen.*

Da sich jede echte Teilmenge der Kugelfläche S^2 stetig auf einen willkürlichen Punkt der S^2 zusammenziehen läßt, gehören alle topologisch unwesentlichen Abbildungen einer Menge A auf die S^2 zu einer einzigen Klasse. Mithin enthält Satz I den

Satz Ia. *Die S^3 läßt sich topologisch wesentlich auf die S^2 abbilden.*

Darüber, für welche Dimensionszahlen a und b sich ähnliche Aussagen über die Abbildungen der a-dimensionalen Sphäre S^a auf die b-dimensionale S^b machen lassen, ist mir fast nichts bekannt. Trivial sind die Fälle $a < b$, denn dann läßt sich jedes stetige Bild der S^a in der S^b auf einen willkürlichen Punkt zusammenziehen, die Abbildungen bilden also eine einzige

Klasse und sind sämtlich topologisch unwesentlich. Ist $a = b$, so sind die Antworten auf unsere Fragen aus der Theorie des Abbildungsgrades bekannt: zu jeder ganzen Zahl c gibt es genau eine Klasse, deren Abbildungen den Grad c haben; die Klasse vom Grade 0, und nur diese, enthält topologisch unwesentliche Abbildungen[1]). Schließlich ist noch der Fall $a > b = 1$ leicht zu übersehen: hier ist die $S^b = S^1$ ein Kreis; bezeichnet w seine Winkelkoordinate, x die Punkte von S^a, so wird die zunächst nur bis auf Vielfache von 2π bestimmte Größe w bei jeder Abbildung infolge des einfachen Zusammenhanges von S^a nach dem Monodromieprinzip eine eindeutige Funktion $w = f(x)$; durch die Abbildungsschar $w = t f(x)$ wird, während der Parameter t von 1 bis 0 läuft, f stetig in eine Abbildung auf einen einzigen Punkt des Kreises übergeführt; die Abbildungen von S^a auf S^1 mit $a > 1$ sind also sämtlich topologisch unwesentlich und bilden eine einzige Klasse. Dagegen sind für $a > b > 1$ die Sätze I und Ia die einzigen mir bekannten hierhergehörigen Aussagen über Abbildungen der S^a auf die S^b.

Satz I ist eine leichte Folge aus

Satz II. *Jeder Abbildung f der S^3 auf die S^2 läßt sich eine ganze Zahl $\gamma(f)$ zuordnen, die unter anderem folgende Eigenschaften hat:*

a) $\gamma(f) = \gamma(f')$, *wenn f und f' zu einer Klasse gehören;*

b) *ist g eine Abbildung einer 3-dimensionalen Sphäre S_1^3 auf eine 3-dimensionale Sphäre S^3 mit dem Grade c, f eine Abbildung der S^3 auf die S^2, so ist $\gamma(fg) = c \cdot \gamma(f)$;*

c) *es gibt eine Abbildung der S^3 auf die S^2 mit $\gamma(f) = 1$.*

In der Tat folgt I aus II; denn da man S_1^3 auf S^3 mit beliebigem Grade c abbilden kann, gibt es nach b) und c) Abbildungen von S_1^3 auf S^2 mit beliebigem γ, und diese gehören nach a) zu verschiedenen Klassen.

Die geometrische Bedeutung der Größe γ läßt sich ungefähr so beschreiben: Die Originalmenge eines Punktes x von S^2, d. h. die Menge der durch f auf x abgebildeten Punkte von S^3, besteht bei hinreichender Regularität von f, z. B. wenn f eine simpliziale Abbildung ist, aus endlich vielen einfach geschlossenen Polygonen, ist also ein 1-dimensionaler Zyklus[2]); γ ist die *Verschlingungszahl*[3]) der Originalzyklen zweier beliebiger Punkte x und y.

---

[1]) L. E. J. Brouwer, Über Abbildung von Mannigfaltigkeiten, Math. Annalen **71** (1911), S. 97–115. — H. Hopf, Abbildungsklassen n-dimensionaler Mannigfaltigkeiten, Math. Annalen **96** (1926), S. 209–224.

[2]) Zyklus = geschlossener, d. h. unberandeter Komplex.

[3]) L. E. J. Brouwer, On Looping Coefficients, Proc. Acad. Amsterdam **15** (1912), S. 113–122.

Die folgende Eigenschaft von γ ist als Gegenstück zu IIb bemerkenswert:

IIb'. *Ist h eine Abbildung von S^2 auf eine zweite Kugelfläche S_1^2 vom Grade c, f wieder eine Abbildung der S^3 auf S^2, so ist $\gamma(hf) = c^2 \cdot \gamma(f)$.*

Der Beweis des Satzes II wird in den §§ 1 bis 5 geführt.

In den §§ 6 und 7 wird eine Verallgemeinerung der bisherigen Sätze für gewisse Abbildungen beliebiger 3-dimensionaler Mannigfaltigkeiten auf die S^2 vorgenommen, die geeignet ist, die Rolle des Satzes Ia für die allgemeine Theorie der Abbildungen zu beleuchten. Sie beruht auf dem Begriff der „algebraischen Wesentlichkeit" einer Abbildung, zu dem man folgendermaßen geführt wird:

Dafür, daß eine Abbildung f eines n-dimensionalen Zyklus Z^n auf die n-dimensionale Sphäre S^n topologisch wesentlich ist, ist hinreichend (und – falls Z^n irreduzibel ist – übrigens auch notwendig, worauf es im Augenblick aber nicht ankommt), daß der Grad c von f nicht 0 ist; dabei kann man c durch die Gleichung $f(Z^n) = cS^n$ definieren, worin $f(Z^n)$ das in S^n gelegene Bild von Z^n im Sinne der algebraischen Topologie[4]) bedeutet; die genannte hinreichende Bedingung läßt sich also auch so ausdrücken: $f(Z^n) \neq 0$. Liegt nicht ein Zyklus im gewöhnlichen Sinne, sondern ein „Zyklus modulo m" vor, wobei m eine ganze Zahl > 1 ist, d. h. ein Komplex, dessen Rand mod m verschwindet[4]), so ist der „Grad" nur mod m bestimmt, und die der obigen analoge Bedingung für die topologische Wesentlichkeit von f ist, wenn wir den Zyklus mod m mit Z_m^n bezeichnen: $f(Z_m^n) \not\equiv 0 \bmod m$. Da man so im Fall der n-dimensionalen Zyklen bzw. Zyklen mod m einfache algebraische, für die topologische Wesentlichkeit von f hinreichende Bedingungen hat, liegt es nahe, bei der Untersuchung der Abbildungen eines beliebigen Komplexes A die in ihm liegenden n-dimensionalen Zyklen ins Auge zu fassen und zu definieren: „Die Abbildung f des Komplexes A auf die S^n heiße ‚algebraisch wesentlich', wenn es ein $m > 1$ und in A einen n-dimensionalen Zyklus Z_m^n mod m gibt, dessen Bild $f(Z_m^n) \not\equiv 0 \bmod m$ ist." Dabei beachte man, daß f natürlich immer algebraisch wesentlich ist, wenn es einen gewöhnlichen Zyklus Z^n in A gibt, dessen Bild $f(Z^n) = cS^n \neq 0$ ist; denn Z^n ist ein Z_m^n für jedes $m > 1$, und für jedes m, das kein Teiler von c ist, ist $f(Z^n) \not\equiv 0 \bmod m$. Nun ist eine algebraisch wesentliche Abbildung eines Komplexes A a fortiori immer topologisch wesentlich, da ja in A wenigstens ein Z_m^n enthalten ist, der topologisch wesentlich abgebildet wird. Es entsteht daher die Frage, ob es auch Abbildungen gibt, die zwar algebraisch unwesentlich, aber topologisch wesentlich sind; diese

[4]) Zur Einführung in die kombinatorische oder algebraische Topologie sei empfohlen: J. W. Alexander, Combinatorial Analysis Situs, Transact. Amer. Math. Soc. 28 (1926), S. 301—329.

Frage wird durch den Satz Ia bejaht. Denn jede Abbildung der S^3 auf die S^2 ist algebraisch unwesentlich; da nämlich jeder in S^3 gelegene Z^2_m homolog 0 mod m ist, ist auch sein Bild $f(Z^2_m) \sim 0 \bmod m$ in S^2, d. h. $f(Z^2_m) \equiv 0 \bmod m$. Und die oben erwähnte Verallgemeinerung des Satzes Ia lautet:

Satz IIIa. *Jede (geschlossene orientierbare) Mannigfaltigkeit M^3 gestattet Abbildungen auf die S^2, die zugleich algebraisch unwesentlich und topologisch wesentlich sind.*

Ebenso wie Ia aus I, folgt IIIa aus

Satz III. *Die algebraisch unwesentlichen Abbildungen einer beliebigen M^3 auf die S^2 bilden unendlich viele Klassen.*

Der Beweis von III wird dadurch erbracht, daß die Existenz einer Zahl γ mit den in Satz II genannten Eigenschaften für die algebraisch unwesentlichen Abbildungen einer beliebigen M^3 festgestellt wird. Ob sich nicht nur jede M^3, sondern sogar *jeder 3-dimensionale Zyklus* topologisch wesentlich auf die S^2 abbilden läßt, weiß ich nicht.*)

In einem „Anhang" wird noch weiter auf die Begriffe der algebraischen und topologischen Wesentlichkeit und den Zusammenhang zwischen ihnen eingegangen. Wenn der abzubildende Komplex A und die Sphäre S die gleiche Dimension a haben, gilt der folgende Satz, den ich an anderer Stelle bewiesen habe[5]):

Satz IV. *Eine Abbildung eines a-dimensionalen Komplexes A^a auf die S^a ist dann und nur dann topologisch wesentlich, wenn sie algebraisch wesentlich ist.*

Derselbe Satz gilt auch, wenn A beliebige Dimension, S die Dimension 1 hat:

Satz V. *Eine Abbildung eines beliebigen Komplexes A auf einen Kreis S^1 ist dann und nur dann topologisch wesentlich, wenn sie algebraisch wesentlich ist.*

Abbildungen eines a-dimensionalen A^a auf die b-dimensionale S^b mit $a < b$ sind stets in jedem Sinne unwesentlich; somit ist aus den Sätzen IV und V ersichtlich, daß die niedrigsten Dimensionszahlen, die für die Existenz von zwar topologisch, aber nicht algebraisch, wesentlichen Abbildungen eines A^a auf die S^b in Frage kommen, $a = 3$ und $b = 2$ sind; und für diese Zahlen existieren in der Tat bereits derartige Abbildungen, wie die Sätze Ia und IIIa zeigen.

---

[5]) Über wesentliche und unwesentliche Abbildungen von Komplexen, Moskauer Mathematische Sammlung (z. Z. im Druck).

Welche A^a lassen sich nun in den Fällen $b = a$ und $b = 1$ wesentlich (algebraisch und topologisch) auf die S^b abbilden? Die Antworten sind:

Satz IVa. *A^a läßt sich dann und nur dann wesentlich auf die S^a abbilden, wenn es ein $m > 1$ und in A einen a-dimensionalen Zyklus* mod m *gibt, der nicht homolog* 0 mod m *ist, mit anderen Worten: wenn die „a-te Bettische Zahl* mod m" *$p_m^a > 0$ ist.*

Satz Va. *A läßt sich dann und nur dann wesentlich auf einen Kreis abbilden, wenn es in A einen 1-dimensionalen Zyklus (im gewöhnlichen Sinne) gibt, der nicht homolog 0 ist, mit anderen Worten: wenn die erste Bettische Zahl $p^1 > 0$ ist.*

Man beachte den Unterschied zwischen den Bedingungen der beiden Sätze: die Bedingung $p_m^1 > 0$ für ein gewisses m ist im allgemeinen nicht hinreichend für die Gültigkeit der Aussage von Va, und die Bedingung $p^a > 0$, worin p^a die a-te Bettische Zahl ist, im allgemeinen nicht notwendig für die Gültigkeit der Aussage von IVa. Beides bestätigt man z. B. dadurch, daß man für A die projektive Ebene nimmt.

Bei anderen Dimensionszahlen b als $b = a$ und $b = 1$ sind mir Kriterien für die topologisch wesentliche Abbildbarkeit von A^a auf S^b nicht bekannt. Aber über die algebraisch wesentliche Abbildbarkeit läßt sich noch etwas aussagen:

Satz VI. *Notwendig für die algebraisch wesentliche Abbildbarkeit von A^a auf S^b ist, daß entweder die b-te Bettische Zahl $p^b > 0$ oder daß $(b-1)$-te Torsion vorhanden (oder daß beides der Fall) ist.*

Man sieht leicht, daß diese Bedingung in den Fällen $b = a$ und $b = 1$ mit den in IVa bzw. IVb genannten Bedingungen zusammenfällt; sie ist daher in diesen Fällen auf Grund der Sätze IV und IVa bzw. V und Va nicht nur, wie VI behauptet, notwendig, sondern auch hinreichend für die algebraisch wesentliche Abbildbarkeit. Dies gilt noch für einen weiteren Fall:

Satz VII. *Die in Satz VI genannte Bedingung ist — außer in den Fällen $b = a$ und $b = 1$ — auch in dem Fall $b = a - 1$ für die algebraisch wesentliche Abbildbarkeit von A^a auf S^b hinreichend.*

Die niedrigsten Dimensionszahlen, die für die Existenz eines Beispieles in Frage kommen, in dem die Bedingung des Satzes VI nicht hinreicht, sind, da immer $b < a$ sein muß, auf Grund von VII die Zahlen $a = 4$, $b = 2$; und hier gibt es in der Tat ein Beispiel, in dem sogar die stärkere Bedingung des Nichtverschwindens der b-ten Bettischen Zahl nicht ausreicht:

Satz VIII. *Die in Satz VI genannte Bedingung und auch die stärkere Bedingung $p^b > 0$ ist im allgemeinen nicht hinreichend für die algebraisch wesentliche Abbildbarkeit von A^a auf S^b: die 4-dimensionale Mannigfaltigkeit der komplexen Punkte der projektiven Ebene läßt sich nicht algebraisch wesentlich auf die S^2 abbilden, obwohl für sie $p^2 = 1$ ist.*

Ob aus der Tatsache, daß die b-te Bettische Zahl eines Komplexes A^a positiv ist, die *topologisch* wesentliche Abbildbarkeit von A^a auf S^b folgt, ist mir nicht bekannt.

Die genannten Sätze werden in dem „Anhang" in der Reihenfolge V, IVa, VI, VII, Va, VIII bewiesen; einen Beweis von IV findet man, wie erwähnt, in einer Arbeit in der „Moskauer Mathematischen Sammlung" [5]).

Schließlich sei noch folgendes bemerkt: Auf Grund von Satz IV sind algebraisch wesentlich diejenigen Abbildungen von A^a auf S^b, durch die ein b-dimensionaler Teilkomplex von A^a topologisch wesentlich abgebildet wird. Dieser Umstand legt die Einführung einer Rangordnung der Wesentlichkeit von Abbildungen nahe: f heiße wesentlich vom Range i, wenn ein $(a+1-i)$-dimensionaler, aber kein niedriger-dimensionaler Teilkomplex von A^a topologisch wesentlich abgebildet wird. Dann sind die topologisch wesentlichen Abbildungen von A^a die mit positivem, die algebraisch wesentlichen die mit dem maximalen Rang $a-b+1$. Vielleicht ist diese Begriffsbildung von Nutzen bei der Behandlung von Abbildungsproblemen, wie sie z. B. bei der Frage nach der Übertragbarkeit der hier bewiesenen Sätze auf andere Dimensionszahlen entstehen.

§ 1.

Die Umkehrung einer simplizialen Abbildung.

1. T^2 und τ^2 seien orientierte Dreiecke, T^2 sei affin so auf τ^2 abgebildet, daß seinen Ecken die Ecken von τ^2 entsprechen. Ein beliebiger innerer Punkt ξ von τ^2 hat in T^2, und zwar im Inneren, genau einen Originalpunkt x. Das Symbol φ_{T^2} bezeichne die Umkehrung der Abbildung, und zwar setzen wir $\varphi_{T^2}(\xi)=+x$ oder $\varphi_{T^2}(\xi)=-x$, je nachdem T^2 im positiven oder im negativen Sinne auf τ^2 abgebildet ist. Es sei nun A ein Komplex beliebiger Dimensionszahl, seine Dreiecke seien mit T_i^2 bezeichnet, Γ^2 sei ein τ^2 enthaltender zweidimensionaler Komplex; A sei simplizial auf Γ^2 abgebildet, d. h. so, daß den Ecken eines Simplexes von A immer Ecken — nicht notwendig alle drei Ecken — eines Dreiecks von Γ^2 entsprechen und daß die Abbildung in jedem einzelnen Simplex von A affin ist. Wird dabei ein Dreieck T_i^2 nicht-ausartend, also eineindeutig, auf τ^2 abgebildet, so ist $\varphi_{T_i^2}(\xi)$ wie oben erklärt; andernfalls, d. h. wenn das Innere von τ^2 durch das Bild von T^2 nicht bedeckt wird, setzen wir sinngemäß $\varphi_{T_i^2}(\xi)=0$. Als „Originalkomplex" von ξ bei der Abbildung eines zweidimensionalen Teilkomplexes $C^2=\sum a_i T_i^2$ von A definieren wir den nulldimensionalen Komplex $\varphi_{C^2}(\xi)=\sum a_i\varphi_{T_i^2}(\xi)$. Aus der Definition folgen unmittelbar die Regeln

$$\varphi_{C_1^2+C_2^2}(\xi)=\varphi_{C_1^2}(\xi)+\varphi_{C_2^2}(\xi),\qquad \varphi_{-C^2}(\xi)=-\varphi_{C^2}(\xi), \tag{1}$$

sowie die Berechtigung von

$$(1') \qquad \varphi_0(\xi) = 0.$$

2. Betrachten wir eine affine Abbildung eines orientierten Tetraeders T^3 auf das Dreieck τ^2: Wenn τ^2 durch das Bild von T^3 bedeckt wird, wenn dieses Bild also nicht lediglich aus einer Seite oder Ecke von τ^2 besteht, so werden genau zwei Seitendreiecke T_1^2, T_2^2 von T^3 eineindeutig-affin auf τ^2 abgebildet; gibt man ihnen die durch die Orientierung von T^3 in bekannter Weise bestimmte Randorientierung, so wird eines von ihnen, etwa T_1^2, im positiven, das andere, T_2^2, im negativen Sinne abgebildet. Die Originalmenge des Punktes ξ ist eine Strecke, deren Endpunkte auf T_1^2 und T_2^2 liegen; diese Strecke, mit der von T_2^2 nach T_1^2 weisenden Richtung versehen, nennen wir $\varphi_{T^3}(\xi)$. Wenn wir immer unter $\dot{C}$, $\dot{T}$, $\dot{\varphi}, \ldots$ die Ränder von $C, T, \varphi \ldots$ verstehen (im algebraisch-kombinatorischen Sinne), so hat diese Festsetzung die Gültigkeit von

$$(2) \qquad \dot{\varphi}_{T^3}(\xi) = \varphi_{\dot{T}^3}(\xi)$$

zur Folge, wobei $\varphi_{\dot{T}^3}(\xi)$ nach den unter 1. gegebenen Vorschriften zu bilden ist. Wird τ^2 durch das Bild von T^3 nicht bedeckt, so setzen wir $\varphi_{T^3}(\xi) = 0$, und auch dann gilt (2) in Hinblick auf (1'). Liegt nicht nur eine affine Abbildung eines einzelnen T^3 auf τ^2, sondern eine simpliziale Abbildung eines dreidimensionalen Komplexes $C^3 = \sum a_i T_i^3$, den wir uns etwa wieder als Teil eines beliebigen Komplexes A denken können, auf den τ^2 enthaltenden Komplex Γ^2 vor, so definieren wir als Originalkomplex von ξ: $\varphi_{C^3}(\xi) = \sum a_i \varphi_{T_i^3}(\xi)$. Analog zu (1) und (1') gelten die Regeln

$$(3) \qquad \varphi_{C_1^3 + C_2^3}(\xi) = \varphi_{C_1^3}(\xi) + \varphi_{C_2^3}(\xi), \qquad \varphi_{-C^3}(\xi) = -\varphi_{C^3}(\xi),$$

$$(3') \qquad \varphi_0(\xi) = 0.$$

Ferner folgt aus (2) und (1) leicht

$$(4) \qquad \dot{\varphi}_{C^3}(\xi) = \varphi_{\dot{C}^3}(\xi).$$

Hiernach und nach (1') ist $\varphi_{C^3}(\xi)$ ein Zyklus, wenn C^3 ein Zyklus ist.

3. Bei einer affinen Abbildung eines vierdimensionalen Simplexes T^4 auf τ^2 ist, falls τ^2 durch das Bild bedeckt wird, die Originalmenge von ξ eine zweidimensionale ebene Zelle E^2; ihr Rand ist ein einfach geschlossenes Polygon, dessen Seiten die von 0 verschiedenen $\varphi_{T_i^3}(\xi)$ sind, wobei wir mit T_i^3 die Randtetraeder von T^4 bezeichnen. Da $\dot{T}^4 = \sum T_i^3$ ein Zyklus ist, ist nach der Schlußbemerkung von 2. auch $\varphi_{\dot{T}^4}(\xi) = \sum \varphi_{T_i^3}(\xi)$ ein Zyklus, und dieser Zyklus liegt auf dem Randpolygon von E^2; daher ist, wenn wir unter P dieses Polygon in einer bestimmten Durchlaufungs-

richtung verstehen, $\varphi_{\dot{T}^4}(\xi)$ ein Vielfaches von P; nun kommt aber in $\varphi_{\dot{T}^4}(\xi)$ jede Seite nur einmal vor, da in $\dot{T}^4$ jedes T_i^3 nur einmal vorkommt; daher ist $\varphi_{\dot{T}^4}(\xi) = \pm P$. Mithin läßt sich E^2 auf eine und nur eine Weise so orientieren, daß $\dot{E}^2 = \varphi_{\dot{T}^4}(\xi)$ wird. Die so orientierte Zelle E^2 nennen wir $\varphi_{T^4}(\xi)$; dann gilt

$$\dot{\varphi}_{T^4}(\xi) = \varphi_{\dot{T}^4}(\xi). \tag{5}$$

Wenn τ^2 durch das Bild von T^4 nicht bedeckt wird, so setzen wir wieder $\varphi_{T^4}(\xi) = 0$; ferner definieren wir für die Abbildung eines vierdimensionalen Komplexes $C^4 = \sum a_i T_i^4$: $\varphi_{C^4}(\xi) = \sum a_i \varphi_{T_i^4}(\xi)$. Dann ergibt sich aus (5) analog zu (4)

$$\dot{\varphi}_{C^4}(\xi) = \varphi_{\dot{C}^4}(\xi). \tag{6}$$

Die Verallgemeinerung dieser Betrachtungen auf beliebige Dimensionszahlen liegt auf der Hand, spielt aber für diese Arbeit keine Rolle.

4. Wir kehren zu dem in 2. behandelten Fall der Abbildung eines dreidimensionalen Komplexes C^3 auf Γ^2 zurück, setzen jetzt aber voraus, daß $C^3 = M^3$ eine geschlossene orientierbare Mannigfaltigkeit ist. Dann ist zunächst wegen der Geschlossenheit von M^3 nach der Schlußbemerkung von 2. $\varphi_{M^3}(\xi)$ ein eindimensionaler orientierter Zyklus Z^1; da in M^3 jedes Dreieck T_i^2 auf genau zwei Tetraedern liegt, stoßen in einer Ecke von Z^1 stets genau zwei Kanten zusammen; mithin besteht Z^1 aus einer Anzahl zueinander fremder, einfach gesschlossener Polygone, von denen jedes mit einer bestimmten Durchlaufungsrichtung versehen ist. Ist T^2 ein orientiertes Dreieck der (fest gegebenen) Triangulation von M^3, das mit Z^1 einen Punkt gemeinsam hat, so hat es nur diesen einen Punkt mit Z^1 gemeinsam und wird in ihm von Z^1 geschnitten; dies folgt unmittelbar aus der Definition von $Z^1 = \varphi_{M^3}(\xi)$. Der Schnitt ist nach einer bekannten Regel mit einem Vorzeichen zu versehen, und zwar kann man diese Regel so aussprechen: T^2 liegt auf zwei Tetraedern, beide sind durch die Orientierung von M^3 orientiert, die durch sie bewirkten Randorientierungen sind auf T^2 einander entgegengesetzt, für eines von ihnen, T_1^3, stimmt sie mit der vorgegebenen Orientierung von T^2 überein; der Schnitt von Z^1 mit T^2 ist positiv oder negativ zu zählen, je nachdem Z^1 durch T^2 aus T_1^3 aus- oder in T_1^3 eintritt. Diese Regel und die in 2 gegebene Orientierungsvorschrift für $\varphi_{T^3}(\xi)$ zeigen, daß der Schnitt dasselbe Vorzeichen erhält wie die Abbildung von T^2 auf τ^2; da überdies dann und nur dann ein Schnitt von Z^1 mit T^2 vorliegt, wenn τ^2 durch das Bild von T^2 bedeckt wird, ist allgemein die Schnittzahl von Z^1 mit einem beliebigen T^2 gleich dem Grade, mit dem T^2 auf τ^2 abgebildet

wird; durch Addition mehrerer T_i^2 folgt hieraus: *Die Schnittzahl von $\varphi_{M^3}(\xi)$ mit einem in M^3 liegenden Komplex $C^2 = \sum a_i T_i^2$ ist gleich dem Grade der gegebenen Abbildung von C^2 im Punkte ξ.*[6])

§ 2.

Die Definition von γ für simpliziale Abbildungen der S^3 auf die S^2.

1. Wir betrachten eine simpliziale Abbildung der dreidimensionalen Sphäre S^3 auf die zweidimensionale Kugelfläche S^2. τ^2 sei ein Dreieck der zugrunde gelegten Triangulation von S^2, ξ ein innerer Punkt von τ^2, $\varphi(\xi) = \varphi_{S^3}(\xi)$ sein Originalzyklus. $\varphi(\xi)$ ist, wie jeder eindimensionale Zyklus in S^3, homolog 0, d. h. es gibt zweidimensionale Komplexe K^2 mit $\dot{K}^2 = \varphi(\xi)$. Da $\varphi(\xi)$ nicht aus Kanten der in S^3 zugrunde gelegten Triangulation besteht, kann auch K^2 nicht aus Dreiecken dieser Triangulation bestehen; die folgende Wahl von K^2 ist für das Weitere zweckmäßig:

T^3 sei ein Tetraeder der Triangulation, dessen Bild τ^2 bedeckt, das also eine Strecke von $\varphi(\xi)$ enthält; a, b seien deren Anfangs- und Endpunkt, e sei eine der beiden Ecken, die das a enthaltende Dreieck mit dem b enthaltenden gemeinsam hat; ersetzen wir die Strecke ab durch das Streckenpaar aeb, und tun wir das Analoge in jedem T^3, das eine Strecke von $\varphi(\xi)$ enthält, so ersetzen wir $\varphi(\xi)$ durch einen Zyklus X^1 derart, daß X^1 auf Dreiecken der Triangulation verläuft und zusammen mit $\varphi(\xi)$ den aus den Dreiecken aeb gebildeten Komplex berandet; wir ersetzen nun weiter immer die in einem Dreieck verlaufenden Streckenpaare $e'ae, ebe'', \ldots$ (wobei die $e', e'', \ldots$ Ecken sind) durch die Kanten $e'e, ee'', \ldots$, die auch in Punkte entarten können; diese Kanten bilden einen Zyklus Y^1; er berandet zusammen mit $\varphi(\xi)$ den Komplex K_1^2, der aus den Dreiecken $aeb, \ldots$ und aus den Dreiecken $e'ae, \ldots$ besteht und somit ganz in den Komplex derjenigen T^3 liegt, deren Bilder τ^2 bedecken. Ferner berandet Y^1 selbst, da er aus Kanten der Triangulation besteht und homolog 0 ist, einen aus Dreiecken der Triangulation bestehenden Komplex K_2^2; $K^2 - K_1^2 + K_2^2$ ist ein von $\varphi(\xi)$ berandeter Komplex, wie wir ihn benutzen wollen.

2. Durch die simpliziale Abbildung f wird jedes Dreieck von K_2^2 affin auf ein Dreieck, eine Seite oder eine Ecke der Triangulation von S^2 abgebildet; K_1^2 besteht, in der oben benutzten Bezeichnung, aus Dreiecken der Art aeb und aus Dreiecken der Art $e'ae$; die der ersten Art werden durch f auf die Strecken $\xi\varepsilon$ abgebildet, wobei $\varepsilon = f(e)$ Ecke von τ^2 ist, die der zweiten Art auf die (eventuell in Strecken entarteten) Dreiecke $\varepsilon'\xi\varepsilon$,

[6]) Bezüglich der Umkehrungsabbildung φ vergleiche man auch den § 3 meiner Arbeit: „Zur Algebra der Abbildungen von Mannigfaltigkeiten", Journal f. d. reine u. angew. Math. (Crelle) **163** (1930), S. 71–88.

wobei auch $\varepsilon' = f(e')$ Ecke von τ^2 ist. Wenn wir daher τ^2 dadurch unterteilen, daß wir ξ mit den Ecken verbinden, so ist in bezug auf die so entstandene Triangulation die Abbildung $f(K^2)$ simplizial im gewöhnlichen Sinne, d. h. sie bildet jedes Dreieck von K^2 affin auf ein Dreieck, eine Seite oder eine Ecke der triangulierten S^2 ab.

Nun ist bei einer simplizialen Abbildung das Bild des Randes eines Komplexes stets mit dem Rand von dessen Bild identisch [7]); der Rand des zweidimensionalen Bildkomplexes $f(K^2)$ besteht daher nur aus dem Punkt ξ, ist also gleich 0 zu setzen, d. h. $f(K^2)$ ist ein auf S^2 liegender zweidimensionaler Zyklus; er ist mithin ein Vielfaches der S^2, da es andere zweidimensionale Zyklen auf ihr nicht gibt: $f(K^2) = \gamma \cdot S^2$. Mit anderen Worten: Der in den von dem Randbild ξ verschiedenen Punkten von S^2 definierte Grad der Abbildung $f(K^2)$ hat in allen diesen Punkten denselben Wert γ.

3. Dieser Grad γ hängt nicht von dem speziell gewählten K^2, sondern nur von dem Rande $\varphi(\xi)$ ab. Ist nämlich $\overline{K}^2$ ein beliebiger von $\varphi(\xi)$ berandeter Komplex, so ist $Z^2 = K^2 - \overline{K}^2$ ein zweidimensionaler Zyklus, ein solcher ist in S^3 immer homolog 0, also ist auch sein Bild $f(Z^2) \sim 0$, d. h. $= 0$ in S^2; dies bedeutet $f(\overline{K}^2) = f(K^2) = \gamma \cdot S^2$.

4. Die Größe $\gamma = \gamma_\xi$ ist somit allein durch den Punkt ξ bestimmt; sie ist aber sogar von der Wahl dieses Punktes unabhängig.

Ist nämlich η innerer Punkt eines von τ^2 verschiedenen Dreiecks von S^2, so ist nach § 1, 4. γ_ξ die *Schnittzahl* $(K^2 \cdot \varphi(\eta))$ des von $\varphi(\xi)$ berandeten Komplexes K^2 mit $\varphi(\eta)$, also die *Verschlingungszahl* der Zyklen $\varphi(\xi)$ und $\varphi(\eta)$. Die Verschlingungszahl zweier eindimensionaler Zyklen in S^3 ist aber symmetrisch in bezug auf die beiden Zyklen [8]); in unserem Fall ist also γ_ξ zugleich die Schnittzahl eines von $\varphi(\eta)$ berandeten Komplexes L^2 mit $\varphi(\xi)$; diese Schnittzahl ist γ_η, ebenso wie γ_ξ die Schnittzahl von K^2 mit $\varphi(\eta)$ ist; folglich ist $\gamma_\eta = \gamma_\xi$. Hierbei haben wir vorausgesetzt, daß η nicht in τ^2 liegt; ist aber ζ ein beliebiger Punkt aus τ^2, so folgt ebenso $\gamma_\eta = \gamma_\zeta$, also $\gamma_\zeta = \gamma_\xi$.

---

[7]) Man verifiziert diese Behauptung erst für ein einzelnes Simplex und beweist sie dann allgemein durch Addition mehrerer Simplexe.

[8]) Beweis. Es sei $\dot{K}^2 = \varphi(\xi)$, $\dot{L}^2 = \varphi(\eta)$, K^2 und L^2 seien zueinander in allgemeiner Lage; dann schneiden sie sich in einem Streckenkomplex C^1, dessen Rand bei richtiger Bestimmung der Vorzeichen $\dot{C}^1 = K^2 \cdot \varphi(\eta) - \varphi(\xi) \cdot \dot{L}^2$ ist; daher ist $K^2 \cdot \varphi(\eta) \sim \varphi(\xi) \cdot L^2$, wobei $K^2 \cdot \varphi(\eta)$ und $\varphi(\xi) \cdot L^2$ die nulldimensionalen Schnitte der in Frage kommenden Komplexe sind. Daher sind die Schnittzahlen $(K^2 \cdot \varphi(\eta))$ und $(\varphi(\xi) \cdot L^2) = (L^2 \cdot \varphi(\xi))$ einander gleich. (Wegen der vorkommenden Vorzeichenbestimmung der Schnitte und Ränder vgl. man etwa: B. L. van der Waerden, Topologische Begründung des Kalküls der abzählenden Geometrie, Math. Annalen **102** (1929), S. 337—362, besonders § 3.) Siehe auch Brouwer, wie unter [3]).

5. Damit ist die Unabhängigkeit der Größe γ von ξ allgemein gezeigt; zugleich hat sich die Deutung von γ als Verschlingungszahl von $\varphi(\xi)$ und $\varphi(\eta)$ unter der Voraussetzung ergeben, daß ξ und η verschiedenen Dreiecken angehören. Es ist leicht zu sehen, daß diese Voraussetzung unwesentlich ist. Liegen nämlich ξ und η in demselben Dreieck τ^2, so wähle man in τ^2 einen Punkt δ so, daß bei der Unterteilung von τ^2 in drei Dreiecke, die durch Verbindung von δ mit den Ecken von τ^2 entsteht, ξ und η im Inneren verschiedener Dreiecke liegen. Diese Unterteilung übertrage man auf jedes Dreieck T^2 der Triangulation von S^3, das durch f eineindeutig-affin auf τ^2 abgebildet wird; man wähle ferner in jedem Tetraeder T^3, dessen Bild τ^2 bedeckt, auf dem also zwei T^2 der eben genannten Art liegen, auf der zu $\varphi(\delta)$ gehörigen Strecke einen Punkt und verbinde ihn mit den Ecken und Kanten des untergeteilten Randes von T^3; es entsteht eine Verfeinerung der ursprünglichen Triangulation von S^3; die alte Abbildung f ist auch bezüglich der neuen Triangulationen von S^3 und S^2 simplizial; ξ und η liegen jetzt aber in verschiedenen Dreiecken, es folgt also ebenso wie früher, daß $\gamma = \gamma_\xi$ die Verschlingungszahl von $\varphi(\xi)$ und $\varphi(\eta)$ ist.

6. Das Ergebnis ist: *Zu jeder simplizialen Abbildung f der S^3 auf die S^2 gehört eine ganze Zahl $\gamma = \gamma(f)$, die sich auf folgende beiden Weisen erklären läßt: sie ist der Grad, mit dem ein beliebiger, von dem Originalzyklus eines beliebigen Punktes berandeter zweidimensionaler Komplex abgebildet wird; sie ist zugleich die Verschlingungszahl der Originalzyklen zweier beliebiger Punkte.* Dabei ist die einzige Einschränkung, der die „beliebigen" Punkte unterworfen sind, die schon für die Definition der Originalzyklen notwendige Bedingung, daß sie im Inneren von Dreiecken der Triangulation von S^2 liegen.

§ 3.

Die Konstanz von γ in der Abbildungsklasse.

1. Wir haben zunächst einige allgemeine Bemerkungen über „simpliziale Approximationen" zu machen[9]).

Unter dem „Stern" $s(e)$ eines Eckpunktes e in einem Komplex C verstehen wir die Menge derjenigen Punkte x, die die Eigenschaft haben, daß jedes x enthaltende Simplex (beliebiger Dimension) von C den Eckpunkt e hat. $s(e)$ besteht also, wie man leicht sieht, aus allen e enthaltenden i-dimensionalen Simplexen ($i = 1, 2, \ldots$), wenn man aus jedem von ihnen das e gegenüberliegende $(i-1)$-dimensionale Randsimplex wegläßt.

---

[9]) Siehe Nr. 5 und 6 der unter [4]) zitierten Arbeit von Alexander.

C und Γ seien zwei Komplexe; Simplexe, Ecken, Sterne in C bzw. Γ bezeichnen wir mit T, e, s bzw. τ, ε, σ. f sei eine Abbildung von C auf Γ; eine simpliziale Abbildung g von C auf Γ heißt eine „simpliziale Approximation“, genauer: eine „simpliziale Approximation bezüglich der T- und τ-Triangulationen“ oder kurz: eine „simpliziale T-τ-Approximation“ von f, wenn ihr die T- und τ-Triangulationen zugrunde liegen und wenn für jeden Eckpunkt e von C

(1) $$f(s(e)) \subset \sigma(g(e))$$

ist.

x sei ein Punkt von C, T_0 das Simplex niedrigster Dimension, dem er angehört, e eine Ecke von T_0; dann ist $x \subset s(e)$, also nach (1) $f(x) \subset \sigma(g(e))$. Demnach ist $g(e)$ Ecke jedes Simplexes τ von Γ, dem $f(x)$ angehört, und da g simplizial ist, ist $g(T_0) \subset \tau$. Mithin gehören $f(x)$ und $g(x)$ einem Simplex τ an, wodurch die Bezeichnung „Approximation“ gerechtfertigt ist, und woraus die Zugehörigkeit von f und g zu einer Klasse folgt: die Punkte $f(x)$ können geradlinig auf Γ in die Punkte $g(x)$ wandern.

Der Wert dieser Begriffsbildungen besteht in der Gültigkeit des folgenden Approximationssatzes: „Ist f eine Abbildung von C auf Γ, und sind diese Komplexe in T- bzw. τ-Triangulationen gegeben, so gibt es eine simpliziale $\overline{T}$-τ-Approximation von f, wobei die $\overline{T}$-Triangulation eine hinreichend feine Unterteilung der T-Triangulation ist.“ Da man von vornherein die τ-Triangulation von Γ beliebig fein wählen kann, so ist hierin mit Rücksicht auf den vorigen Absatz die Tatsache enthalten, daß sich f beliebig gut simplizial approximieren läßt. Ferner ist das Vorhandensein simplizialer $\overline{T}$-τ-Abbildungen in jeder Klasse festgestellt.

2. Es sei jetzt f selbst simplizial in bezug auf die T- und τ-Triangulation. $\bar{f}$ sei eine simpliziale $\overline{T}$-$\bar{\tau}$-Approximation von f, wobei die $\overline{T}$ bzw. $\bar{\tau}$ Unterteilungen der T bzw. τ sind. Wir behaupten, daß für jedes Simplex T^i der T-Triangulation

(2) $$\bar{f}(T^i) = f(T^i)$$

ist; und zwar gilt (2) nicht nur im mengentheoretischen Sinne, insofern das Zusammenfallen der durch $\bar{f}$ und f gelieferten Bildpunktmengen von T^i behauptet wird, sondern auch in folgendem algebraischen Sinne: wenn $f(T^i)$ nicht entartet, sondern ein i-dimensionales Simplex τ^i ist, so gilt $\bar{f}(T^i) = f(T^i) = \pm \tau^i$ im Sinne der algebraischen Topologie, wobei T^i und τ^i als aus Simplexen $\overline{T}$ und $\bar{\tau}$ zusammengesetzte Komplexe aufzufassen sind.

Beweis. Simplexe, Ecken, Sterne der $\overline{T}$- bzw. $\bar{\tau}$-Triangulation werden mit $\overline{T}$, $\bar{e}$, $\bar{s}$ bzw. $\bar{\tau}$, $\bar{\varepsilon}$, $\bar{\sigma}$ bezeichnet. (1) lautet dann

(1′) $$f(\bar{s}(\bar{e})) \subset \bar{\sigma}(\bar{f}(\bar{e})).$$

Ist $\bar{e} \subset T^i$, so ist auch $f(\bar{e}) \subset f(T^i) = \tau^j$ $(j \leqq i)$ und

(3) $$f(\bar{e}) \subset \bar{\tau},$$

wobei $\bar{\tau}$ ein gewisses Teilsimplex von τ^j ist. Andererseits ist $\bar{e} \subset \bar{s}(\bar{e})$, also auch $f(\bar{e}) \subset f(\bar{s}(\bar{e}))$, mithin nach (1')

(4) $$f(\bar{e}) \subset \bar{\sigma}(\bar{f}(\bar{e})).$$

Auf Grund der Definition des „Sternes" ist nach (3) und (4) der Punkt $\bar{f}(\bar{e})$ Ecke von $\bar{\tau}$, also in $\tau^j = f(T^i)$ enthalten. Da dies für jeden in T^i enthaltenen $\bar{e}$ gilt, ist

(5) $$\bar{f}(T^i) \subset f(T^i).$$

Für den Beweis von (2) können wir uns jetzt auf den Fall beschränken, daß $f(T^i)$ nicht entartet, daß also, in der eben benutzten Bezeichnung, $j = i$ ist; denn im Fall $j < i$ besitzt T^i ein j-dimensionales Randsimplex T^j, daß ohne Entartung auf $\tau^j = f(T^i)$ abgebildet wird; hierin und in (5) ist dann (2) enthalten. Wir werden also (2) für $j = i$ beweisen, und zwar gleich in dem oben ausgesprochenen algebraischen Sinne.

Für $i = 0$ ist die Behauptung bereits durch (5) bewiesen; sie sei für die Dimensionszahl $i - 1$ bewiesen. Dann gilt sie für jedes $(i-1)$-dimensionale Randsimplex von T^i, also auch für den ganzen Rand $\dot{T}^i$; d. h. es ist $\bar{f}(\dot{T}^i) = f(\dot{T}^i)$. Da bei jeder simplizialen Abbildung das Bild des Randes mit dem Rand des Bildes identisch ist (im algebraischen Sinne)[7], ist daher auch

(6) $$(\bar{f}(T^i))^{\cdot} = (f(T^i))^{\cdot}.$$

Nach (5) liegt der Komplex $\bar{f}(T^i)$ in dem Simplex τ^i, welches gleich $\pm f(T^i)$ ist; nach (6) ist daher $\bar{f}(T^i) - f(T^i)$ ein in τ^i liegender i-dimensionaler Zyklus; dieser muß, da τ^i ein i-dimensionales Simplex $(i > 0)$ ist, identisch 0 sein; d. h. es ist $\bar{f}(T^i) = f(T^i)$, w. z. b. w.

3. Wir betrachten jetzt wieder simpliziale Abbildungen der S^3 auf die S^2; es gelten die Bezeichnungen des Abschnitts 2, insbesondere sei also $\bar{f}$ eine simpliziale Approximation der simplizialen Abbildung f. Wir behaupten:

$$\gamma(\bar{f}) = \gamma(f).$$

Beweis. ξ sei innerer Punkt eines $\bar{\tau}^2$; dann ist er auch innerer Punkt eines τ^2, seine Originalzyklen $\varphi(\xi)$ und $\bar{\varphi}(\xi)$ bezüglich der Abbildungen f bzw. $\bar{f}$ sind also definiert; η sei innerer Punkt eines $\bar{\tau}_1^2$, und das τ_1^2, von dem $\bar{\tau}_1^2$ ein Teil ist, sei von τ^2 verschieden; auch $\varphi(\eta)$ und $\bar{\varphi}(\eta)$ sind definiert. Die Behauptung ist, daß $\bar{\varphi}(\xi)$ und $\bar{\varphi}(\eta)$ dieselbe Verschlingungszahl haben wie $\varphi(\xi)$ und $\varphi(\eta)$. Wir werden sie dadurch beweisen, daß wir die Existenz zweier Komplexe X^2 und Y^2 nachweisen, so daß X^2

zu $\varphi(\eta)$ und $\overline{\varphi}(\eta)$, Y^2 zu $\varphi(\xi)$ und $\overline{\varphi}(\xi)$ fremd und daß

$$(7\text{x}) \qquad \dot{X}^2 = \varphi(\xi) - \overline{\varphi}(\xi),$$

$$(7\text{y}) \qquad \dot{Y}^2 = \varphi(\eta) - \overline{\varphi}(\eta)$$

ist; dann folgt nämlich aus (7x) und der Fremdheit von X^2 mit $\varphi(\eta)$, daß, wenn wir die Verschlingungszahlen immer mit V bezeichnen, $V(\varphi(\xi), \varphi(\eta)) = V(\overline{\varphi}(\xi), \varphi(\eta))$ ist[10]); aus (7y) und der Fremdheit von Y^2 mit $\overline{\varphi}(\xi)$ folgt ebenso $V(\overline{\varphi}(\xi), \varphi(\eta)) = V(\overline{\varphi}(\xi), \overline{\varphi}(\eta))$, also die Behauptung $V(\varphi(\xi), \varphi(\eta)) = V(\overline{\varphi}(\xi)), \overline{\varphi}(\eta))$. Da ξ und η ganz symmetrisch auftreten, genügt der Nachweis der Existenz von X^2.

Nach Abschnitt 2 werden durch $\overline{f}$ dieselben T^3 auf τ^2 abgebildet wie durch f; sie bilden einen Komplex X^3; in ihm liegt sowohl $\varphi(\xi)$ wie $\overline{\varphi}(\xi)$. X^3 hat mit dem Komplex Y^3 der durch f und $\overline{f}$ auf τ_1^2 abgebildeten Tetraeder kein T^3 gemeinsam, und da $\varphi(\eta)$ und $\overline{\varphi}(\eta)$ in Y^3 liegen, ist unsere Aufgabe gelöst, wenn wir gezeigt haben, daß $\varphi(\xi)$ und $\overline{\varphi}(\xi)$ zusammen in X^3 einen X^2 beranden, d. h. daß $\varphi(\xi) \sim \overline{\varphi}(\xi)$ in X^3 ist.

Ein durch f eineindeutig auf τ^2 abgebildetes T^2 wird durch $\overline{f}$ zwar nicht eineindeutig, aber nach 2. mit demselben Grade $+1$ oder -1 auf τ^2 abgebildet wie durch f. Nach § 1, 4. haben daher $\varphi(\xi)$ und $\overline{\varphi}(\xi)$ dieselbe Schnittzahl mit T^2; anders ausgedrückt: der Zyklus $Z^1 = \varphi(\xi) - \overline{\varphi}(\xi)$ hat mit jedem zu X^3 gehörigen T^2 die Schnittzahl 0; wir werden zeigen — und damit wird unsere Behauptung bewiesen sein —, daß jeder in X^3 liegende Zyklus Z^1, der mit jedem zu X^3 gehörigen T^2 die Schnittzahl 0 hat, homolog 0 in X^3 ist.

Ein derartiger Z^1 habe mit einem T^2 einen Schnittpunkt a, der bei einer fest gewählten Orientierung von T^2 positiv zu zählen sei; dann hat Z^1, da seine gesamte Schnittzahl mit T^2 0 ist, noch einen zweiten Schnittpunkt b mit T^2, und dieser ist negativ zu zählen. Sind T_1^3, T_2^3 die beiden Tetraeder, auf denen T^2 liegt, und a_1, a_2, b_1, b_2 Punkte, die nahe bei a bzw. b in T_1^3 bzw. T_2^3 auf Z^1 liegen, und ist $a_1 a a_2$ die positive Richtung von Z^1 beim Durchschreiten von a, so ist $b_2 b b_1$ seine positive Richtung beim Durchschreiten von b. Wir verbinden nun a_1 in T_1^3 geradlinig mit b_1 und a_2 in T_2^3 geradlinig mit b_2 und bezeichnen das geschlossene, gerichtete Polygon $a_1 a a_2 b_2 b b_1 a_1$ mit P^1; es ist homolog 0 in $T_1^3 + T_2^3$, also in X^3; daher ist $Z_1^1 = Z^1 - P^1 \sim Z^1$ in X^3; dieser Zyklus Z_1^1 enthält a und b nicht, er hat also zwei Schnittpunkte mit den T^2 weniger als Z^1, und seine Schnittzahl mit jedem einzelnen T^2 ist 0, ebenso wie sie es

---

[10]) Denn ist $\dot{K}^2 = \varphi(\xi)$, so ist $(K^2 - X^2)^{\cdot} = \overline{\varphi}(\xi)$, und K^2 hat dieselben Schnittpunkte mit $\varphi(\eta)$ wie $K^2 - X^2$.

für Z^1 ist. Ebenso wie wir von Z^1 zu Z_1^1 übergegangen sind, können wir weiter zu einem Z_2^1 übergehen, der $\sim Z_1^1 \sim Z^1$ in X^3 ist, wieder zwei Schnittpunkte weniger und mit jedem einzelnen T^2 die Schnittzahl 0 hat. So gelangen wir schließlich zu einem Z_n^1, der $\sim Z^1$ in X^3 und fremd zu allen T^2 ist; er besteht also aus einer Anzahl zueinander fremder Zyklen, von denen jeder im Inneren eines T^3 liegt, also ~ 0 in T^3 und a fortiori in X^3 ist; mithin ist auch $Z^1 \sim Z_n^1 \sim 0$ in X^3.

4. Wenn im folgenden zwei verschiedene Triangulationen der S^3 vorkommen, so wird immer vorausgesetzt, daß es eine dritte Triangulation gibt, die eine gemeinsame Unterteilung der beiden ist; das gleiche gilt für die S^2. Wir nehmen also an, daß zunächst je eine Triangulation der S^3 und der S^2 gegeben ist und daß alle die und nur die Triangulationen der S^3 bzw. S^2 zugelassen sind, die mit den ursprünglichen eine Unterteilung gemeinsam haben. Wenn mehrere simpliziale Abbildungen der S^3 auf die S^2 betrachtet werden, so sollen die ihnen zugrunde gelegten Triangulationen in dieser Weise miteinander zusammenhängen.

Satz. Für zwei zu einer Abbildungsklasse gehörige simpliziale Abbildungen f_1, f_2 der S^3 auf die S^2 ist $\gamma(f_1) = \gamma(f_2)$.

Beweis. Da f_1 und f_2 zu einer Klasse gehören, gibt es eine sie enthaltende, von dem Parameter r für $1 \leqq r \leqq 2$ stetig abhängende Schar von Abbildungen f_r der S^3 auf die S^2. C^4 sei das topologische Produkt der S^3 mit einer Strecke, deren Koordinate r von 1 bis 2 läuft; wir können uns C^4 im vierdimensionalen Raum durch das von zwei konzentrischen Kugeln S_1^3 und S_2^3 begrenzte Raumstück realisieren, wobei S_1^3 und S_2^3 die Radien 1 und 2 haben. Ist x ein Punkt von S^3 und $1 \leqq r \leqq 2$, so gibt es einen Punkt von C^4, der mit (x, r) zu bezeichnen ist; durch $F((x, r)) = f_r(x)$ wird eine Abbildung F von C^4 auf S^2 erklärt, die auf S_1^3 bzw. S_2^3 mit f_1 bzw. f_2 übereinstimmt.

F' sei eine simpliziale Approximation von F; die ihr zugrunde gelegte Triangulation von C^4 sei folgendermaßen hergestellt: Eine Triangulation der S^3, die eine gemeinsame Unterteilung der f_1 und f_2 zugrunde gelegten Triangulationen ist, sei auf S_1^3 und S_2^3 eingetragen; durch Produktbildung der Simplexe dieser Triangulation mit der r-Strecke entsteht eine Einteilung von C^4 in „Prismen“, die sich zu einer simplizialen Triangulation verfeinern läßt; diese oder eine Unterteilung von ihr sei F' zugrunde gelegt. Dadurch ist man auf S_1^3 und S_2^3 zu Unterteilungen der ursprünglichen Triangulationen übergegangen, und F' stellt auf S_1^3 bzw. S_2^3 simpliziale Approximationen f_1' bzw. f_2' von f_1 bzw. f_2 dar. Nach 3. ist $\gamma(f_1') = \gamma(f_1)$ und $\gamma(f_2') = \gamma(f_2)$; wir haben daher zu zeigen, daß $\gamma(f_1') = \gamma(f_2')$ ist.

Die Originalkomplexe eines Punktes ξ der S^2 bei den Abbildungen F', f_1' bzw. f_2' haben wir nach den Vorschriften des § 1 mit $\varphi_{C^4}(\xi)$, $\varphi_{S_1^3}(\xi)$ bzw. $\varphi_{S_2^3}(\xi)$ zu bezeichnen. Da $\dot{C}^4 = S_2^3 - S_1^3$ ist, ist nach § 1, Gl. (6) und (3) $\dot{\varphi}_{C^4}(\xi) = \varphi_{S_2^3}(\xi) - \varphi_{S_1^3}(\xi)$. Daher ist, wenn K_1^2, K_2^2 Komplexe in S_1^3 bzw. S_2^3 mit $\dot{K}_1^2 = \varphi_{S_1^3}(\xi)$, $\dot{K}_2^2 = \varphi_{S_2^3}(\xi)$ sind, $K_2^2 - \varphi_{C^4}(\xi) - K_1^2 = Z^2$ ein Zyklus. Z^2 ist, wie jeder Zyklus in C^4, einem Zyklus in S_1^3 homolog, nämlich der „Projektion" Z_1^2 von Z^2 auf S_1^3, die entsteht, indem man jeden Punkt (x, r) von Z^2 durch den Punkt $(x, 1)$ ersetzt. Aus $Z^2 \sim Z_1^2$ folgt $F'(Z^2) \sim F'(Z_1^2)$, d. h. $F'(Z^2) = F'(Z_1^2)$ in S^2. Da $Z_1^2 \sim 0$ in S_1^3 ist, ist $F'(Z_1^2) = f_1'(Z_1^2) \sim 0$, d. h. $= 0$ in S^2; mithin ist auch $F'(Z^2) = 0$, also $F'(K_2^2) - F'(\varphi_{C^4}(\xi)) - F'(K_1^2) = f_2'(K_2^2) - f_1'(K_1^2) - F'(\varphi_{C^4}(\xi)) = 0$. Nun wird aber $\varphi_{C^4}(\xi)$ durch F' auf den Punkt ξ abgebildet, es ist also $F'(\varphi_{C^4}(\xi)) = 0$, mithin $f_1'(K_1^2) = f_2'(K_2^2)$, d. h. $\gamma(f_1') = \gamma(f_2')$.

5. Jede Klasse von Abbildungen der S^3 auf die S^2 enthält nach 1. simpliziale Abbildungen, denen Triangulationen der im Sinne des ersten Absatzes von 4. ausgezeichneten Triangulationssysteme zugrunde liegen. Da nach 4. zu allen simplizialen Abbildungen $\bar{f}$ der Klasse dieselbe Zahl $\gamma(\bar{f})$ gehört, ist γ eine Konstante der Klasse. Damit ist die in der Einleitung ausgesprochene Behauptung IIa bewiesen.

Die Zahl γ muß vorläufig als abhängig von den zugrunde gelegten Triangulationssystemen gelten; dieser Umstand stört aber den Beweis des Satzes II, der ja unser Ziel ist, nicht, und überdies wird sich im nächsten Paragraphen die topologische Invarianz von γ, d. h. die Unabhängigkeit von den Triangulationssystemen, herausstellen.

§ 4.

Eigenschaften von γ.

1. Beweis des Produktsatzes IIb (s. Einleitung). Es gelten die in der Einleitung benutzten Bezeichnungen. Wir dürfen f und g als simplizial annehmen, da c und γ Konstanten der Abbildungsklassen sind und jede Klasse simpliziale Abbildungen enthält. $\varphi(\xi)$ sei der Originalzyklus eines Punktes ξ bei der Abbildung f, $\psi(\xi)$ sein Originalzyklus bei der Abbildung fg. Werden auf ein T^3 von S^3, welches eine Strecke von $\varphi(\xi)$ enthält, p Tetraeder von S_1^3 im positiven, n Tetraeder im negativen Sinne abgebildet, so ist $p - n = c$; auf die in T^3 liegende Strecke von $\varphi(\xi)$ werden dann p bzw. n Strecken von $\psi(\xi)$ im positiven bzw. negativen Sinne abgebildet; umgekehrt ist das Bild jeder Strecke von $\psi(\xi)$ eine — eventuell in einen Punkt entartende — Strecke von $\varphi(\xi)$. Mithin ist

$g(\psi(\xi)) = c \cdot \varphi(\xi)$. Ist $\dot{L}^2 = \psi(\xi)$, $\dot{K}^2 = \varphi(\xi)$, so ist demnach $(g(L^2))^{\cdot} = g(\dot{L}^2) = c\dot{K}^2$, mithin ist $g(L^2) - cK^2$ ein Zyklus in S^3; da das durch f gelieferte Bild eines solchen, wie wir schon mehrere Male sahen, 0 ist, ist $fg(L^2) = c \cdot f(K^2)$, d. h. es ist $\gamma(fg) = c \cdot \gamma(f)$.

2. Beweis des Produktsatzes IIb′. Wir benutzen wieder dieselben Bezeichnungen wie in der Einleitung, und wir nehmen wieder f und h als simplizial an. Die Originalzyklen bei f bzw. hf werden mit φ bzw. ψ bezeichnet. Die Originalpunkte des Punktes ζ von S_1^2 bei h seien die Punkte $\xi_1, \xi_2, \ldots, \xi_p, \eta_1, \eta_2, \ldots, \eta_n$ von S^2, und zwar mögen die Dreiecke, welche die ξ_i enthalten, im positiven, die Dreiecke, welche die η_j enthalten, im negativen Sinne auf das ζ enthaltende Dreieck abgebildet werden. Dann ist $\psi(\zeta) = \sum_i \varphi(\xi_i) - \sum_j \varphi(\eta_j)$; ist $\dot{K}_i^2 = \varphi(\xi_i)$, $\dot{L}_j^2 = \varphi(\eta_j)$, so ist demnach $\left(\sum_i K_i^2 - \sum_j L_j^2\right)^{\cdot} = \psi(\zeta)$ und daher $hf\left(\sum_i K_i^2 - \sum_j L_j^2\right) = \gamma(hf) \cdot S_1^2$. Nun ist aber

$$f(K_i^2) = f(L_j^2) = \gamma(f) \cdot S^2,$$

also

$$f\left(\sum_i K_i^2 - \sum_j L_j^2\right) = (p-n) \cdot \gamma(f) \cdot S^2 = c \cdot \gamma(f) \cdot S^2,$$

und ferner $h(S^2) = c \cdot S_1^2$, also $hf\left(\sum_i K_i^2 - \sum_j L_j^2\right) = c^2 \cdot \gamma(f) \cdot S_1^2$; folglich ist $\gamma(hf) = c^2 \cdot \gamma(f)$.

3. Betrachten wir auf der S^3 neben dem bisher zugrunde gelegten System von Triangulationen ein davon ganz unabhängiges Triangulationssystem, so können wir uns S^3 als in zwei Exemplaren S_1^3 und S_2^3 vorliegend denken, von denen S_1^3 mit dem ersten, S_2^3 mit dem zweiten Triangulationssystem versehen ist; die Koinzidenz auf S^3 vermittelt eine Abbildung g von S_1^3 auf S_2^3, die, da sie eineindeutig ist, unter Zugrundelegung der auf S_1^3 und S_2^3 ausgezeichneten Triangulationen den Grad $+1$ oder -1 hat. Ist f eine Abbildung von S_2^3 auf S^2, so ist fg dieselbe Abbildung von S^3; nur ist, wenn sie mit f bezeichnet wird, das erste, wenn sie mit fg bezeichnet wird, das zweite Triangulationssystem ausgezeichnet, so daß $\gamma(f)$ und $\gamma(fg)$ die Werte von γ sind, die sich für die betrachtete Abbildung der S^3 auf die S^2 unter Zugrundelegung der verschiedenen Triangulationen von S^3 ergeben. Nach IIb ist, da g den Grad ± 1 hat, $\gamma(fg) = \pm\gamma(f)$; das bedeutet, daß $\gamma(f)$, vom Vorzeichen abgesehen, unabhängig von der zugrunde gelegten Triangulation von S^3 ist; das Vorzeichen hängt von der Orientierung von S^3 ab[11]).

---

[11]) Dieser Beweis ist dem Beweis der topologischen Invarianz des Abbildungsgrades analog: L. E. J. Brouwer, Über Jordansche Mannigfaltigkeiten, Math. Annalen **71** (1911), S. 320–327.

Analog verhält es sich auf Grund von IIb′ bezüglich der Triangulationen von S^2; nur ist hier sogar das Vorzeichen von γ unabhängig von Triangulationen und Orientierung, da c in der Aussage des Satzes IIb′ im Quadrat auftritt.

Somit sehen wir: der Betrag von $\gamma(f)$ ist topologisch invariant, d. h. unabhängig von den zugrunde gelegten Triangulationen der S^3 und S^2; das Vorzeichen von γ ändert sich bei Umkehrung der Orientierung der S^3, ist aber unabhängig von der Orientierung der S^2.

4. Schließlich sei noch hervorgehoben, daß für eine topologisch unwesentliche Abbildung stets $\gamma = 0$ ist; denn gehört ein Punkt ξ der S^2 bei einer Abbildung nicht zur Bildmenge, so ist sein Originalzyklus $\varphi(\xi)$ leer, und jeder andere Zyklus hat mit ihm die Verschlingungszahl 0.

§ 5.

Eine Abbildung der S^3 auf die S^2 mit $\gamma = 1$.

Der euklidische R^4 mit den Koordinaten x_1, x_2, x_3, x_4 sei auf den euklidischen R^3 mit den Koordinaten ξ_1, ξ_2, ξ_3 folgendermaßen abgebildet:

$$\begin{gathered}\xi_1 = 2(x_1 x_3 + x_2 x_4), \qquad \xi_2 = 2(x_2 x_3 - x_1 x_4), \\ \xi_3 = x_1^2 + x_2^2 - x_3^2 - x_4^2.\end{gathered} \tag{1}$$

Dann ist

$$\xi_1^2 + \xi_2^2 = 4(x_1^2 + x_2^2)\cdot(x_3^2 + x_4^2),$$

also

$$\xi_1^2 + \xi_2^2 + \xi_3^2 = (x_1^2 + x_2^2 + x_3^2 + x_4^2)^2; \tag{2}$$

die dreidimensionale Kugel mit dem Radius r um den Nullpunkt des R^4 als Mittelpunkt wird somit auf die zweidimensionale Kugel mit dem Radius r^2 um den Nullpunkt des R^3 als Mittelpunkt abgebildet; insbesondere ist die Einheitskugel S^2 des R^3 das Bild der Einheitskugel S^3 des R^4. Diese Abbildung f der S^3 auf die S^2 wollen wir betrachten[12]).

f läßt sich auch folgendermaßen beschreiben: Führt man auf S^2 in der üblichen Weise eine komplexe Variable z ein, indem man die komplexen Zahlen $\xi_1 + i\xi_2$ der Ebene $\xi_3 = 0$ stereographisch von dem Nordpol $\xi_1 = \xi_2 = 0$, $\xi_3 = 1$ der Kugel aus auf diese projiziert, so wird dem Punkt mit den Koordinaten ξ_1, ξ_2, ξ_3 die Zahl

$$z = \frac{\xi_1 + i\xi_2}{1 - \xi_3} \tag{3}$$

[12]) Diese Betrachtung, und somit der Beweis von IIc, ist die einzige Stelle in dieser Arbeit, an der benutzt wird, daß S^2 die Kugel und nicht eine beliebige orientierbare Fläche ist.

zugeordnet, wobei für den Nordpol selbst, für den der Ausdruck (3) unbestimmt wird, $z=\infty$ zu setzen ist. Ersetzt man in (3) ξ_1, ξ_2, ξ_3 aus (1) und berücksichtigt, daß $x_1^2+x_2^2+x_3^2+x_4^2=1$ ist, so ergibt sich

$$z=\frac{x_1+i\,x_2}{x_3+i\,x_4}, \tag{4}$$

und hier spielt der Wert $z=\infty$ keine Ausnahmerolle, da für die Punkte mit $x_3=x_4=0$ auf der S^3 nicht auch $x_1=x_2=0$ sein kann und da diesen Punkten nach (1) der Nordpol $0, 0, 1$ der S^2 entspricht. Mithin ist f durch (4) gegeben, wenn man die S^2 als Riemannsche Zahlkugel auffaßt.

Die Originalmenge des Punktes $0, 0, 1$ besteht, wie wir soeben sahen, aus denjenigen Punkten der S^3, für die $x_3=x_4=0$ ist; für jeden anderen Punkt ξ_1, ξ_2, ξ_3 der S^2 erhält man die Originalmenge durch Gleichsetzen der rechten Seiten von (3) und (4); es ergeben sich die Bedingungen

$$\begin{aligned}(1-\xi_3)\cdot x_1-\xi_1\cdot x_3+\xi_2\cdot x_4&=0,\\(1-\xi_3)\cdot x_2-\xi_2\cdot x_3-\xi_1\cdot x_4&=0.\end{aligned} \tag{5}$$

In jedem Falle ist die Originalmenge eines Punktes der S^2 der Schnitt der S^3 mit dem Schnitt zweier nicht zusammenfallender dreidimensionaler Ebenen durch den Mittelpunkt, also der Schnitt der S^3 mit einer zweidimensionalen Ebene durch den Mittelpunkt, d. h. ein Großkreis [13]).

Wir werden nun zeigen, daß für eine Abbildung f der S^3 auf die S^2, bei welcher die Originalmenge $\Phi(\xi)$ jedes Punktes ξ der S^2 ein Großkreis der S^3 ist, stets $\gamma(f)=\pm 1$ ist; das Vorzeichen hängt natürlich von der Orientierung der S^3 ab.

Eine dreidimensionale und eine zweidimensionale Ebene durch den Mittelpunkt der S^3 schneiden sich, wenn die letztere nicht ganz in der ersteren liegt, in einer Geraden durch den Mittelpunkt; dies bedeutet, wenn man zu den Schnitten mit der S^3 übergeht: eine zweidimensionale Großkugel und ein Großkreis schneiden sich, wenn der Kreis nicht auf der Kugel verläuft, in zwei zueinander diametralen Punkten; folglich wird die Hälfte H einer Großkugel von jedem Großkreis, der fremd zu dem Rand von H ist und daher nicht auf der Großkugel verläuft, stets in genau einem Punkte geschnitten; da es zu jedem Großkreis (unendlich viele) von ihm berandete Hälften von Großkugeln gibt, folgt hieraus: je zwei zueinander fremde Großkreise der S^3 sind miteinander verschlungen, und zwar ist ihre Verschlingungszahl ± 1.

---

[13]) Das System dieser Großkreise, die die Originalmengen der Punkte von S^2 bilden, ist eine Cliffordsche Parallelenkongruenz; hierzu vgl. man F. Klein, Vorlesungen über Nichteuklidische Geometrie (Berlin 1928), S. 234; daß dort anstatt der S^3 der elliptische Raum betrachtet wird, macht keinen wesentlichen Unterschied.

Hiernach liegt bereits die Annahme nahe, daß für eine Abbildung f der S^3 auf die S^2, bei der die Originalmenge $\Phi(\xi)$ jedes Punktes von S^2 ein Großkreis ist, $\gamma(f) = \pm 1$ ist. Um die Richtigkeit dieser Annahme zu bestätigen, haben wir aber infolge unserer Definition von γ auf simpliziale Approximationen f' von f zurückzugehen und zu zeigen, daß auch die Originalzyklen $\varphi(\xi)$ und $\varphi(\eta)$ bei einer solchen Abbildung f' die Verschlingungszahl ± 1 haben. Nun ist klar, daß mit zunehmender Güte der Approximation die Zyklen $\varphi(\xi)$ und $\varphi(\eta)$ gegen $\Phi(\xi)$ bzw. $\Phi(\eta)$ in dem Sinne konvergieren, daß sie schließlich in beliebig vorgegebenen Umgebungen U_ξ, U_η der Kreise $\Phi(\xi)$ bzw. $\Phi(\eta)$ liegen. Wenn wir noch gezeigt haben, daß bei hinreichender Güte der Approximation $\varphi(\xi) \sim \Phi(\xi)$ in U_ξ, $\varphi(\eta) \sim \Phi(\eta)$ in U_η ist, so sind wir fertig; denn dann hat, wenn nur U_ξ und U_η fremd zueinander sind, $\varphi(\xi)$ mit $\varphi(\eta)$ dieselbe Verschlingungszahl wie $\Phi(\xi)$ mit $\Phi(\eta)$ (vgl. den ersten Absatz des Beweises in § 3, 3). Da ξ und η ganz symmetrisch auftreten, genügt es, einen der beiden Punkte zu betrachten; unsere Behauptung ist also: Ist f' eine hinreichend gute simpliziale Approximation von f, so ist $\varphi(\xi) \sim \Phi(\xi)$ in U_ξ, wobei U_ξ eine willkürlich vorgeschriebene Umgebung von $\Phi(\xi)$ ist.

ξ sei ein fester Punkt von S^2; alle im folgenden vorkommenden simplizialen Abbildungen seien so gewählt, daß er innerer Punkt eines Dreiecks der S^2, daß $\varphi(\xi)$ also für jede dieser Approximationen erklärt ist. ζ sei ein von ξ verschiedener Punkt der S^2, H eine von $\Phi(\zeta)$ berandete halbe Großkugel; die Triangulationen der S^3, die den Approximationen zugrunde gelegt werden, sollen alle so beschaffen sein, daß H aus Dreiecken der Triangulation besteht. H wird, wie wir oben sahen, von jedem $\Phi(\eta)$ mit $\eta \neq \zeta$ in genau einem Punkte geschnitten; folglich ist die Abbildung $f(H)$ in allen von ζ verschiedenen Punkten der S^2, insbesondere also in der Umgebung von ξ, eineindeutig und hat daher dort den Grad ± 1. Die Approximation f' von f sei so gut, daß auch die Abbildung $f'(H)$ im Punkte ξ den Grad ± 1 hat; dann hat nach § 1, 4. H mit $\varphi(\xi)$ die Schnittzahl ± 1. Wir konstruieren nun eine schlauchförmige Umgebung U'_ξ des Kreises $\Phi(\xi)$, die ganz in der gegebenen Umgebung U_ξ verläuft und mit H eine von einem Kreis berandete Kugelkappe K, im übrigen aber keinen Punkt gemeinsam hat; diese Konstruktion ist möglich, da $\Phi(\xi)$ und H einen einzigen Punkt x gemeinsam haben. Wir verbessern die Güte der Approximation, falls das nötig ist, weiter so, daß $\varphi(\xi)$ ganz im Inneren von U'_ξ liegt; dann liegen alle Schnittpunkte von $\varphi(\xi)$ und H auf K, die Schnittzahl von $\varphi(\xi)$ und K ist also ± 1. Ebenso haben $\Phi(\xi)$ und K die Schnittzahl ± 1, da diese beiden Gebilde nur den einen, einfach zu zählenden Schnitt x haben. Bei geeigneter Orientierung von $\Phi(\xi)$ hat daher der im Inneren des Schlauches verlaufende Zyklus $Z^1 = \Phi(\xi) - \varphi(\xi)$

mit K die Schnittzahl 0. Daraus folgt, daß $Z^1 \sim 0$ in dem Schlauch U'_ξ ist; denn analog dem in § 3, 3. angewandten Verfahren kann man einen Zyklus Z^1_n konstruieren, der $\sim Z^1$ in U'_ξ ist und mit K keinen Punkt gemeinsam hat; ein solcher Z^1_n läßt sich im Inneren des Schlauches auf einen Punkt zusammenziehen, ist dort also ~ 0. Dann ist auch $Z^1 \sim 0$ in U'_ξ, also erst recht in U_ξ; mithin ist $\varphi(\xi) \sim \Phi(\xi)$ in U_ξ, w. z. b. w.

Für die Abbildung f der S^3 auf die S^2, die durch (1) oder durch (4) gegeben ist, ist also in der Tat $\gamma(f) = 1$; hieraus und aus § 4, 4. folgt, daß f topologisch wesentlich ist, womit der Satz Ia bewiesen ist. Insbesondere aber haben wir jetzt unser eigentliches Ziel, nämlich den Beweis des Satzes II, aus dem ja auch der Satz I folgt, erreicht: denn das Bestehen der Eigenschaft IIa wurde im § 3, das der Eigenschaft IIb in § 4, 1. und das von IIc in diesem Paragraphen gezeigt.

§ 6.

Eine Kennzeichnung der algebraisch unwesentlichen Abbildungen einer M^3.

In der im § 1 vorgenommenen Untersuchung der Umkehrung einer simplizialen Abbildung eines C^3 wurde niemals vorausgesetzt, daß C^3 eine Sphäre ist; vielmehr durfte er in Abschnitt 2 ganz beliebig, in Abschnitt 4 durfte er eine beliebige orientierbare geschlossene dreidimensionale Mannigfaltigkeit M^3 sein. Insbesondere sind also für eine simpliziale Abbildung f einer M^3 auf die S^2 die Originalzyklen $\varphi(\xi), \varphi(\eta), \ldots$ von beliebigen, im Inneren von Dreiecken von S^2 liegenden Punkten $\xi, \eta, \ldots$ wohldefiniert. Das Ziel diese Paragraphen ist der Beweis der folgenden beiden Sätze:

A. *Es ist $\varphi(\xi) \sim \varphi(\eta)$ bei beliebigen ξ und η; es ist also durch f eine eindimensionale Homologieklasse φ in M^3 ausgezeichnet.*

B. *Es ist dann und nur dann $\varphi \sim 0$, wenn f algebraisch unwesentlich ist.*

Beide Sätze beruhen im wesentlichen auf dem

Hilfssatz I. Ein ν-dimensionaler Zyklus Z^ν in einer n-dimensionalen Mannigfaltigkeit M^n ist dann und nur dann ~ 0, wenn für jedes $m > 1$ und jeden $(n-\nu)$-dimensionalen Zyklus $Z^{n-\nu}_m$ modulo m die Schnittzahl $(Z^\nu \cdot Z^{n-\nu}_m) \equiv 0 \mod m$ ist.

Beim Beweis dieses Hilfssatzes werden wir die folgende algebraische Tatsache benutzen:

Hilfssatz II. Gegeben ist eine Matrix u_{ij} und eine Zahlenreihe v_j; die v_j sind dann und nur dann eine lineare Verbindung der u_{ij}, d. h. das Gleichungssystem

(1) $$v_j = \sum_i x_i u_{ij}$$

besitzt dann und nur dann Lösungen x_i, wenn folgende Beziehung zwischen den u_{ij} und v_j besteht: ist m irgendeine Zahl >1 und sind die y_j irgendwelche Lösungen des Kongruenzensystems

$$\sum_i u_{ij} y_j \equiv 0 \pmod{m}, \tag{2}$$

so ist auch stets

$$\sum v_j y_j \equiv 0 \pmod{m}. \tag{3}$$

(Dabei sind natürlich alle vorkommenden Größen u, v, x, y ganze Zahlen.)

Einen Beweis des Hilfssatzes II findet man in der unter [5]) zitierten Arbeit, wo er in ähnlichem Zusammenhang auftritt wie hier.

Beweis des Hilfssatzes I. Mit T bzw. $\bar{T}$ werden die Zellen zweier dualer Zelleinteilungen der M^n bezeichnet. Lauten die Berandungsrelationen für die $T^{\nu+1}$

$$\dot{T}_i^{\nu+1} = \sum_j u_{ij} T_j^\nu, \tag{4}$$

so lauten sie für die $\bar{T}^{n-\nu}$

$$\dot{\bar{T}}_j^{n-\nu} = \sum_i u_{ij} \bar{T}_i^{n-\nu-1}. \tag{5}$$

Den Zyklus Z^ν dürfen wir als aus Zellen T_j^ν bestehend annehmen:

$$Z^\nu = \sum_j v_j T_j^\nu. \tag{6}$$

Notwendig und hinreichend dafür, daß $Z^\nu \sim 0$ ist, ist die Existenz eines $C^{\nu+1} = \sum_i x_i T_i^{\nu+1}$ mit $\dot{C}^{\nu+1} = \sum_j x_i \dot{T}_i^{\nu+1} = \sum_{i,j} x_i u_{ij} T_j^\nu = Z^\nu = \sum_j v_j T_j^\nu$, also die Lösbarkeit des Systems (1), und somit nach Hilfssatz II die Tatsache, daß aus jedem Kongruenzensystem (2) die Kongruenz (3) folgt.

Nun hat ein Komplex $\sum_j y_j \bar{T}_j^{n-\nu}$ auf Grund von (5) den Rand $\sum_{i,j} u_{ij} y_j \bar{T}_i^{n-\nu-1}$; (2) bedeutet also, daß er ein Zyklus modulo m ist. Folglich ist die Tatsache, daß der durch (6) gegebene Z^ν homolog 0 ist, gleichbedeutend damit, daß seine Koeffizienten v_j und die Koeffizienten y_j eines beliebigen, aus Zellen $\bar{T}^{n-\nu}$ gebildeten Zyklus modulo m

$$\bar{Z}_m^{n-\nu} = \sum_j y_j \bar{T}_j^{n-\nu} \tag{7}$$

die Kongruenz (3) erfüllen. Die linke Seite von (3) ist aber die Schnittzahl von Z^ν und $\bar{Z}^{n-\nu}$; denn da die Schnittzahl $T_j^\nu \cdot \bar{T}_k^{n-\nu}$ den Wert 0 oder 1 hat, je nachdem $j \neq k$ oder $j = k$ ist, ist

$$Z^\nu \cdot \bar{Z}^{n-\nu} = \sum_j v_j T_j^\nu \cdot \sum_j y_j \bar{T}_j^{n-\nu} = \sum_{j,k} v_j y_k T_j^\nu \cdot \bar{T}_k^{n-\nu} = \sum_j v_j y_j.$$

Damit ist die Behauptung bewiesen.

Beweis des Satzes A. Ist Z_m^2 ein Zyklus mod m in M^3, so ist der Grad mod m der Abbildung $f(Z_m^2)$ auf S^2 konstant, er hat also in zwei beliebigen Punkten ξ, η gleichen Wert. Nach § 1, 4. hat daher Z_m^2 mit $\varphi(\xi)$ dieselbe Schnittzahl mod m wie mit $\varphi(\eta)$. Der eindimensionale Zyklus $\varphi(\xi) - \varphi(\eta)$ hat also mit jedem Z_m^2 die Schnittzahl 0 mod m bei beliebigem m, er ist somit nach Hilfssatz I ~ 0.

Beweis des Satzes B. Daß f algebraisch unwesentlich ist, heißt, daß für jeden Z_m^2 der Grad mod m der Abbildung $f(Z_m^2)$ gleich 0 ist. Nach § 1, 4. bedeutet dies, daß, wenn ξ irgendein Punkt von S^2 ist, die Schnittzahl von $\varphi(\xi)$ und Z_m^2 mod m verschwindet. Nach Hilfssatz I ist das dann und nur dann der Fall, wenn $\varphi(\xi) \sim 0$ ist.

§ 7.

Die Abbildungen einer M^3 auf die S^2.

Die Gültigkeit des soeben bewiesenen Satzes B ermöglicht die Übertragung der in den §§ 2 bis 4 für die Abbildungen der S^3 auf die S^2 entwickelten Theorie der Größe γ auf die algebraisch unwesentlichen Abbildungen einer beliebigen Mannigfaltigkeit M^3 auf die S^2. In der Tat überzeugt man sich, wenn man die §§ 2 bis 4 durchsieht, davon, daß außer Eigenschaften, welche jeder Abbildung einer M^3 auf die S^2 zukommen, nur die beiden folgenden Eigenschaften B′ und B″ benutzt werden, die dort darauf beruhen, daß es sich um Abbildungen der Sphäre handelt, die aber gerade den algebraisch unwesentlichen Abbildungen beliebiger Mannigfaltigkeiten eigentümlich sind:

$$(\mathrm{B}') \quad \varphi(\xi) \sim 0; \qquad (\mathrm{B}'') \quad f(Z^2) = 0,$$

d. h. die Abbildung f jedes zweidimensionalen Zyklus aus M^3 hat den Grad 0.

Es gehört also zu jeder Klasse algebraisch unwesentlicher Abbildungen einer M^3 auf die S^2 eine Zahl γ, für die unter anderem auch der Produktsatz IIb in folgender Form gilt: „Ist g eine Abbildung einer M_1^3 auf eine M^3 mit dem Grade c, f eine algebraisch unwesentliche Abbildung der M^3 auf die S^2, so ist auch fg algebraisch unwesentlich, und es ist $\gamma(fg) = \gamma(f)$.“ Dabei ist unmittelbar klar, daß aus der algebraischen Unwesentlichkeit von f die von fg folgt; denn ist Z_m^2 ein Zyklus mod m in M_1^3, so ist $\bar{Z}_m^2 = g(Z_m^2)$ ein Zyklus mod m in M^3, folglich ist

$$f(\bar{Z}_m^2) = fg(Z_m^2) \equiv 0 \mod m$$

in S^3, d. h. fg ist algebraisch unwesentlich.

Aus diesem Produktsatz, aus der Existenz einer Abbildung f der S^3 auf die S^2 mit $\gamma(f) = 1$, die als Abbildung der S^3 a fortiori algebraisch unwesentlich ist, und aus der Tatsache, daß man jede M^3 mit beliebigem Grade c auf die S^3 abbilden kann, ergibt sich Satz III.

Zum Schluß sei nur noch bezüglich der Abbildungen der *nicht-orientierbaren* Mannigfaltigkeiten auf die S^2 bemerkt, daß alles Vorstehende unverändert seine Gültigkeit behält, wenn man sich darauf beschränkt, die Größe γ mod 2 zu erklären. Infolgedessen gilt

Satz III′. *Die algebraisch unwesentlichen Abbildungen einer beliebigen nicht-orientierbaren dreidimensionalen Mannigfaltigkeit auf die S^2 bilden wenigstens zwei Klassen; es gibt unter diesen Abbildungen also immer topologisch wesentliche.*

Anhang.

Über die topologische und die algebraische Wesentlichkeit von Abbildungen.

Wir knüpfen unmittelbar an den Wortlaut der Einleitung an.

1. Beweis des Satzes V. Es ist trivial, daß die Abbildung f topologisch wesentlich ist, wenn sie algebraisch wesentlich ist. Sie sei algebraisch unwesentlich. Die Winkelkoordinate w auf S^1 ist nur bis auf Vielfache von 2π bestimmt; für einen festen Punkt x_0 von A zeichnen wir einen der zu $f(x_0)$ gehörigen Werte willkürlich aus und nennen ihn $w = F(x_0)$. Diese Funktion F setzen wir auf den von x_0 ausgehenden Wegen stetig so fort, daß immer $F(x)$ einer der Werte von w im Punkte $f(x)$ ist. Dabei gelangt man auf verschiedenen Wegen W_1, W_2, die denselben Endpunkt y haben, immer zu demselben Wert $F(y)$; denn käme man zu verschiedenen Werten $F_1(y)$, $F_2(y)$, so wäre

$$F_1(y) - F_2(y) = k \cdot 2\pi, \qquad k \neq 0;$$

bei Durchlaufung des von y nach y zurückführenden geschlossenen Weges $Z^1 = W_2^{-1} W_1$ würde sich die Winkelkoordinate des Bildpunktes um $k \cdot 2\pi$ ändern, d. h. der Zyklus Z^1 würde mit dem Grade $k \neq 0$ auf S^1 abgebildet, f wäre algebraisch wesentlich, entgegen der Voraussetzung. Mithin läßt sich F in der Tat eindeutig und stetig auf A erklären. Ist nun t ein von 1 bis 0 laufender Parameter, so wird durch $w = t\,F(x)$ eine Schar von Abbildungen f_t von A auf S^1 erklärt, durch welche $f = f_1$ stetig in die Abbildung f_0 auf einen einzigen Punkt von S^1 übergeht. Folglich ist f topologisch unwesentlich.

2. Beweis des Satzes IVa. Es ist trivial, daß sich A^a nicht (algebraisch) wesentlich abbilden läßt, wenn in A^a kein a-dimensionaler Zyklus modulo einer Zahl $m > 1$ vorhanden ist. Es sei Z_m^a ein solcher Zyklus mod m in A^a, T^a ein a-dimensionales Simplex von Z_m^a, das in Z_m^a mit einem Koeffizienten c vorkommt, der $\not\equiv 0$ mod m ist. Man bilde den Rand von T^a und alle nicht zu T^a gehörigen Punkte von A^a auf einen

festen Punkt ξ von S^a, das Innere von T^a eineindeutig auf $S^a - \xi$ ab. Diese Abbildung $f(A^a)$ bewirkt eine Abbildung $f(Z_m^a)$, deren Grad mod m $c \not\equiv 0$ ist; f ist daher (algebraisch) wesentlich.

3. Dem Beweis des Satzes VI schicken wir einige Bemerkungen über die im Satz VI ausgesprochene Bedingung voraus. Wir wollen sagen, daß A^a die „Eigenschaft E^b" hat, wenn entweder $p^b > 0$ oder $(b-1)$-te Torsion vorhanden (oder wenn beides der Fall) ist. $Z^b \approx 0$ soll, wie üblich, bedeuten, daß der Zyklus Z^b ein „Randteiler" ist, d. h. daß es eine Zahl $c > 0$ gibt, so daß $c Z^b$ ein Rand, also $c Z^b \sim 0$ ist; analog soll „$Z_m^b \approx 0$ mod m" bedeuten, daß der Zyklus mod m Z_m^b einem Randteiler kongruent mod m ist, d. h. daß es einen Komplex K^b gibt, so daß $Z_m^b + m K^b \approx 0$ ist.

Wir behaupten nun: A^a hat dann und nur dann die Eigenschaft E^b, wenn es ein $m > 1$ und in A^a einen Zyklus mod m Z_m^b gibt, der $\not\approx 0$ mod m ist.

Beweis. I. Es gebe in A^a einen Z_m^b, der $\not\approx 0$ mod m ist; es ist $\dot{Z}_m^b = m K^{b-1}$; $m K^{b-1}$ ist als Rand ein Zyklus, also ist auch $K^{b-1} = Z^{b-1}$ Zyklus, und es ist $m Z^{b-1} \sim 0$. Ist $Z^{b-1} \not\sim 0$, so ist Z^{b-1} Randteiler, ohne Rand zu sein, es ist also $(b-1)$-dimensionale Torsion vorhanden; ist $Z^{b-1} \sim 0$, so gibt es einen Komplex C^b mit $\dot{C}^b = Z^{b-1}$; dann ist $(Z_m^b - m C^b)^{\cdot} = 0$, also $Z_m^b - m C^b = Z^b$ ein Zyklus; da $Z_m^b \not\approx 0$ mod m ist, ist $Z^b \not\approx 0$, folglich ist $p^b > 0$.

II. Wenn $p^b > 0$ ist, so nehmen wir einen Zyklus Z^b, der in einer Homologiebasis enthalten ist, der also die Eigenschaft hat, daß sich jeder Zyklus $\bar{Z}^b$ auf eine und nur eine Weise in der Form $\bar{Z}^b \approx c Z^b + \sum_i c_i Z_i^b$ darstellen läßt, wobei die Z_i^b die übrigen Basiselemente sind. Z^b ist zugleich für jedes m ein Zyklus mod m; wir behaupten, daß er $\not\approx 0$ mod m für jedes m ist. Andernfalls wäre nämlich $Z^b = \tilde{Z}^b + m K^b$, wobei $\tilde{Z}^b$ Zyklus und ≈ 0 wäre; es wäre also auch $m K^b$ und mithin $K^b = \bar{Z}^b$ Zyklus und $Z^b \approx m \bar{Z}^b$; da $\bar{Z}^b \approx c Z^b + \ldots$ ist, wäre $m c = 1$, was wegen $m > 1$ unmöglich ist; folglich ist $Z^b \not\approx 0$ mod m bei beliebigem m. — Wenn $(b-1)$-te Torsion vorhanden ist, so gibt es einen $(b-1)$-dimensionalen Zyklus, der Randteiler, aber nicht Rand ist: $Z^{b-1} \not\sim 0$, $m Z^{b-1} = \dot{C}^b$, $m > 1$; dann ist $C^b = Z_m^b$ ein Zyklus mod m; wir behaupten, daß er $\not\approx 0$ mod m ist. Andernfalls wäre nämlich

$$Z_m^b = Z^b + m K^b, \quad (Z^b \approx 0), \quad \dot{Z}_m^b = m Z^{b-1} = m \dot{K}^b, \quad Z^{b-1} = \dot{K}^b,$$

also $Z^{b-1} \sim 0$.

Damit ist gezeigt, daß die Eigenschaft E^b mit der Existenz eines Z_m^b, der $\not\approx$ mod m ist, zusammenfällt. Ist $b = a$, so ist $Z_m^b \approx 0$ mod m gleichbedeutend mit $Z_m^b \equiv 0$; folglich ist die Eigenschaft E^a mit der Existenz eines Z_m^a, also mit $p_m^a > 0$ für irgendein m identisch. Ist $b = 1$, so ist E^1, da es 0-dimensionale Torsion nicht gibt, identisch mit der Bedingung $p^1 > 0$.

4. Beweis des Satzes VI. Ist f eine algebraisch wesentliche Abbildung von A^a auf S^b, so gibt es ein m und einen Z_m^b in A^a, dessen Bild $f(Z_m^b) \not\equiv 0 \mod m$ ist. Dieser Z_m^b kann nicht $\approx 0 \mod m$ sein, weil sonst auch sein Bild $\approx 0 \mod m$ in S^b, also $\equiv 0 \mod m$ wäre. A^a hat daher nach 3. die Eigenschaft E^b.

5. Beweis des Satzes VII. Der in dem Wortlaut des Satzes erwähnte Fall $b \neq a$ ist auf Grund der Schlußbemerkung von 3. in dem Satz IVa enthalten, also bereits erledigt; ebenso ist der ebenfalls erwähnte Fall $b = 1$ auf Grund der Schlußbemerkung von 3. in Va enthalten und wird mit diesem erledigt werden. Jetzt beschäftigt uns also nur der Fall $b = a - 1$; wir setzen daher voraus, daß A^a die Eigenschaft E^{a-1} besitzt.

$\mathfrak{L}$ sei die Gruppe aller Linearformen in den $(a-1)$-dimensionalen Simplexen T_j^{a-1} von A^a, also die Gruppe aller $(a-1)$-dimensionalen Teilkomplexe von A^a in der fest gegebenen Triangulation; $\mathfrak{R}$ sei diejenige Untergruppe von $\mathfrak{L}$, die von allen $(a-1)$-dimensionalen Rändern und Randteilern gebildet wird; da $\mathfrak{R}$ die Eigenschaft hat, daß, sobald ein Vielfaches eines Elements von $\mathfrak{L}$ zu $\mathfrak{R}$ gehört, stets auch das Element selbst zu $\mathfrak{R}$ gehört, besitzt die Faktorgruppe $\mathfrak{F} = \frac{\mathfrak{L}}{\mathfrak{R}}$ nur Elemente unendlicher Ordnung, und da sie eine von endlich vielen ihrer Elemente erzeugte Abelsche Gruppe ist (weil $\mathfrak{L}$ diese Eigenschaft hat), besitzt sie eine Basis $F_1, F_2, \ldots, F_p$ der Art, daß sich jedes Element von $\mathfrak{F}$ auf eine und nur eine Weise als lineare Verbindung der F_ν darstellen läßt.

Infolge der Eigenschaft E^{a-1} gibt es ein $m > 1$ und einen Zyklus mod m Z_m^{a-1}, der $\not\approx 0 \mod m$ ist; die Restklasse modulo $\mathfrak{R}$, der er angehört, werde durch das Element $\sum c_\nu F_\nu$ von $\mathfrak{F}$ repräsentiert; diese Restklasse enthält nicht das m-fache eines Elements von $\mathfrak{L}$, weil sonst $Z_m^{a-1} \approx 0 \mod m$ wäre; folglich ist das Element $\sum c_\nu F_\nu$ nicht das m-fache eines anderen Elements von $\mathfrak{F}$, und daher ist infolge der Einzigkeit der Darstellung $\sum c_\nu F_\nu$ wenigstens einer der Koeffizienten c_ν nicht durch m teilbar; das sei etwa c_1.

Durch die Restklassenzerlegung modulo $\mathfrak{R}$ ist die Gruppe $\mathfrak{L}$ homomorph auf die Gruppe $\mathfrak{F}$ abgebildet; wir bilden weiter $\mathfrak{F}$ homomorph auf die additive Gruppe der ganzen Zahlen ab, indem wir jedem Element $\sum y_\nu F_\nu$ von $\mathfrak{F}$ die Zahl y_1 zuordnen; beide Homomorphismen zusammen ergeben eine homomorphe Abbildung H von $\mathfrak{L}$ auf die ganzen Zahlen; dabei ist insbesondere

(1) $$H(Z_m^{a-1}) = c_1, \quad c_1 \not\equiv 0 \mod m,$$

(2) $$H(R^{a-1}) = 0 \text{ für jeden Rand oder Randteiler } R^{a-1}.$$

Ferner sei für die Simplexe T_j^{a-1}

(3) $$H(T_j^{a-1}) = x_j.$$

Die Berandungsrelationen für die a-dimensionalen Simplexe T_i^a seien

(4) $$\dot{T}_i^a = \sum u_{ij} T_j^{a-1};$$

dann ist nach (3), da H ein Homomorphismus ist, $H(\dot{T}_j^a) = \sum u_{ij} x_j$, und nach (2), da $\dot{T}_j^a$ ein Rand R^{a-1} ist,

(5) $$\sum u_{ij} x_j = 0.$$

Z_m^{a-1} sei durch

(6) $$Z_m^{a-1} = \sum v_j T_j^{a-1}$$

gegeben; dann folgt aus (3) und (1)

(7) $$\sum v_j x_j = c_1 \not\equiv 0 \mod m.$$

Wir definieren nun zunächst folgende Abbildung f des aus allen T_j^{a-1} bestehenden $(a-1)$-dimensionalen Teilkomplexes A^{a-1} von A^a auf die S^{a-1}: Alle $(a-2)$-dimensionalen Randsimplexe der T_j^{a-1} werden auf einen festen Punkt ξ von S^{a-1} abgebildet; das Innere jedes T_j^{a-1} wird so auf S^{a-1} abgebildet, daß die Abbildung $f(T_j^{a-1})$ den Grad x_j hat; das kann man z. B. dadurch erreichen, daß man in T_j^{a-1} $|x_j|$ zueinander fremde Simplexe $t_1^{a-1}, t_2^{a-1}, \ldots, t_{|x_j|}^{a-1}$ wählt, jedes von ihnen so auf S^{a-1} abbildet, daß der Rand in ξ übergeht und die Abbildung in t_ν^{a-1} im übrigen eineindeutig vom Grade $+1$ oder -1 ist, je nachdem x_j positiv oder negativ ist, und schließlich auch $T_j^{a-1} - \sum t_\nu^{a-1}$ auf den Punkt ξ abbildet. Diese Abbildung $f(A^{a-1})$ läßt sich zu einer Abbildung des ganzen Komplexes A^a erweitern. Denn infolge von (4) und (5) wird die Randsphäre $S_i^{a-1} = \dot{T}_i^a$ jedes Simplexes T_i^a mit dem Grade 0 abgebildet, und eine solche Abbildung von S_i^{a-1} auf S^{a-1} läßt sich immer folgendermaßen zu einer Abbildung des T_i^a erweitern: da der Grad 0 ist, gibt es eine Abbildungsschar $f_r(S_i^{a-1})$ der S_i^{a-1} auf S^{a-1} mit $f_1 = f$ und $f_0(S_i^{a-1}) = \xi$, wobei wieder ξ ein fester Punkt von S^{a-1} ist $(1 \leqq r \leqq 1)$[14]; x_0 sei ein fester innerer Punkt von T_i^a; ist $x = x_1$ irgendein Punkt auf S_i^{a-1}, x_r der Punkt der Strecke $x_0 x_1$, der diese im Verhältnis $r : 1 - r$ teilt, so wird $f(T_i^a)$ durch $f(x_r) = f_r(x)$ bestimmt.

Bei der so definierten Abbildung $f(A^a)$ ist der modulo m bestimmte Grad, mit dem Z_m^{a-1} abgebildet wird, infolge von (6) und (7) $c_1 \not\equiv 0 \mod m$; das bedeutet, daß $f(A^a)$ algebraisch wesentlich ist.

Aus dem Beweis ergibt sich, daß man zu dem Satz VII noch folgenden *Zusatz* machen kann: Hat A^a die Eigenschaft E^{a-1}, und ist Z^{a-1} ein

---

[14]) Einen Beweis dieser Tatsache (die übrigens ein Spezialfall von Satz IV ist), findet man in meiner unter [1]) zitierten Arbeit.

gewöhnlicher Zyklus bzw. Z_m^{a-1} irgendein Zyklus mod m, der $\not\approx 0$ bzw. $\not\approx 0 \bmod m$ ist, so kann man A^a auf die S^{a-1} so abbilden, daß gerade dieser Z^{a-1} bzw. Z_m^{a-1} algebraisch wesentlich abgebildet wird. (Die analogen Zusätze lassen sich, wie sich aus den Beweisen ergibt, übrigens auch zu den Sätzen IVa und Va machen.)

6. Beweis des Satzes Va. Die Bedingung $p^1 > 0$ ist nach der Schlußbemerkung von 3. mit der Bedingung E^1 identisch. Daß sie notwendig für die algebraisch wesentliche Abbildbarkeit von A^a auf den Kreis S^1 ist, ist daher in Satz VI enthalten; wir haben zu zeigen, daß sie hinreicht. Für $a = 1$ ist das der Fall, da sie dann, wie aus dem Schluß von 3. hervorgeht, mit der Bedingung des Satzes IVa zusammenfällt. Ebenso ist für $a = 2$ die Behauptung schon im Satz VII enthalten. Es sei also $a \geqq 3$; wir dürfen annehmen, daß die Behauptung für die Dimensionszahl $a - 1$ schon bewiesen sei, und zwar in der dem Zusatz zu Satz VII entsprechenden schärferen Fassung, daß ein vorgegebener Z^1, der $\not\approx 0$ ist, wesentlich abgebildet wird. Nun sei Z^1 ein Zyklus in A^a, der $\not\approx 0$ ist; A^{a-1} sei der Komplex der $(a-1)$-dimensionalen Simplexe T_j^{a-1} von A^a; dann liegt Z^1 in A^{a-1} und ist dort erst recht $\not\approx 0$. Also kann man A^{a-1} so auf den Kreis S^1 abbilden, daß Z^1 wesentlich abgebildet wird. Die Aufgabe ist nun, analog wie in dem Beweis des vorigen Satzes, für jedes einzelne Simplex T_i^a die auf seinem Rande $S_i^{a-1} = \dot{T}_i^a$ schon definierte Abbildung f auf ganz T_i^a auszudehnen; genau wie vorhin ist diese Aufgabe gelöst, falls man die Abbildung $f(S_i^{a-1})$ auf S^1 stetig in eine Abbildung auf einen einzigen Punkt überführen kann. Diese Überführung ist möglich, da S_i^{a-1} eine wenigstens zweidimensionale Sphäre und jede ihrer Abbildungen auf einen Kreis daher topologisch unwesentlich ist, wie schon in der Einleitung (im Anschluß an die Formulierung des Satzes Ia) gezeigt wurde, und wie es überdies in den Sätzen V und VI enthalten ist. Mithin läßt sich $f(A^a)$ in der gewünschten Weise konstruieren.

7. Beweis des Satzes VIII. A^4 sei die Mannigfaltigkeit der komplexen Punkte der projektiven Ebene[15]). Ihre zweite Bettische Zahl ist $p^2 = 1$; bezeichnen wir mit $z_1 : z_2 : z_3$ die Koordinaten in A^4, so definiert die Gleichung $z_3 = 0$ eine zweidimensionale Kugel A^2, die eine Basis der zweidimensionalen Homologien ist; d. h. jeder Zyklus Z^2 aus A^4 genügt einer Homologie $Z^2 \sim a \cdot A^2$. Ist f eine Abbildung von A^4 auf sich, so ist $f(A^2)$ selbst ein Z^2 in A^4, also gehört zu f eine Zahl u, die durch $f(A^2) \sim u \cdot A^2$ definiert ist; es gilt der Satz, daß dann f den Grad u^2 hat[16]).

[15]) Eine Darstellung der einfachsten topologischen Eigenschaften von A^4 findet man im „Anhang II" der unter [8]) zitierten Arbeit von van der Waerden.

[16]) § 5 der unter [6]) zitierten Arbeit.

Liegt nun eine Abbildung von A^4 auf eine S^2 vor, so können wir diese S^2 durch die eben beschriebene A^2 realisieren; die Abbildung ist dann eine Abbildung von A^4 auf sich, die den Grad 0 hat, da nur ein echter Teil von A^4 durch die Bildmenge bedeckt wird. Folglich ist nach dem eben genannten Satz auch $u = 0$, also $f(A^2) \sim 0$ in A^4, d. h. $f(A^2) = 0$ auf S^2. Ist Z^2 irgendein Zyklus von A^4, so ist $Z^2 \sim a \cdot A^2$, mithin $f(Z^2) = a \cdot f(A^2) = 0$ auf S^2, d. h. f ist algebraisch unwesentlich.

8. Schließlich sei für den Satz Ia noch ein Beweis angegeben, der auf den Sätzen VII und VIII beruht und von dem in den §§ 1 bis 5 enthaltenen Beweis völlig verschieden ist: A^4 und A^2 haben dieselben Bedeutungen wie in 7., A^3 bezeichne den Komplex der dreidimensionalen Simplexe T_j^3 einer bestimmten Zerlegung von A^4; dann kann man A^2 als in A^3 liegend annehmen, und dort ist A^2 erst recht $\not\approx 0$. Daher kann man nach dem Zusatz zu Satz VII A^3 so auf die S^2 abbilden, daß dabei A^2 algebraisch wesentlich abgebildet wird. Diese Abbildung f läßt sich auf Grund von Satz VIII aber nicht zu einer Abbildung $f(A^4)$ erweitern. Folglich gibt es unter den vierdimensionalen Simplexen T_i^4 von A^4 wenigstens eines, etwa T_1^4, so daß sich die auf dem Rand $\dot{T}_1^4 = S_1^3$ erklärte Abbildung f nicht auf ganz T_1^4 ausdehnen läßt; daraus folgt, daß die Abbildung $f(S_1^3)$ auf die S^2 topologisch wesentlich ist, da andernfalls die Ausdehnung von f auf T_1^4 nach dem im Beweise von Satz VII angewandten Verfahren vorgenommen werden könnte. Damit ist ein indirekter Beweis des Satzes Ia geliefert.

Hain im Riesengebirge, September 1930.

(Eingegangen am 30. 9. 1930.)

19.

Beiträge zur Klassifizierung der Flächenabbildungen

J. reine angew. Math. **165** (1931), 225–236

Die Aufgabe, die Klassen der Abbildungen der geschlossenen orientierbaren Fläche F_p vom Geschlecht p auf die geschlossene orientierbare Fläche F_q vom Geschlecht q aufzuzählen, scheint mir sowohl wegen des Zusammenhanges mit funktionentheoretischen Fragen, — da eine über einer Riemannschen Fläche des Geschlechtes q ausgebreitete Riemannsche Fläche des Geschlechtes p eine derartige Abbildung definiert [1] —, als auch vom rein topologischen Standpunkt aus großen Interesses wert zu sein. Gelöst ist sie nur für spezielle p, q. Sieht man von diesen Sonderfällen, auf die wir sogleich zurückkommen werden, ab, so ist, wie man leicht zeigt [2], die gewünschte Aufzählung identisch mit der Angabe aller Homomorphismen der Fundamentalgruppe $\mathfrak{G}_p$ von F_p in die Fundamentalgruppe $\mathfrak{G}_q$ von F_q [3]; aber dieses gruppentheoretische Problem dürfte kaum leichter zu erledigen sein als das ursprüngliche geometrische.

Die erwähnten Fälle, die man beherrscht, sind die, in denen eine der Flächen das Geschlecht 0 hat. Ist zunächst $q = 0$, so gibt es nach einem Satz von Brouwer [4] zu jeder ganzen Zahl c eine und nur eine Klasse von Abbildungen der F_p auf die F_0 vom Grade c. Ist $q \geqq 1$, $p = 0$, so bewirkt eine Abbildung f der F_0 auf die F_q stets eine, infolge des einfachen Zusammenhanges der F_0 nach dem Monodromieprinzip eindeutige, Abbildung f' der F_0 auf die, der Ebene homöomorphe, universelle Überlagerungsfläche F' von F_q; die Bildmenge $f'(F_0)$ läßt sich auf F' stetig in einen Punkt zusammenziehen, und diesem Vorgang entspricht auf F_q eine Zusammenziehung der Menge $f(F_0)$ in einen Punkt; mithin bilden alle Abbildungen der F_0 auf die F_q $(q \geqq 1)$ eine einzige Klasse. Wir werden im folgenden daher stets $p, q \geqq 1$ voraussetzen.

Unser Problem läßt sich, wie schon gesagt wurde und wie im § 1 auseinandergesetzt werden wird, sowohl geometrisch als gruppentheoretisch deuten und anfassen. Beide Möglichkeiten werden mit großem Erfolg in den Untersuchungen von J. Nielsen [5] ausgenutzt; in ihnen handelt es sich zwar um topologische Abbildungen der Flächen auf sich bzw. um Auto-Isomorphismen der Fundamentalgruppen, jedoch dürften sich Methoden und Ergebnisse zum Teil auf beliebige Abbildungen ausdehnen lassen. Von der

[1] S. z. B. A. Hurwitz, Über Riemannsche Flächen mit gegebenen Verzweigungspunkten, Math. Annalen **39** (1891); (V. Abschnitt: Flächen, welche über einer gegebenen Fläche ausgebreitet sind).

[2] L. E. J. Brouwer, Aufzählung der Abbildungsklassen endlichfach zusammenhängender Flächen, Math. Annalen **82** (1921); (besonders: „Vierter Hauptfall").

[3] Unter einem Homomorphismus von $\mathfrak{G}_p$ in $\mathfrak{G}_q$ verstehen wir eine eindeutige, nicht notwendigerweise eineindeutige, die Gruppenoperation erhaltende Abbildung von $\mathfrak{G}_p$ auf eine, i. a. echte, Untergruppe von $\mathfrak{G}_q$.

[4] L. E. J. Brouwer, Sur la notion de „classe" . . ., Proc. of the V. intern. Congr. of Math., Cambridge 1912. — Over één-éénduidige transformaties . . ., Amst. Akad. Versl. **21** (1913). — S. auch H. Hopf, Abbildungsklassen n-dimensionaler Mannigfaltigkeiten, Math. Annalen **96** (1926).

[5] J. Nielsen, Untersuchungen zur Topologie der geschlossenen zweiseitigen Flächen, Acta mathematica **50, 53** (1927, 1929).

rein geometrischen Seite her sind wichtige Beiträge zu der Lösung des Problems von H. Kneser [6]) geliefert worden, von denen hier die folgenden genannt seien: Der Abbildungsgrad c unterliegt der Beschränkung $|c| \cdot (q-1) \leqq p-1$; ist $p = q$, so enthält jede Klasse, für die $c = \pm 1$ ist, eine topologische Abbildung.

Auf algebraisch-gruppentheoretischem Wege habe ich in einer vor kurzem in diesem Journal erschienenen Arbeit [7]) Sätze über Abbildungen n-dimensionaler Mannigfaltigkeiten bewiesen, die im Falle $n = 2$ hierher gehören. Für diesen Fall läßt sich der Beweis des Hauptsatzes [8]), aus dem fast alles andere leicht auf rein algebraischem Wege folgte, insofern wesentlich elementarer — wenn auch vielleicht nicht durchsichtiger — gestalten, als die Methode der früheren Arbeit die Heranziehung 4-dimensionaler Mannigfaltigkeiten zwecks Behandlung der Flächen erforderte, während man, wie im folgenden gezeigt werden wird, im Fall $n = 2$ auch mit einer anderen, ganz in zwei Dimensionen operierenden Methode zum Ziele und damit zu Beiträgen für die Beantwortung unserer Frage gelangt (§§ 2, 3, 4).

Infolge der Äquivalenz des geometrischen und des gruppentheoretischen Problems muß es möglich sein, aus einem vorgelegten Homomorphismus von $\mathfrak{G}_p$ in $\mathfrak{G}_q$ alle geometrischen Abbildungseigenschaften abzulesen, die innerhalb der Abbildungsklassen invariant sind. Die wichtigste und einfachste derartige Eigenschaft ist der Abbildungsgrad. Die Aufgabe, ihn aus dem Homomorphismus zu bestimmen, wird gelöst. Die eigentliche Hauptaufgabe, alle Homomorphismen aufzuzählen, ist für den Fall $q = 1$ leicht lösbar (§ 2); für den allgemeinen Fall wird sie nur insofern gefördert, als Bedingungen angegeben werden, die dafür notwendig sind, daß eine Zuordnung von Elementen der Gruppe $\mathfrak{G}_q$ zu den Erzeugenden von $\mathfrak{G}_p$ einen Homomorphismus von $\mathfrak{G}_p$ in $\mathfrak{G}_q$ bewirkt. Aber diese Bedingungen sowie die sich ergebenden Zusammenhänge zwischen dem Gruppenhomomorphismus und dem Abbildungsgrad (§§ 3, 4, 5) dürften auch an sich interessant sein.

§ 1. Die Homomorphismen der Fundamentalgruppen und die Abbildungsklassen.

Eine Abbildung f von F_p auf F_q bewirkt bekanntlich [9]) folgendermaßen eine Abbildung von $\mathfrak{G}_p$ auf $\mathfrak{G}_q$: Den geschlossenen Wegen durch einen Punkt x von F_p entsprechen geschlossene Wege durch den Bildpunkt $\xi = f(x)$; äquivalenten Wegen, d. h. solchen, die sich unter Festhaltung von x ineinander deformieren lassen, entsprechen dabei äquivalente Wege durch ξ; mithin wird die Gruppe $\mathfrak{G}_p(x)$ der Klassen äquivalenter Wege durch x, die die Fundamentalgruppe $\mathfrak{G}_p$ repräsentiert, in die, $\mathfrak{G}_q$ repräsentierende, Gruppe $\mathfrak{G}_q(\xi)$ der zu ξ gehörigen Äquivalenzklassen abgebildet, und diese Abbildung ist ein Homomorphismus. Faßt man ihn als Homomorphismus der — vom Punkte x unabhängigen — Gruppe $\mathfrak{G}_p$ in die Gruppe $\mathfrak{G}_q$ auf, so ist er nur bis auf innere Automorphismen von $\mathfrak{G}_q$ bestimmt. Bezeichnen wir die Gesamtheit der Homomorphismen von $\mathfrak{G}_p$ in $\mathfrak{G}_q$, die durch innere Automorphismen von $\mathfrak{G}_q$ aus einem Homomorphismus hervorgehen, als eine „Homomorphismenklasse", so definiert also f eine Homomorphismenklasse von $\mathfrak{G}_p$ in $\mathfrak{G}_q$. Bei stetiger Abänderung von f bleibt die Homomorphismenklasse ungeändert; es gehört also zu jeder Abbildungsklasse von F_p auf F_q eine wohl-

---

[6]) H. Kneser, Glättung von Flächenabbildungen, Math. Annalen **100** (1928); Die kleinste Bedeckungszahl innerhalb einer Klasse von Flächenabbildungen, Math. Annalen **103** (1930).

[7]) Zur Algebra der Abbildungen von Mannigfaltigkeiten, Bd. **163** (1930); im folgenden mit „A." zitiert.

[8]) A., § 3, Satz 1.

[9]) Bezüglich allgemeiner Eigenschaften der Fundamentalgruppen und ihres Verhaltens bei Abbildungen vgl. man § 1 und § 2, 1 meiner Arbeit: Zur Topologie der Abbildungen von Mannigfaltigkeiten, II. Teil, Math. Annalen **102** (1929). — Wir werden übrigens alle vorkommenden Gruppen additiv schreiben.

bestimmte Homomorphismenklasse von $\mathfrak{G}_p$ in $\mathfrak{G}_q$. Ist H der durch f bewirkte Homomorphismus von $\mathfrak{G}_p(x)$ in $\mathfrak{G}_q(\xi)$, so läßt sich f stetig in eine Abbildung f' abändern, die einen willkürlich vorgeschriebenen Homomorphismus H' der durch H bestimmten Homomorphismenklasse bewirkt: man hat die Abänderung so vorzunehmen, daß das Bild von x einen geschlossenen Weg durchläuft, der einem Gruppenelement entspricht, welches den H in H' transformierenden inneren Automorphismus von $\mathfrak{G}_q$ erzeugt [10]).

Dieser für die Abbildungen beliebiger Mannigfaltigkeiten gültige Tatbestand läßt sich in unserem Fall, in dem F_p, F_q Flächen mit $p, q \geqq 1$ sind, umkehren:

Satz I. *Jede willkürlich gegebene Homomorphismenklasse von $\mathfrak{G}_p$ in $\mathfrak{G}_q$ wird durch eine und nur eine Abbildungsklasse von F_p auf F_q bewirkt.*

Beweis: x, ξ seien willkürlich gegebene Punkte auf F_p bzw. F_q; $w_1, w_2, \ldots, w_{2p}$ seien einfach geschlossene Wege durch x, die ein kanonisches Schnittsystem bilden; d. h. bei Aufschneidung längs dieser Wege geht F_p in ein $4p$-Eck P über, das wir uns im Fall $p = 1$ in der euklidischen, im Fall $p \geqq 2$ in der hyperbolischen Ebene geradlinig und gleichseitig liegend denken, und dessen Seiten wir der Reihe nach mit $\overline{w}_1, \overline{w}_2, -\overline{w}_1, -\overline{w}_2, \ldots, \overline{w}_{2p-1}, \overline{w}_{2p}, -\overline{w}_{2p-1}, -\overline{w}_{2p}$ zu bezeichnen haben, wobei $\pm\overline{w}_i$ aus w_i hervorgegangen sind. Ist H ein vorgegebener Homomorphismus von $\mathfrak{G}_p(x)$ in $\mathfrak{G}_q(\xi)$, so wählen wir in den Äquivalenzklassen $H(w_i)$ von $\mathfrak{G}_p(\xi)$ Wege w'_i aus und definieren auf den w_i eine Abbildung f so, daß $f(x) = \xi$, $f(w_i) = w'_i$ ist $(i = 1, 2, \ldots, 2p)$. Wir haben diese Abbildung f zu einer Abbildung der ganzen Fläche F_p zu erweitern.

Zu diesem Zweck betrachten wir die als euklidische bzw. hyperbolische Ebene aufzufassende universelle Überlagerungsfläche F' von F_q und in ihr einen über ξ liegenden Punkt $\overline{\xi}$. $\overline{x}$ sei der Anfangspunkt der Seite $\overline{w}_1$ von P; wir setzen $\overline{f}(\overline{x}) = \overline{\xi}$; der Durchlaufung des Randes $R = \overline{w}_1 + \overline{w}_2 - \overline{w}_1 - \overline{w}_2 + \cdots - \overline{w}_{2p-1} - \overline{w}_{2p}$ von P entspricht auf F_p die Durchlaufung eines geschlossenen Weges W, auf dem f erklärt ist; dem Bilde $f(W)$ entspricht in F' ein in $\overline{\xi}$ beginnender Weg R'. Nach Konstruktion von f repräsentiert $f(W)$ die Klasse $H(w_1) + H(w_2) - H(w_1) - H(w_2) + \cdots - H(w_{2p-1}) - H(w_{2p})$ von $\mathfrak{G}_q(\xi)$; dies ist, da $w_1 + w_2 - w_1 - w_2 + \cdots - w_{2p-1} - w_{2p}$ das Nullelement von $\mathfrak{G}_p(x)$ darstellt und H nach Voraussetzung ein Homomorphismus ist, das Nullelement von $\mathfrak{G}_q(\xi)$; das bedeutet, daß $f(W)$ auf F_q in einen Punkt zusammenziehbar ist; mithin ist der $f(W)$ auf F' entsprechende Weg R' *geschlossen.* Die durch Vermittlung von W und $f(W)$ gegebene, durch stetige Fortsetzung von $\overline{f}(\overline{x}) = \overline{\xi}$ längs R entstehende Abbildung $\overline{f}$ von R auf R' ist daher *eindeutig.* Es sei nun weiter $\overline{y}$ ein willkürlicher Punkt im Inneren von P, $\overline{\eta}$ ein willkürlicher Punkt von F'; wir definieren dann $\overline{f}(P)$ durch die Festsetzung $\overline{f}(\overline{y}) = \overline{\eta}$ und durch die Vorschrift, daß für jeden Punkt $\overline{r} < R$ die Strecke $\overline{y}\overline{r}$ proportional — im Sinne der euklidischen bzw. hyperbolischen Geometrien von P und F' — auf die Strecke $\overline{\eta}\overline{f}(\overline{r})$ abgebildet werden soll. Die gewünschte Erweiterung der auf der Punktmenge $w_1 + w_2 + \cdots + w_p$ erklärten Abbildung f zu einer Abbildung der ganzen Fläche F_p geschieht nun folgendermaßen: ist z ein nicht zu der genannten Menge gehöriger Punkt von F_p, $\overline{z}$ der ihm entsprechende Punkt in P, so ist $f(z)$ der von $\overline{f}(\overline{z})$ überlagerte Punkt von F_p. Die Eindeutigkeit und Stetigkeit dieser Abbildung ergibt sich unmittelbar aus ihrer Konstruktion.

Nachdem so gezeigt ist, daß jede Homomorphismenklasse von $\mathfrak{G}_p$ in $\mathfrak{G}_q$ durch Abbildungen von F_p auf F_q bewirkt werden kann, ist noch zu beweisen, daß verschiedene Abbildungsklassen stets verschiedene Homomorphismenklassen bewirken, oder, was dasselbe ist, daß zwei Abbildungen f, f', die Homomorphismen einer Klasse hervor-

[10]) S. 573, zweiter Absatz, der soeben zitierten Arbeit.

rufen, immer zu einer Abbildungsklasse gehören [11]). Dabei können wir — was sich durch stetige Abänderung von f' erreichen läßt — annehmen, daß für einen Punkt x von F_p $f(x) = f'(x) = \xi$ ist, und auf Grund des Schlußsatzes des ersten Abschnittes dieses Paragraphen dürfen wir überdies voraussetzen, daß f und f' denselben Homomorphismus H von $\mathfrak{G}_p(x)$ in $\mathfrak{G}_q(\xi)$ bewirken.

Die gewünschte Überführung von f in f' werden wir dadurch konstruieren, daß wir jedem Punkt y von F einen in $f(y)$ beginnenden, in $f'(y)$ endenden Weg $s(y)$ auf F_q zuordnen, der stetig von y abhängt und geradlinig im Sinne der euklidischen oder hyperbolischen Metrik von F_q ist. Wenn diese Wege gefunden sind, bezeichnen wir mit $f_t(y)$ den Punkt, der im Sinne der betreffenden Metrik die Strecke $s(y)$ im Verhältnis $t : 1 - t$ teilt; während t von 0 bis 1 läuft, geht dann f stetig in f' über.

Zwecks Konstruktion der Strecken $s(y)$ betrachten wir wieder die universelle Überlagerungsfläche F' von F_q und in ihr einen über ξ liegenden Punkt $\bar{\xi}$. Ist v_1 ein von x ausgehender, in y endender Weg auf F_p, so entsprechen seinen Bildern $f(v_1)$, $f'(v_1)$ zwei Wege $\bar{v}_1$, $\bar{v}_1'$ auf F', die in $\bar{\xi}$ beginnen und deren Endpunkte $\bar{\eta}_1$, $\bar{\eta}_1'$ über $f(y)$, $f'(y)$ liegen; analog liefert ein zweiter von x nach y laufender Weg v_2 zwei von $\bar{\xi}$ ausgehende Wege $\bar{v}_2$, $\bar{v}_2'$ mit Endpunkten $\bar{\eta}_2$, $\bar{\eta}_2'$ über $f(y)$, $f'(y)$. Wir behaupten, daß es eine Decktransformation von F' gibt, die gleichzeitig $\bar{\eta}_1$ in $\bar{\eta}_2$ und $\bar{\eta}_1'$ in $\bar{\eta}_2'$ überführt. In der Tat: da f und f' nach Voraussetzung denselben Homomorphismus H von $\mathfrak{G}_p(x)$ in $\mathfrak{G}_q(\xi)$ bewirken, gehören die beiden durch ξ gehenden geschlossenen Wege $f(v_1 - v_2)$ und $f'(v_1 - v_2)$ zu einer Äquivalenzklasse; die sie überlagernden, in $\bar{\xi}$ beginnenden Wege auf F' haben daher denselben Endpunkt $\bar{\bar{\xi}}$, (der ebenfalls über ξ liegt); die beiden Überlagerungswege $\bar{\bar{v}}_2$, $\bar{\bar{v}}_2'$ von $f(v_2)$ und $f'(v_2)$, die in $\bar{\bar{\xi}}$ beginnen, enden daher in $\bar{\eta}_1$ bzw. $\bar{\eta}_1'$; da bei derjenigen Decktransformation, die $\bar{\bar{\xi}}$ in $\bar{\xi}$ überführt, $\bar{\bar{v}}_2$ und $\bar{\bar{v}}_2'$ in $\bar{v}_2$ und $\bar{v}_2'$ übergehen, werden mithin bei ihr $\bar{\eta}_1$, $\bar{\eta}_1'$ in $\bar{\eta}_2$, $\bar{\eta}_2'$ transformiert. — Da die Decktransformation eine euklidische oder hyperbolische Bewegung ist, bildet sie die Strecke $\bar{\eta}_1\,\bar{\eta}_1'$ kongruent auf die Strecke $\bar{\eta}_2\,\bar{\eta}_2'$ ab. Die von diesen Strecken überlagerte, von $f(y)$ nach $f'(y)$ führende Strecke $s(y)$ ist daher von der speziellen Wahl der Wege v unabhängig und hängt somit eindeutig und stetig von y ab.

Damit ist der Satz I bewiesen und die Äquivalenz der Aufzählung der Abbildungsklassen von F_p auf F_q mit der Aufzählung der Homomorphismenklassen von $\mathfrak{G}_p$ in $\mathfrak{G}_q$ dargetan. Dieses gruppentheoretische Problem läßt sich auch folgendermaßen formulieren:

Bezeichnen wir ein kanonisches Wegesystem auf F_p, das wir früher $w_1, w_2, \ldots, w_{2p}$ nannten und das ein Erzeugendensystem von $\mathfrak{G}_p$ darstellt, jetzt mit $a_1, b_1, \ldots, a_p, b_p$ und ein analoges System auf F_q mit $\alpha_1, \beta_1, \ldots, \alpha_q, \beta_q$, so gehört zu jedem Homomorphismus H von $\mathfrak{G}_p$ in $\mathfrak{G}_q$ ein Formelsystem

$$(1)\qquad \begin{aligned} H(a_i) &= A_i(\alpha, \beta) \\ H(b_i) &= B_i(\alpha, \beta) \end{aligned} \qquad (i = 1, 2, \ldots, p),$$

wobei die A_i, B_i Summen in den α_j, $\beta_j (j = 1, 2, \ldots, q)$ sind, die im allgemeinen von der Reihenfolge der Summanden abhängen. Die Frage nach den Homomorphismenklassen läßt sich nun in folgende zwei Fragen zerlegen: 1. Unter welchen Bedingungen ist bei willkürlich gegebenen Ausdrücken A_i, B_i die durch (1) bestimmte Gruppenabbildung H ein Homomorphismus? 2. Wenn man zwei Systeme A_i, B_i; A_i', B_i' hat, von denen jedes durch (1) einen Homomorphismus H bzw. H' definiert, unter welchen Bedingungen gehören dann H und H' zu einer Homomorphismenklasse?

[11]) Dieser Beweis steht in der unter [2]) genannten Arbeit von Brouwer.

Die erste Frage läßt sich auch anders fassen. Die Erzeugenden a_i, b_i und α_j, β_j von $\mathfrak{G}_p$ bzw. $\mathfrak{G}_q$ erfüllen bekanntlich die Relationen [12])

$$a_1 + b_1 - a_1 - b_1 + \cdots + a_p + b_p - a_p - b_p = 0$$
$$\alpha_1 + \beta_1 - \alpha_1 - \beta_1 + \cdots + \alpha_q + \beta_q - \alpha_q - \beta_q = 0;$$

aus der ersten von ihnen folgt, wenn H ein Homomorphismus ist,

$$A_1(\alpha, \beta) + B_1(\alpha, \beta) - A_1(\alpha, \beta) - B_1(\alpha, \beta) + \cdots = 0, \tag{2}$$

d. h. der links stehende Ausdruck in α_j, β_j ist das Nullelement von $\mathfrak{G}_q$. (2) ist also notwendig dafür, daß H ein Homomorphismus ist; diese Bedingung ist aber auch hinreichend. Das kann man leicht gruppentheoretisch, oder auch folgendermaßen geometrisch erkennen: man definiere wie im Beweise des Satzes I auf den Wegen a_i, b_i eine Abbildung f so, daß für die Bilder die Beziehungen

$$f(a_i) = A_i(\alpha, \beta), \quad f(b_i) = B_i(\alpha, \beta)$$

gelten; man schneide wie früher F_p längs der a_i, b_i so auf, daß das $4p$-Eck P entsteht, dessen Seiten mit $\pm \bar{a}_i$, $\pm \bar{b}_i$ zu bezeichnen sind, und bilde zunächst den Anfangspunkt $\bar{x}$ von $+\bar{a}_1$ auf den Punkt $\bar{\xi}$ der universellen Überlagerungsfläche F' von F ab; diese Abbildung setze man längs des Randes R von P durch Vermittlung der auf den a_i, b_i erklärten Abbildung f stetig zu einer Abbildung $\bar{f}$ fort; bei Durchlaufung von R beschreibt der Bildpunkt einen Weg R' in F'; dieser Weg R' muß auch jetzt geschlossen sein, da infolge der Gleichung (2) das Bild $f(W) = f(a_1 + b_1 - a_1 - b_1 + \cdots)$ auf F_q in einen Punkt zusammenziehbar ist; daher läßt sich wie früher die bisher nur auf den a_i, b_i erklärte Abbildung f zu einer Abbildung $f(F_p)$ erweitern; der von f bewirkte Homomorphismus H erfüllt (1); diese Formeln definieren also in der Tat einen Homomorphismus. Die Frage 1. läßt sich also auch so aussprechen: 1'. Unter welchen Bedingungen erfüllen durch willkürlich gegebene Ausdrücke A_i, B_i definierte Elemente von $\mathfrak{G}_q$ die Gleichung (2)?

Wir werden an Stelle von (1) meistens das folgendermaßen gebildete System betrachten: man gestatte in den Ausdrücken A_i, B_i das Kommutieren; dann werden aus ihnen Linearformen in den α_j, β_j mit ganzzahligen Koeffizienten, und wir schreiben

$$\begin{aligned} H(a_i) &\sim \sum_j r_{ij}\alpha_j + \sum_j s_{ij}\beta_j \\ H(b_i) &\sim \sum_j t_{ij}\alpha_j + \sum_j u_{ij}\beta_j \end{aligned} \quad (i = 1, 2, \ldots, p; \quad j = 1, 2, \ldots, q). \tag{3}$$

Da die kommutierte Fundamentalgruppe nichts anderes ist als die Gruppe der eindimensionalen Homologieklassen [13]), und da die a_i, b_i bzw. α_j, β_j zugleich Basen dieser Homologieklassengruppen $\mathfrak{B}_p$, $\mathfrak{B}_q$ von F_p bzw. F_q darstellen, sind die Relationen (3) Homologien, die den durch f bewirkten Homomorphismus von $\mathfrak{B}_p$ in $\mathfrak{B}_q$ angeben.

Betrachtet man neben einem durch (1) gegebenen Homomorphismus H noch einen Homomorphismus H' derselben (Homomorphismen- oder Abbildungs-)Klasse, so geht H' durch einen inneren Automorphismus von $\mathfrak{G}_q$ aus H hervor, d. h. es ist

$$H'(a_i) = C + A_i - C, \quad H'(b_i) = C + B_i - C;$$

beim Übergang zu dem kommutierten System ergibt sich also für ihn dasselbe System (3) wie für H. Das System (3) ist daher durch die Abbildungsklasse von f bzw. durch die Homomorphismenklasse von H eindeutig bestimmt.

In Analogie zu den Fragen 1. und 1'. besteht jetzt die Frage 3.: Unter welchen Bedingungen hat die durch eine vorgegebene Matrix

[12]) Wegen der Fundamentalgruppen der Flächen ziehe man etwa den 1. Abschnitt der ersten der beiden unter [5]) zitierten Arbeiten von Nielsen heran.

[13]) S. z. B. O. Veblen, Analysis situs, 2. Aufl. (1931), S. 145 ff.

$$\begin{pmatrix}(r_{ij}) & (s_{ij})\\ (t_{ij}) & (u_{ij})\end{pmatrix} \qquad (i = 1, 2, \ldots, p;\; j = 1, 2, \ldots, q)$$

definierte Substitution (3) die Eigenschaft, durch Kommutieren aus einem Homomorphismus (1) entstanden zu sein? Oder, anders ausgedrückt: Welche willkürlich gegebenen Homologien (3) werden durch Abbildungen von F_p auf F_q erzeugt?

Wir werden diese Frage nicht beantworten, sondern nur notwendige Bedingungen für die Koeffizienten r, s, t, u angeben; dies sind dann zugleich notwendige Bedingungen im Sinne der Fragen 1. und 1'.

§ 2. Aufzählung der Klassen und Bestimmung des Grades im Fall $q = 1$.

Im Fall $q = 1$ sind alle im vorigen Paragraphen gestellten Fragen leicht zu beantworten. $\mathfrak{G}_1$ wird von zwei Elementen α, β erzeugt, zwischen denen die Relation $\alpha + \beta - \alpha - \beta = 0$, und sonst keine Relation besteht; $\mathfrak{G}_1$ ist also die Abelsche Gruppe der Linearformen in zwei Symbolen α, β und fällt mit der Homologieklassengruppe $\mathfrak{B}_1$ zusammen. Die Systeme (1) und (3) sind miteinander identisch, und (1) kann daher von vornherein in der Gestalt (3) geschrieben werden. Für zwei verschiedene (Abbildungs- oder Homomorphismen-)Klassen sind stets die rechten Seiten von (1) und mithin jetzt auch die rechten Seiten von (3) voneinander verschieden; die Frage 2. ist mithin so zu beantworten, daß zwei Homomorphismen dann und nur dann zu einer Klasse gehören, wenn zu ihnen dasselbe System (3) gehört.

Was die Fragen 1., 1'., 3. betrifft, so sind sie einfach dadurch zu beantworten, daß die Ausdrücke A_i, B_i bzw., was jetzt dasselbe ist, die Koeffizienten r, s, t, u überhaupt keinen Bedingungen unterliegen; denn wegen der Kommutativität von $\mathfrak{G}_1$ wird die Gleichung (2) von beliebigen A_i, B_i erfüllt. — Fassen wir zusammen:

Satz II. *Jede Abbildungsklasse der F_p auf die F_1 erzeugt eine bestimmte Transformation*

$$\text{(3')} \qquad \begin{aligned} H(a_i) &\sim r_i\alpha + s_i\beta \\ H(b_i) &\sim t_i\alpha + u_i\beta \end{aligned} \qquad (i = 1, 2, \ldots, p);$$

umgekehrt gibt es zu jeder willkürlich vorgelegten Substitution (3') *eine und nur eine Klasse von Abbildungen der F_p auf die F_1, welche diese Substitutionen erzeugen.*

Infolge dieser eineindeutigen Zuordnung zwischen den Substitutionen (3') und den Abbildungsklassen muß der Abbildungsgrad durch die Koeffizienten von (3') bestimmt sein. Wie man ihn findet, sagt der folgende Satz:

Satz III a. *Der Grad einer zu* (3') *gehörigen Abbildung ist*

$$c = \sum_i \begin{vmatrix} r_i & s_i \\ t_i & u_i \end{vmatrix}.$$

Beweis: Die universelle Überlagerungsfläche F' von F_1 fassen wir als euklidische x_1-x_2-Ebene auf, in der

$$x_1' = x_1 + m, \quad x_2' = x_2 + n \qquad (m, n \text{ ganz})$$

die zu F_1 gehörigen Decktransformationen sind, so daß man als Fundamentalbereiche z. B. achsenparallele Einheitsquadrate wählen kann. Unter Π_i werde das Parallelogramm mit den Ecken $(0, 0)$, (r_i, s_i), $(r_i + t_i, s_i + u_i)$, (t_i, u_i) verstanden. P sei wieder wie im § 1 das durch Aufschneiden von F_p entstandene $4p$-Eck mit den Seiten $\bar{a}_1, \bar{b}_1, -\bar{a}_1, -\bar{b}_1, \ldots, \bar{a}_p, \bar{b}_p, -\bar{a}_p, -\bar{b}_p$. Bilden wir die Seiten $\bar{a}_i, \bar{b}_i, -\bar{a}_i, -\bar{b}_i$ der Reihe nach proportional auf die Seiten $(0, 0)\,(r_i, s_i), \ldots, (t_i, u_i)\,(0, 0)$ von Π_i ab, so entspricht diese Abbildung $\bar{f}$ einer Abbildung f der Wege a_i, b_i von F_p auf Wege von F_1, welche die Substitution (3') erzeugt. Wir erweitern nun, ähnlich wie früher, die auf dem Rande R von P definierte Abbildung $\bar{f}$ auf ganz P, und damit zugleich f zu einer Abbildung der ganzen Fläche F_p durch die Bestimmung, daß ein im Innern von P fest gewählter Punkt y auf den Punkt $(0, 0)$ und daß für jeden Punkt $z < R$ die Strecke yz proportional auf die Strecke $(0, 0)\,\bar{f}(z)$ abgebildet wird. Verstehen wir unter P_i den 5-eckigen Teil von P, der von dem Streckenzug $\bar{a}_i + \bar{b}_i - \bar{a}_i - \bar{b}_i$ und den Verbindungsstrecken seiner beiden Endpunkte mit y begrenzt wird, so wird dabei das Innere von P_i eineindeutig auf das Innere von Π_i abgebildet. Der Grad dieser Abbildung ist — bei geeigneter Orientierung von P und von F' — $+1$ oder -1, je nach dem die Determinante $D_i = \begin{vmatrix} r_i & s_i \\ t_i & u_i \end{vmatrix}$ positiv oder negativ ist. Da die Ecken von Π_i ganzzahlige Koordinaten haben, läßt sich Π_i in zueinander kongruente Parallelogramme einteilen, die Fundamentalbereiche von F_1 sind und deren Anzahl gleich dem Flächeninhalt von Π_i, also gleich $|D_i|$ ist; ein Punkt von F_1 hat also in Π_i genau $|D_i|$ Vertreter, vorausgesetzt, daß keiner von ihnen auf dem Rande von Π_i liegt. Folglich ist der Beitrag, den das P_i entsprechende Stück von F_p zu dem Abbildungsgrad von f liefert, genau gleich D_i. Hieraus und aus $P = \sum_i P_i$ folgt die Behauptung.

§ 3. Die Bestimmung des Grades und Aufstellung notwendiger Bedingungen für die Homologiesubstitutionen im allgemeinen Fall.

Daß sich im Fall $q = 1$ der Grad aus den Koeffizienten von (3) bzw. (3') bestimmen ließ, war selbstverständlich, da in diesem Fall die genannten Gleichungen ja mit (1) identisch sind und da in (1) stets alle in den Abbildungsklassen invarianten Eigenschaften enthalten sind. Im Fall $q \geqq 2$ kann man daher zunächst nur erwarten, den Grad aus (1) ermitteln zu können. Trotzdem läßt er sich auch in diesem allgemeinen Fall bereits aus (3) bestimmen. Es gilt nämlich in Verallgemeinerung des Satzes III a:

Satz III. *Der Grad einer Abbildung der F_p auf die $F_q (p, q \geqq 1)$, zu welcher das System* (3) *gehört, ist*

$$c = \sum_{i=1}^{p} \begin{vmatrix} r_{ij} & s_{ij} \\ t_{ij} & u_{ij} \end{vmatrix},$$

wobei j eine beliebige der Zahlen $1, 2, \ldots, q$ ist.

Beweis: Wir betrachten neben den Flächen F_p und F_q, auf denen wir die kanonischen Kurvensysteme wie früher mit a_i, b_i bzw. α_j, β_j bezeichnen, noch eine Fläche F_1 mit einem kanonischen System α, β und bilden F_q durch eine Abbildung f_1 so auf F_1 ab, daß dadurch die Substitution

$$\text{(3 a)} \qquad \begin{aligned} H_1(\alpha_j) &\sim \alpha, & H_1(\alpha_k) &\sim 0 \quad \text{für} \quad k \neq j, \\ H_1(\beta_j) &\sim \beta, & H_1(\beta_k) &\sim 0 \quad \text{für} \quad k \neq j \end{aligned}$$

bewirkt wird, wobei j eine fest gewählte der Zahlen $1, 2, \ldots, q$ ist; daß es eine solche Abbildung f_1 gibt, ist in Satz II enthalten. Nach Satz III a hat f_1 den Grad $c_1 = 1$.

Zu der durch Zusammensetzung von f und f_1 entstehenden Abbildungen $f_1 f$ von F_p auf F_1 gehört die durch Zusammensetzung von (3) und (3a) entstehende Substitution

$$\text{(4 a)} \qquad \begin{aligned} H_1 H(a_i) &\sim r_{ij}\alpha + s_{ij}\beta \\ H_1 H(b_i) &\sim t_{ij}\alpha + u_{ij}\beta \end{aligned} \qquad (i = 1, 2, \ldots, p).$$

Nach Satz III a hat daher $f_1 f$ den Grad $\sum_i \begin{vmatrix} r_{ij} & s_{ij} \\ t_{ij} & u_{ij} \end{vmatrix}$. Andererseits hat diese Abbildung, da sich die Grade bei der Zusammensetzung von Abbildungen multiplizieren, infolge $c_1 = 1$ den Wert c, wenn dies der Grad von f ist. Damit ist der Satz bewiesen.

Die Unabhängigkeit der im Satz III auftretenden Determinantensummen vom Index j stellt im Fall $q \geqq 2$ eine Bedingung für die Koeffizienten von (3) dar. Ihr treten ähnliche Bedingungen an die Seite:

Satz IV. *Zwischen den Koeffizienten einer durch eine Abbildung der F_q auf die F_p bewirkten Substitution* (3) *bestehen die Relationen*

$$(5\,a)\qquad \sum_i \begin{vmatrix} r_{i1} & s_{i1} \\ t_{i1} & u_{i1} \end{vmatrix} = \sum_i \begin{vmatrix} r_{i2} & s_{i2} \\ t_{i2} & u_{i2} \end{vmatrix} = \cdots = \sum_i \begin{vmatrix} r_{iq} & s_{iq} \\ t_{iq} & u_{iq} \end{vmatrix};$$

$$(5\,b)\qquad \sum_i \begin{vmatrix} r_{ij} & s_{ij'} \\ t_{ij} & u_{ij'} \end{vmatrix} = 0 \qquad (j' \neq j);$$

$$(5\,c)\qquad \sum_i \begin{vmatrix} r_{ij} & r_{ij'} \\ t_{ij} & t_{ij'} \end{vmatrix} = 0;$$

$$(5\,d)\qquad \sum_i \begin{vmatrix} s_{ij} & s_{ij'} \\ u_{ij} & u_{ij'} \end{vmatrix} = 0.$$

Beweis: Die Gleichungen (5 a) sind mit Satz III bewiesen worden. Die Gleichungen (5 b), (5 c), (5 d) werden ganz analog bewiesen. Man hat nur an Stelle von (3 a) im Falle (5 b) das System

$$(3\,b)\qquad \begin{array}{lll} H_1(\alpha_j) \sim \alpha, & H_1(\alpha_k) \sim 0 & \text{für } k \neq j, \\ H_1(\beta_{j'}) \sim \beta, & H_1(\beta_k) \sim 0 & \text{für } k \neq j', \end{array}$$

im Falle (5 c) das System

$$(3\,c)\qquad \begin{array}{llll} H_1(\alpha_j) \sim \alpha, & H_1(\alpha_{j'}) \sim \beta, & H_1(\alpha_k) \sim 0 & \text{für } k \neq j, j', \\ & H_1(\beta_k) \sim 0 & \text{für alle } k, & \end{array}$$

im Falle (5 d) das System

$$(3\,d)\qquad \begin{array}{llll} & H_1(\alpha_{j'}) \sim 0 & \text{für alle } k, & \\ H_1(\beta_j) \sim \alpha, & H_1(\beta_{j'}) \sim \beta, & H_1(\beta_k) \sim 0 & \text{für } k \neq j, j' \end{array}$$

zu betrachten. Dann hat in jedem Fall nach Satz III a die Abbildung f_1 den Grad 0, also hat auch $f_1 f$ den Grad 0. Andererseits ist dieser Grad aber nach Satz III a aus den zu $f_1 f$ gehörigen Substitutionen zu ermitteln; diese lauten (in Analogie zu (4 a))

$$(4\,b)\qquad \begin{cases} H_1 H(a_i) \sim r_{ij}\alpha + s_{ij'}\beta, \\ H_1 H(b_i) \sim t_{ij}\alpha + u_{ij'}\beta; \end{cases}$$

$$(4\,c)\qquad \begin{cases} H_1 H(a_i) \sim r_{ij}\alpha + r_{ij'}\beta, \\ H_1 H(b_i) \sim t_{ij}\alpha + t_{ij'}\beta; \end{cases}$$

$$(4\,d)\qquad \begin{cases} H_1 H(a_i) \sim s_{ij}\alpha + s_{ij'}\beta, \\ H_1 H(b_i) \sim u_{ij}\alpha + u_{ij'}\beta. \end{cases}$$

Die zugehörigen Grade sind daher die in (5 b), (5 c), (5 d) links stehenden Summen; mithin sind diese 0.

Die in den Sätzen III und IV enthaltenen Bedingungen für die Koeffizienten von (3) lassen sich noch auf eine andere Weise aussprechen. Betrachten wir nämlich den Homomorphismus der Homologieklassengruppe $\mathfrak{B}_q$ in die Homologieklassengruppe $\mathfrak{B}_p$, der durch die Gleichungen

$$(6)\qquad \begin{aligned} \varphi(\beta_h) &= \sum_i r_{ih}\, b_i - \sum_i t_{ih}\, a_i \\ \varphi(\alpha_h) &= -\sum_i s_{ih}\, b_i + \sum_i u_{ih}\, a_i \end{aligned}$$

definiert ist, und führen wir φ und H nacheinander aus, so ergibt sich aus (6) und (3)

$$H\varphi(\alpha_h) = \sum_j \sum_i \begin{vmatrix} r_{ij} & s_{ih} \\ t_{ij} & u_{ih} \end{vmatrix} \alpha_j + \sum_j \sum_i \begin{vmatrix} s_{ij} & s_{ih} \\ u_{ij} & u_{ih} \end{vmatrix} \beta_j,$$

$$H\varphi(\beta_h) = \sum_j \sum_i \begin{vmatrix} r_{ih} & r_{ij} \\ t_{ih} & t_{ij} \end{vmatrix} \alpha_j + \sum_j \sum_i \begin{vmatrix} r_{ih} & s_{ij} \\ t_{ih} & u_{ij} \end{vmatrix} \beta_j;$$

daher sind die Aussagen der Sätze III und IV gleichbedeutend mit den Gleichungen

$$(7') \qquad H\varphi(\alpha_h) = c\,\alpha_h, \quad H\varphi(\beta_h) = c\,\beta_h$$

für $h = 1, 2, \ldots, q$, und diese Gleichungen sind, da jedes Element von $\mathfrak{B}_q$ eine lineare Verbindung der α_h, β_h ist, gleichbedeutend mit der Gültigkeit von

$$(7) \qquad H\varphi(\zeta) = c\,\zeta$$

für jedes Element ζ von $\mathfrak{B}_q$, d. h. für jede eindimensionale Homologieklasse auf F_q. Der Inhalt der Sätze III und IV läßt sich daher zusammenfassen zu:

Satz V. *Der durch eine Abbildung f von F_p auf F_q bewirkte, durch* (3) *ausgedrückte Homomorphismus H der Homomologieklassen von F_p in die Homologieklassen von F_q steht mit dem — in umgekehrter Richtung ausgeübten — Homomorphismus φ, der durch* (6) *bestimmt wird, in der Beziehung* (7), *wobei c der Grad von f ist*[14]).

Wir ziehen zwei Folgerungen bezüglich des Ranges der Substitution (3):

Satz VIa. *Ist $c \neq 0$, so hat die Substitution* (3) *den Rang $2q$*[15]).

Satz VIb. *Ist $c = 0$, so ist der Rang von* (3) *höchstens gleich p*[16]).

Beweis von VIa: Die $2q$ Elemente $c\alpha_j$, $c\beta_j$ sind unabhängig in $\mathfrak{B}_q$. Infolge von (7′) und (6) sind sie lineare Verbindungen der rechten Seiten von (3). Unter den Zeilen der Koeffizientenmatrix von (3) sind also $2q$ linear unabhängige. Da die Anzahl der Spalten $2q$ ist, hat die Matrix daher den Rang $2q$.

Beweis von VIb: Da die Matrix von (6) aus der Matrix von (3) durch Übergang zur Transponierten und durch Multiplikation der letzten q Zeilen und der letzten p Spalten mit -1 entsteht, haben die beiden Matrizen gleichen Rang ϱ. Ändern wir unsere bisherige Bezeichnung derart, daß wir die a_i, b_i mit c_i $(i = 1, 2, \ldots, 2p)$, die α_h, β_h mit γ_h $(h = 1, 2, \ldots, 2q)$, die Koeffizienten von (3) und (6) mit v_{ij} $(i = 1, 2, \ldots, 2p;$ $j = 1, 2, \ldots, 2q)$ und w_{hi} $(i = 1, 2, \ldots, 2p; h = 1, 2, \ldots, 2q)$ bezeichnen, so daß die Substitutionen also die Gestalt

$$H(c_i) = \sum_j v_{ij}\,\gamma_j$$
$$\varphi(\gamma_h) = \sum_i w_{hi}\,c_i$$

erhalten, so ist infolge von $c = 0$ und von (7)

$$\sum_i w_{hi}\,v_{ij} = 0.$$

Die Zahlenreihen $v_{1j}, v_{2j}, \ldots, v_{2p,j}$ mit $j = 1, 2, \ldots, 2q$, unter denen ϱ unabhängige sind, sind also Lösungen des Gleichungssystems

$$\sum_i w_{hi}\,x_i = 0$$

für die $2p$ Unbekannten x_i. Da die Koeffizientenmatrix dieses Systems den Rang ϱ hat, besitzt das System $2p - \varrho$ unabhängige Lösungen. Folglich ist $\varrho \leqq 2p - \varrho$, d. h. $\varrho \leqq p$.

Bemerkungen: 1. Der Satz VIa läßt sich auch auf ganz anderem Wege beweisen und verschärfen (§ 5, letzter Satz).

2. Aus VIa folgt, daß, wenn $c \neq 0$ ist, p nicht kleiner als q sein kann, da die Matrix von (3) ja nur p Zeilen hat, daß man also im Fall $p < q$ die F_p nicht mit einem von 0

[14]) A., Satz Ib.

[15]) A., Satz IIa.

[16]) A., Satz V.

verschiedenen Grade auf die F_q abbilden kann. Diese Tatsache ist aber nur ein Spezialfall des in der Einleitung angeführten Satzes von H. Kneser.

3. In VIa und VIb ist enthalten, daß bei den Abbildungen der F_p auf sich als Ränge von (3) nur die Zahlen $0, 1, \ldots, p$ und $2p$, aber nicht die Zahlen $p+1, \ldots, 2p-1$ auftreten können.

§ 4. Das Verhalten der Schnittzahlen.

Zu je zwei geschlossenen Wegen z_1, z_2 auf F_p gehört eine „Schnittzahl" $(z_1 \cdot z_2)$, die man in bekannter Weise durch Abzählen der mit $+1$ oder -1 zu bewertenden Schnittpunkte von z_1 und z_2 erhält[17]); sie hängt nicht von den speziell gewählten Wegen z_1, z_2, sondern nur von deren Homologieklassen ab. Sie ist distributiv, d. h. es ist $((z_1' + z_1'') \cdot z_2) = (z_1' \cdot z_2) + (z_1'' \cdot z_2)$ usw.; es genügt daher, die Schnittzahlen für die Elemente einer Basis zu kennen. Für eine kanonische Basis a_i, b_i ist bekanntlich

$$(8) \qquad (a_i \cdot b_i) = 1,\ (a_i \cdot b_k) = 0 \text{ für } i \neq k,\ (a_i \cdot a_k) = (b_i \cdot b_k) = 0$$

und analog auf F_q

$$(8') \qquad (\alpha_j \cdot \beta_j) = 1,\ (\alpha_j \cdot \beta_h) = 0 \text{ für } j \neq h,\ (\alpha_j \cdot \alpha_h) = (\beta_j \cdot \beta_h) = 0;$$

außerdem gilt für beliebige Wegepaare auf F_p oder F_q

$$(8'') \qquad (z_1 \cdot z_2) = -(z_2 \cdot z_1), \quad (\zeta_1 \cdot \zeta_2) = -(\zeta_2 \cdot \zeta_1).$$

Der Zusammenhang zwischen den Homomorphismen H und φ läßt sich mit Hilfe der Schnittzahlen in einfacher Weise ausdrücken. φ ist nämlich unter allen linearen Substitutionen, d. h. Homomorphismen, von $\mathfrak{B}_q$ in $\mathfrak{B}_p$ dadurch charakterisiert, daß für beliebige Elemente z, ζ von $\mathfrak{B}_p$ bzw. $\mathfrak{B}_q$ die Gleichung

$$(9) \qquad (\varphi(\zeta) \cdot z) = (\zeta \cdot H(z))$$

besteht[18]). Um (9) zu beweisen, genügt es, die Richtigkeit für die Basiselemente nachzuprüfen. Für diese ergibt sich in der Tat aus (3) und (6) unter Berücksichtigung von (8), (8'), (8'')

$$(10) \qquad \begin{aligned} (\alpha_h \cdot H(a_i)) &= s_{ih} = (\varphi(\alpha_h) \cdot a_i), & (\alpha_h \cdot H(b_i)) &= u_{ih} = (\varphi(\alpha_h) \cdot b_i), \\ (\beta_h \cdot H(a_i)) &= -r_{ih} = (\varphi(\beta_h) \cdot a_i), & (\beta_h \cdot H(b_i)) &= -t_{ih} = (\varphi(\beta_h) \cdot b_i). \end{aligned}$$

Setzt man umgekehrt eine lineare Substitution φ mit willkürlichen Koeffizienten an und verlangt die Gültigkeit von (9), so müssen die Gleichungen (10) gelten, und dies bedeutet, daß die Koeffizienten von φ gerade die durch (6) gegebenen sein müssen.

Infolge dieser Charakterisierung von φ kann man dem Satz V auch die folgende Fassung geben, die den Vorteil hat, daß in ihr keine speziellen Basen von $\mathfrak{B}_p$ und $\mathfrak{B}_q$ auftreten:

Satz V'. *Ist H der durch eine Abbildung f der F_p auf die F_q bewirkte Homomorphismus von $\mathfrak{B}_p$ in $\mathfrak{B}_q$, so ist H mit dem Homomorphismus φ von $\mathfrak{B}_q$ in $\mathfrak{B}_p$, der durch* (9) *bestimmt ist, durch die Gleichung* (7) *verknüpft, wobei c der Grad von f ist.*

Setzt man in (9) $\zeta = \zeta_1$, $z = \varphi(\zeta_2)$, so erhält man auf Grund von (7) die für beliebige Elemente ζ_1, ζ_2 von $\mathfrak{B}_q$ gültige Gleichung

$$(11) \qquad (\varphi(\zeta_1) \cdot \varphi(\zeta_2)) = c(\zeta_1 \cdot \zeta_2).$$

Ist

$$(12) \qquad z_1 = \varphi(\zeta_1), \quad z_2 = \varphi(\zeta_2),$$

[17]) Außer auf die in A. zitierten Arbeiten, in denen die Schnitt-Theorie für beliebige Mannigfaltigkeiten dargestellt ist, sei hier hingewiesen auf: H. Weyl, Die Idee der Riemannschen Fläche, 2. Auflage, Anhang.

[18]) Im wesentlichen mit A., Gl. (4) identisch.

so ergibt sich, wenn man (11) mit c multipliziert und wieder (7) anwendet,

$$(13) \qquad c\,(z_1 \cdot z_2) = (H(z_1) \cdot H(z_2)).$$

Die Elemente, die (12) erfüllen, d. h. alle Elemente $\varphi(\zeta)$ mit beliebigem $\zeta < \mathfrak{B}_q$, bilden eine Untergruppe von $\mathfrak{B}_p$, die wir sinngemäß mit $\varphi(\mathfrak{B}_q)$ bezeichnen. Auf Grund von (13) ist das Verhalten der Schnittzahlen der Elemente von $\varphi(\mathfrak{B}_q)$ bei der Abbildung vollständig zu übersehen:

Satz VII. *Die Schnittzahlen je zweier Elemente der Gruppe $\varphi(\mathfrak{B}_q)$ multiplizieren sich bei der Abbildung gemäß* (13) *mit dem Grade c.*

Wenn $c \neq 0$ ist, so folgt aus (7), daß für zwei durch (12) gegebene Elemente z_1, z_2 nur dann $H(z_1) = H(z_2)$ sein kann, wenn $\zeta_1 = \zeta_2$, also $z_1 = z_2$ ist; also gilt:

Satz VIII. *Ist $c \neq 0$, so wird die Gruppe $\varphi(\mathfrak{B}_q)$ durch H einstufig isomorph auf eine Untergruppe von $\mathfrak{B}_q$ abgebildet*; *diese Untergruppe besteht nach* (7) *aus den c-fachen Elementen von $\mathfrak{B}_q$*[19]).

Es sei $\mathfrak{B}'_p$ die Untergruppe von $\mathfrak{B}_p$, die aus denjenigen Elementen besteht, deren H-Bilder c-fache Elemente von $\mathfrak{B}_q$ sind; d. h. es sei dann und nur dann $z < \mathfrak{B}'_p$, wenn es ein ζ gibt, so daß $c\zeta = H(z)$ ist. Infolge von (7) ist $\varphi(\mathfrak{B}_q) < \mathfrak{B}'_p$. Ferner sei $\mathfrak{N}$ die Untergruppe von $\mathfrak{B}_p$, die aus den Elementen z besteht, für die $H(z) = 0$ ist. Dann gilt:

Satz IX. *Ist $c \neq 0$, so ist $\mathfrak{B}'_p$ die direkte Summe der Gruppen $\mathfrak{N}$ und $\varphi(\mathfrak{B}_q)$*[20]).

Beweis: Ist $z < \mathfrak{B}'_p$, so gibt es ein ζ mit $c\,\zeta = H(z)$; dann ist wegen (7) $H(z) = H(\varphi(\zeta))$, also $H(z - \varphi(\zeta)) = 0$, d. h. $z = \varphi(\zeta) + z_0$ mit $z_0 < \mathfrak{N}$. Diese Summendarstellung ist eindeutig; denn aus $\varphi(\zeta') + z'_0 = \varphi(\zeta'') + z''_0$ mit $z'_0, z''_0 < \mathfrak{N}$ folgt $H(\varphi(\zeta') - \varphi(\zeta'')) = 0$, mithin nach (7) $c\,\zeta' = c\,\zeta''$. Da $c \neq 0$ ist, folgt hieraus $\zeta' = \zeta''$ und daher auch $z'_0 = z''_0$. z läßt sich also auf eine und nur eine Weise in der Form $z = \varphi(\zeta) + z_0$ $(z_0 < \mathfrak{N})$ darstellen. Das bedeutet, daß $\mathfrak{B}'_p$ die direkte Summe von $\mathfrak{N}$ und $\varphi(\mathfrak{B}_q)$ ist.

Die Sätze VII, VIII, IX gestatten im Fall $c \neq 0$, die Wirkung von H auf die Elemente von $\mathfrak{B}_p$ und auf ihre Schnittzahlen weitgehend zu übersehen. Denn da das c-fache jedes Elements von $\mathfrak{B}_p$ in $\mathfrak{B}'_p$ enthalten ist, genügt es im wesentlichen, diese Gruppe zu betrachten. Sie wird gemäß IX in einer durch H eindeutig bestimmten Weise in zwei direkte Summanden $\mathfrak{N}$ und $\varphi(\mathfrak{B}_q)$ zerlegt. Die Wirkung von H auf $\mathfrak{N}$ ist nach Definition von $\mathfrak{N}$ vollständig bekannt; die Wirkung von H auf $\varphi(\mathfrak{B}_q)$ wird durch die Sätze VII und VIII beschrieben.

Die Sätze V bis IX habe ich früher für beliebige n-dimensionale Mannigfaltigkeiten aus einem Satz[20]) abgeleitet, der mit ganz anderen Methoden als den hier verwendeten, nämlich unter Benutzung des $2n$-dimensionalen Produktes der beiden Mannigfaltigkeiten bewiesen wurde. Diesem Satz liegt der Begriff des „Ringes" einer Mannigfaltigkeit zugrunde, bezüglich dessen Definition auf die frühere Arbeit verwiesen sei; in unserem Fall $n = 2$ sind die einzigen nicht trivialen Eigenschaften des Ringes die Schnittzahlen von geschlossenen Wegen, wie wir sie eben betrachtet haben. Auch wegen des Wortlautes des erwähnten Satzes sei auf die frühere Arbeit verwiesen. Sein Beweis ist auf Grund unserer gegenwärtigen Sätze ganz leicht zu führen. Man hat nur den für die geschlossenen Wege von F_q schon definierten Homomorphismus φ durch die Festsetzungen

$$\varphi(\zeta^0) = c\,z^0, \qquad \varphi(F_q) = F_p,$$

worin ζ^0, z^0 Punkte auf F_q bzw. F_p bedeuten, auch für die 0- und die 2-dimensionalen Zyklen zu erklären. Dann sind die Behauptungen des Satzes, soweit sie nicht trivial sind, mit unseren Gleichungen (7), (9), (11) identisch.

---

[19]) A., Satz II.

[20]) A., Satz I.

§ 5. Der Index der Abbildung.

Während sich die Sätze der beiden letzten Paragraphen aus der Betrachtung des kommutierten Systems (3), also der Beziehungen zwischen den Homologieklassengruppen $\mathfrak{B}_p$ und $\mathfrak{B}_q$ ergaben, sei jetzt noch auf Tatsachen hingewiesen, die aus Eigenschaften des ursprünglichen Homomorphismus der Fundamentalgruppe $\mathfrak{G}_p$ in die Fundamentalgruppe $\mathfrak{G}_q$ beruhen. Die Beweise, die an anderer Stelle geliefert worden sind, können von dort unverändert übernommen werden[21]).

Die durch H vermittelten Bilder der Elemente von $\mathfrak{G}_p$ bilden eine Untergruppe von $\mathfrak{G}_q$, die bis auf innere Automorphismen von $\mathfrak{G}_q$ durch die (Abbildungs- oder Homomorphismen-) Klasse bestimmt ist. Ihr Index j, d. h. die Anzahl der Restklassen, in die $\mathfrak{G}_q$ nach dieser Untergruppe zerfällt, ist eine Klasseninvariante. Zwischen j und dem Grade c besteht der folgende Zusammenhang, der, da c nach Satz III aus den Formeln (1) zu bestimmen ist, eine notwendige Bedingung für die rechten Seiten A_i, B_i von (1) ausdrückt:

Ist der Grad $c \neq 0$, *so ist der Index* j *endlich und ein Teiler von* c.

Aus diesem Satz, — den man geometrisch durch Betrachtung gewisser Überlagerungsflächen von F_q beweist —, folgt bei dem Übergang zu dem System (3):

Das Produkt der Elementarteiler der Matrix von (3) *ist ein Teiler von* c; und zwar ergibt sich dieser Satz aus dem erstgenannten auf Grund des folgenden:

Ist j *endlich — ist also etwa* $c \neq 0$ —, *so hat die Matrix von* (3) *den Rang* $2q$, *und das Produkt ihrer Elementarteiler ist ein Teiler von* j.

---

[21]) A., § 6, sowie die dort angeführten Teile der oben unter [9]) zitierten Arbeit.

Berlin, März 1931.

Eingegangen am 16. März 1931.

20.

Über den Begriff der vollständigen differentialgeometrischen Fläche

Comm. Math. Helvetici 3 (1931), 209–225

Die Differentialgeometrie „im Großen" beschäftigt sich mit Eigenschaften „ganzer" Flächen, d. h. solcher, die sich nicht durch Hinzufügung neuer Flächenstücke oder Punkte vergrößern lassen. Zu ihnen gehören alle geschlossenen Flächen. Bei einer offenen, unberandeten, mit einer überall regulären inneren Differentialgeometrie versehenen Fläche dagegen erhebt sich stets die Frage, ob sie bereits derart „vollständig" ist, daß sie ein für die Betrachtung „im Großen" geeigneter Gegenstand ist.

Die nachstehenden Ausführungen befassen sich mit der Frage, wie man diese „Vollständigkeit" präzisieren kann und wie es zweckmäßig ist, dies zu tun. Die oben angedeutete Forderung der Nichtfortsetzbarkeit zu einer größeren Fläche leidet an zwei Mängeln: erstens ist — wenigstens uns — nicht bekannt, wie man sie durch innere geometrische Eigenschaften der vorgelegten Fläche feststellen kann; zweitens ist die durch sie ausgezeichnete Flächenklasse vom praktischen Standpunkt aus zu groß, insofern sie Flächen enthält, auf denen eine Reihe schöner und wichtiger Sätze — z. B. der Satz von der Verbindbarkeit zweier Punkte durch eine kürzeste Linie — nicht gilt.

Beiden Übelständen läßt sich abhelfen, indem man die in Betracht zu ziehende Flächenklasse durch eine stärkere Vollständigkeitsforderung einschränkt. Wir werden vier Möglichkeiten für eine solche Forderung angeben und zeigen, daß sie sämtlich einander äquivalent sind. Die durch sie ausgezeichneten Flächen sind diejenigen, die „vollständige metrische Räume" im Sinne von Fréchet-Hausdorff[1]) sind.

1. *Differentialgeometrische Flächen. Fortsetzbarkeit.* Wir stellen zunächst einige bekannte Grundbegriffe zusammen.

Unter einer „topologischen" Fläche verstehen wir einen zusammenhängenden topologischen Raum, in dem es ein abzählbares vollständiges System von Umgebungen — im Sinne von Hausdorff[2]) — gibt, von welchen eine jede sich eineindeutig und stetig auf das Innere eines

[1]) *Hausdorff,* Grundzüge der Mengenlehre (1914), S. 315 ff. — Mengenlehre (1927), S. 103 ff.

[2]) *Hausdorff,* Grundzüge der Mengenlehre, 7. Kap., § 1; 8. Kap., §§ 1—3.

Kreises der euklidischen Ebene oder, was dasselbe ist, auf die ganze Ebene abbilden läßt[3]). Statt von „kompakten“ und „nichtkompakten“ [4]) sprechen wir von „geschlossenen“ und „offenen“ Flächen. Ob die Flächen in den drei- oder überhaupt in einen mehrdimensionalen Raum eingebettet sind, ist gleichgültig; es wird sich durchaus um „innere“ Eigenschaften handeln.

In jeder der erwähnten, die topologische Fläche definierenden, euklidischen Umgebungen läßt sich auf mannigfache Weise ein euklidisches Koordinatensystem einführen. Ist diese Einführung so vorgenommen, daß die Koordinaten der zu verschiedenen Umgebungen gehörigen Systeme dort, wo die Umgebungen etwa übereinandergreifen, stets durch eine analytische Transformation mit von Null verschiedener Funktionaldeterminante auseinander hervorgehen, so wird dadurch die topologische zu einer „analytischen“ Fläche, auf der der analytische Charakter von Funktionen und Kurven in bezug auf die betrachteten ausgezeichneten Koordinatensysteme zu verstehen ist; alle Koordinatensysteme, die aus diesen durch analytische Transformationen mit von Null verschiedener Funktionaldeterminante hervorgehen, dürfen und sollen ebenfalls im Sinne dieser Analytizität als „ausgezeichnet“ gelten.

Eine analytische Fläche wird dadurch zu einer „differentialgeometrischen“, daß in jedem der, die Analytizität definierenden, ausgezeichneten Koordinatensysteme reelle analytische Funktionen $g_{11}, g_{12} = g_{21}, g_{22}$ der Koordinaten gegeben sind, die die folgenden beiden Eigenschaften haben: die zugehörige quadratische Form $\Sigma g_{ik} u_i u_k$ ist positiv definit; sind x_1, x_2 bezw. $\overline{x}_1, \overline{x}_2$ die Koordinaten in zwei übereinandergreifenden Koordinatensystemen, g_{ik} bezw. $\overline{g}_{ik}$ die zugehörigen Funktionen, so hängen die g_{ik} mit den $\overline{g}_{ik}$ derart zusammen, daß $\Sigma g_{ik} dx_i dx_k = \Sigma \overline{g}_{ik} d\overline{x}_i d\overline{x}_k$ ist[5]). Auf einer solchen differentialgeometrischen Fläche läßt sich die Länge einer Kurve in bekannter Weise unabhängig vom Koordinatensystem als Integral über die Wurzel aus der eben betrachteten quadratischen Differentialform definieren. Von den bekannten Sätzen, die in der damit erklärten Differentialgeometrie gelten, sei an die Tat-

[3]) Daß diese Definition der Fläche mit derjenigen, die die Fläche aus Dreiecken aufbaut, identisch ist, ist zuerst von *Radó* bewiesen worden: Ueber den Begriff der Riemannschen Fläche, Acta . . ., Szeged, II, (1925).

[4]) *Hausdorff*, Grundzüge der Mengenlehre, S. 230.

[5]) Jede topologische Fläche läßt sich, — was für diese Arbeit übrigens logisch unwesentlich ist, — zu einer differentialgeometrischen machen, denn sie läßt sich bekanntlich sogar zu einer euklidischen oder nicht-euklidischen „Raumform“ machen, d. h. mit einer Differentiaggeometrie konstanten Krümmungsmaßes versehen; s. z. B. *Koebe*, Riemannsche Mannigfaltigkeiten und nichteuklidische Raumformen, Sitzungsber. Preuß. Akad. d. Wiss., Phys.-math. Klasse, Berlin 1927, S. 164 ff.

sache erinnert, daß es von jedem Punkt aus in jeder Richtung — der Begriff „Richtung durch einen Punkt" ist bereits auf der „analytischen" Fläche sinnvoll — eine und nur eine geodätische Linie gibt, und daß diese analytisch von Anfangspunkt und -richtung und Länge abhängt[6]).

Jedes echte Teilgebiet *G* einer differentialgeometrischen Fläche *F* ist, wie sich unmittelbar aus den Definitionen ergibt, selbst eine differentialgeometrische Fläche; wir nennen *F* eine „Fortsetzung" von *G*. Allgemeiner definieren wir: *F* heißt eine Fortsetzung der differentialgeometrischen Fläche F′, wenn es ein echtes Teilgebiet *G* von *F* gibt, auf welches *F′* eineindeutig und längentreu abgebildet werden kann. Damit ist zugleich der Sinn der Aussagen erklärt, daß eine differentialgeometrische Fläche *F′* fortsetzbar oder daß sie nicht fortsetzbar ist. Die Fortsetzbarkeit und Nichtfortsetzbarkeit sind „innere" differentialgeometrische Eigenschaften; d. h. diejenige, die *F′* zukommt, kommt auch jeder Fläche *F″* zu, auf welche *F′* eineindeutig und längentreu abgebildet werden kann. Wir bezeichnen im folgenden die Gesamtheit der differentialgeometrischen, nicht fortsetzbaren Flächen als die Klasse $\mathfrak{F}_0$.

2. *Das Abtragbarkeitspostulat.* Ist *G* ein echtes Teilgebiet der Fläche *F*, so besitzt *G* einen Randpunkt *x*; um *x* gibt es eine Umgebung *U*, die ganz von den von *x* ausgehenden geodätischen Linien bedeckt wird, und da *U* Punkte von *G* enthält, existiert somit ein geodätischer Bogen *B*, der einen gewissen Punkt *y* von *G* mit *x* verbindet. Hat *B* die Länge *b*, so liefert mithin die Abtragung der Länge *b* auf dem durch *B* bestimmten, von *y* ausgehenden geodätischen Strahl keinen Punkt von *G*. Damit ist gezeigt, daß es auf jeder fortsetzbaren Fläche einen geodätischen Strahl gibt, auf dem man nicht jede Strecke von seinem Anfangspunkt aus abtragen kann, oder, anders ausgedrückt, daß die Gesamtheit $\mathfrak{F}_1$ der Flächen, auf denen diese Abtragungen unbeschränkt möglich sind, in $\mathfrak{F}_0$ enthalten ist: $\mathfrak{F}_0 \supset \mathfrak{F}_1$. Dabei ist also $\mathfrak{F}_1$ die Klasse der Flächen, die das folgende *„Abtragbarkeitspostulat"* erfüllen: *Auf jedem geodätischen Strahl läßt sich von dessen Anfangspunkt aus jede Strecke abtragen*[7]).

---

[6]) Das bedeutet: ist ein geodätischer Bogen vom Punkt $x = x_0$ aus in der Richtung $\varphi = \varphi_0$ von der Länge $a = a_0$ gegeben, so existieren für hinreichend kleine Umgebungen von x_0, φ_0, a_0 geodätische Bögen, deren Endpunkte und -richtungen sowie höheren Ableitungen in den Endpunkten analytische Funktionen von x, φ, a sind. Dabei ist Analytizität von Punkten, Richtungen usw. immer in bezug auf irgendwelche ausgezeichnete Koordinatensysteme zu verstehen.

[7]) Für den Spezialfall konstanter Krümmung vergl. man: *Koebe*, wie oben, 2. Mitteilung, Berlin 1928, S. 345 ff., besonders S. 349—350; *H. Hopf*, Zum Clifford-Kleinschen Raumproblem, Math. Annalen 95 (1925), S. 313 ff., besonders S. 315; sowie die historischen Bemerkungen von Koebe, a. a. O. S. 346—347.

3. *Das Unendlichkeitspostulat.* Unter einer „divergenten Linie“ auf einer beliebigen Fläche F soll das eindeutige und stetige Bild eines geradlinigen Strahls (mit Einschluß seines Anfangspunktes) verstanden werden, falls jeder divergenten Punktfolge[4]) des Strahls eine auf F divergente Punktfolge entspricht; statt des Strahls kann man natürlich auch eine Strecke mit Einschluß ihres Anfangs- und Ausschluß ihres Endpunktes zugrunde legen. Das „*Unendlichkeitspostulat*“ soll lauten: *Jede divergente Linie ist unendlich lang*[8]). Die Klasse der Flächen, die dieses Postulat erfüllen, heiße $\mathfrak{F}_2$. Wir behaupten vorläufig: $\mathfrak{F}_1 \supset \mathfrak{F}_2$; (später werden wir $\mathfrak{F}_1 = \mathfrak{F}_2$ beweisen). Unsere Behauptung wird bewiesen sein, sobald wir gezeigt haben, daß auf einer Fläche, die nicht zu $\mathfrak{F}_1$ gehört, ein abbrechender geodätischer Strahl, d. h. ein solcher, auf dem man nicht jede Strecke abtragen kann und der somit eine endliche Länge hat, in dem eben festgestellten Sinne divergiert. Dabei ist der geodätische Strahl g als das Bild der durch $0 \leq s < a$ bestimmten, einseitig offenen s-Strecke aufzufassen, wobei s die vom Anfangspunkt y von g gemessene Bogenlänge und a die obere Grenze der von y auf g abtragbaren Längen ist.

Wir beweisen die behauptete Divergenz von g indirekt: gäbe es aut der s-Strecke eine divergente Folge, d. h. eine Folge s_i mit $\lim s_i = a$, für welche die entsprechenden Punkte x_i auf F nicht divergierten, so so hätten diese einen Häufungspunkt z, und wir dürfen, indem wir allenfalls zu einer Teilfolge übergehen, annehmen, daß $z = \lim x_i$ ist. Ferner dürfen wir, indem wir, falls nötig, noch einmal zu einer Teilfolge übergehen, annehmen, daß die von den x_i nach y weisenden Richtungen der Linie g gegen eine Richtung im Punkte z konvergieren. h sei der in dieser Richtung von z ausgehende geodätische Strahl; auf ihm ist es möglich, eine Strecke c abzutragen, die wir $< a$ wählen. Für fast alle i — nämlich sohald $s_i \geq c$ ist — kann man die Strecke c von x_i aus in Richtung auf y auf g abtragen; die Richtungselemente e_i in den Endpunkten dieser Bögen konvergieren gegen das Richtungselement e von g in dem Punkt $s = a - c$. Andererseits konvergieren diese Bögen infolge der regulären Abhängigkeit der geodätischen Linien von ihren Anfangselementen[6]) gegen den von z aus auf h abgetragenen Bogen der Länge c, und e ist daher das Endelement dieses Bogens; dabei entspricht die nach z weisende Richtung wachsendem s. Mithin liegt z auf g, und zwar im Abstand a von y; da von z in jeder Richtung eine geodätische Linie ausläuft, kann man aber g sogar noch über z hinaus verlängern — im Widerspruch zu der Definition von a.

[8]) Für den Spezialfall konstanter Krümmung s. Koebe, wie unter [5]), S. 184—185.

4. *Die differentialgeometrischen Flächen als metrische Räume.* Zwei Punkte x, y einer differentialgeometrischen Fläche lassen sich stets durch einen Weg von endlicher Länge verbinden; denn zunächst kann man eine Kette euklidischer, mit ausgezeichneten Koordinatensystemen versehener Umgebungen $U_1, U_2 \ldots, U_n$ so finden, daß $x \subset U_1$, $y \subset U_n$ ist und daß die Durchschnitte $U_i \cdot U_{i+1}$ nicht leer sind; ist dann $x_i \subset U_i \cdot U_{i+1}$, $x = x_0$, $y = x_n$, so gibt es in U_i immer einen Weg endlicher Länge von x_{i-1} nach x_i, und die Summe dieser Wege ist eine Verbindung endlicher Länge von x mit y. Die untere Grenze der Längen aller Wege von x nach y ist daher stets eine endliche, nicht negative Zahl $\rho(x, y) = \rho(y, x)$, die wir die „Entfernung" der Punkte x, y nennen. Sie hat die folgenden drei Eigenschaften: 1) $\rho(x, x) = 0$; 2) $\rho(x, y) > 0$ für $x \neq y$; 3) $\rho(x, y) + \rho(y, z) \geq \rho(x, z)$; von ihnen bedarf wohl nur die zweite eines Beweises: in einer Umgebung von x führe man (ausgezeichnete) euklidische Koordinaten u_1, u_2 ein und betrachte in dieser euklidischen Geometrie einen Kreis vom Radius R um x, der den Punkt y ausschließt, so daß jeder Weg von x nach y einen Punkt y' mit dieser Kreislinie gemein hat; bezeichnet dann c das Minimum von $\sqrt{\Sigma g_{ik} u_i' u_k'}$ unter der Nebenbedingung $u_1'^2 + u_2'^2 = 1$ in der abgeschlossenen Kreisscheibe, das wegen der Definitheit der Fundamentalform positiv ist, so hat in unserer Differentialgeometrie jeder Weg von x nach y' mindestens die Länge cR, folglich ist erst recht $\rho(x, y) \geq cR > 0$.

Die Entfernungsfunktion ρ erfüllt also die drei Axiome der „metrischen Räume" [9]). Wir haben uns aber noch davon zu überzeugen, daß der auf Grund dieser Metrik definierte Umgebungsbegriff auf der als metrischer Raum aufgefaßten Fläche F mit dem ursprünglichen topologischen Umgebungsbegriff auf F zusammenfällt, oder daß, anders ausgedrückt, die Aussagen $x = \lim x_i$ und $\lim \rho(x_i, x) = 0$ miteinander identisch sind. — Wenn die Folge x_i nicht gegen x konvergiert, so gibt es außerhalb eines gewissen euklidischen Kreises vom Radius R um x unendlich viele x_i, und für diese ist, wie wir oben sahen, $\rho(x_i, x) > cR > 0$; also ist in diesem Fall gewiß nicht $\lim \rho(x_i, x) = 0$. Ist andererseits $x = \lim x_i$, so liegen fast alle x_i in einem solchen festen Kreis vom Radius R; bezeichnet C das Maximum von $\sqrt{\Sigma g_{ik} u_i' u_k'}$ unter der Nebenbedingung $u_1'^2 + u_2'^2 = 1$ in der abgeschlossenen Kreisscheibe und $r(x, y)$ die euklidische Entfernung im Sinne der $u_1 - u_2$ — Geometrie, so ist $\rho(x_i, x) \leq Cr(x_i, x)$; da $\lim r(x_i, x) = 0$ ist, ist mithin auch $\lim \rho(x_i, x) = 0$. — Damit ist die Auffassung der differentialgeometrischen Fläche als metrischer Raum vollständig begründet.

---

9) *Hausdorff,* Grundzüge der Mengenlehre, S. 290 ff.; Mengenlehre, S. 94.

5. *Das Vollständigkeits- und das Kompaktheits-Postulat in metrischen Räumen.* Den in Nr. 2 und 3 aufgestellten Vollständigkeitsforderungen stellen wir jetzt zwei Forderungen ähnlichen Inhalts an die Seite, die sich auf beliebige metrische Räume beziehen und sich somit nach dem Ergebnis von Nr. 4 für differentialgeometrische Flächen aussprechen lassen.

Nennt man in einem metrischen Raum eine Punktfolge x_i eine „Fundamentalfolge", falls die Entfernungen $\rho(x_i, x_j)$ das Cauchysche Kriterium erfüllen, d. h. falls es zu jedem positiven ε eine Zahl $N(\varepsilon)$ derart gibt, daß aus $i, j > N(\varepsilon)$ stets $\rho(x_i, x_j) < \varepsilon$ folgt, so ist leicht zu sehen, daß jede konvergente Folge eine Fundamentalfolge ist. Der Raum heißt nun „vollständig", wenn hiervon die Umkehrung gilt, wenn also jede Fundamentalfolge konvergiert, mit anderen Worten, wenn das folgende „*Vollständigkeitspostulat*" erfüllt ist: *Bilden die Punkte x_i eine Fundamentalfolge, so gibt es einen Punkt x, gegen den sie konvergieren*[1]. (Z. B. ist die euklidische Ebene vollständig, eine offene euklidische Kreisscheibe, als Raum betrachtet, unvollständig.)

Zu einer ähnlichen, aber mit dieser nicht identischen, Forderung gelangt man, indem man — analog wie man eben die Identität der topologischen und der metrischen Konvergenz postulierte — verlangt, daß in dem betrachteten metrischen Raume „kompakt" dasselbe bedeutet wie „beschränkt", daß also der „Satz von Bolzano-Weierstraß" gilt. Dabei nennen wir, wie üblich, eine Punktmenge in unserem Raume „kompakt", wenn sie keine unendliche, in dem Raume divergente Folge enthält, und „beschränkt", wenn die Entfernungen ihrer Punktepaare eine endliche obere Schranke besitzen. In jedem metrischen Raum ist jede kompakte Menge beschränkt, da aus $\lim \rho(x_i, y_i) = \infty$ leicht folgt, daß wenigstens eine der Folgen x_i, y_i divergent sein muß. Dagegen braucht im allgemeinen nicht jede beschränkte Menge kompakt zu sein, und zwar nicht einmal in vollständigen Räumen; dies zeigt folgendes Beispiel: in der euklidischen Ebene bezeichne $r(x, y)$ die gewöhnliche Entfernung; man definiere eine neue Metrik durch $\rho(x, y) = \mathrm{Min}(1, r(x, y))$; der dadurch gegebene metrische Raum ist, wie man leicht sieht, vollständig und selbst beschränkt, aber nicht kompakt[10]. Ist aber andererseits in einem metrischen Raum jede beschränkte Menge kompakt, so ist er gewiß vollständig, da ja eine Fundamentalfolge — in

[10]) Ein anderes Beispiel eines vollständigen Raumes, in dem der Satz von Bolzano-Weierstraß nicht gilt, ist der Hilbertsche Raum; er ist vollständig (s. Hausdorff, Grundzüge ..., S. 317), aber die Punktfolge (1, 0, 0, ...), (0, 1, 0, 0, ...), (0, 0, 1, 0, ...), ... ist beschränkt und divergent. Wegen des gegenseitigen Verhältnisses der Begriffe Kompaktheit und Beschränktheit vergl. man auch Hausdorff, Mengenlehre, S. 107 ff.

einem beliebigen Raum — stets beschränkt ist und höchstens einen Häufungspunkt hat, d. h. entweder konvergiert oder divergiert, diese zweite Möglichkeit in unserem speziellen Raum aber ausgeschlossen ist. Somit wird das Vollständigkeitspostulat für metrische Räume durch das „*Kompaktheitspostulat*“ noch verschärft, welches so lautet: *Jede beschränkte Menge ist kompakt*[11]).

6. *Das gegenseitige Verhältnis der fünf Flächenklassen; die Existenz kürzester Verbindungen.* — Werden die differentialgeometrischen Flächen gemäß Nr. 4 als metrische Räume aufgefaßt, so liefern die beiden soeben besprochenen Postulate zwei Flächenklassen $\mathfrak{F}_3$ und $\mathfrak{F}_4$ durch die Festsetzung, daß $\mathfrak{F}_3$ diejenigen Flächen enthält, die das Vollständigkeits-, $\mathfrak{F}_4$ diejenigen, die das Kompaktheitspostulat erfüllen, nach dem Vorstehenden ist dann $\mathfrak{F}_4 \subset \mathfrak{F}_3$. Bezüglich der Stellung dieser Klassen zu den früher behandelten $\mathfrak{F}_0$, $\mathfrak{F}_1$, $\mathfrak{F}_2$ stellen wir vorläufig fest, daß $\mathfrak{F}_3 \subset \mathfrak{F}_2$ ist. Dies beweisen wir, indem wir zeigen, daß eine divergente Linie endlicher Länge stets eine divergente Fundamentalfolge enthält. In der Tat: ist x_i eine divergente Folge auf der Linie L von der endlichen Länge a und bezeichnet a_i die Bogenlänge auf L vom Anfangspunkt bis x_i, so existiert $\lim a_i = a$; folglich bilden die Zahlen a_i und infolge von $\rho(x_i, x_j) \leq |a_i - a_j|$ auch die Punkte x_i eine Fundamentalfolge. — Wir haben also bezüglich der fünf betrachteten Klassen differentialgeometrischer Flächen bisher die folgenden Inklusionen festgestellt:

(1) $$\mathfrak{F}_0 \supset \mathfrak{F}_1 \supset \mathfrak{F}_2 \supset \mathfrak{F}_3 \supset \mathfrak{F}_4;$$

(die geschlossenen Flächen gehören trivialerweise zu $\mathfrak{F}_4$, also zu jeder dieser Klassen). Wir werden nun weiter zeigen:

Satz I: Die Klassen $\mathfrak{F}_1$, $\mathfrak{F}_2$, $\mathfrak{F}_3$, $\mathfrak{F}_4$ sind miteinander identisch[12]).

Satz II: Die Klasse $\mathfrak{F}_0$ umfaßt mehr Flächen als die durch den Satz I gekennzeichnete Klasse der „vollständigen“ Flächen, d. h. es gibt Flächen, die zwar unvollständig – im Sinne irgend eines unserer vier Postulate –, aber trotzdem nicht fortsetzbar sind.

Beim Beweise von Satz I werden wir uns auf folgenden Hilfssatz stützen:

Hilfssatz: Auf einer Fläche der Klasse $\mathfrak{F}_1$ existiert zwischen je zwei

[11]) Hiermit ist das (für den Spezialfall konstanter Krümmung formulierte) „verschärfte Unendlichkeitspostulat“ bei Koebe, wie oben, 6. Mitteilung, Berlin 1930, S. 29, identisch. – E. Cartan nennt die Räume, die dieses Postulat erfüllen, „normal“.

[12]) Für den Spezialfall konstanter Krümmung ist diese Identität an der unter [11]) genannten Stelle bewiesen; der Beweis bezieht sich aber nur auf diesen Spezialfall.

Punkten a, b stets ein geodätischer Bogen, der eine kürzeste Verbindung von a und b ist, d. h. die Länge $\varrho(a, b)$ hat.

Wenn sowohl dieser Hilfssatz als der Satz I bewiesen sein werden, werden wir zugleich folgenden Satz bewiesen haben:

Satz III: Auf jeder vollständigen Fläche[13]) *lassen sich je zwei Punkte durch eine geodätische kürzeste Linie verbinden.*

Dagegen wird durch Angabe eines Beispiels der folgende Satz bewiesen werden, in dem auf Grund von Satz III der Satz II enthalten ist:

Satz IIIa: Es gibt nicht-fortsetzbare Flächen, auf denen sich nicht je zwei Punkte durch eine kürzeste Linie verbinden lassen.

Wir werden nun in Nr. 7 den Hilfssatz, in Nr. 8 den Satz I (und damit den Satz III) beweisen und in Nr. 9 Beispiele angeben, aus denen die Richtigkeit der Sätze IIIa und II ersichtlich ist; sodann werden wir in Nr. 10 dem Inhalt der Sätze III und IIIa noch einige andere Tatsachen an die Seite stellen, die zwar auf allen vollständigen, aber nicht auf allen nicht-fortsetzbaren Flächen gelten, und die zur Rechtfertigung des Standpunktes beitragen sollen, daß den differentialgeometrischen Betrachtungen im Großen die Klasse der vollständigen, aber nicht die weitere Klasse der nicht-fortsetzbaren Flächen zugrunde zu legen sei.

7. *Beweis des Hilfssatzes.* Wir werden diesen Beweis dadurch erbringen, daß wir auf einer beliebigen Fläche, über deren Zugehörigkeit zu einer der verschiedenen Klassen wir nichts voraussetzen, zwei Punkte a, b und eine Folge von a mit b verbindenden Kurven betrachten, deren Längen gegen $\varrho(a, b)$ konvergieren; eine geeignet ausgewählte Teilfolge wird ein Grenzgebilde liefern, das entweder ein geodätischer und kürzester Weg von a nach b oder eine von a ausgehende geodätische Linie ist, auf der man nicht jede Strecke abtragen kann. Da auf den Flächen der Klasse $\mathfrak{F}_1$ diese zweite Möglichkeit ausgeschlossen ist, existiert auf ihnen also eine kürzeste Verbindung von a und b. Dieser Beweis lehnt sich eng an den bekannten Hilbert-Carathéodoryschen Existenzbeweis an[14]).

a) C_ν seien a mit b verbindende Wege endlicher Längen $L(C_\nu)$, und es sei $\lim L(C_\nu) = \varrho(a, b)$. Wir betrachten sie in einer solchen Parameterdarstellung, daß $x_\nu(t)$ denjenigen Punkt von C_ν bezeichnet, der die

[13]) Unter einer „vollständigen" Fläche wird von nun an immer eine solche verstanden, die der Klasse $\mathfrak{F}_1 = \mathfrak{F}_2 = \mathfrak{F}_3 = \mathfrak{F}_4$ angehört.

[14]) *Hilbert,* Ueber das Dirichletsche Prinzip, Jahresber. d. Deutschen Math. Verein. VIII (1899), und Crelles Journal 130 (1905). — *Carathéodory,* Ueber die starken Maxima und Minima bei einfachen Integralen, Math. Annalen 62 (1906), §§ 10, 11.

216

von a nach b durchlaufene Kurve C_ν im Verhältnis $t : 1 - t$ teilt; es ist also $0 \leq t \leq 1$ und $x_\nu(0) = a$, $x_\nu(1) = b$ für alle ν. Die Länge des Bogens von $x_\nu(t_1)$ bis $x_\nu(t_2)$ auf C_ν soll mit $L_\nu(t_1, t_2)$ bezeichnet werden; da $L_\nu(t_1, t_2) = |t_1 - t_2| \cdot L_\nu(0, 1)$ ist und die $L_\nu(0, 1) = L(C_\nu)$ gegen ihre untere Grenze $\rho(a, b) = k$ konvergieren, gibt es positive Konstanten k, K mit

$$(2) \qquad k\,|t_1 - t_2| \leq L_\nu(t_1, t_2) \leq K\,|t_1 - t_2|$$

für alle ν.

Es sei $\tau_i (i = 1, 2, \ldots)$ eine auf der Strecke $0 \leq t \leq 1$ überall dichte abzählbare Menge von t-Werten. Aus den C_ν wählen wir eine Teilfolge von Kurven C_ν^1 so aus, daß die auf ihnen liegenden, zum Parameter τ_1 gehörigen Punkte $x_\nu^1(\tau_1)$ entweder divergieren oder gegen einen Punkt $x(\tau_1)$ konvergieren; aus ihr wählen wir eine Teilfolge von Kurven C_ν^2 aus, so daß die auf ihnen liegenden, zu τ_2 gehörigen Punkte $x_\nu^2(\tau_2)$ entweder divergieren oder gegen einen Punkt $x(\tau_2)$ konvergieren; so fortschreitend definieren wir eine Folge C_ν^n für jedes n. Die „Diagonalfolge" $C_1^1, C_2^2, \ldots$ hat dann die Eigenschaft, daß für *jedes* i die Punktfolge $x_\nu^\nu(\tau_i)$ entweder divergiert oder gegen einen Punkt $x(\tau_i)$ konvergiert. — Wir schreiben nun statt C_ν^ν wieder C_ν und statt $x_\nu^\nu(t)$ wieder $x_\nu(t)$.

b) Für beliebiges t bestehen nur die folgenden beiden Möglichkeiten: entweder divergiert die Folge $x_\nu(t)$ oder es gibt ein positives δ, so daß für $|t' - t| < \delta$ die Folge $x_\nu(t')$ gegen einen Punkt $x(t')$ konvergiert. Beweis: Die Folge $x_\nu(t)$ divergiere nicht; dann gibt es eine konvergente Teilfolge: $\lim x_{\nu'}(t) = y$. U sei eine kompakte offene Umgebung von y, r eine so kleine positive Zahl, daß aus $\rho(y, z) \leq r$ immer $z \subset U$ folgt; r existiert, da es andernfalls außerhalb von U eine Punktfolge z_i mit $\lim \rho(z_i, y) = 0$ geben würde, was nach Nr. 4 unmöglich ist. τ sei ein solcher unter den Werten τ_i, daß $K|t - \tau| < r$ ist; dann liegen infolge von (2) fast alle Punkte $x_{\nu'}(\tau)$ in U; wegen der Kompaktheit von U besitzt diese Folge daher einen Häufungspunkt; da somit die Folge $x_\nu(\tau)$ nicht divergiert, konvergiert sie.

Wir beweisen nun zunächst die Konvergenz der ganzen Folge $x_\nu(t)$. $\varepsilon > 0$ sei gegeben; das eben betrachtete τ dürfen wir als so gewählt annehmen, daß $K|t - \tau| < \frac{\varepsilon}{4}$ ist. Da die Punkte $x_\nu(\tau)$ infolge ihrer Konvergenz eine Fundamentalfolge bilden, gibt es ein $N(\varepsilon)$ so, daß für $\nu' > \nu > N(\varepsilon)$ immer $\rho(x_{\nu'}(\tau), x_\nu(\tau)) < \frac{\varepsilon}{4}$ ist; infolge der Konvergenz

217

der Folge $x_{\nu'}(t)$ gegen y dürfen wir $N(\varepsilon)$ überdies so annehmen, daß für $\nu' > N(\varepsilon)$ immer $\rho(y, x_{\nu'}(t)) < \frac{\varepsilon}{4}$ ist. Aus $\rho(y, x_\nu(t)) \leq \rho(y, x_{\nu'}(t)) + \rho(x_{\nu'}(t), x_{\nu'}(\tau)) + \rho(x_{\nu'}(\tau), x_\nu(\tau)) + \rho(x_\nu(\tau), x_\nu(t))$ folgt dann $\rho(y, x_\nu(t)) < \varepsilon$ für $\nu > N(\varepsilon)$; das bedeutet: $\lim x_\nu(t) = y$.

Damit ist unter der Voraussetzung, daß die Folge $x_\nu(t)$ nicht divergiert, deren Konvergenz gegen einen Punkt $y = x(t)$ bewiesen. Ist nun $\delta = \frac{r}{K}$ und $|t' - t| < \delta$, so folgt aus (2), daß fast alle Punkte $x_\nu(t')$ in U liegen; (U und r haben dieselben Bedeutungen wie bisher). Infolge der Kompaktheit von U ist daher die Folge $x_\nu(t')$ nicht divergent; daher muß sie, wie soeben für den Wert t gezeigt wurde, gegen einen Punkt $x(t')$ konvergieren.

Als unmittelbare Folge aus der somit bewiesenen Behauptung b) formulieren wir:

b') Die Menge A derjenigen Werte t, für die die Folgen $x_\nu(t)$ konvergieren, ist eine offene und, da sie 0 und 1 enthält, nicht leere Teilmenge der Strecke $0 \leq t \leq 1$; für jeden nicht zu A gehörigen Wert divergiert die Folge $x_\nu(t)$. (Diese Menge darf leer sein.)

c) Ist $t = \lim t_i$, $t_i \subset A$ $(i = 1, 2, \ldots)$, $t \not\subset A$, so divergiert die Folge $x(t_i)$. Beweis: Hätte die Folge $x(t_i)$ einen Häufungspunkt y, so gäbe es wieder ein solches $r > 0$, daß alle Punkte z mit $\rho(z, y) \leq r$ in einer kompakten Umgebung U von y lägen; man könnte ein festes i so wählen, daß $\rho(y, x(t_i)) < \frac{r}{3}$ und $K\,|t_i - t| < \frac{r}{3}$, also nach (2) $\rho(x_\nu(t_i), x_\nu(t)) < \frac{r}{3}$ für alle ν wäre. Dann wäre $\rho(y, x_\nu(t)) \leq \rho(y, x(t_i)) + \rho(x(t_i), x_\nu(t_i)) + \rho(x_\nu(t_i), x_\nu(t)) < \frac{2}{3}r + \rho(x(t_i), x_\nu(t_i))$; für fast alle ν wäre daher $\rho(y, x_\nu(t)) < r$, also $x_\nu(t) \subset U$; die Folge $x_\nu(t)$ hätte wegen der Kompaktheit von U einen Häufungspunkt — im Widerspruch zu ihrer vorausgesetzten Divergenz.

d) Sind $t_1, t_2 \subset A$, so ist $\rho(x(t_1), x(t_2)) = \lim L_\nu(t_1, t_2)$. Beweis: Die Folge $L_\nu(t_1, t_2)$ ist durch (2) beschränkt, hat also wenigstens einen Häufungswert. Ein solcher kann wegen $\rho(x_\nu(t_1), x_\nu(t_2)) \leq L_\nu(t_1, t_2)$ und $\lim \rho(x_\nu(t_1), x_\nu(t_2)) = \rho(x(t_1), x(t_2))$ nicht $< \rho(x(t_1), x(t_2))$ sein. Da das Analoge für die Häufungswerte von $L_\nu(0, t_1)$ und $L_\nu(t_2, 1)$ gilt, so würde aber andererseits aus der Existenz eines Häufungswertes von

$L_\nu(t_1, t_2)$, der $> \rho(x(t_1), x(t_2))$ wäre, die Existenz eines Häufungswertes von $L_\nu(0, 1) = L_\nu(0, t_1) + L_\nu(t_1, t_2) + L_\nu(t_2, 1)$ folgen, der $> \rho(a, x(t_1)) + \rho(x(t_1), x(t_2)) + \rho(x(t_2), b) \geq \rho(a, b)$, also $> \rho(a, b)$ wäre, was wegen $\rho(a, b) = \lim L_\nu(0, 1)$ ausgeschlossen ist.

e) Die durch $x(t)$ vermittelte Abbildung von A ist eineindeutig und stetig. Beweis: Aus (2) und d) folgt $k|t_1 - t_2| \leq \rho(x(t_1), x(t_2)) \leq K|t_1 - t_2|$. Aus der ersten dieser Ungleichungen ist die Eineindeutigkeit, aus der zweiten die Stetigkeit ersichtlich.

f) Sind $t_1, t_2, t_3 \subset A$ und ist $t_1 < t_2 < t_3$, so ist

$$\rho(x(t_1), x(t_2)) + \rho(x(t_2), x(t_3)) = \rho(x(t_1), x(t_3)).$$

Der Beweis ergibt sich unmittelbar aus d) und $L_\nu(t_1, t_2) + L_\nu(t_2, t_3) = L_\nu(t_1, t_3)$.

g) Gilt für je drei Punkte x, y, z eines einfachen stetigen Bogens B, von denen y zwischen x und z liegt, die Gleichung $\rho(x, y) + \rho(y, z) = \rho(x, z)$, so ist B geodätisch und stellt für je zwei seiner Punkte eine kürzeste Verbindung dar. Beweis: Um jeden Punkt y der Fläche gibt es eine Umgebung $V(y)$ mit folgender Eigenschaft: je zwei Punkte von $V(y)$ lassen sich durch eine und nur eine kürzeste Linie verbinden, und diese ist geodätisch[15]). Es sei $y \subset B$; x, z seien solche Punkte von B, daß y zwischen ihnen und daß der Teilbogen von x bis z ganz in $V(y)$ liegt; y' bezeichne einen beliebigen Punkt dieses Teilbogens. Sind $g(xy')$, $g(y'z)$, $g(xz)$ die kürzesten Verbindungen zwischen den betreffenden Punkten, so sind ihre Längen $\rho(x, y')$, $\rho(y', z)$, $\rho(x, z)$; infolge der vorausgesetzten additiven Eigenschaft von ρ hat daher auch der Weg $g(xy') + g(y'z)$ die Länge $\rho(x, z)$, und wegen der Einzigkeit der kürzesten Verbindung von x und z fällt er mit $g(xz)$ zusammen. Folglich liegt y' auf $g(xz)$; läßt man nun y' auf B von x nach z laufen, so erkennt man, daß der so durchlaufene Bogen von B mit $g(xz)$ zusammenfällt. Mithin ist B in der Umgebung eines beliebigen Punktes y, also überall, geodätisch.

Zugleich haben wir erkannt, daß jeder Teilbogen von B, der ganz in einer Umgebung $V(y)$ liegt, kürzeste Verbindung zwischen seinen Endpunkten ist. Nun kann man, wenn x und z feste Punkte auf B sind, den Bogen von x bis z mit endlich vielen $V(y_i)$ bedecken; man kann ihn daher in endlich viele Teilbögen $x_i\, x_{i+1}$ mit $x = x_0$, $z = x_n$ einteilen, die sämtlich kürzeste Verbindungen zwischen ihren Endpunkten sind, also die Längen $\rho(x_i, x_{i+1})$ haben. Die Gesamtlänge von x bis z ist

[15]) *Bolza*, Vorlesungen über Variationsrechnung (1909), § 33.

daher $\Sigma\rho(x_i, x_{i+1}) = \rho(x, z)$ — wegen der vorausgesetzten Additivität von ρ —; d. h. der Bogen ist eine kürzeste Verbindung von x und z.

h) Wenn die Menge A derjenigen t-Werte, für die die Folgen $x_\nu(t)$ konvergieren, mit der ganzen Strecke von 0 bis 1 identisch ist, so ist ihr durch $x(t)$ vermitteltes Bild nach e) ein a mit b verbindender einfacher Bogen; nach f) und g) ist dieser geodätisch und eine kürzeste Verbindung von a und b.

Wenn es t-Werte gibt, die nicht zu A gehören, so gibt es unter ihnen, da A nach b') offen, die Komplementärmenge von A also abgeschlossen ist, einen kleinsten t^*; da 0 und 1 zu A gehören, ist $0 < t^* < 1$. A' sei der durch $0 \leq t < t^*$ bestimmte Teil von A. Durch die Abbildung $x(t)$ entspricht A' gemäß e), f), g) eine geodätische Linie G' mit der Eigenschaft, daß ihre Bögen von a bis zu den Punkten $x(t)$, da sie kürzeste Verbindungen ihrer Endpunkte sind, die Längen $\rho(a, x(t))$ haben; alle diese Längen sind nach f) kleiner als $\rho(a, b)$, also beschränkt; L' sei ihre obere Grenze. Wir behaupten, daß man die Länge L' nicht auf G' von a aus abtragen kann. Wäre dies nämlich möglich, gäbe es also auf G' einen Punkt x^*, so daß die Bogenlänge auf G' von a bis x^* gleich L' wäre, so würde eine Punktfolge $x(t_i)$, die einer beliebigen von unten her gegen t^* konvergierenden Folge t_i entspricht, gegen x^* konvergieren; das ist unmöglich, da eine solche Folge $x(t_i)$ nach c) divergieren muß.

Damit ist der Beweis beendet: wir haben entweder eine kürzeste Verbindung von a und b oder eine (von a ausgehende) geodätische Linie gefunden, auf der man nicht jede Länge abtragen kann.

8. *Beweis des Satzes I.* Infolge der Inklusionen (1) genügt es, die Inklusion $\mathfrak{F}_1 \subset \mathfrak{F}_4$ zu beweisen. Man muß also folgendes zeigen: ist M eine beschränkte Menge auf der zu der Klasse $\mathfrak{F}_1$ gehörigen Fläche F, so ist M kompakt.

Aus der vorausgesetzten Beschränktheit von M folgt, daß es, wenn a ein Punkt von F ist, eine Konstante K gibt, so daß $\rho(a, x) < K$ für alle $x \subset M$ ist. Nach dem Hilfssatz kann man a mit jedem dieser Punkte x durch einen geodätischen Bogen von der Länge $\rho(a, x)$ verbinden. Versteht man unter N die Menge derjenigen Punkte, die man erhält, indem man auf den von a ausgehenden geodätischen Strahlen alle Längen abträgt, die $\leq K$ sind, so ist daher $M \subset N$, und es genügt, die Kompaktheit von N zu beweisen.

Aus jeder unendlichen Teilmenge N' von N kann man eine solche unendliche Teilfolge x_i auswählen, daß Anfangsrichtungen und Längen geodätischer Bögen g_i, die a mit den x_i verbinden und deren Längen $\leq K$ sind, gegen eine Grenzrichtung und eine Grenzlänge $k \leq K$ konvergieren. Da F zur Klasse $\mathfrak{F}_1$ gehört, läßt sich diese Länge k auf dem durch die Grenzrichtung bestimmten, von a ausgehenden geodätischen Strahl abtragen. Der sich bei dieser Abtragung ergebende Punkt y ist dann infolge der regulären Abhängigkeit der geodätischen Linien von den Anfangselementen[6]) Häufungspunkt der Folge x_i, also der Menge N'.

9. *Unvollständige, nicht-fortsetzbare Flächen.* E' sei die durch die Herausnahme eines Punktes, etwa des Nullpunktes, aus der euklidischen Ebene E entstandene Fläche, F_0 die universelle Ueberlagerungsfläche von E', die man sich nach Art der Riemannschen Fläche des Logarithmus über E' ausgebreitet denken kann. F_0 wird dadurch zu einer differentialgeometrischen Fläche, daß man die in Umgebungen jedes Punktes von E' definierte euklidische Differentialgeometrie von E mittels der Ueberlagerungsbeziehung auf Umgebungen der Punkte von F_0 überträgt. Das Krümmungsmaß dieser Differentialgeometrie von F_0 ist überall Null. Die geodätischen Linien sind die Ueberlagerungslinien der in E' verlaufenden Geraden und Geradenstücke. Sind x, y zwei Punkte in E, auf deren Verbindungsstrecke der Nullpunkt liegt, x_0, y_0 zwei die Punkte x, y überlagernde Punkte in F_0, so existiert in F_0 keine geodätische Linie, die x_0 mit y_0 verbindet; denn eine solche müßte über einem x mit y in E' verbindenden Geradenstück liegen, und ein solches ist nicht vorhanden, da der Nullpunkt nicht zu E' gehört. Da eine kürzeste Verbindung immer geodätisch sein muß, existiert mithin zwischen x_0 und y_0 keine kürzeste Verbindung[16]).

Um nun den Satz IIIa — und damit nach Satz III den Satz II — zu beweisen, haben wir zu zeigen, daß F_0 nicht fortsetzbar ist.

Zu diesem Zwecke stellen wir zunächst zwei Eigenschaften von F fest: A) Unter den von einem beliebigen Punkt x_0 von F_0 ausgehenden Richtungen gibt es genau eine von der Art, daß man auf dem zugehörigen geodätischen Strahl nicht jede Länge abtragen kann. B) Diejenigen Punkte von F_0, für welche die kleinste, nicht in jeder Richtung von ihnen aus abtragbare Länge einen festen Wert a hat, bilden eine einfache offene Linie. — Die Richtigkeit beider Aussagen ist unmittelbar

[16]) Führt man in E die komplexe Variable z ein, bildet man dann F_0 durch $u + iv = \log z$ eineindeutig auf eine u—v—Ebene ab und überträgt man dadurch die Differentialgeometrie von F_0 in diese Ebene, so ist das Linienelement dieser Differentialgeometrie $ds^2 = e^{2u} (du^2 + dv^2)$. Die Extremalen des zu dieser Differentialform gehörigen Variationsproblems sind also die durch die logarithmische Abbildung gelieferten Bilder der Geraden bezw. Geradenstücke der punktierten Ebene E'. Man vergl. *Carathéodory*, Sui campi di estremali uscenti da un punto ..., Boll. Unione Mat. Ital. 1923 (II), S. 81 ff.

ersichtlich: die in A) genannte singuläre Richtung durch einen Punkt x_0 von F_0 entspricht der Richtung in E, die von dem x_0 entsprechenden Punkt x nach dem Nullpunkt zeigt, und die in B) genannte offene Linie ist die Ueberlagerung des Kreises mit dem Radius a um den Nullpunkt in E.

Nun schließen wir indirekt weiter: angenommen, F_0 wäre auf ein echtes Teilgebiet G einer Fläche H eineindeutig und isometrisch abgebildet, dann hätte G einen Randpunkt z und z eine Umgebung U von der Art, daß man je zwei ihrer Punkte durch einen und nur einen geodätischen kürzesten Bogen verbinden kann [15]). Ist dann z' ein von z verschiedener Punkt in U, x ein zu G gehöriger Punkt von U, der nicht auf der durch die kürzeste Verbindung zz' bestimmten geodätischen Linie liegt, so sind die Richtungen der kürzesten Verbindungen xz und xz' voneinander verschieden; da man auf dem durch die erste Richtung bestimmten geodätischen Strahl die Länge xz nicht innerhalb G abtragen kann, kann man nach A) auf dem durch die zweite Richtung bestimmten Strahl jede Länge innerhalb G abtragen; folglich gehört z' zu G. Mithin müßten alle Punkte von U außer z zu G gehören. a sei nun eine so kleine positive Zahl, daß man die Länge a auf den von z ausgehenden geodätischen Strahlen innerhalb U abtragen kann. Die sich dabei ergebenden Punkte haben die Eigenschaft, daß man von ihnen aus nicht in jeder Richtung auf den geodätischen Strahlen die Länge a abtragen kann und daß a die kleinste derartige Länge ist; da sie, wie wir eben sahen, zu G gehören, müßten sie also nach B) einer einfachen offenen Linie angehören. Andererseits bilden sie aber eine einfach geschlossene Linie, da zu jeder von z ausgehenden Richtung genau eine von ihnen gehört. Aus diesem Widerspruch folgt die Falschheit der Annahme, daß F_0 fortsetzbar sei.

F_0 hat also die in Satz III a ausgesagten Eigenschaften. Andere, ähnliche Flächen F_{-1} und F_{+1} mit den gleichen Eigenschaften erhält man, indem man statt der euklidischen Ebene E eine hyperbolische Ebene H oder eine Kugel S zugrunde legt. Im ersten Fall bleiben die vorstehenden Ueberlegungen wörtlich ungeändert, und man gelangt zu einer Fläche F_{-1}, die konstantes negatives Krümmungsmaß besitzt, nicht fortset bar ist und auf der man nicht je zwei Punkte durch eine kürzeste Linie verbinden kann. Im zweiten, sphärischen Fall hat man nur geringfügige Modifikationen vorzunehmen: S' entsteht durch Herausnahme von *zwei* Punkten aus S, und F_{+1} ist die universelle Ueberlagerungsfläche von S'; in der oben unter B) formulierten Eigenschaft treten an Stelle einer offenen Linie zwei zueinander fremde offene Linien auf. Im übrigen

222

bleibt aber alles unverändert, und man gelangt zu einer Fläche F_{+1}, die konstantes positives Krümmungsmaß besitzt, nicht fortsetzbar ist, und auf der man nicht je zwei Punkte durch eine kürzeste Linie verbinden kann. Auch F_{+1} ist, ebenso wie F_0 und F_{-1}, als universelle Ueberlagerungsfläche des zweifach zusammenhängenden ebenen Gebietes homöomorph der Ebene.

10. *Weitere Bemerkungen über vollständige und nicht-fortsetzbare Flächen.* Es ist nunmehr festgestellt, daß die Klasse $\mathfrak{F}_0$ der nicht-fortsetzbaren Flächen tatsächlich mehr Flächen umfaßt als die Klasse $\mathfrak{F}_1$ der vollständigen Flächen, und daß der Satz von der Verbindbarkeit je zweier Punkte durch eine kürzeste Linie — also einer der Hauptsätze der Differentialgeometrie im Großen — zwar innerhalb der Klasse $\mathfrak{F}_1$, aber nicht ausnahmslos innerhalb der Klasse $\mathfrak{F}_0$ Gültigkeit besitzt. Aehnlich verhält es sich bei anderen Fragen der Differentialgeometrie im Großen, und zwar soll hier auf diejenigen Fragen hingewiesen werden, die sich auf den *Zusammenhang der Eigenschaften „im Kleinen" mit denen „im Großen"* beziehen. Die einfachsten, und bereits klassischen, hierhergehörigen Sätze sind die über die euklidischen und nicht-euklidischen „Raumformen", d. h. die Flächen konstanter Krümmung. Der Hauptsatz aus diesem Kreis lautet:

Satz IV: Die einzigen vollständigen, einfach zusammenhängenden Flächen konstanter Krümmung sind die euklidische Ebene, die hyperbolische Ebene und die Kugel.

Sowohl der Beweis dieses Satzes darf als bekannt gelten wie die Tatsache, daß man weiter durch Untersuchung der Bewegungsgruppen in den drei genannten Geometrien zu der Aufzählung aller, auch der mehrfach zusammenhängenden, vollständigen Flächen konstanter Krümmung gelangt[17]).

Beim Beweise des Satzes IV muß die Eigenschaft der „Vollständigkeit" in irgend einer Form benutzt werden; die „Nicht-Fortsetzbarkeit" ist für die Gültigkeit des Satzes eine zu schwache Voraussetzung. Denn aus der Existenz der in Nr. 9 betrachteten Flächen F_0, F_{-1}, F_{+1} ist ersichtlich:

Satz IVa: Es gibt außer den in Satz IV genannten drei Flächen noch andere einfach zusammenhängende nicht-fortsetzbare Flächen kon-

[17]) Beweise dieser im wesentlichen von *Klein* und *Killing* stammenden Sätze, findet man in der unter [5]) genannten Arbeit von Koebe und in der unter [7]) genannten Arbeit von Hopf.

stanter Krümmung, und zwar sowohl für verschwindende wie für negative wie für positive Krümmung [18]).

Insbesondere sei die folgende, durch die Existenz von F_{+1} bewiesene Tatsache hervorgehoben:

Satz IVb: Es gibt offene, nicht-fortsetzbare Flächen konstanter positiver Krümmung.

Dagegen sind die einzigen vollständigen Flächen konstanter positiver Krümmung bekanntlich die Kugel und die elliptische Ebene [17]); diese Tatsache kann man dadurch noch wesentlich verschärfen, daß man die Voraussetzung der Konstanz der Krümmung durch eine schwächere ersetzt. Es gilt nämlich

Satz V: Eine vollständige Fläche, deren Krümmung überall größer als eine positive Konstante ist, ist geschlossen.

Beweis [19]): Ist auf der Fläche F die Krümmung überall größer als die positive Konstante $\frac{1}{k^2}$, so liegt — infolge eines bekannten Sturmschen Satzes — auf jedem geodätischen Bogen, der länger als πk ist, ein zum Anfangspunkt des Bogens konjugierter Punkt; folglich ist ein Bogen der angegebenen Länge nicht kürzeste Verbindung zwischen seinen Endpunkten.

Ist nun F vollständig, und sind a, b beliebige Punkte auf F, so gibt es nach Satz III einen kürzesten geodätischen Weg von a nach b; da dessen Länge nach dem eben Gesagten $\leq \pi k$ ist, ist $\rho(a, b) \leq \pi k$; da a, b willkürlich sind, hat F einen endlichen Durchmesser, ist also, als metrischer Raum betrachtet, beschränkt und mithin, da das Kompaktheitspostulat erfüllt ist, kompakt, d. h. geschlossen.

Aus dem Beweise ergibt sich unmittelbar folgender

Zusatz 1 [20]): Ist die Krümmung der vollständigen Fläche F überall $\geq \frac{1}{k^2} > 0$, so ist der Durchmesser von F höchstens πk.

[18]) Wie man alle, auch die nicht vollständigen, Flächen konstanter Krümmung bestimmen kann, geht aus der demnächst in Bd. 35 der „Mathematischen Zeitschrift" erscheinenden Arbeit von *W. Rinow*, Ueber Zusammenhänge zwischen der Differentialgeometrie im Großen und im Kleinen (§2, Bemerkung zum Satz 3) hervor.

[19]) Man vergl. *Blaschke*, Vorlesungen über Differentialgeometrie I (1921), § 84: Satz von Bonnet über den Durchmesser einer Eifläche. Unser Beweis ist mit dem dortigen fast identisch; jedoch setzt letzterer gerade die von uns zu beweisende Geschlossenheit der Fläche voraus.

[20]) Man vergl. die unter [19]) zitierte Stelle, beachte aber den Unterschied in der Definition des Durchmessers: dort wird er mittels der räumlichen Entfernung, bei uns mittels des Entfernungsbegriffs auf der Fläche erklärt.

Ferner gilt der

Zusatz 2: Eine vollständige Fläche, deren Krümmung überall größer als eine positive Konstante ist, ist entweder der Kugel oder der projektiven Ebene homöomorph.

Denn nach Satz V muß die Fläche geschlossen, und nach dem bekannten Satz über die Curvatura integra geschlossener Flächen[21]) muß ihre Eulersche Charakteristik positiv sein; die einzigen Flächen mit positiver Charakteristik sind die beiden genannten.

Der Satz V mit seinen Zusätzen einerseits, der Satz IV b andererseits zeigen zur Genüge, daß bei den vollständigen Flächen der Einfluß der differentialgeometrischen Eigenschaften „im Kleinen" auf die Gestalt der Fläche „im Großen" wesentlich stärker ist als im allgemeinen bei den nicht-fortsetzbaren Flächen; diese Tatsache wird besonders in einer nächstens erscheinenden Arbeit von W. Rinow weitere Bestätigungen finden[22]).

Zusatz 1964: Die in dieser Arbeit geübte Beschränkung auf 2-dimensionale Mannigfaltigkeiten ist unnötig; in der Tat bleiben, mutatis mutandis, offenbar alle Definitionen, Sätze und Beweise bis zum Satz IVb einschließlich für beliebige n-dimensionale Riemannsche Mannigfaltigkeiten sinnvoll und gültig. Hierauf hat zuerst *S. B. Myers* in der Arbeit „Riemannian Manifolds in the Large" (Duke Math. Journ. 1 (1935)) aufmerksam gemacht. In derselben Arbeit hat Myers auch den Satz V samt seinem Zusatz 1 für n-dimensionale Riemannsche Mannigfaltigkeiten bewiesen. Daraus folgt unmittelbar, daß eine vollständige Riemannsche Mannigfaltigkeit, deren Krümmung größer ist als eine positive Konstante, eine endliche Fundamentalgruppe hat; diese Tatsache tritt im Falle von n Dimensionen an die Stelle des „Zusatzes 2" unseres Satz V.

---

[21]) *Blaschke,* a. a. O., § 64.

[22]) Wie unter [18]); besonders die Sätze 2 und 11 sowie die auf Satz 2 bezüglichen Bemerkungen in der Einleitung.

21.

Géometrie infinitésimale et topologie

L'Enseignement Math. **30** (1931), 233–240

Le titre de cette conférence ne désigne qu'imparfaitement son contenu. Car de tous les domaines variés où la géométrie infinitésimale se rencontre avec la topologie, un seul sera considéré ici: le problème *des rapports entre les propriétés infinitésimales d'une surface, d'une part, et la structure topologique de la surface entière, d'autre part*, ainsi que le problème analogue pour les variétés à plusieurs dimensions. Il s'agit là de surfaces (ou de variétés) sans singularités, sur lesquelles une géométrie se trouve définie d'une manière intrinsèque, au sens de RIEMANN; les paramètres et les coefficients de la forme fondamentale sont supposés admettre un prolongement analytique régulier de proche en proche. Un tel être géométrique a deux catégories de propriétés: en premier lieu des propriétés topologiques se rapportant à la structure globale, par exemple la propriété d'être ouvert ou fermé, d'avoir tel genre, etc.; en second lieu des propriétés infinitésimales déterminées par la forme fondamentale de RIEMANN, en rapport avec la courbure, l'allure des lignes géodésiques, etc. On demande: « quels liens y a-t-il entre les propriétés de ces deux catégories ? » En fait, il y a bien une interdépendance et des liens. On peut envisager une question principale, que nous appellerons « le problème du prolongement »: étant donné un petit morceau découpé dans une surface, tirer des propriétés infinitésimales de ce morceau des conclusions

---

[1] Conférence faite à la séance de la Société mathématique suisse tenue à Fribourg le 3 mai 1931, traduite par G. DE RHAM, D[r] ès sc. (Lausanne).

aussi complètes que possible sur la structure topologique de la surface entière d'où provient ce morceau.

Avant d'entreprendre ces recherches, comme avant toute étude de géométrie globale, il faut éclaircir le point suivant: « qu'est-ce qu'une surface *entière* ? » En effet, un domaine partiel d'une surface avec une géométrie infinitésimale sans singularités est encore une telle surface, mais ces domaines partiels doivent être naturellement exclus. Il s'est trouvé commode d'adopter la définition suivante: « une surface est dite *complète*, si, sur tout rayon géodésique, on peut reporter à partir de son origine une longueur quelconque », et de mettre ces surfaces « complètes » à la base de nos recherches; on démontre qu'une surface est complète si elle admet le théorème de BOLZANO-WEIERSTRASS et dans ce cas seulement, c'est-à-dire si, sur elle, tout ensemble fermé et borné est compact; cette notion de « complet » se confond d'ailleurs avec celle de FRÉCHET-HAUSDORFF. Voici une propriété importante des surfaces complètes: entre deux points, il y a toujours un chemin (géodésique) de longueur minimale (I)[1]. Dans la suite, toutes les surfaces seront supposées complètes.

Notre position du problème remonte à Felix KLEIN; il posa et résolut la plus simple de ces questions; il étudia en effet les surfaces *à courbure constante*, qu'il dénomma « formes spatiales » euclidiennes et non-euclidiennes. Les principaux résultats de ce « problème spatial de CLIFFORD-KLEIN » consistent en les trois théorèmes suivants:

A. *Il n'existe essentiellement qu'une surface simplement connexe ayant une courbure constante donnée;* (sphère, plan euclidien, plan hyperbolique).

B. *Parmi toutes les surfaces orientables fermées de genre* p, *seules les formes spatiales de genre* p $= 0$ *peuvent avoir une courbure positive, seules celles de genre* p $= 1$ *peuvent avoir une courbure nulle et seules celles de genre* p > 1 *peuvent avoir une courbure négative;* en d'autres termes: *la courbure d'une forme spatiale a le même signe que la caractéristique eulérienne* $2 - 2$p *de la surface.*

---

[1] Les chiffres romains renvoient à l'index bibliographique, à la fin du rapport.

C. *Une forme spatiale à courbure positive est toujours fermée* (homéomorphe en effet à la sphère ou au plan projectif) (II, III, IV).

Nous demanderons maintenant dans quelle mesure ces théorèmes, qui constituent évidemment une importante contribution à notre programme de recherches, peuvent être étendus au cas des surfaces à courbure non constante.

Commençons par le théorème C. Est-ce que toute surface à courbure positive doit être fermée ? Non, car, par exemple, par la rotation d'une parabole autour de son axe, on obtient une surface (complète) ouverte, à courbure partout positive. Pourtant le théorème C peut être généralisé; nous n'avons qu'à supposer la courbure partout supérieure à une constante positive; un raisonnement de Bonnet (V), modifié en utilisant le fait que la surface est complète, nous apprend qu'elle est *fermée* (I).

On peut même dire plus: comme dans le cas de courbure positive constante, la surface doit être encore homéomorphe à la sphère ou au plan projectif. Cela résulte immédiatement du théorème connu de la *curvatura integra* d'une surface fermée, qui, en se bornant aux surfaces orientables, s'énonce ainsi: *l'intégrale de la courbure de Gauss, étendue à une surface fermée de genre* p, *vaut* $4\pi(1-p)$. Ce théorème étend aux surfaces à courbure non constante l'affirmation contenue dans le théorème B; au lieu de la courbure auparavant constante, c'est la valeur moyenne de la courbure qui intervient maintenant; elle a le même signe que la caractéristique de la surface (VI).

Ces deux théorèmes — tant celui qui remonte à Bonnet que celui de la *curvatura integra* — fournissent d'importants renseignements sur la structure de la surface, en admettant qu'on connaisse ses propriétés infinitésimales *en chaque point;* mais le « problème du prolongement », formulé au début, exige qu'on tire de tels renseignements de la connaissance des propriétés infinitésimales dans le voisinage *d'un seul point.* Dans cette direction, de très importants et réjouissants progrès ont été réalisés tout récemment par M. Rinow; je vais en rendre compte maintenant (VII).

Si un « morceau » ou « élément » de surface peut être prolongé, d'une manière ou d'une autre, en une surface complète F, il peut aussi être prolongé en une surface simplement connexe, à savoir la surface universelle de recouvrement de F; les connaissances acquises à l'occasion du problème spatial de CLIFFORD-KLEIN suggèrent l'idée de rechercher en premier lieu ces prolongements simplement connexes d'un élément. Le « théorème d'unicité » démontré par M. RINOW, dans lequel on peut voir une généralisation du théorème A formulé ci-dessus, s'énonce ainsi: *Un élément de surface ne peut être prolongé qu'en au plus une surface simplement connexe.* D'ailleurs, une surface simplement connexe est ou bien fermée et homéomorphe à la sphère, ou bien ouverte et homéomorphe au plan; il en résulte qu'un morceau de surface, pourvu seulement qu'il soit prolongeable en une surface complète ou, dans les termes employés ci-dessus, provienne d'une surface complète, porte a priori en lui-même la propriété d'être ouverte ou fermée dont jouit la surface universelle de recouvrement de ses prolongements complets. Cela implique par exemple le fait suivant: *un morceau d'une surface fermée de genre* 0 *ne peut jamais être isométrique à un morceau d'une surface ouverte ou d'une surface fermée de genre supérieur.* Avec cela, le théorème B est en partie généralisé au cas des surfaces fermées (orientables); la question surgit de savoir si la généralisation de B peut être poussée jusqu'à l'énoncé suivant: *un morceau d'une surface fermée orientable de genre* 1 *n'est jamais isométrique à un morceau d'une surface fermée de genre* $p > 1$. En ce qui concerne la possibilité de démontrer ce théorème, qui devrait conduire — par analogie avec les méthodes éprouvées sur le problème des formes spatiales — à l'étude du groupe d'isométrie d'une surface simplement connexe, je suis assez optimiste [1]. Ces théorèmes constituent évidemment une puissante contribution à la solution de notre problème.

Si nous nous bornons aux prolongements simplement connexes d'un élément, le théorème d'unicité de M. RINOW conduit nécessairement à la remarque et à la question suivantes. Un élément E étant donné, il y a trois possibilités qui s'excluent mutuellement: 1° E ne peut pas être prolongé en une surface complète; 2° E peut être prolongé en une surface du type topo-

[1] Depuis lors, le théorème a été démontré par M. RINOW, en collaboration avec l'auteur (XI). [*Note additionnelle.*]

logique du plan; 3° E peut être prolongé en une surface du type topologique de la sphère. *Comment peut-on reconnaître, sur l'élément* E, *lequel des trois cas se présente ?* Nous admettrons ici que nous sommes en état de surmonter toutes les difficultés analytiques qui peuvent intervenir dans l'étude de la métrique de E. Bien que nous soyons encore fort éloignés d'une solution quelque peu complète de ce problème, les contributions fournies ici aussi par M. RINOW sont cependant assez intéressantes:

Concevons l'élément E comme le voisinage d'un point a d'une surface, sur laquelle nous introduisons des coordonnées polaires géodésiques r et φ; l'élément linéaire prend alors la forme $ds^2 = dr^2 + G(r, \varphi)\, d\varphi^2$, où G remplit quelques conditions simples connues. Tout d'abord, il est aisé de voir que, si l'élément appartient à une surface complète, G ne peut avoir aucune singularité (réelle); par suite, pour ne pas nous trouver avec certitude dès l'abord dans le cas 1°, nous supposerons que G est régulière pour tous r et φ réels. Ensuite, il convient de répartir en deux classes les fonctions régulières G en question: *a*) pour tout $r > 0$, on a $G \neq 0$; *b*) G possède des zéros (réels) avec $r > 0$. La signification géométrique des zéros de G est connue: ce sont les points conjugués de a. Il est maintenant très facile de prouver que, *dans l'hypothèse* a), *se présente toujours le cas* 2°, *jamais l'un des cas* 1° *ou* 3°. Notre question reste difficile et intéressante, lorsque l'hypothèse *b*) est réalisée; voici le fait connu le plus important: *chacun des cas* 1°, 2°, 3° *peut se présenter; en particulier, il peut donc arriver, même si* G *est régulière dans tout le domaine réel, que l'élément* E *ne puisse pas être prolongé en une surface complète;* cela me semble indiquer que notre problème géométrique du prolongement n'est pas réductible sans autre à un prolongement purement analytique. Sur la question de savoir à quoi l'on peut reconnaître lequel des trois cas se présente, on n'a jusqu'ici que ce résultat incomplet: *si à tout* φ *correspond un* r *positif, tel que* G *s'annule, alors le cas* 2° *ne se présente certainement pas.* Je considère qu'un problème important et intéressant consiste à poursuivre ces recherches de M. RINOW.

Il reste encore à examiner dans quelle mesure les théorèmes discutés jusqu'ici peuvent être étendus aux variétés à plusieurs dimensions; pour la physique aussi, il y aurait peut-être intérêt à savoir ce qu'on peut dire sur la structure topologique d'une variété à trois ou quatre dimensions lorsqu'on connaît ses propriétés métriques locales.

Il faut dire tout d'abord, au sujet des « formes spatiales » euclidiennes et non euclidiennes, c'est-à-dire des espaces à courbure constante, que les théorèmes A et C formulés ci-dessus sont encore valables pour plus de deux dimensions, avec une petite modification du théorème C: pour un nombre impair de dimensions, outre les espaces sphérique et projectif, d'autres variétés peuvent encore se présenter comme formes spatiales à courbure positive; mais ces variétés sont aussi toutes fermées, ce qui est l'essentiel pour le théorème C (III). Par contre, le théorème B n'a été jusqu'ici étendu au cas de plusieurs dimensions que d'une manière incomplète; à la base des essais d'une telle extension, on posera cette question: *peut-on faire d'une même variété fermée à* n *dimensions, en introduisant deux métriques différentes, deux formes spatiales à courbures de signes différents ?* On ne sait jusqu'à présent que ceci: *si* n *est pair, la réponse est négative* (VIII); par contre, lorsque le nombre n des dimensions est impair, on ne sait pas s'il peut arriver qu'une même variété puisse se présenter à la fois comme forme spatiale euclidienne et comme forme spatiale hyperbolique. C'est là un problème intéressant, qui mène à l'étude des groupes de déplacements non euclidiens [1]. Pour n pair, il subsiste d'ailleurs encore dans le cas $n > 2$ un lien important entre le signe de la courbure et celui de la caractéristique eulérienne de la variété (VIII).

On n'a pas encore recherché si le théorème de BONNET, sur la propriété qu'ont les surfaces à courbure positive d'être fermées, peut être généralisé au cas de plusieurs dimensions [2], et

---

[1] MM. SEIFERT et THRELFALL à Dresde m'ont communiqué récemment qu'on doit répondre par la négative à la question ci-dessus, pour toutes les valeurs de n. Leur démonstration est très courte: elle utilise des propriétés simples des mouvements hyperboliques, et ramène la question à un théorème important de M. BIEBERBACH sur les groupes de mouvements euclidiens (*Math. Annalen*, 70) [*Note additionnelle.*]

[2] Dans la discussion, M. GONSETH a rendu attentif à l'existence, dans cette direction, de quelques nouveaux théorèmes de M. CARTAN; les expaces $\mathcal{E}$, dont il s'agit, occupent une place intermédiaire entre les espaces à courbure constante et ceux dont la courbure est quelconque (IX).

l'extension du théorème de la *curvatura integra* n'a réussi que dans deux cas très particuliers. Je viens justement de vous exposer l'un d'eux: c'est le cas où la courbure est constante; la *curvatura integra* est alors essentiellement le *volume* de la forme spatiale, et c'est sur la considération de ce volume que repose le théorème sur les signes de la courbure et de la caractéristique, auquel on vient de faire allusion, théorème qui entraîne l'extension de B aux nombres pairs de dimensions (VIII). L'autre cas particulier où le théorème de la *curvatura integra* peut être étendu aux variétés à n dimensions se présente lorsque les variétés sont *des hypersurfaces situées dans l'espace euclidien à* $n + 1$ *dimensions; pour* n *pair, on a alors ce théorème: la curvatura integra est égale au produit de la demi-caractéristique de la variété par l'étendue superficielle de la sphère unité à* n *dimensions* — tout comme pour $n = 2$; la courbure de l'hypersurface doit être définie ici suivant Gauss, au moyen de la représentation sphérique par les normales. Si n est impair, cette affirmation n'est en général pas exacte, circonstance qui soulève tout naturellement de nouvelles questions (X). Qu'adviendra-t-il de la *curvatura integra* d'une variété à plusieurs dimensions qui ne rentre dans aucun des deux cas examinés ? Ce me semble être un problème particulièrement important et intéressant, d'ailleurs difficile aussi; si l'on songe aux démonstrations habituelles pour deux dimensions, cela devrait revenir à une généralisation de la célèbre formule de Gauss-Bonnet [1].

Enfin, on n'a pas encore cherché si les théorèmes de M. Rinow peuvent être étendus à plusieurs dimensions; pour le théorème d'unicité en particulier, cela ne doit pourtant guère présenter de difficultés.

BIBLIOGRAPHIE

(I). H. Hopf und W. Rinow, Ueber den Begriff der vollständigen differentialgeometrischen Fläche. *Commentarii Math. Helvetici*, vol. 3 (1931).

(II). F. Klein, Zur Nicht-Euklidischen Geometrie. *Math. Annalen*, 37 (1890).

[1] Pour une telle généralisation dans le cas particulier de courbure constante, consulter le travail (VIII); une formule de Poincaré y joue le rôle de la formule de Gauss-Bonnet. D'ailleurs, comme M. Kollros l'a signalé pendant la discussion, cette formule de Poincaré se trouve déjà chez Schläfli.

(III). H. Hopf, Zum Clifford-Kleinschen Raumproblem. *Math. Annalen*, 95 (1925).

(IV). P. Koebe, Riemannsche Mannigfaltigkeiten und nichteuklidische Raumformen (1. Mitteilung). *Sitzungsber. Akad. d. Wissensch. Berlin*, 1927.

(V). Cf.: W. Blaschke, *Differentialgeometrie*, I (Berlin, 1921), § 84.

(VI). Cf.: Blaschke, *l. c.*, § 64.

(VII). W. Rinow, Ueber Zusammenhänge zwischen der Differentialgeometrie im Grossen und im Kleinen; Dissertation Berlin 1931, *Math. Zeitschrift* (sous presse).

(VIII). H. Hopf, Die Curvatura integra Clifford-Kleinscher Raumformen. *Nachr. d. Gesellsch. d. Wissensch.*, Göttingen, 1925.

(IX). E. Cartan, La géométrie des groupes simples. *Annali di Mat.* (4), 4 (1927).

(X). H. Hopf, Ueber die Curvatura integra geschlossener Hyperflächen *Math. Annalen*, 95 (1925); Vektorfelder in n-dimensionalen Mannigfaltigkeiten. *Math. Annalen*, 96 (1926).

(XI). W. Rinow, Ueber Flächen mit Verschiebungselementen; H. Hopf und W. Rinow, Die topologischen Gestalten differentialgeometrisch verwandter Flächen; *Math. Annalen* (sous presse).

22.

Differentialgeometrie und topologische Gestalt[1])

Jahresbericht der DMV **41** (1932), 209–229

Dieser Vortrag soll ein Bericht über eine Reihe teils längst bekannter, teils erst neuerdings festgestellter Tatsachen, teils noch unbeantworteter Fragen sein; worauf es mir ankommt, ist, Sie auf die allgemeine Problemstellung aufmerksam zu machen, der sich diese Tatsachen und Fragen unterordnen lassen.

1. Um zu der Problemstellung zu kommen, betrachten wir zunächst eine Fläche F, die topologisch vollständig singularitätenfrei ist; jeder ihrer Punkte besitzt also eine Umgebung, die einem Kreisinnern homöomorph ist; ob sie in den drei- oder auch in einen mehrdimensionalen Raum eingebettet ist, spielt keine Rolle, es handelt sich also um „innere" Eigenschaften. Zu diesen gehören in erster Linie die Geschlossenheit oder Offenheit, das Geschlecht usw.

Diese topologische Fläche sei nun in bekannter Weise zu einer analytischen und differentialgeometrischen Fläche gemacht: erstens sei sie derart mit cartesischen Koordinatensystemen bedeckt, daß jedes von ihnen in einem gewissen Flächengebiet erklärt ist und daß dort, wo zwei dieser Systeme übereinandergreifen, die entstehende Koordinatentransformation analytisch mit von 0 verschiedener Funktionaldeterminante ist, — dadurch wird F zu einer „analytischen" Fläche, auf der der Begriff der Analytizität von Funktionen, Kurven usw. sinnvoll ist; zweitens seien für jedes dieser Koordinatensysteme reelle analytische Funktionen g_{ik} $(i, k = 1, 2)$ so definiert, daß die Form $\sum g_{ik}\, dx_i\, dx_k$ positiv definit ist und beim Übergang von einem Koordinatensystem zu einem anderen invariant bleibt, — dadurch wird F in bekannter Weise zu einer „differentialgeometrischen"

---

1) Mit einigen Erweiterungen versehener Bericht über den auf der Tagung der D. M.-V. in Bad Elster, September 1931, gehaltenen Vortrag „Über Zusammenhänge zwischen differentialgeometrischen Eigenschaften und topologischer Gestalt". Ein ähnlicher Vortrag wurde im Mai 1931 auf der Tagung der Schweizerischen Mathematischen Gesellschaft in Freiburg (Schweiz) gehalten; über ihn erscheint ein Bericht in französischer Übersetzung unter dem Titel „Géométrie infinitésimale et topologie" in L'Enseignement mathématique (1932).

Fläche, indem man die Bogenlänge durch $\int \sqrt{\sum g_{ik}\, dx_i\, dx_k}$ erklärt. Den erwähnten topologischen Eigenschaften von F treten jetzt differentialgeometrische an die Seite: die Werte des Krümmungsmaßes, der Verlauf der geodätischen Linien usw.

2. Unsere allgemeine Fragestellung ist nun: „*Welche Zusammenhänge und Bindungen bestehen zwischen den topologischen Eigenschaften einerseits und den differentialgeometrischen Eigenschaften andererseits*? Man kann diese noch sehr allgemeine und unbestimmte Frage von zwei verschiedenen Seiten her ansehen und kommt dann zu zwei Problemen, die ich das „Metrisations-Problem" und das „Fortsetzungs-Problem" nennen will. Die durch das Metrisations-Problem gestellte Frage ist: „Gegeben ist die topologische Fläche F; man soll sie differentialgeometrisch metrisieren, d. h. auf ihr eine singularitätenfreie Differentialgeometrie einführen. Welche Möglichkeiten bestehen für eine solche Metrik? Welche metrischen Eigenschaften sind von vornherein durch die Topologie von F vorgeschrieben? Welchen Einschränkungen unterliegt die Willkür, mit der ich, an einer Stelle der Fläche mit der Metrisierung beginnend, die g_{ik} wählen kann?" Es wird also die Aufgabe gestellt, aus der topologischen Gestalt der ganzen Fläche auf die differentialgeometrischen Eigenschaften zu schließen.[2]) — In gewissem Sinne die Umkehrung hiervon ist das „Fortsetzungsproblem": „Aus einer differentialgeometrischen Fläche F wird mir ein kleines Stück vorgelegt, das ich mit jeder beliebigen Genauigkeit untersuchen kann; dagegen habe ich keine Möglichkeit, die ganze Fläche zu betrachten. Was für Schlüsse kann ich dann aus meiner Kenntnis des kleinen Flächenstücks auf die Eigenschaften im Großen der ganzen Fläche, insbesondere auf ihre topologische Gestalt ziehen?" Oder, etwas allgemeiner: „Mir wird ein differentialgeometrisches Flächenstück vorgelegt; ich soll es zu einer ganzen Fläche fortsetzen. Was kann ich von vornherein – bei gründlicher Kenntnis des Stückes – über das Aussehen dieser Fortsetzungen, d. h. der ganzen Flächen, auf die das Stück „paßt", aussagen? Wann ist überhaupt eine solche Fortsetzung möglich?"

3. Bevor aber die Beantwortung dieser Fragen in Angriff genommen werden kann, muß ein prinzipiell wichtiger Punkt geklärt werden: was ist unter den „ganzen" Flächen zu verstehen, von denen in beiden

2) Man kann die Aufgabe verallgemeinern, indem man statt der Differentialgeometrie eine beliebige Metrik zuläßt. Ein höchst interessanter Beitrag zu diesem allgemeineren Problem ist die Arbeit von van Dantzig und van der Waerden: Über metrisch homogene Räume, Abh. Math. Sem. Hamburg VI (1928).

Fragen die Rede ist?[3]) Wenn man von einer „ganzen" Fläche F spricht, so meint man damit natürlich: F kann nicht als Teil einer größeren Fläche F' aufgefaßt werden; das kann man, da es sich ja immer um *innere* Differentialgeometrie handeln soll, auch so ausdrücken: F heißt eine ganze oder „nicht-fortsetzbare" Fläche, wenn es keine differentialgeometrische Fläche F' derart gibt, daß F mit einem echten Teilgebiet von F' eineindeutig-isometrisch ist. Die Flächen F, die sich zu größeren Flächen F' fortsetzen lassen, sollen also jedenfalls ausgeschlossen werden. Diesen Ausschluß kann man durch Einführung jedes einzelnen der folgenden vier Postulate erreichen, von denen sich zeigen läßt, daß sie einander gleichwertig sind, daß also aus jedem von ihnen die anderen drei folgen: 1. das „Abtragbarkeits-Postulat": man kann auf jedem geodätischen Strahl von seinem Anfangspunkt aus jede vorgegebene Länge abtragen; 2. das „Unendlichkeits-Postulat": jede divergente Linie ist unendlich lang; (dabei wird unter einer divergenten Linie das eindeutige und stetige Bild eines Halbstrahls verstanden, falls jeder divergenten Punktfolge des Strahls eine divergente Folge auf der Fläche entspricht); 3. das „Vollständigkeits-Postulat": jede Cauchysche Fundamentalfolge auf der Fläche ist konvergent; (dabei wird die Fläche als metrischer Raum aufgefaßt, indem man als Entfernung zweier Punkte die untere Grenze der Weglängen zwischen ihnen erklärt; und dieses Postulat besagt dann, daß die Fläche ein „vollständiger" metrischer Raum im Sinne von Fréchet-Hausdorff ist); 4. das „Kompaktheits-Postulat": jede beschränkte Menge ist kompakt (wobei die Beschränktheit auf Grund der eben genannten Metrik zu verstehen ist). — Diese vier Forderungen sind also untereinander äquivalent; die Flächen, auf denen sie erfüllt sind, lassen sich, wie man ganz leicht sieht, nicht weiter fortsetzen; nun kann man allerdings zeigen, daß diese Forderungen stärker sind als die Forderung der Nicht-Fortsetzbarkeit, d. h. daß es Flächen gibt, die man nicht fortsetzen kann, obwohl sie unsere Forderungen nicht erfüllen; trotzdem glaube ich nicht, daß die vier Postulate eine zu starke Einschränkung des Bereiches der in Betracht zu ziehenden Flächen bewirken; denn sie werden jedenfalls von allen geschlossenen Flächen erfüllt wie auch von denjenigen offenen Flächen, die im drei- oder mehrdimensionalen euklidischen Raum liegen, die durch ihn bewirkte Metrik tragen und in ihm abgeschlossen sind. — Ich werde

3) Hopf und Rinow, Über den Begriff der vollständigen differentialgeometrischen Fläche, Comm. Math. Helvet. 3 (1931); der ganze obige Abschnitt 3. bezieht sich auf diese Arbeit.

daher im folgenden als „ganze" Flächen ausschließlich diejenigen betrachten, die die vier Postulate erfüllen, und sie immer als „vollständige" Flächen bezeichnen. Auf ihnen — aber nicht auf allen „nichtfortsetzbaren" Flächen — gilt übrigens der wichtigste Satz der „Differentialgeometrie im Großen": *je zwei Punkte können durch einen kürzesten (und geodätischen) Weg verbunden werden.*

Nachdem damit der Begriff der vollständigen Fläche klargestellt ist, können wir uns der Beantwortung — soweit sie bisher möglich ist — der oben ausgesprochenen Fragen nach dem Zusammenhängen zwischen den differentialgeometrischen Eigenschaften und der topologischen Gestalt der ganzen (d. h. also vollständigen) Fläche zuwenden.

4. Ich beginne mit dem Spezialfall, der auch historisch an der Spitze steht: mit den Flächen konstanter Krümmung oder den nicht-euklidischen und euklidischen „Raumformen"[4]), die von Felix Klein behandelt worden sind; so stark auch die Einschränkung ist, die man vornimmt, wenn man statt beliebiger Flächen nur solche mit konstanter Krümmung betrachtet, so sehr scheinen doch, wie Sie sehen werden, die auf sie bezüglichen Sätze typisch für die Antworten auf unsere allgemeinen Fragen zu sein. Man beginnt die Untersuchung der Raumformen damit, daß man nach den einfach zusammenhängenden Raumformen fragt, und erhält als Antwort den folgenden Einzigkeits-Satz:

A) *Zu jeder Zahl K gibt es eine und (bis auf isometrische Flächen) nur eine einfach zusammenhängende Fläche mit der konstanten Krümmung K, und zwar eine Kugel, euklidische Ebene oder hyperbolische Ebene, je nachdem $K > 0$, $K = 0$ oder $K < 0$ ist.*

Die Wichtigkeit der einfach zusammenhängenden Raumformen für die ganze Theorie beruht auf der Tatsache, daß die universelle Überlagerungsfläche F' einer beliebigen Raumform F von der Krümmung K selbst eine einfach zusammenhängende Raumform von der Krümmung K ist, und daß daher F als Fundamentalbereich einer Gruppe fixpunktfreier Bewegungen von F' dargestellt werden kann. Damit ist die Bestimmung aller Raumformen auf die Untersuchung der Be-

4) Literatur: Klein, Zur Nicht-Euklidischen Geometrie, Math. Annalen 37 (1890) (= Ges. Abh., 1. Bd., XXI), sowie: Vorlesungen über Nicht-euklidische Geometrie (Berlin 1928), Kap. IX. — Killing, Grundlagen der Geometrie I (1890). — Hopf, Zum Clifford-Kleinschen Raumproblem, Math. Annalen 95 (1925). — Koebe, Riemannsche Mannigfaltigkeiten und nichteuklidische Raumformen, Sitzungsber. Preuß. Akad. d. Wiss., Phys.-math. Klasse, Berlin 1927, S. 164ff., sowie bisher sechs weitere Mitteilungen in denselben Berichten.

wegungsgruppen der in Satz A genannten drei Geometrien zurückgeführt; das Ergebnis dieser Untersuchung ist das folgende: man verstehe unter $\mathfrak{K}_+$, $\mathfrak{K}_0$, $\mathfrak{K}_-$ drei Klassen topologischer Flächentypen, und zwar enthalte $\mathfrak{K}_+$ nur die Typen der Kugel und der projektiven Ebene, $\mathfrak{K}_0$ enthalte die 5 Typen der Ebene, des Zylinders, des Torus, des nicht-orientierbaren Zylinders (d. h. des Möbiusschen Bandes ohne Rand) und der nicht-orientierbaren geschlossenen Fläche von der Charakteristik 0 (des „Kleinschen Schlauches"), $\mathfrak{K}_-$ enthalte überhaupt alle Flächen mit Ausnahme der vier bereits in $\mathfrak{K}_+$ und $\mathfrak{K}_0$ enthaltenen geschlossenen Flächen; dann gilt folgender Satz:

B) *Die Flächen der Klasse $\mathfrak{K}_+$ und nur diese treten als Raumformen mit $K > 0$, die Flächen der Klasse $\mathfrak{K}_0$ und nur diese treten als Raumformen mit $K = 0$, die Flächen der Klasse $\mathfrak{K}_-$ und nur diese treten als Raumformen mit $K < 0$ auf.*

Ziehen wir aus diesem Satz einige Folgerungen. Da die beiden zu $\mathfrak{K}_+$ gehörigen Flächen geschlossen sind, gilt:

B') *Eine Raumform von positiver Krümmung ist stets geschlossen.*

Betrachten wir die Verteilung der geschlossenen Flächen auf die drei Klassen, so erkennen wir:

B'') *Für jede geschlossene Raumform hat die Krümmung dasselbe Vorzeichen wie die Eulersche Charakteristik.*[5])

Hierin ist enthalten:

B''') *Von ein und demselben geschlossenen topologischen Flächentypus kann es niemals Raumformen mit verschiedenen Vorzeichen der Krümmung geben*[5]).

Für offene Flächen dagegen gilt der analoge Satz nicht: Ebene und Zylinder treten beide sowohl als euklidische wie als hyperbolische Raumformen auf; aber für geschlossene Flächen enthält der Satz B''' offenbar einen kräftigen Beitrag zu unserem „Metrisations-Problem", indem er zeigt, wie stark die Willkür in der Wahl der Flächenmetrik durch die topologische Gestalt eingeschränkt ist. Auch von den übrigen formulierten Sätzen ist wohl ohne weiteres zu sehen, inwiefern sie Teilantworten auf unsere „Metrisations"- und „Fortsetzungs"-Fragen liefern; und indem diese, bereits klassischen, Tatsachen (A, B, B', B'', B''') zu dem Versuch herausfordern, sie zu verallgemeinern, d. h. sie in geeigneter Weise von der Voraussetzung der Konstanz der Krümmung zu befreien, geben sie die Richtung an, in der unsere weiteren Untersuchungen sich erstrecken werden.

---

5) Dabei betrachten wir auch „0" als ein Vorzeichen, welches der Zahl 0, und nur dieser, zukommt.

5. Beginnen wir mit dem Satz B': ist in ihm die Voraussetzung der Konstanz der Krümmung überflüssig, d. h., kann man behaupten, daß jede (vollständige) Fläche von positiver Krümmung geschlossen sein muß? In dieser, zu wenig voraussetzenden, Form ist die Frage zu verneinen, wie das Beispiel eines elliptischen Rotations-Paraboloides zeigt. Aber es gilt die folgende Verallgemeinerung von B':

C) *Jede (vollständige) Fläche, deren Krümmung überall größer als eine positive Konstante ist, ist geschlossen.*[3])

Dieser Satz samt seinem Beweis stammt im wesentlichen von Bonnet; nur wird in seiner ursprünglichen Form bereits die Voraussetzung der Geschlossenheit gemacht und dann gezeigt, daß der Durchmesser der Fläche durch das Minimum der Krümmung nach oben beschränkt ist[6]); aber eine Analyse des Beweises zeigt, daß man die genannte Voraussetzung durch die viel schwächere der Vollständigkeit ersetzen und daß man dadurch der ursprünglichen quantitativen Behauptung eine qualitative, nämlich die der Geschlossenheit, voranstellen kann.

6. Man kann nun aber den Satz C noch dadurch wesentlich verschärfen, daß man über das Aussehen der geschlossenen Fläche viel genauere Angaben macht: sie muß — ebenso wie im Fall konstanter Krümmung — entweder der Kugel oder der projektiven Ebene homöomorph sein. Das ist in dem berühmten Satz von der „Curvatura integra" geschlossener Flächen enthalten, der so lautet:

D) *Das über eine geschlossene Fläche erstreckte Integral der Krümmung hat den Wert $2\pi \cdot \chi$, wobei χ die Eulersche Charakteristik der Fläche ist.*[7])

Aus diesem Satze folgt die Verallgemeinerung von B'':

D') *Für jede geschlossene Fläche hat die durchschnittliche Krümmung dasselbe Vorzeichen wie die Eulersche Charakteristik,*

wobei man unter der durchschnittlichen Krümmung natürlich das durch die ganze Oberfläche dividierte Integral der Krümmung zu verstehen hat. Ist insbesondere die Krümmung immer positiv, so ist auch die Charakteristik der Fläche positiv, und die einzigen derartigen Flächen sind die vom Typus der Kugel oder der projektiven Ebene; das ist die erwähnte Verschärfung des Satzes C.

7. Die Sätze C, D, D' sind gewiß Beiträge zur Beantwortung unserer „Metrisations"-Frage sowie Aussagen über den Einfluß einer

6) Man vgl. z. B. Blaschke, Vorlesungen zur Differentialgeometrie I (Berlin 1921), § 84.

7) Man vgl. z. B. Blaschke, a. a. O., §§ 63, 64.

differentialgeometrisch-lokalen Eigenschaft, nämlich der Krümmung, auf die topologische Gestalt der ganzen Fläche; jedoch sind sie eigentlich keine Aussagen zu dem oben formulierten „Fortsetzungs"-Problem. Denn sie setzen zwar nur die Kenntnis lokaler Eigenschaften, jedoch deren Kenntnis an *jeder* Stelle der Fläche voraus, während ein Beitrag zu dem Fortsetzungs-Problem darin bestehen muß, daß aus der Kenntnis der lokalen Eigenschaften an einer *einzigen* Stelle, d. h. in der Umgebung eines einzigen Flächenpunktes, Schlüsse auf die ganze Fläche gezogen werden.[8]) Derartige wirkliche Beiträge zur Behandlung des Fortsetzungs-Problems, und zwar schöne und wichtige Beiträge, sind erst in neuester Zeit durch W. Rinow geliefert worden. Über sie werde ich jetzt berichten.

Wenn man nach den Fortsetzungs-Möglichkeiten für ein vorgelegtes differentialgeometrisches Element fragt, so wird man sich in erster Linie für die einfach zusammenhängenden Flächen interessieren, zu denen es sich fortsetzen läßt; denn da mit jeder Fläche F, die eine Fortsetzung des Elements ist, auch ihre einfach zusammenhängende universelle Überlagerungsfläche F' eine solche Fortsetzung ist und da — analog wie in der Theorie der Raumformen — F aus F' durch eine Gruppe fixpunktfreier und isometrischer Decktransformationen erzeugt wird, kommt es zunächst einmal auf die Kenntnis der Möglichkeiten an, die für F' bestehen. Da gilt nun, in Verallgemeinerung des Satzes A, der Rinowsche Einzigkeits-Satz:

E) *Jedes differentialgeometrische Element läßt sich zu höchstens einer (vollständigen) einfach zusammenhängenden Fläche fortsetzen.*[9])

Die Verallgemeinerung von A läßt sich natürlich nicht bis zu der Behauptung treiben, daß es stets tatsächlich eine vollständige Fortsetzung gibt; denn es ist leicht — worauf wir noch eingehen werden (Satz G) — Beispiele von Flächenelementen anzugeben, die keiner vollständigen und singularitätenfreien Fortsetzung fähig sind. — Man kann dem Satz E noch eine andere zweckmäßige Form geben. Wir definieren nämlich: zwei Flächen F_1 und F_2 heißen miteinander „verwandt", wenn es auf ihnen Gebiete G_1 bzw. G_2 gibt, die sich eineindeutig und isometrisch aufeinander abbilden lassen. Dann läßt sich der Satz E auch so aussprechen:

E') *Sind zwei einfach zusammenhängende Flächen miteinander ver-*

8) Der Unterschied äußert sich auch darin, daß zwar für die Fortsetzungs-Sätze, aber nicht für die Sätze C, D, D′ die Analytizität der Fläche vorausgesetzt werden muß.

9) Rinow, Über Zusammenhänge zwischen der Differentialgeometrie im Großen und im Kleinen, Math. Zeitschrift 35 (1932).

wandt, so sind sie im Großen eineindeutig und isometrisch aufeinander abbildbar.

Der Beweis des Satzes verläuft naturgemäß so: man setzt die nach Voraussetzung bestehende Isometrie zwischen Teilgebieten der Flächen in geeigneter Weise längs geodätischen Linien zu Isometrien der ganzen Flächen fort und beweist die Eineindeutigkeit dieser Beziehung auf Grund des Monodromieprinzips, das sich wegen des einfachen Zusammenhanges der Flächen anwenden läßt. So einfach der Beweis dieses Satzes ist, so weittragend sind die Folgerungen aus ihm, von denen ich zunächst die folgende hervorhebe: da, wenn zwei — nicht notwendigerweise einfach zusammenhängende — Flächen F_1 und F_2 miteinander in dem eben festgesetzten Sinne verwandt sind, das gleiche für ihre universellen Überlagerungsflächen F_1' und F_2' gilt, sind diese nach Satz E gewiß miteinander homöomorph, also entweder beide geschlossen (und vom Typus der Kugel) oder beide offen (und vom Typus der cartesischen Ebene); da nun, in der beim Satz B benutzten Bezeichnungsweise, die beiden in $\mathfrak{K}_+$ enthaltenen Flächentypen die einzigen mit geschlossener universeller Überlagerungsfläche sind, folgt somit aus E' die Tatsache, daß eine Fläche aus der Klasse K_+ niemals mit einer Fläche aus einer der beiden anderen Klassen verwandt sein kann, daß also z. B. ein Stück aus einer räumlichen geschlossenen Fläche vom Geschlecht 0 sich niemals so verbiegen läßt, daß es auf eine singularitätenfreie geschlossene Fläche höheren Geschlechts oder offene Fläche paßt.[9]) Es drängt sich nunmehr die Frage auf, ob zwei miteinander verwandte Flächen überhaupt *immer* gleichzeitig zu einer der drei Klassen $\mathfrak{K}_+$, $\mathfrak{K}_0$, $\mathfrak{K}_-$ gehören müssen, ob es also auch unmöglich ist, daß eine der nicht in $\mathfrak{K}_-$ vorkommenden Flächen aus $\mathfrak{K}_0$, d. h. eine orientierbare oder nichtorientierbare Ringfläche, mit einer nicht in $\mathfrak{K}_0$ vorkommenden Fläche aus $\mathfrak{K}_-$ verwandt ist. Diese Frage ist zu bejahen; es gilt also in Verallgemeinerung von B:

F) *Zwei miteinander verwandte Flächen gehören stets gleichzeitig zu einer der drei Klassen* $\mathfrak{K}_+$, $\mathfrak{K}_0$, $\mathfrak{K}_-$.[10])

Darin ist insbesondere, wenn wir speziell die geschlossenen orientierbaren Flächen ins Auge fassen, enthalten:

F') *Die geschlossenen orientierbaren Flächen verhalten sich bezüglich der Möglichkeit verwandtschaftlicher Beziehungen folgendermaßen: die Flächen vom Geschlecht* 0 *können nur mit Flächen vom Geschlecht* 0

10) Hopf und Rinow, Die topologischen Gestalten differentialgeometrisch verwandter Flächen. Erscheint in den Math. Annalen (1932).

verwandt sein — (zwei solche verwandte Flächen sind dann auf Grund von E′ *sogar miteinander isometrisch) —; die Flächen vom Geschlecht* 1 *können nur mit Flächen vom Geschlecht* 1 *verwandt sein; dagegen können, wie schon die hyperbolischen Raumformen zeigen, zwei Flächen verschiedener Geschlechter miteinander verwandt sein, wenn die Geschlechter beide größer als* 1 *sind.*

8. Die Sätze E und F zeigen, daß ein differentialgeometrisches Element, sofern es sich überhaupt zu vollständigen Flächen fortsetzen läßt, deren Gestalt bis zu einem gewissen Grade von vornherein in sich trägt. Man wird nun fragen, wie man diese Gestalt aus den Eigenschaften des Keimes, des Elementes, bestimmen kann. Auch das wenige, was man bisher zur Beantwortung dieser Frage weiß, scheint mir interessant genug zu sein. Zwecks genauer Formulierung der Frage verstehen wir unter einem „Element" die Differentialgeometrie in der Umgebung eines Punktes, in der wir geodätische Polarkoordinaten r, φ einführen; das Linienelement ist dann durch $ds^2 = dr^2 + G \cdot d\varphi^2$ gegeben, wobei G eine Funktion von r und φ ist, die einige bekannte Bedingungen erfüllt.[11]) In der Funktion G sind alle Eigenschaften des Elementes enthalten, und auf Grund der Eigenschaften von G, von denen wir immer annehmen, daß wir sie für *alle* r und φ kennen, müssen sich daher unsere Fragen beantworten lassen. Nun sind zunächst zwei Haupt-Möglichkeiten zu unterscheiden:

a) das Element ist zu (wenigstens) einer vollständigen Fläche fortsetzbar,

b) das Element ist zu keiner vollständigen Fläche fortsetzbar.

Wie kann man G ansehen, welcher dieser Fälle eintritt? Hier ist nun ganz leicht der folgende naheliegende Satz zu beweisen:

G) *Wenn G für ein reelles φ und ein reelles positives r eine Singularität besitzt, so liegt der Fall* b) *vor.*[9])

Wir setzen daher von jetzt an immer voraus, daß G für alle reellen φ und alle reellen positiven r regulär ist. Dann darf man aber nicht glauben, daß notwendigerweise der Fall a) eintritt; vielmehr gilt:

H) *Es gibt Elemente, deren Funktionen G für alle r und φ regulär sind und die sich trotzdem nicht zu vollständigen Flächen fortsetzen lassen.*[9a])

Diesen Satz von Rinow halte ich nicht nur für ein überraschendes, sondern auch für ein prinzipiell besonders wichtiges Ergebnis: er lehrt, daß unsere Aufgabe der „differentialgeometrisch-analytischen

11) Man vgl. Blaschke, a. a. O., § 57.

9a) Satz 11, 3 der unter 9) genannten Arbeit.

Fortsetzung" sich nicht, oder wenigstens nicht ohne weiteres, auf eine Aufgabe der „analytischen Fortsetzung" im gewöhnlichen Sinne zurückführen läßt, daß wir es also hier mit einem schwierigeren Problem zu tun haben.

Es kommen also, bei regulären G, beide Fälle a) und b) wirklich vor; knüpfen wir nun weiter an den Satz E an, fragen wir also nach den einfach zusammenhängenden Fortsetzungen, die ja im Falle a) in Gestalt der universellen Überlagerungsflächen immer existieren, so besteht auf Grund des Satzes E im Fall a) die Alternative:

a') das Element ist zu einer Fläche vom Typus der Ebene fortsetzbar,

a") das Element ist zu einer Fläche vom Typus der Kugel fortsetzbar,

und die Aufgabe ist jetzt, aus den Eigenschaften von G abzulesen, welcher der drei Fälle a'), a"), b) eintritt. Man kennt bisher nur wenige Beiträge zur Lösung dieser Aufgabe; sehr einfach zu beweisen ist:

J) *Wenn $G \neq 0$ für alle reellen φ und alle reellen positiven r ist, so liegt* a') *vor*[9]);

in der Tat, wenn man r, φ als Polarkoordinaten in einer Ebene deutet und in ihr durch $ds^2 = dr^2 + G \cdot d\varphi^2$ eine Differentialgeometrie einführt, so ist diese infolge von $G > 0$ überall regulär und liefert, wie man leicht — auf Grund des „Unendlichkeits-Postulats" (s. o. Nr. 3) — zeigt, eine vollständige Fläche.

Aus den beiden begrifflich besonders einfachen und besonders einfach zu beweisenden Sätzen E und J erhält man leicht als Nebenergebnis:

K) *Auf jeder Fläche vom topologischen Typus der Kugel oder der projektiven Ebene gibt es von jedem Punkt a aus einen geodätischen Strahl, auf dem ein zu a konjugierter Punkt liegt*[9]);

denn wenn man auf irgendeiner Fläche F einen Punkt a ohne konjugierten Punkt hat, so ist die zu a gehörige Funktion $G > 0$ für alle $r > 0$, da ja die Nullstellen von G den konjugierten Punkten entsprechen; nach Satz J ist daher die Umgebung von a zu einer vollständigen Fläche vom Typus der Ebene fortsetzbar; nach Satz E ist diese Fläche, da auch die universelle Überlagerungsfläche F' von F eine Fortsetzung desselben Elements ist, mit F' isometrisch, also a fortiori homöomorph; folglich ist F' offen, also F nicht vom Typus der Kugel oder der projektiven Ebene.[12])

12) Herr Carathéodory hat mir einen Beweis des Satzes K mitgeteilt, der von dem obigen völlig verschieden ist und die folgenden beiden Vorzüge hat: 1. er liefert

Ein Gegenstück zu K ist

L) *Auf jeder Fläche, die nicht vom Typus der Kugel oder der projektiven Ebene ist, gibt es von jedem Punkt a aus einen geodätischen Strahl, auf dem kein (bezüglich dieses Strahls) zu a konjugierter Punkt liegt.*[9])

Für offene Flächen läßt sich diese Aussage noch verschärfen zu

L′) *Auf jeder offenen Fläche gibt es von jedem Punkt a aus einen geodätischen Strahl, der für jeden seiner Punkte x die kürzeste Verbindung ax auf der Fläche liefert.*[9])

Der Satz L ist, wie man erkennt, wenn man in ihm neben der Fläche auch die (offene) universelle Überlagerungsfläche betrachtet, im Satz L′ enthalten; der Satz L′ wird dadurch bewiesen, daß man den in ihm vorkommenden geodätischen Strahl durch ein direktes Häufungsverfahren konstruiert. Bedenkt man wieder, daß die konjugierten Punkte durch die Nullstellen der Funktion G gegeben sind, so läßt sich L auch folgendermaßen als Gegenstück zu J formulieren:

L″) *Wenn es zu jedem* φ *ein positives* r_φ *mit* $G(r_\varphi, \varphi) = 0$ *gibt, so liegt gewiß nicht der Fall* a′) *vor.*

Diese Formulierung zeigt unseren Satz als Beitrag zur Lösung der oben gestellten Aufgabe, zu entscheiden, welcher der drei Fälle a′), a″), b) eintritt. Allerdings ist er nur eine ziemlich schwache Aussage in dieser Richtung; genauere Aussagen, abgesehen von dem Satz J, hat Rinow für gewisse spezielle Elemente, die „Drehungs“- und die „Verschiebungs“-Elemente, gemacht[9]) [13]); die ersteren sind solche Umgebungen eines Flächenpunktes *a*, die Drehungen um *a* gestatten, die letzteren solche, in denen es Teilumgebungen von *a* gibt, die sich verschieben lassen. Für diese Elemente wird die Frage nach dem Eintreten der drei Fälle a′), a″), b) vollständig beantwortet; ich will auf diese Untersuchungen hier nicht näher eingehen und nur erstens erwähnen, daß auf ihnen die Beweise der wichtigen Sätze F und H beruhen, und zweitens die folgenden Sätze hervorheben:

M) *Eine Fläche, die ein Verschiebungselement enthält, gehört zur Klasse* $\mathfrak{K}_+$ *oder zur Klasse* $\mathfrak{K}_0$*; gehört sie zu* $\mathfrak{K}_+$*, so ist sie eine Rotationsfläche.*[13])

N) *Eine Fläche, die ein Drehungselement enthält, ist eine Rotations-*

---

sogar zwei konjugierte Punkte, 2. er benutzt den — für den obigen Rinowschen Beweis wesentlichen — analytischen Charakter der Fläche nicht; die Überlegungen, auf denen dieser Beweis beruht, sind denjenigen nahe verwandt, die im § 87 des mehrfach zitierten Buches von Blaschke wiedergegeben sind. Einen Vorzug des Rinowschen Beweises erblicke ich in seiner begrifflichen Einfachheit.

13) Rinow, Über Flächen mit Verschiebungselementen. Erscheint in den Math. Annalen (1932).

fläche und der Kugel, der projektiven Ebene oder der (cartesischen) Ebene homöomorph.[9])

Das sind die bisher erzielten Ergebnisse zum Fortsetzungsproblem; ich glaube, daß hier noch ein fruchtbares Feld für weitere Untersuchungen vorliegt; nach den vorstehenden Sätzen (G, H, J, K, L, L', L") und ihren Beweisen ist anzunehmen, daß für die Gestalt und die sonstigen geometrischen Eigenschaften der ganzen Fläche, die man aus dem fortzusetzenden Element bestimmen soll, die Verteilung der reellen Nullstellen der Funktion $G(r, \varphi)$ von ausschlaggebender Bedeutung ist.

9. Ich wende mich nun noch der Frage zu, ob und wie sich unsere Sätze von den Flächen auf mehrdimensionale Mannigfaltigkeiten übertragen lassen. Vielleicht sind gerade die analogen Betrachtungen in mehr Dimensionen für manche Anwendungen von Bedeutung: die Aufgaben, aus den lokalen metrischen Eigenschaften eines Raumes seine Struktur im Großen zu bestimmen, oder umgekehrt einen topologisch vorgegebenen Raum differentialgeometrisch zu metrisieren, dürften aus physikalischen Gründen Interesse verdienen. Allerdings ist naturgemäß hier noch weniger bekannt als in zwei Dimensionen. Beginnen wir auch hier mit den Raumformen, also mit denjenigen n-dimensionalen differentialgeometrischen Mannigfaltigkeiten, die im Kleinen dem sphärischen, dem euklidischen oder dem hyperbolischen Raume isometrisch sind. Ohne jede Einschränkung läßt sich der Satz A übertragen, d. h. es gilt:

A_n) *Zu jedem n und jeder Konstanten K gibt es eine und nur eine einfach zusammenhängende n-dimensionale Mannigfaltigkeit mit der konstanten Krümmung K*[14]), *und zwar einen sphärischen, euklidischen oder hyperbolischen Raum, je nachdem $K > 0$, $K = 0$ oder $K < 0$ ist.*[4])

Ebenso wie im Falle $n = 2$ liefern die Fundamentalbereiche der Gruppen fixpunktfreier Bewegungen dieser drei Räume die Gesamtheit aller Raumformen. Im Gegensatz zum Falle $n = 2$ sind aber nicht alle topologischen Typen n-dimensionaler Mannigfaltigkeiten unter diesen Raumformen vertreten; denn die universelle Überlagerungsmannigfaltigkeit einer Raumform ist selbst eine Raumform, also nach A_n dem sphärischen oder dem cartesischen Raum homöomorph; es gibt aber für $n > 2$ außer diesen beiden noch andere einfach zusammenhängende topologische Typen von Mannigfaltigkeiten.[15])

14) $K = \frac{1}{R^2}$, wobei R der Krümmungsradius ist; es ist R reell, positiv, endlich im sphärischen, $R = \infty$ im euklidischen, R rein imaginär im hyperbolischen Fall.

15) Beispiele dreidimensionaler Mannigfaltigkeiten, die aus den oben genannten

Ob jede Mannigfaltigkeit, deren universeller Überlagerungsraum von einem der beiden genannten Typen ist, als Raumform auftritt, weiß ich nicht. Über die Existenz und Anzahl der sphärischen, euklidischen und hyperbolischen Raumformen gelten die folgenden Sätze:

O_+) *Ist n gerade, so gibt es nur zwei Raumformen positiver Krümmung: den sphärischen und den elliptischen Raum. Ist n ungerade* (*und* > 1), *so gibt es außer dem sphärischen und dem elliptischen Raum noch unendlich viele, topologisch voneinander verschiedene Raumformen positiver Krümmung; für* $n = 3$ *kann man sie vollständig aufzählen. Offene Raumformen positiver Krümmung gibt es für* $n > 1$ *nicht.*[4])

O_0) *Für jedes n gibt es endlich viele offene und endlich viele geschlossene euklidische Raumformen.*[16])

Für den hyperbolischen Fall ist mir nur folgendes bekannt:

O_-) *Es gibt dreidimensionale geschlossene hyperbolische Raumformen*[17]), *sowie für jedes* $n > 1$ *unendlich viele offene.*[17a])

Die Unvollständigkeit dieses Satzes, soweit er die geschlossenen Raumformen betrifft, sollte zu einer näheren Untersuchung der mehrdimensionalen hyperbolischen Bewegungsgruppen Anlaß geben.

Im Rahmen unserer Problemstellung ist wichtiger als diese Existenzsätze die Frage nach den Verallgemeinerungen der Sätze B′, B″, B‴. In O_+ ist bereits die Verallgemeinerung von B′ enthalten:

P′) *Eine n-dimensionale Raumform von positiver Krümmung ist stets geschlossen* ($n > 1$).

Auch der Satz B‴ läßt sich uneingeschränkt verallgemeinern:

P‴) *Von ein und demselben geschlossenen topologischen n-dimensionalen Mannigfaltigkeits-Typus kann es niemals Raumformen mit verschiedenen Vorzeichen*[5]) *der Krümmung geben* ($n > 1$).[18])

Gründen nicht als Raumformen auftreten können, sind das Produkt der Kugelfläche mit der Geraden (gleich dem einmal punktierten euklidischen Raum) und das Produkt der Kugelfläche mit der Kreislinie, dessen universeller Überlagerungsraum die erstgenannte Mannigfaltigkeit ist.

16) Bieberbach, Über die topologischen Typen der offenen euklidischen Raumformen, Sitzungsber. Preuß. Akad. d. Wiss., Phys.-math. Klasse, Berlin 1929. — (Auch die geschlossenen Raumformen werden dort unter Bezugnahme auf ältere Arbeiten desselben Verfassers behandelt.)

17) Löbell, Beispiele geschlossener dreidimensionaler Clifford-Kleinscher Räume negativer Krümmung, Ber. Akad. d. Wiss. Leipzig, Math.-phys. Klasse, LXXXIII (1931).

17a) Man sieht nämlich leicht, daß die Produktmannigfaltigkeit einer beliebigen ($n - 1$)-dimensionalen hyperbolischen Raumform und der Geraden als n-dimensionale hyperbolische Raumform auftritt.

18) Daß eine sphärische Raumform niemals mit einer euklidischen oder hyperboli-

Dagegen kann man eine uneingeschränkte Verallgemeinerung von B'' schon darum nicht erwarten, weil jede geschlossene Mannigfaltigkeit ungerader Dimension nach einem bekannten Satz von Poincaré die Charakteristik 0 hat. Jedoch gilt für gerade Dimension:

P'') *Ist* $n = 4m + 2$, *so hat für jede n-dimensionale geschlossene Raumform die Krümmung dasselbe Vorzeichen wie die Eulersche Charakteristik.*[5]) *Ist* $n = 4m$, *so haben ebenfalls die sphärischen Raumformen positive Charakteristik und die geschlossenen euklidischen die Charakteristik* 0; *jedoch haben dann auch die geschlossenen hyperbolischen Raumformen positive Charakteristik.*[19])

Man sieht, daß hier noch die Aufgabe besteht, weitere, insbesondere auch für ungerades n gültige, Aussagen über die topologischen Invarianten der Raumformen zu machen.

10. Was nun die Mannigfaltigkeiten mit nicht konstanter Krümmung betrifft, so ist bisher sehr wenig bekannt, was der Förderung unserer Untersuchungen dient. Ein Satz, der eine Verallgemeinerung der Sätze C und P' wäre, ist bisher nicht aufgestellt worden; jedoch scheint mir der Versuch einer solchen Verallgemeinerung durchaus nicht aussichtslos zu sein; man wird sich nur zunächst klar machen müssen, welche Krümmungsgröße an die Stelle der gewöhnlichen Flächenkrümmung zu treten hat. Übrigens liegen gewisse Untersuchungen von E. Cartan in dieser Richtung.[20])

Für besonders interessant halte ich die Frage nach der Ausdehnungsfähigkeit des Satzes D von der Curvatura integra auf mehr Dimensionen; denn die Aufgabe, aus einer metrischen Mannigfaltigkeit die Werte topologischer Invarianten durch Integration zu berechnen, ist außerordentlich reizvoll. In zwei Spezialfällen ist es bisher gelungen, den Satz D auf mehr Dimensionen auszudehnen; dabei handelt es sich aber — analog wie beim Übergang von B'' zu P'' — nur um gerade

---

schen homöomorph sein kann, ergibt sich daraus, daß die sphärischen Raumformen endliche, die euklidischen und die hyperbolischen unendliche Fundamentalgruppen haben. Zu beweisen bleibt (P''''): „*Eine n-dimensionale geschlossene euklidische Raumform E ist niemals einer hyperbolischen Raumform homöomorph* ($n > 1$)." Für gerades n ist dieser Satz in P'' enthalten; für ungerades n war er mir zur Zeit des Vortrages noch nicht bekannt. Unmittelbar nach dem Vortrag teilten mir die Herren Seifert und Threlfall einen für alle n gültigen Beweis von P'''' mit, den ich mit ihrer Erlaubnis in dem „Anhang" zu diesem Bericht wiedergebe.

19) Hopf, Die Curvatura integra Clifford-Kleinscher Raumformen, Nachr. Ges. d. Wiss. Göttingen, Math.-phys. Klasse, 1925.

20) Cartan, La géométrie des groupes simples, Annali di Mat. (4) 4 (1927); die 𝔊-Räume, um die es sich hier handelt, nehmen eine Mittelstellung zwischen den Räumen konstanter und denen beliebiger Krümmung ein.

Dimensionenzahlen, da die Eulersche Charakteristik der Mannigfaltigkeiten auftritt. Von dem einen Spezialfall haben wir eigentlich schon gesprochen: es ist der Fall konstanter Krümmung K, also der Fall der Raumformen; der Beweis des Satzes P″ besteht nämlich darin, daß man die Curvatura integra der Raumform ausrechnet; dieses Integral ist einerseits gleich dem mit dem konstanten Integranden multiplizierten Volumen der Raumform, andererseits findet man, wenn man als Integranden die Größe $K^{\frac{n}{2}}$ nimmt[14]), den folgenden Satz, der in Analogie zu D steht und aus dem P″ folgt:

Q) *Die Curvatura integra einer geschlossenen Raumform von gerader Dimension n ist gleich der mit der halben Oberfläche der n-dimensionalen Einheitskugel multiplizierten Charakteristik der Raumform.*[19])

Hat dieser erste Spezialfall, in dem der Satz von der Curvatura integra sich auf mehr Dimensionen ausdehnen läßt, uns noch einmal zu den Raumformen zurückgeführt, so handelt es sich bei dem zweiten Spezialfall, in dem ebenfalls eine solche Ausdehnung möglich ist, zwar um Mannigfaltigkeiten, deren Krümmung nicht konstant ist, jedoch liegt bei ihm eine sehr wesentliche Spezialisierung in einer anderen Richtung vor[21]): die n-dimensionalen Mannigfaltigkeiten sollen Hyperflächen im $(n+1)$-dimensionalen euklidischen Raum sein und die dadurch bewirkte Differentialgeometrie tragen. Definiert man dann das Krümmungsmaß genau nach der Vorschrift von Gauß mit Hilfe der sphärischen Abbildung durch parallele Normalen, so ist die Curvatura integra gleich der Oberfläche der n-dimensionalen Einheitskugel, multipliziert mit der, unter richtiger Berücksichtigung von Orientierungs-Vorzeichen zu zählenden, Anzahl der Bedeckungen, die die Einheitskugel bei der eben genannten Abbildung erleidet; diese Bedeckungszahl ist nichts anderes als der Brouwersche „Abbildungsgrad" der sphärischen Abbildung. Damit hat das differentialgeometrische Problem eine rein topologische Deutung erhalten, und seine Behandlung geschieht mit topologischen Methoden, die eng mit Fixpunktsätzen zusammenhängen.[21]) In dem Ergebnis zeigt sich wieder, in Analogie zu dem Verhalten der Raumformen, ein wesentlicher Unterschied zwischen geraden und ungeraden Dimensionenzahlen. Dem Satz Q wird der folgende an die Seite gestellt:

R) *Ist n gerade, so ist die Curvatura integra einer geschlossenen n-dimensionalen Hyperfläche des $(n+1)$-dimensionalen euklidischen*

---

21) Hopf, Über die Curvatura integra geschlossener Hyperflächen; Vektorfelder in n-dimensionalen Mannigfaltigkeiten, Math. Annalen 95, 96 (1925, 1926).

Raumes gleich der mit der Oberfläche der n-dimensionalen Einheitskugel multiplizierten Hälfte der Charakteristik der Hyperfläche.[21])

Bei ungeradem n, bei dem ja die Charakteristik immer den Wert 0 hat, gilt bestimmt kein analoger Satz; die Curvatura integra ist keine topologische Invariante der Hyperfläche; denn es gibt Beispiele homöomorpher Hyperflächen mit verschiedenen Werten der Curvatura integra.[21]) Ob bei ungeradem n, wenigstens für gewisse Mannigfaltigkeiten, irgendwelche Einschränkungen für diese Werte bestehen, weiß ich nicht. Aber viel wichtiger als das damit aufgeworfene Problem erscheint mir *die Frage nach einem allgemeinen Satz über die Curvatura integra n-dimensionaler Mannigfaltigkeiten, der die Sätze* D, Q, R *als Spezialfälle enthält.* Der Beweis eines solchen Satzes dürfte, wenn man an den Beweis des klassischen Satzes D denkt, auf eine für n Dimensionen gültige Verallgemeinerung der Formel von Gauß-Bonnet hinauskommen[7]); eine solche Verallgemeinerung ist nur in dem Spezialfall konstanter Krümmung bekannt: der Beweis des Satzes Q beruht auf einer Formel von Poincaré[22]) über das n-dimensionale sphärische Simplex, die nichts anderes ist als eine Ausdehnung des bekannten Satzes vom Exzeß der Winkelsumme eines sphärischen Dreiecks, also des einfachsten Falles der Gauß-Bonnetschen Formel, auf mehr Dimensionen. Aber die Versuche, eine allgemeingültige n-dimensionale Gauß-Bonnetsche Formel zu finden — wenn auch nur für gerades n —, sind bisher nicht geglückt; hier liegt offenbar ein schwieriges und wichtiges Problem vor.

Was schließlich die Rinowschen Sätze (E—N) angeht, so hat man noch nicht versucht, sie auf höhere Dimensionenzahlen zu übertragen; ich halte eine solche Übertragung für sehr wohl möglich. Jedenfalls gibt es auch hier eine Fülle unbeantworteter Fragen, mit denen die Beschäftigung sich lohnen dürfte.

Überhaupt habe ich in diesem Vortrage wohl über ebenso viele ungelöste Probleme wie über bewiesene Sätze gesprochen. Aber es war, wie ich schon am Anfang betont habe, gerade meine Absicht, Ihre Aufmerksamkeit auf diesen *Problemkreis* zu lenken.

---

22) Poincaré, Sur la généralisation d'un théorème élémentaire de Géométrie, Comptes Rendus 1905, I. — Man vgl. auch den zweiten Teil der (allerdings sehr schwer lesbaren) Abhandlung von Schläfli: Theorie der vielfachen Kontinuität (verfaßt 1852; herausgegeben 1901 von der Schweizer. Naturforschenden Gesellschaft).

(Eingegangen am 12. 1. 32.)

Anhang.

Satz P'''': *Eine n-dimensionale geschlossene euklidische Raumform E ist niemals einer hyperbolischen Raumform homöomorph* ($n > 1$).[13])

Beweis (nach Mitteilungen der Herren Seifert und Threlfall): Da die Fundamentalgruppe G von E eine Bewegungsgruppe des euklidischen R^n mit endlichem Fundamentalbereich ist, besitzt sie nach einem Satz von Bieberbach (Math. Annalen 70 und 72) eine von n unabhängigen Translationen erzeugte Untergruppe G'. Diese hat einen endlichen Fundamentalbereich, der eine — mit dem n-dimensionalen Torus homöomorphe — geschlossene unverzweigte Überlagerungsmannigfaltigkeit E' von E darstellt. Ließe sich nun E hyperbolisch metrisieren, so ließe sich diese Metrik mittels der Überlagerungsbeziehung auf E' übertragen; die Fundamentalgruppe G' von E', also das direkte Produkt von n unendlichen Zyklen, träte mithin als Gruppe fixpunktfreier Bewegungen des n-dimensionalen hyperbolischen Raumes H^n mit endlichem Fundamentalbereich auf. Daß das unmöglich ist, zeigt eine nähere Betrachtung der Bewegungen des H^n, und zwar ist diese Unmöglichkeit in dem folgenden allgemeineren Satz enthalten:

Satz P*: *Eine Abelsche Bewegungsgruppe A des hyperbolischen Raumes H^n ($n > 1$) hat niemals einen endlichen Fundamentalbereich.*

Den *Beweis* von P* führen wir in mehreren Schritten, indem wir zunächst einige, wohl allgemein bekannte, Eigenschaften hyperbolischer Bewegungen zusammenstellen. Wir legen das Kleinsche Modell zugrunde und bezeichnen mit F die Fundamentalfläche, mit H^n den eigentlichen hyperbolischen Raum, also das Innere von F.

1. Jede hyperbolische Bewegung besitzt in $H^n + F$ wenigstens einen (reellen) Fixpunkt. — *Beweis:* Für $n = 1$ ist die Behauptung richtig; denn dann bleiben entweder die beiden Punkte, aus denen F besteht, fest, oder sie werden vertauscht, so daß im Inneren der Strecke $H^1 + F$ ein Fixpunkt auftritt. Die Behauptung sei, bei festem n, für alle $r < n$ bewiesen. Eine Bewegung des H^n ist eine spezielle reelle Kollineation des projektiven Raumes P^n, in dem das Modell sich befindet. Bei jeder reellen Kollineation gibt es, wenn keinen Fixpunkt, so doch einen i-dimensionalen linearen Raum P^i ($0 \leqq i \leqq n-1$), der in sich transformiert wird. Berührt P^i die Fundamentalfläche, so ist der Berührungspunkt Fixpunkt. Wird F von P^i nicht berührt, so wird H^n entweder von P^i oder von der zu P^i gehörigen Polaren P^{n-1-i} reell geschnitten. P^r sei derjenige von diesen beiden Räumen, der H^n schneidet; es sei $r > 0$; der Schnitt mit F sei F', der Schnitt mit H^n sei H^r. Dann bewirkt die Kollineation eine

Bewegung des hyperbolischen Raumes H^r, und es gibt in $H^r + F'$ nach Induktionsvoraussetzung einen Fixpunkt.

2. Ist $n > 1$, so bilden bei jeder Bewegung des H^n (die nicht die Identität ist), die auf F liegenden Fixpunkte eine abgeschlossene *echte* (evtl. leere) Teilmenge Φ von F. — *Beweis:* Die Abgeschlossenheit ist aus Stetigkeitsgründen selbstverständlich. Es sei x ein Punkt im H^n, der nicht Fixpunkt ist. Da $n > 1$ ist, gibt es durch ihn zwei verschiedene Geraden; diese können nicht beide Fixgeraden sein; mithin ist wenigstens einer ihrer vier Endpunkte auf F nicht Fixpunkt.

3. A sei eine Abelsche Gruppe von Bewegungen des H^n $(n > 1)$; dann liegt einer und nur einer der folgenden drei Fälle vor: a) es gibt eine abgeschlossene, aus wenigstens zwei Punkten bestehende, echte Teilmenge von F, die bei allen Bewegungen aus A in sich übergeht; b) es gibt einen Punkt ξ auf F, der für alle von der Identität verschiedenen Bewegungen aus A der einzige Fixpunkt in $H^n + F$ ist; c) es gibt einen Punkt ξ in H^n, der für alle von der Identität verschiedenen Bewegungen aus A der einzige Fixpunkt in $H^n + F$ ist. — *Beweis:* Jeder Fixpunkt ξ einer Bewegung f aus A wird durch jede Bewegung g aus A wieder in einen Fixpunkt von f übergeführt, da $g(\xi) = gf(\xi) = fg(\xi)$ ist. Wenn nun keine (von der Identität verschiedene) Transformation aus A einen Fixpunkt auf F besitzt, so besitzt nach 1. jede von ihnen einen Fixpunkt in H^n. Das ist ihr einziger Fixpunkt, da andernfalls die Endpunkte der Verbindungsgeraden zweier Fixpunkte Fixpunkte auf F wären. Daher muß, nach der soeben gemachten Bemerkung, der Fixpunkt von f auch der Fixpunkt von g sein. Es liegt daher der Fall c) vor. Wenn wenigstens eine (von der Identität verschiedene) Transformation aus A einen Fixpunkt auf F, aber keine mehr als einen Fixpunkt auf F besitzt, so gibt es, wieder nach der Vorbemerkung, einen Punkt ξ auf F, der bei allen Bewegungen aus A fest bleibt. Das ist aber dann für jede (von der Identität verschiedene) Bewegung der einzige Fixpunkt in $H^n + F$, da andernfalls der zweite Endpunkt der Verbindungsgeraden von ξ mit einem anderen Fixpunkt ein zweiter Fixpunkt auf F sein würde. Wir befinden uns also im Falle b). Wenn es schließlich in A eine von der Identität verschiedene Bewegung mit mehr als einem Fixpunkt auf F gibt, so ist die Menge Φ dieser Fixpunkte nach 2. eine abgeschlossene echte Teilmenge von F. Nach unserer am Anfang dieses Beweises gemachten Bemerkung geht sie bei jeder Bewegung aus A in sich über, die Situation ist also die durch a) beschriebene.

4. A sei eine Bewegungsgruppe des H^n, und es gebe im H^n eine Punktmenge M mit folgenden Eigenschaften: α) M geht bei jeder

Bewegung aus A in sich über, β) es gibt im H^n Punkte mit beliebig großer Entfernung von M. Dann besitzt A keinen endlichen Fundamentalbereich. (An die Stelle von H^n kann ein beliebiger metrischer Raum treten.) — *Beweis:* Bezeichnet $r(x)$ die Entfernung des Punktes x von M, und besitzt A einen Fundamentalbereich D, so nimmt wegen α) die Funktion $r(x)$ bereits in D alle die Werte an wie in H^n. Sie ist daher nach β) unbeschränkt. Außerdem ist sie stetig; folglich ist D unendlich.

5. Um den Satz P* zu beweisen, haben wir für jeden der in 3. aufgezählten Fälle a), b), c) eine Menge M mit den in 4. genannten Eigenschaften anzugeben. Für den Fall c) bildet bereits der Punkt ξ allein eine solche Menge. Für a) verstehen wir unter M die Menge der Punkte auf den Verbindungsgeraden von je zwei Punkten der Menge Φ. Diese Menge M geht, ebenso wie Φ, bei jeder Bewegung aus A in sich über, hat also die Eigenschaft α) aus 4.; sie hat auch die Eigenschaft β): diejenigen Punkte von H^n, die hinreichend nahe bei einem nicht zu Φ gehörigen Punkt von F liegen, haben von M beliebig große Entfernungen. Für den Fall b) endlich wählen wir als M eine der zu dem Punkt ξ gehörigen „Grenzkugeln", d. h. — immer bei Zugrundelegung des Kleinschen Modells — der $(n-1)$-dimensionalen Flächen 2. Ordnung, die F im Punkte ξ berühren und im übrigen keinen Punkt mit F gemein haben. Daß jede Grenzkugel die Eigenschaft β) hat, ist klar; daß sie auch die Eigenschaft α) hat, wird durch den folgenden Hilfssatz ausgesagt, der somit allein noch zu beweisen ist.

Hilfssatz: Hat die Bewegung f des H^n keinen Fixpunkt im H^n und einen einzigen Fixpunkt ξ auf F, so geht jede zu ξ gehörige Grenzkugel bei f in sich über. (Man vgl. für $n = 2$ und $n = 3$: Klein, Vorlesungen über Nichteuklidische Geometrie [Berlin 1928], S. 226, 250, 251.)

6. *1. Beweis des Hilfssatzes*: $F(x, x)$ sei, in der üblichen Schreibweise, die quadratische Form in den Koordinaten $x_1, \ldots, x_{n+1}$, die durch $F(x, x) = 0$ die Fundamentalfläche F definiert, $F(x, y)$ sei die zugehörige Bilinearform. Die Tangentialebene an F in ξ ist durch $F(\xi, x) = 0$ gegeben. Die Gleichungen der zu ξ gehörigen Grenzkugeln sind $\lambda F(x, x) + \mu F(\xi, x)^2 = 0$. Setzen wir $x' = f(x)$, so lautet daher die Behauptung

$$\frac{F(\xi, x)^2}{F(x, x)} = \frac{F(\xi, x')^2}{F(x', x')}.$$

Dabei sei f durch $x_i' = \sum a_{ij} x_j$ gegeben, und der gemeinsame willkürliche Faktor der a_{ij}, über den man zunächst noch verfügen kann, sei endgültig gewählt. Dann gibt es, da F in sich übergeht, eine feste Zahl ϱ so, daß

$$(1a) \qquad F(x', x') = \varrho F(x, x),$$

$$(1b) \qquad F(x', y') = \varrho F(x, y)$$

ist; ebenso gibt es, da die Tangentialebene im Punkte ξ in sich übergeht, eine feste Zahl σ so, daß

$$(2) \qquad F(\xi, x') = \sigma F(\xi, x)$$

ist. Unsere Behauptung hat dann die Form

$$(3) \qquad \varrho = \sigma^2.$$

Ist nun $F(\xi, x) \equiv \sum_i t_i x_i = 0$ die Gleichung der Tangentialebene, so ist $F(\xi, x') = \sum_{i,j} t_i a_{ij} x_j = \sigma \sum_j t_j x_j$, also $\sum_i t_i (a_{ij} - \sigma\delta_{ij}) = 0$, wobei $\delta_{ij} = 0$ oder $= 1$ zu setzen ist, je nachdem $i \neq j$ oder $i = j$ ist; folglich ist Rang $(a_{ij} - \sigma\delta_{ij}) < n + 1$, und mithin ist das System $\sum_j y_j (a_{ij} - \sigma\delta_{ij}) = 0$, d. h. das System

$$(4) \qquad y_i' = \sigma y_i \qquad (i = 1, \ldots, n+1),$$

durch Größen y_i lösbar, die nicht sämtlich 0, die also die Koordinaten eines Punktes y sind. Da nach (4) $F(y', y') = \sigma^2 F(y, y)$ und nach (1a) $F(y', y') = \varrho F(y, y)$ ist, ist somit

$$(5) \qquad \varrho F(y, y) = \sigma^2 F(y, y).$$

Wenn nun $y \neq \xi$ ist, so liegt, da nach Voraussetzung ξ der einzige Fixpunkt auf F und nach (4) y jedenfalls Fixpunkt (im projektiven Raum) ist, y nicht auf F, es ist also $F(y, y) \neq 0$, und aus (5) folgt die Behauptung (3). Wenn $y = \xi$ ist, so ist nach (4) $F(\xi', x') = \sigma F(\xi, x')$, also nach (2) $F(\xi', x') = \sigma^2 F(\xi, x)$ und nach (1b) $\varrho F(\xi, x) = \sigma^2 F(\xi, x)$. Da dies für alle x gilt, folgt auch in diesem Falle (3).

7. Den folgenden, *2. Beweis des Hilfssatzes* teilte mir Herr Threlfall mit; er ist kürzer und geometrischer als der vorstehende, setzt aber einige Kenntnisse des Poincaréschen kugelgeometrischen Modells für die n-dimensionale hyperbolische Geometrie voraus: In diesem Modell sind die zu ξ gehörigen Grenzkugeln des H^n diejenigen Kugeln des euklidischen R^n, die die Fundamentalkugel F in ξ berühren. Legt man ξ in den unendlich fernen Punkt, durch den man den R^n zum Inversionsraum, dem Schauplatz der Kugelgeometrie, zu ergänzen hat, so ist F eine Ebene, und die Grenzkugeln sind die zu F parallelen Ebenen. Die hyperbolischen Bewegungen mit ξ als Fixpunkt

sind Ähnlichkeitstransformationen des R^n, die F fest lassen. Hat eine solche Transformation keinen Fixpunkt in dem abgeschlossenen Halbraum $H^n + F$, so hat sie überhaupt keinen im Endlichen gelegenen Fixpunkt. Sie ist daher eine Bewegung des R^n und führt folglich jede zu F parallele Ebene in sich über, w. z. b. w.

(Eingegangen am 4. 2. 32.)

23.

(gemeinsam mit W. Rinow)

Die topologischen Gestalten differentialgeometrisch verwandter Flächen

Math. Ann. **107** (1932), 113–123

1. Alle Flächen, die im folgenden betrachtet werden, sollen *analytische und vollständige differentialgeometrische Flächen ohne Singularitäten* irgendwelcher Art sein. Dabei handelt es sich stets um *innere* Differentialgeometrien, die durch definite Bogenelemente gegeben sind. Die Voraussetzung der „Vollständigkeit", die wir an anderer Stelle ausführlich behandelt haben [1]), erscheint uns stets dann gerechtfertigt und sinngemäß, wenn Flächeneigenschaften „im Großen" untersucht werden, ebenso wie die Voraussetzung der „Analytizität" [1]) stets dann, wenn sich die Untersuchung speziell mit dem Einfluß der Differentialgeometrie „im Kleinen" auf Eigenschaften „im Großen" befaßt. Eine Untersuchung dieser Art ist die vorliegende Arbeit.

Zunächst noch einige Bemerkungen über die Forderung der „Vollständigkeit": man kann sie, wie wir gezeigt haben [1]), auf mehrere miteinander äquivalente Weisen aussprechen, von denen zwei genannt seien: 1. Auf jedem geodätischen Strahl läßt sich von dessen Anfangspunkt aus jede Strecke abtragen („Abtragbarkeitspostulat"); 2. jede beschränkte Punktmenge auf der Fläche ist kompakt („Kompaktheitspostulat"); dabei ist die Beschränktheit im Sinne derjenigen Metrik zu verstehen, in welcher als Entfernung zweier Punkte die untere Grenze aller Weglängen zwischen diesen Punkten erklärt ist. Die Vollständigkeitsforderung schließt echte Teilgebiete von Flächen von der Betrachtung aus und bewirkt also die Beschränkung auf „ganze" Flächen; allerdings ist die bewirkte Einschränkung noch stärker: es gibt Flächen, die unvollständig, mithin auszuschließen sind, obwohl sie sich nicht zu größeren Flächen fortsetzen, also nicht als

---

[1]) H. Hopf und W. Rinow, Über den Begriff der vollständigen differentialgeometrischen Fläche, Comment. Math. Helvet. **3** (1931).

echte Teile anderer Flächen auffassen lassen[2]). Trotzdem halten wir unsere Einschränkung für nicht zu stark; denn jedenfalls sind, wie sich unmittelbar aus dem Kompaktheitspostulat ergibt, sowohl alle geschlossenen Flächen vollständig, als auch diejenigen offenen, die regulär in einen euklidischen Raum eingebettet sind, in diesem abgeschlossen sind und die durch ihn bewirkte Differentialgeometrie tragen.

2. Zwei Flächen A und B sollen „differentialgeometrisch verwandt" heißen, wenn es auf ihnen Gebiete A' bzw. B' gibt, die sich eineindeutig und isometrisch aufeinander abbilden lassen. Man weiß, schon aus dem Beispiel von Ebene und Zylinder, daß differentialgeometrisch verwandte Flächen nicht im Großen isometrisch, ja nicht einmal homöomorph zu sein brauchen. Die Existenz solcher Beispiele legt die Frage nahe, ob es etwa, wenn $\mathfrak{A}$ und $\mathfrak{B}$ zwei willkürlich vorgelegte topologische Flächentypen sind, stets möglich ist, sie durch geeignete Metrisierungen zu differentialgeometrischen Flächen A und B zu machen, die miteinander verwandt sind. Diese Frage ist zu verneinen; es bestehen also zwischen den topologischen Gestalten differentialgeometrisch miteinander verwandter Flächen gewisse Bindungen. Die Kennzeichnung dieser Bindungen sowie die Verneinung der eben genannten Frage werden in der Antwort auf die folgende Frage enthalten sein:

Für welche Paare topologischer Flächentypen $\mathfrak{A}$, $\mathfrak{B}$ gibt es differentialgeometrische Flächen A, B so, daß A vom Typus $\mathfrak{A}$, B vom Typus $\mathfrak{B}$ und A mit B differentialgeometrisch verwandt ist?

Diese Frage wird vollständig beantwortet werden. Die Antwort läßt sich zugleich als ein Beitrag zur Behandlung der allgemeineren Aufgabe auffassen, *die Möglichkeiten zu untersuchen, die für die Fortsetzungen eines vorgelegten Flächenstückes oder -elementes zu einer vollständigen Fläche bestehen.* Dieses Problem ist von W. Rinow bereits in zwei früheren Arbeiten in Angriff genommen worden, auf die wir nachher zurückkommen müssen, da sie die Grundlagen und wichtigsten Hilfsmittel für die vorliegende Arbeit enthalten[3]).

3. Zum Ausgangspunkt für die Formulierung des Ergebnisses wie für die ganze Untersuchung nehmen wir den längst erledigten Spezialfall der *Flächen konstanter Krümmung* oder der euklidischen und nichteuklidischen

[2]) A. a. O. Satz II und Nr. 9.

[3]) 1. Über Zusammenhänge zwischen der Differentialgeometrie im Großen und im Kleinen, Math. Zeitschr. **35** (1932), S. 512–528; 2. Über Flächen mit Verschiebungselementen, Math. Annalen **107** (1932), S. 95–112; im folgenden als „R 1" und „R 2" zitiert.

„*Raumformen*“ [4]). Man kann bekanntlich jeden topologischen Flächentypus zu einer Raumform metrisieren [5]); das Vorzeichen der Krümmung ist dabei, von drei Ausnahmen abgesehen, bereits durch den topologischen Typus bestimmt. Bezeichnen wir mit $\mathfrak{K}_+$, $\mathfrak{K}_0$, $\mathfrak{K}_-$ die Klassen der Flächentypen, die sich durch geeignete Metrisierung zu Raumformen von positiver bzw. verschwindender bzw. negativer Krümmung machen lassen, so sind diese Klassen folgendermaßen zusammengesetzt:

$\mathfrak{K}_+$ enthält die Typen der Kugel und der projektiven Ebene;

$\mathfrak{K}_0$ enthält folgende fünf Typen: die (offene) Ebene, den Zylinder, die geschlossene orientierbare Fläche vom Geschlecht 1 (Torus), den nicht-orientierbaren Zylinder (d. h. das Möbiussche Band unter Weglassung der Randkurve oder die einmal punktierte projektive Ebene), die geschlossene nicht-orientierbare Fläche der Charakteristik 0 („Kleinscher Schlauch“ oder einseitige Ringfläche);

$\mathfrak{K}_-$ enthält alle nicht zu $\mathfrak{K}_+$ und $\mathfrak{K}_0$ gehörigen Typen und dazu noch die folgenden drei, bereits in $\mathfrak{K}_0$ enthaltenen: Ebene, Zylinder, nicht-orientierbaren Zylinder [6]).

Die zuletzt genannten drei Typen sind also die oben erwähnten Ausnahmen; man kann sie sowohl zu euklidischen wie zu hyperbolischen Raumformen machen.

Bei der Beschränkung auf Flächen konstanter Krümmung lautet somit die Antwort auf unsere in Nr. 2 formulierte Hauptfrage folgendermaßen:

Satz K. *Dann und nur dann, wenn die topologischen Flächentypen* $\mathfrak{A}$, $\mathfrak{B}$ *gleichzeitig einer der Klassen* $\mathfrak{K}_+$, $\mathfrak{K}_0$, $\mathfrak{K}_-$ *angehören, gibt es differentialgeometrische Flächen* A, B *von konstanter Krümmung so, daß* A *vom Typus* $\mathfrak{A}$, B *vom Typus* $\mathfrak{B}$ *und* A *mit* B *verwandt ist.*

Speziell die geschlossenen orientierbaren Flächen verhalten sich also bezüglich des Raumformenproblems folgendermaßen: Die Fläche vom Geschlecht 0 kann mit konstant positiver Krümmung (zu einer gewöhnlichen Kugel), die Fläche vom Geschlecht 1 kann mit konstant verschwindender

---

[4]) Einige Literatur zum Problem der Raumformen: F. Klein, Zur Nicht-Euklidischen Geometrie, Math. Annalen **37** (1890) (= Ges. Math. Abh. **1**, XXI); H. Hopf, Zum Clifford-Kleinschen Raumproblem, Math. Annalen **95** (1925); P. Koebe, Riemannsche Mannigfaltigkeiten und nichteuklidische Raumformen, 1. Mitteilung, Sitzungsberichte Akademie Berlin 1927, sowie bisher sechs weitere Mitteilungen in denselben Berichten; F. Löbell, Die überall regulären unbegrenzten Flächen fester Krümmung, Dissertation, Tübingen 1927.

[5]) Die Möglichkeit, *jeden* topologischen Flächentypus zu einer Raumform zu machen, ist für die vorliegende Arbeit übrigens ohne Bedeutung.

[6]) $\mathfrak{K}_-$ läßt sich auch so schildern: sie enthält alle Flächen mit Ausnahme der vier in $\mathfrak{K}_+$ und $\mathfrak{K}_0$ enthaltenen geschlossenen Flächen.

Krümmung (zu einer „Cliffordschen Fläche"), alle Flächen von Geschlechtern $\geqq 2$ können mit konstant negativer Krümmung metrisiert werden [7]). Den für uns wesentlichen Bestandteil dieser in dem Satz K enthaltenen Tatsache formulieren wir wegen des besonderen Interesses, das die geschlossenen orientierbaren Flächen wohl beanspruchen dürfen, noch einmal als

Satz K'. *Sind A und B geschlossene orientierbare Flächen konstanter Krümmung, die miteinander verwandt, aber von verschiedenem Geschlecht sind, so sind beide Geschlechter größer als* 1.

Ferner ist noch von besonderer Wichtigkeit und Einfachheit der Spezialfall einfach zusammenhängender Flächen; die einzigen einfach zusammenhängenden Flächen konstanter Krümmung sind die Kugelfläche, die euklidische Ebene, die hyperbolische Ebene; es gilt also

Satz K''. *Zwei einfach zusammenhängende, miteinander verwandte Flächen konstanter Krümmung sind miteinander isometrisch (also a fortiori miteinander homöomorph).*

Diese drei auf F. Klein zurückgehenden Sätze K, K', K'' sind in der Theorie der Raumformen die wichtigsten Aussagen, die mit unserem Problem der Verwandtschaft zu tun haben; die in Nr. 2 gestellte Frage ist — für den Spezialfall konstanter Krümmung — durch sie vollständig beantwortet. Unser Ziel ist nun der Beweis des folgenden Satzes:

Hauptsatz. *Die Sätze* K, K', K'' *behalten ihre Gültigkeit auch ohne die Voraussetzung der Konstanz der Krümmung.*

Wir werden die Sätze, die aus K, K', K'' durch Weglassung dieser Voraussetzung entstehen, mit F, F', F'' bezeichnen. Die Antwort auf unsere Hauptfrage ist also:

Satz F. *Dann und nur dann, wenn die topologischen Flächentypen* $\mathfrak{A}$, $\mathfrak{B}$ *gleichzeitig in einer der Klassen* $\mathfrak{K}_+$, $\mathfrak{K}_0$, $\mathfrak{K}_-$ *enthalten sind, gibt es differentialgeometrische Flächen A, B so, daß A vom Typus* $\mathfrak{A}$, *B vom Typus* $\mathfrak{B}$ *und A mit B verwandt ist.*

Den Satz F' können wir so formulieren:

Satz F'. *Die geschlossenen orientierbaren Flächen der verschiedenen Geschlechter verhalten sich bezüglich der Möglichkeit verwandtschaftlicher Beziehungen folgendermaßen: Eine Fläche vom Geschlecht* 0 *kann nur mit Flächen vom Geschlecht* 0, *eine Fläche vom Geschlecht* 1 *nur mit Flächen vom Geschlecht* 1 *verwandt sein. Dagegen können, wie die Raumformen negativer Krümmung zeigen, zwei Flächen verschiedenen Geschlechts miteinander verwandt sein, wenn beide Geschlechter* $\geqq 2$ *sind.*

---

[7]) Dieselbe Einteilung der Flächen in drei Klassen tritt bekanntlich auch in der Uniformisierungstheorie der analytischen Funktionen auf.

Der Satz F″ lautet:

Satz F″. *Zwei miteinander verwandte, einfach zusammenhängende Flächen sind miteinander isometrisch*[8]).

Da F′ in F enthalten ist, sind die Sätze F und F″ zu beweisen; dabei genügt es für den Satz F, die Notwendigkeit der Zugehörigkeit von $\mathfrak{A}$ und $\mathfrak{B}$ zu einer Klasse zu beweisen; denn daß diese Bedingung hinreichend für die Existenz verwandter Flächen A und B ist, zeigen ja die durch die Raumformen gegebenen Beispiele.

4. Der Beweis des Satzes F″ ist aber bereits früher von W. Rinow geliefert worden; denn der „Eindeutigkeitssatz" für die Fortsetzung eines differentialgeometrischen Elementes[9]) sagt aus, daß eine Isometrie, die zwischen Teilgebieten A' und B' zweier einfach zusammenhängender Flächen A und B besteht, zu einer Isometrie der ganzen Flächen A und B erweitert werden kann; darin ist gerade unsere Behauptung F″ enthalten.

Es handelt sich also um den Beweis von F. Wir setzen dabei immer voraus, daß A und B miteinander verwandte Flächen sind, und wir haben zu zeigen, daß die topologischen Typen $\mathfrak{A}$ und $\mathfrak{B}$ von A und B beide in einer der Klassen $\mathfrak{K}_+$, $\mathfrak{K}_0$, $\mathfrak{K}_-$ enthalten sind.

Jede auf einer Fläche reguläre Differentialgeometrie bewirkt auf jeder unverzweigten Überlagerungsfläche durch Vermittlung der im Kleinen umkehrbar eindeutigen und stetigen Beziehung zwischen Fläche und Überlagerungsfläche ebenfalls eine reguläre Differentialgeometrie[10]). Sind nun $\bar{A}$ und $\bar{B}$ die auf diese Weise metrisierten universellen Überlagerungsflächen von A und B, A' und B' miteinander isometrische Teilgebiete von A und B, wie sie wegen der vorausgesetzten Verwandtschaft zwischen A und B existieren, und sind $\bar{A}'$ und $\bar{B}'$ Teilgebiete von $\bar{A}$ und $\bar{B}$, die $\bar{A}'$ und $\bar{B}'$ überlagern, so vermitteln A' und B' eine Isometrie zwischen $\bar{A}'$ und $\bar{B}'$. $\bar{A}$ und $\bar{B}$ sind daher miteinander verwandt und, da sie als universelle Überlagerungsflächen einfach zusammenhängend sind, nach Satz F″ miteinander im Großen isometrisch, also gewiß homöomorph. Da nun die universellen Überlagerungsflächen der Flächen der Klasse $\mathfrak{K}_+$ der Kugel, die universellen Überlagerungsflächen der Flächen der Klassen $\mathfrak{K}_0$ und $\mathfrak{K}_-$ der Ebene homöomorph sind, ist damit gezeigt, daß unmöglich die eine der Flächen A, B zu der Klasse $\mathfrak{K}_+$, die andere zu einer der beiden anderen Klassen gehören kann. Zu zeigen bleibt: Wenn A zur Klasse $\mathfrak{K}_0$, aber nicht zur

[8]) Unter einer Isometrie zweier Flächen verstehen wir immer eine eineindeutige und längentreue Abbildung der ganzen Flächen aufeinander.

[9]) R 1, Satz 2.

[10]) Vgl. R 1, Satz 1; daß aus der Vollständigkeit einer Fläche die Vollständigkeit der Überlagerungsflächen folgt, erkennt man unmittelbar, wenn man die Vollständigkeit durch das Abtragbarkeitspostulat (s. Nr. 1) definiert.

Klasse $\mathfrak{K}_-$ gehört, so gehört B zur Klasse $\mathfrak{K}_0$; dabei bedeutet die über A gemachte Voraussetzung: A ist einer der beiden geschlossenen Flächen aus der Klasse $\mathfrak{K}_0$ — dem Torus oder dem Kleinschen Schlauch — homöomorph[10a]).

5. Wir brauchen jetzt einen weiteren der früher von W. Rinow bewiesenen Sätze. Wir nennen zwei Punkte auf einer Fläche miteinander „äquivalent", wenn sie isometrische (beliebig kleine) Umgebungen besitzen; wir sagen, daß die Umgebung eines Flächenpunktes ein „Häufungselement" ist, wenn der Punkt Häufungspunkt eines Systems miteinander äquivalenter Punkte ist. Dann lautet der in Betracht kommende Satz[11]):

Satz H. *Eine Fläche, die ein Häufungselement besitzt, deren Krümmung aber nicht konstant ist, hat einen zu $\mathfrak{K}_+$ oder zu $\mathfrak{K}_0$ gehörigen topologischen Typus.*

Da die Flächen konstanter Krümmung durch den Satz K erledigt sind, interessieren uns nur die Flächen, deren Krümmung nicht konstant ist. Auf Grund des Satzes H ist die am Schluß von Nr. 4 ausgesprochene Behauptung daher gewiß richtig, wenn B ein Häufungselement enthält; denn die Möglichkeit, daß B zur Klasse $\mathfrak{K}_+$ gehört, ist schon in Nr. 4 ausgeschlossen worden. Wir dürfen also voraussetzen, daß B kein Häufungselement enthält. Dann enthält aber auch A kein Häufungselement; denn einem solchen würde ein Häufungselement auf der universellen Überlagerungsfläche $\bar{A}$ entsprechen; da diese nach Nr. 4 und Satz F″ mit der

---

[10a]) Zusatz während der Korrektur (Februar 1932): Herr G. de Rham (Lausanne) machte uns darauf aufmerksam, daß man mit Hilfe des Satzes F″ unsere Behauptung sehr leicht auf bekannte funktionentheoretische Tatsachen — man vgl. übrigens unsere Bemerkung in Fußnote [7]) — zurückführen kann: Die universellen Überlagerungsflächen $\bar{A}$, $\bar{B}$ lassen sich, wie wir soeben in Nr. 4 zeigten, infolge des Satzes F″ isometrisch, also a fortiori eineindeutig und konform aufeinander abbilden. Da sie einfach zusammenhängend und offen sind, sind sie — nach einem Hauptsatz der Uniformisierungstheorie — entweder auf die ganze (offene) komplexe Zahlenebene E oder auf ein Kreisinneres K konform abzubilden, und zwar wegen ihrer eben festgestellten konformen Äquivalenz entweder beide auf E oder beide auf K. Die A und B erzeugenden Decktransformationen von $\bar{A}$ und $\bar{B}$ sind Isometrien, die ihnen entsprechenden Transformationen von E oder K also eineindeutig und konform, mithin linear oder konjugiert-linear. Die Gruppe der Ringfläche A ist die von zwei unabhängigen Elementen erzeugte Abelsche Gruppe; daraus schließt man bekanntlich leicht, daß das konforme Bild von $\bar{A}$ und $\bar{B}$ nicht K ist; es ist also E, und daraus folgt, daß für die B erzeugenden linearen und konjugiert-linearen Abbildungen nur Translationen und Paddelbewegungen in Frage kommen. Das bedeutet: B gehört zu $\mathfrak{K}_0$. — Somit sind die Betrachtungen der folgenden Abschnitte für den Beweis unseres Satzes entbehrlich; trotzdem hoffen wir, daß sie nicht wertlos sind, insbesondere da sie sich, im Gegensatz zu der funktionentheoretischen Methode, auch auf ähnliche Fragen für mehrdimensionale Mannigfaltigkeiten anwenden lassen dürften.

[11]) R 2, Satz 6.

universellen Überlagerungsfläche $\bar{B}$ von B isometrisch ist, enthielte auch $\bar{B}$ und mithin auch B ein Häufungselement. Da A einerseits somit kein Häufungselement enthält, andererseits geschlossen ist, kann es auf A kein unendliches System miteinander äquivalenter Punkte geben. Wir können daher die Voraussetzungen über A folgendermaßen modifizieren: 1. Jedes System miteinander äquivalenter Punkte auf A besteht aus endlich vielen Punkten; 2. A gehört zur Klasse $\mathfrak{K}_0$. Die Behauptung bleibt: Jede mit A verwandte Fläche B gehört zu $\mathfrak{K}_0$.

6. Die universellen Überlagerungsflächen $\bar{A}$ und $\bar{B}$ sind, wie wir in Nr. 4 sahen, auf Grund des Satzes F″ miteinander isometrisch; wir dürfen sie daher durch eine einzige differentialgeometrische Fläche U realisieren. Die Decktransformationen[12]) von U in sich, die A erzeugen, sind, wie sich aus der Definition der Metrik von $\bar{A}$ (vgl. Nr. 4) ergibt, isometrische Transformationen; sie bilden eine Gruppe G_A. Zwei Punkte x, y von U liegen dann und nur dann über demselben Punkt von A, wenn es eine zu G_A gehörige Transformation gibt, die x in y überführt; zwei solche Punkte nennen wir einander kongruent mod G_A. Ebenso bilden die B erzeugenden Decktransformationen von U eine Gruppe G_B von Isometrien, und zwei Punkte von U liegen dann und nur dann über demselben Punkt von B, wenn sie einander kongruent mod G_B sind. Schließlich betrachten wir noch die Gruppe $G_C = G_A \cdot G_B$, d. h. den Durchschnitt von G_A und G_B; durch die Bestimmung, daß je zwei Punkte von U, die mod G_C einander kongruent sind, einen einzigen Punkt darstellen sollen, erzeugt sie eine Fläche C, die, da G_C Untergruppe von G_A und von G_B ist, unverzweigte Überlagerungsfläche sowohl von A wie von B ist.

Ist S irgendein System miteinander äquivalenter Punkte auf U, und teilen wir S in Kongruenzklassen mod G_A ein, so entspricht jeder dieser Klassen ein Punkt auf A, und verschiedenen Klassen entsprechen verschiedene Punkte. Diese Punkte sind, da die Beziehung zwischen U und A im Kleinen isometrisch ist, ebenfalls einander äquivalent; ihre Anzahl ist daher auf Grund der am Schluß von Nr. 5 ausgesprochenen Voraussetzung 1 endlich. Folglich ist auch die Anzahl der Klassen, in die S mod G_A zerfällt, endlich.

Wir wählen als S speziell eine vollständige Kongruenzklasse mod G_B, d. h. wir nehmen einen Punkt x von U und verstehen unter $S = G_B(x)$ die Gesamtheit aller Punkte von U, die mod G_B mit x kongruent sind,

[12]) Auf Überlagerungsflächen und Decktransformationen bezügliche Literatur: H. Weyl, Die Idee der Riemannschen Fläche (Leipzig und Berlin 1913), § 9; B. von Kerékjártó, Vorlesungen über Topologie (Berlin 1923), S. 158 ff. und S. 173 ff.; H. Hopf, Zur Topologie der Abbildungen von Mannigfaltigkeiten, 2. Teil, Math. Annalen **102** (1929), § 1.

die also über demselben Punkt ξ von B liegen wie x. Neben der Einteilung von $G_B(x)$ in Klassen mod G_A betrachten wir noch die Einteilung derselben Menge $G_B(x)$ in Klassen mod G_C; dann ist zunächst klar, daß zwei Punkte, die kongruent mod G_C sind, auch kongruent mod G_A sind, da G_C ja Untergruppe von G_A ist; wir behaupten aber, daß bei geeigneter Wahl von x auch das Umgekehrte richtig ist, daß also zwei Punkte von $G_B(x)$, die mod G_A kongruent sind, auch mod G_C kongruent sind, daß also, wenn wir nur x geeignet wählen, die Klasseneinteilungen von $G_B(x)$ mod G_A und mod G_C miteinander identisch sind.

Die Forderung, die wir an x stellen, lautet: x soll bei keiner Transformation g, die der von G_A und G_B erzeugten Gruppe angehört, die sich also aus endlich vielen Transformationen von G_A und G_B zusammensetzen läßt, Fixpunkt sein, natürlich außer bei der Identität. Diese Forderung läßt sich erfüllen: erstens ist jede derartige Transformation g eine Isometrie, und die Menge der Fixpunkte bei einer von der Identität verschiedenen Isometrie ist auf U nirgends dicht; denn falls die Isometrie die Orientierung erhält, ist sie in der Umgebung eines Fixpunktes einer Drehung homöomorph, so daß der Fixpunkt isoliert ist, und falls sie die Orientierung umkehrt, ist sie in der Umgebung eines Fixpunktes einer Spiegelung homöomorph, so daß die Fixpunkte auf einer (geodätischen) Linie liegen; beide Tatsachen ergeben sich unmittelbar bei Betrachtung des von dem Fixpunkt ausgehenden geodätischen Büschels. Zweitens besteht die von G_A und G_B erzeugte Gruppe ebenso wie G_A und G_B selbst nur aus abzählbar vielen Transformationen. Da aber die Vereinigung abzählbar vieler nirgends dichter Mengen nicht mit ganz U identisch sein kann, gibt es gewiß Punkte x, die die oben ausgesprochene Forderung erfüllen.

Für die zu einem solchen x gehörige Menge $G_B(x)$ wollen wir also zeigen, daß zwei Punkte $y, z \subset G_B(x)$, die kongruent mod G_A sind, auch kongruent mod G_C sind. In der Tat: Es ist $y = g_B(x)$, $z = h_B(x)$ mit $g_B, h_B \subset G_B$ und $z = g_A(y)$ mit $g_A \subset G_A$, also $x = h_B^{-1} g_A g_B(x)$; daraus folgt auf Grund der über x gemachten Voraussetzung, daß $h_B^{-1} g_A g_B$ die Identität, daß also $g_A = h_B g_B^{-1} \subset G_B$, mithin $g_A \subset G_A \cdot G_B = G_C$ ist; das bedeutet: $y \equiv z \bmod G_C$.

Somit fällt die Einteilung von $G_B(x)$ in Klassen mod G_C mit der Einteilung in Klassen mod G_A zusammen und liefert daher, wie wir oben sahen, nur endlich viele Klassen. Die Klassen, in die $G_B(x)$ mod G_C zerfällt, sind aber eineindeutig den Punkten von C zugeordnet, die über dem Punkt ξ von B liegen, der von dem System $G_B(x)$ überlagert wird. Damit ist gezeigt, daß die unverzweigte Überlagerungsfläche C über B nur endlich viele Blätter besitzt. Da C auch unverzweigte Überlagerungsfläche von A ist, ist die am Schluß von Nr. 5 formulierte Behauptung nunmehr auf den folgenden rein topologischen Hilfssatz zurückgeführt, in dem von differentialgeometrischer Verwandtschaft nicht mehr die Rede ist:

Voraussetzung: 1. Die Flächen A und B besitzen eine gemeinsame (unverzweigte) Überlagerungsfläche C; 2. C hat nur endlich viele Blätter über B; 3. A gehört zur Klasse $\mathfrak{K}_0$.

Behauptung: B gehört zu $\mathfrak{K}_0$.

7. Für den Beweis dieses Hilfssatzes stellen wir zunächst fest: Jede unverzweigte Überlagerungsfläche C einer zu $\mathfrak{K}_0$ gehörigen Fläche A gehört selbst zu $\mathfrak{K}_0$. Dies bestätigt man, indem man die fünf Flächentypen von $\mathfrak{K}_0$ in bekannter Weise durch Gruppen von Isometrien (Translationen und Paddelbewegungen) der euklidischen Ebene erzeugt [13]) und feststellt, daß die Untergruppen dieser Gruppen, die ja die Überlagerungsflächen erzeugen, selbst wieder nur zu Flächen derselben fünf Typen führen [14]). Da somit C zu $\mathfrak{K}_0$ gehört, haben wir zu zeigen: Jede Fläche B, die eine endlich-blätterige, zu $\mathfrak{K}_0$ gehörige unverzweigte Überlagerungsfläche C besitzt, gehört selbst zu $\mathfrak{K}_0$.

Diese Behauptung werden wir dadurch beweisen, daß wir die fünf Möglichkeiten, die für den Typus von C bestehen, der Reihe nach durchgehen.

a) C ist der Ebene homöomorph. Dann ist die Fläche C infolge ihres einfachen Zusammenhanges die universelle Überlagerungsfläche von B, und die B erzeugende Gruppe G_B der Decktransformationen von $C = U$ in sich ist endlich. Nun gibt es aber keine fixpunktfreie topologische Transformation der Ebene in sich von endlicher Ordnung; denn jede topologische Abbildung der Ebene auf sich läßt sich durch Hinzufügung des unendlich fernen Punktes zu einer, den unendlich fernen Punkt fest lassenden, topologischen Transformation der Kugel erweitern, und jede topologische Transformation endlicher Ordnung der Kugel in sich hat endweder keinen Fixpunkt oder zwei Fixpunkte [15]). Folglich besteht G_B nur aus der Identität, d. h. B ist der Ebene homöomorph.

b) C ist dem Zylinder homöomorph. Wir machen zunächst die spezielle Voraussetzung, daß C reguläre Überlagerungsfläche von B, d. h. daß G_C invariante Untergruppe von G_B ist. Diese Voraussetzung bedeutet [16]), daß

---

[13]) Man vgl. z. B. die unter [4]) zitierte Arbeit von Hopf, S. 319.

[14]) Überdies ist für jede der Klassen $\mathfrak{K}_+$, $\mathfrak{K}_0$, $\mathfrak{K}_-$, wenn wir auf ihre Definition durch das Vorzeichen der Krümmung der in ihnen enthaltenen Raumformen zurückgehen, klar, daß sie mit einer Fläche B auch stets alle Überlagerungsflächen von B enthält.

[15]) B. von Kerékjártó, Über die periodischen Transformationen der Kreisscheibe und der Kugelfläche, Math. Annalen **80** (1919); W. Scherrer, Zur Theorie der endlichen Gruppen topologischer Abbildungen von geschlossenen Flächen in sich, Comment. Math. Helvet. **1** (1929).

[16]) Weyl, a. a. O. S. 50; von Kerékjártó, a. a. O. (wie unter [12])), S. 162 und S. 178, 179.

es eine — mit der Faktorgruppe $G_B : G_C$ isomorphe — Gruppe H topologischer Transformationen von C in sich gibt, die B durch die Bestimmung erzeugt, daß Punkte von C, die mod H kongruent sind, einen Punkt von B darstellen; die Ordnung dieser Gruppe ist gleich der Anzahl der Blätter von C über B, also endlich. Nun kann man den Zylinder C durch Hinzufügung zweier unendlich ferner Punkte zu einer Kugel abschließen, und jede zu H gehörige Transformation wird dadurch zu einer topologischen Abbildung der Kugel auf sich erweitert, die dieses Punktepaar in sich überführt, im übrigen aber keinen Fixpunkt hat. Eine endliche Gruppe solcher Transformationen der Kugel ist aber einer, von einer Drehung oder Drehspiegelung erzeugten, zyklischen Gruppe homöomorph, wobei den Endpunkten der Achse das fest bleibende Punktepaar entspricht [15]). Hieraus ist ersichtlich, daß eine solche Gruppe, wenn man die beiden hinzugefügten Punkte wieder wegläßt, eine Fläche B erzeugt, die entweder dem (gewöhnlichen) Zylinder oder dem nicht-orientierbaren Zylinder homöomorph ist.

Wir setzen jetzt nicht mehr voraus, daß G_C invariante Untergruppe von G_B ist. Der Index der Untergruppe G_C in G_B ist gleich der Blätterzahl von C über B, also endlich. Ist g irgendein Element von G_B, so ist daher eine gewisse Potenz von g in G_C enthalten, also, da G_C als Fundamentalgruppe der Zylinderfläche C die von einem Element c erzeugte freie Gruppe ist, gleich einer gewissen Potenz von c; mit dieser Potenz von c ist g vertauschbar; alle Elemente der durch g bestimmten Nebenklasse, d. h. alle Elemente der Form $g c^n$ mit beliebigem n, sind mit derselben Potenz von c sowie deren Potenzen vertauschbar. Da es nur endlich viele Nebenklassen gibt, gibt es daher eine Potenz c^k, die mit allen Elementen von G_B vertauschbar ist; dann ist die von c^k erzeugte Gruppe $G_{C'}$ invariante Untergruppe von G_B. Als Untergruppe von G_C mit endlichem Index k erzeugt $G_{C'}$ eine endlich-blätterige Überlagerungsfläche C' von C, die, da C dem Zylinder homöomorph ist, selbst dem Zylinder homöomorph ist. $G_{C'}$ hat in G_C, also auch in G_B endlichen Index; d. h. C' ist eine reguläre Überlagerungsfläche mit endlich vielen Blättern über B. Damit sind wir auf die oben behandelte spezielle Voraussetzung zurückgekommen und haben bewiesen: Wenn C dem Zylinder homöomorph ist, so ist B dem gewöhnlichen oder dem nicht-orientierbaren Zylinder homöomorph.

c) C ist dem nicht-orientierbaren Zylinder homöomorph. Dann besitzt C eine zweiblätterige Überlagerungsfläche C_1, die dem gewöhnlichen Zylinder homöomorph ist, und auch C_1 ist eine endlich-blätterige Überlagerungsfläche von B. Dann folgt nach b): B ist dem gewöhnlichen oder dem nicht-orientierbaren Zylinder homöomorph.

d) C ist einer der beiden geschlossenen Flächen der Klasse $\mathfrak{K}_0$, also der orientierbaren oder nicht-orientierbaren Ringfläche, homöomorph. Dann ist auch B geschlossen. Wenn n die Anzahl der Blätter ist, und wenn wir unter $\chi(B)$ und $\chi(C)$ die Eulerschen Charakteristiken von B bzw. C verstehen, so ist $\chi(C) = n \cdot \chi(B)$. Da für die beiden Ringflächen die Charakteristik $\chi(C) = 0$ ist, ist daher auch $\chi(B) = 0$, und da die beiden Ringflächen die einzigen geschlossenen Flächen mit der Charakteristik 0 sind, ist gezeigt: B ist einer der beiden Ringflächen homöomorph.

Damit ist alles bewiesen.

8. Zum Schluß stellen wir noch eine Eigenschaft des Verwandtschaftsbegriffes fest, die zwar nicht für die vorstehenden Beweise, aber an sich wichtig ist, nämlich die *Transitivität*: Wenn A_1 mit A_2, A_2 mit A_3 verwandt ist, so ist auch A_1 mit A_3 verwandt. Denn auf Grund des Satzes F'' ist, wenn wir unter $\bar{A}_1, \bar{A}_2, \bar{A}_3$ die universellen Überlagerungsflächen von A_1, A_2, A_3 verstehen, $\bar{A}_1$ mit $\bar{A}_2$ und $\bar{A}_2$ mit $\bar{A}_3$ isometrisch, und wegen der Transitivität des Isometriebegriffes sind daher $\bar{A}_1$ und $\bar{A}_3$ miteinander isometrisch; folglich gibt es zu jedem Punkt x_1 von A_1 wenigstens einen Punkt x_3 von A_3 so, daß die Umgebungen von x_1 und x_3 durch Vermittlung der Überlagerungsflächen isometrisch aufeinander abgebildet sind; also sind A_1 und A_3 verwandt.

Infolge seiner Transitivität bewirkt der Verwandtschaftsbegriff eine Einteilung aller Flächen in zueinander fremde „Familien“:

Durch die Festsetzung, daß zwei Flächen dann und nur dann derselben Familie angehören, wenn sie miteinander verwandt sind, wird die Gesamtheit aller Flächen in zueinander fremde Familien eingeteilt.

Der von uns wiederholt benutzte Zusammenhang zwischen Fläche und Überlagerungsfläche sowie der Satz F″ lassen sich dann so aussprechen:

Jede Familie enthält eine, und bis auf isometrische Flächen nur eine, einfach zusammenhängende Fläche; sie ist die universelle Überlagerungsfläche aller Mitglieder der Familie [17]),

und der Satz F lautet jetzt:

Die Gesamtheit der in einer Familie vertretenen topologischen Typen ist stets in einer der Klassen $\mathfrak{K}_+$, $\mathfrak{K}_0$, $\mathfrak{K}_-$ enthalten.

---

[17]) Wir weisen auf die Ähnlichkeit dieses Satzes sowie unserer ganzen Fragestellung und Begriffsbildung mit den Untersuchungen von O. Schreier über kontinuierliche Gruppen im Großen hin: Abstrakte kontinuierliche Gruppen (besonders Theorem II), sowie: Die Verwandtschaft stetiger Gruppen im Großen, Hamburger Abh. **4** (1925), **5** (1927).

(Eingegangen am 24. 11. 1931.)

24.

Die Klassen der Abbildungen der n-dimensionalen Polyeder auf die n-dimensionale Sphäre

Comm. Math. Helvetici 5 (1933), 39–54

1. Eine Behauptung von Brouwer und ihre Modifikation

Der *Grad* einer Abbildung f einer n-dimensionalen geschlossenen orientierten Mannigfaltigkeit μ auf eine ebensolche Mannigfaltigkeit μ' besitzt die wichtige Eigenschaft, bei stetiger Abänderung von f ungeändert zu bleiben[1]; mit andern Worten: zwei Abbildungen f und g von μ auf μ', welche zu einer „Abbildungsklasse" gehören, haben denselben Grad. Brouwer hat auf dem Internationalen Mathematikerkongreß in Cambridge 1912*) die Behauptung ausgesprochen, daß „*in vielen Fällen*" die Umkehrung des Satzes gelte, also aus der Gleichheit der Grade zweier Abbildungen ihre Zugehörigkeit zu einer Klasse folge[2]. Er hat gleichzeitig einen Beweis seiner Behauptung für den Fall angegeben, in dem μ und μ' Kugelflächen sind; dann hat er ihre Gültigkeit für den allgemeineren Fall erwiesen, in dem zwar μ' eine Kugel, μ aber eine beliebige Fläche ist[3], und später habe ich gezeigt, daß dieser letzte Satz für beliebige Dimensionenzahl richtig ist, daß also $\mu = M^n$ eine n-dimensionale Mannigfaltigkeit, $\mu' = S^n$ die n-dimensionale Sphäre sein darf[4].

In der vorliegenden Arbeit soll nun gezeigt werden, daß der Gültigkeitsbereich der Brouwerschen Behauptung noch weiter ist, falls man sich nicht genau an ihren Wortlaut hält, sondern sie einer Modifikation unterzieht, die mir überdies, worüber nachher (Nr. 2) noch einige Worte gesagt werden sollen, die prinzipielle Bedeutung der Behauptung und der an sie anschließenden Sätze in ein klareres Licht zu setzen scheint.

In der neuen Erweiterung soll wieder $\mu' = S^n$ die n-dimensionale Sphäre, $\mu = P^n$ aber soll ein beliebiges n-dimensionales Polyeder sein. Dann hat eine Abbildung f von P^n auf S^n keinen Grad im ursprünglichen

[1] *Brouwer*, Ueber Abbildung von Mannigfaltigkeiten, Math. Annalen 71 (1912).

[2] *Brouwer*, Sur la notion de «classe» de transformations d'une multiplicité, Proc. V. Intern. Congress of Math. (Cambridge 1912), vol. II.

[3] *Brouwer*, Over één-éénduidige continue transformaties ..., Akad. Amsterdam, Versl. 21 (1913); Aufzählung der Abbildungsklassen endlichfach zusammenhängender Flächen, Math. Annalen 82 (1921).

[4] Abbildungsklassen n-dimensionaler Mannigfaltigkeiten, Math. Annalen 96 (1926).

Sinn. Die Modifikation, die man hier vorzunehmen hat, ist durch die Begriffsbildungen der algebraisch-kombinatorischen Topologie in natürlicher Weise gegeben. Ist Z^n ein n-dimensionaler Zyklus[5]) in P^n, so ist sein Bild $f(Z^n)$ ein n-dimensionaler Zyklus in S^n; aber die einzigen n-dimensionalen Zyklen in S^n sind die S^n selbst und ihre Vielfachen; daher gibt es eine ganze Zahl c so, daß $f(Z^n) = c \cdot S^n$ ist. Falls P^n eine Mannigfaltigkeit ist, ist c der Brouwersche Grad; wir nennen c auch jetzt den Grad von $f(Z^n)$. Die zu den verschiedenen Zyklen Z^n in P^n gehörigen Grade sind innerhalb der durch f bestimmten Abbildungsklasse konstant. Ihre Betrachtung reicht jedoch für unsern Zweck, die Aufstellung eines vollen Invariantensystems der Abbildungsklasse, nicht aus; das sieht man schon im Falle $n = 2$, wenn man für P^2 die projektive Ebene nimmt: dann ist in P^2 überhaupt kein Z^2 vorhanden, und es gibt trotzdem zwei Abbildungsklassen; diese kann man aber durch ihre „Parität" oder den „Abbildungsgrad mod. 2" voneinander unterscheiden, und daran erkennt man, wie man im allgemeinen Fall fortzufahren hat: es sei Z^n_m ein Zyklus mod. m mit irgend einem ganzen $m > 1$ [5]); dann ist sein Bild $f(Z^n_m)$ ein Zyklus mod. m in S^n, und daraus folgt, ähnlich wie oben, daß es eine, mod. m eindeutig bestimmte Zahl c so gibt, daß $f(Z^n_m) \equiv c\, S^n$ ist. Diese Zahl c, der „Grad mod. m" von $f(Z^n_m)$, bleibt ebenfalls in der Klasse konstant. Alle diese Grade und Grade mod. m mit beliebigen $m > 1$, die zu den, in P^n in endlicher Anzahl vorhandenen, n-dimensionalen Zyklen und Zyklen mod. m gehören, bilden nun aber — das ist die Erweiterung der Brouwerschen Behauptung, die hier bewiesen werden soll, — ein volles Invariantensystem der Abbildungsklasse; es gilt also

Satz I. *Notwendig und hinreichend dafür, daß zwei Abbildungen f und g von P^n auf S^n zu einer Klasse gehören, ist die Bedingung, daß jeder n-dimensionale Zyklus bezw. Zyklus mod. m (mit beliebigem $m > 1$) aus P^n durch f mit demselben Grade bezw. Grade mod. m abgebildet wird wie durch g.*

Der Beweis dieses Satzes wird in Nr. 3—5 geliefert werden[6]).

---

[5]) Ein Zyklus ist ein unberandeter Komplex, ein n-dimensionaler Zyklus mod. m ein Komplex, in dessen Rande jedes $(n - 1)$-dimensionale Simplex mit einer durch m teilbaren Vielfachheit vorkommt. Die Grundtatsachen aus der kombinatorischen Topologie und aus der Topologie der stetigen Abbildungen werden als bekannt vorausgesetzt.

[6]) Den Spezialfall, in dem g eine Abbildung auf einen einzigen Punkt von S^n ist, habe ich bereits früher bewiesen: Ueber wesentliche und unwesentliche Abbildungen von Komplexen, Moskauer Mathematische Sammlung, 1930 (Satz II). Die dortige Methode reicht auch zum Beweis des obigen Satzes I aus, jedoch scheint mir für diesen Zweck die in der vorliegenden Arbeit verwendete Zurückführnng auf einen „Erweiterungssatz" (Nr. 3) den Vorzug zu verdienen.

2. Verallgemeinerung der Fragestellung; Klassen und algebraische Typen von Abbildungen

Die Verwendung von Begriffen der algebraisch-kombinatorischen Topologie, wie sie für die Formulierung des Satzes I notwendig war, führt, wenn man sie konsequent weiter treibt, zu der allgemeinen Problemstellung, in deren Rahmen erst die tiefere Bedeutung der Brouwerschen Behauptung sichtbar wird. Wenn man nämlich zwei beliebige Polyeder P, Q und die Gesamtheit der stetigen Abbildungen von P auf Q betrachtet, so gibt es zwei, ihrem Wesen nach voneinander verschiedene, Gesichtspunkte, unter denen man versuchen kann, in diese Gesamtheit Ordnung zu bringen, die Abbildungen also zu klassifizieren: erstens eben den rein topologischen Begriff der „Abbildungsklasse", wonach zwei Abbildungen f und g zusammengehören, wenn man die eine stetig in die andere überführen kann; zweitens den, auf den Grundbegriffen der algebraischen Topologie, den Begriffen der Berandung und der Homologie, beruhenden Begriff des „algebraischen Abbildungstypus", den wir folgendermaßen definieren: f und g gehören zu einem algebraischen Typus, wenn von jedem Zyklus $Z \subset P$ die beiden Bilder $f(Z)$ und $g(Z)$, die ja als Zyklen in Q aufzufassen sind, einander homolog sind, und wenn das Gleiche für die Zyklen mod. m gilt, wobei man natürlich den Begriff der gewöhnlichen Homologie durch den der „Homologie mod. m" zu ersetzen hat. Man kann noch ein drittes Klassifikationsprinzip hinzufügen, indem man anstelle der Homologiegruppen die Fundamentalgruppe betrachtet, doch soll darauf hier nicht eingegangen werden[7]. Die Dimensionen von P und Q sind für diese Begriffe ganz unwesentlich, sie brauchen nicht einander gleich zu sein. Ist Q n-dimensional, so fällt für die n-dimensionalen Zyklen und Zyklen mod. m in Q der Begriff der Homologie bezw. Homologie mod. m mit dem der Gleichheit bezw. Kongruenz mod. m zusammen; in diesem Fall wird daher der algebraische Typus einer Abbildung, soweit er die n-dimensionalen Zyklen in P und Q betrifft, vollständig durch die Angabe der Grade und Grade mod. m beschrieben; ist speziell $Q = S^n$, so ist für $0 < r < n$ jeder r-dimensionale Zyklus oder Zyklus mod. m in S^n homolog 0, so daß diese Zyklen kein Unterscheidungsmerkmal für die Abbildungstypen liefern; mithin sind dann die Grade und Grade mod. m die einzigen Merkmale der Typen. Daher kann man den Satz I auch so aussprechen:

Satz I'. *Ist P ein n-dimensionales Polyeder, Q die n-dimensionale*

[7]) Man vergl. etwa den §2 meiner Arbeit: Zur Topologie der Abbildungen von Mannigfaltigkeiten, II. Teil, Math. Annalen 102 (1929).

Sphäre, so gehören zwei Abbildungen von P auf Q dann und nur dann zu einer Klasse, wenn sie denselben algebraischen Typus haben.

Der eine Teil dieses Satzes ist insofern trivial, als bei *beliebigen* P und Q zwei Abbildungen, die zu einer Klasse gehören, stets denselben algebraischen Typus besitzen, da ein Zyklus $f(Z)$ in Q, wenn man ihn stetig abändert, immer in derselben Homologieklasse bleibt. Die Einteilung aller Abbildungen in Klassen ist also im allgemeinen, jedenfalls *begrifflich, feiner* als die nach algebraischen Typen; dafür, daß sie auch *tatsächlich* feiner sein kann, gibt es Beispiele, von denen nachher noch die Rede sein soll; im allgemeinen reichen somit die *Homologie*-Begriffe nicht aus, um die Klassifikation der Abbildungen nach dem rein topologischen Standpunkt der „*Homotopie*", d. h. der stetigen Überführbarkeit, durchzuführen. Das ist auch gar nicht zu erwarten, denn der Begriff der Homologie hat kaum etwas mit stetiger Abänderung zu tun; andererseits spielt der Homologiebegriff — und zwar gerade infolge der Entwicklung während der letzten Jahre — eine so beherrschende Rolle in fast allen Gebieten der Topologie, daß die Frage nach den „Ausnahmefällen" gerechtfertigt ist, in denen er doch dasselbe leistet wie die Homotopie; das sind, für unser Problem, die Fälle, in denen für zwei Abbildungen aus der Gleichheit des algebraischen Typus folgt, daß sie sich stetig ineinander überführen, daß sie sich also auch unter dem Gesichtspunkt der Homotopie nicht voneinander unterscheiden lassen. Wenn man nun die eingangs zitierte Behauptung Brouwers weiter — allerdings recht kräftig — modifiziert, so kann man sie so aussprechen: es gibt eine große Menge von Ausnahmen der eben genannten Art; und der Satz I gibt eine wichtige Klasse aus dieser Menge an. Behauptung und Satz gehören also in den allgemeinen Problemkreis, in dem es sich um die Zusammenhänge zwischen Homologie und Homotopie, genauer: um den *Einfluß von Berandungs- und Homologieeigenschaften auf Homotopieeigenschaften*, handelt[8]).

Es sei nun noch etwas über die „allgemeinen" Fälle gesagt, in denen P und Q so beschaffen sind, daß die Einteilung in Klassen wirklich feiner ist als die Einteilung nach algebraischen Typen, Bleiben wir zunächst dabei, daß $Q = S^n$ ist; (das ist für alle Anwendungen der wichtigste Fall;) ist dann P ein r-dimensionales Polyeder und $r < n$, so bleibt der Satz I trivialerweise noch richtig, denn dann gibt es nur eine Klasse, — da man das Bild $f(P)$ stetig auf einen Punkt zusammenziehen kann,

[8]) Daß der in Satz I, in seiner in Nr. 1 gegebenen Formulierung, benutzte Begriff des Grades zu den Berandungseigenschaften gehört, ist klar: er benutzt ja den auf dem Begriff des Randes beruhenden Begriff des Zyklus (man vergl. [5])).

— und a fortiori nur einen Typus; wir befinden uns also noch bei einem „Ausnahmefall"; ist dagegen $r > n$, so zeigt das Beispiel $P = S^3$, $Q = S^2$, daß der Satz I nicht für alle P gilt: es gibt dann offenbar nur einen einzigen algebraischen Typus, da jeder 1- oder 2-dimensionale Zyklus ~ 0 in S^3, sein Bild daher ~ 0 in S^2 ist, dagegen, wie ich gezeigt habe, unendlich viele Klassen [9]). Ist Q keine Sphäre, so ist es leichter, Beispiele zu finden, in denen ein Typus mehrere Klassen enthält; solche erhält man bereits, wenn P und Q geschlossene orientierbare Flächen von Geschlechtern > 0 sind; jedoch reicht in diesem Fall zur Bestimmung der Abbildungsklassen die oben kurz erwähnte Betrachtung der Fundamentalgruppe aus [10]). Aber auch diese versagt z. B. in folgendem Fall: P sei eine Kugelfläche, Q eine projektive Ebene, f die Abbildung von P auf Q, die sich ergibt, wenn man P als zweiblättrige unverzweigte Überlagerungsfläche von Q auffaßt, g die Abbildung, die P auf einen einzigen Punkt von Q abbildet; dann sieht man leicht, daß f und g zwar denselben algebraischen Typus besitzen, aber zu verschiedenen Klassen gehören [11]).

Demnach scheint sich der Satz I nicht auf eine wesentlich größere Gesamtheit von Paaren P, Q ausdehnen zu lassen, es sei denn, daß man neben Polyedern auch andere abgeschlossene Mengen in Betracht zieht [12]).

Abgesehen von diesen prinzipiellen Gesichtspunkten hat der Satz I auch praktischen Wert insofern, als man mit seiner Hilfe alle Abbildungsklassen von P^n auf S^n wirklich aufzählen kann, wenn man die kombinatorisch-topologische Struktur von P^n kennt; denn der Satz besagt ja, daß man nur die algebraischen Typen aufzuzählen hat, und das ist eine leichte, im wesentlichen algebraische, Aufgabe, die in Nr. 6 gelöst wird.

3. Zurückführung des Hauptsatzes (Satz I) auf einen „Erweiterungssatz" (Satz II).

Daß die im Satz I genannte Bedingung für die Zugehörigkeit von f und g zu einer Klasse notwendig ist, ist, wie schon mehrfach erwähnt,

[9]) Über die Abbildungen der dreidimensionalen Sphäre auf die Kugelfläche, Math. Annalen 104 (1931).

[10]) *Brouwer*, wie unter [3]) (Aufzählung ..., „Vierter Hauptfall"); *Hopf*, Beiträge zur Klassifizierung der Flächenabbildungen, Crelles Journal 165 (1931).

[11]) In der Terminologie meiner unter [7]) zitierten Arbeit hat der „Absolutgrad" von f den Wert 2, von g den Wert 0; da er (a. a. O. § 2) in der Klasse konstant ist, gehören f und g zu verschiedenen Klassen.

[12]) Die Antwort auf die Frage, ob die Abbildungen einer abgeschlossenen Menge F auf die S^n mehr als eine Klasse bilden, ist für wichtige geometrische Eigenschaften von F ausschlaggebend: *Alexandroff*, Dimensionstheorie, Math. Annalen 106 (1932), Nr. 81 („5. Hauptsatz"); *Borsuk*, Über Schnitte der n-dimensionalen Euklidischen Räume, Math. Annalen 106 (1932).

bekannt, da der Grad einer Abbildung $f(Z^n)$ und ebenso ein Grad mod. m sich bei stetiger Abänderung von f nicht ändert. Zu beweisen ist, daß die Bedingung hinreicht, daß es also, wenn sie erfüllt ist, eine Schar f_t von Abbildungen von P^n auf S^n gibt, die für $0 \leq t \leq 1$ stetig von t abhängt und in der $f_0 = f$, $f_1 = g$ ist. Zum Zweck des Beweises deuten wir eine solche Schar folgendermaßen. P^{n+1} sei das „Produkt" von P^n mit einer Strecke der Länge 1; dieses Produkt können wir so konstruieren: wir denken uns den euklidischen Raum R^N, in dem P^n liegt, im R^{N+1} gelegen und errichten nach einer bestimmten der beiden Seiten von R^N die Senkrechten auf R^N in allen Punkten p von P^n; p_t sei der Punkt, der auf der in p errichteten Senkrechten im Abstand t von p liegt; die Menge aller p_t mit $0 \leq t \leq 1$ ist das Produkt. Es ist ein $(n+1)$-dimensionales Polyeder P^{n+1}.

Die Punkte $p = p_0$ bilden das Polyeder $P^n = P_0^n$, die Punkte p_1 ein mit P^n kongruentes Polyeder P_1^n; unter $\overline{P}$ verstehen wir das Polyeder $P_0^n + P_1^n$. Üben wir die Abbildung f auf P_0^n, die Abbildung g mittels der Festsetzung $g(p_1) = g(p)$ auf P_1^n aus, so liegt eine Abbildung F von $\overline{P}$ auf S^n vor. Wenn wir F zu einer Abbildung des ganzen Polyeders P^{n+1} auf S^n erweitern können, so sind wir fertig; denn dann brauchen wir nur $f_t(p) = F(p_t)$ zu setzen, um eine Schar der gewünschten Art zu erhalten. Die *Behauptung* lautet also: *die Abbildung $F(\overline{P})$ läßt sich zu einer Abbildung $F(P^{n+1})$ erweitern.*

Wie lautet jetzt, unter Verwendung von P^{n+1}, $\overline{P}$ und F die *Voraussetzung* des Satzes I? Ich behaupte, daß sie folgendermaßen lautet: *jeder in $\overline{P}$ gelegene n-dimensionale Zyklus oder Zyklus mod. m, der ~ 0 bezw. ~ 0 mod. m in P^{n+1} ist, wird durch F mit dem Grade 0 abgebildet.*

In der Tat: ist $Z^n \subset \overline{P}$, so zerfällt Z^n in zwei zu einander fremde Teile $X_0^n \subset P_0^n$, $Y_1^n \subset P_1^n$; da Z^n unberandet ist, haben sie selbst keine Ränder, sind also Zyklen. Ist Y_0^n der Y_1^n entsprechende Zyklus in P_0^n, so ist $Y_0^n \sim Y_1^n$ in P^{n+1}, da offenbar $Y_1^n - Y_0^n$ der Rand des $(n+1)$-dimensionalen Produktes von Y_0^n mit der t-Strecke ist. Folglich ist $Z^n = X_0^n + Y_1^n \sim X_0^n + Y_0^n$ in P^{n+1}, und da wir voraussetzen, daß $Z^n \sim 0$ ist, ist daher auch der in P_0^n gelegene Zyklus $X_0^n + Y_0^n \sim 0$ in P^{n+1}. K sei ein von $X_0^n + Y_0^n$ berandeter Komplex, K_0 seine Projektion auf P_0^n, (die man erhält, indem man für jeden Punkt $p_t \subset K$ t durch 0 ersetzt); da bei dieser Projektion (wie bei jeder simplizialen Abbildung) der Rand von K in den Rand des Bildes K_0 übergeht, der Rand $X_0^n + Y_0^n$ von K aber fest bleibt, ist $X_0^n + Y_0^n$ der Rand von K_0; also ist $X_0^n + Y_0^n \sim 0$ in P_0^n, und da P_0^n ebenso wie X_0^n und Y_0^n n-dimensional ist, bedeutet das: $X_0^n + Y_0^n = 0$, also $X_0^n = -Y_0^n$. Da mithin

44

$Z_n = Y_1^n - Y_0^n$ ist, gilt bei der Abbildung: $F(Z^n) = F(Y_1^n) - F(Y_0^n) = g(Y_0^n) - f(Y_0^n)$, und da nach Voraussetzung $f(Y_0^n)$ und $g(Y_0^n)$ den gleichen Grad, etwa c, haben: $F(Z^n) = cS^n - cS^n = 0$; das bedeutet, daß $F(Z^n)$ den Grad 0 hat. Diese Betrachtung gilt in gleicher Weise für gewöhnliche Zyklen und Homologien wie mod. m. Damit ist bewiesen, daß die Voraussetzung des Satzes I jetzt in der angegebenen Form ausgesprochen werden kann.

Somit ist der Satz I auf den folgenden allgemeineren „Erweiterungssatz" zurückgeführt[13]), in dem P^{n+1} irgend ein $(n+1)$-dimensionales Polyeder ist:

Satz II. *In einem Teilpolyeder*[14]) $\overline{P}$ *des $(n+1)$-dimensionalen Polyeders P^{n+1} sei eine Abbildung F auf die S^n gegeben; für jeden n-dimensionalen Zyklus (und Zyklus mod. m) $Z^n \subset \overline{P}$, welcher ~ 0 (bezw. ~ 0 mod. m) in P^{n+1} ist, sei der Grad (bezw. Grad mod. m) gleich (bezw. kongruent) 0. Dann läßt sich F zu einer Abbildung des ganzen P^{n+1} auf die S^n erweitern*[15]).

Daß die in der Voraussetzung des Satzes ausgedrückte Bedingung für die Erweiterbarkeit von F zu einer Abbildung von P^{n+1} nicht nur hinreichend, sondern auch notwendig ist, ist klar: wenn $F(P^{n+1})$ existiert und wenn $Z^n \sim 0$ in P^{n+1}, also der Rand eines $K \subset P^{n+1}$ ist, so ist $F(Z^n)$ der Rand von $F(K)$, also ~ 0 auf S^n, also $= 0$; das Analoge gilt mod. m.

Der einfachste Spezialfall des Satzes II ist

Satz II'. *Ist auf dem Rande eines $(n+1)$-dimensionalen Simplexes eine Abbildung F vom Grade 0 auf die S^n gegeben, so läßt sich F zu einer Abbildung des ganzen Simplexes auf die S^n erweitern.*

Dieser Satz, den ich früher bewiesen habe[16]), bildet den wesentlichen topologischen Bestandteil beim Beweise des Satzes II; es müssen aber, wie schon die im Satz II vorkommenden Begriffe der Zyklen und Zyklen mod. m vermuten lassen, noch algebraische Bestandteile hinzukommen; auch diese werden sich auf die Erweiterungen gewisser Abbildungen, nämlich homomorpher Gruppenabbildungen, beziehen.

---

13) Der Zusammenhang zwischen Sätzen über Abänderungen von Abbildungen mit Sätzen über Erweiterungen spielt in der unter 12) zitierten Arbeit von Borsuk eine wesentliche Rolle; man vergl. auch die §§ 5, 6 meiner unter 4) genannten Arbeit.

14) Ein „Teilpolyeder" $\overline{P}$ eines Polyeders P soll stets aus Simplexen einer gegebenen Simplexzerlegung von P bestehen; die Dimension von $\overline{P}$ ist beliebig.

15) Man überzeugt sich leicht davon, daß man die auf die gewöhnlichen Zyklen bezügliche Voraussetzung sparen kann, da sie in der auf die Zyklen mod. m bezüglichen enthalten ist.

16) Wie unter 4); ein Beweis von II' ist dort im letzten Abschnitt der S. 224 enthalten.

4. Algebraische Hilfssätze

Die hier vorkommenden Gruppen sind Abelsch, werden von endlich vielen ihrer Elemente erzeugt und enthalten keine Elemente endlicher Ordnung; die Gruppenoperation bezeichnen wir als Addition. Die Gruppe G heißt, wie üblich, direkte Summe ihrer Untergruppen U, V — geschrieben: $G = U + V$ — wenn sich jedes von 0 verschiedene Element auf eine und nur eine Weise in der Form $u + v$ mit $u \subset U$, $v \subset V$ darstellen läßt, oder, was dasselbe ist, wenn 1) jedes Element wenigstens eine Darstellung $u + v$ besitzt, und wenn 2) U und V nur das Nullelement gemeinsam haben. Analog ist die direkte Summe von mehr als zwei Gruppen definiert. Jede der hier betrachteten Gruppen ist bekanntlich direkte Summe von endlich vielen unendlichen zyklischen Gruppen; d. h. jedes Element läßt sich auf eine und nur eine Weise in der Form $\Sigma\, a_i x_i$ darstellen, wenn die x_i erzeugende Elemente dieser Zyklen, die a_i ganze Zahlen sind. — Die Untergruppe U von G heiße „abgeschlossen", wenn sie folgende Eigenschaft hat: ist m eine von 0 verschiedene ganze Zahl, x ein Element von G und $mx \subset U$, so ist auch $x \subset U$. — Unter einem „Charakter" von G verstehen wir eine homomorphe Abbildung von G in die additive Gruppe der ganzen Zahlen.

a) Ist U abgeschlossene Untergruppe von G, so ist G direkte Summe von U und einer anderen Untergruppe V.

Beweis: Die Restklassengruppe (Faktorgruppe) R von G nach U ist Abelsch; sie wird von endlich vielen ihrer Elemente erzeugt; (als solche kann man die Restklassen wählen, die die Elemente eines Erzeugendensystems von G enthalten); sie enthält ferner infolge der Abgeschlossenheut von U kein Element endlicher Ordnung. Sie ist daher direkte Summe endlicher Zyklen; X_i seien Restklassen, die diese Zyklen erzeugen, x_i irgendwelche Elemente aus den X_i ($i = 1, \ldots, r$), V sei die von diesen x_i erzeugte Gruppe. Ist y irgend ein Element von G, Y die y enthaltende Restklasse, so ist Y in R von der Form $Y = \Sigma\, a_i X_i$, also ist $y = \Sigma\, a_i x_i + u$ mit $u \subset U$, also $y = u + v$ mit $u \subset U$, $v \subset V$. Ist $u_0 \subset U$ und $u_0 \subset V$, so ist $u_0 = \Sigma\, c_i x_i$, also in $R: 0 = \Sigma\, c_i X_i$; folglich ist $c_i = 0$, $u_0 = 0$. Mithin ist $G = U + V$.

b) Ein in einer abgeschlossenen Untergruppe U von G gegebener Charakter läßt sich stets zu einem Charakter von G erweitern.

Beweis: Man stelle G gemäß a) in der Form $U + V$ dar und setze fest, daß der Charakter für alle Elemente von V den Wert 0 hat.

c) Dafür, daß ein in einer beliebigen Untergruppe U von G gegebener Charakter χ zu einem Charakter von G erweitert werden kann, ist die folgende Bedingung notwendig und hinreichend: ist x ein Element von G, m eine ganze Zahl, und ist $mx = u \subset U$, so ist $\chi(u)$ durch m teilbar.

Beweis: Die Bedingung ist notwendig, da, wenn χ auf G erweitert ist, $\chi(x)$ definiert ist und $\chi(u) = m \cdot \chi(x)$ wird. — Die Bedingung sei erfüllt. Unter $\bar{U}$ verstehen wir die Gesamtheit der Elemente x, welche Vielfache mx in U besitzen; sie bilden eine Gruppe, da mit x auch $-x$ in $\bar{U}$ ist, und da aus $mx \subset U$, $ny \subset U$ folgt: $mn(x+y) \subset U$. Die Gruppe $\bar{U}$ ist ex definitione abgeschlossen. Daher läßt sich nach b) der Charakter, falls er sich auf $\bar{U}$ erweitern läßt, auch auf G erweitern. Wir haben also χ auf $\bar{U}$ auszudehnen. Ist $mx = u \subset U$, so setzen wir $\chi(x) = \frac{1}{m}\chi(u)$; das ist nach Voraussetzung eine ganze Zahl. $\chi(x)$ ist auf diese Weise eindeutig bestimmt; denn ist außerdem $m'x = u' \subset U$, so ist $mu' = m'u$, also $m \cdot \chi(u') = m' \cdot \chi(u)$, also $\frac{1}{m'}\chi(u') = \frac{1}{m}\chi(u)$. Diese somit in $\bar{U}$ eindeutige Funktion ist ein Charakter; denn ist $mx = u_1$, $ny = u_2$, so ist $mn(x+y) = nu_1 + mu_2 \subset U$, also $\chi(x+y) = \frac{1}{m}\chi(u_1) + \frac{1}{n}\chi(u_1) = \chi(x) + \chi(y)$.

d) U und V seien Untergruppen von G; in U sei ein Charakter χ gegeben. Dafür, daß sich χ derart auf G erweitern läßt, daß er in allen Elementen von V den Wert 0 erhält, ist die folgende Bedingung notwendig und hinreichend: ist x ein Element von G, m eine ganze Zahl, v ein Element von V, und ist $mx + v = u \subset U$, so ist $\chi(u)$ durch m teilbar.

Beweis: Die Notwendigkeit der Bedingung ist wieder ohne weiteres klar: wenn ein Charakter χ mit den genannten Eigenschaften in G existiert, so ist $\chi(mx+v) = m \cdot \chi(x) + \chi(v) = m \cdot \chi(x)$. — Die Bedingung sei erfüllt. Ist $z = u = v$ ein Element aus dem Durchschnitt D von U und V, so ist, wenn x_0 das Nullelement von G bezeichnet, $u = mx_0 + v$ mit beliebigem m, also nach Voraussetzung $\chi(u)$ durch jedes m teilbar, also $\chi(u) = \chi(z) = 0$ für jedes $z \subset D$. W sei die von U und V erzeugte Gruppe, also die Gesamtheit aller Elemente $u + v$. Wir erweitern χ zunächst auf W, indem wir festsetzen: $\chi(u+v) = \chi(u)$; diese Festsetzung ist eindeutig; denn ist $u + v = u' + v'$, so ist $u - u' = v' - v = z \subset D$, also $\chi(z) = 0$, d. h. $\chi(u) = \chi(u')$. Daß diese somit in W eindeutig erklärte Funktion ein Charakter ist und in allen Elementen

47

von V den Wert 0 hat, ist klar. Ist nun $x \subset G$, m eine ganze Zahl und $mx \subset W$, so ist $mx = w = u + v$, $u = mx - v$, also nach Voraussetzung $\chi(u)$ durch m teilbar, also, da $\chi(w) = \chi(u)$ ist, $\chi(w)$ durch m teilbar Daher läßt sich nach c) χ auf die ganze Gruppe G erweitern.

5. Beweis des Satzes II

Wir machen zunächst die spezielle Annahme, daß die in $\overline{P}$ gegebene Abbildung F simplizial sei. Dabei ist eine feste Simplexzerlegung von P^{n+1}, und damit auch von $\overline{P}$, zugrunde gelegt. Für diese Zerlegung sei G die Gruppe der n-dimensionalen Komplexe in P^{n+1}, d. h. der Linearformen mit ganzen Koeffizienten in den orientierten n-dimensionalen Simplexen, die wir mit x_i^n bezeichnen; U sei die Gruppe der zu $\overline{P}$ gehörigen n-dimensionalen Komplexe, V die Gruppe der n-dimensionalen Ränder in P^{n+1}, d. h. derjenigen Zyklen, welche $(n+1)$-dimensionale Komplexe beranden; U und V sind Untergruppen von G. τ^n sei ein festes n-dimensionales Simplex der bei der simplizialen Abbildung F benutzten Zerlegung von S^n. Jedes x_i^n aus $\overline{P}$, das durch F auf τ^n abgebildet wird, hat dabei den Grad $+1$ oder -1; wir nennen ihn $\chi(x_i^n)$; für diejenigen x_i^n aus $\overline{P}$, die nicht auf dieses T^n abgebildet werden, setzen wir $\chi(x_i^n) = 0$. Für einen beliebigen Komplex $x^n = \Sigma a_i x_i^n$ aus $\overline{P}$ hat dann F in dem Simplex τ^n den Grad $\chi(x^n) = \Sigma a_i \chi(x_i^n)$. χ ist ein Charakter in der Gruppe U. Ich behaupte, daß er in bezug auf die Gruppen G, U und V die Voraussetzungen des Hilfssatzes d) aus Nr. 4 erfüllt. In der Tat: ist, in der Bezeichnung von d), $mx + v = u$, so bedeutet das jetzt: der in $\overline{P}$ gelegene, n-dimensionale Komplex u ist mod. m einem Rande v in P^{n+1} kongruent, er ist also ein Zyklus mod. m, der ~ 0 mod. m in P^{n+1} ist; dann ist nach der Voraussetzung des Satzes II der Grad mod. m seines Bildes $F(u)$ Null; das gilt insbesondere in dem Simplex τ^n von S^n, und das bedeutet in unserer neuen Ausdrucksweise: $\chi(u) \equiv 0$ mod. m. Da somit die Voraussetzung von d) erfüllt ist, gilt auch die Behauptung, und wir können daher χ auf die Gruppe G aller n-dimensionalen Komplexe von P^{n+1} so erweitern, daß dieser Charakter für jeden Rand v den Wert 0 hat.

Nachdem damit die algebraischen Vorbereitungen erledigt sind, wird die gewünschte Ausdehnung von $F(\overline{P})$ auf das ganze Polyeder P^{n+1} in zwei Schritten vorgenommen werden: 1) Q sei das Polyeder, das aus allen nicht zu $\overline{P}$ gehörigen n-dimensionalen Simplexen von P^{n+1} besteht; dann wird F derart auf $\overline{P} + Q$ ausgedehnt, daß für jedes Simplex x_i^n

von P^{n+1} $\chi(x_i^n)$ der Grad des Bildes $F(x_i^n)$ in dem Simplex T^n ist; (dabei wird $F(Q)$ im allgemeinen nicht mehr simplizial sein); 2) die Abbildung $F(\bar{P}+Q)$ wird zu einer Abbildung $F(P^{n+1})$ erweitert.

Wir zeigen zunächst, wie man den zweiten Schritt vornimmt, wenn der erste bereits ausgeführt ist: da $\chi(x_i^n)$ der Grad in τ^n für jedes Simplex x_i^n ist, ist $\Sigma a_i \chi(x_i^n) = \chi(x)$ der Grad in T^n bei der Abbildung des Komplexes $x = \Sigma a_i x_i^n$; das gilt insbesondere, wenn $x = v$ ein Rand ist; für einen solchen ist der Grad daher $\chi(v) = 0$, und zwar ist dies, da v ein Zyklus ist, nicht nur der Grad in τ^n, sondern der Grad der Abbildung $F(v)$ schlechthin. Ist nun y^{n+1} ein (nicht zu $\bar{P}$ gehöriges) $(n+1)$-dimensionales Simplex von P^{n+1}, so läßt sich, da sein Rand v mit dem Grade 0 abgebildet wird, diese Abbildung F auf Grund des Satzes II' auf y^{n+1} ausdehnen. Tun wir dies für jedes y^{n+1}, so erhalten wir die gewünschte Abbildung von P^{n+1}.

Die Ausführung des ersten Schrittes, die nun noch nachzuholen ist, ist ganz elementar und unabhängig von dem Satz II' und den algebraischen Betrachtungen. Im Inneren jedes n-dimensionalen Simplexes x_i^n von Q wählen wir ein System von zueinander fremden n-dimensionalen Teilsimplexen in der Anzahl $|\chi(x_i^n)|$; jedes von ihnen bilden wir affin auf τ^n ab und zwar mit dem Grade $+1$ oder -1, je nachdem $\chi(x_i^n$ positiv oder negativ ist. Wenn wir nun die Abbildung F, die jetzt außer in $\bar{P}$ auch in diesen Teilsimplexen erklärt ist, so auf den Rest von Q ausdehnen, daß die noch hinzukommenden Bildpunkte nicht im Innern von τ^n liegen, so sind wir fertig; denn dann hat jedes x_i^n in τ^n den Grad $\chi(x_i^n)$. Q' sei der Teil von Q, der entsteht, wenn man die Innengebiete aller der eben betrachteten n-dimensionalen Teilsimplexe aus Q entfernt. Die Ränder dieser Teilsimplexe und der Durchschnitt $Q \cdot \bar{P}$ bilden die Teilmenge $\bar{Q}$ von Q', auf der F schon erklärt ist; sie ist ein $(n-1)$-dimensionales Polyeder, und F ist auf ihm simplizial; daher liegt keiner der zugehörigen Bildpunkte im Inneren von τ^n. a sei ein innerer Punkt von τ^n; wir fassen jetzt für einen Augenblick S^n als euklidischen Raum R^n mit a als unendlich fernem Punkt auf. Dann liegt die Bildmenge $F(\bar{Q})$ im R^n; die euklidischen Koordinaten der Bildpunkte sind stetige Funktionen auf $\bar{Q}$; nach dem allgemeinen Erweiterungssatz für stetige Funktionen[17]) können wir diese Funktionen auf ganz Q' ausdehnen; dadurch wird $F(\bar{Q})$ zu einer Abbildung $F_1(Q')$ in den R^n er

[17]) *Hausdorff*, Mengenlehre (2. Aufl. 1927), S. 248; *von Kerékjártó*, Vorlesungen über Topologie (1923), S. 75.

weitert; kehren wir zu der früheren Auffassung der S^n zurück, so kann bei dieser Abbildung die Bildmenge zwar ins Innere von τ^n eintreten; jedoch bleibt der Punkt a unbedeckt. Wenn wir daher jeden im Inneren von τ^n liegenden Bildpunkt durch den Punkt des Randes von τ^n ersetzen, in den er von a aus projiziert wird, so erhalten wir eine stetige Abbildung $F(Q')$, die alle Anforderungen erfüllt.

Wir haben uns jetzt noch von der am Anfang des Beweises gemachten Annahme zu befreien, daß F auf $\overline{P}$ simplizial sei. F sei also eine beliebige stetige Abbildung von $\overline{P}$, die die Voraussetzungen des Satzes II erfüllt; dann sei F' eine so gute simpliziale Approximation von F, daß sie auch noch diese Voraussetzungen erfüllt und daß für jeden Punkt $\overline{p} \subset \overline{P}$ die Entfernung $\varrho(F'(\overline{p}), F(\overline{p})) < 1$ ist; dabei fassen wir S^n als Kugel vom Radius 1 im euklidischen R^{n+1} auf. $F'(p)$ dürfen wir für alle $p \subset P^{n+1}$ als definiert betrachten. Unter $v(\overline{p})$ verstehen wir den Vektor mit dem Anfangspunkt $F'(\overline{p})$ und dem Endpunkt $F(\overline{p})$. Die Komponenten dieser Vektoren sind stetige Funktionen auf $\overline{P}$; wir können sie nach dem allgemeinen Erweiterungssatz [17]) zu stetigen Funktionen auf P^{n+1} erweitern; damit ist jedem Punkt $p \subset P^{n+1}$ ein Vektor zugeordnet; dabei können wir die Erweiterung so ausführen, daß nicht nur die Vektoren $v(\overline{p})$, sondern alle Vektoren $v(p)$ kürzer als 1 sind. $F''(p)$ sei der Endpunkt des im Punkte $F'(p)$ angebrachten Vektors $v(p)$; dann ist $F''(\overline{p}) = F(\overline{p})$ für alle $\overline{p} \subset \overline{P}$, und der Mittelpunkt m der Kugel fällt mit keinem $F''(p)$ zusammen. Ist nun $F(p)$ der Schnittpunkt des Halbstrahls $m\,F''(p)$ mit S^n, so erfüllt die damit erklärte Abbildung $F(P^{n+1})$ alle Anforderungen.

6. Aufzählung der Abbildungsklassen

Da auf Grund des Satzes I die Aufzählung der Klassen der Abbildungen von P^n auf S^n mit der Aufzählung der algebraischen Abbildungstypen zusammenfällt, handelt es sich hier im wesentlichen um eine algebraische Aufgabe. Wir beginnen mit einigen rein algebraischen Betrachtungen, die an diejenigen aus Nr. 4 anknüpfen.

Neben den Charakteren, die homomorphe Abbildungen einer Gruppe in die additive Gruppe der ganzen Zahlen sind und die wir jetzt als „ganze" Charaktere bezeichnen wollen, werden noch „rationale" Charaktere betrachtet, die homomorphe Abbildungen in die additive Gruppe der rationalen Zahlen sind. Ferner werden jetzt außer denjenigen Abelschen Gruppen mit endlichen Erzeugendensystemen, die nur Elemente unendlicher Ordnung enthalten und die wir jetzt „freie" Abelsche Gruppe nennen werden, auch endliche Abelsche Gruppen vorkommen und in ihnen „zyklische" Charaktere, d. h. homomorphe Abbildungen in die additive Gruppe der Restklassen mod. 1.

Für rationale Charaktere gilt der folgende einfache Erweiterungssatz:

e) Wenn U eine Untergruppe von endlichem Index in G und wenn in U ein rationaler Charakter χ gegeben ist, so läßt sich dieser auf eine und nur eine Weise auf die ganze Gruppe G erweitern.

Beweis: Infolge der Endlichkeit des Index gibt es zu jedem $x \subset G$ eine von Null verschiedene ganze Zahl m so, daß $mx = u \subset U$ ist. Wenn χ für alle x erklärt ist, so ist $m \cdot \chi(x) = \chi(u)$, also $\chi(x) = \frac{1}{m}\chi(u)$; mithin ist die Erweiterung auf höchstens eine Weise möglich. Daß umgekehrt durch $\chi(x) = \frac{1}{m}\chi(u)$ ein Charakter in G erklärt wird, erkennt man wie in Nr. 4, c.

e') Falls der eben betrachtete Charakter χ für alle Elemente von U ganzzahlig ist, ist $\chi(x) \equiv \chi(y)$ mod. 1 für je zwei Elemente x, y, die einer der Restklassen angehören, in welche G nach U zerfällt. Daher ist in der endlichen Restklassengruppe R ein zyklischer Charakter ζ durch die Bestimmung definiert, daß $\zeta(X) \equiv \chi(x)$ mod. 1 ist, falls X die das Element x enthaltende Restklasse ist. Infolge von e) ist ζ bereits durch den Charakter $\chi(U)$, und nicht erst durch $\chi(G)$, vollständig bestimmt. Wir sagen daher, daß der zyklische Charakter ζ in R durch den ganzen Charakter χ in U „induziert" wird.

f) U sei eine Untergruppe von endlichem Index in der freien Gruppe G, R die zugehörige endliche Restklassengruppe; ζ sei ein gegebener zyklischer Charakter von R. Dann gibt es (unendlich viele) ganze Charaktere von U, die ζ induzieren.

Beweis: Es sei $G = Z_1 + \ldots + Z_r$, wobei die Z_i unendliche Zyklen sind; x_i sei erzeugendes Element von Z_i, X_i sei die x_i enthaltende Restklasse. Wir setzen $\chi(x_i) = \zeta_0(Z_i)$, wobei wir unter $\zeta_0(Z_i)$ irgend eine bestimmte Zahl aus der Restklasse mod. 1 $\zeta(Z_i)$ verstehen. Dadurch wird in G ein rationaler Charakter χ erklärt, für den $\chi(x) \equiv \zeta(X)$ mod. 1 ist, wenn x irgend ein Element von G, X die x enthaltende Restklasse ist. Ist insbesondere $x \subset U$, so ist daher $\chi(x) \equiv 0$ mod. 1; χ ist daher in U ganz. Daß ζ durch χ induziert wird, folgt unmittelbar aus der Definition.

51

Wir betrachten jetzt das Polyeder P^n in einer festen Simplexzerlegung. Unter L^n verstehen wir die Gruppe der n-dimensionalen Komplexe von P^n (in dieser Zerlegung), unter Z^n die Gruppe der n-dimensionalen Zyklen. L^n ist eine freie Gruppe, Z^n eine abgeschlossene Untergruppe von L^n. Daher gibt es nach Nr. 4, a) eine Untergruppe V^n von L^n so, daß $L^n = Z^n + V^n$ ist; die Gruppe V^n ist durch den Satz aus Nr. 4, a) nicht eindeutig bestimmt, wir wählen sie aber ein für alle Mal fest. Ferner sei R^{n-1} die Gruppe der $(n-1)$-dimensionalen Ränder, $\overline{R}^{n-1}$ die Gruppe der „Randteiler", d. h. derjenigen $(n-1)$-dimensionalen Zyklen, von denen gewisse Vielfache Ränder sind; R^{n-1} ist Untergruppe von $\overline{R}^{n-1}$ mit endlichem Index, die zugehörige Restklassengruppe T^{n-1} ist die $(n-1)$-dimensionale Torsionsgruppe. Verstehen wir für jedes Element $v^n \subset V^n$ unter $\dot{v}^n$ seinen Rand, so wird, indem man jedem $v^n \subset V^n$ den zugehörigen $\dot{v}^n \subset R^{n-1}$ zuordnet, V^n homomorph auf R^{n-1} abgebildet; dies ist aber sogar ein Isomorphismus; denn ist $\dot{v}_1^n = \dot{v}_2^n$ so ist $\dot{v}_1^n - \dot{v}_2^n = (v_1^n - v_2^n)^{\cdot} = 0$, d. h. $v_1^n - v_2^n$ ist Zyklus, also $v_1^n - v_2^n \subset Z^n$ und $v_1^n - v_2^n \subset V^n$, mithin $v_1^n - v_2^n = 0$.

Es sei nun f eine Abbildung von P^n auf S^n. Verstehen wir für jeden Zyklus $z^n \subset Z^n$ unter $\chi(z^n)$ den Grad der Abbildung $f(z^n)$, so ist χ ein ganzer Charakter von Z^n. Wir nehmen nun weiter an, daß f simplizial sei, und daß dabei die ursprüngliche Zerlegung von P^n oder eine ihrer Unterteilungen zugrundeliegt. Ist dann τ^n ein festes n-dimensionales Simplex der in S^n zugrundeliegenden Zerlegung, und verstehen wir für jeden Komplex $x^n \subset L^n$ unter $\chi(x^n)$ den Grad der Abbildung $f(x^n)$ in τ^n, so stimmt diese Definition in Z^n mit der eben gegebenen überein, und χ ist ein ganzer Charakter von L^n. Infolge der Isomorphie zwischen V^n und R^{n-1} wird durch die Bestimmung $\dot{\chi}(\dot{v}^n) = \chi(v_n)$ auch in R^{n-1} ein ganzer Charakter $\dot{\chi}$ definiert. Durch ihn wird — gemäß e') — in T^{n-1} ein zyklischer Charakter ζ induziert, wobei ζ nach folgender Vorschrift gebildet ist: X^{n-1} sei ein Element von T^{n-1}, also eine $(n-1)$-dimensionale Homologieklasse, welche Randteiler enthält (Restklasse von $\overline{R}^{n-1}$ nach R^{n-1}); x^{n-1} sei einer dieser Randteiler, und es sei $mx^{n-1} = \dot{v}^n$; dann ist $\zeta(X^{n-1}) \equiv \frac{1}{m}\chi(v^n) \mod 1$, oder: $m \cdot \zeta(X^{n-1}) \equiv \chi(v^n) \mod m$; infolge von $\dot{v}^n = mx^{n-1}$ ist v^n ein Zyklus mod. m; die Restklasse mod. m von $\chi(v^n)$ ist der Grad mod. m der Abbildung $f(v^n)$, da $\chi(v^n)$ der Grad in dem Simplex τ^n ist. Mithin ist der zyklische Charakter ζ von T^{n-1} durch die Grade mod. m der Abbildungen der n-dimensionalen Zyklen mod. m für $m > 1$ vollständig bestimmt, und umgekehrt bestimmt ζ diese Grade eindeutig[18]).

Demnach ist klar: sind f und g zwei simpliziale Abbildungen aus derselben Klasse, so bewirken sie sowohl denselben ganzen Charakter χ von Z^n als auch denselben zyklischen Charakter ζ von T^{n-1}; da jede Abbildungsklasse simpliziale Abbildungen enthält, gehören daher zu jeder Klasse ein bestimmter Charakter $\chi(Z^n)$ und ein bestimmter Charakter $\zeta(T^{n-1})$. Gehören dagegen f und g verschiedenen Klassen an, so besitzen sie nach Satz I verschiedene algebraische Typen, d. h. es gibt einen n-dimensionalen Zyklus oder Zyklus mod. m, der durch sie mit verschiedenen Graden bezw. Graden mod. m abgebildet wird; folglich bewirken sie nicht sowohl denselben $\chi(Z^n)$ als auch denselben $\zeta(T^{n-1})$. Mithin entsprechen den Klassen eineindeutig Paare χ, ζ von Charakteren; umgekehrt gibt es, wenn χ und ζ willkürlich gegeben sind, Abbildungen, die diese Charaktere bewirken. Denn zunächst gibt es nach f) einen ganzen Charakter $\dot{\chi}$ der Gruppe R^{n-1}, der ζ induziert; erklären wir dann durch $\chi(v^n) = \dot{\chi}(\dot{v}^n)$ einen Charakter χ in V^n, so ist in Verbindung mit dem in Z^n gegebenen Charakter jetzt in $L^n = Z^n + V^n$ ein ganzer Charakter χ definiert. Wir konstruieren nun eine stetige Abbildung h, so daß für jeden Komplex $x^n \subset L^n$ die Zahl $\chi(x^n)$ der Grad der Abbildung $h(x^n)$ in dem festen Simplex τ^n von S^n ist: a sei ein nicht zu τ^n gehöriger Punkt von S^n; in jedem n-dimensionalen Simplex x_i^n von P^n wählen wir $|\chi(x_i^n)|$ zueinander fremde n-dimensionale Simplexe und bilden jedes von ihnen so auf S^n ab, daß der Rand von x_i^n auf a abgebildet wird, die Abbildung im Inneren von x_i^n eineindeutig ist und den Grad $+1$ oder -1 hat, je nachdem $\chi(x_i^n)$ positiv oder negativ ist; alle übrigen Punkte von P^n bilden wir ebenfalls auf a ab. Dann ist $\chi(x_i^n)$ der Grad von $h(x_i^n)$ in τ^n für jedes Simplex x_i^n, und mithin $\chi(x^n) = \Sigma a_i \chi(x_i^n)$ der Grad von $f(x^n)$ für jeden Komplex $x^n = \Sigma a_i x_i^n$. h, sowie jede simpliziale Abbildung f aus derselben Klasse, bewirkt dann die gegebenen Charaktere χ und ζ von Z^n und T^{n-1}.

Damit ist folgendes bewiesen:

Satz III. *Jede Klasse von Abbildungen des Polyeders P^n auf die Sphäre S^n bewirkt einen ganzen Charakter der n-dimensionalen Zyklengruppe Z^n von P^n und einen zyklischen Charakter der $(n-1)$-dimensionalen Torsionsgruppe T^{n-1} von P^n durch die folgenden Festsetzungen: $\chi(z^n)$ ist der Grad, mit dem der Zyklus $z^n \subset Z^n$ abgebildet wird;*

[18]) Man vergesse aber nicht, daß in der Wahl der Gruppe V^n eine Willkür liegt. Ohne die Auszeichnung von V^n ist, wenn x^{n-1} gegeben ist, v^n durch $mx^{n-1} = \dot{v}^n$ nicht eindeutig bestimmt, da auch $mx = (v^n + z^n)^{\cdot}$ mit irgend einem (gewöhnlichen) Zyklus z^n ist; und im allgemeinen ist $\chi(v^n) \neq \chi(v^n + z^n)$.

ferner sei dir Gruppe L^n der n-dimensionalen Komplexe als direkte Summe $L^n = Z^n + V^n$ dargestellt; ist dann X^{n-1} eine Homologieklasse aus T^{n-1}, so ergibt es in V^n einen Zyklus mod. m v^n_m, dessen durch m geteilter Rand $\frac{1}{m}\dot{v}^n_m \subset X^{n-1}$ ist; der Grad mod. m, mit dem v^n_m abgebildet wird, ist $\equiv m \cdot \zeta(X^{n-1})$ mod. m. Dies ist eine eineindeutige Zuordnung zwischen den Abbildungsklassen und der Gesamtheit aller Charakterenpaare $\chi(Z^n), \zeta(T^{n-1})$.

Hiernach kann man leicht die Anzahl der Klassen bestimmen:

Satz III'. *Ist die n-te Bettische Zahl von P^n positiv, so gibt es unendlich viele Klassen; ist sie 0, so ist die Anzahl der Klassen endlich, und zwar gleich der Ordnung der (n—1)-dimensionalen Torsionsgruppe.*

Beweis: Daß die n-te Bettische Zahl positiv ist, bedeutet, daß Z^n nicht nur aus dem Nullelement besteht; sie besitzt als freie Gruppe dann unendlich viele ganze Charaktere χ; denn man kann, wenn $Z^n = X_1 + \ldots + X_r$ ist und die X_i unendliche Zyklen sind, die Werte von χ für die erzeugenden Elemente der X_i willkürlich vorschreiben. Ist die n-te Bettische Zahl 0, so besteht Z^n nur aus der 0, und $\chi = 0$ ist der einzige Charakter von Z^n. Man hat also zu zeigen, daß die Anzahl der zyklischen Charaktere einer endlichen Gruppe T^{n-1} gleich der Ordnung von T^{n-1} ist. Nun ist T^{n-1} direkte Summe endlicher zyklischer Gruppen: $T^{n-1} = X_1 + \ldots + X_r$; x_i seien erzeugende Elemente der X_i, ihre Ordnungen seien e_i. Da $e_i \cdot x_i = 0$ ist, muß $e_i \cdot \zeta(x_i) \equiv 0$ mod. 1, also $\zeta(x_i) \equiv \frac{k_i}{e_i}$ mod. 1 sein, wobei k_i eine der Zahlen 0, 1, ... $e_i - 1$ ist. Wählt man umgekehrt die k_i willkürlich und setzt $\zeta(x_i) \equiv \frac{k_i}{e_i}$ für $i = 1, \ldots, r$, so entsteht ein zyklischer Charakter von T^{n-1}. Daraus folgt, daß die Anzahl dieser Charaktere gleich Πe_i, also gleich der Ordnung von T^{n-1} ist.

Als Spezialfall des Satzes III' sei noch hervorgehoben:

Satz III''. *Die Abbildungen von P^n auf die S^n bilden dann und und nur dann eine einzige Klasse, wenn für P^n die n-te Bettische Zahl 0 und keine (n — 1)-dimensionale Torsion vorhanden ist*[19]).

(Eingegangen den 12. März 1932)

---

19) Satz I der unter 6) zitierten Arbeit.

54

25.

(gemeinsam mit E. Pannwitz)

Über stetige Deformationen von Komplexen in sich

Math. Ann. **108** (1933), 433–465

Unter einer „Deformation" eines Gebildes C wird im folgenden stets eine eindeutige und stetige Deformation von C *in sich* verstanden, also eine für $0 \leqq t \leqq 1$ von dem Parameter t stetig abhängende Schar eindeutiger — nicht notwendigerweise eineindeutiger — und stetiger Abbildungen f_t von C auf C oder auf Teile von C, wobei $f_0(p) = p$ für jeden Punkt p von C ist. Ist C_1 die durch f_1 gelieferte Bildmenge, so sagen wir, daß C in die Menge C_1 deformiert worden ist.

Die allgemeine Frage, die den nachstehenden Untersuchungen zugrunde liegt, ist: „*Welche Gebilde können in echte Teile von sich deformiert werden?*" Ein Gebilde C, bei dem dies unmöglich ist, das also die Eigenschaft hat, daß kein Punkt durch eine Deformation von C von der Bedeckung durch die Bildmenge befreit werden kann, soll „*im Großen stabil*" heißen.

Derartige Betrachtungen sind sinnvoll für beliebige topologische Räume C. Wir beschränken uns aber auf *Komplexe*, und zwar auf homogen n-dimensionale Komplexe, bei denen also jedes k-dimensionale Simplex $(0 \leqq k < n)$ auf einem n-dimensionalen Simplex liegt; ein Teil der Ergebnisse verliert seine Gültigkeit, wenn man auf die Homogenität verzichtet. Wir halten die Aufgabe für wichtig, festzustellen, inwieweit sich die Fragen aus dem angedeuteten Problemkreis mit Hilfe der Begriffe und Methoden der kombinatorischen Topologie beantworten lassen, und insbesondere, wie der Begriff der „Stabilität" mit den in der Homologietheorie üblichen Begriffen der „Geschlossenheit", des „Randes" und des „Zyklus" zusammenhängt. Wir werden, ohne die Aufgabe vollständig zu lösen, Beiträge zur Beantwortung der angeschnittenen Fragen liefern.

Leicht zu erledigen ist der Fall $n = 1$; hier gilt

Satz I: *Ein Streckenkomplex ist dann und nur dann im Großen stabil, wenn er keinen freien Eckpunkt besitzt*[1]).

Dabei verstehen wir unter einem „freien“ $(n-1)$-dimensionalen Simplex eines n-dimensionalen Komplexes ein solches, das auf nur einem n-dimensionalen Simplex liegt. Das Vorhandensein eines freien $(n-1)$-dimensionalen Simplexes macht natürlich die Stabilität unmöglich; man kann dann ja offenbar bereits durch eine *beliebig kleine* Deformation in der Nähe der freien Seite ein Stück des Komplexes von der Bedeckung durch die Bildmenge befreien. Es liegt dann eine besonders starke Form von Instabilität vor; wir nennen sie „Labilität“, definieren also: „Der Komplex C heißt *labil*, wenn er durch beliebig kleine Deformationen in echte Teile von sich deformiert werden kann“.

Die Labilität eines Komplexes läßt sich nicht nur im eindimensionalen, sondern auch im allgemeinen Falle bereits an lokalen Eigenschaften, d. h. an dem Verhalten von C in der Nähe einzelner Punkte, erkennen. Um dies klarzustellen, definieren wir: „C ist *im Punkte p labil*“, oder auch: „p ist ein *labiler Punkt*“, wenn jede Umgebung U von p so in sich deformiert werden kann, daß diese Deformation noch auf der Begrenzung von U stetig und dort dauernd die Identität ist und daß ein Punkt von U von der Bedeckung durch die Bildmenge befreit wird; andernfalls sagen wir, daß C *in p im Kleinen stabil* ist, und nennen p einen *stabilen Punkt*; ist der Komplex C in allen Punkten im Kleinen stabil, so nennen wir ihn schlechthin „*stabil im Kleinen.*“ Nun besteht die Charakterisierung der Labilität von C durch lokale Eigenschaften in der folgenden Tatsache: „*Die Labilität von C ist mit der Existenz wenigstens eines labilen Punktes gleichbedeutend*“. In der Tat ist zunächst nach den Definitionen selbstverständlich, daß die Labilität in einem Punkte p die Labilität von C schlechthin zur Folge hat. Ist andererseits C labil, so gibt es, wenn ε_i eine gegen 0 konvergierende Folge positiver Zahlen ist, zu jedem i eine Deformation $f_t^{(i)}$ $(0 \leqq t \leqq 1)$ von C, die jeden Punkt um weniger als ε_i verschiebt und einen Punkt p_i befreit; jeder Häufungspunkt p der Folge p_i ist dann, wie man leicht sieht, ein labiler Punkt[2]).

Woran erkennt man nun die Labilität eines Punktes und damit des ganzen Komplexes? Wir werden diese Frage nachher (Satz VI, VIa) voll-

[1]) Beweis: § 1.

[2]) Beweis: Bei einer beliebig feinen Unterteilung von C sei p Eckpunkt, S_1 der Stern von p, B_1 die Begrenzung von S_1 (Erklärungen siehe unten vor Satz VI); die Mittelpunkte der Verbindungsstrecken von p mit den Punkten von B_1 bilden einen Komplex B_0, der einen Stern S_0 begrenzt. Für jeden Punkt $x_0 \subset B_0$ verstehen wir unter x_1 den Schnitt des Strahles $p\,x_0$ mit B_1 und unter x_s den

ständig beantworten; vorläufig stellen wir nur folgendes fest: während für $n = 1$, wie der Satz I lehrt, die einzige Möglichkeit für die Labilität in dem Auftreten freier Ecken, also freier $(n-1)$-dimensionaler Simplexe, besteht, wäre es ein Irrtum, anzunehmen, daß auch in mehr Dimensionen keine weiteren Möglichkeiten vorhanden sind; es gilt nämlich

Satz II: *Es gibt für jedes* $n \geqq 2$ *labile* n*-dimensionale Komplexe ohne freie* $(n-1)$*-dimensionale Seiten*[3]).

Das einfachste Beispiel ($n = 2$) der Umgebung eines labilen Punktes e, von dem keine freie Kante ausgeht, sieht folgendermaßen aus: Ein gewöhnlicher Doppelkegel Q mit der Spitze e und eine Halbebene, deren Randgerade Erzeugende von Q und die im übrigen zu Q fremd ist (§ 3, b).

Bezüglich des Verhältnisses der Stabilität im Kleinen zu der Stabilität im Großen, von der wir ja ausgingen, ist zunächst die selbstverständliche Bemerkung zu machen, daß die Stabilität im Kleinen notwendig für die Stabilität im Großen ist. Aus dem Satz I geht hervor, daß für $n = 1$ die beiden Stabilitätsbegriffe zusammenfallen; für $n > 1$ ist dies jedoch nicht so, vielmehr gilt

Satz III: *Es gibt für jedes* $n \geqq 2$ n*-dimensionale Komplexe, die zwar im Kleinen, aber nicht im Großen stabil sind*[4]).

Hier ist das einfachste Beispiel ($n = 2$) eine Torusfläche, bei welcher in einen Meridian sowie in einen Breitenkreis je ein zweidimensionales Element so eingespannt ist, daß die Elemente mit dem Torus nur ihre Ränder, miteinander nur den Schnittpunkt ihrer Ränder gemeinsam haben (§ 3, d).

Während, wie wir sahen, die „Stabilität im Kleinen" sich bereits in lokalen Eigenschaften äußert — nämlich in dem Fehlen labiler Punkte —, läßt der Satz III es als fraglich erscheinen, ob eine ähnliche lokale Charakterisierung auch für die „Stabilität im Großen" möglich ist. Diese

---

Punkt, der die Strecke $x_0 x_1$ im Verhältnis $s:(1-s)$ teilt. i sei so groß gewählt, daß $f_t^{(i)}(S_0) \subset S_1$ $(0 \leqq t \leqq 1)$, $p_i \subset S_0$, $p_i \not\subset f_t^{(i)}(B_0)$ $(0 \leqq t \leqq 1)$ ist. Setzen wir

$$g_t(x) = x \text{ für } x \not\subset S_1 \text{ und für } x \subset B_1,$$
$$g_t(x_s) = x_{\frac{2s-t}{2-t}} \text{ für } 2s \geqq t,$$
$$g_t(x_s) = f^{(i)}_{\frac{t-2s}{1-s}}(x_0) \text{ für } 2s \leqq t,$$
$$g_t(x) = f_t^{(i)}(x) \text{ für } x \subset S_0,$$

so ist die Schar g_t $(0 \leqq t \leqq 1)$ eine Deformation von S_1, die B_1 festhält und p_i befreit.

[3]) Beweis: § 3, a.

[4]) Beweis: § 3, d für $n = 2$, § 4 für $n \geqq 3$.

Frage werden wir sogleich beantworten, und zwar verneinen können, wenn wir den folgenden Satz heranziehen:

Satz IV: *Zu jedem stabilen Punkt p von C läßt sich ein im Großen stabiler Komplex C_p angeben, der einen solchen Punkt p' enthält, daß p und p' homöomorphe Umgebungen haben*[5]).

Jetzt erkennt man: *Es ist unmöglich, die Stabilität im Großen durch lokale Eigenschaften zu charakterisieren;* denn ist C ein Komplex, wie er nach Satz III existiert, der also im Kleinen, aber nicht im Großen stabil ist, so geht aus dem Satz IV die Unmöglichkeit hervor, die Instabilität von C durch Untersuchungen nachzuweisen, die sich nur auf die Umgebungen einzelner Punkte von C erstrecken.

Die Begriffe der kombinatorischen Topologie und bekannte Sätze über den Abbildungsgrad liefern ohne weiteres eine Bedingung, die für die Stabilität im Großen eines n-dimensionalen Komplexes C hinreicht. Ist nämlich Z ein in C gelegener n-dimensionaler Zyklus und T ein n-dimensionales Simplex, das Z angehört, d. h. das in Z mit dem von 0 verschiedenen Koeffizienten c auftritt, so behält das Bild von Z, wenn man Z stetig innerhalb von C deformiert, im Simplex T immer den Grad c, und mithin gehört, da $c \neq 0$ ist, T stets zu dem Bilde von Z. Das Analoge gilt für einen Zyklus Z_m mod m mit irgendeinem $m > 1$ und ein Simplex T, das Z_m angehört, d. h. das in Z_m mit einem Koeffizienten vorkommt, der $\not\equiv 0$ mod m ist; man hat dann den Grad mod m zu betrachten. Wir nennen nun C „*zyklisch*", falls *jedes* n-dimensionale Simplex einem Zyklus oder einem Zyklus mod m mit irgendeinem m angehört; dann gilt also:

Jeder zyklische Komplex ist stabil im Großen.

Dieser Satz ist aber nicht umkehrbar; denn es gilt

Satz V: *Es gibt n-dimensionale Komplexe, und zwar für jedes $n > 0$, die nicht zyklisch und doch stabil im Großen sind*[6]).

Die Frage nach einer Kennzeichnung der Stabilität im Großen vom Standpunkt der kombinatorischen Topologie ist somit offen, und sie wird auch durch weitere Sätze dieser Arbeit nur unvollkommen geklärt werden; dagegen läßt sich — und das betrachten wir als das Hauptergebnis dieser Arbeit — die „Stabilität in einem Punkt" vollständig durch kombinatorisch-topologische Eigenschaften charakterisieren. Da man jeden Punkt eines Komplexes C zum Eckpunkt einer Unterteilung machen kann, dürfen wir uns dabei auf Eckpunkte beschränken. Ist e ein solcher, so benutzen wir die folgenden üblichen Begriffe und Bezeichnungen: die

5) Beweis: § 2.

6) Beweis: § 3, f.

n-dimensionalen Simplexe, die e als Ecke haben, bilden den „Stern" von e; die $(n-1)$-dimensionalen Simplexe des Sternes, die e nicht als Ecke haben, bilden die Begrenzung des Sternes oder den „Umgebungskomplex" von e; die nicht zur Begrenzung gehörigen Punkte bilden das „Innere" des Sternes. Das Kriterium für die Stabilität des Punktes e lautet nun:

Satz VI: *Die Ecke e von C ist dann und nur dann stabil, wenn ihr Umgebungskomplex zyklisch ist*[5]).

Man kann denselben Satz auch mit Hilfe des Sternes statt des Umgebungskomplexes ausdrücken. Ist nämlich Z ein $(n-1)$-dimensionaler Zyklus (bzw. Zyklus mod m) im Umgebungskomplex von e und K der von e und Z ausgespannte Kegel, so ist — wenn man die Simplexe von K richtig orientiert und mit richtigen Vielfachheiten versieht — Z der Rand (bzw. Rand mod m) von K, e gehört also nicht zum Rande von K; wenn der Umgebungskomplex zyklisch ist, so ist daher der Stern die Vereinigungsmenge von solchen n-dimensionalen Komplexen oder Komplexen mod m, daß e bei keinem von ihnen auf dem Rande (bzw. Rande mod m) liegt. Umgekehrt: ist der Stern die Vereinigung von Komplexen K dieser Art, so ist der Umgebungskomplex zyklisch; denn er ist die Vereinigung der Ränder (oder Ränder mod m) der Komplexe K. Somit ist der Satz VI gleichbedeutend mit

Satz VI': *Die Ecke e ist dann und nur dann stabil, wenn ihr Stern die Vereinigung von solchen n-dimensionalen Komplexen und Komplexen* mod m *ist, daß e für keinen von ihnen auf dem Rande (bzw. Rande* mod m*) liegt.*

Oder, noch anders ausgedrückt:

Satz VI'': *e ist dann und nur dann labil, wenn bei jeder Bedeckung des Sternes von e mit n-dimensionalen Komplexen e auf dem Rande wenigstens eines von ihnen liegt.*

Dabei wird unter einer Bedeckung des Sternes durch Komplexe eine Darstellung als Vereinigungsmenge verstanden; die Komplexe sowie die Ränder sind sowohl im gewöhnlichen algebraischen Sinne wie mod m mit beliebigem m zu verstehen.

Die Form VI'' unseres Satzes zeigt besonders klar den Zusammenhang zwischen dem Begriff des „Randpunktes" einerseits, dem Begriff des „labilen Punktes" andererseits und regt zu einer Betrachtung über die Definition des „Randes" in der kombinatorischen Topologie an. Wenn C ein n-dimensionaler Komplex im algebraischen Sinne ist, wenn also seine Simplexe mit Orientierungen und Koeffizienten („Vielfachheiten") versehen sind, so ist in bekannter Weise ein gewisser $(n-1)$-dimensionaler

Zyklus als „Rand“ von C definiert, und zwar in der Topologie mod m analog wie in der gewöhnlichen Topologie; die Punkte dieses Randes (bzw. Randes mod m) wollen wir die „algebraischen Randpunkte“ des „algebraischen Komplexes“ C nennen. Wenn aber C als „absoluter Komplex“ gegeben ist, d. h. ohne Orientierungen, Koeffizienten und ohne Auszeichnung eines Moduls m, sondern als Gesamtheit seiner geometrischen Simplexe, was hat man dann unter „Randpunkten“ zu verstehen? Wir schlagen vor, den gesuchten Begriff folgendermaßen auf die bekannten algebraischen Begriffe zurückzuführen: „*Der Punkt e von C ist Randpunkt, wenn bei jeder Bedeckung seines Sternes (nachdem man e durch Unterteilung von C zum Eckpunkt gemacht hat) durch n-dimensionale algebraische Komplexe e algebraischer Randpunkt wenigstens eines dieser Komplexe ist; anderenfalls ist e innerer Punkt von C*“. Diese Definition erscheint gerechtfertigt durch die folgende, in den Sätzen VI′ und VI″ ausgedrückte Tatsache (die übrigens zugleich die topologische Invarianz des eben eingeführten Begriffes des Randes in Evidenz setzt): „*Jeder innere Punkt ist stabil, jeder Randpunkt ist labil*“. Durch diese Tatsache in Verbindung mit der obigen Definition des „Randpunktes“ wird zugleich der alte Begriff des „algebraischen Randes“ in ein neues Licht gesetzt, indem er mit „Homotopie“-Begriffen — d. h. solchen, die sich auf stetige Abänderungen beziehen, — in Verbindung gebracht wird. Wir heben noch hervor, daß für $n = 2$ — und trivialerweise auch für $n = 1$ — diese Begriffe und Sätze einen geometrisch besonders anschaulichen Inhalt haben; da nämlich, wie man leicht sieht, ein eindimensionaler Komplex dann und nur dann zyklisch ist, wenn jede seiner Strecken auf einem einfach geschlossenen Polygon liegt, und da der von der Ecke e und einem einfach geschlossenen Polygon ausgespannte Komplex K ein zweidimensionales Element ist, gilt für $n = 2$: „*Der Punkt e des zweidimensionalen Komplexes C ist dann und nur dann stabiler oder „innerer“ Punkt, wenn in seinem Umgebungskomplex jede Strecke auf einem geschlossenen Polygon liegt, oder anders ausgedrückt: wenn sich sein Stern so mit zweidimensionalen Elementen bedecken läßt, daß e im Inneren jedes von ihnen liegt.*

Daß die „inneren“ Punkte von C eine offene, die „Randpunkte“ also eine abgeschlossene Menge bilden, ist enthalten in dem folgenden

Zusatz zu Satz VI: *Ist der Umgebungskomplex von e zyklisch, so ist jeder im Inneren des Sternes von e gelegene Punkt stabil*[5]).

Damit kehren wir zu den eigentlichen Stabilitätsfragen zurück. Der Satz VI liefert, wie oben hervorgehoben, ein Kriterium für beliebige Punkte, da man jeden Punkt durch Unterteilung von C zum Eckpunkt machen kann. Nun braucht man aber für die Entscheidung der Frage, ob C im Kleinen stabil ist, nicht alle Punkte zu untersuchen; jeder Punkt p von C liegt ja bei Festhaltung einer bestimmten Simplexzerlegung von C im Inneren gewisser Sterne, nämlich der Sterne der Ecken e des niedrigst-dimensionalen Simplexes, das p enthält; daher gilt auf Grund des Satzes VI und seines Zusatzes:

Satz VIa: *C ist dann und nur dann labil (im Kleinen), wenn es in der fest zugrundegelegten Simplexzerlegung von C eine Ecke gibt, deren Umgebungskomplex nicht zyklisch ist.*

Dagegen wissen wir über den Zusammenhang zwischen der Stabilität im Großen und dem kombinatorischen Zyklusbegriff bisher — auf Grund der Sätze III, V, VIa sowie der Tatsache, daß die Stabilität im Kleinen notwendig für die Stabilität im Großen ist, — nur das Folgende:

Für die Stabilität im Großen ist eine notwendige, aber nicht hinreichende Bedingung, daß der Umgebungskomplex jeder Ecke zyklisch ist, und eine hinreichende, aber nicht notwendige Bedingung, daß der Komplex selbst zyklisch ist.

Die Frage nach kombinatorischen Bedingungen, die für die Stabilität im Großen sowohl notwendig als auch hinreichend sind, können wir für beliebige Komplexe C nicht beantworten; aber wir können es wenigstens für eine Klasse spezieller Komplexe. Nennen wir, wie üblich, C „*einfach zusammenhängend*", falls sich jeder geschlossene Weg in einen Punkt zusammenziehen läßt — falls also die Fundamentalgruppe von C nur aus der Identität besteht —, so gilt

Satz VII: *Ein einfach zusammenhängender n-dimensionaler Komplex mit $n \geqq 3$ ist dann und nur dann im Großen stabil, wenn er zyklisch ist.*

Der Satz ist in einem genaueren enthalten. Ein n-dimensionales Simplex X von C heiße „*wesentlich*", wenn es unmöglich ist, durch eine Deformation von C einen inneren Punkt von X von der Bedeckung durch das Bild von C zu befreien; ist X unwesentlich, ist also wenigstens ein innerer Punkt p von X befreibar, so sind offenbar alle inneren Punkte befreibar; denn man kann die Deformation von C dadurch fortsetzen, daß man die noch im Innern von X liegenden Punkte des Bildes von C von p aus stetig auf den Rand von x projiziert und alle übrigen Punkte fest läßt. Da nun, falls C nicht stabil im Großen ist, gewiß innere Punkte wenigstens eines n-dimensionalen Simplexes von der Bedeckung befreit werden können, ist die Instabilität im Großen gleichbedeutend mit der Existenz unwesentlicher Simplexe. Und die Frage, ob C stabil im Großen ist, wird durch die folgende Frage verfeinert: „*Welche n-dimen-*

sionalen Simplexe von C sind wesentlich?" Nun lautet die angekündigte Verschärfung des Satzes VII:

Satz VIIa: *Ist* $n \geqq 3$ *und C einfach zusammenhängend, so ist das n-dimensionale Simplex X von C dann und nur dann wesentlich, wenn es einem Zyklus oder Zyklus mod m (mit irgendeinem* $m > 1$*) angehört*[7]).

Daß die Voraussetzung des einfachen Zusammenhangs in den Sätzen VII und VIIa unvermeidlich ist — d. h. nicht einfach weggelassen werden darf —, ergibt sich aus der Gültigkeit des Satzes V. Was die Voraussetzung über n betrifft, so sind die Sätze trivialerweise auch für $n = 1$ richtig; denn dann handelt es sich infolge des einfachen Zusammenhanges um Baumkomplexe, in denen es keinen Zyklus und keine wesentliche Strecke gibt. Dagegen wissen wir nicht, wie es sich mit dem Fall $n = 2$ verhält; insbesondere ist uns die Antwort auf die folgende Frage unbekannt:

Gibt es einen einfach zusammenhängenden zweidimensionalen Komplex, der nicht zyklisch und doch stabil im Großen ist?

Wir halten es sehr wohl für möglich, daß diese Frage zu bejahen ist, daß also die Dimensionszahl $n = 2$ im Hinblick auf den Satz VII eine Ausnahme bildet; denn sie nimmt, wie sich noch herausstellen wird, eine Ausnahmestellung in einem ganz ähnlichen Zusammenhang ein.

Wir kommen nämlich, nachdem wir erst einmal den Begriff des unwesentlichen Simplexes eingeführt haben, zwangsläufig zu einem neuen Begriff und einer neuen Frage. Wenn C nicht im Großen stabil ist, wenn es also wenigstens ein unwesentliches Simplex gibt, so wird man versuchen, nicht nur ein einzelnes Simplex, sondern die Innengebiete von möglichst vielen n-dimensionalen Simplexen gleichzeitig von der Bedeckung durch das Bild von C zu befreien; dieser Prozeß wird schließlich einmal abbrechen müssen, und dann wird das Bild von C bei dem endgültigen Ergebnis der Deformation außer aus einem höchstens $(n-1)$-dimensionalen Komplex im allgemeinen noch aus einem homogen n-dimensionalen Komplex K bestehen; solche Teilkomplexe K von C fassen wir ins Auge, indem wir definieren: Der homogen n-dimensionale Teilkomplex K von C heißt ein „*stabiler Kern*" von C, wenn er die folgenden beiden Eigenschaften hat: 1. es gibt eine Deformation von C, bei deren Ergebnis das Bild von C aus K und aus einer höchstens $(n-1)$-dimensionalen Menge besteht; 2. kein echter Teil K' von K hat die Eigenschaft 1. Unter Benutzung dieses Begriffes ist die Stabilität im Großen eines Komplexes C gleichbedeutend mit der Tatsache, daß C selbst stabiler Kern von sich ist; und es erhebt sich in Verallgemeinerung der Frage nach Stabilitäts-

[7]) Beweis: § 4.

kriterien die Frage: „*Welches sind die stabilen Kerne eines gegebenen Komplexes C?*“ Diese Frage ist nun für alle Dimensionszahlen außer für $n = 2$ äquivalent mit der Frage nach den wesentlichen Simplexen; denn es gilt

Satz VIII: *Ist $n \neq 2$, so besitzt C einen einzigen (eventuell leeren) stabilen Kern: den von den wesentlichen Simplexen gebildeten Komplex*[8]).

Ist $n \neq 2$ und C überdies *einfach zusammenhängend*, so läßt sich daher auf Grund der Sätze VIIa und VIII der stabile Kern rein kombinatorisch charakterisieren: *er ist die Vereinigung aller n-dimensionalen Zyklen und Zyklen* mod *m*.

Hier spielt nun aber $n = 2$ bestimmt eine Ausnahmerolle:

Satz VIIIa: *Es gibt einen zweidimensionalen Komplex C, der zwei stabile Kerne besitzt; jeder von ihnen enthält ein unwesentliches Simplex von C*[9]).

Das sind die Ergebnisse der vorliegenden Arbeit. Zwei Fragen sind unbeantwortet geblieben: Bei der einen handelt es sich um die Charakterisierung der *wesentlichen Simplexe von mehrfach zusammenhängenden Komplexen beliebiger Dimension* ($n \geqq 2$); die Behandlung dieser Aufgabe scheint — darauf deutet unser Beweis des Satzes V hin — auf die Untersuchung der unverzweigten Überlagerungskomplexe von C und der in diesen liegenden Zyklen hinauszukommen. Die andere offene Frage, deren Beantwortung wir für schwierig halten, haben wir oben schon formuliert: sie bezieht sich auf die *einfach zusammenhängenden zweidimensionalen Komplexe*. Schließlich besteht natürlich auch die Aufgabe, zu untersuchen, wie weit und in welcher Form sich die hier für Komplexe bewiesenen Sätze (insbesondere I, VI, VII, VIII) sowie die an VI anknüpfenden Betrachtungen über den Randbegriff auf beliebige *topologische Räume* übertragen lassen.

Der folgende Text schließt sich unmittelbar an die in dieser Einleitung eingeführten Begriffe und Bezeichnungen an.

§ 1.

Streckenkomplexe.

Den Beweisen der Sätze I und VIII für $n = 1$, die das Ziel dieses Paragraphen sind, schicken wir eine Charakterisierung der wesentlichen Strecken eines Streckenkomplexes voraus.

---

[8]) Beweis: § 1 für $n = 1$, § 4 für $n \geq 3$.

[9]) Beweis: § 3, e. — Daß die Dimension 2 bei derartigen Abbildungssätzen eine Ausnahmestellung einnimmt, war bekannt; man vgl. § 7 der unter [16]) zitierten Arbeit.

S a t z: *Die Strecke T des (zusammenhängenden) Streckenkomplexes C ist dann und nur dann unwesentlich, wenn C dadurch, daß man die Strecke T in ihrem Mittelpunkt m durchschneidet, in zwei miteinander nicht zusammenhängende Teile zerlegt wird, von denen wenigstens einer ein Baum ist.* (Ein Baum ist ein zusammenhängender Streckenkomplex, der kein geschlossenes Polygon enthält.)

B e w e i s: Wenn C bei der Durchschneidung in m in die Teile C_1, C_2 zerfällt, von denen C_1 ein Baum ist, so kann man C_1 unter Festhaltung von m auf m zusammenziehen. Dies ist, wenn man alle Punkte von C_2 festhält, eine Deformation von C, die einen Teil von T befreit. T ist also unwesentlich.

C zerfalle bei der Durchschneidung in m nicht in der beschriebenen Weise. Dann sind zwei Fälle möglich. Erster Fall: C zerfällt bei der Durchschneidung überhaupt nicht; dann gibt es in C einen Weg w zwischen den Ecken e_1 und e_2 von T, der T nicht enthält; $T + w$ ist ein T enthaltender Zyklus; folglich ist T wesentlich. Zweiter Fall: C zerfällt zwar in zwei Teile C_1, C_2, aber keiner von ihnen ist ein Baum. Dann enthält C_1 einen Zyklus Z_1, C_2 einen Zyklus Z_2, und $Z_1 + Z_2$ enthält T nicht. p_1', p_2' seien Punkte auf Z_1 bzw. Z_2; da Z_1 und Z_2 Zyklen sind, so gehören bei jeder Deformation f_t von C $(0 \leqq t \leqq 1)$ p_1', p_2' dauernd zu den Bildern von Z_1 bzw. Z_2, es gibt also insbesondere Punkte $p_1 \subset Z_1$, $p_2 \subset Z_2$ mit $f_1(p_1) = p_1'$, $f_1(p_2) = p_2'$. Ist nun w ein p_1 mit p_2 verbindender Streckenzug, so verbindet der Weg $w' = f_1(w)$ die Punkte p_1' und p_2'; da p_1' und p_2' durch m sowie durch jeden anderen inneren Punkt von T voneinander getrennt werden, gehört T zu w', also zu dem Bilde $f_1(C)$, und ist mithin wesentlich.

B e w e i s d e s S a t z e s I: Die Instabilität (im Kleinen und im Großen) eines Streckenkomplexes, der eine freie Ecke besitzt, ist trivial. Der (zusammenhängende) Streckenkomplex C besitze keine freie Ecke; es ist zu zeigen, daß jede Strecke T wesentlich ist. Dies folgt unmittelbar aus dem eben bewiesenen Satze, da andernfalls nach Durchschneidung von T in ihrem Mittelpunkt m einer der beiden Teile C_1, C_2 ein Baum wäre, also eine von m verschiedene freie Ecke besäße, die also auch freie Ecke von C wäre.

B e w e i s d e s S a t z e s VIII f ü r $n = 1$: Aus der oben bewiesenen Charakterisierung der unwesentlichen Strecken ergibt sich: Ist C' ein Teilkomplex von C und T eine zu C' gehörige unwesentliche Strecke von C, so ist T auch unwesentliche Strecke von C'; denn der zu C' gehörige Teil des Baumes, der bei der Durchschneidung von C in m entsteht, ist selbst ein Baum (er ist nicht leer, da er eine Hälfte von T enthält). Daher kann ein stabiler Kern C' von C nur aus den wesentlichen Strecken von C bestehen.

§ 2.

Die Stabilität im Kleinen.

Beweis des Satzes VI und des Zusatzes zu ihm: Der Stern von e heiße S, die Begrenzung von S, also der Umgebungskomplex von e, heiße B. Wir setzen zunächst voraus, daß B zyklisch ist, und haben zu zeigen, daß jeder innere Punkt p von S stabil ist, daß es also zu jedem derartigen p eine Umgebung U mit folgender Eigenschaft gibt: Ist f_t $(0 \leqq t \leqq 1)$ eine Deformation von C, die außerhalb und auf der Begrenzung von U die Identität ist und U in sich deformiert, so gehört U bei der Abbildung f_1 zur Bildmenge. Da wir U im Innern von S annehmen können, ist die Behauptung in der folgenden enthalten: Bei jeder Deformation f_t von C, die außerhalb und auf dem Rande von S die Identität ist, gehört S dauernd zur Bildmenge. Da die Bildmenge in jedem Augenblick abgeschlossen und da S die abgeschlossene Hülle der inneren Punkte der zu S gehörigen n-dimensionalen Simplexe ist, genügt es zu zeigen, daß ein willkürlicher innerer Punkt q eines beliebigen zu S gehörigen Simplexes T_1^n dauernd zur Bildmenge gehört.

Die e gegenüberliegende Seite T_1^{n-1} von T_1^n gehört nach Voraussetzung einem Zyklus (oder Zyklus mod m) Z^{n-1} in B an; es sei $Z^{n-1} = \Sigma c_i T_i^{n-1}$; dann ist $c_1 \neq 0$ (bzw. $c_1 \not\equiv 0 \bmod m$). Sind T_i^n die von e und den T_i^{n-1} ausgespannten, geeignet orientierten Simplexe, so ist Z^{n-1} der Rand (bzw. Rand mod m) des Komplexes $K^n = \Sigma c_i T_i^n$. Ist nun die Schar f_t die betrachtete Deformation, wobei f_0 die Identität ist, so hat die Abbildung f_0 von K^n in dem Punkt q den Grad (bzw. Grad mod m) c_1. Der Grad in q bleibt während der ganzen Deformation konstant, da das Bild des Randes (bzw. Randes mod m) von K^n fest, also jedenfalls fremd zu q bleibt. Folglich hat für jedes t die Abbildung f_t von K^n in q den Grad (bzw. Grad mod m) c_1, der $\neq 0$ (bzw. $\not\equiv 0$) ist. Mithin gehört q dauernd zur Bildmenge.

Es sei jetzt B nicht zyklisch, sondern enthalte ein Simplex T^{n-1}, das auf keinem zu B gehörigen Zyklus oder Zyklus mod m liegt. Wir haben durch eine Deformation einer vorgegebenen Umgebung U von e, die auf der Begrenzung von U noch stetig und dort die Identität ist, einen Punkt p von U von der Bedeckung zu befreien. Wir präzisieren zunächst, auf welchen Teil von S wir die Deformation beschränken und welchen Teil wir befreien werden.

Auf jeder von e ausgehenden Kante wählen wir einen willkürlichen inneren Punkt; diese Punkte, die wir mit $\bar{q}_1, \bar{q}_2, \ldots$ bezeichnen, spannen zusammen mit e einen zu S ähnlichen Simplexstern $\bar{S}$ aus. Auf den Kanten $e\bar{q}_i$ wählen wir noch einmal innere Punkte $\bar{\bar{q}}_i$; diese spannen wieder zusammen mit e einen zu S und $\bar{S}$ ähnlichen Stern $\bar{\bar{S}}$ aus. Die n-dimensionalen Simplexe von S bezeichnen wir mit T_j^n, ihre in $\bar{S}$ bzw. $\bar{\bar{S}}$ gelegenen Teilsimplexe mit $\bar{T}_j^n$ bzw. $\bar{\bar{T}}_j^n$. Dabei sei $T_1^n = T^n$ das Simplex, das von e und dem Simplex $T_1^{n-1} = T^{n-1}$ ausgespannt wird, von dem wir wissen, daß es auf keinem Zyklus von B liegt. Das Gebiet, das wir befreien werden, ist das Innere von $\bar{\bar{T}}_1^n$; die Deformation wird auf $\bar{S}$ beschränkt und auf der Begrenzung $\bar{B}$ und im Äußeren von $\bar{S}$ die Identität sein. Da die Punkte $\bar{q}_i$ von vornherein beliebig nahe bei e angenommen werden können, darf $\bar{S}$, wie es zum Beweis der Behauptung des Satzes VI nötig ist, als in einer gegebenen Umgebung U von e gelegen angenommen werden.

Der Befreiungsprozeß wird aus zwei wesentlich voneinander verschiedenen Schritten bestehen; die Voraussetzung, daß T^{n-1} keinem Zyklus von B angehört, wird erst bei dem zweiten Schritt benutzt werden.

Erster Schritt: Unter Festhaltung aller Punkte von $\bar{\bar{T}}_1^n$ wird jedes Simplex $\bar{\bar{T}}_j^n$ von $\bar{\bar{S}}$ auf das Simplex zusammengezogen, das es mit $\bar{\bar{T}}_1^n$ gemeinsam hat; (dieses gemeinsame Simplex kann das nulldimensionale Simplex e sein); in $\bar{S} - \bar{\bar{S}}$ läßt man diese Deformation so abklingen, daß sie auf $\bar{B}$ dauernd die Identität ist. Das Ergebnis f_1 der Deformation hat die folgende für den zweiten Schritt wichtige Eigenschaft: Sind $\bar{\bar{T}}_j^{n-1}$ die Simplexe von $\bar{\bar{B}}$ und ist insbesondere $\bar{\bar{T}}_1^{n-1}$ das T_1^{n-1} entsprechende Simplex, so wird $\bar{\bar{T}}_1^{n-1}$ durch das Bild keines $\bar{\bar{T}}_j^{n-1}$ mit $j \neq 1$ bedeckt.

Die Durchführung dieses ersten Schrittes und seine Beschreibung als Abbildungsschar mit $0 \leqq t \leqq 1$ kann folgendermaßen geschehen: Es ist $f_t(e) = e$ für alle t, und auch für die zu $\bar{\bar{T}}_1^n$ gehörigen Punkte $\bar{\bar{q}}_i$ ist dauernd $f_t(\bar{\bar{q}}_i) = \bar{\bar{q}}_i$; für jeden nicht zu $\bar{\bar{T}}_1^n$ gehörigen Punkt $\bar{\bar{q}}_i$ ist $f_t(\bar{\bar{q}}_i)$ der Punkt, der die Strecke $\bar{\bar{q}}_i e$ im Verhältnis $t:(1-t)$ teilt; jedes Simplex $\bar{\bar{T}}_j^n$ von $\bar{\bar{S}}$ wird durch f_t baryzentrisch auf das von den schon erklärten Bildern seiner Ecken ausgespannte Teilsimplex von sich abgebildet; das zwischen $\bar{\bar{B}}$ und $\bar{B}$ liegende Stück $\bar{\bar{x}}\bar{x}$ jedes von e ausgehenden Strahles wird durch f_t proportional auf die (in einem Simplex von $\bar{S}$ gelegene) Strecke $f_t(\bar{\bar{x}})\bar{x}$ abgebildet.

Zweiter Schritt: Unter Festhaltung der durch f_1 gelieferten Bilder aller Punkte von $\bar{\bar{B}}$ wird die Abbildung f_1 von $\bar{\bar{S}}$ so abgeändert, daß alle Bildpunkte in $\bar{\bar{T}}_1^n$ bleiben, daß das Innere von $\bar{\bar{T}}_1^n$ aber schließlich ganz von dem Bilde befreit ist.

Die Möglichkeit dieses Schrittes beruht auf folgendem Satz:. *In dem Teilkomplex $\bar{\bar{B}}$ des n-dimensionalen Komplexes $\bar{\bar{S}}$ sei eine Abbildung F auf eine Sphäre S^{n-1} gegeben; für jeden $(n-1)$-dimensionalen Zyklus (und Zyklus* mod m*) in $\bar{\bar{B}}$, der ~ 0 (bzw. ~ 0* mod m*) in $\bar{\bar{S}}$ ist, sei der Grad* *(bzw. Grad* mod m*) gleich* 0 *(bzw.* $\equiv 0 \bmod m$*). Dann läßt sich F zu einer Abbildung des ganzen $\bar{\bar{S}}$ auf die S^{n-1} erweitern*[10]). In unserem Falle ist S^{n-1} die Randsphäre von $\bar{\bar{T}}_1^n$ und $F = f_1$; ist $\bar{\bar{Z}}^{n-1}$ irgendein Zyklus oder Zyklus mod m in $\bar{\bar{B}}$ und Z^{n-1} der ihm in B entsprechende Zyklus, so enthält Z^{n-1} nach Voraussetzung T_1^{n-1} nicht, also enthält $\bar{\bar{Z}}^{n-1}$ das Simplex $\bar{\bar{T}}_1^{n-1}$ nicht; daher enthält, nach der oben festgestellten Eigenschaft von f_1, auch das Bild $f_1(\bar{\bar{Z}}^{n-1})$ das Simplex $\bar{\bar{T}}_1^{n-1}$ nicht und ist mithin ein echter Teil von S^{n-1}; folglich wird $\bar{\bar{Z}}^{n-1}$ durch f_1 mit dem Grade (bzw. Grade mod m) 0 auf S^{n-1} abgebildet; also sind die Voraussetzungen des Satzes erfüllt (und dabei brauchten wir uns um die in ihm erlaubte Beschränkung auf Zyklen, die ~ 0 in S sind, nicht zu kümmern). Folglich gibt es eine Abbildung $F = f_2$ von $\bar{\bar{S}}$ auf S^{n-1}, die auf $\bar{\bar{B}}$ mit f_1 übereinstimmt. Ist nun x irgendein Punkt von $\bar{\bar{S}}$, so liegen die beiden Punkte $f_1(x)$ und $f_2(x)$ in $\bar{\bar{T}}_1^n$, und mithin liegt die durch sie bestimmte Strecke $f_1(x)\,f_2(x)$ in $\bar{\bar{T}}_1^n$. Verstehen wir nun für $1 \leqq t \leqq 2$ unter $f_t(x)$ den Punkt, der diese Strecke im Verhältnis $(t-1):(2-t)$ teilt, so hält die dadurch erklärte Schar f_t $(1 \leqq t \leqq 2)$ das Bild von $\bar{\bar{B}}$ fest und befreit das Innere von $\bar{\bar{T}}_1^n$.

Damit ist der Satz VI bewiesen.

Beweis des Satzes IV: Wir nehmen eine Zerlegung von C^n vor, bei der p Eckpunkt wird; von dem dabei entstehenden Stern von p fertigen wir zwei Exemplare S', S'' mit den Zentren p', p'' und den Begrenzungen B', B'' an; S' und S'' heften wir längs B' und B'' so zusammen, daß je zwei Punkte, die demselben Punkt in C^n entsprechen, zusammenfallen. Der Komplex $B' = B''$ ist (infolge der vorausgesetzten Stabilität von C im Punkte p) nach Satz VI zyklisch. Hieraus folgt, daß $C_p^n = S' + S''$ zyklisch ist: ist nämlich T^n irgendein Simplex von C_p^n, das etwa zu S' gehören möge, so gehört seine p' gegenüberliegende Seite T_1^{n-1} einem Zyklus (oder Zyklus mod m) $Z^{n-1} = \Sigma c_i T_i^{n-1}$ mit $c_1 \neq 0$ (bzw. $\not\equiv 0$) in B' an; sind K' und K'' die von Z^{n-1} und p' bzw. p'' ausgespannten Komplexe

---

10) H. Hopf, Die Klassen der Abbildungen der n-dimensionalen Polyeder auf die n-dimensionale Sphäre, Comm. Math. Helvet. 4 (1932), Satz II. — Für $n = 2$ und den hier vorliegenden Fall, in dem $\bar{\bar{S}}$ ein Stern, $\bar{\bar{B}}$ seine Begrenzung, also jeder Zyklus aus $\bar{\bar{B}} \sim 0$ in $\bar{\bar{S}}$ ist, läßt sich der Satz einfach so beweisen: φ' sei die zu dem Punkt φ gehörige Winkelkoordinate auf dem Kreis S^1. Da jeder geschlossene Weg in $\bar{\bar{B}}$ mit dem Grad 0 auf S^1 abgebildet ist, kehrt, wenn der Punkt x einen geschlossenen Weg durchläuft, $\varphi' F(x)$ zu dem Ausgangswert zurück, $\varphi' F$ ist also eine eindeutige Funktion auf $\bar{\bar{B}}$. Bezeichnet nun x_1 einen variablen Punkt auf $\bar{\bar{B}}$, x_s den Punkt von $\bar{\bar{S}}$, der die Strecke $e\,x_1$ im Verhältnis $s:(1-s)$ teilt, und $F(x_s)$ den Punkt auf S^1 mit der Winkelkoordinate $s \cdot \varphi' F(x_1)$, so ist F die gesuchte Abbildung von $\bar{\bar{S}}$ auf S^1.

in S' und S'', deren Rand (bzw. Rand mod m) Z^{n-1} ist, so ist $Z = K' - K''$ ein Zyklus (bzw. Zyklus mod m) in C_p^n, der das Simplex T^n mit dem Koeffizienten c_1 enthält. Folglich ist C_p^n zyklisch, also im Großen stabil. Daß die Umgebung von p' mit der Umgebung von p homöomorph ist, ist selbstverständlich. Damit ist der Satz bewiesen.

§ 3.

Beispiele.

a) *n-dimensionale Komplexe ohne freie $(n-1)$-dimensionale Seiten, aber mit labilen Ecken, für $n \geqq 2$ (Beweis des Satzes II).* — Solche n-dimensionale Komplexe A^n werden wir dadurch konstruieren, daß wir $(n-1)$ — dimensionale Komplexe B^{n-1} herstellen, die nicht zyklisch sind und keine freien $(n-2)$-dimensionalen Seiten besitzen; wenn wir über B^{n-1} einen Kegel A_1^n mit der Spitze e_1 errichten, so ist A_1^n nach dem Satz VI im Punkte e_1 labil; freie $(n-1)$-dimensionale Seiten besitzt A_1^n nur auf B^{n-1}; diese beseitigen wir, indem wir über B^{n-1} noch einen zweiten Kegel A_2^n errichten, der mit A_1^n nur die Punkte von B^{n-1} gemeinsam hat. Dann ist $A^n = A_1^n + A_2^n$ in den beiden Kegelspitzen labil, ohne eine freie $(n-1)$-dimensionale Seite zu besitzen.

Wir haben also für jedes $n \geqq 2$ einen nicht zyklischen Komplex B^{n-1} ohne freie $(n-2)$-dimensionale Seite anzugeben. M^{n-1} sei das topologische Produkt einer Sphäre S^{n-2} mit einer Kreislinie S^1 (also für $n = 2$ ein Paar zueinander fremder Kreislinien, für $n = 3$ eine Torusfläche); E^{n-1} sei eine $(n-1)$-dimensionale Vollkugel (also für $n = 2$ eine Strecke, für $n = 3$ eine Kreisscheibe); die Randsphäre von E^{n-1} identifizieren wir mit der Sphäre S_0^{n-2} in M^{n-1}, die von den zu einem festen Punkt x_0 von S^1 gehörigen Punkten des Produkts M^{n-1} gebildet wird; den dadurch entstandenen Komplex nennen wir B^{n-1}. (B^1 ist ein Paar zueinander fremder Kreise, die durch eine Strecke verbunden sind; B^2 ist ein Torus, bei dem in einem festen Meridiankreis eine Kreisscheibe eingespannt ist.) Daß B^{n-1} keine freie $(n-2)$ dimensionale Seite besitzt, ist aus der Konstruktion ersichtlich. Daß B^{n-1} nicht zyklisch ist, werden wir zeigen, indem wir beweisen: M^{n-1} und die Vielfachen von M^{n-1} sind in B^{n-1} die einzigen $(n-1)$-dimensionalen Zyklen und Zyklen mod m mit beliebigem m; damit wird bewiesen sein, daß ein $(n-1)$-dimensionales Simplex von E^{n-1} keinem Zyklus oder Zyklus mod m angehört, daß also B^{n-1} nicht zyklisch ist.

T^{n-1} seien die Simplexe von M^{n-1} in kohärenter Orientierung, so daß also $M^{n-1} = \sum\limits_i T_i^{n-1}$ den Rand 0 besitzt und mithin ein Zyklus ist; da M^{n-1} eine orientierbare Mannigfaltigkeit ist, ist diese Orientierung möglich. Z^{n-1} sei ein Zyklus in B^{n-1}; T_1^{n-1} komme in Z^{n-1} mit dem Koeffizienten c_1 vor; dann ist $Y^{n-1} = Z^{n-1} - c_1 M^{n-1}$ ein Zyklus, in dem T_1^{n-1} nicht vorkommt; dann kommen, da Y^{n-1} keinen Rand hat, auch diejenigen T_i^{n-1} nicht in Y^{n-1} vor, die mit T_1^{n-1} $(n-2)$-dimensionale Seiten gemeinsam haben, und da man in der Mannigfaltigkeit M^{n-1} je zwei $(n-1)$-dimensionale Simplexe durch eine Kette $(n-1)$-dimensionaler Simplexe verbinden kann, in welcher jedes Simplex mit dem vorhergehenden eine, auf keinem weiteren Simplex gelegene, $(n-2)$-dimensionale Seite gemeinsam hat, folgt weiter, daß in Y^{n-1} überhaupt kein T_i^{n-1} vorkommt; dann liegt also Y^{n-1} in E^{n-1}; dies ist aber, da E^{n-1} ein Element, Y^{n-1} ein Zyklus ist, nur möglich, wenn $Y^{n-1} = 0$, also $Z^{n-1} = c_1 M^{n-1}$ ist, w. z. b. w. Ist Z^{n-1} ein Zyklus $\operatorname{mod} m$, so führt die analoge Betrachtung zum Ziel, wenn man statt Gleichungen Kongruenzen $\operatorname{mod} m$ betrachtet.

b) *Spezielle Betrachtung eines zweidimensionalen Komplexes ohne freie Kante, aber mit einer labilen Ecke.* — Da aus dem Beweis des Satzes VI nicht ohne weiteres anschaulich zu sehen ist, wie die Befreiung eines Teiles des soeben definierten Komplexes A^2 in der Nähe der Ecke e_1 durch eine beliebig kleine Deformation tatsächlich vor sich geht, führen wir eine solche Befreiung im Fall $n = 2$ vollständig durch, ohne uns übrigens bei der Behandlung dieses Spezialfalles an die Vorschriften zu halten, die im Beweis des Satzes VI für den allgemeinen Fall gegeben wurden. Wir betrachten dabei nur den Stern der Ecke e_1, da uns hier ja nur die Umgebung von e_1 interessiert; der Umgebungskomplex B^1 von e_1 besteht, wie schon erwähnt, aus zwei zueinander fremden Kreislinien, die durch eine Strecke E^1 miteinander verbunden sind. Wir realisieren das Innere des Sternes durch das folgende Modell F im R^3:

Der Ecke e_1 entspricht der Nullpunkt e eines cartesischen x-y-z-Koordinatensystems, dem Kegel über E^1 die Halbebene H: $z = 0$, $y \geqq 0$, und den Kegeln über den beiden Kreisen entsprechen zwei gewöhnliche einfache Kreiskegel Q_1, Q_2 die bis auf die gemeinsame Spitze e zueinander fremd sind; die Halbgerade $x \geqq 0$, $y = z = 0$ sei eine Erzeugende von Q_1, die Halbgerade $x \leqq 0$, $y = z = 0$ eine Erzeugende von Q_2; abgesehen von diesen beiden Erzeugenden sind Q_1 und Q_2 fremd zu H.

Zunächst definieren wir für jeden positiven Wert eines Parameters t eine Abbildung f_t von H auf einen echten Teil von sich, und zwar auf das Äußere und den Rand des durch $x^2 + (y-t)^2 = t^2$ gegebenen Kreises K_t, der die x-Achse in e berührt. Zwecks kürzerer Ausdrucksweise verstehen wir unter ξ_x den Punkt der x-Achse mit der Koordinate x, unter I_t das Intervall der Punkte ξ_x mit $|x| \leqq t$, unter $h_t(\xi_x)$ mit $\xi_x \subset I_t$ den in ξ_x beginnenden Halbstrahl, der mit der positiven

x-Richtung den Winkel $\frac{t-x}{2t}\pi$ bildet; die Strahlen $h_t(\xi_x)$ bedecken H schlicht und vollständig. Wir ziehen nun für jedes x mit $|x| < t$ durch e den zu $h_t(\xi_x)$ parallelen Halbstrahl $\overline{h}_t(\xi_x)$; sein Schnitt mit K_t soll der Bildpunkt $f_t(\xi_x)$ sein; dann bilden wir $h_t(\xi_x)$ kongruent auf das in $f_t(\xi_x)$ beginnende Stück von $\overline{h}_t(\xi_x)$ ab; schließlich bilden wir $h_t(\xi_{-t})$ und $h_t(\xi_t)$ kongruent auf die negative bzw. positive x-Achse ab, so daß also insbesondere $f_t(\xi_t) = f_t(\xi_{-t}) = e$ wird. f_t bildet H eindeutig und stetig (und bis auf die Punkte ξ_t und ξ_{-t} sogar eineindeutig) auf das Äußere und den Rand von K_t ab.

Diese Abbildungen von H erweitern wir nun zu Abbildungen f_t von F: mit $q(\xi_x)$ bezeichnen wir die Ellipsen, in denen die Ebenen $x =$ konst. die Kegel Q_1 oder Q_2 schneiden; $q(\xi_0) = q(e)$ besteht nur aus dem Punkt e; ist $x \geqq t$, so sollen die $q(\xi_x)$ durch f_t auf die $q(f_t(\xi_x))$ so abgebildet werden, daß jede Erzeugende der Kegel in sich übergeht; die Bildmenge der $q(\xi_x)$ mit $|x| \geqq t$ bedeckt also $Q_1 + Q_2$, und dabei werden insbesondere $q(\xi_t)$ und $q(\xi_{-t})$ auf e abgebildet. Für $|x| \leqq t$ soll $q(\xi_x)$ auf einen einzigen Punkt, nämlich den bereits definierten Bildpunkt $f_t(\xi_x)$, abgebildet werden.

Dabei sind die Abbildungen f_t von F für jedes positive t definiert. Sie hängen stetig von t ab und konvergieren mit $t \to 0$ gegen die Identität; wir erklären f_0 als die Identität und haben damit eine Deformation von F definiert, durch die bereits für beliebig kleines t ein Gebiet von F, nämlich das Innere des Kreises K_t, befreit wird.

Es bereitet keine Schwierigkeit, die somit in der Nähe der labilen Ecke e beschriebene Deformation stetig so abklingen zu lassen, daß sie außerhalb einer vorgeschriebenen Umgebung von e dauernd die Identität ist. So läßt sich dann insbesondere ein Teil des im Beweis von Satz II behandelten Komplexes A^2 durch eine Deformation von A^2 befreien.

c) *Ein zweidimensionaler Komplex ohne freie Kante, der in sich auf einen einzigen Punkt zusammengezogen werden kann.* — Wenn ein Komplex C^2 eine Ecke e besitzt, die labil — z. B. von der eben unter b) beschriebenen Art — ist, so läßt sich C^2 in einen echten Teil von sich zusammenziehen. Es ist nun nicht schwer, C^2 so konstruieren, daß diese Deformation bis zur Zusammenziehung auf einen einzigen Punkt getrieben werden kann, obwohl C^2 keine freie Kante besitzt.

k sei der Einheitskreis der x-y-Ebene, k_1 und k_2 seien zwei zueinander fremde Kreise, die k von innen in den Punkten -1 bzw. $+1$ berühren. $\overline{C}$ sei der Bereich, der aus der von k begrenzten abgeschlossenen Scheibe entsteht, wenn man die Innengebiete von k_1 und k_2 entfernt. C^2 sei der durch folgende Identifikationen auf dem Rande von $\overline{C}$ aus $\overline{C}$

entstehende Komplex: jeder Punkt p von k ist mit dem Punkt p_1 von k_1, in den er von dem Mittelpunkt von k_1 aus projiziert wird, sowie mit dem Punkt p_2 von k_2, in den er von dem Mittelpunkt von k_2 aus projiziert wird, identisch. Auf C^2 stellen also die drei Kreise k, k_1, k_2 eine einzige einfach geschlossene Linie k' dar.

Daß C^2 keine freie Kante besitzt, ist aus der Konstruktion ersichtlich. Wir behaupten weiter, daß der Punkt e von C^2, der dem Punkt $x = -1$, $y = 0$ in $\overline{C}$ entspricht, eine labile Ecke, und zwar gerade von dem unter b) behandelten Typus, ist. In der Tat: die Umgebung des Punktes $x = -1$, $y = 0$ in $\overline{C}$ wird durch die Identifikation von k und k_1 zu einem Doppelkegel mit der Spitze e gemacht; bei der noch vorzunehmenden Identifikation von k mit k_2 wird an diesen Doppelkegel längs je einer Erzeugenden seiner beiden Hälften ein Flächenstück angefügt, das in der Nähe der Kegelspitze e keine Singularität besitzt. Mithin ist e in der Tat labil, und C^2 kann auf die unter b) beschriebene Art in einen echten Teil T von sich deformiert werden.

Dem abgeschlossenen echten Teil T von C^2 entspricht in $\overline{C}$ eine abgeschlossene Menge $\overline{T}$, die ein inneres Teilgebiet von $\overline{C}$ frei läßt. Daher kann man $\overline{T}$, wie aus der Gestalt von $\overline{C}$ unmittelbar ersichtlich ist, unter Festhaltung der auf dem Rand von $\overline{C}$ gelegenen Punkte von $\overline{T}$ stetig auf den Rand von $\overline{C}$ deformieren. Infolge der Festhaltung der Randpunkte entspricht diesem Vorgang eine stetige Deformation von T auf die Linie k'.

Wir behaupten nun weiter: k' läßt sich auf einen Punkt zusammenziehen. Wir verstehen unter k, k_1, k_2 die Kreise bei der Durchlaufung in demjenigen Sinne, der dem positiven Drehungssinn der x-y-Ebene entspricht, und unter u und v die in der positiven bzw. negativen y-Halbebene gelegenen Halbkreise von k in derselben Orientierung; u' und v' seien die entsprechenden Bögen von k'. Der Kreis k_2 läßt sich offenbar unter Festhaltung des Punktes $x = 1$, $y = 0$ in $\overline{C}$ stetig in die Linie $u - k_1 + v$ deformieren; diesem Vorgang entspricht auf C^2 eine Deformation von k' in die Linie $u' - u' - v' + v'$, und diese Linie ist auf k' selbst in einen Punkt zusammenziehbar. — Damit ist die Deformation von C^2 in einen Punkt vollendet.

Wir erwähnen noch, daß man folgendermaßen im R^3 ein Modell von C^2 konstruieren kann: auf einer Seitenebene eines Würfels, die etwa durch $z = 0$ gegeben sei, nehme man drei zueinander kongruente Kreise c, c_1, c_2 so an, daß c von c_1 und von c_2 in zwei zueinander diametralen Punkten von außen berührt wird; die Innengebiete der drei Kreise entfernen wir aus der Ebene; dann lassen wir den Kreis c_1 in dem Halbraum $z > 0$ um die mit c gemeinsame Tangente um π rotieren, und ebenso den

Kreis c_2 in dem Halbraum $z < 0$ um die mit c gemeinsame Tangente. Fügen wir diese beiden Rotationsflächen zu der Oberfläche des Würfels, aus der die Innengebiete der Kreise entfernt sind, hinzu, so entsteht eine Fläche, die, wie man sich leicht überzeugt, mit C^2 homöomorph ist[11]).

d) *Ein zweidimensionaler Komplex, der im Kleinen, aber nicht im Großen stabil ist* (*Beweis des Satzes* III *für* $n = 2$[4])). — T sei ein Torus, k sei ein Meridian, k' ein Breitenkreis von T; E, E' seien Kreisscheiben, deren Ränder k bzw. k' sind; im übrigen sollen sie fremd zu T sein und miteinander nur den Schnittpunkt e von k und k' gemeinsam haben. Wir behaupten, daß der Komplex $C^2 = T + E + E'$ im Kleinen, aber nicht im Großen stabil ist.

Die Ecken einer Triangulation von C^2, die nicht auf k oder k' liegen, besitzen einfach geschlossene Polygone als Umgebungskomplexe; ist p ein von e verschiedener Punkt von k oder k', so besteht sein Umgebungskomplex aus drei einfachen Streckenzügen mit gemeinsamen Anfangs- und Endpunkt; für den Schnittpunkt e von k und k' schließlich ist der Umgebungskomplex, wie man sich leicht überzeugt, dem Kantenkomplex eines Tetraeders homöomorph. In jedem Fall ist der Umgebungskomplex zyklisch; C^2 ist daher nach Satz VI im Kleinen stabil.

Daß C^2 nicht im Großen stabil ist, werden wir zeigen, indem wir Punkte von E' von der Bedeckung befreien; dieser Befreiungsprozeß wird aus zwei Teilen bestehen. Um den ersten Teil zu beschreiben, führen wir zunächst Parameter u und v auf T so ein, daß die Meridiankreise durch $u =$ konst., die Breitenkreise durch $v =$ konst. gegeben sind, daß v und u bei Durchlaufung eines Meridians bzw. Breitenkreises um π wachsen, und daß $u = 0$ und $v = 0$ die Gleichungen von k bzw. k' sind. Dann verstehen wir für $0 < t \leqq 1$ unter a_t und b_t die durch die folgenden Gleichungen gegebenen Kurven:

$$a_t\colon\ u = t \sin v; \quad b_t\colon\ u = \pi - t \sin v;$$

sie sind einfach geschlossen und berühren k in e von verschiedenen Seiten. a_t und k bzw. b_t und k begrenzen auf T zwei Bereiche, A_t bzw. B_t, die folgendermaßen bestimmt sind:

$$(1) \quad A_t\colon\ 0 \leqq u \leqq t \sin v; \quad B_t\colon\ \pi - t \sin v \leqq u \leqq \pi; \quad (0 \leqq v \leqq \pi).$$

---

[11]) Herr K. Borsuk machte uns darauf aufmerksam, daß die Zusammenziehbarkeit von C^2 in allgemeinen Sätzen seiner Theorie der „Retrakten" enthalten ist: (1) K. Borsuk, Sur les rétractes, Fund. Math. 17 (1931), (2) N. Aronszajn et K. Borsuk, Sur la somme et le produit combinatoire des rétractes absolus, Fund. Math. 18 (1932). Man zeigt nämlich mit Hilfe des Satzes 2 aus (2) leicht, daß C^2 ein absoluter Retrakt ist, und dann ergibt sich die Zusammenziehbarkeit auf einen Punkt aus dem Korollar des Satzes 27 aus (1).

Den abgeschlossenen, von a_t und b_t begrenzten Komplementärbereich von $A_t + B_t$ auf T nennen wir D_t; er ist durch

$$(2) \qquad t \sin v \leqq u \leqq \pi - t \sin v \qquad (0 \leqq v \leqq \pi)$$

gegeben. Ferner sei k_t der in E gelegene, k in e berührende Kreis, dessen Radius sich zum Radius von k wie $(1 - t):1$ verhält; F_t sei die von k_t begrenzte abgeschlossene Kreisscheibe, G_t der abgeschlossene Komplementärbereich von F_t in E $(0 < t \leqq 1)$.

Nun definieren wir die Abbildung f_t: 1. auf E' ist f_t die Identität; 2. D_t wird auf ganz T abgebildet, so daß k Bild von a_t und b_t wird; und zwar soll jeder durch (2) bei festem v bestimmte Parallelkreisbogen auf den ganzen Parallelkreis $v =$ konst, $0 \leqq u \leqq \pi$, proportional abgebildet werden; dabei bleibt k' punktweise fest, so daß die Abbildung an die in E' erklärte Identität stetig anschließt; 3. A_t und B_t werden folgendermaßen auf G_t abgebildet: jeder der beiden durch (1) bei festem v bestimmten Kreisbögen wird proportional auf die in G_t gelegene Strecke des Strahles abgebildet, der e mit dem zu dem betreffenden v-Wert gehörigen Punkt von k verbindet; dabei gehen a_t und b_t in k, und k geht in k_t über; 4. E wird auf F_t abgebildet: die in E liegende Strecke jedes von e ausgehenden Strahles wird proportional auf die in F_t gelegene Strecke desselben Strahles abgebildet; dabei ist der stetige Anschluß an die unter 3. definierten Abbildungen gewahrt.

Die Abbildungen $f_t (0 < t \leqq 1)$ hängen stetig von t ab; für $t \to 0$ konvergieren sie gegen die Identität; die Schar f_t mit $0 \leqq t \leqq 1$ ist daher eine Deformation; sie stellt den ersten Teil des zu konstruierenden Befreiungsprozesses dar. Bei dem Ergebnis f_1 ist E auf den Punkt e zusammengezogen, die Innengebiete von A_1 und B_1 sind eineindeutig auf das Innere von E, die Kurven a_1 und b_1 sind eineindeutig auf k, das Innengebiet von D_1 ist eineindeutig auf $T - k$ abgebildet; E' ist punktweise festgeblieben.

Für den zweiten Teil der Befreiung konstruieren wir einen Hilfskomplex $\overline{C}^2$, (den man etwa den zu der Abbildung f_1 gehörigen Riemannschen Komplex über C^2 nennen könnte): wir schneiden T längs k auf, so daß aus k zwei Kreise $\overline{k}_A$ und $\overline{k}_B$ werden, und spannen in sie an Stelle von E zwei Kreisscheiben $\overline{E}_A$ bzw. $\overline{E}_B$ ein, die nur einen Punkt gemeinsam haben, nämlich den Punkt $\overline{e}$, der e entspricht; die Bezeichnungen seien so gewählt, daß $\overline{k}_A$ zusammen mit der a_1 entsprechenden Kurve $\overline{a}$ den A_1 entsprechenden Bereich $\overline{A}$, $\overline{k}_B$ zusammen mit der b_1 entsprechenden Kurve $\overline{b}$ den B_1 entsprechenden Bereich $\overline{B}$ begrenzen; in den k' entsprechenden Kreis $\overline{k}'$ sei eine Kreisscheibe $\overline{E}'$ eingespannt, die E' entspricht. Ist $\overline{x}$ irgendein Punkt von $\overline{C}^2$, x der entsprechende Punkt von C^2, so setzen wir $x = h(\overline{x})$; h ist eine eindeutige und stetige Abbildung von $\overline{C}^2$

auf C^2. Daneben betrachten wir die folgende Abbildung H von C^2 auf $\overline{C}^2$: ist $x \subset D_1 + E'$, also $f_1(x) \subset T + E'$, so ist $H(x)$ der (eindeutig bestimmte) Punkt von $\overline{C}^2$, der $f_1(x)$ entspricht; ist $x \subset A_1$, also $f_1(x) \subset E$, so ist $H(x)$ der Punkt von $\overline{E}_A$, der $f_1(x)$ entspricht; ist $x \subset B_1$, also $f_1(x) \subset E$, so ist $H(x)$ der Punkt von $\overline{E}_B$, der $f_1(x)$ entspricht; ist $x \subset E$, also $f_1(x) = e$, so ist $H(x) = \overline{e}$. Die Abbildung H ist so konstruiert, daß sie C^2 eindeutig und stetig auf $\overline{C}$ abbildet und mit h durch die für alle Punkte $x \subset C^2$ gültige Gleichung $hH(x) = f_1(x)$ verknüpft ist.

Die Umgebung des Punktes $\overline{e}$ in $\overline{C}^2$ hat den in diesem Paragraphen unter b) behandelten Typus; $\overline{C}^2$ ist mithin in $\overline{e}$ im Kleinen labil, und durch eine Deformation $\overline{g}_t (0 \leqq t \leqq 1)$, wobei $\overline{g}_0$ die Identität ist, kann ein Teil der Scheibe $\overline{E}'$ von der Bedeckung befreit werden. Dann ist $g_t = h\overline{g}_t H$ eine von t stetig abhängende Abbildungsschar von C^2 auf sich, die mit $hH = f_1$ beginnt, und bei deren Endergebnis der Teil von E', der dem durch $\overline{g}$ befreiten Teil von $\overline{E}'$ entspricht, befreit worden ist. Wenn wir also zuerst die Deformation f_t ausführen und sie dann durch g_t fortsetzen, so befreien wir einen Teil von E'.

Da man jede echte abgeschlossene Teilmenge der Kreisscheibe E' unter Festhaltung der auf dem Rande k' liegenden Punkte stetig auf k' deformieren kann, kann man sogar die ganze Scheibe E' befreien und somit C^2 in $T + E$ deformieren. Ebenso kann man C^2 in $T + E'$ deformieren; denn E und E' treten in C^2 ganz symmetrisch auf.

e) *Ein zweidimensionaler Komplex, der zwei voneinander verschiedene stabile Kerne besitzt. (Beweis des Satzes VIII a).* — Der soeben behandelte Komplex $C^2 = T + E + E'$ hat diese Eigenschaft, und zwar sind, wie wir jetzt zeigen werden, $T + E$ sowie $T + E'$ stabile Kerne; infolge der Symmetrie von E und E', genügt es, dies für $T + E$ zu beweisen. Da wir schon wissen, daß man C^2 in $T + E$ deformieren kann, bleibt zu zeigen: es ist unmöglich, C^2 in eine Menge $M + R$ zu deformieren, wobei M echter Teil von $T + E$ und R höchstens eindimensional ist.

Wir führen den Beweis indirekt. Nehmen wir an, es gäbe eine Deformation von C in eine solche Menge $M + R$; dann könnte man zunächst den in E' liegenden Teil von R unter Festhaltung der auf dem Rande k' gelegenen Punkte stetig auf die Linie k' verschieben; damit hätte man, da mit der abgeschlossenen Menge M auch $M + k'$ echter Teil von $T + E$ ist, C^2 in einen echten Teil M' von $T + E$ deformiert. Nun sind aber, da T Zyklus ist, alle Simplexe von T wesentlich; folglich wäre $T \subset M'$, und daher bestünde M' aus T und einem echten Teil von E; den letzteren könnte man wieder stetig in den Rand k von E

deformieren, und damit hätte man C^2 in T deformiert. Zu beweisen bleibt somit: es ist unmöglich, C^2 in T zu deformieren.

f_t $(0 \leqq t \leqq 1)$ sei eine Deformation von C^2 in T. $k_1 = f_1(k)$ ist dann ein geschlossener Weg auf T. Wir werden den gewünschten Widerspruch dadurch herleiten, daß wir einerseits zeigen: k_1 ist homolog 0 auf T, andererseits: k_1 ist nicht homolog 0 auf T.

Daß $k_1 = f_1(k) \sim 0$ auf T ist, ergibt sich einfach daraus, daß k_1 das auf T gelegene Bild $f_1(E)$ von E berandet. Daß $f_1(k)$ nicht ~ 0 auf T ist, schließen wir aus der Betrachtung des Grades der Abbildung f_1 von T auf sich: die Abbildung f_0 von T hat in jedem Punkt p von T den Grad $+1$; der Grad in p bleibt während der Deformation für alle f_t konstant, da T unberandet ist — (auch wenn das Bild von T zeitweise nicht mehr ganz auf T liegt) —; folglich wird T durch f_1 mit dem Grade 1 auf sich abgebildet. Sind nun die Transformationen, welche die Zyklen k und k' bezüglich Homologien auf T durch f_1 erleiden, die folgenden:

$$f_1(k) \sim a\,k + b\,k'$$
$$f_1(k') \sim c\,k + d\,k',$$

so ist die Determinante $\begin{vmatrix} a & b \\ c & d \end{vmatrix}$ der Abbildungsgrad von f_1[12]). Da dieser 1 ist, ist nicht $a = b = 0$, also nicht $f_1(k) \sim 0$.

f) *Im Großen stabile n-dimensionale Komplexe (mit beliebigem n), die nicht zyklisch sind (Beweis des Satzes V).* — Die einfachsten derartigen Beispiele sind die Komplexe B^n, die im Beweis des Satzes II (§ 3, a) angegeben wurden; (B^2 ist also mit dem Komplex $T + E$ des vorigen Anschnittes homöomorph). Daß die B^n nicht zyklisch sind, wurde schon im § 2 bewiesen; es bleibt zu zeigen, daß sie im Großen stabil sind. Der Beweis dieser Behauptung wird auf folgendem allgemeinen Satz beruhen:

Wenn der Komplex C^n einen (unverzweigten) Überlagerungskomplex $\bar{C}^n$ besitzt, der im Großen stabil ist, so ist C^n selbst im Großen stabil[13]).

Dieser Satz wird bewiesen sein, sobald gezeigt ist: wenn C^n in einen echten Teil von sich deformierbar ist, so ist auch $\bar{C}^n$ in einen echten Teil von sich deformierbar. Diese Tatsache ergibt sich aber unmittelbar aus dem Begriff der Überlagerung: f_t sei eine Deformation von C^n, und das Bild $f_1(C^n)$ sei ein echter Teil von C^n; ist $\bar{x}$ irgendein Punkt von $\bar{C}^n$, x der von $\bar{x}$ überlagerte Punkt von C^n, so verstehen wir unter $\bar{f}_t(\bar{x})$ einen der über

[12]) H. Hopf, Beiträge zur Klassifizierung der Flächenabbildungen, Crelles Journal **165** (1931), Satz III a.

[13]) Unter der „Unverzweigtheit", die wir im folgenden von jeder Überlagerung voraussetzen, wird die Eigenschaft verstanden, daß die durch die Überlagerung bewirkte Abbildung im Kleinen topologisch ist.

$f_t(x)$ liegenden Punkte von $\bar{C}^n$; fügen wir noch die Bestimmung hinzu, daß $\bar{f}_0(\bar{x}) = \bar{x}$ sein und $\bar{f}_t$ stetig von t abhängen soll, so ist die Schar $\bar{f}_t$ eindeutig und stetig, und das Bild von $\bar{C}^n$ bei der Abbildung $\bar{f}_1$ liegt über dem Bilde von C^n bei f_1, ist also ein echter Teil von $\bar{C}^n$.

Der oben formulierte allgemeine Satz ist damit bewiesen, und wir werden nun zeigen, daß der Komplex B^n einen zweiblättrigen Überlagerungskomplex $\bar{B}^n$ besitzt, der zyklisch, also gewiß im Großen stabil ist.

B^n ist folgendermaßen definiert (§ 3, a): in dem Produkt $M^n = T^n$ einer Sphäre S^{n-1} mit einer Kreislinie S^1 bezeichne S_0^{n-1} die zu dem festen Punkt x_0 von S^1 gehörige Sphäre; in S_0^{n-1} ist ein Element E^n eingespannt, das im übrigen zu T^n fremd ist; $T^n + E^n$ ist B^n. Wir erklären nun $\bar{B}^n$: $\bar{S}^1$ sei eine Kreislinie, auf der ein Parameter $\bar{u}$ erklärt ist, der bei einmaliger Durchlaufung von $\bar{S}^1$ um 2π zunimmt, $\bar{T}^n$ sei das Produkt einer Sphäre $\bar{S}^{n-1}$ mit $\bar{S}^1$; $\bar{S}_0^{n-1}$ und $\bar{S}_\pi^{n-1}$ seien die zu $\bar{u} = 0$ bzw. $\bar{u} = \pi$ gehörigen Sphären in $\bar{T}^n$; in $\bar{S}_0^{n-1}$ und $\bar{S}_\pi^{n-1}$ seien Elemente $\bar{E}_0^n$ bzw. $\bar{E}_\pi^n$ eingespannt; $\bar{T}^n + \bar{E}_0^n + \bar{E}_\pi^n$ sei $\bar{B}^n$. Identifiziert man in $\bar{T}^n$ je zwei Punkte, die zu demselben Punkt von $\bar{S}^{n-1}$ gehören und deren $\bar{u}$-Parameter sich um π unterscheiden, und erweitert man die damit speziell gegebene Identifizierung von $\bar{S}_0^{n-1}$ und $\bar{S}_\pi^{n-1}$ zu einer Identifizierung von $\bar{E}_0^n$ und $\bar{E}_\pi^n$, so entsteht ein Komplex, der offenbar mit B^n homöomorph ist und von $\bar{B}^n$ zweiblättrig überlagert wird.

Damit ist gezeigt, daß $\bar{B}^n$ zweiblättriger Überlagerungskomplex von B^n ist, und wir haben uns nur noch davon zu überzeugen, daß $\bar{B}^n = \bar{T}^n + \bar{E}_0^n + \bar{E}_\pi^n$ zyklisch ist. Da $\bar{T}^n$ als geschlossene Mannigfaltigkeit Zyklus ist, ist nur zu zeigen, daß $\bar{E}_0^n$ und $\bar{E}_\pi^n$ auf Zyklen (oder Zyklen mod m) in $\bar{B}^n$ liegen. Dies ist leicht zu sehen; denn ist $\bar{P}^n$ der durch $0 \leqq \bar{u} \leqq \pi$ bestimmte Teil von $\bar{T}^n$, so ist $\bar{P}^n + \bar{E}_0^n + \bar{E}_\pi^n$ der n-dimensionalen Sphäre homöomorph, also ein Zyklus. Damit ist alles bewiesen.

Der Beweis der Stabilität von B^n läßt sich auch — ähnlich wie der Beweis in e) — folgendermaßen ohne Heranziehung von Überlagerungskomplexen führen: wäre B^n in einen echten Teil M von sich deformierbar, so könnte, da T^n als Zyklus gewiß zu M gehörte, nur ein echter Teil von E^n zu M gehören, und dieser Teil von E^n ließe sich weiter stetig auf den Rand S_0^{n-1} von E^n deformieren; B^n wäre also in T^n deformierbar. Bei dem Ergebnis f_1 dieser Deformation wäre der Zyklus $f_1(S_0^{n-1}) \sim 0$ in T^n, da er das Bild von E^n beranden müßte. Andererseits schließt man aber wie unter e), daß die Abbildung f_1 von T^n auf sich den Grad 1 hat, und hieraus folgt nach allgemeinen Sätzen über Mannigfaltigkeiten, daß das Bild eines Zyklus $Z = S^{n-1}$, der nicht selbst ~ 0 in T^n ist, auch nicht ~ 0 sein kann[14]). Die Annahme der Instabilität von B^n hat also zum Widerspruch geführt.

g) *Ein im Großen stabiler Komplex, der nicht nur nicht zyklisch ist, sondern überhaupt keinen n-dimensionalen Zyklus (nach irgendeinem Modul) enthält*; (die Darstellung, die auf $n = 2$ beschränkt ist, läßt sich auf alle $n > 2$ übertragen). —

T sei ein Torus; in ihn sei ein einfach zusammenhängendes Loch geschnitten, dessen Randkurve wir r nennen; k sei ein zu dem Loch und zu r fremder Meridian; zwischen r und k bestehe eine topologische Zuordnung F; indem wir je zwei zugeordnete Punkte identifizieren, definieren wir einen Komplex L. Man kann leicht ein Modell von L im R^3 konstruieren: r' sei eine einfach geschlossene Kurve auf T, die etwas größer als r ist und r umschließt; den von r und r' begrenzten Ring dehne man unter Festhaltung von r' zu einem Schlauch aus, der im Innern von T verläuft, und man hefte den freien Rand r des Schlauches so mit k zusammen, wie die Zuordnung F es vorschreibt. Diese Fläche ist als Beispiel eines zweidimensionalen Komplexes im R^3 bekannt, der keine freie Kante besitzt, aber den Raum nicht zerlegt.

Daß L keinen zweidimensionalen Zyklus (nach irgendeinem Modul) enthält, ist aus der eben erwähnten evidenten Tatsache abzulesen, daß L in den R^3 eingebettet werden kann, ohne ihn zu zerlegen; es kann natürlich auch direkt auf Grund der inneren Eigenschaften von L leicht bestätigt werden. Daß L im Großen stabil ist, werden wir, indem wir wieder den unter f) formulierten Satz über Überlagerungskomplexe heranziehen, dadurch beweisen, daß wir einen zweiblättrigen Überlagerungskomplex $\bar{L}$ von L angeben, der bei geeigneter Orientierung seiner Simplexe ein Zyklus mod 3 ist.

$\bar{T}$ sei ein zweiter Torus; er läßt sich als zweiblättrige Überlagerungsfläche von T auffassen, indem man jedem Paar von Punkten, die bei einer Drehung von $\bar{T}$ um die Rotationsachse von $\bar{T}$ um den Winkel π ineinander übergehen, einen Punkt von T zuordnet und diese Abbildung von $\bar{T}$ auf T derart definiert, daß jedem Breitenkreis von $\bar{T}$ ein zweimal durchlaufener Breitenkreis von T, jedem Paar von Meridianen von $\bar{T}$, die bei der eben beschriebenen Drehung ineinander übergehen, ein Meridian von T entspricht. Dem Loch mit dem Rande r in T entsprechen in $\bar{T}$ zwei Löcher mit Rändern $\bar{r}_1$, $\bar{r}_2$, dem Meridian k von T entsprechen zwei Meridiane $\bar{k}_1$, $\bar{k}_2$ von $\bar{T}$; bei der Drehung um π gehen $\bar{r}_1$ und $\bar{r}_2$, $\bar{k}_1$ und $\bar{k}_2$ ineinander über. Die gegebene Zuordnung F zwischen r und k liefert

[14]) H. Hopf, Zur Algebra der Abbildungen von Mannigfaltigkeiten, Crelles Journal **163** (1930), Sätze II a, II c, II d.

Zuordnungen $\bar{F}_{ij}$ zwischen $\bar{r}_i$ und $\bar{k}_j$ ($i = 1, 2$; $j = 1, 2$). Nehmen wir die Zuordnungen $\bar{F}_{11}$ und $\bar{F}_{22}$ vor, so wird dadurch ein Komplex $\bar{L}$ definiert; nehmen wir $\bar{F}_{12}$ und $\bar{F}_{21}$ vor, so wird ein zweiter Komplex $\bar{\bar{L}}$ erklärt; (es wird sich herausstellen, daß $\bar{L}$ und $\bar{\bar{L}}$ nicht homöomorph sind). Jeder der beiden Komplexe $\bar{L}$, $\bar{\bar{L}}$ ist offenbar ein zweiblättriger Überlagerungskomplex von L. Wir werden zeigen, daß der eine von ihnen bei geeigneter Orientierung seiner Dreiecke ein Zyklus mod 3 ist.

r und k sollen jetzt die betreffenden Kurven in einem bestimmten Durchlaufungssinn bezeichnen, und zwar so, daß die positiv durchlaufene Kurve r durch F auf die positiv durchlaufene Kurve k abgebildet ist. Ebenso verstehen wir jetzt unter $\bar{r}_1$, $\bar{r}_2$, $\bar{k}_1$, $\bar{k}_2$ die betreffenden Kurven, mit denjenigen Durchlaufungssinnen versehen, die den positiven Durchlaufungen von r und k entsprechen; dann werden durch $\bar{F}_{ij}$ die positiv durchlaufenen Kurven $\bar{r}_i$ und $\bar{k}_j$ aufeinander abgebildet. Unter P_1, P_2 verstehen wir die $\bar{r}_1$ bzw. $\bar{r}_2$ enthaltenden Hälften, in die $\bar{T}$ durch $\bar{k}_1$ und $\bar{k}_2$ zerlegt wird. Orientiert man P_1 auf eine der beiden möglichen Weisen, so besteht der Rand von P_1 aus den Kurven $\pm\bar{r}_1$, $\pm\bar{k}_1$, $\pm\bar{k}_2$, und zwar treten $\bar{k}_1$ und $\bar{k}_2$ offenbar mit entgegengesetzten Vorzeichen auf; wir wählen diejenige Orientierung als die positive, bei der $+\bar{r}_1$ auf dem Rande von P_1 auftritt; wir dürfen annehmen, daß die Indizes von $\bar{k}_1$ und $\bar{k}_2$ so gewählt sind, daß dann $+\bar{k}_1$ und $-\bar{k}_2$ zusammen mit $+\bar{r}_1$ den Rand von P_1 bilden. Dann bilden, wenn man P_2 analog orientiert, $+\bar{k}_2$, $-\bar{k}_1$, $+\bar{r}_2$ den Rand von P_2. Wir betrachten nun, in der jetzt festgelegten Bezeichnung, den Komplex $\bar{L}$, der durch die Zuordnungen $\bar{F}_{11}$ und $\bar{F}_{22}$ entsteht. Da P_1 vor der Zuordnung den Rand $+\bar{r}_1 + \bar{k}_1 - \bar{k}_2$ hatte, hat der Teil P_1 von $\bar{L}$ den Rand $2\bar{k}_1 - \bar{k}_2$; ebenso hat der Teil P_2 von $\bar{L}$ den Rand $2\bar{k}_2 - \bar{k}_1$. Der Komplex $P_1 - P_2 = Z$ hat daher den Rand $3\bar{k}_1 - 3\bar{k}_2$ und ist mithin ein Zyklus mod 3; da Z nichts anderes ist als $\bar{L}$ bei geeigneter Orientierung der Dreiecke, ist damit die Behauptung bewiesen.

Es seien noch folgende Bemerkungen gemacht: $\bar{L}$ läßt sich nicht durch ein topologisches Modell im R^3 darstellen; denn bezeichnet $p^n_m(C)$ die n-te Bettische Zahl mod m ($m = 0$ oder $m > 1$) des Komplexes C, und besitzt C ein topologisches Modell im R^{n+1}, so ist nach dem Alexanderschen Dualitätssatz (für beliebige Moduln) $1 + p^n_m(C)$ die Anzahl der Gebiete, in die der R^{n+1} durch das Modell zerlegt wird, und folglich ist $p^n_{m_1}(C) = p^n_{m_2}(C)$ für beliebige m_1, m_2; in unserem Falle ist nun, wie die Existenz von Z zeigt, $p^2_3(\bar{L}) > 0$ (und zwar, wie man leicht sieht, $= 1$), aber, wie man ebenfalls leicht sieht, $p^2_0(\bar{L}) = p^2_2(\bar{L}) = 0$. Dagegen läßt sich $\bar{\bar{L}}$ durch ein Modell realisieren; denn die Anschauung lehrt, daß man, wenn $\bar{r}_1'$ und $\bar{r}_2'$ Nachbarkurven von $\bar{r}_1$ und $\bar{r}_2$ bezeichnen, die der oben bei der Konstruktion des Modells von L benutzten Kurve r' entsprechen, entweder $\bar{r}_1'$ mit $\bar{k}_1$ und $\bar{r}_2'$ mit $\bar{k}_2$ oder $\bar{r}_1'$ mit $\bar{k}_2$ und $\bar{r}_2'$ mit $\bar{k}_1$ durch zwei Schläuche so verbinden kann, daß die freien Ränder der Schläuche mit $\bar{k}_1$ und $\bar{k}_2$ in der durch die gegebene Zuordnung vorgeschriebenen Weise zusammenfallen und daß die beiden Schläuche zueinander fremd sind. Da diese Konstruktion, wie eben bewiesen wurde, für $\bar{L}$ nicht zum Ziele (sondern zu einer Kollision der beiden Schläuche) führt, führt sie für $\bar{\bar{L}}$ zum Ziele. Hieraus ist insbesondere ersichtlich, daß $\bar{L}$ und $\bar{\bar{L}}$ nicht homöomorph sind.

§ 4.

Unwesentliche Simplexe in n-dimensionalen Komplexen mit $n \geqq 3$.

Beweis des Satzes VIIa: Daß ein n-dimensionales Simplex X von C^n, das einem Zyklus oder Zyklus mod m angehört, wesentlich ist, folgt, wie schon oft benutzt wurde, unmittelbar aus der Theorie des Abbildungsgrades. X gehöre also keinem Zyklus oder Zyklus mod m an; wir haben C^n so zu deformieren, daß ein innerer Punkt p des Simplexes X von der Bedeckung befreit wird.

Der erste Schritt der Befreiung beruht auf dem folgenden Satz: „*C und K seien n-dimensionale Komplexe, X sei ein n-dimensionales Simplex von K, p ein innerer Punkt von X; f sei eine Abbildung von C auf K, die im Punkte p ‚algebraisch unwesentlich‘ ist, d. h. bei welcher die Abbildung jedes n-dimensionalen Zyklus und Zyklus* mod *m von C im Punkte p den Grad (bzw. Grad* mod *m) 0 hat. Dann läßt sich f stetig in eine Abbildung f_1 überführen, bei welcher die Abbildung jedes einzelnen n-dimensionalen Simplexes von C im Punkte p den Grad 0 hat*“ [15]). Ist $C = K$ und X ein Simplex, das keinem Zyklus oder Zyklus mod m angehört, so erfüllt die identische Abbildung f die Voraussetzung der algebraischen Unwesentlichkeit in jedem inneren Punkte von X; folglich kann man C so deformieren, daß p von dem Bilde jedes n-dimensionalen Simplexes mit dem Grade 0 bedeckt wird. Durch eine beliebig kleine Abänderung — z. B. durch Übergang zu einer simplizialen Approximation — läßt sich die Abbildung, falls nötig, noch so modifizieren, daß p nur endlich viele Originalpunkte besitzt; dabei ist in p der Grad des Bildes jedes Simplexes (der ursprünglichen Zerlegung von C) 0 geblieben. Dies ist der erste

[15]) H. Hopf, Über wesentliche und unwesentliche Abbildungen von Komplexen, Moskauer Math. Samml. 37 (1930), Satz IIIa. — Dort wird zwar die algebraische Unwesentlichkeit nicht nur in einem einzelnen Simplex X, sondern in ganz K vorausgesetzt; beim Beweise benutzt wird sie aber nur für ein Simplex. (Der „Satz IV“, der am Schluß des Beweises herangezogen wird, wird nur für den festen Wert 1 des Index k angewandt.)

Schritt der Befreiung; bei ihm sind die Voraussetzungen über den einfachen Zusammenhang und die Dimension von C nicht benutzt worden.

Der zweite Schritt beruht auf dem folgenden Satz: „*Es sei* $n \neq 2$; *das* n*-dimensionale Simplex* E *sei so in den* n*-dimensionalen Komplex* C *abgebildet, daß die Originalmenge des Punktes* p, *der innerer Punkt eines (beliebigen)* n*-dimensionalen Simplexes* X *von* C *ist, aus zwei solchen inneren Punkten von* E *besteht, daß die Bilder ihrer Verbindungswege, die ja geschlossene Wege in* C *sind, sich in* C *auf Punkte zusammenziehen lassen. Dann läßt sich die Abbildung durch eine stetige Abänderung, die nur die Bilder innerer Punkte von* E *verrückt, in eine Abbildung überführen, bei der* p *einen einzigen Originalpunkt besitzt*“ [16]). Wir wenden diesen Satz auf die Abbildung f_1 an, die das Ergebnis des ersten Schrittes der Deformation war. Y sei irgendein n-dimensionales Simplex von C; y_1, y_2 seien zwei Originalpunkte von p in Y, E sei ein Teilsimplex von Y, das y_1 und y_2, aber sonst keinen Originalpunkt von p enthält. Da infolge des einfachen Zusammenhanges von C jeder geschlossene Weg zusammenziehbar ist, sind die Voraussetzungen des Satzes erfüllt. Wir können also die Deformation so fortsetzen, daß die Anzahl der Originalpunkte von p in Y um 1 vermindert wird; da dabei auf dem Rande und im Äußeren von E, also insbesondere auf dem Rande von Y, alles beim alten bleibt, ist der Grad des Bildes von Y im Punkte p nach wie vor gleich 0, und es sind in den von Y verschiedenen Simplexen keine neuen Originalpunkte von p entstanden. Durch endlich häufige Wiederholung dieses Prozesses wird die Deformation daher so fortgeführt, daß bei der sich ergebenden Abbildung f_2 von C auf sich folgendes erreicht ist: in jedem n-dimensionalen Simplex von C liegt höchstens ein Originalpunkt von p, auf den Rändern der Simplexe liegen gar keine Originalpunkte; das Bild jedes einzelnen Simplexes hat in p den Grad 0.

Der dritte und letzte Schritt beruht auf dem folgenden Satz: „g_0 *sei eine Abbildung des* n*-dimensionalen Simplexes* Y' *in das* n*-dimensionale Simplex* X; *der innere Punkt* p *von* X *liege nicht auf dem Bilde des Randes von* Y' *und werde von dem Bilde von* Y' *mit dem Grade* 0 *bedeckt. Dann gibt es eine Abbildung* g_1 *von* Y' *in* X, *die in allen Randpunkten von* Y' *mit* g_0 *übereinstimmt und bei der* p *nicht zu dem Bilde von* Y' *gehört*“ [17]).

---

[16]) H. Hopf, Zur Topologie der Abbildungen von Mannigfaltigkeiten, 2. Teil, Math. Ann. **102** (1929), Satz XIII a. — Dort wird zwar vorausgesetzt, daß C eine Mannigfaltigkeit ist; benutzt wird die Mannigfaltigkeitseigenschaft (mit $n \geqq 3$) aber nur in der Umgebung des Punktes p (und zwar beim Beweise von „Hilfssatz III“); diese Voraussetzung ist in unserem Falle erfüllt.

[17]) Der Satz ist gleichbedeutend mit dem folgenden: Hat p in bezug auf das durch g gelieferte Bild der Randsphäre von Y' die Ordnung 0, so läßt sich die zu-

Man kann zu diesem Satz noch den Zusatz machen, daß sich g_0 unter Festhaltung der Abbildung am Rande von Y' stetig in g_1 überführen läßt; denn wenn man für jeden Punkt $x \subset Y'$ unter $g_t(x)$ den Punkt in X versteht, der die Strecke $\overline{g_0(x)\,g_1(x)}$ im Verhältnis $t:(1-t)$ teilt, so leistet die Abbildungsschar g_t eine solche Überführung. Ist nun y bei der Abbildung $f_2 = g_0$ ein Originalpunkt von p, Y das y enthaltende Simplex, so sei Y' ein n-dimensionales Teilsimplex von Y, das y im Innern enthält und das so klein ist, daß sein Bild im Innern von X liegt. Daraus, daß in Y kein weiterer Originalpunkt von p liegt, folgt 1., daß p nicht auf dem Bilde des Randes von Y' liegt, und 2., daß p von dem Bilde von Y' mit demselben Grade bedeckt wird wie von dem Bilde von Y, also mit dem Grade 0. Mithin sind die Voraussetzungen des Satzes erfüllt, und man kann daher, unter Berücksichtigung des Zusatzes, $g_0 = f_2$ in Y' so abändern, daß p von der Bedeckung durch das Bild von Y befreit wird, und daß dabei auf dem Rande von Y' der stetige Anschluß an die Abbildung f_2 immer gewahrt bleibt. Indem wir dies für jeden Originalpunkt von p tun, gelangen wir schließlich zu einer Abbildung f_3, bei der p keinen Originalpunkt mehr besitzt. Dann ist p durch eine Deformation von der Bedeckung durch das Bild von C befreit worden.

Beweis des Satzes III für $n \geqq 3$ [18]): Da der Satz VII in dem soeben bewiesenen Satz VII a enthalten ist, dürfen wir ihn anwenden und haben daher zum Beweise des Satzes III für jedes $n \geqq 3$ einen Komplex K^n anzugeben, der die folgenden drei Eigenschaften hat: 1) er ist im Kleinen stabil; 2) er enthält ein n-dimensionales Simplex, das auf keinem Zyklus oder Zyklus mod m liegt; 3) er ist einfach zusammenhängend. Unsere Beispiele K^n werden außer 2) sogar die stärkere Eigenschaft 2') haben: K^n enthält keinen n-dimensionalen Zyklus oder Zyklus mod m; infolgedessen wird sogar jedes n-dimensionale Simplex unwesentlich, der stabile Kern wird also auf Grund des — noch zu beweisenden — Satzes VIII leer sein.

$\overline{K}^n$ sei der im euklidischen x_1-x_2-...-x_n-Raum R^n durch $1 \leqq \Sigma x_i^2 \leqq 2$ gegebene Bereich; seine durch $\Sigma x_i^2 = 1$ und $\Sigma x_i^2 = 2$ gegebenen Randsphären bezeichnen wir mit S_1^{n-1} bzw. S_2^{n-1}. Durch Identifizierungen auf den Randsphären von $\overline{K}^n$ erklären wir K^n: unter

---

nächst nur auf diesem Rande erklärte Abbildung g zu einer Abbildung von Y' erweitern, bei der p nicht zur Bildmenge gehört. Beweis: H. Hopf, Abbildungsklassen n-dimensionaler Mannigfaltigkeiten, Math. Ann. **96** (1926); ein kurzer Beweis ist dort in den beiden letzten Abschnitten der S. 224 enthalten. Der Satz ist im wesentlichen mit dem einfachsten Fall (Satz II') des unter [10]) zitierten Satzes II identisch.

[18]) Für $n = 2$ in § 3, d, bewiesen.

einer Drehung um den Winkel φ verstehen wir die Bewegung des R^n, die durch

$$x'_1 = x_1 \cos\varphi - x_2 \sin\varphi, \quad x'_2 = x_1 \sin\varphi + x_2 \cos\varphi,$$
$$x'_i = x_i \quad (i \geqq 3)$$

gegeben ist; dann identifizieren wir auf S_1^{n-1} Punkte, die durch Drehungen um π, auf S_2^{n-1} Punkte, die durch Drehungen um $\frac{2\pi}{3}$ oder $\frac{4\pi}{3}$ ineinander übergeführt werden. Der damit erklärte Komplex ist K^n.

1. K^n ist im Kleinen stabil. Dies werden wir, anstatt das Kriterium des Satzes VI anzuwenden, dadurch beweisen, daß wir zu jedem Punkt $p \subset K^n$ ein Komplex K_p^n angeben, der zyklisch, also gewiß stabil (sogar im Großen) ist und einen solchen Punkt p' enthält, daß p und p' homöomorphe Umgebungen besitzen. Für diejenigen Punkte p, denen innere Punkte von $\bar{K}^n$ entsprechen, kann man als K_p^n die n-dimensionale Sphäre wählen. Für jeden Punkt p, dem in $\bar{K}^n$ Punkte von S_1^{n-1} entsprechen, läßt sich ein K_p^n angeben, der ein Zyklus mod 2 ist; nämlich der Komplex, der aus $\bar{K}^n$ entsteht, wenn man nicht nur auf S_1^{n-1}, sondern auch auf S_2^{n-1} solche Punkte identifiziert, die bei der Drehung um π ineinander übergehen; bei dieser Ersetzung von K^n durch K_p^n wird die Umgebung von p nicht abgeändert, und daß K_p^n ein Zyklus mod 2 ist, wenn man die natürliche Orientierung von $\bar{K}^n$ zugrunde legt, ist klar: denn sein Rand besteht aus den beiden aus S_1^{n-1} und S_2^{n-1} entstandenen Komplexen, und in jedem von diesen tritt jedes $(n-1)$-dimensionale Simplex bei der Randbildung zweimal auf. Analog läßt sich zu jedem Punkt p, dem in $\bar{K}^n$ Punkte auf S_2^{n-1} entsprechen, ein K_p^n angeben, der ein Zyklus mod 3 ist, indem man nicht nur auf S_2^{n-1}, sondern auch auf S_1^{n-1} solche Punkte identifiziert, die bei Drehungen um $\frac{2\pi}{3}$ oder $\frac{4\pi}{3}$ ineinander übergehen. (Es stört diese Argumentation nicht, wenn dem Punkte p nur ein Punkt auf S_1^{n-1} oder S_2^{n-1} entspricht, wenn dieser Punkt also auf der $(n-2)$-dimensionalen Drehungsachse $x_1 = x_2 = 0$ liegt.)

2. K^n enthält keinen n-dimensionalen Zyklus oder Zyklus mod m. Beweis: T_i^n $(i = 1, 2, \ldots, k)$ seien die Simplexe von K^n in kohärenter Orientierung, also so orientiert, wie es einer der durch die Orientierung des R^n gegebenen natürlichen Orientierungen von $\bar{K}^n$ entspricht. P_1^{n-1}, P_2^{n-1} seien die beiden Komplexe in K^n, die aus S_1^{n-1} bzw. S_2^{n-1} durch die auf diesen Sphären vorgeschriebenen Identifikationen hervorgehen. Dann ist — wenn wir für jeden Komplex C^n unter $\dot{C}^n$ oder $(C^n)^{\cdot}$ seinen Rand verstehen — $\left(\sum_{i=1}^{k} T_i^n\right)^{\cdot} = 3\,P_2^{n-1} - 2\,P_1^{n-1}$; P_1^{n-1} und P_2^{n-1} haben, wie aus ihrer Definition hervorgeht, die Eigenschaft, daß in ihnen

kein $(n-1)$-dimensionales Simplex mit einem von ± 1 verschiedenen Koeffizienten vorkommt. Es sei nun $Z^n = \Sigma c_i T_i^n$ ein Zyklus mod m $(m > 1)$ in K^n. T_1^n und T_2^n mögen ein $(n-1)$-dimensionales Simplex T^{n-1} gemeinsam haben, und dieses möge einem inneren, d. h. nicht auf S_1^{n-1} oder S_2^{n-1} gelegenen Simplex von $\overline{K}^n$ entsprechen, also insbesondere auf keinem weiteren T_i^n als T_1^n und T_2^n liegen. Dann liegt infolge der kohärenten Orientierung von T_1^n und T_2^n das Simplex T^{n-1} mit verschiedenem Vorzeichen auf den Rändern von T_1^n und T_2^n, es ist also etwa $\dot{T}_1^n = + T^{n-1} + \ldots$, $\dot{T}_2^n = - T^{n-1} + \ldots$; hieraus folgt, da Z^n Zyklus mod m, also $\dot{Z}^n \equiv 0$ mod m ist: $c_1 - c_2 \equiv 0$ mod m. Da man nun je zwei Simplexe $T_{i_1}^n$, $T_{i_2}^n$ durch eine solche Kette von T_i^n verbinden kann, daß je zwei aufeinanderfolgende ein T^{n-1} gemeinsam haben, das einem inneren Simplex von $\overline{K}^n$ entspricht, beweist man ebenso, daß alle c_i einander kongruent sind; folglich ist $Z^n \equiv c\left(\sum_{i=1}^{k} T_i^n\right)$ mod m, und aus $\dot{Z}^n \equiv 0$, $(\Sigma T_i^n)^{\cdot} = 3 P_2^{n-1} - 2 P_1^{n-1}$ folgt $c(3 P_2^{n-1} - 2 P_1^{n-1}) \equiv 0$ mod m. Sind nun T_1^{n-1} und T_2^{n-1} Simplexe von P_1^{n-1} bzw. von P_2^{n-1}, so kommen sie, wie oben bemerkt, nur mit dem Koeffizienten ± 1 vor; daher ergibt sich weiter: $3c \equiv 0$, $2c \equiv 0$ mod m, also auch $c \equiv 0$ und $Z^n \equiv 0$ mod m. Das bedeutet aber, das es außer dem trivialen „Nullzyklus“ keinen Zyklus mod m in K^n gibt. Dann gibt es a fortiori keinen gewöhnlichen Zyklus; denn gäbe es einen solchen, so könnte man in ihm die Koeffizienten c_i der T_i^n als teilerfremd annehmen, und dann wäre er ein (nicht trivialer) Zyklus mod m für jedes $m > 1$.

3. K^n ist einfach zusammenhängend. Beweis: Zunächst stellen wir fest, daß $\overline{K}^n$ einfach zusammenhängend ist; jeder geschlossene Weg in $\overline{K}^n$ kann nämlich in einen auf S_1^{n-1} verlaufenden geschlossenen Weg deformiert werden, und ein solcher ist, da $n-1 > 1$ vorausgesetzt ist, auf S_1^{n-1}, also in $\overline{K}^n$, homotop 0. Daraus folgt weiter: ist $\overline{w}$ ein geschlossener Weg in $\overline{K}^n$, w der ihm entsprechende Weg in K^n, so ist w in K^n auf einen Punkt zusammenziehbar; denn der Zusammenziehung von $\overline{w}$ entspricht, da $\overline{K}^n$ ja eindeutig so auf K^n abgebildet ist, daß w das Bild von $\overline{w}$ ist, eine Zusammenziehung von w auf einen Punkt in K^n. Somit genügt es, zu zeigen: jeder geschlossene Weg v in K^n ist einem geschlossenen Weg w homotop, der einem *geschlossenen* Wege $\overline{w}$ in $\overline{K}^n$ entspricht. Wir dürfen v als Kantenzug der Triangulation annehmen; sind s_j die Kanten von v, so sei für jedes j $\overline{s}_j$ die s_j entsprechenden Kante bzw. eine beliebige der (zwei oder drei) s_j entsprechenden Kanten in $\overline{K}^n$; der von den $\overline{s}_j$ gebildete Kantenzug $\overline{v}$ braucht nicht geschlossen zu sein; es kann vorkommen, daß für zwei Kanten s_1, s_2, die eine Ecke e gemeinsam haben, die Kanten $\overline{s}_1$, $\overline{s}_2$ nicht zusammenstoßen, sondern daß die e entsprechenden

Ecken $\bar{e}_1$, $\bar{e}_2$ auf $\bar{s}_1$ bzw. $\bar{s}_2$ voneinander verschieden sind. Wir nennen dann e eine „Sprungstelle"; wir werden v durch einen homotopen Weg v_1 ersetzen, der eine Sprungstelle weniger hat als v; nach endlich häufiger Wiederholung werden wir zu einem Weg w gelangen, der zu v homotop ist und keine Sprungstelle besitzt, also einem geschlossenen Weg $\bar{w}$ in $\bar{K}$ entspricht und somit, wie wir sahen, homotop 0 ist. Damit wird bewiesen sein, daß auch v homotop 0 ist.

Wir haben also die Sprungstelle e zu beseitigen. $\bar{e}_1$ und $\bar{e}_2$ liegen entweder beide auf S_1^{n-1} oder beide auf S_2^{n-1}; sie mögen etwa auf S_1^{n-1} liegen. $\bar{q}$ sei der Punkt mit den Koordinaten $x_1 = x_2 = \ldots = x_{n-1} = 0$, $x_n = 1$, also einer der Punkte von S_1^{n-1}, die bei jeder Drehung fest bleiben und daher mit keinem anderen Punkte zu identifizieren sind; q sei der entsprechende Punkt auf P_1^{n-1}. u sei ein auf P_1^{n-1} von e nach q führender Kantenzug; $\bar{u}_1$, $\bar{u}_2$ seien die ihm entsprechenden Kantenzüge auf S_1^{n-1} von $\bar{e}_1$ bzw. von $\bar{e}_2$ nach $\bar{q}$. v_1 sei nun der geschlossene Weg, der aus v entsteht, wenn man in den Weg v den doppelten Weg u, erst von e nach q, dann von q nach e zurück durchlaufen, einfügt; v_1 ist homotop zu v. In $\bar{K}^n$ entspricht dem Weg v_1 der Weg $\bar{v}_1$, der entsteht, wenn man in den Weg $\bar{v}$ den $\bar{e}_1$ mit $\bar{e}_2$ verbindenden Streckenzug $\bar{u}_1 - \bar{u}_2$ einschaltet. Die Sprungstelle e ist dadurch beseitigt, und neue Sprungstellen sind nicht aufgetreten.

K^n hat also die drei behaupteten Eigenschaften, und der Satz III ist damit bewiesen.

Bemerkung: Man kann ebenso wie die Komplexe K^n für $n \geqq 3$ auch den Komplex K^2 erklären. Er hat auch die Eigenschaften 1) und 2'), bei deren Beweis die Dimension n keine Rolle spielte. Dagegen ist er nicht einfach zusammenhängend. Es ist leicht zu sehen, daß er eine zweiblättrige Überlagerungsfläche besitzt, die ein Zyklus mod 3 ist. Er ist also ebenso wie das letzte Beispiel im § 3 ein zweidimensionaler Komplex, der keinen Zyklus enthält, aber im Großen stabil ist — im Gegensatz zu den Komplexen K^n mit $n \geqq 3$.

Beweis des Satzes VIII (für $n \geqq 3$) [19]: Es ist zu beweisen, daß es eine Deformation von C gibt, bei deren Ergebnis die Innengebiete aller unwesentlichen n-dimensionalen Simplexe befreit worden sind; nehmen wir in jedem unwesentlichen Simplex X_i^n einen inneren Punkt p_i an ($i = 1, 2, \ldots, k$), so genügt es, zu zeigen, daß man die Punkte p_i gleichzeitig befreien kann; denn dann kann man weiter den echten Teil jedes X_i^n, der noch zum Bilde von C gehört, unter Festhaltung der auf dem Rande von X_i^n gelegenen Punkte stetig auf diesen Rand deformieren.

[19]) Für $n = 1$ im § 1 bewiesen.

Die Möglichkeit der gleichzeitigen Befreiung der Punkte p_i ist offenbar in dem folgenden allgemeineren Satz enthalten:

Es sei $n \geqq 3$; C und K seien n-dimensionale Komplexe, $p_1, p_2, \ldots, p_k$ seien Punkte im Innern n-dimensionaler Simplexe von K; $\mathfrak{F}$ sei eine Klasse von Abbildungen von C auf K, die für $i = 1, 2, \ldots, k$ solche Abbildungen f_i enthalte, daß bei f_i der Punkt p_i nicht von der Bildmenge bedeckt wird. Dann gibt es in $\mathfrak{F}$ eine Abbildung f, bei der keiner der Punkte p_i von der Bildmenge bedeckt wird.

Beweis: Für $k = 1$ ist der Satz trivial; zur Durchführung der vollständigen Induktion bezüglich k genügt es, zu zeigen: f_0 und f_1 seien zwei Abbildungen aus $\mathfrak{F}$; bei f_0 sei der Punkt $p_k = p$ nicht bedeckt, bei f_1 seien die Punkte $p_1, \ldots, p_{k-1}$, die wir jetzt mit q_i bezeichnen wollen, nicht bedeckt. Dann gibt es eine Abbildung f aus $\mathfrak{F}$, bei der weder p noch einer der q_i bedeckt wird.

Wir beweisen die Behauptung zunächst unter einer speziellen Annahme. Da f_0 und f_1 zu derselben Klasse gehören, gibt es eine stetige Schar f_t mit $0 \leqq t \leqq 1$. P sei die Menge der Punkte x in C mit $f_t(x) = p$ für irgendein t; Q sei die Menge der x mit $f_t(x) = q_i$ für irgendein t und irgendein i. Die spezielle Annahme ist: P und Q sind zueinander fremd.

Dann gibt es, da P und Q abgeschlossen sind, eine positive Zahl d, die kleiner als der Abstand $\varrho(P, Q)$ ist. Wir definieren eine Schar von Abbildungen $g_t\,(0 \leqq t \leqq 1)$ von C auf K:

$$g_t(x) = f_1(x), \qquad \text{wenn} \qquad \varrho(x, P) \geqq d,$$

$$g_t(x) = f_{1-t(1-\varrho/d)}(x), \qquad \text{wenn} \qquad \varrho = \varrho(x, P) \leqq d$$

ist. Die Abbildungen sind offenbar stetig und hängen stetig von t ab. Da $g_0 = f_1$ ist, gehören sie sämtlich zu $\mathfrak{F}$. Dies gilt insbesondere für die Abbildung g_1, die durch folgende Formeln gegeben ist:

$$(1) \qquad g_1(x) = f_1(x) \qquad \text{für} \qquad \varrho(x, P) \geqq d,$$

$$(2) \qquad g_1(x) = f_{\varrho/d}(x) \qquad \text{für} \qquad \varrho = \varrho(x, P) \leqq d.$$

Für einen Punkt x, der sich in der Lage (1) befindet, ist $g_1(x) \neq p$ wegen $x \not\subset P$ und $g_1(x) \neq q_i$, da $f_1(x) \neq q_i$ für alle x ist; ist x in der Lage (2), so ist $g_1(x) \neq q_i$ wegen $x \not\subset Q$ und $g_1(x) \neq p$, da andernfalls $x \subset P$, also $\varrho = 0$ und $g_1(x) = f_0(x)$ wäre, was einen Widerspruch ergibt, da $f_0(x) \neq p$ für alle x ist. Die Abbildung $g_1 = f$ hat somit die behaupteten Eigenschaften.

Wir werden uns nun von der einschränkenden Annahme dadurch befreien, daß wir in der Klasse $\mathfrak{F}$, der die vorgelegten Abbildungen f_0 und f_1 angehören, für die die Annahme nicht zuzutreffen braucht, Abbildungen $f'_1\,(0 \leqq t \leqq 1)$ so angeben, daß bei f'_0 der Punkt p, bei f'_1 jeder Punkt q_i unbedeckt bleibt und daß die entsprechend wie oben definierten

Mengen P' und Q' zueinander fremd sind. Bei diesem Teil des Beweises wird die bisher nicht benutzte Voraussetzung $n \geqq 3$ eine wesentliche Rolle spielen.

Die nach Voraussetzung existierende Schar f_t $(0 \leqq t \leqq 1)$ deuten wir in bekannter Weise folgendermaßen: Z sei der $(n+1)$-dimensionale Zylinder der Höhe 1 über C (oder das Produkt von C mit einer Strecke der Länge 1); ist x ein Punkt von C, so verstehen wir unter x_t den Punkt von Z, der in der Entfernung t über x liegt; die von allen Punkten x_0 und x_1 gebildeten Komplexe nennen wir C_0 bzw. C_1, so daß also $C_0 = C$ ist. Mittels der Festsetzung $F(x_t) = f_t(x)$ entspricht der Schar f_t eine Abbildung F von Z auf K; dabei wird $f_0(C)$ durch $F(C_0)$, $f_1(C)$ durch $F(C_1)$ repräsentiert. Für F liegt auf C_0 kein Originalpunkt von p, auf C_1 kein Originalpunkt eines Punktes q_i. Wir müssen nun eine Abbildung F' von Z auf K so konstruieren, daß 1) die durch $F'(C_0)$ erklärte Abbildung von C zu der Klasse $\mathfrak{F}$ gehört, daß 2) auf C_0 kein Originalpunkt von p, auf C_1 kein Originalpunkt eines q_i liegt, und daß 3) die Originalmengen von p einerseits, der Punkte q_i andererseits so gelegen sind, daß niemals ein Punkt der einen Menge über einem Punkt der anderen Menge liegt; (dabei verstehen wir unter einem übereinander liegenden Punktepaar natürlich zwei Punkte x_{t_1}, x_{t_2}). Dann werden nämlich die Abbildungen $f'_0(C) = F'(C_0)$, $f'_1(C) = F'(C_1)$ zusammen mit der durch $f'_t(x) = F'(x_t)$ erklärten Schar f'_t alle Anforderungen erfüllen.

Um F' zu konstruieren, ersetzen wir zunächst F durch eine so gute simpliziale Approximation, daß die dadurch erklärte Abbildung von C_0, die wir f'_0 nennen, auch zu der Klasse $\mathfrak{F}$ gehört, und daß auf C_0 kein Originalpunkt von p, auf C_1 kein Originalpunkt eines q_i liegt; von der Simplexzerlegung von K, die dieser simplizialen Abbildung zugrunde liegt, setzen wir voraus, daß jeder der Punkte $p, q_1, q_2, \ldots$ im Innern eines n-dimensionalen Simplexes liegt, und daß das p enthaltende Simplex Y keinen q_i enthält. Dann liegen die Originalpunkte von p und von den q_i im Innern von $(n+1)$- oder n-dimensionalen Simplexen von Z, und kein $(n+1)$-dimensionales Simplex von Z enthält gleichzeitig einen Originalpunkt von p und einen Originalpunkt eines q_i.

Wir tilgen nun die Abbildung im Innern aller der $(n+1)$-dimensionalen sowie der n-dimensionalen Simplexe, die einen Originalpunkt von p enthalten, die also auf Y abgebildet sind; dadurch bleibt die Abbildung von C_0 unberührt. Jetzt werden wir die Abbildung im Innern dieser Simplexe von neuem so erklären, daß bei der schließlich vorhandenen Abbildung von Z niemals ein Originalpunkt von p und ein Originalpunkt eines q_i übereinander liegen, und daß kein neuer Originalpunkt eines q_i entstanden ist. Diese letztere Bedingung, (die übrigens nur für C_1 notwendig ist), wird von selbst dadurch erfüllt werden, daß die neu zu erklärenden Bilder wieder mit dem Simplex Y zusammenfallen werden, das p, aber keinen q_i, enthält. Die Abbildung F', die dann in Z erklärt sein wird, wird offenbar die oben formulierten Eigenschaften 1), 2), 3) haben.

$\overline{Q}$ sei die Menge der Punkte von Z, die Originalpunkte von Punkten q_i sind oder über oder unter solchen Originalpunkten liegen; die Originalmenge der q_i besteht aus endlich vielen Punkten und Strecken, da Z $(n+1)$-dimensional, K n-dimensional, die Abbildung simplizial ist und die q_i im Innern n-dimensionaler Simplexe liegen; folglich ist $\overline{Q}$ ein zweidimensionaler Komplex. Daher gibt es, weil $n > 2$ ist, zunächst in jedem n-dimensionalen Simplex X_j^n, in dem wir die Abbildung erklären wollen, Punkte, die nicht zu $\overline{Q}$ gehören; wir wählen einen solchen Punkt p_j', bilden ihn auf p und ferner jede von p und einem Randpunkt x von X_j^n begrenzte Strecke proportional auf die Strecke in Y ab, die von p und dem Bilde von x begrenzt wird; diese Vorschrift ist zulässig, denn da X_j^n durch die ursprüngliche Abbildung auf Y abgebildet wurde, liegt das Bild von x auf dem Rande von Y. p_j' ist der einzige Originalpunkt von p in X_j^n, und die Abbildung ist damit in allen n-dimensionalen Simplexen in der gewünschten Weise erklärt.

Es sei jetzt X_j^{n+1} ein $(n+1)$-dimensionales Simplex, in dem wir die Abbildung noch zu erklären haben. Auf dem Rande von X_j^{n+1} liegen endlich viele Originalpunkte von p. Wir verbinden diese Punkte mit allen in X_j^{n+1} liegenden Punkten von $\overline{Q}$ — falls solche überhaupt vorhanden sind — und betrachten die Verbindungsgeraden, soweit sie in X_j^{n+1} verlaufen. Das ist ein höchstens dreidimensionaler Komplex; da $n+1 > 3$ ist, gibt es in X_j^{n+1} Punkte, die nicht auf ihm liegen. p_j'' sei ein solcher Punkt; dann sind die Verbindungsstrecken von p_j'' mit den Originalen von p auf dem Rande von X_j^{n+1} fremd zu $\overline{Q}$. Definieren wir nun die Abbildung von X_j^{n+1} auf Y durch genau dieselbe Vorschrift wie vorhin die Abbildung von X_j^n — was wieder möglich ist, weil das Bild des Randes von X_j^{n+1} zu Y gehört, — so bilden diese Verbindungsstrecken, und nur diese, die Originalmenge von p. Daher hat die jetzt in ganz Z erklärte Abbildung F' alle erwünschten Eigenschaften, und der Satz ist damit bewiesen.

Zürich, Juni/Juli 1932.

(Eingegangen am 2. 8. 1932.)

26.

Über die Abbildungen von Sphären auf Sphären niedrigerer Dimension

Fundamenta Math. **25** (1935), 427–440

Die Frage, für welche Dimensionszahlen N und n mit $N > n$ es möglich ist, die Sphäre S^N wesentlich auf die Sphäre S^n abzubilden [1]), ist meines Wissens bisher nur in zwei Fällen beantwortet: 1) Für jedes $N > 1$ ist es unmöglich, die Sphäre S^N wesentlich auf den Kreis S^1 abzubilden; 2) es ist möglich, die Sphäre S^3 auf die Kugelfläche S^2 wesentlich abzubilden [2]).

Die Frage scheint mir aus verschiedenen Gründen der weiteren Untersuchung wert zu sein. Erstens versagt bei der Behandlung der Abbildungen der S^N in die S^n die übliche Methode des Abbildungsgrades; denn in S^N ist jeder n-dimensionale Zyklus homolog Null und wird daher mit dem Grade 0 abgebildet; infolgedessen zwingt unsere Frage dazu, nach neuen Methoden zu suchen. Zweitens weisen eine Reihe bekannter Sätze darauf hin, daß sich in der Existenz einer wesentlichen Abbildung eines Raumes R auf die S^n

[1]) Eine stetige Abbildung f_0 des Raumes A auf den Raum B heißt „wesentlich", wenn bei jeder Abbildung f_1, in welche sich f_0 stetig überführen läßt, das Bild $f_1(A)$ der ganze Raum B ist. Ist B eine Sphäre, so bedeutet die Unwesentlichkeit von f_0, daß sich f_0 in eine solche Abbildung f_1 stetig überführen läßt, bei welcher $f_1(A)$ ein einziger Punkt ist.

[2]) H. Hopf, *Über die Abbildungen der dreidimensionalen Sphäre auf die Kugelfläche*, Math. Ann. 104. Die Kenntnis dieser Arbeit wird für das folgende vorausgesetzt. Einen neuen Beweis für die wesentliche Abbildbarkeit der S^3 auf die S^2 hat W. Hurewicz gegeben: *Beiträge zur Topologie der Deformationen*, Proceed. Amsterdam XXXVIII („Anwendungen", S. 117).

wichtige gestaltliche Eigenschaften von R ausdrücken [3]). Drittens ist durch den von Hurewicz eingeführten Begriff der „mehrdimensionalen Homotopiegruppe" die Frage, ob sich in einem vorgelegten Raume R jedes stetige Bild der S^N auf einen Punkt zusammenziehen läßt, in ein neues Licht gerückt worden [4]).

Die nachstehenden Bemerkungen führen einerseits zu dem Satz: „*Für jedes* $k \geqq 1$ *existieren wesentliche Abbildungen der* S^{4k-1} *auf die* S^{2k}" — einer allerdings ziemlich spärlichen und unbefriedigenden Verallgemeinerung des früheren Satzes über die S^3 und S^2; andererseits lassen sie Zusammenhänge unserer Frage mit anderen Sätzen und Problemen sichtbar werden, welche mir Interesse zu verdienen scheinen.

1. Zuerst muss ich kurz über die Methode berichten, die beim Nachweis der Existenz wesentlicher Abbildungen der S^3 auf die S^2 zum Ziele geführt hat [5]).

Es sei f eine simpliziale Abbildung einer Mannigfaltigkeit M^3 in eine Mannigfaltigkeit Γ^2; ist ξ innerer Punkt eines Simplexes τ^2 von Γ^2 und T^3 ein Simplex von M_3, das auf τ^2 abgebildet ist, so ist die Originalmenge von ξ in T^3 eine Strecke, die man in naheliegender Weise, auf Grund der Orientierungen von τ^2 und T^3, orientiert; Summation über alle Simplexe T^3 von M^3, die auf τ^2 abgebildet sind, faßt diese Strecken zu einem eindimensionalen *Zyklus* $\varphi(\xi)$, dem „Originalzyklus" von ξ, zusammen. Wenn nun M^3 die Sphäre S^3 ist, so haben je zwei Zyklen $\varphi(\xi_1)$, $\varphi(\xi_2)$ eine *Verschlingungszahl* γ; das Vorzeichen von γ will ich, da es nachher (Nr. 3) noch besonders betrachtet werden soll, vorläufig vernachlässigen. Die Zahl $|\gamma|$ hängt von der Wahl der Punkte ξ_1, ξ_2 nicht ab. Sie läßt sich auch folgendermaßen charakterisieren: ist C^2 ein von $\varphi(\xi_1)$ berandeter Komplex in S^3, so ist γ der Betrag des *Grades*, mit welchem C^2 in S^2 abgebildet wird; dabei ist zu beachten, daß dieser Grad wohldefiniert ist, weil der Rand $\varphi(\xi_1)$ von C auf einen

[3]) Man vergl.: Alexandroff, *Dimensionstheorie*, Math. Ann. 106; Borsuk, *Über Schnitte der n-dimensionalen Euklidischen Räume*. Math. Ann. 106; Bruschlinsky, *Stetige Abbildungen und Bettische Gruppen der Dimensionszahlen* 1 *und* 3, Math. Ann. 109; Freudenthal, *Die Hopfsche Gruppe*, Compos. Math. 2; Hopf, *Die Klassen der Abbildungen der n-dimensionalen Polyeder auf die n-dimensionale Sphäre*, Comment. Math. Helvet. 5.

[4]) Hurewicz, wie in Fußnote [2]).

[5]) Vgl. Fußnote [2]).

einzigen Punkt, nämlich ξ_1, von Γ^2 abgebildet wird; die Übereinstimmung dieses Grades mit der Verschlingungszahl $|\gamma|$ ergibt sich daraus, daß γ definitionsgemäß die algebraische Anzahl der Schnittpunkte von C^2 mit dem Originalzyklus $\varphi(\xi_2)$ eines zweiten Punktes ξ_2, also die Anzahl der auf C^2 gelegenen Originalpunkte von ξ_2 ist.

Es zeigt sich nun weiter: die Zahl $|\gamma|$ ist eine Invariante der Abbildungsklasse von f; damit ist $|\gamma|$ zugleich für beliebige *stetige*, nicht notwendig simpliziale, Abbildungen f erklärt. Insbesondere folgt: *wenn* $\gamma \neq 0$ *ist, so ist* f *wesentlich.*

2. Bis hierher läßt sich alles ohne nennenswerte Änderung auf die Abbildungen der Sphäre S^{2n-1} in eine Mannigfaltigkeit Γ^n bei beliebigem $n > 2$ übertragen: zunächst sei wieder f simplizial und T^{2n-1} ein Simplex von M^{2n-1}, das auf das Simplex τ^n von Γ^n abgebildet wird; dann bilden die Originalpunkte eines inneren Punktes ξ von τ^n eine — wie eine leichte Dimensions-Abzählung zeigt — $(n-1)$-dimensionale Zelle in T^{2n-1}; bei geeigneter und naheliegender Orientierung dieser Zellen und Summation über die Simplexe T^{2n-1} von M^{2n-1} entsteht der $(n-1)$-dimensionale Originalzyklus $\varphi(\xi)$ von ξ in M^{2n-1}. Ist $M^{2n-1} = S^{2n-1}$, so ist die Verschlingungszahl $|\gamma|$ je zweier Originalzyklen $\varphi(\xi_1)$ und $\varphi(\xi_2)$ erklärt [6]); sie hat dieselben Eigenschaften wie im Fall $n = 2$; insbesondere gilt auch hier: *ist* $\gamma \neq 0$, *so ist* f *wesentlich.*

Man erhält also wesentliche Abbildungen von S^{2n-1} auf M^n, falls es gelingt, Abbildungen mit $\gamma \neq 0$ zu konstruieren. Wir werden sogleich sehen, daß dies nicht für jedes n möglich ist.

3. Hierfür ist die Betrachtung des bisher vernachlässigten Vorzeichens von γ ausschlaggebend. Es sei, wie in Nr. 1, C^n ein von $\varphi(\xi_1)$ berandeter Komplex in S^{2n-1}; wir verstehen unter γ_{ξ_1} den Grad der Abbildung von C^n in Γ^n; dann ergibt sich, wie schon in Nr. 1 hervorgehoben wurde, daß $|\gamma_{\xi_1}|$ mit dem Betrag der Schnittzahl $\Phi(C^n, \varphi(\xi_2))$ übereinstimmt, wobei ξ_2 ein beliebiger, von ξ_1 verschiedener, Punkt von Γ^2 ist; es ist also

$$\Phi(C^n, \varphi(\xi_2)) = \varepsilon \cdot \gamma_{\xi_1},$$

[6]) Wenn man allgemeiner die Abbildungen einer M^N auf eine M^n mit $N > n$ betrachtet, so haben die Zyklen $\varphi(\xi)$ die Dimension $N-n$; damit die Verschlingungszahlen $\mathfrak{v}(\varphi(\xi_1), \varphi(\xi_2))$ definiert sind, muß $2(N-n) = N-1$, also $N = 2n-1$ sein.

und hierbei ist $\varepsilon = \pm 1$; auf die leicht durchzuführende Bestimmung von ε verzichten wir; jedenfalls ist klar: ε hängt nur von den auftretenden Dimensionszahlen, also von n, aber nicht von den Punkten ξ_1 und ξ_2 ab. Die Verschlingungszahl von $\varphi(\xi_1)$ und $\varphi(\xi_2)$ wird durch

$$\mathfrak{v}(\varphi(\xi_1), \varphi(\xi_2)) = \Phi(C^n, \varphi(\xi_2))$$

erklärt; es ist also

$$\mathfrak{v}(\varphi(\xi_1), \varphi(\xi_2)) = \varepsilon \cdot \gamma_{\xi_1}. \tag{1}$$

Nun gilt für die Verschlingungszahl eines r-dimensionalen mit einem s-dimensionalen Zyklus im R^N oder in der S^N (natürlich mit $r + s = N - 1$) [7]:

$$\mathfrak{v}(z_1^r, z_2^s) = (-1)^{rs+1}\, \mathfrak{v}(z_2^s, z_1^r).$$

In unserem Fall ist also, da $r = s = n - 1$, und daher $rs + 1 \equiv n \mod. 2$ ist:

$$\mathfrak{v}(\varphi(\xi_1), \varphi(\xi_2)) = (-1)^n \cdot \mathfrak{v}(\varphi(\xi_2), \varphi(\xi_1)).$$

Hieraus und aus (1) folgt

$$\gamma_{\xi_1} = (-1)^n \cdot \gamma_{\xi_2}. \tag{2}$$

Ziehen wir noch einen dritten Punkt ξ_3 heran, so ist ebenfalls

$$\gamma_{\xi_1} = (-1)^n\, \gamma_{\xi_3}, \tag{2'}$$

$$\gamma_{\xi_2} = (-1)^n\, \gamma_{\xi_3}. \tag{2''}$$

Setzt man (2″) in (2) ein, so folgt

$$\gamma_{\xi_1} = \gamma_{\xi_3}. \tag{2'''}$$

Dies lehrt erstens: *die Invariante γ ist auch bezüglich des Vorzeichens wohlbestimmt;* und zweitens zeigt der Vergleich von (2′) und (2‴):

Satz I. *Bei ungeradem n ist $\gamma = 0$ für jede Abbildung der Sphäre S^{2n-1} auf eine Mannigfaltigkeit M^n.*

Bei ungeradem n versagt also unsere Methode zur Auffindung wesentlicher Abbildungen der S^{2n-1} auf die S^n, und die Frage, ob solche Abbildungen existieren, bleibt offen.

[7]) Man vergl. hierfür, wie überhaupt für die Verschlingungs-Eigenschaften im R^N (oder in der S^N), das Kap. XI des Buches „*Topologie*" (1. Band) von Alexandroff und Hopf.

4. Wir werden also den Fall $n = 2k$ betrachten; unser Ziel ist der Beweis von

Satz II. *Für jedes* $k \geqslant 1$ *gibt es Abbildungen der Sphäre* S^{4k-1} *auf die Sphäre* S^{2k} *mit* $\gamma \neq 0$, *also wesentliche Abbildungen* [7a]).

Genauer:

Satz II'. *Für jedes* $k \geqslant 1$ *gibt es Abbildungen von* S^{4k-1} *auf* S^{2k} *mit* $\gamma = 2$.

Die Konstruktion von Abbildungen, welche die Behauptung des Satzes II' erfüllen, beruht auf der Betrachtung der Abbildungen der Produktmannigfaltigkeit $P^{2r} = S_1^r \times S_2^r$ zweier r-dimensionaler Sphären — also einer der möglichen Verallgemeinerungen der Torusfläche — auf die Sphäre S^r. In P^{2r} wird eine r-dimensionale Homologiebasis von den Zyklen

$$Z_1^r = S_1^r \times p_2, \qquad Z_2^r = p_1 \times S_2^r$$

gebildet, wobei p_1, p_2 Punkte in S_1^r bezw. S_2^r bezeichnen. Der Homologietypus einer Abbildung g von P^{2r} in die S^r wird durch die Grade c_1, c_2 beschrieben, mit welchen die Zyklen Z_1^r, Z_2^r in die S^r abgebildet werden; wir sagen: die Abbildung g ist vom *Typus* (c_1, c_2).

Nun gelten die folgenden beiden Sätze:

Satz III. *Wenn es eine Abbildung von* $S_1^r \times S_2^r$ *in die* S^r *vom Typus* (c_1, c_2) *gibt, so gibt es eine Abbildung der* S^{2r+1} *in die* S^{r+1} *mit* $\gamma = c_1 \cdot c_2$.

Satz IV. *Ist* r *ungerade, so gibt es eine Abbildung von* $S_1^r \times S_2^r$ *auf die* S^r *vom Typus* (1, 2).

Es ist klar, daß der Satz II', und damit der Satz II, aus den Sätzen III und IV folgt, wenn man $r = 2k - 1$ setzt; es handelt sich also um die Beweise der beiden letztgenannten Sätze.

5. Als Vorbereitung für den Beweis des Satzes III überzeugen wir uns davon, daß sich das bekannte Heegaardsche Torus-Diagramm der S^3 auf die Sphäre S^{2r+1} übertragen läßt ($r \geqslant 1$).

Die S^{2r+1} sei im R^{2r+2} durch die Gleichung

$$x_1^2 + \dots + x_{2r+2}^2 = 1$$

[7a]) Aus der Existenz von Abbildungen mit $\gamma \neq 0$ ergibt sich leicht (vgl. meine in Fussnote [2]) zitierte Arbeit): Es gibt *unendlich viele Klassen* von Abbildungen der S^{4k-1} auf die S^{2k}.

gegeben. Wir zerlegen sie in die folgendermaßen gegebenen Hälften V_1^{2r+1} und V_2^{2r+1}:

$$V_1^{2r+1}: \quad x_1^2 + \ldots + x_{r+1}^2 \leqq x_{r+2}^2 + \ldots x_{2r+2}^2;$$

$$V_2^{2r+1}: \quad x_1^2 + \ldots + x_{r+1}^2 \geqq x_{r+2}^2 + \ldots x_{2r+2}^2.$$

Jeder Teil V_i^{2r+1} ist, wie man leicht sieht, dem Produkt $S^r \times E^{r+1}$ homöomorph, wobei E^{r+1} eine $(r+1)$-dimensionale Vollkugel ist. In $S^r \times E^{r+1}$ wird eine r-dimensionale Homologiebasis von einem Zyklus der Form $S^r \times p$ gebildet, wobei p einen Punkt von E^{r+1} bezeichnet; in V_1^{2r+1} und V_2^{2r+1} sind derartige Zyklen zum Beispiel die folgendermaßen bestimmten Sphären Y_1^r und Y_2^r:

$$Y_1^r: \quad x_1 = c, \quad x_2 = \ldots = x_{r+1} = 0, \quad x_{r+2}^2 + \ldots + x_{2r+2}^2 = 1 - c^2,$$

$$Y_2^r: \quad x_1^2 + \ldots + x_{r+1}^2 = 1 - c^2, \quad x_{r+2} = c, \quad x_{r+3} = \ldots = x_{2r+2} = 0,$$

wobei c eine beliebige Konstante mit $c^2 \leqq \frac{1}{2}$ ist.

Der Durchschnitt $V_1^{2r+1} \cdot V_2^{2r+1}$ ist zugleich die gemeinsame Begrenzung von V_1^{2r+1} und V_2^{2r+1}; er ist mit $P^{2r} = S_1^r \times S_2^r$ homöomorph und folgendermaßen bestimmt:

$$P^{2r}: \quad x_1^2 + \ldots + x_{r+1}^2 = x_{r+2}^2 + \ldots + x_{2r+2}^2.$$

Wählen wir in der obigen Darstellung von Y_1^r und Y_2^r die Konstante $c = \frac{1}{\sqrt{2}}$, so erhalten wir zwei Zyklen $Y_1^r = Z_1^r$, $Y_2^r = Z_2^r$, welche dieselbe Bedeutung haben wie die in Nr. 4 eingeführten Zyklen Z_1^r, Z_2^r und also eine r-dimensionale Homologiebasis in P^{2r} bilden.

Der Zyklus Z_1^r berandet einen in V_2^{2r+1} gelegenen Komplex C_2^{r+1}, nämlich das — geeignet orientierte — Element, das folgendermaßen definiert ist:

$$C_2^{r+1}: \quad x_1 \geqslant \frac{1}{\sqrt{2}}, \quad x_2 = \ldots = x_{r+1} = 0, \quad x_{r+2}^2 + \ldots + x_{2r+2}^2 \leqq \frac{1}{2}.$$

Die Schnittzahl von C_2^{r+1} mit einer Sphäre Y_2^r, welche im Inneren von V_2^{2r+1} liegt, ist ± 1; daher ist auch die Verschlingungszahl

$$\mathfrak{v}(Z_1^r, Y_2^r) = \pm 1; \tag{3}$$

da jede Sphäre Y_1^r in V_1^{2r+1}, also im Komplementärraum von Y_2^r, mit Z_1^r homolog ist, läßt sich (3) zu

$$(3') \qquad \mathfrak{v}(Y_1^r, Y_2^r) = \pm 1$$

verallgemeinern (dabei muß von den beiden Sphären Y_1^r, Y_2^r wenigstens eine im Inneren V_1^{2r+1} bezw. V_2^{2r+1} liegen, damit sie fremd zueinander sind, die Verschlingungszahl also definiert ist).

6. Beweis des Satzes III. Die Sphären S^{2r+1} und S^{r+1} sind gegeben. Wir zerlegen S^{2r+1} gemäß Nr. 5 in die Hälften V_1^{2r+1} und V_2^{2r+1} mit der gemeinsamen Begrenzung P^{2r}; ferner zerlegen wir S^{r+1} durch eine Äquatorsphäre S^r in zwei Halbkugeln E_1^{r+1} und E_2^{r+1}. Wir üben eine Abbildung des Typus (c_1, c_2) von P^{2r} auf S^r aus. Diese Abbildung erweitern wir sowohl zu einer Abbildung von V_1^{2r+1} in E_1^{r+1} als auch zu einer Abbildung von V_2^{2r+1} in E_2^{r+1} [8]). Es entsteht eine Abbildung f von S^{2r+1} in S^r. Wir behaupten: für diese Abbildung f ist $\gamma = \pm c_1 \cdot c_2$.

Wir dürfen f als simplizial voraussetzen; dann sind, wenn ξ_1, ξ_2 innere Punkte r-dimensionaler Simplexe von E_1^{r+1} bezw. E_2^{r+1} sind, die r-dimensionalen Originalzyklen $\varphi(\xi_1)$, $\varphi(\xi_2)$ definiert, und zwar liegt $\varphi(\xi_1)$ in V_1^{2r+1}, $\varphi(\xi_2)$ in V_2^{2r+1}. Daher gelten Homologien

$$(4) \qquad \varphi(\xi_i) \sim b_i\, Y_i^r \quad \text{in} \quad V_i^{2r+1} \quad \text{für} \quad i = 1, 2.$$

Da Z_1^r durch f mit dem Grade c_1 in S^r abgebildet wird, wird der von Z_1^r berandete Komplex C_2^{r+1} (vgl. Nr. 5) durch f mit dem Grade c_1 in das von S^r berandete Element E_2^{r+1} abgebildet. Dies bedeutet (vgl. Nr. 2), daß C_2^{r+1} mit dem Zyklus $\varphi(\xi_2)$ die Schnittzahl $\pm c_1$ hat, und diese Schnittzahl ist die Verschlingungszahl des Randes Z_1^r von C_2^{r+1} mit $\varphi(\xi_2)$; es ist also

$$\mathfrak{v}(Z_1^r, \varphi(\xi_2)) = \pm c_1 .$$

Aus (3) und (4) folgt andererseits

$$\mathfrak{v}(Z_1^r, \varphi(\xi_2)) = \pm b_2 .$$

Daher ist $b_2 = \pm c_1$, das heißt

$$(5_2) \qquad \varphi(\xi_2) \sim \pm c_1\, Y_2^r \quad \text{in} \quad V_2^{2r+1};$$

[8]) Diese Erweiterungen lassen sich, da die Elemente E_i^{r+1} mit Vollkugeln homöomorph sind, sowohl vermöge des bekannten Satzes über die Erweiterbarkeit stetiger Funktionen als auch durch spezielle Konstruktionen ausführen.

ebenso ergibt sich

$$(5_1) \qquad \varphi(\xi_1) \sim \pm c_2 Y_1^r \quad \text{in} \quad V_1^{2r+1}.$$

Aus (5_1), (5_2) und $(3')$ folgt

$$\mathfrak{v}(\varphi(\xi_1), \varphi(\xi_2)) = \pm c_1 \cdot c_2.$$

Aber die links stehende Verschlingunszahl ist γ, also ist in der Tat $\gamma = \pm c_1 \cdot c_2$.

Falls $\gamma = + c_1 \cdot c_2$ ist, ist damit der Satz III bewiesen. Falls $\gamma = - c_1 \cdot c_2$ ist, so nehme man zuerst eine Abbildung des Grades -1 der S^{2r+1} auf sich und hierauf die soeben konstruierte Abbildung f von S^{2r+1} auf S^{r+1} vor; für die so zusammengesetzte Abbildung f' ist $\gamma' = + c_1 \cdot c_2$. Damit ist der Satz III vollständig bewiesen.

7. Beweis des Satzes IV. Für die Untersuchung der Abbildungen der Produktmannigfaltigkeit $S_1^r \times S_2^r$ auf die Sphäre S^r deuten wir die Punkte von $S_1^r \times S_2^r$ als Punktepaare (p_1, p_2) auf S^r. Eine stetige Abbildung g von $S_1^r \times S_2^r$ in die S^r besteht dann darin, daß jedem Punktepaar (p_1, p_2) von S^r ein Punkt $q = g(p_1, p_2)$ von S^r zugeordnet ist, der stetig von p_1 und p_2 abhängt.

Daß die Abbildung g den Typus (c_1, c_2) besitzt, bedeutet: die Abbildungen $g_{p_2}(p_1) = g(p_1, p_2)$ von S^r auf sich, die entstehen, wenn p_1 bei festgehaltenem p_2 die Sphäre S^r durchläuft, haben den Grad c_1; und das Analoge gilt für die Abbildungen $g_{p_1}(p_2) = g(p_1, p_2)$ bei festgehaltenem p_1 und den Grad c_2.

Aus der Produktregel für die Abbildungsgrade ergibt sich: wenn g den Typus (c_1, c_2) hat und wenn h_1, h_2 Abbildungen von S^r auf sich mit den Graden b_1, b_2 sind, so hat die Abbildung h von $S_1^r \times S_2^r$ auf S^r, die durch $h(p_1, p_2) = g(h_1(p_1), h_2(p_2))$ gegeben ist, den Typus $(b_1 c_1, b_2 c_2)$. Aus diesem Grunde brauchen wir, um, wie es der Satz IV verlangt, eine Abbildung des Typus $(1, 2)$ zu konstruieren, nur eine Abbildung des Typus $(\pm 1, \pm 2)$ mit irgendwelcher Vorzeichenverteilung zu finden.

Eine derartige Abbildung erhalten wir folgendermaßen: es bezeichne P_2 diejenige $(r-1)$-dimensionale Ebene durch den Mittelpunkt von S^r, die senkrecht auf dem durch p_2 gehenden Durchmesser steht; dann verstehen wir unter $q = g(p_1, p_2)$ denjenigen Punkt von S^r, in welchen p_1 bei Spiegelung an P_2 übergeht. Diese Abbildung g ist offenbar stetig; wir behaupten: bei ungeradem r hat sie den Typus $(-1, \pm 2)$.

Erstens ist klar: die Abbildung g_{p_2} von S^r auf sich, die entsteht wenn p_1 bei festem p_2 die Sphäre S^r durchläuft, hat den Grad $c_1 = -1$, denn sie ist eine Spiegelung an einer $(r-1)$-dimensionalen Ebene. Wir haben noch den Grad c_2 der Abbildung g_{p_1} bei festem p_1 zu bestimmen.

Aus der Definition des Punktes $q = g_{p_1}(p_2)$ als Spiegelbild von p_1 an P_2 ergibt sich für die Abbildung g_{p_1}: 1) jeder Großkreis der S^r, der durch p_1 geht, wird auf sich abgebildet; 2) führt man auf einem solchen Kreis eine Winkelkoordinate mit p_1 als Nullpunkt ein, so geht der Punkt p_2 mit der Koordinate α in den Punkt q mit der Koordinate $2\alpha - \pi$ über. Aus diesen beiden Eigenschaften ist ersichtlich, daß die Halbkugel H_1^r von S^r, deren Mittelpunkt p_1 ist, folgendermaßen abgebildet wird: ihre Randsphäre S^{r-1} wird auf p_1 abgebildet; ihr Inneres $H_1^r - S^{r-1}$ wird topologisch auf $S^r - p_1$ abgebildet (und zwar so, daß p_1 in seinen Antipoden übergeht). Die Abbildung der zu H_1^r komplementären Halbkugel $\overset{*}{H}{}_1^r$ ist durch die Abbildung von H_1^r infolge der Tatsache bestimmt, daß je zwei antipodische Punkte p_2, $\overset{*}{p}_2$ von S^r denselben Bildpunkt haben.

Nun habe die topologische Abbildung g_{p_1} von H_1^r den Grad $\varepsilon = \pm 1$; wir setzen in Satz IV voraus, daß r ungerade ist; daher hat die Abbildung von S^r auf sich, die je zwei Antipoden miteinander vertauscht, den Grad $+1$; daraus folgt: die Abbildung g_{p_1} von $\overset{*}{H}{}_1^r$ hat ebenfalls den Grad ε. Mithin hat die Abbildung g_{p_1} von S^r den Grad $2\varepsilon = \pm 2$, w. z. b. w.

8. Durch den hiermit geführten Beweis des Satzes IV ist unser Hauptziel, der Beweis des Satzes II, erreicht. Der Satz IV legt aber die folgende Aufgabe nahe, mit der wir uns noch beschäftigen wollen: *man soll für jede Dimensionszahl r alle möglichen Typen (c_1, c_2) der Abbildungen von $S_1^r \times S_2^r$ auf S^r aufzählen.*

Nun sieht man sofort, daß es für jedes $r \geqq 1$ Abbildungen des Typus $(c, 0)$ mit beliebigem c gibt: man hat, in der Bezeichnungsweise der vorigen Nummer, nur $g(p_1, p_2) = h(p_1)$ zu setzen, wobei h eine Abbildung des Grades c von S^r auf sich bezeichnet; ebenso lassen sich Abbildungen des Typus $(0, c)$ mit beliebigem c konstruieren. Die Typen $(c, 0)$ und $(0, c)$ darf man als „trivial" bezeichnen. Die erste Frage, die man sich bei Behandlung der obigen

Aufgabe stellen wird, ist: für welche r gibt es nicht-triviale Abbildungen? Die Antwort lautet:

Satz V. *Es gibt dann und nur dann nicht-triviale Abbildungen von $S_1^r \times S_2^r$ auf S^r, wenn r ungerade ist.*

In der Tat: die Existenz nicht-trivialer Abbildungen bei ungeradem r ist im Satz IV enthalten. Wenn es andererseits für ein gewisses r eine nicht-triviale Abbildung gibt, so gibt es nach Satz III eine Abbildung der Sphäre S^{2r+1} auf die Sphäre S^r mit $\gamma \neq 0$; dann folgt aus Satz I, daß r ungerade ist.

Die Aufgabe der Aufzählung der Typen (c_1, c_2) ist damit für die geraden r gelöst: es gibt die Typen $(c, 0)$, $(0, c)$ mit beliebigem c und nur diese; schwieriger scheint die Aufgabe für die ungeraden r zu sein; hier ist mir die vollständige Lösung nicht bekannt. Besonderes Interesse verdient die Frage: gibt es Abbildungen des Typus $(1, 1)$? Denn wenn es derartige Abbildungen gibt, dann gibt es, wie in Nr. 7 gezeigt wurde, auch Abbildungen vom Typus (b_1, b_2) mit beliebigen b_1, b_2; die Existenz von Abbildungen des Typus $(1, 1)$ ist also gleichbedeutend damit, daß Abbildungen mit ganz beliebig vorgeschriebenem Typus existieren.

9. Die einzigen Dimensionszahlen r, für welche mir Abbildungen vom Typus $(1, 1)$ bekannt sind, werden in dem nachstehenden Satz VI genannt; dieser Satz enthält zusammen mit dem Satz IV alles, was ich über die Existenz von Abbildungstypen (c_1, c_2) bei ungeradem r weiß.

Satz VI. *In den Fällen*

$$r = 1, \quad r = 3, \quad r = 7$$

gibt es Abbildungen des Typus $(1, 1)$ von $S_1^r \times S_2^r$ auf S^r.

Beweis. Wir ziehen die folgenden Systeme $\mathfrak{S}_r$ hyperkomplexer Größen mit $r + 1$ Einheiten über dem reellen Körper heran: für $r = 1$ die komplexen Zahlen; für $r = 3$ die Hamiltonschen Quaternionen; für $r = 7$ die Cayleyschen Zahlen [9]). Wir bezeichnen die

[9]) Die Cayleyschen Zahlen sind ein hyperkomplexes System mit 8 Einheiten über dem reellen Körper, welches frei von Nullteilern ist, in welchem jedoch das assoziative Gesetz der Multiplikation nicht gilt. Man vergl.: L. E. Dickson (1) *Linear Algebras*, Transact. Amer. Math. Soc. 13 (insbesondere Seite 72); (2) *Algebren und ihre Zahlentheorie*, Zürich (1927) § 133; (3) *Linear Algebras*, Cambridge Tract., (1914) S. 14. Ferner: Zorn, *Theorie der alternativen Ringe*, Abh. Math. Seminar Hamburg, Bd. 8.

Größen in jedem der drei Fälle durch

$$P = \sum_{\rho=0}^{r} x_\rho I_\rho .$$

wobei I_ϱ die hyperkomplexen Einheiten, x_ϱ reelle Zahlen, die „Komponenten" von P, sind. Ferner setzen wir

$$\sqrt{\sum_{\rho=0}^{r} x_\rho^2} = |P|.$$

Dann haben in allen drei Fällen die Systeme $\mathfrak{S}_r$ die folgenden drei Eigenschaften: 1° die Komponenten des Produktes PQ sind stetige Funktionen der Komponenten der Faktoren P und Q; 2° es existiert eine „Eins", d. h. ein solches Element E, daß für jede Größe E die Gleichungen $EP = PE = P$ gelten; 3° für die „Beträge" P gilt die Produktregel $|P| \cdot |Q| = |PQ|$.

Deuten wir die Komponenten x_ϱ als cartesische Koordinaten im R^{r+1}, so sind die P mit $|P| = 1$ eineindeutig den Punkten der Einheitssphäre S^r zugeordnet; wir bezeichnen den Punkt von S^r, der der Größe P entspricht, selbst mit P. Sind P_1, P_2 zwei Punkte dieser S^r, so folgt aus der Eigenschaft 3^0: auch das Produkt $P_1 \cdot P_2$ ist Punkt dieser S^r; setzen wir $g(P_1, P_2) = P_1 \cdot P_2$ für je zwei Punkte P_1 und P_2 der S^r, so ist dies also eine Abbildung von $S_1^r \times S_2^r$ in die S^r. Aus der Eigenschaft 1° folgt, daß diese Abbildung stetig ist. Die Eigenschaft 2^0 besagt: Die Abbildung $g_{E_1}(P_2) = g(E, P_2)$ von S^r auf sich, wobei P_2 variabel ist, ist die Identität, und ebenso ist die Abbildung $g_{E_2}(P_1) = g(P_1, E)$ bei variablem P_1 die Identität; daher hat g — vgl. Nr. 7 — den Typus (1, 1).[10])

[10]) Der Versuch liegt nahe, durch Heranziehung ähnlich gebauter Systeme $\mathfrak{S}_r$ auch für andere Zahlen r ähnliche Abbildungen zu konstruieren. Nun gibt es aber nach Hurwitz, *Über die Composition der quadratischen Formen von beliebig vielen Variablen*, Göttinger Nachr. 1898 (= Ges. Werke Bd. II, S. 565), außer $\mathfrak{S}_1$, $\mathfrak{S}_3$, $\mathfrak{S}_7$, keine anderen Systeme $\mathfrak{S}_r$, welche die Produktregel 3° für die Beträge erfüllen. Jedoch würde es für unsere Zwecke genügen, Systeme $\mathfrak{S}_r$ zu haben, welche anstelle der Eigenschaft 3^0 die schwächere Eigenschaft besitzen, keine Nullteiler zu enthalten (man hätte dann für je zwei Punkte P_1, P_2 von S^r unter $g(P_1, P_2)$ denjenigen Punkt der S^r zu verstehen, in welchen das Produkt $P_1 \cdot P_2$ vom Nullpunkt aus projiziert wird). Ob es außer für $r = 1, 3, 7$ derartige nullteilerfreie Systeme $\mathfrak{S}_r$ gibt, ist mir nicht bekannt (die Gültigkeit des assoziativen Gesetzes der Multiplikation wird nicht gefordert).*)

10. Der damit bewiesene Satz VI liefert zusammen mit dem Satz III den

Satz VII. *Es gibt Abbildungen*

$$\text{von } S^3 \text{ auf } S^2, \quad \text{von } S^7 \text{ auf } S^4, \quad \text{von } S^{15} \text{ auf } S^8$$

mit $\gamma = 1$.

Da es für $r=1$, $r=3$, $r=7$ auf Grund des Satzes VI und der in Nr. 8 festgestellten Tatsache Abbildungen von $S_1^r \times S_1^r$ auf S^r mit beliebig vorgeschriebenem Typus (b_1, b_2) gibt, kann man aus dem Satz III sogar folgern:

Satz VII'. *In den drei im Satz VII genannten Fällen gibt es Abbildungen mit beliebigem* γ.

Ob es auch in anderen Fällen Abbildungen mit $\gamma = 1$ gibt, ist mir nicht bekannt.**)

11. In den drei Fällen des Satzes VII existieren besonders einfache und interessante Abbildungen mit $\gamma = 1$ [11]).

Im R^{2r+2} seien cartesische Koordinaten

$$x_0, x_1, \ldots, x_r, y_0, y_1, \ldots, y_r$$

eingeführt; wir setzen voraus, daß $r=1$ oder $r=3$ oder $r=7$ ist, und fassen die x_ϱ und y_ϱ als Komponenten hyperkomplexer Größen X bezw. Y der in Nr. 9 betrachteten Systeme $\mathfrak{S}_r$ auf; dann sind die Punkte des R^{2r+2} eineindeutig den Paaren (X, Y) zugeordnet; mit anderen Worten: der R^{2r+2} wird als „$\mathfrak{S}_r$-Koordinaten-Ebene" gedeutet. Unter einer „$\mathfrak{S}_r$-Geraden" durch den Nullpunkt des R^{2r+2} verstehen wir: erstens jede Punktmenge, deren Gleichung in den $\mathfrak{S}_r$-Koordinaten

$$Y = AX \tag{6}$$

lautet, wobei A eine beliebige feste Größe aus $\mathfrak{S}_r$ ist; zweitens: die Punktmenge

$$X = 0. \tag{6_∞}$$

[11]) Für $r=1$ ist dies diejenige Abbildung der S^3 auf die S^2, die in den beiden in Fußnote [2]) zitierten Arbeiten betrachtet wird.

Diese $\mathfrak{S}_r$-Geraden sind offenbar $(r+1)$-dimensionale cartesische Ebenen, welche zu je zweien außer dem Nullpunkt keinen weiteren Punkt gemeinsam haben [12]).

Nun sei S^{2r+1} eine feste Sphäre im R^{2r+2} mit dem Nullpunkt als Mittelpunkt; sie wird von jeder der genannten Ebenen in einer r-dimensionalen Großkugel geschnitten. Je zwei dieser Großkugeln sind zueinander fremd. Diese Großkugeln bilden, wie man leicht sieht, eine stetige Zerlegung der S^{2r+1}, und zwar liegt eine „Faserung" der S^{2r+1} im Sinne von Seifert vor, in der es keine „Ausnahmefaser" gibt [13]).

Wir betrachten nun noch — unabhängig von dem bisher benutzten R^{2r+2} — eine Sphäre S^{r+1}, die wir als einen durch einen Punkt ∞ abgeschlossenen R^{r+1} auffassen; in diesem R^{r+1} seien $a_0, \ldots, a_r$ cartesische Koordinaten, die wir als Komponenten der Größen A des Systems $\mathfrak{S}_r$ deuten, so daß also die Punkte von R^{r+1} eineindeutig den Größen A zugeordnet sind. Bei Hinzufügung des Punktes ∞ können wir dann die dadurch entstehende Sphäre S^{r+1} die „projektive $\mathfrak{S}_r$-Gerade" nennen.

Nun kehren wir zu der S^{2r+1} im R^{2r+2} zurück: jedem Punkt von S^{2r+1}, der auf einer durch (6) gegebenen $\mathfrak{S}_r$-Geraden liegt, ordnen wir die betreffende Größe A, jedem auf der $\mathfrak{S}_r$-Geraden (6_∞) gelegenen Punkt der S^{2r+1} ordnen wir das Symbol ∞ zu. Damit haben wir eine Abbildung der S^{2r+1} auf die S^r konstruiert, die offenbar stetig ist.

Die Originalmenge jedes Punktes ξ der S^r bei dieser Abbildung ist eine der Großkugeln, in welche die S^{2r+1} zerlegt ist. Je zwei zu einander fremde r-dimensionale Großkugeln der S^{2r+1} haben die Verschlingungszahl 1. Daraus folgt [14]): für unsere Abbildung ist $\gamma = 1$.

[12]) Sind beide Geraden vom Typus (6), sind ihre Gleichungen also $Y = AX$, $Y = A'X$ mit $A' \neq A$, so gilt für die Koordinaten jedes gemeinsamen Punktes: $(A' - A)X = 0$, also infolge des Fehlens von Nullteilern: $X = 0$ und daher auch $Y = 0$; ist eine der beiden Geraden die Gerade (6_∞), so folgt aus (6) $Y = 0$.

[13]) Seifert, *Topologie dreidimensionaler gefaserter Räume*, Acta math. 60. Der dort eingeführte Begriff der Zerlegung einer M^3 in eindimensionale Fasern läßt sich ohne weiteres zu dem Begriff der Zerlegung einer M^N in Fasern, welche r-dimensionale Mannigfaltigkeiten sind, verallgemeinern.

[14]) Man vergl. § 5 meiner in Fußnote [2]) genannten Arbeit.

Das Ergebnis ist:

Satz VIII. *Es gibt Faserungen (ohne Ausnahmefasern) der Sphären S^3, S^7, S^{15} mit folgenden Eigenschaften: die einzelnen Fasern sind Großkugeln der Dimensionen* 1, 3, 7; *die induzierten Faserräume sind Sphären der Dimensionen* 2, 4, 8; *für die Faserabbildung ist* $\gamma = 1$.

12. Die Frage nach allen Typen von Faserungen [15]) der Sphären scheint mir, auch unabhängig von Abbildungs-Problemen, Interesse zu verdienen; ihre Beantwortung würde unsere Kenntnis von der Struktur der Sphären wesentlich fördern; bisher ist aber hierüber meines Wissens nicht viel bekannt. Die Betrachtungen der vorigen Nummer führen zur Konstruktion weiterer Faserungen gewisser Sphären.

Es sei r eine der beiden Zahlen 1 und 3 und ferner k eine beliebige positive ganze Zahl. Die $k(r+1)$ cartesischen Koordinaten des $R^{k(r+1)}$ fassen wir als Komponenten von k Größen $X_1, X_2, \ldots, X_k$ des Systems $\mathfrak{S}_r$ auf; wir deuten also den $R^{k(r+1)}$ als „k-dimensionalen affinen $\mathfrak{S}_r$-Raum". Unter der „$\mathfrak{S}_r$-Geraden", welche den Nullpunkt mit dem Punkt $(X_1, \ldots, X_k)$ verbindet, verstehen wir die Menge derjenigen Punkte $(X_1', \ldots, X_k')$, für welche es Größen T mit $X_i' = TX_i$ für $i = 1, 2, \ldots, k$ gibt. Man zeigt leicht: je zwei dieser Geraden haben nur den Nullpunkt gemeinsam [16]).

Jede dieser „$\mathfrak{S}_r$-Geraden" ist eine $(r+1)$-dimensionale Ebene des $R^{k(r+1)}$; sie schneidet eine feste Sphäre $S^{k(r+1)-1}$ mit dem Nullpunkt als Mittelpunkt in einer r-dimensionalen Großkugel; diese Großkugeln sind paarweise zueinander fremd; sie bilden eine Faserung der $S^{k(r+1)-1}$.

Damit haben wir, wenn wir noch diejenige Faserung berücksichtigen, die in Nr. 11 durch Heranziehung des Systems $\mathfrak{S}_7$ geliefert wurde, die folgenden Typen von *Faserungen der Sphären* S^N erhalten: 1) $N = 2k - 1$, k beliebig, die Fasern sind Kreise; 2) $N = 4k - 1$, k beliebig, die Fasern sind 3-dimensionale Sphären; 3) $N = 15$, die Fasern sind 7-dimensionale Sphären.

Ich hoffe, auf die damit angeschnittenen Fragen noch näher eingehen zu können.

[15]) Es sind hier immer Faserungen ohne „Ausnahmefasern" (im Sinne von Seifert) gemeint.

[16]) Für diesen Beweis braucht man die Gültigkeit des assoziativen Gesetzes der Multiplikation in $\mathfrak{S}_r$; daher muß $r = 7$ hier ausscheiden.

26.[§]

On Mapping Spheres onto Spheres of Lower Dimension

Fundamenta Math. **25** (1935), 427–440

The question for which dimensions N and n, with $N > n$, it is possible to map the sphere S^N in an essential way onto the sphere S^n has to my knowledge only been answered in two cases[1]: 1. For each $N > 1$ it is not possible to map the sphere S^N essentially onto the circle S^1, and 2. it is possible to map the sphere S^3 essentially onto the two-dimensional sphere S^2.[2]

For various reasons it seems to me that the question is worthy of further investigation. Firstly in considering mappings of S^N to S^n the usual method of mapping degree fails, since in S^N each n-dimensional cycle is null-homologous, and so is mapped with degree 0. In consequence our question forces us to look for new methods. Secondly a row of known theorems shows that the existence of an essential map from some space R onto S^n expresses important structural properties of R[3]. Thirdly given the concept of "higher-dimensional homotopy groups" introduced by Hurewicz, the question of whether each continuous image of S^N in a preassigned space can be contracted to a point, is to be seen in a new light.[4]

The following remarks lead on the one hand to the theorem: *"For each $k \geq 1$ there exist essential maps of S^{4k-1} onto S^{2k}"* – in any event a rather miserly and unsatisfying generalisation of the earlier theorem on S^3 and S^2, but on the other hand illustrating the connection between our question and other theorems and problems.

[§] English translation by Charles Thomas (Cambridge University).

[1] A continuous map f_0 of the space A to the space B is called "essential", if for each map f_1 into which f_0 can be continuously deformed, the image $f_1(A)$ is the whole space B. If B is a sphere, the unessentialness of f_0 implies that f_0 can be continuously deformed to a map f_1, for which $f_1(A)$ consists of a single point.

[2] H. Hopf, Über die Abbildungen der dreidimensionalen Sphäre auf die Kugelfläche, Math. Ann. 104. Knowledge of this work is assumed in what follows. W. Hurewicz has given a new proof for the essential mapability of S^3 onto S^2, see Beiträge zur Topologie der Deformationen, Proc. Amsterdam XXXVIII ("Applications", page 117).

[3] See Alexandroff, Dimensiontheorie, Math. Ann. 106, Borsuk, Über Schnitte der n-dimensionalen Euklidischen Raume, Math. Ann. 106, Bruschlinsky, Stetige Abbildungen und Bettische Gruppen der Dimensionzahlen 1 und 3, Math. Ann 109, Freudenthal, Die Hopfsche Gruppe, Compos. Math. 2, Hopf, Die Klassen der Abbildungen der n-dimensionaler Polyeder auf die n-dimensionale Sphäre, Comment. Math. Hel. 5.

[4] Hurewicz, see footnote 2).

1. First I must give a short explanation of the method which led to the proof of the existence of essential maps from S^3 onto S^2 [5].

Let f be a simplicial map from a manifold M^3 to a manifold Γ^2. If ξ is an interior point of a simplex τ^2 of Γ^2 and T^3 is a simplex of M^3, which is mapped onto τ^2, the preimage of ξ is a segment in T^3, which in a natural way inherits an orientation from the orientations of τ^2 and T^3. Summing over all simplexes T^3 of M^3 mapped onto τ^2 combines these segments into a one-dimensional cycle $\varphi(\xi)$ the "pre-cycle" of ξ. If M^3 happens to be the sphere S^3, two such cycles $\varphi(\xi_1)$, $\varphi(\xi_2)$ have an intersection number γ; since later on in section 3 I will pay particular attention to the sign of γ, for the time being I will neglect that sign. The number $|\gamma|$ does not depend on the choice of the points ξ_1, ξ_2. Indeed it can also be characterised in the following way: if C^2 is a complex in S^3 bounded by $\varphi(\xi_1)$, then γ is the value of the degree, with which C^2 is mapped into S^2. Here one notes that this degree is well-defined, since the boundary $\varphi(\xi_1)$ of C is mapped to a single point of Γ^2, namely ξ_1. The agreement of this degree with the intersection number $|\gamma|$ follows from the fact that, by definition, γ is the algebraic number of intersections of C^2 with the precycle $\varphi(\xi_2)$ of a second point ξ_2, hence the number of preimages of ξ_2 lying on C^2.

One can show further that the number $|\gamma|$ is an invariant of the mapping class of f, and hence that $|\gamma|$ is defined not just for simplicial but also for arbitrary continuous maps. In particular it follows that if $\gamma \neq 0$, then γ is essential.

2. Up to now everything that has been said carries over without noteworthy change to maps of the sphere M^{2n-1} into a manifold Γ^n for arbitrary $n > 2$. Again suppose first that f is simplicial, and that T^{2n-1} is a simplex of M^{2n-1} mapped onto the simplex τ^n of Γ^n, so that the preimages of an interior point ξ of τ^n form, as an easy dimension count shows, an $(n-1)$-dimensional cell in T^{2n-1}. Assigning these cells fixed and compatible orientations, and summing over the simplexes T^{2n-1} of M^{2n-1}, produces the $(n-1)$-dimensional precycle $\varphi(\xi)$ of ξ in M^{2n-1}. If M^{2n-1} is S^{2n-1} the intersection number $|\gamma|$ of two precycles $\varphi(\xi_1)$ and $\varphi(\xi_2)$ is defined [6]; it has the same properties as in the case $n = 2$. In particular here also, if $\gamma \neq 0$, then f is essential.

In this way one obtains essential maps of S^{2n-1} onto M^{2n-1} whenever one succeeds in constructing maps with $\gamma \neq 0$. We will see below that this is not possible for all n.

[5] See footnote 2).

[6] More generally if one considers the maps of some M^N to some M^n with $N > n$, the cycles $\varphi(\xi)$ have dimension $N - n$. In order to define the linking number $\mathfrak{v}(\varphi(\xi_1), \varphi(\xi_2))$ we must have $2(N - n) = N - 1$, hence $N = 2n - 1$.

3. At this stage consideration of the until now neglected sign of γ becomes unavoidable. As in Section 1 let C^n be a complex in S^{2n-1} bounded by $\varphi(\xi_1)$; by γ_{ξ_1} we understand the degree of the map from C^n into Γ^n. It then follows, as already asserted in Section 1, that $|\gamma_{\xi_1}|$ agrees with the absolute value of the intersection number $\Phi(C^n, \varphi(\xi_2))$, where ξ_2 is an arbitrary point of Γ^2, distinct from ξ_1. Therefore

$$\Phi(C^n, \varphi(\xi_2)) = \varepsilon \cdot \gamma_{\xi_1},$$

where ε equals + or -1. We omit the straightforward determination of ε; in any case it is clear that ε depends only on the dimensions occuring, hence on n, and not on the points ξ_1 and ξ_2. The linking number of $\varphi(\xi_1)$ and $\varphi(\xi_2)$ is then given by

$$\mathfrak{v}(\varphi(\xi_1), \varphi(\xi_2)) = \varepsilon \cdot \gamma_{\xi_2}. (1)$$

For the intersection number of an r-dimensional with an s-dimensional cycle in R^N or in S^N (of course with $r + s = N - 1$)[7], we know that

$$\mathfrak{v}(z_1^r, z_2^s) = (-1)^{rs+1}\mathfrak{v}(z_2^s, z_1^r).$$

Therefore in our case, since $r = s = n - 1$, and hence $rs + 1 = n (\mathrm{mod}\, 2)$,

$$\mathfrak{v}(\varphi(\xi_1), \varphi(\xi_2)) = (-1)^n \cdot \mathfrak{v}(\varphi(\xi_2), \varphi(\xi_1))$$

From this and (1) it follows that

(2) $$\gamma_{\xi_1} = (-1)^n \cdot \gamma_{\xi_2}.$$

If we take a third point ξ_3, in the same way we will have

(2′) $$\gamma_{\xi_1} = (-1)^n \gamma_{\xi_3},$$

(2″) $$\gamma_{\xi_2} = (-1)^n \gamma_{\xi_3}.$$

Substituting (2″) in (2) it follows that

(2‴) $$\gamma_{\xi_1} = \gamma_{\xi_3}.$$

This shows firstly: the invariant γ has a well-defined sign, and secondly comparison of (2′) and (2″) proves

Theorem 1: *If n is odd then $\gamma = 0$ for every map of the sphere S^{2n-1} onto a manifold M^n.*

[7] Compare Chapter XI of Alexandroff and Hopf's book "Topology" (Volume 1), likewise for all linking properties in R^N (or S^N).

Hence when n is odd our method contributes nothing towards discovering essential maps from S^{2n-1} onto S^n, and the question as to whether such maps exist remains open.

4. We will therefore consider the case $n = 2k$; our aim is the proof of

Theorem 2: *For each $k \geq 1$ there exist maps of the sphere S^{4k-1} onto the sphere S^{2k} with $\gamma \neq 0$, and hence essential* [8].

More precisely:

Theorem 2′: *For each $k \geq 1$ there exist maps of S^{2k-1} onto S^{2k} with $\gamma = 2$.*

The construction of maps which satisfy the assertion of Theorem 2′ depends on the consideration of maps of the product manifold $P^{2r} = S_1^r \times S_2^r$ of two r-dimensional spheres (one of the possible generalisations of the 2-torus) onto the sphere S^r. In P^r the cycles

$$Z_1^r = S_1^r \times p_2, \quad Z_2^r = p_1 \times S_2^r$$

form an r-dimensional homology basis, where p_1 and p_2 denote points in S_1^r and respectively S_2^r. The homology type of a map g from P^{2r} into S^r is described by the degrees c_1, c_2, with which the cycles Z_1^r and Z_2^r are mapped into S^r. We say that the map g is of type (c_1, c_2).

We now have the following two theorems:

Theorem 3: *If there is a map from $S_1^r \times S_2^r$ into S^r of type (c_1, c_2), there is also a map from S^{2r+1} into S^{r+1} with $\gamma = c_1 \cdot c_2$.*

Theorem 4: *If r is odd there exists a map from $S_1^r \times S_2^r$ onto S^r of type* $(1, 2)$.

It is clear that Theorem 2′ and hence Theorem 2 follow from Theorems 3 and 4, if one puts $r = 2k-1$. We must therefore prove the latter two theorems.

5. In preparation for the proof of Theorem 3 let us convince ourselves that the known Heegaard torus splitting for S^3 can be carried over to S^{2r+1} $(r \geq 1)$.

S^{2r+1} is given as a submanifold of R^{2r+2} by the equation

$$x_1^2 + \cdots + x_{2r+2}^2 = 1.$$

[8] From the existence of maps with $\gamma \neq 0$ it easily follows (see my work quoted in footnote 2)) that there exist infinitely many classes of maps from S^{4k-1} to S^{2k}.

We decompose it into the following two halves

$$V_1^{2r+1}: \quad x_1^2 + \cdots + x_{r+1}^2 \leq x_{r+2}^2 + \cdots x_{2r+2}^2;$$
$$V_2^{2r+1}: \quad x_1^2 + \cdots + x_{r+1}^2 \geq x_{r+2}^2 + \cdots x_{2r+2}^2.$$

As one easily sees each part V_i^{2r+1} is homeomorphic to the product $S^r \times E^{r+1}$, where E^{r+1} is an $(r+1)$-dimensional closed ball. In $S^r \times E^{r+1}$ a cycle of the form $S^r \times p$ forms an r-dimensional homology basis where p denotes a point in E^{r+1}. For example in V_1^{2r+1} and V_2^{2r+1} the following specific spheres Y_1^r and Y_2^r are such cycles:

$$Y_1^r: \quad x_1 = c, \quad x_2 = \cdots = x_{r+1} = 0, \quad x_{r+2}^2 + \cdots + x_{2r+2}^2 = 1 - c^2,$$
$$Y_2^r: \quad x_1^2 + \cdots + x_{r+1}^2 = 1 - c^2, \quad x_{r+2} = c, \quad x_{r+3} = \cdots = x_{2r+2} = 0,$$

Here c is an arbitrary constant with $c^2 \leq 1/2$.

The intersection $V_1^{2r+1} \cdot V_2^{2r+1}$ is at the same time the common boundary of V_1^{2r+1} and V_2^{2r+1}; it is homeomorphic to $P^{2r} = S_1^r \times S_2^r$, and described as follows:

$$P^{2r}: \quad x_1^2 + \cdots + x_{r+1}^2 = x_{r+2}^2 + \cdots + x_{2r+2}^2.$$

If in the description above of Y_1^r and Y_2^r we choose the constant c to be equal to $1/\sqrt{2}$, we obtain two cycles $Y_1^r = Z_1^r$ and $Y_2^r = Z_2^r$ which have the same significance as the cycles Z_1^r and Z_2^r introduced in Section 4, and thus form an r-dimensional homology basis in P^{2r}.

In V_2^{2r+1} the cycle Z_1^r bounds a complex C_2^{r+1}, which (appropriately oriented) is defined as follows:

$$C_2^{r+1}: \quad x_2 \geq \frac{1}{\sqrt{2}}, \quad x_2 = \cdots = x_{r+1} = 0, \quad x_{r+2}^2 + \cdots + x_{2r+2}^2 \leq \frac{1}{2}.$$

The intersection number of C_2^{r+1} with a sphere Y_2^r lying in the interior of V_2^{2r+1} is + or -1, hence the linking number

$$\mathfrak{v}(Z_1^r, Y_2^r) = \pm 1; \tag{3}$$

also. Because each sphere Y_1^r in V_1^{2r+1}, that is in the complementary space of Y_2^r is homologous to Z_1^r, (3) can be generalised to

$$\mathfrak{v}(Y_1^r, Y_2^r) = \pm 1 \tag{3'}$$

Here at least one of the two spheres Y_1^r, Y_2^r must lie in the interior of V_1^{2r+1} or V_2^{2r+1}, so that they do not meet, thus allowing the linking number to be defined.

6. Proof of Theorem 3. We start with the spheres S^{2r+1} and S^{r+1}. Decompose S^{2r+1} as in Section 5 into the two halves V_1^{2r+1} and V_2^{2r+1} with common boundary P^{2r}, and S^{r+1} into two half-balls E_1^{r+1} and E_2^{r+1} by means of an equatorial sphere S^r. We operate on P^{2r} by means of a map of type (c_1, c_2) onto S^r. Extend this map to maps of both V_1^{2r+1} and V_2^{2r+1} into E_1^{r+1} and E_2^{r+1} respectively[9]. There results a map f from S^{2r+1} into S^r. We assert that for this map $\gamma = +$ or $-c_1 \cdot c_2$.

We may assume that f is simplicial: then, if ξ_1, ξ_2 are interior points of r-dimensional simplexes of E_1^{r+1}, E_2^{r+1} respectively, the r-dimensional pre-cycles $\varphi(\xi_1)$, $\varphi(\xi_2)$ are defined and indeed lie in V_1^{2r+2} and V_2^{2r+2}. Therefore we have the homology equivalences

$$\varphi(\xi)_i \sim b_i Y_i^r \quad \text{in} \quad V_i^{2r+1} \quad \text{für} \quad i = 1, 2. \tag{4}$$

Since Z_1^r is mapped by f with degree c_1 into S^r, the complex C_2^{r+1} (see Section 5) bounded by Z_1^r is mapped by f with degree c_1 into the subset E_2^{r+1} bounded by S^r. This implies (see Section 2) that C_2^{r+1} has intersection number $+$ or $-c_1$ with the cycle $\varphi(\xi_2)$, and that this intersection number is the linking number of the boundary Z_1^r of C_2^{r+1} with $\varphi(\xi_2)$. Hence

$$\mathfrak{v}(Z_1^r, \varphi(\xi_2)) = \pm c_1.$$

On the other hand it follows from (3) and (4) that

$$\mathfrak{v}(Z_1^r, \varphi(\xi_2)) = \pm b_2.$$

Therefore $b_2 = +$ or $-c_1$, which means that

$$\varphi(\xi_2) \sim \pm c_1 Y_2^r \quad \text{in} \quad V_2^{2r+1}; \tag{5_2}$$

In the same way we have that

$$\varphi(\xi_1) \sim \pm c_2 Y_1^r \quad \text{in} \quad V_1^{2r+1}. \tag{5_2}$$

From (5_1), (5_2) and $(3')$ it follows that

$$\mathfrak{v}(\varphi(\xi_1), \varphi(\xi_2)) = \pm c_1 \cdot c_2.$$

But the linking number on the left is γ, so we have $\gamma = +$ or $-c_1 \cdot c_2$.

If $\gamma = +c_1 \cdot c_2$, Theorem 3 is proved. If $\gamma = -c_1 \cdot c_2$, one first takes a map of rank -1 from S^{2r+1} to itself, and then the map f from S^{2r+1} to S^{r+1} just constructed. For the composition f' we have that $\gamma' = +c_1 \cdot c_2$ so that Theorem 3 is completely proved.

7. Proof of Theorem 4. In order to study maps from the product manifold $S_1^r \times S_2^r$ onto the sphere S^r we denote the points of $S_1^r \times S_2^r$ as pairs of points (p_1, p_2) on S^r. A continuous map g from $S_1^r \times S_2^r$ into S^r then associates with

[9] These extensions are possible, since the objects E_i^{r+1} are homeomorphic to the ball. Indeed one can use either known results on the extendability of continuous maps or specific constructions.

each pair of points (p_1, p_2) from S^r a point $q = g(p_1, p_2)$ of S^r depending continuously on p_1 and p_2.

To say that the map g is of type (c_1, c_2) means that the map $g_{p_2}(p_1) = g(p_1, p_2)$ from S^r to itself, with p_2 held fixed and p_1 varying over S^r, has degree c_1, and that analogously the map $g_{p_1}(p_2) = g(p_1, p_2)$ for fixed p_1 has degree c_2.

From the product rule for the degree of a mapping it follows that, if g has type (c_1, c_2) and if h_1, h_2 are maps from S^r to itself with degrees b_1, b_2, then the map h from $S_1^r \times S_2^r$ to S^r given by $h(p_1, p_2) = g(h_1(p_1), h_2(p_2))$ has type (b_1c_1, b_2c_2). For this reason, in order to construct a map of type $(1, 2)$ as required by Theorem 4, we need only find a map of type $(+ \text{ or } -1, + \text{ or } -2)$ without specifying the sign.

We obtain a map of this kind in the following way: let P_2 denote the $(r-1)$-dimensional plane through the centre of S^r, which is perpendicular to the diameter passing through p_2. By $q = g(p_1, p_2)$ we understand the point in S^r to which p_1 is mapped by reflection in P_2. This map g is clearly continuous, and we claim that for odd values of r it has type $(-1, + \text{ or } -2)$.

First of all it is clear that the map g_{p_2} from S^r to itself, which results for fixed p_2 and p_1 varying in S^r, has degree $c_1 = -1$, since it is a reflection in an $(r-1)$-dimensional plane. We have still to determine the degree c_2 of the map g_{p_1} for fixed p_1.

From the definition of the point $q = g_{p_1}(p_2)$ as mirror image of p_1 in P_2 for the map g_{p_1} we can deduce 1. Each great circle of S^r passing through p_1 is mapped to itself, and 2. If one introduces on such a circle an angle coordinate with p_1 as zero, the point p_2 with coordinate α is mapped to the point q with coordinate $2\alpha - \pi$. From these two properties one sees that the half-ball H_1^r of S^r with centre p_1 is mapped in the following way. The boundary sphere S^{r-1} is mapped to p_1, and the interior $H_1^r - S^{r-1}$ is mapped topologically to $S^r - p_1$ (and in such a way that p_1 goes to its antipode). The map on the complementary half-ball $\overset{*}{H}{}_1^r$ to H_1^r is determined by that on H_1^r by the rule that each pair of antipodal points p_1, p_1^* of S^r have the same image.

Now the topological map g_{p_1} of H_1^r has degree $\varepsilon = + \text{ or } -1$; in Theorem 4 we assume that r is odd, so that the map from S^r to itself which interchanges two antipodal points has degree $+1$. From this it follows that the map g_{p_1} of $\overset{*}{H}{}_1^r$ also has degree ε, implying that the map g_{p_1} of S^r has degree $2\varepsilon = + \text{ or } -2$, q.e.d.

8. With this proof of Theorem 4 we have achieved our main aim – the proof of Theorem 2. However the following problem, which we wish also to consider, is close to Theorem 4: for each dimension r list all possible types (c_1, c_2) of maps from $S_1^r \times S_2^r$ to S^r.

First of all one sees that for each $r \geq 1$ there exist maps of type $(c, 0)$ for arbitrary c. With the notation of the previous section one has only to set $g(p_1, p_2) = h(p_1)$, where h denotes a map of degree c of S^r to itself. In the same way one can construct maps of type $(0, c)$, and these two types may be described as "trivial". The first question that one asks in considering the exercise above is: for which r do there exist non-trivial maps. For answer one has

Theorem 5. *There exist non-trivial maps of $S_1^r \times S_2^r$ to S^r if and only if r is odd.*

Indeed the existence of non-trivial maps for odd values of r is contained in Theorem 4. If on the other hand for some value of r there exists a non-trivial map, then by Theorem 3 there exists a map of the sphere S^{2r+1} to the sphere S^r with $\gamma \neq 0$, and it follows from Theorem 1 that r is odd.

The problem of listing the types (c_1, c_2) for even r is now solved – there exist types $(c, 0)$ and $(0, c)$ and only these. For odd r the complete answer to the question is not known to me. Of particular interest is the question – do there exist maps of type $(1, 1)$? If there were such maps, then arguing as in Section 7, there would also exist maps of type (b_1, b_2) for arbitrary (b_1, b_2). The existence of maps of type $(1, 1)$ is thus equivalent to the existence of maps of arbitrary type.

9. The only dimensions r for which maps of type $(1, 1)$ are known to me will be given in the next Theorem 6. Together with Theorem 4 this theorem contains everything which I know about the existence of mapping types (c_1, c_2) for odd r.

Theorem 6. *In the cases*

$$r = 1, \quad r = 3, \quad r = 7$$

there exist maps of type $(1, 1)$ *from* $S_1^r \times S_2^r$ *to* S^r.

Proof. We make use of the following systems $\mathfrak{S}_r$ of hypercomplex numbers with $r + 1$ units over the real numbers: for $r = 1$ the complex numbers, for $r = 3$ the Hamiltonian quaternions, and for $r = 7$ the Cayley numbers [10]. In all three cases we denote the elements by

[10] The Cayley numbers are a hypercomplex system without divisors of zero with 8 units over the real field, and in which however the associative law of multiplication fails. See L. E. Dickson (1) Linear Algebra, Transactions of Amer. Math. Soc. 13 (in particular page 72), (2) Algebra und ihre Zahlentheorie, Zürich (1927) 133, (3) Linear Algebras, Cambridge Tracts (1914) page 14. See also Zorn, Theorie der alternativen Ringe, Abh. Math. Seminar Hamburg, Vol. 8.

$$P = \sum_{\rho=0}^{r} x_\rho I_\rho,$$

where in each of the three cases the I_ρ are complex units, and the x_ρ are real numbers, the "components" of P. Furthermore we write

$$\sqrt{\sum_{\rho=0}^{r} x_\rho^2} = |P|.$$

In all three cases the system $\mathfrak{S}_r$ has the following three properties: 1. The components of the product PQ are continuous functions of the components of the factors P and Q, 2. There exists a "one", i.e. some element E, such that for each element P the equations $EP = PE = P$ hold, and 3. For the "absolute value" of P we have the product rule $|P| \cdot |Q| = |PQ|$.

If we regard the components x_ρ as Cartesian coordinates in R^{r+1}, the P with $|P| = 1$ are uniquely identified with the points of the unit sphere S^r. We denote the point in S^r corresponding to P also by the letter P. If P_1 and P_2 are points of this S^r, then property (3) implies that the product $P_1 \cdot P_2$ is also a point of S^r. If we write $g(P_1, P_2) = P_1 \cdot P_2$ for each two points P_1 and P_2 of S^r, then this is a map from $S_1^r \times S_2^r$ to S^r. From property (1) it follows that this map is continuous. Property (2) implies: the map $g_{E_1}(P_2) = g(E, P_2)$ of S^r to itself, where P_2 varies, is the identity, and similarly the map $g_{E_2}(P_1)$ with variable P_1 is the identity. Hence – see Section 7 – g has type $(1, 1)$.[11]

10. Theorem 6 just proved, together with Theorem 3, gives

Theorem 7. *There exist maps of S^3 to S^2, of S^7 to S^4, and of S^{15} to S^8, with $\gamma = 1$.*

Since for $r = 1, 3$ or 7 we can use Theorem 6 plus the remarks in Section 8 about maps from $S_1^r \times S_2^r$ to S^r with arbitrarily prescribed type (b_1, b_2), Theorem 3 actually shows

[11] The idea would be to construct similar maps for other numbers r by introducing similar number systems $\mathfrak{S}_r$. In this direction Hurwitz has shown (Über die Composition der quadratischen Formen von beliebig vielen Variablen, Göttinger Nachrichten 1898 (= Ges. Werke, vol. 2, page 565)) that, apart from $\mathfrak{S}_1$, $\mathfrak{S}_3$, $\mathfrak{S}_7$ there exist no systems $\mathfrak{S}_r$, which satisfy the magnitude product rule (3). However for our purposes it would suffice to have systems $\mathfrak{S}_r$ which, in place of property (3), possess the weaker property of having no divisors of zero. For each two points P_1, P_2 of $\mathfrak{S}_r$ one would then take $g(P_1, P_2)$ to be the point of S^r to which the product $P_1 \cdot P_2$ is projected from the origin. Whether apart from $r = 1, 3, 7$ there exist systems of this kind $\mathfrak{S}_r$ without zero divisors is not known to me. We do not require the validity of the associative law for multiplication.**)

Theorem 7′. *In the three cases named in Theorem 7 there exist maps with arbitrary γ.*

It is not known to me whether there are other case in which one can take $\gamma = 1$.*)

11. In the three cases of Theorem 7 there exist particularly simple and interesting case with $\gamma = 1$[12].

In R^{2r+2} introduce the Cartesian coordinates $x_0, x_1, \dots, x_r, y_0, y_1, \dots, y_r$. As in Section 9 we assume that x_ρ and y_ρ are the components of hypercomplex numbers X and Y from the system S^r, and that $r = 1, 3$ or 7. Then the points of R^{2r+2} are uniquely identified with the pairs (X, Y), or, put another way, R^{2r+2} may be considered as a "plane with $\mathfrak{S}_r$-coordinates". By an "$\mathfrak{S}_r$-line" through the origin of R^{2r+2} we understand first each point set, for which the equation in $\mathfrak{S}_r$-coordinates reads

$$(6) \qquad Y + AX,$$

where A is an arbitrary element in $\mathfrak{S}_r$, and second the point set

$$(6_\infty) \qquad X = 0.$$

These $\mathfrak{S}_r$-lines are clearly $(r+1)$-dimensional Cartesian planes, which apart from the origin have no points in common[13].

Now let S^{2r+1} be a fixed sphere in R^{2r+2} centred at the origin, cut by each of the lines described above in an r-dimensional great sphere. No two of these great spheres meet. These great spheres form, as one easily sees, a continuous decomposition of the S^{2r+1}, and indeed we have a "fibration" of S^{2r+1} in the sense of Seifert, in which there are no exceptional fibres[14].

We next consider – independently of the R^{2r+2} used until now – a sphere S^{r+1}, which we regard as R^{r+1} closed by a point at infinity. Let $a_0, \dots, a_r$ be Cartesian coordinates which we take to be components of the element A in the system $\mathfrak{S}_r$, so that in this way points of R^{r+1} are uniquely associated with the elements A. Adding the point at infinity allows us to speak of the resulting sphere S^{r+1} as the "projective $\mathfrak{S}_r$-line".

---

12 For $r = 1$ this is the map from S^3 to S^2 considered in the two works referred to in footnote 2).

13 If both lines are of type (6), i.e their equations are $Y = AX$, $Y = A'X$, with $A \neq A'$, the coordinates of each common point must satisfy $(A' - A)X = 0$, and hence, because of the absence of divisors of zero, we must have first $X = 0$ and then $Y = 0$. If one of the two lines is (6_∞), it follows from (6) that $Y = 0$.

14 Seifert, Topologie dreidimensionaler gefaserter Räume, Acta. Math. 60. The concept introduced there of decomposing M^3 into one-dimensional fibres can be generalised, without further requirements, to the concept of decomposing M^N into fibres, which are r-dimensional manifolds.

We return to S^{2r+1} in R^{2r+2}. To each each point of S^{2r+1}, lying on the $\mathfrak{S}_r$-line given by (6), we associate the corresponding element A. To each point of S^{2r+1} lying on the $\mathfrak{S}_r$-line (6_∞) we associate the symbol ∞. In this way we have constructed a map of S^{2r+1} onto S^r, which is clearly continuous.

The preimage of each point ξ of S^r under this map is one of the great spheres into which S^{2r+1} is decomposed. Each two mutually disjoint r-dimensional great spheres of S^{2r+1} have linking number 1. From this it follows that our map has $\gamma = 1$ [15]. The result is

Theorem 8. *There exist fibrations (without exceptional fibres) of the spheres S^3, S^7 and S^{15} with the following properties: the individual fibres are great spheres of dimensions 1, 3 and 7, the induced spaces of fibres are spheres of dimensions 2, 4 and 8, and for the fibre map $\gamma = 1$.*

12. Independently of the mapping problem the question of all types of fibrations of spheres [16] seems to me to be of interest. Its answer would appreciably advance our knowledge of the structure of spheres. Until now to my knowledge not much is known about this. The considerations of the previous sections lead to the construction of additional fibrations of certain spheres.

Let r be one of the two numbers 1 and 3 and k some arbitrary positive integer. We take the $k(r+1)$ Cartesian coordinates in $R^{k(r+1)}$ as components of k elements $X_1, X_2, \ldots, X_k$ from the system $\mathfrak{S}_r$. We are therefore considering $R^{k(r+1)}$ as "k-dimensional affine $\mathfrak{S}_r$-space". By the "$\mathfrak{S}_r$-lines", which join the origin to the point $(X_1, \ldots, X_k)$, we understand the set of those points $(X'_1, \ldots, X'_k)$, for which there exist elements T with $X'_i = TX_i$ for $i = 1, \ldots, k$. One easily shows that two such lines have only the origin in common [17].

Each of these "$\mathfrak{S}_r$-lines" is an $(r+1)$-dimensional plane in $R^{k(r+1)}$, which cuts a fixed sphere $S^{k(r+1)-1}$ centred at the origin in an r-dimensional great sphere. These great spheres are pairwise disjoint and form a fibration of $S^{k(r+1)-1}$.

In this way, if we adjoin the fibration which we produced in Section 11 using the system $\mathfrak{S}_7$, we have obtained the following types of fibrations of spheres S^N: 1. $N = 2k - 1$, k arbitrary, the fibres are circles, 2. $N = 4k - 1$, k arbitrary, the fibres are 3-dimensional spheres, and 3. $N = 15$, the fibres are 7-dimensional spheres.

I hope to be able to go further into the questions raised here.

---

[15] Compare §5 of my work referred to in footnote 2).

[16] Here we consider only fibrations without "exceptional fibres" (in the sense of Seifert).

[17] For this proof one needs the validity of the associative law for multiplication in $\mathfrak{S}_r$; hence $r = 7$ must be omitted.

27.

Über die Drehung der Tangenten und Sehnen ebener Kurven

Compositio Math. 2 (1935), 50–62

Im Folgenden stelle ich für zwei bereits bekannte Sätze neue Beweise dar. Angeregt zu den Überlegungen, deren Ergebnis diese Darstellung ist, wurde ich durch Herrn Ostrowski, als er mir die — unten in Nr. 3 formulierte — Verschärfung des Rolleschen Theorems mitteilte, die er vor Kurzem ausgesprochen und bewiesen hat [1]). Herr Ostrowski approximiert bei seinem Beweis die stetig differenzierbare Kurve, um die es sich handelt, durch Polygone und stellt Hilfssätze über diese Approximationen auf, die an und für sich wichtig sind. Trotzdem dürfte auch ein Beweis, der Approximationen gerade vermeidet, Interesse verdienen; ein solcher wird in Nr. 3 geliefert.

Der Rolle-Ostrowskische Satz handelt von der Drehung der Sehnen und Tangenten einer ebenen Kurve. Die bekannteste und wichtigste Tatsache in diesem Zusammenhang, die übrigens von Herrn Ostrowski neu bewiesen und benutzt wird, ist der — wohl auf Riemann zurückgehende [2]) — „*Umlaufsatz*": die Tangentenrichtung einer einfach geschlossenen ebenen Kurve C führt bei einmaliger Umlaufung von C die Drehung $\pm 2\pi$ aus. Von seinen bisherigen, mir bekannten, Beweisen [3]) erscheint mir keiner so kurz und einfach, daß es sich nicht mehr lohnte, noch kürzere

---

[1]) A. Ostrowski, Beiträge zur Topologie der orientierten Linienelemente I: Über eine topologische Verallgemeinerung des Rolleschen Satzes [Compositio Math. 2 (1935), 26].

[2]) Man vergl. Riemann, Theorie der Abelschen Funktionen (1857), Nr. 7 [Ges. Math. Werke, 106—107]. Die erste ausdrückliche Formulierung des Satzes mit angemessenen Voraussetzungen und Beweis stammt wohl von G. N. Watson: A problem of analysis situs [Proc. London Math. Soc. (2) 15 (1916), 227 ff].

[3]) Watson, a.a.O. [2]); J. Radon, Über die Randwertaufgaben beim logarithmischen Potential [Sitz.-Ber. Akad. Wien (II*a*) 128 (1919), 1123 ff]; von Kerékjártó [Proc. Lond. Math. Soc. (2) 23 (1924), XXXIX]; Bieberbach, Differentialgeometrie (Leipzig 1932), 94—95; Ostrowski, a.a.O. [1]).

und einfachere Beweise zu suchen[4]); in Nr. 2 teile ich einen Beweis mit, den ich für einfacher halte als die früheren[5]).

Beide Sätze behalten, geeignet formuliert, ihre Gültigkeit, wenn man das Auftreten endlich vieler Ecken oder Spitzen auf den Kurven zuläßt[6]), und besonders für Anwendungen des Umlaufsatzes ist diese Erweiterung wichtig[7]). In Nr. 4 wird gezeigt, wie man diese Verallgemeinerung vorzunehmen hat.

Nr. 1 enthält lediglich die Zusammenstellung einiger Begriffe und Hilfsmittel, bei denen es sich, wie der sachkundige Leser bemerken wird, nur um Spezialfälle viel allgemeinerer und bekannter Dinge handelt[8]).

1. *Vorbemerkungen.*

a) f sei eine eindeutige und stetige Abbildung einer Strecke S in eine Kreislinie K[9]). Auf K sei in der üblichen Weise eine Winkelkoordinate t eingeführt: t läuft von $-\infty$ bis $+\infty$, und zu t' und t'' gehört dann und nur dann derselbe Punkt, wenn $t' \equiv t''$ mod. 2π ist. *Dann kann man bekanntlich auf S eine eindeutige und stetige Funktion $t(p)$ so definieren, daß $t(p)$ für jeden Punkt $p \subset S$ eine Winkelkoordinate des Bildpunktes $f(p)$ ist.* Man teilt zum Zweck dieser Definition S in aneinander schließende, so kleine Teilstrecken $S_1, S_2, \ldots, S_n$, daß jedes Bild $f(S_i)$ nur ein echter Teil von K ist; für den Anfangspunkt p_1 von S_1, also den Anfangspunkt von S, setzt man einen der möglichen Werte $t(p_1)$ willkürlich fest; durch die Forderung der Stetigkeit ist dann t für jeden Punkt $f(p)$ des Bogens $f(S_1)$ eindeutig erklärt, also insbesondere $t(p_2)$ im Anfangspunkt p_2 von S_2; usw. Ebenso leicht sieht man: $t(p)$ ist bis auf Addition eines willkürlichen ganzen

---

[4]) Erwünscht ist ein Beweis, der kurz ist, dessen Kürze aber nicht durch Berufung auf tieferliegende topologische Eigenschaften einer Jordankurve — wie etwa die Abbildbarkeit ihres Inneren auf eine Kreisscheibe oder ihre topologische Deformierbarkeit in eine Kreislinie — erkauft wird.

[5]) Mein Beweis hat Berührungspunkte mit dem in Anm. 3 zitierten Beweis von RADON.

[6]) OSTROWSKI beweist a.a.O. beide Sätze unter der weit schwächeren Voraussetzung, daß die Tangentenrichtungen nur „Unstetigkeiten erster Art" besitzen. Man vgl. auch RADON, a.a.O. [3]).

[7]) Z.B. in der Arbeit von OSTROWSKI [1]) oder als Formel von GAUß-BONNET in der Differentialgeometrie.

[8]) Insbesondere behandelt Nr. 1, *b*, einen Spezialfall des „Monodromie-Prinzips".

[9]) Bei einer Abbildung von A „auf" B ist jeder Punkt von B Bildpunkt; eine Abbildung von A „in" B ist eine Abbildung auf einen (echten oder unechten) Teil von B.

Vielfachen von 2π eindeutig bestimmt; sowie: Verlegung des Nullpunktes auf K bedeutet nur Addition einer Konstanten zu t.

Alles dies bleibt gültig, wenn S nicht eine Strecke, sondern die ganze offene Gerade ist; man teilt dann S in abzählbar viele aneinander schließende Strecken $\ldots, S_{-1}, S_0, S_1, \ldots$ und behandelt der Reihe nach $S_0, S_1, S_{-1}, S_2, S_{-2}, \ldots$ wie oben.

b) T sei eine Punktmenge eines euklidischen Raumes, die in Bezug auf einen ihrer Punkte o sternförmig ist; d.h. ist $p \subset T$, so ist die ganze Strecke $\overline{op} \subset T$. Bei unseren Anwendungen wird T übrigens entweder ein abgeschlossenes Dreieck sein oder aus dem Inneren eines Dreiecks und einer Teilmenge des Randes bestehen.

f sei eine Abbildung von T in K. Wir behaupten auch jetzt: *es gibt eine in T eindeutige und stetige Funktion $t(p)$, die für jeden Punkt $p \subset T$ eine Winkelkoordinate von $f(p)$ angibt.* Um f zu konstruieren, legen wir $t(o)$ auf eine der möglichen Weisen fest und definieren dann f wie oben auf jeder Strecke $\overline{op}$ für jeden Punkt $p \subset T$. Es entsteht eine in T eindeutige und auf jeder Strecke $\overline{op}$ stetige Funktion, die für jedes p die Winkelkoordinate von $f(p)$ angibt. Zu beweisen ist: $t(p)$ ist in der Umgebung jeder Stelle $p_0 \subset T$ eine stetige Funktion von p.

$a = a(p_0)$ sei eine positive Zahl mit folgender Eigenschaft: für $q_0 \subset \overline{op_0}$ und $\varrho(qq_0) < a$ (ϱ bezeichnet die Entfernung) sind die Bildpunkte $f(q)$ und $f(q_0)$ niemals Diametralpunkte auf K; die Existenz von a ergibt sich leicht aus der Stetigkeit von f sowie der Kompaktheit und Abgeschlossenheit von $\overline{op_0}$. Die sogleich zu wählende Umgebung U von p_0 soll jedenfalls in dem Kreis mit a um p_0 enthalten sein. Bei gegebenem $\varepsilon > 0$ wählen wir U so klein, daß für $p \subset U$

$$t(p) = t(p_0) + \varepsilon' + k \cdot 2\pi, \quad k \text{ ganz}, \quad |\varepsilon'| < \varepsilon,$$

ist; das ist infolge der Stetigkeit von f gewiß möglich. Zu zeigen ist: $k = 0$.

Ist q ein Punkt der Strecke $\overline{op}$, so sei q_0 derjenige Punkt der Strecke $\overline{op_0}$, für den $\overline{qq_0}$ parallel zu $\overline{pp_0}$ ist; dann ist $\varrho(qq_0) < a$, folglich nach Definition von a:

$$t(q) - t(q_0) \not\equiv \pi \quad \mod 2\pi.$$

$t(q) - t(q_0)$ ist eine stetige Funktion von q und hat für $q = o$ den Wert 0; aus der soeben bewiesenen Inkongruenz folgt daher

$$|t(q) - t(q_0)| < \pi.$$

Dies gilt für alle $q \subset \overline{op}$, also insbesondere für $q = p$; darin ist $k = 0$ enthalten.

Auch hier ist (wie unter a) klar: die Funktion t ist bis auf Addition eines beliebigen ganzen Vielfachen von 2π eindeutig bestimmt und erleidet die Addition einer Konstanten, wenn man den Nullpunkt der Winkelkoordinaten auf K verschiebt.

c) C sei eine einfach geschlossene Linie; sie sei auf einen Parameter s, $-\infty < s < +\infty$, so bezogen, daß zu s' und s'' dann und nur dann derselbe Punkt gehört, wenn $s' \equiv s''$ mod. 1 ist. f sei eine Abbildung von C in K. Durch f wird eine Abbildung F der unendlichen s-Geraden S in K bewirkt. Auf S ist dann die zu F gehörige Funktion $t(s)$ wie unter a erklärt. Dabei ist

$$t(s+1) - t(s) = k \cdot 2\pi, \quad k \text{ ganz},$$

für jeden Wert von s; da die ganze Zahl k stetig von s abhängt, ist sie konstant. Sie heißt der „*Grad*" von f.

2. *Der Umlaufsatz.*

Die einfach geschlossene Kurve C sei in der eben besprochenen Weise auf den Parameter s bezogen und stetig differenzierbar; dann besitzt sie überall Tangenten, deren Richtungen stetig von den Berührungspunkten abhängen [10]); wir fragen nach der Gesamtänderung, die diese Richtungen bei einmaliger Umlaufung von C erleiden. Um diese Frage und überhaupt den Sinn der „stetigen Abhängigkeit der Tangentenrichtungen von den Berührungspunkten" zu präzisieren, zeichnen wir in der Ebene einen festen Kreis K als „Richtungskreis" aus, jedem Punkt $p = p(s) \subset C$ ordnen wir denjenigen Punkt $f(p) \subset K$ zu, dessen zugehöriger Radius parallel zu der positiven, d.h. das Wachsen von s anzeigenden, Tangentenrichtung von C in p ist. Daß die Tangentenrichtungen stetig von p abhängen, bedeutet: die Abbildung f von C in K ist stetig; und unter der Gesamtänderung der Tangentenrichtung bei Umlaufung von C verstehen wir den mit 2π multiplizierten Grad dieser Abbildung (Nr. 1, c) oder, was dasselbe ist, die Änderung, die die Winkelkoordinate t von $f(p)$ erleidet, während p die Kurve C durchläuft. Es ist klar, daß dieser Grad sein Vorzeichen mit Umkehrung der Durchlaufungsrichtung von C umkehrt. Der zu beweisende Satz lautet nun:

Die Gesamtänderung der Tangentenrichtung bei einmaliger Umlaufung der einfach geschlossenen Kurve C ist $\pm 2\pi$.

---

[10]) Die stetige Differenzierbarkeit ließe sich auch in dem nachstehenden Beweis durch schwächere Voraussetzungen ersetzen.

Beweis: $p(s)$ bezeichne immer den zum Parameterwert s gehörigen Punkt von C. Jedem Paar s_1, s_2 mit

$$(1) \qquad 0 \leqq s_1 \leqq s_2 \leqq 1$$

ordnen wir denjenigen Punkt $f(s_1, s_2)$ von K zu, dessen zugehöriger, vom Mittelpunkt von K ausgehender Radius der Richtung $\overrightarrow{p(s_1)p(s_2)}$ parallel ist; dabei ist unter $\overrightarrow{p(s)p(s)}$ die positive Tangentenrichtung in $p(s)$ und außerdem unter $\overrightarrow{p(0)p(1)}$ die negative Tangentenrichtung in $p(0) = p(1)$ zu verstehen. Infolge der stetigen Abhängigkeit der Punkte $p(s)$ und ihrer Tangentenrichtungen von s ist $f = f(s_1, s_2)$ eine eindeutige und stetige Abbildung des durch (1) in einer cartesischen s_1-s_2-Ebene bestimmten Dreiecks T. Nach Nr. 1, b, gibt es daher eine in T stetige Funktion $t(s_1, s_2)$, die für jede Stelle (s_1, s_2) gleich einer der zu $f(s_1, s_2)$ gehörigen Winkelkoordinaten ist. Die zu dieser „Sehnenrichtungsfunktion" $t(s_1, s_2)$ gehörige „Tangentenrichtungsfunktion" $t(s, s) = t(s)$ dient gemäß Nr. 1, c, zur Bestimmung des zu untersuchenden Grades k: er ist durch

$$(2) \qquad t(1, 1) = t(0, 0) + k \cdot 2\pi$$

gegeben.

In der Ebene von C sei ein rechtwinkliges x-y-Koordinatensystem eingeführt. Wir wählen die Parameterdarstellung von C so, daß die Koordinate y in $p(0) = p(1)$ ihr Minimum erreicht; die Tangente in diesem Punkt ist der x-Achse parallel, und wir können den positiven Durchlaufungssinn von C — also die Richtung des wachsenden s — so festsetzen, daß er in $p(0)$ der positiven x-Richtung entspricht; das bei der Definition von t willkürliche ganze Vielfache von 2π wählen wir derart, daß

$$(3) \qquad t(0, 0) = 0$$

wird.

Jetzt verfolgen wir erstens die Änderung des Punktes $f(0, s)$ und der Funktion $t(0, s)$ für $0 \leqq s \leqq 1$: da die zu $f(0, 0)$ und $f(0, 1)$ gehörigen beiden Tangentenrichtungen in $p(0)$ einander entgegengesetzt sind, wandert $f(0, s)$ von dem durch (3) angegebenen Punkt $f(0, 0)$ in dessen Diametralpunkt; da die Richtung $\overrightarrow{p(0)p(s)}$ niemals in die untere Halbebene weist, vermeidet $f(0, s)$ dabei den unteren Halbkreis von K; folglich muß der mit (3) beginnende Wert der Winkelkoordinate t von $f(0, s)$ einen Zuwachs von $+\pi$ erfahren, es muß also

$$(4) \qquad t(0, 1) = \pi$$

sein.

Zweitens betrachten wir $f(s, 1)$ und $t(s, 1)$ für $0 \leqq s \leqq 1$: $f(s, 1)$ wandert von dem durch (4) angegebenen Punkt $f(0, 1)$ wieder in seinen Ausgangspunkt $f(1, 1) = f(0, 0)$ zurück, vermeidet jetzt aber den oberen Halbkreis, da die Richtung $\overrightarrow{p(s)p(1)}$ niemals in die obere Halbebene zeigt; folglich muß t wieder einen Zuwachs von $+\pi$ erfahren; die mit (4) beginnende Funktion $t(s, 1)$ muß also den Endwert

$$t(1, 1) = 2\pi \tag{5}$$

besitzen. In (2), (3), (5) ist $k = 1$ enthalten.

Damit ist der Satz bewiesen. Die Bestimmtheit des positiven Vorzeichens von k rührt von der oben vorgenommenen Festsetzung der Durchlaufungsrichtung von C her.

3. *Der Rolle-Ostrowskische Satz.*

C sei ein einfacher Kurvenbogen in der Ebene, also eine für $0 \leqq s \leqq 1$ stetig von s abhängende Schar von Punkten $p(s)$, so daß $p(s_1) \neq p(s_2)$ für $s_1 \neq s_2$ ist; das durch

$$0 \leqq s_1 < s_2 \leqq 1 \tag{1'}$$

gegebene (nicht abgeschlossene) Dreieck T' in der s_1-s_2-Ebene wird wieder in den Richtungskreis K durch die Bestimmung abgebildet, daß $f(s_1, s_2)$ der Punkt von K ist, dessen zugehöriger Radius die Richtung $\overrightarrow{p(s_1)p(s_2)}$ besitzt; die gemäß Nr. 1, b, zu dieser Abbildung f von T' gehörige Funktion $t(s_1, s_2)$ nennen wir wieder die „Sehnenrichtungsfunktion" von C. Wir setzen weiter voraus, daß C stetig differenzierbar ist; dann sind die Abbildung f und die Funktion t nicht nur in dem durch (1') gegebenen Dreieck T', sondern in dem ganzen, durch (1) gegebenen abgeschlossenen Dreieck T erklärt und stetig [10]). Dabei entsprechen $f(s, s)$ und $t(s, s)$ den positiven Tangentenrichtungen und ihren Winkelkoordinaten; $t(s) = t(s, s)$ ist die zu $t(s_1, s_2)$ gehörige „Tangentenrichtungsfunktion". Es ist klar, daß eine Änderung des bei der Definition von $t(s_1, s_2)$ zur freien Verfügung stehenden ganzen Vielfachen von 2π sowie eine Drehung des Koordinatensystems in der Ebene für die Sehnen- und für die Tangentenrichtungsfunktion die Addition derselben Konstanten bedeutet, und daß daher der Sinn des folgenden Satzes unabhängig von der Normierung der Funktion $t(s_1, s_2)$ und vom Koordinatensystem ist. Der Satz lautet:

Der Wertevorrat der Sehnenrichtungsfunktion $t(s_1, s_2)$ des einfachen Bogens C ist in dem Wertevorrat der Tangentenrichtungsfunktion $t(s) = t(s, s)$ enthalten.

Beweis: Zu beliebigen a, b $(0 \leqq a < b \leqq 1)$ haben wir die Existenz eines s mit

$$\text{(A)} \qquad t(s, s) = t(a, b)$$

nachzuweisen. Dabei dürfen wir Sehnenrichtungsfunktion und Koordinatensystem so annehmen, daß

$$\text{(6)} \qquad t(a, a) = 0$$

ist. Wird (A) von $s = a$ erfüllt, so sind wir fertig; es sei also $t(a, b) \neq t(a, a) = 0$, und zwar etwa

$$\text{(7)} \qquad t^* = t(a, b) > 0\,,$$

(was wir ohne Beeinträchtigung der Allgemeinheit annehmen dürfen, da der Fall eines negativen $t(a, b)$ ganz analog zu erledigen ist).

Wir dürfen weiter voraussetzen, b sei der *kleinste* s-Wert oberhalb a mit $t(a, s) = t^*$; das bedeutet mit Rücksicht auf (6) und die Stetigkeit von t:

$$\text{(8)} \qquad t(a, s) < t^* \quad \text{für } a \leqq s < b\,.$$

Wir behaupten:

$$\text{(B)} \qquad t(b, b) \geqq t^*;$$

hierin ist die Existenz eines (A) erfüllenden s enthalten: sie folgt aus (6), (7), (B) und der Stetigkeit von $t(s, s)$.

Setzen wir

$$\text{(9)} \qquad \tau(s) = t(s, s) - t(a, s) \quad \text{für } a \leqq s \leqq b,$$

so daß also insbesondere

$$\text{(9')} \qquad \tau(a) = 0$$

ist, so können wir mit Rücksicht auf (7) die Behauptung (B) auch so aussprechen:

$$\text{(C)} \qquad \tau(b) \geqq 0\,.$$

Wir machen den Punkt $p(a)$ zum Nullpunkt der x-y-Koordinaten, die Tangentenrichtung von C in $p(a)$ zur positiven x-Richtung; dies verträgt sich mit der bereits vorgenommenen Normierung (6). Sodann bilden wir die x-y-Ebene durch

$$u + iv = \log(x + iy)$$

auf eine Ebene mit rechtwinkligen u-v-Koordinaten ab. Unter den unendlich vielen Bildern des zu

$$\text{(10)} \qquad a < s \leqq b$$

gehörigen, einseitig offenen Bogens von C greifen wir dasjenige heraus, das für $s \to a$ die negative u-Achse als Asymptote hat; diese Kurve heiße Γ; ihre Existenz folgt aus den einfachsten Eigenschaften des Logarithmus. Aus ihnen folgt ferner, wenn wir die Punkte von Γ mit $q(s)$, die Koordinaten von $q(s)$ mit $u(s)$, $v(s)$ bezeichnen,

$$v(s) = t(a, s),$$

also nach (7) und (8)

(11) $$v(s) < v(b) = t^* > 0 \quad \text{für } a < s < b.$$

Dem auf dem Strahl $\overrightarrow{p(a)p(s)}$ gelegenen Linienelement in dem Punkt $p(s)$ entspricht bei der Abbildung das der positiven u-Richtung parallele Element in $q(s)$; der Tangentenrichtung von C in $p(s)$ entspricht die Tangentenrichtung von Γ in $q(s)$. Daher folgt aus (9) und der Winkeltreue der Abbildung: *$\tau(s)$ ist Tangentenrichtungsfunktion von Γ*; sie ist durch (9′) normiert, wofür wir jetzt besser sagen:

(9″) $$\lim_{s \to a} \tau(s) = 0.$$

Die Behauptung (C) läßt sich jetzt so ausdrücken: *die Änderung von τ, also die Gesamtdrehung der Tangentenrichtung bei Durchlaufung von Γ*, ist $\geqq 0$.

Zum Zweck des Beweises der so formulierten — und nunmehr im Hinblick auf den Verlauf von Γ für $s \to a$ und $s \to b$ der Anschauung wohl recht plausiblen — Behauptung (C) betrachten wir auch in der u-v-Ebene einen „Richtungskreis" K und für jedes Wertepaar s_1, s_2 mit

(10′) $$a < s_1 \leqq s_2 \leqq b$$

den Punkt $\varphi(s_1, s_2)$ von K, der der Richtung $\overrightarrow{q(s_1)q(s_2)}$ entspricht, unter $\overrightarrow{q(s)q(s)}$ die Tangentenrichtung von Γ in $q(s)$ verstanden. Nach Nr. 1, b, ist dann in dem (nicht abgeschlossenen) Dreieck (10′) der s_1-s_2-Ebene die stetige Sehnenrichtungsfunktion $\tau(s_1, s_2)$ erklärt; wir normieren sie durch

(12) $$\tau(s, s) = \tau(s).$$

Infolge des asymptotischen Verlaufes von Γ für $s \to a$ gibt es eine solche Zahl σ, $(a < \sigma < b)$, daß für $a < s_1 \leqq s_2 \leqq \sigma$ der Punkt $\varphi(s_1, s_2)$ immer auf der *rechten* Hälfte von K liegt, was mit Rücksicht auf (12) und (9″) bedeutet:

(13) $$-\frac{\pi}{2} < \tau(s_1, s_2) < +\frac{\pi}{2} \quad \text{für } a < s_1 \leqq s_2 \leqq \sigma.$$

Die Abszisse $u(s)$ hat für $\sigma \leqq s \leqq b$ ein Minimum u_0; es gibt eine solche Zahl σ', $(a < \sigma' < \sigma)$, daß

$$u(s') < u_0 \leqq u(s) \quad \text{für } a < s' \leqq \sigma',\ \sigma \leqq s \leqq b$$

ist; das bedeutet, daß der Punkt $\varphi(s', s)$ nicht nur für $s \leqq \sigma$, sondern für beliebiges $s \geqq s'$ auf der rechten Hälfte von K bleibt; folglich gilt

$$(13') \qquad -\frac{\pi}{2} < \tau(s_1, s_2) < +\frac{\pi}{2} \quad \text{für } a < s_1 \leqq \sigma',\ s_1 \leqq s_2 \leqq b.$$

Infolge von (11) liegen alle Punkte $\varphi(s, b)$ mit *beliebigem* $s < b$ auf der *oberen* Hälfte von K; hieraus ergibt sich erstens, daß in (13')

$$(14) \qquad 0 < \tau(\sigma', b)$$

enthalten ist, und zweitens mit Rücksicht auf (14)

$$(14') \qquad 0 < \tau(s, b) \quad \text{für alle } s < b,$$

und daher

$$0 \leqq \tau(b, b),$$

w.z.b.w.

4. *Kurven mit Ecken und Spitzen.*

Wir lassen jetzt zu, daß die Kurven C in Nr. 2 und Nr. 3 endlich viele „Ecken" haben, d.h. daß sie aus endlich vielen Bögen bestehen, von denen jeder mit Einschluß seiner Endpunkte stetig differenzierbar ist. Unter den „Ecken" verstehen wir die Stellen, an denen zwei Bögen zusammenstoßen; in jeder Ecke gibt es zwei verschiedene (positive) Tangentenrichtungen; sind diese Richtungen einander entgegengesetzt, so nennt man die Ecke eine „Spitze". Die Parameterwerte der Ecken und Spitzen seien s_i^* $(i = 1, 2, \ldots, n)$. Für jedes Paar s_1, s_2 mit

$$(1^*) \qquad 0 \leqq s_1 \leqq s_2 \leqq 1, \quad (s_1, s_2) \neq (s_i^*, s_i^*), \quad i = 1, 2, \ldots, n,$$

ist eine Richtung $\overrightarrow{p(s_1)p(s_2)}$ wie früher erklärt; durch (1*) ist in der s_1-s_2-Ebene ein Dreieck bestimmt, aus dessen Rand endlich viele Punkte entfernt sind; gemäß Nr. 1, b, gibt es daher für (1*) eine stetige Sehnenrichtungsfunktion $t(s_1, s_2)$. Da jeder einzelne Bogen auch noch in seinen Endpunkten stetig differenzierbar ist, existieren die Grenzwerte

$$t(s_i^* + 0, s_i^* + 0), \quad t(s_i^* - 0, s_i^* - 0);$$

wir setzen

$$(15) \qquad W_i = t(s_i^* + 0, s_i^* + 0) - t(s_i^* - 0, s_i^* - 0).$$

Diese W_i sind damit vollkommen eindeutig festgelegt; an dem Aussehen von C kann man ihre Größe aber zunächst nur mod. 2π erkennen: sind $r(s_i^*-0)$, $r(s_i^*+0)$ die beiden positiven Tangentenrichtungen in $p(s_i^*)$, so ist W_i gleich einem der Winkel, um die man $r(s_i^*-0)$ drehen muß, um sie in $r(s_i^*+0)$ überzuführen. *Wir behaupten, daß*

$$(16) \qquad -\pi \leqq W_i \leqq +\pi,$$

daß also W_i in jeder Ecke der „Hauptwert" des in Frage kommenden Winkels ist; zugleich werden wir angeben, wie man im Fall einer Spitze entscheidet, ob $W_i = +\pi$ oder $W_i = -\pi$ ist.

$\varepsilon > 0$ sei gegeben; wir werden zeigen: ist $a < s_i^* < b$ und liegen a und b hinreichend nahe bei s_i^*, so ist

$$(16') \qquad |t(b, b) - t(a, a)| < \pi + \varepsilon;$$

darin ist (16) enthalten. Wir wählen a und b so nahe an s_i^*, daß

$$(17) \qquad |t(a, s_i^*) - t(a, a)| < \frac{\varepsilon}{2}, \quad |t(b, b) - t(s_i^*, b)| < \frac{\varepsilon}{2}$$

ist (im Falle der geschlossenen Kurve C (Nr. 2) haben wir, um $a < s_i^*$, $b > s_i^*$ wählen zu können, eine solche Parameterdarstellung zugrundezulegen, daß nicht gerade $s_i^* = 0$ oder $s_i^* = 1$ wird). Bezeichnen wir die zu s_i^*, a, b gehörigen Kurvenpunkte mit E, A, B, so dürfen wir infolge der Freiheit bei der Wahl von a und b annehmen, daß die Ecke E nicht auf der durch A und B gehenden Geraden g liegt; ferner dürfen wir voraussetzen, daß a der letzte s-Wert vor s_i^*, b der erste s-Wert nach s_i^* ist, für den der Kurvenpunkt $p(s)$ auf g liegt; denn andernfalls ersetzen wir a und b durch die hierdurch charakterisierten s-Werte.

Neben unserer Kurve fassen wir das geradlinige Dreieck AEB ins Auge; seine Winkel bei A und B seien α und β, und zwar zwischen 0 und π gemessen, so daß also

$$(18) \qquad 0 < \alpha < \pi, \quad 0 < \beta < \pi, \quad \alpha + \beta < \pi$$

ist. Es sind zwei Fälle zu unterscheiden: 1) die Reihenfolge AEB bestimmt einen positiven Umlauf um das Dreieck, 2) sie bestimmt einen negativen Umlauf.

Im Fall 1 ist, wie ein Blick auf eine Figur lehrt,

$$(19a) \qquad t(a, b) - t(a, s_i^*) \equiv \alpha \mod. 2\pi,$$

$$(19b) \qquad t(s_i^*, b) - t(a, b) \equiv \beta \mod. 2\pi.$$

Da aber für $s_i^* \leqq s < b$ die Richtung $\overrightarrow{p(a)p(s)}$ immer in dieselbe

Halbebene bezüglich g zeigt, nämlich in diejenige, die E und damit den ganzen Kurvenbogen mit $a < s < b$ enthält, ist der Betrag der Schwankung von $t(a, s)$ kleiner als π; hieraus, aus (19a) und aus (18) folgt

$$t(a, b) - t(a, s_i^*) = \alpha; \tag{20a}$$

ebenso ergibt sich durch Betrachtung der Funktion $t(s, b)$ und der Richtungen $\overrightarrow{p(s)p(b)}$ für $a < s \leqq s_i^*$ zusammen mit (19b) und (18):

$$t(s_i^*, b) - t(a, b) = \beta. \tag{20b}$$

Aus (20a), (20b), (17) folgt

$$t(b, b) - t(a, a) = \alpha + \beta + \delta, \quad |\delta| < \varepsilon, \tag{21}$$

also mit Rücksicht auf (18) die Behauptung (16′).

Im Falle 2, in dem AEB einen negativen Umlauf darstellt, sind auf den rechten Seiten von (19a) und (19b) α und β offenbar durch $-\alpha$ und $-\beta$ zu ersetzen; infolgedessen sind auch auf den rechten Seiten von (20a) und (20b) die Vorzeichen umzukehren; an die Stelle von (21) tritt daher

$$t(b, b) - t(a, a) = -\alpha - \beta + \delta, \quad |\delta| < \varepsilon, \tag{21′}$$

womit auch für diesen Fall (16′) bewiesen ist.

Über die Behauptung (16) hinaus geben (21) und (21′) Auskunft über das Vorzeichen von W_i: da $\alpha + \beta > 0$ ist, ist im Fall 1 $W_i > -\varepsilon$, im Fall 2 $W_i < \varepsilon$ für jedes $\varepsilon > 0$, d. h. $W_i \geqq 0$ bzw. $W_i \leqq 0$. *Also ist insbesondere im Fall einer Spitze E der Winkel $W_i = +\pi$ oder $W_i = -\pi$ zu setzen, je nachdem die Reihenfolge AEB einen positiven oder einen negativen Umlauf um das geradlinige Dreieck AEB bedeutet.* Dabei sind, um es zu wiederholen, A und B derart hinreichend nahe vor und hinter E gelegene Kurvenpunkte, daß der Kurvenbogen AEB außer A und B keinen Punkt mit der Geraden AB gemeinsam hat.

Die damit geleistete Bestimmung der W_i ist wichtig für den geometrischen Inhalt der Verallgemeinerungen der Sätze aus Nr. 2 und Nr. 3, zu denen wir jetzt übergehen; für deren Formulierung und ihren Beweis ist sie aber unwesentlich, da hierbei durchaus die Definition (15) zugrundegelegt wird.

Für die geschlossene Kurve C, auf die wir den Satz aus Nr. 2 ausdehnen wollen, wählen wir eine solche Parameterdarstellung mit $0 \leqq s \leqq 1$, daß der Punkt $p(0) = p(1)$ regulär, d.h. keine Ecke oder Spitze ist, daß also $t(s_1, s_2)$ für $s_1 = s_2 = 0$ und für

$s_1 = s_2 = 1$ erklärt und stetig bleibt; das Koordinatensystem werden wir wieder so drehen, daß die Tangente in $p(0)$ mit der positiven x-Richtung zusammenfällt und die Funktion t so normieren, daß (3) gilt. Wir behaupten: auch jetzt gilt (5), bei geeigneter Durchlaufungsrichtung von C.

In der Tat behält der alte Beweis ohne die geringste Änderung seine Gültigkeit, falls man das Koordinatensystem so wählen kann, daß der Punkt von C, in dem die Ordinate y ihr Minimum erreicht, regulär ist, also zum Punkt $p(0) = p(1)$ gemacht werden kann (dies ist immer möglich, wenn C eine „Stütztangente" in einem regulären Punkt besitzt). Kann man das Koordinatensystem nicht so wählen, dann muß man eine kleine Modifikation des Beweises vornehmen: man wählt den Parameter s so, daß es vom Punkt $p(0) = p(1)$ aus einen Halbstrahl H gibt, welcher C in keinem weiteren Punkt trifft, und welcher nicht tangential an C ist; die Möglichkeit einer solchen Wahl liegt auf der Hand, da C nur endlich viele Ecken hat. Auf dem Richtungskreis K sei h der Punkt, der H entspricht, $\bar{h}$ sein Diametralpunkt; nehmen wir etwa an, daß h auf der unteren, $\bar{h}$ also auf der oberen Hälfte von K liegt. Dann ergibt sich (4) aus (3) analog wie früher: denn $f(0, s)$ vermeidet für $0 \leqq s \leqq 1$ den Punkt h; und aus (4) folgt (5): denn $f(s, 1)$ vermeidet für $0 \leqq s \leqq 1$ den Punkt $\bar{h}$.

Es gilt also in jedem Fall

$$t(1, 1) - t(0, 0) = 2\pi, \tag{22}$$

wenn nur $p(0) = p(1)$ ein regulärer Punkt von C ist.

Wir können (22) noch anders ausdrücken. $s_1^*, s_2^*, \ldots, s_n^*$ seien die zu den Ecken und Spitzen gehörigen Parameterwerte in ihrer natürlichen Anordnung, und es sei noch $s_{n+1}^* = s_1^*$ gesetzt; C_i sei der Bogen mit $s_i^* \leqq s \leqq s_{i+1}^*$. Die Änderung der Tangentenrichtung längs C_i ist, wenn wir wieder $t(s, s) = t(s)$ setzen, durch

$$\Delta_i t = t(s_{i+1}^* - 0) - t(s_i^* + 0)$$

gegeben. Dann ist (22) gleichbedeutend mit

$$\sum_i \Delta_i t + \sum_i W_i = \pm\, 2\pi; \tag{22'}$$

in Worten: *die Gesamtdrehung der Tangentenrichtung bei Durchlaufung aller Bögen C_i — also $\sum \Delta_i t$ —, vermehrt um die Summe der „Außenwinkel" an den Ecken — also $\sum W_i$ —, ist gleich $\pm 2\pi$.*

Die Übertragung des Rolle-Ostrowskischen Satzes auf Kurven mit Ecken oder Spitzen erfordert ebenfalls fast keine Änderung des früheren Beweises. Die Sehnenrichtungsfunktion ist wie früher für

$$(1') \qquad 0 \leqq s_1 < s_2 \leqq 1$$

ausnahmslos stetig, während die Tangentenrichtungsfunktion $t(s) = t(s, s)$ an den Stellen s_i^* Sprünge W_i macht. Unter dem zu dem Kurvenbogen $a \leqq s \leqq b$ gehörigen „Tangentenrichtungsbüschel" [11]) verstehen wir den Wertevorrat von $t(s)$ für dieses Intervall — (genauer: für $a+0 \leqq s \leqq b-0$), einschließlich aller Zwischenwerte zwischen $t(s_i^*-0)$ und $t(s_i^*+0)$ für die dem Intervall angehörigen s_i^*. Der Satz lautet jetzt: *der Wertevorrat der Sehnenrichtungsfunktion ist in dem Tangentenrichtungsbüschel von C* $(0 \leqq s \leqq 1)$ *enthalten* [11]).

Nur die ersten Zeilen des früheren Beweises hat man abzuändern; man beginne: „Zu beliebigen a, b $(0 \leqq a < b \leqq 1)$ werden wir nachweisen, daß im Tangentenrichtungsbüschel des Bogens $a \leqq s \leqq b$ der Wert $t(a, b)$ enthalten ist. Dieser Nachweis wird — nach den normierenden Festsetzungen (6), (7), (8) — geleistet sein, sobald (B) bewiesen ist; denn aus (6), (7), (B) folgt die Behauptung, da ja das zu $a \leqq s \leqq b$ gehörige Tangentenrichtungsbüschel alle Zwischenwerte zwischen $t(a, a)$ und $t(b, b)$ enthält." Der Beweis von (B) wird genau so wie früher geführt.

(Eingegangen den 16. Dezember 1933.)

---

[11]) Ostrowski, a.a.O. [1]).

28.

Freie Überdeckungen und freie Abbildungen

Fundamenta Math. **28** (1936), 33–57

Einleitung.

1. Den Ausgangspunkt für unsere Betrachtungen bildet die folgende Eigenschaft der n-dimensionalen Sphären, die zuerst von L. Lusternik und L. Schnirelmann, und dann noch einmal von K. Borsuk entdeckt und bewiesen worden ist [1]):

Satz A_n. *Ist die n-dimensionale Sphäre S^n mit $n+1$ abgeschlossenen Mengen überdeckt, so enthält wenigstens eine dieser Mengen ein antipodisches Punktepaar der Sphäre.*

Die isolierte Stellung dieses interessanten Satzes reizt zu dem Versuch, ihn in ein System allgemeinerer Überdeckungssätze einzuordnen. Beginnt man bei einem solchen Versuch mit der Analyse des Falles $n=1$, so sieht man sofort, daß der Satz A_1 nur ein Korollar des folgenden viel allgemeineren Satzes ist:

Satz A_1^*. *Bilden die abgeschlossenen Mengen F_1 und F_2 eine Überdeckung des zusammenhängenden topologischen Raumes* [2]) *R, und ist f irgend eine Abbildung von R in sich, so enthält wenigstens eine der beiden Mengen ein Punktepaar $\{x, f(x)\}$.*

Denn da R zusammenhängend ist, gibt es einen Punkt $x \epsilon F_1 \cdot F_2$, und das Punktepaar $\{x, f(x)\}$ gehört der Menge F_i an, wenn diese den Punkt $f(x)$ enthält.

---

[1]) L. Lusternik et L. Schnirelmann, *Méthodes topologiques dans les problèmes variationnels,* Moskau 1930 (in russischer Sprache), S. 26, Lemma 1. K. Borsuk, *Drei Sätze über die n-dimensionale Sphäre,* Fund. Math. XX (1933), S. 177. Man vergl. auch P. Alexandroff und H. Hopf, *Topologie I* (Berlin 1935), S. 486—487. Dieses Buch wird im folgenden als A.-H. zitiert.

[2]) Unter einem *topologischen Raum* soll immer ein Raum verstanden werden, der die Kuratowskischen Axiome erfüllt; s. A.-H. (cf. Fußnote [1])), S. 37 ff.

Versteht man unter R die Kreislinie S^1 und unter f die antipodische Abbildung von S^1, so geht der Satz A_1^* in A_1 über.

Kann man auch für $n > 1$ *den Satz* A_n *in einer dem Satz* A_1^* *ähnlichen Weise verallgemeinern?* Wir werden sehen: dies ist noch für $n = 2$, jedoch nicht mehr — wenigstens nicht bei Wahrung der Analogie — für $n \geqq 3$ möglich. Der Satz A_2 nimmt also — außer dem nahezu trivialen Satz A_1 — eine Sonderstellung im Kreise der Sätze A_n ein. Diese Sonderstellung bildet das Thema der nachstehenden Ausführungen.

2. Auf die Richtungen, in denen man Verallgemeinerungen des Satzes A_2 erwarten darf, wird man — außer durch den Satz A_1^* — durch zwei bereits bekannte Sätze hingewiesen, von denen jeder den Satz A_2 enthält; der eine dieser Sätze — Satz A_2' — stammt von B. Knaster, der andere — Satz A_2'' — von A. Denjoy und J. Wolff[3]):

Satz A_2'. *Es sei* U *ein beliebiges unikohärentes*[4]) *lokal zusammenhängendes*[5]) *Kontinuum und* f *eine involutorische Abbildung*[6]) *von* U *auf sich; ist* U *mit drei abgeschlossenen Mengen überdeckt, so enthält wenigstens eine von ihnen ein involutorisches Punktepaar* $\{x, f(x)\}$.

---

[3]) B. Knaster, *Ein Zerlegungssatz über unikohärente Kontinua*, Verhandl. Intern. Math. Kongreß Zürich 1932, 2. Bd., S. 193. — J. Wolff et A. Denjoy, *Sur la division d'une sphère en trois ensembles*, L'Enseignement Math. XXXII (1933), p. 66 (Remarque).

[4]) Ein topologischer Raum R heißt *multikohärent*, wenn er die Vereinigungsmenge zweier abgeschlossener und zusammenhängender Teilmengen ist, deren Durchschnitt nicht zusammenhängend ist; ein zusammenhängender Raum, der nicht multikohärent ist, heißt *unikohärent*. Für die lokal zusammenhängenden Kontinuen (s. Fußnote [5])), also z. B. für alle Polyeder, ist die Unikohärenz gleichbedeutend mit dem Verschwinden der ersten Bettischen Zahl; Beweis von K. Borsuk, *Über die Abbildungen der metrischen kompakten Räume auf die Kreislinie*, Fund. Math. XX (1933), S. 224 (besonders Nr. 11), und E. Čech, *Sur les continus Péaniens unicohérents*, ibidem S. 232; für den Spezialfall der Polyeder vergl. man auch M. Rueff, *Über die Unikohärenz n-dimensionaler Polyeder*, Comm. Math. Helvet. V (1935), S. 14. Einen einfachen Beweis der Unikohärenz der n-dimensionalen Sphäre S^n mit $n \geqq 2$ findet man auch bei C. Kuratowski, *Sur quelques théorèmes fondamentaux de l'Analysis Situs*, Fund. Math. XIV (1929), S. 304.

[5]) Man vergl. z. B. F. Hausdorff, *Mengenlehre* (Berlin-Leipzig 1929), §§ 29 und 36.

[6]) D. h. eine stetige Abbildung mit $ff(x) = x$ für jeden Punkt x.

Satz A_2''. *Es sei f eine beliebige stetige Abbildung* [7]) *der Kugelfläche* S^2 *in sich; ist* S^2 *mit drei abgeschlossenen Mengen überdeckt, so enthält wenigstens eine von ihnen ein Punktepaar* $\{x, f(x)\}$.

Der erste Satz lehrt, daß für unser Problem die Kugeln eine unnötig enge Klasse von Räumen bilden; der zweite zeigt, daß der Satz A_2 für viel allgemeinere Punktepaare der Kugel gilt als für Antipodenpaare. Die analogen Bemerkungen konnte man beim Übergang vom Satz A_1 zu dem Satz A_1^* machen. Wir werden nun sogleich einen Satz aussprechen, der A_2' und A_2'' umfaßt und als direktes Analogon von A_1^* gelten darf. Dabei entnehmen wir dem Satz A_2' die Klasse der Räume, mit der wir uns beschäftigen werden: die der unikohärenten lokal zusammenhängenden Kontinuen; und der Satz A_2'' — zusammen mit dem Satz A_1^* — liefert uns denjenigen Begriff, den wir in den Mittelpunkt unserer weiteren Überlegungen stellen:

Definition. Die Überdeckung $\mathfrak{A}$ des topologischen Raumes R heiße *frei*, wenn es eine solche Abbildung [10] f von R in sich gibt, daß jedes Element E von $\mathfrak{A}$ zu seinem Bild $f(E)$ fremd ist [8]).

Nun lautet das Analogon des Satzes A_1^* folgendermaßen:

Satz IIb. *Ein unikohärentes lokal zusammenhängendes Kontinuum gestattet keine freie Überdeckung mit drei abgeschlossenen Mengen.*

Der Satz A_2'' behält also seine Gültigkeit für wesentlich allgemeinere Räume als die Kugelfläche S^2 — zum Beispiel für alle Sphären S^n mit $n > 2$ —, und im Satz A_2' ist die Voraussetzung des involutorischen Charakters der Abbildung f überflüssig [9]).

---

[7]) In der Formulierung des Satzes in der Arbeit von Wolff-Denjoy wird unnötigerweise die Eineindeutigkeit der Abbildung vorausgesetzt, obwohl sie auch in dem dortigen Beweise nicht benutzt wird.

[8]) Wegen der Überdeckungs-Begriffe wie *Element, Ordnung, Endlichkeit* vergl. man A.-H., S. 47.

[9]) S. Eilenberg hat in der Arbeit *Sur quelques propriétés topologiques de la surface de sphère*, Fund. Math. XXV (1935), S. 267, unter anderem gezeigt, daß man in dem Satz A_2' auf die Voraussetzung der *Kompaktheit* von U verzichten darf. In dem so *verallgemeinerten* Knasterschen Satz ist die Voraussetzung des involutorischen Charakters von f *nicht* überflüssig, wie folgendes Beispiel zeigt: U ist die reelle x-Gerade, für $i = 0, 1, 2$ ist F_i durch $3k+i \leq x \leq 3k+i+1$, wobei k alle ganzen Zahlen durchläuft, erklärt, und f ist die Verschiebung der Geraden in sich um die Strecke 3/2.

Wegen der Voraussetzung des lokalen Zusammenhanges beachte man S. 50, Fußnote [26a]).

3. Der Satz IIb ist lediglich eine spezielle Folgerung aus dem wesentlich allgemeineren Hauptsatz dieser Arbeit, nämlich dem

Satz IIa. *Ein unikohärentes lokal zusammenhängendes Kontinuum gestattet keine freie endliche Überdeckung der Ordnung* 2 *mit abgeschlossenen Mengen* [8]).

Dieser Satz ist mit einem dritten Satz äquivalent, dessen Formulierung wir die folgende Definition vorausschicken:

Definition. Die Abbildung [10]) φ des topologischen Raumes R in einen Raum R' heiße *frei*, wenn es eine solche Abbildung f von R in sich gibt, daß $\varphi f(x) \neq \varphi(x)$ für jeden Punkt x von R ist; mit anderen Worten: wenn die Urbilder $\varphi^{-1}(x')$ der Punkte x' von R' eine freie Überdeckung von R bilden.

Dann ist, wie man leicht zeigt, IIa mit dem folgenden Satz äquivalent:

Satz IIc. *Ein unikohärentes lokal zusammenhängendes Kontinuum gestattet keine freie Abbildung in einen eindimensionalen Raum.*

Die drei Sätze II a, b, c werden — im § 2 — aus einer Eigenschaft beliebiger unikohärenter topologischer Räume [2]) abgeleitet:

Satz I. *Ein unikohärenter topologischer Raum gestattet niemals eine freie endliche Überdeckung der Ordnung* 2 *mit abgeschlossenen und zusammenhängenden Mengen.*

Dieser Satz wird im § 1 bewiesen.

4. Die folgende Tatsache, die sich unmittelbar aus einem Satz von K. Borsuk ergibt (§ 3, Nr. 19), verdient besondere Beachtung: die drei Eigenschaften, welche laut den Sätzen II a, b, c *notwendige* Bedingungen dafür sind, daß ein lokal zusammenhängendes Kontinuum unikohärent sei, sind hierfür auch *hinreichend*; man erhält somit — bei Beschränkung auf lokal zusammenhängende Kontinuen — drei neue Charakterisierungen der Unikohärenz (Satz III). Zugleich erkennt man, daß die im Satz A_2' von B. Knaster formulierte Voraussetzung der *Unikohärenz* gerade den für unsere Problemstellung — also für die Verallgemeinerung des Satzes A_2 — wesentlichen Punkt trifft.

---

[10]) Unter einer *Abbildung* soll durchweg eine *eindeutige und stetige* Abbildung verstanden werden.

5. Die Begriffe der *freien Überdeckung* und der *freien Abbildung* sowie die im Vorstehenden ausgesprochenen Sätze gehören in den Bereich der *Fixpunkttheorie*. Wenn nämlich ein Raum R keine fixpunktfreie Abbildung in sich gestattet, so gestattet er offenbar weder eine freie Überdeckung noch irgend eine freie Abbildung; ist aber R ohne Fixpunkt in sich transformierbar, so ist die Identität eine freie Abbildung und die Überdeckung des Raumes R mit allen seinen einpunktigen Teilmengen eine freie Überdeckung. Die Aussage „R kann fixpunktfrei in sich transformiert werden“ wird also *verschärft* durch jede Aussage folgender Natur: „R gestattet eine freie Überdeckung *spezieller Art*“ (etwa eine freie Überdeckung mit 5 Mengen oder eine freie Überdeckung der Ordnung 3), sowie durch jede Aussage: „R gestattet eine freie Abbildung in einen Raum *von vorgegebenem Charakter*“ (etwa in einen beliebigen 2-dimensionalen Raum oder in den euklidischen Raum R^3). Somit sind die oben in Nr. 4 besprochenen Umkehrungen der Sätze II a, b, c (§ 3, Satz III) als Verschärfungen des Satzes von C. Kuratowski aufzufassen[11]): *Jedes multikohärente lokal zusammenhängende Kontinuum kann ohne Fixpunkt in sich abgebildet werden*; und diese Verschärfungen sind — im Gegensatz zu dem Satz selbst — umkehrbar, wie die Sätze II a, b, c zeigen, welche als „abgeschwächte Fixpunktsätze“ gelten können.

Übrigens erhält man als Korollar des Satzes IIa den bekannten Fixpunktsatz für Baumkurven (§ 2, Nr. 15).

6. Nachdem, analog der Verallgemeinerung des Satzes A_1 durch den Satz A_1^*, auch eine Verallgemeinerung des Satzes A_2 in befriedigender Weise gelungen ist, hat man den Wunsch, auch die Sätze A_n für $n \geqq 3$ ähnlich zu behandeln. Nun ist es zwar in der Tat möglich, dem Satz A_2' für jedes n einen analogen Satz an die Seite zu stellen, der den Satz A_n als Spezialfall enthält[12]); hierauf will ich an anderer Stelle eingehen. Versucht man aber, auch den Satz A_2'' und die Sätze II a, b, c auf höhere Dimensionen

---

[11]) C. Kuratowski, wie unter [4]).

[12]) Es gilt der folgende Satz: *P sei ein zusammenhängendes Polyeder; es seien seine r-ten Bettischen Zahlen modulo 2 für $r = 1, 2, \ldots, k-1$ sowie seine gewöhnliche k-te Bettische Zahl gleich 0; ist P mit $k+2$ abgeschlossenen Mengen überdeckt und ist f eine Involution von P, so enthält wenigstens eine dieser Mengen ein involutorisches Punktepaar.* Hierin ist außer den Sätzen A_n auch der Satz A_2' enthalten, wenn man sich auf Polyeder beschränkt.

zu übertragen, so stößt man, selbst wenn man sich in diesen Sätzen auf die Betrachtung von *Sphären* beschränkt, auf große Schwierigkeiten. Dies soll im § 4 durch Beispiele plausibel gemacht werden. Die Schwierigkeiten scheinen im Wesen der Sache zu liegen, insofern nämlich unter allen Sphären die der niedrigsten Dimensionen tatsächlich eine Sonderstellung einnehmen. Zum Beispiel wird bemerkt (§ 4, Nr. 23, 24): zwischen den Urysohnschen Konstanten d_n und den Durchmessern δ der n-dimensionalen Sphären S^n bestehen die folgenden Beziehungen:

$$d_n(S^n) = \delta(S^n) \quad \text{für } n=1 \text{ und } n=2,$$
$$d_n(S^n) < \delta(S^n) \quad \text{für } n \geqq 3.$$

Und es zeigt sich insbesondere (Nr. 21): der Satz „*Die Sphäre S^n gestattet keine freie Überdeckung mit $n+1$ abgeschlossenen Mengen*" gilt *nur* für $n=0, 1, 2$, jedoch für keine einzige Dimensionszahl $n \geqq 3$. Der Verdacht, der angesichts der Sätze A_1^* und A_2'' auftauchen könnte, daß der Begriff des *Antipoden* für den Satz A_n ganz überflüssig sei, ist also unbegründet.

§ 1.

7. In diesem Paragraphen brauchen wir einige einfache Eigenschaften der Graphen; unter einem *Graphen* verstehen wir einen *Komplex, der höchstens eindimensional ist*[13]).

Die eindimensionalen Simplexe eines Komplexes nennen wir *Kanten* oder *Strecken*. Zwei Eckpunkte heißen benachbart, wenn sie auf einer Kante liegen, d. h. entweder eine Kante *aufspannen* oder miteinander identisch sind. Die von den Eckpunkten p und q aufgespannte Kante bezeichnen wir mit (pq). Eine endliche Folge $(p_1 p_2), (p_2 p_3), \ldots, (p_{n-1} p_n)$ heißt ein *Kantenzug*, der p_1 mit p_n, verbindet; kommt in einem Kanteuzug kein Eckpunkt in mehr als zwei Strecken vor, so heißt der Kantenzug *einfach*; ein einfacher Kantenzug, in dem $p_n = p_1$ ist, heißt *einfach geschlossen*. Wenn zwei Eckpunkte p und q eines Komplexes durch einen Kantenzug verbindbar sind, so sind sie offenbar auch durch einen einfachen Kantenzug verbindbar.

Ein Komplex heißt *zusammenhängend*, wenn je zwei seiner Eckpunkte durch einen Kantenzug verbindbar sind. Ein zusammenhängender Graph heißt *mehrfach zusammenhängend*, wenn es in ihm zwei Eckpunkte gibt, die man durch zwei verschiedene einfache Kantenzüge verbinden kann; er enthält dann, wie man leicht sieht, einen einfach geschlossenen Kantenzug.

---

[13]) Wegen der hier benutzten Grundbegriffe aus der Theorie der Komplexe vergl. man A.-H., S. 155—157.

Ein *endlicher* Graph, der *einfach zusammenhängend*, d. h. zusammenhängend, aber nicht mehrfach zusammenhängend ist, heißt ein *Baum*. In einem Baum kann man je zwei Eckpunkte p und q durch einen und nur einen einfachen Kantenzug verbinden; diesen bezeichnen wir durch (pq); er ist, wenn p und q eine Strecke aufspannen, mit dieser identisch; ist $p=q$, so ist unter (pq) der nur aus dem Punkt $p=q$ bestehende Komplex zu verstehen. Offenbar ist jeder zusammenhängende Teilkomplex eines Baumes selbst ein Baum.

Neben den hiermit schon ausgesprochenen Tatsachen werden wir noch diejenigen Eigenschaften der Graphen benutzen, die in den nachstehenden Hilfssätzen α, β, γ enthalten sind.

Hilfssatz α. *Der Graph G sei mehrfach zusammenhängend; dann enthält er zwei Teilgraphen P und Q mit folgenden Eigenschaften:*

1) *jeder Eckpunkt von G gehört zu einem und nur einem von ihnen;*
2) *jeder der Graphen P und Q ist zusammenhängend;*
3) *es gibt wenigstens zwei Kanten von G, von denen je ein Eckpunkt zu P, der andere zu Q gehört* [14]).

Beweis. Es sei p ein Eckpunkt eines in G enthaltenen einfach geschlossenen Kantenzuges Z; die beiden von p verschiedenen und mit p benachbarten Eckpunkte von Z seien q und q'. Unter $\mathfrak{Q}$ verstehen wir die Eckpunktmenge, die aus q sowie aus denjenigen Eckpunkten von G besteht, welche mit q durch Kantenzüge verbindbar sind, die p nicht enthalten; z. B. ist $q' \in \mathfrak{Q}$; die Menge aller übrigen Eckpunkte heisse $\mathfrak{P}$. Die von den Eckpunkten der Mengen $\mathfrak{P}$ bezw. $\mathfrak{Q}$ aufgespannten Teilgraphen von G seien P bezw. Q.

Die Behauptung 1 ist richtig infolge der Definition von $\mathfrak{P}$.

Beweis von 2: Q ist zusammenhängend, da infolge der Definition von $\mathfrak{Q}$ jeder Eckpunkt von Q mit dem Punkt q durch einen Kantenzug verbindbar ist, dessen Eckpunkte selbst zu $\mathfrak{Q}$ gehören. Ist p' irgend ein von p verschiedener Eckpunkt von P, so kann man ihn, da G zusammenhängend ist, mit dem Punkt p durch einen einfachen Kantenzug verbinden; kein Eckpunkt dieses Kantenzuges gehört zu $\mathfrak{Q}$, da sonst auch p' zu $\mathfrak{Q}$ gehören würde; folglich ist p' in P mit p verbindbar. Daraus folgt der Zusammenhang von P.

Die Behauptung 3 ist richtig, da die Strecken (pq) und (pq') die gewünschte Eigenschaft haben.

[14]) Dieser Hilfssatz ist der kombinatorische Ausdruck der Multikohärenz der mehrfach zusammenhängenden Polygone.

Hilfssatz β. *Der Graph G sei einfach zusammenhängend, und es seien p und q voneinander verschiedene, benachbarte Eckpunkte von G; dann enthält G zwei Teilgraphen P und Q mit folgenden Eigenschaften: den Eigenschaften* 1 *und* 2 *wie im Hilfssatz* α, *sowie*

3′) *es ist p Eckpunkt von P, q Eckpunkt von Q, und (pq) ist die einzige Kante, von welcher ein Eckpunkt zu P, der andere zu Q gehört.*

Beweis. Man definiere P und Q genau so wie im Beweis des Hilfssatzes α. Dann ergibt sich die Richtigkeit der Behauptungen 1 und 2 wörtlich ebenso wie früher.

Beweis von 3′: Daß p Eckpunkt von P und q Eckpunkt von Q ist, folgt unmittelbar aus der Definition von P und Q. Gäbe es noch eine zweite Strecke $(p'q')$ mit $p' \in P$, $q' \in Q$, so könnte man infolge des Zusammenhanges von P und von Q (Eigenschaft 2) leicht einen einfachen Kantenzug konstruieren, der p mit q verbände und von der Strecke (pq) verschieden wäre — entgegen der Einfachheit des Zusammenhanges von G.

Hilfssatz γ. *G sei ein Baum; jedem Eckpunkt e von G sei ein Eckpunkt $\varphi(e)$ von G zugeordnet. Dann gibt es zwei benachbarte Eckpunkte p und q, so daß (pq) ein Teil von $(\varphi(p)\,\varphi(q))$ ist.* (Dabei darf $p=q$ sein.)[15]

Beweis. Gibt es einen Eckpunkt e mit $\varphi(e)=e$, so erfüllt $p=q=e$ die Behauptung. Es sei also $\varphi(e) \neq e$ für jeden Eckpunkt e. Dann gibt es zu jedem Eckpunkt e einen eindeutig bestimmten einfachen Kantenzug $(e\,\varphi(e))$ und auf ihm genau einen von e verschiedenen Nachbarpunkt von e; diesen nennen wir $\varphi'(e)$. Die Behauptung des Hilfssatzes γ wird offenbar von zwei Punkten p und q erfüllt, wenn $\varphi'(p) = q$ und $\varphi'(q) = p$ ist. Die Existenz eines solchen Punktepaares genügt es also nachzuweisen.

e_1 sei ein beliebiger Eckpunkt; die unendliche Folge $e_1, e_2, e_3, \dots$ definieren wir durch die Festsetzung $e_{i+1}=\varphi'(e_i)$. Da G nur endlich viele Eckpunkte besitzt, gibt es zwei solche Indizes i und k, $i<k$, daß $e_k=e_i$, aber $e_j \neq e_i$ für $i<j<k$ ist. Infolge der Definition von φ' ist $k>i+1$; wäre $k>i+2$, so würden die Eckpunkte $e_i, e_{i+1}, e_{i+2}, \dots, e_k$ einen einfach geschlossenen Kantenzug aufspannen — entgegen der Tatsache, daß G ein Baum ist. Es ist also $k=i+2$; die Punkte $p=e_i$, $q=e_{i+1}$ haben daher die gewünschte Eigenschaft.

[15]) Dieser Hilfssatz ist der kombinatorische Ausdruck des Fixpunktsatzes für Baumpolygone.

Bei den nachstehenden Anwendungen der Graphen auf topologische Räume werden die Graphen als *Nerven* [16]) von Überdeckungen auftreten. Wir werden folgende Bezeichnungsweise benutzen: ist $\mathfrak{F}$ eine Überdeckung des Raumes R und ist G der Nerv von $\mathfrak{F}$, so bezeichnen wir diejenigen Mengen aus $\mathfrak{F}$, die den Eckpunkten $p, q, \ldots$ von G entsprechen, mit $F_p, F_q, \ldots$; allgemeiner: ist P ein Teilkomplex von G, so verstehen wir unter $\mathfrak{F}_P$ immer die Vereinigungsmenge derjenigen Mengen aus dem System $\mathfrak{F}$, welche den Eckpunkten von P entsprechen.

8. Zunächst leiten wir aus dem Hilfssatz α einen topologischen Satz her:

Satz I'. *Der topologische Raum R besitze eine solche Überdeckung $\mathfrak{F}$ mit abgeschlossenen und zusammenhängenden Mengen, daß der Nerv G von $\mathfrak{F}$ ein endlicher, mehrfach zusammenhängender Graph ist. Dann ist R multikohärent.*

Beweis. Teilgraphen P und Q von G seien gemäß dem Hilfssatz α gewählt; die Eckpunkte von P seien $p_1, p_2, \ldots, p_r$, die Eckpunkte von Q seien $q_1, q_2, \ldots, q_s$. Dann ist $F_P = \sum_{i=1}^{r} F_{p_i}$ und $F_Q = \sum_{k=1}^{s} F_{q_k}$. Infolge der Eigenschaft 1 im Hilfssatz α ist $R = F_P + F_Q$.

Da die einzelnen Mengen F_{p_i} und F_{q_k} abgeschlossen sind, sind auch F_P und F_Q abgeschlossen. Da sowohl die Komplexe P und Q (nach Hilfssatz α, Eigenschaft 2) als auch die Mengen F_{p_i} und F_{q_k} zusammenhängend sind, sind auch F_P und F_Q zusammenhängend. Um die Multikohärenz von R in Evidenz zu setzen, bleibt daher nur zu zeigen: die Menge $F_P \cdot F_Q = \sum_{i,k} F_{p_i} \cdot F_{q_k}$ ist nicht leer und nicht zusammenhängend.

Unter den $r \cdot s$ Mengen $F_{p_i} \cdot F_{q_k}$ gibt es infolge der Eigenschaft 3 im Hilfssatz α wenigstens zwei, die nicht leer sind; daraus sieht man erstens, daß $F_P \cdot F_Q$ nicht leer ist, und zweitens, daß die Behauptung, $F_P \cdot F_Q$ sei nicht zusammenhängend, bewiesen ist, sobald man gezeigt hat: je zwei der $r \cdot s$ Mengen $F_{p_i} \cdot F_{q_k}$ sind zueinander fremd.

---

[16]) A.-H., S. 152.

Die Richtigkeit dieser letzten Behauptung ergibt sich folgendermaßen: wenn nicht gleichzeitig $i=i'$ und $k=k'$ ist, so besteht das Mengensystem $\{F_{p_i}, F_{q_k}, F_{p_{i'}}, F_{q_{k'}}\}$ aus wenigstens drei voneinander verschiedenen Elementen von $\mathfrak{F}$; da die Überdeckung $\mathfrak{F}$, deren Nerv ein eindimensionaler Komplex ist, die Ordnung 2 hat, ist daher $F_{p_i} \cdot F_{q_k} \cdot F_{p_{i'}} \cdot F_{q_{k'}} = 0$, w. z. b. w.

9. Jetzt ziehen wir eine Folgerung aus dem Hilfssatz β:

Hilfssatz 1. *$\mathfrak{F}$ sei eine Überdeckung des topologischen Raumes R mit abgeschlossenen und zusammenhängenden Mengen; der Nerv G von $\mathfrak{F}$ sei ein Baum; a und b seien zwei Eckpunkten von G, ferner p und q zwei benachbarte Eckpunkte des einfachen Kantenzuges (ab). Ist dann Φ eine zusammenhängende Punktmenge von R, die sowohl mit F_a als auch mit F_b Punkte gemeinsam hat, so ist $\Phi \cdot F_p \cdot F_q \neq 0$.* (Dabei darf auch $p=q$ sein; ist $a=b$, so ist der Satz trivial).

Beweis. Unter $\mathfrak{F}'$ verstehen wir das System derjenigen Mengen aus $\mathfrak{F}$, welche Punkte mit Φ gemeinsam haben, unter G' den Nerven von $\mathfrak{F}'$; da sowohl Φ als auch jedes Element von $\mathfrak{F}$ zusammenhängend ist, ist auch die Menge $F_{G'}$ zusammenhängend. Hieraus folgt, da die Elemente von $\mathfrak{F}'$ abgeschlossen sind, daß G' ein zusammenhängender Komplex ist. Da $\Phi \cdot F_a \neq 0$ und $\Phi \cdot F_b \neq 0$ ist, sind a und b Eckpunkte von G'; infolge des Zusammenhanges von G' enthält G' daher den ganzen Kantenzug (ab) und insbesondere die Punkte p und q. Mithin ist $\Phi \cdot F_p \neq 0$ und $\Phi \cdot F_q \neq 0$.

Für den Fall $p=q$ ist damit der Satz schon bewiesen. Es sei $p \neq q$.

G' ist als zusammenhängender Teilkomplex des Baumes G selbst ein Baum. Daher gibt es zwei Teilkomplexe P und Q von G', welche die im Hilfssatz β ausgesprochenen Eigenschaften haben (wobei man den Baum G des Hilfssatzes β durch G' zu ersetzen hat). Aus der Eigenschaft 1 folgt $\Phi \subset F_P + F_Q$, also $\Phi = \Phi \cdot F_P + \Phi \cdot F_Q$; hierin ist, wie wir schon sahen, keiner der beiden Summanden leer; da Φ zusammenhängend ist und F_P und F_Q abgeschlossen sind, ist daher $\Phi \cdot F_P \cdot F_Q \neq 0$.

Bezeichnen wir die Eckpunkte von P und Q mit p_i bezw. q_k, so ist $F_P = \sum_i F_{p_i}$, $F_Q = \sum F_{q_k}$, also $F_P \cdot F_Q = \sum_{i,k} F_{p_i} \cdot F_{q_k}$. Infolge der

Eigenschaft 3′ aus dem Hilfssatz β ist nur eine unter den Mengen $F_{p_i}\cdot F_{q_k}$ nicht leer, nämlich die Menge $F_p\cdot F_q$; folglich ist $F_P\cdot F_Q = F_p\cdot F_q$.

Es ist also $\Phi\cdot F_p\cdot F_q = \Phi\cdot F_P\cdot F_Q$, und von dieser Menge haben wir schon gesehen, daß sie nicht leer ist. Damit ist der Hilfssatz 1 bewiesen.

10. Aus dem Hilfssatz γ und dem Hilfssatz 1 ergibt sich nun der folgende Satz:

Satz I″. *R sei ein beliebiger topologischer Raum, $\mathfrak{F}$ eine solche Überdeckung von R mit abgeschlossenen und zusammenhängenden Mengen, daß der Nerv G von $\mathfrak{F}$ ein Baum ist. Dann ist die Überdeckung $\mathfrak{F}$ nicht frei.*

Beweis. Es sei f eine Abbildung von R in sich; wir haben zu zeigen, daß es ein Element F von $\mathfrak{F}$ gibt, für welches $f(F)\cdot F \neq 0$ ist.

Für jeden Eckpunkt e von G bezeichne $\varphi(e)$ einen solchen Eckpunkt von G, daß $f(F_e)\cdot F_{\varphi(e)} \neq 0$ ist. Nach dem Hilfssatz γ gibt es zwei benachbarte Eckpunkte p und q von G, für welche (pq) in $(\varphi(p)\,\varphi(q))$ enthalten ist. Da p und q benachbart sind, ist $F_p\cdot F_q \neq 0$, und daher folgt aus dem Zusammenhang von F_p und von F_q, daß auch $F_p + F_q$ zusammenhängend ist; folglich ist auch $\Phi = f(F_p + F_q)$ zusammenhängend.

Setzen wir $\varphi(p) = a$, $\varphi(q) = b$, so ist $f(F_p)\cdot F_a \neq 0$, also auch $\Phi\cdot F_a \neq 0$; ebenso ist $\Phi\cdot F_b \neq 0$; da ferner p und q zwei Nachbarpunkte in (ab) sind, sind die Voraussetzungen des Hilfssatzes 1 erfüllt. Folglich ist $\Phi\cdot F_p\cdot F_q \neq 0$, also $f(F_p)\cdot F_p\cdot F_q + f(F_q)\cdot F_q\cdot F_p \neq 0$; mithin ist wenigstens eine der Mengen $f(F_p)\cdot F_p$ und $f(F_q)\cdot F_q$ nicht leer. Damit ist der Satz bewiesen.

11. In den Sätzen I′ und I″ ist offenbar der in der Einleitung (Nr. 3) ausgesprochene *Satz I* enthalten: denn ist R ein unikohärenter topologischer Raum und $\mathfrak{F}$ eine endliche Überdeckung der Ordnung 2 von R mit abgeschlossenen und zusammenhängenden Mengen, so ist der Nerv G von $\mathfrak{F}$ ein endlicher zusammenhängender Graph; nach Satz I′ ist er nicht mehrfach zusammenhängend, also ist er ein Baum; dann ist $\mathfrak{F}$ nach Satz I″ nicht frei.

§ 2.

12. Unser nächstes Ziel ist der Beweis des Satzes IIa (cf. Nr. 3 der Einleitung). Wir schicken ihm einen Hilfssatz voraus:

Hilfssatz 2. *K sei ein lokal zusammenhängendes Kontinuum und $\mathfrak{F}$ eine endliche Überdeckung von K mit abgeschlossenen Mengen $F_1, F_2, \ldots, F_r$; die Ordnung von $\mathfrak{F}$ sei λ; eine positive Zahl γ sei gegeben. Dann gibt es eine endliche Überdeckung $\mathfrak{F}'$ von K mit abgeschlossenen Mengen $\Phi_1, \Phi_2, \ldots, \Phi_s$, welche die folgenden Eigenschaften besitzen:*

1^0 *jede Menge Φ_j ist zusammenhängend;*

2^0 *jede Menge Φ_j liegt in der γ-Umgebung* [16a]) *einer Menge F_i;*

3^0 *die Ordnung von $\mathfrak{F}'$ ist ebenfalls λ.*

Beweis. γ' sei eine positive Zahl, die $< \gamma$ und kleiner als die Hälfte der Lebesgueschen Zahl [17]) von $\mathfrak{F}$ ist; die letztere Bedingung bedeutet: wenn eine Punktmenge aus R vom Durchmesser $\leqq 2\gamma'$ mit jeder Menge eines Teilsystems $\{F_{i_1}, F_{i_2}, \ldots, F_{i_h}\}$ von $\mathfrak{F}$ einen Punkt gemeinsam hat, so ist $F_{i_1} \cdot F_{i_2} \cdot \ldots \cdot F_{i_h} \neq 0$.

Wegen des lokalen Zusammenhanges von K besitzt jeder Punkt x von K eine Umgebung $U(x)$, welche zusammenhängend und in der γ'-Umgebung von x enthalten ist [5]); wegen der Kompaktheit von K wird K bereits durch ein endliches System solcher $U(x)$ überdeckt; es sei $\{U_1, U_2, \ldots, U_m\}$ ein derartiges endliches System. Wir verstehen für $i = 1, 2, \ldots, r$ unter G_i die Vereinigungsmenge derjenigen U_j, die mit F_i Punkte gemeinsam haben; G_i ist eine offene Menge, die — infolge des Zusammenhanges der U_j — nur endlich viele Komponenten besitzt; daher besitzt auch die abgeschlossene Hülle $\overline{G_i}$ nur endlich viele Komponenten; diese Komponenten seien $\Phi_{i1}, \Phi_{i2}, \ldots, \Phi_{is_i}$. Die Gesamtheit aller Φ_{ij} $(i = 1, 2, \ldots, r;$ $j = 1, 2, \ldots, s_i)$ ist eine Überdeckung $\mathfrak{F}'$ von K; wir behaupten, daß sie die gewünschten Eigenschaften hat.

Daß die Mengen Φ_{ij} abgeschlossen sind und die Eigenschaften 1^0 und 2^0 besitzen, ergibt sich unmittelbar aus ihrer Definition. Ebenso ist klar, daß die Ordnung μ von $\mathfrak{F}'$ nicht kleiner als λ ist; zu beweisen bleibt: $\mu \leqq \lambda$.

[16a]) Die *γ-Umgebung* $U(F, \gamma)$ einer Menge F in einem metrischen Raum ist die Menge aller Punkte x mit $\varrho(x, F) < \gamma$. Durch ϱ wird immer die Entfernungsfunktion bezeichnet.

[17]) A.-H., S. 101—102.

Es sei $\{\Phi_{i_1 j_1}, \Phi_{i_2 j_2}, \ldots, \Phi_{i_\mu j_\mu}\}$ ein aus μ *verschiedenen* Elementen Φ_{ij} bestehendes Teilsystem von $\mathfrak{F}'$, für welches $\Phi_{i_1 j_1} \cdot \Phi_{i_2 j_2} \cdot \ldots \cdot \Phi_{i_\mu j_\mu} \neq 0$ ist. Dann sind die Indizes $i_1, i_2, \ldots, i_\mu$ paarweise voneinander verschieden; denn wäre etwa $i_1 = i_2$, so wären $\Phi_{i_1 j_1}$ und $\Phi_{i_2 j_2}$ zwei verschiedene Komponenten der Menge $\overline{G}_{i_1}$, was unmöglich ist, da $\Phi_{i_1 j_1} \cdot \Phi_{i_2 j_2} \neq 0$ ist. Folglich bilden die Mengen $F_{i_1}, F_{i_2}, \ldots, F_{i_\mu}$ ein aus μ verschiedenen Elementen bestehendes Teilsystem von $\mathfrak{F}$. Jede dieser Mengen hat, wenn x ein Punkt des Durchschnittes $\Phi_{i_1 j_1} \cdot \Phi_{i_2 j_2} \cdot \ldots \cdot \Phi_{i_\mu j_\mu}$ ist, von x einen Abstand, der $\leqq \gamma'$ ist, und jede von ihnen hat daher mit der abgeschlossenen Hülle der γ'-Umgebung von x, also mit einer Menge vom Durchmesser $\leqq 2\gamma'$, einen Punkt gemeinsam. Somit ist, wie am Anfang des Beweises festgestellt wurde, $F_{i_1} \cdot F_{i_2} \cdot \ldots \cdot F_{i_\mu} \neq 0$, und daher $\mu \leqq \lambda$. Damit ist die Eigenschaft 3^0 bewiesen.

13. Beweis des Satzes IIa. U sei ein unikohärentes lokal zusammenhängendes Kontinuum, $\mathfrak{F}$ eine endliche Überdeckung der Ordnung 2 von U mit abgeschlossenen Mengen und f eine Abbildung von U in sich; es soll gezeigt werden, daß es ein Element F von $\mathfrak{F}$ gibt, für welches $f(F) \cdot F \neq 0$ ist. Da $\mathfrak{F}$ nur endlich viele Elemente enthält, genügt es hierfür, das folgende zu beweisen: zu einem willkürlichen positiven ε gibt es ein Element F von $\mathfrak{F}$, für welches die Entfernung $\varrho(f(F), F) < \varepsilon$ ist.

Zu dem gegebenen ε existiert infolge der gleichmäßigen Stetigkeit von f eine solche positive Zahl δ, daß für je zwei Punkte x und y mit $\varrho(x, y) < \delta$ immer $\varrho(f(x), f(y)) < \varepsilon/2$ ist. Unter γ verstehen wir die kleinere der Zahlen $\varepsilon/2$ und δ. Auf $\mathfrak{F}$ und γ wenden wir den Hilfssatz 2 an und konstruieren also eine Überdeckung $\mathfrak{F}'$ von U, welche die im Hilfssatz 2 genannten Eigenschaften besitzt und daher insbesondere die Ordnung 2 hat. Nach Satz I ist $\mathfrak{F}'$ nicht frei; es gibt also ein Element Φ von $\mathfrak{F}'$, für das $f(\Phi) \cdot \Phi \neq 0$ ist. Diese Menge Φ ist — entsprechend dem Hilfssatz 2 — in der γ-Umgebung einer zu $\mathfrak{F}$ gehörigen Menge F enthalten. Da $\gamma \leqq \varepsilon/2$ ist, ist also $\Phi \subset U(F, \varepsilon/2)$. Da $\gamma \leqq \delta$ ist, ist $\Phi \subset U(F, \delta)$, und hieraus folgt nach der Definition von δ: $f(\Phi) \subset U(f(F), \varepsilon/2)$. Aus den drei Relationen

$$\Phi \cdot f(\Phi) \neq 0, \qquad \Phi \subset U(F, \varepsilon/2), \qquad f(\Phi) \subset U(f(F), \varepsilon/2)$$

ergibt sich $\varrho(f(F), F) < \varepsilon$, w. z. b. w.

14. Aus dem damit bewiesenen Satz IIa folgt leicht eine Eigenschaft einer der Urysohnschen Konstanten[18]) von U.

Wir erinnern an deren Definition und einfachsten Eigenschaften: unter der *k-ten Urysohnschen Konstanten* $d_k(R)$ des kompakten metrischen Raumes R versteht man die untere Grenze derjenigen Zahlen ε, für welche R Überdeckungen von Ordnungen $\leqq k$ mit endlich vielen abgeschlossenen Mengen, deren Durchmesser $< \varepsilon$ sind, gestattet ($k = 1, 2, \ldots$). Es ist immer $d_k(R) \geqq d_{k+1}(R)$ und, wenn $\delta(R)$ den Durchmesser von R bezeichnet, $\delta(R) \geqq d_k(R)$; ist R zusammenhängend, so ist $d_1(R) = \delta(R)$; ist R n-dimensional, so ist $d_n(R) > d_{n+1}(R) = 0$.

Satz IIa'. *Es sei U ein unikohärentes lokal zusammenhängendes Kontinuum, das mit einer Metrik versehen ist, und f eine beliebige stetige Abbildung von U in sich. Dann gibt es einen Punkt x von U mit*

$$\varrho(f(x), x) \leqq d_2(U).$$

Beweis. ε sei eine Zahl, die $> d_2(U)$ ist. Dann gibt es eine endliche Überdeckung $\mathfrak{F}$ der Ordnung 2 von U mit abgeschlossenen Mengen, von denen jede einen Durchmesser $< \varepsilon$ hat. Nach Satz IIa ist $\mathfrak{F}$ nicht frei; für ein gewisses Element F von $\mathfrak{F}$ ist also $f(F) \cdot F \neq 0$; diese Menge F enthält ein Punktepaar $\{x, f(x)\}$, und für dieses Paar ist $\varrho(f(x), x) < \varepsilon$. Da es zu jedem $\varepsilon > d_2(U)$ einen derartigen Punkt x gibt und da U kompakt ist, existiert auch ein Punkt x mit $\varrho(f(x), x) \leqq d_2(U)$.

15. Wir machen zwei Anwendungen des Satzes IIa'. Erstens: wenn U eindimensional ist, so ist $d_2(U) = 0$, und wir erhalten den bekannten Fixpunktsatz[19]):

---

[18]) P. Urysohn, *Mémoire sur les multiplicités Cantoriennes* (suite), Fund. Math. VIII (1927), S. 225 (Notes supplémentaires).

[19]) Zuerst für topologische Abbildungen bewiesen von W. Scherrer, *Über ungeschlossene stetige Kurven*, Math. Zeitschrift 24 (1926), S. 125; für beliebige Abbildungen von G. Nöbeling, Ergebnisse eines math. Kolloquiums 2 (Wien 1932), S. 19 (cf. K. Menger, *Kurventheorie* (Berlin-Leipzig 1932), S. 313), und auf einem anderen Wege von K. Borsuk, *Einige Sätze über stetige Streckenbilder*, Fund. Math. XVIII (1932), S. 198 (Hauptsatz 1, Korollar 1). Ausserdem ist der Satz ein Spezialfall eines viel allgemeineren Fixpunktsatzes von S. Lefschetz in dem Buch *Topology* (New York 1930), S. 359.

Korollar I. *Bei jeder Abbildung einer Baumkurve — d. h. eines eindimensionalen, unikohärenten, lokal zusammenhängenden Kontinuums — in sich existiert ein Fixpunkt.*

Zweitens: U sei die n-dimensionale Sphäre S^n und f die antipodische Abbildung von S^n auf sich; dann ist $\varrho(f(x), x) = \delta(S^n)$ für jeden Punkt x von S^n; da für $n \geqq 2$ die S^n unikohärent ist, ergibt sich:

Korollar II. *Für die n-dimensionalen Sphären S^n mit $n \geqq 2$ ist*

$$d_2(S^n) = \delta(S^n) \text{ [20]}.$$

16. Beweis des Satzes IIb (Einleitung, Nr. 2). Das unikohärente lokal zusammenhängende Kontinuum U sei mit den abgeschlossenen Mengen F_1, F_2, F_3 überdeckt. Wenn $F_1 \cdot F_2 \cdot F_3 = 0$ ist, so hat die Überdeckung die Ordnung 2 und ist daher nicht frei nach Satz IIa. Wenn es einen Punkt $x \in F_1 \cdot F_2 \cdot F_3$ gibt, so gehört für jede Abbildung f von U in sich das Punktepaar $\{x, f(x)\}$ einer der drei Mengen an. Die Überdeckung ist also in keinem Fall frei.

Mit dem Satz IIb sind auch die in der Einleitung zitierten Sätze A_2' und A_2'' noch einmal bewiesen, sowie die folgende Verallgemeinerung des Satzes A_2'':

Korollar III. *Ist $n \geqq 2$, so gestattet die Sphäre S^n keine freie Überdeckung mit drei abgeschlossenen Mengen.*

17. Daß der *Satz IIc* (Einleitung, Nr. 3) mit dem Satz IIa äquivalent und somit gültig ist, ist eine unmittelbare Konsequenz des folgenden Hilfssatzes:

Hilfssatz 3. *Der kompakte metrische Raum R gestattet dann und nur dann eine freie endliche Überdeckung einer Ordnung $\leqq \lambda + 1$ mit abgeschlossenen Mengen, wenn er eine freie Abbildung in einen höchstens λ-dimensionalen Raum gestattet* [21]).

Beweis. Erstens: f sei eine Abbildung von R in sich und φ eine solche Abbildung von R in den höchstens λ-dimensionalen Raum R', daß $\varphi f(x) \neq \varphi(x)$ für jeden Punkt x von R ist. Da $f(R)$

---

[20]) Für $n > 2$ wird eine Verallgemeinerung dieser Gleichheit auf einem anderen Wege durch die Formeln (9a) und (10) in Nr. 23 und Nr. 24 bewiesen werden.

[21]) Dieser Hilfssatz ist im wesentlichen in Nr. 2 der Arbeit von C. Kuratowski und S. Ulam, *Sur un coefficient lié aux transformations continues d'ensembles*, Fund. Math. XX (1933), S. 244, enthalten.

kompakt ist, gibt es eine solche Zahl ε, daß $\varrho(\varphi f(x), \varphi(x)) > \varepsilon > 0$ für alle Punkte x ist. Nun gibt es abgeschlossene Mengen $F'_1, F'_2, \ldots, F'_m$ deren Durchmesser $<\varepsilon$ sind und die eine Überdeckung einer Ordnung $\leqq \lambda + 1$ von $f(R)$ bilden. Dann bilden die abgeschlossenen Mengen $F_i = \varphi^{-1}(F'_i)$, $i=1, 2, \ldots, m$, eine Überdeckung derselben Ordnung $\leqq \lambda + 1$ von R. Diese Überdeckung ist frei; denn ist $x \in F_i$, so ist $\varphi(x) \in F'_i$ und, da $\varrho(\varphi f(x), \varphi(x))$ größer als der Durchmesser von F'_i ist, $\varphi f(x)$ *nicht* $\in F'_i$, also $f(x)$ *nicht* $\in F_i$, und mithin ist $f(F_i) \cdot F_i = 0$.

Zweitens: Es sei wieder f eine Abbildung von R in sich, und ferner seien $F_1, F_2, \ldots, F_m$ abgeschlossene Mengen, die eine Überdeckung einer Ordnung $\leqq \lambda+1$ von R bilden und für die $f(F_i) \cdot F_i = 0$, $i=1, 2, \ldots, m$, gilt. Für jedes hinreichend kleine positive ε hat, wie man leicht sieht, die Überdeckung, die von den offenen Mengen $G_i = U(F_i, \varepsilon)$, $i=1, 2, \ldots, m$, gebildet wird, dieselbe Ordnung $\leqq \lambda+1$ und ebenfalls die Eigenschaft: $f(G_i) \cdot G_i = 0$ für alle i. Nun kann man bekanntlich [22]), nach einem Verfahren von Kuratowski, den Raum R durch eine solche Abbildung φ in den Nerven N der Überdeckung [23]) abbilden, daß folgendes gilt: bezeichnet e_i den Eckpunkt von N, der der Menge G_i entspricht, so liegt der Punkt $\varphi(x)$ dann und nur dann im Inneren eines Simplexes von N, zu dessen Eckpunkten e_i gehört, wenn $x \in G_i$ ist. Da nun x und $f(x)$ niemals zugleich einer Menge G_i angehören, ist gewiß niemals $\varphi(x) = \varphi f(x)$; die Abbildung ist also frei. Da N höchstens λ-dimensional ist, ist damit der Hilfssatz bewiesen.

Aus dem Beweis ist ersichtlich, daß man noch einen Zusatz machen kann: ist f eine feste Abbildung von R in sich, so möge die Überdeckung $\mathfrak{F}$ von R frei *in bezug auf* f heißen, falls $f(F) \cdot F = 0$ für jedes Element F von $\mathfrak{F}$ ist; und die Abbildung φ von R heiße frei *in bezug auf* f, wenn $\varphi f(x) \neq \varphi(x)$ für alle Punkte x von R ist. Dann gilt, wie der obige Beweis zeigt:

Zusatz zum Hilfssatz 3. *R sei ein kompakter metrischer Raum und f eine Abbildung von R in sich. Der Raum R gestattet dann und nur dann eine in bezug auf f freie endliche Überdeckung einer Ordnung $\leqq \lambda + 1$ mit abgeschlossenen Mengen, wenn er eine in bezug auf f freie Abbildung auf einen höchstens λ-dimensionalen Raum gestattet.*

---

[22]) C. Kuratowski, *Sur un théorème fondamental concernant le nerf d'un système d'ensembles*, Fund. Math. XX (1933), S. 191. Man vgl. auch A.-H., S. 366—368.

[23]) Der Nerv N wird als euklidisches Polyeder realisiert gedacht.

18. Als Spezialfall des Satzes IIc heben wir hervor:

Korollar IV. *Ist $n \geqq 2$ und φ eine Abbildung der Sphäre S^n auf einen eindimensionalen Raum, so ist φ nicht frei; insbesondere gibt es ein antipodisches Punktepaar $\{x, y\}$ von S^n mit $\varphi(x)=\varphi(y)$.*

§ 3.

19. ***Satz III.*** *Dafür, daß das lokal zusammenhängende Kontinuum K multikohärent sei, ist jede einzelne der folgenden drei Bedingungen* (a), (b), (c) *sowohl notwendig als auch hinreichend:*

(a) *K gestattet eine freie endliche Überdeckung der Ordnung 2 mit abgeschlossenen Mengen;*
(b) *K gestattet eine freie Überdeckung mit drei abgeschlossenen Mengen;*
(c) *K gestattet eine freie Abbildung auf eine eindimensionale Menge.*

Beweis. Daß jede der drei Bedingungen für die Multikohärenz hinreichend ist, ist der Inhalt der Sätze IIa, b, c. Die Notwendigkeit werden wir aus dem folgenden Satz von K. Borsuk[24]) schließen können:

Satz B. *Jedes multikohärente lokal zusammenhängende Kontinuum K enthält eine einfach geschlossene Linie L, die ein Retrakt*[25]) *von K ist.*

Wir verstehen nun unter φ eine Abbildung, welche K auf L retrahiert, unter α die antipodische Abbildung von L auf sich — „antipodisch" in dem Sinn, daß man L als Kreislinie auffaßt — und unter f die Abbildung $f=\alpha\varphi$ von K in sich. Dann ist für jeden Punkt x von K

$$\varphi f(x) = \varphi\alpha\varphi(x) = \alpha\varphi(x) \neq \varphi(x),$$

also ist die Abbildung φ frei; K besitzt somit die Eigenschaft (c). Ferner verstehen wir unter F_1', F_2', F_3' drei abgeschlossene Teilmengen von L, die entstehen, wenn man L — wieder bei Auffas-

---

[24]) K. Borsuk, *Quelques théorèmes sur les ensembles unicohérents*, Fund. Math. XVII (1931), S. 171 (besonders Nr. 30).

[25]) D. h.: es gibt eine solche Abbildung φ von K auf L, daß $\varphi(x)=x$ für jeden Punkt x von L ist; φ heißt eine *retrahierende* Abbildung. Cf. K. Borsuk, *Sur les rétractes*, Fund. Math. XVII (1931), S. 152.

sung von L als Kreislinie — in drei gleichlange Bögen einteilt, und unter F_i die Mengen $F_i = \varphi^{-1}(F'_i)$, $i = 1, 2, 3$. Die drei abgeschlossenen Mengen F_i bilden eine Überdeckung der Ordnung 2 von K; diese Überdeckung ist frei; denn es ist $f(F_i) = \alpha(F'_i) \subset L$, also $f(F_i) = L \cdot f(F_i)$ und $F_i \cdot f(F_i) = L \cdot F_i \cdot f(F_i) = F'_i \cdot f(F_i) = F'_i \cdot \alpha(F'_i) = 0$. Folglich besitzt K auch die Eigenschaften (a) und (b).

20. In den Sätzen II a, b, c haben wir von dem betrachteten Kontinuum U zweierlei vorausgesetzt: 1° *den lokalen Zusammenhang*, 2° *die Unikohärenz*. Der Satz III lehrt, daß die Voraussetzung 2° für die Gültigkeit der Sätze II a, b, c unentbehrlich ist. Man wird fragen: Kann man, bei Beibehaltung der Voraussetzung 2°, auf die Voraussetzung 1° verzichten? Diese Frage ist zu verneinen, wie das folgende Beispiel[26]) zeigt: U sei das ebene Kontinuum, das aus einer Kreislinie K und aus einer Linie besteht, die in einem Punkt des Außengebietes von K beginnt und sich asymptotisch in Form einer Spirale dem Kreis K nähert; dieses Kontinuum U ist unikohärent, aber nicht lokal zusammenhängend; es besitzt, wie man leicht bestätigt, die Eigenschaften (a), (b), (c) aus dem Satz III; die Behauptungen der Sätze II a, b, c treffen also für dieses unikohärente Kontinuum U nicht zu.

Jedoch ist es zweckmäßig, unsere Frage anders zu wenden. Für lokal zusammenhängende Kontinuen ist ja die Unikohärenz gleichbedeutend mit dem Verschwinden der ersten Bettischen Zahl[4]), und man darf daher in den Sätzen II a, b, c die obige Voraussetzung 2° auch so formulieren: 2′ *die erste Bettische Zahl von U ist* 0. Jetzt lautet die Frage: *Bleiben die Sätze II a, b, c gültig, wenn man nur die Voraussetzung 2′ macht, auf die Voraussetzung 1° aber verzichtet?*

Die Antwort hierauf ist mir nicht bekannt[26a]). Falls die Frage für den Satz IIa zu bejahen wäre, so würde man — analog wie das Korollar I in Nr. 15 — den folgenden Fixpunktsatz erhalten: Bei jeder Abbildung eines eindimensionalen Kontinuums, dessen erste Bettische Zahl 0 ist, in sich existiert ein Fixpunkt.

Soviel ich weiß, ist die Gültigkeit dieses Satzes bis jetzt — sogar für *ebene* Kontinuen — unentschieden.

§ 4.

21. Dieser Paragraph handelt von einigen Fragen, welche die n-dimensionalen Sphären betreffen und durch die im Vorstehenden bewiesenen Sätze angeregt sind.

Wir knüpfen an den Satz A''_2 (Nr. 2) und das Korollar III (Nr. 16), das ihn verallgemeinert, an und fragen: *wie groß ist bei gegebenem n die kleinste Zahl ν, für welche eine freie Überdeckung der Sphäre S^n mit ν abgeschlossenen Mengen existiert?*

Diese Minimalzahl heiße $\nu(n)$.

---

[26]) Cf. K. Borsuk, l. c.[24]), Nr. 36.

[26a]) Für den Satz IIb ist die Frage inzwischen durch Herrn S. Eilenberg, S. 58 dieses Bandes, bejaht worden.

Erstens ist gewiß

(1) $\nu(n) \leqq n+2$ *für* $n=0, 1, 2, \ldots$ ad inf.;

denn projiziert man die $n+2$ $(n-1)$-dimensionalen Seiten eines regulären $(n+1)$-dimensionalen Simplexes, das der S^n einbeschrieben ist, vom Mittelpunkt aus auf die S^n, so erhält man eine Überdeckung der S^n mit $n+2$ abgeschlossenen Mengen, welche frei in bezug auf die antipodische Abbildung der S^n ist.

Zweitens wissen wir: *es ist*

(2) $\nu(n) = n+2$ *für* $n=0, 1, 2$;

denn für $n=1$ und $n=2$ folgt (2) aus den Sätzen A_1^* (Nr. 1) und A_2'' (Nr. 2), und auch für $n=0$ ist (2) offenbar richtig.

Wir behaupten nun, daß im Gegensatz zu (2)

(3) $\nu(n) \leqq n+1$ *für* $n=3, 4, \ldots$

ist, daß es also für jedes $n \geqq 3$ *eine freie Überdeckung der* S^n *mit* $n+1$ *abgeschlossenen Mengen gibt.*

Beweis. Die S^n sei durch $\sum_{i=0}^{n} x_i^2 = 1$ gegeben; die folgenden Gleichungen definieren für $n \geqq 3$ eine Abbildung f von S^n auf sich:

(f) $$x_0' = +x_2 \qquad x_1' = -x_3 \qquad x_2' = -x_0 \qquad x_3' = +x_1$$
$$x_k' = -x_k \qquad \text{für } k=4, \ldots, n \text{ (falls } n \geqq 4).$$

Ferner bestimmen die folgenden Formeln eine Abbildung ψ der S^n in einen euklidischen Raum R^n, in dem $y_1, y_2, \ldots, y_n$ rechtwinklige Koordinaten sind:

(ψ) $$y_1 = 2(x_0 x_2 + x_1 x_3) \qquad y_2 = 2(x_1 x_2 - x_0 x_3) \qquad y_3 = x_0^2 + x_1^2 - x_2^2 - x_3^2$$
$$y_k = x_k \qquad \text{für } k=4, \ldots, n \text{ (falls } n \geqq 4).$$

Dann ist

(4) $$y_1^2 + y_2^2 + y_3^2 + \ldots + y_n^2 = (x_0^2 + x_1^2 + x_2^2 + x_3^2)^2 + x_4^2 + \ldots + x_n^2;$$

folglich gehört der Nullpunkt o des R^n nicht zu dem Bilde $\psi(S^n)$. Ferner ist

(5) $$\psi f(x) = -\psi(x)$$

für jeden Punkt x von S^n; dabei bezeichnen wir, wenn y ein Punkt des R^n ist, mit $-y$ den Punkt, der aus y durch Spiegelung an o hervorgeht.

Nun sei Y^n ein n-dimensionales Simplex des R^n, das o im Inneren enthält, und für jeden von o verschiedenen Punkt y des R^n sei $\pi(y)$ der Schnittpunkt des Strahles $\overrightarrow{oy}$ mit dem Rande $\dot{Y}^n$ von Y^n. Dann ist, da o nicht zu $\psi(S^n)$ gehört, $\varphi = \pi\psi$ eine eindeutige und stetige Abbildung von S^n auf $\dot{Y}^n$. Die $(n-1)$-dimensionalen Seiten von Y^n seien $Y_1, Y_2, \ldots, Y_{n+1}$; wir setzen $X_i = \varphi^{-1}(Y_i)$ für $i = 1, 2, \ldots, n+1$; dann bilden die $n+1$ abgeschlossenen Mengen X_i eine Überdeckung von S^n. Sie ist frei; denn aus (5) ist ersichtlich, daß die Punkte $\varphi(x)$ und $\varphi f(x)$ niemals derselben Menge Y_i, also die Punkte x und $f(x)$ niemals derselben Menge X_i angehören. Damit ist (3) bewiesen.

Aus dem Korollar III (Nr. 16) folgt ferner

(6) $$\nu(n) \geqq 4 \qquad \textit{für} \quad n \geqq 2.$$

Aus (3) und (6) ergibt sich speziell

$$\nu(3) = 4.$$

Dagegen bleibt für beliebiges n die Frage, wie groß $\nu(n)$ *ist, offen.* Bereits für $n = 4$ wissen wir — aus (3) und (6) — nur, daß $\nu(4)$ entweder gleich 4 oder gleich 5 ist.

22. Die in Nr. 21 konstruierte Abbildung φ der Sphäre S^n, $n \geqq 3$, auf den $(n-1)$-dimensionalen Rand des Simplexes Y^n ist, wie aus (5) folgt, frei in bezug auf f. Andererseits gilt das Korollar IV (Nr. 18), und außerdem ist eine Abbildung φ der Kreislinie S^1 auf einen nulldimensionalen Raum niemals frei, da das Bild $\varphi(S^1)$ nur aus einem Punkt besteht. Somit sehen wir:

Für jede Dimensionszahl $n \geqq 3$, *jedoch nicht für* $n \leqq 2$, *existieren freie Abbildungen der Sphäre* S^n, *welche die Dimension erniedrigen.*

Die folgende Frage erhebt sich: *Wie stark kann man die Dimension der Sphäre* S^n *durch eine freie Abbildung erniedrigen?*

23. Wir werden hier nicht auf diese allgemeine Frage, sondern nur auf ihren Spezialfall eingehen, der sich bei Beschränkung auf *antipodenfreie* Abbildungen der S^n ergibt, d. h. solche Abbildungen φ, daß $\varphi(x) \neq \varphi(y)$ für jedes Antipodenpaar $\{x, y\}$ ist. *Für jedes n bezeichne* $\lambda(n)$ *die kleinste Zahl* λ *mit folgender Eigenschaft:* S^n *läßt* *sich antipodenfrei auf eine λ-dimensionale Menge abbilden.* Dann wissen wir (vgl. Nr. 22):

(7) $$\lambda(n) = n \qquad \textit{für} \quad n = 0, 1, 2;$$

jedoch ist, wie wir sehen werden,

(7′) $$\lambda(n) \leqq n - 1 \qquad \textit{für} \quad n = 3, 4, \ldots.$$

Wir behaupten aber mehr als (7′), nämlich:

(8a) $$\lambda(n) = \frac{n+1}{2} \qquad \textit{für ungerades } n,$$

(8b) $$\lambda(n) = \frac{n}{2} \quad \textit{oder} \quad = \frac{n+2}{2} \qquad \textit{für gerades } n.$$

Gemäß (7) trifft in (8b) für $n=0$ die erste, für $n=2$ die zweite der beiden Möglichkeiten zu; *für jedes gerade $n \geqq 4$ bleibt die Frage unbeantwortet, ob $\lambda(n) = \frac{n}{2}$ oder $\lambda(n) = \frac{n+2}{2}$ ist.*

Die Behauptungen (8a) und (8b) werden in Nr. 24 bewiesen werden. Jetzt sei auf eine zweite Deutung der Zahl $\lambda(n)$ hingewiesen, die sich unmittelbar aus dem Zusatz zum Hilfssatz 3 (Nr. 17) ergibt:

Jede endliche Überdeckung der S^n mit abgeschlossenen Mengen, von denen keine ein Antipodenpaar enthält, hat eine Ordnung $\geqq \lambda(n)+1$, und andererseits gibt es derartige Überdeckungen, deren Ordnung gleich $\lambda(n)+1$ ist.

Man kann dies auch durch die Urysohnschen Konstanten d_k (vgl. Nr. 14) und den Durchmesser δ der S^n ausdrücken: es ist

(9a) $$d_k(S^n) = \delta(S^n) \qquad \text{für} \quad k \leqq \lambda(n),$$

(9b) $$d_k(S^n) < \delta(S^n) \qquad \text{für} \quad k > \lambda(n).$$

In (9a), (9b), (7), (7′) ist insbesondere enthalten:

$$d_n(S^n) = \delta(S^n) \qquad \text{für} \quad n=1 \text{ und } n=2,$$
$$d_n(S^n) < \delta(S^n) \qquad \text{für} \quad n=3, 4, \ldots .$$

24. Beweis von (8a) und (8b). Es gibt eine antipodenfreie Abbildung der S^n auf eine $\lambda(n)$-dimensionale Menge; diese Menge darf man nach dem Menger-Nöbelingschen Einbettungssatz[27]) als Teilmenge des euklidischen Raumes der Dimension $2\lambda(n)+1$ annehmen. Nun gilt aber der folgende Satz von Borsuk-Ulam[28]):

Satz C_n. Die Sphäre S^n gestattet keine antipodenfreie Abbildung in den n-dimensionalen euklidischen Raum R^n.

Folglich ist $2\lambda(n)+1>n$, das heißt:

(10) $$\lambda(n) \geqq \frac{n}{2}.$$

Um (8a) und (8b) zu beweisen, haben wir daher nur zu zeigen:

$$\lambda(n) \leqq \frac{n+1}{2} \qquad \text{für ungerades } n,$$

$$\lambda(n) \leqq \frac{n+2}{2} \qquad \text{für gerades } n;$$

wir haben also antipodenfreie Abbildungen der S^n auf Mengen der Dimensionen $\frac{n+1}{2}$ bezw. $\frac{n+2}{2}$ zu konstruieren.

Wir geben eine solche Konstruktion zunächst für die ungeraden n an, und zwar der Reihe nach für $n=1, 3, 5, \ldots$. Zum Zwecke der Induktion verschärfen wir unsere Aufgabe zu der folgenden: die S^n soll antipodenfrei auf ein $\frac{n+1}{2}$-dimensionales Polyeder abgebildet werden, welches *sternförmig* ist, d. h. welches eine solche Simplizialzerlegung besitzt, daß in ihr alle Grundsimplexe einen gemeinsamen Eckpunkt haben. In einem sternförmigen Polyeder P ist offenbar jede Punktmenge stetig auf einen Punkt zusammenziehbar; hieraus folgt in bekannter Weise: jede Abbildung der Randsphäre eines Elementes E in P läßt sich zu einer Abbildung von E in P erweitern[29]).

P^1 sei ein Polygon, das aus drei Strecken $|a' b_1'|$, $|a' b_2'|$, $|a' b_3'|$ mit dem gemeinsamen Eckpunkt a' besteht. Auf einer Kreislinie S^1 seien a_1, a_2, a_3 drei Punkte, die S^1 in gleichlange Bögen zerlegen, und b_1, b_2, b_3 die Mittelpunkte dieser Bögen. Wir definieren eine Abbildung φ von S^1 auf P^1, indem wir festsetzen: $\varphi(a_i)=a'$ für $i=1, 2, 3$; $\varphi(b_k)=b_k'$ für $k=1, 2, 3$; jeder der sechs Bögen $b_k a_i$ (wobei b_k und a_i benachbarte unter den sechs Punkten sind) wird proportional auf die Strecke $|b_k' a'|$ abgebildet. Diese Abbildung φ ist offenbar antipodenfrei.

---

[27]) Cf. z. B. A.-H., S. 369.

[28]) K. Borsuk, wie unter [1]), sowie A.-H., wie unter [1]).

[29]) Cf. z. B. A.-H., S. 502, Hilfssatz II. Unter einem *Element* verstehen wir das topologische Bild eines euklidischen Simplexes.

Es sei jetzt bereits eine antipodenfreie Abbildung φ der Sphäre S^{n-2} auf ein sternförmiges Polyeder $P^{\frac{n-1}{2}}$ bekannt; eine antipodenfreie Abbildung der S^n auf ein sternförmiges Polyeder $P^{\frac{n+1}{2}}$ soll konstruiert werden. Die S^n sei durch $\sum_{i=1}^{n+1} x_i^2 = 1$ gegeben; durch $x_1 = x_2 = 0$ wird auf S^n eine Sphäre S^{n-2} bestimmt; diese sei durch φ antipodenfrei auf $P^{\frac{n-1}{2}}$ abgebildet, wobei $P^{\frac{n-1}{2}}$ sternförmig ist. Setzen wir $x_1 = r\cos\alpha$, $x_2 = r\sin\alpha$, so bilden die Punkte der S^n, für welche α einen festen Wert hat, eine $(n-1)$-dimensionale Halbkugel, die von S^{n-2} berandet wird. Entsprechend unserer obigen Bemerkung über die Erweiterbarkeit von Abbildungen kann man die auf S^{n-2} gegebene Abbildung φ zu einer Abbildung jeder derartigen Halbkugel auf $P^{\frac{n-1}{2}}$ erweitern; wir tun dies für die drei Halbkugeln, die zu den Werten $\alpha = i\cdot\frac{2\pi}{3}$, $i=0, 1, 2$, gehören. Auf der Vereinigungsmenge H dieser drei (abgeschlossenen) Halbkugeln gibt es keine anderen Antipodenpaare der S^n als diejenigen, die auf S^{n-2} liegen; folglich ist die Abbildung π von H auf $P^{\frac{n-1}{2}}$ antipodenfrei.

S^n wird durch H in die drei Gebiete G_k zerlegt, die durch

$$\left(k-\frac{1}{2}\right)\cdot\frac{2\pi}{3} < \alpha < \left(k+\frac{1}{2}\right)\cdot\frac{2\pi}{3}, \qquad k = 1, 2, 3,$$

bestimmt sind. Man bestätigt leicht die folgenden beiden Eigenschaften der G_k: erstens gehört der Antipode eines Punktes x von G_k immer zu $S^n - \overline{G}_k$ (wobei $\overline{G}_k$ die abgeschlossene Hülle von G_k ist); zweitens: ist $x \in G_k$, $y \in \overline{G}_k - G_k$, so liegt der Großkreisbogen, der x mit y verbindet und $<\pi$ ist, mit Ausnahme seines Endpunktes y ganz in G_k.

Nun konstruieren wir ein Polyeder $P^{\frac{n+1}{2}}$, indem wir mit drei Punkten b_1', b_2', b_3' als Spitzen drei Kegel $P_1^{\frac{n+1}{2}}, P_2^{\frac{n+1}{2}}, P_3^{\frac{n+1}{2}}$ über $P^{\frac{n-1}{2}}$ errichten, von denen je zwei außer den Punkten von $P^{\frac{n-1}{2}}$ keinen Punkt gemeinsam haben, und $P_1^{\frac{n+1}{2}} + P_2^{\frac{n+1}{2}} + P_3^{\frac{n+1}{2}} = P^{\frac{n+1}{2}}$ setzen. Aus der Sternförmigkeit von $P^{\frac{n-1}{2}}$ folgt, daß auch $P^{\frac{n+1}{2}}$ sternförmig ist.

Jetzt definieren wir die Abbildung φ von S^n auf $P^{\frac{n+1}{2}}$: die Abbildung φ von H auf den Teil $P^{\frac{n-1}{2}}$ von $P^{\frac{n+1}{2}}$ ist bereits erklärt, in jedem der drei Gebiete G_k wählen wir einen Punkt b_k und setzen $\varphi(b_k) = b_k'$; und schließlich bestimmen wir: ist q ein Punkt der Begrenzung von G_q (also $q \in H$), so soll der Großkreisbogen, der b_k mit q verbindet und $<\pi$ ist, durch φ proportional auf die Strecke

$|b' \varphi(q)|$ abgebildet werden. Daß φ hiermit eindeutig und stetig definiert ist, folgt aus der zweiten der oben ausgesprochenen Eigenschaften der G_k. Aus der ersten dieser Eigenschaften ergibt sich die Antipodenfreiheit von φ: denn ist etwa $x \in G_1$, so besagt diese Eigenschaft, daß der Antipode von x zu $S^n - G_1$ gehört; es ist aber $\varphi(G_1) = P_1^{\frac{n+1}{2}} - P^{\frac{n-1}{2}} = P^{\frac{n+1}{2}} - (P_2^{\frac{n+1}{2}} + P_3^{\frac{n+1}{2}})$ und $\varphi(S^n - G_1) = = P_2^{\frac{n+1}{2}} + P_3^{\frac{n+1}{2}}$.

Damit ist unsere Aufgabe für alle ungeraden n gelöst. Nun sei n gerade. c_1, c_2 seien zwei antipodische Punkte von S^n, und S^{n-1} sei die zu ihnen gehörige Äquatorsphäre. Da $n-1$ ungerade ist, existiert eine antipodenfreie Abbildung φ von S^{n-1} auf ein Polyeder $P^{\frac{n}{2}}$. Wir konstruieren ein Polyeder $P^{\frac{n+2}{2}}$, indem wir über $P^{\frac{n}{2}}$ zwei solche Kegel $P_1^{\frac{n+2}{2}}$ und $P_2^{\frac{n+2}{2}}$ mit Spitzen c_1', c_2' errichten, daß sie außer den Punkten von $P^{\frac{n}{2}}$ keinen Punkt gemeinsam haben. Dann sei $\varphi(c_1) = c_1'$, $\varphi(c_2) = c_2'$, und für jeden Großkreisbogen (der Länge $\pi/2$), der c_i mit einem Punkt q von S^{n-1} verbindet, sei φ die proportionale Abbildung auf die Strecke $|c_i' \varphi(q)|$. Dann ist φ eine antipodenfreie Abbildung von S^n auf $P^{\frac{n+2}{2}} = P_1^{\frac{n+2}{2}} + P_2^{\frac{n+2}{2}}$.

25. Analog der Verallgemeinerung des Satzes A_1 durch den Satz A_1^* (Nr. 1) gibt es auch von dem Satz C_1 (Nr. 24) eine starke Verallgemeinerung, die zugleich ein — nahezu triviales — Gegenstück zu unserem Satz IIc (Nr. 3) ist:

Satz C_1^*. *Ein kompakter und zusammenhängender topologischer Raum R gestattet niemals eine freie Abbildung in die Gerade R^1.*

Beweis. Eine Abbildung φ von R in R^1 kann man als reelle stetige Funktion auffassen. Sie besitzt, da R kompakt ist, ein Maximum und ein Minimum, das sie in den Punkten a bezw. b von R erreichen möge. Ist f irgend eine Abbildung von R in sich, so ist $\varphi(a) \geqq \varphi f(a)$, $\varphi(b) \leqq \varphi f(b)$. Dann folgt aus der Stetigkeit von φ und f sowie aus dem Zusammenhang von R: es gibt einen Punkt c von R, in dem $\varphi(c) = \varphi f(c)$ ist.

Man wird nun — analog unserer Fragestellung in Nr. 1 — auch hier fragen, ob der Satz C_1^* in irgend einer Form auf die Dimensionszahlen $n > 1$ übertragen werden kann, und insbesondere, ob der Satz C_n (Nr. 24) auch für $n > 1$ gültig bleibt, wenn man in ihm den Begriff der *Antipodenfreiheit* durch den allgemeineren der *Freiheit* einer Abbildung ersetzt. In der Tat ist eine solche Vermutung oder Behauptung gelegentlich ausgesprochen worden [30]); sie ist aber falsch; denn die Abbildung ψ, die wir in Nr. 21 angegeben haben, ist für jedes $n \geqq 3$ eine freie Abbildung der S^n in den euklidischen Raum R^n. Diese Konstruktion versagt zwar für $n=2$, und daher lassen die Ergebnisse dieser Arbeit die Frage offen, ob man die Kugelfläche S^2 frei in die Ebene R^2 abbilden kann. Jedoch ist auch diese Frage zu bejahen; Fräulein E. Pannwitz hat mir ein Beispiel einer solchen freien Abbildung mitgeteilt. *Somit darf man zwar für* $n=1$, *jedoch für keine einzige Dimensionszahl* $n \geqq 2$, *in dem Satz* C_n *das Wort „antipodenfrei" durch „frei" ersetzen.*

Auch hier bleiben manche Fragen unbeantwortet; zum Beispiel: *Für welche Zahlen* μ *kann man die Sphäre* S^n *frei in den euklidischen Raum* R^μ *abbilden?* Ich weiß nicht einmal, ob es Sphären S^n gibt, die sich nicht frei in die Ebene R^2 abbilden lassen.

[30]) M. H. A. Newman, *On Abelian continuous groups*, Proc. Cambridge Philos. Soc. XXVII (1931), S. 387, Theorem 5.

29.

Quelques problèmes de la théorie des représentations continues

L'Enseignement Math. **35** (1937), 334–347

1. — Comme but des recherches topologiques on assigne souvent l'étude d'une certaine classe de propriétés concernant *la forme et la position des figures géométriques*, propriétés qui sont invariantes pour les représentations topologiques, c'est-à-dire biunivoques et continues dans les deux sens. C'est bien la définition usuelle, mais elle n'est certainement pas complète. Car ce sont non seulement les propriétés des figures géométriques qui doivent être étudiées, mais aussi les propriétés des représentations topologiques ou, plus généralement, des *représentations univoques et continues* elles-mêmes. Comme les figures, *ces représentations elles-mêmes* aussi forment un domaine important et fécond pour les recherches des topologues — il suffit de nous rappeler les conférences intéressantes que nous entendîmes dernièrement de MM. de Kerékjártó et Nielsen, ainsi que quelques travaux classiques de M. Brouwer. L'indication de cette distinction de deux parties différentes de la topologie n'entraîne heureusement pas de scission de notre science en deux branches particulières qui seraient peu liées entre elles; tout au contraire, il existe entre elles des rapports étroits: par

[1] Conférence faite le 25 octobre 1935 dans le cycle des *Conférences internationales des Sciences mathématiques* organisées par l'Université de Genève; série consacrée à *Quelques questions de Géométrie et de Topologie*.

exemple, les propriétés de toutes les représentations d'un espace P en un autre espace fixe Q — c'est-à-dire les propriétés de l'« espace (abstrait) des représentations » Q^P — sont en même temps, comme M. KURATOWSKI nous l'a rappelé, des propriétés de P même, qui donnent des renseignements importants sur la forme de P.

Je voudrais exposer ici ces rapports entre la « topologie des représentations » et la « topologie de la forme » et cela en traitant deux catégories de problèmes: une première catégorie se rapportant à la possibilité de *comparer* entre elles les formes de deux espaces [1] P et Q en considérant les représentations de P sur Q et celles de Q sur P, une seconde concernant les relations entre la forme d'un espace P et les *représentations de* P *sur lui-même* [2].

2. — Avant d'aborder le premier de ces points, celui de la comparaison de deux espaces par leurs représentations réciproques, j'introduirai une notion qui a fait ses preuves en ces matières: la représentation f de l'espace P sur l'espace Q sera dite « *essentielle* » si pour chaque modification continue de la représentation f, *tout* l'espace Q reste image de P; en d'autres termes, s'il est impossible de libérer une partie de Q du recouvrement par l'image de P, par une modification continue de la représentation f.

En faisant des hypothèses très générales sur P et Q il est possible de représenter ces espaces l'un sur l'autre d'une manière continue; mais sous quelles conditions existe-t-il une représentation *essentielle* de P sur Q ? On montre par exemple facilement que toute surface close peut être représentée essentiellement sur la surface sphérique, tandis que chaque représentation d'une surface sphérique sur une surface close et orientable de genre supérieur est non-essentielle. Ce dernier fait est un cas particulier du théorème plus général suivant: P et Q étant des variétés closes et orientables à n dimensions, une condition

---

1 Par un « espace » nous entendons toujours un espace *métrique*.

2 Par une « représentation » nous entendons toujours une représentation univoque et continue. Nous appelons f une représentation de P *en* Q si l'image f (P) est sous-ensemble de Q; si l'on a, en particulier, $f(P) = Q$, alors f sera dite une représentation de P *sur* Q.

nécessaire pour que P soit représentable essentiellement sur Q, est l'existence des relations suivantes

$$p^r \geqq q^r \,, \qquad r = 1, 2, \ldots, \ n - 1 \,,$$

où p^r et q^r désignent les r-ièmes nombres de Betti de P et Q [**13**] [1].

Ce théorème, bien entendu, est valable pour des *variétés closes de la même dimension;* les exemples suivants montreront qu'il ne peut pas, sans autre, être étendu à des paires plus générales d'espaces P et Q: une circonférence P peut évidemment être représentée essentiellement sur une lemniscate Q, bien qu'on ait $p^1 = 1$, $q^1 = 2$; il existe aussi des représentations essentielles de la sphère à trois dimensions P sur la sphère à deux dimensions Q, bien qu'on ait $p^2 = 0$, $q^2 = 1$ [**16**]. Je crois cependant qu'une loi plus générale se manifeste par le théorème précité, une loi dont le contenu exact et le domaine de validité ne sont pas encore connus, mais qui pourrait s'énoncer à peu près de la façon suivante: si l'espace P a, dans un certain sens, une structure topologique « plus simple » que l'espace Q, alors P n'est pas représentable essentiellement sur Q. Mais la détermination exacte du sens de la notion de « simplicité » qui intervient ici nous manque encore. C'est précisément ici l'un des problèmes principaux que j'ai en vue. Nous indiquerons dans la suite (n° 5, n° 7) d'autres apparitions de la même loi.

3. — Restons-en pour l'instant aux variétés closes à n dimensions P et Q; alors le fait qu'une représentation de P sur Q est essentielle équivaut au fait que le *degré* de cette représentation n'est pas nul [**23; 11**]; et l'on peut joindre au théorème susmentionné sur les représentations essentielles d'autres théorèmes sur le degré de représentation qui sont, en partie, plus précis:

M. H. Kneser a démontré la formule suivante pour $n = 2$, c'est-à-dire pour les surfaces closes, où c désigne le degré d'une représentation de P sur Q et p, q les genres de P, Q [**24**]:

$$p - 1 \geqq |c| \cdot (q - 1) \qquad (\text{pour} \quad p > 0) \,.$$

[1] Les chiffres entre crochets renvoient à la bibliographie qui se trouve à la fin de cet exposé.

D'autre part, comme il existe des représentations pour tout c satisfaisant à l'inégalité de M. Kneser, cette formule donne d'amples renseignements sur le rapport entre les propriétés de la forme de P et Q, d'une part, et les représentations possibles de l'autre.

On ne connaît pas de théorème aussi précis pour les dimensions supérieures. On connaît cependant certaines propriétés des variétés closes et orientables à n dimensions, par exemple le fait que voici: si l'on peut représenter, avec le degré 1, P sur Q, ainsi que Q sur P, alors tous les invariants d'homologie — les groupes de Betti et l'anneau d'intersection de M. Alexander — coïncident pour P et Q [**13**]. Le problème reste ouvert de savoir si deux variétés, représentables l'une sur l'autre avec le degré 1, sont aussi homéomorphes. Ce problème est d'ailleurs étroitement apparenté avec cet autre problème, posé par MM. Kuratowski et Ulam [**25**] et resté ouvert lui aussi: soient P et Q des variétés closes et supposons qu'il existe, pour chaque ε positif, une représentation f telle que l'ensemble $f^{-1}(q)$ pour chaque point q de Q ait un diamètre inférieur à ε; P et Q sont-elles alors homéomorphes ?

Le théorème indiqué plus haut, sur la possibilité des représentations réciproques avec le degré 1, mérite une attention particulière dans le cas où Q est la sphère S^n à n dimensions. On voit aisément que chaque variété (close et orientable) à n dimensions P peut être représentée sur S^n avec le degré 1; l'énoncé du théorème est alors le suivant: si l'on peut représenter S^n sur P avec le degré 1, alors P a les mêmes invariants d'homologie que la sphère S^n; et il est facile de montrer que, en plus, le groupe fondamental de P disparaît lui aussi [**11,** théor. VIII]. La fameuse hypothèse de Poincaré dit que la sphère S^n se distingue de toutes les autres variétés closes à n dimensions par le fait que le groupe fondamental ainsi que tous les r-ièmes groupes de Betti (pour $1 \leq r \leq n - 1$) disparaissent; si cette hypothèse est exacte, alors P aussi est homéomorphe à la sphère. On voit que la justesse de l'hypothèse de Poincaré entraînerait aussi celle de l'hypothèse suivante, énoncée par M. Kneser (en rapport avec certaines recherches sur l'axiomatique des variétés) [**22,** p. 10]: « La seule variété close à n dimensions sur laquelle la sphère à n dimensions peut être représentée avec le degré 1, est la sphère elle-même ». Dernièrement, M. Hurewicz a annoncé une démonstration du fait que, inversement, l'hypothèse de Poincaré découle de celle de M. Kneser, que les deux sont, par conséquent, équivalentes [**21**].

4. — Je tiens d'ailleurs à faire observer que cette remarque de M. Hurewicz doit être placée dans le cadre de ses recherches systématiques sur les représentations des sphères S^n en un espace Q: celles-ci forment le noyau de sa nouvelle théorie des « groupes d'homotopie à un nombre supérieur de dimensions » [**20**; **21**]; cette théorie semble représenter un progrès très important dans le domaine dont je parle ici. Malheureusement, je ne connais pas encore cette théorie assez à fond pour pouvoir l'exposer ici; je n'indiquerai par la suite qu'un de ses beaux théorèmes (No 8).

5. — Par contre, depuis quelques années, les représentations d'un espace P en la sphère S^n ont été employées pour examiner P lui-même et cela a donné des résultats satisfaisants dans le cas *où* P *est à* n *dimensions lui aussi.* J'ai pu montrer pour commencer que la condition nécessaire et suffisante pour qu'un *polyèdre à* n *dimensions* P puisse être représenté essentiellement sur S^n est qu'il contienne un cycle à n dimensions (d'un domaine de coefficients quelconque) différent de zéro [**14**; **15**; **2**, p. 514]. Ce théorème fut étendu par M. Alexandroff à des espaces compacts arbitraires [**1**, p. 223]. M. Freudenthal enfin a porté ces recherches à leur achèvement en démontrant le fait suivant: les propriétés d'homologie à n dimensions d'un espace compact à n dimensions P sont équivalentes aux propriétés des classes d'homotopie des représentations de P en la sphère S^n; comme M. Freudenthal l'a montré, ces classes d'homotopie peuvent en effet être conçues comme éléments d'un *groupe*, et ce groupe, d'une part, le n-ième groupe de Betti de P de l'autre, se déterminent réciproquement d'une façon univoque [**9**].

Le théorème que voici de M. Borsuk mérite aussi d'être mentionné dans cet ordre d'idées, et cela autant à cause de son intuitive simplicité qu'à cause de sa démonstration élémentaire: P étant un ensemble fermé et borné de l'espace euclidien à

$n+1$ dimensions R^{n+1}, il partage R^{n+1} et ne le partage que s'il existe une représentation essentielle de P sur S^n [**3**; **2**, p. 405] [1].

6. — Ce théorème dépasse un peu le cadre des théorèmes précités: ici la dimension de P peut être supérieure à n, à savoir égale à $n+1$ (il est vrai que cette différence s'affaiblit du fait que P se trouve dans R^{n+1}). En général, on est peu renseigné sur la signification des représentations d'un espace P, à dimension supérieure à n, sur la sphère à n dimensions; les efforts pour caractériser aussi par ces représentations les groupes de Betti inférieurs de P, sont restés jusqu'à présent sans succès.

C'est uniquement dans le cas $n = 1$ qu'on peut, dans les théorèmes précités, renoncer à l'hypothèse que P aussi est à n dimensions: j'avais démontré qu'un polyèdre de dimension *arbitraire* peut être représenté essentiellement sur la circonférence, et ne peut l'être que si son premier nombre de Betti est non nul [**16**, théor. V*a*; *2*, p. 518]. M. Borsuk a étendu ce théorème aux espaces compacts arbitraires [**4**], et en même temps M. Bruschlinsky a démontré le fait suivant: on peut déterminer le premier nombre de Betti d'un espace compact P à partir du groupe des classes des représentations de P en un cercle S^1 [**7**] — de la même manière que, d'après le théorème de M. Freudenthal, cela peut se faire pour le nombre de Betti le plus élevé de P par les représentations de P en la sphère de dimension correspondante.

Par contre, le rôle joué par les représentations d'un espace P à N dimensions sur les sphères des dimensions $n = 2, 3, \ldots, N-1$ est encore totalement obscur, même pour le cas des polyèdres. D'une part il semble, déjà pour $r = 2$, extrêmement douteux qu'on puisse représenter essentiellement sur S^r chaque polyèdre P dont le r-ième nombre de Betti est positif [2]; d'autre part il est certain que des représentations essentielles de P sur S^2 peuvent

---

1 On pourrait poser le problème de caractériser aussi des propriétés plus générales des ensembles ponctuels de l'espace R^{n+1} par des représentations sur S^n. M. Kuratowski m'a indiqué dernièrement que ce problème fut traité avec le plus grand succès par M. Eilenberg pour le cas $n = 1$: dans un mémoire à paraître prochainement M. Eilenberg construit presque toute la topologie des ensembles ponctuels plans sur la base des représentations sur la circonférence [8].

2 Une telle représentation est possible si la dimension de P n'est pas supérieure à $r+1$ [16, théor. VII].

exister, même si le deuxième nombre de Betti disparaît: cela a lieu par exemple si P est la sphère à trois dimensions S^3 [**16**].

La question de savoir si la sphère S^N peut être représentée essentiellement sur la sphère S^n pour un couple donné N, n (avec $N > n > 1$) est encore ouverte; j'ai pu y répondre pour les cas particuliers $N = 4k - 1$, $n = 2k$, $k = 1, 2, \ldots$ et cela par l'affirmative [**17**][1]. Je considère, pour ma part, la réponse générale à cette question comme une tâche des plus importantes et des plus attrayantes: non seulement en ce qui concerne la théorie, mais aussi parce que nous devrions connaître complètement et sous chaque point de vue des figures aussi simples et aussi importantes que les sphères!

7. — Nous venons de parler de la comparaison de l'espace P avec les sphères; il serait presque plus naturel de considérer comme espace de comparaison, au lieu des sphères, les figures les plus simples possibles, les *simplexes*, et si on le fait on obtient vraiment un beau succès. Modifions tout d'abord un peu la notion d'une représentation « essentielle »: la représentation f d'un espace P sur un simplexe Q sera dite « relativement essentielle » s'il est impossible de libérer des points de Q du recouvrement par l'image de P en modifiant d'une manière continue f à l'*intérieur seulement de* Q, c'est-à-dire en ne modifiant f en aucun point dont l'image tombe sur la *frontière de* Q. Or voici l'énoncé d'un théorème de M. ALEXANDROFF: La *dimension* d'un espace compact P est le plus grand nombre n tel que P puisse être représenté relativement-essentiellement sur un simplexe à n dimensions [**1**; **2**, p. 373; **19**].

Par ce théorème aussi intuitif qu'important, je terminerai la partie de ma conférence traitant de la comparaison de deux espaces à l'aide de leurs représentations réciproques.

8. — Je parlerai maintenant des représentations d'un espace en lui-même. Déjà en considérant les *surfaces* finies, on remarque une relation entre ces représentations et la forme des surfaces: P étant une surface *close*, il est — d'après un théorème connu sur le degré de représentation — impossible de la *déformer*, d'une

[1] M. PONTRJAGIN a récemment répondu par la négative à cette question pour chaque $N = n + 2 > 4$. (Communication de M. LEFSCHETZ au Congrès intern. des Math., Oslo, sept. 1936.)

façon univoque et continue, en une de ses propres parties; par contre cela est possible si P admet une frontière. La propriété par laquelle se caractérisent ici les surfaces closes s'énonce sous la forme générale suivante: l'espace P sera dit « *clos* dans le sens de l'homotopie » ou encore « essentiel sur lui-même » si l'identité — c'est-à-dire la représentation avec $f(x) = x$ pour chaque point x de P — est une représentation essentielle.

Cette propriété d'être « clos » me semble une notion assez immédiate et naturelle. Si l'on considère par exemple un polyèdre P, alors se pose le problème de décider à partir des propriétés combinatoires de P, si P est « clos » dans ce sens ou ne l'est pas; mais ce problème n'est pas résolu, pas même pour les polyèdres; en particulier, il ne semble pas exister des relations simples entre le groupe fondamental et les groupes de Betti d'une part, et le fait d'être clos au sens de l'homotopie d'autre part [**18; 2,** p. 518 et suiv.].

Cependant, M. Hurewicz a résolu un problème très voisin, à savoir: quels sont les polyèdres qui peuvent être réduits *à un seul point* par une déformation univoque et continue ? La réponse est la suivante: une telle réduction du polyèdre connexe P est possible et ne l'est que si tous les r-ièmes groupes de Betti pour $r \geqq 1$ ainsi que le groupe fondamental de P disparaissent, c'est-à-dire si P coïncide par les invariants classiques de Poincaré avec un simplexe [**21**]. C'est un théorème surprenant qui jette une vive lumière sur la valeur des invariants classiques et aussi sur celle de la nouvelle théorie de l'homotopie de M. Hurewicz !

Mlle Pannwitz et moi avons considéré avec succès une autre modification du problème non résolu de caractériser la propriété d'être clos: nous appelons un espace « *labile* » si des *déformations arbitrairement petites* suffisent pour le transformer en une de ses propres parties; un espace labile n'est donc, *a fortiori*, pas clos au sens de l'homotopie. Or, la labilité d'un polyèdre P qui est partout à n dimensions peut être caractérisée par une propriété purement combinatoire, à savoir par l'existence d'une « frontière » de P — où la notion de frontière employée ici appartient entièrement au domaine classique des notions sur lesquelles repose la théorie de l'homologie. Mais je ne voudrais pas insister ici sur la définition exacte de cette notion [**18; 2,** pp. 285 et 524].

Il est amusant et instructif de construire des exemples pour ces théorèmes; il existe notamment des polyèdres à deux dimensions qui peuvent être réduits à un point et qui sont labiles bien qu'ils ne possèdent pas d'arête libre, c'est-à-dire bien que, dans leurs décompositions en simplexes, chaque arête appartienne au moins à deux triangles [**18**].

9. — Parmi les propriétés des représentations d'un espace en lui-même, c'est l'existence ou la non-existence des *points fixes* qui a toujours retenu spécialement l'attention. Dans le cadre de notre mise en problèmes nous demanderons: quelles sont les propriétés de la forme d'un espace P qui permettent de décider si P peut ou non être transformé en lui-même sans points fixes ? La circonférence est un tel espace, tandis que les simplexes contiennent, d'après le célèbre théorème de M. Brouwer, des points fixes pour toute représentation en eux-mêmes. De quelle façon pourrait-on généraliser cette différence entre une circonférence et un simplexe ? Est-ce qu'un certain aspect « cyclique » d'une figure pourrait être caractéristique du fait qu'elle peut être transformée en elle-même sans points fixes ? On a quelques connaissances sur ce sujet mais, malheureusement, elles ne sont pas bien nombreuses.

La formule sur les points fixes de M. Lefschetz [**26**] est valable, comme je l'ai montré [**12; 2,** p. 524], non seulement pour des variétés mais aussi pour des polyèdres arbitraires; de cette formule découle le fait que le théorème précité de M. Brouwer sur les points fixes des simplexes se laisse étendre à tous les polyèdres qui ont les mêmes nombres de Betti que les simplexes, qui sont, de ce fait, connexes et dont tous les nombres de Betti de dimension positive disparaissent [**2,** p. 532]. M. Lefschetz a montré, en outre, que ce théorème conserve sa validité si l'on remplace les polyèdres par les espaces compacts qui sont « localement connexes au sens de M. Alexander » [**27,** pp. 90 et 359]. La condition suivante est donc nécessaire pour l'existence de représentations en eux-mêmes sans points fixes de ces espaces assez généraux: pour un certain $r \geqq 1$ le r-ième nombre de Betti est différent de zéro.

Un exemple, découvert par M. Borsuk, montrera qu'on n'ose

pas renoncer à l'hypothèse précitée de la connexité locale: il existe un continu dont tous les r-ièmes nombres de Betti pour $r = 1, 2, \ldots$ disparaissent et qui peut cependant être transformé en lui-même sans point fixe [**5**]. D'ailleurs, ce continu se trouve bien dans l'espace à trois dimensions mais pas dans le plan et il est douteux qu'un tel exemple existe déjà dans le plan; en d'autres termes, nous ne savons pas — et cette ignorance est remarquable ! — si l'affirmation suivante est exacte: P étant un continu plan ne décomposant pas le plan et f une représentation quelconque de P en lui-même, alors f possède un point fixe.

La condition qu'un nombre de Betti de dimension positive est différent de zéro n'est *pas suffisante* pour l'existence de représentations sans points fixes: par exemple, la variété à quatre dimensions des points complexes du plan projectif possède, pour toute représentation en elle-même un point fixe, bien que son deuxième et quatrième nombre de Betti soient égaux à un [**13**]. C'est pour cette raison que les faits suivants, établis par M. Borsuk, sont très remarquables: tout polyèdre — et même, plus généralement, tout espace compact et localement connexe — dont le *premier* nombre de Betti ne s'annule pas peut être représenté en lui-même sans point fixe [**4**]; et la même affirmation est vraie aussi pour les polyèdres qui sont *situés dans l'espace euclidien à trois dimensions* et dont le *deuxième* nombre de Betti est différent de zéro [**6**]. Mais si nous considérons des polyèdres arbitraires, alors on ne connaît pas de critère nécessaire et suffisant pour l'existence de représentations sans points fixes et cela même pas si l'on se restreint aux variétés closes.

10. — On obtient cependant de meilleurs résultats si l'on ne considère pas des représentations arbitraires de P en lui-même, mais — comme dans le problème de la propriété d'être « clos » indiqué plus haut — des « petites transformations », c'est-à-dire des représentations où les distances entre le point et le point-image sont petites. En premier lieu, on déduit de la formule généralisée de M. Lefschetz que nous venons d'employer, que seuls les polyèdres à *caractéristique eulérienne* nulle admettent des transformations arbitrairement petites sans point fixe

[**2**, p. 532]. Dans le cas des *variétés closes* la réciproque de cette affirmation est aussi vraie, le théorème suivant est donc valable: Une variété close admet et n'admet de transformation arbitrairement petite en elle-même sans point fixe que si sa caractéristique eulérienne est nulle [**10**; **2**, p. 552]. On sait que cette condition est satisfaite pour toute variété de dimension impaire, tandis que parmi les variétés de dimension paire il n'y en a que quelques-unes qui la remplissent.

Dans une variété (dérivable [1]) la notion de « petite transformation sans point fixe » coïncide au fond avec la notion de « champ de directions »; nous pouvons donc énoncer pour les champs de directions le théorème formulé plus haut pour les petites transformations. On obtient alors une généralisation de théorèmes connus de POINCARÉ et de M. BROUWER sur des surfaces et des sphères à n dimensions.

11. — Le théorème sur l'existence de petites transformations sans point fixe joue un certain rôle dans les recherches sur les *variétés de groupes:* un espace de groupe admettant des transformations infinitésimales sans points fixes, sa caractéristique est de ce fait nécessairement nulle. La question de savoir quels espaces sont des espaces de groupes appartient en principe au cercle des problèmes que nous traitons ici; car, pour un espace, le fait de représenter un groupe est une propriété des transformations de l'espace sur lui-même, et seuls certains espaces la possèdent. Cependant, la théorie que nous exposa M. CARTAN dans sa conférence ne peut être appelée une théorie « topologique »; elle emploie en effet des moyens beaucoup plus difficiles et beaucoup plus profonds que ceux dont il a fallu se servir pour les problèmes dont j'ai parlé. La démonstration, par exemple, du théorème que, parmi toutes les sphères, seules celles de dimensions 1 et 3 sont des espaces de groupes, exige presque tout l'appareil moderne des théories de MM. CARTAN et WEYL. Ce serait une tâche extrêmement attrayante que de déduire le même fait par des moyens « élémentaires », c'est-à-dire purement topologiques. Nous sommes encore très loin de la résolution de

[1] Dès ici, les variétés que nous considérons doivent satisfaire à certaines conditions de dérivabilité que nous ne voulons d'ailleurs pas préciser.

ce problème; je voudrais cependant indiquer ici quelques nouveaux résultats de M. STIEFEL qui nous rapprochent, peut-être, de la solution de problèmes de cet ordre [**28, 29**].

On voit aisément qu'une variété de groupes à n dimensions admet non seulement *un* champ continu de directions, mais n champs de ce genre qui sont, en chaque point, linéairement indépendants; cette circonstance est équivalente au fait suivant: la variété est « *parallélisable* », c'est-à-dire que l'on peut introduire un « parallélisme » des directions, qui satisfait aux exigences naturelles imposées à une telle notion. La question subsiste de savoir si la possibilité de ce parallélisme découle déjà de l'existence d'un unique champ de directions, c'est-à-dire de la disparition de la caractéristique. M. STIEFEL a découvert le fait très surprenant que chaque variété orientable à trois dimensions est parallélisable; mais il pût montrer, d'autre part, par des exemples, qu'il faut répondre par la négation à la question que je viens d'énoncer; M. Stiefel démontre en particulier — dans le cadre de théorèmes plus généraux et plus précis — le fait suivant: Parmi les espaces projectifs réels à n dimensions pour lesquels on a $n + 1 \not\equiv 0$ mod. 16, seuls les espaces des dimensions 1, 3, 7 sont parallélisables [1]. Cette même méthode n'a pas réussi jusqu'à présent en ce qui concerne le problème de la possibilité du parallélisme des sphères.

Il est donc démontré de façon purement topologique que, parmi tous les espaces projectifs, seuls ceux des dimensions $n = 1, 3, 7$ et $16k - 1$ avec $k = 1, 2, \ldots$ peuvent éventuellement être envisagés comme des espaces de groupes. La théorie de M. CARTAN décide qu'ils doivent être éliminés tous à l'exception de $n = 1$ et $n = 3$. Nous ne savons pas encore s'il existe des espaces projectifs parallélisables pour $n = 16k - 1$; l'espace projectif à sept dimensions, comme d'ailleurs aussi la sphère à sept dimensions, sont parallélisables sans être cependant espaces de groupes. On ne sait pas s'il y a, en dehors de 7, encore un autre nombre de dimensions jouissant de cette propriété.

---

[1] M. EHRESMANN m'a indiqué dernièrement qu'il a fait, lui aussi, — dans un mémoire qui sera publié prochainement — des recherches sur la possibilité du parallélisme des espaces réels projectifs et qu'il a obtenu les mêmes résultats que M. Stiefel. Sa méthode, entièrement différente de celle de M. Stiefel, n'embrasse pas non plus les nombres de dimensions $n = 16k - 1$.

Le fait que voici est facile à montrer: pour une sphère S^n ainsi que pour un espace projectif P^n la possibilité de parallélisme est équivalente à l'existence d'un ensemble $\mathfrak{F}$ de représentations topologiques de S^n ou P^n sur eux-mêmes, ensemble qui est simplement transitif pour un point (plus exactement: $\mathfrak{F}$ est un ensemble de représentations topologiques de S^n ou P^n sur eux-mêmes et jouissant de la propriété suivante: il existe un point e tel que pour chaque point x il y ait dans $\mathfrak{F}$ une et une seule représentation f_x avec $f_x(e) = x$; en plus, f_x dépend d'une manière continue de x et les f_x doivent avoir certaines propriétés de dérivabilité). L'existence d'un tel ensemble de représentations topologiques d'un espace est un affaiblissement de la propriété d'être espace de groupe; c'est même un affaiblissement considérable; la loi associative notamment ne joue pas de rôle ici. Malgré cela, les recherches sur les espaces de groupes « affaiblis » de cette façon — et peut-être encore d'autre façon — se révéleront utiles pour le maniement purement topologique des vrais espaces de groupes.

En tous cas, la question de savoir quelles sphères et quels espaces projectifs sont parallélisables me semble extrêmement intéressante. Les nombres les plus petits de dimensions pour lesquels cette question est encore ouverte, sont $n = 5$ dans le cas des sphères, $n = 15$ dans le cas des espaces projectifs. On devrait donc s'occuper notamment de S^5 et P^{15}. C'est un problème très particulier, mais je ne trouve pas qu'en mathématiques la « généralité » soit le seul critère pour la valeur d'un problème ou d'un théorème.

BIBLIOGRAPHIE

[1] P. Alexandroff, Dimensionstheorie. *Math. Ann.*, 106 (1932), p. 161-238.

[2] P. Alexandroff und H. Hopf, *Topologie*, 1. Band (Berlin, J. Springer, 1935).

[3] K. Borsuk, Über Schnitte der n-dimensionalen Euklidischen Räume. *Math. Ann.*, 106 (1932), p. 239-248.

[4] — Über die Abbildungen der metrischen kompakten Räume auf die Kreislinie. *Fund. Math.*, 20 (1933), p. 224-231.

[5] — Sur un continu acyclique qui se laisse transformer topologiquement en lui-même sans points invariants. *Fund. Math.*, 24 (1934), p. 51-58.

[6] — Contribution à la topologie des polytopes. *Fund. Math.*, 25 (1935), p. 51-58.

[7] N. Bruschlinsky, Stetige Abbildungen und Bettische Gruppen der Dimensionszahlen 1 und 3. *Math. Ann.*, 109 (1934), p. 525-537.

[8] S. Eilenberg, Transformations continues en circonférence et la topologie du plan. *Fund. Math.*, 26 (1936), p. 61-112.

[9] H. Freudenthal, Die Hopfsche Gruppe. *Comp. Math.*, 2 (1935), p. 134-162.

[10] H. Hopf, Vektorfelder in n-dimensionalen Mannigfaltigkeiten. *Math. Ann.*, 96 (1926), p. 225-250.

[11] — Zur Topologie der Abbildungen von Mannigfaltigkeiten, Zweiter Teil. *Math. Ann.*, 102 (1929), p. 562-623.

[12] — Über die algebraische Anzahl von Fixpunkten. *Math. Zeitschrift*, 29 (1929), p. 493-524.

[13] — Zur Algebra der Abbildungen von Mannigfaltigkeiten. *Journ. f. d. r. u. a. Math.*, 163 (1930), p. 71-88.

[14] — Über wesentliche und unwesentliche Abbildungen von Komplexen. *Recueil math. de Moscou*, 37 (1930), p. 53-62.

[15] — Die Klassen der Abbildungen der n-dimensionalen Polyeder auf die n-dimensionale Sphäre. *Comm. math. Helv.*, 5 (1933), p. 39-54.

[16] — Über die Abbildungen der dreidimensionalen Sphäre auf die Kugelfläche. *Math. Ann.*, 104 (1931), p. 639-665.

[17] — Über die Abbildungen von Sphären auf Sphären niedrigerer Dimension. *Fund. Math.*, 25 (1935), p. 427-440.

[18] H. Hopf und E. Pannwitz, Über stetige Deformationen von Komplexen in sich. *Math. Ann.*, 108 (1933), p. 433-465.

[19] W. Hurewicz, Über Abbildungen topologischer Räume auf die n-dimensionale Sphäre. *Fund. Math.*, 24 (1935), p. 144-150.

[20] — Beiträge zur Topologie der Deformationen. *Proc. Koninkl. Akad. v. Wetensch.*, Amsterdam, 38 (1935), p. 112-119; p. 521-528; 39 (1936), p. 117-126; p. 215-224.

[21] — Homotopie und Homologie. Conférence faite au Congrès des Topologues à Moscou en septembre 1935, paraîtra probablement dans le *Recueil math. de Moscou.*

[22] H. Kneser, Die Topologie der Mannigfaltigkeiten. *Jahresber. Deutsche Math. Vereinig.*, 24 (1925), p. 1-14.

[23] — Glättung von Flächenabbildungen. *Math. Ann.*, 100 (1928), p. 609-617.

[24] — Die kleinste Bedeckungszahl innerhalb einer Klasse von Flächenabbildungen. *Math. Ann.*, 103 (1930), p. 347-358.

[25] C. Kuratowski et S. Ulam, Sur un coefficient lié aux transformations continues d'ensembles. *Fund. Math.*, 20 (1933), p. 244-253.

[26] S. Lefschetz, Intersections and transformations of complexes and manifolds. *Trans. Amer. Math. Soc.*, 28 (1926), p. 1-49.

[27] — *Topology* (New York, 1930).

[28] E. Stiefel, Richtungsfelder und Fernparallelismus in n-dimensionalen Mannigfaltigkeiten. *Comm. Math. Helv.*, 8 (1936), p. 305-353.

[29] — Ein Problem aus der linearen Algebra und seine topologische Behandlung. *Verhandl. d. Schweiz. Naturforsch. Gesellsch.*, 1935 (texte français dans *L'Ens. math.*, t. 34, p. 273-274).

30.

(gemeinsam mit P. Alexandroff und L. Pontrjagin)
Über den Brouwerschen Dimensionsbegriff

Compositio Math. **4** (1937), 239–255

Einleitung.

1. Es sei $\mathfrak{J}$ eine Abelsche Gruppe [1]).

Eine Linearform $c = \sum_i t^i x_i^r$, deren Unbestimmte x_i^r Simplexe der Dimensionszahl r, deren Koeffizienten Elemente von $\mathfrak{J}$ sind, heißt ein *r-dimensionaler algebraischer Komplex des Koeffizientenbereiches* $\mathfrak{J}$. [2]) Dabei wird vorausgesetzt, daß $t(-x^r) = -tx^r$ ist. Unter einem Simplex wird dabei entweder ein Simplex eines Euklidischen R^n oder aber eine endliche Punktmenge, ein „*Gerüst*", eines metrischen Raumes R verstanden; eine Menge von $r+1$ Punkten des metrischen Raumes heißt dabei ein r-dimensionales Simplex; ist der Durchmesser der Menge $< \delta$, so ist das Simplex ein δ-Simplex. Die Orientierung wird dabei wie gewöhnlich eingeführt. Sind in

(1) $$c = \sum t^i x_i^r$$

alle x_i^r δ-Simplexe, so heißt c ein δ-Komplex.

Unter dem Rand des orientierten Simplex $x^r = (a_0 \ldots a_r)$, — die a_i sind die Eckpunkte von x^r — wird der Komplex (des Koeffizientenbereiches $\mathfrak{G}$) [1])

$$\dot{x}^r = \sum_i (-1)^i (a_0 \ldots a_{i-1} a_{i+1} \ldots a_r),$$

unter dem Rande von tx^r der Komplex (des Koeffizientenbereiches $\mathfrak{J}$)

---

[1]) Im folgenden kommen nur folgende Gruppen $\mathfrak{J}$ vor: die additive Gruppe der ganzen Zahlen, $\mathfrak{G}$; die additive Gruppe der rationalen Zahlen, $\mathfrak{R}$; die Gruppe $\mathfrak{G}_m$ der Restklassen modulo m, $m = 2, 3, \ldots$ in infinitum; die (additive) Gruppe $\mathfrak{R}_1$ der modulo 1 reduzierten rationalen Zahlen.

[2]) Vgl. P. Alexandroff, Einfachste Grundbegriffe der Topologie [Berlin Springer 1932], sowie „Über die Urysohnschen Konstanten" [Fund. Math. **20** (1933), 140—150], wo der Begriff eines beliebigen Koeffizientenbereiches zum ersten Mal in voller Allgemeinheit eingeführt wurde.

$$t\dot{x}^r = \sum_i t(-1)^i(a_0 \ldots a_{i-1}a_{i+1} \ldots a_r),$$

unter dem Rande von (1) der Komplex

$$\dot{c} = \sum t^i \dot{x}_i^r \tag{2}$$

verstanden.

2. Ein algebraischer δ-Komplex c des metrischen Raumes R heißt ein δ-Zyklus *bis auf* R' (wobei R' eine Teilmenge von R ist), wenn der Rand von c (d.h. jeder Eckpunkt dieses Randes) zu R' gehört [3]).

In analoger Weise definiert man einen Zyklus von K *bis auf* K', wobei K ein absoluter Komplex [4]) und K' ein absoluter Teilkomplex von K ist.

Verschwindet der Rand des algebraischen Komplexes, so heißt er ein Zyklus schlechtweg.

Ein δ-Zyklus c bis auf R' *ε-berandet bis auf* R' (ist ε-homolog Null bis auf R'), in Zeichen $c \underset{\varepsilon}{\sim} 0$ (mod R'), falls es einen ε-Komplex c' gibt mit $\dot{c}' = c + q$, wobei q ein Komplex in R' ist.

Unter einem *wahren r-dimensionalen Komplex* des kompakten metrischen Raumes F und des Koeffizientenbereiches $\mathfrak{J}$ verstehen wir eine Folge

$$C = (c_1, c_2, \ldots, c_k, \ldots),$$

wobei c_k ein δ_k-Komplex des Koeffizientenbereiches $\mathfrak{J}$ in F und $\lim \delta_k = 0$ ist. Sind alle c_k Zyklen bis auf F', $F' \subset F$, so ist auch C definitionsgemäß ein *wahrer Zyklus bis auf* F'; er heißt homolog Null bis auf F', falls $c_k \underset{\varepsilon_k}{\sim} 0$ (mod F') und $\lim \varepsilon_k = 0$ ist. Sind alle c_k Zyklen schlechtweg, so heißt auch C schlechtweg ein wahrer Zyklus.

Jede abgeschlossene Teilmenge von F, in der die Eckpunkte fast aller c_k liegen, heißt ein *Träger* des wahren Komplexes C. Ein wahrer Zyklus heißt wesentlich, wenn er mindestens einen Träger besitzt, in dem er nicht berandet.

3. *Die Dimension von F in bezug auf $\mathfrak{J}$ ist definitionsgemäß die größte ganze Zahl r von der Eigenschaft, daß es in F einen wesentlichen berandenden $(r-1)$-dimensionalen wahren Zyklus in bezug auf den Koeffizientenbereich $\mathfrak{J}$ gibt* [5]).

---

[3]) Dieser Begriff rührt von LEFSCHETZ her. Vgl. „Topology" und die dort angegebenen früheren Arbeiten.

[4]) Unter einem absoluten Komplex verstehen wir hier ein endliches System von Simplexen.

[5]) P. ALEXANDROFF, „Dimensionstheorie" [Math. Ann. **106** (1932), 161—238] (zitiert als Dimensionstheorie), sowie „Urysohnsche Konstanten".

Die Dimension von F in bezug auf $\mathfrak{J}$ wird bezeichnet durch $\Delta_{\mathfrak{J}}(F)$.

Ein wahrer Zyklus bis auf F', etwa (2), heißt *konvergent*, falls es zu jedem ε ein $k(\varepsilon)$ gibt, so daß für $k \geqq k(\varepsilon)$, $k' \geqq k(\varepsilon)$

$$c_k \underset{\varepsilon}{\sim} c_{k'}, \quad \text{mod } F'$$

ist. Gibt es einen Träger, in dem der Zyklus gleichzeitig wesentlich und konvergent ist, so heißt er *wesentlich konvergent*.

Wir bezeichnen mit $\Delta^c_{\mathfrak{J}}(F)$ die größte Zahl von der Eigenschaft, daß es in F einen $(r-1)$-dimensionalen berandenden wesentlich konvergenten Zyklus gibt. Offenbar ist stets $\Delta_{\mathfrak{J}}(F) \geqq \Delta^c_{\mathfrak{J}}(F)$.

Wir bezeichnen ferner mit $\Lambda_{\mathfrak{J}}(F)$ bzw. $\Lambda^c_{\mathfrak{J}}(F)$ die größte Zahl r von der Eigenschaft, daß es in F einen r-dimensionalen bzw. einen r-dimensionalen konvergenten Zyklus des Koeffizientenbereiches $\mathfrak{J}$ bis auf eine gewisse (passend zu wählende) abgeschlossene Teilmenge F' gibt, welcher bis auf F' nicht berandet.

Wir erinnern an noch eine bekannte Definition.[6]) Unter einem wahren Komplex (2) *nach variablem Modul* versteht man eine Folge (2), in der c_k ein Komplex des Koeffizientenbereiches $\mathfrak{G}_{m_k}$ (und m_k eine sich im allgemeinen mit k ändernde ganze Zahl $\geqq 2$ ist). Man kann insbesondere von wahren Zyklen nach variablem Modul sprechen. Ein solcher ist dann homolog Null, falls jedes c_k in bezug auf den betreffenden Koeffizientenbereich $\mathfrak{G}_{m_k}$ ε_k-berandet.

Die größte Zahl r von der Eigenschaft, daß es in F einen wesentlichen berandenden wahren Zyklus nach variablem Modul gibt, heißt die *Dimension von F nach variablem Modul*, $\Delta(F)$; die größte Zahl r von der Eigenschaft, daß es in F einen nicht berandenden r-dimensionalen Zyklus nach variablem Modul bis auf ein gewisses F' gibt, nennen wir für einen Augenblick $\Lambda(F)$.

Es ist nun folgendes bekannt [6]):

Es sei F eine beschränkte abgeschlossene Menge eines R^n, $\mathfrak{J}$ einer der Koeffizientenbereiche $\mathfrak{R}$ oder $\mathfrak{G}_m$, $m = 2, 3, 4, \ldots$, $\dim F$ die Brouwersche Dimension von F; es gelten die Formeln:

$$\dim F = \Delta(F) = \Lambda(F), \tag{3}$$

$$\Delta_{\mathfrak{J}}(F) = \Delta^c_{\mathfrak{J}}(F) = \Lambda_{\mathfrak{J}}(F) = \Lambda^c_{\mathfrak{J}}(F). \tag{4}$$

4. Der Zweck der vorliegenden Arbeit ist, zu beweisen, daß

[6]) Dimensionstheorie, § 2—3.

für jede beschränkte abgeschlossene Menge des R^n folgendes gilt:

(5) $$\dim F = \Delta_{\mathfrak{R}_1}(F) = \Delta^c_{\mathfrak{R}_1}(F) = \Lambda_{\mathfrak{R}_1}(F) = \Lambda^c_{\mathfrak{R}_1}(F).$$

Indem wir den gemeinsamen Wert von $\Delta_{\mathfrak{R}_1}(F)$, $\Delta^c_{\mathfrak{R}_1}(F)$, $\Lambda_{\mathfrak{R}_1}(F)$, $\Lambda^c_{\mathfrak{R}_1}(F)$ als die Dimension modulo 1 von F bezeichnen, drücken wir diesen Satz kurz so aus: *die Brouwersche Dimension ist mit der Dimension modulo 1 identisch.*

Bemerkung. Der Anteil der drei Autoren an diesem — im Winter 1933-34 bewiesenen — Satz ist der folgende. Nachdem Alexandroff durch die Formel (3) die Brouwersche Dimension in die Gestalt einer Homologie-Invariante gebracht hatte, hat Pontrjagin die *Variabilität* des Koeffizientenbereiches eliminiert, indem er aus seinem allgemeinen Dualitätssatz [7]) und dem Rechtfertigungssatz von Alexandroff (Dimensionstheorie, 3. Hauptsatz, S. 208) das Resultat erhalten hat, daß die Brouwersche Dimension mit der Dimension in bezug auf die Gruppe $\mathfrak{X}_1$ der modulo 1 reduzierten *reellen* Zahlen (und sogleich auch mit $\Delta^c_{\mathfrak{X}_1}(F)$) identisch ist. Daraufhin hat Hopf vermutungsweise den in der vorliegenden Arbeit zu beweisenden Satz ausgesprochen und unabhängig davon die Homologie-Eigenschaften der Komplexe in bezug auf den Koeffizientenbereich $\mathfrak{R}_1$ untersucht. Hierdurch (s. u. § 2) wurden die Hilfsmittel zum Beweise der Formel (5) gegeben. Der Beweis selbst ist von Alexandroff; die Abschnitte 2—5 von § 1 haben durch Herrn H. Freudenthal ihre vereinfachte gegenwärtige [8]) Gestalt erhalten, wofür die Verff. Herrn Freudenthal ihren aufrichtigen Dank aussprechen.

§ 1.

Beweis der Formel $\dim F \geqq \Lambda_{\mathfrak{R}_1}(F) \geqq \Delta_{\mathfrak{R}_1}(F)$. *Zurückführung des übrigen Teils der Formel* (5) *auf einen Konvergenzsatz.*

1. Satz I. Für jeden Koeffizientenbereich $\mathfrak{J}$ gilt

(6) $$\dim F \geqq \Lambda_{\mathfrak{J}}(F) \geqq \Delta_{\mathfrak{J}}(F).$$

Der Satz I ist in den folgenden beiden Sätzen enthalten:

Satz II. Eine (im Brouwerschen Sinne) r-dimensionale Menge enthält keinen nichtberandenden Relativzyklus von einer Dimensionszahl $> r$.

Satz III. Wenn $\Delta_{\mathfrak{J}}(F) = r$ ist, so enthält F einen nicht berandenden r-dimensionalen Relativzyklus (des Koeffizientenbereiches $\mathfrak{J}$).

Beweis von Satz II. *Hilfssatz* I. Der Zyklus

(7) $$Z = (z_1, z_2, \ldots, z_k, \ldots)$$

sei total-unhomolog Null in F bis auf $F' \subset F$ [9]).

---

[7]) Verh. Intern. Math. Kongr. Zürich 1932, 2, 195, sowie die ausführliche Darstellung in den Annals of Math. (2) 35 (1934), 904—914.

[8]) 28. November 1936.

[9]) D.h. es existiert ein solches ε, daß keiner von den Zyklen z_k in F bis auf

Es existiert ein solches $\sigma > 0$, daß bei jeder σ-Überführung f von F der Zyklus $f(Z)$ in $f(F)$ bis auf $f(F')$ total unhomolog Null ist. Der Beweis des Hilfssatzes I beruht auf folgender *Bemerkung*. Ist z ein δ-Zyklus in F bis auf F' und $f(z)$ in $f(F)$ bis auf $f(F')$ ε-homolog Null, so ist z in F bis auf F' $(\varepsilon+5\sigma)$-homolog Null [10]). Denn zunächst ist $z \underset{3\sigma}{\sim} f(Z)$ in $F+f(F)$ bis auf $(F'+f(F'))$, also — da $f(z) \underset{\varepsilon}{\sim} 0$ in $f(F)$ bis auf $f(F')$ —

$$z \underset{\varepsilon+3\sigma}{\sim} 0 \text{ in } \overline{U(F,\sigma)} \text{ bis auf } F'+f(F').$$

Es gibt mit anderen Worten einen in $\overline{U(F,\sigma)}$ gelegenen $(\varepsilon+3\sigma)$-Komplex C mit

$$\dot{C} = z + C', \quad C' \subset F' + f(F').$$

Dadurch, daß man C in F *projiziert* (d.h. jeden Eckpunkt von C durch einen zu diesem Eckpunkt möglichst nahe gelegenen Punkt von F ersetzt unter der zusätzlichen Bedingung, daß die zu $f(F')$ gehörenden Eckpunkte durch Punkte von F' ersetzt werden), geht C in einen $(\varepsilon+5\sigma)$-Komplex C_1 über, wobei

$$\dot{C}_1 = z + C_1', \quad C_1' \subset F'$$

ist. Hiermit ist die in unserer Bemerkung enthaltene Behauptung bewiesen.

Um jetzt den Hilfssatz I zu beweisen, wählen wir ein so kleines σ, daß keiner unter den Zyklen z_k 6σ-homolog Null in F bis auf F' ist. Nach der soeben bewiesenen Bemerkung kann keiner der Zyklen $f(z_k)$ der Homologie $f(z_k) \underset{\sigma}{\sim} 0$ in $f(F)$ bis auf $f(F')$ genügen, womit der Hilfssatz I bewiesen ist.

Vermöge des Hilfssatzes I und des dimensionstheoretischen Überführungssatzes [11]) brauchen wir den Satz II bloß unter der Voraussetzung, F sei ein r-dimensionales Polyeder, zu beweisen. Diesem Beweis schicken wir den folgenden Hilfssatz voran.

Hilfssatz II. Ist der Zyklus (7) in F bis auf F' total unhomolog Null, so gibt es ein $\sigma > 0$ derart, daß bei beliebiger Wahl der σ-Umgebung U von F' (in bezug auf F) der Zyklus (7) (als Zyklus bis auf $\overline{U}$ betrachtet) nicht berandet.

F' ε-homolog Null ist. Ist der Zyklus (7) unhomolog Null in F bis auf F', so existiert offenbar eine unendliche Teilfolge

$$Z' = (z_{k_1}, z_{k_2}, \ldots, z_{k_h}, \ldots),$$

so daß Z' in F bis auf F' total-unhomolog Null ist. Für konvergente Zyklen stimmen die Begriffe nicht homolog Null und total unhomolog Null überein.

[10]) Dabei ist f eine σ-Überführung von F.

[11]) Dimensionstheorie, S. 169.

Wir führen den Beweis indirekt. Wäre der Hilfssatz II falsch, so gäbe es eine Folge von σ_i-Umgebungen U_i von F' in bezug auf F, $\lim \sigma_i = 0$, und eine Folge von σ_i-Komplexen C_i mit

$$\dot{C}_i = z_{k_i} + C'_i, \quad C'_i \subset \overline{U}_i.$$

Durch eine σ_i-Verschiebung der zu $\overline{U}_i$ aber nicht zu F' gehörenden Eckpunkte der C'_i könnte man Komplexe C''_i mit $\dot{C}^*_i = z_{k_i} + C''_i$, $C''_i \subset F'$ erhalten, was bedeuten würde, daß gegen Voraussetzung

$$(z_{k_1}, z_{k_2}, \ldots, z_{k_i}, \ldots)$$

in F bis auf F' berandet.

Nachdem der Hilfssatz II bewiesen ist, brauchen wir zum Beweise des Satzes II nur wenige Worte. Es sei im r-dimensionalen Polyeder P ein Zyklus (7) bis auf $F' \subset P$ von einer Dimensionszahl $s > r$ gegeben. Wir nehmen an, daß er in P bis auf F' total unhomolog Null ist und wählen die aus Simplexen einer hinreichend feinen Simplizialzerlegung K von P zusammengesetzte Umgebung $\overline{U}$ von F' so, daß (7) auch bis auf $\overline{U}$ nicht berandet. Es gibt dann eine Teilfolge von (7), die total unhomolog Null ist; wir bezeichnen sie wiederum durch (7) und bestimmen $\sigma < \varrho(F', P-U)$ so, daß keiner der Zyklen z_k in P bis auf $\overline{U}$ σ-homolog Null ist. Sodann kann man eine Unterteilung K' von K so wählen, daß für alle hinreichend großen k die Zyklen z_k mittels einer $\frac{\sigma}{4}$-Verschiebung in Zyklen z'_k des Komplexes K' übergehen. Da bei dieser Verschiebung der Rand von z_k die Menge U nicht verläßt, ist z'_k ein Zyklus bis auf $\overline{U}$, der bis auf $\overline{U}$ mit z_k σ-homolog ist, folglich in P bis auf $\overline{U}$ nicht σ-beranden kann; dies ist jedoch unmöglich, denn z'_k ist als s-dimensionaler Teilkomplex des r-dimensionalen Komplexes K' Null.

Hiermit ist der Satz II vollständig bewiesen.

Beweis von Satz III. Da nach Voraussetzung $\Delta_{\mathfrak{J}}(F) = r$ ist, gibt es in F einen wesentlichen berandenden $(r-1)$-dimensionalen Zyklus

(8) $$Z^{r-1} = (z_1^{r-1}, z_2^{r-1}, \ldots, z_k^{r-1}, \ldots).$$

F' sei ein Träger, in dem Z^{r-1} total unhomolog Null ist. Ferner seien die durch z_k^{r-1} berandeten ε_k-Komplexe C_k, $\lim \varepsilon_k = 0$, gegeben. Dann ist

(9) $$(C_1, C_2, \ldots, C_k, \ldots)$$

ein r-dimensionaler Zyklus in F bis auf F'. Er ist total unhomolog

Null, denn aus der Existenz der σ_k-Komplexe C_k^{r+1}, $\lim \sigma_k = 0$, $\dot{C}_k^{r+1} = C_k + Q_k$, $Q_k \subset F'$, würde folgen — da C_k und Q_k denselben Rand z_k^{r-1} haben —, daß $z_k^{r-1} \underset{\sigma_k}{\sim} 0$ in F' ist, was unserer Voraussetzung widerspricht.

Hiermit ist Satz III, folglich auch Satz I bewiesen.

2. In 3 und 4 soll $\Lambda^c_{\mathfrak{R}_1}(F) \geqq \dim F$ und $\Delta^c_{\mathfrak{R}_1}(F) \geqq \dim F$ bewiesen werden; a fortiori ist dann $\Lambda_{\mathfrak{R}_1}(F) \geqq \dim F$ und $\Delta_{\mathfrak{R}_1}(F) \geqq \dim F$, also gilt dann (5). Erst treffen wir einige Vorbereitungen:

a. Zu dem Simplex T, das im Folgenden auftreten wird, sei die Zahl α so bestimmt, daß

1. ein im Abstand $< \alpha$ zu T paralleles gleichdimensionales echtes Teilsimplex $T_0 \subset T$ existiert,

2. ein α-Grundzyklus von T bis auf $\overline{T-T_0}$ (der auch wieder T genannt wird) in T bis auf $\overline{T-T_0}$ nicht α-homolog 0 ist,

3. sein Randzyklus in $\overline{T-T_0}$ nicht α-homolog 0 ist. (Siehe hierzu den Beweis von Hilfssatz II.)

b. Die Abbildung $f(R)$ des kompakten R in das Simplex T heißt bekanntlich unwesentlich, wenn sich f unter Festhaltung auf dem Urbild des Randes S von T ersetzen läßt durch ein g, das R auf eine echte Teilmenge von T (oder, was auf dasselbe hinauskommt, auf S) abbildet; andernfalls heißt f wesentlich. Wegen 2a, 1 darf man statt „Festhaltung auf $f^{-1}(S)$ auch sagen: „Veränderung um weniger als α auf $f^{-1}(S)$".

c. Nach einem Satz von H. Hopf [12]) gibt es zu einer wesentlichen Abbildung f des höchstens r-dimensionalen Polyeders P [13]) in das r-dimensionale Simplex T einen r-dimensionalen Zyklus z bis auf $f^{-1}(S)$ (Koeffizientenbereich $\mathfrak{R}_1$), der durch f vom Grade $\neq 0$ abgebildet wird: $f(z) = \varkappa T$ bis auf S, $\varkappa \neq 0$. (Eigentlich liefert der Hopfsche Satz einen Zyklus mod ganzzahligem m ($\neq 0$); um unsere Behauptung zu erhalten, braucht man aber nur $\varkappa$ und die Koeffizienten von z durch m zu dividieren.)

d. Zu jedem F mit $\dim F = r$ läßt sich ein abgeschlossenes $F_0 \subset F$ und eine Abbildung f finden, die F_0 wesentlich auf ein r-dimensionales Simplex T abbildet [13a]). Denn sei $\beta > 0$ so klein, daß keine 2β-Überführung des (im Hilbertschen Raum gedachten)

---

12) Recueil Moscou 37 (1930), 53—62, Folg. II aus Satz II.

13) Auf beliebige kompakte Räume hat H. Freudenthal [Compositio Mathematica 4 (1937), 234—237] im Wesentlichen diesen Satz ausgedehnt; wir machen aber davon hier keinen Gebrauch.

13a) Dimensionstheorie, 170, Hauptsatz I. Man kann übrigens $F_0 = F$ nehmen.

F dim F herabsetzt [14]), sei f eine β-Überführung von F in ein r-dimensionales Polyeder Q, dessen Simplexe $< \beta$ seien; dann kann sicher nicht für *alle* r-dimensionalen T von Q die Abbildung f von $f^{-1}(T)$ in T unwesentlich sein, weil sonst eine Abbildung g existierte, die (auf den Simplexen kleinerer Dimension mit f übereinstimmte und) F in die Menge der Simplexe kleinerer Dimension abbildete, gleichzeitig aber eine 2β-Überführung wäre. Wir können $F_0 = f^{-1}(T)$ wählen.

e. $f(F_0) \subset T$ sei also wesentlich. Wir setzen f auf eine γ-Umgebung U von F_0 im Hilbertschen Raum fort und wählen $\varepsilon > 0$ so, daß das Bild jeder ε-Menge (aus U) $< \alpha$ wird. Es sei $3\delta < \varepsilon$, $\delta < \gamma$ und g eine δ-Überführung von F_0 in ein höchstens r-dimensionales Polyeder P. Auf P heiße die angegebene Fortsetzung von f auch h. Dann ist $hg(f^{-1}(S))$ fremd zu T_0 (wegen 2a, 1).

h muß $h^{-1}(T_0)$ wesentlich auf T_0 abbilden. Denn wäre etwa h_0 auf $h^{-1}(\overline{T-T_0})$ mit h identisch und $h_0(h^{-1}(T_0)) \subset \overline{T-T_0}$, so wäre $h_0 g$ auf $g^{-1}h^{-1}(\overline{T-T_0})$ mit hg identisch und $h_0 g(g^{-1}h^{-1}(\overline{T-T_0})) \subset \overline{T-T_0}$; dann unterschiede sich aber $h_0 g$ auf $f^{-1}(\overline{T-T_0})$ von f um weniger als α, und f wäre nach 2b unwesentlich.

3. Unter diesen Umständen gibt es (nach 2c für T_0 statt T) in P einen r-dimensionalen δ-Zyklus z' bis auf $h^{-1}(\overline{T-T_0})$ (Koeffizientenbereich $\Re_1$) mit $h(z') = \varkappa T$ bis auf $\overline{T-T_0}$ ($\varkappa \neq 0$). z in F_0 entstehe aus z', indem man jeden Eckpunkt durch eines seiner h-Urbilder ersetze; z ist ein 3δ-Zyklus bis auf $g^{-1}h^{-1}(\overline{T-T_0}) = F_0'$ in F_0, und man hat $hg(z) = \varkappa T$ bis auf $\overline{T-T_0}$. Dieselbe Gleichung gilt für jeden mit z ε-homologen Zyklus; nach 2a, 2 kann die rechte Seite nicht α-homolog 0 sein, also auch z nicht ε-homolog 0 (in F_0) sein.

Wir wenden nun den folgenden *Konvergenzsatz* an, dessen Beweis der Inhalt von § 3 ist:

Zu gegebenen F, $F' \subset F$ und $\varepsilon > 0$ gibt es ein $\sigma_\varepsilon > 0$, so daß (für den Koeffizientenbereich $\Re_1$) jeder σ_ε-Zyklus in F bis auf F' einem bis auf F' in F konvergenten Zyklus bis auf F' ε-homolog ist.

Haben wir oben $3\delta < \sigma_\varepsilon$ gewählt, so erzeugt (mit F_0, F_0' statt F, F') der Konvergenzsatz aus unserm z einen konvergenten r-dimensionalen Zyklus in F_0 bis auf F_0', der in F_0 nicht berandet,

---

[14]) P. Alexandroff [Annals of Math. (2) **30** (1929), 101—187], 120.

also auch einen solchen, der in F bis auf $F' = F_0' + (F - F_0)$ nicht berandet. Also ist $\Delta^c_{\mathfrak{R}_1}(F) \geqq r$.

4. Wir haben nun einen r-dimensionalen konvergenten r-dimensionalen Zyklus

$$Z = (z_1, z_2, \ldots, z_k, \ldots)$$

in F_0 bis auf F_0'; dabei ist

$$hg(z_k) = \varkappa T \text{ bis auf } \overline{T - T_0} \qquad (\varkappa \neq 0).$$

Nach 2a, 3 ist $hg(\dot{z}_k) = hg(z_k)^{\cdot}$ für fast alle k in $\overline{T - T_0}$ α-unhomolog 0, also

$$\dot{Z} = (\dot{z}_1, \dot{z}_2, \ldots, \dot{z}_k, \ldots)$$

total unhomolog in F_0'.

Dagegen ist $\dot{Z}$ in F_0, also auch in F, nullhomolog. Schließlich konvergiert $\dot{Z}$ in F_0'; denn Z konvergiert bis auf F_0', d.h.

$z_k \underset{\eta}{\sim} z_l$ bis auf F_0' für jedes $\eta > 0$ und fast alle k, l,
$z_k - z_l = \dot{c}_{k,l} + q_{k,l}$ (wobei der η-Komplex $q_{k,l} \subset F_0'$ ist), also
$\dot{z}_k - \dot{z}_l = \dot{q}_{k,l} \subset F_0'$, also
$\dot{z}_k \underset{\eta}{\sim} \dot{z}_l$ in F_0' für jedes $\eta > 0$ und fast alle k, l.

Damit ist $\Delta^c_{\mathfrak{R}_1}(F) \geqq r$ bewiesen.

5. Das einzige, was noch übrig bleibt, ist der Nachweis des Konvergenzsatzes. Um diesen zu erbringen, werden wir im nächsten § die Grundtatsachen der Homologie-Theorie gewöhnlicher Komplexe auseinandersetzen.

Man könnte aber auch ganz anders verfahren. Für den Koeffizientenbereich der reellen Zahlen mod 1 sind die Bettischen Gruppen von Polyedern abgeschlossene Untergruppen von Torusgruppen. In der Sprechweise von H. Freudenthal [15]) läßt sich die Bettische Gruppe von F mod F' als G_n-adischer Limes der Folge

$$\mathfrak{B}_{\varepsilon_1\eta_1}(F) \bmod F' \leftarrow \mathfrak{B}_{\varepsilon_2\eta_2}(F) \bmod F' \leftarrow \ldots.$$

darstellen. Da jede absteigende Folge abgeschlossener Untergruppen einer Torusgruppe abbricht, ist das eine auf-G_n-adische Folge; man darf daher [16]) annehmen, daß alle Abbildungen in

[15]) Compositio Mathematica 4 (1937), Kap. V.

[16]) H. Freudenthal, a.a.O. [15]), 161.

der Folge „Abbildungen auf" sind. Daraus ergibt sich leicht der Konvergenzsatz.

§ 2.

Über die Zyklen des Koeffizientenbereiches $\mathfrak{R}_1$ in einem Komplex.

1. K sei ein absoluter endlicher Komplex, also ein System von endlich vielen Simplexen (mit der Eigenschaft: jede Seite eines Simplexes von K ist selbst Simplex von K). Die algebraischen Komplexe C in K in bezug auf einen Koeffizientenbereich $\mathfrak{J}$ und ihre Ränder $\dot{C}$ sind wie in Nr. 1 der „Einleitung" definiert. Es sei ferner ein Teilkomplex K' von K fest gegeben (d.h. ein absoluter Komplex, dessen Simplexe zugleich Simplexe von K sind). Ein algebraischer Komplex in K heißt „Relativzyklus bis auf K'" wenn sein Rand ein algebraischer Komplex in K ist. Der Relativzyklus C bis auf K' heißt „homolog 0 bis auf K'", wenn es einen algebraischen Komplex D in K und einen algebraischen Komplex Q' in K' so gibt, daß $C = \dot{D} + Q'$ ist.

Dieser Homologiebegriff führt für jeden Koeffizientenbereich $\mathfrak{J}$ in bekannter Weise zur Einteilung der Gesamtheit aller r-dimensionalen Relativzyklen bis auf K' in „Homologieklassen bis auf K'"; diese bilden bezüglich der Addition eine Abelsche Gruppe — die r-dimensionale Bettische Gruppe von K bis auf K'" (in bezug auf $\mathfrak{J}$).

Die Elemente endlicher Ordnung in der „ganzzahligen" Bettischen Gruppe, d.h. der Bettischen Gruppe in bezug auf die additive Gruppe der ganzen Zahlen, bilden selbst eine Gruppe — die „Torsionsgruppe". Aus der bekannten Tatsache, daß die ganzzahlige Bettische Gruppe eines endlichen Komplexes durch endlich viele ihrer Elemente erzeugt werden kann, folgt bekanntlich leicht die folgende Tatsache, die für uns von Bedeutung sein wird: *die Torsionsgruppe ist eine endliche Gruppe.*

Im folgenden sind K und K' fest gegeben. Da es sich in diesem Paragraphen niemals um andere Zyklen und Homologien handeln wird als um solche „bis auf K'", lassen wir den Zusatz „bis auf K'" ein für alle Mal weg.

2. Zum Zweck der Untersuchung der Zyklen des Koeffizientenbereiches $\mathfrak{R}_1$ — also der additiven Gruppe der modulo 1 reduzierten rationalen Zahlen — betrachten wir gleichzeitig den Koeffizientenbereich $\mathfrak{R}$ — also die additive Gruppe der rationalen

Zahlen. Ist s eine rationale Zahl, so verstehen wir unter $\mathfrak{r}(s)$ die Restklasse modulo 1, der s angehört, also ein Element von $\mathfrak{R}_1$; ist umgekehrt t ein Element von $\mathfrak{R}_1$, so gibt es immer rationale Zahlen s mit $\mathfrak{r}(s) = t$. Ist $C = \sum_i s^i x_i$ ein rationaler Komplex (d.h. ein algebraischer Komplex in bezug auf $\mathfrak{R}$), so verstehen wir unter $\mathfrak{r}(C)$ den Komplex $\sum_i \mathfrak{r}(s^i) x_i$, also einen Komplex in bezug auf $\mathfrak{R}_1$; ist umgekehrt $\gamma = \sum_i t^i x_i$ ein Komplex in bezug auf $\mathfrak{R}_1$, so gibt es rationale Komplexe C mit $\gamma = \mathfrak{r}(C)$, nämlich die Komplexe $\sum_i s^i x_i$, wobei $\mathfrak{r}(s^i) = t^i$ ist.

Es ist klar, daß für die Ränder die Beziehung gilt:

$$(\mathfrak{r}(C))^{\cdot} = \mathfrak{r}(\dot{C}).$$

Daraus folgt insbesondere: Ist C ein (rationaler) Zyklus, so ist $\mathfrak{r}(C)$ ein Zyklus in bezug auf $\mathfrak{R}_1$. Die auf diese Weise gebildeten Zyklen in bezug auf $\mathfrak{R}_1$ nennen wir die „*Zyklen 1. Art*" in bezug auf $\mathfrak{R}_1$. Daß es im allgemeinen auch „Zyklen 2. Art" gibt, d.h. Zyklen, die nicht von der 1. Art sind, wird sich aus Nr. 4 dieses Paragraphen ergeben.

Die r-dimensionalen Zyklen 1. Art bilden offenbar eine Gruppe; sie heiße $\overset{*}{Z}{}^r$; sie ist eine Untergruppe der Gruppe Z^r aller r-dimensionalen Zyklen in bezug auf $\mathfrak{R}_1$. Wir interessieren uns hier besonders für die *Restklassen*, in welche die Gruppe Z^r modulo ihrer Untergruppe $\overset{*}{Z}{}^r$ zerfällt.

3. Zunächst stellen wir fest: *Zwei r-dimensionale Zyklen in bezug auf $\mathfrak{R}_1$, die einander homolog sind, befinden sich in derselben Restklasse modulo $\overset{*}{Z}{}^r$.*

Um dies zu beweisen, hat man zu zeigen: *jeder Rand* (in bezug auf $\mathfrak{R}_1$) *ist ein Zyklus* 1. *Art.* Aber in der Tat: ist ζ der Rand des Komplexes γ in bezug auf $\mathfrak{R}_1$, so gibt es einen solchen rationalen Komplex C, daß $\gamma = \mathfrak{r}(C)$, also $\zeta = \mathfrak{r}(\dot{C})$ ist; da $\dot{C}$ ein rationaler Zyklus ist, ist daher ζ von der 1. Art.

4. Die für uns wichtigste Tatsache ist die folgende:

Die Anzahl der Restklassen, in welche die Zyklengruppe Z^r modulo der Gruppe $\overset{*}{Z}{}^r$ der Zyklen 1. Art zerfällt, ist endlich.

Dieser Satz ist, infolge der Endlichkeit der Torsionsgruppen (vgl. Nr. 1), in dem folgenden schärferen Satz enthalten:

Die Restklassengruppe („Faktorgruppe") von Z^r modulo $\overset{*}{Z}{}^r$ ist der $(r-1)$-dimensionalen Torsionsgruppe T^{r-1} von K isomorph.

Den Beweis [17]) dieses Satzes führen wir dadurch, daß wir eine homomorphe Abbildung h der Zyklengruppe Z^r auf die Torsionsgruppe T^{r-1} angeben, bei welcher den Zyklen 1. Art, und nur diesen, das Nullelement von T^{r-1} entspricht.

Es sei ζ ein r-dimensionaler Zyklus in bezug auf $\mathfrak{R}_1$; dann ist $\zeta = \mathfrak{r}(B)$, wobei B ein rationaler Komplex ist; indem man die Koeffizienten der Simplexe in B auf ihren Hauptnenner bringt, kann man $B = \frac{1}{m} C$ setzen, wobei m eine ganze Zahl und C ein ganzzahliger Komplex ist. Es ist also

$$\zeta = \mathfrak{r}\left(\frac{1}{m} C\right). \tag{1}$$

Die Tatsache, daß ζ Zyklus ist, bedeutet: in $\mathfrak{r}\left(\frac{1}{m}\dot{C}\right)$ sind die Koeffizienten aller Simplexe gleich dem Nullelement von $\mathfrak{R}_1$, in $\frac{1}{m}\dot{C}$ sind also die Koeffizienten aller Simplexe ganzzahlig, mit anderen Worten:

$$\dot{C} = mz, \tag{2}$$

wobei z ein *ganzzahliger* Komplex, und zwar, da $\dot{C}$ Zyklus ist, ein *ganzzahliger Zyklus* ist.

Bestehen neben (1) und (2) für denselben Zyklus ζ analoge Gleichungen

$$\zeta = \mathfrak{r}\left(\frac{1}{m'} C'\right), \tag{1'}$$

$$\dot{C}' = m'z', \tag{2'}$$

so folgt aus (1) und (1') die Existenz eines ganzzahligen Komplexes A mit

$$\frac{1}{m'} C' = \frac{1}{m} C + A,$$

also nach (2) und (2')

$$z' = z + \dot{A},$$

$$z' \sim z.$$

Somit ist die Homologieklasse der $(r-1)$-dimensionalen Zyklen z und z' in (2) bzw. (2') eindeutig durch ζ bestimmt, und wir dürfen diese Klasse daher mit $h(\zeta)$ bezeichnen.

[17]) Dieser Beweis ist inzwischen — d.h. zwischen der inhaltlichen Beendigung und der endgültigen Redaktion der vorliegenden Arbeit — in den 1. Band der „Topologie" von ALEXANDROFF und HOPF (Berlin, Springer, 1935), 223—224, aufgenommen worden.

Da nach (2) $mz \sim 0$ ist, ist $h(\zeta)$ Element der Torsionsgruppe T^{r-1}. Ist umgekehrt z ein beliebiger $(r-1)$-dimensionaler Zyklus von endlicher Ordnung, d.h. ein solcher Zyklus, daß seine Homologieklasse Element von T^{r-1} ist, so gibt es eine ganze Zahl m und einen ganzzahligen Komplex C so, daß (2) gilt; der durch (1) bestimmte Komplex ζ in bezug auf $\mathfrak{R}_1$ ist infolge (2) ein Zyklus, und für ihn ist gemäß Definition $h(\zeta)$ die Homologieklasse von z. Somit ist h eine eindeutige Abbildung der Gruppe Z^r *auf* die Gruppe T^{r-1}.

Diese Abbildung h ist ein Homomorphismus. Sind nämlich ζ, ζ_1 Zyklen, für welche Gleichungen (1), (2) bzw.

$$(1_1) \qquad \zeta_1 = \mathfrak{r}\left(\frac{1}{m_1} C_1\right),$$

$$(2_1) \qquad \dot{C}_1 = m_1 z_1$$

gelten, so ist

$$(3) \qquad \zeta + \zeta_1 = \mathfrak{r}\left(\frac{1}{mm_1}(m_1 C + m C_1)\right),$$

$$(4) \qquad (m_1 C + m C_1)^{\cdot} = mm_1(z + z_1).$$

Nach (3) und (4) ist $h(\zeta+\zeta_1)$ die Homologieklasse des Zyklus $z + z_1$, also $h(\zeta+\zeta_1) = h(\zeta) + h(\zeta_1)$. Dies bedeutet, daß h ein Homomorphismus ist.

Zu zeigen bleibt: dann und nur dann ist $h(\zeta) = 0$, wenn ζ von der 1. Art ist.

Erstens: ζ sei Zyklus 1. Art. Dann dürfen wir den rationalen Komplex $\frac{1}{m} C$ in (1) als rationalen Zyklus, also auch den ganzzahligen Komplex C als Zyklus annehmen; dann ist in (2) $z = 0$, also $h(\zeta) = 0$.

Zweitens: es sei $h(\zeta) = 0$. Dann dürfen wir z in (2) als Rand, also $z = \dot{A}$ annehmen, wobei A ein ganzzahliger Komplex ist; dann ist $\dot{C} - m\dot{A} = 0$, also $C - mA = Z$ ein ganzzahliger Zyklus und $\zeta = \mathfrak{r}\left(\frac{1}{m} C\right) = \mathfrak{r}\left(\frac{1}{m} Z + A\right) = \mathfrak{r}\left(\frac{1}{m} Z\right)$; da $\frac{1}{m} Z$ ein rationaler Zyklus ist, ist somit ζ von der 1. Art.

Damit ist alles bewiesen.

§ 3.

Beweis des Konvergenzsatzes.

1. F sei kompakter metrischer Raum, F' eine feste abgeschlossene Teilmenge von F. *Unter* σ-, δ-, *usw. Zyklen* bzw. *unter*

ε- *usw. Homologien sind in diesem Paragraphen durchweg Zyklen bzw. Homologien bis auf* F' zu verstehen.

Wir beginnen mit folgendem

VERFEINERUNGSSATZ. *Zu jedem* ε *gibt es ein* σ_ε *von der Eigenschaft, daß jeder* σ_ε*-Zyklus (in bezug auf* $\mathfrak{R}_1$ *als Koeffizientenbereich) bei beliebiger Wahl von* σ *einem* σ*-Zyklus* ε*-homolog ist.*

Beweis. Wir betrachten zuerst irgendeine positive Zahl η und ein $\frac{\eta}{3}$-Netz von F (d.h. eine endliche Teilmenge A von F, die die Eigenschaft hat, daß jeder Punkt von F von mindestens einem Punkte von A eine Entfernung $< \frac{\eta}{3}$ hat). Wir nehmen an, daß dieses Netz A die beiden folgenden Bedingungen erfüllt:

1. Die zu F' gehörenden Punkte von A bilden ein $\frac{\eta}{3}$-Netz A' von F';

2. Die in $F-F'$ gelegenen Punkte von A (d.h. die Punkte von $A-A'$) bilden ein $\frac{\eta}{3}$-Netz von $\overline{F-F'}$.

Jede Teilmenge der Menge A fassen wir dann und nur dann als Eckpunktgerüst eines Simplexes auf, wenn diese Teilmenge einen Durchmesser $< \eta$ hat. Auf diese Weise entsteht ein Komplex $K(A)$, dessen Simplexe kleiner als η sind. Da es uns auf die eine oder andere Wahl des Netzes A nicht ankommt, sondern nur auf das betreffende η, schreiben wir K_η anstatt $K(A)$. Die Simplexe von K_η mit zu F' gehörenden Eckpunkten bilden einen Teilkomplex K'_η von K_η; K'_η ist ein η-Komplex in F'.

Jeden $\frac{\eta}{3}$-Zyklus z (irgendeines Koeffizientenbereiches) bilden wir simplizial auf einen Zyklus von K *bis auf* K' dadurch ab, daß wir jedem Eckpunkt von z einen von ihm weniger als um $\frac{\eta}{3}$ entfernten Punkt von A als Bildpunkt entsprechen lassen, und dabei dafür sorgen, daß Eckpunkte von z, die zu $F-F'$ bzw. zu F' gehören, auf Punkte von $A-A'$ bzw. von A' abgebildet werden. Solch eine Abbildung soll eine *Projektion von* z *in* K heißen.

Hilfssatz I. Die Aussage des Verfeinerungssatzes ist richtig, wenn man in ihr den Koeffizientenbereich $\mathfrak{R}_1$ durch $\mathfrak{R}$ ersetzt.

Beweis des Hilfssatzes I. Wir setzen jetzt $\eta = \varepsilon$ und sprechen dementsprechend von K_ε bzw. K'_ε. Für $\delta < \frac{\eta}{3}$ ist jeder δ-Zyklus (des Koeffizientenbereiches $\mathfrak{R}$) einem Zyklus von K_ε *bis auf* K'_ε ε-homolog. Daraus folgt, daß die Maximalanzahl $p(\delta, \varepsilon)$ der in bezug auf ε-Homologie unabhängigen δ-Zyklen endlich ist. Da

$p(\delta, \varepsilon)$ mit abnehmenden δ nur abnehmen kann, gibt es ein σ_ε derart, daß $p(\delta, \varepsilon) = p(\sigma_\varepsilon, \varepsilon)$ für jedes $\delta < \sigma_\varepsilon$ ist. Es sei jetzt irgendein σ_ε-Zyklus z und ein beliebiges $\sigma < \sigma_\varepsilon$ gegeben. Man wähle die im Sinne der ε-Homologie unabhängigen σ-Zyklen $z_1, \ldots, z_p$, wobei $p = p(\sigma, \varepsilon) = p(\sigma_\varepsilon, \varepsilon)$ ist. Da die z_i erst recht σ_ε-Zyklen sind und es keine $p+1$ im Sinne der ε-Homologie unabhängigen σ_ε-Zyklen gibt, muß z einer Linearkombination der z_i, also einem σ-Zyklus ε-homolog sein, womit Hilfssatz I bewiesen ist [18]).

2. Analog dem im § 2 für den Komplex K eingeführten Begriff nennen wir jetzt einen δ-Zyklus z_1 des Koeffizientenbereiches $\mathfrak{R}_1$ einen δ-Zyklus 1. Art, wenn er aus einem Zyklus z des Koeffizientenbereiches $\mathfrak{R}$ dadurch entsteht, daß man die Koeffizienten der Simplexe von z durch ihre Restklassen modulo 1 ersetzt. Wir schreiben dann: $z_1 = \mathfrak{r}(z)$.

Aus dem Hilfssatz I folgt unmittelbar der

Hilfssatz II. Zu jedem ε gibt es ein σ_ε von der Eigenschaft, daß jeder σ_ε-Zyklus erster Art bei jedem σ einem σ-Zyklus (ebenfalls erster Art) ε-homolog ist.

Denn ist $z_1 = \mathfrak{r}(z)$ und σ_ε-Zyklus (wobei σ_ε wie im Hilfssatz I definiert ist) und

$$z \underset{\varepsilon}{\sim} z' \quad \text{(in bezug auf } \mathfrak{R}\text{)},$$

so ist auch $z_1 = \mathfrak{r}(z) \underset{\varepsilon}{\sim} \mathfrak{r}(z')$, was — wenn man für z' einen σ-Zyklus wählt — die Behauptung des Hilfssatzes II enthält.

3. Wir können jetzt den Beweis des Verfeinerungssatzes schnell zu Ende führen.

Die Zahl ε sei gegeben. Wir wählen $\sigma_1 = \sigma_1(\varepsilon)$ so, daß jeder σ_1-Zyklus erster Art bei jedem $\sigma > \sigma_1$ einem σ-Zyklus ε-homolog ist [19]). Sodann betrachten wir irgendein $\frac{\sigma_1}{3}$-Netz und konstruieren die dazugehörigen Komplexe $K = K_{\sigma_1}$ und $K' = K'_{\sigma_1} \subset K$. Da jeder $\frac{\sigma_1}{3}$-Zyklus z von F mittels Projektion in einen Zyklus von K übergeht, gilt eine Homologie

$$z \underset{\sigma_1}{\sim} z_0, \tag{1}$$

wobei z_0 ein Zyklus in K ist [20]). Er gehört einer der — gemäß

---

[18]) Vgl. VIETORIS [Math. Ann. 97 (1927), 454—472], 464; LEFSCHETZ a.a.O.

[19]) Der Koeffizientenbereich ist jetzt immer $\mathfrak{R}_1$.

[20]) Zyklen und Homologien in K sind *bis auf* K' zu verstehen. Man beachte, daß $K' \subset F'$ ist.

§ 2, Nr. 4, in *endlicher* Anzahl vorhandenen — Klassen $\mathfrak{B}_1, \ldots, \mathfrak{B}_s$ an, in welche die Gruppe aller Zyklen von K modulo der Untergruppe der Zyklen 1. Art zerfällt. Dabei ist diese Klasse offenbar eindeutig durch z bestimmt; die Menge aller Zyklen z, für welche $z_0 \subset \mathfrak{B}_h$ ist, heiße $\mathfrak{U}_h$, $h = 1, 2, \ldots, s$.

Für jedes $\delta \leqq \frac{\sigma_1}{3}$ bezeichne $\mathfrak{U}_h^\delta$ die — evtl. leere — Menge der in $\mathfrak{U}_h$ enthaltenen δ-Zyklen. Bei abnehmendem δ kann die Menge $\mathfrak{U}_h^\delta$ nie zunehmen; daher gibt es, falls — bei festem h — eine gewisse Menge $\mathfrak{U}_h^\delta$ leer ist, eine solche Zahl δ_h, daß die Mengen $\mathfrak{U}_h^\delta$ für alle $\delta < \delta_h$ leer sind; und da h nur endlich viele Indices durchläuft, gibt es eine Zahl $\sigma_\varepsilon \leqq \frac{\sigma_1}{3}$ mit folgender Eigenschaft: Es seien $1, 2, \ldots, s'$ diejenigen unter den Indices $1, 2, \ldots, s$, für welche die Mengen $\mathfrak{U}_1^{\sigma_\varepsilon}, \ldots, \mathfrak{U}_{s'}^{\sigma_\varepsilon}$ nicht leer sind; dann enthält jede der Mengen $\mathfrak{U}_1, \ldots, \mathfrak{U}_{s'}$ σ-Zyklen für jedes beliebig kleine σ.

Jetzt sei z ein σ_ε-Zyklus; er gehöre etwa zu der Menge $\mathfrak{U}_1$. Zu der beliebig kleinen Zahl σ, $\sigma \leqq \sigma_\varepsilon$, gibt es dann in $\mathfrak{U}_1$ einen σ-Zyklus z'; er erfüllt eine Homologie

$$(1') \qquad z' \underset{\sigma_1}{\sim} z_0',$$

und dabei ist z_0' in derselben Klasse $\mathfrak{B}_1$ enthalten wie z_0, es ist also $z_0 - z_0'$ ein Zyklus 1. Art, und zwar ein σ_1-Zyklus. Nach dem Hilfssatz II gibt es daher einen σ-Zyklus z'', so daß

$$(2) \qquad z_0 - z_0' \underset{\varepsilon}{\sim} z''$$

ist. Aus (1), (1'), (2) folgt

$$z - z' \underset{\varepsilon}{\sim} z'',$$

also

$$z \underset{\varepsilon}{\sim} z' + z''.$$

Da z' und z'' beide σ-Zyklen sind, ist damit der Verfeinerungssatz bewiesen.

4. Jetzt kommen wir endlich zu dem Beweis des Konvergenzsatzes.

Beweis. Wir setzen $\delta_0 = \varepsilon$, $\delta_1 = \sigma_\varepsilon$ (dabei ist σ_ε im Sinne des Verfeinerungssatzes definiert) und wählen die positiven Zahlen $\delta_2, \delta_3, \ldots, \delta_k, \ldots$ so, daß für jedes k die Ungleichungen

$$\delta_{k+1} < \frac{\delta_k}{2}, \qquad \delta_{k+1} < \sigma_{\delta_k}$$

gelten (σ immer im Sinne des Verfeinerungssatzes). Man bezeichne den willkürlich gegebenen σ_ε-Zyklus mit z_1 und nehmen an, daß ein δ_k-Zyklus z_k bereits konstruiert ist. Nach dem Verfeinerungssatz gibt es einen δ_{k+1}-Zyklus z_{k+1}, welcher dem Zyklus z_k δ_{k-1}-homolog ist. Auf diese Weise fortfahrend erhalten wir die Folge

$$(3) \qquad z_1, z_2, \ldots, z_k, \ldots,$$

wobei z_k ein δ_k-Zyklus und $z_k \underset{\delta_{k-1}}{\sim} z_{k+1}$ ist. Da $\lim \delta_k = 0$ ist, ist (3) ein konvergenter wahrer Zyklus, der dem gegebenen σ_ε-Zyklus z_1 ε-homolog ist.

Moskau und Zürich, Februar 1934.

(Eingegangen den 19. März 1936.)

31.

Über die Sehnen ebener Kontinuen und die Schleifen geschlossener Wege

Comm. Math. Helvetici **9** (1936/37), 303–319

§ 1.

1. Eine „Sehne" einer Punktmenge K ist eine Strecke, deren Endpunkte auf K liegen. K sei ein Kontinuum — d. h. eine beschränkte, abgeschlossene, zusammenhängende Punktmenge — in der Ebene. Eine Gerade g der Ebene sei ausgezeichnet; wir betrachten die Sehnen von K, welche zu g parallel sind. Die Menge der Zahlen, die als Längen dieser Sehnen auftreten, heiße $\mathfrak{S}(K)$; die Zahl 0 rechnen wir mit zu $\mathfrak{S}(K)$; alle anderen Zahlen aus $\mathfrak{S}(K)$ sind positiv.

Die Mengen $\mathfrak{S}(K)$ haben die folgende merkwürdige Eigenschaft, die von *P. Lévy* entdeckt worden ist[1]):

Ist K irgend ein ebenes Kontinuum, c eine Zahl aus $\mathfrak{S}(K)$ und n irgend eine positive ganze Zahl, so gehört auch $\frac{1}{n}c$ zu $\mathfrak{S}(K)$; ist dagegen s eine positive Zahl, die nicht von der Form $s = \frac{1}{n}$ mit ganzem n ist, so gibt es ein K, für welches die Menge $\mathfrak{S}(K)$ zwar die Zahl 1, aber nicht die Zahl s enthält.

Anders ausgedrückt: p und q seien zwei Punkte im Abstand 1 voneinander; unter allen positiven Zahlen s sind die Zahlen $s = \frac{1}{n}$ dadurch *ausgezeichnet*, daß *jedes* ebene Kontinuum, das p und q enthält, eine zu der Strecke $\overline{pq}$ parallele Sehne der Länge s besitzt.

2. Der Satz von *Lévy* wird sich unten als Folgerung aus einem schärferen Satz ergeben, der eine vollständige Charakterisierung der Mengen $\mathfrak{S}(K)$ liefert; es wird nämlich die folgende Frage beantwortet werden: *„Zu welchen Zahlenmengen $\mathfrak{M}$ gibt es ebene Kontinuen K mit $\mathfrak{S}(K) = \mathfrak{M}$?"*

Mit $\mathfrak{M}^*$ und $\mathfrak{S}^*(K)$ bezeichnen wir die Komplementärmengen von $\mathfrak{M}$ und $\mathfrak{S}(K)$ im Bereich der positiven Zahlen, also die Mengen derjenigen *positiven* Zahlen, die nicht zu $\mathfrak{M}$ bezw. $\mathfrak{S}(K)$ gehören. Aus der Abgeschlossenheit und Beschränktheit von K ergibt sich ohne weiteres, daß $\mathfrak{S}(K)$ abgeschlossen (und beschränkt), daß also $\mathfrak{S}^*(K)$ offen ist. Dafür aber, daß eine vorgelegte offene Menge $\mathfrak{M}^*$ positiver Zahlen als Menge $\mathfrak{S}^*(K)$ eines ebenen Kontinuums K auftritt, ist ausschlaggebend eine

---

[1]) *P. Lévy*, Sur une généralisation du théorème de Rolle, C. R. Acad. Sci., Paris, 198 (1934), p. 424—425. — Dort werden nicht beliebige Kontinuen, sondern nur Wege (s. u., Nr. 8) betrachtet; diese Einschränkung ist aber auch für den dortigen Beweis nicht wesentlich.

Eigenschaft algebraischer Natur. Nennen wir eine Zahlenmenge $\mathfrak{N}$ „*additiv*", wenn sie die folgende Eigenschaft hat:

$$\textit{aus } a \in \mathfrak{N} \textit{ und } b \in \mathfrak{N} \textit{ folgt } a + b \in \mathfrak{N}\ ,$$

so lautet nämlich die Antwort auf die oben ausgesprochene Frage folgendermaßen:

Zu der offenen (nicht leeren) Menge $\mathfrak{M}^*$ *positiver Zahlen gibt es dann und nur dann ein ebenes Kontinuum K mit* $\mathfrak{S}^*(K) = \mathfrak{M}^*$, *wenn* $\mathfrak{M}^*$ *eine additive Menge ist.*

Es wird also zweierlei behauptet:

Satz I. Es sei K ein beliebiges ebenes Kontinuum; dann ist die Menge $\mathfrak{S}^*(K)$ *additiv.*

Satz II. Es sei $\mathfrak{M}^*$ *eine offene (nicht leere) und additive Menge positiver Zahlen; dann gibt es ein ebenes Kontinuum K mit* $\mathfrak{S}^*(K) = \mathfrak{M}^*$.

Die Gerade g ist dabei immer fest ausgezeichnet.

Zu dem Satz II gilt noch der folgende *Zusatz:* es gibt sogar eine *Kurve* K, welche die Behauptung des Satzes II erfüllt und in einem rechtwinkligen x-y-Koordinatensystem durch $y = f(x)$, $0 \leqq x \leqq c$, dargestellt wird, wobei $f(x)$ in dem genannten Intervall *eindeutig und stetig* ist; hierbei ist die Gerade g die x-Achse.

3. Daß der Satz von Lévy eine Folge der Sätze I und II ist, ist leicht zu sehen. Es sei nämlich erstens K ein Kontinuum und c eine Zahl aus $\mathfrak{S}(K)$; wäre für eine gewisse natürliche Zahl n die Zahl $\frac{1}{n}c$ nicht in $\mathfrak{S}(K)$, sondern in $\mathfrak{S}^*(K)$, so wäre nach Satz I auch $\frac{1}{n}c + \cdots + \frac{1}{n}c = c \in \mathfrak{S}^*(K)$, im Widerspruch zu der Voraussetzung über c. Zweitens sei s eine positive Zahl, für die $\frac{1}{s}$ nicht ganz ist; um den zweiten Teil des Satzes von Lévy zu beweisen, braucht man nach Satz II nur eine offene und additive Menge $\mathfrak{M}^*$ positiver Zahlen anzugeben, die s, aber nicht 1 enthält. Eine solche Menge ist die folgende: $n = [\frac{1}{s}]$ ist die durch

$$n < \tfrac{1}{s} < n + 1$$

bestimmte ganze Zahl, und eine Zahl t gehört dann und nur dann zu $\mathfrak{M}^*$, wenn sie eine der Ungleichungen

$$\frac{k}{n+1} < t < \frac{k}{n}\,,\ \ k = 1, 2, \ldots \text{ ad inf.}$$

erfüllt. Das Kontinuum K, für welches dann $\mathfrak{S}^*(K) = \mathfrak{M}^*$ ist, kann man dabei gemäß dem Zusatz zu Satz II wählen.[2])

4. Für den Beweis des Satzes I machen wir die ausgezeichnete Gerade g zur x-Achse eines rechtwinkligen x-y-Koordinatensystems in der Ebene; dieses System habe die übliche Lage, d. h. die positive Richtung der x-Achse zeige horizontal nach rechts, die positive Richtung der y-Achse vertikal nach oben. Die Zahlenmengen $\mathfrak{S}(K)$ und $\mathfrak{S}^*(K)$ lassen sich in der nachstehenden Weise charakterisieren, die für den Beweis zweckmäßig ist.

Für jede positive Zahl s verstehen wir unter K_s die Punktmenge, die entsteht, wenn man K um die Strecke s horizontal nach rechts verschiebt. Gehört s zu $\mathfrak{S}(K)$, so gibt es einen solchen Punkt (x_0, y_0) von K, daß auch der Punkt (x_0+s, y_0) zu K gehört; dann hat K mit K_s den Punkt (x_0+s, y_0), gemeinsam. Umgekehrt: gehört s nicht zu $\mathfrak{S}(K)$, und ist (x_0, y_0) irgend ein Punkt von K, so gehört der Punkt (x_0+s, y_0) nicht zu K; folglich hat K mit K_s keinen gemeinsamen Punkt. Somit haben wir die folgende Charakterisierung der Mengen $\mathfrak{S}(K)$ und $\mathfrak{S}^*(K)$ gewonnen:

Ist $s \in \mathfrak{S}(K)$, *so ist* $K \cdot K_s \neq 0$; *ist* $s \in \mathfrak{S}^*(K)$, *so ist* $K \cdot K_s = 0$.

5. *Beweis des Satzes I.* Das Kontinuum K sei gegeben, und es seien a und b zwei Zahlen aus $\mathfrak{S}^*(K)$; dann ist nach Nr. 4: $K \cdot K_a = 0$ und, da $\mathfrak{S}^*(K_a) = \mathfrak{S}^*(K)$ ist: $K_a \cdot (K_a)_b = 0$; dies läßt sich aber, da $(K_a)_b = K_{a+b}$ ist, auch so schreiben: $K_a \cdot K_{a+b} = 0$. Somit ist

$$K_a \cdot K = 0, \qquad K_a \cdot K_{a+b} = 0. \tag{1}$$

Die Behauptung lautet: $a + b \in \mathfrak{S}^*(K)$, also nach Nr. 4:

$$K \cdot K_{a+b} = 0. \tag{2}$$

Es ist also zu zeigen, daß (2) aus (1) folgt.

Auf der Punktmenge $K + K_a + K_{a+b}$ wird das Minimum der Koordinate x in einem Punkt von K, das Maximum von x in einem Punkt von K_{a+b}, das Minimum der Koordinate y in einem Punkt von K_a, das

[2]) *P. Lévy* beweist den zweiten Teil seines Satzes durch die Angabe des folgenden einfachen Beispieles: die Kurve K sei durch

$$0 \leqq x \leqq 1\,, \quad y = f(x) = \sin^2 \frac{\pi x}{s} - x \cdot \sin^2 \frac{\pi}{s}$$

gegeben; dann ist $f(1) = f(0)$ und $f(x+s) = f(x) - s \,.\, sin^2 \dfrac{\pi}{s} \neq f(x)$ für alle x. — Der Beweis von Lévy für den ersten Teil des Satzes stimmt im wesentlichen mit dem obigen Beweis des Satzes I (Nr. 4, 5) überein.

Maximum von y in einem Punkt von K_a erreicht[3]). Daher ist die Richtigkeit unserer Behauptung in dem folgenden, anschaulich plausiblen Hilfssatz enthalten:

Hilfssatz 1. Es seien C, C', C'' drei Kontinuen in der x-y-Ebene; auf der Menge $C' + C + C''$ werde das Minimum x' von x in einem Punkt p' von C', das Maximum von x in einem Punkt p'' von C'', das Minimum y_0 von y in einem Punkt q_0 von C und das Maximum y_1 von y in einem Punkt q_1 von C erreicht. Ferner sei

$$C \cdot C' = 0\,, \quad C \cdot C'' = 0\,; \tag{1'}$$

dann ist auch

$$C' \cdot C'' = 0\,. \tag{2'}$$

Beweis des Hilfssatzes: Infolge (1′) hat C von $C' + C''$ einen positiven Abstand r. Die Menge $U(C, r)$ der Punkte, die von C um weniger als r entfernt sind, ist offen und infolge des Zusammenhanges von C selbst zusammenhängend; man kann daher q_0 mit q_1 durch einen Weg $\mathfrak{w}_1$ — z. B. einen einfachen Streckenzug — verbinden, der in $U(C, r)$ verläuft und somit fremd zu $C' + C''$ ist. Wir konstruieren einen zweiten Weg $\mathfrak{w}_2$, der q_1 mit q_0 verbindet, indem wir nacheinander die folgenden fünf Strecken ziehen: 1) von q_1 vertikal nach oben bis zum Wert $y_1 + 1$ von y; 2) horizontal nach links bis zum Wert $x' - 1$ von x; 3) vertikal nach unten bis zum Wert $y_0 - 1$ von y; 4) horizontal nach rechts, bis man sich senkrecht unterhalb q_0 befindet; 5) vertikal nach oben bis q_0. Da auch dieser Weg $\mathfrak{w}_2$ fremd zu $C' + C''$ ist, gilt dasselbe für den geschlossenen Weg $\mathfrak{z} = \mathfrak{w}_1 + \mathfrak{w}_2$. Da jede der Mengen C' und C'' zusammenhängend ist, liegt jede von ihnen in einem der Gebiete, in welche die Ebene durch $\mathfrak{z}$ zerlegt wird; und folglich hat $\mathfrak{z}$ um alle Punkte von C' die gleiche Umlaufzahl[4]) u' und um alle Punkte von C'' die gleiche Umlaufzahl u''. Für den Beweis von (2′) genügt es daher, zu zeigen, daß $u' \neq u''$ ist.

Der Halbstrahl, der in p' beginnt und horizontal nach links zeigt, wird bei Durchlaufung von $\mathfrak{z}$ genau einmal geschnitten (durch die dritte Strecke von $\mathfrak{w}_2$), und zwar im Sinne des wachsenden Winkelargumentes;

---

[3]) Die Extrema von y werden außerdem auch auf K und K_{a+b} erreicht. Auch in dem Hilfssatz 1 ist es gleichgültig, ob die Extrema von x und y außer in den genannten Punkten noch in anderen Punkten erreicht werden.

[4]) Man vergl. z. B. *Alexandroff-Hopf*, Topologie I (Berlin 1935), S. 462; oder *E. Schmidt*, Über den Jordanschen Kurvensatz, Sitz. Ber. Preuß. Akad. Wissensch. 28 (1923), S. 318; (die „Charakteristik" ist gleich der mit 2π multiplizierten Umlaufzahl).

folglich erleidet bei Durchlaufung von $\mathfrak{z}$ das Winkelargument des Vektors, der in p' beginnt und in dem laufenden Punkt endet, eine Zunahme von 2π; die Umlaufzahl u' von $\mathfrak{z}$ um p' ist also 1. Der Halbstrahl, der in p'' beginnt und horizontal nach rechts zeigt, wird von $\mathfrak{z}$ gar nicht getroffen; folglich ist die Umlaufzahl u'' von $\mathfrak{z}$ um p'' gleich 0.[5])

Damit sind der Hilfssatz 1 und der Satz I bewiesen.

6. Als Vorbereitung für den Beweis des Satzes II stellen wir jetzt einige Eigenschaften von Mengenpaaren $\mathfrak{M}$, $\mathfrak{M}^*$ fest, von denen wir voraussetzen: $\mathfrak{M}^*$ bestehe aus positiven Zahlen, sei nicht leer, enthalte aber nicht alle positiven Zahlen; $\mathfrak{M}^*$ sei offen und additiv; $\mathfrak{M}$ bestehe aus der 0 und den positiven Zahlen, die nicht zu $\mathfrak{M}^*$ gehören.

(a) *$\mathfrak{M}$ ist beschränkt.*

Beweis: Da $\mathfrak{M}^*$ offen und nicht leer ist, gibt es ein offenes Intervall $(a, b) \subset \mathfrak{M}^*$; da $\mathfrak{M}^*$ additiv ist, sind auch für alle positiven ganzen n die Intervalle $(na, nb) \subset \mathfrak{M}^*$. Sobald $n > \frac{a}{b-a}$ ist, ist $(n+1)a < nb$; daher gehören, wenn n_0 ganz und $n_0 > \frac{a}{b-a}$ ist, alle Zahlen x mit $x > n_0 a$ zu $\mathfrak{M}^*$.

(b) *Die untere Grenze u von $\mathfrak{M}^*$ ist positiv.*

Beweis: Es sei a irgendeine Zahl von $\mathfrak{M}$; gehören alle positiven Zahlen unterhalb a zu $\mathfrak{M}$, so ist $u \geqslant a > 0$. Es gebe also unterhalb a eine Zahl von $\mathfrak{M}^*$; dann gibt es wegen der Offenheit von $\mathfrak{M}^*$ sogar ein ganzes Intervall J unterhalb a, das ganz zu $\mathfrak{M}^*$ gehört. Durchläuft die Veränderliche x das Intervall J, so durchläuft $x' = a - x$ ein Intervall J'; dieses gehört ganz zu $\mathfrak{M}$; denn aus $x' = a - x \in \mathfrak{M}^*$ würde infolge der Additivität von $\mathfrak{M}^*$ folgen: $a \in \mathfrak{M}^*$. Somit enthält $\mathfrak{M}$ jedenfalls ein Intervall.

Wäre nun $u = 0$, so würde $\mathfrak{M}^*$ beliebig kleine Zahlen enthalten; da mit jeder Zahl b alle ihre positiven ganzen Vielfachen nb zu $\mathfrak{M}^*$ gehören, wäre $\mathfrak{M}^*$ überall dicht im Bereich der positiven Zahlen — entgegen der Tatsache, daß $\mathfrak{M}$ ein Intervall enthält. Es ist also $u \neq 0$, d. h. $u > 0$.

(c) *Die Länge jedes Intervalls, das ganz zu $\mathfrak{M}$ gehört, ist $\leqq u$.*

Beweis: Es sei J ein Intervall positiver Zahlen, dessen Länge $v > u$ ist. Da u die untere Grenze von $\mathfrak{M}^*$ ist, gibt es eine Zahl $w \in \mathfrak{M}^*$,

---

[5]) Nimmt man $\mathfrak{w}_1$ als einfachen Streckenzug an, so ist $\mathfrak{z}$ ein einfach geschlossenes Polygon, in dessen Innerem C' und in dessen Äußerem C'' liegt (der obige Beweis benutzt aber nicht einmal den Jordanschen Kurvensatz für Polygone).

die $< v$ ist. Jedes positive ganze Vielfache nw von w gehört ebenfalls zu $\mathfrak{M}^*$. Wenigstens eine Zahl nw liegt in J. Folglich gehört J nicht ganz zu $\mathfrak{M}$.

(d) *Ist* $s \in \mathfrak{M}^*$ *und* t *Häufungspunkt von* $\mathfrak{M}^*$, *so ist* $s + t \in \mathfrak{M}^*$.

Beweis: Da $\mathfrak{M}^*$ offen ist, gibt es ein solches $\varepsilon > 0$, daß das Intervall $(s - \varepsilon, s + \varepsilon)$ zu $\mathfrak{M}^*$ gehört. Da t Häufungspunkt von $\mathfrak{M}^*$ ist, gibt es ein solches δ, $0 < \delta < \varepsilon$, daß von den Zahlen $t - \delta$ und $t + \delta$ wenigstens eine zu $\mathfrak{M}^*$ gehört. Die beiden Zahlen $s + \delta$ und $s - \delta$ liegen in $(s - \varepsilon, s + \varepsilon)$ und gehören daher zu $\mathfrak{M}^*$. Aus der Additivität von $\mathfrak{M}^*$ folgt: falls $t - \delta \in \mathfrak{M}^*$ ist, so ist $(s + \delta) + (t - \delta) \in \mathfrak{M}^*$; falls $t + \delta \in \mathfrak{M}^*$ ist, so ist $(s - \delta) + (t + \delta) \in \mathfrak{M}^*$; also ist jedenfalls $s + t \in \mathfrak{M}^*$.

7. *Beweis des Satzes II und des Zusatzes zu ihm.* Die Menge $\mathfrak{M}^*$ erfülle die Voraussetzungen des Satzes II; $\mathfrak{M}$ bestehe aus der 0 und den nicht zu $\mathfrak{M}^*$ gehörigen positiven Zahlen. Da $\mathfrak{M}^*$ offen ist, ist $\mathfrak{M}$ abgeschlossen. Nach Nr. 6 (a) gibt es eine größte Zahl von $\mathfrak{M}$; sie heiße c.

Falls $\mathfrak{M}^*$ alle positiven Zahlen enthält (also $c = 0$ ist), ist der Satz trivial, da man dann als K einen einzigen Punkt wählen kann; es gebe also wenigstens eine positive Zahl in $\mathfrak{M}$, d. h. es sei $c > 0$.

Die Menge der Randpunkte von $\mathfrak{M}$ nennen wir $\dot{\mathfrak{M}}$; sie besteht aus der Zahl 0 und aus Häufungspunkten von $\mathfrak{M}^*$; sie ist abgeschlossen. Die Menge $\mathfrak{M} - \dot{\mathfrak{M}}$ ist offen; sie besteht aus den inneren Punkten von $\mathfrak{M}$.

Die Entfernung bezeichnen wir mit ϱ. Wir setzen

$$f(x) = 0 \qquad \text{für } x \in \dot{\mathfrak{M}}, \tag{3a}$$

$$f(x) = \varrho(x, \dot{\mathfrak{M}}) \qquad \text{für } x \in \mathfrak{M} - \dot{\mathfrak{M}}, \tag{3b}$$

$$f(x) = -\varrho(x, \dot{\mathfrak{M}}) \qquad \text{für } x \in \mathfrak{M}^*; \tag{3c}$$

man kann die drei Formeln übrigens folgendermaßen zusammenfassen:

$$f(x) = \varrho(x, \mathfrak{M}^* + \dot{\mathfrak{M}}) - \varrho(x, \mathfrak{M}).$$

$f(x)$ ist eine für $x \geqq 0$ eindeutige und stetige Funktion. Wir behaupten, daß die Kurve K, die in dem rechtwinkligen x-y-Koordinatensystem durch $0 \leqq x \leqq c$, $y = f(x)$ dargestellt wird, die Behauptung des Zusatzes zum Satz II erfüllt. Wir zerlegen diese Behauptung in zwei Teile (und präzisieren den zweiten Teil ein wenig):

(A) *Zu jedem* $s \in \mathfrak{M}$ *gibt es ein* x, $0 \leqq x < x + s \leqq c$, *mit* $f(x + s) = f(x)$.

(B) *Für jedes* $s \in \mathfrak{M}^*$ *und jedes* $x \geqq 0$ *ist* $f(x + s) < f(x)$.

Beweis von (A). Es sei $s \in \mathfrak{M}$. Die kleinste Zahl aus $\dot{\mathfrak{M}}$, welche $\geqq s$ ist, heiße s_1; da das ganze Intervall[6]) $[s, s_1]$ zu $\mathfrak{M}$ gehört, folgt aus Nr. 6 (c):

$$0 \leqq s_1 - s \leqq u\,,$$

wobei u wieder die untere Grenze von $\mathfrak{M}^*$ bezeichnet; da das Intervall $[0, u]$ zu $\mathfrak{M}$ gehört, ist $s_1 - s \in \mathfrak{M}$, also nach (3a) und (3b):

$$f(s_1 - s) \geqq 0\,. \tag{4}$$

Ferner folgt aus (3a) und (3b):

$$f(s_1) = 0\,, \quad f(0) = 0\,, \quad f(s) \geqq 0\,. \tag{4'}$$

Nach (4) und (4′) ist

$$f(x+s) \leqq f(x) \qquad \text{für } x = s_1 - s\,,$$

$$f(x+s) \geqq f(x) \qquad \text{für } x = 0\,;$$

folglich gibt es ein x, $0 \leqq x \leqq s_1 - s$, mit

$$f(x+s) = f(x)\,.$$

Da s_1 zu $\dot{\mathfrak{M}}$, also zu $\mathfrak{M}$ gehört, ist $s_1 \leqq c$, also auch $x + s \leqq c$. Damit ist (A) bewiesen.

Beweis von (B). Es sei $s \in \mathfrak{M}^*$; die Behauptung ist:

$$f(x+s) < f(x) \qquad \text{für } x \geqq 0\,. \tag{5}$$

Wir unterscheiden die drei Fälle, denen die drei Bestimmungen (3a), (3b), (3c) von $f(x)$ entsprechen.

a) $x \in \dot{\mathfrak{M}}$; nach Nr. 6 (d) ist $x + s \in \mathfrak{M}^*$. Aus (3a) und (3c) folgt $f(x) = 0$, $f(x+s) < 0$; also gilt (5).

b) $x \in \mathfrak{M} - \dot{\mathfrak{M}}$; dann ist $f(x) > 0$. Ist $x + s \in \mathfrak{M}^* + \dot{\mathfrak{M}}$, so ist $f(x+s) \leqq 0$, also gilt (5). Es sei nicht $x + s \in \mathfrak{M}^* + \dot{\mathfrak{M}}$, es sei also $x + s \in \mathfrak{M} - \dot{\mathfrak{M}}$; dann ist $f(x+s) = \varrho(x+s, \dot{\mathfrak{M}})$, und da auch $f(x) = \varrho(x, \dot{\mathfrak{M}})$ ist, lautet die Behauptung (5):

$$\varrho(x+s, \dot{\mathfrak{M}}) < \varrho(x, \dot{\mathfrak{M}})\,. \tag{5'}$$

[6]) Wie üblich deuten wir die Abgeschlossenheit eines Intervalls durch eckige, die Offenheit durch runde Klammern an.

Es sei p die größte Zahl von $\dot{\mathfrak{M}}$ unterhalb x und q die kleinste Zahl von $\dot{\mathfrak{M}}$ oberhalb x; dann ist

$$\varrho(x, \dot{\mathfrak{M}}) = \min\{x - p,\ q - x\},$$

wofür wir auch schreiben können:

$$\varrho(x, \dot{\mathfrak{M}}) = \min\{(x+s) - (p+s),\ (q+s) - (x+s)\}. \tag{6}$$

Aus Nr. 6 (d) folgt, daß die Endpunkte des Intervalls $J = (p+s, q+s)$, das den Punkt $x+s$ im Inneren enthält, zu $\mathfrak{M}^*$ gehören; wegen der Offenheit von $\mathfrak{M}^*$ gibt es daher ein solches $\varepsilon > 0$, daß auch $p+s+\varepsilon$ und $q+s-\varepsilon$ zu $\mathfrak{M}^*$ gehören, und daß $x+s$ in dem Intervall $J' = (p+s+\varepsilon, q+s-\varepsilon)$ liegt; da $x+s$ nicht zu $\mathfrak{M}^*$ gehört, muß sowohl zwischen $p+s+\varepsilon$ und $x+s$ als auch zwischen $x+s$ und $q+s-\varepsilon$ ein Punkt von $\dot{\mathfrak{M}}$ liegen; die Entfernung des Punktes $x+s$ von wenigstens einem dieser Punkte ist kleiner als die rechte Seite von (6). Folglich gilt (5').

c) $x \in \mathfrak{M}^*$; dann ist auch $x+s \in \mathfrak{M}^*$, also $f(x) = -\varrho(x, \dot{\mathfrak{M}})$, $f(x+s) = -\varrho(x+s, \dot{\mathfrak{M}})$; die Behauptung (5) lautet daher:

$$\varrho(x+s, \dot{\mathfrak{M}}) > \varrho(x, \dot{\mathfrak{M}}). \tag{5''}$$

p und q sollen dieselbe Bedeutung haben wie soeben[7]); es gilt also auch (6).

Da das offene Intervall (p, q) zu $\mathfrak{M}^*$ gehört, gehört auch das offene Intervall $J = (p+s, q+s)$ zu $\mathfrak{M}^*$; aus Nr. 6 (d) und der Offenheit von $\mathfrak{M}^*$ folgt wieder, daß die Endpunkte von J innere Punkte von $\mathfrak{M}^*$ sind; es gibt also ein $\varepsilon > 0$, so daß auch das Intervall $J'' = (p+s-\varepsilon, q+s+\varepsilon)$ ganz zu $\mathfrak{M}^*$ gehört. Die Menge $\dot{\mathfrak{M}}$ liegt außerhalb J''; der Punkt $x+s$ liegt innerhalb J; daher ist $\varrho(x+s, \dot{\mathfrak{M}})$ größer als die rechte Seite von (6). Folglich gilt (5'').

Damit ist der Satz II samt seinem Zusatz bewiesen.

§ 2.

8. Der Satz I läßt sich folgendermaßen aussprechen: Es sei $a > 0$, $b > 0$; $a + b \in \mathfrak{S}(K)$; $a \in \mathfrak{S}^*(K)$; dann ist $b \in \mathfrak{S}(K)$. Mit anderen Worten: besitzt K eine Sehne S der Länge $a+b$, aber keine zu S parallele Sehne der Länge a, so besitzt K wenigstens eine zu S parallele Sehne der Länge b. Hiervon gilt nun die folgende Verschärfung: unter den ge-

[7]) Ist $x > c$, so hat man $q = \infty$ zu setzen. Übrigens sind für den Satz II nur die x mit $0 \leq x \leq c - s$ wichtig.

nannten Voraussetzungen besitzt K sogar *wenigstens zwei* zu S parallele Sehnen der Länge b.

Wir werden hier diese Verschärfung des Satzes I nicht in voller Allgemeinheit, sondern nur für den Fall beweisen, daß K eine *Kurve* ist; die Übertragung auf beliebige Kontinuen kann dann ohne große Schwierigkeit durch ein Approximationsverfahren vorgenommen werden; wir gehen darauf nicht ein, weil wir eine nochmalige Verschärfung des obigen Satzes im Auge haben, welche nur im Falle von Kurven K, die auf einen Parameter bezogen sind, einen Sinn hat.

Eine (endliche) *Kurve* (oder ein „Weg") in der x-y-Ebene ist durch zwei Funktionen $x(\tau)$, $y(\tau)$ definiert, die für das Parameterintervall $0 \leqq \tau \leqq 1$ erklärt, eindeutig und stetig sind. Anfangs- und Endpunkt der betrachteten Kurve K mögen den Abstand $c > 0$ voneinander haben; nach einer Drehung des Koordinatensystems dürfen wir annehmen, daß

$$y(1) = y(0), \quad x(1) = x(0) + c, \quad c > 0, \tag{1}$$

ist. Wir interessieren uns für diejenigen Sehnen von K, die parallel zu der Verbindungsgeraden des Anfangs- und des Endpunktes, also parallel zur x-Achse sind; wir nennen sie kurz die „*x-Sehnen*". Zu dem Parameterpaar τ_1, τ_2 gehört also eine x-Sehne, wenn

$$y(\tau_2) = y(\tau_1) \tag{2y}$$

ist; wir nennen diese Sehne eine *positive* x-Sehne, wenn überdies

$$x(\tau_2) > x(\tau_1), \quad \tau_2 > \tau_1, \tag{2x}$$

ist.

Der Satz, dessen Beweis das Ziel dieses Paragraphen ist und der die oben ausgesprochene Verschärfung des Satzes I — bei Beschränkung auf Kurven K — noch einmal verschärft, lautet nun:

Satz III. Die Kurve K sei für $0 \leqq \tau \leqq 1$ erklärt und erfülle die Bedingungen (1)*; es sei $a > 0, b > 0, a + b = c$; K besitze keine positive x-Sehne der Länge a. Dann besitzt K wenigstens zwei positive x-Sehnen der Länge b.*

Bemerkung: Von den „zwei" positiven x-Sehnen der Länge b wird nicht nur behauptet, daß die Parameterwerte ihrer Anfangspunkte voneinander verschieden sind, sondern sogar, daß die Anfangspunkte selbst (und damit auch die Endpunkte) nicht zusammenfallen.

Der Beweis des Satzes III wird auf Grund von zwei Hilfssätzen (Nr. 9 und 10) in Nr. 11 geführt werden; er ist unabhängig von dem Inhalt des § 1 und enthält somit — wenn man noch den Übergang von Kurven zu beliebigen Kontinuen hinzufügt — einen zweiten Beweis des Satzes I.

9. *Hilfssatz* 2. Die Kurve K erfülle außer den Bedingungen (1) noch die folgende:

$$y(\tau) \geqq y(0) = y(1) \qquad \text{für } 0<\tau<1\,. \tag{3}$$

Dann besitzt K zu jeder positiven Zahl $s<c$ wenigstens eine positive x-Sehne der Länge s.

Beweis[8]). Die Zahl s, $0<s<c$, sei gegeben; die Behauptung lautet: es gibt zwei solche Zahlen τ_1, τ_2 mit

$$0 \leqq \tau_1 < \tau_2 \leqq 1\,, \tag{4}$$

daß

$$x(\tau_2) = x(\tau_1) + s\,, \tag{5x}$$

$$y(\tau_2) = y(\tau_1) \tag{5y}$$

ist. Da (5x) für $\tau_1 = \tau_2$ niemals erfüllt ist, genügt es, die Existenz zweier Zahlen, für die (5x) und (5y) gelten, in dem größeren Bereich

$$0 \leqq \tau_1 \leqq \tau_2 \leqq 1 \tag{4'}$$

nachzuweisen. Fassen wir τ_1 und τ_2 als cartesische Koordinaten einer Ebene auf, so wird in dieser durch (4') ein abgeschlossenes Dreieck D bestimmt. Durch die Funktionen

$$v_1(\tau_1, \tau_2) = x(\tau_2) - x(\tau_1) - s\,, \tag{6x}$$

$$v_2(\tau_1, \tau_2) = y(\tau_2) - y(\tau_1) \tag{6y}$$

wird eine stetige Abbildung v von D in eine Ebene erklärt, in welcher v_1 und v_2 cartesische Koordinaten sind; die Behauptung lautet dann: der Nullpunkt o der v_1-v_2-Ebene gehört zu dem Bilde $v(D)$.

Um dies zu beweisen, dürfen wir annehmen, daß o nicht zu dem Bilde $v(\dot{D})$ des Randes $\dot{D}$ von D gehört; dann ist die Behauptung bewiesen, sobald gezeigt ist: die Umlaufzahl des geschlossenen Weges $v(\dot{D})$ um o — oder die „Ordnung" von o in bezug auf $v(\dot{D})$ — ist von 0 verschieden[9]).

Wir lassen einen Punkt p den geschlossenen Weg $\dot{D}$ einmal im positiven Sinne durchlaufen und beobachten die Änderung, die das Winkelargument φ des Bildpunktes $v(p)$ erleidet. Aus (1), (3), (6x), (6y) liest

[8]) Die Existenz einer x-Sehne der Länge s, ohne Rücksicht darauf, ob sie positiv ist oder nicht, ergibt sich leicht mit Hilfe von Nr. 4.

[9]) Man vergl. z. B. *Alexandroff-Hopf*, a.a.O.[4]), S. 468.

man ab, daß sich $v(p)$ folgendermaßen verhält: während p, beginnend im Punkt $\tau_1=\tau_2=0$, die Kante $0\leqq\tau_1=\tau_2\leqq 1$ durchläuft, bleibt $v(p)$ in einem festen Punkt der negativen v_1-Achse, nämlich in dem Punkt $v_1=-s$, $v_2=0$; während p die Kante $1=\tau_2\geqq\tau_1\geqq 0$ im Sinne des abnehmenden τ_1 durchläuft, bewegt sich $v(p)$ in der Halbebene $v_2\leqq 0$ bis in einen Punkt der positiven v_1-Achse, nämlich den Punkt $v_1=c-s, v_2=0$; während p die Kante $1\geqq\tau_2\geqq\tau_1=0$ im Sinne des abnehmenden τ_2 durchläuft, bewegt sich $v(p)$ in der Halbebene $v_2\geqq 0$ wieder in den Ausgangspunkt $v_1=-s$, $v_2=0$ zurück. Das Winkelargument φ von $v(p)$ ändert sich bei Durchlaufung der ersten Kante gar nicht; bei Durchlaufung sowohl der zweiten als auch der dritten Kante nimmt es jedesmal um $+\pi$ zu. Die Gesamtänderung von φ ist also 2π, d. h. die Umlaufzahl von $v(\dot{D})$ um o ist 1. — Damit ist der Hilfssatz 2 bewiesen.

10.[10]) Unter einer ,,periodischen" Kurve P soll eine unendliche Kurve in der x-y-Ebene verstanden werden, die durch zwei Funktionen $x(\tau)$, $y(\tau)$ gegeben ist, welche für $-\infty<\tau<+\infty$ eindeutig und stetig sind und die Funktionalgleichungen

$$x(\tau+1)=x(\tau)+c,\ c>0;\qquad y(\tau+1)=y(\tau) \tag{7}$$

erfüllen. Ebenso wie in Nr. 8 für endliche Kurven seien durch (2x) und (2y) die positiven x-Sehnen von P erklärt.

Die Sehne, deren Anfangspunkt zum Parameterwert τ_1 und deren Endpunkt zu τ_2 gehört, bezeichnen wir mit $S(\tau_1,\tau_2)$. Wir nennen $S(\tau_1,\tau_2)$,,primitiv", wenn $\tau_1<\tau_2<\tau_1+1$ ist. Zwei primitive Sehnen $S(\tau_1,\tau_2)$ und $S(\tau_1',\tau_2')$ heißen einander ,,kongruent", wenn $\tau_1\equiv\tau_1'$ und $\tau_2\equiv\tau_2'$ mod. 1 ist; die Eigenschaften, x-Sehne zu sein, positiv zu sein und eine bestimmte Länge a zu haben, bleiben beim Übergang von einer Sehne zu einer kongruenten erhalten. Ist $S=S(\tau_1,\tau_2)$ primitiv, so ist auch $\overline{S}=S(\tau_2,\tau_1+1)$ primitiv; ist S positiv und von der Länge $a<c$, so ist auch $\overline{S}$ positiv, und zwar von der Länge $c-a$; denn es ist

$$y(\tau_2)=y(\tau_1),\quad x(\tau_2)=x(\tau_1)+a,$$

also

$$y(\tau_1+1)=y(\tau_1)=y(\tau_2),$$

$$x(\tau_1+1)=x(\tau_1)+c=x(\tau_2)+c-a;$$

wir nennen $\overline{S}$, sowie die mit $\overline{S}$ kongruenten Sehnen, zu S ,,komplemen-

[10]) Dieser Abschnitt und § 3 stehen in naher Berührung mit den folgenden beiden Noten von *F. Levi*: Beiträge zu einer Analysis der stetigen periodischen Kurven . . ., sowie: Über stetige periodische Kurven . . ., Ber. Sächs. Akad. Wiss., Math.-Phys. Klasse, LXXV (1923), S. 62—67 und 127—131.

tär"; die zu zwei Sehnen S und S' komplementären Sehnen $\overline{S}$ und $\overline{S}'$ sind einander dann und nur dann kongruent, wenn S und S' einander kongruent sind.

Hilfssatz 3. P sei eine periodische Kurve, für welche (7) gilt; es sei $0 < s < c$. Dann besitzt P wenigstens zwei primitive positive x-Sehnen der Länge s, welche einander nicht kongruent sind[11]).

Beweis. Die Funktion $y(\tau)$ nimmt ihren gesamten Wertevorrat bereits für $0 \leqq \tau \leqq 1$ an; sie besitzt daher ein Minimum und erreicht dieses für einen gewissen Parameterwert τ_0. Verstehen wir unter K denjenigen Teil von P, der zu $\tau_0 \leqq \tau \leqq \tau_0 + 1$ gehört, so ist K eine endliche Kurve, welche die Voraussetzungen des Hilfssatzes 2 erfüllt (man hat nur den Parameter τ durch $\tau - \tau_0$ zu ersetzen); folglich besitzt K eine positive x-Sehne $S = S(\tau_1, \tau_2)$ der Länge s; sie ist eine primitive Sehne von P, denn es ist

$$\tau_0 \leqq \tau_1 < \tau_2 \leqq \tau_0 + 1 \leqq \tau_1 + 1\,. \tag{8}$$

Ebenso besitzt K eine primitive positive x-Sehne $S^* = S(\tau_1^*, \tau_2^*)$ der Länge $c - s$; analog zu (8) ist

$$\tau_0 \leqq \tau_1^* < \tau_2^* \leqq \tau_0 + 1 \leqq \tau_1^* + 1\,. \tag{9}$$

Die zu S^* komplementäre Sehne $S' = S(\tau_2^*, \tau_1^* + 1)$ ist eine primitive positive Sehne der Länge s von P.

Wenn S und S' einander nicht kongruent sind, ist der Beweis beendet; es bleibt noch der Fall zu behandeln, in dem diese beiden Sehnen einander kongruent sind, in dem also

$$\tau_2^* \equiv \tau_1\,, \qquad \tau_1^* \equiv \tau_2 \qquad \text{mod. } 1$$

ist; dies ist nach (8) und (9) nur möglich, wenn einer der folgenden beiden Fälle vorliegt:

$$\tau_0 = \tau_1\,, \qquad \tau_2 = \tau_1^*\,, \qquad \tau_2^* = \tau_0 + 1\,; \tag{10a}$$

$$\tau_0 = \tau_1^*\,, \qquad \tau_2^* = \tau_1\,, \qquad \tau_2 = \tau_0 + 1\,. \tag{10b}$$

Bevor wir aus (10a) oder (10b) Folgerungen ziehen, bemerken wir: es brauchen nur diejenigen s betrachtet zu werden, die $< \frac{c}{2}$ sind. Denn erstens ist, wenn $s = \frac{c}{2}$ ist, die zu S komplementäre Sehne ebenfalls von

[11]) Die Existenz zweier, einander nicht kongruenter Sehnen der Länge s von P, ohne Rücksicht darauf, ob sie primitiv und positiv sind oder nicht, ist in einem Satz von *F. Levi*, a.a.O. S. 63, enthalten; diese Abschwächung des Hilfssatzes 3 ist gleichbedeutend mit der folgenden Aussage: P besitzt zwei, einander nicht kongruente, primitive positive Sehnen, deren Längen $\equiv s$ mod. c sind.

der Länge $\frac{c}{2}$ und nicht mit S kongruent; zweitens: wenn unser Hilfssatz schon für jedes $s<\frac{c}{2}$ bewiesen und wenn dann ein $s'>\frac{c}{2}$ vorgelegt ist, so nehme man zwei primitive positive Sehnen S_1, S_2 von der Länge $s=c-s'$, die einander nicht kongruent sind; sind dann $\overline{S}_1$, $\overline{S}_2$ zu diesen Sehnen komplementär, so erfüllen sie die Behauptung des Hilfssatzes.

Wir dürfen somit in der Tat $s<\frac{c}{2}$, also $s<c-s$ voraussetzen; außerdem liege einer der Fälle (10a) oder (10b) vor. Unter K^* verstehen wir den Teil von K, der zu $\tau_1^* \leqq \tau \leqq \tau_2^*$ gehört; nach Definition von τ_1^* und τ_2^* ist $y(\tau_1^*)=y(\tau_2^*)$; dieser Wert ist nach (10a) bzw. (10b) gleich dem Minimum $y(\tau_0)=y(\tau_0+1)$ aller Werte $y(\tau)$; folglich kann man auf K^* den Hilfssatz 2 anwenden; mithin besitzt K^*, da

$$x(\tau_2^*)=x(\tau_1^*)+c-s\,, \qquad s<c-s$$

ist, eine positive x-Sehne der Länge s; diese ist eine primitive Sehne von P und, wie aus (10a) bzw. (10b) hervorgeht, nicht mit $S=S(\tau_1,\tau_2)$ kongruent. — Damit ist der Hilfssatz 3 bewiesen.

11. *Beweis des Satzes III* (Nr. 8). Die für $0 \leqq \tau \leqq 1$ erklärten Funktionen $x(\tau)$, $y(\tau)$, welche K darstellen, ergänzen wir mittels der Funktionalgleichungen (7) zu Funktionen, die für alle τ erklärt sind; diese stellen eine unendliche periodische Kurve P dar, welche K als Teil enthält. Nach Hilfssatz 3 besitzt P zwei primitive positive Sehnen $S=S(\tau_1,\tau_2)$, $S'=S(\tau_1',\tau_2')$ der Länge a, die einander nicht kongruent sind; indem wir allenfalls zu kongruenten Sehnen übergehen, dürfen wir annehmen, daß

$$0 \leqq \tau_2 < 1\,, \qquad 0 \leqq \tau_2' < 1$$

ist. Wäre $\tau_1 \geqq 0$ oder $\tau_1' \geqq 0$, so wäre S bzw. S' eine positive x-Sehne der Länge a von K — entgegen der Voraussetzung des Satzes III; es ist also $\tau_1<0$, $\tau_2<0$ und daher $\tau_1+1<1$, $\tau_2+1<1$. Folglich sind die zu S und S' komplementären Sehnen $\overline{S}=S(\tau_2,\tau_1+1)$ und $\overline{S}'=S(\tau_2',\tau_1'+1)$ Sehnen der Kurve K; sie sind positive Sehnen der Länge $b=c-a$; da S und S' einander nicht kongruent sind, sind auch $\overline{S}$ und $\overline{S}'$ einander nicht kongruent, d. h. es ist nicht zugleich $\tau_2=\tau_2'$ und $\tau_1+1=\tau_1'+1$.

Es muß noch gezeigt werden, daß K zwei positive x-Sehnen der Länge b besitzt, die wirklich voneinander *verschieden* sind — im Sinne der an die Formulierung des Satzes III geknüpften „Bemerkung" (Nr. 8). $\overline{S}$ und $\overline{S}'$ sind gewiß voneinander verschieden, falls der Anfangspunkt p und der Endpunkt q von $\overline{S}$ die folgende Eigenschaft E haben: es gibt

315

nur einen einzigen Wert von τ, nämlich τ_2, zu welchem p gehört, und für $\tau_2 < \tau < 1$ nur einen einzigen Wert von τ, zu welchem q gehört.

Wenn p und q diese Eigenschaft nicht besitzen, gehen wir folgendermaßen vor[12]). Es sei α_0 der kleinste, α_1 der größte Wert von τ, zu dem p gehört; gibt es für $\alpha_1 < \tau < 1$ noch mehrere Werte, zu denen q gehört, so sei β_0 der kleinste, β_1 der größte von ihnen; wir entfernen aus K diejenigen Teile, die zu $\alpha_0 < \tau \leqq \alpha_1$ und zu $\beta_0 < \tau \leqq \beta_1$ gehören; es bleibt eine Kurve K' übrig, die sich in naheliegender Weise stetig auf einen Parameter σ, $0 \leqq \sigma \leqq 1$, beziehen läßt, der eine monoton wachsende Funktion von τ — in den übrig gebliebenen Teilen des Intervalles $0 \leqq \tau \leqq 1$ — ist; K' hat dieselben Endpunkte wie K; jede positive x-Sehne von K' ist zugleich eine positive x-Sehne von K. Die Punkte p und q besitzen — falls sie überhaupt noch beide auf K' liegen[13]) — in bezug auf die Kurve K' und ihren Parameter σ die Eigenschaft E; folglich gibt es, wie oben bewiesen worden ist, eine positive x-Sehne S^* der Länge b von K', welche von $\overline{S}$ verschieden ist; da S^* zugleich positive x-Sehne von K ist, ist damit der Satz III vollständig bewiesen.

§ 3.

12. Unter einem „geschlossenen Weg" $\mathfrak{z}$ verstehen wir wie üblich das durch eine eindeutige und stetige Abbildung f gelieferte Bild einer Kreislinie Z, auf der ein Durchlaufungssinn als „positiv" ausgezeichnet ist. Je zwei, voneinander verschiedene, Punkte p_1, p_2 von Z bestimmen genau einen *echten* Teilbogen von Z, der bei positiver Durchlaufung den Anfangspunkt p_1 und den Endpunkt p_2 hat; diesen gerichteten Bogen bezeichnen wir mit $\overrightarrow{p_1 p_2}$. Ist $f(p_1) = f(p_2)$, entspricht also den Endpunkten des Bogens ein Doppelpunkt von $\mathfrak{z}$, so nennen wir das Bild $f(\overrightarrow{p_1 p_2})$ eine „Schleife" von $\mathfrak{z}$; jede Schleife $f(\overrightarrow{p_1 p_2})$ kann selbst als geschlossener Weg aufgefaßt werden, indem man p_2 mit p_1 identifiziert.

Liegt $\mathfrak{z}$ in einer Ebene, und ist o ein Punkt der Ebene, der nicht auf $\mathfrak{z}$ liegt, so ist in bekannter Weise die Umlaufzahl von $\mathfrak{z}$ um o erklärt[4]); jede Schleife von $\mathfrak{z}$ besitzt, da sie selbst ein geschlossener Weg ist, ebenfalls eine Umlaufzahl um o.

---

[12]) Wir könnten uns hier auch auf den folgenden Satz berufen: Anfangs- und Endpunkt der stetigen Kurve K lassen sich durch einen Jordanschen (doppelpunktfreien) Bogen K' verbinden, der in K enthalten ist und auf dem die Punkte in derselben Reihenfolge durchlaufen werden wie auf K; cf. *H. Tietze*, Über stetige Kurven, Jordansche Kurvenbögen und geschlossene Jordansche Kurven, Math. Zeitschr. 5 (1919), 284.

[13]) Wenn q zu keinem τ mit $\alpha_1 < \tau < 1$ gehört, liegt q nicht auf K'.

Satz IV. $\mathfrak{z}$ *sei ein geschlossener Weg in der Ebene und o ein nicht auf* $\mathfrak{z}$ *gelegener Punkt der Ebene; die Umlaufzahl von* $\mathfrak{z}$ *um o sei* $n \geqq 2$*; dann gibt es zu jeder Zahl k aus der Reihe* 1, 2, ..., $n-1$ *wenigstens zwei Schleifen von* $\mathfrak{z}$*, deren Umlaufzahlen um o gleich k sind*[14]).

Beweis. Wir führen auf Z einen Parameter τ, $-\infty < \tau < +\infty$, so ein, daß τ bei einmaliger positiver Durchlaufung von Z um $+1$ zunimmt. Bezeichnen r, φ in der üblichen Weise Polarkoordinaten in der Ebene mit dem Nullpunkt o, so sind r und φ stetige Funktionen von τ, die die Funktionalgleichungen

$$r(\tau+1) = r(\tau), \qquad \varphi(\tau+1) = \varphi(\tau) + n \cdot 2\pi$$

erfüllen. Nach dem Hilfssatz 3 (Nr. 10), in dem man x durch φ, y durch r zu ersetzen hat, gibt es zu jedem k, $0 < k < n$, zwei Wertepaare τ_1, τ_2 und τ_1', τ_2' mit folgenden Eigenschaften:

$$\tau_1 < \tau_2 < \tau_1 + 1, \qquad \tau_1' < \tau_2' < \tau_1' + 1; \tag{1}$$

$$\left.\begin{aligned} r(\tau_2) &= r(\tau_1), \quad \varphi(\tau_2) = \varphi(\tau_1) + k \cdot 2\pi, \\ r(\tau_2') &= r(\tau_1'), \quad \varphi(\tau_2') = \varphi(\tau_1') + k \cdot 2\pi; \end{aligned}\right\} \tag{2}$$

$$\text{es ist nicht zugleich } \tau_1 \equiv \tau_1' \text{ und } \tau_2 \equiv \tau_2' \text{ mod. } 1. \tag{3}$$

Wir verstehen unter p_1, p_2, p_1', p_2' die Punkte von Z, die zu den Werten $\tau_1, \tau_2, \tau_1', \tau_2'$ gehören. Dann besagt (1), daß den Intervallen $\tau_1 \leqq \tau \leqq \tau_2$ und $\tau_1' \leqq \tau \leqq \tau_2'$ die Bögen $\overrightarrow{p_1 p_2}$ und $\overrightarrow{p_1' p_2'}$ entsprechen; ist k ganz, so besagen die Gleichungen (2): es ist $f(p_1) = f(p_2)$ und $f(p_1') = f(p_2')$, d. h. $f(\overrightarrow{p_1 p_2})$ und $f(\overrightarrow{p_1' p_2'})$ sind Schleifen, und zwar haben sie um o die Umlaufzahlen k; (3) bedeutet, daß diese beiden Schleifen voneinander verschieden sind. Der Satz IV ist also richtig[15]).

[14]) Zwei Schleifen $f(\overrightarrow{p_1 p_2})$ und $f(\overrightarrow{q_1 q_2})$ betrachten wir als verschieden voneinander, wenn nicht zugleich $p_1 = q_1$ und $p_2 = q_2$ ist — auch dann, falls die durch f gelieferten Bilder der beiden Bögen zusammenfallen.

[15]) Benutzt man den Hilfssatz 3 nur in der abgeschwächten Form, die in Fußnote [11]) genannt wurde, so erhält man einen Beweis für die folgende abgeschwächte Behauptung des Satzes IV: „zu jedem k, das $\not\equiv 0$ mod. n ist, gibt es wenigstens zwei Schleifen von $\mathfrak{z}$, deren Umlaufzahlen $\equiv k$ mod. n sind.“

Korollar[16]). *Ein geschlossener Weg in der Ebene, der um einen Punkt eine Umlaufzahl $n \geqq 2$ hat, besitzt wenigstens $n - 1$ Doppelpunkte*[17]).

Denn jeder Doppelpunkt zerlegt den Weg in genau zwei Schleifen, und die Anzahl der Schleifen ist nach Satz IV wenigstens gleich $2n-2$.

In dem Korollar ist die bekannte Tatsache enthalten, daß ein *einfach* geschlossener Weg, d. h. ein geschlossener Weg ohne Doppelpunkt, um irgend einen Punkt der Ebene nur die Umlaufzahl $+1$ oder -1 oder 0 haben kann.

13. Der Satz IV läßt sich in einer Richtung verallgemeinern, die durch die erwähnten[10]) Arbeiten von *F. Levi* nahegelegt wird; er ist nämlich ein Spezialfall des folgenden Satzes:

Satz V. Auf einer orientierbaren (geschlossenen oder offenen) Fläche F sei $\mathfrak{z}_0$ *ein geschlossener Weg, der nicht homotop* 0, *und* $\mathfrak{z}$ *ein geschlossener Weg, der der Potenz* $\mathfrak{z}_0^n$, $n \geqq 2$, *homotop ist. Dann gibt es zu jeder Zahl k aus der Reihe* $1, 2, \ldots, n-1$ *wenigstens zwei Schleifen von* $\mathfrak{z}$, *die der Potenz* $\mathfrak{z}_0^k$ *homotop sind.*[18])

Beweis. Wenn F vom topologischen Typus des unendlichen Kreiszylinders und $\mathfrak{z}_0$ ein Weg ist, der den Zylinder einmal umläuft, der also einem erzeugenden Element der (unendlich zyklischen) Fundamentalgruppe von F entspricht, so kann man F derart auf eine Ebene, aus der ein Punkt o entfernt ist, topologisch abbilden, daß $\mathfrak{z}_0$ in einen geschlossenen Weg übergeht, der um o die Umlaufzahl 1 hat; man erkennt dann ohne Mühe, daß in diesem Spezialfall die Behauptung des Satzes V mit der Behauptung des Satzes IV identisch ist. Wir werden die allgemeine Behauptung des Satzes V durch Zurückführung auf den somit schon erledigten Spezialfall des Zylinders beweisen.

F sei also beliebig. Wir zeichnen auf $\mathfrak{z}$ einen Punkt p aus und repräsentieren die Fundamentalgruppe $\mathfrak{F}$ von F in bekannter Weise durch

---

[16]) Das Korollar folgt bereits aus der in Fußnote [15]) genannten abgeschwächten Form des Satzes IV.

[17]) Unter einem Doppelpunkt von $\mathfrak{z} = f(Z)$ verstehen wir ein Punktepaar (p_1, p_2) von Z mit $p_1 \neq p_2$, $f(p_1) = f(p_2)$; zwischen (p_1, p_2) und (p_2, p_1) wird nicht unterschieden; zwei Doppelpunkte (p_1, p_2) und (q_1, q_2) gelten als verschieden, wenn die beiden (ungeordneten) Punktepaare nicht miteinander zusammenfallen, auch wenn $f(p_1) = f(q_1)$ ist.

[18]) Für den Begriff der Homotopie sowie für den ganzen Beweis des Satzes V vergl. man *Seifert-Threlfall*, Lehrbuch der Topologie (Berlin und Leipzig 1934), S. 14, § 42, § 49, § 55; oder auch: *H. Hopf*, Zur Topologie der Abbildungen von Mannigfaltigkeiten, 2. Teil, § 1, Math. Ann. 102 (1929), S. 562. — Das Wort „homotop" ist wie bei *Seifert-Threlfall* S. 14 („frei" homotop), nicht wie S. 150 zu verstehen.

diejenigen Klassen der geschlossenen Wege durch p, welche bei stetiger Deformation dieser Wege unter Festhaltung von p entstehen. z sei das Element von $\mathfrak{F}$, das dem Wege $\mathfrak{z}$ entspricht; aus der Voraussetzung über $\mathfrak{z}$ ergibt sich: es gibt ein Element z_0 von $\mathfrak{F}$, das nicht die Gruppeneins ist, so daß $z = z_0^n$ ist[19]); in leichter Abänderung der Bezeichnung verstehen wir unter $\mathfrak{z}_0$ einen geschlossenen Weg durch p aus der Wegeklasse z_0. Es sei $\mathfrak{U}$ die von z_0 erzeugte Untergruppe von $\mathfrak{F}$; zu $\mathfrak{U}$ konstruieren wir in bekannter Weise die zugehörige Überlagerungsfläche $\overline{F}$ von F: man betrachte einen von p ausgehenden und nach p zurückkehrenden Weg dann und nur dann als geschlossen, wenn seine Wegeklasse zu $\mathfrak{U}$ gehört. Φ sei die Abbildung, die jedem Punkt von $\overline{F}$ den „unter" ihm gelegenen Punkt von F zuordnet; dann gibt es auf $\overline{F}$ Wege $\overline{\mathfrak{z}}_0$ und $\overline{\mathfrak{z}}$, die durch Φ topologisch auf $\mathfrak{z}_0$ bzw. $\mathfrak{z}$ abgebildet werden; $\overline{\mathfrak{z}}$ ist auf $\overline{F}$ homotop zu $\overline{\mathfrak{z}}_0^n$; ist $\overline{\mathfrak{s}}$ eine Schleife von $\overline{\mathfrak{z}}$, die der Potenz $\overline{\mathfrak{z}}_0^k$ homotop ist, so ist $\Phi(\overline{\mathfrak{s}}) = \mathfrak{s}$ eine Schleife von $\mathfrak{z}$, die homotop zu $\mathfrak{z}_0^k$ ist. Daher ist unser Satz bewiesen, sobald der entsprechende Satz für die Wege $\overline{\mathfrak{z}}_0$ und $\overline{\mathfrak{z}}$ auf $\overline{F}$ bewiesen ist.

Da F nicht die projektive Ebene ist, enthält $\mathfrak{F}$ bekanntlich[20]) kein Element einer endlichen Ordnung > 1; z_0 ist nicht die Gruppeneins; folglich ist z_0 ein Element unendlicher Ordnung und $\mathfrak{U}$ daher eine freie zyklische Gruppe. Da $\mathfrak{U}$ die Fundamentalgruppe von $\overline{F}$, und $\overline{F}$ infolge der Orientierbarkeit von F selbst orientierbar ist, ist $\overline{F}$ daher bekanntlich[20]) dem Kreiszylinder homöomorph; da $\mathfrak{U}$ von z_0 erzeugt wird, erzeugt die Wegeklasse von $\overline{\mathfrak{z}}_0$ die Fundamentalgruppe von $\overline{F}$. Auf $\overline{F}$ liegt also der Spezialfall vor, der bereits durch den Satz IV erledigt ist. Damit ist der Satz V bewiesen.

Korollar. Unter den Voraussetzungen des Satzes V besitzt $\mathfrak{z}$ wenigstens $n - 1$ Doppelpunkte.

Dies ist ein Satz von *F. Levi*[21]); er ergibt sich hier analog wie das Korollar in Nr. 12, das er als Spezialfall enthält.

(Eingegangen den 13. April 1937.)

---

[19]) Zunächst kann man, nach einer etwaigen Deformation von $\mathfrak{z}_0$, annehmen, daß auch $\mathfrak{z}_0$ durch p geht; bezeichnen wir dann die Wegeklasse von $\mathfrak{z}_0$ mit z_{00}, so bedeutet die vorausgesetzte Homotopie von $\mathfrak{z}$ und $\mathfrak{z}_0^n$, daß z und z_{00}^n konjugierte Gruppenelemente sind, daß es also ein $y \in \mathfrak{F}$ mit $z = y z_{00}^n y^{-1}$ gibt; dann setze man $z_0 = y z_{00} y^{-1}$.

[20]) Dies ergibt sich aus der bekannten Deutung der Fundamentalgruppe als Gruppe fixpunktfreier Bewegungen der euklidischen oder hyperbolischen Ebene.

[21]) A.a.O. [10]), S. 67.

32.

(gemeinsam mit H. Samelson)

Zum Beweis des Kongruenzsatzes für Eiflächen

Math. Zeitschr. **43** (1938), 749–766

Der Kongruenzsatz für Eiflächen lautet:

Jede Isometrie zwischen zwei analytischen Eiflächen ist eine Kongruenz.[1])

Er ist von Cohn-Vossen im Jahre 1927 bewiesen worden.[2])

Die vorliegende Arbeit besteht in einer neuen Darstellung des Cohn-Vossenschen Beweises; unsere Absicht ist, diesen Beweis leichter verständlich zu machen. Die Abweichungen von seiner ursprünglichen Fassung bestehen nicht nur in größerer Ausführlichkeit — in der kurzen Note von Cohn-Vossen sind manche Schritte nur angedeutet —, sondern besonders auch in einigen inhaltlichen Änderungen. Jedoch ändern wir nichts an dem eigentlichen Gedankengang — dieser ist so natürlich und durchsichtig, daß wir ihn einer Verbesserung weder für bedürftig noch für fähig halten[3]); wir geben ihn in den Nummern 12 und 16 (§ 4) wieder. Aber zwei Hilfssätze — die Hilfssätze A und B des § 4 — begründen wir auf neue Weisen, und dadurch werden, besonders für den Hilfssatz B, wesentliche Vereinfachungen erzielt; und zwar werden diese Hilfssätze leicht auf die §§ 1, 2, 3 zurückgeführt, die uns auch an sich, ohne die Anwendung auf Eiflächen, Interesse zu verdienen scheinen.

Auch von den Sätzen dieser drei ersten Paragraphen sind neu höchstens die des § 2. Der § 1 enthält neben einem Bericht über die Grundbegriffe aus der Poincaré-Bendixsonschen Theorie des „Index" lediglich einen Satz, der vor kurzem von Schilt, in engem Anschluß an die Cohn-Vossensche Arbeit, hergeleitet worden ist (Nr. 6), und die Sätze des § 3 stammen schon von Weingarten; jedoch geben wir in beiden Fällen Beweise an, die wohl elementarer sind als die ursprünglichen[4]). Übrigens sind die drei ersten Paragraphen von-

---

[1]) Eine „Eifläche" ist eine im Raum gelegene, geschlossene Fläche vom Geschlecht 0 mit überall stetiger und positiver Krümmung. Eine „Isometrie" zwischen zwei Flächen ist eine längentreue Abbildung; sie heißt eine „Kongruenz", falls man durch eine — eigentliche oder uneigentliche — Bewegung die eine Fläche so mit der anderen zur Deckung bringen kann, daß jeder Punkt mit seinem Bildpunkt zusammenfällt.

[2]) S. Cohn-Vossen, Zwei Sätze über die Starrheit der Eiflächen, Nachr. d. Ges. d. Wissensch. zu Göttingen, Math.-Phys. Klasse 1927, S. 125.

[3]) Solange man sich auf *analytische* Flächen beschränkt.

[4]) Genauere historische Angaben werden unten an den betreffenden Stellen gemacht.

einander unabhängig; daher ist zum Beispiel für die Lektüre der §§ 2 und 3 die Kenntnis des ziemlich langen § 1 nicht nötig.

§ 1.

Bericht über die Theorie des Index; der Index eines Flachpunktes im Netz der Asymptotenlinien.

Die Nummern 1 bis 4 dieses Paragraphen haben hauptsächlich referierenden Charakter[5]); erst in Nr. 5 und 6 wird etwas bewiesen. Angewandt werden später der Poincarésche Satz aus Nr. 3 und der Satz über Asymptotenlinien aus Nr. 6.

1. In einem Gebiet G der Ebene sei ein eindeutiges und stetiges Feld von Linienelementen — d. h. unorientierten Geradenrichtungen — gegeben. Bei Durchlaufung eines geschlossenen Weges[5a]) W in G macht das Element des Feldes eine Drehung um einen Winkel $j_W\,\pi$, wobei die Zahl j_W ganz ist; sie heißt der „Index" des Feldes auf W. Es ist also, wenn wir den Winkel α zwischen der Feldrichtung und einer festen Richtung als stetige Funktion des Wegparameters t auffassen und die Änderung einer stetigen Funktion f von t bei Durchlaufung von W mit $\delta_W(f)$ bezeichnen,

$$j_W = \frac{1}{\pi}\,\delta_W(\alpha). \tag{1}$$

Man zeigt erstens leicht: *Bei stetiger Abänderung des Feldes bleibt j_W ungeändert*; und zweitens: bei stetiger Deformation von W innerhalb des Gebietes G bleibt j_W ungeändert. Aus der zweiten Eigenschaft folgt: ist o eine isolierte singuläre Stelle des Feldes[5b]), so hat j_W für alle hinreichend kleinen Wege W, die o einmal positiv umlaufen, denselben Wert; dieser heißt der Index von o.

Wir setzen nun weiter voraus: das Feld sei so weit regulär (Lipschitz-Bedingung), daß es sich eindeutig integrieren läßt, also als Tangentenfeld einer regulären Kurvenschar aufgefaßt werden kann. W sei jetzt ein einfach ge-

---

[5]) Literatur: H. Poincaré, Mémoire sur les courbes définies par une équation différentielle, Journ. de Math. (3), t. 7 (1881), p. 375 (besonders Chap. III); (4), t. 1 (1885), p. 167 (besonders Chap. XIII). — I. Bendixson, Sur les courbes définies par des équations différentielles, Acta Math. **24** (1901), p. 1 (besonders p. 38ff.). — Ferner: H. Schilt, Über die isolierten Nullstellen der Flächenkrümmung und einige Verbiegbarkeitssätze, Compos. Math. **5** (1938), S. 239.

[5a]) Ein geschlossener Weg ist das eindeutige stetige Bild einer orientierten Kreislinie; ist die Abbildung eineindeutig, so heißt er einfach geschlossen; für einen einfach geschlossenen Weg W soll im folgenden immer diejenige Orientierung gewählt sein, für welche das Innengebiet von W links liegt.

[5b]) D. h.: eine Umgebung von o, mit Ausnahme von o selbst, gehört zu G.

schlossener Weg[5a]) mit stetiger Tangente, der nur endlich viele Berührungen mit Scharkurven besitzt; und zwar werde er i-mal von innen, a-mal von außen berührt; durchsetzende Berührungen zählen wir nicht[5c]). Bezeichnet τ den Tangentenrichtungswinkel von W, so geht bei Durchlaufung von W der Winkel $\alpha - \tau$, wie ein Blick auf eine Figur lehrt, bei jeder inneren Berührung im wachsenden, bei jeder äußeren im fallenden Sinne durch ein ganzes Vielfaches von π hindurch, während an keiner anderen Stelle ein solcher Durchgang stattfindet; daher ist $\delta_W(\alpha - \tau) = (i - a)\,\pi$, und folglich, da $\delta_W(\tau) = 2\,\pi$ ist,

$$j_W = i - a + 2. \tag{2}$$

Eine isolierte Singularität läßt sich immer, wie man leicht zeigt, auf beliebig kleinen Wegen umlaufen, welche die soeben an W gestellten Forderungen erfüllen; daher ist die Formel (2) zur Bestimmung des Index von o brauchbar.

Aus der Deutung (2) von j_W ist ersichtlich: *der Index einer isolierten Singularität o ist invariant gegenüber regulärer Koordinatentransformation mit von 0 verschiedener Funktionaldeterminante in einer Umgebung von o.* Infolgedessen hat die Definition des Index auch für Felder auf krummen Flächen einen Sinn, der unabhängig von den zugrundegelegten speziellen Flächenparametern ist.

2. Jetzt seien den Punkten eines ebenen Gebietes G in eindeutiger und stetiger Weise (ungeordnete) *Paare* von Linienelementen zugeordnet; dabei setzen wir voraus, daß die beiden Elemente eines Paares niemals zusammenfallen[6]); dann sprechen wir von einem „Netz" von Linienelementen. Um den Index zu definieren, betrachten wir die winkelhalbierenden Linienelemente eines Paares; sie bilden ein rechtwinkliges Kreuz; bei Durchlaufung eines geschlossenen Weges W dreht sich dieses Kreuz um einen Winkel $j_W\,\pi$, der ein ganzes Vielfaches von $\frac{\pi}{2}$ ist (so daß also $2\,j_W$ ganz ist); j_W nennen wir den Index des Netzes auf W. Definieren wir stetige Funktionen $\alpha'(t)$, $\alpha''(t)$ des Wegpara-

[5c]) Ist p ein Punkt von W, so wird jeder hinreichend kleine, p enthaltende Teilbogen der durch p gehenden Scharkurve C durch p in zwei Bögen C_1, C_2 zerlegt, von denen jeder ganz auf einer Seite von W liegt; denn andernfalls gäbe es einen beliebig kleinen Teilbogen von C, der W in unendlich vielen Punkten p_i träfe, und dies ist unmöglich, da es dann, wie man leicht zeigt, auf W zwischen je zwei Punkten p_i eine Berührung mit dem Felde geben müßte — entgegen der vorausgesetzten endlichen Anzahl der Berührungen. Infolge der Existenz der Bögen C_1, C_2 wird W im Punkte p durch C entweder glatt durchsetzt oder von einer Seite her (also von innen oder von außen) berührt.

[6]) Diese Voraussetzung ist übrigens meistens entbehrlich.

meters t so, daß sie in jedem Punkt Richtungswinkel der Linienelemente des Netzes angeben, so ist demnach

$$j_W = \frac{1}{\pi} \cdot \delta_W \left(\frac{\alpha' + \alpha''}{2}\right). \tag{3}$$

Analog wie in Nr. 1 ergibt sich die Invarianz des Index bei stetigen Abänderungen des Netzes oder des Weges, und analog wie dort erklärt man den Index einer isolierten Singularität.

Für das weitere ist die Feststellung nützlich, daß für ein Netz längs eines Weges W die folgenden beiden Fälle möglich sind. Fall (a): das Netz ist die Zusammensetzung zweier Felder; bezeichnen dann α', α'' deren Richtungswinkel, so wird, da in keinem Punkt die beiden Linienelemente zusammenfallen, die Differenz $\alpha' - \alpha''$ niemals ein ganzes Vielfaches von π, und daher sind die nach (1) zu bestimmenden Indizes j'_W, j''_W der beiden Felder einander gleich; hieraus und aus (3) folgt:

$$j_W = j'_W = j''_W \qquad \text{im Falle (a).} \tag{3a}$$

Fall (b): das Netz zerfällt bei Durchlaufung von W nicht in zwei Felder; wenn man in diesem Falle ein Linienelement des Netzes längs des geschlossenen Weges stetig innerhalb des Netzes fortsetzt, so kommt man nach einmaligem Umlauf nicht in das Ausgangselement, sondern in das andere Element des Ausgangspaares zurück, und erst nach zweimaligem Umlauf wieder in das Ausgangselement; definiert man die stetige Funktion $\alpha(t)$ des Wegparameters t so, daß sie immer einen Richtungswinkel eines Netzelementes bezeichnet, und versteht man unter δ_{2W} die Änderung einer Funktion bei zweimaliger Durchlaufung von W, so erhält die Formel (3), die sich ja als

$$j_W = \frac{1}{\pi} \cdot \frac{1}{2} [\delta_W(\alpha') + \delta_W(\alpha'')]$$

schreiben läßt, die Gestalt:

$$j_W = \frac{1}{\pi} \cdot \frac{1}{2} \delta_{2W}(\alpha) \qquad \text{im Falle (b).} \tag{3b}$$

Wir setzen jetzt, ähnlich wie in Nr. 1, voraus, daß sich das Netz integrieren läßt, d. h. daß ein Netz regulärer Kurven existiert, deren Tangenten die Richtungen des gegebenen Netzes haben. W sei ein einfach geschlossener Weg mit stetiger Tangente, der nur endlich viele Berührungen mit Netzkurven hat, und die Anzahlen der inneren und der äußeren Berührungen seien wieder i bzw. a. Wir behaupten:

$$j_W = \frac{i - a}{2} + 2. \tag{4}$$

Dies ergibt sich im Falle (a), indem man die für die beiden Felder gültigen Formeln (2) addiert und (3a) anwendet; im Falle (b) verfahre man wie beim

Beweise von (2), durchlaufe aber W zweimal, beachte, daß $\delta_{2W}(\tau) = 4\pi$ ist, und wende (3b) an.

Auch für Netze hat die Bemerkung, die im Anschluß an (2) gemacht wurde, Gültigkeit, und man kann daher die Formel (4) zur Indexbestimmung für isolierte Singularitäten verwenden[7]). Ferner ergibt sich, wie am Schluß von Nr. 1, die Invarianz des Index gegenüber Koordinatentransformationen, so daß wir die Indizes auch in Netzen auf krummen Flächen betrachten können.

3. Sowohl für Felder wie für Netze haben die Indizes die folgende additive Eigenschaft, die sich in bekannter Weise aus (1) und (3) ergibt: Es sei W ein einfach geschlossener Weg, in dessen Innerem nur punktförmige Singularitäten, und diese nur in endlicher Anzahl, liegen; dann ist j_W gleich der Summe der Indizes dieser Singularitäten.

Eine wichtige Anwendung hiervon ist die folgende. Auf einer geschlossenen Fläche, die sich eineindeutig und regulär auf eine Kugel abbilden läßt — also z. B. auf einer regulären Eifläche — sei ein Feld oder ein Netz gegeben, das in höchstens endlich vielen Punkten singulär wird. Wir zerlegen die Fläche durch einen differenzierbaren, einfach geschlossenen Weg W, der das Feld oder Netz höchstens endlich oft berührt, in zwei Hälften; jede von ihnen läßt sich als ebener Bereich auffassen (nach einer stetig differenzierbaren, eineindeutigen Abbildung); dann kann man auf die Ränder dieser Bereiche die eben formulierte Summenregel anwenden; die Indizes der Randkurven deuten wir nach (2) bzw. (4); dann ergibt sich durch Addition, da sich für die beiden Hälften die Begriffe „innen" und „außen" miteinander vertauschen, der Satz von Poincaré: Liegt auf einer Fläche vom Typus der Kugel ein Feld oder Netz mit endlich vielen Singularitäten vor, so ist deren Indexsumme gleich 4.

Wir werden hiervon nur den folgenden Teil brauchen: *Besitzt ein Netz auf einer Eifläche höchstens endlich viele Singularitäten, so besitzt es wenigstens eine Singularität mit positivem Index.*

4. Wir betrachten Singularitäten *spezieller Felder*. Es sei $f(x, y)$ eine Funktion, die in einem Gebiet der (xy)-Ebene stetig differenzierbar ist; die „kritischen Stellen" von f sind die Nullstellen des Gradienten (f_x, f_y); sie sind singuläre Punkte des Feldes der Niveaurichtungen $f = \text{const.}$. Es ist leicht, den Verlauf der Niveaulinien in der Umgebung einer isolierten kritischen Stelle o so weit zu diskutieren, daß sich der Index von o bestimmen läßt[8]):

Hat f in o ein Extremum, so sind in der Nähe von o die Niveaulinien von f einfach geschlossene Kurven, die o im Inneren enthalten; da längs einer solchen Linie die Änderung der Niveaurichtung 2π beträgt, ist in diesem Fall $j = 2$.

---

[7]) So bei Cohn-Vossen, a. a. O.

[8]) Man vgl. Schilt, a. a. O., 1. Teil, Abschn. 1.

f habe in o kein Extremum; es sei etwa $f(o) = 0$, und f nehme also in der Nähe von o sowohl positive wie negative Werte an. Dann stellt man leicht fest: die Umgebung von o zerfällt in eine Anzahl von Sektoren, in denen f wechselndes Vorzeichen hat; die Anzahl der Sektoren ist daher gerade, etwa $2n$; es ist also $2n \geqq 2$; es gibt genau $2n$ Niveaulinien $f = 0$, die in o enden; sie trennen die Sektoren voneinander. Bei näherer Betrachtung erhält man ohne große Mühe die folgende Formel, die in einer allgemeineren Formel von Bendixson enthalten ist[9]): $j = 2 - 2n$.

Wir werden nur das folgende Korollar dieser Formel brauchen: *Die Funktion f habe an der isolierten kritischen Stelle o kein Extremum; dann ist der Index, den o in bezug auf die Niveaulinien hat, $\leqq 0$.*

5. Netze sind, besonders in der Differentialgeometrie, häufig durch Differentialgleichungen

$$A\,dx^2 + 2\,B\,dx\,dy + C\,dy^2 = 0 \tag{5}$$

mit

$$AC - B^2 < 0 \tag{6}$$

gegeben, wobei A, B, C Funktionen von x und y sind. Ist o eine gemeinsame Nullstelle von A, B, C, in deren Umgebung sonst nirgends $A = B = C = 0$ wird (sondern (6) gilt), so ist o eine isolierte Singularität des Netzes. Zur Bestimmung des zugehörigen Index ist das folgende Verfahren praktisch.

Wir führen einen Parameter t ein, $0 \leqq t \leqq 1$, und betrachten neben (5) die Differentialgleichungen

$$A\,dx^2 + 2\,B\,dx\,dy + (C - t\,(A + C))\,dy^2 = 0; \tag{5_t}$$

ihre Diskriminanten sind

$$D_t = A\,(C - t\,(A + C)) - B^2 = (1 - t)\,(AC - B^2) - t\,(A^2 + B^2),$$

also ist wegen (6)

$$D_t < 0 \tag{6_t}$$

für alle von o verschiedenen Punkte. Daher gehört zu jedem t ein Netz, in dem o isolierte Singularität ist. Da die Netze sich mit t stetig ändern, bleibt der Index von o fest (Nr. 2); insbesondere ist der zu bestimmende Index j in bezug auf das zu $t = 0$ gehörige Netz (5) zugleich der Index von o in bezug auf dasjenige Netz, das zu $t = 1$ gehört, also durch

$$A\,dx^2 + 2\,B\,dx\,dy - A\,dy^2 = 0 \tag{5_1}$$

gegeben ist.

---

[9]) A. a. O. [5]), Théorème XI; im Falle der Niveaulinien ist die dortige Zahl $n_f = 0$; der Bendixsonsche Index i steht zu unserem j in der Beziehung $j = -2i$.

Ein Linienelement des Netzes (5_1) besitze den Richtungswinkel α; nach (5_1) ist

(7) $$A \cos 2\alpha + B \sin 2\alpha = 0.$$

Nun betrachte man neben den Netzen noch das Feld, das durch

(8) $$A\,dx + B\,dy = 0$$

gegeben ist; die Singularität, die es in o besitzt, ist infolge (6) isoliert; der Index sei k. Bezeichnet β den Richtungswinkel, der zu einem Linienelement des Feldes (8) gehört, so sieht man aus (7) und (8): es ist $2\alpha \equiv \beta \bmod \pi$; die Richtungswinkel α', α'' der beiden Elemente eines Paares des Netzes (5_1) stehen also mit β in folgendem Zusammenhang:

$$\alpha' \equiv \frac{\beta}{2}, \quad \alpha'' \equiv \frac{\beta}{2} + \frac{\pi}{2} \quad (\operatorname{mod} \pi).$$

Aus (1) und (3) ergibt sich daher

(9) $$2j = k.$$ [10])

Unser Ergebnis ist: *Zwischen dem Index j, den o in bezug auf das Netz* (5), *und dem Index k, den o in bezug auf das Feld* (8) *hat, besteht die Beziehung* (9).

6. Auf einer regulären Fläche sei o ein Flachpunkt, d. h. ein Punkt, in dem die zweite Fundamentalform identisch verschwindet; dann ist in o die Krümmung $K = 0$; sonst sei in der Umgebung von o immer $K < 0$. Macht man die Tangentialebene in o zur (xy)-Ebene des (xyz)-Koordinatensystems und stellt man die Fläche durch $z = z(x, y)$ dar, so haben daher z_{xx}, z_{xy}, z_{yy} in o eine isolierte gemeinsame Nullstelle, während sonst überall

(10) $$z_{xx} z_{yy} - z_{xy}^2 < 0$$

ist. Die Differentialgleichung der Asymptotenlinien lautet

(11) $$z_{xx}\,dx^2 + 2 z_{xy}\,dx\,dy + z_{yy}\,dy^2 = 0.$$

o ist also eine isolierte Singularität des Asymptotennetzes, und der Index ist definiert.

---

[10]) Das Linienelement $dx : dy$, das durch (8) gegeben ist, steht senkrecht auf dem Vektor (A, B); daher ist k auch der Index in bezug auf dieses Vektorfeld; die Drehung eines Vektors bei Durchlaufung eines geschlossenen Weges ist immer ein ganzes Vielfaches von 2π; folglich ist k gerade. Nach (9) ist daher j ganz; dies folgt auch daraus, daß das Netz (5) infolge (6) in zwei Scharen zerfällt.

Satz[11]). *Der Index eines isolierten Flachpunktes auf einer sonst negativ gekrümmten Fläche in bezug auf das Asymptotennetz ist stets* $\leqq 0$.

Beweis. Der fragliche Index j steht nach Nr. 5 mit dem Index k, den o in bezug auf das Feld

$$z_{xx}\, dx + z_{xy}\, dy = 0 \tag{12}$$

hat, in der Beziehung (9); unsere Behauptung ist daher gleichbedeutend mit: $k \leqq 0$. Die Gleichung (12) ist die Differentialgleichung der Niveaulinien $z_x(x, y) = \text{const.}$; nach Nr. 4 genügt es daher, zu zeigen, daß z_x in o kein Extremum besitzt. Diese Behauptung ist mit Rücksicht auf (10) in dem folgenden Hilfssatz enthalten:

Hilfssatz. *Die Funktion $f(x, y)$ habe in o eine isolierte kritische Stelle; es gebe eine solche Funktion $g(x, y)$, daß in allen von o verschiedenen Punkten die Funktionaldeterminante*

$$f_x\, g_y - f_y\, g_x \neq 0 \tag{13}$$

ist. Dann hat f in o kein Extremum.

Beweis. Durch $f(x, y) = x'$, $g(x, y) = y'$ ist eine stetige Abbildung F einer Umgebung U des Punktes o der (xy)-Ebene in eine $(x'y')$-Ebene bestimmt; dabei sei $F(o) = o'$. Hätte f in o ein Extremum, so läge – bei hinreichend kleinem U — das Bild $F(U)$ in einer Halbebene, deren Grenze durch o' liefe. Daher ist die Behauptung bewiesen, wenn gezeigt ist: o' ist innerer Punkt von $F(U)$.[12])

Jeder von o verschiedene Punkt p von U besitzt eine Umgebung, die durch F eineindeutig abgebildet wird, da nach (13) die Funktionaldeterminante in p nicht verschwindet; daher kann ein Punkt $p \neq o$ nicht Häufungspunkt der Urbildmenge $F^{-1}(o')$ von o' sein; folglich ist diese Menge höchstens abzählbar[13]). Es gibt daher eine Kreislinie K um o, auf der kein Punkt von $F^{-1}(o')$ liegt; E sei die von K berandete Kreisscheibe. Die Entfernung $\varrho(o', F(K)) = r$ ist > 0; es sei $0 < r' < r$ und V' eine Kreisscheibe mit dem Radius r' und dem Mittelpunkt o'. Das Bild eines beliebigen Radius

---

[11]) Der Satz ist in dem folgenden schärferen Satz von Schilt (a. a. O., Nr. 18) enthalten: „Ist s die „Sattelordnung" von o, d. h. laufen dort $s + 1$ „Täler" und $s + 1$ „Berge" der Fläche zusammen, so ist $j = 1 - s$." Der Beweis von Schilt beruht auf einem Satz über die „Isoklinen" von Cohn-Vossen (a. a. O.), der von Schilt neu dargestellt wird (a. a. O., Nr. 11) und dessen Anwendbarkeit auf Krümmungslinien, und damit auch auf Asymptotenlinien, von Cohn-Vossen hervorgehoben wurde (a. a. O., § 4, 1). — Unser obiger Beweis erscheint uns als elementarer, allerdings weniger tief gehend.

[12]) In dem Fall $f = z_x$, $g = z_y$, auf den wir den Hilfssatz anwenden, ist F im wesentlichen die sphärische Abbildung der Fläche $z = z(x, y)$.

[13]) Sie ist sogar endlich; cf. Schilt, a. a. O., Nr. 9.

von E ist eine stetige Kurve, die o' mit $F(K)$ verbindet; daher gibt es in V' gewiß Punkte $q' \neq o'$, die zu $F(E)$ gehören; wir behaupten sogar: $V' \subset F(E)$. Gäbe es in V' einen Punkt, der nicht zu $F(E)$ gehörte, so ließe er sich in $V' - o'$ mit einem der genannten Punkte q' durch einen stetigen Weg verbinden, und auf diesem gäbe es einen Randpunkt q^* der Menge $F(E)$; ein solcher Punkt $q^* = F(p^*)$, $p^* \subset E$, existiert aber in $V' - o'$ nicht: denn $F(K)$ liegt außerhalb von V', und für jeden Punkt $p \subset E - K - o$ ist wegen des Nichtverschwindens der Funktionaldeterminante (13) das Bild $F(p)$ innerer Punkt von $F(E)$. Folglich ist $V' \subset F(E)$, also o' innerer Punkt von $F(E)$.

Damit sind der Hilfssatz und der Satz über die Asymptotenlinien bewiesen.

§ 2.

Die zweite Fundamentalform der Mittelfläche isometrischer Flächen.

7. Die „Mittelfläche" zweier Flächen $\mathfrak{p}(u, v)$ und $\mathfrak{q}(u, v)$ ist durch $\mathfrak{x}(u, v) = \frac{1}{2}[\mathfrak{p}(u, v) + \mathfrak{q}(u, v)]$ erklärt[13a]). Sie ist regulär, falls die Flächen $\mathfrak{p}$ und $\mathfrak{q}$ sich in folgender „allgemeinen Lage" befinden: Tangentialrichtungen $\mathfrak{p}'$, $\mathfrak{q}'$, die sich bei der durch u, v vermittelten Beziehung entsprechen, sind niemals entgegengesetzt. Denn $\mathfrak{x}$ ist regulär, solange die Vektoren $\mathfrak{x}_u$, $\mathfrak{x}_v$ linear unabhängig sind, und $a\mathfrak{x}_u + b\mathfrak{x}_v = 0$ bedeutet: $a\mathfrak{p}_u + b\mathfrak{p}_v = -(a\mathfrak{q}_u + b\mathfrak{q}_v)$; dies ist bei allgemeiner Lage von $\mathfrak{p}$ und $\mathfrak{q}$ nur möglich, wenn $a = b = 0$ ist. Man kann stets durch eine (eigentliche) Bewegung von $\mathfrak{q}$ allgemeine Lage für die Umgebungen eines Paares entsprechender Punkte herstellen: man bringe die Flächen in diesen Punkten so zur Berührung, daß ein Paar entsprechender Richtungen zusammenfällt und daß die Richtungsbüschel in diesen Punkten gleichsinnig aufeinander bezogen sind.

Für den Rest dieses Paragraphen wird allgemeine Lage von $\mathfrak{p}$ und $\mathfrak{q}$ vorausgesetzt. Die durch u, v zwischen $\mathfrak{p}$ und $\mathfrak{q}$ hergestellte Beziehung wird immer eine *Isometrie* sein.

8. Satz. *Der Normalenvektor* $\bar{\mathfrak{x}}$ *der Mittelfläche* $\mathfrak{x}$ *zweier isometrischer Flächen* $\mathfrak{p}$ *und* $\mathfrak{q}$ *bildet mit den Normalenvektoren* $\bar{\mathfrak{p}}$ *und* $\bar{\mathfrak{q}}$ *in den entsprechenden Punkten von* $\mathfrak{p}$ *und* $\mathfrak{q}$ *den gleichen Winkel* γ, *und dieser ist stets* $\neq \frac{\pi}{2}$; *mit anderen Worten:*

$$\bar{\mathfrak{x}} \cdot \bar{\mathfrak{p}} = \bar{\mathfrak{x}} \cdot \bar{\mathfrak{q}} = \cos\gamma \neq 0. \tag{14}$$

[13a]) Die Mittelfläche ist ein altes Hilfsmittel zur Untersuchung isometrischer Flächenpaare; man vergl. die unter [14]) zitierten Stellen.

Beweis. Die den isometrischen Flächen $\mathfrak{p}, \mathfrak{q}$ gemeinsamen ersten Fundamentalgrößen in bezug auf u, v heißen E, F, G; insbesondere ist daher $|\mathfrak{p}_u \times \mathfrak{p}_v| = |\mathfrak{q}_u \times \mathfrak{q}_v| = \sqrt{EG - F^2}$. Es ist

$$\bar{\mathfrak{x}} \cdot \bar{\mathfrak{p}} = \frac{1}{|\mathfrak{x}_u \times \mathfrak{x}_v|} \cdot \frac{1}{\sqrt{EG - F^2}} \cdot \frac{1}{4} ((\mathfrak{p}_u + \mathfrak{q}_u) \times (\mathfrak{p}_v + \mathfrak{q}_v)) \cdot (\mathfrak{p}_u \times \mathfrak{p}_v),$$

also nach der Identität von Lagrange

$$\bar{\mathfrak{x}} \cdot \bar{\mathfrak{p}} = \frac{1}{|\mathfrak{x}_u \times \mathfrak{x}_v|} \cdot \frac{1}{\sqrt{EG - F^2}} \cdot \frac{1}{4} \cdot \begin{vmatrix} E + \mathfrak{p}_u \cdot \mathfrak{q}_u & F + \mathfrak{p}_u \cdot \mathfrak{q}_v \\ F + \mathfrak{p}_v \cdot \mathfrak{q}_u & G + \mathfrak{p}_v \cdot \mathfrak{q}_v \end{vmatrix}.$$

Die rechte Seite ist symmetrisch in $\mathfrak{p}$ und $\mathfrak{q}$; folglich ist

$$\bar{\mathfrak{x}} \cdot \bar{\mathfrak{p}} = \bar{\mathfrak{x}} \cdot \bar{\mathfrak{q}} = \cos \gamma.$$

Wäre an einer Stelle $\gamma = \frac{\pi}{2}$, so wäre dort $\bar{\mathfrak{x}} = \mathfrak{p}'$, wobei $\mathfrak{p}'$ einen Tangentialvektor von $\mathfrak{p}$ bezeichnet, und daher, wenn $\mathfrak{x}'$ den entsprechenden Tangentialvektor von $\mathfrak{x}$ bezeichnet, $\mathfrak{x}' \cdot \mathfrak{p}' = 0$. Dies ist unmöglich, denn für entsprechende Tangentialvektoren $\mathfrak{p}'$, $\mathfrak{q}'$, $\mathfrak{x}' = \frac{1}{2}(\mathfrak{p}' + \mathfrak{q}')$ gilt immer, da $\mathfrak{p}'^2 = \mathfrak{q}'^2$ ist:

$$\mathfrak{x}' \cdot \mathfrak{p}' = \tfrac{1}{2}(\mathfrak{p}'^2 + \mathfrak{p}' \cdot \mathfrak{q}') = \tfrac{1}{4} \cdot (\mathfrak{p}'^2 + \mathfrak{q}'^2 + 2\mathfrak{p}' \cdot \mathfrak{q}') = \mathfrak{x}'^2 > 0.$$

Folglich ist immer $\gamma \neq \frac{\pi}{2}$.

9. Satz. *Die zweite Fundamentalform der Mittelfläche $\mathfrak{x}$ der isometrischen Flächen $\mathfrak{p}$ und $\mathfrak{q}$ ist bis auf einen von 0 verschiedenen Faktor (der nur von dem Punkt, nicht von den Richtungen abhängt) gleich dem arithmetischen Mittel der zweiten Fundamentalformen von $\mathfrak{p}$ und von $\mathfrak{q}$; und zwar ist der Faktor gleich $\cos \gamma$, wobei γ der in Nr. 8 betrachtete Winkel ist.*

Bezeichnen wir die zweiten Fundamentalgrößen von $\mathfrak{p}$ statt mit L, M, N mit $P_{11}, P_{12} = P_{21}, P_{22}$, und analog die zweiten Fundamentalgrößen von $\mathfrak{q}$ bzw. $\mathfrak{x}$ mit Q_{ik} bzw. X_{ik}, so lautet also die Behauptung:

$$X_{ik} = \cos \gamma \cdot \tfrac{1}{2}(P_{ik} + Q_{ik}); \quad i = 1, 2; \; k = 1, 2. \tag{15}$$

Beweis. Bei Bildung der zweiten Ableitungen von $\mathfrak{p}, \mathfrak{q}, \mathfrak{x}$ deuten wir die Differentiationen nach u bzw. v durch die Indizes 1 bzw. 2 an. Dann lauten die Gaußschen Ableitungsformeln für $\mathfrak{p}$ und für $\mathfrak{q}$:

$$\begin{aligned} \mathfrak{p}_{ik} &= A_{ik}\mathfrak{p}_u + B_{ik}\mathfrak{p}_v + P_{ik}\bar{\mathfrak{p}}, \\ \mathfrak{q}_{ik} &= A_{ik}\mathfrak{q}_u + B_{ik}\mathfrak{q}_v + Q_{ik}\bar{\mathfrak{q}}, \end{aligned} \qquad i = 1, 2; \; k = 1, 2;$$

dabei sind A_{ik}, B_{ik} die — infolge der Isometrie für $\mathfrak{p}$ und $\mathfrak{q}$ übereinstimmenden — Christoffelschen Ausdrücke. Addition liefert

$$2\mathfrak{x}_{ik} = 2A_{ik}\mathfrak{x}_u + 2B_{ik}\mathfrak{x}_v + P_{ik}\bar{\mathfrak{p}} + Q_{ik}\bar{\mathfrak{q}}. \tag{16}$$

Es ist

$$X_{ik} = \frac{1}{|\mathfrak{x}_u \times \mathfrak{x}_v|} (\mathfrak{x}_{ik}, \mathfrak{x}_u, \mathfrak{x}_v),$$

also nach (16):

$$X_{ik} = \frac{1}{|\mathfrak{x}_u \times \mathfrak{x}_v|} \cdot \frac{1}{2} [P_{ik}(\bar{\mathfrak{p}}, \mathfrak{x}_u, \mathfrak{x}_v) + Q_{ik}(\bar{\mathfrak{q}}, \mathfrak{x}_u, \mathfrak{x}_v)]$$

$$= \frac{1}{2} (P_{ik} \bar{\mathfrak{p}} \cdot \bar{\mathfrak{x}} + Q_{ik} \bar{\mathfrak{q}} \cdot \bar{\mathfrak{x}});$$

dies ist nach (14) die behauptete Formel (15).

§ 3.

Über die Berührung isometrischer Flächen längs einer Kurve.

In diesem Paragraphen sind alle vorkommenden Flächen analytisch in bezug auf die Parameter u, v.

10. Unter einem (infinitesimalen) „Verbiegungsvektor" der Fläche $\mathfrak{x}(u, v)$ versteht man bekanntlich[14]) eine (analytische) Vektorfunktion $\mathfrak{z}(u, v)$, die mit $\mathfrak{x}$ in der Beziehung steht:

$$d\mathfrak{x} \cdot d\mathfrak{z} = 0,$$

d. h. ausführlich:

(17a) $$\mathfrak{x}_u \cdot \mathfrak{z}_u = 0,$$

(17b) $$\mathfrak{x}_u \cdot \mathfrak{z}_v + \mathfrak{x}_v \cdot \mathfrak{z}_u = 0,$$

(17c) $$\mathfrak{x}_v \cdot \mathfrak{z}_v = 0.$$

Satz[15]). *Der Verbiegungsvektor $\mathfrak{z}$ der Fläche $\mathfrak{x}$ sei nicht identisch 0, er verschwinde aber längs der (analytischen) Kurve C von $\mathfrak{x}$. Dann ist C eine Asymptotenlinie von $\mathfrak{x}$.*

Beweis. Wir dürfen annehmen, daß C durch $v = 0$ gegeben ist; dann lautet die Entwicklung von $\mathfrak{z}$ nach v:

$$\mathfrak{z}(u, v) = \frac{1}{n!} \left(\frac{\partial^n \mathfrak{z}}{\partial v^n}\right)_{v=0} \cdot v^n + \dots$$

mit

(18′) $$n \geqq 1,$$

(18″) $$\left(\frac{\partial^n \mathfrak{z}}{\partial v^n}\right)_{v=0} \neq 0.$$

---

14) Man vgl. etwa G. Darboux, Théorie générale des surfaces, 4. partie, livre 8; J. Weingarten, Über die Deformation einer biegsamen unausdehnbaren Fläche, Crelles Journal **100** (1887), S. 296; H. Liebmann, Die Verbiegung von geschlossenen und offenen Flächen positiver Krümmung, S.-B. Bayer. Akad. Wiss. (1919), S. 267.

15) Die Sätze aus diesem Paragraphen — der aus Nr. 10 allerdings nicht explizit — stammen von Weingarten (a. a. O.[14])); das „Korollar" am Schluß des Paragraphen ist bereits 1853 von Jellet ausgesprochen worden, allerdings ohne ausreichenden Beweis. Unsere Beweise sind mit dem Weingartenschen wohl verwandt, aber kürzer. — Man kann diese Sätze auch auf die Tatsache zurückführen, daß die Asymptotenlinien die Charakteristiken der partiellen Differentialgleichung 2. Ordnung sind, welche bei der Aufgabe, die zu einer gegebenen Fläche isometrischen Flächen zu bestimmen, auftritt. Hierzu vgl. man Darboux, wie unter [14]), sowie 3. partie, livre 7, chap. IV, V.

Für die Ableitungen ergibt sich

$$\mathfrak{z}_u(u, v) = \frac{1}{n!}\left(\frac{\partial^{n+1}\mathfrak{z}}{\partial u\,\partial v^n}\right)_{v=0} \cdot v^n + \ldots,$$

$$\mathfrak{z}_v(u, v) = \frac{1}{(n-1)!}\left(\frac{\partial^n \mathfrak{z}}{\partial v^n}\right)_{v=0} \cdot v^{n-1} + \ldots.$$

Ferner hat man

$$\mathfrak{x}_u(u, v) = \mathfrak{x}_u(u, 0) + \mathfrak{x}_{uv}(u, 0)\, v + \ldots,$$

$$\mathfrak{x}_v(u, v) = \mathfrak{x}_v(u, 0) + \mathfrak{x}_{vv}(u, 0)\, v + \ldots.$$

Man setze diese Reihen in die linken Seiten der Gleichungen (17a), (17b), (17c) ein und beachte, daß dann auf Grund dieser Gleichungen der Koeffizient jeder einzelnen Potenz von v verschwinden muß; und zwar beachte man dies in (17a) für v^n, in (17b) und (17c) — unter Berücksichtigung von (18') — für v^{n-1}; dann erkennt man:

$$\left.\begin{aligned} &(19\text{a}) && \mathfrak{x}_u \cdot \frac{\partial^{n+1}\mathfrak{z}}{\partial u\,\partial v^n} = 0 \\ &(19\text{b}) && \mathfrak{x}_u \cdot \frac{\partial^n \mathfrak{z}}{\partial v^n} = 0 \\ &(19\text{c}) && \mathfrak{x}_v \cdot \frac{\partial^n \mathfrak{z}}{\partial v^n} = 0 \end{aligned}\right\} \text{ für } v = 0.$$

Aus (19b) und (19c) folgt

$$(20) \qquad \frac{\partial^n \mathfrak{z}}{\partial v^n} = \varrho\, \bar{\mathfrak{x}} \quad \text{für } v = 0,$$

wobei $\bar{\mathfrak{x}}$ den Normalenvektor von $\mathfrak{x}$, ϱ einen Skalar bezeichnet; infolge (18'') ist dabei

$$(20') \qquad \varrho \neq 0.$$

Durch Differentiation nach u folgt aus (20)

$$\frac{\partial^{n+1}\mathfrak{z}}{\partial u\,\partial v^n} = \varrho_u \bar{\mathfrak{x}} + \varrho\, \bar{\mathfrak{x}}_u \quad \text{für } v = 0,$$

also nach (19a), da $\mathfrak{x}_u \bar{\mathfrak{x}} = 0$ ist,

$$\varrho\, \mathfrak{x}_u \cdot \bar{\mathfrak{x}}_u = 0 \quad \text{für } v = 0$$

und wegen (20')

$$\mathfrak{x}_u \cdot \bar{\mathfrak{x}}_u = 0 \quad \text{für } v = 0.$$

Dies bedeutet, daß die durch $v = 0$ gegebene Kurve C Asymptotenlinie ist.

---

[16]) Verlangt man nur, daß jeder Punkt der Berührungskurve C sich selbst entspricht, so besteht für die Richtungen des Flächenstreifens außer der oben vorausgesetzten Möglichkeit noch eine zweite: jedes Tangentenbüschel wird an der Tangente von C gespiegelt.

11. Satz[15]). $\mathfrak{p}$ *und* $\mathfrak{q}$ *seien zwei Flächen, die sich längs einer (analytischen) Kurve C berühren und zwischen denen eine solche Isometrie J besteht, daß dabei jeder Punkt von C und jede Richtung des gemeinsamen Flächenstreifens durch C sich selbst entspricht*[16]). *Dann ist entweder J die Identität und daher* $\mathfrak{p}$ *mit* $\mathfrak{q}$ *identisch, oder C ist Asymptotenlinie auf jeder der beiden Flächen.*

Beweis. Die Isometrie J werde durch die, den beiden Flächen gemeinsamen Parameter u, v vermittelt. Die Voraussetzung über C besagt, daß längs C

$$\mathfrak{p} = \mathfrak{q}, \quad \mathfrak{p}_u = \mathfrak{q}_u, \quad \mathfrak{p}_v = \mathfrak{q}_v \tag{21}$$

ist. Man konstruiere die Mittelfläche

$$\mathfrak{x}(u, v) = \tfrac{1}{2}[\mathfrak{p}(u, v) + \mathfrak{q}(u, v)].$$

Auf Grund von (21) bestätigt man leicht, daß sie längs C regulär ist (Nr. 7) und die Flächen $\mathfrak{p}$ und $\mathfrak{q}$ längs C berührt. Da $\mathfrak{p}$ und $\mathfrak{q}$ isometrisch aufeinander bezogen sind, ist

$$(d\mathfrak{p})^2 = (d\mathfrak{q})^2,$$

also

$$d(\mathfrak{p} + \mathfrak{q}) \cdot d(\mathfrak{p} - \mathfrak{q}) = 0;$$

dies bedeutet: $\mathfrak{z} = \mathfrak{p} - \mathfrak{q}$ ist ein Verbiegungsvektor von $\mathfrak{x}$. Wegen der ersten Gleichung (21) verschwindet $\mathfrak{z}$ längs C. Nach Nr. 10 verschwindet daher entweder $\mathfrak{z}$ identisch, oder C ist Asymptotenlinie auf $\mathfrak{x}$. Im ersten Fall ist $\mathfrak{p}(u, v) \equiv \mathfrak{q}(u, v)$, also J die Identität; im zweiten Fall fallen die Schmiegungsebenen von C mit den Tangentialebenen von $\mathfrak{x}$, also auch mit den Tangentialebenen von $\mathfrak{p}$ und $\mathfrak{q}$, zusammen; folglich ist in diesem Fall C auch Asymptotenlinie auf $\mathfrak{p}$ und auf $\mathfrak{q}$.

Korollar. *Wenn die soeben betrachteten Flächen* $\mathfrak{p}$ *und* $\mathfrak{q}$ *positiv gekrümmt sind, so ist die Isometrie J die Identität.*

§ 4.

Der Beweis des Kongruenzsatzes.

12. $\mathfrak{p}$ und $\mathfrak{q}$ seien Flächen *positiver Krümmung*, zwischen denen eine Isometrie J besteht; es ist gleichgültig, ob $\mathfrak{p}$ und $\mathfrak{q}$ offene Flächenstücke oder Eiflächen sind.

Jeder Flächenrichtung $\mathfrak{p}'$ auf $\mathfrak{p}$ entspricht eine Richtung $\mathfrak{q}' = J(\mathfrak{p}')$ auf $\mathfrak{q}$. Wir nennen $\mathfrak{p}'$ und $\mathfrak{q}'$ „*Kongruenzrichtungen*", falls in ihnen die Normalkrümmungen von $\mathfrak{p}$ und $\mathfrak{q}$ miteinander übereinstimmen; ein Punkt, in dem sämtliche Richtungen Kongruenzrichtungen sind, heißt „*Kongruenzpunkt*".[16a])

[16a]) Diese Begriffe sowie der Satz (Nr. 12) und die Hilfssätze A und B (Nr. 14, 15) stammen von Cohn-Vossen (a. a. O.).

Satz. *Jeder Punkt ist entweder Kongruenzpunkt, oder es gibt in ihm genau zwei, voneinander verschiedene Kongruenzrichtungen.*

Beweis[17]). Trägt man in der Tangentialebene des Flächenpunktes p in jeder Richtung von p aus die Strecke $\frac{1}{\sqrt{k}}$ ab, wobei k die zu dieser Richtung gehörige Normalkrümmung ist, so entsteht der Dupinsche Kegelschnitt d_p, der bei positiver Gaußscher Krümmung eine Ellipse ist. Daher sind die Kongruenzrichtungen folgendermaßen zu bestimmen: p und q seien entsprechende Punkte von $\mathfrak{p}$ und $\mathfrak{q}$; man lege d_p und d_q mit ihren Mittelpunkten so aufeinander, daß entsprechende Flächenrichtungen zusammenfallen; dies ist wegen der Winkeltreue von J möglich; dann sind die Kongruenzrichtungen durch die Verbindungsgeraden des Mittelpunktes mit den Schnittpunkten von d_p und d_q gegeben. Nun hat d_p den Flächeninhalt $\sqrt{R_1}\cdot\sqrt{R_2}\cdot\pi = \frac{\pi}{\sqrt{K}}$, wenn R_1, R_2 die Hauptkrümmungsradien und K die Gaußsche Krümmung bezeichnen; da das Analoge für d_q gilt und da bei der Isometrie J die Krümmung K erhalten bleibt, sind daher d_p und d_q flächengleich. Daraus folgt für die aufeinander gelegten Ellipsen: entweder fallen sie zusammen, oder sie haben genau vier Schnittpunkte, die in zwei Paare zusammenzufassen sind, von denen jedes symmetrisch zum Mittelpunkt liegt. Damit ist der Satz bewiesen.

13. Jetzt seien $\mathfrak{p}$ und $\mathfrak{q}$ wieder — wie in den §§ 2 und 3 — Flächen*stücke*, die auf gemeinsame Parameter u, v bezogen sind; im übrigen seien die Voraussetzungen der vorigen Nummer erfüllt; J werde durch u, v vermittelt. Wir fragen nach der *analytischen* Charakterisierung der Kongruenzrichtungen und Kongruenzpunkte.

Die zweiten Fundamentalformen der Flächen seien — wie im § 2 — $P_{11}\,du^2 + 2\,P_{12}\,du\,dv + P_{22}\,dv^2$ bzw. $Q_{11}\,du^2 + 2\,Q_{12}\,du\,dv + Q_{22}\,dv^2$. Da die Krümmungen positiv sind, sind beide Formen definit; zwei Fälle sind möglich: die Formen sind gleichartig definit — also beide positiv oder beide negativ —, oder sie sind ungleichartig definit — also eine positiv, die andere negativ. Da die zweite Fundamentalform bei einer Spiegelung der Fläche das Vorzeichen wechselt, kann man, wenn $\mathfrak{p}$ und $\mathfrak{q}$ gegeben sind, durch Spiegelung von $\mathfrak{q}$ immer erreichen, daß je nach Wunsch ein beliebiger der beiden Fälle vorliegt.

---

[17]) Wie bei Cohn-Vossen; die algebraische Formulierung des Satzes, die sich natürlich auch algebraisch beweisen läßt, ist die folgende: Die quadratischen Formen $P_{11}\,x^2 + 2\,P_{12}\,xy + P_{22}\,y^2$ und $Q_{11}\,x^2 + 2\,Q_{12}\,xy + Q_{22}\,y^2$ seien positiv definit und es sei $P_{11}P_{22} - P_{12}^2 = Q_{11}\,Q_{22} - Q_{12}^2$; dann ist, falls die Formen nicht identisch sind,

$$(P_{11} - Q_{11})\,(P_{22} - Q_{22}) - (P_{12} - Q_{12})^2 < 0.$$

Die Normalkrümmungen k sind in Nr. 12 und im folgendem immer positiv zu nehmen; es ist also, wenn E, F, G die ersten Fundamentalgrößen von $\mathfrak{p}$ und $\mathfrak{q}$ bezeichnen, für die Fläche $\mathfrak{p}$:

$$k = \frac{P_{11}\,du^2 + 2\,P_{12}\,du\,dv + P_{22}\,dv^2}{E\,du^2 + 2F\,du\,dv + G\,dv^2}$$

oder

$$k = \frac{-P_{11}\,du^2 - 2\,P_{12}\,du\,dv - P_{22}\,dv^2}{E\,du^2 + 2F\,du\,dv + G\,dv^2},$$

je nachdem die zweite Fundamentalform von $\mathfrak{p}$ positiv oder negativ definit ist; analog für $\mathfrak{q}$. Mithin gilt:

Die Kongruenzrichtungen (du, dv) *sind durch die Differentialgleichung*

$$(22)\qquad (P_{11} - Q_{11})\,du^2 + 2\,(P_{12} - Q_{12})\,du\,dv + (P_{22} - Q_{22})\,dv^2 = 0$$

oder durch

$$(22')\qquad (P_{11} + Q_{11})\,du^2 + 2\,(P_{12} + Q_{12})\,du\,dv + (P_{22} + Q_{22})\,dv^2 = 0,$$

die Kongruenzpunkte durch die Gleichungen

$$(23)\qquad P_{11} - Q_{11} = P_{12} - Q_{12} = P_{22} - Q_{22} = 0,$$

oder durch

$$(23')\qquad P_{11} + Q_{11} = P_{12} + Q_{12} = P_{22} + Q_{22} = 0$$

charakterisiert; und zwar gelten (22) *und* (23), *wenn die zweiten Fundamentalformen gleichartig, aber* (22′) *und* (23′), *wenn diese Formen ungleichartig definit sind.*

14. In dieser und in der nächsten Nummer beweisen wir zwei Hilfssätze, von denen sich der eine auf Häufungsstellen von Kongruenzpunkten, der andere auf isolierte Kongruenzpunkte bezieht. $\mathfrak{p}(u, v)$ und $\mathfrak{q}(u, v)$ haben dabei immer dieselbe Bedeutung wie in Nr. 13.

Hilfssatz A. *Die (isometrischen, positiv gekrümmten) Flächen* $\mathfrak{p}(u, v)$ *und* $\mathfrak{q}(u, v)$ *seien analytisch; es gebe eine Häufungsstelle von Kongruenzpunkten. Dann ist die Isometrie* J *eine Kongruenz.*

Beweis. Nach dem „Korollar" in § 3, Nr. 11, ist der Hilfssatz A bewiesen, sobald es gelungen ist, durch eine (eigentliche oder uneigentliche) Bewegung von $\mathfrak{q}$ folgendes zu erreichen: die beiden Flächen berühren sich längs einer Kurve derart, daß jeder Punkt der Kurve sowie jede Flächenrichtung des gemeinsamen Flächenstreifens durch die Kurve bei J sich selbst entspricht.

Wir dürfen, nach allfälliger Spiegelung von $\mathfrak{q}$, annehmen, daß die Kongruenzpunkte durch die Gleichungen (23) bestimmt sind; bei Vornahme weiterer *eigentlicher* Bewegungen bleiben dann diese Gleichungen für die Kongruenzpunkte charakteristisch.

Die Lösungen (u, v) der Gleichungen (23) haben nach Voraussetzung einen Häufungspunkt; da die Flächen als analytisch vorausgesetzt sind, gibt es daher jedenfalls — ob die Gleichungen (23) nun identisch gelten mögen oder nicht — eine (analytische) Kurve C in der (uv)-Ebene, längs welcher diese Gleichungen gelten[17a]). Es seien p und q Punkte von $\mathfrak{p}$ bzw. $\mathfrak{q}$, die demselben Punkt von C entsprechen. Durch eine eigentliche Bewegung von $\mathfrak{q}$ bringen wir q mit p derart zur Deckung, daß sich die Flächen in diesen Punkten berühren, und daß dabei je zwei entsprechende Flächenrichtungen in diesen Punkten zur Deckung kommen; dies ist infolge der Winkeltreue der Isometrie möglich. Wir behaupten, daß dann von selbst längs den Kurven C_p und C_q, welche C entsprechen, eine Berührung der gewünschten Art stattfindet.

Im Punkte $p = q$ gelten die Gleichungen

$$(21) \qquad \mathfrak{p} = \mathfrak{q}, \quad \mathfrak{p}_u = \mathfrak{q}_u, \quad \mathfrak{p}_v = \mathfrak{q}_v;$$

wir haben zu zeigen, daß sie längs C gelten.

Es sei $u = u(t), v = v(t)$ eine Parameterdarstellung von C; Differentiation nach t deuten wir durch einen Strich an. In den Gleichungen

$$\mathfrak{p}_u' = \mathfrak{p}_{uu} u' + \mathfrak{p}_{uv} v',$$
$$\mathfrak{p}_v' = \mathfrak{p}_{vu} u' + \mathfrak{p}_{vv} v'$$

ersetzen wir die zweiten Ableitungen von $\mathfrak{p}$ aus den Gaußschen Ableitungsformeln

$$\mathfrak{p}_{ik} = A_{ik}\mathfrak{p}_u + B_{ik}\mathfrak{p}_v + P_{ik}\frac{\mathfrak{p}_u \times \mathfrak{p}_v}{\sqrt{EG - F^2}},$$

bei denen wir dieselben Bezeichnungen benutzen wie in § 2, Nr. 9; nehmen wir noch die Gleichung

$$\mathfrak{p}' = \mathfrak{p}_u u' + \mathfrak{p}_v v'$$

hinzu, so erhalten wir ein Gleichungssystem

$$(24) \qquad \begin{aligned} \mathfrak{p}' &= R(\mathfrak{p}_u, \mathfrak{p}_v, t), \\ \mathfrak{p}_u' &= S(\mathfrak{p}_u, \mathfrak{p}_v, t), \\ \mathfrak{p}_v' &= T(\mathfrak{p}_u, \mathfrak{p}_v, t). \end{aligned}$$

Dabei ist die Funktion R allein durch die Kurve C bestimmt; in die Funktionen S und T gehen außer den Gleichungen für C noch die ersten und die zweiten Fundamentalgrößen der Fläche ein. Alle diese Größen haben längs C mit Rücksicht auf die Isometrie und auf das Bestehen von (23) für die Fläche $\mathfrak{q}$ die gleichen Werte wie für $\mathfrak{p}$; folglich ergeben sich, wenn man dieselbe Be-

17a) Dies folgt bekanntlich aus dem Vorbereitungssatz von Weierstraß.

trachtung für $\mathfrak{q}$ anstellt, dieselben Differentialgleichungen, die wir für $\mathfrak{p}$, $\mathfrak{p}_u$, $\mathfrak{p}_v$ erhalten haben, auch für $\mathfrak{q}$, $\mathfrak{q}_u$, $\mathfrak{q}_v$:

$$\begin{aligned} \mathfrak{q}' &= R(\mathfrak{q}_u, \mathfrak{q}_v, t), \\ \mathfrak{q}_u' &= S(\mathfrak{q}_u, \mathfrak{q}_v, t), \\ \mathfrak{q}_v' &= T(\mathfrak{q}_u, \mathfrak{q}_v, t). \end{aligned} \tag{24}$$

Da nun die Gleichungen (21) für *einen* Wert von t gelten, gelten sie auf Grund des Satzes von der Einzigkeit der Lösungen gewöhnlicher Differentialgleichungen, angewandt auf das System (24), für alle t. Damit ist der Hilfssatz A bewiesen.[18])

15. Hilfssatz B. *Der Index, welchen ein isolierter Kongruenzpunkt in bezug auf das Netz der Kongruenzrichtungen besitzt, ist immer* $\leqq 0$.

Beweis. Wir dürfen, nach allfälliger Spiegelung von $\mathfrak{q}$, annehmen, daß die Kongruenzrichtungen und Kongruenzpunkte durch (22′) und (23′) bestimmt sind; bei Vornahme weiterer *eigentlicher* Bewegungen behalten dann diese Gleichungen ihre Bedeutung.

p und q seien einander entsprechende isolierte Kongruenzpunkte auf $\mathfrak{p}$ und $\mathfrak{q}$. Durch eine eigentliche Bewegung von $\mathfrak{q}$ stellen wir „allgemeine Lage" im Sinne von § 2, Nr. 7, für Umgebungen dieser Punkte her — etwa indem wir die Flächen in den Punkten p und q so zur Berührung bringen, daß sich entsprechende Richtungen decken. Dann ist für die Umgebungen von p und q die Mittelfläche $\mathfrak{x}(u, v)$ regulär (Nr. 7).

Aus dem Satz in § 2, Nr. 9, einerseits, der Bedeutung der Gleichungen (23′) und (22′) andererseits ist ersichtlich: der Punkt o von $\mathfrak{x}$, der den Punkten p und q entspricht, ist ein Flachpunkt von $\mathfrak{x}$; die Richtungen auf $\mathfrak{x}$, die den Kongruenzrichtungen auf $\mathfrak{p}$ und $\mathfrak{q}$ entsprechen, sind die Asymptotenrichtungen von $\mathfrak{x}$ (da es in jedem von o verschiedenen Punkt demnach genau zwei Asymptotenrichtungen gibt, ist die Krümmung von $\mathfrak{x}$ dort stets negativ).

Das Netz in der (uv)-Ebene, welches durch die Kongruenzrichtungen von $\mathfrak{p}$ und $\mathfrak{q}$ bestimmt ist, kann also als das Asymptotennetz von $\mathfrak{x}$ gedeutet werden. Nach § 1, Nr. 6, ist daher der fragliche Index $\leqq 0$.[19])

---

[18]) Cohn-Vossen begründet diesen Hilfssatz durch Berufung auf den Eindeutigkeitssatz für partielle Differentialgleichungen, also auf die unter [15]) erwähnte Charakteristikeneigenschaft der Asymptotenlinien.

[19]) In dem Beweis dieses Hilfssatzes weichen wir am stärksten von der Cohn-Vossenschen Arbeit ab. Dort wird neben der Mittelfläche noch eine zweite Hilfsfläche herangezogen — der „Drehriß" einer infinitesimalen Verbiegung der Mittelfläche —, aber diese Hilfsfläche hat, im Gegensatz zu der Mittelfläche, in dem zu untersuchenden Punkt o eine Singularität; ferner muß das Netz, das dem Netz der Kongruenzrichtungen entspricht, ad hoc konstruiert werden, während wir mit dem gewöhnlichen

16. Jetzt kommen wir zum Beweis des Kongruenzsatzes für Eiflächen, wie er am Anfang formuliert worden ist.

J sei eine Isometrie zwischen den analytischen Eiflächen $\mathfrak{p}$ und $\mathfrak{q}$. Gemäß Nr. 12 sind die Kongruenzrichtungen und Kongruenzpunkte bestimmt. Gäbe es höchstens endlich viele Kongruenzpunkte, so würden die Kongruenzrichtungen auf $\mathfrak{p}$ ein Netz mit höchstens endlich vielen singulären Stellen bilden, und nach § 1, Nr. 3, gäbe es eine Singularität, also einen isolierten Kongruenzpunkt, mit positivem Index; das ist nach Hilfssatz B unmöglich. Folglich gibt es unendlich viele Kongruenzpunkte und daher eine Häufungsstelle von Kongruenzpunkten; dann gibt es nach Hilfssatz A auf $\mathfrak{p}$ ein Gebiet (in der Umgebung einer solchen Häufungsstelle), in welchem J eine Kongruenz ist, und wegen des analytischen Charakters der Flächen folgt hieraus, daß J auch im Großen eine Kongruenz ist.[20]) [21])

Asymptotennetz auskommen. — Die Möglichkeit unserer Vereinfachungen beruht wohl auf dem Kunstgriff, daß wir die Flächen in einer Lage annehmen, in der die Kongruenzrichtungen und Kongruenzpunkte durch (22'), (23'), und nicht durch (22), (23), gegeben sind.

[20]) Also ist *jeder* Punkt Kongruenzpunkt.

[21]) Während des Druckes dieser Arbeit lernten wir die gleichzeitig im Druck befindliche Schrift von W. Blaschke „Über eine geometrische Frage von Euklid bis heute" (Leipzig-Berlin 1938) kennen. In ihr wird ein Beweis des Kongruenzsatzes für Eiflächen angedeutet, der von dem Cohn-Vossenschen Beweis völlig verschieden und auch für nicht-analytische Flächen gültig ist.

(Eingegangen am 2. Dezember 1937.)

33.

Eine Charakterisierung der Bettischen Gruppen von Polyedern durch stetige Abbildungen

Compositio Math. 5 (1938), 347–353

Für $r = 1$ hat Bruschlinsky [1]), für $r = n$ hat Freudenthal [2]) die r-te Bettische Gruppe eines n-dimensionalen Polyeders P — und sogar eines beliebigen n-dimensionalen Kompaktums — durch Homotopie-Eigenschaften charakterisiert, nämlich durch die Klassen der eindeutigen und stetigen Abbildungen von P in die r-dimensionale Sphäre S^r. Die Aufgabe, in ähnlicher Weise die r-ten Bettischen Gruppen mit $1 < r < n$ zu behandeln, ist dann von Lefschetz [3]) mit einer neuen Methode — unter Heranziehung mehrdeutiger Abbildungen — in Angriff genommen worden; einer der von ihm ausgesprochenen Sätze [4]) scheint eine Lösung der Aufgabe zu enthalten — ich gestehe allerdings, daß ich in diesem Teil der Arbeit nicht alles verstanden habe.*)

Angeregt durch die Lektüre der Lefschetzschen Arbeit zeige ich nun im folgenden, daß man den Untersuchungen von Freudenthal nur sehr wenig hinzuzufügen braucht, um einen Satz zu erhalten, der der Lefschetzschen Aussage formal verwandt, vielleicht mit ihr äquivalent oder in ihr enthalten ist, und der jedenfalls die genannte Aufgabe löst (Nr. 3) [5]). Im Gegensatz zu Lefschetz arbeite ich dabei nur mit den alten eindeutigen Abbildungen; dagegen ist der Begriff der „normalen" Abbildung, den ich benutze (Nr. 1), im wesentlichen der Arbeit von Lefschetz entnommen, wenn auch mit dem gleichnamigen Lefschetzschen Begriff wohl nicht ganz identisch. [6])

---

[1]) Math. Ann. **109** (1934), 525—537.

[2]) (1) Comp. Math. **2** (1935), 134—176. — (2) Comp. Math. **4** (1937), 235—238. — Ich zitiere die beiden Arbeiten als F (1) und F (2).

[3]) Fund. Math. **27** (1936), 94—115.

[4]) l.c., théorème 7.

[5]) Der Satz ist eine Verallgemeinerung des „Satzes" aus F (2).

[6]) Cf. l.c. [3]), Seite 109, Zeilen 16—19.

*) Man beachte den „Nachträglichen Zusatz" am Ende meiner Arbeit.

Ich möchte hier auf einige Punkte hinweisen, in denen das für alle r gültige Ergebnis dieser Arbeit weniger befriedigend ist als die älteren Sätze für $r = 1$ und $r = n$. Erstens ist die „homotopische" Charakterisierung der Bettischen Gruppen, die ich gebe, nicht von vornherein topologisch invariant, sondern sie benutzt eine feste Simplizialzerlegung des Polyeders; vielleicht ist es nicht schwer, diesen Übelstand zu beseitigen. Zweitens: die Abbildungen, deren Kenntnis es gestattet, für $1 < r < n$ die r-ten Bettischen Gruppen eines Komplexes K^n zu bestimmen, sind nicht Abbildungen des ganzen Polyeders $\bar{K}^n$, sondern nur des Teiles $\bar{K}^r$, der aus den r-dimensionalen Simplexen von K besteht [7]). Hiermit hängt der folgende Nachteil zusammen: die Sätze von Bruschlinsky und Freudenthal zeigen nicht nur, daß sich gewisse Homologie-Eigenschaften durch Homotopien charakterisieren lassen, sondern auch umgekehrt — und dies halte ich für mindestens ebenso wichtig —: sie lehren für $r = 1$ und $r = n$, wie man aus den, als bekannt angenommenen, Homologie-Eigenschaften eines n-dimensionalen Polyeders Schlüsse auf das Verhalten seiner stetigen Abbildungen in r-dimensionale Gebilde ziehen kann; zu analogen Ergebnissen für beliebiges r dagegen dürfte auch der Satz der vorliegenden Arbeit nicht führen, solange man nicht einmal einen Überblick über die Klassen der Abbildungen der Sphären S^p mit $p > r$ in die Sphäre S^r hat.

1. K sei ein endlicher, simplizialer, euklidischer Komplex [8]); für jedes r sei K^r der Komplex derjenigen Simplexe von K, deren Dimensionszahlen $\leqq r$ sind. Wir betrachten, bei festem r, die Abbildungen [9]) des Polyeders $\bar{K}^r$ in die r-dimensionale Sphäre S^r.

Die Abbildung f heiße „normal", wenn sie die Randsphäre jedes $(r+1)$-dimensionalen Simplexes von K unwesentlich abbildet [10]). Offenbar ist die Normalität von f mit der folgenden Eigenschaft gleichbedeutend: f läßt sich zu einer Abbildung von $\bar{K}^{r+1}$ in die S^r fortsetzen.

---

[7]) Ähnliches gilt, wenn ich recht verstehe, für die normalen Abbildungen von Lefschetz.

[8]) Wegen der Terminologie vergl. man immer Alexandroff-Hopf, Topologie I (Berlin 1935). — Ich zitiere dieses Buch als AH.

[9]) Alle Abbildungen sind eindeutig und stetig.

[10]) Die Abbildung f der Punktmenge M in die Sphäre S^r heißt unwesentlich, wenn es eine zu f homotope Abbildung f' von M gibt, bei der das Bild $f'(M)$ ein einziger Punkt ist. Ist M ebenfalls eine r-dimensionale Sphäre, so ist f bekanntlich dann und nur dann unwesentlich, wenn der Abbildungsgrad 0 ist.

Aus der Definition der normalen Abbildungen folgt unmittelbar: ist f normal, so ist auch jede mit f homotope Abbildung normal. Wir dürfen daher von „*normalen Abbildungsklassen*" sprechen.

2. Zwischen den Klassen der Abbildungen von $\bar{K}^r$ in die S^r läßt sich nach Freudenthal eine „Addition" erklären, welche das System der Klassen zu einer Abelschen Gruppe macht; ich nenne diese Gruppe $\mathfrak{F}(K^r)$. [11])

Es sei k ein Teilkomplex von K^r und f eine Abbildung von $\bar{K}^r$, die auf $\bar{k}$ unwesentlich ist; es gibt also eine Abbildung f' von $\bar{k}$ auf einen einzigen Punkt, die auf $\bar{k}$ mit f homotop ist; da f in ganz $\bar{K}^r$ definiert ist, läßt sich auch f' zu einer Abbildung von $\bar{K}^r$ fortsetzen [12]); das heißt: die Klasse von f enthält eine Abbildung f' von $\bar{K}^r$, die $\bar{k}$ auf einen Punkt abbildet. Sind nun f', g' zwei Abbildungen von $\bar{K}^r$, die $\bar{k}$ auf je einen Punkt abbilden, so enthalten, wie sich aus der Freudenthalschen Additionsvorschrift [11]) unmittelbar ergibt, die Klassen von $(f'+g')$ und von $(-f')$ ebenfalls Abbildungen, die $\bar{k}$ auf einen Punkt abbilden. Das bedeutet: diejenigen Abbildungsklassen, welche $\bar{k}$ unwesentlich abbilden, bilden eine Untergruppe von $\mathfrak{F}(K^r)$; sie heiße $\mathfrak{F}_k$. Daraus ergibt sich weiter: sind $k_1, \ldots, k_m$ Teilkomplexe von K^r, so bilden diejenigen Klassen, deren Abbildungen jedes einzelne $\bar{k}_i$ unwesentlich abbilden, ebenfalls eine Untergruppe von $\mathfrak{F}(K^r)$, nämlich die Durchschnittsgruppe $\prod_i \mathfrak{F}_{k_i}$.

Wenden wir dies auf die Randsphären k_i der $(r+1)$-dimensionalen Simplexe von K an, so sehen wir: ***Die normalen Abbildungsklassen von $\bar{K}^r$ bilden eine Untergruppe von $\mathfrak{F}(K^r)$.*** Diese, durch den Komplex K und die Dimensionszahl r bestimmte Gruppe heiße $\mathfrak{F}^r(K)$. Ist K selbst r-dimensional, so ist jede Klasse normal, also $\mathfrak{F}^r(K) = \mathfrak{F}(K)$.

3. Mit $\mathbf{P}_1$ bezeichnen wir immer die additive Gruppe der mod 1 reduzierten reellen Zahlen; $B_1^r(K)$ sei die r-te Bettische Gruppe von K in bezug auf den Koeffizientenbereich $\mathbf{P}_1$. Unsere Behauptung lautet: [13])

---

[11]) Man vergl. F (1), besonders S. 138—143. Freudenthal nennt $\mathfrak{F}(K^r)$ die Hopfsche Gruppe.

[12]) AH, S. 501, Hilfssatz I.

[13]) Man vergl. F (2); ich halte mich in den Formulierungen möglichst eng an diese Arbeit.

Satz. *Für jedes $r \geqq 1$ sind die Gruppen $B_1^r(K)$ und $\mathfrak{F}^r(K)$ Charakterengruppen mod 1 voneinander.* [14])

Der Satz ist bewiesen, sobald wir gezeigt haben: [13])

$B_1^r(K)$ und $\mathfrak{F}^r(K)$ bilden ein primitives Gruppenpaar im Sinne von Pontrjagin, wenn einem Element von $B_1^r(K)$, repräsentiert durch einen Zyklus z, und einem Element von $\mathfrak{F}^r(K)$, repräsentiert durch eine Abbildung f, als „Produkt" fz der Grad mod 1 zugeordnet wird, mit welchem z durch f in die S^r abgebildet ist.

($fz = \mathfrak{a}$ ist also dasjenige Element des Koeffizientenbereiches $\mathbf{P}_1$, das durch $f(z) \sim \mathfrak{a}Z$ bestimmt ist, wobei $f(z)$ als stetiger Zyklus aufzufassen ist und Z den ganzzahligen Zyklus bezeichnet, der durch eine der Orientierungen der S^r bestimmt ist.)

4. Für den *Beweis* dieser Behauptung verstehen wir — immer in bezug auf die Gruppe $\mathbf{P}_1$ der mod 1 reduzierten reellen Zahlen als Koeffizientenbereich — unter Z_1^r die Gruppe der r-dimensionalen Zyklen von K^r und unter H_1^r diejenige Untergruppe von Z_1^r, deren Elemente ~ 0 in K sind; dann ist $Z_1^r = B_1^r(K^r)$ und die Restklassengruppe $Z_1^r - H_1^r = B_1^r(K)$.

Nach Freudenthal gilt: [13]) *$Z_1^r = B_1^r(K^r)$ und $\mathfrak{F}(K^r)$ sind zueinander primitiv, wenn man das „Produkt" fz wie in Nr. 3 erklärt.*

Mit x_i^{r+1} bezeichnen wir die orientierten $(r+1)$-dimensionalen Simplexe von K, mit $\dot{x}_i^{r+1}$ ihre Ränder. Es sei nun die durch die Abbildung f repräsentierte Klasse in $\mathfrak{F}^r(K)$ enthalten, also f normal; ferner seien z_1, z_2, zwei Zyklen, die sich in derselben Restklasse von Z_1^r mod H_1^r befinden; dann ist $z_1 - z_2 = \sum_i \mathfrak{t}^i \dot{x}_i^{r+1}$, $\mathfrak{t}^i \subset \mathbf{P}_1$; da f normal ist, wird jeder $\dot{x}_i^{r+1}$ mit dem (ganzzahligen) Grade 0 abgebildet; daher wird auch $z_1 - z_2$ mit dem Grade 0 in bezug auf $\mathbf{P}_1$ abgebildet; das heißt: $f(z_1 - z_2) = 0$, $fz_1 \underset{\mathfrak{F}^r}{=} fz_2$ [15]). Diese Tatsache bedeutet: *Das Produkt fz darf als Gruppenmultiplikation zwischen $\mathfrak{F}^r(K)$ und $Z_1^r - H_1^r = B_1^r(K)$ aufgefaßt werden.*

Um zu zeigen, daß $\mathfrak{F}^r(K)$ und $B_1^r(K)$ primitiv sind, ist noch zweierlei zu beweisen: 1) Repräsentiert f ein von 0 verschiedenes

---

[14]) Insbesondere ist also $B_1^r(K)$ durch $\mathfrak{F}^r(K)$ bestimmt. $B_1^r(K)$ ist aber, wenn p^r die r-te Bettische Zahl und T^r die r-te Torsionsgruppe bezeichnen, die direkte Summe von p^r mit $\mathbf{P}_1$ isomorphen Gruppen und einer mit T^{r-1} isomorphen Gruppe. Daher sind durch $\mathfrak{F}^r(K)$ auch p^r und T^{r-1} und folglich durch die Gruppen $\mathfrak{F}^r(K)$, $r = 0, 1, \ldots$, alle Bettischen Gruppen von K bestimmt. Man vergl. hierzu AH, Kap. V, § 4.

[15]) Ebenso leicht zeigt man, daß sogar mehr gilt: $\mathfrak{F}^r(K)$ ist der Annullator von H_1^r, d.h.: dann und nur dann gehört f zu $\mathfrak{F}^r(K)$, wenn $fz = 0$ für jeden $z \subset H_1^r$ ist.

Element der Gruppe $\mathfrak{J}^r(K)$, so gibt es einen z mit $fz \neq 0$. — 2) Ist $z \nsim 0$ in K, so gibt es eine normale Abbildung f mit $fz \neq 0$.

Die Richtigkeit der Behauptung 1 ist in der Primitivität der Gruppen $\mathfrak{J}(K^r)$ und $Z_1^r = B_1^r(K^r)$ enthalten. Die Behauptung 2 lautet ausführlich formuliert folgendermaßen:

Hilfssatz. *Es sei z ein r-dimensionaler Zyklus in K^r, der nicht ~ 0 in K ist; dann gibt es eine Abbildung f von $\overline{K}^r$ in die S^r, bei welcher z mit einem von 0 verschiedenen Grade, jeder Zyklus aus H_1^r aber mit dem Grade 0 abgebildet wird* (alles in bezug auf den Koeffizientenbereich $\mathbf{P}_1$). [16])

5. *Beweis des Hilfssatzes.*

a) Die Abbildung f von $\overline{K}^r$ in die S^r heiße „speziell", wenn sie $\overline{K}^{r-1}$ auf einen einzigen Punkt abbildet; ist f speziell und C ein algebraischer r-dimensionaler Komplex in K^r (irgend eines Koeffizientenbereiches $\mathfrak{J}$), so ist der *Grad* der Abbildung f von C (in bezug auf $\mathfrak{J}$) erklärt.

L^r sei die Gruppe der *ganzzahligen* r-dimensionalen Komplexe von K^r und χ irgendein *ganzzahliger* Charakter von L^r; dann gibt es eine spezielle Abbildung f von $\overline{K}^r$ mit der Eigenschaft: *für jeden Komplex $X^r \subset L^r$ ist $\chi(X^r)$ der Grad von f*; denn man braucht, um f zu konstruieren, nur in jedem r-dimensionalen Simplex $|x_i^r|$ von K^r zueinander fremde Teilsimplexe $|y_{ij}^r|$, $j = 1, \ldots, |\chi(x_i^r)|$, anzunehmen, die Menge $\overline{K^r - \sum_{i,j} |y_{ij}^r|}$ auf einen festen Punkt von S^r und jedes $|y_{ij}^r|$ bis auf seinen Rand eineindeutig und mit geeigneter Orientierung auf S^r abzubilden.

b) Die ganzzahligen Komplexe X_i^r seien die Elemente einer Basis von L^r; dann bilden sie auch eine Basis der Komplexgruppe $L_{\mathfrak{J}}^r$ in bezug auf jeden Koeffizientenbereich $\mathfrak{J}$[17]), d.h. jeder Komplex aus $L_{\mathfrak{J}}^r$ läßt sich auf eine und nur eine Weise in der Form $\sum \mathfrak{t}^i X_i^r$, $\mathfrak{t}^i \subset \mathfrak{J}$, schreiben [17]). Da die obige Abbildung f jeden X_i^r mit dem Grade $\chi(X_i^r)$ abbildet, *ist der Grad in bezug auf $\mathfrak{J}$, mit dem $\sum \mathfrak{t}^i X_i^r$ abgebildet wird, gleich $\sum \chi(X_i^r)\mathfrak{t}^i$.*

c) Wir wählen in L^r eine „kanonische" Basis wie in AH, S. 216, und benutzen die dortigen Bezeichnungen; den dort Z_i^r, v_i^r, y_i^r genannten Komplexen geben wir jetzt den gemeinsamen

---

[16]) Der analoge Satz gilt, wie sich aus dem Beweis ergibt, wenn man $\mathbf{P}_1$ durch einen Koeffizientenbereich $\mathfrak{J}$ ersetzt, der die folgende Eigenschaft besitzt: zu jedem $\mathfrak{c} \subset \mathfrak{J}$ und jeder ganzen Zahl $g \neq 0$ gibt es ein $\mathfrak{d} \subset \mathfrak{J}$ mit $\mathfrak{c} = g\mathfrak{d}$.

[17]) AH, S. 225, Hilfssatz.

Namen Y_i^r; die Basis besteht also aus Zyklen z_i^r, u_i^r und aus Komplexen Y_i^r. Bei beliebigem Koeffizientenbereich $\mathfrak{J}$ besteht nach AH, S. 232, die Rändergruppe $H_{\mathfrak{J}}^r$ aus den Zyklen der Form $\Sigma f_i \mathfrak{d}^i z_i^r + \Sigma \mathfrak{e}^i u_i^r$ mit $\mathfrak{d}^i \subset \mathfrak{J}$, $\mathfrak{e}^i \subset \mathfrak{J}$, wobei die Zahlen f_i die r-ten Torsionskoeffizienten sind.

Ist speziell $\mathfrak{J} = \mathbf{P}_1$, so gibt es zu jedem $\mathfrak{c} \subset \mathbf{P}_1$ und jeder ganzen Zahl $f_i \neq 0$ ein $\mathfrak{d}^i \subset \mathbf{P}_1$ mit $\mathfrak{c} = f_i \mathfrak{d}^i$; daraus folgt: jeder Komplex $\Sigma\, \mathfrak{c}^i z_i^r + \Sigma\, \mathfrak{e}^i u_i^r$ ist in H_1^r enthalten.

d) Es sei jetzt z der in dem zu beweisenden Hilfssatz genannte Zyklus, $z = \Sigma\, \mathfrak{b}^i Y_i^r + \Sigma\, \mathfrak{c}^i z_i^r + \Sigma\, \mathfrak{e}^i u_i^r$.

Da z nicht zu H_1^r gehört, folgt aus c): wenigstens ein $\mathfrak{b}^i$ ist $\neq 0$; es sei etwa $\mathfrak{b}^1 \neq 0$.

Wir definieren nun in L^r einen ganzzahligen Charakter χ, indem wir für die Basiselemente Y_i^r, z_i^r, u_i^r setzen:

$\chi(Y_1^r) = 1$, $\chi(Y_i^r) = 0$ für $i \neq 1$; $\chi(z_i^r) = \chi(u_i^r) = 0$ für alle i.

Gemäß a konstruieren wir zu χ eine spezielle Abbildung f. Die Grade (in bezug auf $\mathbf{P}_1$), mit denen die Zyklen in bezug auf $\mathbf{P}_1$ durch f abgebildet werden, sind nach b durch die Werte, die χ für die Basiselemente Y_i^r, z_i^r, u_i^r hat, zu bestimmen: für z ist der Grad gleich $\mathfrak{b}^1 \neq 0$; für einen beliebigen Zyklus aus H_1^r, also einen Komplex $\Sigma\, \mathfrak{c}^i z_i^r + \Sigma\, \mathfrak{e}^i u_i^r$, ist er gleich 0.

Damit ist alles bewiesen.

6. Als *Korollar* des Satzes aus Nr. 3 erhalten wir:

Die folgenden beiden Eigenschaften (I) und (II) sind äquivalent ($r \geqq 1$): *(I) Die r-te Bettische Zahl* $p^r(K)$ *und die* $(r-1)$*-te Torsionsgruppe* $T^{r-1}(K)$ *verschwinden* [18]. *(II) Jede normale Abbildung von* $\bar{K}^r$ *in die* S^r *ist unwesentlich.*

Statt (II) kann man auch sagen: *(II') Jede Abbildung von* $\bar{K}^{r+1}$ *in die* S^r *bewirkt eine unwesentliche Abbildung von* $\bar{K}^r$.

In der Tat ist (II) gleichbedeutend mit $\mathfrak{F}^r(K) = 0$, also nach dem Satz in Nr. 3 mit $B_1^r(K) = 0$, also — vergl. Fußnote 14 — mit $p^r(K) = 0$, $T^{r-1}(K) = 0$. Die Äquivalenz von (II) und (II') ergibt sich aus Nr. 1. [19])

---

[18]) Dies bedeutet bekanntlich (AH, S. 234), daß die r-ten Bettischen Gruppen von K in bezug auf beliebige Koeffizientenbereiche verschwinden, daß also in K alle r-dimensionalen Zyklen (beliebiger Koeffizientenbereiche) beranden.

[19]) Will man nur das Korollar, aber nicht den Satz aus Nr. 3 beweisen, so braucht man im Vorstehenden anstelle der Freudenthalschen Theorie nur den Satz V' aus AH, S. 514, zu benutzen, in dem man, was erlaubt ist, $\mathfrak{R}$ durch $\mathbf{P}$ zu ersetzen hat.

Ist $K = K^r$, so ist jede Abbildung in die S^r normal; der dann vorliegende Spezialfall des Korollars ist bekannt [20]).

(Eingegangen den 27. Juli 1937.)

Nachträglicher Zusatz. Herr Lefschetz hat mir soeben (November 1937) in freundschaftlicher Weise das Manuskript einer Note zugeschickt, durch welche die unter [3]) zitierte Arbeit überholt wird und die demnächst in den Fund. Math. erscheinen soll; ihr Endergebnis ist ein Satz, der mit meinem Satz aus der obigen Nr. 3 äquivalent ist. Während ich aber die „Gruppe der Abbildungsklassen" $\mathfrak{F}(K^r)$ eines Polyeders $\overline{K}^r$ in die Sphäre S^r von Freudenthal [2]) übernehme, führt Herr Lefschetz diese Gruppe neu ein, und zwar mittels einer Methode, die von der Freudenthalschen abweicht: Freudenthal deutet die S^r als „Gruppenraum mit Singularitäten", und durch diesen Kunstgriff gelingt die Definition der gruppenbildenden Addition zwischen den Abbildungsklassen unter völliger Vermeidung von Homologiebegriffen; erst im weiteren Verlauf der Untersuchung treten Abbildungsgrade auf. Lefschetz dagegen benutzt den genannten Kunstgriff nicht und arbeitet statt dessen von vornherein mit bekannten Sätzen über die Grade der Abbildungen von Simplexen und Sphären auf Sphären, also mit dem allerelementarsten Teil der Homologie-Theorie. — Bei dieser Gelegenheit möchte ich noch auf die Methode von Borsuk zur Gruppenbildung zwischen Abbildungsklassen [Comptes Rendus **202** (1936), 1400] hinweisen; diese Methode dürfte den allgemeinsten Anwendungsbereich haben.

(Eingegangen den 8. Februar 1938.)

[20]) AH, S. 514, Satz VI'.

34.

Über Isometrie und stetige Verbiegung von Flächen

Math. Ann. **116** (1938), 58–75

1. Alle Flächen, von denen hier die Rede ist, sollen im dreidimensionalen Raume liegen, reell und analytisch[1]) und frei von Singularitäten sein. Es wird sich durchaus um Untersuchungen ,,im Kleinen" handeln, also um die Betrachtung beliebig kleiner Umgebungen einzelner Flächenpunkte.

Zwei Flächen F und F' heißen ,,isometrisch", wenn zwischen ihnen eine längentreue Abbildung oder ,,Isometrie" besteht. Eine ,,stetige Verbiegung" einer Fläche F in eine Fläche F' ist eine Schar $\{J_t\}$ von Isometrien der Fläche F auf Flächen F_t, wobei die Schar stetig von dem Parameter t, $0 \leqq t \leqq 1$, abhängt[2]) und J_0 die Identität — also $F_0 = F$ — und $F_1 = F'$ ist. Die hier auftretende Isometrie J_1 nennen wir eine ,,Biegungsisometrie", und die Flächen $F = F_0$ und $F' = F_1$ nennen wir einander ,,biegungsisometrisch".

Wie kann man entscheiden, ob eine Isometrie J eine Biegungsisometrie und ob zwei isometrische Flächen einander biegungsisometrisch sind? Diese Frage ist unser Ausgangspunkt. Dabei stellen wir, um es noch einmal zu betonen, die Frage nur ,,im Kleinen"; das heißt: ist die isometrische Abbildung J der Fläche F auf die Fläche F' vorgelegt und ist o ein Punkt auf F, so fragen wir, ob es auf F eine Umgebung U von o gibt, innerhalb welcher J eine Biegungsisometrie ist, welche sich also in ihr Bild $U' = J(U)$, das ein Gebiet auf F' ist, stetig verbiegen läßt.

2. In diesem Zusammenhange sind, soviel wir wissen, die folgenden Tatsachen bekannt. Nachdem A. Voss 1895 darauf aufmerksam gemacht hatte, daß zwischen ,,Isometrie" und ,,Biegungsisometrie" zum mindesten begrifflich ein Unterschied besteht[3]), hat E. E. Levi 1907 einige wichtige Sätze entdeckt[4]):

Er hat zunächst bemerkt, daß dieser Unterschied nicht nur begrifflich, sondern tatsächlich vorhanden ist: die Spiegelung J eines positiv gekrümmten

---

[1]) Die meisten Sätze lassen sich so formulieren, daß die Voraussetzung hinreichend häufiger Differenzierbarkeit genügen würde.

[2]) Die ,,stetige Abhängigkeit" wird in Nr. 19 präzisiert werden.

[3]) A. Voss, Über isometrische Flächen, Math. Annalen 46 (1895), S. 97; Enzykl. Math. Wiss. III D 6a, S. 362—363.

[4]) E. E. Levi, Sulla deformazione delle superficie flessibili ed inestendibili, Atti Accad. Torino 43 (1907/08), S. 292. — Neue Darstellung dieser Sätze und Beweise: H. Schilt, Über die isolierten Nullstellen der Flächenkrümmung und einige Verbiegbarkeitssätze, Compos. Math. 5 (1937), S. 239; wir zitieren diese Arbeit als ,,Schilt".

Flächenstückes F an einer Ebene, die ja eine isometrische Abbildung von F auf das Spiegelbild F' von F ist, ist keine Biegungsisometrie [5]). Jedoch wird man diese fast selbstverständliche Tatsache nicht als endgültige Antwort auf die Frage von Voss anerkennen, vielmehr wird man sich jetzt veranlaßt sehen, den Begriff der Biegungsisometrie zu erweitern: Die Isometrie J heiße eine „Biegungsisometrie im weiteren Sinne", wenn es eine stetige Schar von Isometrien $\{J_t\}$, $0 \leqq t \leqq 1$, gibt, in welcher J_0 die Identität und entweder $J_1 = J$ oder $J_1 = SJ$ ist, wobei S die Spiegelung an einer Ebene bezeichnet — kurz gesagt also: F und F' sind biegungsisometrisch „im weiteren Sinne", wenn sich F entweder in F' oder in das Spiegelbild von F' stetig verbiegen läßt. Die ursprünglich eingeführte Biegungsisometrie nennen wir jetzt eine solche „im engeren Sinne".

Nach dieser Festsetzung erhebt sich nun wieder, in einer modifizierten Form, die von Voss angeschnittene Frage: Besteht ein tatsächlicher Unterschied zwischen den Begriffen der „Isometrie" und der „Biegungsisometrie im weiteren Sinne"? Der folgende Satz von E. E. Levi verneint diese Frage für die meisten Flächen:

Satz L_1. *In dem Punkt o der Fläche F sei die Gaußsche Krümmung* $K \neq 0$; *dann ist jede Isometrie J in einer Umgebung von o eine Biegungsisometrie im weiteren Sinne.*

Und hierzu gilt noch, wie ebenfalls E. E. Levi gezeigt hat, der folgende Zusatz, der ein Gegenstück zu der obigen Bemerkung über Flächen positiver Krümmung und ihre Spiegelbilder darstellt [6]):

Satz L_2. *In o sei* $K < 0$; *dann ist J in einer Umgebung von o sogar eine Biegungsisometrie im engeren Sinne; mit anderen Worten: jede Fläche negativer Krümmung läßt sich (im Kleinen) sogar stetig in ihr Spiegelbild verbiegen.*

Diese Untersuchungen sind vor kurzem von H. Schilt fortgesetzt worden [4]). Erstens wurde der Satz L_1 folgendermaßen verallgemeinert [7]):

Satz L_1'. *Die Behauptung des Satzes* L_1 *bleibt richtig, wenn man in ihm die Voraussetzung, daß in o die Krümmung nicht* 0 *sei, durch die schwächere ersetzt: die Punkte o und* $o' = J(o)$ *seien nicht Flachpunkte* [8]).

---

[5]) Beweis: Die zweite Fundamentalform einer positiv gekrümmten Fläche ist definit; für die eine der Flächen F, F' ist sie positiv, für die andere negativ definit (in bezug auf ein gemeinsames Parametersystem); bei stetiger Verbiegung von F kann sich aber, da sie immer definit bleibt, ihr Vorzeichen nicht ändern. — Man vgl. auch Schilt, Einleitung, Fußnote [4]).

[6]) Schilt, Nr. 30, Satz XVII und Satz XVIIa.

[7]) Schilt, Nr. 29, Satz XVI.

[8]) Ein *Flachpunkt* ist ein Punkt, in dem die zweiten Fundamentalgrößen $L = M = N = 0$ sind; einen Punkt, in dem zwar $LN - M^2 = 0$ ist, also die Krümmung verschwindet, *aber nicht* $L = M = N = 0$ ist, nennen wir *parabolisch.* — Wir weichen hierin von der sonst häufigen Terminologie ab, in der alle Punkte mit $LN - M^2 = 0$ parabolisch genannt werden.

Mit anderen Worten: höchstens dann, wenn wenigstens einer der Punkte o und o' Flachpunkt ist, kann es eine Isometrie zwischen Umgebungen dieser beiden Punkte geben, die keine Biegungsisometrie im weiteren Sinne ist; man muß also bei allen Untersuchungen in unserem Problemkreis den Flachpunkten besondere Aufmerksamkeit schenken. — Zweitens wurde bewiesen [9]):

Satz S. *Es gibt Paare isometrischer Flächen* $F, F' = J(F)$ *und Punkte* $o, o' = J(o)$ *auf ihnen mit folgender Eigenschaft: in keiner (noch so kleinen) Umgebung von* o *ist* J *eine Biegungsisometrie im weiteren Sinne.*

Hiermit ist die Frage von Voss beantwortet und, unseres Wissens zum erstenmal, klargestellt worden, daß zwischen dem Begriff der Isometrie und dem der Biegungsisometrie (im weiteren Sinne) ein tatsächlicher Unterschied besteht.

3. Wir skizzieren hier den Gedankengang des Beweises von Schilt für den Satz S.

Es sei o ein Punkt der Fläche F; in allen von o verschiedenen Punkten sei die Krümmung $K < 0$. Dann ist o ein „Sattelpunkt" mit einer bestimmten endlichen „Sattelordnung" s, d. h. bei horizontaler Lage der Tangentialebene von o laufen $s + 1$ „Täler" und $s + 1$ „Bergrücken" in o zusammen. Unter der Voraussetzung, daß $K < 0$ auch in o selbst, und sogar unter der schwächeren Voraussetzung, daß o nicht Flachpunkt ist, ist o ein „gewöhnlicher" Sattel, d. h. es ist $s = 1$. Die Ordnung s ist, wie man ohne große Schwierigkeit zeigt, invariant bei stetiger Verbiegung einer Umgebung von o. Daher hat man ein Beispiel, wie es im Satz S genannt wird, gefunden, sobald man zu einer Fläche F, die einen Sattel o mit einer Ordnung $s > 1$ besitzt, eine isometrische Fläche F' konstruiert hat, auf welcher der entsprechende Punkt o' nicht Flachpunkt ist. Diese Konstruktion aber ist immer möglich auf Grund des folgenden Existenzsatzes, der sich aus dem klassischen Existenztheorem für partielle Differentialgleichungen 2. Ordnung ergibt [10]).

Existenzsatz. *Es sei* o *ein Punkt auf der analytischen Fläche* F; *dann gibt es eine Fläche* F', *die zu einer Umgebung von* o *auf* F *isometrisch und auf welcher der Punkt* o', *der* o *entspricht, nicht Flachpunkt ist.*

4. Die so gefundenen Flächenpaare, die isometrisch, aber nicht biegungsisometrisch (im weiteren Sinne) sind, haben sämtlich den folgenden speziellen Typus: die betrachteten Punkte o, o' sind isolierte Nullstellen der Krümmung K, während sonst überall $K < 0$ ist. Es entsteht die Aufgabe, auch andere, möglichst allgemeine Typen von Flächen anzugeben, welche Beispiele zum

[9]) Schilt, Nr. 27, Satz XIV.

[10]) Schilt, Nr. 25, Satz XIIa.

Satz S liefern — etwa solche, auf denen K in der Umgebung von o, o' positiv ist; in o, o' selbst muß nach Satz L_1 immer $K = 0$ sein.

Um derartige Beispiele zu finden, wird man versuchen, Eigenschaften eines Flächenpunktes o anzugeben, die *invariant bei stetiger Verbiegung, aber nicht invariant bei allen Isometrien* sind; dabei hat man, wie aus dem Satz L_1' hervorgeht, sein Augenmerk besonders auf Flachpunkte o zu richten. Ein Beispiel einer solchen Invariante ist gerade die oben besprochene Sattelordnung s; sie kann, wie erwähnt, nur in Flachpunkten verschieden von 1 sein; aber sie ist nur definiert, wenn in der Umgebung von o überall $K < 0$ ist. Will man auch andere Flächen behandeln, so liegt es nahe, die Invarianzeigenschaften der ,,*Berührungsordnung*" b im Punkte o nachzuprüfen, die folgendermaßen erklärt ist: Die Tangentialebene von F im Punkte o sei die (xy)-Ebene, F sei durch die Gleichung $z = f(x, y)$ dargestellt, in o sei $x = y = 0$, und $f(x, y)$ besitze in der Umgebung von o die Taylorsche Entwicklung

$$(1) \quad z = f(x, y) = f^{(b+1)}(x, y) + f^{(b+2)}(x, y) + \ldots, \quad f^{(b+1)}(x, y) \not\equiv 0,$$

worin die $f^{(i)}$ Formen i-ten Grades sind; dabei ist immer $b \geqq 1$; dann und nur dann ist $b \geqq 2$, wenn o Flachpunkt ist.

Wenn in o die Krümmung $K \neq 0$ ist, so ist $b = 1$ für jede mit F isometrische Fläche; die Invarianzeigenschaften von b sind also problematisch nur für den Fall, daß $K = 0$ in o ist; dann kann $b = 1$ oder $b \geqq 2$ sein; wir interessieren uns hier für Flachpunkte, also für $b \geqq 2$. Dann ist b bestimmt *nicht invariant bei beliebigen Isometrien*; denn nach dem ,,Existenzsatz" (Nr. 3) gibt es eine mit F isometrische Fläche F', für welche in dem Punkt o', der o entspricht, die Berührungsordnung $b = 1$ ist. Zu untersuchen bleibt die Frage, *ob b eine Invariante der stetigen Verbiegungen ist.*

5. *Die Antwort auf diese Frage hängt von der Fläche F ab*; es gibt nämlich sowohl Flächen, durch deren stetige Verbiegungen man die Berührungsordnung b in einem Flachpunkt abändern und den Flachpunkt sogar in einen gewöhnlichen parabolischen Punkt verwandeln kann, als auch Flächen, für welche die Ordnung b eines Flachpunktes bei allen stetigen Verbiegungen fest bleibt. Je nachdem sich b abändern läßt oder nicht, wollen wir den Punkt ,,labil" oder ,,stabil" nennen.

Die einfachsten Beispiele von Flächen mit labilen Punkten sind die Zylinder $z = x^{b+1}$, $b \geqq 2$, und allgemeiner alle Torsen, die Flachpunkte besitzen; denn bekanntlich läßt sich jede Torse stetig in jede andere Torse verbiegen, also z. B. in den Zylinder $z = x^2$, der keinen Flachpunkt besitzt. Aber auch auf Flächen, die nicht Torsen sind, können labile Punkte auftreten. Wir zeigen dies hier an dem Beispiel einer speziellen Regelfläche:

Für jeden Wert von t sind durch die folgenden Differentialgleichungen (2) mit den Anfangsbedingungen (2_0) drei Vektoren $\mathfrak{y}_1(u)$, $\mathfrak{y}_2(u)$, $\mathfrak{y}_3(u)$ als Funktionen der unabhängigen Veränderlichen u bestimmt:

$$(2) \qquad \begin{cases} \mathfrak{y}_1' = & t\,\mathfrak{y}_2 \\ \mathfrak{y}_2' = -t\,\mathfrak{y}_1 & + u\,\mathfrak{y}_3 \\ \mathfrak{y}_3' = & -u\,\mathfrak{y}_2 \end{cases}$$

$$(2_0) \qquad \mathfrak{y}_1(0) = (1, 0, 0), \quad \mathfrak{y}_2(0) = (0, 0, 1), \quad \mathfrak{y}_3(0) = (0, 1, 0).$$

Aus (2) und (2_0) ergibt sich, daß $\mathfrak{y}_1, \mathfrak{y}_2, \mathfrak{y}_3$ für alle u ein normiertes (negativ orientiertes) Orthogonalsystem bilden. Wir setzen

$$\mathfrak{x}(u, v; t) = \int_0^u \mathfrak{y}_1(w)\,dw + v \cdot \mathfrak{y}_3(u).$$

Dann ist

$$\mathfrak{x}_u = \mathfrak{y}_1 - uv\mathfrak{y}_2, \qquad \mathfrak{x}_v = \mathfrak{y}_3.$$

Infolge der Orthogonalität der $\mathfrak{y}_i$ sind $\mathfrak{x}_u, \mathfrak{x}_v$ linear unabhängig; folglich stellt der Vektor $\mathfrak{x}$ bei beliebigem t für alle u, v eine reguläre Fläche F_t dar. Für die ersten Fundamentalgrößen findet man

$$(3) \qquad E = 1 + u^2v^2, \qquad F = 0, \qquad G = 1;$$

für die zweiten Fundamentalgrößen

$$(4) \qquad L = \frac{t\,u^2\,v^2 + t - v}{\sqrt{1 + u^2\,v^2}}, \qquad M = \frac{-u}{\sqrt{1 + u^2\,v^2}}, \qquad N = 0;$$

für die Krümmung

$$(5) \qquad K = \frac{-u^2}{(1 + u^2\,v^2)^2}.$$

Auf Grund bekannter Sätze über Differentialgleichungen folgt aus (2), daß die durch $\mathfrak{x}(u, v; t)$ dargestellte Flächenschar $\{F_t\}$ regulär vom Parameter t abhängt. Man sieht aus (5): die Flächen F_t sind keine Torsen; aus (3): ihr Linienelement hängt nicht von t ab, also stellt die Schar $\{F_t\}$ bei Änderung von t eine stetige Verbiegung dar, und zwar derart, daß die gemeinsamen Parameter u, v die isometrischen Abbildungen zwischen den verschiedenen Flächen vermitteln; aus (4): auf F_t gibt es genau einen Flachpunkt, nämlich den Punkt $u = 0$, $v = t$. Somit wird durch diese stetige Verbiegung die Berührungsordnung in dem Punkt $u = v = 0$ geändert: sie ist größer als 1 für $t = 0$ und gleich 1 für $t \neq 0$; der Flachpunkt $u = v = 0$ der Fläche F_0 wird durch die stetige Biegung in einen parabolischen Punkt verwandelt [8]).

Daß es andererseits auch stabile Flachpunkte gibt, wird nachher gezeigt werden; dies vorweggenommen, erkennt man, daß unsere frühere Frage nach der Biegungsinvarianz der Berührungsordnung b folgendermaßen formuliert werden muß:

Für welche Flächen läßt sich die Berührungsordnung in einem Punkt durch stetiges Verbiegen ändern? Wie kann man entscheiden, ob ein Punkt stabil oder labil ist?

6. Wir werden hier nur einen Beitrag von vorbereitendem Charakter zur Beantwortung dieser Frage liefern; wir wollen zeigen, daß die *labilen* Punkte in einem bestimmten Sinne *Ausnahmen* sind. Es gilt nämlich der folgende Satz, der im § 2 bewiesen werden wird:

Satz I. *Für die Labilität des Punktes o auf der Fläche* (1) *ist notwendig, daß die Hessesche Determinante der Form* $f^{(b+1)}$

$$H f^{(b+1)} = f^{(b+1)}_{xx} f^{(b+1)}_{yy} - (f^{(b+1)}_{xy})^2$$

(die eine Form des Grades $2b-2$ *ist und auch identisch 0 sein kann), durch das Quadrat einer reellen Linearform* $px + qy$ *teilbar ist.*

Für diese Teilbarkeitseigenschaft wiederum ist notwendig, daß die Diskriminante der Form $H f^{(b+1)}$ gleich 0 ist, daß also zwischen den Koeffizienten der Form $f^{(b+1)}$ eine bestimmte algebraische Relation besteht. Daher ist es berechtigt zu sagen, daß für „fast alle" Flächen die Bedingung des Satzes I nicht erfüllt ist, daß also die labilen Punkte „Ausnahmen" sind und die Berührungsordnung „*fast immer*" *invariant* bei stetiger Verbiegung ist.

Beispiele, in denen die Bedingung aus Satz I erfüllt ist, sind erstens die Zylinder $z = f^{(b+1)}(x, y) = x^{b+1}$; hier ist $H f^{(b+1)} \equiv 0$. Ein weniger triviales Beispiel ist die Regelfläche F_0 aus Nr. 5, die für $u = v = 0$ einen labilen Flachpunkt hat; man findet leicht

$$x = u, \quad y = v + \ldots, \quad z = -\frac{u^2 v}{2} + \ldots,$$

also

$$z = -\frac{x^2 y}{2} + \ldots, \quad b = 2, \quad f^{(3)} = -\frac{x^2 y}{2}, \quad H f^{(3)} = -x^2.$$

Andererseits kann man mit Hilfe des Satzes I beliebig viele Flächen F mit stabilen Flachpunkten angeben: für die Rotationsparaboloide höherer Ordnung

(6a) $$z = f^{(2n)}(x, y) = (x^2 + y^2)^n$$

findet man

$$H f^{(2n)} = c\,(x^2 + y^2)^{2n-2}, \quad c > 0,$$

folglich ist der Scheitel $x = y = 0$ stabil; für die Fläche

(6b) $$z = f^{(3)}(x, y) = x^3 + y^3$$

ist

$$H f^{(3)} = 36\,xy,$$

also ist auch hier der Punkt $x = y = 0$ ein stabiler Flachpunkt.

Zu jeder dieser Flächen F, welche stabile Flachpunkte o haben, gibt es, wie zu jeder Fläche, nach dem Existenzsatz (Nr. 3) eine isometrische Fläche F', auf welcher der entsprechende Punkt o' nicht Flachpunkt ist, in welche sich also F nicht stetig verbiegen läßt. Man kann daher den Beispielen isometrischer, aber nicht biegungsisometrischer Flächenpaare, die das frühere Verfahren von Schilt (Nr. 3) geliefert hat, jetzt auch solche Beispiele an die Seite stellen, bei denen o eine isolierte Nullstelle auf einer sonst *positiv* gekrümmten Fläche ist, oder solche, bei denen das Vorzeichen der Krümmung in der Umgebung von o wechselt: so ist für die Flächen (6a)

$$K = c\,(x^2 + y^2)^{2n-2} \cdot \frac{1}{(1 + z_x^2 + z_y^2)^2},$$

also $K > 0$ in allen von o verschiedenen Punkten, und für die Fläche (6b)

$$K = 36\,x\,y \cdot \frac{1}{(1 + z_x^2 + z_y^2)^2},$$

also wechselt auf ihr die Krümmung in der Umgebung von o das Vorzeichen.

7. Die im Satz I genannte notwendige Bedingung ist für die Labilität eines Punktes nicht hinreichend; wir werden dies hier nur an einigen Beispielen zeigen, und zwar für gewisse *parabolische* Punkte[11]). In jedem parabolischen Punkt ist $b = 1$, und die quadratische Form $f^{(2)}$, also die zweite Fundamentalform der Fläche, ist von der Gestalt $f^{(2)} = \pm (p\,x + q\,y)^2$; es ist also $H f^{(2)} \equiv 0$, und die Bedingung aus Satz I ist somit immer erfüllt. Der Satz I kann daher unmittelbar kein Beispiel eines stabilen parabolischen Punktes liefern. Trotzdem erhält man im Anschluß an den Beweis des Satzes I sehr leicht viele solche Beispiele; es läßt sich nämlich zeigen (§ 2):

Satz II. *Die Taylorsche Reihe für die Krümmung K der Fläche* (1) *sei*

$$K(x, y) = K^{(\varkappa)}(x, y) + K^{(\varkappa+1)}(x, y) + \ldots, \qquad K^{(\varkappa)}(x, y) \not\equiv 0,$$

worin die $K^{(i)}$ Formen i-ten Grades bezeichnen. Dann ist für die Stabilität des Punktes o jede einzelne der folgenden drei Bedingungen (a), (b), (c) *hinreichend:*

(a) $\varkappa = 1$;

(b) $\varkappa = 2$, *die quadratische Form $K^{(2)}$ ist nicht von der Gestalt* $\pm (a\,x + b\,y)^2$;

(c) $\varkappa$ *beliebig, die Form $K^{(\varkappa)}$ ist definit.*

Mit Hilfe dieses Satzes erhält man unter anderen die folgenden Beispiele von Flächen (1), auf welchen der Punkt $x = y = 0$ *parabolisch und stabil* ist:

zu (a): $z = x^2 + y^3, \quad \varkappa = 1, \quad K^{(1)} = 12\,y$;

zu (b): $z = x^2 + x\,y^3, \quad \varkappa = 2, \quad K^{(2)} = 12\,x\,y$;

zu (c): $z = x^2 + a\,(x^{2n} + y^{2n})\,y^2, \quad n \geqq 1, \quad a \neq 0$;

$$\varkappa = 2n, \quad K^{(\varkappa)} = 4a\,(x^{2n} + (n+1)(2n+1)\,y^{2n}).$$

---

[11]) Auch im Falle von Flachpunkten ist die Bedingung aus Satz I nicht hinreichend für die Labilität; die in dem Satz angegebene notwendige Bedingung läßt sich nämlich erheblich verschärfen; wir gehen darauf hier aber nicht ein, da wir bisher kein Ergebnis von abschließendem Charakter erhalten haben.

8. Die Betrachtung stabiler parabolischer Punkte führt leicht zur Beantwortung einer Frage, die an den Satz L_2 (Nr. 2) anknüpft. Die Tatsache, daß sich der Satz L_1 zu dem Satz L_1' verallgemeinern ließ, legt nämlich die Frage nahe, ob man auch in dem Satz L_2 die Voraussetzung, daß in o die Krümmung $K < 0$ sei, durch die schwächere ersetzen kann: „o ist nicht Flachpunkt, und in den von o verschiedenen Punkten ist $K < 0$.“ Eine solche Verallgemeinerung L_2' des Satzes L_2 ist aber unzulässig; der nachstehende Satz III erlaubt es nämlich, Beispiele anzugeben, welche die soeben formulierte schwächere Voraussetzung erfüllen, sich aber nicht stetig in ihre Spiegelbilder verbiegen lassen[12]).

Satz III. *Eine Spiegelung der Umgebung eines stabilen parabolischen Punktes (an einer Ebene) ist niemals eine Biegungsisometrie im engeren Sinne.*

Beweis des Satzes III. Die Flächenschar $\{F_t\}$ stelle eine stetige Verbiegung der Fläche $F = F_0$ dar, auf welcher o ein stabiler parabolischer Punkt ist. Die zu o gehörigen zweiten Fundamentalgrößen der Fläche F_t seien L_t, M_t, N_t; da o für alle t parabolisch ist, ist immer $L_t N_t - M_t^2 = 0$, aber nie $L_t = M_t = N_t = 0$; folglich ist immer $L_t + N_t \neq 0$, also hat $L_t + N_t$ für alle t dasselbe Vorzeichen. Da das Spiegelbild von F die zweiten Fundamentalgrößen $-L_0, -M_0, -N_0$ hat, kann es daher nicht zu der Schar $\{F_t\}$ gehören.

Auf Grund des damit bewiesenen Satzes erhält man jetzt folgende Beispiele, welche die oben in Frage gestellte Verallgemeinerung L_2' des Satzes L_2 widerlegen: in den Beispielen, die in Nr. 7 zu (c) angegeben wurden, setze man $a = -1$; dann ist die Form $K^{(\varkappa)}$ negativ definit, also ist auch die Krümmung $K < 0$ in allen von o verschiedenen Punkten einer Umgebung von o. Der Punkt o ist auf einer solchen Fläche F ein isolierter parabolischer Punkt, also ein „gewöhnlicher“ Sattel, d. h. es ist $s = 1$ (man vgl. Nr. 3); äußerlich unterscheidet sich F also kaum von einer Fläche, die auch in o selbst negative Krümmung besitzt und auf die daher der Satz L_2 anwendbar ist; trotzdem macht das Verschwinden der Krümmung in dem einen Punkt o die stetige Verbiegbarkeit von F in ihr Spiegelbild unmöglich.

Die Methode, mit der wir die Sätze I und II beweisen werden, steht in engem Zusammenhang mit einer Methode, die zu einem etwas anderen Zweck in der mehrfach erwähnten Arbeit von Schilt verwendet wurde[13]); einige unserer Hilfssätze kommen bereits dort vor; die Kenntnis der Arbeit von Schilt wird aber nicht vorausgesetzt.

Im § 1 werden einige algebraische Hilfssätze behandelt, im § 2 die Sätze I und II bewiesen.

---

[12]) Man vgl. Schilt, Nr. 30, Fußnote [23]).

[13]) Schilt, 3. Teil.

§ 1.

Hilfssätze über den Hesseschen Operator.

9. Der Hessesche Operator H ist für jede zweimal differenzierbare Funktion $f(x, y)$ durch
$$Hf = f_{xx} f_{yy} - f_{xy}^2$$
erklärt. Er hat die folgende Kovarianzeigenschaft, die bekannt und leicht durch Rechnung zu bestätigen ist:

Führt man durch die Transformation

(7) $$\begin{cases} x' = ax + by \\ y' = cx + dy \end{cases}, \quad ad - bc \neq 0,$$

neue Veränderliche x', y' ein, faßt man dann $f(x, y)$ als Funktion von x', y' auf und bildet
$$H'f = f_{x'x'} f_{y'y'} - f_{x'y'}^2,$$
so ist

(8) $$Hf = (ad - bc)^2 \cdot H'f.$$

Im folgenden wird f häufig eine (homogene) *Form* n-ten Grades sein; dann ist Hf eine Form des Grades $2n - 4$.

10. *f sei eine Form, die durch $(ax + by)^n$ teilbar ist; dann ist Hf durch $(ax + by)^{2n-2}$ teilbar.*

Beweis. In dem Spezialfall $ax + by = x$, also $f(x, y) = x^n \cdot g(x, y)$, bestätigt man die Richtigkeit der Behauptung durch eine kleine Rechnung. Der allgemeine Fall wird unter Benutzung der Kovarianz von Hf auf diesen Spezialfall zurückgeführt, indem man durch eine lineare Transformation neue Veränderliche x', y' mit $x' = ax + by$ einführt.

Korollar. Jeder mehrfache Linearfaktor von f ist zugleich mehrfacher Faktor von Hf.

11. f sei eine Form n-ten Grades. Behauptung: *Dann und nur dann ist $Hf \equiv 0$, wenn $f = (ax + by)^n$ ist.*[14])

Beweis. Ist $f = (ax + by)^n$, so ist Hf nach Nr. 10 durch $(ax + by)^{2n-2}$ teilbar; da Hf eine Form des Grades $2n - 4$ ist, ist dies nur möglich, wenn $Hf \equiv 0$ ist.

Es sei andererseits die Form $f(x, y)$ nicht von der Gestalt $(ax + by)^n$, f enthalte also zwei Linearfaktoren $ax + by$ und $cx + dy$, die voneinander verschieden sind, d. h. für die $ad - bc \neq 0$ ist, und es sei $f \not\equiv 0$; es soll gezeigt werden, daß $Hf \not\equiv 0$ ist. Da man neue Veränderliche $x' = ax + by$,

---

[14]) Satz von Hesse; Beweis z. B. bei Gordan-Kerschensteiner, Vorlesungen über Invariantentheorie **2** (1887), S. 59.

$y' = cx + dy$ einführen kann, braucht man infolge der Kovarianz von Hf nur den Spezialfall zu behandeln, in dem f die Linearfaktoren x und y enthält. Ordnet man $f(x, y)$ nach fallenden Potenzen von x und ist dabei $a x^r y^{n-r}$ das erste Glied mit einem von 0 verschiedenen Koeffizienten, so folgt aus der Teilbarkeit von f durch xy, daß $1 \leqq r \leqq n - 1$ ist. Bei Benutzung dieser Tatsache ergibt eine kleine Rechnung: in Hf hat das Potenzprodukt $x^{2r-2} y^{2n-2r-2}$ den Koeffizienten $-r(n-r)(n-1) \cdot a^2$; er ist nicht 0, also ist $Hf \not\equiv 0$.

Bemerkung. In diesem Satz und Beweis sind unter a, b, c, d komplexe Zahlen zu verstehen. Für reelle Formen f ergibt sich aber unmittelbar der folgende Zusatz: *Ist f eine reelle Form und $Hf \equiv 0$, so ist $f = \pm (ax + by)^n$ mit reellen a, b.*

12. $f(x, y)$ sei eine analytische Funktion und $\not\equiv 0$; die Taylorschen Reihen für f und Hf seien

$$f(x, y) = f^{(m)}(x, y) + f^{(m+1)}(x, y) + \dots, \quad f^{(m)}(x, y) \not\equiv 0, \quad m \geqq 2, \tag{9}$$

$$Hf = \sum_{i=0}^{\infty} h^{(i)}(x, y), \tag{10^0}$$

worin die $f^{(i)}$ und $h^{(i)}$ Formen i-ten Grades bezeichnen. Ist $Hf \not\equiv 0$, so läßt sich (10^0) so schreiben:

$$Hf = h^{(k)}(x, y) + h^{(k+1)}(x, y) + \dots, \quad h^{(k)}(x, y) \not\equiv 0, \quad k \geqq 0; \tag{10}$$

ist $Hf \equiv 0$, so setzen wir $k = \infty$.

Der Vergleich von (9) und (10^0) ergibt für jedes n:

$$\begin{aligned} h^{(n)} &= \sum_{i+j=n+4} \left(f^{(i)}_{xx} f^{(j)}_{yy} - f^{(i)}_{xy} f^{(j)}_{xy}\right) \\ &= \sum_{i=m}^{n+4-m} \left(f^{(i)}_{xx} f^{(n+4-i)}_{yy} - f^{(i)}_{xy} f^{(n+4-i)}_{xy}\right). \end{aligned} \tag{11}$$

Insbesondere ist also

$$h^{(n)} = 0 \quad \text{für} \quad n + 4 - m < m, \quad \text{d. h.} \quad n < 2m - 4,$$

$$h^{(2m-4)} = Hf^{(m)}.$$

Demnach ist immer $k \geqq 2m - 4$, und zwar liegt immer einer der folgenden beiden Fälle vor:

Fall I: $Hf^{(m)} \not\equiv 0, \quad Hf^{(m)} = h^{(k)}, \quad k = 2m - 4;$

Fall II: $Hf^{(m)} \equiv 0, \quad k > 2m - 4.$

Ist $Hf \equiv 0$, so befindet man sich immer im Falle II.

Aus Nr. 11 folgt: *Der Fall* II *liegt dann und nur dann vor, wenn $f^{(m)} = (ax + by)^m$ ist.*

13. Die folgenden Bemerkungen über die Wirkung einer Transformation (7) der Veränderlichen werden wir benutzen:

(a) Jede Form $f^{(r)}$ in der Reihe (9) geht gerade in die Form aller Glieder r-ten Grades über, die in der Reihenentwicklung von f nach x', y' auftreten. Dies ist selbstverständlich.

(b) Aus (8) folgt, daß das Analoge für die Reihe (10) gilt: Jede Form $h^{(n)}$ geht, wenn man x, y durch x', y' ausdrückt, bis auf den positiven Faktor $(ad - bc)^2$ gerade in die Form aller Glieder n-ten Grades über, die in der Reihenentwicklung von $H'f$ nach x', y' auftreten. Insbesondere beginnt die Entwicklung von $H'f$ ebenfalls mit einer Form k-ten Grades.

(c) Die Unterscheidung der Fälle I und II ist invariant bei einer Transformation (7). Dies ist aus der Charakterisierung des Falles II am Schlusse von Nr. 12 unmittelbar ersichtlich.

(d) Im Falle II, in dem $f = (ax + by)^m$ ist, können wir neue Variable x', y' so einführen, daß $x' = ax + by$ wird; schreiben wir dann wieder x, y statt x', y', so ist $f^{(m)} = x^m$. Die Formel (11) bekommt dann die folgende Gestalt:

$$(12) \qquad h^{(n)} = m(m-1)\, x^{m-2} f_{yy}^{(n+4-m)} + \sum_{i=m+1}^{n+3-m} \left(f_{xx}^{(i)} f_{yy}^{(n+4-i)} - f_{xy}^{(i)} f_{xy}^{(n+4-i)}\right).$$

14. *Im Falle* II *sind die Formen* $f^{(r)}$ *für* $r < k + 4 - m$ *durch* $f^{(m)}$ *teilbar.*

Beweis. Auf Grund der Bemerkungen (a), (c) und (d) in Nr. 13 dürfen wir für den Beweis unseres Satzes annehmen, daß $f^{(m)} = x^m$ ist und (12) gilt.

Die Behauptung, daß die $f^{(r)}$ für $r = m, m+1, \ldots, k+3-m$ durch x^m teilbar sind, beweisen wir durch vollständige Induktion. Sie ist richtig für $r = m$; ein r mit $m < r < k + 4 - m$ sei vorgelegt, und die Behauptung sei schon für die $f^{(r')}$ mit $r' = m, m+1, \ldots, r-1$ bewiesen.

Wir setzen in (12) $n = r + m - 4$; da $r < k + 4 - m$ ist, ist $n < k$, also $h^{(n)} \equiv 0$; ferner sind alle $f^{(i)}$ und $f^{(n+4-i)}$, die in (12) unter dem Summenzeichen auftreten, nach Induktionsvoraussetzung durch x^m teilbar, und die Summe ist daher durch x^{2m-2} teilbar. Somit folgt aus (12):

$$x^{m-2} \cdot f_{yy}^{(r)} + x^{2m-2} \cdot F(x, y) = 0,$$

also

$$f_{yy}^{(r)} = -x^m \cdot F(x, y)$$

und daher

$$f^{(r)} = P + Q \cdot y + x^m \cdot G(x, y),$$

worin P und Q Funktionen von x sind; und zwar ist, da $f^{(r)}$ eine Form r-ten Grades ist, $P = px^r$, $Q = qx^{r-1}$ mit Konstanten p, q; also:

$$f^{(r)} = px^r + qx^{r-1}y + x^m G(x, y).$$

Da $r \geqq m + 1$ ist, ist somit $f^{(r)}$ durch x^m teilbar.

Bemerkung. Satz und Beweis gelten auch für $Hf \equiv 0$, also $k = \infty$: dann sind *alle* $f^{(r)}$ durch $f^{(m)}$ teilbar.

15. Die nachstehende Folgerung aus dem soeben bewiesenen Satze wird später benutzt werden:

Es liege Fall II *vor, f sei reell, und es sei* $r \leqq \frac{k+4}{2}$; *dann enthält die Form* $f^{(r)}$ *einen mehrfachen reellen Linearfaktor.*

Beweis. Nach Nr. 12 ist, da Fall II vorliegt, $m < \frac{k+4}{2}$, also $\frac{k+4}{2} < k + 4 - m$, also $r < k + 4 - m$, also $f^{(r)}$ nach Nr. 14 durch $f^{(m)}$ teilbar. Nach Nr. 11 (Bemerkung) ist $f^{(m)} = \pm (ax + by)^m$ mit reellen a, b. Da in (9) immer $m \geqq 2$ vorausgesetzt ist, ist $f^{(r)}$ durch $(ax + by)^2$ teilbar.

16. *Es liege Fall* II *vor, es sei also* $f^{(m)} = (ax + by)^m$; *dann ist die Form* $h^{(k)}$ *durch* $(ax + by)^{m-2}$ *teilbar.*

Beweis. Auf Grund der Bemerkungen in Nr. 13 dürfen wir für den Beweis unserer Behauptung annehmen, daß $f^{(m)} = x^m$ ist, daß also (12) gilt. Wir setzen in (12) $n = k$; dann treten unter dem Summenzeichen nur solche $f^{(i)}$ und $f^{(n+4-i)}$ auf, deren Grade $< k + 4 - m$ sind, also solche, die nach Nr. 14 durch x^m teilbar sind; daher ist diese Summe durch x^{2m-2}, also erst recht durch x^{m-2} teilbar; folglich ist nach (12) auch $h^{(k)}$ durch x^{m-2} teilbar.

Korollar. *Es liege Fall* II *vor, f sei reell, und die Form* $h^{(k)}$ *sei definit; dann ist* $m = 2$.

Denn es ist $f^{(m)} = \pm (ax + by)^m$ mit reellen a, b; wäre $m \geqq 3$, so wäre nach dem soeben bewiesenen Satze $h^{(k)}$ durch $ax + by$ teilbar, also nicht definit.

§ 2.

Isometrische Flächen.

17. Auf einer Fläche F seien u, v reguläre Parameter; der Punkt mit $u = v = 0$ heiße o. Die Gaußsche Krümmung K besitzt, falls sie nicht identisch 0 ist, in der Umgebung von o eine Taylorsche Entwicklung

$$K(u, v) = K^{(\varkappa)}(u, v) + K^{(\varkappa+1)}(u, v) + \ldots, \qquad K^{(\varkappa)}(u, v) \not\equiv 0,$$

worin die $K^{(i)}$ Formen i-ten Grades sind; ist $K \equiv 0$, so setzen wir $\varkappa = \infty$; bis auf weiteres sei $K \not\equiv 0$.

Führen wir durch eine reguläre Transformation

$$\begin{aligned} u &= u(\bar{u}, \bar{v}) = \alpha \bar{u} + \beta \bar{v} + \ldots \\ v &= v(\bar{u}, \bar{v}) = \gamma \bar{u} + \delta \bar{v} + \ldots \end{aligned}, \quad \alpha\delta - \beta\gamma \neq 0,$$

neue Parameter $\bar{u}, \bar{v}$ ein und entwickeln dann K nach $\bar{u}, \bar{v}$, so beginnt diese Reihe offenbar mit der Form

$$\bar{K}^{(\varkappa)}(\bar{u}, \bar{v}) = K^{(\varkappa)}(\alpha \bar{u} + \beta \bar{v}, \gamma \bar{u} + \delta \bar{v}).$$

Die Anfangsformen $K^{(\varkappa)}$ und $\bar{K}^{(\varkappa)}$ in den Entwicklungen von K nach u, v bzw. $\bar{u}, \bar{v}$ stellen also zwar nicht dieselbe Funktion des Ortes auf der Fläche dar, jedoch gehen sie durch eine reelle lineare Transformation der Variablen ineinander über; wir sagen hierfür: sie sind ,,linear verwandt", und wir schreiben gelegentlich: $\bar{K}^{(\varkappa)} \sim K^{(\varkappa)}$.

Alle Flächen, die mit F isometrisch sind, besitzen dieselbe Krümmung; daher sieht man: *Zu jeder Klasse untereinander isometrischer Flächen gehört dieselbe Form $K^{(\varkappa)}$, die bis auf lineare Verwandtschaft bestimmt ist.*

Diejenigen Eigenschaften von $K^{(\varkappa)}$, die bei reeller linearer Transformation der Variablen ungeändert bleiben, sind mithin Invarianten der Isometrien. Zu diesen Eigenschaften gehört erstens der Grad $\varkappa$; dann und nur dann ist $\varkappa = 0$, wenn $K \neq 0$ in o ist. Eine zweite Invariante, die nachher eine Rolle spielen wird, ist die folgende Zahl q: die Form $K^{(\varkappa)}$ enthalte einen q-fachen, aber keinen $(q+1)$-fachen reellen Linearfaktor; dann und nur dann ist $q = 0$, wenn die Form $K^{(\varkappa)}$ definit ist.

18. Wir machen den Punkt o der Fläche F zum Nullpunkt der (xyz)-Koordinaten im Raume und seine Tangentialebene zur (xy)-Ebene; dann läßt sich F durch eine Gleichung $z = f(x, y)$ darstellen, wobei die Funktion f eine Taylorsche Entwicklung

(9) $f(x, y) = f^{(m)}(x, y) + f^{(m+1)}(x, y) + \ldots, \quad f^{(m)}(x, y) \not\equiv 0, \quad m \geqq 2,$

besitzt. Die Krümmung K ist bekanntlich durch

$$K = Hf \cdot \frac{1}{(1 + f_x^2 + f_y^2)^2}$$

gegeben. Daraus folgt: das Anfangsglied $h^{(k)}$ in der Entwicklung

(10) $Hf = h^{(k)}(x, y) + h^{(k+1)}(x, y) + \ldots, \quad h^{(k)}(x, y) \not\equiv 0,$

ist zugleich das Anfangsglied in der Entwicklung von K nach x, y; es ist also

(13) $h^{(k)} \sim K^{(\varkappa)}, \quad k = \varkappa.$

Da nun die Form $K^{(\varkappa)}$ bis auf lineare Verwandtschaft allen mit F isometrischen Flächen gemeinsam ist, so erkennt man: *Betrachtet man eine ganze Klasse $\mathfrak{F}$ untereinander isometrischer Flächen, so gehören zu diesen Flächen zwar ganz verschiedene Entwicklungen* (9); *jedoch sind die Anfangsglieder $h^{(k)}$ der aus diesen Reihen* (9) *gebildeten Reihen* (10) *untereinander linear verwandt.*

Insbesondere ist die durch (10) bestimmte Zahl $k = \varkappa$ allen Flächen aus $\mathfrak{F}$ gemeinsam; dagegen gehören zu verschiedenen Flächen aus $\mathfrak{F}$ im allgemeinen verschiedene Zahlen m in (9). Aus Nr. 12 folgt:

1. Für jede Fläche aus $\mathfrak{F}$ ist die Zahl $m \leqq \frac{\varkappa + 4}{2}$. Die Berührungsordnung $b = m - 1$ (Nr. 4) ist also durch die *innere* Differentialgeometrie einer Fläche nach oben beschränkt.

2. Entsprechend der Unterscheidung der Fälle I und II in Nr. 12 sind in der Klasse $\mathfrak{F}$ zwei Typen von Flächen zu unterscheiden:

$$\text{Typus I:}\quad m = \frac{\varkappa + 4}{2},\quad H f^{(m)} \not\equiv 0,\qquad H f^{(m)} = h^{(k)} \sim K^{(\varkappa)};$$

$$\text{Typus II:}\quad m < \frac{\varkappa + 4}{2},\quad H f^{(m)} \equiv 0.$$

Wir haben bisher angenommen, daß $K \not\equiv 0$, also auch $Hf \not\equiv 0$ sei, daß also die Zahlen $\varkappa$ und k definiert sind; jetzt setzen wir, in Analogie mit Nr. 12, fest: ist $K \equiv 0$, $Hf \equiv 0$, so sei $\varkappa = k = \infty$; alle Flächen mit $K \equiv 0$, also alle Torsen, haben den Typus II; ausschließen wollen wir lediglich die Ebenen, also den Fall, in dem $f(x, y) \equiv 0$ ist.

Wenn $\varkappa = 0$, also $K \neq 0$ in o ist, so gibt es keine Fläche vom Typus II. Der interessante Fall ist: $0 < \varkappa < \infty$; dann *kann* es Flächen beider Typen geben; und zwar folgt aus dem Existenzsatz (Nr. 3) leicht, daß es *immer* Flächen vom Typus II, und zwar solche mit $m = 2$, gibt; dagegen brauchen Flächen vom Typus I in der Klasse $\mathfrak{F}$ nicht zu existieren: so existiert gewiß keine solche Fläche, wenn $\varkappa$ ungerade ist, und überhaupt überlegt man sich leicht, daß bei gegebener Form $K^{(\varkappa)}$ die Gleichung $Hf^{(m)} = K^{(\varkappa)}$ nur in Ausnahmefällen durch eine Form $f^{(m)}$ befriedigt werden kann; diese Bemerkungen spielen übrigens für das folgende keine Rolle.

Eine Fläche vom Typus I hat, für $\varkappa > 0$, in o immer einen Flachpunkt.

Aus Nr. 15 ergibt sich: *Für jedes* $r \leqq \frac{\varkappa + 4}{2}$ *und für jede Fläche des Typus* II *ist die Form* $f^{(r)}$ *durch das Quadrat einer reellen Linearform teilbar.*

19. Wir wollen jetzt „stetige Verbiegungen" betrachten und müssen diesen Begriff zunächst präzisieren.

In einer Umgebung U des Punktes $u = v = 0$ der (uv)-Ebene sei für jeden Wert von t mit $0 \leqq t \leqq 1$ ein Vektor $\mathfrak{x}(u, v; t)$ gegeben, der eine analytische Fläche F_t mit den Parametern u, v darstellt[1]); die Abbildung, welche für je zwei Werte t_1, t_2 durch u, v zwischen F_{t_1}, F_{t_2} vermittelt wird, sei eine Isometrie. Die noch ausstehende Festsetzung für die stetige Abhängigkeit vom Parameter t kann auf viele verschiedene Weisen getroffen werden, von denen hier die folgenden $\mathfrak{A}_n$ und $\mathfrak{B}_n$, $0 \leqq n \leqq \infty$, eine Rolle spielen[15]).

($\mathfrak{A}_n$). Für $(u, v) \in U$ und $0 \leqq t \leqq 1$ sind sowohl $\mathfrak{x}(u, v; t)$ als auch alle partiellen Ableitungen von $\mathfrak{x}$ nach u, v bis zur n-ten Ordnung stetige Funktionen von u, v, t.

---

15) Unter den sonst noch möglichen Festsetzungen verdienen z. B. diejenigen Erwähnung, bei welchen Differenzierbarkeit nach t verlangt wird.

($\mathfrak{B}_n$). Sowohl $\mathfrak{x}(0, 0; t)$ als auch alle partiellen Ableitungen von $\mathfrak{x}$ nach u, v bis zur n-ten Ordnung *an der Stelle* $u = v = 0$ sind stetige Funktionen von t.

Unter $\mathfrak{A}_\infty$, $\mathfrak{B}_\infty$ sind die entsprechenden Bedingungen zu verstehen, die sich auf *alle* Ableitungen beziehen. Je nachdem, welche Definition zugrunde gelegt wird, sprechen wir von einer $\mathfrak{A}_n$-Verbiegung bzw. $\mathfrak{B}_n$-Verbiegung.

Alle in dieser Arbeit formulierten Sätze gelten jedenfalls für die $\mathfrak{A}_\infty$-Verbiegungen, also für den speziellsten unter den hier genannten Begriffen. Für die Sätze L_1, L_2, L_1' (Nr. 2), sowie für die in Nr. 5 bewiesene Existenz nichttrivialer labiler Punkte, also für diejenigen Sätze, in denen die *Möglichkeit* einer Verbiegung behauptet wird, bedeutet dies, daß sie in einem besonders scharfen Sinne gelten[16]). Alle übrigen Sätze — also lauter Sätze, in denen die *Unmöglichkeit* gewisser Verbiegungen behauptet wird — haben aber allgemeinere Gültigkeit; sie gelten nämlich bereits bei Zugrundelegung schwächerer Bedingungen als $\mathfrak{A}_\infty$. Am wenigsten braucht für den Levischen Satz über positiv gekrümmte Flächen und ihre Spiegelbilder (Nr. 2, Fußnote [5])) und für den Satz III (Nr. 8) vorausgesetzt zu werden: die Beweise dieser Sätze gelten für die $\mathfrak{B}_2$-Verbiegungen[17]). Der Satz S (Nr. 2, Nr. 3) ist für die $\mathfrak{A}_2$-Verbiegungen bewiesen[18]), also für denjenigen Verbiegungsbegriff, der den üblichen Begriffen und Fragestellungen der Flächentheorie wohl am besten angepaßt ist. Die Sätze I und II (Nr. 6, Nr. 7) werden wir für die $\mathfrak{B}_\infty$-Verbiegungen beweisen[19]).

Von jetzt an soll also der Begriff der „stetigen Verbiegung" auf Grund von $\mathfrak{B}_\infty$ *erklärt sein*; diese Voraussetzung läßt sich auch so aussprechen:

Die Koeffizienten $\mathfrak{a}_{rs}(t)$ *in den Taylorschen Reihen*

$$\mathfrak{x}(u, v; t) = \sum_{r,s} \mathfrak{a}_{rs}(t)\, u^r v^s \tag{14}$$

sind stetige Funktionen von t.

20. Die Flächen F_t lassen sich folgendermaßen in eine spezielle Lage bringen. Für jedes t sei B_t diejenige — eindeutig bestimmte — eigentliche Bewegung, welche den Punkt $u = v = 0$ der Fläche F_t und die Richtungen

---

16) In diesen Sätzen hängt die Schar $\{F_t\}$ sogar analytisch von t ab.

17) Außerdem kann man die Voraussetzung, daß zwischen den Flächen F Isometrien bestehen, durch die viel schwächere ersetzen, daß in dem betrachteten Punkt $u = v = 0$ immer $K > 0$ bzw. $K = 0$ bleibt.

18) Außerdem kann man die vorausgesetzten Isometrien durch Abbildungen ersetzen, bei welchen in dem Gebiet U lediglich das Vorzeichen der Krümmung ungeändert bleibt.

19) In diesen Sätzen darf man überdies den Begriff der „Isometrie" durch den allgemeineren der „*krümmungstreuen Abbildung*" ersetzen.

der Tangentialvektoren $\mathfrak{x}_u(0, 0; t)$, $\mathfrak{x}_v(0, 0; t)$ mit dem entsprechenden Punkt und den entsprechenden Richtungen auf F_0 zur Deckung bringt. Dadurch, daß wir die Flächen F_t durch die Flächen $B_t(F_t)$ ersetzen, wird an unseren Voraussetzungen nichts geändert; daher dürfen wir von vornherein annehmen, daß alle Flächen F_t den Punkt o und seine Tangentialebene gemeinsam haben. Wir dürfen weiter annehmen, daß o der Nullpunkt der (xyz)-Koordinaten und seine Tangentialebene die (xy)-Ebene ist.

Jede Fläche F_t besitzt daher eine Darstellung $z = f(x, y; t)$ mit

$$(9_t) \qquad f(x,y;t) = f^{(m_t)}(x,y;t) + \ldots, \qquad f^{(m_t)}(x,y;t) \not\equiv 0^{20)}, \qquad m_t \geqq 2.$$

Hierin sind x, y die ersten beiden Komponenten des Vektors $\mathfrak{x}$, der die Entwicklung (14) besitzt; die Koeffizienten der Reihe (9_t) sind folgendermaßen aus denen der Reihe (14) zu berechnen: Die in (14) zusammengefaßten Entwicklungen für die Komponenten von $\mathfrak{x}$ bezeichnen wir mit (14_x), (14_y), (14_z). Da die Vektoren $\mathfrak{x}_u = (x_u, y_u, z_u)$, $\mathfrak{x}_v = (x_v, y_v, z_v)$ infolge der Regularität der Flächen an der Stelle o linear unabhängig sind, dort aber $z_u = z_v = 0$ ist, ist in o die Funktionaldeterminante $D = \frac{\partial(x, y)}{\partial(u, v)} \neq 0$; folglich lassen sich u, v in Potenzreihen nach x, y entwickeln, deren Koeffizienten rationale Ausdrücke der Koeffizienten von (14_x) und (14_y) sind, wobei als Nenner nur Potenzen von D auftreten; setzt man diese Reihen für u, v in (14_z) ein, so entsteht (9_t). Hieraus sieht man: Die Koeffizienten von (9_t) sind stetige Funktionen der Koeffizienten von (14); aus der Voraussetzung $\mathfrak{B}_\infty$, die am Schluß von Nr. 19 formuliert worden ist, ergibt sich daher: *Die Koeffizienten der Reihen* (9_t) *sind stetige Funktionen von* t.

Hiervon werden wir nur zwei Konsequenzen α und β benutzen, deren Beweise wir wohl übergehen dürfen:

(α). Für einen Wert t^* sei $f^{(n)}(x, y; t^*) \not\equiv 0$; dann ist $f^{(n)}(x, y; t) \not\equiv 0$ für eine ganze Umgebung von t^*. [20]

(β). Für einen Wert t^* habe $f^{(n)}(x, y; t^*)$ keinen mehrfachen reellen Linearfaktor; dann hat $f^{(n)}(x, y; t)$ für eine ganze Umgebung von t^* keinen mehrfachen reellen Linearfaktor.

21. Beweis des Satzes I (Nr. 6). Die Berührungsordnung b im Punkte o der Fläche $F = F_0$ lasse sich durch stetige Verbiegung ändern; es wird behauptet, daß $Hf^{(m_0)}(x, y; 0)$ durch das Quadrat einer reellen Linearform teilbar ist. Dies ist trivial, falls $Hf^{(m_0)}(x, y; 0) \equiv 0$, d. h. falls F_0 vom Typus II ist (Nr. 18); es sei also F_0 vom Typus I.

---

[20]) „$f^{(n)}(x, y; t) \not\equiv 0$" bedeutet hier und im folgenden natürlich: „bei festem t nicht identisch 0 in x, y".

Dann ist, in der Bezeichnungsweise aus Nr. 18,

$$(15)\qquad m_0 = \frac{\varkappa+4}{2}, \qquad H f^{(m_0)}(x, y; 0) \sim K^{(\varkappa)}.$$

Für jede mit F_0 isometrische Fläche ist $m \leqq \frac{\varkappa+4}{2} = m_0$; da sich $b = m_0 - 1$ durch stetige Biegung ändern läßt, läßt sich somit F_0 stetig in eine Fläche F_1 verbiegen, für welche $m_1 < \frac{\varkappa+4}{2}$ ist, welche also den Typus II hat. Diese stetige Verbiegung werde durch die Schar $\{F_t\}$, $0 \leqq t \leqq 1$ dargestellt; es gibt einen Wert t^*, der Häufungsstelle sowohl von t-Werten ist, zu denen Flächen des Typus I gehören, als auch von t-Werten, zu denen Flächen des Typus II gehören.

Die Fläche F_{t^*} hat den Typus I; denn andernfalls wäre $m_{t^*} < \frac{\varkappa+4}{2}$, $f^{(m_{t^*})}(x, y; t^*) \not\equiv 0$, also nach Nr. 20, α, auch $f^{(m_{t^*})}(x, y; t) \not\equiv 0$ für eine ganze Umgebung von t^*, also wären alle zu dieser Umgebung gehörigen Flächen F_t vom Typus II — entgegen der Definition von t^*. Da F_{t^*} somit den Typus I hat, ist

$$(15^*)\qquad m_{t^*} = \frac{\varkappa+4}{2} = m_0, \qquad H f^{(m_{t^*})}(x, y; t^*) \sim K^{(\varkappa)}.$$

Für jede Fläche F_t des Typus II ist, wie am Schluß von Nr. 18 festgestellt wurde, die Form $f^{(m_0)}(x, y; t)$ durch das Quadrat einer reellen Linearform teilbar. Daraus folgt, daß auch die Form $f^{(m_0)}(x, y; t^*)$ dieselbe Eigenschaft hat; denn andernfalls würden nach Nr. 20, β, alle $f^{(m_0)}(x, y; t)$ für eine ganze Umgebung von t^* höchstens einfache reelle Linearfaktoren enthalten, also alle zu dieser Umgebung gehörigen Flächen F_t den Typus I haben — entgegen der Definition von t^*.

Somit hat die Form $f^{(m_0)}(x, y; t^*)$ die Eigenschaft, durch das Quadrat einer reellen Linearform teilbar zu sein. Dieselbe Eigenschaft hat dann nach dem Korollar in Nr. 10 auch die Form $H f^{(m_0)}(x, y; t^*)$, also nach (15*) auch die Form $K^{(\varkappa)}$ und nach (15) auch die Form $H f^{(m_0)}(x, y; 0)$ — w. z. b. w.

22. Beweis des Satzes II (Nr. 7). (a) Aus $\varkappa = 1$ und aus

$$(16)\qquad 2 \leqq m \leqq \frac{\varkappa+4}{2} \qquad \text{(Nr. 18)}$$

folgt $m = 2$, $b = 1$. Unter der Voraussetzung (a) gibt es also nur Flächen vom Typus II[21]), und der Punkt o ist auf allen von ihnen parabolisch; die Berührungsordnung $b = 1$ ist also invariant bei allen Isometrien.

(b) Aus $\varkappa = 2$ und (16) folgt $m = 2$, $b = 1$ für alle Flächen des Typus II; für die Flächen des Typus I ist $m = 3$, $b = 2$. Für eine Fläche des Typus I ist $H f^{(3)} \sim K^{(2)}$, und $K^{(2)}$ hat nach Voraussetzung (b) keinen mehrfachen

---

[21]) Dies gilt offenbar immer, wenn $\varkappa$ ungerade ist.

Linearfaktor; daher ist für eine solche Fläche die Bedingung aus Satz I nicht erfüllt, und sie läßt sich daher nicht stetig in eine Fläche des Typus II verbiegen. Unter der Voraussetzung (b) bleibt somit bei stetiger Verbiegung der Typus der Fläche und daher auch die Berührungsordnung $b = 1$ bzw. $b = 2$ ungeändert.

(c) Da $K^{(\varkappa)}$ definit ist, folgt aus dem Korollar in Nr. 16, daß für jede Fläche des Typus II $m = 2$, $b = 1$ ist; für die Flächen des Typus I ist $m = \frac{\varkappa + 4}{2}$. Aus der Definitheit von $K^{(\varkappa)}$ folgt weiter, daß für die Flächen des Typus I die Bedingung aus Satz I nicht erfüllt ist. Flächen verschiedener Typen lassen sich daher nicht ineinander verbiegen, und daher bleiben auch die Berührungsordnungen $b = 1$ bzw. $b = \frac{\varkappa + 2}{2}$ bei stetigen Verbiegungen ungeändert.

(Eingegangen am 14. 6. 1938.)

35.

(gemeinsam mit M. Rueff)

Über faserungstreue Abbildungen der Sphären

Comm. Math. Helvetici 11 (1938/39), 49–61

1. Wir erinnern zunächst an einen bekannten Satz über die n-dimensionalen Sphären und eine Folgerung aus ihm; ein analoger Satz mit einer analogen Folgerung wird den eigentlichen Inhalt dieser Note bilden.

Ist x ein Punkt der n-dimensionalen Sphäre S^n, so bezeichnen wir durch $-x$ seinen Antipoden auf S^n. Eine Abbildung f der S^n in sich heiße „gerade“, falls

$$f(-x) = f(x)\,, \tag{1a}$$

und „ungerade“, falls

$$f(-x) = -f(x) \tag{1b}$$

für jeden Punkt x der S^n ist; ein Antipodenpaar wird also durch eine gerade Abbildung auf einen Punkt, durch eine ungerade Abbildung wieder auf ein Antipodenpaar abgebildet. Es gilt

Satz A. *Jede gerade Abbildung der S^n in sich hat geraden, jede ungerade Abbildung ungeraden Abbildungsgrad*[1]).

Der Teil des Satzes, der sich auf die geraden Abbildungen bezieht, ist sehr leicht zu beweisen: durch Identifizierung je zweier antipodischer Punkte der S^n entsteht ein projektiver Raum P^n sowie eine Abbildung p der S^n auf P^n; unter der Voraussetzung (1a) gibt es eine Abbildung f' von P^n in S^n mit $f = f'p$; sind $c_f, c_{f'}, c_p$ die Abbildungsgrade mod. 2 der genannten Abbildungen, so ist $c_f = c_{f'} \cdot c_p$, also, da $c_p \equiv 0$ ist, auch $c_f \equiv 0$ mod. 2.

Der zweite Teil des Satzes A ist nicht so einfach zu beweisen; er stammt von *K. Borsuk*[2]). Es lassen sich aus ihm interessante Folgerungen ziehen, von denen wir hier die folgende anführen[3]):

Satz B. *Auf der Sphäre S^n, die durch*

$$\sum_{j=1}^{n+1} x_j^2 = 1 \tag{2}$$

---

[1]) Unter einer „Abbildung“ soll immer eine *stetige* Abbildung verstanden werden.

[2]) Fund. Math. 20 (1933), S. 177. — Neue Darstellung des Beweises: *Alexandroff-Hopf*, Topologie I (Berlin 1935), S. 483. — Anderer Beweis: *G. Hirsch*, Bull. Acad. r. d. Belgique (Classe des Sciences) XXIII (1937), p. 219. — Noch ein Beweis ergibt sich, wenn man in Nr. 7 und 8 der vorliegenden Arbeit den komplexen projektiven Raum K_n durch den reellen P^n ersetzt.

[3]) *Alexandroff-Hopf*, a. a. O., S. 485, Satz VIII.

erklärt ist, seien n stetige reelle Funktionen $f_r(x_1, \ldots, x_{n+1})$, $r = 1, \ldots, n$, *gegeben, die ungerade sind, d. h. die Gleichungen*

$$f_r(-x_1, \ldots, -x_{n+1}) = -f_r(x_1, \ldots, x_{n+1}) \tag{3}$$

erfüllen. Dann besitzen die f_r *auf der* S^n *gemeinsame Nullstellen.*

Demnach besitzt insbesondere jedes Gleichungssystem

$$f_r(x_1, \ldots, x_{n+1}) = 0 \quad , \qquad r = 1, \ldots, n \, , \tag{4}$$

in welchem die f_r für alle $(x_1, \ldots, x_{n+1})$ stetig und homogen von ungeraden Graden sind, eine nicht-triviale, d. h. von $(0, \ldots, 0)$ verschiedene, Lösung. Dies ist in dem Spezialfall, in dem die f_r Linearformen sind, ein bekannter elementarer Satz.

2. Dieser elementare Satz bleibt bekanntlich gültig, wenn man unter den x_j und den f_r *komplexe* Veränderliche und *komplexe* Funktionen versteht; es erhebt sich die Frage nach allgemeineren Bedingungen, unter denen das System (4) im Komplexen eine nicht-triviale Lösung besitzt, also im wesentlichen die Frage nach einem „komplexen Analogon" des Satzes B.

Um ein solches Analogon aussprechen zu können, stellen wir dem Begriff der Ungeradheit einer Funktion, der durch (3) gegeben ist, sowie dem ähnlichen der Geradheit den folgenden an die Seite: Die komplexe Funktion $f(z_1, \ldots, z_{n+1})$ der komplexen Veränderlichen z_j heiße *„schwach homogen vom Grade m"*, wenn *für jedes komplexe* λ *vom Betrage* 1 die Funktionalgleichung

$$f(\lambda z_1, \ldots, \lambda z_{n+1}) = \lambda^m \cdot f(z_1, \ldots, z_{n+1}) \tag{5}$$

erfüllt ist. Zum Beispiel sind

$$z_1^2 \bar{z}_2 - \bar{z}_1 z_2^2 \quad , \qquad \bar{z}_1^2 + z_1 \bar{z}_2^3 \quad , \qquad z_1 \bar{z}_1 + z_2 \bar{z}_2$$

Funktionen, die schwach homogen von den Graden $+1$, -2 bzw. 0 sind. Jede Funktion, die im gewöhnlichen Sinne homogen vom m-ten Grade ist, ist natürlich schwach homogen von demselben Grade.

Nun gilt, in Analogie zum Satz B,

Satz II. *Für*

$$\sum_{j=1}^{n+1} z_j \bar{z}_j = 1 \tag{6}$$

50

seien n stetige komplexe Funktionen $f_r(z_1, \ldots, z_{n+1})$, $r = 1, \ldots, n$, *der komplexen Veränderlichen* $z_1, \ldots, z_{n+1}$ *gegeben; sie seien schwach homogen von Graden* m_r, *die sämtlich* $\neq 0$ *sind. Dann besitzen die* f_r *auf der Sphäre* (6) *gemeinsame Nullstellen.*

Darin ist enthalten, daß sich die Frage, die wir an das System (4) angeknüpft haben, folgendermaßen beantworten läßt: Das komplexe Gleichungssystem

$$f_r(z_1, \ldots, z_{n+1}) = 0\,, \qquad r = 1, \ldots, n\,, \tag{4'}$$

in dem die f_r für alle $(z_1, \ldots, z_{n+1})$ stetig seien, besitzt gewiß dann eine von $(0, \ldots, 0)$ verschiedene Lösung, wenn jede Funktion f_r schwach homogen mit einem von 0 verschiedenen Grade ist.

3. Der Satz II wird sich als Korollar eines Satzes I ergeben, der seinerseits ein Analogon zum Satz A darstellt und den wir auch an sich, abgesehen von seiner Anwendbarkeit auf den Beweis des Satzes II, für interessant halten; seine Behandlung ist unser eigentliches Ziel. Um zu ihm zu gelangen, übertragen wir die Begriffe, die im Satz A auftreten, ins Komplexe. Hierfür betrachten wir die Sphäre S^{2n+1}, die in reellen Koordinaten x_k durch

$$\sum_{k=1}^{2n+2} x_k^2 = 1$$

gegeben ist, oder, wenn wir

$$x_{2j-1} + i x_{2j} = z_j\,, \qquad j = 1, \ldots, n+1\,,$$

setzen, durch (6).

Die Zusammenfassung von Punkten der Sphäre (2) zu Antipodenpaaren geschieht durch die Festsetzung: die Punkte $(x_1, \ldots, x_{n+1})$ und $(x'_1, \ldots, x'_{n+1})$ gehören zu einem Paar, wenn

$$x'_j = \lambda x_j\,, \qquad j = 1, \ldots, n+1\,,$$

mit $\lambda = +1$ oder $\lambda = -1$ ist; hiermit gleichbedeutend ist die Bedingung:

$$x'_1 : x'_2 : \ldots : x'_{n+1} = x_1 : x_2 : \ldots : x_{n+1}\,.$$

In analoger Weise fassen wir jetzt Punkte $(z_1, \ldots, z_{n+1})$ und $(z'_1, \ldots, z'_{n+1})$ in eine Klasse zusammen, wenn es ein $\lambda = e^{it}$ gibt, so daß

$$z'_j = e^{it} z_j\,, \quad j = 1, \ldots, n+1\,, \tag{7a}$$

ist, oder, was damit gleichbedeutend ist, wenn die Proportion

$$z'_1 : z'_2 : \ldots : z'_{n+1} = z_1 : z_2 : \ldots z_{n+1} \tag{7b}$$

besteht.

Man überzeugt sich leicht von den folgenden Tatsachen: durch diese Vorschrift wird die Menge aller Punkte der S^{2n+1} in zueinander fremde Klassen zerlegt; jede dieser Klassen ist ein Großkreis; es geht also durch jeden Punkt genau einer dieser Kreise; variiert ein Punkt stetig auf der S^{2n+1}, so variiert auch der durch ihn gehende Kreis stetig; durch eine unitäre Transformation der z_j kann man die S^{2n+1} topologisch so auf sich abbilden, daß dieses System von Kreisen in sich übergeht und dabei ein willkürlich vorgeschriebener unserer Kreise auf einen willkürlich vorgeschriebenen Kreis des Systems abgebildet wird[4]). Alles dies läßt sich dahin zusammenfassen: es liegt eine „*Faserung*“ der S^{2n+1} vor, deren Fasern Großkreise sind und die homogen ist, d. h. keine Ausnahmefaser besitzt[5]). Wir bezeichnen diese Faserung immer durch $\mathfrak{F}$.

Die geraden und die ungeraden Abbildungen der Sphäre S^n, die wir in Nr. 1 betrachtet haben, sind unter allen Abbildungen der S^n in sich dadurch ausgezeichnet, daß jedes Antipodenpaar α in ein Antipodenpaar α' abgebildet wird; indem wir die Punktepaare als 0-dimensionale Sphären auffassen, können wir jeder Abbildung von α in α' einen Abbildungsgrad $\mathfrak{c}$ mod. 2 zuordnen, und zwar ist dieser $\equiv 0$ oder $\equiv 1$, je nachdem α nur auf einen der beiden Punkte von α' oder auf das ganze Paar α' abgebildet wird. Ist nun f eine gerade oder ungerade Abbildung der S^n in sich, für welche $\mathfrak{c}_f$ den Grad mod. 2 der durch f bewirkten Abbildungen der Paare α in die ihnen zugeordneten Paare α' bezeichnet, während c_f der Grad von f selbst ist, so läßt sich der Satz A in der Kongruenz

$$c_f \equiv \mathfrak{c}_f \qquad \text{mod. } 2$$

zusammenfassen.

In analoger Weise betrachten wir jetzt Abbildungen f der S^{2n+1} in sich, welche bezüglich $\mathfrak{F}$ „faserungstreu“ sind, d. h. durch welche jede Faser β von $\mathfrak{F}$ in eine Faser β' von $\mathfrak{F}$ abgebildet wird. Alle Fasern seien im Sinne des wachsenden Parameters t, der in (7a) auftritt, orientiert; dann hat für jedes β die Abbildung von β in β' einen bestimmten Grad; aus naheliegenden Stetigkeitsgründen hängt er nicht von der speziellen Faser β ab; wir bezeichnen ihn mit $\mathfrak{c}_f$. Die Frage ist nun die, was für ein Zusammen-

---

[4]) Man kann dieses System von Kreisen auch charakterisieren als den Schnitt der Sphäre S^{2n+1} mit dem Bündel der „komplexen Geraden“ durch den Nullpunkt des euklidischen Raumes R^{2n+2}, wenn dieser als $(n+1)$-dimensionaler komplexer Raum aufgefaßt wird.

[5]) *H. Seifert*, Acta math. 60 (1932), S. 147.

hang zwischen dem Grade c_f der Abbildung f und dem Grade $\mathfrak{c}_f$ besteht; sie wird durch den folgenden Satz beantwortet[6]).

Satz I. *Es sei f eine Abbildung*[1]) *der Sphäre S^{2n+1} in sich, welche bezüglich $\mathfrak{F}$ faserungstreu ist; der Grad der Abbildungen der einzelnen Fasern sei $\mathfrak{c}_f$. Dann ist der Grad c_f von f durch*

$$c_f = \mathfrak{c}_f^{n+1}$$

bestimmt.

Der Beweis wird in den Nummern 7—10 erbracht werden.

4. *Beispiele* zum Satz I mit beliebigem $n \geqq 0$ und beliebigem $\mathfrak{c}_f \gtreqless 0$ sind leicht anzugeben. Eine Abbildung f der S^{2n+1} in sich, die durch

$$z_j' = f_j(z_1, \ldots, z_{n+1}), \qquad j = 1, \ldots, n+1,$$

gegeben ist, ist offenbar dann und nur dann faserungstreu, wenn die f_j Funktionalgleichungen

$$f_j(e^{it} z_1, \ldots, e^{it} z_{n+1}) = e^{i\psi} f_j(z_1, \ldots, z_{n+1}) \tag{8}$$

erfüllen, wobei ψ eine stetige Funktion von t und den z_j ist, welche folgende Periodizitäts-Eigenschaft hat — wir schreiben statt $(z_1, \ldots, z_{n+1})$ kurz z—:

$$\psi(t + 2\pi; z) = \psi(t; z) + \mathfrak{c} \cdot 2\pi\ ; \tag{9}$$

hierin ist $\mathfrak{c}$ eine ganze Zahl, und zwar ist diese offenbar mit dem oben eingeführten Grad $\mathfrak{c}_f$ identisch.

Insbesondere sieht man: *Sind die Funktionen f_j schwach homogen von dem gleichen Grade m, so ist die Abbildung f faserungstreu, und es ist $\mathfrak{c}_f = m$.* Denn die schwache Homogenität der f_j drückt sich in den Gleichungen (8) mit

$$\psi(t; z) = mt \tag{9'}$$

aus[7]).

---

[6]) Für $n = 1$ bereits von *M. Rueff*, Comp. Math. VI (1938), S. [39], bewiesen; die dortige Beweismethode ist vorläufig nur für 3-dimensionale Mannigfaltigkeiten schlüssig, dann allerdings nicht nur für die Sphäre (a. a. O., S. [41]). Es ist anzunehmen, daß es Verallgemeinerungen des obigen Satzes I gibt, die sich auf faserungstreue Abbildungen beliebiger Mannigfaltigkeiten beziehen.

[7]) Der Beweis des Satzes II (Nr. 6) zeigt, daß sich dieser Satz auch auf Funktionen ausdehnen läßt, die insofern allgemeiner sind als die schwach homogenen, als an Stelle der Funktionalgleichung (9′) auch (9) treten darf.

Dieser Spezialfall liegt in den folgenden Beispielen vor:

$$z'_j = \frac{z_j^m}{\sqrt{\sum_\varrho |z_\varrho|^{2m}}} \quad \text{für} \quad m \geqq 0 \, , \tag{10a}$$

$$z'_j = \frac{\bar{z}_j^{-m}}{\sqrt{\sum_\varrho |z_\varrho|^{-2m}}} \quad \text{für} \quad m < 0 \, ; \tag{10b}$$

sie zeigen, daß es für jedes n faserungstreue Abbildungen f mit willkürlichem $\mathfrak{c}_f = m$ gibt.

5. Die Abbildung f, die durch (10b) mit $m = -1$, also durch

$$z'_j = \bar{z}_j$$

gegeben ist, gibt zu der folgenden Bemerkung Anlaß. Sie ist offenbar eineindeutig, und sie hat den Grad $c_f = (-1)^{n+1}$; letzteres ergibt sich sowohl aus Satz I als auch durch eine ganz elementare Betrachtung; bei geradem n hat sie also den Grad -1; andererseits hat nach Satz I bei ungeradem n eine faserungstreue Abbildung niemals negativen Grad[8]). Wir sehen also:

Bei geradem n, jedoch nicht bei ungeradem n, gibt es topologische und faserungstreue Abbildungen der S^{2n+1} auf sich, welche die Orientierung umkehren.

Hierzu ist kein „reelles" Analogon im Rahmen der Betrachtungen aus Nr. 1 vorhanden; denn für jedes n ist die Spiegelung der S^n an einer n-dimensionalen Ebene durch ihren Mittelpunkt eine topologische und antipodentreue Abbildung, welche die Orientierung umkehrt.

6. Wir zeigen jetzt, daß der Satz II (Nr. 2) aus dem Satz I folgt.

Es seien f_r die im Satz II genannten n Funktionen. Wir setzen $|m_1 \cdot m_2 \ldots \cdot m_n| = m$ und

$$f'_r = f_r^{\frac{m}{m_r}} \, , \quad \text{wenn} \quad m_r > 0 \, ,$$

$$f'_r = \bar{f}_r^{\frac{m}{-m_r}} \, , \quad \text{wenn} \quad m_r < 0$$

ist; (dabei bezeichnet $\bar{f}_r$ den zu f_r konjugiert komplexen Wert). Die f'_r sind ebenfalls auf der S^{2n+1}, die durch (6) gegeben ist, stetig, und sie sind sämtlich schwach homogen vom Grade m.

[8]) Man beachte übrigens, daß sowohl das Vorzeichen von c_f unabhängig von der Orientierung der S^{2n+1} als auch das Vorzeichen von $\mathfrak{c}_f$ unabhängig von der in Nr. 3 festgelegten Orientierung der Fasern ist.

Hätten die f_r, und damit auch die f'_r, keine gemeinsame Nullstelle, so wären die $n+1$ Funktionen

$$g_r = \frac{f'_r}{\sqrt{\sum_\varrho |f'_\varrho|^2}}, \quad r = 1, \ldots, n,$$

$$g_{n+1} \equiv 0$$

ebenfalls stetig auf der S^{2n+1}; sie wären schwach homogen vom Grade m — (die identisch verschwindende Funktion g_{n+1} ist homogen von jedem Grade) —, und es wäre

$$\sum_{j=1}^{n+1} |g_j|^2 = 1;$$

durch

$$z'_j = g_j(z_1, \ldots, z_{n+1}), \qquad j = 1, \ldots, n+1$$

wäre daher eine Abbildung g der S^{2n+1} in sich gegeben, die faserungstreu mit $c_g = m \neq 0$ wäre (Nr. 4); andererseits läge das Bild $g(S^{2n+1})$ ganz in der Ebene $z_{n+1} = 0$, es wäre also ein echter Teil von S^{2n+1}, und daher wäre $c_g = 0$. Man würde also einen Widerspruch zum Satz I erhalten; folglich haben die f_r eine gemeinsame Nullstelle.

7. *Beweis des Satzes I* (Nr. 3). Unter K_n verstehen wir die Mannigfaltigkeit der komplexen Punkte des n-dimensionalen projektiven Raumes, also die Mannigfaltigkeit aller Verhältnisse $z_1 : z_2 : \ldots : z_{n+1}$ komplexer Zahlen, $0 : 0 : \ldots : 0$ ausgeschlossen; bekanntlich ist K_n eine $2n$-dimensionale geschlossene orientierbare Mannigfaltigkeit[9]). Ordnen wir jedem Punkt $(z_1, z_2, \ldots, z_{n+1})$ unserer durch (6) gegebenen Sphäre S^{2n+1} das Verhältnis $z_1 : z_2 : \ldots : z_{n+1}$ zu, so entsteht eine stetige Abbildung p von S^{2n+1} auf K_n; dabei sind, wie aus der Charakterisierung (7b) der Faserung $\mathfrak{F}$ hervorgeht, die Urbilder der einzelnen Punkte von K_n gerade die Fasern von $\mathfrak{F}$.

Ist f eine faserungstreue Abbildung der S^{2n+1} in sich, und bezeichnen wir für jede Faser β diejenige Faser, in welcher $f(\beta)$ liegt, mit $\varphi(\beta)$, so kann φ als eine stetige Abbildung von K_n in sich aufgefaßt werden, die durch

$$pfp^{-1} = \varphi$$

bestimmt, also mit f und p durch die Funktionalgleichung

$$pf = \varphi p \tag{11}$$

verknüpft ist.

[9]) *H. Hopf*, Journ. f. d. r. u. a. Math. 163 (1930), S. 71, § 5.

Der Grad von φ sei c_φ. Wir zerlegen die Behauptung des Satzes I in die folgenden beiden Teile:

$$c_\varphi = \mathfrak{c}_f^n , \tag{12}$$

$$c_f = \mathfrak{c}_f \cdot c_\varphi . \tag{13}$$

8. *Beweis von* (12). In K_n wird eine zweidimensionale Homologiebasis von einem Zyklus Z gebildet, der einer komplexen projektiven Geraden entspricht und mit einer Kugelfläche homöomorph ist[9]). Die Abbildung φ bewirkt eine Homologie

$$\varphi(Z) \sim uZ .$$

Man weiß, daß zwischen der ganzen Zahl u und dem Grade c_φ die Beziehung[9])

$$c_\varphi = u^n \tag{14}$$

besteht; daher ist (12) bewiesen, sobald gezeigt ist, daß

$$u = \mathfrak{c}_f$$

ist, und wir brauchen also nur zu beweisen, daß

$$\varphi(Z) \sim \mathfrak{c}_f \cdot Z \tag{12'}$$

gilt.

Hierfür stellen wir eine vorbereitende Betrachtung an.

Die Sphäre S^{2n+1}, die durch (6) gegeben ist, wird von der dreidimensionalen Ebene

$$\mathfrak{J} z_2 = 0 , \qquad z_3 = \cdots = z_{n+1} = 0$$

in einer zweidimensionalen Kugelfläche geschnitten; deren durch

$$\mathfrak{R} z_2 \geqq 0$$

bestimmte Halbkugel heiße H; diese Halbkugel wird durch den Kreis β berandet, der auf S^{2n+1} durch

$$z_2 = z_3 = \cdots = z_{n+1} = 0$$

gegeben ist; β ist diejenige Faser aus der Faserung $\mathfrak{F}$, die durch den Punkt $(1, 0, \ldots, 0)$ geht. Für die in Nr. 3 festgesetzte Orientierung von β und eine geeignete Orientierung von H gilt die Berandungsrelation auch im algebraischen Sinne[10]):

$$\dot{H} = \beta . \tag{15}$$

[10]) Wie bei *Alexandroff-Hopf*, a. a. O., wird der Rand eines algebraischen Komplexes H mit $\dot{H}$ bezeichnet.

Durch die Abbildung p (Nr. 7) wird H auf die komplexe projektive Gerade in K_n abgebildet, deren Gleichung

$$z_3 = \cdots = z_{n+1} = 0$$

ist; und zwar geht dabei der ganze Rand β in den einen Punkt mit $z_2 = 0$ über; jeder andere Punkt der projektiven Geraden entspricht aber genau einem Punkt von H, da es, wie man leicht nachrechnet, zu jeder komplexen Zahl $w \neq \infty$ genau ein Zahlenpaar $\{z_1, z_2\}$ mit

$$\Re z_2 > 0\,, \quad \Im z_2 = 0\,, \quad z_1\bar{z}_1 + z_2\bar{z}_2 = 1, \quad z_1 : z_2 = w$$

gibt. Die Abbildung p von H auf die projektive Gerade ist also im wesentlichen eineindeutig, nur der Randkreis β wird auf einen einzigen Punkt abgebildet. Daher gilt, wenn wir die — mit einer Kugelfläche homöomorphe — komplexe projektive Gerade noch geeignet orientieren[11]), die Homologie

$$p(H) \sim Z\,. \tag{16}$$

Was wir in (15) und (16) für die spezielle Faser β festgestellt haben, gilt ebenso für jede Faser β' — man erkennt das etwa dadurch, daß man durch eine unitäre Drehung der S^{2n+1} die Faser β in eine beliebige andere Faser β' transformiert — : zu jeder Faser β' gibt es einen zweidimensionalen Komplex H', so daß

$$\dot{H}' = \beta'\,, \tag{15'}$$

$$p(H') \sim Z \tag{16'}$$

gilt.

Nach dieser Vorbereitung kommen wir zum Beweis von (12'). Nach Definition von $\mathfrak{c}_f$ ist

$$f(\beta) = \mathfrak{c}_f \beta'\,,$$

wobei β' eine gewisse Faser ist; also, nach (15) und (15')

$$f(\dot{H}) = \mathfrak{c}_f \dot{H}'\ ;$$

andererseits ist immer [12])

$$f(\dot{H}) = f(H)^{\cdot}\ ;$$

folglich ist

$$X = f(H) - \mathfrak{c}_f H'$$

ein zweidimensionaler Zyklus; er ist ~ 0 in der Sphäre S^{2n+1}, also ist auch

[11]) Die Orientierung von Z hat auf den Koeffizienten in der Homologie (12') keinen Einfluß.

[12]) *Alexandroff-Hopf*, a. a. O., S. 176. Die obigen Komplexe H und X sind „stetige" Komplexe im Sinne des zitierten Buches, S. 332 ff.

$$p(X) = pf(H) - c_f p(H') \sim 0 \quad \text{in} \quad K_n ;$$

hieraus und aus (11) folgt

$$\varphi p(H) \sim c_f p(H') ;$$

dies ist aber infolge (16) und (16′) die Behauptung (12′).

9. *Vorbemerkungen zum Beweis von* (13). Diese Bemerkungen handeln nicht von den Abbildungen f und φ, sondern nur von der Faserung $\mathfrak{F}$. Sind $y = (y_1, \ldots, y_{n+1})$ und $z = (z_1, \ldots, z_{n+1})$ Punkte auf den Fasern β bzw. γ, so dürfen wir

$$|\Sigma y_j \bar{z}_j| = \sigma(\beta, \gamma)$$

setzen, da dieser Ausdruck von der speziellen Wahl der Punkte y und z auf β bzw. γ nicht abhängt. Es ist $\sigma(\beta, \beta) = 1$, also

$$\sigma(\beta, \gamma) \neq 0 , \tag{17}$$

wenn β und γ nicht zu weit voneinander entfernt sind; es gibt eine Zahl $d > 0$ mit folgender Eigenschaft: sind ξ, η irgend zwei Punkte von K_n, deren Abstand $< d$ ist — wir setzen K_n als metrisiert voraus —, so gilt (17) für $\beta = p^{-1}(\xi)$, $\gamma = p^{-1}(\eta)$.

Erfüllen β und γ die Bedingung (17), so wird durch die Bedingung, daß

$$\Sigma y_j \bar{z}_j \qquad \textit{reell und positiv} \tag{18}$$

sei, jedem Punkt y von β genau ein Punkt $z = R(y)$ von γ zugeordnet, und zwar ist R eine topologische Abbildung von β auf γ, welche die Orientierung (Nr. 3) erhält. In der Tat ist, wenn y^0, z^0 feste Punkte auf β bzw. γ sind und wir

$$y_j = e^{iu} y_j^0 , \qquad z_j = e^{iv} z_j^0$$

setzen, die Bedingung (18) gleichbedeutend mit

$$v \equiv u + \arg (\Sigma y_j^0 \bar{z}_j^0) \qquad (\text{mod. } 2\pi) .$$

Der Punkt $R(y)$ variiert auch eindeutig und stetig, wenn man die Faser γ stetig abändert; es ist also

$$z = R(y, \gamma)$$

eine eindeutige und stetige Funktion von y und γ, solange die Faser β, die durch y geht, und die Faser γ die Bedingung (17) erfüllen.

Ist T eine Teilmenge von K_n, deren Durchmesser kleiner ist als die oben eingeführte Zahl d, so kann man in der Teilmenge $p^{-1}(T)$ von S^{2n+1} folgendermaßen Parameter einführen: γ sei eine feste Faser in $p^{-1}(T)$ und $s = s(z)$ ein Parameter auf ihr, der um 2π wächst, während γ einmal positiv von z durchlaufen wird; dann setzen wir für jeden Punkt y aus $p^{-1}(T)$:

$$s(y) = s\left(R(y, \gamma)\right) \; ;$$ [13]

dies ist erlaubt, da (17) für jede Faser β aus $p^{-1}(T)$ gilt. Bezeichnet jetzt noch ξ einen in T variablen Punkt, so können wir die Punkte y von $p^{-1}(T)$ durch

$$y = (\xi, s)$$

charakterisieren, wobei

$$\xi = p(y) \, , \qquad s = s(y)$$

ist; dies bedeutet, daß man $p^{-1}(T)$ als topologisches Produkt von T mit einer Kreislinie, aus welcher s Parameter ist, auffassen kann.

10. *Beweis von* (13). Wir werden f stetig so abändern, daß die Abbildung dabei immer faserungstreu bleibt — so daß also die Werte von c_f, $\mathfrak{c}_f$, c_φ ungeändert bleiben — und daß für die resultierende Abbildung die Richtigkeit von (13) durch eine einfache Abzählung der Bedeckungen, die ein Teilgebiet von S^{2n+1} durch das Bild $f(S^{2n+1})$ erleidet, bestätigt werden kann. Diese Abänderung wird in zwei Schritten geschehen.

Erster Schritt: Es sei $\{\varphi_t\}$ eine stetige Abänderung von φ mit $0 \leqq t \leqq 1$ und $\varphi_0 = \varphi$, und zwar eine so kleine Abänderung, daß die Entfernung

$$\varrho\left(\varphi(\xi) \, , \, \varphi_t(\xi)\right) < d$$

für jeden Punkt ξ von K_n und jedes t ist. Dann erfüllen für jeden Punkt z der S^{2n+1} die Faser

$$\beta = p^{-1}\varphi p(z) \, ,$$

auf welcher der Punkt $f(z)$ liegt, und die Faser

$$\gamma = p^{-1}\varphi_t p(z)$$

die Bedingung (17), und wir dürfen daher

$$f_t(z) = R\left(f(z) \, , \, p^{-1}\varphi_t p(z)\right)$$

[13]) Man beachte: für $y \, \varepsilon \, \gamma$ ist $R(y, \gamma) = y$.

setzen. Die f_t sind faserungstreue Abbildungen, die in K_n gerade die gegebenen Abbildungen φ_t induzieren. Infolge der stetigen Abhängigkeit von t ändern sich die Zahlen c_{f_t}, $\mathfrak{c}_{f_t}$, c_{φ_t} nicht. Man kann die Schar $\{\varphi_t\}$ so wählen, daß φ_1 simplizial ist; folglich dürfen wir — indem wir statt f_1 wieder f schreiben — von vornherein φ als *simplizial* annehmen.

Zweiter Schritt (bei dem φ nicht mehr geändert wird): Bei der simplizialen Abbildung φ seien T' ein $2n$-dimensionales Bildsimplex in K_n und $T_1, \ldots, T_m$ seine Urbilder; die Durchmesser aller dieser Simplexe dürfen wir als $< d$ annehmen. Vorläufig ändern wir f nur in $p^{-1}(T_1)$. Dazu führen wir, wie es in Nr. 9 besprochen wurde, in den Mengen $p^{-1}(T_1)$ und $p^{-1}(T')$ Parameter (ξ_1, s_1) bzw. (ξ', s') ein; die Abbildung f von $p^{-1}(T_1)$ ist durch

$$f(\xi_1, s_1) = (\xi', s')$$

mit

$$\xi' = \varphi(\xi_1)\,, \qquad s' = \psi(\xi_1, s_1)$$

gegeben, wobei ψ die Periodizitätseigenschaft

$$\psi(\xi, s + 2\pi) = \psi(\xi, s) + \mathfrak{c}_f \cdot 2\pi$$

besitzt.

Es sei nun U' ein $2n$-dimensionales Simplex, das ganz im Inneren von T' liegt, U_1 sein Urbild in T_1. Wir verstehen unter $\tau(\xi_1)$ eine in T_1 erklärte stetige reelle Funktion, die auf dem Rande von T_1 verschwindet und auf U_1 den Wert 1 hat; dann setzen wir für $0 \leqq t \leqq 1$:

$$\psi_t(\xi_1, s_1) = \tau(\xi_1) \cdot \big((1-t) \cdot \psi(\xi_1, s_1) + t \cdot \mathfrak{c}_f \cdot s_1\big) + \big(1 - \tau(\xi_1)\big) \cdot \psi(\xi_1, s_1)$$

und

$$f_t(\xi_1, s_1) = \big(\varphi(\xi_1), \quad \psi_t(\xi_1, s_1)\big)\,.$$

Während t variiert, bleibt f_t auf dem Rande von $p^{-1}(T_1)$ fest; in $p^{-1}(T_1)$ wird die Abbildung jeder einzelnen Faser, ohne daß das Bild die ursprüngliche Bildfaser verläßt, modifiziert; und zwar sind diese Abbildungen am Schluß (also für $t = 1$) in U_1 (also für $\tau = 1$) durch

$$\psi_1(\xi_1, s_1) = \mathfrak{c}_f \cdot s_1$$

charakterisiert: das Bild jeder Faser durchläuft die Bildfaser monoton $\mathfrak{c}_f$ mal.

Diese „Monotonisierung" nehmen wir nicht nur in $p^{-1}(T_1)$, sondern in jeder einzelnen Menge $p^{-1}(T_i)$ vor. Bei der schließlich resultierenden Abbildung wird ein $(2n+1)$-dimensionales Element E, das in der Menge $p^{-1}(U')$ liegt, durch das Bild von $p^{-1}(U_i)$ genau $|\mathfrak{c}_f|$ mal schlicht bedeckt; dabei ist die algebraische Bedeckungszahl gleich $\mathfrak{c}_f$ oder gleich $-\mathfrak{c}_f$, je nach dem Vorzeichen der Abbildung φ von T_i auf T' [14]); dies gilt für $i = 1, 2, \ldots, m$; andere Bedeckungen erleidet E nicht. Hieraus ist die Richtigkeit der Behauptung (13) ersichtlich.

---

[14]) Die Orientierungen der T_i und T' sind durch eine Orientierung von K_n gegeben; welche der beiden möglichen Orientierungen von K_n dabei gewählt ist, ist gleichgültig.

(Eingegangen den 31. August 1938.)

61

36.

Sur la topologie des groupes clos de Lie et de leurs généralisations

C.R. Paris **208** (1939), 1266–1267

TOPOLOGIE. — *Sur la topologie des groupes clos de Lie et de leurs généralisations*. Note de M. **Heinz Hopf**, présentée par M. Élie Cartan.

1. Soit M une variété close et orientable; définissons, au sein de cette variété, une *multiplication continue*. Voici ce que nous entendrons par là : à tout couple ordonné (x, y), de points de M, nous ferons correspondre un point xy de M, dépendant continûment de (x, y).

Posons $xy = l_x(y)$; pour x fixe et y variable, la fonction $l_x(y)$ transformera la variété M en elle-même; de plus, les transformations l_x dépendent continûment du paramètre x et sont, par conséquent, toutes du même degré brouwerien c_l. Considérons de même le degré c_r des transformations r_y, définies par $xy = r_y(x)$.

Nous appellerons *variétés* Γ les variétés au sein desquelles il est possible de définir une multiplication continue de degrés c_l et c_r, *tous deux différents de zéro*. La notion de la variété Γ généralise la notion de variété de groupe clos; il est en effet manifeste que, pour la multiplication dans un groupe clos, on a $c_l = c_r = 1$.

2. Nous considérerons, dans cette Note, les variétés au point de vue de la topologie algébrique. Nous prendrons pour domaine des coefficients le corps des nombres rationnels, ou encore le corps des nombres réels. On sait que les classes d'homologie forment un anneau où les produits sont définis par les intersections des cycles de ces classes. Pour une variété M nous désignerons cet anneau par $\mathfrak{R}(M)$.

Théorème I. — *A toute variété* Γ, *de la classe considérée, correspondent des nombres impairs* $m_1, m_2, \ldots, m_l$ *jouissant de la propriété suivante :*

Si par S_m *nous désignons la sphère à m dimensions et par*

$$\Pi = S_{m_1} \times S_{m_2} \times \ldots \times S_{m_l} \qquad (l \geqq 1)$$

le produit topologique des sphères S_{m_i}, *il existe entre l'anneau* $\mathfrak{R}(\Gamma)$ *et l'anneau* $\mathfrak{R}(\Pi)$ *une isomorphie conservant les nombres de dimensions.*

Corollaire. — *Le polynome de Poincaré d'une variété-*Γ (*polynome dont les coefficients sont les nombres de Betti de la variété*) *sera de la forme*

$$(1+t^{m_1})(1+t^{m_2})\ldots(1+t^{m_l}),$$

et les exposants m_i seront tous impairs.

3. MM. L. Pontrjagin ([1]) et R. Brauer ([2]) ont déterminé les nombres de Betti pour les quatre grandes classes de groupes simples clos; leurs méthodes permettent, pour les groupes de ces classes, non seulement de démontrer le corollaire du théorème I, mais encore le théorème lui-même. Pour des groupes clos quelconques, M. É. Cartan a indiqué le théorème I comme vraisemblable ([3]). Je trouve remarquable que les hypothèses du théorème I sont considérablement moins restrictives que celles que l'on fait en théorie des groupes; observons en particulier que, dans une variété-Γ, la multiplication n'est pas nécessairement associative. On sait d'ailleurs qu'en se restreignant à des variétés de groupes clos, il est possible d'apporter au théorème I des précisions relatives aux m_i; d'après certains théorèmes de M. É. Cartan : ou bien tous les m_i sont égaux à 1 (auquel cas le groupe est abélien), ou bien l'un au moins des m_i est égal à 3. De pareilles précisions n'existent certainement pas pour les variétés-Γ; en effet, on a

Théorème II. — *Tout produit* Π, *où les indices m_i des facteurs sont tous impairs, est une variété-*Γ.

4. *Voici le principe de la démonstration du théorème I.* — Tout couple (x, y) de points de M, pouvant être considéré comme point du produit $M \times M$, la multiplication continue définie dans M est équivalente à une représentation continue F de la variété $M \times M$ sur M. On obtient le théorème I en appliquant à notre représentation F la théorie de l'homomorphisme inverse (*Umkehrungs-Homomorphismus*) des représentations de variétés ([4]).

Le théorème II se démontre par la construction directe de multiplications continues jouissant des propriétés convenables.

Je publierai prochainement les démonstrations complètes des théorèmes énoncés.

([1]) *Comptes rendus*, **200**, 1935, p. 1277.

([2]) *Comptes rendus*, **201**, 1935, p. 419.

([3]) *La topologie des groupes de Lie* (*Actualités scientifiques et industrielles*, **358**, Paris, 1936, p. 25 et 26).

([4]) H. Hopf, *Journal f. d. r. u. a. Mathematik*, **163**, 1930, p. 71.

37.

Systeme symmetrischer Bilinearformen und euklidische Modelle der projektiven Räume

Vierteljahresschrift der Naturforschenden Gesellschaft in Zürich
(Festschrift Rudolf Fueter) **85** (1940), 165–177

Es handelt sich im folgenden um ein Problem aus der reellen Algebra, um ein Problem aus der Topologie und um Zusammenhänge zwischen den beiden Problemen. Gelöst werden die Probleme nicht, es wird aber je ein Beitrag zur Lösung geliefert.

Im § 1 werden Probleme, Sätze und Zusammenhänge formuliert und besprochen; es werden hier nur wenige Beweise geführt, und diese sind ganz elementar. Der § 2 ist der wesentlich topologische Teil der Untersuchung; er enthält den eigentlichen Beweis der beiden Hauptsätze.

§ 1.

1. Das algebraische Problem. In dem weiter unten formulierten Ergebnis zu unserem algebraischen Problem ist als Spezialfall der folgende Satz aus der projektiven Geometrie enthalten, der zur ersten Orientierung über die Fragestellung dienen kann: «In der Ebene gibt es zu je vier reellen Kegelschnitten, im Raume gibt es zu je fünf reellen Flächen 2. Ordnung wenigstens ein reelles Punktepaar, das in bezug auf alle vier Kurven, bezw. auf alle fünf Flächen, konjugiert ist.» Andererseits kann man, wie Beispiele lehren, fünf reelle Kegelschnitte, bezw. sechs reelle Flächen 2. Ordnung, so wählen, dass diese Gebilde kein gemeinsames konjugiertes reelles Punktepaar besitzen.[1])

[1]) Wegen der Beweise dieser geometrischen Behauptungen vergl. man die Formeln (6) sowie die im Anschluss an den Satz II (Nr. 7) gemachte Bemerkung über den Fall $k = 2$. Bei dem Versuch, diese Sätze mit den üblichen Methoden der projektiv-algebraischen Geometrie zu beweisen — gewiss ist ein solcher Beweis möglich —, macht, soviel ich sehe, die notwendige Realitäts-Betrachtung einige Schwierigkeit.

Es liegt nahe, nach denjenigen Zahlen zu fragen, welche für die höherdimensionalen Räume der Zahl 5 für die Ebene, der Zahl 6 für den Raum entsprechen. Damit sind wir bei der allgemeinen Fragestellung, die wir jetzt algebraisch, ohne die geometrische Einkleidung, formulieren.

Wir betrachten reelle symmetrische Bilinearformen in zweimal r Unbestimmten $x_1, \ldots, x_r$ und $y_1, \ldots, y_r$:

$$f(x, y) = \sum a_{jk} x_j y_k, \qquad a_{kj} = a_{jk};$$

ein System von n derartigen Formen $f^1, \ldots, f^n$ heisse «definit», wenn das Gleichungssystem

$$f^\nu(x, y) = 0, \qquad \nu = 1, \ldots, n,$$

keine anderen reellen Lösungen $(x_1, \ldots, x_r, y_1, \ldots, y_r)$ besitzt ls diejenigen mit $x_1 = \cdots = x_r = 0$ und diejenigen mit $y_1 = \cdots = y_r = 0$. Die kleinste Zahl n, für welche es, bei gegebenem r, ein definites System von n Formen gibt, heisse $N(r)$.

Die Bestimmung der Funktion $N(r)$ ist unser algebraisches Problem.

2. Schranken für $N(r)$; Satz I. Für jedes r ist

(1) $$N(r) \leqq 2r - 1;$$

denn man bestätigt leicht, dass die $2r-1$ Formen

(2) $$f^\nu(x, y) = \sum x_j y_k, \qquad j + k = \nu + 1, \qquad \nu = 1, \ldots, 2r-1,$$

ein definites System bilden.

Ist r gerade, $r = 2r'$, so lässt sich (1) zu

(3) $$N(r) = N(2r') \leqq 2r - 2$$

verschärfen; denn setzt man

$$x_{2\varrho-1} + i x_{2\varrho} = \xi_\varrho, \quad y_{2\varrho-1} + i y_{2\varrho} = \eta_\varrho, \quad \varrho = 1, \ldots, r',$$

so bilden zunächst, analog zu (2), die komplexen Bilinearformen

$$\varphi^\nu(\xi, \eta) = \sum \xi_j \eta_k, \qquad j + k = \nu + 1, \qquad \nu = 1, \ldots, 2r'-1,$$

ein definites System, das heisst: aus $\varphi^\nu = 0$ für alle ν folgt, dass entweder alle ξ oder alle η verschwinden; folglich bilden die Real- und Imaginär-Teile der φ^ν ein definites System von $2(2r'-1) = 2r-2$ reellen Bilinearformen.

Insbesondere erhält man auf diese Weise für $r = 2$ das definite System

$$f^1 = x_1 y_1 - x_2 y_2, \qquad f^2 = x_1 y_2 + x_2 y_1;$$

hiermit ist, da für $r > 1$ eine einzelne Bilinearform niemals ein definites System darstellt, die Zahl $N(2)$ bestimmt:

(4) $$N(2) = 2\,.$$

Wichtiger als Abschätzungen der Art (1) und (3) aber ist die Angabe unterer Schranken für $N(r)$; denn aus $N(r) \geqq N'$ folgt, dass für $n < N'$ jedes System von n bilinearen Gleichungen

$$f^1(x, y) = 0, \ldots, f^n(x, y) = 0$$

eine nicht-triviale Lösung besitzt. Unser Beitrag zur Bestimmung von $N(r)$ ist nun der folgende Satz:

Satz I. Für $r > 2$ ist

(5) $$N(r) \geqq r + 2;$$

mit andern Worten: ist $r > 2$, so gibt es kein definites System, das aus $r + 1$ oder weniger symmetrischen Formen in zweimal r Variablen bestünde.

Speziell ergibt sich aus (5) und (1), bezw. aus (5) und (3), die folgende Bestimmung von $N(r)$ für $r = 3$ und $r = 4$:

(6) $$N(3) = 5, \quad N(4) = 6\,.$$

Hierin sind die in Nr. 1 ausgesprochenen geometrischen Sätze enthalten.

Den Beweis des Satzes I werden wir erst in Nr. 5 beginnen.

3. Ein Korollar; Anwendung auf die Axiomatik der Algebren. Der aus den Formeln (4) und (5) ersichtliche Unterschied zwischen den Fällen $r = 2$ und $r > 2$ kommt bereits in dem folgenden Korollar des Satzes I zum Ausdruck:

Korollar. In der — übrigens trivialen — Ungleichung $N(r) \geqq r$ tritt der Fall der Gleichheit nur für $r = 2$ ein[2]).

Einerseits lässt sich, wie man sehen wird, dieses Korollar wesentlich leichter beweisen als der Satz I; andererseits ergibt sich aus dem Korollar eine Tatsache, die man zwar vermutlich auch auf anderem Wege ohne grosse Mühe herleiten kann, auf die ich aber doch bei dieser Gelegenheit hinweisen möchte; sie bezieht sich auf Algebren über dem Körper der reellen Zahlen.

Wir ziehen für eine Algebra — oder ein hyperkomplexes System mit endlich vielen Einheiten —, in welcher die Addition als Vektor-Addition im üblichen Sinne erklärt sein soll, die folgenden Postulate für die Multiplikation in Betracht:

a) das distributive Gesetz,

b) das assoziative Gesetz,

---

[2]) Den Fall $r = 1$ lassen wir als trivial beiseite; es ist $N(1) = 1$.

c) das kommutative Gesetz,

d) die Divisions-Eigenschaft, d. h. die Nicht-Existenz von Nullteilern.

Es soll sich nur um Algebren über dem Körper der reellen Zahlen handeln. Man weiss: die einzige Algebra, welche alle vier Postulate erfüllt, ist der Körper der gewöhnlichen komplexen Zahlen; verzichtet man auf gewisse der Postulate, so kommen neue Systeme hinzu. Wir wollen hier jedenfalls an a) und d) festhalten; hält man ausserdem an b) fest, verzichtet aber auf c), so kommt das System der Quaternionen — und nur dieses — hinzu; verzichtet man auf c) und b), so gibt es noch mindestens ein weiteres System: das Cayley'sche System mit 8 Einheiten[3]). Der Umstand, dass dieses Cayley'sche System eine gewisse Rolle in Algebra und Geometrie spielt, zeigt, dass auch der Verzicht auf das assoziative Gesetz b) nicht unberechtigt ist. Daher liegt die Frage nach Systemen nahe, in welchen zwar a), c), d) erfüllt sind, aber nicht b).*)

Es gilt nun der Satz, dass es kein solches System gibt; also: die Gültigkeit des assoziativen Gesetzes ist für eine Algebra über dem Körper der reellen Zahlen eine Folge der Postulate a), c), d); anders ausgedrückt: auch wenn man die Gültigkeit des assoziativen Gesetzes der Multiplikation nicht ausdrücklich postuliert, ist der Körper der komplexen Zahlen der einzige kommutative Erweiterungskörper endlichen Grades über dem Körper der reellen Zahlen.

Beweis: Die Einheiten des betrachteten Systems seien $\mathfrak{n}_1, \ldots, \mathfrak{n}_r$; die Multiplikation sei durch

$$\mathfrak{n}_j \mathfrak{n}_k = \sum a^l_{jk} \mathfrak{n}_l$$

gegeben; dann ist das Produkt zweier Grössen $\mathfrak{x} = \sum x_j \mathfrak{n}_j$, $\mathfrak{y} = \sum y_k \mathfrak{n}_k$ nach dem distributiven Gesetz:

$$\mathfrak{x}\mathfrak{y} = \sum f^l(x, y) \mathfrak{n}_l,$$

wobei wir

$$f^l(x, y) = \sum a^l_{jk} x_j y_k, \quad l = 1, \ldots, r,$$

gesetzt haben. Das kommutative Gesetz bedeutet: die Bilinearformen $f^l(x, y)$ sind symmetrisch. Das Gesetz d) bedeutet: wenn alle $f^l(x, y)$ verschwinden, so verschwindet entweder $\mathfrak{x}$ oder $\mathfrak{y}$; mit anderen Worten: das System der r Formen $f^l(x, y)$ ist definit. Dies ist nach dem oben formulierten Korollar nur für $r = 2$ möglich.[2])

---

[3]) Man vergl. z.B.: L. E. Dickson, Algebren und ihre Zahlentheorie (Zürich 1927), § 133.

Die weiteren Schlüsse bis zu dem Ergebnis, dass das System der Körper der komplexen Zahlen ist, dürfen als bekannt gelten.

4. Die Beziehung zu den Sätzen von STIEFEL. Wie die Formeln (6) zeigen, wird für $r=3$ und $r=4$ die durch (5) angegebene untere Schranke von $N(r)$ erreicht. Dass aber im allgemeinen diese Schranke bestimmt nicht die beste ist, sieht man aus einem Satz von E. STIEFEL; zugleich wird durch diese Feststellung unser Problem einer bereits vorhandenen Theorie angegliedert.[4])

In der Stiefel'schen Theorie betrachtet man reelle Bilinearformen $f(x, y)$, welche nicht symmetrisch zu sein brauchen; auch die Anzahl r der Unbestimmten x braucht nicht gleich der Anzahl s der Unbestimmten y zu sein. Für ein System derartiger Formen wird der Begriff der «Definitheit» genau so erklärt, wie wir es in Nr. 1 getan haben. Die kleinste Zahl n, für welche es, bei gegebenen r und s, ein definites System von n Formen gibt, heisse $n(r, s)$. Für die Funktion $n(r, s)$ werden untere Schranken angegeben, die uns hier in dem Fall $r=s$ interessieren, da offenbar

$$N(r) \geqq n(r, r)$$

ist. Der diesen Fall betreffende Satz von STIEFEL lautet: Die Zahl ϱ sei durch

$$2^{\varrho-1} < r \leqq 2^{\varrho}$$

bestimmt; dann ist

$$n(r, r) \geqq 2^{\varrho}.$$

Es ist also erst recht

$$N(r) \geqq 2^{\varrho}. \tag{7}$$

Man sieht, dass die hiermit gewonnene untere Schranke 2^{ϱ} von $N(r)$ für die meisten r grösser — also besser — ist als unsere, durch (5) gelieferte Schranke $r+2$. Lediglich für die Zahlen $r=2^{\varrho}-1$ und $r=2^{\varrho}$ ist unsere Schranke um 1, bezw. um 2 grösser als 2^{ϱ}. Dabei ist immerhin bemerkenswert, dass gerade unser «Korollar» (Nr. 3) nicht aus den Stiefel'schen Sätzen gefolgert werden kann; dies ist prinzipiell unmöglich, da sich diese Sätze ja auch auf

---

[4]) Von E. STIEFEL selbst sind bisher nur sehr spezielle seiner Sätze veröffentlicht worden: Comment. Math. Helvet. 8 (1936), p. 349; sowie: Verhandlungen d. Schweizer. Naturforschenden Gesellschaft, 1935, p. 277. Den Stiefel'schen Hauptsatz samt einem vollständigen, und zwar rein algebraischen Beweis findet man in der Arbeit von F. BEHREND, Compos. Math. 7 (1939), p. 1—19. Der ursprüngliche, topologische Beweis von STIEFEL für den allgemeinen Satz soll demnächst in der Compos. Math. erscheinen; gleichzeitig werde ich dort einen zweiten, ebenfalls topologischen Beweis mitteilen.

unsymmetrische Formen beziehen, das Korollar aber für unsymmetrische Formen seine Gültigkeit verliert; in der Tat ist $n(r, r) = r$ nicht nur für $r = 2$, sondern auch für $r = 4$ und $r = 8$.[4a])

Übrigens ist unser Beweis des Satzes I von den bekannten Beweisen des Stiefel'schen Satzes wesentlich verschieden.

5. Geometrische Deutung der definiten Systeme. Ein definites System von n symmetrischen Bilinearformen $f^1(x,y), \dots, f^n(x,y)$ in den Veränderlichen $x = (x_1, \dots, x_r)$, $y = (y_1, \dots, y_r)$ sei vorgelegt. Wir fassen x und y als Punkte des $(r-1)$-dimensionalen projektiven Raumes P_{r-1} auf. Daneben betrachten wir den n-dimensionalen euklidischen Raum R_n; seine Koordinaten mögen $z_1, \dots, z_n$ heissen; im R_n sei S_{n-1} die Sphäre vom Radius 1 um den Nullpunkt.

Aus der Definitheit des Systems der f^ν folgt zunächst, dass für keinen Punkt x des P_{r-1} sämtliche n quadratischen Formen $f^\nu(x, x)$ verschwinden; daher werden durch

$$z_\nu(x) = \frac{f^\nu(x, x)}{\sqrt{\sum_l f^l(x, x)^2}}$$

n stetige Funktionen im P_{r-1} erklärt; sie vermitteln eine eindeutige und stetige Abbildung f des projektiven Raumes P_{r-1} in die Sphäre S_{n-1}.

Wir behaupten weiter: diese Abbildung f ist eineindeutig. In der Tat: aus $f(x) = f(y)$ folgt, dass sich die Formen $f^\nu(x, x)$ von den Formen $f^\nu(y, y)$ nur um einen positiven Faktor unterscheiden, der von dem Index ν nicht abhängt; nennen wir den Faktor λ^2, so ist also

$$f^\nu(y, y) = \lambda^2 \cdot f^\nu(x, x), \quad \nu = 1, \dots, n;$$

da die Formen symmetrisch sind, folgt hieraus

$$f^\nu(y + \lambda x, y - \lambda x) = 0, \quad \nu = 1, \dots, n;$$

da das System definit ist, ist dies nur für $y = \pm \lambda x$ möglich, also nur dann, wenn im projektiven Raume P_{r-1} der Punkt y mit dem Punkt x identisch ist.

Damit ist gezeigt: zu jedem definiten System von n symmetrischen Bilinearformen in zweimal r Veränderlichen gehört eine topologische Abbildung des projektiven Raumes P_{r-1} in die Sphäre S_{n-1}; und für die Zahl $N(r)$ be-

---

4a) Auf die Frage, welche Verschärfungen der Stiefel'sche Satz gestatte, wenn man sich auf symmetrische Formen beschränkt, hat mich Herr BEHREND hingewiesen.

deutet dies: der projektive Raum P_{r-1} besitzt ein topologisches Bild auf der Sphäre $S_{N(r)-1}$.

6. Beweis des «Korollars» (Nr. 3). Aus dem soeben ausgesprochenen geometrischen Satz ist die — auch aus algebraischen Gründen fast selbstverständliche — Tatsache ersichtlich, dass immer $N(r) \geqq r$ ist; wir können jetzt auch leicht feststellen, was die Gleichheit $N(r) = r$ bedeutet.

Es sei $N(r) = r$. Dann besitzt P_{r-1} ein topologisches Bild auf S_{r-1}; da P_{r-1} und S_{r-1} geschlossene Mannigfaltigkeiten der gleichen Dimension $r-1$ sind, muss S_{r-1} mit dem Bild von P_{r-1} identisch, die Mannigfaltigkeiten S_{r-1} und P_{r-1} müssen also homöomorph sein. Für $r-1=1$ ist dies in der Tat der Fall: sowohl der Kreis S_1 als auch die projektive Gerade P_1 ist eine einfach geschlossene Linie. Ist aber $r-1>1$, so ist die Sphäre S_{r-1} einfach zusammenhängend — im Gegensatz zu dem Fall $r-1=1$ —, während der projektive Raum P_{r-1} niemals einfach zusammenhängend ist, da sich in ihm die projektive Gerade nicht in einen Punkt deformieren lässt; die fragliche Homöomorphie liegt also für $r-1>1$ nicht vor.

Damit ist gezeigt: für $r>2$ ist $N(r)>r$. Dies ist das Korollar aus Nr. 3.

7. Zurückführung des algebraischen Satzes I auf den topologischen Satz II; ein topologisches Problem. Wir können uns jetzt auf die Fälle $r>2$ beschränken. Nach Nr. 6 ist dann $N(r)>r$; folglich ist das topologische Bild des P_{r-1}, das nach Nr. 5 auf der $S_{N(r)-1}$ existiert, nur ein echter Teil der $S_{N(r)-1}$, und man kann es daher von einem nicht zu ihm gehörigen Punkt der Sphäre aus stereographisch in einen euklidischen Raum $R_{N(r)-1}$ projizieren. Damit sehen wir: für $r>2$ besitzt der projektive Raum P_{r-1} ein topologisches Bild im euklidischen Raum $R_{N(r)-1}$ der Dimension $N(r)-1$.

Damit sind wir zu der Frage gekommen, in welche euklidischen Räume R_d sich ein projektiver Raum P_k topologisch einbetten lässt. Die kleinste Dimensionszahl d, für welche dies möglich ist, heisse $D(k)$. Der soeben festgestellte Zusammenhang mit der Zahl $N(r)$ ist der folgende:

(8) $$D(r-1) \leqq N(r)-1 \qquad \text{für } r>2.$$

Die Bestimmung der Funktion $D(k)$ ist das topologische Problem, auf das hier hingewiesen werden soll. Ausser den Beschränkungen

$$D(k) \leqq 2k \quad \text{für beliebiges } k,\text{[5]}$$
$$D(k) \leqq 2k-1 \quad \text{für ungerades } k>1,$$

die sich aus (8) und (1), bezw. (8) und (3) ergeben, ist unser — leider einziger — Beitrag zur Lösung des Problems der folgende Satz:

Satz II. Für $k>1$ ist

(9) $$D(k) \geqq k+2;$$

mit anderen Worten: für $k>1$ besitzt der k-dimensionale projektive Raum P_k kein topologisches Bild im $(k+1)$-dimensionalen euklidischen Raum R_{k+1}.

Aus (9) und (8) folgt (5); also wird mit dem Satz II zugleich der Satz I bewiesen sein.

Für $k=2$ darf der Satz II als bekannt gelten; denn die projektive Ebene P_2 ist eine nicht-orientierbare geschlossene Fläche, und eine solche lässt sich nicht ohne Selbst-Durchdringungen, also nicht topologisch, im gewöhnlichen Raum R_3 realisieren. Damit ist auf Grund von (8) bereits bewiesen, dass $N(3)>4$ ist; dies ist gleichbedeutend mit dem Satz über die vier Kegelschnitte, der in Nr. 1 formuliert worden ist.

Derselbe Schluss bleibt bekanntlich für alle geraden k gültig: bei geradem k ist der projektive Raum P_k eine nicht-orientierbare geschlossene Mannigfaltigkeit, und daher besitzt er im euklidischen R_{k+1} kein topologisches Bild[6]). Ferner ist der Satz II für die Dimensionszahlen $k=4m-1$ von W. Hantzsche bewiesen worden[7]). Neu ist der Satz also nur für die Dimensionszahlen $k=4m+1$. Der Beweis, den wir jetzt führen werden, gilt aber ohne Fallunterscheidungen gleichzeitig für alle Dimensionszahlen.

§ 2.

8. Verallgemeinerung des Satzes II. Der Beweis des Satzes II wird im Rahmen der Homologie- und Schnitt-Theorie der Mannigfaltigkeiten geführt werden. Als Koeffizientenbereich legen wir den Restklassenring modulo 2 zugrunde. Jeder Mannigfaltigkeit M ist dann ein Ring $\mathfrak{R}(M)$ zugeordnet: seine additive Gruppe ist die direkte Summe der Betti'schen Gruppen der verschiedenen

---

[5]) Dies ist nur ein Spezialfall des Satzes von E. R. van Kampen (Abh. Math. Seminar Hamburg 9 (1932), p. 72—78), welcher besagt, dass sich jede k-dimensionale Pseudomannigfaltigkeit in den R_{2k} einbetten lässt.

[6]) Man vergl. z.B. Alexandroff-Hopf, Topologie I (Berlin 1935), p. 390.

[7]) W. Hantzsche, Math. Zeitschrift 43 (1937), p. 38—58.

Dimensionen, und die Multiplikation ist durch die Schnittbildung erklärt. Die Mannigfaltigkeiten sollen geschlossen sein; Orientierbarkeit wird nicht vorausgesetzt.

Wir werden die folgende Verallgemeinerung des Satzes II beweisen:

Satz II'. Dafür, dass die k-dimensionale geschlossene Mannigfaltigkeit M_k topologisch in den euklidischen Raum R_{k+1} eingebettet werden kann, ist die folgende Bedingung notwendig:

Die additive Gruppe aller Homologieklassen positiver Dimension von M_k — also die direkte Summe der 1., 2., ..., k-ten Betti'schen Gruppen, ohne die 0-te Betti'sche Gruppe — ist die direkte Summe zweier Ringe (welche Unterringe von $\mathfrak{R}(M_k)$ sind, in welchen also das Produkt durch die Schnittbildung erklärt ist). [8])

Um zu zeigen, dass dies eine Verallgemeinerung des Satzes II ist, stellen wir fest, dass der projektive Raum P_k mit $k>1$ die im Satz II' ausgesprochene Bedingung nicht erfüllt. Bekanntlich hat der Ring $\mathfrak{R}(P_k)$ modulo 2 die folgende Struktur: in jeder Dimension r, $0 \leqq r \leqq k$, besteht die Betti'sche Basis aus genau einem Element; es wird durch einen r-dimensionalen projektiven Unterraum P_r von P_k repräsentiert; das k-dimensionale Element ist die Eins des Ringes; das $(k-1)$-dimensionale Element heisse z; dann ist für jedes r das r-dimensionale Basiselement die $(k-r)$-te Potenz z^{k-r} von z. Es sei nun $k>1$; dann hat z positive Dimension. Wäre die Bedingung aus dem Satz II' erfüllt, so wäre z, da es das einzige, von 0 verschiedene Element seiner Dimension $k-1$ ist, in einem der beiden genannten Ringe, etwa in $\mathfrak{R}_1$, enthalten; da $\mathfrak{R}_1$ ein Ring ist, wäre dann aber auch jede Potenz von z, also insbesondere das Element z^k, das durch einen Punkt repräsentiert wird, in $\mathfrak{R}_1$ enthalten — entgegen der Annahme, dass $\mathfrak{R}_1$ nur Elemente positiver Dimension enthält.

Damit ist gezeigt, dass in der Tat der Satz II in dem Satz II' enthalten ist. [9])

---

[8]) Satz und Beweis bleiben für orientierbare Mannigfaltigkeiten unverändert gültig, wenn man als Koeffizientenbereich statt des Ringes mod. 2 den Restklassenring mod. m mit beliebigem $m>2$ oder den rationalen Körper zugrundelegt.

[9]) Ebenso ergibt sich aus dem Satz II' die Tatsache, dass der k-dimensionale komplexe projektive Raum, der eine (orientierbare) Mannigfaltigkeit der Dimension $2k$ ist, für $k>1$ nicht in den R_{2k+1} eingebettet werden kann

Das Prinzip des Beweises für den Satz II' ist das folgende. Wir nehmen an, dass M_k im R_{k+1} liegt. Der Raum R_{k+1} wird durch M_k in zwei Gebiete zerlegt; diese geometrische Zerlegung bewirkt eine Zerfällung der Gesamtheit der Homologieklassen des Komplementärraumes $R_{k+1} - M_k$ in zwei Teile. Die zwischen den Homologie-Eigenschaften von $R_{k+1} - M_k$ und denen von M_k herrschende Dualität, welche durch den Alexander'schen Dualitätssatz und seine Gordon'sche Verfeinerung geklärt ist, hat zur Folge, dass eine ähnliche Zerfällung in zwei Teile auch für den Ring $\mathfrak{R}(M_k)$ vorliegt, und zwar gerade eine solche Zerfällung, wie sie im Satz II' formuliert worden ist.

9. **Der Gordon'sche Ring.** Ich erinnere hier kurz an die von I. GORDON herrührenden Begriffe und Sätze, die wir soeben erwähnt haben und aus denen sich der Beweis des Satzes II' ergeben wird.[10])

a) Es sei G eine offene Menge im euklidischen R_n. Sind X, Y zwei berandungsfähige[11]) Zyklen in G, so gibt es Komplexe A, B in R_n mit[12]) $\dot{A} = X$, $\dot{B} = Y$. Der Rand des Schnittes $A \cdot B$ ist

$$(A \cdot B)^{\cdot} = X \cdot B + Y \cdot A;$$

er ist also, da $X \subset G$ und $Y \subset G$ ist, selbst ein (berandungsfähiger) Zyklus in G; man sieht leicht, dass seine Homologieklasse in G erstens bei festen X, Y unabhängig von der Willkür bei der Wahl von A, B ist, und dass sie sich zweitens auch nicht ändert, wenn man X, Y in ihren Homologieklassen von G variiert. Bezeichnet

---

(für $k = 1$ ist er eine Kugelfläche); auch dies war bisher nur für die geraden k bekannt (HANTZSCHE, a.a.O.). — Ferner folgt aus Satz II' z. B., bei Benutzung rationaler Koeffizienten: Die m-te Betti'sche Gruppe einer $M_{2m} \subset R_{2m+1}$ ist direkte Summe zweier Gruppen, von denen sich jede bei der Schnitt-Multiplikation selbst annulliert. Dies ist, infolge des Poincaré-Veblen'schen Dualitätssatzes, eine Verschärfung der bekannten Tatsache (HANTZSCHE, a.a.O.), dass die m-te Betti'sche Zahl gerade sein muss.

[10]) I. GORDON, Ann. of Math. (2) 37 (1936), p. 519—525. — Die Gordon'schen Sätze könnnen als Verfeinerungen des Alexander'schen Dualitätssatzes angesehen werden; letzterer ist das wesentliche Hilfsmittel in der Arbeit von HANTZSCHE; aus dieser Arbeit entsteht bei Vornahme der Gordon'schen Verfeinerung ziemlich zwangsläufig der Beweis unseres Satzes II'.

[11]) Berandungsfähig sind ausser allen Zyklen positiver Dimension diejenigen 0-dimensionalen Zyklen, in welchen die Koeffizientensumme der Punkte gleich 0 ist; modulo 2 also diejenigen, die aus einer geraden Anzahl von Punkten bestehen. Man vergl. ALEXANDROFF-HOPF [6]), p. 179.

[12]) Ein oben angesetzter Punkt bedeutet die algebraische Randbildung.

man die Homologieklasse von $(A \cdot B)^{\cdot}$ mit $[X,Y]$, so kann man daher $[X,Y]$ als «Produkt» zweier Homologieklassen deuten. Diese Multiplikation ist assoziativ, und sie ist mit der Betti'schen Addition distributiv verknüpft. Somit sind die berandungsfähigen Homologieklassen von G zu einem Ring verschmolzen; wir nennen ihn $P(G)$.

Haben X,Y die Dimensionszahlen p bezw. q, so hat $[X,Y]$ die Dimensionszahl $p+q+1-n$.[13])

b) Es sei M_k eine, im allgemeinen «krumme»[14]), k-dimensionale geschlossene Mannigfaltigkeit im R_n. Jeder berandungsfähigen p-dimensionalen Homologieklasse X von $R_n - M_k$ wird durch die folgende Vorschrift eine $(p-n+k+1)$-dimensionale Homologieklasse $x = \Gamma(X)$ von M_k zugeordnet: «Für jede $(n-1-p)$-dimensionale Homologieklasse von M_k ist die Verschlingungszahl mit X gleich der Schnittzahl mit x.» Dass die Zuordnung Γ eindeutig ist, ergibt sich leicht aus den Dualitätssätzen von ALEXANDER und von POINCARÉ-VEBLEN.

Man kann — bei Zuhilfenahme einiger simplizialer Approximationen — Γ auch so erklären: «$\Gamma(X)$ ist diejenige Homologieklasse von M_k, in welcher sich die Schnittzyklen $A \cdot M_k$ der von X berandeten Komplexe A mit der Mannigfaltigkeit M_k befinden.» Die Äquivalenz mit der vorigen Definition wird leicht bestätigt.

c) Aus den soeben genannten Dualitätssätzen ergibt sich ferner ohne weiteres, dass Γ eine eineindeutige und additiv isomorphe Abbildung des Ringes $P(R_n - M_k)$ auf den Ring $\mathfrak{R}(M_k)$ ist. Es gilt aber sogar der Gordon'sche Dualitätssatz: Γ ist auch ein multiplikativer Isomorphismus.

Die Gültigkeit dieses Satzes erkennt man leicht auf Grund der zweiten Definition von Γ, die unter b) ausgesprochen wurde: ist

$$A^{\cdot} = X, \quad B^{\cdot} = Y, \quad [X,Y] = (A \cdot B)^{\cdot},$$

so ist nach dieser Definition

$$\Gamma(X) = A \cdot M_k, \quad \Gamma(Y) = B \cdot M_k, \quad \Gamma[X,Y] = (A \cdot B) \cdot M_k,$$

und man hat zum Beweise des Gordon'schen Dualitätssatzes nur

---

[13]) Die hier und im folgenden vorkommenden Zyklen und Homologieklassen sollen immer homogen-dimensional sein. (Ein Komplex heisst homogen r-dimensional, wenn jedes seiner Simplexe entweder r-dimensional ist oder auf einem r-dimensionalen Simplex liegt; eine Homologieklasse heisst homogen-dimensional, wenn sie homogen-dimensionale Zyklen enthält.)

[14]) ALEXANDROFF-HOPF [6]), p. 149.

zu zeigen, dass $(A \cdot B) \cdot M_k$ dem Schnitt von $A \cdot M_k$ mit $B \cdot M_k$ auf M_k homolog ist.[15])

10. Zusatz zur Gordon'schen Theorie. Wir machen einen Zusatz zu Nr. 9 a). Die offene Menge G zerfalle in Komponenten $G^{(i)}$:

$$G = G' + G'' + \cdots.$$

Da für zwei Zyklen X, Y aus $G^{(i)}$ das Produkt $[X, Y]$ offenbar davon unabhängig ist, ob man die Multiplikation in $P(G^{(i)})$ oder in $P(G)$ betrachtet, ist $P(G^{(i)})$ ein Unterring von $P(G)$. Ferner ist klar, dass $P(G^{(i)})$ und $P(G^{(j)})$ für $i \neq j$ kein von 0 verschiedenes Element gemeinsam haben; folglich enthält $P(G)$ die direkte Summe

$$P^*(G) = P(G') + P(G'') + \cdots;$$

sie ist eine additive Untergruppe von $P(G)$.

Da $G^{(i)}$ zusammenhängend ist, berandet in $G^{(i)}$ jeder berandungsfähige 0-dimensionale Zyklus, und er stellt daher das Null-Element der Betti'schen Gruppen dar; mithin besteht der Ring $P(G^{(i)})$, der ja nur berandungsfähige Homologieklassen enthält, nur aus Elementen positiver Dimension; folglich haben auch alle Elemente von $P^*(G)$ positive Dimension[16]). Umgekehrt: ist X ein Zyklus positiver Dimension in G, so ist er von der Form

$$X = X' + X'' + \cdots, \quad X^{(i)} \subset G^{(i)},$$

wobei die $X^{(i)}$ Zyklen derselben positiven Dimension sind; die Homologieklasse von $X^{(i)}$ ist Element von $P(G^{(i)})$, und daher die Homologieklasse von X Element von $P^*(G)$. Somit besteht $P^*(G)$ aus allen Elementen positiver Dimension von $P(G)$.

Das Ergebnis ist: Die Gruppe $P^*(G)$ aller Homologieklassen positiver Dimension von G ist die direkte Summe von g Unterringen des Ringes $P(G)$; dabei ist g die Anzahl der Komponenten von G.

11. Beweis des Satzes II'. Es sei M_k eine geschlossene Mannigfaltigkeit im R_{k+1}; ihre offene Komplementärmenge zerfällt nach dem Jordan-Brouwer'schen Satz in zwei Gebiete:

$$R_{k+1} - M_k = G' + G''.$$

---

[15]) Ersetzt man die Mannigfaltigkeit M_k durch ein beliebiges Polyeder (oder sogar ein beliebiges Kompaktum) Q, so lässt sich der Gordon'sche Dualitätssatz aufrechterhalten, wenn man in Q statt des Schnittringes den Alexander-Kolmogoroff'schen Homologiering der oberen Zyklen heranzieht; dies ist von H. FREUDENTHAL, Ann. of Math. (2), 38 (1937), p. 647—655, und von A. KOMATU, Tôhoku Math. Journal 43 (1937), p. 414—420, bewiesen worden.

[16]) Dem Null-Element kommt jede Dimension zu, es gehört also auch zu den Elementen positiver Dimension.

Nach Nr. 10 bilden die Homologieklassen positiver Dimension von $R_{k+1} - M_k$ eine additive Gruppe, die direkte Summe zweier Ringe ist:

$$P^*(R - M) = P(G') + P(G'').$$

Der Gordon'sche Isomorphismus Γ ist, da $n = k + 1$ ist, nach Nr. 9b) dimensionstreu. Folglich ist auch in dem Ring $\mathfrak{R}(M_k)$ die Gruppe der Elemente positiver Dimension direkte Summe zweier Ringe, nämlich der Ringe $\Gamma P(G')$ und $\Gamma P(G'')$.[17])

[17]) Setzt man von M_k einige Regularität — etwa Simplizialität oder Differenzierbarkeit — voraus, so zeigt man leicht: $\Gamma P(G')$ besteht aus denjenigen Zyklen von M_k, welche in G'' beranden, $\Gamma P(G'')$ aus denjenigen, die in G beranden.

38.

Ein topologischer Beitrag zur reellen Algebra

Comm. Math. Helvetici **13** (1940/41), 219–239

E. Stiefel hat seine allgemeine Theorie der Systeme von Richtungsfeldern in geschlossenen Mannigfaltigkeiten[1]) speziell auf die projektiven Räume angewandt und ist dadurch zu Ergebnissen gelangt, die nicht nur vom geometrischen Gesichtspunkt aus interessant sind, sondern die auch neue und merkwürdige Sätze der reellen Algebra enthalten[2]). Im folgenden leite ich dieselben algebraischen Sätze, sowie etwas allgemeinere, mit einer ebenfalls topologischen, jedoch von der Stiefelschen verschiedenen Methode her, indem ich den Hauptsatz, der die übrigen Sätze umfaßt, durch Anwendung der Theorie des Umkehrungs-Homomorphismus der Abbildungen von Mannigfaltigkeiten[3]) beweise.

Dieser Beweis bildet den Inhalt des § 2. Im § 1 wird der Hauptsatz (Satz I) formuliert, und es werden Folgerungen aus ihm gezogen; topologische Betrachtungen kommen im § 1 nicht vor.

Der Satz I handelt von stetigen Funktionen; er wird aber zu einem *algebraischen* Satz, sobald man diese Funktionen zu Polynomen (in mehreren Veränderlichen) spezialisiert; und dann wieder werden die Ergebnisse besonders einfach und besonders interessant, wenn die Polynome Bilinearformen sind. Nachdem diese Sätze, die algebraischen Charakter haben — sie handeln von der Existenz von Nullstellen gewisser Gleichungssysteme —, auf topologischem Wege entdeckt worden waren, entstand die Aufgabe, auch Beweise zu finden, die man mit Recht als „algebraisch" bezeichnen dürfte. Diese Aufgabe — die nicht nur mir, sondern auch anderen Mathematikern als schwierig erschien — ist von F. Behrend gelöst worden[4]).

Herr Behrend hat mich auf die Frage aufmerksam gemacht, welche

---

[1]) *E. Stiefel*, Richtungsfelder und Fernparallelismus in n-dimensionalen Mannigfaltigkeiten, Comment. Math. Helvet. **8** (1936), 305—353.

[2]) A. a. O., 349, sowie besonders: *E. Stiefel*, Über Richtungsfelder in den projektiven Räumen und einen Satz aus der reellen Algebra, Comment. Math. Helvet. **13** (1941), 201—218.

[3]) *H. Hopf*, Zur Algebra der Abbildungen von Mannigfaltigkeiten, Crelles Journ. **163** (1930), 71—88. — Neue Begründung und Verallgemeinerung: *H. Freudenthal*, Zum Hopfschen Umkehrhomomorphismus, Ann. of Math. **38** (1937), 847—853; ferner: *A. Komatu*, Über die Ringdualität eines Kompaktums, Tôhoku Math Journ. **43** (1937), 414—420; *H. Whitney*, On Products in a complex, Ann. of Math. **39** (1938), 397—432 (Theorem 6).

[4]) *F. Behrend*, Über Systeme reeller algebraischer Gleichungen, Compos. Math. **7** (1939), 1—19.

Verschärfung unser Hauptsatz gestatte, wenn man die in ihm auftretenden Funktionen zu *symmetrischen* Bilinearformen spezialisiert. Dieses Problem scheint sich sowohl der Stiefelschen Methode der Richtungsfelder als auch meiner Methode des Umkehrungs-Homomorphismus zu entziehen. Aber mit einer dritten topologischen Methode habe ich einen — allerdings nur schwachen — Fortschritt in der gewünschten Richtung erzielt. Hierüber berichte ich kurz im „Anhang II"; die ausführliche Darstellung ist an anderer Stelle erschienen.

Im „Anhang I" wird gezeigt, daß nicht nur die algebraischen, sondern auch gewisse der geometrischen Sätze von Stiefel — nämlich notwendige Bedingungen für die Existenz von linear unabhängigen Systemen stetiger Richtungsfelder in den projektiven Räumen — aus dem Satz I abgeleitet werden können.

§ 1. Formulierung des Hauptsatzes; algebraische Folgerungen

1. *Definite Systeme ungerader Funktionen in zwei Variablenreihen.* Es sei f eine reelle Funktion der $r+s$ reellen Veränderlichen

$$x_1, \ldots, x_r\,; \quad y_1, \ldots, y_s\,; \quad r \geqq 1,\ s \geqq 1\ ; \tag{1}$$

und zwar sei sie erklärt und stetig für

$$\sum_{\varrho=1}^{r} x_\varrho^2 = 1\ ,\quad \sum_{\sigma=1}^{s} y_\sigma^2 = 1\ ; \tag{2}$$

sie erfülle die Funktionalgleichungen

$$\begin{aligned} f(-x_1, \ldots, -x_r\,; y_1, \ldots, y_s) &= f(x_1, \ldots, x_r\,; -y_1, \ldots, -y_s) \\ &= -f(x_1, \ldots, x_r\,; y_1, \ldots, y_s)\,. \end{aligned} \tag{3}$$

Dann sagen wir kurz: „f ist eine ungerade Funktion der Variablenreihen (1)."

Beispiele sind diejenigen reellen algebraischen Formen in den Variablen (1), welche homogen in den x_ϱ von einer ungeraden Dimension sowie homogen in den y_σ von einer ungeraden Dimension sind; die einfachsten Fälle sind die Bilinearformen in den beiden Variablenreihen.

Ein System

$$f_1, \ldots, f_n \tag{4}$$

ungerader Funktionen der Variablen (1) soll „definit" heißen, wenn das Gleichungssystem

$$f_1 = 0, \ldots, f_n = 0 \tag{4_0}$$

in dem durch (2) gegebenen Bereich der Variablen (1) keine Lösung besitzt.

Besteht das System (4) aus Formen der oben besprochenen Art, so sind die Gleichungen (4_0) immer erfüllt, wenn

$$\text{entweder} \quad x_1 = \cdots = x_r = 0 \quad \text{oder} \quad y_1 = \cdots = y_s = 0 \tag{5}$$

ist; infolge der Homogenität der f_ν ist die Definitheit des Systems (4) *gleichbedeutend* damit, daß diese trivialen Lösungen (5) von (4_0) die einzigen sind (die Beschränkung auf den Bereich (2) ist also nicht notwendig).

Ein Beispiel eines definiten Systems bei beliebigen r und s wird durch die Produkte

$$x_\varrho y_\sigma, \qquad \varrho = 1, \ldots, r, \qquad \sigma = 1, \ldots, s$$

geliefert; hier ist $n = rs$. Ein weiteres Beispiel, und zwar mit

$$n = r + s - 1$$

(also mit $n < rs$ für $r > 1$, $s > 1$), ist das folgende:

$$\begin{gathered} f_\nu = \Sigma x_\varrho y_\sigma, \qquad \varrho + \sigma = \nu + 1, \\ 1 \leqq \varrho \leqq r, \qquad 1 \leqq \sigma \leqq s, \qquad \nu = 1, \ldots, r + s - 1. \end{gathered} \tag{6}$$

Die Definitheit dieses Systems, also die Tatsache, daß die zugehörigen Gleichungen (4_0) nur die trivialen Lösungen (5) besitzen, bestätigt man leicht durch vollständige Induktion in bezug auf die Anzahl $r + s$ aller Variablen.

Für gewisse r und s gibt es aber auch definite Systeme, die aus weniger als $r + s - 1$ ungeraden Funktionen in den Variablen (1) bestehen; z. B. bilden für $r = s = 2$ bereits die beiden Funktionen

$$\begin{aligned} f_1 &= x_1 y_1 - x_2 y_2 \\ f_2 &= x_1 y_2 + x_2 y_1 \end{aligned} \tag{7}$$

ein definites System.

Daher entsteht die Frage: „Welches ist, bei gegebenen r und s, die *kleinste* Zahl n, für welche es ein definites System von n ungeraden Funktionen in den Variablenreihen (1) gibt?“ Diese Minimalzahl heiße $n^*(r, s)$. [5])

[5]) Ohne die Forderung, daß die Funktionen f_ν ungerade seien, ist die Frage uninteressant; denn die eine Funktion $f = \Sigma x_\varrho^2 \cdot \Sigma y_\sigma^2$ bildet immer ein definites System.

Hat man für ein Paar r, s die Zahl $n^*(r, s)$, oder auch nur eine untere Schranke für $n^*(r, s)$, bestimmt, so hat man damit einen Existenzsatz für Lösungen von Gleichungen gewonnen: denn aus $n < n^*(r, s)$ folgt, daß das Gleichungssystem (4_0) eine Lösung in dem Bereich (2) besitzt; sind die f_ν Formen, so ist dies, wie schon betont, gleichbedeutend mit der Existenz einer nicht-trivialen, d. h. von (5) verschiedenen, Lösung.

2. *Der Hauptsatz.* Die Zahl $n^*(r, s)$ kann ich zwar im allgemeinen nicht bestimmen; jedoch liefert der nachstehende Satz Beschränkungen nach unten für n^*. [5a])

Satz I. Es gebe ein definites System von n ungeraden Funktionen in den Variablenreihen $x_1, \ldots, x_r$ und $y_1, \ldots, y_s$. Dann ist die folgende Bedingung erfüllt:

Alle Binomialkoeffizienten $\binom{n}{k}$ *mit*

$$n - r < k < s \tag{8}$$

sind gerade. [5b])

Diese Bedingung soll kurz mit $\mathfrak{B}(r, s; n)$ bezeichnet werden. Aus der Symmetrie-Eigenschaft

$$\binom{n}{n-k} = \binom{n}{k}$$

der Binomialkoeffizienten folgt, daß, wie zu erwarten, $\mathfrak{B}(r, s; n)$ symmetrisch in r und s ist, daß also unter der Voraussetzung des Satzes I auch alle $\binom{n}{k}$ mit

$$n - s < k < r \tag{8'}$$

gerade sind.

Der Beweis des Satzes I wird im § 2 geführt werden.

Eine erste Folgerung aus dem Satz I ergibt sich, wenn man bedenkt, daß $\binom{n}{0} = 1$ ist; unter der Voraussetzung des Satzes I kann nämlich daher (8) nicht durch $k = 0$ befriedigt werden, es kann also nicht $n - r < 0$, sondern es muß $n - r \geqq 0$, also $n \geqq r$ sein; und ebenso, nach $(8')$: $n \geqq s$. Daher und infolge der Existenz des definiten Systems (6) gilt

$$\max.(r, s) \leqq n^*(r, s) \leqq r + s - 1\,. \tag{9}$$

5a) Interessante Beschränkungen von n^* nach *oben* gibt *Behrend*, a. a. O.[4]), § 4.

5b) Für bilineare Formen f_ν von *Stiefel*, a. a. O.[2]), für beliebige Formen ungerader Grade von *Behrend*, a. a. O.[4]), bewiesen.

3. *Spezialisierungen von r, s, n.*

(*a*) Im Falle $s = 1$ wird, wenn $n \geqq r$ ist, (8) durch kein k befriedigt; das heißt:

Satz Ia. Für $s = 1$ ist die Behauptung des Satzes I gleichbedeutend mit: $n \geqq r$.

Dieser Satz ist äquivalent mit dem nachstehenden Satz *B*, der eine bekannte Konsequenz eines Satzes von Borsuk ist; in ihm sind die g_ν Funktionen der einen Variablenreihe $x_1, \ldots, x_r$, welche für $\sum x_\varrho^2 = 1$ stetig und ungerade sind.

Satz B. Wenn die Funktionen $g_1, \ldots, g_n$ keine gemeinsame Nullstelle haben, so ist $n \geqq r$. [6])

Die Äquivalenz der beiden Sätze ist leicht zu sehen: sind Funktionen f_ν vorgelegt, welche die Voraussetzung von Ia erfüllen, so setze man in ihnen die Variable $y_1 = 1$ und wende auf die dadurch entstehenden Funktionen g_ν den Satz B an; sind Funktionen g_ν gegeben, die die Voraussetzung des Satzes B erfüllen, so wende man Satz Ia auf die Funktionen $f_\nu = y_1 \cdot g_\nu$ an.

Somit ist unser Satz I eine Verallgemeinerung des bekannten Satzes B. [a])

(*b*) Wir stellen eine Bedingung auf, die *hinreichend* dafür ist, daß die Zahl n^* mit ihrer durch (9) gegebenen *oberen* Schranke zusammenfällt; ob die Bedingung hierfür auch notwendig ist, weiß ich nicht.

Es sei $n^*(r, s) < r + s - 1$; dann gibt es — da man zu einem definiten System immer beliebige Funktionen hinzufügen kann, ohne die Definitheit zu zerstören — gewiß ein definites System mit $n = r + s - 2$; also ist $\mathfrak{B}(r, s; r + s - 2)$ erfüllt, das heißt: $\binom{r+s-2}{k}$ ist gerade für $s - 2 < k < s$, also für $k = s - 1$. Folglich:

Satz Ib. Ist der Binomialkoeffizient

$$\binom{r+s-2}{s-1} = \binom{r+s-2}{r-1}$$

ungerade, so ist $n^*(r, s) = r + s - 1$.

---

[6]) *Alexandroff-Hopf*, Topologie I (Berlin 1935), 485, Satz VIII.

a) Da der Satz B bekannt ist, darf man im Beweis des Satzes I auf den Fall $s = 1$ (und ebenso auf den Fall $r = 1$) verzichten. Wir werden dies nicht tun, müssen aber einige Male (Fußnoten b), c), d), e)) auf Modifikationen hinweisen, welche durch die beiden genannten Fälle bedingt sind. Ausschließen wollen wir jedoch den ganz trivialen Fall $= s = 1$; in ihm lautet die Behauptung des Satzes I nur: $n \geqq 1$.

Die Voraussetzung des Satzes Ib ist z. B. erfüllt, wenn r ungerade und $s = 2$ ist.

(c) Wir stellen eine Bedingung auf, die *notwendig* dafür ist, daß die Zahl n^* mit ihrer durch (9) gegebenen *unteren* Schranke zusammenfällt; ob die Bedingung hierfür auch hinreichend ist, ist fraglich.

Es gebe ein definites System mit $n = s$; dann sind nach (8′) alle $\binom{n}{k}$ gerade für $0 < k < r$; das ist die Bedingung $\mathfrak{B}(r, n; n)$; um ihre Bedeutung festzustellen, schreiben wir n in der Form

$$n = 2^\lambda \cdot u\,, \qquad u \text{ ungerade}\,, \tag{10}$$

und betrachten die binomische Entwicklung von $(1 + t)^n$, wobei t eine Unbestimmte ist:

$$(1 + t)^n = \left((1 + t)^{2^\lambda}\right)^u\,,$$

also modulo 2:

$$(1 + t)^n \equiv (1 + t^{2^\lambda})^u \equiv 1 + t^{2^\lambda} + \cdots + t^n\ ;$$

hieraus ist ersichtlich:

$$\binom{n}{2^\lambda} \not\equiv 0 \mod 2\ ;$$

unter der Bedingung $\mathfrak{B}(r, n; n)$ ist daher *nicht* $0 < 2^\lambda < r$, also ist

$$r \leqq 2^\lambda\,. \tag{11}$$

Folglich:

Satz Ic. Wenn es ein definites System mit $n = s$ *gibt – mit anderen Worten: wenn* $n^*(r, s) = s$ *ist –, so ist* r *durch* (11) *beschränkt, wobei* 2^λ *durch* (10) *bestimmt ist.*

(d) Es sei $r = s$. Die Bedingung $\mathfrak{B}(r, r; n)$ lautet: $\binom{n}{k}$ ist gerade für $n - r < k < r$. Um diese Bedingung zu untersuchen, setzen wir

$$n = 2^\mu + m\,, \qquad 0 \leqq m < 2^\mu\,,$$

und behaupten:

$$\binom{n}{m} \not\equiv 0 \text{ mod. } 2\,. \tag{12}$$

Für $m = 0$ ist dies trivial; es sei $m > 0$; dann betrachten wir wieder $(1 + t)^n$ modulo 2:

$$(1 + t)^n = (1 + t)^{2^\mu} \cdot (1 + t)^m \equiv (1 + t^{2^\mu}) \cdot (1 + \cdots + t^m) \equiv$$

$$\equiv 1 + \cdots + t^m + t^{2^\mu} + \cdots + t^n\,,$$

es gilt also (12).

Unter der Bedingung $\mathfrak{B}(r, r; n)$ ist daher *nicht* $n - r < m < r$, also nicht gleichzeitig $r > n - m$ und $r > m$, also, da $n - m = 2^\mu > m$ ist, jedenfalls nicht $r > 2^\mu$; es ist also $2^\mu \geqq r$. Wenn

$$2^{\varrho-1} < r \leqq 2^\varrho \tag{13}$$

ist, so ist also $2^\mu \geqq 2^\varrho$, und folglich $n \geqq 2^\varrho$. Somit gilt

Satz Id. Ein definites System stetiger ungerader Funktionen in zweimal r Variablen $x_1, \ldots, x_r$ und $y_1, \ldots, y_r$ besteht aus wenigstens 2^ϱ Funktionen, wobei ϱ durch (13) *bestimmt ist.*

(*e*) In jedem der Sätze Ic und Id ist enthalten:

Satz Ie. Ein definites System von n stetigen ungeraden Funktionen der zweimal n Variablen $x_1, \ldots, x_n$ und $y_1, \ldots, y_n$ ist höchstens dann möglich, wenn n eine Potenz von 2 ist.

Ein Beispiel hierzu mit $n = 2$ ist das System (7); über weitere Beispiele zum Satz Ie sowie zum Satz Ic wird in der nächsten Nummer etwas gesagt werden.

4. *Der Satz von Hurwitz-Radon.* Ein System (4) von Bilinearformen

$$f_\nu = \sum_{\varrho,\sigma} a_{\varrho\sigma\nu} x_\varrho y_\sigma \ , \quad \nu = 1, \ldots, n \ , \tag{14}$$

in den Variablen (1) ist gewiß dann definit, wenn die Gleichung

$$\sum f_\nu^2 = \sum x_\varrho^2 \cdot \sum y_\sigma^2 \tag{15}$$

(als Identität in den x_ϱ und y_σ) erfüllt ist. Für diesen Spezialfall und unter der weiteren Voraussetzung

$$s = n$$

ist der maximale Wert $r^*(n)$ von r, der bei gegebenem n möglich ist, durch Hurwitz und durch Radon bestimmt worden[7]):

Man stelle n in der Form

$$n = 16^\alpha \cdot 2^\beta \cdot u \ , \qquad 0 \leqq \beta \leqq 3 \ , \qquad u \textit{ ungerade},$$

dar; dann ist

$$r^*(n) = 2^\beta + 8\alpha \ . \tag{16}$$

---

[7]) *A. Hurwitz*, Über die Komposition der quadratischen Formen, Math. Ann. 88 (1923), 1—25 (Math. Werke, Bd. II, 641—666). — *J. Radon*, Lineare Scharen orthogonaler Matrizen, Abh. math. Sem. Hamburg 1 (1922), 1—14. — Die obige Formulierung stammt von Radon.

Für diejenigen n, die nicht durch 16 teilbar sind, in denen also $\alpha = 0$ ist, ist derjenige Teil dieses Satzes, welcher besagt, daß der Wert (16) durch kein r übertroffen werden kann, in unserem Satz Ic enthalten. Der andere Teil des Hurwitz-Radonschen Satzes, durch welchen die Existenz von Lösungen (14) der Gleichung (15) mit dem durch (16) gegebenen Wert $r = r^*$ — (und mit $s = n$) — festgestellt wird, zeigt, daß die Schranke (11) in unserem Satz Ic wenigstens für diejenigen n nicht verbessert werden kann, die $\not\equiv 0$ mod. 16 sind.

Für $r = s = n$ geht der obige Satz in den berühmten Satz von Hurwitz über[8]):

Identitäten (15) *für Bilinearformen* (14) *mit* $r = s = n$ *existieren nur für* $n = 1, 2, 4, 8$.

Zu unserem Satz Ie gibt es also für $n = 2^\lambda$ mit $\lambda > 3$ kein Beispiel vom Typus (14), (15); es sind für diese n überhaupt keine definiten Systeme von n ungeraden Funktionen in zweimal n Variablen bekannt. [9])

5. *Matrizen ungerader Funktionen einer Variablenreihe.* Unter einer ungeraden Funktion der Variablen

$$x_1, \ldots, x_r \tag{1_x}$$

soll immer eine solche reelle Funktion g dieser Variablen verstanden werden, welche für

$$\sum_{\varrho=1}^{r} x_\varrho^2 = 1 \tag{2_x}$$

erklärt und stetig ist und die Funktionalgleichung

$$g(-x_1, \ldots, -x_r) = -g(x_1, \ldots, x_r) \tag{3_x}$$

erfüllt. Wir betrachten eine Matrix, die aus derartigen ungeraden Funktionen $g_{\sigma\nu}$ besteht:

$$G = \begin{pmatrix} g_{11} \cdots\cdots g_{1n} \\ \cdots\cdots\cdots \\ \cdots\cdots\cdots \\ g_{s1} \cdots\cdots g_{sn} \end{pmatrix}.$$

---

[8]) *A. Hurwitz*, Über die Komposition der quadratischen Formen von beliebig vielen Variablen, Nachr. Ges. d. Wiss. Göttingen 1898, 309—316 (Math. Werke, Bd. II, 565—571).

[9]) Übrigens besteht ein prinzipieller Unterschied zwischen den Hurwitz-Radonschen und unseren Sätzen: jene gelten, wie aus den beiden Arbeiten von Hurwitz hervorgeht, nicht nur für reelle, sondern auch für komplexe Bilinearformen, allgemeiner sogar für solche, deren Koeffizienten einem beliebigen Körper, dessen Charakteristik $\neq 2$ ist, angehören.

Satz II. Dafür, daß die Matrix G durchweg den Rang s hat, ist die Bedingung $\mathfrak{B}(r, s; n)$ *notwendig.*

Denn wenn der Rang durchweg s ist, so bilden die linearen Verbindungen

$$f_\nu(x_1, \ldots, x_r\ ;\ y_1, \ldots, y_s) = \sum_{\sigma=1}^{s} y_\sigma g_{\sigma\nu}\ ,\quad \nu = 1, \ldots, n\ ,$$

ein definites System ungerader Funktionen im Sinne von Nr. 1.

Besonders naheliegend ist die Betrachtung quadratischer Matrizen G, also solcher, für welche $s = n$ ist; für sie ergibt sich aus Satz Ic, analog wie sich Satz II aus Satz I ergab:

Satz IIc. Eine n-reihige quadratische Matrix

$$G = \begin{pmatrix} g_{11} & \cdots & g_{1n} \\ \cdots & \cdots & \cdots \\ \cdots & \cdots & \cdots \\ g_{n1} & \cdots & g_{nn} \end{pmatrix},$$

deren Elemente ungerade Funktionen in den r Variablen (1_x) *sind, kann höchstens dann durchweg nicht-singulär sein, wenn die Anzahl r der Variablen nicht größer ist als die größte Potenz von 2, die in n aufgeht.*

Hierin ist enthalten:

Satz IIe. Die im Satz IIc genannte Matrix G kann, falls überdies $r = n$ *ist, höchstens dann durchweg nicht-singulär sein, wenn n eine Potenz von 2 ist.*

Beispiele derartiger nicht-singulärer Matrizen mit $r = n$ erhält man für $n = 1, 2, 4, 8$, indem man

$$g_{\sigma\nu} = \sum_{\varrho} a_{\varrho\sigma\nu} x_\varrho$$

setzt, wobei die $a_{\varrho\sigma\nu}$ die Koeffizienten derjenigen Bilinearformen (14) sind, welche die Identitäten (15) — mit $r = s = n$ — erfüllen[10]); Beispiele mit größeren n sind nicht bekannt.

6. [11]) *Lineare Scharen quadratischer Matrizen aus reellen Zahlen.* Wir machen eine Anwendung des Satzes IIc. Mit A_ϱ sollen n-reihige quadra-

[10]) Auf der vorletzten Seite der Arbeit[8]) von Hurwitz sind diese Matrizen angegeben.

[11]) Die Sätze der Nummern 6 und 7 folgen aus dem Spezialfall des Satzes I, in dem die f_ν bilineare Formen sind; sie ergeben sich daher auch aus den in der Einleitung genannten Arbeiten von Stiefel und von Behrend; insbesondere liefert die Arbeit von Behrend *algebraische* Beweise für diese Sätze.

tische Matrizen reeller Zahlen bezeichnet werden; bei gegebenen $A_1, \ldots, A_r$ bilden die Matrizen

$$x_1 A_1 + \cdots + x_r A_r \tag{17}$$

eine „lineare Schar" von Matrizen, welche von den Parametern $x_1, \ldots, x_r$ abhängt. Die Schar soll „durchweg nicht-singulär" heißen, wenn nur diejenige Matrix (17) singulär ist, welche zu den Parametern $(0, \ldots, 0)$ gehört.

Satz IIIc. Die Anzahl r der Parameter einer linearen, durchweg nicht-singulären Schar n-reihiger quadratischer reeller Matrizen ist höchstens gleich der größten Potenz von 2, die in n aufgeht.

Denn ist $A_\varrho = (a_{\varrho\sigma\nu})$, so hat die Matrix (17) die Elemente

$$g_{\sigma\nu}(x_1, \ldots, x_r) = \sum_\varrho a_{\varrho\sigma\nu} x_\varrho \ ;$$

sie sind ungerade Funktionen in den x_ϱ; daher folgt Satz IIIc aus Satz IIc.

Korollar: Ist $n = 2^\lambda \cdot u$, u ungerade, so gibt es in jeder Schar

$$x_1 A_1 + \cdots + x_{2\lambda} A_{2\lambda}$$

eine Matrix mit $(x_1, \ldots, x_{2\lambda}) \neq (0, \ldots, 0)$, die einen reellen Eigenwert besitzt.

Dies erfolgt daraus, daß nach Satz IIIc die lineare Schar, die von den Matrizen $A_1, \ldots, A_{2\lambda}$ und der Einheitsmatrix E erzeugt wird, nicht durchweg nicht-singulär sein kann.

7. [11]) *Nicht-assoziative Divisions-Algebren über dem Körper der reellen Zahlen.* Von den „Algebren" oder „hyperkomplexen Systemen", die wir hier betrachten, soll nicht verlangt werden, daß in ihnen das assoziative Gesetz der Multiplikation gelte. Dagegen beschränken wir uns auf „Divisions-Algebren", d. h. Systeme ohne Nullteiler. Es handle sich immer um Systeme über dem Körper der reellen Zahlen. Die Anzahl der Einheiten sei n. Man weiß, daß es nur drei Divisions-Algebren gibt, in denen das assoziative Gesetz gilt: die reellen Zahlen, die komplexen Zahlen, die Quaternionen; für sie ist $n = 1, 2$ bzw. 4. Ferner hat man eine nicht-assoziative Divisions-Algebra mit $n = 8$ studiert: die Cayleyschen Zahlen[12]). Es ist aber nicht bekannt, ob es auch für andere Werte von n als 1, 2, 4, 8 Divisions-Algebren gibt.

---

[12]) Man vergleiche z. B.: *L. E. Dickson*, Algebren und ihre Zahlentheorie (Zürich 1927), § 133.

Satz IV. Die Anzahl n der Einheiten einer Divisions-Algebra über dem Körper der reellen Zahlen ist notwendigerweise eine Potenz von 2.

Beweis. $\mathfrak{e}_1, \ldots, \mathfrak{e}_n$ seien die Einheiten einer Divisions-Algebra; ihre Multiplikation sei durch

$$\mathfrak{e}_\varrho \mathfrak{e}_\sigma = \sum_\nu a_{\varrho\sigma\nu} \mathfrak{e}_\nu$$

erklärt. Für zwei Größen

$$\mathfrak{x} = \sum_\varrho x_\varrho \mathfrak{e}_\varrho \, , \; \mathfrak{y} = \sum_\sigma y_\sigma \mathfrak{e}_\sigma$$

ist dann das Produkt durch

$$\mathfrak{x}\mathfrak{y} = \sum_\nu \Big(\sum_{\varrho,\sigma} a_{\varrho\sigma\nu} x_\varrho y_\sigma \Big) \mathfrak{e}_\nu$$

gegeben. Daß es keine Nullteiler gibt, ist gleichbedeutend damit, daß die Bilinearformen

$$f_\nu = \sum_{\varrho,\sigma} a_{\varrho\sigma\nu} x_\varrho y_\sigma \quad , \quad \nu = 1, \ldots, n \ ,$$

ein definites System bilden. Daher folgt der Satz IV aus dem Satz Ie. [12 a)]

§ 2. Beweis des Hauptsatzes

8. *Geometrische Deutung der definiten Systeme ungerader Funktionen.*

Es sei ein definites System (4) vorgelegt, wie es in Nr. 1 erklärt worden ist. Da auch die Funktionen

$$f'_\nu = \frac{f_\nu}{\sqrt{\sum_{i=1}^{n} f_i^2}}$$

stetig und ungerade sind und ein definites System bilden, dürfen wir, indem wir statt f'_ν wieder f_ν schreiben, annehmen, daß

$$\sum_{\nu=1}^{n} f_\nu^2 = 1 \tag{1}$$

ist.

Durch

$$\sum_{\varrho=1}^{r} x_\varrho^2 = 1 \ , \quad \sum_{\sigma=1}^{s} y_\sigma^2 = 1 \ , \quad \sum_{\nu=1}^{n} z_\nu^2 = 1$$

sind Sphären S_{r-1}, S_{s-1}, S_{n-1} erklärt, deren Dimensionszahlen durch die Indizes angegeben sind. Infolge (1) wird durch

$$z_\nu = f_\nu (x_1, \ldots, x_r ; y_1, \ldots, y_s)$$

12 a) Im Anhang II kommen wir noch einmal auf Algebren zurück.

jedem Punktepaar (x, y) mit $x \varepsilon S_{r-1}$, $y \varepsilon S_{s-1}$ ein Punkt $z \varepsilon S_{n-1}$ zugeordnet, es wird also eine Abbildung f des topologischen Produktes $S_{r-1} \times S_{s-1}$ in die Sphäre S_{n-1} erklärt; diese Abbildung ist stetig; sie ist ferner „ungerade", d. h. es ist

$$f(-x, y) = f(x, -y) = -f(x, y),$$

wenn wir durch $-x, \ldots$ die Antipoden der Punkte $x, \ldots$ bezeichnen.

Durch Identifizierung je zweier antipodischer Punkte einer Sphäre S_k entsteht ein k-dimensionaler projektiver Raum P_k. Daher folgt aus der Ungeradheit von f erstens, daß durch f eine stetige Abbildung F des topologischen Produktes $P_{r-1} \times P_{s-1}$ in den Raum P_{n-1} bewirkt wird. Zweitens: hält man einen Punkt x^0 von S_{r-1} fest und läßt y einen halben Großkreis auf S_{s-1} von einem Punkt y^0 in den Antipoden $-y^0$ durchlaufen, so durchläuft der Bildpunkt $f(x^0, y)$ auf S_{n-1} einen Weg, der ebenfalls einen Punkt z^0 mit dem Antipoden $-z^0$ verbindet; da einem Weg auf der Sphäre S_k, der zwei Antipoden verbindet, in P_k ein geschlossener Weg vom Homologietypus der projektiven Geraden entspricht, so bedeutet die eben festgestellte Eigenschaft der ungeraden Abbildung f für die Abbildung F:

$$F(\text{Punkt} \times \text{Gerade}) \sim \text{Gerade}; \tag{2a}$$

analog ergibt sich:

$$F(\text{Gerade} \times \text{Punkt}) \sim \text{Gerade}; \tag{2b}$$

dies sind Homologien, in denen „Punkt" und „Gerade" als Zyklen der Dimensionen 0 bzw. 1 aufzufassen sind.

Eine Abbildung F des Produktes zweier projektiver Räume in einen projektiven Raum, welche die Eigenschaften (2a) und (2b) besitzt, möge kurz „ungerade" heißen. Dann sehen wir: *Ein definites System von n ungeraden Funktionen der Variablen $x_1, \ldots, x_r$ und $y_1, \ldots, y_s$ bewirkt eine ungerade Abbildung*[13]) *des Produktes $P_{r-1} \times P_{s-1}$ in den Raum P_{n-1}.*

Damit ist der Satz I auf den folgenden zurückgeführt:

Satz I: Voraussetzung: Es existiert eine ungerade Abbildung*[13]) *von $P_{r-1} \times P_{s-1}$ in P_{n-1}. Behauptung: Die Bedingung $\mathfrak{B}(r, s; n)$ ist erfüllt.* [b])

[13]) Unter einer „Abbildung" einer Mannigfaltigkeit wird immer eine *stetige* Abbildung verstanden.

[b]) Ist $s = 1$, so ist P_{s-1} ein Punkt, (2a) inhaltslos und die Ungeradheit von F also allein durch (2b) charakterisiert; die Behauptung lautet: $n \geq r$. Man vergl. Fußnote. [a])

9. *Die Ringe des projektiven Raumes und des Produktes zweier projektiver Räume.* Für den Beweis des Satzes I* müssen wir uns zunächst näher mit den Homologie-Eigenschaften von P_{n-1} und $P_{r-1} \times P_{s-1}$ befassen. *Als Koeffizientenbereich legen wir den Restklassenring modulo 2 zugrunde.* Dann ist für jede geschlossene Mannigfaltigkeit L der Homologiering $\mathfrak{R}(L)$ in bekannter Weise erklärt: seine Elemente sind die Homologieklassen, die Addition ist die der Bettischen Gruppen, das Produkt ist der Schnitt.

Wir betrachten zunächst einen projektiven Raum P_k. Man weiß, daß es für jedes κ, $0 \leqq \kappa \leqq k$, genau eine Homologieklasse gibt, die nicht Null ist; sie wird durch eine κ-dimensionale projektive Ebene repräsentiert; sie heiße ζ_κ; es wird also speziell ζ_0 durch einen Punkt, ζ_1 durch eine Gerade, ζ_{k-1} durch eine $(k-1)$-dimensionale Ebene, ζ_k durch den ganzen Raum P_k dargestellt. Für jedes $\kappa < k$ ist ζ_κ der Schnitt von $k-\kappa$ Ebenen des Typus ζ_{k-1}, also, wenn wir kurz $\zeta_{k-1} = \zeta$ schreiben: [14])

$$\zeta_\kappa = \zeta^{k-\kappa} \; ;$$

dies gilt auch noch für $\kappa = k$, indem wir unter ζ^0 das Eins-Element des Ringes $\mathfrak{R}(P_k)$ verstehen. Dagegen ist $\zeta^\kappa = 0$ für alle $\kappa > k$.

Somit läßt sich die Struktur des Ringes $\mathfrak{R}(P_{n-1})$ folgendermaßen beschreiben:

$\mathfrak{R}(P_{n-1})$ ist der Ring der Polynome in einer Unbestimmten ζ mit Koeffizienten aus dem Restklassenring mod. 2, wobei ζ die Relation

$$\zeta^n = 0 \tag{3}$$

erfüllt; mit anderen Worten: bezeichnet Γ den Ring *aller* Polynome in der Unbestimmten ζ mit Koeffizienten mod. 2, so ist $\mathfrak{R}(P_{n-1})$ der Restklassenring von Γ nach dem von ζ^n erzeugten Ideal (ζ^n).

Für die Dimensionszahlen ergibt sich

$$\text{Dim. } \zeta^\nu = (n-1) - \nu \quad , \quad \nu = 0, 1, \ldots, n-1 \; .$$

Daraus folgt weiter: Für jedes d bildet ζ^{n-1-d} eine d-dimensionale Homologiebasis; und zwar sind die Basen $\{\zeta^{n-1-d}\}$ und $\{\zeta^d\}$ zueinander dual[15]).

---

[14]) Obere Indizes sind im folgenden immer *Exponenten* (nicht etwa Dimensionszahlen).

[15]) In einer k-dimensionalen Mannigfaltigkeit L heißt die $(k-d)$-dimensionale Homologiebasis $\{z'_1, \ldots, z'_q\}$ zu der d-dimensionalen Homologiebasis $\{z_1, \ldots, z_q\}$ dual, wenn für die Schnittzahlen gilt: $(z'_i \cdot z_i) = 1$, $(z'_h \cdot z_i) = 0$ für $h \neq i$.

Nach dem Poincaré-Veblenschen Dualitätssatz gibt es in jeder geschlossenen Mannigfaltigkeit, gleichgültig ob orientierbar oder nicht, zu jeder Basis eine (und nur eine) duale, vorausgesetzt, daß der Ring mod. 2 als Koeffizientenbereich dient.

Man vergleiche *Seifert-Threlfall*, Lehrbuch der Topologie (Leipzig und Berlin 1934), 253, Satz III.

Die Bestimmung des Ringes $\mathfrak{R}(P_{r-1} \times P_{s-1})$, die jetzt vorgenommen werden soll, beruht auf den folgenden beiden Sätzen (E) und (F), die als bekannt gelten dürfen; U und V sind beliebige geschlossene Mannigfaltigkeiten; unter einer „vollen" Bettischen Basis (mod. 2) einer Mannigfaltigkeit wird eine Basis der „vollen" Bettischen Gruppe verstanden, d. h. der direkten Summe der Bettischen Gruppen aller Dimensionen.

(E) *Durchlaufen ξ_i und η_j volle Bettische Basen von U bzw. V, so durchläuft $\xi_i \times \eta_j$ eine volle Bettische Basis von $U \times V$.* [16])

(F) *Sind ξ, ξ' bzw. η, η' Elemente von $\mathfrak{R}(U)$ bzw. $\mathfrak{R}(V)$, so gilt für die Produkte (mod. 2) in $U \times V$:*

$$(\xi \times \eta) \cdot (\xi' \times \eta') = \xi \cdot \xi' \times \eta \cdot \eta' . \quad {}^{17})$$

Es sei nun $U = P_{r-1}$, $V = P_{s-1}$; wie oben festgestellt wurde, werden volle Basen in P_{r-1} und P_{s-1} von Potenzen

$$\xi^0, \xi, \ldots, \xi^{r-1} \quad \text{bzw.} \quad \eta^0, \eta, \ldots, \eta^{s-1}$$

gebildet, wobei ξ durch eine $(r-2)$-dimensionale Ebene in P_{r-1} und η durch eine $(s-2)$-dimensionale Ebene in P_{s-1} repräsentiert wird. Setzen wir

$$\xi \times \eta^0 = X , \qquad \xi^0 \times \eta = Y ,$$

so ist nach (F)

$$\xi^\varrho \times \eta^\sigma = X^\varrho \cdot Y^\sigma ,$$

und diese Produkte mit

$$0 \leqq \varrho \leqq r-1 , \qquad 0 \leqq \sigma \leqq s-1 \tag{4}$$

bilden nach (E) eine volle Bettische Basis in $P_{r-1} \times P_{s-1}$. Das Ergebnis ist:

$\mathfrak{R}(P_{r-1} \times P_{s-1})$ ist der Ring der Polynome in zwei Unbestimmten X, Y mit Koeffizienten aus dem Restklassenring mod. 2, wobei X und Y die Relationen

$$X^r = 0 , \qquad Y^s = 0 \tag{5}$$

erfüllen; mit anderen Worten: bezeichnet Δ den Ring *aller* Polynome in den Unbestimmten X, Y mit Koeffizienten mod. 2, so ist $\mathfrak{R}(P_{r-1} \times P_{s-1})$ der Restklassenring von Δ nach dem von X^r und Y^s erzeugten Ideal (X^r, Y^s).

[16]) Einen Beweis erhält man z. B., indem man den § 3 des Kap. VII in dem Buche[6]) von *Alexandroff-Hopf* dadurch abändert (und wesentlich vereinfacht), daß man den dort zugrunde gelegten ganzzahligen Koeffizientenbereich durch den Ring mod. 2 ersetzt.

[17]) *S. Lefschetz*, Topology (New York 1930), 238, Formel (21) — aber, da wir mod. 2 arbeiten, ohne Berücksichtigung von Vorzeichen.

Für die Dimensionszahlen ergibt sich durch eine leichte Abzählung

$$\text{Dim. } X^{\varrho} \cdot Y^{\sigma} = (r + s - 2) - (\varrho + \sigma) \ . \tag{6}$$

Daraus folgt weiter: Für jedes d bilden die Produkte $X^{\varrho} \cdot Y^{\sigma}$ mit $\varrho + \sigma = r + s - 2 - d$, wobei ϱ und σ außerdem durch (4) eingeschränkt sind, eine d-dimensionale Basis; setzen wir $r + s - 2 - d = n$ und $\varrho = n - \sigma$, so ist (4) gleichbedeutend mit

$$0 \leqq n - \sigma < r \,, \quad 0 \leqq \sigma < s \,,$$

also mit

$$0 \leqq \sigma \leqq n \,, \quad n - r < \sigma < s \ . \tag{7}$$

Daher können wir eine d-dimensionale Basis auch folgendermaßen charakterisieren, wobei $d + n = r + s - 2$ ist: sie besteht aus denjenigen Produkten $X^{r-\sigma} \cdot Y^{\sigma}$, für welche σ alle Werte durchläuft, die (7) genügen.

Insbesondere bilden

$$X^{r-1} \cdot Y^{s-2} \ , \quad X^{r-2} \cdot Y^{s-1}$$

bzw.

$$Y \ , \ X$$

Basen der Dimensionen 1 bzw. $r + s - 2$, und zwar ergibt sich aus den Multiplikationsregeln, daß diese Basen zueinander dual sind. [c)]

10. *Topologische Deutung der Bedingung* $\mathfrak{B}(r, s; n)$. Wir behaupten: *Die Bedingung* $\mathfrak{B}(r, s; n)$ *ist gleichbedeutend mit dem Bestehen der Relation*

$$(X + Y)^n = 0 \tag{8}$$

im Ringe $\mathfrak{R}(P_{r-1} \times P_{s-1})$. [d)]

Beweis. Nach dem binomischen Satz und nach (5) ist

$$(X + Y)^n = \sum_k \binom{n}{k} X^{n-k} \cdot Y^k \ , \tag{9}$$

wobei die Summe über alle k zu erstrecken ist, die die Bedingungen

$$0 \leqq k \leqq n \quad \text{und} \quad n - r < k < s \tag{10}$$

erfüllen.

---

c) Ist $s = 1$, so besteht die erste dieser Basen nur aus $X^{r-2} \cdot Y^{s-1}$, die zweite nur aus X; analog für $r = 1$; man vergleiche Fußnote b).

d) Ist $s = 1$ oder $r = 1$, so lautet (8) einfach: $X^n = 0$ bzw. $Y^n = 0$.

Gilt nun $\mathfrak{B}(r, s; n)$, so ist daher jeder Koeffizient auf der rechten Seite von (9) das Null-Element des Koeffizientenringes — des Restklassenringes mod. 2 —, und folglich gilt auch (8).

Es gelte andererseits (8); dann verschwindet die rechte Seite von (9); die dort auftretenden $X^{n-k} \cdot Y^k$ bilden aber nach Nr. 9 eine Basis der Dimension $r + s - 2 - n$ und sind daher gewiß linear unabhängig, und daher ist jeder Koeffizient das Null-Element des Koeffizientenringes; es sind also alle diejenigen $\binom{n}{k}$ gerade, für welche (10) gilt; da aber die $\binom{n}{k}$ für welche die erste Bedingung (10) *nicht* gilt, ohnehin Null sind, ist bereits die Gültigkeit der zweiten Bedingung (10) für die Geradheit von $\binom{n}{k}$ hinreichend. Folglich ist $\mathfrak{B}(r, s; n)$ erfüllt.

Aus der damit bewiesenen Äquivalenz der Bedingungen $\mathfrak{B}(r, s; n)$ und (8) ergibt sich, daß der Satz I* gleichbedeutend mit dem folgenden ist:

Satz I**. *Voraussetzung: Es existiert eine ungerade Abbildung von* $P_{r-1} \times P_{s-1}$ *in* P_{n-1}. *Behauptung: Im Ringe* $\mathfrak{R}(P_{r-1} \times P_{s-1})$ *gilt* (8).

11. *Der Umkehrungs-Homomorphismus.* Ich berichte hier über die Methode, die zum Beweis des Satzes I** führen wird. L und Λ seien geschlossene Mannigfaltigkeiten. Ihre Dimensionszahlen seien l bzw. λ. Der Koeffizientenbereich sei weiterhin der Restklassenring mod. 2. Die Homologieringe werden mit $\mathfrak{R}(L)$ und $\mathfrak{R}(\Lambda)$ bezeichnet. [18])

Jede Abbildung f von L in Λ bewirkt bekanntlich eine Abbildung von $\mathfrak{R}(L)$ in $\mathfrak{R}(\Lambda)$; diese Ringabbildung nennen wir ebenfalls f; sie ist dimensionstreu; sie ist ein additiver, aber im allgemeinen kein multiplikativer Homomorphismus.

Die Elemente von $\mathfrak{R}(L)$ und $\mathfrak{B}(\Lambda)$, die einfach gezählten Punkten entsprechen, seien mit p bzw. π bezeichnet; dann ist immer

$$f(p) = \pi \,. \tag{11}$$

Es gilt nun der folgende Satz: [18])

Zu jeder Abbildung f von L in Λ gibt es eine Abbildung φ von $\mathfrak{R}(\Lambda)$ in $\mathfrak{R}(L)$ *mit folgenden Eigenschaften:*

[18]) Man vergleiche die unter [3]) zitierten Arbeiten; die von mir a. a. O. gemachte Voraussetzung, daß die beiden Mannigfaltigkeiten gleiche Dimension haben, ist unnötig. Da wir den Koeffizientenbereich mod. 2 zugrunde legen, brauchen wir nichts über die Orientierbarkeit der Mannigfaltigkeiten vorauszusetzen.

(*A*) *φ ist ein additiver und multiplikativer Homomorphismus;*

(*B*) *φ ist mit f durch die Funktionalgleichung*

$$f(\varphi(\zeta)\cdot z) = \zeta \cdot f(z) \tag{12}$$

verknüpft; hierin sind z und ζ beliebige Elemente von $\Re(L)$ bzw. $\Re(\Lambda)$.

φ heißt der „Umkehrungs-Homomorphismus" von f; daß er durch f in eindeutiger Weise bestimmt ist, ergibt sich aus dem späteren Satz (D).

Jetzt zeigen wir zunächst:

(*C*) *Ist ζ homogen-dimensional*[19]) *von der Dimension σ, so ist auch $\varphi(\zeta)$ homogen-dimensional; und zwar ist*

$$\text{Dim. } \varphi(\zeta) = \sigma + l - \lambda .$$

Beweis. [20]) Ist $\varphi(\zeta) = 0$, so ist nichts zu beweisen[21]); es sei $\varphi(\zeta) \neq 0$; dann läßt sich $\varphi(\zeta)$ in der Form

$$\varphi(\zeta) = Z_{\varrho_1} + Z_{\varrho_2} + \cdots + Z_{\varrho_k} \tag{13}$$

schreiben, wobei Z_{ϱ_i} einen homogen ϱ_i-dimensionales, von 0 verschiedenes Element von $\Re(L)$ bezeichnet und die ϱ_i paarweise voneinander verschieden sind. Aus dem Dualitätssatz [15]) folgt, daß es ein homogen $(l - \varrho_1)$-dimensionales Element $z_{l-\varrho_1}$ gibt, für welches $Z_{\varrho_1} \cdot z_{l-\varrho_1} = p$ ist; dann ist

$$\varphi(\zeta) \cdot z_{l-\varrho_1} = p + \sum_{i=2}^{k} Z_{\varrho i} \cdot z_{l-\varrho_1} ;$$

übt man hierauf f aus, so folgt nach (12) und (11)

$$\zeta \cdot f(z_{l-\varrho_1}) = \pi + \sum_{i=2}^{k} f(Z_{\varrho i} \cdot z_{l-\varrho_1}) \; . \tag{14}$$

Hierin ist die linke Seite homogen $(\sigma + l - \varrho_1 - \lambda)$-dimensional; dasselbe gilt daher für die rechte Seite; hier aber ist π homogen 0-dimensional und $\neq 0$, das Glied $f(Z_{\varrho i} \cdot z_{l-\varrho_1})$ dagegen homogen-dimensional von der Dimension $\varrho_i - \varrho_1 \neq 0$ [22]); das ist nur möglich, wenn (14) einfach

$$\zeta \cdot f(z_{l-\varrho_1}) = \pi$$

---

[19]) *Alexandroff-Hopf*, wie [6]), 169.

[20]) Der Satz C ergibt sich auch unmittelbar aus jeder einzelnen der verschiedenen Definitionen von φ;[3]) ich will hier aber auf diese Definitionen nicht eingehen, sondern zeigen, daß *alle* Eigenschaften von φ aus den Eigenschaften (A) und (B) folgen.

[21]) Der Null-Zyklus ist homogen-dimensional von jeder Dimension.

[22]) Zyklen negativer Dimension sind immer gleich 0 zu setzen.

lautet und $\sigma + l - \varrho_1 - \lambda = 0$, also $\varrho_1 = \sigma + l - \lambda$ ist. Da ϱ_1 aber nicht vor den anderen ϱ_i ausgezeichnet ist, folgt hieraus weiter, daß die rechte Seite von (13) nur aus einem Glied besteht. Damit ist (C) bewiesen.

Es seien jetzt $\{z_i\}$ und $\{\zeta_k\}$ Basen in L bzw. Λ von derselben Dimension d; ihre dualen Basen [15] $\{z'_h\}$, $\{\zeta'_j\}$ sind von den Dimensionen $l - d$ bzw. $\lambda - d$; die Dualität bedeutet das Bestehen der Relationen

$$z'_h \cdot z_i = \begin{cases} p & \text{für } h = i \\ 0 & \text{für } h \neq i \end{cases}, \quad \zeta'_j \cdot \zeta_k = \begin{cases} \pi & \text{für } j = k \\ 0 & \text{für } j \neq k \end{cases}. \tag{15}$$

f bewirkt eine Substitution

$$f(z_i) = \Sigma a_{ik} \zeta_k ; \tag{16}$$

da $\varphi(\zeta'_j)$ nach (C) die Dimension $l - d$ hat, bewirkt φ eine Substitution

$$\varphi(\zeta'_j) = \Sigma \alpha_{jh} z'_h . \tag{17}$$

Es gilt nun:

(D) *Die φ-Substitution* (17) *ist die Transponierte der f-Substitution* (16), *das heißt*

$$\alpha_{ji} = a_{ij} . \tag{18}$$

Beweis. Aus (17), (15), (11) folgt

$$f(\varphi(\zeta'_j) \cdot z_i) = \Sigma \alpha_{jh} f(z'_h \cdot z_i) = \alpha_{ji} f(p) = \alpha_{ji} \pi ;$$

aus (16), (15) folgt

$$\zeta'_j \cdot f(z_i) = \Sigma a_{ik} \zeta'_j \cdot \zeta_k = a_{ij} \pi ;$$

aus (12), mit $\zeta = \zeta'_j$ und $z = z_i$, folgt daher (18).

12. ***Beweis des Satzes I^{**}.*** F sei eine ungerade Abbildung von $P_{r-1} \times P_{s-1}$ in P_{n-1}. Die Bedingungen (2a) und (2b) aus Nr. 8 lauten in den Bezeichnungen aus Nr. 9: [14]

$$\begin{aligned} F(\xi^{r-1} \times \eta^{s-2}) &= \zeta^{n-2} \\ F(\xi^{r-2} \times \eta^{s-1}) &= \zeta^{n-2} \end{aligned}$$

oder

$$\begin{aligned} F(X^{r-1} \cdot Y^{s-2}) &= \zeta^{n-2} \\ F(X^{r-2} \cdot Y^{s-1}) &= \zeta^{n-2} \end{aligned} . \tag{19}$$

Da, wie in Nr. 9 festgestellt wurde, die Basis $\{Y, X\}$ dual zur Basis $\{X^{r-1} \cdot Y^{s-2}, X^{r-2} \cdot Y^{s-1}\}$ und die Basis $\{\zeta\}$ dual zur Basis $\{\zeta^{n-2}\}$ ist, folgt nach Nr. 11 (D) aus (19) für den Umkehrungs-Homomorphismus Φ von F:

$$\Phi(\zeta) = X + Y . \tag{20}$$

Da Φ ein multiplikativer Homomorphismus ist, folgt hieraus

$$(X + Y)^n = \Phi(\zeta^n),$$

und damit folgt aus

$$\zeta^n = 0 \tag{3}$$

die Gültigkeit der Behauptung

$$(X + Y)^n = 0 \,.\ ^{e)} \tag{8}$$

ANHANG I

Systeme von Richtungsfeldern in den projektiven Räumen [23])

Mit P_k wird der k-dimensionale reelle projektive Raum bezeichnet.

Satz V. Auf einer $(r-1)$-dimensionalen Ebene P_{r-1} des Raumes P_{n-1} seien $s-1$ stetige Felder von Richtungen des P_{n-1} angebracht, welche in jedem Punkte von P_{r-1} linear unabhängig voneinander sind. Dann ist die Bedingung $\mathfrak{B}(r, s; n)$ erfüllt.

Beweis. Im euklidischen Raum R_n mit den Koordinaten $(x_1, \ldots, x_n)$ sei S_{n-1} die Sphäre mit dem Mittelpunkt $o = (0, \ldots, 0)$ und dem Radius 1; wir fassen sie als zweiblättrige Überlagerung von P_{n-1} auf, derart, daß je zwei antipodische Punkte von S_{n-1} einem Punkte von P_{n-1} entsprechen; der Ebene P_{r-1} entspricht eine Großkugel S_{r-1} von S_{n-1}; wir dürfen annehmen, daß S_{r-1} der Schnitt von S_{n-1} mit der $(x_1, \ldots, x_r)$-Koordinatenebene des R_n ist.

Jeder Richtung des P_{n-1} entsprechen zwei Tangentialrichtungen der S_{n-1}, die durch Spiegelung am Mittelpunkt o ineinander übergehen; einem Richtungsfeld auf P_{r-1} entspricht daher ein Feld von Tangenten der S_{n-1}, das auf S_{r-1} erklärt und symmetrisch in bezug auf o ist; repräsentieren wir diese Tangentialrichtungen etwa durch Vektoren der Länge 1, so sind deren Komponenten ungerade Funktionen von $x_1, \ldots, x_r$.

Die Vektoren $\mathfrak{g}_1, \ldots, \mathfrak{g}_{s-1}$, welche auf diese Weise den auf P_{r-1} gegebenen Richtungen entsprechen, sind an jeder Stelle linear unabhängig; da sie tangential an S_{n-1} sind, so ist auch das System $\mathfrak{g}_1, \ldots, \mathfrak{g}_{s-1}, \mathfrak{x}$, welches durch Hinzufügung des Normalvektors $\mathfrak{x} = (x_1, \ldots, x_r, 0, \ldots, 0)$

e) Für $s = 1$ hat man den Beweis folgendermaßen zu modifizieren: Nur die zweite Gleichung (19) ist sinnvoll, (20) lautet: $\varphi(\zeta) = X$, und daraus folgt $X^n = 0$; analog für $r = 1$. Man vergleiche die Fußnoten a), b), c), d).

[23]) Die Sätze dieses Anhanges stammen von Stiefel, a. a. O.[2]).

der S_{r-1} entsteht, linear unabhängig; folglich hat, wenn wir die ν-te Komponente von $\mathfrak{g}_\sigma$ mit $g_{\sigma\nu}$ bezeichnen, die Matrix

$$\begin{pmatrix} g_{11} \cdots\cdots g_{1n} \\ \cdots\cdots\cdots\cdots \\ \cdots\cdots\cdots\cdots \\ g_{s-1,1} \cdots g_{s-1,n} \\ x_1 \ldots x_r \; 0 \ldots 0 \end{pmatrix}$$

durchweg, d. h. für alle $(x_1, \ldots, x_r)$ mit $\Sigma x_\varrho^2 = 1$, den Rang s. Daher ist nach Satz II (Nr. 5) die Bedingung $\mathfrak{B}$ $(r, s; n)$ erfüllt.

Ist $r = n$, d. h. sind die Richtungsfelder im ganzen Raum P_{n-1} erklärt und stetig, so ist demnach $\mathfrak{B}$ $(n, s; n)$ erfüllt; diese Bedingung ist (Nr. 2) gleichbedeutend mit $\mathfrak{B}$ $(s, n; n)$; diese letztere Bedingung ist in Nr. 3 (c) untersucht worden; auf Grund des dortigen Ergebnisses gilt, wenn wir $s - 1 = m$, $n - 1 = k$ setzen:

Satz Vc. Die maximale Anzahl m von Richtungsfeldern, welche im ganzen Raume P_k stetig und in jedem Punkt voneinander linear unabhängig sind, ist $\leqq 2^\lambda - 1$, wobei 2^λ die größte Potenz von 2 ist, welche in $k + 1$ aufgeht.

Eine k-dimensionale Mannigfaltigkeit ist „parallelisierbar", wenn in ihr k stetige Richtungsfelder existieren, welche in jedem Punkt voneinander linear unabhängig sind[24]). Daher ist im Satz Vc enthalten:

Satz Ve. Der k-dimensionale projektive Raum P_k ist höchstens dann parallelisierbar, wenn $k + 1$ eine Potenz von 2 ist.

Die einzigen projektiven Räume, deren Parallelisierbarkeit feststeht, sind diejenigen der Dimensionen 1, 3, 7 . [25])

ANHANG II

Definite Systeme symmetrischer Bilinearformen

Die in Nr. 1 betrachteten Funktionen f_ν seien jetzt symmetrische Bilinearformen, es sei also

$$f_\nu = \sum_{\varrho,\sigma} a_{\nu\varrho\sigma} x_\varrho y_\sigma \quad , \quad a_{\nu\varrho\sigma} = a_{\nu\sigma\varrho} \quad ;$$

$$\varrho = 1, \ldots, r \, ; \quad \sigma = 1, \ldots, r \, .$$

[24]) *Stiefel*, a. a. O.[1]).

[25]) Für diese Dimensionszahlen k erhält man k stetige, durchweg linear unabhängige Richtungsfelder im P_k mit Hilfe der Matrizen $(g_{\sigma\nu})$, die am Schluß von Nr. 5 angegeben sind.

Die kleinste Zahl n, für welche es ein definites System von n solchen Formen gibt, heiße $N(r)$. Offenbar ist $N(r) \geqq n^*(r, r)$, wobei $n^*(r, s)$ die in Nr. 1 definierte Zahl ist; nach Satz Id ist daher

$$N(r) \geqq 2^{\varrho}, \qquad (1)$$

wobei ϱ durch $2^{\varrho-1} < r \leqq 2^{\varrho}$ bestimmt ist. Es handelt sich jetzt um die Frage, ob sich diese untere Schranke von $N(r)$ vergrößern läßt. Das einzige mir bekannte Resultat in dieser Richtung lautet:

$$N(r) \geqq r + 2 \quad \text{für} \quad r > 2; \qquad (2)$$

(das System (7) in Nr. 1 zeigt, daß $N(2) = 2$ ist).

Die Abschätzung (2) ist für die meisten r schlechter als (1); nur für $r = 2^{\varrho} - 1$ und $r = 2^{\varrho}$ ist die durch (2) gegebene Schranke um 1 bzw. um 2 besser als die durch (1) gegebene. Immerhin enthält (2) folgendes Korollar, das man nicht aus (1) entnehmen kann: In der (trivialen) Ungleichung $N(r) \geqq r$ gilt das Gleichheitszeichen nur für $r = 2$ (und $r = 1$). In der Terminologie aus Nr. 7 bedeutet dies: Eine *kommutative* Divisions-Algebra über dem Körper der reellen Zahlen hat nur zwei Einheiten — woraus leicht folgt, daß sie der Körper der komplexen Zahlen ist; für die Divisions-Algebren über dem Körper der reellen Zahlen ist also das assoziative Gesetz eine Folge des kommutativen.

Den Beweis von (2) habe ich an anderer Stelle dargestellt[26]); in ihm wird die Behauptung (2) auf den folgenden topologischen Satz zurückgeführt: Für $k > 1$ besitzt der projektive Raum P_k kein topologisches Modell im euklidischen Raum R_{k+1}.

(Eingegangen den 7. Dezember 1940.)

[26]) *H. Hopf*, Systeme symmetrischer Bilinearformen und euklidische Modelle der projektiven Räume, Vierteljahrsschrift der Naturforsch. Gesellschaft Zürich LXXXV (1940) (Festschrift Rudolf Fueter), 165—177.

39.

(gemeinsam mit H. Samelson)

Ein Satz über die Wirkungsräume geschlossener Liescher Gruppen

Comm. Math. Helvetici 13 (1940/41), 240–251

1. Ein „Wirkungsraum" W ist eine Mannigfaltigkeit, welche durch eine Liesche Gruppe G transitiv in sich transformiert wird[1]). Genauer: die Mannigfaltigkeit W, deren Punkte mit $\xi, \eta, \ldots$ bezeichnet werden, steht zu einer abstrakten Lieschen Gruppe G, deren Elemente wir $a, b, \ldots$ nennen, in folgender Beziehung: jedem a ist eine topologische analytische[2]) Abbildung f_a von W auf sich zugeordnet; es ist $f_a(f_b(\xi)) = f_{ab}(\xi)$; der Punkt $f_a(\xi)$ hängt stetig von dem Paar (a, ξ) ab; zu jedem Paar (ξ, η) gibt es wenigstens ein a mit $f_a(\xi) = \eta$. [3])

Wir werden hier nur geschlossene Gruppen G betrachten; dann sind auch die Räume W geschlossen.

Man weiß zwar, daß nur Mannigfaltigkeiten von spezieller topologischer Struktur als Wirkungsräume auftreten können — z. B. gibt es unter den geschlossenen Flächen keine anderen Wirkungsräume als Kugel, projektive Ebene und Torus[4]); jedoch existiert noch keine allgemeine Theorie der topologischen Eigenschaften der Wirkungsräume; soviel wir feststellen konnten, sind bisher nur die folgenden Sätze bekannt:

a) Die Fundamentalgruppe enthält eine Abelsche Untergruppe von endlichem Index[5]).

b) Die Bettischen Zahlen p_r, $r = 1, 2, \ldots$, erfüllen die Ungleichungen

$$p_r \geqslant \binom{p_1}{r} \;{}^{6a)} \qquad \text{sowie} \qquad p_r \leqslant \binom{n}{r} \;{}^{6b)},$$

wobei n die Dimension von W ist.

---

[1]) „Wirkungsraum" = „espace homogène" bei Cartan. — Literatur: *E. Cartan*, La théorie des groupes finis et continus et l'analysis situs (Paris 1930, Mémorial Sc. Math. XLII); ferner: *C. Ehresmann*, Sur la topologie de certains espaces homogènes, Ann. of Math. **35** (1934), 396—443.

[2]) Man kommt auch mit schwächeren Regularitätsbedingungen aus.

[3]) Für unsere Zwecke ist es nicht nötig, noch zu fordern: aus $a \neq b$ folgt $f_a \neq f_b$.

[4]) *Cartan*, l. c., p. 29.

[5]) Dieser Satz scheint zwar nirgends formuliert worden zu sein, er ist aber eine direkte Folge aus der bekannten Tatsache, daß die Fundamentalgruppe von G Abelsch ist, einerseits und den bekannten Beziehungen zwischen den Fundamentalgruppen von G und von W andererseits; diese Beziehungen sind z. B. dargestellt bei *Ehresmann*, l. c., p. 399, sowie enthalten in dem Satz XII von *W. Hurewicz*, Beiträge zur Topologie der Deformationen I, Proc. Akad. Amsterdam **38** (1935), 112—119.

[6a]) *W. Hurewicz*, Beiträge zur Topologie der Deformationen IV, Proc. Akad. Amsterdam **39** (1936), 215—224; insbesondere p. 224.

[6b]) *G. de Rham*, Über mehrfache Integrale, Abh. Math. Seminar Hamburg **12** (1938), 313—339; insbesondere p. 335. — Herr de Rham hat uns darauf hingewiesen, daß an dieser Stelle die a. a. O. gemachte Voraussetzung der „Symmetrie" des Wirkungsraumes unnötig ist.

Es ist aber nicht daran zu zweifeln, daß die Homologie-Eigenschaften der Wirkungsräume viel schärferen Bedingungen unterliegen, als nur den Bedingungen b), ähnlich wie es bei den Gruppenräumen — also denjenigen Wirkungsräumen, in denen eine Gruppe G *einfach* transitiv wirkt — der Fall ist. Im folgenden wird ein einzelner hierhergehöriger Satz bewiesen, der von der einfachsten Homologie-Invariante, nämlich der Euler-Poincaréschen Charakteristik, handelt. Er lautet:

Die Charakteristik eines Wirkungsraumes einer geschlossenen Lieschen Gruppe ist positiv oder Null.

Mannigfaltigkeiten mit negativer Charakteristik sind also niemals Wirkungsräume. Es wird sich ferner zeigen, daß zwischen den Wirkungsräumen mit positiver und denen mit verschwindender Charakteristik ein Unterschied besteht, der sich in Eigenschaften der betreffenden Transformationsgruppen äußert.

2. Die Charakteristik $\chi(P)$ eines Polyeders P ist durch die Euler-Poincarésche Formel

$$\chi(P) = \Sigma(-1)^r a_r = \Sigma(-1)^r p_r$$

gegeben, wobei a_r die Anzahl der r-dimensionalen Zellen einer beliebigen Zellenzerlegung von P und p_r die r-te Bettische Zahl von P bezeichnet. Die Beziehung der Charakteristik zu stetigen Transformationen wird durch den folgenden Fixpunktsatz vermittelt[7]): „f sei eine stetige Abbildung des n-dimensionalen Polyeders P in sich, welche 1. durch eine stetige Deformation von P in sich aus der Identität entstanden ist, und welche 2. höchstens endlich viele Fixpunkte besitzt; dann ist die Summe der Indizes der Fixpunkte gleich $(-1)^n \cdot \chi(P)$.“ (Wenn P eine geschlossene Mannigfaltigkeit ist — nur dieser Fall interessiert uns hier —, so ist bei ungeradem n bekanntlich $\chi(P) = 0$, und daher kann der Faktor $(-1)^n$ in der Behauptung des Satzes weggelassen werden.) Wir wollen unseren Satz aus Nr. 1 auf den Fixpunktsatz zurückführen; hierfür brauchen wir den folgenden Hilfssatz:

Hilfssatz 1. Der Wirkungsraum W sei n-dimensional; dann hat jeder isolierte Fixpunkt einer Abbildung f_a, $a \varepsilon G$, den Index $(-1)^n$. [8])

Beweis. Die Transformationen f_a, $a \varepsilon G$, können als Isometrien einer Riemannschen Metrik in W aufgefaßt werden[9]). Wir betrachten die Funktionalmatrix F von f_a in einem Fixpunkt ξ von f_a. Wenn F einen

---

[7]) *Alexandroff-Hopf*, Topologie I (Berlin 1935), p. 542 sowie p. 534 ff.

[8]) Am Schluß von Nr. 6 wird dieser Hilfssatz noch präzisiert werden.

[9]) *Cartan*, l. c., p. 43.

reellen positiven Eigenwert besitzt, so bleibt bei der Abbildung f_a eine Richtung durch den Punkt ξ fest, und folglich bleibt, da f_a eine Isometrie ist, auch die in dieser Richtung von ξ ausgehende geodätische Linie Punkt für Punkt fest (woraus man übrigens sieht, daß der Eigenwert gleich 1 ist); dann ist ξ also nicht isolierter Fixpunkt. Nun sei aber ξ isolierter Fixpunkt; dann besitzt nach dem Vorstehenden F keinen positiven Eigenwert, d. h., für alle positiven Zahlen λ sind die Determinanten $|F - \lambda E| \neq 0$; für die spezielle Determinante $|F - E|$ bedeutet dies erstens, daß sie nicht verschwindet, und zweitens, daß sie das gleiche Vorzeichen hat wie $|F - \lambda E|$ für große λ, also das Vorzeichen $(-1)^n$. Daher ist bekanntlich[10]) auch der Index des Fixpunktes ξ gleich $(-1)^n$, w. z. b. w.

Es sei jetzt f_a, $a \varepsilon G$, eine Transformation von W mit höchstens endlich vielen Fixpunkten, und zwar sei deren Anzahl gleich A, $A \geqslant 0$. Nach dem soeben bewiesenen Hilfssatz ist die Indexsumme der Fixpunkte gleich $(-1)^n \cdot A$; andererseits erfüllt f_a die Voraussetzungen des oben zitierten Fixpunktsatzes, denn indem man das Eins-Element der Gruppe G stetig in das Element a überführt, erzeugt man f_a durch eine stetige Deformation aus der Identität; daher ist die Indexsumme auch gleich $(-1)^n \cdot \chi(W)$; es ist also $A = \chi(W)$; damit ist folgender Satz bewiesen:

Satz I. Besitzt eine Transformation f_a, $a \varepsilon G$, des Wirkungsraumes W einer geschlossenen Gruppe G höchstens endlich viele Fixpunkte, so ist deren Anzahl gleich der Charakteristik von W.

Falls die Existenz einer Transformation f_a feststeht, welche die Voraussetzung des Satzes I erfüllt, so folgt aus diesem Satz die in Nr. 1 behauptete Tatsache $\chi(W) \geqslant 0$; dieses Ziel ist also erreicht, sobald noch folgender Satz bewiesen ist:

Satz II. Ist W ein beliebiger Wirkungsraum einer geschlossenen Gruppe G, so gibt es ein solches Element a in G, daß die Transformation f_a von W höchstens endlich viele Fixpunkte hat.[11])

3. Bei dem Beweis des Satzes II werden wir nicht in dem Wirkungsraum W, sondern in dem Gruppenraum G — also in der Mannigfaltigkeit, deren Punkte die Elemente von G sind — arbeiten; dies ist möglich auf Grund der bekannten Deutung der Punkte von W als Nebengruppen in G; wir erinnern hier kurz an diese Deutung[12]):

---

[10]) *Alexandroff-Hopf*, l. c., p. 537.

[11]) Man beachte die Verschärfung dieses Satzes in Fußnote 20.

[12]) Man vergleiche: *Cartan*, l. c., p. 25 ff.; *Ehresmann*, l. c., p. 397 ff.

In W zeichne man einen Punkt α aus; dann bilden diejenigen Elemente a von G, für welche $f_a(\alpha) = \alpha$ ist, eine abgeschlossene Untergruppe U von G, die „Isotropiegruppe" von W; für einen beliebigen Punkt ξ von W bilden die Elemente a, für welche $f_a(\alpha) = \xi$ ist, eine Nebengruppe xU von U; hierdurch ist eine eineindeutige Beziehung zwischen den Nebengruppen xU einerseits und den Punkten von W andererseits hergestellt. Geometrisch bilden die Nebengruppen xU eine stetige Zerlegung oder „Faserung" von G; jeder Punkt von G liegt auf einer und nur einer „Faser" xU; die einzelnen Fasern sind miteinander, also insbesondere mit der Gruppe U, homöomorph; W ist der Raum, der entsteht, wenn man die einzelne Nebengruppe als Punkt auffaßt; daher nennt man W auch einen „Nebengruppenraum". Die Transformation f_a von W ist gleichbedeutend mit der durch die Abbildung $x \to ax$ des Gruppenraumes G auf sich bewirkten Zuordnung

$$xU \to a\,x\,U \tag{1}$$

im Nebengruppenraum.

Alles dies ist im wesentlichen — d. h. bis auf einen inneren Automorphismus von G — unabhängig von dem Punkt α; denn zeichnet man statt α einen Punkt β aus, so hat man nur U durch die Gruppe $U' = sUs^{-1}$ zu ersetzen, wobei s ein Element von G mit $f_s(\alpha) = \beta$ ist.

Die hiermit beschriebene Beziehung zwischen einem Wirkungsraum und einer Nebengruppen-Zerlegung von G kann man auch umgekehrt zur Definition von Wirkungsräumen benutzen. Man nehme eine beliebige abgeschlossene Untergruppe U von G und deute ihre Nebengruppen xU als Punkte eines Raumes W, in welchem in naheliegender Weise eine Topologie auf Grund der Topologie von G erklärt ist; W ist eine Mannigfaltigkeit, deren Dimension gleich der Differenz der Dimensionen von G und von U ist; für jedes Element a von G verstehe man unter f_a die durch die Zuordnung (1) erklärte Transformation von W; dann ist W ein Wirkungsraum; seine Isotropiegruppe ist U; man schreibt mitunter $W = G/U$.[13])

Aus dem Vorstehenden geht hervor, daß jede Eigenschaft von Wirkungsräumen als Eigenschaft von Gruppenräumen gedeutet werden kann. Uns interessiert im Hinblick auf den Satz II die Frage, wie die Fixpunkte einer Transformation f_a von W im Gruppenraum G in Erscheinung treten. Aus der Deutung (1) von f_a sieht man, daß der Nebengruppe xU dann und nur dann ein Fixpunkt in W entspricht, wenn $axU = xU$, also $ax = xu$ mit $u \varepsilon U$ ist; man hat somit folgendes Krite-

[13]) Entsprechend der Bemerkung in Fußnote 3 haben wir hier nicht gefordert, daß U keine invariante Untergruppe von G (außer der Einheitsgruppe) enthalte.

rium: Die Nebengruppe xU stellt dann und nur dann einen Fixpunkt der Transformation f_a von W dar, wenn

$$x^{-1} a x \varepsilon U \tag{2}$$

ist.

Der Beweis des Satzes II muß demnach darin bestehen, daß man zu jeder Untergruppe[14]) U von G die Existenz eines solchen Elementes a von G nachweist, daß höchstens für endlich viele Nebengruppen xU die Relation (2) gilt.

4. Für den Beweis des Satzes II sind Eigenschaften Abelscher Untergruppen von G wichtig[15]). Bekanntlich gibt es in G einparametrige Untergruppen; die abgeschlossene Hülle einer solchen ist eine Gruppe T, welche abgeschlossen, zusammenhängend und Abelsch ist; als abgeschlossene Untergruppe von G ist T eine Liesche Gruppe[16]); die einzigen kompakten, zusammenhängenden, Abelschen, Lieschen Gruppen sind die „Toroide", d. h. die direkten Produkte von endlich vielen geschlossenen einparametrigen Gruppen[17]); es gibt also in G gewiß ein Toroid T.

Die Multiplikation in einem r-dimensionalen Toroid ist isomorph der Vektor-Addition im r-dimensionalen Raum, wenn man alle Vektor-Komponenten modulo 1 reduziert. Hieraus ergeben sich auf Grund bekannter Tatsachen die folgenden beiden Eigenschaften der Toroide:

(I) Die Gruppe der (stetigen) Automorphismen eines Toroids ist eine diskrete Gruppe; denn die Automorphismen werden durch ganzzahlige Matrizen beschrieben.

(II) In jedem Toroid T gibt es „erzeugende" Elemente, d. h. solche, deren Potenzen auf T überall dicht liegen; dies ist der Hauptinhalt des klassischen Approximationssatzes von Kronecker[18]).

---

[14]) Unter Untergruppen von G sollen, wenn nichts anderes gesagt wird, immer abgeschlossene Untergruppen verstanden werden.

[15]) Nachdem der eine von uns (H. Hopf) über den Inhalt der vorliegenden Arbeit in der Sitzung der Schweizerischen Math. Gesellschaft, September 1940 in Locarno, berichtet hatte, machte uns Herr G. de Rham auf die Note von *A. Weil*, Démonstration topologique d'un théorème fondamental de Cartan, C. R. 200 (1935), 518—520, aufmerksam; der im Titel dieser Note erwähnte Satz von Cartan ist unser Hilfssatz 4. Unser Beweis dieses Cartanschen Satzes ist mit dem Beweis von Weil identisch, und überhaupt enthält die obige Nr. 4 nichts, was über den Inhalt der Note von Weil hinausginge; trotzdem wiederholen wir diese Dinge ausführlich, da wir den Gedankengang des Beweises für unseren Satz in Nr. 1 lückenlos darstellen wollen.

[16]) *Cartan*, l. c., p. 22; sowie: *L. Pontrjagin*, Topological groups (Princeton 1939), p. 196 ff.

[17]) *Cartan*, l. c., p. 36; sowie, ohne Differenzierbarkeits-Voraussetzungen: *Pontrjagin*, l. c., p. 169.

[18]) Man vergleiche z. B. *J. F. Koksma*, Diophantische Approximationen (Berlin 1936), p. 83.

Eine besondere Rolle spielen für unseren Beweis — und bekanntlich nicht nur für diesen — die „maximalen“ Toroide in G, d. h. diejenigen Toroide, welche nicht in höherdimensionalen Toroiden enthalten sind; die für uns wichtigsten Eigenschaften sind in den nachstehenden drei Hilfssätzen 2, 3 und 4 enthalten. Für den Hilfssatz 2 erinnern wir an den Begriff des „Normalisators“ N_V einer Untergruppe V von G: der Normalisator N_V ist die Menge derjenigen Elemente x von G, für welche $x^{-1}Vx = V$ ist; er ist eine Gruppe, und er enthält V.

Hilfssatz 2. Ein maximales Toroid T hat in seinem Normalisator N_T endlichen Index, d. h. es gibt eine endliche Nebengruppen-Zerlegung

$$N_T = c_1T + c_2T + \cdots + c_\sigma T \;, \quad (c_1 \varepsilon T)\,. \tag{3}$$

Beweis. Da N_T eine abgeschlossene Untergruppe von G ist, gibt es jedenfalls eine endliche Nebengruppen-Zerlegung

$$N_T = c_1A + c_2A + \cdots + c_\sigma A \;, \quad (c_1 \varepsilon A)\;, \tag{3'}$$

wobei die Untergruppe A diejenige Komponente von N_T ist, welche das Eins-Element e enthält. Da T zusammenhängend und $T \subset N_T$ ist, ist $T \subset A$; wir behaupten: $T = A$; diese Behauptung ist gleichbedeutend mit der folgenden: T hat dieselbe Dimension wie A; und dies ist bewiesen, sobald gezeigt ist: jede Richtung $\mathfrak{x}$, die im Einheitspunkt e der Gruppe G angebracht ist und in A liegt, liegt auch in T. Es sei also $\mathfrak{x}$ eine derartige Richtung; in dieser Richtung geht von e eine einparametrige Untergruppe L der Gruppe A aus; da $L \subset N_T$ ist, bewirkt jedes Element x von L durch die Zuordnung $t \to x^{-1}tx$, $t \varepsilon T$, einen Automorphismus von T; da sich x auf L in den Punkt e überführen läßt, bilden diese Automorphismen eine stetige Schar, welche die Identität enthält; infolge der — oben als Eigenschaft (I) formulierten — Diskretheit der Automorphismengruppe ist daher jeder der betrachteten Automorphismen die Identität; es ist also $x^{-1}tx = t$ für beliebige $x \varepsilon L$, $t \varepsilon T$; da L und T selbst Abelsch sind, ist mithin auch die von T und L erzeugte Gruppe Abelsch; sie ist überdies zusammenhängend, und ihre abgeschlossene Hülle ist daher ein Toroid T'; da $T \subset T'$ und T maximal ist, ist $T' = T$; also ist L und daher auch die Richtung $\mathfrak{x}$ in T enthalten; somit ist in der Tat $T = A$. Hieraus und aus (3') folgt (3).

Hilfssatz 3. T sei ein maximales Toroid und b ein beliebiges Element von G; dann ist b in einem mit T konjugierten Toroid xTx^{-1} enthalten.

Beweis. Zu T gehört, wie in Nr. 3 festgestellt wurde, ein Wirkungsraum $W = G/T$. Es sei a ein erzeugendes Element von T, wie es auf

Grund der oben formulierten Eigenschaft (II) existiert. Wir betrachten die Transformation f_a von W und fragen nach ihren Fixpunkten, also — entsprechend dem Kriterium in Nr. 3 — nach denjenigen Nebengruppen xT, für welche

$$x^{-1}ax \varepsilon T \tag{2'}$$

ist. Die Relation (2′) ist, da $a \varepsilon T$ ist, gewiß für alle Elemente x des Normalisators N_T erfüllt; daher stellt jede der σ Nebengruppen $c_i T$ aus (3) einen Fixpunkt dar. Wir behaupten, daß dies die einzigen Fixpunkte von f_a sind; in der Tat: wenn xT einen Fixpunkt repräsentiert, wenn also (2′) gilt, so ist, da das Element a das Toroid T erzeugt, auch $x^{-1}Tx \subset T$, also $x^{-1}Tx = T$, also $x \varepsilon N_T$, also $xT = c_i T$, wobei $c_i T$ eine der Nebengruppen aus (3) ist. Somit hat f_a genau σ Fixpunkte; nach Satz I (Nr. 2) ist daher $\chi(W) = \sigma$, also jedenfalls $\chi(W) \neq 0$. Jetzt sei b ein beliebiges Element von G; hätte die Transformation f_b keinen Fixpunkt, so wäre nach Satz I $\chi(W) = 0$, entgegen dem soeben Bewiesenen; f_b besitzt also wenigstens einen Fixpunkt, d. h. es gibt ein solches Element x, daß $x^{-1}bx \varepsilon T$, also $b \varepsilon xTx^{-1}$ ist.

Hilfssatz 4. Je zwei maximale Toroide T und T' sind miteinander konjugiert, d. h. es gibt ein Element x, so daß $T' = xTx^{-1}$ ist.

Beweis. Es sei b ein erzeugendes Element von T'; nach Hilfssatz 3 gibt es ein x, so daß $b \varepsilon xTx^{-1}$ ist; dann ist auch $T' \subset xTx^{-1}$, also, da T' maximal ist, $T' = xTx^{-1}$.

Aus dem hiermit bewiesenen Hilfssatz 4 folgt insbesondere, daß alle maximalen Toroide die gleiche Dimension haben; diese Dimensionszahl l nennen wir den „Rang“ der Gruppe G. [19])

5. Wir kommen jetzt zum Beweise des Satzes II; und zwar werden wir sogleich noch folgenden *Zusatz* beweisen:

Es sei a ein Element, das ein maximales Toroid T erzeugt; dann erfüllt a die Behauptung des Satzes II.

Wir knüpfen an Nr. 3 an; U sei also eine beliebige Untergruppe[14]) von G; zu zeigen ist, daß höchstens für endlich viele Nebengruppen xU die Relation (2) gilt; diese Relation ist, da a erzeugendes Element von T ist, gleichbedeutend mit

$$x^{-1}Tx \subset U . \tag{4}$$

Der Rang von U ist gewiß nicht größer als der Rang l von G; wir unterscheiden zwei Fälle, je nachdem er kleiner als l oder gleich l ist.

[19]) Diese Definition weicht zwar von der sonst üblichen, „infinitesimalen“ Definition des „Ranges“ einer Lieschen Gruppe etwas ab, sie ist aber für manche Zwecke praktisch.

Wenn der Rang von U kleiner als l ist, so enthält U kein l-dimensionales Toroid; (4) ist also für kein x erfüllt. Die Abbildung f_a hat daher keinen Fixpunkt.

Der Rang von U sei l; dann enthält U ein l-dimensionales Toroid T'. Nach Hilfssatz 4 sind T und T' konjugiert, es gibt also ein Element x_0, so daß $T' = x_0^{-1} T x_0$ ist; dann ist $a' = x_0^{-1} a x_0$ erzeugendes Element von T'; da die ähnlichen Abbildungen f_a und $f_{a'} = f_{x_0}^{-1} f_a f_{x_0}$ offenbar die gleiche Anzahl von Fixpunkten haben, dürfen wir T' und a' durch T und a ersetzen, und also annehmen, daß $T \subset U$ ist.

Es sei nun x ein Element, das (4) erfüllt. Da T und $x^{-1}Tx$ l-dimensionale, also maximale Toroide in U sind, gibt es nach dem Hilfssatz 4, angewandt auf die Gruppe U statt auf G, ein Element $u \varepsilon U$, so daß $uTu^{-1} = x^{-1}Tx$ ist; dann ist $xuTu^{-1}x^{-1} = T$, also ist xu Element des Normalisators N_T von T; die Nebengruppe xU enthält somit ein Element von N_T. Es sei umgekehrt xU eine Nebengruppe, die ein Element y von N_T enthält; dann ist $x = yu$, $u \varepsilon U$, also $x^{-1}Tx = u^{-1}y^{-1}Tyu = u^{-1}Tu \subset U$; es gilt also (4). Damit ist gezeigt: die Nebengruppe xU repräsentiert dann und nur dann einen Fixpunkt von f_a, wenn sie ein Element von N_T enthält.

Wenn aber in xU ein Element y enthalten ist, so ist, da $T \subset U$ ist, auch die ganze Nebengruppe $yT \subset xU$. Nach Hilfssatz 2 gibt es nur endlich viele Nebengruppen yT mit $y \varepsilon N_T$; folglich gibt es auch nur endlich viele Nebengruppen xU, welche Fixpunkte von f_a repräsentieren. Mithin ist die Anzahl dieser Fixpunkte endlich; sie ist übrigens positiv, da jedenfalls U selbst einen Fixpunkt repräsentiert.

Damit ist der Satz II samt dem oben formulierten Zusatz bewiesen.[20])

6. Durch den Beweis des Satzes II ist auch der Beweis der Behauptung $\chi(W) \geqslant 0$, der unser Hauptziel war, beendet. Wir können jetzt zu dieser Behauptung noch ein gruppentheoretisches Kriterium für die Unterscheidung zwischen $\chi > 0$ und $\chi = 0$ hinzufügen. Nach Satz I ist χ ja gleich der Anzahl der Fixpunkte einer Abbildung f_a, von welcher nur vorausgesetzt werden muß, daß sie höchstens endlich viele Fixpunkte hat; die in Nr. 5 betrachteten Abbildungen f_a haben, falls der Rang von U kleiner als l ist, keine Fixpunkte, und falls der Rang von U gleich l ist, eine positive Anzahl von Fixpunkten, wie am Schluß des Beweises be-

[20]) Aus dem Zusatz zu Satz II folgt, daß die Menge M der Elemente a, für welche die f_a höchstens endlich viele Fixpunkte haben, in G überall dicht ist; denn die maximalen Toroide überdecken G vollständig (Hilfssatz 3), und auf jedem Toroid liegen die erzeugenden Elemente überall dicht (Kroneckerscher Approximationssatz[18])). Da M überdies, wie man leicht zeigt, eine in G offene Menge ist, ist man berechtigt zu sagen, daß „fast alle" Elemente von G die im Satz II ausgesprochene Eigenschaft haben.

merkt wurde. Man kann daher die Aussage $\chi(W) \geqslant 0$ folgendermaßen präzisieren:

Die Charakteristik $\chi(W)$ des Wirkungsraumes W ist positiv oder Null, jenachdem die Isotropiegruppe U den gleichen Rang hat wie die ganze Gruppe G oder kleineren Rang als diese.

Wir wollen den Unterschied zwischen den Wirkungsräumen mit positiver und denen mit verschwindender Charakteristik noch etwas weiter verfolgen; er äußert sich besonders in Fixpunkt-Eigenschaften.

Ein Punkt ξ von W soll „permanenter" Fixpunkt einer Untergruppe A von G heißen, wenn er Fixpunkt jeder Transformation f_a mit $a \varepsilon A$ ist. Wir behaupten zunächst:

Es sei $\chi(W) > 0$; dann gehört zu jeder zusammenhängenden Abelschen Untergruppe A von G ein permanenter Fixpunkt; dabei braucht A übrigens nicht abgeschlossen zu sein.

Denn die abgeschlossene Hülle von A ist ein Toroid T; dieses wird von einem Element b erzeugt; die Abbildung f_b besitzt, da $\chi(W) > 0$ ist, einen Fixpunkt ξ, und dieser ist dann auch Fixpunkt aller Transformationen f_t mit $t \varepsilon T$, also insbesondere mit $t \varepsilon A$.

Unter den hier betrachteten Gruppen A sind die einparametrigen, geschlossenen oder offenen, Untergruppen von G enthalten; diese einparametrigen Gruppen A^1 untersuchen wir noch näher, ohne vorläufig etwas über $\chi(W)$ vorauszusetzen. Die Transformationen f_a von W, welche zu den Elementen a einer Untergruppe A^1 von G gehören, bilden eine stationäre Strömung von W, von der wir sagen, daß sie durch A^1 bewirkt wird. Wir nennen A^1 von der 1. Art oder von der 2. Art, jenachdem A^1 Untergruppe einer mit der Isotropiegruppe U konjugierten Gruppe xUx^{-1} ist oder nicht ist. Ist A^1 von der 1. Art, also $A^1 \subset xUx^{-1}$, so ist $x^{-1}ax \varepsilon U$ für alle $a \varepsilon A^1$; dann ist der Punkt ξ, der durch die Nebengruppe xU repräsentiert wird, permanenter Fixpunkt von A^1. Ist A^1 von der 2. Art, so ist der Tangentialvektor von A^1 im Einheitspunkt e von G an keine Gruppe xUx^{-1} tangential; aus der Kompaktheit von G und von U folgt dann leicht, daß die von e verschiedenen Elemente a einer Umgebung von e auf A^1 ebenfalls keiner Gruppe xUx^{-1} angehören; das bedeutet, daß die zugehörigen Transformationen f_a fixpunktfrei sind; wir sagen dann: die durch A^1 bewirkte Strömung ist „im kleinen fixpunktfrei".

Wenn $\chi(W) > 0$ ist, so gehört, wie schon gezeigt wurde, zu jeder Gruppe A^1 ein permanenter Fixpunkt; es gibt also dann nur Gruppen A^1

von der 1. Art. Wenn dagegen $\chi(W) = 0$ ist, so gibt es (nach den Sätzen II und I) eine Transformation f_a ohne Fixpunkt; da jedes Element von G auf einem Toroid liegt (Hilfssatz 3), liegt, wie aus einfachen Eigenschaften der Toroide ersichtlich ist, jedes Element auch auf einer einparametrigen Gruppe A^1; es sei A^1 eine solche Gruppe, die ein Element a enthält, für welches f_a fixpunktfrei ist; dann besitzt A^1 keinen permanenten Fixpunkt; folglich ist A^1 von der 2. Art. Man sieht also:

Ist $\chi(W) > 0$, *so besitzt jede Strömung von* W, *die durch eine Untergruppe* A^1 *von* G *bewirkt wird, einen permanenten Fixpunkt; ist* $\chi(W) = 0$, *so gibt es solche Untergruppen* A^1 *von* G, *daß die durch sie bewirkten Strömungen von* W *im Kleinen fixpunktfrei sind, und daß daher die zugehörigen Systeme von Stromlinien keine Singularität besitzen*[21]).

Im Falle $\chi(W) = 0$ kann man noch etwas mehr behaupten. Diejenigen Richtungen im Punkte e von G, die tangential an Gruppen A^1 der 1. Art sind, bilden eine Menge $\mathfrak{A}_1$, welche, wie aus der Kompaktheit von G und von U leicht folgt, abgeschlossen im Bündel aller Richtungen ist; ihre Komplementärmenge $\mathfrak{A}_2$ ist daher offen; $\mathfrak{A}_2$ ist ferner, wenn $\chi(W) = 0$ ist, nicht leer, da es in diesem Falle ja Gruppen A^1 von der 2. Art gibt, wie oben gezeigt wurde. Nun bilden aber diejenigen Richtungen, zu welchen *geschlossene* Gruppen A^1 gehören, eine in dem Bündel aller Richtungen überall dichte Menge (dies folgt leicht daraus, daß auf jedem Toroid die Punkte endlicher Ordnung überall dicht liegen); folglich enthält auch die offene und nicht leere Menge $\mathfrak{A}_2$ derartige Richtungen. Daraus ist ersichtlich:

Ist $\chi(W) = 0$, *so gibt es sogar geschlossene Untergruppen* A^1 *von* G, *welche Strömungen von* W *bewirken, die im Kleinen fixpunktfrei sind; bei einer solchen Strömung sind alle Stromlinien einfach geschlossen.*

Ein weiterer Unterschied zwischen den Fällen $\chi(W) > 0$ und $\chi(W) = 0$ zeigt sich, wenn man die Frage nach dem Auftreten *isolierter* Fixpunkte untersucht. Wenn $\chi(W) > 0$ ist, so folgt aus den Sätzen I und II, daß es Abbildungen f_a mit einer endlichen positiven Anzahl von Fixpunkten gibt; diese Fixpunkte sind sämtlich isoliert. Wenn $\chi(W) = 0$ ist, so gibt es gewiß keine Abbildung f_a, welche *nur* isolierte Fixpunkte besäße;

[21]) Auf jeder geschlossenen Mannigfaltigkeit, deren Charakteristik 0 ist, gibt es stetige Vektorfelder ohne Nullstellen (*Alexandroff-Hopf*, l. c., p. 552), also auch stationäre Strömungen ohne Singularitäten; in dem obigen Satz liegt der Ton auf der Tatsache, daß die genannten Strömungen durch Untergruppen der gegebenen transitiven Gruppe G bewirkt werden; daraus folgt z. B., daß diese Strömungen Isometrien im Sinne der gegenüber G invarianten Riemannschen Metrik von W sind (*Cartan*, l. c., p. 43).

denn deren Anzahl müßte endlich und positiv sein, was sich nicht mit dem Satz I verträgt; eine Abbildung f_a hat also entweder keinen Fixpunkt oder unendlich viele Fixpunkte; dadurch ist aber das Auftreten eines isolierten Fixpunktes in einer unendlichen Menge von Fixpunkten noch nicht ausgeschlossen[22]). Es gilt jedoch folgender Satz:

Ist $\chi(W) = 0$, *so tritt bei keiner Transformation* f_a *ein isolierter Fixpunkt auf.*

Beweis. ξ sei isolierter Fixpunkt von f_a; wir haben zu zeigen, daß dann $\chi(W) > 0$ ist. Ist xU die ξ repräsentierende Nebengruppe, so ist $x^{-1}ax \varepsilon U$; nach Hilfssatz 3 liegt a auf einem l-dimensionalen Toroid T, wobei l wieder den Rang von G bezeichnet; dann ist $(tx)^{-1}a(tx) = x^{-1}ax \varepsilon U$ für alle $t \varepsilon T$; dies bedeutet: ist $x' \varepsilon Tx$, so repräsentiert $x'U$ einen Fixpunkt von f_a. Da ξ isolierter Fixpunkt und Tx zusammenhängend ist, muß daher $Tx \subset xU$, also $x^{-1}Tx \subset U$ sein; dann hat U den Rang l. Nach dem ersten Satz dieser Nummer ist daher $\chi(W) > 0$.

Bemerkung. Eine naheliegende Verfeinerung dieses Beweises liefert den folgenden Satz: Wenn U den Rang l' hat, so liegt jeder Fixpunkt einer Transformation f_a auf einer $(l - l')$-dimensionalen Mannigfaltigkeit, die ganz aus Fixpunkten von f_a besteht.

Wenn die Dimension von W ungerade ist, so ist $\chi(W) = 0$, also tritt dann niemals ein isolierter Fixpunkt auf; der Hilfssatz 1 (Nr. 2) ist daher folgendermaßen zu präzisieren:

Ein isolierter Fixpunkt einer Transformation f_a *eines Wirkungsraumes* W *hat immer den Index* $+1$; *ist die Dimension von* W *ungerade, so gibt es keinen isolierten Fixpunkt.*

7. Zum Schluß soll noch die Frage behandelt werden, welche positiven Zahlen als Charakteristiken von Wirkungsräumen einer gegebenen Gruppe G auftreten. Hierfür knüpfen wir an den Hilfssatz 2, also an die endliche Nebengruppen-Zerlegung

$$N_T = T_1 + T_2 \cdots + T_\sigma \tag{3}$$

des Normalisators N_T eines maximalen Toroids T nach T an, worin $T_i = c_i T$, $T_1 = T$ ist; da T Normalteiler von N_T ist, gibt es eine Faktorgruppe $N_T/T = \mathfrak{S}$; nach (3) ist sie endlich, und zwar von der Ordnung σ. Aus dem Hilfssatz 4 folgt, daß die Struktur der Gruppe $\mathfrak{S}$ nicht von dem

[22]) Zum Beispiel gibt es in der Gruppe G der elliptischen Bewegungen der reellen projektiven Ebene W Transformationen, bei denen die Menge der Fixpunkte aus den Punkten einer Geraden und einem isolierten Punkt besteht; hierbei ist aber $\chi(W) = 1$.

speziell gewählten maximalen Toroid T, sondern nur von der Gruppe G abhängt (bekanntlich spielt diese endliche Gruppe $\mathfrak{S}$ eine wichtige Rolle bei der Untersuchung der Struktur von G). [23])

Es sei nun $W = G/U$ und $\chi(W) > 0$; dann hat U den Rang l (Nr. 6), und U enthält daher ein maximales Toroid T von G. Aus dem Beweis des Satzes II (Nr. 5) ist zu ersehen, wie man die Charakteristik $\chi(W)$, die dort als Anzahl von Fixpunkten einer Transformation f_a auftritt, bestimmt: eine Nebengruppe xU repräsentiert dann und nur dann einen Fixpunkt, wenn sie ein Element von N_T enthält, oder was dasselbe ist, wenn sie eine Nebengruppe cT, $c \varepsilon N_T$, enthält; andererseits ist jede Nebengruppe cT in einer Nebengruppe xU enthalten; jedem der σ Elemente T_i von $\mathfrak{S}$ ist also ein Fixpunkt durch die Vorschrift zugeordnet, daß $T_i = c_i T$ in der Nebengruppe xU, welche den Fixpunkt darstellt, enthalten sei, und durch diese Zuordnung werden alle Fixpunkte erfaßt. Zwei Elementen $T_i = c_i T$ und $T_j = c_j T$ ist dann und nur dann derselbe Fixpunkt zugeordnet, wenn $c_j \varepsilon c_i U$ ist; diese Bedingung läßt sich auch anders ausdrücken: die Durchschnittsgruppe $U \frown N_T = U'$ enthält T und besteht daher aus Nebengruppen $c_i T$; die Faktorgruppe $U'/T = \mathfrak{S}'$ ist eine Untergruppe von $\mathfrak{S}$; die soeben formulierte Bedingung dafür, daß den Elementen T_i und T_j von $\mathfrak{S}$ derselbe Fixpunkt zugeordnet sei, ist dann offenbar gleichbedeutend mit der folgenden: es ist $T_j \varepsilon T_i \mathfrak{S}'$, d. h., T_i und T_j gehören derselben Nebengruppe in der Nebengruppen-Zerlegung von $\mathfrak{S}$ nach $\mathfrak{S}'$ an. Hieraus ist ersichtlich: die Anzahl $\chi(W)$ der Fixpunkte ist gleich dem Index der Untergruppe $\mathfrak{S}'$ in der Gruppe $\mathfrak{S}$.

Umgekehrt kann man zu jeder Zahl χ, welche als Index einer Untergruppe $\mathfrak{S}'$ von $\mathfrak{S}$ auftritt, einen Wirkungsraum W mit der Charakteristik χ finden: man hat nur unter $U = U'$ diejenige Untergruppe von N_T zu verstehen, deren Elemente in den zu $\mathfrak{S}'$ gehörigen Nebengruppen $c_i T$ enthalten sind; dann hat, wie aus der soeben durchgeführten Überlegung hervorgeht, der Wirkungsraum $W = G/U$ die Charakteristik χ.

Damit ist gezeigt:

Als positive Charakteristiken von Wirkungsräumen der Gruppe G treten die und nur die Zahlen auf, welche Indizes von Untergruppen der Gruppe $\mathfrak{S}$ sind; alle diese Zahlen sind Teiler von σ; die Zahl σ selbst ist die Charakteristik des Wirkungsraumes G/T.

(Eingegangen den 7. Dezember 1940.)

[23]) *Cartan*, l. c., pp. 40—41. — Die Gruppe $\mathfrak{S}$ ist isomorph der Gruppe derjenigen Automorphismen von T, welche durch innere Automorphismen von G bewirkt werden.

Über die Topologie der Gruppen-Mannigfaltigkeiten und ihrer Verallgemeinerungen

Ann. Math. **42** (1941), 22–52

Einleitung.[1]

1. In der geschlossenen und orientierbaren Mannigfaltigkeit M sei eine "stetige Multiplikation" erklärt, das heißt: jedem geordneten Punktepaar (p, q) von M ist als "Produkt" ein Punkt pq von M zugeordnet, der stetig von dem Paar (p, q) abhängt. Setzen wir

$$pq = l_p(q),$$

so ist l_p bei festem p und variablem q eine Abbildung von M in sich; die Abbildungen l_p hängen stetig von dem Parameter p ab, und sie haben daher alle den gleichen Abbildungsgrad c_l. Analog ist der Grad c_r der Abbildungen r_q bestimmt, die durch

$$pq = r_q(p)$$

gegeben sind.

Definiert man etwa die stetige Multiplikation so, daß pq für alle (p, q) ein fester Punkt von M ist, so ist $c_l = c_r = 0$; setzt man $pq = p$ oder setzt man $pq = q$ für alle (p, q), so ist $c_l = 0$, $c_r = 1$ bzw. $c_l = 1$, $c_r = 0$. Diese trivialen stetigen Multiplikationen sind in jeder Mannigfaltigkeit möglich; dagegen kann man, wie sich zeigen wird, nur in sehr speziellen Mannigfaltigkeiten stetige Multiplikationen so definieren, daß

$$c_l \neq 0 \qquad \textit{und} \qquad c_r \neq 0$$

ist. Eine Mannigfaltigkeit,[2] welche eine solche Multiplikation zuläßt, soll eine Γ-*Mannigfaltigkeit* heißen.[2a]

Der Begriff der Γ-Mannigfaltigkeit ist eine Verallgemeinerung des Begriffes der *Gruppen*-Mannigfaltigkeit; ist nämlich M eine Gruppen-Mannigfaltigkeit, d.h. ist in M eine stetige Multiplikation erklärt, welche die Gruppen-Axiome erfüllt, so ist für den Punkt e, welcher die Gruppen-Eins darstellt, sowohl die

* *Editors' Note.* This paper was originally submitted to *Compositio Mathematica*, August 23, 1939. It was transferred to the *Annals of Mathematics* (received November 18, 1940) after the *Compositio Mathematica* ceased publication.

[1] Eine kurze Ankündigung dieser Arbeit ohne Beweise ist in den C. R. **208** (1939), 1266-1267, erschienen.

[2] Unter einer "Mannigfaltigkeit" ist in dieser Arbeit immer eine *geschlossene und orientierbare* Mannigfaltigkeit zu verstehen.

[2a] Die Gültigkeit des assoziativen Gesetzes wird also nicht gefordert.

Abbildung l_e als auch die Abbildung r_e die Identität von M, und daher ist $c_l = c_r = 1$.

Somit gelten alle Sätze, die für Γ-Mannigfaltigkeiten bewiesen werden, insbesondere für geschlossene Gruppen-Mannigfaltigkeiten.[3]

2. Wir werden Homologie-Eigenschaften von Mannigfaltigkeiten untersuchen; dabei soll *als Koeffizientenbereich der Körper der rationalen Zahlen* dienen.[4] Wie üblich fassen wir die Homologieklassen einer Mannigfaltigkeit M zu dem Homologie-Ring $\mathfrak{R}(M)$ zusammen: in ihm ist die Addition die der Bettischen Gruppen, und die Multiplikation ist durch die Schnitt-Bildung erklärt. Infolge der Benutzung rationaler Koeffizienten entgehen uns zwar gewisse Feinheiten der Struktur von M, so die etwa vorhandene Torsion; immerhin stimmen zwei Mannigfaltigkeiten M_1, M_2, deren rationalen Homologie-Ringe $\mathfrak{R}(M_1)$ und $\mathfrak{R}(M_2)$ einander dimensionstreu isomorph sind, in den wichtigsten algebraisch-topologischen Eigenschaften überein, insbesondere in den Werten der Bettischen Zahlen.

Unser Hauptziel ist der Beweis des folgenden Satzes:

SATZ I. *Der Homologiering $\mathfrak{R}(\Gamma)$ einer Γ-Mannigfaltigkeit Γ ist dimensionstreu isomorph dem Homologie-Ring $\mathfrak{R}(\Pi)$ eines topologischen Produktes*

$$\Pi = S_{m_1} \times S_{m_2} \times \cdots \times S_{m_l}, \quad l \geqq 1,$$

in welchem S_m die m-dimensionale Sphäre bezeichnet und alle Dimensionszahlen $m_1, m_2, \cdots, m_l$ ungerade sind.

3. Da man die Struktur der Ringe $\mathfrak{R}(\Pi)$ vollständig übersieht, kann man den Inhalt des Satzes I auch durch eine ausführliche Beschreibung der Struktur der Ringe $\mathfrak{R}(\Gamma)$ ausdrücken. Hierfür machen wir noch die folgenden terminologischen Bemerkungen:

Der Ring $\mathfrak{R}(M)$ einer beliebigen n-dimensionalen Mannigfaltigkeit[2] M enthält ein Eins-Element: es wird durch den orientierten n-dimensionalen Grundzyklus von M dargestellt; wir bezeichnen es durch 1. Die Dimension eines Elementes z von $\mathfrak{R}(M)$ nennen wir $d(z)$; daneben betrachten wir häufig die "duale Dimension" $\delta(z) = n - d(z)$. Unter einer "vollen additiven Basis" von $\mathfrak{R}(M)$ verstehen wir die Vereinigung von Homologie-Basen der Dimensionen $0, 1, \ldots, n$.

Nun läßt sich der Satz I folgendermaßen aussprechen:

---

[3] Die Topologie der Gruppen-Mannigfaltigkeiten wird in den folgenden beiden Schriften von E. Cartan behandelt: (a) *La Théorie des Groupes Finis et Continus et l'Analysis Situs* [Paris 1930, Mémorial Sc. Math. XLII]; (b) *La Topologie des Groupes de Lie* [Paris 1936, Actualités Scient. et Industr. **358**; sowie: L'Enseignement math. **35** (1936), 177–200; sowie: Selecta, Jubilé Scientifique, Paris 1939, 235–258].

[4] Tatsächlich werden wir von dem Koeffizientenbereich nur benutzen, daß er ein *Körper der Charakteristik* 0 ist.

Satz I (2. *Fassung*). *Aus dem Ringe* $\mathfrak{R}(\Gamma)$ *einer* Γ*-Mannigfaltigkeit* Γ *lassen sich Elemente* $z_1, z_2, \cdots, z_l$ *so auswählen, daß die* 2^l *Elemente*

$$1 \quad ; \quad z_i \quad ; \quad z_{i_1} \cdot z_{i_2} \quad (i_1 < i_2) \quad ;$$

$$z_{i_1} \cdot z_{i_2} \cdot z_{i_3} \quad (i_1 < i_2 < i_3) \quad ; \quad \cdots \quad ; \quad z_1 \cdot z_2 \cdot \cdots \cdot z_l$$

eine volle additive Basis bilden; die Multiplikation in $\mathfrak{R}(\Gamma)$ *ist durch das distributive Gesetz, das assoziative Gesetz und die antikommutative Regel*

$$z_j \cdot z_i = -z_i \cdot z_j$$

— *in welcher speziell die Regel*

$$z_i \cdot z_i = 0$$

enthalten ist—vollständig bestimmt; kurz: $\mathfrak{R}(\Gamma)$ *ist der Ring der (inhomogenen) Multilinearformen in den antikommutativen Größen* $z_1, z_2, \cdots, z_l$ *mit rationalen Koeffizienten. Alle* z_i *sind homogendimensional,*[5] *und ihre dualen Dimensionen* $\delta(z_i) = m_i$ *sind ungerade; die Dimension von* Γ *ist*

$$n = m_1 + m_2 + \cdots + m_l ,$$

und allgemein ist

$$d(z_{i_1} \cdot z_{i_2} \cdot \cdots \cdot z_{i_r}) = n - m_{i_1} - m_{i_2} - \cdots - m_{i_r} .$$

Daß hierdurch gerade das Bestehen eines dimensionstreuen Isomorphismus zwischen $\mathfrak{R}(\Gamma)$ und $\mathfrak{R}(\Pi)$ ausgedrückt wird, erhellt aus der folgenden Tatsache, die man leicht bestätigt: bezeichnet man den orientierten Grundzyklus von S_m selbst mit S_m und mit p immer einen einfach gezählten Punkt, so besitzen in $\mathfrak{R}(\Pi)$ die Elemente

$$(*) \qquad \begin{aligned} Z_1 &= p \times S_{m_2} \times S_{m_3} \times \cdots \times S_{m_l} , \\ Z_2 &= S_{m_1} \times p \times S_{m_3} \times \cdots \times S_{m_l} , \\ &\cdots\cdots\cdots\cdots\cdots \\ Z_l &= S_{m_1} \times S_{m_2} \times S_{m_3} \times \cdots \times p \end{aligned}$$

genau die analogen Eigenschaften, welche wir in $\mathfrak{R}(\Gamma)$ soeben den Elementen $z_1, z_2, \cdots, z_l$ zugeschrieben haben.

Aus der zweiten Fassung des Satzes I liest man unter anderem die folgende bemerkenswerte Eigenschaft der Γ-Mannigfaltigkeiten ab:

Satz Ib. *Jedes homogen-dimensionale Element* z *von* $\mathfrak{R}(\Gamma)$, *für welches die*

[5] Ein Komplex K heißt homogen-dimensional von der Dimension r, wenn jedes Simplex von K auf einem r-dimensionalen Simplex von K liegt. Ein Element des Homologie-Ringes $\mathfrak{R}(M)$ heißt homogen-dimensional, wenn es in M durch einen homogen-dimensionalen Zyklus repräsentiert wird. Die additive Gruppe von $\mathfrak{R}(M)$ ist die direkte Summe der Gruppen der homogen r-dimensionalen Elemente mit $r = 0, 1, \cdots, n$.

duale Dimension $\delta(z)$ gerade und positiv ist, läßt sich durch Multiplikation und Addition aus höherdimensionalen Elementen erzeugen.

4. Der Satz I enthält weitgehende Aussagen über die Bettischen Zahlen einer Γ-Mannigfaltigkeit. Unter dem "Poincaréschen Polynom" eines Komplexes K verstehen wir das Polynom

$$P_K(t) = p_0 + p_1 t + p_2 t^2 + \cdots$$

in einer Unbestimmten t, wobei der Koeffizient p_r die r-te Bettische Zahl von K ist. Für die Sphäre S_m ist

$$P_{S_m}(t) = 1 + t^m;$$

bei der Bildung des topologischen Produktes $K_1 \times K_2$ zweier Komplexe K_1 und K_2 gilt nach der Formel von Künneth[6] die Regel

$$P_{K_1 \times K_2}(t) = P_{K_1}(t) \cdot P_{K_2}(t);$$

daher ist in dem Satz I (Nr. 2) der folgende Satz enthalten:

SATZ I′. *Das Poincarésche Polynom einer Γ-Mannigfaltigkeit Γ hat die Gestalt*

$$P_\Gamma(t) = (1 + t^{m_1}) \cdot (1 + t^{m_2}) \cdot \cdots \cdot (1 + t^{m_l}), \tag{1}$$

wobei alle Exponenten m_i ungerade sind.

Wir heben einige der zahlreichen Beziehungen zwischen den Bettischen Zahlen hervor, die sich aus (1) ablesen lassen:

(a) *Die Eulersche Charakteristik ist* 0;[7]
denn die Charakteristik eines Komplexes K ist gleich $P_K(-1)$.

(b) *Die Summe der Bettischen Zahlen ist eine Potenz von* 2;[8]
denn diese Summe ist für einen Komplex K gleich $P_K(+1)$.

Γ sei n-dimensional; dann ist $p_n = 1$, $p_r = 0$ für $r > n$, also n der Grad von $P_\Gamma(t)$ und

$$m_1 + m_2 + \cdots + m_l = n.$$

Da der r-te Koeffizient des Polynoms (1) offenbar nicht größer ist als der r-te Koeffizient des Polynoms

$$(1 + t)^n = (1 + t)^{m_1} \cdot (1 + t)^{m_2} \cdots (1 + t)^{m_l},$$

so sieht man:

(c) *Es ist* $p_r \leqq \binom{n}{r}$ *für alle* r.[9]

---

[6] Alexandroff-Hopf, Topologie I (Berlin 1935), 309, Formel (13′).

[7] Falls die Abbildungen l_p und r_q *topologisch* sind—also insbesondere, falls Γ eine *Gruppen*-Mannigfaltigkeit ist—, wird für $p_1 \neq p_2$ durch $f(q) = l_{p_1}^{-1} l_{p_2}(q)$ eine Abbildung von Γ auf sich erklärt, welche sich stetig in die Identität deformieren läßt und keinen Fixpunkt besitzt; dann folgt der obige Satz aus einem bekannten Fixpunktsatz.

[8] Für Gruppen-Mannigfaltigkeiten: Cartan[3] (b), 24.

[9] Für Gruppen-Mannigfaltigkeiten: H. Weyl, The classical groups [Princeton 1939], 279, als Korollar eines Satzes von Cartan (cf.[13]).

Man kann (1) in der Form

$$(1') \qquad P_\Gamma(t) = (1+t)^{l_1}\cdot(1+t^3)^{l_3}\cdot(1+t^5)^{l_5}\cdots, \qquad l_s \geqq 0,$$

schreiben; Ausrechnung ergibt

$$(1'') \qquad P_\Gamma(t) = 1 + l_1 t + \binom{l_1}{2}t^2 + \left(l_3 + \binom{l_1}{3}\right)t^3 + \left(l_1 l_3 + \binom{l_1}{4}\right)t^4 + \cdots$$

Es ist also

$$(2) \qquad p_1 = l_1 .$$

Da nun der Koeffizient von t^r in dem Produkt (1') offenbar nicht kleiner ist als in dem Faktor

$$(1+t)^{l_1} = (1+t)^{p_1},$$

so gilt:

(d) *Es ist* $p_r \geqq \binom{p_1}{r}$ *für alle* r.[10]

Nach (1') ist

$$l_1 + 3l_3 + 5l_5 + \cdots = n,$$

also nach (2):

$$p_1 = n - 3l_3 - 5l_5 - \cdots;$$

daher läßt sich (c) für $r = 1$ verschärfen:

(e) *Es ist entweder* $p_1 = n$ *oder* $p_1 = n - 3$ *oder* $p_1 \leqq n - 5$.[11]

Ferner liest man aus (1'') und (2) die folgende Verschärfung von (d) für $r = 2$ ab:

(f) *Es ist* $p_2 = \binom{p_1}{2}$,

also speziell:

(f_0) *Ist* $p_1 = 0$ *oder* $p_1 = 1$, *so ist* $p_2 = 0$.[12]

Ebenso sieht man aus (1'') und (2):

(g) *Ist* $p_1 = 0$, *so ist auch* $p_4 = 0$.

Man kann ohne Mühe noch eine Reihe ähnlicher Relationen feststellen, z.B. die folgenden:

---

[10] Für Gruppen-Mannigfaltigkeiten wie[9]; für wesentlich allgemeinere Räume mit stetiger Multiplikation: W. Hurewicz [Proc. Akad. Amsterdam **39** (1936), 215-224].

[11] Die Relation $p_1 \leqq n$ wurde für verallgemeinerte Gruppenräume zuerst von P. Smith [Annals of Math. (2) **36** (1935), 210-229] und dann von Hurewicz als Korollar aus dem unter[10] zitierten Satz bewiesen.

[12] Wegen der zweiten Bettischen Zahl einer Gruppen-Mannigfaltigkeit vergl. man Cartan[3], (b), 14 und 23-24.

(h) *Es sei* $p_1 = 0$; *dann ist*

$$3p_3 + 5p_5 + 7p_7 \leqq n,$$

$$p_{ir} \geqq \binom{p_i}{r} \text{ für } i = 3, 5, 7 \text{ und beliebiges } r.$$

5. Für *Liesche Gruppen* kann der Satz I, auf Grund von Sätzen, die wir E. Cartan und G. de Rham verdanken, aus der Sprache der Homologie-Theorie in die Sprache der Theorie der invarianten Differentialformen übersetzt werden.[13] Ich begnüge mich mit der Formulierung des Ergebnisses, im Anschluß an die 2. Fassung des Satzes I (Nr. 3):[14]

Die Mannigfaltigkeit G repräsentiere eine geschlossene Liesche Gruppe. Dann kann man aus der Gesamtheit der Differentialformen, welche in G invariant gegenüber den Operationen der Gruppe sind, Formen

$$\omega_1, \omega_2, \cdots, \omega_l,$$

deren Grade

$$m_1, m_2, \cdots, m_l$$

seien, so auswählen, daß sie die folgenden Eigenschaften besitzen:

1) *Für jedes r bilden diejenigen äußeren Produkte*

$$\omega_{i_1} \cdot \omega_{i_2} \cdot \cdots \cdot \omega_{i_\rho},$$

für welche

$$m_{i_1} + m_{i_2} + \cdots + m_{i_\rho} = r, \qquad i_1 < i_2 < \cdots < i_\rho$$

ist, eine lineare Basis (in Bezug auf konstante Koeffizienten) der invarianten Differentialformen des Grades r;

2) *alle* m_i *sind ungerade;*

3) *es ist* $m_1 + m_2 + \cdots + m_l$ *gleich der Dimension von G.*

Hierin ist unter anderem die folgende Tatsache enthalten, die dem Satz Ib (Nr. 3) entspricht:

Jede invariante homogene Differentialform geraden Grades läßt sich aus invarianten Differentialformen kleinerer Grade durch äußere Multiplikation und Addition erzeugen.

6. Auch bei Beschränkung auf Liesche Gruppen sind, soweit ich sehe, sowohl der Satz I als auch der schwächere Satz I′ neu. Allerdings waren diese Sätze bereits für eine so große und wichtige Reihe von Spezialfällen bekannt, daß ihre Gültigkeit für beliebige Liesche Gruppen vermutet werden konnte. L.

---

[13] E. Cartan, Sur les invariants intégraux . . . [Annales Soc. polonaise de Math. **8** (1929), 181–225 (= Selecta, 203–233)]; G. de Rham, Sur l'analysis situs . . . [Journ. de Math. **10** (1931), 115–200].—Man vergl. auch H. Weyl, a.a.O.[9], 276 ff.

[14] Hier muß als Koeffizientenbereich der Körper der *reellen* Zahlen dienen; man vergl.[4]

Pontrjagin, R. Brauer und C. Ehresmann haben nämlich, mit verschiedenen Methoden, die Bettischen Zahlen derjenigen einfachen geschlossenen Lieschen Gruppen bestimmt, welche den vier großen Klassen in der Aufzählung von Killing-Cartan angehören, und diese Methoden liefern nicht nur den Satz I′, sondern auch den Satz I für die genannten Gruppen.[15]

Ausgehend von diesem Resultat könnte man wohl folgendermaßen zu einem Beweis des Satzes I für *alle* geschlossenen Lieschen Gruppen gelangen: Man verifiziere die Gültigkeit des Satzes auch an den fünf einfachen geschlossenen "Ausnahme"-Gruppen in der Killing-Cartanschen Aufzählung; dann übertrage man den—nunmehr für alle *einfachen* geschlossenen Lieschen Gruppen bewiesenen—Satz auf *alle* geschlossenen Lieschen Gruppen, indem man die, aus der Cartanschen Theorie bekannte, Rolle ausnützt, welche die einfachen Gruppen als Bausteine beliebiger Gruppen spielen.

Aber ganz abgesehen von der Frage, ob die direkte Bestätigung des Satzes an den fünf Ausnahme-Gruppen wirklich gelingt, würde ein solcher Beweis aus zwei Gründen nicht vollständig befriedigen. Erstens würde er so umfangreiche und tiefgehende Teile der Theorie der kontinuierlichen Gruppen als Hilfsmittel verwenden, daß dieser Aufwand in keinem rechten Verhältnis zu dem elementartopologischen Charakter des Satzes selbst stünde. Zweitens würde ein solcher Beweis in einer *Verifizierung* gipfeln; somit würde er zwar besonders konkrete Aufschlüsse über diejenigen *speziellen* Mannigfaltigkeiten liefern, an denen die Verifizierung stattfindet—also über die Mannigfaltigkeiten der einfachen geschlossenen Lieschen Gruppen—, es würde aber wohl doch der Wunsch nach einem Beweis offen bleiben, welcher *allgemeine* Gründe für die Gültigkeit des Satzes erkennen ließe.[16]

Daher glaube ich, daß selbst dann, wenn die direkte Verifizierung des Satzes I an den fünf Ausnahme-Gruppen und damit ein anderer Beweis für alle geschlossenen Lieschen Gruppen gelingt, doch unser Beweis, welcher für alle Γ-Mannigfaltigkeiten gilt und infolgedessen aus der Lieschen Theorie *nichts* benutzt, auch für die Lieschen Gruppen-Mannigfaltigkeiten willkommen ist.

7. Andererseits weiß man, daß der Satz I gewisse Verschärfungen erlaubt, wenn man sich auf Gruppen-Mannigfaltigkeiten beschränkt; dann unterliegen nämlich die Zahlen m_i, die im Satz I auftreten, gewissen Gesetzen; so folgt aus Sätzen von E. Cartan:[17] entweder sind alle $m_i = 1$ – dann ist die Gruppe Abelsch—, oder wenigstens ein m_i ist gleich 3. Diesen Satz oder ähnliche Sätze

[15] L. Pontrjagin [C. R. Acad. Sc. U.R.S.S. **1** (1935), 433–437 und C. R. Paris, **200** (1935), 1277–1280].—R. Brauer [C. R. **201** (1935), 419–421] (man vergl. auch H. Weyl, a.a.O.[9], 232 ff.).—C. Ehresmann [C. R. **208** (1939), 321–323; 1263–1265].

[16] Cartan[3], (b), 26: ". . . Mais même en nous bornant à la simple détermination des nombres de Betti des groupes simples, on ne devra pas s'estimer complètement satisfait si on arrive à faire cette détermination pour les cinq groupes exceptionnels. . . . Il faut espérer qu'on trouvera aussi une raison de portée générale expliquant la forme si particulière des polynomes de Poincaré des groupes simples clos."

[17] A.a.O.[3]: (a), 42–43; (b), 24.

mit unserer Methode zu beweisen, welche immer alle Γ-Mannigfaltigkeiten gleichzeitig behandelt, ist prinzipiell unmöglich; denn für Γ-Mannigfaltigkeiten unterliegen die m_i überhaupt keiner Einschränkung; es gilt nämlich derfolgende Satz:

SATZ II. *Jedes Sphären-Produkt*

$$S_{m_1} \times S_{m_2} \times \cdots \times S_{m_l}, \qquad l \geqq 1,$$

in welchem die Dimensionszahlen $m_1, m_2, \cdots, m_l$ *ungerade sind, ist eine Γ-Mannigfaltigkeit.*

Aus diesem Satz geht hervor, daß der Begriff der Γ-Mannigfaltigkeit nicht nur seiner Definition nach, sondern auch tatsächlich viel allgemeiner ist als der Begriff der Gruppen-Mannigfaltigkeit: nach Satz II sind alle Sphären S_{2k+1} Γ-Mannigfaltigkeiten, während nach einem bekannten, soeben erwähnten Satz von Cartan unter allen Sphären S_n allein S_1 und S_3 Gruppenräume sind.

8. Die Aufgabe, diejenigen Ringe aufzuzählen, welche als Homologie-Ringe von Γ-Mannigfaltigkeiten auftreten, ist durch die Sätze I und II vollständig gelöst.

Die Gültigkeit des Satzes II wird rasch im §1 durch direkte Angabe geeigneter stetiger Multiplikationen bestätigt.

Im §2 werden Erzeugenden-Systeme beliebiger Homologie-Ringe betrachtet. Im Rahmen dieser Betrachtung wird der Satz I in zwei Teile zerlegt—Satz Ia und Satz Ib, von denen wir den zweiten schon in Nr. 3 ausgesprochen haben. Im Satz Ib (Nr. 15) tritt der Begriff des "maximalen" Elementes eines Homologie-Ringes auf, der auch für andere Zwecke als unseren gegenwärtigen wichtig und brauchbar sein dürfte; wir werden sogleich noch auf ihn zurückkommen (Nr. 9).

Der Ansatz zum Beweis der Sätze Ia und Ib, und damit des Satzes I, ist der folgende: man fasse die Punktepaare (p, q) von M als die Punkte $p \times q$ der Produkt-Mannigfaltigkeit $M \times M$ auf; durch eine stetige Multiplikation pq in M, wie wir sie in Nr. 1 erklärt haben, ist dann eine stetige Abbildung F von $M \times M$ in M bestimmt: $F(p \times q) = pq$; diese Abbildungen F sind mit Hilfe des "Umkehrungs-Homomorphismus" zu untersuchen. Entsprechend diesem Ansatz werden zunächst im §3 einige einfache Eigenschaften des Ringes $\mathfrak{R}(M \times M)$ zusammengestellt; sodann wird im §4, nachdem an seinem Anfang kurz an die Theorie des Umkehrungs-Homomorphismus erinnert worden ist, der Beweis der Sätze Ia und Ib geführt.

9. Der schon erwähnte Begriff des maximalen Elementes ist der folgende: ein homogen-dimensionales Element eines Homologie-Ringes $\mathfrak{R}(M)$ heißt maximal, wenn es nicht durch Multiplikation und Addition aus höherdimensionalen Elementen erzeugt werden kann. Im §5 werden die maximalen Elemente noch etwas näher betrachtet, und es werden ihnen jetzt die "minimalen" Elemente gegenübergestellt: das sind diejenigen homogen-dimensionalen Elemente v von $\mathfrak{R}(M)$, welche keine Vielfachen $w = u \cdot v$ mit $0 < d(w) < d(v)$ besitzen. Die Untersuchung führt erstens leicht zu einem Satz über eine gewisse Dualität zwischen den maximalen und den minimalen Elementen (Nr. 33) und zweitens, unter Benutzung des Umkehrungs-Homomorphismus, zu einer bemerkenswerten Invarianz-Eigenschaft der minimalen Elemente (Nr. 34). Diese Tatsachen, zusammen mit dem Satz Ib, liefern noch als Korollar den folgenden Satz, der eine kräftige Verallgemeinerung der Tatsache darstellt, daß eine Sphäre gerader Dimension nicht als Gruppen-Mannigfaltigkeit auftreten kann:

SATZ III. *In den Γ-Mannigfaltigkeiten sind die stetigen Bilder von Sphären gerader Dimension immer homolog* 0.

Zum Schluß (Nr. 37) wird ein Problem formuliert, das durch die erwähnte Methode von Pontrjagin[15] angeregt ist und das für die weitere topologische Untersuchung der Gruppen-Mannigfaltigkeiten wichtig sein dürfte; es wird eine Vermutung ausgesprochen, in welcher die minimalen Elemente einer Gruppen-Mannigfaltigkeit eine Hauptrolle spielen.

§1. Beweis des Satzes II.

Der Satz II (Nr. 7) läßt sich in die folgenden beiden Teile zerlegen:

SATZ IIa. *Für ungerades m ist die Sphäre S_m eine Γ-Mannigfaltigkeit.*[18]

SATZ IIb. *Das topologische Produkt $\Gamma \times \Gamma'$ zweier Γ-Mannigfaltigkeiten Γ und Γ' ist selbst eine Γ-Mannigfaltigkeit.*

10. *Beweis des Satzes* IIa.[19] Für jeden Punkt q der Späre S_m bezeichne r_q die Spiegelung der S_m an demjenigen Durchmesser, auf welchem q liegt; wir setzen $pq = l_p(q) = r_q(p)$.

Die Abbildung r_q ist topologisch, also ist $c_r = \pm 1$ (und zwar, wie man leicht sieht, $c_r = -1$). Wir behaupten weiter: $c_l = \pm 2$ (und zwar ist $c_l = +2$).

p sei ein fester Punkt auf S_m; durch l_p wird jeder Großkreis, auf dem p liegt, auf sich abgebildet, und zwar folgendermaßen: führt man auf dem Kreis eine Winkelkoordinate mit p als Nullpunkt ein, und ist dann q der Punkt mit der Koordinate α, so hat $pq = l_p(q)$ die Koordinate 2α. Daraus ergibt sich: sowohl die offene Halbkugel H von S_m, deren Mittelpunkt p ist, als auch ihre antipodische Halbkugel H' wird topologisch auf $S_m - p'$ abgebildet, wobei p' der Antipode von p ist; die gemeinsame Randsphäre von H und H' geht in den Punkt p' über. Bezeichnen wir mit q' immer den Antipoden von q, so ist der Zusammenhang swischen den Abbildungen der beiden Halbkugeln H und H' durch die Beziehung $l_p(q') = l_p(q)$ gegeben. Nun hat bei ungeradem m die Involution der S_m, welche je zwei Antipoden vertauscht, den Grad $+1$; daher haben, wenn wir die Orientierungen von H und H' durch eine feste Orientierung der S_m festlegen, die topologischen Abbildungen l_p von H und H' den *gleichen*

[18] Daß für *gerades* m die S_m *nicht* Γ-Mannigfaltigkeit ist, ist in Nr. 4 (a) und in Satz III (Nr. 9) enthalten.

[19] Wiedergabe des Beweises von "Satz IV" aus meiner Arbeit in den Fund. Math. **25** (1935), 427–440.

Grad $\epsilon = \pm 1$ (und zwar, wie man leicht sieht, $+1$). Daher hat die Abbildung l_p der ganzen S_m auf sich den Grad $2\epsilon = \pm 2$ (und zwar $+2$).

11. *Beweis des Satzes* IIb. Die stetigen Multiplikationen in Γ und Γ' seien durch

$$pq = l_p(q) = r_q(p) \qquad \text{bezw.} \qquad p'q' = l'_{p'}(q') = r'_{q'}(p')$$

gegeben; die zugehörigen Grade seien c_l, c_r, $c_{l'}$, $c_{r'}$; sie sind sämtlich $\neq 0$. Wir definieren in der Mannigfaltigkeit $\Gamma \times \Gamma'$, deren Punkte mit $p \times p'$, $q \times q'$, $\cdots$ bezeichnet werden, eine stetige Multiplikation durch die Festsetzung

$$(p \times p')\cdot(q \times q') = pq \times p'q' = L_{p\times p'}(q \times q') = R_{q\times q'}(p \times p');$$

die zugehörigen Grade seien C_L, C_R. Der Satz ist bewiesen, sobald gezeigt ist:

$$C_L = c_l \cdot c_{l'}, \qquad C_R = c_r \cdot c_{r'}.$$

Die Gültigkeit dieser Gleichheiten ist in dem folgenden *Hilfssatz* enthalten:

f und f' seien Abbildungen[20] der Mannigfaltigkeiten[2] A und A' in die Mannigfaltigkeiten B bzw. B', welche die gleichen Dimensionen haben wie A bzw. A'; die Grade von f und f' seien c bzw. c'. Dann hat die Abbildung F von $A \times A'$ in $B \times B'$, die durch

$$F(p \times p') = f(p) \times f'(p')$$

gegeben ist, wobei p, p' die Punkte von A bzw. A' durchlaufen, den Grad cc'.

Für den Beweis ersetzen wir f und f' durch so gute simpliziale Approximationen f_1, f'_1, daß auch diese die Grade c, c' haben, und daß auch die Abbildung F_1 von $A \times A'$ in $B \times B'$, die durch

$$F_1(p \times p') = f_1(p) \times f'_1(p')$$

gegeben ist, den gleichen Grad C hat wie F. Die Grundsimplexe der Zerlegungen von A, A', B, B', welche den simplizialen Abbildungen f_1, f'_1 zugrunde liegen, seien mit u_i, u'_j, v_k, v'_l bezeichnet; dann bilden die Produkte $u_i \times u'_j$ und $v_k \times v'_l$ die Grundzellen von Zellenzerlegungen der Mannigfaltigkeiten $A \times A'$ bzw. $B \times B'$. Durch F_1 wird jede Zelle $u_i \times u_j$ affin abgebildet, und zwar folgendermaßen: ist

$$f_1(u_i) = 0 \qquad \text{oder} \qquad f'_1(u'_j) = 0,$$

wird also die Dimension wenigstens eines der Simplexe u_i, u'_j durch die Abbildung f_1 oder f'_1 erniedrigt, so wird auch die Dimension der Zelle $u_i \times u'_j$ durch die Abbildung F_1 erniedrigt, es ist also $F_1(u_i \times u'_j) = 0$; ist

$$f_1(u_i) = \epsilon v_k, \qquad f'_1(u'_j) = \epsilon' v'_l, \qquad \epsilon = \pm 1, \qquad \epsilon' = \pm 1,$$

[20] Alle vorkommenden "Abbildungen" von Mannigfaltigkeiten sollen *eindeutig und stetig* sein.

sind also die beiden Abbildungen f_1, f_1' nicht-singulär, so ist auch die Abbildung F_1 von $u_i \times u_j'$ nicht-singulär, und es ist, wie sich aus bekannten Vorzeichenregeln bei der Bildung topologischer Produkte ergibt,

$$F_1(u_i \times u_j') = \epsilon\epsilon'(v_k \times v_l').$$

Jetzt lehrt eine leichte Abzählung: die algebraische Bedeckungszahl—d.h. die Anzahl der positiven Bedeckungen, vermindert um die Anzahl der negativen Bedeckungen—einer festen Grundzelle von $B \times B'$, etwa der Zelle $v_k \times v_l'$, also der Grad C von F_1, ist gleich dem Produkt der algebraischen Bedeckungszahlen von v_k und v_l' bei den Abbildungen f_1 bzw. f_1', also gleich cc'.

§2. Irreduzible Erzeugenden-Systeme und maximale Elemente eines Homologie-Ringes. Umformung des Satzes I.

12. *Vorbemerkungen.* Es sei M eine n-dimensionale Mannigfaltigkeit. Wie schon in Nr. 3 festgesetzt, bezeichnen wir die Dimension eines Elementes z von $\mathfrak{R}(M)$ mit $d(z)$ und verstehen unter seiner dualen Dimension die Zahl $\delta(z) = n - d(z)$.

Bekanntlich ist für homogen-dimensionale z, z' auch $z \cdot z'$ homogen-dimensional und

$$\delta(z \cdot z') = \delta(z) + \delta(z') \quad (2.1)$$

[21]

sowie

$$z' \cdot z = \pm z \cdot z', \quad (2.2)$$

und zwar[22]

$$z' \cdot z = (-1)^{\delta(z) \cdot \delta(z')} z \cdot z', \quad (2.3)$$

also speziell

$$z \cdot z = 0 \quad \text{bei ungeradem } \delta(z). \quad (2.4)$$

13. *Erzeugenden-Systeme.* Die homogen-n-dimensionalen Elemente von $\mathfrak{R}(M)$, also die rationalen Vielfachen der Eins des Ringes, nennen wir die "skalaren" Elemente von $\mathfrak{R}(M)$.

Unter einem "Erzeugenden-System" $\mathfrak{R}(M)$ verstehen wir ein solches System von homogen-dimensionalen, nicht-skalaren Elementen $z_1, z_2, \ldots, z_L$, daß man alle Elemente erhält, wenn man auf $z_1, z_2, \ldots, z_L$ und 1 die Operationen der gegenseitigen Multiplikation, der Multiplikation mit rationalen Koeffizienten und der Addition ausübt.

Auf Grund der Regel (2.2) kann man jedes Element von $\mathfrak{R}(M)$ auf wenigstens eine Weise als Polynom in den z_λ, d.h. als Summe von Ausdrücken

$$t \cdot z_1^{\alpha_1} \cdot z_2^{\alpha_2} \cdot \ \cdots \ \cdot z_L^{\alpha_L}, \qquad \alpha_\lambda \geqq 0, \quad (2.5)$$

mit rationalen Koeffizienten t schreiben.

---

[21] Dem Null-Element des Ringes $\mathfrak{R}(M)$ wird *jede* Dimensionszahl zugeschrieben.

[22] Man vergl. z.B. Lefschetz, *Topology* [New York 1930], 166.

Ein Erzeugenden-System heißt "irreduzibel", wenn keines seiner echten Teilsysteme bereits ein Erzeugenden-System ist.

Offenbar ist in jedem Erzeugenden-System wenigstens ein irreduzibles Erzeugenden-System enthalten.

Man zeigt übrigens leicht, daß die Anzahl l der Elemente eines irreduziblen Erzeugenden-Systems von $\mathfrak{R}(M)$ nicht von diesem speziellen System abhängt, sondern eine Invariante von M ist; wir werden diese Tatsache, die wir vorläufig nicht benutzen, später beweisen (Nr. 31).

14. *Maximale Elemente.* Ein Element z von $\mathfrak{R}(M)$ heißt "maximal", wenn es 1) homogen-dimensional und nicht-skalar ist, und wenn es 2) nicht in dem Teilring von $\mathfrak{R}(M)$ enthalten ist, der von den homogen-dimensionalen Elementen z' von $\mathfrak{R}(M)$ mit $d(z') > d(z)$ erzeugt wird.[23]

Wir behaupten: *Jedes Element z_λ eines irreduziblen Erzeugenden-Systems $(z_1, z_2, \cdots, z_l)$ ist maximal.*

Beweis: Daß z_λ homogen-dimensional und nicht-skalar ist, ist in der Definition des Erzeugenden-Systems enthalten. Wäre z_λ nicht maximal, so wäre z_λ Element des Ringes $\mathfrak{U}$, der von allen homogen-dimensionalen Elementen z' mit $d(z') > d(z_\lambda)$ erzeugt wird. Nun läßt sich aber jedes dieser z' als Polynom in den Erzeugenden $z_1, z_2, \cdots, z_l$ schreiben, und hierbei tritt aus Dimensionsgründen das Element z_λ nicht auf; aus $z_\lambda \in \mathfrak{U}$ würde daher folgen, daß auch z_λ selbst ein Polynom in den von z_λ verschiedenen Elementen des Systems $(z_1, z_2, \cdots, z_l)$ wäre; dann würde aber dieses System, wenn man aus ihm z_λ wegließe, immer noch ein Erzeugenden-System bleiben—entgegen seiner Irreduzibilitäts-Eigenschaft.

15. *Umformung des Satzes I.*

SATZ Ia. *$(z_1, z_2, \cdots, z_l)$ sei ein irreduzibles Erzeugenden-System des Ringes $\mathfrak{R}(\Gamma)$ einer Γ-Mannigfaltigkeit. Dann ist*

$$z_1 \cdot z_2 \cdot \cdots \cdot z_l \neq 0. \tag{2.6}$$

SATZ Ib. *z sei ein maximales Element des Ringes $\mathfrak{R}(\Gamma)$ einer Γ-Mannigfaltigkeit. Dann ist $\delta(z)$ ungerade.*

Wir werden diese beiden Sätze im §4 beweisen. Jetzt wollen wir nur zeigen, daß aus ihnen der Satz I (Nr. 2, 3) folgt; dies wird geschehen sein, sobald wir bewiesen haben:

Es sei $(z_1, z_2, \cdots, z_l)$ ein irreduzibles Erzeugenden-System von $\mathfrak{R}(\Gamma)$, und es sei bekannt, daß die Sätze Ia und Ib gelten; dann haben $z_1, z_2, \cdots, z_l$ die in Nr. 3 genannten Eigenschaften.

Zunächst ergibt sich aus Nr. 14, daß alle Elemente z_i maximal, also aus Satz Ib, daß alle Zahlen

$$\delta(z_i) = m_i, \qquad i = 1, 2, \cdots, l, \tag{2.7}$$

[23] Insbesondere ist jedes homogen $(n-1)$-dimensionale Element, das $\neq 0$ ist, maximal.

ungerade sind. Nach (2.3) ist daher

(2.8) $$z_j \cdot z_i = -z_i \cdot z_j ,$$

also speziell

(2.9) $$z_i \cdot z_i = 0.$$

Da die z_i ein Erzeugenden-System bilden, kann man jedes Element von $\mathfrak{R}(\Gamma)$ als Summe von Ausdrücken (2.5)—mit $L = l$—darstellen; infolge von (2.9) kann man sich dabei aber auf die Exponenten $\alpha_\lambda = 0$ und $\alpha_\lambda = 1$ beschränken; das heißt: jedes Element z von $\mathfrak{R}(\Gamma)$ läßt sich auf wenigstens eine Weise als lineare Verbindung mit rationalen Koeffizienten der Elemente

(2.10) $$1;\quad z_i;\quad z_{i_1} \cdot z_{i_2}\ (i_2 < i_2);\quad z_{i_1} \cdot z_{i_2} \cdot z_{i_3}\ (i_1 < i_2 < i_3);\ \cdots;\quad z_1 \cdot z_2 \cdot \cdots \cdot z_l$$

darstellen, also in der Form

(2.11) $$z = t + \sum t_i z_i + \sum t_{i_1 i_2} z_{i_1} \cdot z_{i_2} + \sum t_{i_1 i_2 i_3} z_{i_1} \cdot z_{i_2} \cdot z_{i_3} + \cdots + t_{12 \ldots l} z_1 \cdot z_2 \cdot \cdots \cdot z_l ,$$

wobei die Koeffizienten t, t_i, $t_{i_1 i_2}$, $\cdots$ rational sind und die Indices die unter (2.10) angedeuteten Bedingungen erfüllen. Wir haben zu zeigen, daß die Elemente (2.10) eine additive Basis bilden, d.h. daß sie linear unabhängig sind (in Bezug auf rationale Koeffizienten), mit anderen Worten: in einer Darstellung (2.11) des Elementes $z = 0$ verschwinden alle Koeffizienten auf der rechten Seite.

Es sei also

(2.11_0) $$0 = t + \sum t_i z_i + \sum t_{i_1 i_2} z_{i_1} \cdot z_{i_2} + \sum t_{i_1 i_2 i_3} z_{i_1} \cdot z_{i_2} \cdot z_{i_3} + \cdots + t_{12 \ldots l} z_1 \cdot z_2 \cdot \cdots \cdot z_l .$$

Wir multiplizieren mit $z_1 \cdot z_2 \cdot \cdots \cdot z_l$; auf Grund des assoziativen Gesetzes und der Regeln (2.8), (2.9) verschwinden auf der rechten Seite alle Produkte, in denen ein Index zweimal auftritt, und es entsteht daher die Gleichung

$$0 = t \cdot z_1 \cdot z_2 \cdot \cdots \cdot z_l ;$$

nach Satz Ia folgt hieraus—da der Koeffizientenbereich ein Körper ist—:

$$t = 0.$$

Wir betrachten einen Index i und multiplizieren (2.11_0) mit dem Produkt aller der z_j, für welche $j \neq i$ ist; aus analogen Gründen wie soeben entsteht:

$$0 = t_i \cdot z_1 \cdot z_2 \cdot \cdots \cdot z_l ,$$

also folgt wie soeben:

$$t_i = 0.$$

Wir betrachten zwei Indizes i_1, i_2 und multiplizieren (2.11_0) mit dem Produkt aller der z_j, für welche $j \neq i_1$ und $j \neq i_2$ ist; es ergibt sich

$$t_{i_1 i_2} = 0.$$

So fortfahrend erkennt man, daß in der Tat alle Koeffizienten auf der rechten Seite von (2.11_0) gleich 0 sind.

Somit bilden die Elemente (2.10) eine Basis, und die Elemente von $\mathfrak{R}(\Gamma)$ lassen sich in eineindeutiger Weise mit den Ausdrücken (2.11) identifizieren. Daß für die Multiplikation die antikommutative Regel (2.8) gilt, wurde schon gezeigt. Für den vollständigen Beweis des Satzes I fehlt nur noch die Bestätigung der in Nr. 3 angegebenen Dimensions-Regeln.

Aus dem Satz Ia folgt, daß die Dimensionszahl $d(z_1 \cdot z_2 \cdot \cdots \cdot z_l) = d_0$ wohlbestimmt und $\geqq 0$ ist; für $i_1 < i_2 < \cdots < i_r$ ist $d(z_{i_1} \cdot z_{i_2} \cdot \cdots \cdot z_{i_r}) \geqq d_0$, also ist infolge von (2.11) auch $d(z) \geqq d_0$ für jedes Element z von $\mathfrak{R}(\Gamma)$; da es 0-dimensionale Elemente z gibt, ist daher $d_0 = 0$. Dies ist, wenn Γ die Dimension n hat, gleichbedeutend mit $\delta(z_1 \cdot z_2 \cdot \cdots \cdot z_l) = n$; wenn wir $\delta(z_i) = m_i$ setzen, ist daher nach (2.1)

$$n = m_1 + m_2 + \cdots + m_l .$$

Allgemein ergibt sich für $i_1 < i_2 < \cdots < i_r$, wieder nach (2.1),

$$\begin{aligned} d(z_{i_1} \cdot z_{i_2} \cdot \cdots \cdot z_{i_r}) &= n - \delta(z_{i_1} \cdot z_{i_2} \cdot \cdots \cdot z_{i_r}) \\ &= n - m_{i_1} - m_{i_2} - \cdots - m_{i_r} . \end{aligned}$$

Daß schließlich alle m_i ungerade sind, wurde schon durch (2.7) festgestellt.

Damit ist der Satz I vollständig bewiesen—unter der Voraussetzung, daß die Sätze Ia und Ib gelten, die im §4 bewiesen werden sollen.

16. *Hilfssätze.*[24] Wir stellen hier noch einige einfache Tatsachen zusammen, die wir später (§4) brauchen werden.

M sei eine n-dimensionale Mannigfaltigkeit und $(z_1, z_2, \cdots, z_l)$ ein beliebiges Erzeugenden-System von $\mathfrak{R}(M)$. Unter $\mathfrak{U}$ verstehen wir die Menge aller derjenigen Elemente, die sich in der Gestalt

$$w_2 \cdot z_2 + w_3 \cdot z_3 + \cdots + w_l \cdot z_l$$

schreiben lassen, wobei die w_i beliebige Elemente von $\mathfrak{R}(M)$ sind.

Wir behaupten:

(a) *Jedes homogen-dimensionale Element* z *mit* $d(z_1) < d(z) < n$ *gehört zu* $\mathfrak{U}$.

(b) *Ist* z_1 *in* $\mathfrak{U}$ *enthalten, so ist das Erzeugenden-System* $(z_1, z_2, \cdots, z_l)$ *reduzibel.*

Beweis von (a): Man schreibe z als lineare Verbindung von Potenzprodukten $z_1^{\alpha_1} \cdot z_2^{\alpha_2} \cdot \cdots \cdot z_l^{\alpha_l}$ (mit rationalen Koeffizienten); da z und alle z_i homogen-

[24] Die Hilfssätze der Nummern 16–18 und 20–22, die an und für sich kaum Interesse verdienen, werden erst in den Nummern 28 und 29 angewandt.

dimensional sind, kann man sich dabei offenbar auf solche Potenzprodukte beschränken, die selbst die Dimension $d(z)$ haben; für ein solches Potenzprodukt ist dann nach (2.1)

$$\alpha_1 \cdot \delta(z_1) + \alpha_2 \cdot \delta(z_2) + \cdots + \alpha_l \cdot \delta(z_l) = \delta(z);$$

da $\delta(z) < \delta(z_1)$ ist, folgt hieraus $\alpha_1 = 0$, und da $\delta(z) > 0$ ist, folgt weiter, daß *nicht* $\alpha_2 = \cdots = \alpha_l = 0$ ist; dies bedeutet: jedes Potenzprodukt enthält wenigstens eines der Elemente $z_2, \cdots, z_l$ als Faktor, d.h. z gehört zu $\mathfrak{U}$.

Beweis von (b): Es sei $z_1 \in \mathfrak{U}$, also

$$z_1 = \sum_{j=2}^{l} w_j \cdot z_j; \tag{2.12}$$

dabei kann man, da die z_i homogen-dimensional sind, auch die Elemente w_j als homogen-dimensional und $d(w_j \cdot z_j) = d(z_1)$, also $\delta(w_j) + \delta(z_j) = \delta(z_1)$, annehmen. Da die $\delta(z_j) > 0$ sind (Nr. 13), sind daher alle $\delta(w_j) < \delta(z_1)$. Hieraus folgt, analog wie im Beweis von (a): stellt man w_j als lineare Verbindung von Potenzprodukten $z_1^{\alpha_1} \cdot z_2^{\alpha_2} \cdot \cdots \cdot z_l^{\alpha_l}$ dar, so ist immer $\alpha_1 = 0$; jedes w_j ist also durch $z_2, \cdots, z_l$ allein auszudrücken, und nach (2.12) ist dann auch z_1 durch $z_2, \cdots, z_l$ auszudrücken. Aber dann erzeugen bereits $z_2, \cdots, z_l$ den Ring $\mathfrak{R}(M)$.

17. Es sei z ein homogen-dimensionales Element von $\mathfrak{R}(M)$ und $d(z) < n$. Unter $\mathfrak{V}$ verstehen wir die Menge aller derjenigen Elemente, die sich als Summen von Produkten $w \cdot v$ schreiben lassen, wobei die Elemente v homogen-dimensional mit

$$d(v) \neq d(z), \qquad d(v) < n \tag{2.13}$$

und die Elemente w beliebig sind.

Wir behaupten:

(c) *Ist z in $\mathfrak{V}$ enthalten, so ist z nicht maximal.*

Beweis: Es sei z in $\mathfrak{V}$ enthalten, also

$$z = \sum w_h \cdot v_h; \tag{2.14}$$

hierin sind die v_h homogen-dimensional und erfüllen (2.13); da z homogen-dimensional ist, dürfen wir auch die w_h als homogen-dimensional und $d(w_h \cdot v_h) = d(z)$, also $\delta(w_h) + \delta(v_h) = \delta(z)$, für alle h annehmen. Dann ist $\delta(v_h) \leqq \delta(z)$, also, da nach (2.13) $\delta(v_h) \neq \delta(z)$ ist, $\delta(v_h) < \delta(z)$, $d(v_h) > d(z)$. Da nach (2.13) andererseits $\delta(v_h) > 0$ ist, ist auch $\delta(w_h) < \delta(z)$, $d(w_h) > d(z)$. Aus $d(v_h) > d(z)$ und $d(w_h) > d(z)$ folgt nach (2.14), daß z nicht maximal ist.

18. *Bemerkung über Ideale in* $\mathfrak{R}(M)$. Da die Multiplikation in dem Ring $\mathfrak{R}(M)$ im allgemeinen nicht kommutativ ist, hat man unter den Idealen des Ringes zwischen Links-, Rechts- und zweiseitigen Idealen zu unterscheiden. Jedoch gilt folgender Satz:

Es seien $x_1, x_2, \cdots, x_m$ *homogen-dimensionale* Elemente von $\mathfrak{R}(M)$ und $\mathfrak{X}$ das von ihnen erzeugte Links-Ideal, d.h. die Menge aller Elemente der Gestalt

$$w_1 \cdot x_1 + w_2 \cdot x_2 + \cdots + w_m \cdot x_m \tag{2.15}$$

mit willkürlichen Elementen w_i; dann ist $\mathfrak{X}$ zugleich Rechts-Ideal, also *zweiseitig*.

Zum Beweis ziehen wir eine volle additive Basis $(Z_1, Z_2, \cdots, Z_q)$ von $\mathfrak{R}(M)$ heran, deren Elemente Z_h wir als homogen-dimensional annehmen dürfen. Dann ist die Menge $\mathfrak{X}$ aller Elemente (2.15) identisch mit der Menge aller linearen Verbindungen der Produkte $Z_h \cdot x_i$ mit rationalen Koeffizienten ($h = 1, 2, \cdots, q$; $i = 1, 2, \cdots, m$). Nach (2.2) ist aber, da die Z_h und die x_i homogen-dimensional sind, $Z_h \cdot x_i = \pm x_i \cdot Z_h$, und daher ist $\mathfrak{X}$ auch die Menge aller linearen Verbindungen der Produkte $x_i \cdot Z_h$, also die Menge aller Elemente

$$x_1 \cdot w_1 + x_2 \cdot w_2 + \cdots + x_m \cdot w_m$$

mit willkürlichen w_i; diese Menge ist aber das von $x_1, x_2, \cdots, x_m$ erzeugte Rechts-Ideal.

Auf Grund dieses Satzes sind insbesondere die Mengen $\mathfrak{U}$ und $\mathfrak{V}$, die wir in Nr. 16 und 17 betrachtet haben, *zweiseitige Ideale*.

§3. Eigenschaften des Ringes $\mathfrak{R}(M \times M)$.

In Nr. 8 wurde die Rolle angedeutet, welche die Produkt-Mannigfaltigkeit $\Gamma \times \Gamma$ beim Beweise des Satzes I spielt. Der gegenwärtige Paragraph enthält lediglich eine, auf diesen Zweck zugeschnittene, Zusammenstellung und Formulierung bekannter Eigenschaften des Ringes $\mathfrak{R}(M \times M)$; dabei bezeichnet M eine beliebige Mannigfaltigkeit. Der Koeffizientenbereich ist wie immer der Körper der rationalen Zahlen.[25]

19. Zu je zwei Elementen x, y von $\mathfrak{R}(M)$ gehört ein Element $x \times y$ von $\mathfrak{R}(M \times M)$. Diese Produktbildung ist mit der Addition distributiv verknüpft. Sind x und y homogen-dimensional, so ist auch $x \times y$ homogen-dimensional und $d(x \times y) = d(x) + d(y)$.

Umgekehrt läßt sich jedes Element von $\mathfrak{R}(M \times M)$ als $\sum (x_h \times y_h)$ darstellen; genauer: ist das System $(Z_1, Z_2, \cdots, Z_q)$ eine volle additive Basis von $\mathfrak{R}(M)$—d.h. die Vereinigung von Homologiebasen aller Dimensionen—, so bilden die $Z_i \times Z_k$ eine volle additive Basis von $\mathfrak{R}(M \times M)$; die Elemente von $\mathfrak{R}(M \times M)$ sind also in eineindeutiger Weise als $\sum t_{ik}(Z_i \times Z_k)$ mit rationalen t_{ik} auszudrücken. Damit sind die additiven Eigenschaften von $\mathfrak{R}(M \times M)$ gegeben.

---

[25] Wegen der additiven Eigenschaften von $\mathfrak{R}(M \times M)$ vergl. man z.B. Alexandroff-Hopf, a.a.O.[6], Kap. VII, §3; jedoch hat man die dortigen Betrachtungen dadurch abzuändern (und wesentlich zu vereinfachen), daß man rationale Koeffizienten verwendet; wegen der multiplikativen Eigenschaften, insbesondere unserer Formel (3.1), vergl. man Lefschetz, a.a.O.[22], Chapter V, §3, insbesondere Formel (21).—Übrigens darf in unserem ganzen §3 der Koeffizientenbereich ein *beliebiger* Körper sein.

Die Multiplikation ist nun durch die Regel

$$(x \times y)\cdot(x' \times y') = (-1)^{\delta(x)\delta(y')}(x\cdot x' \times y\cdot y'), \tag{3.1}$$

welche *für homogen-dimensionale* x, y' gilt, und durch die distributiven Gesetze vollständig bestimmt.

20. *Hilfssätze.*[24] $\mathfrak{X}$ sei eine additive Untergruppe von $\mathfrak{R}(M)$, die rational abgeschlossen ist, d.h.: aus $x \in \mathfrak{X}$ folgt $tx \in \mathfrak{X}$ für jede rationale Zahl t. Ferner seien x, y, und zwar $y \neq 0$, zwei solche Elemente von $\mathfrak{R}(M)$, daß sich das Element $y \times x$ von $\mathfrak{R}(M \times M)$ in der Form

$$y \times x = \sum_h (y_h \times x_h) \tag{3.2}$$

darstellen läßt, wobei die x_h Elemente von $\mathfrak{X}$ sind, während von den Elementen y_h nichts vorausgesetzt wird.

Behauptung: *Dann ist* $x \in \mathfrak{X}$.

Beweis: $(Z_1, Z_2, \cdots, Z_q)$ sei eine volle additive Basis in $\mathfrak{R}(M)$. Es sei

$$x = \sum_i a_i Z_i, \qquad y = \sum_j b_j Z_j,$$

$$x_h = \sum_i c_{hi} Z_i, \qquad y_h = \sum_j d_{hj} Z_j$$

mit rationalen a, b, c, d; dann folgt aus (3.2), daß

$$b_j a_i = \sum_h d_{hj} c_{hi},$$

also

$$b_j x = \sum_h d_{hj} x_h \tag{3.3}$$

für jedes j ist. Da nach Voraussetzung $y \neq 0$ ist, ist wenigstens ein $b_j \neq 0$; es sei etwa $b_1 \neq 0$. Dann folgt aus (3.3)

$$x = \sum_h \frac{d_{h1}}{b_1} x_h \in \mathfrak{X}.$$

21. $\mathfrak{X}$ sei ein (zweiseitiges) Ideal in $\mathfrak{R}(M)$, welches von homogen-dimensionalen Elementen $x_1, x_2, \cdots, x_m$ erzeugt wird (man vergl. Nr. 18). Unter $\mathfrak{X}^*$ verstehen wir die Menge aller derjenigen Elemente von $\mathfrak{R}(M \times M)$, welche sich in der Gestalt

$$\sum_h (y_h \times x_h') \tag{3.4}$$

schreiben lassen, wobei die x_h' Elemente von $\mathfrak{X}$, die y_h beliebige Elemente von $\mathfrak{R}(M)$ sind.

Behauptung: $\mathfrak{X}^*$ *ist ein zweiseitiges Ideal in* $\mathfrak{R}(M \times M)$.

Beweis: Es sei wieder $(Z_1, Z_2, \cdots, Z_q)$ eine volle additive Basis in $\mathfrak{R}(M)$; dann ist $\mathfrak{X}$ identisch mit der Menge aller linearen Verbindungen der Produkte $Z_j \cdot x_i$ (mit rationalen Koeffizienten) und $\mathfrak{X}^*$ daher identisch mit der Menge aller linearen Verbindungen der Elemente $Z_k \times Z_j \cdot x_i$ $(j, k = 1, 2, \cdots, q;$ $i = 1, 2, \cdots, m)$. Da wir die Z_k als homogen-dimensional annehmen dürfen, ist aber nach (3.1)

$$Z_k \times Z_j x_i = \pm(Z_k \times Z_j) \cdot (1 \times x_i);$$

die $Z_k \times Z_j$ bilden eine volle additive Basis; folglich ist $\mathfrak{X}^*$ die Menge aller Summen

$$\sum_i W_i \cdot (1 \times x_i),$$

wobei W_i willkürliche Elemente von $\mathfrak{R}(M \times M)$ sind; dies bedeutet aber: $\mathfrak{X}^*$ ist das Links-Ideal, das von den Elementen $1 \times x_i$, $i = 1, 2, \cdots, m$, erzeugt wird. Da die x_i homogen-dimensional sind, sind auch die Elemente $1 \times x_i$ homogen-dimensional, und nach Nr. 18 ist $\mathfrak{X}^*$ daher ein zweiseitiges Ideal.

22. Wir bringen den hiermit bewiesenen Satz in Verbindung mit dem Satz aus Nr. 20. Ein Ideal $\mathfrak{X}$ hat die in Nr. 20 genannte Eigenschaft der rationalen Abgeschlossenheit, da man ja die rationalen Zahlen als die skalaren Elemente—d.h. die rationalen Vielfachen des Eins-Elementes—von $\mathfrak{R}(M)$ auffassen kann. Daher ergibt sich aus Nr. 20 und 21 das folgende *Lemma*:

Die Ideale $\mathfrak{X}$ und $\mathfrak{X}^*$ sollen wie in Nr. 21 *erklärt sein; ferner seien x und y Elemente von $\mathfrak{R}(M)$, für welche*

$$y \neq 0$$

$$y \times x \equiv 0 \quad \mod \mathfrak{X}^*$$

gilt; dann ist

$$x \equiv 0 \quad \mod \mathfrak{X}.$$

23. *Die Homomorphismen* Λ und P. M sei eine n-dimensionale Mannigfaltigkeit und $(Z_1, Z_2, \cdots, Z_q)$ eine volle additive Basis von $\mathfrak{R}(M)$; wir dürfen annehmen, daß alle Z_j homogen-dimensional sind, daß $Z_1 = 1$ und $d(Z_j) < n$ für $j > 1$ ist. Da die $Z_j \times Z_k$ eine Basis von $\mathfrak{R}(M \times M)$ bilden, besitzt jedes Element Q von $\mathfrak{R}(M \times M)$ eine und nur eine Darstellung

$$Q = \sum_{j,k} t_{jk}(Z_j \times Z_k) \tag{3.4}$$

mit rationalen t_{jk}. Wir setzen

$$\Lambda(Q) = \sum_k t_{1k} Z_k \tag{3.5}$$

Zum Beispiel ist für jedes Element y von $\mathfrak{R}(M)$

$$\Lambda(1 \times y) = y \tag{3.6}$$

und, falls $d(x) < n$ ist,

$$\Lambda(x \times y) = 0; \tag{3.7}$$

man bestätigt (3.6) und (3.7) einfach, indem man y, bzw. x und y, als lineare Verbindungen der Z_k schreibt.

Wir fassen Λ als Abbildung des Ringes $\mathfrak{R}(M \times M)$ in den Ring $\mathfrak{R}(M)$ auf und behaupten: Λ *ist eine Homomorphie.*

Daß Λ additiv homomorph, d.h. daß

$$\Lambda(Q_1 + Q_2) = \Lambda(Q_1) + \Lambda(Q_2)$$

ist, liest man unmittelbar aus (3.4) und (3.5) ab. Für den Beweis der multiplikativen Homomorphie, d.h. der Gültigkeit der Gleichheit

$$\Lambda(Q_1 \cdot Q_2) = \Lambda(Q_1) \cdot \Lambda(Q_2) \tag{3.8}$$

darf man sich infolge der Distributivität und der schon konstatierten additiven Homomorphie auf den Fall beschränken, daß Q_1, Q_2 Elemente der Basis $Z_j \times Z_k$ von $\mathfrak{R}(M \times M)$ sind. Es sei also

$$Q_1 = Z_h \times Z_i, \qquad Q_2 = Z_j \times Z_k.$$

Ist $h = j = 1$, so ist einerseits

$$\Lambda(Q_1) = Z_i, \qquad \Lambda(Q_2) = Z_k,$$

andererseits nach (3.1)

$$Q_1 \cdot Q_2 = 1 \times Z_i \cdot Z_k,$$

also nach (3.6)

$$\Lambda(Q_1 \cdot Q_2) = Z_i \cdot Z_k;$$

folglich gilt (3.8). Ist nicht $h = j = 1$, so ist wenigstens eines der Elemente $\Lambda(Q_1)$, $\Lambda(Q_2)$ gleich Null, also ist die rechte Seite von (3.8) Null; andererseits ist nach (3.1)

$$Q_1 \cdot Q_2 = \pm Z_h \cdot Z_j \times Z_i \cdot Z_k,$$

und hierin ist $d(Z_h \cdot Z_j) < n$; daher ist nach (3.7) auch die linke Seite $\Lambda(Q_1 \cdot Q_2)$ von (3.8) gleich Null.—Damit ist die Homomorphie-Eigenschaft von Λ bewiesen.

Setzt man im Anschluß an (3.4)

$$\mathsf{P}(Q) = \sum_j t_{j1} Z_j, \tag{3.9}$$

so ergibt sich ganz analog: P ist eine homomorphe Abbildung von $\mathfrak{R}(M \times M)$ in $\mathfrak{R}(M)$.

24. Aus (3.4), (3.5), (3.9) liest man ab, daß für jedes Element Q von $\mathfrak{R}(M \times M)$ Gleichungen

$$\begin{aligned} Q &= (1 \times \Lambda(Q)) + \sum_j (Z_j \times Y_j), \qquad d(Z_j) < n, \\ Q &= (\mathbf{P}(Q) \times 1) + \sum_k (X_k \times Z_k), \qquad d(Z_k) < n \end{aligned} \tag{3.10}$$

gelten.

Ferner ist klar: ist Q homogen $(n + r)$-dimensional, so sind $\Lambda(Q)$ und $\mathsf{P}(Q)$ homogen r-dimensional.

Es sei jetzt Q homogen $(n + r)$-dimensional und $r < n$. Dann ist in (3.4) $t_{11} = 0$, und daher erhält (3.4) mit Hilfe von (3.5) und (3.9) die Gestalt

$$Q = (1 \times \Lambda(Q)) + (\mathsf{P}(Q) \times 1) + \sum_{j=2}^{q} \sum_{k=2}^{q} t_{jk}(Z_j \times Z_k). \tag{3.11}$$

Da die Z_i homogen-dimensional sind, sind auch die $Z_j \times Z_k$ homogen-dimensional, und es ist $d(Z_j \times Z_k) = d(Z_j) + d(Z_k)$; daher sind in (3.11) nur solche $t_{jk} \neq 0$, für welche

$$d(Z_j) + d(Z_k) = n + r$$

ist; ferner ist in (3.11), da $j > 0$, $k > 0$ ist, immer

$$d(Z_j) < n, \qquad d(Z_k) < n$$

und folglich

$$d(Z_k) > r, \qquad d(Z_j) > r.$$

Mithin läßt sich (3.11) auch so ausdrücken:

$$\begin{cases} Q = (1 \times \Lambda(Q)) + (\mathsf{P}(Q) \times 1) + \sum_h (x_h \times y_h), \\ x_h,\, y_h \text{ homogen-dimensional mit} \\ r < d(x_h) < n, \qquad r < d(y_h) < n. \end{cases} \tag{3.12}$$

Wir fassen zusammen: *Es gibt zwei solche Homomorphismen* Λ *und* P *des Ringes* $\mathfrak{R}(M \times M)$ *in den Ring* $\mathfrak{R}(M)$, *daß jedes Element* Q *von* $\mathfrak{R}(M \times M)$ *Darstellungen* (3.10) *und daß jedes homogen* $(n + r)$*-dimensionale Element* Q *mit* $r < n$ *eine Darstellung* (3.12) *besitzt.*

Es ist übrigens leicht zu sehen, daß die Abbildungen Λ und P, die wir durch (3.5) und (3.9) unter Benutzung einer speziellen Basis $\{Z_i\}$ erklärt haben, von der Wahl dieser Basis unabhängig sind.

§4. Beweis des Satzes I.

25. *Der Umkehrungs-Homomorphismus.* M und M' seien beliebige Mannigfaltigkeiten,[2] und F sei eine Abbildung von M in M'. Dann bewirkt F eine Abbildung des Ringes $\mathfrak{R}(M)$ in den Ring $\mathfrak{R}(M')$; wir bezeichnen auch diese Ring-Abbildung mit F; sie ist übrigens additiv homomorph, jedoch im allgemeinen nicht multiplikativ homomorph.

Es gilt der Satz:[26]

[26] H. Hopf, *Zur Algebra der Abbildungen von Mannigfaltigkeiten* [Journ. f.d.r.u.a. Math. **163** (1930), 71–88. — Neue Begründung und Verallgemeinerung des Umkehrungs-Homomorphismus: H. Freudenthal, *Zum Hopfschen Umkehrhomomorphismus* [Annals of Math. (2) **38** (1937), 847–853; ferner: A. Komatu, *Über die Ringdualität eines Kompaktums* [Tôhoku Math. Journ. **43** (1937), 414–420]; H. Whitney, *On products in a complex* [Annals of Math. (2) **39** (1938), 397–432], (Theorem 6).—Die Eigenschaft 3 unseres Textes ist in meiner zitierten Arbeit nicht hervorgehoben, da dort nur gleichdimensionale Mannigfaltigkeiten betrachtet werden; sie ergibt sich aber unmittelbar aus jeder einzelnen der verschiedenen, in den soeben genannten Arbeiten enthaltenen, Definitionen von Φ; überdies ist sie eine Folge der Eigenschaft 2; hierzu vergl. man Nr. 11 meiner Arbeit "*Ein topologischer Beitrag zur reellen Algebra*" [Com. Math. Helvet.; erscheint nächstens].

Es existiert eine Abbildung Φ des Ringes $\mathfrak{R}(M')$ in den Ring $\mathfrak{R}(M)$ mit den folgenden drei Eigenschaften:

1) *Φ ist ein additiver und multiplikativer Homomorphismus;*

2) *Φ ist mit F durch die Funktionalgleichung*

$$F(\Phi(z)\cdot x) = z\cdot F(x) \tag{4.1}$$

verknüpft, in welcher x ein beliebiges Element von $\mathfrak{R}(M)$ und z ein beliebiges Element von $\mathfrak{R}(M')$ ist;

3) *ist z homogen-dimensional, so ist auch $\Phi(z)$ homogen-dimensional, und zwar ist $\delta(\Phi(z)) = \delta(z)$*, also

$$d(\Phi(z)) = d(z) + d(M) - d(M').$$

Φ heißt der "Umkehrungs-Homomorphismus" von F.

26. *Ansatz zum Beweis der Sätze* Ia *und* Ib. In der n-dimensionalen Mannigfaltigkeit Γ sei eine stetige Multiplikation gegeben (Nr. 1). Da wir die Punktepaare (p, q) von Γ als die Punkte $p \times q$ der Produkt-Mannigfaltigkeit $\Gamma \times \Gamma$ deuten können, ist die stetige Multiplikation gleichbedeutend mit einer Abbildung F von $\Gamma \times \Gamma$ in Γ; diese ist durch $F(p \times q) = pq$ bestimmt.

Wie in Nr. 25 bezeichnen wir auch die durch F bewirkte Abbildung des Ringes $\mathfrak{R}(\Gamma \times \Gamma)$ in den Ring $\mathfrak{R}(\Gamma)$ mit F. Das Element von $\mathfrak{R}(\Gamma)$, das durch einen einfach gezählten Punkt repräsentiert wird, heiße p. Das mit einer rationalen Zahl c multiplizierte Eins-Element von $\mathfrak{R}(\Gamma)$ bezeichnen wir kurz mit c. Dann sind die Grade c_l und c_r, die in Nr. 1 erklärt worden sind, offenbar durch

$$F(p \times 1) = c_l, \qquad F(1 \times p) = c_r \tag{4.2}$$

charakterisiert.

Φ sei der Umkehrungs-Homomorphismus von F. Dann folgt aus (4.1) und (4.2)

$$F(\Phi(z)\cdot(p \times 1)) = c_l z, \tag{4.3a}$$

$$F(\Phi(z)\cdot(1 \times p)) = c_r z \tag{4.3b}$$

für jedes Element z von $\mathfrak{R}(\Gamma)$.

Die Homomorphismen $\mathsf{\Lambda}$ und P sind in Nr. 23, 24 erklärt worden; wir setzen

$$\mathsf{\Lambda}\Phi(z) = \lambda(z), \qquad \mathsf{P}\Phi(z) = \rho(z)$$

für jedes Element z von $\mathfrak{R}(\Gamma)$; dann sind λ und ρ *Homomorphismen des Ringes* $\mathfrak{R}(\Gamma)$ *in sich*, und nach Nr. 24, (3.10), gelten für jedes Element z von $\mathfrak{R}(\Gamma)$ Gleichungen

$$\Phi(z) = (1 \times \lambda(z)) + \sum_j (Z_j \times Y_j), \qquad d(Z_j) < n, \tag{4.4a}$$

$$\Phi(z) = (\rho(z) \times 1) + \sum_k (X_k \times Z_k), \qquad d(Z_k) < n. \tag{4.4b}$$

Nach Nr. 25, 3), ordnet Φ, da $d(\Gamma \times \Gamma) = 2n$, $d(\Gamma) = n$ ist, jedem homogen r-dimensionalen Element von $\mathfrak{R}(\Gamma)$ ein homogen $(n + r)$-dimensionales Element von $\mathfrak{R}(\Gamma \times \Gamma)$ zu; nach Nr. 24 ordnen Λ und P den homogen $(n + r)$-dimensionalen Elementen von $\mathfrak{R}(\Gamma \times \Gamma)$ homogen r-dimensionale Elemente von $\mathfrak{R}(\Gamma)$ zu; folglich sind λ und ρ *dimensionstreu.*

27. Jetzt sei

$$c_l \neq 0, \qquad c_r \neq 0, \tag{4.5}$$

also Γ eine Γ-Mannigfaltigkeit. Wir behaupten: *dann sind* λ *und* ρ *Automorphismen*[27] *von* $\mathfrak{R}(\Gamma)$.

Beweis: Ist $\lambda(z) = 0$, so ist nach (4.4a)

$$\Phi(z) = \sum (Z_i \times Y_i) \text{ mit } d(Z_i) < n;$$

aus $d(Z_i) < n$ folgt $Z_i \cdot p = 0$; folglich ist, nach (3.1),

$$\Phi(z) \cdot (p \times 1) = 0,$$

also nach (4.3a)

$$c_l z = 0,$$

also nach (4.5), da der Koeffizientenbereich ein Körper ist,

$$z = 0.$$

Das bedeutet: der Homomorphismus λ ist eineindeutig. Folglich ist die Determinante der Substitution, welche durch λ auf eine volle additive Basis von $\mathfrak{R}(\Gamma)$ ausgeübt wird, nicht Null. Da der Koeffizientenbereich ein Körper ist, folgt hieraus: λ ist eine Abbildung von $\mathfrak{R}(\Gamma)$ *auf* sich. Somit ist λ ein Automorphismus.—Analog beweist man die Behauptung für ρ.

Wir fassen zusammen, indem wir noch das Ergebnis von Nr. 24 heranziehen: *Für jede n-dimensionale* Γ-*Mannigfaltigkeit* Γ *sind zwei dimensionstreue Automorphismen* λ *und* ρ *von* $\mathfrak{R}(\Gamma)$ *und ein Homomorphismus* Φ *von* $\mathfrak{R}(\Gamma)$ *in* $\mathfrak{R}(\Gamma \times \Gamma)$ *ausgezeichnet; ist z ein homogen r-dimensionales Element von* $\mathfrak{R}(\Gamma)$ *und* $r < n$, *so gilt*

$$\begin{cases} \Phi(z) = (1 \times \lambda(z)) + (\rho(z) \times 1) + \sum (x_h \times y_h), \\ x_h, y_h \text{ homogen-dimensional mit} \\ \qquad r < d(x_h) < n, \qquad r < d(y_h) < n. \end{cases} \tag{4.6}$$

In diesem Satz sind alle Eigenschaften der Γ-Mannigfaltigkeiten enthalten, die wir im Folgenden benutzen werden.

28. *Beweis des Satzes* Ia (Nr. 15). Es sei $(z_1, z_2, \cdots, z_l)$ ein irreduzibles Erzeugenden-System für die n-dimensionale Γ-Mannigfaltigkeit Γ. Wir werden

[27] Unter einem "Automorphismus" eines Ringes $\mathfrak{R}$ ist ein Auto-*Iso*morphismus von $\mathfrak{R}$ *auf* sich zu verstehen.

durch vollständige Induktion nach k beweisen: das Produkt von je k voneinander verschiedenen Elementen dieses Systems ist $\neq 0$. Für $k = 1$ ist dies richtig, da ein irreduzibles Erzeugenden-System niemals die Null enthalten kann. Es sei für $k - 1$ bewiesen, und k Elemente des Systems, etwa $z_1, z_2, \cdots, z_k$, seien vorgelegt; da ihre Anordnung lediglich das Vorzeichen ihres Produktes beeinflussen kann, dürfen wir annehmen, daß

$$d(z_1) \leqq d(z_j), \qquad j = 1, 2, \cdots, k \tag{4.7}$$

ist; nach Induktions-Annahme ist

$$z_2 \cdot z_3 \cdot \cdots \cdot z_k \neq 0,$$

also, da ρ ein Automorphismus ist, auch

$$\rho(z_2 \cdot z_3 \cdot \cdots \cdot z_k) \neq 0. \tag{4.8}$$

Wir setzen $\lambda(z_i) = z_i'$ für $i = 1, 2, \cdots, l$. Da λ ein Automorphismus ist, bilden auch $z_1', z_2', \cdots, z_l'$ ein irreduzibles Erzeugenden-System. Da λ dimensionstreu ist, ist

$$d(z_i') = d(z_i), \qquad i = 1, 2, \cdots, l \tag{4.9}$$

und nach (4.7)

$$d(z_1') \leqq d(z_j'), \qquad j = 1, 2, \cdots, k. \tag{4.7'}$$

Wir verstehen nun wie in Nr. 16—mit dem Unterschied, daß wir die dortigen z_i durch unsere neuen z_i' ersetzen—unter $\mathfrak{U}$ das Ideal in $\mathfrak{R}(\Gamma)$, das von $z_2', \cdots, z_l'$ erzeugt wird (man vergl. Nr. 18); ferner verstehen wir unter $\mathfrak{U}^*$ das, analog wie in Nr. 21 erklärte, zu $\mathfrak{U}$ gehörige Ideal in $\mathfrak{R}(\Gamma \times \Gamma)$, also die Menge derjenigen Elemente von $\mathfrak{R}(\Gamma \times \Gamma)$, die sich in der Gestalt $\sum (w_h \times u_h')$ mit $u_h' \in \mathfrak{U}$ schreiben lassen.

Schreiben wir für $j = 1, 2, \cdots, k$ das Element $\Phi(z_j)$ in der Form (4.6):

$$\Phi(z_j) = (1 \times z_j') + (\rho(z_j) \times 1) + \sum (x_h \times y_h), \tag{4.6$_j$}$$

so lautet auf Grund von (4.9) und (4.7′) die eine der Dimensions-Bedingungen aus (4.6)

$$d(z_1') \leqq d(z_j') < d(y_h) < n;$$

folglich gehören nach Nr. 16 (a) alle in den Gleichungen (4.6$_j$) auftretenden y_h zu $\mathfrak{U}$ und daher die Summe $\sum (x_h \times y_h)$ zu $\mathfrak{U}^*$; für $1 < j \leqq k$ gehört außerdem z_j' zu $\mathfrak{U}$, also $1 \times z_j'$ zu $\mathfrak{U}^*$. Daher sind in den Gleichungen (4.6$_j$) die folgenden Kongruenzen modulo $\mathfrak{U}^*$ enthalten:

$$\Phi(z_1) \equiv (1 \times z_1') + (\rho(z_1) \times 1),$$

$$\Phi(z_j) \equiv \qquad (\rho(z_j) \times 1), \qquad j = 2, \cdots, k.$$

Da $\mathfrak{U}^*$ ein zweiseitiges Ideal ist, dürfen wir diese Kongruenzen miteinander multiplizieren, und da Φ und ρ Homomorphismen sind, ergibt sich dabei, bei Beachtung von (3.1):

$$\Phi(z_1 \cdot z_2 \cdot \cdots \cdot z_k) \equiv (\rho(z_2 \cdot \cdots \cdot z_k) \times z_1') + (\rho(z_1 \cdot z_2 \cdot \cdots \cdot z_k) \times 1).$$

Wäre nun $z_1 \cdot z_2 \cdot \cdots \cdot z_k = 0$, so würde hieraus

$$\rho(z_2 \cdot \cdots \cdot z_k) \times z_1' \equiv 0 \mod \mathfrak{U}^*$$

folgen; nach (4.8) und dem Lemma von Nr. 22 wäre dann

$$z_1' \equiv 0 \mod \mathfrak{U},$$

also z_1' in $\mathfrak{U}$ enthalten; nach Nr. 16 (b) ist dies mit der Irreduzibilität des Erzeugenden-Systems $(z_1', z_2', \cdots, z_l')$ nicht verträglich. Folglich ist

$$z_1 \cdot z_2 \cdot \cdots \cdot z_k \neq 0,$$

was zu beweisen war.[28]

29. *Beweis des Satzes* Ib (Nr. 15). Im Ring der n-dimensionalen Γ-Mannigfaltigkeit Γ sei z ein homogen-dimensionales Element, für welches $d(z) < n$ und $\delta(z)$ *gerade* ist; wir haben zu zeigen, daß dann z nicht maximal ist.

Das Ideal $\mathfrak{B}$ sei wörtlich wie in Nr. 17 definiert; $\mathfrak{B}^*$ sei das Ideal in $\mathfrak{R}(\Gamma \times \Gamma)$, das analog wie in Nr. 21 durch $\mathfrak{B}$ bestimmt ist: es besteht aus allen Elementen $\sum (w_h \times v_h)$ mit $v_h \in \mathfrak{B}$.

In der Gleichung (4.6) für unser Element z gehören alle Elemente y_h zu $\mathfrak{B}$ und somit gehört die Summe $\sum (x_h \times y_h)$ zu $\mathfrak{B}^*$. Es gilt also die Kongruenz

$$\Phi(z) \equiv (1 \times \lambda(z)) + (\rho(z) \times 1) \mod \mathfrak{B}^*. \tag{4.10}$$

Nach (3.1) ist

$$(1 \times \lambda(z)) \cdot (\rho(z) \times 1) = \rho(z) \times \lambda(z) \tag{4.11}$$

und, da $\delta(z)$ gerade ist, auch

$$(\rho(z) \times 1) \cdot (1 \times \lambda(z)) = \rho(z) \times \lambda(z). \tag{4.11'}$$

Aus (4.11) und (4.11′) ergibt sich, daß man die rechte Seite von (4.10) nach der binomischen Formel potenzieren kann; tut man dies und beachtet man, daß Φ, ρ, λ Homomorphismen sind, so erhält man für jeden positiven Exponenten m:

$$\Phi(z^m) \equiv \sum_{r=0}^{m} \binom{m}{r} (\rho(z^{m-r}) \times \lambda(z^r)) \mod \mathfrak{B}^*. \tag{4.12}$$

Nun ist, da $d(z) < n$ ist, für $r > 1$ immer $d(z^r) < d(z)$, also, da λ dimensionstreu ist, auch $d(\lambda(z^r)) < d(z)$ und daher $\lambda(z^r) \in \mathfrak{B}$ und

$$\rho(z^{m-r}) \times \lambda(z^r) \in \mathfrak{B}^* \qquad \text{für } r > 1;$$

[28] Der Beweis zeigt, daß für den Satz Ia der Koeffizientenbereich ein *beliebiger Körper* sein darf.

daher reduziert sich die Kongruenz (4.12) auf

(4.13) $$\Phi(z^m) \equiv m(\rho(z^{m-1}) \times \lambda(z)) + (\rho(z^m) \times 1) \bmod \mathfrak{B}^*.$$

Dies gilt für jeden positiven Exponenten m. Da aus Dimensions-Gründen $z^m = 0$ für hinreichend große m ist, kann man m so wählen, daß

$$z^{m-1} \neq 0, \qquad z^m = 0$$

ist. Dann entsteht aus (4.13) die Kongruenz

$$m(\rho(z^{m-1}) \times \lambda(z)) \equiv 0 \bmod \mathfrak{B}^*,$$

also, da der Koeffizientenbereich der Körper der rationalen Zahlen ist,[29]

(4.14) $$\rho(z^{m-1}) \times \lambda(z) \equiv 0 \bmod \mathfrak{B}^*.$$

Da $z^{m-1} \neq 0$ und ρ ein Automorphismus ist, ist auch $\rho(z^{m-1}) \neq 0$; nach dem Lemma in Nr. 22 folgt daher aus (4.14)

$$\lambda(z) \equiv 0 \bmod \mathfrak{B},$$

d.h. $\lambda(z) \in \mathfrak{B}$. Der Automorphismus λ ist dimensionstreu, und die Menge $\mathfrak{B}$ ist durch Dimensions-Eigenschaften definiert; daher geht $\mathfrak{B}$ bei Ausübung von λ^{-1} in sich über, und mit $\lambda(z)$ ist daher auch z in $\mathfrak{B}$ enthalten. Nach dem Hilfssatz Nr. 17 (c) ist mithin z nicht maximal—was zu beweisen war.

Mit den Sätzen Ia und Ib ist der Satz I vollständig bewiesen (Nr. 15).

§5. Maximale und minimale Elemente. Beweis des Satzes III.

30. *Die Ränge l_s.* Wir knüpfen an Nr. 13 und 14 an. Es sei wieder M eine beliebige n-dimensionale Mannigfaltigkeit. Die additive Gruppe der homogen r-dimensionalen Elemente von $\mathfrak{R}(M)$, also die r-te Bettische Gruppe (in bezug auf rationale Koeffizienten) heiße $\mathfrak{B}_r$; ihr Rang p_r ist die r-te Bettische Zahl von M.

Für $0 \leqq r < n$ verstehen wir unter $\mathfrak{U}_r$ die Gruppe derjenigen Elemente von $\mathfrak{B}_r$, welche sich aus den Elementen der Gruppe

$$\mathfrak{B}_n + \mathfrak{B}_{n-1} + \cdots + \mathfrak{B}_{r+1}$$

durch Multiplikation und Addition erzeugen lassen, mit anderen Worten: welche nicht maximal sind. $\mathfrak{U}_r$ läßt sich auch als die Gesamtheit derjenigen Elemente charakterisieren, die sich in der Form $\sum_i x_i \cdot y_i$ schreiben lassen, wobei x_i, y_i homogen-dimensional mit

$$\delta(x_i) + \delta(y_i) = n - r, \qquad 0 < \delta(x_i), \qquad 0 < \delta(y_i)$$

sind.

Den Rang von $\mathfrak{U}_r$ nennen wir q_r, und wir setzen

$$p_{n-s} - q_{n-s} = l_s, \qquad s = 1, 2, \cdots, n.$$

[29] Dies ist die einzige Stelle in der ganzen Arbeit, an welcher benutzt wird, daß der Koeffizientenkörper die *Charakteristik* 0 hat.

Die Zahl l_s ist der Rang der Restklassengruppe $\mathfrak{B}_{n-s} - \mathfrak{U}_{n-s}$ und hat daher die folgende Bedeutung: es gibt ein System von l_s derartigen maximalen Elementen $y_1, y_2, \cdots, y_{l_s}$ mit $\delta(y_i) = s$, daß auch jede lineare Verbindung

$$u_1y_1 + u_2y_2 + \cdots + u_{l_s}y_{l_s}$$

mit rationalen Koeffizienten u_i, abgesehen von derjenigen mit $u_1 = \cdots = u_{l_s} = 0$, selbst maximal ist; dagegen gibt es für kein $l' > l_s$ ein System von l' derartigen Elementen.

31. Wir behaupten erstens: In einem Erzeugenden-System $(z_1, \cdots, z_L)$ von $\mathfrak{R}(M)$ ist die Anzahl der z_j mit $\delta(z_j) = s$ stets $\geqq l_s$.

Beweis: Es seien $y_1, \cdots, y_{l_s}$ maximale Elemente mit der soeben genannten Eigenschaft. Stellt man die y_i als Polynome in den Erzeugenden $z_1, \cdots, z_L$ dar, so haben diese Darstellungen aus Dimensions-Gründen die Gestalt

$$y_i = t_{i1}z_1 + \cdots + t_{im}z_m + Y_i\,;$$

dabei sind $z_1, \cdots, z_m$ diejenigen Erzeugenden z_j, für welche $\delta(z_j) = s$ ist $(m \geqq 0)$, t_{ij} rationale Zahlen und Y_i Polynome in den z_k mit $d(z_k) > n - s$. Wäre $m < l_s$, so besäße das Gleichungssystem

$$\sum_{i=1}^{l_s} u_i t_{ij} = 0, \qquad j = 1, \ldots, m,$$

eine rationale Lösung $(u_1, \cdots, u_{l_s}) \neq (0, \cdots, 0)$, und es wäre

$$u_1y_1 + \cdots + u_{l_s}y_{l_s} = u_1Y_1 + \cdots + u_{l_s}Y_{l_s}\,;$$

dieses Element wäre, wie die rechte Seite zeigt, nicht maximal—entgegen der Voraussetzung über die y_i.

Wir behaupten zweitens: Ist—bei Benutzung derselben Bezeichnungen wie soeben—$m > l_s$, so ist das Erzeugenden-System $(z_1, \cdots, z_L)$ reduzibel.

Beweis: Da $l' = m > l_s$ ist, kann man, wie am Schluß von Nr. 30 festgestellt wurde, Zahlen $u_1, \cdots, u_m$ so bestimmen, daß das Element

$$Z = u_1z_1 + \cdots + u_mz_m$$

nicht maximal ist, und daß nicht alle $u_j = 0$ sind; dann ist Z ein Polynom in den z_k mit $d(z_k) > n - s$, also erst recht in den z_i mit $i > m$, und man kann, wenn etwa $u_1 \neq 0$ ist, z_1 durch die z_i mit $i > 1$ ausdrücken und somit das Erzeugenden-System reduzieren.

Damit haben wir festgestellt: *In jedem irreduziblen Erzeugenden-System $(z_1, \cdots, z_l)$ ist die Anzahl derjenigen z_i, für welche $\delta(z_i) = s$ ist, gleich l_s; die Anzahl aller Erzeugenden eines irreduziblen Systems ist daher immer*

$$l = l_1 + \cdots + l_n\,.$$[30]

[30] Hierdurch ist jeder Mannigfaltigkeit M eine Invariante l zugeordnet, welche etwa der "Rang" von M heißen möge. Für eine Γ-Mannigfaltigkeit ist, wie sich aus dem Satz (b) in Nr. 4 und seiner Herleitung ergibt, die Summe der Bettischen Zahlen gleich 2^l; andererseits ist für eine Gruppen-Mannigfaltigkeit, wie Cartan mit Hilfe der Integral-Invarianten berechnet hat[3], (b), 24, der hier auftretende Exponent gleich dem "Rang" der *Gruppe*,

32. *Die minimalen Elemente.* Es sei v ein homogen-dimensionales Element von $\mathfrak{R}(M)$ und $d(v) > 0$. Wir betrachten seine Vielfachen, d.h. die Elemente $x \cdot v$, wobei x die Elemente von $\mathfrak{R}(M)$ durchläuft; unter diesen Vielfachen sind außer dem Null-Element erstens alle rationalen Vielfachen von v enthalten—das sind Elemente der Dimension $d(v)$—und zweitens, falls nur $v \neq 0$ ist, nach dem Poincaré-Veblenschen Dualitäts-Satz alle Elemente der Dimension 0; für alle Vielfachen ist $d(x \cdot v) \leqq d(v)$. Wir definieren nun: das Element v heißt "minimal", wenn es keine Vielfachen $x \cdot v$ besitzt, für welche

$$x \cdot v \neq 0, \qquad 0 < d(x \cdot v) < d(v)$$

ist. Diese Definition ist offenbar gleichwertig mit der folgenden: v ist minimal, wenn für alle homogen-dimensionalen x, für welche

$$0 < \delta(x) < d(v), \text{ also } n - d(v) < d(x) < n,$$

ist, die Produkte $x \cdot v = 0$ sind.

Dabei ist, wie oben gesagt, $d(v) > 0$ vorausgesetzt; diese Verabredung ist analog der früher getroffenen, die n-dimensionalen Elemente nicht als maximal zu bezeichnen. Dagegen ist das Element 0 des Ringes $\mathfrak{R}(M)$ minimal.[31]

33. *Ein Dualitätssatz.* Die Gruppen $\mathfrak{U}_r$ sind in Nr. 30 erklärt worden. Wir behaupten:

Das homogen s-dimensionale Element v ist dann und nur dann minimal, wenn es ein Annullator der Gruppe $\mathfrak{U}_{n-s}$ ist, d.h. wenn $u \cdot v = 0$ für jedes Element u aus $\mathfrak{U}_{n-s}$ gilt ($s = 1, \cdots, n$).

Beweis: Es sei erstens v minimal und $u \in \mathfrak{U}_{n-s}$; dann ist $u = \sum x_i \cdot y_i$, wobei die x_i, y_i homogen-dimensional sind, mit

$$\delta(x_i) + \delta(y_i) = s, \qquad \delta(x_i) > 0, \qquad \delta(y_i) > 0,$$

also

$$0 < \delta(y_i) < s = d(v);$$

hieraus folgt $y_i \cdot v = 0$ für jedes i, also $u \cdot v = 0$. Es sei zweitens v homogen s-dimensional, aber nicht minimal; dann gibt es ein homogen-dimensionales y mit $0 < \delta(y) < s$ und $y \cdot v \neq 0$, und nach dem Poincaré-Veblenschen Dualitätssatz gibt es dann weiter ein homogen-dimensionales x mit $\delta(x) = d(y \cdot v)$ und $x \cdot y \cdot v \neq 0$; da $\delta(x) = n - \delta(y) - \delta(v)$, also $\delta(xy) = n - s$ ist, ist $x \cdot y \in \mathfrak{U}_{n-s}$; somit ist v nicht Annullator von $\mathfrak{U}_{n-s}$.

Aus der damit bewiesenen Charakterisierung der minimalen Elemente als

d.h. gleich der Dimension der maximalen Abelschen Untergruppen. Die Aufgabe, die Gleichheit zwischen dem Rang einer Gruppen-Mannigfaltigkeit—in dem Sinne, wie wir l oben für jede Mannigfaltigkeit M erklärt haben—und der genannten Dimensionszahl auf möglichst rein geometrischem Wege aufzuklären, habe ich in einer Arbeit behandelt, die in den Comm. Math. Helvet. 1941 erscheint.

[31] Alle homogen 1-dimensionalen Elemente sind offenbar minimal.

Annullatoren ist erstens ersichtlich, daß sie eine additive *Gruppe* $\mathfrak{B}_s$ bilden—(dies kann man auch direkt im Anschluß an die Definition in Nr. 32 leicht feststellen)—, und zweitens erkennt man mit Hilfe des Poincaré-Veblenschen Dualitätssatzes jetzt ohne Mühe, daß der Rang dieser Gruppe $\mathfrak{B}_s$ gleich $p_{n-s} - q_{n-s}$ (Nr. 30), also gleich l_s ist. Damit ist der folgende Satz bewiesen, der eine neue Charakterisierung der Zahlen l_s enthält:

Die s-dimensionalen minimalen Elemente von $\mathfrak{R}(M)$ bilden eine additive Gruppe vom Range l_s.

34. *Ein Invarianzsatz.* Die Eigenschaft der "Minimalität" ist invariant gegenüber beliebigen stetigen Abbildungen; genauer: M und M' seien beliebige Mannigfaltigkeiten, und F sei eine Abbildung von M in M'; die dadurch bewirkte Abbildung von $\mathfrak{R}(M)$ in $\mathfrak{R}(M')$ nennen wir ebenfalls F. *Dann ist für jedes minimale Element v von $\mathfrak{R}(M)$ das Bild $F(v)$ minimales Element von $\mathfrak{R}(M')$.*

Beweis: x sei ein homogen-dimensionales Element von $\mathfrak{R}(M)$, und das Element $F(x)$ von $\mathfrak{R}(M')$ sei nicht minimal; wir haben zu zeigen, daß x nicht minimal ist. Falls $d(x) = 0$ ist, ist nichts zu beweisen; es sei $d(x) > 0$; dann ist, da die Abbildung F von $\mathfrak{R}(M)$ in $\mathfrak{R}(M')$ dimensionstreu ist, auch $d(F(x)) > 0$; da $F(x)$ nicht minimal ist, gibt es ein solches homogen-dimensionales Element z von $\mathfrak{R}(M')$, daß $0 < \delta(z) < d(F(x)) = d(x)$ und $z \cdot F(x) \neq 0$ ist. Bezeichnet Φ den Umkehrungs-Homomorphismus von F (Nr. 25), so folgt aus (4.1), daß auch $\Phi(z) \cdot x \neq 0$ ist; dies bedeutet, da nach Nr. 25, 3), $\delta(\Phi(z)) = \delta(z)$, also $0 < \delta(\Phi(z)) < d(x)$ ist: x ist nicht minimal.

35. *Sphärenbilder.* Für die s-dimensionale Sphäre S_s ist dasjenige Element von $\mathfrak{R}(S_s)$, das durch den Grundzyklus repräsentiert wird—also das Eins-Element—minimal; daher ist in dem soeben bewiesenen Satz der folgende enthalten—(statt M' schreiben wir M)—: *Für eine beliebige Mannigfaltigkeit M ist ein Element von $\mathfrak{R}(M)$, das durch das stetige Bild einer Sphäre in M repräsentiert wird, stets ein minimales Element.*[32]

Hieraus folgt weiter, da nach Nr. 33 die Gruppe $\mathfrak{B}_s$ den Rang l_s hat: *Ist $l_s = 0$, so ist in M jedes stetige Bild der s-dimensionalen Sphäre homolog* 0.[32]

36. *Anwendung auf Γ-Mannigfaltigkeiten.* Nach Satz Ib gibt es in einer Γ-Mannigfaltigkeit kein maximales Element z mit geradem $\delta(z)$; daher sind die Ränge l_s für alle geraden s gleich 0; aus Nr. 35 folgt mithin der *Satz III* (Nr. 9).[32]

Für ein Sphärenprodukt

$$S_{m_1} \times S_{m_2} \times \cdots \times S_{m_l}, \qquad d(S_{m_i}) = m_i,$$

gibt die Zahl l_s an, wieviele der Zahlen m_i gleich s sind; dies folgt aus der Charakterisierung der l_s am Schluß von Nr. 31 und der Tatsache, die man leicht

---

[32] An die Stelle einer wirklichen Sphäre darf offenbar auch eine Homologie-Sphäre (in bezug auf den rationalen Koeffizientenbereich) treten, d.h. eine Mannigfaltigkeit, welche dieselben Bettischen Zahlen hat wie eine Sphäre.

bestätigt, daß die Elemente $Z_1, \cdots, Z_l$, die in Nr. 3, Formel (*), angegeben sind, ein irreduzibles Erzeugenden-System bilden, und daß $\delta(Z_i) = m_i$ ist. Für eine Γ-Mannigfaltigkeit Γ gibt also l_s an, wieviele Faktor-Sphären in dem Sphärenprodukt, das einen mit Γ isomorphen Ring hat, s-dimensional sind. Hierin ist enthalten, daß die Exponenten l_s in Nr. 4, Formel (1′), mit unseren Rängen l_s übereinstimmen.

37. *Die Pontrjaginsche Multiplikation und eine Vermutung.* Die Grundlage für Pontrjagins Untersuchung der Homologie-Eigenschaften geschlossener Liescher Gruppen[15] ist die folgende "Produktbildung": In der Mannigfaltigkeit M sei eine stetige Multiplikation erklärt; x und y seien zwei Zyklen in M; werden x und y von zwei Punkten p bzw. q durchlaufen, so durchläuft das stetige Produkt pq einen Zyklus, den wir mit $x \bigcirc y$ bezeichnen wollen; variieren x und y in ihren Homologieklassen, so ändert sich die Homologieklasse von $x \bigcirc y$ nicht; wir dürfen daher $x \bigcirc y$ als Produkt zweier Homologieklassen x und y deuten; in unserer Ausdrucksweise aus Nr. 26 ist

$$x \bigcirc y = F(x \times y).$$

Diese Produktbildung ist mit der Addition der Homologieklassen offenbar distributiv verknüpft; nehmen wir nun weiter an, die stetige Multiplikation in M sei *assoziativ*, dann wird auch die Produktbildung $x \bigcirc y$ assoziativ sein. Somit sieht man: Für eine *Gruppen*-Mannigfaltigkeit Γ läßt sich die additive Gruppe der Homologieklassen nicht nur durch die Schnittbildung $x \cdot y$ zu dem Ring $\mathfrak{R}(\Gamma)$, sondern außerdem durch die Pontrjaginsche Produktbildung $x \bigcirc y$ zu einem Ring $\mathfrak{P}(\Gamma)$ machen.

Die Bedeutung des Ringes $\mathfrak{P}(\Gamma)$ liegt auf der Hand: in seiner Struktur äußert sich die Wirkung der Gruppen-Multiplikation auf die Zyklen—also ein Zusammenhang zwischen den algebraischen Eigenschaften der Gruppe einerseits, den geometrischen Eigenschaften der Mannigfaltigkeit andererseits. Die Untersuchung dieses Ringes ist daher gewiß eine wichtige Aufgabe. Ich will hierzu eine Vermutung äußern, die sowohl durch Pontrjagins Ergebnisse, als auch durch unseren Satz I nahegelegt wird.[33]

Auch in jedem Sphären-Produkt

$$H = S_{m_1} \times S_{m_2} \times \cdots \times S_{m_l}$$

läßt sich neben der Schnittbildung in naheliegender Weise noch eine zweite Multiplikation, die "Aufspannung", erklären. Wie in Nr. 3 bezeichnen wir den Grundzyklus der Sphäre S_m selbst mit S_m und mit p immer einen einfach gezählten Punkt; wir stellen den Elementen (*) aus Nr. 3 die folgenden Elemente gegenüber:

$$(**) \qquad \begin{aligned} V_1 &= S_{m_1} \times p \times p \times \cdots \times p, \\ V_2 &= p \times S_{m_2} \times p \times \cdots \times p, \\ &\cdots\cdots\cdots\cdots \\ V_l &= p \times p \times p \times \cdots \times S_{m_l}. \end{aligned}$$

[33] Man vergl. zum Folgenden: Cartan[3], (b), 25–26.

Dann definieren wir zunächst für

$$i_1 < i_2 < \cdots < i_k$$

das von $V_{i_1}, V_{i_2}, \cdots, V_{i_k}$ aufgespannte Element

$$V_{i_1} \otimes V_{i_2} \otimes \cdots \otimes V_{i_k} = x_1 \times x_2 \times \cdots \times x_l \tag{5.1}$$

durch die Festsetzung:

$$x_j = S_{m_j} \text{ für } j = i_1, i_2, \cdots, i_k,$$
$$x_j = p \quad \text{für alle anderen } j.$$

Durch (5.1) sind 2^l Elemente erklärt, die eine volle additive Basis bilden. Für je zwei Elemente (5.1)

$$X = V_{i_1} \otimes V_{i_2} \otimes \cdots \otimes V_{i_k}, \qquad Y = V_{j_1} \otimes V_{j_2} \otimes \cdots \otimes V_{j_m} \tag{5.2}$$

definieren wir das aufgespannte Element $X \otimes Y$ dadurch, daß wir die rechten Seiten von (5.2) formal nach dem assoziativen Gesetz miteinander multiplizieren und dic Regeln

$$V_j \otimes V_i = (-1)^{m_i m_j} V_i \otimes V_j, \qquad V_i \otimes V_i = 0$$

anwenden; dann wird entweder $X \otimes Y = 0$ oder $\pm X \otimes Y$ wieder ein Element (5.1). Schließlich erklären wir für beliebige Elemente X, Y das Produkt $X \otimes Y$ dadurch, daß wir X und Y als lineare Verbindungen mit rationalen Koeffizienten der Elemente (5.1) darstellen und die distributiven Gesetze anwenden.

Durch die damit erklärte Multiplikation wird die additive Gruppe der Homologieklassen des Sphärenproduktes Π zu einem Ring $\mathfrak{Q}(\Pi)$ gemacht. Die Struktur dieses Ringes ist leicht zu übersehen: man stellt leicht fest, daß die Ringe $\mathfrak{R}(\Pi)$ und $\mathfrak{Q}(\Pi)$ miteinander isomorph sind, und daß dieser Isomorphismus durch eine gewisse Dualität vermittelt wird, die sich zunächst darin äußert, daß einem Element x von $\mathfrak{R}(\Pi)$ immer ein Element y von $\mathfrak{Q}(\Pi)$ mit $d(y) = \delta(x)$ entspricht.

Die oben erwähnte *Vermutung* bezüglich des Pontrjaginschen Ringes $\mathfrak{P}(\Gamma)$ einer *Gruppen*-Mannigfaltigkeit Γ ist nun die folgende:

Die, auf Grund des Satzes I mögliche, isomorphe Abbildung der Ringe $\mathfrak{R}(\Gamma)$ *und* $\mathfrak{R}(\Pi)$ *aufeinander läßt sich so wählen, daß sie zugleich die Ringe* $\mathfrak{P}(\Gamma)$ *und* $\mathfrak{Q}(\Pi)$ *isomorph aufeinander abbildet.*

Damit wäre die Struktur des Ringes $\mathfrak{P}(\Gamma)$ sowie die Beziehung zwischen den Ringen $\mathfrak{P}(\Gamma)$ und $\mathfrak{R}(\Gamma)$ weitgehend geklärt.

Unter anderem würde noch die folgende Rolle der minimalen Elemente einer Gruppen-Mannigfaltigkeit sichtbar werden. Offenbar sind die Elemente $V_1, \cdots, V_l$, die durch (**) gegeben sind, minimale Elemente von $\mathfrak{R}(\Pi)$, und zwar bilden sie eine additive Basis der *vollen* Gruppe der minimalen Elemente von $\mathfrak{R}(\Pi)$, d.h. der Vereinigung der Gruppen $\mathfrak{B}_1, \cdots, \mathfrak{B}_n$ (Nr. 33); daher würden auch die Elemente $v_1, \cdots, v_l$ von $\mathfrak{R}(\Gamma)$, welche bei dem vermuteten Isomorphismus den V_i entsprächen, minimal sein und eine Basis der vollen

Gruppe der minimalen Elemente von $\mathfrak{R}(\Gamma)$ bilden; da aber die Elemente (5.1) eine volle additive Basis in Π bilden, würden auch die Pontrjaginschen Produkte

$$v_{i_1} \bigcirc v_{i_2} \bigcirc \cdots \bigcirc v_{i_k},$$

$$i_1 < i_2 \cdots < i_k,$$

eine volle additive Basis in Γ bilden. Es würde sich also herausstellen, daß die minimalen Elemente $v_1, v_2, \cdots, v_l$ in ganz analoger Weise durch die Pontrjaginsche Produktbildung den Ring $\mathfrak{P}(\Gamma)$ aufspannen, wie die maximalen Elemente $z_1, z_2, \cdots, z_l$ durch die Schnittbildung den Ring $\mathfrak{R}(\Gamma)$ erzeugen.[34]

ZÜRICH, SWITZERLAND.

[34] Die oben ausgesprochene Vermutung, für die ich keinen Beweis gefunden hatte, habe ich mündlich Herrn M. Samelson mitgeteilt, und dieser hat ihre Richtigkeit inzwischen in vollem Umfange bewiesen [Ann. of Math. **42** (1941), 1091–1137]. — Sie bezieht sich übrigens ausdrücklich auf Gruppenmannigfaltigkeiten, und für den Beweis ist die Benutzung des assoziativen Gesetzes wesentlich.

40.[§]

On the Topology of Group Manifolds and Their Generalisations

Ann. Math. **42** (1941), 22–52*

Introduction[1]

1. Suppose that a "continuous multiplication" is defined in the closed, oriented manifold M, that is, to each ordered pair (p, q) of points from M there is associated a "product" point pq, depending continuously on the pair (p, q). If we write

$$pq = l_p(q),$$

then for fixed p and varying q, l_p is a map of M to itself. The maps l_p depend continuously on the parameter p, and therefore all have the same mapping degree c_l. The degree c_r of the maps r_q, given by

$$pq = r_q(p),$$

is determined in an analogous way. If one defines the continuous multiplication, so that for all (p, q) pq is a fixed point, then $c_l = c_r = 0$. If for all $(p \cdot q)$ one puts $pq = p$ or $pq = q$, then $c_l = 0, c_r = 1$ (respectively $c_l = 1, c_r = 0$). Such trivial continuous multiplications exist for all manifolds; on the other hand, as we shall show, it is only for very special manifolds that one can define continuous multiplications so that $c_l \neq 0$ and $c_r \neq 0$. A manifold[2] which admits such a multiplication will be called a Γ-manifold[2a]. The concept of a Γ-manifold is a generalisation of that of a group manifold; indeed if M is a group manifold, i.e. a continuous multiplication is defined in M satisfying the group axioms, then for the point e defining the group identity we have that both the maps l_e and r_e are the identity on M, so that $c_l = c_r = 1$. Hence

All theorems that will be proved for Γ-manifolds hold in particular for group manifolds[3].

§ English translation by Charles Thomas (Cambridge University).

* *Editors' Note.* This paper was originally submitted to Compositio Mathematica (23. 8. 1939). It was transferred to the Annals of Mathematics (18. 11. 1940) after the Compositio Mathematica ceased publication as a consequence of internal European conflict.

1 A short announcement without proofs appeared in C.R. Acad. Paris **208** (1939), 1266–1267.

2 In this work by "manifold" we will always mean a closed and orientable manifold.

2a We do not require the validity of the associative law.

3 The topology of group manifolds is considered in the two following papers of E. Cartan: (a) La Theorie des Groupes Finis et Continus et L'Analysis Situs (Paris 1930, Mem. Scient.

2. We will examine the homology properties of manifolds, taking as coefficients the field of rational numbers [4]. As usual we form the homology classes of a manifold M into the homology ring $\mathfrak{R}(M)$; the addition is that of the Betti groups, and the multiplication is defined by intersection. A consequence of the use of rational coefficients is that we lose some of the fine structure of M, for example any torsion present. On the other hand if the rational homology rings $\mathfrak{R}(M_1)$ and $\mathfrak{R}(M_2)$ of two manifolds M_1, M_2 are dimension-true isomorphic, then the most important algebraic properties agree, in particular the values of the Betti numbers. Our main aim is the proof of the following theorem:

Theorem 1. *The homology ring $\mathfrak{R}(\Gamma)$ of a Γ-manifold Γ is dimension-true isomorphic to the homology ring $\mathfrak{R}(\Pi)$ of a topological product*

$$\Pi = S_{m_1} \times S_{m_2} \times \cdots \times S_{m_l}, \quad l \geq 1,$$

in which S_m denotes the m-dimensional sphere, and all dimensions $m_1, \ldots, m_l$ are odd.

3. Since we completely understand the structure of the ring $\mathfrak{R}(\Pi)$, we can also express the content of Theorem 1 in terms of an explicit description of the ring $\mathfrak{R}(\Gamma)$. To this end we make the following terminological remarks. The ring $\mathfrak{R}(M)$ of an arbitrary n-dimensional manifold 2) M contains a unit element; it is represented by the oriented fundamental n-dimensional cycle of M, and we denote it by 1. We label the dimension of an element z in $\mathfrak{R}(M)$ by $d(z)$. Frequently we consider the "dual dimension" $\delta(z) = n - d(z)$. By a "complete additive basis" of $\mathfrak{R}(M)$ we understand the union of homology bases of dimensions $0, 1, \ldots, n$. Theorem 1 can now be expressed in the following way:

Theorem 1 (Second version). We can choose elements $z_1, z_2 \ldots, z_l$ from the ring $\mathfrak{R}(\Gamma)$ of a Γ-manifold Γ in such a way that the 2^l elements

$$1; \quad z_i; \quad z_{i_1} \cdot z_{i_2} \; (i_1 < i_2);$$
$$z_{i_1} \cdot z_{i_2} \cdot z_{i_3} \; (i_1 < i_2 < i_3); \quad \cdots; \quad z_1 \cdot z_2 \cdot \cdots \cdot z_l$$

form a complete additive basis. The multiplication in $\mathfrak{R}(\Gamma)$ is completely determined by the distributive law, the associative law, and the anticommutative rule

$$z_j \cdot z_i = -z_i \cdot z_j$$

Math. XLII), and (b) La Topologie des Groupes de Lie (Paris 1936, Act. Scient. et Indust. **358**). See also L'Enseignement Math. **35** (1936) and Selecta, Jubilée Scientifique, Paris 1939, 235–258.

[4] In fact we only need the domain of coefficients to be a field of characteristic 0.

(in which the rule $z_i \cdot z_i = 0$ is contained as a special case). In short $\mathfrak{R}(\Gamma)$ is the ring of (inhomogeneous) multilinear forms in the anticommuting elements $z_1, z_2, \ldots, z_l$ with rational coefficients. All the z_i are dimensionally homogeneous[5] and the dual dimensions are odd. The dimension of Γ is

$$n = m_1 + m_2 + \cdots + m_l,$$

and in general

$$d(zi_1 \cdot zi_2 \cdot \cdots \cdot z_i) = n - m_{i_1} - m_{i_2} - \cdots - m_{i_r}.$$

That here indeed we do have a dimension-true isomorphism between $\mathfrak{R}(\Pi)$ and $\mathfrak{R}(\Gamma)$ is explained by the following easily verified fact. If one denotes the oriented fundamental cycle of S_m again by S_m, and by p some chosen point, then the elements

$$(*)\qquad \begin{aligned} Z_1 &= p \times S_{m_2} \times S_{m_3} \times \cdots \times S_{m_l}, \\ Z_2 &= S_{m_1} \times p \times S_{m_3} \times \cdots \times S_{m_l}, \\ &\vdots \\ Z_l &= S_{m_1} \times S_{m_2} \times S_{m_3} \times \cdots \times p \end{aligned}$$

of $\mathfrak{R}(\Pi)$ possess the analogous properties to those which we have assigned to the elements $z_1, z_2, \ldots, z_l$ in $\mathfrak{R}(\Gamma)$. From the second version of Theorem 1 one deduces, among other things, the following remarkable property of Γ-manifolds.

Theorem 1b. *Each dimensionally homogeneous element z in $\mathfrak{R}(\Gamma)$ with positive, even dual dimension $\delta(z)$ can be generated by the addition and multiplication of higher dimensional elements.*

4. Theorem 1 contains far-reaching assertions about the Betti numbers of a Γ-manifold. By the "Poincaré Polynomial" of a complex K we understand the polynomial

$$P_K(t) = p_0 + p_1 t + p_2 t^2 + \cdots$$

in an indeterminate t, where the coefficient p_t equals the rth. Betti number of K. For the sphere S_m we have

$$P_{S_m} = 1 + t^m;$$

and for the topological product $K_1 \times K_2$ of two complexes K_1 and K_2 the Kunneth formula[6] implies the rule

[5] A complex K is said to be dimensionally homogeneous of dimension r, if each simplex of K lies in an r-dimensional simplex of K. An element of the homology ring $\mathfrak{R}(M)$ is said to be dimensionally homogeneous, if it is carried by a dimensionally homogeneous cycle in M. The additive group of $\mathfrak{R}(M)$ is the direct sum of the group of homogeneous r-dimensional elements with $r = 0, 1, \ldots, n$.

[6] Alexandroff-Hopf, Topologie I (Berlin 1935), 309, Formula (13′).

$$P_{K_1 \times K_2}(t) = P_{K_1}(t) \cdot P_{K_2}(t);$$

Therefore Theorem 1 (version 2) contains the following

Theorem 1′. *The Poincaré polynomial of a Γ-manifold Γ has the form*

$$P_\Gamma(t) = (1 + t^{m_1}) \cdot (1 + t^{m_2}) \cdot \dots \cdot (1 + t^{m_l}),$$

where all exponents m_i are odd.

We exhibit some of the numerous relations between the Betti numbers, which can bc read off from (1):

(a) The Euler characteristic is 0 [7], since the characteristic of a complex equals $P_K(-1)$.

(b) The sum of the Betti numbers is a power of 2 [8], since for a complex this sum equals $P_K(+1)$. Let Γ be n-dimensional, then $p_n = 1$, $p_r = 0$ for $r > n$, n is the rank of $P_\Gamma(t)$, and $m_1 + m_2 + \dots + m_l = n$. Since the rth. coefficient of the polynomial (1) is clearly no larger than the rth. coefficient of the polynomial

$$(1+t)^n = (1+t)^{m_1} \cdot (1+t)^{m_2} \cdot \dots \cdot (1+t)^{m_l},$$

one sees that

(c) For all r one has $p_r \leq \binom{n}{r}$ [9].

We can write (1) in the form

(1′) $$P_r(t) = (1+t)^{l_1} \cdot (1+t^3)^{l_3} \cdot (1+t^5)^{l_5} \dots, \qquad l_s \geq 0,$$

Calculation shows

(1″) $$P_r(t) = 1 + l_1 t + \binom{l_1}{2} t^2 + \left(l_3 + \binom{l_1}{3}\right) + \left(l_1 l_3 + \binom{l_1}{4}\right) + \cdots.$$

Hence

(2) $$p_1 = l_1.$$

Since clearly the coefficient of t^r in the product (1′) is not smaller than in the factor

---

[7] If the maps l_p and r_q are homeomorphisms – in particular, if Γ is a group manifold – the map $f(q) = l_{p_1}^{-1} l_{p_2}(q)$ (with $p_1 \neq p_2$) is defined from Γ to itself, which can be continuously deformed to the identity, and has no fixed point. In this case the theorem above follows from a known fixed point theorem.

[8] For group manifolds see Cartan[3] (b), 24.

[9] For group manifolds see H. Weyl, The classical groups (Princeton, 1939), 279, as a corollary of a theorem of Cartan. Compare[13].

$$(1+t)^{l_1} = (1+t)^{p_1},$$

we have

(d) For all r one has $p_r \geq \binom{p_1}{r}$ [10]. From (1′) it follows that

$$l_1 + 3l_l + 5l_5 + \cdots = n,$$

so by (2):

$$p_1 = n - 3l_3 - 5l_5 - \cdots;$$

Hence when $r = 1$ (c) can be sharpened to

(e) Either $p_1 = n$, or $p_1 = n - 3$, or $p_1 \leq n - 5$. [11] Furthermore from (1″) and (2) one can deduce the following sharpening of (d) for $r = 2$:

(f) We have $p_2 = \binom{p_1}{2}$, hence in particular:

(f_0) If $p_1 = 0$ or $p_1 = 1$, then $p_2 = 0$. [12] In the same way one sees from (1″) and (2):

(g) If $p_1 = 0$ then $p_4 = 0$ also. Without difficulty one can produce a whole row of similar relations, for example the following

(h) Let $p_1 = 0$, then

$$3p_3 + 5p_5 + 7p_7 \leq n,$$

$$p_{ir} \geq \binom{p_i}{r} \quad \text{for } i = 3, 5, 7 \text{ and arbitrary } r.$$

5. For Lie Groups, thanks to results of E. Cartan and G. de Rham, we can translate Theorem 1 from the language of homology theory to the language of invariant differential forms [13]. I restrict myself to the reformulation of the result as given in the second version of Theorem 1 above [14]:

Suppose that the manifold G represents a closed Lie group. Then from the collection of differential forms, which are invariant with respect to the action of the group, we can choose forms $\omega_1, \omega_2, \ldots, \omega_l$, with degrees $m_1, m_2, \ldots, m_l$ which have the following properties:

[10] For group manifolds see[9]. For genuinely more general spaces with continuous multiplication see W. Hurewicz (Proc. Akad. Amsterdam **39** (1936), 215–224).

[11] The relation $p_1 \leqq n$ was first proved for generalised group spaces by P. Smith (Annals of Math. (2) **36** (1935) 210–229) and later proved by Hurewicz as a corollary of the theorem quoted in[10].

[12] See Cartan[3] (b), 14 and 23–24 on the seecond Betti number of a group manifold.

[13] E. Cartan, Sur les invariants integraux ... (Annales Soc. polonaise de Math. **8** (1929), 181–225 (= Selecta 203–233); G. de Rham, Sur l'analysis situs ... (Journal de Math. **10** (1931), 115–200). See also inter alia H. Weyl[9], 276 ff.

[14] Here the domain of coefficients must be the real numbers, see[4].

1. For each r those exterior products

$$\omega_{i_1} \cdot \omega_{i_2} \cdot \cdots \cdot \omega_{i_\rho},$$

for which

$$m_{i_1} + m_{i_2} + \cdots + m_{i_\rho} = r, \quad i_1 < i_2 < \cdots < i_\rho$$

form a linear basis (with respect to constant coefficients) of the invariant differential forms of degree r.

2. All the m_i are odd, and

3. The dimension of G equals $m_1 + m_2 + \cdots m_l$.

In turn Theorem 1b implies the following fact:

Each invariant homogeneous differential form of even degree can be generated from invariant differential forms of lower degree by means of addition and exterior multiplication.

6. Even confining attention to Lie groups, both Theorem 1 and the weaker Theorem 1′ are, so far as I know, new. In any case these theorems were already known for a large and important class of special cases, and their validity for general Lie groups could be conjectured. Indeed, using various methods, L. Pontrjagin, R. Brauer and C. Ehresmann have determined the Betti numbers of those simple, closed Lie groups which belong to the four large classes in the Killing-Cartan classification, and these methods yield not only Theorem 1′ but also Theorem 1 for these groups[15]. Starting from this result one might succeed in the following way in proving Theorem 1 for all closed Lie groups. One would start by verifying the validity of the theorem for the five simple closed "exceptional" groups in the Killing-Cartan classification, and then transfer the theorem – now known for all simple closed Lie groups – to all closed Lie groups, using the known Cartan theory for the role played by the simple groups as building blocks for arbitrary groups. But quite idependently of the question of whether direct verification of the theorem for the five exceptional groups really succeeds, such a proof would not be entirely satisfying for two reasons. Firstly it would use such deep and all-embracing parts of the theory of continuous groups so as to obscure the correct relation with the elementary topological nature of the theorem. Secondly such a proof would culminate in a verification; as such it might yield particular concrete conclusions for those special manifolds, for which verification took place – the manifolds of the simple closed Lie groups – but it would leave open the wish for a

[15] L. Pontrjagin (C.R. Acad. Sci. U.S.S.R. **1** (1935), 433–437 and C.R. Paris, **200** (1935), 1277–1280), R. Brauer (C.R. **201** (1935), 419–421) (again compare H. Weyl[9]), 232 ff.), C. Ehresmann (C.R. **208** (1939), 321–323; 1263–1265).

proof explaining the general grounds for the validity of the theorem[16]. For these reasons I believe that, even if direct verification of Theorem 1 for the five exceptional groups, and with it another proof for all closed Lie groups, were to succeed, still our proof, which holds for all Γ-manifolds and as a consequence uses nothing from Lie theory, is also welcome for Lie group manifolds.

7. On the other hand one knows that certain sharpenings of Theorem 1 are allowed, if one confines oneself to group manifolds. Thus certain rules apply to the numbers m_i appearing in Theorem 1; it follows from results of E. Cartan[17] that either all the $m_i = 1$ (the group is then abelian), or at least one m_i equals 3. It is not in principle possible to prove this or similar theorems using our method, which simultaneously handles all Γ-manifolds, since for Γ-manifolds the m_i are not restricted. Indeed we have the following

Theorem 2. *Each product of spheres*

$$S_{m_1} \times S_{m_2} \times \cdots S_{m_l}, \quad l \geqq 1,$$

in which the dimensions $m_1, m_2, \ldots, m_l$ are odd, is a Γ-manifold.

From this theorem it follows that the notion of a Γ-manifold is indeed much more general than that of a group manifold, and not only because of its definition. By Theorem 2 all spheres S_{2k+1} are Γ-manifolds, but by a well-known theorem of Cartan, already referred to above, among the spheres S_n only S_1 and S_3 are group spaces.

8. The problem of deciding which rings arise as the homology rings of Γ-manifolds is completely soved by Theorems 1 and 2. The truth of Theorem 2 will be quickly established in Section 1 by the direct construction of suitable continuous multiplications. In Section 2 we will consider generating systems for arbitrary homology rings. Inside the framework of these considerations Theorem 1 falls into two parts – Theorems 1a and 1b, of which we have already spoken of the second in subsection 3 above. In Theorem 1b (subsection 15) the concept of the "maximal" element of a homology ring appears, which may well be important and applicable for purposes other than ours. We will come back to this point in the following subsection 9. The programme for proving Theorems 1a and 1b, and hence Theorem 1, is as follows. We consider the

[16] Cartan[3], (b), 26: ... Even restricting ourselves to the simple determination of the Betti numbers of simple groups we cannot consider ourselves to be completely satisfied, if we make this determination for the five exceptional groups ... It is necessary to hope that we will find some general reason explaining the very special form taken by the Poincaré polynomials for simple closed groups. (Translater's translation)

[17] See for example[3] (a), 42–43; (b), 24.

point pairs (p, q) from M as points in the product manifold $M \times M$; the continuous multiplication pq in M, as defined in subsection 1, then defines a continuous map of $M \times M$ to itself, $F(p \times q) = pq$. We investigate this map F by means of the "Umkehr" homomorphism. In connection with this programme we first collect together in Section 3 some elementary properties of the ring $\mathfrak{R}(M \times M)$, and in Section 4, after a short recall of the theory of the "Umkehr" homomorphism, we give the proofs of Theorems 1a and 1b.

9. The concept of the maximal element introduced above is the following: a dimensionally homogeneous element of a homology ring $\mathfrak{R}(M)$ is said to be maximal, if it cannot be generated by higher dimensional elements by means of addition and multiplication. In Section 5 we will consider the maximal elements rather more closely, and we will set "minimal" elements up against these. These are the dimensionally homogeneous elements v of $\mathfrak{R}(M)$, which possess no multiples $w = u \cdot v$ with $0 < d(w) < d(v)$. The argument leads first to an easy theorem on a certain duality between maximal and minimal elements (subsection 33), and secondly, via the "Umkehr" homomorphism to a remarkable invariance property of minimal elements (subsection 34). These results, together with Theorem 1b, give as a Corollary the following theorem, which represents a powerful generalisation of the fact that an even-dimensional sphere cannot appear as a group manifold:

Theorem 3. *Continuous images of even-dimensional spheres are always homologous to 0 in Γ-manifolds.*

Finally (subsection 37) we formulate a problem, which arises from the method of L. Pontrjagin referred to [15] and which may be important for the further study of group manifolds. This is stated in terms of a conjecture, in which the minimal elements of a group manifold play an important role.

§1. Proof of Theorem 2

Theorem 2 (subsection 7) can be split into two parts:

Theorem 2a. *If m is odd the sphere S_m is a Γ-manifold* [18].

Theorem 2b. *The topological product of two Γ-manifolds Γ and Γ' is again a Γ-manifold.*

[18] The fact that for m even S_m is not a Γ-manifold is contained in s.s. 4(a) and in Theorem 3 (s.s. 9).

10. *Proof of Theorem 2a* [19]. For each point q of the sphere S_m let r_q denote the reflection of S_m in the diameter on which q lies, and write $pq = l_p(q) = r_q(p)$. The map r_q is a homeomorphism, hence $c_r = +1$ or -1 (indeed as one easily sees, $c_r = -1$). We assert that $c_l = +2$ or -2 (and indeed we have $c_l = +2$). Let p be a fixed point of S_m: each great circle containing p is mapped to itself by l_p in the following way. Introduce an angle coordinate on the circle with p as zero; then if q is the point with coordinate α, $pq = l_p(q)$ has coordinate 2α. From this one deduces that both the hemisphere H of S_m centred at p, and the antipodal hemisphere H' are mapped homeomorphically onto $S_m - p'$, where p' denotes the antipode of p. The common boundary sphere of H and H' is mapped to p'. If q' always denotes the antipode of q, then the connection between the maps of the hemispheres H and H' is given by the relation $l_p(q') = l_p(q)$. For odd values of m the involution of S_m interchanging antipodal points has degree $+1$. Therefore, if we determine the orientations of H and H' by means of a fixed orientation of S_m, the homeomorphisms l_p of H and H' will have the same degree + or -1 (and indeed, as one easily sees, $+1$). Hence the map l_p of the whole sphere S_m onto itself has degree $2\varepsilon = \pm 2$ (and indeed $+2$).

11. *Proof of Theorem 2b.* Let the continuous multiplications on Γ and Γ' be given by

$$pq = l_p(q) = r_q(p) \quad \dots \quad p'q' = l'_{p'} = r'_{q'}(p')$$

and let the associated degrees be c_l, c_r, $c_{l'}$ and $c_{r'}$, none of which equals 0. Inside the manifold $\Gamma \times \Gamma'$, with points denoted by $p \times p', q \times q', \dots$, we define a continuous multiplication by the rule

$$(p \times p') \cdot (q \times q') = pq \times p'q' = L_{p \times p'}(q \times q') = R_{q \times q'}(p \times p');$$

The associated degrees are C_L, C_R, and the theorem will be proved as soon as we show that

$$C_L = c_l \cdot c_{l'}, \quad C_R = c_r \cdot c_{r'}.$$

The validity of these equations is shown in the following technical lemma.

Let f and f' be maps [20] from the manifolds 2) A and A' into the manifolds B and B', which have the same dimensions as A and A'. Let the degrees of f and f' be c and c' respectively. The map F from $A \times A'$ to $B \times B'$, given by $F(p \times p') = f(p) \times f(p')$, with p, p' running through the points of A, A' respectively, has degree cc'. For the proof we replace f and f' by equally satisfactory simplicial approximations f_1, f'_1, which also have degrees c, c', and which give the map $F_1(p \times p') = f_1(p) \times f'_1(p)$, with the same rank C as F, from $A \times A'$ into $B \times B'$. Denote the basic simplexes of the

[19] Repeat of the proof of Theorem 4 in my paper in Fund. Math. **25** (1935), 427–440.
[20] All maps of manifolds occurring are single valued and continuous.

decompositions of A, A', B, B' underpinning the simplicial maps f_1, f_1' by u_i, u_j', v_k, v_l'; then the products $u_i \times u_j'$ and $v_k \times v_l'$ form the basic cells in the cellular decompositions of the manifolds $A \times A'$ and $B \times B'$, respectively. Each cell $u_i \times u_j'$ is mapped affinely by F_1, and indeed the following holds. If either $f_1(u_i)$ or $f_1(u_j')$ equals 0, at least one of the dimensions of the simplexes u_i, u_j' is lowered by the map f_1 or f_1', so that the map F_1 lowers the dimension of the cell $u_i \times u_j'$. Therefore $F_1(u_i \times u_j') = 0$. If

$$f_1(u_i) = \varepsilon v_k, \quad f_1'(u_j') = \varepsilon' v_l', \quad \varepsilon = \pm 1, \quad \varepsilon' = \pm 1,$$

so that the two maps f_1, f_1' are non-singular, the map F_1 of $u_i \times u_j'$ is also non-singular, and as one knows from rules for the sign in mapping topological products

$$F_1(u_i \times u_j') = \varepsilon\varepsilon'(v_k \times v_l').$$

Now carry out an easy enumeration: the algebraic covering number, i.e. the number of positive coverings minus the number of negative coverings, of some fixed basic cell of $B \times B'$, say the cell $v_k \times v_l'$, and likewise the degree C of F_1, is equal to the product of the algebraic covering numbers of v_k and v_l' for the maps f_1 and f_1', respectively, i.e. $C = cc'$.

§2. Irreducible Systems of Generators and Maximal Elements of a Homology Ring. Reformulation of Theorem 1

12. *Preliminary remarks.* Let M be an n-dimensional manifold. As already agreed in subsection 3, denote the dimension of an element z in $\mathfrak{R}(M)$ by $d(z)$ and its dual dimension $n - d(z)$ by $\delta(z)$.

It is known that if z, z' are dimensionally homogeneous, then so is $z \cdot z'$ with

(2.1) $$\delta(z \cdot z') = \delta(z) + \delta(z')$$ [21]

and

(2.2) $$z' \cdot z = \pm z \cdot z'.$$

Indeed[22]

(2.3) $$z' \cdot z = (-1)^{\delta(z)\cdot\delta(z')} z \cdot z',$$

and in particular, if $\delta(z)$ is odd,

(2.4) $$z \cdot z = 0.$$

[22] See for example Lefschetz, Topology (New York, 1930), 166.

13. *Generating systems*. The n-dimensionally homogeneous elements of $\mathfrak{R}(M)$, i.e. rational multiples of the identity of the ring, will be called the scalar elements of $\mathfrak{R}(M)$.

By a "generating system" for $\mathfrak{R}(M)$ we understand a system of dimensionally homogeneous, non-scalar elements $z_1, z_2, \dots, z_L$, such that all elements are obtained by applying the operations of two-sided multiplication, multiplication by rational coefficients and addition to $z_1, z_2, \dots, z_L$.

Because of the rule (2.2) each element of $\mathfrak{R}(M)$ can be written in at least one way as a polynomial in the z_λ, i.e. as a sum of expressions of the form

$$t \cdot z_1^{\alpha_1} \cdot z_2^{\alpha_2} \cdot \dots \cdot z_L^{\alpha_L}, \qquad a_\lambda \geqq 0, \tag{2.5}$$

with rational coefficients t. A generating system is said to be "irreducible", if no proper subsystem is already a generating system. Clearly each generating system contains at least one irreducible generating system.

In addition one easily shows that the number l of elements in an irreducible generating system of $\mathfrak{R}(M)$ does not depend on the individual system, and is thus an invariant of M. We will prove this fact later (see [31]), while making use of it in what follows.

14. *Maximal Elements.* An element z of $\mathfrak{R}(M)$ is said to be "maximal" if

1. it is dimensionally homogeneous and non-scalar, and

2. it is not contained in the subring generated by dimensionally homogeneous elements z' in $\mathfrak{R}(M)$ with $d(z') > d(z)$.[23] We claim that *each element z_λ of an irreducible generating system $(z_1, z_2, \dots, z_l)$ is maximal.*

Proof. Dimensional homogeneity and the non-scalar nature of z_λ are contained in the definition of a generating system. If z_λ were not maximal, z_λ would be an element of the ring $\mathfrak{U}$ generated by all dimensionally homogeneous elements z' with $d(z) > d(z_\lambda)$. But each of these z' can be written in terms of the generators $z_1, z_2, \dots, z_l$, and for dimensional reasons the element z_λ does not appear. From z_λ belonging to $\mathfrak{U}$ it would therefore follow that z_λ would be a polynomial in the elements of the system $(z_1, z_2, \dots, z_l)$ distinct from z_λ. This would mean that the system with z_λ omitted remains a generating system – contradicting its irreducibility property.

15. *Reformulation of Theorem 1*

Theorem 1a. *Let $(z_1, z_2, \dots, z_l)$ be an irreducible generating system for the ring $\mathfrak{R}(\Gamma)$ of a Γ-manifold. Then*

$$z_1 \cdot z_2 \cdot \dots \cdot z_l \neq 0. \tag{2.6}$$

[23] In particular each homogeneous $(n-1)$-dimensional element ($\neq 0$) is maximal.

Theorem 1b. *If z is a maximal element in the ring $\mathfrak{R}(\Gamma)$ of a Γ-manifold, then $\delta(z)$ is odd.*

We will prove both theorems in Section 4. For the moment we only want to show that Theorem 1 (subsections 2, 3) follows from the two of them. This will be the case once we have shown:

Let $(z_1, z_2, \ldots, z_l)$ be an irreducible generating system for $\mathfrak{R}(\Gamma)$, and suppose that Theorems 1a and 1b hold. Then $z_1, z_2, \ldots, z_l$ have the properties listed in subsection 3.

First of all it follows from subsection 14 that all the elements z_i are maximal, and hence from Theorem 1b that all numbers

(2.7) $$\delta(z_i) = m_i, \qquad i = 1, 2, \ldots, l,$$

are odd. By (2.3) we therefore have

(2.8) $$z_j \cdot z_i = -z_i \cdot z_j\,,$$

and in particular that

(2.9) $$z_i \cdot z_i = 0.$$

Since the z_i form a generating system, we can represent each element from $\mathfrak{R}(\Gamma)$ as a sum of expressions (2.5) – with $L = l$. As a consequence of (2.9) we can restrict attention to exponents $a_\lambda = 0$ and $a_\lambda = 1$, i.e. each element z of $\mathfrak{R}(\Gamma)$ can be written in at least one way as a rational linear combination of elements

(2.10) $$1; \quad z_i; \quad z_{i_1} \cdot z_{i_2}\ (i_1 < iu_2); \quad z_{i_1} \cdot z_{i_2} \cdot z_{i_3}\ (i_1 < i_2 < i_3); \ldots z_1 \cdot z_2 \cdot \cdots \cdot z_l.$$

hence in the form

(2.11) $$z = t + \sum t_i z_i + \sum t_{i_1 i_2} z_{i_1} z_{i_2} + \sum t_{i_1 i_2 i_3} z_{i_1} z_{i_2} z_{i_3} + \cdots + t_{12\ldots l} z_1 \cdot z_2 \cdot \cdots \cdot z_l,$$

where the coefficients $t, t_i, t_{i_1 i_2} \ldots$ are rational and the indices fulfill the conditions given in (2.10). We must show that the elements (2.10) form an additive basis, that is, that they are linearly independent (over the rational numbers). Put another way: in any representation of $z = 0$ of type (2.11) all coefficients on the right-hand side vanish. Assume therefore that

(2.11_0) $$0 = t + \sum t_i z_i + \sum t_{i_1 i_2} z_{i_1} \cdot z_{i_2} + \sum t_{i_1 i_2 i_3} z_{i_1} z_{i_2} z_{i_3} + \cdots + t_{12\ldots l} z_1 \cdot z_2 \cdot \cdots \cdot z_l,$$

Multiply by $z_1, z_2, \ldots, z_l$; by the associative law and rules (2.8), (2.9) all products on the right-hand side, in which an index appears twice, vanish, so that we obtain the equation

$$0 = t \cdot z_1 \cdot z_2 \cdot \cdots \cdot z_l;$$

From Theorem 1a it will then follow, because the coefficients are in a field, that $t = 0$. Consider an index i and multiply (2.11_0) by the product of all the z_j, for which $i \neq j$; the same reasoning as above shows that

$$0 = t_i \cdot z_1 \cdot z_2 \cdot \cdots \cdot z_l$$

and hence that $t_i = 0$.

Consider two indices i_1, i_2 and multiply (2.11_0) by the product of all the z_j, for which $j \neq i_1$ or i_2; it will follow that $t_{i_1 i_2} = 0$. In this way one sees that all coefficients on the right-hand side of (2.11_0) do indeed equal 0. Hence the elements (2.10) do form a basis and the elements of $\mathfrak{R}(\Gamma)$ can be identified in a unique way with the expressions (2.11). It has already been shown that the anticommutative rule (2.8) holds for multiplication. To complete the proof of Theorem 1 it remains only to check the dimension rules given in subsection 3. From Theorem 1a it follows that the dimension $d_0 = d(z_1 \cdot z_2 \cdot \cdots \cdot z_l)$ is well-defined and non-negative. For $i_1 < i_2 < \cdots < i_r$ we have $d(z_{i_1} \cdot z_{i_2} \cdots \cdot z_i) \geqq d_0$, and, given (2.11), that $d(z) \geqq d_0$ for all elements z in $\mathfrak{R}(\Gamma)$. Since there exists a 0-dimensional element z, we must have $d_0 = 0$. If Γ has dimension n this is equivalent to saying that $\delta(z_1, z_2, \ldots, z_l) = n$. Writing $\delta(z_i) = m_i$ we have by (2.1) that $n = m_1 + m_2 + \cdots + m_l$. In general, if $i_1 < i_2 < \cdots < i_r$, (2.1) again implies that

$$\begin{aligned} d(z_{i_1} \cdot z_{i_2} \cdot \cdots \cdot z_{i_r}) &= n - \delta(z_{i_1} \cdot z_{i_2} \cdot \cdots \cdot z_{i_r}) \\ &= n - m_{i_1} - m_{i_2} - \cdots - m_{i_r}. \end{aligned}$$

Finally the fact that all the m_i are odd is confirmed by (2.7). In this way Theorem 1 is completely proved - always under the presupposition that Theorems 1a and 1b are valid. These will be proved in Section 4.

16. *Technical Lemmas* [24]. We here collect together some simple facts, which we will later use in Section 4. Let M be an n-dimensional manifold and $(z_1, z_2, \ldots, z_l)$ an arbitrary generating system for $\mathfrak{R}(M)$. Let $\mathfrak{U}$ be the set of all elements which can be written in the form

$$w_2 \cdot z_2 + w_3 \cdot z_3 + \cdots + w_l \cdot z_l$$

where the wi are arbitrary elements of $\mathfrak{R}(M)$. We claim:

[24] The technical lemmas from s.ss. 16–18 and 20–22 will find use in s.ss. 28 and 29. Of themselves they do not have great interest.

(a) Each dimensionally homogeneous element z with $d(z_1) < d(z) < n$ belongs to $\mathfrak{U}$.

(b) If z_1 is contained in $\mathfrak{U}$ the generating system $(z_1, z_2, \ldots, z_l)$ is reducible.

Proof of (a). If we write z as a linear combination of monomials $z_1^{\alpha_1} \cdot z_2^{\alpha_2} \cdot \cdots \cdot z_l^{\alpha_l}$ (with rational coefficients), then, because z and all the z_i are dimensionally homogeneous, we can clearly restrict our attention to such monomials having dimension $d(z)$. For such a monomial (2.1) then implies that

$$\alpha_1 \cdot \delta(z_1) + \alpha_2 \cdot \delta(z_2) + \cdots + \alpha_l \cdot \delta(z_l);$$

Since $\delta(z) < \delta(z_1)$ it follows from this that $\alpha_1 = 0$, and since $\delta(z) > 0$, it follows further that not all of $\alpha_2, \ldots, \alpha_l = 0$. This implies that each monomial contains at least one of the elements $z_2, \ldots, z_l$ as factor, i.e. belongs to $\mathfrak{U}$.

Proof of (b). Let z_1 belong to $\mathfrak{U}$, that is

(2.12) $$z_1 = \sum_{j=2}^{l} w_j \cdot z_j .,$$

Here, since the z_i are dimensionally homogeneous, we can suppose that the elements w_j are also dimensionally homogeneous, that $d(w_j, z_j) = d(z_1)$ and hence that $\delta(w_j) + \delta(z_j) = \delta(z_1)$. Since the $\delta(z_j) > 0$, by subsection 13, so therefore are all the $\delta(z_1)$. From this it follows, analogously to the proof of (a) that, if one represents w_j as a linear combination of monomials $z_1^{\alpha_1} \cdot z_2^{\alpha_2} \cdot \cdots \cdot z_l^{\alpha_l}$, then it is always the case that $\alpha_1 = 0$. Each w_j is then expressible in terms of $z_2, \ldots, z_l$ alone, and by (2.12) z_1 is also expressible in terms of $z_2, \ldots, z_l$. But then $z_2, \ldots, z_l$ already generate $\mathfrak{R}(M)$.

17. Let z be a dimensionally homogeneous element of $\mathfrak{R}(M)$ and $d(z) < n$. Let V be the set of those elements which can be written as sums of products $w \cdot v$, where the element v is dimensionally homogeneous with

(2.13) $$d(v) \neq d(z), \quad d(v) < n \text{ and,}$$

the element w is arbitrary.

We claim:

(c) If z is contained in $\mathfrak{B}$ z is not maximal.

Proof. Let z be contained in V, that is

(2.14) $$z = \sum w_h \cdot v_h;,$$

where the v_h are dimensionally homogeneous and satisfy (2.13). Since z is dimensionally homogeneous, we can also suppose that the wh are dimensionally homogeneous and that $d(w_h \cdot v_h) = d(z)$, implying that $\delta(w_h) + \delta(v_h) = \delta(z)$ for all h. Then $\delta(v_h) \leqq \delta(z)$, therefore, since by (2.13) $\delta(v_h) \neq \delta(z)$, $\delta(v_h) < \delta(z)$ and $d(v_h) > d(z)$. Since on the other hand by (2.13) $\delta(v_h) > 0$, we also have $\delta(w_h) < \delta(z)$, $d(w_h) > d(z)$. From $d(v_h) > d(z)$ and $d(w_h) > d(z)$ it follows from (2.14) that z is not maximal.

18. *Remark about ideals in* $\mathfrak{R}(M)$. Since in general multiplication in the ring $\mathfrak{R}(M)$ is not commutative, one must distinguish in this ring between left- right- and twosided ideals. In this context we have the following result: Let $x_1, x_2, \ldots, x_m$ be dimensionally homogeneous elements of $\mathfrak{R}(M)$ and $\mathfrak{X}$ the left-ideal which they generate, i.e. the set of all elements of the form

$$w_1 \cdot x_1 + w_2 \cdot x_2 + \cdots w_m \cdot x_m, \tag{2.15}$$

with arbitrary elements w_i. Then X is also a right-ideal, hence twosided. For the proof we introduce a full additive basis $(Z_1, Z_2, \ldots, Z_q)$ of $\mathfrak{R}(M)$, whose elements Z_h we may assume to be dimensionally homogeneous. Then the set X of all elements (2.15) is identical with the set of all linear combinations of products $Z_h \cdot x_i$ with rational coefficients ($h = 1, 2, \ldots, q$; $i = 1, 2, \ldots, m$). Since the Z_h and x_i are dimensionally homogeneous, by (2.2) $Z_h \cdot x_i = \pm x_i \cdot Z_h$, and therefore $\mathfrak{X}$ is also the set of all linear combinations of products $x_i \cdot Z_h$, that is the set of all elements

$$w_1 \cdot x_1 + w_2 \cdot x_2 + \cdots w_m \cdot x_m$$

with arbitrary w_i. But this set is the right-ideal generated by $x_1, x_2, \ldots, x_m$. Given this result, in particular the sets $\mathfrak{U}$ and $\mathfrak{B}$ which we have considered in subsections 16 and 17 are twosided ideals .

§3. Properties of the Ring $\mathfrak{R}(M \times M)$

In subsection 8 we indicated the role played by the product manifold $\Gamma \times \Gamma$ in the proof of Theorem 1. This section contains a purpose-built collection and formulation of known properties of the ring $\mathfrak{R}(M \times M)$, where M denotes an arbitrary manifold. As always the coefficient domain is the field of rational numbers[25].

19. To each two elements x, y of $\mathfrak{R}(M)$ there is associated an element $x \times y$ of $\mathfrak{R}(M \times M)$. This product combined with addition satisfies the distributive

[25] For the additive properties of $\mathfrak{R}(M \times M)$ see for example Alexandroff-Hopf[6], Chapter Vii, section 3. Here and has to modify (and indeed simplify) the material by using rational coefficients. For the multiplicative properties, in particular our formula (3.1), see Lefschetz[22], Chapter V, section 3, especially formula (21). Throughout our section 3 the domain of coefficients is an arbitrary field.

law. If x and y are dimensionally homogeneous, $x \times y$ is also dimensionally homogeneous and $d(x \times y) = d(x) + d(y)$. Conversely each element of $\mathfrak{R}(M \times M)$ can be written as $\sum(x_h \times y_h)$; more precisely, if the system $(Z_1, Z_2, \ldots, Z_q)$ is a complete additive basis of $\mathfrak{R}(M)$, i.e. the union of homology bases for all dimensions, the $Z_i \times Z_k$ form a complete additive basis $\mathfrak{R}(M \times M)$. The elements of $\mathfrak{R}(M \times M)$ can be expressed in a unique way as $\sum t_{ik}(Z_i \times Z_k)$ with t_{ik} rational. The additive properties of $\mathfrak{R}(M \times M)$ are given in this way. Multiplication is given by the rule

$$(3.1) \qquad (x \times y) \cdot (x' \times y') = (-1)^{\delta(x)\delta(y')}(x \cdot x' \times y \cdot y'),$$

which holds for dimensionally homogeneous x, y', and which is completely determined by the distributive law.

20. *Technical lemmas* 24). Let X be an additive subgroup of $\mathfrak{R}(M)$, which is rationally closed, i.e. if x belongs to $\mathfrak{X}$ then tx belongs to $\mathfrak{X}$ for all rational numbers t. In addition let $x, y\, (y \neq 0)$ be two such elements of $\mathfrak{R}(M)$, with the product $x \times y$ in $\mathfrak{R}(M \times M)$ admitting a representation of the form

$$(3.2) \qquad y \times x = \textstyle\sum_h (y_h \times x_h),$$

where the x_h are elements of $\mathfrak{X}$, but nothing is assumed about the elements y_h.

Claim: Under these conditions x belongs to $\mathfrak{X}$.

Proof. Let $(Z_1, Z_2, \ldots, Z_q)$ be a complete additive basis for $\mathfrak{R}(M)$. Let

$$x = \sum_i a_i Z_i, \quad y = \sum_j b_j Z_j,$$

$$x_h = \sum_i c_{hi} Z_i, \quad y_h = \sum_j d_{h_j} Z_j$$

with rational a, b, c, d. It follows from (3.2) that

$$b_j a_i = \sum_h d_{hj}\, c_{hi},$$

therefore

$$(3.3) \qquad b_j x = \textstyle\sum_h d_{hj}\, x_h,$$

for each j. Since by assumption $y \neq 0$ at least one $b_j \neq 0$; suppose it is b_1. Then it follows from (3.3) that

$$x = \sum_h \frac{d_{h1}}{b_1} x_h \in \mathfrak{X}.$$

21. Let $\mathfrak{X}$ be a (twosided) ideal in $\mathfrak{R}(M)$, which is generated by dimensionally homogeneous elements $x_1, x_2, \ldots, x_m$ (see subsection 18). Let $\mathfrak{X}^*$ denote the seet of those elements of $\mathfrak{R}(M \times M)$ which can be written in the form

$$\sum_h (y_h \times x'_h) \tag{3.4}$$

where x'_h is an element of $\mathfrak{X}$ and y_h an arbitrary element of $\mathfrak{R}(M)$.

Claim: $\mathfrak{X}^*$ is a twosided ideal in $\mathfrak{R}(M \times M)$.

Proof. Let $(Z_1, Z_2, \ldots, Z_q)$ be again a complete additive basis for $\mathfrak{R}(M)$; then X coincides with the set of all linear combinations of products $Z_j \cdot x_i$ (with rational coefficients) and $\mathfrak{X}^*$ coincides with the set of all linear combinations of elements $Z_k \times Z_j \cdot x_i$ $(j, k = 1, 2, \ldots, q;\, i = 1, 2, \ldots, m)$. Since we may take the Z_k to be dimensionally homogeneous, (3.1) implies that

$$Z_k \times Z_j x_i = \pm (Z_k \times Z_j) \cdot (1 \times x_i)$$

The $Z_k \times Z_j$ form a complete additive basis, hence $\mathfrak{X}^*$ is the set of all sums

$$\sum_i W_i \cdot (1 \times x_i),$$

where the W_i are arbitrary elements of $\mathfrak{R}(M \times M)$. However this implies that $\mathfrak{X}$ is the left-ideal generated by the elements $1 \times x_i$ $(i = 1, 2, \ldots, m)$. Since the x_i are dimensionally homogeneous, the same holds for the elements $1 \times x_i$, and by subsection 18, $\mathfrak{X}^*$ is therefore a twosided ideal.

22. We combine the theorem just proved with the theorem from subsection 20. An ideal $\mathfrak{X}$ has the property described in subsection 20 as rational closure, since one can consider the rational numbers as the scalar elements of $\mathfrak{R}(M)$, that is, rational multiples of the identity. Therefore subsections 20 and 21 lead to the following *Lemma*:

Let the ideals $\mathfrak{X}$ and $\mathfrak{X}^*$ be defined as in subsection 21. In addition suppose that x and y are elements of $\mathfrak{R}(M)$ for which

$$y \neq 0$$

$$y \times x = 0 \pmod{\mathfrak{X}^*}.$$

Then $x = 0 \pmod{\mathfrak{X}}$.

23. *The homomorphisms Λ and P*: Let M be an n-dimensional manifold and $(Z_1, Z_2, \ldots, Z_q)$ a complete additive basis of $\mathfrak{R}(M)$. We may assume that all the Z_j are dimensionally homogeneous, that $Z_1 = 1$ and that $d(Z_j) < n$ for

$j > 1$. Since the $Z_j \times Z_k$ form a basis of $\mathfrak{R}(M \times M)$ each element Q of $\mathfrak{R}(M \times M)$ has one and only one representation

$$Q = \sum_{j,k} t_{jk}(Z_j \times Z_k) \tag{3.4}$$

with rational t_{jk}. Set

$$\Lambda(Q) = \sum_k t_{1k} Z_k. \tag{3.5}$$

For example, for each element y of $\mathfrak{R}(M)$

$$\Lambda(1 \times y) = y, \quad \text{and if} \quad d(x) < x \tag{3.6}$$

It is easy to verify (3.6) and (3.7) by writing y (respectively x and y) as linear combinations of the Z_k. We consider Λ as a map from the ring $\mathfrak{R}(M \times M)$ to the ring $\mathfrak{R}(M)$ and claim that Λ is a homomorphism. That Λ is an addive homomorphism, i.e. that

$$\Lambda(Q_1 + Q_2) = \Lambda(Q_1) + \Lambda(Q_2)$$

follows immediately from (3.4) and (3.5). For the proof of multiplicativity, i.e. of the validity of the equation

$$\Lambda(Q_1 \cdot Q_2) = \Lambda(Q_1) \cdot \Lambda(Q_2) \tag{3.8}$$

we may, as a consequence of distributivity and the already proven additive property, restrict ourselves to the case when Q_1, Q_2 are elements $Z_j \times Z_k$ of the basis of $\mathfrak{R}(M \times M)$. Suppose therefore that

$$Q_1 = Z_h \times Z_i, \quad Q_2 = z_j \times Z_k.$$

If $h = j = 1$, on the one hand

$$\Lambda(Q_1) = Z_i, \quad \Lambda(Q_2) = Z_k,$$

and on the other by (3.1)

$$Q_1 \cdot Q_2 = 1 \times Z_i \cdot Z_k,$$

hence by (3.6)

$$\Lambda(Q_1 \cdot Q_2) = Z_i \cdot Z_k;$$

and (3.8) follows. In all other cases at least one of the elements $\Lambda(Q_1)$, $\Lambda(Q_2)$ equals zero, and hence the right-hand side of (3.8) is also zero. On the other hand, by (3.1)

$$Q_1 \cdot Q_2 = \pm Z_h \cdot Z_j \times Z_i \cdot Z_k,$$

implying that $d(Z_h \cdot Z_j) < n$. Therefore by (3.7) the left-hand side $\Lambda(Q_1 \cdot Q_2)$ of (3.8) is also zero, concluding the proof of the homomorphism property of Λ. If in combination with (3.4) one writes

(3.9) $$P(Q) = \sum_j t_{j1} Z_j,$$

it follows quite analogously that P is a homomorphic map from $\mathfrak{R}(M \times M)$ into $\mathfrak{R}(M)$.

24. From (3.4), (3.5) and (3.9) one reads off that the equations

(3.10) $$\begin{aligned} Q &= (1 \times \Lambda(Q)) + \sum_j (Z_j \times Y_j), \quad d(Z_j) < n, \\ Q &= (P(Q) \times 1) + \sum_k (X_k \times Z_k), \quad d(Z_k) < n \end{aligned}$$

hold for all elements Q of $\mathfrak{R}(M \times M)$. Furthermore it is clear that, if Q is homogeneous of dimension $(n + r)$, then $\Lambda(Q)$ and $P(Q)$ are homogeneous of dimension r. Now let Q be homogeneous of dimension $(n+r)$ with $r < n$. Then $t_{11} = 0$ in (3.4), and with the help of (3.5) and (3.9), (3.4) takes the form

(3.11) $$Q = (1 \times \Lambda(Q)) + (P(Q) \times 1) + \sum_{j=2}^{q} \sum_{k=2}^{q} t_{jk}(Z_j \times Z_k).$$

Since the Z_i are dimensionally homogeneous, the same holds for the $Z_j \times Z_k$, and $d(Z_j \times Z_k) = d(Z_j) + d(Z_k)$. Therefore in (3.11) only those $t_{jk} \neq 0$ occur for which

$$d(Z_i) + d(Z_k) = n + r.$$

In addition in (3.11), since $j > 0$, $k > 0$, we always have

$$d(Z_i) < n, \quad d(Z_k) < n$$

and hence

$$d(Z_k) > r, \quad d(Z_j) > r.$$

As a consequence (3.11) can be expressed in the form

(3.12) $$\begin{cases} Q = (1 \times \Lambda(Q)) + (P(Q) \times 1) + \sum_h (x_h \times y_h), \\ x_h, y_h \text{ dimensionally homogeneous with} \\ r < d(x_h) < n, \quad r < d(y_h) < n. \end{cases}$$

Collecting everything together: There exist homomorphisms Λ and P from the ring $\mathfrak{R}(M \times M)$ into the ring $\mathfrak{R}(M)$ which are such that each element Q of $\mathfrak{R}(M \times M)$ can be represented as in (3.11), and each homogeneous element Q of dimension $(n + r)$ with $r < n$ can be represented as in (3.12).

Moreover it is easy to see that the maps Λ and P, which we have defined in (3.5) and (3.9) using a special basis $\{Z_i\}$, are actually independent of the choice of this basis.

§4. Proof of Theorem 1

25. *The "Umkehr" homomorphism.* Let M and M' be arbitrary manifolds 2) and let F be a map from M into M'. Then F induces a map of the ring $\mathfrak{R}(M)$ into the ring $\mathfrak{R}(M')$, which we also denote by F. This map of rings is always an additive homomorphism, but in general may not be a multiplicative homomorphism. We have the theorem[26]:

There exists a map Φ of the ring $\mathfrak{R}(M')$ into the ring $\mathfrak{R}(M)$ with the following three properties:

1. Φ is both an additive and a multiplicative homomorphism,

2. Φ and F are linked by the functional equation

$$F(\Phi(z)\cdot x) = z \cdot F(x) \tag{4.1}$$

where x is an arbitrary element of $\mathfrak{R}(M)$ and z of $\mathfrak{R}(M')$, and

3. If z is dimensionally homogeneous, so is $\Phi(z)$, $\delta(\Phi(z)) = \delta(z)$, and

$$d(\Phi(z)) = d(z) + d(M) - d(M').$$

Φ is called the "Umkehr" homomorphism for F.

26. *Preparation for the proof of Theorems 1a and 1b.* As in the first section let a continuous multiplication be given in the n-dimensional manifold Γ. Since we can label the point pairs (p, q) from Γ as points $p \times q$ of the product manifold $\Gamma \times \Gamma$, the continuous multiplication is equivalent to a map F from $\Gamma \times \Gamma$ into Γ. This is defined by $F(p \times q) = pq$. As in subsection 25 we also use F to denote the induced map from the ring $\mathfrak{R}(\Gamma \times \Gamma)$ into the ring $\mathfrak{R}(\Gamma)$. The element of $\mathfrak{R}(\Gamma)$ represented by a single point will be denoted by p. The multiple by the rational number c of the identity element of $\mathfrak{R}(\Gamma)$ will be abreviated also as c. Then the degrees c_l and c_r, defined in subsection 1, are characterised by

$$F(p \times 1) = c_l, \quad F(1 \times p) = c_r. \tag{4.2}$$

[26] H. Hopf, Zur Algebra der Abbildungen von Mannigfaltigkeiten (Crelle Journal **163** (1930), 71–88). For an alternative treatment and generalisation of the "Umkehr" homomorphism see H. Freudenthal, Zum Hopfschen Umkehrhomomorphismus (Annals of Math. (2) **38** (1937), 847–853), also A. Komatu, Über die Ringdualität eines Kompaktums (Tohoku Math. Journ. **43** (1937), 414–420); H. Whitney, On products in a complex (Annals of Math. (2) **39** (1938), 397–402, Theorem 6). Property 3 in the present text is not actually stated in my quoted work, since there only manifolds of the same dimension are considered. However it follows straightforwardly from the definition of Φ given in any of the different papers listed. Furthermore it is also a consequence of property 2; for this see section 11 of my paper "Ein topologischer Beitrag zur reellen Algebra" Comm. Math. Hel. (to appear).

Let Φ be the "Umkehr" homomorphism for F. Then from (4.1) and (4.2) it follows that

(4.3a) $$F(\Phi(z) \cdot (p \times 1)) = c_l z,$$

(4.3b) $$F(\Phi(z) \cdot (1 \times p)) = c_r z$$

for each element z of $\mathfrak{R}(\Gamma)$. The homomorphisms Λ and P were defined in subsection 24; we write

$$\Lambda\Phi(z) = \lambda(z), \quad P\Phi(z) = \rho(z)$$

for each element z of $\mathfrak{R}(\Gamma)$. Then λ and ρ are homomorphisms of the ring $\mathfrak{R}(\Gamma)$ into itself, and by subsection 24 (3.10) for each element z of $\mathfrak{R}(\Gamma)$ we have the equations

(4.4a) $$\Phi(z) = (1 \times \lambda(z)) + \textstyle\sum_j (Z_j \times Y_j), \quad d(Z_j) < n,$$

(4.4b) $$\Phi(z) = (\rho(z) \times 1) + \textstyle\sum_k (X_k \times Z_k), \quad d(Z_k) < n.$$

By property (3) in subsection 25, since $d(\Gamma \times \Gamma) = 2n$, $d(\Gamma) = n$, to each homogeneous element of dimension r in $\mathfrak{R}(\Gamma)$ Φ associates a homogeneous element of dimension $(n+r)$ in $\mathfrak{R}(\Gamma \times \Gamma)$. By subsection 24 Λ and P associate r-dimensional elements in $\mathfrak{R}(\Gamma)$ to homogeneous $(n+r)$-dimensional elements in $\mathfrak{R}(\Gamma \times \Gamma)$. Hence λ and ρ are *dimension-true*.

27. Now suppose that

(4.5) $$c_l \neq 0, \quad c_r \neq 0,$$

i.e. that Γ is a Γ-manifold. We claim that λ *and* ρ *are automorphisms* [27] *of* $\mathfrak{R}(\Gamma)$.

Proof. If $\lambda(z) = 0$ then by (4.4a)

$$\Phi(z) = \sum (Z_j \times Y_j) \text{ mit } d(Z_j) < n;$$

From $d(Z_j) < n$ it follows that $Z_j \cdot p = 0$, and as a consequence, by (3.1)

$$\Phi(z) \cdot (p \times 1) = 0.$$

Therefore, by (4.3a) $c_l(z) = 0$, and by (4.5), since the coefficient domain is a field, $z = 0$. This implies that the homomorphism λ is one-to-one. Furthermore the determinant of the coordinate change, induced by λ on a complete additive basis of $\mathfrak{R}(\Gamma)$, is non-zero. Since the coefficient domain is a field, it follows from this that λ is a map of $\mathfrak{R}(\Gamma)$ onto itself. Hence λ is an automorphism,

[27] An "Automorphism" of a ring R is considered to be an isomorphism of R onto itself.

and one proves the claim for ρ analogously. Collecting everything together, including the result of subsection 24, we have:

For each n-dimensional Γ-manifold Γ there are two distinguished dimension-true automorphisms λ and ρ of $\mathfrak{R}(\Gamma)$ and a homomorphism Φ from $\mathfrak{R}(\Gamma)$ to $\mathfrak{R}(\Gamma \times \Gamma)$. If z is a homogeneous r-dimensional element of $\mathfrak{R}(\Gamma)$ and $r < n$, we have

$$(4.6) \qquad \begin{cases} \Phi(z) = (1 \times \lambda(z)) + (\rho(z) \times 1) + \sum(x_h \times y_h), \\ x_h, y_h \text{ dimensionally homogeneous with} \\ r < d(x_h) < n, \quad r < d(y_h) < n. \end{cases}$$

This theorem contains all the properties of Γ-manifolds which we will use in what follows.

28. *Proof of Theorem 1a (subsection 15).* Let $(z_1, z_2, \ldots, z_l)$ be an irreducible generating sysem for the n-dimensional Γ-manifold Γ. By means of induction on k we shall prove that the product of k distinct elements of the system is $\neq 0$. This holds for $k = 1$, since an irreducible generating system can never contain zero. Now let it be proved for $k - 1$, and let k elements of the system $z_1, z_2, \ldots, z_k$ be given. Since their ordering can influence the sign of the product suppose that

$$(4.7) \qquad d(z_1) \leqq d(z_j) \qquad j = 1, 2, \ldots, k$$

By inductive assumption $z_2 \cdot z_3 \cdot \cdots \cdot z_k \neq 0$, and because ρ is an automorphism

$$(4.8) \qquad \rho(z_2 \cdot z_3 \cdot \cdots \cdot z_k) \neq 0.$$

Put $\lambda(z_i) = z_i'$ for $i = 1, 2, \ldots, l$. Since λ is an automorphism, $z_1', z_2', \ldots, z_l'$ also form an irreducible generating system. Since λ is dimension-true

$$(4.9) \qquad d(z_i') = d(z_i), \qquad i = 1, 2, \ldots, l$$

and by (4.7)

$$(4.7') \qquad d(z_1') \leqq d(z_j'), \qquad j = 1, 2, \ldots k.$$

As in subsection 16 – with the difference that we replace the z_i there by the new z_i' – write $\mathfrak{U}$ for the ideal in $\mathfrak{R}(\Gamma)$ generated by $z_2', z_3', \ldots, z_l'$ (see subsection 18), and $\mathfrak{U}^*$ for the associated ideal in $\mathfrak{R}(\Gamma \times \Gamma)$ defined as in subsection 21, i.e. the subset of those elements of $\mathfrak{R}(\Gamma \times \Gamma)$ of the form $\sum(w_h \times u_h')$ with $u_h' \in \mathfrak{U}$. If for $j = 1, 2, \ldots, k$ we write the element $\Phi(z_j)$ in the form (4.6)

$$(4.7_j) \qquad \Phi(z_j) = (1 \times z_j') + (\rho(z_j) \times 1) + \sum(x_h \times y_h),$$

then, because of (4.9) and (4.7') one of the dimension conditions in (4.6) reads

$$d(z_1') \leqq d(z_j') < d(y_h) < n;$$

As a consequence, by subsection 16(a) all the y_k appearing in the equations (4.6) belong to $\mathfrak{U}$, and hence the sum $\sum(x_h \times y_h)$ to $\mathfrak{U}^*$, for $1 < j \leqq k$. Moreover z_j' belongs to $\mathfrak{U}$, and so $(1 \times z_j')$ to $\mathfrak{U}^*$. Therefore the equations (4.6_j) contain the following congruences modulo $\mathfrak{U}^*$

$$\Phi(z_1) \equiv (1 \times z_1') + (\rho(z_1) \times 1),$$

$$\Phi(z_j) \equiv (\rho(z_j) \times 1), \qquad j = 2, \ldots, k.$$

Since $\mathfrak{U}^*$ is a two-sided ideal, we can multiply these congruences together, and since Φ and ρ are homomorphisms, paying attention to (3.1) we have

$$\Phi(z_1 \cdot z_2 \cdot \cdots \cdot z_k) = (\rho(z_2 \cdot \cdots \cdot z_k) \times z_1') + (\rho(z_1 \cdot z_2 \cdot \cdots \cdot z_k) \times 1).$$

If $z_1 \cdot z_2 \cdot \cdots \cdot z_k$ were equal to 0, it would follow that

$$\rho(z_2 \cdot \cdots \cdot z_k) \times z_1' \equiv 0 \bmod \mathfrak{U}^*$$

By (4.8) and the Lemma from subsection 22 it would then follow that

$$z_1' \equiv 0 \bmod \mathfrak{U},$$

and z_1' would be contained in $\mathfrak{U}$. By subsection 16(b) this is incompatible with the irreducibility of the generating system $(z_1', z_2', \ldots, z_l')$ and $z_1 \cdot z_2 \cdot \cdots \cdot z_k' \neq 0$, as was to be proved.[28]

29. *Proof of Theorem 1b* (subsection 15). Let z be a dimensionally-homogeneous element in the ring of the n-dimensional Γ-manifold Γ, for which $d(z) < n$ and $\delta(z)$ is even. We must show that z is not maximal. Let the ideal $\mathfrak{B}$ be defined as in subsection 17, with $\mathfrak{B}^*$ the corresponding ideal in $\mathfrak{R}(\Gamma \times \Gamma)$, defined as in subsection 21, i.e. consisting of all elements $\sum(w_h \times v_h)$ with $v_h \in \mathfrak{B}$. In equation (4.6) for our element z all the elements y_h belong to $\mathfrak{B}$, and so the sum $\sum(x_h \times y_h)$ is in $\mathfrak{B}^*$. Hence we have the congruence

$$\Phi(z) \equiv (1 \times \lambda(z)) + (\rho(z) \times 1) \bmod \mathfrak{B}^*. \tag{4.10}$$

By (3.1)

$$(1 \times \lambda(z)) \cdot (\rho(z) \times 1) = \rho(z) \times \lambda(z) \tag{4.11}$$

and, since $\delta(z)$ is even, also

$$(\rho(z) \times 1) \cdot (1 \times \lambda(z)) = \rho(z) \times \lambda(z). \tag{4.11'}$$

[28] The proof shows that the domain of coefficients in Theorem 1 can be an arbitrary field.

From (4.11) and (4.11′) it now follows that one can take powers on the right-hand side of (4.10) according to the binomial formula. Do this and observe that Φ, ρ, and λ are homomorphisms, so obtaining, for each positive exponent m

$$\Phi(z^m) \equiv \textstyle\sum_{r=0}^{m} \binom{m}{r} (\rho(z^{m-r}) \times \lambda(z^r)) mod\ \mathfrak{B}^*. \tag{4.12}$$

Now, since $d(z) < n$, for $r > 1$ we will always have $d(z^r) < d(z)$, hence (λ is dimension-true) $d(\lambda(z^r)) < d(z)$, hence $\lambda(z^r)$ in $\mathfrak{B}$ and

$$\rho(z^{m-r}) \times \lambda(z^r) \in \mathfrak{B}^* \qquad \text{for } r > 1;$$

Therefore the congruence (4.12) reduces to

$$\Phi(z^m) \equiv m(\rho(z^{m-1}) \times \lambda(z)) + (\rho(z^m) \times 1) mod\ \mathfrak{B}^*. \tag{4.13}$$

This holds for each positive exponent m. Since for dimensional reasons $z_m = 0$ for sufficiently large values of m, it is possible so to choose m that $z_{m-1} \neq 0$, $z_m = 0$. From (4.13) we deduce the congruence

$$m(\rho(z^{m-1}) \times \lambda(z)) \equiv 0 mod\ \mathfrak{B}^*,$$

and therefore, since the coefficients are in the field of rational numbers[29],

$$\rho(z^{m-1}) \times \lambda(z) \equiv 0 mod\ \mathfrak{B}^*. \tag{4.14}$$

Since $z_{m-1} \neq 0$ and ρ ia an automorphism, $\rho(z_{m-1} \neq 0$ also, and by the Lemma in subsection 22, it follows from (4.4) that

$$\lambda(z) \equiv 0 mod\ \mathfrak{B},$$

i.e. that $\lambda(z)$ belongs to $\mathfrak{B}$. The automorphism λ is dimension true, and the set $\mathfrak{B}$ is defined by dimensional conditions; therefore $\mathfrak{B}$ is mapped to itself by λ^{-1}, and with $\lambda(z)$ z is also contained in $\mathfrak{B}$. Therefore by the technical lemma (c) in subsection 17 z is not maximal, as was to be proved. With Theorems 1a and 1b Theorem 1 is completely proved.

§5. Maximal and Minimal Elements. Proof of Theorem 3

30. *The ranks l_s.* We combine subsections 13 and 14. Again suppose that M is an arbitrary n-dimensional manifold. The additive group of homogeneous r-dimensional elements of $\mathfrak{R}(M)$, that is the rth Betti group (with rational coeffcients) will be denoted by $\mathfrak{B}_r$. Its rank p_r is the rth Betti number of M.

[29] This is the only place in the entire work where we require that the field of cofficients has characteristic 0.

Define the group $\mathfrak{U}_r$ $(0 \leqq r < n)$ to be the group of those elements from $\mathfrak{B}_r$, which can be generated by elements of the group

$$\mathfrak{B}_n + \mathfrak{B}_{n+1} + \cdots + \mathfrak{B}_{r+1}$$

by means of addition and multiplication, in other words are not maximal. $\mathfrak{U}$ can be characterised as the collection of those elements, which can be written in the form $\sum_i x_i \cdot y_i$, where x_i and y_i are dimensionally homogeneous with

$$\delta(x_i) + \delta(y_i) = n - r, \quad 0 < \delta(x_i), \quad 0 < \delta(y_i)$$

We denote the rank of $\mathfrak{U}_r$ be q_r, and write

$$p_{n-s} - q_{n-s} = l_s \qquad s = 1, 2, \ldots, n,$$

The number ls is the rank of the quotient group $\mathfrak{B}_{n-s}/\mathfrak{U}_{n-s}$, and therefore has the following significance: there exists a system of l_s maximal elements $y_1, y_2, \ldots, y_l$ with $\delta(y_i) = s$, such that each linear combination

$$u_1 y_1 + u_2 y_2 + \cdots + u_{l_s} y_{l_s}$$

with rational coefficients, apart from those with $u_1 = \cdots = u_l = 0$, is itself maximal. Conversely for no $l' > l$ does there exist a system of l' elements of this kind.

31. We claim first of all: In a generating system $(z_1, \ldots, z_L)$ for $\mathfrak{R}(M)$ the number of z_j with $\delta(z) = s$ is always greater than or equal to l_s.

Proof. Let $y_1, \ldots, y_l$ be maximal elements with the property just described. If one represents the y_i as polynomials in the generators $z_1, \ldots, z_L$, then for dimensional reasons these representations have the form

$$y_i = t_{i1} z_1 + \cdots + t_{im} z_m + Y_i;$$

Here $z_1, \ldots, z_m$ are those generators z_j for which $\delta(z_j) = s$ $(m \geq 0)$, the t_{ij} are rational numbers, and the Y_i polynomials in the z_k with $d(z_k) > n - s$. If m were less than l_s, the system of equations

$$\textstyle\sum_{i=1}^{l_s} u_i t_{ij} = 0, \qquad j = 1, \ldots, n,$$

would possess a rational solution $(u_1, \ldots, u_l) \neq (0, \ldots, 0)$, and one would have

$$u_1 y_1 + \cdots + u_{l_s} y_{l_s} = u_1 Y_1 + \cdots + u_{l_s} Y_{l_s};$$

These elements would be, as the right-hand side shows, non-maximal – contradicting the assumption for the y_i. We claim secondly: If, using the same notation as above, $m > l_s$, the generating system is reducible.

Proof. Since $l' = m > l$, one can, as asserted at the end of subsection 30, determine numbers $u_1, \ldots, u_m$, so that the element

$$Z = u_1 z_1 + \cdots + u_m z_m$$

is not maximal, and such that not all $u_j = 0$. Z is then a polynomial in the z_k with $d(z_k) > n - s$, hence really in the z_i with $i > m$, and one can, say if $u_1 \neq 0$, express z_1 in terms of the z_i with $i > 1$. This reduces the generating system. In this way we have established: In each irreducible generating system $(z_1, \ldots, z_l)$ the number of those z_i for which $\delta(z_i) = s$ equals l_s. The number of generators in an irreducible system is therefore always equal to

$$l = l_1 + \cdots + l_n.$$ [30]

32. *Minimal elements.* Let v be a dimensionally homogeneous element of $\mathfrak{R}(M)$ and $d(v) > 0$. We consider its multiples, that is the elements $x \cdots v$, where x runs through the elements of $\mathfrak{R}(M)$. Among these elements, besides the zero element, are firstly all rational multiples of v – these are elements of dimension $d(v)$. Secondly, by the Poincaré-Veblen duality theorem, if $v \neq 0$, we have all elements of dimension zero. For all multiples $d(x \cdot v) < d(v)$. We now say that the element v is "minimal", if it possesses no multiple $x \cdot v$, for which

$$x \cdot v \neq 0, \quad 0 < d(x \cdot y) < d(y).$$

This definition is clearly equivalent to the following: v is minimal, if for all dimensionally-homogeneous x with

$$0 < \delta(x) < d(v), \ \text{also}\ n - d(v) < d(x) < n,$$

the products $x \cdot v = 0$. Here, as stated above, we assume that $d(v) > 0$. This corresponds to the earlier convention of not considering n-dimensional elements as maximal. In contrast the element 0 of the ring $\mathfrak{R}(M)$ is minimal[31].

33. *A Duality Theorem* The groups $\mathfrak{U}_r$ were defined in subsection 30. We assert that

---

[30] Here each manifold M is assigned an invariant l, which one could call the "rank" of M. For a Γ-manifold, as follows from subsection 4, Theorem (b), and its demonstration, the sum of the Betti numbers equals $2l$. On the other hand, for an arbitrary group manifold, Cartan has calculated with the help of integral invariants[3] (b), 24, that the exponent appearing here equals the "rank" of the group, i.e. the dimension of a maximal abelian subgroup. The problem of proving the equality between the rank of a group manifold, as we have defined l above for each manifold M, and the dimension just mentioned, can be settled by purely geometric means. I consider this in a paper which will appear in Comm. Math. Hel. (1941).

[31] All homogeneous 1-dimensional elements are clearly minimal.

The homogeneous s-dimensional element v is minimal if and only if it annihilates the group $\mathfrak{U}_{n-s}$, i.e. iff $u \cdot v = 0$ for each element u from $\mathfrak{U}_{n-s}$. $(s = 1, 2, \ldots, n)$.

Proof. Suppose first that v is minimal, and $u \in \mathfrak{U}_{n-s}$. Then $u = \sum x_i \cdot y_i$ where the x_i, y_i are dimensionally homogeneous, with

$$\delta(x_i) + \delta(y_i) = s, \quad \delta(x_i) > 0, \quad \delta(y_i) > 0,$$

and hence

$$0 < \delta(y_i) < s = d(v);$$

From this it follows that $y_i \cdot v = 0$ for each i, so that $u \cdot v = 0$. Suppose secondly that v is homogeneous, s-dimensional and not minimal; there then exists some dimensionally-homogeneous y with $0 < \delta(y) < s$ and $y \cdot v \neq 0$. By the Poincaré-Veblen duality theorem there exists some dimensionally homogeneous x with $\delta(x) = d(u \cdot v)$ and $x \cdot y \cdot v \neq 0$. Since $\delta(x) = n - \delta(y) - \delta(v)$, $\delta(xy) = n - s$, $x \cdot y \in \mathfrak{U}_{n-s}$, and therefore v does not annihilate $\mathfrak{U}_{n-s}$. From this characterisation of the minimal elements as annihilators we see first that they form an additive group $\mathfrak{B}_s$ – (this can also be checked directly from the definition in subsection 32) – and secondly, with the help of the Poincaré-Veblen duality theorem, one sees without difficulty that the rank of this group $\mathfrak{B}_s$ equals $p_{n-s} - q_{n-s}$ (subsection 30), hence equal to l_s In this way we have proved the following theorem, which contains a new characterisation of the numbers l_s:

The s-dimensional minimal elements of $\mathfrak{R}(M)$ form an additive group of rank l_s.

34. *An invariance theorem.* The property of "minimality" is invariant with respect to arbitrary continuous maps; more precisely, let M and M' be arbitrary manifolds and F a map from M to M', with F also denoting the induced map from $\mathfrak{R}(M)$ to $\mathfrak{R}(M')$. Then for each minimal element v of $\mathfrak{R}(M)$ the image $F(v)$ is also a minimal element of $\mathfrak{R}(M')$.

Proof. Let x be a dimensionally-homogeneous element of $\mathfrak{R}(M)$, and suppose that the element $F(x)$ in $\mathfrak{R}(M')$ is not minimal. We must show that x is not minimal. If $d(x) = 0$ there is nothing to prove; suppose that $d(x) > 0$. Since the map F from $\mathfrak{R}(M)$ into $\mathfrak{R}(M')$ is dimension-true, $d(F(x)) > 0$; since $F(x)$ is not minimal there exists a dimensionally-homogeneous element z of $\mathfrak{R}(M')$ with $0 < \delta(z) < d(F(x)) = d(x)$, and $z \cdot F(x) \neq 0$. If Φ denotes the "Umkehr" homomorphism for F (subsection 25), then it follows from (4.1) that $\Phi(z) \cdot x \neq 0$ also. By subsection 25 (3) $\delta(\Phi(z)) = \delta(z)$, therefore $0 < \delta(\Phi(z)) < d(z)$, and x is not minimal.

35. *Images of spheres.* For the s-dimensional sphere S_s is that element in $\mathfrak{R}(S_s)$, which is represented by the fundamental cycle – that is the identity element – minimal, so that the theorem just proved contains the following – (instead of M' we write M) –: For an arbitrary manifold M any element of $\mathfrak{R}(M)$ represented by the continuous image of a sphere is minimal [32]. It further follows from this, since by subsection 35 the group $\mathfrak{B}_s$ has rank l_s, that if $l_s = 0$ the continuous image of an s-dimensional sphere in M is homologous to 0. 32)

36. *Application to Γ-manifolds.* By Theorem 1b no Γ-manifold has a maximal element with even $\delta(z)$. Therefore for all even s the ranks l_s equal 0, and from this with subsection 35 we deduce Theorem 3 (subsection 9) 32). For a product of spheres

$$S_{m_1} \times S_{m_2} \times \cdots \times S_{m_l} \qquad\qquad d(S_{m_i}) = m_i,$$

the number l_s determines how many of the numbers m_i are equal to s. This follows from the characterisation of the l_s at the end of subsection 31, together with the easily verified fact that the elements $Z_1, \ldots, Z_l$, given in s.s.3, formula (*), form an irreducible generating system with $\delta(Z_i) = m_i$. Hence for a Γ-manifold Γ, l_s determines how many factor spheres are s-dimensional in a product of spheres having ring isomorphic with that of Γ. This implies that the exponents l_s in s.s.4, formula (1′), agree with our ranks l_s.

37. *The Pontrjagin multiplication and a conjecture.* The starting point for Pontrjagin's study of the homology properties of closed Lie groups 15) is the following "product". Let a continuous multiplication be defined in the manifold M, and let x and y be two cycles in M traced out by two points p and q. Then the continous product pq traces out a cycle which we will denote by $x \circ y$. If x and y vary inside their homology classes, the homology class of $x \circ y$ does not change; we can therefore refer to $x \circ y$ as the product of two homology classes x and y. In the notation of subsection 26

$$x \circ y = F(x \times y).$$

This product is clearly distributive with respest to the addition of homology classes; let us assume further that the continuous multiplication in M is associative. Then the product $x \circ y$ will also be associative. Therefore one sees: For a group manifold Γ the additive group of homology classes can not only be made into a ring $\mathfrak{R}(\Gamma)$ by the intersection form $x \cdot y$, but also into a ring $\mathfrak{P}(\Gamma)$ by the Pontrjagin product $x \circ y$.

[32] In place of an honest sphere one can clearly also consider a rational homology sphere, i.e. a manifold having the same Betti numbers as a sphere.

The importance of the ring $P(\Gamma)$ is obvious: its structure expresses the effect of the group multiplication on the cycles – therefore connects on the one hand the algebraic properties of the group with the geometric properties of the manifold on the other. The study of this ring is therefore an important problem. Here I will state a conjecture which lies close both to Pontrjagin's results and to our Theorem.[33]

In each product of spheres

$$H = S_{m_1} \times S_{m_2} \times \cdots \times S_{m_l}$$

it is possible, besides taking intersections, to define a second multiplication of "spanning" type. As in subsection 3 we use S_m to denote both the sphere S_m and its fundamental cycle, and p to denote some chosen point. Using the elements from s.s.3 (*) we write

$$(**)\qquad \begin{aligned} V_1 &= S_{m_1} \times p \times p \times \cdots \times p, \\ V_2 &= p \times S_{m_2} \times p \times \cdots \times p, \\ &\vdots \\ V_l &= p \times p \times p \times \cdots \times S_{m_l} \end{aligned}$$

For $i_1 < i_2 < \cdots < i_k$ we define the element

$$(5.1)\qquad V_{i_1} \otimes V_{i_2} \otimes \cdots \otimes V_{i_k} = x_1 \times x_2 \times \cdots \times x_l,$$

spanned by the $V_{i_1}, V_{i_2}, \ldots, V_{i_k}$, by setting $x_j = S_m$ for $j = i_1, i_2, \ldots, i_k$, $x_j = p$ for all other j. The equation (5.1) defines 2l elements, which form a complete additive basis. For each two elements (5.1)

$$\begin{aligned} x_j &= S_{m_j} \text{ for } j = i_1, i_2, \ldots, i_k, \\ x_i &= p \text{ for all other } j. \end{aligned}$$

we define the spanned element $X \otimes Y$ by using the associative law formally to multiply the right-hand sides of (5.2) together, and apply the rules

$$V_j \otimes V_i = (-1)^{m_i m_j} V_i \otimes V_j, \quad V_i \otimes V_i = 0$$

Then either $X \otimes Y = 0$ or $\pm X \otimes Y$ is again an element (5.1) (up to sign). Finally for arbitrary elements X, Y we define the product $X \otimes Y$ by expanding X and Y as rational linear combinations of elements (5.1) and applying the distributive laws. By means of this multiplication the additive group of the product of spheres Π becomes a ring $\mathfrak{Q}(\Pi)$. The structure of this ring is easy to determine, and one easily convinces oneself that the rings $\mathfrak{R}(\Pi)$ and $\mathfrak{Q}(\Pi)$ are isomorphic. This isomorphism is expressed in terms of a certain duality, which first of all is such that an element x in $\mathfrak{R}(\Pi)$ corresponds to an element

---

[33] In connection with the following see Cartan[3] (b), 25–26.

y in $\mathfrak{Q}(\Pi)$ with $d(y) = \delta(x)$. Our conjecture concerning the Pontrjagin ring $\mathfrak{P}(\Gamma)$ of a group manifold Γ is then the following: The isomorphic map of the ring $\mathfrak{R}(\Gamma)$ onto the ring $\mathfrak{R}(\Pi)$ made possible by Theorem 1 can be so chosen that it also maps the ring $\mathfrak{P}(\Gamma)$ isomorphically onto the ring $\mathfrak{Q}(\Pi)$. This would largely clarify both the structure of the ring $\mathfrak{P}(\Gamma)$ and the relation between the rings $\mathfrak{P}(\Gamma)$ and $\mathfrak{R}(\Gamma)$. Among other things the following role of the minimal elements of a group manifold would be brought out into the open. It is clear that the elements $V_1, \ldots, V_l$ defined by (**) are minimal in $\mathfrak{R}(\Pi)$, and form an additive basis of the full group of minimal elements of $\mathfrak{R}(\Pi)$, i.e. the union of the groups $\mathfrak{B}_1, \ldots, \mathfrak{B}_n$ (s.s.33). Therefore the elements $v_1, \ldots, v_l$ in $\mathfrak{R}(\Gamma)$, corresponding to the V_i under the conjectured isomorphism, would also be minimal and form an additive basis for the full group of minimal elements of $\mathfrak{R}(\Gamma)$. However, since the elements (5.1) form a complete additive basis in Π, the Pontrjagin products

$$v_{i_1} \circ v_{i_2} \circ \cdots \circ v_{i_k},$$

$$i_1 < i_2 < \cdots < i_k,$$

would also form a full additive basis in Γ. This would show that the minimal elements $v_1, v_2, \ldots, v_l$, formed using the Pontjagin product, span the ring $\mathfrak{R}(\Gamma)$ entirely analogously to the way in which the maximal elements $z_1, z_2, \ldots, z_l$, formed using intersections, generate the ring $\mathfrak{R}(\Gamma)$ [34].

[34] The conjecture formulated above, for which I had found no proof, was communicated by word of mouth to H. Samelson. He has since proved it in full generality [Ann. of Math. **42** (1941), 1091–1137]. It holds quite specifically for group manifolds, and the use of the associativity law is essential in its proof.

41.

Über den Rang geschlossener Liescher Gruppen

Comm. Math. Helvetici **13** (1940/41), 119–143

1. Der „Rang" λ einer geschlossenen Lieschen Gruppe G soll im folgenden so definiert sein: G enthält λ-dimensionale, aber nicht höherdimensionale Abelsche Untergruppen. Diese Definition weicht zwar von der üblichen etwas ab, sie ist aber am Platze, wenn man will, daß der nachstehende Satz von E. Cartan für beliebige geschlossene Gruppen, nicht nur für halb-einfache, Gültigkeit habe:[1])

Die Summe der Bettischen Zahlen einer geschlossenen Gruppe vom Range λ ist gleich 2^λ.

Da der Rang bereits durch die Eigenschaften der Gruppe in der Umgebung des Eins-Elementes bestimmt ist, vermittelt der Satz eine der interessanten Beziehungen, die zwischen der lokalen und der globalen Struktur von G bestehen. Er ist von Cartan im Rahmen seiner Theorie der invarianten Integrale durch eine Rechnung bewiesen worden.

Wir werden im folgenden für den Rang eine Deutung innerhalb der Homologie-Theorie der Gruppen-Mannigfaltigkeiten angeben, welche die Gültigkeit des Satzes in Evidenz setzt. Als Koeffizientenbereich für die Homologien soll der Körper der rationalen Zahlen — oder auch der Körper der reellen Zahlen — dienen; dann ist, wie ich gezeigt habe, der Homologie-Ring $\mathfrak{R}(G)$ einer geschlossenen Gruppe G dimensionstreu isomorph dem Homologie-Ring eines topologischen Produktes

$$S_1 \times S_2 \times \cdots \times S_l\,, \qquad l \geqq 1\,,$$

wobei die S_i Sphären von ungeraden Dimensionen sind.[2]) Es ist klar, daß die Summe der Bettischen Zahlen dieses Produktes, also auch die Summe der Bettischen Zahlen von G, gleich 2^l ist; daher ist der Cartansche Satz mit dem folgenden äquivalent:

Der Rang λ von G ist gleich der Anzahl l der Faktoren in dem Sphärenprodukt, dessen Ring dem Ring von G isomorph ist.

Dieser Satz enthält die Deutung des Ranges als Homologiegröße; er

---

[1]) (**2**), Nr. 56; (**4**), § VII, p. 24. — Die fetten Nummern in Klammern beziehen sich auf das Literatur-Verzeichnis am Ende der Arbeit.

[2]) *H. Hopf*, Über die Topologie der Gruppen-Mannigfaltigkeiten und ihrer Verallgemeinerungen [Annals of Math. **42** (1941)].

wird im folgenden neu bewiesen werden, und zwar mit prinzipiell anderen Hilfsmitteln als denen, auf welchen der frühere Beweis des Cartanschen Satzes beruht.[3])

2. Die zu beweisende Gleichheit zwischen der „lokal" definierbaren Zahl λ und der „global" definierten Zahl l wird mit Hilfe des Brouwerschen Abbildungsgrades zu Tage treten. Wir betrachten für eine ganze Zahl k die Abbildung

$$p_k(x) = x^k ,$$

welche jedem Element von G seine k-te Potenz zuordnet; ihr Grad sei γ_k. Die Gleichheit $\lambda = l$ ist gesichert, sobald für eine Zahl $k > 1$ die beiden folgenden Sätze bewiesen sind:

Satz I. Der Homologie-Ring der geschlossenen Gruppe G sei dem Ring des topologischen Produktes von l Sphären ungerader Dimensionen dimensionstreu isomorph; dann ist $\gamma_k = k^l$.

Satz II. Die geschlossene Gruppe G enthalte eine λ-dimensionale Abelsche Untergruppe, und es gebe keine höher-dimensionale Abelsche Untergruppe von G; dann ist $\gamma_k = k^\lambda$.

Beide Sätze gelten für beliebige ganze Zahlen k.

3. Die Beweise der beiden Sätze werden ganz unabhängig voneinander sein; der Abbildungsgrad zeigt sich in ihnen von zwei verschiedenen Seiten: das eine Mal tritt er als eine der Größen auf, die zu dem Homologietypus einer Abbildung gehören, das andere Mal als Bedeckungszahl der Umgebungen einzelner Punkte. Mit diesen Andeutungen ist folgendes gemeint:[4])

Eine Abbildung f einer Mannigfaltigkeit M in sich bewirkt eine Abbildung des Homologie-Ringes $\mathfrak{R}(M)$ in sich, die wir ebenfalls f nennen; sie ist ein additiver Homomorphismus. Die algebraischen Eigenschaften dieser Ring-Abbildung charakterisieren den Homologietypus der Abbildung f von M. Das Eins-Element des Ringes $\mathfrak{R}(M)$, das durch den orientierten Grundzyklus von M repräsentiert wird, bezeichnen wir selbst mit M; dann ist der Grad γ von f durch die Gleichung

$$f(M) = \gamma M$$

gegeben. Dies ist die algebraische und globale Definition des Grades, die wir beim Beweise des Satzes I benutzen.

---

[3]) Dadurch wird die in Fußnote 30 meiner Arbeit[2]) gestellte Aufgabe gelöst.

[4]) Alle im folgenden benutzten Eigenschaften des Abbildungsgrades findet man im Kap. XII der „Topologie I" von *Alexandroff-Hopf* [Berlin 1935].

Dem Beweise des Satzes II dagegen liegt die anschauliche und lokale Bedeutung des Grades zugrunde. Die Abbildung f heiße im Punkte q „glatt“, wenn jeder Punkt p, der auf q abgebildet wird, eine Umgebung besitzt, in welcher f eineindeutig ist; ist f in q glatt, so besteht das Urbild $f^{-1}(q)$ nur aus endlich vielen Punkten, da in der Umgebung eines Häufungspunktes von Urbildpunkten von q die geforderte Eineindeutigkeit nicht bestehen könnte; eine Umgebung von q erleidet also eine endliche Anzahl schlichter Bedeckungen durch die Bildmenge; die Bedeckungszahl, d. h. die Anzahl der positiven Bedeckungen vermindert um die Anzahl der negativen Bedeckungen, ist der Grad von f. Er hängt nicht von dem Punkt q ab, es gilt also der folgende „Hauptsatz“ über den Abbildungsgrad: Ist die Abbildung f in zwei verschiedenen Punkten q_1 und q_2 glatt, so sind die Bedeckungszahlen in den beiden Punkten einander gleich; ist insbesondere die Bedeckungszahl in einem Punkt q_1 von 0 verschieden, so kann sie in keinem Punkt gleich 0 sein, es gibt also zu jedem Punkt q wenigstens einen Punkt p mit $f(p) = q$.

Die Glattheit in einem Punkte q ist speziell dann gesichert, wenn f stetig differenzierbar ist und die Funktionaldeterminante in keinem Urbildpunkt von q verschwindet; das Vorzeichen einer Bedeckung von q ist dasselbe wie das Vorzeichen der Funktionaldeterminante in dem betreffenden Urbildpunkt.

4. Der Satz I wird im § 1 bewiesen (für beliebige k). Die Untersuchung des Homologietypus der Abbildungen p_k geschieht mit Hilfe des Begriffes der „minimalen“ Elemente eines Homologieringes (Nr. 5) und unter Benutzung der Theorie des „Umkehrungs-Homomorphismus“ (Nr. 9).

Der § 2, der den Beweis des Satzes II enthält (für $k > 0$), kann ohne Kenntnis des § 1 gelesen werden; aus der Homologietheorie kommt in ihm nichts vor. Die Grundlage des Beweises ist die Tatsache, daß die Funktionaldeterminante einer Abbildung p_k bei positivem k nirgends negativ ist (Nr. 15). Zur Vermeidung von Komplikationen nehmen wir die geschlossene Gruppe G als analytisch an, was bekanntlich keine Einschränkung bedeutet. Aus der Theorie der kontinuierlichen Gruppen werden die folgenden beiden Sätze ohne Beweis benutzt: 1. Die Existenz eines kanonischen Koordinatensystems in der Umgebung des Eins-Elementes (Nr. 17). — 2. Die Tatsache, daß jede kompakte zusammenhängende Abelsche Untergruppe von G ein „Toroid“ ist, d. h. das direkte Produkt von endlich vielen Kreisdrehungsgruppen (Nr. 18). — Zwei weitere Sätze über geschlossene Liesche Gruppen, die auf dem Wege zum Satz II auftreten, werden wir nicht als bekannt voraussetzen, sondern mit Hilfe des Abbildungsgrades neu beweisen: a) Jede geschlossene Gruppe wird von ihren infinitesimalen Transformationen erzeugt, d. h. sie wird von ihren einparametrigen Untergruppen vollständig überdeckt (Nr. 17). — b) Diejenigen Toroide in G, welche nicht in höherdimensionalen Toroiden enthalten sind, haben sämtlich die gleiche Dimension λ (Nr. 21).

Im § 3 werden, im Anschluß an den § 2, noch einige weitere Bemerkungen über die Abbildungen p_k gemacht; dabei treten die bekannten „singulären" Gruppenelemente auf, und unser Rang $\lambda = l$ wird mittels der charakteristischen Polynome der zu G adjungierten linearen Gruppe ausgedrückt, wie es bei halb-einfachen Gruppen üblich ist (Nr. 26).

Ich möchte noch feststellen, daß Gespräche mit Herrn H. Samelson dazu beigetragen haben, die in dieser Arbeit behandelten Fragen zu klären.

§ 1.

5. Der Koeffizientenbereich für die Homologien soll immer der rationale Körper sein. Die Homologieklassen einer geschlossenen orientierbaren Mannigfaltigkeit M werden in der üblichen Weise durch Bettische Addition und Schnitt-Multiplikation zu dem Ring $\mathfrak{R}(M)$ vereinigt.

Ein homogen-dimensionales Element V von $\mathfrak{R}(M)$ heißt „minimal", wenn es keine anderen Vielfachen in $\mathfrak{R}(M)$ besitzt als die durch Multiplikation mit rationalen Zahlen α entstehenden Vielfachen αV — welche die gleiche Dimension wie V haben — und als die 0-dimensionalen Elemente — welche infolge des Poincaré-Veblenschen Dualitätssatzes Vielfache jedes von 0 verschiedenen Elementes sind; die 0-dimensionalen Elemente selbst rechnen wir nicht zu den minimalen.[5])

Es gilt der Invarianzsatz: Bei jeder stetigen Abbildung von M in eine Mannigfaltigkeit M' ist das Bild eines minimalen Elementes von $\mathfrak{R}(M)$ wieder ein minimales Element von $\mathfrak{R}(M')$.[5])

6. In der Mannigfaltigkeit Γ sei eine stetige Multiplikation erklärt, d. h. jedem geordneten Punktepaar (p, q) von Γ sei ein Punkt $p \cdot q$ von Γ zugeordnet, der stetig von dem Paar (p, q) abhängt. Setzen wir

$$p \cdot q = L_p(q) = R_q(p) ,$$

so ist L_p eine stetige Abbildung von Γ in sich; da L_p stetig von p abhängt, ist die durch L_p bewirkte Abbildung des Ringes $\mathfrak{R}(\Gamma)$ in sich unabhängig von p; wir nennen diese Ringabbildung L; analog ist die Ringabbildung R erklärt.

---

[5]) A. a. O.[2]), Nr. 32—34.

Ist M irgend eine Mannigfaltigkeit[6]), und sind f, g zwei Abbildungen von M in Γ, so wird durch

$$P_{f,g}(a) = f(a) \cdot g(a) ,$$

wobei a einen variablen Punkt von M bezeichnet und das Produkt auf der rechten Seite im Sinne der stetigen Multiplikation in Γ zu bilden ist, eine neue Abbildung von M in Γ erklärt; die durch $f, g, P_{f,g}$ bewirkten Ringabbildungen nennen wir ebenfalls $f, g, P_{f,g}$

Hilfssatz 1. Für jedes minimale Element V von $\mathfrak{R}(M)$ gilt

$$P_{f,g}(V) = Rf(V) + Lg(V) .$$

Beweis. Die stetige Multiplikation in Γ kann als Abbildung F des topologischen Produktes $\Gamma \times \Gamma$ in Γ aufgefaßt werden:

$$F(p \times q) = p \cdot q$$

für jedes Punktepaar (p, q) von Γ. Ist Z irgend ein Element von $\mathfrak{R}(\Gamma)$ und E das durch einen einfachen Punkt repräsentierte Element, so ist[7])

$$F(E \times Z) = L(Z) , \qquad F(Z \times E) = R(Z) . \tag{1}$$

Sind Π_1, Π_2 die Projektionen von $\Gamma \times \Gamma$ auf Γ, die durch

$$\Pi_1(p \times q) = p , \qquad \Pi_2(p \times q) = q$$

gegeben sind, so ist[7])

$$\Pi_1(Z \times E) = \Pi_2(E \times Z) = Z , \tag{2a}$$

$$\Pi_1(E \times Z) = \Pi_2(Z \times E) = 0 , \tag{2b}$$

wobei für (2b) vorausgesetzt ist, daß Z positive Dimension hat.

Die Abbildungen f und g von M in Γ bewirken eine Abbildung Q von M in $\Gamma \times \Gamma$:

$$Q(a) = f(a) \times g(a)$$

für jeden Punkt a von M; es ist

$$P_{f,g} = FQ , \tag{3}$$

$$\Pi_1 Q = f , \qquad \Pi_2 Q = g . \tag{4}$$

---

[6]) Alle Mannigfaltigkeiten sollen geschlossen und orientierbar sein.

[7]) Analog wie oben bezeichnen wir die durch die stetigen Abbildungen $F, \Pi, \ldots$ bewirkten Ring-Abbildungen selbst mit $F, \Pi, \ldots$.

Es sei nun V ein minimales Element von $\mathfrak{R}(M)$; nach dem Invarianzsatz (Nr. 5) ist $Q(V)$ minimales Element von $\mathfrak{R}(\Gamma \times \Gamma)$; die minimalen Elemente dieses Ringes sind aber, wie man aus den bekannten Homologie- und Schnitt-Eigenschaften in Produkt-Mannigfaltigkeiten leicht bestätigt[8]), die Elemente

$$(V' \times E) + (E \times V'') ,$$

wobei V', V'' minimale Elemente von $\mathfrak{R}(\Gamma)$ sind, die auch 0 sein können. Es gibt also zwei solche Elemente V', V'' in $\mathfrak{R}(\Gamma)$, daß

$$Q(V) = (V' \times E) + (E \times V'') \tag{5}$$

ist. Aus (5), (4), (2a), (2b) folgt

$$V' = f(V) , \qquad V'' = g(V) ,$$

also

$$Q(V) = (f(V) \times E) + (E \times g(V)) . \tag{6}$$

Aus (6), (3), (1) folgt

$$P_{f,g}(V) = Rf(V) + Lg(V) , \tag{7}$$

was zu beweisen war.

7. Wir nehmen jetzt an, daß die stetige Multiplikation in Γ ein Eins-Element besitzt; es gebe also einen Punkt e, so daß für jeden Punkt p

$$e \cdot p = p \cdot e = p$$

ist. Dann ist L_e die identische Abbildung von Γ auf sich, und L die identische Abbildung von $\mathfrak{R}(\Gamma)$ auf sich; das Gleiche gilt für R_e und R. Die Gleichung (7) lautet daher

$$P_{f,g}(V) = f(V) + g(V) . \tag{8}$$

Wir betrachten in Γ die Potenzabbildungen

$$p_k(x) = x^k ;$$

für sie gilt

$$p_0(x) = e , \qquad p_k(x) = x \cdot p_{k-1}(x) ; \tag{9}$$

falls in Γ die Gruppenaxiome erfüllt sind, sind diese Abbildungen von vornherein für alle positiven und negativen k definiert; andernfalls sind sie durch (9) wenigstens für alle positiven k definiert.

---

[8]) Man vgl. Kap. V der „Topology" von *Lefschetz* [New York 1930].

Hilfssatz 2. In Γ sei eine stetige Multiplikation mit Eins-Element erklärt; die Potenzabbildungen p_k seien in dem soeben besprochenen Sinne definiert. Dann ist für jedes minimale Element V von $\mathfrak{R}(\Gamma)$

$$p_k(V) = kV\ . \tag{10}$$

Beweis. Für $k = 0$ und $k = 1$ ist (10) offenbar richtig. Setzen wir $M = \Gamma, f = p_1, g = p_{k-1}$, so ist nach (9) $p_k = P_{f,g}$, und folglich nach (8)

$$p_k(V) = V + p_{k-1}(V)\ .$$

Hieraus folgt (10) für positive k durch Schluß von $k - 1$ auf k, für negative k durch Schluß von k auf $k - 1$.[9])

8. Als weitere Vorbereitung für den Beweis des Satzes I stellen wir hier Eigenschaften des Ringes der Produkt-Mannigfaltigkeit

$$P = S_1 \times S_2 \times \cdots \times S_l$$

zusammen, wobei die S_i Sphären von ungeraden Dimensionen sind; die Beweise übergehen wir.[8])

Die durch die Grundzyklen repräsentierten Elemente der Ringe $\mathfrak{R}(S_i)$ und $\mathfrak{R}(P)$, also die Eins-Elemente dieser Ringe, seien selbst mit S_i bzw. P, die durch einfache Punkte repräsentierten Elemente dieser Ringe seien mit E_i bzw. E bezeichnet.

In $\mathfrak{R}(P)$ besteht eine volle Homologiebasis, d. h. die Vereinigung von Homologiebasen aller Dimensionen, aus den 2^l Elementen

$$X_1 \times X_2 \times \cdots \times X_l\ , \tag{11}$$

wobei X_i entweder S_i oder E_i ist.

V_i sei dasjenige Element (11), in welchem $X_i = S_i$, $X_j = E_j$ für $j \neq i$ ist. $V_1, \ldots, V_l$ sind minimale Elemente, und zwar bilden sie eine Basis aller minimalen Elemente von $\mathfrak{R}(P)$: sie sind linear unabhängig, und jedes minimale Element ist eine lineare Verbindung von ihnen.

---

[9]) Herr B. Eckmann hat mir gezeigt, daß der Hilfssatz 1 seine Gültigkeit behält, wenn man die in ihm behauptete Gleichung als Gleichung in einer Hurewiczschen Homotopiegruppe deutet und unter V eine Sphäre beliebiger Dimension versteht; sowie, daß der Hilfssatz 2 gültig bleibt, wenn man (10) als Gleichung in einer Hurewiczschen Gruppe deutet und unter V irgend ein Element dieser Gruppe versteht.

Z_j sei dasjenige Element (11), in welchem $X_i = \pm E_i$, $X_j = S_j$ für $j \neq i$ ist, wobei das Vorzeichen von E_i so gewählt ist, daß $Z_i \cdot V_i = + E$ ist. Das System aller Produkte

$$Z_{i_1} \cdot Z_{i_2} \cdots Z_{i_r} , \qquad i_1 < i_2 < \cdots < i_r , \tag{12}$$

zusammen mit dem Eins-Element P ist bis auf Vorzeichen identisch mit dem System der Elemente (11); es bildet also eine Basis in $\mathfrak{R}(P)$; bezeichnen wir die Produkte (12), in welchen $r > 1$ ist, mit $Y_1, Y_2, \ldots$, so haben wir also eine Basis

$$P, Z_1, \ldots, Z_l, Y_1, Y_2, \ldots ; \tag{13}$$

sie ist dual zu der Basis

$$E, V_1, \ldots, V_l, W_1, W_2, \ldots ; \tag{14}$$

(auf den Bau der Elemente W_j kommt es im Augenblick nicht an); daß die Basis (13) zur Basis (14) dual ist, bedeutet: es ist

$$P \cdot E = Z_i \cdot V_i = Y_j \cdot W_j = E ,$$

während für jedes andere Paar aus (13) und (14), in welchem die Dimensionszahlen der beiden Elemente sich zur Dimensionszahl von P ergänzen, das Produkt gleich 0 ist.

Folgende Produktregeln sind wichtig:

$$Z_1 \cdot Z_2 \cdot \ldots \cdot Z_l = \pm E , \tag{15}$$

wobei es uns auf das Vorzeichen nicht ankommt; ferner

$$Z_i \cdot Z_i = 0 , \tag{16}$$

$$Z_i \cdot Z_j = - Z_j \cdot Z_i \quad \text{für} \quad i \neq j ; \tag{17}$$

(die Voraussetzung, daß die Dimensionen der S_i ungerade sind, ist im vorstehenden nur für (17) gebraucht worden).

9. Wir erinnern jetzt an den „Umkehrungs-Homomorphismus" der Abbildungen von Mannigfaltigkeiten.[10]) Es seien M, M' zwei Mannigfaltigkeiten; $\{U_i\}$ bzw. $\{U'_j\}$ seien volle Homologiebasen in ihren Ringen, und $\{X_i\}$ bzw. $\{X'_j\}$ seien die zu diesen Basen dualen Basen. Eine Abbildung f von M in M' bewirkt eine Abbildung von $\mathfrak{R}(M)$ in $\mathfrak{R}(M')$, die durch

$$f(U_i) = \Sigma \alpha_{ij} U'_j \tag{18}$$

[10]) *H. Hopf*, Zur Algebra der Abbildungen von Mannigfaltigkeiten [Crelle's Journ. **163** (1930), 171—188], Satz I und Satz Ia.

gegeben sei; dann gilt der Satz: Die Abbildung φ von $\mathfrak{R}(M')$ in $\mathfrak{R}(M)$, die durch

$$\varphi(X'_j) = \Sigma \alpha_{ij} X_i \tag{19}$$

gegeben ist, ist nicht nur ein additiver, sondern auch ein multiplikativer Homomorphismus.

Wir nehmen jetzt an, daß M und M' gleiche Dimension haben; dann ist der Abbildungsgrad γ von f erklärt. In den obigen Basen seien $U_1 = M$, $U'_1 = M'$ die Eins-Elemente, $X_1 = E$, $X'_1 = E'$ die durch einfache Punkte repräsentierten Elemente der beiden Ringe. Die Gleichung (18) für $i = 1$ lautet

$$f(U_1) = \gamma U'_1 ,$$

es ist also $\alpha_{11} = \gamma$; da die U_i für $i > 1$ kleinere Dimension haben als $U'_1 = M'$, ist $\alpha_{i1} = 0$ für $i > 1$. Folglich lautet (19) für $j = 1$:

$$\varphi(E') = \gamma E ; \tag{20}$$

auch durch diese Formel ist der Grad γ charakterisiert.

10. Es sei jetzt G eine Mannigfaltigkeit, deren Ring dem Ring der Produkt-Mannigfaltigkeit P aus Nr. 8 dimensionstreu isomorph sei. Diejenigen Elemente aus $\mathfrak{R}(G)$, die bei diesem Isomorphismus den Elementen V_i, Z_i, Y_j, W_j, E aus $\mathfrak{R}(P)$ entsprechen, bezeichnen wir mit denselben Buchstaben; nur statt P schreiben wir G.

Eine Abbildung f von G in sich sei gegeben; die Bilder $f(V_h)$ der minimalen Elemente V_h sind nach dem Invarianzsatz (Nr. 5) selbst wieder minimale Elemente; infolge der Basis-Eigenschaft der V_i (Nr. 8) bestehen daher Gleichungen

$$f(V_h) = \Sigma \gamma_{hi} V_i . \tag{21}$$

Hilfssatz 3. Der Grad von f ist die Determinante der γ_{hi}.

Beweis. Der Umkehrungs-Homomorphismus φ von f bewirkt unter anderem die folgenden Substitutionen:

$$\varphi(Z_i) = \Sigma \gamma_{hi} Z_h + \Sigma \beta_{ji} Y_j , \tag{22}$$

wobei die γ_{hi} dieselben sind wie in (21). Wir multiplizieren die l Gleichungen (22) für $i = 1, 2, \ldots, l$ miteinander; dabei entsteht auf der rechten Seite eine lineare Verbindung von Produkten Π_λ, von denen jedes l Faktoren, teils Z_h und teils Y_j, enthält; nun ist aber jedes Y_j gemäß seiner Definition selbst Produkt von mindestens zwei Z_h; diejenigen Π_λ, welche wenigstens einen Faktor Y_j enthalten, lassen sich daher als Produkte von mehr als l Faktoren Z_h schreiben, und folglich verschwinden sie auf Grund von (17) und (16). Es ergibt sich also zunächst

$$\Pi\varphi(Z_i) = \Pi(\Sigma\gamma_{hi}Z_h) ,$$

wobei die Produkte auf beiden Seiten über $i = 1, 2, \ldots, l$ zu erstrecken sind. Auf der linken Seite benutze man jetzt die multiplikativ-homomorphe Eigenschaft von φ und die Formel (15), und auf der rechten Seite wende man (17), (16), (15) an; dann erhält man

$$\varphi(E) = \text{Det.}\ (\gamma_{hi}) \cdot E .$$

Nach (20) ist daher Det. (γ_{hi}) der Grad von f.

11. Der Satz I (Nr. 2) ist eine unmittelbare Folge aus dem soeben bewiesenen Hilfssatz 3 und dem Hilfssatz 2 (Nr. 7); denn für die Potenzabbildung p_k einer Gruppen-Mannigfaltigkeit G lautet auf Grund des Hilfssatzes 2 die Substitution (21)

$$p_k(V_i) = kV_i , \qquad i = 1, 2, \ldots, l ;$$

ihre Determinante ist k^l; nach dem Hilfssatz 3 ist dies der Grad von p_k.

Es sei noch darauf aufmerksam gemacht, daß die Gültigkeit des assoziativen Gesetzes der stetigen Multiplikation in G nicht benutzt worden ist; nur muß ein Eins-Element e existieren, und die Potenzen p_k müssen so definiert sein, daß die Formeln (9) gelten.

§ 2.

12. G sei eine n-dimensionale Liesche Gruppe; vorläufig setzen wir nicht voraus, daß sie geschlossen sei; ihr Eins-Element heiße e. Es seien Abbildungen $h_1, h_2, \ldots, h_r$ gegeben, welche eine Umgebung von e so in eine Umgebung von e abbilden, daß

$$h_\varrho(e) = e , \qquad \varrho = 1, 2, \ldots, r , \tag{1}$$

ist. Dann ist auch das Produkt

$$h(x) = h_1(x) \cdot h_2(x) \cdot \ldots \cdot h_r(x)$$

eine Abbildung mit $h(e) = e$.

Wir benutzen in der Umgebung von e ein festes Koordinatensystem; die Nummern der Koordinaten deuten wir durch obere Indizes an. Die

$h^i_\varrho(x)$ seien stetig differenzierbare Funktionen der x^k; dann sind die Funktionalmatrizen $H, H_1, H_2, \ldots, H_r$ der Abbildungen $h, h_1, h_2, \ldots, h_r$ im Punkte e definiert.

Wir behaupten:

$$H = H_1 + H_2 + \cdots + H_r . \tag{2}$$

Es genügt, dies für $r = 2$ zu beweisen, da sich dann der allgemeine Fall durch wiederholte Anwendung ergibt.

Die Multiplikation in G sei durch

$$y \cdot z = f(y; z)$$

gegeben, in Koordinaten:

$$(y \cdot z)^i = f^i(y^1, \ldots, y^n ; z^1, \ldots, z^n) .$$

Aus

$$f(y; e) = y , \qquad f(e; z) = z$$

folgt

$$\left(\frac{\partial f^i}{\partial y^j}\right)_{z=e} = \left(\frac{\partial f^i}{\partial z^j}\right)_{y=e} = \delta_{ij} , \tag{3}$$

wobei (δ_{ij}) die Einheitsmatrix ist. Differentiation von

$$h^i(x) = f^i(h_1(x) ; h_2(x))$$

ergibt

$$\frac{\partial h^i}{\partial x^k} = \sum_j \frac{\partial f^i}{\partial y^j} \cdot \frac{\partial h_1^j}{\partial x^k} + \sum_j \frac{\partial f^i}{\partial z^j} \cdot \frac{\partial h_2^j}{\partial x^k} ,$$

also nach (1) und (3)

$$\left(\frac{\partial h^i}{\partial x^k}\right)_{x=e} = \left(\frac{\partial h_1^i}{\partial x^k}\right)_{x=e} + \left(\frac{\partial h_2^i}{\partial x^k}\right)_{x=e} .$$

Das ist die Behauptung (2) für $r = 2$.

13. Wir wollen die Funktionalmatrix der Potenzabbildung[11])

$$p_k(x) = x^k$$

von G in sich an einer Stelle $x = a$ untersuchen; die Matrix selbst hängt zwar von den Koordinatensystemen in den Umgebungen der Punkte a und $p_k(a) = a^k$ ab, aber wesentlich sind nur solche Eigenschaften, die von der Koordinatenwahl unabhängig sind; wir werden die Koordinatensysteme möglichst bequem wählen. Da wir uns besonders für das Vorzeichen der

[11]) Obere Indizes sind im folgenden immer Exponenten (nicht Koordinaten-Nummern).

Funktionaldeterminante interessieren, haben wir dabei auf Orientierungsfragen zu achten.

Die Mannigfaltigkeit G ist analytisch und orientierbar; es sind also lokale analytische Koordinatensysteme ausgezeichnet, die dort, wo sie übereinandergreifen, durch reguläre Transformationen mit positiver Funktionaldeterminante auseinander hervorgehen, und es sind beliebige reguläre Koordinatentransformationen mit positiven Determinanten zugelassen. Durch solche Koordinatentransformationen werden wir jetzt in den Umgebungen der Punkte a und a^k spezielle Koordinatensysteme einführen, und in bezug auf diese Systeme werden wir die Funktionalmatrix P_k der Abbildung p_k berechnen. Das Verschwinden oder Nicht-Verschwinden (Nr. 14) sowie das Vorzeichen (Nr. 15) der Funktionaldeterminante von p_k wird durch die spezielle Wahl der Koordinatensysteme nicht beeinflußt.

In der Umgebung des Punktes e nehmen wir ein festes Koordinatensystem; die Abbildung $x \to xa$ einer Umgebung von e auf eine Umgebung von a hat, da sie sich durch eine Deformation von G erzeugen läßt, positive Funktionaldeterminante; infolgedessen kann man durch eine zugelassene Koordinatentransformation in der Umgebung von a erreichen, daß die Funktionalmatrix dieser Abbildung die Einheitsmatrix E wird. Ebenso kann man durch eine zugelassene Koordinatentransformation in der Umgebung des Punktes a^k erreichen, daß die Funktionalmatrix der Abbildung $x \to a^{k-1} x a$ einer Umgebung von e auf eine Umgebung von a^k die Einheitsmatrix E wird. Damit sind in den Umgebungen von e, a, a^k Koordinatensysteme eingeführt, an denen wir festhalten wollen.

Es sei $k > 0$. Setzen wir

$$a^{-\varrho} x a^{\varrho} = h_\varrho(x)$$

und

$$h(x) = h_{k-1}(x) \cdot h_{k-2}(x) \cdot \ldots \cdot h_1(x) \cdot h_0(x) ,$$

so verifiziert man leicht die Identität

$$x^k = a^{k-1} \cdot h(xa^{-1}) \cdot a .$$

Man kann also die Abbildung $p_k(x)$, welche x in x^k überführt, in drei Schritten ausführen:

$$x \to xa^{-1} = x_1 \to h(x_1) = x_2 \to a^{k-1} x_2 a = x^k .$$

Die Funktionalmatrizen des ersten und des dritten Schrittes sind, dank der von uns gewählten Koordinatensysteme, die Einheitsmatrizen; die

Funktionalmatrix P_k von p_k an der Stelle $x = a$ ist daher gleich der Funktionalmatrix von h an der Stelle $x_1 = e$; diese Matrix ist nach Nr. 12

$$H = H_{k-1} + H_{k-2} + \cdots + H_1 + H_0 ,$$

wenn H_ϱ die Funktionalmatrix von h^ϱ an der Stelle e bezeichnet.

Nun ist h_ϱ die ϱ-te Iteration der Abbildung h_1, und es ist $h_1(e) = e$; folglich ist H_ϱ die ϱ-te Potenz der Matrix H_1. Schreiben wir A statt H_1, so haben wir damit das folgende Resultat:

Bei geeigneter Wahl von zugelassenen Koordinatensystemen in den Umgebungen der Punkte a und a^k ist die Funktionalmatrix der Abbildung $p_k(x) = x^k$, $k > 0$, an der Stelle $x = a$

$$P_k = E + A + A^2 + \cdots + A^{k-1} ; \tag{4}$$

dabei bezeichnet A die Funktionalmatrix der Abbildung $x \to a^{-1}xa$ an der Stelle $x = e$, also die Matrix derjenigen adjungierten linearen Transformation, welche zum Element a gehört.

14. Wir fassen die Matrix A und ihre Potenzen als lineare Transformationen des Vektorbündels im Punkte e auf. Ein „Fixvektor" von A ist ein Vektor $\mathfrak{x}$ mit $A\mathfrak{x} = \mathfrak{x}$, also ein Eigenvektor mit dem Eigenwert $+1$. Wir behaupten:

Dann und nur dann ist die Determinante $|P_k| = 0$, wenn es einen Vektor gibt, der Fixvektor von A^k, aber nicht Fixvektor von A ist.

Beweis. Aus (4) folgt

$$P_k \cdot (E - A) = E - A^k , \tag{5a}$$

$$(E - A) \cdot P_k = E - A^k . \tag{5b}$$

Es gebe nun erstens einen Vektor $\mathfrak{x}$ der in der Behauptung genannten Art; dann ist (wenn $\mathfrak{o}$ den Nullvektor bezeichnet)

$$(E - A^k)\mathfrak{x} = \mathfrak{o} , \qquad (E - A)\mathfrak{x} = \mathfrak{x}' \neq \mathfrak{o} ,$$

und nach (5a) $P_k\mathfrak{x}' = \mathfrak{o}$, also $|P_k| = 0$.

Es sei zweitens $|P_k| = 0$; dann gibt es einen Vektor $\mathfrak{x} \neq \mathfrak{o}$ mit $P_k\mathfrak{x} = \mathfrak{o}$; nach (5b) ist $\mathfrak{x}$ Fixvektor von A^k; wäre er auch Fixvektor von A, so wäre $A^\varrho\mathfrak{x} = \mathfrak{x}$ für jedes ϱ, also nach (4) $P_k\mathfrak{x} = k\mathfrak{x}$; dies ist nicht verträglich mit $\mathfrak{x} \neq \mathfrak{o}$, $P_k\mathfrak{x} = \mathfrak{o}$; folglich ist $\mathfrak{x}$ nicht Fixvektor von A.

15. *Von jetzt an sei die Gruppe G geschlossen.* Wir behaupten:

Für jedes $k > 0$ und an jeder Stelle a von G ist die Determinante

$$|P_k| \geqq 0 . \tag{6}$$

Beweis. Für ein beliebiges Element b von G sei B die zugehörige adjungierte Matrix, d. h. die Funktionalmatrix der Transformation $x \to b^{-1}xb$ an der Stelle $x = e$, und $C_b(\zeta)$ das charakteristische Polynom von B, also

$$C_b(\zeta) = |\zeta E - B| .$$

Bekanntlich gilt für geschlossene Gruppen der Satz, daß die Wurzeln dieser Polynome den Betrag 1 haben. Ich erinnere an den Beweis[12]): die Koeffizienten der Polynome C_b sind stetige Funktionen von b, also, da b auf der geschlossenen Mannigfaltigkeit G variiert, beschränkt; folglich sind auch die Wurzeln beschränkt; da aber, wenn ζ Wurzel von C_b ist, die Potenz ζ^m Wurzel von C_{b^m} ist, sind auch alle Potenzen der Wurzeln mit positiven und mit negativen Exponenten beschränkt; das ist nur möglich, wenn die Wurzeln den Betrag 1 haben.

Insbesondere hat C_b keine reelle Wurzel $\zeta > 1$, und da $C_b(\zeta)$ für große positive ζ positiv ist, ist daher

$$C_b(\zeta) > 0 \quad \text{für} \quad \zeta > 1 . \tag{7}$$

Wir betrachten nun die von dem Parameter ζ abhängige Matrizenschar

$$P_k(\zeta) = \zeta^{k-1}E + \zeta^{k-2}A + \cdots + \zeta A^{k-2} + A^{k-1} ,$$

so daß also nach Nr. 13

$$P_k(1) = P_k$$

ist. Dann ist

$$(\zeta E - A) \cdot P_k(\zeta) = \zeta^k E - A^k ,$$

also, wenn man zu den Determinanten übergeht und beachtet, daß A^k die zu dem Element a^k gehörige adjungierte Matrix ist,

$$C_a(\zeta) \cdot |P_k(\zeta)| = C_{a^k}(\zeta^k) .$$

Hieraus und aus (7) folgt

$$|P_k(\zeta)| > 0 \quad \text{für} \quad \zeta > 1 ,$$

also

$$|P_k(1)| \geqq 0 .$$

Das ist die Behauptung (6).

---

[12]) (3), Nr. 39.

Es sei noch bemerkt, daß der hiermit für geschlossene Gruppen bewiesene Satz für offene Gruppen im allgemeinen nicht gilt: bei der 6-dimensionalen Gruppe der eigentlichen affinen Transformationen der (x, y)-Ebene,

$$\left.\begin{aligned} x' &= ax + by + s \\ y' &= cx + dy + t \end{aligned}\right\}, \quad ad - bc > 0 ,$$

hat, wenn man a, b, c, d, s, t als Koordinaten benutzt, die Funktionaldeterminante der Abbildung p_2 den Wert

$$4(ad - bc)(a + d)^2((a + 1)(d + 1) - bc) ,$$

und dieser kann negativ werden — z. B. für $a = -2, d = -\frac{1}{2}, b = c = 0$.

16. *Für jedes Element q der geschlossenen Gruppe G und für jedes $k > 0$ hat die Gleichung*

$$x^k = q$$

wenigstens eine Lösung x in G.[13])

Beweis. Gemäß dem „Hauptsatz" über den Abbildungsgrad (Nr. 3) genügt es, einen Punkt q_1 zu finden, in welchem die Abbildung p_k glatt und die Bedeckungszahl nicht 0 ist. Da G analytisch und p_k eine analytische Abbildung ist, verschwindet die Funktionaldeterminante auf einer abgeschlossenen und höchstens $(n - 1)$-dimensionalen Menge N, und das Bild $N' = p_k(N)$ ist ebenfalls abgeschlossen und höchstens $(n - 1)$-dimensional; (n ist die Dimension von G). Im Punkte e ist, wie man z. B. aus (4) abliest, die Funktionaldeterminante nicht 0; daher gibt es eine Umgebung U von e, welche schlicht auf ein Gebiet U' abgebildet wird. In U' gibt es Punkte, die nicht zu N' gehören; jeder solche Punkt q_1 hat die gewünschten Eigenschaften: da er nicht zu N' gehört, ist p_k in ihm glatt; da die Funktionaldeterminante nach Nr. 15 nirgends negativ ist, ist seine Bedeckungszahl nicht negativ, und zwar ist sie gleich der Anzahl der Urbilder von q_1; diese Anzahl ist nicht 0, da q_1 zu U' gehört.

Den hiermit bewiesenen Satz kann man offenbar auch so formulieren: *Für $k > 0$ ist*

$$p_k(G) = G .$$

---

[13]) Der Satz ist bekannt, denn er ist eine unmittelbare Folge des bekannten Satzes in Nr. 17 — man vgl. Fußnote 15; überdies ist er ein Korollar unseres Satzes I, den wir aber aus Gründen der Methode hier nicht benutzen wollen.

Auch dieser Satz verliert seine Gültigkeit für offene Gruppen: in der multiplikativen Gruppe der reellen Matrizen

$$X=\begin{pmatrix} a & b \\ c & d \end{pmatrix} \quad \text{mit} \quad ad-bc=1$$

ist

$$p_2(X) = X^2 = (a+d)\,X - E \; ;$$

die Spur dieser Matrix ist $(a+d)^2 - 2$; zu einer Matrix Q, deren Spur < -2 ist, gibt es daher keine Lösung X der Gleichung $X^2 = Q$; Beispiel: $Q=\begin{pmatrix} -2 & 0 \\ 0 & -\frac{1}{2} \end{pmatrix}$.

17. *Jedes Element q der geschlossenen Gruppe G gehört einer einparametrigen Untergruppe von G an*[14]; dieselbe Behauptung drückt man oft so aus: *die Gruppe G wird von ihren infinitesimalen Transformationen erzeugt*[15].

Beweis. U sei eine offene Umgebung des Punktes e, in welcher ein kanonisches Koordinatensystem existiert[16]; hieraus folgen zwei Tatsachen: 1. jeder Punkt von U gehört einer einparametrigen Untergruppe von G an, 2. für jeden Punkt q von U und jedes $k > 0$ gibt es in U einen Punkt x mit $x^k = q$; diese zweite Tatsache kann man auch so formulieren:

$$U \subset p_k(U)\,. \tag{8}$$

Es sei x irgend ein Punkt von G. Infolge der Geschlossenheit von G enthält die Folge seiner positiven Potenzen x^m eine konvergente Teilfolge, es gibt also eine solche Zahlenfolge $m_1 < m_2 < \cdots$, daß $\lim x^{m_i}$ existiert; dann ist $\lim x^{m_i - m_{i-1}} = e$; somit liegt jedenfalls eine Potenz x^k in U, und da U offen ist, gibt es eine Umgebung $V(x)$ von x mit $p_k(V(x)) \subset U$.

Jedem Punkt x ist eine solche Umgebung $V(x)$ zugeordnet; da G geschlossen ist, kann man aus dem unendlichen System dieser $V(x)$ endlich viele, etwa $V_1, V_2, \ldots, V_m$, so auswählen, daß $\sum V_i = G$ ist; es gibt Zahlen k_i mit

$$p_{k_i}(V_i) \subset U \;, \quad i = 1, \ldots, m\,. \tag{9}$$

---

[14] Unter einer einparametrigen Gruppe soll immer eine zusammenhängende eindimensionale Gruppe verstanden werden, wie in (5), p. 86 und p. 184 ff.

[15] Dieser Satz ist bekannt: er ergibt sich erstens leicht aus (3), Nr. 47, und er folgt zweitens auch aus der Deutung der einparametrigen Untergruppen als geodätische Linien — man vergleiche (1), chap. II — und der Tatsache, daß in einer geschlossenen Riemannschen Mannigfaltigkeit zwischen je zwei Punkten eine kürzeste Verbindung existiert.

[16] (5), § 39.

Setzen wir $k_1 \cdot k_2 \cdot \ldots \cdot k_m = k^*$ und erklären wir k_i' durch $k_i \cdot k_i' = k^*$, so ergibt sich aus (9) durch Ausübung von $p_{k_i'}$

$$p_{k^*}(V_i) \subset p_{k_i'}(U) \; ; \tag{10}$$

nach (8) ist $U \subset p_{k_i}(U)$, und hieraus folgt durch Ausübung von $p_{k_i'}$

$$p_{k_i'}(U) \subset p_{k^*}(U) \; ;$$

hieraus und aus (10) ergibt sich

$$p_{k^*}(V_i) \subset p_{k^*}(U) \; .$$

Dies gilt für $i = 1, \ldots, m$, und es ist $\Sigma V_i = G$; folglich ist auch $p_{k^*}(G) \subset p_{k^*}(U)$. Nach Nr. 16 ist aber $p_{k^*}(G) = G$; es ist also $G \subset p_{k^*}(U)$, und somit

$$p_{k^*}(U) = G \; .$$

Dies bedeutet: zu jedem Punkt q von G gibt es einen solchen Punkt x in U, daß $x^{k^*} = q$ ist; da x einer einparametrigen Gruppe G_1 angehört, gehört seine Potenz q derselben Gruppe G_1 an.

Es ist bekannt, daß auch der hiermit bewiesene Satz nicht für alle offenen Gruppen gilt; diese Tatsache ist, da ein Element q, für welches die Gleichung $x^2 = q$ keine Lösung besitzt, keiner einparametrigen Gruppe angehören kann, in der Bemerkung am Schluß von Nr. 16 enthalten.[17])

18. Nach dem Satz aus Nr. 17 liegt jeder Punkt von G auf einer einparametrigen, also Abelschen, zusammenhängenden Untergruppe G_1 von G; die abgeschlossene Hülle von G_1 ist eine abgeschlossene Untergruppe von G, also eine Liesche Gruppe[18]); sie ist kompakt, Abelsch und zusammenhängend; folglich ist sie nach bekannten Sätzen das direkte Produkt von endlich vielen geschlossenen einparametrigen Gruppen, also von Kreisdrehungsgruppen[19]). Eine solche Gruppe wollen wir ein „Toroid" nennen. Wir haben also gezeigt:

Jeder Punkt von G liegt auf einem Toroid, welches Untergruppe von G ist.

19. Es sei hier an einige Eigenschaften der Toroide erinnert. Ein λ-dimensionales Toroid T_λ wird durch Koordinaten $x_1, \ldots, x_\lambda$ beschrieben, wobei die x_i die Restklassen der reellen Zahlen modulo 1 durchlaufen; die Zuordnung zwischen den Punkten von T_λ und den Systemen

[17]) Man vergleiche (3), Nr. 24.

[18]) (3), Nr. 26; (5), Th. 50.

[19]) (3), Nr. 43; sowie, ohne Benutzung von Differenzierbarkeitseigenschaften: (5), Th. 42.

$(x_1, \ldots, x_\lambda)$ ist eineindeutig. Das Produkt zweier Elemente $x = (x_1, \ldots, x_\lambda)$ und $y = (y_1, \ldots, y_\lambda)$ ist durch

$$x \cdot y = (x_1 + y_1, \ldots, x_\lambda + y_\lambda)$$

gegeben.

Wir werden die folgenden beiden Tatsachen benutzen.

(*a*) *Auf jedem Toroid T gibt es Punkte c, deren Potenzen c^m überall dicht auf T liegen.*

Das ist in dem klassischen Approximationssatz von Kronecker enthalten, der überdies besagt, daß diejenigen $c = (c_1, \ldots, c_\lambda)$ die genannte Eigenschaft haben, für welche die einzige Relation

$$m_1 c_1 + \cdots + m_\lambda c_\lambda = m$$

mit ganzen $m_1, \ldots, m_\lambda, m$ die triviale mit $m_1 = \cdots = m_\lambda = 0$ ist.[20])

Da für ein c, dessen Potenzen auf T überall dicht sind, T die kleinste abgeschlossene Gruppe ist, welche c enthält, soll ein solches c ein erzeugendes Element von T heißen.

(*b*) *Für jedes Element q des λ-dimensionalen Toroids T_λ und jede ganze Zahl $k > 0$ hat die Gleichung $x^k = q$ genau k^λ Lösungen x auf T_λ.*

Diese Lösungen sind nämlich, wie man leicht bestätigt, wenn $q = (q_1, \ldots, q_\lambda)$ ist, die Elemente $x = (x_1, \ldots, x_\lambda)$ mit

$$x_i = \frac{q_i + m_i}{k} ,$$

wobei $m_1, \ldots, m_\lambda$ ganze Zahlen sind, welche unabhängig voneinander die Werte $0, 1, \ldots, k-1$ durchlaufen.

20. In G gibt es nach Nr. 18 ein Toroid; es gibt daher auch ein maximales Toroid, d. h. ein solches, das nicht in einem höher-dimensionalen Toroid enthalten ist; es gebe in G ein maximales Toroid T_λ von der Dimension λ. Dann gilt der Satz:

Für jedes $k > 0$ hat die Abbildung p_k von G den Grad k^λ.

Beweis. Es sei c ein erzeugendes Element von T_λ, gemäß Nr. 19 (a), und es sei x ein Element von G, das die Gleichung $x^k = c$ erfüllt. Nach

[20]) Eine Zusammenstellung verschiedener Beweise findet man bei *J. F. Koksma*, Diophantische Approximationen [Berlin 1936], p. 83; einige von ihnen bewegen sich im Rahmen der Theorie der stetigen Moduln, also der kontinuierlichen Abelschen Gruppen; hierher gehört auch ein neuer Beweis von Pontrjagin: (5), p. 150, Ex. 51.

Nr. 18 liegt x auf einem Toroid T'; dann liegt auch jede Potenz von x, also auch jede Potenz von c, also, da c das Toroid T_λ erzeugt, auch T_λ auf T'; da T_λ maximal ist, ist $T' = T_\lambda$. Folglich liegt x auf T_λ, und wir sehen: alle Lösungen x der Gleichung $x^k = c$ liegen auf T_λ.

Wir behaupten, daß in jedem dieser Punkte x die Funktionaldeterminante der Abbildung p_k von 0 verschieden ist; nach Nr. 14 ist dies bewiesen, sobald gezeigt ist: ist $\mathfrak{x}$ Fixvektor der zu c gehörigen adjungierten Transformation C, so ist $\mathfrak{x}$ auch Fixvektor der zu x gehörigen adjungierten Transformation X. Nun ist aber ein Fixvektor $\mathfrak{x}$ von C auch Fixvektor der adjungierten Transformationen C^m, die zu den Potenzen c^m gehören, und aus Stetigkeitsgründen auch Fixvektor jeder Transformation C', die zu einem Häufungspunkt c' der c^m gehört; alle Punkte von T_λ, also auch unsere x, sind solche c'. Damit ist die Behauptung bewiesen.

Da die Funktionaldeterminante von p_k in keinem Urbildpunkt von c verschwindet, ist p_k im Punkte c glatt (Nr. 3), und die Bedeckungszahl in c ist definiert; da die Funktionaldeterminante nirgends negativ ist (Nr. 15), ist die Bedeckungszahl gleich der Anzahl der Urbildpunkte; wir sahen schon, daß es keine anderen Urbilder von c gibt als diejenigen auf T_λ; deren Anzahl ist nach Nr. 19 (b) gleich k^λ. Diese Zahl ist also die Bedeckungszahl des Punktes c, und somit der Grad der Abbildung p_k.

21. Da der Grad von p_k nicht von dem speziell gewählten maximalen Toroid abhängt, ist ein Korollar des soeben bewiesenen Satzes:

Alle maximalen Toroide haben die gleiche Dimension λ.[21])

Da ferner in jeder abgeschlossenen ϱ-dimensionalen Abelschen Untergruppe von G die Komponente, welche das Eins-Element enthält, ein ϱ-dimensionales Toroid ist, sieht man: *Die Zahl λ ist die höchste Dimension, welche eine Abelsche Untergruppe von G haben kann.*

Durch den Satz aus Nr. 20 zusammen mit den soeben gemachten Bemerkungen ist der Satz II (Nr. 2) für alle positiven Zahlen k bewiesen.

22. Damit ist unser Ziel, das in Nr. 1 gesteckt worden ist, nämlich der Beweis der Gleichheit $\lambda = l$, erreicht; hierfür hätte ja der Beweis der Sätze I und II für ein einziges $k > 1$ genügt. Da wir den Satz I für alle k, auch für die negativen, bewiesen haben, ist damit auch die Gültigkeit des Satzes II für die negativen k gesichert. Man wird aber wünschen, den Satz II auch für diese k ohne den algebraisch-topologischen Apparat

---

21) Dieser Satz folgt leicht aus (6), Teil II, p. 354—366, oder auch aus (1), chap. I.

des § 1 zu beweisen; ein solcher Beweis wird sich später ergeben; im Augenblick bemerke ich als Vorbereitung dazu nur folgendes:

Da schon bewiesen ist, daß p_k für $k > 0$ den Grad k^λ hat, genügt es für den Beweis der Behauptung, daß p_{-k} den Grad $(-k)^\lambda$ habe, zu zeigen: die Abbildung p_{-1}, also die Inversion, welche x mit x^{-1} vertauscht, hat den Grad $(-1)^\lambda$. Sind $x_1, \ldots, x_n$ kanonische Koordinaten in der Umgebung des Punktes e, so befördert p_{-1} den Punkt mit den Koordinaten x_i in den Punkt mit den Koordinaten $-x_i$; daraus ist ersichtlich: der Grad von p_{-1} ist $(-1)^n$. Unsere Behauptung, dieser Grad sei $(-1)^\lambda$, ist daher gleichbedeutend mit der folgenden:

$$\lambda \equiv n \quad \text{mod. } 2. \tag{11}$$

Diese Tatsache aber wird sich in Nr. 27 aus einem allgemeinen Satze ablesen lassen.[22])

§ 3.

Es sollen hier noch einige Zusätze zu dem Inhalt des § 2 gemacht werden, um einerseits den Zusammenhang mit bekannten Begriffen aus der Theorie der kontinuierlichen Gruppen herzustellen[23]), und um andererseits die Frage nach der Anzahl der Lösungen der Gleichung $x^k = q$ noch etwas weiter zu verfolgen. Wie bisher ist G eine geschlossene n-dimensionale Gruppe und λ ihr Rang, d. h. die Dimension ihrer maximalen Toroide.

23. Hilfssatz: Es sei T ein Toroid (beliebiger Dimension) in G und a ein Element von G, das mit allen Elementen von T vertauschbar ist; dann gibt es ein Toroid, welches sowohl T als auch a enthält.

Beweis: A sei die von T und a erzeugte abgeschlossene Gruppe und A^1 diejenige Komponente von A, die das Eins-Element e enthält. Dann ist eine Potenz a^m von a in A^1 enthalten $(m > 0)$; denn für jede hinreichend kleine Umgebung U von e bildet der Durchschnitt von A und U einen Teil einer zusammenhängenden Mannigfaltigkeit[18]), also einen Teil von A^1, und in jedem U gibt es Potenzen von a (man vgl. Nr. 17). Aus der Voraussetzung über T und a folgt, daß A Abelsch, also A^1 ein Toroid ist. Es sei c ein erzeugendes Element von A^1 (Nr. 19); da $c \cdot a^{-m} \in A^1$ ist, kann man ein Element b von A^1 so bestimmen, daß $b^m = c \cdot a^{-m}$ ist; es gibt (Nr. 18) ein Toroid T', welches das Element $a \cdot b$ enthält. Jedes Element von T' ist mit $a \cdot b$, also auch mit $(a \cdot b)^m = c$, also auch mit jedem Element von

[22]) Da wir schon wissen, daß $\lambda = l$ ist, kann (11) auch als Korollar des in Nr. 1 angeführten Satzes gelten, welcher besagt, daß die n-dimensionale Gruppe G den gleichen Homologie-Ring hat wie ein topologisches Produkt aus l Sphären ungerader Dimensionen.

[23]) Man vergleiche z. B. (1), Nr. 1—6, und (6), Teil III, p. 379.

A^1 vertauschbar; folglich ist die von A^1 und T' erzeugte abgeschlossene Gruppe T'' Abelsch; da sie zusammenhängend ist, ist sie ein Toroid; sie enthält A^1, also auch T; sie enthält T', also $a \cdot b$, also, da $b \in A^1$ ist, auch a; sie hat also alle gewünschten Eigenschaften.

Aus dem Hilfssatz folgt unmittelbar: *Ein Element a, das mit allen Elementen eines λ-dimensionalen Toroides T_λ vertauschbar ist, liegt selbst auf diesem T_λ*; sowie, da die Eins-Komponente (d. h. die Komponente, die e enthält) jeder Abelschen Gruppe ein Toroid ist:

Jede λ-dimensionale Abelsche Untergruppe von G ist zusammenhängend, also ein Toroid.

24. Unter dem Normalisator N_a eines Elementes a verstehen wir wie üblich die Gruppe der mit a vertauschbaren Elemente; die Eins-Komponente von N_a bezeichnen wir mit N_a^1; sie ist eine abgeschlossene zusammenhängende Liesche Gruppe, und sie hat selbst den Rang λ, da ein maximales Toroid, welches a enthält, zu ihr gehört. Wir behaupten: *Die Gruppe N_a^1 ist die Vereinigung derjenigen λ-dimensionalen Toroide, welche a enthalten.*

Beweis: Daß alle die genannten Toroide zu N_a^1 gehören, ist klar; zu zeigen ist: jedes Element b von N_a^1 liegt auf einem λ-dimensionalen Toroid, welches a enthält. Es sei also b ein Element von N_a^1; nach Nr. 18, angewandt auf die Gruppe N_a^1, gibt es in N_a^1 ein Toroid, welches b enthält, und ein höchstdimensionales unter diesen Toroiden hat nach Nr. 21 die Dimension λ, da λ der Rang von N_a^1 ist; T_λ sei ein solches Toroid. Da es zu N_a gehört, ist a mit jedem Element von T_λ vertauschbar; nach Nr. 23 liegt daher a auf T_λ.

25. Im folgenden werden λ-dimensionale Toroide immer mit T_λ bezeichnet. Nach Nr. 18 und Nr. 21 liegt jedes Element a von G auf wenigstens einem T_λ.

Definition: Das Element a heißt „*regulär*", wenn es auf nur einem T_λ liegt, und „*singulär*", wenn es auf mindestens zwei T_λ liegt.

Ist a regulär und $a \in T_\lambda$, so folgt aus Nr. 24, daß $N_a^1 = T_\lambda$ ist; ist a singulär und $a \in T_\lambda$, so ist T_λ echte Untergruppe von N_a^1, also hat N_a höhere Dimension als T_λ; mithin läßt sich die Regularität oder Singularität auch so charakterisieren: *das Element a ist regulär oder singulär, jenachdem sein Normalisator die Dimension λ oder höhere Dimension hat.*

Hieraus und aus Nr. 24 folgt weiter, daß jedes singuläre Element unendlich vielen T_λ angehört.

Ein erzeugendes Element eines T_λ (Nr. 19) ist, wie man leicht sieht, immer regulär.

26. Die Normalisatoren hängen eng mit den Fixvektoren zusammen, die wir in Nr. 14 betrachtet haben. Jeder von $\mathfrak{o}$ verschiedene Vektor $\mathfrak{x}$ im Punkte e ist tangential an eine wohlbestimmte einparametrige Untergruppe; (diese wird durch die infinitesimale Transformation, die $\mathfrak{x}$ darstellt, erzeugt)[16]). Diese Untergruppe ist offenbar dann und nur dann in dem Normalisator N_a des Elementes a enthalten, wenn $\mathfrak{x}$ Fixvektor der zu a gehörigen adjungierten Transformation A ist, also derjenigen linearen Transformation des Vektorbündels in e, welche durch die Abbildung $x \rightarrow a^{-1}xa$ bewirkt wird. Die Fixvektoren von A erfüllen ein lineares Vektorgebilde, das „Fixgebilde" von A; nach dem eben Gesagten ist klar: *Das Fixgebilde von A ist identisch mit dem Gebilde der Tangentialvektoren des Normalisators N_a im Punkte e.*

Insbesondere ist die Dimension von N_a gleich der Dimension dieses Fixgebildes, also gleich der Maximalzahl linear unabhängiger Fixvektoren von A. Für die Untersuchung dieser Dimensionszahl ist nun wichtig der Satz von Weyl, welcher besagt, daß jede geschlossene Gruppe reeller linearer Transformationen einer orthogonalen Gruppe ähnlich ist. [24]) Nach diesem Satz kann man im Punkte e ein solches Koordinatensystem einführen, daß alle Matrizen A orthogonal werden. Für eine orthogonale Matrix aber ist die Maximalzahl linear unabhängiger Fixvektoren, also Eigenvektoren mit Eigenwerten $+1$, gleich der Vielfachheit der Zahl $+1$ als Wurzel des charakteristischen Polynoms von A; diese Vielfachheit gibt also die Dimension des Normalisators N_a an. Damit haben wir auf Grund der Ergebnisse von Nr. 25 den folgenden Sachverhalt:

Ist das Element a regulär, so besitzt die zugehörige adjungierte Matrix A die Zahl $+1$ als λ-fache charakteristische Wurzel; ist a singulär, so ist $+1$ charakteristische Wurzel von A mit einer größeren Vielfachheit als λ.

Das charakteristische Polynom $C_a(\zeta) = |\zeta E - A|$ ist somit für jedes Element a durch $(\zeta - 1)^\lambda$ teilbar, aber nur für die singulären Elemente a durch eine höhere Potenz von $(\zeta - 1)$; dabei beachte man, daß nicht alle Elemente singulär sind, denn z. B. die erzeugenden Elemente eines T_λ sind regulär (Nr. 19); es gilt also folgender Satz, durch welchen der Rang charakterisiert wird:

Die charakteristischen Polynome der den Elementen a von G adjungierten linearen Transformationen A sind von der Form

$$C_a(\zeta) = (\zeta - 1)^\lambda \cdot F_a(\zeta) ,$$

wobei F_a ein Polynom ist, für welches $F_a(1) \not\equiv 0$ ist; dann und nur dann ist $F_a(1) = 0$, wenn das Element a singulär ist.

[24]) (6), Teil I, p. 288—289; (3), Nr. 38.

Da die Koeffizienten des Polynoms F_a analytisch von a abhängen, geht hieraus zugleich hervor, daß die singulären Elemente eine abgeschlossene und nirgends dichte Punktmenge in G bilden.[25])

27. Die orthogonalen Transformationen A lassen sich stetig in die Identität überführen und haben daher die Determinante $+1$; die Vielfachheit der Zahl $+1$ als charakteristische Wurzel einer orthogonalen Matrix mit der Determinante $+1$ ist immer der Variablen-Anzahl n kongruent modulo 2; daher folgt aus Nr. 26 zunächst die Kongruenz

$$\lambda \equiv n \qquad \text{mod. } 2\,, \tag{11}$$

wodurch die in Nr. 22 besprochene Lücke ausgefüllt ist, und weiter der folgende allgemeinere Satz:

Die Dimension eines Normalisators N_a ist mit der Dimension n sowie mit dem Rang λ von G kongruent modulo 2; für ein singuläres Element a ist die Dimension von N_a daher mindestens $\lambda + 2$.

Für jedes Element a von G bilden die konjugierten Elemente $a' = t^{-1}at$, $t \in G$, eine Mannigfaltigkeit, die bekanntlich mit dem Raum der Restklassen, in welche G nach dem Normalisator N_a zerfällt, homöomorph ist; aus dem letzten Satz folgt daher:

Für jedes Element a bildet die Klasse seiner konjugierten Elemente $t^{-1}at$ eine Mannigfaltigkeit gerader Dimension; wenn a nicht dem Zentrum von G angehört, ist diese Dimension positiv, also mindestens 2.

28. Wir kehren zu unseren Abbildungen $p_k(x) = x^k$ mit beliebigen positiven Exponenten k zurück und untersuchen die Gleichung

$$x^k = q \tag{12}$$

bei gegebenem Element q.

Jedes T_λ, welches eine Lösung x von (12) enthält, enthält auch q; folglich liegen alle Lösungen x in N_q^1.

Ist q regulär, so liegen alle x in dem einzigen T_λ, das q enthält; ihre Anzahl ist also k^λ (Nr. 19).

q sei singulär und T_λ^0 eines der T_λ, die q enthalten; wir unterscheiden zwei Fälle, jenachdem es außer den Lösungen, die in T_λ^0 liegen, noch andere Lösungen von (12) gibt oder nicht.

---

[25]) Tatsächlich ist diese Menge nur $(n - 3)$-dimensional: (6), Teil III, p. 379 und (1), Nr. 6.

Im ersten Fall sei x eine Lösung, die nicht in T_λ^0 liegt; nach Nr. 23 ist x nicht mit allen Elementen von T_λ^0 vertauschbar, x gehört also gewiß nicht zum Zentrum von N_q^1; die Klasse seiner in N_q^1 konjugierten Elemente, also die Menge der Elemente

$$x' = t^{-1}xt, \qquad t \in N_q^1,$$

ist daher nach Nr. 27 eine mindestens 2-dimensionale Mannigfaltigkeit; aber alle Elemente x' erfüllen die Gleichung (12). Folglich enthält die Menge der Lösungen von (12) eine mindestens 2-dimensionale Mannigfaltigkeit.

Zweiter Fall: q ist singulär, und alle Lösungen x von (12) liegen in demselben T_λ^0. Dann ist ihre Anzahl k^λ. Wir behaupten, daß dies ein Ausnahmefall ist, d. h. daß er höchstens für endlich viele k eintreten kann; genauer: das Zentrum Z von N_q^1 bestehe aus m Komponenten; dann kann der Ausnahmefall höchstens dann eintreten, wenn $k \leqq m$ ist.

Beweis: Da es auf *jedem* T_λ, das q enthält, k^λ Lösungen gibt, liegen alle k^λ Lösungen von (12) auf jedem T_λ, welches q enthält; sie sind daher Elemente von Z; wir haben also nur die durch p_k bewirkte Abbildung von Z in sich zu betrachten. Die Eins-Komponente Z^1 von Z ist ein Toroid T_ϱ, und jede Komponente von Z ist mit Z^1 homöomorph; aus den Eigenschaften der Toroide ist leicht ersichtlich (man vergleiche Nr. 19, b): in jeder Komponente, welche überhaupt eine Lösung x enthält, gibt es genau k^ϱ Lösungen x; da es im ganzen k^λ Lösungen gibt, ist daher $k^\lambda \leqq m \cdot k^\varrho$. Hierbei ist ϱ die Dimension von Z; sie ist kleiner als λ, da aus $\varrho = \lambda$ und aus Nr. 23 folgen würde, daß $N_q^1 = T_\varrho = T_\lambda$ ist, entgegen der Tatsache, daß N_q infolge der Singularität von q größere Dimension hat als λ. Aus $k^\lambda \leqq m \cdot k^\varrho$ und $\varrho < \lambda$ folgt $k \leqq m$.

Fassen wir zusammen:

Ist q regulär, so hat die Gleichung (12) *genau k^λ Lösungen x. Es sei q singulär; dann kann derselbe einfache Sachverhalt – also die Existenz von genau k^λ Lösungen – für endlich viele Ausnahmewerte von k vorliegen; für jedes andere k gibt es unendlich viele Lösungen von* (12), *und zwar enthält die Menge der Lösungen eine mindestens 2-dimensionale Mannigfaltigkeit.*

Das Eins-Element e ist in jeder Gruppe, die nicht Abelsch ist, singulär; daher besitzt die Gleichung

$$x^k = e \tag{13}$$

in jeder geschlossenen, nicht-Abelschen Gruppe wenigstens ∞^2 Lösungen, vorausgesetzt, daß k nicht ein Ausnahmewert ist; die Ausnahmewerte können im Falle der Gleichung (13) nicht größer sein als die Anzahl m der Komponenten des Zentrums Z von G.

Ein trivialer Ausnahmewert für jedes singuläre Element q ist $k=1$. Auch $k=2$ tritt als Ausnahmewert auf: in der Gruppe $G=A_1$ der Quaternionen vom Betrage 1 — also einer Gruppe mit $n=3$, $\lambda=1$ — hat die Gleichung $x^2=e$ nur zwei Lösungen.[26])

LITERATUR

(1) *E. Cartan*, La géométrie des groupes simples [Annali di Mat. **4** (1927), 209—256].

(2) *E. Cartan*, Sur les invariants intégraux de certains espaces homogènes clos et les propriétés topologiques de ces espaces [Ann. Soc. Pol. Math. **8** (1929), 181—225; sowie: Selecta, Jubilé scientifique (Paris 1939), 203—233].

(3) *E. Cartan*, La théorie des groupes finis et continus et l'analysis situs [Paris 1930, Mémorial Sc. Math. **XLII**].

(4) *E. Cartan*, La topologie des groupes de Lie [Paris 1936, Actualités scient. et industr. **358**; sowie: L'enseignement math. **35** (1936), 177—200; sowie: Selecta (wie oben), 235—258].

(5) *L. Pontrjagin*, Topological groups [Princeton 1939].

(6) *H. Weyl*, Theorie der Darstellung kontinuierlicher halb-einfacher Gruppen durch lineare Transformationen [Math. Zeitschrift **23**, **24** (1925, 1926), 271—309 bzw. 328—395].

(7) *A. Weil*, Démonstration topologique d'un théorème fondamental de Cartan [C. R. **200** (1935), 518—520]. — In dieser Note, auf die ich erst nachträglich aufmerksam wurde, findet man für die Sätze aus Nr. 17, Nr. 21 und die Formel (11) aus Nr. 22 Beweise, die von den früher zitierten und von unseren Beweisen verschieden sind.

[26]) Dieses Beispiel — $G = A_1$, $k = 2$ — ist, wenn man sich auf einfache geschlossene Gruppen beschränkt, die den vier großen Killing-Cartanschen Klassen angehören, das einzige, in welchem es zu dem Element e einen Ausnahmewert $k > 1$ gibt, in welchem also die Gleichung (13) für ein $k > 1$ nur endlich viele Lösungen hat; man bestätigt dies leicht mit Hilfe derjenigen Eigenschaften der vier großen Klassen, die in (4), § IV, p. 14, angegeben sind.

Bericht über einige neue Ergebnisse in der Topologie

Revista Mat. Hispano-Americana **6** (1946), 147–159 *)

Der ehrenvollen Aufforderung durch einen Artikel über Topologie in der «Revista Matematica» L. E. J. BROUWERS 60. Geburtstag feiern zu helfen, leiste ich Folge, indem ich einige Argumente für die These vorbringe: «Die Entwicklung der Topologie, in welche BROUWER vor rund 30 Jahren bahnbrechend und richtungweisend eingegriffen hat, schreitet heute lebhaft fort, und man darf mit Zuversicht in die Zukunft blicken: es herrscht kein Mangel an Problemenú manche Probleme werden gelöst, und die Lösungen gewähren neue Einsichten un führen wieder zu neuen Problemen; und es herrscht auch kein Mangel an jungen Geometern, die diese Aufgaben angreifen.» Meine Argumente —denen man viele ähnliche, welche, nicht weniger überzeugend sind, wird an die Seite stellen können— sind einige Ergebnisse aus noch nicht veröffentlichten Arbeiten der Herren B. ECKMANN, W. GYSIN, A. PREISSMANN, H. SAMELSON, E. STIEFEL, sämtlich in Zürich, und auch aus einer noch nicht veröffentlichten Arbeit von mir.

1. E. STIEFEL hat seine Theorie der Systeme stetiger Richtungsfelder und des Fernparallelismus in n-dimensionalen Mannigfaltigkeiten (1) neuerdings auf die reellen n-dimensionalen projektiven Räume P^n angewandt (2) und, als Spezialfall eines allgemeineren Satzes, auf den ich hier nicht eingehe, folgendes bewiesen: «Es sei $n+1=2^a u$, u ungerade; dann ist es unmöglich, im P^n ein System von 2^a überall stetigen und linear unabhän-

Los números entre paréntesis refieren al lector a la Bibliografía indicada al final del artículo.

N. de la R.—Por causas ajenas a la REDACCION de esta REVISTA, el presente artículo no pudo ser publicado en su tiempo; se edita hoy con la debida autorización del Autor.

gigen Richtungsfeldern anzubringen.» Für $a=0$ ist das einer der klassischen Sätze von BROUWER. Auf die Frage, welche projektiven Räume P^n parallelisierbar seien —d. h. in welchen sich ein stetiger Fernparallelismus einführen lässt oder, was dasselbe ist, in welchen P^n Systeme von n stetigen und linear unabhängigen Richtungsfeldern existieren—, gibt der neue Satz von STIEFEL folgende Teilantwort: «Höchstens diejenigen P^n, für welche $n+1$ eine Potenz von 2 ist.»

Diese Sätze sind nicht nur aus geometrischen Gründen interessant, sondern auch wegen ihrer merkwürdigen algebraischen Konsequenzen, von denen ich hier die folgenden nenne: «Es sei $n=2^a.u$ ungerade, $m>2^a$, und es seien $A_1, \ldots, A_m$ reelle n—reihige quadratische Matrizen; dann gibt es ein solches reelles Wertsystem $(x_1, \ldots, x_m) \neq (0, \ldots, 0)$, dass die Determinante der Matrix $x_1A_1 + \ldots + x_mA_m$ gleich 0 ist;» sowie: «Der Brad eines hyperkomplexen Systems, das keine Nullteiler enthalt, dessen Multiplikation aber nicht assoziativ zu sein braucht, über dem Körper der reellen Zahlen ist notwendlgerweise eine Potenz von 2.» —Es ist übrigens F. BEHREND gelungen, für diese auf topologischen Wege entdeckten algebraischen Sätze auch algebraische Beweise zu finden (3).

Hyperkomplexe Systeme der eben genanten Art kennen wir für die Grade 2, 4, 8—die komplexen Zahlen, die Quaternionen, die CAYLEYschen Zahlen—, wir wissen aber leider nicht, ob es auch für Zahlen $n=2^a>8$ ähnliche Systeme mit n Einheiten gibt. Diese Ungenntnis hängt damit zusammen, dass wir auch nicht wissen, ob für gewisse Dimensionszahlen $n=2^a-1\geqslant 15$ die projektiven Räume P^n parallelisierbar sind. Überhaupt liefern uns die STIEFELschen Sätze zwar notwendige, aber keine hinreichenden Bedingungen für die Existenz von Richtungsfeldern. Neben den damit angedeuteten Aufgaben entstehen im Anschluss an die Theorie der Richtungsfelder in natürlicher Weise weitere Fragen, wie z. B. die Frage nach Kriterien für die Existenz überall stetiger Felder von Flächenelementen in einer vorgelegten n—dimensionalen Mannigfaltigkeit; selbst für $n=4$ steht die Antwort noch aus (dass es in jeder (geschlossenen orientierbaren) 3—dimensionalen Mannigfaltigkeit M^3 Felder von Flächenelementen gibt, folgt daraus, dass nach einem Satz von STIEFEL jede M^3 parallelisierbar ist). Aber die Methode von STIEFEL wird sich wohl noch in manchen Richtungen ausbauen und verallgemeinern lassen, und dabei dürfte die Sprache der «Kohomologien», die in den letzten Jahrën ausgebildet worden ist, gute Dienste leisten.

2. Es ist eine etwas paradoxe Tatsache, dass wir über die n—dimensionalen Sphären S^n, also die einfachsten unter allen geschlossenen Mannigfaltigkeiten, in mancher Beziehung weniger wissen als über die projektiven Räume: die STIEFELschen Sätze konnten bisher nicht auf die Sphären übertragen werden. Die Frage, ob ausser S^1, S^3, S^7, deren Parallelisierbarkeit bekannt ist, noch andere Sphären parallelisierbar sind, dürfte manchen Geometer reizen, und da die Sphären gerader Dimension nicht einmal die Anbringung eines einzigen Richtungsfeldes gestatten, ist S^5 die niedrigst-dimensionale Sphäre, die hier als problematisch erscheint. Dieses Problem ist vor kurzem gelöst worden: B. ECKMANN konnte beweisen, das die S^5 nicht parallelisierbar ist, und noch mehr: «Auf der S^5 gibt es kein System von zwei überall stetigen und linear unabhängigen (tangentialen) Richtungsfeldern.» Der Beweis besteht in einer Zurückführung auf den neuerdings von Pontrjagin bewiesenen Satz, dass die Mannikfaltigkeit, welche die Gruppe A_2 der 3—reihigen unitären unimodularen Matrizen repräsentiert, nicht mit dem topologischen Produkt der Sphären S^3 und S^5 homöomorph ist (4). Eckmann hat noch mehr Sätze von der Art des obigen bewiesen; erstens hat er diesen Satz verschärft: «Auf der S^5 gibt es kein überall stetiges Feld von Flächenelementen;» ferner: «Wenn es auf einer S^n, $n>2$, ein stetiges Feld von Flächenelementen gibt, so gibt es auf dieser S^n auch drei überall stetige und linear unabhängige Richtungsfelder;» hieraus folgt unmittelbar: «Bei geradem n, $n>2$, gibt es auf der S^n kein stetiges Feld von Flachenelementen.»

Diese Untersuchungen operieren im Gegensatz zu den Homologie-Methoden von STIEFEL— mit den Homotopie-Begriffen, die von HUREWICZ entwickelt worden sind (5), und sie führen auch zu Aussagen über die Struktur gewisser HUREWICZ'scher Homotopie-Gruppen. Neben den auch noch sehr wenig ersorschten— Homotopie-Gruppen der Sphären verdienen aus guten Gründen die Homotopie-Gruppen derjenigen Mannigfaltigkeiten H_n, welche die orthogonalen Gruppen in n Variablen repräsentieren, besonderes Interesse; man sieht leicht, dass für $n>k+1$ alle Mannigfaltigkeiten H_n die gleiche k—te Homotopie-Gruppe Q_k haben. Den bekannten Tatsachen, dass Q_1 von der Ordnung 2 und Q_2 die triviale Gruppe der Ordnung 1 ist, hat ECKMANN die folgenden Sätze hinzugefügt: «Q_3 ist die unendliche zyklische Gruppe, und Q_4 ist die triviale Gruppe der Ordnung 1.»

Die vorstehenden Sätze über die Sphären und über die Gruppen Q_k bilden vorläufig eine Sammlung von Merkwurdigkeiten, die schwer aufzufinden waren; aber es ist zu hoffen, dass die Sammlung sich vergrössern wird, und dass dann Gesetzmässigkeiten sichtbar werden.

Zu der Methode ist, ausser der Fetstellung, dass es sich um Homotopie-Betrachtungen handelt, zu sagen, dass der Begriff der «Faserung» einer Mannigfaltigkeit eine Hauptrolle spielt, also einer solchen stetigen Zerlegung einer Mannigfaltigkeit M in untereinander homöomorphe Mannigfaltigkeiten F kleinerer Dimension, die «Fasern», dass diese Zerlegung in der Nähe jeder einzelnen Faser so aussieht, als sei M das topologische Produkt aus zwei Faktoren, von denen der eine F ist; die Fasern selbst bilden die Elemente einer neuen Mannigfaltigkeit $W=M/F$, des «Faserraumes»; Beispiele: M ist die Mannigfaltigkeit der Richtungselemente (oder Flächenelemente) einer Mannigfaltigkeit W, und die Fasern sind die Bündel der Richtungselemente (bezw. Flächenelemente) in den einzelnen Punkten von W; oder: M ist eine Gruppen-Mannigfaltigkeit, und die Fasern sind die Nebengruppen, in welche die Gruppe M nach einer Untergruppe zerfällt. Dieses letzte Beispiel tritt in den Untersuchungen von HUREWICZ auf: es werden für eine Gruppe M die Zusammenhänge zwischen den Homotopie-Eigenschaften der Räume M, F, W studiert; ausgehend von der Bemerkung, dass hierbei die Gruppen-Eigenschaft von M keine wesentliche Rolle spielt, hat ECKMANN eine sehr allgemeine Theorie derartiger Zusammenhänge dargestellt.

3. Ein ganz ähnliches Ziel hat eine Arbeit von W. GYSIN, mit dem Unterschield, dass nicht Homotopie—, sondern Homologie-Eigenschaften untersucht werden. Es wird also wieder eine gefaserte Mannigfaltigkeit M betrachtet; dabei werden allerdings nur spezielle Faserungen zugelassen: die Faser F soll eine Sphäre S^d, $d>0$, sein —(es handelt sich also im wesentlichen um

«Sphären-Räume» im Sinne von Whitney (6), mit dessen Untersuchungen sich die Arbeit von GYSIN aber kaum zu berühren scheint). GYSIN studiert nun vom Standpunkt der Homologie-Theorie aus systematisch sowohl beliebige Abbildungen einer Mannigfaltigkeit M auf eine Mannigfaltigkeit W kleinerer Dimension, als auch besonders diejenigen Abbildungen, welche durch Faserungen der soeben beschriebenen Art von M auf den Faserraum $W = M/F$ vermittelt werden; die Theorie, die sich dabei ergibt, umfasst als sehr speziellen Fall die Methode, mit der ich traher die Abbildungen einer Spräre auf eine Sphäre kleinerer Dimension untersucht habe (7).

Ich will hier nicht auf allgemeine Sätze aus der Theorie von GYSIN eingehen, sondern nur auf spezielle Konsequenzen derselben. Eine erste Frage betrifft die Ähnlichkeit zwischen M und dem topologischen Produkt P aus der Faser $F = S^d$ und dem Faserraum W; neben der nahezu trivialen Tatsache, dass M und P immer die gleiche Eulersche Charakteristik haben, gelten folgende Sätze —(wobei ich mich der Kürze halber auf Homologien mit rationalen Koeffizienten beschränke): «Wenn F nicht homolog O ist, so hat M dieselben BETTIschen Zahlen wie P; wenn überdies d ungerade, oder wenn d gerade und $n < 3d$ ist, so sind sogar die Schnittringe von M und von P isomorph.» Die Frage, ober homolog O ist, ist also wichtig; hier gilt nun der merkwürdige Satz: «Wenn d gerade ist, so ist F nie homolog O;» sowie; «auch wenn d ungerade und $n < 2d$ ist, so ist F nicht homolog O.» Auf die Frage, welche Mannigfaltigkeiten in Sphären $F = S^d$ gefasert werden können, gibt folgender Satz eine gewisse Auskunft: «Dafür, dass M in Sphären S^d gefasert werden kann, ist notwendig, dass für wenigstens ein k die $(kd + k—1)$—te BETTIsche Zahl von M nicht O ist.» Für den Spezialfall $M = S^n$ ergibt sich: «Die Sphäre S^n kann höchstens dann in Sphären $F = S^d$ gefasert werden, wenn d ungerade und $d + 1$ ein Teiler von $n + 1$ ist.»

Es ist nicht anzunehmen, dass damit für den Fall $M = S^n$ die notwendigen Bedingungen für die Faserbarkeit in Sphären S^d erschöpft sind; wir kennen nur folgende Faserungen von Sphären S^n in Sphären S^d, $d > 0$: diejenigen mit $d = 1$, $n = 2k—1$, k beliebig; ferner diejenigen mit $d = 3$; $n = 4k—1$, k beliebig; und schliesslich eine Faserung mit $d=7$, $n=15$. Die Existenz weiterer ähnlicher Sphären-Faserungen ist fraglich.

Ganz problematisch ist auch, was aus den obigen Sätzen wird, wenn man als Fasern F statt der Sphären S^d andere Mannigfaltigkeiten zulässt; es ist z. B. nicht bekannt, ob es eine Sphäre S^n gibt, die sich in Torusflächen fasern lässt.

4. Es wurde schon auf die Rolle hingewiesen, die der Begriff der Faserung in der Topologie der Gruppenräme spielt: G sei eine LIEsche Gruppe und U eine Untergruppe von G; dann bilden die Nebengruppen xU eine Faserung der Mannigfaltigkeit G. Wenn man alle Elemente von G mit einem festen Element a multipliziert, so ist xU durch axU zu ersetzen, der Faserraum W=G/U erleidet also eine Transformation in sich, und wenn a die Gruppe G durchläuft, so entsteht eine transitive Transformationsgruppe von W; umgekhert gibt es zu jeder Mannigfaltigkeit W, welche durch eine LIEsche Gruppe G transitiv in sich transformiert wird, eine Untergruppe U von G, so dass G/U mit Whomöomorph ist; diese Räume W heissen die «Wirkungsräume» von G. Da LIEsche Gruppen oft als transitive Transformationsgruppen —Drehungsgruppen usw.— definiert sind, ist die Untersuchung der Zusammenhänge zwischen G, U und W=G/U besonders wichtig.

H. SAMELSON hat, neben anderen Fragen über die Topologie der Gruppenräume, diese Aufgabe in Angriff genommen; er knüpft an den von mir bewiesenen Satz (8) an, dass der Schnittring einer geschlossenen LIEschen Gruppen-Mannigfaltigkeit G isomorph dem Schnittring eines topologischen Produktes von Sphären S^{m_1}, ..., S^{m_l} ungerades Dimensionen m_1, ..., m_l ist (dabei sollen hier und im folgenden immer nur Homologien mit rationalen Koeffizienten betrachtet werden, so dass Torsion also vernachlässigt wird); auf Grund dieses «Isomorphiesatzes» wird die Homologie-Struktur von G vollständig durch die Zahlenreihe (m_1, ..., m^l) beschrieben, die ich daher die «charakteristische Reihe» von G nennen will. Nun lautet einer der Sätze von SAMELSON: «Der Wirkungsraum W der geschlossenen LIEschen Gruppe G sei eine Sphäre S^n; wenn n ungerade ist, so entsteht die charakteristische Reihe von G aus der charakteristischen Reihe von U durch Hinzufügung der Zahl n; wenn n gerade ist, so enthält die charakteristische Reihe von U die Zahl $n—1$, und aus dieser Reihe entsteht die charakteristische Reihe von G, indem man eine Zahl $n—1$ durch die Zahl $2n—1$ ersetzt.» Dieser allgemeine Satz erlaubt es, ohne Mühe durch eine einfache Induktion —durch Schluss von U auf G— die Homologieringe der einfachen Gruppen aus den vier grossen Klassen in der KILLING-CARTANschen Aufzählung zu bestimmen ; die Strukturen dieser Ringe waren zwar schon vorher durch PONTRJAGIN (9), R. BRAUER (10) und EHRESMANN (11) mit verschiedenen Methoden ermittelt worden, jedoch tritt durch den Satz von SAMELSON wohl zum ersten Mal ein allgemeiner Grund für die Gesetzmässigkeitendieser Strukturen zu Tage.

Für den allgemeinen Fall, in welchem W keine Sphäre ist, konnte SAMELSON folgendes beweisen : «U sei nicht homolog O in G ; dann ist auch der Ring von W dem Ring eines Produktes von Sphären ungerader Dimensionen isomorph, und der Ring von G ist isomorph dem Ring des Produktes von U und von W.» Ungeklärt ist die Situation, wenn U homolog O ist ; ich hoffe aber, dass die Methoden, die zu den schon genannten Sätzen geführt haben, auch hierüber Klarheit schaffen werden. Damit sind dann auch allgemeine Sätze über die Homologie-Struktur der Wirkungsräume zu erwarten ; einen speziellen Satz hierüber haben SAMELSON und ich gemeinsam bewiesen (12) : «Eine Mannigfaltigkeit mit negativer EULERscher Charakteristik kann niemals Wirkungsraum einer geschlossenen LIE*schen* Gruppe sein ;» der Beweis beruht auf der Betrachtung von Fixpunkten.

In der Methode, mit welcher SAMELSON zu seinen oben formulierten Sätzen gelangt ist, spielt die folgende Konstruktion, die zuerst von PONTRJAGIN angewandt worden ist (9), eine Hauptrolle : werden zwei Zyklen x, y in einer Gruppen-Mannigfaltigkeit G von Punkten p bezw. q durchlaufen, so durchläuft der durch die Gruppen-Multiplikation gegebene Produkt-Punkt pq einen Zyklus z, das PONTRJAGINsche Produkt» von x und y ; diese Produktbildung wird mit dem oben zitierten «Isomorphiesatz» in Verbindung gebracht : es wird gezeigt, dass der Homologiering von G in ganz ähnlicher Weise durch gewisse Basis-Elemente mittels der PONTRIAGINschen Multiplikation aufgespannt wird, wie der Homologiering eines Sphären-Produktes mittels der gewöhnlieren topologischen Produktbildung durch die Faktor-Sphären; diese Präzisierung des «Isomorphisatzes» —welcher zunächst einen ziemlich abstrakt-algebraischen Charakter hatte und erst jetzt geometrisch verständlich geworden ist— bildet den Inhalt des eigentlichen Hauptsatzes von SAMELSON und die Grundlage für die weiteren Untersuchungen und Beweise.

5. Der «Isomorphiesatz» über die Gruppen-Mannigfaltigkeiten sowie der oden formulierte Satz über die Charakteristik der Wirkungsräume sind Sätze von folgenden Art: aus Eigenschaften, deren Natur nicht eigentlich topologisch —sondern in den beiden genannten Beispielen eher gruppentheoretisch— ist, werden Schlüsse auf den topologischen Bau einer Mannigfaltigkeit gezogen. Ähnliche Sätze —und noch mehr ungelöste Probleme ähnlicher Art— treten besonders in der «Differentialgeometrie im Grossen» auf: hier wird, unter anderem, nach Beziehungen zwischen den differentialgeometrischen Eigenschaften und der global-topologischen Struktur einer RIEMANNschen Mannigfaltigkeit gefragt; das klassische Beispiel eines solchen Satzes ist die bekannte Formel, welche die EULERsche Charakteristik einer geschlossenen Fläche durch das Integral der GAUßschen Krümmung ausdrückt. Was mehrdimensionale Mannigfaltigkeiten betrifft, so ist zwar der Fall konstanter Krümmung weitgehend geklärt —das ist die Theorie der CLIFFORD-KLEINschen Raumformen—, aber für nicht konstante Krümmung hat man nur vereinzelte Resultate gewonnen. Bevor ich über einen neuen Beitrag zu diesem Problemkreise berichte, erinnere ich an einige bekannte Tatsachen. Dabei ist die Krümmung Keiner RIEMANNschen Mannigfaltigkeit wie üblich als die GAUßsche Krümmung der Flächen definiert, welche, von den an ein Flächenelement tangentialen geodätischen Linien gebildet werden. Alle Mannigfaltigkeiten sollen geschlossen sein.

M sei eine Riemannsche Mannigfaltigkeit, in der überall $K>0$ ist; dann hat K ein positives Minimum K_0, und auch auf der universellen Überlagerung $\overline{M}$ von M ist eine RIEMANNsche Metrik mit $K \geqslant K_0$ gegeben; mit Hilfe klassischer Betrachtungen von STURN und BONNET—die, wie man weiss, nicht nur auf Flächen, sondern auch auf mehrdimensionalen RIEMANNschen Mannigfaltigkeiten Gültigkeit haben— ergibt sich, dass M einen endlichen Durchmesser (im Sinne der RIEMANNschen Metrik) hat, also geschlossen ist; das bedeutet: die Fundamentalgruppe von M ist endlich. —(Hierzu ist ubrigen von SYNGE (13) der interessante Zusatz gemacht wirden: «Wenn die Dimension von M gerade und M orientierbar ist, so ist M einfach zusammenhängend, *d.h.* die Fundamentalgruppe hat die Ordnung 1.»)

Jetzt sei M eine RIEMANNsche Mannigfaltigkeit, in der überall $K \leqslant 0$ ist; aus dem bekannten Umstand, dass es dann auf den geodätischen Linien keine konjugierten Punkte gibt, folgert man, dass die universelle Überlagerung M mit dem euklidischen Raum homöomorph ist; insbesondere ist daher die Fundamentalgruppe unendlich; und in ähnlicher Weise kann man sogar leicht zeigen, dass die Fundamentalgruppe kein Element endlicher Ordnung enthält.

Diese Schlüsse und Tatsachen dürfen wohl als bekannt gelten; aus ihnen sieht man: eine topologisch gegebene Mannigfaltigkeit M kann nicht sowohl mit einer Metrik versehen werden, für welche überall $K > 0$ ist, als auch mit einer anderen Metrik, in welcher überall $K \leqslant 0$ ist.

Degegen sieht man noch nicht, ob eine Mannigfaltigkeit M fähig sein kann, sowohl eine Metrik mit $K < 0$, als auch eine Metrik mit $K \equiv 0$ zu tragen. Nun weiss man aus der Theorie der euklidischen Raumformen, dass eine Mannigfaltigkeit mit K 0 immer eine Überlagerung besitzt, die dem n-dimensionalen Torus T^n homöomorph ist; daraus folgt: wenn M ausser der euklidischen Metrik mit $K \equiv 0$ noch eine solche mit $K < 0$ zulässt, so gestattet auch T^n eine Metrik mit $K < 0$; die Frage ist also, ob es möglich ist, T^n in dieser Weise zu metrisieren.

A. PREISSMAN hat nun gezeigt, dass dies unmöglich ist; er hat nämlich bewiesen: «Eine (geschlossene) RIEMANNsche Mannigfaltigkeit, in welcher überall $K < 0$ ist, hat niemals eine ABELsche Fundamentalgruppe;» sowie: «Die Fundamentalgruppe einer RIEMANNschen Mannigfaltigkeit mit $K < 0$ besitzt keine anderen ABELschen Untergruppen als unendliche zyklische Gruppen.» Der zweite Satz —der übrigens einen grossen Teil des ersten umfasst— scheint auch für den Fall konstanter Krümmung, in welchem er eine Aussage über hyperbolische Bewegungsgruppen mit endlichem Fundamentalbereich macht, bisher nicht bemerkt worden zu sein.

Der Beweis des zweiten PREJSSMANNschen Satzes lässt sich so andeuten: in M sei $K \leqslant 0$, und die Fundamentalgruppe G habe die behauptete Eigenschaft nicht; dann gibt es zwei Elemente a und b von G, die miteinander vertauschbar, aber nicht Potenzen ein und desselben Elementes sind; durch zwei geodätische Schleifen, welche die Elemente a und b repräsentieren, wird in gewisser Weise eine Fläche vom Typus eines Torus «aufgespannt»; aus Krümmungs-Eigenschaften dieser Fläche ergibt sich, dass auf ihr die Krümmung K von M nicht überall negativ sein kann.

6. Der letzte Gegenstand meines Berichtes, zu dem ich jetzt komme, gehört in die Theorie der alten Grundbegriffe der algebraisch-kombinatorischen Topologie, also in die Theorie der BETTIschen Gruppen und der Fundamentalgruppe beliebiger zusammenhängender Komplexe; (die BETTIschen Gruppen sind im folgenden immer in bezug auf ganzzahlige Koeffizienten, also mit Berücksichtigung von Torsion, zu verstehen). Man weiss, dass die erste BETTIsche Gruppe B^1 durch die Fundamentalgruppe G bestimmt ist: sie ist die Faktorgruppe der Kommutatorgruppe von G. Man überzeugt sich andererseits leicht davon, dass für $n>2$ die n—te BETTIsche Gruppe B^n von der Fundamentalgruppe unabhängig ist; denn man kann, venn G und B willkürlich gegebene abstrakte Gruppen mit endlich viel Erzeugenden und Relationen sind und B abelsch ist, ohne Mühe einen Komplex konstruieren, dessen Fundamentalgruppe mit G und dessen n-te BETTIsche Gruppe mit B isomorph ist. Versucht man aber, eine ähnliche Konstruktion auch für $n=2$ auszuführen, so stösst man auf Schwierigkeiten, da man durch die Relationen in der Gruppe G gezwungen wird, gewisse zweidimensionale Gebilde zu bauen, welche die Struktur der Gruppe B^2 stören können. Es entsteht daher die Frage nach dem Einfluss, den die Fundamentalgruppe auf die zweite BETTIsche Gruppe hat; diese Frage kann man, wie ich festgestellt habe, befriedigend beantworten.

Diejenigen Elemente der Gruppe B^2, deren «Cap»-Produkte im Sinne von CECH-WHITNEY (14) mit beliebigen eindimensionalen Kohomologieklassen (in bezug auf beliebige Koeffizientenbereiche) sämtlich gleich 0 sind, bilden eine Untergruppe V^2 von B^2; wenn der Komplex eine n-dimensionale Mannigfaltigkeit, ist, so werden also die Elemente von V^2 durch diejenigen zweidimensionalen (ganzzahligen) Zyklen repräsentiert, deren (eindimensionalen) Schnitte mit beliebigen (n—1)-dimensionalen Zyklen (beliebiger Koeffizientenbereiche) homolog 0 sind. Es gilt nun der Satz: «In jedem (zusammenhängenden) Komplex ist die Faktorgruppe B^2/V^2 vollständig durch die Fundamentalgruppe bestimmt.» Die Art dieser Bestimmung lässt sich genau angeben; jeder abstrakten Gruppe G ist nämlich durch einen algebraischen Prozess, auf den wir sogleich zurückkommen werden, eine Abelsche Gruppe A(G) zugeordnet, und es gilt: «Für jeden Komplex, dessen Fundamentalgruppe G ist, ist B^2/V^2 isomorph mit A(G).» **)

Ich will den A-Prozess hier nicht ausführlich beschreiben, sondern nur einige Beispiele und eine Formel nennen, Beispiele: wenn G der Fundamentalgruppe einer geschlossenen orientierbaren Fläche positiven Geschlechtes isomorph ist, so ist A(G) unendlich-zyklisch; wenn G das direkte Produkt von p unendlich-zyklischen Gruppen ist, so ist A(G) das direkte Produkt von $\frac{p(p-1)}{2}$ unendlich-zyklischen Gruppen; wenn G das direkte Produkt von zwei zyklischen Gruppen der Ordnungen m_1 und m_2 ist, so ist A(G) die zyklische Gruppe, deren Ordnung der grösste gemeinsame Teller von m_1 und m_2 ist. Um eine Formel für A(G) zu erhalten, stelle man G —was bekanntlich immer möglich ist— als Faktorgruppe $G=F/R$ einer freien Gruppe F nach einem Normalteiler R dar; für jede Untergruppe U von F verstehe man unter K(U) die kleinste Untergruppe von F, welche alle Elemente $xux^{-1}u^{-1}$ enthält, wobei x die Elemente von F und u die Elemente von U durchläuft (15); speziell ist $K(F)=K$ die Kommutatorgruppe von F; ferner bezeichnen wir, wenn U und V tieren, besonderes Interesse; man sicht leicht, dass für $n>k+1$ zwei Untergruppen sind, mit U, V die von U und V erzeugte Untergruppe von F und mit [U, V] den Durchschnitt von U und V. Dann gilt die folgende Isomorphie (wobei der Bruch auf der rechten Seite als Faktorgruppe aufzufassen ist):

$$A(G) = \frac{[R\,K]}{[R, K(R \cdot K)]}$$

Die vorstehenden Sätze zeigen, dass bei gegebener Fundamentalgruppe G die zweite BETTIsche Gruppe B^2 nicht «zu klein» sein kann, denn sie besitzt die Gruppe A(G) als homomorphes Bild. Die Bewise beruhen darauf, dass die Kurvensysteme, welche gewissen ausgezeichneten endlichen Systemen von Elemente nder Fundamentalgruppe entsprechen, in dem Komplex Flächen «aufspannen», deren Beiträge zur zweiten BETTIschen Gruppe genau zu übersehen sind ; z.B. bildet jedes Paar vertauschbarer Elemente ein solches ausgezeichnetes System, und die aufgespannte Fläche hat dann den Typus eines Torus ; die Pontrjaginsche Multiplikation in einem Gruppenraum (Nr. 4) —für den Spezialfall, dass die Faktoren x und y eindimensional sind—, sowie die Flächen-Konstruktion in einem RIEMANNschen Raum, die in der Arbeit von PREISSMANN vorkommt (Nr. 5), lassen sich, bei aller Verschiedenheit der Problemstellungen, in den hier besprochenen Prozess der Aufspannung einordnen.

Die genauere Untersuchung der in der angedeuteten Weise konstruierten Flächen führt nun weiter zu folgendem Satz : «Die Elemente der Gruppe V^2 sind identisch mit denjenigen Homologieklassen, welche stetige Bilder von Kugelflächen enthalten.» Hieraus und aus dem früheren Satz folgt : «In einem Komplex, in welchem jedes Bild einer Kugelfläche homolog 0 ist, ist die Gruppe B^2 isomorph mit A(G), sie ist also vollständig durch G bestimmt.» Ersetzt man in diesem Satz das Wort «homolog» durch «homotop» —was eine Abschwächung des Satzes bedeutet —und verzichtet man auf die explizite Angabe der Gruppe A(G), so geht der Satz in einen Spezialfall ($n=2$) des folgenden Satzes von HUREWICZ über (16) : «In einem Komplex, dessen r-te Homotopiegruppen für $r=2, 3, \ldots, n$ verschwinden, ist die Gruppe B^n vollständig durch die Fundamentalgruppe bestimmt.» Diese Beziehungen legen die Vermutung nahe, dass zwischen dem Homologiering und dem System der Homotopiegruppen eines beliebigen Komplexes gesetzmassige Zusammenhänge bestehen, die uns noch unbekannt sind.

2 Februar 1941.

FUSSNOTEN

(1) Comment. Math. Helvetici 8 (1936).
(2) Comment. Math. Helvetici (im Druck).
(3) Compos. Mathematica 7 (1939).
(4) Recueil math. de Moscou 6 (1939). Der obige Satz wird p. 417 ohne Beweis ausgesprochen; den Beweis, der ebenfalls im Recueil math. erscheinen soll, hat Herr PONTRJAGIN uns brieflich mitgeteilt.
(5) Proc. Akad. Amsterdam 38 (1935).
(6) Recueil math. de Moscou 1 (1936); Bull. Amer. Math. soc. 43 (1937).
(7) Math. Annalen 04 (1931); Fundam. Math. 25 (1935).
(8) C. R. Paris 208 (1939); Annals of Math. 42 (1941).
(9) C. R. Paris 200 (1935); sowie l. c. (4).
(10) C. R. Paris 201 (1935).
(11) C. R. Paris 208 (1939).
(12) Comment. Math. Helvetici (im Druck).
(13) C. R. Congrès intern. des math., Oslo 1936, T. II.
(14) WHITNEY, Annals of Math. 39 (1938).
(15) Dieser Begriff stammt von REIDEMEISTER: Hamburger Abh. 5 (1926).
(16) Proc. Akad. Amsterdam 39 (1936).

43.

Relations between the Fundamental Group and the Second Betti Group

Lectures in Topology. University of Michigan Press, Ann Arbor, Mich. (1941), 315–316

It has been known since the time of Poincaré that the fundamental group $\mathfrak{G}$ of a (connected) polyhedron P determines its first Betti group[1] $\mathfrak{B}^1$. It is easy to verify that for $n > 2$ the groups $\mathfrak{G}$ and $\mathfrak{B}^n$ are independent; in fact, for any group $\mathfrak{G}$ and any abelian group $\mathfrak{B}^n$ (both given by a finite number of generators and relations) a polyhedron P can be constructed having the appropriate groups. The relations between $\mathfrak{G}$ and $\mathfrak{B}^2$ will be investigated here.

Consider all the 2-cycles z^2 in P with integer coefficients such that $z^1 \frown z^2 \sim 0$ for every 1-cocycle z^1 in P with any coefficient domain, where "$\frown$" stands for the Čech-Whitney cap-product.[2] These cycles z^2 determine a subgroup $\mathfrak{B}$ of $\mathfrak{B}^2$.

THEOREM I. *The group $\mathfrak{B}^2/\mathfrak{B}$ is determined entirely by the fundamental group $\mathfrak{G}$.*

In order to give Theorem I a more explicit form the following notations are needed. Given a subgroup $\mathfrak{U}$ of a group $\mathfrak{F}$, the smallest subgroup of $\mathfrak{F}$ containing all the elements $xux^{-1}u^{-1}$ where $x \varepsilon \mathfrak{F}$, $u \varepsilon \mathfrak{U}$ is denoted by $\mathfrak{K}(\mathfrak{U})$. Given two subgroups $\mathfrak{U}_1$ and $\mathfrak{U}_2$ of $\mathfrak{F}$, $\mathfrak{U}_1 \cap \mathfrak{U}_2$ denotes their intersection and $\mathfrak{U}_1 \cdot \mathfrak{U}_2$ the smallest subgroup of $\mathfrak{F}$ containing both of them.

The fundamental group $\mathfrak{G}$ can be represented as a factor group $\mathfrak{F}/\mathfrak{R}$, where $\mathfrak{F}$ is a free group (with a finite number of generators) and $\mathfrak{R}$ is a normal subgroup of $\mathfrak{F}$ (generated by a finite number of "relations"). Define

* The Editorial Committee regrets that this abstract, mailed from Zürich on May 14, 1940, did not arrive in time to be presented at the Conference.

[1] Betti group = homology group with integer coefficients.

[2] H. Whitney, *Ann. of Math.*, 39 (1938), 397.

$$\mathfrak{G}^* = \frac{\mathfrak{R} \cap \mathfrak{K}(\mathfrak{F})}{\mathfrak{R} \cap \mathfrak{K}[\mathfrak{R} \cdot \mathfrak{K}(\mathfrak{F})]}.$$

THEOREM I′. *If* $\mathfrak{G} = \mathfrak{F}/\mathfrak{R}$ *then* $\mathfrak{B}^2/\mathfrak{S} \approx \mathfrak{G}^*$.

It follows that the group $\mathfrak{G}$ determines uniquely a group $\mathfrak{G}^*$ which is a factor group of $\mathfrak{B}^2$. Therefore, for a given $\mathfrak{G}$ the group $\mathfrak{B}^2$ cannot be "too small."

The homology classes of $\mathfrak{B}^2$ which contain a continuous image of 2-sphere, form a subgroup $\mathfrak{S}$ of $\mathfrak{B}$:

THEOREM II. *The group* $\mathfrak{B}^2/\mathfrak{S}$ *is determined by the fundamental group* $\mathfrak{G}$. *More precisely, if* $\mathfrak{G} = \mathfrak{F}/\mathfrak{R}$, *then* $\mathfrak{B}^2/\mathfrak{S} = \mathfrak{G}^{**}$ *where* $\mathfrak{G}^{**} = \dfrac{\mathfrak{R} \cap \mathfrak{K}(\mathfrak{F})}{\mathfrak{K}(\mathfrak{R})}$.

COROLLARY. *If every continuous image of the 2-sphere in P is homologous to zero (with integral coefficients), then* $\mathfrak{B}^2 \approx \mathfrak{G}^{**}$ *and* $\mathfrak{B}^2$ *is entirely determined by* $\mathfrak{G}$.

In particular, the conclusion holds if $\pi_2 = 0$, i.e. if the second Hurewicz homotopy group of P vanishes. This slightly weaker result can be obtained within the Hurewicz theory, but without the explicit form of the relation between $\mathfrak{G}$ and $\mathfrak{B}^2$.

This connection with the homotopy theory suggests the investigation of the influence of $\mathfrak{G}$ on $\mathfrak{B}^n$ for polyhedra such that $\pi_2 = \cdots = \pi_{n-1} = 0$ or, more generally, the influence of the groups $\pi_1 = \mathfrak{G}, \pi_2, \cdots, \pi_{n-1}$ on $\mathfrak{B}^n$.

The method used to obtain the results presented here makes thorough use of the assumption $n = 2$. It uses the fact that every integral 2-cycle in P can be represented as a continuous image of an orientable 2-manifold. Further, the rôle which the commutators play in the fundamental groups of 2-manifolds is extensively used.

ZÜRICH, SWITZERLAND

44.

Fundamentalgruppe und zweite Bettische Gruppe

Comm. Math. Helvetici 14 (1941/42), 257–309

Einleitung

Es ist bekannt, daß die erste Bettische Gruppe $\mathfrak{B}^1$ eines Komplexes K durch die Fundamentalgruppe $\mathfrak{G}$ von K bestimmt ist: sie ist die Faktorgruppe von $\mathfrak{G}$ nach der Kommutatorgruppe[1]). In dieser Arbeit wird der Einfluß von $\mathfrak{G}$ auf die zweite Bettische Gruppe $\mathfrak{B}^2$ untersucht.

a) $\mathfrak{B}^2$ ist, wie man schon an trivialen Beispielen sehen kann, nicht durch $\mathfrak{G}$ bestimmt; es wird aber folgendes festgestellt: *Jeder Gruppe $\mathfrak{G}$ ist durch einen bestimmten algebraischen Prozeß eine Abelsche Gruppe $\mathfrak{G}_1^*$ zugeordnet, die im allgemeinen nicht die Nullgruppe*[2]) *ist; wenn $\mathfrak{G}$ die Fundamentalgruppe eines Komplexes K und wenn $\mathfrak{S}^2$ die Untergruppe von $\mathfrak{B}^2$ ist, die aus denjenigen Homologieklassen besteht, welche stetige Bilder von Kugelflächen enthalten, so ist*

$$\mathfrak{B}^2 / \mathfrak{S}^2 \cong \mathfrak{G}_1^* .$$

Die zweite Bettische Gruppe besitzt also $\mathfrak{G}_1^*$ als homomorphes Bild, und sie kann daher, wenn die Fundamentalgruppe $\mathfrak{G}$ gegeben ist, „nicht zu klein" sein. Ist z. B. $\mathfrak{G}$ eine freie Abelsche Gruppe vom Range p, so erweist sich $\mathfrak{G}_1^*$ als freie Abelsche Gruppe vom Range $\frac{p(p-1)}{2}$; für einen Komplex mit dieser Fundamentalgruppe $\mathfrak{G}$ ist mithin die zweite Bettische Zahl mindestens gleich $\frac{p(p-1)}{2}$.

Die „untere Schranke" $\mathfrak{G}_1^*$ für die mit $\mathfrak{G}$ als Fundamentalgruppe verträglichen zweiten Bettischen Gruppen kann nicht verbessert werden; zu jeder Gruppe $\mathfrak{G}$ (mit endlich vielen Erzeugenden und endlich vielen Relationen) gibt es nämlich einen Komplex K, der die Fundamentalgruppe $\mathfrak{G}$ besitzt und in dem jedes Kugelbild homolog 0, also $\mathfrak{S}^2 = 0$ ist; dann ist $\mathfrak{B}^2 \cong \mathfrak{G}_1^*$.

Die allgemeine Theorie dieser Zusammenhänge wird im § 2 dargestellt;

---

[1]) *Seifert-Threlfall*, Lehrbuch der Topologie (Leipzig und Berlin 1934), § 48. — Statt „Homologiegruppe" (l. c.) sage ich „Bettische Gruppe".

[2]) Die Nullgruppe, oft kurz mit 0 bezeichnet, ist die Gruppe, die nur ein Element enthält.

der § 3 enthält spezielle Folgerungen und Beispiele. Im § 1, der rein gruppentheoretischen Inhalt hat, wird die Gruppe $\mathfrak{G}_1^*$ eingeführt.

b) Der § 4 handelt von dem Einfluß der Fundamentalgruppe auf die Schnitt-Eigenschaften der Zyklen in einer n-dimensionalen (geschlossenen und orientierbaren) Mannigfaltigkeit M^n. Es stellt sich heraus: *Diese Eigenschaften, soweit es sich um Schnitte zwischen je einem* $(n - 1)$*-dimensionalen und einem zweidimensionalen Zyklus, sowie um Schnitte zwischen je zwei* $(n - 1)$*-dimensionalen Zyklen handelt, sind rein algebraisch durch die Fundamentalgruppe bestimmt.*

Zum Beispiel ergibt sich: wenn $\mathfrak{G}$ eine freie Gruppe ist, so sind die genannten Schnitte sämtlich homolog 0; wenn $\mathfrak{G}$ eine Abelsche Gruppe ist, so ist der Schnitt zweier $(n - 1)$-dimensionaler Zyklen nur dann homolog 0, wenn die beiden Zyklen linear abhängig im Sinne der Homologien sind.

Die Beschränkung auf Mannigfaltigkeiten ist übrigens nicht nötig; zieht man nämlich die neuere Produkt-Theorie in Komplexen heran[3]), so bleiben die angedeuteten Sätze gültig, wenn man die Schnitte zwischen $(n - 1)$-dimensionalen und zweidimensionalen Zyklen durch die Čech-Whitneyschen Produkte zwischen eindimensionalen Kozyklen und zweidimensionalen Zyklen sowie die Schnitte zwischen zwei $(n - 1)$-dimensionalen Zyklen durch die Kolmogoroff-Alexanderschen Produkte zwischen zwei eindimensionalen Kozyklen ersetzt; die Produkte selbst sind im ersten Fall eindimensionale Zyklen, im zweiten Fall zweidimensionale Kozyklen (aus diesen Formulierungen sieht man übrigens, daß es berechtigt ist, auch die oben genannten Schnitte, bei denen $(n - 1)$-dimensionale Zyklen auftreten, zu den Eigenschaften eindimensionaler und zweidimensionaler Gebilde zu rechnen).

c) Falls eine dreidimensionale Mannigfaltigkeit M^3 vorliegt, so kommt zu den Beziehungen zwischen $\mathfrak{G}$ und $\mathfrak{B}^2$, die in den §§ 2 und 4 festgestellt werden, noch die durch den Poincaréschen Dualitätssatz ausgedrückte Beziehung sowie, für die Schnitt-Eigenschaften, die Gleichheit $n - 1 = 2$ hinzu. Diese verschiedenartigen Beziehungen sind im allgemeinen nicht miteinander verträglich, und daher sind die Gruppen $\mathfrak{G}$, die als Fundamentalgruppen dreidimensionaler Mannigfaltigkeiten auftreten, starken Einschränkungen unterworfen. Derartige Bedingungen sind in dem kurzen § 5 zusammengestellt. Als Anwendung ergibt sich

---

[3]) Zusammenfassende Darstellung: *H. Whitney*, On products in a complex, Annals of Math. 39 (1938), 397—432.

ein neuer Beweis für den Satz von Reidemeister: Die einzigen Abelschen Gruppen, welche als Fundamentalgruppen dreidimensionaler Mannigfaltigkeiten auftreten, sind die zyklischen Gruppen und das direkte Produkt von drei unendlich-zyklischen Gruppen.[4]) *)

d) Sowohl für den Aufbau der allgemeinen Theorie als auch für die Behandlung von Beispielen sind gruppentheoretische Überlegungen notwendig, die mir auch vom gruppentheoretischen Standpunkt aus nicht uninteressant zu sein scheinen. Besonders wichtig ist die Bildung von „höheren Kommutatorgruppen", die in der neueren Gruppentheorie eine Rolle spielen[5]): ist $\mathfrak{R}$ eine Untergruppe der Gruppe $\mathfrak{F}$, so verstehe man unter $\mathfrak{C}_{\mathfrak{F}}(\mathfrak{R})$ die Gruppe, welche von allen Kommutatoren $x\,r\,x^{-1}\,r^{-1}$ erzeugt wird, für die $x \in \mathfrak{F}$, $r \in \mathfrak{R}$ ist; speziell ist $\mathfrak{C}_{\mathfrak{F}}(\mathfrak{F}) = \mathfrak{C}_{\mathfrak{F}}$ die Kommutatorgruppe und $\mathfrak{C}_{\mathfrak{F}}(\mathfrak{C}_{\mathfrak{F}}) = \mathfrak{C}_{\mathfrak{F}}^2$ die zweite Kommutatorgruppe von $\mathfrak{F}$. Die Struktur der Gruppe $\mathfrak{G}_1^*$, die in unserem unter a) genannten Hauptsatz auftritt, ist folgendermaßen zu bestimmen: wenn $\mathfrak{G}$ homomorphes Bild einer freien Gruppe $\mathfrak{F}$ und wenn $\mathfrak{R}$ der Kern dieses Homomorphismus ist[6]) — ein solcher Homomorphismus liegt immer vor, wenn $\mathfrak{G}$ durch Erzeugende und Relationen gegeben ist —, so ist

$$\mathfrak{G}_1^* \cong (\mathfrak{R} \cap \mathfrak{C}_{\mathfrak{F}}) / \mathfrak{C}_{\mathfrak{F}}(\mathfrak{R}) \;.$$

Eine Grundlage für unsere Untersuchungen ist der gruppentheoretische Satz, daß die durch diese Formel gegebene Gruppe $\mathfrak{G}_1^*$ nicht von der speziellen Darstellung der Gruppe $\mathfrak{G}$ als Bild von $\mathfrak{F}$, sondern nur von $\mathfrak{G}$ selbst, also nicht von $\mathfrak{F}$ und $\mathfrak{R}$, sondern nur von der Faktorgruppe $\mathfrak{F}/\mathfrak{R}$ abhängt.

Das folgende Beispiel zeigt, von welcher Art die gruppentheoretisch-topologischen Zusammenhänge sind, mit denen man es zu tun hat. $\mathfrak{G}$ sei durch Erzeugende $E_1, \ldots, E_m$ gegeben, zwischen denen eine einzige Relation $R(E_1, \ldots, E_m) = 1$ besteht; man betrachte das Element $r = R(e_1, \ldots, e_m)$ der von freien Erzeugenden $e_1, \ldots, e_m$ erzeugten freien Gruppe $\mathfrak{F}$; es gelten die folgenden beiden Sätze: (I) Dann und nur dann gibt es einen Komplex K, dessen Fundamentalgruppe $\mathfrak{G}$ und dessen zweite Bettische Gruppe 0 ist, wenn r nicht in $\mathfrak{C}_{\mathfrak{F}}$ enthalten oder

[4]) *K. Reidemeister*, Kommutative Fundamentalgruppen, Monatshefte f. Math. u. Ph. 43 (1936), 20—28.

[5]) Zur Orientierung über die bei uns auftretenden Begriffe aus der Gruppentheorie: *W. Magnus*, Allgemeine Gruppentheorie (Enzyklopädie d. math. Wiss. I 1, 9; Leipzig-Berlin 1939), Nr. 4 (besonders p. 17) und Nr. 14.

[6]) Der „Kern" eines Homomorphismus ist das Urbild des Eins-Elementes der Bildgruppe.

wenn $r = 1$ ist. — (II) M^n sei eine Mannigfaltigkeit mit der Fundamentalgruppe $\mathfrak{G}$; dann und nur dann gibt es in M^n zwei $(n-1)$-dimensionale Zyklen, deren Schnitt nicht homolog 0 ist, wenn r in $\mathfrak{C}_{\mathfrak{F}}$, aber nicht in $\mathfrak{C}_{\mathfrak{F}}^2$ enthalten ist.

e) Nachdem man ziemlich befriedigende Sätze über den Einfluß der Fundamentalgruppe auf die zweite Bettische Gruppe gewonnen hat, wird man fragen, ob ähnliches nicht auch für die höheren Bettischen Gruppen möglich sei. Die oben erwähnte Rolle, welche die Kugelbilder spielen, gibt einen Fingerzeig, in welcher Richtung man derartige Verallgemeinerungen zu suchen haben wird: der Begriff des Kugelbildes ist der Grundbegriff der Homotopie-Theorie von Hurewicz, und auch die übrigen Begriffe und Beziehungen, die im § 2 auftreten — insbesondere der Begriff des „Homotopie-Randes" eines zweidimensionalen Komplexes —, scheinen mir in den Ideenkreis von Hurewicz zu gehören[7]); übrigens ergeben sich auch einige direkte Berührungen mit Resultaten dieser Theorie (Nr. 12 b, e). Ich halte es daher für wahrscheinlich, daß die in der vorliegenden Arbeit festgestellten Beziehungen zwischen $\mathfrak{G}$ einerseits, $\mathfrak{B}^2$ und $\mathfrak{S}^2$ andererseits in allgemeineren, uns noch unbekannten Beziehungen enthalten sind, die zwischen den ersten k Homotopiegruppen einerseits, der $(k+1)$-ten Bettischen und der $(k+1)$-ten Homotopiegruppe andererseits bestehen. Jedenfalls lassen sich der erwähnte Begriff des Homotopie-Randes und seine Haupt-Eigenschaften auf höhere Dimensionszahlen übertragen; wichtig für derartige Verallgemeinerungen dürfte der Zusammenhang zwischen der Fundamentalgruppe und den höheren Homotopiegruppen sein, auf den Eilenberg aufmerksam gemacht hat[8]).

Wenn man dagegen die Homotopiegruppen nicht heranzieht, sondern ausschließlich die Fundamentalgruppe und die Bettischen Gruppen — also die klassischen Invarianten von Poincaré — untersucht und in diesem Rahmen die Frage nach den gegenseitigen Beziehungen zwischen diesen Gruppen stellt, so ist hierauf zu antworten, daß diese Beziehungen sich auf die Dimensionszahlen 1 und 2 beschränken; wenn nämlich $\mathfrak{G}, \mathfrak{B}^3, \ldots, \mathfrak{B}^n$ willkürlich vorgegebene Gruppen sind — mit endlich vielen Erzeugenden und Relationen, die $\mathfrak{B}^r$ Abelsch —, so gibt es, wie man leicht sieht, immer einen Komplex K mit der Fundamentalgruppe $\mathfrak{G}$

[7]) *W. Hurewicz*, Beiträge zur Topologie der Deformationen, Proc. Akad. Amsterdam: (I) vol. 38 (1935), 112—119; (II) vol. 38 (1935), 521—528; (III) vol. 39 (1936), 117—126; (IV) vol. 39 (1936), 215—224.

[8]) *S. Eilenberg*, On the relation between the fundamental group of a space and the higher homotopy groups, Fundamenta Math. 32 (1939), 167—175.

und den Bettischen Gruppen $\mathfrak{B}^r$. [9]) In diesem Sinne sind also Verallgemeinerungen unserer Sätze nicht möglich.

§ 1. Eine Gruppen-Konstruktion

1. Wir beginnen mit der Zusammenstellung einiger bekannter Tatsachen. Γ sei eine Menge von Elementen $\alpha, \beta, \ldots$. Jedem geordneten Paar (α, β) sei eine „Summe" $\alpha + \beta \in \Gamma$, jedem α sei ein „Inverses" $-\alpha \in \Gamma$ zugeordnet; statt $\beta + (-\alpha)$ schreiben wir auch $\beta - \alpha$. Dann verstehen wir unter einer „Restklassengruppe" von Γ folgendes:

Γ ist in zueinander fremde Klassen $\bar{\alpha}, \bar{\beta}, \ldots$ zerlegt; zwischen diesen ist eine Addition erklärt, durch welche die Gesamtheit der Klassen zu einer Gruppe wird; diese Addition ist mit der Addition in Γ auf folgende natürliche Weise verknüpft:

$$\begin{aligned} &\text{aus } \alpha \in \bar{\alpha},\ \beta \in \bar{\beta} \text{ folgt } \alpha + \beta \in \bar{\alpha} + \bar{\beta}\,; \\ &\text{aus } \alpha \in \bar{\alpha} \text{ folgt } -\alpha \in -\bar{\alpha}\,. \end{aligned} \tag{1}$$

Jede Restklassengruppe läßt sich folgendermaßen erzeugen. Γ wird durch eine Abbildung q homomorph auf eine Gruppe $\mathfrak{Q}$ abgebildet, d. h. so, daß [10])

$$q(\alpha + \beta) = q(\alpha) \cdot q(\beta) \quad , \quad q(-\alpha) = q(\alpha)^{-1} \tag{1'}$$

ist; die Restklassen sind die Urbildmengen der einzelnen Elemente von $\mathfrak{Q}$; die Summe $\bar{\alpha} + \bar{\beta}$ zweier Restklassen ist durch die Vorschrift $q(\bar{\alpha} + \bar{\beta}) = q(\bar{\alpha}) \cdot q(\bar{\beta})$ bestimmt; so entsteht eine mit $\mathfrak{Q}$ isomorphe Restklassengruppe von Γ.

Unter dem „Kern" einer Restklassengruppe verstehen wir diejenige Restklasse, welche das Null-Element der Gruppe darstellt; oder in der Sprache der Homomorphismen: diejenige Klasse, welche durch q auf die Eins von $\mathfrak{Q}$ abgebildet wird.

Mit Hilfe von (1) oder von (1') bestätigt man leicht folgende Tatsache: Zwei Elemente α, β von Γ sind dann und nur dann in derselben Rest-

---

[9]) Andeutung: Es gibt einen Komplex mit der Fundamentalgruppe $\mathfrak{G}$ (*Seifert-Threlfall*, l. c. [1]), 180, Aufgabe 3); der Komplex K' seiner zweidimensionalen Simplexe hat auch die Fundamentalgruppe $\mathfrak{G}$; es gibt ferner einen Komplex K'' mit der Fundamentalgruppe 0 und den Bettischen Gruppen $\mathfrak{B}^3, \ldots, \mathfrak{B}^n$ (*Alexandroff-Hopf*, Topologie I (Berlin 1935), 266, Nr. 9); man füge K' und K'' in einem Punkt aneinander.

[10]) Im allgemeinen schreiben wir beliebige Gruppen multiplikativ, Abelsche Gruppen oft additiv; daß wir Γ additiv schreiben, obwohl die Summenbildung i. a. nicht kommutativ ist, wird sich im „Anhang" rechtfertigen (im Hinblick auf das distributive Gesetz der dort behandelten Produktbildung).

klasse, wenn das Element $\beta - \alpha$ in dem Kern enthalten ist. Hieraus folgt:

Zwei Restklassengruppen von Γ sind miteinander identisch (nicht nur isomorph), wenn ihre Kerne identisch sind.

2. $\mathfrak{A}$ sei eine beliebige Gruppe, $\mathfrak{U}$ ein Normalteiler von $\mathfrak{A}$. Mit $\mathfrak{C}_{\mathfrak{A}}(\mathfrak{U})$ bezeichnen wir die von allen Elementen $a\,u\,a^{-1}\,u^{-1}$ mit $a \in \mathfrak{A}$, $u \in \mathfrak{U}$ erzeugte Gruppe; sie ist, wie man leicht sieht, Normalteiler von $\mathfrak{A}$ und in $\mathfrak{U}$ enthalten. Beim Rechnen mit Kongruenzen mod. $\mathfrak{C}_{\mathfrak{A}}(\mathfrak{U})$ — d. h. beim Rechnen in der Faktorgruppe $\mathfrak{A}/\mathfrak{C}_{\mathfrak{A}}(\mathfrak{U})$ — ist jedes Element von $\mathfrak{U}$ mit jedem Element von $\mathfrak{A}$ vertauschbar.

Für beliebige Gruppenelemente $x_1, y_1, x_2, y_2, \ldots, x_n, y_n$ definieren wir das „Wort" C durch

$$C(x_1, \ldots, y_n) = x_1 \cdot y_1 \cdot x_1^{-1} \cdot y_1^{-1} \cdot x_2 \cdot \ \ldots \ \cdot y_{n-1}^{-1} \cdot x_n \cdot y_n \cdot x_n^{-1} \cdot y_n^{-1} \,. \quad (2)$$

Dann gilt folgende Regel: sind $a_1, b_1, \ldots, a_n, b_n$ und $a_1', b_1', \ldots, a_n', b_n'$ Elemente von $\mathfrak{A}$ mit

$$a_i' \equiv a_i \,, \quad b_i' \equiv b_i \qquad \text{mod. } \mathfrak{U} \,, \quad (3)$$

so ist

$$C(a_1', \ldots, b_n') \equiv C(a_1, \ldots, b_n) \qquad \text{mod. } \mathfrak{C}_{\mathfrak{A}}(\mathfrak{U}) \,. \quad (4)$$

Denn (3) bedeutet: $a_i' = a_i \cdot u_i$, $b_i' = b_i \cdot v_i$ mit $u_i \in \mathfrak{U}$, $v_i \in \mathfrak{U}$; setzt man dies in C ein und beachtet die oben erwähnte Vertauschbarkeits-Eigenschaft sowie die besondere Gestalt (2) von C, so erhält man (4).

Die Gruppe $\mathfrak{C}_{\mathfrak{A}}(\mathfrak{A})$ ist die Kommutatorgruppe von $\mathfrak{A}$; wir nennen sie kurz $\mathfrak{C}_{\mathfrak{A}}$.

3. Nach diesen Vorbemerkungen kommen wir zu der Konstruktion, die das Ziel dieses Paragraphen ist. $\mathfrak{G}$ sei eine beliebige Gruppe. Unter $\Gamma_{\mathfrak{G}}$ verstehen wir die Menge aller geordneten Systeme $(X_1, Y_1, \ldots, X_n, Y_n)$ mit $X_i \in \mathfrak{G}$, $Y_i \in \mathfrak{G}$ und beliebigem n. Für zwei Systeme $\alpha = (X_1, \ldots, Y_n)$, $\beta = (U_1, \ldots, V_m)$ soll $\alpha + \beta = (X_1, \ldots, Y_n, U_1, \ldots, V_m)$, und es soll $-\alpha = (Y_n, X_n, \ldots, Y_1, X_1)$ sein.

Wir konstruieren nach einer speziellen Methode Restklassengruppen von $\Gamma_{\mathfrak{G}}$. Es sei A eine homomorphe Abbildung einer Gruppe $\mathfrak{A}$ auf $\mathfrak{G}$; der Kern[6]) von A heiße $\mathfrak{U}$. Wir nehmen ein Element $\alpha = (X_1, \ldots, Y_n)$ von $\Gamma_{\mathfrak{G}}$ und ordnen seinen Komponenten $X_1, \ldots, Y_n$ Elemente a_i, b_i von $\mathfrak{A}$ so zu, daß $A(a_i) = X_i$, $A(b_i) = Y_i$ ist; diese a_i und b_i sind nicht eindeutig bestimmt; aber ihre Restklassen modulo $\mathfrak{U}$ sind eindeutig bestimmt; daher ist nach Nr. 2 die Restklasse modulo $\mathfrak{C}_{\mathfrak{A}}(\mathfrak{U})$, welcher das Element $C(a_1, \ldots, b_n)$ angehört, eindeutig bestimmt; diese Restklasse nennen wir $q_A(\alpha)$. Man verifiziert leicht, daß q_A eine homomorphe Abbildung (im Sinne von Nr. 1) von $\Gamma_{\mathfrak{G}}$ auf die Faktorgruppe $\mathfrak{C}_{\mathfrak{A}}/\mathfrak{C}_{\mathfrak{A}}(\mathfrak{U})$ ist. Der Homomorphismus q_A erzeugt eine Restklassengruppe von $\Gamma_{\mathfrak{G}}$ (Nr. 1); diese heiße $\mathfrak{G}_A$; es ist

$$\mathfrak{G}_A \cong \mathfrak{C}_{\mathfrak{A}} / \mathfrak{C}_{\mathfrak{A}}(\mathfrak{U}) \ .$$

Der Kern des Homomorphismus q_A, also die Klasse derjenigen $\alpha = (X_1, \ldots, Y_n)$, zu denen es Elemente a_i, b_i von $\mathfrak{A}$ mit

$$A(a_i) = X_i \quad , \quad A(b_i) = Y_i \quad , \quad C(a_1, \ldots, b_n) \in \mathfrak{C}_{\mathfrak{A}}(\mathfrak{U})$$

gibt, heiße K_A.

4. Jetzt sei $\mathfrak{F}$ eine *freie* Gruppe und F ein Homomorphismus von $\mathfrak{F}$ auf $\mathfrak{G}$; der Kern von F heiße $\mathfrak{R}$. Dann ist gemäß der soeben besprochenen Konstruktion eine Restklassengruppe $\mathfrak{G}_F$ von $\Gamma_{\mathfrak{G}}$ gegeben; der Kern der zugehörigen Abbildung q_F heiße K_F. Daneben betrachten wir weiter wie in Nr. 3 einen Homomorphismus A einer beliebigen Gruppe $\mathfrak{A}$ auf dieselbe Gruppe $\mathfrak{G}$. — Wir behaupten:[10a])

$$K_F \subset K_A \ . \tag{5}$$

Beweis: $\{e_1, e_2, \ldots\}$ sei ein freies Erzeugenden-System von $\mathfrak{F}$. Zu jedem e_i gibt es in $\mathfrak{A}$ Elemente, die durch A auf das Element $F(e_i)$ abgebildet sind; unter diesen Elementen von $\mathfrak{A}$ wählen wir je eines aus und nennen es $H(e_i)$; da die e_i ein freies Erzeugenden-System bilden, gibt es einen Homomorphismus H von $\mathfrak{F}$ in $\mathfrak{A}$, der den Elementen e_i die Elemente $H(e_i)$ zuordnet. Nach Definition von H ist $AH(e_i) = F(e_i)$; dann ist auch

$$AH(x) = F(x) \qquad \text{für alle } x \in \mathfrak{F} \ . \tag{6}$$

Hiernach ist speziell $AH(\mathfrak{R}) = F(\mathfrak{R}) = 1$, also

$$H(\mathfrak{R}) \subset \mathfrak{U} \ . \tag{7}$$

Aus (7) folgt

$$H\mathfrak{C}_{\mathfrak{F}}(\mathfrak{R}) \subset \mathfrak{C}_{\mathfrak{A}}(\mathfrak{U}) \ . \tag{8}$$

Nun sei $\alpha = (X_1, \ldots, Y_n) \in K_F$; dann gibt es solche Elemente x_i, y_i in $\mathfrak{F}$, daß

$$F(x_i) = X_i, F(y_i) = Y_i \ , \tag{9}$$

10a) Das Zeichen $\subset$ bedeute immer: „echter oder unechter Teil von".

$$C(x_1, \ldots, y_n) \in \mathfrak{C}_{\mathfrak{F}}(\mathfrak{R}) \qquad (10)$$

ist. Wir setzen $H(x_i) = a_i$, $H(y_i) = b_i$. Dann folgt aus (6) und (9)

$$A(a_i) = X_i \;, \quad A(b_i) = Y_i \,. \qquad (11)$$

Da H ein Homomorphismus ist, ist

$$C(a_1, \ldots, b_n) = HC(x_1, \ldots, y_n) \,;$$

hieraus, aus (10) und (8) folgt

$$C(a_1, \ldots, b_n) \in \mathfrak{C}_{\mathfrak{A}}(\mathfrak{U}) \,. \qquad (12)$$

(11) und (12) bedeuten: $\alpha \in K_A$. Somit gilt (5).

5. Jetzt seien F, F' Homomorphismen zweier freier Gruppen $\mathfrak{F}, \mathfrak{F}'$ auf $\mathfrak{G}$. Nach Nr. 4 ist $K_F \subset K_{F'}$ und $K_{F'} \subset K_F$, also $K_F = K_{F'}$. Dann sind nach der Bemerkung am Schluß von Nr. 1 die Gruppen $\mathfrak{G}_F$ und $\mathfrak{G}_{F'}$ miteinander identisch; mit anderen Worten: die Gruppe $\mathfrak{G}_F$ ist von F unabhängig, wenn nur $\mathfrak{F}$ eine freie Gruppe ist.

Jede Gruppe $\mathfrak{G}$ ist homomorphes Bild freier Gruppen; man erhält einen solchen Homomorphismus, wenn man die Elemente eines beliebigen Erzeugenden-Systems von $\mathfrak{G}$ zugleich als freie Erzeugende einer freien Gruppe auffaßt. Daher ist für jede Gruppe $\mathfrak{G}$ die Gruppe $\mathfrak{G}_F$ erklärt; um die Unabhängigkeit von F zu betonen, setzen wir $\mathfrak{G}_F = \mathfrak{G}^*$. Wir fassen die Konstruktions-Vorschrift für $\mathfrak{G}^*$ noch einmal zusammen:

Die Gruppe $\mathfrak{G}$ sei gegeben. $\Gamma_{\mathfrak{G}}$ sei die Menge aller Systeme $(X_1, Y_1, \ldots, X_n, Y_n)$ mit $X_i \in \mathfrak{G}$, $Y_i \in \mathfrak{G}$; in $\Gamma_{\mathfrak{G}}$ sind „Summe" und „Inverses" gemäß Nr. 3 erklärt. F sei ein Homomorphismus einer freien Gruppe $\mathfrak{F}$ auf $\mathfrak{G}$; der Kern von F heiße $\mathfrak{R}$; die Gruppen $\mathfrak{C}_{\mathfrak{F}}$ und $\mathfrak{C}_{\mathfrak{F}}(\mathfrak{R})$ sind in Nr. 2 definiert. Den Komponenten X_i, Y_i jedes Elementes $\alpha = (X_1, \ldots, Y_n)$ von $\Gamma_{\mathfrak{G}}$ ordnen wir Elemente x_i, y_i von $\mathfrak{F}$ zu, für welche $F(x_i) = X_i$, $F(y_i) = Y_i$ ist; dann ist die Restklasse von $\mathfrak{F}$ modulo $\mathfrak{C}_{\mathfrak{F}}(\mathfrak{R})$, welche das Kommutatorelement $C(x_1, \ldots, y_n)$ enthält, durch α eindeutig bestimmt; sie heiße $q_F(\alpha)$. q_F ist ein Homomorphismus von $\Gamma_{\mathfrak{G}}$ auf die Faktorgruppe $\mathfrak{C}_{\mathfrak{F}}/\mathfrak{C}_{\mathfrak{F}}(\mathfrak{R})$; die von diesem Homomorphismus erzeugte Restklassengruppe von $\Gamma_{\mathfrak{G}}$ ist $\mathfrak{G}^*$. Sie ist unabhängig von F.

Es ist

$$\mathfrak{G}^* \cong \mathfrak{C}_{\mathfrak{F}} / \mathfrak{C}_{\mathfrak{F}}(\mathfrak{R}) \,. \qquad (13)$$

Als Korollar ergibt sich: *Sind* $\mathfrak{F}$, $\mathfrak{F}'$ *freie Gruppen*, $\mathfrak{R}$, $\mathfrak{R}'$ *Normalteiler von ihnen, und ist*

$$\mathfrak{F}/\mathfrak{R} \cong \mathfrak{F}'/\mathfrak{R}' , \tag{14}$$

so ist auch

$$\mathfrak{C}_{\mathfrak{F}}/\mathfrak{C}_{\mathfrak{F}}(\mathfrak{R}) \cong \mathfrak{C}_{\mathfrak{F}'}/\mathfrak{C}_{\mathfrak{F}'}(\mathfrak{R}') . \tag{15}$$

Denn ist $\mathfrak{G}$ die durch jede der beiden Seiten von (14) erklärte abstrakte Gruppe, so ist jede der beiden Seiten von (15) mit der zugehörigen Gruppe $\mathfrak{G}^*$ isomorph.

6. Für unsere späteren Zwecke ist eine bestimmte Untergruppe $\mathfrak{G}_1^*$ von $\mathfrak{G}^*$ wichtig, die wir jetzt erklären werden.

Zu jedem Element $\alpha = (X_1, \ldots, Y_n)$ von $\Gamma_{\mathfrak{G}}$ gehört ein Element $C(X_1, \ldots, Y_n)$ von $\mathfrak{C}_{\mathfrak{G}}$, das wir $C(\alpha)$ nennen. Mit $\bar{\alpha}, \ldots$ bezeichnen wir die Restklassen von $\Gamma_{\mathfrak{G}}$, welche die Elemente von $\mathfrak{G}^*$ sind.

F sei wieder ein Homomorphismus wie in Nr. 5. Da $\mathfrak{C}_{\mathfrak{F}}(\mathfrak{R}) \subset \mathfrak{R}$ ist, wird durch F jeder Restklasse von $\mathfrak{F}$ modulo $\mathfrak{C}_{\mathfrak{F}}(\mathfrak{R})$ ein bestimmtes Element von $\mathfrak{G}$ zugeordnet; daher ist für jedes α ein bestimmtes Element $Fq_F(\alpha)$ erklärt; aus der Definition von q_F und der Homomorphie-Eigenschaft von F folgt leicht:

$$Fq_F(\alpha) = C(\alpha) . \tag{16}$$

Hieraus ist ersichtlich: Sind α, α' in derselben Klasse $\bar{\alpha}$ enthalten, ist also $q_F(\alpha) = q_F(\alpha')$, so ist $C(\alpha) = C(\alpha')$. Man kann daher statt $C(\alpha)$ auch $C(\bar{\alpha})$ schreiben. Unter $\Gamma_{\mathfrak{G}}^1$ verstehen wir die Menge der α, für die $C(\alpha) = 1$, unter $\mathfrak{G}_1^*$ die Menge der $\bar{\alpha}$, für die $C(\bar{\alpha}) = 1$ ist. Aus (16) sieht man, daß die Bedingung $C(\alpha) = 1$ gleichbedeutend damit ist, daß $q_F(\alpha) \subset \mathfrak{R}$ ist; hierbei ist $q_F(\alpha)$ eine der Restklassen, in die $\mathfrak{C}_{\mathfrak{F}}$ modulo $\mathfrak{C}_{\mathfrak{F}}(\mathfrak{R})$ zerfällt; (eine beliebige dieser Restklassen ist, da $\mathfrak{C}_{\mathfrak{F}}(\mathfrak{R}) \subset \mathfrak{R}$ ist, entweder fremd zu $\mathfrak{R}$ oder in $\mathfrak{R}$ enthalten). Die in $\mathfrak{R}$ enthaltenen $q_F(\alpha)$ bilden die Untergruppe $(\mathfrak{R} \cap \mathfrak{C}_{\mathfrak{F}})/\mathfrak{C}_{\mathfrak{F}}(\mathfrak{R})$ von $\mathfrak{C}_{\mathfrak{F}}/\mathfrak{C}_{\mathfrak{F}}(\mathfrak{R})$; da diese $q_F(\alpha)$ den zu $\mathfrak{G}_1^*$ gehörigen α entsprechen, ist $\mathfrak{G}_1^*$ eine, mit der genannten Untergruppe isomorphe, Untergruppe von $\mathfrak{G}^*$. — Wir fassen zusammen:

$\mathfrak{G}_1^*$ *ist die Untergruppe der Restklassengruppe* $\mathfrak{G}^*$, *die aus denjenigen Restklassen* $\bar{\alpha}$ *besteht, für deren Elemente* $\alpha = (X_1, \ldots, Y_n)$ *die Kommutatoren* $C(\alpha) = C(X_1, \ldots, Y_n) = 1$ *sind.*

$\mathfrak{G}_1^*$ *ist daher ebenso wie* $\mathfrak{G}^*$ *vollständig durch* $\mathfrak{G}$ *bestimmt (unabhängig von dem als Hilfsmittel benutzten Homomorphismus* F*).*

Man kann $\mathfrak{G}_1^*$ auch so charakterisieren: *Der durch* $C(\alpha) = 1$ *bestimmte*

Teil $\Gamma^1_{\mathfrak{G}}$ *von* $\Gamma_{\mathfrak{G}}$ *wird durch* q_F *homomorph auf die Gruppe* $(\mathfrak{R} \cap \mathfrak{C}_{\mathfrak{F}})/\mathfrak{C}_{\mathfrak{F}}(\mathfrak{R})$ *abgebildet;* $\mathfrak{G}_1^*$ *ist die hierdurch erzeugte Restklassengruppe von* $\Gamma^1_{\mathfrak{G}}$. *Es ist*

$$\mathfrak{G}_1^* \cong (\mathfrak{R} \cap \mathfrak{C}_{\mathfrak{F}}) / \mathfrak{C}_{\mathfrak{F}}(\mathfrak{R}) . \tag{17}$$

In Analogie zu (15) erhält man das Korollar: *Unter der Voraussetzung* (14) *gilt*

$$(\mathfrak{R} \cap \mathfrak{C}_{\mathfrak{F}})/\mathfrak{C}_{\mathfrak{F}}(\mathfrak{R}) \cong (\mathfrak{R}' \cap \mathfrak{C}_{\mathfrak{F}'})/\mathfrak{C}_{\mathfrak{F}'}(\mathfrak{R}') . \tag{18}$$

Aus (17) ist übrigens ersichtlich, daß $\mathfrak{G}_1^*$ eine Abelsche Gruppe ist; denn die Kommutatorgruppe von $\mathfrak{R} \cap \mathfrak{C}_{\mathfrak{F}}$ ist in der Kommutatorgruppe von $\mathfrak{R}$, also auch in deren Obergruppe $\mathfrak{C}_{\mathfrak{F}}(\mathfrak{R})$ enthalten.

Wir bemerken noch folgendes: durch die oben eingeführte Funktion $C(\bar{\alpha})$ wird $\mathfrak{G}^*$ homomorph auf $\mathfrak{C}_{\mathfrak{G}}$ abgebildet, und $\mathfrak{G}_1^*$ ist der Kern dieses Homomorphismus; daher ist

$$\mathfrak{G}^* / \mathfrak{G}_1^* \cong \mathfrak{C}_{\mathfrak{G}} . \tag{19}$$

Damit brechen wir die gruppentheoretischen Betrachtungen ab; sie werden in Nr. 19, wozu auch der „Anhang" gehört, fortgesetzt werden.

§ 2. Homotopie-Ränder, Kugelbilder und Fundamentalgruppe

7. *Homotopie-Ränder.* E sei ein zweidimensionales Element, d. h. eine abgeschlossene Kreisscheibe oder ein topologisches Bild einer solchen; E sei orientiert; ϱ sei die Randkurve von E, einmal im positiven Sinne durchlaufen. K sei ein simplizialer Komplex, f eine simpliziale Abbildung einer Simplizialzerlegung von E in den Komplex K. Dann ist $f(E) = Y$ ein zweidimensionaler algebraischer Komplex[11]) in K und $f(\varrho) = \mathfrak{r}$ ein geschlossener Kantenweg in K [12]). Unter diesen Umständen sagen wir: „$\mathfrak{r}$ *ist ein Homotopie-Rand von* Y."

Dieser Begriff des „simplizialen" Homotopie-Randes ist nur wenig spezieller als der folgendermaßen erklärte Begriff des „stetigen" Homotopie-Randes. Mit K^r bezeichnen wir den Komplex der höchstens r-dimensionalen Simplexe von K; die durch K, K^r bestimmten Polyeder nennen wir $\overline{K}$, $\overline{K}^r$ [11]). Wir betrachten nur solche stetige Abbildungen f von E in $\overline{K}$, daß [10a])

$$f(\varrho) \subset \overline{K}^1 , \quad f(E) \subset \overline{K}^2 \tag{1}$$

[11]) Terminologie wie bei *Alexandroff-Hopf*, l. c. [9]).

[12]) Wegen des Begriffes „geschlossener Weg" vgl. man die Bücher von *Seifert-Threlfall*[1]), 149ff., und *Alexandroff-Hopf*[9]), 332ff.; dieser Begriff ist verschieden von dem Begriff „eindimensionaler Zyklus" (oder „eindimensionale geschlossene Kette").

ist; dann hat die Abbildung f von E in jedem zweidimensionalen orientierten Simplex y_i von K einen bestimmten Grad c_i, und nur endlich viele c_i sind nicht 0; wir definieren den algebraischen Komplex $Y = f(E)$ durch $Y = \Sigma c_i y_i$; das Bild $f(\varrho) = \mathfrak{r}$ ist ein stetiger geschlossener Weg in $\overline{K}^1$ [12]). *Wir nennen* $\mathfrak{r}$ *einen (stetigen) Homotopie-Rand des algebraischen Komplexes* Y.

8. Der Komplex K sei zusammenhängend; er kann übrigens endlich oder unendlich sein; die Komplexe K^r seien wie oben erklärt. Ein Eckpunkt O sei ausgezeichnet. $\mathfrak{F}$ sei die Fundamentalgruppe von K^1; wir repräsentieren ihre Elemente in bekannter Weise durch geschlossene Wege in K^1, deren Anfangs- und Endpunkte in O zusammenfallen. Ferner sei auf dem Rande jedes Elementes E ein Punkt a ausgezeichnet; wir betrachten nur solche stetige Abbildungen f von E in $\overline{K}$, welche (1) erfüllen und für welche $f(a) = O$ ist; dann repräsentieren die Randbilder $\mathfrak{r} = f(\varrho)$ Elemente der Gruppe $\mathfrak{F}$. — Kleine deutsche Buchstaben sollen bis auf weiteres immer geschlossene Wege in $\overline{K}$ durch den Punkt O bezeichnen.

Unter $\mathfrak{R}$ verstehen wir die Menge derjenigen Elemente von $\mathfrak{F}$, welchen geschlossene Wege in $\overline{K}^1$ entsprechen, die in $\overline{K}$ auf einen Punkt zusammenziehbar sind; diese Wege sind dann bekanntlich bereits in $\overline{K}^2$ auf einen Punkt zusammenziehbar; ebenso ist bekannt oder leicht zu sehen, daß $\mathfrak{R}$ Normalteiler von $\mathfrak{F}$ ist. $\mathfrak{C}$ bezeichne die Kommutatorgruppe von $\mathfrak{F}$; die von den Elementen $x\,r\,x^{-1}\,r^{-1}$ mit $x \in \mathfrak{F}$, $r \in \mathfrak{R}$ erzeugte Gruppe heiße $\mathfrak{C}(\mathfrak{R})$; daraus, daß $\mathfrak{R}$ Normalteiler ist, folgt: $\mathfrak{C}(\mathfrak{R}) \subset \mathfrak{R}$.

Wir werden jetzt eine Reihe von Tatsachen zusammenstellen, die sich auf den Zusammenhang beziehen, der durch die Bildung der (stetigen) Homotopie-Ränder zwischen den algebraischen Komplexen Y in K^2 und der Fundamentalgruppe $\mathfrak{F}$ von K^1 sowie deren Untergruppen $\mathfrak{R}$ und $\mathfrak{C}(\mathfrak{R})$ vermittelt wird.

a) $\mathfrak{r}$ *ist dann und nur dann ein Homotopie-Rand, wenn das durch* $\mathfrak{r}$ *repräsentierte Element* r *von* $\mathfrak{F}$ *zu* $\mathfrak{R}$ *gehört.*

Denn die Tatsache, daß $\mathfrak{r}$ Homotopie-Rand ist, ist gleichbedeutend mit der Existenz einer Abbildung f eines Elementes E, für welche $f(E) \subset \overline{K}^2$, $f(\varrho) = \mathfrak{r}$ ist, wobei ϱ wieder den Rand von E bezeichnet; dieselbe Bedingung ist aber auch charakteristisch dafür, daß $\mathfrak{r}$ in $\overline{K}^2$ auf einen Punkt zusammenziehbar ist, also, wie oben bemerkt, dafür, daß $r \in \mathfrak{R}$ ist.

b) *Es sei* $r_1 \in \mathfrak{R}$, $x \in \mathfrak{F}$, $r_2 = x^{-1} r_1 x$; $\mathfrak{r}_1$, $\mathfrak{r}_2$ *seien Wege, welche* r_1, r_2 *repräsentieren;* $\mathfrak{r}_1$ *sei Homotopie-Rand von* Y. *Dann ist auch* $\mathfrak{r}_2$ *Homotopie-Rand von* Y.

Beweis: Da $r_2 = x^{-1} r_1 x$ ist, sind $\mathfrak{r}_1$ und $\mathfrak{r}_2$ einander „frei homotop" auf $\overline{K}^1$, d.h. $\mathfrak{r}_1$ läßt sich auf $\overline{K}^1$ stetig in $\mathfrak{r}_2$ deformieren, ohne daß dabei ein Punkt festgehalten zu werden braucht[13]). Es gibt daher eine solche Abbildung f' eines von zwei Kreisen ϱ_1, ϱ_2 begrenzten Kreisringes R, daß $f'(\varrho_1) = \mathfrak{r}_1$, $f'(\varrho_2) = \mathfrak{r}_2$, $f'(R) \subset \overline{K}^1$ ist. Hierbei sei ϱ_1 der innere Randkreis von R; da $\mathfrak{r}_1$ Homotopie-Rand von Y ist, gibt es eine solche Abbildung f_1 der von ϱ_1 begrenzten Kreisscheibe E_1, daß f_1 auf ϱ_1 mit f' übereinstimmt und daß $f_1(E_1) = Y$ ist. f_1 und f' zusammen bilden eine Abbildung f_2 der von ϱ_2 begrenzten Kreisscheibe E_2; da $f_2(R) = f'(R) \subset \overline{K}^1$ ist, liefert das Bild von R keinen Beitrag zu dem algebraischen Komplex $f_2(E_2)$, und daher ist $f_2(E_2) = f_1(E_1) = Y$; da außerdem $f_2(\varrho_2) = f'(\varrho_2) = \mathfrak{r}_2$ ist, ist $\mathfrak{r}_2$ Homotopie-Rand von Y.

Bemerkung: Von dem hiermit bewiesenen Satz ist besonders auch der Spezialfall wichtig, in dem $r_2 = r_1$ ist.

c) y sei ein zweidimensionales orientiertes Simplex von K; unter einer „Schleife um y" verstehen wir einen geschlossenen Weg folgender Art: man läuft erst von O auf einem (in K^1 gelegenen) Weg w bis in einen Eckpunkt von y, dann durchläuft man den Rand von y einmal im positiven Sinne, schließlich läuft man auf w, in der entgegengesetzten Richtung wie zuerst, nach O zurück.

Behauptung: *Jede Schleife um y ist Homotopie-Rand von y.* Den Beweis führt man leicht durch geeignete (z. B. simpliziale) Abbildung eines Elementes auf die aus den Punkten von y und w bestehende Punktmenge.

d) *Ist $\mathfrak{r}$ Homotopie-Rand von Y, so ist der inverse Weg $\mathfrak{r}^{-1}$ Homotopie-Rand des Komplexes $-Y$; sind $\mathfrak{r}_1$, $\mathfrak{r}_2$ Homotopie-Ränder von Y_1, Y_2, so ist der zusammengesetzte Weg $\mathfrak{r}_1 \cdot \mathfrak{r}_2$ Homotopie-Rand von $Y = Y_1 + Y_2$.*

Der Beweis des ersten Teiles ist klar. Um den zweiten Teil zu beweisen, hefte man die beiden Elemente E_1, E_2, welche durch f_1, f_2 so abgebildet sind, daß $f_i(E_i) = Y_i$, $f_i(\varrho_i) = \mathfrak{r}_i$ ist, in ihren Randpunkten a_1, a_2, welche durch f_1, f_2 auf O abgebildet sind, zusammen; auf diesen Komplex $E_1 + E_2$ bilde man ein Element E durch eine Abbildung f' so ab, daß E_1 und E_2 mit dem Grade 1 bedeckt werden, daß der Rand ϱ von E in den aus den beiden Rändern zusammengesetzten Weg $\varrho_1 \cdot \varrho_2$ übergeht, und daß ein vorgegebener Randpunkt a von E auf $a_1 = a_2$ abgebildet wird; für die Abbildung f von E, die entsteht, wenn man erst f', dann f_1 und f_2 ausführt, ist $f(E) = Y_1 + Y_2$, $f(\varrho) = \mathfrak{r}_1 \cdot \mathfrak{r}_2$.

[13]) *Seifert-Threlfall*, § 49.

e) Durch den soeben geführten Beweis ist zugleich folgendes gezeigt worden: wenn die Komplexe Y_1, Y_2 Bilder $f_1(E_1)$, $f_2(E_2)$ von Elementen sind — mit den Nebenbedingungen $f_1(a_1) = f_2(a_2) = O$ —, so ist auch $Y = Y_1 + Y_2$ Bild $f(E)$ eines Elementes — mit der Nebenbedingung $f(a) = O$. Ferner geht aus c) hervor, daß jedes Simplex y_i von K^2 Bild eines Elementes ist — ebenfalls mit der Nebenbedingung, daß ein vorgeschriebener Randpunkt des Elementes auf O abgebildet wird. Durch Kombination dieser Tatsachen ergibt sich:

Jeder Komplex $Y = \Sigma c_i y_i$ ist Bild eines Elementes E, und zwar so, daß ein vorgeschriebener Randpunkt von E auf O abgebildet wird; jeder Komplex Y besitzt daher Homotopie-Ränder, und zwar solche, welche geschlossene Wege durch den Punkt O sind.

f) *Jeder Weg $\mathfrak{r}$, der ein Element r der Gruppe $\mathfrak{C}(\mathfrak{R})$ repräsentiert, ist Homotopie-Rand des Nullkomplexes $Y = 0$.*

Beweis: Es sei $r \in \mathfrak{C}(\mathfrak{R})$; dann ist $r = \Pi(x_i\, r_i\, x_i^{-1}\, r_i^{-1})^{\pm 1}$ mit $r_i \in \mathfrak{R}$, $x_i \in \mathfrak{F}$. Nach a) und b) gibt es zu jedem i einen Komplex Y_i, so daß sowohl die Wege, die zu dem Element r_i, als auch die Wege, die zu dem Element $x_i\, r_i\, x_i^{-1}$ gehören, Homotopie-Ränder von Y_i sind; nach dem ersten Teil von d) sind die zu r_i^{-1} gehörigen Wege Homotopie-Ränder von $-Y_i$; nach dem zweiten Teil von d) sind daher die zu $x_i\, r_i\, x_i^{-1}\, r_i^{-1}$ gehörigen Wege Homotopie-Ränder von $Y_i - Y_i = 0$; und ebenfalls nach d) sind daher auch die zu r gehörigen Wege Homotopie-Ränder des Komplexes 0.

g) *Der Weg $\mathfrak{r}$ sei Homotopie-Rand des Nullkomplexes. Dann ist das durch $\mathfrak{r}$ repräsentierte Element r von $\mathfrak{F}$ in $\mathfrak{C}(\mathfrak{R})$ enthalten.*

Beweis: Es gibt eine Abbildung f von E mit $f(E) = 0$, $f(\varrho) = \mathfrak{r}$, $f(a) = O$. Beim Übergang zu einer simplizialen Approximation von f ändert sich weder das durch $f(\varrho)$ repräsentierte Element von $\mathfrak{F}$, noch, wie sich aus den Grundeigenschaften des Abbildungsgrades ergibt, der algebraische Komplex $f(E)$; außerdem kann man dafür sorgen, daß O das Bild von a bleibt. Daher können wir f von vornherein als simplizial annehmen.

Die Simplizialzerlegung von E, die der simplizialen Abbildung f zugrundeliegt, ist ein Komplex E^2; mit E^1 bezeichnen wir den Kantenkomplex von E^2; die Fundamentalgruppe von E^1 heiße Φ; wir repräsentieren ihre Elemente durch geschlossene Wege durch den Eckpunkt a; die Kommutatorgruppe von Φ heiße Γ. Die zweidimensionalen Simplexe von E^2 seien η_λ; sie seien so orientiert, daß $\Sigma \eta_\lambda = E$ das orientierte Element ist. Für jedes λ sei ϱ_λ eine feste „Schleife" um η_λ, die analog wie unter c) definiert ist, mit dem Anfangs- und Endpunkt a. Der Randweg des orientierten Elementes E sei ϱ.

Die Wege ϱ, ϱ_λ repräsentieren im Sinne der Homologietheorie Zyklen ϱ', ϱ'_λ des Komplexes E^1; aus $\Sigma \eta_\lambda = E$ folgt

$$\varrho' = \Sigma \varrho'_\lambda . \tag{2}$$

Nun ist der Zusammenhang zwischen der Fundamentalgruppe und der Gruppe der eindimensionalen Zyklen eines Komplexes E^1 bekanntlich derart, daß man ϱ', ϱ'_λ als diejenigen Restklassen von Φ mod. Γ auffassen kann, welche die durch ϱ bzw. ϱ_λ repräsentierten Elemente von Φ enthalten[1]). Daher ist (2) gleichbedeutend mit der Tatsache, daß der Weg ϱ sich folgendermaßen aus den Wegen ϱ_λ und einem Weg γ, der ein Element von Γ repräsentiert, zusammensetzen läßt:

$$\varrho = \gamma \cdot \Pi \varrho_\lambda . \tag{3}$$

Durch Ausübung der Abbildung f folgt aus (3)

$$\mathfrak{r} = \mathfrak{c} \cdot \Pi \mathfrak{r}_\lambda ; \tag{4}$$

hierin bezeichnet $\mathfrak{c}$ einen Weg, der ein Element c der Gruppe $f(\Gamma)$ repräsentiert, und es ist $f(\varrho_\lambda) = \mathfrak{r}_\lambda$ gesetzt; die durch $\mathfrak{r}$, $\mathfrak{r}_\lambda$ repräsentierten Elemente von $\mathfrak{F}$ seien r, r_λ. Unsere Behauptung, daß $r \in \mathfrak{C}(\mathfrak{R})$ sei, können wir auf Grund von (4) in zwei Teile zerlegen:

$$(5_1) \quad c \in \mathfrak{C}(\mathfrak{R}) \quad ; \qquad (5_2) \quad \Pi r_\lambda \in \mathfrak{C}(\mathfrak{R}) .$$

Beweis von (5_1): Da E ein Element ist, ist jeder geschlossene Weg des Komplexes E^1 in E auf einen Punkt zusammenziehbar; daher ist auch das durch f gelieferte Bild eines solchen Weges in $\overline{K}$ zusammenziehbar; das bedeutet: $f(\Phi) \subset \mathfrak{R}$. Folglich ist $f(\Gamma)$ in der Kommutatorgruppe von $\mathfrak{R}$, also erst recht in deren Obergruppe $\mathfrak{C}(\mathfrak{R})$ enthalten. Mithin gilt (5_1).

Beweis von (5_2): Das Bild $f(\eta_\lambda)$ eines Simplexes η_λ von E^2 ist entweder 0 oder ein Simplex $\pm y_i$ von K^2; im ersten Fall wird der einmal durchlaufene Rand von η_λ auf einen Punkt oder auf eine hin und her durchlaufene Strecke abgebildet, und daher ist das Bild $\mathfrak{r}_\lambda$ der Schleife ϱ_λ offenbar in $\overline{K}$ zusammenziehbar, also ist dann r_λ das Eins-Element von $\mathfrak{F}$; im zweiten Fall ist $\mathfrak{r}_\lambda$ eine Schleife um $\pm y_i$. Wir lassen nun aus dem Produkt $\Pi r_\lambda = p$ die Faktoren r_λ weg, die gleich 1 sind; dann ist p als Produkt von Elementen r_λ dargestellt, welche Schleifen $\mathfrak{r}_\lambda$ um die

Simplexe $\pm y_i$ entsprechen. Dabei treten für jedes $|y_i|$ ebensoviele positive wie negative Schleifen auf; denn deren Anzahlen sind gleich den Anzahlen der positiven bzw. negativen Bedeckungen, die das Simplex y_i durch Bilder $f(\eta_\lambda)$ erleidet, und diese beiden Anzahlen sind einander gleich, da $f(E) = 0$ ist.

Wir rechnen modulo der Gruppe $\mathfrak{C}(\mathfrak{R})$; dann dürfen wir, da $r_\lambda \in \mathfrak{R}$ ist, in dem Produkt $p = \prod_\lambda r_\lambda$ je zwei Faktoren r_λ miteinander vertauschen; daher ist

$$p \equiv \prod_i p_i \quad \text{mod.}\ \mathfrak{C}(\mathfrak{R}) ,$$

wobei p_i das Produkt derjenigen r_λ bezeichnet, welche durch Schleifen um $\pm y_i$ repräsentiert werden. Die Behauptung (5_2) wird bewiesen sein, wenn wir für jedes einzelne i gezeigt haben, daß $p_i \in \mathfrak{C}(\mathfrak{R})$ ist.

$\mathfrak{r}_1$ und $\mathfrak{r}_2$ seien zwei Schleifen um y_i; dann ist $\mathfrak{r}_1 = w_1 u w_1^{-1}$, $\mathfrak{r}_2 = w_2 u w_2^{-1}$, wobei u den Randweg von y_i und w_1, w_2 zwei Wege von O nach demselben Eckpunkt von y_i bezeichnen[14]); dann ist $\mathfrak{r}_2 = \mathfrak{x}\mathfrak{r}_1\mathfrak{x}^{-1}$, wobei $\mathfrak{x} = w_2 w_1^{-1}$ ein geschlossener Weg durch O ist. Zwischen den durch $\mathfrak{r}_1$, $\mathfrak{r}_2$ repräsentierten Elementen r_1, r_2 von $\mathfrak{F}$ besteht also eine Beziehung $r_2 = x r_1 x^{-1}$ mit $x \in \mathfrak{F}$; hieraus sieht man, daß $r_2 \equiv r_1$ mod. $\mathfrak{C}(\mathfrak{R})$ ist. Bezeichnet nun s_i ein Element, das durch eine feste Schleife um y_i repräsentiert wird, so ist aus dem Vorstehenden ersichtlich, daß jeder der Faktoren r_λ des Produktes p_i entweder mit s_i oder mit s_i^{-1} kongruent mod. $\mathfrak{C}(\mathfrak{R})$ ist; es ist daher $p_i \equiv s_i^{c_i}$ mod. $\mathfrak{C}(\mathfrak{R})$, wobei c_i die Anzahl der positiven Schleifen $\mathfrak{r}_\lambda$ um y_i, vermindert um die Anzahl der negativen Schleifen $\mathfrak{r}_\lambda$ um y_i ist. Wir haben oben gesehen, daß $c_i = 0$ ist; folglich ist $p_i \equiv 1$ mod. $\mathfrak{C}(\mathfrak{R})$. Damit ist (5_2) bewiesen.

h) $\mathfrak{r}$ *sei Homotopie-Rand von* Y; *dann besteht die Gesamtheit aller Homotopie-Ränder von* Y *aus denjenigen Wegen* $\mathfrak{r}'$, *für welche* $r' \equiv r$ *mod.* $\mathfrak{C}(\mathfrak{R})$ *ist, wobei* r, r' *wieder die durch* $\mathfrak{r}$, $\mathfrak{r}'$ *repräsentierten Gruppenelemente bezeichnen.*

Der Beweis ergibt sich leicht aus f), g) und d).

i) S sei eine Kugelfläche, g eine stetige Abbildung von S in das Polyeder $\overline{K}^2$; diese Abbildung hat in jedem Simplex y_i von K^2 einen bestimmten Grad c_i, und nur endlich viele c_i sind nicht 0; den Komplex $Y = \sum c_i y_i$ nennen wir ein (stetiges) „*Kugelbild*" und setzen $g(S) = Y$. Ist g' eine simpliziale Approximation von g, so ergibt sich aus bekannten

[14]) Man darf annehmen, daß die Eckpunkte e_1, e_2 von y_i, in denen w_1 und w_2 enden, zusammenfallen; wenn dies zunächst nicht so ist, so verlängere man w_2 zu einem Weg w_2', indem man auf dem Rande von y_1 im negativen Sinne von e_2 bis e_1 läuft, und ersetze w_2 durch w_2'.

Eigenschaften der simplizialen Approximationen und des Abbildungsgrades, daß $g'(S) = g(S)$ ist; ein Komplex Y, der stetiges Kugelbild ist, ist also auch „simpliziales" Kugelbild. Natürlich sind alle Kugelbilder Zyklen.

Ist Y Kugelbild, $Y = g(S)$, so gibt es auch eine solche Abbildung g_1 einer Kugel S_1, daß $Y = g_1(S_1)$ ist, und daß ein Punkt a_1 von S_1 auf O abgebildet wird. Um g_1 zu konstruieren, befestige man eine Strecke s mit einem Endpunkt q an S und erweitere g zu einer Abbildung g' von $s + S$, indem man s auf einen Streckenzug in K abbildet, der O mit $g(q)$ verbindet; ferner sei h eine Abbildung von S_1 auf $s + S$, welche a_1 auf den freien Endpunkt von s, die Halbkugel, deren Mittelpunkt a_1 ist, auf s, den Äquator, der die Halbkugel begrenzt, auf q und die andere Halbkugel mit dem Grade 1 auf S abbildet; dann leistet die Abbildung $g_1 = g'h$ das Gewünschte. Man erhält also auch dann alle Kugelbilder in K, wenn man nur solche Abbildungen einer Kugel S_1 zuläßt, bei denen ein Punkt a_1 auf O abgebildet wird; die so erhaltenen Bilder Y sind aber offenbar identisch mit denjenigen Bildern $f(E)$ eines Elementes E, bei denen das Bild des Randes ϱ nur aus dem Punkt O besteht. Dies können wir auch so ausdrücken:

Die Kugelbilder in K sind diejenigen Komplexe Y, welche einen Homotopie-Rand haben, der nur aus einem Punkt besteht.

Auf Grund von h) ist diese Aussage gleichbedeutend mit der folgenden:

Y ist dann und nur dann Kugelbild, wenn die Homotopie-Ränder von Y die Elemente der Gruppe $\mathfrak{C}(\mathfrak{R})$ repräsentieren.

j) Jedem geschlossenen Weg $\mathfrak{x}$ in K^1 ist in bekannter Weise ein eindimensionaler Zyklus X zugeordnet: für jedes eindimensionale orientierte Simplex s_i von K^1 gebe die Zahl b_i an, wie oft s_i im algebraischen Sinne von $\mathfrak{x}$ durchlaufen wird; mit anderen Worten: ist $\mathfrak{x} = f(\varrho)$, ϱ eine Kreislinie, so ist b_i der Grad der Abbildung f in s_i; dann ist $X = \sum b_i s_i$. Wir setzen $X = B(\mathfrak{x})$. Die Zuordnung B ist homomorph in dem Sinne, daß $B(\mathfrak{x}_1 \cdot \mathfrak{x}_2) = B(\mathfrak{x}_1) + B(\mathfrak{x}_2)$, $B(\mathfrak{x}^{-1}) = -B(\mathfrak{x})$ ist. Bekanntlich ist dann und nur dann $B(\mathfrak{x}) = 0$, wenn das durch $\mathfrak{x}$ repräsentierte Element von $\mathfrak{F}$ in der Kommutatorgruppe $\mathfrak{C}$ von $\mathfrak{F}$ enthalten ist. [1]) Hieraus und aus der Homomorphie-Eigenschaft folgt noch: dann und nur dann ist $B(\mathfrak{x}_1) = B(\mathfrak{x}_2)$, wenn die durch $\mathfrak{x}_1$, $\mathfrak{x}_2$ repräsentierten Elemente von $\mathfrak{F}$ einander kongruent mod. $\mathfrak{C}$ sind.

Für zweidimensionale Komplexe Y, y_i sollen $\dot{Y}$, $\dot{y}_i$ ihre Ränder im Sinne der Homologietheorie bezeichnen. — Wir behaupten:

Ist $\mathfrak{r}$ Homotopie-Rand von Y, so ist $B(\mathfrak{r}) = \dot{Y}$.

Beweis: Sind $\mathfrak{r}, \mathfrak{r}'$ zwei Homotopie-Ränder von Y, so sind nach h) die durch sie repräsentierten Elemente r, r' einander kongruent mod. $\mathfrak{C}(\mathfrak{R})$; sie sind also, da $\mathfrak{C}(\mathfrak{R}) \subset \mathfrak{C}$ ist, einander auch kongruent mod. $\mathfrak{C}$; folglich ist, wie oben bemerkt, $B(\mathfrak{r}) = B(\mathfrak{r}')$. Daher genügt es, die für alle Homotopie-Ränder von Y ausgesprochene Behauptung für einen speziellen Homotopie-Rand $\mathfrak{r}$ von Y zu beweisen.

Es sei $Y = \sum c_i y_i$, wobei y_i wieder zweidimensionale Simplexe sind. Für jedes i sei $\mathfrak{r}_i$ eine Schleife um y_i; aus c) und d) folgt, daß $\mathfrak{r} = \prod \mathfrak{r}_i^{c_i}$ ein Homotopie-Rand von Y ist. Für die Schleifen $\mathfrak{r}_i$ folgt aus der Definition von B unmittelbar, daß $B(\mathfrak{r}_i) = \dot{y}_i$ ist; aus der Homomorphie-Eigenschaft von B folgt $B(\mathfrak{r}) = \sum c_i B(\mathfrak{r}_i)$; somit ist $B(\mathfrak{r}) = \sum c_i \dot{y}_i = \dot{Y}$.

In dem hiermit bewiesenen Satz ist der folgende enthalten:

Y ist dann und nur dann Zyklus, wenn die Homotopie-Ränder von Y Elemente der Gruppe $\mathfrak{C}$ repräsentieren.

Denn daß Y Zyklus ist, ist gleichbedeutend mit: $\dot{Y} = 0$; und daß $\mathfrak{r}$ ein Element von $\mathfrak{C}$ repräsentiert, ist gleichbedeutend mit: $B(\mathfrak{r}) = 0$.

k) Wir fassen unsere bisherigen Ergebnisse zusammen. Auf Grund von a), e) und h) ist jedem Komplex Y eine bestimmte Restklasse der Gruppe $\mathfrak{R}$ modulo $\mathfrak{C}(\mathfrak{R})$ zugeordnet, nämlich diejenige, deren Elemente durch die Homotopie-Ränder von Y repräsentiert werden; wir nennen diese Restklasse $T(Y)$. Die Gruppe der zweidimensionalen Komplexe Y in K heiße $\mathfrak{L}^2$; dann ist also T eine Abbildung von $\mathfrak{L}^2$ in die Gruppe $\mathfrak{R}/\mathfrak{C}(\mathfrak{R})$; aus a) folgt, daß dies eine Abbildung auf die ganze Gruppe $\mathfrak{R}/\mathfrak{C}(\mathfrak{R})$ ist, und aus d), daß die Abbildung ein Homomorphismus ist. Nehmen wir noch die Sätze i) und j) hinzu, so erhalten wir folgenden Satz:

Satz I. Für jeden zweidimensionalen algebraischen Komplex Y in K bilden diejenigen Elemente der Gruppe $\mathfrak{F}$, welche durch die Homotopie-Ränder von Y repräsentiert werden, eine der Restklassen, in welche die Gruppe $\mathfrak{R}$ modulo $\mathfrak{C}(\mathfrak{R})$ zerfällt; nennen wir diese Restklasse $T(Y)$, so ist T eine homomorphe Abbildung der Gruppe $\mathfrak{L}^2$ aller Komplexe Y auf die Faktorgruppe $\mathfrak{R}/\mathfrak{C}(\mathfrak{R})$; der Kern dieses Homomorphismus — also die Urbildmenge der Eins der Bildgruppe — besteht aus denjenigen Y, welche Kugelbilder sind. Die Zyklen sind unter den Komplexen Y dadurch ausgezeichnet, daß die Elemente der Restklassen $T(Y)$ der Gruppe $\mathfrak{C}$ angehören; die Gruppe $\mathfrak{Z}^2$ der Zyklen wird also durch T auf die Faktorgruppe $(\mathfrak{R} \cap \mathfrak{C})/\mathfrak{C}(\mathfrak{R})$ abgebildet.

Dabei ist — um daran zu erinnern —: $\mathfrak{F}$ die Fundamentalgruppe des Kantenkomplexes K^1 von K; $\mathfrak{R}$ die Untergruppe von $\mathfrak{F}$, die durch die in $\overline{K}$ zusammenziehbaren Wege repräsentiert wird; $\mathfrak{C}(\mathfrak{R})$ die von allen Elementen $x\,r\,x^{-1}\,r^{-1}$ mit $x \in \mathfrak{F}$, $r \in \mathfrak{R}$ erzeugte Gruppe; $\mathfrak{C}$ die Kommutatorgruppe von $\mathfrak{F}$.

9. *Die Gruppen* $\mathfrak{B}^2/\mathfrak{S}^2$ *und* $\mathfrak{G}_1^*$. Die zweidimensionalen Zyklen des Komplexes K bilden eine Untergruppe $\mathfrak{Z}^2$ von $\mathfrak{L}^2$. Auch die Kugelbilder bilden eine Gruppe; das kann man sowohl leicht direkt beweisen, als auch dem Satz I entnehmen, da die Kugelbilder den Kern des Homomorphismus T bilden; diese Gruppe heiße $\overline{\mathfrak{S}}^2$. Sie ist Untergruppe von $\mathfrak{Z}^2$. Diejenigen Zyklen, welche homolog 0 in K sind, bilden eine Untergruppe $\mathfrak{H}^2$ von $\mathfrak{Z}^2$; sie wird von den Rändern der dreidimensionalen Simplexe von K erzeugt, und diese Simplexränder sind natürlich Kugelbilder; folglich ist $\mathfrak{H}^2 \subset \overline{\mathfrak{S}}^2$. Die Bettische Gruppe $\mathfrak{B}^2$, also die Gruppe der Homologieklassen, ist als die Faktorgruppe $\mathfrak{Z}^2/\mathfrak{H}^2$ definiert[15]). Daraus, daß $\mathfrak{H}^2 \subset \overline{\mathfrak{S}}^2$ ist, folgt, daß eine Homologieklasse entweder zu $\overline{\mathfrak{S}}^2$ fremd oder in $\overline{\mathfrak{S}}^2$ enthalten ist; die in $\overline{\mathfrak{S}}^2$ enthaltenen Homologieklassen, also diejenigen, deren Zyklen Kugelbilder sind, bilden die Untergruppe $\mathfrak{S}^2 = \overline{\mathfrak{S}}^2/\mathfrak{H}^2$ von $\mathfrak{B}^2$. Da eine Homologieklasse, die stetige Kugelbilder enthält, auch simpliziale Kugelbilder enthält, ist es übrigens klar, daß die Gruppe $\mathfrak{S}^2$, ebenso wie $\mathfrak{B}^2$, eine topologische Invariante des Polyeders $\overline{K}$ ist.

Bei dem natürlichen Homomorphismus von $\mathfrak{Z}^2$ auf $\mathfrak{B}^2$, der jedem Zyklus die ihn enthaltende Homologieklasse zuordnet, ist $\overline{\mathfrak{S}}^2$ das Urbild von $\mathfrak{S}^2$; daher ist

$$\mathfrak{Z}^2/\overline{\mathfrak{S}}^2 \cong \mathfrak{B}^2/\mathfrak{S}^2 . \qquad (6)$$

Nach dem Satz I bildet T die Gruppe $\mathfrak{Z}^2$ homomorph auf die Gruppe $(\mathfrak{R} \cap \mathfrak{C})/\mathfrak{C}(\mathfrak{R})$ ab, und der Kern dieses Homomorphismus ist $\overline{\mathfrak{S}}^2$; daher ist

$$\mathfrak{Z}^2/\overline{\mathfrak{S}}^2 \cong (\mathfrak{R} \cap \mathfrak{C})/\mathfrak{C}(\mathfrak{R}) . \qquad (7)$$

Jetzt betrachten wir die Fundamentalgruppe $\mathfrak{G}$ von K und die mit ihr gemäß Nr. 6 verknüpfte Gruppe $\mathfrak{G}_1^*$. Es liegt ein natürlicher Homomorphismus F von $\mathfrak{F}$ auf $\mathfrak{G}$ vor: jedem Element x von $\mathfrak{F}$, als Wegeklasse von K^1 aufgefaßt, ist diejenige Wegeklasse $X = F(x)$ in K — also ein Element von $\mathfrak{G}$ — zugeordnet, in welcher die Klasse x enthalten ist. Der Kern dieses Homomorphismus F ist $\mathfrak{R}$. $\mathfrak{F}$ ist als Fundamental-

[15]) Der Koeffizientenbereich für die Zyklen und Homologien ist in dieser Arbeit immer der Ring der ganzen Zahlen.

gruppe eines eindimensionalen Komplexes eine freie Gruppe[16]). Daher ist nach Nr. 6 [17])

$$\mathfrak{G}_1^* \cong (\mathfrak{R} \cap \mathfrak{C}) / \mathfrak{C}(\mathfrak{R}) \,. \tag{8}$$

Mit (6), (7) und (8) haben wir das folgende Hauptresultat erhalten:

Satz II. Für jedes zusammenhängende (endliche oder unendliche) Polyeder sind die Bettische Gruppe $\mathfrak{B}^2$, *die Gruppe* $\mathfrak{S}^2$ *der Homologieklassen, die Kugelbilder enthalten, und die Fundamentalgruppe* $\mathfrak{G}$ *durch die Beziehung*

$$\mathfrak{B}^2 / \mathfrak{S}^2 \cong \mathfrak{G}_1^* \tag{9}$$

miteinander verknüpft; dabei ist $\mathfrak{G}_1^*$ *die Gruppe, die gemäß Nr.* 6 *in algebraischer Weise durch die Gruppe* $\mathfrak{G}$ *gegeben ist.**)

10. Der Satz II läßt sich noch präzisieren. Die in (9) stehenden Gruppen sind ja nicht nur als abstrakte Gruppen gegeben, sondern sie haben für den Komplex K — und sogar für das Polyeder $\overline{K}$ — bestimmte geometrische Bedeutungen: die Elemente von $\mathfrak{B}^2$ und von $\mathfrak{S}^2$ sind Homologieklassen, die Elemente von $\mathfrak{G}_1^*$ sind Klassen von Systemen von Elementen der Fundamentalgruppe $\mathfrak{G}$, und die Elemente von $\mathfrak{G}$ werden durch geschlossene Wege repräsentiert. Es gibt nun zwischen den isomorphen Gruppen $\mathfrak{B}^2/\mathfrak{S}^2$ und $\mathfrak{G}_1^*$ auch eine isomorphe Abbildung, die eine bestimmte geometrische Bedeutung hat; sie ergibt sich leicht aus dem Satz I und dem § 1; sie soll übrigens ohne Bezugnahme auf die Gruppe $\mathfrak{F}$ charakterisiert werden.

Die Elemente der Fundamentalgruppe $\mathfrak{G}$ von K nennen wir X_i, $Y_i, \ldots$; wir repräsentieren sie durch geschlossene Wege $\mathfrak{x}_i, \mathfrak{y}_i, \ldots$ in K^1 mit gemeinsamem Anfangs- und Endpunkt O; wie im § 1 sind die Systeme $\alpha = (X_1, Y_1, \ldots, X_n, Y_n)$ die Elemente von $\Gamma_{\mathfrak{G}}$; das Kommutatorwort C ist wie in Nr. 2 erklärt. Die zweidimensionalen Zyklen in K^2 nennen wir Z.

Wir definieren: *Z wird von $\alpha = (X_1, \ldots, Y_n)$ „aufgespannt", wenn es solche Repräsentanten $\mathfrak{x}_1, \ldots, \mathfrak{y}_n$ der $X_1, \ldots, Y_n$ gibt, daß der Weg $C(\mathfrak{x}_1, \ldots, \mathfrak{y}_n)$ Homotopie-Rand von Z ist.*

Die Präzisierung des Satzes II lautet nun:

Satz IIa. Zu jedem Zyklus Z gibt es Elemente α, die ihn aufspannen, und zwar bilden diese α eine der Klassen, welche die Elemente der Gruppe

[16]) *K. Reidemeister*, Einführung in die kombinatorische Topologie (Braunschweig 1932), 107.

[17]) Es ist $\mathfrak{C} = \mathfrak{C}_{\mathfrak{F}}$, $\mathfrak{C}(\mathfrak{R}) = \mathfrak{C}_{\mathfrak{F}}(\mathfrak{R})$.

$\mathfrak{G}_1^*$ *sind. Jedes Element* α *aus einer Klasse, die Element von* $\mathfrak{G}_1^*$ *ist, spannt gewisse Zyklen* Z *auf, und zwar bilden diese* Z *eine der Restklassen von* $\mathfrak{Z}^2$ *modulo* $\bar{\mathfrak{S}}^2$; *oder, was auf Grund des natürlichen Isomorphismus* (6) *dasselbe ist: die Homologieklassen dieser* Z *bilden eine der Restklassen von* $\mathfrak{B}^2$ *modulo* $\mathfrak{S}^2$. *Die so zwischen Klassen von Elementen* α *und Klassen von Zyklen* Z *hergestellte Beziehung vermittelt einen Isomorphismus* (9).

Beweis: F soll im folgenden der natürliche Homomorphismus der Fundamentalgruppe $\mathfrak{F}$ von K^1 auf die Fundamentalgruppe $\mathfrak{G}$ von K sein, den wir schon in Nr. 9 erwähnt haben und der die Eigenschaft hat: wenn der Weg $\mathfrak{x}$ das Element x von $\mathfrak{F}$ repräsentiert, so ist $F(x)$ das durch $\mathfrak{x}$ repräsentierte Element von $\mathfrak{G}$. Die Abbildung q_F hat dieselbe Bedeutung wie in Nr. 5, T dieselbe Bedeutung wie im Satz I. Unter $q_F(\alpha)$ und $T(Z)$ sind also Restklassen der Gruppe $\mathfrak{R} \cap \mathfrak{C}$ modulo $\mathfrak{R}(\mathfrak{C})$ zu verstehen. — Wir behaupten: Dann und nur dann wird Z von α aufgespannt, wenn

$$q_F(\alpha) = T(Z) \tag{10}$$

ist.

Um dies zu beweisen, nehmen wir zuerst an, daß (10) gelte, wobei $\alpha = (X_1, \ldots, Y_n)$ sei; wir wählen die Elemente $x_1, \ldots, y_n$ von $\mathfrak{F}$ so, daß $F(x_i) = X_i, F(y_i) = Y_i$ ist; nach Definition von q_F ist $C(x_1, \ldots, y_n) \in q_F(\alpha)$; nach (10) ist also $C(x_1, \ldots, y_n) \in T(Z)$; das bedeutet nach Satz I: sind $\mathfrak{x}_i, \mathfrak{y}_i$ Repräsentanten von x_i, y_i, ist also $C(\mathfrak{x}_1, \ldots, \mathfrak{y}_n)$ Repräsentant von $C(x_1, \ldots, y_n)$, so ist $C(\mathfrak{x}_1, \ldots, \mathfrak{y}_n)$ Homotopie-Rand von Z. Infolge der oben genannten Eigenschaft von F sind dieselben $\mathfrak{x}_i, \mathfrak{y}_i$ Repräsentanten der X_i, Y_i; folglich wird Z von α aufgespannt.

Es werde zweitens Z von $\alpha = (X_1, \ldots, Y_n)$ aufgespannt; dann gibt es also solche Repräsentanten $\mathfrak{x}_i, \mathfrak{y}_i$ von X_i, Y_i, daß $C(\mathfrak{x}_1, \ldots, \mathfrak{y}_n)$ Homotopie-Rand von Z ist; x_i, y_i seien die durch $\mathfrak{x}_i, \mathfrak{y}_i$ repräsentierten Elemente von $\mathfrak{F}$; dann ist nach Satz I $C(x_1, \ldots, y_n) \in T(Z)$. Da $\mathfrak{x}_i, \mathfrak{y}_i$ auch die Elemente $F(x_i)$, $F(y_i)$ repräsentieren, ist $F(x_i) = X_i$, $F(y_i) = Y_i$; nach Definition von q_F ist daher $C(x_1, \ldots, y_n) \in q_F(\alpha)$. Da somit die Klassen $T(Z)$ und $q_F(\alpha)$ ein Element gemeinsam haben, gilt (10).

Somit ist (10) in der Tat gleichbedeutend damit, daß Z von α aufgespannt wird. Hieraus ergeben sich leicht die Behauptungen des Satzes IIa. Erstens: Z sei gegeben; nach Satz I ist $T(Z)$ eine Restklasse von $\mathfrak{R} \cap \mathfrak{C}$ modulo $\mathfrak{C}(\mathfrak{R})$; nach Nr. 5 gibt es daher Elemente α, für die (10) gilt, und diese bilden eine Klasse, die Element von $\mathfrak{G}^*$ ist; nach Nr. 6 ist dies ein Element von $\mathfrak{G}_1^*$. Zweitens: α sei gegeben und in einer Klasse enthalten, die Element von $\mathfrak{G}_1^*$ ist; dann ist $q_F(\alpha)$ nach Nr. 6

eine Restklasse von $\mathfrak{R} \cap \mathfrak{C}$ modulo $\mathfrak{C}(\mathfrak{R})$; nach Satz I gibt es daher Zyklen Z, für die (10) gilt, und diese bilden eine Restklasse von $\mathfrak{Z}^2$ modulo $\overline{\mathfrak{S}}^2$. Daß drittens die so zwischen den Elementen von $\mathfrak{G}_1^*$ und denen von $\mathfrak{Z}^2/\mathfrak{S}^2$ hergestellte Beziehung ein Isomorphismus ist, ergibt sich daraus, daß diese Gruppen durch q_F bzw. T isomorph auf $(\mathfrak{R} \cap \mathfrak{C})/\mathfrak{C}(\mathfrak{R})$ abgebildet werden.

11. Die Fundamentalgruppe $\mathfrak{G}$ eines Komplexes K ist gewöhnlich durch erzeugende Elemente $E_1, E_2, \ldots$ und Relationen $R_1(E_1, E_2, \ldots) = 1$, $R_2(E_1, E_2, \ldots) = 1$, ... zwischen den E_i gegeben. Diese Erzeugung läßt sich bekanntlich auch so deuten: Man betrachte gleichzeitig eine freie Gruppe $\mathfrak{F}$ mit freien Erzeugenden e_1, e_2, ..., die den $E_1, E_2, \ldots$ eineindeutig zugeordnet sind; jedem „Wort" $W(e_1, e_2, \ldots)$ in den Elementen e_i von $\mathfrak{F}$ ordne man das durch dasselbe Wort dargestellte Element $W(E_1, E_2, \ldots)$ von $\mathfrak{G}$ zu; diese Zuordnung ist ein Homomorphismus F von $\mathfrak{F}$ auf $\mathfrak{G}$, und der Kern von F ist der von den Elementen $R_i(e_1, e_2, \ldots)$ erzeugte Normalteiler von $\mathfrak{F}$. Man kann also sagen, daß $\mathfrak{G}$ gewöhnlich durch einen solchen Homomorphismus gegeben ist; dabei ist $\mathfrak{F}$ natürlich im allgemeinen nicht wie bisher die Fundamentalgruppe von K^1. Daher ist, besonders auch für die Behandlung von Beispielen, der folgende Satz wichtig, der sich ohne weiteres aus dem Satz IIa und dem § 1 ergibt:

Satz IIb. Es sei F ein Homomorphismus einer freien Gruppe $\mathfrak{F}$ auf die Fundamentalgruppe $\mathfrak{G}$ von K; der Kern von F heiße $\mathfrak{R}$. Dann ist

$$\mathfrak{B}^2/\mathfrak{S}^2 \cong (\mathfrak{R} \cap \mathfrak{C}_{\mathfrak{F}})/\mathfrak{C}_{\mathfrak{F}}(\mathfrak{R}) \; ; \tag{11}$$

und zwar entsteht eine isomorphe Abbildung, wenn man erstens $\mathfrak{B}^2/\mathfrak{S}^2$ gemäß Satz IIa auf $\mathfrak{G}_1^*$ abbildet und zweitens die durch q_F vermittelte isomorphe Beziehung zwischen $\mathfrak{G}_1^*$ und $(\mathfrak{R} \cap \mathfrak{C}_{\mathfrak{F}})/\mathfrak{C}_{\mathfrak{F}}(\mathfrak{R})$ herstellt.

§ 3. Folgerungen und Beispiele

12. Wir stellen hier einige Folgerungen aus dem Satz II zusammen.

a) *Die, durch die Fundamentalgruppe $\mathfrak{G}$ bestimmte, Gruppe $\mathfrak{G}_1^*$ ist homomorphes Bild der Bettischen Gruppe $\mathfrak{B}^2$.*

Bei gegebener Fundamentalgruppe $\mathfrak{G}$ kann also $\mathfrak{B}^2$ nicht „zu klein" sein; insbesondere:

Wenn $\mathfrak{G}_1^* \neq 0$ ist, so ist auch $\mathfrak{B}^2 \neq 0$, der Komplex K ist dann also nicht „azyklisch" in der zweiten Dimension.

b) Ein Komplex K heiße „homologie-asphärisch" (in der zweiten Dimension), wenn in ihm jedes Kugelbild homolog 0, also wenn $\mathfrak{S}^2 = 0$ ist. — Aus Satz II folgt:

Ist K homologie-asphärisch, so ist $\mathfrak{B}^2 \cong \mathfrak{G}_1^*$.

Ein Korollar ist folgender Satz: *Zwei homologie-asphärische Komplexe mit isomorphen Fundamentalgruppen haben isomorphe zweite Bettische Gruppen.*

Dies steht in Zusammenhang mit einem Satz aus der Homotopie-Theorie von Hurewicz. Ein Komplex K soll in der r-ten Dimension „homotopie-asphärisch" heißen, wenn jedes stetige Bild einer r-dimensionalen Sphäre in $\overline{K}$ auf einen Punkt zusammenziehbar ist. Ein homotopie-asphärischer Komplex ist a fortiori homologie-asphärisch, denn ein stetiges Sphärenbild, das zusammenziehbar ist, ist auch homolog 0; andererseits ist es leicht, Komplexe anzugeben, die (in der zweiten Dimension) homologie-asphärisch sind, ohne homotopie-asphärisch zu sein[18]). Der betreffende Satz von Hurewicz lautet[19]): „Zwei in den Dimensionen $r = 2, \ldots, n$ homotopie-asphärische Komplexe mit isomorphen Fundamentalgruppen haben isomorphe n-te Bettische Gruppen." Der Spezialfall dieses Satzes mit $n = 2$ ist in unserem obigen Korollar enthalten, das insofern allgemeiner ist, als in ihm nur der homologie-asphärische Charakter vorausgesetzt wird. Der für beliebige n gültige Satz von Hurewicz weist auf die Richtung hin, in der man Verallgemeinerungen unserer Theorie auf höhere Dimensionen zu suchen hat. Die Frage, auf welche Weise die Struktur der in dem Satz genannten n-ten Bettischen Gruppe durch die Fundamentalgruppe bestimmt sei, ist für $n = 2$ durch die Angabe der Gruppe $\mathfrak{G}_1^*$ beantwortet.

c) Bisher durfte der Komplex K endlich oder unendlich sein; jetzt setzen wir seine Endlichkeit voraus; dann läßt sich der Satz b) umkehren:

Wenn K endlich und $\mathfrak{B}^2 \cong \mathfrak{G}_1^*$ ist, so ist K homologie-asphärisch. Denn wenn K endlich ist, so ist $\mathfrak{B}^2$ eine Abelsche Gruppe mit endlich vielen Erzeugenden, und für eine solche folgt aus der Isomorphie $\mathfrak{B}^2/\mathfrak{S}^2 \cong \mathfrak{B}^2$ leicht, daß $\mathfrak{S}^2 = 0$ ist.

Die Sätze b) und c) zeigen: bei endlichen Komplexen K kann man den Strukturen von $\mathfrak{G}$ und $\mathfrak{B}^2$ ansehen, ob K homologie-asphärisch ist oder nicht.

---

[18]) Beispiel: die „Summe" zweier Exemplare T_1, T_2 des topologischen Produktes von drei Kreisen, die man erhält, wenn man aus T_1 und T_2 je eine Vollkugel ausbohrt und dann die Randflächen zusammenheftet.

[19]) l. c.[7]), (IV), 221 (die dort formulierte Voraussetzung, daß die Räume in *allen* Dimensionen $\geqq 2$ asphärisch seien, ist für den Beweis offenbar unnötig).

d) In diesem Zusammenhang verdient der folgende Hilfssatz Interesse: „Ist $\mathfrak{G}$ eine vorgegebene Gruppe mit endlich vielen Erzeugenden und endlich vielen Relationen, so gibt es einen (endlichen) Komplex, der die Fundamentalgruppe $\mathfrak{G}$ hat und homologie-asphärisch ist.“

Ich deute den Beweis an: Es gibt zunächst bekanntlich[20]) einen (endlichen) Komplex K mit der Fundamentalgruppe $\mathfrak{G}$. Seine Gruppe $\mathfrak{S}^2$ ist eine Abelsche Gruppe mit endlich vielen Erzeugenden, also direkte Summe von endlich vielen (endlichen oder unendlichen) zyklischen Gruppen; $z_1, \ldots, z_m$ seien Zyklen aus den Homologieklassen, welche diese zyklischen direkten Summanden von $\mathfrak{S}^2$ erzeugen; diese z_i sind simpliziale Kugelbilder. Falls sie sogar topologische Kugelbilder und falls sie überdies paarweise fremd zueinander sind, so erweitere man K durch Anfügen von m dreidimensionalen Elementen $E_1, \ldots, E_m$, deren Ränder man mit $z_1, \ldots, z_m$ identifiziert, zu einem Komplex K'; man überzeugt sich leicht davon, daß auch K' die Fundamentalgruppe $\mathfrak{G}$ hat, und daß die einzige Änderung der zweiten Bettischen Gruppe, die beim Übergang von K zu K' eintritt, gerade darin besteht, daß die Kugelbilder homolog 0 werden; folglich hat K' die gewünschten Eigenschaften. Falls die z_i nicht topologische, zueinander fremde Kugelbilder sind, so erweitere man K zunächst zu einem topologischen Produkt $K \times W$, wobei W ein dreidimensionaler Würfel ist; dann ist $\mathfrak{G}$ auch die Fundamentalgruppe von $K \times W$, und die z_i bilden auch eine Basis der Gruppe $\mathfrak{S}^2$ von $K \times W$; in $K \times W$ aber kann man durch eine kleine Verschiebung der Eckpunkte der z_i diese Kugelbilder in topologische und zueinander fremde Kugelbilder verwandeln, ohne daß die z_i dabei ihre Basis-Eigenschaft verlieren; nunmehr verfahre man wie vorhin.

Aus diesem Hilfssatz und dem Satz b) folgt:

Ist $\mathfrak{G}$ eine Gruppe mit endlich vielen Erzeugenden und endlich vielen Relationen, so gibt es einen (endlichen) Komplex K mit der Fundamentalgruppe $\mathfrak{G}$, für den $\mathfrak{B}^2 \cong \mathfrak{G}_1^*$ ist.

In a) wurde festgestellt, daß $\mathfrak{G}_1^*$ in einem bestimmten Sinne eine „untere Schranke“ der mit $\mathfrak{G}$ als Fundamentalgruppe verträglichen zweiten Bettischen Gruppen ist; der soeben bewiesene Satz zeigt: $\mathfrak{G}_1^*$ ist die „genaue“ untere Schranke dieser Gruppen $\mathfrak{B}^2$.

e) Aus Satz II folgt unmittelbar:

Dann und nur dann sind in K alle zweidimensionalen Zyklen Kugelbilder, wenn $\mathfrak{G}_1^* = 0$ ist.

---

[20]) *Seifert-Threlfall*, 180, Aufgabe 3.

Zum Beispiel ist für einfach zusammenhängende Komplexe, also wenn $\mathfrak{G} = 0$ ist, $\mathfrak{G}_1^* = 0$; in einfach zusammenhängenden Komplexen sind also alle zweidimensionalen Zyklen Kugelbilder; dies ist auch in einem allgemeineren und schärferen Satz von Hurewicz über einfach zusammenhängende Räume enthalten[21]). Jedoch gibt es (Nr. 13, Nr. 14) auch viele von 0 verschiedene Gruppen $\mathfrak{G}$ mit $\mathfrak{G}_1^* = 0$.

Ferner gilt folgender Satz:

Zu einer gegebenen Gruppe $\mathfrak{G}$ mit endlich vielen Erzeugenden und endlich vielen Relationen gibt es dann und nur dann einen Komplex K, der die Fundamentalgruppe $\mathfrak{G}$ hat und in der zweiten Dimension azyklisch ist, wenn $\mathfrak{G}_1^* = 0$ ist.

Denn ist K ein Komplex mit den genannten Eigenschaften, so folgt aus a), daß $\mathfrak{G}_1^* = 0$ ist; andererseits gibt es zu einer Gruppe $\mathfrak{G}$, für die $\mathfrak{G}_1^* = 0$ ist, nach d) einen Komplex K mit der Fundamentalgruppe $\mathfrak{G}$ und mit $\mathfrak{B}^2 = 0$.

13. *Beispiele.* Es handelt sich hauptsächlich darum, zu gegebenen speziellen Gruppen $\mathfrak{G}$ die Strukturen der zugehörigen Gruppen $\mathfrak{G}_1^*$ zu ermitteln. Hierfür gibt es zwei Methoden; erstens die geometrische: man gibt einen homologie-asphärischen Komplex mit der Fundamentalgruppe $\mathfrak{G}$ an; seine zweite Bettische Gruppe hat nach Nr. 12 b dieselbe Struktur wie $\mathfrak{G}_1^*$; zweitens die algebraische Methode: $\mathfrak{G}$ sei durch Erzeugende und Relationen gegeben, also (man vgl. Nr. 11) durch einen Homomorphismus F einer freien Gruppe $\mathfrak{F}$ mit dem Kern $\mathfrak{R}$; dann ist nach Nr. 6, (17),

$$\mathfrak{G}_1^* \cong (\mathfrak{R} \cap \mathfrak{C}_{\mathfrak{F}})/\mathfrak{C}_{\mathfrak{F}}(\mathfrak{R}) ; \qquad (1)$$

aus dieser Formel leite man durch gruppentheoretische Überlegungen Eigenschaften von $\mathfrak{G}_1^*$ her.

a) *Wenn $\mathfrak{G}$ eine freie Gruppe ist, so ist $\mathfrak{G}_1^* = 0$.*

Geometrischer Beweis: Zu einer freien Gruppe $\mathfrak{G}$ (mit endlich oder abzählbar unendlich vielen freien Erzeugenden) gibt es einen eindimensionalen Komplex mit der Fundamentalgruppe $\mathfrak{G}$; für ihn ist $\mathfrak{B}^2 = 0$. — Algebraischer Beweis: Man kann $\mathfrak{F} = \mathfrak{G}$, $\mathfrak{R} = 0$ annehmen; nach Formel (1) ist dann $\mathfrak{G}_1^* = 0$.

Aus diesem Satz und Nr. 12 e folgt: *In einem Komplex, dessen Fundamentalgruppe eine freie Gruppe ist, sind alle zweidimensionalen Zyklen Kugelbilder.*

---

21) l. c.[7]), (II), Satz I.

b) $\mathfrak{G}$ *sei eine freie Abelsche Gruppe mit p Erzeugenden; dann ist* $\mathfrak{G}_1^*$ *eine freie Abelsche Gruppe mit* $\frac{p(p-1)}{2}$ *Erzeugenden.* (Eine freie Abelsche Gruppe mit n Erzeugenden ist — bei additiver Schreibweise — die direkte Summe von n unendlichen zyklischen Gruppen.)

Beweis (geometrisch): Der Komplex K sei das topologische Produkt von p Kreislinien; seine Fundamentalgruppe ist die gegebene Gruppe $\mathfrak{G}$; er ist bekanntlich homotopie-aspärisch (in allen Dimensionen $\geqslant 2$), also erst recht homologie-asphärisch; seine zweite Bettische Gruppe ist, wie den bekannten Regeln zur Bildung der Bettischen Gruppen von Produktkomplexen aus denen der Faktoren zu entnehmen ist, die freie Abelsche Gruppe mit $\frac{p(p-1)}{2}$ Erzeugenden.

Einen algebraischen Beweis werden wir hier nicht geben; im Gegenteil, die Formel (1) soll benutzt werden, um aus dem soeben geometrisch bewiesenen Satz einen gruppentheoretischen Satz herzuleiten. Die Gruppe $\mathfrak{G}$ ist in natürlicher Weise als homomorphes Bild der freien Gruppe $\mathfrak{F}$ mit p Erzeugenden darzustellen; der Kern ist dabei $\mathfrak{R} = \mathfrak{C}_{\mathfrak{F}}$; daher ist $\mathfrak{R} \cap \mathfrak{C}_{\mathfrak{F}} = \mathfrak{C}_{\mathfrak{F}}$, und $\mathfrak{C}_{\mathfrak{F}}(\mathfrak{R}) = \mathfrak{C}_{\mathfrak{F}}(\mathfrak{C}_{\mathfrak{F}}) = \mathfrak{C}_{\mathfrak{F}}^2$ ist die „zweite Kommutatorgruppe" von $\mathfrak{F}$. Aus (1) folgt daher:

Bezeichnen $\mathfrak{C}_{\mathfrak{F}}$ *und* $\mathfrak{C}_{\mathfrak{F}}^2$ *die erste und die zweite Kommutatorgruppe der freien Gruppe* $\mathfrak{F}$ *mit p Erzeugenden, so ist* $\mathfrak{C}_{\mathfrak{F}}/\mathfrak{C}_{\mathfrak{F}}^2$ *die freie Abelsche Gruppe mit* $\frac{p(p-1)}{2}$ *Erzeugenden.*[22])

Der geometrisch-gruppentheoretische Zusammenhang, den wir hier vor uns haben, läßt sich mit Hilfe der Sätze IIa und IIb noch präzisieren. Die freien Erzeugenden von $\mathfrak{F}$ seien $x_1, \ldots, x_p$; die ihnen entsprechenden Erzeugenden der Abelschen Gruppe $\mathfrak{G}$ seien $X_1, \ldots, X_p$; mit $\mathfrak{x}_1, \ldots, \mathfrak{x}_p$ bezeichnen wir geschlossene Wege in der Produkt-Mannigfaltigkeit K, die die X_i repräsentieren; diese $\mathfrak{x}_i$ kann man als die p Faktor-Kreise von K auffassen. Aus den bekannten und leicht zu übersehenden Eigenschaften von K sieht man: es gibt eine zweidimensionale Homologiebasis, die aus Zyklen Z_{ik} mit $1 \leqslant i < k \leqslant p$ besteht, wobei die Z_{ik} durch Torusflächen repräsentiert werden; und zwar besitzt Z_{ik} den Weg $C(\mathfrak{x}_i, \mathfrak{x}_k) = \mathfrak{x}_i \mathfrak{x}_k \mathfrak{x}_i^{-1} \mathfrak{x}_k^{-1}$ als Homotopie-Rand; daher ist $\alpha = (X_i, X_k)$ ein Element von $\Gamma_{\mathfrak{G}}$, das Z_{ik} aufspannt; das dem Zyklus Z_{ik} in der Gruppe $(\mathfrak{R} \cap \mathfrak{C}_{\mathfrak{F}})/\mathfrak{C}_{\mathfrak{F}}(\mathfrak{R}) = \mathfrak{C}_{\mathfrak{F}}/\mathfrak{C}_{\mathfrak{F}}^2$ zugeordnete Element $q_F(\alpha)$ ist daher diejenige Restklasse von $\mathfrak{C}_{\mathfrak{F}}$ modulo $\mathfrak{C}_{\mathfrak{F}}^2$, welche das Element $C(x_i, x_k) =$

22) Das ist der einfachste Spezialfall eines Satzes von *E. Witt:* Treue Darstellung Liescher Ringe, Crelles Journal 177 (1937), 152—160, Satz IV.

$x_i\,x_k\,x_i^{-1}\,x_k^{-1}$ enthält. Da die so zwischen $\mathfrak{B}^2/\mathfrak{S}^2 = \mathfrak{B}^2$ und $\mathfrak{C}_{\mathfrak{F}}/\mathfrak{C}_{\mathfrak{F}}^2$ hergestellte Beziehung ein Isomorphismus ist, und da die Z_{ik} eine Basis in $\mathfrak{B}^2$ darstellen, ergibt sich zu dem obigen gruppentheoretischen Satz noch der folgende Zusatz:

Sind $x_1, \ldots, x_p$ freie Erzeugende von $\mathfrak{F}$, so bilden diejenigen $\frac{p(p-1)}{2}$ Restklassen von $\mathfrak{C}_{\mathfrak{F}}$ modulo $\mathfrak{C}_{\mathfrak{F}}^2$, welche die Elemente $x_i\,x_k\,x_i^{-1}\,x_k^{-1}$ mit $1 \leqslant i < k \leqslant p$ enthalten, eine Basis der Gruppe $\mathfrak{C}_{\mathfrak{F}}/\mathfrak{C}_{\mathfrak{F}}^2$.

c) Jetzt sei $\mathfrak{G}$ eine beliebige Abelsche Gruppe mit endlich vielen Erzeugenden. Wir schreiben sie additiv. Unter $\mathfrak{A}_m$ verstehen wir immer eine zyklische Gruppe der Ordnung m, wobei $\mathfrak{A}_0$ eine unendliche zyklische Gruppe sein soll. $\mathfrak{G}$ gestattet Darstellungen als direkte Summe

$$\mathfrak{G} = \mathfrak{A}_{m_1} + \mathfrak{A}_{m_2} + \cdots + \mathfrak{A}_{m_q}\,. \tag{2}$$

Unter den möglichen Darstellungen (2) wählen wir eine aus. Es sei etwa $m_i > 1$ für $i \leqslant q - p$, $m_i = 0$ für $i > q - p$. Wir betrachten einen Komplex K, der das topologische Produkt von p Kreislinien und von $q - p$ dreidimensionalen Linsenräumen ist, deren zyklischen Fundamentalgruppen die Ordnungen $m_1, \ldots, m_{q-p}$ haben[23]). Dann ist $\mathfrak{G}$ die Fundamentalgruppe von K. Sowohl die Kreislinie als auch jeder Linsenraum ist homotopie-asphärisch in der zweiten Dimension (für die Linsenräume folgt dies daraus, daß sie von der dreidimensionalen Sphäre überlagert werden[24])); daher [24]) ist auch K in der zweiten Dimension homotopie-asphärisch, und folglich erst recht homologie-asphärisch. Nach Nr. 12b ist somit $\mathfrak{G}_1^*$ mit der Gruppe $\mathfrak{B}^2$ von K isomorph. $\mathfrak{B}^2$ läßt sich nach bekannten Regeln für Produktkomplexe aus den nullten, ersten und zweiten Bettischen Gruppen der Faktoren bestimmen[25]); da die zweiten Bettischen Gruppen der Faktoren Nullgruppen und da die ersten Bettischen Gruppen die Gruppen $\mathfrak{A}_{m_i}$ aus (2) sind, liefert die Anwendung der erwähnten Regeln die folgende Darstellung von $\mathfrak{B}^2$ als direkte Summe:

$$\mathfrak{B}^2 = \sum_{1 \leq i < k \leq q} \mathfrak{A}_{(m_i,\, m_k)}\,;$$

hierin bezeichnet (m_i, m_k) den größten gemeinsamen Teiler von m_i und m_k, wobei $(0,0) = 0$ zu setzen ist; $\mathfrak{A}_1$ ist die Nullgruppe.

---

23) *Seifert-Threlfall*, 210, 215.

24) l. c.[7]), (I), Satz IV; (IV), 216.

25) *Alexandroff-Hopf*, 308, Formel (12).

Damit ist folgendes bewiesen:

Besitzt die Abelsche Gruppe $\mathfrak{G}$ *die Darstellung* (2), *so ist*

$$\mathfrak{G}_1^* \cong \sum_{1 \leq i < k \leq q} \mathfrak{A}_{(m_i, m_k)} . \tag{3}$$

$\mathfrak{G}$ besitzt, wie jede Abelsche Gruppe mit endlich vielen Erzeugenden, solche Darstellungen (2), daß die m_i Teiler der m_{i+1} sind (wobei 0 als Teiler von 0 gilt); durch diese Bedingung sind die Zahlen m_i und insbesondere auch die Anzahl der direkten Summanden eindeutig bestimmt; diese Anzahl heiße q_1, und die Anzahl der unendlichen unter den $\mathfrak{A}_{m_i}$ heiße p_1. Wir setzen voraus, daß die rechte Seite von (2) eine solche „Normalform" sei. Dann ist, wenn m_i und m_k beide $\neq 0$ sind, (m_i, m_k) die kleinere der beiden Zahlen; ist eine von ihnen 0, so ist (m_i, m_k) die andere (auch wenn diese 0 ist); infolgedessen treten auch in (3) als Ordnungen der Summanden $\mathfrak{A}$ keine anderen Zahlen auf als in (2); bei geeigneter Anordnung der Summanden ist daher auch auf der rechten Seite von (3) die Teilbarkeits-Bedingung für die Ordnungen der $\mathfrak{A}$ erfüllt, und daher ist die rechte Seite von (3) die Normalform der Gruppe $\mathfrak{G}_1^*$. Ist hierbei die Anzahl aller Summanden q^*, die Anzahl der unendlichen unter ihnen p^*, so ist

$$q^* = \frac{q_1(q_1 - 1)}{2} , \quad p^* = \frac{p_1(p_1 - 1)}{2} . \tag{4}$$

Jetzt sei K irgend ein (endlicher) Komplex mit der Fundamentalgruppe $\mathfrak{G}$. In der Normalform seiner zweiten Bettischen Gruppe $\mathfrak{B}^2$ sei q_2 die Anzahl der Summanden, p_2 die Anzahl der unendlichen unter ihnen. Nach Nr. 12a ist $\mathfrak{G}_1^*$ homomorphes Bild von $\mathfrak{B}^2$; daraus folgt

$$q^* \leqslant q_2 , \quad p^* \leqslant p_2 . \tag{5}$$

Die Gültigkeit der zweiten dieser Ungleichungen ist ohne weiteres klar; die erste ergibt sich daraus, daß einerseits jedes homomorphe Bild von $\mathfrak{B}^2$ direkte Summe von höchstens q_2 Summanden ist, andererseits bekanntlich jede Darstellung von $\mathfrak{G}_1^*$ als direkte Summe zyklischer Gruppen aus mindestens q^* Summanden besteht. Aus (4) und (5) ergibt sich der folgende Satz, wobei wir noch beachten, daß p_1 und p_2 die erste bzw. zweite Bettische Zahl von K ist:

Der endliche Komplex K *habe eine Abelsche Fundamentalgruppe* $\mathfrak{G}$. *Dann gilt für die beiden ersten Bettischen Zahlen:*

$$p_2 \geqslant \frac{p_1(p_1-1)}{2} \quad ; \tag{6}$$

bezeichnen ferner q_1 *und* q_2 *die Anzahlen der direkten Summanden in den Normalformen der beiden ersten Bettischen Gruppen* $\mathfrak{B}^1 = \mathfrak{G}$ *und* $\mathfrak{B}^2$, *so gilt auch*

$$q_2 \geqslant \frac{q_1(q_1-1)}{2} \quad . \tag{7}$$

Aus (7) liest man noch folgendes Korollar ab: *Wenn die Abelsche Fundamentalgruppe nicht zyklisch (d. h. wenn* $q_1 > 1$*) ist, so ist* $\mathfrak{B}^2 \neq 0$.

d) Mit derselben geometrischen Methode, die wir in den Abschnitten b) und c) angewandt haben, gelingt es auch für manche andere Gruppen $\mathfrak{G}$, die Strukturen der zugehörigen Gruppen $\mathfrak{G}_1^*$ zu bestimmen; dies gelingt nämlich immer dann, wenn wir einen Komplex K finden, der die Fundamentalgruppe $\mathfrak{G}$ hat, der homologie-asphärisch ist, und dessen zweite Bettische Gruppe wir kennen. Ist z. B. $\mathfrak{G}$ die Fundamentalgruppe einer geschlossenen Fläche, welche nicht mit der Kugel homöomorph ist, so ist die Fläche selbst ein solcher Komplex; daher ist $\mathfrak{G}_1^*$ eine unendliche zyklische Gruppe oder die Nullgruppe, je nachdem die Fläche orientierbar oder nichtorientierbar ist. Hieraus ergibt sich unter anderem folgender Satz:

Ein Komplex, der dieselbe Fundamentalgruppe hat wie eine geschlossene orientierbare Fläche positiven Geschlechtes, hat immer eine positive zweite Bettische Zahl.

In der nächsten Nummer werden wir die Flächengruppen als Spezialfälle allgemeinerer Gruppen noch einmal algebraisch behandeln.

14. In dem nachfolgenden Beispiel, in dem wir Gruppen $\mathfrak{G}$ untersuchen, die durch Erzeugende und Relationen gegeben sind, stellen wir uns auf den Standpunkt, der in Nr. 11 auseinandergesetzt worden ist; wir deuten also die Erzeugung der Gruppe zugleich als homomorphe Abbildung einer freien Gruppe $\mathfrak{F}$ auf $\mathfrak{G}$. Eine Relation $R(E_1, \ldots, E_m) = 1$ zwischen den Erzeugenden E_i von $\mathfrak{G}$ soll „wesentlich" heißen, wenn das Element $R(e_1, \ldots, e_m)$ der von den freien Erzeugenden e_i erzeugten freien Gruppe $\mathfrak{F}$ nicht das Eins-Element ist. — Wir behaupten:

$\mathfrak{G}$ sei durch endlich viele Erzeugende $E_1, \ldots, E_m$ *gegeben, zwischen denen eine einzige wesentliche Relation* $R(E_1, \ldots, E_m) = 1$ *besteht. Falls das Element* $r = R(e_1, \ldots, e_m)$ *der von den freien Erzeugenden* e_i *erzeugten freien Gruppe* $\mathfrak{F}$ *nicht Kommutator-Element ist, so ist* $\mathfrak{G}_1^* = 0$; *falls* r *Kommutator-Element von* $\mathfrak{F}$ *ist, so ist* $\mathfrak{G}_1^*$ *eine unendliche zyklische Gruppe.*

Beweis: Der von r erzeugte Normalteiler $\mathfrak{R}$ von $\mathfrak{F}$, der der Kern des Homomorphismus F von $\mathfrak{F}$ auf $\mathfrak{G}$ ist, besteht aus allen Elementen $r' = \Pi(y_j^{-1} r y_j)^{\pm 1}$ mit $y_j \in \mathfrak{F}$. Rechnet man modulo $\mathfrak{C}_{\mathfrak{F}}(\mathfrak{R})$, so darf man r mit jedem y_j vertauschen; daher läßt sich jedes Element r' von $\mathfrak{R}$ in der Form

$$r' = r^n \cdot c \quad \text{mit} \quad c \in \mathfrak{C}_{\mathfrak{F}}(\mathfrak{R}) \tag{8}$$

darstellen.

Es sei nun erstens r nicht in der Kommutatorgruppe $\mathfrak{C}_{\mathfrak{F}}$ enthalten; da die Faktorgruppe $\mathfrak{F}/\mathfrak{C}_{\mathfrak{F}}$ eine freie Abelsche Gruppe (von m Erzeugenden) ist, also kein Element endlicher Ordnung außer dem Eins-Element enthält, ist dann auch keine Potenz r^n mit $n \neq 0$ in $\mathfrak{C}_{\mathfrak{F}}$ enthalten; da $\mathfrak{C}_{\mathfrak{F}}(\mathfrak{R}) \subset \mathfrak{C}_{\mathfrak{F}}$ ist, ist daher aus (8) zu sehen, daß nur diejenigen Elemente r' von $\mathfrak{R}$ in $\mathfrak{C}_{\mathfrak{F}}$ enthalten sind, für die in (8) $n = 0$ ist, die also Elemente von $\mathfrak{C}_{\mathfrak{F}}(\mathfrak{R})$ sind. Somit ist $\mathfrak{R} \cap \mathfrak{C}_{\mathfrak{F}} \subset \mathfrak{C}_{\mathfrak{F}}(\mathfrak{R})$; andererseits ist immer $\mathfrak{C}_{\mathfrak{F}}(\mathfrak{R}) \subset \mathfrak{R} \cap \mathfrak{C}_{\mathfrak{F}}$; es ist also $\mathfrak{R} \cap \mathfrak{C}_{\mathfrak{F}} = \mathfrak{C}_{\mathfrak{F}}(\mathfrak{R})$, und aus (1) folgt: $\mathfrak{G}_1^* = 0$.

Es sei zweitens $r \in \mathfrak{C}_{\mathfrak{F}}$; dann ist $\mathfrak{R} \subset \mathfrak{C}_{\mathfrak{F}}$, also $\mathfrak{R} \cap \mathfrak{C}_{\mathfrak{F}} = \mathfrak{R}$, also nach (1): $\mathfrak{G}_1^* \cong \mathfrak{R}/\mathfrak{C}_{\mathfrak{F}}(\mathfrak{R})$; hieraus und aus (8) ist ersichtlich, daß unsere Behauptung, $\mathfrak{G}_1^*$ sei unendlich-zyklisch, gleichbedeutend mit folgender Behauptung ist: Für $n \neq 0$ ist r^n nicht $\in \mathfrak{C}_{\mathfrak{F}}(\mathfrak{R})$. Die Richtigkeit dieser Behauptung wiederum ist, da in ihr $r \neq 1$ ist, eine Folge des nachstehenden *Hilfssatzes:*

r sei ein Element der freien Gruppe $\mathfrak{F}$ mit endlich vielen Erzeugenden, $\mathfrak{R}$ der von r erzeugte Normalteiler von $\mathfrak{F}$, und es gebe ein solches $n \neq 0$, daß

$$r^n \in \mathfrak{C}_{\mathfrak{F}}(\mathfrak{R}) \tag{9}$$

ist. Dann ist $r = 1$.

Für den Beweis des Hilfssatzes ziehen wir die höheren Kommutator-Gruppen $\mathfrak{C}_{\mathfrak{F}}^k$ von $\mathfrak{F}$ heran, die rekursiv durch $\mathfrak{C}_{\mathfrak{F}}^0 = \mathfrak{F}$, $\mathfrak{C}_{\mathfrak{F}}^{k+1} = \mathfrak{C}_{\mathfrak{F}}(\mathfrak{C}_{\mathfrak{F}}^k)$ erklärt sind, und wir benutzen folgende beiden Eigenschaften der $\mathfrak{C}_{\mathfrak{F}}^k$: ($\alpha$) die Faktorgruppen $\mathfrak{C}_{\mathfrak{F}}^k/\mathfrak{C}_{\mathfrak{F}}^{k+1}$ sind freie Abelsche Gruppen mit endlich vielen Erzeugenden[26]); (β) der Durchschnitt aller $\mathfrak{C}_{\mathfrak{F}}^k$ besteht nur aus dem Eins-Element[27]).

Unsere Behauptung $r = 1$ ist nach (β) bewiesen, sobald für jedes k gezeigt ist, daß

$$r \in \mathfrak{C}_{\mathfrak{F}}^k \tag{10}$$

ist. Für $k = 0$ ist (10) trivialerweise richtig; (10) sei für ein gewisses k bewiesen; dann ist $\mathfrak{R} \subset \mathfrak{C}_{\mathfrak{F}}^k$, $\mathfrak{C}_{\mathfrak{F}}(\mathfrak{R}) \subset \mathfrak{C}_{\mathfrak{F}}^{k+1}$, also nach (9): $r^n \in \mathfrak{C}_{\mathfrak{F}}^{k+1}$;

[26]) *Witt*, l. c.[22]).

[27]) *Witt*, l. c., Satz 12; sowie *W. Magnus*, Math. Annalen 111 (1935), 259—280, speziell 269.

hieraus, aus (10) und aus (α) folgt: $r \in \mathfrak{C}_{\mathfrak{F}}^{k+1}$. Folglich gilt (10) für alle k, w.z.b.w.

Aus dem hiermit bewiesenen Satz und aus den Sätzen von Nr. 12 ergeben sich jetzt die folgenden Tatsachen für die Komplexe K, deren Fundamentalgruppen $\mathfrak{G}$ von endlich vielen Elementen $E_1, \ldots, E_m$ erzeugt werden, zwischen denen eine einzige (wesentliche) Relation $R(E_1, \ldots, E_m) = 1$ besteht:

Falls das Element $r = R(e_1, \ldots, e_m)$ der von den e_i erzeugten freien Gruppe $\mathfrak{F}$ nicht Kommutator-Element ist, sind alle zweidimensionalen Zyklen Kugelbilder; in diesem Falle gibt es auch Komplexe mit der Fundamentalgruppe $\mathfrak{G}$, die in der zweiten Dimension azyklisch sind. Falls dagegen r Kommutator-Element ist, sind immer Zyklen vorhanden, die nicht Kugelbilder sind, und die zweite Bettische Zahl ist nicht 0.

In diesem zweiten Fall ist die Gruppe $\mathfrak{B}^2/\mathfrak{S}^2$ unendlich-zyklisch; ihr erzeugendes Element läßt sich leicht angeben; denn aus dem obigen Beweis geht hervor, daß die mit $\mathfrak{G}_1^*$ und daher auch mit $\mathfrak{B}^2/\mathfrak{S}^2$ isomorphe Gruppe $\mathfrak{R} \cap \mathfrak{C}_{\mathfrak{F}}/\mathfrak{C}_{\mathfrak{F}}(\mathfrak{R})$ durch diejenige Restklasse von $\mathfrak{R} \cap \mathfrak{C}_{\mathfrak{F}}$ modulo $\mathfrak{C}_{\mathfrak{F}}(\mathfrak{R})$ erzeugt wird, welche r enthält; daher folgt aus Satz IIb:

Um — im Falle $r \in \mathfrak{C}_{\mathfrak{F}}$ — das erzeugende Element der unendlich-zyklischen Gruppe $\mathfrak{B}^2/\mathfrak{S}^2$ zu bestimmen, nehme man solche Elemente $x_1, \ldots, y_n$ von $\mathfrak{F}$, daß $C(x_1, \ldots, y_n) = r$ ist, und einen Zyklus Z von K, der von $(X_1, \ldots, Y_n)$ aufgespannt wird, wobei $X_1, \ldots, Y_n$ die Elemente von $\mathfrak{G}$ sind, die den $x_1, \ldots, y_n$ entsprechen; dann erzeugt die Restklasse von $\mathfrak{B}^2$ modulo $\mathfrak{S}^2$, die die Homologieklasse von Z enthält, die Gruppe $\mathfrak{B}^2/\mathfrak{S}^2$. —

Übrigens lassen sich die beiden hier unterschiedenen Fälle — r nicht $\in \mathfrak{C}_{\mathfrak{F}}$ und $r \in \mathfrak{C}_{\mathfrak{F}}$ — auch durch das Verhalten der ersten Bettischen Zahl charakterisieren: im ersten Fall ist sie $m - 1$, im zweiten Fall m. Dies erkennt man, wenn man beachtet, daß ein System von Erzeugenden und definierenden Relationen für die Fundamentalgruppe dadurch in ein solches System für die erste Bettische Gruppe übergeht, daß man die Erzeugenden als miteinander vertauschbar auffaßt.

§ 4. Fundamentalgruppe und Schnitt-Produkte in Mannigfaltigkeiten

15. *Vorbemerkungen.* a) M^n sei eine n-dimensionale, geschlossene, orientierte Mannigfaltigkeit. Für je zwei Homologieklassen U und Z der Dimensionen r und r' in M^n ist in bekannter Weise das Schnittprodukt $U \cdot Z$ erklärt; es ist eine Homologieklasse der Dimension $r + r' - n$; ist $r + r' < n$, so ist es gleich 0 zu setzen. Das Produkt erfüllt die distributiven Gesetze und das assoziative Gesetz; außerdem ist $Z \cdot U = (-1)^{(n-r)(n-r')} U \cdot Z$.

Wir werden, wenn es sich um Homologien handelt, in den Bezeichnungen oft keinen Unterschied zwischen Zyklen und ihren Homologieklassen machen. Wenn U und Z Zyklen sind, so bezeichnet $U \cdot Z$ einen beliebigen Zyklus aus der Homologieklasse, die das Produkt der Homologieklassen von U und von Z ist.

b) Wenn $r + r' = n$ ist, so ist $U \cdot Z \sim sP$, wobei s eine Zahl und P ein durch einen einfachen Punkt repräsentierter nulldimensionaler Zyklus ist. s ist die „Schnittzahl" von U und Z.

Ist dabei einer der beiden Faktoren U, Z ein Torsions-Element, so ist $s = 0$; denn ist z. B. U Torsions-Element, d. h. gibt es eine Zahl $m \neq 0$, so daß $mU \sim 0$ ist, so ist $ms = 0$, also $s = 0$.

c) Unter einem „Charakter" einer Abelschen Gruppe $\mathfrak{H}$ soll eine homomorphe Abbildung von $\mathfrak{H}$ in die additive Gruppe der ganzen Zahlen verstanden werden. Die Charaktere von $\mathfrak{H}$ bilden in bekannter Weise eine Gruppe; wir nennen sie $\mathfrak{Ch}\,\mathfrak{H}$. Sie ist, wenn $\mathfrak{H}$ von endlich vielen Elementen erzeugt wird, eine freie Abelsche Gruppe, deren Rang gleich dem Rang von $\mathfrak{H}$ ist. [28])

d) Die r-te Bettische Gruppe von M^n heiße $\mathfrak{B}^r$, die r-te Torsionsgruppe $\mathfrak{T}^r$; unter $\mathfrak{B}_0^r$ verstehen wir die Restklassengruppe $\mathfrak{B}^r/\mathfrak{T}^r$; sie ist eine freie Abelsche Gruppe, deren Rang die r-te Bettische Zahl ist. Für $U \in \mathfrak{B}^r$ sei immer U_0 das Element von $\mathfrak{B}_0^r$ mit $U \in U_0$.

Bezeichnen wir für $U \in \mathfrak{B}^{n-r}$, $Z \in \mathfrak{B}^r$ die Schnittzahl von U und Z mit $s_U(Z)$, so ist s_U ein Charakter von $\mathfrak{B}^r$. Die Zuordnung $U \to s_U$ ist eine homomorphe Abbildung h von $\mathfrak{B}^{n-r}$ in $\mathfrak{Ch}\,\mathfrak{B}^r$, die – nach dem Poincaré-Veblenschen Dualitätssatz – die folgenden beiden Eigenschaften hat: 1. Zu jedem Charakter s von $\mathfrak{B}^r$ gibt es ein solches $U \in \mathfrak{B}^{n-r}$, daß $s = s_U$ ist; 2. dann und nur dann ist $s_U(Z) = 0$ für alle $Z \in \mathfrak{B}^r$, wenn $U \in \mathfrak{T}^{n-r}$ ist. Aus diesen Eigenschaften folgt leicht: h bewirkt eine isomorphe Abbildung von $\mathfrak{B}_0^{n-r}$ auf $\mathfrak{Ch}\,\mathfrak{B}^r$. Diesen Isomorphismus nennen wir I; er ist folgendermaßen charakterisiert: *es ist* $IU_0 = s_U$ *für* $U \in U_0$; es ist also

$$I\,\mathfrak{B}_0^{n-r} = \mathfrak{Ch}\,\mathfrak{B}^r . \tag{0}$$

Da $\mathfrak{Ch}\,\mathfrak{B}^r \cong \mathfrak{B}_0^r$ ist, folgt aus (0) $\mathfrak{B}_0^{n-r} \cong \mathfrak{B}_0^r$, also der Hauptteil des Poincaréschen Dualitätssatzes. Übrigens ist $\mathfrak{Ch}\,\mathfrak{B}^r = \mathfrak{Ch}\,\mathfrak{B}_0^r$, da jeder Charakter für die Elemente endlicher Ordnung von $\mathfrak{B}^r$ den Wert 0 hat.

---

[28]) Cf. *Alexandroff-Hopf*, 586ff.

e) Die Fundamentalgruppe von M^n sei $\mathfrak{G}$; ihre Elemente seien in bestimmter Weise als Wegeklassen in M^n realisiert. Für jedes $X \in \mathfrak{G}$ sei X' diejenige Restklasse von $\mathfrak{G}$ modulo der Kommutatorgruppe $\mathfrak{C}_{\mathfrak{G}}$, welche X enthält; die X' bilden die Gruppe $\mathfrak{G}' = \mathfrak{G}/\mathfrak{C}_{\mathfrak{G}}$. Faßt man die X' als Klassen geschlossener Wege auf, so sind sie bekanntlich als identisch mit den eindimensionalen Homologieklassen in M^n zu betrachten; in diesem Sinne ist also [29])

$$\mathfrak{G}' = \mathfrak{B}^1 . \tag{1}$$

f) Wir vereinigen (1) mit (0) für $r = 1$. Da in M^n keine $(n-1)$-dimensionale Torsion vorhanden ist, ist $\mathfrak{B}_0^{n-1} = \mathfrak{B}^{n-1}$, $U_0 = U$ zu setzen; ferner setzen wir $I^{-1} = I_2$; dann ist *I_2 ein Isomorphismus von $\mathfrak{Ch}\,\mathfrak{G}'$ auf $\mathfrak{B}^{n-1}$, der für jedes $U \in \mathfrak{B}^{n-1}$ durch $I_2 s_U = U$ gegeben ist;* es ist also

$$I_2\,\mathfrak{Ch}\,\mathfrak{G}' = \mathfrak{B}^{n-1} . \tag{2}$$

g) Zu der Fundamentalgruppe $\mathfrak{G}$ gehört nach § 1 eine bestimmte Gruppe $\mathfrak{G}_1^*$, deren Elemente gewisse Klassen $\bar{\alpha}$ von Systemen $\alpha = (X_1, \ldots, Y_h)$ sind, wobei $X_1, \ldots, Y_h$ Elemente von $\mathfrak{G}$ sind und $C(X_1, \ldots Y_h) = 1$ ist. Die Untergruppe $\mathfrak{S}^2$ von $\mathfrak{B}^2$ ist in Nr. 9 erklärt worden; für jedes $Z \in \mathfrak{B}^2$ verstehen wir unter $\bar{Z}$ das Element der Restklassengruppe $\mathfrak{B}^2/\mathfrak{S}^2$, zu dem Z gehört. Nach Satz IIa gibt es einen Isomorphismus I_3 von $\mathfrak{G}_1^*$ auf $\mathfrak{B}^2/\mathfrak{S}^2$, der folgendermaßen charakterisiert ist: *es ist $I_3\bar{\alpha} = \bar{Z}$, wenn die $Z \in \bar{Z}$ von den $\alpha \in \bar{\alpha}$ aufgespannt werden;* es ist also

$$I_3\mathfrak{G}_1^* = \mathfrak{B}^2/\mathfrak{S}^2 . \tag{3}$$

h) Diejenigen $W \in \mathfrak{B}^{n-2}$, welche die Eigenschaft haben, daß $W \cdot Z = 0$ für alle $Z \in \mathfrak{S}^2$, also für alle Kugelbilder, ist, bilden eine Untergruppe $\mathfrak{W}^{n-2}$ von $\mathfrak{B}^{n-2}$; nach b) ist $\mathfrak{T}^{n-2} \subset \mathfrak{W}^{n-2}$; wir setzen $\mathfrak{W}^{n-2}/\mathfrak{T}^{n-2} = \mathfrak{W}_0^{n-2}$; für jedes $W \in \mathfrak{W}^{n-2}$ ist W_0 das Element von $\mathfrak{W}_0^{n-2}$, zu dem W gehört.

Die Elemente von $\mathfrak{W}^{n-2}$ sind unter allen Elementen von $\mathfrak{B}^{n-2}$ dadurch ausgezeichnet, daß sie durch den unter d) besprochenen Homomorphismus h auf diejenigen $s \in \mathfrak{Ch}\,\mathfrak{B}^2$ abgebildet werden, die für alle Elemente von $\mathfrak{S}^2$ den Wert 0 haben; diese s können aber als identisch mit den Charakteren s' der Gruppe $\mathfrak{B}^2/\mathfrak{S}^2$ betrachtet werden; es liegt also ein Homomorphismus $\mathfrak{W}^{n-2} \to \mathfrak{Ch}(\mathfrak{B}^2/\mathfrak{S}^2)$ vor; aus den unter d) genannten Eigen-

[29]) Um ganz korrekt zu sein, sollte man nicht sagen, daß $\mathfrak{G}'$ mit $\mathfrak{B}^1$ identisch ist, sondern daß eine natürliche isomorphe Abbildung I_1 von $\mathfrak{G}'$ auf $\mathfrak{B}^1$ vorliegt; statt (1) hat man dann zu schreiben: $I_1\mathfrak{G}' = \mathfrak{B}^1$.

schaften 1 und 2 folgt, daß dieser Homomorphismus einen Isomorphismus I' von $\mathfrak{W}_0^{n-2}$ auf $\mathfrak{Ch}(\mathfrak{B}^2/\mathfrak{S}^2)$ bewirkt; $I'W_0$ ist also der Charakter von $\mathfrak{B}^2/\mathfrak{S}^2$, der mit dem Charakter $IW_0 = s_W$ von $\mathfrak{B}^2$ als identisch zu betrachten ist. Nun besteht auf Grund von (3) eine isomorphe Beziehung zwischen den Charakteren von $\mathfrak{G}_1^*$ und denen von $\mathfrak{B}^2/\mathfrak{S}^2$: die Charaktere $s^* \in \mathfrak{Ch}\,\mathfrak{G}_1^*$ und $s' \in \mathfrak{Ch}(\mathfrak{B}^2/\mathfrak{S}^2)$ sind einander zugeordnet, wenn $s^*(\bar{\alpha}) = s'(\bar{Z})$ für $I_3\bar{\alpha} = \bar{Z}$ ist. Dieser Isomorphismus und der Isomorphismus I' vermitteln einen Isomorphismus I_4 von $\mathfrak{Ch}\,\mathfrak{G}_1^*$ auf $\mathfrak{W}_0^{n-2}$, der folgendermaßen charakterisiert ist: *es ist* $I_4 s^* = W_0$, *wenn* $s^*(\bar{\alpha}) = s_W(Z)$ *für* $W \in W_0$, *beliebiges* $\bar{\alpha} \in \mathfrak{G}_1^*$ *und für die von den* $\alpha \in \bar{\alpha}$ *aufgespannten* Z *ist;* es ist also

$$I_4\,\mathfrak{Ch}\,\mathfrak{G}_1^* = \mathfrak{W}_0^{n-2}\,. \tag{4}$$

Aus (4) ist zu sehen, daß $\mathfrak{W}_0^{n-2}$ eine freie Abelsche Gruppe und daß ihr Rang gleich dem gemeinsamen Rang von $\mathfrak{G}_1^*$ und $\mathfrak{B}^2/\mathfrak{S}^2$ ist. Wenn $\mathfrak{G}'$ kein Element endlicher Ordnung (außer der 0) enthält, so besitzt M^n keine eindimensionale, also auch keine $(n-2)$-dimensionale Torsion; dann ist $\mathfrak{W}_0^{n-2} = \mathfrak{W}^{n-2}$.

i) Durch die Beziehungen (1), (2), (3), (4) samt den Erklärungen der Isomorphismen I_2, I_3, I_4 sind im wesentlichen unsere bisherigen Kenntnisse des Einflusses ausgedrückt, den die Fundamentalgruppe auf die Homologiegruppen einer Mannigfaltigkeit hat. Das Ziel dieses Paragraphen ist die Feststellung, daß auch die Bildung der Schnitt-Produkte zwischen je einem $(n-1)$-dimensionalen und einem zweidimensionalen Zyklus sowie zwischen je zwei $(n-1)$-dimensionalen Zyklen durch die Fundamentalgruppe bestimmt ist.

16. *Zwei Schnitt-Formeln.* In M^n sei Z ein zweidimensionaler Zyklus; er werde von $(X_1, Y_1, \ldots, X_h, Y_h)$ aufgespannt (Nr. 10). Die Elemente $X_1', \ldots, Y_h'$ von $\mathfrak{B}^1$ sind wie in Nr. 15e erklärt. U sei ein $(n-1)$-dimensionaler Zyklus in M^n.

Die Grundlage für unsere weiteren Überlegungen ist die folgende Formel:

$$U \cdot Z \sim \sum_{i=1}^{h} \left[s_U(Y_i')\, X_i' - s_U(X_i')\, Y_i' \right] \;; \tag{5}$$

wir werden sie in Nr. 17 beweisen. Jetzt leiten wir aus ihr eine weitere Formel her. V sei ein zweiter $(n-1)$-dimensionaler Zyklus; dann ist $V \cdot U$ ein $(n-2)$-dimensionaler Zyklus, und nach dem assoziativen Gesetz ist

$$V \cdot (U \cdot Z) \sim (V \cdot U) \cdot Z \sim s_{V \cdot U}(Z)\, P\;,$$

wobei P wieder einen einfach gezählten Punkt bezeichnet; wendet man dies auf der linken Seite von (5) und wendet man auf der rechten Seite das distributive Gesetz an, so erhält man:

$$s_{V \cdot U}(Z) = \sum_{i=1}^{h} \left[s_V(X'_i)\, s_U(Y'_i) - s_V(Y'_i)\, s_U(X'_i) \right] . \tag{6}$$

17. Beweis von (5). Die Tatsache, daß Z von $(X_1, \ldots, Y_h)$ aufgespannt wird, bedeutet: sind $\mathfrak{x}_i$, $\mathfrak{y}_i$ Wege, die die Elemente X_i, Y_i repräsentieren, so ist der Weg $\mathfrak{r} = C(\mathfrak{x}_1, \ldots, \mathfrak{y}_h)$ Homotopie-Rand von Z; das heißt: es gibt ein orientiertes Element E mit dem Randweg ϱ und eine solche Abbildung f von E in M^n, daß $f(E) = Z$ und $f(\varrho) = \mathfrak{r}$ ist. Infolge der besonderen Gestalt des Kommutator-Wortes C sieht die Abbildung f von ϱ folgendermaßen aus: ϱ ist in $4h$ Bögen geteilt, die wir der Reihe nach $\xi_1, \eta_1, \xi'_1, \eta'_1, \xi_2, \ldots, \xi'_h, \eta'_h$ nennen, und es ist ξ_i auf $\mathfrak{x}_i$, ξ'_i auf $\mathfrak{x}_i^{-1}$, η_i auf $\mathfrak{y}_i$, η'_i auf $\mathfrak{y}_i^{-1}$ abgebildet. Man identifiziere nun für jedes i den positiv durchlaufenen Bogen ξ_i mit dem negativ durchlaufenen Bogen ξ'_i und verfahre ebenso mit den η_i und η'_i; dann entsteht aus dem Element E eine geschlossene orientierbare Fläche vom Geschlecht h; sie heiße ζ^2. Die Bögen ξ_i, η_i gehen dabei in geschlossene Wege über, die wir auch ξ_i, η_i nennen wollen. Auch nach der Identifizierung, die wir vorgenommen haben, ist f eine eindeutige und stetige Abbildung; bezeichnen wir den orientierten Grundzyklus der Fläche ζ^2 ebenfalls mit ζ^2, so haben wir also eine solche Abbildung f von ζ^2 in M^n, daß

$$f(\zeta^2) = Z , \tag{7}$$

$$f(\xi_i) = \mathfrak{x}_i , \quad f(\eta_i) = \mathfrak{y}_i$$

ist; statt dieser letzten Gleichungen notieren wir die Homologien, wobei wir ξ_i, η_i als eindimensionale Zyklen auffassen:

$$f(\xi_i) \sim X'_i , \quad f(\eta_i) \sim Y'_i . \tag{8}$$

Die Zyklen $\xi_1, \ldots, \eta_h$ bilden eine eindimensionale Homologiebasis in ζ^2; ihre Schnitt-Relationen sind bekanntlich die folgenden, wobei wir unter π die durch einen Punkt repräsentierte Homologieklasse verstehen:

$$\begin{aligned} \xi_i \cdot \eta_j &\sim - \eta_j \cdot \xi_i \sim \delta_{ij}\, \pi , \\ \xi_i \cdot \xi_j &\sim \quad \eta_i \cdot \eta_j \sim 0 . \end{aligned} \tag{9}$$

Wir ziehen nun den Umkehrungs-Homomorphismus φ von f heran[30]); er bildet die Homologieklassen aus M^n eindeutig auf Homologieklassen aus ζ^2 ab und hat die folgenden drei Eigenschaften: (A) φ ist ein additiver und multiplikativer Homomorphismus; (B) für die Homologieklassen U aus M^n und ω aus ζ^2 gilt

$$f(\varphi(U) \cdot \omega) \sim U \cdot f(\omega) \; ; \tag{10}$$

(C) ist U eine r-dimensionale Homologieklasse aus M^n, so ist $\varphi(U)$ eine $(r - n + 2)$-dimensionale Homologieklasse aus ζ^2.

Da der Grundzyklus ζ^2 bei der Multiplikation die Rolle der Eins spielt, folgt aus (10), wenn man $\omega = \zeta^2$ setzt, und aus (7)

$$f \, \varphi \, (U) \sim U \cdot Z \tag{11}$$

für jeden Zyklus U aus M^n.

U sei $(n - 1)$-dimensional; dann ist $\varphi(U)$ nach (C) eindimensional; daher besteht in ζ^2 eine Homologie

$$\varphi(U) \sim \Sigma (a_i \, \xi_i + b_i \eta_i) \tag{12}$$

mit ganzzahligen Koeffizienten a_i, b_i. Übt man auf beide Seiten von (12) die Abbildung f aus, so folgt nach (11) und (8)

$$U \cdot Z \sim \Sigma (a_i X'_i + b_i \, Y'_i) \; . \tag{13}$$

Aus (12) und (9) folgt

$$\varphi(U) \cdot \xi_i \sim - b_i \pi \;, \qquad \varphi(U) \cdot \eta_i \sim a_i \pi \; ; \tag{14}$$

übt man hierauf f aus und wendet man (10), (8) sowie die Homologie $f(\pi) \sim P$ an, wobei P wieder einen einfachen Punkt in M^n bezeichnet, so erhält man

$$U \cdot X'_i \sim - b_i P \;, \qquad U \cdot Y'_i \sim a_i P \;,$$

also

$$a_i = s_U(Y'_i) \;, \qquad b_i = - s_U(X'_i) \; .$$

Setzt man dies in (13) ein, so ergibt sich die Formel (5), die zu beweisen war.

---

[30]) *H. Hopf*, Zur Algebra der Abbildungen von Mannigfaltigkeiten, Crelles Journ. 163 (1930), 71—88. Wegen weiterer Literatur sowie der obigen Eigenschaft (*C*) vgl. man auch meine Arbeit in den Comment. Math. Helvet. 13 (1941), 219—239, speziell 219 und 235f.

18. *Ein Korollar.* Wir definieren: Der zweidimensionale Zyklus Z heißt „minimal", wenn für alle $(n-1)$-dimensionalen Zyklen U die Schnitt-Zyklen $U \cdot Z \sim 0$ sind. [15])

Dann lautet ein Korollar der Formel (5):

Alle Kugelbilder sind minimal. [31])

Denn wenn der Zyklus Z Kugelbild ist, so hat er einen Homotopie-Rand, der nur aus einem Punkt besteht (Nr. 8i); Z wird also unter anderem von dem System (E, E) aufgespannt, wobei E das Eins-Element von $\mathfrak{G}$ ist; da E' das Null-Element von $\mathfrak{G}' = \mathfrak{B}^1$ ist, ist dann die rechte Seite von (5) für beliebige U gleich 0.

Aus diesem Korollar folgt weiter: *Wenn die Zyklen Z_1 und Z_2 zu demselben Element $\overline{Z}$ der Gruppe $\mathfrak{B}^2/\mathfrak{S}^2$ gehören, so ist $U \cdot Z_1 \sim U \cdot Z_2$ für jeden $(n-1)$-dimensionalen Zyklus U.*

Infolgedessen kann man die Produkte $U \cdot Z$, die wir bisher als Produkte von Elementen der Gruppe $\mathfrak{B}^{n-1}$ mit Elementen der Gruppe $\mathfrak{B}^2$ aufgefaßt haben, auch als Produkte $U \cdot \overline{Z}$ von Elementen U der Gruppe $\mathfrak{B}^{n-1}$ mit Elementen $\overline{Z}$ der Gruppe $\mathfrak{B}^2/\mathfrak{S}^2$ auffassen.

Eine weitere Konsequenz des Korollars: Sind U, V zwei $(n-1)$-dimensionale Zyklen, und ist Z ein Kugelbild, so folgt aus $U \cdot Z \sim 0$, daß auch $V \cdot (U \cdot Z) = (V \cdot U) \cdot Z \sim 0$ ist; folglich gehört die Homologieklasse von $V \cdot U$ zu der Gruppe $\mathfrak{W}^{n-2}$ (Nr. 15h).

Wir werden später statt des Produktes $V \cdot U$ das „reduzierte" Produkt $(V \cdot U)_0$ betrachten, d. h. die Restklasse von $\mathfrak{W}^{n-2}$ modulo $\mathfrak{T}^{n-2}$, zu welcher $V \cdot U$ gehört; das reduzierte Produkt zweier Elemente von $\mathfrak{B}^{n-1}$ ist also ein Element der Gruppe $\mathfrak{W}_0^{n-2}$.

19. *Zwei Gruppen-Produkte.* $\mathfrak{G}$ sei jetzt eine beliebige Gruppe, die unabhängig von irgend einer Mannigfaltigkeit gegeben ist; wir setzen nur voraus, daß $\mathfrak{G}$ von endlich vielen Elementen mit endlich vielen definierenden Relationen erzeugt werden kann. Wie im § 1 betrachten wir die Menge $\Gamma_{\mathfrak{G}}$ der Systeme $\alpha = (X_1, Y_1, \ldots, X_h, Y_h)$ mit $X_i \in \mathfrak{G}$, $Y_i \in \mathfrak{G}$ und die Gruppe $\mathfrak{G}_1^*$, deren Elemente gewisse Klassen $\overline{\alpha}$ von Elementen α sind. Ferner betrachten wir die Restklassengruppe $\mathfrak{G}'$ von $\mathfrak{G}$ modulo der Kommutatorgruppe $\mathfrak{C}_{\mathfrak{G}}$; wie in den letzten Nummern verstehen wir für jedes $X \in \mathfrak{G}$ unter X' das Element von $\mathfrak{G}'$, zu dem X gehört. Außerdem werden die Charakterengruppen $\mathfrak{Ch}\,\mathfrak{G}'$ und $\mathfrak{Ch}\,\mathfrak{G}_1^*$ auftreten. — Wir brauchen den folgenden *Hilfssatz:*

[31]) Das ist ein Spezialfall eines allgemeineren Satzes, der auch für höhere Dimensionszahlen gilt: *H. Hopf,* Über die Topologie der Gruppen-Mannigfaltigkeiten und ihrer Verallgemeinerungen, Annals of Math. 42 (1941), 22—52; Nr. 34, 35.

$\bar{\alpha}$ sei ein Element von $\mathfrak{G}_1^*$, und $\alpha_1 = (X_1, Y_1, \ldots, X_h, Y_h)$, $\alpha_2 = (P_1, Q_1, \ldots, P_k, Q_k)$ seien zwei Elemente aus $\bar{\alpha}$; ferner sei s ein Charakter von $\mathfrak{G}'$. Dann ist — bei additiver Schreibweise von $\mathfrak{G}'$ —

$$\sum_{i=1}^{h} [s(Y_i') X_i' - s(X_i') Y_i'] = \sum_{j=1}^{k} [s(Q_j') P_j' - s(P_j') Q_j'] \,. \tag{15}$$

Für den Beweis dieses Hilfssatzes ziehen wir eine Mannigfaltigkeit M^n heran, deren Fundamentalgruppe $\mathfrak{G}$ ist[32]); da $\mathfrak{G}$ von endlich vielen Elementen mit endlich vielen Relationen erzeugt wird, gibt es eine solche M^n [20]). Da $\alpha_1 \in \bar{\alpha}$ und $\bar{\alpha} \in \mathfrak{G}_1^*$ ist, gibt es nach Satz IIa in M^n einen Zyklus Z_1, der von $(X_1, \ldots, Y_h)$ aufgespannt wird; ebenso gibt es in M^n einen Zyklus Z_2, der von $(P_1, \ldots, Q_k)$ aufgespannt wird. Da α_1 und α_2 zu derselben Klasse $\bar{\alpha}$ gehören, gehören nach Satz IIa die Zyklen Z_1 und Z_2 zu derselben Restklasse $\bar{Z}$ von $\mathfrak{B}^2$ modulo $\mathfrak{S}^2$; nach Nr. 18 ist daher $U \cdot Z_1 \sim U \cdot Z_2$ für jeden $(n-1)$-dimensionalen Zyklus U in M^n. Man kann U so wählen, daß s_U mit dem gegebenen Charakter s von $\mathfrak{G}' = \mathfrak{B}^1$ übereinstimmt (Nr. 15d, e); dann ist nach Formel (5) $U \cdot Z_1$ mit der linken Seite von (15), $U \cdot Z_2$ mit der rechten Seite von (15) homolog. Da $U \cdot Z_1 \sim U \cdot Z_2$ ist, stellen also die beiden Seiten von (15) dasselbe Element der Gruppe $\mathfrak{B}^1 = \mathfrak{G}'$ dar; folglich gilt (15).

Auf Grund dieses Hilfssatzes hängt das durch die linke Seite von (15) gegebene Element von $\mathfrak{G}'$ nur von s und $\bar{\alpha}$, aber nicht von dem speziellen Element $\alpha = (X_1, \ldots, Y_h) \in \bar{\alpha}$ ab; wenn wir also

$$[s \cdot \bar{\alpha}] = \sum_{i=1}^{h} [s(Y_i') X_i' - s(X_i') Y_i'] \tag{16}$$

mit beliebigem $\alpha = (X_1, \ldots, Y_h) \in \bar{\alpha}$ setzen, so haben wir durch (16) in eindeutiger Weise ein „Produkt" definiert, wobei der erste Faktor $s \in \mathfrak{Ch}\, \mathfrak{G}'$, der zweite Faktor $\bar{\alpha} \in \mathfrak{G}_1^*$, das Produkt $[s \cdot \bar{\alpha}] \in \mathfrak{G}'$ ist; wir nennen dies das „erste, zu $\mathfrak{G}$ gehörige Gruppen-Produkt". Dieses Produkt ist übrigens distributiv in bezug auf beide Faktoren (wir denken uns nicht nur $\mathfrak{Ch}\, \mathfrak{G}'$, sondern auch $\mathfrak{G}_1^*$ additiv geschrieben).

Wir definieren jetzt das „zweite, zu $\mathfrak{G}$ gehörige Gruppen-Produkt"; in ihm sind beide Faktoren Elemente von $\mathfrak{Ch}\, \mathfrak{G}'$, und das Produkt ist ein Element von $\mathfrak{Ch}\, \mathfrak{G}_1^*$; ist nämlich $s \in \mathfrak{Ch}\, \mathfrak{G}'$, $t \in \mathfrak{Ch}\, \mathfrak{G}'$, $\bar{\alpha} \in \mathfrak{G}_1^*$, so verstehen wir unter $\{t \cdot s\}$ denjenigen Charakter von $\mathfrak{G}_1^*$, der durch

$$\{t \cdot s\}(\bar{\alpha}) = t([s \cdot \bar{\alpha}]) \tag{17}$$

[32]) Ein solcher geometrischer Beweis ist an dieser Stelle unseres Gedankenganges natürlicher und bequemer als ein rein algebraischer Beweis; ein solcher, der aus methodischen Gründen erwünscht ist, wird in dem „Anhang" angegeben werden.

gegeben ist; ausführlicher: ist $[s \cdot \bar{\alpha}] = X'$, so wird durch $\{t \cdot s\}$ dem Element $\bar{\alpha}$ die Zahl $t(X')$ zugeordnet. Ist wieder $(X_1, \ldots, Y_h)$ irgend ein Element von $\Gamma_{\mathfrak{G}}$, das in der Klasse $\bar{\alpha}$ ist, so folgt aus (17) und (16), daß $\{t \cdot s\}$ durch

$$\{t \cdot s\} (\bar{\alpha}) = \sum_{i=1}^{h} [t(X'_i)\, s(Y'_i) - t(Y'_i)\, s(X'_i)] \tag{17'}$$

bestimmt ist. Auch dieses Produkt ist distributiv in bezug auf beide Faktoren; ferner ist übrigens, wie man aus (17′) abliest, $\{s \cdot t\} = -\{t \cdot s\}$, also speziell $\{s \cdot s\} = 0$.

20. *Die Bestimmung von Schnitt-Produkten durch die Fundamentalgruppe.* Wir fahren in der Untersuchung einer Mannigfaltigkeit M^n fort. Es seien wieder: Z eine zweidimensionale Homologieklasse; $\bar{Z}$ das Element von $\mathfrak{B}^2/\mathfrak{S}^2$, zu dem Z gehört; $\bar{\alpha}$ die Menge der $\alpha = (X_1, \ldots, Y_h)$, die Z aufspannen; U, V zwei $(n-1)$-dimensionale Homologieklassen; s_U, s_V die durch die Schnitte mit U, V erzeugten Charaktere von $\mathfrak{B}^1$. In den Bezeichnungen aus Nr. 15 ist also

$$U = I_2 s_U\,, \qquad V = I_2 s_V\,, \qquad \bar{Z} = I_3 \bar{\alpha}\,.$$

Nach Nr. 18 können wir auf der linken Seite der Formel (5) statt $U \cdot Z$ auch $U \cdot \bar{Z}$ schreiben; die rechte Seite von (5) ist nach (16) gleich $[s_U \cdot \bar{\alpha}]$; die Formel (5) ist also gleichwertig mit [33])

$$U \cdot \bar{Z} = [I_2^{-1} U \cdot I_3^{-1} \bar{Z}]\,. \tag{5*}$$

Nach Nr. 18 ist $V \cdot U \in \mathfrak{W}^{n-2}$, $(V \cdot U)_0 \in \mathfrak{W}_0^{n-2}$; die linke Seite von (6) ist daher nach Nr. 15h gleich $s^*(\bar{\alpha})$, wenn man $I_4^{-1}(V \cdot U)_0 = s^*$ setzt; die rechte Seite von (6) ist nach (17′) gleich $\{s_V \cdot s_U\}(\bar{\alpha})$; da (6) für beliebige Z gilt, ist (6) also gleichbedeutend mit

$$I_4^{-1}(V \cdot U)_0 = \{s_V \cdot s_U\}\,,$$

oder, was dasselbe ist, mit

$$(V \cdot U)_0 = I_4\{I_2^{-1} V \cdot I_2^{-1} U\}\,. \tag{6*}$$

Da die Bestimmung der Gruppen-Produkte auf den rechten Seiten von (5*) und (6*) algebraisch, ohne Bezugnahme auf die Mannigfaltigkeit M^n erfolgt, zeigen diese Formeln, daß die Bildung der Schnitt-Produkte $U \cdot \bar{Z}$ und $(V \cdot U)_0$ durch die Fundamentalgruppe bestimmt ist. Wir formulieren dieses Ergebnis noch einmal:

---

[33]) Führt man wie in Fußnote 29 den Isomorphismus I_1 ein, so hat man statt (5*) zu schreiben: $U \cdot \bar{Z} = I_1 [I_2^{-1} U \cdot I_3^{-1} \bar{Z}]$.

Satz III. Durch die Fundamentalgruppe $\mathfrak{G}$ *einer Mannigfaltigkeit* M^n *sind nicht nur — gemäß* (1), (2), (3), (4) — *die Gruppen* $\mathfrak{B}^1$, $\mathfrak{B}^{n-1}$, $\mathfrak{B}^2/\mathfrak{S}^2$, $\mathfrak{W}_0^{n-2}$, *sondern auch — gemäß den Formeln* (5*), (6*) — *die Bildung des, in* $\mathfrak{B}^1$ *gelegenen, Schnitt-Produktes je eines Elementes von* $\mathfrak{B}^{n-1}$ *und eines Elementes von* $\mathfrak{B}^2/\mathfrak{S}^2$ *sowie die Bildung des, in* $\mathfrak{W}_0^{n-2}$ *gelegenen, reduzierten Schnitt-Produktes je zweier Elemente von* $\mathfrak{B}^{n-1}$ *bestimmt.*

Hierin ist enthalten:

Satz III'. Für zwei Mannigfaltigkeiten M^n *und* $M_1^{n_1}$ *mit isomorphen Fundamentalgruppen sind nicht nur die Gruppen* $\mathfrak{B}^1$, $\mathfrak{B}^{n-1}$, $\mathfrak{B}^2/\mathfrak{S}^2$, $\mathfrak{W}_0^{n-2}$ *von* M^n *mit den Gruppen* $\mathfrak{B}^1$, $\mathfrak{B}^{n_1-1}$, $\mathfrak{B}^2/\mathfrak{S}^2$, $\mathfrak{W}_0^{n_1-2}$ *von* $M_1^{n_1}$ *isomorph, sondern es sind auch die soeben genannten Produktbildungen in der einen Mannigfaltigkeit isomorph mit den entsprechenden Produktbildungen in der anderen.* [34])

Mit den Sätzen III und III' ist das Hauptziel dieses Paragraphen erreicht.

21. Wir heben eine Konsequenz des Satzes III hervor. Diejenigen $\bar{\alpha} \in \mathfrak{G}_1^*$, für welche $[s \cdot \bar{\alpha}] = 0$ mit allen $s \in \mathfrak{Ch}\,\mathfrak{G}'$ ist, bilden eine Untergruppe $\mathfrak{M}_{\mathfrak{G}}$ von $\mathfrak{G}_1^*$. Aus (5*) geht hervor: der Zyklus Z ist dann und nur dann minimal (Nr. 18), wenn $I_3^{-1}\bar{Z} \in \mathfrak{M}_{\mathfrak{G}}$ ist. Die minimalen Homologieklassen Z bilden eine Untergruppe $\mathfrak{M}^2$ von $\mathfrak{B}^2$, die nach Nr. 18 die Gruppe $\mathfrak{S}^2$ enthält; wir haben soeben gesehen, daß $I_3^{-1}(\mathfrak{M}^2/\mathfrak{S}^2) = \mathfrak{M}_{\mathfrak{G}}$ ist. Hieraus und aus (3) folgt weiter, daß I_3 auch eine isomorphe Abbildung von $\mathfrak{G}_1^*/\mathfrak{M}_{\mathfrak{G}}$ auf die Restklassengruppe von $\mathfrak{B}^2/\mathfrak{S}^2$ modulo $\mathfrak{M}^2/\mathfrak{S}^2$ vermittelt, die mit $\mathfrak{B}^2/\mathfrak{M}^2$ isomorph ist. Wir haben also folgendes *Korollar zu Satz III:*

Bezeichnet $\mathfrak{M}^2$ *die Gruppe der minimalen Elemente von* $\mathfrak{B}^2$, *so sind die Gruppen* $\mathfrak{M}^2/\mathfrak{S}^2$ *und* $\mathfrak{B}^2/\mathfrak{M}^2$ *durch* $\mathfrak{G}$ *bestimmt;* I_3 *vermittelt nämlich die folgenden Isomorphien:*

$$\mathfrak{M}_{\mathfrak{G}} \cong \mathfrak{M}^2/\mathfrak{S}^2 \quad , \quad \mathfrak{G}_1^*/\mathfrak{M}_{\mathfrak{G}} \cong \mathfrak{B}^2/\mathfrak{M}^2 \; .$$

22. *Beispiele.* Ähnlich wie in Nr. 13 und Nr. 14 haben wir zwei Methoden zur Behandlung von Beispielen zur Verfügung: die erste besteht darin, daß man zu der M^n, die man untersuchen will, eine $M_1^{n_1}$ findet, die dieselbe Fundamentalgruppe besitzt, deren Schnitt-Eigenschaften man aber bereits kennt, und daß man dann Satz III' anwendet; zweitens kann man M^n direkt mit Hilfe des Satzes III, also der Formeln (5*), (6*) oder,

[34]) Die Frage bleibt offen, ob auch die nicht-reduzierten Produktbildungen je zweier Elemente von $\mathfrak{B}^{n-1}$ bzw. von $\mathfrak{B}^{n_1-1}$ miteinander isomorph sind.

was auf dasselbe hinauskommt, der Formeln (5), (6) untersuchen; die Hauptschwierigkeit besteht dabei übrigens oft in der Bestimmung der Gruppe $\mathfrak{G}_1^*$, also in der Lösung einer gruppentheoretischen Aufgabe, die mit Schnitt-Eigenschaften nichts zu tun hat, sondern in den Problemkreis des § 2 gehört. Wir werden hier meistens die zweite der beiden Methoden, gelegentlich aber auch die erste anwenden.

a) *Es sei* $\mathfrak{G}_1^* = 0$; dann ist $\mathfrak{B}^2/\mathfrak{S}^2 = 0$, also sind alle zweidimensionalen Zyklen Kugelbilder; nach Nr. 18 ist daher $U \cdot Z = 0$ für beliebige $U \in \mathfrak{B}^{n-1}, Z \in \mathfrak{B}^2$; aus $\mathfrak{B}^2/\mathfrak{S}^2 = 0$ folgt $\mathfrak{W}_0^{n-2} = 0$, also ist auch $(V \cdot U)_0 = 0$ für beliebige $V \in \mathfrak{B}^{n-1}$, $U \in \mathfrak{B}^{n-1}$.

Die Voraussetzung $\mathfrak{G}_1^* = 0$ ist speziell erfüllt, wenn $\mathfrak{G}$ eine freie Gruppe ist (Nr. 13a). Dann ist übrigens keine eindimensionale, also auch keine $(n-2)$-dimensionale Torsion vorhanden, also $(V \cdot U)_0 = V \cdot U$. Somit gilt:

Ist die Fundamentalgruppe von M^n eine freie Gruppe, so sind die Schnitt-Produkte je eines $(n-1)$-dimensionalen und eines zweidimensionalen Zyklus sowie je zweier $(n-1)$-dimensionaler Zyklen homolog 0.

b) $\mathfrak{G}$ *sei Abelsch.* In diesem Fall ist $\mathfrak{G}_1^*$ nach Nr. 13b, c bestimmt. Die Untersuchung ist hier darum besonders einfach, weil für je zwei beliebige Elemente X, Y von $\mathfrak{G}$ der Kommutator $C(X, Y) = 1$ ist, das System $\alpha = (X, Y)$ also immer zu einem Element $\bar{\alpha}$ von $\mathfrak{G}_1^*$ gehört. Wir wollen aber hier keine vollständige Diskussion aller Schnitt-Eigenschaften, die von dem Satz III erfaßt werden, durchführen, sondern nur einige spezielle Punkte hervorheben.

Da $\mathfrak{G}' = \mathfrak{G}$ ist, brauchen wir nicht zwischen den Elementen $X \in \mathfrak{G}$, $X' \in \mathfrak{G}'$ zu unterscheiden. Die Elemente $X_1, \ldots, X_q$ mögen eine eindimensionale Homologiebasis bilden, d. h. $\mathfrak{B}^1 = \mathfrak{G}$ sei direkte Summe von q zyklischen Gruppen, die von den X_h erzeugt werden; für $h = 1, \ldots, p$ seien diese zyklischen Gruppen unendlich, für $h > p$ endlich; dann ist p die erste Bettische Zahl.

Wenn $p = 0$, also $\mathfrak{G}$ endlich ist, so ist $\mathfrak{B}^{n-1} = 0$, die Untersuchung also uninteressant; das gleiche gilt, wenn $q = 1$, also $\mathfrak{G}$ zyklisch ist, da dann nach Nr. 13c $\mathfrak{G}_1^* = 0$ ist, nach dem obigen Satz a) also alle in Frage kommenden Produkte verschwinden. Interesse verdienen also nur die Fälle $p \geqslant 1$, $q \geqslant 2$, also diejenigen Abelschen Gruppen $\mathfrak{G}$, die unendlich und nicht zyklisch sind.

Setzt man für jedes Element $X = \sum_{i=1}^{q} a_i X_i \in \mathfrak{B}^1$

$$s_h(X) = a_h\,, \quad h = 1, \ldots, p\,, \tag{18}$$

so sind hierdurch p Charaktere s_h von $\mathfrak{B}^1$ definiert; zu ihnen gehören $(n-1)$-dimensionale Zyklen U_h durch die Festsetzung: $s_{U_h} = s_h$; diese U_h bilden die zu $\{X_1, \ldots, X_p\}$ „duale" Basis von $\mathfrak{B}^{n-1}$.

Unter Z_{ik} verstehen wir einen von (X_i, X_k) aufgespannten Zyklus (die $\frac{q(q-1)}{2}$ Zyklen Z_{ik} mit $1 \leqslant i < k \leqslant q$ repräsentieren übrigens eine Basis von $\mathfrak{B}^2/\mathfrak{S}^2$; dies kann man aus Nr. 13b, c entnehmen; wir werden es aber nicht benutzen).

Wir bestimmen $U_h \cdot Z_{ik}$ nach den Formeln (5) und (18):

$$U_h \cdot Z_{ik} = s_h(X_k)X_i - s_h(X_i)X_k = \delta_{hk}X_i - \delta_{hi}X_k \ ,$$

also

$$\begin{aligned} U_k \cdot Z_{ik} &= -U_k \cdot Z_{ki} = X_i \quad \text{für} \quad i \neq k \ ; \\ U_h \cdot Z_{ik} &= 0 \quad \text{für} \quad h \neq i \, , \ h \neq k \ ; \quad U_h \cdot Z_{ii} = 0 \ . \end{aligned} \tag{19}$$

Hieraus sieht man unter anderem:

α) *Wenn $p \geqslant 1$, $q \geqslant 2$, wenn also die Abelsche Gruppe $\mathfrak{G}$ unendlich und nicht zyklisch ist, so gibt es einen $(n-1)$-dimensionalen Zyklus U und einen zweidimensionalen Zyklus Z, so daß $U \cdot Z \neq 0$ ist.*

Denn man kann in der ersten Gleichung (19) $k = 1$, $i = 2$ wählen.

Aus (19) — oder auch aus (6) — und aus (18) folgt

$$s_{U_j \cdot U_h}(Z_{ik}) = \pm \delta_{jh}^{ik} \ , \tag{20}$$

wobei δ_{jh}^{ik} gleich 1 oder 0 ist, je nachdem die ungeordneten Indexpaare (j, h) und (i, k) miteinander übereinstimmen oder nicht. Aus (20) folgt:

β) *Die $\frac{p(p-1)}{2}$ $(n-2)$-dimensionalen Zyklen $U_j \cdot U_h$, $1 \leqslant h < j \leqslant p$, sind in der Gruppe $\mathfrak{B}_0^{n-2}$ linear unabhängig.*

Denn aus

$$\Sigma a_{jh} U_j \cdot U_h \approx 0 \ , \quad 1 \leqslant h < j \leqslant p \ ,$$

— wobei dies eine „schwache" Homologie, d. h. eine Homologie modulo der Torsionsgruppe $\mathfrak{T}^{n-2}$ ist — ergibt sich durch Multiplikation mit Z_{ik} und Anwendung von (20), daß $a_{jh} = 0$ für alle h, j mit $1 \leqslant h < j \leqslant p$ ist. (Man beachte übrigens: die Unabhängigkeit in $\mathfrak{B}_0^{n-2}$ besagt mehr als die Unabhängigkeit in $\mathfrak{B}^{n-2}$.)

Da für je zwei $(n-1)$-dimensionale Zyklen U, U' in einer beliebigen Mannigfaltigkeit M^n die Regel $U \cdot U' = -U' \cdot U$ gilt, ist immer

$U \cdot U = 0$, und daher auch immer $U \cdot U' = 0$, falls U und U' linear abhängig sind. Wir behaupten:

γ) *Ist* $\mathfrak{G}$ *Abelsch und sind* U, U' *zwei linear unabhängige Elemente von* $\mathfrak{B}^{n-1}$, *so ist* $U \cdot U' \neq 0$ (*in* $\mathfrak{B}_0^{n-2}$).

Denn ist $U = \Sigma a_i U_i$, $U' = \Sigma a'_k U_k$, so ist

$$U \cdot U' = \Sigma\, a_i a'_k U_i \cdot U_k \;, \quad 1 \leqslant i \leqslant p \,, 1 \leqslant k \leqslant p \;,$$

also

$$U \cdot U' = \Sigma\, (a_i a'_k - a_k a'_i)\, U_i \cdot U_k \;, \quad 1 \leqslant i < k \leqslant p \;.$$

Nach β) sind daher, falls $U \cdot U' = 0$ ist, alle Determinanten $a_i a'_k - a_k a'_i = 0$, also sind dann U und U' linear abhängig.

Wir wollen den unter α) ausgesprochenen Satz noch etwas anders formulieren, indem wir die Gruppe $\mathfrak{M}^2$ heranziehen (Nr. 21). Der Satz α) besagt: Ist $p \geqslant 1$, $q \geqslant 2$, so ist $\mathfrak{M}^2 \neq \mathfrak{B}^2$, also $\mathfrak{B}^2/\mathfrak{M}^2 \neq 0$.

Im Hinblick auf eine spätere Anwendung (Nr. 27) betrachten wir besonders den Fall $p \geqslant 1$, $q = 2$; dann ist nach Nr. 13c $\mathfrak{G}_1^*$ zyklisch, nach Nr. 21 daher auch $\mathfrak{B}^2/\mathfrak{M}^2$ zyklisch. — Wir haben also folgendes spezielles Ergebnis:

δ) *Ist* $p \geqslant 1, q = 2$, *also* $\mathfrak{G}$ *direktes Produkt zweier zyklischer Gruppen, von denen wenigstens eine unendlich ist, so ist* $\mathfrak{B}^2/\mathfrak{M}^2$ *eine von* 0 *verschiedene zyklische Gruppe.*

Alle hiermit bewiesenen Sätze über Mannigfaltigkeiten mit Abelschen Fundamentalgruppen kann man auch dadurch beweisen, daß man ihre Gültigkeit für die in Nr. 13b und c betrachteten speziellen Produkt-Mannigfaltigkeiten verifiziert und dann den Satz III$'$ anwendet.

c) $\mathfrak{G}$ *sei isomorph mit der Fundamentalgruppe der geschlossenen orientierbaren Fläche* M^2 *vom Geschlecht* $p > 0$. Da man die Schnitteigenschaften der Zyklen in M^2 kennt, kann man unter Anwendung des Satzes III$'$ den folgenden Satz für eine beliebige Mannigfaltigkeit M^n mit der Fundamentalgruppe $\mathfrak{G}$ aussprechen:

Es gibt zueinander duale Homologiebasen $\{X'_1, Y'_1, \ldots X'_p, Y'_p\}$ *und* $\{U_1, V_1, \ldots, U_p, V_p\}$ *der Dimensionen* 1 *und* $n-1$ *sowie zwei Zyklen* Z *und* W *der Dimensionen* 2 *und* $n-2$, *so daß die folgenden Schnitt-Relationen bestehen:*

$$U_i \cdot Z = -\, Y'_i \,, \quad V_i \cdot Z = X'_i \;;$$

$$U_i \cdot V_k = -\, V_k \cdot U_i = \delta_{ik} W \;, \quad U_i \cdot U_k = V_i \cdot V_k = 0 \;.$$

Dieser Satz ist auch als Spezialfall in dem Ergebnis der nächsten Nummer enthalten; dort werden wir direkt mit den Formeln (5) und (6) arbeiten; dadurch wird die Tatsache beleuchtet werden, daß die bekannten und soeben benutzten Schnitteigenschaften auf den Flächen gesetzmäßige Folgen von Eigenschaften der Fundamentalgruppen der Flächen sind.

23. *$\mathfrak{G}$ sei eine Gruppe, die von endlich vielen Elementen $E_1, \ldots, E_m$ erzeugt wird, zwischen denen eine einzige Relation $R(E_1, \ldots, E_m) = 1$ besteht.* Wir haben diese Gruppen bereits in Nr. 14 untersucht, und wir benutzen die dortigen Bezeichnungen und Resultate. Wir verstehen also unter $e_1, \ldots, e_m$ freie Erzeugende einer freien Gruppe $\mathfrak{F}$, die homomorph so auf $\mathfrak{G}$ abgebildet ist, daß die E_i den e_i entsprechen, und wir betrachten wieder das Element $r = R(e_1, \ldots, e_m)$ von $\mathfrak{F}$.

Wir haben gesehen: wenn r nicht Kommutator-Element ist, so ist $\mathfrak{G}_1^* = 0$; daher folgt aus Nr. 21a:

Wenn r nicht Kommutator-Element ist, so sind alle Schnitte je eines $(n-1)$-dimensionalen und eines zweidimensionalen Zyklus sowie je zweier $(n-1)$-dimensionaler Zyklen homolog 0.

Es sei $r \in \mathfrak{C}_{\mathfrak{F}}$. Die Gruppe $\mathfrak{G}' = \mathfrak{B}^1$ wird von den Elementen $E_1', \ldots, E_m'$ erzeugt; ein System definierender Relationen für $\mathfrak{B}^1$ erhält man, indem man in einem Relationen-System für $\mathfrak{G}$ die Erzeugenden als miteinander vertauschbar ansieht; in unserem Fall verschwindet dabei, da $r \in \mathfrak{C}_{\mathfrak{F}}$ ist, die einzige Relation $R = 1$; daher ist $\mathfrak{B}^1$ die von den E_h' erzeugte freie Abelsche Gruppe. $E_1', \ldots, E_m'$ bilden eine eindimensionale Homologiebasis; die zu ihr duale $(n-1)$-dimensionale Basis sei $\{U_1, \ldots, U_m\}$; es ist also

$$s_{U_k}(E_h') = \delta_{kh} \; . \tag{21}$$

Nach Nr. 14 ist die Gruppe $\mathfrak{B}^2/\mathfrak{S}^2$ unendlich-zyklisch; folglich ist auch $\mathfrak{W}_0^{n-2}$ unendlich-zyklisch, und da keine eindimensionale Torsion vorhanden ist, $\mathfrak{W}^{n-2} = \mathfrak{W}_0^{n-2}$ (Nr. 15h). Der Zyklus Z repräsentiere, wie in Nr. 14, das erzeugende Element von $\mathfrak{B}^2/\mathfrak{S}^2$ und der Zyklus W das erzeugende Element von $\mathfrak{W}^{n-2}$; dann ist

$$s_W(Z) = 1 \; . \tag{22}$$

Es gibt solche Zahlen α_{hj}, daß

$$U_j \cdot Z = \sum \alpha_{hj} E_h' \tag{23}$$

ist; hieraus folgt

$$U_k \cdot U_j \cdot Z = \sum \alpha_{hj} U_k \cdot E_h' \, ,$$

also nach (21)

$$s_{U_k \cdot U_j}(Z) = \alpha_{kj} \quad ; \tag{23'}$$

da nach Nr. 18 $U_k \cdot U_j \in \mathfrak{W}^{n-2}$, also $U_k \cdot U_j$ ein Vielfaches von W ist, folgt aus (22) und (23′)

$$U_k \cdot U_j = \alpha_{kj} W \ . \tag{24}$$

Durch (23) und (24) sind alle Schnitt-Relationen gegeben, die für uns in Frage kommen. Unsere Aufgabe besteht darin, die Zahlen α_{hj} aus den Eigenschaften des Elementes $r \in \mathfrak{F}$ zu ermitteln. Da übrigens, wie man aus (24) sieht, $\alpha_{jh} = -\alpha_{hj}$ ist, genügt die Bestimmung der α_{hj} für $1 \leqslant h < j \leqslant m$.

Die Restklassengruppe $\mathfrak{C}_{\mathfrak{F}}/\mathfrak{C}_{\mathfrak{F}}^2$ ist eine freie Abelsche Gruppe vom Range $\frac{m(m-1)}{2}$, und die Kommutatoren $C(e_h, e_i)$ mit $1 \leqslant h < i \leqslant m$ repräsentieren eine Basis dieser Gruppe (Nr. 13b). Daher erfüllt r, wie jedes Element von $\mathfrak{C}_{\mathfrak{F}}$, eine Kongruenz

$$r \equiv \Pi C(e_h, e_i)^{\gamma_{hi}} \text{ mod. } \mathfrak{C}_{\mathfrak{F}}^2 \ , \quad 1 \leqslant h < i \leqslant m \ . \tag{25}$$

Wir behaupten:

$$\alpha_{hj} = \gamma_{hj} \ . \tag{26}$$

Beweis. Die Zahlen γ_{hi}, die bisher nur für $h < i$ erklärt sind, definieren wir für alle h, i aus der Reihe $1, \ldots, m$ durch die Festsetzung

$$\gamma_{ih} = -\gamma_{hi} \ .$$

Dann sei

$$\gamma'_{hi} = \text{Max.}\,(\gamma_{hi}, 0) \ ;$$

es ist

$$\gamma_{hi} = \gamma'_{hi} - \gamma'_{ih} \ , \tag{27′}$$

$$\gamma'_{hi} \geqslant 0 \tag{27″}$$

für alle h, i aus der Reihe $1, \ldots, m$. Da immer $C(y, x) = C(x, y)^{-1}$ ist, können wir statt (25) schreiben:

$$r \equiv \Pi C(e_h, e_i)^{\gamma'_{hi}} \text{ mod. } \mathfrak{C}_{\mathfrak{F}}^2 \ , \ 1 \leqslant h \leqslant m \ , \ 1 \leqslant i \leqslant m \ ; \tag{25′}$$

diese Kongruenz ist gleichbedeutend mit einer Gleichung

$$r = \Pi C(e_h, e_i)^{\gamma'_{hi}} \cdot \Pi C(x_j, y_j) \ , \tag{25″}$$

wobei für jeden Index j wenigstens eines der Elemente x_j und y_j in $\mathfrak{C}_{\mathfrak{F}}$ enthalten ist.

Nach Nr. 14 wird, wenn $r = C(x_1, \dots, y_t)$ ist, der Zyklus Z von dem System $\alpha = (X_1, \dots, Y_t)$ aufgespannt. Aus (25″) sieht man, daß es ein solches System $\alpha = (X_1, Y_1, \dots, X_q, Y_q, \dots, X_t, Y_t)$ gibt, das folgende Eigenschaften hat: für $k \leqslant q$ ist jedes Paar (X_k, Y_k) mit einem Paar (E_h, E_i) identisch, und zwar kommt für feste (h, i) das Paar (E_h, E_i) genau γ'_{hi}-mal vor; für jedes $k > q$ ist wenigstens eines der Elemente X_k, Y_k Kommutator-Element von $\mathfrak{G}$, also wenigstens eines der Elemente X'_k, Y'_k von $\mathfrak{G}'$ gleich 0.

Bilden wir für irgend einen Charakter s der Gruppe $\mathfrak{G}'$ das Gruppenprodukt $[s \cdot \bar{\alpha}]$, wobei $\alpha \in \bar{\alpha}$ ist, so ist infolge der eben genannten Eigenschaften von α

$$[s \cdot \bar{\alpha}] = \Sigma\, \gamma'_{hi} \left[s(E'_i)\, E'_h - s(E'_h)\, E'_i \right] ,$$

also nach (27′)

$$[s \cdot \bar{\alpha}] = \Sigma\, \gamma_{hi}\, s(E'_i)\, E'_h , \tag{28}$$

wobei h und i immer von 1 bis m laufen. Setzen wir in (28) $s = s_{U_j}$, so erhalten wir nach (5*) und mit Rücksicht auf (21)

$$U_j \cdot Z = \Sigma \gamma_{hj} E'_h .$$

Hieraus und aus (23) folgt die behauptete Gleichheit (26).

Es gilt also folgender Satz:

Ist $r \in \mathfrak{C}_{\mathfrak{F}}$, so erfüllt r eine Kongruenz (25), *und durch die in ihr auftretenden Exponenten $\gamma_{hi} = \alpha_{hi}$ sind die Schnitt-Relationen* (23) *und* (24) *in M^n bestimmt.*

Ist $r \in \mathfrak{C}^2_{\mathfrak{F}}$, so sind alle $\gamma_{hi} = 0$; ist nicht $r \in \mathfrak{C}^2_{\mathfrak{F}}$, so ist wenigstens ein $\gamma_{hi} \neq 0$; daraus folgt:

Ist $r \in \mathfrak{C}^2_{\mathfrak{F}}$, so sind alle Schnitte je eines $(n-1)$-dimensionalen und eines zweidimensionalen Zyklus sowie je zweier $(n-1)$-dimensionaler Zyklen in M^n homolog 0 — ebenso wie es der Fall ist, wenn r nicht Kommutator-Element ist. Ist dagegen r zwar in $\mathfrak{C}_{\mathfrak{F}}$, aber nicht in $\mathfrak{C}^2_{\mathfrak{F}}$ enthalten, so gibt es Elemente $U \in \mathfrak{B}^{n-1}$, $V \in \mathfrak{B}^{n-1}$, $Z \in \mathfrak{B}^2$, so daß $V \cdot U \neq 0$, $U \cdot Z \neq 0$ ist.

In dem letzten Fall ist, wenn z. B. $\gamma_{12} \neq 0$ ist, nach (23) $U_1 \cdot mZ \neq 0$ für $m \neq 0$; minimal (Nr. 18, 21) sind daher nur die Kugelbilder; folglich gilt:

Ist $r \in \mathfrak{C}_{\mathfrak{F}}$, aber nicht $\in \mathfrak{C}^2_{\mathfrak{F}}$, so ist die Gruppe $\mathfrak{B}^2/\mathfrak{M}^2$ unendlich-zyklisch; ist dagegen r nicht $\in \mathfrak{C}_{\mathfrak{F}}$, oder ist $r \in \mathfrak{C}^2_{\mathfrak{F}}$, so sind alle zweidimensionalen Zyklen minimal, es ist also $\mathfrak{B}^2/\mathfrak{M}^2 = 0$.

Die Schnitteigenschaften der geschlossenen Flächen (Nr. 22c) ergeben sich aus (23), (24), (25), wenn man $m = 2p$ und $\gamma_{12} = \gamma_{34} = \cdots = \gamma_{2m-1,2m} = 1$, alle anderen $\gamma_{hi} = 0$ setzt.

24. *Verallgemeinerungen.* Die Sätze dieses Paragraphen lassen sich in zwei Richtungen verallgemeinern.

Erstens braucht man sich für die $(n-1)$-dimensionalen Zyklen nicht auf den ganzzahligen Koeffizientenbereich zu beschränken. Die Formel (5), die ja der Ausgangspunkt für alles Weitere ist, behält nämlich samt ihrem Beweis ihre Gültigkeit, wenn man unter U einen $(n-1)$-dimensionalen Zyklus in bezug auf irgend einen Koeffizientenbereich $\mathfrak{J}$ versteht; dann ist s_U ein $\mathfrak{J}$-Charakter von $\mathfrak{B}^1$, d. h. eine homomorphe Abbildung der (ganzzahligen) Bettischen Gruppe $\mathfrak{B}^1$ in die Gruppe $\mathfrak{J}$, und die rechte Seite von (5) stellt ein Element der ersten Bettischen Gruppe $\mathfrak{B}^1_{\mathfrak{J}}$ in bezug auf $\mathfrak{J}$ dar. In der Formel (6) wird man voraussetzen, daß für U und V ein beliebiger Koeffizienten-Ring zugrundeliegt. Man wird übrigens bereits genügende Verallgemeinerungen und Verfeinerungen unserer Sätze erzielen, wenn man als Koeffizientenbereiche nur die Restklassenringe modulo m mit $m \geqslant 2$ heranzieht. Für die zweidimensionalen Zyklen Z allerdings wird man wohl nicht auf die Ganzzahligkeit verzichten können, wenigstens nicht ohne erhebliche Abänderungen der Begriffe und Sätze aus § 2.

Zweitens kann man die Sätze, die wir für Mannigfaltigkeiten bewiesen haben, auf beliebige Komplexe übertragen, wenn man die alte Schnitttheorie durch die neuere Produkttheorie ersetzt.[3]) Man hat dann die Charaktere der Gruppe $\mathfrak{B}^1$ als eindimensionale Kohomologieklassen zu deuten, und diese treten an die Stelle der $(n-1)$-dimensionalen Homologieklassen U; ebenso sind die $(n-2)$-dimensionalen Zyklen W durch zweidimensionale Kozyklen zu ersetzen. Die linke Seite der Formel (5) ist dann das Čech-Whitneysche Produkt — das „cap"-Produkt — einer eindimensionalen Kohomologieklasse mit einer zweidimensionalen Homologieklasse, und die linke Seite von (6) ist das Kolmogoroff-Alexandersche Produkt — das „cup"-Produkt — zweier eindimensionaler Kohomologieklassen; der im Beweis von (5) verwendete Umkehrungs-Homomorphismus existiert auch in der allgemeinen Produkttheorie[35]). Den Inhalt von Nr. 19 (samt dem § 1 und dem Anhang dieser Arbeit) kann man als eine rein algebraische Begründung der cap- und cup-Produkte für die genannten kleinen Dimensionszahlen auffassen, aus welcher hervorgeht, daß diese Produkte in einem Komplex durch dessen Fundamentalgruppe bestimmt sind.

---

[35]) *Whitney*, l. c.[3]), Theorem 6.

§ 5. Dreidimensionale Mannigfaltigkeiten

25. Für jede Abelsche Gruppe $\mathfrak{H}$ mit endlich vielen Erzeugenden sollen die Zahlen $p(\mathfrak{H})$, $q(\mathfrak{H})$ analog erklärt sein wie in Nr. 13c: in der Normalform von $\mathfrak{H}$, also in derjenigen Darstellung von $\mathfrak{H}$ als direkte Summe zyklischer Gruppen, in welcher die Ordnung jedes Summanden Teiler der Ordnung des folgenden Summanden ist, ist $q(\mathfrak{H})$ die Anzahl aller Summanden, und $p(\mathfrak{H})$ ist — übrigens in jeder Darstellung von $\mathfrak{H}$ als direkte Summe zyklischer Gruppen — die Anzahl der unendlich-zyklischen Summanden. Zu jeder Gruppe $\mathfrak{G}$ (mit endlich vielen Erzeugenden und Relationen) gehören also, wenn $\mathfrak{G}'$ und $\mathfrak{G}_1^*$ dieselben Bedeutungen haben wie bisher, Zahlen

$$p(\mathfrak{G}') = p_1 \,, \quad q(\mathfrak{G}') = q_1 \,, \quad p(\mathfrak{G}_1^*) = p^* \,, \quad q(\mathfrak{G}_1^*) = q^* \,.$$

Für jeden Komplex K mit der zweiten Bettischen Gruppe $\mathfrak{B}^2$ setzen wir $p(\mathfrak{B}^2) = p_2$, $q(\mathfrak{B}^2) = q_2$. Ist $\mathfrak{G}$ die Fundamentalgruppe von K, so folgt aus Nr. 12a, wie schon in Nr. 13c, Formel (5), hervorgehoben wurde,

$$q^* \leqslant q_2 \tag{1}$$

(sowie $p^* \leqslant p_2$, was wir aber im folgenden nicht brauchen).

Jetzt sei $K = M^3$ eine dreidimensionale, geschlossene, orientierbare Mannigfaltigkeit. Nach dem Poincaréschen Dualitätssatz ist $p_2 = p_1$; ferner ist, da keine zweidimensionale Torsion vorhanden ist, $q_2 = p_2$. Hieraus und aus (1) folgt, wenn wir noch die trivialen Beziehungen $p_1 \leqslant q_1$, $p^* \leqslant q^*$ notieren:

Ist $\mathfrak{G}$ die Fundamentalgruppe einer M^3, so bestehen zwischen den durch $\mathfrak{G}$ bestimmten Zahlen p_1, q_1, p^*, q^* die Beziehungen

$$p^* \leqslant q^* \leqslant p_1 \leqslant q_1 \,. \tag{2}$$

Korollar: *Ist die Fundamentalgruppe $\mathfrak{G}$ einer M^3 endlich, so ist $\mathfrak{G}_1^* = 0$.* Denn aus der Endlichkeit von $\mathfrak{G}$ folgt $p_1 = 0$, aus (2) also $q^* = 0$.

26. Wir behaupten zweitens, indem wir die gemäß Nr. 21 zu jeder Gruppe $\mathfrak{G}$ gehörige Gruppe $\mathfrak{M}_{\mathfrak{G}}$ heranziehen:

Ist $\mathfrak{G}$ die Fundamentalgruppe einer M^3, so ist $\mathfrak{G}_1^*/\mathfrak{M}_{\mathfrak{G}}$ nicht eine von 0 verschiedene, zyklische Gruppe.

Beweis: Nehmen wir an, für die Fundamentalgruppe $\mathfrak{G}$ von M^3 sei $\mathfrak{G}_1^*/\mathfrak{M}_{\mathfrak{G}}$ zyklisch und nicht 0. Dann ist nach Nr. 21 auch $\mathfrak{B}^2/\mathfrak{M}^2$ zyklisch und nicht 0; es gibt also einen solchen zweidimensionalen, nicht minimalen Zyklus Z_1, daß sich jeder zweidimensionale Zyklus U als Summe $U = U_0 + mZ_1$ darstellen läßt, wobei U_0 minimal ist. Da Z_1 nicht minimal ist, gibt es einen zweidimensionalen Zyklus U mit $U \cdot Z_1 \neq 0$; schreiben wir U in der soeben angegebenen Form, so folgt, da U_0 minimal ist: $U \cdot Z_1 = mZ_1 \cdot Z_1 \neq 0$. Dies ist unmöglich, da für $(n-1)$-dimensionale Zyklen Z_1, Z_2 in einer M^n immer $Z_2 \cdot Z_1 = -Z_1 \cdot Z_2$, also $Z_1 \cdot Z_1 = 0$ ist.

27. Die Fundamentalgruppe $\mathfrak{G}$ von M^3 sei Abelsch. Nach (2) und nach Nr. 13c, Formel (4), ist dann

$$\frac{q_1(q_1-1)}{2} \leqslant p_1 \leqslant q_1 \,. \tag{3}$$

Man überzeugt sich ohne Mühe davon, daß die einzigen Paare von ganzen, nicht negativen Zahlen (q_1, p_1), welche (3) erfüllen, abgesehen von dem trivialen Fall $q_1 = p_1 = 0$, die folgenden sind: $q_1 = 1, p_1 = 0$; $q_1 = 1, p_1 = 1$; $q_1 = 2, p_1 = 1$; $q_1 = 2, p_1 = 2$; $q_1 = 3, p_1 = 3$. Nach Nr. 22b, Satz δ, folgt aus $q_1 = 2, p_1 \geqslant 1$, daß $\mathfrak{B}^2/\mathfrak{M}^2$ zyklisch und nicht 0, also nach Nr. 21, daß auch $\mathfrak{G}_1^*/\mathfrak{M}_{\mathfrak{G}}$ zyklisch und nicht 0 ist; nach Nr. 26 ist dies für eine M^3 unmöglich; es bleiben für q_1 und p_1 also nur folgende Möglichkeiten übrig:

$$q_1 = 1 \,, \; p_1 \leqslant 1 \,; \qquad q_1 = p_1 = 3 \,.$$

$q_1 = 1$ bedeutet: $\mathfrak{G}$ ist zyklisch, und zwar endlich oder unendlich, jenachdem $p_1 = 0$ oder $p_1 = 1$ ist; $q_1 = p_1 = 3$ bedeutet: $\mathfrak{G}$ ist direktes Produkt von drei unendlich-zyklischen Gruppen. Diese Gruppen treten wirklich als Fundamentalgruppen auf, nämlich für die Linsenräume, für das topologische Produkt von Kreis und Kugel und für das topologische Produkt von drei Kreisen. Damit ist bewiesen:

Die einzigen Abelschen Fundamentalgruppen geschlossener, orientierbarer, dreidimensionaler Mannigfaltigkeiten sind die zyklischen Gruppen und das direkte Produkt von drei unendlich-zyklischen Gruppen.

Das ist ein Satz von Reidemeister. [36])

---

[36]) l. c.[4]). Es ist bemerkenswert, daß auch bei Reidemeister die Fälle $q_1 = 2$, $p_1 \geq 1$, besonders behandelt werden müssen; ob ein innerer Zusammenhang zwischen den beiden Methoden besteht, ist mir nicht klar.

304

28. Aus Nr. 23 und Nr. 26 ergibt sich — in analoger Weise, wie wir soeben die Fälle mit $q_1 = 2$ ausgeschaltet haben — folgender Satz:

Die Gruppe $\mathfrak{G}$ werde von Elementen $E_1, \ldots, E_m$ erzeugt, zwischen denen eine einzige Relation $R(E_1, \ldots, E_m) = 1$ besteht; das Element $r = R(e_1, \ldots, e_m)$ der von den freien Erzeugenden $e_1, \ldots, e_m$ erzeugten Gruppe $\mathfrak{F}$ sei in $\mathfrak{C}_{\mathfrak{F}}$, aber nicht in $\mathfrak{C}^2_{\mathfrak{F}}$ enthalten. Dann kann $\mathfrak{G}$ nicht Fundamentalgruppe einer M^3 sein.

Die Voraussetzungen über $\mathfrak{G}$ sind insbesondere erfüllt, wenn — man vgl. Nr. 23 — $\mathfrak{G}$ mit der Fundamentalgruppe einer geschlossenen, orientierbaren Fläche positiven Geschlechtes isomorph ist; diese Gruppen treten also nicht als Fundamentalgruppen dreidimensionaler Mannigfaltigkeiten auf.

Ich kenne übrigens überhaupt kein Beispiel einer M^3, deren Fundamentalgruppe derart erzeugbar ist, daß zwischen den Erzeugenden eine einzige Relation $R = 1$ besteht, wobei $r \in \mathfrak{C}_{\mathfrak{F}}$ ist (abgesehen von dem trivialen Fall $r = 1$).

29. Bezeichnen wir mit $\mathfrak{G}'_0$ die Faktorgruppe von $\mathfrak{G}'$ nach der Gruppe der Elemente endlicher Ordnung in $\mathfrak{G}'$, so ist, wenn $\mathfrak{G}$ die Fundamentalgruppe von M^3 ist, $\mathfrak{B}^2 \cong \mathfrak{G}'_0$; außerdem ist $\mathfrak{B}^2/\mathfrak{S}^2 \cong \mathfrak{G}^*_1$. Da $\mathfrak{B}^2$ eine Abelsche Gruppe mit endlich vielen Erzeugenden ist, kann man aus den Strukturen von $\mathfrak{B}^2$ und von $\mathfrak{B}^2/\mathfrak{S}^2$ die Struktur von $\mathfrak{S}^2$ bestimmen, z. B. durch Berechnung des Ranges und der Ränge mod. m für $m \geqslant 2$. Daher gilt folgender Satz:

In einer M^3 ist die Struktur der Gruppe $\mathfrak{S}^2$, also der Gruppe der Homologieklassen, die Kugelbilder enthalten, durch die Fundamentalgruppe $\mathfrak{G}$ bestimmt.

Speziell ergibt sich:

M^3 ist dann und nur dann homologie-asphärisch (Nr. 12b), *wenn*

$$\mathfrak{G}^*_1 \cong \mathfrak{G}'_0 \tag{4}$$

ist.

Die Isomorphie (4) ist also insbesondere eine notwendige Bedingung dafür, daß eine Gruppe $\mathfrak{G}$ als Fundamentalgruppe einer M^3 auftreten kann, deren universeller Überlagerungsraum der euklidische Raum ist; denn jede solche M^3 ist sogar homotopie-asphärisch.

Die folgende Frage erscheint mir interessant: Kann man aus den Eigenschaften der Fundamentalgruppe auch erkennen, ob eine M^3 homotopie-asphärisch ist?

ANHANG

Algebraische Einführung der Gruppen-Produkte

Den Hilfssatz in Nr. 19, der die Definition der Produkte $[s \cdot \bar{\alpha}]$ und $\{s \cdot t\}$ ermöglicht, haben wir dort unter Benutzung topologischer Hilfsmittel bewiesen, die nicht elementar sind. Hier soll ein rein algebraischer Beweis geführt werden; dabei wird sich noch zeigen, daß die frühere Formulierung des Hilfssatzes unnötig eng war und daß daher die beiden Produkte einen größeren Definitionsbereich haben als den, der früher angegeben wurde.

a) $\mathfrak{F}$ sei eine freie Gruppe, $\{e_j\}$ ein freies Erzeugendensystem von $\mathfrak{F}$; die Mächtigkeit dieses Systems ist gleichgültig. Für jedes $x \in \mathfrak{F}$ bezeichne $s_i(x)$ die Anzahl der Faktoren e_i, vermindert um die Anzahl der Faktoren e_i^{-1} in einer Darstellung von x als Produkt von Erzeugenden $e_j^{\pm 1}$; da die e_i ein freies Erzeugenden-System bilden, ist $s_i(x)$ eindeutig bestimmt.

$x_1, y_1, \ldots, x_n, y_n$ seien Elemente von $\mathfrak{F}$; sie seien als Produkte von Erzeugenden $e_j^{\pm 1}$ dargestellt; die dabei vorkommenden e_j seien etwa $e_1, \ldots, e_q$; die von $e_1, \ldots, e_q$ erzeugte Untergruppe von $\mathfrak{F}$ heiße $\mathfrak{F}_q$; sie ist eine freie Gruppe, und die $e_1, \ldots, e_q$ sind freie Erzeugende von $\mathfrak{F}_q$.

Die Kommutator-Worte C seien wie in Nr. 2 erklärt.

Wir behaupten: *Setzt man*

$$\sum_h [s_i(x_h) \cdot s_k(y_h) - s_i(y_h) \cdot s_k(x_h)] = \gamma_{ik} , \tag{1}$$

so ist

$$C(x_1, \ldots, y_n) \equiv \prod_{i<k} C(e_i, e_k)^{\gamma_{ik}} \quad \text{mod. } \mathfrak{C}^2_{\mathfrak{F}_q} \quad ; \tag{2}$$

dabei ist $\mathfrak{C}^2_{\mathfrak{F}_q}$ die zweite Kommutatorgruppe von $\mathfrak{F}_q$; da $\mathfrak{C}_{\mathfrak{F}_q}/\mathfrak{C}^2_{\mathfrak{F}_q}$ Abelsch ist, kommt es auf die Reihenfolge der Faktoren des Produktes in (2) nicht an.

Der Beweis dieser Behauptung ergibt sich durch eine einfache Rechnung, indem man $x_1, \ldots, y_n$ als Produkte der $e_1^{\pm 1}, \ldots, e_q^{\pm 1}$ schreibt und dann die — in jeder Gruppe $\mathfrak{G}$ gültigen — Regeln

$$C(a, b) = C(b, a)^{-1} ,$$

$$C(a \cdot b, c) \equiv C(a, c) \cdot C(b, c), \; C(a, b \cdot c) \equiv C(a, b) \cdot C(a, c) \text{ mod. } \mathfrak{C}^2_{\mathfrak{G}}$$

anwendet, von denen die erste trivial ist und die beiden letzten durch eine kleine Rechnung verifiziert werden können[37]).

[37]) Cf. *Witt*, l. c.[22]), § 4; (die dortigen $\mathfrak{G}^n$ sind unsere $\mathfrak{C}^{n-1}_{\mathfrak{G}}$).

b) Wir behaupten weiter: *Ist* $C(x_1,\ldots,y_n)=1$, *so sind alle* $\gamma_{ik}=0$.

Beweis: Da jedes Element c von $\mathfrak{C}_{\mathfrak{F}_q}$ in der Form $c=C(x_1,\ldots,y_n)$ mit $x_h, y_h \in \mathfrak{F}_q$ geschrieben werden kann, sieht man aus (2), daß die Restklassen von $\mathfrak{C}_{\mathfrak{F}_q}$ mod. $\mathfrak{C}^2_{\mathfrak{F}_q}$, welche die $\frac{q(q-1)}{2}$ Elemente $C(e_i, e_k)$ mit $1 \leqslant i < k \leqslant q$ enthalten, die Gruppe $\mathfrak{C}_{\mathfrak{F}_q}/\mathfrak{C}^2_{\mathfrak{F}_q}$ erzeugen; diese Gruppe ist nach einem Satz von Witt[38]) eine freie Abelsche Gruppe vom Range $\frac{q(q-1)}{2}$; daher bilden die genannten Restklassen eine Basis in ihr. Folglich sind die Exponenten γ_{ik} in (2) nicht nur durch das System $(x_1,\ldots,y_n)$, sondern sogar durch das Element $C(x_1,\ldots,y_n)$ eindeutig bestimmt. Daraus folgt: wenn $C(x_1,\ldots,y_n) \in \mathfrak{C}^2_{\mathfrak{F}_q}$ ist, so sind alle $\gamma_{ik}=0$. Hierin ist die Richtigkeit der obigen Behauptung enthalten.

c) $\mathfrak{F}$ sei vorläufig eine beliebige Gruppe, frei oder nicht; wie im § 1 verstehen wir unter $\Gamma_{\mathfrak{F}}$ die Menge aller Systeme $(x_1, y_1,\ldots, x_n, y_n)$ mit $x_h, y_h \in \mathfrak{F}$; gemäß Nr. 3 sind in $\Gamma_{\mathfrak{F}}$ Addition und Bildung des Inversen erklärt. Ist $\varphi=(x_1,\ldots,y_n)$, so schreiben wir statt $C(x_1,\ldots,y_n)$ kurz $C(\varphi)$. Für beliebige φ, ψ ist

$$C(\varphi \pm \psi) = C(\varphi)\cdot C(\psi)^{\pm 1}\,. \tag{3}$$

$\mathfrak{F}'$ sei wieder die Gruppe $\mathfrak{F}/\mathfrak{C}_{\mathfrak{F}}$, und für jedes $x \in \mathfrak{F}$ sei x' das Element von $\mathfrak{F}'$, zu dem x gehört; wir schreiben $\mathfrak{F}'$ additiv. Ferner betrachten wir Charaktere f von $\mathfrak{F}'$, also homomorphe Abbildungen von $\mathfrak{F}'$ in die additive Gruppe der ganzen Zahlen.

Für beliebiges $\varphi=(x_1,\ldots,y_n) \in \Gamma_{\mathfrak{F}}$ und für einen beliebigen Charakter f von $\mathfrak{F}'$ definieren wir das Produkt $[f\cdot\varphi]$ als

$$[f\cdot\varphi] = \sum_h \left[f(y_h')\,x_h' - f(x_h')\,y_h'\right]\,. \tag{4}$$

$[f\cdot\varphi]$ ist also ein Element von $\mathfrak{F}'$. Die Produktbildung ist distributiv:

$$[f\cdot(\varphi\pm\psi)] = [f\cdot\varphi] \pm [f\cdot\psi]\,; \tag{5}$$

sie ist übrigens auch distributiv in bezug auf f.

Von jetzt an sei $\mathfrak{F}$ wieder eine freie Gruppe; die durch $(x_1,\ldots,y_n)$

[38]) l. c.[22]); auf unseren Beweis in Nr. 13 b dürfen wir uns nicht berufen, da der obige „Anhang" einen rein algebraischen Charakter haben soll.

bestimmten Zahlen γ_{ik} sind wie in a) erklärt. Wir behaupten: *Ist* $\varphi = (x_1, \ldots, y_n)$, *so ist*

$$[f \cdot \varphi] = \Sigma \gamma_{ik} f(e'_k) e'_i \,. \tag{6}$$

Beweis: Aus der Definition von $s_i(x)$ folgt

$$x'_h = \Sigma s_i(x_h) e'_i \,, \quad y'_h = \Sigma s_k(y_h) e'_k \,.$$

Setzt man dies auf der rechten Seite von (4) ein, so erhält man auf Grund von (1) die behauptete Gleichung (6).

Aus (6) und aus b) folgt: *Ist* $C(\varphi) = 1$, *so ist* $[f \cdot \varphi] = 0$ *für alle Charaktere* f *von* $\mathfrak{F}'$.

Aus diesem Satz, aus (5) und aus (3) ergibt sich:

Ist $\mathfrak{F}$ *eine freie Gruppe, und sind* φ, ψ *Elemente von* $\Gamma_{\mathfrak{F}}$ *mit* $C(\varphi) = C(\psi)$, *so ist* $[f \cdot \varphi] = [f \cdot \psi]$ *für alle Charaktere* f.

d) $\mathfrak{G}$ sei eine Gruppe, auf welche die freie Gruppe $\mathfrak{F}$ durch einen Homomorphismus F abgebildet ist. F vermittelt Abbildungen von $\Gamma_{\mathfrak{F}}$ auf $\Gamma_{\mathfrak{G}}$ und von $\mathfrak{F}'$ auf $\mathfrak{G}'$, die wir ebenfalls F nennen: für $\varphi = (x_1, \ldots, y_n) \in \Gamma_{\mathfrak{F}}$ ist $F(\varphi) = (F(x_1), \ldots, F(y_n))$, und für jedes $x \in \mathfrak{F}$ ist $F(x') = (F(x))'$; ferner ordnet F jedem Charakter s von $\mathfrak{G}'$ einen Charakter f von $\mathfrak{F}'$ zu, nämlich den Charakter $f = sF$, der für das Element x' von $\mathfrak{F}'$ denselben Wert hat wie s für das Element $F(x')$. Mit Hilfe der Definition (4) bestätigt man die Regel

$$F([sF \cdot \varphi]) = [s \cdot F(\varphi)] \tag{7}$$

für jedes $\varphi \in \Gamma_{\mathfrak{F}}$ und jeden Charakter s von $\mathfrak{G}'$.

K_F habe dieselbe Bedeutung wie in Nr. 4 und 5; K_F ist also die Menge derjenigen $\alpha \in \Gamma_{\mathfrak{G}}$, zu denen es solche $\varphi \in \Gamma_{\mathfrak{F}}$ gibt, daß $F(\varphi) = \alpha$ und $C(\varphi) \in \mathfrak{C}_{\mathfrak{F}}(\mathfrak{R})$ ist, wobei $\mathfrak{R}$ den Kern des Homomorphismus F bezeichnet. Wir behaupten:

Ist $\alpha \in K_F$, *so ist* $[s \cdot \alpha] = 0$ *für alle Charaktere* s *von* $\mathfrak{G}'$.

Beweis: Es sei $\alpha \in K_F$, also $\alpha = F(\varphi)$, $C(\varphi) \in \mathfrak{C}_{\mathfrak{F}}(\mathfrak{R})$; dann ist $C(\varphi) = \Pi C(x_h, y_h)$, wobei für jedes h wenigstens eines der Elemente x_h, y_h in $\mathfrak{R}$ enthalten ist; wir setzen $(x_1, y_1, \ldots) = \psi$; dann ist $C(\varphi) = C(\psi)$, also nach c) $[f \cdot \varphi] = [f \cdot \psi]$ für jeden Charakter f von $\mathfrak{F}'$. Nun folgt mit Hilfe von (7) für jeden Charakter s von $\mathfrak{G}'$:

$$\begin{aligned}[s \cdot \alpha] &= [s \cdot F(\varphi)] = F([sF \cdot \varphi]) = F([sF \cdot \psi]) = [s \cdot F(\psi)] \\ &= \Sigma \left[s(Y'_h) X'_h - s(X'_h) Y'_h\right] \,,\end{aligned}$$

wobei wir $F(x_h) = X_h$, $F(y_h) = Y_h$ gesetzt haben. Da nun für jedes h wenigstens eines der Elemente x_h, y_h in $\mathfrak{R}$, also wenigstens eines der Elemente X_h, Y_h die Eins von $\mathfrak{G}$, also wenigstens eines der Elemente X_h', Y_h' die Null von $\mathfrak{G}'$ ist, ist in der Tat $[s \cdot \alpha] = 0$.

Aus dem hiermit bewiesenen Satz und aus (5) folgt:

Ist $\alpha_1 - \alpha_2 \in K_F$, *so ist* $[s \cdot \alpha_1] = [s \cdot \alpha_2]$ *für alle* s.

e) Die in Nr. 5 erklärte Gruppe $\mathfrak{G}^*$ ist eine Restklassengruppe von $\Gamma_{\mathfrak{G}}$, und ihr Kern ist K_F. Daher ist dann und nur dann $\alpha_1 - \alpha_2 \in K_F$, wenn α_1 und α_2 demselben Element $\bar{\alpha}$ von $\mathfrak{G}^*$ angehören. Mithin enthält der soeben bewiesene Satz den Hilfssatz aus Nr. 19.

Wir haben aber in zwei Richtungen mehr bewiesen als diesen Hilfssatz. Erstens ist $\bar{\alpha}$ jetzt ein beliebiges Element von $\mathfrak{G}^*$, während früher außerdem $C(\alpha) = 1$ für $\alpha \in \bar{\alpha}$, also $\bar{\alpha} \in \mathfrak{G}_1^*$ sein mußte. Zweitens haben wir früher vorausgesetzt, daß $\mathfrak{G}$ von endlich vielen Elementen mit endlich vielen Relationen erzeugbar sei, während jetzt $\mathfrak{G}$ ganz beliebig sein kann, da jede Gruppe $\mathfrak{G}$ homomorphes Bild einer freien Gruppe, im allgemeinen einer solchen mit unendlich vielen Erzeugenden, ist. Auf Grund dieser Verallgemeinerungen sieht man: *Die Gruppen-Produkte* $[s \cdot \bar{\alpha}]$ *und* $\{s \cdot t\}$ *sind für beliebige Gruppen* $\mathfrak{G}$ *und beliebige* $\bar{\alpha} \in \mathfrak{G}^*$, $s, t \in \mathfrak{Ch}\,\mathfrak{G}'$ *definiert; und zwar ist* $[s \cdot \bar{\alpha}] \in \mathfrak{G}'$, $\{s \cdot t\} \in \mathfrak{Ch}\,\mathfrak{G}^*$.

Weitere Verallgemeinerungen erhält man in naheliegender Weise, wenn man außer den ganzzahligen Charakteren auch Charaktere modulo m mit $m \geqslant 2$ oder noch allgemeinere Charaktere von $\mathfrak{G}'$ betrachtet.

(Eingegangen den 12. September 1941.)

45.

Nachtrag zu der Arbeit "Fundamentalgruppe und zweite Bettische Gruppe"

Comm. Math. Helvetici **15** (1942/43), 27–32

Die nachstehenden Bemerkungen setzen die Kenntnis der im Titel genannten Arbeit[1]), die ich kurz als „*F.*" zitieren werde, nicht voraus. Der Untersuchung und Darstellung topologisch-gruppentheoretischer Zusammenhänge, die den Hauptinhalt von *F.* bilden (§ 1; § 2; § 4 ohne Nr. 22; Anhang), habe ich nichts hinzuzufügen; es soll aber zu einem Korollar der dort gewonnenen Sätze ein elementarerer Zugang gezeigt werden. Dieses Korollar lautet: „*Es seien: K, K_1 zwei Komplexe mit isomorphen Fundamentalgruppen; $\mathfrak{B}^2$, $\mathfrak{B}_1^2$ ihre zweiten Bettischen Gruppen; $\mathfrak{S}^2$, $\mathfrak{S}_1^2$ die Gruppen derjenigen Homologieklassen, welche stetige Bilder der Kugelfläche enthalten. Dann ist $\mathfrak{B}^2/\mathfrak{S}^2 \cong \mathfrak{B}_1^2/\mathfrak{S}_1^2$.*" Von diesem Satz lassen sich zahlreiche Anwendungen machen (*F.*, § 3; Nr. 25); sowohl aus diesem Grunde dürfte der unten angegebene kurze Beweis Interesse verdienen, als auch darum, weil dieser Beweis sogleich einen allgemeineren Satz liefert, der sich nicht nur auf die Dimensionszahl 2 bezieht. Dabei erhält man allerdings weder Aufschluß über die Art der gruppentheoretischen Verwandtschaft zwischen $\mathfrak{B}^2/\mathfrak{S}^2$ und der Fundamentalgruppe $\mathfrak{G}$, noch über die Art der geometrischen Beziehung zwischen zweidimensionalen Zyklen und eindimensionalen Wegen, welche den Zusammenhang zwischen $\mathfrak{B}^2/\mathfrak{S}^2$ und $\mathfrak{G}$ herstellt; die Klärung der beiden damit gestellten Fragen bildet gerade den Inhalt der §§ 1 und 2 von *F.*.

Die unten angewandte Methode gehört ganz in den Rahmen der Theorie der Deformationen von Hurewicz, und zwar in deren elementarsten Teil[2]); es wird eigentlich einem der dortigen Beweise nur eine Kleinigkeit — im wesentlichen die Einführung der Gruppe $\mathfrak{S}^2$ — hinzugefügt. Daher wird manches, was nachher zu sagen ist, bekannt sein, und die Darstellung darf an diesen Stellen knapp gefaßt werden. Für neu halte ich den speziellen Satz am Schluß (Nr. 5.5); aber auch er wird durch Betrachtungen gewonnen, die solchen bei Hurewicz ähnlich sind.

In *F.* wurde auch gezeigt, daß und wie gewisse multiplikative Eigenschaften in Mannigfaltigkeiten durch die Fundamentalgruppe bestimmt sind. Verzichtet man auf das „wie" und begnügt man sich mit dem Satz, *daß* diese Eigenschaften nur von der Fundamentalgruppe abhängen, so

[1]) Comment. Math. Helvet. **14** (1942), S. 257.

[2]) *W. Hurewicz*, Proc. Akad. Amsterdam **39** (1938), 215—224; besonders 217—218. — Im folgenden als „*H.*" zitiert.

läßt sich dies — samt einer Verallgemeinerung auf höhere Dimensionszahlen — mit derselben elementaren Methode beweisen; man muß dann — was in *F.* nur angedeutet wurde (Nr. 24) — von vornherein statt Mannigfaltigkeiten beliebige Komplexe und in diesen in erster Linie das Čech-Whitneysche „cap"-Produkt[3]) betrachten. Ich will aber darauf hier nicht eingehen.

1. K sei ein Komplex beliebiger Dimension, K^n der Komplex seiner höchstens n-dimensionalen Simplexe, $\mathfrak{Z}^n$ die Gruppe seiner n-dimensionalen Zyklen, $\mathfrak{B}^n$ seine n-te Bettische Gruppe (in bezug auf ganzzahlige Koeffizienten). Die Menge derjenigen $z \in \mathfrak{Z}^n$, welche (simpliziale) Bilder einer n-dimensionalen Sphäre S^n sind, nennen wir $\overline{\mathfrak{S}}^n$. Behauptung: $\overline{\mathfrak{S}}^n$ ist eine Gruppe.

Beweis: Es sei $z_1 \in \overline{\mathfrak{S}}^n$, $z_2 \in \overline{\mathfrak{S}}^n$; dann ist $z_1 = f_1(S_1^n)$, $z_2 = f_2(S_2^n)$, wobei S_1^n, S_2^n zwei zueinander fremde Sphären sind. Man verbinde einen Punkt $a_1 \in S_1^n$ durch eine Strecke T mit einem Punkt $a_2 \in S_2^n$ und bilde eine dritte Sphäre S^n so auf $S_1^n + T + S_2^n$ ab, daß S_1^n mit dem Grade $+1$, S_2^n mit dem Grade -1 bedeckt wird; darauf übe man f_1, f_2 auf S_1^n bzw. S_2^n aus und bilde außerdem T auf einen Streckenzug in K ab, der $f_1(a_1)$ mit $f_2(a_2)$ verbindet. So entsteht eine Abbildung f von S^n mit $f(S^n) = z_1 - z_2$; es ist also $z_1 - z_2 \in \overline{\mathfrak{S}}^n$; folglich ist $\overline{\mathfrak{S}}^n$ eine Gruppe.

Wir setzen $\mathfrak{Z}^n / \overline{\mathfrak{S}}^n = \mathfrak{Q}^n$. Diejenigen $z \in \mathfrak{Z}^n$, welche ~ 0 in K sind, sind lineare Verbindungen von Rändern $(n+1)$-dimensionaler Simplexe, also von n-dimensionalen Sphärenbildern, also selbst in $\overline{\mathfrak{S}}^n$ enthalten; daraus folgt: eine n-dimensionale Homologieklasse von K enthält entweder nur Sphärenbilder oder kein Sphärenbild. Die Homologieklassen, die Sphärenbilder enthalten, bilden eine Untergruppe $\mathfrak{S}^n$ von $\mathfrak{B}^n$; ordnet man jedem Zyklus die ihn enthaltende Homologieklasse zu, so entsteht eine homomorphe Abbildung von $\mathfrak{Z}^n$ auf $\mathfrak{B}^n$, bei welcher $\overline{\mathfrak{S}}^n$ das Urbild von $\mathfrak{S}^n$ ist; folglich ist

$$\mathfrak{Q}^n \cong \mathfrak{B}^n / \mathfrak{S}^n . \tag{1}$$

Diese Isomorphie zeigt: Die Struktur von $\mathfrak{B}^n / \mathfrak{S}^n$ ist bereits durch K^n bestimmt (während $\mathfrak{B}^n$ und $\mathfrak{S}^n$ erst durch K^{n+1} bestimmt sind). — Man sieht übrigens leicht, daß $\mathfrak{S}^n$ und daher auch $\mathfrak{B}^n / \mathfrak{S}^n$ topologische Invarianten von K sind.

2. K heißt „asphärisch" in der Dimension r, wenn in K jedes stetige Bild einer r-dimensionalen Sphäre homotop 0 ist[2]). Wenn ein Komplex

[3]) *H. Whitney*, Annals of Math. **39** (1938), 397—432.

asphärisch in allen Dimensionen r mit $1 < r < n$ ist, so wollen wir sagen, daß er die Eigenschaft A_n hat ($n > 1$). Man beachte, daß die Eigenschaft A_2 nichtssagend ist, daß also jeder Komplex die Eigenschaft A_2 hat, und daß daher die nachstehenden Sätze für $n = 2$ eine besonders einfache Bedeutung und einen besonders allgemeinen Gültigkeitsbereich haben.

Es ist übrigens klar, daß, falls K asphärisch in der Dimension r ist, $\mathfrak{S}^r = 0$ ist (die Umkehrung hiervon gilt nicht).

3. Es seien: K, K_1 zwei Komplexe, jeder von ihnen zusammenhängend; K^n, K_1^n die Komplexe ihrer höchstens n-dimensionalen Simplexe; $\mathfrak{G}$, $\mathfrak{G}_1$ ihre Fundamentalgruppen. $\mathfrak{Z}_1^n$, $\overline{\mathfrak{S}}_1^n$, $\mathfrak{Q}_1^n$, $\mathfrak{B}_1^n$, $\mathfrak{S}_1^n$ sollen die gleichen Bedeutungen für K_1 haben wie die analog bezeichneten Gruppen für K.

Eine Abbildung f von K^n in K_1^n, $n > 1$, bewirkt eine Homomorphismenklasse[2]) von $\mathfrak{G}$ in $\mathfrak{G}_1$, sowie einen Homomorphismus von $\mathfrak{Z}^n$ in $\mathfrak{Z}_1^n$; ferner ist offenbar $f(\overline{\mathfrak{S}}^n) \subset \overline{\mathfrak{S}}_1^n$, und daher bewirkt f auch einen Homomorphismus von $\mathfrak{Q}^n$ in $\mathfrak{Q}_1^n$.

Wir setzen von jetzt an voraus: K_1 hat die Eigenschaft A_n.

Dann gelten die folgenden drei Hilfssätze:

3.1. Zu jeder Homomorphismenklasse H von $\mathfrak{G}$ in $\mathfrak{G}_1$ gibt es eine Abbildung von K^n in K_1^n, welche H bewirkt.

3.2. f, g seien zwei Abbildungen von K^n in K_1^n, welche dieselbe Homomorphismenklasse von $\mathfrak{G}$ in $\mathfrak{G}_1$ bewirken; dann gibt es eine mit f homotope Abbildung f' von K^n in K_1^n, welche auf K^{n-1} mit g identisch ist.

3.3. f, g seien zwei Abbildungen von K^n in K_1^n, welche dieselbe Homomorphismenklasse von $\mathfrak{G}$ in $\mathfrak{G}_1$ bewirken; dann bewirken sie auch denselben Homomorphismus von $\mathfrak{Q}^n$ in $\mathfrak{Q}_1^n$.

Die Beweise von 3.1 und 3.2 dürfen als bekannt gelten[2]). — Beweis von 3.3: Ist f' die in 3.2 genannte Abbildung und ist x ein orientiertes n-dimensionales Simplex von K^n, so ist $f'(x) - g(x)$ ein Sphärenbild in K_1^n, also ein Element von $\overline{\mathfrak{S}}_1^n$; daher ist auch $f'(z) \equiv g(z)$ mod. $\mathfrak{S}_1^n$ für jeden $z \in \mathfrak{Z}^n$, und da f' mit f homotop ist, ist $f'(z) = f(z)$, also auch $f(z) \equiv g(z)$; das ist aber die Behauptung.

Aus 3.1 und 3.3 folgt: Unter der Voraussetzung, daß K_1 die Eigenschaft A_n besitzt, ist jeder Homomorphismenklasse H von $\mathfrak{G}$ in $\mathfrak{G}_1$ ein bestimmter Homomorphismus Q_H von $\mathfrak{Q}^n$ in $\mathfrak{Q}_1^n$ zugeordnet, nämlich der durch diejenigen Abbildungen von K^n in K_1^n bewirkte, welche H bewirken.

Folgendes ist klar: falls $K = K_1$ und H die Klasse der identischen Abbildung von $\mathfrak{G}$ auf sich ist, so ist auch Q_H die identische Abbildung von $\mathfrak{Q}^n$ auf sich; falls auch K_2 ein Komplex ist, der die Eigenschaft A_n besitzt, und falls H' eine Homomorphismenklasse von $\mathfrak{G}_1$ in die Fundamentalgruppe von K_2 und $Q_{H'}$ der dadurch bewirkte Homomorphismus von $\mathfrak{Q}_1^n$ ist, so gilt die Produktregel $Q_{H'H} = Q_{H'} Q_H$.

4. Wir setzen jetzt voraus, daß sowohl K als auch K_1 die Eigenschaft A_n besitzen und daß die Fundamentalgruppen $\mathfrak{G}$ und $\mathfrak{G}_1$ miteinander isomorph sind. H sei eine Isomorphismenklasse von $\mathfrak{G}$ auf $\mathfrak{G}_1$, H^{-1} die Klasse der inversen Isomorphismen von $\mathfrak{G}_1$ auf $\mathfrak{G}$. Nach den Bemerkungen am Schluß von Nr. 3 ist dann $Q_{H^{-1}} Q_H$ der identische Isomorphismus von $\mathfrak{Q}^n$ und $Q_H Q_{H^{-1}}$ der identische Isomorphismus von $\mathfrak{Q}_1^n$. Daraus folgt, daß Q_H ein Isomorphismus von $\mathfrak{Q}^n$ auf $\mathfrak{Q}_1^n$ ist; $\mathfrak{Q}^n$ und $\mathfrak{Q}_1^n$ sind also isomorph. Fassen wir dieses Ergebnis mit der Isomorphie (1) in Nr. 1 zusammen, so haben wir den folgenden Satz, der für $n = 2$ das eingangs zitierte Korollar aus *F.* ist:

K, K_1 seien Komplexe beliebiger Dimensionen, jeder von ihnen zusammenhängend und asphärisch in allen Dimensionen r mit $1 < r < n$; ihre Fundamentalgruppen seien isomorph; dann ist auch $\mathfrak{B}^n / \mathfrak{S}^n \cong \mathfrak{B}_1^n / \mathfrak{S}_1^n$.

Mit anderen Worten: *Für die zusammenhängenden und in den Dimensionen r mit $1 < r < n$ asphärischen Komplexe sind die Strukturen der Gruppen $\mathfrak{B}^n / \mathfrak{S}^n$ durch die Strukturen der Fundamentalgruppen bestimmt.*[4])

Bezeichnen wir die zu einer Fundamentalgruppe $\mathfrak{G}$ gehörige Gruppe $\mathfrak{B}^n / \mathfrak{S}^n$ mit $\mathfrak{G}^n$ — beide Gruppen als abstrakte Gruppen aufgefaßt[5]) —, so erheben sich die folgenden beiden Fragen: 1. Wie ist der gruppentheoretische Zusammenhang zwischen $\mathfrak{G}$ und $\mathfrak{G}^n$? — 2. Da $\mathfrak{G}^n$ durch $\mathfrak{G}$ bestimmt ist, wird durch die Isomorphie $\mathfrak{B}^n / \mathfrak{S}^n \cong \mathfrak{G}^n$ ein Zusammenhang zwischen n-dimensionalen Zyklen und eindimensionalen Wegen in K vermittelt; wie ist die geometrische Bedeutung dieses Zusammenhanges? — Für den Fall $n = 2$ werden beide Fragen in den §§ 1 und 2 von *F.* beantwortet (die Gruppe $\mathfrak{G}^2$ heißt dort $\mathfrak{G}_1^*$); für $n > 2$ sind mir die Antworten nicht bekannt.

---

[4]) Cf. *H.*, 221.

[5]) Hier wäre allerdings erst noch festzustellen, ob bei gegebenem n jede Gruppe (mit endlich vielen Erzeugenden und Relationen) als Fundamentalgruppe eines Komplexes auftritt, der die Eigenschaft A_n hat. Im Fall $n = 2$, in dem die Bedingung A_n leer ist, ist diese Frage bekanntlich zu bejahen.

5. Manche Gruppen $\mathfrak{G}^n$ kann man dadurch ermitteln, daß man einen Komplex K findet, der die Fundamentalgruppe $\mathfrak{G}$ hat, die Eigenschaft A_n besitzt und dessen Gruppe $\mathfrak{B}^n/\mathfrak{S}^n$ sich bestimmen läßt; diese Gruppe ist dann isomorph mit $\mathfrak{G}^n$; ferner ist in einem solchen Komplex $\mathfrak{S}^r = 0$, also $\mathfrak{B}^r \cong \mathfrak{G}^r$ für $1 < r < n$.

Beispiele für $n = 2$ sind in *F.*, Nr. 13, ausführlich behandelt[6]). Wir fügen hier noch einige einfache Beispiele mit speziellen Anwendungen hinzu.

5.1. Eine orientierbare n-dimensionale Mannigfaltigkeit M^n, die von der Sphäre S^n überlagert wird, möge „sphäroidal" heißen. Eine solche M^n besitzt die Eigenschaft A_n;[7]) daher ist, wenn $\mathfrak{G}$ die Fundamentalgruppe von M^n ist, $\mathfrak{B}^n/\mathfrak{S}^n \cong \mathfrak{G}^n$. Nun ist erstens $\mathfrak{B}^n$ die von dem Grundzyklus Z von M^n erzeugte unendliche zyklische Gruppe, und zweitens sieht man leicht, daß $\mathfrak{S}^n$ von dem Zyklus gZ erzeugt wird, wobei g die Ordnung von $\mathfrak{G}$ ist. Daraus folgt: *Ist die (endliche) Gruppe $\mathfrak{G}$ Fundamentalgruppe einer sphäroidalen M^n und von der Ordnung g, so ist $\mathfrak{G}^n$ zyklisch und von der Ordnung g.* Da ferner $\mathfrak{B}^{n-1} = 0$ ist (infolge der Endlichkeit von $\mathfrak{G}$ und der Orientierbarkeit von M^n), folgt außerdem: *es ist* $\mathfrak{G}^{n-1} = 0$.

5.2. Die zyklische Gruppe der Ordnung m soll immer $\mathfrak{A}_m$ heißen. Für jedes $m > 1$ und jedes ungerade $n > 1$ gibt es eine sphäroidale M^n mit der Fundamentalgruppe $\mathfrak{A}_m$ (nämlich einen Linsenraum). Aus 5. 1 ergibt sich daher: $\mathfrak{A}_m^n = \mathfrak{A}_m$ *für ungerades* n, $\mathfrak{A}_m^n = 0$ *für gerades* n. (Für die unendliche zyklische Gruppe $\mathfrak{A}_0$ gilt natürlich $\mathfrak{A}_0^n = 0$ bei beliebigem n; man erkennt dies durch Betrachtung einer Kreislinie M^1.)

5.3. Aus 5. 2 folgt die (für die Linsenräume bekannte) Tatsache: Ist M^n eine sphäroidale Mannigfaltigkeit mit zyklischer Fundamentalgruppe $\mathfrak{G}$, so ist $\mathfrak{B}^r \cong \mathfrak{G}$ für die ungeraden r, $\mathfrak{B}^r = 0$ für die geraden r; $(1 \leqq r < n)$.

5.4. Für jede Abelsche Gruppe $\mathfrak{G}$ (mit endlich vielen Erzeugenden) und für jedes n läßt sich $\mathfrak{G}^n$ folgendermaßen bestimmen: P sei ein solches topologisches Produkt von Kreislinien und Linsenräumen, daß es die Fundamentalgruppe $\mathfrak{G}$ hat; dabei sei die Dimension der Linsenräume $n' > n$; dann hat P die Eigenschaft $A_{n'}$, und es ist $\mathfrak{B}^n \cong \mathfrak{G}^n$. Die Gruppe $\mathfrak{B}^n$ aber läßt sich in bekannter Weise aus den Bettischen Gruppen der topologischen Faktoren ermitteln[8]), und die Bettischen Gruppen der Linsenräume sind nach 5. 3 bekannt. Ohne das allgemeine Ergebnis zu

[6]) Man vgl. auch *H.*, 222ff.

[7]) Cf. *H.*, 215—216.

[8]) *Alexandroff-Hopf*, Topologie I (Berlin 1935), 308, Formel (12).

formulieren, erwähne ich nur die folgende spezielle Tatsache, die man auf die angegebene Weise leicht bestätigt: Wenn $\mathfrak{G}$ ein direktes Produkt $\mathfrak{A}_m \times \mathfrak{A}_m$ ist, so enthält $\mathfrak{G}^n$ für $n > 2$ eine Untergruppe, die mit $\mathfrak{A}_m \times \mathfrak{A}_m$ isomorph ist; $\mathfrak{G}^n$ ist also in diesem Falle gewiß nicht zyklisch.

5.5. Für eine Gruppe $\mathfrak{G}$, welche Fundamentalgruppe einer sphäroidalen M^n ist, ist nach 5.1 $\mathfrak{G}^n$ zyklisch; nach 5.4 ist daher $\mathfrak{G}$ nicht ein direktes Produkt $\mathfrak{A}_m \times \mathfrak{A}_m$. Diese direkten Produkte treten also nicht als Fundamentalgruppen sphäroidaler Mannigfaltigkeiten auf. Da ferner einerseits jede endliche Abelsche Gruppe, welche nicht zyklisch ist, eine Untergruppe vom Typus $\mathfrak{A}_m \times \mathfrak{A}_m$ enthält, andererseits jede Untergruppe der Fundamentalgruppe einer sphäroidalen M^n selbst Fundamentalgruppe einer sphäroidalen Mannigfaltigkeit ist, gilt somit folgender Satz: *Eine Gruppe, welche Fundamentalgruppe einer sphäroidalen Mannigfaltigkeit ist, hat keine anderen Abelschen Untergruppen als die zyklischen.*[9]) Insbesondere sind daher die zyklischen Gruppen die einzigen Abelschen Fundamentalgruppen sphäroidaler Mannigfaltigkeiten.

---

[9]) Für die sphärischen Raumformen, d. h. für diejenigen sphäroidalen M^n, deren Decktransformationen Drehungen der S^n sind, ist dieser Satz sehr leicht auf algebraischem Wege zu bestätigen. Man weiß aber nicht, ob jede sphäroidale M^n einer Raumform homöomorph ist.

(Eingegangen den 19. Januar 1942.)

46.

Maximale Toroide und singuläre Elemente in geschlossenen Lieschen Gruppen

Comm. Math. Helvetici **15** (1942/43), 59–70

Die nachstehenden Ausführungen haben den Zweck, zu den in Nr. 6 formulierten Sätzen, die nicht neu sind, auf einem Wege zu gelangen, der unter Vermeidung der infinitesimalen Theorie der halb-einfachen Gruppen ganz in dem Bereich elementarer geometrisch-algebraischer Begriffe verläuft, dem die Sätze selbst angehören. Auf einem solchen Wege ist vor kurzem *E. Stiefel* in demjenigen Teil (§ 2) seiner interessanten Abhandlung [1] über die Beziehungen zwischen geschlossenen Lieschen Gruppen und diskontinuierlichen Bewegungsgruppen vorgegangen, in welchem einer gegebenen Lieschen Gruppe G eine diskontinuierliche Raumgruppe Γ zugeordnet wird; an einer Stelle macht er aber einen Abstecher in die infinitesimale Theorie ([1], § 2, Nr. 7); der Wunsch, diesen Abstecher zu vermeiden, wird durch die vorliegende Note erfüllt. Die gewünschte Darstellung gelingt, ohne daß etwas wesentlich Neues bewiesen würde, durch geeignete Anordnung bekannter Tatsachen, wobei es aber wichtig ist, daß man eine Arbeit von H. Samelson [2] heranzieht (Nr. 2); dabei ergeben sich auch noch einige andere Abänderungen des Gedankenganges von Stiefel, die mir vorteilhaft erscheinen. Außer aus den genannten Arbeiten [1], [2] werden noch aus zwei anderen Arbeiten [3], [4] kleine Teile benutzt. Einiges aus den Arbeiten [1]—[4] habe ich im folgenden noch einmal ausführlich vorgebracht, teils um kleiner Abänderungen in der Formulierung willen, die für unseren Zweck nötig waren, teils auch darum, um eine einigermaßen in sich geschlossene Darstellung zu erhalten, deren Lektüre nicht zu unbequem ist. Eine Grundlage für die erwähnten Arbeiten wie für die vorliegende ist der Satz, daß jede kompakte und zusammenhängende, Abelsche, Liesche Gruppe ein Toroid ist, d. h. das direkte Produkt von endlich vielen Kreisdrehungsgruppen. Außer diesem Satz werden nur einige Hauptsätze von prinzipiellem Charakter aus der Theorie der Lieschen Gruppen benötigt, wie z. B.: die Existenz kanonischer Koordinaten in der Umgebung des Eins-Elementes; der Satz, daß jede abgeschlossene Untergruppe einer geschlossenen Lieschen Gruppe selbst aus einer Lieschen Gruppe und allenfalls endlich vielen Nebengruppen derselben besteht; der Satz von Weyl, daß jede kompakte Gruppe linearer Transformationen bei Einführung geeigneter Koordinaten eine orthogonale Gruppe ist.

Die erwähnten Arbeiten, aus denen wir Teile benutzen werden, sind die folgenden:

[1] *E. Stiefel*, Über eine Beziehung zwischen geschlossenen Lieschen Gruppen und diskontinuierlichen Bewegungsgruppen euklidischer Räume und ihre Anwendung auf die Aufzählung der einfachen Lieschen Gruppen, Comment. Math. Helvet. **14** (1942), 350—380.

[2] *H. Samelson*, Über die Sphären, die als Gruppenräume auftreten, ibidem **13** (1941), 144—155.

[3] *H. Hopf*, Über den Rang geschlossener Liescher Gruppen, ibidem **13** (1941), 119—143.

[4] *H. Hopf* und *H. Samelson*, Ein Satz über die Wirkungsräume geschlossener Liescher Gruppen, ibidem **13** (1941), 240—251.

Der Inhalt einer in denselben Rahmen gehörigen Note von *A. Weil*, Démonstration topologique d'un théorème fondamental de Cartan, C. R. **200** (1935), 518—520, ist in [4] enthalten.

1. *Maximale Toroide; die Gruppe Φ.* Es sei immer G eine geschlossene Liesche Gruppe, n ihre Dimension. In G gibt es Toroide, nämlich die abgeschlossenen Hüllen der einparametrigen Untergruppen; ein Toroid, das in keinem höherdimensionalen Toroid von G enthalten ist, heißt maximal. Es sei immer T ein festes maximales Toroid in G, l seine Dimension.

1.1. Ist T' ein (beliebiges) Toroid in G und a ein Element von G, das mit allen Elementen von T' vertauschbar ist, so gibt es in G ein Toroid, das sowohl T' als auch a enthält.

Beweis: [3], Nr. 23. — Aus 1.1 folgt (l. c.):

1.1'. Ein maximales Toroid T ist zugleich maximale Abelsche Untergruppe von G, d. h. es ist nicht echte Untergruppe einer Abelschen Untergruppe von G.

Für die Dimensionen n und l von G und T gilt ([3], Nr. 27):

1.2. $n \equiv l$ mod. 2.

Der Hilfssatz 2 in [4], Nr. 4 besagt:

1.3. Der Normalisator N_T von T — also die Gruppe derjenigen $a \in G$, für welche $a^{-1}Ta = T$ ist — hat die Dimension l; daher besitzt N_T eine endliche Restklassenzerlegung mod. T:

$$N_T = T + a_1 T + \cdots a_{s-1} T .$$

1.4. *Definition: Φ sei die Gruppe derjenigen Automorphismen von T, welche durch innere Automorphismen von G bewirkt werden.*

Die Automorphismen aus Φ werden durch diejenigen Automorphismen $x \to a^{-1}xa$ von G bewirkt, für welche $a \in N_T$ ist; jedem $a \in N_T$ ist also ein $h(a) \in \Phi$ zugeordnet, und h ist offenbar ein Homomorphismus von N_T auf Φ; ist $a \in T$, so ist $h(a)$ das Einselement von Φ; ist umgekehrt $h(a)$ das Einselement, so ist $a^{-1}xa = x$ für alle $x \in T$, also ist die von T und a erzeugte Gruppe Abelsch, also ist nach 1.1' $a \in T$. Damit ist gezeigt:

1.5. Die Gruppe Φ ist isomorph mit der Faktorgruppe N_T/T; sie ist also endlich (1.3), und zwar ist ihre Ordnung gleich der Anzahl der Komponenten von N_T. [1])

Es sei jetzt h eine homomorphe Abbildung von G auf eine Liesche Gruppe G_1, und der Kern[2]) H von h sei in T enthalten; dann gelten die folgenden beiden Sätze:

1.6. $T_1 = h(T)$ ist maximales Toroid in G_1.

1.7. Die Gruppe Φ_1, die für G_1 und T_1 dieselbe Bedeutung hat wie Φ für G und T, ist mit Φ isomorph.

Beweis: Aus $H \subset T$ folgt leicht: $T = h^{-1}(T_1)$, $N_T = h^{-1}(N_{T_1})$. Ferner ist klar, daß T_1 kompakt, zusammenhängend und Abelsch, also ein Toroid ist. Um zu zeigen, daß T_1 maximal ist, nehmen wir eine Umgebung V von T, die außer den Elementen von T kein Element von N_T enthält; nach 1.3 gibt es solche V. Aus $H \subset T$ folgt, daß $h(V)$ eine Umgebung der Eins von G_1 ist. a_1 sei ein beliebiges Element in $h(V)$, das mit T_1 vertauschbar ist; ist dann a ein Element von V mit $h(a) = a_1$, so ist $a \in h^{-1}(N_{T_1}) = N_T$, also $a \in T$; folglich ist $a_1 \in T_1$; das bedeutet, daß T_1 maximal ist. Da, wie schon festgestellt, $h^{-1}(T_1) = T$, $h^{-1}(N_{T_1}) = N_T$ ist, ist $N_{T_1}/T_1 \cong N_T/T$, also nach 1.5 $\Phi_1 \cong \Phi$.

1.8. Es gilt der Satz, daß je zwei maximale Toroide in G miteinander konjugiert sind ([4], Nr. 4, Hilfssatz 4); daraus folgt, daß die Zahl l und die Struktur der Gruppe Φ vollständig durch G bestimmt sind; l heißt der Rang von G. Wir werden diese Tatsachen aber nicht benutzen.

[1]) In [4], Nr. 7, wird auf einen Zusammenhang zwischen der Gruppe N_T/T und topologischen Eigenschaften der Wirkungsräume von G hingewiesen. — Man kann auch zeigen, daß der Raum G/T einfach zusammenhängend ist; daraus folgt leicht, daß die Fundamentalgruppe des Raumes G/N_T, dessen Überlagerungsraum G/T ist, mit N_T/T und nach dem obigen Satz 1.5 daher mit Φ isomorph ist. Aus unserer Bemerkung 1.8 ergibt sich, daß G/N_T mit dem Raum aller maximalen Toroide in G homöomorph ist. Nach [4], Nr. 7, hat G/N_T die Charakteristik $+1$; mit Hilfe unseres späteren Satzes 5.4 läßt sich beweisen, daß diese Mannigfaltigkeit nicht-orientierbar ist.

[2]) Der Kern eines Homomorphismus ist das Urbild des Einselementes der Bildgruppe.

2. *Gruppen vom Range* 1. G_1 sei eine Gruppe, in der es ein maximales Toroid T_1 von der Dimension 1 gibt; T_1 ist also eine Kreisdrehungsgruppe und mit der Kreislinie homöomorph. Die Dimension von G_1 sei n_1; es sei $n_1 > 1$, also G_1 nicht identisch mit T_1. Die gemäß 1.4 zu G_1 und T_1 gehörige Gruppe heiße Φ_1. Wir behaupten:

2.1. Φ_1 hat die Ordnung 2.

2.2. $n_1 = 3$.

Die nachstehenden Beweise sind bis auf kleine Änderungen der Arbeit [2] entnommen.

Beweis von 2.1: $\mathfrak{r}$ sei eine der beiden orientierten Richtungen, die im Einselement e an T_1 tangential sind. Den inneren Automorphismus $x \to axa^{-1}$ von G_1 nennen wir A_a. Wenn a und b derselben Nebengruppe aT_1 von T_1 angehören, so ist $A_a(t) = A_b(t)$ für alle $t \varepsilon T_1$ und daher $A_a(\mathfrak{r}) = A_b(\mathfrak{r})$; umgekehrt: wenn $A_a(\mathfrak{r}) = A_b(\mathfrak{r})$ ist, so ist $A_a(t) = A_b(t)$ für $t \in T_1$, also $a^{-1}b$ mit allen $t \in T_1$ vertauschbar und nach 1.1′ daher $a^{-1}b \in T_1$, $b \in aT_1$. Durch $f(aT_1) = A_a(\mathfrak{r})$ ist also eine eineindeutige und natürlich stetige Abbildung f des Nebengruppenraumes[3]) G_1/T_1 in die $(n_1 - 1)$-dimensionale Sphäre S der orientierten Richtungen im Punkte e erklärt. Da $n_1 > 1$ ist, ist S zusammenhängend; S und G_1/T_1 sind geschlossene Mannigfaltigkeiten der Dimension $n_1 - 1$; daher folgt aus bekannten Sätzen (z. B. über den Abbildungsgrad), daß f eine Homöomorphie von G_1/T_1 auf die ganze Sphäre S ist. Folglich gibt es ein solches $a_1 \in G_1$, daß $A_{a_1}(\mathfrak{r}) = f(a_1 T)$ die zu $\mathfrak{r}$ entgegengesetzte Richtung ist; dann bewirkt A_{a_1} die Inversion von T_1, die jedes t durch t^{-1} ersetzt. Φ_1 enthält also außer der Identität die Inversion; andere Automorphismen der Kreisdrehungsgruppe T_1 gibt es nicht; mithin gilt 2.1.

Beweis von 2.2: Dem Beweis von 2.1 entnehmen wir zwei Tatsachen: 1. G_1/T_1 ist mit der $(n_1 - 1)$-dimensionalen Sphäre S homöomorph; 2. wenn ein Element a stetig von e in das oben genannte Element a_1 läuft, so stellt, wenn man T_1 als gerichteten geschlossenen Weg auffaßt, die Schar der Wege $A_a(T_1)$ eine Deformation von T_1 in den entgegengesetzt gerichteten Weg, den wir $-T_1$ nennen, dar; hierfür wollen wir kurz sagen: T_1 wird „umgedreht". Drittens stellen wir noch fest: da n_1 nach 1.2 ungerade ist, ist $n_1 \geqslant 3$.

Damit ist die Behauptung 2.2 auf den folgenden topologischen Hilfssatz A zurückgeführt: „Die Mannigfaltigkeit G_1, deren Dimension $n_1 \geqslant 3$

[3]) Wegen der Begriffe „Nebengruppenraum", „Wirkungsraum", „Faserraum" vgl. man z. B. [4], besonders Nr. 3, und [2], Nr. 2b.

ist, ist derart gefasert[3]) — in die Nebengruppen von T_1—, daß (a) die Fasern einfach geschlossene Linien sind, daß (b) die Faser T_1 umgedreht werden kann, und daß (c) der Faserraum G_1/T_1 die $(n_1 - 1)$-dimensionale Sphäre S ist; dann ist $n_1 = 3$.“

P sei die Projektion von G_1 auf S, die jedem $x \in G_1$ denjenigen Punkt $P(x) \in S$ zuordnet, welcher der Faser entspricht, auf der x liegt. Wäre $n_1 > 3$, so wäre, da man die bei dem Umdrehen von T_1 überstrichene Punktmenge M von G_1 als zweidimensionales krummes Polyeder annehmen darf, $P(M)$ ein echter Teil von S, also in einer $(n_1 - 1)$-dimensionalen (sphärischen) Vollkugel V enthalten; das Umdrehen von T_1 wäre also in einem Teil R von G_1 möglich, welcher derart gefasert ist, daß der Faserraum R/T_1 eine Vollkugel ist. Damit ist der Hilfssatz A auf den folgenden Hilfssatz B zurückgeführt: „Ist der Raum R derart in einfach geschlossene Linien gefasert, daß der Faserraum R/T_1 eine Vollkugel V ist, so kann die Faser T_1 in R nicht umgedreht werden.“

Nun folgt aber aus der Voraussetzung, daß $R/T_1 = V$ eine Vollkugel ist, nach einem wichtigen und leicht beweisbaren Satz von Feldbau[4]): „R ist das topologische Produkt $V \times F$, wobei F mit den Fasern homöomorph ist; und zwar entsprechen den Fasern von R die Fasern $p \times F$ von $V \times F$, wobei p die Punkte von V durchläuft.“ In unserem Falle ist F eine Kreislinie; dann kann in $V \times F$ ein Weg $p \times F$ nicht umgedreht werden, da er ein erzeugendes Element der unendlich zyklischen Fundamentalgruppe von $V \times F$ darstellt. Folglich gilt der Hilfssatz B und mithin auch der Satz 2.2.

Der Hilfssatz B läßt sich auch folgendermaßen ohne den Satz von Feldbau beweisen: Könnte T_1 in R umgedreht werden, so könnte man einen Kreisring K, der von den gleichsinnig gerichteten Kreisen C_1 und C_2 berandet wird, durch eine Abbildung f derart in den Raum R abbilden, daß $f(C_1) = T_1$, $f(C_2) = - T_1$ wäre. P sei wie oben die Projektion von R auf V; dann wäre $Pf = g$ eine Abbildung von K in V mit $g(C_i) = O$, wobei O der Punkt $P(T_1)$ ist $(i = 1, 2)$; da V eine Vollkugel ist, ließe sich das Bild $g(K)$ unter Festhaltung von O auf den Punkt O zusammenziehen, d. h. es gäbe eine Abbildungsschar g_τ, $0 \leqslant \tau \leqslant 1$, von K in V mit $g_0 = g$, $g_\tau(y) = O$ für $y \in C_i$ $(i = 1, 2)$ und alle τ, $g_1(y) = O$ für $y \in K$. Nach einem grundlegenden und leicht beweisbaren Lemma aus der Theorie der stetigen Abbildungen in gefaserte Räume[5]) gäbe es dann auch eine Abbildungsschar f_τ, $0 \leqslant \tau \leqslant 1$, von K in R mit $Pf_\tau = g_\tau$ für alle τ und $f_0 = f$; dabei wäre, wenn $\overline{T}_1$ die Menge der Punkte des gerichteten Weges T_1 bezeichnet,

---

[4]) *J. Feldbau*, Sur la classification des espaces fibrés, C. R. **208** (1939), 1621 — 1623, Théorème A.

[5]) *B. Eckmann*, Zur Homotopietheorie gefaserter Räume, Comment. Math. Helvet. **14** (1941), 141—192; besonders 155—156.

(1) $f_\tau(C_i) \subset \overline{T}_1$ für $i = 1, 2$ und alle τ, (2) $f_1(K) \subset \overline{T}_1$.

(1) bedeutet: der Weg $f_0(C_i) = \pm T_1$ ist auf $\overline{T}_1$ homotop mit dem Wege $f_1(C_i)$; (2) bedeutet: $f_1(C_1)$ ist auf $\overline{T}_1$ homotop zu $f_1(C_2)$. Also wären T_1 und $-T_1$ einander homotop auf $\overline{T}_1$, der Weg T_1 könnte also auf $\overline{T}_1$ umgedreht werden. Da dies unmöglich ist, ist die Annahme, T_1 könne in R umgedreht werden, falsch.

3. *Die singulären Elemente.* G sei jetzt wieder eine beliebige Gruppe wie in Nr. 1; auch T, n, l, Φ sollen dieselben Bedeutungen haben wie dort.

3.1. *Definition: Das Element t von T heißt regulär, wenn es auf keinem von T verschiedenen maximalen Toroid von G liegt, und singulär, wenn es außer auf T noch auf einem anderen maximalen Toroid liegt.*

Nach [3], Nr. 25, ist diese Definition mit der folgenden gleichwertig:

3.2. t ist regulär oder singulär, jenachdem sein Normalisator die Dimension l oder größere Dimension hat.

In [1], § 2, Nr. 3, wird folgendes gezeigt: m sei die gemäß 1.2 durch $n - l = 2m$ bestimmte ganze Zahl; jedem $t \in T$ sind m Kreisdrehungen $\vartheta_1(t), \ldots, \vartheta_m(t)$ zugeordnet; $\vartheta_1, \ldots, \vartheta_m$ sind homomorphe Abbildungen von T in die Kreisdrehungsgruppe D; keine von ihnen ist die triviale Abbildung auf das Einselement von D; wenn das Element t den Kernen[2]) von genau ν der Homomorphismen ϑ_i angehört, so hat sein Normalisator die Dimension $l + 2\nu$. [6])

Aus der letzten Tatsache und aus 3.2 folgt, daß t dann und nur dann singulär ist, wenn t wenigstens einem der Kerne angehört. Die Kerne mögen $U_1, \ldots, U_m$ heißen; sie sind abgeschlossene Untergruppen von T; da D eindimensional und kein Homomorphismus ϑ_i trivial ist, sind die U_i $(l-1)$-dimensional. Es gelten somit die folgenden beiden Sätze:

3.3. Die Menge der singulären Elemente von T ist die Vereinigungsmenge der Elemente von m abgeschlossenen Untergruppen $U_1, \ldots, U_m$ von T; jede Gruppe U_i hat die Dimension $l - 1$; es ist $2m = n - l$.

3.4. Wenn das Element t genau ν der Gruppen U_i angehört $(\nu \geqq 0)$, so hat sein Normalisator die Dimension $l + 2\nu$.

Zu 3.3 ist zu bemerken: es ist noch nicht bewiesen, daß die Gruppen

---

[6]) In [1], l. c., werden nicht die homomorphen Abbildungen mit ϑ_i bezeichnet, sondern unter $\vartheta_i(t)$ wird die durch 2π dividierte Winkelkoordinate der Drehung verstanden, die durch den betreffenden Homomorphismus dem Element t zugeordnet ist; daß keine der Abbildungen trivial ist, bedeutet dann: kein ϑ_i verschwindet identisch mod. 1; und der Kern des Homomorphismus ist dann die Menge derjenigen t, für welche ϑ_i mod. 1 verschwindet.

$U_1, \ldots, U_m$ sämtlich voneinander verschieden sind; dies wird erst in Nr. 5 gezeigt werden. In [1] ist der betreffende Beweis die eingangs erwähnte Stelle, an welcher die infinitesimale Theorie der halb-einfachen Gruppen herangezogen wird.

Da die Transformationen aus Φ durch Automorphismen von G bewirkt werden, ergibt sich aus der Definition 3.1:

3.5. Die Menge der singulären Elemente, also die Vereinigung der Gruppen U_i, wird durch jede Transformation aus Φ auf sich abgebildet.

In bezug auf kanonische Koordinaten, die in einer Umgebung des Einselementes e gelten, ist T eine l-dimensionale Ebene, die e enthält, und die U_i sind $(l-1)$-dimensionale Ebenen in T, die e enthalten; die Ebenen U_i zerlegen T — in der Umgebung von e — in endlich viele Gebiete $B_1, B_2, \ldots$. Die inneren Automorphismen von G sind in bezug auf die kanonischen Koordinaten affine Abbildungen, die e festhalten; diejenigen Automorphismen, welche zu Φ gehören, transformieren T in sich; da sie nach 3.5 die Ebenen U_i permutieren, permutieren sie auch die Gebiete B_j. Es gilt nun folgender Satz ([1], § 2, Satz 11):

3.6. Durch eine Transformation $\varphi \in \Phi$, die nicht die Identität ist, wird kein Gebiet B_j auf sich abgebildet.

Beweis ([1], l. c., sowie Satz 6): B_j werde durch $\varphi \in \Phi$ auf sich abgebildet. Als Element der endlichen Gruppe Φ hat φ endliche Ordnung. t sei ein Punkt von B_j, seine Bilder bei den endlich vielen Potenzen von φ seien t_h, und der Schwerpunkt der t_h sei s; alle diese Punkte liegen in B_j; (t wird in hinreichender Nähe von e angenommen). Da das System der t_h durch φ auf sich abgebildet wird, ist s Fixpunkt der affinen Abbildung φ; daher ist auch jeder Punkt der Strecke S, die e mit s verbindet, Fixpunkt von φ. Die Strecke S erzeugt eine einparametrige Untergruppe von G; deren abgeschlossene Hülle ist ein Toroid T'. Die Abbildung φ werde durch den inneren Automorphismus $x \to a^{-1}xa$ von G bewirkt; daß die Elemente von S Fixpunkte von φ sind, bedeutet: a ist mit jedem Element von S vertauschbar; folglich ist a auch mit jedem Element von T' vertauschbar. Nach 1.1 gibt es daher ein Toroid T'', das a und T', also auch s, enthält. Nun ist aber das Element s, da es in B_j, und daher auf keinem U_i liegt, reguläres Element; nach 3.1 ist daher $T'' \subset T$, da andernfalls s sowohl auf T als auch auf einem von T verschiedenen maximalen Toroide, das T'' enthält, läge. Da $T'' \subset T$ ist, ist $a \in T$; das bedeutet: φ ist die identische Abbildung von T.

4. *Hilfssätze.* Wir schalten hier drei einfache allgemeine Hilfssätze über Toroide ein; die Gruppe G kommt dabei nicht vor.

T sei ein l-dimensionales Toroid, U eine abgeschlossene $(l-1)$-dimensionale Untergruppe von T; die Eins-Komponente von U — d. h. die Komponente, die das Einselement enthält — heiße U'; sie ist ein $(l-1)$-dimensionales Toroid; die Faktorgruppe U/U' ist infolge der Abgeschlossenheit von U endlich; ihre Ordnung, also die Anzahl der Komponenten von U, heiße p.

4.1. Die Faktorgruppe U/U' ist zyklisch.

Denn U/U' ist Untergruppe der Gruppe T/U', die eindimensional, kompakt und zusammenhängend, also die Kreisdrehungsgruppe ist.

Jedes Toroid enthält nach dem Kroneckerschen Approximationssatz erzeugende Elemente, d. h. solche, deren Potenzen überall dicht in dem Toroid liegen. Es sei a ein erzeugendes Element von U'; ferner sei die Nebengruppe U^* von U' ein (im gewöhnlichen Sinne) erzeugendes Element der nach 4.1 zyklischen endlichen Gruppe U/U' und b ein Element aus U^*. Dann ist $ab^{-p} \in U'$; aus den bekannten Rechenregeln in Toroiden geht hervor, daß es in U' ein Element c mit $c^p = ab^{-p}$ gibt (cf. [3], Nr. 19). Dann ist für jeden Exponenten k, wenn wir ihn in der Form $k = pq + r$, $0 \leqslant r < p$, darstellen und wenn wir $bc = d$ setzen: $d^k = a^q d^r$; die Potenzen a^q liegen überall dicht in U', und die p Potenzen d^r liegen in den p Nebengruppen von U mod. U'; daher liegen die Potenzen des Elementes d überall dicht in U. Damit ist gezeigt:

4.2. U enthält ein erzeugendes Element, d. h. ein solches, dessen Potenzen überall dicht in U liegen.

Ferner behaupten wir:

4.3. Wenn es einen Automorphismus von T gibt, der die Ordnung 2 hat und jedes Element von U festläßt, so ist $p = 1$ oder $p = 2$.

Beweis: Der Automorphismus φ erfülle die Voraussetzungen. Da jede Matrix der Ordnung 2 den Eigenwert -1 hat, gibt es im Punkt e, dem Einselement von T, eine Richtung, die durch φ in die ihr entgegengesetzte Richtung transformiert wird; die einparametrige Gruppe C, die diese Tangentialrichtung hat, erleidet daher bei φ die Inversion, d. h. es ist $\varphi(c) = c^{-1}$ für $c \in C$. Da φ die Elemente von U' festhält, ist C nicht in U' enthalten; folglich ist die von U' und C erzeugte Gruppe l-dimensional, also mit T identisch; insbesondere läßt sich daher jedes Element $u \in U$ in der Form $u = u_0 c$, $u_0 \in U'$, $c \in C$, darstellen; aus $c = u u_0^{-1} \in U$ folgt

$\varphi(c) = c$; da andererseits $\varphi(c) = c^{-1}$ ist, ist $c^2 = e$; daher ist $u^2 = u_0^2$, also $u^2 \in U'$ für jedes $u \in U$. Dies bedeutet: die (zyklische) Faktorgruppe U/U' hat die Ordnung 1 oder die Ordnung 2, w.z.b.w.

5. *Fortsetzung der Untersuchung der Menge der singulären Elemente und der Gruppe* Φ. Es sei wieder T ein maximales, l-dimensionales Toroid in G; seine Untergruppen U_i sind wie in Nr. 3 erklärt; das $(l-1)$-dimensionale Toroid, das die Eins-Komponente von U_i ist, heiße U_i'.

a sei, bei festem i, erzeugendes Element des Toroids U_i'; sein Normalisator sei N_a, und dessen Eins-Komponente sei N_a'; die Dimension von N_a, die zugleich die Dimension von N_a' ist, sei n'. Nach 3.2 ist $n' > l$. Es ist $T \subset N_a'$; T ist also auch maximales Toroid in N_a'. Das Element a und daher auch das ganze Toroid U_i' gehören zum Zentrum von N_a; da somit U_i' Normalteiler von N_a' ist, existiert die Gruppe $G_1 = N_a'/U_i'$, und es liegt eine homomorphe Abbildung h von N_a' auf G_1 mit dem Kern U_i' vor. Die Dimension von G_1 ist $n_1 = n' - (l-1) > 1$; nach 1.6 ist $T_1 = T/U_i'$ maximales Toroid in G_1; seine Dimension ist $l - (l-1) = 1$; nach 2.2 ist daher $n_1 = 3$, also $n' = l + 2$. Dies bedeutet nach 3.4, daß a keinem U_j mit $j \neq i$ angehört. Damit ist gezeigt:

5.1. Für $j \neq i$ ist $U_j \neq U_i$ und $U_j' \neq U_i'$.

Die Tangentialebenen von U_j und U_i im Punkte e sind $(l-1)$-dimensional und nach 5.1 voneinander verschieden; ihr Durchschnitt ist daher $(l-2)$-dimensional; mithin gilt folgende Verschärfung von 5.1:

5.1'. Für $j \neq i$ ist der Durchschnitt von U_j und U_i eine $(l-2)$-dimensionale Gruppe.

Die gemäß 1.4 zu der Gruppe G_1 und ihrem maximalen Toroid T_1 gehörige Gruppe Φ_1 hat nach 2.1 die Ordnung 2; nach 1.7 hat daher auch die Gruppe Φ', die in analoger Weise zu der Gruppe N_a' und ihrem maximalen Toroid T gehört, die Ordnung 2; es sei φ_i das Element der Ordnung 2 in Φ'.

Wir behaupten: φ_i läßt jedes Element von U_i fest. Da φ_i durch einen inneren Automorphismus $x \to b^{-1}xb$ mit $b \in N_a'$ bewirkt wird, ist dies bewiesen, sobald gezeigt ist: U_i gehört zum Zentrum von N_a'. Es sei c erzeugendes Element von U_i, wie es nach 4.2 existiert, und N_c' die Eins-Komponente des Normalisators N_c von c; nach 3.4 ist die Dimension von N_c und N_c' mindestens $l + 2$; da Potenzen von c in U_i' überall dicht liegen, ist jedes mit c vertauschbare Element auch mit a vertauschbar, und daher ist $N_c \subset N_a$ und $N_c' \subset N_a'$; da N_a' die Dimension $l + 2$ hat, ist mithin $N'_c = N'_a$. Nun gehören c und daher auch die von c erzeugte Gruppe U_i zum Zentrum von N_c; ferner ist $U_i \subset T \subset N'_c$; folglich gehört U_i zum Zentrum von $N'_c = N'_a$.

Aus $T \subset N'_a \subset G$ und der Definition 1.4 folgt unmittelbar, daß Φ' Untergruppe von Φ ist; es ist also $\varphi_i \in \Phi$. Damit ist folgendes bewiesen:

5.2. Die Gruppe Φ enthält m solche Involutionen $\varphi_1, \ldots, \varphi_m$, daß φ_i alle Elemente von U_i festläßt ($i = 1, \ldots, m$).

Aus 5.2 und 4.3 folgt:

5.3. Jede Gruppe U_i besteht aus höchstens zwei Komponenten.

Wir betrachten jetzt — in engem Anschluß an [1], § 2 — die Transformationen aus der Gruppe Φ noch näher. Zu diesem Zwecke führen wir wie bei der Behandlung von 3.6 in der Umgebung des Punktes e kanonische Koordinaten ein; diese können wir nach einem bekannten Satz von Weyl so wählen, daß in bezug auf sie die inneren Automorphismen von G nicht nur affin, sondern sogar orthogonal, also eigentliche oder uneigentliche Bewegungen sind; ein solches Koordinatensystem soll im folgenden kurz ein orthogonales kanonisches System heißen. Daraus, daß φ_i die Ebene T auf sich abbildet, alle Punkte von U_i festläßt, aber nicht die Identität ist, folgt:

5.4. In bezug auf ein orthogonales kanonisches Koordinatensystem in der Umgebung von e sind die Involutionen φ_i die Spiegelungen der l-dimensionalen Ebene T an den in T gelegenen $(l - 1)$-dimensionalen Ebenen U_i.

Weiter betrachten wir wie bei 3.6 die Gebiete B_j, in welche der l-dimensionale Raum T durch die Ebenen U_i zerlegt wird (in der Umgebung von e); sind B, B' zwei dieser Gebiete, so kann man in ihnen Punkte t bzw. t' so wählen, daß deren Verbindungsstrecke keinen der $(l - 2)$-dimensionalen Durchschnitte irgend zweier Ebenen U_h und U_i trifft; bei Durchlaufung dieser Strecke von t bis t' mögen der Reihe nach die Ebenen $U_1, U_2, \ldots, U_r$ durchschritten werden; nimmt man der Reihe nach die Spiegelungen $\varphi_1, \varphi_2, \ldots, \varphi_r$ vor, so entsteht eine Transformation φ' aus Φ mit $\varphi'(B) = B'$. Es sei nun φ eine beliebige Transformation aus Φ und B eines der Gebiete B_j; wir setzen $\varphi(B) = B'$; wie wir eben gesehen haben, gibt es ein Produkt φ' von Spiegelungen φ_i, so daß $\varphi'(B) = B'$ ist; durch $\varphi'\varphi^{-1}$ wird B also auf sich abgebildet; nach 3.6 ist daher $\varphi'\varphi^{-1}$ die Identität, also $\varphi = \varphi'$. Damit haben wir (wie in [1], § 2, Nr. 10) folgendes bewiesen:

68

5.5. Die Gruppe Φ wird von den Involutionen $\varphi_1, \ldots, \varphi_m$ erzeugt.

6. *Zusammenfassung der Ergebnisse.* Es seien wie bisher: G eine geschlossene Liesche Gruppe; T ein maximales Toroid in G; n die Dimension von G, l die Dimension von T, m die durch $n - l = 2m$ bestimmte ganze Zahl (cf. 1.2). Die singulären Elemente sind wie in 3.1, die Gruppe Φ ist wie in 1.4 definiert.

Satz I. Die Menge der singulären Elemente von T ist die Vereinigungsmenge der Elemente von m abgeschlossenen Untergruppen $U_1, \ldots, U_m$ von T. Jede Gruppe U_i ist $(l - 1)$-dimensional; sie ist entweder ein Toroid U'_i oder sie besteht aus einem Toroid U'_i und noch einer Nebengruppe von U'_i. Für $j \neq i$ ist $U_j \neq U_i$, und der Durchschnitt von U_j und U_i ist eine $(l - 2)$-dimensionale Gruppe.

Satz II. Die Gruppe Φ ist endlich. Sie transformiert die Vereinigungsmenge der Gruppen U_i in sich. Sie wird von m Involutionen $\varphi_1, \ldots, \varphi_m$ erzeugt. φ_i läßt jedes Element von U_i fest; in bezug auf orthogonale kanonische Koordinaten in der Umgebung des Einselementes e ist φ_i die Spiegelung von T an der Ebene U_i.

Zu dem Satz I sei noch ein Zusatz gemacht. Aus 1.1 folgt, daß das Zentrum Z von G in T enthalten ist. Ein Element $t \in G$ gehört dann und nur dann zu Z, wenn sein Normalisator N_t die ganze Gruppe G oder, was dasselbe ist, wenn N_t n-dimensional ist; nach 3.4 bedeutet das, daß t allen m Gruppen U_i angehört. Somit gilt folgender

Zusatz zu Satz I. Der Durchschnitt der Gruppen $U_1, \ldots, U_m$ ist das Zentrum Z von G. Daß die Gruppe G halb-einfach, d. h. daß Z diskret ist, ist also gleichbedeutend damit, daß der Durchschnitt der U_i nur aus endlich vielen Punkten besteht.

Von diesen Ergebnissen gelangt man zu denen des § 2 in [1], indem man die universelle Überlagerungsgruppe R von T heranzieht; sie ist der l-dimensionale euklidische Raum R mit der Vektoraddition als Gruppenoperation; die euklidische Metrik in R ist durch die orthogonalen kanonischen Koordinaten gegeben, die wir auf T nur in der Umgebung von e verwenden konnten, die sich aber über ganz R erstrecken lassen. Die Überlagerungsgruppen der U_i werden in R durch $(l-1)$-dimensionale Ebenen dargestellt; das System dieser Ebenen ist das Stiefelsche „Diagramm" von G. Die Spiegelungen an den Ebenen des Diagramms erzeugen eine Gruppe Γ, welche bei der natürlichen homomorphen Abbildung von R auf T in die Gruppe Φ übergeht; dies ist die diskontinuierliche Bewegungsgruppe, die Stiefel der Gruppe G zuordnet. Die Eigenschaften des Diagramms und der Gruppe Γ, die in [1], § 2, festgestellt werden, lassen sich leicht aus unseren Sätzen I und II ableiten.

Umgekehrt sind unsere Sätze in den Ergebnissen der Arbeit von Stiefel enthalten.

Ein weiterer Satz aus der Arbeit von Stiefel ([1], Satz 18) besagt, daß eine einfach zusammenhängende geschlossene Gruppe G durch ihre Gruppe Φ — diese nicht als abstrakte Gruppe, sondern als Automorphismengruppen eines Toroids aufgefaßt — vollständig bestimmt ist. Die Aufgabe, auch diesen Satz sowie ähnliche Sätze, die in [1], § 4, formuliert sind, unter möglichster Vermeidung der infinitesimalen Theorie durch globale geometrische Betrachtungen zu beweisen oder wenigstens die jetzt bekannten Beweise durch derartige Betrachtungen zu vereinfachen, ist noch offen.

(Eingegangen den 6. April 1942.)

47.

Enden offener Räume und unendliche diskontinuierliche Gruppen

Comm. Math. Helvetici **16** (1943/44), 81–100

Herrn C. Carathéodory zum 70. Geburtstag.

Die topologische Untersuchung geschlossener Mannigfaltigkeiten oder allgemeinerer kompakter Räume führt in bekannter Weise zur Betrachtung von diskontinuierlichen, kompakte Fundamentalbereiche besitzenden Transformationsgruppen offener — d. h. nicht-kompakter — Räume: der universelle Überlagerungsraum R eines kompakten Raumes R_0 ist im allgemeinen offen, und die Gruppe der Decktransformationen, welche R_0 erzeugen, hat die genannten Eigenschaften; das Analoge gilt, wenn man statt der universellen irgend eine reguläre Überlagerung nimmt[1]). Umgekehrt entsteht, wenn ein offener Raum R vorgelegt ist, die Frage, ob er eine derartige Gruppe gestattet. Es zeigt sich nun, daß hierfür nur sehr spezielle offene Räume in Frage kommen, und zwar selbst dann, wenn man von den Transformationen nicht verlangt, daß sie, wie Decktransformationen, fixpunktfrei seien, und selbst dann, wenn man überdies darauf verzichtet, daß die Transformationen eine Gruppe bilden; es soll also nur gefordert werden, daß es eine Menge $\mathfrak{G}$ topologischer Selbstabbildungen von R gibt, welche diskontinuierlich ist und einen kompakten Fundamentalbereich besitzt — wobei die Begriffe „diskontinuierlich" und „Fundamentalbereich" noch in einer Weise präzisiert werden sollen, die von dem Üblichen kaum abweicht (Nr. 7, Nr. 9); ein solcher offener Raum R soll kurz ein „$\mathfrak{G}$-Raum" heißen.

Die im folgenden betrachtete Bedingung, welche ein $\mathfrak{G}$-Raum erfüllen muß, bezieht sich auf den anschaulichen Begriff der „unendlich fernen Enden" eines offenen Raumes, und besonders auf die Anzahl dieser Enden; über diesen Begriff sei im Augenblick zur Orientierung nur soviel gesagt: man nehme aus einem kompakten Raum[2]) k Punkte oder Kontinuen $E_1, \ldots, E_k$ heraus, die zueinander fremd sind und die Eigenschaft haben, daß keine Umgebung von E_i durch E_i zerlegt wird (ist der Raum eine Mannigfaltigkeit und seine Dimension $\geqslant 2$, so dürfen die E_i demnach beliebige Punkte sein); dann entsteht ein offener Raum,

[1]) Wegen der Theorie der Überlagerungen vgl. man *Seifert-Threlfall*, Lehrbuch der Topologie (Leipzig-Berlin 1934), 8. Kap.; ferner: *H. Weyl*, Die Idee der Riemannschen Fläche (Leipzig-Berlin 1913), § 9; *H. Hopf*, Zur Topologie der Abbildungen von Mannigfaltigkeiten, 2. Teil, Math. Annalen 102 (1929), 562—623, § 1.

[2]) Der Raumbegriff wird in Nr. 1 präzisiert werden.

der k unendlich ferne Enden hat; so besitzen die Ebene und die mehrdimensionalen euklidischen Räume ein Ende, die Gerade und der unendliche Kreiszylinder zwei Enden.

Eine allgemeine und befriedigende Theorie der Enden offener topologischer Räume — und zwar der Räume einer Klasse, welche jedenfalls die Mannigfaltigkeiten und die Polyeder umfaßt — ist von Freudenthal entwickelt worden[3]); sie ist nahe verwandt mit Carathéodorys Theorie der Primenden. Die für uns wichtigen Hauptpunkte der Freudenthalschen Theorie werden im § 1 formuliert werden.

Unser Hauptsatz lautet nun:

Ein 𝔊-Raum hat entweder genau ein Ende oder zwei Enden oder eine Endenmenge von der Mächtigkeit des Kontinuums[4]).

Der Beweis wird im § 2 geführt werden; er lehnt sich an den Beweis eines ähnlichen Satzes von Freudenthal an, in dem es sich nicht um diskontinuierliche, sondern um kontinuierliche Scharen von Transformationen handelt[5]).

Auf Grund unseres Satzes lassen sich die 𝔊-Räume in drei Klassen einteilen, je nach der Anzahl 1, 2 oder ∞ der Enden. Beispiele, und zwar von universellen Überlagerungen geschlossener Mannigfaltigkeiten, aus den drei Klassen sind die folgenden: die universelle Überlagerung des Torus, also die Ebene, hat ein Ende; die universelle Überlagerung des Kreises, also die Gerade, hat zwei Enden; die universelle Überlagerung der 3-dimensionalen geschlossenen Mannigfaltigkeit, welche die Summe[6]) zweier Exemplare des topologischen Produktes von Kreis und Kugel ist, hat unendlich viele Enden (cf. Nr. 20); verzichtet man auf die Mannigfaltigkeits-Eigenschaft, so wird das einfachste Beispiel für den Fall unendlicher vieler Enden wohl durch den unendlichen Baumkomplex geliefert, der regulär vom Grade 4 ist[7]) und die universelle Überlagerung einer Lemniskate darstellt[8]).

---

[3]) *H. Freudenthal,* Über die Enden topologischer Räume und Gruppen, Math. Zeitschrift 33 (1931), 692—713.

[4]) In dem letzten Fall bilden die Enden, in einem noch zu präzisierenden Sinne, eine diskontinuierliche perfekte Menge (Nr. 11).

[5]) l. c., Satz 15.

[6]) *Seifert-Threlfall,* l. c., 218.

[7]) Ein Streckenkomplex heißt ein Baum, wenn er keinen geschlossenen Streckenzug enthält; er heißt regulär vom Grade n, wenn von jedem Eckpunkt genau n Strecken ausgehen.

[8]) Ein Beispiel einer offenen Fläche mit unendlich vielen Enden, die reguläre Überlagerung einer geschlossenen Fläche ist, findet man bei *v. Kerékjártó,* Vorlesungen über Topologie (Berlin 1923), 181—182.

Dagegen gibt es nach unserem Satz für kein endliches $k > 2$ eine geschlossene n-dimensionale Mannigfaltigkeit, die von der k-mal punktierten Sphäre S^n überlagert würde – im Gegensatz zu $k = 1$ (die einmal punktierte S^n überlagert den n-dimensionalen Torus) und zu $k = 2$ (die zweimal punktierte S^n überlagert das Produkt $S^1 \times S^{n-1}$); damit ist eine Frage beantwortet, die von Herrn Threlfall im Zusammenhang mit dem Problem der Klassifikation der geschlossenen 3-dimensionalen Mannigfaltigkeiten formuliert worden war und die mich zu den hier entwickelten Überlegungen angeregt hat. Übrigens ist unsere Einteilung der geschlossenen Mannigfaltigkeiten in vier Klassen – jenachdem die universelle Überlagerungsmannigfaltigkeit geschlossen ist oder ein Ende oder zwei Enden oder unendlich viele Enden hat – vielleicht auch sonst nützlich für die weitere Behandlung des genannten Klassifikations-Problems.

Obwohl der Hauptsatz allgemeinere Gültigkeit hat, so ist der interessanteste Fall doch der, in dem $\mathfrak{G}$ eine *Gruppe* ist. Hier entsteht die Frage nach Zusammenhängen zwischen der algebraischen Struktur von $\mathfrak{G}$ und der Endenzahl des $\mathfrak{G}$-Raumes; sie wird im § 3 behandelt, allerdings hauptsächlich nur für den Spezialfall, in dem $\mathfrak{G}$ die Decktransformationen-Gruppe einer regulären Überlagerung R eines endlichen Polyeders (beliebiger Dimension) ist. Dann wird gezeigt, daß *die Endenzahl des Raumes R durch die Struktur der Gruppe $\mathfrak{G}$ bestimmt* ist; mit anderen Worten: zwei derartige $\mathfrak{G}$-Polyeder mit isomorphen Gruppen $\mathfrak{G}$ haben die gleiche Endenzahl. Nun läßt sich aber jede abstrakte Gruppe $\mathfrak{G}$, die von endlich vielen Elementen erzeugt wird, als eine solche Decktransformationen-Gruppe — und zwar sogar eines Polygons, d. h. eines eindimensionalen Polyeders — darstellen; somit darf man von der *Endenzahl einer abstrakten Gruppe* sprechen, und es ergibt sich eine Einteilung der Gesamtheit aller unendlichen, von endlich vielen Elementen erzeugten Gruppen in drei Klassen; und nicht nur die Anzahl der Enden, sondern auch die Enden selbst erweisen sich als Eigenschaften der abstrakten Gruppen: sie können durch gewisse unendliche Folgen von Gruppen-Elementen charakterisiert werden. Aber eine rein algebraische Theorie dieser Gruppen-Enden, ohne Bezugnahme auf spezielle Darstellungen der Gruppen durch Überlagerungs-Räume, ist mir nicht bekannt, und das Problem, die Endenzahl 1, 2 oder ∞ aus der bekannten Struktur einer Gruppe — oder aus Erzeugenden und definierenden Relationen — zu bestimmen, bleibt ungelöst[9]); das Wenige, was ich hierüber weiß, wird im § 3 gesagt.

[9]) Man beachte jedoch Fußnote 17.

§ 1. Allgemeines über Räume und ihre Enden

1. Unter einem „Raum“ soll immer ein Hausdorffscher Raum mit abzählbarer Basis verstanden werden, der lokal kompakt, lokal zusammenhängend und zusammenhängend ist. Alle zusammenhängenden Polyeder, endlich oder unendlich, also speziell alle Mannigfaltigkeiten, geschlossen oder offen, sind derartige Räume. Wie es bei Mannigfaltigkeiten üblich ist, nennen wir einen nicht-kompakten Raum „offen“; (dagegen soll unter einer offenen Punktmenge eines Raumes immer eine solche verstanden werden, deren Komplementärmenge abgeschlossen ist).

2. R sei ein offener Raum. Nach Freudenthal[10]) sind seine „Endpunkte“ oder kurz „Enden“[11]) folgendermaßen definiert: jede absteigende Folge $G_1 \supset G_2 \supset \cdots$ von nicht-leeren Punktmengen G_i, welche offen sind, kompakte Begrenzungen besitzen und für welche der Durchschnitt ihrer abgeschlossenen Hüllen leer ist, bestimmt ein Ende; zwei solche Folgen $\{G_i\}$, $\{G'_j\}$ bestimmen dasselbe Ende, wenn es zu jedem i ein j mit $G'_j \supset G_i$ gibt; (es gibt dann von selbst zu jedem j ein k mit $G_k \supset G'_j$).

Freudenthal zeigt nun: Indem man zu der Menge aller Punkte von R die Enden von R als neue „ideale“ Punkte hinzufügt und in dieser Vereinigungsmenge einen geeigneten Umgebungsbegriff einführt, der den in R gegebenen Umgebungsbegriff nicht ändert, wird R zu einem kompakten Raum $\overline{R}$ erweitert, in welchem die Endenmenge $\mathfrak{E} = \overline{R} - R$ abgeschlossen und nirgends dicht ist und die folgende Eigenschaft hat (durch welche diese Abschließung von R vor allen anderen ausgezeichnet ist): jeder Punkt $E \in \mathfrak{E}$ besitzt beliebig kleine Umgebungen H_i derart, daß nicht nur H_i, sondern auch der Durchschnitt H'_i von H_i und R zusammenhängend ist, und daß die Begrenzung von H_i kompakt ist und in R liegt; (daß es „beliebig kleine“ H_i gibt, bedeutet: in jeder beliebigen Umgebung von E gibt es ein H_i). Die topologische Struktur von $\overline{R}$ und von $\mathfrak{E}$ ist durch R vollständig bestimmt; (dies wird sich unten in Nr. 5 noch einmal ergeben).

3. Man kann die Enden statt durch Mengenfolgen $\{G_i\}$ auch durch Punktfolgen, die gegen ein Ende streben, charakterisieren.

Eine Punktfolge $x_1, x_2, \ldots$ in R heißt divergent, wenn sie keinen Häufungspunkt hat, oder, was dasselbe ist: wenn in jeder kompakten Teilmenge von R höchstens endlich viele x_n liegen. Allgemeiner soll eine

---

[10]) l. c., §§ 1, 2.

[11]) Indem ich nicht zwischen „Endpunkt“ und „Ende“ unterscheide, weiche ich etwas von Freudenthals Terminologie ab.

Folge von Punktmengen $M_1, M_2, \ldots$ divergent heißen, wenn jede kompakte Menge mit höchstens endlich vielen M_n Punkte gemeinsam hat.

Es gilt nun folgendes:

Ist $x_1, x_2, \ldots$ eine in R divergente Punktfolge, so konvergiert sie in $\overline{R}$ dann und nur dann gegen einen Punkt $E \in \mathfrak{E}$, wenn es für jedes n ein solches, x_n mit x_{n+1} verbindendes Kontinuum (z. B. einen Weg) W_n in R gibt, daß die Folge der W_n in R divergiert. Sind $x_1, x_2, \ldots$ und $y_1, y_2, \ldots$ zwei Punktfolgen, welche die soeben ausgesprochene Bedingung erfüllen, so streben sie dann und nur dann gegen denselben Punkt E, wenn es für jedes n ein solches, x_n mit y_n verbindendes Kontinuum W_n in R gibt, daß die Folge der W_n in R divergiert.

Diese Tatsachen charakterisieren die Enden von R mit Hilfe von Punktfolgen in R.

Der Beweis ergibt sich leicht mit Hilfe der Umgebungen H_i, die in Nr. 2 besprochen wurden. Es sei erstens $\{x_n\}$ eine Punktfolge in R, die in $\overline{R}$ gegen E strebt; dann nehme man eine absteigende Folge von Umgebungen H_i, deren Durchschnitt der Punkt E ist; für jedes (hinreichend große) n sei i_n das größte i, für das x_n und x_{n+1} in H_i liegen; dann strebt i_n mit n gegen unendlich; W_n sei ein Kontinuum, das x_n und x_{n+1} in H'_{i_n} (cf. Nr. 2) verbindet; dann divergieren die W_n in R. — Es sei zweitens $\{x_n\}$ eine in R divergente Folge, die nicht gegen einen Endpunkt E strebt; dann enthält sie zwei Teilfolgen, die gegen zwei verschiedene Endpunkte E und E' streben; man nehme eine Umgebung H von E, die E' nicht enthält, und deren Rand K eine kompakte Menge in R ist; für unendlich viele n liegt x_n, aber nicht x_{n+1} in H, und jedes Kontinuum, das x_n und x_{n+1} verbindet, trifft K; eine Folge von solchen W_n kann nicht divergieren. — Drittens: die Folgen $\{x_n\}$ und $\{y_n\}$ mögen beide gegen E streben; dann strebt auch die Folge $x_1, y_1, x_2, y_2, \ldots$ gegen E, und auf Grund der bereits bewiesenen ersten Behauptung kann man x_n mit y_n durch ein Kontinuum W_n so verbinden, daß die Folge dieser W_n divergiert. — Viertens: wenn $\{x_n\}$ und $\{y_n\}$ gegen verschiedene Endpunkte E und E' streben, so habe K dieselbe Bedeutung wie beim Beweis der zweiten Behauptung; wie dort sieht man, daß es keine divergente Folge von Kontinuen W_n geben kann, welche x_n und y_n verbinden.

4. Es seien jetzt R und R' zwei Räume. Eine stetige Abbildung f von R in R' heiße „kompakt", wenn jede in R divergente Punktfolge auf eine in R' divergente Folge abgebildet wird. Wenn f kompakt und $\{M_n\}$ eine divergente Mengenfolge in R ist, so divergiert auch die Folge der Bildmengen $f(M_n)$ in R'; denn andernfalls gäbe es eine kompakte

Teilmenge K' von R', mit welcher unendlich viele Mengen $f(M_n)$ Punkte gemeinsam hätten; für jedes n gäbe es also ein $x_n \in M_n$ mit $f(x_n) \in K'$; die Folge der x_n wäre divergent, die der $f(x_n)$ aber nicht — im Widerspruch zu der Kompaktheit von f.

Wir erweitern R und R' durch ihre Endenmengen $\mathfrak{E}$, $\mathfrak{E}'$ zu den Räumen $\overline{R}$, $\overline{R'}$ und behaupten:

Eine kompakte stetige Abbildung f von R in R' läßt sich immer durch Erklärung einer Abbildung von $\mathfrak{E}$ in $\mathfrak{E}'$ zu einer stetigen Abbildung $\overline{f}$ von $\overline{R}$ in $\overline{R'}$ erweitern.

Beweis: E sei ein Punkt von $\mathfrak{E}$. Es gibt eine gegen E strebende Punktfolge $\{x_n\}$ in R; da $\overline{R'}$ kompakt und f kompakt ist, haben die Punkte $f(x_n)$ wenigstens einen Häufungspunkt $E' \in \mathfrak{E}'$; indem wir allenfalls zu einer Teilfolge übergehen, dürfen wir annehmen, daß die $f(x_n)$ gegen E' streben. Wir behaupten zunächst: Ist $\{y_n\}$ irgend eine gegen E strebende Folge in R, so streben die $f(y_n)$ gegen denselben E'. In der Tat: in R existieren Kontinuen W_n, die immer x_n mit y_n verbinden, so daß ihre Folge divergiert; dann divergiert wegen der Kompaktheit von f auch die Bildfolge $f(W_n)$, und hieraus folgt, daß keine Teilfolge der $f(y_n)$ gegen einen von E' verschiedenen Punkt von $\mathfrak{E}'$ streben kann (Nr. 3); daher muß $f(y_n) \to E'$ gelten. Demnach können wir für jeden Punkt $E \in \mathfrak{E}$ das Bild $\overline{f}(E) \in \mathfrak{E}'$ so erklären, daß folgendes gilt: aus $x_n \to E$, $x_n \in R$ folgt $f(x_n) \to \overline{f}(E)$; für $x \in R$ setzen wir $\overline{f}(x) = f(x)$. Um die Stetigkeit dieser Abbildung $\overline{f}$ von $\overline{R}$ in $\overline{R'}$ zu beweisen, bleibt noch zu zeigen: aus $E_n \to E$, $E_n \in \mathfrak{E}$ folgt $\overline{f}(E_n) \to \overline{f}(E)$; mit anderen Worten: es gelte $E_n \to E$, $E_n \in \mathfrak{E}$, und es sei E' ein Häufungspunkt der Folge $\{\overline{f}(E_n)\}$; dann ist $E' = \overline{f}(E)$. Um dies zu zeigen, nehmen wir zunächst beliebige Umgebungen U, U' von E bzw. E'; für ein gewisses n ist dann $E_n \in U$, $\overline{f}(E_n) \in U'$; nach Definition von $\overline{f}$ gibt es in R eine Folge $x_n^1, x_n^2, \ldots$, die gegen E_n strebt, so daß die $f(x_n^i)$ gegen $\overline{f}(E_n)$ streben; es gibt daher einen Index i_n, so daß $x_n^{i_n} \in U$, $f(x_n^{i_n}) \in U'$ ist; auf diese Weise kann man, da U, U' beliebige Umgebungen von E bzw. E' waren, in R eine Folge $\{x_n = x_n^{i_n}\}$ so finden, daß $x_n \to E$, $f(x_n) \to E'$ gilt; das bedeutet aber: $E' = \overline{f}(E)$.

5. Jede topologische Abbildung f eines Raumes R auf einen Raum R' ist kompakt; denn gäbe es eine divergente Folge $\{x_n\}$ in R, deren Bildfolge $\{f(x_n)\}$ einen Häufungspunkt x' hätte, so würde die Betrachtung der Abbildung f^{-1} in der Umgebung von x' zu einem Widerspruch führen. Daher läßt sich nach Nr. 4 die topologische Abbildung f von R auf R' durch Erklärung einer Abbildung von $\mathfrak{E}$ in $\mathfrak{E}'$ zu einer eindeutigen und stetigen Abbildung $\overline{f}$ von $\overline{R}$ in $\overline{R'}$ erweitern; analog existiert eine

Abbildung $\bar{g}$ von $\bar{R}'$ in $\bar{R}$, welche eine Erweiterung der Umkehrungsabbildung $g = f^{-1}$ ist. Dann ist die Zusammensetzung $\bar{g}\bar{f}$ eine stetige Abbildung von $\bar{R}$ in sich, welche eine Erweiterung der identischen Abbildung von R auf sich ist; da R überall dicht in $\bar{R}$ ist, folgt hieraus, daß $\bar{g}\bar{f}$ die identische Abbildung von $\bar{R}$ auf sich ist; insbesondere ist $\bar{g}\bar{f}(E) = E$ für jeden $E \in \mathfrak{E}$. Ebenso ergibt sich $\bar{f}\bar{g}(E') = E'$ für jeden $E' \in \mathfrak{E}'$. Aus $\bar{g}\bar{f}(E) = E$ folgt, daß die Abbildung $\bar{f}$ von $\mathfrak{E}$ eineindeutig ist; aus $\bar{f}\bar{g}(E') = E'$ folgt, daß $\bar{f}$ die Menge $\mathfrak{E}$ auf die ganze Menge $\mathfrak{E}'$ abbildet; durch $\bar{f}$ wird also $\mathfrak{E}$ topologisch auf $\mathfrak{E}'$, und daher auch $\bar{R}$ topologisch auf $\bar{R}'$ abgebildet. Es gilt also folgendes:

Jede topologische Abbildung f von R auf R' läßt sich durch eine topologische Abbildung von $\mathfrak{E}$ auf $\mathfrak{E}'$ zu einer topologischen Abbildung $\bar{f}$ von $\bar{R}$ auf $\bar{R}'$ erweitern.

Hierin ist noch einmal der Satz (cf. Nr. 2) enthalten, daß $\mathfrak{E}$ und $\bar{R}$ in topologisch invarianter Weise mit R verknüpft sind.

6. In dem Raume R sei R_1 eine Punktmenge, die nicht kompakt, aber abgeschlossen ist. Da R_1 nicht kompakt ist, gibt es in R_1 divergente Punktfolgen; da R_1 abgeschlossen ist, divergiert jede dieser Folgen auch in R; ebenso divergiert jede in R_1 divergente Mengenfolge auch in R. Hieraus ist auf Grund der in Nr. 3 gegebenen Charakterisierung der Enden ersichtlich, daß jedem Ende von R_1 ein bestimmtes Ende von R entspricht (man kann dasselbe auch so ausdrücken: die Abbildung, die jeden Punkt von R_1 sich selbst zuordnet, ist infolge der Abgeschlossenheit von R_1 eine kompakte Abbildung von R_1 in R, und nach Nr. 4 gehört daher zu ihr eine Abbildung der Endenmenge von R_1 in die Endenmenge von R). Es braucht aber nicht jedes Ende von R einem Ende von R_1 zu entsprechen, und ein Ende von R kann mehreren Enden von R_1 entsprechen.

Wir betrachten jetzt den Spezialfall, in dem R triangulierbar, also ein unendliches Polyeder[12]) und R_1 das Polygon ist, das aus den Kanten einer festen Simplizialzerlegung von R besteht; dann ist R_1 nicht kompakt, aber abgeschlossen. Wir behaupten, daß dann jedes Ende E von R einem und nur einem Ende von R_1 entspricht.

Beweis: Es sei $\{x_n\}$ eine gegen E strebende Punktfolge in R, und für

[12]) Ein „Polyeder" ist ein Raum, der homöomorph mit einem „Euklidischen Polyeder" im Sinne von *Alexandroff-Hopf*, Topologie I (Berlin 1935), 129, ist; dies ist auf Grund des „Einbettungssatzes", l. c., 158—159, gleichbedeutend damit, daß der Raum eine Simplizialzerlegung gestattet, die ein „absoluter Komplex" (l. c., 156) ist. Für die unendlichen Polyeder ist die Eigenschaft der „lokalen Endlichkeit" (l. c., 129) wichtig; sie wird im folgenden benutzt.

jedes n sei W_n ein Simplex der betrachteten Zerlegung von R, das x_n enthält; aus der Divergenz der x_n folgt, da eine kompakte Menge immer nur mit endlich vielen Simplexen Punkte gemeinsam hat, die Divergenz der Mengenfolge $\{W_n\}$; hieraus folgt, wenn y_n einen Eckpunkt von W_n bezeichnet, daß auch die y_n gegen E streben; das bedeutet: E entspricht dem durch die Folge $\{y_n\}$ repräsentierten Ende von R_1. Es seien ferner E_1, E_1' zwei Enden von R_1, denen E entspricht; dann gibt es Punktfolgen $\{z_n\}$, $\{z_n'\}$ in R_1, die gegen E_1 bzw. E_1' streben, und die, als Punktfolgen in R, beide gegen E streben; letzteres bedeutet: es gibt für jedes n in R ein Kontinuum W_n, das z_n mit z_n' verbindet, so daß die W_n divergieren. Nun sei K_n das Teilpolyeder von R, das aus allen Simplexen besteht, die Punkte von W_n enthalten, und k_n das Polygon, das von allen Kanten dieser Simplexe gebildet wird; mit den W_n divergieren auch die K_n und mit diesen auch die k_n; da aber die k_n Kontinuen in R_1 sind, welche immer z_n und z_n' verbinden, ist $E_1 = E_1'$. Das heißt: E entspricht nur einem Ende von R_1.

Damit ist gezeigt: Ist R ein Polyeder und R_1 das von allen Kanten einer Simplizialzerlegung von R gebildete Polygon, so ist die Endenmenge $\mathfrak{E}$ von R identisch mit der Endenmenge $\mathfrak{E}_1$ von R_1; bei der Untersuchung der Enden von R kann man sich also (im Sinne von Nr. 3) auf die Betrachtung von Punkt- und Mengenfolgen in R_1 beschränken.

§ 2. Enden und diskontinuierliche Abbildungsmengen

7. Wir betrachten stetige Abbildungen eines Raumes R in einen Raum R'. Eine Menge $\mathfrak{G}$ solcher Abbildungen f heiße „*stark diskontinuierlich*", wenn folgende Bedingung erfüllt ist:

($\underline{A}$) Je zwei Punkte $x \in R$, $x' \in R'$ besitzen solche Umgebungen U bzw. U', daß für höchstens endlich viele f aus $\mathfrak{G}$ die Bilder $f(U)$ Punkte mit U' gemeinsam haben.

Diese Bedingung ist mit der folgenden äquivalent:

($\underline{A}'$) Sind K, K' kompakte Mengen in R bzw. R', so haben für höchstens endlich viele f aus $\mathfrak{G}$ die Bilder $f(K)$ Punkte mit K' gemeinsam.

Daß (A) aus (A') folgt, ergibt sich daraus, daß unsere Räume lokal kompakt sind, daß also die Punkte x, x' Umgebungen besitzen, deren abgeschlossenen Hüllen kompakt sind. Um zu sehen, daß (A') aus (A) folgt, nehmen wir an, es gelte (A), aber nicht (A'); dann gäbe es kompakte Mengen K, K' und unendliche Folgen von Punkten $x_n \in K$, $x_n' \in K'$ und von Abbildungen $f_n \in \mathfrak{G}$ mit $f_n(x_n) = x_n'$; die Mengen $\{x_n\}$, $\{x_n'\}$ hätten Häufungspunkte x bzw. x', und diese besäßen Umgebungen

U, U', welche einerseits (A) erfüllten, während andererseits für unendlich viele n die x_n in U, die x'_n in U' lägen; dies ist ein Widerspruch.

Der wichtigste Fall ist der, in dem $R = R'$ und $\mathfrak{G}$ eine Gruppe topologischer Abbildungen ist; die dann übliche Bedingung der „eigentlichen" Diskontinuität[13]) ist etwas schwächer als unsere Bedingung der „starken" Diskontinuität.

Wir bleiben aber vorläufig noch bei dem allgemeinen Fall, in dem $R \neq R'$ und $\mathfrak{G}$ eine Menge beliebiger stetiger Abbildungen sein darf.

8. Die Bedeutung der Aussage, daß für eine Abbildungsfolge $\{f_n\}$ und einen Punkt $y \in R$ die Bildfolge $\{f_n(y)\}$ gegen ein Ende E' von R' konvergiert, ist klar: es handelt sich um den gewöhnlichen Konvergenzbegriff in dem Raume $\overline{R'}$; ebenso natürlich ist die Erklärung der Aussage, daß die Folge $\{f_n\}$ auf einer Punktmenge M von R *gleichmäßig* gegen den Endpunkt E' von R' konvergiert: zu jeder Umgebung U von E' in $\overline{R'}$ gibt es ein solches n_0, daß für alle $n \geqslant n_0$ die Bilder $f_n(M)$ in U liegen.

Hilfssatz 1. $\mathfrak{G}$ sei eine stark diskontinuierliche Menge von Abbildungen des Raumes R in den Raum R'; es gebe in R eine gegen einen Punkt x konvergierende Punktfolge $\{x_n\}$ und in $\mathfrak{G}$ eine Abbildungsfolge $\{f_n\}$, so daß die Punktfolge $\{f_n(x_n)\}$ gegen einen Endpunkt E' von R' konvergiert. Dann konvergiert für jeden Punkt $y \in R$ die Folge $\{f_n(y)\}$ gegen E', und diese Konvergenz ist gleichmäßig auf jeder kompakten Teilmenge K von R. [14])

Beweis. Es seien x, x_n, f_n, E', K so gegeben, daß die genannten Voraussetzungen erfüllt sind; U sei eine Umgebung von E'; zu zeigen ist: fast alle Mengen $f_n(K)$ — d. h. alle bis auf höchstens endlich viele Ausnahmen — liegen in U.

Aus den in Nr. 1 formulierten Eigenschaften des Raumes R ergibt sich, daß die folgende Konstruktion möglich ist: man nehme eine Umgebung V_0 von x und Umgebungen $V_1, \ldots, V_r$ von endlich vielen Punkten von K derart, daß jedes V_i zusammenhängend und daß jede abgeschlossene Hülle $\overline{V_i}$ kompakt ist ($i = 0, 1, \ldots, r$); dann ist $\sum \overline{V_i}$ eine kompakte Menge, die aus endlich vielen Komponenten besteht und die man daher durch Hinzufügung von endlich vielen Kontinuen selbst zu einem kompakten Kontinuum Q ergänzen kann; Q enthält K und V_0, also auch fast alle x_n.

---

[13]) Man vgl. z. B. *van der Waerden*, Gruppen von linearen Transformationen (Berlin 1935), 35.

[14]) Dieser Hilfssatz, wie auch der übrige Inhalt unseres § 2, hängt eng zusammen mit den Sätzen des 2. Kapitels in der Arbeit [3]) von Freudenthal.

In U gibt es (cf. Nr. 2) eine Umgebung H von E', deren Begrenzung K' eine kompakte Menge in R' ist. Da die Punkte $f_n(x_n)$ gegen E' streben, hat H mit fast allen Mengen $f_n(Q)$ Punkte gemeinsam; da $\mathfrak{G}$ stark diskontinuierlich ist, ist auf Grund von (A') die Menge K' zu fast allen Mengen $f_n(Q)$ fremd; da diese Mengen zusammenhängend sind, liegen sie daher fast alle in H, also in U; da $K \subset Q$ ist, ist damit die Behauptung bewiesen.

Bemerkung: Für Anwendungen wichtig ist der Fall, in dem die Folge $\{x_n\}$ mit x zusammenfällt, in dem also für einen festen Punkt x die Konvergenz $f_n(x) \to E'$ vorausgesetzt wird.

9. Es sei wieder $\mathfrak{G}$ eine Menge stetiger Abbildungen des Raumes R in den Raum R'. Eine Punktmenge $F \subset R$ heiße eine „*Fundamentalmenge*" von $\mathfrak{G}$, wenn sie folgende Bedingung erfüllt: Zu jedem Punkt $x' \in R'$ gibt es wenigstens einen Punkt $x \in F$ und wenigstens eine Abbildung $f \in \mathfrak{G}$ mit $f(x) = x'$.

Die in der üblichen Weise erklärten Fundamentalbereiche von Gruppen topologischer Selbstabbildungen[13]) sind also spezielle Fundamentalmengen.

Wir werden Abbildungsmengen $\mathfrak{G}$ betrachten, welche *kompakte* Fundamentalmengen besitzen.

Hilfssatz 2. $\mathfrak{G}$ besitze eine kompakte Fundamentalmenge F; dann gibt es zu jedem Ende E' von R' eine Punktfolge $\{x_n\}$ in R, die gegen einen Punkt x konvergiert, und eine Abbildungsfolge $\{f_n\}$ in $\mathfrak{G}$, so daß die Folge $\{f_n(x_n)\}$ gegen E' konvergiert.

Beweis. Es sei $\{x'_n\}$ eine gegen E' strebende Punktfolge in R'; zu jedem n gibt es einen Punkt $x_n \in F$ und eine Abbildung $f_n \in \mathfrak{G}$ mit $f_n(x_n) = x'_n$; wegen der Kompaktheit von F dürfen wir, indem wir allenfalls zu einer Teilfolge übergehen, annehmen, daß die x_n gegen einen Punkt x konvergieren.

10. Aus den Hilfssätzen 1 und 2 ergibt sich unmittelbar

Hilfssatz 3. Die Abbildungsmenge $\mathfrak{G}$ sei stark diskontinuierlich und besitze eine kompakte Fundamentalmenge. Dann gibt es zu jedem Ende E' von R' eine Folge $\{f_n\}$ in $\mathfrak{G}$, welche die Behauptung des Hilfssatzes 1 erfüllt.

Hierin ist enthalten:

Hilfssatz 3'. $\mathfrak{G}$ sei stark diskontinuierlich und besitze eine kompakte Fundamentalmenge; U sei eine vorgegebene Umgebung eines Endes E'

von R', und K sei eine vorgegebene kompakte Punktmenge in R. Dann gibt es in $\mathfrak{G}$ eine Abbildung f mit $f(K) \subset U$.

11. Wir kommen zu unserem Hauptsatz:

Satz I. Der Raum R sei offen; es gebe eine Menge $\mathfrak{G}$ topologischer Abbildungen von R auf sich, welche stark diskontinuierlich ist und eine kompakte Fundamentalmenge besitzt. Dann hat R entweder genau ein Ende oder zwei Enden oder eine Endenmenge von der Mächtigkeit des Kontinuums.

Die Behauptung läßt sich noch folgendermaßen präzisieren:

Zusatz. Der Raum R erfülle die Voraussetzungen des Satzes I und besitze wenigstens drei Enden. Dann ist die Menge $\mathfrak{E}$ seiner Endpunkte in $\overline{R}$ eine perfekte diskontinuierliche Menge.

Da der Raum $\overline{R}$ kompakt ist und, ebenso wie R, eine überall dichte abzählbare Punktmenge enthält, hat jede perfekte Teilmenge von $\overline{R}$ die Mächtigkeit des Kontinuums und ist, wenn sie diskontinuierlich ist, ein topologisches Bild des Cantorschen Diskontinuums[15]). Der „Zusatz" enthält also den Satz I.

Für jeden offenen Raum R ist $\mathfrak{E}$ abgeschlossen und diskontinuierlich. Für den Beweis des Zusatzes genügt es daher, zu beweisen, daß $\mathfrak{E}$ in sich dicht ist; diese Behauptung läßt sich so formulieren:

Der Raum R erfülle die Voraussetzung des Satzes I und besitze wenigstens drei Enden; E sei ein beliebiges Ende von R und U eine beliebige Umgebung von E in $\overline{R}$. Dann enthält U wenigstens zwei voneinander verschiedene Enden von R.

Zum Zweck des Beweises konstruieren wir zunächst — falls die Komplementärmenge $\overline{R} - U = Q$ von U nicht selbst zusammenhängend ist — eine in U enthaltene Umgebung U' von E, deren Komplementärmenge $\overline{R} - U' = Q'$ zusammenhängend ist: Man überdecke die kompakte Menge Q mit solchen Umgebungen $V_1, \ldots, V_n$ von endlich vielen ihrer Punkte, daß keine V_i den Punkt E enthält, daß jede V_i zusammenhängend ist, und daß die abgeschlossenen Hüllen $\overline{V}_i$ kompakt sind; die Vereinigungsmenge $\sum \overline{V}_i$ besteht dann aus endlich vielen Komponenten; da $\mathfrak{E} = \overline{R} - R$ nirgends dicht in $\overline{R}$ ist, enthält jede V_i, also auch jede der genannten Komponenten, Punkte von R; je zwei Punkte von R lassen sich in R durch ein Kontinuum verbinden; daher kann man die

15) Man vgl. z. B. *Hausdorff*, Grundzüge der Mengenlehre (Leipzig 1914), 320; *Alexandroff-Hopf*, l. c., 121.

Menge $\sum \overline{V}_i$ durch Hinzufügung von endlich vielen Kontinuen, welche in R liegen, also den Punkt E nicht enthalten, zu einer zusammenhängenden abgeschlossenen Menge Q' ergänzen, welche E nicht enthält; es ist also, wenn wir $\overline{R} - Q' = U'$ setzen, U' eine Umgebung von E; da $Q \subset \sum \overline{V}_i \subset Q'$ ist, ist $U' \subset U$. Daß die hiermit beschriebene Konstruktion möglich ist, ergibt sich aus den in Nr. 1 formulierten Eigenschaften von R. Falls bereits Q zusammenhängend ist, kann man natürlich einfach $U' = U$ setzen.

Nun seien E_1, E_2, E_3 drei voneinander verschiedene Enden von R, und H_1, H_2, H_3 solche Umgebungen von ihnen, daß jede nur einen der Punkte E_i enthält, und daß die Begrenzungen K_i der H_i in R gelegene kompakte Mengen sind (cf. Nr. 2) (einer der E_i darf mit E zusammenfallen). Nach dem Hilfssatz 3' gibt es in $\mathfrak{G}$ eine solche Abbildung f, daß $f(K_1 + K_2 + K_3) \subset U'$ ist. Nach Nr. 5 läßt sich f zu einer topologischen Abbildung $\overline{f}$ von $\overline{R}$ auf sich erweitern, welche $\mathfrak{E}$ auf sich abbildet. Falls alle drei Punkte $\overline{f}(E_1)$, $\overline{f}(E_2)$, $\overline{f}(E_3)$ in U' liegen, ist unsere Behauptung gewiß richtig; es liege etwa $\overline{f}(E_1)$ nicht in U', sondern in Q'. Daraus, daß Q' zusammenhängend ist, den in $\overline{f}(H_1)$ gelegenen Punkt $\overline{f}(E_1)$ enthält und zu der in U' gelegenen Begrenzung $\overline{f}(K_1)$ von $\overline{f}(H_1)$ fremd ist, folgt, daß Q' in $\overline{f}(H_1)$ liegt. Andererseits liegen, da E_2, E_3 nicht in H_1 liegen, die Bilder $\overline{f}(E_2)$, $\overline{f}(E_3)$ nicht in $\overline{f}(H_1)$. Folglich liegen $\overline{f}(E_2)$, $\overline{f}(E_3)$ nicht in Q', sondern in $\overline{R} - Q' = U'$, also in U.

12. Die übliche Theorie der (unverzweigten) Überlagerungen[1]) besitzt Gültigkeit nicht nur für Mannigfaltigkeiten und Polyeder, sondern für alle Räume, welche außer den in Nr. 1 formulierten Eigenschaften noch die des „lokalen einfachen Zusammenhanges" besitzen; das soll bedeuten: jeder Punkt besitzt beliebig kleine Umgebungen, die einfach zusammenhängend sind, d. h. in denen sich jeder geschlossene Weg auf einen Punkt zusammenziehen läßt. Diese Umgebungen spielen folgende Rolle: wird bei der Überlagerung des Raumes R_0 durch den Raum R der Punkt $x_0 \in R_0$ von dem Punkt $x \in R$ überlagert, und ist U_0 eine einfach zusammenhängende Umgebung von x_0, so gibt es eine Umgebung U von x, welche U_0 eineindeutig überlagert.

Der Raum R sei eine reguläre Überlagerung des Raumes R_0; es gebe also eine Gruppe $\mathfrak{G}$ von topologischen Abbildungen von R auf sich, den Decktransformationen, welche in bekannter Weise R_0 erzeugen. Dann ist $\mathfrak{G}$ stark diskontinuierlich; sind nämlich x, x' Punkte von R und x_0, x_0' die entsprechenden Punkte von R_0, so betrachte man, falls $x_0 \neq x_0'$ ist, zwei zueinander fremde, einfach zusammenhängende Um-

92

gebungen U_0, U_0' von x_0, x_0' und, falls $x_0 = x_0'$ ist, eine einfach zusammenhängende Umgebung U_0 dieses Punktes; in jedem Falle seien U, U' die entsprechenden Umgebungen von x, x'; dann gibt es im Falle $x_0 \neq x_0'$ überhaupt keine Abbildung $f \in \mathfrak{G}$, für die $f(U)$ und U' gemeinsame Punkte haben, und im Falle $x_0 = x_0'$ gibt es genau eine solche Abbildung f, nämlich diejenige mit $f(x) = x'$.

Wir setzen weiter voraus, daß R_0 kompakt ist. Dann besitzt $\mathfrak{G}$ eine kompakte Fundamentalmenge F. Um eine solche zu konstruieren, überdecke man R_0 mit endlich vielen Umgebungen $U_0^1, \ldots, U_0^n$, die einfach zusammenhängend und deren abgeschlossenen Hüllen kompakt sind; sind dann U^i die den U_0^i entsprechenden Umgebungen in R, so ist die Vereinigungsmenge der abgeschlossenen Hüllen $\overline{U}^i$ eine kompakte Fundamentalmenge von $\mathfrak{G}$.

Aus diesen Tatsachen und dem Satz I ergibt sich der folgende Satz, in welchem von dem Raum R vorausgesetzt wird, daß er lokal einfach zusammenhängend sei, was gewiß der Fall ist, wenn er ein Polyeder oder eine Mannigfaltigkeit ist:

Satz II. Ein offener Raum R, der eine reguläre Überlagerung — z. B. die universelle Überlagerung — eines kompakten Raumes ist, hat entweder genau ein Ende oder zwei Enden oder eine Endenmenge von der Mächtigkeit des Kontinuums.

Beispiele für alle drei Fälle sind in der Einleitung angegeben worden. Daß dieselbe Behauptung für nicht-reguläre Überlagerungen im allgemeinen nicht richtig ist, zeigt folgendes Beispiel: man nehme vier Strahlen, die von einem Punkt a ausgehen, und auf jedem von ihnen eine divergente Folge von Punkten ($\neq a$); in jedem dieser Punkte zeichne man einen den betreffenden Strahl berührenden Kreis, so daß diese Kreise zueinander fremd sind; die so entstandene Figur R hat vier Enden und ist eine Überlagerung der Figur R_0, die aus zwei sich berührenden Kreisen besteht.

§ 3. Die Enden abstrakter Gruppen

13. Wenn der Raum R reguläre Überlagerung des Raumes R_0 und wenn die zugehörige Decktransformationen-Gruppe mit der abstrakten Gruppe $\mathfrak{G}$ isomorph ist, so wollen wir sagen, daß $\mathfrak{G}$ durch diese Überlagerung „dargestellt" wird. Jede abstrakte Gruppe $\mathfrak{G}$, welche durch endlich viele ihrer Elemente erzeugt wird, läßt sich in dieser Weise darstellen, und zwar so, daß R_0 ein endliches Polyeder, und sogar so, daß

R_0 ein endliches Polygon ist; denn die Erzeugbarkeit von $\mathfrak{G}$ durch n Elemente bedeutet, daß $\mathfrak{G}$ mit der Faktorgruppe der von n freien Erzeugenden erzeugten freien Gruppe $\mathfrak{F}_n$ nach einem Normalteiler $\mathfrak{N}$ von $\mathfrak{F}_n$ isomorph ist; $\mathfrak{F}_n$ ist die Fundamentalgruppe endlicher Polygone R_0, z. B. des Polygons, das von n Dreiecken gebildet wird, die einen Eckpunkt gemeinsam haben; die zu der Untergruppe $\mathfrak{N}$ gehörige Überlagerung R von R_0 stellt $\mathfrak{G}$ in der behaupteten Weise dar[16]).

Eine Gruppe $\mathfrak{G}$ kann aber durch Überlagerungen sehr verschiedener endlicher Polyeder dargestellt werden. Eigenschaften, welche allen diesen verschiedenen Darstellungen gemeinsam sind, sind Eigenschaften der Gruppe $\mathfrak{G}$ selbst. Es wird sich zeigen, daß die Enden der Polyeder R und daher auch die Anzahl dieser Enden solche Eigenschaften sind.

14. Es handelt sich also darum, Beziehungen zwischen verschiedenen Darstellungen einer Gruppe herzustellen; hierzu dient

Hilfssatz 4. Die unendlichen Polygone R, R' seien reguläre Überlagerungen der endlichen Polygone R_0, R_0'; die zugehörigen Decktransformationen-Gruppen seien derselben Gruppe $\mathfrak{G}$ isomorph; die beiden Decktransformationen, die einem Element $g \in \mathfrak{G}$ entsprechen, seien mit T_g bzw. T_g' bezeichnet. Dann gibt es eine stetige Abbildung f von R in R', welche kompakt ist (cf. Nr. 4) und für jedes $g \in \mathfrak{G}$ die Funktionalgleichung $fT_g = T_g' f$ erfüllt.

Beweis. Für jeden Eckpunkt p von R_0 zeichnen wir einen ihn überlagernden Eckpunkt von R aus und nennen diesen p^*; für jeden dieser endlich vielen p^* verstehen wir unter $f(p^*)$ einen beliebigen Eckpunkt von R'; für jeden Eckpunkt q von R gibt es, da q einen Eckpunkt von R_0 überlagert, genau einen Punkt p^* und genau ein Element $g \in \mathfrak{G}$ mit $q = T_g(p^*)$; dann ist $f(q) = fT_g(p^*) = T_g' f(p^*)$ ein wohlbestimmter Eckpunkt von R'. Jetzt zeichnen wir für jede Kante s von R_0 eine sie überlagernde Kante von R aus und nennen diese s^*; für jede dieser endlich vielen Kanten s^* verstehen wir unter $f(s^*)$ einen beliebigen Streckenzug in R', der die bereits erklärten Bilder der Endpunkte von s^* verbindet; für jede Kante t von R gibt es genau eine Kante s^* und genau ein Element $g \in \mathfrak{G}$ mit $t = T_g(s^*)$; dann ist $f(t) = fT_g(s^*) = T_g' f(s^*)$ ein wohlbestimmter Streckenzug in R'. Hiermit ist die Abbildung f von R in R' erklärt; sie ist kompakt, da jeder Eckpunkt von R' Bild von höchstens endlich vielen Eckpunkten von R ist und da jede Kante von R' durch die Bilder

[16]) Wenn man jedes der oben genannten n Dreiecke nur als eine einzige „Strecke" mit zusammenfallenden Endpunkten deutet, so sind die unendlichen Polygone oder Streckenkomplexe R die „Dehnschen Gruppenbilder" von $\mathfrak{G}$; zu jeder Erzeugung von $\mathfrak{G}$ durch endlich viele Elemente gehört ein solches Gruppenbild.

von höchstens endlich vielen Kanten von R bedeckt wird; daß f die Funktionalgleichung $fT_g = T'_g f$ erfüllt, ergibt sich unmittelbar aus der Definition.

15. Wir präzisieren jetzt die am Schluß von Nr. 13 angedeutete Rolle der Enden. Die Überlagerung R des endlichen Polyeders R_0 sei eine Darstellung von $\mathfrak{G}$; die einem Element $g \in \mathfrak{G}$ entsprechende Decktransformation nennen wir wieder T_g; die Gruppe $\mathfrak{G}$ sei unendlich, der Raum R also offen. In Nr. 12 wurde gezeigt, daß die Menge der Decktransformationen stark diskontinuierlich ist und eine kompakte Fundamentalmenge besitzt; aus den Hilfssätzen 3 und 1 folgt daher: zu jedem Ende E von R gibt es in $\mathfrak{G}$ Folgen von Elementen $\{g_n\}$, so daß für einen Punkt $x \in R$ die Folgen $\{T_{g_n}(x)\}$ gegen E streben; und zwar besteht diese Konvergenz, falls sie für *einen* Punkt x besteht, für *jeden* Punkt x (man beachte hierfür die Bemerkung am Schluß von Nr. 8). Von einer solchen Folge $\{g_n\}$ sagen wir, daß sie „zu dem Ende E von R gehört". Es gilt nun

Satz III. Die unendliche, von endlich vielen Elementen erzeugte Gruppe $\mathfrak{G}$ werde durch die Überlagerungen R bzw. R' der endlichen Polyeder R_0 bzw. R'_0 dargestellt; $\{g_n\}$ sei eine Folge von Elementen aus $\mathfrak{G}$, welche zu einem Ende E von R gehört. Dann gehört dieselbe Folge auch zu einem Ende von R'.

Beweis. Wir nehmen zunächst an, daß R_0 und R'_0 Polygone sind; dann existiert eine Abbildung f mit den im Hilfssatz 4 genannten Eigenschaften. Da die Folge $\{g_n\}$ zu E gehört, strebt für einen Punkt $x \in R$ die Folge der Punkte $x_n = T_{g_n}(x)$ gegen E; wegen der Kompaktheit von f strebt nach Nr. 4 dann die Folge der Punkte $f(x_n)$ gegen ein Ende E' von R'; wegen der Funktionalgleichung für f ist, wenn wir $f(x) = x'$ setzen, $f(x_n) = T'_{g_n}(x')$; daß die Folge dieser Punkte gegen E' strebt, bedeutet aber: die Folge $\{g_n\}$ gehört zu dem Ende E' von R'.

Der Fall beliebiger Polyeder R_0, R'_0 läßt sich auf den somit erledigten polygonalen Fall zurückführen: die Polygone, die aus allen Kanten von R bzw. R' (in festen Simplizialzerlegungen) bestehen, überlagern die aus den Kanten von R_0 bzw. R'_0 bestehenden Polygone, und auch diese Überlagerungen stellen $\mathfrak{G}$ dar; andererseits darf man sich nach Nr. 6 bei der Untersuchung der Enden auf die Kantenpolygone von R und R' beschränken; damit ist der Satz III bewiesen.

Zusatz zu dem Satz III: *Wenn die Folgen $\{g_n\}$ und $\{h_n\}$ aus $\mathfrak{G}$ zu demselben Ende von R gehören, so gehören sie auch zu demselben Ende von R'.*

Denn wenn $\{g_n\}$ und $\{h_n\}$ zu demselben Ende von R gehören, dann gehört auch die Folge $\{g_1, h_1, g_2, h_2, \ldots\}$ zu diesem Ende, also gehört diese Folge nach dem Satz III zu einem Ende von R', und dies bedeutet: die Folgen $\{g_n\}$ und $\{h_n\}$ gehören zu demselben Ende von R'.

16. $\mathfrak{G}$ bezeichne wie bisher eine abstrakte unendliche Gruppe mit endlich vielen erzeugenden Elementen. Wir definieren: Eine Folge $\{g_n\}$ von Elementen aus $\mathfrak{G}$ „gehört zu einem Ende von $\mathfrak{G}$", wenn sie bei einer Darstellung von $\mathfrak{G}$ durch die Überlagerung R eines endlichen Polyeders R_0 zu einem Ende von R gehört; zwei Folgen $\{g_n\}$ und $\{h_n\}$ aus $\mathfrak{G}$ gehören zu „demselben" Ende von $\mathfrak{G}$, wenn sie bei einer Darstellung der genannten Art zu demselben Ende von R gehören. Aus dem Satz III und dem Zusatz zu ihm ergibt sich, daß diese Definitionen unabhängig sind von der als Hilfsmittel herangezogenen speziellen Darstellung. Damit ist der Begriff der „*Enden einer abstrakten Gruppe*" erklärt.

Insbesondere gehört zu jeder Gruppe $\mathfrak{G}$ eine bestimmte *Anzahl ihrer Enden;* nach dem Satz I ist diese Anzahl 1 *oder* 2 *oder die Mächtigkeit des Kontinuums;* hierdurch ist also eine Einteilung der Gesamtheit der Gruppen $\mathfrak{G}$ in drei Klassen gegeben.

Die Tatsache, daß die Anzahl der Enden einerseits eine Eigenschaft der abstrakten Gruppe $\mathfrak{G}$, andererseits gleich der Anzahl der Enden eines die Gruppe $\mathfrak{G}$ darstellenden Überlagerungs-Polyeders R ist, läßt sich folgendermaßen als *Zusatz zu dem Satz II* (Nr. 12) formulieren:

Sind die unendlichen Polyeder R, R' reguläre Überlagerungen endlicher Polyeder R_0, R_0' und sind die zugehörigen Decktransformationen-Gruppen einander isomorph, so haben R und R' die gleiche Anzahl von Enden. Insbesondere ist die Endenzahl des universellen Überlagerungsraumes R eines endlichen Polyeders R_0 durch die Struktur der Fundamentalgruppe $\mathfrak{G}$ von R_0 bestimmt.

17. Es liegen jetzt die Aufgaben nahe, die Enden einer Gruppe rein algebraisch zu untersuchen oder wenigstens für die Anzahl der Enden ein algebraisches Kriterium anzugeben[17]). Wir werden hier nur die zweite dieser Aufgaben etwas weiter verfolgen, aber auch dabei nur zu einem Teilergebnis gelangen.

[17] In einem gewissen Sinne sind diese Aufgaben natürlich dadurch zu lösen, daß man ein Gruppenbild[16]) R von $\mathfrak{G}$ betrachtet und die Beschreibung der Enden von R aus der Sprache unserer Nr. 3 ins Algebraische übersetzt, was keine prinzipielle Schwierigkeit bietet. Das Gruppenbild hängt aber noch von der speziellen Wahl der Erzeugenden von $\mathfrak{G}$ ab, und erwünscht wäre es, ohne Bezugnahme auf ein spezielles System von Erzeugenden ein Kriterium dafür zu kennen, wann eine Folge $f_1, f_2, \ldots$ von Gruppenelementen zu einem Ende gehört.

Fast selbstverständlich ist folgender Satz:

Satz IV. Wenn $\mathfrak{U}$ eine Untergruppe von endlichem Index in $\mathfrak{G}$ ist, so hat $\mathfrak{U}$ dieselbe Endenzahl wie $\mathfrak{G}$.

Wenn nämlich die Überlagerung R des endlichen Polyeders R_0 eine Darstellung von $\mathfrak{G}$ ist, so gibt es bekanntlich zu der Untergruppe $\mathfrak{U}$ einen Raum R_0', der R_0 so überlagert und von R regulär so überlagert wird, daß folgendes gilt: seine Blätterzahl über R_0 ist gleich dem Index von $\mathfrak{U}$ in $\mathfrak{G}$, und die Decktransformationen-Gruppe, die zu seiner regulären Überlagerung R gehört, ist $\mathfrak{U}$. Derselbe Raum R tritt also bei Darstellungen von $\mathfrak{G}$ und von $\mathfrak{U}$ als Überlagerung endlicher Polyeder auf; daraus ist die Gleichheit der Endenzahlen von $\mathfrak{G}$ und $\mathfrak{U}$ ersichtlich. –
Der nächste Satz enthält unser vorhin erwähntes Teilergebnis im Zusammenhang mit der Aufgabe, algebraische Kriterien für die Endenzahl einer Gruppe zu finden:

Satz V. Die Gruppe $\mathfrak{G}$ hat dann und nur dann genau zwei Enden, wenn sie eine Untergruppe $\mathfrak{U}$ enthält, die unendlich zyklisch ist und einen endlichen Index in $\mathfrak{G}$ hat.

Der eine Teil des Satzes folgt leicht aus dem Satz IV: wenn $\mathfrak{G}$ eine Untergruppe der genannten Art enthält, so hat $\mathfrak{G}$ dieselbe Endenzahl wie die unendliche zyklische Gruppe; deren Endenzahl aber ist 2, da sie die Fundamentalgruppe der Kreislinie ist, und da der universelle Überlagerungsraum der Kreislinie, also die Gerade, zwei Enden besitzt. Der andere Teil des Satzes V ist in dem folgenden allgemeineren Satz enthalten:

Satz Va. Der Raum R habe genau zwei Enden; $\mathfrak{G}$ sei eine Gruppe topologischer Selbstabbildungen von R; sie sei stark diskontinuierlich und besitze eine kompakte Fundamentalmenge F. Dann enthält $\mathfrak{G}$ eine Untergruppe $\mathfrak{U}$, die unendlich zyklisch ist und in $\mathfrak{G}$ endlichen Index hat.

Hierbei braucht also R kein Polyeder, und insbesondere brauchen die Transformationen aus $\mathfrak{G}$ keine Decktransformationen, sie brauchen also nicht fixpunktfrei zu sein; der Satz gehört daher in den Rahmen unseres § 2; dies wird sich auch in der Beweismethode äußern.

18. Dem Beweis schicken wir einen Hilfssatz voraus:

Hilfssatz 5. Es sei R ein beliebiger offener Raum, $\mathfrak{G}$ eine stark diskontinuierliche Gruppe topologischer Selbstabbildungen von R und $\mathfrak{U}$ eine Untergruppe von $\mathfrak{G}$, die eine kompakte Fundamentalmenge F

besitzt. Dann ist die Gruppe $\mathfrak{U}$ unendlich, und sie besitzt in $\mathfrak{G}$ endlichen Index.

Beweis. Da F Fundamentalmenge von $\mathfrak{U}$ ist, ist die über alle Transformationen u aus $\mathfrak{U}$ erstreckte Summe $\sum u(F)$ der ganze Raum R; da F kompakt und R offen ist, folgt hieraus die Unendlichkeit von $\mathfrak{U}$.

Da $\mathfrak{G}$ stark diskontinuierlich und F kompakt ist, gibt es infolge der in Nr. 7 ausgesprochenen Bedingung (A') nur endlich viele Elemente $g \in \mathfrak{G}$, für welche $g(F)$ und F Punkte gemeinsam haben; dies seien die Elemente $g_1, \ldots, g_n$. Es sei nun g ein beliebiges Element aus $\mathfrak{G}$; man nehme einen Punkt $p \in F$; da F Fundamentalmenge von $\mathfrak{U}$ ist, gibt es einen Punkt $p' \in F$ und ein Element $u \in \mathfrak{U}$ mit $u(p') = g(p)$; dann ist $u^{-1}g(p) = p'$, also ist $u^{-1}g = g_i$, $g = ug_i$, wobei g_i eines der obigen Elemente $g_1, \ldots, g_n$ ist; damit ist die Endlichkeit des Index von $\mathfrak{U}$ bewiesen.

19. *Beweis des Satzes Va.* Die Enden von R seien E_1, E_2. Nach Nr. 5 läßt sich jede der Abbildungen $g \in \mathfrak{G}$ zu einer topologischen Abbildung $\bar{g}$ des Raumes $\bar{R} = R + E_1 + E_2$ erweitern; durch $\bar{g}$ wird entweder jeder der beiden Endpunkte festgehalten, oder die beiden Enden werden vertauscht; diejenigen $\bar{g}$, welche die Enden festhalten, bestimmen eine Untergruppe $\mathfrak{G}_1$ von $\mathfrak{G}$, die entweder mit $\mathfrak{G}$ identisch ist oder in $\mathfrak{G}$ den Index 2 hat. Im letzteren Falle sei g' ein nicht in $\mathfrak{G}_1$ enthaltenes Element von $\mathfrak{G}$; dann ist die Menge $F + g'(F)$ eine kompakte Fundamentalmenge von $\mathfrak{G}_1$; außerdem ist $\mathfrak{G}_1$ als Untergruppe von $\mathfrak{G}$ selbst stark diskontinuierlich.

H sei eine Umgebung von E_1, die zusammenhängend ist, deren Begrenzung K kompakt ist und in R liegt, und deren abgeschlossene Hülle $\bar{H}$ den Endpunkt E_2 nicht enthält (cf. Nr. 2). Nach dem Hilfssatz 3′ (Nr. 10), angewandt auf $\mathfrak{G}_1$, gibt es eine Abbildung $u \in \mathfrak{G}_1$, für welche $u(K) \subset \bar{R} - \bar{H}$ ist. $\mathfrak{U}$ sei die von u erzeugte Gruppe; wir behaupten:

$\mathfrak{U}$ besitzt eine kompakte Fundamentalmenge.

Wenn diese Behauptung bewiesen ist, so folgt nach dem Hilfssatz 5, daß die Gruppe $\mathfrak{U}$, die ja nach ihrer Definition zyklisch ist, die Behauptung des Satzes *Va* erfüllt.

Wir betrachten die Potenzen u^n, also die Elemente von $\mathfrak{U}$, und setzen $\bar{u}^n(H) = H_n$, $u^n(K) = K_n$. Da $K_1 \subset \bar{R} - \bar{H}$ ist, ist H fremd zu der Begrenzung K_1 von H_1; da $u \in \mathfrak{G}_1$, also $\bar{u}(E_1) = E_1$ ist, haben H und H_1 den Punkt E_1 gemeinsam; ferner ist H zusammenhängend; aus diesen Tatsachen folgt: $H \subset H_1$, und folglich: $H_{n-1} \subset H_n$ für alle n, und folglich: $H \subset H_n$ für alle $n > 0$. Hätte K_n für ein $n > 0$ einen Punkt mit H gemeinsam, so nach dem eben Bewiesenen auch mit H_n, was nicht der

Fall ist, da die H_n offene Mengen sind; mithin sind die K_n für $n > 0$ fremd zu H. Es sei nun x ein Punkt von K; die Folge der Punkte $u^n(x)$ mit $n = 1, 2, \ldots$ kann wegen der starken Diskontinuität von $\mathfrak{G}$ keinen Häufungspunkt in R besitzen*); auch E_1 ist nicht Häufungspunkt der Folge, da, wie soeben gezeigt wurde, kein Punkt der Folge in H liegt; folglich strebt die Folge gegen E_2. Nach dem Hilfssatz 1 strebt daher sowohl für jeden Punkt $y \in R$ die Folge der Punkte $u^n(y)$, als auch die Folge der Mengen K_n mit $n \to +\infty$ gleichmäßig gegen E_2 (man beachte die Bemerkung am Schluß von Nr. 8); es gibt also insbesondere zu jeder Umgebung U von E_2 ein solches positives n, daß $K_n \subset U$ ist.

Es sei jetzt y ein beliebiger Punkt von R. Die soeben genannte Umgebung U von E_2 wählen wir so, daß sie weder y noch E_1 enthält, und daß ihre Komplementärmenge $\ddot{R} - U = Q$ zusammenhängend ist (daß man diese letzte Bedingung erfüllen kann, ist in Nr. 11 gezeigt worden). In U gibt es ein K_n; da die zusammenhängende Menge Q somit fremd zu der Begrenzung K_n von H_n ist, mit H_n aber den Punkt E_1 gemeinsam hat, ist $Q \subset H_n$ und daher auch $y \in H_n$.

Andererseits kann y in höchstens endlich vielen Mengen H_{-n} mit $n > 0$ enthalten sein; denn andernfalls lägen für unendlich viele positive n die Punkte $u^n(y)$ in H, entgegen der oben bewiesenen Tatsache, daß diese Punkte gegen E_2 streben.

Da also die Menge der Indizes n, für welche $y \in H_n$ ist, einerseits nicht leer ist, andererseits höchstens endlich viele negative Zahlen enthält, enthält sie eine kleinste Zahl; diese heiße $m + 1$; dann ist $y \in H_{m+1} - H_m$ und folglich $u^{-m}(y) \in H_1 - H$ und erst recht $u^{-m}(y) \in \overline{H}_1 - H$. Das bedeutet, daß die Menge $\overline{H}_1 - H$ eine Fundamentalmenge von $\mathfrak{U}$ ist; da sie kompakt ist und in R liegt, ist damit die Behauptung bewiesen.

20. Dank dem Satz V reduziert sich die Aufgabe, algebraische Kriterien für die Endenzahl einer Gruppe zu finden, auf die Frage nach einem algebraischen Unterscheidungsmerkmal zwischen den Gruppen mit einem Ende und denen mit unendlich vielen Enden. Ich kenne kein solches Merkmal und muß mich auf die Angabe der einfachsten Beispiele beschränken.

Das direkte Produkt $\mathfrak{G}$ zweier unendlicher Gruppen hat stets genau ein Ende; denn in diesem Falle besitzt $\mathfrak{G}$ eine Darstellung durch eine Überlagerung R eines offenen Polyeders, wobei R das topologische Produkt zweier offener Räume ist, und ein solches Produkt hat nach einem Satz von Freudenthal [18]) immer nur ein Ende.

[18]) l. c., § 3.

Zu diesen Gruppen gehören *die Abelschen Gruppen, deren Rang* > 1 *ist.* Andere Gruppen mit einem Ende sind *die Fundamentalgruppen der geschlossenen Flächen positiven Geschlechts;* denn die universelle Überlagerung dieser Flächen, die Ebene, hat ein Ende.

Die freien Gruppen $\mathfrak{F}_n$ *mit* n *freien Erzeugenden und* $n > 1$ *haben unendlich viele Enden;* denn $\mathfrak{F}_n$ ist die Fundamentalgruppe eines Polygons R_0, das von n Dreiecken mit einem gemeinsamen Eckpunkt gebildet wird, und die universelle Überlagerung von R_0 ist mit einem Baumkomplex homöomorph, der regulär vom Grade $2n$ ist[7]); daß dieser Baum für $n > 1$ unendlich viele Enden hat, sieht man sofort z. B. mit Hilfe des Kriteriums aus Nr. 3.

Daraus, daß $\mathfrak{F}_2$ unendlich viele Enden hat, folgt übrigens mit Hilfe des in Nr. 16 formulierten Zusatzes zu Satz II die in der Einleitung erwähnte Tatsache, daß die universelle Überlagerung der 3-dimensionalen Mannigfaltigkeit, welche die topologische Summe[6]) zweier Exemplare des topologischen Produktes von Kreis und Kugel ist, unendlich viele Enden besitzt.

Ohne Beweis[19]) sei noch auf folgende Gruppen mit unendlich vielen Enden hingewiesen: das freie Produkt[20]) zweier Gruppen, von denen keine die Identität ist, hat unendlich viele Enden — mit einer einzigen Ausnahme: das freie Produkt zweier Gruppen der Ordnung 2 hat zwei Enden (diese Gruppe enthält eine unendlich zyklische Untergruppe vom Index 2). Hieraus folgt: sind M_1, M_2, zwei geschlossene Mannigfaltigkeiten, mindestens 3-dimensional und keine von ihnen einfach zusammenhängend, so hat die universelle Überlagerung M ihrer topologischen Summe unendlich viele Enden — abgesehen von dem Fall, in dem die Fundamentalgruppen von M_1 und von M_2 die Ordnung 2 haben; dann hat M zwei Enden; in der Tat wird die Summe zweier projektiver Räume von dem topologischen Produkt von Gerade und Kugel überlagert.

Zusatz 1964. – Ich möchte hier auf drei interessante Arbeiten hinweisen, zu denen die vorstehende Arbeit den Anstoß gegeben hat: (1) *H. Freudenthal*, Über die Enden diskreter Räume und Gruppen. Comm. Math. Helv. 17 (1944/45). – (2) *E. Specker*, Die erste Cohomologiegruppe von Überlagerungen und Monotonieeigenschaften dreidimensionaler Mannigfaltigkeiten. Comm. Math. Helv. 23 (1949). – (3) *E. Specker*, Endenverbände von Räumen und Gruppen. Math. Annalen 122 (1950).

---

19) Der Beweis ist mit Hilfe von Gruppenbildern zu führen.

20) *Seifert-Threlfall,* l. c, 300.

48.

Eine Verallgemeinerung bekannter Abbildungs- und Überdeckungssätze

Portugaliae Math. 4 (1944), 129–139

1. Der «Abbildungssatz von Borsuk-Ulam» lautet: [1]

SATZ I*a*. *Ist* f *eine stetige Abbildung der* n-*dimensionalen Sphäre* S^n *in den* n-*dimensionalen euklidischen Raum* R^n, *so gibt es ein antipodisches Punktepaar* (x, x') *der* S^n, *für welches* $f(x)=f(x')$ *ist.*

Mit anderen Worten: *Sind* $f_1, \cdots, f_n$ *stetige reelle Funktionen auf der* S^n, *so gibt es ein antipodisches Punktepaar* (x, x') *mit* $f_i(x)=f_i(x')$ *für* $i=1, \cdots, n$.

Aus diesem Satz lässt sich der folgende ableiten: [2]

SATZ I*b*. *Ist die Sphäre* S^n *mit* $n+2$ *abgeschlossenen Mengen* $F_1, \cdots, F_{n+2}$ *überdeckt, von denen keine ein antipodisches Punktepaar der* S^n *enthält, so haben je* $n+1$ *Mengen* F_i *einen nicht-leeren Durchschnitt.* [3]

Hierbei wird nicht vorausgesetzt, dass jede Menge F_i nicht-leer sei; wenn aber etwa F_{n+2} leer ist, so ist die Behauptung des Satzes nicht erfüllt; folglich ist dann auch die Voraussetzung nicht erfüllt; das bedeutet:

SATZ I*c*. *Ist die Sphäre* S^n *mit* $n+1$ *abgeschlossenen Mengen überdeckt, so enthält wenigstens eine dieser Mengen ein antipodisches Punktepaar.*

Dies ist der bekannte «Überdeckungssatz von Lusternik-Schnirelmann-Borsuk». [4]

[1] *K. Borsuk*, Drei Sätze über die n-dimensionale euklidische Sphäre, Fund. Math. **20** (1933), 177-190. — Ferner: *Alexandroff-Hopf,* Topologie I (Berlin 1935), 486.

[2] Alexandroff-Hopf, l. c., 487.

[3] Dagegen ist der Durchschnitt aller $n+2$ Mengen leer, da ein Punkt des Durchschnittes zusammen mit seinem Antipoden der Voraussetzung widerspräche. Infolgedessen kann man die Behauptung des Satzes I*b* auch so formulieren: «Der Nerv der «Überdeckung $(F_1, \cdots, F_{n+2})$ ist dem Randkomplex eines $(n+1)$-dimensionalen Simplexes isomorph.» (Definition des «Nerven»: Alexandroff-Hopf, 152).

[4] L. c. [1] und [2], sowie: *L. Lusternik und L. Schnirelmann,* Méthodes topologiques dans les problèmes variationnels (Moscou 1930), 26 (russisch).

2. Die antipodischen Punktepaare sind dadurch charakterisiert, dass die beiden Punkte den sphärischen Abstand π haben. Die folgende Frage liegt nahe: a sei eine beliebige feste Zahl zwischen 0 und π, und man ersetze in den obigen Sätzen den Begriff des «antipodischen Paares» durch den Begriff des «Punktepaares mit dem sphärischen Abstand a»; *bleiben die Sätze dann richtig?* Man sieht zum Beispiel leicht, dass die Frage für den Satz Ia im Falle $n=1$ zu bejahen ist: S^1 ist eine Kreislinie, und es wird daher eine stetige reelle Funktion $f(x)$ der reellen Variablen x mit der Periode 2π betrachtet; man bestätigt ohne Mühe, dass es zu jedem a ein solches x gibt, dass $f(x+a)=f(x)$ ist — während der Wortlaut des Sätzes Ia dies nur für $a=\pi$ behauptet.[5)]

Wir werden zeigen, dass die gestellte Frage für alle drei Sätze und für beliebiges n zu bejahen ist; die ausgezeichnete Rolle, die die Zahl π sonst in der sphärischen Metrik spielt, ist also für diese Sätze ohne Bedeutung.[6)]

3. Unsere Verallgemeinerung der Sätze Ia, Ib, Ic geht aber weiter; sie bezieht sich nicht nur auf Sphären, sondern auf beliebige geschlossene n-dimensionale Mannigfaltigkeiten. Von einer solchen Mannigfaltigkeit werden wir nur voraussetzen, dass sie mit einer regulären Riemannschen Metrik versehen ist; dann geht von jedem Punkt in jeder Richtung genau eine geodätische Linie aus, und auf ihr kann man vom Anfangspunkt aus jede positive Länge a abtragen; ein solcher geodätischer Bogen der Länge a kann Doppelpunkte haben.[7]

Wir werden die folgenden drei Satze beweisen, in denen M^n *eine beliebige geschlossene* n*-dimensionale Mannigfaltigkeit mit einer Riemannschen Metrik* und a *eine beliebige feste positive Zahl* bezeichnet:

Satz IIa. *Ist* f *eine stetige Abbildung von* M^n *in den euklidischen*

5) Man sieht sogar leicht, dass es wenigstens zwei derartige Stellen x gibt; wegen Verschärfungen und Verallgemeinerungen dieses Satzes für $n=1$ vergl. man *H. Hopf*, Uber die Schnen ebener Kontinuen und die Schleifen geschlossener Wege, Comment. Math. Helvet. **9** (1937), 303-319; besonders § 2.

6) Falls man voraussetzt, dass die Mengen F_i zusammenhängend sind, ist in den Sätzen Ib und Ic der Übergang von π zu $a<\pi$ trivial; wir machen aber diese Voraussetzung nicht.

7) Die Voraussetzung, das eine Riemannsche Metrik vorliegt, wird nur sehr unvollständig ausgenützt werden (cf. Nr. 6); unsere Sätze können daher auch mit schwächeren Voraussetzungen formuliert werden.

Raum R^n, *so gibt es in* M^n *einen geodätischen Bogen der Länge* a, *dessen beide Endpunkte durch* f *auf denselben Punkt abgebildet werden.*

SATZ II*b*. *Ist* M^n *mit* $n+2$ *abgeschlossenen Mengen* $F_1, \cdots, F_{n+2}$ *überdeckt, von denen keine die beiden Endpunkte eines geodätischen Bogens der Länge* a *enthält, so haben je* $n+1$ *Mengen* F_i *einen nichtleeren Durchschnitt.*

SATZ II c. *Ist* M^n *mit* $n+1$ *abgeschlossenen Mengen überdeckt, so enthält wenigstens eine dieser Mengen die beiden Endpunkte eines geodätischen Bogens der Länge* a.

4. Der Satz I*a* folgt bekanntlich leicht aus dem nachstehenden Satz von Borsuk:[8)]

SATZ I. *Jede antipodentreue stetige Abbildung einer* n-*dimensionalen Sphäre* S^n *in eine* n-*dimensionale Sphäre* S_1^n *ist wesentlich.*

Dabei heisst eine Abbildung einer Sphäre S in eine Sphäre S_1 «antipodentreu», wenn sie jedem antipodischen Punktepaar von S ein antipodisches Punktepaar von S_1 zuordnet. Eine Abbildung von S in S_1 heisst «wesentlich», wenn es nicht möglich ist, sie durch stetige Abänderung in eine solche Abbildung zu verwandeln, bei welcher die Bildmenge von S nur ein echter Teil von S_1 ist.

Aus demselben Satz I folgt auch der Satz II*a*; und zwar kommen in unserem Beweis von II*a* — ähnlich wie in dem Borsukschen Beweis von I*a* — zu dem Satz I nur ganz elementare Überlegungen hinzu, insbesondere keine Begriffe aus der algebraischen Topologie.

Dieser Beweis (Nr. 6-9) ist die Hauptsache dieser ganzen Arbeit; denn die Herleitung des Satzes II*b* aus dem Satz II*a* (Nr. 10, 11) ist identisch mit der bekannten Herleitung von I*b* aus I*a*; und auf den Satz II*c* braucht man nicht mehr einzugehen: er ist ein Korollar des Satzes II*b*, ebenso wie, gemäss unserer Bemerkung in Nr. 1, der Satz I*c* ein Korollar von I*b* ist.

5. Ein «Anhang» handelt von einigen Fragen, die an unsere Sätze anknüpfen und unbeantwortet bleiben; das Bestehen dieser Fragen zeigt, dass unsere Sätze noch mancher Präzisierung bedürftig sind.

Am wichtigsten erscheint mir dabei ein, an den Satz II*c* in dem Spezialfall $M^n = S^n$ anschliessendes Problem (Nr. 14), das von Herrn *Hadwiger* stammt, und zu dessen Behandlung Herr Hadwiger einen

[8)] Borsuk, l. c. [1)], sowie Alexandroff-Hopf, 483 ff.

Beitrag geliefert hat, der nicht nur durch die Ergebnisse, sondern auch durch die Methode merkwürdig ist, welche unseren Fragenkomplex von einer neuen Seite beleuchtet: während man in diesem Problemkreis bisher immer, wie es auch in der vorliegenden Arbeit geschient, mit Hilfsmitteln aus der Topologie und aus der Elementargeometrie gearbeitet hat, gehört die Methode von Herrn Hadwiger in das Gebiet der Integralgeometrie und Masstheorie. [9]

Beweis des Satzes II*a*

6. Unter einem «Linienelement» in der Mannigfaltigkeit M^n verstehen wir wie üblich den Inbegriff eines Punktes und einer in ihm angebrachten orientierten Richtung; in der Voraussetzung, dass in M^n eine Riemannsche Metrik existiert, ist die Voraussetzung enthalten, dass die Linienelemente definiert sind. Ihre Gesamtheit ist in natürlicher und bekannter Weise als topologischer Raum aufzufassen; wir nennen ihn $\mathfrak{L}$; er ist übrigens eine $(2n-1)$-dimensionale Mannigfaltigkeit, was aber für uns keine Bedeutung hat. Alles, was wir von der Topologie des Raumes $\mathfrak{L}$ und von der Riemannschen Geometrie der Mannigfaltigkeit M^n brauchen, ist in den nachstehenden Aussagen 6.1, 6.2, 6.3 enthalten.

6.1. Für jedes Element $\mathfrak{x} \in \mathfrak{L}$ nennen wir den Punkt von M^n, welcher $\mathfrak{x}$ trägt, $u(\mathfrak{x})$; dann ist u eine stetige Abbildung von $\mathfrak{L}$ auf M^n.

6.2. Für jeden Punkt $p \in M^n$ ist die Menge $u^{-1}(p) \subset \mathfrak{L}$ das topologische Bild einer $(n-1)$-dimensionalen Sphäre S^{n-1}; dabei entsprechen zwei antipodischen Punkten von S^{n-1} immer zwei Linienelemente in p, die einander entgegengesetzt gerichtet sind. Wir dürfen die Menge $u^{-1}(p)$ selbst als $(n-1)$-dimensionale Sphäre auffassen und werden sie $S(p)$ nennen. Für jedes $\mathfrak{x} \in \mathfrak{L}$ verstehen wir unter $J(\mathfrak{x})$ das im selben Punkt angebrachte, zu $\mathfrak{x}$ entgegengesetzt gerichtete Element; dann ist also J für jede Sphäre $S(p)$ die antipodische Selbstabbildung.

6.3. Jedes $\mathfrak{x} \in \mathfrak{L}$ bestimmt eine gerichtete geodätische Linie $\Gamma(\mathfrak{x})$ in M^n. Wir führen auf ihr die Bogenlänge s derart als Parameter ein, dass der Punkt $u(\mathfrak{x})$ zu $s=0$ gehört und dass die Richtung des wachsenden s mit der durch $\mathfrak{x}$ gegebenen Richtung von $\Gamma(\mathfrak{x})$ übereinstimmt. Dann gehört zu jedem reellen s ein Punkt von $\Gamma(\mathfrak{x})$; das Linienele-

[9] Herr Hadwiger hat über diese Untersuchungen und Ergebnisse auf der Tagung der Schweizerischen Naturforschenden Gesellschaft, Schaffhausen, August 1943, berichtet; eine ausführliche Darstellung soll demnächst in den Portugaliae Mathematica erscheinen.

ment, das in dem zu s gehörigen Punkt an die gerichtete Linie $\Gamma(\mathfrak{x})$ tangential ist, nennen wir $T_s(\mathfrak{x})$; dann ist T_s bei festem s eine stetige (sogar topologische) Abbildung von $\mathfrak{L}$ auf sich, und die Abbildungen T_s hängen stetig von dem Parameter s ab; T_0 ist die Identität in $\mathfrak{L}$. Die Abbildungen T_s sind mit der Abbildung J durch die Gleichung

(1) $$T_s J = J T_{-s}$$

verknüpft.

7. Es sei jetzt f eine stetige Abbildung von M^n in den euklidischen Raum R^n. Dann ist $F = fu$ eine stetige Abbildung von $\mathfrak{L}$ in den R^n.

Die positive Zahl a sei fest gegeben. Wir betrachten für jedes $\mathfrak{x} \in \mathfrak{L}$ und jedes reelle s die beiden Punkte

(2) $$A_s(\mathfrak{x}) = FT_s(\mathfrak{x}), \quad B_s(\mathfrak{x}) = FT_{a+s}(\mathfrak{x})$$

im R^n und den Vektor $\mathfrak{v}_s(\mathfrak{x})$, dessen Anfangspunkt $A_s(\mathfrak{x})$ und dessen Endpunkt $B_s(\mathfrak{x})$ ist. Diese Vektoren haben die folgenden Eigenschaften, die sich unmittelbar aus den Definitionen und aus Nr. 6 ergeben:

7.1. Die Vektoren $\mathfrak{v}_s(\mathfrak{x})$ sind stetige Funktionen von $\mathfrak{x}$ und s.

7.2. Die Anfangs- und Endpunkte $A_s(\mathfrak{x})$, $B_s(\mathfrak{x})$ liegen in der Bildmenge $f(M^n)$. Speziell ist, wenn $\mathfrak{x} \in S(p)$ ist, $A_0(\mathfrak{x}) = f(p)$.

7.3. Für $s = -\frac{a}{2}$ ist $\mathfrak{v}_s(J(\mathfrak{x})) = -\mathfrak{v}_s(\mathfrak{x})$; denn aus (2), (1) und der trivialen Gleichheit $FJ(\mathfrak{x}) = F(\mathfrak{x})$ folgt für jedes s

$$A_s J = FT_s J = FJT_{-s} = FT_{-s};$$

für $s = -\frac{a}{2}$ bedeutet dies: $A_s J = B_s$, und hieraus folgt weiter: $B_s J = A_s$.

7.4. Dann uud nur dann ist $\mathfrak{v}_s(\mathfrak{x}) = 0$, wenn die Punkte auf der geodätischen Linie $\Gamma(\mathfrak{x})$, welche zu den Parameterwerten s und $a+s$ gehören, durch f auf denselben Punkt abgebildet werden.

8. Aus 7.4 ist ersichtlich, dass sich die Behauptung des Satzes IIa folgendermassen aussprechen lässt: es gibt einen Vektor $\mathfrak{v}_s(\mathfrak{x})$, der verschwindet. Wir werden den Beweis von IIa indirekt führen und also annehmen: es ist $\mathfrak{v}_s(\mathfrak{x}) \neq 0$ für alle $\mathfrak{x} \in \mathfrak{L}$ und alle reellen s.

Unter dieser Annahme bezitzt jeder Vektor $\mathfrak{v}_s(\mathfrak{x})$ eine bestimmte Richtung, und wir können die folgenden Abbildungen V_s von $\mathfrak{L}$ in eine $(n-1)$-dimensionale Sphäre S_1^{n-1} des R^n konstruieren: für jedes $\mathfrak{x}$ und jedes s ist $V_s(\mathfrak{x})$ der Endpunkt desjenigen Radius der S_1^{n-1}, welcher dieselbe Richtung hat wie $\mathfrak{v}_s(\mathfrak{x})$.

Insbesondere sind dann für jeden Punkt $p \in M^n$ die Abbildungen V_s der Sphäre $S(p)$ in die Sphäre S_1^{n-1} erklärt. Aus 7.1 folgt, dass diese Abbildungen stetig sind und stetig von dem Parameter s abhängen. Aus 7.3 folgt: für $s = -\frac{a}{2}$ ist V_s eine antipodentreue Abbildung von $S(p)$ in S_1^{n-1}.

9. Wir wählen jetzt einen speziellen Punkt p. Die Abbildung f ist, wenn wir die Koordinaten im R^n mit $f_1, \cdots, f_n$ bezeichnen, durch stetige reelle Funktionen $f_i(x), x \in M^n$, gegeben. Da M^n geschlossen ist, gibt es einen Punkt, in welchem die Funktion $f_n(x)$ ihr Maximum erreicht; p sei ein solcher Punkt; dann ist also $f_n(p) \geq f_n(x)$ für alle $x \in M^n$.

Hieraus und aus 7.2 folgt: ist $\mathfrak{x} \in S(p)$, so ist die n-te Komponente des Vektores $\mathfrak{v}_0(\mathfrak{x})$ nicht positiv. Somit liegt das durch V_0 gelieferte Bild der Sphäre $S(p)$ ganz auf einer Hälfte der Sphäre S_1^{n-1}.

Für unseren Punkt p haben also die Abbildungen V_s der Sphäre $S(p)$ in die Sphäre S_1^{n-1} die folgenden Eigenschaften: sie hängen stetig von dem Parameter s ab; für einen gewissen Wert von s ist die Abbildung antipodentreu; für einen anderen Wert von s ist das Bild von $S(p)$ nur ein echter Teil von S_1^{n-1}.

Dies steht im Widerspruch zu dem Satz I.

Beweis des Satzes II*b*

10. Wir erinnern zunächst an das bekannte Verfahren, das von dem Satz I*a* zu dem Satz I*b* führt und ebenso von II*a* zu II*b* führen wird:[10]

P sei ein metrischer Raum; er sei mit $n+2$ abgeschlossenen Mengen $F_1, \cdots, F_{n+2}$ überdeckt; der Durchschnitt der $n+2$ Mengen F_i sei leer; es dürfen übrigens auch einzelne der Mengen F_i leer sein.

Man verstehe für $i = 1, \cdots, n+2$ unter $f_i(x)$ eine für alle Punkte $x \in P$ erklärte, reelle stetige Funktion, die immer ≥ 0, sowie dann und nur dann $= 0$ ist, wenn $x \in F_i$ ist; z. B. kann man, wenn F_i nicht-leer ist, als $f_i(x)$ die Entfernung des Punktes x von der Menge F_i und, wenn F_i leer ist, als f_i die Konstante 1 wählen. Neben P betrachten wir ein $(n+1)$-dimensionales Simplex T^{n+1}; seine Eckpunkte seien

[10] Es ist das im wesentlichen das sogenannte Kuratowskische Verfahren: *C. Kuratowski*, Sur un théorème fondamental concernant le nerf d'un système d'ensembles, Fund. Math. 20 (1932), 191-196; Borsuk, l. c. [1]; sowie: Alexandroff-Hopf, 366.

$e_1, \cdots, e_{n+2}$; das n-dimensionale Randsimplex, das e_i nicht enthält, heisse t_i^n; der Randkomplex von T^{n+1} ist als Simplizialzerlegung einer Sphäre S^n aufzufassen. Für jeden Punkt $x \in P$ bringe man in den Punkten $e_1, \cdots, e_{n+2}$ die Massen $f_1(x), \cdots, f_{n+2}(x)$ an; da x nach Voraussetzung nicht allen Mengen F_i angehört, sind nicht alle Massen 0; sie besitzen daher einen Schwerpunkt $f(x)$; da x in wenigstens einer Menge F_i liegt, ist wenigstens eine Masse 0; daher liegt $f(x)$ auf dem Rande S^n; da die Funktionen f_i stetig sind, ist f eine stetige Abbildung von P in S^n. Dann und nur dann ist $f(x) \in t_i^n$, wenn die Masse $f_i(x)=0$, d. h. wenn $x \in F_i$ ist; das bedeutet:

$$f^{-1}(t_i^n) = F_i. \tag{1}$$

Aus (1) folgt erstens für jede Indexkombination $(i_1 \cdots i_r)$

$$f^{-1}(t_{i_1}^n \cdot t_{i_2}^n \cdot \cdots \cdot t_{i_r}^n) = F_{i_1} \cdot F_{i_2} \cdot \cdots \cdot F_{i_r},$$

also speziell

$$f^{-1}(e_1) = F_2 \cdot F_3 \cdot \cdots \cdot F_{n+2}, \tag{2}$$

und analog für die anderen e_i. Zweitens folgt aus (1): wenn x, x' Punkte von P mit $f(x)=f(x')$ sind, so gibt es eine Menge F_i, die sowohl x als auch x' enthält; dies ist nämlich dann der Fall, wenn i so gewählt ist, dass $f(x)$ in t_i^n liegt.

11. Wir kommen zum Beweis des Satzes II*b*; die Überdeckung $(F_1, \cdots, F_{n+2})$ von M^n erfülle also die dort genannten Voraussetzungen.

Gäbe es einen Punkt x, der allen $n+2$ Mengen F_i angehört, so läge er zusammen mit dem anderen Endpunkt eines beliebigen, von ihm ausgehenden geodätischen Bogens der Länge a in einer Menge F_i — entgegen der Voraussetzung; der Durchschnitt aller F_i ist also leer.

Daher kann man nach dem Verfahren aus Nr. 10 eine Abbildung f von M^n in eine Sphäre S^n konstruieren. Wir behaupten: aus dem Satz I*a* folgt, dass M^n durch f auf die ganze Sphäre S^n, nicht auf einen echten Teil von S^n, abgebildet wird. In der Tat: wäre die Bildmenge $f(M^n)$ ein echter Teil von S^n, so könnte man, da jeder echte Teil von S^n als Punktmenge des euklidischen Raumes R^n aufgefasst werden kann, f als Abbildung von M^n in den R^n deuten; nach II*a* gäbe es dann zwei Punkte x, x' in M^n, welche Endpunkte eines geodätischen Bogens der Länge a wären und für welche $f(x)=f(x')$ wäre; dann wären aber, wie am Schluss von Nr. 10 festgestellt wurde, x und x' in einer der Mengen F_i enthalten — entgegen der Voraussetzung des Satzes II*b*.

Die Sphäre S^n ist, wie in Nr. 10, in einer bestimmten Simplizialzerlegung mit den Eckpunkten $e_1, \cdots, e_{n+2}$ gegeben. Da S^n durch das Bild $f(M^n)$ vollständig bedeckt wird, gibt es insbesondere einen Punkt $x_1 \in M^n$ mit $f(x_1)=e_1$; nach (2) ist dann $x_1 \in F_2 \cdot F_3 \cdot \cdots \cdot F_{n+2}$. Ebenso ergibt sich für jede andere Kombination von $n+1$ Mengen F_i die Existenz eines Punktes im Durchschnitt dieser Mengen.

Anhang · Einige offene Fragen

12. Der Satz I lässt sich, wie man weiss, in zwei Richtungen verfeinern: erstens kann die Behauptung, dass die antipodentreue Abbildung f wesentlich ist, durch die stärkere ersetzt werden: der Grad der Abbildung f ist ungerade; zweitens genügt statt der Voraussetzung, dass f antipodentreu ist, die schwächere: für je zwei antipodische Punkte x, x' von S^n ist $f(x) \neq f(x')$. Der so verfeinerte, ebenfalls von Borsuk stammende Satz lässt sich folgendermassen formulieren: [11]

Satz I′. *Hat die stetige Abbildung* f *der Sphäre* S^n *in die Sphäre* S_1^n *geraden Grad, so gibt es ein antipodisches Paar* x, x' *auf* S^n *mit* $f(x)=f(x')$.

Bereits derjenige Spezialfall dieses Satzes, in dem man voraussetzt, dass f den Grad 0 hat, enthält den Satz Ia als Korollar. Im Hinblick auf unsere Verallgemeinerung IIa des Satzes Ia erhebt sich in natürlicher Weise die Frage, ob auch sie das Korollar eines schärferen, zu dem Satz I′ analogen oder diesen verallgemeinernden Satzes sei; wir fragen also:

Kann man in dem Satz IIa die Voraussetzung, dass f *eine Abbildung von* M^n *in den* R^n *ist, durch die folgende schwächere ersetzen: «*f *sei eine Abbildung von* M^n *in die Sphäre* S_1^n *und habe den Grad* 0*»?*

Auch in dem nächstliegenden Spezialfall, in dem M^n selbst eine Sphäre S^n ist, ist mir die Antwort nicht bekannt, wenn $a < \pi$ ist; für $a = \pi$ wird die Frage durch den Satz I′ bejaht (und die Betrachtung von $a > \pi$ liefert nichts Neues).

Für $n=1$ ist die Frage jedenfalls zu bejahen: denn wenn die Abbildung f des Kreises S^1 in den Kreis S_1^1 den Grad 0 hat, so ist bekanntlich $f = gf_0$, wobei f_0 eine Abbildung von S^1 in eine Gerade R^1 und g

[11] *K. Borsuk*. Sur certaines constantes liées avec les classes des transformations des surfaces sphériques en soi, C. R. Société des Sciences et des Lettres de Varsovie 31 (1938), Classe III, 7-12.

eine Abbildung von R^1 auf S^1_1 bezeichnet; die Anwendung des Satzes IIa auf die Abbildung f_0 zeigt, dass unsere Frage zu bejahen ist.[12]

Übrigens beweist man leicht, dass im Falle $n=1$, falls überdies $a=\frac{p}{q}\cdot 2\pi$ mit ganzzahligen p, q ist, die Voraussetzung, der Grad sei 0, durch die schwächere ersetzt werden darf, er sei durch q teilbar. Bei Beschränkung auf $n=1$ ist dies noch eine Verallgemeinerung des Satzes I', und man kann weiter fragen, ob ähnliche Verallgemeinerungen auch für $n>1$ möglich sind. –

Auf zwei bewiesene Sätze, die mit unserer Frage in Zusammenhang stehen, möchte ich noch hinweisen:

Borsuk hat folgendes bewiesen[11]: «Es sei f eine stetige Abbildung der Sphäre S^n in die Späre S^n_1, und der Grad sei $\neq \pm 1$; dann gibt es auf S^n zwei Punkte x, x', deren Abstand nicht kleiner ist als der Abstand zweier Eckpunkte des, der S^n einbeschriebenen regulären $(n+1)$-dimensionalen Simplexes, und für welche $f(x)=f(x')$ gilt».

Herr G. Hirsch hat mir brieflich einen Satz über Abbildungen von Mannigfaltigkeiten mitgeteilt,[13] der bei Beschränkung auf Sphären folgendermassen lautet: «Es sei n gerade, f eine Abbildung von S^n in S^n_1, und der Grad von f sei gerade; dann gibt es zu jedem a, $0<a<\pi$, auf S^n entweder zwei Punkte mit dem Abstand a, die durch f auf einen Punkt, oder zwei Punkte mit dem Abstand a, die durch f auf zwei antipodische Punkte von S^n_1 abgebildet werden.» – Herr Hirsch hat auch darauf aufmerksam gemacht, dass dieselbe Behauptung für $n=1$ nicht gilt.

13. Im Satz IIa haben wir nur behauptet und nur bewiesen, dass es *wenigstens einen* Bogen mit den dort genannten Eigenschaften gibt; man kann fragen, *wieviele* derartige Bögen existieren, und man kann sogar nach der genaueren topologischen Struktur der Menge dieser Bögen fragen. Dabei liegt es nahe, wie diese Menge als topologischer Raum aufzufassen ist: es sei $\mathfrak{B}$ die Menge derjenigen Elemente $\mathfrak{x}\in\mathfrak{L}$ (cf. Nr. 6), welche die Eigenschaft haben, dass der von $\mathfrak{x}$ ausgehende geodätische Bogen der Länge a die Behauptung des Satzes IIa erfüllt,

[12] Für $n>1$ ist diese Schlussweise nicht möglich; denn dann gibt es, wie man zeigen kann, Abbildungen f vom Grade 0 einer S^n auf eine S^n_1, welche sich nicht in der Form $f=gf_0$ darstellen lassen, wobei f_0 eine Abbildung von S^n in den R^n und g eine Abbildung von R^n auf S^n_1 ist.

[13] Eine Skizze des Beweises befindet sich in der folgenden Note: *G. Hirsch,* Sur un problème de H. Hopf, Bull. Soc. R. des Sciences de Liége (1943), 514–522.

d. h. dass seine beiden Endpunkte durch f auf einen Punkt abgebildet werden; diese Menge $\mathfrak{B}$ repräsentiert die Menge der Bögen, von denen der Satz II a handelt.

Sieht man von dem Fall $n=1$ ab, in dem es, wie schon bemerkt,[5] immer wenigstens zwei, aber, wie man an Beispielen leicht sieht, im allgemeinen nicht mehr als zwei derartige Bögen gibt, so lässt sich, wie ich festgestellt habe, beweisen: «Die Menge $\mathfrak{B}$ ist immer unendlich, und zwar von der Mächtigkeit des Kontinuums.» Auf den Beweis will ich hier nicht eingehen, da ich glaube, dass die folgende schärfere Behauptung richtig ist, die ich aber nicht bewiesen habe: «*Die Dimension der Menge* $\mathfrak{B}$ *ist mindestens gleich* $n-1$». Vielleicht kann man über die Struktur von $\mathfrak{B}$ sogar eine Aussage von folgender Art machen: «$\mathfrak{B}$ enthält immer einen von 0 verschiedenen, $(n-1)$-dimensionalen Zyklus». Es liegt auf der Hand, in welcher Weise derartige Verschärfungen des Satzes II a auf die Sätze II b und II c zu übertragen wären

Als Hilfsmittel für Untersuchungen in der hiermit angedeuteten Richtung dürfte die Abbildung V_0, die in Nr. 8 eingeführt worden ist, brauchbar sein; sie ist in $\mathfrak{L}-\mathfrak{B}$ erklärt und stetig; man hätte die Wirkung dieser Abbildung auf Sphären $S(p)$ und auf deren topologische Bilder $T_s(S(p))$ zu betrachten, und dabei wäre es wohl zweckmässig, an Stelle der stetigen Deformationen, mit denen wir beim Beweis des Satzes II a gearbeitet haben, das feinere Instrument der *Homologie*-Eigenschaften des Raumes $\mathfrak{L}-\mathfrak{B}$ heranzuziehen.

14. Der Satz II c lässt sich in dem Spezialfall, in dem M^n die Sphäre ist, folgendermassen formulieren: «Die Sphäre S^n sei mit $n+1$ abgeschlossenen Mengen $F_1, \cdots, F_{n+1}$ überdeckt, und es sei a eine positive Zahl $\leq \pi$; dann enthält wenigstens eine der Mengen F_i zwei Punkte, deren sphärischer Abstand a ist». Herr Hadwiger hat die Frage gestellt, ob nicht die folgende schärfere Behauptung richtig sei: «S^n *sei mit den abgeschlossenen Mengen* $F_1, \cdots, F_{n+1}$ *überdeckt; dann gibt es unter diesen Mengen wenigstens eine solche, dass in ihr für jedes* $a \leq \pi$ *zwei Punkte enthalten sind, deren sphärischer Abstand a ist*».

Dies wäre eine wesentliche Verbesserung unseres Satzes II c.

Ob der fragliche Satz richtig ist, ist nicht entschieden; Herr Hadwiger hat aber bewiesen,[9] dass jedenfalls diejenige Abschwächung des Satzes richtig ist, die entsteht, wenn man statt aller Zahlen $a \leq \pi$ nur die Zahlen $a \leq \Theta_n$ betrachtet, wobei Θ_n durch $\cos \Theta_n = -1/n$ erklärt ist; (Θ_n ist die Länge desjenigen Bogens auf der $(n-1)$-dimensionalen Sphäre vom Radius 1, der zu einer Kante des einbeschriebenen regulären Simplexes gehört; speziell ist $\Theta_1 = \pi$, $\Theta_2 = 2\pi/3$). Der fragliche Satz ist demnach für $n=1$ richtig — was man übrigens leicht durch elementare Überlegungen bestätigt.[14)]

In diesem Zusammenhang verdient noch ein zweiter Satz, den Herr Hadwiger bewiesen hat, Interesse; er ist ein Analogon des soeben formulierten fraglichen Satzes und handelt nicht wie dieser von der Sphäre S^n, sondern von dem euklidischen Raum R^n; er lautet: «Der R^n sei mit $n+1$ abgeschlossenen Mengen $F_1, \cdots, F_{n+1}$ überdeckt; dann enthält wenigstens eine dieser Mengen für jede positive Zahl a zwei Punkte, deren euklidischer Abstand a ist».

Auch hier ist die Richtigkeit für $n=1$ leicht zu bestätigen. Die Beweismethode von Herrn Hadwiger für seine beiden genannten Sätze bei beliebigem n ist, wie wir schon erwähnt haben (Nr. 5), von den in dieser Arbeit verwendeten Methoden völlig verschieden.

[14)] (Nachträglicher Zusatz) Neuerdings hat Herr Hadwiger den fraglichen Satz auch für $n=2$ bewiesen.

49.

Über die Bettischen Gruppen, die zu einer beliebigen Gruppe gehören

Comm. Math. Helvetici **17** (1944/45), 39–79

Hurewicz hat entdeckt, daß die Bettischen Gruppen eines asphärischen Raumes durch dessen Fundamentalgruppe bestimmt sind[1]). Dabei heißt ein Raum — nach angemessener Präzisierung des Raumbegriffes — asphärisch, wenn in ihm jedes stetige Bild einer n-dimensionalen Sphäre mit $n > 1$ auf einen Punkt zusammengezogen werden kann. Der Beweis wird dadurch geführt, daß man mit Hilfe stetiger Abbildungen zeigt: zwei asphärische Räume, deren Fundamentalgruppen isomorph sind, haben auch isomorphe Bettische Gruppen; diese Methode ist sehr einfach, gibt aber keinen Aufschluß über die algebraischen Gesetze, durch welche die Bettischen Gruppen mit der Fundamentalgruppe verknüpft sind. Die §§ 1 und 2 der vorliegenden Arbeit können als eine algebraische Analyse des Satzes und Beweises von Hurewicz gelten, welche ein doppeltes Resultat hat: erstens werden die Strukturen der Bettischen Gruppen eines asphärischen Raumes rein algebraisch aus der Struktur der Fundamentalgruppe definiert, allerdings ohne daß sich eine praktisch brauchbare Methode ergibt, sie wirklich zu bestimmen; zweitens erweist sich der Satz von Hurewicz als Spezialfall eines Satzes aus der Homologietheorie.

Im § 1 wird jeder abstrakten Gruppe $\mathfrak{G}$ und jedem Ring J mit Einselement in eindeutiger Weise eine unendliche Folge Abelscher Gruppen $\mathfrak{G}_J^1, \mathfrak{G}_J^2, \ldots$ zugeordnet; ist J der Ring der ganzen Zahlen, so sagen wir auch $\mathfrak{G}^n$ statt $\mathfrak{G}_J^n$. Topologische Begriffe — auch solche aus der rein kombinatorischen Topologie — kommen dabei nicht vor; jedoch ist der ganze Prozeß durch die Rolle dieser Gruppen in der Topologie motiviert und darauf zugeschnitten. Diese Rolle wird im § 2 behandelt; dort sind im Abschnitt 8.2 die Hauptergebnisse der Arbeit formuliert (Sätze II und III). Sätze und Beweise gehören in die elementare Homologietheorie der Komplexe. Ein wertvolles Hilfsmittel habe ich aus den Arbeiten von Reidemeister übernommen[2]): den zu einer Gruppe von Decktransformationen gehörigen Gruppenring.

---

[1]) *W. Hurewicz*, Beiträge zur Topologie der Deformationen (IV.), Proc. Akad. Amsterdam 39 (1936), 215—224; speziell 221.

[2]) *K. Reidemeister*, Homotopiegruppen von Komplexen, Abh. Math. Seminar Hamburg 10 (1934), 211—215, sowie zahlreiche andere Arbeiten. — Man vgl. auch: *G. de Rham*, Sur les complexes avec automorphismes, Comment. Math. Helvet. 12 (1940), 191—211.

Daß der Satz von Hurewicz — wenigstens wenn man keine anderen Räume betrachtet als Polyeder — in den Sätzen des § 2 enthalten ist, wird, unter Benutzung anderer Sätze von Hurewicz, in dem kurzen § 5 gezeigt: In einem asphärischen Raum mit der Fundamentalgruppe $\mathfrak{G}$ ist $\mathfrak{G}^n_J$ die n-te Bettische Gruppe in bezug auf den Koeffizientenbereich J. Dieser Paragraph ist aus methodischen Gründen an den Schluß der Arbeit gestellt worden, kann aber in unmittelbarem Anschluß an den § 2 gelesen werden.

Im § 4 werden geometrische Anwendungen der Theorie der Gruppen $\mathfrak{G}^n_J$ gemacht; dabei habe ich weniger Wert auf allgemeine Sätze gelegt als auf spezielle Beispiele (13.2; 13.3; 13.4; 14.4; 14.5; 15.4; 15.5). Dem Charakter der ganzen Arbeit entsprechend, bleibe ich auch hier im Bereich der diskreten Komplex-Topologie; wahrscheinlich kann man die Ergebnisse — sie betreffen Automorphismen von Komplexen — auf topologische Selbstabbildungen allgemeinerer Räume übertragen[3]).

Die begrifflich einfachste unter den Gruppen $\mathfrak{G}^n_J$ ist $\mathfrak{G}^1$: sie ist die wohlbekannte Faktorgruppe von $\mathfrak{G}$ nach der Kommutatorgruppe. Für $n > 1$ scheint es schwierig zu sein, auf algebraischem Wege Eigenschaften der Gruppen $\mathfrak{G}^n_J$ aus den Eigenschaften von $\mathfrak{G}$ abzuleiten; daß dies mit Hilfe der geometrischen Bedeutung der Gruppen $\mathfrak{G}^n_J$, die im § 2 festgestellt wurde, möglich ist, wird im § 3 an einigen Beispielen gezeigt.

Ob andererseits die Theorie der zu $\mathfrak{G}$ gehörigen Abelschen Gruppen $\mathfrak{G}^n_J$ — sei es die algebraische oder die geometrische Seite dieser Theorie — brauchbar für die gruppentheoretische Untersuchung von $\mathfrak{G}$ ist, weiß ich nicht; immerhin möchte ich auf diese Möglichkeit hinweisen.

§ 1. Algebraische Einführung der Gruppen $\mathfrak{G}^n_J$

1. *P*-Moduln (Abelsche Gruppen mit dem Operatorenring P).

1.1. P sei ein Ring; seine Multiplikation braucht nicht kommutativ zu sein; er besitze ein Einselement; wir bezeichnen die Elemente von P mit kleinen griechischen Buchstaben, das Einselement mit ε.

X sei eine Abelsche Gruppe, die wir additiv schreiben und deren Elemente wir mit kleinen lateinischen Buchstaben bezeichnen; X besitze P als Operatorenring oder kurz: X sei ein „P-Modul"; das bedeutet: den Elementenpaaren $\alpha \in P$, $x \in X$ sind in eindeutiger Weise Elemente $\alpha x \in X$ so zugeordnet, daß die Gesetze

[3]) Man beachte die in den Fußnoten 21 und 24 zitierten Arbeiten.

$$\alpha(x+y) = \alpha x + \alpha y\,,$$

$$(\alpha+\beta)x = \alpha x + \beta x\,, \qquad \alpha(\beta x) = (\alpha\beta)x\,, \qquad \varepsilon x = x$$

gelten.

1.2. Ist X' Untergruppe von X und ist $\alpha x' \in X'$ für alle $\alpha \in P$, $x' \in X'$, so ist X' selbst ein P-Modul; wir nennen dann X' einen „P-Teilmodul" (oder eine „zulässige Untergruppe") von X.

1.3. Eine Abbildung[4]) h von X in einen P-Modul Y heißt ein „P-Homomorphismus", wenn

$$h(x+y) = h(x) + h(y)\,, \qquad h(\alpha x) = \alpha h(x)$$

für alle $\alpha \in P$, $x, y \in X$ gilt; der Kern von h, d. h. die Menge aller $x \in X$ mit $h(x) = 0$, ist ein P-Teilmodul von X; das Bild $h(X)$ ist ein P-Teilmodul von Y.

1.4. Eine Teilmenge $E \subset X$ heißt ein „P-Erzeugendensystem", wenn sich jedes Element $x \in X$ auf wenigstens eine Weise als endliche Summe $x = \sum \alpha_i x_i$ mit $x_i \in E$ darstellen läßt; jeder P-Modul X enthält Erzeugendensysteme: die Menge $E = X$ ist ein solches, da $x = \varepsilon x$ für jedes $x \in X$ ist. Ein P-Erzeugendensystem E heißt eine „P-Basis", falls sich jedes x auf nur eine Weise als Summe $x = \sum \alpha_i x_i$ mit $x_i \in E$ darstellen läßt oder, was dasselbe ist: wenn die Elemente von E linear unabhängig sind (in bezug auf den Koeffizientenbereich P); wenn X eine P-Basis besitzt, so nennen wir X einen „freien" P-Modul. Ein solcher ist also nichts anderes als die Gesamtheit der endlichen Linearformen mit Unbestimmten $x_i \in E$ und Koeffizienten $\alpha_i \in P$, wobei die Addition zweier Linearformen und die Multiplikation einer Linearform mit einem Koeffizienten in der üblichen Weise erklärt sind; seine Struktur ist durch P und die Mächtigkeit von E vollständig bestimmt.

1.5. Jeder P-Modul X ist P-homomorphes Bild eines freien P-Moduls X^* (d. h. es existiert ein freier P-Modul X^* und ein P-Homomorphismus h von X^* auf den ganzen Modul X).

Beweis: E sei ein P-Erzeugendensystem von X; man verstehe unter E^* eine mit E gleichmächtige Menge von Symbolen x^*, unter h eine eineindeutige Abbildung von E^* auf E und unter X^* die Menge aller formal

[4]) Bei einer Abbildung von X *in* Y kann die Bildmenge ein echter Teil von Y sein; bei einer Abbildung *auf* Y ist Y mit der Bildmenge identisch. — Der *Kern* eines Homomorphismus ist das Urbild des Nullelementes (bei multiplikativer Schreibweise des Einselementes). — Die *Identität* oder *identische Abbildung* einer Menge ist diejenige Abbildung, durch die jedes Element sich selbst zugeordnet wird.

gebildeten endlichen Summen $\Sigma \alpha_i x_i^*$ mit $\alpha_i \in P$, $x_i^* \in E^*$; indem man in X^* auf die übliche Weise die Addition zweier Linearformen und die Multiplikation einer Linearform mit einem Element $\alpha \in P$ erklärt, wird X^* zu einem freien P-Modul; durch $h(\Sigma \alpha_i x_i^*) = \Sigma \alpha_i h(x_i^*)$ ist eine Abbildung h von X^* auf X gegeben, die ein P-Homomorphismus ist.

1.6. P_0 sei ein Links-Ideal — mit anderen Worten: ein P-Teilmodul — von P. Für jede Untergruppe $Z \subset X$ verstehen wir unter Z_0 die Gruppe, die aus allen endlichen Summen $\Sigma \nu_i z_i$ mit $\nu_i \in P_0$, $z_i \in Z$ besteht; sie ist P-Teilmodul von X. Insbesondere ist der P-Teilmodul X_0 erklärt; es ist $Z_0 \subset X_0$ für jede Untergruppe $Z \subset X$. Wenn Z selbst P-Teilmodul von X ist, so ist $Z_0 \subset Z$; dann ist also $Z_0 \subset X_0 \frown Z$, und es ist daher auch die Restklassengruppe $(X_0 \frown Z)/Z_0$ erklärt.

Falls X ein freier P-Modul mit der Basis E und falls das Ideal P_0 zweiseitig ist, so ist X_0 die Gesamtheit derjenigen endlichen Summen $\Sigma \alpha_i x_i$ mit $x_i \in E$, für welche die $\alpha_i \in P_0$ sind.

2. Die Gruppen $\Gamma^n(J, P, P_0)$. Satz I.

2.1. J sei ein P-Modul. Unter einer „(J, P)-Folge" verstehen wir eine Folge von Gruppen

$$\{ J = Z^{-1};\ X^0 \supset Z^0;\ X^1 \supset Z^1; \ldots;\ X^n \supset Z^n; \ldots \} \tag{1}$$

mit folgenden Eigenschaften: *Die X^n sind freie P-Moduln, die Z^n P-Teilmoduln der X^n; für jedes $n \geqslant 0$ existiert ein P-Homomorphismus r_n von X^n auf Z^{n-1}, und dabei ist Z^n der Kern von r_n* [4]).

Eine (J, P)-Folge kann unendlich sein oder endlich — im zweiten Fall bricht sie mit einem Paar $X^N \supset Z^N$ ab, und die r_n existieren nur für $0 \leqslant n \leqslant N$.

2.2. Zu gegebenen J und P kann man immer unendliche (J, P)-Folgen konstruieren: nach 1.5 gibt es einen freien P-Modul X^0 und einen P-Homomorphismus r_0 von X^0 auf J; der Kern Z^0 von r_0 ist nach 1.3 ein P-Teilmodul von X^0; ebenso gibt es, wenn X^{n-1} und sein P-Teilmodul Z^{n-1} schon konstruiert sind, einen freien P-Modul X^n und einen P-Homomorphismus r_n von X^n auf Z^{n-1}, und der Kern Z^n ist wieder ein P-Modul.

Dieselbe Konstruktion zeigt, daß man jede endliche (J, P)-Folge zu einer unendlichen (J, P)-Folge erweitern kann; die endlichen (J, P)-Folgen sind also nichts anderes als die Abschnitte unendlicher (J, P)-Folgen.

Bei gegebenen J und P gibt es unendlich viele verschiedene unendliche (J, P)-Folgen; denn immer, wenn Z^{n-1} schon vorliegt, herrscht Willkür bei der Wahl von X^n und von r_n; diese Wahl ist nach 1.5 gleichbedeutend mit der Wahl eines P-Erzeugendensystems E in Z^{n-1}.

2.3. In P sei ein Links-Ideal P_0 ausgezeichnet. Dann sind für jede (J, P)-Folge (1) gemäß 1.6 die Gruppen $(X_0^n \frown Z^n)/Z_0^n$ erklärt ($n = 0, 1, \ldots$). Wir behaupten:

Satz I. *Die Gruppen $(X_0^n \frown Z^n)/Z_0^n$ sind ihrer Struktur nach unabhängig von der zugrundegelegten (J, P)-Folge* (1); *sie sind also, wenn der P-Modul J und das Ideal $P_0 \subset P$ gegeben sind, als abstrakte Gruppen eindeutig bestimmt und dürfen daher mit $\Gamma^n(J, P, P_0)$ bezeichnet werden* ($n = 0, 1, \ldots$).

Mit anderen Worten:

Ist neben der Folge (1) *noch eine zweite (J, P)-Folge*

$$\{J = \bar{Z}^{-1};\quad \bar{X}^0 \supset \bar{Z}^0;\ \ldots;\ \bar{X}^n \supset \bar{Z}^n;\ \ldots\} \tag{$\bar{1}$}$$

mit Homomorphismen $\bar{r}_n$ gegeben, so besteht für jedes $n \geqq 0$ die Isomorphie

$$(X_0^n \frown Z^n)/Z_0^n \cong (\bar{X}_0^n \frown \bar{Z}^n)/\bar{Z}_0^n\,.$$

Der Satz bezieht sich sowohl auf unendliche als auch auf endliche (J, P)-Folgen; da aber, wie wir in 2.2 gesehen haben, jede endliche (J, P)-Folge Abschnitt einer unendlichen ist, dürfen wir uns beim Beweis auf unendliche Folgen beschränken.

Wir werden den Satz in der zweiten oben angegebenen Form beweisen, also zwei Folgen (1) und ($\bar{1}$) miteinander vergleichen. Dem endgültigen Beweis stellen wir einige Hilfssätze voran.

2.4. Hilfssatz: F sei eine Abbildung, welche jeden Modul X^n aus der Folge (1) P-homomorph in sich, die Gruppe J identisch auf sich abbildet[4]) und die Gleichung

$$Fr(x) = rF(x)$$

für alle $x \in X^n$, $n = 0, 1, \ldots$, erfüllt (wir schreiben kurz r statt r_n). Dann gibt es für jedes $n \geqq 0$ einen P-Homomorphismus Φ von X^n in sich, der die Bedingungen

$$\Phi(x) \in Z^n \quad \text{für} \quad x \in X^n, \tag{2}$$

$$\Phi(z) = F(z) - z \quad \text{für} \quad z \in Z^n \tag{3}$$

erfüllt.

Beweis: Für $x \in X^0$ setzen wir $\Phi(x) = F(x) - x$; dann ist Φ ein P-Homomorphismus von X^0 in sich, der (3) erfüllt; ferner ist $r\Phi(x) = Fr(x) - r(x)$, also, da $r(x) \in J$ und F die identische Abbildung von J ist, $r\Phi(x) = 0$, d. h. $\Phi(x) \in Z^0$; es gilt also auch (2).

Φ sei für X^{n-1} erklärt; wir erklären es für X^n:

In den freien P-Moduln X^{n-1} und X^n sind P-Basen ausgezeichnet; ihre Elemente bezeichnen wir mit x_j^{n-1} bzw. x_i^n; dann gibt es Elemente $\tau_{ij} \in P$, so daß

$$r(x_i^n) = \sum_j \tau_{ij}\, x_j^{n-1}$$

ist (wobei die Summen auf der rechten Seite endlich sind).

Da $\Phi(x_j^{n-1}) \in Z^{n-1}$ ist, gibt es Elemente $y_j^n \in X^n$ mit $r(y_j^n) = \Phi(x_j^{n-1})$; für jedes x_j^{n-1} verstehen wir unter y_j^n ein fest gewähltes derartiges Element. Dann setzen wir für jedes $x = \sum \alpha_i\, x_i^n \in X^n$:

$$\Phi(x) = F(x) - x - \sum_{i,j} \alpha_i\, \tau_{ij}\, y_j^n\,. \tag{4}$$

Daß Φ ein P-Homomorphismus von X^n in sich ist, ist klar. Ferner ist

$$\begin{aligned} r\Phi(x) &= Fr(x) - r(x) - \sum \alpha_i \tau_{ij} \Phi(x_j^{n-1}) \\ &= Fr(x) - r(x) - \Phi r(x)\,, \end{aligned}$$

also, da $r(x) \in Z^{n-1}$ ist, $r\Phi(x) = 0$, d. h. $\Phi(x) \in Z^n$; es gilt also (2). Schließlich sei $z = \sum \alpha_i x_i^n \in Z^n$; dann ist $r(z) = 0$, also $\sum_{i,j} \alpha_i \tau_{ij}\, x_j^{n-1} = 0$, also $\sum_i \alpha_i \tau_{ij} = 0$ für jedes j; mithin folgt aus (4), daß (3) gilt.

2.5. Hilfssatz: F erfülle dieselben Voraussetzungen wie soeben; dann bildet F für jedes $n \geqslant 0$ die Gruppe $(X_0^n \frown Z^n)/Z_0^n$ identisch auf sich ab; das heißt: F bildet jede der Restklassen, in welche $X_0^n \frown Z^n$ modulo Z_0^n zerfällt, in sich ab.

Beweis: Φ hat die im Hilfssatz 2.4 formulierte Bedeutung. Es sei $x \in X_0^n \frown Z^n$; da $x \in X_0^n$ ist, ist $x = \sum \nu_i x_i^n$ mit $\nu_i \in P_0$, $x_i^n \in X^n$, also $\Phi(x) = \sum \nu_i\, \Phi(x_i^n)$, also, da $\Phi(x_i^n) \in Z^n$ ist, $\Phi(x) \in Z_0^n$; da $x \in Z^n$ ist, ist $\Phi(x) = F(x) - x$; es ist also $F(x) - x \in Z_0^n$, d. h. $F(x) \equiv x$ mod. Z_0^n.

2.6. Hilfssatz: Zu den gegebenen (J, P)-Folgen (1) und ($\bar{1}$) gibt es Abbildungen f, welche jeden Modul X^n P-homomorph in den Modul $\bar{X}^n$, den Modul J identisch auf sich abbilden[4]) und die Gleichung

$$\bar{r} f(x) = f r(x) \tag{5}$$

für alle $x \in X^n$, $n = 0, 1, \ldots$, erfüllen (wir schreiben r und $\bar{r}$ statt r_n und $\bar{r}_n$).

Beweis: Es sei zunächst $\{x_i^0\}$ eine P-Basis von X^0. Für jedes x_i^0 ist $r(x_i^0) \in J$; es gibt also Elemente $\bar{y}_i^0 \in \bar{X}^0$ mit $\bar{r}(\bar{y}_i^0) = r(x_i^0)$; jedem x_i^0 ordnen wir ein bestimmtes derartiges $\bar{y}_i^0$ zu und setzen $f(x_i^0) = \bar{y}_i^0$ sowie allgemein $f(x) = \Sigma \alpha_i \bar{y}_i^0$ für jedes $x = \Sigma \alpha_i x_i^0 \in X^0$. Dann ist f ein P-Homomorphismus von X^0 in $\bar{X}^0$, und es ist

$$\bar{r} f(x) = \Sigma \alpha_i \bar{r}(\bar{y}_i^0) = \Sigma \alpha_i r(x_i^0) = r(x),$$

also $\bar{r} f(x) = f r(x)$, wenn wir auf der rechten Seite dieser Gleichung unter f die identische Abbildung von J verstehen.

f sei für X^{n-1} erklärt; wir erklären es für X^n:

$\{x_i^n\}$ sei eine P-Basis von X^n; da $r(x_i^n) \in Z^{n-1}$ ist, ist $rr(x_i^n) = 0$, also $\bar{r} f r(x_i^n) = f r r(x_i^n) = 0$, d. h. $f r(x_i^n) \in \bar{Z}^{n-1}$; es gibt also Elemente $\bar{y}_i^n \in \bar{X}^n$ mit $\bar{r}(\bar{y}_i^n) = f r(x_i^n)$; jedem x_i^n ordnen wir ein bestimmtes derartiges $\bar{y}_i^n$ zu und setzen $f(x_i^n) = \bar{y}_i^n$, sowie allgemein $f(x) = \Sigma \alpha_i \bar{y}_i^n$ für jedes $x = \Sigma \alpha_i x_i^n \in X^n$. Dann ist f ein P-Homomorphismus von X^n in $\bar{X}^n$, und es ist

$$\bar{r} f(x) = \Sigma \alpha_i \bar{r}(\bar{y}_i^n) = \Sigma \alpha_i f r(x_i^n) = f r(x).$$

2.7. *Beweis des Satzes I.* Die Folgen (1) und ($\bar{1}$) sind gegeben. f sei eine Abbildung, wie sie nach Hilfssatz 2.6 existiert. Ist $z \in Z^n$, so ist $r(z) = 0$, also nach (5) auch $\bar{r} f(z) = 0$, d. h. $f(z) \in \bar{Z}^n$; es ist also $f(Z^n) \subset \bar{Z}^n$. Da f ein P-Homomorphismus ist, ist ferner $f(X_0^n) \subset \bar{X}_0^n$, also auch $f(X_0^n \frown Z^n) \subset \bar{X}_0^n \frown \bar{Z}^n$; schließlich folgt aus den Tatsachen, daß $f(Z^n) \subset \bar{Z}^n$ und daß f P-Homomorphismus ist, noch $f(Z_0^n) \subset \bar{Z}_0^n$. Aus all diesem ergibt sich: durch f wird die Restklassengruppe $\Gamma^n = (X_0^n \frown Z^n)/Z_0^n$ homomorph in die Restklassengruppe $\bar{\Gamma}^n = (\bar{X}_0^n \frown \bar{Z}^n)/\bar{Z}_0^n$ abgebildet.

Ebenso gibt es eine Abbildung $\bar{f}$, welche die $\bar{X}^n$ P-homomorph in die X^n, den Modul J identisch auf sich abbildet, die Gleichung

$$r \bar{f}(\bar{x}) = \bar{f} \bar{r}(\bar{x}) \tag{$\bar{5}$}$$

erfüllt und welche infolgedessen $\bar{\Gamma}^n$ homomorph in Γ^n abbildet.

Die zusammengesetzte Abbildung $F(x) = \bar{f} f(x)$ bildet jeden Modul X^n P-homomorph in sich, den Modul J identisch auf sich ab und erfüllt, wie aus (5) und ($\bar{5}$) folgt, die Gleichung $F r(x) = r F(x)$; nach dem Hilfssatz 2.5 bildet dann F die Gruppe $\Gamma^n = (X_0^n \frown Z^n)/Z_0^n$ identisch auf sich ab. Ebenso ergibt sich, daß $\bar{F} = f\bar{f}$ die Gruppe $\bar{\Gamma}^n$ identisch auf sich abbildet. Es sind also f und $\bar{f}$ solche homomorphe Abbildungen von Γ^n in $\bar{\Gamma}^n$ bzw. von $\bar{\Gamma}^n$ in Γ^n, daß $\bar{f}f$ und $f\bar{f}$ die Identitäten von Γ^n bzw. $\bar{\Gamma}^n$ sind; dann aber ist f ein Isomorphismus von Γ^n auf $\bar{\Gamma}^n$ (und $\bar{f}$ seine Umkehrung). Damit ist der Satz I bewiesen.

3. Die Gruppen $\mathfrak{G}^n_J$

Wir werden von den Gruppen $\Gamma^n(J, P, P_0)$, die auf Grund des Satzes I für beliebige J, P, P_0 existieren, nur für denjenigen Fall spezieller J, P, P_0 Gebrauch machen, den wir jetzt betrachten:

3.1. $\mathfrak{G}$ sei eine beliebige Gruppe, die nicht Abelsch zu sein braucht und die wir multiplikativ schreiben; J sei ein beliebiger Ring mit Einselement. Dann sei P der Gruppenring von $\mathfrak{G}$ mit Koeffizienten aus J; er ist in bekannter Weise folgendermaßen definiert: seine Elemente sind formal gebildete Summen $\alpha = \Sigma t_i A_i$, wobei die $A_i \in \mathfrak{G}$, die $t_i \in J$ und höchstens endlich viele $t_i \neq 0$ sind; die Addition in P ist dadurch erklärt, daß man die Summen α als Linearformen in Unbestimmten A_i mit Koeffizienten t_i behandelt, wobei die Addition der t_i die in J gegebene ist; die Multiplikation ist durch

$$(\Sigma\, t_i A_i) \cdot (\Sigma\, t'_j A_j) = \Sigma\, (t_i t'_j)\, (A_i A_j)$$

erklärt, wobei $t_i t'_j$ das Produkt in J und $A_i A_j = A_k$ das Produkt in $\mathfrak{G}$ ist; dabei sind die Koeffizienten von Gliedern, die dasselbe A_k enthalten, zu addieren. Man bestätigt leicht, daß durch diese Addition und Multiplikation in der Tat ein Ring entsteht.

(Bemerkung: Man kann denselben Ring P auch derart definieren, daß man seine Elemente nicht als Linearformen $\alpha = \Sigma t_i A_i$, sondern als Funktionen $\alpha(A_i) = t_i$ auffaßt; die Definition lautet dann so: Die Elemente von P sind diejenigen Funktionen mit Argumenten in $\mathfrak{G}$ und Werten in J, die für höchstens endlich viele $A \in \mathfrak{G}$ nicht den Wert 0 haben; Summe $\sigma = \alpha + \beta$ und Produkt $\pi = \alpha\beta$ zweier Elemente $\alpha, \beta \in P$ werden dadurch erklärt, daß man für alle $A \in \mathfrak{G}$ setzt:

$$\sigma(A) = \alpha(A) + \beta(A)\,, \qquad \pi(A) = \Sigma\, \alpha(X)\, \beta(Y)\,,$$

wobei über alle Paare $X, Y \in \mathfrak{G}$ mit $XY = A$ zu summieren ist.)

Der Ring P hat ein Einselement, nämlich eE, wobei e das Einselement von J und E das Einselement von $\mathfrak{G}$ ist.

3.2. Aus den Vorschriften für die Addition und Multiplikation ergibt sich: wenn man für $\alpha = \Sigma t_i A_i \in P$ unter $S(\alpha)$ das Element $\Sigma t_i \in J$ versteht, so gelten die Regeln

$$S(\alpha + \beta) = S(\alpha) + S(\beta), \quad S(\alpha\beta) = S(\alpha) \cdot S(\beta). \tag{6}$$

3.3. Für jedes Paar $\alpha \in P$, $x \in J$ setzen wir $\alpha x = S(\alpha) \cdot x$; man bestätigt unter Benutzung von (6), daß hierdurch J — genauer: die additive Gruppe des Ringes J — ein P-Modul wird.

3.4. Aus (6) folgt ferner: diejenigen $\alpha \in P$, für welche $S(\alpha) = 0$ ist, bilden ein (zweiseitiges) Ideal in P; dieses Ideal nennen wir P_0.

3.5. Bei gegebener Gruppe $\mathfrak{G}$ und gegebenem Ring J ist damit festgesetzt, was unter P und P_0 zu verstehen und in welcher Weise J als P-Modul aufzufassen ist; wir setzen jetzt

$$\Gamma^n(J, P, P_0) = \mathfrak{G}_J^{n+1}, \qquad n = 0, 1, \ldots;$$

es ist also jeder Gruppe $\mathfrak{G}$ und jedem Ring J (mit Einselement) in eindeutiger Weise eine unendliche Folge Abelscher Gruppen

$$\mathfrak{G}_J^1, \mathfrak{G}_J^2, \ldots, \mathfrak{G}_J^n, \ldots$$

zugeordnet. Das sind die „Bettischen Gruppen", die zu $\mathfrak{G}$ gehören (mit J als Koeffizientenbereich).

Wenn J der Ring der ganzen Zahlen ist, so werden wir statt $\mathfrak{G}_J^n$ kurz $\mathfrak{G}^n$ schreiben.

4. Nähere Untersuchung der Gruppen $\mathfrak{G}_J^1$

Für die Gruppen $\mathfrak{G}_J^1$, und besonders für die Gruppe $\mathfrak{G}^1$, werden wir jetzt noch Charakterisierungen angeben, die begrifflich einfacher und praktisch brauchbarer sind als die Definition, die in der vorstehenden Definition der Gruppen $\mathfrak{G}_J^n$ enthalten ist.

4.1. $\mathfrak{G}$ und J seien wie in Nr. 3 gegeben. Der Gruppenring P ist ein freier P-Modul: das Einselement von P bildet eine P-Basis; wir setzen $X^0 = P$ und definieren durch $r(\alpha) = S(\alpha)$ eine Abbildung r von X^0 in J; aus 3.2 folgt, daß r ein P-Homomorphismus von X^0 in J ist; r ist sogar ein P-Homomorphismus auf die ganze Gruppe J, da $r(tA) = t$ für jedes $t \in J$ gilt, wobei A ein beliebiges Elemente von $\mathfrak{G}$ ist. Der Kern[4]) von r ist das Ideal P_0, das in 3.4 definiert ist; gemäß den Bezeichnungen aus 2.1 ist also $Z^0 = P_0$; auch der in 2.3 erklärte Modul X_0^0 ist gleich P_0 (da P_0 Rechts-Ideal ist); es ist also auch $X_0^0 \frown Z^0 = P_0$. Der Modul Z_0^0 (cf. 1.6) besteht aus den endlichen Summen von Produkten $\alpha\beta$ mit $\alpha \in P_0$, $\beta \in Z^0$; da $Z^0 = P_0$ ist, ist also Z_0^0 das im Sinne der Idealtheorie gebildete Produkt des Ideals P_0 mit sich selbst, das wir sinngemäß mit P_0^2 bezeichnen. Da nach Definition $\mathfrak{G}_J^1 = (X_0^0 \frown Z^0)/Z_0^0$ ist, haben wir somit folgendes gefunden:

Für beliebige $\mathfrak{G}$ und J ist

$$\mathfrak{G}_J^1 \cong P_0 / P_0^2 ; \tag{7}$$

dabei ist P der Gruppenring von $\mathfrak{G}$ mit Koeffizienten aus J, P_0 das Ideal in P, das aus denjenigen $\alpha \in P$ besteht, für welche die Koeffizientensumme $S(\alpha) = 0$ ist, und P_0^2 das Quadrat des Ideals P_0.

4.2. Wenn wir immer beliebige Elemente von $\mathfrak{G}$ mit A_i, das Einselement von $\mathfrak{G}$ mit E, beliebige Elemente von J mit t_i oder t_{ij} bezeichnen, so lassen sich die Ideale P_0 und P_0^2 folgendermaßen beschreiben:

Ein Element $\alpha \in P$ ist dann und nur dann in P_0, wenn es sich in der Form $\alpha = \Sigma t_i(A_i - E)$ schreiben läßt; α ist dann und nur dann in P_0^2, wenn es sich in der Form $\alpha = \Sigma t_{ij}(A_i - E)(A_j - E)$ schreiben läßt.

Beweis: Da immer $A_i - E \in P_0$ ist, so ist klar, daß die Elemente von den angegebenen Formen in P_0 bzw. in P_0^2 liegen. Umgekehrt: es sei erstens $\alpha = \Sigma t_i A_i \in P_0$; dann ist $\Sigma t_i = 0$, also $\alpha = \alpha - (\Sigma t_i) E = \Sigma t_i (A_i - E)$; (dabei kann man in der letzten Summe das Glied mit $A_i = E$ weglassen, wodurch die Gleichung $\Sigma t_i = 0$ im allgemeinen zerstört wird). Es sei zweitens $\alpha \in P_0^2$; dann ist α Summe von Produkten $\alpha' \alpha''$, wobei $\alpha' \in P_0$, $\alpha'' \in P_0$, nach dem eben Bewiesenen also $\alpha' = \Sigma t_i' (A_i - E)$, $\alpha'' = \Sigma t_j'' (A_j - E)$ ist; hieraus folgt, daß α sich in der angegebenen Form schreiben läßt.

4.3. Für das Rechnen modulo P_0^2 sind die nachstehenden Regeln praktisch: Für beliebige $A, B \in \mathfrak{G}$ ist

$$(A - E)(B - E) = (AB - E) - (A - E) - (B - E), \tag{8}$$

also

$$AB - E \equiv (A - E) + (B - E) \qquad \text{mod. } P_0^2 ; \tag{8'}$$

hieraus folgt für $B = A^{-1}$:

$$A^{-1} - E \equiv -(A - E) \qquad \text{mod. } P_0^2 . \tag{8''}$$

Aus (8′) und (8″) ergibt sich weiter

$$\Pi A_i^{t_i} - E \equiv \Sigma t_i'(A_i - E) \quad \text{mod. } P_0^2 , \tag{9}$$

wobei auf der linken Seite die Exponenten t_i beliebige ganze Zahlen sind, während auf der rechten Seite die Koeffizienten t_i' die Elemente von J sind, die durch $|t_i|$-malige Addition des Einselementes e von J oder des Elementes $-e$ entstehen, je nach dem Vorzeichen von t_i.

4.4. Wir setzen jetzt voraus: *J ist der Ring der ganzen Zahlen.*

Ist $\alpha = \Sigma t_i A_i \in P_0$, so ist $\Sigma t_i = 0$, also $\alpha = \Sigma t_i(A_i - E)$, und aus (9) folgt:

$$\alpha \equiv \Pi A_i^{t_i} - E \quad \text{mod. } P_0^2 \quad \textit{für jedes} \quad \alpha = \Sigma\, t_i A_i \in P_0 . \tag{10}$$

Unter $\mathfrak{C}$ verstehen wir die Kommutatorgruppe von $\mathfrak{G}$. Für jedes $A \in \mathfrak{G}$ sei A' die Restklasse von $\mathfrak{G}$ mod. $\mathfrak{C}$, welche A enthält; die A' sind die Elemente der Gruppe $\mathfrak{G}/\mathfrak{C}$.

Jedem $\alpha = \Sigma t_i A_i \in P_0$ ordnen wir die Klasse $f(\alpha) = (\Pi A_i^{t_i})'$ zu; diese Abbildung f ist offenbar ein Homomorphismus der additiven Gruppe von P_0 in die Gruppe $\mathfrak{G}/\mathfrak{C}$; sie ist sogar eine Abbildung von P_0 auf die ganze Gruppe $\mathfrak{G}/\mathfrak{C}$, da $A - E \in P_0$ und $f(A - E) = A'$ für jedes $A \in \mathfrak{G}$ ist. Wir behaupten weiter: Der Kern von f, d. h. die Menge der α mit $f(\alpha) = E' = \mathfrak{C}$, ist P_0^2.

Beweis: Es sei erstens $\alpha \in P_0^2$; nach 4.2 ist dann α lineare Verbindung (mit ganzzahligen Koeffizienten) von Elementen der Form $(A - E)(B - E)$; auf Grund der Identität (8) und der Gleichungen

$$f(AB - E) = (ABE^{-1})' = A'B', \quad f(A - E) = A', \quad f(B - E) = B'$$

ergibt sich, daß $f((A - E)(B - E)) = E'$, also auch $f(\alpha) = E'$ ist. Es sei zweitens $\alpha = \Sigma t_i A_i \in P_0$ und $f(\alpha) = E'$; die letzte Voraussetzung besagt, daß $\Pi A_i^{t_i} \in \mathfrak{C}$, also $\Pi A_i^{t_i} = \Pi(U_j V_j U_j^{-1} V_j^{-1})$ mit gewissen U_j, $V_j \in \mathfrak{G}$ ist; nach (10) ist daher

$$\alpha \equiv \Pi(U_j V_j U_j^{-1} V_j^{-1}) - E \quad \text{mod. } P_0^2; \tag{11}$$

wendet man andererseits (10) statt auf α auf das Element

$$0 = \Sigma(U_j + V_j - U_j - V_j)$$

an, so sieht man, daß die rechte Seite der Kongruenz (11) kongruent 0 ist; es ist also $\alpha \equiv 0$ mod. P_0^2, d. h. $\alpha \in P_0^2$.

Damit ist gezeigt: f ist ein Homomorphismus der additiven Gruppe von P_0 auf die Gruppe $\mathfrak{G}/\mathfrak{C}$, und der Kern von f ist P_0^2. Es besteht also die Isomorphie

$$P_0/P_0^2 \cong \mathfrak{G}/\mathfrak{C}. \tag{12}$$

4.5. Mit den Formeln (7) und (12) ist der folgende Satz bewiesen:

Für jede Gruppe $\mathfrak{G}$ *ist*

$$\mathfrak{G}^1 \cong \mathfrak{G}/\mathfrak{C}; \tag{13}$$

dabei ist $\mathfrak{C}$ *die Kommutatorgruppe von* $\mathfrak{G}$.

$\mathfrak{G}^1$ ist also die „Abelsch gemachte Gruppe $\mathfrak{G}$".

5. Ob ähnliche Charakterisierungen, wie sie durch (7) und (13) für die Gruppen $\mathfrak{G}_J^1$ bzw. $\mathfrak{G}^1$ gegeben werden, auch für die Gruppen $\mathfrak{G}_J^n$, oder wenigstens für die $\mathfrak{G}^n$, mit $n > 1$ möglich sind, weiß ich nicht. Selbst für recht einfache Gruppen $\mathfrak{G}$ scheint es schwierig zu sein, die Strukturen der Gruppen $\mathfrak{G}^2, \mathfrak{G}^3, \ldots$ wirklich zu ermitteln, während diese Aufgabe für $\mathfrak{G}^1$ durch das Ergebnis von 4.5 als gelöst gelten kann. Auch Fragen nach allgemeinen Sätzen über Beziehungen zwischen den gruppentheoretischen Eigenschaften von $\mathfrak{G}$ und denen der $\mathfrak{G}^n$ liegen nahe und sind unbeantwortet. Einige wenige hierhergehörige Resultate und Beispiele werden wir später (§ 3) behandeln, und zwar auf Grund der geometrischen Bedeutung der Gruppen $\mathfrak{G}_J^n$.

§ 2. Die Rolle der Gruppen $\mathfrak{G}_J^n$ in der Homologietheorie

6. Komplexe mit Automorphismen [2])

6.1. K sei ein Komplex[5]) — simplizial oder auch ein beliebiger Zellenkomplex; er kann endlich oder unendlich sein. J sei ein Ring mit Einselement; wir benutzen ihn als Koeffizientenbereich für die Ketten und Homologien in K; seine Elemente nennen wir t_i.

Für jedes $n \geqslant 0$ sei X^n die Gruppe der n-dimensionalen Ketten; außerdem setzen wir $X^{-1} = J$. Für $n \geqslant 1$, $x \in X^n$ sei $r(x)$ der Rand von x; ist $x \in X^0$, so ist $x = \sum t_i x_i^0$, wobei die x_i^0 einfach gezählte Eckpunkte von K sind; wir setzen dann $r(x) = \sum t_i$. In jedem Fall, $n \geqslant 0$,

[5]) Wegen der Begriffe aus der Homologietheorie der Komplexe verweise ich auf *Alexandroff-Hopf*, Topologie I (1935); ich werde dieses Buch als A.-H. zitieren. Im allgemeinen werde ich die dort benutzte Terminologie verwenden; jedoch werde ich statt „algebraischer Komplex" immer „Kette" sagen.

ist r eine homomorphe Abbildung von X^n in X^{n-1}; der Kern dieses Homomorphismus[4]) heiße Z^n, das Bild $r(X^n)$ heiße H^{n-1}. Dann ist Z^n für $n \geqslant 1$ die Gruppe der n-dimensionalen Zyklen, für $n = 0$ die Gruppe der berandungsfähigen 0-dimensionalen Zyklen[6]); H^n ist für $n \geqslant 0$ die Gruppe der n-dimensionalen Ränder. Bekanntlich ist $H^n \subset Z^n$ für $n \geqslant 0$; ferner ist $H^{-1} = X^{-1} = J$, und wir setzen auch noch $Z^{-1} = J$.

Statt $r(x)$ werden wir oft auch $\dot{x}$ schreiben.

Da J ein Einselement besitzt, sind die orientierten Zellen positiver Dimension sowie die Eckpunkte – diese orientieren wir nicht – selbst Ketten. Nachdem man, für jedes $n > 0$, in jeder n-dimensionalen Zelle eine Orientierung ausgezeichnet hat, bilden die so orientierten Zellen x_i^n eine Basis von X^n; ebenso bilden die Eckpunkte x_i^0 eine Basis von X^0. Statt „Basis" werden wir zur Vermeidung von Mißverständnissen auch „J-Basis" sagen. – Die unorientierten Zellen bezeichnen wir mit $|x_i^n|$.

6.2. Unter einem „Automorphismus" von K verstehen wir eine Operation A, welche für jedes n die n-dimensionalen (unorientierten) Zellen permutiert, und zwar so, daß die Seiten einer Zelle $|x_i^n|$ immer in die Seiten der Bildzelle $A|x_i^n|$ übergehen. Wenn K simplizal ist, so ist A eine eineindeutige simpliziale Abbildung von K auf sich.

A ordnet jeder orientierten Zelle x_i^n eine bestimmte orientierte Zelle Ax_i^n zu; für jede Kette $x = \Sigma t_i x_i^n$, $n \geqslant 0$, setzen wir $Ax = \Sigma t_i A x_i^n$; dadurch ist für jedes $n \geqslant 0$ ein, ebenfalls mit A bezeichneter Automorphismus der Gruppe X^n erklärt; zur Ergänzung setzen wir noch $At = t$ für $t \in J = X^{-1}$.

Für jede Kette $x \in X^n$, $n \geqslant 0$, ist

$$A\,r(x) = r(Ax) \tag{1}$$

oder: $A\dot{x} = (Ax)^{\cdot}$. Hieraus folgt, daß die Gruppen Z^n und H^n durch A auf sich abgebildet werden.

6.3. Es sei jetzt eine Gruppe $\mathfrak{G}$ von Automorphismen A_j des Komplexes K gegeben. Dann ist der Gruppenring P von $\mathfrak{G}$ mit Koeffizienten aus J gemäß 3.1 erklärt. Für jedes $\alpha = \Sigma t_j A_j \in P$ und jedes $x \in X^n$ setzen wir $\alpha x = \Sigma t_j A_j x$; hierdurch wird, wie man leicht bestätigt, X^n ein P-Modul; ferner folgt mit Hilfe von (1), daß r ein P-Homomorphismus ist und daß Z^n und H^n P-Teilmoduln von X^n sind $(n = 0, 1, \ldots)$.

Wir teilen für jedes $n \geqslant 0$ die Gesamtheit der Zellen $|x_i^n|$ in Transi-

[6]) A.-H., 179.

tivitätsbereiche bezüglich $\mathfrak{G}$ ein: $|x_i^n|$ und $|x_k^n|$ gehören zu demselben Bereich, wenn es ein $A_j \epsilon \mathfrak{G}$ gibt, so daß $|x_i^n| = A_j|x_k^n|$ ist. Aus jedem Transitivitätsbereich wählen wir eine Zelle aus und geben ihr (für $n > 0$) eine bestimmte Orientierung; die so ausgewählten Zellen nennen wir $\bar{x}_k^n$ $(n \geqslant 0)$; das System der $\bar{x}_k^n$ heiße E^n. Wenn A_j die Gruppe $\mathfrak{G}$ und $\bar{x}_k^n$ das System E^n durchlaufen, so kommt unter den $A_j \bar{x}_k^n$ jede n-dimensionale Zelle von K mindestens einmal vor (in einer gewissen Orientierung); jede Kette $x \epsilon X^n$ läßt sich daher auf mindestens eine Weise als $x = \sum t_{jk} A_j \bar{x}_k^n$ mit $t_{jk} \epsilon J$, also als $x = \sum \alpha_k \bar{x}_k^n$ mit $\alpha_k \epsilon P$ darstellen; das bedeutet: E^n ist ein P-Erzeugendensystem des P-Moduls X^n (cf. 1.3).

6.4. Der Automorphismus A von K heißt „fixpunktfrei", wenn durch ihn keine Zelle $|x_i^n|$, $n \geqslant 0$, auf sich abgebildet wird[7]); wir nennen die Gruppe $\mathfrak{G}$ „fixpunktfrei", wenn jeder von der Identität verschiedene Automorphismus $A_j \epsilon \mathfrak{G}$ fixpunktfrei ist.

Wir setzen voraus: *$\mathfrak{G}$ ist fixpunktfrei.* Dann behaupten wir: Das soeben definierte P-Erzeugendensystem E^n ist eine P-Basis von X^n (cf. 1.3), mit anderen Worten: die $\bar{x}_k^n$ sind linear unabhängig in bezug auf Koeffizienten aus P. — Beweis: Wenn $A_j \bar{x}_k^n = A_h \bar{x}_i^n$ ist, so ist $A_h^{-1} A_j \bar{x}_k^n = \bar{x}_i^n$, also $i = k$ und, da $\mathfrak{G}$ fixpunktfrei ist, $A_h^{-1} A_j$ die Identität, folglich $h = j$; wenn also A_j die Gruppe $\mathfrak{G}$ und $\bar{x}_k^n$ das System E^n durchlaufen, so kommt unter den $A_j \bar{x}_k^n$ jede n-dimensionale Zelle (in einer gewissen Orientierung) nur einmal vor; aus $\sum t_{jk} A_j \bar{x}_k^n = 0$, $t_{jk} \epsilon J$, folgt daher $t_{jk} = 0$, und dies bedeutet: aus $\sum \alpha_k \bar{x}_k^n = 0$, $\alpha_k \epsilon P$, folgt $\alpha_k = 0$.

Hiermit ist gezeigt: X^n ist ein *freier* P-Modul $(n \geqslant 0)$.

7. Reguläre Überlagerungen [8])

7.1. Es sei auch weiterhin $\mathfrak{G}$ eine fixpunktfreie Gruppe von Automorphismen A_j des Komplexes K. Wir fassen in bekannter Weise $\mathfrak{G}$ als Gruppe von „Decktransformationen" A_j auf, welche einen Komplex $\mathfrak{K}$ erzeugen, der von K überlagert wird: eine Zelle von $\mathfrak{K}$ entsteht immer dadurch, daß man die Zellen eines Transitivitätsbereiches in K miteinander identifiziert (cf. 6.3); die Zellen von $\mathfrak{K}$ entsprechen also eineindeutig den Transitivitätsbereichen der Zellen von K. Der Komplex K

[7]) Diese Bezeichnung ist berechtigt; denn wenn man die Zellen als Punktmengen auffaßt, also von dem Komplex K zu dem Polyeder $\overline{K}$ übergeht (cf. A.-H., 128), so besitzt die durch A bewirkte topologische Selbstabbildung von $\overline{K}$ dann und infolge des Fixpunktsatzes für Zellen nur dann keinen Fixpunkt, wenn A im obigen Sinne fixpunktfrei ist.

[8]) Wegen der Begriffe aus der Überlagerungstheorie der Komplexe verweise ich auf *Seifert-Threlfall*, Lehrbuch der Topologie (Leipzig und Berlin 1934), 8. Kapitel. — Ich zitiere dieses Buch als S.-T.

ist eine „reguläre Überlagerung" des Komplexes $\mathfrak{K}$; umgekehrt: ist $\mathfrak{K}$ ein beliebiger Komplex und K ein, in bekannter Weise (mit Hilfe eines Normalteilers $\mathfrak{N}$ der Fundamentalgruppe $\mathfrak{F}$ von $\mathfrak{K}$) konstruierter, regulärer Überlagerungskomplex von $\mathfrak{K}$, so ist K ein Komplex mit einer Gruppe $\mathfrak{G}$ fixpunktfreier Automorphismen, welche in der soeben beschriebenen Weise den Komplex $\mathfrak{K}$ erzeugen (dabei ist $\mathfrak{G} \cong \mathfrak{F}/\mathfrak{N}$).

Jeder Zelle $|x_i^n|$ von K ist diejenige Zelle von $\mathfrak{K}$ zugeordnet, welche dem Transitivitätsbereich entspricht, dem $|x_i^n|$ angehört; diese Zelle von $\mathfrak{K}$ nennen wir $U|x_i^n|$. Dann ist U eine Abbildung von K auf $\mathfrak{K}$ — die „Überlagerungsabbildung"; sie erfüllt für alle Zellen $|x_i^n|$ und alle $A_j \in \mathfrak{G}$ die Gleichung

$$UA_j|x_i^n| = U|x_i^n|. \tag{2}$$

7.2. Die Gruppe der n-dimensionalen Ketten von $\mathfrak{K}$ nennen wir $\mathfrak{X}^n$. Die Abbildung U bewirkt einen Homomorphismus — den wir ebenfalls mit U bezeichnen — von X^n auf $\mathfrak{X}^n$. Bilden, wie in 6.4, die Zellen $\bar{x}_k^n$ eine P-Basis von X^n, so kommt unter den Zellen $\mathfrak{x}_k^n = U\bar{x}_k^n$ jede n-dimensionale Zelle von $\mathfrak{K}$ (in einer gewissen Orientierung) genau einmal vor; die $\mathfrak{x}_k^n$ bilden daher eine J-Basis von $\mathfrak{X}^n$.

Ist $x = \sum \alpha_k \bar{x}_k^n$ irgend eine Kette aus X^n und $\alpha_k = \sum t_{kj} A_j$, so ist

$$Ux = \sum_{j,k} t_{kj}\, UA_j\, \bar{x}_k^n = \sum_{j,k} t_{kj}\, U\bar{x}_k^n = \sum_{j,k} t_{kj}\, \mathfrak{x}_k^n = \sum_k S(\alpha_k)\, \mathfrak{x}_k^n\,,$$

wobei $S(\alpha)$ die in 3.2 erklärte Bedeutung hat. Hieraus sieht man: $Ux = 0$ ist gleichbedeutend mit $S(\alpha_k) = 0$ für alle k; der Kern des Homomorphismus U von X^n auf $\mathfrak{X}^n$, d. h. die Gesamtheit derjenigen $x \in X^n$, für die $Ux = 0$ ist, ist also der Teilmodul X_0^n von X^n, dessen Definition in 3.4 und 1.6 enthalten ist.

7.3. Den Rand einer Kette $\mathfrak{x}$ nennen wir $\mathfrak{r}(\mathfrak{x})$ oder auch $\dot{\mathfrak{x}}$. Es ist

$$Ur(x) = \mathfrak{r}Ux\,, \tag{3}$$

also $U\dot{x} = (Ux)^{\boldsymbol{\cdot}}$, für jedes $x \in X^n$ (dies gilt auch noch für $n = 0$, wenn wir den Homomorphismus $\mathfrak{r}$ von $\mathfrak{X}^0$ auf J ebenso definieren wie in 6.1 den Homomorphismus r von X^0 und wenn wir $Ut = t$ für alle $t \in J$ setzen).

Die Zyklengruppen $\mathfrak{Z}^n$, $n > 0$, sind als die Gruppen derjenigen $\mathfrak{x} \in \mathfrak{X}^n$ erklärt, für die $\dot{x} = 0$ ist. Aus (3) folgt, daß $U(Z^n) \subset \mathfrak{Z}^n$ ist.

Wir behaupten, daß die folgende Isomorphie besteht:

$$\mathfrak{Z}^n / U(Z^n) \cong (X_0^{n-1} \frown H^{n-1}) / H_0^{n-1} \; ; \quad n = 1, 2, \ldots ; \qquad (4)$$

dabei ist H_0^{n-1} gemäß den Definitionen in 1.6 und 3.4 der Teilmodul von X^{n-1}, der aus denjenigen Ketten besteht, die sich als Summen $\Sigma \alpha_i x_i$ mit $\alpha_i \in P_0$, $x_i \in H^{n-1}$ schreiben lassen.

Beweis von (4): Es sei $x \in X_0^{n-1} \frown H^{n-1}$; daß $x \in H^{n-1}$ ist, bedeutet: $x = \dot{y}$, $y \in X^n$; daß $x \in X_0^{n-1}$ ist, bedeutet (cf. 7.2): $Ux = 0$; es ist also $U\dot{y} = 0$, nach (3) also $(Uy)^{\cdot} = 0$, d. h. $Uy \in \mathfrak{Z}^n$. Nimmt man statt y eine andere Kette y_1 mit $\dot{y}_1 = x$, so ist $y_1 = y + z$, $z \in Z^n$, also $Uy_1 = Uy + Uz$, also $Uy_1 \equiv Uy$ mod. $U(Z^n)$. Unter den Restklassen, in welche die Gruppe $\mathfrak{Z}^n$ nach ihrer Untergruppe $U(Z^n)$ zerfällt, ist also diejenige, die Uy enthält, durch x eindeutig bestimmt; wir nennen diese Restklasse $g(x)$. Die so erklärte eindeutige Abbildung g der Gruppe $X_0^{n-1} \frown H^{n-1}$ in die Gruppe $\mathfrak{R} = \mathfrak{Z}^n/U(Z^n)$ ist offenbar ein Homomorphismus; sie ist sogar eine Abbildung auf die ganze Gruppe $\mathfrak{R}$; denn zu jedem $\mathfrak{z} \in \mathfrak{Z}^n$ gibt es, da $\mathfrak{X}^n = U(X^n)$ ist, ein $y \in X^n$ mit $Uy = \mathfrak{z}$, und es ist $\mathfrak{z} = g(\dot{y})$.

Wir haben, um (4) zu beweisen, noch zu zeigen: der Kern[4]) von g ist H_0^{n-1}. Es sei erstens $x \in H_0^{n-1}$; dann ist $x = \Sigma \alpha_i \dot{y}_i$ mit $S(\alpha_i) = 0$, $y_i \in X^n$; setzen wir $\Sigma \alpha_i y_i = y$, so ist $x = \dot{y}$ und $y \in X_0^n$, also $Uy = 0$; mithin ist $g(x)$ das Nullelement von $\mathfrak{R}$, d. h.: x gehört zu dem Kern von g. Es sei zweitens $x \in X_0^{n-1} \frown H^{n-1}$ und $g(x)$ das Nullelement von $\mathfrak{R}$; dann gibt es ein y mit $x = \dot{y}$, $Uy \in U(Z^n)$, also $Uy = Uz$ mit $z \in Z^n$; dann ist $U(y - z) = 0$, also $y - z \in X_0^n$, also $y = z + \Sigma \alpha_i y_i$ mit $S(\alpha_i) = 0$, $y_i \in X^n$, und da $x = \dot{y} = \Sigma \alpha_i \dot{y}_i$ ist, ist $x \in H_0^{n-1}$.

(Bemerkung: Für $n = 0$ ist (4) trivial, da dann beide Seiten 0 sind.)

7.4. Die Gruppen der n-dimensionalen Ränder in $\mathfrak{K}$, also die Gruppen $\mathfrak{r}(\mathfrak{X}^{n+1})$, nennen wir $\mathfrak{H}^n$. Aus (3) und aus $U(X^{n+1}) = \mathfrak{X}^{n+1}$ folgt:

$$U(H^n) = Ur(X^{n+1}) = \mathfrak{r}U(X^{n+1}) = \mathfrak{r}(\mathfrak{X}^{n+1}) = \mathfrak{H}^n .$$

Die Faktorgruppen $Z^n/H^n = B^n$ und $\mathfrak{Z}^n/\mathfrak{H}^n = \mathfrak{B}^n$ sind für $n \geqslant 1$ die Bettischen Gruppen von K bzw. $\mathfrak{K}$ (für $n = 0$ sind sie Untergruppen der in der üblichen Weise erklärten Bettischen Gruppen).

Da $U(Z^n) \subset \mathfrak{Z}^n$ und $U(H^n) \subset \mathfrak{H}^n$ ist, bewirkt U eine homomorphe Abbildung von B^n in $\mathfrak{B}^n$, die wir ebenfalls U nennen. Die Elemente der Bildgruppe $U(B^n)$ sind diejenigen Homologieklassen in $\mathfrak{K}$, welche Zyklen aus $U(Z^n)$ enthalten; da aber $\mathfrak{H}^n = U(H^n) \subset U(Z^n)$ ist, gehört eine solche Homologieklasse vollständig zu $U(Z^n)$; die Homologieklassen, welche die Elemente der Gruppe $U(B^n)$ sind, sind also zugleich die Restklassen, in welche die Gruppe $U(Z^n)$ mod. $\mathfrak{H}^n$ zerfällt; folglich ist $U(B^n) = U(Z^n)/\mathfrak{H}^n$. Da andererseits $\mathfrak{B}^n = \mathfrak{Z}^n/\mathfrak{H}^n$ ist, ist

$$\mathfrak{B}^n/U(B^n) \cong \mathfrak{Z}^n/U(Z^n), \qquad n = 1, 2, \ldots . \tag{5}$$

Aus (4) und (5) folgt

$$\mathfrak{B}^n / U(B^n) \cong (X_0^{n-1} \frown H^{n-1}) / H_0^{n-1}, \qquad n = 1, 2, \ldots . \tag{6}$$

8. Azyklische reguläre Überlagerungen. Sätze II, III, IV

Ein Komplex K heißt „azyklisch" in der Dimension n, wenn jeder n-dimensionale (berandungsfähige) Zyklus in K berandet, d. h. wenn $Z^n = H^n$ ist (für $n = 0$ bedeutet dies: K ist zusammenhängend).

8.1. Wir betrachten einen Komplex K mit denselben Eigenschaften wie in Nr. 7 und setzen überdies voraus: *K ist azyklisch in den Dimensionen $n = 0, 1, \ldots, N-1$; d. h.*:

$$Z^{n-1} = H^{n-1} \quad \textit{für} \quad n = 0, 1, \ldots, N; \tag{7}$$

(für $n = 0$ gilt dies laut unserer Festsetzung in 6.1).

Die Folge der Gruppen

$$\{J = Z^{-1};\ X^0 \supset Z^0;\ X^1 \supset Z^1; \ldots;\ X^{N-1} \supset Z^{N-1};\quad X^N \supset Z^N\}$$

hat folgende Eigenschaften: Die X^n sind freie P-Moduln (cf. 6.4); die Z^n sind P-Teilmoduln der X^n (cf. 6.3); die Rand-Operation r ist ein P-Homomorphismus (cf. 6.3), der X^n auf H^{n-1}, also nach (7) auf Z^{n-1} abbildet und Z^n als Kern besitzt (und zwar gilt dies auf Grund der in 6.1 getroffenen Festsetzungen auch für $n = 0$). Somit ist diese Folge von Gruppen eine (endliche) „(J, P)-Folge" im Sinne von 2.1. Nach 2.3 und 3.5 ist daher

$$(X_0^n \frown Z^n) / Z_0^n \cong \mathfrak{G}_J^{n+1} \quad \textit{für} \quad n = 0, 1, \ldots, N . \tag{8}$$

8.2. Aus (7) und (8) folgt

$$(X_0^{n-1} \frown H^{n-1}) / H_0^{n-1} \cong \mathfrak{G}_J^n \quad \textit{für} \quad n = 1, 2, \ldots, N . \tag{9}$$

Statt (7) können wir auch schreiben:

$$B^n = 0 \quad \textit{für} \quad n = 1, 2, \ldots, N-1 \ . \tag{7'}$$

Aus (6), (7') und (9) folgt

$$\mathfrak{B}^n \cong \mathfrak{G}_J^n \quad \textit{für} \quad n = 1, 2, \ldots, N-1 \ , \tag{10}$$

und außerdem folgt aus (6) und (9)

$$\mathfrak{B}^N / U(B^N) \cong \mathfrak{G}_J^N \ . \tag{11}$$

Mit den Isomorphien (10) und (11) ist unser Hauptziel erreicht. Wir formulieren diese Ergebnisse noch einmal ausführlich in den nachstehenden beiden Sätzen:

Satz II. *Es seien: J ein Ring mit Einselement; K ein (endlicher oder unendlicher) Komplex, der in bezug auf den Koeffizientenbereich J azyklisch in den Dimensionen* $0, 1, \ldots, N-1$ *ist;* $\mathfrak{G}$ *eine fixpunktfreie Automorphismengruppe von K* (cf. 6.4); $\mathfrak{K}$ *der von* $\mathfrak{G}$ *erzeugte, von K überlagerte Komplex* (cf. 7.1); $\mathfrak{B}_J^n$ *die n-te Bettische Gruppe von* $\mathfrak{K}$ *in bezug auf J.*

Dann sind die Gruppen $\mathfrak{B}_J^n$ *für* $n = 1, 2, \ldots, N-1$ *isomorph mit den Gruppen* $\mathfrak{G}_J^n$*; ihre Strukturen sind also durch die Strukturen von* $\mathfrak{G}$ *und J vollständig bestimmt, unabhängig von K und von der speziellen Darstellung der Gruppe* $\mathfrak{G}$ *durch Automorphismen.*

Satz III. *Die Voraussetzungen des Satzes II seien erfüllt; es sei ferner U die Überlagerungsabbildung von K auf* $\mathfrak{K}$ (cf. 7.1) *und* B_J^n *die n-te Bettische Gruppe von K.*

Dann gilt noch die weitere Isomorphie $\mathfrak{B}_J^N / U(B_J^N) \cong \mathfrak{G}_J^N$*; also ist auch die Struktur der Gruppe* $\mathfrak{B}_J^N / U(B_J^N)$ *durch die Strukturen von* $\mathfrak{G}$ *und J bestimmt.*

Übrigens ist der Satz II ein Korollar des Satzes III.

8.3. Der in der Formel (8) zugelassene Fall $n = N$ ist bei der Herleitung der Formeln (10) und (11), also beim Beweis der Sätze II und III, nicht benutzt worden. Wir wollen auch diesen Teil von (8) als Satz formulieren. Dafür erinnern wir an die Bedeutung der auf der linken Seite von (8) auftretenden Gruppen: nach 7.2 besteht $X_0^n \frown Z^n$ aus denjenigen n-dimensionalen Zyklen z von K, für die $Uz = 0$ ist; Z_0^n ist gemäß 1.6 die Gruppe aller endlichen Summen $\Sigma \alpha_i z_i$ mit $z_i \in Z^n$, $\alpha_i \in P_0$, wobei

P_0 in 3.4 erklärt ist; nach 4.2 ist dann und nur dann $\alpha \in P_0$, wenn $\alpha = \Sigma t_j(A_j - E)$ ist, wobei E das Einselement von $\mathfrak{G}$ ist. Somit ergibt sich:

Satz IV. *Unter den Voraussetzungen des Satzes II gilt auch noch die Isomorphie* $(X_0^N \frown Z^N)/Z_0^N \cong \mathfrak{G}_J^{N+1}$; *dabei ist* $X_0^N \frown Z^N$ *die Gruppe derjenigen N-dimensionalen Zyklen von K, die durch die Überlagerungsabbildung U auf die Null abgebildet werden, und* Z_0^N *die Gruppe aller linearen Verbindungen (mit Koeffizienten aus J) der Zyklen* $Az - z$, *wobei A eine beliebige Decktransformation aus* $\mathfrak{G}$ *und z einen beliebigen N-dimensionalen Zyklus von K bezeichnet („Zyklus" immer in bezug auf J).*

Beim Beweis der Formel (8), also beim Beweis des Satzes IV, sind übrigens die Abschnitte 7.3, 7.4 und 8.2 nicht benutzt worden.

9. Spezialfälle der Sätze II, III, IV. — Bemerkungen

9.1. Der universelle Überlagerungskomplex K eines beliebigen zusammenhängenden Komplexes $\mathfrak{K}$ ist eine reguläre Überlagerung von $\mathfrak{K}$, und die zugehörige Gruppe $\mathfrak{G}$ der Decktransformationen ist mit der Fundamentalgruppe von $\mathfrak{K}$ isomorph. Daher sind in den Sätzen II, III, IV die folgenden Tatsachen enthalten:

$\mathfrak{K}$ sei ein zusammenhängender Komplex mit der Fundamentalgruppe $\mathfrak{G}$; der universelle Überlagerungskomplex K sei in bezug auf den Koeffizientenring J azyklisch in den Dimensionen n mit $n < N$. Dann gelten die Isomorphien

$$\text{(II)} \quad \mathfrak{B}_J^n \cong \mathfrak{G}_J^n \quad \text{für} \quad 0 < n < N,$$

welche insbesondere zeigen, daß die Strukturen dieser Bettischen Gruppen vollständig durch die Fundamentalgruppe $\mathfrak{G}$ und den Koeffizientenring J bestimmt sind, sowie die Isomorphien

$$\text{(III)} \quad \mathfrak{B}_J^N / U(B_J^N) \cong \mathfrak{G}_J^N, \qquad \text{(IV)} \quad (X_0^N \frown Z^N)/Z_0^N \cong \mathfrak{G}_J^{N+1},$$

deren Bedeutung in den Sätzen III und IV erklärt ist.[9])

9.2. Der universelle Überlagerungskomplex K eines Komplexes $\mathfrak{K}$ ist nicht nur zusammenhängend, sondern auch einfach zusammenhängend, d. h. jeder geschlossene Weg ist homotop 0; daraus folgt bekanntlich, daß K azyklisch nicht nur in der Dimension 0, sondern auch in der Dimension 1 ist, und zwar in bezug auf jeden Koeffizientenbereich; die Voraussetzungen der Sätze II, III, IV sind also erfüllt, wenn man $N = 2$ setzt. Hieraus folgt:

---

[9]) Hier kann man, um den am Anfang der Arbeit zitierten Satz von Hurewicz zu erhalten, den § 5 anschließen.

57

Für jeden zusammenhängenden Komplex $\mathfrak{K}$ gelten die Isomorphien

$$(\mathrm{II}_2)\quad \mathfrak{B}^1_J \cong \mathfrak{G}^1_J\,, \qquad (\mathrm{III}_2)\quad \mathfrak{B}^2_J / U(B^2_J) \cong \mathfrak{G}^2_J\,, \qquad (\mathrm{IV}_2)\quad (X^2_0 \frown Z^2)/Z^2_0 \cong \mathfrak{G}^3_J\,,$$

wobei $\mathfrak{G}$ die Fundamentalgruppe von $\mathfrak{K}$ und der den Formeln (III_2) und (IV_2) zugrundeliegende Komplex K der universelle Überlagerungskomplex von $\mathfrak{K}$ ist.

Die Formel (II_2) zeigt die bekannte Tatsache, daß die erste Bettische Gruppe eines Komplexes durch dessen Fundamentalgruppe bestimmt ist; wir kommen darauf sogleich noch zurück (9.4). Die Formel (III_2) zeigt: die zweite Bettische Gruppe $\mathfrak{B}^2_J$ besitzt die durch die Fundamentalgruppe bestimmte Gruppe $\mathfrak{G}^2_J$ als homomorphes Bild; bei gegebener Fundamentalgruppe $\mathfrak{G}$ kann also $\mathfrak{B}^2_J$ „nicht zu klein" sein; dies hatte ich, für den ganzzahligen Koeffizientenbereich, früher durch eine Relation bewiesen, die ähnlich wie (III_2) lautet, in der aber statt $U(B^2)$ und $\mathfrak{G}^2$ Gruppen auftreten, die anders definiert sind[10]); daß die frühere Formel mit (III_2) übereinstimmt, wird noch gezeigt werden (16.7).

9.3. Wenn $\mathfrak{K}$ zusammenhängend und wenn K ein regulärer Überlagerungskomplex von $\mathfrak{K}$ ist, den man in bekannter Weise[8]) mit Hilfe eines Normalteilers der Fundamentalgruppe von $\mathfrak{K}$ konstruiert hat, so ist auch K zusammenhängend, also azyklisch in der Dimension 0; daher sind die Sätze II, III, IV anwendbar, wenn man $N = 1$ setzt; der Satz II wird dann inhaltslos, aber die Sätze III und IV liefern noch folgende Aussagen:

K sei ein (zusammenhängender) regulärer Überlagerungskomplex des zusammenhängenden Komplexes $\mathfrak{K}$; die zugehörige Gruppe von Decktransformationen sei $\mathfrak{G}$. Dann ist

$$(\mathrm{III}_1)\quad \mathfrak{B}^1_J / U(B^1_J) \cong \mathfrak{G}^1_J\,, \qquad (\mathrm{IV}_1)\quad (X^1_0 \frown Z^1)/Z^1_0 \cong \mathfrak{G}^2_J\,.$$

9.4. Wenn man in (II_2) und (III_1) für $\mathfrak{G}^1_J$ die durch 4.1 (7) und 4.5 (13) gegebenen Ausdrücke einsetzt, so erhält man vier Formeln, die Interesse verdienen. Die einfachste von ihnen lautet:

$$\mathfrak{B}^1 \cong \mathfrak{G}/\mathfrak{C}\,; \tag{12}$$

in ihr ist $\mathfrak{B}^1$ die ganzzahlige erste Bettische Gruppe eines beliebigen (zusammenhängenden) Komplexes, $\mathfrak{G}$ dessen Fundamentalgruppe und $\mathfrak{C}$ die Kommutatorgruppe von $\mathfrak{G}$.

---

[10]) *H. Hopf*, Fundamentalgruppe und zweite Bettische Gruppe, Comment. Math. Helvet. 14 (1942), 257—309.

Die Relation (12) ist wohlbekannt; der übliche Beweis[11]) benutzt die Formel 4.5 (13) nicht. Nimmt man (12) als bekannt an, so erhält man umgekehrt mit Hilfe der Formel (II_2) einen einfachen Beweis der Relation 4.5 (13), allerdings nur unter der Voraussetzung, daß $\mathfrak{G}$ abzählbar[12]) ist: In diesem Fall läßt sich $\mathfrak{G}$ durch abzählbar viele Erzeugende mit abzählbar vielen Relationen charakterisieren; daher gibt es einen Komplex $\mathfrak{K}$, dessen Fundamentalgruppe $\mathfrak{G}$ ist[13]); für $\mathfrak{K}$ gilt (12); aus (12) und aus (II_2) — in dem Spezialfall, daß J der Ring der ganzen Zahlen ist — folgt 4.5 (13).

9.5. Zu den vorstehenden Sätzen machen wir noch folgende Bemerkungen. K sei regulärer Überlagerungskomplex von $\mathfrak{K}$; die Fundamentalgruppen F von K und $\mathfrak{F}$ von $\mathfrak{K}$ deuten wir in bekannter Weise als Gruppen geschlossener Wege, wobei wir deren Anfangs- und Endpunkt a in K und $\mathfrak{a}$ in $\mathfrak{K}$ so wählen, daß $Ua = \mathfrak{a}$ ist; dann liegt bekanntlich folgende Situation vor[8]): F wird durch U isomorph auf einen Normalteiler $\mathfrak{N}$ von $\mathfrak{F}$ abgebildet, und die Faktorgruppe $\mathfrak{F}/\mathfrak{N}$ ist mit der zu K und $\mathfrak{K}$ gehörigen Gruppe $\mathfrak{G}$ von Decktransformationen isomorph. Es ist also

$$\mathfrak{F}/U(F) \cong \mathfrak{G}\,. \tag{*}$$

Dies ist ein Gegenstück zu der im Satz III ausgesprochenen Isomorphie und insbesondere zu der Formel (III_1); die letztere, für den ganzzahligen Koeffizientenbereich, entsteht aus (*), wenn man die Gruppen $\mathfrak{F}, F, \mathfrak{G}$ „Abelsch macht", d. h. durch die Faktorgruppen nach ihren Kommutatorgruppen ersetzt.

Man kann die Struktur der Gruppe $\mathfrak{G}$, ohne von Decktransformationen zu reden, geradezu durch (*) definieren. Dann lassen sich die Sätze II und III folgendermaßen aussprechen:

K sei ein regulärer Überlagerungskomplex von $\mathfrak{K}$; er sei azyklisch für $n < N$; die Fundamentalgruppen von K und $\mathfrak{K}$ seien F bzw. $\mathfrak{F}$. Dann ist

$$\mathfrak{B}^n_J / U(B^n_J) \cong (\mathfrak{F} / U(F))^n_J \quad \text{für} \quad 0 < n \leqslant N\,,$$

also

$$\mathfrak{B}^n_J \cong (\mathfrak{F} / U(F))^n_J \quad \text{für} \quad 0 < n < N\,.$$

Ist K der universelle Überlagerungskomplex von $\mathfrak{K}$, so ist F die Nullgruppe, $\mathfrak{F} \cong \mathfrak{G}$, und man erhält die Isomorphien 9.1 (II) und 9.1 (III).

[11]) S.-T., 173.

[12]) Unter „abzählbar" verstehe ich „endlich" oder „abzählbar-unendlich".

[13]) Einen solchen Komplex kann man nach dem Verfahren konstruieren, das in S.-T., 180, Aufgabe 3, für den Fall von endlich vielen Erzeugenden und Relationen angedeutet ist.

§ 3. Geometrische Herleitung einiger algebraischer Eigenschaften der Gruppen $\mathfrak{G}_J^n$

10. Bestimmung der $\mathfrak{G}_J^n$ für spezielle $\mathfrak{G}$

10.1. *$\mathfrak{G}$ sei eine abzählbare freie Gruppe; dann ist $\mathfrak{G}_J^n = 0$ für $n \geqslant 2$ bei beliebigem J.*

Beweis: Da $\mathfrak{G}$ eine freie Gruppe mit endlich oder abzählbar unendlich vielen freien Erzeugenden ist, gibt es einen Streckenkomplex $\mathfrak{K}$ mit der Fundamentalgruppe $\mathfrak{G}$; der universelle Überlagerungskomplex K von $\mathfrak{K}$ ist ein Baumkomplex; er ist azyklisch in allen Dimensionen und in bezug auf jeden Koeffizientenbereich; daher gilt 9.1 (II) für alle $n > 0$ und jeden Ring J; da aber $\mathfrak{K}$ eindimensional ist, ist $\mathfrak{B}_J^n = 0$ für $n > 1$.

10.2. *$\mathfrak{G}$ sei die freie Abelsche Gruppe vom Range r (d. h. das direkte Produkt von r unendlich-zyklischen Gruppen); dann ist $\mathfrak{G}_J^n$ die direkte Summe von $\binom{r}{n}$ Gruppen, die mit J isomorph sind.*

Beweis: $\mathfrak{G}$ ist die Fundamentalgruppe des r-dimensionalen Torus $\mathfrak{K} = T^r$, d. h. des topologischen Produktes von r Kreislinien; der universelle Überlagerungskomplex von T^r ist der euklidische Raum R^r; er ist azyklisch in allen Dimensionen und für alle J; daher gilt 9.1 (II) für alle $n > 0$ und alle J. Die n-te Bettische Zahl von T^r ist $\binom{r}{n}$; Torsion ist nicht vorhanden; daher ist die Bettische Gruppe $\mathfrak{B}_J^n$ die direkte Summe von $\binom{r}{n}$ mit J isomorphen Gruppen[14]).

Korollar: *Es ist $\mathfrak{G}_J^n \neq 0$ für $n \leqslant r$ und $\mathfrak{G}_J^n = 0$ für $n > r$ (bei beliebigem J).*

10.3. Für (additiv geschriebene) Abelsche Gruppen $\mathfrak{F}$ und positive ganze Zahlen m benutzen wir folgende Begriffe und Bezeichnungen: $\mathfrak{F}_m$ ist die Restklassengruppe von $\mathfrak{F}$ nach der Gruppe aller Elemente mx mit $x \in \mathfrak{F}$; ${}_m\mathfrak{F}$ ist die Gruppe derjenigen $x \in \mathfrak{F}$, für welche $mx = 0$ ist. Indem wir unter $\mathfrak{A}$ die additive Gruppe der ganzen Zahlen verstehen, bezeichnet also $\mathfrak{A}_m$ die zyklische Gruppe der Ordnung m; gelegentlich verstehen wir unter $\mathfrak{A}_m$ auch den Restklassen*ring* von $\mathfrak{A}$ mod. m.

---

[14]) Die Zusammenhänge zwischen den Bettischen Gruppen in bezug auf verschiedene Koeffizientenbereiche sind dargestellt in A.-H., Kap. V (besonders S. 233); sowie bei *E. Čech*, Les groupes de Betti d'un complexe infini, Fund. Math. 25 (1935), 33—44.

Es sei $\mathfrak{G} \cong \mathfrak{A}_m$ *; dann ist*

$$\mathfrak{G}_J^{2r-1} \cong J_m \,, \quad \mathfrak{G}_J^{2r} \cong {}_mJ \quad \textit{für} \quad r = 1, 2, \ldots \,, \tag{1}$$

also speziell

$$\mathfrak{G}^{2r-1} \cong \mathfrak{A}_m \,, \quad \mathfrak{G}^{2r} = 0 \quad \textit{für} \quad r = 1, 2, \ldots \,. \tag{2}$$

Beweis: Die Sphäre S^{2r-1} ist bekanntlich regulärer — für $r > 1$ sogar universeller — Überlagerungsraum einer geschlossenen und orientierbaren Mannigfaltigkeit L^{2r-1} mit $\mathfrak{G}$ als Decktransformationen-Gruppe (L^{2r-1} ist für $r > 1$ ein ,,Linsenraum", für $r = 1$ mit der Kreislinie S^1 homöomorph). S^{2r-1} ist azyklisch für $n < 2r - 1$; daher sind die Sätze III und IV mit $N = 2r - 1$ anwendbar. Bezeichnen wir die $(2r-1)$-dimensionalen ganzzahligen Basiszyklen von S^{2r-1} und L^{2r-1} mit z bzw. $\mathfrak{z}$, so ist $Uz = m\mathfrak{z}$; aus Satz III folgt daher: $\mathfrak{G}^{2r-1} \cong \mathfrak{A}_m$; und da U keinen anderen N-dimensionalen Zyklus auf die Null abbildet als den Nullzyklus, folgt aus Satz IV: $\mathfrak{G}^{2r} = 0$. Damit ist (2) bewiesen.

Nach 9.1 (II) sind die Gruppen $\mathfrak{G}_J^n$ für $0 < n < 2r - 1$ mit den Bettischen Gruppen $\mathfrak{B}_J^n$ von L^{2r-1} isomorph. Da durch die Formeln (2) die Gruppen $\mathfrak{G}^n$ für alle n bekannt sind, ist speziell für die ganzzahligen Bettischen Gruppen $\mathfrak{B}^n$:

$$\mathfrak{B}^n \cong \mathfrak{A}_m \text{ bei ungeradem } n < 2r-1, \; \mathfrak{B}^n = 0 \text{ bei geradem } n > 0. \tag{3}$$

Aus diesen $\mathfrak{B}^n$ kann man nach bekannten Regeln die Bettischen Gruppen $\mathfrak{B}_J^n$ von L^{2r-1}, also die $\mathfrak{G}_J^n$, für beliebiges J berechnen[14]). Das Ergebnis besteht in den Formeln (1).

10.4. Zugleich hat sich die bekannte Tatsache ergeben: Für einen Linsenraum L^{2r-1} mit der Fundamentalgruppe $\mathfrak{A}_m$ sind die ganzzahligen n-ten Bettischen Gruppen durch die Formeln (3) bestimmt.

10.5. Wir heben — im Hinblick auf eine Anwendung in 13.4 — eine spezielle Folgerung aus (1) hervor: Wenn $mx \neq 1$ für alle $x \in J$ ist, so ist $\mathfrak{G}_J^n \neq 0$ für alle ungeraden n; denn dann bilden die Elemente mx eine echte Untergruppe von J, es ist also $J_m \neq 0$. (Dagegen sieht man leicht: wenn es ein $a \in J$ mit $ma = 1$ gibt, so ist $J_m = {}_mJ = 0$, also sind alle $\mathfrak{G}_J^n = 0$.)

10.6. $\mathfrak{G}$ *sei die direkte Summe*[15]) $\mathfrak{A}_m + \mathfrak{A}_m$*; dann ist* $\mathfrak{G}^{2r}$ *die direkte Summe von r Gruppen* $\mathfrak{A}_m$, $\mathfrak{G}^{2r-1}$ *die direkte Summe von* $r + 1$ *Gruppen* $\mathfrak{A}_m$ $(r = 1, 2, \ldots)$; *ist* $J = \mathfrak{A}_q$ *— also der Restklassenring mod.* q *—, so ist* $\mathfrak{G}_J^n$ *für jedes n die direkte Summe von* $n + 1$ *Gruppen* $\mathfrak{A}_{(m,q)}$, *wobei* (m, q) *der größte gemeinsame Teiler von m und q ist.*

[15]) Wir schreiben hier ausnahmsweise auch $\mathfrak{G}$ additiv.

Beweis: Das topologische Produkt $\mathfrak{K} = L^{2r-1} \times L^{2r-1}$ zweier Linsenräume L^{2r-1}, deren Fundamentalgruppe $\mathfrak{A}_m$ ist, hat die Fundamentalgruppe $\mathfrak{G}$; der universelle Überlagerungskomplex von $\mathfrak{K}$ ist das Sphärenprodukt $K = S^{2r-1} \times S^{2r-1}$; er ist azyklisch für $n < 2r - 1$; in diesen Dimensionen stimmen daher nach 9.1 (II) die Bettischen Gruppen $\mathfrak{B}^n_J$ von $\mathfrak{K}$ mit den $\mathfrak{G}^n_J$ überein. Die ganzzahligen Bettischen Gruppen $\mathfrak{B}^n$ des Produktes $\mathfrak{K}$ sind nach der Formel von Künneth[16]) aus den ganzzahligen Bettischen Gruppen der Faktoren L^{2r-1} zu berechnen; die letztgenannten Gruppen sind nach 10.4 bekannt; die Formel liefert für die $\mathfrak{B}^n$, und damit für die $\mathfrak{G}^n$, das oben behauptete Resultat. Aus den somit bekannten $\mathfrak{B}^n$ berechnet man jetzt weiter in bekannter Weise[14]) die $\mathfrak{B}^n_J$, und damit die $\mathfrak{G}^n_J$, und zwar bei beliebigem J; für $J = A_q$ findet man das oben behauptete Ergebnis. Dies alles gilt zunächst für $n < 2r - 1$; da r beliebig ist, gilt es für alle n. —

10.7. Auf dieselbe Weise — durch topologische Produktbildung — kann man immer, wenn $\mathfrak{G}$ eine Abelsche Gruppe mit endlich vielen Erzeugenden, also ein direktes Produkt zyklischer Gruppen ist, die Gruppen $\mathfrak{G}^n$ bestimmen; dabei hat man das Ergebnis von 10.3 und, falls $\mathfrak{G}$ unendlich ist, das Ergebnis von 10.2 zu benutzen. —

Für einige weitere, spezielle Gruppen $\mathfrak{G}$ werden die Gruppen $\mathfrak{G}^n$ in 15.3 ermittelt werden.

11. Endliche Gruppen

Satz: Wenn $\mathfrak{G}$ endlich ist, so sind auch alle Gruppen $\mathfrak{G}^n$ endlich, und die Ordnung jedes Elementes jeder Gruppe $\mathfrak{G}^n$ ist Teiler der Ordnung g von $\mathfrak{G}$.

11.1. Den Beweis beginnen wir mit folgendem Hilfssatz:

K sei ein g-blättriger Überlagerungskomplex des Komplexes $\mathfrak{K}$; er sei azyklisch in der Dimension n. Dann erfüllt jeder n-dimensionale Zyklus $\mathfrak{z}$ von $\mathfrak{K}$ die Homologie $g\mathfrak{z} \sim 0$.

Beweis des Hilfssatzes: Durch die Überlagerungsabbildung U (cf. Nr. 7) werden auf jede orientierte Zelle $\mathfrak{x}_i$ von $\mathfrak{K}$ genau g orientierte Zellen $x_{i1}, \ldots, x_{ig}$ von K abgebildet; wir setzen $\varphi(\mathfrak{x}_i) = x_{i1} + \cdots + x_{ig}$ und allgemein $\varphi(\mathfrak{y}) = \sum t_i \varphi(\mathfrak{x}_i)$ für jede Kette $\mathfrak{y} = \sum t_i \mathfrak{x}_i$ von $\mathfrak{K}$. Es ist $U\varphi(\mathfrak{x}_i) = g\mathfrak{x}_i$ für jede Zelle $\mathfrak{x}_i$, also auch $U\varphi(\mathfrak{y}) = g\mathfrak{y}$ für jede Kette $\mathfrak{y}$. Ferner ist $\varphi(\dot{\mathfrak{y}}) = (\varphi(\mathfrak{y}))^{\cdot}$; hieraus folgt: wenn $\mathfrak{z}$ Zyklus ist, so ist auch $\varphi(\mathfrak{z})$ Zyklus. Nun sei $\mathfrak{z}$ ein n-dimensionaler Zyklus in $\mathfrak{K}$; da K azyklisch in der Dimension n ist, gibt es eine Kette y in K mit $\varphi(\mathfrak{z}) = \dot{y}$; dann ist $g\mathfrak{z} = U\varphi(\mathfrak{z}) = U\dot{y} = (Uy)^{\cdot}$, also $g\mathfrak{z} \sim 0$.

[16]) A.-H., 308.

Zusatz zu dem Hilfssatz: Wenn K endlich ist, so ist die ganzzahlige n-te Bettische Gruppe $\mathfrak{B}^n$ von $\mathfrak{K}$ endlich. Denn wenn K endlich ist, so ist auch $\mathfrak{K}$ endlich, und $\mathfrak{B}^n$ ist daher eine (Abelsche) Gruppe mit endlich vielen Erzeugenden; andererseits enthält $\mathfrak{B}^n$ nach dem Hilfssatz nur Elemente endlicher Ordnung; folglich ist $\mathfrak{B}^n$ endlich.

11.2. Um unseren oben ausgesprochenen Satz zu beweisen, genügt es, zu der vorgelegten endlichen Gruppe $\mathfrak{G}$ und zu jeder positiven Zahl N einen Komplex K anzugeben, der die folgenden drei Eigenschaften hat: a) er ist endlich; b) er ist azyklisch in den Dimensionen $0, 1, \ldots, N-1$; c) er gestattet eine mit $\mathfrak{G}$ isomorphe, fixpunktfreie Gruppe von Automorphismen.

Wenn man nämlich einen solchen Komplex K hat, so gehört zu der unter c) genannten Automorphismengruppe ein von K regulär überlagerter Komplex $\mathfrak{K}$; nach (b) und nach Satz II sind für $n < N$ die Bettischen Gruppen $\mathfrak{B}^n$ von $\mathfrak{K}$ isomorph mit den $\mathfrak{G}^n$; andererseits folgt aus (a), (b) und 11.1, daß diese $\mathfrak{B}^n$ endlich und daß die Ordnungen ihrer Elemente Teiler von g sind. Somit haben die $\mathfrak{G}^n$ mit $n < N$ die behaupteten Eigenschaften; da aber N beliebig groß sein kann, gilt dies für alle n.

11.3. Um einen Komplex K mit den Eigenschaften (a), (b), (c) zu konstruieren, nehmen wir $N+1$ Systeme $K_0^0, K_1^0, \ldots, K_N^0$ von je g Punkten; die Punkte der Vereinigungsmenge $M = \Sigma K_j^0$ seien in allgemeiner Lage — (sie seien etwa die Eckpunkte eines Simplexes der Dimension $(N+1)g-1$); wir greifen diejenigen Teilmengen von M heraus, die aus jedem System K_j^0 höchstens einen Punkt enthalten; die Punkte jeder dieser Teilmengen spannen ein Simplex auf; diese Simplexe bilden einen Komplex K. Wir behaupten: K hat die Eigenschaften (a), (b), (c).

Daß K endlich ist, ist klar.

Daß K die Eigenschaft (b) besitzt, kann man folgendermaßen beweisen: Diejenigen Simplexe von K, deren Eckpunkte in den Systemen $K_0^0, K_1^0, \ldots, K_r^0$ liegen, bilden einen Komplex K^r; es ist also $K^N = K$. Der Komplex K^r besteht erstens aus den Simplexen von K^{r-1} und zweitens aus den Simplexen, die von je einem Simplex aus K^{r-1} und je einem Punkt aus K_r^0 aufgespannt werden; auf Grund dieses Zusammenhanges zwischen K^{r-1} und K^r beweist man leicht[17]) — was ich hier nicht durch-

[17]) Man kann die Tatsache benutzen, daß K die „Verbindung" (cf. [28])) von K^{r-1} und K_r^0 ist, und die allgemeine Formel für die Bettischen Gruppen einer Verbindung anwenden (l. c. [28])); oder man kann die g Eckpunkte von K_r^0 nacheinander zu K^{r-1} hinzufügen und jedesmal einen „Additionssatz" (A.-H., Kap. VII, § 2) anwenden; aber der obige Fall st so einfach, daß sich die Heranziehung dieser allgemeinen Hilfsmittel kaum lohnt.

führe — die folgende Beziehung: wenn K^{r-1} azyklisch in der Dimension $n-1$ ist, so ist K^r azyklisch in der Dimension n. Hieraus und aus der trivialen Tatsache, daß jeder Komplex K^r, $r > 0$, zusammenhängend, also azyklisch in der Dimension 0 ist, folgt durch Induktion: K^r ist azyklisch in den Dimensionen $0, 1, \ldots, r-1$. Für $r = N$ ist das die Eigenschaft (b) des Komplexes K.

Um (c) zu beweisen, ordne man für jedes j aus der Reihe $0, 1, \ldots, N$ die Punkte von K_j^0 eineindeutig den Elementen $A_i \in \mathfrak{G}$ zu und bezeichne den Punkt, der dem Element A_i entspricht, mit $p_j^{A_i}$. Dann verstehe man für jedes $A \in \mathfrak{G}$ unter T_A diejenige Permutation der Eckpunkte von K, die $p_j^{A_i}$ in $p_j^{AA_i}$ überführt — für alle $A_i \in \mathfrak{G}$ und $j = 0, 1, \ldots, N$. Die Permutation T_A bewirkt offenbar eine eineindeutige simpliziale Abbildung, also einen Automorphismus von K; dabei geht, wenn A nicht die Identität ist, kein Simplex in sich über — es hat sogar niemals ein Simplex mit seinem Bild einen Eckpunkt gemein; T_A ist also fixpunktfrei. Diese T_A bilden, wenn A die Gruppe $\mathfrak{G}$ durchläuft, eine mit $\mathfrak{G}$ isomorphe Gruppe. Es gilt also (c).

12. Die Gruppe $\mathfrak{G}^2$

In ähnlicher Weise, wie wir am Schluß von 9.4 bei Beschränkung auf abzählbare[11]) Gruppen $\mathfrak{G}$ einen Beweis der Formel 4.5 (13) für die Gruppe $\mathfrak{G}^1$ geführt haben, wollen wir jetzt eine Formel für die Gruppe $\mathfrak{G}^2$ herleiten.

12.1. Zunächst zwei gruppentheoretische Vorbemerkungen. Erstens: Jede Gruppe $\mathfrak{G}$ ist homomorphes Bild freier Gruppen $\mathfrak{F}$; man erhält einen solchen Homomorphismus, wenn man die Elemente eines beliebigen Erzeugendensystems von $\mathfrak{G}$ — das endlich oder unendlich, z. B. mit $\mathfrak{G}$ identisch sein kann — zugleich als freie Erzeugende einer freien Gruppe $\mathfrak{F}$ auffaßt; dann ist $\mathfrak{G} \cong \mathfrak{F}/\mathfrak{R}$, wobei $\mathfrak{R}$ ein Normalteiler von $\mathfrak{F}$ ist. Eine solche Darstellung von $\mathfrak{G}$ in der Form $\mathfrak{F}/\mathfrak{R}$ liegt also insbesondere immer dann vor, wenn $\mathfrak{G}$ durch Erzeugende $e_1, e_2, \ldots$ und Relationen $R_i(e_1, e_2, \ldots) = 1$ gegeben ist; $\mathfrak{R}$ ist dann der von den Elementen $R_i(e_1, e_2, \ldots)$ der freien Gruppe $\mathfrak{F}$ erzeugte Normalteiler. Wenn $\mathfrak{G}$ abzählbar ist, so ist auch $\mathfrak{F}$ abzählbar.

Zweitens: Ist $\mathfrak{F}$ irgend eine Gruppe, $\mathfrak{R}$ eine Untergruppe von $\mathfrak{F}$, so verstehen wir unter $\mathfrak{C}_{\mathfrak{F}}(\mathfrak{R})$ die Untergruppe von $\mathfrak{F}$, die von allen Elementen $xrx^{-1}r^{-1}$ mit $x \in \mathfrak{F}$, $r \in \mathfrak{R}$, erzeugt wird. Ist $\mathfrak{R}$ Normalteiler von $\mathfrak{F}$, so ist $\mathfrak{C}_{\mathfrak{F}}(\mathfrak{R}) \subset \mathfrak{R}$. Die Gruppe $\mathfrak{C}_{\mathfrak{F}}(\mathfrak{F})$ ist die Kommutatorgruppe von $\mathfrak{F}$; wir nennen sie kurz $\mathfrak{C}_{\mathfrak{F}}$. Es ist immer $\mathfrak{C}_{\mathfrak{F}}(\mathfrak{R}) \subset \mathfrak{C}_{\mathfrak{F}}$.

12.2. Unsere Behauptung lautet:

Es sei $\mathfrak{G} \cong \mathfrak{F}/\mathfrak{R}$, wobei $\mathfrak{F}$ eine abzählbare freie Gruppe und $\mathfrak{R}$ ein Normalteiler von $\mathfrak{F}$ ist; dann ist

$$\mathfrak{G}^2 \cong (\mathfrak{C}_{\mathfrak{F}} \frown \mathfrak{R})/\mathfrak{C}_{\mathfrak{F}}(\mathfrak{R}) . \tag{4}$$

Diese Formel ist unter Umständen, wenn $\mathfrak{G}$ in besonders einfacher Weise durch Erzeugende und Relationen gegeben ist, geeignet, die Struktur von $\mathfrak{G}^2$ auf algebraischem Wege wirklich zu bestimmen[18]). Es ist übrigens anzunehmen, daß sie sich auch für nicht-abzählbare Gruppen $\mathfrak{G}$ beweisen läßt.

12.3. Für den Beweis von (4) betrachten wir einen Streckenkomplex $\mathfrak{K}$, dessen Fundamentalgruppe $\mathfrak{F}$ ist, und konstruieren den zu dem Normalteiler $\mathfrak{R}$ gehörigen regulären Überlagerungskomplex K von $\mathfrak{K}$; die Fundamentalgruppe F von K ist isomorph mit $\mathfrak{R}$, und zwar wird der Isomorphismus folgendermaßen vermittelt: wir deuten F und $\mathfrak{F}$ in bekannter Weise als Gruppen geschlossener Wege in K bzw. $\mathfrak{K}$; dann wird F durch die Überlagerungsabbildung U isomorph auf $\mathfrak{R}$ abgebildet. Die zu K und $\mathfrak{K}$ gehörige Gruppe von Decktransformationen ist $\mathfrak{G}$. [8])

Auf Grund der Isomorphie 9.3 (IV_1) für den ganzzahligen Koeffizientenring J ist unsere Behauptung (4) äquivalent mit der folgenden:

$$(\mathfrak{C}_{\mathfrak{F}} \frown \mathfrak{R}) / \mathfrak{C}_{\mathfrak{F}}(\mathfrak{R}) \cong (X_0^1 \frown Z^1) / Z_0^1 . \tag{4'}$$

12.4. Da F durch U isomorph auf $\mathfrak{R}$ abgebildet wird, existiert der Isomorphismus U^{-1} von $\mathfrak{R}$ auf F. Jeder geschlossene Weg $w \in F$ bestimmt einen Zyklus $z = P(w) \in Z^1$; dabei ist P bekanntlich ein Homomorphismus von F auf Z^1, dessen Kern[4]) die Kommutatorgruppe C_F von F ist[19]). $Q = PU^{-1}$ ist ein Homomorphismus von $\mathfrak{R}$ auf Z^1. Die Behauptung (4′) ist in den folgenden beiden Behauptungen über die Abbildung Q enthalten:

a) Das Urbild von $X_0^1 \frown Z^1$ ist $\mathfrak{C}_{\mathfrak{F}} \frown \mathfrak{R}$.

b) Das Urbild von Z_0^1 ist $\mathfrak{C}_{\mathfrak{F}}(\mathfrak{R})$.

Beweis von (a): Für ein $\mathfrak{r} \in \mathfrak{R}$ ist dann und nur dann $Q(\mathfrak{r}) \in X_0^1 \frown Z^1$, wenn $Q(\mathfrak{r}) \in X_0^1$ ist; dies ist nach 7.2 gleichbedeutend mit: $UQ(\mathfrak{r}) = 0$, also mit $UPU^{-1}(\mathfrak{r}) = 0$; nun ist aber $UPU^{-1} = \mathfrak{P}$ der zu P analoge

---

[18]) Cf. l. c.[13]), Nr. 14; die dort $\mathfrak{G}_1^*$ genannte Gruppe ist unsere Gruppe $\mathfrak{G}^2$.

[19]) S.-T., § 48.

Homomorphismus der Wegegruppe $\mathfrak{F}$ auf die Zyklengruppe $\mathfrak{Z}^1$ von $\mathfrak{K}$; der Kern von $\mathfrak{P}$ ist also $\mathfrak{C}_{\mathfrak{F}}$; daher ist $UPU^{-1}(\mathfrak{r}) = 0$ gleichbedeutend mit: $\mathfrak{r} \in \mathfrak{C}_{\mathfrak{F}}$, also mit $\mathfrak{r} \in \mathfrak{C}_{\mathfrak{F}} \frown \mathfrak{R}$.

Beweis von (b): Wir bemerken zunächst: der Kern von Q ist die Kommutatorgruppe $\mathfrak{C}_{\mathfrak{R}}$ von $\mathfrak{R}$; denn für ein $\mathfrak{r} \in \mathfrak{R}$ ist dann und nur dann $Q(\mathfrak{r}) = 0$, wenn $U^{-1}(\mathfrak{r})$ zu dem Kern von P, also zu C_F, wenn also $\mathfrak{r}$ zu $U(C_F) = \mathfrak{C}_{\mathfrak{R}}$ gehört. — Da $\mathfrak{C}_{\mathfrak{R}} \subset \mathfrak{C}_{\mathfrak{F}}(\mathfrak{R})$ ist, gehört somit der Kern von Q zu $\mathfrak{C}_{\mathfrak{F}}(\mathfrak{R})$; infolgedessen ist die Behauptung (b) gleichbedeutend mit (b'): $Q(\mathfrak{C}_{\mathfrak{F}}(\mathfrak{R})) = Z_0^1$.

Die Gruppe $\mathfrak{C}_{\mathfrak{F}}(\mathfrak{R})$ besteht aus allen Produkten aller Elemente $\mathfrak{r}_0 = \mathfrak{w}\mathfrak{r}\mathfrak{w}^{-1}\mathfrak{r}^{-1}$ mit $\mathfrak{w} \in \mathfrak{F}, \mathfrak{r} \in \mathfrak{R}$; die Gruppe Z_0^1 besteht aus allen linearen Verbindungen (mit ganzzahligen Koeffizienten) aller Elemente $Az - z$ mit $A \in \mathfrak{G}$, $z \in Z^1$ (cf. 8.3). Für den Beweis von (b') genügt es daher zu zeigen, daß jeder derartige Weg $\mathfrak{r}_0$ auf einen Zyklus $Az - z$ und daß auf jeden Zyklus $Az - z$ ein derartiger Weg $\mathfrak{r}_0$ abgebildet wird.

Nun besteht zwischen den Wegen aus $\mathfrak{F}$ und den Decktransformationen aus $\mathfrak{G}$ folgender Zusammenhang: jedem Weg $\mathfrak{w} \in \mathfrak{F}$ ist eine Transformation $A_{\mathfrak{w}} \in \mathfrak{G}$ so zugeordnet, daß für jeden Weg $\mathfrak{r} \in \mathfrak{R}$ die Beziehung

$$Q(\mathfrak{w}\mathfrak{r}\mathfrak{w}^{-1}) = A_{\mathfrak{w}} Q(\mathfrak{r})$$

gilt, und umgekehrt ist jede Transformation $A \in \mathfrak{G}$ in dieser Weise als $A_{\mathfrak{w}}$ gewissen Wegen $\mathfrak{w} \in \mathfrak{F}$ zugeordnet.

Hieraus folgt:

$$Q(\mathfrak{r}_0) = Q(\mathfrak{w}\mathfrak{r}\mathfrak{w}^{-1}\mathfrak{r}^{-1}) = Q(\mathfrak{w}\mathfrak{r}\mathfrak{w}^{-1}) - Q(\mathfrak{r}) = A_{\mathfrak{w}} z - z,$$

wenn wir $Q(\mathfrak{r}) = z$ setzen; und umgekehrt läßt sich so jeder Zyklus $Az - z$ als Bild $Q(\mathfrak{r}_0)$ darstellen.

§ 4. Geometrische Anwendungen

13. Azyklische Komplexe

Darunter, daß ein N-dimensionaler Komplex „azyklisch" ist, wird im folgenden immer verstanden: er ist in allen Dimensionen $0, 1, \ldots, N$ azyklisch. Dabei kann ein beliebiger Koeffizientenbereich J zugrundeliegen; ist J der Ring der rationalen Zahlen, so sagen wir „rational azyklisch"; dies bedeutet: K ist zusammenhängend, und alle Bettischen Zahlen (außer der nullten) sind 0. Wenn es überhaupt einen Koeffizientenbereich gibt, in bezug auf den K azyklisch ist, so ist K bekanntlich[14]) auch rational azyklisch. Da wir fixpunktfreie Automorphismen betrachten wollen, und da nach einem bekannten Fixpunktsatz[20]) ein endlicher, rational azyklischer Komplex keinen solchen Automorphismus besitzt, interessieren uns hier nur unendliche Komplexe.

13.1. *K sei N-dimensional und azyklisch in bezug auf J. $\mathfrak{G}$ sei eine fixpunktfreie Automorphismengruppe von K. Dann ist $\mathfrak{G}^n_J = 0$ für $n > N$.*

Denn die Bettischen Gruppen $\mathfrak{B}^n_J$ des von $\mathfrak{G}$ erzeugten, von K überlagerten Komplexes $\mathfrak{K}$ erfüllen nach Satz II die Isomorphien $\mathfrak{B}^n_J \cong \mathfrak{G}^n_J$, und zwar für alle n; da $\mathfrak{K}$ N-dimensional ist, ist $\mathfrak{B}^n_J = 0$ für $n > N$.

13.2. In dem Korollar von 10.2 ist enthalten: Wenn $\mathfrak{G}$ die freie Abelsche Gruppe vom Range r ist, so ist $\mathfrak{G}^r_J \neq 0$ (bei beliebigem J). Hieraus und aus 13.1 folgt unmittelbar:

Eine freie Abelsche, fixpunktfreie Automorphismengruppe eines N-dimensionalen, rational azyklischen Komplexes hat höchstens den Rang N. [21])

13.3. In diesem Satz kann man die Voraussetzung der Fixpunktfreiheit durch andere Voraussetzungen ersetzen:

Die freie Abelsche Gruppe $\mathfrak{G}$ sei Automorphismengruppe des N-dimensionalen, rational azyklischen Komplexes K, und es sei wenigstens eine der folgenden beiden Voraussetzungen erfüllt: (a) *$\mathfrak{G}$ besitzt einen endlichen Fundamentalbereich;* (b) *K ist eine Pseudomannigfaltigkeit. Dann hat $\mathfrak{G}$ höchstens den Rang N.* [22])

Dabei verstehen wir unter einem endlichen Fundamentalbereich von $\mathfrak{G}$ eine solche endliche Eckpunktmenge M von K, daß es zu jedem Eckpunkt b von K wenigstens einen Punkt $a \in M$ und wenigstens ein Element $T \in \mathfrak{G}$ mit $Ta = b$ gibt.

Beweis: Wäre der Rang von $\mathfrak{G}$ größer als N, so gäbe es nach 13.2 einen von der Identität E verschiedenen Automorphismus $A \in \mathfrak{G}$, der eine Zelle auf sich abbildet; dies ist aber, da $\mathfrak{G}$ außer der Identität kein Element endlicher Ordnung enthält, unmöglich auf Grund des folgenden Hilfssatzes:

---

[20]) A.-H., 532—533.

[21]) *Hurewicz*, l. c.[1]), p. 222, hat den analogen Satz für diskrete Transformationsgruppen topologischer Räume unter der Voraussetzung bewiesen, daß diese Räume nicht nur rational azyklisch, sondern sogar asphärisch sind.

[22]) Man kann einen Baumkomplex konstruieren, der eine freie Abelsche Automorphismengruppe vom Range 2 zuläßt; daraus sieht man, daß man nicht beide Voraussetzungen (a) und (b), und daß man in 13.2 nicht die Voraussetzung der Fixpunktfreiheit weglassen darf. Auch die Voraussetzung „azyklisch" ist, wie man leicht an Beispielen sieht, unentbehrlich.

$\mathfrak{G}$ sei eine Abelsche Automorphismengruppe eines (zusammenhängenden) Komplexes K; wenigstens eine der Voraussetzungen (a), (b) sei erfüllt; das Element $A \in \mathfrak{G}$ bilde eine Zelle auf sich ab. Dann hat A endliche Ordnung.

Beweis des Hilfssatzes: Da A die Eckpunkte der Fixzelle permutiert, hält eine Potenz A^r einen Eckpunkt p fest. Für jede natürliche Zahl k sei P_k die Menge derjenigen Eckpunkte von K, welche mit p durch Kantenzüge verbindbar sind, die höchstens k Kanten enthalten. Die Menge P_k ist endlich; ihre Punkte werden durch A^r permutiert; daher gibt es eine Potenz A^s von A^r, die jeden Punkt von P_k festhält; s hängt im allgemeinen von k ab.

Wenn (a) erfüllt ist, so wähle man k so groß, daß P_k den ganzen Fundamentalbereich M enthält; zu jedem Eckpunkt b von K gibt es dann einen $a \in P_k$ und ein $T \in \mathfrak{G}$ mit $Ta = b$; es folgt: $A^s b = A^s Ta = TA^s a = Ta = b$; es ist also $A^s = E$.

Wenn (b) erfüllt ist, so wählen wir k so, daß P_k alle Eckpunkte einer Grundzelle — d. h. einer N-dimensionalen Zelle — x von K enthält; dann hält A^s jeden Eckpunkt von x fest; jede $(N-1)$-dimensionale Seite von x liegt auf genau einer von x verschiedenen Grundzelle x'; daher wird jede dieser Zellen x' auf sich abgebildet, und zwar so, daß jeder Eckpunkt einer gewissen $(N-1)$-dimensionalen Seite von x' festbleibt; hieraus folgt, daß jeder Eckpunkt von x' festbleibt. Da man aber in K je zwei Grundzellen durch eine endliche Folge von Grundzellen verbinden kann, in welcher jede Zelle mit der folgenden eine $(N-1)$-dimensionale Seite gemein hat, so lehrt die soeben für x und x' angestellte Betrachtung, daß A^s überhaupt jeden Eckpunkt von K festhält, daß also $A^s = E$ ist.

13.4. *Es seien: J ein Ring mit Einselement; p eine solche Primzahl, daß $px \neq 1$ für alle $x \in J$ ist; K ein N-dimensionaler Komplex, der azyklisch in bezug auf J ist; A ein Automorphismus von K, der die Ordnung p hat (d. h. es sei $A^p = E$). Dann gibt es eine Zelle, die durch A auf sich abgebildet wird; als topologische Abbildung des durch den Komplex K bestimmten Polyeders $\overline{K}$ aufgefaßt*[23]*), besitzt daher A einen Fixpunkt.*

Die Voraussetzung über J und p ist insbesondere erfüllt, wenn J der Ring der ganzen Zahlen und p beliebig, oder wenn J der Restklassenring modulo q und p Teiler von q ist.

Beweis: Wäre die aus allen Potenzen A^r bestehende Gruppe $\mathfrak{G}$ fixpunktfrei, so wäre nach 13.1 $\mathfrak{G}_J^n = 0$ für $n > N$; nun ist aber $\mathfrak{G} \cong \mathfrak{A}_p$,

[23]) Wegen der Beziehung zwischen den Begriffen „Komplex" und „Polyeder" vgl. man A.-H., 128.

und infolge der Voraussetzung über J und p ist nach 10.5 $\mathfrak{G}_J^n \neq 0$ für alle ungeraden n. Folglich gibt es eine Potenz $A^r \neq E$ und eine Zelle x mit $A^r x = x$. Da p Primzahl ist, ist A Potenz von A^r; daher ist auch $Ax = x$.

Der hiermit bewiesene Satz ist der kombinatorische (simpliziale) Spezialfall eines topologischen Satzes von Eilenberg[24]).

14. Homologiesphären und ihre Verallgemeinerung (S-Komplexe)

Eine „Homologiesphäre" (in bezug auf J) ist ein endlicher, N-dime sionaler Komplex, der dieselben Bettischen Gruppen besitzt wie die N-dimensionale Sphäre, d. h. der azyklisch in den Dimensionen $0, 1, \ldots, N-1$ und dessen N-te Bettische Gruppe $B_J^N \cong J$ ist. Neben den Homologiesphären werden wir noch Verallgemeinerungen derselben betrachten, die wir „S-Komplexe" nennen wollen: das sind die endlichen, N-dimensionalen Komplexe, die azyklisch in den Dimensionen $0, 1, \ldots, N-1$ sind, während über die N-te Bettische Gruppe nichts vorausgesetzt wird. Ist $B_J^N = 0$, so ist der Komplex endlich und azyklisch und daher für uns aus demselben Grunde uninteressant, der am Anfang von Nr. 13 genannt worden ist.

Ist J der Ring der ganzen Zahlen oder der Restklassenring mod. q, so sprechen wir von „ganzzahligen" S-Komplexen bzw. S-Komplexen „mod. q". Ein endlicher, N-dimensionaler, zusammenhängender Komplex K ist dann und nur dann ganzzahliger S-Komplex, wenn für $n = 1, \ldots, N-1$ seine n-ten Bettischen Zahlen und seine n-ten Torsionsgruppen gleich 0 sind; er ist dann und nur dann S-Komplex mod. q, wenn für $n = 1, \ldots, N-1$ seine Bettischen Zahlen 0 und die Ordnungen seiner Torsionsgruppen teilerfremd zu q sind[14]). Hieraus folgt: Wenn K ganzzahliger S-Komplex ist, so ist er auch S-Komplex in bezug auf jeden Koeffizientenbereich J; wenn K S-Komplex mod. q ist, so ist er auch S-Komplex mod. q' für jeden Teiler q' von q.

14.1. *K sei ein N-dimensionaler S-Komplex in bezug auf J, und $\mathfrak{G}$ sei eine fixpunktfreie Automorphismengruppe von K. Dann ist $\mathfrak{G}_J^N$ homomorphes Bild einer Untergruppe von B_J^N.*

Beweis: Nach Satz III ist $\mathfrak{G}_J^N$ homomorphes Bild von $\mathfrak{B}_J^N$; es genügt daher zu zeigen, daß $\mathfrak{B}_J^N$ mit einer Untergruppe von B_J^N isomorph ist.

[24]) *S. Eilenberg*, On a theorem of P. A. Smith ..., Duke Math. Journal 6 (1940), 428—437. Dort wird auch gezeigt, daß die Voraussetzung über die algebraische Beziehung zwischen p und J nicht entbehrlich ist. Wegen der Frage, ob der Satz auch dann gilt, wenn p nicht Primzahl ist, vgl. man *P. A. Smith*, Fixed-point theorems for periodic transformations, Amer. Journ. Math. 63 (1941), 1—8.

Da die Komplexe K und $\mathfrak{K}$ N-dimensional sind, stimmen die Bettischen Gruppen B_J^N, $\mathfrak{B}_J^N$ mit den Zyklengruppen Z^N, $\mathfrak{Z}^N$ überein; es genügt daher, eine isomorphe Abbildung der Gruppe $\mathfrak{Z}^N$ in die Gruppe Z^N anzugeben. Die in 11.1 betrachtete Abbildung φ hat diese Eigenschaft; denn daß $\varphi(\mathfrak{Z}^N) \subset Z^N$ ist, wurde in 11.1 gezeigt, und daß φ ein Homomorphismus ist, ist klar; es bleibt zu beweisen: aus $\varphi(\mathfrak{x}) = 0$ folgt $\mathfrak{x} = 0$. Beweis dieser Behauptung: $\mathfrak{x}_i$ mit $i = 1, 2, \ldots k$ seien die orientierten N-dimensionalen Zellen von $\mathfrak{K}$; wie in 11.1 ist $\varphi(\mathfrak{x}_i) = x_{i1} + x_{i2} + \cdots + x_{ig}$, wobei g die Ordnung von $\mathfrak{G}$ ist; dann sind die x_{ij} mit $i = 1, \ldots, k$ und $j = 1, \ldots, g$ die sämtlichen orientierten N-dimensionalen Zellen von K; ihre Anzahl ist kg. Für eine Kette $\mathfrak{x} = \sum t_i \mathfrak{x}_i$ ist $\varphi(\mathfrak{x}) = \sum t_i (x_{i1} + \cdots + x_{ig})$; da die x_{ij} eine Basis in der Gruppe X^N der Ketten von K bilden, folgt daher aus $\varphi(\mathfrak{x}) = 0$, daß alle $t_i = 0$ sind, d. h. daß $\mathfrak{x} = 0$ ist.

14.2. Wir werden den Begriff des „Ranges mod. q" einer Abelschen (additiv geschriebenen) Gruppe $\mathfrak{M}$ benutzen; er ist folgendermaßen definiert: Elemente $x_1, \ldots, x_k$ von $\mathfrak{M}$ heißen „linear unabhängig mod. q", wenn aus $a_1 x_1 + \cdots + a_k x_k = 0$, worin die a_i ganze Zahlen sind, folgt, daß alle $a_i \equiv 0$ mod. q sind; der Rang mod. q ist die Maximalzahl von Elementen, die mod. q linear unabhängig sind; er heiße $r_q(\mathfrak{M})$.

Man bestätigt leicht folgende Eigenschaften: Ist $\mathfrak{M}'$ Untergruppe oder homomorphes Bild von $\mathfrak{M}$, so ist $r_q(\mathfrak{M}') \leqslant r_q(\mathfrak{M})$. Sind $e_1, e_2, \ldots, e_s$ die Elementarteiler von $\mathfrak{M}$ — ist also $\mathfrak{M}$ direkte Summe $\mathfrak{A}_{e_1} + \cdots + \mathfrak{A}_{e_s}$ zyklischer Gruppen $\mathfrak{A}_{e_i}$ der Ordnungen e_i, wobei immer e_i Teiler von e_{i+1} ist —, so ist $r_q(\mathfrak{M})$ die Anzahl derjenigen e_i, die durch q teilbar sind.

14.3. Die N-te Bettische Zahl p_N eines Komplexes K ist immer mit Hilfe ganzer — oder, was auf dasselbe hinauskommt, rationaler — Koeffizienten erklärt, unabhängig von dem sonst benutzten Koeffizientenbereich. Wenn K N-dimensional ist, so gibt es p_N ganzzahlige Zyklen $z_1, z_2, \ldots, z_{p_N}$, die eine Basis der ganzzahligen Bettischen Gruppe B^N bilden.

K sei ein N-dimensionaler S-Komplex mod. q; dann ist die Ordnung der $(N-1)$-ten Torsionsgruppe teilerfremd zu q; hieraus folgt, daß es in bezug auf $J = \mathfrak{A}_q$ keine N-dimensionalen Zyklen „2. Art" gibt, sondern nur Zyklen „1. Art" [25]); das bedeutet: die obengenannten ganzzahligen Zyklen $z_1, \ldots, z_{p_N}$ bilden auch eine Basis der Gruppe $B^N_{\mathfrak{A}_q}$, d. h. jeder N-dimensionale Zyklus mod. q läßt sich auf genau eine Weise als $t_1 z_1 + \cdots + t_{p_N} z_{p_N}$ mit $t_i \in \mathfrak{A}_q$ darstellen; die Gruppe $B^N_{\mathfrak{A}_q}$ ist also

[25]) A.-H., Kap. V, § 3.

die direkte Summe von p_N zyklischen Gruppen der Ordnung q. Folglich ist $r_q(B^N_{\mathfrak{A}_q}) = p_N$.

Hieraus, aus 14.1 und aus der in 14.2 genannten Regel $r_q(\mathfrak{M}') \leqslant r_q(\mathfrak{M})$ ergibt sich folgender Satz:

K sei ein N-dimensionaler S-Komplex mod. q und $\mathfrak{G}$ eine fixpunktfreie Automorphismengruppe von K. Dann ist

$$r_q(\mathfrak{G}^N_{\mathfrak{A}_q}) \leqslant p_N \,. \tag{1}$$

Da jeder ganzzahlige S-Komplex zugleich für jede Zahl q S-Komplex mod. q ist, ergibt sich weiter: K sei ein N-dimensionaler ganzzahliger S-Komplex und $\mathfrak{G}$ eine fixpunktfreie Automorphismengruppe von K; dann gilt (1) für jede Zahl q.

14.4. Wir machen eine spezielle Anwendung des Satzes aus 14.3:

K sei ein N-dimensionaler S-Komplex mod. q, dessen N-te Bettische Zahl $p_N \leqslant N$ ist; $\mathfrak{G}$ sei eine fixpunktfreie Automorphismengruppe von K, die Abelsch ist und die Ordnung q hat. Dann ist $\mathfrak{G}$ zyklisch.

Beweis: Wir nehmen an, $\mathfrak{G}$ sei nicht zyklisch. Dann enthält $\mathfrak{G}$ eine Untergruppe $\mathfrak{H}$, die – bei additiver Schreibweise – direkte Summe zweier zyklischer Gruppen der gleichen Ordnung m ist (dabei kann man als m jedenfalls den kleinsten Elementarteiler von $\mathfrak{G}$ wählen). Mit $\mathfrak{G}$ ist auch $\mathfrak{H}$ fixpunktfreie Automorphismengruppe von K; ferner ist, da m Teiler von q ist, K auch S-Komplex mod. m, wie am Anfang von Nr. 14 festgestellt wurde. Nach 14.3 ist daher in Analogie zu (1)

$$r_q(\mathfrak{H}^N_{\mathfrak{A}_q}) \leqslant p_N \,. \tag{1'}$$

Andererseits ist nach 10.6 die Gruppe $\mathfrak{H}^N_{\mathfrak{A}_q}$ direkte Summe von $N+1$ zyklischen Gruppen der Ordnung q, also

$$r_q(\mathfrak{H}^N_{\mathfrak{A}_q}) = N+1 \,. \tag{2}$$

Aus (1′) und (2) ergibt sich ein Widerspruch zu der Voraussetzung $p_N \leqslant N$. –

Die in dem hiermit bewiesenen Satz über K gemachte Voraussetzung ist insbesondere immer erfüllt, *wenn K eine Homologiesphäre mod. q ist*; denn dann ist $p_N = 1$; (wie in 14.3 gezeigt wurde, ist nämlich für einen N-dimensionalen S-Komplex mod. q die Gruppe $B^N_{\mathfrak{A}_q}$ direkte Summe von p_N Gruppen, die mit $\mathfrak{A}_q$ isomorph sind).

71

Beispiel: *Der N-dimensionale projektive Raum P^N mit ungeradem N gestattet keine anderen fixpunktfreien Abelschen Automorphismengruppen ungerader Ordnung als zyklische;* denn er ist für jede ungerade Zahl q eine Homologiesphäre mod. q. (Die projektiven Räume gerader Dimension sind rational azyklisch und gestatten daher überhaupt keine fixpunktfreien Automorphismen). Dagegen gestattet bei ungeradem N der Raum P^N fixpunktfreie zyklische Automorphismengruppen beliebiger Ordnung. Ferner gestattet z. B. der Raum P^3 die nicht-zyklische Vierergruppe — also das direkte Produkt zweier zyklischer Gruppen der Ordnung 2 — als fixpunktfreie Automorphismengruppe (man deute die Punkte von P^3 als Quaternionen, die nur bis auf reelle Faktoren bestimmt sind; die Multiplikation mit den vier Quaternionen-Einheiten bewirkt die Automorphismen dieser Gruppe).

14.5. Da ein ganzzahliger S-Komplex zugleich S-Komplex mod. q für jedes q ist, folgt aus 14.4 unmittelbar:

Ein ganzzahliger N-dimensionaler S-Komplex K, dessen N-te Bettische Zahl $p_N \leqslant N$ ist, gestattet keine anderen fixpunktfreien Abelschen Automorphismengruppen als allenfalls zyklische.[26])

Die Voraussetzung über K ist insbesondere erfüllt, *wenn K eine ganzzahlige Homologiesphäre ist.* Der Satz gilt also speziell für die N-dimensionalen Sphären $K = S^N$; diesen Spezialfall habe ich bereits früher bewiesen[27]).

15. Homologiesphärische Mannigfaltigkeiten

Wir betrachten N-dimensionale Mannigfaltigkeiten M, die ganzzahlige Homologiesphären sind, und nennen sie „homologiesphärisch"; sie sind geschlossen und orientierbar; die wichtigsten unter ihnen sind die Sphären S^N; für $N = 3$ sind es außer der S^3 die „Poincaréschen Räume".

Ein Automorphismus A einer Mannigfaltigkeit M hat einen Abbil-

[26]) Die *zyklische* Gruppe der Ordnung g tritt für jedes ungerade N als fixpunktfreie Automorphismengruppe der S^N, also eines S-Komplexes mit $p_N = 1$, auf, sowie für jedes gerade N als fixpunktfreie Automorphismengruppe desjenigen N-dimensionalen S-Komplexes mit $p_N = g - 1$, der entsteht, wenn man die Randsphären von g Vollkugeln identifiziert ($g - 1$ ist bei geradem N der kleinste mögliche Wert für p_N; dies folgt daraus, daß die Eulersche Charakteristik von K gleich $1 + (-1)^N p_N$ ist und durch g teilbar sein muß). — Daß es übrigens zu jeder endlichen Gruppe $\mathfrak{G}$ und jedem N einen N-dimensionalen S-Komplex gibt, der $\mathfrak{G}$ als fixpunktfreie Automorphismengruppe zuläßt, ist in 11.2 gezeigt worden (für die dortigen Beispiele ist $p_N = (g-1)^{N+1}$).

[27]) *H. Hopf*, Nachtrag zu der Arbeit „Fundamentalgruppe und zweite Bettische Gruppe", Comment. Math. Helvet. 15 (1943), 27—32, Nr. 5.

dungsgrad, der ± 1 ist. Wenn A fixpunktfrei und die Dimensionszahl N gerade ist, so ist nach einem bekannten Fixpunktsatz[20]) der Grad gleich -1; das Produkt zweier Abbildungen vom Grade -1 hat den Grad $+1$; daher gibt es bei geradem N keine anderen fixpunktfreien Automorphismengruppen als allenfalls die Gruppe der Ordnung 2; diesen uninteressanten Fall schließen wir aus und nehmen also im folgenden immer an, daß N ungerade ist; dann hat nach demselben Fixpunktsatz jeder fixpunktfreie Automorphismus den Grad $+1$.

15.1. Wir beginnen mit der Besprechung einiger Eigenschaften der „Verbindung" („join")[28]) zweier Komplexe K_1, K_2: Man denke sich K_1, K_2 in einem hochdimensionalen euklidischen Raum in allgemeiner Lage zueinander gegeben; jedes Punktepaar p_1, p_2 der durch die Komplexe K_1, K_2 bestimmten Polyeder[23]) $\overline{K}_1, \overline{K}_2$ spannt eine Strecke $\overline{p_1 p_2}$ auf; die Menge aller Punkte aller dieser Strecken heiße $\overline{V}$; die Teilmengen von $\overline{V}$, die entstehen, wenn p_1 und p_2 je eine Zelle von K_1 bzw. K_2 durchlaufen, sind selbst Zellen; sie bilden einen Zellenkomplex $V = K_1 \circ K_2$; dieser Komplex ist die Verbindung von K_1 und K_2.

$K_1 \circ K_2 = V$ hat die folgenden Eigenschaften[28]): Sind N_1, N_2 die Dimensionszahlen von K_1, K_2, so hat V die Dimension $N_1 + N_2 + 1$. Ist K_1 azyklisch für $n < N_1$ und K_2 azyklisch für $n < N_2$, so ist V azyklisch für $n < N_1 + N_2 + 1$ (in bezug auf ganzzahlige Koeffizienten). Sind K_1, K_2 Mannigfaltigkeiten, so ist auch V eine Mannigfaltigkeit. Folglich: Sind K_1, K_2 homologiesphärische Mannigfaltigkeiten der Dimensionen N_1, N_2, so ist V eine homologiesphärische Mannigfaltigkeit der Dimension $N_1 + N_2 + 1$.

Weiter: Zu jedem Paar von Automorphismen A_1, A_2 der Komplexe K_1, K_2 gehört ein bestimmter Automorphismus $[A_1, A_2]$ von V: man bilde für jedes Punktepaar $p_1 \in \overline{K}_1$, $p_2 \in \overline{K}_2$ die Strecke $\overline{p_1 p_2}$ proportional auf die Strecke $\overline{q_1 q_2}$ ab, wobei $q_1 = A_1 p_1$, $q_2 = A_2 p_2$ ist. Es ist $[A_1, A_2][B_1, B_2] = [A_1 B_1, A_2 B_2]$. Sind A_1, A_2 fixpunktfrei, so ist auch $[A_1, A_2]$ fixpunktfrei. Folglich: wenn dieselbe abstrakte Gruppe $\mathfrak{G}$ als fixpunktfreie Automorphismengruppe sowohl von K_1 als auch von K_2 auftritt, so tritt sie auch als fixpunktfreie Automorphismengruppe von V auf.

Indem wir zwischen Komplexen, die miteinander isomorph sind, nicht

---

[28]) *S. Lefschetz*, Topology (New York 1930), 110ff. — *H. Freudenthal*, Die Bettischen Gruppen der Verbindung zweier Polytope, Fund. Math. 29 (1937), 145—150. (Die Bemerkung in der Klammer auf der zweit- und drittletzten Zeile von S. 146 dieser Arbeit über die (— 1)-te Bettische Gruppe ist irreführend; diese Gruppe ist die Nullgruppe (d. h. von der Ordnung 1) — sonst wäre die bewiesene Formel falsch).

unterscheiden, ist nach dem Vorstehenden für jeden Komplex K der Komplex $K \circ K$ definiert: er ist gleich $K_1 \circ K_2$, wobei K_1 und K_2 mit K isomorph sind. Jede fixpunktfreie Automorphismengruppe $\mathfrak{G}$ von K tritt somit auch als fixpunktfreie Automorphismengruppe von $K \circ K$ auf, sowie von $K \circ K \circ K = K \circ (K \circ K)$ usw.; ist K N-dimensional, so haben $K \circ K$, $K \circ K \circ K, \ldots$ die Dimensionszahlen $2N + 1, 3N+2, \ldots$

Wir werden nur das folgende Korollar aller dieser Tatsachen brauchen:

Wenn die Gruppe $\mathfrak{G}$ als fixpunktfreie Automorphismengruppe einer N-dimensionalen homologiesphärischen Mannigfaltigkeit M auftritt, so tritt sie auch als fixpunktfreie Automorphismengruppe homologiesphärischer Mannigfaltigkeiten der Dimensionen $2N + 1, \ldots, k(N + 1) - 1, \ldots$ auf.

Für den wichtigsten Fall, nämlich den Fall, in dem M eine Sphäre ist, vereinfachen sich die vorstehenden Betrachtungen insofern, als man leicht bestätigt, daß die Verbindung zweier Sphären der Dimensionen N_1 und N_2 der Sphäre der Dimension $N_1 + N_2 + 1$ homöomorph ist.

15.2. *$\mathfrak{G}$ sei fixpunktfreie Automorphismengruppe einer homologiesphärischen Mannigfaltigkeit $K = M$ von der ungeraden Dimension N. Dann erfüllen die Gruppen $\mathfrak{G}^n$ folgende Bedingungen:*

(a) $\mathfrak{G}^{n+N+1} \cong \mathfrak{G}^n$ *für alle* n;

(b) $\mathfrak{G}^{N-1-n} \cong \mathfrak{G}^n$ *für* $1 \leqslant n \leqslant N - 2$;

(c) $\mathfrak{G}^{N-1} = 0$; (d) $\mathfrak{G}^N \cong \mathfrak{A}_g$; (e) $\mathfrak{G}^{N+1} = 0$.

(g ist die Ordnung von $\mathfrak{G}$ und $\mathfrak{A}_g$ die zyklische Gruppe der Ordnung g.)

Beweis: Nach 15.1 ist $\mathfrak{G}$ für jedes positive k fixpunktfreie Automorphismengruppe einer homologiesphärischen Mannigfaltigkeit M_k der Dimension $k(N + 1) - 1$; nach Satz II sind daher für jedes k die Gruppen $\mathfrak{G}^1, \mathfrak{G}^2, \ldots, \mathfrak{G}^{k(N+1)-2}$ mit den Bettischen Gruppen eines von M_k überlagerten Komplexes $\mathfrak{K}_k$ isomorph; da M_k eine Mannigfaltigkeit ist, ist auch $\mathfrak{K}_k$ eine Mannigfaltigkeit; da, wie am Anfang von Nr. 15 festgestellt wurde, alle Automorphismen aus $\mathfrak{G}$ den Grad $+ 1$ haben, ist $\mathfrak{K}_k$ orientierbar; für die Bettischen Gruppen von $\mathfrak{K}_k$, also auch für die entsprechenden $\mathfrak{G}^n$, gilt daher der Poincarésche Dualitätssatz, und zwar, da die $\mathfrak{G}^n$ nach Nr. 11 endlich sind, der Dualitätssatz für Torsionsgruppen; d. h. es ist

$$\mathfrak{G}^{n'} \cong \mathfrak{G}^n \qquad \textit{für } n + n' = k(N + 1) - 2 . \qquad (b')$$

Dies gilt für jedes positive k; es ist also immer $\mathfrak{G}^{n'} \cong \mathfrak{G}^n$, sobald

$n + n' \equiv -2 \mod. (N+1)$ ist. Ist nun n beliebig gegeben, so wähle man ein n', das diese Kongruenz erfüllt; dann ist auch

$$(n + N + 1) + n' \equiv -2 \mod. (N+1),$$

und daher auch $\mathfrak{G}^{n'} \cong \mathfrak{G}^{n+N+1}$. Folglich gilt (a).

(b) entsteht aus (b'), indem man $k = 1$ setzt.

(c) gilt, weil $\mathfrak{G}^{N-1}$ die $(N-1)$-te Torsionsgruppe der geschlossenen orientierbaren N-dimensionalen Mannigfaltigkeit $\mathfrak{K}_1$ ist.

(e) folgt aus (c) und aus (b') mit $k = 2$.

Die Gültigkeit von (d) ergibt sich aus dem Satz III, da die geschlossene orientierbare Mannigfaltigkeit $K = M_1$ eine g-blättrige Überlagerung der geschlossenen orientierbaren Mannigfaltigkeit $\mathfrak{K}_1$ ist.

15.3. Der hiermit bewiesene Satz zeigt: Man kennt alle Gruppen $\mathfrak{G}^n$, falls man die Gruppen $\mathfrak{G}^n$ mit $n \leqslant \frac{N-1}{2}$ kennt; denn wenn man die letzteren kennt, so kennt man nach (b) die $\mathfrak{G}^n$ mit $n \leqslant N-2$, nach (c), (d), (e) also die $\mathfrak{G}^n$ mit $n \leqslant N+1$, und nach (a) alle $\mathfrak{G}^n$.

Für den Spezialfall $N = 3$ ergibt sich: $\mathfrak{G}^n = 0$ für alle geraden n; $\mathfrak{G}^n \cong \mathfrak{G}^1$ für $n = 4m+1$; $\mathfrak{G}^n \cong \mathfrak{A}_g$ für $n = 4m-1$.

Man kennt diejenigen endlichen Gruppen $\mathfrak{G}$, welche als fixpunktfreie Drehungsgruppen der Sphäre S^3 — also als Fundamentalgruppen der 3-dimensionalen sphärischen Raumformen — auftreten[29]); sie sind zugleich fixpunktfreie Automorphismengruppen geeigneter Zellenzerlegungen der S^3. Um für eine dieser Gruppen $\mathfrak{G}$ alle zugehörigen Gruppen $\mathfrak{G}^n$ zu bestimmen, hat man nach dem obigen Resultat außer der Ordnung g nur die Gruppe $\mathfrak{G}^1$, also die Abelsche gemachte Gruppe $\mathfrak{G}$, zu ermitteln; dies ist von Threlfall und Seifert durchgeführt worden[29]).

Beispiele[30]): Ist $\mathfrak{G}$ die Quaternionengruppe, so ist $g = 8$, $\mathfrak{G}^1 \cong \mathfrak{A}_2 + \mathfrak{A}_2$; ist $\mathfrak{G}$ die binäre Tetraedergruppe, so ist $g = 24$, $\mathfrak{G}^1 \cong \mathfrak{A}_3$; ist $\mathfrak{G}$ die binäre Ikosaedergruppe, so ist $g = 120$, $\mathfrak{G}^1 = 0$.

15.4. Als Gegenstück zu dem Ergebnis von 15.1 wird jetzt gezeigt werden, daß eine nicht-zyklische Gruppe $\mathfrak{G}$, welche fixpunktfreie Auto-

---

[29]) *W. Threlfall* und *H. Seifert*, Topologische Untersuchung der Diskontinuitätsbereiche endlicher Bewegungsgruppen des dreidimensionalen sphärischen Raumes, Math. Annalen 104 (1930), 1—70; ibidem 107 (1932), 543—586. — Ferner: *H. Hopf*, Zum Clifford-Kleinschen Raumproblem, Math. Annalen 95 (1925), 313—339, § 2.

[30]) *Threlfall-Seifert*, l. c.[29]), 1. Teil, 60—66.

morphismengruppe einer N-dimensionalen homologiesphärischen Mannigfaltigkeit ist, für unendlich viele, durch N bestimmte Dimensionszahlen *nicht* in der analogen Rolle auftreten kann. Genauer:

Die abstrakte Gruppe $\mathfrak{G}$ trete zugleich als fixpunktfreie Automorphismengruppe zweier homologiesphärischer Mannigfaltigkeiten der Dimensionen $N_1 = 2r_1 - 1$ und $N_2 = 2r_2 - 1$ auf; r_1 und r_2 seien teilerfremd. Dann ist $\mathfrak{G}$ zyklisch.

Beweis: Es gibt zwei solche positive Zahlen m_1, m_2, daß $m_1 r_1 - m_2 r_2 = 1$ ist; diese Relation ist gleichbedeutend mit

$$1 + m_2(N_2 + 1) = N_1 + (m_1 - 1)(N_1 + 1) .$$

Nennen wir die durch jede der beiden Seiten dieser Gleichung ausgedrückte Zahl n, so folgt aus dem Ausdruck auf der linken Seite und aus (a), daß $\mathfrak{G}^n \cong \mathfrak{G}^1$ ist; aus dem Ausdruck auf der rechten Seite, aus (a) und aus (d) folgt $\mathfrak{G}^n \cong \mathfrak{A}_g$; es ist also $\mathfrak{G}^1 \cong \mathfrak{A}_g$. Hieraus folgt zunächst, daß $\mathfrak{G}^1$ dieselbe Ordnung g hat wie $\mathfrak{G}$; da $\mathfrak{G}^1 \cong \mathfrak{G}/\mathfrak{C}$ ist, folgt daraus weiter, daß $\mathfrak{C}$ nur aus dem Einselement besteht, daß also $\mathfrak{G}^1 \cong \mathfrak{G}$ ist. Es ist also auch $\mathfrak{A}_g \cong \mathfrak{G}$.

15.5. Wir wollen in dem vorstehenden Satz die zusätzlichen Annahmen machen, daß die Mannigfaltigkeiten Sphären und die Automorphismen Drehungen sind; dann entsteht ein Satz, der in die Darstellungstheorie der endlichen Gruppen gehört.

Eine reelle Darstellung $\mathfrak{D}$ einer endlichen Gruppe $\mathfrak{G}$ heiße „fixpunktfrei“, wenn für jedes Element von $\mathfrak{G}$, außer für das Einselement, alle Eigenwerte der darstellenden Matrix $\neq +1$ sind.

Aus der Fixpunktfreiheit einer Darstellung folgt, daß sie eine treue Darstellung ist. – Abgesehen von dem Fall, daß $\mathfrak{G}$ die Gruppe der Ordnung 2 ist, treten in jeder reellen treuen Darstellung einer Gruppe $\mathfrak{G}$ Matrizen mit positiver Determinante auf (neben der Einheitsmatrix); eine Matrix ungeraden Grades mit positiver Determinante hat immer einen positiven Eigenwert, also, wenn die Matrix in einer Darstellung einer endlichen Gruppe vorkommt und daher nur Eigenwerte vom Betrage 1 besitzt, den Eigenwert $+1$; daher interessieren uns nur Darstellungen geraden Grades.

Unser Satz lautet nun:

Die endliche, nicht-zyklische Gruppe $\mathfrak{G}$ besitze eine reelle fixpunktfreie Darstellung vom Grade $2r_1$. Dann besitzt sie für keine Zahl r_2, die zu r_1 teilerfremd ist, eine reelle fixpunktfreie Darstellung vom Grade $2r_2$. (Daß $\mathfrak{G}$

dagegen für jedes r_2, das durch r_1 teilbar ist, reelle fixpunktfreie (reduzible) Darstellungen besitzt, ist trivial.)

Um diesen Satz auf den Satz 15.4 zurückzuführen, hat man nur folgendes zu bedenken: 1. Jede reelle Darstellung ist einer orthogonalen Darstellung ähnlich, kann also als Drehungsgruppe einer Sphäre gedeutet werden. — 2. Jede endliche Drehungsgruppe der Sphäre S^n läßt, wie man leicht sieht, eine geeignet konstruierte Zellenzerlegung K von S^n invariant, und kann daher als Automorphismengruppe von K aufgefaßt werden. — 3. Die oben definierte Fixpunktfreiheit der Darstellung $\mathfrak{D}$ ist gleichbedeutend mit der, in unserem früheren Sinne verstandenen Fixpunktfreiheit der soeben genannten Automorphismengruppe.

Einen Beweis des Satzes mit den üblichen Methoden der Darstellungstheorie kenne ich nicht. *)

Beispiel: Die (in 15.3 erwähnten) Gruppen, die als fixpunktfreie Drehungsgruppen der S^3 auftreten, gestatten, sofern sie nicht zyklisch sind, keine fixpunktfreien reellen Darstellungen der Grade $4m + 2$ (wohl aber fixpunktfreie reelle Darstellungen aller Grade $4m$).

§ 5. Beziehungen zur Homotopietheorie

16.1. Ein Raum R heißt „asphärisch" in der Dimension n, wenn jede stetige Abbildung der Sphäre S^n in den Raum R homotop 0 ist, d. h. stetig in eine Abbildung auf einen einzigen Punkt von R übergeführt werden kann. Wir werden einen Komplex $\mathfrak{K}$ oder K asphärisch nennen, wenn das zugehörige Polyeder[23]) $\overline{\mathfrak{K}}$ oder $\overline{K}$ in diesem Sinne asphärisch ist.

Ein Satz von Hurewicz[31]) — richtiger: ein fast trivialer Spezialfall dieses Satzes — besagt: Wenn $n > 1$ und wenn $\mathfrak{K}$ asphärisch in der Dimension n ist, so ist auch jeder Überlagerungskomplex K von $\mathfrak{K}$ asphärisch in dieser Dimension. Ein zweiter Satz von Hurewicz lautet[32]): Wenn der Komplex K asphärisch in den Dimensionen $1, 2, \ldots, N-1$ ist, so ist er in diesen Dimensionen auch azyklisch (in bezug auf ganzzahlige, also in bezug auf beliebige Koeffizienten).

Da nun der universelle Überlagerungskomplex K eines Komplexes $\mathfrak{K}$ immer einfach zusammenhängend, d. h. asphärisch in der Dimension 1 ist, so folgt aus den beiden Sätzen: Wenn $\mathfrak{K}$ asphärisch in den Dimensionen $2, \ldots, N-1$ ist, so ist der universelle Überlagerungskomplex K azyklisch in den Dimensionen $1, 2, \ldots, N-1$.

[31]) *W. Hurewicz*, Beiträge zur Topologie der Deformationen (I.), Proc. Akad. Amsterdam 38 (1935), 112—119, Satz IV.

[32]) Titel wie l. c.[31]), (II.), ibidem 521—528, Satz II.

*) Nachträglicher Zusatz: Herr *G. Vincent*, Lausanne, hat mir inzwischen einen solchen Beweis mitgeteilt.

16.2. Hiermit ist festgestellt, daß die Komplexe $\mathfrak{K}$, die asphärisch in den Dimensionen $2, \ldots, N-1$ sind, zu denjenigen Komplexen gehören, welche die Voraussetzungen des in 9.1 behandelten Spezialfalles unseres Satzes II erfüllen. Mithin gilt folgender Satz, der gegenüber den Sätzen des § 2 den Vorteil hat, daß in ihm nur von $\mathfrak{K}$ selbst, aber von keinem Überlagerungskomplex die Rede ist:

Der Komplex $\mathfrak{K}$ habe die Fundamentalgruppe $\mathfrak{G}$ und sei asphärisch in den Dimensionen n mit $1 < n < N$. Dann sind für $1 \leqslant n < N$ seine Bettischen Gruppen $\mathfrak{B}_J^n$ isomorph mit den Gruppen $\mathfrak{G}_J^n$.

16.3. *Korollar:* Ist $\mathfrak{K}$ asphärisch für alle n mit $1 < n < N$, so sind die Bettischen Gruppen dieser Dimensionszahlen (sowie natürlich die erste) durch die Fundamentalgruppe bestimmt.

Das ist im wesentlichen — bei Beschränkung auf Komplexe, die aber auch unendlich sein dürfen — der am Anfang der Arbeit zitierte Satz, den Hurewicz entdeckt und durch ein einfaches Abbildungsverfahren bewiesen hat.

16.4. Wir wollen jetzt auch den Satz III in ähnlicher Weise mit den Begriffen der Homotopietheorie in Verbindung bringen.

Eine stetige Abbildung der Sphäre S^n in das Polyeder $\overline{\mathfrak{K}}$ bestimmt einen stetigen Zyklus[33]) in $\overline{\mathfrak{K}}$, und dieser gehört einer gewissen (ganzzahligen) Homologieklasse an; diejenigen Homologieklassen, welche solche stetigen Sphärenbilder enthalten, bilden, wie man leicht sieht[34]), eine Untergruppe der Bettischen Gruppe $\mathfrak{B}^n$; diese Untergruppe heiße $\mathfrak{S}^n$.

K sei ein Überlagerungskomplex von $\mathfrak{K}$. Die zu $\mathfrak{S}^n$ analoge Untergruppe der Bettischen Gruppe B^n von K heiße Σ^n. Durch die Überlagerungsabbildung U wird Σ^n offenbar in $\mathfrak{S}^n$ abgebildet. Wenn $n \geqslant 2$ ist, wird aber Σ^n sogar auf die ganze Gruppe $\mathfrak{S}^n$ abgebildet; denn ist f eine stetige Abbildung der Sphäre S^n in $\overline{\mathfrak{K}}$, so folgt aus dem Umstand, daß S^n einfach zusammenhängend ist, mit Hilfe einer Monodromie-Betrachtung leicht: es gibt eine solche stetige Abbildung g von S^n in $\overline{K}$, daß $Ug = f$ ist. Folglich ist $U(\Sigma^n) = \mathfrak{S}^n$ (für $n \geqslant 2$) [35]).

16.5. *$\mathfrak{K}$ habe die Fundamentalgruppe $\mathfrak{G}$ und sei asphärisch in den Dimensionen n mit $1 < n < N$; dann ist $\mathfrak{B}^N/\mathfrak{S}^N \cong \mathfrak{G}^N$.*

---

[33]) A.-H., 332ff.

[34]) Cf. l. c.[27]), Nr. 1.

[35]) Für $n = 1$ gilt dies nicht; denn es ist $\Sigma^1 = B^1$, $\mathfrak{S}^1 = \mathfrak{B}^1$, also $\mathfrak{S}^1/U(\Sigma^1)$ durch die Formel (III_1) in 9.3 gegeben.

78

Beweis: Nach 16.1 ist der universelle Überlagerungskomplex K von $\mathfrak{K}$ azyklisch in den Dimensionen $1, 2, \ldots, N-1$; folglich ist 9.1 (III) anwendbar; wir haben daher nur zu zeigen, daß $\mathfrak{S}^N = U(B^N)$, und nach 16.4 nur, daß $B^N = \Sigma^N$ ist. Dies aber ist richtig auf Grund des folgenden Satzes von Hurewicz[36]): Wenn K asphärisch in den Dimensionen $1, 2, \ldots, N-1$ ist, so ist jeder N-dimensionale (ganzzahlige) Zyklus von K einem Sphärenbild (im Sinne von 16.4) homolog.

16.6. *Korollar:* Ist $\mathfrak{K}$ asphärisch für alle n mit $1 < n < N$, so ist die Gruppe $\mathfrak{B}^N/\mathfrak{S}^N$ durch die Fundamentalgruppe $\mathfrak{G}$ bestimmt.

Daß man dieses Korollar sehr einfach mit derselben Methode von Hurewicz beweisen kann wie das Korollar 16.3, habe ich früher gezeigt[37]). Daß die Gruppen, die ich dabei $\mathfrak{G}^n$ genannt habe, mit unseren $\mathfrak{G}^n$ übereinstimmen, haben wir soeben bewiesen.

16.7. Setzt man $N = 2$, so wird die Voraussetzung des Satzes 16.5 nichtssagend; für jeden (zusammenhängenden) Komplex $\mathfrak{K}$ ist also $\mathfrak{B}^2/\mathfrak{S}^2 \cong \mathfrak{G}^2$, und daher auf Grund von 12.2

$$\mathfrak{B}^2/\mathfrak{S}^2 \cong (\mathfrak{C}_{\mathfrak{F}} \frown \mathfrak{R})/\mathfrak{C}_{\mathfrak{F}}(\mathfrak{R}) ,$$

wenn die Fundamentalgruppe $\mathfrak{G}$ als homomorphes Bild $\mathfrak{F}/\mathfrak{R}$ einer freien Gruppe $\mathfrak{F}$ dargestellt ist.

Diese Isomorphie habe ich früher mit einer anderen Methode bewiesen und ihre geometrische Bedeutung ausführlich untersucht[13]); (die Gruppe $\mathfrak{G}^2$ hieß damals $\mathfrak{G}_1^*$).

16.8. Ähnlich wie die Sätze 9.1 (II) und 9.1 (III) hat auch der Satz 9.1 (IV) Beziehungen zur Homotopietheorie — allerdings etwas weniger einfache: es spielen dabei die Automorphismen eine Rolle, die durch die Fundamentalgruppe in den Homotopiegruppen induziert werden[38]). Dies will ich in einer weiteren Arbeit behandeln.

(Eingegangen den 11. April 1944.)

[36]) l. c.[32]), p. 526 unten, Behauptung 2).

[37]) l. c.[27]), Nr. 4.

[38]) *S. Eilenberg*, On the relation between the fundamental group of a space and the higher homotopy groups, Fund. Math. 32 (1939), 167—175.

50.

Beiträge zur Homotopietheorie

Comm. Math. Helvetici **17** (1944/45), 307–326

Diese Beiträge setzen die Untersuchung der Zusammenhänge fort, die zwischen den Homotopiegruppen von Hurewicz, der Fundamentalgruppe und den Homologiegruppen bestehen; derartige Untersuchungen sind bereits in den grundlegenden Arbeiten von Hurewicz [**1**], in einer Arbeit von Eilenberg [**2**] und in zwei Arbeiten von mir [**3**, **4**] angestellt worden[1]); Begriffe, Methoden und Sätze aus diesen Arbeiten werden im folgenden benutzt.

Die Ergebnisse sind in den Abschnitten 2.1, 2.2, 3.5, 4.3, 4.9, 5.4, 5.5 formuliert; die Erklärung der in diesen Sätzen vorkommenden Begriffe findet man in den Abschnitten 1.1 bis 1.5, 3.1, 3.2, 4.1, 4.2. In den Abschnitten 2.7 und 5.6ff. wird durch einige spezielle Beispiele gezeigt, in welchen Richtungen sich die allgemeinen Sätze anwenden lassen.

1. Definition der Gruppen Π_0^n, Γ^n, Δ^n

1.1. $\mathfrak{K}$ sei ein beliebiger zusammenhängender, simplizialer Komplex, endlich oder unendlich, und $\overline{\mathfrak{K}}$ das durch $\mathfrak{K}$ bestimmte Polyeder[2]). Die Homotopiegruppen von $\overline{\mathfrak{K}}$ nennen wir auch die Homotopiegruppen des Komplexes $\mathfrak{K}$ und bezeichnen sie mit $\Pi^n(\mathfrak{K})$ oder, wenn kein Mißverständnis möglich ist, kurz mit Π^n; $(n = 1, 2, \ldots)$.

Die Definition dieser Gruppen ist bekannt ([**1**], (I)). Es sei hier nur an folgendes erinnert: Die Elemente von Π^n sind die Äquivalenzklassen derjenigen Abbildungen[3]) einer Sphäre S^n in das Polyeder $\overline{\mathfrak{K}}$, welche einen festen Punkt $a \in S^n$, den „Pol", auf einen festen Eckpunkt o von $\mathfrak{K}$, den „Nullpunkt" abbilden; dabei gelten zwei Abbildungen f, g als äquivalent, wenn man sie unter Festhaltung des Bildes von a stetig ineinander deformieren kann.

1.2. Ein „stetiger Zyklus" $[f(z)]$ in $\overline{\mathfrak{K}}$ ist durch eine Abbildung f eines Polyeders $\bar{z}$ in das Polyeder $\overline{\mathfrak{K}}$ bestimmt, wobei z ein Zyklus ist

---

[1]) Literaturverzeichnis am Schluß der Arbeit.

[2]) Terminologie immer wie in [5]. — Nur statt „algebraischer Komplex" sage ich jetzt „Kette".

[3]) Alle Abbildungen von Sphären und anderen Polyedern sollen stetig, alle Abbildungen von Komplexen simplizial sein.

([5], p. 332ff.). Ist speziell $z = S^n$ der Grundzyklus einer orientierten n-dimensionalen Sphäre, so nennen wir $[f(S^n)]$ eine „stetige (n-dimensionale) Sphäre". Die Elemente der oben betrachteten Äquivalenzklassen sind also stetige Sphären.

Die stetigen Sphären $[f(S^n)]$, $[g(S^n)]$ heißen „homotop" zueinander, wenn die Abbildungen f, g homotop sind, d. h. wenn sie sich stetig ineinander deformieren lassen, wobei im Gegensatz zu oben kein Pol a ausgezeichnet ist. Je zwei stetige Sphären aus einer Äquivalenzklasse sind homotop; daraus folgt: wenn eine stetige Sphäre aus der Äquivalenzklasse α zu einer stetigen Sphäre aus der Äquivalenzklasse α' homotop ist, so ist jede stetige Sphäre aus α zu jeder stetigen Sphäre aus α' homotop; in diesem Falle nennen wir die Elemente α, α' zueinander homotop. Die Gruppe Π^n zerfällt so in Homotopieklassen.

Es kann vorkommen, daß jede Homotopieklasse von Π^n nur ein einziges Element enthält, daß also zwei verschiedene Elemente von Π^n niemals zueinander homotop sind. In diesem Falle heißt $\mathfrak{K}$ „einfach" in der Dimension n. Dies ist speziell dann der Fall, und zwar für alle n, wenn $\mathfrak{K}$ einfach zusammenhängend, d. h. wenn die Fundamentalgruppe $\Pi^1 = 0$ ist [2].

1.3. Unter Π_0^n verstehen wir die Untergruppe von Π^n, die von allen Differenzen $\alpha - \alpha'$ erzeugt wird, wobei α, α' beliebige zueinander homotope Elemente von Π^n sind; sie besteht aus allen Summen $\Sigma(\alpha_i - \alpha_i')$, wobei immer α_i und α_i' homotop sind.

Wenn $\mathfrak{K}$ in der Dimension n einfach, also insbesondere wenn $\mathfrak{K}$ einfach zusammenhängend ist, ist $\Pi_0^n = 0$.

1.4. Jeder stetige Zyklus in $\overline{\mathfrak{K}}$ gehört zu einer bestimmten Homologieklasse von $\mathfrak{K}$ ([5], p. 334). Homotope stetige Zyklen gehören zu derselben Homologieklasse; hieraus folgt erstens, daß jedem Element $\alpha \in \Pi^n$ eine bestimmte Homologieklasse $h\alpha$ zugeordnet ist, und zweitens: sind α, α' homotope Elemente von Π^n, so ist $h\alpha = h\alpha'$.

Aus den Definitionen der Addition in Π^n und in der Bettischen Gruppe $\mathfrak{B}^n$ von $\mathfrak{K}$ ergibt sich, daß h eine homomorphe Abbildung von Π^n in $\mathfrak{B}^n$ ist. Der Kern dieses Homomorphismus, also das Urbild des Nullelementes von $\mathfrak{B}^n$, ist eine Untergruppe von Π^n, die wir Γ^n nennen; sie besteht also aus denjenigen Elementen von Π^n, die die Eigenschaft haben, daß die in ihnen enthaltenen stetigen Sphären homolog 0 sind. (Wenn $\mathfrak{K}$ n-dimensional ist, so darf man hierbei statt „homolog 0" auch „gleich 0", im Sinne der Addition von Ketten, sagen.) Wir werden die in Γ^n enthaltenen Elemente von Π^n selbst „homolog 0" nennen.

1.5. Wenn α, α' zueinander homotop sind, so ist, wie in 1.4 festgestellt wurde, $h\alpha = h\alpha'$, also $h(\alpha - \alpha') = 0$, d. h. $\alpha - \alpha'$ homolog 0, und folglich sind alle Elemente der Gruppe Π_0^n homolog 0; man kann sagen, daß das diejenigen Elemente von Π^n sind, welche bereits auf Grund ihrer Homotopieeigenschaften „trivialerweise" homolog 0 sind.

Es ist also $\Pi_0^n \subset \Gamma^n$, und mithin ist die Faktorgruppe $\Delta^n = \Gamma^n/\Pi_0^n$ erklärt. Diese Gruppen Δ^n werden den Hauptgegenstand unserer Untersuchung bilden; in ihrer Struktur äußern sich die Existenz und Eigenschaften solcher Elemente von Π^n, welche homolog 0 sind, für welche dies aber nicht „trivial" — in dem soeben besprochenen Sinne — ist.

Wenn $\mathfrak{K}$ in der Dimension n einfach, also insbesondere wenn $\mathfrak{K}$ einfach zusammenhängend ist, ist $\Delta^n = \Gamma^n$.

1.6. Die Gruppe Π^1 ist die Fundamentalgruppe von $\mathfrak{K}$. Sie ist, im Gegensatz zu Π^n, $n > 1$, im allgemeinen nicht kommutativ, und man schreibt sie, im Gegensatz zu Π^n, $n > 1$, nicht additiv, sondern multiplikativ. Zwei Elemente $\alpha, \alpha' \in \Pi^1$ sind dann und nur dann homotop, wenn sie ähnlich sind, d. h. wenn ein $\beta \in \Pi^1$ existiert, sodaß $\alpha' = \beta\alpha\beta^{-1}$ ist ([**6**], p. 176); an die Stelle der oben betrachteten Differenzen $\alpha - \alpha'$ treten also die Kommutatoren $\alpha\beta\alpha^{-1}\beta^{-1}$, und Π_0^1 ist die Kommutatorgruppe von Π^1. Andererseits sind die Elemente der Kommutatorgruppe von Π^1 dadurch charakterisiert, daß die sie repräsentierenden geschlossenen Wege, als stetige Zyklen aufgefaßt, homolog 0 sind ([**6**], p. 173); folglich ist auch Γ^1 die Kommutatorgruppe von Π^1. Es ist also $\Pi_0^1 = \Gamma^1$ und damit $\Delta^1 = 0$. — Die Gruppen Δ^n verdienen also nur für $n > 1$ Interesse.

1.7. Schließlich sei noch darauf hingewiesen, daß die Homotopie zwischen zwei Elementen $\alpha, \alpha' \in \Pi^n$ nach Eilenberg [**2**] auch folgendermaßen charakterisiert werden kann (diese Charakterisierung wird nur einmal, in 2.6, explizit eine Rolle spielen): Den Elementen x der Fundamentalgruppe Π^1 sind in natürlicher Weise Automorphismen A_x der Gruppe Π^n zugeordnet; Π^n ist also als „Gruppe mit Operatoren" aufzufassen, wobei Π^1 der Operatorenbereich ist. Es gilt der Satz: „Die Elemente $\alpha, \alpha' \in \Pi^n$ sind dann und nur dann homotop, wenn es ein $x \in \Pi^1$ gibt, sodaß $\alpha' = A_x\alpha$ ist" ([**2**], §§ 9,11). — (Für $n = 1$ sind die A_x die inneren Automorphismen von Π^1.)

Hieraus folgt, daß durch die Struktur von Π^n als Gruppe mit Operatoren in dem soeben erklärten Sinne die Gruppe Π_0^n vollständig bestimmt ist.

2. Der Zusammenhang zwischen den Gruppen $\Delta^n(\mathfrak{K}^n)$ und der Fundamentalgruppe

2.1. $\mathfrak{K}$ heißt „asphärisch" in der Dimension n, wenn $\Pi^n(\mathfrak{K}) = 0$ ist, d. h. wenn jede stetige n-dimensionale Sphäre in $\overline{\mathfrak{K}}$ auf einen Punkt zusammengezogen werden kann ([**1**], (IV)).

Wir betrachten N-dimensionale Komplexe $\mathfrak{K} = \mathfrak{K}^N$ und werden zeigen:

Es sei $N \geqslant 2$, und $\mathfrak{K}^N$ sei asphärisch in den Dimensionen n mit $1 < n < N$. Dann ist die Struktur der Gruppe $\Delta^N(\mathfrak{K}^N)$ durch die Struktur der Fundamentalgruppe $\Pi^1(\mathfrak{K}^N)$ bestimmt.

Die Voraussetzung über $\mathfrak{K}^N$ ist inhaltlos, wenn $N = 2$ ist; daher enthält dieser Satz den folgenden:

Für jeden zweidimensionalen Komplex $\mathfrak{K}^2$ ist die Struktur der Gruppe $\Delta^2(\mathfrak{K}^2)$ durch die Struktur der Fundamentalgruppe $\Pi^1(\mathfrak{K}^2)$ bestimmt.

2.2. Diese Sätze lassen sich noch präzisieren. Jeder abstrakten Gruppe $\mathfrak{G}$ sind durch einen algebraischen Prozeß, den ich früher dargestellt habe, Abelsche Gruppen $\mathfrak{G}^1, \mathfrak{G}^2, \ldots$ zugeordnet, die „zu $\mathfrak{G}$ gehörenden Bettischen Gruppen" ([**4**], § 1)[4]). Welche Eigenschaften dieser Gruppen wir hier brauchen, wird unten in 2.4 gesagt werden. Es gilt

Satz I. *Es sei $N \geqslant 2$, und $\mathfrak{K}^N$ sei ein N-dimensionaler Komplex, der die Fundamentalgruppe $\mathfrak{G}$ besitzt und asphärisch in den Dimensionen n mit $1 < n < N$ ist. Dann ist $\Delta^N(\mathfrak{K}^N) \cong \mathfrak{G}^{N+1}$.* [5])

Speziell gilt also, analog wie in 2.1,

Satz I'. Für jeden zweidimensionalen Komplex $\mathfrak{K}^2$ mit der Fundamentalgruppe $\mathfrak{G}$ ist $\Delta^2(\mathfrak{K}^2) \cong \mathfrak{G}^2$.

2.3. *Beweis von Satz I.* K sei der universelle Überlagerungskomplex von $\mathfrak{K} = \mathfrak{K}^N$. Die Abbildung, die jedem Punkt $\overline{p} \in \overline{K}$ den von ihm überlagerten Punkt $p \in \overline{\mathfrak{K}}$ zuordnet, heisse U. Der Homomorphismus $\overline{h}$ sei für K ebenso erklärt, wie in 1.4 der Homomorphismus h für $\mathfrak{K}$.

Die nachstehenden Tatsachen a), b), c) sind aus der Theorie von Hurewiçz bekannt:

a) U bildet für $n > 1$ die Gruppe $\Pi^n(K)$ isomorph auf die Gruppe $\Pi^n(\mathfrak{K})$ ab ([**1**], (I), Satz IV).

---

[4]) Der Koeffizientenbereich ist immer der Ring der ganzen Zahlen.

[5]) Durch diesen Satz wird die am Schluß von [4] angekündigte Beziehung hergestellt.

Hieraus folgt, daß auch K in den Dimensionen n mit $1 < n < N$ asphärisch ist; K ist aber einfach zusammenhängend, d. h. auch asphärisch in der Dimension 1. Daher gelten b) und c):

b) K ist in den Dimensionen n mit $1 \leqslant n < N$ azyklisch, d. h. die Bettischen Gruppen dieser Dimensionen sind Null ([**1**], (II), Satz II);

c) $\bar{h}$ bildet die Gruppe $\Pi^N(K)$ isomorph auf die Bettische Gruppe $B^N(K)$, also, da K N-dimensional ist, auf die Gruppe Z^N der N-dimensionalen Zyklen von K ab ([**1**], (II), Satz I).

2.4. Die Decktransformationen von K, welche $\mathfrak{K}$ erzeugen, bilden eine mit $\mathfrak{G}$ isomorphe Gruppe. Sie bewirken Automorphismen der Gruppen Z^N und $\Pi^N(K)$ (cf. [**2**]).

Unter Z_0^N verstehen wir die Untergruppe von Z^N, die von allen Differenzen $z - Az$ erzeugt wird, wobei z alle Elemente von Z^N und A alle Decktransformationen durchläuft.

X_0^N sei die Gruppe derjenigen N-dimensionalen Ketten von K, welche durch U auf die Null abgebildet werden. Da $UAz = Uz$ für jede Decktransformation A und jede Kette z ist, ist $Z_0^N \subset X_0^N$.

Mithin ist die Faktorgruppe $(X_0^N \frown Z^N)/Z_0^N$ erklärt. Sie ist, da 2.3 b) gilt, nach einem früher bewiesenen Satz ([**4**], Satz IV) isomorph mit $\mathfrak{G}^{N+1}$.

2.5. Jede Abbildung eines Komplexes auf sich oder auf einen anderen Komplex ordnet der, gemäß 1.4 erklärten Homologieklasse eines Elementes einer Homotopiegruppe die Homologieklasse des Bildelementes zu. Angewandt auf die Abbildung U und auf die Decktransformationen A liefert diese Bemerkung die Regeln

$$U\bar{h} = hU\,, \qquad A\bar{h} = \bar{h}A\,.$$

2.6. Infolge 2.3 a) und c) ist $\bar{h}U^{-1} = H$ ein Isomorphismus von $\Pi^N(\mathfrak{K})$ auf Z^N.

Aus 2.5 folgt $h\alpha = UH\alpha$ für jedes $\alpha \in \Pi^N(\mathfrak{K})$. Da die Elemente α von $\Gamma^N(\mathfrak{K})$ durch $h\alpha = 0$ charakterisiert sind, sind also ihre Bilder $z = H\alpha$ durch $Uz = 0$, also durch $z \in X_0^N \frown Z^N$ charakterisiert. Es ist daher $H\Gamma^N(\mathfrak{K}) = X_0^N \frown Z^N$.

Nach einem Satz von Eilenberg ([**2**], §§ 9, 11) sind die Elemente $\alpha, \alpha' \in \Pi^N(\mathfrak{K})$ dann und nur dann homotop, wenn es eine Decktransformation A gibt, sodaß $U^{-1}\alpha' = AU^{-1}\alpha$ ist (cf. 1.7); diese Bedingung ist nach 2.3 c) gleichbedeutend mit $\bar{h}U^{-1}\alpha' = \bar{h}AU^{-1}\alpha$, also nach 2.5 mit $H\alpha' = AH\alpha$; die Differenzen $\alpha - \alpha'$, wobei α, α' homotop sind, gehen also bei H über in die Differenzen $z - Az$. Das bedeutet: $H\Pi_0^N(\mathfrak{K}) = Z_0^N$.

Mithin wird die Faktorgruppe $\Delta^N(\mathfrak{K}) = \Gamma^N/\Pi_0^N$ durch H auf die Faktorgruppe $(X_0^N \frown Z^N)/Z_0^N$ abgebildet. Hieraus und aus 2.4 ergibt sich Satz I.

2.7. *Bemerkungen zum Satz I'.* Zu jeder abzählbaren Gruppe $\mathfrak{G}$ kann man bekanntlich zweidimensionale Komplexe $\mathfrak{K}^2$ konstruieren, deren Fundamentalgruppe $\mathfrak{G}$ ist[6]). Man wird versuchen, einen solchen Komplex $\mathfrak{K}^2$ zu finden, der möglichst einfach ist, in dem Sinne, daß er möglichst wenig geschlossene zweidimensionale Gebilde enthält, wobei wir unter „geschlossenen Gebilden" sowohl Elemente der Bettischen Gruppe, also der Zyklengruppe, als auch Elemente der Homotopiegruppe verstehen werden. Nun wird aber im allgemeinen die Existenz solcher Gebilde in nicht zu geringer Anzahl durch die Struktur von $\mathfrak{G}$ unvermeidlich gemacht; und zwar ist uns hierüber jetzt folgendes bekannt:

Erstens ist nach einem früheren Satz[7]): $\mathfrak{B}^2/\mathfrak{S}^2 \cong \mathfrak{G}^2$, wobei $\mathfrak{B}^2$ die Bettische, also die Zyklengruppe und $\mathfrak{S}^2$ die Gruppe derjenigen Zyklen ist, welche simpliziale Bilder einer Kugelfläche sind (cf. 3.2); wenn $\mathfrak{G}^2 \neq 0$ ist, ist also das Auftreten von Zyklen, die nicht homolog 0 sind, unvermeidlich. Zweitens ist nach unserem Satz I': $\Gamma^2/\Pi_0^2 \cong \mathfrak{G}^3$; wenn $\mathfrak{G}^3 \neq 0$ ist, so ist also auch das Auftreten von Kugelbildern unvermeidlich, welche nicht homotop 0, aber homolog 0 sind, sich also in der Gruppe $\mathfrak{B}^2$ nicht bemerkbar machen (die schwächere Tatsache, daß $\Pi^2 \neq 0$ sein muß, falls $\mathfrak{G}^3 \neq 0$ ist, ist in einem schon früher bewiesenen Satz ([**4**], 16.2) enthalten).

Ist z. B. $\mathfrak{G}$ die freie Abelsche Gruppe vom Range r, so ist $\mathfrak{G}^n$ die freie Abelsche Gruppe vom Range $\binom{r}{n}$, ([**4**], 10.2); folglich existieren dann in $\mathfrak{K}^2$ wenigstens $\binom{r}{2}$ Zyklen, die linear unabhängig (im Sinne der Addition von Ketten) sind, und zwar solche Zyklen, welche nicht Bilder von Kugeln sind; sowie wenigstens $\binom{r}{3}$ Kugelbilder, welche linear unabhängig im Sinne der Addition in der Homotopiegruppe Π^2 sind, und dies sogar, wenn man modulo Π_0^2 rechnet, und zwar solche Kugelbilder, welche homolog 0, aber nicht „trivialerweise" homolog 0 (im Sinne von 1.5) sind *).

[6]) Nach der in [**6**], p. 180, Aufgabe 3, angedeuteten Methode kann man zunächst einen (i. a. unendlichen) Komplex mit der Fundamentalgruppe $\mathfrak{G}$ konstruieren; der Komplex $\mathfrak{K}^2$ seiner höchstens zweidimensionalen Simplexe hat dann auch die Fundamentalgruppe $\mathfrak{G}$.

[7]) [**3**]; sowie [**4**], 9.2; die Gruppe $\mathfrak{G}^2$ hieß in [**3**] $\mathfrak{G}_1^*$; wegen der Gleichheit $\mathfrak{G}^2 = \mathfrak{G}_1^*$ vgl. man [**4**], Nr. 12.

3. Homotopieränder; die Gruppen $\mathfrak{S}^n$

Die Theorie der N-dimensionalen Homotopieränder ist für den Fall $N = 1$ in [**3**], § 2, entwickelt worden. Die Beweise lassen sich ohne Mühe auf die Fälle $N > 1$ übertragen[8]); ich verzichte daher hier auf ihre Darstellung. Die Grundbegriffe werden in 3.1, 3.2, 3.3 erklärt; in 3.4 werden die früher bewiesenen Tatsachen formuliert.

$\mathfrak{K}$ ist wie bisher ein beliebiger Komplex, $\mathfrak{K}^N$ der Komplex seiner höchstens N-dimensionalen Simplexe, $N \geqslant 1$.

3.1. E^{N+1} sei ein orientiertes, simplizial untergeteiltes, $(N+1)$-dimensionales Element (d. h. topologisches Bild eines Simplexes), S^N seine Randsphäre, auf der ein Pol a ausgezeichnet sei. f sei eine simpliziale Abbildung von E^{N+1} in $\mathfrak{K}$, bei welcher $f(a) = o$ der Nullpunkt der Gruppe $\Pi^N(\mathfrak{K}^N)$ ist. Hierdurch ist erstens die $(N+1)$-dimensionale Kette $C = f(E^{N+1})$ in $\mathfrak{K}$ gegeben und zweitens das durch die stetige Sphäre $[f(S^N)]$ bestimmte Element $\alpha \in \Pi^N(\mathfrak{K}^N)$. Wir nennen α „einen Homotopierand" von C.

(Daß wir nicht die stetige Sphäre $[f(S^N)]$, sondern das Element α als Homotopierand von C bezeichnen, ist durch die folgende leicht beweisbare Tatsache gerechtfertigt: wenn $[g(S^N)]$ eine in $\overline{\mathfrak{K}}^N$ mit $[f(S^N)]$ homotope stetige Sphäre ist, so läßt sich die Abbildung g von S^N zu einer solchen Abbildung von E^{N+1} erweitern, daß auch $g(E^{N+1}) = C$ ist; cf. [**3**], Nr. 8, b.)

3.2. Ein $(N+1)$-dimensionaler Zyklus in $\mathfrak{K}$ heißt ein „sphärischer" Zyklus — früher „Kugelbild" genannt —, wenn er simpliziales Bild einer $(N+1)$-dimensionalen, orientierten Sphäre (genauer: des Grundzyklus einer solchen Sphäre) ist.

Man sieht leicht (cf. [**3**], Nachtrag, Nr. 1): Die sphärischen Zyklen bilden eine Gruppe; diese Gruppe heiße $\overline{\mathfrak{S}}^{N+1}$. Bezeichnen wir die Gruppe aller Zyklen mit $\mathfrak{Z}^{N+1}$, die Gruppe derjenigen Zyklen, welche in $\mathfrak{K}$ homolog 0 sind, mit $\mathfrak{H}^{N+1}$, so ist $\mathfrak{Z}^{N+1} \supset \overline{\mathfrak{S}}^{N+1} \supset \mathfrak{H}^{N+1}$. Aus $\overline{\mathfrak{S}}^{N+1} \supset \mathfrak{H}^{N+1}$ folgt, daß eine Homologieklasse entweder keinen sphärischen Zyklus oder nur sphärische Zyklen enthält; diejenigen Homologieklassen, deren Zyklen sphärisch sind, bilden die Untergruppe $\mathfrak{S}^{N+1} = \overline{\mathfrak{S}}^{N+1}/\mathfrak{H}^{N+1}$ der Bettischen Gruppe $\mathfrak{B}^{N+1}$. Es ist $\mathfrak{B}^{N+1}/\mathfrak{S}^{N+1} \cong \mathfrak{Z}^{N+1}/\overline{\mathfrak{S}}^{N+1}$.

Übrigens kann man die Gruppe $\mathfrak{S}^{N+1}$ auch folgendermaßen definieren: h habe dieselbe Bedeutung wie in 1.4; dann ist $\mathfrak{S}^{N+1} = h\Pi^{N+1}(\mathfrak{K})$.

[8]) Für $N > 1$ tritt sogar gegenüber $N = 1$ eine Vereinfachung ein, da die in [**3**], Nr. 8, g), betrachtete Gruppe Φ jetzt Abelsch wird.

3.3. Diejenigen Elemente von $\Pi^N(\mathfrak{K}^N)$, welche in $\overline{\mathfrak{K}}$ homotop 0 sind, bilden eine Gruppe $\mathfrak{R}$. Unter $\mathfrak{R}_0$ verstehen wir die Untergruppe von $\mathfrak{R}$, die von allen Differenzen $\varrho - \varrho'$ erzeugt wird, wobei ϱ, ϱ' Elemente von $\mathfrak{R}$ sind, die zueinander homotop sind (in $\overline{\mathfrak{K}}^N$). Es ist $\mathfrak{R}_0 \subset \Pi_0^N(\mathfrak{K}^N)$, also auch $\mathfrak{R}_0 \subset \Gamma^N(\mathfrak{K}^N)$ und $\mathfrak{R}_0 \subset \mathfrak{R} \frown \Gamma^N(\mathfrak{K}^N)$.

Bei unserer früheren Behandlung des Falles $N = 1$ hatte $\mathfrak{R}$ dieselbe Bedeutung wie jetzt; die Gruppe $\Pi^1(\mathfrak{K}^1)$ hieß $\mathfrak{F}$, $\Pi_0^1(\mathfrak{K}^1) = \Gamma^1(\mathfrak{K}^1)$ hieß $\mathfrak{C}$, und $\mathfrak{R}_0$ hieß $\mathfrak{C}(\mathfrak{R})$.

3.4. Es gelten die folgenden Sätze ([**3**], § 2):

Jeder Homotopierand ist Element von $\mathfrak{R}$; jedes Element von $\mathfrak{R}$ ist Homotopierand. Jede Kette C besitzt Homotopieränder (d. h. C läßt sich wie in 3.1 als Bild $f(E^{N+1})$ darstellen); die Homotopieränder von C bilden eine der Restklassen, in welche $\mathfrak{R}$ modulo $\mathfrak{R}_0$ zerfällt. Nennen wir diese Restklasse $T(C)$, so ist demnach T eine Abbildung der Gruppe $\mathfrak{L}^{N+1}$ aller $(N+1)$-dimensionalen Ketten von $\mathfrak{K}$ auf die Gruppe $\mathfrak{R}/\mathfrak{R}_0$. Diese Abbildung T ist ein Homomorphismus. Die Zyklen sind dadurch charakterisiert, daß ihre Homotopieränder in $\Gamma^N(\mathfrak{K}^N)$, und die sphärischen Zyklen dadurch, daß ihre Homotopieränder in $\mathfrak{R}_0$ enthalten sind; $\overline{\mathfrak{S}}^{N+1}$ ist also der Kern des Homomorphismus T, und $\mathfrak{Z}^{N+1}$ ist bei T das Urbild der Gruppe $\mathfrak{R} \frown \Gamma^N(\mathfrak{K}^N)/\mathfrak{R}_0$; folglich ist

$$\mathfrak{Z}^{N+1}/\overline{\mathfrak{S}}^{N+1} \cong \mathfrak{R} \frown \Gamma^N(\mathfrak{K}^N)/\mathfrak{R}_0$$

und daher (cf. 3.2) auch

$$\mathfrak{B}^{N+1}/\mathfrak{S}^{N+1} \cong \mathfrak{R} \frown \Gamma^N(\mathfrak{K}^N)/\mathfrak{R}_0 . \tag{1}$$

3.5. Soweit die früher für $N = 1$ ausführlich dargestellten Tatsachen. — Wir ziehen zunächst eine Folgerung aus (1), die mit folgendem Satz von Hurewicz zusammenhängt ([**1**], (II), Satz I): ,,Wenn ein Komplex asphärisch in den Dimensionen $1, 2, \ldots, n-1$ ist, so hat der Homomorphismus h (cf. 1.4) in der Dimension n die folgenden beiden Eigenschaften: a) er ist ein Isomorphismus, d. h. es ist $\Gamma^n = 0$; b) er ist eine Abbildung von Π^n *auf* $\mathfrak{B}^n$, d. h. jeder n-dimensionale Zyklus ist sphärisch (cf. 3.2).

Wir behaupten nun, daß die Aussage b) gültig bleibt, wenn man den Komplex nur in den Dimensionen $1, \ldots, n-2$ als asphärisch voraussetzt; mit anderen Worten, wobei wir $n-1$ durch N ersetzen:

$\mathfrak{K}$ sei asphärisch in den Dimensionen $1, 2, \ldots, N-1$; *dann ist jeder* $(N+1)$*-dimensionale Zyklus sphärisch* $(N \geqslant 2)$.

314

Beweis: Da für $n < N$ immer $\Pi^n(\mathfrak{K}) = \Pi^n(\mathfrak{K}^N)$ ist, ist auch $\mathfrak{K}^N$ in den genannten Dimensionen asphärisch, und nach Teil a) des soeben zitierten Satzes von Hurewicz ist daher $\Gamma^N(\mathfrak{K}^N) = 0$; aus (1) folgt daher $\mathfrak{B}^{N+1} = \mathfrak{S}^{N+1}$, w.z.b.w.

Demnach sind z. B. in einem einfach zusammenhängenden — d. h. in der Dimension 1 asphärischen — Komplex nicht nur (wie in jedem Komplex) alle eindimensionalen, und nicht nur (nach dem Satz von Hurewicz) alle zweidimensionalen, sondern auch alle dreidimensionalen Zyklen sphärisch[9]); dagegen ist z. B. der vierdimensionale Grundzyklus der einfach zusammenhängenden Produktmannigfaltigkeit $S^2 \times S^2$ nicht sphärisch, da sich die S^4 nicht mit dem Grade 1 auf $S^2 \times S^2$ abbilden läßt ([**7**], Satz IIIa).

3.6. Durch die in 3.4 skizzierte Betrachtung wurde in [**3**] die Isomorphie

$$\mathfrak{B}^2/\mathfrak{S}^2 \cong \mathfrak{G}^2$$

bewiesen, wobei $\mathfrak{G}$ die Fundamentalgruppe von $\mathfrak{K}$ ist[7]). Für $N > 1$ kann man folgendermaßen weiter schließen: Wenn $\mathfrak{K}$ asphärisch in der Dimension N ist, so ist $\mathfrak{R} = \Pi^N(\mathfrak{K}^N)$, und (1) geht über in

$$\mathfrak{B}^{N+1}/\mathfrak{S}^{N+1} \cong \Delta^N(\mathfrak{K}^N) \,. \tag{2}$$

Wenn $\mathfrak{K}$ außerdem asphärisch in den Dimensionen n mit $1 < n < N$ ist, so ist auch $\mathfrak{K}^N$ für diese n asphärisch, da für $n<N$ immer $\Pi^n(\mathfrak{K})=\Pi^n(\mathfrak{K}^N)$ ist; folglich ist der Satz I anwendbar, und aus (2) folgt

$$\mathfrak{B}^{N+1}/\mathfrak{S}^{N+1} \cong \mathfrak{G}^{N+1} \,. \tag{3}$$

Und wenn schließlich $\mathfrak{K}$ auch noch asphärisch in der Dimension $N+1$ ist, so ist $\mathfrak{S}^{N+1} = h\Pi^{N+1}(\mathfrak{K}) = 0$, also geht (3) über in

$$\mathfrak{B}^{N+1} \cong \mathfrak{G}^{N+1} \,. \tag{4}$$

Die Sätze (3) und (4) waren bereits in der Arbeit [**4**], § 5, mit einer etwas anderen Methode — übrigens gemeinsam für $N = 1$ und $N > 1$ — bewiesen worden.[10])

[9]) Man beachte immer: daß der Zyklus $z \subset \mathfrak{K}$ sphärisch ist, bedeutet, daß es eine Abbildung f einer Sphäre S *in den Komplex* $\mathfrak{K}$ — aber nicht notwendig nur auf den Komplex $|z|$! — mit $f(S) = z$ gibt.

[10]) Der Unterschied der gegenwärtigen von der früheren Methode besteht darin, daß wir jetzt aus [**4**] nur den Satz IV benutzt haben, für dessen Beweis die Homologiebetrachtungen in [**4**], 7.3, 7.4, 8.2, nicht benötigt wurden; an ihre Stelle ist jetzt die Betrachtung der Homotopieränder getreten.

3.7. Aber nicht diese Sätze sind im Augenblick unser Hauptziel, sondern die Behandlung der folgenden Frage im Anschluß an 3.4: „Welche Ketten haben die Eigenschaft, daß ihre Homotopieränder in der Gruppe $\Pi_0^N(\mathfrak{K}^N)$ enthalten sind?“

Für $N = 1$ ist diese Frage uninteressant; denn da $\Pi_0^1 = \Gamma^1$ ist (cf. 1.6), sind nach 3.4 die fraglichen Ketten einfach alle Zyklen.

Wir werden in Nr. 4 sehen, daß für $N > 1$ die fraglichen Ketten spezielle, geometrisch ausgezeichnete Zyklen sind; in Nr. 5 wird dann gezeigt werden, daß die Gruppe dieser Zyklen mit unseren Gruppen Δ^N in Zusammenhang steht.

4. Henkelmannigfaltigkeiten; die Gruppen $\mathfrak{P}^n$

4.1. Wenn man aus einer Sphäre S^n die Innengebiete von l zueinander fremden n-dimensionalen Elementen — etwa von sphärischen Vollkugeln oder von Simplexen einer Triangulation von S^n — herausnimmt, so entsteht eine berandete Mannigfaltigkeit Q_l^n; ihr Rand besteht aus $(n-1)$-dimensionalen Sphären $s_1, \ldots, s_l$. Wir zeichnen eine Orientierung von S^n, und damit von Q_l^n aus und orientieren dann die s_λ so, daß $\dot{Q}_l^n = \Sigma s_\lambda$ ist; dabei fassen wir die orientierte Mannigfaltigkeit Q_l^n und die orientierten Sphären s_λ als Ketten auf und verstehen unter $\dot{Q}_l^n$ den Rand der Kette Q_l^n.

Es sei $l = 2p$; die Randsphären nennen wir jetzt nicht $s_1, \ldots, s_{2p}$, sondern $s_1, s_1', \ldots, s_p, s_p'$. Für jedes λ, $1 \leqslant \lambda \leqslant p$, nehmen wir eine topologische Identifizierung von s_λ und s_λ' vor und zwar so, daß, im Sinne der eben eingeführten Orientierung, $s_\lambda' = -s_\lambda$ wird. Dadurch entsteht eine geschlossene orientierte Mannigfaltigkeit H_p^n; wir nennen sie eine „Henkelmannigfaltigkeit“.

Man kann H_p^n auch dadurch definieren, daß man nicht s_λ und s_λ' identifiziert, sondern für jedes λ ein Exemplar P_λ des topologischen Produktes $S^{n-1} \times E^1$, wobei E^1 eine Strecke ist, derart an Q_{2p}^n ansetzt, daß von den beiden orientierten Randsphären von P_λ die eine mit $-s_\lambda$, die andere mit s_λ' identifiziert wird; das ist das Ansetzen von „Henkeln“ an die S^n.

Dabei darf immer $p = 0$ sein: es ist $H_0^n = S^n$; ferner ist, wie man leicht sieht, H_1^n homöomorph mit dem topologischen Produkt $S^{n-1} \times S^1$. Für $p > 1$ lassen sich die H_p^n dann induktiv auch folgendermaßen erklären: H_p^n ist die topologische Summe von H_{p-1}^n und H_1^n, d. h.: H_p^n entsteht, indem man aus H_{p-1}^n und aus H_1^n je ein n-dimensionales Element entfernt und die beiden $(n-1)$-dimensionalen Randsphären zusammenheftet. Allgemein ist die topologische Summe einer H_p^n und einer H_q^n eine H_{p+q}^n.

Für $n = 2$ ist bekanntlich jede geschlossene orientierbare Mannigfaltigkeit eine Henkelmannigfaltigkeit. Für $n > 2$ aber sind die H_p^n sehr spezielle Mannigfaltigkeiten.

Wir werden im folgenden mit H_p^n oft auch den Grundzyklus der ebenso genannten (orientierten) Mannigfaltigkeit bezeichnen.

4.2. Bildet man H_p^n simplizial in den Komplex $\mathfrak{K}$ ab, so entsteht in $\mathfrak{K}$ eine Kette, und zwar ein Zyklus, $C = f(H_p^n)$. Wir behaupten, daß diejenigen Ketten von $\mathfrak{K}$, die sich in dieser Weise als Bilder von Henkelmannigfaltigkeiten darstellen lassen, eine Gruppe bilden. In der Tat ist erstens klar, daß mit C auch $-C$ ein solches Bild ist. Zweitens: es sei $C_1 = f_1(H_{p_1}^n)$, $C_2 = f_2(H_{p_2}^n)$; wir dürfen $H_{p_1}^n$ und $H_{p_2}^n$ als fremd zueinander annehmen; wir verbinden einen Punkt $a_1 \in H_{p_1}^n$ mit einem Punkt $a_2 \in H_{p_2}^n$ durch eine Strecke E, die sonst keinen Punkt mit $H_{p_1}^n$ oder $H_{p_2}^n$ gemeinsam hat; dann gibt es, wie man leicht sieht, eine solche Abbildung g einer $H_{p_1+p_2}^n$ auf $H_{p_1}^n + E + H_{p_2}^n$, daß dabei die beiden $H_{p_i}^n$ mit dem Grade 1 bedeckt werden; man bilde nun $H_{p_1}^n + E + H_{p_2}^n$ so durch f in $\mathfrak{K}$ ab, daß $f = f_i$ auf $H_{p_i}^n$ ist ($i = 1, 2$) und daß E irgendwie auf einen Streckenzug abgebildet wird, der in $\mathfrak{K}$ die Punkte $f_1(a_1)$ und $f_2(a_2)$ verbindet; dann ist fg eine Abbildung von $H_{p_1+p_2}^n$ in $\mathfrak{K}$ mit $fg(H_{p_1+p_2}^n) = C_1 + C_2$.

Die Gruppe der Bilder n-dimensionaler Henkelmannigfaltigkeiten in $\mathfrak{K}$ heiße $\overline{\mathfrak{P}}^n$. Da die Sphäre S^n eine Henkelmannigfaltigkeit ist, ist $\overline{\mathfrak{P}}^n \supset \overline{\mathfrak{S}}^n$, also auch $\overline{\mathfrak{P}}^n \supset \mathfrak{H}^n$ (cf. 3.2). Aus der letzten Relation folgt: in einer Homologieklasse ist entweder kein Zyklus Bild einer Henkelmannigfaltigkeit, oder alle Zyklen sind solche Bilder; diejenigen Homologieklassen, deren Zyklen Bilder von Henkelmannigfaltigkeiten sind, bilden die Untergruppe $\mathfrak{P}^n = \overline{\mathfrak{P}}^n/\mathfrak{H}^n$ der Bettischen Gruppe $\mathfrak{B}^n$. Es ist

$$\mathfrak{P}^n \supset \mathfrak{S}^n, \quad \mathfrak{P}^n/\mathfrak{S}^n \cong \overline{\mathfrak{P}}^n/\overline{\mathfrak{S}}^n, \quad \mathfrak{B}^n/\mathfrak{P}^n \cong \mathfrak{Z}^n/\overline{\mathfrak{P}}^n.$$

4.3. Wir knüpfen an 3.7 an und behaupten:

Satz II. *Dann und nur dann sind die Homotopieränder der* $(N+1)$-*dimensionalen Kette* C *von* $\mathfrak{K}$ *in der Gruppe* $\Pi_0^N(\mathfrak{K}^N)$ *enthalten, wenn* C *Bild einer Henkelmannigfaltigkeit ist.*

Hierzu ist zu bemerken: wenn *ein* Homotopierand ϱ von C in $\Pi_0^N(\mathfrak{K}^N)$ enthalten ist, so ist *jeder* Homotopierand ϱ' von C in $\Pi_0^N(\mathfrak{K}^N)$; denn es ist (cf. 3.4) $\varrho' - \varrho \in \mathfrak{R}_0$ und (cf. 3.3) $\mathfrak{R}_0 \subset \Pi_0^N(\mathfrak{K}^N)$.

Für $N = 1$ besagt der Satz II nur, daß jeder zweidimensionale Zyklus Bild einer geschlossenen orientierten Fläche ist; diese Tatsache ist bekannt[11]); beim Beweis des Satzes II dürfen wir daher — was aber nicht unbedingt nötig ist — $N \geqslant 2$ voraussetzen. Der Beweis wird in den Abschnitten 4.4 bis 4.7 geführt werden.

4.4. Q_l^{N+1} ist wie in 4.1 definiert; $\mathfrak{Q}^N$ sei der aus allen höchstens N-dimensionalen Simplexen einer Simplizialzerlegung von Q_l^{N+1} bestehende Komplex; o sei ein Eckpunkt von $\mathfrak{Q}^N$, den wir als Nullpunkt für die Gruppe $\Pi^N(\mathfrak{Q}^N)$ benutzen. Für jedes λ verbinden wir o durch einen Kantenzug w_λ von $\mathfrak{Q}^N$ mit einem Punkt b_λ der Randsphäre s_λ und bilden eine Sphäre S^N so auf die Punktmenge $\overline{w_\lambda + s_\lambda}$ ab, daß einem auf S^N ausgezeichneten Pol der Punkt o entspricht und daß s_λ mit dem Grade 1 bedeckt wird. Hierdurch werden Elemente $\alpha_\lambda \in \Pi^N(\mathfrak{Q}^N)$ definiert $(\lambda = 1, \ldots, l)$.

Da man den Weg w_λ in sich auf den Punkt b_λ zusammenziehen kann, ist α_λ — genauer: jede stetige Sphäre, welche das Element α_λ repräsentiert — in $\overline{\mathfrak{Q}}^N$ homotop zu s_λ, wobei s_λ als stetige Sphäre aufzufassen ist.

Wir behaupten weiter: $\Sigma\alpha_\lambda$ ist Homotopierand der Kette Q_l^{N+1}. Für $N = 1$ erkennt man dies am einfachsten, indem man Q_l^2 längs den Wegen w_λ, von denen man annehmen darf, daß sie außer o keinen Punkt gemeinsam haben, aufschneidet. Für $N > 1$ kann man entweder einen, diesem Aufschneiden analogen Prozeß vornehmen oder folgendermaßen schließen: h sei (für den Komplex $\mathfrak{Q}^N$) der in 1.4 erklärte Homomorphismus von Π^N in $\mathfrak{B}^N$; aus der Definition des Homotopierandes folgt unmittelbar, daß immer, wenn ϱ Homotopierand einer Kette C ist, $h\varrho = \dot{C}$ der Rand von C im Sinne der Homologietheorie ist; in unserem Falle ist also, wenn das Element $\varrho \in \Pi^N(\mathfrak{Q}^N)$ Homotopierand von Q_l^{N+1} ist, $h\varrho = \Sigma s_\lambda$. Andererseits sind die α_λ so definiert, daß $h\alpha_\lambda = s_\lambda$ ist; es ist also $h\varrho = h\Sigma\alpha_\lambda$. Nun ist aber, wie man leicht sieht, Q_l^{N+1} und damit auch $\mathfrak{Q}^N$ asphärisch in den Dimensionen $1, \ldots, N-1$; folglich ([**1**], (II), Satz I) ist h ein Isomorphismus und $\varrho = \Sigma\alpha_\lambda$.

Wir haben damit gezeigt: Q_l^{N+1} besitzt einen Homotopierand $\varrho = \Sigma\alpha_\lambda$, wobei die α_λ in $\overline{\mathfrak{Q}}^N$ homotop zu den Sphären s_λ sind.

4.5. Der eine Teil des Satzes II lautet folgendermaßen: Die $(N+1)$-dimensionale Kette C von $\mathfrak{K}$ sei Bild einer Henkelmannigfaltigkeit; dann besitzt C als Homotopierand ein Element der Gruppe $\Pi_0^N(\mathfrak{K}^N)$.

Beweis: Die Voraussetzung über C läßt sich auch so formulieren: es

---

11) [**3**], p. 290; oder als leichte Folgerung aus Satz IV, p. 173 in [**6**].

ist $C = f(Q_{2p}^{N+1})$, wobei Q_{2p}^{N+1} die Randsphären $s_1, s_1', \ldots, s_p, s_p'$ besitzt und f für jedes λ die Sphären s_λ, s_λ' derart abbildet, daß die stetigen Sphären $[f(-s_\lambda)]$ und $[f(s_\lambda')]$ identisch sind: $[f(-s_\lambda)] = [f(s_\lambda')] = \mathfrak{s}_\lambda$. Da bei einer simplizialen Abbildung ein Homotopierand einer Kette immer in einen Homotopierand der Bildkette übergeht, besitzt C den Homotopierand $f(\varrho) = f(\alpha_1) + f(\alpha_1') + \cdots + f(\alpha_p) + f(\alpha_p')$, wobei $\alpha_1, \alpha_1', \ldots, \alpha_p, \alpha_p'$ die analoge Bedeutung haben wie $\alpha_1, \alpha_2, \ldots, \alpha_l$ in 4.4. Da in $\overline{\mathfrak{Q}}^N$ immer α_λ mit s_λ und α_λ' mit s_λ' homotop ist, ist in $\overline{\mathfrak{R}}^N$ immer $f(\alpha_\lambda)$ mit $-\mathfrak{s}_\lambda$ und $f(\alpha_\lambda')$ mit $\mathfrak{s}_\lambda$, also $f(\alpha_\lambda)$ mit $-f(\alpha_\lambda')$ homotop. Folglich ist $f(\varrho) \in \Pi_0^N(\mathfrak{R}^N)$.

4.6. Auch dem Beweis des zweiten Teiles von Satz II schicken wir einen Hilfssatz voraus, der die von den Sphären $s_1, \ldots, s_l$ berandete Mannigfaltigkeit Q_l^{N+1} betrifft. $\mathfrak{k}$ sei ein beliebiger Komplex.

Hilfssatz: f sei eine Abbildung der Sphären s_λ in das Polyeder $\overline{\mathfrak{k}}$; für jedes λ sei $[f(s_\lambda)]$ in $\overline{\mathfrak{k}}$ einem solchen Element $\beta_\lambda \in \Pi^N(\mathfrak{k})$ homotop, daß $\Sigma\beta_\lambda = 0$ ist. Dann läßt sich f zu einer Abbildung von Q_l^{N+1} in $\overline{\mathfrak{k}}$ erweitern.[12])

Beweis: Für $l = 0$ ist der Hilfssatz inhaltslos. — Für $l = 1$ ist er richtig; denn Q_1^{N+1} ist eine Vollkugel, und die Voraussetzung besagt, daß $[f(s_1)]$ in $\overline{\mathfrak{k}}$ homotop 0 ist. — Auch für $l = 2$ ist der Hilfssatz richtig; denn Q_2^{N+1} ist das topologische Produkt einer S^N mit einer Strecke, und die Voraussetzung besagt, daß $[f(s_1)]$ und $[f(-s_2)]$ in $\overline{\mathfrak{k}}$ einander homotop sind.

Es sei $l = 3$. Wir stellen Q_3^{N+1} folgendermaßen im euklidischen Raum R^{N+1} dar: aus dem Inneren einer, von der N-dimensionalen Sphäre s_3 begrenzten Vollkugel sind die Innengebiete zweier zueinander fremder, von s_1 bzw. s_2 begrenzter Vollkugeln herausgenommen. Es seien: s_3' eine mit s_3 konzentrische, kleinere Sphäre, die s_1 und s_2 im Innern enthält; A eine N-dimensionale Ebene, die s_1 und s_2 voneinander trennt; u die $(N-1)$-dimensionale Schnittsphäre von A und s_3'; E die von u in A begrenzte Vollkugel; h_1, h_2 die beiden Teile, in die s_3' durch u zerlegt wird, derart, daß s_i in dem von $h_i + E$ begrenzten Gebiet liegt $(i = 1,2)$.

Wir sollen die auf s_1, s_2, s_3 gegebene, die Voraussetzung des Hilfssatzes erfüllende Abbildung f zu einer Abbildung von Q_3^{N+1} in $\overline{\mathfrak{k}}$ erweitern. Wir setzen zunächst $f(E) = o$, wobei o der Nullpunkt der Gruppe $\Pi^N(\mathfrak{k})$ ist; darauf erklären wir f auf h_i so, daß die Abbildung des, mit einer S^N homöomorphen Gebildes $\overline{h_i + E}$ das in der Voraussetzung genannte Element $\beta_i \in \Pi^N(\mathfrak{k})$ repräsentiert $(i = 1,2)$; das Bild von $s_3' = h_1 + h_2$ stellt dann, wie aus der Summendefinition in Π^N hervor-

[12]) Daß der Raum $\overline{\mathfrak{k}}$ ein Polyeder ist, wird übrigens beim Beweis nicht benutzt werden.

geht, das Element $\beta_1 + \beta_2$, also nach Voraussetzung das Element $-\beta_3$ dar. Da das durch f gelieferte Bild von s_3 nach Voraussetzung homotop zu β_3 ist, kann man daher f zu einer Abbildung der von s_3 und $-s_3'$ berandeten Kugelschale erweitern; schließlich kann man für $i = 1,2$, da $[f(s_i)]$ homotop zu dem durch $[f(h_i + E)]$ repräsentierten Element β_i ist, f auch auf den von $h_i + E$ und $-s_i$ begrenzten Bereich erweitern. Damit ist f in der gewünschten Weise konstruiert.

Es sei $l > 3$; für Q_{l-1}^{N+1} sei der Hilfssatz schon bewiesen. Wir dürfen annehmen, daß sich in Q_l^{N+1} eine N-dimensionale Sphäre s^* wählen läßt, die s_1 und s_2 einerseits von $s_3, \ldots, s_l$ andererseits trennt; sie zerlegt Q_l^{N+1} in eine Q_3^{N+1} und eine Q_{l-1}^{N+1}; dabei sei s^* so orientiert, daß die Ränder $\dot{Q}_3^{N+1} = s_1 + s_2 + s^*$, $\dot{Q}_{l-1}^{N+1} = s_3 + \cdots + s_l - s^*$ sind. Wir erklären f auf s^* so, daß $[f(s^*)]$ mit $-\beta_1 - \beta_2$, also auch mit $\beta_3 + \cdots + \beta_l$ homotop ist; dann kann man f, wie soeben gezeigt wurde, auf Q_3^{N+1} sowie nach Induktionsvoraussetzung auf Q_{l-1}^{N+1} erweitern.

Damit ist der Hilfssatz bewiesen. – Leicht zu beweisen ist übrigens seine Umkehrung: Wenn f eine Abbildung von Q_l^{N+1} in $\bar{\mathfrak{k}}$ ist, so gibt es in $\Pi^N(\mathfrak{k})$ solche Elemente β_λ, daß die $[f(s_\lambda)]$ homotop zu den β_λ sind und daß $\Sigma \beta_\lambda = 0$ ist.

4.7. Jetzt beweisen wir den zweiten Teil von Satz II, der so lautet: Die Kette C von $\mathfrak{K}$ besitze einen Homotopierand $\varrho \in \Pi_0^N(\mathfrak{K}^N)$; dann ist $C \in \overline{\mathfrak{P}}^{N+1}$ (cf. 4.2).

Beweis: Es genügt, eine Kette $C' \in \overline{\mathfrak{P}}^{N+1}$ zu finden, die denselben Homotopierand ϱ besitzt; denn in der Ausdrucksweise von 3.4 ist dann $T(C) = T(C')$, also $C - C' \in \overline{\mathfrak{S}}^{N+1}$, also, da $\overline{\mathfrak{S}}^{N+1} \subset \overline{\mathfrak{P}}^{N+1}$ ist (cf. 4.2), auch $C \in \overline{\mathfrak{P}}^{N+1}$.

Es ist $\varrho = \sum_{\lambda-1}^{p} (\beta_\lambda - \beta_\lambda')$, wobei immer $\beta_\lambda, \beta_\lambda'$ homotope Elemente von $\Pi^N(\mathfrak{K}^N)$ sind. Wir betrachten eine Q_{2p+1}^{N+1}, deren Randsphären wir $s_1, s_1', \ldots, s_p, s_p', r$ nennen, und zwar seien sie so orientiert, daß $\dot{Q}_{2p+1}^{N+1} = \Sigma (s_\lambda - s_\lambda') - r$ ist. Wir definieren eine Abbildung f der Randsphären in den Komplex $\mathfrak{K}^N$ so, daß $[f(s_\lambda)]$, $[f(s_\lambda')]$, $[f(r)]$ bzw. die Elemente $\beta_\lambda, \beta_\lambda', \varrho$ repräsentieren; dann läßt sich f nach 4.6 zu einer Abbildung f von Q_{2p+1}^{N+1} in $\mathfrak{K}^N$ erweitern. Für jedes λ setzen wir an Q_{2p+1}^{N+1} ein Exemplar P_λ des topologischen Produktes einer S^N mit einer Strecke derart an, daß die orientierten Randsphären von P_λ mit $-s_\lambda$ und s_λ' identifiziert werden; da $[f(s_\lambda)]$ und $[f(s_\lambda')]$ in $\overline{\mathfrak{K}}^N$ miteinander homotop sind, läßt sich dann f so auf diese P_λ erweitern, daß $f(Q_{2p+1}^{N+1} + \Sigma P_\lambda) \subset \mathfrak{K}^N$ ist. Schließlich fügen wir ein Element E^{N+1} an Q_{2p+1}^{N+1} dadurch an, daß wir seine Randsphäre mit r identifizieren; da das durch $[f(r)]$ repräsentierte Element $\varrho \in \Pi^N(\mathfrak{K}^N)$ als Homotopierand in der Gruppe $\mathfrak{R}$ liegt (cf. 3.3, 3.4), ist $[f(r)]$ in $\overline{\mathfrak{K}}$ homotop 0, und daher läßt sich f auf E^{N+1} erweitern, sodaß $f(E^{N+1}) \subset \mathfrak{K}$ ist. Die Kette $C' = f(E^{N+1})$ hat dann die gewünschten Eigenschaften: erstens hat sie den durch $[f(r)]$ repräsentierten Homotopierand ϱ; zweitens ist, da $f(Q^{N+1}_{2p+1} + \Sigma P_\lambda) \subset \mathfrak{K}^N$ ist, C' gleich dem Bild $f(H^{N+1}_p)$ der Henkelmannigfaltigkeit

$$H^{N+1}_p = Q^{N+1}_{2p+1} + \Sigma P_\lambda + E^{N+1}.$$

4.8. Den Inhalt des hiermit bewiesenen Satzes II können wir unter Benutzung der Ausdrucksweisen aus 3.4 und 4.2 auch folgendermaßen formulieren: Bei dem Homomorphismus T ist die Gruppe $\overline{\mathfrak{P}}^{N+1}$ das Urbild der Gruppe $\mathfrak{R} \frown \Pi^N_0(\mathfrak{K}^N)$. Nach 3.4 und 4.2 folgen hieraus die Isomorphien

$$\mathfrak{P}^{N+1}/\mathfrak{S}^{N+1} \cong \overline{\mathfrak{P}}^{N+1}/\overline{\mathfrak{S}}^{N+1} \cong \mathfrak{R} \frown \Pi^N_0(\mathfrak{K}^N)/\mathfrak{R}_0\,, \qquad (5)$$

$$\mathfrak{B}^{N+1}/\mathfrak{P}^{N+1} \cong \mathfrak{Z}^{N+1}/\overline{\mathfrak{P}}^{N+1} \cong \mathfrak{R} \frown \Gamma^N(\mathfrak{K}^N)/\mathfrak{R} \frown \Pi^N_0(\mathfrak{K}^N)\,. \qquad (6)$$

4.9. Auf (6) werden wir in 5.4 zurückkommen; von (5) machen wir sogleich eine Anwendung:

Wenn $\mathfrak{K}$ asphärisch in wenigstens einer der beiden Dimensionen 1 und N ist, so ist jeder $(N+1)$-dimensionale Zyklus, der Bild einer Henkelmannigfaltigkeit ist, sogar Bild einer Sphäre.

Denn wenn $\mathfrak{K}$ asphärisch in der Dimension 1, also einfach zusammenhängend ist, so gilt dasselbe von $\mathfrak{K}^N$, und daher ist $\Pi^N_0(\mathfrak{K}^N) = 0$ (cf. 1.3); wenn $\mathfrak{K}$ asphärisch in der Dimension N ist, so ist

$$\mathfrak{R} = \Pi^N(\mathfrak{K}^N)\,, \quad \mathfrak{R} \frown \Pi^N_0(\mathfrak{K}^N) = \mathfrak{R}_0\,;$$

in beiden Fällen ist nach (5) $\mathfrak{P}^{N+1}/\mathfrak{S}^{N+1} = 0$.

5. Die Beziehung zwischen den Gruppen $\Delta^N(\mathfrak{K}^N)$ und $\Delta^N(\mathfrak{K})$

5.1. Wir betrachten wie bisher einen Komplex $\mathfrak{K}$ und den zugehörigen Komplex $\mathfrak{K}^N$. Die Gruppen $\Pi^N(\mathfrak{K})$ und $\Pi^N(\mathfrak{K}^N)$ sollen denselben Nullpunkt o haben. Dann repräsentiert jede stetige Sphäre, die ein Element von $\Pi^N(\mathfrak{K}^N)$ repräsentiert, zugleich ein Element von $\Pi^N(\mathfrak{K})$, und zwei stetige Sphären, die in $\overline{\mathfrak{K}}^N$ äquivalent sind (cf. 1.1), also dasselbe Element $\alpha \in \Pi^N(\mathfrak{K}^N)$ repräsentieren, sind auch in $\overline{\mathfrak{K}}$ äquivalent, repräsentieren also dasselbe Element $\varphi\alpha \in \Pi^N(\mathfrak{K})$. Damit ist eine eindeutige Abbildung, die „natürliche" Abbildung, φ von $\Pi^N(\mathfrak{K}^N)$ in $\Pi^N(\mathfrak{K})$ erklärt. Sie ist offenbar ein Homomorphismus. Sie ist sogar eine Abbildung auf $\Pi^N(\mathfrak{K})$, d. h. es ist $\varphi\Pi^N(\mathfrak{K}^N) = \Pi^N(\mathfrak{K})$; denn jedes Element von $\Pi^N(\mathfrak{K})$ läßt sich nicht nur durch „stetige", sondern auch durch „simpliziale" N-dimensionale Sphären repräsentieren, und diese liegen in $\mathfrak{K}^N$, repräsentieren also zugleich Elemente von $\Pi^N(\mathfrak{K}^N)$. Der Kern von φ ist die Gruppe $\mathfrak{R}$ (cf. 3.3).

Aus den Definitionen der Gruppen Π_0^N und Γ^N folgt leicht, daß $\varphi\Pi_0^N(\mathfrak{K}^N) \subset \Pi_0^N(\mathfrak{K})$, $\varphi\Gamma^N(\mathfrak{K}^N) \subset \Gamma^N(\mathfrak{K})$ ist; wir werden in 5.2 und 5.3 zeigen, daß sogar $\varphi\Pi_0^N(\mathfrak{K}^N) = \Pi_0^N(\mathfrak{K})$, $\varphi\Gamma^N(\mathfrak{K}^N) = \Gamma^N(\mathfrak{K})$ ist.

5.2. Um zu zeigen, daß $\varphi\Pi_0^N(\mathfrak{K}^N) = \Pi_0^N(\mathfrak{K})$ ist, genügt es offenbar, folgendes zu beweisen: Die Elemente $\beta, \beta' \in \Pi^N(\mathfrak{K})$ seien einander homotop (in $\overline{\mathfrak{K}}$); dann gibt es solche Elemente $\alpha, \alpha' \in \Pi^N(\mathfrak{K}^N)$, daß α, α' aneinander homotop (in $\overline{\mathfrak{K}}^N$) sind und daß $\varphi\alpha = \beta$, $\varphi\alpha' = \beta'$ ist.

Beweis: Q^{N+1} sei ein, von zwei konzentrischen Sphären s, s' begrenzter Bereich des R^{N+1}; die Orientierungen seien derart, daß $\dot{Q}^{N+1} = s - s'$ ist; dann gibt es eine solche simpliziale Abbildung f von Q^{N+1} in $\mathfrak{K}$, daß die stetigen (simplizialen) Sphären $[f(s)]$, $[f(s')]$ die Elemente β, β' repräsentieren; dabei sind auf s, s' Pole a, a' ausgezeichnet. Wir verbinden a' mit a durch einen Weg w, der aus Kanten der, f zugrundegelegten Simplizialzerlegung von Q^{N+1} besteht, und verstehen unter g eine solche Abbildung einer S^N auf die Punktmenge $\overline{w+s}$, daß s mit dem Grade 1 bedeckt wird; dabei sei auf S^N ein Pol a'' mit $g(a'') = a'$ ausgezeichnet. Nun seien α, α' die durch die stetigen Sphären $[f(s)]$, $[fg(S^N)]$ repräsentierten Elemente von $\Pi^N(\mathfrak{K}^N)$. Daß α, α' einander homotop in $\overline{\mathfrak{K}}^N$ sind, sieht man, indem man w in sich auf den Punkt a zusammenzieht, wodurch $[g(S^N)]$ in s deformiert wird, und diesen Prozeß durch f in $\overline{\mathfrak{K}}$ (und zwar in $\overline{\mathfrak{K}}^N$) überträgt. Daß $\varphi\alpha = \beta$ ist, ist klar; daß $\varphi\alpha' = \beta'$ ist, d. h. daß $[fg(S^N)]$ und $[f(s')]$ in $\overline{\mathfrak{K}}$ äquivalent sind, ergibt sich, wenn man $\overline{w+s}$ innerhalb Q^{N+1} unter Festhaltung von a' auf die Sphäre s' deformiert und dabei immer die Abbildung f ausübt.

5.3. Um zu beweisen, daß $\varphi\Gamma^N(\mathfrak{K}^N) = \Gamma^N(\mathfrak{K})$ ist, haben wir zu einem gegebenen $\beta \in \Gamma^N(\mathfrak{K})$ ein $\alpha \in \Gamma^N(\mathfrak{K}^N)$ so zu finden, daß $\varphi\alpha = \beta$ ist. h sei der wie in 1.4 erklärte Homomorphismus von $\Pi^N(\mathfrak{K}^N)$ in die Bettische Gruppe $\mathfrak{B}^N$ oder, was dasselbe ist, in die Zyklengruppe $\mathfrak{Z}^N$ von $\mathfrak{K}^N$. Zu dem gegebenen β gibt es (cf. 5.1) ein $\alpha_0 \in \Pi^N(\mathfrak{K}^N)$ mit

$\varphi\alpha_0 = \beta$; daß $\beta \in \Gamma^N(\mathfrak{K})$ ist, bedeutet: der Zyklus $h\alpha_0$ ist in $\mathfrak{K}$ homolog 0, d. h. es gibt eine Kette C, deren Rand $\dot{C} = h\alpha_0$ ist. ϱ sei ein Homotopierand von C (cf. 3.4); dann ist auch $h\varrho = \dot{C}$. Setzen wir $\alpha_0 - \varrho = \alpha$, so ist daher $h\alpha = 0$, d. h. $\alpha \in \Gamma^N(\mathfrak{K}^N)$; ferner ist $\varrho \in \mathfrak{R}$, also $\varphi\varrho = 0$ und $\varphi\alpha = \varphi\alpha_0 = \beta$.

5.4. Bereits aus den in 5.1 festgestellten Tatsachen

$$\varphi\Pi_0^N(\mathfrak{K}^N) \subset \Pi_0^N(\mathfrak{K}) \qquad \text{und} \qquad \varphi\Gamma^N(\mathfrak{K}^N) \subset \Gamma^N(\mathfrak{K})$$

folgt, daß φ einen Homomorphismus Φ der Restklassengruppe $\Delta^N(\mathfrak{K}^N)$ in die Restklassengruppe $\Delta^N(\mathfrak{K})$ bewirkt. Aus 5.3 folgt, daß Φ eine Abbildung *auf* $\Delta^N(\mathfrak{K})$ ist. Wir wollen jetzt den Kern von Φ bestimmen.

Die durch φ bewirkte Abbildung von $\Gamma^N(\mathfrak{K}^N)$ auf $\Gamma^N(\mathfrak{K})$ nennen wir φ'; da $\mathfrak{R}$ der Kern von φ ist, ist $\mathfrak{R} \frown \Gamma^N(\mathfrak{K}^N)$ der Kern von φ'; hieraus und aus 5.2 folgt, daß das Urbild von $\Pi_0^N(\mathfrak{K})$ bei der Abbildung φ' die Gruppe $\Pi_0^N(\mathfrak{K}^N) \cdot (\mathfrak{R} \frown \Gamma^N(\mathfrak{K}^N))$ ist. Demnach ist der Kern von Φ die Faktorgruppe

$$\Pi_0^N(\mathfrak{K}^N) \cdot (\mathfrak{R} \frown \Gamma^N(\mathfrak{K}^N)) \,/\, \Pi_0^N(\mathfrak{K}^N)\,;$$

sie ist isomorph mit

$$\mathfrak{R} \frown \Gamma^N(\mathfrak{K}^N) \,/\, \mathfrak{R} \frown \Gamma^N(\mathfrak{K}^N) \frown \Pi_0^N(\mathfrak{K}^N)\,,$$

also, da $\Pi_0^N \subset \Gamma^N$ ist, mit

$$\mathfrak{R} \frown \Gamma^N(\mathfrak{K}^N) \,/\, \mathfrak{R} \frown \Pi_0^N(\mathfrak{K}^N)\,;$$

diese Gruppe aber ist nach 4.8 (6) isomorph mit $\mathfrak{B}^{N+1}/\mathfrak{P}^{N+1}$.

Damit sind wir zu folgendem Ergebnis gelangt:

Satz III. *Der natürliche Homomorphismus φ von $\Pi^N(\mathfrak{K}^N)$ auf $\Pi^N(\mathfrak{K})$ bewirkt einen Homomorphismus Φ von $\Delta^N(\mathfrak{K}^N)$ auf $\Delta^N(\mathfrak{K})$, dessen Kern isomorph mit der Faktorgruppe $\mathfrak{B}^{N+1}/\mathfrak{P}^{N+1}$ ist.*

Hierin ist enthalten:

Korollar. Die Gruppe $\Delta^N(\mathfrak{K}^N)$ besitzt eine solche Untergruppe Θ^N, daß die folgenden beiden Isomorphien gelten:

$$\Delta^N(\mathfrak{K}^N) \,/\, \Theta^N \cong \Delta^N(\mathfrak{K})\,, \qquad \Theta^N \cong \mathfrak{B}^{N+1}/\mathfrak{P}^{N+1}.$$

5.5. Durch Kombination dieses Korollars mit dem Satz I (Nr. 2.2) erhält man

Satz IV. *$\mathfrak{K}$ sei ein beliebiger Komplex, der die Fundamentalgruppe $\mathfrak{G}$ besitzt und asphärisch in den Dimensionen n mit $1 < n < N$ ist ($N \geqslant 2$). Dann enthält die Gruppe $\mathfrak{G}^{N+1}$ eine Untergruppe Θ^N, für welche die Isomorphien gelten*[13]*:*

$$\mathfrak{G}^{N+1}/\Theta^N \cong \Delta^N = \Gamma^N/\Pi_0^N\,, \tag{7}$$

$$\Theta^N \cong \mathfrak{B}^{N+1}/\mathfrak{P}^{N+1}\,. \tag{8}$$

Denn da für $n < N$ immer $\Pi^n(\mathfrak{K}) = \Pi^n(\mathfrak{K}^N)$ ist, folgt aus den Voraussetzungen des Satzes IV, daß die Voraussetzungen des Satzes I erfüllt sind; aus der Behauptung des Satzes I und dem Korollar 5.4 folgt die Behauptung des Satzes IV.

Der Satz I ist übrigens ein Korollar des Satzes IV. Denn wenn $\mathfrak{K} = \mathfrak{K}^N$ ist, so ist $\mathfrak{B}^{N+1} = 0$, nach (8) also $\Theta^N = 0$, und (7) geht in die Behauptung des Satzes I über.

Ebenso wie der Satz I den Satz I′, enthält der Satz IV den

Satz IV′. *$\mathfrak{K}$ sei ein beliebiger Komplex mit der Fundamentalgruppe $\mathfrak{G}$. Dann enthält die Gruppe $\mathfrak{G}^3$ eine Untergruppe Θ^2, für welche die Isomorphien gelten:*

$$\mathfrak{G}^3/\Theta^2 \cong \Delta^2 = \Gamma^2/\Pi_0^2\,, \tag{7′}$$

$$\Theta^2 \cong \mathfrak{B}^3/\mathfrak{P}^3\,. \tag{8′}$$

5.6. *Anwendungen und Beispiele.* Wenn $\mathfrak{G}^3 = 0$ — also z. B. wenn $\mathfrak{G}$ eine freie Gruppe ist ([4], 10.1) —, so ist jeder dreidimensionale Zyklus in $\mathfrak{K}$ Bild einer Henkelmannigfaltigkeit; denn aus $\mathfrak{G}^3 = 0$ folgt $\Theta^2 = 0$, also nach (8′) $\mathfrak{B}^3 = \mathfrak{P}^3$. Ferner folgt aus $\mathfrak{G}^3 = 0$ nach (7′), daß $\Gamma^2 = \Pi_0^2$ ist.

5.7. Wir nehmen zu der Voraussetzung $\mathfrak{G}^3 = 0$ noch die Voraussetzung hinzu, daß $\mathfrak{K} = M^3$ eine dreidimensionale geschlossene orientierbare Mannigfaltigkeit ist. Daß ihr Grundzyklus Bild einer Henkelmannigfaltigkeit H^3 ist, bedeutet: H^3 läßt sich mit dem Grade 1 auf M^3 abbilden. Bei einer solchen Abbildung ist jeder Zyklus aus M^3 dem Bilde eines Zyklus aus H^3 homolog ([7], Satz II); nun besitzt H^3, wie man direkt

[13]) Die Gruppen in (7) und (8) beziehen sich sämtlich auf den Komplex $\mathfrak{K}$.

bestätigt, eine zweidimensionale Homologiebasis, die aus Kugelflächen besteht; folglich ist jeder zweidimensionale Zyklus aus M^3 einem Kugelbild homolog, d. h. es ist $\mathfrak{B}^2 = \mathfrak{S}^2$. Da immer $\mathfrak{B}^2/\mathfrak{S}^2 \cong \mathfrak{G}^2$ ist, ist also $\mathfrak{G}^2 = 0$. Damit ist bewiesen: *Ist* $\mathfrak{G}$ *Fundamentalgruppe einer (geschlossenen orientierbaren) Mannigfaltigkeit* M^3 *und ist* $\mathfrak{G}^3 = 0$, *so ist auch* $\mathfrak{G}^2 = 0$.

Gruppen $\mathfrak{G}$, für welche $\mathfrak{G}^2 \neq 0, \mathfrak{G}^3 = 0$ ist, können also nicht als Fundamentalgruppen von Mannigfaltigkeiten M^3 auftreten. Beispiele solcher Gruppen sind die Fundamentalgruppen der geschlossenen orientierbaren Flächen von positivem Geschlecht[14]), allgemeiner: die Fundamentalgruppen von zweidimensionalen Komplexen $\mathfrak{k}$, welche in der Dimension 2 asphärisch, aber nicht azyklisch sind; denn da $\mathfrak{k}$ asphärisch ist, ist erstens $\mathfrak{B}^3/\mathfrak{S}^3 = \mathfrak{G}^3$ (cf. 3.6), also, da $\mathfrak{k}$ zweidimensional ist, $\mathfrak{G}^3 = 0$, und zweitens $\mathfrak{S}^2 = 0$, also $\mathfrak{B}^2 \cong \mathfrak{G}^2$, also, da $\mathfrak{k}$ nicht azyklisch ist, $\mathfrak{G}^2 \neq 0$.

5.8. Wir betrachten noch weiter Mannigfaltigkeiten M^3 mit $\mathfrak{G}^3 = 0$. Nach 5.7 ist $\mathfrak{B}^2 = \mathfrak{S}^2$; aus den Definitionen von $\mathfrak{S}^2$ als Bild $h\Pi^2$ und von Γ^2 als Kern von h folgt, daß immer $\mathfrak{S}^2 \cong \Pi^2/\Gamma^2$ ist; nach 5.6 ist $\Gamma^2 = \Pi_0^2$; es ist also $\mathfrak{B}^2 \cong \Pi^2/\Pi_0^2$. Die erste Bettische Gruppe von M^3 ist isomorph mit der Gruppe $\mathfrak{G}^1$ (dies ist die Faktorgruppe der Gruppe $\mathfrak{G}$ nach ihrer Kommutatorgruppe); nach dem Poincaréschen Dualitätssatz ist dann $\mathfrak{B}^2$ isomorph mit der Faktorgruppe $\mathfrak{G}_0^1$ der Gruppe $\mathfrak{G}^1$ nach der Untergruppe ihrer Elemente endlicher Ordnung. Für eine M^3 mit $\mathfrak{G}^3 = 0$ ist also $\Pi^2/\Pi_0^2 \cong \mathfrak{G}_0^1$.

Beispiel: Die Fundamentalgruppe $\mathfrak{G}$ der Mannigfaltigkeit M^3 sei die freie Gruppe mit p Erzeugenden (dies ist der Fall, wenn M^3 die Henkelmannigfaltigkeit H_p^3 ist). Dann ist Π^2/Π_0^2 die freie Abelsche Gruppe vom Range p. [15])

5.9. Für die eben betrachteten Mannigfaltigkeiten M^3 ist $\Delta^2 = 0$, d. h. $\Gamma^2 = \Pi_0^2$; Mannigfaltigkeiten, für die dies nicht der Fall ist, findet man auf Grund folgender Bemerkung: Für eine M^3 ist $\mathfrak{B}^3$ unendlich zyklisch, nach (8′) also Θ^2 zyklisch; wenn $\mathfrak{G}^3$ nicht zyklisch ist, ist daher nach (7′) $\Gamma^2 \neq \Pi_0^2$.

---

[14]) Ein anderer Beweis dafür, daß diese Gruppen nicht als Fundamentalgruppen von Mannigfaltigkeiten M^3 auftreten, ist in [3], Nr. 28, enthalten.

[15]) Die Struktur der Gruppe Π^n / Π_0^n verdient besonders darum Interesse, weil sich in ihr eine wesentliche Eigenschaft der Homotopiegruppe Π^n als „Gruppe mit Operatoren" im Sinne von [2] äußert; cf. 1.7.

Beispiel: M^3 sei die topologische Summe ([6], p. 218 unten) von zwei dreidimensionalen Toroiden (topologischen Produkten $S^1 \times S^1 \times S^1$); dann ist, wie man leicht bestätigt, $\mathfrak{G}^3$ die freie Abelsche Gruppe vom Range 2;[16]) da Θ^2 zyklisch ist, folgt aus (8'), daß Δ^2 unendlich ist. — Übrigens ist für diese M^3, wie man ebenfalls leicht sieht, $\mathfrak{S}^2 = 0$, also, da immer $\mathfrak{S}^2 \cong \Pi^2/\Gamma^2$ ist, $\Gamma^2 = \Pi^2$, $\Delta^2 = \Pi^2/\Pi_0^2$.

---

[16]) Andeutung eines Beweises: Der Komplex $\mathfrak{K}$, der entsteht, wenn man zwei Toroide in einem Punkt zusammenheftet, hat dieselbe Fundamentalgruppe $\mathfrak{G}$ wie M^3; er ist, wie man leicht sieht, asphärisch (im Gegensatz zu M^3), und daher ist $\mathfrak{G}^3$ isomorph mit seiner dritten Bettischen Gruppe.

LITERATUR

[1] *W. Hurewicz*, Beiträge zur Topologie der Deformationen, Proc. Akad. Amsterdam: (I) vol. 38 (1935), 112—119; (II) vol. 38 (1935), 521—528; (III) vol. 39 (1936), 117—126; (IV) vol. 39 (1936), 215—224.

[2] *S. Eilenberg*, On the relation between the fundamental group of a space and the higher homotopy groups, Fund. Math. 32 (1939), 167—175.

[3] *H. Hopf*, Fundamentalgruppe und zweite Bettische Gruppe, Comment. Math. Helvet. 14 (1942), 257—309. — Nachtrag hierzu, ibidem 15 (1942), 27—32.

[4] *H. Hopf*, Über die Bettischen Gruppen, die zu einer beliebigen Gruppe gehören, Comment. Math. Helvet. 17 (1944), 39—79.

[5] *P. Alexandroff* und *H. Hopf*, Topologie I (Berlin 1935).

[6] *H. Seifert* und *W. Threlfall*, Lehrbuch der Topologie (Leipzig und Berlin 1934).

[7] *H. Hopf*, Zur Algebra der Abbildungen von Mannigfaltigkeiten, Journ. f. d. r. u. a. Math. (Crelle) 163 (1930), 71—88.

(Eingegangen den 13. April 1945.)

51.

Sur les champs d'éléments de surface dans les variétés à 4 dimensions

Topologie algébrique Paris 1947. (Colloques Internationaux CNRS Paris 1949), 55–59

1. Les recherches dont il est question ci-dessous se rattachent à un théorème connu sur les champs de directions dans les variétés V^n à n dimensions, closes et différentiables. D'après Poincaré et Brouwer, on peut attribuer à chaque singularité isolée d'un tel champ un nombre entier, son « index » ; si le champ n'en comprend qu'un nomhre fini, il lui correspondra alors une certaine « somme d'indices ». Le théorème auquel nous faisions allusion affirme que cette somme ne dépend pas du champ particulier, mais est un invariant de la variété (et égal à sa caractéristique d'Euler).

Le problème que nous envisageons ici est de savoir si un « théorème d'invariance » analogue vaut pour les champs d'éléments plans à deux dimensions ou « éléments de surface ».

2. Nous nous bornons au cas $n = 4$ et considérons des champs d'éléments plans à deux dimensions orientés, situés dans des variétés V^4 orientées, closes et différentiables. Nous supposons en outre que ces champs ont au plus un nombre fini de points singuliers (forcément isolés).

Remarque. — *A priori*, on s'attendrait plutôt à trouver des lignes singulières et l'on peut se demander si notre dernière condition est toujours réalisable; cette question est du reste sans importance ici, car il existe suffisamment d'exemples de champs à singularités isolées. Par ailleurs, selon H. Whitney (¹), il y a dans toute V^4 orientable des champs de paires de directions, donc

---

(¹) H. Whitney, *On the topology of differentiable manifolds*, *Lectures in Topology* (*Ann. Arbor*, 1941, § 23).

aussi d'éléments de surface, dont les singularités sont en nombre fini.

L'index d'une singularité d'un champ se définit de la façon habituelle et naturelle : c'est un élément du groupe d'homotopie $\pi_3(U)$, U désignant la variété de tous les plans à deux dimensions orientés menés par un point de l'espace euclidien E^4, ou, ce qui revient au même, de tous les grands cercles orientés de la sphère S^3. La somme d'indices est aussi un élément de $\pi_3(U)$. Il faut encore remarquer ici que, la V^4 étant orientée, il règne un isomorphisme bien determiné entre les groupes $\pi_3(U)$ attachés aux différents points de la variété, de sorte qu'on peut les identifier entre eux.

La variété U est le produit cartésien de deux sphères S^2; par conséquent, $\pi_3(U)$ est la somme directe de deux groupes cycliques infinis, et les indices et sommes d'indices sont caractérisés par des paires (a, b) de nombres entiers.

3. Comme nous l'annoncions au n° **1**, nous nous posons maintenant la question suivante : *La somme d'indices est-elle un invariant de la* V^4, *c'est-à-dire indépendante du choix du champ ?*

Sans encore démontrer de théorème général, on peut voir facilement par des cas particuliers que la réponse sera affirmative pour certaines V^4 et négative pour d'autres. Par exemple, on peut prouver que, sur la sphère S^4, tous les champs ont la somme d'indices $(-1, +1)$, mais que, par contre, sur le produit cartésien $V^4 = S^2 \times S^2$, on a un champ de somme $(0, 0)$ et un autre de somme $(-4, +4)$.

Comme conséquence du théorème principal que nous formulerons plus loin (n° 5), on obtient le théorème : *La condition nécessaire et suffisante pour que la somme d'indices soit un invariant est que le deuxième nombre de Betti* p^2 *de la variété soit nul;* de plus, *lorsque* $p^2 \neq 0$, *une infinité de paires différentes de nombres entiers figurent comme sommes d'indices.*

4. Comme $U = S^2 \times S^2$, la recherche systématique des sommes d'indices se ramène à l'étude d'espaces fibrés R dans lesquels la fibre est une S_2 et la base notre V^4. Nous suivons tout d'abord la méthode habituelle : soit K^i le squelette à i dimensions d'une division simpliciable de V^4 et F une « surface de section » (allemand : Schnittfläche) donnée dans R sur K^3 ; pour chaque simplexe x_j^4 de K^4, la sphère S^3 située dans F au-dessus du bord de x_j^4 définit un élément du groupe $\pi^3(S^2)$, donc un nombre entier γ_j ; nous nous intéressons au cocycle $\Gamma = \Sigma\gamma_j x_j^4$.

Soit de même F′ une deuxième surface de section sur K^3 et $\Gamma' = \Sigma\gamma'_j x_j^4$ le cocycle correspondant à Γ. Par un procédé connu, on peut joindre F et F′ par-dessus K^1 ; on construit par là sur chaque simplexe y_i^2 de K^2 une sphère s_i^2 qui détermine un élément du groupe $\pi_2(S^2)$, donc un nombre entier d_i. La chaîne $\Sigma d_i y_i^2 = \Delta(F, F')$ est un cocycle à deux dimensions ; c'est « l'obstacle » qui s'oppose à la jonction de F et F′.

5. Nommons $\overline{F}$ la surface de section obtenue à partir de F lorsque l'on échange les points antipodes de chaque fibre S^2. Notre *théorème principal* est

$$\Gamma' - \Gamma = \Delta(F', F)\,\Delta(F', \overline{F}), \tag{1}$$

le produit étant celui de la cohomologie. A la place de (1), on peut aussi écrire :

$$\Gamma' = [\Delta(F', F)]^2 + \Delta(F, \overline{F})\,\Delta(F', F) + \Gamma. \tag{2}$$

Une fois F donnée, $\Delta(F, \overline{F})$ et Γ sont bien déterminés, tandis que $\Delta(F', F)$ peut encore être choisi arbitrairement ; cela signifie que, Δ étant un cocycle à deux dimensions quelconque, il existe toujours une surface de section F′ pour laquelle $\Delta(F, F') = \Delta$; dans ce sens, la formule (2) fournit le Γ′ plus général possible.

Les formules (1) et (2) sont du reste en relation avec de nouveaux résultats de N. E. Steenrod, *Products and extensions of mappings* (*Ann. of Math.*, t. **48**, 1947).

6. La démonstration de (1) repose essentiellement sur le lemme suivant :

LEMME. — *Soient f, f′ des transformations* $S^3 \to S^2$ *d'invariants* γ *et* γ' ; *si elles sont suffisamment régulières, les points* $x \in S^3$ *pour lesquels* $f(x) = f'(x)$ *forment un cycle z ; de même si* $\overline{p}$ *désigne l'antipode de* $p \in S^2$, *les points y vérifiant* $\overline{f(y)} = f'(y)$

constituent un deuxième cycle $\bar{z}$. *La conclusion du lemme est : la différence* $\gamma' - \gamma$ *est égal au coefficient d'enlacement de* z *et* $\bar{z}$.

7. A l'aide de (2), on peut calculer les sommes d'indices possibles des champs d'éléments-plans pour beaucoup de V^4. *Exemples :* Soit $V^4 = S^1 \times V^3$, où V^3 est une variété à trois dimensions dont le premier nombre de Betti n'est pas nul; les paires $(2u, 2v)$, u et v entiers quelconques, représentent toutes des sommes d'indices et il n'y en a pas d'autres.

Pour le plan projectif complexe $P^4 = V^4$, on tire tout d'abord de (2) que les sommes d'indices ont la forme

$$(y^2 + cy + d, \qquad x^2 + ax + b),$$

où x et y sont arbitraires et a, b, c, d certaines constantes; celles-ci peuvent aisément être calculées, et l'on trouve comme sommes d'indices toutes les paires :

$$(y^2 + y - 2, \qquad x^2 + x + 1), \tag{3}$$

x et y entiers arbitraires (²).

8. Il y a dans le plan projectif complexe des éléments plans particuliers, les éléments « linéaires complexes ». Pour un champ ne comprenant que des éléments de cette sorte, le premier terme de (3) est nul; réciproquement, étant donné un nombre entier x quelconque, il existe toujours un champ d'éléments linéaires complexes dont la somme d'indices vaut $(0, x^2 + x + 1)$.

Plus généralement, soit V^4 une « variété complexe » ; nous entendons par là que l'on peut recouvrir V^4 par des systèmes de coordonnées locaux complexes de telle façon que le passage d'un de ces systèmes à l'autre dans un domaine commun d'existence soit défini par des fonctions analytiques de variables complexes. On peut alors toujours former dans V^4 des champs d'éléments linéaires complexes n'ayant qu'un nombre fini de singularités, et

(²) J'ai communiqué ce théorème sur le plan projectif complexe à la session de topologie des entretiens : *The problems of Mathematics*, Princeton, Décembre 1946.

les sommes d'indices correspondantes ont la forme $(0, b)$. Cela fournit une condition nécessaire pour qu'une variété V^4 donnée soit complexe au sens défini précédemment; en particulier, on déduit du n° 3 que la sphère S^4 n'est pas une variété complexe; de manière analogue, on peut indiquer une infinité de variétés non complexes.

9. Si l'on essaie de généraliser aux dimensions $n > 4$ les recherches précédentes, on se heurte à des différences essentielles avec le cas $n = 4$, et à de nouvelles et plus grandes difficultés; ainsi j'ai tenté de montrer que la sphère S^{2m} n'est pas une variété complexe pour $2m > 4$, mais je n'y suis encore parvenu que pour $2m = 8$, et cela à l'aide d'une communication de B. Eckmann.

52.

Zur Topologie der komplexen Mannigfaltigkeiten

Studies and Essays presented to R. Courant. Interscience Publishers Inc., New York 1948, 167–185

1. Wenn man von "differenzierbaren Funktionen", "differentialen", "Vektorfeldern" usw. in einer n-dimensionalen Mannigfaltigkeit M^n spricht, so sëtzt man voraus, dass M^n in folgendem Sinne eine "differenzierbare" Mannigfaltigkeit ist: sie ist mit offenen Mengen überdeckt, welche topologische Bilder des Inneren eines n-dimensionalen Würfels sind; in jeder dieser Mengen sind reelle cartesische Koordinaten so eingeführt, dass die Koordinatentransformationen, die beim Übereinandergreifen zweier solcher Koordinatensysteme entstehen, stetig differenzierbar und dass ihre Funktionaldeterminanten nicht 0 sind. - Falls diese Transformationen sogar (reell)-analytisch sind, haben die Begriffo der reellen analytischen Funktion, des analytischen Vektorfeldes usw. in M^n einen Sinn; M^n heisst dann eine "(reell)-analytische" Mannigfaltigkeit.

Analog kann man auch von *komplex*-analytischen Funktionen, Differentialen usw. in M^n sprechen, sobald man M^n mit lokalen Systemen komplexer Koordinaten $(z_1,\dots,z_m)$, $(w_1,\dots,w_m)$,... so überdeckt hat, dass die beim Übereinandergreifen entstehenden Koordinatentransformationen komplex-analytisch und dass ihre Funktionaldeterminanten nicht 0 sind. Wenn es in M^n solche Koordinat ten gibt, nennt man M^n eine komplex-analytische oder kurz: eine "*komplexe Mannigfaltigkeit*".

Natürlich hat eine solche M^n immer gerade Dimension, $n = 2m$, und sie ist immer zugleich reell-analytisch. Ferner ist eine komplexe M^n immer orientierbar; denn setzt man $z_j = x_j + iy_j$, $w_j = u_j + iv_j$, so ist die reele Funktionaldeterminante der Tansformation, welche die Koordinaten $x_1, y_1, \ldots, x_m, y_m$ durch die $u_1, v_1, \ldots, u_m, v_m$ ersetzt, immer positiv, nämlich, wie man leicht nachrechnet, gleich dem Quadrat des absoluten Betrages der komplexen Funktionaldeterminante der w_j nach den z_j.

2. Beispiele komplexer Mannigfaltigkeiten:

(a) Alle orientierbaren Flächen M^2. - Diese bekannte Tatsache beweist man leicht entweder durch Einführung isothermer Parameter in Bezug auf eine analytische Riemann'sche Metrik auf der M^2 oder auch dadurch, dass man M^2 als Riemann'sche Fläche über der komplexen Zahlkugel deutet.

(b) Der "m-dimensionale komplexe projektive Raum" ist eine komplexe M^{2m}; sie ist geschlossen und für $m = 1$ mit der Kugelfläche homöomorph.

(c) Die cartesischen Produkte komplexer Mannigfaltigkeiten sind selbst komplex. Der Beweis ist klar. Demnach sind insbesondere die Produkte von zwei oder mehr orientierbaren Flächen komplexe M^n; hierzu gehören die euklidischen Räume gerader Dimension.

(d) Das cartesische Produkt $S^1 \times S^{2m-1}$ einer Kreislinie S^1 mit der Sphäre S^{2m-1} bei beliebigem m. - Beweis: Man führe im euklidischen R^{2m} komplexe cartesische Koordinaten $z_1, \ldots, z_m$ ein, betracht die diskontinuierliche Transformationsgruppe, welche durch die Abbildung $z_j' = 2z_j$, $j = 1, \ldots, m$, erzeugt wird, deute sie, nach Entfernung des Nullpunktes o aus dem R^{2m}, als Gruppe von Decktransformationen des Überlagerungsraumes $R^{2m}-o$ von $S^1 \times S^{2m-1}$ und übertrage die komplexen Koordinaten aus $R^{2m}-o$ in naheliegender Weise auf $S^1 \times S^{2m-1}$.

3. Wie H. Whitney gezeigt hat [1], kann man jede differenzierbare Mannigfaltigkeit durch Einführung neuer lokaler Koordinatensysteme zu einer reell-analytischen machen; die Existenz einer reell-analytischen Struktur bedeutet also keine Einschränkung für die topologischen Typen der Mannigfaltigkeiten.[1)]

Wir fragen nun: Kann man--in Analogie zu diesem Sachverhalt --jede orientierbare M^n gerader Dimension (die wir als reell-analytisch annehmen dürfen) durch Einführung geeigneter lokaler Koordinaten zu einer komplexen Mannigfaltigkeit machen, oder gestatten nur spezielle topologische Typen von Mannigfaltigkeiten die Einführung lokaler komplex-analytischer Koordinatensysteme?

Mir scheint diese Fragestellung im Rahmen der "Analysis im Grossen" interessant und recht natürlich zu sein, zumal komplexe Mannigfaltigkeiten ja in verschiedenen Gebieten der Mathematik eine Rolle spielen: so in der Theorie der analytischen Funktionen von m Variablen, in der algebraischen Geometrie, in der Theorie der Lie'schen Gruppen, in der Differentialgeometrie.

Soviel ich sehe, ist diese Frage aber noch nicht behandelt worden, und die nachstehenden Ausführungen scheinen den ersten Beitrag zu ihrer Beantwortung darzustellen. Weit davon entfernt, etwa eine topologische Charakterisierung derjenigen Mannigfaltigkeiten zu geben, welche komplex sind, werden wir folgendes zeigen: dafür, dass eine M^n komplex ist, ist es notwendig, dass sie eine Bedingung von topologischem Charakter erfüllt, welche sich auf die

1) Wenigstens dann nicht, wenn man von vornherein nur differenzierbare Mannigfaltigkeiten betrachtet; dass jede "topologische" M^n mit einer differenzierbaren homöomorph ist, ist eine unbewiesene Annahme.

Existenz spezieller Systeme von Richtungsfeldern in der M^n beziel und es gibt unendlich viele Mannigfaltigkeiten, die, obwohl sie orientierbar und von gerader Dimension sind, diese Bedingung nich erfüllen, also die Einführung komplex-analytischer lokaler Koordinaten nicht gestatten. Unter diesen Mannigfaltigkeiten befinden sich die Sphären S^4 und S^8 -im Gegensatz zur Sphäre S^2, die ja eine komplexe M^2 ist. Ob die Sphären S^{2m} mit $m = 1,2,4$ komplexe Mannigfaltigkeiten sind oder nicht, habe ich nicht feststellen können.[2]

In der nachfolgenden Darstellung wird manches nur skizziert, und Beweise werden oft nur angedeutet; der Leser wird die Ergänzungen, auf die er Wert legt, sicher leicht anbringen können.[3]

4. Wir werden uns mit einer Klasse von Mannigfaltigkeiten beschäftigen, welche alle komplexen, aber vermutlich auch andere M^n enthält. Zu der Definition dieser Klasse kommen wir durch folgende Überlegung:

4.1. M^{2m} sei eine komplexe Mannigfaltigkeit; in ihr sei $\mathfrak{v}$ ein Vektor; in Bezug auf eines der definierenden lokalen komplexen Koordinatensysteme hat er m komplexe Komponenten Z^j; der Vektor $i\mathfrak{v}$ mit den Komponenten iZ^j ist ihm in invarianter, d.h. vom Koordinatensystem unabhängiger Weise zugeordnet; $\mathfrak{v}$ und $i\mathfrak{v}$ sind linear unabhängig in Bezug auf reelle Koeffizienten. Es ist somit durch $f(\mathfrak{v}) = i\mathfrak{v}$ in dem Vektorbündel jedes Punktes der M^{2m} eine lineare Abbildung erklärt, welche keinen Eigenvektor hat.- Wenn

2) Herr Ch. Ehresmann hat mir für den Satz, dass die S^4 kein komplexe Mannigfaltigkeit ist, einen Beweis mitgeteilt, der von de meinen verschieden, wenn auch wohl im Grunde mit ihm verwandt ist.

3) Die Ergebnisse dieser Arbeit, soweit sie komplexe Mannigfaltigkeiten betreffen, habe ich in dem "Colloque de Topologie algébrique, Paris, Juni-Juli 1947, mitgeteilt.

man Real-und Imaginärteile der komplexen Koordinaten als reelle Koordinaten einführt, so ist $\mathfrak{w} = (X^1, Y^1, \ldots, X^m, Y^m)$, $i\mathfrak{w} = (-Y^1, X^1, \ldots, -Y^m, X^m)$.

4.2. Jetzt sei M^n eine beliebige differenzierbare Mannigfaltigkeit. Zu jedem Punkt p gehört die Sphäre S_p^{n-1} der "Richtungen"; die Gesamtheit aller Richtungen bildet, in naheliegender Weise topologisiert, die Richtungsmannigfaltigkeit $R(M^n)$, die in die Richtungssphären S_p^{n-1} gefasert ist.

Definition: M^n heisst eine "$\mathfrak{J}$-Mannigfaltigkeit", wenn es eine Abbildung[4] F von $R(M^n)$ in sich gibt, die jede Richtungssphäre S_p^{n-1} so in sich transformiert, dass keine Richtung in sich oder in die entgegengesetzte Richtung übergeht.

Da es bei jeder Abbildung einer Sphäre gerader Dimension in sich einen Fixpunkt oder einen Punkt gibt, der auf seinen Antipoden abgebildet wird ([2], p. 481), muss n gerade sein. - Wir wollen ferner die $\mathfrak{J}$-Mannigfaltigkeiten immer als orientierbar voraussetzen.

Nach 4.1 ist jede komplexe Mannigfaltigkeit eine $\mathfrak{J}$-Mannigfaltigkeit.

4.3. Die $\mathfrak{J}$-Mannigfaltigkeiten treten auch bei anderen Gelegenheiten auf, die mit den komplexen Mannigfaltigkeiten nicht unmittelbar zusammenhängen. Herr Ch. Ehresmann hat darauf hingewiesen[5], dass die folgende Frage Interesse verdient: "In welchen differenzierbaren M^n gibt es äussere Differentialformen 2. Grades, die überall den Rang n haben?" Wir behaupten: Wenn es in M^n eine solche Differentialform gibt, so ist M^n eine $\mathfrak{J}$-Mannigfaltigkeit.

4) Alle Abbildungen sollen stetig sein.

5) Im Anschluss an seinen Vortrag "Sur la théorie des espaces fibrés" in dem Pariser Colloque[3].

Beweis: Die Existenz einer Form der genannten Art ist gleic bedeutend mit der Existenz eines stetigen Feldes kovarianter schiefsymmetrischer Tensoren s_{jk}, die überall den Rang n haben. Man führe in M^n eine Riemann'sche Metrik ein (was immer möglich i [1]) und verstehe unter g^{ij} ihren kontravarianten Fundamentaltensor; dann stellt der gemischte Tensor $s^i_k = g^{ij}s_{jk}$ in dem Raum de kontravarianten Vektoren jedes einzelnen Punktes der M^n eine nich singuläre lineare Transformation dar, die jeden Vektor in einen z ihm orthogonalen überführt.

5.1. Wir wollen, weil es bequem und erlaubt [1] ist, immer annehmen, dass unsere Mannigfaltigkeiten Riemann'sche Metriken be sitzen. Die Richtungssphären S^{n-1} sind dann metrisch im Sinne de Orthogonal-Geometrie. - M^n sei $\mathfrak{J}$ -Mannigfaltigkeit, und die Abbildung F habe dieselbe Bedeutung wie in 4.2; für jede Richtung $\mathfrak{r}$ verstehen wir unter $F'(\mathfrak{r})$ diejenige Richtung, welche in der von $\mathfrak{r}$ und $F(\mathfrak{r})$ aufgespannten 2-dimensionalen Halbebene liegt und zu $\mathfrak{r}$ senkrecht ist; indem wir F' statt F betrachten und die Bezeichnung ändern, dürfen wir annehmen, dass die $\mathfrak{J}$ -Eigenschaft von M^n durch eine solche Abbildung F von $R(M^n)$ auf sich gegeben ist, welche jede Richtung in eine zu ihr orthogonale transformier Die durch F bewirkten Abbildungen f_p der Richtungssphären S^{n-1}_p auf sich haben also die Eigenschaft, jeden Punkt auf einen zu ihm orthogonalen abzubilden; solche Selbstabbildungen von Sphären wollen wir " $\mathfrak{J}$ -Abbildungen" nennen.

5.2. Die folgende Konstruktion bildet die Grundlage für unsere weitere Untersuchung: M^n sei eine geschlossene $\mathfrak{J}$ -Mannigfaltigkeit; in ihr nehmen wir ein Richtungsfeld $\mathfrak{R}$, das eine einzige Singularität hat ([2], p. 550); auf $\mathfrak{R}$ üben wir die Abbildun

F aus, von der wir soeben gesprochen haben; dann bilden $\mathfrak{R}$ und F($\mathfrak{R}$) ein Feld $\mathfrak{P}$ von Richtungspaaren, das ebenfalls eine einzige Singularität hat.

Dabei wird hier und im folgenden unter einem "Richtungspaar" immer ein geordnetes Paar zueinander orthogonaler Richtungen verstanden.

Unser nächstes Ziel ist es, zu zeigen, dass die Singularität des Feldes $\mathfrak{P}$, das wir soeben in einer $\mathfrak{J}$ -Mannigfaltigkeit konstruiert haben, von sehr spezieller Natur ist; später werden wir dann sehen, dass nicht in jeder differenzierbaren M^n ein solches Feld existieren kann.

6.1. Die Richtungen in einem Punkt des euklidischen R^n bilden eine Sphäre S^{n-1}; die Richtungspaare werden auf S^{n-1} durch die geordneten Paare (x,y) zueinander orthogonaler Punkte repräsentiert, oder auch folgendermassen durch die Elemente der Richtungsmannigfaltigkeit $R(S^{n-1})$ --(cf. 4.2)--: man identifiziere das Paar (x,y) mit der Tangentialrichtung der S^{n-1} im Punkt x, die zu dem Ortsvektor von y parallel ist. Wir wollen die Mannigfaltigkeit der Richtungspaare (x,y), den wir also mit $R(S^{n-1})$ identifizieren dürfen, mit P_n bezeichnen. Wir werden uns besonders für die (n-1)-te Homotopiegruppe von P_n interessieren und diese G_{n-1} nennen.

6.2. M^n sei eine oreintierte differenzierbare Mannigfaltigkeit; in ihr sei ein Feld von Richtungspaaren gegeben, das an einer Stelle a eine isolierte Singularität haben möge. Dann ist der "Index" von a das Element von G_{n-1}, das folgendermassen definiert ist: in der Umgebung von a sei eine euklidische Metrik eingeführt, die in a mit der Riemann'schen Metrik von M^n übereinstimmt; in ihr sei S^{n-1} eine Kugel mit dem Mittelpunkt a; die

Richtungen des Feldpaares in dem Punkt $\bar{x} \in \bar{S}^{n-1}$ sind zu den Richtungen eines bestimmten Paares $\varphi(\bar{x})$ im Punkt a parallel; φ ist eine Abbildung von $\bar{S}^{n-1}$ in die, zu a gehörige Mannigfaltigkeit P_n und das hierdurch bestimmte Element der Gruppe G_{n-1} ist der Index --Es ist nicht schwer, zu zeigen, dass der Index von der Willkür bei der Wahl der Metrik in der Nähe von a nicht abhängt.

6.3. Jede $\mathfrak{J}$-Abbildung einer S^{n-1} --cf. 5.1-- bestimmt folgendermassen eine Abbildung ψ von S^{n-1} in P_n: jedem Punkt x von S^{n-1} wird das Punktepaar $\psi(x) = (x, f(x))$ zugeordnet. Wir setzen S^{n-1} als orientiert voraus; dann bestimmt ψ ein Element von G_{n-1}; wir nennen es $\alpha(f)$.

Zwei $\mathfrak{J}$-Abbildungen von S^{n-1} sollen zu derselben "$\mathfrak{J}$-Klasse" gerechnet werden, wenn man sie durch eine stetige Schar von $\mathfrak{J}$-Abbildungen verbinden kann; sind f,f' in derselben $\mathfrak{J}$-Klasse $\mathfrak{f}$, so ist $\alpha(f) = \alpha(f')$, und wir dürfen dieses Element $\alpha(\mathfrak{f})$ nennen.

6.4. M^n sei eine orientierte $\mathfrak{J}$-Mannigfaltigkeit; die Abbildung F --cf. 5.1-- bewirkt auf jeder Richtungssphäre S_p^{n-1} eine $\mathfrak{J}$-Abbildung f_p. Bildet man alle Sphären S_p^{n-1} unter Erhaltung der Orientierung orthogonal auf eine feste, orientierte Sphäre S^{n-1} ab, so gehen die f_p in $\mathfrak{J}$-Abbildungen f_p' von S^{n-1} über, von denen man leicht zeigt, dass sie alle zu derselben $\mathfrak{J}$-Klasse $\mathfrak{f}$ gehören. Wir nennen $\mathfrak{f}$ "Struktur-Klasse" der $\mathfrak{J}$-Mannigfaltigkeit M^n. Zu ihr gehört ein bestimmtes Element $\alpha(\mathfrak{f}) \in G_{n-1}$.

6.5. M^n sei eine geschlossene $\mathfrak{J}$-Mannigfaltigkeit mit der Struktur-Klasse $\mathfrak{f}$; die Euler'sche Charakteristik von M^n sei C. Wir betrachten das Feld $\mathfrak{P}$, das wir in 5.2 konstruiert haben und behaupten: Der Index der Singularität a von $\mathfrak{P}$ ist das Element $C \cdot \alpha(\mathfrak{f})$.

Beweis-Andeutung: Wir dürfen annehmen, dass in der Nähe von a alle f_p mit f_a identisch sind (in Bezug auf ein festes euklidisches Koordinatensystem); $\overline{S}^{n-1}$, φ, ψ sollen dieselben Bedeutungen haben wie in 6.2 und 6.3; r sei die Abbildung von $\overline{S}^{n-1}$ in S_a^{n-1}, welche durch Parallelverschiebung der Richtungen des Feldes $\mathfrak{R}$ --cf. 5.2-- vermittelt wird; dann ist $\varphi = \psi r$. Daraus, dass r den Grad C hat, ψ das Element $\alpha(\mathfrak{f})$ und φ den fraglichen Index bestimmt, folgt die Richtigkeit der Behauptung.

Wir fassen zusammen:

Die geschlossene orientierte Mannigfaltigkeit M^n sei $\mathfrak{F}$-Mannigfaltigkeit mit der Struktur-Klasse $\mathfrak{f}$; ihre Euler'sche Charakteristik sei C. Dann existiert in M^n ein Feld von Richtungspaaren, das eine einzige Singularität hat, und zwar eine solche, deren Index das Element $C\cdot\alpha(\mathfrak{f}) \in G_{n-1}$ ist.

Bei den Anwendungen, die wir später von diesem Satz machen werden, werden wir übrigens meistens nur benutzen, dass der Index von der Form $C\cdot\alpha$, $\alpha \in G_{n-1}$, ist, ohne die besondere Natur des Elementes $\alpha = \alpha(\mathfrak{f})$ zu berücksichtigen.

7. Bevor wir zu den Anwendungen kommen, müssen wir aber noch einige Eigenschaften der Gruppen $G_{n-1} = \pi_{n-1}(P_n)$ besprechen; dabei deuten wir P_n als Richtungsraum $R(S^{n-1})$. Es sei immer $n = 2m > 2$.

7.1. Nach [3], Satz 22, ist $G_{n-1} = \pi_{n-1}(S^{n-1}) + \pi_{n-1}(S^{n-2})$, also $G_{n-1} = \mathfrak{A} + \mathfrak{B}$, wobei $\mathfrak{A}$ unendlich zyklisch, $\mathfrak{B}$ für $n = 4$ unendlich zyklisch, für $n > 4$ von der Ordnung 2 ist. Man sieht leicht, dass man Erzeugende α und β von $\mathfrak{A}$ und $\mathfrak{B}$ folgendermassen wählen kann: α werde durch ein beliebiges Richtungsfeld (ohne Singularität) auf der S^{n-1} repräsentiert oder, was dasselbe ist: es sei $\alpha = \alpha(f)$ wobei f eine $\mathfrak{F}$-Abbildung ist; β sei erzeugendes Element der Gruppe $\pi_{n-1}(S_p^{n-2})$, wobei S_p^{n-2} die Richtungssphäre eines Punktes p der S^{n-1} ist.

Jedes Element $\xi \in G_{n-1}$ lässt sich dann eindeutig als $\xi = u\alpha + v\beta$ darstellen, wobei u eine ganze Zahl, v für $n = 4$ eine ganze Zahl, für $n > 4$ eine Restklasse mod.2 ist. $\mathfrak{G}$ ist die Gruppe derjenigen Elemente von $\pi_{n-1}(P_n)$, welche homolog 0 in P_n sind; daraus ergibt sich: der Koeffizient u ist der Grad, mit welchem ξ bei der natürlichen Projektion von $R(S^{n-1})$ auf die S^{n-1} abgebildet wird.

7.2. Als Basiselement α wollen wir speziell das Element $\alpha_1 = \alpha(f_1)$ wählen, wobei die $\mathfrak{F}$-Abbildung $f_1(x) = y$ durch

$$y_{2j-1} = -x_{2j}, \quad y_{2j} = x_{2j-1}, \qquad j = 1,\dots,m$$

gegeben ist. Es wird sich als wichtig erweisen, α_1 mit demjenigen Element α_2 zu vergleichen, das durch Spiegelung der S^{n-1} an einer (n-1)-dimensionalen Ebene aus dem Element α_1 entsteht, also wenn wir an der Ebene $x_n = 0$ spiegeln, mit dem Element $\alpha_2 = \alpha(f_2)$ wobei f_2 durch

$$y_{2j-1} = -x_{2j}, \quad y_{2j} = x_{2j-1}, \qquad j = 1,\dots,m-1,$$
$$y_{2m-1} = x_{2m}, \quad y_{2m} = -x_{2m-1}$$

gegeben ist. Aus der Charakterisierung von u am Schluss von 7.1 wissen wir, dass $\alpha_2 = \alpha_1 + v\beta$ ist; wir wünschen, v zu bestimmen.

7.3. Leicht zu zeigen ist: Für $n = 4$ ist $v = 1$.

Beweis-Andeutung: α_1 und α_2 werden durch Richtungsfelder auf der S^3 dargestellt; auf S^3 gibt es einen Clifford'schen Parallelismus, sodass die Richtungen von α_1 untereinander parallel sind; (es gibt auch einen Paralllelismus, sodass die Richtungen von α_2 parallel sind, aber diesen benutzen wir nicht). Durch Vermittlung dieses Parallelismus bilden wir P_4 auf die Richtungssphäre S_p^2 eines Punktes $p \in S^3$ ab; dabei geht α_1 in einen Punkt der S_p^2 über; die Abbildung von α_2 aber ist gerade die bekannte Faser-Abbildung von S^3 auf S_p^2, welche das erzeugende Element β von $\pi_3(S_p^2)$ liefert; daraus folgt $v = 1$.

Aus $\alpha_2 = \alpha_1 + \beta$ ergibt sich, dass man statt der Basis (α_1, β) auch die Basis (α_1, α_2) in G_3 wählen kann, was wegen der grösseren Symmetrie mitunter vorteilhaft ist.

7.4. Für $n = 2m > 4$ ist jedenfalls entweder $\alpha_2 = \alpha_1 + \beta$ oder $\alpha_2 = \alpha_1$. Welcher dieser Fälle liegt vor? Herr B. Eckmann, an den ich mich mit dieser Frage gewandt habe, hat sie für $n = 8$ beantwortet: Auch für $n = 8$ ist $\alpha_2 = \alpha_1 + \beta$. - Für $n = 8$ lässt sich nämlich der vorstehende Beweis im wesentlichen aufrechterhalten, da es auch auf der S^7 einen Parallelismus gibt, und zwar einen solchen, bei welchem α_1 durch ein Parallelenfeld dargestellt wird; nur ist es jetzt viel schwerer, zu zeigen, dass diejenige Abbildung von S^7 auf S_p^6, welche die Abbildung von α_2 beschreibt, ein erzeugendes Element der Gruppe $\pi_7(S_p^6)$ liefert, oder, was hier dasselbe ist (da $\pi_7(S_p^6)$ die Ordnung 2 hat), dass diese Abbildung wesentlich ist; jedoch ergibt sich diese Tatsache aus [4], §3.

Es ist also $\alpha_2 = \alpha_1 + \beta$ für $n = 4$ und $n = 8$; für die anderen n aber wissen wir leider nicht, ob $\alpha_2 \neq \alpha_1$ oder $\alpha_2 = \alpha_1$ is

8.1. In dem Satz 6.5 ist nur die Rede von Richtungspaar-Feldern mit einer einzigen Singularität. Bei den Anwendungen des Satzes wird es bequem sein, auch Felder mit mehreren, aber endlich vielen, Singularitäten $a_1, a_2, \ldots$ zu betrachten; dann ist für jeden Punkt a_i ein Index definiert, der ein Element der Gruppe $\pi_{n-1}(P_n^{(i)})$ ist, die zu dem Raum $P_n^{(i)}$ der Richtungspaare im Punkte a_i gehört; nun kann man aber in einer orientierten Mannigfaltigkeit, wie man sich leicht überlegt, die Gruppen $\pi_{n-1}(P_n^{(i)})$, die zu verschiedenen Punkten a_i gehören, in einer ganz bestimmten Weise mit einander identifizieren, und daher dürfen wir die verschiedenen Indizes als Elemente derselben Gruppe G_{n-1} betrachten; damit ist auch die Summe der Indizes definiert.

8.2. Unsere Absicht ist, vorgelegte Mannigfaltigkeiten daraufhin zu prüfen, ob es in ihnen Richtungspaar-Felder gibt, welche die im Satz 6.5 ausgesprochene Eigenschaft haben. Dies wird dadurch erschwert, dass - im Gegensatz zu dem bekannten Verhalten von Richtungs-Feldern - die Indexsumme in einem Richtungspaar-Feld mit endlich vielen Singularitäten im allgemeinen nicht eine Invariante der M^n ist, sondern von dem speziellen Feld abhängt [5]. - Jedoch gilt folgender Satz:

M^n sei eine geschlossene orientierte Mannigfaltigkeit, deren (n-2)-te Cohomologiegruppe (in Bezug auf ganze Koeffizienten) oder was dasselbe ist, deren zweite Bettische Gruppe 0 ist; dann gehört zu allen Richtungspaar-Feldern mit endlich vielen Singularitäten in M^n dieselbe Indexsumme $\sigma = \sigma(M^n) \in G_{n-1}$.

Der Beweis erfolgt ohne Schwierigkeit mit den Methoden, die in der Theorie der Richtungsfelder, der Faserräume und der Erweiterung von Abbildungen geläufig sind (man vergl. [6], [7]): sein Gang lässt sich im Anschluss an [6], in der heute üblichen Sprache, so beschreiben: In M^n seien eine feste Simplizialzerlegung und zwei Richtungspaar-Felder $\mathfrak{P}$, $\mathfrak{P}'$ gegeben, deren Singularitäten im Inneren von n-dimensionalen Simplexen liegen. $\mathfrak{P}$ und $\mathfrak{P}'$ lassen sich, da $\pi_i(P_n) = 0$ für $i < n-2$ ist, auf dem (n-3)-dimensionalen, und da die (n-2)-te Cohomologiegruppe 0 ist, auch auf dem (n-2)-dimensionalen Skelett von M^n miteinander verbinden; ("verbinden" heisst: so deformieren, dass sie dort miteinander identisch werden). Dann bestimmt das Feldpaar ($\mathfrak{P}$, $\mathfrak{P}'$) auf jedem Simplex x_i^{n-1} ein Element δ_i der Gruppe $\pi_{n-1}(P_n)$. Die Differenz der Indexsummen von $\mathfrak{P}$ und $\mathfrak{P}'$ ist gleich dem skalaren Produkt des Grundzyklus der M^n mit dem Corand der Kette $\sum \delta_i x_i^{n-1}$, also gleich 0.

9.1. Die Sphären S^n, $n > 2$, erfüllen die Voraussetzung des Satzes aus Nr. 8, und es existieren also die invarianten Indexsummen $\sigma(S^n)$; wir versuchen, sie für $n = 2m > 2$ zu bestimmen.

Wir fassen S^{2m} als euklidischen R^{2m} mit einem unendlich fernen Punkt q auf; die Koordinaten in R^{2m} seien $x_1, \ldots, x_{2m}$; dem Punkt mit dem Ortsvektor x ordnen wir das Richtungspaar $(x, f_1(x))$ zu, wobei f_1 dieselbe Bedeutung hat wie in 7.2. Dieses Feld $\mathfrak{P}$ hat Singularitäten im Nullpunkt o und in q; der Index von o ist α_1, den Index von q nennen wir ξ. Es ist leicht, ξ zu bestimmen (etwa nachdem man q durch eine Inversion ins Endliche geholt hat): man findet: bei ungeradem m ist $\xi = \alpha_1$, bei geradem m ist $\xi = \alpha_2$.

Folglich ist $\sigma = 2\alpha_1$ für $n = 4k + 2$, $\sigma = \alpha_1 + \alpha_2$ für $n = 4k$.

9.2. Wir konfrontieren dieses Ergebnis mit dem Satz 6.5. Die Konstruktion eines Richtungspaar-Feldes mit nur einer Singularität macht natürlich keine Schwierigkeit; der zugehörige Index ist das soeben bestimmte σ. Die Charakteristik der S^{2m} ist 2. Daher lautet die in 6.5 enthaltene notwendige Bedingung dafür, dass die S^{2m} eine $\mathfrak{J}$-Mannigfaltigkeit ist, folgendermassen: "Es gibt $\mathfrak{J}$-Abbildungen f, sodass $2.\alpha(f) = \sigma$ ist."

Für $n = 2k + 2$ ist diese Bedingung erfüllt; denn es ist $\sigma = 2\cdot\alpha(f_1)$. Für die Beantwortung der Frage, ob es in der Reihe

Sphären S^{4k+2} noch andere $\mathfrak{J}$-Mannigfaltigkeiten gibt als die versagt also unsere Methode.

Für $n = 4k > 8$ wissen wir nicht, ab die Bedingung erfüllt ist; n wir wissen nicht, ob $\alpha_2 = \alpha_1$, also $\sigma = 2\alpha_1$ oder $\alpha_2 = \alpha_1 + \beta$ o $\sigma = 2\alpha_1 + \beta$ ist; im zweiten Fall wäre $\sigma \neq 2\alpha$ für jedes α.

Für $n = 4$ und $n = 8$ ist die Bedingung nicht erfüllt: denn es $\sigma = \alpha_1 + \alpha_2 = 2\alpha_1 + \beta \neq 2\alpha$ für jedes α. - Damit haben das Ergebnis:

Die Sphären S^4 und S^8 sind nicht $\mathfrak{J}$-Mannigfaltigkeiten.

Nach 4.1 und 4.3 folgt hieraus:

S^4 und S^8 sind nicht komplexe Mannigfaltigkeiten. Es gibt ihnen auch keine Differentialformen 2. Grades, die überall den g 4 bezw. 8 haben.

Wir können noch den hypothetischen Satz hinzufügen: Falls ein n die Elemente α_1 und α_2 der Gruppe G_{n-1} voneinander ver-eden sind, ist die S^n nicht $\mathfrak{J}$-Mannigfaltigkeit.

10. Wir werden jetzt unendlich viele 4-dimensionale orien-rbare Mannigfaltigkeiten angeben, die nicht $\mathfrak{J}$-Mannigfaltig-ten sind. In Analogie zu den geschlossenen Flächen wird die n-ensionale "Henkelmannigfaltigkeit" H_p^n vom Geschlecht p folgen-massen konstruiert: man macht in eine S^n oberhalb des Äquators neinander fremde, kugelförmige Löcher, unterhalb des Äquators dazu spiegel-symmetrischen Löcher und identifiziert den Rand es Loches mit dem seines Spiegelbildes so, wie es der Symmetrie spricht. Man bestätigt leicht: H_p^n ist orientierbar; die Cha-teristik ist $C = 2-2p$; für $1 < r < n-1$ ist die r-te Bettische ppe 0. Es ist $H_0^n = S^n$, und H_1^n ist homöomorph mit dem Produkt S^{n-1}.

Uns interessiert hier nur $n = 4$. Die Voraussetzung des Satzes aus Nr. 8 ist erfüllt; folglich ist die Indexsumme σ invariant, und es ist nicht schwer, sie zu bestimmen (etwa durch Konstruktion eines speziellen Feldes); man findet [5]: $\sigma = (1-p)(\alpha_1 + \alpha_2)$.

Wenn nun H_p^4 $\mathfrak{Z}$-Mannigfaltigkeit ist, so muss es nach 6.5 ein solches α geben, dass $(1-p)(\alpha_1 + \alpha_2) = (2-2p)\alpha$ ist; dies ist, da α_1 und α_2 eine Basis in der Gruppe G_3 bilden, nur für $p = 1$ möglich; andererseits wissen wir aus Nr. 2, (d), dass $H_1^4 = S^1 \times S^3$ eine komplexe Mannigfaltigkeit ist. Wir haben also folgendes Ergebnis:

<u>Unter den 4-dimensionalen Henkelmannigfaltigkeiten H_p^4, $p = 0,1,2,\ldots$, ist die einzige, welche $\mathfrak{Z}$-Mannigfaltigkeit, und zugleich die einzige, welche eine komplexe Mannigfaltigkeit ist, diejenige vom Geschlecht 1.</u>

<u>11</u>. Als weitere Anwendung des Satzes 6.5 wollen wir eine Frage besprechen, welche die Orientierung einer komplexen M^n betrifft.

Zu einer <u>orientierbaren</u> Mannigfaltigkeit M^n gehören immer zwei <u>orientierte</u> Mannigfaltigkeiten, von denen wir die eine $+M$, die andere $-M$ nennen.

M^n sei eine komplexe Mannigfaltigkeit gemäss der Definition in Nr. 1, und $z_1 = x_1 + iy_1, \ldots, z_m = x_m + iy_m$ seien die Koordinaten aus einem der Systeme, welche M^n zu einer komplexen Mannigfaltigkeit machen; unter der "natürlichen" Orientierung von M^n, die zu diesen Koordinaten gehört, verstehen wir diejenige, die durch die Reihenfolge $x_1, y_1, \ldots, x_m, y_m$ der reellen Koordinaten gegeben ist; sie ändert sich nicht beim Übergang zu einem anderen der definierenden lokalen komplexen Koordinatensysteme (man vergl. den

Schluss von Nr. 1). In Präzisierung der Definition aus Nr. 1 wollen wir jetzt eine orientierte Mannigfaltigkeit komplex nennen, wenn sie komplex im alten Sinne ist und wenn überdies ihre Orientierung mit der natürlichen Orientierung der definierenden komplexen Koordinaten übereinstimmt.

Wir fragen: Wenn $+M^n$ komplex ist, ist dann notwendigerweise auch $-M^n$ komplex?

In vielen Fällen ist natürlich zugleich mit $+M^n$ auch $-M^n$ komplex. Dies ist erstens immer der Fall, wenn M^n "symmetrisch" ist, d.h. unter Umkehrung der Orientierung topologisch (stetig differenzierbar mit von 0 verschiedener Funktionaldeterminante) auf sich abgebildet werden kann; und zweitens für jede komplexe M^n mit $n = 4k + 2$, wie man sieht, wenn man alle komplexen Koordinaten durch ihre konjugiert-komplexen ersetzt. Wir werden aber zeigen: es kann auch vorkommen, dass zwar $+M^n$, aber nicht $-M^n$ eine komplexe Mannigfaltigkeit ist.

Wenn $+M^n$ komplex ist, dann stimmt die Abbildung $f(\mathfrak{w}) = i\mathfrak{w}$ der Richtungssphären (cf. 4.1) in Bezug auf die Orientierung von $+M^n$ gerade mit der Abbildung f_1 aus 7.2 überein, und für die zugehörige Struktur-Klasse $\mathcal{F}_1$ ist $\alpha(\mathcal{F}_1) = \alpha_1$; wenn $-M^n$ komplex ist, so stimmt die analoge Abbildung in Bezug auf die Orientierung von $-M^n$ mit f_1, also in Bezug auf die Orientierung von $+M^n$ mit f_2 aus 7.2 überein, und für die zugehörige Struktur-Klasse $\mathcal{F}_2$ ist $\alpha(\mathcal{F}_2) = \alpha_2$; wenn also $+M^n$ und $-M^n$ komplex sind, so ist für $+M^n$ sowohl $\mathcal{F}_1$ als auch $\mathcal{F}_2$ Struktur-Klasse, und nach Satz 6.5 treten daher als Indizes von Richtungspaar-Feldern mit nur einer Singularität in $+M^n$ sowohl das Element $C\alpha_1$, als auch das Element $C\alpha_2$ auf.

Wir geben ein Beispiel einer komplexen M^n an, in dem dies nicht der Fall ist. $M^4 = K$ sei die komplexe projektive Ebene; ihre Charakteristik ist $C = 3$; da ihre zweite Bettische Zahl nicht 0 (sondern 1) ist, ist der Satz aus Nr. 8 nicht anwendbar; in der Tat ist in K die Indexsumme nicht invariant, sondern es gilt folgender Satz [5]: "Als Indexsummen der Richtungspaar-Felder in K treten die Elemente

$$\sigma = (k^2 + k + 1)\alpha_1 - (k^2 + k - 2)\alpha_2$$

mit beliebigem ganzzahligen k, und nur diese Elemente, auf." Unter diesen Elementen ist zwar das Element $3\alpha_1$ enthalten, aber offenbar nicht das Element $3\alpha_2$. - Damit sehen wir:

Von den beiden orientierten Mannigfaltigkeiten K und -K, welche durch die komplexe projektive Ebene mit ihren beiden Orientierungen dargestellt werden, ist zwar die eine, aber nicht die andere, eine komplexe Mannigfaltigkeit.[6)]

12. Schliesslich möchte ich noch auf andere Bedingungen als die bisher besprochenen hinweisen, die ebenfalls notwendig dafür sind, dass eine M^n eine $\mathfrak{J}$-Mannigfaltigkeit bezw. dass sie komplex ist; ich halte es aber für möglich, dass diese neuen Bedingungen trivial sind.

Ein "r-Feld" in einer M^n ist ein Feld von Systemen von r linear unabhängigen Richtungen. Aus der Stiefel'schen Theorie [6] ist folgendes bekannt: In jeder M^n gibt es für jedes r, $0 < r \leq n$, ein r-Feld, dessen Singularitäten-Menge höchstens (r-1)-dimensional ist; dafür, dass in M^n ein r-Feld existiert, dessen Singularitäten-Menge von kleinerer Dimension als r-1 ist, ist notwendig (und hin-

6) +K und -K lassen sich bekanntlich auch durch Eigenschaften ihrer Schnitt-Ringe voneinander unterscheiden: das Quadrat eines zweidimensionalen Basis-Elementes wird in +K durch einen positiv, in -K durch einen negativ gezählten Punkt repräsentiert.

reichend), dass die (r-1)-te "charakteristische Homologieklasse" ζ^{r-1} der M^n das 0-Element der Bettischen Gruppe ist.

12.1. Hiernach und nach 6.5 muss eine M^n, um $\mathfrak{J}$-Mannigfaltigkeit sein zu können, die Bedingung $\zeta^1 = 0$ erfüllen. - Ich kenne aber keine orientierbare M^n gerader Dimension mit $\zeta^1 \neq 0$, (und nach [10], §23, ist in der Tat $\zeta^1 = 0$ für jede orientierbare M^4); daher weiss ich nicht, ob diese Bedingung nicht trivial ist.

12.2. Für komplexe M^n kann man noch weitere ähnliche Bedingungen aufstellen. Ein r-Feld in einer komplexen M^n möge ein "komplexes r-Feld" heissen, wenn seine Richtungen linear unabhängig sogar in Bezug auf komplexe Koeffizienten sind. In Analogie zu dem ersten Teil des oben zitierten Satzes von Stiefel gilt der Satz (S. Chern, [9], p. 99 ff.): In jeder komplexen M^n gibt es für jedes r, $0 < 2r \leqslant n$, ein komplexes r-Feld, dessen Singularitätenmenge höchstens (2r-2)-dimensional ist. - Nun gehört aber zu jedem komplexen r-Feld $(\mathfrak{w}_1, \ldots, \mathfrak{w}_r)$ das reelle 2r-Feld $(\mathfrak{w}_1, i\mathfrak{w}_1, \ldots, \mathfrak{w}_r, i\mathfrak{w}_r)$, wobei $i\mathfrak{w}$ wie in 4.1 erklärt ist, und dieses hat keine andere Singularität als das komplexe r-Feld; nach dem zitierten Stiefel'schen Satz muss daher $\zeta^{2r-1} = 0$ sein.

Somit sieht man: Notwendig dafür, dass eine geschlossene M^n komplex sein kann, ist das Verschwinden aller ihrer charakteristischen Klassen ζ^k mit ungeradem k.

Aber auch hier weiss ich nicht, ob es orientierbare Mannigfaltigkeiten gerader Dimension gibt, die diese Bedingung nicht erfüllen; (nach [6], Satz 22, ist bei geradem n und ungeradem k jedenfalls $2\zeta^k = 0$).

Literatur

[1] H. Whitney, Differentiable manifolds, Ann. of Math. 37 (1936), 645-680.

[2] P. Alexandroff und H. Hopf, Topologie I (Berlin 1935).

[3] B. Eckmann, Zur Homotopietheorie gefaserter Räume, Comm. Math. Helv. 14 (1941), 141-192.

[4] B. Eckmann, Systeme von Richtungfeldern in Sphären ..., Comm. Math. Helv. 15 (1942), 1-26.

[5] H. Hopf, Felder von Flächenelementen in 4-dimensionalen Mannigfaltigkeiten, (noch nicht gedrukt; ich habe darüber kurz in der Topologie-Sitzung der Conference "The problems of Mathematics", Princeton, Dezember 1946, und ausführlicher in dem "Colloque de Topologie algébrique", Paris, Juni-Juli 1947, berichtet).

[6] E. Stiefel, Richtungfelder und Fernparallelismus ..., Comm. Math Helv. 8 (1936), 305-353.

[7] S. Eilenberg, Cohomology and continuous mappings, Ann. of Math. 41 (1940), 231-251.

[8] H. Whitney, On the topology of differentiable manifolds, Lectures in Topology (Ann Arbor 1941), 101-141.

[9] S. Chern. Characteristic classes of Hermitian manifolds, Ann. of Math. 47 (1946), 85-121.

53.

Introduction à la théorie des espaces fibrés

Colloque de Topologie (Espaces fibrés), CBRM, Bruxelles (1950), 9–14. George Thone, Liège, 1951

1. La question dont je voudrais vous entretenir tout d'abord se rattache, à l'origine, à des recherches de Henri Poincaré concernant les solutions d'équations différentielles; celui-ci démontra que sur la sphère (à deux dimensions) il n'existe pas de systèmes de courbes sans singularités; ce que l'on peut encore énoncer en disant que sur la sphère, tout champ de vecteurs possède des singularités. Il en est de même sur toute surface close de genre au moins égal à 2. Au contraire, sur le tore (surface de genre 1), il existe de pareils champs (ou systèmes de courbes) dépourvus de singularités, comme on le voit aisément.

Cette notion de champs vectoriels et leurs propriétés peuvent être considérées dans le cadre de la théorie des espaces fibrés : dans le plan, rapporté à des coordonnées cartésiennes x, y, on peut décrire l'ensemble des directions en un point quelconque du plan par les 3 coordonnées x, y et φ (où φ désigne un angle quelconque), ce qui veut dire que cet ensemble n'est autre que le produit cartésien du plan par la circonférence S^1. Dans le cas des directions de la sphère, ce système de 3 coordonnées est un système *local* : l'ensemble des directions de la sphère est *localement* un produit cartésien. L'ensemble des directions attachées à un même point (homéomorphe à une circonférence) constitue une *fibre*; l'espace des directions est dit *fibré*.

En général, une variété V sera dite fibrée si par chaque point passe une variété F (appelée fibre), ces F étant toutes homéomorphes, et le voisinage (dans V) d'une F quelconque étant homéomorphe au produit cartésien de F par une boule à n dimensions E^n. L'espace abstrait des fibres (appelé espace de base) est une variété à n dimensions (puisque localement il se comporte comme une boule à n dimensions).

L'espace des directions de la sphère n'est pas homéomorphe *globalement* au produit cartésien de la sphère par la circonférence, autrement dit, c'est un espace fibré non trivial : cette proposition est en effet un corollaire du théorème de Poincaré rappelé plus haut. On peut aussi l'établir directement (en montrant que cet espace est homéomorphe à l'espace projectif réel à 3 dimensions, qui n'est pas homéomorphe au produit cartésien de la sphère par la circonférence), d'où résulte aussi une nouvelle démonstration du théorème de Poincaré. Celui-ci affirme en effet que, dans cette variété fibrée à 3 dimensions, il n'existe pas de *surface de section*, c'est-à-dire de sous-variété ayant exactement *un point* sur chaque fibre.

2. Considérons une variété orientable B^2 à 2 dimensions plongée (d'une manière différentiable) dans une variété V^4 à 4 dimensions (différentiable, à métrique Riemannienne régulière). L'ensemble des éléments (à 2 dimensions) orthogonaux à B^2 en chaque point de B^2, et construits en portant sur chaque géodésique une longueur r, fournit dans V^4 un voisinage à 4 dimensions de B^2; sa frontière est une variété à 3 dimensions V^3, fibrée en circonférences S^1 (qui sont les frontières des disques) avec B^2 pour espace de base.

En particulier, si V^4 est le plan projectif complexe et B^2 la droite projective complexe (homéomorphe à la sphère S^2), cette V^3 est homéomorphe à la sphère S^3 (fibrée en circonférences S^1). Ceci peut se vérifier en considérant le plan projectif comme un espace euclidien à 4 dimensions R^4 clos par une « droite projective de l'infini » B^2; une sphère suffisamment grande de R^4 est la frontière d'un voisinage de B^2. On peut aussi, dans le plan projectif complexe, considérer le voisinage d'une conique B^2 (courbe de genre 0, homéomorphe à S^2). A l'aide du fait que deux coniques voisines ont toujours 4 points d'intersections, on peut démontrer que dans ce cas, V^3 a un groupe de Poincaré d'ordre 4 et, par conséquent, n'est homéomorphe ni à la sphère ni à l'espace projectif réel, ni au produit cartésien de la sphère S^2 par la circonférence S^1.

3. Revenons au théorème de Poincaré sur les champs de vecteurs tangents. A chaque singularité (supposée isolée) du champ, on peut (avec Poincaré) attacher un *indice* (qui indique le nombre de rotations du champ lorsqu'on décrit une circonférence autour du point singulier, ou encore la variation de l'angle par comparaison avec un système de courbes sans singularité). Poincaré établit que pour une surface de genre g et un champ n'ayant qu'un nombre fini de singularités, la somme Σj des indices est égale à $2\text{-}2\,g$ (caractéristique d'Euler). On retrouve aussi le résultat énoncé plus haut : la seule sur-

face close orientable sur laquelle existent des champs sans singularités est le tore ($g = 1$).

On peut établir ce résultat en deux étapes :

1° On montrera que la somme des indices est indépendante du champ considéré (sur une surface donnée) : Si C et C′ sont deux champs quelconques d'indices respectivement j et j', on aura

$$\Sigma j = \Sigma j' .$$

2° On construira un champ C pour lequel on pourra calculer facilement cette somme, et on vérifiera qu'elle est bien égale à $2-2g$ (cette 2e partie ne présente pas de difficultés).

Pour établir le premier point de la démonstration, on supposera la surface triangulée, de telle façon que les champs n'aient pas de singularités sur les arêtes, et au plus *une* singularité dans chaque triangle.

L'angle φ (angle de direction des vecteurs de C) étant déterminé dans chaque triangle par comparaison avec un système local de repères, si l'on désigne alors par $\delta\varphi$ la variation de cet angle sur la frontière du triangle considéré, on a $2\pi j = \delta\varphi$; et, de même, pour le champ C′, $2\pi j' = \delta\varphi'$.

Pour la différence $2\pi(j-j')$, $\delta(\varphi-\varphi')$ est indépendant du choix du repère local. Comme, pour l'ensemble de tous les triangles de la surface, chaque arête est parcourue deux fois avec des sens opposés, la somme étendue à tous les triangles est nulle, d'où $2\pi\Sigma(j-j') = 0$.

Dans le cas des espaces fibrés plus généraux, des considérations analogues demeurent valables lorsque la fibre F est une sphère S^h à h dimensions (au lieu d'une circonférence), la base étant une variété à $h+1$ dimensions, où S_h est la sphère des directions en un point.

Si F n'est pas une sphère, on définit h en supposant que, pour les dimensions inférieures à h, F se comporte comme la sphère à h dimensions, c'est-à-dire que toute sphère S^i à $i < h$ dimensions dans F est contractible en un point (ce qu'on exprime en disant que les groupes d'homotopie $\pi_i(F)$ sont nuls pour $i < h$, tandis que que $\pi_h(F) \neq 0$).

On définit alors un invariant de l'espace fibré V (analogue à la somme des indices considérée plus haut) : ayant triangulé l'espace de base B, on construira une surface de section, par récurrence suivant le nombre de dimensions du squelette de B; cette construction, en vertu de l'hypothèse, sera toujours possible pour les dimensions $i \leqslant h$; mais au squelette à $h+1$ dimensions correspondra en général un *obstacle* : à chaque cycle Z^{h+1} à $h+1$ dimensions de B correspond un élément α de $\pi_h(F)$ (qui généralise l'indice), ce qui définit une classe de cohomologie de B à $h+1$ dimensions, à coefficients dans

$\pi_h(F)$ (généralisant la somme des indices de Poincaré). L'invariance de cette classe (appelée *classe caractéristique*) peut être démontrée par un raisonnement analogue à celui qui a été fait plus haut.

4. Si cet obstacle est nul, on peut construire une section au-dessus du squelette à $h+1$ dimensions, et ainsi de suite, jusqu'à ce qu'on se heurte à un obstacle non nul. Mais la classe de cet obstacle n'est plus un invariant, contrairement à ce qui se passait pour la dimension $h+1$. D'autre part, cette classe n'est pas complètement arbitraire; la détermination des obstacles de dimension supérieure à $h+1$ définit de nouveaux invariants; c'est un problème qui n'est pas encore complètement résolu.

5. Nous avons vu par l'exemple d'un espace fibré V^3 avec une base B^2 que l'existence d'une section est une *condition nécessaire* pour que V^3 soit homéomorphe au produit cartésien de B^2 par la fibre. Mais cette condition n'est pas toujours suffisante : il existe des espaces fibrés possédant une section sans être homéomorphes au produit. Le cas le plus simple est celui de la surface de Klein (pour les surfaces closes), ou du ruban de Möbius (fibré en segments).

Soit B^n une variété orientable et différentiable à n dimensions, n étant *impair*. Alors [1], il existe toujours sur B^n un champ de vecteurs sans singularités. Le réseau des directions en chaque point est une sphère S^{n-1}, la variété des directions est donc une V^{2n-1} fibrée en S^{n-1} avec B^n pour espace de base. Si $n=3$, la V^5 correspondante est toujours (quelle que soit B^2) le produit cartésien de B^3 par S^2 (Stiefel [2]) ; il n'en est plus de même pour tout autre nombre de dimensions. Considérons par exemple $n=5$. Stiefel [2] a montré que si B^5 est l'espace projectif réel à 5 dimensions, il existe un champ vectoriel, mais pas 2 champs *indépendants* en chaque point; la V^9 fibrée en S^4 possède donc une section, mais n'est pas homéomorphe au produit cartésien de B^5 par S^4.

En 1941, Eckmann [3] a établi un théorème analogue pour les champs de directions sur la sphère S^5.

6. Les méthodes utilisées respectivement par Stiefel et Eckmann sont tout à fait distinctes : le théorème de Stiefel s'établit dans le cadre de l'*homologie*; le théorème d'Eckmann exige la considération de l'*homotopie*, car l'anneau de cohomologie de la V^9 correspondant à la base S^5 ne se laisse pas distinguer de celui du produit cartésien.

Une situation analogue se retrouve dans l'étude de la variété du groupe A_2 des matrices unitaires unimodulaires de degré 3; cet espace à 8 dimensions a le même type d'homologie que le produit cartésien de S^5 et S^3. Il est fibré en S^3 (correspondant aux classes de restes de A_2 modulo un sous-groupe A_1 des matrices de degré 2), la base étant S^5. On a pu établir (Pontrjagin, puis Eckmann et G. Whitehead [4] [5] [6]), au moyen de la théorie de l'homotopie, que cet espace fibré ne possède pas de section; il n'est donc pas homéomorphe au produit cartésien.

7. Considérons en général la variété d'un groupe de Lie G, un sous-groupe F de G, et les classes de restes de G modulo F (fibres); l'espace de base B est un espace homogène, c'est-à-dire un espace dans lequel G opère transitivement. L'étude de ces espaces peut utiliser à la fois les méthodes des espaces fibrés et les méthodes des espaces de groupe.

8. Le problème général des espaces fibrés consiste à établir des relations entre les trois espaces V, F et B. Par exemple, on a entre les nombres de Betti de V et du produit cartésien de B et F l'inégalité $p_n(V) \leqslant p_n(F \times B)$ (Leray, Hirsch), cas particulier de résultats beaucoup plus précis [7].

9. Un autre problème est le suivant : V et F étant donnés, est-il possible de fibrer V en F? Par exemple, V étant une sphère à N dimensions et F une sphère à n dimensions, on connaît les exemples suivants :

1° N impair, $n=1$ (ce résultat s'obtient aisément en considérant la sphère unité à $2k-1$ dimensions dans l'espace euclidien à k dimensions complexes, où le réseau des droites complexes par l'origine découpe sur cette sphère la fibration en circonférences) ;

2° $N=4k-1$, $n=3$ (même construction en remplaçant les nombres complexes par des quaternions) ; et enfin

3° $N=15$, $n=7$ (construction reposant sur la considération des octaves de Cayley (Hopf [8]).

Pour les autres cas éventuels, on sait seulement (Gysin [9]) que N doit être impair, et que $n+1$ doit diviser $N+1$; mais ces conditions *nécessaires* ne sont probablement pas *suffisantes*.

10. Enfin, si B et F sont donnés, on peut se proposer d'énumérer les différentes variétés V fibrées en F avec B pour base. En particulier, si B est une boule, V est toujours homéomorphe au produit cartésien (Feldbau [10]). Lorsque F est une sphère à f dimensions et B une sphère à b dimensions, Steenrod [11] a ramené ce problème à la détermination de certains groupes d'homotopie des sphères, pour lesquels on connaît quelques résultats (pour certains nombres de dimensions), mais aucune loi générale; on a notamment les résultats suivants :

Pour $f=1$ et $b=2$, il existe une infinité de V non homéomorphes (Seifert [12]; voir aussi les exemples cités plus haut);

Pour $f=1$ et $b\neq 2$, seul le produit cartésien existe;

Pour $f=2$ et b quelconque, il y a exactement deux espaces V distincts (l'un étant le produit cartésien);

Pour f quelconque et $b=3$, il y a seulement le produit (Feldbau [10]);

Pour $f>1$ et $b=4$, il y a une infinité de V.

L'auteur exprime ses remerciements à M. Guy Hirsch qui a bien voulu se charger de la rédaction de cet article.

Bibliographie

[1] P. Alexandroff u. H. Hopf, *Topologie I*, ch. XIV, § 4.

[2] E. Stiefel, *Richtungsfelder und Fernparallelismus in* n*-dimensionalen Mannigfaltigkeiten* (*Comment. Math. Helvet.*, 8, 1935, pp. 305-353).

[3] B. Eckmann, *Zur Homotopietheorie gefaserter Räume* (*Comment. Math. Helvet.*, 14, 1941, pp. 141-192).

[4] L. Pontrjagin, *Über die topologische Struktur der Lieschen Gruppen* (*Comment. Math. Helvet.*, 13, 1941, pp. 277-283).

[5] B. Eckmann, *Systeme von Richtungsfeldern in Sphären und stetige Lösungen komplexer linearer Gleichungen* (*Comment. Math. Helvet.*, 15, 1942, pp. 1-26).

[6] G. W. Whitehead, *Homotopy properties of the real orthogonal groups* (*Ann. of Math.*, 43, 1942, pp. 132-146).

[7] J. Leray, *Propriétés de l'anneau d'homologie de la projection d'un espace fibré sur sa base* (*C. R. Paris*, 223, 1946, pp. 395-397).

[8] H. Hopf, *Über die Abbildungen von Sphären auf Sphären niedrigerer Dimension* (*Fund. Math.*, 25, 1935, pp. 427-440).

[9] W. Gysin, *Zur Homologietheorie der Abbildungen und Faserungen von Mannigfaltigkeiten* (*Comment. Math. Helvet.*, 14, 1941, pp. 61-122).

[10] J. Feldbau, *C. R. Paris*, 208, 1939, p. 1622.

[11] N. E. Steenrod, *The Classification of sphere-bundles* (*Ann. of Math.*, 45, 1944, pp. 294-311).

[12] H. Seifert, *Topologie dreidimensionaler gefaserter Räume* (*Acta Math.*, 60, 1932, pp. 147-238).

54.

Sur une formule de la théorie des espaces fibrés

Colloque de Topologie (Espaces fibrés), CBRM, Bruxelles (1950), 117–121. George Thone, Liège, 1951

La formule dont je m'occuperai est une contribution à la théorie des « obstacles d'ordre supérieur », qui a été abordée spécialement par Steenrod. Elle est notamment susceptible d'applications à l'étude des champs d'éléments de surfaces (cf. ma conférence du *Colloque de Topologie algébrique*, Paris, 1947). Je ne donnerai cependant ici ni applications ni démonstrations, qui feront ailleurs l'objet d'un exposé détaillé.

1. Je rappellerai tout d'abord une chose connue, qui ne se rapporte pas directement aux espaces fibrés, et que j'ai étudiée antérieurement dans le cas des applications de sphères; elle a été généralisée par Gysin et incorporée récemment par Steenrod dans la théorie de la cohomologie.

Soit V^n une variété close orientée à n dimensions, $n < N-1$; soit φ un élément du groupe d'homotopie $\pi_{N-1}(V^n)$, représentant une application f de S^{N-1} en V^n. Si f est suffisamment régulière, l'image réciproque d'un point p de V^n est un cycle Z à $(N-1-n)$ dimensions dans S^{N-1}; l'image $f(C)$ d'une chaîne C dont Z est le bord est un cycle (parce que le bord de C est appliqué sur un seul point). La classe d'homologie de ce cycle $f(C)$ ne dépend que de φ, et pas de f, p ou C; elle définit donc une application ρ de $\pi_{N-1}(V^n)$ en $H_{N-n}(V^n)$ (groupe d'homologie à coefficients entiers pour la dimension $N-n$); cette application ρ est un homomorphisme comme on le voit aisément.

ρ est d'ailleurs souvent trivial, c'est-à-dire $\rho(\varphi)=0$ pour tout $\varphi \in \pi_{N-1}(V^n)$; tel est le cas par exemple lorsque V^n est la sphère S^n, avec $n=2m+1$ et $N=4m+2$. Au contraire, si $V^n=S^n$ avec $n=2m$ et $N=4m$, il existe une infinité de $\varphi \in \pi_{2n-1}(S^n)$ tels que $\rho(\varphi)\neq 0$; en particulier quand $m=1$, ρ est un isomorphisme de $\pi_3(S^2)$ sur $H_2(S^2)$.

2. Après ces préliminaires, nous considérons maintenant

les espaces fibrés. Soit E un espace fibré; nous supposerons (pour des raisons qui apparaîtront plus loin, n° 5) que la fibre est une variété close orientable V^n. De plus, V^n sera supposée « simple » (au sens de Eilenberg), ce qui signifie qu'on peut y considérer les éléments des groupes d'homotopie comme classes d'homotopie d'images de sphères, indépendamment du choix d'un point particulier (tel sera notamment toujours le cas si V^n est simplement connexe). Enfin la structure fibrée sera supposée « orientable » (au sens de Steenrod), ce qui signifie que, pour chaque dimension r, l'isomorphisme naturel entre les groupes d'homotopie π_r de fibres voisines se laisse étendre (d'une manière univoque) à tout l'espace E; cela permet donc de parler du groupe π_r des fibres et des éléments de ce groupe, sans qu'il soit nécessaire de choisir une fibre particulière. Tel sera toujours le cas lorsque le groupe de structure de l'espace fibré est connexe, donc en particulier lorsque l'espace de base B est simplement connexe. Nous supposerons que la base B soit un polyèdre; le squelette à r dimensions d'une triangulation fixée de B sera désignée par B_r ($r = 0, 1, \ldots$).

3. Le cas le plus élémentaire d' « obstacles » dans la théorie des espaces fibrés est le suivant : supposons qu'il existe au-dessus de B^{N-1}, une section f (c'est-à-dire une application f de B^{N-1} en E avec $Pf(x) = x$ pour tout point $x \in B^{N-1}$, où P désigne la projection naturelle de E sur B). La partie de f située au-dessus du bord d'un simplexe σ^N à N dimensions de B^N est une sphère S^{N-1}; par rétraction dans la partie de E située au-dessus de σ^N de cette sphère en une fibre, on détermine un élément $C_f(\sigma^N)$ du groupe $\pi_{N-1}(V^n)$. C_f sera considérée comme une cochaîne à N dimensions; c'est l'obstacle qui s'oppose à l'extension comme section au-dessus de B^N de la section f donnée au-dessus de B^{N-1}; cette extension est possible si et seulement si $C_f = 0$.

Le domaine des coefficients pour C_f est $\pi_{N-1}(V^n)$. Supposons $N - 1 > n$, et appliquons à ces coefficients l'homomorphisme ρ défini au n° 1; C_f est transformée en une cochaîne $\rho(C_f) = \Gamma_f$ à coefficients dans $H_{N-n}(V^n)$; nous appellerons Γ_f « l'obstacle réduit » de l'extension de f. La condition $\Gamma_f = 0$ est nécessaire, mais en général pas suffisante pour que f se laisse étendre à une section au-dessus de B^N; mais dans le cas particulier $V^n = S^2$, $N = 4$, cette condition est aussi suffisante parce que, ρ étant un isomorphisme de $\pi_3(S^2)$ sur $H_2(S^2)$ (cf. n° 1), on a $\Gamma_f = C_f$.

4. Un autre « obstacle » connu de la théorie des espaces fibrés est celui qui s'oppose à la « jonction » de deux sections f et g. Nous supposons que $\pi_i(V^n) = 0$ pour $i < k$, et que f et g sont données sur B^{k+1}. Par une déformation continue de f et g,

on peut facilement faire coïncider les deux sections sur B^{k-1}. Cela définit une sphère à k dimensions g-f au-dessus de chaque simplexe $\sigma^k \in B^k$; par rétraction dans la fibre, elle détermine un élément $\alpha(\sigma^k) \in \pi_k(V^n)$. α sera considérée comme une cochaîne à k dimensions; c'est un cocycle (parce que f et g existent encore au-dessus de B^{k+1}), et on montre que sa classe de cohomologie $\alpha = \alpha(f, g)$ est indépendante de la déformation continue que nous avons choisie; cet élément $\alpha(f, g)$ est l'obstacle qui s'oppose à la déformation de f en g (jonction de f et g) au-dessus de B^k également; cette jonction est possible si et seulement si $\alpha(f, g) \sim 0$. Le domaine des coefficients de α est le groupe $\pi_k(V^n)$ que nous pouvons assimiler au groupe d'homologie $H_k(V^n)$ puisque les groupes d'homotopie des dimensions inférieures sont nuls.

Il résulte immédiatement de la définition que pour trois sections f, g et h, on a

$$\alpha(f, g) + \alpha(g, h) = \alpha(f, h) \ . \tag{4.1}$$

5. Nous venons d'examiner la possibilité de faire coïncider, autant qu'il est possible, les sections f et g; considérons maintenant la tentative opposée : essayons de séparer autant que possible les sections f et g, c'est-à-dire les déformer de telle façon que les points de f et g situés au-dessus d'un même point x de B soient distincts. Nous supposerons que f et g sont définies au-dessus de B^{n+1}. La partie de l'espace fibré E située au-dessus d'un simplexe à r dimensions de B est une variété à $n + r$ dimensions (parce que V^n est par hypothèse une variété à n dimensions), et les parties de f et g qui lui appartiennent sont des cellules à r dimensions; aussi longtemps que $r < n$, il est possible d'éliminer les points communs de ces cellules par de petites déformations homotopes, ce que nous faisons successivement pour les dimensions $0, 1 \ldots n-1$; f et g sont ainsi séparées au-dessus de B^{n-1}; dans la variété à $2n$ dimensions située au-dessus d'un simplexe σ^n, f et g sont maintenant des cellules $f(\sigma^n)$, $g(\sigma^n)$ à n dimensions, dont les bords sont sans points communs, et dont le nombre d'intersections $s(f(\sigma^n), g(\sigma^n))$ est par conséquent défini.

Nous considérons la fonction $\omega(\sigma^n) = s(f(\sigma^n), g(\sigma^n))$ comme une cochaîne; c'est un cocycle (parce que f et g existent encore au-dessus de B^{n+1}); on peut montrer que sa classe de cohomologie $\omega(f, g)$ est indépendante du choix des déformations homotopes. $\omega(f, g)$ est l'obstacle qui s'oppose à la séparation de f et g (par des déformations homotopes) au-dessus de B^n; la condition $\omega(f, g) \sim 0$ est nécessaire pour que cette séparation soit possible (je ne rechercherai pas ici si cette condition est aussi suffisante). Le domaine des coefficients est celui des nombres entiers.

6. Nous abordons maintenant l'objet essentiel de ces considérations. Nous ferons les hypothèses suivantes :

(6.1) $\pi_i(V^n) = 0$ pour $i = 1, \ldots, k-1$;
(6.2) $k > 1$;
(6.3) f et g sont données au-dessus de B^{n+k-1};
(6.4) $B^{n+k} = B$.

Alors les obstacles réduits Γ_f et Γ_g sont définis d'après le n° 3; leur dimension est $n+k$; leur domaine de coefficients est le groupe d'homologie à coefficients entiers $H_k(V^n)$; en vertu de (6.4), ce sont des cocycles. D'autre part, en vertu du n° 4, la classe de cohomologies à k dimensions $\alpha(f, g)$, à coefficients dans $H_k(V^n)$, est définie. Enfin, d'après le n° 5, la classe de cohomologies à n dimensions $\omega(f, g)$ à coefficients entiers est définie.

Nous pouvons considérer le produit « cup » $\alpha \cdot \omega$: c'est une classe de cohomologies à $n+k$ dimensions à coefficients dans $H_k(V^n)$. On a alors la relation

(6.5) $$\Gamma_f - \Gamma_g \sim \alpha(f, g) \cdot \omega(f, g) .$$

C'est là la formule que nous nous proposions d'établir. Je n'en donnerai pas ici la démonstration, qui sera publiée ailleurs, en même temps que certaines applications de la formule.

7. Nous considérerons un cas particulier simple et intéressant. Nous supposerons que la fibre V^n est la sphère S^n. On a $k = n$, et les sections f et g sont données au-dessus de B^{2n-1}. Le cas n impair est sans intérêt, car alors $\Gamma_f = \Gamma_g = 0$ (voir n° 1); nous supposerons donc n pair. Etant donné qu'il existe un isomorphisme naturel entre le groupe $H_n(S^n)$ et le groupe des entiers, nous pourrons utiliser les coefficients entiers pour α et Γ, tout comme pour ω. Nous supposerons que toutes les transformations du groupe de structure de l'espace fibré respectent le caractère diamétralement opposé des points de $V^n = S^n$ (ce qui sera notamment le cas pour les transformations linéaires); cela permet de définir l'application de l'espace E sur lui-même, qui permute chaque point avec le point diamétralement opposé sur la même fibre. Nous désignerons respectivement par $\bar{f}$ et $\bar{g}$ les images des sections f et g par cette application.

Il est vraisemblable (et facile à démontrer) que

(7.1) $\omega(f, g) = \alpha(f, \bar{g})$.

De (4.1) résulte

(7.2) $\omega(f, g) = \alpha(f, g) + \alpha(g, \bar{g}) = \alpha(f, g) + \omega(g, g)$.

Nous posons

(7.3) $\alpha(f, g) = \xi$;

Alors (6.5) devient

(7.4) $\Gamma_f = \xi\xi + \omega(g, g)\xi + \Gamma_g$.

Nous supposerons maintenant dans ce qui va suivre que la section g est donnée et fixée une fois pour toutes, tandis que f est encore indéterminée; en même temps que g, $\omega(g, g)$ et Γ_g sont fixés. On voit aisément que pour chaque classe de cohomologies ξ à n dimensions, il existe une section f telle que (7.3) soit vérifiée, nous pourrons donc considérer ξ comme une variable indépendante, et interpréter la formule (7,4) de la manière suivante : l'ensemble des obstacles réduits Γ_f possibles est identique à l'ensemble des valeurs du polynome quadratique du second membre de (7.4). Ce résultat est particulièrement satisfaisant dans le cas $n = 2$, où les « obstacles réduits » Γ_f coïncident avec les « obstacles vrais » C_f (cf. n° 3).

Continuons l'étude des formules obtenues plus haut. On voit aisément que

$$\alpha(\bar{g}, \bar{f}) = \alpha(f, g) ;$$

il résulte alors de (4.1) et (7.1) que

$$\omega(f, f) = \alpha(f, \bar{f}) = \alpha(f, g) + \alpha(g, \bar{g}) + \alpha(\bar{g}, \bar{f}) = \omega(g, g) + 2\xi ;$$

les deux éléments $\omega(f, f)$ et $\omega(g, g)$ du groupe de cohomologie $H^n(B)$ sont donc congruents modulo le sous-groupe $2\,H^n(B)$; ce qui signifie qu'on a distingué un élément

$$\omega^* \in H^n(B)/2\,H^n(B)$$

indépendant du choix de la section.

De plus, par un calcul immédiat, il résulte de (7.4) qu'on a identiquement

$$4\,\Gamma_f - \omega(f, f)\cdot\omega(f, f) = 4\,\Gamma_g - \omega(g, g)\cdot\omega(g, g) .$$

L'élément $4\,\Gamma_f - \omega(f, f)\cdot\omega(f, f) = \Delta$ du groupe de cohomologie $H^{2n}(B)$ ne dépend donc pas de la section f considérée, mais est un invariant de l'espace fibré E.

Il est probable que les deux invariants ω^* et Δ coïncident avec des invariants qui ont fait l'objet d'études de G. Hirsch, Pontrjagin et Wu.

Je terminerai en signalant que, dans le cas où la fibre n'est pas une sphère mais un espace projectif complexe, E. Kundert a obtenu d'intéressantes formules analogues à celles de ce paragraphe, et susceptibles d'importantes applications.

55.

Die n-dimensionalen Sphären und projektiven Räume in der Topologie

Proceedings of the International Congress of Mathematicians,
Cambridge, Mass. 1 (1950), 193–202. AMS 1952

Dieser Vortrag ist nicht für Topologen bestimmt; ihnen werde ich nichts Neues sagen, und die Probleme, die ich hier nur oberflächlich streife, werden viel gründlicher in der Topologie-Konferenz behandelt werden. Ich wende mich vielmehr ausdrücklich an die Mathematiker, denen die Topologie ferner liegt, und möchte versuchen, sie über einen Teil dessen zu informieren, was uns in der Topologie heute beschäftigt und bewegt; ich werde versuchen, dies dadurch zu tun, dass ich über einige aktuelle Probleme spreche—aktuell in folgendem Sinne: sie sind ungelöst, aber es wird an ihnen gearbeitet, und man hat den Eindruck, dass sie ihrer Lösung näher gebracht werden.

Glücklicherweise ist eine ganze Reihe aktueller topologischer Probleme so einfach zu formulieren, dass es leicht ist, sie auch den fernerstehenden Mathematikern auseinanderzusetzen. Insbesondere werden im Folgenden keine anderen topologischen Räume vorkommen als, neben den euklidischen Räumen R^n, die n-dimensionalen Sphären S^n und die n-dimensionalen projektiven Räume P^n. Der Raum R^n ist der Koordinatenraum der reellen n-Tupel $(x_1, x_2, \cdots, x_n)$; die Sphäre S^n ist im R^{n+1} durch die Gleichung $\sum_1^{n+1} x_j^2 = 1$ definiert, und der projektive Raum P^n ist der Raum aller Verhältnisse $(x_1 : x_2 : \cdots : x_{n+1})$, wobei $(0:0: \cdots :0)$ ausgeschlossen ist. Man kann den Raum P^n auch als den Raum aller Geraden interpretieren, die durch den Nullpunkt des R^{n+1} gehen; betrachtet man gleichzeitig die S^n, so sieht man, dass zwischen S^n und P^n folgender Zusammenhang besteht: durch Identifikation je zweier antipodischer Punkte der S^n entsteht der P^n.

1. Ich beginne mit einer alten Geschichte, nämlich mit dem berühmten Satz von H. Poincaré (1885), dass es unmöglich ist, die gewöhnliche Kugelfläche S^2 mit einer einfachen Kurvenschar ohne Singularität zu überdecken (etwa wie sie auf der Torusfläche existiert). Denken wir dabei nur an stetig differenzierbare Kurven; dann ist der Satz im wesentlichen mit dem folgenden identisch: Auf der S^2 gibt es kein stetiges Feld tangentialer Richtungen ohne Singularität. L. E. J. Brouwer hat (1910) gezeigt, dass dieser Poincarésche Satz für alle Sphären gerader Dimension seine Gültigkeit behält: Auf der S^{2m} gibt es kein stetiges Feld tangentialer Richtungen. Dagegen existieren auf den Sphären ungerader Dimension S^{2m+1} derartige Felder: man bringe in dem Punkt der S^{2m+1}, dessen Koordinaten $c_0, c_1, \cdots, c_{2m+1}$ sind, den Vektor mit den Komponenten

$$-c_1, c_0, -c_3, c_2, \cdots, -c_{2m+1}, c_{2m}$$

an.

Man kann diesen Unterschied zwischen den geraden und den ungeraden Dimensionszahlen auch so formulieren: wir betrachten die lineare Gleichung

$$c_0 z_0 + c_1 z_1 + \cdots + c_n z_n = 0 \tag{1}$$

und suchen für alle Koeffizienten c_j mit $\sum c_j^2 = 1$ Lösungen $(z_0, z_1, \cdots, z_n)$, welche nirgends trivial sind, d.h., für welche $\sum z_j^2 \neq 0$ ist, und welche stetig von den c_j abhängen (c ist der Punkt auf der S^n, z der Vektor, der die Tangentialrichtung bestimmt). Der Brouwersche Satz lehrt, dass bei geradem n die Gleichung (1) keine Lösung der gewünschten Art besitzt; für ungerades $n = 2m + 1$ dagegen ist

$$z_0 = -c_1, \quad z_1 = c_0, \cdots, \quad z_{2m} = -c_{2m+1}, \quad z_{2m+1} = c_{2m} \tag{2}$$

eine solche Lösung. Hat man einmal dem Satz diese Formulierung im Rahmen der "stetigen linearen Algebra" gegeben, wobei die Koeffizienten c_j und die Unbekannten z_j reelle Zahlen sind, so erhebt sich in natürlicher Weise die Frage, ob der analoge algebraische Satz gilt, wenn man statt der reellen Zahlen komplexe zulässt, wobei wir natürlich $\sum c_j^2$ und $\sum z_j^2$ durch $\sum |c_j|^2$ und $\sum |z_j|^2$ zu ersetzen haben. Die Tatsache, dass bei ungeradem n die Lösung (2) existiert, bleibt unverändert bestehen; bleibt, als Analogon des Brouwerschen Satzes, auch die Behauptung richtig, dass bei geradem $n = 2m$ die Gleichung (1) für $\sum |c_j|^2 = 1$ keine stetige und nirgends triviale Lösung besitzt? Setzen wir, um diese Frage zu untersuchen,

$$c_j = a_j + ib_j, \qquad z_j = x_j + iy_j$$

mit reellen a_j, b_j, x_j, y_j, so ist (1) gleichbedeutend mit dem Gleichungssystem

$$a_0 x_0 - b_0 y_0 + \cdots + a_n x_n - b_n y_n = 0$$

$$a_0 y_0 + b_0 x_0 + \cdots + a_n y_n + b_n x_n = 0;$$

deuten wir $a_0, b_0, \cdots, a_n, b_n$ als Koordinaten von Punkten c im R^{2n+2}, so liefert jede Lösung dieses Systems zwei Vektoren

$$x_0, -y_0, \cdots, x_n, -y_n$$

$$y_0, x_0, \cdots, y_n, x_n,$$

die im Punkte c tangential an die Sphäre S^{2n+1} und überdies, falls $\sum |z_j|^2 \neq 0$ ist, linear unabhängig voneinander sind. Die Vermutung, dass unsere oben formulierte Frage (bezüglich der Nicht-Existenz einer stetigen, nirgends trivialen Lösung im Komplexen für $n = 2m$) zu bejahen ist, führt daher zu der Vermutung, dass, in Analogie zu dem alten Brouwerschen Satz über die Richtungsfelder auf den Sphären S^{2m}, der folgende Satz gilt: Auf den Sphären der Dimensionen $4m + 1$ existieren nicht zwei stetige tangentiale Richtungsfelder, die frei von Singularitäten und überall linear unabhängig voneinander sind.

Dieser Satz ist von B. Eckmann und von G. Whitehead bewiesen worden (1941). Man weiss also: auf der S^n gibt es, wenn n gerade ist, kein Richtungsfeld (tangential, stetig, ohne Singularität); wenn n ungerade ist, so gibt es ein solches Feld; wenn $n = 4m + 1$ ist, so gibt es zwar ein Feld, aber nicht zwei Felder, die überall unabhängig voneinander sind. Es ist weiter leicht zu verifizieren—durch Formeln, die zu (2) analog sind,— dass es für $n = 4m + 3$ auf der S^n wenigstens 3 unabhängige Felder gibt; auf welchen Sphären gibt es 4 unabhängige Felder? Diese Frage gehört zu dem folgenden allgemeineren Problem, das eines der aktuellen Probleme ist, auf die ich hier hinweisen wollte: Wie gross ist, bei gegebenem n, die Maximalzahl linear unabhängiger Felder auf der Sphäre S^n?

2. Die analoge Frage ist sinnvoll nicht nur für die Sphären, sondern für beliebige differenzierbare n-dimensionale Mannigfaltigkeiten, und sie ist in dieser Allgemeinheit von E. Stiefel in einer wichtigen Arbeit behandelt worden (1936). Es würde mein Programm überschreiten, über diese Arbeit zu berichten, und ich werde nur von einer Anwendung sprechen, die Stiefel von seiner allgemeinen Theorie auf die projektiven Räume gemacht hat (1940). Die Sphären selbst entziehen sich dieser Theorie aus Gründen, auf die ich ebenfalls hier nicht eingehe; ich möchte aber darauf hinweisen, dass Richtungsfelder im P^n als spezielle Richtungsfelder auf der S^n gedeutet werden können: da der P^n aus der S^n entsteht, wenn man auf dieser je zwei antipodische Punkte miteinander identifiziert, ist ein Feld im P^n nichts anderes als ein Feld auf der S^n, welches "ungerade" in dem Sinne ist, dass die in zwei antipodischen Punkten angebrachten Richtungen immer einander entgegengesetzt sind; daher ist es auch verständlich, dass wir über die Richtungsfelder in den Räumen P^n mehr wissen als über die Felder auf den Sphären. Der Satz von Stiefel, den ich anführen will, lautet: Man schreibe die Zahl $n + 1$ in der Form $n + 1 = 2^r u$ mit ungeradem u; dann ist die Maximalzahl linear unabhängiger Richtungsfelder im P^n kleiner als 2^r. Für $r = 0$ ist dies der Brouwersche Satz, dass es bei geradem n kein stetiges Richtungsfeld im P^n gibt; für $r = 1$ ist es der Eckmann-Whiteheadsche Satz für die projektiven Räume.

3. Eine besonders interessante Konsequenz des Stiefelschen Satzes ist die folgende: Im n-dimensionalen projektiven Räume können n unabhängige Richtungsfelder höchstens dann existieren, wenn $n + 1$ eine Potenz von 2 ist. Ob diese notwendige Bedingung auch hinreichend ist, ist fraglich; die Existenz von n unabhängigen Feldern im P^n ist bekannt nur für $n = 1, 3, 7$. Ebenso verhält es sich für die Sphären: auf denen der Dimensionen 1, 3, 7, und nur auf diesen, kennt man Systeme von n unabhängigen Feldern, und man weiss nicht, ob noch andere Sphären die analoge Eigenschaft haben.

Diese Frage nach der Existenz von n unabhängigen Richtungsfeldern auf der S^n oder im P^n (oder auch in einer anderen n-dimensionalen Mannigfaltigkeit) ist aus verschiedenen Gründen interessant. Erstens: wenn man n solche Felder hat, so kann man in jedem Punkt n linear unabhängige Vektoren der Länge 1 auszeichnen, die stetig mit dem Punkte variieren; diese Vektoren kann man als Basisvektoren in den lokalen tangentialen Vektorräumen benutzen und nun zwischen den Tangentialvektoren in verschiedenen Punkten den folgenden natürlichen Begriff des Parallelismus erklären: zwei Vektoren sind parallel, wenn sich ihre Komponenten in bezug auf die genannten lokalen Basen nur um einen positiven Faktor unterscheiden. Umgekehrt folgt, wie man leicht sieht, aus der Möglichkeit, einen Parallelismus einzuführen, der einige plausible Bedingungen erfüllt, die Existenz von n unabhängigen Richtungsfeldern. Diese Existenz ist also gleichbedeutend mit der Möglichkeit, in der betrachteten Mannigfaltigkeit, in unserem Fall in der S^n oder im P^n, einen "stetigen Fernparallelismus" zu definieren oder, wie man auch sagt, die Mannigfaltigkeit zu "parallelisieren". Dass die Frage, welche Mannigfaltigkeiten in diesem Sinne "parallelisierbar" sind, an und für sich geometrisches Interesse verdient, ist wohl klar.

4. Dasselbe Problem ist aber auch aus anderen Grunden interessant, welche mehr algebraischer Natur sind und mit dem Problemkreis der kontinuierlichen oder topologischen Gruppen zu tun haben. Nehmen wir an, dass wir in der S^n oder im P^n n unabhängige Richtungsfelder haben; durch eine kanonische Orthogonalisierung kann man erreichen, dass sie sogar orthogonal zueinander sind. Dann existiert in der Gruppe der Drehungen der S^n, bezw. der elliptischen Bewegungen des P^n, eine einfach transitive Schar in folgendem Sinne: ein Punkt e sei willkürlich ausgezeichnet, und für jeden Punkt a sei T_a diejenige Drehung, bezw. elliptische Bewegung, welche e in a und die n in e ausgezeichneten Feldrichtungen unter Erhaltung ihrer Reihenfolge in die analogen Richtungen im Punkte a befördert; die Schar dieser T_a ist einfach transitiv in bezug auf den Punkt e. Diese Schar kann man nun benutzen, um zwischen den Punkten der S^n, bezw. des P^n, eine Multiplikation zu definieren: man setze $T_a(x) = ax$ (für beliebige Punkte a, x); da $T_a(e) = a$ ist, ist $ae = a$; da T_e die Identität ist, ist $ea = a$. Das Produkt hängt natürlich stetig von den beiden Faktoren ab. Wenn also die Sphäre S^n parallelisierbar ist, so lässt sich auf ihr eine "algebraische Struktur" mit den soeben genannten Eigenschaften einführen: eine stetige Multiplikation mit einem Einselement; und das Analoge gilt für die projektiven Räume P^n. In diesem Fall kann S^n, bezw. P^n, als verallgemeinerter Gruppenraum aufgefasst werden; das assoziative Gesetz wird allerdings im allgemeinen nicht gelten. Gewöhnliche, assoziative Gruppenräume sind S^n und P^n bekanntlich nur für $n = 1$ und $n = 3$: $S^1 = P^1$ ist die multiplikative Gruppe der komplexen Zahlen vom Betrage 1, S^3 die Gruppe der Quaternionen vom Betrage 1, P^3 die Gruppe der projektiv gemachten (d.h., nur bis auf einen reellen, von 0 verschiedenen Faktor bestimmten) Quaternionen (oder auch die Gruppe der Drehungen der S^2). Neben den komplexen Zahlen und Quaternionen gibt es noch ein interessantes hyperkomplexes System mit 8 Einheiten über dem Körper der reellen Zahlen: die Cayleyschen Oktaven, deren Eigenschaften denen der Quaternionen verwandt sind (insbesondere gibt es keine Nullteiler), für welche aber das assoziative Gesetz nicht gilt; mit ihrer Hilfe kann man in der S^7 und im P^7

sowohl eine stetige Multiplikation mit Einselement als auch einen Parallelismus einführen. Auf der Existenz der komplexen Zahlen, der Quaternionen und der Cayleyschen Oktaven beruht die früher erwähnte Ausnahmestellung der Dimensionszahlen 1, 3, 7 im Rahmen dessen, was wir über die Parallelisierbarkeit der Sphären und der projektiven Räume wissen. Aus dem zitierten Stiefelschen Satz über die Parallelisierbarkeit der projektiven Räume folgt leicht: der Grad eines hyperkomplexen Systems über dem Körper der reellen Zahlen, das keine Nullteiler besitzt, aber nicht assoziativ zu sein braucht, ist notwendigerweise eine Potenz von 2; für diesen, auf topologischem Wege entdeckten Satz hat übrigens F. Behrend einen rein algebraischen Beweis angegeben (1939); ob aber ein solches System mit einem Grade $2^r > 8$ existiert, das konnte bis heute weder mit topologischen, noch mit algebraischen Methoden entschieden werden.

Das Problem, auf das ich hier hinweisen wollte, ist das, ob sich in der S^n oder im P^n gewisse algebraische Strukturen, von der oben besprochenen oder auch von allgemeinerer oder von speziellerer Art, einführen lassen.

5. Ich will darauf aber hier nicht weiter eingehen, sondern kurz von dem Problem der Existenz einer speziellen *analytischen* Struktur auf einer S^n, nämlich einer "komplex-analytischen" Struktur sprechen. Die Fragestellung hat nur bei geradem $n = 2m$ einen Sinn; dass die S^{2m}—oder allgemeiner eine $2m$-dimensionale Mannigfaltigkeit—eine komplex-analytische Struktur besitzt, oder kurz: dass sie eine "komplexe Mannigfaltigkeit" ist, soll bedeuten, dass sie imstande ist, die Rolle einer (mehrdimensionalen) abstrakten Riemannschen Fläche zu spielen, dass also auf ihr Begriffe wie "analytische Funktion von m komplexen Variablen", "komplex-analytisches Differential," usw. sinnvoll sind. Dies ist dann und nur dann der Fall, wenn man sie mit lokalen Systemen von m komplexen Parametern $(z_1, \cdots, z_m)$, $(w_1, \cdots, w_m)$, $\cdots$ so überdecken kann, dass die Parametertransformationen, die dort entstehen, wo mehrere dieser Systeme übereinandergreifen, analytisch sind. Die Frage ist also: auf welchen Sphären S^{2m} ist eine solche komplex-analytische Parametrisierung möglich? Der klassische Fall ist der der S^2; das ist die Riemannsche Zahlkugel der gewöhnlichen Funktionentheorie. Gibt es für eine Sphäre S^{2m} mit $m > 1$ etwas Ähnliches? Man weiss es nicht, und dies zu entscheiden, ist auch eines der aktuellen Probleme, mit denen sich heute Topologen beschäftigen. Das am weitesten gehende Resultat (bei Beschränkung auf Sphären) ist der folgende, sehr einfach beweisbare Satz von A. Kirchhoff (1947): Wenn die S^n eine komplex-analytische Struktur besitzt, so ist die S^{n+1} parallelisierbar. Hieraus und aus dem früher besprochenen Satz von Eckmann-Whitehead folgt, dass die Sphären S^{4k} keine komplex-analytische Struktur besitzen. Im Lichte des Kirchhoffschen Satzes hängt die komplexe Struktur der S^2 mit der Parallelisierbarkeit der S^3 zusammen, die ihrerseits etwas mit den Quaternionen zu tun hat; aber da auch die S^7 parallelisierbar ist, kann der Kirchhoffsche Satz keinen Aufschluss darüber geben, ob die S^6 eine komplex-analytische Struktur zulässt. Gerade bei der S^6 haben bisher alle Versuche, die Nicht-Existenz einer solchen Struktur zu beweisen, versagt; in der Tat besitzt die S^6 eine sogenannte "fast-komplexe" Struktur—ich kann darauf hier aber nicht eingehen und brauche es auch umsoweniger zu tun, als Herr Ehresmann in der Topologie-Konferenz ja ausführlich über diesen Fragenkreis sprechen wird, ohne sich übrigens auf Sphären zu beschränken.

6. Über die *Methoden*, mit denen man die Probleme behandelt, von denen ich gesprochen habe, kann ich natürlich in diesem kurzen Vortrag nicht viel sagen. Ich möchte nur an einem Spezialfall erläutern, welcher Art oft der Kern der Schwierigkeit ist, die man zu überwinden hat. Nehmen wir an, wir wollen untersuchen, ob es, bei gegebenem n und k, auf der S^n k linear unabhängige oder, was auf dasselbe hinauskommt, k zueinander orthogonale Richtungsfelder gibt. Es ist leicht, ein solches System von k Feldern zu konstruieren, das in einem einzigen Punkte singulär wird: im R^n ist die Existenz eines solchen Systems ohne Singularität trivial; man projiziere den R^n samt diesem System stereographisch auf die S^n; dann entsteht auf dieser ein System der gewünschten Art mit dem Projektionszentrum o als einziger Singularität. Diese Singularität versuchen wir zu beseitigen. Wir betrachten eine Umgebung U von o, die wir als Vollkugel in einem n-dimensionalen euklidischen Raum auffassen können, und tilgen die im Inneren von U schon definierten Feldrichtungen; dann handelt es sich darum, die folgende Randwertaufgabe zu lösen: die auf dem Rande S^{n-1} der Vollkugel U gegebenen k orthogonalen Richtungsfelder sollen stetig auf U erweitert werden, sodass sie auch dort orthogonal sind. Diese Aufgabe lässt sich so deuten: wir betrachten die Mannigfaltigkeit V aller geordneten orthogonalen k-Tupel in einem Punkt des R^n; dann definieren die auf dem Rand S^{n-1} gegebenen k-Tupel in natürlicher Weise (vermittels der Parallelität im R^n) eine stetige Abbildung f von S^{n-1} in V, und unsere Randwertaufgabe ist offenbar äquivalent mit der folgenden: f soll zu einer stetigen Abbildung der Vollkugel U in V erweitert werden. Diese Aufgabe aber ist ihrerseits, wie man sehr leicht sieht, gleichbedeutend mit der Aufgabe, das Sphärenbild $f(S^{n-1})$ in der Mannigfaltigkeit V stetig auf einen Punkt zusammenzuziehen. Die entscheidende Frage ist also schliesslich die, ob diese Zusammenziehung möglich, also, um die übliche Terminologie zu benutzen: ob $f(S^{n-1})$ in V homotop 0 ist.

Damit habe ich schon angedeutet, in welches Gebiet man bei der Behandlung unserer Probleme gerät: in die Homotopietheorie, durch deren Begründung (1935) W. Hurewicz der ganzen Topologie einen so grossartigen neuen Impuls gegeben hat.

Bei der Frage, auf die wir soeben geführt worden sind, beachte man, dass die Abbildung f der Sphäre S^{n-1} eine ganz spezielle, wohldefinierte Abbildung ist, die man, wenn man will, durch explizite Formeln beschreiben kann; von dieser speziellen Abbildung also soll man entscheiden, ob sie homotop 0 ist oder nicht. Ich betone das deswegen, weil gerade in dieser Hinsicht eine irrtümliche Meinung darüber weit verbreitet ist, was die Topologen eigentlich tun und von welcher Art ihre Schwierigkeiten sind: es handelt sich in der Topologie gar nicht ausschliesslich um Theorien von sehr hoher Allgemeinheit, sondern gerade unter unseren aktuellsten Probleme gibt es solche von ausgesprochen speziellem Charakter.

7. Ich will die spezielle Frage, von der wir hier gesprochen haben, aber verlassen; oft treten ähnliche Fragen auf, bei denen es sich darum handelt, ob eine Abbildung einer Sphäre in einen Raum V (der nicht der vorhin betrachtete zu sein braucht) homotop 0 ist. Ein besonders einfacher Fall, dessen Untersuchung übrigens auch für die Behandlung vieler anderer Falle von ausschlaggebender Bedeutung ist, ist natürlich der, in dem V selbst eine Sphäre ist. Von den Abbildungen von Sphären auf Sphären also—sagen wir: einer S^N auf eine S^n—will ich jetzt sprechen. Wie kann man einen Überblick über sie gewinnen, oder besser: nicht so sehr über die Abbildungen selbst, als über die Abbildungsklassen? Dabei werden zwei Abbildungen zu einer Klasse gerechnet, wenn man sie stetig ineinander überführen kann. Die "unwesentlichen" oder null-homotopen Abbildungen, d.h., diejenigen, die man stetig in Abbildungen auf einen einzigen Punkt überführen kann, bilden eine Klasse, die "Nullklasse".

Die erste und wichtigste Frage ist natürlich: Gibt es, bei gegebenem N und n, auch "wesentliche" Abbildungen, mit anderen Worten: ist die Anzahl der Klassen grösser als 1? Es ist trivial, dass es für $N < n$ nur unwesentliche Abbildungen gibt, und es ist leicht beweisbar, dass es sich für $N > n = 1$ ebenso verhält. Aber man weiss nicht, ob dies die einzigen Fälle ohne wesentliche Abbildungen sind. Hier liegt ein besonders wichtiges ungelöstes Problem vor.

Längst erledigt ist der Fall $N = n$: die Brouwersche Theorie des Abbildungsgrades (1911) lehrt, dass es unendlich viele Abbildungsklassen gibt. Unendlich viele Klassen gibt es auch für alle Paare $N = 4m - 1, n = 2m$ (H. Hopf 1935). Andere Fälle mit unendlich vielen Klassen sind nicht bekannt. Auch hier haben wir ein ungelöstes Problem.

Auf die allgemeine Frage nach der Anzahl $A(N, n)$ der Abbildungsklassen $S^N \to S^n$, die nach dem Gesagten nur für $N > n > 1$ interessant ist, kennen wir nur Bruchstücke von Antworten; dieses Problem ist heute wohl eines der merkwürdigsten in der Topologie. Die einzige Aussage von allgemeinem Charakter, die man bis heute über die Abhängigkeit der Zahl A von den Argumenten N und n machen konnte, ist in einem schönen Satz von H. Freudenthal (1937) enthalten, der besagt, dass $A(N, n)$, wenn n im Verhältnis zu N nicht zu klein ist, nur von der Differenz $N-n$ abhängt; der Satz lautet: bei festem k haben in der Folge $A(n+k, n)$ mit $n = 1, 2, \cdots$ alle Zahlen A von $n = k+2$ an denselben Wert. Es ist nun natürlich wichtig, diesen Wert, den wir $A'(k)$ nennen wollen, zu bestimmen. Ausser für den Fall $k = 0$, in dem $A' = \infty$ ist, ist A' bisher nur für $k = 1$ und $k = 2$ bestimmt worden: in beiden Fällen ist $A'(k) = 2$ (H. Freudenthal 1937 für $k = 1$; L. Pontrjagin 1950 für $k = 2$, womit er seine frühere Behauptung (1936), es sei $A'(2) = 1$, korrigiert hat). Ferner hat Freudenthal noch bewiesen, dass

$A'(3) > 1$ und $A'(7) > 1$ ist. Das ist, soviel ich sehe, alles, was man über $A'(k)$ weiss.

Noch weniger wissen wir, wenn n im Verhältnis zu N klein ist. Eine spezielle bekannte Tatsache (W. Hurewicz 1935) ist die, dass $A(N, 2) = A(N, 3)$ für alle $N > 2$ ist. Ich nenne noch einige weitere spezielle Tatsachen, die in dem bisher Gesagten nicht enthalten sind: $A(6, 2) = A(6, 3) > 1$; $A(N, 4) > 1$ für $N = 8, 10, 14$; dagegen weiss man—soviel mir bekannt ist—z.B. nicht, ob sich eine Sphäre einer Dimension $N > 6$ wesentlich auf die S^2 abbilden lässt (Literatur: G. Whitehead, Ann. of Math. 1950).

Die gegenwärtige Situation in diesem Gebiet ist sehr unübersichtlich, und es ist verständlich und erfreulich, dass sich viele Geometer bemühen, hier Klarheit zu schaffen und ein Gesetz zu erkennen.

Ich habe hier nur von den *Anzahlen* $A(N, n)$ der Klassen gesprochen; sie sind die Ordnungen der N-ten Hurewiczschen Homotopiegruppen der n-dimensionalen Sphären, und die Aufgabe, die A zu bestimmen, ist ein Teil der schärferen Aufgabe, die Strukturen dieser Homotopiegruppen zu ermitteln; andererseits wird auch die Bestimmung der Anzahlen A selbst erleichtert und geklärt, wenn man die Homotopiegruppen heranzieht. Ich möchte aber auf die Homotopiegruppen hier nicht eingehen.

8. Aber ich will noch eine Bemerkung anderer Art zu dem Problemkreis der Abbildungen von Sphären auf Sphären machen. Auf der S^N, die im R^{N+1} liegt, seien $n + 1$ stetige Funktionen $f_0, f_1, \cdots, f_n$ gegeben, die keine gemeinsame Nullstelle haben. Man kann sie natürlich stetig in die ganze, von der S^N berandete Vollkugel U hinein fortsetzen; wir fragen: ist dies so möglich, dass auch im Inneren keine gemeinsamen Nullstellen entstehen? Der einfachste Fall ist der, in dem $N = n = 0$ ist: dann ist U ein Intervall, sein Rand S^0 besteht aus zwei Punkten, und in diesen sind zwei Werte gegeben, die nicht 0 sind; diese beiden Werte sind dann und nur dann die Randwerte einer in U stetigen und von 0 verschiedenen Funktion, wenn sie das gleiche Vorzeichen haben. Das ist das klassische Prinzip von Bolzano, und unsere obige Frage kann aufgefasst werden als die Frage, ob das Bolzanosche Prinzip eine Verallgemeinerung auf Systeme von $n + 1$ Funktionen von $N + 1$ Variablen besitzt. Kehren wir also zu beliebigen positiven N und n zurück. Ausser der S^N betrachten wir eine Sphäre S^n in einem R^{n+1} mit Koordinaten $y_0, y_1, \cdots, y_n$. Die auf S^N gegebenen Funktionen $f_0, f_1, \cdots, f_n$, die keine gemeinsame Nullstelle haben, vermitteln eine Abbildung f von S^N auf S^n, die durch die Formeln

$$y_j = f_j \cdot \left(\sum f_i^2\right)^{-1/2}, \qquad j = 0, 1, \cdots, n,$$

gegeben ist. Eine nullstellenfreie Fortsetzung der Funktionen f_j in U hinein ist gleichbedeutend mit einer Fortsetzung der Abbildung f zu einer Abbildung $U \to S^n$, und die Existenz einer solchen Abbildung ist, wie man sehr leicht sieht, gleichbedeutend mit der Deformierbarkeit der Abbildung f von S^N in eine Abbildung auf einen einzigen Punkt, also mit der Unwesentlichkeit von f.

Wir sehen also: wenn die durch die Randwerte f_j bestimmte Abbildung f der S^N auf die S^n wesentlich ist, so existieren für jede Fortsetzung des Randwertsystems ins Innere von U gemeinsame Nullstellen der Funktionen f_j; man hat also eine, durch die Randwerte ausgedrückte hinreichende Bedingung für die Existenz einer Lösung des Gleichungssystems

$$f_j(x_0, x_1, \cdots, x_N) = 0, \qquad j = 0, 1, \cdots, n,$$

in U. Randwerte, welche diese Bedingung erfüllen, gibt es aber dann und nur dann, wenn—in unserer früheren Terminologie—$A(N, n) > 1$ ist.

Diese Formulierung dürfte zeigen, dass unser Problem der Abbildungen von Sphären auf Sphären recht natürlich ist und etwas mit den Grundtatsachen der reellen Analysis zu tun hat. Vielleicht wäre es auch für die Behandlung unseres Problems ganz nützlich, über die hier angedeuteten Zusammenhänge mit der Analysis etwas nachzudenken.

9. Ich habe jetzt einige Zeit von den Sphären gesprochen und möchte nun noch kurz auf ein Problem hinweisen, das für die Sphären trivial, aber für andere Mannigfaltigkeiten, besonders auch für die projektiven Räume interessant ist. Der projektive Raum P^n ist nicht als Punktmenge in einem euklidischen Raum erklärt, wie z.B. die Sphäre, sondern auf eine etwas abstraktere Weise. Da aber die Teilmengen der euklidischen Räume als besonders "konkret" oder "anschaulich" gelten, entsteht die Aufgabe, den P^n in einen euklidischen Raum R^k einzubetten, d.h., ihn eineindeutig und stetig in den R^k hinein abzubilden; das Bild ist dann ein Modell des P^n. Diese Einbettung ist leicht vorzunehmen, wenn k hinreichend gross ist. Interessant ist aber die Aufgabe, bei gegebenem n das kleinste k zu finden, für welches ein Modell des P^n im R^k existiert; wir wollen dieses minimale k mit $k(n)$ bezeichnen. Die projektive Gerade P^1 ist eine einfach geschlossene Linie und besitzt daher ein Modell in der Ebene R^2; es ist also $k(1) = 2$. Die projektive Ebene P^2 ist eine nicht-orientierbare geschlossene Fläche und besitzt daher bekanntlich kein Modell im Raum R^3; das Analoge gilt nicht nur für alle P^n mit geraden n, die ebenfalls nicht-orientierbar sind, sondern auch für die orientierbaren P^n mit ungeraden $n > 1$; es ist somit $k(n) \geqq n + 2$ für alle $n > 1$ (H. Hopf 1940). Für $n = 2$ und $n = 3$ verifiziert man leicht, dass $k(n) = n + 2$ ist, d.h., dass man P^2 in R^4 und P^3 in R^5 einbetten kann. Für gewisse andere n ist bekannt, dass $k(n) \geqq n + 3$ ist (S. S. Chern 1947). Die Aufgabe, $k(n)$ allgemein zu bestimmen, ist ungelöst und scheint schwierig zu sein.

Wenn der P^n in den R^k eingebettet ist, so sind die Koordinaten $y_1, \cdots, y_k$ des R^k stetige Funktionen in P^n; da P^n aus S^n durch Identifikation antipodischer Punkte entsteht, können die y_j als Funktionen auf der S^n aufgefasst werden, welche "gerade" sind, d.h., in antipodischen Punkten immer gleiche Werte haben; die Tatsache, dass die Abbildung des P^n in den R^k eineindeutig ist, äussert sich in den y_j auf der S^n in naheliegender Weise. Das genannte Einbettungsproblem der projektiven Räume ist somit gleichbedeutend mit der Frage nach der Existenz gewisser Funktionensysteme auf den Sphären. Wenn man verlangt, dass die Einbettung differenzierbar sei (was wohl keine wesentliche Einschränkung bedeutet), so kommt man zu interessanten differentialgeometrischen Fragen. Ferner ist es vom algebraischen Standpunkt interessant, das Problem unter der zusätzlichen Forderung zu diskutieren, dass die y_j homogene Formen (geraden Grades) der Koordinaten $x_0, x_1, \cdots, x_n$ des R^{n+1} sind, in dem die S^n liegt.

Ich kann aber hierauf nicht mehr eingehen, und auch nicht auf einige andere Punkte, die eigentlich noch auf meinem Programm standen (komplexe projektive Räume; Faserungen von Sphären), denn die Zeit, die für diesen Vortrag zur Verfügung steht, ist abgelaufen.

Swiss Federal School of Technology,
Zürich, Switzerland.

56.

Über komplex-analytische Mannigfaltigkeiten

Rend. Mat. Univ. Roma **10** (1951), 169–182

Was die n-dimensionalen Mannigfaltigkeiten unter allen geometrischen Gebilden auszeichnet, ist der Umstand, dass sie im Kleinen ebenso aussehen wie der cartesische Koordinatenraum: sie sind definiert als diejenigen zusammenhängenden Punktmengen — genauer: diejenigen zusammenhängenden Hausdorffschen Räume mit abzählbarer Umgebungsbasis —, in denen jeder Punkt eine Umgebung besitzt, welche das topologische Bild des Inneren eines n-dimensionalen Würfels ist. In diesen Umgebungen lassen sich lokale Koordinatensysteme $(x_1, \ldots, x_n)$, $(y_1, \ldots, y_n)$, ... einführen; wo zwei solche Umgebungen übereinandergreifen, hat man Koordinatentransformationen

$$y_j = y_j(x_1, \ldots, x_n), \qquad j = 1, \ldots, n, \tag{1}$$

die stetig und eindeutig umkehrbar sind.

In allen bekannten Mannigfaltigkeiten kann man diese lokalen Koordinatensysteme so wählen, dass alle zugehörigen Transformationen (1) analytisch und dass ihre Funktionaldeterminanten nicht 0 sind:

$$\frac{\partial(y_1, \ldots, y_n)}{\partial(x_1, \ldots, x_n)} \neq 0; \tag{2}$$

dann haben Begriffe wie: k-mal differenzierbare Funktion, reell analytische Funktion, Differential, Tensorfeld, usw. einen wohlbestimmten Sinn, und man kann auf der Mannigfaltigkeit in unbeschränkter Weise reelle Funktionentheorie treiben. Wir wollen im Folgenden immer annehmen, dass die auftretenden Mannigfaltigkeiten in diesem Sinne «reell analytisch» sind.

In analoger Weise kann man komplexe Funktionentheorie auf denjenigen Mannigfaltigkeiten treiben, die in folgendem Sinne « komplex-analytisch » oder kurz : « komplex » sind oder auch : « eine komplexe Struktur besitzen » : die Dimensionszahl $n = 2m$ ist gerade, und die Mannigfaltigkeit ist mit lokalen komplexen Koordinatensystemen $(z_1, \ldots, z_m), (w_1, \ldots, w_m) \ldots$, so überdeckt, dass die beim Übereinandergreifen solcher Systeme entstehenden Transformationen

$$(3) \qquad w_k = w_k(z_1, \ldots, z_m), \qquad k = 1, \ldots, m,$$

analytisch sind. Begriffe wie : komplex-analytische Funktion », Abelsches Differential, usw. sind auf einer komplexen Mannigfaltigkeit in naheliegender Weise definiert und ebenso der Begriff der analytischen Abbildung einer komplexen Mannigfaltigkeit in eine andere. Der natürliche Äquivalenzbegriff für komplexe Mannigfaltigkeiten ist der folgende: die komplexen Mannigfaltigkeiten M_1, M_2 « sind analytisch äquivalent » oder auch « haben dieselbe komplexe Struktur », wenn es eine eineindeutige Abbildung von M_1 auf M_2 gibt, welche samt ihrer Umkehrung analytisch ist; zwei solche Mannigfaltigkeiten sind a fortiori homöomorph (topologisch äquivalent).

Ich möchte hier auf einen Unterschied zwischen der Theorie der komplexen Mannigfaltigkeiten und der algebraischen Geometrie (über dem Körper der komplexen Zahlen) hinweisen. Die algebraischen Mannigfaltigkeiten, welche keine Singularitäten haben, gehören zu den wichtigsten Beipielen komplexer Mannigfaltigkeiten. In der algebraischen Geometrie gelten zwei Mannigfaltigkeiten als äquivalent, wenn zwischen ihnen eine birationale Beziehung besteht; in unserem, soeben präzisierten Sinne ist diese birationale Beziehung aber dann und nur dann eine Äquivalenz, wenn sie in beiden Richtungen eindeutig ist (wenn also insbesondere kein Punkt in eine Kurve und keine Kurve in einen Punkt transformiert wird); zwei im Sinne der algebraischen Geometrie äquivalente Mannigfaltigkeiten können also verschiedene komplexe und sogar verschiedene topologische Strukturen haben.

Neben den algebraischen Mannigfaltigkeiten sind die Riemannschen Flächen klassische Beispiele komplexer Mannigfaltigkeiten ($m = 1$); dabei hat man eine Riemannsche Fläche im « abstrakten » Sinne aufzufassen, d. h. nicht notwendigerweise konkretisiert als Überlagerung eines Gebietes, mit verschiedenen Blättern, Verzweigungspunkten, usw.. — Weitere Beispiele erhält man durch die Bildung cartesischer Produkte: die komplexen Strukturen zweier komplexer Mannigfaltigkeiten M_1, M_2 erzeugen in natürlicher Weise eine komplexe Struktur in der Produktmannigfaltigkeit $M_1 \times M_2$; dieser Prozess lässt sich ohne weiteres auf beliebig viele Faktoren übertragen; so ist der Koordinatenraum von k komplexen Variablen $z_1, \ldots, z_m$ das cartesische Produkt von k Exemplaren der komplexen z-Ebene. — Jedes Teilgebiet (offene zusammenhängende Teilmenge) einer komplexen Mannigfaltigkeit ist selbst eine solche. — Eine Methode, neue komplexe Mannigfaltigkeiten zu konstruieren, ist die folgende: in der komplexen Mannigfaltigkeit $\overline{M}$ sei eine diskontinuierliche Gruppe G eineindeutiger analytischer Selbstabbildungen gegeben, die — abgesehen von der identischen Abbildung — keine Fixpunkte haben; durch Identifizierung je zweier Punkte von $\overline{M}$, die durch Transformationen aus G ineinander übergehen, entsteht eine neue komplexe Mannigfaltigkeit M. Die Untersuchung von M geschieht in bekannter Weise durch Betrachtung der Fundamentalbereiche der Gruppe G in $\overline{M}$. Ich gebe hierzu zwei Beispiele an:

a) $\overline{M}$ ist der Raum der Variablen $z_1, \ldots, z_m$; die Gruppe G wird durch $2m$ unabhängige reelle Translationen erzeugt; M ist homöomorph dem $2m$-dimensionalen Toroid T^{2m}, d. h. dem cartesischen Produkt von $2m$ Kreislinien.

b) $\overline{M}$ entsteht aus dem $(z_1, \ldots, z_m)$-Raum durch Herausnahme des Nullpunktes; G wird erzeugt durch die Dilatation

$$z'_k = 2 z_k, \qquad k = 1, \ldots, m;$$

M ist homöomorph mit dem cartesischen Produkt einer $(2m-1)$-dimensionalen Sphäre S^{2m-1} und einer Kreislinie S^1; dies ergibt sich leicht aus der Betrachtung des Fundamentalbereiches, der durch

$$1 \leq \Sigma_k |z_k|^2 \leq 4$$

bestimmt ist (¹).

Ich möchte nun über einige Gegenstände aus der Theorie der komplexen Mannigfaltigkeiten sprechen, die nur lose miteinander

(¹) Auf diese Beispiele habe ich bereits in meiner Arbeit « Zur Topologie der komplexen Mannigfaltigkeiten », Studies and Essays presented to R. Courant (New York 1948), hingewiesen. Inzwischen (1951) hat mir Herr B Eckmann mitgeteilt, dass alle Sphärenprodukte $S^{2r+1} \times S^{2s+1}$ mit beliebigen r, s komplexe Mannigfaltigkeiten sind, und Herr E. Calabi hat unabhängig davon dasselbe für den Fall $r = s = 1$ gezeigt. Die prinzipielle Wichtigkeit dieser Beispiele geht aus dem nächsten Abschnitt des obigen Textes hervor.

zusammenhängen, und dabei auch auf einige unbeantwortete Fragen hinweisen.

1. — Die singularitätenfreien algebraischen Mannigfaltigkeiten sind, wie schon gesagt wurde, besonders wichtige und interessante komplexe Mannigfaltigkeiten; und zwar sind sie, da die algebraische Geometrie im projektiven Sinne zu verstehen ist, geschlossene (kompakte) Mannigfaltigkeiten. Es erhebt sich die natürliche und prinzipiell wichtige Frage, ob sie die Gesamtheit aller geschlossenen komplexen Mannigfaltigkeiten erschöpfen oder ob diese Gesamtheit grösser ist als diejenige, die in der algebraischen Geometrie auftritt. Die Beispiele (a) und (b) komplexer Mannigfaltigkeiten, die wir vorhin konstruiert haben, geben hierüber Aufschluss.

Es ist bekannt, dass ein Toroid T^{2m} dann und nur dann mit einer algebraischen Mannigfaltigkeit analytisch äquivalent ist, wenn zwischen den Translationen, welche T^{2m} erzeugen, eine gewisse Relation, die sogenannte « Periodenrelation », besteht. Ein T^{2m}, für welches diese Relation nicht erfüllt ist, ist also ein Beispiel einer komplexen Mannigfaltigkeit, welche nicht als algebraische Mannigfaltigkeit auftreten kann; damit ist unsere oben gestellte Frage in einem gewissen Sinne bereits beantwortet; jedoch ist diese Beantwortung noch nicht recht befriedigend: denn unser T^{2m} ist noch homöomorph mit einer algebraischen Mannigfaltigkeit, nämlich mit einem Toroid, für welches die Periodenrelation gilt (und zwar sogar dann, wenn man « Homöomorphie » im Sinne der reell-analytischen eineindeutigen Abbildbarkeit versteht). Die Betrachtung der Toroide liefert also keine Antwort auf die folgende Präzisierung der oben angeschnittenen Frage: Ist jede geschlossene komplexe Mannigfaltigkeit homöomorph mit einer algebraischen Mannigfaltigkeit?

Diese Frage wird beantwortet, und zwar ebenfalls verneint, mit Hilfe der komplexen Mannigfaltigkeiten $S^1 \times S^{2m-1}$, die wir unter (b) konstruiert haben. Wenn $m > 1$ ist, so ist die zweite Bettische Zahl einer solchen Mannigfaltigkeit gleich 0; andererseits besagt ein klassischer Satz über die Topologie algebraischer Mannigfaltigkeiten, dass für eine algebraische Mannigfaltigkeit die Bettischen Zahlen in allen geraden Dimensionszahlen (welche nicht grösser sind als die Dimensionszahl der Mannigfaltigkeit selbst) positiv sind; die Antwort auf unsere Frage lautet also:

Es gibt geschlossene komplexe Mannigfaltigkeiten, z. B. die Produkte $S^1 \times S^{2m-1}$ mit $m > 1$, welche nicht homöomorph mit algebraischen Mannigfaltigkeiten sind.

In diesem präzisen Sinne ist also die Gesamtheit der geschlossenen komplexen Mannigfaltigkeiten grösser als die Gesamtheit der singularitätenfreien algebraischen Mannigfaltigkeiten. Ich halte es für eine interessante Aufgabe, die Stellung der algebraischen Mannigfaltigkeiten innerhalb der Gesamtheit aller komplexen Mannigfaltigkeiten weiter zu klären.

2. — Da die für algebraische Mannigfaltigkeiten notwendigen topologischen Bedingungen, wie die Positivität der Bettischen Zahlen in den geraden Dimensionen usw., für beliebige komplexe Mannigfaltigkeiten nicht erfüllt zu sein brauchen, so wird man fragen, ob die Gesamtheit der komplexen Mannigfaltigkeiten vielleicht überhaupt alle Mannigfaltigkeiten gerader Dimension umfasst. Hierzu ist nun sofort die Bemerkung zu machen, dass jede komplexe Mannigfaltigkeit orientierbar ist; denn wenn man die lokalen komplexen Koordinaten $(z_1, \ldots, z_m)$. $(w_1, \ldots . w_m), \ldots$ in Real - und Imaginärteil zerlegt:

$$z_k = x_{2k-1} + i\, x_{2k}, \quad w_k = y_{2k-1} + i\, y_{2k},$$

so sind $(x_1, \ldots, x_{2m})$, $(y_1, \ldots, y_{2m}), \ldots$ reelle lokale Koordinatensysteme, und eine kleine Rechnung zeigt, dass die reelle Funktionaldeterminante (2) gleich dem Quadrat des Betrages der zu der Transformation (3) gehörigen komplexen Funktionaldeterminante, also positiv ist; hieraus aber folgt bekanntlich, dass sich eine Orientierung, die man etwa im Bereich der x_j willkürlich vorgibt, eindeutig über die ganze Mannigfaltigkeit fortsetzen lässt. Wir werden uns daher immer auf orientierbare (reell-analytische) Mannigfaltigkeiten M^{2m} beschränken und wiederholen unsere Frage: Besitzt jede solche Mannigfaltigkeit eine komplexe Struktur?

Für $m = 1$ ist dies der Fall; denn aus der Theorie der konformen Abbildungen ist bekannt, dass jede orientierbare Fläche, geschlossen oder offen (reell-analytisch), als Riemannsche Fläche auftritt; speziell ist die Kugelfläche S^2 als Riemannsche Zahlkugel eine komplexe Mannigfaltigkeit. Nun sei $m \geq 2$; dann ist die obige Frage zu verneinen; zwar sind wir weit davon entfernt, unter allen orientierbaren Mannigfaltigkeiten M^{2m} diejenigen charakterisieren zu können, welche fähig sind, eine komplexe Struktur zu tragen — aber immerhin hat man die folgenden beiden Sätze bewiesen:

A. *Für gerades m besitzt die Sphäre S^{2m} keine komplexe Struktur.*

B. *Es gibt unendlich viele 4-dimensionale geschlossene orientierbare Mannigfaltigkeiten, welche keine komplexe Struktur besitzen.*

Bevor ich etwas über die Beweismethode sage, die zu diesen Sätzen geführt hat, möchte ich eine Bemerkung zu dem Satz A machen, indem ich von einem naheliegenden Beweisansatz für die Vermutung spreche, dass unter allen Sphären S^{2m} die S^2 die einzige komplexe Mannigfaltigkeit ist; dieser Ansatz hat zwar nicht zum Ziele geführt, aber er beleuchtet doch einen Unterschied zwischen den Fällen $m = 1$ und $m \geq 2$: Für jedes n kann die Sphäre S^n als der durch einen Punkt ∞ abgeschlossene euklidische Raum R^n aufgefasst werden (stereographische Projektion); im R^{2m} hat man die cartesischen komplexen Koordinaten $z_1, \ldots, z_m$; für $m = 1$ führt man in der Umgebung des Punktes ∞ eine komplexe Koordinate Z ein, die mit $z = z_1$ durch die analytische Transformation $Z = z^{-1}$ zusammenhängt; wenn man aber für $m > 1$ in der Umgebung von ∞ komplexe Koordinaten $Z_1, \ldots, Z_m$ einführt, so können die Transformationen

$$Z_k = Z_k(z_1, \ldots, z_m)$$

nicht analytisch sein; denn andernfalls wäre z. B. Z_1 eine auf einer grossen Kugel des R^{2m} analytische Funktion von $z_1, \ldots, z_m$ und daher nach einem bekannten Satz von Hartogs auch in dem ganzen Inneren dieser Kugel analytisch; da Z_1 somit auf der ganzen geschlossenen Mannigfaltigkeit S^{2m} analytisch wäre, wäre Z_1 konstant — was unmöglich ist, da Z_1 einem lokalen Koordinatensystem angehören soll. Falls sich also für ein $m > 1$ auf der S^{2m} überhaupt eine komplexe Struktur einführen lässt, so muss das auf eine kunstvollere Weise geschehen als dadurch, dass man dem im ganzen R^{2m} gültigen $(z_1, \ldots, z_m)$-System einfach ein zweites Koordinatensystem hinzufügt.

Um nun die Methode, die zu den Sätzen *A* und *B* geführt hat, wenigstens andeuten zu können, muss ich erklären, was es heisst, dass eine (reell analytische) Mannigfaltigkeit M^{2m} eine « fast-komplexe » Struktur besitzt: Infolge der Differenzierbarkeitseigenschaften von M^{2m} existiert in jedem Punkt p von M^{2m} der tangentiale Vektorraum V_p^{2m}; eine fast-komplexe Struktur ist gegeben, sobald für jeden Punkt p eine lineare Abbildung J_p von V_p^{2m} auf sich so erklärt ist, dass sie jeden von 0 verschiedenen Vektor v in einen von ihm linear unabhängigen Vektor $J_p v$ transformiert und dass die J_p stetig von den p abhängen. Die Bezeichnung « fast-komplex » ist darum berechtigt, weil jede komplexe Struktur in natürlicher Weise eine fast-komplexe Struktur erzeugt: Wenn die Mannigfaltigkeit M^{2m} komplex ist, so kann man die Vektoren von V_p^{2m} statt durch ihre reellen Komponenten $(x_1, \ldots, x_{2m})$, $(y_1, \ldots, y_{2m})$, ... auch durch komplexe Komponenten $(z_1, \ldots, z_m)$, $(w_1, \ldots, w_m)$, ... darstellen, die sich bei einer Koordinatentransformation (3) in bekannter Weise transformieren; invariant gegenüber einer solchen Komponententransformation ist die Multiplikation mit einem komplexen Skalar, insbesondere mit der Zahl i; durch $v \to i v$ ist also eine vom Koordinatensystem unabhängige Abbildung J_p des Raumes V_p^{2m} auf sich gegeben, und diese Abbildung hat, wie man leicht bestätigt, die genannten Eigenschaften. Eine komplexe Mannigfaltigkeit ist also a fortiori fast-komplex, und alle bisher bekannten Beweise dafür, dass eine gewisse M^{2m} nicht komplex ist, bestehen darin, dass man tatsächlich zeigt: M^{2m} ist nicht fast-komplex.

Die Untersuchung der Frage aber, welche Mannigfaltigkeiten eine fast-komplexe Struktur besitzen, ist, wenn auch keineswegs leicht, so doch mit den Hilfsmitteln der heutigen Topologie angreifbar, insbesondere im Rahmen der Theorie der gefaserten Räume. Mit Methoden dieser Art, auf die ich hier nicht eingehen kann, haben zunächst C. Ehresmann und ich (unabhängig voneinander) bewiesen, dass die Sphäre S^4 keine fast-komplexe Struktur besitzt, und ich habe gleichzeitig dasselbe für unendlich viele andere 4-dimensionale Mannigfaltigkeiten gezeigt (2); dann hat W. T. Wu bewiesen, dass keine Sphäre S^{4k} fast-komplex sein kann (3). Hiermit waren unsere obigen Sätze A und B bewiesen. Ferner will ich hier noch den ebenso merkwürdigen wie leicht beweisbaren Satz von A. Kirchhoff nennen (4): Wenn die Sphäre S^n fast-komplex ist, so existiert auf der Sphäre S^{n+1} ein System von $n+1$ überall linear unabhängigen stetigen tangentialen Richtungsfeldern; hieraus ergibt sich mit Hilfe bekannter Eigenschaften der Richtungsfelder auf Sphären noch einmal der Satz von Wu.

(2) C. Ehresmann, « *Sur la théorie des espaces fibrés* », Colloque international de Topologie Algébrique, Paris 1947 (erschienen: Paris 1949), p. 13. H. Hopf, l. c. (1), sowie: « Sur les champs d'éléments de surface... », Colloque international..., l. c. p. 59.

(3) « *Sur l'existence d'un champ d'éléments de contact ou d'une structure complexe sur une sphère* », Comptes Rendus Paris, 226 (1948), p. 2117 ff.

(4) « *Sur l'existence de certains champs tensoriels sur les sphères à n dimensions* », Comptes Rendus Paris, 225 (1947), p. 1258 ff.

Was nun die Sphären S^{4k+2}, $k \geq 1$, betrifft, so weiss man für $k > 1$ nicht, ob sie fast-komplex sind (5); dagegen weiss man, dass die S^6 eine fast-komplexe Struktur besitzt, und zwar kann man eine solche sowohl direkt angeben (mit Hilfe der Cayleyschen Oktaven) (6), als ihre Existenz auch dem folgenden Satz von Ehresmann entnehmen (7): Jede Mannigfaltigkeit M^6, deren dritte Homologiegruppe Null ist, ist fast-komplex.

Ob aber die S^6 nicht nur eine fast-komplexe, sondern sogar eine komplexe Mannigfaltigkeit ist, das wissen wir nicht, und dies zu entscheiden, ist für alle, die sich für diese Dinge interessieren, ein sehr aktuelles Problem. Überhaupt konnte — obwohl man vermutet, dass es viel weniger komplexe Mannigfaltigkeiten gibt als fast-komplexe — noch von keiner einzigen fast-komplexen Mannigfaltigkeit gezeigt werden, dass sie nicht sogar komplex ist. Dieser Zustand ist recht unbefriedigend; denn der Begriff der fast-komplexen Struktur sollte ja nur ein Hilfsmittel sein für die Untersuchung der komplexen Mannigfaltigkeiten, denen unser Hauptinteresse gilt; die topologischen Methoden, die für die Untersuchung der fast komplexen Mannigfaltigkeiten ausreichen, müssen für eine erfolgreiche Untersuchung der komplexen Mannigfaltigkeiten wohl durch feinere analytische Methoden ergänzt werden.

3. — Die soeben diskutierte Frage, ob eine gegebene Mannigfaltigkeit M^{2m} eine komplexe Struktur besitzt oder nicht, kann als Teil der schärferen Frage nach der Anzahl der verschiedenen komplexen Strukturen einer M^{2m} gelten, und diese Frage lässt sich in verschiedenen Richtungen weiter verfolgen. Ich will von einem speziellen Problem dieser Art sprechen. Man kennt folgende Tatsachen aus der Theorie der Riemannschen Flächen: Von jedem Geschlecht $g \geq 1$ gibt es unendlich viele geschlossene Riemannsche Flächen,

(5) NACHTRÄGLICHER ZUSATZ: Nach einem neuen Satz von N. Steenrod und J. H. C. Whitehead, Proceed. Nat. Acad. Sc. 37 (1951), p. 58 ff, gestattet die S^k höchstens dann die Anbringung von k linear unabhängigen tangentialen Richtungsfeldern, wenn $k + 1$ eine Potenz von 2 ist. Hieraus und aus dem Satz von Kirchhoff 4) folgt: *Die S^{2m} kann höchstens dann eine fast-komplexe Struktur besitzen, wenn $m + 1$ eine Potenz von 2 ist.* Dies bedeutet eine wesentliche Verbesserung des Satzes A.

(6) Kirchhoff, l. c. 4); sowie: N. Steenrod, The topology of fibre bundles (Princeton 1951), p. 217.

(7) l. c. 2), p. 12.

die untereinander nicht konform (d. h. komplex-analytisch) äquivalent sind; man hat also für jedes $g \geq 1$ unendlich viele verschiedene komplexe Strukturen derselben Mannigfaltigkeit M_g^2; dagegen sind alle geschlossenen Riemannschen Flächen vom Geschlecht 0 untereinander konform äquivalent, denn jede solche Fläche lässt sich eineindeutig konform auf die Zahlkugel abbilden; mit anderen Worten: Die Kugelfläche S^2 besitzt eine einzige komplexe Struktur.

Wenn man nun fragt, ob dieser Satz über die S^2, der ja einer der Hauptsätze aus der Theorie der Riemannschen Flächen ist, irgendwie auf mehrdimensionale komplexe Mannigfaltigkeiten übertragen werden kann, so liegt es nahe, die Produktmannigfaltigkeit $M^4 = S^2 \times S^2$ in dieser Hinsicht zu prüfen; diese Mannigfaltigkeit, also die Mannigfaltigkeit der geordneten Punktepaare der S^2, besitzt eine natürliche komplexe Struktur, die durch die komplexe Struktur der S^2 induziert wird; diese Struktur von $S^2 \times S^2$ wollen wir Σ_0 nennen (sie ist übrigens bekanntlich gleichzeitig die komplexe Struktur der komplexen Flächen 2. Grades im projektiven Raum). Entgegen dem, was man auf Grund der hervorgehobenen Einzigkeit der komplexen Struktur der S^2 vielleicht erwarten könnte, ist aber Σ_0 nicht die einzige komplexe Struktur von $S^2 \times S^2$. Vielmehr gilt der folgende Satz von F. HIRZEBRUCH ([8]):

Die Mannigfaltigkeit $M^4 = S^2 \times S^2$ besitzt unendlich viele verschiedene komplexe Strukturen; mit anderen Worten: *es gibt unendlich viele komplexe Mannigfaltigkeiten, die paarweise nicht miteinander komplex-analytisch äquivalent, aber alle mit $S^2 \times S^2$ homöomorph sind.*

Diese unendlich vielen komplexen Mannigfaltigkeiten werden von Hirzebruch als 4-dimensionale Riemannsche Flächen gewisser mehrdeutiger analytischer Funktionen konstruiert, und da mir diese Konstruktion ohnehin aus funktionentheoretischen und aus topologischen Gründen interessant zu sein scheint, will ich sie hier einigermassen ausführlich skizzieren.

In der komplexen projektiven Ebene Π sind die Linienelemente definiert als die Paare (p, G), wobei p ein Punkt und G eine Gerade durch p ist; o sei ein fester Punkt und Σ_1 die Menge aller derjenigen Linienelemente (p, G), für welche G durch o geht; durch naheliegende und natürliche Einführung einer topologischen und komplex-analytischen Struktur wird Σ_1 eine 4-dimensionale

([8]) Die Arbeit von Hirzebruch wird in den Math. Annalen erscheinen (voraussichtlich 1951).

komplexe Mannigfaltigkeit, welche durch die Abbildung $\varphi:(p, G) \rightarrow p$ analytisch auf Π abgebildet ist; die Menge $\varphi^{-1}(o) = \sigma_1$ ist das Bündel der Linienelemente im Punkte o und daher topologisch und analytisch äquivalent einer komplexen projektiven Geraden, d. h. einer Sphäre S^2; die durch φ bewirkte Abbildung von $\Sigma_1 - \sigma_1$ auf $\Pi - o$ ist eineindeutig. Die Urbilder $\varphi^{-1}(G)$ der Geraden G durch o sind ebenfalls topologisch und analytisch äquivalent mit Sphären S^2; sie bilden eine Faserung der Mannigfaltigkeit Σ_1, und die Sphäre σ_1 ist eine Schnittfläche dieser Faserung. Σ_1 sieht also ähnlich aus wie das Sphärenprodukt $S^2 \times S^2$, ist aber mit ihm nicht homöomorph (das folgt z. B. daraus, dass es im Schnittring von Σ_1, aber nicht im Ring von $S^2 \times S^2$, ein 2-dimensionales Element gibt, dessen Produkt mit sich selbst ungerade ist).

Man kann Σ_1 als « Riemannsche Fläche » der analytischen Funktion $f_1 = z_1 z_2^{-1}$ auffassen, wobei $z_1 : z_2 : z_3$ die projektiven Koordinaten in Π sind; denn diese Funktion hat in Π als einzige Singularität die Unbestimmtheitsstelle $o = (0:0:1)$, und aus der Definition von Σ_1 folgt, dass die Funktion $f_1^* = f_1 \varphi$ auf Σ_1 überhaupt keine Singularität hat (Pole gelten als reguläre Punkte). Wir betrachten jetzt für irgend eine natürliche Zahl n die Funktion $f_n = \sqrt[n]{z_1 z_2^{-1}}$ in Π und konstruieren für sie eine Riemannsche Fläche: zuerst gehen wir zu Σ_1 über; hier ist $f_n^* = f_n \varphi$ eine n deutige Funktion, deren einzigen Singularitäten die Punkte der beiden Windungssphären sind, welche den Geraden $z_1 = 0$ und $z_2 = 0$ in Π entsprechen; da diese beiden Windungssphären sich nicht schneiden, macht die lokale Uniformisierung von f_n^* und damit auch die endgültige Konstruktion der Riemannschen Fläche, die mit n Blättern über Σ_1 liegt, keine Schwierigkeit. Diese Riemannsche Fläche Σ_n ist selbst eine komplexe Mannigfaltigkeit; auch sie ist in 2-dimensionale Sphären gefasert, nämlich in diejenigen, die über den Fasern von Σ_1 liegen; auch diese Faserung hat eine Schnittfläche σ_n, die eine 2-dimensionale Sphäre ist; sie liegt als n-blättrige gewöhnliche Riemannsche Fläche mit zwei Windungspunkten über σ_1.

Zu diesen Mannigfaltigkeiten Σ_n mit $n = 1, 2, \ldots$ nimmt man nun noch die früher definierte komplexe Mannigfaltigkeit Σ_0 hinzu; dann wird folgender Satz bewiesen, der den oben formulierten Satz über die unendlich vielen komplexen Strukturen von $S^2 \times S^2$ enthält: *Σ_m und Σ_n sind dann und nur dann homöomorph, wenn $m \equiv n$ mod. 2 ist; sie sind dann und nur dann komplex-analytisch äquivalent, wenn $m = n$ ist.*

Der Beweis erfolgt teils durch direkte Konstrukion einer topologischen Abbildung im Fall $m \equiv n$ mod. 2, teils durch die Betrachtung der Schnittzahlen 2-dimensionaler Zyklen, wobei man benutzt, dass diese Schnittzahlen für analytische Zyklen niemals negativ sind.

Von den Mannigfaltigkeiten Σ_n kann man weiter zeigen, dass sie analytisch äquivalent mit algebraischen Mannigfaltigkeiten sind, und zwar mit Regelflächen vom Geschlecht 0 (was durch die genannten Fasereigenschaften bereits nahegelegt ist); diese Regelflächen sind miteinander birational äquivalent (9). Daher lässt sich unser letzter Satz zu dem folgenden Satz vervollständigen, der besonders gut zeigt, dass unsere Σ_n aus prinzipiellen Gründen interessante Beispiele darstellen:

Die Mannigfaltigkeiten Σ_n, $n \geq 0$, bilden in der Topologie, also bezüglich eineindeutiger und beiderseits stetiger Abbildungen, zwei Klassen; in der Funktionentheorie, also bezüglich eineindeutiger und beiderseits komplex analytischer Abbildungen unendlich viele Klassen; in der algebraischen Geometrie, also bezüglich birationaler Abbildungen, eine einzige Klasse (10).

Was die komplexen Strukturen der Mannigfaltigkeit $S^2 \times S^2$ betrifft, so ist die Frage noch offen, ob es ausser den Σ_n mit geraden n noch andere Strukturen gibt, und überhaupt, ob die Menge dieser Strukturen abzählbar ist (die Mächtigkeit der Menge aller Riemannschen Flächen von einem Geschlecht $g \geq 1$ ist die des Kontinuums).

Eine andere offene Frage, die ich für interessant und wichtig halte, ist die folgende. Wir haben soeben gesehen, dass der Satz von der Einzigkeit der geschlossenen Riemannschen Fläche vom Geschlecht 0 nicht dadurh auf 4-dimensionale Mannigfaltigkeiten übertragen werden kann, dass man die Fläche S^2 durch die Mannigfaltigkeit $M^4 = S^2 \times S^2$ ersetzt. Was geschieht aber, wenn man statt $S^2 \times S^2$ die komplexe projektive Ebene nimmt, die ja auch eine sehr natürliche Verallgemeinerung der S^2 darstellt (in mancher

(9) Auf diese Tatsachen, die ich zur Zeit meines Vortrages in Rom noch nicht kannte, wurde ich in der anschliessenden Diskussion aufmerksam gemacht; später wurden sie mir auch von Herrn Hirzebruch mitgeteilt.

(10) Dass die Σ_n nur zwei topologische Klassen bilden können, folgt übrigens auch aus allgemeinen Sätzen der Theorie der Faserräume; cf. N. Steenrod, l. c (6), p. 135.

Hinsicht eine bessere als das Produkt $S^2 \times S^2$)? Gibt es komplexe Mannigfaltigkeiten, die mit der komplexen projektiven Ebene homöomorph, aber nicht komplex-analytisch äquivalent sind? Ich kenne weder hierauf die Antwort, noch auf die folgende speziellere Frage aus der algebraischen Geometrie: Ist eine algebraische Fläche, die mit der projektiven Ebene homöomorph ist, notwendigerweise rational (d. h. eineindeutig birational auf die projektive Ebene abbildbar)?

4. — Die Erörterung des letzten Gegenstandes, der auf meinem Programm steht, knüpft an den Prozess an, der uns soeben von der Mannigfaltigkeit Π zu der Mannigfaltigkeit Σ_1 geführt hat. Dieser Prozess besteht in der Transformation φ^{-1}: sie transformiert den Punkt o in die 2-dimensionale Sphäre oder komplexe projektive Gerade σ_1, die durch das Büschel der Linienelemente in o repräsentiert wird, und ist im übrigen, d. h. auf Π — o, eineindeutig, wofür wir auch sagen können, dass sie Π — o nicht verändert. Diese letzte Bemerkung zeigt, dass es sich um einen lokalen Prozess handelt, der nur den Punkt o und seine Umgebung U betrifft, während es nicht darauf ankommt, ob Π die projektive Ebene oder eine andere 4-dimensionale komplexe Mannigfaltigkeit ist; wir werden daher im Folgenden immer von einem Punkt o in einer 4-dimensionalen komplexen Mannigfaltigkeit U sprechen gleichgültig, ob wir U als Teil einer grösseren Mannigfaltigkeit auffassen oder nicht. Der durch φ^{-1} bewirkte Prozess, den ich immer den « σ-Prozess » nennen will, besteht also darin, dass in U — o nichts geändert wird (insbesondere nicht die komplexe Struktur), aber o durch eine 2-dimensionale Sphäre σ ersetzt wird, und zwar so, dass $\sigma + (U - \mathrm{o}) = \Omega$ wieder eine komplexe Mannigfaltigkeit ist. Dabei geschieht das Ersetzen von o durch σ in einer ganz bestimmten Weise, die ich vorhin durch Heranziehung der Linienelemente genauer beschrieben habe und auf die noch näher einzugehen, hier wohl umsoweniger nötig ist, als es sich ja um einen in der algebraischen Geometrie bekannten Prozess handelt: er tritt auf, wenn ein Punkt (auf gewisse spezielle Weise) birational in eine Kurve transformiert wird, und auch bei der Einführung der « unendlich benachbarten Punkte » eines Punktes o. Ich möchte hier nur folgende Eigenschaft erwähnen: eine Umgebung von σ in Ω ist homöomorph, aber nicht analytisch äquivalent einer Umgebung einer Geraden in der projektiven Ebene.

Worauf es mir prinzipiell ankommt, ist die Feststellung, dass es in 4-dimensionalen komplexen Mannigfaltigkeiten U möglich ist, einen Punkt o derart durch eine Punktmenge K — die für uns bisher die Sphäre σ war — zu ersetzen, dass eine neue komplexe Mannigfaltigkeit Ω entsteht, ohne dass man die Struktur von $U-o$ ändert; für 2-dimensionale Riemannsche Flächen gibt es nichts Ähnliches. Dabei möchte ich noch einmal in einer etwas anderen Form präzisieren, was unter einer solchen « analytischen Ersetzung des Punktes o durch die Punktmenge K » verstanden werden soll: es existieren eine komplexe Mannigfaltigkeit Ω, in ihr eine Punktmenge K und eine Abbildung φ von Ω auf U, welche in ganz Ω eindeutig und stetig, in $\Omega - K$ analytisch ist, K auf o und $\Omega - K$ eineindeutig auf $U - o$ abbildet.

Was für derartige analytische Ersetzungen eines Punktes sind möglich? Es ist klar, dass es ausser dem bisher betrachteten « einfachen » σ-Prozess auch die durch seine Iteration entstehenden « mehrfachen » σ-Prozesse gibt: durch Ausübung des σ-Prozesses in o erzeugt man Ω_1 mit der Menge $K_1 = \sigma_1$; durch Ausübung des σ-Prozesses in einem Punkt o_1 von K_1 erzeugt man Ω_2 mit einer Menge $K_2 = \sigma_1 + \sigma_2$, wobei auch σ_2 eine Sphäre ist; dies wiederholt man endlich oft. Die Menge $K_n = K$, zu der man schliesslich kommt, hat die folgenden Eigenschaften: sie ist zusammenhängend und die Vereinigung von endlich vielen singularitätenfreien 2-dimensionalen Kugelflächen σ_i; zwei solche σ_i haben höchstens einen Punkt gemeinsam; ein Punkt von K liegt auf höchstens zwei σ_i (dies ist nicht trivial, aber leicht beweisbar); die σ_i lassen sich den Eckpunkten eines Baumes — d. h. eines zusammenhängenden Streckenkomplexes, der keinen geschlossenen Streckenzug enthält — so zuordnen, dass zwei σ_i dann und nur dann einen gemeinsamen Punkt haben, wenn die entsprechenden Eckpunkte eine Strecke begrenzen. Aus diesem Grunde will ich die speziellen Punktmengen K, zu denen wir hier geführt werden, « Sphärenbäume » nennen. Durch die Feststellung, dass die Menge K, welche den Punkt o ersetzt, ein Sphärenbaum ist, sind die mehrfachen σ-Prozesse noch nicht vollständig charakterisiert; denn das Einsetzen des Sphärenbaumes an der Stelle o muss auf ganz spezielle Weise erfolgen (dies gilt ja schon für das Einsetzen der Späre σ_1 bei dem einfachen σ-Prozess); ich will aber hierauf nicht näher eingehen. Übrigens treten ja auch die mehrfachen σ-Prozesse im Rahmen der birationalen Transformationen in der algebraischen Geometrie auf.

Wir haben die mehrfachen σ-Prozesse als Beispiele für analytische Ersetzungen eines Punktes eingeführt; sie sind aber, wenn man sich auf kompakte Mengen K beschränkt, die einzigen derartigen Ersetzungsprozesse:

Es gibt keine anderen analytischen Ersetzungen eines Punktes o einer 4-dimensionalen komplexen Mannigfaltigkeit durch kompakte Mengen K als die mehrfachen σ-Prozesse; insbesondere sind die Sphärenbäume die einzigen kompakten Mengen, welche fähig sind, einen Punkt in einer M^4 analytisch zu ersetzen.

Den Beweis dieses Satzes will ich an anderer Stelle mitteilen (in den Mathematischen Annalen).

Wenn man auch nicht-kompakte K zulässt, so gilt wohl kein so einfach zu formulierender Satz, jedoch lassen sich wahrscheinlich auch diese Ersetzungen auf den σ-Prozess zurückführen. Schwieriger dürfte die Behandlung analoger Fragen in höherdimensionalen komplexen Mannigfaltigkeiten werden, und besonders dann, wenn man versucht, Gesetze für die analytische Ersetzbarkeit nicht nur einzelner Punkte, sondern von Punktmengen aufzufinden (11). Man darf aber wohl erwarten, dass auch für diese allgemeinen Probleme aus der Theorie der komplexen Mannigfaltigkeiten diejenigen Begriffe und Prozesse, die in der algebraischen Geometrie auftreten, eine aufschlussreiche und wichtige Rolle spielen werden.

(11) In diesen Problemkreis gehört die Arbeit von H. Behnke und K. Stein, «Modifikation komplexer Mannigfaltigkeiten und Riemannscher Gebiete», die in den Math Annalen erscheinen wird (wahrscheinlich 1951); den Hauptsatz aus dieser Arbeit benutze ich übrigens beim Beweis des oben formulierten Satzes über die Einzigkeit der mehrfachen σ-Prozesse.

57.

Über Flächen mit einer Relation zwischen den Hauptkrümmungen

Math. Nachrichten 4 (1951), 232–249

Einleitung: Fragestellungen und Ergebnisse.

1. Diese Arbeit ist ein Beitrag zur elementaren Flächentheorie: wir betrachten Flächen im 3-dimensionalen euklidischen Raum, die mehrmals differenzierbar oder auch analytisch sind, und auf ihnen die bekannten Krümmungsgrößen, nämlich die Hauptkrümmungen k_1, k_2, die Gaußsche Krümmung $K = k_1 k_2$ und die mittlere Krümmung $H = \frac{1}{2}(k_1 + k_2)$, sowie die Krümmungslinien und Nabelpunkte. Es wird sich teils um lokale Fragen handeln, besonders um die Untersuchung von Nabelpunkten, teils um globale Fragen, die sich auf geschlossene Flächen ohne Singularitäten beziehen.

Unser Ausgangspunkt ist die Frage, ob es außer den Kugeln noch andere geschlossene Flächen mit konstanter mittlerer Krümmung gibt. Die Antwort ist, soweit ich sehe, bisher nur bei Beschränkung auf Eiflächen bekannt; dann lehrt ein Satz von Liebmann, daß die Kugeln die einzigen derartigen Flächen sind[1]). Auch in der vorliegenden Arbeit wird die Antwort auf die genannte Frage nur in schwachem Ausmaße verbessert werden; wir werden beweisen:

Satz A. *Unter allen geschlossenen Flächen vom Geschlecht* 0, *also vom topologischen Typus der Kugel, sind die Kugeln die einzigen mit konstanter mittlerer Krümmung.*

Es werden also, im Gegensatz zu dem Satz von Liebmann, auch nicht-konvexe Flächen vom Geschlecht 0 zur Konkurrenz zugelassen. Dagegen bleibt die Frage offen, ob es geschlossene Flächen von höherem Geschlecht mit konstantem H gibt.*)

Aber die Methode, mit der wir den Satz A beweisen, läßt sich auch auf eine größere Klasse von Flächen als nur auf diejenigen mit konstantem H anwenden und wird dabei zu Sätzen führen. die mir neuartig zu sein scheinen.

2. Ein wesentlicher Bestandteil dieser Methode ist die Anwendung des folgenden klassischen Satzes von Poincaré[2]): Auf einer geschlossenen orientierbaren

---

[1]) H. Liebmann, Ueber die Verbiegung der geschlossenen Flächen positiver Krümmung. Math. Ann. **53** (1900), 91—112.

[2]) H. Poincaré, Sur les courbes définies par les équations différentielles, 3. Partie. J. Math. pur. appl., Paris, Sér. IV **1** (1885), 167—244, Chap. XIII.

Fläche sei, etwa durch eine gewöhnliche Differentialgleichung 1. Ordnung, eine stetig differenzierbare Kurvenschar gegeben, die in höchstens endlich vielen Punkten singulär wird; durch jeden regulären Punkt geht genau eine Kurve. Ein singulärer Punkt o besitzt eine Umgebung U, in der er die einzige Singularität ist; man überdecke U mit einem System gerichteter Parameterlinien; dann führe man einen Pfeil, der immer an eine Scharkurve tangential sein soll, einmal im positiven Sinne um o herum und beobachte die Änderung des Winkels zwischen der Parameterrichtung und der Pfeilrichtung: die Gesamtänderung ist ein ganzzahliges Vielfaches $j\pi$ von π, das, wie man leicht sieht, von der Wahl der Parameterlinien unabhängig ist; die ganze Zahl j heißt der „Index" der Singularität o. (Beispiele: Für das Zentrum einer Schar konzentrischer Kreise ist $j = 2$; die Singularität der Niveaulinien einer Funktion in einem gewöhnlichen Sattelpunkt hat den Index $j = -2$; ein Nabelpunkt des gewöhnlichen (nicht rotationssymmetrischen) Ellipsoids hat in bezug auf jede der beiden Scharen von Krümmungslinien den Index $j = 1$.) — Der Satz von Poincaré besagt, daß die Summe aller Indizes nicht von der speziellen Kurvenschar abhängt, sondern nur von dem Geschlecht g der Fläche; es gilt nämlich die Formel

$$\sum j = 4(1 - g).$$

Die wichtigsten Folgerungen aus dieser Formel lauten: (1) Auf einer Fläche von einem Geschlecht $g \neq 1$ besitzt jede Kurvenschar wenigstens eine Singularität. (2) Besitzt eine Kurvenschar auf einer Fläche vom Geschlecht $g = 0$ nur endlich viele Singularitäten, so ist unter diesen wenigstens eine mit positivem Index. (3) Besitzt eine Kurvenschar auf einer Fläche von einem Geschlecht $g \geqq 2$ nur endlich viele Singularitäten, so ist unter diesen wenigstens eine mit negativem Index.

Wenn eine Kurvenschar unendlich viele Singularitäten besitzt, so kann man im allgemeinen keine Aussagen der Art (2) oder (3) machen; daher ist es für spezielle Anwendungen oft wichtig, zuerst nachzuweisen, daß höchstens endlich viele Singularitäten vorliegen oder, was dasselbe ist, daß jede einzelne Singularität isoliert ist.

3. Wir werden den Poincaréschen Satz auf die Krümmungslinien einer Fläche anwenden. Die Singularitäten der Krümmungslinien sind die Nabelpunkte, also die Punkte, in denen $k_1 = k_2$ ist; wir wollen die Flachpunkte, also die Punkte mit $k_1 = k_2 = 0$, mit zu den Nabelpunkten rechnen und werden nur gelegentlich die Punkte mit $k_1 = k_2 \neq 0$ als die „eigentlichen" Nabelpunkte bezeichnen. In jedem Punkt, der nicht Nabelpunkt ist, ist die eine der beiden Hauptkrümmungen, etwa k_1, größer als die andere; betrachten wir die Schar derjenigen Krümmungslinien, in deren Richtungen die Normalschnitte die Krümmung k_1 haben, so haben wir eine einfache Kurvenschar, deren Singularitäten gerade die Nabelpunkte sind.

Aus der Folgerung (2) des Poincaréschen Satzes geht hervor, daß unser „globaler" Satz A ein Korollar des folgenden „lokalen" Satzes ist:

Satz I. *F sei ein Flächenstück mit konstanter mittlerer Krümmung H; es sei nicht Stück einer Kugel oder Ebene; o sei ein Nabelpunkt auf F. Dann ist o isolierter Nabelpunkt (d. h. in seiner Nähe gibt es keinen weiteren Nabelpunkt), und sein Index ist negativ.*

4. Beim Beweis des Satzes I werden wir isotherme Parameter verwenden; dies ist dadurch nahegelegt, daß zu den Flächen mit konstantem H speziell die Minimalflächen gehören und daß die Zweckmäßigkeit isothermer Parameter für die Minimalflächen wohlbekannt ist. Die Existenz isothermer Parameter ist bekanntlich gesichert, wenn die Fläche wenigstens dreimal stetig differenzierbar ist, und dies soll also für den Satz I und den Satz A vorausgesetzt werden (besonders einfach ist der Existenzbeweis bekanntlich für analytische Flächen).

In § 1 werden elementare flächentheoretische Formeln in isothermen Parametern so ausgesprochen, wie wir sie für den Beweis des Satzes I und für spätere Zwecke brauchen. In § 2 wird der Beweis des Satzes I geführt; er ist sehr kurz und besteht eigentlich nur aus der Feststellung, daß gewisse Schlüsse, die in der Theorie der Minimalflächen wohlbekannt sind, ihre Gültigkeit für alle Flächen mit konstantem H behalten.

5. Neben dem zitierten Liebmannschen Satz, der besagt, daß die Kugeln die einzigen Eiflächen mit konstantem H sind, und den wir kurz den „H-Satz" nennen wollen, gibt es einen noch bekannteren Satz von Liebmann, der als „K-Satz" bezeichnet werden möge: Die Kugeln sind die einzigen geschlossenen Flächen mit konstanter Gaußscher Krümmung K.[1]) Dieser Satz unterscheidet sich prinzipiell von dem H-Satz; denn man braucht sich in ihm nicht auf Eiflächen zu beschränken; der Grund für diesen Unterschied liegt auf der Hand: da es auf jeder geschlossenen Fläche Punkte gibt, in denen $K > 0$ ist — etwa die Punkte, in denen die Fläche eine Kugel von innen berührt —, folgt aus der Konstanz von K, daß K überall positiv, daß die Fläche also eine Eifläche ist. Hieraus sieht man zugleich, daß man den Beweis des K-Satzes nur für Eiflächen zu führen braucht; dann aber kann man beide Sätze, den H-Satz und den K-Satz, als Spezialfälle eines allgemeinen Satzes gleichzeitig beweisen. Der Beweis, der dies leistet, ist im wesentlichen derjenige, den Hilbert für den Liebmannschen K-Satz angegeben hat[2]), und zwar in der Form, wie er in dem bekannten Buch von Blaschke dargestellt ist[3]): in diesem Beweis wird die Voraussetzung, daß das Produkt $k_1 \cdot k_2$ eine positive Konstante ist, nicht voll ausgenutzt, sondern nur ihr Korollar, daß in demselben Punkt die eine Hauptkrümmung ihr Maximum und die andere ihr Minimum erreicht. Derselbe Beweis behält daher seine Gültigkeit, wenn die Summe $k_1 + k_2$ konstant ist, und allgemein für den folgenden Satz: Auf einer Eifläche, welche keine Kugel ist, kann nicht die eine Hauptkrümmung eine monoton abnehmende Funktion der anderen sein. Auf diesen Satz, den wir den „verallgemeinerten HK-Satz" nennen wollen, scheint in der Literatur zuerst S. S. Chern hingewiesen zu haben[4]). Zugleich machte Chern übrigens darauf aufmerksam, daß der analoge Satz für monoton wachsende Funktionen nicht gilt; zum Beispiel besteht auf dem Rotationsellipsoid

---

[1]) Siehe Fußnote 1 S. 232.

[2]) D. Hilbert, Über Flächen von konstanter Gaußscher Krümmung. Trans. Amer. math. Soc. **2** (1901), 87—99; abgedruckt in: Grundlagen der Geometrie. 7. Aufl., Leipzig-Berlin 1930, Anhang V.

[3]) W. Blaschke, Vorlesungen über Differentialgeometrie I. 4. Aufl., Berlin 1945, S. 195—196 (der Abschnitt von S. 196, 4. Zeile von unten, bis S. 197, 5. Zeile, ist überflüssig).

[4]) S. S. Chern, Some new characterizations of the Euclidean sphere. Duke math. J. **12** (1945), 270—290.

zwischen den Hauptkrümmungen die Relation $k_2 = c k_1^3$ mit einer positiven Konstanten c.

Nachdem wir den H-Satz zu dem Satz A verallgemeinert haben, liegt nun die Frage nahe, ob man nicht auch den verallgemeinerten HK-Satz von den Eiflächen auf beliebige Flächen vom Geschlecht 0 übertragen kann. Dies wird in der Tat in einem gewissen Sinne geschehen; dabei wollen wir aber eine größere Klasse von Flächen in Betracht ziehen als diejenigen, auf denen die eine Hauptkrümmung eine monoton abnehmende Funktion der anderen ist.

6. Diese größere Flächenklasse ist die der Weingartenschen Flächen oder kurz „*W-Flächen*"; es sind das die Flächen, zwischen deren Hauptkrümmungen eine Relation

(W) $$W(k_1, k_2) = 0$$

besteht[1]). Diese Bedingung läßt sich folgendermaßen interpretieren: man betrachte neben einem Flächenstück F eine Ebene, in der k_1, k_2 rechtwinklige Koordinaten sind, und man ordne jedem Punkt p von F den Punkt der Ebene zu, dessen Koordinaten mit den Hauptkrümmungen im Punkte p übereinstimmen. Im allgemeinen, nämlich wenn das Funktionenpaar (k_1, k_2) auf F den Rang 2 hat, ist dieses Bild von F zweidimensional; wenn dieser Rang aber 1, das Bild also eine Kurve ist, ist F eine W-Fläche; die Bildkurve, die etwa die Gleichung (W) habe, heiße das „W-Diagramm" der Fläche. Den Fall des Ranges 0, d. h. den Fall, in dem beide Hauptkrümmungen konstant sind, das Diagramm also in einen Punkt ausartet, wollen wir nicht mitberücksichtigen; in diesem Fall ist übrigens, wie man leicht beweist, F ein Stück einer Kugel oder einer Ebene oder eines geraden Kreiszylinders[2]); diese drei Flächen wollen wir also ausdrücklich nicht mit zu den W-Flächen rechnen.

Wir waren in Nr. 1 von der Frage nach den geschlossenen Flächen, auf denen H konstant ist, ausgegangen, also nach speziellen geschlossenen W-Flächen; jetzt erhebt sich die allgemeine Frage: *Was für geschlossene W-Flächen gibt es?*

Mir sind nur die folgenden geschlossenen W-Flächen bekannt: Erstens die geschlossenen Rotationsflächen; denn jede Rotationsfläche ist eine W-Fläche, da k_1 und k_2 auf jedem Rotationskreis konstant sind, folglich das Bild der Flächen in der (k_1, k_2)-Ebene mit dem Bild eines Meridians zusammenfällt, also eine Kurve ist (die Kugeln schalten wir, wie verabredet, aus). Zweitens die geschlossenen Röhrenflächen, d. h. die Flächen, die entstehen, wenn man von einer geschlossenen Raumkurve ausgeht und von jedem ihrer Punkte aus auf jeder Normalen dieses Punktes dieselbe feste (nicht zu große) Strecke abträgt; auf diesen Röhrenflächen ist die eine Hauptkrümmung konstant, ihr W-Diagramm liegt also auf einer Parallelen zu einer der beiden Achsen in der (k_1, k_2)-Ebene[2]). Andere geschlossene W-Flächen kenne ich nicht; die geschlossenen Rotationsflächen haben das Geschlecht 0 oder 1, die geschlossenen Röhrenflächen das Geschlecht 1; ich sehe aber keinen Grund zu der Annahme, daß es nicht auch geschlossene W-Flächen höheren Geschlechts gibt.

---

[1]) Literatur: G. Darboux, Leçons sur la théorie générale des surfaces, 3. Partie. Paris 1894, Livre VII, Chap. VIIff. — G. Scheffers, Anwendung der Differential- und Integral-Rechnung auf Geometrie, 2. Bd. Leipzig 1913, S. 443ff.

[2]) Scheffers, a. a. O., S. 448.

Unser Satz A sagt, daß es keine geschlossene W-Fläche vom Geschlecht 0 gibt, deren Diagramm eine Strecke ist, die von links nach rechts in einem Winkel von 45° abfällt (bei Beachtung der in der analytischen Geometrie üblichen Richtungskonventionen); der verallgemeinerte HK-Satz sagt, daß keine W-Eifläche existiert, deren Diagramm irgendeine von links nach rechts abfallende Kurve ist, und wir waren am Schluß von Nr. 5 zu der Aufgabe geführt worden, diesen Satz von W-Eiflächen auf beliebige W-Flächen vom Geschlecht 0 zu übertragen; andererseits zeigt das Beispiel des Rotationsellipsoids, daß eine kubische Parabel, also eine von links nach rechts ansteigende Kurve, als W-Diagramm mit Flächen vom Geschlecht 0, sogar mit Eiflächen, verträglich ist; die Röhrenflächen, also gewisse W-Flächen vom Geschlecht 1, haben als Diagramme horizontale oder vertikale Geraden. Alle diese Feststellungen rechtfertigen es, wenn wir die oben gestellte Frage nach allen geschlossenen W-Flächen derart modifizieren, daß wir nach Zusammenhängen fragen, welche zwischen den geometrischen Eigenschaften geschlossener W-Flächen, insbesondere ihrem Geschlecht, einerseits und den Eigenschaften ihrer W-Diagramme, insbesondere dem Ansteigen oder Abfallen dieser Kurve, andererseits bestehen. Dies ist die Fragestellung, die uns weiterhin leitet.

7. Da der Beweis des Satzes A dadurch gelungen ist, daß wir zunächst im Satz I Aussagen über die Nabelpunkte der Flächen mit konstantem H gemacht haben, liegt es nahe, daß wir auch jetzt, im Fall beliebiger W-Flächen, zunächst eine lokale Untersuchung der Nabelpunkte vornehmen. Einem Nabelpunkt entspricht in der (k_1, k_2)-Ebene ein Punkt der „Diagonale“, d. h. der Geraden mit der Gleichung $k_1 = k_2$; wir betrachten also eine Diagrammkurve, die in einen solchen Punkt mündet. Dabei hat es sich im Interesse der weiteren Untersuchung als notwendig erwiesen, zwei Annahmen zu machen:

Erstens soll die Diagrammkurve stetig differenzierbar sein. Den Wert des Differentialquotienten $\frac{dk_2}{dk_1}$ in dem Endpunkt mit $k_1 = k_2$ werden wir immer $\varkappa$ nennen.

Zweitens setzen wir voraus, daß unsere W-Fläche in der Umgebung des Nabelpunktes analytisch ist — eine Annahme, die allerdings recht einschneidend ist, die ich aber nicht vermeiden konnte.

Unter diesen Voraussetzungen werden wir die beiden folgenden Sätze beweisen:

Satz II'. *Es sei o ein Nabelpunkt auf einer analytischen W-Fläche; der Wert $\varkappa$ des Krümmungs-Differentialquotienten in o sei von 0 und ∞ verschieden, sodaß er also ein festes Vorzeichen hat. Dann ist o isolierter Nabelpunkt, und das Vorzeichen seines Index j ist dasselbe wie das Vorzeichen von $\varkappa$.*

Satz II''. *Für den Wert $\varkappa$ des Krümmungs-Differentialquotienten in einem Nabelpunkt einer analytischen W-Fläche gibt es keine anderen Möglichkeiten als die folgenden:*

$$0, \infty; \quad -1; \quad 3^{\pm 1}, 5^{\pm 1}, \ldots, (2m+1)^{\pm 1}, \ldots.$$

Im Laufe der Beweise werden sich noch zwei Zusätze zu diesen Sätzen ergeben:

1. Zusatz. *Wenn $\varkappa > 0$ ist, so ist $j = 2$.*

Dies ist eine Verschärfung eines Teiles des Satzes II′; jedoch ist die Verschärfung nicht so stark, wie sie auf den ersten Blick scheinen kann; denn ein bekannter — allerdings bis heute schwer beweisbarer — Satz besagt, daß der Index eines Nabelpunktes auf einer beliebigen analytischen Fläche nicht größer als 2 sein kann[1]); die einzigen positiven Werte, die für j in Frage kommen, sind also von vornherein nur 1 und 2, und der Zusatz geht nur insofern über den auf den Fall $\varkappa > 0$ bezüglichen Teil des Satzes II′ hinaus, als er aussagt: der Index $j = 1$ tritt nicht auf. Es sind damit, unter den Voraussetzungen des Satzes II′, Nabelpunkte von dem Typus ausgeschlossen, wie ihn die vier Nabelpunkte auf dem gewöhnlichen Ellipsoid haben.

Der zweite Zusatz bezieht sich auf die „Ordnung" n, von welcher die Differenz $k_1 - k_2$ in dem Nabelpunkt o verschwindet; sie ist dadurch charakterisiert, daß $(k_1 - k_2)r^{-n}$ bei Annäherung an o einen endlichen, von 0 verschiedenen Grenzwert besitzt, wobei r die Entfernung von o bezeichnet.

2. Zusatz. *Ist* $\varkappa < 0$, *also* $\varkappa = -1$ *und* $j < 0$, *so ist* $n = -j$; *ist* $\varkappa > 0$, *also* $\varkappa = (2m+1)^{\pm 1}$ *und* $j = 2$, *so ist* $n = 2m$.

Die beiden Fälle $\varkappa < 0$ und $\varkappa > 0$ sind also sehr verschiedenartig: das eine Mal hat die Ordnung n keinen Einfluß auf $\varkappa$, wohl aber auf j; das andere Mal hat n Einfluß auf $\varkappa$, aber nicht auf j.

Der Beweis der Sätze II′ und II″ samt den Zusätzen wird in § 3 geführt; er folgt dem Vorbild des Beweises des Satzes I und bedient sich also der dort bewährten isothermen Parameter; er ist aber subtiler als der frühere Beweis, insofern jetzt die Taylorschen Entwicklungen der zweiten Fundamentalgrößen der Fläche diskutiert werden, womit man die Analytizität der Fläche ausnützt; bei dieser Diskussion spielt ein Lemma über homogene algebraische Formen eine ausschlaggebende Rolle, das wir zunächst benutzen und nachträglich in § 4 beweisen.

8. Ganz analog, wie aus dem Satz I der Satz A folgte, ergeben sich mit Hilfe des Poincaréschen Satzes und seiner drei Folgerungen (Nr. 2) jetzt aus den Sätzen II′ und II″ unmittelbar die folgenden beiden Sätze:

Satz B′. *In der* (k_1, k_2)*-Ebene sei eine Kurve C gegeben, die in ihren Treffpunkten mit der Geraden* $k_1 = k_2$ *stetig differenzierbar sei; die Werte der Differentialquotienten* $\frac{dk_2}{dk_1}$ *in diesen Punkten seien mit* $\varkappa$ *bezeichnet.*

Wenn alle diese Zahlen $\varkappa$ *negativ sind, so kann C nicht das Diagramm einer geschlossenen analytischen W-Fläche vom Geschlecht 0 sein*[2]); *wenn alle* $\varkappa$ *positiv sind, so kann C nicht das Diagramm einer geschlossenen analytischen W-Fläche von einem Geschlecht* $g \geqq 2$ *sein.*

Satz B″. *Die Kurve C und die Zahlen* $\varkappa$ *seien ebenso wie im Satz B′ erklärt. Wenn eine der Zahlen* $\varkappa$ *nicht einen der im Satz II″ genannten Werte hat, so kann C nicht das Diagramm einer geschlossenen analytischen W-Fläche von einem Geschlecht* $g \neq 1$ *sein*[2]).

---

[1]) H. Hamburger, Beweis einer Carathéodoryschen Vermutung. I; II; III. Ann. Math., Princeton, II.S., **41** (1940), 63—86; Acta math., Uppsala **73** (1941), 175—228; 229—332. — G. Bol, Über Nabelpunkte auf einer Eifläche. Math. Z., Berlin **49** (1944), 389—410.

[2]) Die Kugeln gehören, wie in Nr. 6 verabredet wurde, nicht zu den W-Flächen.

Der erste Teil ($\varkappa < 0$) des Satzes B′ enthält die Übertragung des verallgemeinerten HK-Satzes (Nr. 5) von Eiflächen auf beliebige Flächen vom Geschlecht 0 — analog zu dem Übergang von dem H Satz zu unserem Satz A; allerdings haben wir andererseits die Voraussetzungen des HK-Satzes insofern verschärft, als jetzt die Flächen analytisch sein und die Funktionen $k_2 = f(k_1)$ an den Stellen mit $k_1 = k_2$ stetige negative Ableitungen besitzen sollen. — Jedoch enthält dieser erste Teil des Satzes B′ erheblich mehr, da sich die Voraussetzung $\varkappa < 0$ ja nur auf die Punkte mit $k_1 = k_2$ bezieht; zum Beispiel folgt aus ihm der folgende Satz, der ebenfalls den H-Satz und den K-Satz umfaßt:

Satz C. *Die stetig differenzierbare Funktion $W(k_1, k_2)$ der Variablen k_1, k_2 sei symmetrisch in k_1 und k_2 und habe die Eigenschaft, daß die Funktion $f(k) = W(k, k)$ keine reelle mehrfache Nullstelle besitzt. Dann kann zwischen den Hauptkrümmungen einer analytischen geschlossenen Fläche vom Geschlecht 0, welche nicht eine Kugel ist, nicht die Relation $W(k_1, k_2) = 0$ bestehen.*

Beweis. An einer Stelle der (k_1, k_2)-Ebene mit $k_1 = k_2 = k$ haben beide Komponenten des Gradienten von W den Wert $\frac{1}{2}f'(k)$; wenn diese Stelle auf der Kurve $W(k_1, k_2) = 0$ liegt, so ist dort $f(k) = 0$, also nach Voraussetzung $f'(k) \neq 0$; folglich ist an dieser Stelle $\varkappa$ wohldefiniert und gleich -1. Nach dem Satz B′ ist mithin die Kurve nicht das W-Diagramm einer geschlossenen analytischen W-Fläche vom Geschlecht 0.

Daß man im Satz C nicht auf die Voraussetzung über $f(k)$ verzichten kann, zeigt das Beispiel des Rotationsellipsoids: auf ihm ist $k_2 = ck_1^3$, und folglich besteht zwischen k_1 und k_2 die symmetrische Relation $(k_2 - ck_1^3)(k_1 - ck_2^3) = 0$. — Der zweite Teil des Satzes B′ zeigt unter anderem, daß Relationen $k_2 = f(k_1)$ mit monoton wachsender Funktion f — genauer: wobei f' stetig und positiv ist —, also z. B. die Relation $k_2 = ck_1^3$, die auf dem Rotationsellipsoid gilt, auf geschlossenen analytischen Flächen von einem Geschlecht $g \geqq 2$ unmöglich sind. —

Zur Illustration des Satzes B″ sei nur auf folgendes Korollar hingewiesen: Wenn c eine von den im Satz II″ aufgezählten $\varkappa$-Werten verschiedene Zahl ist, so kann eine lineare Identität

$$k_2 = ck_1 + d \tag{L}$$

(mit konstanten c und d) außer auf der Kugel auf keiner geschlossenen analytischen Fläche gelten, deren Geschlecht nicht 1 ist.

9. Bleiben wir noch bei der Frage nach geschlossenen Flächen, auf denen eine lineare Relation (L) gilt, wobei wir über den Wert von c vorläufig nichts voraussetzen.

Außer den Röhrenflächen, also den Flächen, auf denen eine Relation (L) mit $c = 0$ gilt, kenne ich keine geschlossenen Flächen vom Geschlecht 1 mit einer Relation (L).

Falls es eine analytische Fläche von einem Geschlecht $g \geqq 2$ mit einer Relation (L) gibt, so muß auf Grund der Sätze B′ und B″ die Konstante $c = -1$ sein, die Fläche also konstante mittlere Krümmung H besitzen[1]); wie schon in Nr. 1 gesagt wurde, ist es nicht bekannt, ob solche Flächen existieren.

---

[1]) Ist $c = 0$, so ist die Fläche eine Röhrenfläche (vgl. SCHEFFERS, Fußnote 2 S. 235), also, wie man leicht zeigt, vom Geschlecht 1.

Die Existenz einer analytischen Fläche vom Geschlecht 0, welche keine Kugel ist, auf welcher aber eine Relation (L) besteht, ist nach den Sätzen B′ und B″ höchstens dann möglich, wenn $c = (2m+1)^{\pm 1}$ mit ganzem positivem m ist[1]); hier können wir nun aber etwas Neues hinzufügen: in § 5 werden zu jeder natürlichen Zahl m analytische Rotations-Eiflächen konstruiert werden, auf denen eine Relation

$$k_2 = (2m+1)k_1 + d$$

mit konstantem d besteht (die Existenz dieser Flächen widerlegt übrigens das Theorem 3 in der unter [4]) S. 234 zitierten Arbeit).

Dabei darf die Konstante d auch 0 sein; es gibt also auch Flächen der soeben genannten Art, auf denen eine homogene lineare Relation

$$(L_0) \qquad k_2 = c k_1$$

gilt. Dies ist darum bemerkenswert, weil wir jetzt die Frage nach allen geschlossenen analytischen Flächen, auf denen eine Relation (L_0) gilt, in einer ziemlich befriedigenden Weise beantworten können: Aus (L_0) folgt zunächst: $K = k_1 k_2 = c k_1^2$; da es auf jeder geschlossenen Fläche Punkte mit $K > 0$ gibt (vgl. Nr. 5), ist $c > 0$ und k_1 nicht identisch 0; daraus folgt weiter, daß das über die ganze Fläche erstreckte Integral von K positiv ist; da dieses Integral bekanntlich gleich $4\pi(1-g)$ ist, muß $g = 0$ sein. Die Fläche sei keine Kugel; dann folgt aus den Sätzen B′ und B″, daß $c = (2m+1)^{\pm 1}$ mit $m \geqq 1$, und aus dem 1. Zusatz zu dem Satz II′ (Nr. 7), daß der Index jedes Nabelpunktes gleich 2 ist; infolge der Poincaréschen Formel (Nr. 2) gibt es daher genau zwei Nabelpunkte; da $c \neq 1$ ist, müssen sie infolge der Relation (L_0) Flachpunkte sein. — Wir fassen zusammen:

Satz D. *Eine geschlossene analytische Fläche, zwischen deren Hauptkrümmungen eine Relation* (L_0) *besteht, ist vom Geschlecht* 0 *und entweder eine Kugel* ($c = 1$), *oder sie hat folgende Eigenschaften: sie hat genau zwei Flachpunkte und keinen weiteren Nabelpunkt; abgesehen von den Flachpunkten ist überall* $K > 0$; *die in* (L_0) *auftretende Konstante c ist eine der Zahlen* $(2m+1)^{\pm 1}$ *mit positivem ganzem m. Zu jedem solchen m existieren in der Tat Flächen der beschriebenen Art.*

10. Die soeben besprochenen Rotationsflächen, auf denen Relationen (L) oder (L_0) mit beliebigem $c = (2m+1)^{\pm 1}$ gelten, werden, wie schon erwähnt, in § 5 explizit konstruiert. Die Nabelpunkte auf diesen Flächen zeigen, daß die im Satz II′ genannten Werte $\varkappa = (2m+1)^{\pm 1}$ wirklich vorkommen; ebenfalls in § 5 werden auch Beispiele von Nabelpunkten auf W-Flächen mit $\varkappa = 0$ und $\varkappa = -1$ angegeben. Bei den Beispielen mit $\varkappa = -1$ handelt es sich um Flächenstücke mit konstantem H oder mit konstantem K; diese Beispiele zeigen zugleich, als Ergänzung zu den Sätzen I und II′, daß wirklich alle negativen ganzen Zahlen $j = -n$ als Indizes auftreten.

Am Schluß wird an Hand einfacher Beispiele folgende Feststellung gemacht: Die Voraussetzung, daß die Flächen analytisch sind, ist für die Gültigkeit einiger unserer Sätze wesentlich; zum mindesten die Sätze II″ und B″ verlieren ihre Gültigkeit, wenn man statt der Analytizität nur h-malige Differenzierbarkeit (mit beliebig großem h) postuliert; z. B. wären dann im Satz D alle Konstanten c möglich, die $> h-1$ sind. Ob die Sätze II′ und B′ unter allgemeineren Voraussetzungen ihre Gültigkeit behalten, weiß ich nicht.

---

1) Siehe die Fußnote S. 238.

§ 1. Isotherme Parameter.

Außer den in der Einleitung benutzten Bezeichnungen k_1, k_2, K, H sollen auch E, F, G, L, M, N die in der Flächentheorie übliche Bedeutung haben.

Es seien u, v isotherme Parameter und also $E = G$, $F = 0$. Dann ist

(1) $$2EH = L + N,$$

(2) $$E^2K = LN - M^2.$$

Die Gleichung der Krümmungslinien ist

(3) $$M(du^2 - dv^2) - (L - N)\,du\,dv = 0.$$

Die Codazzischen Gleichungen, die ursprünglich

$$2E(L_v - M_u) = E_v(L + N),$$
$$2E(M_v - N_u) = -E_u(L + N)$$

lauten, erhalten mit Hilfe von (1) die Gestalt

(4) $$\begin{aligned}(L - N)_u + 2M_v &= 2EH_u,\\ (L - N)_v - 2M_u &= -2EH_v,\end{aligned}$$

und die Gaußsche Gleichung des theorema egregium heißt

(5) $$E\Delta \log E = -2(LN - M^2).$$

Wir setzen $u + iv = w$, benutzen $w, \bar{w}$ als Parameter und führen die komplexe Funktion

(6) $$\Phi = \tfrac{1}{2}(L - N) - iM$$

ein. Nach (1) und (2) ist

(7) $$|\Phi|^2 = E^2(H^2 - K),$$

also

(8) $$2|\Phi| = E|k_1 - k_2|;$$

hieraus ersieht man: die Nullstellen von Φ sind die Nabelpunkte. Die Gleichung (3) der Krümmungslinien ist gleichbedeutend mit

$$\Im\{\Phi dw^2\} = 0,$$

wobei $\Im$ den Imaginärteil bezeichnet, also mit

(9) $$\arg\Phi + 2\arg dw = k\pi,$$

wobei k eine ganze Zahl ist. Ist o ein isolierter Nabelpunkt mit dem Index j und deuten wir eine Winkeländerung bei einmaliger Umlaufung von o durch das Symbol δ an, sodaß also

$$\delta(\arg dw) = j\pi$$

ist, so folgt aus (9)

(10) $$j = -\frac{1}{2\pi}\delta(\arg\Phi).$$

Die Codazzischen Gleichungen (4) lassen sich zusammenfassen in

$$\Phi_{\bar{w}} = E H_w, \tag{11}$$

und die Gaußsche Gleichung (5) erhält die Gestalt

$$\Delta \log E = 2\left(E^{-1}|\Phi|^2 - E H^2\right). \tag{12}$$

§ 2. Beweis des Satzes I.

Die in Nr. 3 formulierten Voraussetzungen seien erfüllt. Wir benutzen isotherme Parameter wie in § 1. Da H konstant ist, ist $H_w = 0$, also nach (11) $\Phi_{\bar{w}} = 0$; dies bedeutet: Φ ist eine analytische Funktion von w. Ihre Nullstellen sind die Nabelpunkte; da nach Voraussetzung die Fläche keine Kugel oder Ebene ist, also nicht alle Punkte Nabelpunkte sind und somit Φ nicht identisch 0 ist, sind die Nabelpunkte isoliert. Die Nullstelle von Φ in dem Nabelpunkt o sei von der Ordnung n; dann ist, wenn δ dieselbe Bedeutung hat wie in § 1, $\delta(\arg \Phi) = n \cdot 2\pi$, also nach (10)

$$j = -n < 0.$$

§ 3. Beweis der Sätze II' und II''.

3.1. Wir betrachten ein analytisches Flächenstück, das nicht einer Kugel oder Ebene angehört, also nicht nur aus Nabelpunkten besteht, das aber einen Nabelpunkt o enthält. Wir führen isotherme Parameter mit o als Anfangspunkt ein, knüpfen an § 1 an und interessieren uns jetzt für die Taylorschen Entwicklungen

$$\Phi = \sum \Phi^{(i)}, \qquad H = \sum H^{(i)}, \tag{13}$$

wobei die $\Phi^{(i)}$ und $H^{(i)}$ homogene Formen des Grades i in den Parametern $w, \bar{w}$ sind. Da nicht alle Punkte Nabelpunkte sind, ist Φ nicht identisch 0; da o Nabelpunkt ist, ist $\Phi^{(0)} = 0$; die Entwicklung von Φ beginnt also mit einer von 0 verschiedenen Form $\Phi^{(n)}$, $n \geqq 1$. Dann folgt aus (11), daß die Entwicklung der Funktion $E H_w$ kein von 0 verschiedenes Glied eines Grades enthält, der $< n-1$ ist; da E in o nicht 0 ist, folgt hieraus weiter: $H_w^{(i)} = 0$ für $0 \leqq i < n$, und da die $H^{(i)}$ reell sind, bedeutet dies: $H^{(i)} = 0$ für $0 < i < n$. Wir können also die Entwicklungen (13) vorläufig folgendermaßen präzisieren:

$$\begin{aligned} \Phi &= \Phi^{(n)} + \cdots, \qquad && \Phi^{(n)} \neq 0, \quad n \geqq 1, \\ H &= H^{(0)} + H^{(n)} + \cdots, && \end{aligned} \tag{14}$$

wobei die Konstante $H^{(0)}$ und die Form $H^{(n)}$ von 0 verschieden oder gleich 0 sein können.

Den Wert von E in o nennen wir $E^{(0)}$; dann folgt aus (11) und (14)

$$\Phi_{\bar{w}}^{(n)} = E^{(0)} H_w^{(n)}. \tag{15}$$

3.2. Unsere Fläche sei eine W-Fläche wie in Nr. 6 und Nr. 7 der Einleitung, und der Krümmungs-Differentialquotient $\varkappa$ im Punkte o sei wie dort erklärt;

da k_1 und k_2 in dem Nabelpunkt o den gemeinsamen Wert $H^{(0)}$ haben, ist

$$\varkappa = \lim_{w\to 0} \frac{k_2 - H^{(0)}}{k_1 - H^{(0)}},$$

also

$$\frac{\varkappa + 1}{\varkappa - 1} = \lim \frac{2(H - H^{(0)})}{k_2 - k_1},$$

also nach (8) und (14)

$$\left|\frac{\varkappa + 1}{\varkappa - 1}\right| = \lim \frac{E\,|H - H^{(0)}|}{|\Phi|} = E^{(0)} \lim \left|\frac{H^{(n)} + \cdots}{\Phi^{(n)} + \cdots}\right|.$$

Der Bruch

$$\left|\frac{H^{(n)} + \cdots}{\Phi^{(n)} + \cdots}\right|$$

besitzt also bei allen Grenzübergängen $w \to 0$ denselben festen Grenzwert; dies ist, wie man leicht sieht, nur möglich, wenn der Quotient $|H^{(n)}/\Phi^{(n)}|$ für alle Werte der Parameter $w, \overline{w}$ gleich diesem Grenzwert ist. Somit ist

$$E^{(0)}|H^{(n)}| = \lambda|\Phi^{(n)}|, \tag{16}$$

wobei wir

$$\left|\frac{\varkappa + 1}{\varkappa - 1}\right| = \lambda \tag{17}$$

gesetzt haben, was gleichbedeutend ist mit

$$\varkappa = \left(\frac{\lambda + 1}{\lambda - 1}\right)^{\pm 1}. \tag{17'}$$

3.3. Die Formen $\Phi^{(n)}$ und $H^{(n)}$ sind durch die Relationen (15) und (16) miteinander verknüpft, und die Vermutung liegt nahe, daß nur sehr spezielle Formenpaare mit diesen Relationen verträglich sind; diese Vermutung wird mit Hilfe des nachstehenden Lemmas bestätigt werden.

Lemma. *$F(w, \overline{w})$ und $G(w, \overline{w})$ seien homogene Formen n-ten Grades, $n \geqq 1$, in den konjugiert komplexen Variablen $w, \overline{w}$; es sei G nicht identisch 0, und F sei reell (d. h. $F(w, \overline{w}) = \overline{F(w, \overline{w})}$); sie seien durch die folgenden beiden Relationen verknüpft:*

$$F_w = G_{\overline{w}}, \tag{I}$$

$$|F| = \lambda|G| \quad \textit{mit konstantem } \lambda. \tag{II}$$

Dann liegt einer der folgenden Fälle vor:

(α) $F = 0, \qquad G = c w^n, \qquad \lambda = 0;$

(β) $F = c(e^{i\alpha} w + \overline{e}^{i\alpha} \overline{w})^n, \qquad G = e^{2i\alpha} F, \qquad \lambda = 1;$

(γ) $F = \lambda c w^m \overline{w}^m, \qquad G = c w^{m-1} \overline{w}^{m+1}, \qquad \lambda = \frac{m+1}{m}$ mit $m = 1, 2, \ldots;$

dabei ist c immer eine Konstante.

Um unsere gegenwärtigen flächentheoretischen Überlegungen nicht durch den rein algebraischen Beweis des Lemmas zu unterbrechen, verschieben wir diesen Beweis in den nächsten Paragraphen und wenden das Lemma sofort an, und zwar auf die Formen

$$F = E^{(0)} H^{(n)}, \quad G = \Phi^{(n)},$$

die nach (15) und (16) die Voraussetzungen (I) und (II) erfüllen. Die drei Fälle (α), (β), (γ) liefern für die Anfangsglieder $\Phi^{(n)}$ in der Entwicklung von Φ und für die zugehörigen Werte von $\varkappa$, die wir nach (17′) aus den λ berechnen, die folgenden drei Möglichkeiten:

(A) $\quad \Phi = cw^n + \cdots, \qquad \varkappa = -1;$

(B) $\quad \Phi = cu^n + \cdots, \qquad \varkappa = 0$ oder ∞;

(C) $\quad \Phi = c(w\bar{w})^{m-1}\bar{w}^2 + \cdots, \qquad \varkappa = (2m+1)^{\pm 1}$ mit $m = 1, 2, \ldots.$

Dabei haben wir im Falle (B) eine Drehung des isothermen Parametersystems vorgenommen, also $e^{i\alpha} w$ durch $w = u + iv$ ersetzt.

3.4. Durch die hiermit erfolgte Aufzählung der möglichen Werte von $\varkappa$ ist der Satz II″ bewiesen. Für den Beweis des Satzes II′ dürfen und müssen wir den Fall (B) ausschalten. In den Fällen (A) und (C) hat — im Gegensatz zu dem Fall (B)! — die Anfangsform $\Phi^{(n)}$ keine andere Nullstelle als den Punkt o; folglich besitzt in einer hinreichend kleinen Umgebung von o auch Φ selbst keine andere Nullstelle; das heißt: o ist isolierter Nabelpunkt. Bei Umlaufung des Punktes o auf einem hinreichend kleinen Wege ist nach dem Rouchéschen Prinzip $\delta(\arg \Phi) = \delta(\arg \Phi^{(n)})$; im Falle (A) ist $\delta(\arg \Phi^{(n)}) = n \cdot 2\pi$, im Falle (C) ist $\delta(\arg \Phi^{(n)}) = -2 \cdot 2\pi$; hieraus und aus (10) folgt $j = -n$ im Falle (A) und $j = +2$ im Falle (C).

Damit ist auch der Satz II′ bewiesen sowie sein 1. Zusatz (Nr. 7 der Einleitung). Auch die Richtigkeit des dort formulierten 2. Zusatzes ist aus den obigen Formeln abzulesen, wobei im Falle (C) die Ordnung $n = 2m$ ist.

§ 4. Nachträglicher Beweis eines Lemmas.

Das Lemma ist in 3.3 formuliert worden. Wir benutzen die dortigen Bezeichnungen.

4.1. Wenn $\lambda = 0$ ist, so ist nach (II) $F = 0$, also nach (I) $G_{\bar{w}} = 0$, folglich $G = cw^n$. Es liegt also der Fall (α) vor.

Von jetzt an sei $\lambda > 0$ und somit, da $G \neq 0$ ist, auch $F \neq 0$.

4.2. Wir zerlegen G in einen reellen Faktor R und einen Faktor U, der keinen reellen Teiler besitzt: $G = RU$. Dann ist U zu $\bar{U}$ teilerfremd; denn ist L ein Linearfaktor von U, so ist L nicht reell, also $L \neq \bar{L}$, und U nicht durch die reelle quadratische Form $L\bar{L}$, also auch nicht durch $\bar{L}$, und folglich $\bar{U}$ nicht durch L teilbar. Aus (II) folgt

$$F^2 = \lambda^2 R^2 U \bar{U};$$

hiernach ist, da $\lambda R \neq 0$ ist, $U\bar{U}$ ein Quadrat und, da U und $\bar{U}$ teilerfremd sind, auch U selbst ein Quadrat: $U = P^2$. Es folgt

$$F = \pm \lambda R P \bar{P}, \qquad G = R P^2; \tag{18}$$

da U und $\bar{U}$ teilerfremd sind, sind auch P und $\bar{P}$ teilerfremd.

Wir unterscheiden zwei Fälle, je nachdem P konstant ist oder nicht.

4.3. P sei konstant. Dann ist auch $\pm P\bar{P} = c$ konstant, und nach (18) ist

$$F = \lambda c R, \qquad G = \varepsilon c R, \tag{18′}$$

wobei ε eine Zahl vom Betrage 1 ist. Es ist also $\lambda G = \varepsilon F$, und (I) lautet jetzt:

(I′) $$\lambda F_w = \varepsilon F_{\overline{w}}.$$

Wir setzen

$$\varepsilon = e^{2i\alpha}, \quad e^{i\alpha} w = z, \quad e^{-i\alpha}\overline{w} = \overline{z};$$

dann geht (I′) in

$$\lambda F_z = F_{\overline{z}}$$

über; dies bedeutet, mit $z = x + iy$:

$$\lambda F_x = F_x, \quad -\lambda F_y = F_y,$$

also, da $\lambda > 0$ ist: $F_y = 0$ und (da $n \geqq 1$ und $F \neq 0$, also F nicht konstant ist): $F_x \neq 0$, $\lambda = 1$. Somit hängt F nur von x ab, ist also bis auf einen konstanten Faktor eine Potenz von $z + \overline{z}$:

$$F = c(e^{i\alpha} w + e^{-i\alpha}\overline{w})^n.$$

Hieraus und aus (18′) ist ersichtlich, daß der Fall (β) vorliegt.

4.4. P sei nicht konstant. Dann enthält P einen Linearfaktor $L = aw + b\overline{w}$, und zwar sei $P = L^k Q$ und Q nicht durch L teilbar, $k \geqq 1$; ferner sei $R = L^r S$ und S nicht durch L teilbar, $r \geqq 0$. Dann ist nach (18)

$$F = L^{r+k} A, \quad G = L^{r+2k} B,$$

und hierbei ist L nicht Teiler von B und — da $\overline{P}$ zu P teilerfremd, also $\overline{P}$ nicht durch L teilbar ist — L auch nicht Teiler von A. Jetzt lautet die Gleichung (I), wenn man noch beide Seiten durch L^{r+k-1} dividiert hat:

(19) $$LA_w + (r+k)aA = L^{k+1} B_{\overline{w}} + (r+2k)bL^k B.$$

Man sieht, daß der zweite Summand auf der linken Seite durch L teilbar sein muß; da A nicht durch L teilbar und da $r + k > 0$ ist, muß also $a = 0$ sein; somit ist $L = b\overline{w}$, und (19) lautet nach Division durch L:

(19′) $$A_w = L^k B_{\overline{w}} + (r + 2k)bL^{k-1}B.$$

A_w ist nicht durch $\overline{w}$ teilbar; denn sonst wäre infolge der Identität

$$sA = wA_w + \overline{w}A_{\overline{w}},$$

wobei s der Grad der Form A ist, entweder A durch $L = b\overline{w}$ teilbar, was nicht der Fall ist, oder es wäre $s = 0$, also A eine Konstante und daher $A_w = 0$; dann würde aber aus (19′) folgen, daß B durch $L = b\overline{w}$ teilbar ist, was auch nicht der Fall ist. Da somit A_w nicht durch $L = b\overline{w}$ teilbar ist, ist auch die rechte Seite von (19′) nicht durch L teilbar; folglich ist $k = 1$. Damit ist bewiesen:

(20) $$P = b\overline{w}.$$

Wir schreiben R als $R = w^{m-1}\overline{w}^{m-1} T$, wobei $m \geqq 1$ und T eine reelle Form ist, die nicht durch w oder $\overline{w}$ teilbar ist. Hiermit und mit (20) erhält (18) die

Gestalt

$$F = \pm \lambda b\bar{b} w^m \bar{w}^m T, \qquad G = b^2 w^{m-1} \bar{w}^{m+1} T$$

oder, wenn wir die Konstante $\pm b\bar{b}$ mit der rellen Form T vereinigen,

$$F = \lambda w^m \bar{w}^m T, \qquad G = \varepsilon w^{m-1} \bar{w}^{m+1} T, \tag{21}$$

wobei ε eine Zahl vom Betrage 1 ist. Setzen wir dies in (I) ein und dividieren dann durch $w^{m-1}\bar{w}^m$, so erhalten wir nach einer einfachen Umordnung

$$\big(\varepsilon(m+1) - \lambda m\big) T = \lambda w T_w - \varepsilon \bar{w} T_{\bar{w}}. \tag{22}$$

Es ist

$$t T = w T_w + \bar{w} T_{\bar{w}},$$

wobei t der Grad von T ist. Man multipliziere diese Gleichung mit ε und addiere sie dann zu (22); man erhält:

$$\big(\varepsilon(m + 1 + t) - \lambda m\big) T = (\lambda + \varepsilon) w T_w. \tag{23}$$

Da T nicht durch w teilbar ist, folgt hieraus

$$\varepsilon(m + 1 + t) - \lambda m = 0. \tag{24}$$

Hieraus schließt man zunächst, daß ε reell und positiv, also $\varepsilon = 1$ ist; weiter erhält (23) jetzt die Gestalt

$$0 = (\lambda + 1) w T_w;$$

es ist also $T_w = 0$; das bedeutet, da T reell ist: $T = c$ (konstant), $t = 0$. Da somit

$$\varepsilon = 1, \qquad t = 0, \qquad T = c$$

ist, zeigen (24) und (21), daß der Fall (γ) vorliegt.

§ 5. Ergänzungen und Beispiele.

5.1. Zunächst soll als Ergänzung zu dem Satz I, dem Satz II' und seinem 1. Zusatz (Einleitung, Nr. 7) gezeigt werden, daß jede negative ganze Zahl $-n$ als Index eines isolierten Nabelpunktes auf einer Fläche mit beliebiger konstanter mittlerer Krümmung H sowie auf einer Fläche mit positiver konstanter Gaußscher Krümmung K auftritt; für den Spezialfall der Minimalflächen, also den Fall $H = 0$, in dem die Nabelpunkte Flachpunkte sind, ist dies wohlbekannt.

Wir knüpfen an § 1 an. Man nehme eine in der Umgebung von $u = v = 0$ reguläre Lösung $f(u, v)$ der partiellen Differentialgleichung

$$\Delta f = 2(e^{-f}(u^2 + v^2)^n - e^f H^2),$$

wobei n eine vorgegebene positive ganze Zahl und H eine vorgegebene reelle Zahl ist. Dann setze man $e^f = E$, $(u + iv)^n = w^n = \Phi$ und bestimme L, M, N aus (1) und (6). Die quadratische Form $E(du^2 + dv^2)$ ist positiv definit und mit der quadratischen Form $L du^2 + 2M du dv + N dv^2$ durch die Gleichungen von Codazzi und Gauß verknüpft; denn diese Gleichungen sind äquivalent mit den

Gleichungen (11) und (12), und diese gelten auf Grund unserer Definition von Φ, H, E. Folglich gibt es eine Fläche, auf der die beiden genannten quadratischen Formen die Fundamentalformen sind; diese Fläche hat die konstante mittlere Krümmung H, und die Funktion $\Phi = w^n$ spielt für sie die in § 1 betrachtete Rolle. Daher ist der Punkt $w = 0$ ein isolierter Nabelpunkt, und nach § 2 ist sein Index gleich $-n$.

Die Existenz einer Fläche mit konstanter Gaußscher Krümmung K und einem Nabelpunkt mit dem vorgeschriebenen Index $-n$ ergibt sich nun leicht aus dem bekannten Satz von BONNET[1]): Die Parallelfläche im Abstand $r = (2H)^{-1}$ zu einer Fläche F mit der konstanten mittleren Krümmung H hat die konstante Gaußsche Krümmung $K = 4H^2$. Wir bestimmen also bei gegebenem positivem K die Zahl H aus $4H^2 = K$, konstruieren nach der oben besprochenen Vorschrift eine Fläche F mit diesem konstanten H und einem Nabelpunkt o vom Index $-n$ und betrachten die Parallelfläche $\bar{F}$ zu F im Abstand $(2H)^{-1}$; da bei der Abbildung, die durch die gemeinsamen Normalen zwischen Parallelflächen vermittelt wird, die Krümmungslinien der beiden Flächen einander entsprechen, ist auch der dem Punkt o entsprechende Punkt $\bar{o}$ auf $\bar{F}$ ein isolierter Nabelpunkt vom Index $-n$.

5.2. Wir wollen jetzt zeigen, daß alle im Satz II″ genannten möglichen Werte von $\varkappa$ tatsächlich als Differentialquotienten $\frac{dk_2}{dk_1}$ in Nabelpunkten analytischer W-Flächen auftreten. Dabei wollen wir aber nicht zwischen k_1 und k_2, also auch nicht zwischen $\varkappa$ und $\varkappa^{-1}$, z. B. nicht zwischen 0 und ∞, unterscheiden.

Daß der Wert $\varkappa = -1$ auftritt, ergibt sich aus 5.1.

Ein einfaches Beispiel für $\varkappa = 0$ ist das folgende: Man nehme den geraden Zylinder über einer ebenen Kurve, welche in einem Punkt o die Krümmung 0 hat; die eine Hauptkrümmung des Zylinders, etwa k_2, ist konstant, nämlich 0; also ist $\frac{dk_2}{dk_1} \equiv 0$; die Punkte, die auf derselben Erzeugenden des Zylinders liegen wie o, sind Flachpunkte, also Nabelpunkte. — Man kann auch ein ähnliches, etwas komplizierteres Beispiel konstruieren, nämlich ein Stück einer Röhrenfläche, auf welcher k_2 eine von 0 verschiedene Konstante ist und auf welcher ein gewisser Kreisbogen ganz aus eigentlichen Nabelpunkten (nicht Flachpunkten) besteht; ich will darauf aber hier nicht eingehen. In beiden Beispielen tritt eine ganze Kurve von Nabelpunkten auf, und diese Kurve fügt sich in das Netz der Krümmungslinien ein, sodaß in diesem Netz keine Singularität entsteht. Es wäre zu untersuchen, ob im Falle $\varkappa = 0$ immer diese Situation vorliegt.

Die W-Flächen, die wir als Beispiele für das Auftreten der Werte $\varkappa = 2m + 1$ betrachten werden, sind Rotationsflächen. Dabei sei immer die z-Achse des (x, y, z)-Raumes die Rotationsachse, es sei $x^2 + y^2 = r^2$, und die Meridiankurve habe die Gleichung $z = f(r)$ mit $f(0) = f'(0) = 0$; der Nabelpunkt, für den wir uns interessieren, ist der durch $z = r = 0$ gegebene Scheitelpunkt o. Die Fläche ist dann und nur dann analytisch, wenn $f(r)$ eine gerade analytische Funktion von r ist. Die Hauptkrümmungen der Fläche sind, wie man leicht nachrechnet,

$$(25) \qquad k_1 = f' r^{-1} (1 + f'^2)^{-\frac{1}{2}}, \qquad k_2 = f''(1 + f'^2)^{-\frac{3}{2}}.$$

---

[1]) BLASCHKE, a. a. O. (Fußnote [3]) S. 234), S. 198.

Für die Paraboloide mit dem Meridian

(26) $$z = f(r) = r^{\mu}, \quad \mu > 2,$$

ist im Nullpunkt $k_1 = k_2 = 0$, also

$$\varkappa = \frac{dk_2}{dk_1} = \lim \frac{k_2}{k_1},$$

und nach (25) und (26) folgt hieraus

(27) $$\varkappa = \mu - 1.$$

Ist μ ganz und gerade, so ist die Fläche analytisch, und für $\mu = 4, 6, \ldots$ erhält man nach (27) die Werte $\varkappa = 3, 5, \ldots$.

Für $\mu = 2$ muß man etwas anders vorgehen, da dann im Nullpunkt $k_1 = k_2 = 2 \neq 0$ ist; in diesem Fall lautet aber (25)

$$k_1 = 2(1 + f'^2)^{-\frac{1}{2}}, \quad k_2 = 2(1 + f'^2)^{-\frac{3}{2}},$$

es ist also $k_1^3 = 4k_2$, $\frac{dk_2}{dk_1} = \frac{3}{4}k_1^2$, also im Nullpunkt $\varkappa = 3$. —

5.3. Unter den soeben betrachteten Flächen haben wir für $\varkappa = 3$ sowohl ein Beispiel eines Flachpunktes gefunden (auf der Fläche mit $z = r^4$) als auch ein Beispiel eines eigentlichen Nabelpunktes (auf der Fläche mit $z = r^2$), für $\varkappa \geqq 5$ aber nur Beispiele von Flachpunkten. Aus den Beispielen, die wir jetzt behandeln wollen, wird hervorgehen, daß es auch für $\varkappa \geqq 5$ eigentliche Nabelpunkte gibt; auch in anderer Hinsicht werden die neuen Beispiele etwas Neues lehren.

Auch diese neuen Beispiele sind Rotationsflächen. Aus der ersten Gleichung (25) folgt

(28) $$f'(r) = rk_1(1 - r^2k_1^2)^{-\frac{1}{2}},$$

also

(29) $$z = f(r) = \int_0^r t k_1(t) \left(1 - t^2 k_1^2(t)\right)^{-\frac{1}{2}} dt;$$

ferner ergibt sich aus (25)

(30) $$k_2 = (rk_1)'.$$[1]

Bei willkürlich gegebener Funktion $k_1(r)$ hat somit die Rotationsfläche, deren Meridian durch (29) bestimmt ist, als Hauptkrümmungen die Funktion k_1 und die durch (30) bestimmte Funktion k_2. Dabei muß k_1 für ein Intervall $0 \leqq r < r_1$ gegeben sein; die Fläche ist dann und nur dann analytisch, wenn k_1 eine analytische gerade Funktion von r ist.

Wir nehmen die Funktion

(31) $$k_1(r) = a + br^{\nu}, \quad \nu > 0,$$

mit konstanten a und b, $b \neq 0$; nach (30) ist dann

(32) $$k_2(r) = a + (\nu + 1)br^{\nu},$$

[1] Chern, a. a. O. (Fußnote [4]) S. 234).

sodaß also

$$k_2 = (\nu + 1)k_1 - \nu a, \tag{33}$$

$$\varkappa = \nu + 1 \tag{34}$$

ist. Der Nullpunkt ist für $a \neq 0$ eigentlicher Nabelpunkt, für $a = 0$ Flachpunkt. Für ganzes gerades $\nu = 2m$ ist die Fläche analytisch. Damit haben wir analytische W-Flächen mit eigentlichen Nabelpunkten und beliebigem ungeradem $\varkappa \geqq 3$ gefunden.

Diese Flächen haben gegenüber den Rotationsflächen in 5.2 auch noch den Vorteil, daß wir die zwischen k_1 und k_2 bestehende Relation explizit angegeben haben und daß diese Relation (33) linear ist.

5.4. Bisher haben wir die Flächen nur in der Umgebung des Nabelpunktes betrachtet; jetzt wollen wir sie im Großen untersuchen. Wir bleiben bei unseren letzten Beispielen und wollen uns darauf beschränken, daß in (31) $b = 1$ ist; dagegen wollen wir den Parameter a beibehalten, um sowohl $a \neq 0$ als auch $a = 0$ zuzulassen; wir dürfen aber annehmen, daß $a \geqq 0$ ist.

Für kleine r, nämlich solange der in (28) und (29) auftretende Radikand

$$R(r) = 1 - r^2(a + r^\nu)^2$$

positiv ist, zeigen diese Formeln, daß f und f' mit wachsendem r monoton wachsen. Die Funktion $R(r)$ ist für große r negativ, sie besitzt also positive reelle Nullstellen; Ausrechnen der Ableitung R' zeigt, daß die Nullstellen einfach sind; r_1 sei die kleinste positive Nullstelle; dann ist

$$f'(r) = F(r)\,(r - r_1)^{-\frac{1}{2}}, \tag{35}$$

wobei die Funktion $F(r)$ in der Umgebung von $r = r_1$ regulär und $\neq 0$ ist. Hieraus ist ersichtlich, daß für $r \to r_1$ die Funktion f gegen einen endlichen Grenzwert z_1 und die Ableitung f' gegen ∞ strebt. In dem Intervall $0 \leqq r \leqq r_1$ ist somit die Meridiankurve unserer Fläche ein konvexer Bogen M_1, dessen Tangente im Anfangspunkt $(r = 0, z = 0)$ horizontal, im Endpunkt $(r = r_1, z = z_1)$ vertikal ist.

Wir behaupten, daß das Spiegelbild M_2 des Bogens M_1 an der Geraden $z = z_1$ den Bogen M_1 analytisch fortsetzt. In der Tat: setzen wir $r - r_1 = s^2$, so folgt aus (35), daß

$$dz = 2F(r_1 + s^2)\,ds,$$

und hieraus, daß $z - z_1$ eine ungerade analytische Funktion $U(s)$ von s ist; da $F(r_1) \neq 0$ ist, ist auch $U'(0) \neq 0$, und daher ist $s = V(z - z_1)$ in der Nähe von $z = z_1$ eine analytische Funktion von $z - z_1$, die infolge der Ungeradheit von U selbst ungerade ist; hieraus folgt schließlich, daß $s^2 = r - r_1$ eine gerade analytische Funktion von $z - z_1$ ist. Dies bedeutet aber, daß M_2 die analytische Fortsetzung von M_1 darstellt.

Der Bogen $M_1 + M_2$ bildet nun zusammen mit seinem Spiegelbild an der z-Achse eine geschlossene konvexe Kurve M, die — bei beliebigem positivem ν — jedenfalls in den nicht auf der z-Achse gelegenen Punkten analytisch ist; sie ist auch in den beiden Punkten auf der z-Achse ($z = 0$ und $z = 2z_1$) noch analytisch, falls $\nu = 2m$ mit ganzem positivem m, falls also $f(r)$ eine gerade analytische Funktion von r ist.

Die Flächen, die durch Rotation dieser Kurven M um die z-Achse entstehen, sind die Flächen, von denen in der Einleitung, Nr. 9, die Rede war; insbesondere ist durch die Konstruktion der Flächen mit $a = 0$ der Beweis des dort formulierten Satzes D zu Ende geführt worden.

Es sei noch bemerkt, daß die Flächen, die man erhält, wenn man $\nu = 0$ nimmt, Kugeln sind.

5.5. In den letzten Abschnitten haben wir gelegentlich von der Voraussetzung, daß unsere Flächen analytisch sein sollen, abgesehen, indem wir von den Exponenten μ in 5.2 und ν in 5.3 und 5.4 nicht ausschließlich verlangt haben, daß sie gerade ganze Zahlen seien. Dies geschah besonders darum, um den Hinweis darauf zu erleichtern, daß einige unserer Sätze — nämlich die Sätze II″, B″ und ein Teil von D — ihre Gültigkeit verlieren, wenn man die Voraussetzung der Analytizität durch diejenige mehrmaliger Differenzierbarkeit ersetzt.

Das durch (26) für ein beliebiges reelles $\mu > 2$ definierte Rotationsparaboloid ist in dem Scheitelpunkt h-mal differenzierbar, wenn $h < \mu$ ist; gemäß (27) treten somit für h-mal differenzierbare Flächen alle diejenigen reellen Zahlen in der Rolle unserer $\varkappa$ auf, welche größer als $h - 1$ sind. Die Flächen in 5.3 und 5.4, die auf Grund von (31) konstruiert sind, sind h-mal differenzierbar, wenn $h < \nu + 2$ ist; daher sind auch hier, gemäß (34), für die h-mal differenzierbaren Flächen alle reellen $\varkappa$ möglich, die $> h - 1$ sind. Insbesondere existieren nach unserer Konstruktion in 5.4 h-mal differenzierbare geschlossene Flächen, auf denen die Relation (33) mit beliebigem $\varkappa = \nu + 1 > h - 1$ gilt; diese Flächen sind sogar überall mit Ausnahme der beiden Rotationsscheitel analytisch; in den beiden Scheitelpunkten aber sind sie dann und nur dann analytisch, wenn ν eine gerade ganze Zahl ist.**)

58.

(gemeinsam mit K. Voss)

Ein Satz aus der Flächentheorie im Grossen

Archiv der Math. 3 (1952), 187–192

In einem Gespräch über das isoperimetrische Problem und die mittlere Flächenkrümmung machte Herr G. PÓLYA den einen von uns darauf aufmerksam, daß man mit Hilfe der „*kontinuierlichen* STEINER*schen Symmetrisierung*"[1]) wahrscheinlich leicht den folgenden Satz beweisen könne:

Satz I. *Die geschlossene Fläche F im 3-dimensionalen euklidischen Raume sei in der Richtung $\mathfrak{r}$ konvex, das heißt: eine Gerade dieser Richtung trifft entweder F gar nicht, oder sie besitzt genau einen Berührungspunkt oder genau zwei Schnittpunkte mit F. Falls dann für jede Schnittgerade der Richtung $\mathfrak{r}$ die mittlere Krümmung H von F in den beiden Schnittpunkten den gleichen Wert hat, so besitzt F eine Symmetrieebene senkrecht zu $\mathfrak{r}$.*

Hierin ist übrigens noch einmal der alte und oft bewiesene Satz enthalten, daß die Kugeln die einzigen Eiflächen mit konstanter mittlerer Krümmung H sind: eine Eifläche ist in jeder Richtung konvex, und bei konstantem H muß sie daher nach Satz 1 zu jeder Richtung eine Symmetrieebene besitzen, also eine Kugel sein. Aber der Satz I hat wesentlich allgemeineren Charakter; insbesondere darf die Fläche F ein beliebiges Geschlecht haben.

Der im Folgenden gegebene Beweis des Satzes I ist aus der angedeuteten Idee von PÓLYA entstanden; jedoch kommt bei unserer Beweisanordnung die kontinuierliche Symmetrisierung nicht explizit vor, und wir werden erst nachträglich den Zusammenhang mit ihr erläutern (Nr. 3). Wir interpretieren nämlich den Satz I als Folgerung aus dem nachstehenden Satze:

Satz II. *F und $\overline{F}$ seien orientierte geschlossene Flächen, die unter Erhaltung der Orientierung so aufeinander abgebildet sind, daß erstens die Verbindungsgeraden entsprechender Punkte p und $\overline{p}$ untereinander parallel sind, und daß zweitens F und $\overline{F}$ in je zwei entsprechenden Punkten p und $\overline{p}$ die gleiche mittlere Krümmung haben; ferner setzen wir voraus, daß die Flächen keine Zylinderstücke enthalten, deren Erzeugenden parallel zu den Geraden $p\overline{p}$ sind. Dann geht $\overline{F}$ aus F durch eine Translation hervor (d. h. die Entfernungen $p\overline{p}$ sind konstant).*

---

[1]) G. PÓLYA and G. SZEGÖ, Isoperimetric Inequalities in Mathematical Physics (Princeton 1951), p. 200 ff.

In der Tat folgt Satz I aus Satz II: Für eine Fläche F, welche die Voraussetzung des Satzes I erfüllt, sei U diejenige Abbildung auf sich, die je zwei auf derselben Geraden der Richtung $\mathfrak{r}$ gelegene Punkte miteinander vertauscht (für einen Berührungspunkt p mit einer solchen Geraden sei $Up = p$); ferner sei S die Spiegelung an einer beliebigen zu $\mathfrak{r}$ senkrechten Ebene. Dann wird durch $SUp = \overline{p}$ eine Abbildung von F auf die Fläche $\overline{F} = S(F)$ vermittelt, welche die Voraussetzungen des Satzes II erfüllt; da somit $SU = T$ eine Translation ist, ist $U = ST$ eine Spiegelung an einer zu $\mathfrak{r}$ senkrechten Ebene.[2])

Was die Voraussetzung über die Zylinderstücke im Satz II betrifft, so sieht man einerseits leicht, daß die Behauptung des Satzes falsch werden kann, falls derartige ringförmige Zylinderstreifen auftreten, andererseits aber auch, daß sich die oben formulierte Voraussetzung abschwächen ließe; wir wollen darauf aber nicht eingehen.

Der Beweis des Satzes II wird sich aus einer Integralformel ergeben, die man mit Hilfe des Satzes von Stokes herleitet; sie liefert auch noch gewisse Aussagen ähnlicher Art nicht nur über geschlossene, sondern auch über berandete Flächen (Nr. 4).

1. Eine Integralformel. Wir beginnen mit einer lokalen Betrachtung. F sei ein (zweimal stetig differenzierbares) Flächenstück; sein Ortsvektor, sein Normalenvektor, seine mittlere Krümmung, sein Oberflächenelement seien mit $\mathfrak{x}$, $\mathfrak{n}$, H, dA bezeichnet. Ferner sei $\mathfrak{r}$ ein fester Vektor der Länge 1, w eine (zweimal stetig differenzierbare) Funktion auf F,

$$\mathfrak{w} = w\,\mathfrak{r}, \tag{1.1}$$

$$\overline{\mathfrak{x}} = \mathfrak{x} + \mathfrak{w}; \tag{1.2}$$

wir setzen voraus, daß die Fläche $\overline{F}$, deren Ortsvektor $\overline{\mathfrak{x}}$ ist, regulär ist, und benutzen für $\overline{F}$ die Bezeichnungen $\overline{\mathfrak{n}}$, $\overline{H}$, $d\overline{A}$ im analogen Sinne wie $\mathfrak{n}$, H, dA für F.[3])

Die Determinante $(\overline{\mathfrak{n}} - \mathfrak{n}, \mathfrak{w}, d\mathfrak{x})$ ist eine lineare Differentialform; wir behaupten, daß für ihre äußere Ableitung die folgende Formel gilt:

$$d(\overline{\mathfrak{n}} - \mathfrak{n}, \mathfrak{w}, d\mathfrak{x}) = 2(\overline{H} - H)\,\mathfrak{w}\mathfrak{n}\,dA + (1 - \overline{\mathfrak{n}}\mathfrak{n})\,(d\overline{A} + dA)\,. \tag{*}$$

Bei den Rechnungen, durch die wir (*) beweisen, werden wir neben der alternierenden Multiplikation der Differentiale auch das alternierende Vektorprodukt

---

[2]) Bemerkung über die Orientierung der Flächen und das Vorzeichen von H: Dieses Vorzeichen ändert sich bekanntlich bei Änderung der Orientierung. Im Satz I soll F fest orientiert sein; dann ist H eindeutig bestimmt, und die Gleichheit von H in gewissen Punktepaaren ist somit wohldefiniert. Im Satz II sollen F und $\overline{F}$ orientiert sein, und die Abbildung von F auf $\overline{F}$ soll die Orientierung erhalten. In dem soeben geführten Beweis muß also SU die Orientierung erhalten; da $U(F) = -F$ ist, müssen daher die Orientierungen so gewählt sein, daß, wie es auch natürlich ist, $S(F) = -\overline{F}$ wird.

[3]) F ist orientiert, und diese Orientierung wird durch die Abbildung (1.2) auf $\overline{F}$ übertragen; $\mathfrak{n}$, H, $\overline{\mathfrak{n}}$, $\overline{H}$ sind somit wohldefiniert.

benutzen; man hat dann zu beachten, daß, wenn etwa $\mathfrak{a}$ und $\mathfrak{b}$ Vektorfunktionen (Tripel skalarer Funktionen) auf F sind, die Regel

$$d\mathfrak{a} \times d\mathfrak{b} = d\mathfrak{b} \times d\mathfrak{a}$$

gilt, und daß im allgemeinen $d\mathfrak{a} \times d\mathfrak{a} \neq 0$ ist. — Man bestätigt leicht die bekannten Formeln

$$d\mathfrak{x} \times d\mathfrak{x} = 2\,\mathfrak{n}\,dA\,, \qquad d\bar{\mathfrak{x}} \times d\bar{\mathfrak{x}} = 2\,\bar{\mathfrak{n}}\,d\bar{A}\,, \tag{1.3}$$

$$d\mathfrak{x} \times d\mathfrak{n} = -2\,H\,\mathfrak{n}\,dA\,, \quad d\bar{\mathfrak{x}} \times d\bar{\mathfrak{n}} = -2\,\bar{H}\,\bar{\mathfrak{n}}\,d\bar{A}\,. \tag{1.4}$$

Aus (1.3) folgt mit Rücksicht auf (1.1) und (1.2)

$$\bar{\mathfrak{n}}\,d\bar{A} - \mathfrak{n}\,dA = d\mathfrak{w} \times d\mathfrak{x} = d\mathfrak{w} \times d\bar{\mathfrak{x}}\,, \tag{1.5}$$

$$\mathfrak{w}\,\mathfrak{n}\,dA = \mathfrak{w}\,\bar{\mathfrak{n}}\,d\bar{A}\,. \tag{1.6}$$

Aus (1.1) und (1.2) folgt ferner $\mathfrak{w} \times d\mathfrak{x} = \mathfrak{w} \times d\bar{\mathfrak{x}}$, also

$$(\bar{\mathfrak{n}}, \mathfrak{w}, d\mathfrak{x}) = (\bar{\mathfrak{n}}, \mathfrak{w}, d\bar{\mathfrak{x}})\,. \tag{1.7}$$

Das Differential der Determinante $(\mathfrak{n}, \mathfrak{w}, d\mathfrak{x})$ wird auf Grund von (1.4) und (1.5)

$$\begin{aligned} d(\mathfrak{n}, \mathfrak{w}, d\mathfrak{x}) &= -\mathfrak{w}(d\mathfrak{n} \times d\mathfrak{x}) + \mathfrak{n}(d\mathfrak{w} \times d\mathfrak{x}) \\ &= 2\,H\,\mathfrak{w}\,\mathfrak{n}\,dA + \mathfrak{n}\,\bar{\mathfrak{n}}\,d\bar{A} - dA\,; \end{aligned} \tag{1.8}$$

analog, mit Rücksicht auf (1.7) und (1.6):

$$\begin{aligned} d(\bar{\mathfrak{n}}, \mathfrak{w}, d\mathfrak{x}) = d(\bar{\mathfrak{n}}, \mathfrak{w}, d\bar{\mathfrak{x}}) &= -\mathfrak{w}(d\bar{\mathfrak{n}} \times d\bar{\mathfrak{x}}) + \bar{\mathfrak{n}}(d\mathfrak{w} \times d\bar{\mathfrak{x}}) \\ &= 2\,\bar{H}\,\mathfrak{w}\,\bar{\mathfrak{n}}\,d\bar{A} + d\bar{A} - \bar{\mathfrak{n}}\,\mathfrak{n}\,dA\,, \end{aligned}$$

$$d(\bar{\mathfrak{n}}, \mathfrak{w}, d\mathfrak{x}) = 2\,\bar{H}\,\mathfrak{w}\,\mathfrak{n}\,dA + d\bar{A} - \bar{\mathfrak{n}}\,\mathfrak{n}\,dA\,. \tag{1.9}$$

Subtrahiert man (1.8) von (1.9), so ergibt sich die zu beweisende Formel (*).

Aus (*) folgt nun nach dem Satz von Stokes

$$\int (\bar{\mathfrak{n}} - \mathfrak{n}, \mathfrak{w}, d\mathfrak{x}) = 2 \iint (\bar{H} - H)\,\mathfrak{w}\,\mathfrak{n}\,dA + \iint (1 - \bar{\mathfrak{n}}\,\mathfrak{n})\,(d\bar{A} + dA)\,, \tag{1.10}$$

wobei die beiden Integrale auf der rechten Seite über ein Flächenstück F, das Integral auf der linken Seite über den Rand von F zu erstrecken sind. Speziell folgt für geschlossene Flächen

$$2 \iint (\bar{H} - H)\,\mathfrak{w}\,\mathfrak{n}\,dA + \iint (1 - \bar{\mathfrak{n}}\,\mathfrak{n})\,(d\bar{A} + dA) = 0\,. \tag{1.11}$$

2. Beweis des Satzes II. Wir dürfen (1.11) anwenden; da $\bar{H} = H$ ist, wird

$$\iint (1 - \bar{\mathfrak{n}}\,\mathfrak{n})\,(d\bar{A} + dA) = 0\,. \tag{2.1}$$

Nun ist immer $dA > 0$, $d\bar{A} > 0$ und, da $\mathfrak{n}$ und $\bar{\mathfrak{n}}$ Einheitsvektoren sind, $1 - \bar{\mathfrak{n}}\,\mathfrak{n} \geqq 0$; infolge (2.1) muß daher überall $1 - \bar{\mathfrak{n}}\,\mathfrak{n} = 0$ sein, und dies bedeutet:

$$\bar{\mathfrak{n}} = \mathfrak{n}\,. \tag{2.2}$$

Wir führen im Raume ein rechtwinkliges (x, y, z)-Koordinatensystem so ein, daß $\mathfrak{r}$ parallel zur z-Achse ist. Die (abgeschlossene) Menge M derjenigen Punkte von F, in denen die z-Komponente von $\mathfrak{n}$ verschwindet, besitzt nach Voraussetzung keine inneren Punkte (da F keine Zylinderstücke mit Erzeugenden parallel zu $\mathfrak{r}$ enthält); die (offene) Menge $F - M$ ist somit überall dicht auf F. In der Umgebung jedes Punktes von $F - M$ und des entsprechenden Punktes von $\overline{F}$ sind x, y reguläre Flächenparameter, und die Flächen sind durch Gleichungen

$$z = z(x, y) \quad \text{bzw.} \quad z = \overline{z}(x, y) = z(x, y) + w(x, y)$$

darstellbar; die Normalenvektoren sind

$$\mathfrak{n} = Q^{-\frac{1}{2}}(-z_x, \ -z_y, 1) \quad \text{mit} \quad Q = 1 + z_x^2 + z_y^2,$$
$$\overline{\mathfrak{n}} = \overline{Q}^{-\frac{1}{2}}(-\overline{z}_x, \ -\overline{z}_y, 1) \quad \text{mit} \quad \overline{Q} = 1 + \overline{z}_x^2 + \overline{z}_y^2.$$

Hieraus und aus (2.2) sieht man, daß $\overline{z}_x = z_x$, $\overline{z}_y = z_y$, also w konstant ist. Dies ist hiermit für die Umgebung jedes Punktes von $F - M$ bewiesen; aber daraus, daß die partiellen Ableitungen von w (nach beliebigen lokalen Parametern) in der überall dichten Menge $F - M$ verschwinden, folgt wegen ihrer Stetigkeit, daß sie auf ganz F verschwinden, daß also w auf ganz F konstant ist. Damit ist der Satz II bewiesen.

3. Der Zusammenhang mit der Symmetrisierung. Wir werden diesen Zusammenhang skizzieren, ohne alle Einzelheiten auszuführen.[4])

Die geschlossene Fläche F sei konvex in der Richtung der z-Achse (gemäß der Definition im Satz I). Für den variablen Punkt p von F sei p^* der zweite Schnittpunkt der durch p gehenden Parallelen zur z-Achse mit F oder, falls diese Gerade F berührt, $p^* = p$. Die z-Koordinaten von p und p^* nennen wir z, z^*, und die mittlere Krümmung, die Normale usw. im Punkte p^* als Funktionen von p nennen wir H^*, $\mathfrak{n}^*$ usw.

Die gewöhnliche (nicht kontinuierliche) Steinersche Symmetrisierung von F an der Ebene $z = 0$ besteht darin, daß man p durch denjenigen Punkt p' ersetzt, der auf der durch p gehenden Parallelen zur z-Achse liegt und die z-Koordinate $z' = \frac{1}{2}(z - z^*) = z - \frac{1}{2}(z + z^*)$ hat. Die kontinuierliche Symmetrisierung entsteht, indem man alle Punkte p in einem festen, von p unabhängigen Zeitintervall T gleichförmig in ihre Bildpunkte p' laufen läßt. Wählen wir etwa $T = \frac{1}{2}$, so ist der Geschwindigkeitsvektor des Punktes p:

$$\text{(3.1)} \qquad \mathfrak{w} = w\,\mathfrak{r}, \quad w = -z - z^*,$$

wobei $\mathfrak{r}$ der Einheitsvektor in der z-Richtung ist.

[4]) Zu diesem Abschnitt vergleiche man außer dem unter [1]) zitierten Buch auch W. Blaschke, Vorlesungen über Differentialgeometrie I (Berlin 1930), p. 249 ff.

Wir betrachten die Variation der Oberfläche bei diesem Prozeß; bezeichnet $A(t)$ die Oberfläche der sich ändernden Fläche F im Zeitpunkt t, so ist bekanntlich

$$A'(0) = -2 \iint H\, \mathfrak{w}\, \mathfrak{n}\, dA \,. \tag{3.2}$$

In dieser Formel, die für jede Variation $\mathfrak{w}$ gilt, läßt sich im Falle der durch (3.1) gegebenen kontinuierlichen Symmetrisierung die rechte Seite noch auf zwei andere Weisen ausdrücken:

Erstens folgt aus

$$\mathfrak{w}^* = \mathfrak{w} = w^* \mathfrak{x} = w\, \mathfrak{x} \,, \tag{3.3}$$

daß (3.2) gleichbedeutend ist mit

$$A'(0) = \iint (H^* - H)\, \mathfrak{w}\, \mathfrak{n}\, dA \,. \tag{3.4}$$

Da aus (3.3) die Invarianz des Volumens bei der Symmetrisierung folgt, darf man (3.4) als Ausdruck dieser Invarianz ansehen.

Zweitens kann man durch direkte Rechnung aus (3.1) die Formel

$$A'(0) = -\iint (1 - \bar{\mathfrak{n}}\, \mathfrak{n})\, dA \tag{3.5}$$

herleiten, wobei $\bar{\mathfrak{n}}$ derjenige Vektor ist, der aus $\mathfrak{n}^*$ durch Spiegelung an der Ebene $z = 0$ entsteht; diese Rechnung aber läßt sich folgendermaßen deuten und durchführen: Man schalte, ebenso wie wir es oben bei der Herleitung des Satzes I aus dem Satze II getan haben, die Hilfsfläche $\bar{F}$ ein, die durch Spiegelung von F entsteht, wende auf F und $\bar{F}$ die Formel (1.11) an, eliminiere aber aus der Interpretation dieser Formel die Hilfsfläche $\bar{F}$; man erhält dann die Formel

$$\iint (H^* - H)\, \mathfrak{w}\, \mathfrak{n}\, dA = -\iint (1 - \bar{\mathfrak{n}}\, \mathfrak{n})\, dA \,. \tag{3.6}$$

Aus (3.4) und (3.6) folgt (3.5).

Hiermit ist der Zusammenhang zwischen unseren früheren Betrachtungen und der Symmetrisierung hergestellt: Die Formel (1.11), auf der unser Beweis beruhte, geht, wenn F in der Richtung $\mathfrak{x}$ konvex und $\mathfrak{w}$ durch (3.1) gegeben ist, in die Formel (3.6) über, und die durch die beiden Seiten dieser Gleichung ausgedrückte Größe ist die Variation $A'(0)$ der Oberfläche bei der kontinuierlichen Symmetrisierung. Der Beweis des Satzes I läßt sich jetzt so aussprechen: Wenn $H^* = H$ ist, so ist nach (3.4) $A'(0) = 0$; wenn F nicht symmetrisch, wenn also $\bar{\mathfrak{n}} \neq \mathfrak{n}$ ist, so ist nach (3.5) $A'(0) < 0$; aus $H^* = H$ folgt also die Symmetrie von F.

4. Berandete Flächen. Ganz analog, wie wir aus der Formel (1.11) den Satz II für geschlossene Flächen gefolgert haben, können wir aus (1.10) Aussagen über berandete Flächen gewinnen, wenn wir ihnen Bedingungen auferlegen, welche das Verschwinden des Randintegrales in (1.10) zur Folge haben.

Wir betrachten also berandete Flächenstücke F, $\bar{F}$, welche so aufeinander abgebildet sind, daß die Verbindungsgeraden zwischen Punkt und Bildpunkt immer eine feste Richtung $\mathfrak{r}$ haben und daß die mittleren Krümmungen von F und $\bar{F}$ in Punkt und Bildpunkt miteinander übereinstimmen; wir setzen weiter voraus, daß die Flächen keine Zylinderstücke mit Erzeugenden parallel zu $\mathfrak{r}$ enthalten. Dann gelten die Sätze:

Satz IIIa. *Falls F und $\bar{F}$ am Rande identisch sind, so sind sie überhaupt identisch.*

Satz IIIb. *Falls die Ränder das gleiche sphärische Bild haben, so geht $\bar{F}$ aus F durch eine Translation hervor.*

Denn auf dem Rande ist im ersten Fall $\mathfrak{w} = \mathfrak{o}$, im zweiten Fall $\bar{\mathfrak{n}} - \mathfrak{n} = \mathfrak{o}$, in beiden Fällen ist also das Randintegral in (1.10) gleich 0, und man schließt weiter wie beim Beweis des Satzes II in Nr. 2, daß die Abbildung eine Translation ist; im ersten Fall muß diese Translation sogar die Identität sein, da sie es am Rande ist.

Wenn $\mathfrak{r}$ die z-Richtung ist und wir uns auf Flächen beschränken, die sich durch Gleichungen $z = z(x, y)$ darstellen lassen, so läßt sich der Satz IIIa folgendermaßen aussprechen: Die Aufgabe, in einem (beschränkten) Bereich der (x, y)-Ebene eine Funktion $z(x, y)$ mit vorgegebenen Randwerten so zu finden, daß die mittlere Krümmung der Fläche $z = z(x, y)$ eine vorgegebene Funktion $H(x, y)$ ist, besitzt höchstens eine Lösung. Dieser Spezialfall des Satzes IIIa ist eine Konsequenz bekannter Einzigkeitssätze für die Lösungen elliptischer Differentialgleichungen 2. Ordnung.

5. Kurven in der Ebene. Schließlich bemerken wir noch, daß unsere Überlegungen und Sätze ihre Gültigkeit behalten, natürlich in einfacherer Form, wenn man Kurven in der Ebene statt Flächen im Raume betrachtet. An die Stelle der Formel (*) in Nr. 1 tritt die Formel

$$d(\mathfrak{w}(\bar{\mathfrak{t}} - \mathfrak{t})) = (\bar{k} - k)\,\mathfrak{w}\,\mathfrak{n}\,ds + (1 - \bar{\mathfrak{n}}\,\mathfrak{n})\,(d\bar{s} + ds)\,,$$

worin $\mathfrak{t}, \bar{\mathfrak{t}}$ die Tangentenvektoren, $\mathfrak{n}, \bar{\mathfrak{n}}$ die Normalen, $k, \bar{k}$ die Krümmungen, $ds, d\bar{s}$ die Längenelemente der beiden Kurven bezeichnen. Die Formel ist ganz leicht zu bestätigen, und ebenso leicht leitet man aus ihr die Sätze her, welche unseren Sätzen I, II, IIIa und IIIb analog sind.

Eingegangen am 5. 6. 1952

59.

Einige Anwendungen der Topologie auf die Algebra

Rend. Mat. Univ. Torino 11 (1952), 75–91

Trotz der Polarität der rein algebraischen und der rein topologischen Methoden, die man durch die Stichworte «diskret» und «kontinuierlich» anzudeuten pflegt, existieren bekanntlich zwischen Algebra und Topologie zahlreiche und verschiedenartige Zusammenhänge und Wechselwirkungen. Aus dem grossen Bereich dieser Beziehungen werde ich in diesem Vortrage einige spezielle Gegenstände auswählen; sie gehören alle demselben, im Prinzip alten Kapitel an: es sind Anwendungen topologischer Methoden in der klassischen, «unmodernen» Algebra, also der Algebra unter Zugrundelegung des Körpers der reellen Zahlen oder des Körpers der komplexen Zahlen, und dabei wird es sich im wesentlichen, mehr oder weniger explizit, um Existenzbeweise für Nullstellen von Polynomen oder Polynomsystemen handeln. Da es gerade die Begriffe der Stetigkeit sind, die den Körper aller reellen und den aller komplexer Zahlen vor den anderen algebraischen Körpern auszeichnen, ist es ja kein Wunder, dass sich topologische, also «stetigkeits-geometrische» Methoden hier wirkungsvoll anwenden lassen. Übrigens gehören hierher natürlich Teile der klassischen algebraischen Geometrie, so die Schnittpunktsätze und ihre Konsequenzen; aber ich möchte in meinem Vortrage nicht über Dinge sprechen, die allen Kennern der algebraischen Geometrie geläufig sind. Vielmehr ist es meine Absicht, nicht nur

(1) Vortrag, gehalten an den Universitäten Turin und Genua im Frühjahr 1952.

verschiedenen Vorzeichen; dann besitzt f in E eine Nullstelle». Hieraus und aus (1.6) folgt die Existenz einer Nullstelle unseres Polynoms $f(x)$.

Ganz analog ist der Gedankengang des folgenden bekannten Beweises für den « Fundamentalsatz der Algebra », also für den Satz, dass jedes komplexe Polynom positiven Grades eine Nullstelle besitzt: In (1.1) seien die a_i komplexe Zahlen, x eine komplexe Variable; mit den Definitionen (1.2) gelten (1.3) und (1.4) wie oben. Die obigen Aussagen über gewisse Vorzeichen werden jetzt ersetzt durch Aussagen über « Umlaufzahlen »: wir betrachten die durch $y = f(x)$ bezw. $y = g(x)$ vermittelten Abbildungen der komplexen x-Ebene in eine komplexe y-Ebene (dabei dürfen im Augenblick f und g beliebige stetige Funktionen sein); durchläuft x den durch $|x| = r$ gegebeben Kreis S_r, so macht der Bildpunkt $f(x)$ eine gewisse Anzahl von Umläufen (gleich der durch 2π dividierten Änderung seines Winkelargumentes) um den Punkt $y = 0$; diese Anzahl bezeichnen wir mit $C[f(S_r)]$, und analog ist $C[g(S_r)]$ erklärt (dabei nehmen wir übrigens an, dass der Punkt $y = 0$ nicht auf $f(S_r)$ bezw. $g(S_r)$ liegt). Eine elementare geometrische Betrachtung, die man das Prinzip von Rouché nennt, zeigt: ist $f(x) = g(x) + h(x)$ und $|h(x)| < |g(x)|$ für $|x| = r$, so ist $C[f(S_r)] = C[g(S_r)]$. — Für unsere Polynome f und g folgt somit auf Grund von (1.4) in Analogie zu (1.5):

(1.5') $\quad C[f(S_r)] = C[g(S_r)] \quad$ für grosse r.

Aus $g(x) = x^n$ folgt offenbar

(1.7) $\quad C[g(S_r)] = n \quad$ für jedes $r > 0$;

daher folgt weiter, in Analogie zu (1.6):

(1.6') $\quad C[f(S_r)] = n \neq 0 \quad$ für grosse r.

Jetzt benutzen wir den folgenden topologischen Satz $\mathfrak{T}_2$, der als eine direkte Verallgemeinerung des elementaren Satzes $\mathfrak{T}_1$ gelten darf: « f sei eine solche stetige Abbildung der von S_r berandeten Kreisscheibe E in die y-Ebene, dass $C[f(S_r)] \neq 0$ ist; dann gibt es in E einen Punkt, der durch f auf den Nullpunkt der y-Ebene abgebildet wird». Hieraus und aus (1.6′) folgt die Existenz einer Nullstelle unseres Polynoms $f(x)$. [2]

Ich werde den Satz $\mathfrak{L}_2$ hier nicht beweisen, wie ich überhaupt in diesem Vortrage niemals Beweise topologischer Sätze, sondern immer nur die Zurückführung algebraischer auf topologische Sätze besprechen werde. Der Satz $\mathfrak{L}_2$ ist nur ein Spezialfall eines Satzes $\mathfrak{L}_k$, der von stetigen Abbildungen eines k-dimensionalen euklidischen Raumes in einen ebensolchen Raum handelt; von diesem allgemeinen Satz und seinen Anwendungen will ich jetzt noch sprechen. Es seien also der x-Raum und der y-Raum k-dimensionale euklidische Räume; wir benutzen in ihnen die additive Vektorschreibweise und verstehen unter $|x|$ und $|y|$ die euklidischen Normen. S_r sei die durch $|x| = r$ gegebene $(k-1)$-dimensionale Kugelfläche, E die von ihr begrenzte k-dimensionale Vollkugel, f eine stetige Abbildung von E in den y-Raum, wobei der Punkt $y = 0$, den ich kurz o nenne, nicht auf dem Bilde $f(S_r)$ liegen soll; dann definiert man die Zahl $C[f(S_r)]$, die man die « Ordnung von o in bezug auf $f(S_r)$ » oder auch die « Kroneckersche Charakteristik von f auf S_r » nennt, folgendermassen: sie ist der Brouwersche Abbildungsgrad derjenigen Abbildung von S_r auf die durch $|y| = 1$ bestimmte Kugelfläche S_1' im y-Raum, welche entsteht, wenn man $f(S_r)$ von o aus auf S_1' projiziert (und der Abbildungsgrad lässt sich charakterisieren als die Anzahl der positiven Bedekkungen von S_1' durch das Bild von S_r, vermindert um die Anzahl der negativen Bedeckungen). Für $k = 2$ ist dies, wie man leicht sieht, die alte Umlaufzahl. Nun lautet der Satz $\mathfrak{L}_k$, den man auch den « Kroneckerschen Existenzsatz » nennt: « Es sei $C[f(S_r)] \neq 0$; dann gibt es in E einen Punkt x mit $f(x) = 0$ ». [3]

Dieser Satz gestattet zahlreiche Anwendungen auf Existenzsätze für Nullstellen von Funktionensystemen, und zwar besonders dann, wenn man ihn mit dem vorhin formulierten Prinzip von Rouché kombiniert, das für den k-dimensionalen Raum genau so lautet und genau so zu beweisen ist wie für die Ebene. Insbesondere erhält man durch ganz dieselben Schlüsse,

---

[2] In den üblichen Darstellungen des Beweises benutzt man anstelle des topologischen Satzes $\mathfrak{L}_2$ den funktionentheoretischen Satz: « Wenn f analytisch ist, so ist $C[f(S_r)] = (2\pi i)^{-1} \oint f^{-1} f' dz$ = der Anzahl der Nullstellen von f in E ».

[3] Man vergl. Alexandroff-Hopf, *Topologie I* (Berlin 1935), 12. Kap., §§ 1, 2.

die uns vorhin zum Beweis des Fundamentalsatzes der Algebra geführt haben, jetzt den folgendem Satz: « Es sei f eine stetige Abbildung des ganzen x-Raumes in den y-Raum; sie lasse sich (bei vektorieller Schreibweise) in der Form (1.3) darstellen, wobei (1.4) gelte; ferner sei

$$C[g(S_r)] \neq 0 \qquad \text{(für grosse } r). \tag{1.8}$$

Dann gibt es einen Punkt x mit $f(x) = 0$ ».

Als spezielles Beispiel zu diesem Satz will ich noch den « *Fundamentalsatz der Algebra für Quaternionen* » besprechen, der von *Eilenberg* und *Niven* stammt ([4]): Es seien a_i Hamiltonsche Quaternionen und x eine Quaternionen-Variable; ein « Monom vom Grade n » ist ein Produkt $a_0 x a_1 x \ldots a_{n-1} x a_n$, wobei die $a_i \neq 0$ sind, und ein Polynom in x ist eine Summe von endlich vielen Monomen; dabei beachte man, dass infolge der Ungültigkeit des kommutativen Gesetzes die Summe zweier Monome gleichen Grades im allgemeinen kein Monom ist. Der « Fundamentalsatz » lautet: « *Das Quaternionen-Polynom $f(x)$ enthalte genau ein Monom vom Grade n, während alle anderen Monome kleineren Grad haben; dann gibt es eine Quaternion x_0, für welche $f(x_0) = 0$ ist* ».

Für den Beweis dieses Satzes verstehe man unter $g(x)$ das in $f(x)$ enthaltene Monom n-ten Grades und definiere $h(x)$ durch (1.3); dann bestätigt man ganz leicht, dass (1.4) gilt; zu beweisen bleibt (1.8), und es ist in der Tat nicht sehr schwer zu zeigen, dass (1.7) und daher auch (1.8) gilt.

Auf weitere Anwendungen des Kroneckerschen Existenzsatzes will ich hier nicht eingehen; viele dieser Anwendungen führen eher in die Analysis als in die Algebra. Ich will jetzt lieber von Anwendungen topologischer Methoden in der *linearen* Algebra sprechen.

2. - Ein gutes Beispiel einer einfachen Anwendung der Topologie in der linearen Algebra ist das folgende: mit Hilfe des klassischen Brouwerschen Fixpunktsatzes, welcher besagt, dass jede stetige Abbildung eines Simplexes beliebiger Dimension in sich

---

([4]) S. Eilenberg and I. Niven, The *Fundamental theorem of Algebra* for Quaternions, « Bulletin Am. Math. Soc. », *50* (1944).

einen Fixpunkt besitzt ([5]), beweist man leicht den folgenden Satz von FROBENIUS: « *Jede quadratische Matrix mit lauter reellen nicht-negativen Elementen besitzt einen reellen nicht-negativen Eigenwert* ».

Es sei in der Tat (a_{ij}) eine reelle quadratische Matrix vom Grade n mit $a_{ij} \geq 0$; wir setzen $\Sigma a_{ij} x_j = f_i(x)$ für jedes reelle Wertsystem $x = (x_1, ..., x_n)$ und haben zu zeigen, dass es eine Zahl $\lambda \geq 0$ und ein Wertsystem $x \neq (0, ..., 0)$ so gibt, dass

$$(2.1) \qquad f_i(x) = \lambda x_i, \qquad i = 1, 2, ..., n$$

gilt. Wir dürfen annehmen, dass es kein Wertsystem $x \neq (0, ..., 0)$ gibt, für das alle $f_i = 0$ sind, da ein solches eine Lösung von (2.1) mit $\lambda = 0$ ist. Wir deuten $x_1 : x_2 : ... : x_n$ als Koordinaten des $(n-1)$-dimensionalen projektiven Raumes P; dann ist durch

$$x_i = f_i(x)$$

eine Abbildung $x' = f(x)$ von P in sich definiert, die das $(n-1)$-dimensionale Simplex T, das durch

$$x_1 \geq 0, ..., x_n \geq 0$$

gegeben ist, in sich transformiert. In T gibt es einen Fixpunkt von f; für ihn gilt (2.1), und dabei ist, da alle $x_i \geq 0$ und alle $f_i \geq 0$, aber nicht alle $x_i = 0$ sind, $\lambda \geq 0$ (und auf Grund unserer obigen Annahme sogar $\lambda > 0$).

Damit ist der Satz von Frobenius bewiesen, aber nicht nur dieser Satz, sondern folgende Verallgemeinerung: « Die reellen Funktionen $f_1, ..., f_n$ der reellen Variablen $x_1, ..., x_n$ seien überall stetig und für positive x nicht negativ; dann gibt es eine Zahl $\lambda \geq 0$ und ein Wertsystem $x = (x_1, ..., x_n) \neq (0, ..., 0)$ mit $x_i \geq 0$ für alle i, sodass (2.1) gilt ». Die Voraussetzungen sind z. B. erfüllt, wenn die f_i Polynome mit positiven Koeffizienten sind; dann hat man einen neuen algebraischen Satz.

3. - Als Ausgangspunkt für weitere Anwendungen der Topologie auf Existenzsätze für reelle Eigenwerte und auf verwandte Sätze der linearen Algebra kann uns die elementare Tatsache dienen, dass eine reelle quadratische Matrix von ungeradem Grade

---

([5]) Beweise bei ALEXANDROFF-HOPF, l. c., pp. 377, 480, 532.

immer einen reellen Eigenwert besitzt. Obwohl dieser Satz ja einfach daraus folgt, dass die charakteristische Gleichung der Matrix ungeraden Grad hat und daher eine reelle Wurzel besitzt, und obwohl es sich also an und für sich kaum lohnt, noch nach anderen Beweisen zu suchen, will ich den Satz doch noch durch eine andersartige topologische Betrachtung begründen, da diese Betrachtung uns zu gewissen Verallgemeinerungen führen wird, die nicht ganz naheliegen.

Die topologischen Sätze, die hier ins Spiel kommen, handeln von tangentialen stetigen Richtungsfeldern auf Sphären. Auf der $(n-1)$-dimensionalen Sphäre S^{n-1}, die etwa im euklidischen $(x_1, \ldots, x_n)$-Raum R^n durch $\Sigma x_i^2 = 1$ gegeben sei, kann man, wenn n gerade ist, ein stetiges tangentiales Richtungsfeld dadurch konstruieren, dass man im Punkt $(x_1, \ldots, x_n)$ immer den Vektor $\{-x_2, x_1, \ldots, -x_n, x_{n-1}\}$ anbringt; für ungerades n aber ist etwas Ähnliches nicht möglich, denn es gilt der berühmte, von Poincaré für $n = 3$, von Brouwer für die grösseren n bewiesene Satz, den ich kurz den « Tangentensatz » nennen will: « Bei ungeradem n gibt es auf der Sphäre S^{n-1} kein tangentiales stetiges Richtungsfeld ohne Singularitäten ». Hieraus ergibt sich leicht der folgende Satz, den man manchmal den « Igelsatz » nennt (da er für $n = 3$ eine Aussage über die Stacheln eines Igels enthält): « Bei ungeradem n gibt es in jedem Richtungsfeld auf der S^{n-1}, das überall stetig (und daher im allgemeinen nicht tangential) ist, eine Normalenrichtung der S^{n-1} ». Denn andernfalls würden die Tangentialkomponenten der Richtungen ein stetiges Tangentenfeld bilden, entgegen dem Tangentensatz ([5a]).

Die Existenz eines reellen Eigenwertes einer reellen quadratischen n-reihigen Matrix $A = (a_{ij})$ bei ungeradem n ist ein Korollar des Igelsatzes: in jedem Punkt $x = (x_1, \ldots, x_n)$ der S^{n-1} bringe man den Vektor $\mathfrak{p}' = A\mathfrak{p}$ an, also denjenigen, der aus dem Vektor $\mathfrak{p} = \{x_1, \ldots, x_n\}$ durch die lineare Transformation A hervorgeht; falls A singulär ist, ist $\lambda = 0$ ein Eigenwert; ist A regulär, so bilden die $\mathfrak{p}'$ ein stetiges Richtungsfeld auf S^{n-1}; nach dem Igelsatz gibt es eine Stelle x, an der $\mathfrak{p}'$ die Richtung der Normalen, also auch die Richtung von $\mathfrak{p}$ hat; dort ist $\mathfrak{p}' = A\mathfrak{p} = \lambda\mathfrak{p}$; dann ist λ ein Eigenwert von A.

In neuerer Zeit hat man nun, veranlasst durch die oben

[5a]) L. c. ([5]), p. 481.

festgestellte Tatsache, dass es auf einer Sphäre S^{n-1} mit geradem n immer ein stetiges Tangentenfeld gibt, gefragt, ob man auf einer solchen Sphäre nicht vielleicht noch ein zweites, von dem ersten linear unabhängiges Feld anbringen könne, und vielleicht noch ein drittes usw.; die Frage lässt sich so präzisieren: « Wie gross ist, bei gegebenem n, die Maximalzahl stetiger Tangentenfelder auf der S^{n-1}, welche überall linear unabhängig sind? » Es ist zwar bisher nicht gelungen, diese Maximalzahl für beliebiges n anzugeben, aber man hat immerhin folgenden Satz bewiesen: « Es sei

$$n = 2^m \cdot q, \qquad q \text{ ungerade,} \tag{3.1}$$

und auf der S^{n-1} gebe es $r - 1$ stetige, überall linear unabhängige Tangentenfelder; dann ist

$$r \leq 2^m, \tag{3.2}$$

also die Anzahl der Felder kleiner als 2^m ». Für ungerades n, also für $2^m = 1$, ist dies der alte Tangentensatz; für $n = 4k + 2$, also für $2^m = 2$, besagt der Satz, dass es für je zwei stetige Tangentenfelder auf der S^{4k+1} einen Punkt gibt, in dem die beiden Feldrichtungen gleich oder entgegengesetzt sind; usw. — In der soeben formulierten Allgemeinheit ist der Satz erst 1951 von N. Steenrod und J. H. C. Whitehead bewiesen worden (6); aber schon vorher hatte E. Stiefel denselben Satz für Richtungsfelder im $(n - 1)$-dimensionalen projektiven Raum bewiesen oder, was dasselbe ist, für solche Felder auf der Sphäre S^{n-1}, die bei Spiegelung am Mittelpunkt der Sphäre in sich übergehen; aus diesem spezielleren Satz hat Stiefel die algebraischen Folgerungen gezogen, von denen wir jetzt sprechen werden (7).

Es seien $A_1, \ldots, A_r$ reelle quadratische Matrizen von Grade n; sie spannen die lineare Schar der Matrizen

$$y_1 A_1 + \ldots + y_r A_r \tag{3.3}$$

(6) N. E. Steenrod and J. H. C. Whitehead, *Vector fields on the n-sphere*, « Proc. Nat. Acad. Sci. », *37* (1951).

(7) E. Stiefel, *Über Richtungsfelder in den projektiven Räumen und einen Satz aus der reellen Algebra*, « Comment. Math. Helvet. », *13* (1941). — Man vergl. auch H. Hopf, *Ein topologischer Beitrag zur reellen Algebra*, ibidem.

mit beliebigen reellen Parametern $y_1, \ldots, y_r$ auf; wir nennen die Schar « regulär », wenn alle Matrizen (3.3), ausser derjenigen mit $(y_1, \ldots, y_r) = (0, \ldots, 0)$, regulär sind; dann gilt der Satz: « *Es gelte* (3.1), *und es gebe eine reguläre Schar* (3.3) *mit r Parametern; dann gilt* (3.2) ».

Wir wollen diesen Satz sogleich auf den obigen Satz über Tangentenfelder auf Sphären zurückführen: Da die Schar (3.3) regulär ist, ist speziell die Matrix A_r regulär; es existiert also die reguläre Matrix A_r^{-1}, und da sich nichts ändert, wenn wir alle Matrizen mit einer festen regulären Matrix, also z.B. mit A_r^{-1}, multiplizieren, dürfen wir von vornherein annehmen, dass $A_r = E$ (Einheitsmatrix) ist. Für jeden Einheitsvektor $\mathfrak{p}$ des R^n betrachten wir die Vektoren $A_i \mathfrak{p} = \mathfrak{p}_i$ (also die Vektoren, in die $\mathfrak{p}$ durch die linearen Abbildungen A_i übergeht); wir deuten $\mathfrak{p} = \mathfrak{p}_r$ als Ortsvektor eines Punktes x der S^{n-1} und bringen in x die Vektoren $\mathfrak{p}_1, \ldots, \mathfrak{p}_{r-1}$ an; die Tangentialkomponenten der $\mathfrak{p}_i$ bezüglich der S^{n-1} sind dann die Vektoren $\mathfrak{p}'_i = \mathfrak{p}_i - (\mathfrak{p}_i \mathfrak{p})\mathfrak{p}$. Nun folgt erstens aus der Regularität der Matrizenschar (3.3) die lineare Unabhängigkeit der Vektoren $\mathfrak{p}_1, \ldots, \mathfrak{p}_{r-1}, \mathfrak{p}$, und zweitens hieraus die lineare Unabhängigkeit der $r-1$ Vektoren $\mathfrak{p}'_1, \ldots, \mathfrak{p}'_{r-1}$. Es gibt also auf S^{n-1} ein System von $r-1$ linear unabhängigen stetigen Richtungsfeldern; folglich gilt (3.2).

Der somit bewiesene Satz über Matrizenscharen besagt für ungerades n, also für $2^m = 1$, dass dann bereits jede 2-parametrige Schar eine singuläre Matrix enthält, und diese Aussage ist identisch mit dem alten Satz über die Existenz eines reellen Eigenwertes einer Matrix ungeraden Grades; für $n = 4k + 2$, also $2^m = 2$, besagt unser Satz, dass jede 3-parametrige Schar eine singuläre Matrix oder, was damit äquivalent ist, dass jede 2-parametrige Schar eine Matrix mit einem reellen Eigenwert enthält — usw. Ferner heben wir das folgende Korollar unseres Satzes hervor: « *Eine n-parametrige reguläre Schar n-reihiger Matrizen kann es höchstens dann geben, wenn* $n = 2^m$ *ist* ». — Die Frage, ob es für jedes n eine 2^m-parametrige reguläre Schar n-reihiger Matrizen gibt, ist offen — wahrscheinlich ist sie zu verneinen; eine Klärung dieser Frage wäre aufschlussreich sowohl für die Algebra als auch für die Topologie.

Der Fall $r = n$, von dem das soeben formulierte Korollar handelt, spielt eine Rolle bei der Untersuchung der, nicht notwendigerweise assoziativen Divisions-Algebren über dem Körper der reellen Zahlen. Eine solche Algebra vom Grade n ist bekanntlich so erklärt: man hat den n-dimensionalen reellen Vektorraum R^n mit seinen gewöhnlichen Operationen und ausserdem in ihm eine Multiplikation der Vektoren, die distributiv mit der Addition verknüpft ist; sie erfüllt ferner folgende Regel, wobei $\mathfrak{x}, \mathfrak{y}$ Vektoren, a, b Zahlen sind: $(a\,\mathfrak{x}) \cdot (b\,\mathfrak{y}) = (ab) \cdot (\mathfrak{x}\mathfrak{y})$; schliesslich soll die Division durch jeden von 0 verschiedenen Vektor eindeutig ausführbar sein, was gleichbedeutend damit ist, dass es keine Nullteiler gibt. Dagegen braucht das assoziative Gesetz der Multiplikation nicht zu gelten. Dass wir uns hier auch für nicht-assoziative Algebren interessieren, ist sowohl dadurch gerechtfertigt, dass nicht-assoziative Strukturen (z. B. «loops») heute ohnehin den Gegenstand algebraischer Untersuchungen bilden, als auch besonders dadurch, dass es eine nicht-assoziative Divisions-Algebra über dem Körper der reellen Zahlen gibt, die aus algebraischen und aus geometrischen Gründen wichtig und interessant ist: das System der Cayleyschen Oktaven; es hat den Grad 8 ([8]).

Nach einem klassischen Satz von FROBENIUS bilden die komplexen Zahlen und die Quaternionen die einzigen Division-Algebren über dem reellen Körper, welche assoziativ sind; dann ist also $n = 2$ oder $n = 4$. Ein Satz von HURWITZ (über Multiplikationstheoreme von Quadratsummen) ([9]) lehrt: die einzigen Algebren (nicht notwendigerweise assoziativ), in welchen die Normenproduktregel $|\mathfrak{x}\,\mathfrak{y}| = |\mathfrak{x}| \,.\, |\mathfrak{y}|$ gilt (die die Nicht-Existenz von Nullteilern, also die Divisions-Eigenschaft impliziert), sind die Systeme der komplexen Zahlen, der Quaternionen und der Cayleyschen Oktaven; dann ist also $n = 2$, 4 oder 8. Ob es noch für andere Grade n als 2, 4, 8 Divisions-Algebren (in denen dann weder das assoziative Gesetz noch die Normenproduktregel gelten kann) über dem reellen Körper gibt, ist nicht bekannt; zu diesem Problem liefert aber die im Vorstehenden besprochene Theorie von Stiefel folgenden Beitrag: «*Der Grad einer solchen Algebra ist notwendigerweise eine Potenz von* 2».

In der Tat: Seien $\mathfrak{n}_1, \ldots, \mathfrak{n}_n$ Basisvektoren eines solchen Sy-

---

([8]) Man vergl. etwa L. E. DICKSON, *Algebren und ihre Zahlentheorie* (Zürich 1927), § 133.

([9]) A. HURWITZ, *Über die Komposition der quadratischen Formen von beliebig vielen Variablen*, Nachr. Ges. d. Wiss. Göttingen 1898 (=Math. Werke, Bd. II (Basel 1933), p. 565).

stems und ihre Produkte durch

$$(3.4) \qquad \mathfrak{n}_i \, \mathfrak{n}_j = \Sigma \, a_{ij}^k \, \mathfrak{n}_k$$

gegeben, sodass also für $\mathfrak{x} = \Sigma x^i \mathfrak{n}_i$, $\mathfrak{y} = \Sigma y^j \mathfrak{n}_j$ das Produkt durch

$$\mathfrak{x}\mathfrak{y} = \Sigma \, z^k \, \mathfrak{n}_k , \qquad z^k = \Sigma \, x^i \, y^j \, a_{ij}^k$$

bestimmt ist. Es sei nun $\mathfrak{x}\mathfrak{y} = 0$, $\mathfrak{y} \neq 0$, also

$$(3.5) \qquad \Sigma_i \, (\Sigma_j \, y^j \, a_{ij}^k) \, x^i = 0, \qquad k = 1, \ldots, n,$$

und $(y_1, \ldots, y_n) \neq 0$. Da es keine Nullteiler gibt, wird das Gleichungssystem (3.5) nur durch $x = (0, \ldots, 0)$ befriedigt, die Matrix $(\Sigma_j \, y^j \, a_{ij}^k)$ ist also regulär. Diese Matrix ist gleich

$$y^1 A_1 + \ldots + y^n A_n \qquad \text{mit} \qquad A_j = (a_{ij}^k),$$

(wobei also i, k die Zeilen-und Spalten-Indices sind). Wir haben somit eine n-parametrige reguläre Schar n-reihiger Matrizen; daher ist, wie wir vorhin gesehen haben, $n = 2^m$.

Ob es aber derartige Algebren mit $n = 2^m \geq 16$ gibt, ist nicht bekannt.

4. - Ich will jetzt einen algebraischen Satz, der ganz in den soeben besprochenen Problemkreis gehört, mit einer topologischen Methode beweisen, die von der bisherigen vollständig verschieden ist.

Fügen wir den Postulaten für die « nicht notwendigerweise assoziativen Divisions-Algebren über dem reellen Körper » noch die Forderung hinzu, dass die Multiplikation kommutativ sein soll, dann wird die Situation natürlich radikal vereinfacht, und es ist nicht zu verwundern, dass es dann keine offenen Probleme mehr gibt. In der Tat gilt der Satz (10): « *Eine kommutative*

(10) H. Hopf, *Systeme symmetrischer Bilinearformen und euklidische Modelle der projektiven Räume*, Vierteljahrsschrift Naturf. Ges. Zürich, *LXXXV* (1940), (= Festschrift Rudolf Fueter), p. 165.

Divisions-Algebra über dem Körper der reellen Zahlen, assoziativ oder nicht, hat den Grad 2 ».

Wenn wir überdies die Forderung hinzunehmen, dass die Algebra ein Eins-Element enthalten soll, dann folgt aus diesem Satz durch ganz elementare Schlüsse weiter, dass die Algebra der Körper der komplexen Zahlen ist; man kann also sagen: Für eine Algebra (endlichen Grades) über dem Körper der reellen Zahlen ist das assoziative Gesetz der Multiplikation eine Folge aus der Divisions-Eigenschaft (Nicht-Existenz von Nullteilern), dem kommutativen Gesetz und der Existenz einer Eins.

Ich komme zu dem topologischen Beweis unseres Satzes. Die in dem Satz ausgedrückte Auszeichnung der Zahl 2 vor allen grösseren Zahlen wird sich dabei folgendermassen äussern: Für $n = 2$, aber nicht für $n > 2$, sind die $(n-1)$-dimensionale Sphäre S^{n-1} und der $(n-1)$-dimensionale reelle projektive Raum P^{n-1} miteinander homöomorph (topologisch äquivalent); in der Tat sind sowohl die Kreislinie S^1 als auch die projektive Gerade P^1 einfach geschlossene Linien, während für $n > 2$ zwar die Sphäre S^{n-1} einfach zusammenhängend ist (d.h.dass man auf ihr jeden geschlossenen Weg in einen Punkt deformieren kann), aber nicht der projektive Raum P^{n-1} (da in ihm z.B. eine projektive Gerade nicht zusammenziehbar ist).

Wir nehmen nun eine Algebra vom Grade n, die alle vorausgesetzten Eigenschaften hat. In dem Raum R^n, dessen Vektoren die Elemente der Algebra sind, sei o der Nullpunkt; das Bündel der Geraden durch o repräsentiert einen P^{n-1}, die Mannigfaltigkeit der von o ausgehenden Halbstrahlen eine S^{n-1}. Es sei q die Abbildung des R^n in sich, die jedem Vektor $\mathfrak{x}$ sein Quadrat $\mathfrak{x}\mathfrak{x} = \mathfrak{x}^2$ (im Sinne der Multiplikation in unserer Algebra) zuordnet: $q(\mathfrak{x}) = \mathfrak{x}^2$. Für jede reelle Zahl c ist $q(c\mathfrak{x}) = c^2\mathfrak{x}^2$; daher bildet q jede Gerade durch o in einen von o ausgehenden Halbstrahl ab; es wird also eine Abbildung Q von P^{n-1} in S^{n-1} bewirkt. Q ist natürlich stetig; ich behaupte: Q ist eineindeutig. In der Tat: Seien $\mathfrak{x}$, $\mathfrak{y}$ zwei Vektoren, deren Geraden in denselben Halbstrahl abgebildet werden; dann unterscheiden sich $q(\mathfrak{x})$ und $q(\mathfrak{y})$ nur durch einen reellen Faktor, der nicht negativ ist und den wir daher c^2 nennen dürfen:

$$\mathfrak{y}^2 = c^2\mathfrak{x}^2;$$

infolge der Kommutativität ist

$$\mathfrak{y}^2 - c^2\mathfrak{x}^2 = (\mathfrak{y} + c\mathfrak{x})(\mathfrak{y} - c\mathfrak{x}),$$

also ist

$$(\mathfrak{y} + c\mathfrak{x})(\mathfrak{y} - c\mathfrak{x}) = 0$$

und, da es keine Nullteiler gibt,

$$\mathfrak{y} = \pm c\mathfrak{x};$$

das heisst: $\mathfrak{x}$ und $\mathfrak{y}$ liegen auf derselben Geraden. Wir haben also eine stetige und eineindeutige Abbildung Q von P^{n-1} in S^{n-1}; nun sind aber P^{n-1} und S^{n-1} geschlossene Mannigfaltigkeiten, und aus ganz einfachen und allgemeinen topologischen Tatsachen folgt daher, dass Q eine Homöomorphie ist. Mithin ist $n-1=1$, $n=2$.

Damit ist unser Satz bewiesen. Ich möchte bemerken, dass ich für ihn keinen Beweis kenne, der mit üblichen algebraischen Methoden und ohne Topologie arbeitet; einen solchen Beweis zu finden, halte ich für eine interessante Aufgabe, von der ich mir, im Hinblick auf die Einfachheit sowohl des Satzes selbst als auch unseres topologischen Beweises, nicht denken kann, dass sie allzu schwierig ist.

5. - Man kann unseren eben bewiesenen Satz so wenden, dass eine neue algebraische Fragestellung sichtbar wird, die sich ebenfalls topologisch angreifen lässt.

Unser Satz besagt: «Es sei $n > 2$, und man habe über dem Körper der reellen Zahlen eine Algebra n-ten Grades, die nicht notwendigerweise assoziativ, aber kommutativ ist; dann besitzt diese Algebra Nullteiler». Benutzen wir denselben Formalismus wie am Ende von Nr. 3, sodass also die Multiplikation durch (3.4) gegeben ist; dann sind die n Matrizen

$$A^k = (a_{ij}^k), \qquad k = 1, \ldots, n,$$

(wobei jetzt i, j die Zeilen -und Spalten-Indices sind) infolge der

Kommutativität der Multiplikation symmetrisch; ich benutze die Symbole A^k gleichzeitig als Funktionszeichen für die symmetrischen Bilinearformen

$$A^k(x, y) = \Sigma a^k_{ij} x^i y^j .$$

Die Existenz von Nullteilern bedeutet, dass das Gleichungssystem (3.5), also das System

$$A^k(x, y) = 0 \qquad k = 1, \dots, n,$$

ein Lösungspaar $x \neq (0, \dots, 0)$, $y \neq (0, \dots, 0)$ besitzt. Das heisst in geometrischer Sprache: « *Im reellen projektiven Raum P^d der Dimension $d = n - 1 > 1$ seien durch die Gleichungen*

$$A^k(x, x) = 0 \qquad k = 1, \dots, n,$$

$d + 1$ Flächen 2.Ordnung gegeben; dann gibt es zwei reelle Punkte x, y, die in bezug auf jede dieser Flächen zueinander polar sind.

Dieser Satz ist äquivalent mit unserem Satz in Nr. 4 über kommutative Divisions-Algebren. Jetzt aber entsteht die natürliche Frage, ob dieselbe Behauptung — nämlich die Existenz von zwei Punkten, die bezüglich aller gegebenen Flächen polar sind — nicht auch gültig bleibt, wenn man mehr als $d + 1$ Flächen hat; dies ist nun in der Tat der Fall; es gilt nämlich folgender Satz: « *Im reellen projektiven Raum P^d, $d > 1$, seien s reelle Flächen 2. Ordnung gegeben; dann ist jede der nachstehenden Bedingungen* (A) *und* (B) *hinreichend für die Existenz eines reellen Punktepaares x, y, welches sich in bezug auf jede dieser Flächen in polarer Lage befindet:*

(A) $\qquad s \leq d + 2 ;$

(B) $\qquad s \leq 2^t - 1 , \quad$ *wobei* $\quad 2^{t-1} \leq d < 2^t \quad$ *ist* ».

Die Bedingung (A) bedeutet für alle d, die Bedingung (B) bedeutet für die meisten d — nämlich für diejenigen, die nicht gleich $2^t - 1$ oder gleich $2^t - 2$ sind — eine Verschärfung unseres früheren Satzes über $d + 1$ Flächen; für die meisten d ist die

Bedingung (B) viel besser als (A), das heisst: man darf meistens viel mehr als $d+2$ Flächen zulassen. Welches die grösste Zahl $s^* = s^*(d)$ ist, für welche die Existenz eines Punktepaares x, y der genannten Art für jedes System von s^* Flächen gesichert ist, weiss ich nicht — ich möchte auf dieses Problem aus der reellen algebraischen Geometrie hier hinweisen.

Was die Beweise von (A) und (B) betrifft, so lässt sich (A) durch eine Verschärfung unserer topologischen Betrachtung aus Nr. 4 begründen; anstelle der Tatsache, dass für $n > 2$ der projektive Raum P^{n-1} nicht mit der Sphäre S^{n-1} homöomorph ist, benutzt man die schärfere Tatsache, dass P^{n-1} kein topologisches Modell im euklidischen Raum R^n besitzt ([10]). Die Bedingung (B) ergibt sich aus einem Satz von Stiefel im Rahmen der Theorie, von der in Nr. 3 die Rede war, den wir aber dort nicht formuliert haben ([7]). Wegen der Einzelheiten verweise ich auf die Literatur — ich möchte meine ohnehin schon recht langen Ausführungen nicht noch weiter ausdehnen ([11]).

6. - Nur einige Bemerkungen prinzipieller Art will ich noch machen. Wir haben hier von algebraischen Sätzen gesprochen, die man mit topologischen Mitteln beweisen kann und die übrigens auch fast alle auf topologischen Wegen entdeckt worden sind. Nun darf es zwar, wie ich schon in der Einleitung gesagt habe, wohl als sachgemäss gelten, dass man in der Algebra über dem Körper der reellen Zahlen (oder auch, was schliesslich nichts anderes ist, über dem Körper der komplexen Zahlen) topologische Hilfsmittel benutzt, da ja in der Definition der reellen Zahlen Stetigkeitsbegriffe vorkommen; trotzdem ist es, wenn man im Laufe topologischer Untersuchungen Sätze von der Art unserer algebraischen Sätze in Nr. 3, 4, 5 entdeckt hat, auch verständlich, dass man noch nicht ganz befriedigt ist, sondern wünscht, für dieselben Sätze, die doch unleugbar einen gewissen «algebraischen» Charakter haben, auch «algebraische Beweise» zu finden. Hier aber muss man wohl etwas weiter

([11]) Weitere in den Rahmen dieses Vortrages passende Sätze und Beweise findet man ausser in den in Fussnote 7 zitierten auch in den folgenden Arbeiten: H. Hopf und M. Rueff, *Über faserungstreue Abbildungen der Sphären*, «Comment. Math. Helvet.», *11* (1939). — B. Eckmann, *Systeme von Richtungsfeldern in Sphären und stetige Lösungen komplexer linearer Gleichungen*, «Comment. Math. Helvet», *15* (1943); sowie: *Stetige Lösungen linearer Gleichungssysteme*, ibidem.

ausholen und zunächst einmal fragen, was denn hier unter einem algebraischen Satz und unter einem algebraischen Beweis zu verstehen sei. Ich habe bei verschiedenen Gelegenheiten dazu folgenden Vorschlag gemacht (wobei man, um sich nicht in Allgemeinheiten zu verlieren, immer die Sätze, die wir hier besprochen haben, im Auge behalten möge): «Man ersetze in der Formulierung der Sätze den Körper der reellen Zahlen durch einen reell-abgeschlossenen Körper im Sinne der Theorie von Artin-Schreier ([12]) und beweise die so entstehenden allgemeineren Behauptungen». In der Tat wird ja auf diese Weise das Archimedische Axiom, also das wesentliche Stetigkeitsaxiom, ausgeschaltet. Für den Satz aus Nr. 3 und für andere damit zusammenhängende Sätze, auf die ich nicht eingegangen bin, ist die so formulierte Aufgabe von F. BEHREND gelöst worden ([13]). Andere rein algebraische Beweise für topologisch entdeckte Sätze hat — im Sinne meines Vorschlages — W. HABICHT gefunden ([14]). Dagegen ist für den Satz aus Nr. 4 das Analoge, soviel ich weiss, bisher nicht gelungen (worüber ich mich, wie ich schon am Schluss von Nr. 4 angedeutet habe, wundere, zumal die topologischen Tatsachen, die in Nr. 4 auftreten, viel einfacher sind als diejenigen in Nr. 3).

Diese Fragestellung hat eine ganz neue und, wie ich finde, sehr überraschende Wendung durch die Ergebnisse beweistheoretischer Untersuchungen von A. TARSKI erhalten ([15]); für eine grosse Klasse «algebraischer» Sätze, die ich hier nicht definiere, die aber jedenfalls unsere oben besprochenen Sätze enthält, gilt nämlich, wie Tarski gezeigt hat, Folgendes: «Wenn ein solcher Satz in bezug auf *einen* reell-abgeschlossenen Körper beweisbar ist, so ist er in bezug auf *jeden* reell-abgeschlossenen Körper gültig». - Infolgedessen gilt also z. B. unser Satz aus Nr. 4 tatsächlich für jeden reell-abgeschlossenen Körper, und der Beweis hierfür hat zwei Teile: erstens unseren alten topologischen

---

([12]) Man vergl. z. B. B. L. VAN DER WAERDEN, *Moderne Algebra*, 1. Teil (2. Aufl. Berlin 1937), p. 235 ff.

([13]) F. BEHREND, *Über Systeme reeller algebraischer Gleichungen*, «Compos. Math.», 7 (1939).

([14]) W. HABICHT, *Über die Lösbarkeit gewisser algebraischer Gleichungssysteme*, «Comment. Math. Helvet.», *18* (1946); sowie: *Ein Existenzsatz über reelle definite Polynome*, ibidem.

([15]) A. TARSKI, *A decision method for elementary Algebra and Geometry* (2. edition), University of California Press (Berkeley and Los Angeles 1951); bes. pp. 62-63.

Beweis in bezug auf den Körper der reellen Zahlen, zweitens die Anwendung des Prinzips von Tarski.

Auf Grund dieses Prinzips ist in gewissem Sinne mein oben formulierter Vorschlag und sind in gewissem Sinne auch die erwähnten Arbeiten von Behrend und Habicht überflüssig geworden. Trotzdem wird man diese und ähnliche Arbeiten auch heute nicht als inhaltslos ansehen können: sie zeigen topologisch entdeckte Sätze in neuer algebraischer Beleuchtung; und ich glaube auch nicht, dass das Herz eines Algebraikers beruhigt wird durch den topologisch-metamathematischen Beweis des Satzes über die kommutativen Divisions-Algebren, von dem wir soeben gesprochen haben. Man müsste wohl, wenn man versuchen will, hier Klarheit zu schaffen, die Frage «was ist ein algebraischer Beweis?» systematisch diskutieren; aber das überschreitet natürlich bei weitem mein Programm.

60.

Sulla geometria riemanniana globale delle superficie

Rend. Mat. Univ. Milano **23** (1952), 48–63

SUNTO. — *Questa conferenza è un rapporto su un capitolo della geometria differenziale in grande. Vengono discussi varii metodi di investigazione dei legami tra le proprietà locali della geometria differenziale riemanniana di una superficie, in particolare il segno della sua curvatura gaussiana, e la sua struttura topologica globale. Alla fine del lavoro vengono fatte alcune brevi osservazioni riguardanti la possibilità di applicare metodi analoghi allo studio delle varietà* n*-dimensionali.*

1. – *Osservazioni preliminari generali; spazi completi.* In quel che segue viene trattata la geometria differenziale riemanniana, dunque « intrinseca », delle superficie; ciò significa che la metrica, data mediante la forma quadratica fondamentale definita ds^2, non è legata in generale con una immersione della superficie in uno spazio di dimensione più alta. Mediante la metrica sono fra l'altro determinabili, secondo un noto procedimento, la curvatura gaussiana K, la curvatura geodetica delle curve, le linee geodetiche.

Considereremo la metrica « in grande » e in particolare la connessione della metrica con la forma topologica dell'« intera » superficie; per questo scopo ricordo brevemente quali sono i diversi tipi topologici delle superficie. Per ogni numero intero $g \geq 0$ esiste esattamente un tipo topologico di superficie chiuse (compatte) orientabili F_g di genere g: le superficie F_0 sono omeomorfe con la sfera, le F_1 sono omeomorfe con il toro, in generale la F_g con una sfera dotata di g manici (lascio per il momento da parte le superficie non orientabili).

Meno semplice è la classificazione delle superficie aperte (non compatte); accenno solamente che si ottengono esempi di superficie aperte allorchè si tolgono da una superficie chiusa un numero finito di punti o più in generale un insieme di punti chiuso che non sconnette la superficie; esistono inoltre superficie aperte di genere infinito (cfr. [1], pp. 164-173) (¹).

Per le nostre ricerche di geometria differenziale globale è importante avere sempre davanti a noi una « intera » superficie, che cioè non sia solamente una parte di una superficie più grande o, più precisamente, che non sia isometrica con una parte propria di un'altra superficie. Si ottiene ciò ponendo il seguente postulato: « Su ogni raggio geodetico si può riportare a partire dalla sua origine una data lunghezza qualsiasi ». Questo postulato è, come si potrebbe dimostrare, equivalente al seguente: « Ogni insieme di punti infinito, che sia limitato (cioè i cui punti siano congiungibili con un punto fisso mediante archi di curva di lunghezza limitata), possiede un punto di accumulazione ». Le superficie possedenti questa proprietà si dicono « complete ». E evidente (in base al secondo postulato ora enunciato) che ogni superficie chiusa è completa; inoltre sono complete tutte le superficie F' ricoprimento (senza diramazioni) di una superficie F completa, per es. chiusa (ove la metrica di F' sia quella indotta in maniera naturale dalla metrica data su F). Per le superficie complete vale l'importante teorema: per ogni coppia di punti esiste un cammino di lunghezza minima che li congiunge. (Cfr. [2]). — Nel seguito considereremo esclusivamente superficie complete; per le superficie chiuse ciò, come già si è accennato, non comporta alcuna limitazione.

La posizione generale del nostro problema si può così formulare: è data una superficie topologica e su di essa dobbiamo introdurre una metrica riemanniana soddisfacente il postulato della completezza; quali limitazioni sono imposte dal tipo topologico della superficie all'arbitrarietà della metrica da introdurre? In particolare: quale influenza ha il tipo topologico della superficie sui comportamenti della curvatura gaussiana K? — Poichè i metodi mi sembrano almeno altrettanto importanti di quanto non lo siano i teoremi, qualche volta daremo per il medesimo teorema più dimostrazioni diverse.

2. – « *Curvatura integra* »; *i corollari* (A) *e* (B). — Un vecchio e importante metodo per la trattazione della questione ora formulata si fonda sulla formula di Gauss-Bonnet (cfr. [3], §§ 76, 77):

$$(2.1) \qquad \iint_D K \cdot dA + \int_C k \cdot ds + \Sigma\beta = 2\pi \; ;$$

(¹) Bibliografia alla fine del lavoro.

ove: D è un (piccolo) pezzo di superficie semplicemente connesso; C è il suo contorno, che ammettiamo consista di n archi differenziabili; i β sono gli angoli esterni agli n vertici di C (cioè i salti di direzione della tangente misurati tra $+\pi$ e $-\pi$); K è la curvatura gaussiana, k quella geodetica; dA è l'elemento di superficie, ds quello di linea. Se si introducono gli angoli interni $\alpha = \pi - \beta$, la formula assume l'aspetto

$$\iint_D K \cdot dA + \int_C k \cdot ds = \Sigma\alpha - n\pi + 2\pi \,. \tag{2.2}$$

Si abbia ora una superficie chiusa F_g di genere g; ricopriamola con una rete, cioè suddividiamola in pezzi di superficie D_i semplicemente connessi; siano a_0, a_1, a_2 rispettivamente il numero dei vertici, dei lati e dei pezzi di superficie di questa rete. Per ogni D_i vale una formula (2.2), ove $n = n_i$ naturalmente dipende da i; addizionando tutte queste formule e tenendo conto che $\Sigma n_i = 2a_1$, si ottiene:

$$\iint_{F_g} K \cdot dA = (a_0 - a_1 + a_2) \cdot 2\pi \,. \tag{2.3}$$

Poichè in questa formula il primo membro non ha nulla a che vedere con la particolare rete prescelta, si deduce innanzitutto da essa che l'espressione $(a_0 - a_1 + a_2)$ ha il medesimo valore per tutte le reti sulla superficie F_g; la si può quindi determinare calcolandola sopra una rete particolarmente adatta, e si trova: $a_0 - a_1 + a_2 = 2 - 2g$; (per $g = 0$ questo è il teorema di Eulero per i poliedri). L'espressione finale della nostra formula è dunque:

$$\iint_{F_g} K \cdot dA = (1 - g) \cdot 4\pi \,. \tag{2.4}$$

Questo è il famoso teorema della « *Curvatura integra* » delle superficie chiuse F_g; da una parte esso ci insegna che, assegnata una metrica a una superficie chiusa, il suo genere si può calcolare mediante una integrazione; d'altra parte esso ci mostra che il valor medio della curvatura K di una superficie chiusa è dato immediatamente dalla forma topologica della superficie — e con ciò il teorema porta un contributo essenziale alla nostra questione sopra formulata. Ne metto in rilievo i due seguenti corollari:

(A) *Se sulla* F_g *è dapertutto* $K > 0$, *allora è* $g = 0$.

(B) *Se sulla* F_g *è dapertutto* $K \leq 0$, *allora è* $g \geq 1$.

Che d'altra parte esistano sulla F_0 delle metriche con $K > 0$, è banale (superficie convesse); inoltre esiste sulla F_1, come è facile far vedere, una metrica con $K \equiv 0$, e su ogni F_g con $g \geq 2$ esiste, come per esempio è noto dalla teoria delle superficie di Riemann, una metrica con $K \equiv -1$. Per le superficie dello spazio euclideo 3-dimensionale con la metrica indotta su di esse da quella dello spazio, il corollario (B) non dice nulla poichè, come si vede facilmente, ogni tale superficie possiede dei campi con K positiva; noi però ci interessiamo qui delle metriche riemanniane « intrinseche ».

Tratteremo ora in quel che segue ancora parecchi altri metodi, che si trovano nell'ambito del nostro programma, e cioè torneremo ancora più volte sulle diverse maniere di ottenere i corollari (A) e (B).

3. – *Punti coniugati; l'estremo inferiore di* K *sopra le superficie aperte; seconda dimostrazione del corollario* (A). — Ricordo il concetto e il ruolo dei punti coniugati sopra le linee geodetiche (cfr. [3], pp. 214-219). Lungo una linea geodetica γ, su cui s indichi l'ascissa curvilinea, si consideri l'equazione differenziale di Jacobi

$$y'' + K(s) \cdot y = 0 , \tag{3.1}$$

ove s è la variabile indipendente (K è come sempre la curvatura di Gauss). Due punti di γ sono fra loro coniugati se sono zeri della medesima soluzione (non identicamente nulla) di (3.1). Un arco parziale di γ è uno dei collegamenti di lunghezza minima tra i suoi estremi a e b (rispetto alle curve vicine a γ) quando e solo quando tra a e b non esiste alcun punto coniugato di a. Se è $K(s) \geq r^{-2}$ (r costante), allora su ogni arco di γ, che sia più lungo di $r\pi$, esiste un punto coniugato del punto iniziale; se quindi un arco è uno dei collegamenti più corti tra i suoi estremi, allora la sua lunghezza è $\leq r\pi$.

Sia data ora una superficie F, su cui sia dapertutto $K \geq c = r^{-2} > 0$ con c costante. Nessuna ipotesi viene fatta sul fatto che la F sia chiusa o aperta; tuttavia la F sia (come sempre) completa (cfr. n. 1). Due punti qualsiasi di F si lasciano congiungere da un arco di lunghezza minima (n.1) e quindi, come abbiamo visto ora, mediante un arco la cui lunghezza è al massimo $r\pi$. L'insieme di tutti i punti di F è quindi limitato (rispetto alla metrica di F; cfr. n.1) e perciò, in base a una delle due espressioni del postulato di completezza, compatto. Ciò significa: *Una superficie* (*completa*), *la cui curvatura ha un estremo inferiore positivo, è chiusa*; oppure, il che è lo stesso:

Sopra una superficie aperta (completa) l'estremo inferiore della curvatura è sempre ≤ 0. [2]

Da questo teorema si ottiene una seconda dimostrazione del corollario (A) del n.2: Sulla superficie chiusa F_g sia dapertutto $K > 0$; grazie al fatto che F_g è chiusa e alla continuità di K, K raggiunge un minimo c; è quindi dapertutto $K \geq c > 0$. Si trasporti la metrica di F_g nella maniera ovvia sulla superficie F' ricoprimento universale di F; si ottiene allora dal teorema dimostrato ora, che anche F' è chiusa; questo caso si ha però solo quando è $g = 0$.

4. – *Ancora sui punti coniugati; superficie aperte con più « estremi infiniti ».* — Abbiamo or ora visto che sopra una superficie aperta non esiste alcuna metrica per cui sia dapertutto $K \geq c > 0$; tuttavia può essere benissimo che su una superficie aperta sia dapertutto $K > 0$: il paraboloide ellittico ne è un esempio. Questa superficie è omeomorfa con il piano; vogliamo ora mostrare che sopra una superficie del tipo topologico del cilindro, così come su numerose altre superficie aperte, sono impossibili metriche con $K > 0$; vale infatti il seguente teorema: *Se una superficie* F *viene suddivisa da una curva chiusa* Z *in due campi* A *e* B *entrambi infiniti (cioè tali che i due insiemi di punti* A + Z *e* B + Z *non siano compatti) allora* K *non può essere dapertutto positiva.* (Si dice anche che le superficie, che si lasciano suddividere in questa maniera, possiedono almeno due « estremi infiniti »).

La dimostrazione si fonda di nuovo sulla considerazione dei punti coniugati, cioè sulla considerazione delle soluzioni dell'equazione differenziale (3.1): se è $K(s) > 0$ lungo l'intera linea geodetica γ, e cioè per $-\infty < s < +\infty$, allora si vede facilmente che la soluzione $y(s)$ di (3.1) determinata dalle condizioni iniziali $y(0) = 1$, $y'(0) = 0$, possiede almeno due zeri, e che quindi esistono sulla γ delle coppie di punti coniugati; la linea γ non è quindi uno dei collegamenti più corti tra ogni coppia di suoi punti. — Sia ora F una superficie che soddisfi le suddette ipotesi; in A e in B esistono rispettivamente delle successioni di punti a_n e b_n divergenti (cioè non possedenti alcun punto di accumulazione su F); si colleghi a_n con b_n mediante uno degli archi di lunghezza minima γ_n; esso interseca Z in un punto z_n; poichè ci si può eventualmente limitare a delle successioni parziali, si può supporre che i z_n convergano verso un punto z e che anche le direzioni dei γ_n nei punti z_n convergano verso una direzione nel punto z. Sia γ la linea geodetica passante per questa direzione limite; si dimostra facilmente che γ fornisce uno dei cammini di lunghezza minima tra ogni coppia di suoi punti. Come abbiamo or ora dimostrato, lungo γ non può essere sempre $K(s) > 0$. ([4]; [5], Th. 14.)

Nel n. 7 ritorneremo sulla questione di sapere su quali superficie aperte sono possibili metriche con curvatura K positiva e ivi la risolveremo completamente.

5. – *Punti senza punti coniugati*; 2ª *dimostrazione del corollario* (B). — Sia o un punto di una superficie F tale che su ogni linea geodetica uscente da o non esista alcun punto coniugato ad o; dall'esistenza di un punto siffatto su F si possono dedurre delle proprietà topologiche per F alla seguente maniera: Consideriamo accanto a F un piano E con la metrica euclidea ordinaria e su E un punto o' insieme col fascio dei raggi uscenti da esso. Definiamo una rappresentazione P di E su F tale che: $P(o') = o$, le direzioni in o' vengano rappresentate senza alterazione degli angoli sulle direzioni in o e ogni raggio uscente da o' venga rappresentato senza alterazione delle lunghezze sul raggio geodetico appartenente alla corrispondente direzione iniziale (le lunghezze sui raggi in E sono da intendersi secondo la metrica euclidea, quelle sulle geodetiche in F secondo la metrica riemanniana). Dalla non esistenza di punti coniugati ad o segue facilmente che la rappresentazione P è « non diramata », cioè localmente biunivoca; inoltre si dimostra mediante la completezza di F che P rappresenta il piano E sull'intera superficie F e che l'immagine $P(E)$ sopra F è non solo non diramata, ma anche « illimitata » — in breve, che essa giace su F in qualità di superficie ricoprimento. Con ciò si è dimostrato che: *Se sulla superficie* F *esiste un punto senza punti coniugati, allora* F *ha il piano come superficie ricoprimento.* In particolare perciò F non può essere omeomorfa con la superficie chiusa F_0, cioè con la sfera; con altre parole: *Sopra una superficie chiusa di genere* 0 *ogni punto possiede* (*rispetto a una qualsiasi metrica riemanniana*) *un punto coniugato su almeno una geodetica uscente da esso.*

Da ciò si deduce molto facilmente ancora una volta il corollario (B) del n. 2. In effetti: se è dappertutto $K \leq 0$, una soluzione di (3.1) può avere, come si vede subito, al massimo un unico zero; sulle superficie con $K \leq 0$ non ci sono quindi del tutto coppie di punti coniugati, e una tale superficie non può perciò, come abbiamo ora mostrato, essere del tipo F_0. (Letteratura: [6]; [7], Note III; [5], Th. 1.)

6. – *La* 2^a *variazione*; 3^a *dimostrazione e una generalizzazione del corollario* (A). — Nell'ambito del nostro problema entrano in giuoco anche altre proprietà delle linee geodetiche, che si deducono direttamente dalla comparsa e dalla posizione dei punti coniugati. Associamo a un arco di curva C la variazione normale geodetica cioè costruiamo la schiera di geodetiche T_s le quali intersechino ortogonalmente la C nel punto corrispondente al valore s del parametro (ascissa curvilinea su C) e riportiamo su di esse a partire da C e da una stessa parte rispetto a C la lunghezza t; si ottengono così delle curve C_t, tra le quali c'è la curva $C_0 = C$; $L(t)$ sia la lunghezza di C_t. Un breve calcolo fornisce allora le seguenti espressioni per la prima e la seconda variazione della lunghezza di C:

$$(6.1) \qquad L'(0) = -\int_C k \cdot ds \,, \qquad\qquad L''(0) = -\int_C K \cdot ds$$

(ove k è la curvatura geodetica di C). Se in particolare C è una linea geodetica, cioè è $L'(0) = 0$, il segno di $L''(0)$ mostra che se è $K > 0$ lungo C, la curva diventa più corta in questa variazione; mentre se è $K < 0$, essa diventa più lunga. (Cfr. [3], pp. 214-219 e p. 191.)

Utilizziamo questo risultato per trattare la questione se sopra una superficie F possono esistere « *linee minimali* » *chiuse*, cioè linee chiuse tali che non possano diventare più corte in alcuna piccola variazione (che conservi la loro proprietà di essere chiuse). È chiaro che una linea minimale deve essere una geodetica. Supponiamo che la superficie F sia orientabile; si può allora introdurre la variazione, che ha portato alla formula (6.1), lungo un'intera curva chiusa C come prima « sempre da una stessa parte rispetto alla C », in maniera tale cioè che anche le curve C_t siano chiuse; come conseguenza della (6.1) si ha in questo caso che: *Sopra una superficie orientabile, su cui sia dapertutto* $K > 0$, *non esiste alcuna linea minimale chiusa.*

D'altra parte su molte superficie è inevitabile la comparsa di linee minimali chiuse. Con « classe » di curve chiuse sopra una superficie F intenderemo sempre la totalità di tutte le curve che si possono ottenere da una data curva mediante deformazione continua; la classe dicesi « non banale » se le sue curve non sono contraibili a un punto. L'esistenza di una classe non banale è equivalente all'essere la F non semplicemente connessa. Sia $\mathcal{L}$ una classe non banale e λ l'estremo inferiore delle lunghezze delle curve di $\mathcal{L}$; sia inoltre $\{C_1, C_2, \dots\}$ una successione minimale di $\mathcal{L}$, cioè una successione di curve le cui lunghezze convergano verso λ; se questa successione contiene una successione parziale convergente, allora la curva limite C è una linea minimale in $\mathcal{L}$. L'esistenza di una tale successione parziale convergente è però facilmente dimostrabile nel caso in cui l'intera successione $\{C_n\}$ giace in una parte compatta oppure, il che è lo stesso grazie alla completezza di F (n. 1), in una parte limitata di F. Con ciò dal nostro precedente teorema sulle superficie con $K > 0$ segue che se sulla superficie orientabile F esiste una classe $\mathcal{L}$ non banale, la quale contenga una successione minimale limitata — cioè situata in una parte limitata di F —, allora su F non può essere dapertutto $K > 0$.

L'esistenza di siffatte classi $\mathcal{L}$ con successioni minimali limitate è evidente per le superficie chiuse (orientabili) F_g con $g > 0$ (in base al fatto che è chiusa l'intera superficie è limitata); con ciò abbiamo ottenuto ancora una volta il corollario (A) del n. 2. Inoltre possiamo ora fare simili affermazioni anche per certune superficie aperte: sulla superficie orientabile F (chiusa o aperta) sia data una curva chiusa Z, la quale non spezzi la F; si prenda un piccolo arco di curva C', che intersechi la Z giusto in un punto; i suoi due estremi, poichè Z non spezza la superficie, si lasciano congiungere fra loro da un cammino C'' che non incontra Z; $C = C' + C''$ è allora un cammino chiuso il cui indice di intersezione con Z è 1. Si sa allora (in base a semplici teoremi topologici) che la classe $\mathcal{L}$ determinata da C è non banale e che tutte le curve di $\mathcal{L}$ intersecano la curva Z. Da quest'ultimo risultato — poichè Z è un insieme di punti limitato e le lunghezze delle curve di una successione minimale sono limitate — segue che ogni successione minimale di $\mathcal{L}$ è limitata. Di conseguenza vale il teorema che è una generalizzazione del corollario (A): *Sopra una superficie orientabile* (*chiusa o aperta*) F, *su cui esista una curva chiusa* Z *che non spezzi la* F, *non può essere dapertutto* K > 0.

7. – *Enumerazione dei tipi topologici di superficie con curvatura positiva.* — Sia F una superficie aperta orientabile, su cui sia dapertutto $K > 0$. Sia Z una curva semplice chiusa sopra F. Come abbiamo or ora visto, F viene spezzata dalla Z; per il teorema del n. 4 una delle due parti in cui la F è spezzata dalla Z è compatta; dunque: ogni curva semplice chiusa è il contorno di un pezzo di superficie compatto (limitato). Ora si sa però dalla topologia delle superficie aperte che F è omeomorfa con il piano. Abbiamo con ciò ottenuto per le superficie aperte un analogo del corollario (A) del n. 2.

Trattiamo ora per completezza anche le superficie non orientabili con K positiva. F sia una tale superficie; essa possiede una superficie ricoprimento orientabile a due fogli F'; poichè possiamo trasportare la metrica di F su F', per quel che si è già dimostrato F' deve essere omeomorfa o con la sfera F_0 oppure con il piano. Ora però è noto che il piano aperto non figura tra i ricoprimenti a un numero finito di fogli di un'altra superficie (ogni superficie aperta, che non sia semplicemente connessa, possiede un gruppo fondamentale infinito); di conseguenza F' è la superficie chiusa F_0 omeomorfa con la sfera; questa però può essere ricoprimento di un'unica altra superficie, cioè del piano proiettivo. D'altra parte la geometria ellittica è un esempio di metrica con $K > 0$ nel piano proiettivo. — Raccogliendo insieme quanto abbiamo trovato si ha: *gli unici tipi topologici di superficie, su cui esistano metriche riemanniane* (*complete*) *con curvatura dapertutto positiva, sono la sfera, il piano proiettivo e il piano aperto.*

8. – *La teoria di Cohn-Vossen* [8]. — In questa teoria, che dal mio punto di vista costituisce uno dei capitoli più interessanti della geometria differenziale in grande, viene trattata una traduzione della classica formola (2.4) per la « curvatura integra » delle superficie chiuse al caso delle superficie aperte; si farà vedere che una tale traduzione è possibile nel senso che l'equazione viene sostituita da una determinata disuguaglianza.

Comincio con il più semplice caso: *Se la superficie aperta* E *è omeomorfa con il piano, e se su di essa è data una metrica* (*completa*) *con curvatura* K *dapertutto positiva, allora è*

$$\iint_E K \cdot dA \leq 2\pi . \tag{8.1}$$

L'esistenza, espressa da questo teorema, di un limite superiore per la curvatura integra di una metrica su E con curvatura positiva è una cosa notevole; non esiste alcun analogo teorema su un eventuale limite inferiore per le metriche con curvatura negativa: per la metrica iperbolica ($K \equiv -1$) risulta $\iint_E K \cdot dA = -\infty$, e si può anche, per ogni numero negativo C, assegnare ad E una metrica con K negativa tale che sia $\iint_E K \cdot dA = C$. — Tra le varie conseguenze che si possono trarre dalla (8.1), ne metto in evidenza due: innanzitutto si ottiene ancora una volta in una maniera molto semplice il teorema del n. 7, il quale afferma che sopra una superficie F, che non sia del tipo topologico della sfera, del piano proiettivo o del piano aperto, non si può assegnare alcuna metrica con K dapertutto positiva; infatti ogni tale superficie F possiede il piano E come superficie ricoprimento a infiniti fogli, e perciò una metrica esistente su F con K positivo, indurrebbe su E una metrica simile, la cui curvatura integra sarebbe infinita. In secondo luogo: su una superficie aperta E con K positiva non esiste alcuna linea geodetica semplice chiusa, poichè per la formula (2.1) di Gauss-Bonnet il campo interno di una tale curva avrebbe una curvatura integra uguale a 2π, e la curvatura integra dell'intera superficie E dovrebbe essere ancora più grande — in contrasto con la (8.1). Vale anzi il teorema molto più forte: su una superficie aperta E con K positiva ogni linea geodetica corre verso l'infinito da entrambe le parti [9].

Il teorema (8.1) è evidentemente un corollario del seguente teorema, in cui non si fa più alcuna ipotesi sul segno di K, mentre tuttavia E deve essere, come finora, omeomorfo con il piano: *per ogni campo limitato* G *di* E *e per ogni* ε *positivo esiste un campo* G′ *contenente* G, *la cui curvatura integra è minore di* $2\pi + \varepsilon$. In base a questo teorema si può, per una qualsiasi K, costruire una successione di campi $G_1 \subset G_2 \subset G_3 \subset \ldots$ che ricopra l'intera superficie e tale che

$$\lim_{n \to \infty} \iint_{G_n} K \cdot dA \leq 2\pi ;$$

in questo senso — ove si interpreti opportunamente il concetto di « limite inferiore » — la (8.1) si lascia generalizzare nella seguente formula (ove non si fa alcuna ipotesi sul segno di K):

$$\lim_{G \to E} \inf \iint_{G} K \cdot dA \leq 2\pi . \tag{8.2}$$

Il procedimento della dimostrazione del precedente teorema (cioè per l'esistenza di G' per assegnati G ed ε) è il seguente: il teorema sarà dimostrato in base alla formula di Gauss-Bonnet (2.1) qualora si rinchiuda G in un poligono geodetico semplice chiuso C, la somma dei cui angoli esterni soddisfi la condizione

$$\Sigma\beta > -\varepsilon \tag{8.3}$$

(G' risulta il campo interno a C); un tale poligono si ottiene ora come soluzione di un problema estremale abilmente posto: si amplia dapprima G in un campo G_0, il cui contorno sia un poligono geodetico

C_0, e si cerca quindi, per un assegnato t positivo, una delle più brevi tra tutte le linee chiuse che racchiudono G_0 e che contengono almeno un punto la cui distanza da C_0 sia al massimo uguale a t; si fa vedere che: questo problema ha una soluzione, la curva soluzione C_t è un poligono geodetico e — questa è la cosa più importante — si può scegliere t in maniera tale che valga la (8.3).

Questi teoremi e dimostrazioni non si limitano al caso in cui la superficie considerata è omeomorfa con il piano; se F è una superficie aperta, il cui 1° numero di Betti sia p, si ha come generalizzazione della (8.2):

$$\liminf_{G \to F} \iint_G K \cdot dA \leq 2\pi \cdot (1 - p) \tag{8.4}$$

(questa formula è dimostrata per p finito; verosimilmente essa vale anche per $p = \infty$, ove la disuguaglianza dovrebbe essere naturalmente sostituita con l'affermazione « $= -\infty$ »). La formula (8.4) fornisce ancora una volta il teorema del n. 7: se è dapertutto $K > 0$, allora deve essere $p = 0$, cioè F deve essere omeomorfa con il piano. La (8.4) contiene però anche più forti affermazioni quantitative, alle quali non siamo riusciti ad arrivare con i precedenti metodi: al crescere dell'indice di connessione della superficie, di necessità prevale sempre di più la curvatura negativa rispetto a quella positiva — in perfetta analogia con quello che succede, in base alla vecchia formula (2.4), nelle superficie chiuse.

9. - *Relazioni con la teoria delle superficie di Riemann. Ancora una volta i corollari* (A) *e* (B). — I metodi descritti finora si appoggiano in parte sulla formula di Gauss-Bonnet, in parte sulla ricerca di linee geodetiche, in parte (nella teoria di Cohn-Vossen) su una combinazione di questi due primi metodi. Parleremo adesso di un metodo completamente diverso, che mette i nostri problemi in connessione con la teoria delle funzioni analitiche complesse. Come esempi particolarmente semplici facciamo ancora una volta delle nuove dimostrazioni per i corollari (A) e (B) del n. 2.

Cominciamo con il corollario (B); esso si può così formulare: sopra una superficie F_0 esistono sempre dei posti in cui è $K > 0$. Dimostrazione: la superficie F_0 con la sua metrica riemanniana si lascia, come è noto, rappresentare in maniera conforme sulla sfera numerica di Riemann S (non mi trattengo qui su quali ipotesi di regolarità si debbano fare sulla F_0). S è ricoperta come è usuale da due campi, in ciascuno dei quali varia un parametro complesso z

e risp. ζ: il campo della z è S senza il polo Nord, il campo della ζ è S senza il polo Sud, e nella intersezione dei due campi è $\zeta = z^{-1}$. Grazie alla rappresentazione conforme z e ζ sono parametri isotermici sulla F_0, cioè è

$$ds^2 = E \cdot dz \cdot d\bar{z} = H \cdot d\zeta \cdot d\bar{\zeta}\,. \tag{9.1}$$

Il teorema egregio per la curvatura gaussiana si esprime in parametri isotermici così

$$2\,E \cdot K = -\Delta\, ln\, E\,; \tag{9.2}$$

ove, se si pone $z = x + i\,y$, l'operatore di Laplace Δ va inteso rispetto alle x e y.

Poichè è $\zeta = z^{-1}$, risulta

$$d\zeta = -z^{-2} \cdot dz\,, \tag{9.3}$$

quindi $E = |z|^{-4} \cdot H$; da ciò si vede che la funzione E, continua e positiva nell'intero piano z finito, tende per $z \to \infty$ verso lo 0; oppure, il che è lo stesso, la funzione $ln\, E$, continua in tutto il piano, tende per $z \to \infty$ verso $-\infty$. Di conseguenza $ln\, E$ possiede per un dato z finito un massimo, e ivi risulta $\Delta\, ln\, E \leq 0$; tuttavia mediante un noto artificio si può trovare anche un posto z' in cui è addirittura

$$\Delta\, ln\, E < 0\,: \tag{9.4}$$

z' è un posto in cui la funzione

$$ln\, E + c\,(x^2 + y^2)\,,$$

ove c è una costante positiva piccola, raggiunge un massimo. Per la (9.2) e la (9.4) nel posto z' la curvatura K risulta > 0.

Questa dimostrazione si fonda sul fatto che sulla superficie riemanniana S esiste il differenziale analitico (9.3) il quale non possiede alcuno zero (sebbene abbia nel posto $z = 0$ un polo). Vogliamo adesso utilizzare il fatto — noto attraverso la teoria degli integrali abeliani — che sopra una superficie di Riemann chiusa di genere $g > 0$ esistono sempre differenziali analitici senza poli (ma in generale con zeri), per una analoga dimostrazione del corollario (A) del n. 2. (A) si può così formulare: su ogni superficie F_g con $g > 0$ esistono posti in cui è $K \leq 0$.

Su una superficie F_g dotata di metrica riemanniana possono essere introdotti dei parametri isotermici; ciò significa che F_g può essere ricoperta con dei campi, in ciascuno dei quali varii un parametro complesso, risp. z, ζ, ecc., tali chè per il ds^2 di ognuno valga la formula (9.1). Il passaggio da uno di questi parametri a un altro si effettua mediante una trasformazione analitica; in questa maniera la F_g viene concepita come superficie di Riemann astratta (o anche come superficie dotata di struttura analitica complessa). Poichè è $g > 0$, esiste, come abbiamo già detto, un differenziale analitico senza singolarità (non identicamente nullo); ciò significa che in ciascuno dei campi di parametri già considerati è assegnata una funzione ($\not\equiv 0$) analitica regolare, risp. $f(z)$, $\varphi(\zeta)$, ecc., tale che nel passaggio da un parametro a un altro valga la formula

$$f(z) \cdot dz = \varphi(\zeta) \cdot d\zeta \,. \tag{9.3'}$$

Grazie alle (9.3') e (9.1), la $|f|^2$ si trasforma come la E, e perciò la funzione

$$U = |f|^2 \cdot E^{-1} = |\varphi|^2 \cdot H^{-1} \tag{9.5}$$

è univoca sull'intera superficie; essa è dapertutto ≥ 0, ma non $\equiv 0$. Anche la funzione $ln\, U$ è univoca; essa diventa singolare, e invero uguale a $-\infty$, negli zeri del differenziale; quanto al resto essa è continua, e perciò raggiunge un massimo nel posto z^*. Sia z uno dei parametri ammissibili nell'intorno di z^*; rispetto a questo parametro si ha nel posto z^*

$$\Delta\, ln\, U \leq 0 \,,$$

e quindi in base alla (9.5) e al fatto che la $f(z)$ è analitica, cioè è $\Delta\, ln\, |f| = 0$,

$$-\Delta\, ln\, E \leq 0 \,.$$

Per la (9.2) ciò significa che è $K \leq 0$. (Osservazione: non possiamo affermare qui l'esistenza di un punto con $K < 0$, poichè può essere U costante, e quindi $ln\, U \equiv 0$ e $\Delta\, ln\, E \equiv 0$; però d'altra parte questo è possibile solo per $g = 1$.)

10. – *Sguardo alle varietà* n-*dimensionali*. — Molto brevemente vogliamo adesso esaminare per ordine fino a qual punto le precedenti esposizioni si lasciano trasportare alle varietà n-dimensionali.

N. 1: Il concetto di metrica riemanniana in una varietà n-dimensionale è noto. La curvatura riemanniana K è una funzione dell'elemento superficiale bidimensionale: se F è un tale elemento, giacente nel punto p, allora K è la curvatura gaussiana in p della superficie descritta dalle linee geodetiche uscenti da p e tangenti a F. — Il concetto e le proprietà della «completezza» valgono invariati in n dimensioni [10].

N. 2: Per le varietà chiuse M^n vale *per n pari* una generalizzazione della formula (2.4):

$$\int_{M^n} K^* \cdot dV = c_n \chi ;$$

ove: K^* indica una funzione del posto in M^n determinata dalla metrica riemanniana, dV indica l'elemento di volume n-dimensionale; c_n una constante dipendente dalla dimensione n; χ la caratteristica di Eulero di M^n, cioè

$$\chi = \Sigma (-1)^r a_r = \Sigma (-1)^r p_r ,$$

ore a_r è il numero delle celle r-dimensionali di un qualsiasi frazionamento in celle di M^n, p_r è l'r-simo numero di Betti di M^n ([11]; [12]). I potesi (in analogia ad (A) e (B)): se (per n pari) la curvatura riemanniana di M^n è dapertutto positiva, allora è $\chi > 0$; se è dapertutto $K \leq 0$, allora è $\chi \leq 0$ per $n = 4m + 2$, e $\chi \geq 0$ per $n = 4m$.

N. 3: La teoria dei punti coniugati si trasporta essenzialmente inalterata al caso n-dimensionale. Si ottiene così il teorema: una M^n (completa) di cui K possiede un estremo inferiore positivo, è chiusa; con altre parole: in una M^n aperta l'estremo inferiore di K è sempre ≤ 0. La dimostrazione di (A) data alla fine del n. 3 porta al seguente teorema: una M^n, in cui sia dapertutto K > 0, possiede un ricoprimento universale chiuso, e quindi un gruppo fondamentale finito ([10]; [13]; [5]).

N. 4: Rimanė tutto invariato, e si ottiene: in una M^n, la quale sia divisibile mediante un ciclo $(n - 1)$-dimensionale in due parti infinite, non può essere dapertutto $K > 0$ [4].

N. 5: Anche qui non varia nulla; di conseguenza: se in M^n esiste un punto senza punti coniugati, allora la M^n possiede lo spazio euclideo E^n come ricoprimento; l'ipotesi è in particolare soddisfatta allorchè è dapertutto $K \leq 0$; di conseguenza una M^n chiusa, in cui sia dapertutto $K \leq 0$, ha un gruppo fondamentale infinito ([7], Note III; [5]).

N. 6: Per n pari, ma in generale non per n dispari, si può mediante una linea geodetica chiusa tracciare una striscia superficiale la cui curvatura gaussiana coincida dapertutto con la curvatura riemanniana dell'elemento superficiale tangenziale. Da ciò si ottiene facilmente, in analogia col n. 6: per n pari in una M^n orientabile, in cui sia dapertutto $K > 0$, non esiste alcuna linea minimale chiusa; da ciò segue: una M^n chiusa, con n pari e K positiva, è semplicemente connessa ([14]; [5]); come pure: se per n pari esiste nella M^n orientabile (chiusa o aperta) un ciclo $(n - 1)$ dimensionale chè non divide le M^n, allora non può essere dapertutto $K > 0$.

N. 7: Come prima segue adesso dal n. 4 e dal n. 6: per n pari l' $(n - 1)$-simo numero di Betti di una M^n (aperta o chiusa), in cui sia dapertutto $K > 0$, è uguale a 0. Il caso di dimensione dispari non è stato ancora studiato (anche l'ultimo teorema del N. 6 per n pari, non si riesce a trovare in nessun luogo della letteratura).

N. 8: Non si è riusciti finora a trasportare neppure una qualche parte della teoria di Cohn-Vossen a dimensioni più elevate, neanche limitandosi al caso di n pari. Così per esempio non si sa se per una M^n riemanniana, che sia omeomorfa con lo spazio euclideo E^n e in cui sia dapertutto $K > 0$, valga una limitazione per la curvatura del tipo della formula (8.1), oppure se in una tale M^n possano esistere delle linee geodetiche chiuse; ecc., ecc. Si presentano qui dei problemi insoluti della geometria differenziale in grande, dal mio punto di vista particolarmente importanti e interessanti.

N. 9: Le considerazioni del n. 9 possono essere ritenute come il più semplice caso speciale di ricerche riguardanti varietà M^n, $n = 2m$, con una struttura analitica complessa e una così detta metrica Kähleriana [15].

SUMMARY: *This lecture is a report upon a chapter of differential geometry in the large. We discuss various methods for investigating the connections between the local properties of the Riemann differential geometry of a surface, in particular the sign of its Gauss curvature, and its global topological structure. At the end of the paper are made some brief remarks concerning the possibility of applying analogous methods to the study of* n-*dimensional manifolds.*

Der deutsche Text des vorstehenden Berichtes ist von Herrn Dr. M. Vaccaro ins Italienische übersetzt worden. Der Verfasser spricht Herrn Vaccaro hierfür seinen herzlichen Dank aus.

BIBLIOGRAFIA

[1] B. v. KERÉKJÁRTÓ, *Vorlesungen über Topologie* (Berlin 1923).

[2] H. HOPF und W. RINOW, *Über den Begriff der vollständigen differentialgeometrischen Fläche*, Comment. Math. Helvet. 3 (1931), pp. 209-225.

[3] W. BLASCHKE, *Vorlesungen über Differentialgeometrie I* (3. Auflage, Berlin 1930).

[4] S. COHN-VOSSEN, *Vollständige Riemannsche Räume positiver Krümmung*, C. R. Acad. Sci. U.R.S.S. 3 (1935), pp. 387-389.

[5] A. PREISSMANN, *Quelques propriétés globales des espaces de Riemann*, Comment. Math. Helvet. 15 (1943), pp. 175-216.

[6] W. RINOW, *Über Zusammenhänge zwischen der Differentialgeometrie in Grossen und im Kleinen*, Math. Zeitschrift 35 (1932), pp. 512-538.

[7] E. CARTAN, *Leçons sur la géométrie des espaces de Riemann* (2. édition, Paris 1946).

[8] S. COHN-VOSSEN, *Kürzeste Wege und Totalkrümmung auf Flächen*, Compositio Math. 2 (1935), *pp.* 69-133.

[9] S. COHN-VOSSEN, *Totalkrümmung und geodätische Linien auf einfachzusammenhängenden offenen vollständigen Flächenstücken*, Recueil Math. (nouvelle série) 1 (1936), pp. 139-163.

[10] S. B. MYERS, *Riemannian manifolds in the large*, Duke Math. Journ. 1 (1935), pp. 39-49.

[11] C. B. ALLENDOERFER and ANDRÉ WEIL, *The Gauss-Bonnet theorem for Riemannian polyhedra*, Transact. Amer. Math. Soc. 53 (1943), pp. 101-129.

[12] S. S. CHERN, *A simple intrinsic proof of the Gauss-Bonnet formula for closed Riemannian manifolds*, Annals of Math. 45 (1944), pp. 747-752.

[13] J. M. SCHOENBERG, *Some applications of the calculus of variation to Riemannian geometry*, Annals of Math. 33 (1932), pp. 485-495.

[14] J. L. SYNGE, *On the connectivity of spaces of positive curvature*, Quarterly Journ. of Math. (Oxford series) 7 (1936), pp. 316-320.

[15] S. BOCHNER, *Vector fields and Ricci curvature*, Bull. Amer. Math. Soc., 52 (1946), pp. 776-797. — *Curvature in hermitian metric*, Bull. Amer. Math. Soc. 53 (1946), pp. 179-195.

61.

Über Zusammenhänge zwischen Topologie und Metrik im Rahmen der elementaren Geometrie

Mathematisch-Physik. Semesterberichte 3 (1953), 16–29

Wenn man sich mit einem so außerordentlich weiten und verzweigten Gebiet beschäftigt, wie die Mathematik es ist, dann ist es ganz natürlich, daß man sich über die Verschiedenheiten stofflicher und methodischer Art, die man darin vorfindet, klar zu werden sucht und daß man sie benutzt, um eine vernünftige und systematische Gliederung vorzunehmen— eine Einteilung des großen Gebietes in kleine Teilgebiete, welche den Überblick und die Orientierung erleichtert. Man geht dabei so vor, daß man mit einer groben Einteilung beginnt — zum Beispiel, um das Übliche zu nennen: Algebra, Analysis, Geometrie —, diese ersten Teile dann ihrerseits unterteilt und so immer verfeinernd fortfährt; das Ergebnis wird ein Schema sein, wie es etwa einem verständnisvoll geführten Sachkatalog einer großen mathematischen Bibliothek zugrundeliegt.

Freilich dürfen wir nicht erwarten, jemals zu einer Einteilung zu gelangen, die klar und eindeutig in dem Sinne wäre, daß man von jedem mathematischen Begriff oder Satz oder Beweis entscheiden könnte, in welches Fach er gehört; das ist nicht nur darum unmöglich, weil sich der Bestand unserer mathematischen Erkenntnisse immerfort ändert, sondern noch aus einem anderen, prinzipiell besonders wichtigen Grunde: eine derartige klare und eindeutige Einteilung würde bedeuten, daß die Mathematik in einzelne Teile zerfällt, die miteinander nichts zu tun haben; die Mathematik wäre (um es mathematisch auszudrücken) die Vereinigungsmenge disjunkter abgeschlossener Teilmengen; tatsächlich und glücklicherweise aber ist sie zusammenhängend, ein Kontinuum. Die einzelnen Teile lassen sich also nicht, wenigstens nicht in allen Fällen, streng gegeneinander abgrenzen; man wird vielmehr immer wieder, wie sorgfältig und wohlüberlegt man auch die Einteilung hergestellt hat, gewahr werden, daß verschiedene Teilgebiete übereinandergreifen, und oft stößt man auf unerwartete Beziehungen zwischen Gebieten, zwischen denen man einen klaren Trennungsstrich gezogen zu haben glaubte. So kommt es vor, daß man für einen Satz, in dem nur Begriffe auftreten, die klar und deutlich ins Gebiet A gehören, und der sich erwartungsgemäß auch ganz innerhalb dieses Gebietes beweisen läßt, noch einen anderen Beweis findet, der mit Hilfsmitteln aus dem andersartigen Gebiet B arbeitet und der dabei so einfach ist, daß man diese Hilfsmittel nicht als unnatürlich empfindet,

[1]) Vorträge, gehalten auf der 18. Tagung zur Pflege des Zusammenhanges von Universität und höherer Schule, Münster (Westfalen), Juni 1952, sowie in dem Fortbildungskurs des Vereins Schweizerischer Gymnasiallehrer, Luzern, Oktober 1952.

sondern daß die Möglichkeit dieses Beweises uns als die Äußerung einer natürlichen Beziehung zwischen den Gebieten A und B erscheint, welche uns bisher verborgen geblieben war. Oder: man hat zwei Gebiete C und D, von denen man nicht glaubte, daß sie etwas miteinander zu tun hätten, und nun wird eines Tages ein Satz entdeckt, dessen Voraussetzungen ganz ins Gebiet C und dessen Behauptungen ganz ins Gebiet D gehören: ein solcher Satz bildet dann eine Brücke zwischen den beiden Gebieten.

Die Einteilung und Gliederung der Mathematik, der die Betrachtung und Diskussion von Verschiedenheiten zugrundelag, regt somit in mannigfacher Weise auch gerade zum Aufspüren und zur Untersuchung von Zusammenhängen und Verwandtschaften zwischen verschiedenartigen Teilen der Mathematik an; die Beschäftigung mit derartigen Fragen ist nicht nur (wie ich finde) besonders reizvoll, sondern sie ist bestimmt auch besonders wichtig: sie bewahrt die Mathematik vor dem Zerfallen in einzelne Spezialfächer und den Mathematiker vor zu großer Spezialisierung.

Aber ich will mich nicht weiter in Allgemeinheiten ergehen, sondern über das im Titel dieses Vortrages genannte Kapitel der Geometrie sprechen; ich hoffe, daß dadurch das bisher Angedeutete in konkreter Weise erläutert und bestätigt werden wird.

Zunächst noch einige kurze erklärende Bemerkungen zu der Formulierung des Titels. Durch den Ausdruck „elementare" Geometrie soll angedeutet werden, daß es sich um anschauliche Dinge in der Ebene und im dreidimensionalen euklidischen Raum, z.B. um Polyeder und leicht vorstellbare Flächen (nicht etwa um komplizierte, „pathologische" Punktmengen) handeln soll, und daß Infinitesimalrechnung und Stetigkeitsbetrachtungen nicht vorkommen werden (letztere werden wir nur nebenbei erwähnen). Die „Metrik" oder besser: die „metrische Elementargeometrie" befaßt sich mit Längen von Strecken, Größen von Winkeln, Inhalten von Polygonen oder auch von Körpern usw.; hierher gehören die Hauptsätze der klassischen Elementargeometrie, wie die Kongruenzsätze, der Pythagoreische Lehrsatz, die Sätze über die Winkelsummen in ebenen und sphärischen Dreiecken. In der „Topologie" dagegen kommt es gerade auf die Größenbegriffe nicht an, denn sie handelt von denjenigen Eigenschaften der geometrischen Gebilde, welche sich nicht ändern, wenn man die Gebilde stetig (d.h. ohne sie zu zerreißen) deformiert, also von den weniger quantitativen als qualitativen Eigenschaften des Zusammenhanges, der Gestalt und der Lage. Man charakterisiert die Topologie mit Recht als „Stetigkeitsgeometrie"; in unserem elementargeometrischen Rahmen möchte ich dafür lieber „kombinatorische Geometrie" sagen: denn die elementargeometrisch-topologischen Eigenschaften eines Polygons oder eines Polyeders hängen von den Kombinationsvorschriften ab, nach denen man das Gebilde aus elementaren Bausteinen (wie Strecken, Dreiecken usw.) konstruiert hat. Bekannte Beispiele topologischer Sätze sind erstens der Eulersche Polyedersatz, von dem wir nachher so ausführlich sprechen werden, daß ich im Augenblick auf seine Formulierung verzichte; zweitens der JORDANsche Satz, der besagt, daß die Ebene (oder auch die Kugelfläche) durch jede in ihr gelegene einfach geschlossene Kurve (d.h. das eineindeutige stetige Bild einer Kreislinie) in zwei Gebiete zerlegt wird — im Rahmen der Elementargeometrie hat man die Kurve durch ein Polygon zu ersetzen; ferner gehört in die Topologie der Unterschied zwischen einer Kugelfläche $\mathfrak{K}$ und einer Torusfläche $\mathfrak{T}$ (die entsteht, wenn eine Kreislinie um eine, in ihrer Ebene gelegene, sie nicht treffende Achse rotiert): denn auf $\mathfrak{T}$ gibt es, im Gegensatz zu $\mathfrak{K}$, einfach geschlossene Kurven (z.B. die Rotationskreise), welche die Fläche nicht zerlegen, und diese Verschiedenheit bleibt erhalten, wenn wir $\mathfrak{K}$ und $\mathfrak{T}$ stetig deformieren, also ihre metrischen Eigenschaften ganz wesentlich verändern.

Dies möge genügen, um an die Verschiedenartigkeit von Metrik und Topologie zu erinnern (von der ich übrigens annehme, daß sie ohnehin hinreichend bekannt ist). Das Ziel meiner weiteren Ausführungen ist es, im Sinne unserer früheren allgemeinen Betrachtungen zu zeigen, daß zwischen diesen, ex definitione verschiedenartigen Gebieten wichtige und interessante Beziehungen und Zusammenhänge bestehen.

I.

Ich beginne mit dem EULERschen Polyedersatz, und zwar in seiner einfachsten Form, in welcher man von dem Begriff der Konvexität Gebrauch macht; man könnte diesen Begriff zwar vermeiden, aber ich gehe der Einfachheit halber auf diese Verallgemeinerungen nicht ein. Eine Figur (Punktmenge) M in der Ebene oder im Raume heißt konvex, wenn sie folgende Eigenschaft hat: sind a und b Punkte von M, so ist die ganze Strecke $\overline{ab}$ in M enthalten. Ein von einem einfach geschlossenen Polygon berandetes, konvexes Stück der Ebene heißt eine „ebene Zelle“; analog ist eine „räumliche Zelle“ ein endliches konvexes Stück des Raumes, dessen Rand aus endlich vielen ebenen Zellen besteht, wobei je zwei dieser Randzellen entweder keinen Punkt oder genau einen Eckpunkt oder genau eine Kante gemeinsam haben. Es sei nun P der Rand einer räumlichen Zelle Z^3 und es seien E, K, F die Anzahlen der Eckpunkte, der Kanten und der Flächenstücke (d.h. der ebenen Zellen) von P. Dann lautet der EULERsche Satz:

$$E - K + F = 2. \tag{1}$$

Der Satz gehört der elementaren Topologie an, und er kann, wie zu erwarten, durch elementare kombinatorisch-topologische Überlegungen, ohne metrische Hilfsmittel, bewiesen werden; CAUCHY und VON STAUDT haben schöne derartige Beweise angegeben[2]); ich will aber auf diese Klasse von Beweisen hier nicht eingehen (und möchte nur die Warnung einschalten:

[2]) A. CAUCHY, Oeuvres, 2. série, vol. I, p. 15—17. — G. VON STAUDT, Geometrie der Lage (1847), p. 20—21.

manche derartige angebliche Beweise sind zu kurz, um streng zu sein). Es gibt aber auch Beweise der Formel (1), die metrische Hilfsmittel benutzen, und diese Beweise gehören in unser Programm. Der kürzeste dieser Beweise stammt von LEGENDRE; hier ist er:

Von einem inneren Punkt o der Zelle Z^3 projiziere man den Rand P auf die Kugelfläche vom Radius 1 um das Zentrum o; dann entsteht auf der Kugel ein Netz, das aus E Eckpunkten, K Kanten (die Großkreisbögen sind) und F sphärischen Zellen (den Bildern der ebenen Zellen von P) besteht. Wir benutzen nun die Winkelsummenformel für ein sphärisches Dreieck:

(2) $$\Sigma\alpha = \pi + A,$$

wobei A den Flächeninhalt des Dreiecks bezeichnet; für eine sphärische Zelle, welche n Seiten hat, folgt aus (2), indem man die Zelle durch die von einer Ecke ausgehenden Diagonalen in $n - 2$ Dreiecke zerlegt und die zugehörigen Formeln (2) addiert:

(2_n) $$\Sigma\alpha = (n - 2)\pi + A,$$

was wir so anordnen wollen:

(3) $$\Sigma\alpha - n\pi + 2\pi = A.$$

Man schreibe die Formeln (3) für alle sphärischen Zellen $z_1, \ldots, z_F$ des Netzes auf; dabei hängt $n = n_i$ natürlich von der Zelle z_i ab. Da jede Kante zu genau zwei Zellen gehört, ist

(4) $$\Sigma n_i = 2K.$$

Nun addiere man alle F Formeln (3) zusammen; da die Summe der Winkel an jedem einzelnen Eckpunkt den Wert 2π hat, liefern die ersten Terme der linken Seiten von (3) den Beitrag $E \cdot 2\pi$; die zweiten Terme liefern mit Rücksicht auf (4) den Beitrag $K \cdot 2\pi$; und die dritten Terme den Beitrag $F \cdot 2\pi$; man erhält also

(5) $$(E - K + F) \cdot 2\pi = A^*,$$

wobei A^* jetzt den gesamten Flächeninhalt der Kugel bezeichnet. Da bekanntlich $A^* = 4\pi$ ist, ist (5) gleichbedeutend mit (1). — (Man braucht übrigens die Tatsache, daß $A^* = 4\pi$ ist, nicht einmal als bekannt vorauszusetzen, sondern man kann sie folgendermaßen mitbeweisen: (5) gilt für jede räumliche Zelle, also speziell für ein Tetraeder, und für dieses ist $E = F = 4$, $K = 6$, also $E - K + F = 2$; aus (5) folgt also $A^* = 4\pi$, und nun wendet man (5) wieder wie vorhin auf eine beliebige Zelle Z^3 an.)

Nicht ganz so elegant, aber noch elementarer — insofern an die Stelle der Winkelsummenformeln aus der sphärischen Geometrie die analogen Formeln aus der ebenen euklidischen Geometrie treten — ist der Beweis von STEINER; er verläuft — wenn man an der ursprünglichen und üblichen Darstellung eine unwesentliche Modifikation vornimmt — folgendermaßen:

Zunächst eine Vorbereitung. Unter den ebenen Zellen $z_1, \ldots, z_F$ von P zeichnet man eine, etwa z_F, aus; in einem inneren Punkt p von z_F errichtet man die ins Äußere der räumlichen Zelle Z^3 zeigende Senkrechte und trägt auf ihr eine so kurze Strecke $\overline{pq}$ ab, daß diese von keiner der Ebenen getroffen wird, welche die Zellen $z_1, \ldots, z_{F-1}$ enthalten; dann folgt aus der Konvexität von Z^3 leicht: projiziert man das durch Herausnahme von z_F aus P entstehende Polyeder $P - z_F$ von q aus auf die Ebene, welche z_F enthält, so ist dies eine eineindeutige Abbildung von $P - z_F$ auf z_F; es entsteht somit eine Zerlegung der Zelle z_F in die $F - 1$ Zellen, welche die Bilder von z , ..., z_{F-1} sind; die Anzahlen der Eckpunkte und Kanten, die in dieser Zerlegung von z_F auftreten, sind die alten Zahlen E und K. Da man (1) in der Form

$$E - K + (F - 1) = 1$$

schreiben kann, ist somit die EULERsche Formel (1) eine Konsequenz des folgenden Satzes: Sind e, k, f die Anzahlen der Eckpunkte, der Kanten und der Flächenstücke (ebenen Zellen) bei einer Zerlegung einer (großen) ebenen Zelle Z^2 in (kleine) ebene Zellen $z_1, \ldots, z_f$, so ist

$$e - k + f = 1 \,. \tag{6}$$

Der EULERsche Satz ist so auf den STEINERschen Satz (6) zurückgeführt, der ganz der ebenen Geometrie angehört, und (6) ist also zu beweisen.

Von den e Eckpunkten bzw. den k Kanten mögen e' bzw. k' im Inneren, $\bar{e}$ bzw. $\bar{k}$ auf dem Rande von Z^2 liegen; dann ist $e = e' + \bar{e}$, $k = k' + \bar{k}$ und, da der Rand ein einfach geschlossenes Polygon ist, $\bar{e} = \bar{k}$; daher ist die Behauptung (6) gleichbedeutend mit

$$e' - k' + f = 1 \,. \tag{6'}$$

Die Zelle z_i sei ein n_i-Eck ($i = 1, \ldots, f$); dann ist, da jede im Inneren von Z^2 gelegene Kante zu genau zwei Zellen, jede auf dem Rande von Z^2 gelegene Kante zu genau einer Zelle gehört,

$$\Sigma n_i = 2k' + \bar{k} \,. \tag{7}$$

Jetzt ziehen wir die euklidischen Winkelsummenformeln heran; für das n-Eck ist

$$\Sigma \alpha = (n - 2) \cdot \pi \,, \tag{8}$$

also

$$\Sigma \alpha - n\pi + 2\pi = 0 \,. \tag{9}$$

Wir betrachten die f Formeln (9) für alle Zellen z_i und addieren diese Formeln; bezeichnen wir die am Rande von Z^2 gelegenen Winkel mit $\bar{\alpha}$, so liefern bei der Addition die ersten Terme der Formeln (9) den Beitrag $e' \cdot 2\pi + \Sigma\bar{\alpha}$, die zweiten Terme mit Rücksicht auf (7) den Beitrag $k' \cdot 2\pi + \bar{k} \cdot \pi$, die dritten Terme den Beitrag $f \cdot 2\pi$, so daß sich im ganzen

$$(e' - k' + f) \cdot 2\pi + (\Sigma\bar{\alpha} - \bar{k}\pi) = 0$$

und nach Addition von 2π

$$(e' - k' + f) \cdot 2\pi + (\Sigma\bar{\alpha} - \bar{k}\pi + 2\pi) = 2\pi$$

ergibt; da hierin die zweite Klammer nach Formel (9), angewandt auf Z^2, verschwindet, ist dies gleichbedeutend mit (6') und daher auch mit (6).

Dies also sind die Beweise von LEGENDRE und STEINER für die durch die Formeln (1) und (6) ausgedrückten kombinatorisch-topologischen Sätze. Ist die Heranziehung der metrischen Hilfsmittel, deren sich diese Beweise bedienen, also der Winkelsummenformeln (2_n) und (8), künstlich oder natürlich? Ein Argument für die These, daß sie natürlich ist, ist die Kürze und Einfachheit der Beweise, besonders wohl des LEGENDREschen Beweises für den EULERschen Satz (1). Ich will aber versuchen, noch stärkere Argumente für diese These beizubringen, indem ich zeige, daß zwischen Formeln und Sätzen der Art (1) und (6) einerseits und solchen der Art (2_n) und (8) andererseits eine Wechselwirkung besteht, von der die soeben festgestellte Brauchbarkeit von (2_n) und (8) für die Beweise von (1) und (6) nur eine erste Äußerung ist, und zwar will ich zunächst einen neuen (d.h. hier noch nicht erwähnten) Winkelsummensatz mit Hilfe des EULERschen Satzes beweisen — und also zeigen, daß die behauptete Wirkung tatsächlich nicht nur in der Richtung von der Metrik auf die Topologie, sondern auch in der umgekehrten Richtung existiert — und nachher wiederum diesen neuen Winkelsummensatz beim Beweis eines topologischen Satzes benutzen, der ein Analogon des STEINERschen Satzes (6) ist.

Es sei wieder P der Rand einer räumlichen Zelle Z^3; wir betrachten erstens an jeder Kante von P den (gewöhnlichen) Winkel β zwischen den beiden dort zusammenstoßenden Seitenebenen und zweitens an jedem Eckpunkt p von P den räumlichen Winkel γ; er ist wie üblich durch $\gamma = A \cdot r^{-2}$ definiert, wobei A der Flächeninhalt des im Inneren von Z^3 liegenden Stückes einer kleinen Kugel vom Radius r um den Mittelpunkt p ist. Dann gilt, wenn $n = F$ die Anzahl der ebenen Zellen von P, wenn also P ein räumliches n-Seit, ein „n-hedron" ist, die Formel

$$2\Sigma\beta - \Sigma\gamma = (n-2)\cdot 2\pi, \tag{10}$$

also z.B. für das Tetraeder

$$2\Sigma\beta - \Sigma\gamma = 4\pi\,. \tag{10_1}$$

Die Formel (10_1) stammt von dem Abbé DE GUA (1783), die allgemeine Formel (10) von BRIANCHON (1837); ich wundere mich immer wieder darüber, daß diese interessanten und brauchbaren Formeln fast unbekannt sind. Die Formel (10) darf man als das räumliche Analogon der für das ebene n-Seit gültigen Formel (8) ansehen. Die Analogie wird vielleicht noch etwas klarer, und zugleich wird die linke Seite von (10) etwas einfacher, wenn man eine kleine Abänderung der Bezeichnungen vornimmt, die durch folgende Überlegung nahegelegt ist: in der ebenen Winkelmessung hat der Vollwinkel um einen Punkt herum den Wert 2π; ebenso hat in der räumlichen Winkelmessung der Vollwinkel um eine Gerade herum (im Sinne unserer Definition der Winkel β zwischen zwei Ebenen) den Wert 2π; dagegen hat der räumliche Vollwinkel um einen Punkt herum (im Sinne unserer Definition der γ) den Wert 4π; es ist nun vernünftig, die Maßeinheiten so zu wählen, daß alle

Vollwinkel den gleichen Wert, etwa den Wert 1, erhalten; das bedeutet, daß man statt unserer bisherigen α, β, γ die Größen

$$\alpha' = \frac{\alpha}{2\pi}, \qquad \beta' = \frac{\beta}{2\pi}, \qquad \gamma' = \frac{\gamma}{4\pi} \tag{11}$$

einführt. Dann erhalten (8) und (10) die Gestalt

$$\Sigma\alpha' = \frac{n}{2} - 1\,, \tag{8'}$$

$$\Sigma\beta' - \Sigma\gamma' = \frac{n}{2} - 1\,. \tag{10'}$$

Wir beweisen (10). Im Eckpunkt p_i von Z^3 $(i = 1, \ldots, E)$ mögen n_i Kanten enden; dann ist nach (2_n)

$$\Sigma\beta = (n_i - 2)\pi + \gamma\,, \tag{12}$$

wobei die β die Winkel an den in p_i endenden Kanten sind und γ der räumliche Winkel in p_i ist. Da jede Kante genau zwei Eckpunkte besitzt, tritt jeder Kantenwinkel β von P in genau zwei unter den E Gleichungen (12) auf; aus demselben Grunde ist $\Sigma n_i = 2K$, die Summe über alle Eckpunkte erstreckt; daher ergibt sich bei Addition aller E Gleichungen (12) die Formel

$$2\Sigma\beta = (K - E) \cdot 2\pi + \Sigma\gamma\,.$$

Für das Tetraeder, also für $K = 6$, $E = 4$, ist damit die Formel (10_1) bewiesen. Für eine beliebige Zelle Z^3 ziehen wir die EULERsche Formel (1) heran und ersetzen also $K - E$ durch $F - 2 = n - 2$; dann erhalten wir (10).

Die EULERsche Formel (1) tritt also als Hilfsmittel beim Beweise des Satzes (10) auf; wenn man (1) zu diesem Zwecke zu beweisen hat, so ist es wohl klar, daß man unter allen möglichen Beweisen den LEGENDREschen auswählen wird, da er sich auf die natürlichste Weise dem übrigen Gedankengang einfügt.

Jetzt werden wir die Formel (10) benutzen, um einen Satz aus der räumlichen Topologie zu beweisen. Eine (große) räumliche Zelle Z^3 sei in (kleine) räumliche Zellen $z_1, \ldots, z_r$ zerlegt (so daß der Durchschnitt je zweier z_i entweder leer oder ein gemeinsamer Eckpunkt oder eine gemeinsame Kante oder eine gemeinsame ebene Zelle ist). Die Anzahlen der bei dieser Zerlegung auftretenden Eckpunkte, Kanten, ebenen Zellen und räumlichen Zellen seien e, k, f, r; Behauptung:

$$e - k + f - r = 1\,. \tag{13}$$

Dieser Satz ist das Analogon des STEINERschen Satzes (6) aus der ebenen Topologie[3]). Er ist ferner eine Verallgemeinerung des EULERschen Satzes (1): wenn nämlich Z^3 gar nicht zerlegt ist, d.h. wenn $r = 1$, $Z^3 = z_1$ ist, dann liegen alle Eckpunkte, Kanten und ebenen Zellen auf dem Rande P, und (13) geht in (1) über.

---

[3]) Das Analogon von (6) und (13) in der eindimensionalen Geometrie ist die für eine Zerlegung einer Strecke, also einer eindimensionalen Zelle gültige Formel: $e - k = 1$.

Während man (6) verhältnismäßig einfach — etwa nach der CAUCHYschen Methode, auf die ich nicht eingegangen bin — rein kombinatorisch-topologisch beweisen kann, zweifle ich daran, ob ein ähnlicher Beweis für (13) möglich ist[4]). Aber wir können (13) sehr einfach mit Hilfe der Winkelsummenformel (10) beweisen, und zwar ganz analog zu unserem obigen Beweis von (6), nämlich folgendermaßen:

Von den e Eckpunkten, k Kanten, f ebenen Zellen mögen e', k', f' im Inneren, $\bar{e}$, $\bar{k}$, $\bar{f}$ auf dem Rande von Z^3 liegen; dann ist $e = e' + \bar{e}$, $k = k' + \bar{k}$, $f = f' + \bar{f}$ sowie, auf Grund von (1): $\bar{e} - \bar{k} + \bar{f} = 2$; daraus ergibt sich, daß die zu beweisende Formel (13) gleichbedeutend ist mit

$$(13') \qquad e' - k' + f' - r = -1\,.$$

Die räumliche Zelle z_i der Zerlegung habe n_i ebene Seiten ($i = 1, \ldots, r$); dann ist, in Analogie zu (7),

$$(14) \qquad \Sigma n_i = 2f' + \bar{f}\,.$$

Wir ziehen jetzt die Winkelsummenformel (10) heran und benutzen sie in der Gestalt (10′), die wir so anordnen:

$$(15) \qquad \Sigma\gamma' - \Sigma\beta' + \frac{n}{2} - 1 = 0\,.$$

Wir betrachten die Formeln (15) für alle r Zellen z_i und addieren diese Formeln; dabei beachten wir, daß auf Grund von (11) die Vollwinkel an inneren Eckpunkten und inneren Kanten von Z^3 immer den Wert 1 haben; die Eckenwinkel und Kantenwinkel am Rande von Z^3 bezeichnen wir mit $\overline{\gamma'}$ bzw. $\overline{\beta'}$; dann liefern bei der Addition die ersten Terme der Formeln (15) den Beitrag $e' + \Sigma\overline{\gamma'}$; die zweiten Terme den Beitrag $k' + \Sigma\overline{\beta'}$; die dritten Terme, mit Rücksicht auf (14), den Beitrag $f' + \frac{\bar{f}}{2}$; und die vierten Terme den Beitrag r; im ganzen ergibt sich

$$(e' - k' + f' - r) + \left(\Sigma\overline{\gamma'} - \Sigma\overline{\beta'} + \frac{\bar{f}}{2}\right) = 0$$

und nach Addition von -1:

$$(e' - k' + f' - r) + \left(\Sigma\overline{\gamma'} - \Sigma\overline{\beta'} + \frac{\bar{f}}{2} - 1\right) = -1\,;$$

da hierin die zweite Klammer nach Formel (15), angewandt auf Z^3, verschwindet, ist dies gleichbedeutend mit (13′) und daher auch mit (13).

Ich fasse Inhalt und Ergebnisse unserer Überlegungen schematisch zusammen: An metrischen Sätzen haben wir erstens die elementaren Formeln (8) und (2_n) betrachtet, die ich mit dem gemeinsamen Namen M_1 bezeichne, und zweitens den durch (10) ausgedrückten Satz M_2; an topologischen Sätzen erstens die Sätze (1) und (6), denen ich den gemeinsamen Namen T_1 gebe.

[4]) Die Formel (13) ist ein bekanntes Korollar viel allgemeinerer Sätze in dem Teile der Topologie, den man als „Homologietheorie" bezeichnet; aber ihre Beweise in diesem Rahmen kann man wohl nicht einfach und elementar nennen.

und zweitens den durch (13) ausgedrückten Satz T_2. Der Gedankengang unserer Beweise für diese Sätze läßt sich folgendermaßen andeuten:

$$M_1 \rightarrow T_1 \rightarrow M_2 \rightarrow T_2 . \tag{16}$$

Ich hoffe, daß man durch dieses Schema die Wechselwirkung zwischen Metrik und Topologie, von der ich vorhin gesprochen habe, bestätigt findet. Diese Wechselwirkung wird übrigens vielleicht noch deutlicher, wenn man unsere Betrachtungen auf die mehrdimensionale Geometrie ausdehnt; dann läßt sich das Schema (16) beliebig weit fortsetzen:

$$\cdots \rightarrow T_{n-1} \rightarrow M_n \rightarrow T_n \rightarrow \cdots ,$$

wobei M_n, T_n immer diejenigen Sätze aus der Geometrie des $(n+1)$-dimensionalen Raumes bezeichnen, welche unseren Sätzen M_2, T_2 entsprechen. Aber darauf können wir hier nicht eingehen[5]).

II.

Im ersten Teil diente besonders die Betrachtung von Beweismethoden dazu, Beziehungen zwischen Topologie und Metrik aufzudecken und zu beleuchten: es war von Sätzen die Rede, welche inhaltlich in das eine der Gebiete gehören, sich aber in natürlicher Weise mit Hilfsmitteln aus dem anderen Gebiete beweisen lassen. Jetzt will ich auf direkte inhaltliche Zusammenhänge zwischen Topologie und Metrik hinweisen, nämlich auf Sätze, die sozusagen mit dem einen Fuß in dem einen, mit dem anderen Fuß in dem anderen Gebiete stehen — nüchterner ausgedrückt: deren Voraussetzungen in das eine, deren Behauptungen in das andere Gebiet gehören; derartige Sätze handeln von dem Einfluß, den die topologischen Eigenschaften eines Gebildes auf dessen metrische Eigenschaften haben, und umgekehrt.

Ich werde nur eine spezielle hierhergehörige Frage behandeln; sie betrifft die Möglichkeit, auf einer topologisch vorgegebenen Fläche verschiedene Metriken einzuführen, d.h. die metrischen Begriffe wie Länge einer Kurve, Winkel zwischen zwei sich schneidenden Kurven, Inhalt eines Flächenstückes usw. auf verschiedene Weisen zu erklären. Damit habe ich schon den Standpunkt angedeutet, den wir jetzt einnehmen und dessen richtiges Verständnis für unsere weiteren Betrachtungen unerläßlich ist: wenn uns eine Fläche gegeben ist, so soll damit noch keine Metrik auf ihr gegeben sein, sondern wir können verschiedene Metriken auf ihr einführen; auch wenn wir uns — was für unsere Überlegungen nicht notwendig, aber immerhin auch nicht verboten ist — eine Fläche $\mathfrak{F}$ im dreidimensionalen euklidischen Raume vorstellen, so ist die Metrik, welche ihr durch die Geometrie des Raumes aufgeprägt wird — also diejenige Metrik, die man in der analytischen Geometrie und in

[5]) Ich verweise auf den Aufsatz „Der Eulersche Polyedersatz in der n-dimensionalen Elementargeometrie", den ich nächstens in der Zeitschrift „Elemente der Mathematik" (Basel) veröffentlichen will.

der klassischen Differentialgeometrie der Flächen untersucht —, nur ein Beispiel einer Metrik unter vielen anderen, die auf $\mathfrak{F}$ möglich sind; wir haben die Freiheit, $\mathfrak{F}$ noch auf andere Weisen zu „metrisieren", d.h. auf ihr Längen, Winkel usw. durch Festsetzungen zu definieren, die nicht von der Einbettung der Fläche in den Raum, sondern weitgehend nur von unserer Willkür abhängen — wie weit, diese Frage bildet gerade einen wesentlichen Teil unseres Problems.

Die Untersuchungen, die wir hier anstellen werden, stammen aus der Differentialgeometrie, und obwohl wir unserem allgemeinen Programm entsprechend im Rahmen der Elementargeometrie bleiben werden, wird diese Herkunft zum Ausdruck kommen: die Einführung der metrischen Begriffe erfolgt „im Kleinen", in den Umgebungen der einzelnen Flächenpunkte; dann aber wird es sich gerade um die Frage handeln, mit was für „globaltopologischen" Eigenschaften, mit was für „Zusammenhangsverhältnissen im Großen" der Fläche unsere „lokal-metrischen" Festsetzungen verträglich sind. So spielt sich ja auch die Tätigkeit der Geodäten bei einer Landesvermessung zunächst auf einem verhältnismäßig sehr kleinen Teil der Erdoberfläche ab und hat also „lokalen" Charakter; dann aber entsteht die interessante Frage, ob man aus den Ergebnissen solcher Messungen, die man natürlich an sehr vielen Stellen der Erde anstellen muß, den Schluß ziehen kann, daß die Erdoberfläche den topologischen Typus einer Kugel und nicht etwa den der offenen unendlichen Ebene oder einen ganz anderen, etwa den Typus eines Torus hat; oder auch, umgekehrt, die Frage, welche Bedingungen die faktisch feststehende topologische Kugelgestalt der Erde den Methoden und Arbeitshypothesen der Geodäten auferlegt.

Ich komme zur Sache. Jeder Punkt p einer beliebigen Fläche $\mathfrak{F}$, gleichgültig welchen topologischen Typus diese hat, besitzt Umgebungen $U(p)$ auf $\mathfrak{F}$, die topologische Bilder von Umgebungen eines Punktes der Ebene sind — diese lokale topologische Äquivalenz mit der Ebene ist gerade das wesentliche topologische Charakteristikum der Flächen; es gibt also eine topologische (d.h. eineindeutige und stetige) Abbildung τ einer solchen $U(p)$ auf ein ebenes Gebiet V, und vermöge dieser Abbildung können wir die euklidische Metrik von V auf $U(p)$ übertragen; ist etwa C ein Kurvenbogen in $U(p)$, so definieren wir als seine Länge die euklidische Länge seines Bildes $\tau(C)$, usw.; auf diese Weise können wir für jeden Punkt p von $\mathfrak{F}$ in einer seiner Umgebungen $U(p)$ eine Metrik auszeichnen, die das isometrische Bild eines Stückes der euklidischen Ebene ist. Aber diese unendlich vielen Stücke bestimmen natürlich nur dann eine Metrik auf der ganzen Fläche $\mathfrak{F}$, wenn die folgende Kohärenzbedingung erfüllt ist: „Immer dann, wenn zwei ausgezeichnete, mit euklidischen Metriken versehenen Umgebungen $U(p_1)$ und $U(p_2)$ übereinandergreifen, soll in dem ihnen gemeinsamen Stück die Metrik von $U(p_1)$ identisch sein mit der Metrik von $U(p_2)$." Dies ist die Definition der „lokal-euklidischen" Metrik auf einer Fläche; wenn man eine solche Metrik erst einmal eingeführt hat, so ist sie besonders bequem zu handhaben; aber die Frage, die uns noch beschäftigen wird, ist gerade die, auf welchen Flächen ihre Einführung möglich ist, d.h. auf welchen Flächen man die euklidischen Metriken in den einzelnen Bereichen $U(p)$ so wählen kann, daß die obige Kohärenzbedingung erfüllt wird. — Ganz analog wird die „lokal-sphärische" Metrik definiert; man hat nur die Umgebungen $U(p)$ statt auf ebene Gebiete V auf Teilgebiete einer Kugelfläche (die etwa den Radius 1 haben möge) abzubilden und dann die sphärische Metrik dieser Gebiete auf die $U(p)$ zu übertragen. — Diese Begriffsbildungen ließen sich leicht verallgemeinern; aber wir würden dann in die Differentialgeometrie geraten, und daher wollen wir es im Hinblick auf unser elementargeometrisches Programm bei den lokaleuklidischen und den lokal-sphärischen Metriken bewenden lassen, zumal die Betrachtung dieser elementaren Metriken für unsere Zwecke prinzipiell ausreicht.

Triviale Beispiele von Flächen mit einer lokal-euklidischen oder mit einer lokal-sphärischen Metrik sind natürlich die Ebene und die Kugel mit ihren gewöhnlichen Geometrien selbst. Etwas weniger trivial, aber auch nicht gerade überraschend ist das Beispiel der lokal-euklidischen Metrik auf einem Zylinder, z.B. einem Kreiszylinder, wenn man auch auf ihm die gewöhnliche, d.h. ihm durch den Raum aufgeprägte Metrik nimmt: es ist bekannt und übrigens leicht zu beweisen, daß der Zylinder eine abwickelbare Fläche ist, und dies bedeutet, daß jeder Punkt eine Umgebung besitzt, die sich isometrisch auf ein Stück der euklidischen Ebene abbilden läßt. Weniger naheliegend und prinzipiell wichtiger ist es, daß man auf einer Torusfläche eine lokal-euklidische Metrik einführen kann:

Eine Torusfläche $\mathfrak{T}$ entsteht, wenn im Raume eine Kreislinie $\mathfrak{k}$ um eine Achse rotiert, die in der Ebene von $\mathfrak{k}$ liegt und $\mathfrak{k}$ nicht trifft. Wir verstehen unter ξ einen in der üblichen Weise auf $\mathfrak{k}$ eingeführten Winkelparameter und unter η den Winkelparameter der Rotation; dann sind ξ und η folgendermaßen als Parameter auf $\mathfrak{T}$ zu gebrauchen: zu jedem Paar (ξ, η) reeller Zahlen gehört ein bestimmter Punkt von $\mathfrak{T}$, und zu zwei Paaren (ξ, η), (ξ', η') gehört dann und nur dann derselbe Punkt, wenn die Differenzen $\xi' - \xi$ und $\eta' - \eta$ ganze Vielfache von 2π sind. Sei nun p ein beliebiger Punkt von $\mathfrak{T}$; wir nehmen eines der für ihn möglichen Parameterpaare (ξ_0, η_0) und verstehen unter $U(p)$ den durch

$$\xi_0 - c < \xi < \xi_0 + c, \qquad \eta_0 - c < \eta < \eta_0 + c$$

bestimmten Teil von $\mathfrak{T}$, wobei c eine feste Zahl zwischen 0 und 2π ist. Dann bilden wir $U(p)$ auf ein Stück einer euklidischen (x, y)-Ebene, das übrigens ein Quadrat ist, ab, indem wir $x = \xi$, $y = \eta$ setzen, und übertragen in der früher besprochenen Weise die euklidische (x, y)-Metrik auf $U(p)$; diese Einführung einer euklidischen Metrik in $U(p)$ können wir in dem hier vorliegenden Spezialfall auch ohne Heranziehung der (x, y)-Ebene einfach so beschreiben: wir behandeln in $U(p)$ die Parameter ξ, η wie euklidische Koordinaten und treiben mit ihnen gewöhnliche euklidische analytische Geometrie, definieren also die Geraden durch lineare Gleichungen, die Längen von Strecken durch die Pythagoreische Formel usw. Die Metriken, die wir so für alle Punkte p von $\mathfrak{T}$ in den zugehörigen $U(p)$ einführen, erfüllen die Kohärenzbedingung — dies bedarf wohl keines Beweises. Wir haben also in der Tat eine lokaleuklidische Metrik auf der Torusfläche $\mathfrak{T}$ eingeführt (und diese Metrik hat übrigens nichts mit derjenigen zu tun, die $\mathfrak{T}$ durch den Raum aufgeprägt wird).

Nachdem es uns gelungen ist, den Torus lokal-euklidisch zu metrisieren, liegt es nahe, das Analoge auch auf anderen Flächen zu versuchen und insbesondere zu fragen: „Ist es möglich, auf einer Fläche $\mathfrak{K}$ vom topologischen Typus der Kugel eine lokal-euklidische Metrik einzuführen?" Und gleichzeitig wollen wir, um Kugel und Torus möglichst gerecht zu behandeln, fragen: „Ist es möglich, auf einer Fläche $\mathfrak{T}$ vom topologischen Typus des Torus eine lokal-sphärische Metrik einzuführen?" Wir werden zeigen, daß die Antwort auf beide Fragen „nein" lautet, daß also der folgende Satz gilt: „Auf einer Fläche vom Typus der Kugel ist eine lokal-euklidische, auf einer Fläche vom Typus des Torus ist eine lokal-sphärische Metrik unmöglich."

Dieser Satz, der unser eigentliches Ziel darstellt, ist von der Art, die wir vorhin erwähnt haben: die Voraussetzung betrifft den topologischen Typus einer Fläche, die Behauptung sagt etwas über die metrischen Möglichkeiten auf der Fläche aus. Man kann denselben Satz auch folgendermaßen wenden: „$\mathfrak{F}$ sei eine geschlossene Fläche, deren topologischen Typus man noch nicht kennt; wenn es dann durch lokale Betrachtungen — etwa durch die Arbeit von Geodäten, die auf $\mathfrak{F}$ leben — gelingt, die Möglichkeit einer lokal-euklidischen (bzw. lokal-sphärischen) Metrik auf $\mathfrak{F}$ festzustellen, so kann man schließen, daß die Fläche nicht vom Typus der Kugel (bzw. nicht vom Typus des Torus) ist." (Tatsächlich kann man sogar den scharfen Schluß ziehen: im ersten Fall ist sie notwendigerweise vom Typus des Torus, im zweiten Fall vom Typus der Kugel; dies folgt aus Verschärfungen unseres Satzes, die wir nachher noch kurz und ohne Beweis formulieren werden.)

Der Beweis unseres Satzes erfolgt nach dem Vorbild des LEGENDREschen Beweises für den EULERschen Polyedersatz. Die geschlossene Fläche $\mathfrak{F}$, über deren topologischen Typus wir nichts voraussetzen, besitze eine lokal-euklidische Metrik. Wir nehmen mit $\mathfrak{F}$ eine Zerlegung $\mathfrak{Z}$ in endlich viele Zellen vor, die im wesentlichen beliebig ist, jedoch so fein sein soll, daß jede einzelne Zelle in einer der Umgebungen $U(p)$ enthalten ist, in welchen eine gewöhnliche euklidische Metrik vorliegt; unter einer „Zelle" ist hier natürlich das topologische Bild einer ebenen konvexen Zelle zu verstehen, und die Kanten der Zerlegung, also die Seiten der Zellen, sind Kurvenbögen. Die Anzahlen der Eckpunkte, Kanten und Zellen nennen wir wieder e, k, f, und wir interessieren uns für die zu der Zerlegung $\mathfrak{Z}$ gehörige Zahl $\chi(\mathfrak{Z}) = e - k + f$. Wir ersetzen jetzt zunächst jede Kante $B_j (j = 1, \ldots, k)$ von $\mathfrak{Z}$ durch einen Streckenzug B'_j — („Strecke" im Sinne der lokalen euklidischen Geometrie) —, der B_j so gut approximiert, daß die Gesamtheit dieser B'_j eine Zerlegung $\mathfrak{Z}'$ von $\mathfrak{F}$ in Zellen bewirkt, die ebenfalls in den vorhin genannten Gebieten $U(p)$ liegen und deren Anzahl die alte Zahl f ist; da überdies bei der Ersetzung von

B_j durch B'_j die Anzahl e um die gleiche Zahl zunimmt wie die Anzahl k, ist $\chi(\mathfrak{Z}') = \chi(\mathfrak{Z})$. In dieser neuen Zerlegung $\mathfrak{Z}'$ sind nun die Zellen geradlinig begrenzt, und wir können die Winkelsummenformeln (9) anwenden; addieren wir alle diese Formeln, so erhalten wir durch eine unseren früheren Beweisen ganz analoge Überlegung: $\chi(\mathfrak{Z}') = 0$, also auch

(17) $$\chi(\mathfrak{Z}) = 0\,.$$

Die Formel (17) gilt also für jede (hinreichend feine) Zerlegung einer Fläche, auf welcher eine lokal-euklidische Metrik existiert.

Nehmen wir jetzt eine geschlossene Fläche mit einer lokal-sphärischen Metrik. Dann können wir genau die gleiche Überlegung anstellen wie soeben, mit dem einzigen Unterschied, daß wir statt der Formel (9) die Formel (3) benutzen; analog wie im Legendreschen Beweis ergibt sich, daß $\chi(\mathfrak{Z}') \cdot 2\pi$ gleich dem Flächeninhalt A^* der ganzen Fläche ist; nun kennen wir zwar den Wert von A^* nicht, aber er ist gewiß positiv, und daher erhalten wir

(18) $$\chi(\mathfrak{Z}) > 0$$

für jede (hinreichend feine) Zerlegung einer Fläche, auf welcher eine lokal-sphärische Metrik existiert.

Die Konfrontierung von (17) und (18) lehrt: es ist unmöglich, daß sich auf einer geschlossenen Fläche sowohl eine lokal-euklidische, als auch eine lokal-sphärische Metrik einführen läßt. Somit folgt aus der Existenz der gewöhnlichen sphärischen Metrik auf der Kugel $\mathfrak{K}$ die Nicht-Existenz einer lokal-euklidischen Metrik auf $\mathfrak{K}$, und ebenso folgt aus der Existenz der vorhin auf dem Torus $\mathfrak{T}$ konstruierten lokal-euklidischen Metrik die Nicht-Existenz einer lokal-sphärischen Metrik auf $\mathfrak{T}$.

Damit ist das Ziel, das wir uns gesteckt hatten, erreicht; man kann aber in derselben Richtung weitergehen, und ich will noch kurz beschreiben, zu welchen Verallgemeinerungen und Verschärfungen unserer obigen Begriffe und Sätze man dann gelangt.

Erstens: Kugel und Torus sind nur die beiden ersten Glieder in der Reihe der topologischen Typen geschlossener Flächen: zu jeder Zahl g aus der Reihe $g = 0, 1, 2, \ldots$ gibt es einen Flächentypus $\mathfrak{F}_g$; er wird repräsentiert durch eine Kugel, an die man g Henkel angesetzt hat; es ist $\mathfrak{K} = \mathfrak{F}_0$, $\mathfrak{T} = \mathfrak{F}_1$, eine Hantel ist vom Typus $\mathfrak{F}_2$, eine Brezel vom Typus $\mathfrak{F}_3$; die Zahl g heißt das „Geschlecht" der Fläche; läßt man, was wir hier tun wollen, die sogenannten „nicht-orientierbaren" Flächen beiseite, so bilden die $\mathfrak{F}_g$ eine vollständige Aufzählung der topologischen Typen geschlossener Flächen. In Verallgemeinerung des Eulerschen Polyedersatzes gilt für jede Zellenzerlegung einer Fläche $\mathfrak{F}_g$:

(19) $$e - k + f = 2 - 2g\,.$$

Nun zeigt der Vergleich der Formel (19) mit den Formeln (17) und (18), daß die folgende (bereits früher erwähnte) Verschärfung unseres obigen Hauptsatzes gilt: „Unter allen geschlossenen (orientierbaren) Flächen sind diejenigen vom Geschlecht $g = 1$ die einzigen, welche eine lokal-euklidische, und diejenigen vom Geschlecht $g = 0$ die einzigen, welche eine lokal-sphärische Metrik zulassen."

Zweitens: Neben der ebenen euklidischen und der sphärischen Geometrie gibt es noch eine dritte, mit den beiden genannten in vieler Hinsicht ebenbürtige, zweidimensionale „elementare" Geometrie: die „hyperbolische" oder nicht-euklidische Geometrie von BOLYAI und LOBATSCHEFSKIJ. In ihr lautet die Winkelsummenformel für das Dreieck

$$\Sigma\alpha = \pi - A$$

und allgemeiner für das n-Eck

$$\Sigma\alpha - n\pi + 2\pi = -A\,, \tag{20}$$

wobei A wie früher den Flächeninhalt bezeichnet. Wir definieren nun den Begriff der „lokal-hyperbolischen" Metrik in Analogie zu unseren früheren Begriffen der lokal-euklidischen und der lokal-sphärischen Metrik. Dann ergibt sich aus (20), in Analogie zu (17) und (18): für jede (hinreichend feine) Zerlegung $\mathfrak{Z}$ einer geschlossenen Fläche, auf welcher eine lokal-hyperbolische Metrik existiert, gilt

$$\chi(\mathfrak{Z}) < 0\,. \tag{21}$$

Hieraus und aus (19) liest man ab, daß es auf den Flächen der Typen $\mathfrak{F}_0$ und $\mathfrak{F}_1$ keine lokal-hyperbolische Metrik gibt; andererseits kann man (was nicht ganz einfach ist) jede Fläche, deren Geschlecht $g \geqq 2$ ist, lokal-hyperbolisch metrisieren. Unser vorhin ausgesprochener Satz über die Flächen mit $g = 1$ und $g = 0$ besitzt daher folgende Fortsetzung: „Die Flächen der Geschlechter $g \geqq 2$, und nur diese, lassen eine lokal-hyperbolische Metrik zu."

Flächen mit lokal-euklidischer, lokal-sphärischer oder lokal-hyperbolischer Metrik bezeichnet man auch als (zweidimensionale) „Raumformen" der drei elementaren Geometrien. Die Unterschiede zwischen den drei Geometrien sind ex definitione metrischer Natur; aber sie bewirken eine topologische Einteilung der zugehörigen geschlossenen Raumformen: $g = 0$ für die sphärische, $g = 1$ für die euklidische, $g \geqq 2$ für die hyperbolische Geometrie. Damit ist man zu einem schönen und befriedigenden Abschluß gelangt, wenn man sich, wie es unserem ganzen Programm entspricht, auf die zweidimensionale elementare Geometrie beschränkt.[6])

Hebt man aber diese Beschränkung auf, so hat man ein neues und großes Gebiet vor sich: die Theorie der Zusammenhänge zwischen differentialgeometrischen und topologischen Eigenschaften mehrdimensionaler RIEMANNscher Mannigfaltigkeiten — ein Gebiet, das noch voll von ungelösten Problemen und das heute ein Schauplatz besonders lebhafter mathematischer Forschung ist.

[6]) Zu den letzten Abschnitten vgl. man Kap. IX der „Vorlesungen über nichteuklidische Geometrie" von FELIX KLEIN (Berlin 1928).

62.

Vom Bolzanoschen Nullstellensatz zur algebraischen Homotopietheorie der Sphären

Jahresbericht der DMV **56** (1953), 59–76

Dieser Vortrag soll ein Bericht über die Entwicklung eines Problems sein, das heute einen Brennpunkt der topologischen Forschung bildet. Das Problem ist nicht neu; im Zusammenhang mit anderen topologischen Fragen ist das Interesse an ihm stetig gewachsen, und man hat mit verschiedenartigen Methoden nach und nach eine ganze Reihe von Spezialfällen erledigen können, jedoch ohne daß ein allgemeines, alle Fälle beherrschendes Gesetz sichtbar geworden wäre. Die neueste Phase dieser Entwicklung geht in einem stürmischen Tempo vor sich und hat unerwartete Tatsachen zutage gefördert; zwar sind einige davon so überraschend, daß sie die Situation wenigstens für den Augenblick noch schwerer verständlich gemacht haben, als sie es ohnehin schon war, aber jedenfalls zeigen diese Erfolge, wie kräftig die neuen Methoden sind. Daß die Topologen diese Ereignisse mit Spannung verfolgen, ist nur natürlich; ich glaube aber, daß auch weitere Kreise von Mathematikern ein Interesse daran haben, über unser Problem und seine Entwicklung informiert zu werden — nicht nur weil die augenblickliche Situation in der Tat merkwürdig und spannend ist, sondern auch darum, weil das Problem mit verschiedenen Teilen der Mathematik etwas zu tun hat: in seiner ursprünglichen Fassung betrifft es ebensosehr wie die Topologie auch die Analysis, und die neueste Entwicklung scheint darauf hinzuweisen, daß es im Kern von algebraischer Natur ist.

1. Der Ausgangspunkt ist der alte Satz von Bolzano: „Auf einer Strecke E habe man eine stetige reelle Funktion f, deren Werte in den Endpunkten a und b von E entgegengesetzte Vorzeichen haben; dann besitzt f in E eine Nullstelle.“ Man kann den Satz auch so wenden: Es seien zunächst nur die Randwerte $f(a)$, $f(b)$, und zwar beide $\neq 0$, gegeben, aber noch nicht die Werte von f in den anderen Punkten von E; wir nennen die Randwerte „wesentlich“, wenn jede in ganz E stetige Funktion f, welche diese Randwerte hat, eine Nullstelle in E

---

1) Vortrag, gehalten auf der Tagung der Deutschen Mathematiker-Vereinigung, Berlin, September 1951.

besitzt, wenn also diese Randwerte die Existenz einer Lösung der Gleichung

$$(1_0) \qquad f(x) = 0$$

garantieren; „unwesentlich" dagegen sind die Randwerte, falls man sie stetig und frei von Nullstellen ins ganze Innere von E fortsetzen kann. Der Bolzanosche Satz besagt, daß Randwerte mit verschiedenen Vorzeichen immer wesentlich sind; andererseits sind Randwerte mit gleichen Vorzeichen trivialerweise unwesentlich, da ja z. B. die lineare Funktion mit solchen Randwerten in E überall $\neq 0$ ist.

Im Hinblick auf die Wichtigkeit, die das Bolzanosche Kriterium für Existenzbeweise von Lösungen einer Gleichung (1_0) bei vielen Gelegenheiten in der Mathematik besitzt, liegt es nahe, die analoge Situation und die analogen Begriffe für den Fall von mehreren Variablen und mehreren Funktionen zu betrachten. Es seien: X ein $(m+1)$-dimensionaler euklidischer $(x_0, x_1, \ldots, x_m)$-Raum, in dem wir zur Abkürzung manchmal $(x_0, \ldots x_m) = x$ und $(\Sigma x_i^2)^{\frac{1}{2}} = |x|$ setzen werden; E die durch $|x| \leq 1$ definierte Vollkugel in X und S^m die durch $|x| = 1$ definierte m-dimensionale Randsphäre von E. Auf S^m sei ein System $f = (f_0, f_1, \ldots, f_n)$ von $n+1$ stetigen reellen Funktionen gegeben, die dort keine gemeinsame Nullstelle haben. Wir nennen diese Randwerte „*wesentlich*", falls jedes in ganz E stetige Funktionensystem, das diese Randwerte hat, eine Nullstelle besitzt, d. h. wenn diese Randwerte die Existenz einer Lösung des Gleichungssystems (1_0), also des Systems

$$(1) \quad \left\{ \begin{array}{l} f_0(x_0, x_1, \ldots, x_m) = 0 \\ f_1(x_0, x_1, \ldots, x_m) = 0 \\ \dots\dots\dots\dots\dots\dots \\ f_n(x_0, x_1, \ldots, x_m) = 0 \end{array} \right.$$

garantieren; andernfalls, also falls die gegebenen Randwerte stetig und frei von gemeinsamen Nullstellen ins ganze Innere von E fortgesetzt werden können, heißen die Randwerte „*unwesentlich*". Die natürliche Frage ist jetzt die, ob es ein, dem Bolzanoschen Satz analoges Kriterium für die Wesentlichkeit vorgegebener Randwerte gibt, also die folgende Frage:

(*I*) *Auf S^m sei ein stetiges Funktionensystem $(f_0, \ldots, f_n)$ ohne gemeinsame Nullstelle gegeben; wie kann man entscheiden, ob diese Randwerte wesentlich sind, d. h. ob für jedes, in ganz E stetige Funktionensystem, das diese Randwerte hat, eine Lösung von* (1) *existiert?*

Diese Frage kann man heute nur in Ausnahmefällen beantworten; und auch auf die folgende, schwächere und vorbereitende Frage kennt man die Antwort nur für spezielle m und n:

(*II*) *Die Zahlen* m *und* n *seien gegeben; existieren dann Randwertsysteme* $(f_0, \ldots, f_n)$ *auf der Sphäre* S^m, *welche wesentlich sind?*

Falls (II) zu verneinen ist, wird (I) trivial.

Die beiden Fragen (I) und (II) stellen unser Problem in seiner einfachsten, ursprünglichen Fassung dar.

2. Ich will die Formulierung unserer Fragen noch mehr geometrisieren. Neben dem $(m+1)$-dimensionalen Raum X betrachten wir einen $(n+1)$-dimensionalen euklidischen Raum Y mit Punkten $y = (y_0, \ldots, y_n)$ und Normen $|y| = (\Sigma y_j^2)^{\frac{1}{2}}$, sowie die in Y durch $|y| = 1$ bestimmte n-dimensionale Sphäre S^n. Ein Funktionensystem $f = (f_0, \ldots, f_n)$ auf einer Punktmenge $M \subset X$ bewirkt die durch $f(x) = y$ definierte Abbildung von M in Y; wenn der Punkt $y = 0$ nicht zu der Bildmenge $f(M)$ gehört, so ist überall $|f| = |y| \neq 0$, und daher wird durch

$$(2) \qquad F(x) = |f(x)|^{-1} \cdot f(x)$$

eine Abbildung F von M in S^n erklärt. Insbesondere gehören zu Randwertsystemen f, wie wir sie auf S^m betrachten, gemäß (2) Abbildungen F von S^m in S^n; und umgekehrt gibt es zu jeder Abbildung F von S^m in S^n Randwerte f, denen F durch (2) zugeordnet ist: z. B. diejenigen, die durch $f(x) = F(x)$ erklärt sind. Wir wollen die uns interessierenden Eigenschaften der Randwertsysteme f durch Eigenschaften der zugehörigen Abbildungen F ausdrücken[2]).

Eine Abbildung F von S^m in S^n heißt „*unwesentlich*", wenn man sie stetig in eine Abbildung von S^m auf einen einzigen Punkt von S^n deformieren kann, d. h. wenn eine solche, von dem Parameter λ, $0 \leqslant \lambda \leqslant 1$, stetig abhängige Schar F_λ von Abbildungen $S^m \to S^n$ existiert, daß $F_1 = F$ und $F_0(S^m)$ ein einziger Punkt ist; andernfalls heißt F „*wesentlich*". Ich behaupte: Das Randwertsystem f ist dann und nur dann unwesentlich, wenn die ihm durch (2) zugeordnete Abbildung F unwesentlich ist. In der Tat: wenn f unwesentlich ist, so dürfen wir f als in ganz E gegeben und $\neq 0$ annehmen, und dann wird für $0 \leqslant \lambda \leqslant 1$ und $x \varepsilon S^m$ durch

$$F_\lambda(x) = |f(\lambda x)|^{-1} \cdot f(\lambda x)$$

eine Abbildungsschar F_λ der genannten Art definiert (dabei ist der Punkt λx im Sinne der üblichen Vektorschreibweise erklärt); wenn

2) Alle vorkommenden Abbildungen und Funktionen sollen stetig sein.

umgekehrt F unwesentlich ist, also eine Schar F_λ existiert, dann werden die Randwerte $f(x)$ durch die Formel

$$f(\lambda x) = (1 - \lambda + \lambda\, |f(x)|) \cdot F_\lambda(x)$$

stetig und ohne Nullstellen auf ganz E erweitert. — Unwesentlichkeit von f ist also dasselbe wie Unwesentlichkeit von F, und dasselbe gilt damit auch für die Begriffe der Wesentlichkeit. Daher können wir unsere Fragen (I) und (II) jetzt so formulieren:

(*I'*) *Eine Abbildung F von S^m in S^n sei gegeben; wie kann man entscheiden, ob sie wesentlich ist?*

(*II'*) *m und n seien gegeben; existieren wesentliche Abbildungen $S^m \to S^n$?*

Diese Fragen sind also äquivalent mit unseren alten Fragen (I) und (II), und ihre Behandlung bleibt daher unser eigentliches Ziel; man ist aber in natürlicher Weise dazu gekommen, diese Fragen noch zu verfeinern: Zwei Abbildungen F und G von S^m in S^n heißen einander „*homotop*“, wenn man die eine stetig in die andere deformieren kann; der Homotopiebegriff bewirkt eine Einteilung aller Abbildungen $S^m \to S^n$ in Klassen, die „Homotopieklassen“ oder auch „Abbildungsklassen“; die unwesentlichen Abbildungen gehören offenbar alle derselben Klasse an; die Anzahl aller Klassen möge $A(m, n)$ heißen; falls alle Abbildungen $S^m \to S^n$ unwesentlich sind, so ist $A(m, n) = 1$, andernfalls ist $A(m, n) > 1$. Die Verfeinerungen von (I') und (II') lauten nun:

(*I''*) ***Zwei Abbildungen F und G von S^m in S^n seien gegeben; wie kann man entscheiden, ob sie einander homotop sind?***

(*II''*) ***Wie groß ist, bei gegebenen m und n, die Klassenanzahl $A(m, n)$?***

Die Diskussion dieser Fragen ist natürlich wertvoll auch für die Behandlung unserer ursprünglichen schwächeren Fragen (I), (II) oder (I', II').

3. Ich beginne mit dem Bericht darüber, was man an Antworten auf unsere Fragen oder wenigstens auf Teile unserer Fragen kennt. Den Bolzanoschen Fall $m = n = 0$, also den Fall einer Funktion einer Variablen können wir als trivial beiseite lassen.

Auch für die Fälle $m = n > 0$ kennt man seit langem die Antworten auf alle unsere Fragen; diese Fälle werden beherrscht durch die „*Kroneckersche Charakteristik*“ und den „*Brouwerschen Abbildungsgrad*“[3]). Der Grad $C(F)$ einer Abbildung F von S^n_x in S^n_y — ich deute,

3) [6], Kap. XII, XIII; man vergl. auch [1]. — Die Ziffern in eckigen Klammern beziehen sich auf das Literaturverzeichnis am Ende des Aufsatzes.

da die Dimensionen jetzt gleich sind, die Verschiedenheit der beiden Sphären durch die unteren Indices x und y an — ist bekanntlich charakterisiert als die Anzahl der positiven schlichten Überdeckungen eines Teilgebietes von S_y^n durch das Bild $f(S_x^n)$, vermindert um die analoge Anzahl negativer Überdeckungen, wobei man gegebenenfalls, damit diese Erklärung einen Sinn habe, F durch eine stückweise glatte Approximation F' ersetzen muß. Die Kroneckersche Charakteristik $c(f)$ eines Systems $f = (f_0, \ldots, f_n)$ von $n + 1$ Funktionen auf der S_x^n ohne gemeinsame Nullstelle ist definiert als der Grad $C(F)$ derjenigen Abbildung $S_x^n \to S_y^n$, welche f durch (2) zugeordnet ist; man nennt $c(f)$ manchmal auch die „Ordnung des Punktes $y = 0$ in bezug auf das Bild $f(S_x^n)$" und im 2-dimensionalen Fall, also für $n = 1$, ist $c(f)$ die bekannte Umlaufzahl des geschlossenen Weges $f(S_x^1)$ um den Punkt $y = 0$. Wenn die Funktionen f_i stückweise differenzierbar sind, so ergibt sich aus der Definition $c(f) = C(F)$ leicht die Darstellbarkeit durch das „Kroneckersche Integral"

$$c(f) = \frac{1}{\omega n} \int\limits_{S_x^n} \text{Det.} \left(f, \frac{\partial f}{\partial u_1}, \ldots, \frac{\partial f}{\partial u_n}\right) \cdot |f|^{-(n+1)} \, du_1 \ldots du_n;$$

dabei sind: $u_1, \ldots, u_n$ lokale Parameter auf S_x^n; $\left(f, \frac{\partial f}{\partial u_1}, \ldots, \frac{\partial f}{\partial u_n}\right)$ die $(n+1)$-reihige quadratische Matrix, deren Zeilen die Funktionensysteme $f, \frac{\partial f}{\partial u_1}, \ldots$ sind; ω_n die Oberfläche der Sphäre S_y^n vom Radius 1.

Einer der Hauptsätze aus der Brouwerschen Theorie des Grades besagt, daß $C(F)$ eine Homotopie-Invariante ist, d. h. sich nicht ändert, wenn die Abbildung F in ihrer Homotopieklasse variiert; da es ferner leicht ist, zu jeder ganzen Zahl C Abbildungen F von S_x^n auf S_y^n mit $C(F) = C$ anzugeben, ist damit die Frage (II'') beantwortet: es ist

$$A(n, n) = \infty \tag{3}$$

für jedes $n > 0$; darin ist enthalten, daß die Fragen (II') und (II) zu bejahen sind. — Die unwesentlichen Abbildungen haben den Grad 0; daraus folgt zunächst, in teilweiser Beantwortung von (I'): für die Wesentlichkeit von F ist hinreichend, daß der Grad $C(F) \neq 0$ ist; dies ist äquivalent mit folgendem Satz, der eine Teilantwort auf (I) ist: „Wenn die Kroneckersche Charakteristik $c(f) \neq 0$ ist, so ist das Randwertsystem f wesentlich, d. h. das Gleichungssystem (1) hat eine Lösung (für jede Fortsetzung der Randwerte ins ganze Innere von E)." Dies ist der „Kroneckersche Existenzsatz", der als direkte Übertragung des Bolzanoschen Satzes auf Systeme von n Funktionen von n Variablen gelten darf.

Nun gilt aber von dem Brouwerschen Satz, daß homotope Abbildungen denselben Grad haben, auch die Umkehrung: Abbildungen gleichen Grades sind immer einander homotop; insbesondere ist jede Abbildung, deren Grad 0 ist, unwesentlich[4]). Damit sind die Fragen (I″) und (I′) vollständig beantwortet, und man hat nunmehr auch die vollständige Antwort auf die ursprüngliche Frage (I): „*Die Randwerte f sind dann und nur dann wesentlich, wenn ihre Charakteristik* $c(f) \neq 0$ *ist.*“

Damit bleibt, zumal man zur expliziten Berechnung von $c(f)$ das Kroneckersche Integral zur Verfügung hat, in den Fällen $m = n$ wohl nichts mehr zu wünschen übrig.

4. Es sei jetzt $m \neq n$. Uninteressant sind die Fälle mit $m < n$; denn es ist klar, daß dann alle Abbildungen $S^m \to S^n$ unwesentlich sind; wenn also die Anzahl der Variablen x_i kleiner ist als die Anzahl der Funktionen f_j, so gibt es keine wesentlichen Randwertsysteme f, d. h.: jedes nullstellenfreie Randwertsystem auf der Sphäre S^m läßt sich stetig und nullstellenfrei in die ganze Vollkugel E fortsetzen.

Auch für $m > n$ gibt es einen trivialen Fall: nämlich $n = 0$, d. h. den Fall einer einzigen Funktion f_0 von wenigstens zwei Variablen; da für $m > 0$ die Sphäre S^m zusammenhängend ist, hat eine auf S^m stetige und von 0 verschiedene Funktion festes Vorzeichen, etwa das positive, und man kann dann auf ganz elementare Weise f_0 zu einer in ganz E stetigen und positiven Funktion erweitern. Die Randwerte sind also unwesentlich.

Etwas weniger trivial, aber auch leicht zu erledigen sind die Fälle mit $m > n = 1$, d. h. die Fälle von genau zwei Funktionen von mehr als zwei Variablen. Es handelt sich also um die Abbildungen einer Sphäre S^m mit $m \geqslant 2$ in eine Kreislinie S^1, und hier gilt der Satz: Alle diese Abbildungen sind unwesentlich. Ich skizziere den Beweis ([6], p. 515): Sei F eine Abbildung $S^m \to S^1$; bezeichnet φ die Winkelkoordinate auf S^1, so ist die Funktion $\Phi(x) = \varphi F(x)$ für $x \varepsilon S^m$ zunächst nur modulo 2π bestimmt; da aber S^m für $m \geqslant 2$ einfach zusammenhängend ist, zeigt eine einfache Monodromie-Betrachtung, daß Φ als eindeutige stetige Funktion auf S^m bestimmt werden kann; dann wird, wenn der Parameter λ von 1 nach 0 läuft, durch $\varphi F_\lambda(x) = \lambda \cdot \Phi(x)$ eine Abbildungschar F_λ von S^m in S^1 gegeben, die F in eine Abbildung auf einen einzigen Punkt überführt. — Es gibt also nur unwesentliche Randwerte, und wir haben das folgende, wohl doch nicht

4) Für $n = 1$ fast trivial, für $n = 2$ von Brouwer [2], für beliebiges n in [3] bewiesen. Man vergl. [6], p. 499f.

ganz selbstverständliche Ergebnis: „*Jedes auf* S^m, $m \geqslant 2$, *gegebene Funktionensystem* $f = (f_0, f_1)$ *ohne gemeinsame Nullstelle von* f_0 *und* f_1 *läßt sich stetig und nullstellenfrei in die ganze Vollkugel E fortsetzen.*" Wir notieren das Ergebnis noch in der Sprache unserer Frage (II''):

$$A(m, 1) = 1 \quad \text{für } m > 1. \tag{4}$$

Wir haben jetzt die Fälle mit $m > n \geq 2$ zu untersuchen. Die Erfahrung, die wir soeben für $n = 1$ gemacht haben, könnte die Vermutung nahelegen, daß alle Abbildungen $S^m \to S^n$ mit $m > n$, also überhaupt mit $m \neq n$, unwesentlich seien, d. h. daß es in diesen Fällen keine wesentlichen Randwerte gebe, mit anderen Worten: daß der Bolzanosche Satz keine andere Verallgemeinerung auf Funktionensysteme von mehreren Variablen besitze als den, für $m = n > 0$ gültigen Kroneckerschen Satz. Wir werden sogleich sehen, daß eine solche Vermutung falsch wäre, und zwar bereits für die kleinsten, jetzt in Frage kommenden m und n, also für $m = 3$, $n = 2$.

5. Wir betrachten also jetzt die Abbildungen $S^3 \to S^2$. [4] Jeder solchen Abbildung F läßt sich eine ganze Zahl γ (F) zuordnen, die weitgehend analoge Eigenschaften hat wie der Grad einer Abbildung einer Sphäre auf eine Sphäre gleicher Dimension; sie kann folgendermaßen beschrieben werden: Nachdem man gegebenenfalls F durch eine stückweise glatte Approximation ersetzt hat, darf man voraussetzen, daß das Urbild $F^{-1}(a)$ eines Punktes $a \varepsilon S^2$ aus endlich vielen einfach geschlossenen Kurven besteht; man betrachtet für zwei Punkte a, b die, in bekannter Weise erklärte „Verschlingungszahl"[5]) der Urbilder $F^{-1}(a)$ und $F^{-1}(b)$ und beweist, daß diese Zahl von der Wahl der Punkte a und b nicht abhängt; diese Verschlingungszahl ist $\gamma(F)$. Man zeigt weiter, daß $\gamma(F)$ eine Homotopie-Invariante ist, d. h. sich nicht ändert, wenn F in ihrer Homotopieklasse variiert, und daß für die unwesentlichen Abbildungen $\gamma(F) = 0$ ist. Nun muß man, um wesentliche Abbildungen zu erhalten, Abbildungen mit $\gamma \neq 0$ angeben; das einfachste Beispiel ist das folgende: im (x_0, x_1, x_2, x_3)-Raum X, in dem unsere S^3 liegt, führen wir die komplexen Koordinaten $z_1 = x_0 + i x_1$, $z_2 = x_2 + i x_3$ ein; die S^2 deuten wir als Riemannsche Zahlkugel einer komplexen Variablen ζ (also mit einemPunkt $\zeta = \infty$); dann wird durch

$$z_1 z_2^{-1} = \zeta \tag{5}$$

---

5) Die Verschlingungszahl zweier, zueinander fremder geschlossener Linien A und B im euklidischen Raum R^3 oder in der Sphäre S^3 ist die, unter Berücksichtigung von Vorzeichen und Vielfachheiten zu bestimmende Anzahl der Schnittpunkte von A mit einem Flächenstück, dessen Rand B ist. Man vergl. [6], p. 410f.

eine Abbildung $S^3 \to S^2$ erklärt, die ich immer Δ nennen will; die Urbilder der einzelnen Punkte von S^2 sind Großkreise der S^3 — (sie bilden eine „Faserung" der S^3) —, und die Verschlingungszahl je zweier Großkreise ist gleich 1; daher ist $\gamma(\Delta) = 1$. Damit sind bereits unsere Fragen (II') und (II) bejaht; jetzt ist es aber auch leicht, die Frage (II'') zu beantworten: es ist

$$A(3, 2) = \infty; \tag{6}$$

denn bildet man erst S^3 mit einem vorgegebenen Grad C auf sich ab und übt dann Δ aus, so entsteht eine Abbildung $S^3 \to S^2$, von der man leicht zeigt, daß $\gamma = C$ ist. — Mit den wesentlichen Abbildungen $S^3 \to S^2$ haben wir auch wesentliche Randwertsysteme $f = (f_0, f_1, f_2)$, wobei die f_i Funktionen von 4 Variablen sind, gefunden; so ist z. B. die Abbildung Δ gemäß (2) dem folgenden System zugeordnet:

$$f_0 = 2(x_0 x_2 + x_1 x_3)$$
$$f_1 = 2(x_1 x_2 - x_0 x_3)$$
$$f_2 = x_0^2 + x_1^2 - x_2^2 - x_3^2;$$

jedes Funktionentripel $g = (g_0, g_1, g_2)$, welches mit diesem System f auf S^3, also für $\Sigma x_i^2 = 1$, übereinstimmt und in ganz E, also für $\Sigma x_i^2 \leqslant 1$, stetig ist, besitzt somit in E eine Nullstelle.

Wir haben also eine hinreichende Bedingung, nämlich $\gamma \neq 0$, für die Wesentlichkeit einer Abbildung oder eines Randwertsystems; diese Bedingung ist aber auch notwendig; denn es gilt der Satz: „Zwei Abbildungen $S^3 \to S^2$, welche dieselbe Verschlingungsinvariante γ haben, sind einander homotop."[6]) Insbesondere ist jede Abbildung F mit $\gamma(F) = 0$ unwesentlich. Damit sind auch unsere Fragen (I''), (I'), (I) beantwortet; speziell lautet die Antwort auf (I): „*Ein Randwertsystem f ist dann und nur dann wesentlich, wenn* $\gamma(F) \neq 0$ *ist*" (wobei F durch (2) mit f verknüpft ist).

Damit ist unser Problem für $m = 3$, $n = 2$ in ähnlichem Sinne vollständig erledigt wie für die Fälle $m = n$. Allerdings wird es im allgemeinen leichter sein, für eine vorgelegte Abbildung $S^n \to S^n$ den Grad zu bestimmen als für eine Abbildung $S^3 \to S^2$ den Wert von γ. Immerhin kann man auch $\gamma(F)$ durch ein Integral darstellen [11]. —

Jetzt fragt man natürlich: Auf welche anderen Paare (m, n) läßt sich die für (3, 2) gültige γ-Theorie übertragen? [5] Bei einer Abbildung $S^m \to S^n$ (die hinreichend regulär ist), hat das Urbild eines Punktes der S^n die Dimension $m - n$; für zwei Zyklen der Dimensionen r und s in der m-dimensionalen Sphäre S^m ist die Verschlingungszahl de-

6) Dieser Satz ist noch nicht von mir in [4], sondern erst von Hurewicz [7] bewiesen worden; auch die Arbeit [8] von Freudenthal enthält einen Beweis.

finiert, wenn $r + s = m - 1$ ist; wir erhalten so die Bedingung $2(m - n) = m - 1$, d. h. $m = 2n - 1$. In der Tat kann man bei beliebigem $n > 1$ für die Abbildungen $S^{2n-1} \to S^n$ die Zahl $\gamma(F)$ genau wie früher definieren; genau wie früher gilt: $\gamma(F)$ ist eine Homotopie-Invariante, und für die unwesentlichen Abbildungen ist $\gamma(F) = 0$. Aber die Situation ändert sich, wenn man versucht, Abbildungen zu finden, für die $\gamma \neq 0$ ist: aus Vorzeichen-Gründen, auf die ich hier nicht eingehe, ist für ungerades n immer $\gamma(F) = 0$, und man hat sich also auf die Fälle $m = 4k - 1$, $n = 2k$ zu beschränken; wenn man in diesen Fällen versucht, die für $k = 1$ durch (5) gegebene Abbildung Δ möglichst unverändert auf die höheren Dimensionszahlen, die hier in Frage kommen, zu übertragen, so gelingt das ohne weiteres für $k = 2$, also für $m = 7$ und $n = 4$, indem man unter z und ζ Quaternionen, und für $k = 4$, also für $m = 15$ und $n = 8$, indem man unter z und ζ Cayleysche Oktaven versteht, und man erhält in diesen Fällen analog zu Δ Abbildungen mit $\gamma = 1$, mit deren Hilfe man dann Abbildungen mit beliebig vorgegebenem $\gamma = C$ herstellt. Bei beliebigem k gelingt es auf andere Weise, Abbildungen mit $\gamma = 2$, und daher auch Abbildungen mit beliebigem geraden $\gamma = 2C$ zu konstruieren. Man hat also jedenfalls das Resultat

(7) $$A(4k - 1, 2k) = \infty \quad \text{für jedes } k > 0;$$

damit sind zugleich die Fragen (II′) und (II) für alle Dimensionen $m = 4k - 1$, $n = 2k$ bejaht; es ist dann, indem man von Abbildungen mit $\gamma \neq 0$ ausgeht, auch nicht schwer, explizit Randwertsysteme ($2k + 1$ Funktionen von $4k$ Variablen) anzugeben, welche wesentlich sind.

Aber die Frage, ob die Bedingung $\gamma \neq 0$ für die Wesentlichkeit notwendig ist oder ob es auch wesentliche Abbildungen mit $\gamma = 0$ gibt, ist für beliebige $(4k - 1, 2k)$ schwieriger als für den Spezialfall (3,2) und bis heute nur für spezielle k beantwortet[7]).

6. Das, worüber ich bisher berichtet habe, entspricht ziemlich genau[8]) dem Stand der Dinge im Jahre 1935. In diesem Jahre aber erhielt unser Problem — und nicht nur dieses, sondern die ganze Topologie — einen neuen Impuls und eine neue Wendung durch die Einführung der „Homotopiegruppen" von W. Hurewicz [7].

---

7) Daß für $k = 2$ wesentliche Abbildungen mit $\gamma = 0$ existieren, wird sich in Nr. 8 zeigen; dagegen folgt aus der Bestimmung der Gruppe $\pi_{11}(S^6) = Z_\infty$ in [20], daß es für $k = 3$ keine solche Abbildung gibt.

8) Nämlich bis auf den Satz, auf den sich Fußnote 6 bezieht, und bis auf die Integraldarstellung [11].

Die Definition der m-ten Homotopiegruppe $\pi_m(R)$ eines einfach zusammenhängenden Raumes[9]) R, also z. B. einer Sphäre S^n ($n > 1$) ist die folgende (ist R nicht einfach zusammenhängend, so wird die Definition nur um eine Kleinigkeit komplizierter): die Elemente sind die Homotopieklassen $S^m \to R$; um die Summe $a_1 + a_2$ zweier Klassen a_1, a_2 zu erhalten, schnüre man eine Großkugel S^{m-1} der S^m auf einen Punkt p zusammen, so daß die von S^{m-1} berandeten Halbkugeln in Sphären S_1^m, S_2^m deformiert werden, und übe auf S_1^m, S_2^m Abbildungen A_1, A_2 aus den Klassen a_1, a_2 aus, wobei $A_1(p) = A_2(p)$ sein soll; die resultierende Abbildung $S^m \to R$ bestimmt die Klasse $a_1 + a_2$. Man beweist dann, daß auf diese Weise in der Tat eine Gruppe, und zwar eine Abelsche Gruppe, entsteht. Ihr Nullelement ist die Klasse der unwesentlichen Abbildungen.

Ich werde hier nicht von der großen Bedeutung sprechen, welche die, auf diese erstaunlich einfache Weise definierten Gruppen in der ganzen Topologie besitzen, sondern lediglich von der Rolle der Homotopiegruppen der Sphären, also der Gruppen $\pi_m(S^n)$, im Rahmen unseres Problems. Der einfacheren Schreibweise wegen will ich übrigens immer

$$\pi_m(S^n) = \pi(m, n)$$

setzen. Der Vorteil, den wir dadurch gewonnen haben, daß wir das System der Abbildungsklassen $S^m \to S^n$ jetzt als Gruppe auffassen, besteht in der Möglichkeit, mit Begriffen wie: Untergruppe, homomorphe Abbildung usw. in der üblichen Weise zu operieren. Ein erstes Beispiel hierfür ist ein Satz, den Hurewicz in seiner ersten Note über die Homotopiegruppen bewiesen hat: Eine Abbildung der S^{n_1} in die S^{n_2} bewirkt offenbar für jedes m eine homomorphe Abbildung $\pi(m, n_1) \to \pi(m, n_2)$; für die durch (5) gegebene Abbildung Δ der S^3 auf die S^2 kann man nun auf Grund der speziellen Eigenschaften von Δ — die darauf beruhen, daß Δ, wie früher erwähnt, durch eine Faserung der S^3 in Kreise gegeben ist — folgenden Satz beweisen: „*Δ bildet für jedes $m > 2$ die Gruppe $\pi(m, 3)$ isomorph auf die Gruppe $\pi(m, 2)$ ab.*" Folglich ist

$$(8) \quad \pi(m, 3) \approx \pi(m, 2), \quad \textit{also} \quad A(m, 3) = A(m, 2), \quad \textit{für} \quad m > 2$$

(ohne den Gruppenbegriff wäre diese Gleichheit zwischen den A nicht so einfach zu beweisen). Dieser Satz von Hurewicz lehrt, daß man, wenn man will, die Fälle mit $n = 2$ nicht mehr zu betrachten braucht und sich also auf die Fälle $m > n \geq 3$ beschränken kann; in der Sprache unserer Randwertbetrachtungen in Nr. 1: Systeme von 4

9) Es handelt sich um zusammenhängende metrische Räume mit abzählbarer Umgebungsbasis, die überdies „im Kleinen zusammenziehbar" sind.

Funktionen von mindestens 4 Variablen verhalten sich ebenso wie gewisse Systeme von 3 Funktionen derselben Variablen.

Nachdem man einmal den Vorteil der Einführung der Homotopiegruppen in unser Problem erkannt hat, liegt es nun nahe, unsere frühere Frage (II'') zu folgender Aufgabe zu verschärfen — deren Behandlung aber nicht nur für unser Problem, sondern auch für andere Teile der Topologie höchst wichtig ist —:

(*II**) *Man bestimme, bei gegebenen m und n, die Struktur der Gruppen* $\pi(m, n)$.

Diese Aufgabe ist eigentlich das Problem, von dem ich am Anfang gesagt habe, daß es heute einen Brennpunkt der topologischen Forschung bildet; ihre Behandlung soll daher auch im folgenden als das Hauptziel gelten, ohne daß wir darum unsere alte Frage (I) aus den Augen verlieren wollen.

Leicht zu lösen ist die Aufgabe in den Fällen $m = n > 0$: man sieht ohne Mühe, daß die Abbildungsgrade eine isomorphe Abbildung der Gruppe $\pi(n, n)$ auf die additive Gruppe der ganzen Zahlen vermitteln, und daß daher

(9) $$\pi(n, n) \approx Z_\infty$$

ist[10]). Auf dem soeben besprochenen Satz von Hurewicz über die Wirkung von Δ folgt dann weiter, daß auch die durch γ vermittelte Abbildung der Gruppe $\pi(3, 2)$ auf die Gruppe der ganzen Zahlen eine Isomorphie, daß also auch

(10) $$\pi(3, 2) \approx Z_\infty$$

ist. Dies sind Präzisierungen unserer früheren Formeln (3) und (6). Dagegen können wir (7) nur in schwächerer Weise präzisieren: die Gruppe $\pi(4k - 1, 2k)$ enthält eine Untergruppe Z_∞; aber dann und nur dann ist sie isomorph mit Z_∞, falls jede Abbildung mit $\gamma = 0$ unwesentlich ist.

7. Unter den wenigen Aussagen allgemeinen Charakters, die man bis heute über die Art der Abhängigkeit der Gruppen $\pi(m, n)$, und damit ihrer Ordnungen $A(m, n)$, von den Argumenten m und n machen konnte, steht zeitlich und inhaltlich an der Spitze der folgende Satz von H. Freudenthal ([8], 1937): „*Die Strukturen der Gruppen* $\pi(n + d, n)$ *hängen für* $n \geq d + 2$ *nur von der Dimensionsdifferenz* d *ab.*"

Auf Grund dieses Satzes sind die Gruppen

(11) $$\pi'(d) = \pi(2d + 2, d + 2) \approx \pi(2d + 3, d + 3) \approx \ldots$$

10) Mit Z_r bezeichnen wir immer die zyklische Gruppe der Ordnung r.

wohldefiniert, und man wird die Aufgabe (II*) in zwei Teile zerlegen:

(II_1*) *Man bestimme die Strukturen der Gruppen* $\pi'(d)$.

(II_2*) *Man bestimme für jedes* $d > 0$ *die Strukturen der* $d - 1$ *Gruppen* $\pi(n + d, n)$ *mit* $3 \leq n \leq d + 1$

($n = 1$ brauchen wir wegen (4), $n = 2$ wegen (8) nicht zu betrachten).

Die Grundlage für den genannten Satz und für einige andere Sätze von Freudenthal bildet der Begriff der „Einhängung"; das ist die, für beliebige m und n auf folgende einfache Weise erklärte Abbildung von $\pi(m, n)$ in $\pi(m + 1, n + 1)$: man fasse S^m und S^n als Äquatoren von S^{m+1} bzw. S^{n+1} auf und erweitere die Abbildungen $S^m \to S^n$ derart zu Abbildungen $S^{m+1} \to S^{n+1}$, daß die nördliche und die südliche Halbkugel von S^{m+1} in die nördliche bzw. in die südliche Halbkugel von S^{n+1} abgebildet wird; man sieht ganz leicht, daß dadurch in eindeutiger Weise ein Homomorphismus $\mathfrak{E}$ von $\pi(m, n)$ in $\pi(m + 1, n + 1)$ bestimmt ist. Von den Eigenschaften der Einhängung $\mathfrak{E}$, die übrigens gar nicht leicht zu beweisen sind, nenne ich hier nur die folgenden (dabei ist immer $d = m - n$):

(*a*) Für $n > d$ ist $\mathfrak{E}$ eine Abbildung von $\pi(m, n)$ *auf* die ganze Gruppe $\pi(m + 1, n + 1)$;

(*a'*) dasselbe gilt für gerades $n = d$.

(*b*) Für $n > d + 1$ ist $\mathfrak{E}$ ein Isomorphismus.

(*c*) Ist $m = 4k - 1$, $n = 2k$, $f \varepsilon \pi(m, n)$, $\gamma(f)$ ungerade, so ist $\mathfrak{E}(f) \neq 0$.

Aus (a) und (b) folgen die Isomorphismen (11), also der oben formulierte Hauptsatz. — Weiter erhält man folgende Beiträge zu unserem Problem (II*): Wie wir in Nr. 6 hervorgehoben haben, gibt es nicht nur für $k = 1$, sondern auch für $k = 2$ und $k = 4$ Abbildungen $S^{4k-1} \to S^{2k}$ mit $\gamma = 1$; daher folgt aus (c)

$$\pi(4k, 2k + 1) \neq 0 \qquad \text{für } k = 1, 2, 4; \tag{12}$$

hieraus und aus (b) folgt weiter

$$\pi'(d) \neq 0 \qquad \text{für } d = 1, 3, 7. \tag{12'}$$

Für die Einhängung $\pi(3, 2) \to \pi(4, 3)$ zeigt Freudenthal (durch Überlegungen, auf die ich nicht eingehe) weiter, daß die $f \varepsilon \pi(3, 2)$, für die $\gamma(f)$ gerade ist, auf das Nullelement abgebildet werden; daher lassen sich (12), (12') für $k = 1$, $d = 1$ präzisieren:

$$\pi(4, 3) = \pi'(1) = Z_2.\text{[11]} \tag{13}$$

11) Dieser Satz wurde auf einem ganz anderen Wege auch von Pontrjagin gefunden [9].

Hieraus und aus (8) ergibt sich, daß auch

(14) $$\pi(4, 2) = Z_2$$

ist; aus (14) und (a') folgt weiter:

(15?) $$\pi(5, 3) = Z_2 \quad \text{oder} \quad = 0.$$

Die Entscheidung, welcher dieser beiden Fälle vorliegt, ist darum doppelt wichtig, weil nach einem anderen allgemeineren Satz von Freudenthal (auf den ich ebenfalls nicht eingehe) für $d = 2$ die Isomorphismen-Kette (11) nicht erst mit $n = d + 2 = 4$, sondern schon mit $n = d + 1 = 3$ beginnt, so daß also $\pi'(2) \approx \pi(5, 3)$ ist. Nun ergibt sich aber aus der Herleitung der Relationen (13), (14), (15?), daß man über die erzeugenden Elemente der dort auftretenden zyklischen Gruppen präzise Aussagen machen kann: da $\pi(3, 2)$ von Δ erzeugt wird, wird $\pi(4, 3)$ von $\mathfrak{E}(\Delta)$, weiter wird $\pi(4, 2)$ von $\Delta\,\mathfrak{E}(\Delta)$ und $\pi(5, 3)$ von $\Theta = \mathfrak{E}(\Delta\,\mathfrak{E}(\Delta))$ erzeugt. Die Frage (15?) und damit auch die Frage nach der Struktur von $\pi'(2)$ kann also so ausgesprochen werden: „Ist diese Abbildung Θ (die man leicht durch explizite Formeln beschreiben kann) wesentlich oder unwesentlich?" Wie schwer es aber sein kann, derartige explizite und spezielle Fragen zu beantworten, sieht man gerade an diesem Beispiel: nachdem man (infolge eines Irrtums in [9]) lange Zeit geglaubt hatte, Θ sei unwesentlich, wurde erst 1950, dann aber mit voneinander verschiedenen Methoden ([13], [14]), bewiesen, daß Θ wesentlich, daß also

(15) $$\pi(5, 3) \approx \pi'(2) = Z_2$$

ist. — Wenden wir hier noch einmal (8) an, so erhalten wir

(16) $$\pi(5, 2) = Z_2.$$

Ich mache eine Zusammenstellung der Paare (m, n), für die wir auf Grund des bisher Gesagten wissen, daß es wesentliche Abbildungen $S^m \to S^n$ oder, was dasselbe ist, wesentliche Randwertsysteme (im Sinne von Nr. 1) gibt. Zu den alten Paaren

(17a) $$m = n; \qquad m = 4k - 1,\ n = 2k$$

sind folgende neuen Paare hinzugekommen:

(17b) $$\begin{cases} (n+1, n),\ n > 1; \quad (n+2, n),\ n > 1; \\ (n+3, n),\ n = 2 \text{ oder } n > 3; \ (n+7, n),\ n > 7. \end{cases}$$

In jedem einzelnen dieser Fälle ist es leicht, dem Existenzbeweis die explizite Konstruktion einer wesentlichen Abbildung und damit eines wesentlichen Randwertsystems zu entnehmen.

8. Die Hoffnung, daß den Freudenthalschen Einhängungssätzen alsbald eine Reihe von Sätzen ähnlich allgemeinen Charakters folgen und uns der Lösung unseres Problems prinzipiell näher bringen würde, erfüllte sich nicht. Zwar wurde während der nächsten Periode in der Geschichte unseres Problems (etwa 1938—1950) eine ganze Anzahl neuer Resultate erzielt, aber diese hatten speziellen Charakter und zu ihrer Herleitung wurden immer wieder verschiedene spezielle Methoden benutzt. Ich will darüber kurz berichten, übrigens nicht in streng chronologischer Reihenfolge.

Bereits erwähnt habe ich die Arbeiten von Pontrjagin und G. Whitehead ([13], [14]), welche auf die Frage (15 ?) die Antwort (15) gaben.

Blakers und Massey [12] eröffneten durch ihre Theorie der „Triaden" einen neuen Zugang zu den Sätzen von Freudenthal und gingen (bisher) insofern über diese Sätze hinaus, als sie bewiesen, daß

$$\pi(6, 3) \neq 0 \tag{18}$$

ist, wodurch eine Lücke in unserer Aufzählung (17b) ausgefüllt wurde.

Das Resultat (18) wurde auch von Hilton erzielt [16], der überdies zeigte, daß auch

$$\pi(8, 3) \neq 0 \tag{19}$$

ist.

Eckmann (10) bewies im Rahmen von Untersuchungen gefaserter Räume die folgenden Darstellungen als direkte Summen:

$$\begin{aligned} \pi(m, 4) &\approx \pi(m-1, 3) + \pi(m, 7), \\ \pi(m, 8) &\approx \pi(m-1, 7) + \pi(m, 15) \end{aligned} \tag{20}$$

für beliebiges $m > 1$; diese Formeln sind nach Inhalt und Beweismethode Analoga der Formel (8) von Hurewicz, die man ja in der Gestalt

$$\pi(m, 2) \approx \pi(m-1, 1) + \pi(m, 3), \quad m > 2,$$

schreiben kann, da $\pi(m-1, 1) = 0$ ist. Aus (20) liest man ab: wenn eine der auf der rechten Seite stehenden Gruppen $\neq 0$ ist, so ist auch die links stehende Gruppe $\neq 0$; darauf folgert man mit Hilfe der Formeln (17b), daß auch für die folgenden (m, n) die Gruppen $\pi(m, n) \neq 0$ sind:

$$(8, 4);\ (10, 4);\ (16, 8);\ (18, 8);\ (22, 8). \tag{21}$$

Eine andere Folgerung aus der ersten Formel (20) ist diese: für $m = 7$ lautet sie mit Rücksicht auf (9): $\pi(7, 4) \approx \pi(6, 3) + Z_\infty$, und aus (18) folgt: $\pi(7, 4)$ ist nicht unendlich-zyklisch; wie wir am Schluß von Nr. 6 bemerkt haben, bedeutet dies: es gibt wesentliche Abbildungen $S^7 \to S^4$, für welche $\gamma = 0$ ist.

G. Whitehead unterzog in einer großen Arbeit [15] die Mehrzahl der bis dahin bekannten, auf unser Problem bezüglichen Begriffe und

Methoden einer gründlichen Revision, verallgemeinerte sie weitgehend und kombinierte sie auf neuartige Weise; es sind dies: die γ-Invariante; die Einhängung und andere, bis dahin nicht ausgenützte Begriffe aus der Arbeit von Freudenthal; die Beziehungen zu Faserräumen und zu den Homotopiegruppen von Gruppenräumen; die Multiplikation, die J. H. C. Whitehead zwischen den Elementen von Homotopiegruppen definiert hatte. Als konkrete Ergebnisse enthält diese, schon aus methodischen Gründen höchst interessante Arbeit die folgende bedeutende Ergänzung unserer Listen derjenigen Paare (m, n), für welche $\pi(m, n) \neq 0$ ist:

$$(22)\qquad \begin{gathered}(14, 7);\ (14, 4);\ (8k, 4k);\ (16k+2, 8k);\ (8k+1, 4k+1);\\ (16k+3, 8k+1).\end{gathered}$$

Ein Nebenergebnis der Arbeit von G. Whitehead ist im Hinblick auf unsere Betrachtungen in Nr. 5 (und aus anderen Gründen) interessant: für ungerades $k > 1$ gibt es keine Abbildung $S^{4k-1} \to S^{2k}$ mit ungeradem γ.

Aber so interessant und neu alle diese Resultate (18)—(22) auch sind, so lassen sie in ihrer Gesamtheit doch kein allgemeines Gesetz erkennen oder auch nur vermuten — es sei denn die Vermutung, daß für $m > n > 1$ überhaupt immer $\pi(m, n) \neq 0$ sei; aber diese Vermutung wäre falsch — davon wird noch die Rede sein. Die Situation ist umso unübersichtlicher, als fast jeder einzelne unserer Sätze mit einer anderen Methode bewiesen worden ist; und ich finde, daß der Vergleich zwischen dem Ideenreichtum, auf dem diese verschiedenen Methoden beruhen, und den erzielten Resultaten gerade die große Schwierigkeit unseres Problems beleuchtet.

9. Ein neuer Abschnitt — wie man hofft, eine entscheidende Epoche — in der Entwicklung unseres Problems wurde durch eine im Januar 1951 erschienene Note von J.-P. Serre eingeleitet [17]; dieser Note folgten bisher die ausführliche „Thèse" von Serre [18], zwei gemeinsame Noten von H. Cartan und Serre [19] und zwei weitere Noten von Serre [20]; man darf annehmen, daß diese Reihe von Publikationen noch nicht abgeschlossen ist[12]).

Die Methoden dieser neuen Arbeiten kann man so andeuten: die Bestimmung der Homotopiegruppen eines Raumes (z. B. einer Sphäre) wird auf die Bestimmung von *Homologie*gruppen geeignet konstruierter

12) Zur Zeit meines Vortrages war von den eben genannten Arbeiten nur [17] erschienen; der Inhalt der obigen Nr. 9 ist im Herbst 1952 ergänzt worden. Auch zur Zeit dieser Niederschrift sind die Beweise von (25) noch nicht erschienen und mir unbekannt.

Hilfsräume zurückgeführt (diese Möglichkeit findet man im Prinzip schon bei Hurewicz); die Homologieprobleme, zu denen man so gelangt, sind zwar schwierig, aber den modernen Methoden der Homologietheorie, die gerade in den letzten Jahren ausgebildet worden sind, prinzipiell zugänglich; diese Methoden haben einen ausgesprochen algebraischen Charakter; auf diese Weise werden unsere Homotopieprobleme durch Vermittlung der Homologietheorie in viel höherem Maße algebraisiert, als dies bei den älteren Methoden, von denen ich bisher gesprochen habe, der Fall war, und dieser Umstand ist wohl der Hauptgrund für die Stärke der neuen Methoden. Dieser Prozeß der Algebraisierung ist zwar — soviel ich weiß — noch nicht soweit durchgeführt, daß man bereits eine explizite, rein algebraische Formulierung unseres Problems, die Homotopiegruppen $\pi(m, n)$ der Sphären zu bestimmen, ausgesprochen hätte, aber dieses Ziel — das allerdings noch nicht die Lösung des Problems einschließt — darf heute wohl doch als erreichbar gelten.

Soviel über die Methoden. Auch mein Bericht über die Resultate wird unvollständig sein; ich werde nämlich nur ganz wenige Sätze auswählen, die ich für prinzipiell besonders neuartig und wichtig halte, und zahlreiche interessante Aussagen über spezielle Gruppen $\pi(m, n)$ weglassen.

A. Satz: „*Alle Gruppen* $\pi(m, n)$ *sind endlich, mit Ausnahme der Gruppen* $\pi(n, n)$, *die unendlich zyklisch sind, und der Gruppen* $\pi(4k-1, 2k)$ *die direkte Summen einer unendlich zyklischen und einer endlichen Gruppe sind.*" Neben den alten Formeln (3) und (7) gibt es also keine weitere Formel $A(m, n) = \infty$, und man versteht jetzt, warum die Wesentlichkeit von Abbildungen in den Fällen (n, n) und $(4k-1, 2k)$ soviel früher nachgewiesen werden konnte als in anderen Fällen. Der Satz enthält den folgenden: „*Die einzigen Elemente unendlicher Ordnung in Gruppen* $\pi(m, n)$ *sind diejenigen in Gruppen* $\pi(n, n)$, *deren Grad* $C \neq 0$, *sowie diejenigen in Gruppen* $\pi(4k-1, 2k)$, *für die* $\gamma \neq 0$ *ist.*" — Wie neuartig der Satz von Serre ist, erhellt daraus, daß wir vorher nicht einmal wußten, ob sich jede Gruppe $\pi(m, n)$ durch endlich viele Elemente erzeugen läßt.

B. Satz: „*Ist* p *Primzahl und* $n > 2$, *so ist*

$$\pi(n + 2p - 3, n) \neq 0.\text{"} \tag{23}$$

Zusatz: Die Gruppe (23) enthält Elemente der Ordnung p; dagegen enthält $\pi(n + d, n)$ für $d < 2p - 3$ kein Element der Ordnung p. — Aus (23) und aus (8) folgt weiter

$$\pi(2p, 2) \neq 0 \tag{24}$$

für jede Primzahl p mit dem Zusatz, daß diese Gruppe Elemente der Ordnung p enthält. — Der Satz (23) umfaßt neben der Aussage, daß für jede Primzahl p

$$(23') \qquad \pi'(2p - 3) \neq 0$$

ist, auch Aussagen, die zu dem Teil (II_2^*) unseres Problems gehören, also kleine n und große p betreffen, insbesondere folgenden Satz: „*Zu jedem $n > 1$ gibt es unendlich viele m, so daß $\pi(m, n) \neq 0$ ist.*" Unserer Formel (4) läßt sich also für kein $n > 1$ eine Aussage von der Art an die Seite stellen, daß etwa für hinreichend großes m immer $A(m, n) = 1$, also jede Abbildung $S^m \to S^n$ unwesentlich sei.

Aber das Interessanteste an dem Satz (23) ist zweifellos das Auftreten des Begriffes der Primzahl, das wohl deutlich genug auf das Vorhandensein eines algebraischen Kernes in unserem Problem hinweist; ich kenne keine andere Stelle in der Geometrie, an der derartig feine arithmetische Eigenschaften von Dimensionszahlen eine Rolle spielen.

C. Allerdings könnte man bis zu diesem Augenblick immer noch glauben, daß alle Aussagen von der Art wie (24), (23), (22) usw. insofern trivial seien, als die (schon am Schluß von Nr. 8 erwähnte) Vermutung richtig sein könnte: daß für $m > n > 1$ immer $\pi(m, n) \neq 0$ sei. Diese Vermutung wird aber durch die folgenden neuesten Ergebnisse von Serre widerlegt [20][12]):

$$(25) \qquad \pi'(4) = 0, \qquad \pi'(5) = 0;$$

mit anderen Worten: „*Für $m = n + 4 \geq 10$ und für $m = n + 5 \geq 12$ gibt es nur unwesentliche Abbildungen $S^m \to S^n$.*"

Besonders an diesen Satz habe ich gedacht, als ich in der Einleitung sagte, daß gewisse unter den letzten Resultaten die Situation für den Augenblick wohl noch schwerer verständlich gemacht haben, als sie es ohnehin schon war; in der Tat: wie soll man z. B. den Gegensatz zwischen (25) einerseits, (23') und (15) andererseits erklären? Gibt es eine Erklärung algebraischer Natur? Unsere alten Fragen (II) und (II') haben jedenfalls noch an Aktualität gewonnen, und man wird es wohl verstehen, warum ich am Anfang gesagt habe, daß der heutige Zustand unseres Problems merkwürdig und spannend sei.

Literaturverzeichnis.

[1] J. Hadamard, Sur quelques applications de l'indice de Kronecker (Note additionnelle à l' „Introduction à la Théorie des fonctions d'une variable" de J. Tannery, 2. édition), Paris 1910, (auch abgedruckt in „Selecta", Paris 1939).

[2] L. E. J. Brouwer, Sur la notion de „classe" de transformations d'une multiplicité, Proc. V. Intern. Congress of Math., Cambridge 1912 (vol. II); sowie: Continous one-one transformations of surfaces in themselves, Proc. Akad. Amsterdam *15* (1912), p. 360.

[3] H. Hopf, Abbildungsklassen n-dimensionaler Mannigfaltigkeiten, Math. Annalen *96* (1926).

[4] H. Hopf, Über die Abbildungen der dreidimensionalen Sphäre auf die Kugelfläche, Math. Annalen *104* (1931).

[5] H. Hopf, Über die Abbildungen von Sphären auf Sphären niedrigerer Dimension, Fundam. Math. *25* (1935).

[6] P. Alexandroff und H. Hopf, Topologie I (Berlin 1935).

[7] W. Hurewicz, Beiträge zur Topologie der Deformationen, I—IV, Proc. Akad. Amsterdam *38* (1935), *39* (1936).

[8] H. Freudenthal, Über die Klassen der Sphärenabbildungen, Compos. Math. *5* (1937); Ergänzung dazu: Note on the homotopy groups of spheres, Quart. Journ. of Math. (Oxford) *20* (1949).

[9] L. Pontrjagin, A. classification of continous transformations of a complex into a sphere, I, II, C. R. Acad. Sci. URSS. *19* (1938).

[10] B. Eckmann, Zur Homotopietheorie gefaserter Räume, Comment. Math. Helvet. *14* (1941).

[11] J. H. C. Whitehead, An expression of Hopf's invariant as an integral, Proc. Nat. Acad. Sci. U. S. A. *33* (1947).

[12] A. L. Blakers and W. S. Massey, The homotopy groups of a triad, Proc. Nat. Acad. Sci. U. S. A. *35* (1949); ausführliche Darstellung in: Annals of Math. *53* (1951).

[13] L. Pontrjagin, Homotopieklassifizierung der Abbildungen der $(n + 2)$-dimensionalen Sphäre auf die n-dimensionale (Russisch), C. R. Acad. Sci. URSS. *70* (1950).

[14] G. W. Whitehead, The $(n + 2)$ *nd* homotopy group of the n-sphere, Annals of Math. *52* (1950).

[15] G. W. Whitehead, A generalization of the Hopf invariant, Annals of Math. *51* (1950); angekündigt in: Proc. Nat. Acad. Sci. U. S. A. *32* (1946).

[16] P. J. Hilton, Suspension theorems and the generalized Hopf invariant, Proc. London Math. Soc. (3) *1* (1951).

[17] J.-P. Serre, Homologie singulière des espaces fibrés, III, C. R. Acad. Sci. Paris *232* (1951).

[18] J.-P. Serre, Homologie singulière des espaces fibrés, Annals of Math. *54* (1951).

[19] H. Cartan et J.-P. Serre, Espaces fibrés et groupes d'homotopie, I, II, C. R. Acad. Sci. Paris *234* (1952).

[20] J.-P. Serre, Sur les groupes d'Eilenberg-MacLane, C. R. Acad. Sci. Paris *234* (1952); Sur la suspension de Freudenthal, ibidem.

(Eingegangen am 8. 11. 1952)

63.

Zur Differentialgeometrie geschlossener Flächen im euklidischen Raum

Convegno Internazionale di Geometria Differenziale, Italia 1953, 45–54.
Edizioni Cremonese, Roma 1954

Dieser Vortrag handelt von geschlossenen Flächen im Rahmen der Differentialgeometrie im Grossen. Es ist natürlich, dass in derartigen Untersuchungen die globale topologische Struktur der betrachteten Fläche eine wichtige Rolle spielt; daher erinnere ich sogleich an die verschiedenen topologischen Typen der geschlossenen Flächen (wobei ich mich auf die orientierbaren Flächen beschränke): sie werden repräsentiert durch Kugeln, an die g Henkel angesetzt sind, $g = 0, 1, 2, \ldots$; die Zahl g ist das Geschlecht der Fläche. Die Flächen vom Geschlecht 0 sind also homöomorph mit der Kugel; alle Eiflächen, d. h. die geschlossenen, konvexen, positiv gekrümmten Flächen im Raum, haben das Geschlecht 0, aber es gibt natürlich auch viele nicht-konvexe Flächen vom Geschlecht 0. Der Torus hat das Geschlecht 1, die Brezel das Geschlecht 3, usw.

Ich nenne einige bekannte Sätze aus der Differentialgeometrie im Grossen geschlossener Flächen:

(α) Das über die ganze Fläche erstreckte Integral der Gauss'schen Krümmung hat den Wert $4\pi(1-g)$.

(β) Auf jeder geschlossenen Fläche gibt es geschlossene geodätische Linien.

(A) Die einzigen Eiflächen mit konstanter Gauss'scher Krümmung K sind die Kugeln.

(B) Die einzigen Eiflächen mit konstanter mittlerer Krümmung H sind die Kugeln.

(C) Isometrische Eiflächen sind kongruent. (Genauer: Ist φ eine isometrische Abbildung einer Eifläche auf eine andere, so kann φ durch eine Bewegung, evtl. mit Spiegelung, bewirkt werden).

Zwischen (α), (β) einerseits, (A), (B), (C) andererseits besteht ein prinzipieller Unterschied: (α), (β) gehören in die «innere» oder «Riemannsche», (A), (B), (C) dagegen in die «räumliche» Differentialgeometrie: bei den drei letzten Sätzen handelt es sich, im Gegensatz zu (α) und (β), durchaus um Flächen, die im 3-dimensionalen euklidischen Raume liegen, und um die Metrik, die den Flächen durch die gewöhnliche Geometrie des Raumes aufgeprägt ist.

Man wird noch einen zweiten Unterschied zwischen (α), (β) einerseits und (A), (B), (C) andererseits bemerken: in den Sätzen (α), (β) habe ich nichts über das Geschlecht der Flächen und auch nichts über das Vorzeichen der Gauss'schen Krümmung K vorausgesetzt; die Aussagen (A), (B), (C) dagegen habe ich auf Eiflächen, also auf Flächen mit $g = 0$ und $K > 0$ beschränkt. Diese Beschränkung ist nicht freiwillig, sondern notgedrungen: die Theorie der Eiflächen bildet seit langem ein fruchtbares Arbeitsfeld der Geometer, aber andere geschlossene Flächen sind im Rahmen der räumlichen globalen Differentialgeometrie nur sehr wenig untersucht worden. Hier liegt ein fast unerforschtes Gebiet der Geometrie vor; die Absicht meines heutigen Vortrages ist es, auf dieses Gebiet aufmerksam zu machen und auch auf Möglichkeiten, in dieses Gebiet einzudringen.

Um solche Möglichkeiten aufzufinden, liegt es nahe, Sätze und Beweismethoden aus der Theorie der Eiflächen daraufhin zu prüfen, ob die Sätze gültig und die Methoden anwendbar bleiben, wenn man die in ihnen auftretenden Eiflächen durch beliebige geschlossene Flächen ersetzt. Tun wir dies mit unseren Sätzen (A), (B), (C); ich will dabei ganz primitiv vorgehen: ich verstehe unter (A'), (B'), (C') die Aussagen, die entstehen, wenn man in (A), (B), (C) den Begriff «Eifläche» durch den Begriff «beliebige geschlossene Fläche (im Raum)» ersetzt, und ich frage: Sind (A'), (B'), (C') richtig oder falsch?

Beginnen wir mit (C'): Zwar ist von A. D. ALEXANDROV eine grosse Klasse von Flächen beliebigen Geschlechts, welche alle analytischen Eiflächen umfasst, angegeben worden, für welche der Kongruenzsatz (C) gültig bleibt [1] ([1]), jedoch ist (C') für *beliebige* geschlossene Flächen *falsch;* es ist in der Tat sehr leicht, Beispiele isometrischer, nicht-konvexer Flächenpaare anzugeben, welche nicht kongruent sind (bei diesen leicht zu konstruierenden Beispielen,

([1]) Literaturverzeichnis am Ende des Artikels.

an die ich hier denke, handelt es sich um n-mal differenzierbare Flächen bei beliebigem n; dass es sogar analoge analytische Flächenpaare (vom Geschlecht 0) gibt, ist neuerdings von E. REMBS gezeigt worden [2]).

Dagegen ist der Satz (A') *richtig*. Dies ist fast trivial: auf einer geschlossenen Fläche im Raum gibt es immer Punkte, in denen $K > 0$ ist — (etwa den Punkt, in dem der Abstand $d(x, o)$ eines variablen Flächenpunktes x von einem festen Raumpunkt o sein Maximum erreicht); bei konstantem K ist also K eine *positive* Konstante, die Fläche also (wie leicht zu sehen) eine Eifläche und der Satz (A') somit auf Grund von (A) richtig.

Wir kommen zu (B'). Hier weiss ich nicht, ob diese Aussage richtig oder falsch ist, d. h. ich kenne die Antwort auf die folgende Frage nicht:

Gibt es geschlossene Flächen mit konstanter mittlerer Krümmung H, welche nicht Kugeln sind?

Diese Frage scheint mir nicht nur im Rahmen unserer augenblicklichen allgemeinen Betrachtung, sondern auch aus anderen spezielleren Gründen des Interesses und des Nachdenkens wert zu sein; die Konstanz der mittleren Krümmung einer geschlossenen Fläche F besagt bekanntlich, dass bei den Variationen von F, welche das von F umschlossene Volumen nicht ändern, die Oberfläche, also der Flächeninhalt von F, stationär ist; die Vermutung, dass meine obige Frage zu verneinen ist — also die Vermutung, dass die Kugeln die einzigen geschlossenen Flächen mit konstantem H sind — würde also bedeuten: im Rahmen des isoperimetrischen Problems ist die Kugel nicht nur die einzige Fläche, welche ein (absolutes) Minimum, sondern sogar die einzige Fläche, welche einen stationären Wert der Oberfläche liefert. Andererseits könnte die Existenz geschlossener Flächen mit konstantem H, welche nicht Kugeln sind, aus bekannten Gründen auch interpretiert werden als die Möglichkeit des Auftretens von nicht kugelförmigen Seifenblasen im Gleichgewichtszustand.

Die Vermutung, dass unsere Frage zu verneinen, dass also die Aussage (B') für alle geschlossenen Flächen richtig sei, ist wohl ziemlich plausibel. Beweisen kann ich diese Vermutung nicht; aber ich kann sie immerhin für zwei Flächenklassen bestätigen, von denen jede die Gesamtheit aller Eiflächen enthält. Die beiden Sätze, die sich so ergeben, sind Beiträge zur räumlichen Differentialgeometrie im Grossen nicht-konvexer geschlossener Flächen, gehören also in unser vorhin ausgesprochenes allgemeines Programm.

Die erste Flächenklasse ist die aller geschlossenen Flächen vom Geschlecht 0. Ich behaupte also:

SATZ I. *Unter allen geschlossenen Flächen vom Geschlecht 0 im Raum sind die Kugeln die einzigen mit konstanter mittlerer Krümmung H.*

Der Beweis dieses Satzes lässt sich mit derselben Methode führen, welche S. COHN-VOSSEN bei dem ersten Beweis des oben formulierten Kongruenzsatzes (C) benutzt hat [**3**]; er beruht also auf einer Anwendung des folgenden klassischen Satzes von POINCARÉ: « Jedes auf einer Fläche vom Geschlecht 0 definierte Feld differenzierbarer Kurven besitzt Singularitäten; ist deren Anzahl endlich, so ist die Summe ihrer Indices gleich 4; daher hat in diesem Falle wenigstens eine der Singularitäten positiven Index ». (Dabei ist der Index einer isolierten Singularität erklärt als die durch π dividierte Änderung der Feldrichtung bei Umlaufung der Singularität). Diesen « globalen » Poincaréschen Satz kombiniert man mit folgendem « lokalen » Satz:

SATZ Ia. *Liegt auf einem Flächenstück F, dessen mittlere Krümmung H konstant ist, ein Nabelpunkt o, so besteht entweder F nur aus Nabelpunkten und ist also Stück einer Kugel oder Ebene, oder o ist isolierter Nabelpunkt und hat als Singularität in jedem der beiden Felder von Krümmungslinien negativen Index.*

Es ist klar, dass der Satz I eine unmittelbare Folge des Poincaréschen Satzes und des Satzes Ia ist. Gültigkeit und Beweis des Satzes Ia aber sind nahegelegt durch die Bemerkung, dass der durch $H = 0$ gegebene Spezialfall des Satzes Ia so lautet: « Auf einer Minimalfläche, welche keine Ebene ist, sind die Flachpunkte isoliert und haben als Singularitäten in den Feldern der Krümmungslinien (oder der Asymptotenlinien) negative Indices ». Der Beweis des allgemeineren Satzes Ia ist ebenso einfach wie der Beweis dieses bekannten Spezialfalles; es ist zweckmässig, sich dabei isothermer Parameter zu bedienen (cf. [**4**], §§ 1, 2).

Die zweite Flächenklasse, von welcher ich zeigen will, dass es in ihr keine anderen Flächen mit konstanter mittlerer Krümmung gibt als die Kugeln, enthält zwar nicht alle Flächen vom Geschlecht 0, aber neben allen Eiflächen noch viele Flächen beliebigen Geschlechts. Für ihre Definition gehen wir von der Bemerkung aus, dass eine Eifläche von einer beliebigen Geraden in höchstens zwei Punkten getroffen wird; wir definieren: Die räumliche Richtung

r heisse « Konvexitätsrichtung » der geschlossenen Fläche F, wenn F von jeder Geraden, welche die Richtung r hat, in höchstens zwei Punkten getroffen wird (also entweder garnicht getroffen oder in einem Punkte berührt oder in zwei Punkten geschnitten wird). Eine geschlossene Fläche braucht natürlich keine Konvexitätsrichtung zu haben; andererseits ist es klar, dass es geschlossene Flächen beliebigen Geschlechts gibt, die nicht nur eine Konvexitätsrichtung, sondern ganze Kegel von Konvexitätsrichtungen besitzen. Ich behaupte nun:

SATZ II. *Unter allen geschlossenen Flächen, welche einen Kegel von Konvexitätsrichtungen besitzen, sind die Kugeln die einzigen mit konstanter mittlerer Krümmung.*

Dieser Satz ist ein Korollar des folgenden:

SATZ III. *Die geschlossene Fläche F besitze eine Konvexitätsrichtung r; für jede Gerade der Richtung r, welche F schneidet, habe die mittlere Krümmung H in den beiden Schnittpunkten den gleichen Wert. Dann besitzt F eine Symmetrieebene senkrecht zu r.*

Man sieht leicht, dass Satz II aus Satz III folgt: unter den Voraussetzungen von II besitzt die Fläche F auf Grund von III soviele Symmetrieebenen, dass sie eine Kugel sein muss. (Übrigens sieht man auch leicht, dass man für den Satz II mit schwächeren Voraussetzungen auskommt als mit der Existenz eines ganzen Kegels von Konvexitätsrichtungen).

Auf die vermutliche Gültigkeit des Satzes III war ich von Herrn G. PÓLYA in einem Gespräch aufmerksam gemacht worden, und zwar auf Grund der folgenden Überlegung: wenn die geschlossene Fläche F eine Konvexitätsrichtung r, aber keine Symmetrieebene senkrecht zu r hat, so nimmt bei der « kontinuierlichen Steinerschen Symmetrisierung » in der Richtung r die Oberfläche ab, während das Volumen sich nicht ändert (cf. [**5**], p. 200 ff.); dieser Umstand macht es, infolge der schon vorhin erwähnten Bedeutung von H im Rahmen des isoperimetrischen Problems, plausibel, dass dann H die im Satz III gemachte Voraussetzung nicht erfüllen kann. K. VOSS und ich haben gezeigt, dass diese Beweisidee in der Tat leicht zum Ziele führt [**6**]; wir sind dann aber von diesem Gedankengang abgewichen und haben die Symmetrisierung nicht explizit benutzt, sondern den Satz III auf den folgenden Satz zurückgeführt:

SATZ IV. *F und $\overline{F}$ seien geschlossene Flächen, die eineindeutig und unter Erhaltung der Orientierung so aufeinander abgebildet sind,* *dass (1) alle Verbindungsstrecken $p\bar{p}$ entsprechender Punkte dieselbe Richtung r haben, und dass (2) die mittleren Krümmungen von F und $\bar{F}$ in entsprechenden Punkten $p, \bar{p}$ immer einander gleich sind; ferner setzen wir noch voraus, dass die Flächen keine Geradenstücke der Richtung r enthalten. Dann sind alle Strecken $p\bar{p}$ gleich lang, d. h. $\bar{F}$ geht aus F durch eine Translation hervor.*

Aus diesem Satz IV folgt in der Tat leicht Satz III, indem man IV auf die in III genannte Fläche F und auf eine Fläche $\bar{F}$ anwendet, die aus F durch Spiegelung an einer zu r senkrechten Ebene entsteht.

Der Beweis des Satzes IV ergibt sich aus einer Integralformel, die man mit Hilfe des Stokesschen Satzes herleiten kann [**6**]. Die Nützlichkeit derartiger Formeln ist ja aus der Theorie der Eiflächen bekannt — ich erinnere z. B. an den Beweis von G. HERGLOTZ [**7**] für den Kongruenzsatz (*C*). Übrigens ist ja auch unser Satz IV ein Kongruenzsatz, und zwar ein solcher, der sich auch auf nicht-konvexe Flächen bezieht; darum erschien er mir hier erwähnenswert.

Die Sätze I und II sind die einzigen mir bekannten Teilantworten auf unsere Frage, ob es ausser den Kugeln noch andere geschlossene Flächen mit konstanter mittlerer Krümmung gibt; die allgemeine Frage ist also (soviel ich weiss) immer noch offen; aber jedenfalls zeigen die Sätze I und II, dass eine Fläche der fraglichen Art ziemlich kompliziert aussehen müsste.

Nun ist ja aber das Problem der geschlossenen Flächen mit konstantem H nur ein erstes — allerdings besonders naheliegendes und wichtiges — unter anderen Problemen ähnlicher Art, und man wird fragen, ob die Methoden, mit denen wir zu den Sätzen I und II gelangt sind, uns nicht auch noch zu anderen neuen Sätzen führen können, die sich ebenfalls nicht nur auf Eiflächen, sondern auch auf andere geschlossene Flächen beziehen.

Was die Beweismethode für den Satz II betrifft, so ist — wenn wir von den obigen Sätzen III und IV absehen, die ja auch von der mittleren Krümmung handeln — etwas derartiges bisher nicht gelungen. Zwar hat K. VOSS bewiesen (aber noch nicht veröffentlicht), dass die Sätze III und IV ihre Gültigkeit behalten, wenn man in ihnen die mittlere Krümmung H durch die Gauss'sche Krümmung K ersetzt und wenn man die zusätzliche Voraussetzung macht, dass $K > 0$ ist; aber so interessant und (meines Wissens) neu dieser Satz auch ist, so ist er infolge der Voraussetzung über das Vorzeichen von K auf Eiflächen beschränkt und also kein Beitrag zu unserem augenblicklichen Programm. (Übrigens zweifeln wir stark daran, dass der Satz ohne diese Voraussetzung über K seine Gültigkeit behält).

Dagegen lässt sich die Methode, auf der unser Beweis des Satzes I beruht — also die Anwendung des Poincaréschen Satzes über die Indexsumme — mit Erfolg auf eine allgemeinere Klasse von Problemen anwenden. Diese Probleme betreffen die sogenannten WEINGARTENschen Flächen, also die Flächen, für welche zwischen den beiden Hauptkrümmungen k_1, k_2 eine Relation

$$W(k_1, k_2) = 0 \tag{1}$$

besteht. Mit Hilfe der Poincaréschen Indexmethode habe ich einige Sätze gefunden, welche für geschlossene Weingartensche Flächen einen gewissen Zusammenhang zwischen Eigenschaften der Funktion W und dem Geschlecht der Fläche herstellen [4]. Einen dieser Sätze möchte ich hier noch besprechen; er handelt von dem besonders einfachen und natürlichen Fall, in dem die Funktion W symmetrisch in ihren beiden Variablen ist, und in dem somit, da H und K ja die beiden elementarsymmetrischen Funktionen von k_1, k_2 sind, die Relation (1) in der Form

$$U(K, H) = 0 \tag{2}$$

geschrieben werden kann; ferner beschränken wir uns wieder auf Flächen vom Geschlecht 0; wir fragen: Kann auf einer solchen Fläche, welche keine Kugel sein soll, eine Relation (2) bestehen? (Für die Kugel selbst, auf der ja K und H konstant sind, ist die Frage nicht interessant). Nun sieht man an Beispielen leicht, dass solche Weingartensche Flächen in der Tat existieren: so gilt auf dem Rotations-Ellipsoid die Relation $k_2 = c \cdot k_1^3$ mit konstantem c, also auch die symmetrische Relation

$$(k_1 - c\,k_2^3)\cdot(k_2 - c\,k_1^3) = 0\,,$$

die man leicht in die Form (2) umrechnet, und Ähnliches gilt übrigens für jede Rotationsfläche. Ich behaupte aber, dass diejenigen Relationen (2), welche auf Flächen vom Geschlecht 0 (die nicht Kugeln sind) gelten können, sehr grosse Ausnahmen sind. Um dies zu präzisieren, will ich eine Funktion $U(X, Y)$ von zwei Variablen eine « Ausnahmefunktion » nennen, wenn die Funktion einer Variablen

$$u(x) = U(x^2, x)$$

eine reelle mehrfache Nullstelle hat. Dann gilt folgender Satz:

SATZ V. *Die geschlossene Fläche F sei vom Geschlecht 0, aber keine Kugel; die Funktion U sei keine Ausnahmefunktion. Dann kann auf F nicht die Relation* (2) *gelten.*

Dieser Satz ist offenbar eine kräftige Verallgemeinerung des Satzes I (in dem $U = H - c$, $u = x - c$, mit konstantem c ist). Er ist übrigens, soviel ich sehe, auch bei Beschränkung auf Eiflächen in keinem der älteren Sätze ähnlichen Charakters enthalten (2).

Der Beweis des Satzes V erfolgt ganz nach dem Vorbild des Beweises des Satzes I; das heisst: auf Grund des Poincaréschen Satzes reduziert sich der Beweis auf den Beweis des folgenden lokalen Satzes:

SATZ Va. *Auf einem Flächenstück F, welches nicht Stück einer Kugel oder Ebene ist und auf welchem* (2) *gilt, wobei U keine Ausnahmefunktion ist, ist jeder Nabelpunkt isoliert und hat negativen Index.*

Der Beweis dieses Satzes ist allerdings nicht so einfach wie in dem Spezialfall des Satzes Ia; den Grund dafür, dass der Beweis auch in dem allgemeinen Fall des Satzes Va gelingt, kann man etwa so andeuten: die Tatsache, dass U keine Ausnahmefunktion ist, hat zur Folge, dass die Fläche sich in der Nähe eines Nabelpunktes hinreichend wenig von einer Fläche mit konstantem H unterscheidet. Jedoch muss ich für die Durchführung des Beweises auf meine Arbeit [4] verweisen (3).

(2) Bei Beschränkung auf Eiflächen überdeckt sich der Satz V teilweise mit dem Satz, den ich in [4] den « verallgemeinerten HK-Satz » genannt habe und der von *S. S. Chern* [8] mit derselben Methode bewiesen worden war, mit welcher *Hilbert* gezeigt hatte, dass die Kugeln die einzigen Eiflächen mit konstantem K sind. Es war mir damals entgangen, dass dieser « verallgemeinerte HK-Satz » ein Korollar eines (mit einer ganz anderen Methode bewiesenen) älteren und prinzipiell allgemeineren Satzes (über Eiflächen) von *A. D. Alexandrov* ist [9]; man vergl. auch die Arbeiten [10] und [11], in denen die starken Regularitätsvoraussetzungen aus [9] wesentlich abgeschwächt worden sind.

(3) Unser Satz V heisst in [4] Satz C, unser Satz Va ist dort ein Spezialfall des Satzes II′; man beachte, dass für den Beweis dieses Spezialfalles aus dem § 4 nur die ersten vier Zeilen gebraucht werden, da $\varkappa = -1$, $\lambda = 0$ ist.

Nur auf einen Punkt möchte ich noch eingehen, und zwar gerade darum, weil man in ihm von der Darstellung in [4] abweichen kann und weil mir diese Abweichung als prinzipiell wichtig erscheint. In [4] wird (zwar nicht im Falle $H = \text{const.}$, aber in den anderen Fällen) die, in der Geometrie doch recht unnatürliche Voraussetzung gemacht, dass die Flächen analytisch seien, und dies wird in den Beweisen wesentlich benutzt; die Funktion U dagegen braucht in [4] nur stetig differenzierbar zu sein. Nun hat mich Herr Voss auf folgenden Umstand aufmerksam gemacht: Wenn man unser Flächenstück F in der Nähe des Nabelpunktes o durch eine Gleichung $z = z(x, y)$ darstellt, wobei x, y, z euklidische Koordinaten sind und die $(x\,y)$-Ebene in o tangential an F sei, und wenn man die Argumente K und H der Funktion U durch z ausdrückt, so ist (2) eine partielle Differentialgleichung 2. Ordnung für z, und die Voraussetzung, dass U keine Ausnahmefunktion ist, hat, wie man leicht nachrechnet, zur Folge, dass diese Differentialgleichung vom elliptischen Typus ist. Wenn nun U eine analytisch, Funktion ihrer beiden Argumente ist, dann ist nach dem bekannten Satz von S. Bernstein die Fläche F von selbst analytisch, falls wir sie nur als dreimal differenzierbar voraussetzen (man vergl. z. B. [12]). Nun ist, wie ich finde, die Annahme der Analytizität der Funktion U viel weniger unangenehm als die ungeometrische Beschränkung auf analytische Flächen; daher lege ich Wert auf die Formulierung des folgenden *Zusatzes* zu Satz V: Der Satz gilt unter der Annahme, dass die Funktion U analytisch und dass die Fläche dreimal differenzierbar ist; überdies sieht man aus dem Beweis, dass die Analytizität (und sogar die Existenz) von U nur in der Nähe der Nabelpunkte, d. h. in der Nähe der Stellen (K, H) mit $K = H^2$, vorausgesetzt zu werden braucht.

Übrigens sollen auch in allen anderen Sätzen, von denen hier die Rede war, die Flächen dreimal differenzierbar sein.

LITERATUR

[1] A. D. ALEXANDROV, *Über eine Klasse geschlossener Flächen* (russisch, mit deutschem Résumé), Recueil Math. **4** (1938).

[2] E. REMBS, *Zur Verbiegung der Flächen im Grossen*, Math. Zeitschrift **56** (1952).

[3] S. COHN-VOSSEN, *Zwei Sätze über die Starrheit der Eiflächen*, Nachr. d. Ges. d. Wissensch. zu Göttingen, Math.-Phys. Klasse 1927.

[4] H. HOPF, *Über Flächen mit einer Relation zwischen den Hauptkrümmungen*, Math. Nachrichten **4** (1951).

[5] G. PÓLYA and G. SZEGÖ, *Isoperimetric Inequalities in Mathematical Physics*, Princeton 1951.

[6] H. HOPF and K. VOSS, *Ein Satz aus der Flächentheorie im Grossen*, Archiv d. Math. **3** (1952).

[7] G. HERGLOTZ, *Über die Starrheit der Eiflächen*, Abh. Math. Sem. d. Hansischen Univ. **15** (1943).

[8] S. S. CHERN, *Some new characterizations of the Euclidean sphere*, Duke Math. Journ. **12** (1945).

[9] A. D. ALEXANDROV, *Ein allgemeiner Eindeutigkeitssatz für geschlossene Flächen*, C. R. (Doklady) Acad. Sci. URSS. **19** (1938). — *Sur les théorèmes d'unicité pour les surfaces fermées*, ibidem **22** (1939).

[10] A. V. POGORELOV, *Ausdehnung des allgemeinen Eindeutigkeitssatzes von* A. D. ALEXANDROV *auf den Fall nicht-analytischer Flächen* (*russisch*), Doklady Akad. Nauk SSSR. **62** (1948).

[11] P. HARTMAN and A. WINTNER, *On the third fundamental form of a surface* (*Appendix*), Am. Journ. Math. **75** (1953).

[12] E. HOPF, *Über den funktionalen, insbesondere den analytischen Charakter der Lösungen elliptischer Differentialgleichungen zweiter Ordnung*, Math. Zeitschrift **34** (1931).

64.

Die Coinzidenz-Cozyklen und eine Formel aus der Fasertheorie

Algebraic Geometry and Topology. A Symposium in honor of S. Lefschetz, 263–279,
Princeton University Press, 1957

Die Coinzidenzpunkte zweier Abbildungen F und G eines Raumes X in einen Raum Y, also die Punkte $x \in X$ mit $F(x) = G(x)$, bilden den Gegenstand klassischer Untersuchungen von Lefschetz. Ein zentraler Begriff dieser Untersuchungen, derjenige der 'algebraischen Anzahl' von Coinzidenzpunkten, läßt sich, wenn Y eine n-dimensionale Mannigfaltigkeit ist, im Rahmen der Lefschetzschen Ideen und Methoden folgendermaßen erklären: es sei P die durch $P(x) = F(x) \times G(x)$ gegebene Abbildung von X in das cartesische Quadrat $Y \times Y$; dann ist die 'algebraische Anzahl der Coinzidenzpunkte von F und G auf einem n-dimensionalen Zyklus z von X' erklärt als die Schnittzahl des Zyklus $P(z)$ mit der Diagonale D in $Y \times Y$. Diese Zahl ändert sich nicht, wenn man z durch einen homologen Zyklus ersetzt, und die so erklärte Funktion der n-dimensionalen Homologieklassen stellt eine n-dimensionale Cohomologieklasse $\overline{\Omega}(F, G)$ in X dar — die Klasse der 'Coinzidenz-Cocyklen' von F und G. Diese Klasse $\overline{\Omega}$ hängt nur von den Homotopieklassen, und sogar nur von den Homologietypen der Abbildungen F und G ab, und eine berühmte Formel von Lefschetz drückt $\overline{\Omega}(F, G)$ explizit durch Größen des Cohomologieringes von X aus, welche durch diese Homologietypen bestimmt sind. Wir werden später noch Gelegenheit haben, an diese Formel zu erinnern (5.3); im Augenblick ist dies nicht nötig, da unser Hauptziel andere Eigenschaften von $\overline{\Omega}$ betrifft.

Es zeigt sich nämlich, daß die Klasse $\overline{\Omega}$ nicht nur für den Zweck, für den sie ursprünglich definiert worden ist, sondern auch für andere Zwecke eine Rolle spielt, und zwar in der Erweiterungstheorie der Abbildungen, also der Theorie, die von den Aufgaben handelt, eine für einen Teil $X' \subset X$ gegebene Abbildung $X' \to Y$ zu einer Abbildung $X \to Y$ zu erweitern, und von den Hindernissen, die sich solchen Erweiterungen entgegenstellen. Nun weiß man, daß sich diese Theorie weitgehend von den Abbildungen $X \to Y$ auf die Schnittflächen ('cross-sections') oder, wie ich lieber sagen will, auf die 'Felder' in

Faserräumen mit der Basis X und der Faser Y übertragen läßt; daher ist es kein Wunder, daß auch die Klasse $\bar{\Omega}$ nicht nur für Abbildungen, sondern auch für Felder f, g in einem Faserraum erklärt werden kann; diese verallgemeinerte Klasse soll $\bar{\omega}(f,g)$ heißen. Ihre Definition wird in dem nachstehenden § 1 durchgeführt; die darin enthaltene naheliegende Definition der Klasse $\bar{\Omega}(F,G)$ für Abbildungen F, G weicht von der eingangs ausgesprochenen nur in der Form, nicht im Inhalt ab.

Unser Ziel ist eine Formel, die ein spezielles Erweiterungs- und Hindernisproblem in Faserräumen betrifft und in welcher die Klasse $\bar{\omega}(f,g)$ auftritt. Nach Vorbereitungen in den §§ 2 und 3, welche zum großen Teil bekannte Dinge rekapitulieren, erfolgen Aufstellung und Beweis der Formel im § 4. In dem kurzen § 5 wird die Formel von der Fasertheorie wieder in die Abbildungstheorie hinein spezialisiert, wobei dann auch die schon erwähnte Lefschetzsche Formel eingreift. Auf Anwendungen der Formel gehe ich in dieser Arbeit nicht ein.

Ich habe die Formel bereits vor einigen Jahren ausgesprochen [4], den Beweis bisher aber nicht veröffentlicht, da ich immer hoffte, die Formel würde als Spezialfall allgemeinerer Tatbestände in der Fasertheorie erkannt und es würde dadurch die ausführliche Darstellung eines umständlichen Beweises für einen sehr speziellen Satz überflüssig gemacht werden. Da aber einerseits bisher nichts derartiges erfolgt ist, andererseits die Formel bereits mehrfach angewendet worden ist [3, 4, 5, 2], will ich nicht noch länger warten.

Vorbemerkungen. Ich werde mich möglichst ausgiebig auf das Buch von Steenrod über Faserräume [6] stützen Durchweg sollen die folgenden Festsetzungen gelten: Es ist R ein Faserraum mit der Basis X und der Faser Y; die natürliche Projektion $R \to X$ heißt p. Die Basis X ist ein endliches Polyeder, K eine Simplizialzerlegung von X, K^s das s-dimensionale Gerüst von K; die Simplexe von K heißen σ. Die Abbildungen, welche die Teile $p^{-1}\sigma = \sigma \times Y$ von R in eine Faser retrahieren, heißen r. Ein 'Feld' f über einer Teilmenge X' von X ist eine Abbildung $X' \to R$ mit $pf(x) = x$ für jeden Punkt $x \in X'$. Die Faser Y ist eine n-dimensionale geschlossene orientierbare Mannigfaltigkeit.

Bei zwei Gelegenheiten werde ich—obwohl es sich durch Heranziehung von Koeffizientenbündeln vermeiden ließe ([6], 150 ff.)—der Einfachheit halber voraussetzen, daß in einer gewissen Dimension q die q-te Homologiegruppe $H_q(Y)$ 'stabil' in folgendem Sinne ist: wenn man einen Punkt x_1 längs einem Wege W in einen Punkt x_2 von X überführt, so ist die dadurch bewirkte isomorphe Abbildung der Gruppe H_q der Faser $p^{-1}x_1$ auf die Gruppe H_q der Faser $p^{-1}x_2$

unabhängig vom Wege W; man kann also die Gruppen H_q der verschiedenen Fasern in eindeutiger Weise miteinander identifizieren. Für $q=n$ bedeutet dies, daß die Faserung 'orientierbar' ist, d.h. daß sich die Fasern so orientieren lassen, daß diese Orientierung sich stetig und eindeutig durch den ganzen Raum fortsetzt; wir setzen voraus, daß unser Raum R in diesem Sinne orientierbar sei (es wird aber später noch eine zweite Stabilitätsvoraussetzung gemacht werden). Bekanntlich ist die Voraussetzung der Stabilität in allen Dimensionen von selbst erfüllt, wenn X einfach zusammenhängend oder wenn die Gruppe der Faserung zusammenhängend ist. Diese Gruppe wird übrigens keine Rolle spielen.

Alle vorkommenden Abbildungen sollen stetig sein.

Cozyklen werden durch griechische Buchstaben, Cohomologieklassen durch überstrichene griechische Buchstaben bezeichnet (z.B.: $\bar{\alpha}$ ist die Klasse des Cozyklus α).

∂ und δ bezeichnen Rand und Corand.

§ 1. Die Coinzidenz-Cozyklen

1.1. f und g seien Felder über K^n. Wir setzen vorläufig voraus, daß sie 'in allgemeiner Lage' sind, d.h. über K^{n-1} keinen Coinzidenzpunkt haben. Für jedes σ^n ist dann von den topologischen Bildern $f(\sigma^n)$ und $g(\sigma^n)$ jedes fremd zum Rande des andern; daher ist in der (berandeten) $2n$-dimensionalen Mannigfaltigkeit $p^{-1}\sigma^n=\sigma^n \times Y$, die durch eine Orientierung von σ^n und die feste Orientierung von Y selbst orientiert ist, in bekannter Weise die Schnittzahl $s(f(\sigma^n), g(\sigma^n))$ erklärt. Diese Funktion der Simplexe σ^n ist ein Cozyklus in K^n, der 'Coinzidenz-Cozyklus' von f und g; wir bezeichnen ihn durch $\omega(f, g)$.

Aus bekannten Eigenschaften der Schnittzahlen folgt unmittelbar: Wenn man f und g homotop so deformiert, daß die allgemeine Lage in keinem Augenblick verletzt wird, so ändert sich ω nicht; sowie: ist f' zu f und g' zu g hinreichend benachbart, so ist $\omega(f', g')=\omega(f, g)$.

Die Cohomologieklasse von $\omega(f,g)$ nennen wir $\bar{\omega}(f,g)$. Unser nächstes Ziel ist, $\bar{\omega}(f, g)$ auch für Felder f, g zu erklären, die nicht in allgemeiner Lage sind.

1.2. f, g seien beliebige Felder über K^n.

Behauptung. *Es gibt zu ihnen homotope Felder f', g', die in allgemeiner Lage sind; und zwar kann man sogar durch beliebig kleine Deformationen von f, g zu f', g' übergehen.*

Beweis. Für jedes σ^0, das Coinzidenzpunkt ist, verschiebe man den Punkt $g(\sigma^0)$ stetig in einen Punkt $g_0(\sigma^0) \neq f(\sigma^0)$ über σ^0 und erweitere diese Verschiebungen zu einer Homotopie von g über K^n ([6], 176);

man erhält so zu f, g homotope Felder $f_0=f$, g_0 ohne Coinzidenzpunkt über K^0. Man habe bereits zu f, g homotope Felder f_i, g_i ohne Coinzidenzpunkt über K^i, und es sei $i<n-1$; da für jedes σ^{i+1} die Mannigfaltigkeit $\sigma^{i+1}\times Y$ die Dimension $i+1+n$, jedes der Bilder $f(\sigma^{i+1})$ und $g(\sigma^{i+1})$ die Dimension $i+1$ hat, $(i+1)+(i+1)<i+1+n$ ist, und da von den beiden Bildern jedes zum Rande des andern fremd ist, kann man die Bilder, ohne Veränderungen an den Rändern, stetig so deformieren, daß sie zueinander fremd werden; diese Deformationen erweitert man wieder zu Homotopien der ganzen Felder. Es ist klar, daß man immer mit beliebig kleinen Deformationen auskommt. $f'=f_{n-1}$ und $g'=g_{n-1}$ erfüllen die Behauptung.

1.3. Daß zwei Felder g_0, g_1 über K^n zueinander homotop sind, bedeutet bekanntlich: bezeichnet I das Intervall $0\leqq t\leqq 1$, so existiert eine Abbildung G von $K^n\times I$ in R, sodaß $pG(X\times t)=x, G(x\times 0)=g_0(x)$, $G(x\times 1)=g_1(x)$ für alle $x\in K^n$ ist.—Außer den homotopen Feldern g_0, g_1 sei ein Feld f über K^n gegeben, das zu g_0 und zu g_1 in allgemeiner Lage ist.

Behauptung. *Man kann durch beliebig kleine Deformationen, welche g_0 und g_1 nicht ändern, f und G in Abbildungen f' und G' überführen, welche über K^{n-2} keinen Coinzidenzpunkt haben*

$$(\text{d.h. } f'(x)\neq G'(x\times t) \quad \textit{für} \quad x\in K^{n-2}, \quad t\in I).$$

Beweis, *analog zu* 1.2. Man beseitige durch kleine Deformationen von f und G, unter Festhaltung von G für $t=0$ und $t=1$, die Coinzidenzpunkte von f und G der Reihe nach über K^i für $i=0,1,\dots,n-2$; dies ist möglich, da die Mannigfaltigkeit $\sigma^{i+1}\times Y$ die Dimension $i+1+n$, das Bild $f(\sigma^{i+1})$ die Dimension $i+1$, das Bild $G(\sigma^{i+1}\times I)$ die Dimension $i+2$ hat, für $i<n-2$ aber noch $(i+1)+(i+2)<i+1+n$ ist.

1.4. g_0 und g_1 seien miteinander homotop und in allgemeiner Lage zu f.

Behauptung.

$$\omega(f,g_0)\sim\omega(f,g_1), \quad \textit{also} \quad \overline{\omega}(f,g_0)=\overline{\omega}(f,g_1). \tag{1.4.1}$$

Beweis. Wir wenden zunächst 1.3 an: da f' durch eine beliebig kleine Deformation aus f entsteht, dürfen wir annehmen, daß bei dieser Deformation stets die allgemeine Lage zu g_0 und g_1 gewahrt bleibt; daher ist, wie schon in 1.1 festgestellt, $\omega(f',g_0)=\omega(f,g_0)$, $\omega(f',g_1)=\omega(f,g_1)$; somit dürfen wir annehmen, daß das Feld f in (1.4.1) bereits die Eigenschaften von f' aus 1.3 hat. Die Abbildung G' aus 1.3 wollen wir jetzt G nennen. Dann haben für jedes σ^{n-1}

die Bilder $f(\sigma^{n-1})$ und $G(\sigma^{n-1}\times I)$ in $p^{-1}\sigma^{n-1}=\sigma^{n-1}\times Y$ die Eigenschaft, daß jedes zum Rande des anderen fremd ist (wegen der Eigenschaften aus 1.3 und wegen der allgemeinen Lage von f zu g_0 und g_1). Folglich ist die Schnittzahl $s'(f(\sigma^{n-1}), G(\sigma^{n-1}\times I))$ in der $(2n-1)$-dimensionalen (berandeten) Mannigfaltigkeit $\sigma^{n-1}\times Y$ definiert. Der Corand $\delta s'$ der als Cokette aufgefaßten Funktion s' der Simplexe σ^{n-1} hat auf einem σ^n den Wert

$$\delta s'(\sigma^n)=s'(f(\partial\sigma^n),\ G(\partial\sigma^n\times I)). \tag{1.4.2}$$

Wir werden (1.4.1) dadurch beweisen, daß wir zeigen: es ist

$$\omega(f,g_1)-\omega(f,g_0)=\pm\delta s',$$

mit anderen Worten:

$$s(f(\sigma^n),g_1(\sigma^n))-s(f(\sigma^n),g_0(\sigma^n))=\pm s'(f(\partial\sigma^n),G(\partial\sigma^n\times I)), \tag{1.4.3}$$

wobei hier—wie auch im Folgenden—die unbestimmt gebliebenen Vorzeichen nur von n abhängen und wobei Schnittzahlen in $\sigma^n\times Y$ mit s, solche in $Z=\partial\sigma^n\times Y$ mit s' bezeichnet sind.

Für den Beweis von (1.4.3) denken wir uns σ^n im Inneren eines größeren Simplexes $\overline{\sigma}^n$ gelegen (das nichts mit unserem Faserraum zu tun hat) und entsprechend $\sigma^n\times Y$ in $\overline{\sigma}^n\times Y$ eingebettet. Das Feld f über σ^n läßt sich zu einem Feld über $\overline{\sigma}^n$ fortsetzen, sodaß also $f(\overline{\sigma}^n)=A$ erklärt ist; Schnittzahlen in $\overline{\sigma}^n\times Y$ dürfen wir ebenso wie diejenigen in $\sigma^n\times Y$ mit s bezeichnen. Der $(n-1)$-dimensionale Zyklus ∂A liegt über $\partial\overline{\sigma}^n$ und ist daher fremd zu der Kette $G(\sigma^n\times I)$; er hat daher mit dem n-dimensionalen Zyklus $\partial G(\sigma^n\times I)$ in $\overline{\sigma}^n\times Y$ die Verschlingungszahl 0, und folglich ist auch die Schnittzahl $s(A,\partial G(\sigma^n\times I))=0$. Nun ist, wenn wir noch zur Abkürzung $G(\partial\sigma^n\times I)=B$ setzen,

$$s(A,\partial G(\sigma^n\times I))=s(A,B)+(-1)^n s(A,g_1(\sigma^n))-(-1)^n s(A,g_0(\sigma^n)),$$

also

$$s(f(\sigma^n),g_1(\sigma^n))-s(f(\sigma^n),g_0(\sigma^n))=\pm s(A,B). \tag{1.4.4}$$

Da B auf der Mannigfaltigkeit Z liegt, ist

$$s(A,B)=\pm s'(A\cdot Z,B),$$

wobei $A\cdot Z$ den Schnitt von A und Z in $\overline{\sigma}^n\times Y$ bezeichnet, und da

$$A\cdot Z=\pm\partial f(\sigma^n)=\pm f(\partial\sigma^n)$$

ist, folgt somit

$$s(A,B)=\pm s'(f(\partial\sigma^n),B).$$

Hieraus und aus (1.4.4) folgt (1.4.3).

1.5. Die Definition von $\overline{\omega}(f,g)$ für beliebige Felder f,g über K^n erfolgt jetzt durch die Festsetzung: $\overline{\omega}(f,g)=\overline{\omega}(f',g')$, wobei f', g' zu f, g homotop und zueinander in allgemeiner Lage sind. Die Möglichkeit und Eindeutigkeit dieser Definition ergibt sich unmittelbar aus 1.2 und 1.4, wobei wir 1.4 auch under Vertauschung der Rollen von f und g berücksichtigen.

Ferner folgt aus 1.4: Die Klasse $\overline{\omega}(f,g)$ ändert sich nicht bei homotoper Abänderung von f und g.

1.6. Bisher haben wir f und g nur über K^n betrachtet; daher war es trivial, daß die in 1.1 erklärte Cokette ω ein Cozyklus (in K^n) ist. Jetzt seien f und g über K^{n+1} (und vielleicht noch über einem größeren Teil von K) gegeben; wie in 1.1 sollen sie keine Coinzidenzpunkte über K^{n-1} haben.

Behauptung. *Auch dann ist $\omega(f,g)$ ein Cozyklus (in K).*

Beweis. Wir haben für ein beliebiges σ^{n+1} zu zeigen, daß

$$\omega(f,g)\,(\partial\sigma^{n+1})=0$$

ist.—Bezeichnet r eine Abbildung, die $p^{-1}\sigma^{n+1}=\sigma^{n+1}\times Y$ auf eine Faser Y retrahiert, so folgt aus der Existenz von f und g im Innern von σ^{n+1}, daß die Randsphäre $\dot{\sigma}$ von σ^{n+1} durch rf und rg 0-homotop in Y abgebildet wird. Verstehen wir unter f_0 und g_0 die Teile der Felder f und g über $\dot{\sigma}$, so folgt aus dieser 0-Homotopie: f_0 und g_0 sind homotop zu Feldern f'_0 und g'_0 mit der Eigenschaft: rf'_0 und rg'_0 bilden $\dot{\sigma}$ auf je einen Punkt von Y ab. Da wir annehmen dürfen, daß diese beiden Punkte verschieden sind, besitzen f'_0 und g'_0 keinen Coinzidenzpunkt; es ist also $\omega_0(f'_0,g'_0)=0$ und nach 1.5 auch $\omega_0(f_0,g_0)=0$ (dabei hat ω_0 für den Komplex $\dot{\sigma}$ dieselbe Bedeutung wie ω für K). Da aber

$$\omega(f,g)\,(\partial\sigma^{n+1})=\omega_0(f_0,g_0)\,(\partial\sigma^{n+1})$$

ist, ist damit die Behauptung bewiesen.

Es ist also auch für beliebige Felder über K^{n+1} (die nicht in allgemeiner Lage zu sein brauchen) gemäß 1.5 $\overline{\omega}(f,g)$ als Cohomologieklasse in K (nicht nur in K^n) erklärt.

1.7. Nach bekannten Vorzeichenregeln für Schnittzahlen gilt in 1.1: $\omega(g,f)=(-1)^n\,\omega(f,g)$, und daraus folgt für beliebige f, g:

$$\overline{\omega}(g,f)=(-1)^n\,\overline{\omega}(f,g). \tag{1.7.1}$$

Für jedes Feld f ist speziell $\overline{\omega}(f,f)$ erklärt. Aus 1.7.1. folgt: Bei ungeradem n ist $2\overline{\omega}(f,f)=0$.

1.8. Die Faserung sei trivial, d.h. $R=X\times Y$; ein Feld f stellt die Abbildung F in Y dar, die durch $f(x)=x\times F(x)$ gegeben ist. Betrachten wir den Spezialfall, in dem $F(x)$ ein konstanter Punkt y_0 ist, und sei g ein zweites Feld, G die durch g dargestellte Abbildung; nehmen wir ferner für den Augenblick an, daß G simplizial ist und y_0 im Innern eines n-dimensionalen Simplexes τ^n der benutzten Zerlegung von Y liegt. Dann sieht man leicht (man prüfe das Vorzeichen!), daß die Schnittzahl $s(f(\sigma^n), g(\sigma^n))$ gleich dem Grade ist, mit dem das Simplex σ^n von K durch g auf τ^n abgebildet wird (also 1, -1 oder 0). Daraus folgt, wenn wir den n-dimensionalen Grundcozyklus von Y mit η bezeichnen und unter G^* die zu G duale Abbildung der Cozyklen verstehen: $\omega(f,g) = G^*(\eta)$; daraus ergibt sich für beliebiges g:

(1.8.1) $\qquad \overline{\omega}(f,g) = G^*(\overline{\eta})$, wenn F konstant ist.

Hieraus und aus (1.7.1) folgt

(1.8.2) $\qquad \overline{\omega}(f,g) = (-1)^n F^*(\overline{\eta})$, wenn G konstant ist.

1.9. Der Koeffizientenbereich ist in diesem Paragraphen ein beliebiger Ring. Wir werden später immer den Ring der ganzen Zahlen nehmen.

§ 2. Die Differenz-Cozyklen

2.1. Unsere Klasse $\overline{\omega}(f,g)$ darf als ein erstes Hindernis angesehen werden, das sich der 'Trennung' von f und g, d.h. der Beseitigung der Coinzidenzpunkte, widersetzt: diese Trennung ist immer möglich über K^{n-1}, über K^n aber unmöglich, falls nicht $\overline{\omega} = 0$ ist. In diesem Sinne ist $\overline{\omega}$ ein Gegenstück zu der Klasse $\overline{\alpha}(f,g)$ der Differenz-Cozyklen $\alpha(f,g)$—(sie heißen in [6] nicht α und $\overline{\alpha}$, sondern d und $\overline{d}$): die Klasse $\overline{\alpha}$ ist das erste Hindernis, das sich dem Versuch widersetzt, f und g über einem möglichst hochdimensionalen Gerüst miteinander zu vereinigen, d.h. durch homotope Abänderungen miteinander zusammenfallen zu lassen.—Ich erinnere an Definitionen und bekannte Eigenschaften ([6], 181):

Es sei q die kleinste positive Zahl, für welche die Homotopiegruppe $\pi_q(Y) \neq 0$ ist; wir dürfen für unsere späteren Zwecke immer annehmen, daß $q > 1$ ist; dann ist $\pi_q(Y)$ zugleich die ganzzahlige Homologiegruppe $H_q(Y)$. Ferner wollen wir von jetzt an annehmen, daß $H_q(Y)$ 'stabil' in dem Sinne ist, den wir in den 'Vorbemerkungen' erklärt haben.

f und g seien Felder über K^q und vielleicht über einem noch größeren Teilkomplex von K. Aus $\pi_i(Y) = 0$ für $i < q$ folgt: f und g sind miteinander homotop über K^{q-1}; daher gibt es eine Abbildung F von $K^{q-1} \times I$ in R mit $pF(x \times t) = x$, $F(x \times 0) = f(x)$, $F(x \times 1) = g(x)$; ich nenne F eine 'Verbindung' von f und g über K^{q-1}. Für jedes σ^q ist $f(\sigma^q) - g(\sigma^q) + F(\partial\sigma^q \times I)$ eine q-dimensionale Sphäre; sie wird durch eine Abbildung r, die $p^{-1}\sigma^q$ auf eine Faser retrahiert, in diese

Faser abgebildet und bestimmt daher—hier wird die 'Stabilität' benutzt- ein Element $\alpha(\sigma^q) \in H_q(Y)$. Diese Funktion $\alpha = \alpha(f, g)$ der σ^q ist ein q-dimensionaler Cozyclus, ein 'Differenz-Cozyklus' von f und g. Er hängt von der Verbindung F ab, aber seine Cohomologieklasse $\bar{\alpha}(f, g)$ ist unabhängig von F. Sie ändert sich auch nicht bei homotoper Abänderung von f und g. Diese Klasse ist das Hindernis gegen die Verbindung von f und g über K^q. Der Koeffizientenbereich für die α und $\bar{\alpha}$ ist die Gruppe $H_q(Y)$.

2.2. Die folgende Interpretation ist mitunter vorteilhaft. Man zeichne in Y einen q-dimensionalen Cozyklus ζ aus, etwa—vorläufig—mit ganzen Koeffizienten; für jedes σ^q sei $\alpha_\zeta(\sigma^q)$ das skalare Produkt von ζ mit dem oben definierten Element $\alpha(\sigma^q) \in H_q(Y)$. Dann gilt analog wie oben: die α_ζ sind Cozyklen, die von F abhängen, aber die Cohomologieklasse $\bar{\alpha}_\zeta(f, g)$ ist, bei festem ζ, eine Invariante von f und g. Der Koeffizientenbereich für diese α_ζ und $\bar{\alpha}_\zeta$ ist der der ganzen Zahlen.

Es ist aber besser, statt ganzzahligen ζ solche q-dimensionale Cozyklen heranzuziehen, deren Koeffizientenbereich zu demjenigen von $H_q(Y)$ dual ist. Das System dieser Klassen $\bar{\alpha}_\zeta(f, g)$ ist äquivalent mit der ursprünglichen Klasse $\bar{\alpha}(f, g)$. Übrigens darf man statt $\bar{\alpha}_\zeta$ immer $\bar{\alpha}_{\bar{\zeta}}$ sagen, wobei $\bar{\zeta}$ die Cohomologieklasse von ζ ist.

Spezialisieren wir die Betrachtung auf den Fall, daß die Faserung trivial (die Produktfaserung) ist, daß also f, g Abbildungen F, G: $K \to Y$ darstellen. Für simpliziale F, G, bestätigt man leicht:

$$\alpha_\zeta(f, g) = F^*(\zeta) - G^*(\zeta), \tag{2.2.1}$$

wobei F^*, G^* die zu den durch F, G bewirkten Zyklen-Abbildungen dualen Cozyklen-Abbildungen sind. Hieraus folgt für die Abbildungen der Cohomologieklassen

$$\bar{\alpha}_{\bar{\zeta}}(f, g) = F^*(\bar{\zeta}) - G^*(\bar{\zeta}). \tag{2.2.2}$$

2.3. Wir werden später den untenstehenden Hilfssatz 2 benutzen.—In R sei eine Metrik eingeführt, deren Entfernungsfunktion ρ heiße. X' sei ein Teilpolyeder von X und f ein Feld über X'. Für $\epsilon > 0$ verstehen wir unter $U(f, \epsilon)$ die Menge der Punkte $u \in R$ mit $p(u) \in X'$, $\rho(fp(u), u) < \epsilon$. Wir nennen eine für $0 \leqq t \leqq 1$ erklärte stetige Abbildungsschar h_t von $U(f, \epsilon)$ in R eine 'fastertreue Retraktion von $U(f, \epsilon)$ auf f', wenn sie folgende Eigenschaften hat:

$$\left.\begin{array}{llll} h_0(u) = u, \quad h_1(u) = fp(u), & ph_t(u) = p(u) & \text{für} & u \in U(f, \epsilon) \\ & h_t f(x) = f(x) & \text{für} & x \in X' \end{array}\right\} \quad (0 \leqq t \leqq 1).$$

HILFSSATZ 1. *Zu X' und f existiert ein $\epsilon=\epsilon(X',f)>0$, sodaß sich $U(f,\epsilon)$ fasertreu auf f retrahieren läßt.*

Ich deute den Beweis dieser naheliegenden Tatsache nur an: Man stelle von X' eine so feine Simplizialzerlegung K' her, daß für jedes Grundsimplex σ' von K' Folgendes gilt: für eine Abbildung r, welche $p^{-1}\sigma'$ auf eine Faser Y retrahiert, liegt das Bild $rf(\sigma')$ ganz in einem euklidschen Element der Mannigfaltigkeit Y. Man beweist dann die Behauptung des Hilfssatzes 1 induktiv, indem man K' schrittweise aus diesen σ' aufbaut.

Diese Retraktionseigenschaft bringen wir in Zusammenhang mit den Differenz-Cozyklen:

HILFSSATZ 2. *f und g seien Felder über K^q; die Zahl $\epsilon(K^q,f)$ sei wie oben erklärt; der Teilkomplex L^q von K^q habe die Eigenschaft, daß*

$$\rho(f(x),g(x))<\epsilon(K,f) \quad \textit{für} \quad x\in L^q$$

ist. Dann existiert ein Differenz-Cozyklus $\alpha=\alpha(f,g)$ in K^q, sodaß $\alpha(\sigma^q)=0$ für jedes Simplex σ^q von L^q ist.

BEWEIS. Da für $x\in L^q$ die Punkte $g(x)$ zu der auf f retrahierbaren Menge $U(f,\epsilon)$ gehören, ist g über L^q mit f homotop. Diese Homotopie liefert eine 'Verbindung' (cf. 2.1) zwischen f und g nicht nur über L^{q-1}, sondern sogar über L^q. Die durch sie induzierte Verbindung F über L^{q-1} hat die Eigenschaft, daß die mit ihrer Hilfe konstruierten Sphären $f(\sigma^q)-g(\sigma^q)+F(\partial\sigma^q\times I)$ 0-homotop in die Fasern retrahiert werden. Dann sind die zugehörigen $\alpha(\sigma^q)=0$. Dieser auf L^q konstruierte Cozyklus α läßt sich, wegen $\pi_i(Y)=0$ für $i<q$, zu einem Differenz-Cozyklus $\alpha(f,g)$ in K^q erweitern.

ZUSATZ. *Wir werden den Hilfssatz 2 nicht genau in der obigen, sondern in der folgenden modifizierten Form anwenden, deren Gültigkeit evident ist: f, g, ϵ sind wie oben erklärt; K_1 sei eine Unterteilung von K und L_1^q ein Teilkomplex von K_1^q, sodaß f und g über L_1^q dieselbe ϵ-Bedingung erfüllen wie oben über L^q.*

BEHAUPTUNG. *Es gibt in K_1 einen Differenz-Cozyklus $\alpha_1=\alpha_1(f,g)$ mit $\alpha_1(\sigma_1^q)=0$ für die Simplexe σ_1^q von L_1^q.*

§3. Abbildungen $S^{N-1}\to M^n$, $N-1>n$

3.1. Wir werden auch hier hauptsächlich bekannte Dinge wiederholen. Wir betrachten Abbildungen der Sphäre S^{N-1} in eine geschlossene orientierbare Mannigfaltigkeit M^n, wobei $N-1>n$ ist; wir setzen $N-n=q$, sodaß also $q>1$ ist. Nach Gysin [1] bewirkt jede solche Abbildung F Homomorphismen der Homologiegruppen $H_k(M^n)\to H_{k+q}(M^n)$, $k=0,1,\dots,n-q$, die in der Homotopieklasse von

F invariant sind. Für uns wird nur der Fall $k=0$ eine Rolle spielen; um ihn zu beschreiben, genügt es, für das durch einen einfachen Punkt y^0 repräsentierte Element von H_0 das Bild in H_q anzugeben; dieses Bild nennen wir $c(F)$. Seine Definition läßt sich für simpliziale F so skizzieren: Bei angemessener natürlicher Erklärung der Umkehrungsabbildung F^{-1} ist $F^{-1}(y^0)=x^{q-1}$ ein $(q-1)$-dimensionaler Zyklus in S^{N-1}; es gibt eine Kette X^q, deren Rand

(3.1.1) $$\partial X^q = x^{q-1} = F^{-1}(y^0)$$

ist; das Bild $F(X^q)$ ist ein Zyklus, da der Rand von X mit Erniedrigung der Dimension abgebildet wird; die Homologieklasse dieses Zyklus ist $c(F)$.

Da F Repräsentant eines Elements der Homotopiegruppe $\pi_{N-1}(M^n)$ ist, bewirkt c eine Abbildung $\pi_{N-1}(M^n)\to H_q(M^n)$; man sieht übrigens leicht, daß dies ein Homomorphismus ist. Jedenfalls gilt: wenn F 0-homotop ist, so ist $c(F)=0$.

3.2. In manchen Fällen wird allerdings diese Abbildung

$$\pi_{N-1}(M^n)\to H_q(M^n)$$

trivial, d.h. bei manchen S^{N-1} und M^n wird $c(F)=0$ für alle F sein. Ein solcher Fall liegt z.B. dann vor, wenn q ungerade ist und H_q kein Element der Ordnung 2 enthält ([1], 89, 99). Andererseits gibt es sicher Fälle, in denen c nicht trivial ist. Die bekanntesten Beispiele sind: $M^n=S^n$, $N=2n$, n gerade; sowie: $M^n=M^{2k}$ ist der komplexe projektive Raum mit k komplexen Dimensionen, $N=n+2$.

3.3. Bekanntlich (cf. [1, 7]) läßt sich $c(F)$ auch im Rahmen der Cohomologietheorie und mit Hilfe des Cup-Produktes ausdrücken; dies wollen wir noch skizzieren. Für eine q-dimensionale Cohomologieklasse $\bar{\zeta}$ von M^n betrachten wir das skalare Produkt

$$\bar{\zeta}\cdot c(F) = c_{\zeta}(F);$$

(wir wollen skalare Produkte immer durch einen Punkt andeuten). Die Kenntnis der $c_{\bar{\zeta}}$ für beliebige $\bar{\zeta}$ (in bezug auf den zu der Gruppe H_q dualen Koeffizientenbereich) ist äquivalent mit der Kenntnis von c.

F sei simplizial, F^* die duale Abbildung der Coketten usw.; das Bild $F^*\eta$ des n-dimensionalen Grundcozyklus η von M^n ist ein n-dimensionaler Cozyklus in S^{N-1}; es gibt Coketten γ in S^{N-1} mit dem Corand

(3.3.1) $$\delta\gamma = F^*\eta.$$

Behauptung.

(3.3.2) $$c_{\zeta}(F) = (-1)^q\,(F^*\zeta\cup\gamma)\cdot S^{N-1},$$

wobei wir durch S^{N-1} auch den Grundzyklus der gleichnamigen Sphäre bezeichnen und unter ζ einen Cozyklus aus der Klasse $\bar{\zeta}$ verstehen.

Beweis. Die Dualitäts-Operatoren D und Δ in S^{N-1} und M^n, die den Coketten Ketten zuordnen, sind definiert durch

(1) $$\xi \cdot D\gamma = (\xi \cup \gamma) \cdot S^{N-1}$$

(für beliebige Coketten ξ, γ), und analog für Δ in M^n; speziell ist

(2) $$y^0 = \Delta\eta$$

(wie in 3.1 ist y^0 ein einfacher Punkt). Rand- und Corandbildung ∂ und δ verhalten sich bei Dualisierung so:

$$D\delta\xi^p = (-1)^{N-1-p}\,\partial D\xi^p;$$

es ist also speziell

(3) $$D\delta\xi^{n-1} = (-1)^q\,\partial D\xi^{n-1}.$$

Die duale Abbildung F^* der Coketten usw. ist charakterisert durch

(4) $$F^*\xi \cdot x = \xi \cdot Fx$$

(für beliebige Coketten ξ und Ketten x) und die Umkehrungsabbildung F^{-1} der Ketten usw. durch

(5) $$F^{-1} = DF^*\Delta^{-1}.$$

Nun sei γ eine Cokette, die (3.3.1) erfüllt; für die Cokette

$$X = (-1)^q\,D\gamma$$

folgt dann, indem man auf ∂X nacheinander (3), (3.3.1), (5), (2) anwendet, daß sie die Eigenschaft (3.1.1) besitzt. Es ist also

$$c_{\bar{\zeta}}(F) = (-1)^q\,\zeta \cdot FD\gamma;$$

wendet man hierauf (4) und (1) an, so erhält man (3.3.2).

3.4. Unsere Sphäre S^{N-1} berande eine Zelle Z^N; es sei also, wenn wir auch die Grundkette einer simplizialen Zerlegung der Zelle mit Z^N bezeichnen sowie, wie schon früher, den Grundzyklus der Sphäre auch S^{N-1} nennen: $\partial Z^N = S^{N-1}$. Wie früher sei F eine simpliziale Abbildung von S^{N-1} in M^n, und auch ζ und η sollen dieselbe Bedeutung haben wie vorhin. Ferner seien in der simplizial zerlegten Zelle zwei Cozyklen ϕ, ψ der Dimensionen q und n gegeben, die auf S^{N-1} mit $F^*\zeta$ und $F^*\eta$ übereinstimmen.

Behauptung.

(3.4.1) $$c_{\bar{\zeta}}(F) = (\phi \cup \psi) \cdot Z^N.$$

Beweis. Es gibt in Z^N eine Cokette Γ mit $\delta\Gamma = \psi$; für ihre Restriktion γ auf S^{N-1} gilt dann $\delta\gamma = F^*\eta$, d.h. γ erfüllt (3.3.1) und folglich auch (3.3.2). Andererseits folgt aus $\phi \cup \psi = (-1)^q \delta(\phi \cup \Gamma)$, daß auch

$$(\phi \cup \psi) \cdot Z^N = (-1)^q (\phi \cup \Gamma) \cdot S^{N-1} = (-1)^q (F^* \zeta \cup \gamma) \cdot S^{N-1}$$

ist. Hieraus und aus (3.3.2) folgt (3.4.1).

§ 4. Die Formel

4.1. Unsere bisherigen Festsetzungen bleiben gültig: die Faser Y des Raumes R ist eine n-dimensionale geschlossene orientierbare Mannigfaltigkeit; q hat die Bedeutung aus 2.1; die Faserung ist stabil in den Dimensionen n und q; die Basis X ist ein Komplex K. Es sind also $\bar{\alpha}$ und $\bar{\omega}$ für Paare von Feldern über K^n erklärt. Wir setzen jetzt $n+q=N$ und betrachten Felder über K^{N-1}. Ist f ein solches Feld, so ist jedem Simplex σ^N das Element $c(F) \in H_q(Y)$ zugeordnet, das gemäß 3.1 zu der Abbildung $F = rf$ des Randes $\dot{\sigma}^N$ in Y gehört, wobei r die Retraktion von $p^{-1}\sigma^N$ in eine Faser bezeichnet. Diese Funktion $c(F)$ der Simplexe σ^N definiert eine N-dimensionale Cokette $\Gamma(f)$ in K; wir wollen übrigens von jetzt an annehmen, daß $K = K^N$ ist; dann ist $\Gamma(f)$ ein Cozyklus. Er ist invariant bei homotoper Abänderung von f. Sein Koeffizientenbereich ist $H_q(Y)$. Analog erklären wir, bei gegebenem q-dimensionalen Cozyklus ζ aus Y, den Cozyklus $\Gamma_\zeta(f)$, indem wir $c(F)$ wie in 3.3 durch $c_\zeta(F)$ ersetzen.

Die Γ sind Hindernisse, die sich der Erweiterung der Felder f zu Feldern über K^N widersetzen: das Verschwinden von Γ ist notwendig für die Erweiterbarkeit. Es besteht die allgemeine Aufgabe, eine Übersicht über alle $\Gamma(f)$ zu gewinnen, die in R auftreten; insbesondere wird man fragen: sind die Γ, die zu den verschiedenen Feldern über K^{N-1} gehören, einander cohomolog?

In gewissen Fällen ist allerdings die Antwort auf diese Frage trivial, weil in ihnen bereits alle $c(F)=0$, also auch alle $\Gamma(f)=0$ sind; solche Fälle haben wir schon in 3.2 erwähnt.

4.2. Wir betrachten zwei Felder f, g. Der Koeffizientenbereich für ω soll immer der Ring der ganzen Zahlen sein, für α ist er die Gruppe $H_q(Y)$; man kann das Produkt $\alpha \cup \omega$ bilden; sein Koeffizientenbereich ist $H_q(Y)$ und seine Dimension N; dieses Produkt stimmt also in Dimension und Koeffizentenbereich mit $\Gamma(f)$ und $\Gamma(g)$ überein. Dazu ist noch zu bemerken: der Koeffizientenbereich für die Homologiegruppe $H_q(Y)$ kann eine beliebige Gruppe J sein, sodaß wir besser $H_q(V; J)$ schreiben sollten.

Die Formel, die unser Ziel bildet, lautet:

(4.2.1) $$\bar{\Gamma}(f) - \bar{\Gamma}(g) = \bar{\alpha}(f,g) \cup \bar{\omega}(f,g);$$

dabei ist für gerades n der Koeffizientenbereich J beliebig; für ungerades n aber beschränken wir die Formel auf den Fall, daß J die Gruppe der Ordnung 2 ist.

Ziehen wir wieder einen q-dimensionalen Cozyklus ζ von Y heran, so folgt aus (4.2.1)

$$\overline{\Gamma}_{\zeta}(f) - \overline{\Gamma}_{\zeta}(g) = \overline{\alpha}_{\zeta}(f,g) \cup \overline{\omega}(f,g); \tag{4.2.2}$$

dabei muß der Koeffizientenbereich J' von ζ natürlich derart sein, daß man seine Elemente mit denen von J multiplizieren kann; die Gruppe, der diese Produkte angehören, ist dann Koeffizientenbereich für α_ζ und Γ_ζ. Umgekehrt ist (4.2.1) eine Folge aus dem System aller Formeln (4.2.2) mit den soeben genannten ζ (sogar wenn man als J' nur die zu J duale Gruppe heranzieht); dieses System ist also mit der Formel (4.2.1) äquivalent.

Daher genügt es, für einen beliebigen zugelassenen Cozyklus ζ die Formel (4.2.2) zu beweisen.

4.3. Beweis. Man kann ein auf K^{N-1} gegebenes Feld in das Innere jedes Simplexes σ^N hinein so fortsetzen, daß dort eine einzige Singularität a ensteht (mit anderen Worten: man kann das Feld in das Gebiet $\sigma^N - a$ fortsetzen); dabei hat man soviel Freiheit, daß man folgende Situation herstellen kann: In jedem σ_i^N sind A_i, B_i zueinander fremde N-dimensionale Zellen, a_i, b_i Punkte in ihrem Inneren; f ist in $A_i - a_i$, g ist in $B_i - b_i$ stetig; die Abbildung $F_i = r_i f$ ist über B_i, die Abbildung $G_i = r_i g$ ist über A_i konstant; F_i ist auf dem Rande $\dot{A}_i$, G_i ist auf dem Rande $\dot{B}_i$ simplizial (r_i hat dieselbe Bedeutung wie r in unseren 'Vorbemerkungen').

X' sei das durch Herausnahme der Innengebiete der A_i und B_i aus X entstehende Polyeder. Die positive Zahl $\epsilon = \epsilon(X', f)$ sei wie in 2.3, Hilfssatz 1, erklärt. C sei die Menge aller Coinzidenzpunkte von f und g in X'; dann besitzt C eine Umgebung U, sodaß $\rho(f(x), g(x)) < \epsilon$ für $x \in U$ ist. Wir stellen eine so feine simpliziale Unterteilung von K her, daß jedes Simplex, das einen Punkt von C enthält, ganz in U liegt; überdies sollen sich die A_i und B_i in diese Unterteilung einfügen. Die so entstandene Simplizialerlegung von X' heiße K_1, den Komplex der in U gelegenen Grundsimplexe von K_1 nennen wir L_1, den der übrigen Grundsimplexe von K_1 nennen wir P_1.

Jetzt nehmen wir, was nach 1.2 möglich ist, mit f und g homotope Abänderungen vor, welche die Felder über K_1^{n-1} in allgemeine Lage bringen und welche so klein sind, daß über P_1 keine Coinzidenzpunkte entstehen und die Felder über L_1 ϵ-benachbart bleiben; ferner sollen die F_i und G_i über B_i bezw. A_i konstant und über $\dot{A}_i$ bezw. $\dot{B}_i$

simplizial bleiben; auch dies läßt sich leicht erreichen. Infolge der allgemeinen Lage existiert über K_1^p ein Coinzidenz-Cozyklus $\omega_1(f,g)$; da über P_1 keine Coinzidenzpunkte liegen, ist $\omega_1=0$ über P_1. Nach 2.3, Hilfssatz 2, Zusatz, existiert über K_1^q ein Differenz-Cozyklus $\alpha_1(f,g)$, der über L_1^q gleich 0 ist. Die Cozyklen $\Gamma_1(f)$, $\Gamma_1(g)$, die in K_1 analog erklärt sind wie $\Gamma(f)$, $\Gamma(g)$ in K, sind überall 0, da f und g auch im Inneren der Simplexe σ_N von K_1 erklärt und stetig sind. Aus all diesem ersieht man, daß für jedes Simplex σ^N von K_1 die Formel

$$\Gamma_1(f)-\Gamma_1(g)=\alpha_1(f,g)\cup\omega_1(f,g) \tag{4.3.1}$$

gültig ist.

Wir zeigen jetzt, daß diese Formel auch für die Zellen A_i und B_i gilt; diese Zellen sind simplizial untergeteilt (dabei sollen die a_i und b_i im Inneren N-dimensionaler Simplexe liegen), und α_1, ω_1 sind Cozyklen dieses Unterteilungskomplexes, welche die gleichnamigen Cozyklen über K_1 in die A_i und B_i hinein fortsetzen. Der Cozyklus ζ spiele dieselbe Rolle wie früher (z.B. in (4.2.2)).—Zur Entlastung der Formeln will ich den Index 1, der die Unterteilung andeutet, weglassen; wir haben also die Formel

$$(\Gamma_\zeta(f)-\Gamma_\zeta(g))\cdot Z=(\alpha_\zeta(f,g)\cup\omega(f,g))\cdot Z \tag{4.3.2}$$

zu beweisen, wobei Z eine beliebige der Zellen A_i, B_i ist.

Nehmen wir zunächst $Z=B_i$. Auf $B_i^\bullet$ ist nach (2.2.1)

$$\alpha_\zeta=F_i^*(\zeta)-G_i^*(\zeta),$$

also, da F_i konstant ist: $\alpha_\zeta=-G_i^*(\zeta)$. Nach (1.8.1) ist $\omega_\zeta=G_i^*(\eta)$ auf $B_i^\bullet$. Folglich können wir (3.4.1) anwenden: es zeigt sich, daß die rechte Seite von (4.3.2) gleich $-\Gamma_\zeta(g)\cdot B_i$ ist; da $\Gamma_\zeta(f)\cdot B_i=0$ infolge der Konstanz von F_1 ist, gilt also (4.3.2).

Jetzt sei $Z=A_i$. Analog wie soeben ergibt sich nach (2.2.1)

$$\alpha_\zeta=F_i^*(\zeta)-G_i^*(\zeta)=F_i^*(\zeta)$$

und nach (1.8.2) $\omega_\zeta=(-1)^n F_i^*(\eta)$ auf $A_i^\bullet$; nach (3.4.1) hat daher die rechte Seite von (4.3.2) den Wert $(-1)^n\,\Gamma_\zeta(f)\cdot A_i$. Wegen der Konstanz von G_i ist $\Gamma_\zeta(g)\cdot A_i=0$. Da wir bei ungeradem n nur mit Cohomologien modulo 2 arbeiten, ist damit auch für $Z=A_i$ die Gültigkeit von (4.3.2) bewiesen.

Da somit (4.3.2) für alle N-dimensionalen Zellen einer Unterteilung von K gilt, und da die Cohomologieklassen $\bar\alpha$, $\bar\omega$, $\bar\Gamma$ der hier auftretenden Cozyklen natürlich mit denen der gleichnamigen Klassen des ursprünglichen Komplexes zu identifizieren sind, ist damit der Beweis der Formel (4.2.2) erbracht.

4.4. KOROLLARE. (1) *Wenn f und g überall über K^q oder wenn sie nirgends über K^n coinzidieren, so ist* $\Gamma(f) \sim \Gamma(g)$; *denn im ersten Fall ist* $\bar{\alpha}=0$, *im zweiten* $\bar{\omega}=0$.

(2) *Wenn die q-te oder die n-te Cohomologiegruppe von X (bezüglich der zuständigen Koeffizientenbereiche) trivial ist, so gilt der Invarianzsatz:* $\Gamma(f) \sim \Gamma(g)$ *für beliebige f und g über* K^{N-1}.

(3) *Besonders einfach und für gewisse Anwendungen besonders interessant ist der Fall, in dem* $X=K^{n+q}$ *eine (orientierbare) Mannigfaltigkeit ist. Dann ist die Cohomologieklasse* $\bar{\alpha} \cup \bar{\omega}$ *bereits durch ihr skalares Produkt mit dem Grundzyklus* Z^{n+q} *von X bestimmt; dieser Wert ist* 0, *falls eine der Klassen* $\bar{\alpha}$, $\bar{\omega}$ *Element endlicher Ordnung in ihrer Cohomologiegruppe ist. Daher läßt sich für den Fall einer Mannigfaltigkeit X das Korollar* (2) *folgendermaßen aussprechen: Wenn die n-te Bettische Zahl von X verschwindet, so gilt der Invarianzsatz.* (Nach dem Poincaréschen Dualitätssatz ist die q-te Bettische Zahl gleich der n-ten.)

Wegen spezieller Anwendungen der Formel (4.2.2) verweise ich auf die Arbeiten [5] and [2] sowie auf die Skizzen [3] und [4].

§ 5. Spezialisierung auf Abbildungen

Es sei $R=X \times Y$; dann stellen die Felder f, g Abbildungen F, G von K^{N-1} in Y dar (wie in 1.8). Dann läßt sich die Formel (4.2.2) ohne Begriffe aus der Fasertheorie, insbesondere auch ohne Benutzung der Cozyklen α, ω, Γ, ganz im Rahmen der Abbildungstheorie aussprechen.—Zur Vereinfachung der Formeln will ich jetzt in den Cupprodukten das Zeichen $\cup$ weglassen und die Faktoren einfach nebeneinander schreiben.

Nach (2.2.1) geht (4.2.2) zunächst über in

$$\bar{\Gamma}_{\bar{\zeta}}(f)-\bar{\Gamma}_{\bar{\zeta}}(g)=(F^*(\bar{\zeta})-G^*(\bar{\zeta}))\,\bar{\omega}(f,g). \tag{5.1}$$

Indem man für F eine konstante Abbildung nimmt, erhält man aus (5.1) und (1.8.1) für beliebige Abbildungen G:

$$\bar{\Gamma}_{\bar{\zeta}}(G)=G^*(\bar{\zeta})\,G^*(\bar{\eta});$$

analog, mit konstantem G aus (5.1) und (1.8.2) für beliebige f:

$$\bar{\Gamma}_{\bar{\zeta}}(F)=(-1)^n\,F^*(\bar{\zeta})\,F^*(\bar{\eta}),$$

worin wir aber den Faktor $(-1)^n$ weglassen dürfen, da wir bei ungeradem n ja nur modulo 2 rechnen. Einsetzen der beiden letzten Ausdrücke in die linke Seite von (5.1) ergibt für beliebige F und G

$$F^*(\bar{\zeta})\,F^*(\bar{\eta})-G^*(\bar{\zeta})\,G^*(\bar{\eta})=(F^*(\bar{\zeta})-G^*(\bar{\zeta}))\,\bar{\omega}(f,g). \tag{5.2}$$

Wir wollen jetzt auch noch $\overline{\omega}(f,g)$ durch F^* und G^* ausdrücken; dies geschieht mit Hilfe der Lefschetzschen Formel, von der schon in der Einleitung die Rede war. Ich erinnere zunächst an diese Formel:

In der Mannigfaltigkeit $Y=M^n$ seien $(\xi_1^r,\ldots,\xi_p^r)$ und $(\eta_1^{n-r},\ldots,\eta_p^{n-r})$ duale Cohomologiebasen der Dimensionen r und $n-r$, d.h. es seien die Cupprodukte $\xi_i^r\eta_j^{n-r}=\delta_{ij}\eta$, wobei $\eta=\eta^n$ wieder der Grundcozyklus ist; dabei sei der Koeffizientenbereich die Gruppe der rationalen Zahlen oder auch, was damit äquivalent ist, die der ganzen Zahlen, wobei wir aber nur schwache Cohomologien, d.h. solche modulo der Torsionsgruppen zulassen; der Koeffizientenbereich darf aber z.B. auch die Gruppe der Ordnung 2 sein. Sind nun F und G zwei Abbildungen eines beliebigen Polyeders X in die Mannigfaltigkeit Y, so gilt für die Klasse $\overline{\Omega}(F,G)$ der Coinzidenz-Cozyklen, die wir in der Einleitung definiert haben, die Lefschetzsche Formel

$$\overline{\Omega}(F,G)\sim\textstyle\sum_{r=0}^{n}(-1)^r\sum_i F^*(\xi_i^r)\,G^*(\eta_i^{n-r}). \tag{5.3}$$

Da natürlich $\overline{\omega}(f,g)=\overline{\Omega}(F,G)$ ist, können wir die rechte Seite von (5.3) in (5.2) einsetzen; dabei will ich aber eine kleine Änderung der Bezeichnung vornehmen: den Grundcozyklus η will ich jetzt ζ^n nennen und unseren alten Cozyklus ζ genauer mit ζ^q bezeichnen; dann lautet die aus (5.2) und (5.3) kombinierte Formel:

$$\begin{aligned}F^*(\zeta^q)\,F^*(\zeta^n)-G^*(\zeta^q)\,G^*(\zeta^n)&\\ \sim(F^*(\zeta^q)-G^*(\zeta^q))\textstyle\sum_{r=0}^{n}(-1)^r\sum_i F^*(\xi_i^r)\,G^*(\eta_i^{n-r}).&\end{aligned} \tag{5.4}$$

Dabei sind, um daran zu erinnern, F und G Abbildungen von K^{N-1} in Y, und die Cupprodukte sind in K^N zu bilden $(N=n+q)$.

Man kann (5.4) noch etwas verkürzen, da sich die beiden Produkte auf der linken Seite gegen zwei Produkte auf der rechten Seite wegheben, die beim Ausmultiplizieren der Klammer mit der Summe entstehen (dabei hat man zu berücksichtigen, daß der Grundcozyklus ζ^n sowohl in der ξ-Basis wie in der η-Basis auftritt und daß das zu ihm duale Element das Einselement des Cohomologieringes ist); bringt man dann noch zwei Glieder von rechts nach links, so erhält man:

$$\begin{aligned}F^*(\zeta^n)\,G^*(\zeta^q)-G^*(\zeta^n)\,F^*(\zeta^q)&\\ \sim(F^*(\zeta^q)-G^*(\zeta^q))\textstyle\sum_{r=q}^{n-q}(-1)^r\sum_i F^*(\xi_i^r)\,G^*(\eta_i^{n-r}).&\end{aligned} \tag{5.5}$$

Ein Beispiel zu (5.4): Y sei der komplexe projektive Raum mit k komplexen Dimensionen; dann ist $n=2k$, $q=2$; man kann bekanntlich eine 2-dimensionale Cohomologieklasse ξ so wählen, daß ihre Cup-Potenzen $\xi^0,\xi^1,\xi^2,\ldots,\xi^k$ (wobei also diese oberen Indizes nicht

Dimensionszahlen sind, sondern Exponenten) je eine Basis in den Dimensionen $0, 2, 4, \ldots, 2k$ bilden, während die Cohomologiegruppen ungerader Dimension trivial sind; ξ^s ist dual zu ξ^{k-s}. Das Polyeder $X = K^{n+q}$ hat also die Dimension $2k+2$; sein Gerüst K^{2k+1} ist durch F und G in Y abgebildet; wir setzen zur Abkürzung noch $F^*(\xi) = \phi$, $G^*(\xi) = \psi$. Als Cozyklus ζ brauchen wir keinen anderen heranzuziehen als $\zeta = \xi$. Dann lautet (5.4):

$$\phi^{k+1} - \psi^{k+1} \sim (\phi - \psi)(\psi^k + \phi\psi^{k-1} + \ldots + \phi^{k-1}\psi + \phi^k).$$

Diese Identität ist trivial, aber wir dürfen sie als spezielle Bestätigung unserer allgemeinen Formel (5.4) ansehen. Es wäre interessant, auch Beispiele zu finden, in denen die Formeln (5.4) oder (5.5) etwas Neues liefern.

ZÜRICH, SWITZERLAND

LITERATUR

[1] W. GYSIN, *Zur Homologietheorie der Abbildungen und Faserungen von Mannigfaltigkeiten*, Comment. Math. Helv., 14 (1941), pp. 61–122.

[2] F. HIRZEBRUCH, *Übertragung einiger Sätze aus der Theorie der algebraischen Flächen auf komplexe Mannigfaltigkeiten von zwei komplexen Dimensionen*, Reine Angew. Math. (Crelle), 191 (1953), pp. 110–124.

[3] H. HOPF, *Sur les champs d'éléments de surface dans les variétés à 4 dimensions*, Colloque de Topologie Algébrique, Paris, 1947 (erschienen Paris 1949).

[4] ——, *Sur une formule de la théorie des espaces fibrés*, Colloque de Topologie (Espaces fibrés), Bruxelles, 1950.†

[5] E. KUNDERT, *Über Schnittflächen in speziellen Faserungen und Felder reeller und komplexer Linienelemente*, Ann. of Math., 54 (1951), pp. 215–246.

[6] N. E. STEENROD, *Cohomology invariants of mappings*, Ann. of Math., 50 (1949), pp. 954–988; angekündigt in Proc. Nat. Acad. Sci. U.S.A., 33 (1947), pp. 124–128.

[7] ——, The Topology of fibre bundles, Princeton, 1951.

† Ich benutze die Gelegenheit, um auf zwei Inkorrektheiten in dieser Note hinzuweisen: (1) Bei ungeradem n hat man für die Formel (6.5) den Koeffizientenbereich modulo 2 zu nehmen; (2) in den Zeilen 6–12 auf Seite 121 hat man vorauszusetzen, daß $n = 2$ ist.

Isotopy of Links

John Milnor

1. Introduction

LET M be a three-dimensional manifold, and let C_n be the space consisting of n disjoint circles. *It will always be assumed that M is open, orientable and triangulable.* By an *n-link* $\mathfrak{L}$ is meant a homeomorphism $\mathfrak{L}: C_n \to M$. The image $\mathfrak{L}(C_n)$ will be denoted by L. Two links $\mathfrak{L}$ and $\mathfrak{L}'$ are *isotopic* if there exists a continuous family $h_t: C_n \to M$ of homeomorphisms, for $0 \leqq t \leqq 1$, with $h_0 = \mathfrak{L}$, $h_1 = \mathfrak{L}'$.

For polygonal links in Euclidean space, K. T. Chen has proved [3] that the fundamental group $F(M-L)$ of the complement of L, modulo its qth lower central subgroup $F_q(M-L)$, is invariant under isotopy of $\mathfrak{L}$, for an arbitrary positive integer q. (The lower central subgroups $F_1 \supset F_2 \supset F_3 \supset \ldots$ are defined by $F_1 = F$, $F_{i+1} = [F, F_i]$, where $[F, F_i]$ is the subgroup generated by all $aba^{-1}b^{-1}$ with $a \in F$, $b \in F_i$.)

In § 2 of this paper, Chen's result is extended in three directions:

(1) The restriction to polygonal links is removed.

(2) A corresponding result is proved for links in arbitrary (open, orientable, triangulable) 3-manifolds. In fact let $K(M-L, M)$ denote the kernel of the inclusion homomorphism $F(M-L) \to F(M)$. Then it is proved that the group $F(M-L)/K_q(M-L, M)$ is invariant under isotopy of $\mathfrak{L}$.

(3) Certain special elements of the group $F(M-L)/K_q(M-L, M)$ are constructed: the meridians and parallels to the components of $\mathfrak{L}$. It is proved that their conjugate classes are invariant under isotopy of $\mathfrak{L}$.

In § 3 these results are applied to construct certain numerical isotopy invariants for links in Euclidean space. It is first shown that the ith parallel β_i in $F(M-L)/F_q(M-L)$ can be expressed as a word w_i in the meridians $\alpha_1, \ldots, \alpha_n$. Let $\mu(i_1 \ldots i_r)$ denote the coefficient of $\kappa_{i_1} \ldots \kappa_{i_{r-1}}$ in the Magnus expansion of w_{i_r} (where $\kappa_i = \alpha_i - 1$). Then it is shown that the residue class $\bar{\mu}$ of $\mu(i_1 \ldots i_r)$, modulo an integer $\Delta(i_1 \ldots i_r)$ determined by the μ, is an isotopy invariant of $\mathfrak{L}$.

It is shown that $\bar{\mu}(i_1 \ldots i_r)$ is a homotopy invariant of $\mathfrak{L}$ (in the sense of the author's paper [10]) whenever the indices $i_1 \ldots i_r$ are all distinct.

65.

Schlichte Abbildungen und lokale Modifikationen 4-dimensionaler komplexer Mannigfaltigkeiten

Comm. Math. Helvetici **29** (1955), 132–156

Meinem verehrten Kollegen und Freund M. Plancherel zum siebzigsten Geburtstag gewidmet

§ 1. Einleitung

1. Diese Arbeit betrifft eine der zahlreichen Erscheinungen in der Theorie der analytischen Funktionen von zwei oder mehr komplexen Variablen, welche in der Theorie für eine einzige Variable kein Analogon haben: für $m \geqslant 2$ gibt es analytische Abbildungen durch m Funktionen von m Variablen, bei welchen zwar für fast alle Bildpunkte die Urbilder nur aus endlich vielen Punkten bestehen, auf einige Ausnahmebildpunkte aber ganze analytische Flächen — die *Ausnahmemengen* — abgebildet werden. Das einfachste Beispiel ist die Abbildung des komplexen (x_1, x_2)-Zahlenraumes X in den (y_1, y_2)-Zahlenraum Y, die durch

$$y_1 = x_1 , \qquad y_2 = x_1 x_2 \tag{1}$$

gegeben ist: die Ebene $x_1 = 0$ ist Ausnahmemenge, der Punkt $y_1 = y_2 = 0$ der zugehörige Ausnahmebildpunkt, im übrigen ist die Abbildung eineindeutig. Ähnliche Fälle liegen in der komplexen algebraischen Geometrie vor, wenn Flächen X durch rationale Transformationen so auf Flächen Y abgebildet sind, daß einzelne Kurven C von X in Punkte übergehen: dabei haben wir X und Y als komplexe Mannigfaltigkeiten von 4 reellen Dimensionen, die C als analytische Flächen von 2 reellen Dimensionen aufzufassen[1]).

Unsere nachstehende Untersuchung wird sich nur auf den folgenden.

---

[1]) Unsere „Abbildungen“ sollen immer *eindeutig* sein. Bei der Heranziehung von Beispielen aus der algebraischen Geometrie ist Vorsicht am Platze, da man dort das Wort „Abbildung“ auch für Korrespondenzen gebraucht, die in keiner der beiden Richtungen eindeutig sind.

besonders einfachen Fall beziehen: *erstens wird die Abbildung „schlicht"* — in einem sogleich noch zu präzisierenden Sinne — *und zweitens wird $m = 2$ sein* [2]). Ferner werden wir uns weniger für die mögliche Verteilung der Ausnahmebildpunkte interessieren als für das Verhalten der Abbildung f in einem einzelnen solchen Punkt a und seiner Umgebung; daher dürfen wir (wenigstens vorläufig) annehmen, daß der Bildraum die Umgebung eines Punktes a im (y_1, y_2)-Zahlenraum ist. Dagegen wollen wir die Ausnahmemenge $A = f^{-1}(a)$ und ihre Umgebung nicht nur lokal, sondern im Großen studieren, und daher werden wir für die Räume X, die abgebildet werden, von vornherein beliebige komplexe Mannigfaltigkeiten zulassen, nicht nur Teilgebiete des Zahlenraumes [3]). Die Situation, die wir betrachten, ist also die folgende:

Die 4-dimensionale komplexe Mannigfaltigkeit X ist durch die analytische Abbildung f in den komplexen (y_1, y_2)-Zahlenraum abgebildet; f ist nicht konstant, das heißt, die Bildmenge $f(X)$ besteht nicht nur aus einem einzigen Punkt. a ist ein fester Punkt aus $f(X)$ und $A = f^{-1}(a)$ sein Urbild in X; die Menge $X - A$ wird durch f eineindeutig abgebildet.

Dann sagen wir: *f ist schlicht* — oder auch, um deutlicher zu sein: *f ist „schlicht bis auf a"*. Wenn A nur aus einem Punkt besteht, so ist f „ausnahmslos schlicht"; wenn A wenigstens zwei Punkte enthält, so ist A „Ausnahmemenge", und a ist „Ausnahmebildpunkt" von f.

2. Wir werden später die Ausnahmemengen A eingehend untersuchen; die einfachsten Eigenschaften wollen wir aber schon jetzt, zur vorläufigen Orientierung, feststellen.

Daß A abgeschlossen ist, folgt bereits aus der Stetigkeit von f. Die Menge A ist durch die beiden analytischen Gleichungen $y_1(x) = a_1$,

---

[2]) Die Voraussetzung $m = 2$ wird erst im § 3 wesentlich gebraucht werden.

[3]) Wie üblich verstehen wir unter einer n-dimensionalen (topologischen) Mannigfaltigkeit M^n einen zusammenhängenden Hausdorffschen Raum mit abzählbarer Umgebungsbasis, in dem die Punkte Umgebungen besitzen, welche mit dem Innengebiet der n-dimensionalen euklidischen Vollkugel homöomorph sind. M^{2m} heißt „komplex" — genauer: „ist mit einer komplex-analytischen Struktur versehen" —, wenn in den euklidischen Umgebungen der Punkte komplexe Parametersysteme $(z_1, \ldots, z_m)$, $(w_1, \ldots, w_m)$, ... so eingeführt sind, daß die beim Übereinandergreifen solcher Systeme entstehenden Parametertransformationen analytisch sind. Der Begriff der Analytizität von Abbildungen einer komplexen M^{2m} in eine andere — also auch der Begriff der analytischen Funktion auf einer M^{2m} — ist in bezug auf spezielle lokale komplexe Parametersysteme erklärt, aber infolge der Analytizität der Parametertransformationen von den speziell benutzten Systemen unabhängig. — Jedes Teilgebiet einer komplexen M^{2m} ist selbst eine komplexe M^{2m}. — Die komplexen M^2 sind die Riemannschen Flächen. — Literatur zur Einführung: z. B. [1].

$y_2(x) = a_2$ definiert, wobei a_1, a_2 die Koordinaten von a im (y_1, y_2)-Raum sind und x den variablen Punkt in X bezeichnet; folglich ist A eine „analytische Menge", das heißt: A besteht aus endlich oder abzählbar unendlich vielen analytischen irreduziblen Flächen, die sich nirgends häufen (in X), und vielleicht noch aus isolierten Punkten. Wir zeigen aber sogleich: isolierte Punkte treten nicht auf; mit anderen Worten: Wenn A einen isolierten Punkt p enthält, so ist $A = p$, die Abbildung f also ausnahmslos schlicht.

Beweis. Der Punkt p besitzt eine Umgebung U, in welcher er der einzige Urbildpunkt von a und in welcher f daher eineindeutig und folglich gebietstreu ist; mithin enthält das Bild $f(U)$ eine volle Umgebung von a, und folglich besitzt jeder Punkt $p' \in A$ eine Umgebung U' mit $f(U') \subset f(U)$; folglich gibt es zu jedem Punkt $x' \in U'$ einen Punkt $x \in U$ mit $f(x) = f(x')$; da f nicht konstant ist, dürfen wir $x' \in X - A$ und damit auch $x \in X - A$ annehmen; aus der Eineindeutigkeit von f in $X - A$ folgt $x' = x$. Da dies für beliebig kleine Umgebungen U, U' von p, p' gilt, ist $x' = x$ unverträglich mit $p' \neq p$; es ist also $p' = p$, das heißt $A = p$.

Damit ist gezeigt: *Die Menge $A = f^{-1}(a)$ besteht entweder aus einem einzigen Punkt, oder sie ist eine 2-dimensionale analytische Menge ohne isolierte Punkte.*

3. Unsere Abbildungen f lassen sich in zwei Klassen einteilen: wir nennen f *„vollständig"* oder *„unvollständig"*, je nachdem a innerer Punkt oder Randpunkt der Bildmenge $f(X)$ ist. Während nämlich jeder von a verschiedene Bildpunkt $y = f(x)$ innerer Punkt von $f(X)$ ist, weil f in der Umgebung von x eineindeutig, also gebietstreu ist, sind für a selbst beide Fälle möglich: die durch (1) gegebene Abbildung ist unvollständig, da der Punkt $y_1 = y_2 = 0$ auf der Ebene $y_1 = 0$ der einzige Punkt ist, der zu $f(X)$ gehört; dagegen wird in § 2, Nr. 1, ein Beispiel einer vollständigen Abbildung angegeben werden (auch die erwähnten Transformationen in der algebraischen Geometrie sind vollständig). Übrigens ist natürlich jede ausnahmslos schlichte Abbildung vollständig, da sie auch in der Umgebung des Punktes $f^{-1}(a)$ eineindeutig, also gebietstreu ist; diese Tatsache ist ein Spezialfall eines allgemeineren Satzes, dessen (rein topologischer) Beweis so einfach ist, daß wir ihn sogleich hier angeben wollen: *Wenn A kompakt ist, so ist f vollständig.*

Beweis. Die kompakte Menge A in der Mannigfaltigkeit X besitzt eine offene Umgebung U, deren abgeschlossene Hülle $\overline{U}$ ebenfalls kompakt ist; dann ist auch die Begrenzung $U^{\cdot} = \overline{U} - U$ kompakt und folglich die Bildmenge $f(U^{\cdot})$ abgeschlossen; da der Punkt a nicht zu dieser Menge gehört, besitzt er eine Umgebung V, die fremd zu $f(U^{\cdot})$ ist; dann ist der Durchschnitt $V \frown f(\overline{U})$ gleich dem Durchschnitt $V \frown f(U)$ und ebenso

$$(V - a) \frown f(\overline{U}) = (V - a) \frown f(U - A) .$$

Diese Menge, die wir W nennen, ist, da $f(\overline{U})$ infolge der Kompaktheit von $\overline{U}$ abgeschlossen ist, abgeschlossen in $V - a$; da $U - A$ offen und f in $U - A$ eineindeutig ist, ist $f(U - A)$ offen, also auch W offen (in $V - a$ und sogar im ganzen y-Raum). Da wir $V - a$ als zusammenhängend annehmen dürfen und da W offenbar nicht leer ist, folgt aus der Abgeschlossenheit und Offenheit von W in $V - a$, daß $W = V - a$ ist. Es ist also $V - a \subset f(U - A) \subset f(X)$ und mithin a innerer Punkt von $f(X)$.

4. Wir werden uns besonders für die *vollständigen* schlichten Abbildungen interessieren. Ein wesentlicher Grund hierfür ist der, daß diese Abbildungen eng mit *Modifikationen* komplexer Mannigfaltigkeiten im Sinne von *H. Behnke* und *K. Stein* zusammenhängen [2]. Der Übergang von einer komplexen Mannigfaltigkeit Y zu einer komplexen Mannigfaltigkeit X durch eine „Modifikation" bedeutet, zunächst grob gesprochen, folgenden Prozeß: Man nimmt aus Y eine Teilmenge B heraus und setzt in das dadurch entstandene Loch eine Punktmenge A so ein, daß, ohne Änderung der analytischen Struktur von $Y - B$, die Mannigfaltigkeit X entsteht; genau: X und Y sind komplexe Mannigfaltigkeiten, A und B sind abgeschlossene Teilmengen von X bzw. Y; es existiert eine eineindeutige analytische Abbildung f von $X - A$ auf $Y - B$, derart, daß folgende Bedingung erfüllt ist: wenn ein Punkt $x \in X - A$ gegen A strebt, so strebt $f(x)$ gegen B (diese Bedingung besagt, daß man A wirklich in dasjenige Loch eingesetzt hat, welches durch Tilgung von B aus Y entstanden ist).

Wir werden es nur mit dem einfachsten Spezialfall zu tun haben, nämlich mit den „*lokalen*" Modifikationen: das sind diejenigen, bei denen B nur aus einem einzigen Punkt a besteht. Dann bedeutet die soeben formulierte Annäherungsbedingung einfach folgendes: Wenn wir für die Punkte $x \in A$ die Abbildung f durch $f(x) = a$ definieren, dann ist die nunmehr in ganz X erklärte, in $X - A$ analytische und eineindeutige Abbildung f überall in X *stetig*.

Nun gilt aber folgender Satz von *Radó-Behnke-Stein-Cartan*[4]: „Ist y eine in der komplexen Mannigfaltigkeit X (beliebiger Dimension) stetige Funktion, welche überall dort, wo sie nicht verschwindet, analytisch ist, dann ist y überall in X analytisch." Wenden wir diesen Satz auf die beiden Funktionen y_1, y_2 an, welche für jeden Punkt $x \in X$ die Koordinaten des Bildpunktes $f(x)$ angeben (wobei a die Koordinaten $0, 0$ habe), so ergibt sich: unsere Abbildung f von X auf Y ist überall in X *analytisch*. Daß f schlicht (bis auf a) und vollständig ist, ist unmittelbar aus der Definition von f zu ersehen. — Umgekehrt ist von vornherein folgendes klar: wenn eine vollständige, bis auf a schlichte Abbildung von X in Y vorliegt, so ist X eine Mannigfaltigkeit, welche durch eine lokale Modifikation von Y im Punkte a entsteht, nämlich durch diejenige, welche a durch die Menge $A = f^{-1}(a)$ ersetzt. Wir dürfen also sagen:

Die lokalen Modifikationen von Y im Punkte a sind identisch mit den Umkehrungen der vollständigen, bis auf a schlichten Abbildungen von Mannigfaltigkeiten X in die Mannigfaltigkeit Y. In diesem Sinne ist jede Untersuchung der vollständigen schlichten Abbildungen gleichbedeutend mit einer Untersuchung der lokalen Modifikationen.

Eine solche Untersuchung — immer für den Fall von 4 Dimensionen — bildet den Gegenstand der vorliegenden Arbeit.

5. Unser Hauptergebnis besteht in der Feststellung, daß eine gewisse spezielle lokale Modifikation, die wir den „*σ-Prozeß*" nennen, in folgendem Sinne die *einzige* lokale Modifikation (4-dimensionaler Mannigfaltigkeiten) ist: *Es gibt außer dem σ-Prozeß keine anderen lokalen Modifikationen mit kompakten Mengen $A = f^{-1}(a)$ als diejenigen, welche durch mehrmalige Wiederholung des σ-Prozesses entstehen*; und auch bei nichtkompakten A werden die Modifikationen weitgehend durch die Iterationen des σ-Prozesses beherrscht. Gleichzeitig werden wir auch für unvollständige schlichte Abbildungen zu einigen Aussagen gelangen, die nicht trivial sind.

Der σ-Prozeß spielt übrigens in der algebraischen Geometrie eine wichtige Rolle; er liegt vor, wenn eine Fläche birational so transformiert wird, daß ein Punkt a in eine Kurve A übergeht, die Transformation aber sonst in der Umgebung von a eineindeutig ist. Auch in der Funktionentheorie mit zwei komplexen Variablen ist er neuerdings mit Erfolg verwendet worden [5]. Wir werden ihn im § 2 ausführlich darstellen. Im

[4]) Der Satz ist (in anderer Formulierung) von *T. Radó* [3] für eine Variable, also für 2 Dimensionen, aufgestellt und dann von *H. Behnke* und *K. Stein* [2] auf Mannigfaltigkeiten beliebiger Dimension übertragen worden. Die oben benutzte elegante Formulierung stammt von *H. Cartan*, der auch einen ganz neuen Beweis angegeben hat [4]. *)

§ 3 werden wir dann mit Hilfe lokaler funktionentheoretischer Betrachtungen leicht zu unseren Resultaten gelangen.

Ich habe den obigen Satz von der Einzigkeit des σ-Prozesses, also unseren Hauptsatz, schon früher ohne Beweis veröffentlicht [1], und *F. Hirzebruch* hat den Satz bereits gelegentlich benutzt [5]. Daß der σ-Prozeß in der algebraischen Geometrie eine alte und bewährte Operation ist, war uns von vornherein bekannt; aber erst später hat mich Herr *Zariski* darauf aufmerksam gemacht, daß auch der Einzigkeitssatz nicht neu ist: er deckt sich mit dem „Lemma" im Abschnitt 24 der berühmten Arbeit [6]; dort handelt es sich zwar um algebraische Mannigfaltigkeiten und birationale Transformationen, aber da die Betrachtungen gerade in dem betreffenden Abschnitt lokalen Charakter haben, behalten sie ihre Gültigkeit auch für die funktionentheoretische Situation, die wir hier vor uns haben. Ein Teil des nachstehenden Textes kann also als eine funktionentheoretische Darstellung und Beleuchtung des Zariskischen Lemmas aufgefaßt werden.

Gerade in diesen Tagen (Juli 1954) habe ich die große Abhandlung „Über meromorphe Modifikationen" von *W. Stoll* erhalten [7], die, wie Herr Stoll darin schreibt, durch mündliche Mitteilungen von mir, welche den Inhalt meiner vorliegenden Arbeit betrafen, angeregt worden ist; sie enthält sehr starke Verallgemeinerungen unserer Resultate und unserer Methode (ebenfalls bei Beschränkung auf 4 Dimensionen). Es freut mich, daß meine hier vorliegende Arbeit bereits vor ihrem Erscheinen auf so interessante Weise fortgesetzt worden ist und daß ihre Lektüre als Einführung in das Studium der viel schwierigeren Untersuchungen von *Stoll* dienen kann.

§ 2. Der σ-Prozeß und seine Iterationen

1. V sei ein Gebiet des komplexen (y_1, y_2)-Zahlenraumes, welches den Punkt $a = (0, 0)$ enthält. S sei eine komplexe projektive Gerade (also äquivalent der Riemannschen Zahlkugel) mit Koordinaten $s_1 : s_2$. Das cartesische Produkt $P = V \times S$ besitzt eine komplexe Struktur, die in natürlicher Weise durch die Strukturen von V und von S induziert ist; P ist Summe der durch $s_1 \neq 0$ bzw. $s_2 \neq 0$ bestimmten Teilgebiete P_1 bzw. P_2, in denen

$$y_1, y_2, s = s_2 s_1^{-1} \quad \text{bzw.} \quad y_1, y_2, s' = s_1 s_2^{-1}$$

analytische Parameter sind.

Das Gebilde V^*, das in P durch die Gleichung

$$y_1 s_2 - y_2 s_1 = 0 \tag{2}$$

bestimmt ist, ist eine 4-dimensionale komplexe Mannigfaltigkeit: in dem Teil $V_1^* = V^* \frown P_1$ sind y_1, s, in dem Teil $V_2^* = V^* \frown P_2$ sind y_2, s' analytische Parameter; in V_1^* ist $y_2 = y_1 s$, in V_2^* ist $y_1 = y_2 s'$, in $V_1^* \frown V_2^*$ ist $s' = s^{-1}$.

Die natürliche, durch $(y_1, y_2, s_1 : s_2) \to (y_1, y_2)$ gegebene Projektion von P auf V bewirkt eine analytische Abbildung φ von V^* auf V; bei ihr ist, wie aus (2) ersichtlich, das Urbild eines von $a = (0, 0)$ verschiedenen Punktes $y = (y_1, y_2)$ der Punkt $(y_1, y_2, y_1 : y_2)$ von V^*, das Urbild des Punktes $a = (0, 0)$ aber die aus den Punkten $(0, 0, s_1 : s_2)$ mit beliebigen $(s_1 : s_2) \in S$ bestehende Sphäre (= komplexe Zahlkugel) σ.

φ ist also — in der Terminologie aus § 1 — eine vollständige, bis auf den Punkt a schlichte Abbildung von $X = V^*$ auf $Y = V$ mit der Ausnahmemenge $A = \sigma = \varphi^{-1}(a)$. Die Umkehrung φ^{-1} ist eine lokale Modifikation von V, welche den Punkt a durch die Sphäre σ ersetzt; diese Modifikation nennen wir den σ-Prozeß.

2. Wir wollen die Beziehungen zwischen V und V^* näher betrachten. Zunächst bemerken wir noch: in jedem der Teile V_i^*, $i = 1$ oder $i = 2$, ist die Fläche $y_i = 0$ die Sphäre σ ohne den Punkt $s_i = 0$.

Es sei C eine analytische Fläche (= „komplexe Kurve") in V, die den Punkt a enthält und dort „regulär" ist; das heißt: C ist durch $f(y_1, y_2) = 0$ gegeben, wobei f regulär analytisch, $f(0, 0) = 0$ und $\left(\frac{\partial f}{\partial y_1}, \frac{\partial f}{\partial y_2}\right) \neq (0, 0)$ in a ist. Sei etwa $\frac{\partial f}{\partial y_2} \neq 0$; dann wird C durch eine Gleichung

$$y_2 = a_1 y_1 + a_2 y_1^2 + \cdots \tag{3}$$

dargestellt; die in V_1^* durch

$$s = a_1 + a_2 y_1 + \cdots \tag{3*}$$

dargestellte Fläche C^* wird, da $y_1 s = y_2$ ist, durch φ auf C abgebildet; es ist natürlich, C^* als „Urbild" $\varphi^{-1}(C)$ zu bezeichnen — indem wir dies tun, ergänzen wir das von vornherein wohldefinierte Urbild $\varphi^{-1}(C - a)$ durch Hinzunahme des auf σ gelegenen Punktes mit $s = a_1$.

Aus der Darstellung (3*) von C^* und daraus, daß σ durch $y_1 = 0$ dargestellt wird, ist ersichtlich: Ist C eine reguläre, a enthaltende Fläche in V, so wird σ durch $\varphi^{-1}(C)$ geschnitten, nicht berührt.

Daraus, daß die Koordinate s des Schnittpunktes gleich dem Werte a_1 des Differentialquotienten $dy_2 : dy_1$ von C in a ist, ist weiter ersichtlich: Wenn sich die regulären Flächen C_1, C_2 in a schneiden, aber nicht berühren, so schneiden ihre Urbilder $\varphi^{-1}(C_1)$ und $\varphi^{-1}(C_2)$ die Sphäre σ in verschiedenen Punkten und treffen sich daher gegenseitig nicht. Durch den σ-Prozeß werden also die Schnittpunkte in a beseitigt.

Wenn sich dagegen C_1 und C_2 in a berühren, so haben sie in ihren Entwicklungen (3) denselben Anfangskoeffizienten a_1, und ihre Urbilder schneiden daher σ im gleichen Punkt. Indem wir jedem analytischen Flächenelement in a den Schnittpunkt von σ mit den Urbildern derjenigen C zuordnen, an welche dieses Flächenelement tangential ist, entsteht, wie aus dem Vorstehenden ersichtlich ist, eine eineindeutige Abbildung des Büschels der analytischen Flächenelemente in a auf die Sphäre σ. (Indem man unsere analytischen Flächen als „komplexe Kurven" auffaßt, sagt man übrigens statt „analytisches Flächenelement" häufig auch „komplexes Linienelement".)

Dieser Zusammenhang mit den Flächenelementen legt es nahe, das Produkt $P = V \times S$, das wir in Nr. 1 herangezogen haben, als den Raum aller analytischen Flächenelemente in V zu deuten: man identifiziere den Punkt $(y_1, y_2, s_1 : s_2)$ von P mit dem Flächenelement, das im Punkte (y_1, y_2) von V durch $dy_1 : dy_2 = s_1 : s_2$ bestimmt ist. Statt (2) hat man dann als definierende Gleichung von V^*:

$$y_1 dy_2 - y_2 dy_1 = 0\,; \tag{2'}$$

hieraus liest man ab: V^* besteht aus den Tangentialelementen der Flächen, deren Gleichungen $c_1 y_1 - c_2 y_2 = 0$ lauten (c_1, c_2 konstant, nicht beide 0); in der Sprache der affinen Geometrie der komplexen (y_1, y_2)-Ebene sind diese Flächen die Geraden des Büschels mit dem Zentrum a; in jedem von a verschiedenen Punkt gehört genau ein Flächenelement, in a selbst gehören alle (analytischen) Flächenelemente zu V^*; das Büschel dieser Flächenelemente in a stellt jetzt die Sphäre σ dar.

3. Da es für Anwendungen wichtig ist, die y_1, y_2 nicht nur als Koordinaten in einem festen Zahlenraum, sondern als lokale Parameter auf einer 4-dimensionalen komplexen Mannigfaltigkeit aufzufassen, ist es gut, sich davon zu überzeugen, daß der σ-Prozeß invariant gegenüber einer regulären Parametertransformation ist. Es sei also durch $z_1 = z_1(y_1, y_2)$, $z_2 = z_2(y_1, y_2)$ eine solche Transformation in der Umgebung von a gegeben; wir dürfen annehmen, daß in a auch $z_1 = z_2 = 0$

ist. Der Raum P der Flächenelemente ändert sich nicht; aber in P hat man statt der durch (2′) gegebenen Mannigfaltigkeit V^* jetzt die durch

$$z_1\, dz_2 - z_2\, dz_1 = 0 \qquad (2'')$$

gegebene Mannigfaltigkeit W^* zu betrachten. Sie enthält, ebenso wie V^*, das Büschel σ der analytischen Flächenelemente in a. Nun existiert aber eine kanonische eineindeutige Abbildung h von V^* auf W^*: auf σ ist h die Identität, und für ein Element y^* von V^* in einem von a verschiedenen Punkt ist $h(y^*) = z^*$ das Element von W^* in demselben Punkt. Man zeigt leicht – ich übergehe den Beweis –, daß h analytisch ist. V^* und W^* haben also die gleiche analytische Struktur; und noch mehr: bezeichnen wir die bis auf a schlichte Abbildung von W^* auf V, die der alten Abbildung φ von V^* auf V analog ist, mit ψ, so ist, wie unmittelbar aus der Definition folgt, $\varphi = \psi\, h$.

In diesem Sinne sind also die Mannigfaltigkeit V^*, die Abbildung φ und damit auch die Modifikation φ^{-1} – also der σ-Prozeß – invariant gegenüber Parametertransformationen. Zugleich sieht man, daß die folgende Aussage einen invarianten, vom Parametersystem unabhängigen Sinn hat: *Der σ-Prozeß besteht darin, daß man den Punkt a durch das Büschel seiner analytischen Flächenelemente ersetzt.*

4. Wir wollen jetzt die topologische und die analytische Struktur von V^* untersuchen; dabei sei V durch

$$y_1 \bar{y}_1 + y_2 \bar{y}_2 < c\,, \qquad 0 < c \leqq \infty \qquad (4)$$

gegeben; wie in Nr. 1 beschreiben wir V^* durch die Parameter $y_1, y_2, s_1 : s_2$, zwischen denen die Relation (2) besteht.

Wir ziehen eine komplexe projektive Ebene T mit Koordinaten $t_1 : t_2 : t_3$ heran und bilden V^* durch

$$t_1 : t_2 : t_3 = s_1 : s_2 : \bar{y}_1 s_1 + \bar{y}_2 s_2 \qquad (5)$$

in T ab; da $s_1 : s_2 \neq 0 : 0$ ist, ist dies in der Tat eine Abbildung; wir nennen sie Q. Die Gleichungen (5) lassen sich mit Hilfe von (2) nach $y_1, y_2, s_1 : s_2$ auflösen:

$$y_1 = t_1 \bar{t}_3 (t_1 \bar{t}_1 + t_2 \bar{t}_2)^{-1}, \quad y_2 = t_2 \bar{t}_3 (t_1 \bar{t}_1 + t_2 \bar{t}_2)^{-1}, \quad s_1 : s_2 = t_1 : t_2\,; \qquad (5')$$

folglich ist Q eineindeutig. Man liest aus (5) oder (5′) ab: der durch $y_1 = y_2 = 0$ charakterisierten Sphäre σ entspricht im Raum T die durch $t_3 = 0$ gegebene Gerade τ; ferner, auf Grund von (4): das Bildgebiet $Q(V^*) = T'$ in T ist durch

$$t_1 \bar{t}_1 + t_2 \bar{t}_2 > c^{-1}\, t_3 \bar{t}_3 \qquad (4')$$

gegeben. Somit sieht man: V^* ist topologisch homöomorph einer Umgebung T' einer Geraden τ in der komplexen projektiven Ebene T, wobei τ der Sphäre σ entspricht.

Jede komplexe Mannigfaltigkeit besitzt eine natürliche, durch die komplexe Struktur ausgezeichnete Orientierung (cf. [1]). Wir behaupten: die Orientierung von V^* ist der Orientierung von T entgegengesetzt; mit anderen Worten: bei Benutzung der ausgezeichneten Orientierungen von V^* und von T hat die Abbildung Q den Grad -1. Wir betrachten, um dies zu zeigen, nur die Abbildung Q von $V^* - \sigma$ auf $T' - \tau$; in $V^* - \sigma$ können wir y_1, y_2 als Parameter benutzen, und in $T' - \tau$ ist $t_3 \neq 0$, so daß wir $t_3 = 1$ setzen können; dann wird Q^{-1} durch die beiden ersten Gleichungen in (5′) mit $t_3 = 1$ beschrieben, und das sind die Formeln für eine Inversion (Abbildung durch reziproke Radien), welche bekanntlich die Orientierung umkehrt (man kann auch die reelle Funktionaldeterminante ausrechnen und findet, daß sie negativ ist).

Die Gerade τ in T besitzt die Selbstschnittzahl $+1$; da Q die Orientierung umkehrt und σ in τ überführt, folgt: die Sphäre σ besitzt in V^* die Selbstschnittzahl -1.[5])

Der Unterschied zwischen den analytischen Strukturen der Mannigfaltigkeit V^* und des mit V^* homöomorphen Teilgebietes $Q(V^*) = T'$ der projektiven Ebene T äußert sich aber nicht nur in der Verschiedenheit der Orientierungen, sondern noch deutlicher: in T' gibt es unendlich viele 2-dimensionale geschlossene analytische Flächen — „analytisch" im Sinne der komplex-analytischen Struktur von T' —, nämlich die in T' gelegenen projektiven Geraden; in V^* aber ist σ die einzige geschlossene analytische Fläche. Beweis: sei ζ eine geschlossene analytische Fläche in V^*; da y_1 und y_2 reguläre analytische Funktionen sind und da ζ geschlossen ist, sind y_1 und y_2 auf ζ konstant (nach dem Maximumprinzip). Folglich wird ζ durch φ auf einen Punkt $y \in V$ abgebildet. Da φ in $V^* - \sigma$ eineindeutig ist, muß ζ daher auf σ liegen und folglich mit σ identisch sein.

Es sei noch bemerkt: Den von τ verschiedenen komplexen projektiven Geraden in T' entsprechen in V^* geschlossene, mit Kugeln homöomorphe Flächen, welche zwar reell-analytisch sind, aber nicht analytisch im Sinne der komplexen Struktur von V^*, das heißt, nicht lokal durch

---

[5]) Die Selbstschnittzahl eines (m-dimensionalen) Zyklus ζ in einer ($2m$-dimensionalen) Mannigfaltigkeit ist die Schnittzahl zweier Zyklen ζ_1, ζ_2, die mit ζ homolog (also z. B. durch kleine Deformationen aus ζ entstanden) und zueinander in allgemeiner Lage sind.

Gleichungen $u_2 = f(u_1)$ darstellbar, wobei u_1, u_2 komplex-analytische lokale Parameter in V^* sind.

5. Nachdem der σ-Prozeß in einem Punkt eines Gebietes V des (y_1, y_2)-Zahlenraumes definiert ist, macht die Definition des σ-Prozesses in einem Punkt a einer beliebigen komplexen Mannigfaltigkeit Y keine Schwierigkeit: man nimmt eine Umgebung V von a, in der Parameter y_1, y_2 gültig sind, interpretiert sie als Teilgebiet des (y_1, y_2)-Zahlenraumes und geht wie früher durch den σ-Prozeß in a zu der Mannigfaltigkeit V^* über, die wie früher durch φ analytisch so auf V abgebildet ist, daß $V^* - \sigma$ und $V - a$ sich eineindeutig entsprechen und die Sphäre σ das Urbild des Punktes a ist; dann entfernt man a aus Y und identifiziert jeden Punkt y^* von $V^* - \sigma$ mit seinem Bild $\varphi(y^*)$; so entsteht eine komplexe Mannigfaltigkeit Y^* — von ihr sagen wir, daß sie durch den σ-Prozeß in a aus Y entstanden ist.

Es ist oft zweckmäßig, ein zweites Exemplar Y_0 von Y heranzuziehen — also eine komplexe Mannigfaltigkeit, auf welche Y durch einen fest gegebenen analytischen Homöomorphismus h abgebildet ist; dann liegt die folgende analytische Abbildung φ_1 von Y^* auf Y_0 vor: in $Y^* - \sigma$ ist φ_1 mit h identisch, und es ist $\varphi_1(\sigma) = h(a) = a_0$.

Die Abbildung φ_1^{-1}, welche somit $Y_0 - a_0$ eineindeutig auf $Y^* - \sigma$ abbildet, läßt sich, analog wie in Nr. 2, für reguläre Flächen C in Y_0, die den Punkt a_0 enthalten, auch im Punkte a_0 selbst erklären. Das Urbild $\varphi_1^{-1}(C)$ einer regulären Fläche C, gleichgültig, ob sie a_0 enthält oder nicht, ist dann eine ebenfalls reguläre und mit C homöomorphe Fläche in Y^*. Wenn a_0 auf C liegt, so schneidet $\varphi_1^{-1}(C)$ die Sphäre σ (ohne Berührung). Wenn C_1 und C_2 sich in a_0 schneiden (nicht berühren), so treffen sich $\varphi_1^{-1}(C_1)$ und $\varphi_1^{-1}(C_2)$ in der Nähe von σ nicht.[6])

6. Wir werden jetzt neue lokale Modifikationen von Y_0 in a_0 vornehmen, indem wir den σ-Prozeß iterieren. Wir ändern die soeben benutzte Bezeichnung, indem wir Y_1 statt Y^* und σ_1 statt σ sagen; φ_1 ist also eine Abbildung von Y_1 auf Y_0. Es sei a_1 ein Punkt von σ_1; indem wir in ihm den σ-Prozeß ausüben, gehen wir von Y_1 zu einer Mannigfaltigkeit Y_2 über. In Y_2 ist σ_2 die Sphäre, welche a_1 ersetzt; φ_2 ist die Abbildung von Y_2 auf Y_1, welche $Y_2 - \sigma_2$ eineindeutig auf $Y_1 - a_1$ und σ_2 auf a_1 abbildet. Da σ_1 eine reguläre Fläche in Y_1 ist und a_1 enthält, ist $\varphi_2^{-1}(\sigma_1) = \sigma_1^2$ eine reguläre Sphäre in Y_2, welche die Sphäre σ_2 in einem Punkte schneidet (nicht berührt) und mit ihr nur diesen einen

---

[6]) Definition der „regulären" Fläche: § 2, Nr. 2.

Punkt gemeinsam hat. Die Vereinigung von σ_1^2 und $\sigma_2=\sigma_2^2$ nennen wir Σ_2; sie ist bei der Abbildung $\Phi_2 = \varphi_1\varphi_2$ von Y_2 auf Y_0 das Urbild des Punktes a_0, während $Y_2 - \Sigma_2$ eineindeutig auf $Y_0 - a_0$ abgebildet wird. Es liegt also eine lokale Modifikation von Y_0 vor, welche a_0 durch Σ_2 ersetzt.

Jetzt sei a_2 ein Punkt von Σ_2; wir üben in ihm den σ-Prozeß aus und erhalten eine Mannigfaltigkeit Y_3, in welcher eine Sphäre σ_3 den Punkt a_2 ersetzt. Die zugehörige Abbildung von Y_3 auf Y_2 heiße φ_3; um die Wirkung von φ_3^{-1} auf Σ_2 zu erkennen, haben wir zwei Fälle zu unterscheiden, je nachdem a_2 nur auf einer der beiden Sphären σ_1^2 und σ_2^2 liegt oder der Schnittpunkt der beiden Sphären ist: im ersten Fall wird Σ_2 durch φ_3^{-1} homöomorph abgebildet, und σ_3 wird von einer der beiden Sphären $\sigma_1^3 = \varphi_3^{-1}(\sigma_1^2)$ und $\sigma_2^3 = \varphi_3^{-1}(\sigma_2^2)$ in einem Punkt geschnitten und ist zu der anderen fremd; im zweiten Fall sind die beiden Sphären σ_1^3 und σ_2^3 zueinander fremd, aber jede von ihnen schneidet σ_3 in genau einem Punkt; in jedem Fall sind σ_1^3, σ_2^3, $\sigma_3 = \sigma_3^3$ drei reguläre Sphären, deren Vereinigung wir Σ_3 nennen. $\Phi_3 = \varphi_1\varphi_2\varphi_3$ ist eine Abbildung von Y_3 auf Y_0, welche bis auf a_0 schlicht ist; die Ausnahmemenge ist Σ_3; die Mannigfaltigkeit Y_3 ist durch Modifikation von Y_0 in a_0 entstanden.

So fahren wir fort: Y_{n-1}, Σ_{n-1}, Φ_{n-1} seien schon konstruiert; dabei ist Σ_{n-1} die Vereinigung der Sphären $\sigma_1^{n-1}, \ldots, \sigma_{n-2}^{n-1}, \sigma_{n-1}^{n-1}$; wir vollziehen in einem Punkt a_{n-1} von Σ_{n-1} den σ-Prozeß; es entsteht Y_n; das Urbild $\Sigma_n = \varphi_n^{-1}(\Sigma_{n-1})$ besteht aus den $n-1$ Sphären $\sigma_i^n = \varphi_n^{-1}(\sigma_i^{n-1})$, $i=1, 2, \ldots, n-1$, und der Sphäre $\sigma_n=\sigma_n^n$. Die Abbildung $\Phi_n=\Phi_{n-1}\varphi_n$ von Y_n auf Y_0 ist bis auf den Punkt a_0 schlicht, die Ausnahmemenge ist Σ_n; Y_n ist durch Modifikation in a_0 aus Y_0 entstanden. Diese lokale Modifikation möge ein „*n-facher σ-Prozeß*" heißen.

Man bestätigt, durch Induktion nach n, leicht die folgenden Eigenschaften der Σ_n: je zwei der Sphären σ_i^n, $i = 1, 2, \ldots, n$, deren Summe Σ_n ist, haben entweder keinen oder genau einen Punkt gemeinsam; ein gemeinsamer Punkt ist Schnittpunkt (nicht Berührungspunkt); ein Schnittpunkt gehört nur zwei Sphären an (wenn im Schnittpunkt von σ_i^{n-1} und σ_j^{n-1} der σ-Prozeß ausgeübt wird, so haben σ_i^n und σ_j^n keinen gemeinsamen Punkt). Die Zusammenhangsverhältnisse von Σ_n beschreiben wir am bequemsten, indem wir den „Nerven" von Σ_n konstruieren: nämlich den Streckenkomplex $N(\Sigma_n)$ mit n Eckpunkten $e_1, \ldots, e_n$, in dem e_i mit e_j dann und nur dann durch eine Strecke verbunden ist, wenn σ_i^n und σ_j^n sich schneiden; wir behaupten: der Nerv ist ein „Baum", das heißt, er ist zusammenhängend und enthält keinen zyklischen Streckenzug. In der Tat: für $n = 1$ und $n = 2$ ist dies trivial; es sei für $n-1$ bewiesen; liegt beim Übergang von Y_{n-1} zu Y_n der Punkt a_{n-1} auf nur einer Sphäre σ_i^{n-1}, so hat man dem Komplex $N(\Sigma_{n-1})$ einen Eckpunkt e_n hinzuzufügen und diesen durch eine Strecke mit e_i zu verbinden; ist a_{n-1} der Schnittpunkt zweier Sphären σ_i^{n-1} und σ_j^{n-1}, so hat man die Verbindung von e_i und e_j in $N(\Sigma_{n-1})$ zu tilgen, aber den neuen Punkt e_n mit e_i und mit e_j zu verbinden (oder, was dasselbe ist: man hat e_n auf die Verbindungsstrecke von e_i und e_j zu setzen); in jedem Fall bleibt der Komplex zusammenhängend, und es entsteht kein Zyklus.

Auf Grund dieser speziellen Eigenschaften wollen wir die Gebilde Σ_n „*Sphärenbäume*" nennen.

Was die Art der Einbettung von Σ_n in Y_n betrifft, so sei nur auf folgende Eigenschaft hingewiesen: die Sphäre σ_n^n, also die zuletzt eingesetzte der Sphären σ_i^n, hat die Selbstschnittzahl -1; dies ergibt sich ohne weiteres aus Nr. 4. Übrigens ist es nicht schwer, zu zeigen, daß der topologische Typus von Y_n vollständig durch den topologischen Typus von Y_0 und die Zahl n bestimmt ist; die analytische Struktur von Y_n dagegen hängt von der Wahl der Punkte a_i ab.

7. Die n-fachen σ-Prozesse sind Beispiele lokaler Modifikationen und die Sphärenbäume Beispiele von Ausnahmemengen A bei schlichten Abbildungen im Sinne des § 1. Daß es, wenn man sich auf kompakte Mengen A beschränkt, keine anderen analogen Beispiele gibt, wird im § 3 bewiesen werden. Wir wollen jetzt aber noch Beispiele angeben, bei denen die Mengen A nicht kompakt sind; dabei werden wir einiges nur skizzieren.

(a) Man konstruiere zunächst Y_n durch einen n-fachen σ-Prozeß und tilge dann eine abgeschlossene echte Teilmenge F aus Σ_n; die Mannigfaltigkeit $Y^* = Y_n - F$ ist durch Modifikation von Y_0 in a_0 entstanden; die zugehörige Ausnahmemenge $A = \Sigma_n - F$ ist nicht kompakt. Zum Beispiel kann man F so wählen, daß die Sphären $\sigma_1^n, \ldots, \sigma_{n-1}^n$ zu F gehören und A also nur aus einem Teil von σ_n^n besteht.

Auch in allen diesen Mannigfaltigkeiten Y^* gibt es 2-dimensionale Zyklen (geschlossene Flächen), die allerdings im allgemeinen nicht komplex-analytisch sind, mit der Selbstschnittzahl -1. In der Tat: wir dürfen annehmen, daß A einen nicht leeren Teil von σ_n^n enthält (also F nicht σ_n^n umfaßt; denn andernfalls brauchten wir statt Y_n nur ein Y_k mit $k<n$ zu betrachten); nach Nr. 4 ist die Umgebung von σ_n^n in Y_n homöomorph mit der Umgebung T' einer projektiven Geraden τ in der komplexen projektiven Ebene, wobei sich σ_n^n und τ entsprechen; daher enthält Y^* ein Gebiet G, das homöomorph ist mit einem Gebiet T'', welches aus T' durch Tilgung eines abgeschlossenen echten Teiles von τ entsteht; in T'' gibt es noch ganze projektive Geraden (die den stehen-

gebliebenen Rest von τ schneiden); diese Geraden sind geschlossene Flächen, deren Selbstschnittzahl, wie aus Nr. 4 hervorgeht, -1 ist.

(b) Der Begriff des n-fachen σ-Prozesses läßt sich leicht zu dem Begriff des unendlich-fachen σ-Prozesses erweitern: wir definieren für jedes n wie in Nr. 6 die Mannigfaltigkeiten Y_n mit den Sphärenbäumen Σ_n und den Abbildungen φ_n von Y_n auf Y_{n-1}; zur Vermeidung von Komplikationen setzen wir aber fest, daß der Punkt a_n, den wir auf Σ_n zu wählen haben, immer auf der Sphäre σ_n^n und auf keiner anderen der Sphären σ_i^n liegen soll (die Nerven $N(\Sigma_n)$ sind dann einfache Streckenzüge). Die Folge der Mannigfaltigkeiten Y_n mit den Abbildungen φ_n definiert einen Limesraum, den „R_n-adischen Limes" im Sinne von *H. Freudenthal* [8]; die Punkte dieses Limesraumes L sind die Folgen

$$\{p\} = (p_0, p_1, \ldots, p_{n-1}, p_n, \ldots) ,$$

wobei immer $p_n \in Y_n$ und $p_{n-1} = \varphi_n(p_n)$ ist; die Topologie in L ist in naheliegender Weise erklärt; durch $\Phi\{p\} = p_0$ ist eine stetige Abbildung von L auf Y_0 gegeben. In unserem Falle ist $L - \{a\} = Y_\infty$ eine 4-dimensionale Mannigfaltigkeit mit einer, in natürlicher Weise induzierten analytischen Struktur und Φ eine analytische Abbildung, die bis auf den Punkt a_0 schlicht ist; die zugehörige Ausnahmemenge A ist ein „unendlicher Sphärenbaum" $\Sigma_\infty = \lim \Sigma_n - \{a\}$. Die Mannigfaltigkeit Y_∞ ist durch lokale Modifikation von Y_0 entstanden, wobei der Punkt a_0 durch die nicht-kompakte Menge Σ_∞ ersetzt worden ist.

(c) Wenn man bereits eine lokale Modifikation von Y mit einer nichtkompakten Ausnahmemenge A in der modifizierten Mannigfaltigkeit Y^* hat, so kann man folgendermaßen zu einer neuen Modifikation von Y^* und damit von Y übergehen: man nimmt auf A eine divergente (das heißt keinen Häufungspunkt besitzende) Punktfolge $p_1, p_2, \ldots$ und übt in jedem Punkt p_i den σ-Prozeß aus.

Diese Ausübung des σ-Prozesses in allen Punkten einer divergenten Folge läßt sich folgendermaßen verallgemeinern: Es sei M eine beliebige abgeschlossene Punktmenge in der 4-dimensionalen komplexen Mannigfaltigkeit Z; für jeden Punkt p von M definieren wir den „σ-Prozeß relativ zu M" so: man übt erst den gewöhnlichen σ-Prozeß in p aus und entfernt dann aus der Sphäre σ alle etwa auf ihr liegenden Häufungspunkte der Menge $\varphi^{-1}(M - p)$. Der Begriff der gleichzeitigen Ausübung dieser relativen σ-Prozesse in allen Punkten von M hat einen naheliegenden Sinn; dabei entsteht, wie man sich leicht überlegt, ein zusammenhängender Hausdorffscher Raum mit 4-dimensional euklidischen Umgebungen und einer komplex-analytischen Struktur; dieser Raum ist also eine

4-dimensionale komplexe Mannigfaltigkeit im üblichen Sinne[3]), falls er eine abzählbare Umgebungsbasis besitzt; dies ist aber, wie man ebenfalls leicht sieht, gesichert, falls die Menge M abzählbar ist. Für abzählbare abgeschlossene Mengen M führt also der soeben skizzierte „σ-Prozeß in der Menge M" von der Mannigfaltigkeit Z wieder zu einer komplexen Mannigfaltigkeit Z^*.[7])

Neue lokale Modifikationen von Y erhält man nun dadurch, daß man erstens von Y durch irgendeine lokale Modifikation, zum Beispiel den gewöhnlichen σ-Prozeß, zu einer Mannigfaltigkeit Z übergeht und dann in einer abzählbaren abgeschlossenen Teilmenge M der Ausnahmemenge A, gleichgültig ob A kompakt ist oder nicht, den σ-Prozeß ausübt.

Durch Kombination der unter (a), (b), (c) skizzierten Methoden erhält man sehr viele und mannigfache lokale Modifikationen mit nicht-kompakten Mengen A; aber alle diese Beispiele beruhen auf dem σ-Prozeß; daß dies im Wesen der Sache liegt, wird sich im nächsten Paragraphen herausstellen.

§3. Die Rolle des σ-Prozesses für beliebige lokale Modifikationen und schlichte Abbildungen

1. Die Umgebung U des Punktes $o = (0, 0)$ im komplexen (x_1, x_2)-Zahlenraum sei durch die analytische Abbildung f:

$$y_1 = f_1(x_1, x_2), \qquad y_2 = f_2(x_1, x_2)$$

in den (y_1, y_2)-Zahlenraum abgebildet, und es sei $f(o) = a = (0, 0)$. *Die Abbildung sei eineindeutig in $U - H$, wobei H eine den Punkt o enthaltende, analytische Menge ist,* die entweder nur aus o besteht oder aus endlich vielen analytischen Flächen H_i, von denen jede durch eine irreduzible Gleichung $h_i(x_1, x_2) = 0$ (mit $h_i(0, 0) = 0$) gegeben ist.[8]) Die Urbildmenge $f^{-1}(a) = A$ besteht entweder nur aus dem Punkt o oder aus endlich vielen irreduziblen Flächen C_j; da auf ihnen f konstant ist, sind sie unter den H_i enthalten. Die Funktionaldeterminante von

[7]) Durch Ausübung des σ-Prozesses in nicht-abzählbaren abgeschlossenen Mengen M können komplexe „Mannigfaltigkeiten" ohne abzählbare Basis entstehen; man vergleiche hierzu die Arbeit [9].

[8]) Die algebraischen Begriffe „irreduzibel", „Primfaktor", „größter gemeinsamer Teiler", die hier und im folgenden auftreten, beziehen sich auf den Ring R der Funktionen $f(x_1, x_2)$, die in hinreichend kleinen Umgebungen von o regulär sind. Die Einheiten in R sind die Funktionen, die in o nicht verschwinden; jedes Element von R ist Produkt irreduzibler Elemente, und diese Produktdarstellung ist eindeutig bis auf Faktoren, die Einheiten sind; je zwei Elemente f_1, f_2 haben einen größten gemeinsamen Teiler t, der bis auf Einheitsfaktoren bestimmt ist; ist t selbst Einheit, so darf man $t = 1$ setzen, und f_1, f_2 sind „teilerfremd".

y_1, y_2 nach x_1, x_2 heiße D; die meromorphe Funktion $f_1 f_2^{-1}$ heiße q. Ferner soll unter U' eine hinreichend kleine, in U enthaltene Umgebung von o verstanden werden.

Lemma. *Unter den genannten Voraussetzungen ist f eineindeutig in $U' - A$, also in U' „schlicht bis auf a"; und es gilt weiter: wenn f ausnahmslos schlicht in U', wenn also $A = o$ ist, so ist $D(0, 0) \neq 0$, und o ist Unbestimmtheitsstelle der Funktion q; wenn A Ausnahmemenge ist, also aus einer oder einigen der Flächen H_i besteht, so ist $D(0, 0) = 0$, und o ist nicht Unbestimmtheitsstelle von q* (cf. [10], p. 60–61).

Bemerkungen: (a) Das Lemma enthält den bekannten Satz ([10], p. 19): wenn f in der Umgebung von o ausnahmslos schlicht ist, so ist $D \neq 0$. — (b) Aus dem Lemma ist ersichtlich: Die Eigenschaften, durch die wir im § 1 die „bis auf a schlichten" Abbildungen definiert haben, können durch die schwächeren Voraussetzungen des Lemmas ersetzt werden (also ohne daß die Konstanz von f auf der Ausnahmemenge gefordert wird).

Beweis des Lemmas: Es sei $t(x_1, x_2)$ der größte gemeinsame Teiler von f_1, f_2, also

$$f_1(x_1, x_2) = t(x_1, x_2) \cdot g_1(x_1, x_2), \quad f_2(x_1, x_2) = t(x_1, x_2) \cdot g_2(x_1, x_2) \tag{6}$$

mit teilerfremden g_1, g_2. Wir unterscheiden zwei Fälle:

Fall I: $g_1(0, 0) = g_2(0, 0) = 0$;

Fall II: $g_i(0, 0) \neq 0$ für wenigstens einen der Indizes $i = 1, 2$.

Es liege zunächst der Fall I vor: Sind ϱ, ϱ' verschiedene Zahlen, so sind $\varrho g_1 + g_2$, $\varrho' g_1 + g_2$ teilerfremd; daraus folgt: zu jeder der oben genannten irreduziblen Funktionen h_i gibt es höchstens eine Zahl ϱ_i, so daß h_i Teiler von $\varrho_i g_1 + g_2$ ist; wir können daher ϱ so wählen, daß $\varrho g_1 + g_2$ zu allen h_i teilerfremd ist. Es sei $p(x_1, x_2)$ ein Primfaktor von $\varrho g_1 + g_2$; dann fällt die durch $p = 0$ bestimmte irreduzible Fläche P mit keiner der Flächen H_i zusammen, und folglich wird P durch f schlicht abgebildet, und zwar, da auf P die Gleichung $\varrho g_1 + g_2 = 0$ gilt, auf ein Gebiet der Ebene $y_2 = -\varrho y_1$; in dieser Ebene ist y_1 ein regulärer Parameter. Andererseits besitzt P eine Parameterdarstellung $x_1 = u(z)$, $x_2 = v(z)$, wobei u, v eindeutige analytische Funktionen in der Ebene des lokal uniformisierenden Parameters z sind und eine Umgebung des Punktes $z = 0$ eineindeutig auf eine Umgebung von o auf der Fläche P bezogen wird. Durch Vermittlung der Fläche P und der Abbildung f wird somit y_1 eine schlichte Funktion von z; es ist dies die Funktion

$$y_1(z) = t(u(z), v(z)) \cdot g_1(u(z), v(z)) \tag{7}$$

infolge ihrer Schlichtheit ist

$$y_1'(0) \neq 0 \ . \tag{8}$$

Da wir uns im Fall I befinden, haben die Taylorschen Reihen von g_1 und g_2 keine konstanten Glieder, sie beginnen also mit

$$g_1(x_1, x_2) = a x_1 + b x_2 + \cdots, \qquad g_2(x_1, x_2) = c x_1 + d x_2 + \cdots \ . \tag{9}$$

Berechnet man $y_1'(0)$ aus (7) und der ersten Gleichung (9), so erhält man

$$y_1'(0) = t(0, 0) \cdot (a u'(0) + b v'(0)) \ . \tag{10}$$

Hieraus und aus (8) folgt erstens: $t(0, 0) \neq 0$; wir dürfen also $t \equiv 1$, $f_1 = g_1$, $f_2 = g_2$ setzen; f_1, f_2 sind somit teilerfremd, und daher ist der Punkt o eine Unbestimmtheitsstelle der Funktion $q = f_1 f_2^{-1}$.

Zweitens folgt aus (10) und (8): Es ist $(a, b) \neq (0, 0)$, das heißt, es verschwinden nicht beide linearen Glieder in der Entwicklung (9) von g_1. Nun ist aber die Funktion g_1 nicht bevorzugt vor irgendeiner linearen Verbindung $g^* = \lambda g_1 + \mu g_2$, wobei λ, μ beliebige Zahlen, nicht beide gleich 0, sind; denn Voraussetzungen und Behauptungen unseres Lemmas bleiben ungeändert, wenn man mit y_1, y_2 eine reguläre homogene affine Transformation vornimmt. Folglich verschwinden auch in der Reihe für g^* nicht beide linearen Glieder; diese Reihe beginnt nach (9) mit

$$g^*(x_1, x_2) = (\lambda a + \mu c)\, x_1 + (\lambda b + \mu d)\, x_2 + \cdots \ .$$

Diese linearen Glieder könnte man aber durch geeignete Wahl von $(\lambda, \mu) \neq (0, 0)$ zum Verschwinden bringen, wenn die Determinante $ad - bc = 0$ wäre; es ist also $ad - bc \neq 0$. Da aber $g_1 = f_1$, $g_2 = f_2$ ist, ist $ad - bc = D(0, 0)$.

Aus $D(0, 0) \neq 0$ folgt nun weiter, daß f in einer Umgebung U' von o ausnahmslos schlicht ist.

Es ist also bewiesen: *Im Fall I ist f ausnahmslos schlicht in U', $D(0, 0) \neq 0$ und o Unbestimmtheitsstelle von q.*

Jetzt liege der Fall II vor: Dann liest man aus (6) ab: o ist nicht Unbestimmtheitsstelle von q, sowie: $t(0, 0) = 0$; da die Menge A durch $t = 0$ charakterisiert ist, besteht sie nicht nur aus o, sondern ist eine Ausnahmemenge; da sie auf a abgebildet wird, ist $D(0, 0) = 0$.

Wir haben noch zu zeigen: f ist eineindeutig in $U - A$. Dies ist trivial, falls $H = A$ ist; H enthalte also einen irreduziblen Bestandteil H_1, der nicht zu A gehört; o_1 sei ein von o verschiedener Punkt auf H_1, und U_1 eine Umgebung von o_1, deren Durchschnitt mit H zu H_1

gehört. Die Abbildung f ist in $U_1 - H_1$ eineindeutig, und wir können unsere bisherigen Betrachtungen statt auf o, U und H analog auf o_1, U_1 und H_1 beziehen. Dann aber — also indem wir o durch o_1 ersetzen — befinden wir uns nicht im Falle II; denn sonst wäre, wie wir soeben gesehen haben, die Menge A' der Punkte $x \in U_1$ mit $f(x) = f(o_1)$ — also die Menge, die analog zu A ist — eine Ausnahmemenge und enthielte also eine analytische, o_1 enthaltende Fläche A''; infolge der Schlichtheit von f in $U_1 - H_1$ müßte A'' auf H_1 liegen, und f wäre somit in einem Teilgebiet von H_1 konstant; dann wäre f auf ganz H_1 konstant, also $H_1 \subset A$, was nicht der Fall ist. Es liegt also in o_1 der Fall I vor, und daher ist, wie wir oben gezeigt haben, $D \neq 0$ in o_1. Daher hat o_1 und somit hat jeder Punkt von $U - A$ eine Umgebung, in der f eineindeutig und daher topologisch und gebietstreu ist; f ist aber in $U - A$ überhaupt eineindeutig. Denn wäre $f(p_1) = f(p_2) = y$ für zwei verschiedene Punkte p_1 und p_2 aus $U - A$, so betrachte man eine gegen y konvergierende Folge von Punkten $y^{(n)}$, die nicht zu $f(H)$ gehören: infolge der Gebietstreue von f in Umgebungen von p_1 und p_2 gäbe es Punktfolgen $p_1^{(n)} \to p_1$, $p_2^{(n)} \to p_2$ mit $f(p_1^{(n)}) = f(p_2^{(n)}) = y^{(n)}$, $p_1^{(n)} \in U - H$, $p_2^{(n)} \in U - H$ — entgegen der Eineindeutigkeit von f in $U - H$.

Wir haben damit bewiesen: *Im Fall II hat die Funktion q keine Unbestimmtheitsstelle, A ist Ausnahmemenge, es ist $D(0, 0) = 0$, und f ist eineindeutig in $U - A$.*

Die Zusammenfassung der Ergebnisse für den Fall I und für den Fall II liefert den Beweis des Lemmas.

2. Wir betrachten jetzt eine analytische Abbildung f einer Mannigfaltigkeit X in eine Mannigfaltigkeit Y, die schlicht bis auf einen Punkt $a \in f(X)$ ist, und es sei wieder $f^{-1}(a) = A$. Wie in § 2 sei Y_1 die Mannigfaltigkeit, die durch den σ-Prozeß im Punkte $a = a_0$ aus $Y = Y_0$ entsteht, und die zugehörige Abbildung von Y_1 auf Y_0 heiße wieder φ_1. — Behauptung: *Entweder ist f ausnahmslos schlicht (also A einpunktig), oder f läßt sich zusammensetzen aus einer Abbildung f^1 von X in Y^1 und der Abbildung φ_1, so daß also $f = \varphi_1 f^1$ ist.*

Beweis. Wir nehmen an, daß f nicht ausnahmslos schlicht ist. y_1, y_2 seien Parameter in einer Umgebung V von $a = (0, 0)$; W sei eine Umgebung von A mit $f(W) \subset V$; dann wird f für $x \in W$ durch zwei analytische Funktionen $f_1(x) = y_1$, $f_2(x) = y_2$ beschrieben; damit ist auch die meromorphe Funktion $q = f_1 f_2^{-1}$ in W definiert. Wir behaupten: q besitzt keine Unbestimmtheitsstelle. In der Tat: in $W - A$ ist dies klar, da dort eine der Funktionen $f_i \neq 0$ ist; es sei also o ein beliebiger Punkt von A. Da f nicht ausnahmslos schlicht ist, ist o nach § 1, Nr. 2, nicht isolierter Punkt von A; dann folgt aus dem Lemma in Nr. 1 — indem wir in der Umgebung von o Parameter x_1, x_2 einführen und übrigens $H = A$ setzen —, daß o nicht Unbestimmtheitspunkt ist.

In dem Teil $V_1 = \varphi_1^{-1}(V)$ der Mannigfaltigkeit Y_1 sind gemäß § 2 die Parameter y_1, y_2, $s_1 : s_2$, die durch die Relation (2) verknüpft sind, erklärt. Wir definieren die Abbildung f^1 von W in V_1 durch

$$y_1 = f_1(x) \ , \quad y_2 = f_2(x) \ , \quad s_1 : s_2 = q(x) \ . \tag{11}$$

Für diese Abbildung von W gilt $\varphi_1 f^1 = f$; sie kann daher in $W - A$ auch durch

$$f^1(x) = \varphi_1^{-1} f(x) \tag{11'}$$

erklärt werden. Wenn wir nun für alle $x \in X - A$ die Abbildung f^1 durch (11′) definieren, so ist f^1 in ganz X erklärt, und es ist überall $f = \varphi_1 f^1$.

In dem soeben geführten Beweis haben wir die Voraussetzung, daß f in ganz X schlicht bis auf a, also in ganz $X - A$ eineindeutig sei, nicht ausgenutzt, sondern nur folgende schwächere Voraussetzung: *f ist in ganz X gegeben, und die Menge $A = f^{-1}(a)$ besitzt eine Umgebung U, so daß f in U schlicht bis auf a ist.* Denn die Anwendung des Lemmas aus Nr. 1 spielt in der Umgebung von A, und die Definition von f durch (11′) in $X - A$ ist von der Eineindeutigkeit ganz unabhängig. Wir werden diese Bemerkung nachher anwenden.

3. Es sei auch weiterhin A Ausnahmemenge, f eineindeutig in $U - A$, f^1 also erklärt; ferner sei o ein Punkt von A, $f^1(o) = a_1$, $(f^1)^{-1}(a_1) = A_1$. Aus der Eineindeutigkeit von $f = \varphi_1 f^1$ in $U - A$ folgt, daß dort auch f^1 eineindeutig ist; wir beschränken uns zunächst auf eine Umgebung $U(o)$ von o und können dort das Lemma aus Nr. 1 anwenden, indem wir die dortigen f, H, A jetzt durch f^1, A, A_1 ersetzen; dann besagt das Lemma (unter anderem), daß f^1 eineindeutig in $U'(o) - A_1$ ist. Die Vereinigung aller $U'(o)$, während o die Menge A_1 durchläuft, ist eine Umgebung $U(A_1)$. Wir behaupten: f^1 ist eineindeutig in $U(A_1) - A_1$. Dies folgt aus der soeben bewiesenen lokalen Eineindeutigkeit, also Gebietstreue von f^1 in $U(A_1) - A_1$ und der globalen Eineindeutigkeit in $U - A$: wären nämlich p_1, p_2 verschiedene Punkte in $U(A_1) - A_1$ mit $f^1(p_1) = f^1(p_2)$, so kämen wir auf gleiche Weise zu einem Widerspruch wie am Schluß des Beweises in Nr. 1, wobei wir die dortigen f, H, A wieder durch f^1, A, A_1 zu ersetzen haben. Da somit f^1 in einer Umgebung von A_1 schlicht bis auf a_1 ist, können wir auf Grund der Feststellung am Schluß von Nr. 2 das Ergebnis von Nr. 2 auf f^1 anwenden.

Demnach besteht die — durch den Punkt o bestimmte — Menge A_1 entweder (a) nur aus dem Punkt o (dann ist f^1 in der Umgebung von o eineindeutig), oder (b) es ist $f^1 = \varphi_2 f^2$, wobei f^2 eine Abbildung von X in die Mannigfaltigkeit Y_2 ist, welche durch den σ-Prozeß im Punkte $a_1 = f^1(o)$ aus Y_1 entsteht, und wobei φ_2 die zugehörige Abbildung von Y_2 auf Y_1 bezeichnet. Der Punkt a_1 liegt auf der Sphäre σ_1^1 (in der Bezeichnungsweise aus § 2, Nr. 6), da $\varphi_1(a_1) = \varphi_1 f^1(o) = f(o) = a_0$ ist.

So fahren wir fort: $f^2(o) = a_2$ ist ein Punkt der Sphäre σ_2^2 in Y_2; es sei $(f^2)^{-1}(a_2) = A_2$. Es bestehen zwei Möglichkeiten: (a) $A_2 = o$, also f^2 in der Umgebung von o eineindeutig; (b) $f^2 = \varphi_3 f^3$, wobei f^3 eine Abbildung von X in die Mannigfaltigkeit Y_3 ist, die durch den σ-Prozeß in a_2 aus Y_2 entsteht. Nehmen wir an, daß bei k-maliger Wiederholung immer der Fall (b) vorliegt; dann haben wir:

$$f = \varphi_1 f^1 = \varphi_1 \varphi_2 f^2 = \cdots = \varphi_1 \varphi_2 \ldots \varphi_k f^k = \Phi_k f^k \,, \tag{12}$$

wobei f^k eine Abbildung von X in Y_k und Φ_k die natürliche Abbildung von Y_k auf Y ist. Diese Zerlegung von f hängt von dem gewählten Punkt o ab.

Es wäre nun zunächst denkbar, daß für einen gewissen Punkt o immer der Fall (b) vorläge, es also beliebig lange Zerlegungen (12) gäbe. Behauptung: Das ist unmöglich. Beweis[9]: Es gelte (12), und es seien, bei Benutzung beliebiger lokaler Parameter, $D(f)$, $D(f^k)$ die Funktionaldeterminanten von f und f^k in der Umgebung von o und $D(\varphi_i)$ die Funktionaldeterminante von φ_i in der Umgebung von a_i; dann ist

$$D(f) = D(\varphi_1) \cdot \ldots \cdot D(\varphi_k) \cdot D(f^k) \;;$$

alle diese Determinanten sind Funktionen der in der Umgebung von o gültigen Parameter x_1, x_2. Nun ist aber $D(\varphi_i) = 0$ im Punkte a_i, da dieser auf der Sphäre σ_i^i liegt, die durch φ_i ganz auf den Punkt a_{i-1} abgebildet wird; die Funktion $D(\varphi_i)$ von x_1, x_2 verschwindet also in o. Folglich ist die Funktion $D(f)$ ein Produkt von k nicht-trivialen, das heißt in o verschwindenden Funktionen, und daher ist k nicht größer als die Anzahl der Faktoren bei der Zerlegung von $D(f)$ in Primfaktoren.

Es gibt also zu jedem Punkt o von A eine Zahl k, so daß beim k-ten Schritt unseres Vorgehens der Fall (a) eintritt. *Für dieses* $k = k(o)$ *gilt* (12); *dabei ist* f^k *eine Abbildung von* X *in eine Mannigfaltigkeit* Y_k, *welche durch einen* k*-fachen* σ*-Prozeß im Punkte* $a = a_0$ *aus* Y *entstanden ist;*

---

[9]) Diesen Beweis verdanke ich Herrn *H. Bührer*; mein ursprünglicher Beweis war umständlicher.

diese Abbildung f^k ist in einer Umgebung von o eineindeutig; Φ_k ist die natürliche Abbildung von Y_k auf Y.

4. Da die Bedingung $f(x) = a_0$ auf Grund der Zerlegung $f = \Phi_k f^k$ identisch ist mit $f^k(x) \in \Sigma_k$, wobei Σ_k wie in § 2 den Sphärenbaum in Y_k bezeichnet, wird A durch f^k auf einen Teil von Σ_k abgebildet. In einer Umgebung von o ist f_k eineindeutig; folglich ist das dort gelegene Stück von A analytisch homöomorph einem Stück eines Sphärenbaums in der Umgebung eines seiner Punkte; aus Eigenschaften der Sphärenbäume, die wir in § 2, Nr. 6, festgestellt haben, folgt daher:

Satz I. *Eine Ausnahmemenge A einer schlichten Abbildung besteht in der Umgebung eines beliebigen ihrer Punkte entweder aus einem einzigen regulären analytischen Flächenstück oder aus zwei solchen Flächenstücken, die sich schneiden (ohne Berührung).* [6])

Auch wenn man keine anderen Mannigfaltigkeiten X betrachtet als die Gebiete des Zahlenraumes, verdient diese Tatsache Interesse[10]). Das Beispiel (1) in § 1 zeigt den Fall einer einzigen Ausnahmefläche; Beispiele mit zwei Ausnahmeflächen durch einen Punkt werden durch

$$y_1 = x_1^a x_2^b \,, \quad y_2 = x_1^c x_2^d \,; \quad a, b, c, d > 0 \,, \quad ad - bc = 1 \tag{13}$$

gegeben.

5. Wir knüpfen an das Ende von Nr. 3 an und wollen zunächst angeben, wie groß man die Umgebung U von o wählen darf, damit f^k in U eineindeutig sei. Die Menge A besteht aus endlich oder abzählbar unendlich vielen irreduziblen analytischen Flächen C_j, von denen eine oder zwei durch o laufen. Behauptung: f^k ist in U eineindeutig, falls keine andere C_j in U eintritt als die durch o laufenden. In der Tat: wenn diese Bedingung erfüllt ist, so tritt, da f^k auf den durch o laufenden C_j (infolge der Eineindeutigkeit von f^k in der Nähe von o) nicht konstant ist, keine Ausnahmemenge von f^k in U ein; folglich besitzt jeder Punkt von U eine Umgebung, in der f^k eineindeutig ist; ferner ist f^k eineindeutig in $U - A$ (da $f = \Phi_k f^k$ dort eineindeutig ist). Wie früher (zum Beispiel gegen Schluß von Nr. 1) folgt aus der lokalen Eineindeutigkeit in U und der globalen Eineindeutigkeit in $U - A$ leicht die Eineindeutigkeit in U.

Jeder Punkt von A besitzt eine solche „ausgezeichnete" Umgebung. Es sei nun ein kompakter Teil K von A gegeben. Wir können ihn mit

---

[10]) In diesem Zusammenhang hat mich zuerst Herr *Bührer* auf den Satz I aufmerksam gemacht.

endlich vielen ausgezeichneten Umgebungen $U(o_1), U(o_2), \ldots, U(o_m)$ überdecken. Wir bestimmen erstens die Abbildung $f_1^{k_1}$ von X in eine Mannigfaltigkeit $Y_{k_1}^1$, so daß $f_1^{k_1}$ in $U(o_1)$ eineindeutig ist und für welche $f = \Phi_{k_1} f_1^{k_1}$ gilt. Die Umgebung $U(o_2)$, welche in bezug auf die Abbildung f von X in Y „ausgezeichnet" war, ist dies auch in bezug auf die Abbildung $f_1^{k_1}$ von X in $Y_{k_1}^1$; denn die Ausnahmemenge B von $f_1^{k_1}$ geht aus A hervor, indem aus A gewisse C_j fortfallen (aber keine neuen Ausnahmepunkte hinzutreten). Es gibt daher eine Mannigfaltigkeit $Y_{k_2}^2$, welche aus $Y_{k_1}^1$ durch einen mehrfachen σ-Prozeß im Punkte $f_1^{k_1}(o_2)$ hervorgeht, und eine Abbildung $f_2^{k_2}$ von X in $Y_{k_2}^2$, die in $U(o_2)$ eineindeutig ist und für die $f_1^{k_1} = \Psi_{k_2} f_2^{k_2}$, also $f = \Phi_{k_1} \Psi_{k_2} f_2^{k_2}$ gilt; die Eineindeutigkeit von $f_1^{k_1}$ in $U(o_1)$ bleibt beim Übergang zu $f_2^{k_2}$ erhalten, wie aus der angegebenen Zerlegung von $f_1^{k_1}$ ersichtlich ist. So fährt man fort und erhält schließlich eine Mannigfaltigkeit $\tilde{Y}$, die durch einen mehrfachen σ-Prozeß in a aus Y entstanden ist, und eine Abbildung F von X in $\tilde{Y}$, die in allen $U(o_i)$ eineindeutig ist und für welche $f = \Omega F$ gilt, wobei Ω die natürliche Abbildung von $\tilde{Y}$ auf Y bezeichnet. Die gegebene Menge $K \subset A$ ist in der Summe U der $U(o_i)$ enthalten; aus der Eineindeutigkeit von F in jedem $U(o_i)$ und in $X - A$ folgt die Eineindeutigkeit in U nach demselben Schema wie früher: wäre $F(p_1) = F(p_2)$ für verschiedene p_1, p_2 aus U, so käme man ebenso zum Widerspruch, wie gegen Schluß von Nr. 1. — Wir fassen zusammen:

Satz II. *K sei ein kompakter Teil der Ausnahmemenge A bei der bis auf a schlichten Abbildung f von X in Y; dann gibt es eine Mannigfaltigkeit $\tilde{Y}$, die durch einen mehrfachen σ-Prozeß in a aus Y entsteht, und eine Abbildung F von X in $\tilde{Y}$, so daß F in einer Umgebung von K eineindeutig ist und daß $f = \Omega F$ gilt, wobei Ω die natürliche Abbildung von $\tilde{Y}$ auf Y bezeichnet. K selbst wird durch F analytisch homöomorph auf einen Teil des Sphärenbaumes $\tilde{\Sigma}$ in $\tilde{Y}$ abgebildet.*

Dieser Satz enthält das Ergebnis von Nr. 3 als Spezialfall: dort ist K der Punkt o.

6. Jetzt sei A kompakt; dann dürfen wir $K = A$ setzen. Da F sowohl in einer Umgebung $U(A)$ als auch von vornherein in $X - A$ eineindeutig ist, ist F eine homöomorphe Abbildung von X auf einen Teil X' von Y. Das in $\tilde{\Sigma}$ gelegene Bild $F(A)$ ist mit $\tilde{\Sigma}$ identisch; denn es ist einerseits kompakt, also abgeschlossen, andererseits, infolge der Eineindeutigkeit von F, offen in $\tilde{\Sigma}$; da $\tilde{\Sigma}$ zusammenhängend ist, ist $F(A) = \tilde{\Sigma}$.

Bereits in § 1, Nr. 3, haben wir gezeigt, daß die Abbildung f vollständig ist; in unserer jetzigen Sprache bedeutet das einfach, daß jede Umgebung von $\tilde{\Sigma}$ durch Ω auf eine volle Umgebung von a abgebildet wird. — Hiermit ist unser *Hauptsatz* bewiesen:

Satz III. *Ist die Ausnahmemenge $A = f^{-1}(a)$ der bis auf den Punkt a schlichten Abbildung f von X in Y kompakt, so läßt sich f zusammensetzen aus einer analytisch homöomorphen Abbildung F von X auf einen Teil X' einer Mannigfaltigkeit $\tilde{Y}$, die durch einen mehrfachen σ-Prozeß in a aus Y entstanden ist, und der natürlichen Projektion Ω von $\tilde{Y}$ auf Y. Durch F geht A in den Sphärenbaum $\tilde{\Sigma}$ von $\tilde{Y}$ über. A ist also mit $\tilde{\Sigma}$ homöomorph. Das Bild $f(X)$ enthält eine volle Umgebung von a.*

Übersetzen wir dies gemäß § 1, Nr. 4, in die Sprache der Modifikationen, so haben wir noch zu beachten, daß dann f eine Abbildung von X auf die ganze Mannigfaltigkeit Y, daß also $X' = \tilde{Y}$ ist; indem wir X vermöge F mit X' identifizieren, dürfen wir dann sagen:

Satz III'. *Es gibt keine anderen lokalen Modifikationen von Y als die n-fachen σ-Prozesse, $n \geqslant 1$.*

7. Auch über die Struktur nicht-kompakter A gibt der Satz II weitgehend Aufschluß:

Satz IV. *Die irreduziblen analytischen Flächen $C_1, C_2, \ldots,$ aus denen die Ausnahmemenge A einer bis auf einen Punkt schlichten Abbildung besteht, haben folgende Eigenschaften: (a) jede C_i ist in jedem ihrer Punkte regulär*[6]*; (b) jede C_i ist einem Gebiet der Zahlkugel σ analytisch homöomorph (sie ist also eine „schlichtartige" Riemannsche Fläche); (c) je zwei C_i haben höchstens einen Punkt gemeinsam; ein solcher ist Schnitt-, nicht Berührungspunkt; (d) durch keinen Punkt gehen mehr als zwei Flächen C_i; (e) es gibt keinen „Zyklus" $C_1, C_2, \ldots, C_n$, $C_{n+1} = C_1$, $n > 2$, derart, daß immer C_i und C_{i+1} sich schneiden.*

Man bestätigt jede dieser Behauptungen leicht mit Hilfe des Satzes II: Wäre eine der Behauptungen falsch, so gäbe es einen kompakten Teil von A, der nicht mit einem Teil eines Sphärenbaumes analytisch homöomorph wäre.

In der Sprache der Modifikationen lautet der Satz:

Satz IV'. *Eine Menge A, welche bei einer lokalen Modifikation einer Mannigfaltigkeit Y einen Punkt a ersetzen kann, hat — wenn sie nicht selbst nur ein Punkt ist — notwendigerweise die im Satz IV genannten Eigenschaften.*

8. Der Satz IV gilt unabhängig davon, ob die Abbildung f vollständig ist oder nicht (er enthält nicht nur Aussagen über Modifikationen). Für vollständige Abbildungen können wir, wenn auch nicht über die Struktur von A, so doch über die Struktur des Raumes X noch folgende Aussage hinzufügen:

Satz V. *Die Mannigfaltigkeit X gestatte eine Abbildung f, welche bis auf einen Punkt a schlicht ist, eine nicht-triviale (das heißt mehrpunktige) Ausnahmemenge $A = f^{-1}(a)$ besitzt und welche vollständig ist; mit anderen Worten: X sei durch eine lokale Modifikation, die nicht trivial ist (das heißt, die a durch eine mehrpunktige Menge A ersetzt), aus einer Mannigfaltigkeit Y entstanden. Dann enthält X eine 2-dimensionale geschlossene Fläche, deren Selbstschnittzahl gleich -1 ist.*[5])

Beweis. C sei ein (beliebig kleines) Flächenstück aus A. Wir können (in der Ausdrucksweise von Satz II) $\tilde{Y}$, F und eine Umgebung $U(C)$ so wählen, daß $W = (X - A) \cup U(C)$ durch F eineindeutig (also topologisch) in $\tilde{Y}$ abgebildet wird, und wir brauchen uns daher von der Existenz einer geschlossenen Fläche mit der Selbstschnittzahl -1 nur in dem Gebiet $F(W)$ zu überzeugen. Da f vollständig ist, enthält $f(X) = \Omega F(X)$ eine Umgebung V von a; folglich enthält $F(X - A)$ die Menge $\Omega^{-1}(V - a)$ und $F(W)$ die Menge $\Omega^{-1}(V - a) \cup FU(C)$; diese Mannigfaltigkeit aber kann man so erzeugen: man übt erst auf V den mehrfachen σ-Prozeß Ω^{-1} in a aus und entfernt dann einen abgeschlossenen echten Teil des Sphärenbaumes $\tilde{\Sigma}$. Daß es in einer solchen Mannigfaltigkeit geschlossene Flächen mit der Selbstschnittzahl -1 gibt, haben wir in § 2, Nr. 7 (a), gesehen. —

Im (x_1, x_2)-Zahlenraum hat jeder 2-dimensionale Zyklus die Selbstschnittzahl 0 (da er homolog 0 ist); daher ist aus dem Satz V unter anderem ersichtlich: eine Abbildung eines Gebietes des Zahlenraumes, welche bis auf einen Punkt schlicht ist, ist entweder ausnahmslos schlicht oder unvollständig. Es ist also kein Zufall, sondern eine Notwendigkeit, daß bei den Abbildungen, die durch (1) und durch (13) gegeben sind, das Bild des (x_1, x_2)-Raumes keine volle Umgebung des Punktes $y_1 = y_2 = 0$ enthält.

BIBLIOGRAPHIE

[1] *H. Hopf,* Über komplex-analytische Mannigfaltigkeiten. Rend. Mat., Ser. V, Vol. **X**, Roma 1951.

[2] *H. Behnke und K. Stein,* Modifikation komplexer Mannigfaltigkeiten und Riemannscher Gebiete. Math. Ann. **124** (1951).

[3] *T. Radó,* Über eine nicht fortsetzbare Riemannsche Mannigfaltigkeit Math. Z. **20** (1924).

[4] *H. Cartan,* Sur une extension d'un théorème de Radó. Math. Ann. **125** (1952).

[5] *F. Hirzebruch,* Über vierdimensionale Riemannsche Flächen mehrdeutiger analytischer Funktionen von zwei komplexen Veränderlichen. Math. Ann. **126** (1953).

[6] *O. Zariski,* Reduction of the singularities of algebraic three-dimensional varieties. Ann. Math. **45** (1944).

[7] *W. Stoll,* Über meromorphe Modifikationen. Habilitationsschrift, Universität Tübingen, 1954. (Die Arbeit wird voraussichtlich in mehreren Teilen in der Math. Z. und den Math. Ann. erscheinen.)

[8] *H. Freudenthal,* Entwicklungen von Räumen und ihren Gruppen. Compositio Math. **4** (1937).

[9] *E. Calabi and M. Rosenlicht,* Complex analytic manifolds without countable base. Proc. Amer. Math. Soc. **4** (1953).

[10] *H. Behnke und P. Thullen,* Theorie der Funktionen mehrerer komplexer Veränderlichen. Berlin 1934.

(Eingegangen den 27. August 1954.)

66.

(gemeinsam mit F. Hirzebruch)

Felder von Flächenelementen in 4-dimensionalen Mannigfaltigkeiten

Math. Ann. **136** (1958), 156–172

Herrn H. Behnke zum 60. Geburtstag gewidmet

Einleitung

Wir betrachten 4-dimensionale kompakte orientierte differenzierbare Mannigfaltigkeiten M und in ihnen stetige Felder von orientierten Flächenelementen. Die nächstliegende Frage lautet: „*In welchen M existieren solche Felder ohne Singularitäten?*" Eines der Hauptergebnisse dieser Arbeit besteht darin, daß diese M durch eine arithmetische Relation zwischen der Eulerschen Charakteristik e und der Poincaréschen Bilinearform $S(x,y)$ charakterisiert werden; $S(x,y)$ bezeichnet also die Schnittzahl der 2-dimensionalen Homologieklassen x und y, und zwar ist „Homologie" hier im einfachsten Sinne, nämlich als „Homologie mit Division" zu verstehen (x, y sind also Elemente der, modulo der Torsionsgruppe reduzierten, ganzzahligen Homologiegruppe). Übrigens werden wir uns der Cohomologie-Sprache bedienen, so daß nachher x, y Elemente der 2-dimensionalen, modulo der Untergruppe der Elemente endlicher Ordnung reduzierten, ganzzahligen Cohomologiegruppe und $S(x,y)$ den Wert des 4-dimensionalen Cup-Produktes xy auf dem Grundzyklus der orientierten M bezeichnen werden. In der erwähnten arithmetischen Relation werden außer dem Trägheitsindex (oder der Signatur) τ (vgl. 4.1) einer symmetrischen Bilinearform $S(x,y)$ noch die folgenden Begriffe auftreten:

Auf dem p-dimensionalen Gitter (ganzzahligen Modul) H sei S eine ganzzahlige symmetrische bilineare Funktion von Gittervektoren x, y mit der Determinante ± 1. Dann gibt es solche Gittervektoren w, daß

(1) $$S(w, x) \equiv S(x, x) \bmod 2 \text{ für jeden } x \in H$$

ist; in der Tat: hat S in bezug auf eine beliebig gewählte Basis von H die Matrix (a_{ij}), so besitzt der Vektor w, dessen Komponenten w_j durch das Gleichungssystem

$$\sum_{j=1}^{p} a_{ij} w_j = a_{ii}, \qquad i = 1, 2, \ldots, p,$$

bestimmt sind, die Eigenschaft (1); ferner sieht man leicht, daß mit w alle Vektoren $w' = w + 2x$ ($x \in H$ beliebig), und nur diese w', ebenfalls (1) erfüllen. Somit bilden die durch (1) charakterisierten w eine Restklasse $W \in H/2H$.

Wir verstehen unter Ω die Menge aller Zahlen $S(w,w)$ mit $w \in W$. (Im Falle $p = 0$ verstehen wir unter Ω die nur aus der 0 bestehende Menge.)

Für eine Mannigfaltigkeit M ist also neben der Eulerschen Charakteristik e und dem Trägheitsindex τ die Zahlenmenge Ω definiert. Nun lautet die Antwort auf die anfangs formulierte Frage:

In M gibt es dann und nur dann Felder von Flächenelementen ohne Singularität, wenn

$$3\tau + 2e \in \Omega \quad \textit{und} \quad 3\tau - 2e \in \Omega .$$

Felder mit höchstens endlich vielen Singularitäten existieren nach einem Satz von WHITNEY (den wir übrigens in (4.1 vi) noch einmal beweisen werden) in jeder M. Jeder isolierten Singularität P_i ist in bekannter Weise ein Index zugeordnet: er ist die Homotopieklasse einer bestimmten Abbildung einer Sphäre $\mathbf{S}_3$ in die Mannigfaltigkeit Σ der orientierten Ebenen durch einen Punkt des euklidischen $\mathbf{R}^4$, also ein Element der Gruppe $\pi_3(\Sigma)$; da Σ homöomorph mit dem Sphärenprodukt $\mathbf{S}_2 \times \mathbf{S}_2$ und da $\pi_3(\mathbf{S}_2)$ unendlich zyklisch ist, kann der Index bei Beachtung gewisser Orientierungskonventionen als Paar (a_i, b_i) ganzer Zahlen aufgefaßt werden; die Indexsumme des Feldes ist das Paar (a, b) mit $a = \Sigma a_i$, $b = \Sigma b_i$, summiert über alle Singularitäten. Wir fragen, welche Indexsummen in einer gegebenen M auftreten. Diese Indexsummen sind im allgemeinen nicht einander gleich; vielmehr gilt folgender Satz:

Dann und nur dann haben in M alle Indexsummen den gleichen Wert, wenn die zweite Bettische Zahl $b_2 = 0$ ist; und zwar ist dieser Wert

$$(a, b) = (-e/2,\ +e/2) = (-1 + b_1\,,\ 1 - b_1)\,,$$

wobei b_1 die erste Bettische Zahl ist. Wenn $b_2 \neq 0$ ist, so gibt es in M Felder mit unendlich vielen verschiedenen Indexsummen.

Dies ist ein Korollar des folgenden Hauptsatzes der Arbeit:

Als Indexsummen von Feldern mit endlich vielen Singularitäten in M treten die folgenden Zahlenpaare (a, b) und nur diese auf:

$$\text{(2)} \quad a = \frac{1}{4}(\alpha - 3\tau - 2e)\,, \quad b = \frac{1}{4}(\beta - 3\tau + 2e) \ \textit{mit beliebigen}\ \alpha, \beta \in \Omega$$ [1].

[1]) Da a und b nach Definition ganze Zahlen sind, sind auch die rechten Seiten in (2), die man als

$$\frac{1}{4}(\alpha - \tau) - \frac{1}{2}(\tau + e)\,, \quad \frac{1}{4}(\beta - \tau) - \frac{1}{2}(\tau - e)$$

schreiben kann, ganz; ferner ist $\tau \equiv e \bmod 2$ (da beide Zahlen mod. 2 der 2. Bettischen Zahl kongruent sind); daher ist die Ganzheit der obigen Zahlen gleichbedeutend mit der Gültigkeit der Kongruenzen

$$\text{(3)} \qquad S(w, w) \equiv \tau \bmod 4 \ \text{für}\ w \in W\,.$$

Für diejenigen Bilinearformen S, welche als Poincarésche Formen in Mannigfaltigkeiten M auftreten, haben wir somit (3) auf dem Umweg über (2) bewiesen. Herr W. LEDERMANN hat auf algebraischem Wege gezeigt, daß (3) für alle symmetrischen ganzzahligen Bilinearformen S mit ungerader Determinante gilt (An arithmetical property of quadratic forms, Comment. Math. Helvet. Erscheint demnächst).

Wenn wir ein festes $w \in W$ auszeichnen und

$$w^2 - 3\tau - 2e = 4a_0, \quad w^2 - 3\tau + 2e = 4b_0$$

setzen, so können wir statt (2) auch schreiben:

(2') $\quad a = x^2 + wx + a_0, \quad b = y^2 + wy + b_0$ mit beliebigen $x, y \in H$

(wobei H die, modulo der Cotorsion reduzierte, ganzzahlige 2. Cohomologiegruppe ist und hier ein Produkt uv zweier Elemente $u, v \in H$ — also z. B. x^2, $wx, \ldots$ — ebenso wie $S(u,v)$ den Wert des 4-dimensionalen Cup-Produktes auf dem Grundzyklus von M bezeichnet).

2-Beine, d. h. geordnete Paare linear unabhängiger Richtungen, stellen Flächenelemente dar. Es gilt:

In M gibt es dann und nur dann Felder von 2-Beinen ohne Singularität (d. h. Paare von überall linear unabhängigen Richtungsfeldern), wenn $e = 0$ und $3\tau \in \Omega$ ist.

Auch die möglichen Indexsummen der Singularitäten von 2-Bein-Feldern werden bestimmt. Ferner werden Kriterien für die Existenz einer fastkomplexen Struktur sowie für die Parallelisierbarkeit von M angegeben. Alle Ergebnisse sind in (4.3 — 4.6) zusammengestellt.

Daß die Indexsummen (a, b) durch die Werte zweier Cohomologie-Polynome 2. Grades von der Art (2') bestimmt sind, war bereits — übrigens auf einem anderen Wege als dem, den wir jetzt benutzen werden — in den Noten [8] und [9] von HOPF festgestellt worden; jedoch gelang damals die Bestimmung der Koeffizienten dieser Polynome nur in Spezialfällen, z. B. für die komplexe projektive Ebene, aber nicht für beliebige M. Der allgemeine Fall wurde dann von HIRZEBRUCH erledigt. Die ganze Untersuchung betrifft natürlich Faserbündel, Hindernisse und charakteristische Klassen. Wir werden in unserer Darstellung Sätze aus diesen Theorien ohne Kommentar benutzen; wir verweisen auf [12] (besonders für die Hindernis-Theorie) und auch auf [1, 2, 3, 6] (für Faserbündel und charakteristische Klassen). Die Tatsache, daß unsere Sätze, zu denen wir auf erst in den letzten Jahren erschlossenen Wegen gelangen, ganz im Rahmen der alten Poincaréschen Begriffe formuliert werden können (wie wir es oben getan haben), hat vielleicht keine besonders große prinzipielle Bedeutung (da sie sich kaum auf höhere Dimensionszahlen übertragen lassen dürfte); aber wir halten sie doch für bemerkenswert nicht nur als Kuriosum, sondern auch im Hinblick auf die Beziehungen zwischen alten Begriffen und neuen Methoden, die sich in ihr äußern.

Aus Gründen teils sachlicher, teils persönlicher Natur, die wir angedeutet haben, macht es uns besondere Freude, diese Arbeit Herrn BEHNKE zu widmen, dessen Interessen und dessen Wirksamkeit in so hohem Maße der gegenseitigen Durchdringung der „klassischen" und der „modernen" Mathematik sowie der Zusammenarbeit zwischen Mathematikern verschiedener Generationen gelten.

§ 1. Homomorphismen und charakteristische Klassen

1.1. Wie in [2] werden Faserbündel durch ein Symbol, meistens durch einen kleinen griechischen Buchstaben, angedeutet. Ist ξ ein Faserbündel, dann wird mit E_ξ der Totalraum und mit B_ξ die Basis von ξ bezeichnet. Es sei G eine kompakte Liesche Gruppe und ξ ein G-Prinzipalfaserbündel. Wenn G auf dem Raum F operiert, dann hat man bekanntlich das zu ξ assoziierte Faserbündel (ξ, F) mit F als Faser, dessen Totalraum $E_\xi \times_G F$ ist, das ist der Quotient von $E_\xi \times F$ modulo der Äquivalenzrelation $(x, f) \approx \approx (x \cdot g, g^{-1} \cdot f)$. Es sei G' eine weitere kompakte Liesche Gruppe und λ ein Homomorphismus von G in G'. Jedem G-Prinzipalfaserbündel ξ ist dann die λ-Erweiterung $\lambda_* \xi$ zugeordnet, das ist ein G'-Prinzipalfaserbündel, ebenfalls mit der Basis B_ξ, dessen Totalraum $E_\xi \times_G G'$ ist, wo G auf G' durch $g \cdot g' = = \lambda(g) \cdot g'$ operiert. Operiert G' auf F, dann operiert auch G auf F durch $g \cdot f = \lambda(g) \cdot f$ und der Totalraum von $(\lambda_* \xi, F)$ ist kanonisch homöomorph zum Totalraum von (ξ, F):

$$(E_\xi \times_G G') \times_{G'} F \cong E_\xi \times_G F \,.$$

Dieser Homöomorphismus ist fasertreu. Weiter werde an folgendes erinnert: Wenn ξ ein G-Prinzipalfaserbündel und U eine abgeschlossene Untergruppe von G ist, dann ist E_ξ/U der Totalraum des zu ξ assoziierten Faserbündels mit G/U als Faser, wo G auf G/U durch Linkstranslationen operiert.

$$E_\xi/U = E_\xi \times_G G/U \,.$$

Dieses G/U-Faserbündel hat dann und nur dann einen Schnitt über B_ξ, wenn ξ die ι-Erweiterung eines U-Prinzipalfaserbündels über B_ξ ist, wo ι die Einbettung von U in G ist. — In [2] wird ein Verfahren zur Berechnung der charakteristischen Klassen von $\lambda_* \xi$ aus denen von ξ angegeben, das wir auf Homomorphismen von $\mathbf{SO}(4)$ in $\mathbf{SO}(3)$ und von $\mathbf{U}(2)$ in $\mathbf{SO}(3)$ anwenden werden. Wie üblich ist $\mathbf{SO}(k)$ die Gruppe der orthogonalen Abbildungen des $\mathbf{R}^k$ mit der Determinante 1 und $\mathbf{U}(k)$ die unitäre Gruppe im $\mathbf{C}^k$. Die in dieser Arbeit auftretenden G-Prinzipalfaserbündel haben folgende charakteristische Klassen:

i) $G = \mathbf{SO}(4)$. Man hat die Stiefel-Whitneyschen Klassen $w_2(\xi) \in H^2(B_\xi, \mathbf{Z}_2)$ und $W_3(\xi) \in H^3(B_\xi, \mathbf{Z})$, ferner die Eulersche Klasse $W_4(\xi) \in H^4(B_\xi, \mathbf{Z})$ und die Pontrjaginsche Klasse $p_1(\xi) \in H^4(B_\xi, \mathbf{Z})$.

ii) $G = \mathbf{SO}(3)$. Man hat die Stiefel-Whitneyschen Klassen $w_2(\xi) \in H^2(B_\xi, \mathbf{Z}_2)$ und $W_3(\xi) \in H^3(B_\xi, \mathbf{Z})$, ferner die Pontrjaginsche Klasse $p_1(\xi) \in H^4(B_\xi, \mathbf{Z})$.

iii) $G = \mathbf{U}(n)$. Man hat die Chernschen Klassen $c_i(\xi) \in H^{2i}(B_\xi, \mathbf{Z})$, $(i = 1, 2, \ldots, n)$.

In i) und ii) ist $W_3 = \delta_* w_2$, wo δ_* der zur Koeffizientensequenz $0 \to \mathbf{Z} \xrightarrow{2} \mathbf{Z} \to \mathbf{Z}_2 \to 0$ gehörige Homomorphismus $H^2(B_\xi, \mathbf{Z}_2) \to H^3(B_\xi, \mathbf{Z})$ ist. Also ist $2\, W_3 = 0$. Die Stiefel-Whitneyschen, die Eulerschen und die Chernschen Klassen können bekanntlich als erste Hindernisse gewisser assoziierter Faserbündel definiert werden [12]. Die Pontrjaginsche Klasse $p_1(\xi)$ ist gleich

$-c_2(\lambda_* \xi)$, wo λ hier die „komplexe Erweiterung“ $\mathbf{SO}(4) \to \mathbf{U}(4)$ bzw. $\mathbf{SO}(3) \to \mathbf{U}(3)$ ist.

1.2. *Die Homomorphismen* $\lambda^{(1)}, \lambda^{(2)}$ *von* $\mathbf{SO}(4)$ *auf* $\mathbf{SO}(3)$. Der Vektorraum $\mathbf{R}^4$ wird mit dem Körper $\mathbf{K}$ der Quaternionen identifiziert:

$$x = (x_1, x_2, x_3, x_4) = x_1 + i\,x_2 + j\,x_3 + k\,x_4 = x_1 + i\,x_2 + (x_3 + i\,x_4) \cdot j \tag{1}$$

Der komplexe Körper $\mathbf{C}$ ist in $\mathbf{K}$ enthalten ($x_3 = x_4 = 0$). Mit $\mathbf{S}_3$ bezeichnen wir die multiplikative Gruppe der Quaternionen vom Betrage 1 und mit $\mathbf{S}_1$ die multiplikative Gruppe der komplexen Zahlen vom Betrage 1. Es ist also $\mathbf{S}_1 = \mathbf{S}_3 \cap \mathbf{C}$. Das Element (q_1, q_2) der Gruppe $\mathbf{S}_3 \times \mathbf{S}_3$ operiert auf $\mathbf{R}^4$ ($= \mathbf{K}$) durch

$$(q_1, q_2)(x) = q_1 \cdot x \cdot q_2^{-1}, \qquad (x \in \mathbf{K}, \text{ Multiplikation im Sinne von } \mathbf{K}). \tag{2}$$

Man erhält einen Homomorphismus α von $\mathbf{S}_3 \times \mathbf{S}_3$ auf $\mathbf{SO}(4)$, dessen Kern von $(-1, -1)$ erzeugt wird, und damit eine exakte Sequenz

$$0 \to \mathbf{Z}_2 \to \mathbf{S}_3 \times \mathbf{S}_3 \xrightarrow{\alpha} \mathbf{SO}(4) \to 0. \tag{2}$$

Der Vektorraum $\mathbf{R}^3$ wird mit dem Raum der Quaternionen mit verschwindendem Realteil ($x_1 = 0$) identifiziert. $q \in \mathbf{S}_3$ operiert auf $\mathbf{R}^3$ durch

$$q(y) = q \cdot y \cdot q^{-1}, \qquad (y \in \mathbf{R}^3). \tag{3}$$

Man erhält einen Homomorphismus β von $\mathbf{S}_3$ auf $\mathbf{SO}(3)$, dessen Kern von -1 erzeugt wird, und damit eine exakte Sequenz

$$0 \to \mathbf{Z}_2 \to \mathbf{S}_3 \xrightarrow{\beta} \mathbf{SO}(3) \to 0. \tag{3*}$$

Es sei Δ die Diagonale von $\mathbf{S}_3 \times \mathbf{S}_3$. Dann ist $\alpha(\Delta) = 1 \times \mathbf{SO}(3) \subset \mathbf{SO}(4)$. Mit $\pi_r (r = 1, 2)$ bezeichnen wir die Projektion von $\mathbf{S}_3 \times \mathbf{S}_3$ auf seinen r-ten Faktor. Dann gibt es einen und nur einen Homomorphismus $\lambda^{(r)}$, so daß das folgende Diagramm kommutativ ist

$$\begin{array}{ccc} \mathbf{S}_3 \times \mathbf{S}_3 & \xrightarrow{\alpha} & \mathbf{SO}(4) \\ {\scriptstyle \pi_r} \downarrow & & \downarrow {\scriptstyle \lambda^{(r)}} \\ \mathbf{S}_3 & \xrightarrow{\beta} & \mathbf{SO}(3) \end{array}. \tag{4}$$

In den vier Gruppen dieses Diagramms zeichnen wir maximale Tori aus: In $\mathbf{S}_3$ die Untergruppe $\mathbf{S}_1$ der Elemente $\exp(2\pi i \varphi)$, ($\varphi \in \mathbf{R}$); in $\mathbf{S}_3 \times \mathbf{S}_3$ die Untergruppe $\mathbf{S}_1 \times \mathbf{S}_1$ der Elemente $(\exp(2\pi i \varphi_1), \exp(2\pi i \varphi_2))$, ($\varphi_1, \varphi_2 \in \mathbf{R}$); in $\mathbf{SO}(4)$ die Untergruppe $\mathbf{SO}(2) \times \mathbf{SO}(2)$ der Matrizen

$$\begin{pmatrix} D(t_1) & 0 \\ 0 & D(t_2) \end{pmatrix}, \quad (t_1, t_2 \in \mathbf{R}),$$

wo

$$D(t) = \begin{pmatrix} \cos 2\pi t & -\sin 2\pi t \\ \sin 2\pi t & \cos 2\pi t \end{pmatrix};$$

schließlich in $\mathbf{SO}(3)$ die Untergruppe $1 \times \mathbf{SO}(2)$ der Matrizen

$$\begin{pmatrix} 1 & 0 \\ 0 & D(u) \end{pmatrix}, \quad (u \in \mathbf{R}).$$

Man kontrolliert sofort, daß durch α, β, π_r im Diagramm (4) der ausgezeichnete maximale Torus auf den ausgezeichneten maximalen Torus der Bildgruppe abgebildet wird und daß man die Abbildungen auf dem jeweiligen maximalen Torus durch folgendes Diagramm beschreiben kann

$$\begin{array}{c} (\varphi_1, \varphi_2) \to (t_1, t_2) = (\varphi_1 - \varphi_2, \varphi_1 + \varphi_2) \\ \downarrow \\ \varphi = \varphi_r \to u = 2\,\varphi. \end{array} \tag{4*}$$

Damit wird die Abbildung $\lambda^{(1)}$ *auf dem maximalen Torus von* $\mathbf{SO}(4)$ *durch* $u = t_1 + t_2$ *gegeben und* $\lambda^{(2)}$ *durch* $u = t_2 - t_1$.

1.3. *Der Homomorphismus* μ *von* $\mathbf{U}(2)$ *auf* $\mathbf{SO}(3)$. Jedes Quaternion x kann auf genau eine Weise in der Form

$$x = z_1 + z_2 \cdot j\,, \qquad (z_1, z_2 \in \mathbf{C})\,,$$

geschrieben werden (1). Dadurch wird $\mathbf{K}$ mit dem $\mathbf{C}^2$ identifiziert. Die komplexe Struktur in dem Vektorraum $\mathbf{K}(=\mathbf{R}^4)$ wird durch die lineare Abbildung $I(x) = i\,x$ mit $I \circ I = -Id$ gegeben. Die unitäre Gruppe $\mathbf{U}(2)$ ist im folgenden immer als die Untergruppe der Elemente von $\mathbf{SO}(4)$, die mit I vertauschbar sind, aufzufassen. Es folgt

$$\mathbf{U}(2) = \alpha(\mathbf{S}_1 \times \mathbf{S}_3)\,. \tag{5}$$

Wir definieren den Homomorphismus μ von $\mathbf{U}(2)$ auf $\mathbf{SO}(3)$ als die Beschränkung von $\lambda^{(2)}$ auf $\mathbf{U}(2)$. Der Kern von μ ist gleich $\alpha(\mathbf{S}_1 \times 1)$, ist also isomorph zu $\mathbf{S}_1$. Man hat eine exakte Sequenz

$$0 \to \mathbf{S}_1 \to \mathbf{U}(2) \xrightarrow{\mu} \mathbf{SO}(3) \to 0\,. \tag{6}$$

Faßt man $\mathbf{U}(2)$ als Gruppe von 2×2-reihigen komplexen Matrizen auf, dann ist $\alpha(\mathbf{S}_1 \times 1)$ die Untergruppe der skalaren Matrizen. μ induziert einen Isomorphismus von $\mathbf{PU}(2)$, der projektiv-unitären Gruppe, auf $\mathbf{SO}(3)$.

Der in 1.2 betrachtete maximale Torus $\alpha(\mathbf{S}_1 \times \mathbf{S}_1) = \mathbf{SO}(2) \times \mathbf{SO}(2)$ von $\mathbf{SO}(4)$ ist in $\mathbf{U}(2)$ enthalten. *Damit wird* μ *beschränkt auf diesen Torus wie* $\lambda^{(2)}$ *durch* $u = t_2 - t_1$ *gegeben.*

1.4. Mit $\mathbf{S}_2$ bezeichnen wir die Sphäre der Einheitsvektoren im $\mathbf{R}^3$, der wie in 1.2 mit dem Raum der Quaternionen mit verschwindendem Realteil identifiziert wird. Die Gruppe $\mathbf{S}_3$ operiert nach (3) auf $\mathbf{S}_2$. Die Isotropiegruppe des Punktes $(1, 0, 0) \in \mathbf{S}_2$, d. h. des Punktes $i \in \mathbf{K}$, ist $\mathbf{S}_1$. Damit ist $\mathbf{S}_3/\mathbf{S}_1 \cong \mathbf{S}_2$, und wir haben die Projektion

$$\hat{h} : \mathbf{S}_3 \to \mathbf{S}_2\,, \quad \hat{h}(q) = q i q^{-1}\,. \tag{7}$$

Die Gruppe $\mathbf{U}(2)$ operiert als Untergruppe von $\mathbf{SO}(4)$ auf $\mathbf{R}^4(=\mathbf{K})$ und damit auf $\mathbf{S}_3 \subset \mathbf{K}$. Die Isotropiegruppe von $(1, 0, 0, 0) \in \mathbf{S}_3$, d. h. von $1 \in \mathbf{K}$, ist $1 \times 1 \times \mathbf{SO}(2)$. Damit ist $\mathbf{U}(2)/1 \times 1 \times \mathbf{SO}(2) \cong \mathbf{S}_3$, und wir haben die Projektion

$$p_1 : \mathbf{U}(2) \to \mathbf{S}_3\,. \tag{8}$$

$\mathbf{U}(2)$ operiert vermöge (6) auf $\mathbf{S}_2$. Die Isotropiegruppe von $(1, 0, 0) \in \mathbf{S}_2$, d. h. von $i \in \mathbf{K}$, ist $\mathbf{SO}(2) \times \mathbf{SO}(2)$. Damit ist $\mathbf{U}(2)/\mathbf{SO}(2) \times \mathbf{SO}(2) \cong \mathbf{S}_2$, und wir haben die Projektion

$$p_2 : \mathbf{U}(2) \to \mathbf{S}_2 . \tag{8*}$$

Vermöge (8) und (8*) hat man eine natürliche Projektion

$$h : \mathbf{S}_3 \to \mathbf{S}_2 \tag{9}$$

mit $h \circ p_1 = p_2$. Das ist die sogenannte Hopfsche Abbildung. Es ist $h(q) = q^{-1} \cdot i \cdot q$, wie man leicht kontrolliert. Also ist

$$h(q) = \hat{h}(q^{-1}) . \tag{10}$$

$\mathbf{SO}(4)/\mathbf{SO}(2) \times \mathbf{SO}(2)$, der Raum der orientierten 2-dimensionalen Teilräume durch den Nullpunkt des $\mathbf{R}^4$, werde mit Σ bezeichnet. Σ ist bekanntlich homöomorph zu $\mathbf{S}_2 \times \mathbf{S}_2$. Wir geben einen Homöomorphismus explizit an ((4), (7)):

$$\begin{aligned} \Sigma = \alpha(\mathbf{S}_3 \times \mathbf{S}_3)/\alpha(\mathbf{S}_1 \times \mathbf{S}_1) &\cong (\mathbf{S}_3 \times \mathbf{S}_3)/(\mathbf{S}_1 \times \mathbf{S}_1) \\ &\cong (\mathbf{S}_3/\mathbf{S}_1) \times (\mathbf{S}_3/\mathbf{S}_1) \cong \mathbf{S}_2 \times \mathbf{S}_2 . \end{aligned} \tag{11}$$

Damit haben wir zwei Projektionen q_1, q_2 von Σ auf $\mathbf{S}_2$ definiert. Es sei p die natürliche Projektion von $\mathbf{SO}(4)$ auf Σ. Die Abbildung $q_r \circ p\ (r = 1, 2)$ ist gleich $\lambda^{(r)}$ gefolgt von $\mathbf{SO}(3) \to \mathbf{S}_2$, (vgl. (3*), (7)). Vermöge $\lambda^{(r)}$ operiert $\mathbf{SO}(4)$ transitiv auf $\mathbf{S}_2$. Die Gruppe aller $g \in \mathbf{SO}(4)$, für die $\lambda^{(r)}(g)$ den Punkt $(1, 0, 0) \in \mathbf{S}_2$ festhält, ist $\alpha(\mathbf{S}_1 \times \mathbf{S}_3) = \mathbf{U}(2)$ bzw. $\alpha(\mathbf{S}_3 \times \mathbf{S}_1)$. Wir haben

$$\mathbf{SO}(4)/\mathbf{U}(2) = \alpha(\mathbf{S}_3 \times \mathbf{S}_3)/\alpha(\mathbf{S}_1 \times \mathbf{S}_3) \cong \mathbf{S}_3/\mathbf{S}_1 \cong \mathbf{S}_2 . \tag{12}$$

Die Projektion q_1 kann wegen (12) auch definiert werden als die kanonische Abbildung von Σ auf $\mathbf{SO}(4)/\mathbf{U}(2)$, $(\mathbf{U}(2) \supset \mathbf{SO}(2) \times \mathbf{SO}(2))$. Entsprechend für q_2.

Die Sphäre $\mathbf{S}_3$ ist kanonisch orientiert (als Rand der orientierten Vollkugel des durch $dx_1 \wedge dx_2 \wedge dx_3 \wedge dx_4$ orientierten $\mathbf{R}^4$). *$\pi_3(\mathbf{S}_3)$ ist kanonisch isomorph mit $\mathbf{Z}$.* Die Abbildung h induziert einen Isomorphismus $\pi_3(\mathbf{S}_3) \to \pi_3(\mathbf{S}_2)$. *Damit ist $\pi_3(\mathbf{S}_2)$ kanonisch isomorph mit $\mathbf{Z}$.* Für die Definition des letzten kanonischen Isomorphismus haben wir h genommen, nicht $\hat{h}$ [siehe (7)]. Der Homöomorphismus (q_1, q_2) von Σ auf $\mathbf{S}_2 \times \mathbf{S}_2$ induziert jetzt einen *kanonischen Isomorphismus*

$$\varrho : \pi_3(\Sigma) \to \mathbf{Z} + \mathbf{Z} . \tag{13}$$

Dabei ist zu beachten, daß die Abbildung (11) von $\mathbf{S}_3 \times \mathbf{S}_3$ auf Σ einen Isomorphismus ϱ' von $\mathbf{Z} + \mathbf{Z}$ auf $\pi_3(\Sigma)$ induziert. $\varrho \circ \varrho'$ ist aber nicht die Identität, sondern die Abbildung $(a, b) \to (-a, -b)$, beachte (10).

1.5. **Satz.** *Es sei $\lambda^{(r)} : \mathbf{SO}(4) \to \mathbf{SO}(3)$ der in 1.2 definierte Homomorphismus. Die charakteristischen Klassen der $\lambda^{(r)}$-Erweiterung eines $\mathbf{SO}(4)$-Prinzipalfaserbündels ξ sind*

i) $$p_1(\lambda_*^{(r)}\xi) = p_1(\xi) - 2(-1)^r W_4(\xi) ,$$

ii) $$w_2(\lambda_*^{(r)}\xi) = w_2(\xi) ,$$

iii) $$W_3(\lambda_*^{(r)}\xi) = W_3(\xi) .$$

Beweis: Wir setzen $\lambda^{(r)}$ gleich λ und $(-1)^r$ gleich ε. Für den maximalen Torus $\mathbf{SO}(2) \times \mathbf{SO}(2)$ von $\mathbf{SO}(4)$ schreiben wir kurz T. Am Schluß von 1.2 wurde das Verhalten von λ auf T angegeben. Nach [2], Theorem 10.3, ist dann in reeller Cohomologie die folgende formale Rechnung legitimiert.

$$\begin{aligned} p_1(\lambda_* \xi) = u^2 = (t_2 - \varepsilon\, t_1)^2 &= (t_1^2 + t_2^2) - 2\,\varepsilon\, t_1 t_2 \\ &= p_1(\xi) - 2\,\varepsilon\, W_4(\xi)\,. \end{aligned}$$

Das ergibt i) in reeller Cohomologie.

$\Sigma = \mathbf{SO}(4)/T$ ist homöomorph zu $\mathbf{S}_2 \times \mathbf{S}_2$, also $H^1(\mathbf{SO}(4)/T, \mathbf{Z}_2) = 0$. Einfache Anwendung der Spektralsequenz ergibt, daß in dem Faserbündel $(E_\xi/T, B_\xi, \mathbf{SO}(4)/T, \pi)$ der Homomorphismus π^* von $H^2(B_\xi, \mathbf{Z}_2)$ in $H^2(E_\xi/T, \mathbf{Z}_2)$ injektiv ist. Deshalb ist in $\mathbf{Z}_2$-Cohomologie die folgende Rechnung legitimiert (vgl. [2])

$$w_2(\lambda_* \xi) = u = t_2 - \varepsilon\, t_1 = t_1 + t_2 = w_2(\xi)\,.$$

Damit ist ii) bewiesen. iii) folgt, da für ξ und $\lambda_* \xi$ gilt (1.1): $W_3 = \delta_* w_2$. — Für ξ und $\lambda_* \xi$ ist bekanntlich [2] die $\mathbf{Z}_2$-Reduktion von p_1 gleich w_2^2. Aus ii) folgt deshalb i) auch in $\mathbf{Z}_2$-Cohomologie. Nach [2], Corollary 30.6, ist ein Element von $H^*(B_{\mathbf{SO}(k)}, \mathbf{Z})$ durch seine kanonischen Bilder in $H^*(B_{\mathbf{SO}(k)}, \mathbf{R})$ und $H^*(B_{\mathbf{SO}(k)}, \mathbf{Z}_2)$ bestimmt[2]). Wendet man dies auf die beiden Seiten von i) für den Fall an, daß ξ das universelle Bündel ist, dann erhält man i) in ganzzahliger Cohomologie.

1.6. **Satz.** *Es sei μ der in 1.3 definierte Homomorphismus von $\mathbf{U}(2)$ auf $\mathbf{SO}(3)$. Dann hat man für die charakteristischen Klassen der μ-Erweiterung eines $\mathbf{U}(2)$-Prinzipalfaserbündels ξ*

i) $p_1(\mu_* \xi) = c_1(\xi)^2 - 4\, c_2(\xi)$,

ii) $w_2(\mu_* \xi)$ ist die $\mathbf{Z}_2$-Reduktion von $c_1(\xi)$,

iii) $W_3(\mu_* \xi) = 0$.

Beweis: Nach [2], Theorem 10.3, ist die folgende formale Rechnung in ganzzahliger Cohomologie legitimiert, bei der man das Verhalten von μ auf dem maximalen Torus von $\mathbf{U}(2)$ zu berücksichtigen hat (vgl. den Schluß von 1.3).

$$p_1(\mu_* \xi) = u^2 = (t_2 - t_1)^2 = (t_1 + t_2)^2 - 4\, t_1 t_2\,.$$

Das ergibt i). In $\mathbf{Z}_2$-Cohomologie hat man $w_2(\mu_* \xi) = u = t_2 - t_1 = t_1 + t_2 = c_1(\xi)$. Das ergibt ii). Da $\delta_* w_2 = W_3$ und δ_* auf $\mathbf{Z}_2$-Reduktionen ganzzahliger Klassen verschwindet, folgt iii).

§ 2. Das zweite Hindernis in $\mathbf{S}_2$-Faserbündeln

2.1. Für ein $\mathbf{U}(2)$-Prinzipalfaserbündel ξ bezeichne ξ' das assoziierte Faserbündel mit $\mathbf{S}_3$ als Faser. Ferner sei ξ'' das zur μ-Erweiterung von ξ assoziierte Faserbündel mit $\mathbf{S}_2$ als Faser (vgl. 1.3 und 1.4). Wie leicht zu sehen (1.1), ist

(1) $$E_{\xi'} = E_\xi/1 \times 1 \times \mathbf{SO}(2) \text{ und } E_{\xi''} = E_\xi/\mathbf{SO}(2) \times \mathbf{SO}(2)\,.$$

[2]) $H^*(B_{\mathbf{SO}(k)}, \mathbf{Z}_2)$ hat nur Torsionselemente der Ordnung 2.

Man hat die natürliche Projektion h von $E_{\xi'}$ auf $E_{\xi''}$ [siehe 1.4 (9)]. In der Tat ist $E_{\xi'}$ ein Prinzipalfaserbündel über $E_{\xi''}$ mit Faser und Gruppe $(\mathbf{SO}(2) \times \times \mathbf{SO}(2))/1 \times 1 \times \mathbf{SO}(2) \cong \mathbf{SO}(2)$. Wegen der Darstellung (1) von $E_{\xi''}$ hat man über $E_{\xi''}$ in kanonischer Weise ein geordnetes Paar von $\mathbf{SO}(2)$-Bündeln, deren erstes mit $\gamma(\xi)$ bezeichnet werde. Wir fassen $\gamma(\xi)$ als $\mathbf{U}(1)$-Bündel auf ($\mathbf{SO}(2) = \mathbf{U}(1)$). $\gamma(\xi)$ ist in natürlicher Weise mit dem Faserbündel $(h: E_{\xi'} \to E_{\xi''})$ zu identifizieren. Die gemeinsame Basis von ξ, ξ', ξ'' werde mit B bezeichnet.

Wir nehmen jetzt an, daß B ein endlicher Zellenkomplex ist. B^r sei das r-dimensionale Gerüst von B. Es gibt Schnitte von ξ' über B^3, jeder derartige Schnitt definiert eine Hindernis-Cohomologieklasse, die als Element von $H^4(B, \mathbf{Z})$ aufzufassen ist[3]), da die dritte Homotopiegruppe von $\mathbf{S}_3$ zu $\mathbf{Z}$ kanonisch isomorph ist (1.4). Die Hindernisse aller Schnitte von ξ' über B^3 sind gleich $c_2(\xi)$, dem ersten Hindernis von ξ' (vgl. 1.1).

Jeder Schnitt s von ξ' induziert den Schnitt $h \circ s$ von ξ''. Also besitzt auch ξ'' Schnitte über B^3, in Übereinstimmung mit 1.6 iii): Die Stiefel-Whitneysche Klasse W_3 eines $\mathbf{SO}(3)$-Bündels über B ist nämlich gleich dem ersten Hindernis des assoziierten $\mathbf{S}_2$-Faserbündels. Jeder Schnitt f von ξ'' über B^3 definiert ein (zweites) Hindernis $\Gamma(f)$, das als Element von $H^4(B, \mathbf{Z})$ aufgefaßt werden kann[3]), da die dritte Homotopiegruppe von $\mathbf{S}_2$ zu $\mathbf{Z}$ kanonisch isomorph ist (1.4). Die Klasse $\Gamma(f)$ hängt im allgemeinen von f ab. Wenn s ein Schnitt von ξ' über B^3 ist, dann ist

$$\Gamma(h \circ s) = c_2(\xi) . \tag{2}$$

Der folgende Satz stammt von KUNDERT [11].

2.2. **Satz.** *Ein Element Γ von $H^4(B, \mathbf{Z})$ tritt dann und nur dann als Hindernis eines Schnittes von ξ'' über B^3 auf, wenn es ein $d \in H^2(B, \mathbf{Z})$ gibt, so daß*

$$\Gamma = d^2 + d \cdot c_1(\xi) + c_2(\xi) . \tag{3}$$

Beweis: Sei $d \in H^2(B, \mathbf{Z})$ und δ ein $\mathbf{U}(1)$-Prinzipalfaserbündel mit der ersten Chernschen Klasse d (vgl. [6], Satz 4. 3. 1). Dann ist $\xi \otimes \delta$ wieder ein $\mathbf{U}(2)$-Bündel und

$$c_2(\xi \otimes \delta) = d^2 + d \cdot c_1(\xi) + c_2(\xi) , \quad \text{vgl. [6], S. 67, Bemerk.}$$

Aus $\xi'' = (\xi \otimes \delta)''$ [siehe 1.3 (6)] folgt wegen (2), daß $c_2(\xi \otimes \delta)$ als Hindernis auftritt. Der Satz ist noch in umgekehrter Richtung zu beweisen: Wir verwenden die Bezeichnungen von 2.1, und δ sei wieder ein $\mathbf{U}(1)$-Prinzipalfaserbündel über B. Ferner sei ϱ die Projektion von $E_{\xi''} = E_{(\xi \otimes \delta)''}$ auf B. Über $E_{\xi''}$ hat man die $\mathbf{U}(1)$-Bündel $\gamma(\xi)$, $\gamma(\xi \otimes \delta)$, $\varrho^* \delta$, die in folgender Beziehung stehen

$$\gamma(\xi \otimes \delta) = \gamma(\xi) \otimes \varrho^* \delta . \tag{4}$$

Nun sei f ein Schnitt von ξ'' über B^3 und s ein Schnitt von ξ' über B^3. Dann ist $c_1(f^* \gamma(\xi))$ gleich der Differenz-Cohomologieklasse von $h \circ s$ und f, [vgl. [4], S. 114, Formel (14)]. Dieses Resultat wird auf $\xi \otimes \delta$ angewandt: Wenn g

[3]) Man beachte, daß die Strukturgruppe zusammenhängend ist.

ein Schnitt von $(\xi \otimes \delta)'$ und $\tilde{g}$ der induzierte Schnitt von $(\xi \otimes \delta)''$ ist, dann ist $c_1(f^*\gamma(\xi)) + c_1(\delta)$ wegen (4) die Differenz-Cohomologieklasse von $\tilde{g}$ und f. Wählt man nun für δ das $\mathbf{U}(1)$-Bündel über B mit $c_1(\delta) = -c_1(f^*\gamma(\xi))$, dann verschwindet die Differenz-Cohomologieklasse von $\tilde{g}$ und f. Dann ist $\Gamma(f) = \Gamma(\tilde{g})$, und $\Gamma(f)$ ist also von der Gestalt (3), nämlich

$$(3^*) \qquad \Gamma(f) = d^2 + d\, c_1(\xi) + c_2(\xi)\,,$$

wo $d = c_1(\delta)$ gleich der Differenz-Cohomologieklasse von f und $h \circ s$ ist.

2.3. Wir haben in 1.3 die exakte Sequenz (6) betrachtet. Zu μ gehört eine Faserabbildung $\varrho(\mu): B_{\mathbf{U}(2)} \to B_{\mathbf{SO}(3)}$ der universellen Räume mit dem Eilenberg-MacLaneschen Raum $K(\mathbf{Z}, 2) = B_{\mathbf{S}_1}$, dem unendlich-dimensionalen komplexen projektiven Raum, als Faser. (Vgl. [1], § 22 oder [3], § 1). Die zugehörige Spektralsequenz zeigt, daß das (einzige) Hindernis gegen einen Schnitt in diesem Faserraum die universelle Stiefel-Whitneysche Klasse W_3 ist. Daraus folgt auf übliche Weise, daß *ein* $\mathbf{SO}(3)$*-Prinzipalfaserbündel* η *dann und nur dann die* μ*-Erweiterung eines* $\mathbf{U}(2)$*-Prinzipalfaserbündels ist, wenn* $W_3(\eta) = 0$ (vgl. 1.6 *für „nur dann"*).

2.4. Wir betrachten ein $\mathbf{SO}(3)$-Prinzipalfaserbündel η und das assoziierte Bündel η'' mit $\mathbf{S}_2$ als Faser. Die Basis B von η und η'' sei ein endlicher Zellenkomplex. Das erste Hindernis gegen einen Schnitt von η'' ist $W_3(\eta) \in H^3(B, \mathbf{Z})$. Wir nehmen an, daß $W_3(\eta) = 0$. Dann gibt es Schnitte von η'' über B^3. Jedem derartigen Schnitt ist ein (zweites) Hindernis $\in H^4(B, \mathbf{Z})$ zugeordnet. [$\pi_3(\mathbf{S}_2)$ ist kanonisch isomorph zu $\mathbf{Z}$ (1.4).] Es stellt sich die Frage, welche Elemente von $H^4(B, \mathbf{Z})$ als Hindernisse von Schnitten von η'' über B^3 auftreten.

2.5. **Satz.** *Es sei* η *ein* $\mathbf{SO}(3)$*-Prinzipalfaserbündel über einem endlichen Zellenkomplex* B. *Es sei* $W_3(\eta) = 0$. *Das assoziierte Faserbündel* η'' *mit* $\mathbf{S}_2$ *als Faser hat dann über* B^3 *einen Schnitt. Es treten genau die Elemente* $\tilde{\Gamma} \in H^4(B, \mathbf{Z})$ *als Hindernis multipliziert mit 4 eines solchen Schnittes auf, welche folgendermaßen dargestellt werden können*

$$(5) \qquad \tilde{\Gamma} = x^2 - p_1(\eta)\,, \quad x \in H^2(B, \mathbf{Z})\,, \quad x \equiv w_2(\eta) \bmod 2\,.$$

Insbesondere ist also jedes Element $\tilde{\Gamma}$ *der Form* (5) *in* $H^4(B, \mathbf{Z})$ *durch* 4 *teilbar.*

Korollar. *Wenn* $H^4(B, \mathbf{Z})$ *keine 2-Torsion hat, so hat* η'' *genau dann einen Schnitt über* B^4, *wenn es ein* $x \in H^2(B, \mathbf{Z})$ *gibt, für das* $x^2 = p_1(\eta)$ *und dessen* $\mathbf{Z}_2$*-Reduktion gleich* $w_2(\eta)$ *ist.*

Beweis des Satzes: Wir wählen nach 2.3 ein $\mathbf{U}(2)$-Prinzipalfaserbündel ξ mit $\mu_* \xi = \eta$. Dann ist $\xi'' = \eta''$, und die gesuchten möglichen Hindernisse sind durch 2.2 (3) gegeben. Nun ist

$$4(d^2 + d\, c_1(\xi) + c_2(\xi)) = (2d + c_1(\xi))^2 - (c_1(\xi)^2 - 4\, c_2(\xi))\,.$$

Der Satz folgt jetzt aus 1.6.

Bemerkung: 2.5 bestätigt die Vermutung von H. Hopf, daß die Koeffizienten, die in seinem quadratischen Polynom für die möglichen zweiten Hindernisse auftraten, mit charakteristischen Klassen zusammenhängen (vgl. [9], S. 121 unten). Das besagte quadratische Polynom findet sich in der vorliegenden Arbeit in 2.2 (3) und (3*) wieder. Die Koeffizienten $c_1(\xi)$, $c_2(\xi)$ hängen von der Wahl des $\mathbf{U}(2)$-Bündels ξ mit $\mu_* \xi = \eta$ ab. $c_1(\xi)$ mod. 2 und $c_1(\xi)^2 - 4\, c_2(\xi)$ sind aber wegen 1.6 unabhängig von der Wahl von ξ. Man kann direkt beweisen, daß $c_1(\xi)$ in 2.2 (3) gleich der von HOPF betrachteten Klasse $\omega(h \circ s,\, h \circ s)$ ist. Bezeichnet man noch die Differenz-Cohomologieklasse von f und $h \circ s$ mit $\alpha(f, h \circ s)$, dann geht 2.2 (3*) über in

$$\Gamma(f) = \alpha(f, h\circ s)^2 + \alpha(f, h\circ s) \cdot \omega(h\circ s, h\circ s) + \Gamma(h\circ s)\,.$$

Das ist genau die Formel (7.4) von [9], die von HOPF allerdings unter allgemeineren Voraussetzungen über die Strukturgruppe bewiesen wurde (vgl. auch [10]). Inzwischen ist eine Arbeit von WU WEN-TSUN über die erwähnte Vermutung erschienen, die uns unzugänglich ist. Ferner haben wir kürzlich (American Mathematical Society, Notices, February 1958, S. 27) eine Note von W. S. MASSEY gesehen, in der das obige Korollar ausgesprochen wird.

§ 3. Das zweite Hindernis in gewissen $\mathbf{S}_2 \times \mathbf{S}_2$-Faserbündeln

3.1. Es sei ξ ein $\mathbf{SO}(4)$-Prinzipalfaserbündel. Die Basis B von ξ sei ein endlicher Zellenkomplex. Das assoziierte Faserbündel $\bar{\xi}$ mit der Stiefelschen Mannigfaltigkeit $\mathbf{SO}(4)/1 \times 1 \times \mathbf{SO}(2)$ der 2-Beine als Faser hat einen Schnitt über dem 2-dimensionalen Gerüst B^2, und das Hindernis gegen Fortsetzung eines solchen Schnittes auf B^3 ist gleich $W_3(\xi) \in H^3(B, \mathbf{Z})$. Ferner betrachten wir das zu ξ assoziierte Faserbündel $\bar{\bar{\xi}}$ mit $\Sigma = \mathbf{SO}(4)/\mathbf{SO}(2) \times \mathbf{SO}(2)$ als Faser und schließlich die beiden Faserbündel ξ_1, ξ_2 mit $\mathbf{S}_2$ als Faser, die zur $\lambda^{(1)}$- bzw. $\lambda^{(2)}$-Erweiterung von ξ assoziiert sind. Wir haben (1.1, 1.4)

$$(1) \qquad \begin{aligned} E_{\bar{\xi}} &= E_{\xi}/1 \times 1 \times \mathbf{SO}(2)\,, & E_{\bar{\bar{\xi}}} &= E_{\xi}/\mathbf{SO}(2) \times \mathbf{SO}(2) \\ E_{\xi_1} &= E_{\xi}/\mathbf{U}(2)\,, & E_{\xi_2} &= E_{\xi}/\alpha(\mathbf{S}_3 \times \mathbf{S}_1) \end{aligned}$$

und natürliche Projektionen (1.4)

$$(2) \qquad \begin{aligned} &\varphi : E_{\bar{\xi}} \to E_{\bar{\bar{\xi}}} \\ &q_1 : E_{\bar{\bar{\xi}}} \to E_{\xi_1}\,, \quad q_2 : E_{\bar{\bar{\xi}}} \to E_{\xi_2}\,. \end{aligned}$$

Jeder Schnitt s von $\bar{\bar{\xi}}$ (über einer Teilmenge von B) induziert Schnitte $q_1 \circ s$, $q_2 \circ s$ von ξ_1 bzw. ξ_2. Umgekehrt gibt es zu jedem Paar f_1, f_2, wo f_r ein Schnitt von ξ_r ist, genau einen Schnitt s von $\bar{\bar{\xi}}$ mit $(f_1, f_2) = (q_1 \circ s, q_2 \circ s)$. Ferner stellen wir fest, daß jeder Schnitt s von $\bar{\xi}$ den Schnitt $\varphi \circ s$ von $\bar{\bar{\xi}}$ induziert. Das Hindernis gegen einen Schnitt über B^3 ist für jedes der Bündel $\bar{\xi}$, ξ_1, ξ_2 gleich $W_3(\xi)$ [siehe 1.5 iii)]. *Wir setzen jetzt voraus, daß* $W_3(\xi) = 0$. Dann hat jedes der Bündel $\bar{\xi}$, $\bar{\bar{\xi}}$, ξ_1, ξ_2 einen Schnitt über B^3, und es tritt die Frage auf, welche 4-dimensionalen Cohomologieklassen als Hindernisse von Schnitten über B^3 (gegen die Fortsetzung auf B^4) auftreten. Diese Frage ist durch 2.5 für die $\mathbf{S}_2$-Faserbündel ξ_1, ξ_2 gelöst, und damit läßt sie sich für $\bar{\bar{\xi}}$ beantworten:

3.2. Das Hindernis eines Schnittes s von $\bar{\bar{\xi}}$ über B^3 ist eine 4-dimensionale Cohomologieklasse mit Koeffizienten in der Homotopiegruppe $\pi_3(\Sigma)$, welche kanonisch isomorph zu $\mathbf{Z} + \mathbf{Z}$ ist [1.4 (13)]. Also läßt sich die Hindernis-Cohomologieklasse des Schnittes s in bestimmter Weise als Element von $H^4(B, \mathbf{Z} + \mathbf{Z}) = H^4(B, \mathbf{Z}) + H^4(B, \mathbf{Z})$ auffassen und damit als Paar von Elementen aus $H^4(B, \mathbf{Z})$, dessen r-te Komponente ($r = 1, 2$) offenbar gleich dem Hindernis von $q_r \circ s$ in ξ_r ist. Hier hat q_r die in (2) angegebene Bedeutung. Es folgt, daß ein Paar $(a, b) \in H^4(B, \mathbf{Z}) + H^4(B, \mathbf{Z})$ dann und nur dann als Hindernis eines Schnittes von $\bar{\bar{\xi}}$ über B^3 auftritt, wenn a bzw. b Hindernis eines Schnittes von ξ_1 bzw. ξ_2 über B^3 ist. Anwendung von 2.5 auf ξ_1, ξ_2 ergibt unter Benutzung von 1.5 den folgenden Satz.

3.3. **Satz.** *Es sei ξ ein $\mathbf{SO}(4)$-Prinzipalfaserbündel über einem endlichen Zellenkomplex B. Es sei $W_3(\xi) = 0$. Das assoziierte Faserbündel $\bar{\bar{\xi}}$ mit Σ, dem Raum der orientierten 2-dimensionalen Teilräume durch den Nullpunkt des $\mathbf{R}^4$, als Faser hat dann über B^3 einen Schnitt, und es treten genau die Elemente $(\tilde{a}, \tilde{b}) \in H^4(B, \mathbf{Z}) + H^4(B, \mathbf{Z})$ als Hindernis* (vgl. 3.2) *multipliziert mit 4 eines solchen Schnittes auf, welche folgendermaßen dargestellt werden können*

$$(\tilde{a}, \tilde{b}) = (x^2 - p_1(\xi) - 2 \cdot W_4(\xi)\,,\; y^2 - p_1(\xi) + 2 \cdot W_4(\xi))\,, \tag{3}$$
$$\textit{wobei } x, y \in H^2(B, \mathbf{Z}),\quad x \equiv y \equiv w_2(\xi) \bmod 2\,.$$

3.4. Wir betrachten nun das Faserbündel $\bar{\xi}$. Die natürliche Projektion von $\mathbf{SO}(4)/1 \times 1 \times \mathbf{SO}(2)$ auf Σ induziert einen Isomorphismus der dritten Homotopiegruppen, wie sofort aus der exakten Homotopiesequenz folgt. Damit ist nach 1.4 (13) ein kanonischer Isomorphismus

$$k_1 : \pi_3(\mathbf{SO}(4)/1 \times 1 \times \mathbf{SO}(2)) \to \mathbf{Z} + \mathbf{Z} \tag{4}$$

gegeben, und das Hindernis eines Schnittes von $\bar{\xi}$ über B^3 kann wieder als Paar von Elementen aus $H^4(B, \mathbf{Z})$ aufgefaßt werden. Offenbar hat der Schnitt s von $\bar{\xi}$ über B^3 dann das gleiche Hindernis wie der Schnitt $\varphi \circ s$ [vgl. 3.1 (2)] von $\bar{\bar{\xi}}$ über B^3.

3.5. **Satz.** *Es sei ξ ein $\mathbf{SO}(4)$-Prinzipalfaserbündel über einem endlichen Zellenkomplex B. Es sei $W_3(\xi) = 0$. Das assoziierte Faserbündel $\bar{\xi}$ mit der Stiefelschen Mannigfaltigkeit $\mathbf{SO}(4)/1 \times 1 \times \mathbf{SO}(2)$ als Faser hat dann über B^3 einen Schnitt, und es treten genau die Elemente $(\tilde{a}, \tilde{b}) \in H^4(B, \mathbf{Z}) + H^4(B, \mathbf{Z})$ als Hindernis multipliziert mit 4 eines solchen Schnittes auf, welche folgendermaßen dargestellt werden können*

$$(\tilde{a}, \tilde{b}) = (x^2 - p_1(\xi) - 2\,W_4(\xi)\,,\; x^2 - p_1(\xi) + 2\,W_4(\xi))\,, \tag{5}$$
$$\textit{wobei } x \in H^2(B, \mathbf{Z}) \textit{ und } x \equiv w_2(\xi) \bmod 2\,.$$

Beweis: Die Stiefelsche Mannigfaltigkeit $\mathbf{SO}(4)/1 \times 1 \times \mathbf{SO}(2)$ ist homöomorph zu $\mathbf{S}_3 \times \mathbf{S}_2$. Wir haben die natürliche Projektion

$$q : \mathbf{SO}(4)/1 \times 1 \times \mathbf{SO}(2) \to \mathbf{SO}(4)/1 \times \mathbf{SO}(3) \cong \mathbf{S}_3\,.$$

Ferner haben wir eine Projektion q_1' der Stiefelschen Mannigfaltigkeit auf $\mathbf{S}_2$, die durch (vgl. 1.4)

$$\mathbf{SO}(4)/1 \times 1 \times \mathbf{SO}(2) \to \mathbf{SO}(4)/\mathbf{SO}(2) \times \mathbf{SO}(2) \xrightarrow{q_1} \mathbf{S}_2$$

definiert wird. Wie leicht aus 1.2 — 1.4 folgt, ist (q_1, q) ein Homöomorphismus der Stiefelschen Mannigfaltigkeit auf $\mathbf{S}_2 \times \mathbf{S}_3$, der einen Isomorphismus k_2 ihrer dritten Homotopiegruppe auf $\mathbf{Z} + \mathbf{Z}$ induziert (1.4).

ξ' sei das zu ξ assoziierte Faserbündel mit $\mathbf{S}_3$ als Faser. Jeder Schnitt von ξ' über B^3 hat das Hindernis $W_4(\xi)$. Andererseits entsprechen die Schnitte von $\bar{\xi}$ über B^3 offenbar den Paaren (f_1, f_2), wo f_1 ein Schnitt von ξ_1 über B^3 und f_2 ein Schnitt von ξ' über B^3 ist. Das 4-fache Hindernis von f_1 ist von der Gestalt $x^2 - p_1(\xi) - 2W_4(\xi)$, $(x \equiv w_2(\xi) \bmod 2)$, während das von f_2 gleich $4\,W_4(\xi)$ ist. Wir haben den Automorphismus $k = k_2 \circ k_1^{-1}$ von $\mathbf{Z} + \mathbf{Z}$ auf sich und behaupten $k(a, b) = (a, b - a)$. Dies folgt bei genauer Beachtung der am Schluß von 1.4 getroffenen Konventionen. Damit ist der Satz bewiesen.

§ 4. Das Tangentialbündel einer 4-dimensionalen Mannigfaltigkeit

4.1. Es sei M eine 4-dimensionale kompakte zusammenhängende orientierte differenzierbare Mannigfaltigkeit (versehen mit einer Riemannschen Metrik) und ξ ihr tangentielles $\mathbf{SO}(4)$-Prinzipalfaserbündel. Die charakteristischen Klassen von ξ (vgl. 1.1) nennt man auch charakteristische Klassen von M. Sie werden mit $w_2(M)$, $W_3(M)$, $W_4(M)$, $p_1(M)$ bezeichnet. Wir werden in diesem Abschnitt sehen, daß sie durch klassische Cohomologieinvarianten von M bestimmt sind. Gleichzeitig erinnern wir noch einmal an einige bereits in der Einleitung erwähnte Begriffe.

Ein Element $y \in H^4(M, \mathbf{Z})$ ist durch seinen Wert $y[M]$ auf dem Grundzyklus der orientierten M bestimmt. Wir haben zunächst

i) $W_4(M)\,[M]$ *ist die Eulersche Charakteristik* $e(M)$.

Es sei T^2 die Torsionsgruppe von $H^2(M, \mathbf{Z})$ und $H = H^2(M, \mathbf{Z})/T^2$. Die Gruppe H ist ein b_2-dimensionales Gitter, wobei b_i die i-te Bettische Zahl von M ist. Da $(xy)\,[M]$ für $x, y \in H^2(M, \mathbf{Z})$ offenbar nur von den durch x, y gegebenen Elementen von H abhängt, erhalten wir eine symmetrische Bilinearform S über H von der Determinante ± 1 (vgl. Einleitung). Als Form über dem reellen Vektorraum $H \otimes \mathbf{R}$ kann diese auf Diagonalform gebracht werden. Es sei p^- (bzw. p^-) die Anzahl der positiven (bzw. negativen) Diagonalkoeffizienten. Es ist dann $p^+ + p^- = b_2$, während $p^+ - p^-$ der Index $\tau(M)$ ist. Es gilt

ii) $p_1(M)\,[M] = 3 \cdot \tau(M)$.

Diese Formel folgt aus der Cobordisme-Theorie von THOM [14]; (vgl. auch [6]).

Für einen Raum X hat STEENROD für jedes $i\ (i \geqq 0)$ einen Homomorphismus $Sq^i : H^k(X, \mathbf{Z}_2) \to H^{k+i}(X, \mathbf{Z}_2)$ definiert (Steenrodsche reduzierte Quadrate). Wenn $x \in H^k(X, \mathbf{Z}_2)$ und $i > k$, dann $Sq^i x = 0$. Für $x \in H^i(X, \mathbf{Z}_2)$ ist $Sq^i x = x^2$. Wenn X eine zusammenhängende kompakte n-dimensionale Mannigfaltigkeit ist (nicht notwendigerweise orientierbar), dann wird für $i \leqq n$ der Homomorphismus $Sq^i : H^{n-i}(X, \mathbf{Z}_2) \to H^n(X, \mathbf{Z}_2) \cong \mathbf{Z}_2$ wegen des Poincaréschen Dualitätssatzes durch Multiplikation mit einer Klasse $U_i \in H^i(X, \mathbf{Z}_2)$ gegeben, d. h. es ist $Sq^i x = U_i x$ für alle $x \in H^{n-i}(X, \mathbf{Z}_2)$. Die U_i wurden von Wu Wen-Tsun [16] eingeführt, der auch gezeigt hat, daß die U_i Polynome in den Stiefel-Whitneyschen Klassen w_i von X sind (vgl. hierzu [5, 13, 17]). In [5] wurden diese Polynome durch Reduktion mod 2 aus den Toddschen Polynomen erhalten. Wenn X orientierbar ist, dann ist $w_1 = 0$; in diesem Fall verschwinden die U_i für ungerades i, und es ist $U_2 = w_2$, $U_4 = w_4 + w_2^2$, $U_6 = w_4 w_2 + w_3^2$.

Wir betrachten nun wieder unsere 4-dimensionale M. Der Homomorphismus $x \to x^2$ von $H^2(M, \mathbf{Z}_2)$ in $H^4(M, \mathbf{Z}_2)$ ist gleich Sq^2. Wie oben erwähnt, ist $U_2 = w_2$, also gilt

iii) $\qquad x^2 = w_2(M) \cdot x \quad$ *für alle* $x \in H^2(M, \mathbf{Z}_2)$.

Zu der exakten Koeffizientensequenz

$$0 \to \mathbf{Z} \xrightarrow{2} \mathbf{Z} \to \mathbf{Z}_2 \to 0$$

gehört die exakte Cohomologiesequenz

$$H^2(M, \mathbf{Z}) \xrightarrow{2} H^2(M, \mathbf{Z}) \xrightarrow{r} H^2(M, \mathbf{Z}_2) \xrightarrow{\delta_*} H^3(M, \mathbf{Z}) \qquad \text{(vgl. 1.1)} .$$

Der Homomorphismus r ist die $\mathbf{Z}_2$-Reduktion. Es ist

$$rH^2(M, \mathbf{Z}) \cong H^2(M, \mathbf{Z})/2\, H^2(M, \mathbf{Z}).$$

Wir betrachten die Inklusionen

$$H^2(M, \mathbf{Z}_2) \supset rH^2(M, \mathbf{Z}) \supset rT^2.$$

Aus dem Poincaréschen Dualitätssatz folgt leicht, daß $rH^2(M, \mathbf{Z})$ und rT^2 bezüglich des Cup-Produktes in $H^2(M, \mathbf{Z}_2)$ gegenseitige Annulatoren sind. Also: Für $z \in H^2(M, \mathbf{Z}_2)$ ist dann und nur dann $zx = 0$ für alle $x \in rT^2$, wenn $z \in rH^2(M, \mathbf{Z})$.

iv) $\qquad w_2(M)$ *ist die* $\mathbf{Z}_2$*-Reduktion einer ganzzahligen Klasse.*

Beweis: Wenn $x \in rT^2$, dann ist $xx = 0$. Wegen iii) ist auch $x \cdot w_2(M) = 0$. Aus der obigen Annulierungseigenschaft folgt, daß $w_2(M) \in rH^2(M, \mathbf{Z})$.

Wegen eines oben erwähnten Isomorphismus ist $w_2(M)$ in natürlicher Weise als Element von $H^2(M, \mathbf{Z})/2\, H^2(M, \mathbf{Z})$ aufzufassen. Bei dem natürlichen Homomorphismus von $H^2(M, \mathbf{Z})/2\, H^2(M, \mathbf{Z})$ in $H/2\,H$ geht $w_2(M)$ in ein Element W von $H/2\,H$ über. Diese Restklasse W stimmt wegen iii) mit der in der Einleitung betrachteten Restklasse W überein, d. h.

v) $\qquad S(w, x) \equiv S(x, x) \bmod 2$ für $x \in H$ und $w \in W \subset H$.

Wie aus der Anschreibung der vorstehenden Formel ersichtlich ist, haben wir das Element W von $H/2H$ als Restklasse, d. h. als Teilmenge von H aufgefaßt. Wir führen wie in der Einleitung die Menge Ω aller ganzen Zahlen der Form $S(y, y)$, $(y \in W)$, ein. Offensichtlich ist Ω auch gleich der Menge aller Zahlen $x^2[M]$ mit $x \in H^2(M, \mathbf{Z})$ und $x \equiv w_2(M) \bmod 2$. Weiter bemerken wir, daß Ω dann und nur dann aus einem einzigen Element besteht, wenn $b_2(M) = 0$. In diesem Fall ist $\Omega = \{0\}$.

Die Stiefel-Whitneysche Klasse $W_3(M) \in H^3(M, \mathbf{Z})$ ist gleich $\delta_* w_2(M)$ (vgl. 1.1). Aus iv) und der Exaktheit der obigen Cohomologiesequenz erhält man den folgenden Satz von Whitney [15]:

vi) *Für eine kompakte orientierte* 4*-dimensionale* M *verschwindet* $W_3(M)$.

Bemerkung: iv) und vi) lassen sich sofort auf kompakte orientierte $4k$-dimensionale M verallgemeinern. Es gilt, daß U_{2k} die $\mathbf{Z}_2$-Reduktion einer ganzzahligen Klasse ist und daß also $\delta_* U_{2k}$ verschwindet. In einer 8-dimensionalen M ist $U_4 = w_4 + w_2^2$. Da w_2^2 die $\mathbf{Z}_2$-Reduktion von p_1 ist (vgl. [2]), folgt für den Fall einer 8-dimensionalen M, daß $\delta_* w_4 = W_5 = 0$.

4.2. Wir betrachten jetzt die zu dem Tangentialbündel ξ assoziierten Faserbündel $\bar{\xi}$ und $\bar{\bar{\xi}}$ (siehe 3.1). $\bar{\xi}$ ist das Bündel der (orthonormierten) 2-Beine und $\bar{\bar{\xi}}$ das Bündel der orientierten Flächenelemente von M. Da $W_3(M)$ verschwindet, gibt es 2-Bein-Felder und auch Felder von Flächenelementen mit endlich vielen Singularitäten. Jede Singularität hat als „Index" ein Paar ganzer Zahlen. Jedes Feld hat eine Indexsumme, die wieder ein Paar ganzer Zahlen ist. Welche Paare von ganzen Zahlen treten als Indexsumme eines Feldes von orientierten Flächenelementen mit endlich vielen Singularitäten auf? Dieselbe Frage stellt sich für Felder von 2-Beinen. Die Antworten sind in 3.3 und 3.5 enthalten. Sie lassen sich wegen 4.1 mit alleiniger Verwendung der Eulerschen Charakteristik $e = e(M)$ und der Poincaréschen Bilinearform S formulieren. Durch S sind die Zahlenmenge Ω und der Index $\tau = \tau(M)$ bestimmt.

4.3. **Satz.** *Es sei M eine 4-dimensionale kompakte orientierte differenzierbare Mannigfaltigkeit. Es gibt auf M Felder von orientierten Flächenelementen mit endlich vielen Singularitäten. Ein Zahlenpaar (a, b) tritt dann und nur dann als Indexsumme eines derartigen Feldes auf, wenn*

$$(1) \qquad a = \frac{1}{4}(\alpha - 3\tau - 2e), \quad b = \frac{1}{4}(\beta - 3\tau + 2e) \text{ mit } \alpha, \beta \in \Omega .$$

Es gibt auf M auch Felder von 2-Beinen mit endlich vielen Singularitäten. Ein Paar (a, b) tritt dann und nur dann als Indexsumme eines solchen Feldes auf, wenn

$$(2) \qquad a = \frac{1}{4}(\alpha - 3\tau - 2e), \quad b = \frac{1}{4}(\alpha - 3\tau + 2e) \text{ mit } \alpha \in \Omega .$$

Die rechten Seiten von (1) und (2) sind immer ganzzahlig.

4.4. **Korollar.** *Die Indexsumme (a, b) aus (1) ist dann und nur dann unabhängig von der Wahl des Feldes, wenn die zweite Bettische Zahl von M verschwindet. Dann ist $\tau = 0$, $\Omega = \{0\}$, und die invariante Indexsumme ist $(-e/2, +e/2)$. Dasselbe gilt für (2).*

4.5. **Korollar.** *Es gibt auf ganz M ein Feld orientierter Flächenelemente dann und nur dann, wenn $3\tau + 2e$ und $3\tau - 2e$ zu Ω gehören. Es gibt auf ganz M ein 2-Bein-Feld dann und nur dann, wenn $e = 0$ und $3\tau \in \Omega$.*

4.6. Die ganzen Zahlen der Form $\frac{1}{4}(\alpha - 3\tau - 2e)$, $\alpha \in \Omega$, sind die möglichen Indexsummen (Hindernisse) für das Bündel ξ_1, das $E_\xi/\mathbf{U}(2)$ als Totalraum hat (vgl. 1.4 und 3.1). Also läßt M dann und nur dann eine fastkomplexe Struktur zu, wenn ξ_1 über ganz M einen Schnitt hat (1.1). Das ist aber genau dann der Fall, wenn unter den möglichen Indexsummen die Zahl 0 vorkommt. Damit erhalten wir einen Satz von WU WEN-TSUN ([18], S. 74) in folgender Fassung.

Satz. *Eine 4-dimensionale orientierte kompakte differenzierbare Mannigfaltigkeit läßt dann und nur dann eine fast-komplexe Struktur zu, wenn* $3\tau + 2e \in \Omega$.

Bemerkung: Dieser Satz gilt für die *orientierte* Mannigfaltigkeit M. Wir haben immer von dem $\mathbf{SO}(4)$-Tangentialbündel Gebrauch gemacht. Nimmt man die entgegengesetzte Orientierung, dann bleibt e fest, aber τ ändert sein Vorzeichen. Ω geht über in $-\Omega = \{\alpha : -\alpha \in \Omega\}$. Aus 4.5 und dem vorstehenden Satz folgt, daß M dann und nur dann bezüglich beider Orientierungen eine fast-komplexe Struktur zuläßt, wenn sie ein Feld von orientierten Flächenelementen ohne Singularitäten besitzt. Für die komplexe projektive Ebene mit der üblichen Orientierung ist $3\tau + 2e = 3 + 6 = 9$ und Ω ist die Menge der ungeraden Quadratzahlen. Für die entgegengesetzte Orientierung hat man $3\tau + 2e = 3$. Nur für die erste Orientierung läßt die komplexe projektive Ebene eine fast-komplexe Struktur zu [7].

4.7. Nach 1.3 ist μ als die Beschränkung von $\lambda^{(2)}$ auf $\mathbf{U}(2)$ definiert. Daraus folgt: Wenn M mit einer fast-komplexen Struktur versehen ist, dann ist ξ_2 das $\mathbf{S}_2$-Faserbündel, das zur μ-Erweiterung des tangentiellen $\mathbf{U}(2)$-Bündels von M assoziiert ist (vgl. 3.1, ξ ist immer das tangentielle $\mathbf{SO}(4)$-Bündel von M). Also ist ξ_2 das Bündel der komplexen Linienelemente der fast-komplexen M, und eine ganze Zahl b tritt dann und nur dann als Indexsumme eines Feldes komplexer Linienelemente mit endlich vielen Singularitäten auf, wenn $b = \frac{1}{4}(\beta - 3\tau + 2e)$ mit $\beta \in \Omega$. Für die komplexe projektive Ebene treten die ganzen Zahlen der Form $\frac{1}{4}((2k+1)^2 - 3 + 6) = k^2 + k + 1$ (k ganz) auf [7, 8]. — Wie wir gesehen haben, ist „das Bündel ξ_2 der komplexen Linienelemente" mit $\mathbf{PU}(2)$ ($= \mathbf{SO}(3)$) als Strukturgruppe unabhängig von der fast-komplexen Struktur und kann sogar definiert werden, wenn M gar keine fast-komplexe Struktur besitzt. ξ_2 besitzt dann und nur dann einen Schnitt mit der Indexsumme e, wenn M eine fast-komplexe Struktur zuläßt.

4.8. Für die von uns betrachteten M ist die Existenz eines 1-Bein-Feldes über ganz M mit $e = 0$ gleichbedeutend, die Existenz eines 2-Bein-Feldes mit $e = 0$ und $3\tau \in \Omega$.

Satz. *Die Existenz eines* 3-*Bein-Feldes, d. h. die Parallelisierbarkeit, ist äquivalent mit* $e = \tau = 0$ *und* $x^2 = 0$ *für alle* $x \in H^2(M, \mathbf{Z}_2)$.

Beweis: Wenn M parallelisierbar, dann verschwinden alle charakteristischen Klassen, also $e = \tau = 0$ und $x^2 = 0$ ($x \in H^2(M, \mathbf{Z}_2)$) wegen 4.1 i), ii), iii). Wenn umgekehrt $x^2 = 0$ für alle $x \in H^2(M, \mathbf{Z}_2)$, dann ist $w_2(M) = 0$ und das Tangentialbündel ξ läßt $\mathbf{Spin}(4) = \mathbf{S}_3 \times \mathbf{S}_3$ als Strukturgruppe zu ([2], § 26). Das Hindernis gegen einen Schnitt in diesem $\mathbf{Spin}(4)$-Bündel verschwindet, wenn $p_1(M)$ und $W_4(M)$ verschwinden, also wenn $e = \tau = 0$. Wenn das $\mathbf{Spin}(4)$-Bündel einen Schnitt hat, dann auch ξ.

Eine M, die ein 1-Bein-Feld, aber kein 2-Bein-Feld zuläßt, ist uns nicht bekannt.

Literatur

[1] BOREL, A.: Sur la cohomologie des espaces fibrés principaux et des espaces homogènes de groupes de Lie compacts. Ann. of Math. 57, 115—207 (1953). — [2] BOREL, A., and F. HIRZEBRUCH: Characteristic classes and homogeneous spaces. Part I: Amer. J. Math. 80, 458—538 (1958). Part II: Amer. J. Math. (erscheint demnächst) — [3] BOREL, A., et J. P. SERRE: Groupes de Lie et puissances réduites de Steenrod. Amer. J. Math. 75, 409—448 (1953). — [4] HIRZEBRUCH, F.: Übertragung einiger Sätze aus der Theorie der algebraischen Flächen auf komplexe Mannigfaltigkeiten von zwei komplexen Dimensionen. J. reine angew. Math. 191, 110—124 (1953). — [5] HIRZEBRUCH, F.: On Steenrod's reduced powers, the index of inertia, and the Todd genus. Proc. Nat. Acad. Sci. (Wash.) 39, 951—956 (1953). — [6] HIRZEBRUCH, F.: Neue topologische Methoden in der algebraischen Geometrie. Ergebnisse der Mathematik. Springer-Verlag 1956. — [7] HOPF, H.: Zur Topologie der komplexen Mannigfaltigkeiten. Studies and Essays presented to R. Courant, p. 167—185. New York 1948. — [8] HOPF, H.: Sur les champs d'éléments de surface dans les variétés à 4 dimensions. Colloques internat. centre nat. rech. sci. Nr. 12 (Topologie algébrique, Paris 1947), 55—59 (1949). — [9] HOPF, H.: Sur une formule de la théorie des espaces fibrés. Centre Belge rech. math., Coll. Top. 117—121 (1951). — [10] HOPF, H.: Die Coinzidenz-Cozyklen und eine Formel aus der Fasertheorie. Algebraic Geometry and Topology. A Symposium in honor of S. LEFSCHETZ. Princeton University Press 1957. — [11] KUNDERT, E. G.: Über Schnittflächen in speziellen Faserungen und Felder reeller und komplexer Linienelemente. Ann. of Math. 54, 215—246 (1951). — [12] STEENROD, N. E.: The topology of fibre bundles. Princeton University Press 1951. — [13] THOM, R.: Espaces fibrés en sphères et carrés de Steenrod. Ann. Sci. Ecol. norm. sup. 69, 109—182 (1952). — [14] THOM, R.: Quelques propriétés globales des variétés différentiables. Comm. Math. Helvet. 28, 17—86 (1954). — [15] WHITNEY, H.: On the topology of differentiable manifolds. Lectures in Topology. Ann Arbor, Michigan, 1941. — [16] WU WEN-TSUN: Classes caractéristiques et *i*-carrés d'une variété. C. R. Acad. Sci. (Paris) 230, 508—511 (1950). — [17] WU WEN-TSUN: Sur les puissances de Steenrod. Colloque de topologie de Strasbourg 1951 (vervielfältigt). — [18] WU WEN-TSUN: Sur les classes caractéristiques des structures fibrées sphériques. Actual. Sci. industr. 1183 (1952).

(Eingegangen am 10. Juni 1958)

67.

Über den Defekt stetiger Abbildungen von Mannigfaltigkeiten

Rend. Mat. Univ. Roma **21** (1962), 273–285

Dieser Vortrag (1) enthält keine neuen Ergebnisse; er berichtet über alte Fragen und alte Sätze und dazu über ein paar neuere Vermutungen. Meine Absicht ist, auf einen Problemkreis aufmerksam zu machen, der mir schon seit langem interessant und der Untersuchung wert zu sein scheint, in dem ich aber seit mehr als 30 Jahren keinen Fortschritt erzielen konnte.

§ 1. Abbildungen geschlossener Flächen.

X, Y seien geschlossene orientierte Flächen; ihre Geschlechter seien p, q, ihre Eulerschen Charakteristiken also $\chi(X) = 2 - 2p$, $\chi(Y) = 2 - 2q$. Wir betrachten eine stetige Abbildung f von X auf Y; ohne Einschränkung dürfen wir voraussetzen, dass $c \geq 0$ ist; wir werden uns nur für Abbildungen mit $c \geq 2$ interessieren.

Ein Punkt $y \in Y$ hat « im allgemeinen » wenigstens c Urbildpunkte in X; dies ist z.B. der Fall, wenn f in der Umgebung jedes Urbildpunktes von y eineindeutig ist. Ist die Anzahl der Urbilder $< c$, also gleich $c - d$ mit $d > 0$, so nennen wir die Zahl $d = d(y)$ den « Defekt » des Punktes y; die über alle Punkte y, welche positiven Defekt besitzen, erstreckte Summe $\Sigma d(y) = D = D(f)$ heisse kurz der *Defekt der Abbildung f.* Es ist nicht von vornherein

(1) Der obige Text ist die erweiterte Fassung eines Vortrages, der am 27. April 1962 im Rahmen eines Internationalen Mathematischen Symposiums am Istituto Matematico « Guido Castelnuovo » der Universität Rom gehalten wurde.

ausgeschlossen, dass $D = \infty$ sei; jedenfalls ist $D \geq 0$. Was lässt sich, bei gegebenen p, q, c, über die Grösse von D aussagen?

Die Antwort ist wohlbekannt, wenn f eine « Riemannsche » Abbildung ist, d.h. wenn das Bild $f(Y)$ wie eine Riemannsche Fläche auf Y liegt; das soll bedeuten: bis auf endlich viele Ausnahmepunkte x_i besitzt jeder Punkt $x \in X$ eine Umgebung, in der f topologisch ist (und die Orientierung erhält); in der Umgebung jedes x_i ist f topologisch äquivalent der durch die $(r_i + 1)$-te Potenz einer komplexen Variablen gelieferten Abbildung einer Umgebung des Nullpunktes; x_i ist dann ein Windungspunkt der Ordnung r_i und liefert zu dem Defekt D den Beitrag r_i; bezeichnet w_r die Anzahl der Windungspunkte der Ordnung r, so ist also $\sum_{r=1}^{c-1} r w_r = D$. Es gilt nun die berühmte Formel von RIEMANN-HURWITZ:

$$D(f) = c \cdot \chi(Y) - \chi(X); \tag{1}$$

man erhält sie, indem man eine Triangulation von Y, in welcher alle Punkte y_i mit positivem Defekt als Eckpunkte auftreten (neben anderen Eckpunkten), durch Vermittlung der Riemannschen Fläche $f(X)$ auf X projiziert und nun die Anzahlen der Eckpunkte, Kanten und Dreiecke dieser beiden Triangulationen von Y und X miteinander vergleicht.

Die rechte Seite der Formel (1), also die Zahl

$$R(f) = c \cdot \chi(Y) - \chi(X) = 2 \cdot [(p-1) - c \cdot (q-1)] \tag{2}$$

spielt für unsere Frage und überhaupt für die Flächenabbildungen eine wichtige Rolle. H. KNESER hat den Satz entdeckt und bewiesen, dass für *beliebige* (stetige) Abbildungen f (mit $c > 0$)

$$R(f) \geq 0 \tag{3}$$

ist [**1**]; dieser Satz enthält nicht nur die Tatsache, dass (wegen $c > 0$) $p \geq q$ sein muss — was schon früher bekannt war und in allgemeinen Sätzen über Abbildungen beliebig-dimensionaler Mannigfaltigkeiten enthalten ist —, sondern auch die merkwürdige, für $q > 1$ gültige Ungleichung

$$c \leq \frac{p-1}{q-1}.$$

(Ich möchte hier, obwohl dies nicht eigentlich zu unserem Gegenstand gehört, auf die ungelöste Aufgabe hinweisen, den Kneserschen Satz rein algebraisch zu beweisen — womit Folgendes gemeint ist: f bewirkt einen Homomorphismus der Fundamentalgruppe $\pi(X)$ in die Fundamentalgruppe $\pi(Y)$, und umgekehrt wird jeder solche Homomorphismus durch Abbildungen f bewirkt; es ist leicht, den Grad c durch Eigenschaften dieses Homomorphismus auszudrücken (man vergl. [**2**]); es sollte daher möglich sein, die Ungleichung (3) direkt als Eigenschaft dieser Homomorphismen zu verstehen. Der ursprüngliche Beweis von KNESER ist, ebenso wie ein späterer von H. SEIFERT [**3**], durchaus geometrisch.)

Für uns ist die Zahl $R(f)$ darum wichtig, weil der folgende *Hauptsatz* (dieses Paragraphen) gilt: ***Für beliebige f ist***

$$D(f) \leq R(f); \tag{4}$$

die durch die klassische Formel (1) gegebene Zahl ist also der grösste Defekt, der bei festen p, q, c möglich ist.

Beim Beweis von (4) benutzt man die Knesersche Formel (3), und ich möchte skizzieren, wie dass geschieht (man vergl. [**4**], Anhang II). Man nimmt endlich viele (nicht notwendigerweise alle) Punkte y_i mit positiven Defekten d_i $(i = 1, \dots, m)$; die Urbilder von y_i seien x_{ij} $(j = 1, \dots, c - d_i)$; durch eine kleine Modifikation von f (die c nicht ändert) kann man folgende Situation herstellen: V_i sind disjunkte offene Umgebungen der y_i, U_{ij} ihre, die x_{ij} enthaltenden disjunkten Urbilder, alle V_i und U_{ij} werden von Jordankurven berandet, die Bilder der Ränder des U_{ij} sind die Ränder der V_i. Man entferne alle U_{ij} und V_i aus X und Y; es entstehen berandete Flächen X', Y'; man nehme Duplikate X'', Y'' von X', Y' und setze X' mit X'' sowie Y' mit Y'' längs entsprechenden Randkurven zu geschlossenen Flächen X^*, Y^* zusammen. Die Abbildung f bewirkt Abbildungen $X' \to Y'$ und $X'' \to Y''$ und damit auch eine Abbildung $f^* : X^* \to Y^*$, deren Grad der alte Grad c ist. Für die Charakteristiken findet man leicht

$$\chi(X^*) = 2\left[\chi(X) - \sum_{i=1}^{m}(c - d_i)\right], \quad \chi(Y^*) = 2[\chi(Y) - m];$$

folglich ist

$$R(f^*) = c \cdot \chi(Y^*) - \chi(X^*) = 2\left[R(f) - \sum_i d_i\right],$$

also nach (3), angewandt auf f^*,

$$\sum_{i=1}^{m} d_i \leq R(f);$$

da dies für jedes endliche System $y_1, \ldots, y_m$ von Punkten mit Defekt gilt, folgt (4).

Ein wichtiges und, soviel ich sehe, nicht triviales Korollar des Satzes (4) ist die Tatsache, dass der Gesamtdefekt $D(f)$, und damit auch die Anzahl aller Punkte, welche positiven Defekt haben, immer *endlich* ist; darüber hinaus aber lehrt (4) auch, dass man durch homotope Abänderung einer Abbildung f (deren Grad $\neq 0$ ist) die Anzahl der Punkte mit positivem Defekt nicht beliebig erhöhen kann.

Eine spezielle Frage ist die nach der Anzahl der Punkte mit maximalem Defekt, d.h. mit $d = c - 1$; es sind dies diejenigen Punkte y, die nur je einen einzigen Punkt x als Urbild haben. Nennen wir die Anzahl dieser Punkte $D_1 = D_1(f)$, so ist $D_1 \cdot (c-1) \leq D$, also, da

$$R(f) = 2[(c-1) + (p - cq)]$$

ist, nach (4)

$$D_1(f) \leq 2 + \frac{2(p - cq)}{c - 1}. \tag{5}$$

Hieraus folgt zum Beispiel: Bei einer Abbildung der Fläche vom Geschlecht $p = 2$ auf die Fläche vom Geschlecht $q = 1$ mit einem Grad $c > 3$ ist $D_1 < 1$, also $D_1 = 0$; folglich besitzt jeder Punkt y wenigstens zwei Urbildpunkte.

Aus (5) folgt auch, da immer $c \geq 2$ ist, für beliebige p, q:

$$D_1(f) \leq 2 + 2p - 4q. \tag{6}$$

Ein Spezialfall von (4):

$$D(f) \leq 2(c - 1) \qquad \text{für} \quad p = q = 0. \tag{7}$$

Hiervon machen wir eine Anwendung: Die abgeschlossene Kreisscheibe X sei durch f stetig in eine Ebene E abgebildet; das Bild des Randkreises C von X zerlegt E in eine Anzahl (endlich oder abzählbar unendlich) von Gebieten G_j und hat um jedes von ihnen eine gewisse Umlaufzahl c_j, die zugleich der lokale Grad von f in

G_j ist; G sei eines dieser Gebiete, und der zugehörige Grad c sei > 1; dann ist für die Punkte von G der Begriff des Defekts d wie früher erklärt, und analog zu dem Früheren verstehen wir unter $D_G(f)$, dem Gesamtdefekt von f in G, die Summe Σd_i, erstreckt über alle in G gelegenen Punkte mit Defekt. Wir behaupten:

$$D_G(f) \leq c - 1; \tag{8}$$

insbesondere ist also $D_G(f)$ und damit die Anzahl der in G gelegenen Punkte mit Defekt endlich. (2)

Für den Beweis nehmen wir endlich viele Punkte y_i mit Defekten d_i in G, eine Jordankurve J in G, welche die y_i im Inneren enthält, und verstehen unter φ eine Retraktion des Aussengebietes von J auf die Kurve J; dann ist die Zusammensetzung $g = \varphi f$ eine Abbildung von X auf die von J begrenzte Scheibe Y, wobei $g(C) = J$ ist, g den alten Grad c hat und die Punkte im Inneren von Y dieselben Defekte besitzen wie bei f. Wir nehmen Duplikate X', Y' von X, Y mit der Abbildung g', die g entspricht; Zusammenfügung von X mit X' längs C sowie von Y mit Y' längs J liefert Kugeln X^*, Y^* mit einer Abbildung g^* von X^* auf Y^*. Anwendung von (7) auf g^* ergibt $2 \Sigma d_i \leq 2(c - 1)$, also unsere Behauptung (8).

Soviel über Flächen. Unsere Aussagen — d.h. die Formel (4) und ihre Konsequenzen — sind von dem Typus: « der Defekt von f kann nicht allzu gross sein » — wobei, bei gegebenen X und Y, f in einer Homotopieklasse von Abbildungen (oder allgemeiner: im Bereich aller stetigen Abbildungen mit demselben Grade c) variieren darf. Kann man analoge Aussagen auch für Abbildungen mehrdimensionaler Mannigfaltigkeiten machen? In den §§ 2 und 3 will ich über das Wenige berichten, was ich hierüber weiss.

Übrigens hat die Frage « wie *klein* kann der Defekt werden? » keinen Sinn, wenn man (wie wir es tun) beliebige stetige Abbildungen zulässt; denn durch eine (beliebig kleine) stetige « Verschmierung » kann man jeglichen Defekt einer Abbildung beseitigen; diese Frage wird sinnvoll erst bei Beschränkung auf spezielle f, wie etwa die oben im Zusammenhang mit der Formel (1) betrachteten Riemannschen Abbildungen. Sicher gibt es auch in dieser Richtung interessante Probleme; aber auf sie will ich hier nicht eingehen (3).

(2) Dieser Satz findet sich wohl zuerst in der Note [5] von M. Dolcher.

(3) In der Note [6] hat A. W. Tucker eine Verallgemeinerung der Formel (1) hergeleitet, und zwar im wesentlichen mit derselben Methode, die wir oben

§ 2. Der Index einer Abbildung. (4)

X, Y seien n-dimensionale orientierte Mannigfaltigkeiten, von denen wir, wenigstens vorläufig, voraussetzen, dass sie geschlossen sind; f sei eine stetige Abbildung $X \longrightarrow Y$. Sie bewirkt einen Homomorphismus h der Fundamentalgruppe ξ von X in die Fundamentalgruppe η von Y. Den Index j der Bildgruppe $h\xi$ in der Gruppe η nennen wir den *Index von* f; er ist die Blätterzahl der Überlagerungsmannigfaltigkeit $\overline{Y}$ von Y, die zu $h\xi$ gehört und also folgendermassen charakterisiert werden kann: die und nur die geschlossenen Wege auf Y sind auch auf $\overline{Y}$ geschlossen, welche Elemente von $h\xi$ repräsentieren. Auf Grund dieser Charakterisierung sieht man leicht: f kann faktorisiert werden: $f = p \circ \overline{f}$, wobei $\overline{f}$ eine Abbildung $X \longrightarrow \overline{Y}$ und p die Überlagerungsabbildung $\overline{Y} \longrightarrow Y$ ist. (Bis hierher gilt alles übrigens für viel allgemeinere Räume als Mannigfaltigkeiten.)

Wir setzen jetzt voraus: Der Grad c von f sei $\neq 0$. Dann folgt: j ist endlich und Teiler von c; sowie: $\overline{f}$ ist eine Abbildung *auf* $\overline{Y}$; und hieraus: jeder Punkt $y \in Y$ hat bei f wenigstens j Urbildpunkte in X; also, wenn wir die Defekte $d(y)$ der Punkte von Y wie im § 1 erklären:

$$d(y) \leq c - j \tag{9}$$

für alle $y \in Y$; (unter $d(y) = 0$ verstehen wir natürlich, dass y keinen Defekt hat).

Wir können (9) auch so wenden: Wenn es einen Punkt y mit dem Defekt a (also mit nur $c - a$ Urbildpunkten) gibt, so ist $j \leq c - a$; speziell gilt also folgender *Satz*: Falls es einen Punkt y mit nur einem einzigen Urbildpunkt gibt, so ist $j = 1$, also h eine homomorphe Abbildung der Gruppe ξ *auf* die ganze Gruppe η.

Ich habe oben vorausgesetzt dass X, Y *geschlossene* Mannigfaltigkeiten sind; ich habe dies nur getan, weil in diesem Vortrag hauptsächlich von geschlossenen Mannigfaltigkeiten die Rede sein soll; aber es bleibt alles in diesem Paragraphen Gesagte rich-

für den Beweis von (1) skizziert haben; jedoch scheint von der Tuckerschen Formel keine greifbare Anwendung gemacht worden zu sein.

(4) Dieser Paragraph ist im wesentlichen ein Bericht über verschiedene Teile der Arbeit [4], besonders über deren § 3.

tig, wenn wir anstelle von geschlossenen (kompakten) X, Y offene (nicht-kompakte) Mannigfaltigkeiten X', Y' nehmen, falls nur die betrachtete *Abbildung* $f': X' \rightarrow Y'$ «*kompakt*» ist — das soll Folgendes heissen: das Urbild $(f')^{-1}(K)$ jedes Kompaktums $K \subset Y'$ ist selbst kompakt (in der Arbeit [4] ist dies so formuliert: jeder Punkt von Y' hat eine Umgebung U, deren Urbild in X' «kompakt» — im Sinne von «relativ kompakt» — ist). Im nächsten Paragraphen werden wir folgender Situation begegnen: X, Y sind geschlossen, f ist eine Abbildung $X \rightarrow Y$; ferner ist Y' ein Gebiet (d. h. eine offene zusammenhängende Menge) in Y und f' die Restriktion von f auf das Urbild $X' = f^{-1}(Y')$; dann ist f' offenbar kompakt. Wir werden daher auf f' den *Satz* anwenden dürfen, den wir oben im Anschluss an (9) formuliert haben.

Ich möchte noch auf ein Problem hinweisen, das im Anschluss an (9) auftritt. Alle Abbildungen einer Homotopieklasse $X \rightarrow Y$ haben denselben Index j; nach (9) hat bei jeder Abbildung aus dieser Klasse jeder Punkt y wenigstens j Urbildpunkte; folgende Frage liegt nahe: «gibt es in der Klasse eine Abbildung f, bei der ein Punkt y nicht mehr als j Urbilder hat»? Man kann beweisen, dass die Antwort «ja» lautet, falls die Dimension $n > 2$ ist ([4], *Satz* XIII *d*); sie lautet trivialerweise auch «ja» für $n = 1$. Aber im Falle $n = 2$, also im Bereich der Flächenabbildungen, gibt es Klassen, in welchen die Mindestzahl σ der Urbilder eines (beliebigen), Punktes von Y notwendigerweise $> j$ ist; Beispiel: es ist leicht, die Fläche X vom Geschlecht 2 auf die Fläche Y vom Geschlecht 1 mit einem beliebigen Grade $c > 0$ so abzubilden, dass die Fundamentalgruppe ξ *auf* die ganze Fundamentalgruppe η abgebildet wird, d. h. so, dass $j = 1$ ist; aber wenn $c > 3$ ist, so hat, wie wir im Anschluss an (5) festgestellt haben, jeder Punkt y wenigstens 2 Urbilder. Die Flächenabbildungen sind also hier — wie auch bei anderen Gelegenheiten — schwieriger zu behandeln als die Abbildungen höherdimensionaler Mannigfaltigkeiten, und es stellt sich das *Problem*: wie kann man für $n = 2$ die oben erklärte Mindestzahl σ aus den Eigenschaften des Homomorphismus h von ξ in η bestimmen?

§ 3. Der Defektkomplex bei Abbildungen $X^n \to Y^n$. (5)

X, Y seien wieder geschlossene orientierte n-dimensionale Mannigfaltigkeiten und f eine Abbildung $X \to Y$ mit dem Grade $c > 1$. Während die Defekte $d(y)$ einzelner Punkte y für $n > 2$ ebenso einfach zu definieren sind wie für $n = 2$, hat es für $n > 2$ nicht viel Sinn, nach dem Gesamtdefekt $D = \Sigma d(y)$, erstreckt über alle Punkte y mit positivem Defekt, zu fragen; denn im allgemeinen wird es unendlich viele solche Punkte y geben; so treten bei einfachen Beispielen von Abbildungen — etwa solchen, die den eingangs erwähnten « Riemannschen » Abbildungen analog sind — im Falle $n = 3$ in X Windungs*linien* und entsprechend in Y Defekt*linien* anstelle der isolierten Punkte auf, die man im Falle der Flächenabbildungen hat; und analog stösst man im n-dimensionalen Fall im allgemeinen auf $(n - 2)$-dimensionale Windungs- und Defektgebilde. Beschränken wir uns im Folgenden, um Komplikationen zu vermeiden, immer auf *simpliziale* Abbildungen f; dann bilden die Punkte y, die positiven Defekt haben, einen Teilkomplex der zugrundegelegten Simplizialzerlegung von Y; wir nennen ihn den « Defektkomplex » und bezeichnen ihn mit Δ; sein Urbild in X ist ein Komplex Γ. Man bestätigt leicht, dass Δ nicht nur kein n-dimensionales, sondern auch kein $(n - 1)$-dimensionales Simplex enthalten kann, dass also Δ höchstens $(n - 2)$-dimensional ist. Für $n = 2$ besteht Δ aus den Punkten y mit Defekt, und deren Anzahl ist nicht grösser als der Gesamtdefekt D; andererseits ist diese Anzahl gleich der 0-ten Bettischen Zahl $b_0(\Delta)$; unsere alte Formel (4) enthält also die Ungleichung

$$b_0(\Delta) \leq R(f) \qquad \text{(für } n = 2\text{)}. \tag{4'}$$

Es scheint mir nun vernünftig zu sein, im n-dimensionalen Fall nach analogen oberen Schranken für die $(n - 2)$-te Bettische Zahl $b_{n-2}(\Delta)$ zu suchen; dabei müsste an die Stelle von $R(f)$ ein Ausdruck treten, der durch die topologischen Invarianten von X und Y sowie durch Homotopieinvarianten von f bestimmt ist; jedenfalls müsste die gesuchte Formel zeigen, dass innerhalb einer Homotopieklasse von Abbildungen f nicht beliebig grosse Zahlen $b_{n-2}(\Delta)$ möglich sind.

(5) Man vergleiche [4], Anhang I.

Es ist mir nicht gelungen, eine solche Verallgemeinerung von (4') zu finden; immerhin kann ich etwas beweisen, was zwar wesentlich schwächer ist als das soeben angedeutete Gesuchte, aber vielleicht doch dazu ermutigen kann, die Versuche in dieser Richtung fortzusetzen.

Analog zu der Definition der Zahl D_1 im § 1 wollen wir unter Δ_1 den Teilkomplex von Δ verstehen, der aus den Punkten y mit $d(y) = c - 1$ besteht — also aus den Punkten y, die nur je einen Urbildpunkt x haben. Machen wir dann noch die zusätzliche Voraussetzung, dass *der Grad c teilerfremd zu der Ordnung der eindimensionalen Torsionsgruppe von X ist* (die speziell erfüllt ist, falls X keine eindimensionale Torsion besitzt) (6), so gilt die Formel

(10) $$b_{n-2}(\Delta_1) \leq 1 + b_1(X) - b_1(Y) + b_2(Y),$$

wobei b_i immer die i-te Bettische Zahl bezeichnet.

Falls $c = 2$ ist, ist $\Delta_1 = \Delta$, und man hat dann in (10) eine Schranke der gewünschten Art für $b_{n-2}(\Delta)$.

Betrachten wir Spezialfälle bei beliebigem c. Für $n = 2$ erhalten wir, unter Benutzung der Bezeichnungen aus § 1, die Formel

$$D_1(f) = b_0(\Delta_1) \leq 2 + 2p - 2q,$$

die vom selben Typus wie unsere alte Formel (6), aber etwas schwächer als diese ist (da wir jetzt $2q$ anstelle des früheren $4q$ haben).

Wenn Y die Sphäre S^n, $n > 2$, ist, so ist

(11) $$b_{n-2}(\Delta_1) \leq 1 + b_1(X),$$

also, falls auch $X = S^n$ ist,

(11_0) $$b_{n-2}(\Delta_1) \leq 1.$$

Die Formel (10) ergibt sich aus einer etwas stärkeren: man entferne aus Δ_1 das Innere eines $(n-2)$-dimensionalen Simplexes; es entsteht ein Komplex Δ_1', dessen $(n-2)$-te Bettische Zahl entweder gleich oder um 1 kleiner ist als $b_{n-2}(\Delta_1)$; daher ist (10) eine

(6) In [4], p. 615, sollte durch ein Beispiel gezeigt werden, dass diese Voraussetzung über die Torsion unentbehrlich ist; leider ist dieses « Beispiel » falsch.

Folge von

$$(10') \qquad b_{n-2}(\Delta_1') \leq b_1(X) - b_1(Y) + b_2(Y);$$

analog gelten

$$(11') \qquad b_{n-2}(\Delta_1') \leq b_1(X),$$

$$(11_0') \qquad b_{n-2}(\Delta_1') = 0$$

für die Spezialfälle $Y = S^n$ bezw. $X = Y = S^n$. Die Formel ($11_0'$) besagt für $n = 3$: Falls Δ_1 ein geschlossenes Polygon enthält, so ist dieses mit Δ_1 identisch; aus (11_0) kann man dies nicht schliessen.

Ich möchte den Beweis der Formel (10) hier wenigstens für den Fall $Y = S^n$, also für (11), skizzieren. Wie soeben festgestellt, genügt es, die Formel (11′) zu beweisen, die man auf Grund des Alexanderschen Dualitätssatzes als

$$(12) \qquad b_1(X) \geq b_1(Y - \Delta_1')$$

schreiben kann.

Das Urbild $f^{-1}(\Delta_1')$ von Δ_1' ist ein Komplex Γ_1' in X; die offene Mannigfaltigkeit $X' = X - \Gamma_1'$ ist das Urbild der offenen Mannigfaltigkeit $Y' = Y - \Delta_1'$; bei der durch f bewirkten Abbildung $f': X' \rightarrow Y'$ haben gewisse Punkte von Y', nämlich die Punkte von $\Delta_1 - \Delta_1'$, nur je einen Urbildpunkt; nach dem in § 2 Gesagten bewirkt f' daher einen Homomorphismus der Fundamentalgruppe von X' *auf* die Fundamentalgruppe von Y' und, infolge des bekannten Zusammenhanges zwischen Fundamentalgruppe und erster Homologiegruppe, auch eine Abbildung der Homologiegruppe $H_1(X')$ *auf* $H_1(Y')$. Es seien nun $\eta_1, \eta_2, \dots, \eta_b$ (mit $b = b_1(Y')$) 1-dimensionale Zyklen in Y', die eine Homologiebasis (ganzzahlig, modulo Torsion) bilden; nach dem eben Bewiesenen gibt es Zyklen ξ_1, $\xi_2, \dots, \xi_b$ in X' mit $f'(\xi_i) \sim \eta_i$ in Y'. Die Formel (12) ist bewiesen, sobald wir gezeigt haben: diese ξ_i sind linear unabhängig bezüglich Homologien nicht nur in X', sondern sogar in X.

Hierfür brauchen wir folgenden Hilfssatz: ζ sei ein 1-dimensionaler Zyklus in X', der ~ 0 in X ist; dann ist $f(\zeta)$ in Y' einem c-fachen Zyklus homolog. — Beweisandeutung: C^2 sei eine Kette in X, die von ζ berandet wird und sich in allgemeiner Lage zu Γ_1' befindet; um jeden Schnittpunkt p_j von C^2 und Γ_1' herum schneiden wir ein kleines Loch aus C^2 aus, das von einer Kurve λ_j berandet wird; dann ist ζ in X' homolog zu einer linearen Verbindung der

λ_j; aber jede der Kurven $f'(\lambda_j)$ ist in Y', und zwar in der Nähe von Δ'_1, homolog einer c-mal durchlaufenen geschlossenen Kurve, die in der Nähe des Punktes $f(p_\lambda)$ den Komplex Δ'_1 einmal umschlingt. Daraus folgt die Richtigkeit des Hilfssatzes.

Es sei nun $\zeta = \Sigma a_i \xi_i$ eine lineare Verbindung der oben definierten ξ_i, und es sei $\zeta \sim 0$ in X; nach dem Hilfssatz ist $\Sigma a_i \eta_i \sim c\eta$ in Y', wobei η ein gewisser 1-dimensionaler Zyklus ist; da die η_i eine Basis bilden, folgt, dass alle a_i durch c teilbar sind: $a_i = ca'_i$; es ist also $c \cdot \Sigma a'_i \xi_i \sim 0$ in X; nach der Voraussetzung, die wir kurz vor der Formel (10) formuliert haben, ist c teilerfremd zu den 1-dimensionalen Torsionszahlen von X, und daher dürfen wir die soeben ausgesprochene Homologie durch c dividieren; wir erhalten: $\zeta' = \Sigma a'_i \xi_i \sim 0$ in X; es folgt, analog wie soeben, dass alle a'_i durch c teilbar sind; da wir dies beliebig wiederholen können, folgt, dass alle $a_i = 0$ sind; die ξ_i sind somit unabhängig in X, w. z. b. w..

So kann man die Formel (11′) beweisen, also den Spezialfall von (10′), in dem $Y = S^n$ ist. Um die allgemeine Formel (10′) analog zu beweisen, hat man am Anfang des Beweises anstelle des Alexanderschen Dualitätssatzes dessen von Pontrjagin herrührende Verallgemeinerung heranzuziehen, welche von Komplexen (oder allgemeineren Mengen) nicht nur in der Sphäre S^n, sondern in einer beliebigen n-dimensionalen Mannigfaltigkeit Y handelt.

Das Hauptziel des Vortrages, über den ich hier berichte, war es, zu einer neuen Beschäftigung mit der Frage anzuregen, ob es nicht möglich sei, der Formel (10) Aussagen ähnlicher Art über Δ an die Seite zu stellen; und ich habe meinen alten Beweis für (10) hier noch einmal skizziert, weil ich keine andere Methode für die Behandlung derartiger Fragen kenne; es würde mich freuen, wenn man neue Methoden fände.

§ 4. Der Dimensionsdefekt bei Abbildungen $X^N \to Y^n$ mit $N > n$.

Zum Schluss will ich noch kurz auf einen anderen Defektbegriff hinweisen, der mir ebenfalls natürlich zu sein scheint, und auf einige spezielle auf ihn bezügliche Fragen oder Vermutungen.

X, Y seien geschlossene Mannigfaltigkeiten mit Dimensionen, wie sie in der Überschrift genannt sind. Dann wird ein Punkt $y \in Y$ « im allgemeinen » ein Urbild besitzen, das wenigstens $(N-n)$-dimensional ist; ist die Dimension der Menge $f^{-1}(y)$ kleiner als $N-n$, so wird man sagen, y sei ein Punkt mit Dimensionsdefekt.

Es scheint mir, dass Tatsachen existieren, die zu Aussagen folgender Art berechtigen: « Wenn die Abbildung f wesentlich (d. h. nicht 0-homotop) ist, dann können die auftretenden Dimensionsdefekte nicht zu gross oder nicht zu zahlreich sein » — oder, anders ausgedrückt: « Abbildungen mit zu grossen Dimensionsdefekten sind unwesentlich ».

Ich stelle hier einige Vermutungen oder Fragen zusammen, von denen ich glaube, dass sie nicht schwer zu beweisen oder zu beantworten sind:

(a) Die Abbildung f sei algebraisch wesentlich (d. h. es gibt einen n-dimensionalen Zyklus in X, der mit von 0 verschiedenem Grade auf Y abgebildet wird); dann besitzt kein Punkt von Y Dimensionsdefekt.

(b) Bei einer wesentlichen Abbildung $S^3 \rightarrow S^2$ besitzt kein Punkt Dimensionsdefekt;

(b') ebenso für die Abbildungen $X^3 \rightarrow S^2$ (mit beliebiger Mannigfaltigkeit X^3).

(c) Die Behauptung (b) ist für beliebige wesentliche Abbildungen $S^N \rightarrow S^n$ mit $N > n$ sicher nicht richtig; denn bei solchen Abbildungen, die durch Einhängung aus Abbildungen $S^{N-1} \rightarrow S^{n-1}$ entstanden sind, hat jeder der beiden Einhängungs-Pole auf S^n nur je einen Urbildpunkt. Aber ich spreche folgende Vermutung aus: (1) Bei einer wesentlichen Abbildung $S^4 \rightarrow S^3$ kann es höchstens zwei Punkte von S^3 mit nur je einem Urbildpunkt geben; und etwas schärfer: (2) sind a, b zwei Punkte auf S^3 mit nur je einem Urbild, so hat kein von a, b verschiedener Punkt Dimensionsdefekt.

Ich möchte etwas darüber sagen, wie ich mir die Grundlage der Beweise denke: φ sei die bekannte Faserabbildung $S^3 \rightarrow S^2$, $E\varphi = p$ die aus φ durch Einhängung erzeugte Abbildung einer $\overline{S}^4$ auf S^3; die Einhängungspole seien $\overline{A}$, $\overline{B}$ auf $\overline{S}^4$ und a, b auf S^3; nun sei f eine Abbildung $S^4 \rightarrow S^3$, bei der a und b nur je einen Urbildpunkt A bezw. B haben; Vermutung (sehr plausibel): f lässt sich faktorisieren: $f = p \circ \overline{f}$, wobei $\overline{f}$ eine Abbildung $S^4 \rightarrow \overline{S}^4$ mit $f(A) = \overline{A}$, $f(B) = \overline{B}$ ist. Wenn dies bewiesen ist, sollten sich auch die obigen Vermutungen (1) und (2) leicht beweisen lassen.

(c') Frage: Können bei einer wesentlichen Abbildung $S^4 \rightarrow S^3$ mehr als zwei Punkte Dimensionsdefekt haben?

(d) Eine Frage, die nicht von einem Dimensions-, sondern von einem « Homologie »-Defekt handelt (im Anschluss an (b)): Ist es richtig, dass bei einer wesentlichen Abbildung $S^3 \rightarrow S^2$ das

Urbild $f^{-1}(y)$ jedes Punktes $y \in S^2$ eine positive erste Bettische Zahl haben muss?

Die Liste solcher Fragen liesse sich, besonders im Bereich der Sphärenabbildung $S^N \to S^n$, beliebig vergrössern; ich glaube, dass man auf diesem Felde recht interessante Untersuchungen anstellen könnte.

LITERATUR

[1] H. Kneser, *Die kleinste Bedeckungszahl innerhalb einer Klasse von Flächenabbildungen.* Math. Annalen **103** (1930).

[2] H. Hopf, *Beiträge zur Klassifizierung der Flächenabbildungen.* Journ. f. d. r. u. a Mathematik (Crelle) **165** (1931).

[3] H. Seifert, *Bemerkungen zur stetigen Abbildung von Flächen.* Abhandlungen, Mathematisches Seminar d. Universität Hamburg **12** (1939).

[4] H. Hopf, *Zur Topologie der Abbildungen von Mannigfaltigkeiten, Zweiter Teil.* Math. Annalen **102** (1929).

[5] M. Dolcher, *Exceptions to n-covering for continuous mappings of a plane region.* Proceedings International Congress of Mathematicians 1954, Amsterdam, vol. II, p. 95.

[6] A. W. Tucker, *Branched and folded coverings.* Bull. Amer. Math. Soc. **42** (1931).

68.

Einige persönliche Erinnerungen aus der Vorgeschichte der heutigen Topologie

Colloque de Topologie, Bruxelles 1964, CBRM (1966), 9–20

Mehrere der Teilnehmer dieses Kolloquiums sind so freundlich gewesen, zu betonen, dass ihre Untersuchungen, die zu so schönen neuen Ergebnissen geführt haben, zum Teil durch alte Arbeiten von mir angeregt worden seien; und hieraus ist dann der Wunsch entstanden, ich solle über diese alten Dinge im Zusammenhang berichten. Der gegenwärtige, notwendigerweise reichlich improvisierte, Vortrag will diesem Wunsch entgegenkommen: er wird ein Rückblick sein, wobei ich aber nicht als „Historiker" auftreten werde, der sich bemüht, „objektiv" und „vollständig" zu sein, sondern eher als ein „Berichterstatter", ein „Reporter", der von dem erzählt, was er selbst mitgemacht hat, und dessen Bericht daher unvollständig und subjektiv ausfällt; und wenn ich von meinen eigenen Beiträgen spreche, dann ist es weniger meine Absicht, den Inhalt dieser Arbeiten zu erläutern, sondern ich möchte vielmehr die *Einflüsse* hervorheben, unter denen die Arbeiten entstanden sind — Einflüsse, die teils von bestimmten Personen ausgingen, teils von Situationen, die innerhalb der Mathematik entstanden waren.

0. Mein erstes Zusammentreffen mit der Topologie fand im Sommer *1917* statt, in einer Vorlesung über „Mengenlehre", die *Erhard Schmidt* an der Universität Breslau hielt; er bewies darin den Satz von der „Invarianz der Dimensionenzahl", der sich so formulieren lässt: Im euklidischen Raum R^n existiert kein topologisches Bild eines N-dimensionalen Würfels mit $N > n$. Der Satz war 1911 von *L.E.J. Brouwer* mit Hilfe des „Abbildungsgrades" bewiesen worden — also der Differenz zwischen der Anzahl der positiven und der Anzahl der negativen Bedeckungen, die ein Punkt bei der betrachteten Abbildung erleidet —, und es war auch dieser Beweis, den Schmidt vortrug.

Ich war fasziniert; diese Faszination — durch die Kraft der Methode des Abbildungsgrades — hat mich nicht wieder verlassen, sondern grosse Teile meiner Produktion entscheidend beeinflusst. Und wenn ich heute den Gründen für diese Wirkung nachgehe, so sehe ich besonders zweierlei : erstens die Eindringlichkeit und mitreissende Begeisterung des Vortrages von Erhard Schmidt, und zweitens meine eigene gesteigerte Aufnahmefähigkeit während einer vierzehntägigen Unterbrechung eines langjährigen Militärdienstes.

1. Im Jahre 1920 folgte ich Erhard Schmidt an die Universität Berlin. Unter den vielen Anregungen, die von ihm ausgingen, hebe ich hier nur diejenigen hervor, die direkt die Topologie betrafen : wie schon 1917 in Breslau einige der Brouwerschen Arbeiten; seinen eigenen Beweis des Jordanschen Kurvensatzes (Preuss. Akademie d. Wiss. 1923), einen Beweis, der zwar wohl nicht verallgemeinerungsfähig, aber an Eleganz kaum zu übertreffen ist; und schliesslich regte er an, dass sein damaliger Assistent *G. Feigl* einen Vortragszyklus über die grossen Arbeiten zur „*Analysis Situs*“ von Poincaré hielt.

Schmidt ermutigte mich, weiter Topologie zu treiben; ich las einige Abhandlungen von *Brouwer* — das war eine saure Arbeit — sowie den Artikel von *Hadamard* „Note sur quelques applications de l'indice de Kronecker“ (in dem Lehrbuch der Funktionentheorie von J. Tannery); der Erfolg waren einige Publikationen : „Ueber die Curvatura integra geschlossener Hyperflächen“, „Abbildungsklassen n-dimensionaler Mannigfaltigkeiten“ und „Vektorfelder in n-dimensionalen Mannigfaltigkeiten“. Der Inhalt dieser Arbeiten ist zusammengefasst in dem Vortrag „Abbildung geschlossener Mannigfaltigkeiten auf Kugeln in n Dimensionen“, den ich auf der Jahresversammlung der Deutschen Mathematiker-Vereinigung in Danzig, September 1925, gehalten habe (abgedruckt in den „Selecta“ zu meinem 70. Geburtstag (Springer 1964), pp. 1-4).

Zu der erwähnten Arbeit über die Vektorfelder möchte ich hier Folgendes bemerken : Ihr Hauptsatz „*Die Summe der Indizes der Singularitäten eines Vektorfeldes in einer geschlossenen orientierbaren Mannigfaltigkeit, welches nur endlich viele Singularitäten besitzt, ist eine Invariante der Mannigfaltigkeit, nämlich ihre*

Eulersche Charakteristik" findet sich, ohne den Zusatz über die Charakteristik, bereits in der oben zitierten Note von Hadamard — jedoch ohne Beweis; tatsächlich existierte damals (1910) kein Beweis, sondern die betreffende Stelle beruhte auf einem Missverständnis zwischen Brouwer und Hadamard. Der erste Beweis dürfte von Lefschetz stammen (1923). Mein Beweis (1925) beruht auf einem ziemlich schwerfälligen Induktionsschluss — ich warne Neugierige. Heute erscheint mir am einfachsten ein Beweis mit Hilfe meiner Verallgemeinerung der Euler-Poincaréschen Formel (Göttinger Nachrichten 1928).

Die oben genannten drei Arbeiten über die Curvatura Integra, Abbildungsklassen und Vektorfelder bildeten einen Teil meiner Dissertation und meine Habilitationsschrift. Bevor ich mich aber als Privatdozent in Berlin habilitierte, ging ich im Herbst 1925 für ein Jahr nach Göttingen.

2. Mein wichtigstes Erlebnis in Göttingen war es, dass ich dort *Paul Alexandroff* traf. Aus diesem Zusammentreffen wurde bald eine enge Freundschaft; nicht nur Topologie, und nicht nur Mathematik wurde diskutiert; es war eine sehr glückliche, und auch eine sehr fröhliche Zeit, die nicht auf Göttingen beschränkt war, sondern sich auf vielen gemeinsamen Reisen fortsetzte.

Alexandroff war, als ich ihn kennen lernte, bereits einer der grossen Männer in der rein-mengentheoretischen Topologie; aber er war auch gerade dabei, den Begriff des „Nerven" einzuführen, der die trennende Wand zwischen der mengentheoretischen und der algebraischen Topologie beseitigen sollte.

Seine Definition ist die folgende : „$\mathfrak{U} = (F_1, F_2, ..., F_n)$ sei eine Ueberdeckung des (kompakten metrischen) Raumes R mit abgeschlossenen Mengen F_i; jeder Menge F_i ordne man einen Punkt p_i eines mindestens n-dimensionalen euklidischen Raumes so zu, dass die p_i in allgemeiner Lage sind, und man füge das Simplex $(p_{i_0}, p_{i_1}, ..., p_{i_r})$ dann und nur dann an, wenn der Durchschnitt $F_{i_0} \cap F_{i_1} \cap ... \cap F_{i_r}$ nicht leer ist. Der so entstandene Komplex $N(R)$ ist ein „Nerv" von $\mathfrak{U}$". Die, als Nerven von immer feiner werdenden Ueberdeckungen von R auftretenden Komplexe $N(R)$ bilden eine „abstrakte Approximation" von R, und vermittels dieser Approximationen lassen sich die, für die Komplexe $N(R)$ geläufigen, algebraischen Grundbegriffe (Dimension, Bettische Zahlen) auf den Raum R übertragen. Das klassische Beispiel ist der „Pflastersatz“ von *Lebesgue* : „Der Raum R ist dann und nur dann n-dimensional, wenn er beliebig gut durch n-dimensionale, aber nicht beliebig gut durch kleiner-dimensionale Komplexe abstrakt approximiert werden kann.“

Die Idee des „Nerven“ besitzt noch viele andere Anwendungen; sie war der erste erfolgreiche Versuch, algebraische Betrachtungen in die mengentheoretische Topologie einzuführen — sehr zum Missfallen mancher Verfechter der „Reinheit der Methode“; und es bedurfte der ganzen Intensität und des Elans von Alexandroff, seine Ueberzeugung durchzusetzen, dass in der Topologie algebraische und mengentheoretische Eigenschaften organisch miteinander verbunden sind. — Mich selbst hat damals die Erkenntnis, eine wie grosse Rolle die Algebra in den topologischen Problemen spielt, in entscheidender und bleibender Weise beeinflusst.

3. Das Zentrum, von dem der algebraische Einfluss in Göttingen ausging, war natürlich *Emmy Noether*. Mit Alexandroff war sie schon seit Jahren befreundet, und beider Hauptarbeitsgebiete, nämlich die abstrakten algebraischen und die abstrakten topologischen Strukturen, waren prinzipiell miteinander verwandt. Aber was wir — Alexandroff und ich — jetzt von ihr lernten, betraf, direkt und konkret, die Begründung der Homologietheorie in simplizialen Komplexen — nämlich :

Es seien X^r die r-dimensionalen Kettengruppen, ∂ die durch die Randbildung bewirkten Homomorphismen $X^{r+1} \to X^r$; dann ist, wie man leicht an einem einzelnen Simplex verifiziert, $\partial\partial = 0$; das bedeutet : das Bild $\partial\, X^{r+1}$ ist in dem Kern Z^r der Abbildung $\partial : X^r \to X^{r-1}$ enthalten; die Faktorgruppe $H^r = Z^r/\partial\, X^{r+1}$ ist die r-te Homologiegruppe.

Diese basisfreie, d.h. die Poincaréschen Inzidenzmatrizen vermeidende, Begründung der Homologietheorie war damals ganz neu (und ich weiss nicht einmal, ob der Begriff der „Homologiegruppe“ schon irgendwo schwarz auf weiss in der Literatur vorgekommen war). Ich selbst habe sie zum ersten Mal in meiner Note „Eine Verallgemeinerung der Euler-Poincaréschen Formel“ (Göttinger Nachrichten 1928) benutzt.

4. Während des akademischen Jahres 1927-28 hatten Alexandroff und ich ein Rockefeller-Stipendium nach Princeton. Damals war Princeton eine idyllische kleine Universitätsstadt; das berühmte

„Institute“ existierte noch nicht, sogar „Fine Hall“ existierte noch nicht, und im „French Restaurant“ waren Alexandroff und ich die einzigen ausländischen Stammgäste (denen am Sonntag eine Kaffeetasse mit prohibiertem Wein serviert wurde). Aber an der Universität gab es Vorlesungen von *O. Veblen*, *S. Lefschetz* und *J. W. Alexander*, und mit jedem von ihnen hatten wir interessante Unterhaltungen. Wohl am wichtigsten für uns war dabei Lefschetz — einerseits weil er Alexandroffs Verbündeter im Kampf für die Anwendung algebraischer Methoden in der mengentheoretischen Topologie war, andererseits weil meine Arbeiten über Fixpunkte an seine grundlegenden Arbeiten anknüpften. Dazu kam, dass Lefschetz und ich viel über folgende Frage diskutiert haben :

Die Lefschetzsche Produktmethode zur Untersuchung von Abbildungen $f\colon X \to Y$, wobei X und Y n-dimensionale Mannigfaltigkeiten sind, besteht darin, dass man in dem cartesischen Produkt $X \times Y$ das „Diagramm“ $\Delta f = \{x, fx\}$, $x \in X$, untersucht; dabei wird vorausgesetzt, dass Δf als n-dimensionaler Zyklus aufgefasst werden kann, aber nicht, dass f eindeutig ist. Meine Frage war : „Durch welche Eigenschaften sind diejenigen Δf charakterisiert, für die f eindeutig ist?“ — Die Lefschetzsche Theorie gibt hierauf keine direkte Antwort; aber man kann, ganz im Rahmen dieser Theorie, notwendige Bedingungen für Δf aufstellen, die Befriedigendes leisten; eine ausschlaggebende Rolle spielt dabei der „Umkehrungshomomorphismus“ φ — das ist eine durch f bestimmte, homomorphe Abbildung des Schnittringes $R(Y)$ in den Ring $R(X)$. Mit Hilfe von φ beweist man unter anderem : „Ist der Abbildungsgrad von f nicht 0, so bewirkt f eine Abbildung von $R(X)$ *auf* $R(Y)$“ — (bei Benutzung rationaler Koeffizienten); weitere Folgerungen findet man in meiner Arbeit „Zur Algebra der Abbildungen von Mannigfaltigkeiten“ [Crelles Journal 163 (1930)]; auch in anderen Arbeiten habe ich verschiedene Anwendungen des Umkehrungshomomorphismus gemacht; dabei kommt es übrigens zum Teil nicht darauf an, dass X und Y gleiche Dimension haben.

5. Das Jahr 1935 war für die Entwicklung der Topologie aus mehreren Gründen besonders bedeutungsvoll. Im September fand in Moskau die „Erste Internationale Konferenz über Topologie“ statt. Die Vorträge, die auf dieser Konferenz. völlig unabhängig

voneinander, von *J. W. Alexander*, *I. Gordon* und *A. N. Kolmogoroff* gehalten wurden, darf man als den Beginn der Cohomologie-Theorie ansehen — (für welche allerdings *Lefschetz* schon 1930 mit seinen „Pseudo-Zyklen" die Rolle eines Vorläufers gespielt hatte).

Was mich — und wahrscheinlich manche andere Topologen — damals vollständig überraschte, waren nicht die Cohomologie-Gruppen — diese sind ja nichts anderes als die Charakterengruppen der Homologiegruppen — als vielmehr die Tatsache, dass man zwischen ihnen, in beliebigen Komplexen und allgemeineren Räumen, eine Multiplikation erklären kann, also den *Cohomologie-Ring*, der den Schnittring der Mannigfaltigkeiten verallgemeinert. Wir hatten geglaubt, so etwas sei nur, dank der lokalen Euklidizität, in Mannigfaltigkeiten möglich.

6. Mein eigener Beitrag zu der Moskauer Konferenz bestand darin, dass ich über die Dissertation von *E. Stiefel* „Richtungsfelder und Fernparallelismus in n-dimensionalen Mannigfaltigkeiten" berichtete, die damals abgeschlossen, aber noch nicht gedruckt vorlag [Comm. Math. Helvet. 8 (1935-36)]; (ich trage hier nach, dass ich seit 1931 Professor an der ETH in Zürich war). Das Problem, das ich Herrn Stiefel zur Behandlung vorgeschlagen hatte, war das folgende : Man weiss (auf Grund eines Satzes, den ich oben in Nr. 1 erwähnt habe), dass man in einer (geschlossenen, orientierbaren, differenzierbaren) Mannigfaltigkeit M^n dann und nur dann ein überall stetiges Richtungsfeld anbringen kann, wenn die Eulersche Charakteristik von M^n gleich 0 ist. *In welchen M^n kann man m Richtungsfelder anbringen, die überall stetig und überall linear unabhängig sind* ($m = 1, 2, ..., n-1, n$) ?

Der Fall $m = 1$ wird, wie soeben gesagt, durch die Charakteristik beherrscht; ferner : wenn es $n-1$ unabhängige Felder gibt, so gibt es offenbar (wegen der Orientierbarkeit von M^n) auch n unabhängige Felder; interessant sind also nur die m mit $1 < m < n$, und hier sind die kleinsten m und n die Werte $n = 3$, $m = 2$. Da ich es nun immer für richtig halte, von einem allgemeinen Problem zuerst den einfachsten Spezialfall zu untersuchen, gab ich, da es in jeder M^n mit ungeradem n ja immer wenigstens ein Feld gibt, Herrn Stiefel den Rat : „Stellen Sie zunächst einmal fest, in welchen M^3 es zwei (und damit drei) unabhängige Felder gibt und in welchen M^3 Paare unabhängiger Felder unmöglich sind."

Das war ein gut gemeinter, aber faktisch schlechter Rat; denn wie sehr Stiefel auch suchte und mit wie kunstvollen Methoden — Heegard-Diagrammen, Knotenräumen etc. — er auch 3-dimensionale Mannigfaltigkeiten konstruierte, immer zeigte es sich, dass in der konstruierten M^3 drei unabhängige Felder existierten. Schliesslich aber berichtete er mir, er habe die Sache heraus; er hatte nämlich die Theorie der „charakteristischen Homologieklassen" aufgestellt: für jedes m existiert eine charakteristische Klasse F^{m-1}, deren Verschwinden notwendig und hinreichend dafür ist, dass es ein System von m Feldern gibt, dessen Singularitäten einen höchstens $(m-2)$-dimensionalen Komplex bilden; sowie : für die Existenz eines Systems von m Feldern ohne Singularitäten ist notwendig, das $F^0 = F^1 = \dots = F^{m-1} = 0$ ist. (Wegen weiterer Eigenschaften der Klassen F^i und besonders wegen ihrer Koeffizientenbereiche konsultiere man die oben zitierte Arbeit von Stiefel.) — Was aber die Dimensionszahl $n = 3$ betrifft, die uns soviel Sorgen gemacht hatte, so hatte Stiefel gezeigt, dass für jede M^3 die Klasse $F^1 = 0$ ist, mit anderen Worten : in jeder M^3 gibt es drei unabhängige Felder. Das ist umso überraschender, als, ausser dem trivialen Fall $n = 1$, nur $n = 3$ die Eigenschaft hat, dass in jeder M^n n unabhängige Felder existieren.

Nachdem ich in Moskau alles dies vorgetragen hatte, machte *H. Whitney* in der Diskussion darauf aufmerksam, dass ein grosser Teil davon in seiner soeben erschienenen Note „Sphere Spaces" [Proc. Nat. Acad. Sci. 21 (1935)] enthalten sei; er hatte recht, aber Stiefel und ich kannten diese Note nicht; jedenfalls ist es ganz berechtigt, dass man die „charakteristischen" Klassen heute meistens die „Stiefel-Whitney-Klassen" nennt. Ich finde, dass bei Whitney alles etwas allgemeiner ist als bei Stiefel, während Stiefels Interesse mehr auf spezielle Probleme gerichtet ist, die bei Whitney nicht vorkommen.

7. Gerade von einem solchen speziellen Problem soll jetzt die Rede sein. Stiefel hat, in einer späteren als der vorhin zitierten Arbeit [Comm. Math. Helv. 13 (1940-41)], Richtungsfelder in den reellen projektiven Räumen P^n behandelt und insbesondere bewiesen : „Wenn es in P^n n überall unabhängige stetige Richtungsfelder gibt, dann ist $n + 1 = 2^k$". Und es ist nicht schwer, von hier zu folgendem Satz zu gelangen : „Der Grad eines hyperkomplexen Systems über den reellen Zahlen, in welchem das assoziative Gesetz der

Multiplikation nicht zu gelten braucht, in welchem es aber keine Nullteiler gibt, ist gleich 2^k".

Diesen letzten Satz kann man statt aus dem Stiefelschen Satz über Richtungsfelder in den P^n sehr leicht auch aus dem folgenden Satz über Abbildungen folgern: „Wenn das cartesische Produkt $P^n \times P^n$ so in P^n abgebildet werden kann, dass für diese Abbildung F die beiden Homologien (mod. 2)

(*) F (Punkt $\times$ Gerade) $\sim$ F(Gerade $\times$ Punkt) $\sim$ Gerade

gelten, dann ist $n + 1$ eine Potenz von 2."

Dieser Satz aber ist leicht mit Hilfe des „Umkehrungshomomorphismus" zu beweisen, den wir am Schluss von Nr. 4 kurz besprochen haben (Cf. meine Arbeit in C.M.H. 13).

Wir werden nachher noch auf diese Zusammenhänge zurückkommen. (Dass man in den hier gennanten Sätzen statt 2^k immer „2 oder 4 oder 8" sagen darf, ist 1958 von *M. Kervaire* (Proc. Nat. Acad. Sci. USA. 44) sowie von *R. Bott* und *J. Milnor* (Bull. Amer. Math. Soc. 64) gezeigt worden.)

8. In dem wichtigen Jahr 1935 fand nicht nur in Moskau die erste Internationale topologische Konferenz statt, sondern auch, im Oktober, die zweite solche Konferenz, in Genf. Ihr Präsident war *Elie Cartan*; er begrüsste die Versammlung mit dem Vortrag „La Topologie des Groupes de Lie" (Actualités scientifiques et industrielles 358, Paris 1936); den Schluss des Vortrages bildete ein Bericht über den folgenden Satz, der die Homologiestruktur (bezüglich rationaler oder reeller Koeffizienten) der Gruppenräume der vier grossen Killing-Cartanschen Klassen angibt: „Der Schnittring eines solchen Raumes ist dimensionstreu isomorph zu dem Schnittring des cartesischen Produktes

$$(II) \qquad S_{m_1} \times S_{m_2} \times S_{m_3} \times \ldots ,$$

wobei S_m die m-dimensionale Sphäre bezeichnet, das Poincarésche Polynom (also das Polynom in einer Variablen, dessen Koeffizienten die Bettischen Zahlen sind) ist also

$$(1 + t^{m_1}) \cdot (1 + t^{m_2}) \cdot (1 + t^{m_3}) \cdot \ldots ;$$

die m_i sind ungerade und werden explizit angegeben (z.B. für die Klasse (A), also für die unimodularen unitären Gruppen: 3, 5, 7, ..., $2l + 1$)."

Der Satz war, mit ganz verschiedenen Methoden, von *L. Pontrjagin* und von *R. Brauer* bewiesen worden und wurde etwas später, wieder mit einer anderen Methode, von *Ch. Ehresmann* bewiesen [C.R. Paris 200, 201 (1935) sowie 208 (1939)]. Nur die 5 Ausnahmegruppen entziehen sich also dieser Beschreibung ihrer Homologieringe. Und Cartan schloss seinen Bericht mit den Worten: „... même en nous bornant à la simple détermination des nombres de Betti des groupes simples, on ne devra pas s'estimer complètement satisfait si on arrive à faire cette détermination pour les cinq groupes exceptionnels. ... Il faut espérer qu'on trouvera aussi une raison de portée générale expliquant la forme si particulière des polynômes de Poincaré des groupes simples clos."

Den hiermit im Jahre 1935 ausgesprochenen Wunsch von E. Cartan habe ich später, etwa 1939, mit der Diskussion der Abbildungen

$$F: P^n \times P^n \to P^n$$

in Verbindung gebracht, von denen am Schluss von Nr. 7 die Rede war; denn F kann ja als Multiplikation in P^n und die Relationen (*) können als Existenz einer Eins dieser Multiplikation gedeutet werden. Das legte den Versuch nahe, die Gruppeneigenschaft eines Gruppenraumes mit Hilfe des Umkehrungshomomorphismus zu untersuchen, der bei der Untersuchung von F zu einem guten Ergebnis geführt hatte. Der Versuch hatte Erfolg; dabei stellte sich heraus, dass das assoziative Gesetz der Gruppenmultiplikation überhaupt keine Rolle spielt. Das Ergebnis war der folgende Satz : „*Wenn es in einer geschlossenen Mannigfaltigkeit M eine stetige Multipikation gibt, die nicht assoziativ zu sein braucht, die aber ein (zweiseitiges) Einselement besitzt, dann ist der Homologiering von M dimensionstreu isomorph dem Ring eines Sphärenproduktes (Π) mit ungeraden* m_i." Die Forderung der Existenz des Einselementes kann übrigens abgeschwächt werden (Annals of Math. 42 (1941)).

Es hat sich später gezeigt, dass diese nicht-assoziativen Gruppenräume und ihre Homologieringe eine gewisse Rolle in der homologischen Algebra spielen.

9. Wir müssen aber noch einmal für einen Augenblick zu dem Jahr 1935 zurückkehren, um sein wichtigstes Ereignis wenigstens zu erwähnen : die Einführung der Homotopiegruppen

von *W. Hurewicz*, die das Antlitz der Topologie so sehr verändert hat; und ich wiederhole, was ich schon bei anderer Gelegenheit gesagt habe : Mancher Mathematiker gestand angesichts dieser Theorie : „Das hätte ich nicht entdecken können — das wäre mir zu einfach gewesen.“

Trotzdem ist es ein Gebot der historischen Gerechtigkeit, festzustellen, dass die genaue Definition der Homotopiegruppen schon auf dem Internationalen Kongress in Zürich 1932 von *E. Čech* gegeben worden ist — ohne jede Anwendung. (Verh. d. Internat. Math. Kongresses Zürich 1932, II. Bd., p. 203.)

10. Die Entdeckung der Homotopiegruppen, die von Whitney und Stiefel eingeleitete Entwicklung der Theorie der Faserräume, die Fortschritte in der Untersuchung der Gruppenräume und ihrer Verallgemeinerungen und manches andere — das alles gab um 1940 und in den folgenden Jahren reichlich Stoff für weitere interessante Arbeiten und den Ansporn zu neuen Fortschritten. Ich hebe nur einiges davon, das mir besonders nahelag, hervor:

W. Gysin untersuchte in seiner Dissertation [C.M.H. 14 (1941)] die Homologieeigenschaften von Faserungen von Mannigfaltigkeiten, bei denen die Fasern Sphären sind, und erzielte dabei eine Fülle merkwürdiger Ergebnisse.

B. Eckmann entdeckte in seinen ersten Arbeiten [C.M.H.14 (1941) *ff.*] eine große Menge von Homotopieeigenschaften von Faser- und Gruppenräumen; ferner fand er, daß auf den Sphären S^{4k+1} ($k = 1, 2, ...$) je zwei stetige Richtungsfelder Punkte mit linearer Abhängigkeit besitzen, womit er zum ersten Mal über die Stiefelschen Resultate hinausging (dasselbe Resultat war, wie uns erst später bekannt wurde, gleichzeitig auch von *G. W. Whitehead* [Ann. of Math. 43 (1942)] gefunden worden); inzwischen ist übrigens das Problem, die Maximalzahl überall linear unabhängiger Richtungsfelder auf der S^n zu bestimmen, von *J. F. Adams* gelöst worden [Ann. of Math. 75 (1962)].

H. Samelson diskutierte in seiner Dissertation [Ann. of Math. 42 (1941)] den Zusammenhang zwischen der „Pontrjaginschen Multiplikation“ (von der nachher noch die Rede sein wird) mit meinem oben (Nr. 8) zitierten Satz über Sphärenprodukte und gelangte zu interessanten Sätzen über Beziehungen zwischen dem Schnittring eines Lieschen Gruppenraumes und den Ringen seiner Wirkungsräume.

Wegen Einzelheiten in allen diesen Arbeiten verweise ich auf den „Bericht..." in den früher zitierten „Selecta", p. 175 ff.

Noch auf eine Arbeit möchte ich hinweisen, deren Verfasser nicht zu dem Zürcher Kreise gehörte: *L. Pontrjagin* bewies [C.M.H. 13 (1941)], daß die Gruppenräume, deren Schnittringe mit den in Nr. 8 angeführten Ringen der Sphärenprodukte Π isomorph sind, im allgemeinen mit diesen Π nicht homöomorph sind; so ist z.B. die Gruppe A_2 der 3-reihigen unimodularen unitären Matrizen, deren Ring derselbe ist wie der des Produktes $\Pi = S^3 \times S^5$, mit Π nicht homöomorph, da die 4. Homotopiegruppe von A_2 trivial, von Π aber von der Ordnung 2 ist (übrigens wird der Begriff der Homotopiegruppe beim Beweis eigentlich garnicht benutzt); die Fundamentalgruppen beider Mannigfaltigkeiten sind trivial.

11. Das erwähnte „Pontrjaginsche Produkt" in Gruppenräumen ist folgendermaßen definiert: U und V seien Zyklen in dem Gruppenraum G, die von Punkten u, v durchlaufen werden; dann durchläuft das Gruppenprodukt $u \cdot v$ das Pontrjaginsche Produkt $P = U \cdot V$. Dabei addieren sich die Dimensionen von U und V, das Produkt zweier geschlossener Kurven ist also eine geschlossene Fläche. Ungefähr zur selben Zeit, in der ich mich, im Zusammenhang mit der erwähnten Arbeit von *H. Samelson*, für diese Multiplikation besonders interessierte, stieß *A. Preissmann* bei der Arbeit an seiner Dissertation (cf. „Selecta" *l.c.*) auf folgende Situation: in einer geschlossenen Riemannschen Mannigfaltigkeit, in der die Krümmung nirgends positiv ist, in der es also auf den geodätischen Linien keine konjugierten Punkte gibt, seien U und V zwei geodätische Schleifen, die, als Elemente der Fundamentalgruppe aufgefaßt, miteinander vertauschbar sind; dann wird von U und V in gewisser Weise eine Fläche vom Typus des Torus „aufgespannt"; auch das ist eine Art von Multiplikation, analog zu der Pontrjaginschen (zumal die Fundamentalgruppen der Gruppenräume Abelsch sind). — Als ich nun versuchte, diese beiden Multiplikationen geschlossener Kurven unter einen Hut zu bringen, bemerkte ich schließlich, daß Gruppenräume und spezielle Riemannsche Räume hier garkeine besondere Rolle spielen, sondern daß es sich um ein allgemeines Phänomen handelt, welches den Einfluß der Fundamentalgruppe auf die zweite Homologiegruppe eines beliebigen Komplexes (oder allgemeineren Raumes) betrifft.

19

Die Überlegungen, die sich anschlossen, führten zu der Isomorphie

$$H_2/S_2 \cong R \cap (F \circ F)\big/(R \circ F);$$

dabei bezeichnen : H_2 die zweite Homologiegruppe des betrachteten Komplexes K, S_2 ihre Untergruppe, deren Zyklen Sphärenbilder sind; F eine freie Gruppe, R einen Normalteiler von F, $F/R = G$ die Fundamentalgruppe von K; das Symbol $(A \circ B)$ für beliebige Untergruppen A, B einer festen Gruppe die von den Kommutatoren $aba^{-1} b^{-1}$, $a \in A$, $b \in B$ erzeugte Gruppe. Die rechte Seite der obigen Formel ist also eine „untere Schranke" für die Homologiegruppen H_2, die mit G als Fundamentalgruppe verträglich sind (daß die rechte Seite nur von G, nicht von der speziellen Darstellung F/R abhängt, ist leicht zu sehen). Diese rechte Seite kann offenbar als „die Gruppe der 'Kommutator-Relationen' modulo der 'trivialen' Kommutator-Relationen" gedeutet werden. Alles das, und manches andere, findet man in meiner Arbeit „Fundamentalgruppe und zweite Bettische Gruppe" (C.M.H. 14 (1941-42) oder „Selecta" p. 186 ff.). Im Anschluss daran sind noch drei weitere Arbeiten von mir erschienen (cf. Selecta), die letzte 1945.

Hier aber will ich aufhören. Die Vorgeschichte der heutigen Topologie war um diese Zeit, wie mir scheint, beendet; die Geschichte begann. Eine jüngere Generation trat auf den Plan, die unsere alten Ideen erfolgreich fortführte und mehr als das : die mit ihren eigenen neuen Ideen manches unserer alten Probleme löste und die das Aussehen der ganzen Topologie in unerwarteter Weise beeinflußt hat.

69.

Ein Abschnitt aus der Entwicklung der Topologie

Jahresbericht der DMV 68 (1966), 182–192

Es ist nicht meine Absicht, in diesem Vortrag als „*Historiker*" aufzutreten – ein solcher muß sich ja bemühen, „*objektiv*" und „*vollständig*" zu sein; ich bitte vielmehr, mich als einen „*Berichterstatter*" anzusehen, einen „*Reporter*", der von dem erzählt, was er selbst mitgemacht hat, und dessen Bericht daher notwendigerweise subjektiv und unvollständig ausfällt. Und wenn ich von meinen eigenen Beiträgen spreche, dann ist es nicht mein eigentliches Ziel, den Inhalt dieser Arbeiten zu erläutern, sondern ich möchte vielmehr die Einflüsse hervorheben, unter denen die Arbeiten entstanden sind, Einflüsse, die teils von bestimmten Personen ausgingen, teils von Situationen, die innerhalb der Mathematik entstanden waren.

0. Mein erstes Zusammentreffen mit der Topologie fand im Sommer *1917* statt, in einer Vorlesung über „*Mengenlehre*", die Erhard Schmidt an der Universität Breslau hielt; er bewies darin den Satz von der „*Invarianz der Dimensionenzahl*", der sich so formulieren läßt: Im euklidischen Raum R^n existiert kein topologisches Bild eines N-dimensionalen Würfels mit $N > n$. Der Satz war 1911 von L. E. J. Brouwer mit Hilfe des „*Abbildungsgrades*" bewiesen worden – also der Differenz zwischen der Anzahl der positiven und der Anzahl der negativen Bedeckungen, die ein Punkt bei der betrachteten Abbildung erleidet –, und es war auch dieser Beweis, den Schmidt vortrug.

Ich war fasziniert; diese Faszination – durch die Kraft der Methode des Abbildungsgrades – hat mich nicht wieder verlassen, sondern große Teile meiner Produktion entscheidend beeinflußt. Und wenn ich heute den Gründen für diese Wirkung nachgehe, so sehe ich besonders zweierlei: erstens die Eindringlichkeit und mitreißende Begeisterung

---

*) Dieser Festvortrag, der am 13. IX. 1965 auf der Jubiläumstagung zum 75jährigen Bestehen der DMV in Freiburg i. Br. gehalten wurde, stimmt ungefähr mit dem Vortrag überein, den der Verfasser unter dem Titel „*Einige persönliche Erinnerungen aus der Vorgeschichte der heutigen Topologie*" in dem Topologie-Kolloquium in Brüssel, Anfang September 1964, gehalten hat. Der frühere Vortrag ist auch dort im Druck erschienen. (Colloque de Topologie, CBRM, Louvain et Paris, 1966).

des Vortrages von Erhard Schmidt, und zweitens meine eigene gesteigerte Aufnahmefähigkeit während einer vierzehntägigen Unterbrechung eines langjährigen Militärdienstes. –

1. Im Jahre 1920 folgte ich Erhard Schmidt an die Universität Berlin. Unter den vielen Anregungen, die von ihm ausgingen, hebe ich hier nur diejenigen hervor, die direkt die Topologie betrafen: wie schon 1917 in Breslau einige der Brouwerschen Arbeiten; seinen eigenen Beweis des Jordanschen Kurvensatzes (Preuss. Akademie d. Wiss. 1923), einen Beweis, der zwar wohl nicht verallgemeinerungsfähig, aber an Eleganz kaum zu übertreffen ist; und schließlich regte er an, daß sein damaliger Assistent G. Feigl einen Vortragszyklus über die großen Arbeiten zur „Analysis Situs" von Poincaré hielt.

Schmidt ermutigte mich, weiter Topologie zu treiben; ich las einige Abhandlungen von Brouwer – das war eine saure Arbeit – sowie den Artikel von Hadamard *„Note sur quelques applications de l'indice de Kronecker"* (in dem Lehrbuch der Funktionentheorie von J. Tannery); der Erfolg waren einige Publikationen: *„Über die Curvatura integra geschlossener Hyperflächen"*, *„Abbildungsklassen n-dimensionaler Mannigfaltigkeiten"* und *„Vektorfelder in n-dimensionalen Mannigfaltigkeiten"*. Der Inhalt dieser Arbeiten ist zusammengefaßt in dem Vortrag *„Abbildung geschlossener Mannigfaltigkeiten auf Kugeln in n-Dimensionen"*, den ich auf der Jahresversammlung der Deutschen Mathematiker-Vereinigung in Danzig, September 1925, gehalten habe (abgedruckt in den *„Selecta"* zu meinem 70. Geburtstag (Springer 1964), pp. 1–4).

Zu der erwähnten Arbeit über die Vektorfelder möchte ich hier folgendes bemerken: Ihr Hauptsatz *„Die Summe der Indizes der Singularitäten eines Vektorfeldes in einer geschlossenen orientierbaren Mannigfaltigkeit, welches nur endlich viele Singularitäten besitzt, ist eine Invariante der Mannigfaltigkeit, nämlich ihre Eulersche Charakteristik"* findet sich, ohne den Zusatz über die Charakteristik, bereits in der oben zitierten Note von Hadamard – jedoch ohne Beweis; tatsächlich existierte damals (1910) kein Beweis, sondern die betreffende Stelle beruhte auf einem Mißverständnis zwischen Brouwer und Hadamard. Der erste Beweis dürfte von Lefschetz stammen (1923). Mein Beweis (1925) beruht auf einem ziemlich schwerfälligen Induktionsschluß – ich warne Neugierige. Heute erscheint mir am einfachsten ein Beweis mit Hilfe meiner Verallgemeinerung der Euler-Poincaréschen Formel (Göttinger Nachrichten 1928). –

Die oben genannten drei Arbeiten über die Curvatura Integra, Abbildungsklassen und Vektorfelder bildeten einen Teil meiner Dissertation und meine Habilitationsschrift. Bevor ich mich aber als Privatdozent in Berlin habilitierte, ging ich im Herbst 1925 für ein Jahr nach Göttingen.

2. Mein wichtigstes Erlebnis in Göttingen war es, daß ich dort Paul Alexandroff traf. Aus diesem Zusammentreffen wurde bald eine enge Freundschaft; nicht nur Topologie und nicht nur Mathematik wurde diskutiert; es war eine sehr glückliche und auch eine sehr fröhliche Zeit, die nicht auf Göttingen beschränkt war, sondern sich auf vielen gemeinsamen Reisen fortsetzte.

Alexandroff war, als ich ihn kennenlernte, bereits einer der großen Männer in der rein-mengentheoretischen Topologie; aber er war auch gerade dabei, den Begriff des „*Nerven*" einzuführen, der die trennende Wand zwischen der mengentheoretischen und der algebraischen Topologie beseitigen sollte.

Seine Definition ist die folgende: „$\mathfrak{U} = (F_1, F_2, \ldots, F_n)$ sei eine Überdeckung des (kompakten metrischen) Raumes R mit abgeschlossenen Mengen F_i; jeder Menge F_i ordne man einen Punkt p_i eines mindestens n-dimensionalen euklidischen Raumes so zu, daß die p_i in allgemeiner Lage sind, und man füge das Simplex $(p_{i_0}, p_{i_1}, \ldots, p_{i_r})$ dann und nur dann an, wenn der Durchschnitt $F_{i_0} \cap F_{i_1} \cap \ldots \cap F_{i_r}$ nicht leer ist. Der so entstandene Komplex $N(R)$ ist ein „*Nerv*" von $\mathfrak{U}$". Die als Nerven von immer feiner werdenden Überdeckungen von R auftretenden Komplexe $N(R)$ bilden eine „*abstrakte Approximation*" von R, und vermittels dieser Approximationen lassen sich die, für die Komplexe $N(R)$ geläufigen, algebraischen Grundbegriffe (Dimension, Bettische Zahlen) auf den Raum R übertragen. Das klassische Beispiel ist der „*Pflastersatz*" von Lebesgue: „Der Raum R ist dann und nur dann n-dimensional, wenn er beliebig gut durch n-dimensionale, aber nicht beliebig gut durch kleiner-dimensionale Komplexe abstrakt approximiert werden kann."

Die Idee des „*Nerven*" besitzt noch viele andere Anwendungen; sie war der erste erfolgreiche Versuch, algebraische Betrachtungen in die mengentheoretische Topologie einzuführen – sehr zum Mißfallen mancher Verfechter der „*Reinheit der Methode*"; und es bedurfte der ganzen Intensität und des Elans von Alexandroff, seine Überzeugung durchzusetzen, daß in der Topologie algebraische und mengentheoretische Eigenschaften organisch miteinander verbunden sind. – Mich selbst hat damals die Erkenntnis, eine wie große Rolle die Algebra in den topologischen Problemen spielt, in entscheidender und bleibender Weise beeinflußt.

3. Das Zentrum, von dem der algebraische Einfluß in Göttingen ausging, war natürlich Emmy Noether. Mit Alexandroff war sie schon seit Jahren befreundet, und beider Hauptarbeitsgebiete, nämlich die abstrakten algebraischen und die abstrakten topologischen Strukturen, waren prinzipiell miteinander verwandt. Aber was wir – Alexandroff und ich – jetzt von ihr lernten, betraf, direkt und konkret, die Begründung der Homologietheorie in simplizialen Komplexen – nämlich:

Es seien X^r die r-dimensionalen Kettengruppen, ∂ die durch die Randbildung bewirkten Homomorphismen $X^{r+1} \to X^r$; dann ist, wie man leicht an einem einzelnen Simplex verifiziert, $\partial\partial = 0$; das bedeutet: das Bild ∂X^{r+1} ist in dem Kern Z^r der Abbildung $\partial: X^r \to X^{r-1}$ enthalten; die Faktorgruppe $H^r = Z^r/\partial X^{r+1}$ ist die r-te Homologiegruppe.

Diese basisfreie, d. h. die Poincaréschen Inzidenzmatrizen vermeidende, Begründung der Homologietheorie war damals ganz neu (und ich weiß nicht einmal, ob der Begriff der „*Homologiegruppe*" schon irgendwo schwarz auf weiß in der Literatur vorgekommen war). Ich selbst habe sie zum ersten Mal in meiner Note „*Eine Verallgemeinerung der Euler-Poincaréschen Formel*" (Göttinger Nachrichten 1928) benutzt.

4. Während des akademischen Jahres 1927–28 hatten Alexandroff und ich ein Rockefeller-Stipendium nach Princeton. Damals war Princeton eine idyllische, kleine Universitätsstadt: das berühmte „*Institute*" existierte noch nicht, sogar „*Fine Hall*" existierte noch nicht, und im „*French Restaurant*" waren Alexandroff und ich die einzigen ausländischen Stammgäste (, denen am Sonntag eine Kaffeetasse mit prohibiertem Wein serviert wurde). Aber an der Universität gab es Vorlesungen von O. Veblen, S. Lefschetz und J. W. Alexander, und mit jedem von ihnen hatten wir interessante Unterhaltungen. Wohl am wichtigsten für uns war dabei Lefschetz – einerseits weil er Alexandroffs Verbündeter im Kampf für die Anwendung algebraischer Methoden in der mengentheoretischen Topologie war, andererseits weil meine Arbeiten über Fixpunkte an seine grundlegenden Arbeiten anknüpften. Dazu kam, daß Lefschetz und ich viel über folgende Frage diskutiert haben:

Die Lefschetzsche Produktmethode zur Untersuchung von Abbildungen $f: X \to Y$, wobei X und Y n-dimensionale Mannigfaltigkeiten sind, besteht darin, daß man in dem cartesischen Produkt $X \times Y$ das „Diagramm" $\Delta f = \{x, fx\}$, $x \in X$, untersucht; dabei wird vorausgesetzt, daß Δf als n-dimensionaler Zyklus aufgefaßt werden kann, aber nicht, daß f eindeutig ist. Meine Frage war: „Durch welche Eigenschaften sind diejenigen Δf charakterisiert, für die f eindeutig ist?" – Die Lefschetzsche Theorie gibt hierauf keine direkte Antwort; aber man kann, ganz im Rahmen dieser Theorie, notwendige Bedingungen für Δf aufstellen, die Befriedigendes leisten; eine ausschlaggebende Rolle spielt dabei der „*Umkehrungshomomorphismus*" φ – das ist eine durch f bestimmte, homomorphe Abbildung des Schnittringes $R(Y)$ in den Ring $R(X)$. Mit Hilfe von φ beweist man unter anderem: „Ist der Abbildungsgrad von f nicht 0, so bewirkt f eine Abbildung von $R(X)$ auf $R(Y)$" – (bei Benutzung rationaler Koeffizienten); weitere Folgerungen findet man in meiner Arbeit „*Zur Algebra der Abbildungen von Mannigfaltigkeiten*" (Crelles Journal 163 (1930)); auch in anderen Arbeiten habe ich verschiedene Anwendungen des Umkehrungshomomorphismus gemacht; dabei kommt es übrigens zum Teil nicht darauf an, daß X und Y gleiche Dimension haben.

5. Das Jahr 1935 war für die Entwicklung der Topologie aus mehreren Gründen besonders bedeutungsvoll. Im September fand in Moskau die „*Erste Internationale Konferenz über Topologie*" statt. Die Vorträge, die auf dieser Konferenz völlig unabhängig voneinander von J. W. Alexander, I. Gordon und A. N. Kolmogoroff gehalten wurden, darf man als den Beginn der Cohomologie-Theorie ansehen – (für welche allerdings Lefschetz schon 1930 mit seinen „*Pseudo-Zyklen*" die Rolle eines Vorläufers gespielt hatte).

Was mich – und wahrscheinlich manche andere Topologen – damals vollständig überraschte, waren nicht die Cohomologie-Gruppen – diese sind ja nichts anderes als die Charakterengruppen der Homologiegruppen – als vielmehr die Tatsache, daß man zwischen ihnen, in beliebigen Komplexen und allgemeineren Räumen, eine Multiplikation erklären kann, also den *Cohomologie-Ring*, der den Schnittring der Mannigfaltigkeiten verallgemeinert. Wir hatten geglaubt, so etwas sei nur, dank der lokalen Euklidizität, in Mannigfaltigkeiten möglich.

6. Mein eigener Beitrag zu der Moskauer Konferenz bestand darin, daß ich über die Dissertation von E. Stiefel „*Richtungsfelder und Fernparallelismus in n-dimensionalen Mannigfaltigkeiten*" berichtete, die damals abgeschlossen, aber noch nicht gedruckt vorlag (Comm. Math. Helvet. 8 (1935–36)); (ich trage hier nach, daß ich seit 1931 Professor an der ETH in Zürich war). Das Problem, das ich Herrn Stiefel zur Behandlung vorgeschlagen hatte, war das folgende: Man weiß (auf Grund eines Satzes, den ich oben in Nr. 1 erwähnt habe), daß man in einer (geschlossenen, orientierbaren, differenzierbaren) Mannigfaltigkeit M^n dann und nur dann ein überall stetiges Richtungsfeld anbringen kann, wenn die Eulersche Charakteristik von M^n gleich 0 ist. *In welchen M^n kann man m Richtungsfelder anbringen, die überall stetig und überall linear unabhängig sind* $(m = 1, 2, \ldots, n-1, n)$*?*

Der Fall $m = 1$ wird, wie soeben gesagt, durch die Charakteristik beherrscht; ferner: wenn es $n-1$ unabhängige Felder gibt, so gibt es offenbar (wegen der Orientierbarkeit von M^n) auch n unabhängige Felder; interessant sind also nur die m mit $1 < m < n$, und hier sind die kleinsten m und n die Werte $n = 3$, $m = 2$. Da ich es nun immer für richtig halte, von einem allgemeinen Problem zuerst den einfachsten Spezialfall zu untersuchen, gab ich, da es in jeder M^n mit ungeradem n ja immer wenigstens ein Feld gibt, Herrn Stiefel den Rat: „Stellen Sie zunächst einmal fest, in welchem M^3 es zwei (und damit drei) unabhängige Felder gibt und in welchem M^3 Paare unabhängiger Felder unmöglich sind."

Das war ein gut gemeinter, aber faktisch schlechter Rat; denn wie sehr Stiefel auch suchte und mit wie kunstvollen Methoden – Heegard-Diagrammen, Knotenräumen etc. – er auch 3-dimensionale Mannigfaltigkeiten konstruierte, immer zeigte es sich, daß in der konstruierten M^3 drei unabhängige Felder existierten. Schließlich aber berichtete er mir, er habe die Sache heraus; er hatte nämlich die Theorie der „*charakteristischen Homologieklassen*" aufgestellt: für jedes m existiert eine charakteristische Klasse F^{m-1}, deren Verschwinden notwendig und hinreichend dafür ist, daß es ein System von m Feldern gibt, dessen Singularitäten einen höchstens $(m\text{-}2)$-dimensionalen Komplex bilden; sowie: für die Existenz eines Systems von m Feldern ohne Singularitäten ist notwendig, daß $F^0 = F^1 = \ldots = F^{m-1} = 0$ ist. (Wegen weiterer Eigenschaften der Klassen F^i und besonders wegen ihrer Koeffizientenbereiche konsultiere man die oben zitierte Arbeit von Stiefel.) – Was aber die Dimensionszahl $n = 3$ betrifft, die uns soviel Sorgen gemacht hatte, so hatte Stiefel gezeigt, daß für jede M^3 die Klasse $F^1 = 0$ ist, mit anderen Worten: in jeder M^3 gibt es drei unabhängige Felder. Das ist um so überraschender, als, außer dem trivialen Fall $n = 1$, nur $n = 3$ die Eigenschaft hat, daß in jeder M^n n unabhängige Felder existieren. –

Nachdem ich in Moskau alles dies vorgetragen hatte, machte H. Whitney in der Diskussion darauf aufmerksam, daß ein großer Teil davon in seiner soeben erschienenen Note „*Sphere Spaces*“ (Proc. Nat. Acad. Sci. 21 (1935)) enthalten sei; er hatte recht, aber Stiefel und ich kannten diese Note nicht; jedenfalls ist es ganz berechtigt, daß man die „*charakteristischen*“ Klassen heute meistens die „*Stiefel-Whitney-Klassen*“ nennt. Ich finde, daß bei Whitney alles etwas allgemeiner ist als bei Stiefel, während Stiefels Interesse mehr auf spezielle Probleme gerichtet ist, die bei Whitney nicht vorkommen.

7. Gerade von einem solchen speziellen Problem soll jetzt die Rede sein. Stiefel hat, in einer späteren als der vorhin zitierten Arbeit (Comm. Hath. Helv. 13 (1940–41)), Richtungsfelder in den reellen projektiven Räumen P^n behandelt und insbesondere bewiesen: „*Wenn es in P^n n überall unabhängige stetige Richtungsfelder gibt, dann ist $n + 1 = 2^k$.*“ Und es ist nicht schwer, von hier zu folgendem Satz zu gelangen: „*Der Grad eines hyperkomplexen Systems über den reellen Zahlen, in welchem das assoziative Gesetz der Multiplikation nicht zu gelten braucht, in welchem es aber keine Nullteiler gibt, ist gleich 2^k.*“

Diesen letzten Satz kann man statt aus dem Stiefelschen Satz über Richtungsfelder in den P^n sehr leicht auch aus dem folgenden Satz über Abbildungen folgern: „*Wenn das cartesische Produkt $P^n \times P^n$ so in P^n abgebildet werden kann, daß für diese Abbildung F die beiden Homologien (mod. 2)*

(*) *F (Punkt $\times$ Gerade) $\sim$ Gerade, F (Gerade $\times$ Punkt) $\sim$ Gerade*

gelten, dann ist $n + 1$ eine Potenz von 2.“

Dieser Satz aber ist leicht mit Hilfe des „*Umkehrungshomomorphismus*“ zu beweisen, den wir am Schluß von Nr. 4 kurz besprochen haben (Cf. meine Arbeit in C.M.H. 13).

Wir werden nachher noch auf diese Zusammenhänge zurückkommen. (Daß man in den hier genannten Sätzen statt 2^k immer „2 oder 4 oder 8“ sagen darf, ist 1958 von M. Kervaire (Proc. Nat. Acad. Sci. USA. 44) sowie von R. Bott und J. Milnor (Bull. Amer. Math. Soc. 64) gezeigt worden.)

8. In dem wichtigen Jahr 1935 fand nicht nur in Moskau die erste internationale topologische Konferenz statt, sondern auch, im Oktober, die zweite solche Konferenz, in Genf. Ihr Präsident war Elie Cartan; er begrüßte die Versammlung mit dem Vortrag „*La Topologie des Groupes de Lie*“ (Actualités Scientifiques et Industrielles 358, Paris

1936); den Schluß des Vortrages bildete ein Bericht über den folgenden Satz, der die Homologiestruktur (bezüglich rationaler oder reeller Koeffizienten) der Gruppenräume der vier großen Killing-Cartanschen Klassen angibt: „*Der Schnittring eines solchen Raumes ist dimensionstreu isomorph zu dem Schnittring des cartesischen Produktes*

$$(\Pi) \qquad S_{m_1} \times S_{m_2} \times S_{m_3} \times \ldots,$$

wobei S_m *die m-dimensionale Sphäre bezeichnet, das Poincarésche Polynom (, also das Polynom in einer Variablen, dessen Koeffizienten die Bettischen Zahlen sind,) ist also*

$$(1 + t^{m_1}) \cdot (1 + t^{m_2}) \cdot (1 + t^{m_3}) \cdot \ldots;$$

die m_i *sind ungerade und werden explizit angegeben (z. B. für die Klasse (A), also für die unimodularen unitären Gruppen:* $3, 5, 7, \ldots 2l + 1$)."

Der Satz war, mit ganz verschiedenen Methoden, von L. Pontrjagin und von R. Brauer bewiesen worden und wurde etwas später, wieder mit einer anderen Methode, von Ch. Ehresmann bewiesen (C. R. Paris 200, 201 (1935) sowie 208 (1939)). Nur die 5 Ausnahmegruppen entziehen sich also dieser Beschreibung ihrer Homologieringe. Und Cartan schloß seinen Bericht mit den Worten: „... *même en nous bornant à la simple détermination des nombres de Betti des groupes simples, on ne devra pas s'estimer complètement satisfait si on arrive à faire cette détermination pour les cinq groupes exceptionnels. ... Il faut espérer qu'on trouvera aussi une raison de portée générale expliquant la forme si particulière des polynomes de Poincaré des groupes simples clos.*"

Den hiermit im Jahre 1935 ausgesprochenen Wunsch von E. Cartan habe ich später, etwa 1939, mit der Diskussion der Abbildungen

$$F\colon P^n \times P^n \to P^n$$

in Verbindung gebracht, von denen am Schluß von Nr. 7 die Rede war; denn F kann ja als Multiplikation in P^n und die Relationen (*) können als Existenz einer Eins dieser Multiplikation gedeutet werden. Das legte den Versuch nahe, die Gruppeneigenschaft eines Gruppenraumes mit Hilfe des Umkehrungshomomorphismus zu untersuchen, der bei der Untersuchung von F zu einem guten Ergebnis geführt hatte. Der Versuch hatte Erfolg; dabei stellte sich heraus, daß das assoziative Gesetz der Gruppenmultiplikation überhaupt keine Rolle spielte. Das Ergebnis war der folgende Satz:

„*Wenn es in einer geschlossenen Mannigfaltigkeit M eine stetige Multiplikation gibt, die nicht assoziativ zu sein braucht, die aber ein (zweiseitiges) Einselement besitzt, dann ist der Homologiering von M dimensionstreu isomorph dem Ring eines Sphärenproduktes (Π) mit ungeraden m.*"

Die Forderung der Existenz des Einselementes kann übrigens abgeschwächt werden (Annals of Math. 42 (1941)).

Es hat sich später gezeigt, daß diese nicht-assoziativen Gruppenräume und ihre Homologieringe eine gewisse Rolle in der homologischen Algebra spielen.

9. Wir müssen noch einmal für einen Augenblick zu dem Jahr 1935 zurückkehren, um sein wichtigstes Ereignis wenigstens zu erwähnen: die Einführung der Homotopiegruppen von W. Hurewicz, die das Antlitz der Topologie so sehr verändert hat; und ich wiederhole, was ich schon bei anderer Gelegenheit gesagt habe: Mancher Mathematiker gestand angesichts dieser Theorie: „*Das hätte ich nicht entdecken können – das wäre mir zu einfach gewesen.*"

Trotzdem ist es ein Gebot der historischen Gerechtigkeit, festzustellen, daß die genaue Definition der Homotopiegruppen schon auf dem Internationalen Kongreß in Zürich 1932 von E. Čech gegeben worden ist – ohne jede Anwendung. (Verh. d. Internat. Math. Kongresses Zürich 1932, II. Bd., p. 203.)

10. Die Entdeckung der Homotopiegruppen; die von Whitney und Stiefel eingeleitete Entwicklung der Theorie der Faserräume; die Fortschritte in der Untersuchung der Gruppenräume und ihrer Verallgemeinerungen; und manches andere – das alles gab um 1940 und in den folgenden Jahren reichlich Stoff für weitere interessante Arbeiten und den Ansporn zu neuen Fortschritten. Ich hebe nur einiges davon, das mir besonders nahelag, hervor:

W. Gysin untersuchte in seiner Dissertation (C. M. H. 14 (1941)) die Homologieeigenschaften von Faserungen von Mannigfaltigkeiten, bei denen die Fasern Sphären sind, und erzielte dabei eine Fülle merkwürdiger Ergebnisse.

B. Eckmann entdeckte in seinen ersten Arbeiten (C.M.H. 14 (1941) ff.) eine große Menge von Homotopieeigenschaften von Faser- und Gruppenräumen; ferner fand er, daß auf den Sphären S^{4k+1} ($k = 1, 2, \ldots$) je zwei stetige Richtungsfelder Punkte mit linearer Abhängigkeit besitzen, womit er zum ersten Mal über die Stiefelschen Resultate hinausging (dasselbe Resultat war, wie uns erst später bekannt wurde, gleichzeitig auch von G. W. Whitehead (Ann. of Math. 43 (1942)) gefunden worden; inzwischen ist übrigens das Problem, die Maximalzahl überall linear unabhängiger Richtungsfelder auf der S^n zu bestimmen, von J. F. Adams gelöst worden (Ann. of Math. 75 (1962)).

H. Samelson diskutierte in seiner Dissertation (Ann. of Math. 42 (1941)) den Zusammenhang zwischen der „*Pontrjaginschen Multiplikation*" (von der nachher noch die Rede sein wird) mit meinem oben (Nr. 8) zitierten Satz über Sphärenprodukte und gelangte zu interessanten Sätzen über Beziehungen zwischen dem Schnittring eines Lieschen Gruppenraumes und den Ringen seiner Wirkungsräume.

Wegen Einzelheiten in allen diesen Arbeiten verweise ich auf den „*Bericht* ..." in den früher zitierten „*Selecta*", p. 175ff.

Noch auf eine Arbeit möchte ich hinweisen, deren Verfasser nicht zu dem Zürcher Kreise gehörte: L. Pontrjagin bewies (C. M. H. 13 (1941)), daß die Gruppenräume, deren Schnittringe mit den in Nr. 8 angeführten Ringen der Sphärenprodukte Π isomorph sind, im allgemeinen mit diesen Π nicht homöomorph sind; so ist z. B. die Gruppe A_2 der 3-reihigen unimodularen unitären Matrizen, deren Ring derselbe ist wie der des Produktes $\Pi = S^3 \times S^5$, mit Π nicht homöomorph, da die 4. Homotopiegruppe von A_2 trivial, von Π aber von der Ordung 2 ist (übrigens wird der Begriff der Homotopiegruppe beim Beweis eigentlich garnicht benutzt); die Fundamentalgruppen beider Mannigfaltigkeiten sind trivial.

11. Das erwähnte „*Pontrjaginsche Produkt*" in Gruppenräumen ist folgendermaßen definiert: U und V seien Zyklen in dem Gruppenraum G, die von Punkten u, v durchlaufen werden; dann durchläuft das Gruppenprodukt $u \cdot v$ das Pontrjaginsche Produkt $P = U \cdot V$. Dabei addieren sich die Dimensionen von U und V, das Produkt zweier geschlossener Kurven ist also eine geschlossene Fläche. Ungefähr zur selben Zeit, in der ich mich, im Zusammenhang mit der erwähnten Arbeit von H. Samelson, für diese Multiplikation besonders interessierte, stieß A. Preissmann bei der Arbeit an seiner Dissertation (cf. „*Selecta*" l. c.) auf folgende Situation: in einer geschlossenen Riemannschen Mannigfaltigkeit, in der die Krümmung nirgends positiv ist, in der es also auf den geodätischen Linien keine konjugierten Punkte gibt, seien U und V zwei geodätische Schleifen, die, als Elemente der Fundamentalgruppe aufgefaßt, miteinander vertauschbar sind; dann wird von U und V in gewisser Weise eine Fläche vom

Typus des Torus „*aufgespannt*"; auch das ist eine Art von Multiplikation, analog zu der Pontrjaginschen (zumal die Fundamentalgruppen der Gruppenräume Abelsch sind). – Als ich nun versuchte, diese beiden Multiplikationen geschlossener Kurven unter einen Hut zu bringen, bemerkte ich schließlich, daß Gruppenräume und spezielle Riemannsche Räume hier gar keine besondere Rolle spielen, sondern daß es sich um ein allgemeines Phänomen handelte, welches den Einfluß der Fundamentalgruppe auf die zweite Homologiegruppe eines beliebigen Komplexes (oder allgemeineren Raumes) betrifft. Die Überlegungen, die sich anschlossen, führten zu der Isomorphie

$$H_2/S_2 \cong R \cap (F \circ F)/(R \circ F);$$

dabei bezeichnen: H_2 die zweite Homologiegruppe des betrachteten Komplexes K, S_2 ihre Untergruppe, deren Zyklen Sphärenbilder sind; F eine freie Gruppe, R einen Normalleiter von F, $F/R = G$ die Fundamentalgruppe von K; das Symbol $(A \circ B)$ für beliebige Untergruppen A, B einer festen Gruppe die von den Kommutatoren $a b a^{-1} b^{-1}$, $a \in A$, $b \in B$ erzeugte Gruppe. Die rechte Seite der obigen Formel ist also eine „*untere Schranke*" für die Homologiegruppen H_2, die mit G als Fundamentalgruppe verträglich sind (daß die rechte Seite von G nicht von der speziellen Darstellung F/R abhängt, ist leicht zu sehen). Diese rechte Seite kann offenbar als „*die Gruppe der ‚Kommutator-Relationen' modulo der ‚trivialen' Kommutator-Relationen*" gedeutet werden. Alles das, und manches andere, findet man in meiner Arbeit „*Fundamentalgruppe und zweite Bettische Gruppe*" (C. M. H. 14 (1941–42) oder „*Selecta*" p. 186ff.). Im Anschluß daran sind noch drei weitere Arbeiten von mir ershienen (cf. Selecta), die letzte 1945.

Hier aber will ich aufhören. Die Vorgeschichte der heutigen Topologie war um diese Zeit, wie mir scheint, beendet; die Geschichte begann. Eine jüngere Generation trat auf den Plan, die unsere alten Ideen erfolgrech fortführte und mehr als das: die mit ihren eigenen neuen Ideen manches unserer alten Probleme löste und die das Aussehen der ganzen Topologie in unerwarteter Weise beeinflußt hat.

(Eingegangen am 7. 3. 1966).

Zollikon (Zürich)
Schweiz

70.

(with Y. Katsurada)

Some Congruence Theorems for Closed Hypersurfaces in Riemann Spaces (Part II: Method Based on a Maximum Principle)

Comment. Math. Helv. **43** (1968), 217–223

Introduction

This is the continuation of the previous paper [1] of which we assume at least the "Introduction" as well known to the present reader. In [1] it has been proved: If W, $\bar{W}$ are closed hypersurfaces in an $(m+1)$-dimensional Riemann space with $\bar{W}=T_\tau W$, where the transformations T_τ (depending on the parameter τ) are *properly conformal* (and even a bit more generally so) and if

$$\bar{H}(\bar{p})=\bar{H}_p(\bar{p}) \qquad \text{for each } p\in W \tag{1}$$

holds (for the notation compare the quoted "Introduction"), then W, $\bar{W}$ *are congruent modulo* G (where G is the group of the transformations T_τ). In the present paper, we shall cancel the assumption that the transformations T_τ are properly conformal; in fact, they are essentially arbitrary; however we will assume that *no orbit of a transformation* T_τ *is tangent to the surface* W (and even a weaker assumption on the orbits will be sufficient). Then we shall prove: W *and* $\bar{W}$ *are congruent* (that is, $\bar{W}=T_\tau W$). – Here we like to call the reader's attention to the fact that neither the assumption made in part I (that the T_τ are properly conformal) nor the assumption made in part II (on the orbits of the T_τ) covers the other.

As said in the introduction of [1], the method of proof of our theorem in the present paper is based on the maximum principle of the solution of an elliptic differential equation. The kernel of this principle is contained in a theorem of E. Hopf [2] which we treat together with two rather easy consequences in § 1. Then § 2 contains the proof of our congruence theorem.

§ 1. Some auxiliary theorems on a linear partial differential expression of elliptic type

In an m-dimensional coordinate neighbourhood U we consider a linear partial differential expression of the second order of elliptic type

$$L(\Phi)=g^{\alpha\beta}\frac{\partial^2\Phi}{\partial u^\alpha\,\partial u^\beta}+h^\gamma\frac{\partial\Phi}{\partial u^\gamma}$$

where $g^{\alpha\beta}(u)$ and $h^\gamma(u)$ are continuous functions of a point $p(u)$ in U and where the quadratic form $g^{\alpha\beta}\lambda_\alpha\lambda_\beta$ is supposed to be positive definite everywhere in U. Throughout this paper repeated lower case Greek indices call for summation from 1 to m. Then the following theorem has been proved by E. HOPF:

THEOREM 1.1. *If in a coordinate neighbourhood U a function $\Phi(p)$ of class C^2 satisfies the inequality $L(\Phi)\geqq 0$ and if there exists a fixed point p_0 in U such that $\Phi(p)\leqq\Phi(p_0)$ everywhere in U, then we have $\Phi(p)=\Phi(p_0)$ everywhere in U. If $L(\Phi)\leqq 0$ and $\Phi(p)\geqq\Phi(p_0)$ everywhere in U, then we have $\Phi(p)=\Phi(p_0)$ everywhere in U* ([2], *p*. 147).

We prove easily

THEOREM 1.2. *Let $g^{\alpha\beta}(u,t)$ be a continuous function of a point $u\in U$ and of a parameter t, $0\leqq t\leqq 1$, and let the quadratic form $g^{\alpha\beta}(u,t)\lambda_\alpha\lambda_\beta$ be positive definite everywhere, then $\int_0^1 g^{\alpha\beta}(u,t)\,dt\cdot\lambda_\alpha\lambda_\beta$ is positive definite everywhere in U.*

Proof. If we integrate the quantity $g^{\alpha\beta}(u,t)\lambda_\alpha\lambda_\beta$ over the interval $0\leqq t\leqq 1$, then we have

$$\int_0^1 g^{\alpha\beta}(u,t)\,\lambda_\alpha\lambda_\beta\,dt=\left\{\int_0^1 g^{\alpha\beta}(u,t)\,dt\right\}\lambda_\alpha\lambda_\beta .$$

Since $g^{\alpha\beta}(u,t)\lambda_\alpha\lambda_\beta$ is positive definite everywhere in U and in the interval $0\leqq t\leqq 1$, its integral over the interval $0\leqq t\leqq 1$ is also positive. Therefore $\{\int_0^1 g^{\alpha\beta}(u,t)\,dt\}\lambda_\alpha\lambda_\beta$ must be positive definite everywhere in U. –

Now we consider in U a linear partial differential expression of the second order

$$l(\Phi)=\int_0^1 g^{\alpha\beta}(u,t)\,dt\,\frac{\partial^2\Phi}{\partial u^\alpha\,\partial u^\beta}+\int_0^1 h^\gamma(u,t)\,dt\,\frac{\partial\Phi}{\partial u^\gamma}$$

where $g^{\alpha\beta}(u,t)$ and $h(u,t)$ are continuous functions of the point $u\in U$ and of the point t in the interval $0\leqq t\leqq 1$; the quadratic form $g^{\alpha\beta}(u,t)\lambda_\alpha\lambda_\beta$ is supposed to be positive definite everywhere in U and in the interval $0\leqq t\leqq 1$. Then from Theorem 1.1 and Theorem 1.2 we get the following

THEOREM 1.3. *If in a coordinate neighbourhood U a function $\Phi(p)$ of class C^2 satisfies the inequality $l(p)\geqq 0$ and if there exists a fixed point p_0 in U such that $\Phi(p)\leqq\Phi(p_0)$ everywhere in U, then we have $\Phi(p)=\Phi(p_0)$ everywhere in U. If $l(\Phi)\leqq 0$ and $\Phi(p)\geqq\Phi(p_0)$ everywhere in U, then we have $\Phi(p)=\Phi(p_0)$ everywhere in U.* –

Especially in the case that $g^{\alpha\beta}(u,t)$ and $h^\gamma(u,t)$ are constant with respect to the parameter t, Theorem 1.3 becomes E. HOPF's theorem.

§ 2. A congruence theorem for closed hypersurfaces

We suppose an $(m+1)$-dimensional Riemann space R^{m+1} of class C^ν $(\nu\geqq 3)$ which admits an infinitesimal transformation

$$\hat{x}^i = x^i + \xi^i(x)\,\delta\tau \tag{2.1}$$

(where x^i are local coordinates in R^{m+1} and ξ^i are the components of a contravariant vector). We assume that the orbits of the transformations generated by ξ cover R^{m+1} simply and that ξ is everywhere continuous and $\neq 0$. Let us choose a coordinate system such that the orbits of the transformations generated by ξ are new x^1-coordinate curves, that is a coordinate system in which the vector ξ has components $\xi^i = \delta^i_1$, where the symbol δ^i_j denotes the Kronecker delta; then (2.1) becomes

$$\hat{x}^i = x^i + \delta^i_1\,\delta\tau\,. \tag{2.1'}$$

Thus R^{m+1} admits a one-parameter continuous group G of transformations which are (1–1)-mappings of R^{m+1} onto itself and are given by

$$\hat{x}^i = x^i + \delta^i_1\,\tau \tag{2.2}$$

in the new special coordinate system [3].

We consider now two hypersurfaces W^m and $\bar{W}^m$ of class C^ν imbedded in R^{m+1} which do not pass through a singular point of the vector field ξ. Let points on the two hypersurfaces correspond along the orbits of the transformations. Then the two hypersurfaces W^m and $\bar{W}^m$ are given by

$$\left.\begin{aligned} W^m&: x^i = x^i(u^\alpha), & i &= 1, \dots, m+1 \\ \bar{W}^m&: \bar{x}^i = x^i(u^\alpha) + \delta^i_1\,\tau(u^\alpha), & \alpha &= 1, \dots, m \end{aligned}\right\} \tag{2.3}$$

where u^α are local coordinates of W^m and $\tau(u^\alpha)$ is a fonction of class C^ν defined on W^m. We shall henceforth confine ourselves to Latin indices running from 1 to $m+1$ and Greek indices from 1 to m.

Besides the surfaces (2.3) we now consider, to each point $p_0 \in \bar{W}$, the surface

$$\tilde{W}^m_{p_0}: \tilde{x}^i = x^i(u^\alpha) + \delta^i_1\,\tau(u^\alpha_0),$$

where u^α_0 are the local coordinates of p_0. Then the corresponding point $\bar{p}_0$ lies on $\bar{W}^m$ and on $\tilde{W}^m_{p_0}$. We can consider the additional hypersurfaces $\tilde{W}^m_p = T_{\tau(p)}(W^m)$ to each point $p \in W^m$ and the mean curvatures H, $\bar{H}$, $\tilde{H}_p$ of W^m, $\bar{W}^m$, $\tilde{W}^m_p$ ([4], p. 250), and we claim that the following theorem holds:

Theorem 2.1. *Let W^m and $\bar{W}^m$ given by* (2.3) *be two closed hypersurfaces in R^{m+1}. Suppose that no orbit of the transformations generated by ξ ever contacts W^m at the maximum point $p_0 \in W^m$ so that $\tau(p) \leqq \tau(p_0)$ everywhere in W^m. If the relation*

$$\bar{H}(\bar{p}) = \tilde{H}_p(\bar{p}) \tag{1}$$

holds for each point $p \in W^m$, then W^m and $\bar{W}^m$ are congruent mod. G. (W^m and $\bar{W}^m$ are congruent mod. G means that $\bar{W}^m = T_\tau W^m$ for a certain $T_\tau \in G$).

Proof. We consider the family of the hypersurfaces

$$W^m(t) = (1-t)\, W^m + t\, \bar{W}^m, \quad 0 \leqq t \leqq 1,$$

generated by W^m and $\bar{W}^m$ whose points correspond along the orbits of the transformations T_τ where W^m and $\bar{W}^m$ mean $W^m(0)$ and $W^m(1)$ respectively.

Then according to (2.3), $W^m(t)$ is given by the expression

$$W^m(t)\colon\ x^i(u^\alpha, t) = (1-t)\, x^i(u^\alpha) + t\bar{x}^i(u^\alpha), \quad 0 \leqq t \leqq 1. \tag{2.4}$$

(2.4) may be rewritten as follows:

$$W^m(t)\colon\ x^i(u^\alpha, t) = x^i(u^\alpha) + \delta^i_1\, t \cdot \tau(u^\alpha), \quad 0 \leqq t \leqq 1. \tag{2.5}$$

The relation between $\bar{W}^m$ and $W(t)$ becomes as follows:

$$\bar{x}^i(u^\alpha) = x^i(u^\alpha, t) + \delta^i_1 (1-t)\, \tau(u^\alpha).$$

If we take the hypersurface $W^m(t_0)$ defined by a fixed value t_0 in $0 \leqq t \leqq 1$, then we have the transformation $T_{(1-t_0)\tau(p_0)} \in G$ attached to the point on $W^m(t_0)$ corresponding to $p_0 \in W^m$, given by

$$T_{(1-t_0)\,\tau(p_0)}\colon\ \hat{x}^i = x^i + \delta^i_1 (1-t_0)\, \tau(u^\alpha_0), \quad (1-t_0)\, \tau(u^\alpha_0) = \text{const.}$$

Thus we get the additional hypersurface

$$\tilde{W}^m_{p_0}(t_0) \overset{\text{def}}{=} T_{(1-t_0)\,\tau(p_0)} \cdot W^m(t_0)$$

which passes through the corresponding point $\bar{p}$ on $\bar{W}^m$, and is given by

$$\tilde{W}^m_{p_0}(t_0)\colon\ \tilde{x}^i_{p_0}(u^\alpha, t_0) = x^i(u^\alpha, t_0) + \delta^i_1 (1-t_0)\, \tau(u^\alpha_0), \quad (1-t_0)\, \tau(u^\alpha_0) = \text{const.} \tag{2.6}$$

Therefore we have the hypersurfaces

$$\tilde{W}^m_{p_0}(t) = T_{(1-t)\,\tau(p_0)}\, W^m(t), \quad 0 \leqq t \leqq 1,$$

for all hypersurfaces in the family which pass through the corresponding point $\bar{p}_0$ on $\bar{W}^m$. Thus we can consider $\tilde{W}^m_p(t) = T_{(1-t)\tau(p)} W^m(t)$ for each $p \in W^m$.

Let $\tilde{H}_{p_0}(t_0)$, $\tilde{n}_{p_0}(t_0)$, $\tilde{g}^{*\alpha\beta}_{p_0}(t_0)$ be the mean curvature, the normal unit vector and the metric tensor of $\tilde{W}^m_{p_0}(t_0)$ at $\bar{p}_0$ respectively. Then we can consider the mean curvature $\tilde{H}_p(t)$, the normal unit vector $\tilde{n}_p(t)$ and the metric tensor $\tilde{g}^{*\alpha\beta}_p(t)$ of $\tilde{W}^m_p(t)$, $0 \leqq t \leqq 1$, at the corresponding point $\bar{p}$ to each point $p \in W^m$.

From the definition of the mean curvature of a hypersurface we have

$$\tilde{H}_p(t) = \frac{1}{m}\, \tilde{n}_{p\,i}(t)\, \frac{\delta^2 \tilde{x}^i_p(u, t)}{\partial u^\alpha\, \partial u^\beta}\, \tilde{g}^{*\alpha\beta}_p(t) \tag{2.7}$$

where it is understood that

$$\frac{\delta^2 \tilde{x}^i_p(u, t)}{\partial u^\alpha\, \partial u^\beta} = \frac{\partial^2 \tilde{x}_p(u, t)}{\partial u^\alpha\, \partial u^\beta} + \Gamma^i_{jk}\, \frac{\partial \tilde{x}^j_p(u, t)}{\partial u^\alpha}\, \frac{\partial \tilde{x}^k_p(u, t)}{\partial u^\beta} - \tilde{\Gamma}^\gamma_{p\,\alpha\beta}(t)\, \frac{\partial \tilde{x}^i_p(u, t)}{\partial u^\gamma} \tag{2.8}$$

$\bar{\Gamma}^i_{jk}$ and $\tilde{\Gamma}^{\gamma}_{p\alpha\beta}(t)$ are the Christoffel symbols with respect to the metric tensor g_{ij} of R^{m+1} and $\tilde{g}^*_{p\alpha\beta}(t)$ respectively, at the corresponding point $\bar{p}$ to $p \in W^m$. (Throughout this paper repeated lower case Latin indices call for summation from 1 to $m+1$; but p is not a summation index!)

From the definition of the normal unit vector of a hypersurface we have

$$\tilde{n}_{p\tau_1}(t) = \frac{\bar{\varepsilon}_{i_2 \ldots i_{m+1} i_1}}{\sqrt{\tilde{g}^*_p(t)}} \cdot \frac{\partial \tilde{x}^{i_2}_p(u,t)}{\partial u^{[1}} \cdots \frac{\partial \tilde{x}^{i_{m+1}}_p(u,t)}{\partial u^{m]}} \tag{2.9}$$

where

$$\bar{\varepsilon}_{i_1 \ldots i_{m+1}} = \sqrt{\bar{g}'}\, e_{i_1, \ldots i_{m+1}}$$

$\bar{g}$ being determinant of the metric tensor g_{ij} of R^{m+1} at the corresponding point $\bar{p}$, and the symbol $e_{i_1 \ldots i_{m+1}}$ means plus one or minus one depending on whether the indices $i_1 \ldots i_{m+1}$ denote an even or an odd permutation, of $1, 2, \ldots m+1$, and zero when at least two indices have the same value ([4], p. 25). The symbol $[\ldots]$ means alternating in m ([4], p. 14); $\tilde{g}^*_p(t)$ is the determinant of the metric tensor $\tilde{g}^*_{p\alpha\beta}(t)$ on the hypersurface $\tilde{W}_p(t)$ at the corresponding point $\bar{p}$.

Since from (2.5) and (2.6) we obtain

$$\left.\begin{aligned} \frac{\partial \tilde{x}^i_p(u,t)}{\partial u^\alpha} &= \frac{\partial x^i(u,t)}{\partial u^\alpha} = \frac{\partial x^i(u)}{\partial u^\alpha} + \delta^i_1\, t\, \frac{\partial \tau(u)}{\partial u^\alpha} \\ \frac{\partial^2 \tilde{x}^i_p(u,t)}{\partial u^\alpha \partial u^\beta} &= \frac{\partial^2 x^i(u,t)}{\partial u^\alpha \partial u^\beta} = \frac{\partial^2 x^i(u)}{\partial u^\alpha \partial u^\beta} + \delta^i_1\, t\, \frac{\partial^2 \tau(u)}{\partial u^\alpha \partial u^\beta} \end{aligned}\right\} \tag{2.10}$$

and since

$$\tilde{n}_{pi}(t) \frac{\partial \tilde{x}^i_p(u,t)}{\partial u^\gamma} = 0,$$

(2.7) becomes

$$\tilde{H}_p(t) = \frac{1}{m} \tilde{n}_{pi}(t)\, \tilde{g}^{*\alpha\beta}_p(t) \left(\frac{\partial^2 x^i(u,t)}{\partial u^\alpha \partial u^\beta} + \bar{\Gamma}^i_{jk} \frac{\partial x^j(u,t)}{\partial u^\alpha} \frac{\partial x^k(u,t)}{\partial u^\beta} \right)$$

and we have

$$\tilde{g}^*_{p\alpha\beta}(t) = \bar{g}_{ij} \frac{\partial x^i(u,t)}{\partial u^\alpha} \frac{\partial x^j(u,t)}{\partial u^\beta}$$

where $\bar{g}_{ij}$ is the metric tensor of R^{m+1} at the point $\bar{p}$.

As seen from the above results, only $\partial x^1(u,t)/\partial u^\gamma$ and $\partial^2 x^1(u,t)/\partial u^\alpha \partial u^\beta$ contained in $\tilde{H}_p(t)$ depend on the parameter t. Therefore if we now differentiate the mean curvatures $\tilde{H}_p(t)$ of $\tilde{W}_p(t)$, $0 \leqq t \leqq 1$, at the point $\bar{p}$ corresponding to $p \in W$ with respect to t, we have

$$\frac{d\tilde{H}_p(t)}{dt} = \frac{\partial \tilde{H}(t)}{\partial \left(\dfrac{\partial^2 x^1(u,t)}{\partial u^\alpha \partial u^\beta} \right)} \cdot \frac{\partial^2 \tau(u)}{\partial u^\alpha \partial u^\beta} + \frac{\partial \tilde{H}_p(t)}{\partial \left(\dfrac{\partial x^1(u,t)}{\partial u^\gamma} \right)} \cdot \frac{\partial \tau(u)}{\partial u^\gamma}. \tag{2.11}$$

Integrating both members of (2.11) over the interval $0 \leqq t \leqq 1$, we get

$$\tilde{H}_p(u^\alpha, 1) - \tilde{H}_p(u^\alpha, 0) = \int_0^1 \frac{\partial \tilde{H}_p(t)}{\partial\left(\dfrac{\partial^2 x^1(u,t)}{\partial u^\alpha \partial u^\beta}\right)} dt \frac{\partial^2 \tau(u)}{\partial u^\alpha \partial u^\beta} + \int_0^1 \frac{\partial \tilde{H}_p(t)}{\partial\left(\dfrac{\partial x^1(u,t)}{\partial u^\gamma}\right)} dt \frac{\partial \tau(u)}{\partial u^\gamma},$$

where we see easily that $\tilde{H}_p(u, 1) = \bar{H}(\bar{p})$ and $\tilde{H}_p(u, 0) = \tilde{H}_p(\bar{p})$.
Now we make use of the hypothesis $\bar{H}(\bar{p}) = \tilde{H}_p(\bar{p})$; then we have

$$\int_0^1 \frac{\partial \tilde{H}_p(t)}{\partial\left(\dfrac{\partial^2 x^1(u,t)}{\partial u^\alpha \partial u^\beta}\right)} dt \frac{\partial^2 \tau(u)}{\partial u^\alpha \partial u^\beta} + \int_0^1 \frac{\partial \tilde{H}_p(t)}{\partial\left(\dfrac{\partial x^1(u,t)}{\partial u^\gamma}\right)} dt \frac{\partial \tau(u)}{\partial u^\gamma} = 0. \tag{2.12}$$

From (2.7), (2.8) and (2.10) we have

$$\frac{\partial \tilde{H}_p(t)}{\partial\left(\dfrac{\partial^2 x^1(u,t)}{\partial u^\alpha \partial u^\beta}\right)} = \frac{1}{m} \tilde{n}_{p1}(t)\, \tilde{g}_p^{*\alpha\beta}(t)$$

and from (2.9) and (2.10)

$$\tilde{n}_{p1}(t) = \frac{(-1)^m m!\sqrt{\bar{g}}}{\sqrt{\tilde{g}_p^*(t)}} \cdot \frac{\partial x^2(u)}{\partial u^{[1}} \cdots \frac{\partial x^{m+1}(u)}{\partial u^{m]}}.$$

Therefore setting

$$\left.\begin{aligned} n_1^* &= \frac{\partial x^2(u)}{\partial u^{[1}} \cdots \frac{\partial x^{m+1}(u)}{\partial u^{m]}}, \\ G_p^{*\alpha\beta}(t) &= \frac{g_p^{*\alpha\beta}(t)}{\sqrt{\tilde{g}_p^*(t)}}, \end{aligned}\right\} \tag{2.13}$$

we have

$$\int_0^1 \frac{\partial \tilde{H}_p(t)}{\partial\left(\dfrac{\partial^2 x^1(u,t)}{\partial u^\alpha \partial u^\beta}\right)} dt = (-1)^m (m-1)!\sqrt{\bar{g}}\, n_1^* \int_0^1 G_p^{*\alpha\beta}(t)\, dt. \tag{2.14}$$

Since our closed hypersurface W^m is compact and the function τ is continuous, there is a point p_0 such that $\tau(p) \leqslant \tau(p_0)$ everywhere in W^m, and also the orbits of the transformations never are tangent to W^m at such a maximum point p_0 (that these orbits are tangent to W^m would mean that at this point $n_1 = n_1^* = 0$). Consequently we can take a neighbourhood U of p_0 in which $n_1^* \neq 0$. In U, it follows from (2.12) and (2.14)

$$\int_0^1 G_p^{*\alpha\beta}(t)\, dt \frac{\partial^2 \tau(u)}{\partial u^\alpha \partial u^\beta} + \frac{1}{(-1)^m (m-1)!\, \sqrt{\bar{g}}\, n_1^*} \int_0^1 \frac{\partial \tilde{H}_p(t)}{\partial \left(\dfrac{\partial x^1(u, t)}{\partial u^\gamma} \right)}\, dt \frac{\partial \tau(u)}{\partial u^\gamma} = 0.$$

As known from (2.13) the quadratic form $G_p^{*\alpha\beta}(t)\lambda_\alpha \lambda_\beta$ is positive definite everywhere in U and in the interval $0 \leqq t \leqq 1$; $G_p^{*\alpha\beta}(t)$ and the factor before the second integral as well as the integrand are continuous in U and in $0 \leqq t \leqq 1$; and τ is a function of class C^ν, $\nu \geqq 2$, on U.

Consequently, it follows from Theorem 1.3 that we have $\tau(p) = \tau(p_0)$ for all $p \in U$; as one sees easily this is true for all $p \in W^m$. Thus $\tau(p) = \text{const.}$ and $\bar{W}^m = T_{\tau(p_0)} W^m$, q.e.d.

REFERENCES

[1] Y. KATSURADA, *Some Congruence Theorems for Closed Hypersurfaces in Riemann Spaces (*Part I: *Method based on Stokes' theorem)*, Comment. Math. Helv. *43* (1968), 176–194.

[2] E. HOPF, *Elementare Bemerkungen über die Lösungen partieller Differentialgleichungen zweiter Ordnung vom elliptischen Typus*, Sitzungsber. Preuss. Akademie Wiss. *19* (1927), 147–152.

[3] L. P. EISENHART, *Continuous groups of transformations*, Princeton – London 1934.

[4] J. A. SCHOUTEN, *Ricci-Calculus* (2nd edition), Berlin 1954.

Received November 9, 1967.

71.

(with Y. Katsurada)

Some Congruence Theorems for Closed Hypersurfaces in Riemann Spaces (Part III: Method Based on Voss' Proof)

Comment. Math. Helv. **46** (1971), 478–486

Introduction

An idea that gives congruence of two hypersurfaces concerning a transformation group by a relation between the invariant of the corresponding points of these hyper surfaces was first introduced by H. Hopf and K. Voss [1], that is, in that paper congruence relations of two closed curves on a plane and of two closed surfaces in 3-dimensional euclidean space have been given by the relation of the mean curvatures.

K. Voss has generalized these theorems to hypersurfaces in an $(m+1)$-dimensional euclidean space $(m+1 \geqq 3)$ and also given the congruence relations in case of Gauss curvatures or the r-th mean curvatures H_r $r=1, 2, \ldots, m$ [2]. A. Aeppli has developed analogous statements for a central transformation group (a homothetic transformation group with the center 0) [3].

The present authors wished to generalize these theorems to Riemann spaces. In the previous papers [4], [5], we gave the generalized theorems relating to the first mean curvature.

The purpose of the present paper is to investigate a general theorem relating to the Gauss curvature or the r-th mean curvature, that is, to generalize to an orientable Riemann space R^{m+1} with constant Riemann curvature the following theorems given by K. Voss:

THEOREM (K. Voss). *Let W^m and $\bar{W}^m$ be two orientable closed hypersurfaces in an $(m+1)$-dimensional euclidean space and let p and $\bar{p}$ be the corresponding points of these hypersurfaces, and let $K(p)$ and $\bar{K}(p)$ be that Gauss curvatures at these points respectively. Assume that the second fundamental forms of W^m and $\bar{W}^m$ are positive definite. If all straight lines $(p\bar{p})$ are parallel to one another and if $K(p)=\bar{K}(\bar{p})$ for all $p \in W^m$, then the hypersurface $\bar{W}^m$ is produced from W^m by simple translation in the direction of $(p\bar{p})$. (W^m and $\bar{W}^m$ are therefore congruent mod the translation group).*

THEOREM (K. Voss). *Let W^m and $\bar{W}^m$ be to orientable closed hypersurfaces in an $(m+1)$-dimensional euclidean space and let p and $\bar{p}$ be the corresponding points of these hypersurfaces, and let $H_r(p)$ and $\bar{H}_r(\bar{p})$ be the r-th mean curvatures at these* *points respectively, for some $r=1, 2, \ldots, m$. Assume that the second fundamental forms of W^m and $\bar{W}^m$ are positive definite. If all straight lines $(p\bar{p})$ are parallel to one another and if $H_r(p)=\bar{H}_r(\bar{p})$ for all $p \in W^m$, then the hypersurface $\bar{W}^m$ is produced from W^m by simple translation in the direction of $(p\bar{p})$. (W^m and $\bar{W}^m$ are congruent mod the translation group.)*

§ 1. Generalized Theorems

We suppose an $(m+1)$-dimensional orientable Riemann space with constant curvature S^{m+1} of class C^ν $(\nu \geqq 3)$ which admits an infinitesimal isometric transformation

$$\hat{x}^i = x^i + \xi^i(x)\,\delta\tau \tag{1.1}$$

(where x^i are local coordinate in S^{m+1} and ξ^i are the components of a contravariant vector ξ). We assume that orbits of the transformations generated by ξ cover S^{m+1} simply and that ξ is everywhere continuous and $\neq 0$. Let us choose a coordinate system such that the orbits of the transformations are new x^1-coordinate curves, that is, a coordinate system in which the vector ξ^i has components $\xi^i = \delta^i_1$, where the symbol δ^i_j denotes Kronecker's delta; then (1.1) becomes as follows

$$\hat{x}^i = x^i + \delta^i_1\,\delta\tau \tag{1.2}$$

and S^{m+1} admits a one-parameter continuous group G of transformations which are $1-1$-mappings of S^{m+1} onto itself and are given by the expression $\hat{x}^i = x^i + \delta^i_1 \tau$ in the new special coordinate system ([6]).

Now we consider two orientable closed hypersurfaces W^m and $\bar{W}^m$ of class C^ν imbedded in S^{m+1} which are given as follows

$$\left.\begin{aligned} W^m &: x^i = x^i(u^\alpha) \qquad i = 1, \ldots, m+1 \qquad \alpha = 1, \ldots, m \\ \bar{W}^m &: \bar{x}^i = \bar{x}^i(u^\alpha) + \delta^i_1 \tau(u^\alpha) \end{aligned}\right\} \tag{1.3}$$

where u^α are local coordinates of W^m and τ is a continuous function attached to each point of the hypersurface W^m. We shall henceforth confine ourselves to Latin indices running from 1 to $m+1$ and Greek indices from 1 to m, and to two hypersurfaces W^m and $\bar{W}^m$ which do not contain a piece of a hypersurface covered by the orbits of the transformations, which is expressed by $f(x^2, \ldots, x^{m+1}) = 0$.

Then we can take the family of the hypersurfaces

$$W^m(t) = (1-t)\, W^m + t\bar{W}^m \qquad 0 \leqq t \leqq 1,$$

generated by W^m and $\bar{W}^m$ whose points correspond along the orbits of the transformations where W^m and $\bar{W}^m$ mean $W^m(0)$ and $W^m(1)$ respectively. Thus according to (1.3), $W^m(t)$ is given by the expression

$$W^m(t): x^i(u^\alpha, t) = (1-t)\, x^i(u^\alpha) + t\bar{x}^i(u^\alpha) \qquad 0 \leqq t \leqq 1, \tag{1.4}$$

and (1.4) may be rewritten as follows

$$W^m(t): x^i(u^\alpha, t) = x^i(u^\alpha) + \delta^i_1 t\tau(u^\alpha) \qquad 0 \leqq t \leqq 1\,. \tag{1.5}$$

Let us denote the normal unit vector of $W^m(t)$ by $n^i(t)$ and its derivative with respect to t by $n'^i(t)$. Then g_{ij} being the metric tensor of S^{m+1} and differentiating the following relations with respect to t,

$$g_{ij}n^i(t)\frac{\partial x^j(u, t)}{\partial u^\alpha} = 0\,, \qquad g_{ij}n^i(t)\,n^j(t) = 1\,,$$

since the transformation group G is isometric, that is, $\partial g_{ij}/\partial x^1 = 0$, we have

$$g_{ij}n'^i\frac{\partial x^j(u, t)}{\partial u^\alpha} + g_{ij}n^i(t)\frac{d}{dt}\left(\frac{\partial x^j(u, t)}{\partial u^\alpha}\right) = 0\,, \tag{1.6}$$

$$g_{ij}n^i(t)\,n'^j(t) = 0\,. \tag{1.7}$$

From (1.6), (1.7) and

$$\frac{d}{dt}\left(\frac{\partial x^i(u, t)}{\partial u^\alpha}\right) = \delta^i_1\frac{\partial\tau}{\partial u^\alpha},$$

we get

$$n'^i(t) = -\,g^{\alpha\beta}(t)\,\tau_\alpha\delta^l_1 n_l(t)\frac{\partial x^i(u, t)}{\partial u^\beta}\,, \tag{1.8}$$

where $g^{\alpha\beta}(t)$ is the contravariant metric tensor of $W^m(t)$ and τ_α means $\partial\tau/\partial u^\alpha$. Throughout this paper repeated lower case Latin indices call for summation 1 to $m+1$ and repeated lower case Greek indices for summation 1 to m. And also for its covariant differential along $W^m(t)$ we have

$$\delta n'^i(t) = dn'^i(t) + \Gamma^i_{jl}n'^j(t)\,x^l_\gamma\,du^\gamma\,, \tag{1.9}$$

where Γ^i_{jl} is the Christoffel symbol with respect to the metric tensor g_{ij} of S^{m+1} and x^l_γ means $\partial x^l(u, t)/\partial u^\gamma$.

Let us give henceforth the derivative with respect to t by the dash. Calculating $(\delta n^i)'$, we have

$$\delta n^i = dn^i + \Gamma^i_{jl}n^j(t)\,x^l_\gamma d\,u^\gamma\,,$$

$$\begin{aligned}(\delta n^i)' = (dn^i)' &+ (\Gamma^i_{jl})'\,n^j(t)\,x^l_\gamma\,du^\gamma \\ &+ \Gamma^i_{jl}n'^j(t)\,x^l_\gamma\,du^\gamma + \Gamma^i_{jl}n^j(t)\,(x^l_\gamma)'\,du^\gamma\,,\end{aligned}$$

since G is isometric, that is, $\partial g_{ij}/\partial x^1 = 0$, we have $\partial\Gamma^i_{ij}/\partial x^1 = 0$. Consequently we obtain the following relation between $\delta n'^i$ and $(\delta n^i)'$

$$(\delta n^i)' = \delta n'^i + \Gamma^i_{j1}n^j(t)\,\tau_\gamma\,du^\gamma\,. \tag{1.10}$$

We claim that the following theorems hold

THEOREM 1.1. *Let K and $\bar{K}$ be the Gauss curvature of W^m and $\bar{W}^m$ respectively. Assume that the second fundamental form of $W^m(t)$, $0 \leqq t \leqq 1$ is positive definite. If the relation $K = \bar{K}$ holds for each point $p \in W^m$, then W^m and $\bar{W}^m$ are congruent* mod G.

Proof. We consider the following differential form of degree $m-1$ attached to each point p on the hypersurface $W^m(t)$

$$\left.\begin{aligned} ((n', \delta_1\tau, \delta n, \ldots, \delta n)) &\overset{\text{def.}}{\equiv} \sqrt{g}\,(n', \delta_1\tau, \delta n, \ldots, \delta n) \\ &= (-1)^{m-1}\sqrt{g}\,(n', \delta_1\,\tau, x_{\alpha_1}, \ldots, x_{\alpha_{m-1}}) \\ &\quad \times b^{\alpha_1}_{\beta_1}(t) \ldots b^{\alpha_{m-1}}_{\beta_{m-1}}(t)\, du^{\beta_1} \wedge \ldots \wedge du^{\beta_{m-1}} \end{aligned}\right\} \tag{1.11}$$

where g is the determinant of the metric tensor g_{ij} of S^{m+1}, the symbol ( ) means a determinant of order $m+1$ whose columns are the components of respective vectors, $b_{\alpha\beta}(t)$ is the second fundamental tensor of $W^m(t)$ and $b^\beta_\alpha(t)$ denotes $b_{\alpha\gamma}(t)\, g^{\beta\gamma}(t)$.

Then the exterior differential of the differential form (1.11) becomes as follows

$$\left.\begin{aligned} &d((n', \delta_1\tau, \delta n, \ldots, \delta n)) = ((\delta n', \delta_1\tau, \delta n, \ldots, \delta n)) \\ &\quad + ((n', \delta(\delta_1)\,\tau, \delta n, \ldots, \delta n)) + ((n', \delta_1\, d\tau, \delta n, \ldots, \delta n)), \end{aligned}\right\} \tag{1.12}$$

because since S^{m+1} is a space of constant curvature, we have

$$((n', \delta_1\tau, \delta\delta n, \delta n, \ldots, \delta n)) = 0\,.$$

Because G is isometric, the quantity $n_i(t)\,\delta^i_1\sqrt{g^*(t)}$ is independent of t, where $g^*(t)$ means the determinant of $g_{\alpha\beta}(t)$, we have

$$(((\delta n)', \delta_1\tau, \delta n, \ldots, \delta n)) = (-1)^m (m-1)!\, K' n_i(t)\, \delta^i_1 \tau\, dA(t) \tag{1.13}$$

where $dA(t)$ is the area element of $W^m(t)$, and using (1.8), we obtain

$$\left.\begin{aligned} &((n', \delta_1\, d\tau, \delta n, \ldots, \delta n)) = (-1)^m (m-1)! \\ &\quad \times \frac{1}{\sqrt{g^*(t)}} B^{\alpha\beta}(t)\, \tau_\alpha \tau_\beta (n_i(t)\, \delta^i_1)^2 \sqrt{g^*(t)}\, dA(t) \end{aligned}\right\} \tag{1.14}$$

where $B^{\alpha\beta}(t)$ means the cofactor of an element $b_{\beta\alpha}(t)$ in the determinant $|b_{\alpha\beta}(t)|$ divided by $g^*(t)$.

By making use of (1.10), (1.12), (1.13), (1.14) and the relation

$$\delta(\delta^i_1) = \Gamma^i_{j1} x^j_\gamma\, du^\gamma\,,$$

we have

$$\begin{aligned} d((n', \delta_1\tau, \delta n, \ldots, \delta n)) &= (-1)^m (m-1)! \Big\{ K' n_i(t)\, \delta^i_1 \tau\, dA(t) \\ &\quad + \frac{1}{\sqrt{g^*(t)}} B^{\alpha\beta}(t)\, \tau_\alpha \tau_\beta (n_i(t)\, \delta^i_1)^2 \sqrt{g^*(t)}\, dA(t) \Big\} \\ &\quad + ((n', \tau \Gamma_{j1} x^j_\gamma\, du^\gamma, \delta n, \ldots, \delta n)) \\ &\quad - ((\Gamma_{j1} n^j(t)\, \tau_\gamma\, du^\gamma, \delta_1\tau, \delta n, \ldots, \delta n)). \end{aligned}$$

Next we shall prove that

$$((n', \tau\Gamma_{j1}x^j_\gamma\, du^\gamma, \delta n, \ldots, \delta n)) - ((\Gamma_{j1}n^j(t)\,\tau_\gamma\, du^\gamma, \delta_1\tau, \delta n, \ldots, \delta n)) = 0. \tag{1.15}$$

For the first term of the left-hand member of (1.15), making use of (1.8), we can see the following

$$\left.\begin{aligned} &((n', \tau\Gamma_{j1}x^j_\gamma\, du^\gamma, \delta n, \ldots, \delta n)) = (-1)^{m-1}\,\tau n_l(t)\,\delta^l_1 \\ &\quad\times ((\Gamma_{j1}x^j_\gamma, g^{\alpha\beta}(t)\,\tau_\beta x_\alpha, x_{\alpha_1}, \ldots, x_{\alpha_{m-1}})) \\ &\quad\times b^{\alpha_1}_{\beta_1}(t)\ldots b^{\alpha_{m-1}}_{\beta_{m-1}}(t)\, du^\gamma \wedge du^{\beta_1} \wedge \ldots \wedge du^{\beta_{m-1}}. \end{aligned}\right\} \tag{1.16}$$

Let $\varepsilon_{i_1\cdots i_{m+1}}$ and $\varepsilon_{\alpha_1\cdots\alpha_m}$ be the ε-symbol of S^{m+1} and of $W^m(t)$ respectively,

$$\varepsilon_{i_1\ldots i_{m+1}} \overset{\text{def.}}{=} \sqrt{g}\, e_{i_1\ldots i_{m+1}}, \qquad \varepsilon_{\alpha_1\ldots\alpha_m} \overset{\text{def.}}{\equiv} \sqrt{g^*(t)}\, e_{\alpha_1\ldots\alpha_m},$$

the symbol $e_{i_1\cdots i_{m+1}}$ meaning plus one or minus one, depending on whether the indices $i_1, \ldots i_{m+1}$ denote an even permutation of $1, 2, \ldots, m+1$ or odd permutation, and zero when at least any two indices have the same value, and also the symbol $e_{\alpha_1\cdots\alpha_m}$ meaning similarly for the indices $\alpha_1, \ldots, \alpha_m$ running from 1 to m.

Making use of the relation

$$n_i(t)\,\varepsilon_{\alpha\alpha_1\ldots\alpha_{m-1}} = \varepsilon_{ii_2\ldots i_{m+1}} x^{i_2}_\alpha x^{i_3}_{\alpha_1}\cdots x^{i_{m+1}}_{\alpha_{m-1}}$$

we have

$$\begin{aligned} &((n', \tau\Gamma_{j1}x^j_\gamma\, du^\gamma, \delta n, \ldots, \delta n)) = (-1)^{m-1}\,\tau n_l(t)\,\delta^l_1\Gamma^i_{j1}n_i(t)\,x^j_\gamma\tau_\beta g^{\beta d}(t) \\ &\quad\times \varepsilon_{\alpha\alpha_1\ldots\alpha_{m-1}} b^{\alpha_1}_{\beta_1}(t)\ldots b^{\alpha_{m-1}}_{\beta_{m-1}}(t)\, du^\gamma \wedge du^{\beta_1} \wedge \ldots \wedge du^{\beta_{m-1}} \\ &= (-1)^{m-1}\,\tau n_l(t)\,\delta^l_1\Gamma^i_{j1}n_i(t)\,x^j_\gamma\tau_\beta\varepsilon^\beta_{\alpha_1\ldots\alpha_{m-1}}\,\varepsilon^{\gamma\beta_1\ldots\beta_{m-1}} b^{\alpha_1}_{\beta_1}(t)\ldots b^{\alpha_{m-1}}_{\beta_{m-1}}(t)\, dA(t) \end{aligned}$$

and we can see easily the following relation

$$\begin{aligned} \varepsilon^\beta_{\alpha_1\ldots\alpha_{m-1}}\,\varepsilon^{\gamma\beta_1\ldots\beta_{m-1}} b^{\alpha_1}_{\beta_1}(t)\ldots b^{\alpha_{m-1}}_{\beta_{m-1}}(t) &= \varepsilon^{\beta\gamma_1\ldots\gamma_{m-1}}\,\varepsilon^{\gamma\beta_1\ldots\beta_{m-1}} b_{\gamma_1\beta_1}(t)\ldots b_{\gamma_{m-1}\beta_{m-1}}(t) \\ &= (m-1)!\, B^{\beta\gamma}(t). \end{aligned}$$

Since $B^{\beta\gamma}(t)$ is the symmetric tensor, we have

$$\left.\begin{aligned} &((n', \tau\Gamma_{j1}x^j_\gamma du^\gamma, \delta n, \ldots \delta n)) = (-1)^{m-1}(m-1)!\,\tau n_l(t) \\ &\quad\times \delta^l_1\Gamma_{ji1}n^i(t)\,x^j_{(\gamma}\tau_{\beta)}B^{\beta\gamma}(t)\, dA(t) \end{aligned}\right\} \tag{1.17}$$

where Γ_{ji1} means $g_{il}\Gamma^l_{j1}$ and the symbol $(\gamma\beta)$ denotes the symmetric part for the indices γ and β.

On the other hand, we calculate the second term of the left-hand member of (1.15). Since G is isometric, that is, $\partial g_{ij}/\partial x^1 = 0$, we have

$$\left.\begin{aligned} \Gamma^l_{j1}n^j(t)\, n_l(t) &= \frac{1}{2} g^{lk}\left(\frac{\partial g_{kj}}{\partial x^1} + \frac{\partial g_{1k}}{\partial x^j} - \frac{\partial g_{j1}}{\partial x^k}\right) n^j(t)\, n_l(t) \\ &= \frac{1}{2}\frac{\partial g_{kj}}{\partial x^1}\, n^j(t)\, n^k(t) = 0, \end{aligned}\right\} \tag{1.18}$$

and we can give the vector δ_1^i by the expression

$$\delta_1^i = n_l(t)\,\delta_1^l n^i(t) + \varphi^\beta x_\beta^i. \tag{1.19}$$

Substituting (1.19) in the second term of the left-hand member of (1.15) and making use of (1.18), we have

$$\left.\begin{aligned} &-((\Gamma_{j1} n^j(t)\,\tau_\gamma\, du^\gamma, \delta_1\tau, \delta n, \ldots, \delta n)) \\ &\quad = -(-1)^{m-1}\,\tau n_l(t)\,\delta_1^l((\Gamma_{j1} n^j(t)\,\tau_\gamma, n, x_{\alpha_1}, \ldots, x_{\alpha_{m-1}})) \\ &\quad \times b_{\beta_1}^{\alpha_1}(t) \ldots b_{\beta_{m-1}}^{\alpha_{m-1}}(t)\, du^\gamma \wedge du^{\beta_1} \wedge \ldots \wedge du^{\beta_{m-1}}. \end{aligned}\right\} \tag{1.20}$$

Let us take the relation

$$\varepsilon_{\alpha\alpha_1\ldots\alpha_{m-1}} g^{\alpha\beta}(t)\, x_\beta^j g_{ij} = (-1)^m\, \varepsilon_{ii_2\ldots i_{m+1}} x_{\alpha_1}^{i_2} \ldots x_{\alpha_{m-1}}^{i_m} n^{i_{m+1}}.$$

Then we have

$$\left.\begin{aligned} &-((\Gamma_{j1} n^j(t)\,\tau_\gamma\, du^\gamma, \delta_1\tau, \delta n, \ldots, \delta n)) \\ &\quad = (-1)^{m-1}(m-1)!\,\tau n_l(t)\,\delta_1^l \Gamma_{ij1} n^i(t)\, x_{(\beta}^j \tau_{\gamma)} B^{\beta\gamma}(t)\, dA(t). \end{aligned}\right\} \tag{1.21}$$

Thus from (1.17), (1.21) and $\Gamma_{ij1} + \Gamma_{ji1} = \partial g_{ij}/\partial x^1 = 0$, we can arrive at (1.15) as follows

$$\begin{aligned} &((n', \tau\Gamma_{j1} x_\gamma^j\, du^\gamma, \delta n, \cdots, \delta n)) - ((\Gamma_{j1} n^j(t)\,\tau_\gamma\, du^\gamma, \delta_1\tau, \delta n, \ldots, \delta n)) \\ &\quad = (-1)^{m-1}(m-1)!\,\tau n_l(t)\,\delta_1^l(\Gamma_{ij1} + \Gamma_{ji1})\, n^i(t)\, x_{(\gamma}^j \tau_{\beta)} B^{\beta\gamma}(t)\, dA(t) = 0. \end{aligned}$$

Finally we have

$$\left.\begin{aligned} &\frac{(-1)^m}{(m-1)!}\, d((n', \delta_1\tau, \delta n, \ldots, \delta n)) = K' n_i(t)\,\delta_1^i \tau\, dA(t) \\ &\quad + \frac{1}{\sqrt{g^*(t)}}\, B^{\alpha\beta}(t)\,\tau_\alpha\tau_\beta (n_i(t)\,\delta_1^i)^2 \sqrt{g^*(t)}\, dA(t). \end{aligned}\right\} \tag{1.22}$$

Integrating both members of (1.22) over the interval $0 \leqq t \leqq 1$, we get

$$\left.\begin{aligned} &\frac{(-1)^m}{(m-1)!}\, d\int_0^1 ((n', \delta_1\tau, \delta n, \ldots, \delta n))\, dt = (\bar{K} - K)\, n_i(0)\,\delta_1^i \tau\, dA(0) \\ &\quad + \sqrt{g^*(0)} \int_0^1 g^*(t)^{-1/2} B^{\alpha\beta}(t)\, dt\,\tau_\alpha\tau_\beta (n_i(0)\,\delta_1^i)^2\, dA(0). \end{aligned}\right\} \tag{1.23}$$

Furthermore integrating both members of (1.23) over W^m and applying Stokes' theorem, since W^m is closed, we have

$$\begin{aligned} &\iint_{W^m} (\bar{K} - K)\, n_i(0)\,\delta_1^i \tau\, dA(0) \\ &\quad + \iint_{W^m} \sqrt{g^*(0)} \int_0^1 g^*(t)^{-1/2}\, B^{\alpha\beta}(t)\, dt\,\tau_\alpha\tau_\beta (n_i(0)\,\delta_1^i)^2\, dA(0) = 0, \end{aligned}$$

making use of the hypothesis $\bar{K}=K$, we obtain

$$\iint\limits_{W^m} \sqrt{g^*(0)} \int_0^1 g^*(t)^{-1/2} B^{\alpha\beta}(t)\, dt\tau_\alpha\tau_\beta (n_i(0)\,\delta_1^i)^2\, dA(0) = 0 .$$

On the other hand, from that the second fundamental form of $W^m(t)$ is positive definite everywhere in $W^m(t)$, $0 \leqq t \leqq 1$, the quantity

$$\sqrt{g^*(0)} \int_0^1 g^*(t)^{-1/2} B^{\alpha\beta}(t)\, dtv_\alpha v_\beta$$

becomes positive definite. From that two hypersurfaces W^m and $\bar{W}^m$ do not contain a piece of a hypersurface covered by the orbits of transformations, a point on W^m such that $n_i(0)\delta_1^i=0$ must be an isolate point. Moreover since τ is a continuous function of W^m, we have

$$\tau = \text{constant}$$

for all points of W^m. Consequently we can arrive at the following result

$$W^m \equiv \bar{W}^m \bmod G .$$

THEOREM 1.2. *Let H_r and $\bar{H}_r$ be the r-th mean curvature of W^m and $\bar{W}^m$ respectively. Assume that the second fundamental form of $W^m(t)$, $0 \leqq t \leqq 1$, is positive definite. If the relation*

$$H_r = \bar{H}_r$$

holds for each point $p \in W^m$, then W^m and $\bar{W}^m$ are congruent mod G.

Proof. We consider the following differential form of degree $m-1$ attached to each point p on the hypersurface $W^m(t)$

$$\left.\begin{aligned} &((n', \delta_1\tau, \underbrace{\delta n, \ldots, \delta n}_{r-1}, dx, \ldots, dx)) \overset{\text{def.}}{\equiv} \sqrt{g}(n', \delta_1\tau, \delta n, \ldots, \delta n, dx, \ldots, dx) \\ &\quad = (-1)^{r-1} \sqrt{g}\,(n', \delta_1\tau, x_{\alpha_1}, \ldots, x_{\alpha_{r-1}}, x_{\beta_r} \ldots x_{\beta_{m-1}}) \\ &\quad \times b_{\beta_r}^{\alpha_r}(t) \ldots b_{\beta\delta-1}^{\alpha_{\gamma-1}}(t)\, du^{\beta_1} \wedge \ldots \wedge du^{\beta_{r-1}} \wedge du^{\beta_r} \wedge \ldots \wedge du^{\beta_{m-1}} \end{aligned}\right\} \tag{1.24}$$

The exterior differential of the differential form (1.24) becomes as follows

$$\begin{aligned} d((n', \delta_1\tau, \delta n, \ldots, \delta n, dx, \ldots, dx)) &= ((\delta n', \delta_1\tau, \delta n, \ldots, \delta n, dx, \ldots, dx)) \\ &+ ((n', \delta(\delta_1)\,\tau, \delta n, \ldots, \delta n, dx, \ldots, dx)) + ((n', \delta_1\, d\tau, \delta n, \ldots, \delta n, dx, \ldots, dx)) \end{aligned}$$

because since S^{m+1} is a space of constant curvature, it follows that

$$((n', \delta_1\tau, \delta\delta n, \ldots, \delta n, dx, \ldots, dx)) = 0 ,$$

and also we have

$$((n', \delta_1 \tau, \delta n, \ldots, \delta n, \delta dx, \ldots, dx)) = 0.$$

Making use of (1.8), we have

$$\left.\begin{aligned}&((n', \delta_1 d\tau, \delta n, \ldots, \delta n, dx, \ldots, dx))\\&\quad = (-1)^{r-1} g^{\alpha\beta}(t)\tau_\alpha n_i(t)\delta_1^i((\delta_1\tau_\gamma, x_\beta, x_{\alpha_1}, \ldots, x_{\alpha_{r-1}}, x_{\alpha_r}, \ldots, x_{\alpha_{m-1}}))\\&\quad \times b^{\alpha_1}_{\beta_1}(t)\ldots b^{\alpha_{r-1}}_{\beta_{r-1}}(t)\, du^\gamma \wedge du^{\beta_1} \wedge \ldots \wedge du^{\beta_{r-1}} \wedge du^{\alpha_r}\\&\quad \wedge \ldots \wedge du^{\alpha_{m-1}}\\&\quad = (-1)^{r-1} g^{\alpha\beta}(t)\,\varepsilon_{\beta\alpha_1\ldots\alpha_{r-1}\alpha_r\ldots\alpha_{m-1}}\varepsilon^{\gamma\beta_1\ldots\beta_{r-1}\alpha_r\ldots\alpha_{m-1}}\\&\quad \times b^{\alpha_1}_{\beta_1}(t)\ldots b^{\alpha_{r-1}}_{\beta_{r-1}}(t)\,(n_i(t)\,\delta_1^i)^2\,\tau_\alpha\tau_\gamma\, dA(t).\end{aligned}\right\}\quad(1.25)$$

On the other hand, from (1.10) we get

$$\left.\begin{aligned}&((\delta n', \delta_1\tau, \delta n, \ldots, \delta n, dx, \ldots, dx))\\&\quad = (((\delta n)', \delta_1\tau, \delta n, \ldots, \delta n, dx, \ldots, dx))\\&\quad - ((\Gamma_{j1} n^j(t)\,\tau_\gamma\, du^\gamma, \delta_1\tau, \delta n, \ldots, \delta n, dx, \ldots, dx)).\end{aligned}\right\}\quad(1.26)$$

And after some calculations, we have

$$(-1)^r\, m!\, H_r' n_i(t)\,\delta_1^i\, dA(t) = r((\delta_1, (\delta n)', \delta n, \ldots, \delta n, dx, \ldots, dx)), \quad (1.27)$$

because $n_i(t)\,\delta_1^i\, dA(t)$ is independent of t and $dx'^i = \delta_1^i\, d\tau$, that is, the same direction to δ_1. Moreover we can prove similarly the following relation as the proof of (1.15)

$$\left.\begin{aligned}&((n', \delta(\delta_1)\,\tau, \delta n, \ldots, \delta n, dx, \ldots, dx))\\&\quad - ((\Gamma_{j1} n^j(t)\,\tau_\gamma\, du^\gamma, \delta_1\tau, \delta n, \ldots, \delta n, dx, \ldots, dx)) = 0.\end{aligned}\right\}\quad(1.28)$$

Then putting

$$(m-1)!\, c^{\alpha\beta}_{(r)} = \varepsilon^{\alpha}_{\alpha_1\ldots\alpha_{r-1}\alpha_r\ldots\alpha_{m-1}}\varepsilon^{\beta\beta_1\ldots\beta_{r-1}\alpha_r\ldots\alpha_{m-1}} b^{\alpha_1}_{\beta_1}(t)\ldots b^{\alpha_{r-1}}_{\beta_{r-1}}(t)$$

and using (1.25), (1.26), (1.27) and (1.28), we have

$$\left.\begin{aligned}&d((n', \delta_1\tau, \delta n, \ldots, \delta n, dx, \ldots, dx))\\&\quad = \frac{(-1)^{r-1}}{r}\, m!\, H_r' n_i(t)\,\delta_1^i\tau\, dA(t)\\&\quad + (-1)^{r-1}(m-1)!\, c^{\alpha\beta}_{(r)}\tau_\alpha\tau_\beta\,(n_i(t)\,\delta_1^i)^2\, dA(t).\end{aligned}\right\}\quad(1.29)$$

Integrating both members of (1.29) over the interval $0 \leqq t \leqq 1$, and putting

$$C^{\alpha\beta}_{(r)} = g^*(0)^{1/2}\int_0^1 g^*(t)^{-1/2}\, c^{\alpha\beta}_{(r)}\, dt,$$

we have

$$\left.\begin{aligned}&m(\bar{H}_r - H_r)\, n_i(0)\,\delta_1^i\tau dA(0) + rC^{\alpha\beta}_{(r)}\tau_\alpha\tau_\beta\,(n_i(0)\,\delta_1^i)^2\, dA(0)\\&\quad = \frac{r(-1)^{r-1}}{(m-1)!}\, d\int_0^1 ((n', \delta_1\tau, \delta n, \ldots, \delta n, dx, \ldots, dx))\, dt.\end{aligned}\right\}\quad(1.30)$$

Furthermore integrating both members of (1.30) over W^m and applying Stokes' theorem

$$\frac{m}{r}\iint\limits_{W^m}(\bar{H}_r - H_r)\, n_i(0)\,\delta_1^i\tau\, dA(0) + \iint\limits_{W^m}(n_i(0)\,\delta_1^i)^2\, C_{(r)}^{\alpha\beta}\tau_\alpha\tau_\beta\, dA(0)$$

$$= \frac{(-1)^{r-1}}{(m-1)!}\int\limits_{\partial W^m}\int\limits_0^1 ((n', \delta_1\tau, \delta n, \ldots, \delta n, dx, \ldots, dx))\, dt\,.$$

Since W^m is closed, we have

$$\frac{m}{r}\iint\limits_{W^m}(\bar{H}_r - H_r)\, n_i(0)\,\delta_1^i\tau\, dA(0) + \iint\limits_{W^m}(n_i(0)\,\delta_1^i)^2\, C_{(r)}^{\alpha\beta}\tau_\alpha\tau_\beta\, dA(0) = 0\,,$$

using the hypotheses $H_r = \bar{H}_r$ and that the second fundamental form of $W^m(t), 0 \leqq t \leqq 1$, is positive definite, and from that two hypersurfaces W^m and $\bar{W}^m$ do not contain a piece of a hypersurface covered by the orbits of transformations, we can arrive at

$$\tau_\alpha = 0$$

for all points of W^m, consequently we have

$$\tau = \text{constant}$$

for all points of W^m. Accordingly we can see the following result

$$W^m = \bar{W}^m \bmod G\,.$$

This proof follows to the method of that due to K. Voss [2].

Remark. In an euclidean space, if G is translation group, that is, a special isometric transformation group, Theorem 1.1 and Theorem 1.2 just coincide with theorems of K. Voss given in the introduction.

REFERENCES

[1] Hopf, H., and Voss, K., *Ein Satz aus der Flächentheorie im Grossen*, Archiv. der Math. *3* (1952), 187–192.

[2] Voss, K., *Einige differentialgeometrische Kongruenzsätze für geschlossene Flächen und Hyperflächen*, Math. Ann. *131* (1956), 180–218.

[3] Aeppli, A., *Einige Ähnlichkeits- und Symmetriesätze für differenzierbare Flächen im Raum*, Comment. Math. Helv. *33* (1959), 174–195.

[4] Katsurada, Y. *Some Congruence Theorems for Closed Hypersurfaces in Riemann Spaces (Part I: Method based on Stokes' Theorem)*, Comment. Math. Helv. *43* (1968), 176–194.

[5] Hopf H., and Katsurada, Y., *Some Congruence Theorems for Closed Hypersurfaces in Riemann Spaces (Part II: Method based on a Maximum Principle)*, Comment. Math. Helv. *43* (1968), 217–223.

[6] Eisenhart, L. P. *Continuous Groups of Transformations*, (Princeton, London, 1934).

Received october 14, 1970.

Anhang 1.

Heinz Hopf

Peter J. Hilton
Bull. LMS IV (1972)

Heinz Hopf, the great Swiss mathematician, died on June 3, 1971, at the age of 76. He will be deeply mourned by his many friends, colleagues and students, and indeed by the entire mathematical community.

Heinz Hopf was born in Breslau (now Wroclaw, Poland) on November 19, 1894. He served in the German army during the First World War and then attended the Universities of Berlin, Heidelberg, and Göttingen. In Berlin he became a student of Erhard Schmidt who provided him with his first great stimulus towards topology. Hopf studied Schmidt's own proof of the Jordan curve theorem and, under Schmidt's influence, he read and absorbed Brouwer's proof of the topological invariance of the dimension of Euclidean space, and Poincaré's fundamental work on Analysis Situs. Arising out of his work at this time, Hopf developed his own ideas on the study of mappings of closed manifolds, in particular, of mappings of manifolds onto spheres, and proved (see [3]) that the Brouwer mapping degree was the sole homotopy invariant of maps $S^n \to S^n$, thus completing the famous Brouwer-Hopf Theorem. In 1925, in Göttingen, Hopf met the Russian mathematician Paul Alexandroff. This was a crucial event in Hopf's career and indeed in his entire life, since he and Alexandroff became not only close colleagues but also firm friends. Together they were to write a book which expressed the unity of algebraical and set-theoretical topology which they achieved together in their work. Indeed, Hopf has paid a very sincere tribute to the stimulus he received from Alexandroff, who, in particular in connection with his development of the idea of the nerve of a covering of a topological space, forged an important link between set-theoretical and algebraic topology. It should be recorded that Alexandroff came to Zürich in November, 1971, to attend the memorial meeting for Heinz Hopf, held under the auspices of the Eidgenössische Technische Hochschule (ETH), Zürich, and there himself delivered a most moving tribute to Hopf the man and mathematician.

In 1927, Hopf received a Rockefeller fund fellowship to spend the year at Princeton University. There he renewed his association with Alexandroff and this period, when both came under the strong influence of the Princeton topologists, in particular of Solomon Lefschetz, may be said to mark the beginning of a great epoch of topology. In 1931, Hopf was appointed Professor at the ETH, Zürich, to succeed Hermann Weyl. This was indeed a bold appointment since Weyl was, of course, a great universalist and it was a formidable undertaking for a young mathematician to succeed a man of such eminence and distinction. One can now assert with complete confidence that the appointment was an inspired one. Hopf remained at the ETH for the rest of his professional career,[1] that is, until his retirement in 1965. During this period, Zürich flourished as one of the leading mathematical centres of the world. Hopf exercised an enormous influence on mathematics and the teaching of mathematics at all levels. He attracted very many students who have themselves now established firm reputations in the mathematical community. Visitors came to Zürich to work with him and he

[1]He became a naturalized Swiss citzen--one of the very few to be permitted citizenship without a mastery of Schweizer Deutsch!

inspired many others through the vividness and lucidity of his writings. His home in Zollikon was a place where all were assured of a warm welcome, where, together with his wife Anja, he created an atmosphere of such gentle, all-pervasive friendliness and informality that it was difficult to realize one was in the presence of one of the really great mathematicians of all time. The death of his dearly beloved wife in 1967 was a blow from which Heinz Hopf never recovered.

Many topologists who were young men at the end of the Second World War will have reason to be extremely grateful to Heinz Hopf for his advice and encouragement. Particularly memorable for us was his attendance at the Oxford conference of young topologists in 1953, organized by Henry Whitehead. There he was held in the respect due to a great elder statesman, but his participation was boyish, enthusiastic and wholehearted. He was, characteristically, always asking questions and suggesting new problems that we might be working on. This was typical of his modesty and generosity of spirit, that he would always share his ideas with others and delight if they adopted them themselves. If they were sensible people, they would certainly do so! The present writer has particular reason to be grateful for the encouragement Hopf gave him in connection with a tract he wrote on homotopy theory. In his letter acknowledging receipt of a complimentary copy, Hopf supported the idea of calling on the reader to consult original texts. This, said Hopf, was an excellent prescription, for there is much to be gained from the original texts 'wenn sie überhaupt lesbar sind' (provided that they are at all readable). Preeminent among the readable texts of the time were those of Heinz Hopf himself.

A particularly significant friendship at the time of which we are now speaking was that between Hopf and Henry Whitehead. These two men were giants of topology in Europe in this period, and their close and intimate friendship must have been of enormous help to the entire development of algebraic topology during the period from 1946 to the untimely death of Henry Whitehead in 1960. Indeed, it was a particularly sad occasion in 1960, when Henry Whitehead died suddenly in Princeton, a few weeks before he was due to give one of the main addresses at a conference on algebraic topology and differential geometry organized by Hopf in Zürich.

Many honours were showered on Heinz Hopf. The first of these, in 1947, was an honorary doctorate from Princeton University bestowed on Hopf on the occasion of the 200th anniversary celebration of the University. This was followed by many other honours. Hopf became a foreign member of the National Academy of Sciences and of the Accademia dei Lincei; he received an honorary doctorate from the Sorbonne; and his last honour was the award of the Lobatchevski prize of the University of Moscow. He was, from 1955 to 1958, President of the International Mathematical Union. The London Mathematical Society honoured him with honorary membership[1] in 1956.

---

[1]Several of the biographical details in this notice have either been obtained by consultation with Beno Eckmann or gleaned from Eckmann's moving appreciation of Heinz Hopf published in the Neue Zürcher Zeitung of June 18, 1971. The author would like to express his gratitude to Professor Eckmann.

Hopf was also honoured by his own institution in 1964 by the publication of a Festschrift, *Selecta Heinz Hopf*, edited by his student and close friend Beno Eckmann. This Festschrift contained reproductions, sometimes in slightly abbreviated form, of many of Hopf's greatest papers, together with a comprehensive bibliography. We will refer to the Selecta again later.

Hopf's mathematical research was marked by astonishing insight and informed, intensive, wide-ranging mathematical curiosity. His papers are at the same time consummations of research achieved and fruitful sources of future inquiry. Hopf did not publish fragments. He waited until the problem he was studying had achieved substantial maturity in his thoughts and he then wrote down his results in such a way as to reveal, often explicitly, the route by which he had arrived at the formulations adopted and the reasons for the choices made. Hopf was not a perfectionist in the sense of one who refuses to publish until he is convinced that he has the best possible formulation. He was a far too modest man to think in such terms. On the other hand, his publications, like his lecturing and teaching style, are redolent of the attitude and personality of a born teacher. He regarded teaching and the spreading of mathematical ideas as an integral part of the mathematician's trade.

Also characteristic of Hopf's approach to mathematical research was his interest in explicit problems. There was always in his work a very concrete foundation--a question to which Hopf wanted to find the answer.

And yet, such was his genius that his methods of solution, the very context in which he set the problems he studied, became established as primary areas of mathematical research. Thus, the generality of his ideas sprang not from a deliberate intention to achieve the abstract formulation, but from the inherent importance of the problems he considered and the mathematical significance of the structures and concepts which he developed in order to solve those problems.

A complete and comprehensive account of Hopf's contributions to topology, algebra and geometry would fill many issues of the Bulletin. Fortunately we have, in the *Selecta Heinz Hopf*, Springer-Verlag (1964), dedicated by the ETH, Zürich, to Hopf on his 70th birthday, a collection of some of his most important papers, together with a complete bibliography. Thus the student may conveniently turn to Hopf's original papers to read his work--and he is sure to find it a most rewarding experience. As we have said, Hopf wrote with limpid clarity and elegant simplicity, always explaining to the reader the underlying motive for the direction his argument was taking. Moreover, it is a revelation, on reading Hopf's papers, to discover how many basic ideas of algebraic topology and homological algebra stem from Hopf's genius. Here we will be content to refer to some of his most outstanding contributions; the order in which we present these contributions will be chronological.

In 1925, Hopf came under the influence of Emmy Noether in Göttingen, and was perhaps the first topologist to appreciate the significance of her point of view that the proper objects to describe homology relations in a simplicial complex were not numbers (Betti numbers, torsion coefficients) but algebraic structures, and, in particular, abelian groups. This appreciation may, without being fanciful, be regarded as the precursor of the functorial approach which now imbues the whole of algebraic topology, and which is so obvious to the present generation of topologists as to need no explicit justification. In his paper [12], Hopf used for the first time Emmy Noether's conceptual framework for homology theory to prove a generalization of the Euler-Poincaré formula; Lefschetz had already obtained this generalization in a special case.[1] We consider a linear chain-map $\varphi: C \to C$, where C is a chain-complex over $\mathbb{Q}$ such that $C_r = 0$, $r < 0$, $r > n$. Then φ induces a homology homomorphism $\varphi_*: H(C) \to H(C)$, and the Hopf Trace Formula asserts that

$$\sum_{r=0}^{n} (-1)^r \mathrm{tr}\, \varphi_r = \sum_{r=0}^{n} (-1)^r \mathrm{tr}\, \varphi_{*r} ,$$

where $\mathrm{tr}\, \psi$ is the trace of the linear map ψ. The Euler-Poincaré formula is obtained by taking $\varphi = 1$. Moreover, the Lefschetz fixpoint theorem readily follows, given the apparatus of barycentric subdivision and simplicial approximation: if X is a compact polyhedra and $f: X \to X$ is a continuous function without fixpoint, then $\sum_{r=0}^{n} (-1)^r \mathrm{tr}\, f_{*r} = 0$. Here f_* is the homology homomorphism induced by f and $\mathrm{tr}\, f_{*r}$ is, of course, a non-negative integer, so that $\sum_{r=0}^{n} (-1)^r \mathrm{tr}\, f_{*r}$ is an integer called the <u>Lefschetz number</u> of f. Since, for X connected, $\mathrm{tr}\, f_{*o} = 1$, we get as an immediate consequence the fixpoint property for maps of contractible compact polyhedra. It should be observed how the concept of homology groups (rather than Betti numbers which are invariants of those groups) leads to an easy and natural description of the Lefschetz number.

In 1925, also, as previously mentioned, Hopf met Alexandroff in Göttingen and they were to become life-long friends. In 1927/28, they spent the year together in

[1]Hadamard had, much earlier, observed the theorem on the existence of vector fields on a manifold without making explicit mention of the Euler characteristic.

Princeton, and enjoyed stimulating contacts with Veblen, Lefschetz and Alexander. Hopf identified Lefschetz as the single most important influence on his mathematical development at that time. Lefschetz had introduced his 'product method' for studying maps $f: X \to Y$ of n-dimensional manifolds. Hopf discovered the 'Umkehrungshomomorphismus' $R(f)$ which maps the intersection ring $R(Y)$ of Y into that of X. As we now understand, Hopf was really doing cohomology, so that $R(f)$ was, effectively, the induced map of the cohomology ring of Y into the cohomology ring of X. However, this point of view was not to surface until 1935; then it was a revelation that, while the intersection ring was isomorphic to the cohomology ring, the intersection was defined only for manifolds while the cohomology ring could be defined for arbitrary polyhedra. Hopf used the Umkehrungshomomorphismus to obtain an important result relating to the mapping degree of the map $f: X \to Y$ between two n-dimensional manifolds, and proved thereby [16] that, if the degree of f is non-zero, then f maps the intersection ring $R(X)$, with rational coefficients, onto $R(Y)$. He subsequently applied the same idea to other problems relating to maps between manifolds of different dimensions. The best-known and most exciting application, to generalized group-manifolds, will be discussed below.

In 1931, Hopf again used the intersection ring to establish one of the most significant results in the history of homotopy theory. He demonstrated [18] that there exist essential maps from S^3 to S^2, indeed, that there are infinitely many distinct homotopy classes of such maps. The language of homotopy groups was not yet available; it was in 1932 that Cech gave a definition of such groups at the Zürich International Congress, but it was not, in fact, until 1935 that they became an established tool when Hurewicz was the first to describe applications of the homotopy groups to classification problems of algebraic topology, thus effectively to what we now know as obstruction theory. In the language of modern homotopy theory, Hopf defined a numerical invariant γ attached to elements of the homotopy group $\pi_3(S^2)$ and showed that γ can take any integer value. We now know--it is an easy deduction from Hopf's methods--that γ is an isomorphism of $\pi_3(S^2)$ onto $\mathbf{Z}$. It is particularly significant to note that Hopf gave, in this work, the first demonstration of the existence of maps which are essential but homologically trivial, that is, their essentiality could not be detected by means of the induced homology homomorphism. That this is today a commonplace is largely due to the inspiration of Hopf's pioneer work.

Hopf's definition of the invariant γ proceeded essentially as follows. We triangulate and orient S^3 and S^2 and assume f to be a simplicial map from S^3 to S^2. Let p, q be interior points of distinct 2-simplexes of S^2. Then $f^{-1}(p)$, $f^{-1}(q)$ are 1-cycles on a suitable subdivision of S^3 and so have a linking number in S^3, which we call $\gamma(f)$. Hopf modified Brouwer's famous proof of the topological invariance of the mapping degree to show that $\gamma(f)$ was independent of the choice of triangulation of S^3 and S^2, and was indeed a homotopy invariant of f. He further showed that if $u: S^3 \to S^3$ is a map of degree d, then

(1) $$\gamma(fu) = d\gamma(f) \quad ;$$

and, if $v: S^2 \to S^2$ is a map of degree d, then

(2) $$\gamma(vf) = d^2\gamma(f) \quad .$$

Hopf then produced a map $f_o: S^3 \to S^2$ with $\gamma(f_o) = 1$; from this and (1) above, the existence of maps of arbitrary Hopf invariant follows immediately. The map f_o is the celebrated Hopf fibration or principal Hopf bundle, which we may express as follows. We regard S^3 as the space of two complex variables (z_1,z_2) such that $|z_1|^2 + |z_2|^2 = 1$, and we regard S^2 as the complex projective line, with coordinates the ratios $[z_1,z_2]$ where, of course, not both of z_1, z_2 is zero. Then we define $f_o: S^3 \to S^2$ by

(3) $$f_o(z_1,z_2) = [z_1,z_2] \quad .$$

It is plain that $f^{-1}[z_1,z_2]$ is the great circle of points $(z_1e^{i\alpha},z_2e^{i\alpha})$ and Hopf showed that any two such great circles link with linking number (for suitable orientations of S^3, S^2) equal to $+1$. We now recognize f_o as the bundle projection of a principal S^1-bundle.

In [26] Hopf generalized his argument in order to be able to consider maps f from S^{2n-1} to S^n. Now the points p, q are interior points of principal n-simplexes of S^n and their counter-images $f^{-1}p$, $f^{-1}q$ are $(n-1)$-dimensional cycles on a suitable subdivision of S^{2n-1}. Thus they have a linking number ω and again this linking number ω depends only on the homotopy class of f so that we may set

$$\gamma(f) = \omega(f^{-1}p, f^{-1}q) \tag{4}$$

However, it is immediately clear that ω is zero if n is odd, so that we should immediately restrict ourselves to the case of n even. The analogues of (1) and (2) above again hold; moreover, Hopf also pointed out that the definition of f_o might be adapted to lead to maps

$$f_o\colon S^7 \to S^4 \quad , \qquad f_o\colon S^{15} \to S^8 \quad , \tag{5}$$

such that $\gamma(f_o) = 1$. These (together with (3)) constitute the famous Hopf fibrations and are obtained by replacing the complex numbers, in (3), by the quaternions and octonions (Cayley numbers) respectively. For the general case of n even, Hopf did not obtain maps of invariant 1; however, he did obtain maps f with $\gamma(f) = 2$; this, of course, is sufficient, with (1), to establish that γ can take any even value. Today it is easy to see that the Whitehead product map $w\colon S^{2n-1} \to S^n$, n even, yields $\gamma(w) = \pm 2$. However, Hopf's method of obtaining maps f with $\gamma(f) = 2$ was based on a very beautiful geometrical idea and has led to substantial generalization and exploitation. Hopf described a map $g_o\colon S^{n-1} \times S^{n-1} \to S^{n-1}$, n even, of type (1,2). Here we say that the type of $g\colon S^{n-1} \times S^{n-1} \to S^{n-1}$ is (k,ℓ) if g, restricted to $pt \times S^{n-1}$, has degree k, and, restricted to $S^{n-1} \times pt$, has degree ℓ. Now we may express S^{2n-1} in a natural way as the union of $V^n \times S^{n-1}$ and $S^{n-1} \times V^n$, where V^n is an n-ball bounded by S^{n-1}; moreover the intersection of $V^n \times S^{n-1}$ and $S^{n-1} \times V^n$ is $S^{n-1} \times S^{n-1}$. Now the sphere S^n may be regarded as the union of two hemispheres B_+^n, B_-^n intersecting in the equator S^{n-1}. The map $g: S^{n-1} \times S^{n-1}$ extends to $g_+: V^n \times S^{n-1} \to B_+^n$, $g_-: S^{n-1} \times V^n \to B_-^n$, and hence, putting these extensions together, the map $g: S^{n-1} \times S^{n-1} \to S^{n-1}$ extends to a map $H(g): S^{2n-1} \to S^n$. Hopf showed that if g is of type (k,ℓ), then

$$\gamma H(g) = k\ell \quad ; \tag{6}$$

in particular,

$$\gamma H(g_o) = 2 \quad . \tag{7}$$

The construction H may be immediately generalized[1] to associate a map $H(g): S^{p+q-1} \to S^r$ with a map $g: S^{p-1} \times S^{q-1} \to S^{r-1}$ and is known as the Hopf construction; it plays a crucial role in homotopy theory, for example, in the definition of the celebrated J-homomorphism of G. W. Whitehead. Here we may specialize to $J: \pi_n(SO(q)) \to \pi_{n+q}(S^q)$, where $SO(q)$ is the special orthogonal group operating on Euclidean space $\mathbb{R}^q$. Thus a map $S^n \to SO(q)$ may be regarded as a map $g: S^n \times S^{q-1} \to S^{q-1}$ and the Hopf construction produces a map $H(g): S^{n+q} \to S^q$.

There is a wealth of connection between this work of Hopf and subsequent work in homotopy theory. We mention just a few salient features. Steenrod was the first to give an invariant definition of the Hopf invariant

[1]It may be, and has been, generalized much further than this!

and generalized it in the direction of the functional cup-product and, more generally, functional cohomology operations. Steenrod's interpretation may be carried a stage further, using J.H.C. Whitehead's idea of attaching a cell to a space. Since it is in this latter form that much of the work on the Hopf invariant has been done, we give this formulation. A map $f: S^{2n-1} \to S^n$ may be used to attach a 2n-cell to S^n to produce the space C_f. Then the additive cohomology of C_f has $\mathbb{Z}$ in dimensions n and $2n$, with generators α and β. The Hopf invariant is given by $\alpha^2 = \gamma(f)\beta$. In the case of the Hopf maps $f_o: S^{2n-1} \to S^n$, $n = 2, 4, 8$, the space C_{f_o} is the complex (resp. quaternionic, Cayley) projective plane, and its cohomology ring structure follows from Poincaré duality. The question of the existence of a map f of Hopf invariant 1 is thus the question of the existence of a space C whose cohomology ring is a polynomial ring in a variable x, of dimension n, truncated at x^3. Many partial results were obtained, by G. W. Whitehead, J. Adem, H. Toda and others, before J. F. Adams definitively answered the question in 1960 by proving that the known values of n were the only values of n for which maps f with $\gamma(f) = 1$ existed; subsequently, Adams and Atiyah produced in 1966 a very simple and elegant proof of this result using complex K-theory--by this method the problem was reduced to the fact of elementary number theory that if $2^m | 3^m - 1$ then $m = 1, 2$ or 4.

The relation of the Hopf invariant to the Freudenthal suspension, which is a homomorphism $\pi_r(S^n) \to \pi_{r+1}(S^{n+1})$ was first noticed by Freudenthal himself. This relation has led to generalizations of the Hopf invariant and to the suspension, and to the embedding of these two homomorphisms in a basic exact sequence also involving the Whitehead product. Moreover, the generalized suspension leads to the fundamental notion of the stable homotopy category and stable cohomology operations. The Hopf invariant problem may be formulated stably, when it appears as a mod 2 problem. There is also a mod p version for any odd prime p.

In 1935, a topology conference was held in Zürich[1], presided over by Elie Cartan. In his presidential address, Cartan drew attention to the fact that, if one took any Lie group G in one of the four main series of simple Lie groups, then the intersection ring of G over the rationals was that of the product of odd-dimensional spheres; thus we may write

$$(8) \qquad G \overset{\mathbb{Q}}{\simeq} S^{r_1} \times S^{r_2} \times \ldots \times S^{r_k} \quad , \quad r_i \text{ odd} .$$

For example,

$$SO(n) \overset{\mathbb{Q}}{\simeq} S^3 \times S^7 \times \ldots \times S^{4m-1} \quad , \quad n = 2m + 1 \quad ,$$

$$SO(n) \overset{\mathbb{Q}}{\simeq} S^3 \times S^7 \times \ldots \times S^{4m-1} \times S^{n-1} \quad , \quad n = 2m + 2 \quad .$$

This result had been obtained independently by Pontryagin and R. Brauer,

[1]This was also the year of the Moscow conference, which saw the birth of cohomology theory and the description of the Stiefel-Whitney classes in connection with the vector field problem on manifolds. It was also the year that Hurewicz wrote his key papers on applications of the homotopy groups.

and another proof was given later by Ehresmann. Cartan pointed out that it only remained to study the exceptional Lie groups G_2, F_4, E_6, E_7, E_8; but he added that, even if a similar result were found to hold for these five exceptional cases, one would still not really know why the result was true--this is always a defect of proof by enumeration of cases. Hopf responded to the challenge and solved the problem completely in 1939, his paper in fact appearing [40] in 1941[1]. The title of this paper, "Über die Topologie der Gruppen-Mannigfaltigkeiten und ihrer Verallgemeinerungen", is highly significant. For Hopf showed that the phenomenon described in (8) above springs from the mere fact that G is a manifold admitting a continuous multiplication $\mu: G \times G \to G$ with two-sided unity element. In fact, it is not necessary in Hopf's argument that G be a manifold; however, it now appears likely that, if X is a polyhedron admitting such a multiplication μ, then it will have the homotopy type of a manifold. Hopf considered manifolds because he was familiar with the intersection ring of a manifold and preferred to use this rather than the equivalent cohomology ring. Hopf also referred to such a manifold as a generalization of a group manifold; of course, we now know, thanks to the work of Gleason and Montgomery-Zippin in the 1950's, that a group manifold does admit the structure of a Lie group.

[1]There was a brief announcement [36] in 1939. The paper [40] was originally accepted in 1939 by *Compositio Mathematica*, but was transferred to the *Annals* when *Compositio* was obliged to cease publication.

Hopf's procedure in attacking the problem was to bring to bear the two algebraic structures on the homology, with rational coefficients, $H_*(X;\mathbb{Q})$, of a manifold X admitting a multiplication μ. On the one hand one has the intersection ring. On the other hand, the multiplication μ induces a multiplication on the graded abelian group $H_*(X;\mathbb{Q})$; this multiplication is due essentially to Pontryagin. In modern terminology we have the cohomology ring $H^*(X;\mathbb{Q})$, which is a graded commutative $\mathbb{Q}$-algebra. Then $\mu: X \times X \to X$ induces a <u>diagonal map</u> $\mu^*: H^*(X;\mathbb{Q}) \to$ $\to H^*(X;\mathbb{Q}) \otimes_{\mathbb{Q}} H^*(X;\mathbb{Q})$, which is a homomorphism of graded rings. If μ is homotopy-associative (homotopy-commutative), then μ^* is associative (commutative) in an obvious sense. The structure we are here attributing to $H^*(X;\mathbb{Q})$ is now called a <u>graded commutative Hopf algebra</u> over $\mathbb{Q}$; if A is such an algebra, so that $A = \bigoplus_{n \geq 0} A_n$, then A is said to be <u>connected</u> if $A_o = \mathbb{Q}$ (certainly the case if X is connected and $A = H^*(X;\mathbb{Q})$), <u>coassociative</u> if the diagonal map $A \to A \otimes_{\mathbb{Q}} A$ is associative, <u>cocommutative</u> if the diagonal map is commutative. The fact that $\mu: X \times X \to X$ has the base point as two-sided unity is reflected in the axiom on the Hopf algebra A that there is a <u>counit</u> $\eta: A \to \mathbb{Q}$ such that $A \xrightarrow{\Delta} A \otimes_{\mathbb{Q}} A \xrightarrow{1 \otimes \eta} A \otimes_{\mathbb{Q}} Q$ and $A \xrightarrow{\Delta} A \otimes_{\mathbb{Q}} A \xrightarrow{\eta \otimes 1} \mathbb{Q} \otimes_{\mathbb{Q}} A$ are the canonical isomorphisms, where Δ is the diagonal map. (Of course, the structure of A as a $\mathbb{Q}$-algebra involves the <u>unit</u> $\varepsilon: \mathbb{Q} \to A$.) Hopf showed that, as a $\mathbb{Q}$-algebra, A must be isomorphic to an exterior algebra on odd-dimensional generators. This explains the phenomenon cited by Cartan. Moreover, if A is coassociative then the generators of the exterior algebra will be primitive elements of the Hopf algebra, that is, elements x such that $\Delta x = x \otimes 1 + 1 \otimes x$.

Today, the theory of Hopf algebras is an important part of modern algebra. It has also fed back extensively into topology. For example, Browder has used the Hopf algebra structure in the cohomology to elucidate further the homology relations between fibre F, total space E, and base space B, where all spaces are Hopf spaces (i.e., spaces with continuous multiplication) and the maps $F \to E \to B$ are H-maps, that is, homomorphisms up to homotopy. At first, Hopf's generalization to spaces X admitting $\mu: X \times X \to X$ with two-sided unity seemed only to bring in the two examples S^7, $\mathbb{R}P^7$ of such manifolds which are not topological groups.[1] However, very recently, powerful new techniques, involving in particular the method of localization, have revealed a vast store of Hopf spaces, none of which is a Lie group. Some of these have the homotopy type of a topological group, showing that the solution of the homotopy version of Hilbert's Fifth Problem is negative. We would now interpret (8) as saying that G and $S^{r_1} \times S^{r_2} \times \ldots \times S^{r_k}$ have the same rationalizations; we know further that they have the same localizations at almost all primes. This observation is relevant to much of the current work on Hopf spaces. It is a pleasure to be able to record that Hopf was able to participate in a conference organized in his honour at Neuchâtel in August, 1970, when some 27 invited papers were given, all devoted to recent work in Hopf spaces and Hopf algebras. In the published proceedings of that conference (Springer Lecture Notes No. 196) James listed 347 papers relevant to the study of Hopf spaces!

[1] Plainly, the existence of continuous multiplications on S^1, S^3, S^7 explains, as described earlier, the existence of maps $S^3 \to S^2$, $S^7 \to S^4$, $S^{15} \to S^8$ with Hopf invariant 1. One applies the Hopf construction to the multiplications.

In 1941, and indeed much earlier, Hopf had been studying the influence of the curvature of a Riemannian manifold on its topology. His student Preissmann had shown that, if the curvature of a closed Riemannian manifold was nowhere positive then one could associate with two geodesic loops u and v, which represented commuting elements of the fundamental group, a surface of the type of a torus spanned by u and v. Hopf noted that what lay behind this 'product' was a purely algebraico-topological phenomenon, the influence of the fundamental group on the second homology group [44]. Of course, the fundamental group entirely determines the first homology group, which is just the fundamental group abelianized. On the other hand, the fundamental group obviously does not determine the second homology group; however, Hopf showed that it does determine the second homology group modulo the subgroup of spherical cycles. Let K be a connected polyhedron and let $\theta_n : \pi_n K \to H_n K$ be the Hurewicz homomorphism. Then the image of θ_n is called the subgroup of spherical n-cycles and Hopf showed that $\pi_1 K$ entirely determines the quotient of $H_2 K$ by the image of θ_2, that is, the cokernel of θ_2. In fact, Hopf gave an explicit formula, now known as the Hopf formula, for the cokernel of θ_2 in terms of a free presentation of $\pi = \pi_1 K$. Thus let π be represented as F/R, where F is a free group and R a normal subgroup of F; such a representation of a group π may well arise from a presentation of π by means of generators and relators. The Hopf formula then reads

(9) $$\operatorname{coker} \theta_2 = H_2K/\theta_2\pi_2K \cong (R \cap [F,F])/[F,R]$$

Here $[F,F]$ is the commutator subgroup of F and $[F,R]$ is the subgroup of F generated by commutators $f^{-1}r^{-1}fr$, $f \in F$, $r \in R$. In particular, we see that if $\pi_2K = 0$, then $H_2K \cong (R \cap [F,F])/[F,R]$.

Formula (9) breaks new ground in expressing a function of a group π by means of a free presentation of π; for it is by no means clear *ab initio* that the group $(R \cap [F,F])/[F,R]$ depends only on π and is independent of the choice of free presentation of π. Of course, (9) contains much more information than just that, since it attaches a deep topological significance to the group $(R \cap [F,F])/[F,R]$; however, in this particular aspect which we have emphasized, it may be said to be the precursor of the basic technique of modern homological algebra.

It was indeed in many senses the precursor of homological algebra. Hurewicz had pointed out, in his seminal papers in 1936, that if X is a connected polyhedron which is aspherical in all dimensions ≥ 2 (that is, $\pi_nX = 0$, $n \geq 2$), then the homology groups of X are entirely determined by the fundamental group $\pi = \pi_1X$. Indeed, the homotopy type of X is determined by π. Hopf realized, with Hurewicz, that this theorem generalized to the statement that if X is a connected polyhedron which is aspherical in dimensions $2 \leq n \leq k - 1$, then the cokernel of the Hurewicz homomorphism $\theta_k: \pi_kX \to H_kX$ is entirely determined by π. He was thus led to seek a generalization of formula (9) above, and the very beautiful result [49] appeared in 1944. Owing to wartime conditions, there was virtually no communication at that time between European and American mathematicians, so that further developments of Hopf's theory, by Eckmann and Freudenthal in Europe, and by Eilenberg and MacLane in the U.S.A., proceeded quite independently.

Hopf, as so often, based himself on a geometrical idea (by contrast, the work of Eilenberg and MacLane was much more purely algebraically inspired). Let $C(\tilde{K})$ be the chain group of the universal cover $\tilde{K}$ of the aspherical complex K, with integer coefficients. Then the fundamental group $\pi = \pi_1 K$ operates freely on the simplexes of $\tilde{K}$ without fixpoints and hence $C(\tilde{K})$ is a free π-module. Moreover, $\tilde{K}$ is contractible, so that $C(\tilde{K})$ is acyclic, and $C(\tilde{K})_\pi = C(K)$. Now if J is a coefficient group, then we may, of course, compute the homology of K with coefficients in J from the chain group

$$C(K) \otimes J = C(\tilde{K})_\pi \otimes J = C(\tilde{K}) \otimes_\pi J \tag{10}$$

(of course, Hopf did not explicitly invoke the tensor product). Hopf observed that any chain group which was acyclic and a free π-module could be substituted for $C(\tilde{K})$ in (10) to yield isomorphic homology groups; and he proceeded to describe one such chain group.

Thus [1)] let $C_n(\pi)$ be the free abelian group on $(n + 1)$-tuples $(x_0, x_1, \ldots, x_n)$ of elements of π. We turn $C_n(\pi)$ into a π-module by

---

1) (Added July 3, 1991) The author's memory was at fault here. The complex $C(\pi)$ was described by Eckmann, not by Hopf, who used an adhoc process do develop a suitable free π-complex. Eckmann's construction enabled him to introduce the cohomology ring of π with a coefficient ring R.

defining $(x_0,x_1,\ldots,x_n)x = (x_0x,x_1x,\ldots,x_nx)$ and $C_n(\pi)$ is then plainly a free π-module. We define a differential $\partial: C_n(\pi) \to C_{n-1}(\pi)$ by the usual simplicial boundary formula

$$(11) \qquad \partial(x_0,x_1,\ldots,x_n) = \sum_{i=0}^{n}(-1)^i(x_0,x_1,\ldots,\hat{x}_i,\ldots,x_n) \quad ,$$

where $\hat{x}_i$ indicates that x_i is to be omitted. Obviously ∂ is a module map and $\partial\partial = 0$. We define an augmentation $\varepsilon: C_o(\pi) \to \mathbb{Z}$ by $\varepsilon(x) = 1$ and thus have a chain complex of π-modules

$$(12) \qquad \ldots \to C_n(\pi) \xrightarrow{\partial} C_{n-1}(\pi) \to \ldots \xrightarrow{\partial} C_o(\pi) \xrightarrow{\varepsilon} \mathbb{Z} \quad .$$

We show that (12) is acyclic by defining a contracting homotopy $s: C_{n-1}(\pi) \to C_n(\pi)$, which is a homomorphism of abelian groups, by the rule

$$(13) \qquad s(x_0,x_1,\ldots,x_{n-1}) = (e,x_0,x_1,\ldots,x_{n-1}) \quad .$$

Thus $C(\pi)$ may be used to replace $C(\tilde{K})$ in (10) and we have that, if K is an aspherical complex with $\pi_1K = \pi$, and if J is a coefficient group, then

$$(14) \qquad H_*(K;J) \cong H_*(C(\pi) \otimes_\pi J) = H_*(C(\pi)_\pi \otimes J) \quad .$$

It is natural to write $H_*(\pi;J)$ for the middle group in (14), so that we may say that we have defined homology groups of π (with coefficients in J) and these groups are isomorphic to the homology groups of K. Of course we may allow J to be a (left) π-module. Then $H_*(K;J)$ is to be understood as the homology of K with local coefficients J and we still have

$$H_*(K;J) \cong H_*(\pi;J) \quad , \tag{15}$$

where $H_*(\pi;J)$ is to be understood as the homology of $C(\pi) \otimes_\pi J$. Similar results are available in cohomology and were enunciated by Eckmann, Freudenthal and Eilenberg-MacLane; here we may speak of a ring isomorphism $H^*(K;J) \cong H^*(\pi;J)$ if J is a ring of coefficients.

Hopf's procedure is, as we have suggested, the forerunner of homological algebra. We now interpret (12) as saying that $C(\pi)$ provides a free resolution of $\mathbb{Z}$ over π, so that, if J is a (left) π-module, $H_n(\pi;J)$ is precisely the value of the nth left derived functor of the functor $\mathbb{Z} \otimes_\pi -$, evaluated at J, in other words,

$$H_n(\pi;J) = \mathrm{Tor}_n^\pi(\mathbb{Z},J) \quad . \tag{16}$$

Today homological algebra is far more than the homology and cohomology theory of groups. Starting with the general notion of derived functors of a given additive functor between abelian categories, one develops the cohomology theory of groups, Lie algebras, augmented associative algebras, and other algebraic systems as special cases. Commutative ring theory, Hopf algebra theory and various other 'concrete' algebraic theories are now largely incorporated into homological algebra; on the other hand, there are also more abstract directions which homological algebra has taken, for example, the theory of derived categories and the homology theory of small categories. However, nobody would dispute that the origin of homological algebra is to be found in Hopf's study of the homology groups of aspherical complexes, based on Hurewicz' observations.

The Hopf formula (9) for $H_2\pi$, namely

$$H_2\pi = R \cap [F,F]/[F,R] \quad , \tag{17}$$

where F is a free group and $F/R \cong \pi$, may be recovered from the general procedure just described by setting $J = \mathbb{Z}$ and taking for F the free group on the elements of π. It is an interesting historical fact that the group $H_2\pi$, as a function of the finite group π, had already been considered much earlier by Schur in his study of (complex) projective representations. Essentially, Schur showed in 1904 that the obstruction to lifting a projective representation of π to an ordinary (complex) representation lay in a certain group which he called the multiplicator of π; and the multiplicator of π is, in the event, just $H_2\pi$. Though Hopf may well have been aware of Schur's work, there is no reason to suppose that the connection of the homology theory of groups which he invented with this early work became apparent until some years later.

The work of Hopf and his students during the war ranged over many parts of topology and differential geometry; a report [42] on this work was given by Hopf in 1946. This report was originally to have been published in 1941 in honour of Brouwer's 60th birthday, but the war prevented the appearance of this Festschrift. In the report as it did appear, Hopf included results obtained subsequent to 1941. Hopf continued to make active contributions to topology (fibre-bundle theory, relations between homotopy and homology, fields of surface elements on 4-manifolds) and to differential geometry right up to his retirement in 1965 and beyond. One should also add that he exhibit again his unique capacity for discerning the deep connections between topology and algebra in his application [47] of the theory of ends of groups to the study of non-compact spaces; this theory was utilized most effectively by Stallings in his proof that a finitely-generated group of cohomological dimension 1 must be free.

One is struck, on reading the works of Shakespeare, with the fact that they are full of quotations. So it is with the works of Heinz Hopf; his ideas are as fresh and as vigorous today as when he first expounded them. To those fortunate enough to have known him, his personality and way of life will always remain an inspiration. But even those who only know him through his published work will find therein a model of outstanding mathematical creativity reinforced by the art of lucid and elegant exposition.

Anhang 2.

Einige Erinnerungen an Heinz Hopf

P. Alexandroff
Jber. Deutsch. Math.-Verein. **78**, H.3 (1976) 113–146

Meine erste Bekanntschaft mit Heinz Hopf fällt in den Sommer 1926. Nach dem Abschluß seines Studiums in Berlin bei Erhard Schmidt ist Hopf für ein Jahr nach Göttingen gekommen, und das Sommersemester 1926 bildete den Schlußteil dieses Jahres. Ich beginne meine Erinnerungen an diesen Sommer mit folgendem Zitat aus meinem Artikel[1]) „Die Topologie in und um Holland in den Jahren 1920 – 1930".

Die Bekanntschaft zwischen Hopf und mir wurde im selben Sommer zu einer engen Freundschaft. Wir gehörten beide zum Mathematiker-Kreis um Courant und Emmy Noether, zu dieser unvergeßlichen menschlichen Gemeinschaft mit ihren Musikabenden und ihren Bootsfahrten bei und mit Courant, mit ihren „algebraisch-topologischen" Spaziergängen unter der Führung von Emmy Noether und nicht zuletzt mit ihren verschiedenen Badepartien und Badeunterhaltungen, die sich in der Universitäts-Badeanstalt an der Leine abspielten. Diese Badeanstalt mit ihrem „Oberhaupt", dem Bademeister Fritz Klie, einer überaus markanten Persönlichkeit des Göttinger Universitäts- und Studentenlebens, aber auch des ganzen Göttinger wissenschaftlich-mathematischen Betriebs, ist einer besonderen Erwähnung wert. Manches mathematische und nicht nur mathematische Gespräch fand bei Klie statt: am bewegten, nicht immer so recht sauberen, nach dem Regen öfters sogar ziemlich braunen Leinewasser oder in der Sonne oder im von Mücken gerne aufgesuchten Schatten der schönen Bäume der Klieschen Schwimmanstalt. Auch ist dort manche mathematische Idee geboren worden. Die Kliesche Schwimmanstalt war nicht nur ein Studentenbad, sie wurde auch von vielen Universitätsdozenten besucht, darunter von Hilbert, Courant, Emmy Noether, Prandtl, Friedrichs, Deuring, Hans Lewy, Neugebauer und vielen anderen. Von auswärtigen Mathematikern seien etwa Jakob Nielsen, Harald Bohr, van der Waerden, von Neumann, André Weil als Klies ständige Badegäste erwähnt. Auch

---

[1]) Nieuwe Archiv voor Wiskunde (3) XVII (1969) 109 – 127. Dieser Artikel ist eine Wiedergabe eines Vortrages zur Einweihung des Mathematischen Institutes der Universität Utrecht, den ich am 11. Mai 1968 gehalten habe.

Brouwer, als er im Sommer 1926 nach Göttingen kam, zählte zu ihnen. Die Schwimmanstalt Klie war ein ausgesprochenes Männerbad: Die Weiblichkeit war nur durch Fräulein Emmy Noether und Frau Nina Courant vertreten; die beiden Damen pflegten dabei ihre Ausnahmerechte täglich, des Wetters ungeachtet, zu genießen. Später änderten sich aber die Verhältnisse: es entstand nebenan ein städtisches Familienbad. Bademeister Klie mußte entrüstet konstatieren, daß viele unter seinen jungen Gästen, den Studenten, dorthin „zu den bunten Weibern übergelaufen sind"; und er wandte sich zu den ihm treu gebliebenen gelegentlich mit den Worten: „Sie aber, meine Herren, Sie bleiben bei der Reinheit."

Also kam im Sommer 1926 auch Brouwer nach Göttingen, und er lernte bei dieser Gegenheit zum ersten Mal Hopf persönlich kennen, Brouwer erkannte in Hopf sofort einen hervorragenden Topologen und interessierte sich sehr für den weiteren Verlauf seiner Untersuchungen. Aber auch der Mensch Hopf war für Brouwer sehr anziehend und sympathisch. Brouwer sagte mehrmals: „Hopf ist wirklich un cœur d'or" und äußerte sich auch sonst über ihn in höchst begeisterter Weise. Durch Brouwers Göttinger Besuch wurde das Band zwischen ihm und Göttingen wieder lebendig. An sich existierte dieses Band wohl immer. Es war ja Hilbert, der den jungen Mathematiker Brouwer etwa um 1909 entdeckt hatte und die Publikation seiner ersten grundlegenden topologischen Arbeiten in den Mathematischen Annalen förderte. Während der ersten und glänzendsten Periode Brouwers topologischen Schaffens stand er in engen Beziehungen zu den Göttinger Mathematikern (Hilbert, Klein und, unter den Jüngeren, vor allem wohl Hermann Weyl). Später haben sich bekanntlich die Beziehungen zwischen Brouwer und Hilbert sowohl mathematisch (wegen prinzipieller Meinungsverschiedenheiten in Grundlagenfragen) wie leider auch menschlich – ich würde sagen „allzumenschlich" – getrübt, und Brouwer wurde als Gast in Göttingen viel seltener gesehen. Nun ist er im Sommer 1926 wieder da, und er kam gleich in unseren engen Kreis um Courant und Emmy Noether. Die mathematische Atmosphäre in diesem Kreise war so lebhaft und die menschliche so warm und herzlich, daß jedes Eis in menschlichen Beziehungen in dieser Luft schmelzen mußte. So entstanden Pläne, eine Versöhnung zwischen Hilbert und Brouwer herbeizuführen. Ein Abendessen bei Emmy Noether wurde für die Erfüllung dieser Pläne gewählt. Im gemütlichen Dachraum, welcher das Arbeits-, Wohn- und Speisezimmer in der Wohnung von Emmy Noether (Friedländerweg 57) darstellte (von diesem Raume pflegte Edmund Landau zu fragen, ob für ihn der Eulersche Polyedersatz noch gelte), saßen Hilbert, Brouwer, Courant, Landau und einige junge Mathematiker am Tisch, darunter Hopf und ich. Mir fiel die Aufgabe zu, das Gespräch einzuleiten, welches zur Versöhnung führen sollte. Das beste Mittel, zwei auseinandergeratene Menschen wieder zusammenzubringen, besteht bekanntlich darin, einen Dritten ausfindig zu machen, den die beiden Ersten gern einer Kritik unterziehen möchten. Durch dieses Prinzip geleitet, lenkte ich das Gespräch auf den bekannten Funktionentheoretiker, der sich insbesondere durch seine Arbeiten über Uniformisierungstheorie berühmt gemacht hatte. Der Erfolg des Unternehmens dürfte die kühnsten Erwartungen übertreffen. In kurzer Zeit überstürzten sich Hilbert und Brouwer in einem temperamentvollen Meinungsaustausch, währenddessen sie sich in ihren Ansichten über jenen Funktionentheoretiker immer mehr einigten; gleichzeitig nickten sie einander immer freundlicher zu, bis sie schließlich in einem gemeinsamen Prosit-Zuruf völlig einig wurden. Die so gewonnene Aussöhnung reichte für die ganze Zeit des Brouwerschen Besuches in Göttingen. Leider gingen die beiden großen Männer später wieder auseinander.

Hopfs mathematische Interessen galten vor allem der Geometrie, und zwar in erster Linie den topologischen Fragen der Differentialgeometrie im Großen und den geometrischen Fragen der Topologie. In seinem Göttinger Jahre 1925–26 kamen seine ersten Arbeiten zum Abschluß, und mit diesen Arbeiten nahm Hopf seinen Platz unter den ersten geometrisch denkenden Mathematikern ein, den Platz, den er sein Leben lang behielt ebenso wie seine Liebe zur Geometrie und seine Herrschaft über alle Arten, alle Richtungen und alle Nuancen der topologisch-geometrischen Denkweise und Anschauung, wie sie wohl kein anderer Mathematiker seiner Zeit besessen hat. Hopf befand sich zu jener Zeit im Banne der Brouwerschen topologischen Ideen und Methoden, mit denen er durch das Studium der Originalarbeiten von Brouwer, aber auch nicht weniger durch die diesen Arbeiten gewidmeten Vorlesungen und Seminare von Erhard Schmidt vertraut gemacht worden war. Ich kam im selben Sommer 1926 aus Holland nach Göttingen, wo ich gerade ein Jahr bei Brouwer verbracht hatte. So kam es, daß der Name Brouwer sowohl bei Hopf wie auch bei mir gleich von Anfang unserer ersten Göttinger Unterhaltungen an eine besonders große Rolle spielte. Auf diese Rolle kamen wir später im Vorwort zu unserem gemeinsamen Buch mit folgenden Worten zurück: „Wir widmen diesen Band Herrn Brouwer, die Wirkung seiner Leistungen ist in fast allen Teilen der Topologie und daher auch in fast allen Abschnitten unseres Buches zu spüren. Brouwer als Topologe und als Gelehrter überhaupt ist für unsere Tätigkeit in der Topologie von entscheidender Bedeutung gewesen. Für den einen von uns (Hopf) bildeten die klassischen Untersuchungen Brouwers über stetige Abbildungen den Anreiz und die Grundlage seiner ersten selbständigen Arbeiten. Der andere (Alexandroff) hat ein Jahr (1925–1926) in der Nähe von Brouwer verbracht, und in diesem Jahre haben seine topologischen Anschauungen unter dem Einfluß von Brouwer im wesentlichen ihre jetzige Gestalt bekommen; Brouwers Einfluß ist, wie wir glauben, in diesem ganzen Buche lebendig geblieben."

Brouwer war nicht nur ein großer Mathematiker. Auch seine menschliche Persönlichkeit war höchst bedeutend. Er war geistreich und gedankenreich im höchsten Sinne dieser Worte, wobei sich dieser Reichtum auf alle Seiten des menschlichen Denkens und des menschlichen Lebens bezog. Als Mensch besaß Brouwer sehr viel Anziehendes, und zwar nicht nur vom intellektuellen Standpunkt aus gesehen, sondern auch vom emotionellen. Sein Verständnis und Interesse für das Leben anderer Menschen, ihre Freuden und ihre Leiden, seine ernste Teilnahme und Hilfsbereitschaft, diese Eigenschaften von Brouwer kannten alle, die zu Brouwers näherer Umgebung Zutritt hatten. Gleichzeitig gehörte aber Brouwer zu den komplizierten, ja widerspruchsvollen Naturen, und der Umgang mit ihm war nicht immer einfach gewesen. Auch das wußten alle, die mit Brouwer in nähere Beziehung kamen. Ich kannte Brouwer nicht nur aus der Zeit, die ich bei ihm verbracht habe, sondern auch schon ein Jahr früher, als ich im Sommer 1924 zusammen mit Urysohn in dessen letztem Lebensjahre Brouwer in seinem ländlichen Domizil in Blaricum besuchte. Aber kehren wir zum Sommer 1926 zurück. Zu jener Zeit bildete Göttingen einen der Mittelpunkte des mathematischen Lebens Europas und der ganzen Welt. Die Göttinger mathematische Schule war in den Jahren 1920–1930, einer Blütezeit dieser Schule, die Vereinigung mehrerer wissenschaftlicher Schulen, von denen neben der eigentlichen Schule Hilberts im engeren Sinne, deren Tätigkeit damals der mathematischen Logik und Grundlagenforschung gehörte, in erster Linie zwei Schulen genannt werden sollen: die von Courant und die von Emmy Noether. Beide Schulen waren aufs engste mit Hilbert verbunden.

Die Leitung des Göttinger mathematischen Lebens hatte seit etwa 1890 und bis etwa 1920 Felix Klein. Insbesondere wurde auch Hilbert von Klein in der Mitte der 90er Jahre nach Göttingen berufen. Hilbert wurde bald zum ersten und einflußreichsten Mathematiker von Göttingen, ja von ganz Deutschland, wenn nicht noch mehr. Aber Hilbert zeigte keinerlei Neigung zu organisatorischer Tätigkeit. Indessen begann in der Mitte der 20er Jahre, also ganz bald nach Kleins Tode (im Sommer 1925), ziemlich in der ganzen Welt die Zeit der großen und immer größer werdenden mathematischen Institute, die den gemütlichen Betrieb der deutschen Universitäten auch dann ersetzen sollten, wenn diese Universitäten wissenschaftlichen Weltruf hatten.

Von den führenden Göttinger Mathematikern war Courant derjenige, der eine eigentlich schöpferische mathematische Begabung mit einem hervorragenden organisatorischen Talent verband. Daher war es nur natürlich, daß Kleins Stellung als Leiter des ganzen mathematischen Betriebs in Göttingen allmählich an Courant überging; dieser Übergang geschah bei wohlwollender und tatkräftiger Unterstützung seitens Hilberts. Die Stellung Courants als des Leiters des mathematischen Lebens in Göttingen bekam eine neue und sozusagen materielle Bestätigung, als in der zweiten Hälfte der zwanziger Jahre mit dem Bau des auch heute existierenden neuen Gebäudes des mathematischen Institutes begonnen wurde und Courant zusammen mit seinem viel jüngeren Freund und Mitarbeiter Otto Neugebauer praktisch die Leitung dieses großen Unternehmens übernahm. So war die wissenschaftliche und pädagogische Tätigkeit Courants in Göttingen eng verwachsen mit seiner praktischen organisatorischen Tätigkeit. Diese enge Verbundenheit mit der Praxis ist einer der wesentlichen Charakterzüge des Gelehrten und Menschen Courant überhaupt. Im mathematischen Schaffen Courants äußerte sich dieser Charakterzug in der Rolle, die in diesem Schaffen die Anwendungen spielten. Man kann ohne Übertreibung sagen, daß die Anwendungen bei den meisten Arbeiten von Courant gleichzeitig den Ursprung und das Ziel bildeten: sie entstanden aus den Nöten der Anwendung und waren für die Anwendung bestimmt. Auch seinem ganzen Temperament nach war Courant ein angewandter Mathematiker „pur sang“. Ganz anders war die Einstellung von Emmy Noether zur Mathematik, ja zum Leben überhaupt. Emmy Noether war der abstrakteste von allen Mathematikern, denen ich in meinem Leben begegnet bin, und sie war wohl auch der unpraktischste Mensch, den ich jemals kannte. Das wissenschaftliche Gebiet, zu dem ihre Arbeiten gehören, ist Algebra, und zwar die abstrakte, oder wie sie heute heißt, allgemeine Algebra. Dieses abstrakt-algebraische Gebiet entstand zum großen Teil aus und unter dem Einfluß der Resultate, und in einem noch höheren Maße der Ideen, Begriffsbildungen und mathematischen Forschungsmethoden von Emmy Noether. Dieses Gebiet gehört zu der sogenannten *begrifflichen* Mathematik, um einen Ausdruck zu gebrauchen, der wiederum auf Emmy Noether zurückgeht und der in ihrem Mund das Gegenstück zur rechnerischen und auch zur angewandten Mathematik darstellte. Bei der weiteren Entwicklung der Mathematik gewannen die Ideen und die allgemeinmathematischen Einstellungen von Emmy Noether immer mehr an Bedeutung und Einfluß, und wenn man z. B. an die mathematische Gedankenwelt denkt, die sich heute um die homologische Algebra konzentriert, so kann man sie sich ohne die Ideen von Emmy Noether ebensowenig vorstellen, wie ohne die Ideen von Heinz Hopf. Heute spricht man allerdings nicht mehr von einem Gegensatz zwischen der „begrifflichen“ oder „abstrakten“ und der „angewandten“

Mathematik, denn man hat schon längst verstanden, daß es einen solchen Gegensatz höchstens für einen oberflächlichen Beobachter geben kann. Vor fünfzig Jahren gab es diesen und ähnliche Gegensätze zumindest auf psychologischem Niveau, so daß die jungen Mathematiker, die sich um Courant gruppierten, und andererseits die Schüler von Emmy Noether Vertreter verschiedener Richtungen in der Mathematik waren und sich als solche auch fühlten. Jedoch viel wichtiger als diese Verschiedenheit der Forschungsrichtungen war das Gemeinsame, das die beiden Schulen zu einem Ganzen vereinigte, „der Göttinger Geist" wie man oft sagte (manchmal nicht ohne Kritik, aber stets erkannte auch der Kritisierende die überaus große Bedeutung an, welche die Göttinger Schule und ihr Geist für die Mathematik unserer Zeit hatte). Um es nochmals zu betonen: Am Anfang dieser Schule stand Hilbert. Courant war direkter Schüler Hilberts von seinem ersten Auftreten in der Mathematik an und auch viel später — Emmy Noether war formal keine Schülerin von Hilbert. Aber sie übernahm von ihm viele allgemeinmathematische Ideen, wurde von Hilbert als Mathematiker überaus hoch geschätzt (insbesondere auch als die größte Mathematikerin in der Gesamtgeschichte der Mathematik) und gehörte in jeder Beziehung zu Hilberts nächster Umgebung. Die Courantsche und die Noethersche Schule waren einig in ihrer selbstlosen und begeisterungsvollen Liebe zur Mathematik. Für Hilbert war die Mathematik immer eine herrliche, vollkommene und in ihrer Vollkommenheit einheitliche, eine zu bewundernde Schöpfung des menschlichen Geistes, eine Schöpfung von unsagbarer Schönheit und unbeschränkter Macht im Felde der menschlichen Erkenntnis. Daher auch das berühmte Hilbertsche Wort: „Es gibt in der Mathematik kein Ignorabimus". Dieses Hilbertsche Credo wurde zum Credo der ganzen Göttinger mathematischen Schule, darunter der Courantschen ebenso wie der Noetherschen, und bildete bewußt oder unbewußt einen wesentlichen Ansporn ihrer so großen wissenschaftlichen Aktivität.

Auch nach außen hin war wie schon gesagt Göttingen ein hervorragender Brennpunkt der ganzen mathematischen Welt. Aus allen Ländern strömten mathematische Ideen und Entdeckungen nach Göttingen, um nach einem intensiven Austausch dann wieder nach verschiedenen Orten und Gegenden auseinanderzuströmen. Wie viele und wie bedeutende Mathematiker verschiedenen Alters damals zu Göttingen gehörten — zumindest als ständige und immer wiederkehrende Gäste —, zeigt schon die folgende leicht fortsetzbare Namenreihe: Hermann Weyl, Carathéodory, Harald Bohr, Hardy, Hecke, Siegel, Nevanlinna, Hopf, v. Neumann, Kolmogoroff, André Weil. Von den Mathematikern, die damals bei Courant bzw. E. Noether arbeiteten oder studierten, seien noch erwähnt: Neugebauer,

K. Friedrichs, H. Lewy, F. John, Rellich, v. d. Waerden, Deuring, Witt. Von den Mathematikern, die Göttingen im Sommer 1926 besuchten, seien außer den oben genannten Kollegen noch G. D. Birkhoff (mit dem Hopf besonders viel zu tun hatte) und auch noch Norbert Wiener erwähnt. Die jungen Mathematiker um Courant und Noether standen in sehr freundschaftlichen Beziehungen zueinander, so daß man von einem Kreis junger Mathematiker sprechen darf, zu dem durchaus auch Courant und E. Noether selbst gehörten. Die Altersdifferenz, die es dabei gab, spielte wirklich keine Rolle. Diesem Kreise (zu dem auch ich seit etwa zwei Jahren gehörte) schloß sich auch Hopf gleich an. Die Beziehung naher Freundschaft, die zwischen Hopf und mir bestand, dehnte sich sehr bald insbesondere auf Otto Neugebauer aus. So entstand ein Dreibund, zwischen Hopf, Neugebauer und mir, das sogenannte (zweidimensionale) Simplex, das in naher freundschaftlicher Beziehung sowohl zu Courant wie auch zu Emmy Noether stand.

Hopf verbrachte außer dem Sommer 1926 auch das Sommersemester 1928 in Göttingen, zum Teil auch das Sommersemester 1927. Ich war in Göttingen alle drei Sommer 1926–1928. In den ersten Tagen des Augusts 1926 sind Hopf, Neugebauer und ich auf eine große gemeinsame Ferienreise nach Frankreich gegangen. Zuerst gingen wir in die Bretagne, nach Bourg de Batz, einem kleinen an der Südküste der Bretagne gelegenen Ort, wo vor zwei Jahren Urysohn ums Leben gekommen war. Nach einem mehrtägigen Aufenthalt in Batz fuhren wir in die Pyrenäen und machten dort eine lange Fußwanderung, die uns schließlich nach Collioure gebracht hat. Collioure ist (oder jedenfalls war damals) ein winziges Fischerdorf, am Meer nahe an der französisch-spanischen Grenze gelegen. Dort gab es ein kleines und ganz einfaches, aber in jeder Hinsicht sauberes Hotel, genannt nach seiner Besitzerin Hotel Bougnol. Die Kundschaft des Hotels bestand zum großen Teil aus jungen Pariser Malern, von denen manche nachher bekannt wurden. Der bescheidene Speisesaal des Hotels Bougnol war durch die Bilder geziert, welche die Hotelgäste bei ihrer Abreise als Dank an die Patronne hinterließen. Dieses, die ganze sehr angenehme Atmosphäre des Hauses, und nicht zuletzt das persönliche Wesen der Mme. Bougnol, das liebenswürdige Gastfreundschaft mit Würde und feinem Takt vereinigte, trugen wesentlich dazu bei, daß trotz der an Primitivität grenzenden Einfachheit des Hauses das Leben in ihm bei uns allen die besten Erinnerungen hinterlassen hat.

Mein Aufenthalt in Collioure wurde unterbrochen durch eine Fahrt nach Paris, wo ich einen Tag verbringen mußte, um dort Lefschetz zu treffen und mit ihm die Angelegenheiten der noch im Sommer 1926 für den Winter 1927–1928 geplanten gemeinsamen Reise von Hopf und mir nach

Princeton zu besprechen. Dieser Plan wurde dann zur rechten Zeit auch durchgeführt, und ich komme bald darauf zurück.

Von Collioure ging unsere weitere Reise über Marseille nach Ajaccio und schloß nach einem Aufenthalt von etwa 8 Tagen in der Nähe von Ajaccio mit einer herrlichen Rundfahrt über die ganze korsische Küste (mit einem Abstecher ins Binnenland, insbesondere nach Corte, der alten Hauptstadt der Insel).

Auch die Woche in der Nähe von Ajaccio war sehr schön. Dort gab es im Meer in einer nicht ganz geringen Entfernung vom Ufer einen einsamen Felsen, der in der Regel nur von Möwen besucht wurde. Unsere Schwimmfähigkeit war hinreichend gut, so daß wir täglich diesen Felsen schwimmend erreichen und dann nach einem Aufenthalt dort auf dieselbe Weise den Rückweg machen konnten. Wie lange wir auf jenem Felsen blieben, konnten wir uns nur anschauungsmäßig vorstellen, denn Uhren hatten wir nicht. Aber im ganzen dauerte ein solcher Ausflug ungefähr vier Stunden, von etwa 10 Uhr vormittags bis 2 Uhr nachmittags. Gefährlich war dieses Schwimmen trotz seiner langen Dauer nicht, denn abgesehen davon, daß wir alle drei gute Schwimmer waren, war das Wetter ruhig, das Meer still und warm, und – was vielleicht die Hauptsache war –, wir waren zu dritt, also gab es immer zwei Schwimmer, die im Notfall dem dritten hätten helfen können. Im großen und ganzen bildete wohl Corsica den Höhepunkt dieser in allen ihren Teilen wunderschönen Reise. Eine viel kürzere, aber ebenfalls schöne Reise machten Hopf, Neugebauer und ich im August 1927. Wir waren wieder am Mittelmeer, und zwar in Cassis (unweit von Marseille) und in Portofino (an der italienischen Riviera). Mitte September desselben Jahres 1927 traten Hopf und ich unsere noch im Sommer 1926 besprochene Reise nach Amerika an. Wir verbrachten den ganzen Winter 1927–1928 in Princeton. Dieser Aufenthalt wurde nur durch eine Ferienreise nach Florida unterbrochen (an Weihnachten). In Princeton waren wir beide viel mit O. Veblen, Lefschetz und Alexander zusammen. Besonders rege und produktiv war dabei der wissenschaftliche Verkehr mit Alexander und Lefschetz. Hopf war damals besonders intensiv mit seinen Untersuchungen über stetige Abbildungen beschäftigt, während ich in Princeton meine „Untersuchungen über Gestalt und Lage abgeschlossener Mengen" aufgeschrieben habe und mich für verschiedene Fragen der Homologietheorie mehr im allgemeineren Rahmen der mengentheoretischen Topologie interessierte. Das alles gab Anlaß zu mathematischen Unterhaltungen zwischen uns und unseren amerikanischen Freunden in allen Kombinationen zu zweit, zu dritt, zu viert. Jeder interessierte sich für Sachen seiner jeweiligen Gesprächspartner, daher die Lebendigkeit der Unterhaltungen. Ich erinnere mich zum Beispiel an eine bis heute unbeantwortete Frage, die von uns damals besprochen wurde. Die Frage scheint zuerst durchaus in das Gebiet der „rein mengentheoretischen Topologie" zu gehören, ist aber in Wirklichkeit geometrisch und wohl mit der allgemeinen Homologietheorie verbunden. Die Frage lautet folgendermaßen. Es sei M eine k-dimensionale Punktmenge im n-dimensionalen Euklidischen Raume $\mathbb{R}^n$. Gefragt wird nach der Existenz einer zu M homöomorphen Menge M', die in einem ebenfalls k-dimensionalen im $\mathbb{R}^n$ gelegenen Kompaktum F enthalten ist. Mit anderen Worten: Gibt es zu jeder Punktmenge $M \subset \mathbb{R}^n$ eine im selben $\mathbb{R}^n$ gelegene gleichdimensionale kompakte Erweiterung F?

Abgesehen von den beiden Spezialfällen $k=0$ und $k=n$, in denen die Antwort auf unsere Frage trivialerweise positiv ist, bleibt sie bis heute ungelöst. Im Sommer 1928 waren wie gesagt Hopf und ich wieder in Göttingen. Jeder von uns hielt eine Vorlesung und wir hatten auch unser gemeinsames Seminar über verschiedene Fragen der Topologie. Für uns beide bildete dieser Sommer eine Fortsetzung des vorherigen Princetoner Winters, und unsere mathematischen Gespräche (zu nicht geringem Teil wieder auf Spaziergängen und „bei Klie" geführt) schlossen oft an unsere Princetoner Unterhaltungen aus dem letzten Winter an. Zu dieser Zeit begann ich mich mit dem Aufbau der homologischen Dimensionstheorie ernsthaft zu beschäftigen, und es wurde mir klar, daß der Schlüssel zur ganzen Sache im Begriffe und in der Untersuchung der wesentlichen Abbildungen eines Polyeders auf eine gleichdimensionale Sphäre liegt. Hopf interessierte sich für diese Dinge, und wir unterhielten uns viel darüber. Aber erst später im Winter 1929/30 kam es zum Briefaustausch zwischen uns, dessen zweite Hälfte (Hopfs Antwort auf meinen Brief) seine Arbeit [17] (siehe das Verzeichnis der Arbeiten von Hopf) bildete. Diese Arbeit [17] muß als die erste Version seiner Arbeit [24] betrachtet werden und ist auch interessant vom Standpunkt der Entwicklung der Ideen von Hopf in einem Gebiete der Topologie, das auf ihn schon immer eine besondere Anziehungskraft ausübte; es handelt sich um die allgemeine Frage der Beziehungen zwischen geometrischer Anschauung und algebraischen Sätzen und Begriffsbildungen. Zu dieser allgemeinen, ich würde fast sagen philosophischen Fragestellung kehrt Hopf immer wieder zurück, so auch in seiner Arbeit [14], wo er den Begriff des Grades einer Abbildung $f\colon X \to Y$ einer geschlossenen Mannigfaltigkeit X auf eine gleichdimensionale Mannigfaltigkeit Y auf die lokale Bedeckungszahl im elementar anschaulichen Sinne (ohne jede Vorzeichen-Betrachtung) mittels Homotopie zurückführt. Der Beweis des entsprechenden Satzes kostete Hopf nicht wenig Mühe, und wir kamen auf diesen Satz oft zurück seit unseren ersten topologischen Gesprächen vom Sommer 1926.

Im Sommer 1928 machte uns Courant das Angebot, ein Buch über Topologie für seine „Gelbe Sammlung" zu schreiben. Wir nahmen das Angebot an, aber wir unterschätzten damals die Schwierigkeiten, die mit ihm verbunden waren. Wir ahnten damals nicht, daß die Fertigstellung dieses Buches sieben Jahre intensiver und oft sehr anstrengender Arbeit von uns beiden verlangen sollte. Wir nahmen unsere Aufgabe sehr ernst, wir hielten sie für wichtig. Es gab mitunter schwere Zeiten, in denen wir nicht recht vorwärtskamen und zuweilen dachten, daß es vielleicht besser wäre, diese schwere Last nicht auf uns zu nehmen; wir fürchteten, daß uns wohl nichts anderes gelingen werde, als die ohnehin ziemlich lange Reihe mißlungener mathematischer Bücher um ein neues Glied zu verlängern. Dann aber schwebten uns andere Beispiele vor, Beispiele von gelungenen, uns nützlich erscheinenden Büchern wie „Hausdorff", „van der Waerden" und andere, und wir gingen wieder munter ans Werk. Unser Buch ist in jeder Hinsicht ein gemeinsames Werk, nicht nur deshalb, weil es in ihm Kapitel gibt, die mehr von dem einen und mehr von dem anderen der beiden Verfasser stammen, sondern vielmehr deshalb, weil es in ihm keine einzige Seite gibt, die nicht von jedem der beiden Verfasser aufs sorgfältigste gelesen, verstanden und durchkritisiert wäre. So tragen die beiden Verfasser die volle Verantwortung für das ganze Buch und alle seine Teile.

In den Jahren 1928–1932 kamen wir sehr oft zusammen, so daß wir zu dieser Zeit oft zur gemeinsamen Arbeit im eigentlichen sozusagen buchstäblichen Sinne kamen – das letzte Mal im Herbst 1932, den wir größtenteils zusammen in Zürich verbrachten. Dann aber kam eine Unterbrechung bis Ende August 1935: In der Zwischenzeit waren wir leider kein einziges Mal zusammen. Zwar korrespondierten wir in dieser Zeit systematisch, aber auch hier gab es manchmal Unterbrechungen, verlorene bzw. sehr verspätete Sendungen und dgl. Ende August 1935 gab es in Moskau eine internationale topologische Konferenz – die erste Internationale topologische Konferenz, die es jemals gegeben hatte. Neben Hopf und den russischen Topologen (darunter insbesondere Kolmogoroff, Pontrjagin, Tychonoff) enthielt die Teilnehmerliste der Konferenz Alexander, Lefschetz, M. H. Stone, Cech, Hurewicz, Freudenthal, van Dantzig, Heegard, Sierpinski, Mazurkiewicz, Kuratowski, Knaster, Borsuk, de Rham, Garrett Birkhoff, J. v. Neumann, A. Weil und andere hervorragende Mathematiker. Im Rahmen einer vereinigten Sitzung der Konferenz und der Moskauer Mathematischen Gesellschaft wurde eine Trauerrede zum Andenken an Emmy Noether gehalten: Emmy Noether starb einige Monate vorher, am 14. April 1935. Auf dieser Konferenz gab es allerhand. Man konnte Hopf über einen großen Teil seiner Untersuchungen zur Topologie der Mannigfaltigkeiten vortragen hören, man konnte die ersten Anfänge der Kohomologietheorie direkt aus Vorträgen ihrer Begründer Alexander und Kolmogoroff lernen. Über Homotopiegruppen im allgemeinen trug

Hurewicz vor, während die Homotopiegruppen von Sphären in einem Vortrag von Pontrjagin behandelt wurden. E. Cech und M. H. Stone trugen am selben Tage über die maximale bikompakte Erweiterung eines topologischen Raumes vor, die heute die Stone-Cechsche Erweiterung heißt. Ich hatte an dieser Konferenz den Schlußvortrag gehalten. Er enthielt eine Auswahl offener Fragen der mengentheoretischen Topologie, von denen eine Mehrzahl in den späteren Jahren beantwortet wurde. Nach dem Abschluß der Konferenz sind Hopf mit seiner Frau, Kolmogoroff und ich auf eine gemeinsame Reise nach der Krim gegangen. Die Reise dauerte bis Ende Oktober und bestand im wesentlichen aus einem Aufenthalt an der Küste des Schwarzen Meeres in einer sehr schönen Gegend in etwa 30 km Entfernung von Jalta. Ein solcher Aufenthalt paßte ausgezeichnet, um der Arbeit am Buche den letzten Schliff zu geben. Außerdem machten Hopf und Kolmogoroff einige schöne Fußtouren. Obwohl ich während dieses Aufenthaltes am Meer einige Zeit krank war und im Bett bleiben mußte, genoß ich die ganze Reise doch sehr. Dort am Schwarzen Meer wurden die letzten Korrekturen des Buches gelesen, und es wurde auch das Vorwort zu ihm von den beiden Verfassern geschrieben. Damit endete unsere Arbeit an diesem Buch und auch das Septennium 1928 – 1935, das sowohl bei Hopf wie auch bei mir zum großen Teil im Zeichen der gemeinsamen Arbeit am Buche stand. Leider war für uns beide das Ende unserer Krimreise gleichzeitig der Beginn einer langen Periode von 15 Jahren, welche 5 Vorkriegsjahre, 5 eigentliche Kriegs- und 5 Nachkriegsjahre umfaßte und in welcher wir uns kein einziges Mal sehen konnten. Erst in den letzten Tagen des Aprils 1950 trafen wir wieder zusammen, und das geschah in Rom bei der Gelegenheit des 70. Geburtstages von Severi, der Anlaß zu prunkvollen Festlichkeiten gegeben hat. Zu diesen Festlichkeiten sind Hopf aus Zürich und ich aus Moskau gekommen. Wie sehr wir durch dieses Wiedersehen nach so vielen Jahren aufgeregt waren, kann und brauche ich nicht auseinanderzusetzen. Die ganze Severi-Feier dauerte ziemlich lange, denn sie enthielt als Teil ein internationales (geometrisch-topologisches) Symposium. Während dieser ganzen Zeit waren wir beide natürlich viel zusammen,und es gab auch viel Mathematik in unseren damaligen Gesprächen, weil das Severi-Symposium wissenschaftlich sehr interessant war und einen sozusagen zwangsmäßigen Anlaß zu mathematischem Gedankenaustausch gab. Dieses Symposium war, wenn ich mich nicht irre, die erste internationale mathematische Zusammenkunft der Nachkriegszeit. Als Vortragssprachen waren Englisch, Französisch und Italienisch zugelassen. Dementsprechend sprach von den deutschen Kollegen Blaschke italienisch und Hasse englisch und italienisch. Ich hielt zwei Vorträge, den einen französisch und den anderen deutsch. Letzterer war auch der einzige in deutscher Sprache gehaltene Vortrag.

Nach 1950 sah ich Hopf das nächste Mal in Amsterdam, am Internationalen Mathematiker-Kongreß im August 1954, dann 1958 am Kongreß in Edinburg, 1962 in Stockholm und 1966 in Moskau. An diesen Kongressen waren wir jedesmal etwa 8–10 Tage zusammen, und das waren immer sehr schöne Tage, wenn sie auch natürlich mit unseren früheren gemeinsamen Reisen der Vorkriegszeit nicht zu vergleichen sind. Zu den Kongressen von Amsterdam, Edinburg und Stockholm kam auch Frau Anja Hopf, obwohl sie in diesen Zeiten schon krank war und nur wenig gehen konnte. Nach Moskau 1966 konnte Anja Hopf nicht mehr kommen. Abgesehen von diesen regelmäßigen Teilnahmen an Kongressen kamen Hopf und ich zu sämtlichen Versammlungen des Exekutivkommittees der Internationalen Mathematischen Union. Wir waren beide Mitglieder dieses Exekutivkommittees, und das gab uns die Möglichkeit, auch in den Zeitintervallen zwischen den Kongressen regelmäßig und in nicht zu großen Abständen zusammenzukommen; diese Begegnungen fanden an verschiedenen Orten statt. Auch kam ich zu den Hopfs ein paarmal zu etwas längeren Besuchen nach Zürich. Unser letztes ungetrübtes Zusammensein fand im August 1966 in Moskau und in der Umgebung von Moskau statt. Wenn auch Frau Hopf die Reise nach Moskau nicht machen konnte, war ihr gesundheitlicher Zustand in jener Zeit doch befriedigend, und Heinz Hopf war ruhig und guter Laune. Vor dem Kongreß fand die Versammlung der Mathematischen Union in dem schönen, an der Wolga gelegenen kleinen Orte Dubna statt. Wir verbrachten einige schöne Tage am Wasser. Mit uns war auch mein junger Schüler Victor Zaicev, der nach wenigen Jahren schwer krank wurde, damals aber jung, gesund und lebensfroh war und keine Gelegenheit versäumte, um Ruder- und Schwimmpartien anzuregen und uns dabei tatkräftig zu unterstützen. Es war sehr schön, ganz wie in längst vergangenen Zeiten; insbesondere war Hopf in jenen Tagen fröhlich, ja fast jugendlich gestimmt. Aber das war eben zum letzten Mal. Nach der Rückkehr von Heinz Hopf aus Moskau begann sich die Gesundheit seiner Frau schnell zu verschlechtern. Nach wenigen kleinen Schwankungen fingen ihre Kräfte an ständig abzunehmen, und Anfang des nächsten Februars (1967) ist Anja Hopf gestorben. Jetzt begann auch die Lebenskurve von Heinz Hopf rasch zu sinken. Es entstand in ihm jene Leere, die, wenn sie nun einmal da ist, sich nur ausbreiten kann, bis sie schließlich das ganze Leben eines Menschen verschlingt und es zu Nichts macht. Zum letzten Mal waren Hopf und ich im Juni 1970 zusammen. Wir kamen beide nach Frankfurt am Main und verbrachten dort zusammen etwa eine Woche. Wir wohnten in einem kleinen Hotel in der Nähe des Palmengartens. Hopf wurde von seiner Nichte, Professor Elisabeth Ettlinger, begleitet. Seine Gesundheit war nicht mehr gut. Er hatte Schwierigkeiten beim Gehen, manchmal auch beim Sprechen, man konnte sich schwer vorstellen, daß es derselbe Mann war, der vor weniger als vier Jahren so vergnügt auf der Wolga geschwommen war. Und trotzdem war es derselbe Heinz Hopf, den ich seit dem Sommer 1926, also 44 Jahre, so gut kannte, mit dem ich diese ganzen Jahre so eng und so herzlich befreundet war. Sein eigentliches Wesen, seine Persönlichkeit hatte keine Änderung erfahren. Wir erlebten in Frankfurt wieder gemeinsam schöne, wenn auch nicht gerade fröhliche Tage. Äußerer Schwierigkeiten ungeachtet, unterhielten wir uns sehr gut, und wir konnten einander ebensogut und vollständig verstehen, wie wir es alle Jahre unserer Freundschaft immer konnten. Wir machten Pläne über eine Zusammenkunft im nächsten Jahre, in der Schweiz oder in Deutschland. Aber trotz dieser Pläne war die allgemeine Stimmung unseres Frankfurter Zusammenseins doch die Stimmung des Abschieds. Vielleicht fühlte jeder von uns in seinem Unterbewußtsein, daß diese Begegnung unsere letzte Begegnung sein würde. Diese Stimmung des Abschieds wurde bei mir besonders stark, ja überwältigend, als wir auf dem Bahnsteig waren und den Züricher Zug heranrollen sahen. Schließlich bestieg Heinz den Wagen, und ich erblickte ihn zum letzten Mal. Im April 1971 wurde die Gesundheit von Hopf recht schlecht, und ich machte mich für die Reise nach Zürich bereit. Nachdem Ende April alle mit meiner Reise verbundenen Formalitäten erledigt waren und meine Abreise für den 10. Mai festgelegt wurde, erkrankte ich unerwarteterweise und kam (noch immer April) in eine Klinik, wo ich mehr als einen Monat bleiben mußte. Dort erreichte mich die Nachricht, daß Heinz Hopf am 3. Juni gestorben ist. Ich kam nach Zürich erst gegen den 19. November, den Geburtstag von Hopf. Dieser Tag wurde in jenem Jahre zum Tage der ersten seinem Andenken gewidmeten Gedenkfeier.

P. Alexandroff

Anhang 3.

Zum Gedenken an Heinz Hopf

Beno Eckmann
Extrait de *L'enseignement mathématique*, T. XVIII, fasc. 2, 1972

Am 3. Juni ist Heinz Hopf nach langer Krankheit im Alter von 76 Jahren gestorben. Von 1931 bis 1965 war er Professor für Mathematik an der Eidgenössischen Technischen Hochschule gewesen. In Zollikon, wo er gelebt hat, kannte man den freundlichen, gütigen und bescheidenen Gelehrten gut; wieviele aber wußten wohl von seinem wissenschaftlichen Weltruf? Nicht nur seine Angehörigen, seine Freunde, Kollegen und Schüler trauern um den Dahingegangenen, sondern die ganze mathematische Welt, die ihn und sein Werk tief verehrt. Heinz Hopf war einer der bedeutendsten Mathematiker unserer Epoche. Sein Name ist an allen mathematischen Schulen bekannt als der eines Forschers und Lehrers, dessen Lebenswerk die Wissenschaft stark beeinflußt hat und im Gedankengut ganzer Generationen weiterlebt.

Heinz Hopf wurde am 19. November 1894 in Breslau geboren. Er verbrachte dort seine Jugendzeit und begann das Studium der Mathematik, das er aber bald unterbrechen mußte: während der vier Jahre des Ersten Weltkriegs war er an der Front. Um so intensiver setzte er sein Studium nach Kriegsende fort an den Universitäten Berlin, Heidelberg und Göttingen. Er promovierte in Berlin bei Erhard Schmidt, dem er die ersten und auch nachhaltigsten wissenschaftlichen Anregungen verdankte. 1925 lernte er in Göttingen den russischen Mathematiker Paul Alexandroff kennen, mit dem ihn eine innige Freundschaft verband, die Menschliches und Wissenschaftliches in gleicher Weise umfaßte und die das ganze Leben hindurch anhalten sollte; gemeinsam mit ihm konnte er 1927 auf Grund eines Rockefeller-Stipendiums ein Jahr an der Universität Princeton verbringen. Die Arbeiten Hopfs, die in diesen Jahren entstanden, lösten große Begeisterung aus; durch sie wurde die Topologie zu einem neuen Zweig der Mathematik, der mehr und mehr ins Zentrum der Interessen rücken sollte. Alexandroff und Hopf legten in einem fundamentalen Buch über dieses Gebiet ihre Gedanken nieder.

---

[1]) *Note de la Rédaction.* — Nous remercions l'auteur de cet article paru dans la *Neue Zürcher Zeitung* du 18 juin 1971, d'en avoir autorisé la reproduction.

Im Jahr 1931 wurde der junge Privatdozent als ordentlicher Professor an die ETH berufen, wo er als Nachfolger von Hermann Weyl ein bedeutungsvolles Erbe antrat. Man muß den Weitblick der Kollegen und Behörden bei dieser Wahl bewundern, die für das Schicksal der mathematischen Schule Zürich von größter Tragweite wurde. Heinz Hopf blieb der ETH sein ganzes Leben lang treu. Er widmete sich mit derselben Intensität und Liebe der Ausbildung des Nachwuchses wie der Forschung, und es dürfte in der Schweiz keinen im mathematischen Unterricht auf Mittel- und Hochschulstufe oder in der mathematischen Forschung Tätigen geben, der nicht direkt oder indirekt von ihm beeinflußt und geprägt wäre. Er hat unzählige Mathematiker herangebildet und für ihre Aufgabe begeistert; bemerkenswert viele von ihnen sind an Hochschulen nicht nur in der Schweiz, sondern in der ganzen Welt tätig. Er selbst wirkte wiederholt als Gastdozent in Princeton, New York, Stanford, Berkeley, Rom und an vielen andern Orten. Die Universität Princeton verlieh ihm schon 1947 anläßlich ihrer 200-Jahr-Feier das Ehrendoktorat — dies war die erste einer ganzen Reihe höchster Ehrungen, mit denen die wissenschaftliche Welt sein Werk würdigte und dabei immer wieder dessen große Ausstrahlung auf das wissenschaftliche Denken unserer Zeit hervorhob; es seien hier nur noch die Mitgliedschaft der National Academy of Sciences, USA, der Accademia dei Lincei, das Ehrendoktorat der Sorbonne, der Lobatschewski-Preis der Universität Moskau erwähnt. Von 1955 bis 1958 war er Präsident der Internationalen Mathematischen Union.

Als Ehrung besonderer Art veröffentlichte die ETH 1964 zu seinem 70. Geburtstag einen Band, „Selecta", bestehend aus einer von ihm selbst getroffenen Auswahl seiner Arbeiten. Dieses Buch gibt einen Überblick über sein Schaffen und damit gleichzeitig über wesentliche Entwicklungslinien der Mathematik in den letzten Jahrzehnten. Jede einzelne dieser Arbeiten hat durch ihre Tiefe und Originalität neuartige Theorien eröffnet, die heute die meisten Zweige der Mathematik beherrschen. Das Buch enthält auch ein Verzeichnis aller Publikationen von Heinz Hopf; ihre Anzahl ist erstaunlich klein. In einer heute kaum zu findenden Beschränkung hat er mit sicherem Instinkt tiefe Probleme ausgewählt und reifen lassen, um dann jeweils in einem Wurf eine Lösung zu geben, in der neue Gedanken und Methoden zutage traten. Mit derselben Ruhe, Beherrschung und Konsequenz, mit der sich sein ganzes wissenschaftliches Leben abgespielt hat, schritt er von einer Erkenntnis zur nächsten.

* * *

In seinem mathematischen Werk widmete sich Heinz Hopf vor allem der Topologie, früher Analysis Situs genannt. Diese Disziplin wird oft als „Stetigkeitsgeometrie" umschrieben; sie bezieht sich auf die Art geometrischer Betrachtungen, in welchen das Räumliche nicht im Sinne des Messens, der Bewegung, der Ähnlichkeit usw., sondern der Stetigkeit, des Nachbarschaftsbegriffs, der Deformation auftritt. Dabei ist mit Raum zunächst unser Erfahrungsraum gemeint, also in seiner mathematischen Abstraktion der dreidimensionale Euklidische Raum, wo man schon eine Fülle interessanten Anschauungsmaterials und schwieriger Probleme der genannten Art antrifft (Verschlingungen, Knoten, geschlossene Flächen, Vektorfelder, Strömungen, Fixpunkte...). Dann aber sind die „Räume", die der Mathematiker betrachtet, Verallgemeinerungen hiervon, in welchen ganz analoge Grundbegriffe auftreten: höherdimensionale Räume, Funktionenräume, Phasenräume usw., wie sie in Algebra, Analysis und in vielfältigen Anwendungen in Mechanik, Physik und Technik vorkommen. Dank den Analogien zum dreidimensionalen Raum läßt sich die Kraft geometrischer Intuition auch auf diese abstrakten Räume anwenden, obwohl natürlich der strenge Beweis einer Aussage unabhängig von dieser Anschauung erbracht werden muß; trotzdem ist dieser Prozeß der „Geometrisierung", der insbesondere zum Begriff der topologischen Struktur führte, ein wesentlicher Schritt in der Entwicklung seit der Jahrhundertwende gewesen, heuristisch und begrifflich gleich wichtig.

Die ersten Arbeiten Hopfs, entstanden auf Anregung von Erhard Schmidt, knüpfen an den berühmten Satz von Brouwer (1912) über die topologische Invarianz der Dimensionszahl Euklidischer Räume an sowie an die großen Arbeiten Poincarés zur Analysis Situs. Hopf behandelt dort Abbildungen n-dimensionaler Mannigfaltigkeiten, Vektorfelder in n-dimensionalen Mannigfaltigkeiten und die *curvatura integra* (Totalkrümmung) geschlossener Hyperflächen. Das prinzipiell Bedeutsame ist hier, ganz abgesehen von der erstaunlichen Erkenntniskraft und Einsicht des jungen Forschers, die von ihm verwendete „Algebraisierung" der Probleme. Gewiß ist diese Zurückführung geometrischer Phänomene auf algebraische, also rechnerische, im Ansatz schon in der frühen Analysis Situs von Euler bis Poincaré vorhanden (in der einfachsten Form im Eulerschen Polyedersatz); sie erscheint aber erst in Arbeiten wie Hopfs „Verallgemeinerung der Euler-Poincaréschen Formel" in ihrer vollen algebraischen Gestalt, formalisiert im Begriff der Homologiegruppe.

Dieses Erfassen stetigkeitsgeometrischer Eigenschaften durch algebraische Hilfsmittel ist entscheidend für die Topologie und bedeutet einen

Wendepunkt der modernen Mathematik. Richtig zum Durchbruch kam es erst 1925 in der Göttinger Zeit von Heinz Hopf unter dem Einfluß von Emmy Noether und ihrer Schule. Dort war der abstrakt-algebraische Strukturbegriff im Entstehen, wie er heute geläufig und bis in die elementare Mathematik gedrungen ist; und seine Erfolge waren schon damals eindrücklich. Hopf erkannte, daß die Auflösung klassisch-mathematischer Begriffe in ihre algebraischen und topologischen Bestandteile gerade dort besonders fruchtbar ist, wo aus verschiedenen Quellen stammende Intuitionen und strenge Resultate aufeinander angewendet werden können. Damit entstand die algebraische Topologie im modernen Sinne, die zunächst von Hopf selbst und dann von einer wachsenden Zahl von Schülern und Nachfolgern in intensiver Weise weitergeführt wurde. Neben ihren eigenen Erfolgen ist sie deswegen so wichtig geworden, weil durch die gegenseitige Befruchtung algebraischer und topologischer Ideen in einem sehr bemerkenswerten Wechselspiel eine ganze Reihe neuer Gebiete entstanden ist, die heute in sozusagen allen Zweigen der Mathematik und ihrer Anwendungen wesentlich geworden sind, von der Zahlentheorie bis zur Theorie der Netzwerke, von der komplexen Analysis bis zur Theoretischen Physik. Um nur einige dieser neuen Gebiete zu nennen: Homologische Algebra, Garbentheorie, komplexanalytische Räume, Faserungen und Vektorbündel, Homotopietheorie, Kategorien und Funktoren — gewöhnlich gibt man sich heute über die Ursprünge kaum mehr Rechenschaft. Manches geht auf Arbeiten von Hopf selbst direkt zurück: Die von ihm entdeckten nicht zusammenziehbaren Abbildungen von Sphären auf solche niedrigerer Dimension bilden den Ausgangspunkt für die Theorie der Homotopiegruppen und der Faserungen; die Beziehungen zwischen Fundamentalgruppe und Homologiegruppen eines Raumes führten zur Homologischen Algebra; seine berühmteste Arbeit, diejenige über die globalen Eigenschaften der Lie-Gruppen, zur Theorie der „Hopf-Algebren".

In dieser Arbeit werden interessante Gesetzmäßigkeiten, die in den globalen Eigenschaften der geschlossenen Lie-Gruppen (zum Beispiel der klassischen Gruppen wie der Drehgruppen, der unitären Gruppen) vorher durch explizite Rechnungen festgestellt worden waren, mit einem Schlage „erklärt": ihr tieferer Grund liegt in Struktursätzen für Algebren, die gleichzeitig mit einer Comultiplikation (einer Verknüpfungsvorschrift, die zur Produktbildung dual ist) versehen sind; solche Algebren mit doppelter Verknüpfung bilden heute unter dem Namen Hopf-Algebra einen zentralen und aufschlussreichen Begriff. Man möchte dieses Erklären von Gesetzmässigkeiten durch einen neuen Rahmenbegriff fast mit dem Newtonschen

Gesetz vergleichen, welches die schon vorher wohlbekannten Planetenbahnen und vieles andere mehr mit einem Schlage erklären konnte. Schließlich sind noch die großen Bemühungen von Heinz Hopf um die Differentialgeometrie im Großen zu erwähnen: mit der algebraisch-topologischen Erfassung globaler Begriffe wurde es möglich, differentielle Eigenschaften, das heißt Eigenschaften im Kleinen und Infinitesimalen wie Krümmung, Winkel, Längenmessung, Tensorfelder mit Eigenschaften der zugrunde liegenden Mannigfaltigkeit „im Großen" zu verknüpfen — die Erkenntnis also, daß Lösungen im Kleinen nur möglich sind, wenn sie den globalen umfassenden Bedingungen genügen, die dem Problem als Ganzem zugrunde liegen. Ist man nicht versucht, hier Parallelen mit den schwierigsten Problemen unserer Welt zu sehen?

Gewiß dürfen alle diese Entwicklungen nicht einem Einzelnen zugeschrieben werden; Hopf selbst hätte sich energisch dagegen gewehrt. Dies wäre im Widerspruch zu dem Zug der Mathematik, den man als Gemeinsamkeit bezeichnen muß. Die Gedankengänge Hopfs standen in Wechselwirkung mit vielen andern, die von ihm nahmen und ihm gaben. Es möge entschuldigt werden, wenn an dieser Stelle keine weiteren Namen genannt sind; ihre Zahl wäre zu groß, schon nur deswegen, weil Hopf selbst ungewöhnlich viele Schüler hatte, die seine Gedankengänge weiterführten — und besonders freute er sich, wenn sie ihm neue Ideen und Aspekte brachten, an die er nicht gedacht hatte. Und auch, weil sein reger internationaler Gedankenaustausch viele andere Schulen befruchtete, die ihrerseits ganz andere Wege beschritten und zu den genannten Erfolgen beitrugen. Hopf hat in einem Bericht, den er 1966 verfaßte und der bis zum Jahre 1942 führte, gesagt: „Hier will ich aufhören. Die Vorgeschichte der heutigen Topologie war um diese Zeit, wie mir schien, beendet; die Geschichte begann. Eine jüngere Generation trat auf den Plan, die unsere alten Ideen erfolgreich fortführte und mehr als das, die mit ihren eigenen neuen Ideen manches unserer alten Probleme löste und die das Aussehen der ganzen Topologie in unerwarteter Weise beeinflußt hat." Ob man die „heroische" Zeit bis 1942 als Vorgeschichte bezeichnen soll, darf man allerdings bezweifeln.

* * *

Bei der noch so summarischen Betrachtung dieses Lebenswerkes drängen sich mancherlei Gedanken auf. Ein Aspekt betrifft den Strukturbegriff. Charakteristisch für Hopfs Arbeiten ist neben ungewöhnlicher geometrischer

Intuition die Gegenüberstellung von topologischer und algebraischer Seite des Problems. Daß man Strukturen, algebraische, topologische und vielleicht noch andere, loslöst und selbständig für sich betrachtet, ist heute etwas Selbstverständliches; es hat ja sogar schon weitgehend im Schulunterricht als „neue" Mathematik Eingang gefunden. Dieses Loslösen führt zur gewünschten begrifflichen Klärung, und durch Synthese verschiedener Strukturen entstehen die komplizierteren mathematischen Theorien, nicht zuletzt die der „alten" Mathematik. Der Übergang von einer Struktur zu einer andern, wie er für die algebraische Topologie bezeichnend ist, hat heute in der Lehre von den Kategorien und Funktoren seine außerordentlich weit führende Verallgemeinerung gefunden, wo sich scheinbar verschiedene Strukturen als sehr verwandt oder als dual zueinander erweisen. Man muß aber berücksichtigen, daß die ersten Arbeiten Hopfs in eine Zeit fielen, wo die strukturelle (oder axiomatische) Methode in ihren Anfängen stand; eine der größten Umwälzungen im mathematischen Denken, und vielleicht auch im geisteswissenschaftlichen, bereitete sich vor: die klassische Mathematik, basierend auf reeller Zahl, ganzer Zahl, Raum, wurde abgelöst durch die moderne, basierend auf dem Begriff der Struktur. In dieser historischen Sicht ist Hopfs Leistung noch höher zu werten; er hat in mancher Weise diese Entwicklung vorweggenommen und jedenfalls auch hier Wesentliches beigetragen, ganz besonders dadurch, daß er die volle Kraft der neuen abstrakten Methoden mit der erfolgreichen Lösung des konkreten vorgelegten Problems ad oculos demonstrierte.

Denn, und damit kommen wir zu einem zweiten Aspekt, es fällt auf, daß Heinz Hopf sich immer mit ganz expliziten Einzelproblemen befaßte, die im Rahmen der jeweiligen Konzeption als „konkret" zu bezeichnen waren (Vektorfelder auf Sphären und Mannigfaltigkeiten, Enden von Räumen und Gruppen, wesentliche Abbildungen usw.). In einer Weise, die sicher schwer zu entwirren wäre, hat er stets gleichzeitig die Lösung des Einzelproblems gegeben und die Methode zu seiner Bezwingung geschaffen, aus der die leitende Idee, der tiefere Grund, die weiteren Möglichkeiten klar wurden. Ob er zuerst die Lösung erahnte und daraus die Idee zur Abstraktion und zur Methode schöpfte oder ob aus Analogien und Versuchen die Methode hervorging, die schließlich die Lösung brachte, wer möchte es entscheiden? Sicher ist, daß beides dazu gehört. Sicher auch, daß wegen der Tiefe der Problemstellung und der inneren Notwendigkeit der Methode in dieser Weise etwas entsteht, das die Kraft der Verallgemeinerung und der Weiterführung in sich trägt. Die so gewonnene Abstraktion eröffnet neue Wege des Erkennens, des Verstehens und der Anwendung und erzeugt ihrerseits neue

Probleme, die nun in ihrem Rahmen konkret sind — und der Prozeß kann von neuem beginnen!

Die „alten“ Begriffe, Probleme und Einsichten sind aber deswegen durchaus nicht überholt. Im Gegenteil, sie können in neuem Lichte erscheinen und plötzlich wieder aktuell werden. Und ebenso können aus den neuen Abstraktionen unerwartete Anwendungen auf unsere Umwelt hervorgehen, die vorher strukturell nicht erfaßt werden konnten oder für die kein adäquater Kalkül bestand. Solche Entwicklungen lassen sich nur sehr schwer voraussagen; sie zeigen, wie unscharf und vergänglich Trennungen zwischen alter und neuer, reiner und angewandter Mathematik in Wirklichkeit sind. Strukturbegriffe allein ohne Verwurzelung im echten, konkreten Problem, und seien sie noch so elegant und bestechend, werden dem Wesen mathematischer Wissenschaft kaum gerecht, ebensowenig wie bloßes Festhalten an klassischen Gegenständen und unmittelbarer Anwendung ohne begriffliche Motivierung. Mathematische Einsichten schöpfen ihre Kraft aus der Tiefe der Problemstellung, die ihnen zugrunde liegt, und aus der begrifflichen Klärung, die sie anstreben; aus dem intuitiven Erfassen der Lösung und aus dem Ringen um ihre Gestaltung im strengen Rahmen der ihr gemäßen Abstraktion. Aus Hopfs Werken tritt dies deutlich hervor; denn sie sind in einem Stil von so erstaunlicher Klarheit niedergeschrieben, daß sogar komplizierteste Dinge einfach werden.

* * *

Die außergewöhnliche Ausstrahlung des wissenschaftlichen Wirkens von Heinz Hopf ist nicht allein seiner großen Begabung zuzuschreiben, sondern auch den ganz besonderen Zügen seiner Persönlichkeit. Sie war gekennzeichnet von menschlicher Wärme und bescheidener, lauterer Gesinnung, von ernster Objektivität und Sinn für Humor; jeder hatte ihn gern. Überall verspürte man seine besondere Art: im Unterricht, dem er sich in allen seinen Aspekten mit derselben liebevollen Sorgfalt annahm; in seinem Vortrag, der von bestechender Klarheit und Lebendigkeit und frei von jeder Pose war; in der persönlichen Betreuung seiner Schüler und in der Art, wie er zuhören und treffende Fragen stellen konnte; und nicht zuletzt, wenn es um menschliche Probleme ging und er mit aufrichtigem Rat zur Verfügung stand. Das Heim, das seine Frau ihm in Zollikon schuf, war ein idealer Lebens- und Arbeitsplatz für ihn; es war aber auch ein Ort der Begegnung, wo Freunde und Kollegen von nah und fern sich trafen, wo Studenten ihre ersten Anregungen zur Forschung empfingen, wo seine

Schüler ihren Doktor feierten und ihre Braut vorstellten. Dort im Garten und auf den Spazierwegen im Wald entstanden Pläne, Ideen, Theoreme; dort entfaltete sich das persönliche Verhältnis, in welchem man nicht nur Rat, Kritik, Aufmunterung empfing, sondern auch den Eindruck einer schönen Lebenseinstellung. Ein Wort anerkennender Freude, ein Zeichen höflicher Skepsis in der Stimme genügten oft, um den Dingen eine entscheidende Wendung zu geben. In der Vorkriegs- und Kriegszeit fanden viele Verfolgte und Flüchtlinge in diesem Hause Hilfe und selbstlose Gastfreundschaft. Einen schweren Schatten warfen die jahrelange Erkrankung und der Tod von Frau Anja Hopf auf das Heim, wo trotzdem immer noch die Fäden von Freundschaft und wissenschaftlicher Gemeinsamkeit zusammenliefen.

Heinz Hopfs Einstellung zum Leben und zu den Mitmenschen war nicht zu trennen von der zur Wissenschaft. Ihn fesselte die Gemeinsamkeit des Denkens, ohne die es keine Mathematik gibt und die Fremde in ungeahnter Weise verbinden kann; verbinden in der Suche nach anschaulichem Erfassen, in der Freude am Unbekannten und im Mut zum Neuen, aber auch im Ringen um die mathematische Strenge, deren Rahmen stets neu verstanden werden muß. In solchen Zügen sah er ein Vorbild für jede Unternehmung des menschlichen Geistes und einen Weg zum gegenseitigen Verstehen. Diese Überzeugung war es auch, die ihn bewog, 1955 das Amt des Präsidenten der Internationalen Mathematischen Union anzunehmen, und er hat es in diesem Sinne verwaltet. Dank seiner Beliebtheit und Aufrichtigkeit gelang es ihm, sie zu einer echten weltumfassenden Körperschaft zu machen, die, genau wie er selbst, wissenschaftliche und menschliche Kontakte gerade mit den jüngeren Generationen von Forschern über alle Grenzen und Kontinente hinweg fördern konnte. Wie die andern wissenschaftlichen Unionen war auch die Mathematische damals im Wiederaufbau begriffen; es besteht kein Zweifel daran, daß die Rolle, die sie heute in der ganzen Welt zu spielen vermag, in hohem Maße Hopf zu verdanken ist. Er war ein Weltbürger im besten Sinne des Wortes. Zu Hause aber war er in der Schweiz, in Zürich, an der ETH. Hier war der Kreis, in dem er leben und seine Aufgaben erfüllen wollte. Wir sind dankbar dafür. Seine Freundschaft, sein Wirken, das Bild seiner Persönlichkeit wird in uns lebendig bleiben, wenn wir auch in tiefer Trauer Abschied nehmen mußten.

Anhang 4.

Kommentare und Korrekturen 1964

(Heinz Hopf)

Anlässlich der Herausgabe der "Selecta Heinz Hopf" 1964 hat Hopf selbst den für diesen Band ausgewählten Arbeiten kurze Kommentare und kleine Korrekturen beigefügt. Diese werden hier wiedergegeben, mit Angabe der Nummer der Arbeit gemäss Publikationsverzeichnis, und der mit *) oder **) bezeichneten Stelle.

Nr. 12

*) Die obige Note ist wohl die erste Publikation gewesen, in der die heute geläufige, von EMMY NOETHER stammende gruppentheoretische Auffassung der Homologietheorie zur Geltung kommt.

**) Die Bemerkung "besonders b)" soll nicht bedeuten, dass die in der Fussnote [1]) zitierte Note a) durch die Arbeit b) vollständig majorisiert würde. Vielmehr möchte ich gerade auf den Beweis der Lefschetzschen Formel für die Indexsumme der Fixpunkte in a) hinweisen: im Gegensatz zu dem — übrigens in das Buch von ALEXANDROFF und mir übernommenen — Beweis in b) führt er die Lefschetzsche Formel direkt auf das Korollar der obigen Formel (19) zurück, welches besagt, dass für eine stetige Abbildung ohne Fixpunkte die Lefschetzsche Zahl, also die linke Seite von (19), gleich 0 ist.

Nr. 16

*) Statt "Wege" sollte es korrekter "Äquivalenzklassen von Wegen" heissen. — Nach der weiter oben benutzten Bezeichnung ist $\mathcal{A} = \Phi$ und $\mathcal{C} = \mathcal{U}$.

Nr. 18

*) Die Frage ist zu bejahen. Denn ist P ein 3-dimensionales Polyeder, das einen von 0 verschiedenen Zyklus Z^3 (ganzzahlig oder mod$m$) enthält, so existiert eine wesentliche Abbildung $g : P \to S^3$ (man bilde das Innere eines 3-dimensionalen Simplexes von Z^3 eineindeutig auf das Komplement eines Punktes p von S^3, den Rest von P auf p ab); und es gilt der Satz von HUREWICZ (Proc. Akad. Amsterdam 38 (1935), p. 118): Ein Kompaktum, das sich wesentlich auf S^3 abbilden lässt, lässt sich auch wesentlich auf S^2 abbilden (genauer: ist g wie soeben, f wie in unserem §5 definiert, so ist die Abbildung $fg : P \to S^2$ wesentlich).

Nr. 24

*) Der Hinweis auf diesen Kongress war dadurch motiviert, dass die obige Arbeit in dem Extraband der Commentarii für den Internationalen Mathematikerkongress in Zürich 1932 erschien.

Nr. 26

*) Dass es für $r \neq 1, 3, 7$ keine derartigen Systeme gibt, ist 1958 von M. Kervaire (Proc. Nat. Acad. Sci. USA 44) sowie von R. Bott und J. Milnor (Bull. Amer. Math. Soc. 64) bewiesen worden.

**) Dass die im Satz VII genannten Abbildungen die einzigen mit $\gamma = 1$ sind, ist von J.F. Adams bewiesen worden: Bull. Amer. Math. Soc. 64 und Ann. of Math. 72; daraus ergibt sich noch ein Beweis des in *) genannten Satzes.

Nr. 37

*) Die Existenz einer 1 soll vorausgesetzt werden.

Nr. 42

*) Dieser Bericht sollte ein Beitrag zu einer Festschrift zu L.E.J. BROUWERS 60. Geburtstag im Jahre 1941 sein, die im Rahmen der "Revista Matematica" geplant war. Der damalige Zustand der Welt verhinderte das Zustandekommen dieser Festschrift, und auch mein, Anfang 1941 eingereichtes Manuskript konnte erst 1946 gedruckt werden.

**) Die vorstehenden sowie die noch folgenden Aussagen über die Gruppen V^2 und $A(G)$ habe ich formuliert; jedoch ist bisher kein Beweis dieser Behauptung veröffentlicht worden — wohl weil bei der Ausarbeitung dieser Dinge anstelle der Gruppen V^2 immer mehr die Gruppen der Homologieklassen, welche Kugelbilder enthalten, in den Vordergrund traten. Erst jetzt (1964) habe ich diese Lücke ausgefüllt.

Nr. 44

*) Unser Beweis im §5 enthält einen Fehler (letzte Zeile von Nr. 26), der aber wegfällt, wenn man den Satz von STEENROD anwendet, dass das Cup-Quadrat eines 1-dimensionalen Cozyklus immer ein Corand ist (Ann. of Math. 48, pp. 291–320, speziell p. 306). Einen einfachen Beweis dieses Steenrodschen Satzes erhält man durch Betrachtung der Abbildungen eines Polyeders in die Kreislinie und ihrer dualen Cohomologie-Abbildungen.

**) Die Gruppe $\mathcal{G}_1^*$ wurde als eine gewisse Untergruppe der ebenfalls durch $\mathcal{G}$ gegebenen Gruppe $\mathcal{G}^*$ eingeführt. Diese Gruppe $\mathcal{G}^*$ kommt in dieser Arbeit nicht weiter vor; ihre geometrische Deutung als "Nullwegegruppe", sowie die Übertragung dieses Begriffes in höhere Dimensionen, bildet den Hauptgegenstand der Arbeit "Die Nullwegegruppe und ihre Verallgemeinerungen" von W. BAUM, Compos. Math. 11 (1953), pp. 83–118.

Nr. 47

*) Dass u unendliche Ordnung hat, folgt daraus, dass $K_1 \cdot \bar{H} = 0$, also $\bar{H}$ *echter* Teil von $\bar{u}(\bar{H}) = H_1 + K_1$ ist.

Nr. 50

*) Weitere Aussagen über die Gruppen Δ^N findet man im §5 der vorliegenden Arbeit sowie in der Arbeit von W. BAUM, Compos. Math. 11 (1953), pp. 83–118.

Nr. 57

*) Es sind immer analytische Flächen gemeint. Verzichtet man auf die Analytizität, so kann man aus Stücken von Rotations- und Röhrenflächen viele andere (beliebig oft differenzierbare) geschlossene W-Flächen zusammensetzen, auch solche beliebigen Geschlechts (hierauf hat mich Herr O. NEUGEBAUER aufmerksam gemacht).

**) In dem Problemkreis dieser Arbeit sind inzwischen die folgenden beiden wichtigen Fortschritte erzielt worden:

A.D. ALEXANDROV hat (neben allgemeineren Sätzen) bewiesen: *Die einzigen (zweimal stetig differenzierbaren) geschlossenen Flächen ohne Selbstdurchdringungen, auf denen eine (stetig differenzierbare) Relation* $W(k_1, k_2) = 0$ *mit positiven Ableitungen* W_{k_1}, W_{k_2} *besteht* — also z.B. die Relation $H =$ konst. —, *sind die Kugeln.* ("Einzigkeitssätze für Flächen im Grossen. V", Vestnik Leningrad Univ. 13 (1958) (russisch); englische Übersetzung: Amer. Math. Soc. Translations, Ser. 2, vol. 21 (1962), 412–416.) — Die Beweismethode beruht auf einer Kombination einfacher geometrischer Betrachtungen mit Aussagen über die Lösungen elliptischer Differentialgleichungen. Die Frage, ob man auf die Voraussetzung, dass die Fläche keine Selbstdurchdringungen habe, verzichten kann, ist offen; (die Sätze und Beweise in meiner obigen Arbeit gelten ohne diese Voraussetzung).

K. Voss hat bewiesen: *Die einzigen analytischen geschlossenen W-Flächen vom Geschlecht* 0 *sind die Rotationsflächen.* ("Über geschlossene Weingartensche Flächen". Math. Annalen 138 (1959), 42–54.) Die Methode beruht auf Verfeinerungen der Methode in meiner obigen Arbeit. Selbstdurchdringungen der Flächen sind nicht verboten.

Nr. 65

*) Ein besonders einfacher Beweis stammt von E. HEINZ: Math. Ann. 191 (1956).

List of Publications

Book

Paul Alexandroff – Heinz Hopf: Topologie I. Grundlehren der mathematischen Wissenschaften, Bd. 45. Julius Springer, Berlin 1935

Articles

1. Zum Clifford–Kleinschen Raumproblem. Math. Ann. **95** (1925), 313–340*
2. Über die Curvatura integra geschlossener Hyperflächen. Math. Ann. **95** (1925), 340–367*
3. Abbildungen geschlossener Mannigfaltigkeiten auf Kugeln in n-Dimensionen. Jahresbericht der DMV **34** (1925), 130–133
4. Die Curvatura integra Clifford–Kleinscher Raumformen. Nachr. Ges. der Wissenschaften zu Göttingen, Math.-phys. Klasse (1925), 131–141
5. Abbildungsklassen n-dimensionaler Mannigfaltigkeiten. Math. Ann. **96** (1926), 209–224
6. Vektorfelder in n-dimensionalen Mannigfaltigkeiten. Math. Ann. **96** (1926), 225–250
7. (gemeinsam mit A. Brauer und R. Brauer) Über die Irreduzibilität einiger spezieller Klassen von Polynomen. Jahresbericht der DMV **35** (1926), 99–112
8. Über Mindestzahlen von Fixpunkten. Math. Zeitschr. **26** (1927), 762–774
9. A New Proof of the Lefschetz Formula on Invariant Points. Proc. Nat. Acad. of Sciences USA **14** (1928), 149–153
10. On Some Properties of One-Valued Transformations of Manifolds. Proc. Nat. Acad. of Sciences USA **14** (1928), 206–214
11. Zur Topologie der Abbildungen von Mannigfaltigkeiten. Erster Teil. Neue Darstellung der Theorie des Abbildungsgrades für topologische Mannigfaltigkeiten. Math. Ann. **100** (1928), 579–608
12. Eine Verallgemeinerung der Euler–Poincaréschen Formel. Nachr. Ges. der Wissenschaften zu Göttingen, Math.-phys. Klasse (1928), 127–136
13. Über die algebraische Anzahl von Fixpunkten. Math. Zeitschr. **29** (1929), 493–524
14. Zur Topologie der Abbildungen von Mannigfaltigkeiten. Zweiter Teil. Klasseninvarianten von Abbildungen. Math. Ann. **102** (1929), 562–623

* Die Arbeiten 1 und 2 bildeten zusammen die Dissertation "Über Zusammenhänge zwischen Topologie und Metrik von Mannigfaltigkeiten" (Universität Berlin, 1925).

15. Über die Verteilung quadratischer Reste. Math. Zeitschr. **32** (1930), 222–231
16. Zur Algebra der Abbildungen von Mannigfaltigkeiten. J. reine angew. Math. **163** (1930), 73–88
17. Über wesentliche und unwesentliche Abbildungen von Komplexen. Recueil math. de Moscou **37** (1930), 53–63
18. Über die Abbildungen der dreidimensionalen Sphäre auf die Kugelfläche. Math. Ann. **104** (1931), 637–665
19. Beiträge zur Klassifizierung der Flächenabbildungen. J. reine angew. Math. **165** (1931), 225–236
20. Über den Begriff der vollständigen differentialgeometrischen Fläche. Comm. Math. Helvetici **3** (1931), 209–225
21. Géometrie infinitésimale et topologie. L'Enseignement Math. **30** (1931), 233–240
22. Differentialgeometrie und topologische Gestalt. Jahresbericht der DMV **41** (1932), 209–229
23. (gemeinsam mit W. Rinow) Die topologischen Gestalten differentialgeometrisch verwandter Flächen. Math. Ann. **107** (1932), 113–123
24. Die Klassen der Abbildungen der n-dimensionalen Polyeder auf die n-dimensionale Sphäre. Comm. Math. Helvetici **5** (1933), 39–54
25. (gemeinsam mit E. Pannwitz) Über stetige Deformationen von Komplexen in sich. Math. Ann. **108** (1933), 433–465
26. Über die Abbildungen von Sphären auf Sphären niedrigerer Dimension. Fundamenta Math. **25** (1935), 427–440
27. Über die Drehung der Tangenten und Sehnen ebener Kurven. Compositio Math. **2** (1935), 50–62
28. Freie Überdeckungen und freie Abbildungen. Fundamenta Math. **28** (1936), 33–57
29. Quelques problèmes de la théorie des représentations continues. L'Enseignement Math. **35** (1937), 334–347
30. (gemeinsam mit P. Alexandroff und L. Pontrjagin) Über den Brouwerschen Dimensionsbegriff. Compositio Math. **4** (1937), 239–255
31. Über die Sehnen ebener Kontinuen und die Schleifen geschlossener Wege. Comm. Math. Helvetici **9** (1936/37), 303–319
32. (gemeinsam mit H. Samelson) Zum Beweis des Kongruenzsatzes für Eiflächen. Math. Zeitschr. **43** (1938), 749–766
33. Eine Charakterisierung der Bettischen Gruppen von Polyedern durch stetige Abbildungen. Compositio Math. **5** (1938), 347–353
34. Über Isometrie und stetige Verbiegung von Flächen. Math. Ann. **116** (1938), 58–75
35. (gemeinsam mit M. Rueff) Über faserungstreue Abbildungen der Sphären. Comm. Math. Helvetici **11** (1938/39), 49–61
36. Sur la topologie des groupes clos de Lie et de leurs généralisations. C.R. Paris **208** (1939), 1266–1267
37. Systeme symmetrischer Bilinearformen und euklidische Modelle der projektiven Räume. Vierteljahresschrift der Naturforschenden Gesellschaft in Zürich (Festschrift Rudolf Fueter) **85** (1940), 165–177

38. Ein topologischer Beitrag zur reellen Algebra. Comm. Math. Helvetici **13** (1940/41), 219–239
39. (gemeinsam mit H. Samelson) Ein Satz über die Wirkungsräume geschlossener Liescher Gruppen. Comm. Math. Helvetici **13** (1940/41), 240–251
40. Über die Topologie der Gruppen-Mannigfaltigkeiten und ihrer Verallgemeinerungen. Ann. Math. **42** (1941), 22–52
41. Über den Rang geschlossener Liescher Gruppen. Comm. Math. Helvetici **13** (1940/41), 119–143
42. Bericht über einige neue Ergebnisse in der Topologie. Revista Mat. Hispano-Americana **6** (1946), 147–159
43. Relations between the Fundamental Group and the Second Betti Group. Lectures in Topology. University of Michigan Press, Ann Arbor, Mich. (1941), 315–316
44. Fundamentalgruppe und zweite Bettische Gruppe. Comm. Math. Helvetici **14** (1941/42), 257–309
45. Nachtrag zu der Arbeit "Fundamentalgruppe und zweite Bettische Gruppe". Comm. Math. Helvetici **15** (1942/43), 27–32
46. Maximale Toroide und singuläre Elemente in geschlossenen Lieschen Gruppen. Comm. Math. Helvetici **15** (1942/43), 59–70
47. Enden offener Räume und unendliche diskontinuierliche Gruppen. Comm. Math. Helvetici **16** (1943/44), 81–100
48. Eine Verallgemeinerung bekannter Abbildungs- und Überdeckungssätze. Portugaliae Math. **4** (1944), 129–139
49. Über die Bettischen Gruppen, die zu einer beliebigen Gruppe gehören. Comm. Math. Helvetici **17** (1944/45), 39–79
50. Beiträge zur Homotopietheorie. Comm. Math. Helvetici **17** (1944/45), 307–326
51. Sur les champs d'éléments de surface dans les variétés à 4 dimensions. Topologie algébrique Paris 1947. (Colloques Internationaux CNRS Paris 1949), 55–59
52. Zur Topologie der komplexen Mannigfaltigkeiten. Studies and Essays presented to R. Courant. Interscience Publishers Inc., New York 1948, 167–185
53. Introduction à la théorie des espaces fibrés. Colloque de Topologie (Espaces fibrés), CBRM, Bruxelles (1950), 9–14. George Thone, Liège, 1951
54. Sur une formule de la théorie des espaces fibrés. Colloque de Topologie (Espaces fibrés), CBRM, Bruxelles (1950), 117–121. George Thone, Liège, 1951
55. Die n-dimensionalen Sphären und projektiven Räume in der Topologie. Proceedings of the International Congress of Mathematicians, Cambridge, Mass. **1** (1950), 193–202. AMS 1952
56. Über komplex-analytische Mannigfaltigkeiten. Rend. Mat. Univ. Roma **10** (1951), 169–182
57. Über Flächen mit einer Relation zwischen den Hauptkrümmungen. Math. Nachrichten **4** (1951), 232–249
58. (gemeinsam mit K. Voss) Ein Satz aus der Flächentheorie im Grossen. Archiv der Math. **3** (1952), 187–192
59. Einige Anwendungen der Topologie auf die Algebra. Rend. Mat. Univ. Torino **11** (1952), 75–91
60. Sulla geometria riemanniana globale delle superficie. Rend. Mat. Univ. Milano **23** (1952), 48–63

61. Über Zusammenhänge zwischen Topologie und Metrik im Rahmen der elementaren Geometrie. Mathematisch-Physik. Semesterberichte **3** (1953), 16–29
62. Vom Bolzanoschen Nullstellensatz zur algebraischen Homotopietheorie der Sphären. Jahresbericht der DMV **56** (1953), 59–76
63. Zur Differentialgeometrie geschlossener Flächen im euklidischen Raum. Convegno Internazionale di Geometria Differenziale, Italia 1953, 45–54. Edizioni Cremonese, Roma 1954
64. Die Coinzidenz-Cozyklen und eine Formel aus der Fasertheorie. Algebraic Geometry and Topology. A Symposium in honor of S. Lefschetz, 263–279, Princeton University Press, 1957
65. Schlichte Abbildungen und lokale Modifikationen 4-dimensionaler komplexer Mannigfaltigkeiten. Comm. Math. Helvetici **29** (1955), 132–156
66. (gemeinsam mit F. Hirzebruch) Felder von Flächenelementen in 4-dimensionalen Mannigfaltigkeiten. Math. Ann. **136** (1958), 156–172
67. Über den Defekt stetiger Abbildungen von Mannigfaltigkeiten. Rend. Mat. Univ. Roma **21** (1962), 273–285
68. Einige persönliche Erinnerungen aus der Vorgeschichte der heutigen Topologie. Colloque de Topologie, Bruxelles 1964, CBRM (1966), 9–20
69. Ein Abschnitt aus der Entwicklung der Topologie. Jahresbericht der DMV 68 (1966), 182–192
70. (with Y. Katsurada) Some Congruence Theorems for Closed Hypersurfaces in Riemann Spaces (Part II: Method based on a Maximum Principle). Comment. Math. Helv. **43** (1968), 217–223
71. (with Y. Katsurada) Some Congruence Theorems for Closed Hypersurfaces in Riemann Spaces (Part III: Method Based on Voss' Proof). Comment. Math. Helv. **46** (1971), 478–486

Acknowledgements

The editor would like to thank the publishers and copyright holders of Heinz Hopf's papers for granting permission to reprint them here.

The numbers following each source correspond to the numbering of the articles in the List of Publications.

Akademie der Wissenschaften zu Göttingen: 4, 12
American Mathematical Society: 55
B. G. Teubner: 3, 7, 22, 62, 69
Birkhäuser Basel: 20, 24, 31, 35, 38, 39, 41, 44, 45, 46, 47, 49, 50, 58, 65, 70, 71
Centre Belge de Recherche Mathématique: 53
CNRS Editions: 51
Edition Gauthier-Villars – Editions Scientifiques & Médicales Elsevier: 36
Edizione Scientifiche Inglesi Americane: 56, 67
Enseignement Mathématique: 21, 29
Johns Hopkins University Press: 40
Naturforschende Gesellschaft Zürich: 37
Polish Academy of Sciences: 26, 28
Recueil math. de Moscou: 17
Sociedade Portugesa de Matematica: 48
The University of Michigan Press: 43
Unione Matematica Italiana: 63
Universidad Complutense de Madrid: 42
Università di Milano: 60
Università di Torino: 59
Walter de Gruyter & Co.: 16, 19
Wiley VCH Verlag: 57

Printing: Ten Brink, Meppel, The Netherlands
Binding: Ten Brink, Meppel, The Netherlands